Wendehorst

Bautechnische Zahlentafeln

Herausgegeben von
Prof. Dr.-Ing. Otto W. Wetzell

In Verbindung mit dem
DIN Deutsches Institut für Normung e.V.

Bearbeitet von
Prof. Dipl.-Ing. Hubert Achten
Prof. Dr.-Ing. Ernst Biener
Prof. Dr.-Ing. Helmut Dieler
Prof. Dr.-Ing. Gerhard Haße
Prof. Dr.-Ing. Richard Jenisch
Prof. Dr.-Ing. Wolfgang Krings
Prof. Dr.-Ing. Wolfram Lohse
Prof. Dr.-Ing. Otto Maas
Prof. Dr.-Ing. Walther Mann
Prof. Dipl.-Ing. Henning Natzschka
Prof. Dr.-Ing. Helmuth Neuhaus
Prof. Dr.-Ing. Otto W. Wetzell

29., neubearbeitete Auflage
Mit 2916 Bildern und 225 Beispielen

B. G. Teubner
Stuttgart · Leipzig · Wiesbaden
Beuth Berlin Wien Zürich

Vorwort

Die 29. Auflage dieses Standardwerkes der Bautechnik wurde auf der Grundlage der neuesten Ausgaben aller relevanten deutschen und europäischen Normen und technischen Regelwerke bearbeitet. Sie zeigt den aktuellen Stand der Technik.

Der „Wendehorst" enthält auf 1.450 Seiten umfangreiches Wissen mit über 200 Beispielen und kompakten Normenverzeichnissen. Exemplarisch für die Vielzahl der Neuerungen seien einige genannt: Neben der DIN EN 125424:(07. 2000) werden auch schon die Änderungen an den Wärmeschutz von Bauteilen in der Neuausgabe der DIN 4108-2 genannt. Die neue Bundesbodenschutzverordnung ist enthalten, ebenso die europäischen Ausführungsnormen für den Spezialtiefbau DIN EN 1536, DIN EN 12063, EN 1537, EN 1538, EN 12699, EN 12715, EN 12715 und EN 12716.

Die in der letzten Auflage erstmals beigefügte CD-Rom hat nun durch die Kooperation mit dem bekannten Softwarehaus CSI inhaltlich ein ganz neues Profil bekommen. Auf dieser CD findet sich – neben neuen Bemessungshilfen für viele in der Baupraxis weitverbreitete Produkte – die neueste CSI-Software für den gesamten Bereich des Bauens als unmittelbar einsetzbare Vollversion. Wir reagieren damit auf die Entwicklung in der Praxis und Hochschule, wo computergestütztes Arbeiten inzwischen eine Selbstverständlichkeit ist.

Als vor fünfzehn Jahren damit begonnen wurde, die Regelwerke der Länder der Europäischen Gemeinschaft/Union zu harmonisieren und ein neues europaweit geltendes Normenwerk zu schaffen, hofften die Beteiligten/Betroffenen, daß nach Einführung der Eurocodes mit den Nationalen Anwendungsdokumenten und nach Verstreichen einer begrenzten „zweigleisigen" Übergangszeit das „alte" nationale – in unserem Fall: deutsche – Normenwerk seine Bedeutung verlieren, im europäischen Normenwerk aufgehen und ganz verschwinden würde. Das ist leider nicht geschehen: Nach wie vor werden für die gleichen Sach- und Fachgebiete neben europäischen Normen gleichzeitig nationale – in unserem Fall: deutsche – Normen erarbeitet und eingeführt. Das stellt alle Beteiligten – Bauschaffende, Lernende und Lehrende ebenso wie Verleger, Autoren und Herausgeber von Fachliteratur – vor große Probleme. Eines dieser Probleme – die ständige Zunahme des präsent zu haltenden Wissens – wird an der Umfangsentwicklung dieses Werkes erkennbar, das jetzt die Grenze des Machbaren – und des Erträglichen – erreicht hat.

Herzlich gedankt sei allen, die durch ihre Anregungen zur Fortentwicklung der Bautechnischen Zahlentafeln beigetragen haben. Verlag und Autoren sind auch weiterhin für jeden Hinweis auf Möglichkeiten der Verbesserung des Werkes dankbar.

Münster, im Oktober 2000 Otto W. Wetzell

29., neubearbeitete Auflage Oktober 2000

Die Deutsche Bibliothek – CIP-Einheitsaufnahme

Ein Titeldatensatz für diese Publikation ist bei Der Deutschen Bibliothek erhältlich

ISBN 3-519-35002-5 (Teubner) ISBN 3-410-14896-5 (Beuth)

Printed in Germany
Satz: Druckhaus Thomas Müntzer, Bad Langensalza
Druck: Těšinská Tiskárna, Cesky Tesin

Griechisches Alphabet

α *A*	β *B*	γ *Γ*	δ *Δ*
a Alpha	*b* Beta	*g* Gamma	*d* Delta
ε *E*	ζ *Z*	η *H*	ϑ *Θ*
ĕ Epsilon	*z* Zeta	*ē* Eta	*th* Theta
ι *I*	ϰ *K*	λ *Λ*	μ *M*
i Iota	*k* Kappa	*l* Lambda	*m* Mü
ν *N*	ξ *Ξ*	ο *O*	π *Π*
n Nü	*x* Ksi	*ŏ* Omikron	*p* Pi
ϱ *P*	σ *Σ*	τ *T*	υ *Υ*
r Rho	*s* Sigma	*t* Tau	*ü* Ypsilon
φ *Φ*	χ *X*	ψ *Ψ*	ω *Ω*
ph Phi	*ch* Chi	*ps* Psi	*ō* Omega

SI-Einheiten nach DIN 1301-1 (2.78)

SI-Einheiten sind nur die **Basiseinheiten** (Tafel 1) und die daraus kohärent (mit dem Zahlenfaktor 1) **abgeleiteten Einheiten** (Beispiele s. Tafel 2).

Tafel 1 SI-Basiseinheiten

Basisgröße	Basiseinheit	
	Name	Zeichen
Länge	das Meter	m
Masse	das Kilogramm	kg
Zeit	die Sekunde	s
elektrische Stromstärke	das Ampere	A
thermodynamische Temperatur	das Kelvin [1])	K
Stoffmenge	das Mol	mol
Lichtstärke	die Candela	cd

[1]) Bei Angabe von Celsius-Temperaturen wird der besondere Name Celsius (Einheitenzeichen: °C) anstelle von Kelvin benutzt.

Tafel 2 Abgeleitete SI-Einheiten mit besonderem Namen und Zeichen

Größe	SI-Einheit		Beziehung
	Name	Zeichen	
ebener Winkel	der Radiant	rad	1 rad = 1 m/m
Raumwinkel	der Steradiant	sr	1 sr = 1 m^2/m^2
Kraft	das Newton	N	1 N = 1 $kg \cdot m/s^2$
Druck, mechanische Spannung	das Pascal	Pa	1 Pa = 1 N/m^2
Energie, Arbeit, Wärmemenge	das Joule	J	1 J = 1 $N \cdot m$ = 1 $W \cdot s$
Leistung, Wärmestrom	das Watt	W	1 W = 1 J/s
Lichtstrom	das Lumen	lm	1 lm = 1 $cd \cdot sr$
Beleuchtungsstärke	das Lux	lx	1 lx = 1 lm/m^2

Tafel 3 International festgelegte Vorsätze (SI-Vorsätze)

Faktor	Vorsatz		Faktor	Vorsatz		Faktor	Vorsatz		Faktor	Vorsatz	
	Name	Zeichen		Name	Zeichen		Name	Zeichen		Name	Zeichen
10^{-18}	Atto	a	10^{-6}	Mikro	µ	10^{1}	Deka	da	10^{9}	Giga	G
10^{-15}	Femto	f	10^{-3}	Milli	m	10^{2}	Hekto	h	10^{12}	Tera	T
10^{-12}	Piko	p	10^{-2}	Zenti	c	10^{3}	Kilo	k	10^{15}	Peta	P
10^{-9}	Nano	n	10^{-1}	Dezi	d	10^{6}	Mega	M	10^{18}	Exa	E

Das Vorsatzzeichen bildet zusammen mit dem Einheitenzeichen, mit dem es ohne Zwischenraum geschrieben oder gesetzt wird, das Zeichen einer eigenen Einheit.

Tafel 4 Einheiten außerhalb des SI

Größe	Einheitenname	Einheitenzeichen	Definition
ebener Winkel	Vollwinkel	–	1 Vollwinkel = 2π rad
	Gon	gon	1 gon = $(\pi/200)$ rad
	Grad	° [1])	1° = $(\pi/180)$ rad
	Minute	′ [1])	1′ = (1/60)°
	Sekunde	″ [1])	1″ = (1/60)′
Volumen	Liter	l	1 l = 1 dm^3
Zeit	Minute	min [1])	1 min = 60 s
	Stunde	h [1])	1 h = 60 min
	Tag	d [1])	1 d = 24 h
	Gemeinjahr	a [1])	1 a = 365 d = 8760 h
Masse	Tonne	t	1 t = 10^3 kg = 1 Mg
Druck	Bar	bar	1 bar = 10^5 Pa

[1]) Nicht mit Vorsätzen verwenden.

Bauzeichnungen

Bearbeitet von Prof. Dr.-Ing. Otto W. Wetzell

Inhalt

Technische Baubestimmungen

DIN 6-1	12.86	Darstellung in Normalprojektion, Ansichten und besondere Darstellungen
DIN 6-2	12.86	— — —, Schnitte
DIN ISO 128-20	12.97	Technische Zeichnungen; Allgemeine Grundlagen der Darstellung; Linien; Grundlagen
DIN 201	05.90	Technische Zeichnungen, Schraffuren
DIN 406-10	12.92	Maßeintragung, Begriffe, allg. Grundlagen
DIN 406-11	12.92	—, Grundlagen der Anwendung
DIN 406-12	12.92	—, Eintragung von Toleranzen für Längen- und Winkelmaße
DIN 824	03.81	Faltung auf Ablageformat
DIN 1356-1	02.95	Bauzeichnungen, Arten, Inhalte und Grundregeln der Darstellung
DIN ISO 3766	09.96	Zeichnungen für das Bauwesen; Vereinfachte Darstellung von Bewehrungen
DIN ISO 4066	09.96	Zeichnungen für das Bauwesen; Stablisten
DIN ISO 4069	08.84	—; Darstellung von Flächen in Schnitten und Ansichten, Allgemeine Grundregeln
DIN EN ISO 4157-1	03.99	Zeichnungen für das Bauwesen; Bezeichnungssysteme; Teil 1: Gebäude und Gebäudeteile
DIN EN ISO 4157-2	03.99	—;—; Teil 2: Raumnamen u. -nummern;
DIN EN ISO 4157-3	03.99	—;—; Teil 3: Raumkennzeichnungen:
DIN ISO 4172	08.92	Zeichnungen für das Bauwesen; Zeichnungen für das Zusammenbauen vorgefertigter Teile;
DIN ISO 5261	04.97	Vereinfachte Darstellung und Maßeintragung von Stäben und Profilen
DIN ISO 5455	12.79	Technische Zeichnungen, Maßstäbe
DIN ISO 5456-1	04.98	Projektionsmethoden, Übersicht
DIN ISO 5456-2	04.98	—, Orthographische Darstelllungen
DIN ISO 5456-3	04.98	Axonometrische Darstellungen
DIN ISO 5456-4	12.98	—, Zentralprojektion
DIN EN ISO 5457	1997-07	Technische Produktdokumentation; Formate und Gestaltung von Zeichnungsvordrucken;
DIN ISO 6284	09.97	Zeichnungen für das Bauwesen; Eintragung von Grenzabmaßen
DIN 6771-1	12.70	Schriftfelder für Zeichnungen, Pläne und Listen
DIN 6771-2	02.87	Vordrucke für technische Unterlagen, Stückliste
DIN 6776-1	04.76	Beschriftung, Schriftzeichen
DIN 6776-1 Bbl 1	04.76	— —, Hilfsnetze für Schrift A
DIN 6776-1 Bbl 2	04.76	— —, — für Schrift B
DIN ISO 7518	11.86	Zeichnungen für das Bauwesen, Vereinfachte Darstellung von Abriß und Wiederaufbau
DIN ISO 7519	09.92	—; Allgemeine Grundlagen für Anordnungspläne und Zusammenbauzeichnungen
DIN ISO 8560	01.89	—; Darstellung von modularen Größen, Linien und Rastern
DIN ISO 9431	12.91	—; Anordnung von Darstellungen, Texten und Schriftfeldern auf Zeichnungsvordrucken
DIN ISO 10209-2	12.94	Technische Produktdokumentation; Begriffe; Begriffe für Projektionsmethoden
DIN 18 000	05.84	Modulordnung im Bauwesen
DIN 18 000, E-Bbl 1	05.84	—; Erläuterungen zur Anwendung;

1 Elemente der zeichnerischen Darstellung

1.1 Blattgrößen, Zeichenflächen, Schriftfeld und Faltungen

Blattgrößen und Zeichenflächen sind vorzugsweise nach DIN EN ISO 5457 zu wählen, s. Tafel 1. Für Faltungen gilt DIN 824, s. Tafel 1.

Tafel 1a Blattgrößen und Faltungen (Maße in mm)

Format und Blattgröße[1])	Faltungsschema	Format und Blattgröße[1])	Faltungsschema
A0 841 × 1189	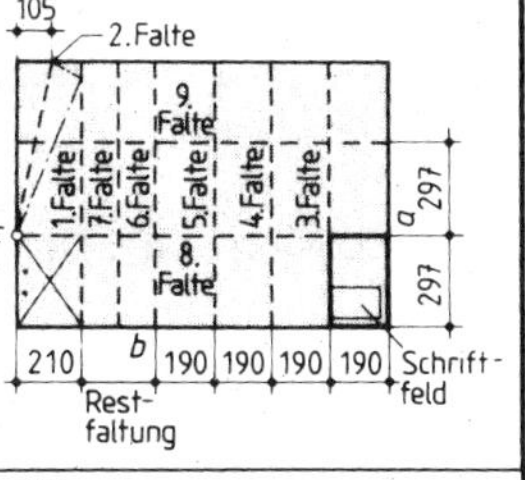	A1 594 × 841	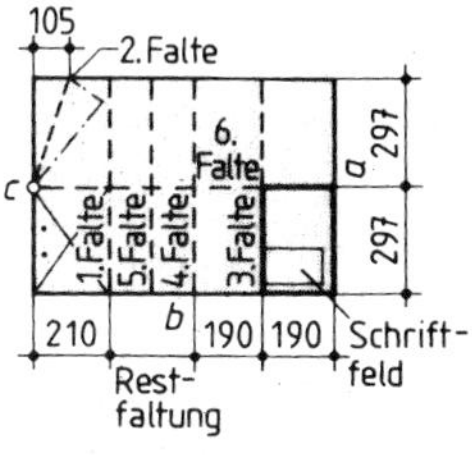
A2 420 × 594	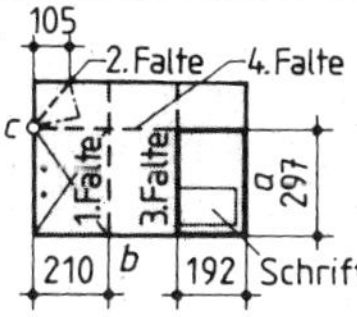	A3 297 × 420	
A4 210 × 297	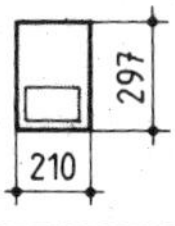	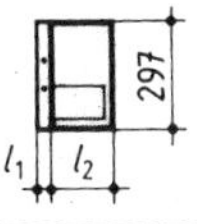	Maße an der Zeichnung fertig gefaltet zum Einheften

Format	l_1	l_2
A0 A1 A3	20	190
A2	18	192

Faltmarken an den Blatträndern angeben

[1]) Maße der beschnittenen Zeichnung bzw. beschnittenen Lichtpause

Tafel 1b Zeichenfläche

Format	A4	A3	A2	A1	A0
Zeichenfläche nach DIN EN ISO 5457	200 × 287	287 × 410	410 × 584	584 × 831	831 × 1179

Jedes Blatt erhält in der Regel ein Schriftfeld mit oder ohne Rand in der rechten unteren Ecke. Es enthält:

- Namen des Bauherrn
- die Bezeichnung des Projektes, Bauteiles
- Datum
- Name des für die Zeichnung Verantwortlichen/Verfassers mit Prüf- und Anerkennungsvermerken
- Art und Inhalt der Bauzeichnung
- Maßstab
- Änderungsvermerk mit Datum
- Toleranzen und dergleichen.

Bild 1 zeigt ein Beispiel.

Bauherr			
Bauvorhaben			
Bauteil			
Ausführende Baufirma			
Architekturbüro / Ingenieurbüro / Planungsbüro			
bearbeitet: gezeichnet: geprüft: Datum:		Maßstäbe	Blatt-Nr
Änderungen	Nr	Datum	bearbeitet
	a		
	b		
	c		
	d		
	e		
	Blattgröße:		Fläche:

Bild 1
Schriftfeld, Beispiel

1.2 Maßeinheiten und Maßstäbe

Die Wahl der Maßeinheiten (s. DIN 1356-1) richtet sich nach der Art des Bauwerks und der Bauart. Tafel 2a zeigt die Möglichkeiten. Ganzzahliger und gebrochener Teil einer Zahl können durch ein Komma oder einen Punkt getrennt werden.

Tafel 2a Maßeinheiten

		1	2	3	4
	Maß-einheit, Bemaßung in	Maße unter 1 m z. B.			Maße über 1 m z. B.
1	cm	5	24	88,5	313,5
2	m und cm	5	24	88^5	$3{,}13^5$
3	mm	50	240	885	3135

Maßstäbe sind vorzugsweise nach DIN ISO 5455 zu wählen, s. Tafel 2b. Darüber hinaus darf auch die Maßstabsreihe 1:2,5; 1:25; 1:250 usw. verwendet werden. Der verwendete Maßstab wird im Schriftfeld notiert. Werden mehrere Maßstäbe in einer Zeichnung verwendet, so werden die abweichenden Maßstäbe an die zugehörigen Zeichnungsteile geschrieben. S.a. DIN 1356-1.

Tafel 2b Maßstäbe

Kategorie	Empfohlene Maßstäbe			Bemerkung
Vergrößerungsmaßstäbe	50:1 5:1	20:1 2:1	10:1	Der Maßstab ist das Verhältnis der in einer Originalzeichnung dargestellten linearen Maße eines Bereiches zur wirklichen Abmessung desselben Bereiches eines Gegenstandes. Er wird größer, wenn sein Verhältniswert zunimmt. Er wird kleiner, wenn sein Verhältniswert abnimmt.
Natürlicher Maßstab			1:1	
Verkleinerungsmaßstäbe	1:2 1:20 1:200 1:2000	1:5 1:50 1:500 1:5000	1:10 1:100 1:1000 1:10000	

1.3 Linienarten und Linienbreiten

Für Bauzeichnungen sind die Linienarten der Tafel 3 anzuwenden, s. a. DIN 15-1. Linienbreiten sind vorzugsweise nach Tafel 4 zu wählen.
Die Anwendungsbereiche sind in den Tafeln 5 und 6 angegeben. S. a. DIN 1356-1.

Tafel 3a Linienarten

	Vollinie
	Strichlinie
	Strichpunktlinie
	Freihandlinie

Tafel 3b Strichlinie und Strichpunktlinie

Linienart	Strichlinie breit	Strichlinie schmal	Strichpunktlinie schmal	Strichpunktlinie breit
Länge des langen Striches ≈	10*d*	20*d*	40*d*	20*d*
Länge des kurzen Striches (Punktes) und/oder des Abstands ≈	2,5*d*	5*d*	5*d*	2,5*d*

Tafel 4 Linienbreiten

Linienbreite (*d*) mm	0,13	0,18	**0,25**	**0,35**	**0,5**	**0,7**	1	1,4	2

Fettgedruckte Maße sind zu bevorzugen. Abstufungsverhältnis der Linienbreiten: DIN 15 = 1 : 0,7 : 0,5 DIN 1356 = 2 : 1 : 0,5. Die Liniengruppen 0,7 und 0,5 sind vorzugsweise anzuwenden. Die Breite der Linien verspringt in allen Zeichnungen von der Außenkante der Begrenzung nach innen, damit das genaue Außenmaß des Bauteils erhalten bleibt.

Tafel 5 Linienbreiten in mm und Anwendung allgemein

Linienart	Anwendungsbereich allgemein	Liniengruppe			
		I*)	II	III*)	IV**)
		Zuordnung zu Maßstab			
		≦1:100		≧1:50	
		Linienbreite			
Vollinie breit	Begrenzung von Schnittflächen	0,5	0,7	1,0	1,4
Vollinie schmal	Sichtbare Kanten und sichtbare Umrisse von Bauteilen, Begrenzung von Schnittflächen schmaler oder kleiner Bauteile	0,25	0,35	0,5	0,7
Vollinie fein	Maß-, Maßhilfs-, Hinweis-, Lauflinien, Begrenzung von Ausschnittdarstellungen, vereinfachte Darstellungen	0,18	0,25	0,35	0,5
Strichlinie schmal	Verdeckte Kanten und Umrisse von Bauteilen	0,25	0,35	0,5	0,7
Strichpunktlinie breit	Kennzeichnung der Lage der Schnittebenen	0,5	0,7	1,0	1,4
Strichpunktlinie fein	Achsen	0,18	0,25	0,35	0,5
Punktlinie	Bauteile vor bzw. über der Schnittebene	0,25	0,35	0,5	0,7
Maßzahlen	Linienbreite	0,18	0,25	0,35	0,5
	Schriftgröße	2,5	3,5	5,0	7,0

*) Die Liniengruppe I ist nur dann anzuwenden, wenn eine Zeichnung angefertigt mit der Liniengruppe III im Verhältnis 2:1 verkleinert wurde, und die Verkleinerung weiterbearbeitet werden soll. In der Zeichnung mit der Liniengruppe III ist dann für die Schriftgröße der Maßzahlen 0,5 mm zu wählen. Die Liniengruppe I erfüllt nicht die Anforderungen der Mikroverfilmung.
**) Die Liniengruppe IV ist für Ausführungszeichnungen anzuwenden, wenn eine Verkleinerung, z. B. vom Maßstab 1:50 in den Maßstab 1:100 vorgesehen ist, und die Verkleinerung den Anforderungen der Mikroverfilmung zu entsprechen hat. Die Verkleinerung kann dann ggf. mit den Breiten der Liniengruppe II weiterbearbeitet werden.

Tafel 6 Stricharten und Strichstärken und wichtigste Anwendung bei Zeichnungen der Tragwerksplanung

Linienarten	Wichtigste Anwendung bei Schalplänen und Rohbauzeichnungen	Wichtigste Anwendung bei Bewehrungszeichnungen	Liniengruppe				
			IV	III	II	I	
			Maßstab der Zeichnung				
			1:1	1:5 1:10	1:50	1:100	1:200
			Vorzugsweise zu wählende Linienbreite in mm				
Vollinie breit ———	Begrenzung von Flächen geschnittener Bauteile	Bewehrungsstäbe, unmaßstäbliche Stabform (Stabauszug)	1,4	1	0,7	0,5	0,35
Vollinie schmal ———	Sichtbare Kanten von Bauteilen, Begrenzung schmaler oder kleiner Flächen geschnittener Bauteile, Maßzahlen, kleinste Beschriftung	Schalkanten (Ansichts- oder Schnittkanten), Umrisse der Formnummern, Umrisse der Betonstahlmatten	0,7	0,5	0,35	0,25	0,18
Vollinie fein ———	Rasterlinien, Maßlinien, Maßhilfslinien, Hinweislinien, Pfeile, Lauflinien, Höhenlagen, Schraffuren, Hinweisschilder	Maßlinie Verlegelinie Diagonale bei Mattenkennzeichnung	0,5	0,35	0,25	0,18	0,13
Strichlinie schmal – – – –	Unsichtbare Kanten von Bauteilen	Schalkanten (verdeckt) Anschlußbewehrung	0,7	0,5	0,35	0,25	0,18
Strichlinie fein - - - - - -	Nebenrasterlinien	Suchlinie	0,5	0,35	0,25	0,18	0,13
Strichpunktlinie breit —·—	Kennzeichnungen von Schnittebenen	Kennzeichnung von Schnitten	1,4	1	0,7	0,5	0,35
Strichpunktlinie schmal —·—	Stoffachsen, Symmetrieachsen	Achsen Mattensymbol Spannglied (— ·· — ·· —)	0,7	0,5	0,35	0,25	0,18
Strichpunktlinie fein —·—	Kennzeichnung von Änderungen im Schnittverlauf	–	0,5	0,35	0,25	0,18	0,13
Freihandlinie ~~~	Kennzeichnung von Holz im Schnitt	–	0,5	0,35	0,25	0,18	0,13
Punktlinie fein	abzubrechende oder nebensächliche Bauteile, Bauteile vor bzw. über der Schnittebene	–	0,7	0,5	0,35	0,25	0,18

1.4 Kennzeichnung von Schnittflächen

Schnittflächen sind durch breite Vollinien besonders hervorzuheben und gemäß Tafel 7a (DIN 1356-1) oder 7b (DIN 201) zu kennzeichnen. Bauteile von Um- und Anbauten können auch gemäß Tafel 8 gekennzeichnet werden.

Tafel 7a Kennzeichnung der Schnittflächen nach DIN 1356-1.

Spalte / Zeile	1 Anwendungsbereich	2 Kennzeichnung
1	Boden	
2	Kies	
3	Sand	
4	Beton (unbewehrt)	
5	Beton (bewehrt)	
6	Mauerwerk	
7	Holz, quer zur Faser geschnitten	
8	Holz, längs zur Faser geschnitten	
9	Metall	
10	Mörtel, Putz	
11	Dämmstoffe	
12	Abdichtungen	
13	Dichtstoffe	

Tafel 7b Kennzeichnung der Schnittflächen nach DIN 201

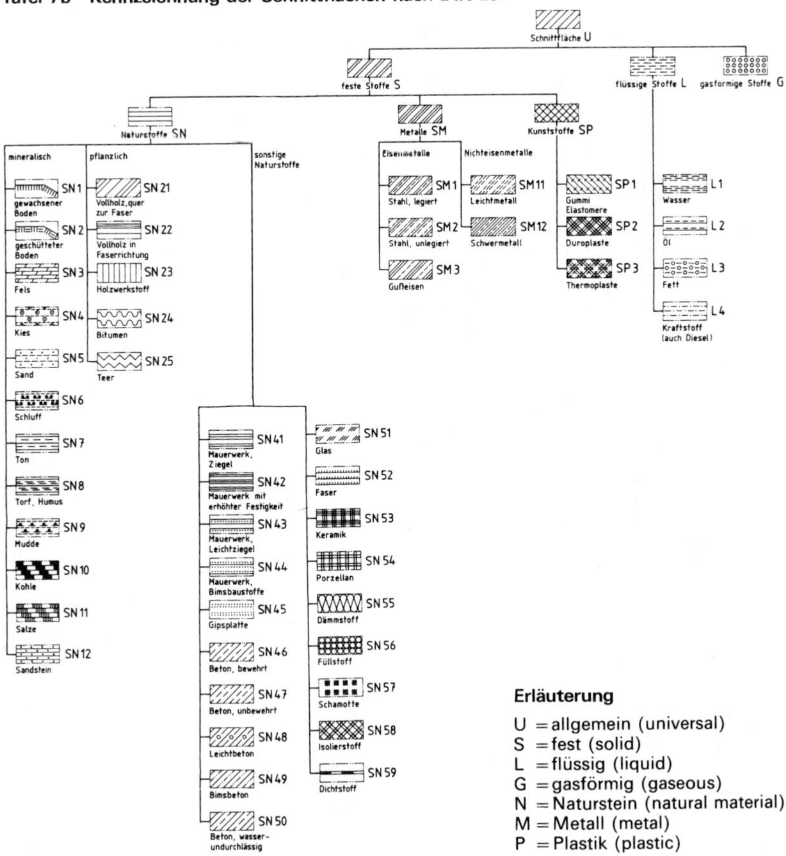

Erläuterung

U = allgemein (universal)
S = fest (solid)
L = flüssig (liquid)
G = gasförmig (gaseous)
N = Naturstein (natural material)
M = Metall (metal)
P = Plastik (plastic)

Tafel 8 Darstellung von Um- und Anbauten

Umrisse, Maße und Information im Text

Absicht	zu machende Angabe in der bestehenden Zeichnung	zu machende Angabe in der neuen Zeichnung
Bestehender Teil, der erhalten bleiben soll	(keine Vereinbarung)	– schmale Linie
Bestehender Teil, der abgerissen werden soll		 – schmale Linie mit Kreuzen
Neuer Teil	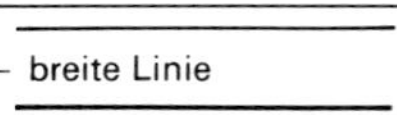 – breite Linie – Linie breiter als andere in derselben Zeichnung	– breite Linie
Bestehende Maße und Informationen, die erhalten bleiben sollen	(keine Vereinbarung)	1370 INFORMATION
Maße und Informationen zu abzureißenden bestehenden Teilen[1])	~~1370~~ ~~INFORMATION~~ – schmale Linie durch das Maß oder den Text	
Maße und Informationen für neue Teile	1370	INFORMATION

Darstellung von Bauwerken und Teilen von Gebäuden

Absicht	zu machende Angabe auf der bestehenden Zeichnung	zu machende Angabe auf der neuen Zeichnung
Bestehender, zu erhaltender Teil	(keine Vereinbarung)	
Bestehender, abzureißender Teil	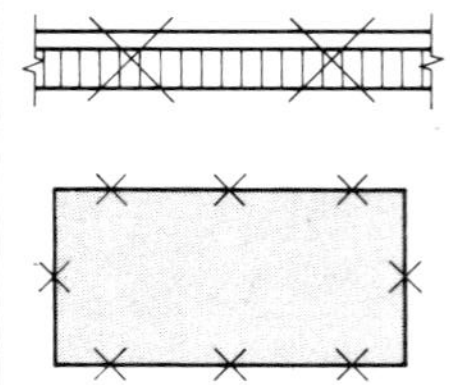	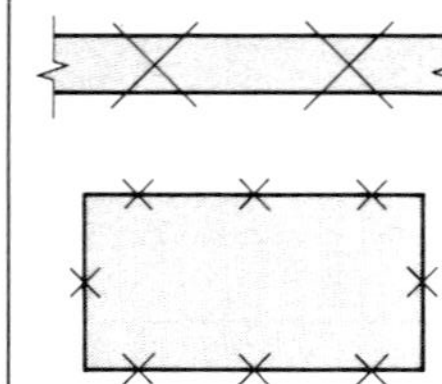
Neuer Teil	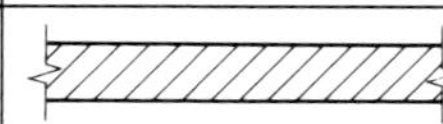 – Schraffur oder Schattierung, deutlich unterscheidbar von der bestehenden Schraffur	 – Schraffur oder Schattierung in Übereinstimmung mit ISO 4069
Schließung einer Öffnung im bestehenden Bauwerk	 – Schraffur oder Schattierung, deutlich unterscheidbar von der bestehenden Schraffur	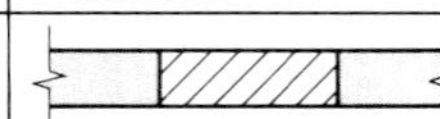 – Schraffur oder Schattierung in Übereinstimmung mit ISO 4069

[1]) Es kann nützlich sein, zwischen ursprünglichen und neuen Maßen und Textinformation zu unterscheiden. Dies kann durch verschiedene Schriftgrößen oder durch die Schreibweise der Ziffern und des Textes geschehen.

1.5 Bemaßung

Hinsichtlich der Bemaßung und Beschriftung soll das Schriftbild der DIN 6776 entsprechen, s.a. DIN 1356-1.

Bemaßt werden Punkte, Schichten, Strecken und Winkel. Maße – in aller Regel Rohbaumaße – werden entweder zwischen den Begrenzungslinien der bemaßten Figur eingetragen oder mittels Maßhilfslinien herausgezogen.

Im Regelfall besteht die Bemaßung aus Maßzahl, Maßlinie, Maßlinienbegrenzung und ggf. Maßhilfslinie. Maßzahlen werden im Regelfall mittig über der zugehörigen durchgezogenen Maßlinie so angeordnet, daß sie in der Gebrauchslage der Zeichnung von unten bzw. von rechts zu lesen sind. Die Schriftgröße der Maßzahlen und die Linienbreite wird nach Tafel 9 gewählt.

Tafel 9 Schriftgröße und Linienbreite von Maßzahlen in mm

	Schriftgröße	Linienbreite
für Darstellungen im Maßstab 1:50 und größer (z.B. 1:20)	5,0	0,35
für Darstellungen im Maßstab 1:100 und kleiner (z.B. 1:200)	3,5	0,25

Maßlinien sind feine Vollinien. Sie werden zwischen den Begrenzungslinien des Objektes (z.B. Schnittfläche) oder zwischen Maßhilfslinien gezeichnet.

Als Maßlinienbegrenzung (s. DIN 1356-1 und DIN 406-11) kann der Punkt oder der Schrägstrich gewählt werden. Ausnahmsweise werden auch Begrenzungspfeile verwendet. Für den Punkt wird ein Schreibgerät für die 1,5-fache Breite der breiten Linie gewählt (also ein Schreibgerät für 1,0 oder 1,4 mm Linienbreite). Der Schrägstrich wird als schmale Linie in Leserichtung (der Maßzahl) von links unten nach rechts oben geführt.

Maße, die nicht zwischen den Begrenzungslinien der Flächen eingetragen werden, sind mittels Maßhilfslinien herauszuziehen. Sie stehen im allg. rechtwinklig zur Maßlinie und gehen etwas über diese hinaus. Sie sind von den zugehörigen Flächenbegrenzungen bzw. Körperkanten abzusetzen (DIN 1356-1).

Bemaßt wird im allg. rechts von bzw. unter der bemaßten Figur. Bei mehreren parallelen Maßketten stehen zusammenfassende Maße außen. Wird in Grundrissen bei der Bemaßung von Wandöffnungen (z.B. Türen und Fenster) neben der Öffnungsbreite auch die Höhe angegeben, so steht die Höhenangabe unter der Maßlinie. Höhen werden als Höhendifferenzen (mit Maßlinien) und als Höhenkoten mit Dreiecken angegeben, wobei die Dreiecksspitze die bemaßte Schicht berührt. Für Rohbaumaße werden schwarze Dreiecke verwendet, für Fertigmaße weiße Dreiecke, Tafel 10 und Bild 2. Im Regelfall hat die Oberfläche des fertigen Fußbodens im Erdgeschoß die Höhenlage ±0. Geschoßhöhen zählen von Oberkante fertiger Fußboden bis Oberkante fertiger Fußboden (des nächsten Geschosses). Brüstungshöhen zählen von Oberkante (OK) Rohdecke bis Unterkante der Mauerwerksöffnung (Rohbau). Rechteckquerschnitte werden durch Angabe von Breite/Höhe vermaßt (z.B. 8/16). Vor einer Durchmesserangabe steht das Zeichen ∅, vor einer Radiusangabe der Buchstabe R.

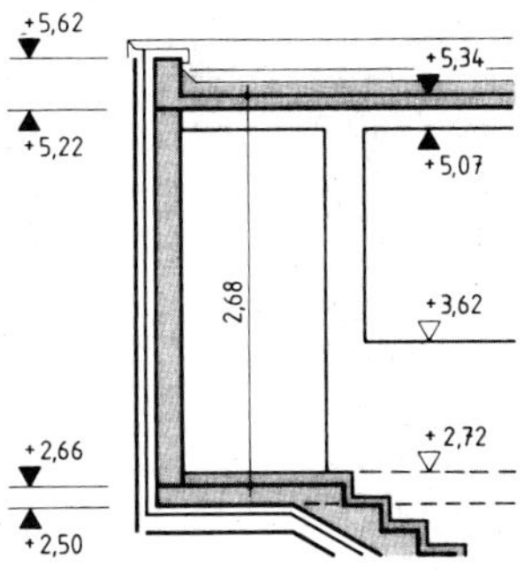

Bild 2 Höhenangaben in Schnitten

Tafel 10 Höhenkoten, Symbole

Höhenangabe Oberfläche		Höhenangabe Unterfläche	
Fertigkonstruktion	▽	Fertigkonstruktion	△
Rohkonstruktion	▼	Rohkonstruktion	▲

1.6 Darstellung von Treppen und Aussparungen

Bei Treppen im Grundriß wird neben den Stufen die Lauflinie gezeichnet. Sie beginnt in einem Kreis an der untersten Stufe (Antritt) und endet mit einem 45°-Pfeil an der obersten Stufe, (Austritt) Tafel 11.

Aussparungen, deren Tiefe kleiner ist als die Bauteiltiefe, werden durch einen (schmalen) Diagonalstrich von links unten nach rechts oben kenntlich gemacht, Bild 3. Aussparungen, deren Tiefe gleich der Bauteiltiefe ist (Durchbrüche), werden durch (schmale) Diagonalstriche kenntlich gemacht. Deckenöffnungen werden in Grundrissen auch durch Andeutung eines Schattens kenntlich gemacht.

Tafel 11 Treppen und Rampen

Einläufige Treppe	Zweiläufige Treppe	Spindeltreppe
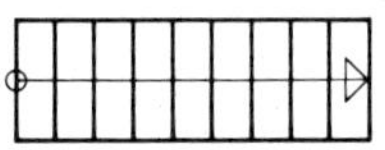	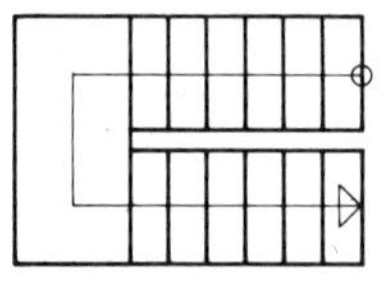	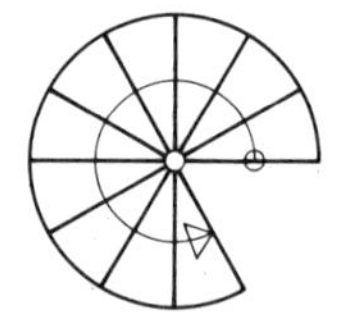
Treppenlauf, horizontal geschnitten, mit darunterliegendem Lauf	Treppenlauf, horizontal geschnitten, mit Darstellung des Laufes oberhalb der Schnittebene (Grundriß Typ A)	Rampe, Darstellung von geschnittenen Rampen erfolgt sinngemäß der Darstellung von geschnittenen Treppen
	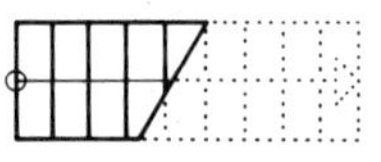	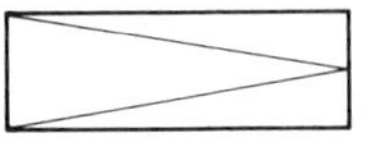

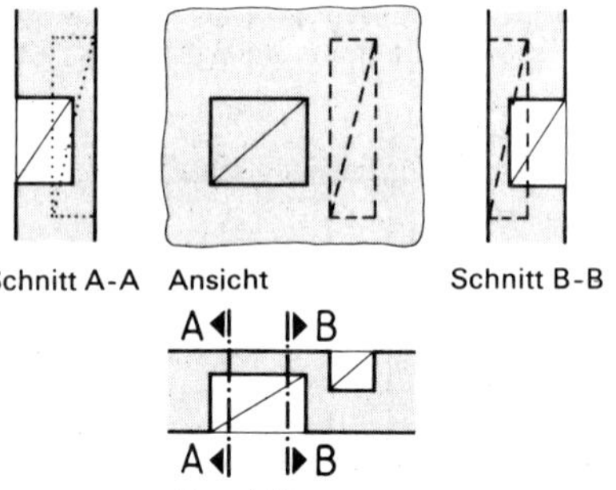

Bild 3 Aussparungen, deren Tiefe kleiner als die Bauteiltiefe ist (Nischen)

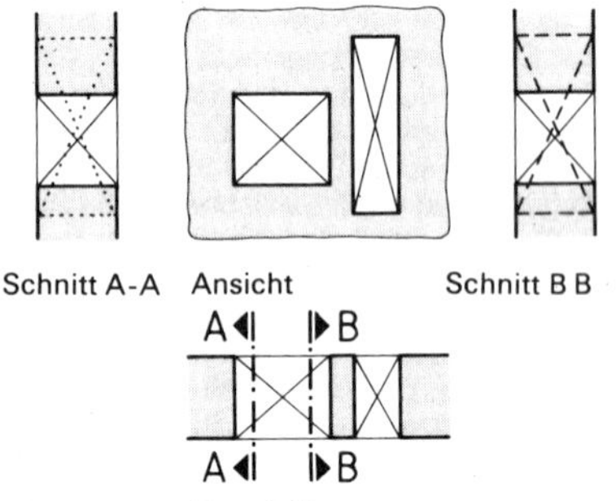

Bild 4 Aussparungen deren Tiefe gleich der Bauteiltiefe ist (Durchbruch)

1.7 Darstellung von Fenstern und Türen

Türen und Fenster werden in der Ansicht und im Grundriß wie in Tafel 12 gezeigt dargestellt.

Tafel 12 Darstellung von Wandöffnungen im Grundriß und in der Ansicht

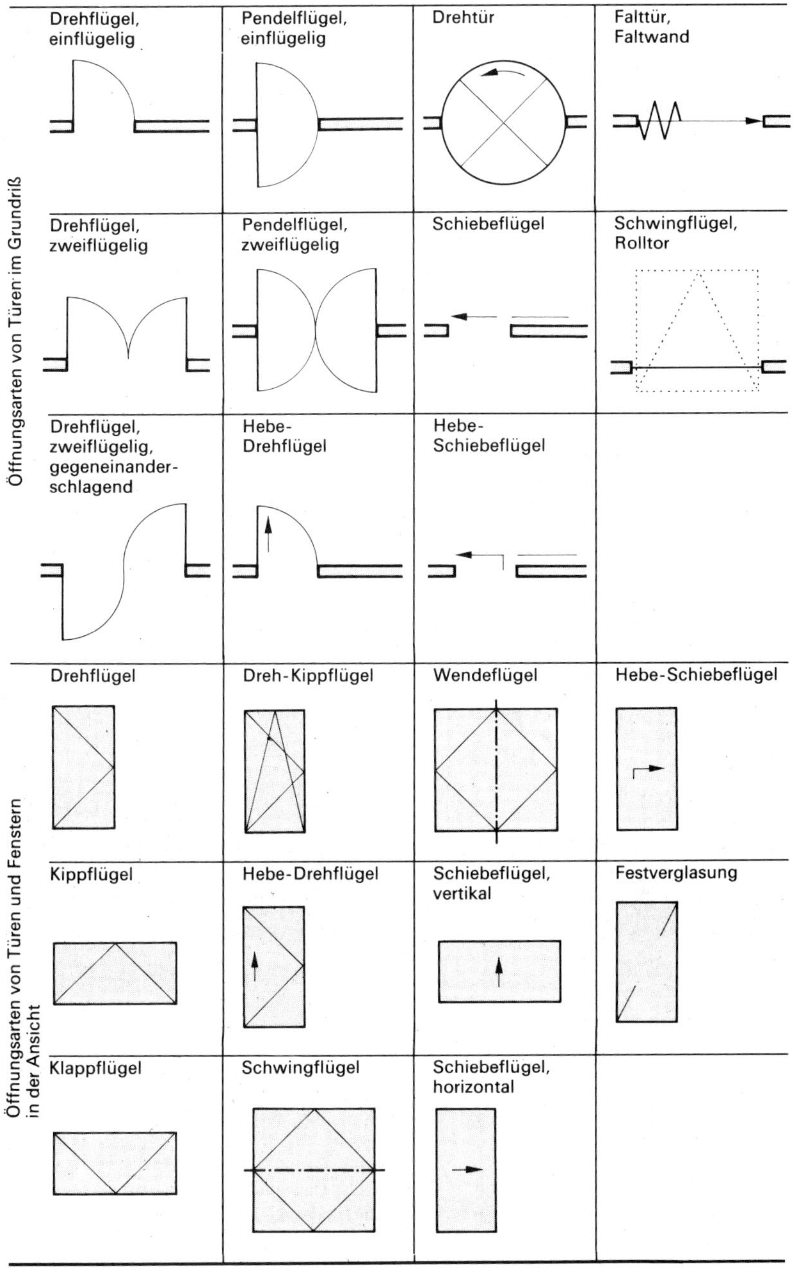

2 Darstellung von Bauobjekten

Bauobjekte werden als Parallelschaubild und/oder in Draufsicht, Ansichten, Grundrissen und Schnitten dargestellt.

2.1 Parallelschaubild

Ein Parallelschaubild kann konstruiert werden (E DIN ISO 5456-3)

- als gleichmaßiges Parallelschaubild (Isometrie), wenn Draufsicht, Vorder- und Seitenansicht in gleichem Maße verkürzt, aber unverzerrt dargestellt werden sollen (Bild 5, a),
- als zweimaßiges Parallelschaubild (Dimetrie), wenn die Vorderansicht als wesentlich herausgestellt werden soll (Bild 5, b),
- als frontales Parallelschaubild (Kabinettprojektion), wenn die Vorderansicht unverkürzt und unverzerrt dargestellt werden soll, Draufsicht und Seitenansicht aber stark verkürzt und verzerrt sein können (Bild 5, c),
- als sogenannte planometrische Projektion, wenn die Draufsicht unverkürzt und unverzerrt dargestellt werden soll, Vorderansicht und Seitenansicht aber stark verkürzt und verzerrt sein können (Bild 5, d).

a) Isometrische Projektion

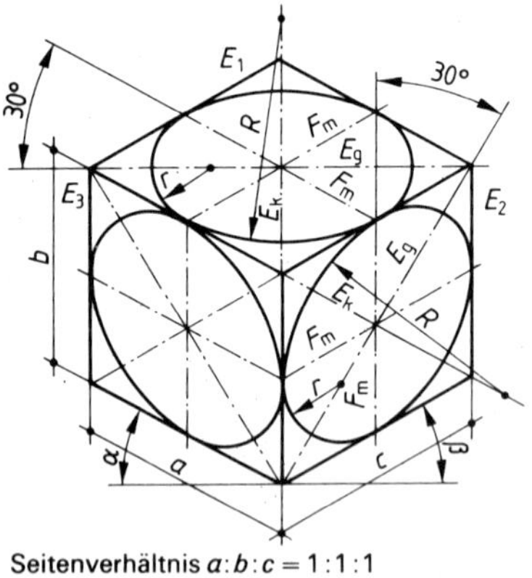

Seitenverhältnis $a:b:c = 1:1:1$

$\alpha = 30°$ $\beta = 30°$

Flächenmittellinie F_m = Kantenlänge a

Verhältnis der Ellipsenachsen $\approx 1:1,7$

Ellipse E_1 ... große Achse waagerecht

Ellipse E_2 und E_3 ... große Achse rechtwinklig zu 30°

Große Ellipsenachse $E_g \approx 1,2 \cdot a$

Kleine Ellipsenachse $E_k \approx E_g:1,7$

Ellipsenradien ... $R \approx 1,04 \cdot a$, $r \approx R:3,8$

b) Dimetrische Projektion

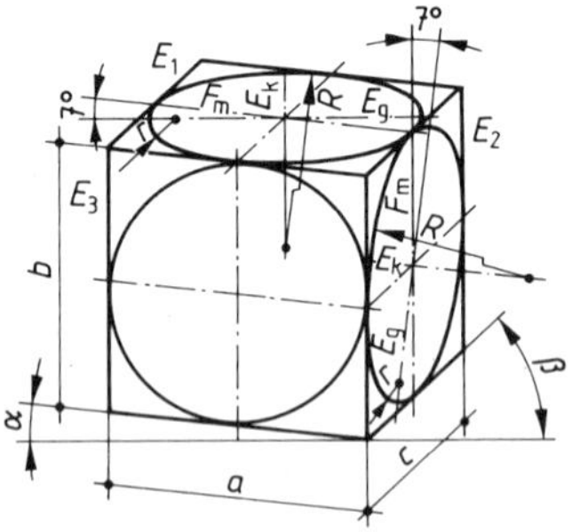

Seitenverhältnis $a:b:c = 1:1:{}^1/_2$

$\alpha = 7°$ $\beta = 42°$

Flächenmittellinie F_m = Kantenlänge a

Achsenverhältnis bei E_1 und $E_2 \approx 1:3$

Achsenverhältnis bei Ellipse $E_3 \approx 1:1$

Ellipse E_1 ... große Achse waagerecht

Ellipse E_2 ... große Achse rechtwinklig zu 7°

Große Ellipsenachse $E_g \approx 1,06 \cdot a$

Kleine Ellipsenachse $E_k \approx E_g:3$

Ellipsenradien ... $R \approx 1,5 \cdot a$, $r \approx R:20$

Bild 5 Parallelschaubilder (s. auch S. 17)

c) Kabinettprojektion

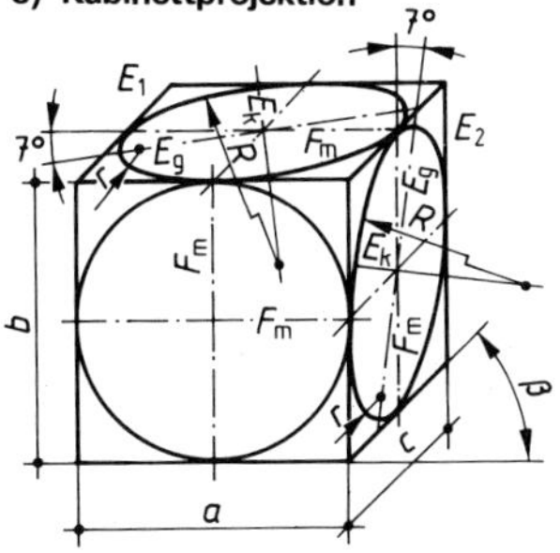

Seitenverhältnis $a:b:c = 1:1:{}^1/_2$, $\beta = 45°$
Flächenmittellinie F_m = Kantenlänge a
Achsenverhältnis bei Ellipse E_1 und $E_2 \approx 1:3{,}2$
Ellipse E_1 ... große Achse um ≈ 7° geneigt
Ellipse E_2 ... große Achse rechtwinklig zu 7°
Große Ellipsenachse $E_g \approx 1{,}07 \cdot a$
Kleine Ellipsenachse $E_k \approx E_g:3{,}2$
Ellipsenradien ... $R \approx 1{,}5 \cdot a$, $r \approx R:20$

Häufig gebrauchte Wertepaare:

Verzerrungswinkel	β	30°	45°	60°
Verzerrungsmaßstab	k	$^2/_3$	$^1/_2$	$^1/_3$

d) planometrische Projektion

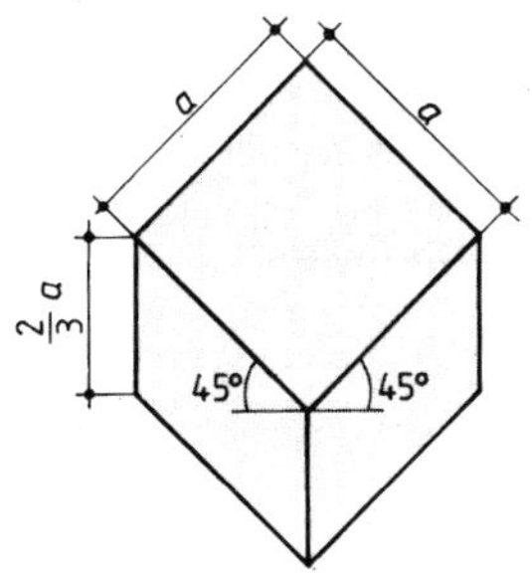

2.2 Draufsicht, Ansicht, Grundriß und Schnitt nach DIN 1356-1

Die Draufsicht eines Bauobjektes ist die maßstäbliche Abbildung auf einer horizontalen Bildtafel in orthogonaler Parallelprojektion. Die Bildtafel liegt unter dem darzustellenden Objekt, die Projektionsrichtung ist von oben nach unten. Von oben sichtbare Begrenzungen und Knickkanten werden durch Vollinien dargestellt (Bild 6, a).

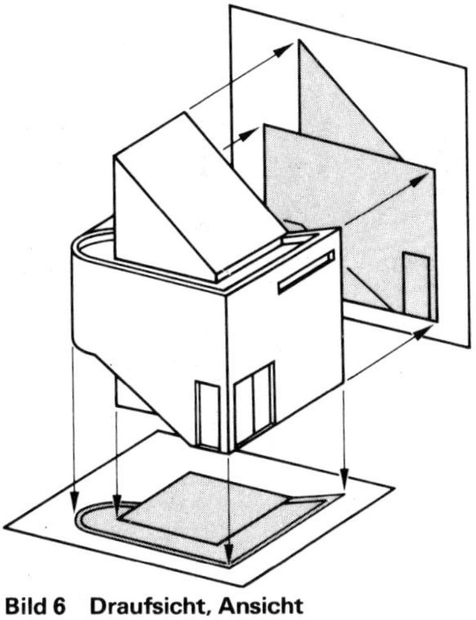

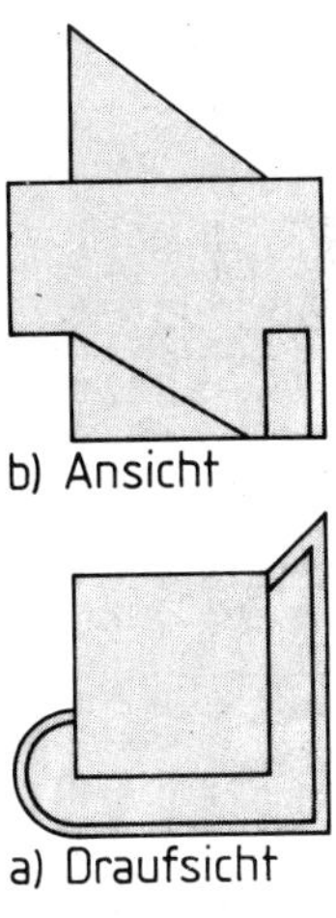

Bild 6 Draufsicht, Ansicht

Die Ansicht ist die maßstäbliche Abbildung eines Bauobjektes auf einer vertikalen Bildtafel in orthogonaler Parallelprojektion. Die Bildtafel wird hinter dem darzustellenden Objekt gewählt, die Projektionsrichtung geht von vorn – d.h. von der darzustellenden Seite des Objektes – nach hinten. Von vorn sichtbare Begrenzungen und Knickkanten werden durch Vollinien dargestellt (Bild 6, b).

Der Grundriß kann als Typ A und Typ B konstruiert werden. Der Grundriß Typ A (Bild 7, a) ist die Draufsicht auf den unteren Teil eines waagerecht geschnittenen Bauobjektes. Dabei werden von oben sichtbare Begrenzungen und Knickkanten durch Vollinien dargestellt. Wo die Schnittebene durch Bauteile (Wände, Treppenläufe u.ä.) verläuft, entstehen Schnittflächen, die in der Zeichnung besonders hervorgehoben werden. Unterhalb der Schnittebene liegende verdeckte Begrenzungen und Knickkanten werden durch Strichlinien dargestellt. Begrenzungen und Knick-

a) Grundriß Typ A

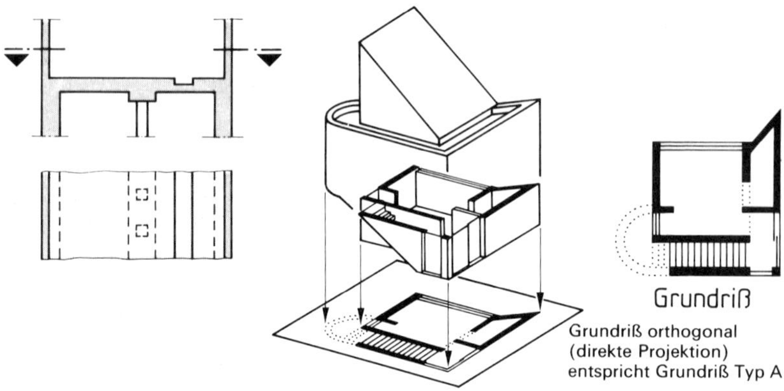

b) Grundriß Typ B

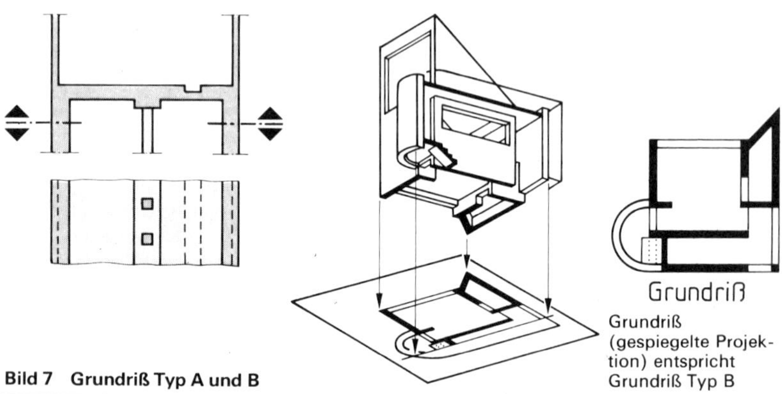

Bild 7 Grundriß Typ A und B

kanten von Bauteilen, die oberhalb der Schnittebene liegen (Deckenöffnungen, Wände, Wandvorsprünge usw.) werden ggf. durch Punktlinien dargestellt. Die horizontale Schnittebene ist so zu wählen, daß wesentliche Einzelteile des Bauwerks – Wände, Wandöffnungen, Treppen usw. – geschnitten werden. Gegebenenfalls muß die Schnittebene dazu verspringen.

Der Grundriß Type B (Bild 7, b) ist die gespiegelte Untersicht unter dem oberen Teil eines waagerecht geschnittenen Bauobjektes. Dabei werden alle tragenden Bauteile im jeweiligen Geschoß (Stützen, Wände, Unterzüge usw.) zusammen mit der Decke über diesem Geschoß dargestellt („Blick in die leere Schalung"). Von unten sichtbare Begrenzungen und Knickkanten des oberen Teilbaukörpers werden durch Vollinien dargestellt. Schnittflächen werden besonders hervorgehoben. Oberhalb der Schnittebene liegende verdeckte Begrenzungen und Knickkanten (Überzüge, Wände, Wandvorsprünge usw.) werden durch Strichlinien dargestellt. Begrenzungen und Knickkanten von Bauteilen, die unterhalb der Schnittebene liegen, werden ggf. durch Punktlinien dargestellt. Die horizontale Schnittebene ist so zu wählen, daß Gliederung und konstruktiver Aufbau des Tragwerkes deutlich werden.

Der Schnitt ist die Ansicht des hinteren Teils eines senkrecht geschnittenen Bauobjektes. Die von vorn sichtbaren Begrenzungen und Knickkanten dieses hinteren Teilbaukörpers werden durch Vollinien dargestellt. Schnittflächen werden besonders hervorgehoben. Hinter der Schnittebene liegende verdeckte Begrenzungen und Knickkanten werden durch Strichlinien dargestellt. Begrenzungen und Knickkanten des Teilbaukörpers, der vor der Schnittebene liegt, werden ggf. als Punktlinien dargestellt. Die Schnittebene soll so gewählt werden, daß komplizierte Teile und Bereiche des Bauobjektes (Treppen u.a.) sichtbar werden (Bild 8).

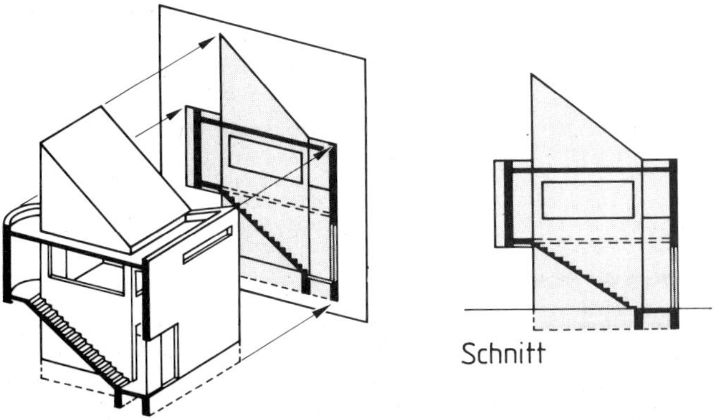

Bild 8 Schnitt

2.3 Anordnung und Zuordnung der Projektionen

Werden die verschiedenen Ansichten eines Bauobjektes gemeinsam auf einem Blatt dargestellt, so sind sie nach Bild 9 anzuordnen (DIN 6-1).

Sollen bei der Darstellung von Innenräumen alle waagerecht eingesehenen Ansichten in unmittelbarem Zusammenhang mit der Draufsicht gebracht werden, so sind diese Ansichten in die Draufsichtebene einzuklappen. Die verschiedenen Ansichten werden dann kranzartig um den Grundriß angeordnet, Bild 10, a.

Müssen die Ansichten in ihrer Höhenentwicklung miteinander zu vergleichen sein, so sind sie als Abwicklung nebeneinander zu reihen, Bild 10, b.

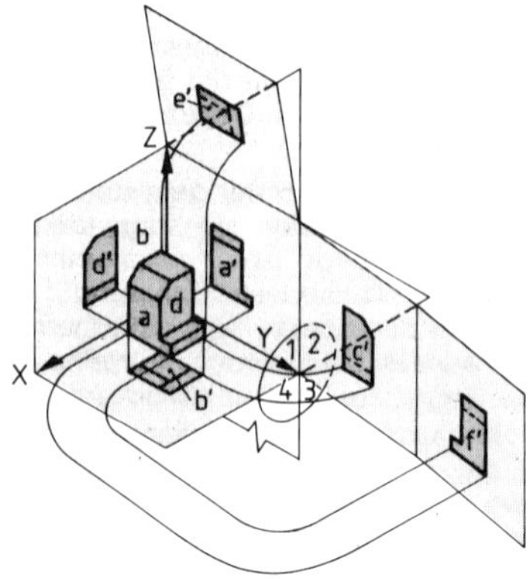

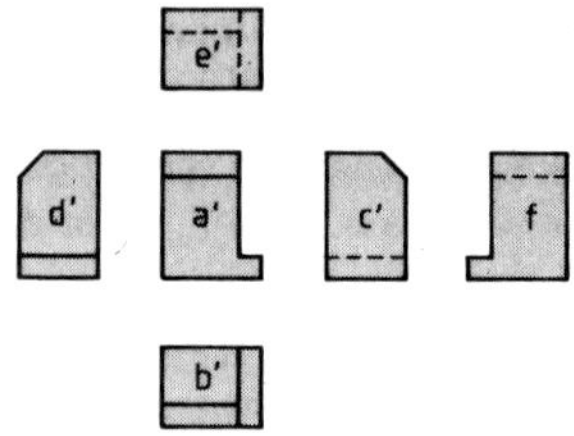

Anordnung der Ansichten nach Projektionsmethode 1

Ansicht des Körpers von vorn = a'
Ansicht von links steht rechts von a'
Ansicht von rechts steht links von a'
Ansicht von oben steht unterhalb von a'
Ansicht von unten steht oberhalb von a'

a) räumliche Darstellung der Projektionsmethode 1

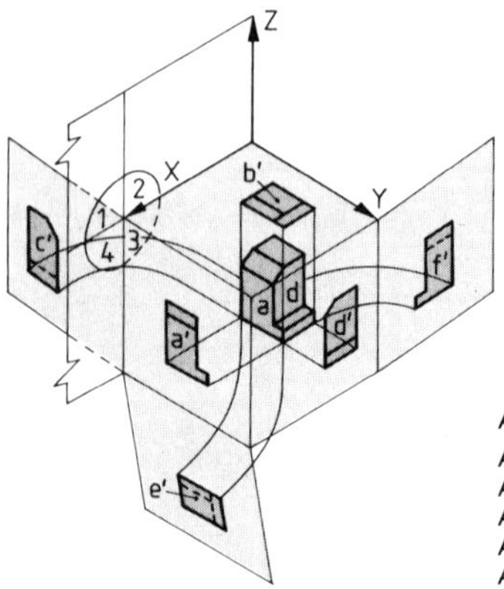

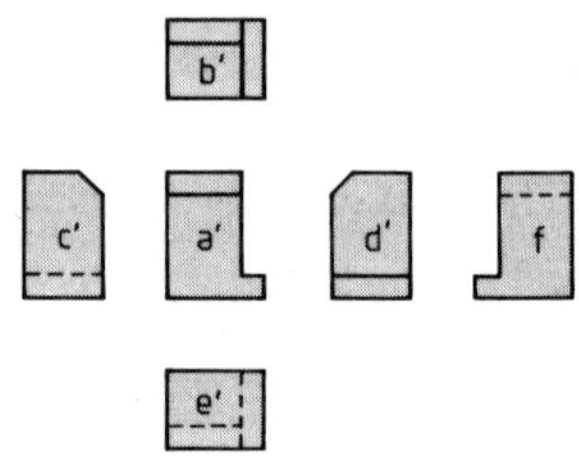

Anordnung der Ansichten nach Projektionsmethode 3

Ansicht des Körpers von vorn = a'
Ansicht von links steht links von a'
Ansicht von rechts steht rechts von a'
Ansicht von oben steht oberhalb von a'
Ansicht von unten steht unterhalb von a'

b) räumliche Darstellung der Projektionsmethode 3

Bild 9 Anordnung der Projektionen

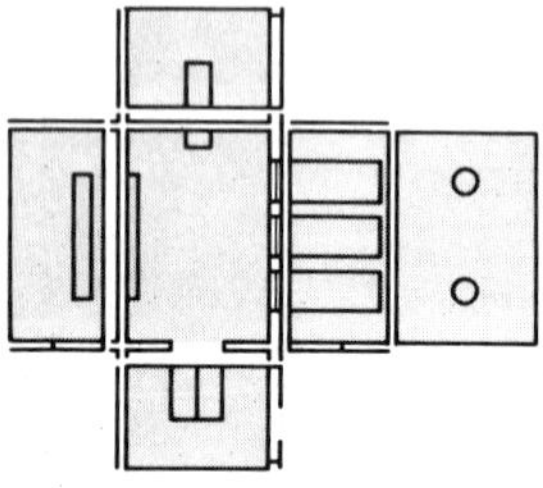

a) Gruppierung um Boden

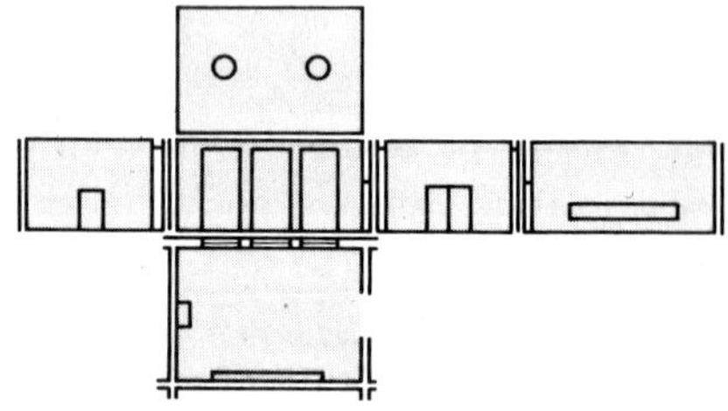

b) Gruppierung um Wand

Bild 10 Darstellung von Innenräumen

3 Thematische Klassifikation

Die Menge der Zeichnungen des Bauwesens läßt sich gliedern entsprechend Bild 11 (s.a. DIN 1356-1).

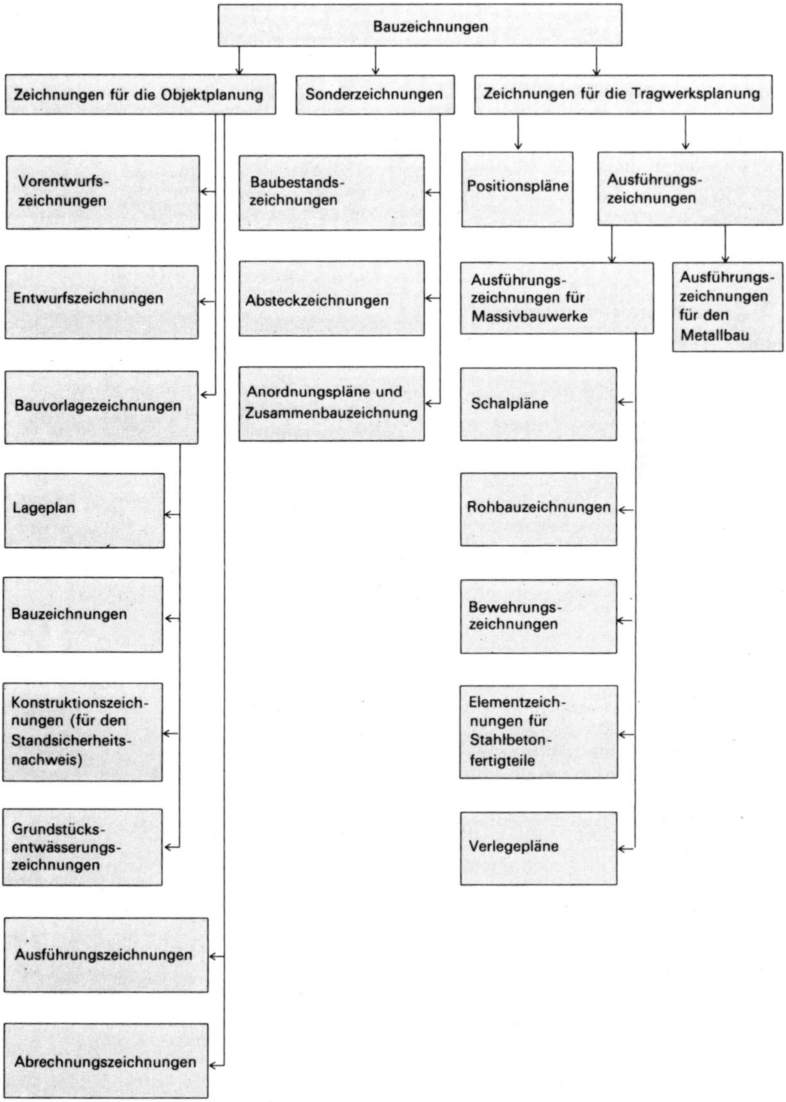

Bild 11 Zeichnungen des Bauwesens

4 Zeichnungen für die Objektplanung

4.1 Vorentwurfszeichnungen

Vorentwurfszeichnungen sind Bauzeichnungen mit zeichnerischer Darstellung eines Entwurfskonzeptes für eine geplante bauliche Anlage. Maßstäbe sind im Regelfall 1 : 500 bzw. 1 : 200. Vorentwurfszeichnungen müssen enthalten

- die Einbindung der baulichen Anlage in ihre Umgebung, z. B. als Darstellung des Bauwerks auf dem Baugrundstück mit Angabe der Haupterschließung und der Nordrichtung;
- die Zuordnung der im Raumprogramm genannten Räume zueinander;
- die angenäherten Maße der Baukörper und Räume, auch als Grundlage für die Berechnungen nach DIN 276 und DIN 277;
- konstruktive Angaben, soweit notwendig;
- Darstellung der Baumassen, Gebäudeformen und Bauteile in Grundrissen, Schnitten und wesentlichen Ansichten mit Verdeutlichung der räumlichen Wirkung, soweit notwendig.

4.2 Entwurfszeichnungen

Entwurfszeichnungen sind Bauzeichnungen mit zeichnerischer Darstellung des durchgearbeiteten Entwurfskonzeptes der geplanten baulichen Anlage. Maßstäbe sind im Regelfall 1 : 100, gegebenenfalls 1 : 200.

Entwurfszeichnungen müssen enthalten

a) in den Grundrissen

die Bemaßung der Lage des Bauwerks im Baugrundstück; Hinweise auf die Erschließung; Angabe der Nordrichtung;

- die Bemaßung der Baukörper und Bauteile;
- die lichten Raummaße des Rohbaus und die Höhenlage des Bauwerks über NN;
- die Raumflächen in m^2;
- Angaben über die Bauart und die wesentlichen Baustoffe;
- Fugen;
- Türöffnungen mit Bewegungsrichtung der Türen, Fensteröffnungen und besondere Kennzeichnung der Gebäudezugänge und ggf. Wohnungszugänge o. ä.;
- Treppen und Rampen mit Angabe der Steigungsrichtung (Lauflinie), Anzahl der Steigungen (nur bei Treppen) und Steigungsverhältnisse;
- Schornsteine, Kanäle und Schächte;
- Einrichtungen des technischen Ausbaus;
- betriebliche Einbauten und Möblierungen;
- Bezeichnung der Raumnutzung und ggf. die Raumnummern;
- bei Änderung baulicher Anlagen die zu erhaltenden, zu beseitigenden und die neuen Bauteile;
- den zu erhaltenden Baumbestand und die geplante Gestaltung der Freiflächen auf dem Grundstück (Verkehrsflächen, Grünflächen);
- die bestehenden und zu berücksichtigenden baulichen Anlagen, wenn notwendig;
- die Lage der vertikalen Schnittebenen.

b) in den Schnitten

- die Geschoßhöhen, ggf. auch lichte Raumhöhen;
- die Höhenlage der baulichen Anlage über NN;
- konstruktive Angaben zur Gründung und zum Dachaufbau;
- Treppen mit Angabe der Anzahl der Steigungen und Steigungsverhältnisse, bei Rampen Steigungsverhältnis;
- den vorhandenen und geplanten Geländeverlauf (Geländeanschnitt);
- ggf. weitere Angaben nach Art des Grundrisses.

c) in den Ansichten

- die Gliederung der Fassade;
- die Fenster- und Türteilungen;
- die Dachrinnen und Regenfalleitungen;
- die Schornsteine und sonstigen technischen Aufbauten;
- die Dachüberstände;
- den vorhandenen und den geplanten Geländeverlauf;
- ggf. die berücksichtigende anschließende Bebauung;
- ggf. weitere Angaben nach Art des Grundrisses.

4.3 Bauvorlagezeichnungen

Bauvorlagezeichnungen sind Entwurfszeichnungen, die durch alle Angaben ergänzt sind, die nach den jeweiligen Bauvorlageverordnungen der Länder oder nach den Vorschriften für andere öffentlich-rechtliche Verfahren gefordert werden. Sie werden im Rahmen der Genehmigungsplanung angefertigt. Maßstäbe sind im Regelfall 1 : 100, ggf. 1 : 200.

4.4 Ausführungszeichnungen

Ausführungszeichnungen sind Bauzeichnungen mit zeichnerischer Darstellung des geplanten Objektes mit allen für die Ausführung notwendigen Einzelangaben. Sie dienen auch als Grundlage der Leistungsbeschreibung. Sie haben die Form von Werkzeichnungen, Teilzeichnungen und Sonderzeichnungen

Werkzeichnungen müssen in jeweils einer Zeichnung oder aufeinander abgestimmten und sich schrittweise ergänzenden Zeichnungen (Baufortschritt) enthalten

a) in den Grundrissen

- alle Maße zum Nachweis der Räumflächen und des Rauminhaltes (lichte Raummaße des Rohbaus);
- vollständige Höhenangaben, Lage des Bauwerks über NN;
- Maße aller Bauteile;
- Türöffnungen mit Bewegungsrichtung der Türen, Fensteröffnungen;
- Treppen und Rampen mit Angabe der Steigungsrichtung (Lauflinie), Anzahl der Steigungen und Steigungsverhältnis, bei Rampen nur Steigungsverhältnis;
- Angabe der Bauart und der Baustoffe, soweit diese nicht den Tragwerksausführungszeichnungen zu entnehmen sind;
- Lage und Verlauf der Abdichtungen und Fugen;
- die Anordnung der betriebstechnischen Anlagen mit Querschnitt der Kanäle, Schächte und Schornsteine;
- alle Angaben über Aussparungen, Schlitze und Einbauteile;
- Geländeanschnitte, welche vorhandene und künftige Höhen erkennen lassen;
- bei Änderung baulicher Anlagen: alle Angaben über zu erhaltende, zu beseitigende und neu zu errichtende Bauteile;
- Hinweise auf weitere Zeichnungen;
- die Raumnummern und die Bezeichnung der Raumnutzung;
- Angaben über die Oberflächenbeschaffenheit verwendeter Baustoffe bei besonderen Anforderungen an die Oberfläche;
- die Anordnung der Einrichtungen des technischen Ausbaus;
- die Anordnung der betrieblichen Einbauten, ggf. in schematischer Darstellung;
- Einbauschränke und Kücheneinrichtungen;
- Verlauf der Grundleitungen;
- Angaben über die Dränung.

b) in den Schnitten

- Geschoßhöhen, ggf. auch lichte Raumhöhen;
- Höhenangaben für Decken und Fußböden (Rohbau- und Fertigmaß), Podeste, Brüstungen, Unterzüge;

- Maße aller Bauteile
- Angaben über die Bauart und über die Baustoffe, soweit diese nicht den Tragwerksausführungszeichnungen zu entnehmen sind;
- Angaben über die Oberflächenbeschaffenheit der Bauteile, bei besonderen Anforderungen an diese Oberfläche;
- Treppen mit Angabe der Anzahl der Steigungen und des Steigungsverhältnisses, bei Rampen nur Steigungsverhältnis;
- Lage und Verlauf der Abdichtungen;
- Angaben und Aussparungen, Schlitze und Einbauteile;
- die Geländeanschnitte, welche die vorhandenen und die künftigen Höhen erkennen lassen;
- Angaben über die Dränung;
- bei Änderung bestehender Anlagen Angaben über zu beseitigende und neu zu errichtende Bauteile;
- Einbauschränke und Kücheneinrichtung;
- Hinweise auf weitere Zeichnungen.

c) in den Ansichten

- Gliederung der Fassade;
- Bemaßung und Höhenangaben, soweit nicht aus Grundriß und Schnitt ersichtlich;
- hinter der Fassade liegende, verdeckte Geschoßdecken und verdeckte Fundamente;
- die Geländeschnitte, welche die vorhandenen und die künftigen Höhen erkennen lassen;
- Fenster und Türen mit Angabe der Teilung und Öffnungsart;
- Dachrinnen und Regenfalleitungen;
- Schornsteine und sonstige technische Aufbauten;
- ggf. die zu berücksichtigende anschließende Bebauung;
- weitere Angaben, soweit Grundriß und Schnitte dies erfordern.

Als Maßstab ist vorzugsweise 1:50, ggf. 1:20 zu wählen.

Detailzeichnungen ergänzen die Werkzeichnungen in bestimmten Ausschnitten im jeweils notwendigen Umfang durch zusätzliche Angaben. Maßstäbe sind 1:20, 1:10, 1:5 und 1:1.

Sonderzeichnungen enthalten zusätzliche Angaben über die Ausführung bestimmter Gewerke. Maßstab nach Tafel 2b wählen.

4.5 Abrechnungszeichnungen

Abrechnungszeichnungen dienen als Grundlage für die Abrechnung und Rechnungsprüfung. Es sind in der Regel die während der Bauausführung fortgeschriebenen Ausführungszeichnungen, ggf. skizzenhaft ergänzt.

4.6 Baubestandszeichnungen, Bauaufnahmen, Benutzungspläne

Baubestandszeichnungen enthalten als fortgeschriebene Entwurfs- und Ausführungszeichnungen alle für den jeweiligen Zweck notwendigen Angaben über die fertiggestellte bauliche Anlage.

Bauaufnahmen sind nachträgliche Maßaufnahmen bestehender Objekte im erforderlichen Umfang und Maßstab.

Benutzungspläne sind Baubestandszeichnungen oder Bauaufnahmen, die durch zusätzliche Angaben über bestimmte baurechtlich, konstruktiv oder funktionell zulässige Nutzungen ergänzt sind (z.B. zulässige Verkehrslasten und Rettungswege).

5 Zeichnungen für die Tragwerksplanung

Tafel 13 definiert die Begriffe Stockwerk, Ebene, Fußboden und gibt Positionsbezeichnungen an für Wände, Stützen, Platten und Balken.

Tafel 13 Stockwerke, Ebenen, Fußböden und Stützen, Platten, Wände und Balken

Stockwerke

Ein Stockwerk bedeutet den Raum, der durch den Abstand zwischen zwei einander folgenden Niveau-Ebenen, begrenzt durch Wände, Decke und Fußböden, einschließlich deren Dicken, gebildet wird. Die Begriffe Stockwerk und Ebene gehören zusammen, dürfen jedoch nicht miteinander verwechselt werden.

Die Stockwerke eines Gebäudes sollen mit einer Ziffernfolge bezeichnet werden. Die Benummerung von unten nach oben beginnt mit einer 1 an der untersten, beliebig nutzbaren Ebene.

Treppen sollen die gleiche Benummerung wie das Stockwerk erhalten, in welchem sie liegen, unabhängig davon, ob sie Zwischenpodeste haben oder nicht.

Die Benummerung gilt nicht nur für den Nutzraum eines gegebenen Stockwerkes, sondern auch für die diesen Raum umschließenden Wände, Decken und Fußböden.

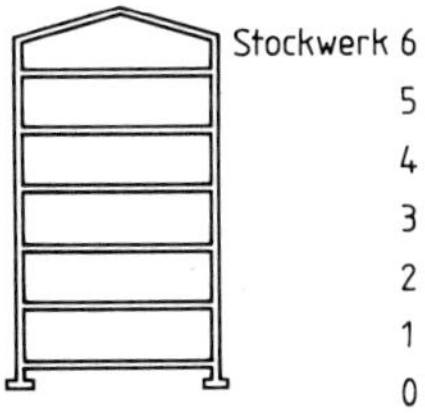

Benummerung von Stockwerken

Fußböden

Die Fußböden (Fußbodenaufbau) werden mit einer Ziffernfolge von unten nach oben in Übereinstimmung mit der Nummer des Stockwerkes, zu dem sie gehören, benummert.

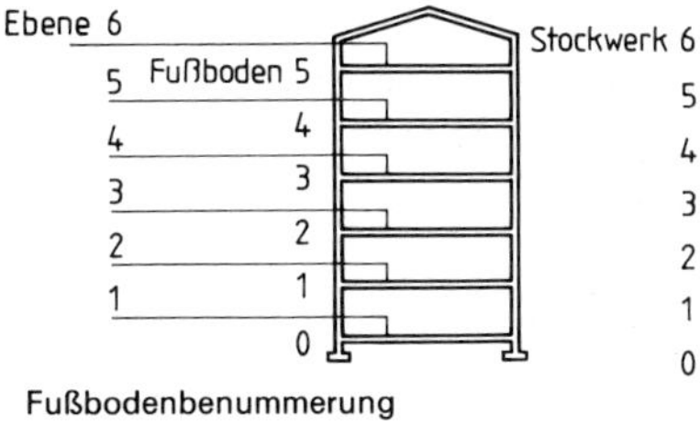

Fußbodenbenummerung

Ebenen

Um den Übergang von einer Stockwerkszahl zur nächsten auszudrücken, wird empfohlen, die Ebene an der Oberkante des tragenden Deckenelementes einzutragen.

Wenn es unterschiedliche Ebenen innerhalb eines Gebäudes gibt, z. B. Halbgeschosse, Versatzhöhen, Treppenabsätze, Rampen usw., soll jede notwendige Angabe gemacht werden, um Irrtümer zu vermeiden. Diese Angaben sollen in Form von Ebenenangaben oder festgelegten Abkürzungen neben der Benummerung des betreffenden Stockwerkes eingetragen werden.

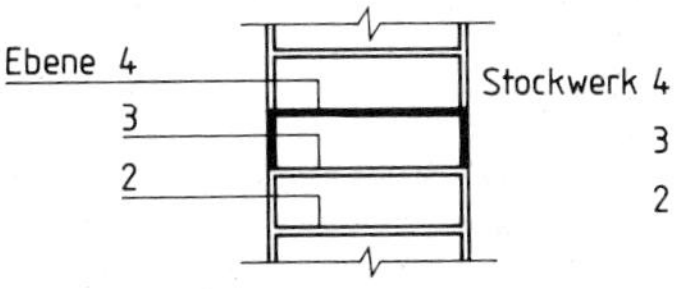

Ebenenangabe

Stützen, Platten, Wände, Balken

usw. erhalten eine Hauptbezeichnung (Abkürzung) und eine Zusatzbezeichnung (Zahlen). Die erste Ziffer in der Zusatzbezeichnung gibt die Stockwerkzahl an und die zwei letzten sind laufende Nummern entsprechend dem folgenden Beispiel:

Stützen (Columns) = C 201, C 202
Platten (Slabs) = S 201, S 202
Wände (Walls) = W 201, W 202
Balken (Beams) = B 201, B 202

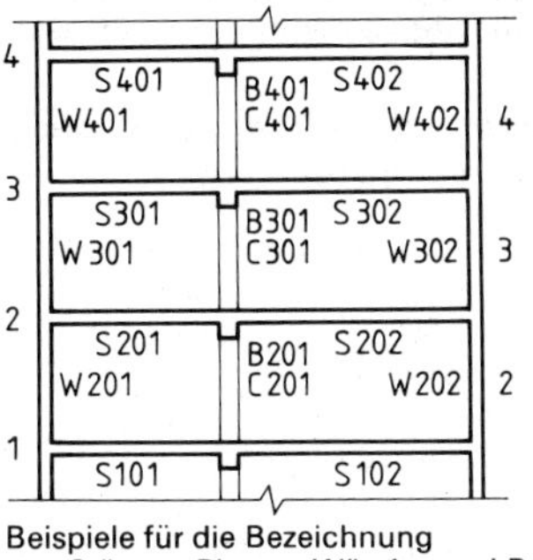

Beispiele für die Bezeichnung von Stützen, Platten, Wänden und Balken

5.1 Positionspläne

Positionspläne erläutern die statische Berechnung in Form von Bauzeichnungen des Tragwerks mit Angabe der Positionsnummern der einzelnen tragenden Bauteile, Tafel 14 und Bild 12. Sie enthalten außerdem die Hauptmaße des Bauwerks, Angaben zu den verwendeten Baustoffen und die wesentlichen Daten der einzelnen tragenden Bauteile; das sind bei Trägern, Balken, Stützen und (Streifen- und Einzel-)Fundamenten die Querschnittsabmessungen, bei Fundament- und Deckenplatten die Deckendicke und Spannrichtung. Positionspläne werden aus den Entwurfszeichnungen des Objektplaners entwickelt, Positionsplan-Grundrisse als Grundrisse Typ B. Maßstab ist im Regelfall 1 : 100.

Tafel 14 Tragrichtung von Platten

Zweiseitig gelagert	Dreiseitig gelagert	Vierseitig gelagert	Auskragend
		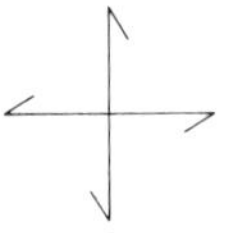	

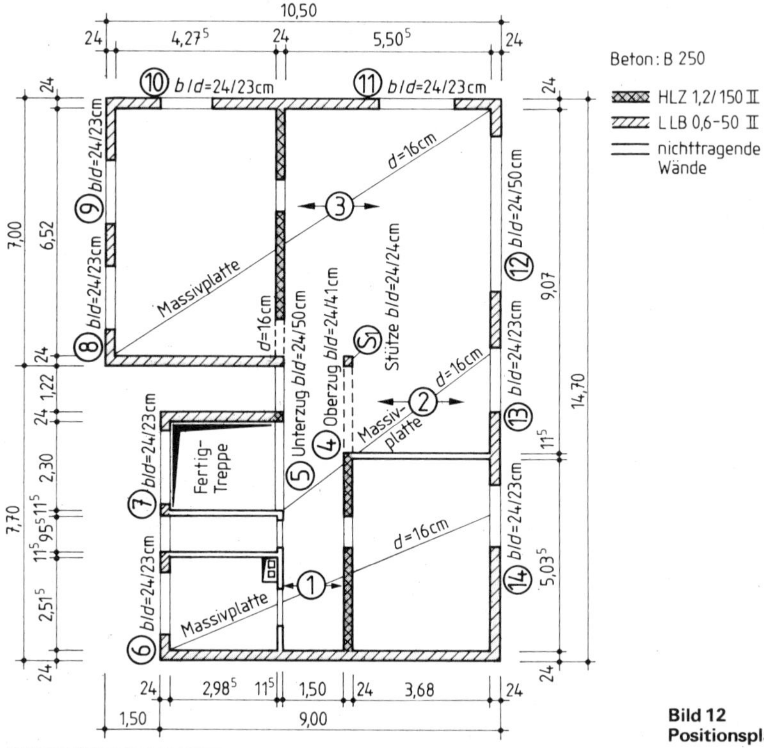

Bild 12
Positionsplan

5.2 Schalpläne und Fundamentpläne

Schalpläne ergänzen die Ausführungszeichnungen des Objektplaners und sind die Grundlage für das Einschalen der Beton-, Stahlbeton- und Spannbetonteile. Sie sind Zeichnungen des Tragwerks mit vollständiger Bemaßung der tragenden Konstruktion im Endzustand – auch Höhenkoten – und enthalten Angaben über

- Arbeitsfugen und Fugenbänder,
- Sauberkeits-, Sperr-, Gleit- und Dämmschichten,
- Aussparungen (Schlitze und Durchbrüche),
- Auflager der einzuschalenden Bauteile (z. B. Kopfplatten von Stahlstützen und Umrisse tragender Mauerwerkswände),
- Bauteile, die in den Beton oder das Mauerwerk einbinden (z. B. Ankerschienen, die in die Schalung verlegt werden),
- Beschaffenheit der Oberflächen und Kanten von Bauteilen,
- Arten und Festigkeitsklassen der Baustoffe, ggf. besondere Zuschläge, Zusatzmittel und Zusatzstoffe.

Schalpläne werden aus den Schnitt- und Grundrißzeichnungen des Objektplaners entwickelt, Grundrisse im Regelfall als Grundrisse Typ B. Vorzugsmaßstab ist 1 : 50, Detailmaßstäbe nach Art und Größe der darzustellenden Einzelheiten. Fundamentpläne sind Grundrißzeichnungen Typ A.

5.3 Rohbauzeichnungen

Rohbauzeichnungen entstehen durch Weiterentwicklung der Schalpläne in der Weise, daß die dort für Massivbauteile gemachten Angaben hier für alle Teile der tragenden Konstruktion „des Tragwerks" gemacht werden. Sie enthalten also alle für die Herstellung des Gesamttragwerks erforderlichen Angaben, so daß neben den Bewehrungszeichnungen keine weiteren Ausführungszeichnungen auf der Baustelle benötigt werden. Darstellungsart (Grundrißtyp) und Maßstab wie bei Schalplänen.

5.4 Bewehrungszeichnungen und Verlegepläne

Bewehrungszeichnungen und Verlegepläne sind Tragwerksausführungszeichnungen des Stahlbeton- und Spannbetonbaus und dienen der Herstellung und dem Einbau der Bewehrung.

Maßstab ist im Regelfall 1 : 50 oder 1 : 20, auch 1 : 25 wird verwendet.

Die Bewehrung kann bestehen aus Betonstabstahl, Betonstahlmatten und Spanngliedern. Die Darstellung der Bewehrungselemente zeigen die Tafeln 15 und 16.

Bewehrungspläne enthalten alle für die Herstellung und den Einbau der Bewehrung erforderlichen Angaben und Maße, insbesondere

- Hauptmaße der einzelnen Stahlbeton- und Spannbetonbauteile,
- Betonstahlsorten und Betonfestigkeitsklassen,
- Anzahl, Durchmesser, Form und Lage der Bewehrungsstäbe,
- Stababstände und Rüttellücken,
- Übergreifungslängen von Stößen und Verankerungslängen an Auflagern,
- Lage und Ausbildung von (Baustellen-)Schweißungen mit allen erforderlichen Angaben,
- Betondeckung und Unterstützung der oberen Bewehrung,
- Mindestdurchmesser der Biegerollen,
- zum Tragwerk gehörende Einbauteile, die in die Schalung verlegt werden, auch wenn sie nicht mit der Bewehrung verbunden sind,
- bei Spannbetonteilen weitere spezielle Angaben.

Tafel 15 Vereinfachte Darstellung von Bewehrungen in nichtvorgespanntem Stahlbeton

Zeile	Beschreibung	Vereinfachte Darstellung
1	Stab. Allgemeine Darstellung Extrabreite Vollinie	
2	Schnitt eines Stabes	
3	Stab mit Endhaken-Verankerung a) Ansicht von der Seite mit einem 90°-Bogen (Winkelhaken) b) Ansicht von der Seite mit einem 180°-Haken (Schlaufe) c) Ansicht von oben auf einen Bewehrungsstab, der mit einem Bogen oder Haken endet	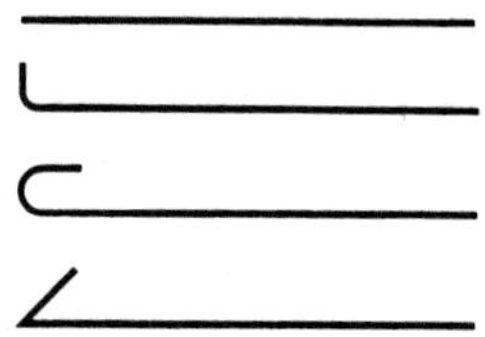
4	Stab ohne Endanker, wenn es notwendig ist, die auf der Zeichnung hintereinanderliegenden Enden von Stäben darzustellen	
5	Endverankerung mit Platte oder Scheibe a) Seiten- oder Draufsicht b) Ansicht auf die Profilform	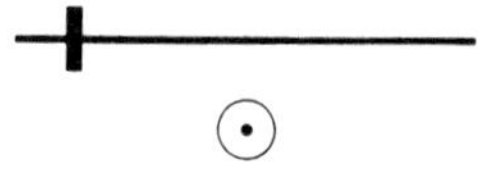
6	Rechtwinklig aus der Zeichenebene nach unten gebogener Bewehrungsstab [es ist jedoch 2.3c) für die üblichen Endanker anzuwenden]	
7	Rechtwinklig aus der Zeichenebene nach unten gebogener Stab [es ist jedoch 2.3c) für die üblichen Endanker anzuwenden]	
8 8.1	Stäbe, mechanisch verbunden Allgemeine Darstellung a) Muffenverbindung für Zugbeanspruchung b) Kontaktstoß für Druckbeanspruchung	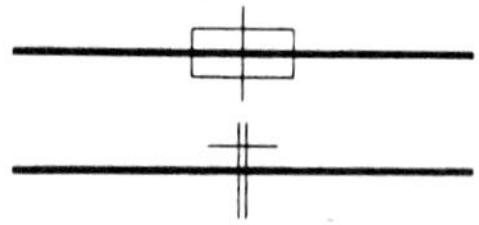
8.2	Besondere Darstellung, falls erforderlich a) Schraubverbindung mit Kegelgewinde b) Preßmuffenstoß c) Schraubverbindung mit aufgerolltem Gewinde d) Schraubverbindung mit geschnittenem zylindrischem Gewinde e) Schraubverbindung mit gewindeförmig ausgebildeten Rippen f) Verbindung mit Stiftschrauben	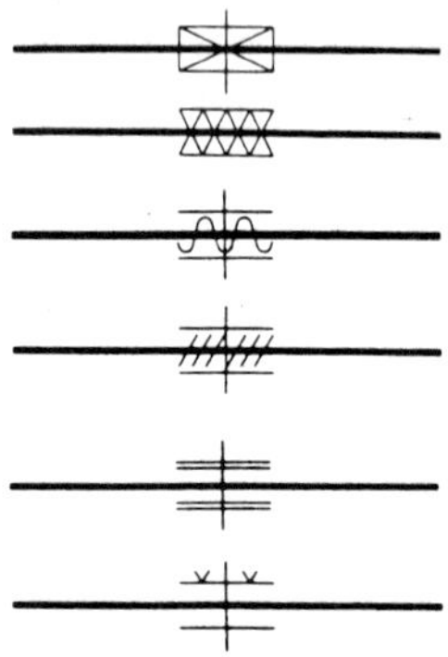

Tafel 15, Fortsetzung

Zeile	Beschreibung	Vereinfachte Darstellung
9	Geschweißte Matte, im Schnitt	
10	Geschweißte Matte Draufsicht	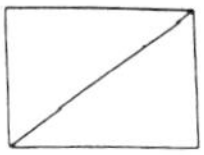
11	Geschweißte gleiche Matten in einer Reihe	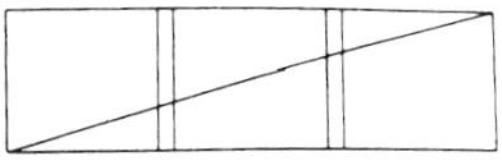

Tafel 16 Vereinfachte Darstellung von Bewehrungen des Spannbetons

Nr.	Bezeichnung und Beschreibung	Vereinfachte Darstellung
1	Vorgespannter Stab oder Drahtbündel lange extrabreite Strich-Zweipunktlinie	
2	Schnitt einer nachträglich gespannten Bewehrung in Rohren oder Kanälen liegend	
3	Schnitt einer vorgespannten Bewehrung	
4	Spanngliedverankerung[1])	
5	Festanker[1])	
6	Ansicht auf eine Verankerung	
7	Bewegliche Kopplung[1])	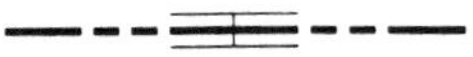
8	Feste Kopplung[1])	

[1]) Wenn keine Verwechslung mit nichtvorgespannten Stäben auftreten kann, dürfen vorgespannte Stäbe auch mit einer extrabreiten Vollinie gezeichnet werden.

Jedes Bauteil – Balken, Stütze, Platte usw. – wird im Bewehrungsplan einzeln dargestellt.

Mit geschweißten Betonstahlmatten bewehrte tafelartige Stahlbetonbauteile (Dekken, Wände usw.) werden in sog. Verlegeplänen dargestellt, die aus vereinfachten Schalplänen entwickelt werden.

In aller Regel werden die untere und obere bzw. die innere und äußere bzw. die vordere und hintere Bewehrung getrennt dargestellt. In der konventionellen Darstellung wird jede Matte in ihren Umrissen gezeichnet, in der Regel ein Rechteck. In dieses Rechteck wird eine Diagonale gezeichnet, und zwar in (Haupt-)Tragrichtung gesehen von links unten nach rechts oben.[1])

Während bei den Matten der Feldbewehrung zur Lagebestimmung i.allg. die Angabe der Übergreifungsweiten ausreicht, muß bei den Matten der Stützbewehrung – wenn sie nicht auf beiden Seiten gleich weit ins Feld reichen – zusätzlich angegeben werden, wie weit sie auf einer Seite ins Feld zu legen sind (gemessen i.allg. von Vorderkante Mauerwerk), Bilder 13 und 14.

[1]) Die Matte ist auf der Baustelle so einzulegen, daß die in Haupttragrichtung verlaufenden Mattenstäbe außen liegen, also unten bei positiven Plattenmomenten und oben bei negativen Plattenmomenten.

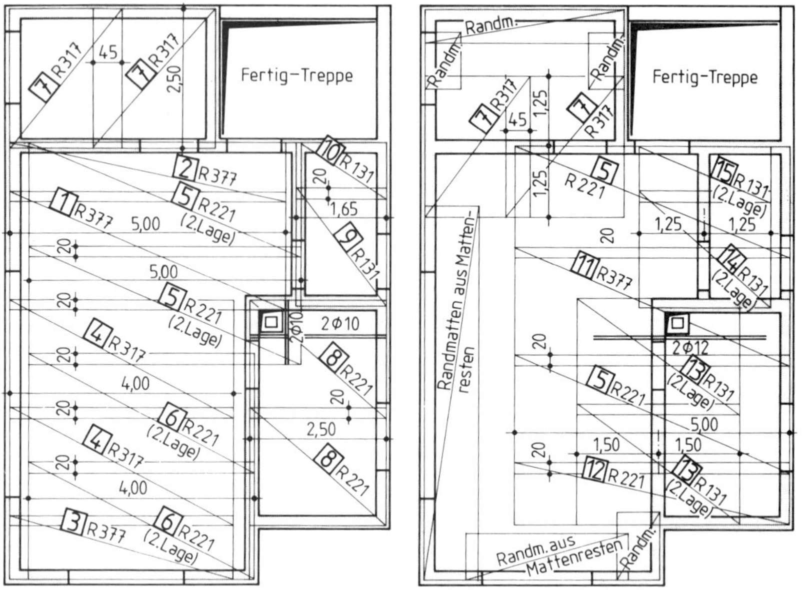

a) **Feldbewehrung** b) **Stützbewehrung**

Bild 13 Mattenverlegeplan, Beispiel

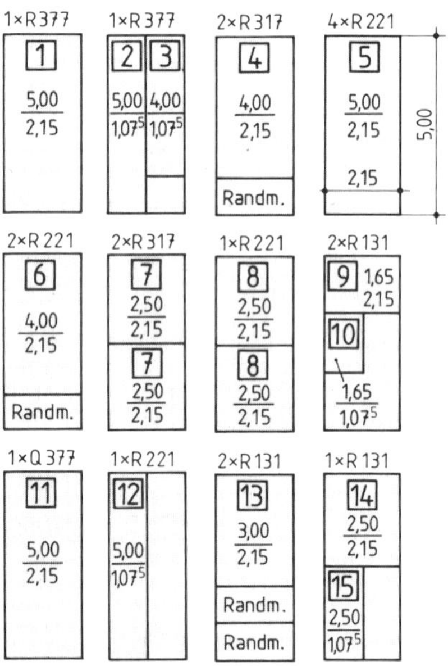

a) **Schneideskizze**

Abstandhalter nach Leistungsverzeichnis, 13 cm hoch

Mattenbez.	Stück	Gewicht (kg)
Q377	1	56,0
R377	2	71,0
R317	4	118,8
R221	8	172,8
R131	4	69,8
Gesamtgewicht:		481,8

b) **Bestellliste**

Bild 14 Mattenliste

Ein stabartiges Bauteil wird in einem Längs- und Querschnitt dargestellt. Bei Stahlbetonbalken liegt die Schnittebene des Längsschnittes vor dem Balken, die Bildebene dahinter.
Die aus Stabstahl bestehende Bewehrung wird in der Regel nicht nur in ihrer endgültigen Lage im Bauteil dargestellt, sondern auch „herausgezogen" und vollständig bemaßt.
Tafel 17 zeigt die Darstellung der Stabstahl- und Mattenbewehrung in Bauteilen.

Tafel 17 Regeln für die vereinfachte Darstellung von Bewehrungen in Bauteilen

Zeile	Beschreibung und vereinfachte Darstellung
1	Bögen werden im Regelfall einschließlich der Radien dargestellt 
2	Ein Bündel mit Stäben darf mit einer einzelnen Linie dargestellt werden, wobei am Stabende die Anzahl der Stäbe im Bündel gezeichnet wird. Beispiel: Bündel mit drei gleichen Bewehrungsstäben 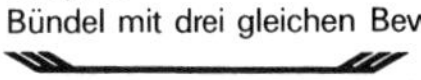
3	Jede Gruppe von gleichen Stäben, Bügeln oder Gelenken wird durch einen Stab, Bügel oder ein Gelenk dargestellt, die mit einer extrabreiten Linie gezeichnet werden, wobei eine schmale Vollinie dieses Bündel kreuzt und deren Enden durch kurze schräge Linien gekennzeichnet sind. Ein Kreis, der mit einer schmalen Volllinie gezeichnet wird, verbindet die „die Gruppe darstellende Linie" mit dem zutreffenden Stab, Bügel oder Gelenk 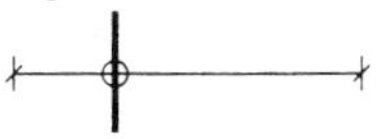
4	Stäbe in Gruppen, wobei diese jeweils denselben Abstand und die gleiche Anzahl Stäbe haben, dürfen wie im Bild dargestellt werden 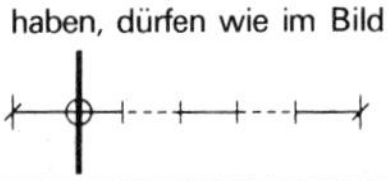
5	Bewehrungen mit beidseitiger Verankerung werden im Schnitt dargestellt oder mit Text oder Doppelpfeil gekennzeichnet, um die Richtung der Stäbe in der außen liegenden Schicht des Bauteiles entweder in der Seitenansicht oder in der Draufsicht zu zeigen 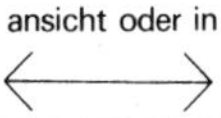
6	Die Stelle der einzelnen Lagen der Stäbe in der Ansicht von oben wird wie folgt angegeben: B = untere Bewehrung (bottom) T = obere Bewehrung (top) 1 = Erste Lage in bezug auf die Betonoberfläche 2 = Zweite Lage in bezug auf die Betonoberfläche a) Obere und untere Bewehrung, in getrennten Darstellungen b) Obere und untere Bewehrung, in derselben Darstellung 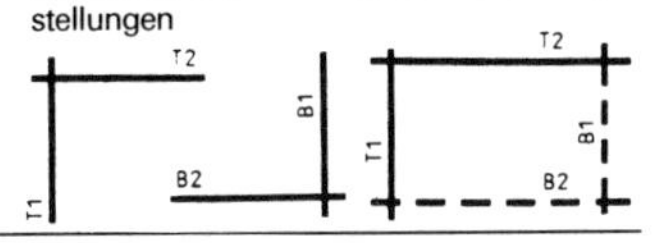
7	Die Stelle der einzelnen Bewehrungslagen wird in der Seitenansicht wie folgt angegeben: N = Ansicht von vorn, F = Ansicht von hinten, 1 = Erste Lage in bezug auf die Betonoberfläche, 2 = Zweite Lage in bezug auf die Betonobefläche a) Ansicht von vorn und Ansicht von hinten, in getrennten Darstellungen b) Ansicht von vorn und Ansicht von hinten, in derselben Darstellung; die Ansicht von hinten wird in breiter Strichlinie gezeichnet Für die Buchstaben N und F können auch die Buchstaben v und h verwendet werden. 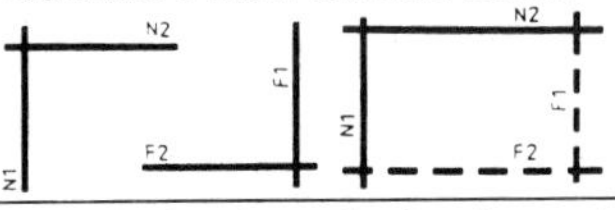
8	Wenn die Anordnung der Bewehrung nicht eindeutig durch den Schnitt dargestellt ist, darf eine zusätzliche Einzelheit, die die Bewehrung darstellt, außerhalb des Schnittes angefertigt werden 
9	Alle Arten von bestehenden Gelenken werden in der Zeichnung angegeben. Wenn die Anordnung nicht eindeutig ist, darf sie mit Hilfe einer Einzelheit außerhalb des Schnittes erklärt werden 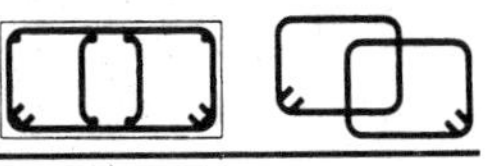

Die Beschreibung der einzelnen Biegeformen kann formlos als konventionelle Bemaßung oder durch Angabe sog. Teilgrößen auf einem Formblatt geschehen.

Konventionelle Bemaßung

Biegeformen sind durch Angabe der Teillängen und Biegewinkel zu bemaßen. Falls erforderlich sind zusätzlich Zwangsmaße anzugeben; sie werden in Klammern gesetzt. Für die Teillängen gilt (s. Tafel 18): Bei Biegestellen mit einem Winkel

- unter 90° ist bis zu den Schnittpunkten der Tangenten an die Stabachse zu messen,
- von 90° ist bis zu den Schnittpunkten der äußeren Tangenten zu messen,
- über 90° ist der Biegewinkel in einen rechten und einen spitzen Winkel aufzuteilen und die Teillängen sind entsprechend zu bemaßen, d.h., im Scheitel ist für den rechten Winkel die äußere Tangente und für den spitzen Winkel die Tangente an die Stabachse maßgebend.

Zwangsmaße z sind Außenmaße, die der gebogene Bewehrungsstab unbedingt einhalten muß.

Tafel 18 Bemaßung von Biegeformen, Beispiele

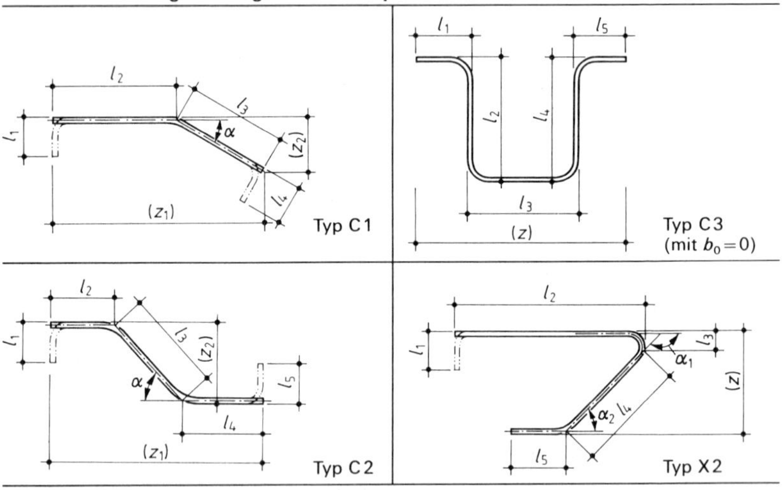

Typen s. Tafel 19

Verwendung von vordefinierten Grundformen, s. Tafel 19

Man kann die folgenden Grundformen A bis E unterscheiden:

- A: Stäbe mit nur rechtwinklig zueinander verlaufenden Stabteilen
- B: Bügel
- C: Stäbe mit schräg zueinander verlaufenden Stabteilen (Schrägstäbe)
- D: Bewehrung zur Sicherung der Lage und S-Haken
- E: Stäbe mit kreisförmigen Stabteilen.

Innerhalb der einzelnen Grundformen werden verschiedene Typen unterschieden, die durch Hinzufügen der Ziffern 1 bis 4 an den Buchstaben der Grundform gekennzeichnet werden.

Sonderformen, die nicht den Grundformen A bis E zugeordnet werden können, werden mit dem Buchstaben X gekennzeichnet. Sie werden beschrieben durch

Tafel 19 Biegeformen und ihre Beschreibung durch Teilgrößen

Typ	H	D	Form	Teilgrößen
A1			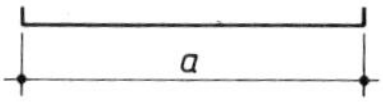	a
A2			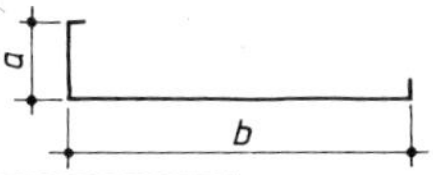	a, b
A3			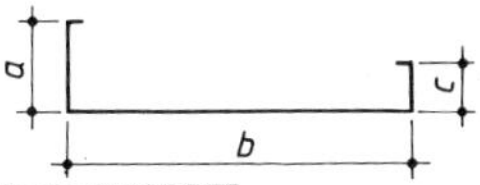	a, b, c
A4			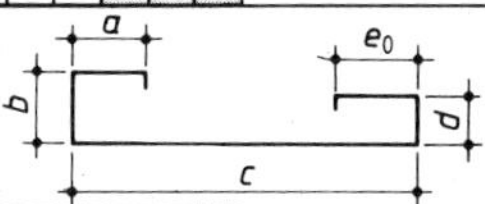	a, b, c, d, e_0
B1			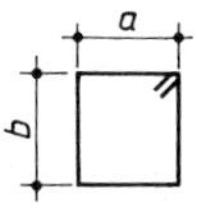	a, b
B2			c: Winkel γ 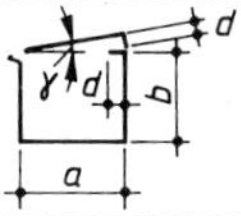	a, b, c, d
B3			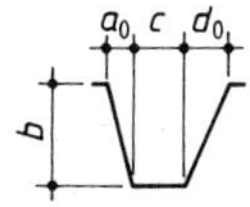	a_0, b, c, d_0
B4			e: Winkel γ 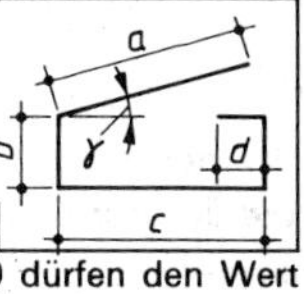	a, b, c, d, e
C1			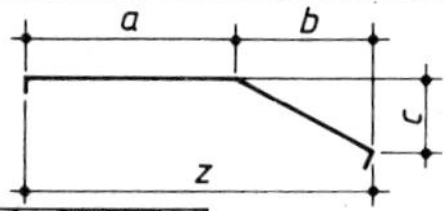	a, b, c, z
C2			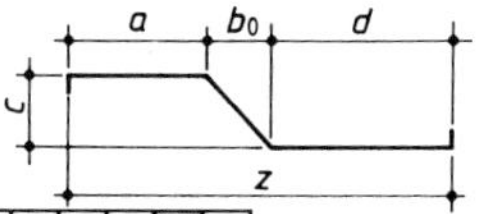	a, b_0, c, d, z
C3			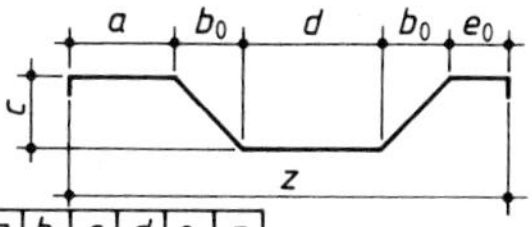	a, b_0, c, d, e_0, z
D1			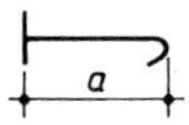	a
D2			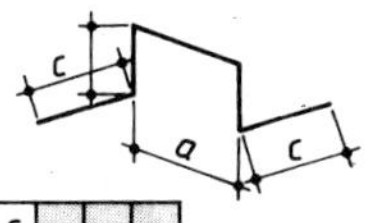	a, b, c
E1			b: Anzahl der Windungen c: Ganghöhe 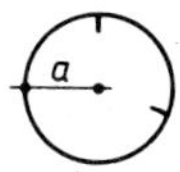	a, b, c
E2			b: Winkel β 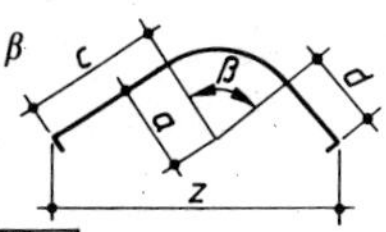	a, b, c, d, z
X1			Skizze der Biegeform mit Teillängen in der Biegeliste a: Anzahl der Biegestellen b: Einzellänge l	a, b
X2			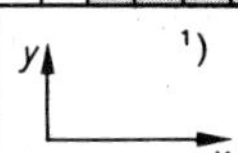 [1] n, x_1, y_1, x_2, y_2, x_3, y_3 …	a, b, c, d, e …

Teilgrößen mit dem Index 0 dürfen den Wert Null annehmen.

Mit dem Buchstaben z bezeichnete Maße sind Zwangsmaße für den Biegebetrieb bei Verwendung als Paßform. Sie müssen nicht angegeben werden.

[1] n Anzahl der die Biegeform festlegenden Punkte.
x_i, y_i zugehörende Koordinaten,
Die Werte sind in die Felder a, b, c … einzutragen.

- Typ X1 mit Angabe der Anzahl der Biegestellen und der abgewickelten Stablänge (Einzellänge) sowie einer Skizze der Biegeform oder
- Typ X2 mit Angabe der Anzahl der die Biegeform festlegenden Punkte sowie deren kartesischer Koordinaten.

Zur Beschreibung der Biegeformen sind in Tafel 19 anzugeben:

- Spalte „Typ": Kennzeichen des Typs,
- Spalte „H": Art der Verankerung (s. unten)
- Spalte „D": Verhältnis von Biegerollen- zu Stabdurchmesser,
- Spalte „Form": die Teilgrößen *a*, *b*, *c*, ... entsprechend der schematisch dargestellten Biegeform

Verankerungen

in Tafel 19, Spalte „H", sind für die Verankerung folgende Angaben möglich:

0: ohne Haken oder Winkelhaken,
L: Winkelhaken nur am linken Stabende,
2: Winkelhaken an beiden Stabenden,
R: Winkelhaken nur am rechten Stabende.

Bei gerastertem Feld ist die Verankerung festgelegt.

Bei den Grundformen A, C und E sind Winkelhaken mit den Mindestmaßen und mit den Mindestwerten der Biegerollendurchmesser nach DIN 1045 (07.85), Tabellen 18 und 20, auszuführen. Bei den Typen B1 und B3 richten sich die Verankerungen nach DIN 1045 (07.85), Bild 25.

Biegerollendurchmesser

In Tafel 19, Spalte „D", ist das Verhältnis des Biegerollendurchmessers (in der Regel der Mindestwert) zum Stabdurchmesser (d_{br}/d_s) anzugeben.
Bei gerastertem Feld ist das Verhältnis d_{br}/d_s mit d_{br} als Mindestwert nach DIN 1045 (07.85), Tabelle 18, festgelegt.

Teilgrößen

Die Teilgrößen *a* bis *e* und gegebenenfalls *z* zur Festlegung der Biegeformen sind in die dafür vorgesehenen Felder der Spalte „Form" einzutragen. Längen sind dabei in cm und Winkel in Grad (°) anzugeben. Teilgrößen mit dem Index 0

Tafel 20 Teilgrößen von Biegeformen, Beispiele

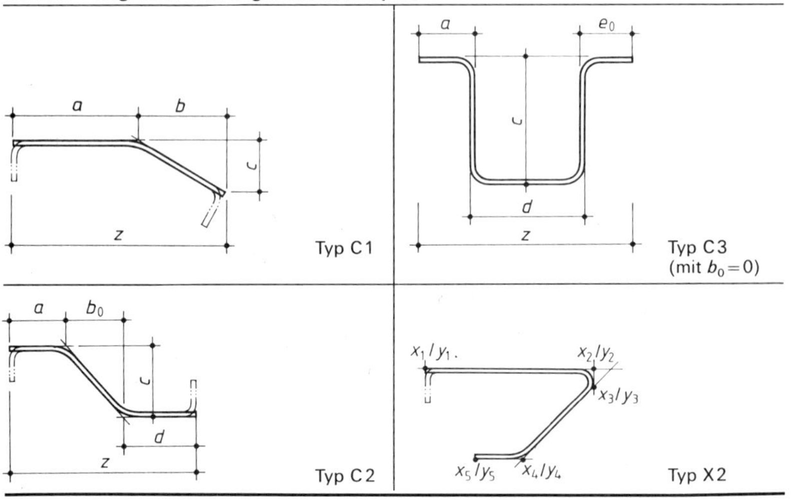

dürfen den Wert Null annehmen (s. Tafel 19 und Tafel 20). Bei der Beschreibung von Sonderformen durch Typ X2 sind in die Felder *a*, *b*, *c*, ... die Anzahl *n* der die Biegeform festlegenden Punkte sowie die zugehörenden Koordinaten x_i, y_i als Teilgrößen einzutragen.

Die anzugebenden Längen werden an Biegestellen durch den Schnittpunkt der äußeren Tangenten begrenzt. Bei Biegestellen mit einem Winkel über 90° ist dieser in einen rechten und einen spitzen Winkel aufzuteilen, Tafel 20.
Jedes einzelne Bewehrungselement wird gekennzeichnet.
Die Kennzeichnung von Betonstabstahl-Elementen muß enthalten

- Positionsnummer, die mit einem Kreis zu umschließen ist, [1]) sowie in nachstehender Reihenfolge
- Anzahl der Bewehrungsstäbe,
- Durchmesserzeichen (∅) und Stabnenndurchmesser in mm.

Soweit erforderlich, sind außerdem anzugeben

- Kurzzeichen der Betonstahlsorte
- Stababstand in cm,
- Lagekennzeichen und
- abgewickelte Stablänge (Einzellänge l) in m.

Die vollständige Kennzeichnung mit der Anzahl aller zu einer Position gehörenden Stäbe muß auf der Bewehrungszeichnung einmal angegeben sein; sie steht in der Regel an dem herausgezogenen Stab oder – wo dies nicht möglich ist – an einer Hinweislinie, die den Zusammenhang mit der zugehörigen Bewehrung im Bauteil herstellt. Die verwendeten Betonstahlsorten sind im Schriftfeld der Zeichnung anzugeben. Bei Verwendung verschiedener Betonstahlsorten innerhalb einer Bewehrungszeichnung muß die weniger oft vorkommende Sorte zusätzlich bei den entsprechenden Positionen in der Zeichnung angegeben werden.
Die Kennzeichnung von Betonstahlmatten muß enthalten:

- Positionsnummer, die mit einem Rechteck zu umschließen ist, [1])

sowie mindestens einmal

- bei Lagermatten die Mattenkurzbezeichnung nach DIN 488 Teil 4,
- bei Listenmatten die den Mattenaufbau kennzeichnenden Daten für beide Bewehrungsrichtungen,
- die Mattengröße.

Soweit es erforderlich ist, sind außerdem anzugeben:

- Anzahl der Matten,
- Lagekennzeichen nach Tafel 17.

Bei der konventionellen Darstellung ist die Kennzeichnung entlang der Diagonale anzuordnen. Bei Listenmatten sind oberhalb der Diagonale die den Mattenaufbau in Längsrichtung kennzeichnenden Daten und unterhalb der Diagonale die den Mattenaufbau in Querrichtung kennzeichnenden Daten anzugeben. Als Längsrichtung gilt dabei unabhängig von der Haupttragrichtung stets die Richtung parallel zum längeren Mattenrand.

Bei der achsenbezogenen Darstellung sind anzugeben:

- bei Lagermatten die Mattenkurzbezeichnung in der Haupttragrichtung,
- bei Listenmatten die den Mattenaufbau in Längs- und Querrichtung kennzeichnenden Daten in der zugehörenden Bewehrungsrichtung.

Die Entscheidung für konventionelle Bemaßung führt zur Darstellungsart 1 (gebräuchlich).

Bei der Darstellungsart 1 ist die Bewehrung im Bauteil, vorzugsweise in Ansichten und Schnitten, maßstäblich darzustellen. Die einzelnen Positionen sind im Maßstab herauszuziehen und vollständig zu bemaßen (s. Bild 15 und Tafel 21).

[1]) Gleiche Bewehrungsstäbe erhalten die gleiche Positionsnummer.

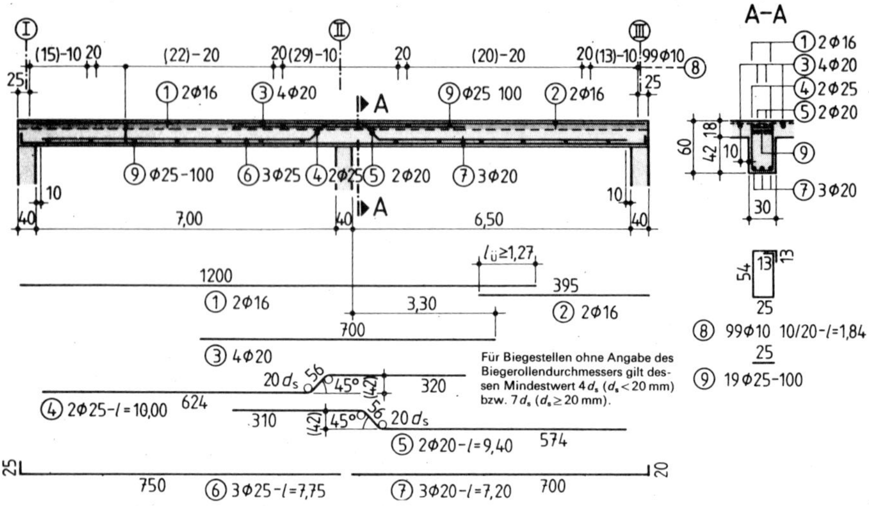

Bild 15 Bewehrungszeichnung eines Unterzuges, Darstellungsart 1

Tafel 21 Gewichtsliste zu Bild 15, gekürzt

Pos.-Nr.	Anzahl	d_s in mm	Betonstahlsorte Kurzzeichen	Einzellänge in m	Gesamtlänge in m	Gewichtsermittlung in kg für $d_s = 10$ mm mit 0,617 kg/m	$d_s = 16$ mm mit 1,58 kg/m	$d_s = 25$ mm mit 3,85 kg/m
1	2	16	IV S	12,00	24,00		37,9	
4	2	25	IV S	10,00	20,00			77,0
6	3	25	IV S	7,75	23,25			89,5
8	99	10	IV S	1,84	182,16	112,4		
					Gewicht je Durchmesser	112,4	37,9	166,5
					Gesamtgewicht	316,8		

Eine Vereinfachung der Darstellungsart 1 führt zur Darstellungsart 2.

Bei der Darstellungsart 2 ist die Bewehrung im Bauteil, vorzugsweise in Ansichten und Schnitten, maßstäblich darzustellen, wobei die Stabenden zu markieren sind. Entgegen Darstellungsart 1 werden die einzelnen Positionen nicht maßstäblich herausgezogen, sondern durch kleinere skizzenartige Darstellungen der bemaßten Biegeformen bei den Positionsnummern ersetzt (siehe Bild 16 und Tafel 22). Wird eine Position mehrfach herausgezogen, so ist nur ein Auszug davon zu bemaßen und mit der vollständigen Kennzeichnung zu versehen. In diesem Fall sind alle auf der Bewehrungszeichnung vorkommenden Positionsnummern, bei denen eine vollständige Kennzeichnung einschließlich bemaßter Biegeformen angegeben ist, besonders hervorzuheben.

Die Entscheidung für Verwendung des Formblattes führt zur Darstellungsart 3.[1])

[1]) Die Darstellung 3 muß vorher zwischen allen Beteiligten vereinbart werden.

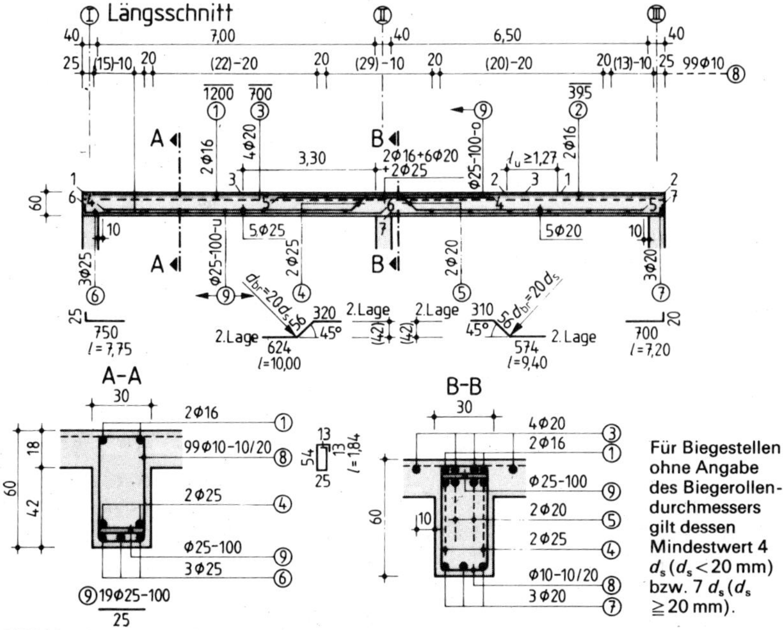

Bild 16 Bewehrungszeichnung eines Unterzuges, Darstellungsart 2

Tafel 22 Biegeliste zu Bild 16, gekürzt

Pos.-Nr.	Anzahl	d_s in mm	Betonstahlsorte Kurzzeichen	Einzellänge in m	d_{br} Haken, Winkelhaken, Schlaufen, Bügel in cm	d_{br} sonstige Biegestellen in cm	Bemaßte Biegeform (unmaßstäblich)	Gesamtlänge in m	Gewicht je Position in kg
1	2	16	IV S	12,00			1200	24,00	37,9
4	2	25	IV S	10,00		50	320, 45°, 56, (42), 624	20,00	77,0
6	3	25	IV S	7,75	17,5		25, 750	23,25	89,5
8	99	10	IV S	1,84	4,0		54, 13, 13, 25	182,16	112,4

Bei der Darstellungsart 3 ist die Bewehrung im Bauteil, vorzugsweise in Ansichten und Schnitten, maßstäblich darzustellen, wobei die Stabenden zu markieren sind. Wie bei Darstellungsart 2 werden die Biegeformen bei den Positionsnummern in kleineren skizzenartigen Darstellungen angegeben, die jedoch unbemaßt bleiben. Dafür sind die eingekreisten Positionsnummern durch die Typkennzeichen zu ergänzen sowie in der Bewehrungszeichnung eine Auflistung der vorkommenden Typen nach Tafel 19 vorzusehen, Bild 17 und Tafel 23.

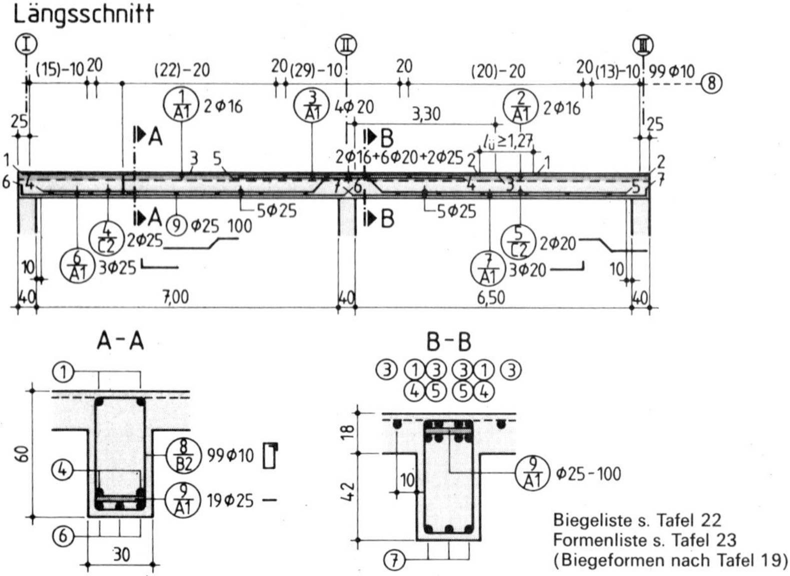

Bild 17 Bewehrungszeichnung eines Unterzuges, Darstellungsart 3

Tafel 23 Formenliste zu Bild 17, gekürzt

Pos.-Nr.	Anzahl	d_s in mm	Betonstahlsorte Kurzzeichen	Typ**)	H	D	Teilgrößen*) a	b	c	d	e	z
1	2	16	IV S	A1	O		1200					
4	2	25	IV S	C2	O	20	320	39	42	624		
6	3	25	IV S	A1	L		750					
8	99	19	IV S	B2			25	54	0	13		

*) Maße der Teilgrößen in cm bzw. in Grad (°).
**) Biegeform nach DIN 1356T10 (2.91)

Matten- und Stabstahllisten

Zu jedem Verlegeplan wird eine Schneideskizze angefertigt, in der gezeigt wird wie die einzelnen Formnummern aus „ganzen" Matten geschnitten werden sollen. Die manchmal unvermeidlichen Mattenreste werden zum Schluß irgendwo im Bauteil sinnvoll verlegt. Zur Schneideskizze gehört eine Bestell-Liste aller Matten eines Verlegeplanes mit Gewichtsangabe für die Abrechnung, Bild 14.

Zu jeder Bewehrungszeichnung in Darstellungsart 1 und 2 wird eine Gewichtsliste angefertigt, die der Ermittlung der Gewichte der einzelnen Positionen dient. Für ihre Aufstellung müssen die Einzellängen bekannt sein, die sich aus der Summierung der Teillängen der jeweiligen Biegeform ergeben.

Die Bewehrung wird bei Darstellungsart 1 und 2 nach der Bewehrungszeichnung gebogen, sofern nicht eine Biegeliste aufgestellt wird, in der alle Biegeformen vollständig bemaßt aufgeführt sind. Mit ihrer Hilfe können die Bewehrungsstäbe unabhängig von der Bewehrungszeichnung gebogen werden. Biegeliste und Gewichtsliste können kombiniert werden.

Zu jeder Bewehrungszeichnung in Darstellungsart 3 wird eine Formenliste angefertigt. Die Formenliste enthält alle zur eindeutigen Kennzeichnung und Festlegung der Biegeformen erforderlichen Angaben. Sie hat den Charakter eines Datenformblattes. Die dort zusammengestellten Daten können unter Berücksichtigung der Mindestmaße und -werte der Biegerollendurchmesser nach DIN 1045 (07.88), Tabelle 18, mit Hilfe der EDV ohne jede Zusatzinformation zur Gewichts-, Biege- oder Schneideliste weiterverarbeitet werden.

Die Schneideliste dient als weitere Ausführungshilfe zum Ablängen der Bewehrungsstäbe.

Die Bewehrung wird bei Darstellungsart 3 nach der Biegeliste gebogen.

5.5 Fertigteilzeichnungen

Fertigteilzeichnungen enthalten alle Angaben, die zur Herstellung von Fertigteilen aus Stahlbeton, Spannbeton oder Mauerwerk im Fertigteilwerk oder auf der Baustelle erforderlich sind. Die Fertigteilzeichnung für ein Fertigteil besteht deshalb aus einer Rohbauzeichnung und einer Bewehrungszeichnung, mit Stahlliste im Regelfall auf einem Blatt dargestellt. Dieses Blatt muß zusätzlich die folgenden Angaben enthalten:

- erforderliche Festigkeit des Fertigteilbaustoffs zur Zeit des Transportes bzw. Einbaus,
- Eigenlast des Fertigteils bzw. der einzelnen Fertigteile,
- zulässige Maßtoleranzen der Fertigteile,
- Aufhängung bzw. Auflagerung für Transport, und Einbau, ggf. auch Zwischenlagerung,
- ggf. Stückzahl.

Vorzugsmaßstab ist 1 : 20, auch 1 : 25.

5.6 Verlegezeichnungen

Nach Verlegezeichnungen werden Fertigteile auf der Baustelle zusammen- und eingebaut. Sie enthalten und zeigen außer der Bemaßung

- Positionsbezeichnungen der einzelnen Fertigteile,
- Lage der Fertigteile im Gesamttragwerk,
- Einbauablauf,
- Einbaumaße und Einbautolerenzen, Auflagertiefen,
- Anschlüsse,
- ggf. Hilfsstützen bzw. Montagestützen,
- auf der Baustelle zusätzlich zu verlegende Bewehrung,
- Festigkeitsklassen u. ä. der auf der Baustelle beim Einbau benötigten Baustoffe (Ortbeton, Mörtel, usw.)

Vorzugsmaßstab ist 1 : 50.

5.7 Planungsaufwand und Schwierigkeitsgrad

Der jeweils erforderliche Planungsaufwand hängt ab vom Schwierigkeitsgrad des geplanten Bauwerks:

- Tragwerke einfacher Bauten werden gebaut nach den Ausführungszeichnungen des Objektplaners und den Bewehrungszeichnungen des Tragwerkplaners;
- Tragwerke von Bauten mittleren Schwierigkeitsgrades werden gebaut nach den Ausführungszeichnungen des Objektplaners ergänzt durch Schalpläne des Tragwerkplaners und den Bewehrungsplänen des Tragwerkplaners;
- Tragwerke mit großem Schwierigkeitsgrad werden gebaut nach den Rohbauzeichnungen des Tragwerkplaners und den Bewehrungszeichnungen des Tragwerkplaners.

Mathematik

Bearbeitet von Prof. Dr.-Ing. Otto W. Wetzell

Inhalt

Fortsetzung s. nächste Seite

Mathematische Zeichen nach DIN 1302 (12.99)

$=$ ($\neq$)	gleich (ungleich); $\equiv$ identisch gleich	$\sum$	Summe; Grenzbezeichnungen: $\sum_{k=1}^{n}$
$\sim$ ($\approx$)	ähnlich, proportional; (rund, etwa)	$\sqrt[n]{}$	n-te Wurzel aus
$\hat{=}$ ($\cong$)	entspricht (kongruent)	i oder j	imaginäre Einheit $= \sqrt{-1}$
$\parallel$ ($\nparallel$)	parallel (nicht parallel)	$\log_a$	Logarithmus zur Basis a
$\perp$	rechtwinklig zu, senkrecht zu	lg	$= \log_{10}$; ln $= \log_e$; lb $= \log_2$
$\triangle$ ($\measuredangle$)	Dreieck (Winkel)	$n!$	n Fakultät $n! = 1 \cdot 2 \ldots n$
$<$ ($>$)	kleiner als (größer als)	$\binom{n}{k}$	n über k
, (…)	Komma (und so weiter bis)	$f(x)$	f von x; Funktion der Veränderl. x
%	Prozent, vom Hundert, $1\% = 10^{-2}$	lim	Limes, Grenzwert
‰	Promille, vom Tausend, $1‰ = 10^{-3}$	$\lim\limits_{x \to a} f(x)$	$= b$ bedeutet: $f(x)$ strebt gegen den Grenzwert b, wenn x sich in beliebiger Weise dem Wert a nähert
$+$ ($-$)	plus (minus); $\cdot$ $\times$ mal	d	Differentialzeichen
$-$ / :	durch, geteilt durch, zu; in Formeln/ und : nur zur Platzersparnis./auch „je" gelesen, z. B. MN/m^2 $=$ Meganewton je Quadratmeter	$\int$	Integral; $\iint$ Doppelintegral
$\prod_{i=1}^{n} x_i$	Produkt über x_i von i gleich 1 bis n	$\sum_{i=1}^{n} x_i$	Summe über x_i von i gleich 1 bis n

Zahlenwerte einiger wichtiger Konstanten

Konstante		Zahlenwert	Kehrwert	Konstante	Zahlenwert	Kehrwert
π		3,141592654	0,318309886	e	2,718281828	0,367879441
$\pi/180$	= arc 1°	0,017453293	57,29577951	lg e	0,434294482	2,302585093
$\pi/(60 \cdot 180)$	= arc 1′	0,000290888	3437,7468	g [1])	9,80665	0,10197
$\pi/(60^2 \cdot 180)$	= arc 1″	0,000004848	206264,81	$\sqrt{g}$	3,13156	0,31933
$\pi/200$	= arc 1 gon	0,015707963	63,66197723	$\pi/\sqrt{g}$	1,00320	0,99681

[1]) Fallbeschleunigung in m/s^2 in Meereshöhe und 45° geographischer Breite

1 Tafeln

Zur Interpolation in den Tafeln (äquidistante Stützstellen) benutze man die Interpolationsformel von Newton (Anfangsformel):

lineare Interpolation / quadratisches Korrekturglied

$$y = \underbrace{y_0 + u \cdot (y_1 - y_0)}_{\text{lineare Interpolation}} + \underbrace{0{,}5 \cdot u \cdot (u-1) \cdot (y_2 - 2y_1 + y_0)}_{\text{quadratisches Korrekturglied}}$$

Die letzte Ziffer des Ergebnisses ist unsicher.

Beispiel ln 5,56 = ? $\quad u = \frac{5{,}56 - 5{,}50}{0{,}1} = 0{,}6$

$$\ln 5{,}56 = 1{,}70475 + 0{,}6 \cdot 0{,}01802 + 0{,}5 \cdot 0{,}6 \cdot (-0{,}4) \cdot (-0{,}00032)$$
$$= 1{,}70475 + 0{,}01081 + 0{,}00004 = \mathbf{1{,}71560}$$

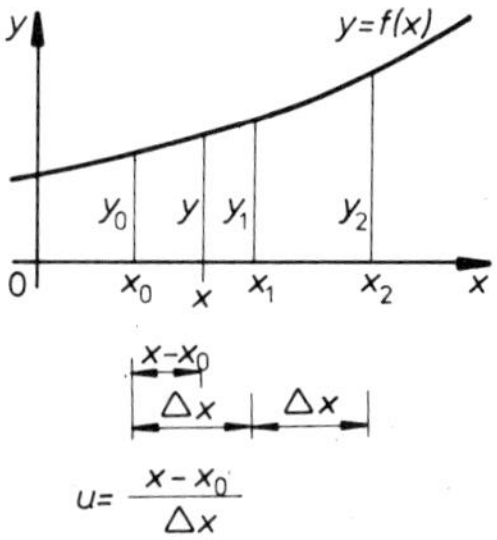

Bild 1

1.1 Dekadische und natürliche Logarithmen

x	lg x	ln x	x	lg x	ln x	x	lg x	ln x
1,0	0,00000	0,00000	4,0	0,60206	1,38629	7,0	0,84510	1,94591
1,1	0,04139	0,09531	4,1	0,61278	1,41099	7,1	0,85126	1,96009
1,2	0,07918	0,18232	4,2	0,62325	1,43508	7,2	0,85733	1,97408
1,3	0,11394	0,26236	4,3	0,63347	1,45862	7,3	0,86332	1,98787
1,4	0,14613	0,33647	4,4	0,64345	1,48160	7,4	0,86923	2,00148
1,5	0,17609	0,40547	4,5	0,65321	1,50408	7,5	0,87506	2,01490
1,6	0,20412	0,47000	4,6	0,66276	1,52606	7,6	0,88081	2,02815
1,7	0,23045	0,53063	4,7	0,67210	1,54756	7,7	0,88649	2,04122
1,8	0,25527	0,58779	4,8	0,68124	1,56862	7,8	0,89209	2,05412
1,9	0,27875	0,64185	4,9	0,69020	1,58924	7,9	0,89763	2,06686
2,0	0,30103	0,69315	5,0	0,69897	1,60944	8,0	0,90309	2,07944
2,1	0,32222	0,74194	5,1	0,70757	1,62924	8,1	0,90849	2,09186
2,2	0,34242	0,78846	5,2	0,71600	1,64866	8,2	0,91381	2,10413
2,3	0,36173	0,83291	5,3	0,72428	1,66771	8,3	0,91908	2,11626
2,4	0,38021	0,87547	5,4	0,73239	1,68640	8,4	0,92428	2,12823
2,5	0,39794	0,91629	5,5	0,74036	1,70475	8,5	0,92942	2,14007
2,6	0,41497	0,95551	5,6	0,74819	1,72277	8,6	0,93450	2,15176
2,7	0,43136	0,99325	5,7	0,75587	1,74047	8,7	0,93952	2,16332
2,8	0,44716	1,02962	5,8	0,76343	1,75786	8,8	0,94448	2,17475
2,9	0,46240	1,06471	5,9	0,77085	1,77495	8,9	0,94939	2,18605
3,0	0,47712	1,09861	6,0	0,77815	1,79176	9,0	0,95424	2,19722
3,1	0,49136	1,13140	6,1	0,78533	1,80829	9,1	0,95904	2,20827
3,2	0,50515	1,16315	6,2	0,79239	1,82455	9,2	0,96379	2,21920
3,3	0,51851	1,19392	6,3	0,79934	1,84055	9,3	0,96848	2,23001
3,4	0,53148	1,22378	6,4	0,80618	1,85630	9,4	0,97313	2,24071
3,5	0,54407	1,25276	6,5	0,81291	1,87180	9,5	0,97772	2,25129
3,6	0,55630	1,28093	6,6	0,81954	1,88707	9,6	0,98227	2,26176
3,7	0,56820	1,30833	6,7	0,82607	1,90211	9,7	0,98677	2,27213
3,8	0,57978	1,33500	6,8	0,83251	1,91692	9,8	0,99123	2,28238
3,9	0,59106	1,36098	6,9	0,83885	1,93152	9,9	0,99564	2,29253
4,0	0,60206	1,38629	7,0	0,84510	1,94591	10,0	1,00000	2,30259

Zur Ermittlung der dekadischen Logarithmen

Alle Zahlen mit derselben Ziffernfolge haben dieselbe Mantisse.

Die Kennziffer ist stets ganzzahlig; sie kann mit der Kennzifferregel ermittelt werden; diese lautet (b = Numerus):

für $b \geqq 1$: Die Kennziffer ist um 1 niedriger als die Stellenzahl vor dem Komma, d.h.:
0 für $b = 1$ bis 9; 1 für $b = 10$ bis 99; 2 für $b = 100$ bis 999 usw.

für $b < 1$: Die (negative) Kennziffer ist gleich der Anzahl der Nullen vor der ersten geltenden Ziffer, z.B.: -4 für $b = 0{,}000457\ldots$

Interpolationsformel

$$y = y_0 + u \cdot (y_1 - y_0) + 0{,}5 \cdot u \cdot (u-1) \cdot (y_2 - 2y_1 + y_0) \qquad u = \frac{x - x_0}{\Delta x}$$

1.2 Trigonometrische Funktionen (Argument in Gradmaß)

x Grad	sin x	tan x		x Grad	sin x	tan x	
0	0,00000	0,00000	90	45	0,70711	1,00000	45
1	0,01745	0,01746	89	46	0,71934	1,03553	44
2	0,03490	0,03492	88	47	0,73135	1,07237	43
3	0,05234	0,05241	87	48	0,74314	1,11061	42
4	0,06976	0,06993	86	49	0,75471	1,15037	41
5	0,08716	0,08749	85	50	0,76604	1,19175	40
6	0,10453	0,10510	84	51	0,77715	1,23490	39
7	0,12187	0,12278	83	52	0,78801	1,27994	38
8	0,13917	0,14054	82	53	0,79864	1,32704	37
9	0,15643	0,15838	81	54	0,80902	1,37638	36
10	0,17365	0,17633	80	55	0,81915	1,42815	35
11	0,19081	0,19438	79	56	0,82904	1,48256	34
12	0,20791	0,21256	78	57	0,83867	1,53986	33
13	0,22495	0,23087	77	58	0,84805	1,60033	32
14	0,24192	0,24933	76	59	0,85717	1,66428	31
15	0,25882	0,26795	75	60	0,86603	1,73205	30
16	0,27564	0,28675	74	61	0,87462	1,80405	29
17	0,29237	0,30573	73	62	0,88295	1,88073	28
18	0,30902	0,32492	72	63	0,89101	1,96261	27
19	0,32557	0,34433	71	64	0,89879	2,05030	26
20	0,34202	0,36397	70	65	0,90631	2,14451	25
21	0,35837	0,38386	69	66	0,91355	2,24604	24
22	0,37461	0,40403	68	67	0,92050	2,35585	23
23	0,39073	0,42447	67	68	0,92718	2,47509	22
24	0,40674	0,44523	66	69	0,93358	2,60509	21
25	0,42262	0,46631	65	70	0,93969	2,74748	20
26	0,43837	0,48773	64	71	0,94552	2,90421	19
27	0,45399	0,50953	63	72	0,95106	3,07768	18
28	0,46947	0,53171	62	73	0,95630	3,27085	17
29	0,48481	0,55431	61	74	0,96126	3,48741	16
30	0,50000	0,57735	60	75	0,96593	3,73205	15
31	0,51504	0,60086	59	76	0,97030	4,01078	14
32	0,52992	0,62487	58	77	0,97437	4,33148	13
33	0,54464	0,64941	57	78	0,97815	4,70463	12
34	0,55919	0,67451	56	79	0,98163	5,14455	11
35	0,57358	0,70021	55	80	0,98481	5,67128	10
36	0,58779	0,72654	54	81	0,98769	6,31375	9
37	0,60182	0,75355	53	82	0,99027	7,11537	8
38	0,61566	0,78129	52	83	0,99255	8,14435	7
39	0,62932	0,80978	51	84	0,99452	9,51436	6
40	0,64279	0,83910	50	85	0,99619	11,43005	5
41	0,65606	0,86929	49	86	0,99756	14,30067	4
42	0,66913	0,90040	48	87	0,99863	19,08114	3
43	0,68200	0,93252	47	88	0,99939	28,63625	2
44	0,69466	0,96569	46	89	0,99985	57,28996	1
45	0,70711	1,00000	45	90	1,00000	∞	0
	cos x	cot x	x Grad		cos x	cot x	x Grad

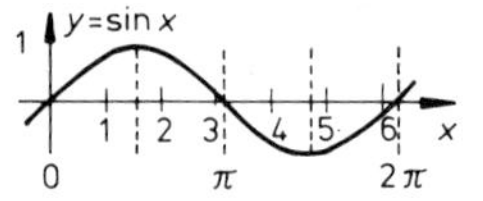

Bild 2

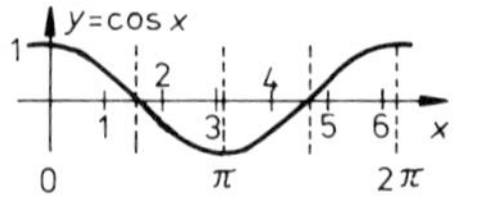

Bild 3

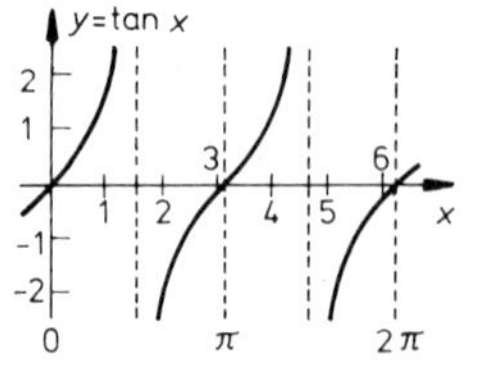

Bild 4

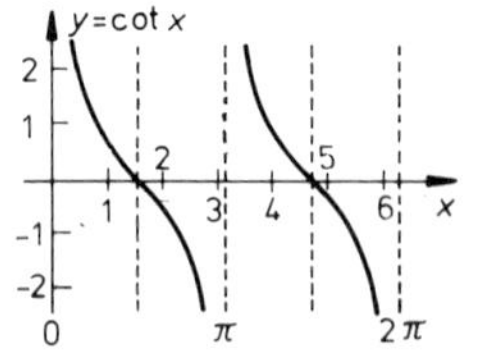

Bild 5

Winkelumrechnungen

1 Vollwinkel = 6,28318... rad = 360° = 400 gon

1 gon = $15{,}70796\ldots \cdot 10^{-3}$ rad = 0,9°

1° = $17{,}45329\ldots \cdot 10^{-3}$ rad = $1{,}\bar{1}$ gon

1′ = $290{,}8882\ldots \cdot 10^{-6}$ rad = $0{,}01\bar{6}°$ = $18{,}\overline{518}$ mgon

1″ = $4{,}84813\ldots \cdot 10^{-6}$ rad = $0{,}0002\bar{7}°$ = $0{,}\overline{308641}\ldots$ mgon

1 rad = 0,1591549... Vollwinkel = 63,6619... gon

= 57,2957...° = 3437,74...′ = 206264,8...″

Trigonometrische Funktionen (Argument in Gonmaß), Fortsetzung

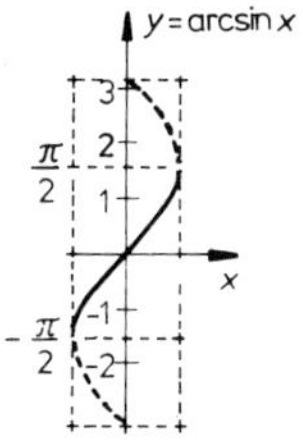

Bild 6

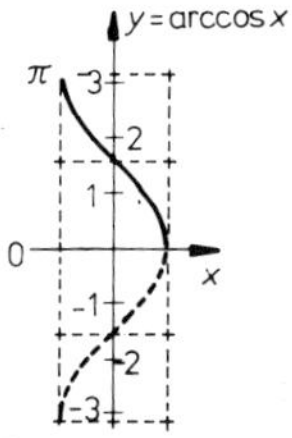

Bild 7

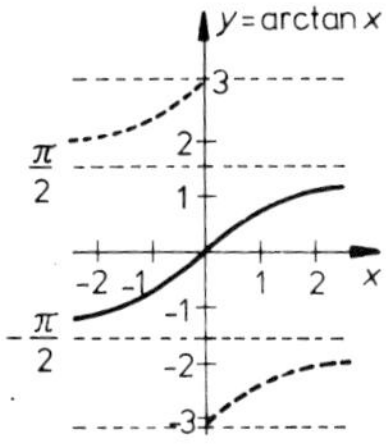

Bild 8

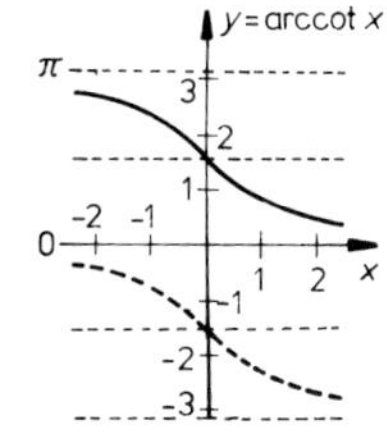

Bild 9

x / Gon	sin x	tan x		x / Gon	sin x	tan x	
0	0,00000	0,00000	100	50	0,70711	1,00000	50
1	0,01571	0,01571	99	51	0,71813	1,03192	49
2	0,03141	0,03143	98	52	0,72897	1,06489	48
3	0,04711	0,04716	97	53	0,73963	1,09899	47
4	0,06279	0,06291	96	54	0,75011	1,13428	46
5	0,07846	0,07870	95	55	0,76041	1,17085	45
6	0,09411	0,09453	94	56	0,77051	1,20879	44
7	0,10973	0,11040	93	57	0,78043	1,24820	43
8	0,12533	0,12633	92	58	0,79016	1,28919	42
9	0,14090	0,14232	91	59	0,79968	1,33187	41
10	0,15643	0,15838	90	60	0,80902	1,37638	40
11	0,17193	0,17453	89	61	0,81815	1,42286	39
12	0,18738	0,19076	88	62	0,82708	1,47146	38
13	0,20279	0,20709	87	63	0,83581	1,52235	37
14	0,21814	0,22353	86	64	0,84433	1,57575	36
15	0,23345	0,24008	85	65	0,85264	1,63185	35
16	0,24869	0,25676	84	66	0,86074	1,69091	34
17	0,26387	0,27357	83	67	0,86863	1,75319	33
18	0,27899	0,29053	82	68	0,87631	1,81899	32
19	0,29404	0,30764	81	69	0,88377	1,88867	31
20	0,30902	0,32492	80	70	0,89101	1,96261	30
21	0,32392	0,34238	79	71	0,89803	2,04125	29
22	0,33874	0,36002	78	72	0,90483	2,12511	28
23	0,35347	0,37787	77	73	0,91140	2,21475	27
24	0,36812	0,39593	76	74	0,91775	2,31086	26
25	0,38268	0,41421	75	75	0,92388	2,41421	25
26	0,39715	0,43274	74	76	0,92978	2,52571	24
27	0,41151	0,45152	73	77	0,93544	2,64642	23
28	0,42578	0,47056	72	78	0,94088	2,77761	22
29	0,43994	0,48989	71	79	0,94609	2,92076	21
30	0,45399	0,50953	70	80	0,95106	3,07768	20
31	0,46793	0,52947	69	81	0,95579	3,25055	19
32	0,48175	0,54975	68	82	0,96029	3,44202	18
33	0,49546	0,57039	67	83	0,96456	3,65538	17
34	0,50904	0,59140	66	84	0,96858	3,89474	16
35	0,52250	0,61280	65	85	0,97237	4,16530	15
36	0,53583	0,63462	64	86	0,97592	4,47374	14
37	0,54902	0,65688	63	87	0,97922	4,82882	13
38	0,56208	0,67960	62	88	0,98229	5,24218	12
39	0,57501	0,70281	61	89	0,98511	5,72974	11
40	0,58779	0,72654	60	90	0,98769	6,31375	10
41	0,60042	0,75082	59	91	0,99002	7,02637	9
42	0,61291	0,77568	58	92	0,99211	7,91582	8
43	0,62524	0,80115	57	93	0,99396	9,05789	7
44	0,63742	0,82727	56	94	0,99556	10,57889	6
45	0,64945	0,85408	55	95	0,99692	12,70620	5
46	0,66131	0,88162	54	96	0,99803	15,89454	4
47	0,67301	0,90993	53	97	0,99889	21,20495	3
48	0,68455	0,93906	52	98	0,99951	31,82052	2
49	0,69591	0,96907	51	99	0,99988	63,65674	1
50	0,70711	1,00000	50	100	1,00000	∞	0
	cos x	cot x	x / Gon		cos x	cot x	x / Gon

$\sin(-\alpha) = -\sin\alpha$ $\quad$ $\sin(\pi \mp \alpha) = \pm\sin\alpha$ $\quad$ $\sin(2\pi - \alpha) = -\sin\alpha$

$\cos(-\alpha) = \cos\alpha$ $\quad$ $\cos(\pi \mp \alpha) = -\cos\alpha$ $\quad$ $\cos(2\pi - \alpha) = \cos\alpha$

$\tan(-\alpha) = -\tan\alpha$ $\quad$ $\tan(\pi \mp \alpha) = \mp\tan\alpha$ $\quad$ $\tan(2\pi - \alpha) = -\tan\alpha$

$\cot(-\alpha) = -\cot\alpha$ $\quad$ $\cot(\pi \mp \alpha) = \mp\cot\alpha$ $\quad$ $\cot(2\pi - \alpha) = -\cot\alpha$

1.3 Kreisabschnitt

Bogenlänge b, Bogenhöhe h, Sehnenlänge s, Schwerpunktslage e, Fläche A, Öffnungswinkel α (Bogenmaß)

$$\alpha = \frac{\pi}{180^\circ} \cdot (\alpha \text{ in Grad})$$

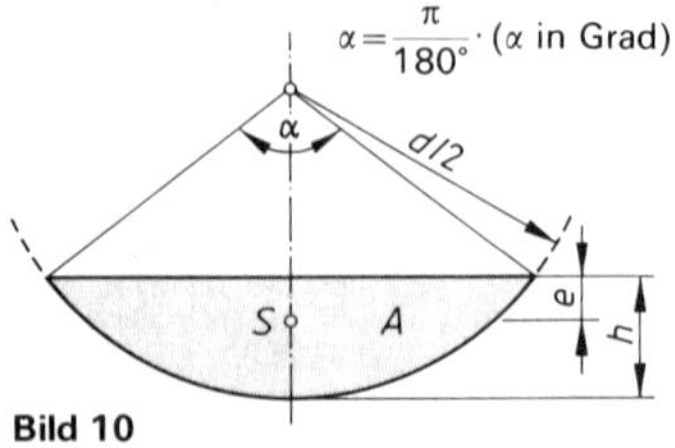

Bild 10

$$\alpha = 4 \cdot \arcsin \sqrt{\frac{h}{d}} = 2 \cdot \arctan \frac{s}{d-2h}$$

$$h = \frac{d}{2} \cdot \left(1 - \cos \frac{\alpha}{2}\right) = \frac{1}{2} \cdot \left(d - \sqrt{d^2 - s^2}\right)$$

$$s = d \cdot \sin \frac{\alpha}{2} = 2 \cdot \sqrt{h \cdot (d-h)}$$

$$b = \frac{d}{2} \cdot \alpha = d \cdot 2 \cdot \arcsin \sqrt{\frac{h}{d}}$$

$$e = \frac{d}{2} \cdot \left(\frac{4}{3} \cdot \frac{\sin^3 \frac{\alpha}{2}}{\alpha - \sin \alpha} - \cos \frac{\alpha}{2}\right) = \frac{s^3}{12A} - \frac{d}{2} \cdot \cos \frac{\alpha}{2}$$

$$A = \frac{d^2}{8} \cdot (\alpha - \sin \alpha) = \frac{d}{4} \cdot (b - s) + \frac{s \cdot h}{2}$$

$\frac{h}{d}$	$\frac{\alpha}{\text{Grad}}$	$\frac{s}{d}$	$\frac{b}{d}$	$\frac{e}{d}$	$\frac{A}{d^2}$	$\frac{h}{d}$	$\frac{\alpha}{\text{Grad}}$	$\frac{s}{d}$	$\frac{b}{d}$	$\frac{e}{d}$	$\frac{A}{d_2}$
0,01	22,96	0,1990	0,2003	0,0040	0,00133	0,51	182,29	0,9998	1,5908	0,2168	0,40270
0,02	32,52	0,2800	0,2838	0,0080	0,00375	0,52	184,58	0,9992	1,6108	0,2214	0,41269
0,03	39,90	0,3412	0,3482	0,0120	0,00687	0,53	186,88	0,9982	1,6308	0,2261	0,42268
0,04	46,15	0,3919	0,4027	0,0161	0,01054	0,54	189,18	0,9968	1,6509	0,2308	0,43266
0,05	51,68	0,4359	0,4510	0,0201	0,01468	0,55	191,48	0,9950	1,6710	0,2355	0,44262
0,06	56,72	0,4750	0,4949	0,0241	0,01924	0,56	193,78	0,9928	1,6911	0,2402	0,45255
0,07	61,37	0,5103	0,5355	0,0282	0,02417	0,57	196,10	0,9902	1,7113	0,2449	0,46247
0,08	65,72	0,5426	0,5735	0,0322	0,02944	0,58	198,41	0,9871	1,7315	0,2497	0,47236
0,09	69,83	0,5724	0,6094	0,0363	0,03501	0,59	200,74	0,9837	1,7518	0,2545	0,48221
0,10	73,74	0,6000	0,6435	0,0404	0,04088	0,60	203,07	0,9798	1,7722	0,2593	0,49203
0,11	77,48	0,6258	0,6761	0,0444	0,04701	0,61	205,42	0,9755	1,7926	0,2642	0,50180
0,12	81,07	0,6499	0,7075	0,0485	0,05339	0,62	207,77	0,9708	1,8132	0,2690	0,51154
0,13	84,54	0,6726	0,7377	0,0526	0,06000	0,63	210,14	0,9656	1,8338	0,2739	0,52122
0,14	87,89	0,6940	0,7670	0,0567	0,06683	0,64	212,52	0,9600	1,8546	0,2789	0,53085
0,15	91,15	0,7141	0,7954	0,0608	0,07387	0,65	214,92	0,9539	1,8755	0,2839	0,54042
0,16	94,31	0,7332	0,8230	0,0650	0,08111	0,66	217,33	0,9474	1,8965	0,2889	0,54992
0,17	97,40	0,7513	0,8500	0,0691	0,08854	0,67	219,75	0,9404	1,9177	0,2939	0,55936
0,18	100,42	0,7684	0,8763	0,0732	0,09613	0,68	222,20	0,9330	1,9391	0,2990	0,56873
0,19	103,37	0,7846	0,9021	0,0774	0,10390	0,69	224,67	0,9250	1,9606	0,3041	0,57802
0,20	106,26	0,8000	0,9273	0,0816	0,11182	0,70	227,16	0,9165	1,9823	0,3093	0,58723
0,21	109,10	0,8146	0,9521	0,0857	0,11990	0,71	229,67	0,9075	2,0042	0,3144	0,59635
0,22	111,89	0,8285	0,9764	0,0899	0,12811	0,72	232,21	0,8980	2,0264	0,3197	0,60538
0,23	114,63	0,8417	1,0004	0,0941	0,13646	0,73	234,77	0,8879	2,0488	0,3250	0,61431
0,24	117,34	0,8542	1,0239	0,0983	0,14494	0,74	237,37	0,8773	2,0714	0,3303	0,62313
0,25	120,00	0,8660	1,0472	0,1025	0,15355	0,75	240,00	0,8660	2,0944	0,3357	0,63185
0,26	122,63	0,8773	1,0701	0,1067	0,16226	0,76	242,66	0,8542	2,1176	0,3411	0,64045
0,27	125,23	0,8879	1,0928	0,1110	0,17109	0,77	245,37	0,8417	2,1412	0,3466	0,64893
0,28	127,79	0,8980	1,1152	0,1152	0,18002	0,78	248,11	0,8285	2,1652	0,3521	0,65728
0,29	130,33	0,9075	1,1374	0,1195	0,18905	0,79	250,90	0,8146	2,1895	0,3577	0,66550
0,30	132,84	0,9165	1,1593	0,1237	0,19817	0,80	253,74	0,8000	2,2143	0,3633	0,67357
0,31	135,33	0,9250	1,1810	0,1280	0,20738	0,81	256,63	0,7846	2,2395	0,3691	0,68150
0,32	137,80	0,9330	1,2025	0,1323	0,21667	0,82	259,58	0,7684	2,2653	0,3748	0,68926
0,33	140,25	0,9404	1,2239	0,1366	0,22603	0,83	262,60	0,7513	2,2916	0,3807	0,69686
0,34	142,67	0,9474	1,2451	0,1410	0,23547	0,84	265,69	0,7332	2,3186	0,3866	0,70429
0,35	145,08	0,9539	1,2661	0,1453	0,24498	0,85	268,85	0,7141	2,3462	0,3927	0,71152
0,36	147,48	0,9600	1,2870	0,1496	0,25455	0,86	272,11	0,6940	2,3746	0,3988	0,71856
0,37	149,86	0,9656	1,3078	0,1540	0,26418	0,87	275,46	0,6726	2,4039	0,4050	0,72540
0,38	152,23	0,9708	1,3284	0,1584	0,27386	0,88	278,93	0,6499	2,4341	0,4113	0,73201
0,39	154,58	0,9755	1,3490	0,1628	0,28359	0,89	282,52	0,6258	2,4655	0,4177	0,73839
0,40	156,93	0,9798	1,3694	0,1672	0,29337	0,90	286,26	0,6000	2,4981	0,4242	0,74452
0,41	159,26	0,9837	1,3898	0,1716	0,30319	0,91	290,17	0,5724	2,5322	0,4308	0,75039
0,42	161,59	0,9871	1,4101	0,1760	0,31304	0,92	294,28	0,5426	2,5681	0,4376	0,75596
0,43	163,90	0,9902	1,4303	0,1805	0,32293	0,93	298,63	0,5103	2,6061	0,4445	0,76123
0,44	166,22	0,9928	1,4505	0,1850	0,33284	0,94	303,28	0,4750	2,6467	0,4517	0,76616
0,45	168,52	0,9950	1,4706	0,1895	0,34278	0,95	308,32	0,4359	2,6906	0,4590	0,77072
0,46	170,82	0,9968	1,4907	0,1940	0,35274	0,96	313,85	0,3919	2,7389	0,4665	0,77486
0,47	173,12	0,9982	1,5108	0,1985	0,36272	0,97	320,10	0,3412	2,7934	0,4743	0,77853
0,48	175,42	0,9992	1,5308	0,2031	0,37270	0,98	327,48	0,2800	2,8578	0,4823	0,78165
0,49	177,71	0,9998	1,5508	0,2076	0,38270	0,99	337,04	0,1990	2,9413	0,4908	0,78407
0,50	180,00	1,0000	1,5708	0,2122	0,39270	1,00	360,00	0,0000	3,1416	0,5000	0,78540

2 Arithmetik

2.1 Rechnen mit physikalischen Größen

Eine physikalische Größe (kurz: Größe) beschreibt eine meßbare Eigenschaft eines physikalischen Phänomens (Körper, Vorgänge, Zustände); ein spezieller Wert einer Größe ist ein Größenwert. Größenwert = Zahlenwert (Maßzahl) · Einheit

Beispiel $l = 5\,\text{m} = \{l\} \cdot [l]$ = Zahlenwert von l · Einheit von l
$\{l\} = 5 \qquad [l] = \text{m}$

Eine physikalische Gleichung stellt eine Beziehung zwischen Größen oder Einheiten oder Zahlenwerten dar.

Eine Größengleichung stellt eine Beziehung zwischen Größen dar und gilt unabhängig von der Wahl der Einheiten und sollte vorwiegend benutzt werden.

Beispiel $v = s/t \qquad M = ql^2/8 \qquad f = Fl^3/(3EI)$

Eine Einheitengleichung gibt die zahlenmäßige Beziehung zwischen Einheiten an.

Beispiel $1\,\text{m} = 100\,\text{cm} \qquad 1\,\text{kN} = 1000\,\text{N} \qquad 1\,\text{N} = 1\,\text{kg}\,\text{m}\,\text{s}^{-2}$

Eine Zahlenwertgleichung gibt die Beziehung zwischen Zahlenwerten von Größen an und erfordert immer die Angabe der Einheiten, für die die Zahlenwerte gelten.

Beispiel $\{v\} = 3{,}6\,\dfrac{\{s\}}{\{t\}}$ mit v in km/h, s in m, t in s

Mit $\{s\} = 450$ und $\{t\} = 30$ wird $\{v\} = 3{,}6 \cdot \dfrac{450}{30} = 54$

$v = 54\,\text{km/h}$

Das Auswerten von Größengleichungen erfordert im allgemeinen das Einsetzen der gegebenen Größenwerte in der Form: Zahlenwert · Einheit.

Beispiel Fläche eines rechtwinkligen Dreiecks mit Grundseite $g = 3\,\text{m}$ und Höhe $h = 400\,\text{cm}$.

Allgemein: $A = 0{,}5\,gh = 0{,}5 \cdot 3\,\text{m} \cdot 400\,\text{cm} = 600\,\text{m}\,\text{cm} = 6\,\text{m}^2$

Einheitengerecht: $A = 0{,}5\,g\,h = 0{,}5 \cdot 3\,\text{m} \cdot 4\,\text{m} = 6\,\text{m}^2$

Kurzform: $A = 0{,}5\,g\,h = 0{,}5 \cdot 3 \cdot 4 = 6\,\text{m}^2$

Bei der üblichen Kurzform wird einheitengerecht eingesetzt; Einheiten werden jedoch bei der Zwischenrechnung nicht geschrieben; Endergebnis hat Einheit.

Beispiel Auswertung der Größengleichung

$f = Fl^3/(3EI)$ mit

$F = 20\,\text{kN}, \quad l = 3\,\text{m}, \quad E = 2{,}1 \cdot 10^7\,\text{N/cm}^2, \quad I = 2{,}517\,\text{dm}^4.$

Einheitengerecht (N, cm):

$$f = \frac{2 \cdot 10^4\,\text{N} \cdot 3^3 \cdot 10^6\,\text{cm}^3}{3 \cdot 2{,}1 \cdot 10^7\,\text{N/cm}^2 \cdot 2{,}517 \cdot 10^4\,\text{cm}^4}$$

$$= \frac{2 \cdot 3^3}{3 \cdot 2{,}1 \cdot 2{,}517} \cdot 10^{4+6-7-4}\,\frac{\text{N}\,\text{cm}^3\,\text{cm}^2}{\text{N}\,\text{cm}^4} = 3{,}41 \cdot 10^{-1}\,\text{cm}$$

Kurzform (N, cm): wie vor; Einheiten jedoch nur beim Endergebnis.

Die Einheit des Ergebnisses kann man wie folgt überprüfen:

$$[f] = \left[\frac{Fl^3}{3EI}\right] = \frac{\text{N}\,\text{cm}^3\,\text{cm}^2}{\text{N}\,\text{cm}^4} = \text{cm}$$

Merke: Eine Größengleichung gilt unabhängig von der Wahl der Einheiten. Einheiten in eckiger Klammer zu schreiben ist nicht normgerecht.

2.2 Potenzen

$a \cdot a \cdot a \cdot \ldots \cdot a = a^n$ (n Faktoren) a = Basis, n = Potenzexponent, a^n = Potenz

$a^1 = a \qquad a^0 = 1 \quad (a \neq 0) \qquad a^{-n} = \frac{1}{a^n}$

Rechenregeln mit m, n, a, b reell

$p \cdot a^n \pm q \cdot a^n = (p \pm q)\, a^n \qquad a^m \cdot a^n = a^{m+n} \qquad a^n \cdot b^n = (a \cdot b)^n$

$\frac{a^m}{a^n} = a^{m-n} \qquad \frac{a^n}{b^n} = \left(\frac{a}{b}\right)^n \qquad (a^m)^n = a^{m \cdot n}$

2.3 Wurzeln

$b = \sqrt[m]{a} = a^{1/m}$, wenn $b^m = a$ und $a > 0$, m positiv ganz

a = Radikand, m = Wurzelexponent, b = Wurzel $\quad \sqrt[2]{a} = \sqrt{a}$

Rechenregeln mit a, b reell, n, m positiv ganz, $a > 0$

$p\sqrt[m]{b} \pm q\sqrt[m]{b} = (p \pm q)\sqrt[m]{b} \qquad \sqrt[m]{a} \cdot \sqrt[m]{b} = \sqrt[m]{ab} \qquad \sqrt[m]{a} \cdot \sqrt[n]{a} = \sqrt[m \cdot n]{a^{m+n}}$

$(\sqrt[m]{a})^n = \sqrt[m]{a^n} = a^{\frac{n}{m}} \qquad \frac{\sqrt[m]{a}}{\sqrt[m]{b}} = \sqrt[m]{\frac{a}{b}} \qquad \frac{\sqrt[m]{a}}{\sqrt[n]{a}} = \sqrt[m \cdot n]{a^{n-m}} \qquad \sqrt[m]{\sqrt[n]{a}} = \sqrt[m \cdot n]{a} = \sqrt[n]{\sqrt[m]{a}}$

$\sqrt{-a} = \sqrt{a(-1)} = \sqrt{a} \cdot \sqrt{-1} = \sqrt{a} \cdot \mathrm{j}$ mit $\mathrm{j} = \sqrt{-1}$ = imaginäre Einheit

$\mathrm{j}^2 = -1$; $\mathrm{j}^3 = -\mathrm{j}$; $\mathrm{j}^4 = +1$; allgemein $\mathrm{j}^{4n+k} = \mathrm{j}^k$ (n ganzzahlig; $k = 0, 1, 2, 3$).

2.4 Logarithmen

$r = \log_a b$, wenn $a^r = b$ und $a, b > 0$, $a \neq 1$;

a = Basis, r = Exponent = Logarithmus, b = Numerus

Rechenregeln mit a, b, n, m reell

$\log_a 1 = 0 \qquad \log_a a = 1 \qquad \log_a 0 = -\infty \qquad a^{\log_a b} = b$

$\log_a (cd) = \log_a c + \log_a d \qquad \log_a c^n = n \log_a c \qquad 10^{\lg b} = b$

$\log_a \left(\frac{c}{d}\right) = \log_a c - \log_a d \qquad \log_a \sqrt[m]{c} = \frac{1}{m} \log_a c \qquad \mathrm{e}^{\ln b} = b$

Dekadische Logarithmen $\log_{10} b = \lg b$

$\lg(c \cdot 10^n) = \lg c + \lg 10^n = \lg c + n \qquad \lg(c \cdot 10^{-m}) = \lg c + \lg 10^{-m} = \lg c - m$

Natürliche Logarithmen $\log_e b = \ln b$

mit $\mathrm{e} = \lim\limits_{n \to \infty} \left(1 + \frac{1}{n}\right)^n = 2{,}718281828$

Binärlogarithmen $\log_2 b = \mathrm{lb}\, b$

Umrechnung der Logarithmen mit verschiedenen Basen

$\log_a b = \frac{\log_s b}{\log_s a} \qquad \log_a b = \frac{1}{\log_b a} \qquad \lg b = \frac{\ln b}{2{,}302585093} = 0{,}434294482 \ln b$

Es gilt $a^b = \mathrm{e}^{b \cdot \ln a}$ mit $a > 0$ und b reell

2.5 Binomischer Satz

$k! = 1 \cdot 2 \cdot 3 \cdot \ldots \cdot k$ „k-Fakultät" k positiv ganz, $0! = 1$

$k! \approx (k/e)^k \sqrt{2\pi k}$ für $k \gg 1$

$$\binom{n}{k} = \frac{n(n-1)(n-2)\cdot\ldots\cdot(n-k+1)}{k!}$$ „n über k"

= **Binomialkoeffizient** mit k positiv ganz und n reell (gleich viele Faktoren in Zähler und Nenner).

$$\binom{0}{0} = \binom{n}{0} = 1 \qquad \binom{n}{1} = \binom{n}{n-1} = n \qquad \binom{n}{k} + \binom{n}{k+1} = \binom{n+1}{k+1}$$

$\binom{n}{k} = 0$ für $k > n$ und k, n positiv ganz

$\binom{n}{k} = \binom{n}{n-k} = \dfrac{n!}{k!(n-k)!}$ für k, n positiv ganz

Binomischer Satz (für n positiv ganz und a, b reell)

$$(a+b)^n = \binom{n}{0} a^n + \binom{n}{1} a^{n-1} b + \binom{n}{2} a^{n-2} b^2 + \ldots + \binom{n}{n-1} a b^{n-1} + \binom{n}{n} b^n$$
$$= \sum_{k=0}^{n} \binom{n}{k} a^{n-k} b^k$$

$(a \pm b)^2 = a^2 \pm 2ab + b^2$ $\qquad$ $(a \pm b)^3 = a^3 \pm 3a^2 b + 3ab^2 \pm b^3$

Näherungsformeln

$(1+x)^n \approx 1 + nx$ wenn $|nx| \ll 1$ $\qquad$ $\sqrt{1+x} \approx 1 + x/2$ wenn $|x| \ll 1$

$\dfrac{1}{(1+x)^n} \approx 1 - nx$ wenn $|nx| \ll 1$ $\qquad$ $\dfrac{1}{\sqrt{1+x}} \approx 1 - x/2$ wenn $|x| \ll 1$

$(a+b)^n \approx a^n \left(1 + n\dfrac{b}{a}\right)$ wenn $|nb| \ll a$

Beispiele $\sqrt{1{,}004} \approx 1 + 0{,}004/2 = 1{,}002$

$\sqrt{9{,}27} = \sqrt{9(1+0{,}03)} \approx 3 \cdot 1{,}015 = 3{,}045$

Teilbarkeit

$\dfrac{a^n - b^n}{a-b} = a^{n-1} + a^{n-2} b + a^{n-3} b^2 + \ldots + a b^{n-2} + b^{n-1}$ $\qquad$ n positiv ganz

$\dfrac{a^2 - b^2}{a-b} = a + b$ $\qquad$ $\dfrac{a^3 - b^3}{a-b} = a^2 + ab + b^2$

2.6 Reihen

Arithmetische Reihe $d = a_{i+1} - a_i$ = Differenz zwischen 2 benachbarten Gliedern, a_1 = Anfangsglied, $a_n = a_1 + (n+1)d$ = Endglied, $a_i = (a_{i-1} + a_{i+1})/2$ = **arithmetisches Mittel.**

Interpolation von m Gliedern zwischen a und $b > a$: $d = (b-a)/(m+1)$

$$s_n = a_1 + (a_1 + d) + (a_1 + 2d) + \ldots + [a_1 + (n-2)d] + [a_1 + (n-1)d]$$
$$= \sum_{i=0}^{n-1} (a_1 + id) = \frac{n}{2}(a_1 + a_n)$$

Geometrische Reihe $q=a_{i+1}/a_i$ = Quotient zwischen 2 benachbarten Gliedern, a_1 = Anfangsglied, $a_n=a_1 q^{n-1}$ = Endglied, $a_i=\sqrt{a_{i-1}\cdot a_{i+1}}$ = **geom. Mittel.**

Interpolation von m Gliedern zwischen a und $b>a$: $q=\sqrt[m+1]{b/a}$

Endliche geometrische Reihe

$$s_n=a_1+a_1 q+a_1 q^2+\ldots+a_1 q^{n-2}+a_1 q^{n-1}=\sum_{i=0}^{n-1} a_1 q^i=a_1 \frac{q^n-1}{q-1}$$

Unendliche geometrische Reihe $s=\lim\limits_{n\to\infty} s_n=\dfrac{a_1}{1-q}$ für $|q|<1$

Potenzsummen $\sum\limits_{i=1}^{n} i=\dfrac{n(n+1)}{2}$ $\sum\limits_{i=1}^{n} i^2=\dfrac{n(n+1)(2n+1)}{6}$ $\sum\limits_{i=1}^{n} i^3=\dfrac{n^2(n+1)^2}{4}$

Beziehung zwischen arithmetisches und geometrisches Mittel

$$(a+b)/2>\sqrt{ab} \quad a\neq b, \quad a,b>0$$

2.7 Zinseszins- und Rentenrechnung

Ist p = Zinsfuß in %, $q=1+p/100$ = Zinsfaktor, K_0 = Anfangskapital = Barwert B_0, K_n = Kapital nach n Jahren = Endwert und R = jährliche Rate bzw. Rente, so gilt bei jährlicher Verzinsung:

Aufzinsungsformel $K_n=K_0\cdot q^n$

Rente nachschüssig $K_n=R\dfrac{q^n-1}{q-1}$ **vorschüssig** $K_n=R\cdot q\dfrac{q^n-1}{q-1}$

Barwertformel $B_0=K_n/q^n$

Hieraus erhält man die jährliche Abschreibungssumme $A=R$ eines nach n Jahren erlöschenden Wertes K_n (z.B. eines Baugerätes, Bauwerkes usw.) zu:

$$A=K_n\frac{q-1}{q^n-1} \quad \text{bzw. in Prozent des Neuwertes} \quad 100\cdot\frac{A}{K_n}=100\cdot\frac{q-1}{q^n-1}$$

Die Änderung von K_0 durch Einzahlungen (+) bzw. Abhebungen (−) beträgt:

nachschüssig: $K_n=K_0\cdot q^n\pm R\dfrac{q^n-1}{q-1}$ vorschüssig: $K_n=K_0\cdot q^n\pm R\cdot q\dfrac{q^n-1}{q-1}$

Stetige Verzinsung $K_n=K_0\cdot e^{\frac{p}{100}n}$

Wachstumsfunktion $y=y_0\cdot e^{kt}$ (k = „Wachstumsrate", t = Zeit)

Beispiel Eine Anfangsschuld $K_0=10000$ DM soll in monatlichen Raten (= Annuität = Zinsen + Tilgung) $R=416$ DM (nachschüssige Verzinsung), Zinssatz $p=8{,}5\%$, getilgt werden.

$K_0\cdot q^n-R(q^n-1)/(q-1)=0$,

dabei ist $q=1+p/12=1{,}0070833$ (monatliche Abzahlung)

$$n=\frac{\ln(R/[R-K_0(q-1)])}{\ln q}=\frac{\ln(416/(416-10000\cdot 0{,}0070833)}{\ln 1{,}0070833}=26{,}4$$

$K_{26}=K_0\cdot q^{26}-R(q^{26}-1)/(q-1)$

$=12014{,}36-11830{,}21=184{,}15$ DM (Restschuld nach 26 Raten)

27. Rate: $184{,}15\cdot 1{,}0070833=185{,}45$ DM

2.8 Investitionsrechnung

Wirtschaftlichkeitsvergleiche bei der Planung von baulichen Anlagen erfolgen anhand einer statischen oder dynamischen Investitionsrechnung.

Statische Investitionsrechnung aufgrund von Jahreskosten.

Jahreskosten $J=\frac{H}{l}+p\cdot H+B$ in DM/a

H Herstellkosten in DM
B Betriebskosten in DM/a
l Lebensdauer in Jahren
p Zinssatz, bezogen auf ein Jahr

Die mit obiger Gleichung ermittelten Jahreskosten stimmen nicht mit den tatsächlichen Kosten überein: Jährliche Preissteigerungen der Betriebskosten bleiben unberücksichtigt; obwohl jährlich auch getilgt wird, werden Zinsen für die vollen Herstellkosten über die gesamte Lebensdauer berechnet; hat ein Teil der Anlage eine kürzere Lebensdauer als die Gesamtanlage, so wird angenommen, daß zum ursprünglichen Preis reinvestiert wird.

Dynamische Investitionsrechnung aufgrund des Gegenwartswertes. Der Gegenwartswert G einer Zahlung Z, die erst in n Jahren fällig ist, wird mit der Barwertformel ermittelt:

$$G=Z/q^n \quad \text{mit } q=1+p=1+\text{Zinssatz}$$

Wird bei der Ermittlung des Gegenwartswertes einer Anlage berücksichtigt, daß im allgemeinen die laufenden Betriebskosten jährlich steigen und daß unter Umständen eine Reinvestition eines Teiles der Anlage erforderlich ist, wenn nämlich dessen Lebensdauer geringer ist als der Planungszeitraum, so wird:

Gegenwartswert einer Anlage

$$G=H\cdot g_H+B\cdot g_B \quad (=\text{in DM})$$

H Herstellkosten bei Inbetriebnahme ($t=0$) in DM
B Jährliche Betriebskosten bei Inbetriebnahme ($t=0$) in DM
g_H Gegenwartswertfaktor der Herstellkosten
g_B Gegenwartswertfaktor der Betriebskosten

$$g_H=\frac{\left(\frac{s}{q}\right)^{w\cdot l}-1}{\left(\frac{s}{q}\right)^{l}-1}+\frac{s^{w\cdot l}(q^{n-w\cdot l}-1)}{q^{n-l}(q^{l}-1)} \qquad \lim_{s\to q} g_H=w+\frac{1-q^{w\cdot l-n}}{1-q^{-l}}$$

$$g_B=\frac{r}{q}\,\frac{\left(\frac{r}{q}\right)^{n}-1}{\frac{r}{q}-1}=r\,\frac{q^n-r^n}{q^n(q-r)} \qquad \lim_{r\to q} g_B=n$$

q Zinsfaktor ($=1+$Zinssatz)
s Jährlicher Steigerungsfaktor der Herstellkosten ($s=1$ für $n\leq l$)
r Jährlicher Steigerungsfaktor der Betriebskosten
l Lebensdauer einer Anlage in Jahren
n Planungszeitraum in Jahren
w $[n/l]=$Anzahl (ganzzahlig, abgerundet) der in n Jahren voll abgeschriebenen Erstinvestitionen und Reinvestitionen

Beispielhaft sind in den beiden folgenden Tabellen g_H- und g_B-Faktoren angegeben.

Gegenwartswertfaktoren g_H der Herstellkosten

n a	l a	s	$q=$ 1,03	1,04	1,05	1,06	1,07	1,08	1,09	1,10	1,11	1,12
		1,04	2,1560	2,0000	1,8663	1.7515	1,6527	1,5677	1.4944	1,4311	1,3764	1,3290
		1,05	2,3344	2,1544	2,0000	1,8675	1,7535	1,6554	1,5707	1,4977	1.4345	1,3798
30	15	1,06	2,5383	2,3307	2,1528	2,0000	1,8686	1,7555	1,6579	1,5737	1,5009	1,4378
		1,07	2,7709	2,5320	2,3271	2,1512	2,0000	1,8698	1,7575	1,6605	1,5766	1,5041
		1,08	3,0361	2,7614	2,5259	2,3236	2,1497	2,0000	1,8709	1,7594	1,6630	1,5795
		1,04	1,6956	1,5968	1,5117	1,4384	1,3754	1,3213	1,2749	1,2351	1,2010	1,1718
		1,05	1,8423	1,7227	1,6196	1,5309	1,4546	1,3891	1,3328	1,2847	1,2434	1,2081
30	20	1,06	2,0181	1,8736	1,7489	1,6417	1,5495	1,4703	1,4023	1,3441	1,2942	1,2515
		1,07	2,2285	2,0540	1,9037	1,7742	1,6630	1,5674	1,4854	1,4151	1,3550	1,3035
		1,08	2,4797	2,2695	2,0885	1,9326	1,7985	1,6834	1,5847	1,5000	1,4275	1,3655
		1,04	1,3349	1,2850	1,2418	1,2047	1,1728	1,1456	1,1224	1,1028	1,0861	1,0721
		1,05	1,4254	1,3620	1,3072	1,2600	1,2195	1,1849	1,1555	1,1305	1,1094	1,0916
30	25	1,06	1,5391	1,4588	1,3893	1,3295	1,2782	1,2344	1,1971	1,1654	1,1386	1,1160
		1,07	1,6817	1,5802	1,4923	1,4167	1,3518	1,2964	1,2492	1,2092	1,1753	1,1467
		1,08	1,8602	1,7321	1,6212	1,5258	1,4440	1,3740	1,3145	1,2640	1,2212	1,1852
	30	1,00	1,0000	1,0000	1,0000	1,0000	1,0000	1,0000	1,0000	1,0000	1,0000	1,0000
	35	1,00	0,9122	0,9265	0,9388	0,9494	0,9584	0,9660	0,9723	0,9775	0,9818	0,9853
30	40	1,00	0,8480	0,8737	0,8959	0,9148	0,9308	0,9441	0,9550	0,9640	0,9713	0,9771
	45	1,00	0,7994	0,8346	0,8649	0,8906	0,9121	0,9297	0,9442	0,9558	0,9651	0,9726
	50	1,00	0,7618	0,8049	0,8421	0,8733	0,8992	0,9202	0,9372	0,9508	0,9615	0,9700

Gegenwartswertfaktoren g_B der Betriebskosten

n a	r	$q=$ 1,03	1,04	1,05	1,06	1,07	1,08	1,09	1,10	1,11	1,12
	1,04	34,9686	30,0000	25,9533	22,6352	19,8960	17,6197	15,7153	14,1115	12,7522	11,5926
	1,05	40,9806	34,9162	30,0000	25,9881	22,6925	19,9674	17,6991	15,7986	14,1961	12,8361
	1,06	48,2739	40,8538	34,8649	30,0000	26,0224	22,7490	20,0378	17,7775	15,8811	14,2799
30	1,07	57,1420	48,0430	40,7298	34,8147	30,0000	26,0560	22,8047	20,1072	17,8550	15,9627
	1,08	67,9467	56,7676	47,8178	40,6086	34,7654	30,0000	26,0891	22,8595	20,1757	17,9315
	1,09	81,1343	67,3767	56,4032	47,5980	40,4900	34,7172	30,0000	26,1217	22,9135	20,2432
	1,10	97,2545	80,2996	66,8228	56,0482	47,3835	40,3741	34,6699	30,0000	26,1537	22,9666

Beispiel Gegenwartswert einer Gesamtanlage, die aus den Teilanlagen A und B besteht.
Planungszeitraum: 30 Jahre
Zinsfaktor: $q = 1{,}06$ (Zinssatz 6%)
Betriebskostensteigerungsfaktor: $r = 1{,}08$ (Zinssatz 8%)
Herstellungskostensteigerungsfaktor: $s = 1{,}07$ (Zinssatz 7%)

	Herstell-kosten in DM	Betriebs-kosten in DM/a	Lebens-dauer in a	Gegenwartswert Faktor	Wert in DM
Teilanlage A	150000		20	1,7742	266130
		8000		40,6086	324869
Teilanlage B	100000		50	0,8733	87330
		4000		40,6086	162434
					840763

2.9 Gleichung zweiten Grades (quadratische Gleichung)

$a_2x^2+a_1x+a_0=0$ $\qquad x_{1;2}=\dfrac{-a_1\pm\sqrt{a_1^2-4a_2a_0}}{2a_2}$

$x^2+px+q=0$ $\qquad x_{1;2}=-\dfrac{p}{2}\pm\sqrt{\left(\dfrac{p}{2}\right)^2-q}$

Kontrolle: $x_1+x_2=-p=-\dfrac{a_1}{a_2}$ $\qquad x_1\cdot x_2=q=\dfrac{a_0}{a_2}$

2.10 Nullstellen von Polynomen *n*-ten Grades (Gleichung *n*-ten Grades)

Die Nullstellen eines Polynoms n-ten Grades

$$f(x)=a_nx^n+a_{n-1}x^{n-1}+\dots+a_2x^2+a_1x+a_0$$

sind die Lösungen (Wurzeln) der Gleichung n-ten Grades

$$a_nx^n+a_{n-1}x^{n-1}+\dots+a_2x^2+a_1x+a_0=0$$

Jede algebraische Gleichung n-ten Grades hat genau n Wurzeln (reell oder komplex; eine s-fache Wurzel ist s-fach zu zählen).
Sind $x_1, x_2, \dots, x_n$ die Wurzeln einer Gleichung n-ten Grades, so ist

$$(x-x_1)(x-x_2)(x-x_3)\dots(x-x_n)=0 \quad \text{(Zerlegung in Linearfaktoren)}$$

Regula falsi Die Kurve der (stetigen) Funktion $y=f(x)$ wird zwischen P_1 und P_2 durch die Sehne P_1P_2 ersetzt. Hat man durch Probieren zwei Werte x_1 und x_2 so gefunden, daß $y_1=f(x_1)$ und $y_2=f(x_2)$ verschiedene Vorzeichen haben, dann ist

$$\bar{x}_0=x_1-\frac{x_1-x_2}{y_1-y_2}y_1$$

eine bessere Annäherung an den wirklichen Wert der Nullstelle x_0.

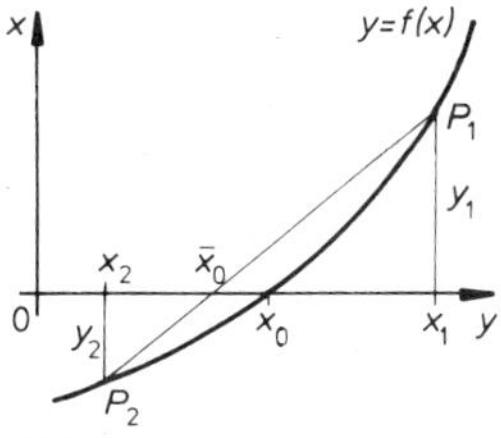

Bild 11

Beispiel $y=\cos x-x$ $\qquad$ Nullstelle $x_0=?$ $\qquad x_0>0$

Durch Probieren gefunden: $0{,}7<x_0<0{,}8$

$y(0{,}80000)=-0{,}10329=y_1 \quad y(0{,}70000)=+0{,}06484=y_2 \quad \bar{x}_0=0{,}73857$

$y(0{,}73857)=+0{,}00086=y_1 \quad y(0{,}80000)=-0{,}10329=y_2 \quad \bar{x}_0=0{,}73908$

$y(0{,}73908)=+0{,}00001\approx 0$ $\qquad$ d.h. $x_0=0{,}739$

Newton-Verfahren Hat man einen angenäherten Wert x_i für die Nullstelle einer (beliebigen) Funktion $y=f(x)$ ermittelt, so wird die Kurve durch die Tangente in $P_i(x_i;y_i)$ ersetzt. Einen besseren Wert für die Nullstelle erhält man mit

$$x_{i+1}=x_i-\frac{y_i}{y_i'}=x_i-\frac{f(x_i)}{f'(x_i)}$$

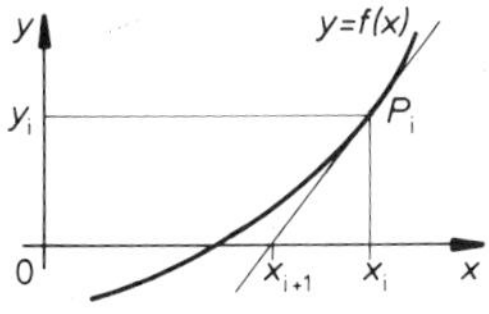

Bild 12

Für ein Polynom n-ten Grades wird

$$x_{i+1}=x_i-\frac{a_nx_i^n+a_{n-1}x_i^{n-1}+\dots+a_1x_i+a_0}{na_nx_i^{n-1}+(n-1)a_{n-1}x_i^{n-2}+\dots+a_1}$$

Beispiel $y = x^4 - 8x^3 + 21x^2 - 20x + 5$ Nullstelle x_0? $0 < x_0 < 1$

$$x_{i+1} = x_i - \frac{x_i^4 - 8x_i^3 + 21x_i^2 - 20x_i + 5}{4x_i^3 - 24x_i^2 + 42x_i - 20} = x_i - \frac{(((x_i - 8)x_i + 21)x_i - 20)x_i + 5}{((4x_i - 24)x_i + 42)x_i - 20}$$

Mit dem geschätzten Anfangswert $x_1 = 0{,}1$ wird

$$x_2 = 0{,}1 - \frac{3{,}20210}{-16{,}03600} = 0{,}29968 \approx 0{,}3 \qquad x_3 = 0{,}3 - \frac{0{,}68210}{-9{,}45200} = 0{,}37216 \approx 0{,}373$$

$$x_4 = 0{,}373 - \frac{0{,}06590}{-0{,}746552} = 0{,}38183 \qquad x_5 = 0{,}38183 - \frac{0{,}00098}{-7{,}23953} = 0{,}38197$$

Nullstelle $x_0 = 0{,}382$ $\qquad y_0 = y(x_0) = -0{,}00025 \approx 0$

2.11 Horner-Schema

Der Funktionswert $y_0 = f(x_0)$ einer ganzen rationalen Funktion n-ten Grades wird ermittelt, indem der Faktor x_0 schrittweise ausgeklammert wird.

$$y_0 = f(x_0) = a_3 x_0^3 + a_2 x_0^2 + a_1 x_0^1 + a_0 = ((a_3 x_0 + a_2)\, x_0 + a_1)\, x_0 + a_0$$

a_3	a_2	a_1	a_0
	$a_3 x_0$	$(a_2 + a_3 x_0)\, x_0$	$(a_1 + a_2 x_0 + a_3 x_0)\, x_0$
a_3	$a_2 + a_3 x_0$	$a_1 + a_2 x_0 + a_3 x_0^2$	$a_0 + a_1 x_0 + a_2 x_0^2 + a_3 x_0^3 = f(x_0)$

Beispiel $f(x) = 2x^5 - x^4 - 5x^2 + 3x - 9$ $\qquad f(3) = ?$

+2	−1	0	−5	+3	−9	
	+6	+15	+45	+120	+369	
+2	+5	+15	+40	+123	+360	$f(3) = 360$

3 Lineare Algebra

3.1 Determinanten

Eine n-reihige Determinante hat n Zeilen und n Spalten, also n^2 Elemente in der Form

$$D = \begin{vmatrix} a_{11} & a_{12} & a_{13} \cdots a_{1n} \\ a_{21} & a_{22} & a_{23} \cdots a_{2n} \\ a_{31} & a_{32} & a_{33} \cdots a_{3n} \\ \vdots & \vdots & \vdots \quad \vdots \\ a_{n1} & a_{n2} & a_{n3} \cdots a_{nn} \end{vmatrix}$$

Das Element a_{ik} steht in der i-ten Zeile und k-ten Spalte.

Man liest a_{23} „a zwei drei"

Streicht man in einer n-reihigen Determinante die i-te Zeile und die k-te Spalte und schiebt die übrigen Elemente wieder zu einer Quadratform zusammen, so entsteht eine $(n-1)$-reihige Unterdeterminante. Multipliziert man diese mit dem Faktor $(-1)^{i+k}$, so entsteht die Adjunkte A_{ik} des Elementes a_{ik}.

Der Wert einer n-reihigen Determinante ist gleich der Summe der Produkte aus den Elementen einer beliebigen Reihe und den zugehörigen Adjunkten

$$D = \sum_{\substack{i=1 \\ k=\text{const}}}^{n} a_{ik} A_{ik} = \sum_{\substack{k=1 \\ i=\text{const}}}^{n} a_{ik} A_{ik} \qquad \text{Entwicklungssatz von Laplace}$$

Beispiel $D = \begin{vmatrix} 4 & -3 & 2 \\ 5 & 6 & -7 \\ 10 & -2 & -3 \end{vmatrix}$

$$D = 4\begin{vmatrix} 6 & -7 \\ -2 & -3 \end{vmatrix} - 5\begin{vmatrix} -3 & 2 \\ -2 & -3 \end{vmatrix} + 10\begin{vmatrix} -3 & 2 \\ 6 & -7 \end{vmatrix}$$

$$= 4(-18-14) - 5(9+4) + 10(21-12) = -103$$

Spezialfall: Zweireihige Determinante

$$D=\begin{vmatrix} a_{11} & a_{12} \\ a_{21} & a_{22} \end{vmatrix}=a_{11}a_{22}-a_{12}a_{21}$$

Der Wert einer zweireihigen Determinante D ist das Produkt der Elemente der Hauptdiagonale vermindert um das Produkt der Elemente der Nebendiagonale.

Spezialfall: Dreireihige Determinante

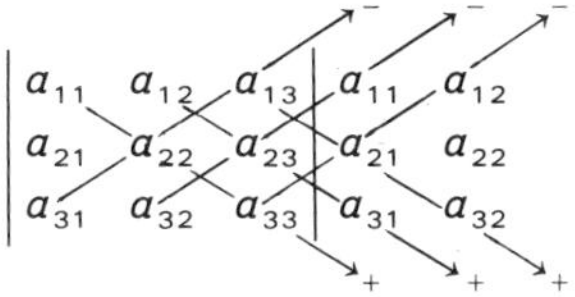

Die 1. und 2. Spalte werden neben die 3. Spalte geschrieben. In Richtung der Pfeile werden 6 Produkte zu je drei Faktoren gebildet und addiert bzw. subrahiert.

$$D=a_{11}a_{22}a_{33}+a_{12}a_{23}a_{31}+a_{13}a_{21}a_{32}-a_{31}a_{22}a_{13}-a_{32}a_{23}a_{11}-a_{33}a_{21}a_{12}$$

Regeln für das Rechnen mit Determinanten

1. Der Wert einer Determinante bleibt erhalten, wenn alle Zeilen mit allen Spalten unter Beibehaltung ihrer Reihenfolge vertauscht werden (Spiegeln an der Hauptdiagonale).

2. Eine Determinante ändert ihr Vorzeichen, wenn zwei beliebige Reihen vertauscht werden.

3. Eine Determinante wird mit einem Faktor multipliziert, indem alle Elemente einer beliebigen Reihe mit diesem Faktor multipliziert werden.

4. Der Wert einer Determinante bleibt erhalten, wenn zu einer Reihe ein Vielfaches einer anderen Reihe addiert wird.

5. Der Wert einer Determinante ist Null, wenn zwei Reihen einander proportional sind, d.h. wenn sie sich nur durch einen Faktor unterscheiden. Man sagt auch: die beiden Reihen sind l i n e a r a b h ä n g i g.

Beispiele $k\begin{vmatrix} a_{11} & a_{12} \\ a_{21} & a_{22} \end{vmatrix}=\begin{vmatrix} ka_{11} & ka_{12} \\ a_{21} & a_{22} \end{vmatrix}=k(a_{11}a_{22}-a_{12}a_{21})$ $\begin{vmatrix} a & b \\ ka & kb \end{vmatrix}=k\begin{vmatrix} a & b \\ a & b \end{vmatrix}=0$

$$\begin{vmatrix} a_{11} & a_{12} \\ a_{21} & a_{22} \end{vmatrix}=\begin{vmatrix} a_{11}+ka_{21} & a_{12}+ka_{22} \\ a_{21} & a_{22} \end{vmatrix}$$
$$=(a_{11}+ka_{21})a_{22}-(a_{12}+ka_{22})a_{21}=a_{11}a_{22}-a_{12}a_{21}$$

3.2 Vektoren

Skalar Größe, durch Maßzahl und Einheit vollständig beschrieben (z.B. Masse $m=5{,}32$ kg; Temperatur $T=301$ K; Arbeit $W=5{,}3$ kNm).

Vektor Größe, durch Maßzahl, Einheit und Richtung beschrieben (z.B. Kraft $\vec{F}$, Moment $\vec{M}$, Geschwindigkeit $\vec{v}$). Ein Kraftvektor $\vec{F}$ (gelesen „Vektor F") ist ein l i n i e n f l ü c h t i g e r Vektor und darf auf der Wirkungslinie verschoben werden. Ein Momentenvektor $\vec{M}$ ist ein f r e i e r Vektor und darf beliebig verschoben werden.

Darstellung eines Vektors entweder geometrisch durch einen Pfeil im Raum oder rechnerisch in der Form $\vec{v}=(v_x;v_y;v_z)$ z.B. $\vec{F}=(5;-3;6)$ kN = Kraft $\vec{F}$ mit den Komponenten $F_x=5$ kN, $F_y=-3$ kN, $F_z=6$ kN.

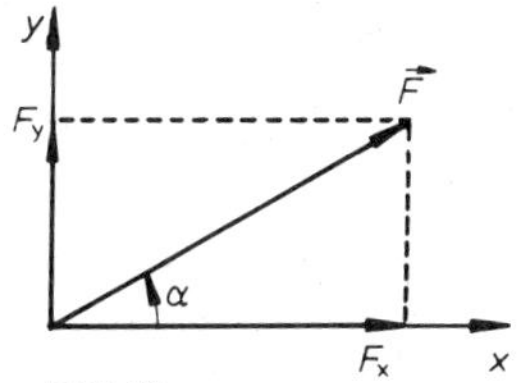

Bild 13

Beispiel $\vec{F}$ in der $(x;y)$-Ebene

$$F_x=F\cos\alpha \quad F_y=F\sin\alpha \quad F=\sqrt{F_x^2+F_y^2} \quad \alpha=\arctan\frac{F_y}{F_x}$$

3.2.1 Vektoralgebra

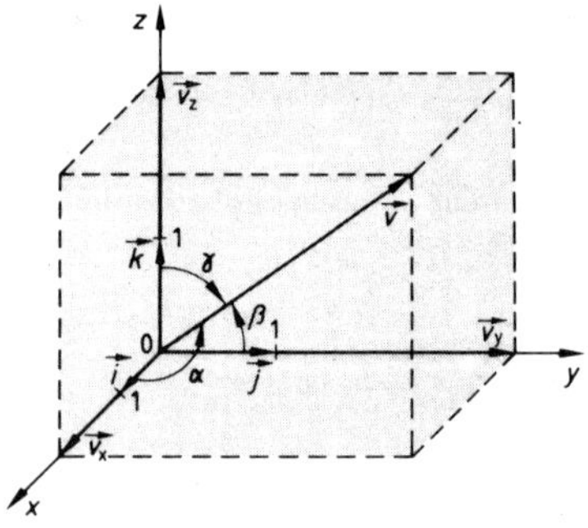

Bild 14

Vektor $\vec{v}=\vec{v}_x+\vec{v}_y+\vec{v}_z$

$\vec{v}=v_x\vec{i}+v_y\vec{j}+v_z\vec{k}$

$\vec{v}_x, \vec{v}_y, \vec{v}_z$ Vektorkomponenten

v_x, v_y, v_z Vektorkoordinaten

$\vec{i}, \vec{j}, \vec{k}$ Einsvektoren

Betrag $|\vec{v}|=v=+\sqrt{v_x^2+v_y^2+v_z^2}$

Einsvektor $\vec{v}^0=\vec{v}/v \quad |\vec{v}^0|=v^0=1$

Richtungscosinus

$$\cos\alpha=\frac{v_x}{v} \quad \cos\beta=\frac{v_y}{v} \quad \cos\gamma=\frac{v_z}{v}$$

Es gilt $\cos^2\alpha+\cos^2\beta+\cos^2\gamma=1$

Addition/Subtraktion $\vec{v}_3=\vec{v}_1\pm\vec{v}_2$

$$v_{3x}=v_{1x}\pm v_{2x} \quad v_{3y}=v_{1y}+v_{2y} \quad v_{3z}=v_{1z}\pm v_{2z}$$

Beispiel $\vec{R}=\sum_{i=1}^{n}\vec{F}_i=$ Resultierende $\vec{R}$ aus n Kräften $\vec{F}_i$.

Mit $\vec{F}_1=(3;-2;5)$ kN, $\vec{F}_2=(5;3;-6)$ kN, $\vec{F}_3=(-4;2;6)$ kN
wird $\vec{R}=(R_x;R_y;R_z)=(4;3;5)$ kN.

Nullvektor $\vec{0}=\vec{v}+(-\vec{v})$

Linearkombination $\vec{v}=\lambda_1\vec{v}_1+\lambda_2\vec{v}_2+\ldots+\lambda_n\vec{v}_n$.
$\vec{v}_1$ und $\vec{v}_2$ sind kollinear (parallel), wenn $\lambda_1\vec{v}_1+\lambda_2\vec{v}_2=\vec{0}$ ist. $\vec{v}_1$, $\vec{v}_2$ und $\vec{v}_3$ sind komplanar (liegen in einer Ebene), wenn $\lambda_1\vec{v}_1+\lambda_2\vec{v}_2+\lambda_3\vec{v}_3=\vec{0}$ ist.

Sind $\vec{v}_1$ und $\vec{v}_2$ nicht kollinear bzw. $\vec{v}_1, \vec{v}_2$ und $\vec{v}_3$ nicht komplanar, so sind die Vektoren linear unabhängig.

Skalares Produkt $\vec{v}_1\cdot\vec{v}_2=v_1v_2\cos(\vec{v}_1,\vec{v}_2)=v_{1x}v_{2x}+v_{1y}v_{2y}+v_{1z}v_{2z}$

Es gilt $\vec{v}_1\cdot\vec{v}_2=\vec{v}_2\cdot\vec{v}_1$

$\vec{v}_1\cdot(\vec{v}_2+\vec{v}_3)=\vec{v}_1\cdot\vec{v}_2+\vec{v}_1\cdot\vec{v}_3$

$\vec{i}^2=1 \quad \vec{j}^2=1 \quad \vec{k}^2=1$

$\vec{i}\cdot\vec{j}=0 \quad \vec{j}\cdot\vec{k}=0 \quad \vec{k}\cdot\vec{i}=0$

Beispiel $W=\vec{F}\cdot\vec{s}=Fs\cos(\vec{F},\vec{s})=$ Arbeit der Kraft $\vec{F}$ auf dem Weg $\vec{s}$.
Mit $\vec{F}=(3;4)$ kN und $\vec{s}=(2;3)$ m wird $W=3\cdot2+4\cdot3=18$ kN m.

Projektion von $\vec{v}_1$ auf $\vec{v}_2$ $\vec{v}_{1(\vec{v}_2)}=\dfrac{\vec{v}_1\cdot\vec{v}_2}{v_2^2}\vec{v}_2$

Winkel zwischen zwei Vektoren $\cos(\vec{v}_1,\vec{v}_2)=\dfrac{\vec{v}\cdot\vec{v}_2}{v_1v_2}$

Beispiel Der Winkel φ zwischen $\vec{F}_1=(5;2)$ kN und $\vec{F}_2=(5;10)$ kN beträgt

$$\varphi=\arccos\frac{\vec{F}_1\cdot\vec{F}_2}{F_1F_2}=\arccos\frac{5\cdot5+2\cdot10}{\sqrt{(5^2+2^2)\cdot(5^2+10^2)}}=\arccos\frac{45}{\sqrt{29\cdot125}} \qquad \varphi=41{,}63°$$

Vektorielles Produkt $\vec{v}_1\times\vec{v}_2=\begin{vmatrix}\vec{i} & \vec{j} & \vec{k}\\ v_{1x} & v_{1y} & v_{1z}\\ v_{2x} & v_{2y} & v_{2z}\end{vmatrix}$ $\quad |\vec{v}_1\times\vec{v}_2|=v_1v_2\sin(\vec{v}_1,\vec{v}_2)$

Es gilt $\vec{v}_1\times\vec{v}_2=-(\vec{v}_2\times\vec{v}_1)$

$\vec{v}_1\times(\vec{v}_2+\vec{v}_3)=\vec{v}_1\times\vec{v}_2+\vec{v}_1\times\vec{v}_3$

$\vec{i}\times\vec{i}=\vec{0} \quad \vec{j}\times\vec{j}=\vec{0} \quad \vec{k}\times\vec{k}=\vec{0}$

$\vec{i}\times\vec{j}=\vec{k} \quad \vec{j}\times\vec{k}=\vec{i} \quad \vec{k}\times\vec{i}=\vec{j}$

Beispiel $\vec{M}_0 = \vec{r} \times \vec{F}$ = Moment (Drehachse durch den Nullpunkt) der Kraft $\vec{F}$, im Punkt mit dem Ortsvektor $\vec{r}$ angreifend. Mit $\vec{r} = (5; 3)$ m und $\vec{F} = (1; 10)$ kN wird, wenn man nach der 3. Spalte entwickelt:

$$\vec{M}_0 = \vec{r} \times \vec{F} = \begin{vmatrix} \vec{i} & \vec{j} & \vec{k} \\ 5 & 3 & 0 \\ 1 & 10 & 0 \end{vmatrix} = +\vec{k}(5 \cdot 10 - 3 \cdot 1) = 47\vec{k} \qquad \text{d.h.} \quad \vec{M}_0 = (0; 0; 47)\ \text{kN m}$$

Mehrfache Produkte

$$\vec{v}_1 \cdot (\vec{v}_2 \times v_3) = \begin{vmatrix} v_{1x} & v_{1y} & v_{1z} \\ v_{2x} & v_{2y} & v_{2z} \\ v_{3x} & v_{3y} & v_{3z} \end{vmatrix} \quad \text{Spatprodukt}$$

$$\vec{v}_1 \times (\vec{v}_2 \times \vec{v}_3) = (\vec{v}_1 \cdot \vec{v}_3)\, \vec{v}_2 - (\vec{v}_1 \cdot \vec{v}_2)\, \vec{v}_3$$
$$(\vec{v}_1 \times \vec{v}_2) \cdot (\vec{v}_3 \times \vec{v}_4) = (\vec{v}_1 \cdot \vec{v}_3)\, (\vec{v}_2 \cdot \vec{v}_4) - (\vec{v}_2 \cdot \vec{v}_3)\, (\vec{v}_1 \cdot \vec{v}_4)$$
$$(\vec{v}_1 \times \vec{v}_2) \times (\vec{v}_3 \times \vec{v}_4) = (\vec{v}_1 \cdot (\vec{v}_2 \times \vec{v}_4))\, \vec{v}_3 - (\vec{v}_1 \cdot (\vec{v}_2 \times \vec{v}_3))\, \vec{v}_4$$

Der Multiplikationspunkt bedeutet das skalare Produkt zweier Vektoren.
Kein Operationszeichen bedeutet das Produkt zweier Skalare bzw. eines Vektors mit einem Skalar.

3.2.2 Geometrische Anwendungen der Vektorrechnung

Radiusvektor

$$\vec{r} = \overrightarrow{OP} = x\vec{i} + y\vec{j} + z\vec{k} = (x; y; z)$$
$$\vec{r}_i = \overrightarrow{OP}_i = x_i\vec{i} + y_i\vec{j} + z_i\vec{k} = (x_i; y_i; z_i)$$
$$\vec{a} = \overrightarrow{OA} = a_x\vec{i} + a_y\vec{j} + a_z\vec{k} = (a_x; a_y; a_z)$$

Vektor $\overrightarrow{AB}$

$$\overrightarrow{AB} = \overrightarrow{OB} - \overrightarrow{OA} = (b_x - a_x; b_y - a_y; b_z - a_z)$$

Abstand $\overline{P_2 P_1}$

$$|\vec{r}_2 - \vec{r}_1| = \sqrt{(x_2 - x_1)^2 + (y_2 - y_1)^2 + (z_2 - z_1)^2}$$

Gerade durch P_1 parallel zu $\vec{a}$

$$\vec{r} = \vec{r}_1 + \lambda \vec{a} \ (\lambda = \text{Parameter})$$

$$x = x_1 + \lambda a_x$$
$$y = y_1 + \lambda a_y$$
$$z = z_1 + \lambda a_z$$

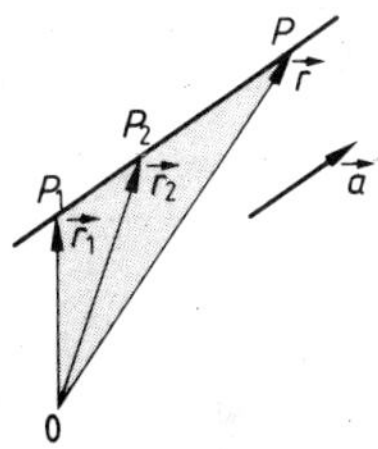

Bild 15

Gerade durch P_1 und P_2

$$\vec{r} = \vec{r}_1 + \lambda (\vec{r}_2 - \vec{r}_1)$$

Abstand Nullpunkt – Gerade

$$\vec{r} \cdot \vec{l} = \vec{l}^2 = l^2 \quad \text{(vektorielle Hesseform)}$$

Abstand Punkt P_0-Gerade

$$(\vec{r}_0 - \vec{l}) \cdot \vec{l} = -\vec{d} \cdot \vec{l} = -d \cdot l$$

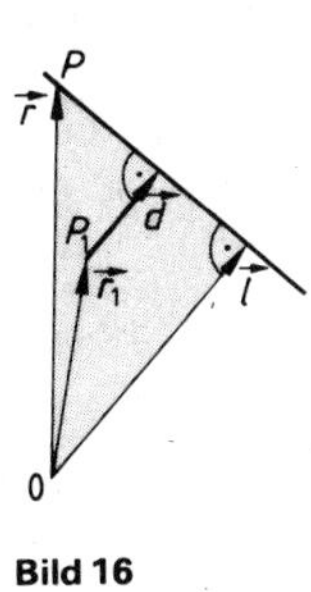

Bild 16

Beispiel Gerade durch $P_1(-6; -12)$ und $P_2(-12; -4)$:

$\vec{r}=(-6\vec{i}-12\vec{j})+\lambda(-6\vec{i}+8\vec{j})=(-6-6\lambda)\vec{i}+(-12+8\lambda)\vec{j}$

P_1 und P_2 liegen auf der Geraden; somit wird mit $\vec{r}_i\cdot\vec{l}=l_x^2+l_y^2$

$-6l_x-12l_y=l_x^2+l_y^2$

$-12l_x-4l_y=l_x^2+l_y^2$

Lösungen: $l_x=-48/5 \quad l_y=-36/5 \quad l=12$

Für $P_0(8; -4)$ wird mit $\vec{r}_0=8\vec{i}-4\vec{j}$ und $\vec{l}=-\frac{48}{5}\vec{i}-\frac{36}{5}\vec{j}$

$d=-(\vec{r}_0-\vec{l})\cdot\vec{l}/l=16$

Fläche eines Dreiecks

$A=\frac{1}{2}\sqrt{\vec{a}^2\cdot\vec{b}^2-(\vec{a}\cdot\vec{b})^2}$

$A=\frac{1}{2}|(\vec{r}_1\times\vec{r}_2+\vec{r}_2\times\vec{r}_3+\vec{r}_3\times\vec{r}_1)|$

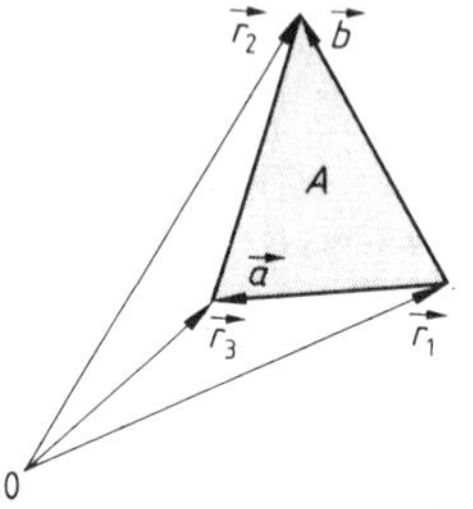

Bild 17

Fläche eines Parallelogramms

$A=|\vec{a}\times\vec{b}|$

Ebene durch P_1, P_2, P_3

$\vec{r}-\vec{r}_1=\lambda_1(\vec{r}_2-\vec{r}_1)+\lambda_2(\vec{r}_3-\vec{r}_1)$

Beispiel Ebene durch $P_1(1; 2; 3)$, $P_2(-1; 2; -3)$ und $P_3(-4; 5; 6)$:

$(x-1)\vec{i}=\lambda_1(-2)\vec{i}+\lambda_2(-5)\vec{i}$

$(a-2)\vec{j}=\lambda_1(0)\vec{j}+\lambda_2(3)\vec{j} \quad \rightarrow\lambda_2=(y-2)/3$

$(z-3)\vec{k}=\lambda_1(-6)\vec{k}+\lambda_2(3)\vec{k} \quad \lambda_1=(1-x-5\lambda_2)/2$

$z=3-6\lambda_1+3\lambda_2$

Es folgt: $3x+6y-z-12=0$

Schnittpunkt einer Geraden mit einer Ebene

$\vec{u}=\vec{a}+\lambda\vec{b}$ Parametergleichung der Geraden

$\vec{v}=\vec{c}+\lambda_1\vec{d}+\lambda_2\vec{e}$ Parametergleichung der Ebene

Gleichsetzen, d.h. $\vec{u}(\lambda)=\vec{v}(\lambda_1, \lambda_2)$ führt auf ein lineares Gleichungssystem für λ, λ_1 und λ_2.

Vektor der Normalen $\vec{n}=n_x\vec{i}+n_y\vec{j}+n_z\vec{k}=\vec{a}\times\vec{b}$
($\vec{n}$ steht senkrecht auf der $(\vec{a}, \vec{b})$-Ebene)

Parameterfreie Ebenengleichung $(\vec{r}-\vec{r}_1)\cdot\vec{n}=0$
(Ebene durch Punkt P_1 mit Normalenvektor $\vec{n}$)

Winkel zwischen Gerade und Ebene $\varphi=\arcsin\left|\frac{\vec{n}\cdot\vec{a}}{n\cdot a}\right|$
(mit Gerade $\vec{r}=\vec{r}_1+\lambda\vec{a}$ und Ebene $\vec{n}\cdot\vec{r}=\vec{n}\cdot\vec{r}_1$)

Winkel zwischen zwei Ebenen $\varphi=\arccos\frac{\vec{n}_1\cdot\vec{n}_2}{n_1\cdot n_2}$

Volumen des durch $\vec{a}$, $\vec{b}$ und $\vec{c}$ gebildeten Spats

$V=\vec{a}\cdot(\vec{b}\times\vec{c})$

Beispiel Mit $\vec{a}=(3; 9; -3)$ m, $\vec{b}=(-4; 4; 2)$ m
und $\vec{c}=(1; 1; 5)$ m wird

$$V=\begin{vmatrix} 3 & 9 & -3 \\ -4 & 4 & 2 \\ 1 & 1 & 1 \end{vmatrix}=12+18+12-6+36+12=84\text{ m}^3$$

3.3 Matrizen

Eine rechteckige Anordnung von $m \cdot n$ Elementen a_{ik} (Zahlen, Funktionen oder andere mathematische Größen) aus m Zeilen und n Spalten heißt eine (m, n)-Matrix $\boldsymbol{A}$.

$$\boldsymbol{A} = (a_{ik}) = \begin{pmatrix} a_{11} & a_{12} & a_{13} \ldots a_{1n} \\ a_{21} & a_{22} & a_{23} \ldots a_{2n} \\ \vdots & \vdots & \vdots \quad \vdots \\ a_{m1} & a_{m2} & a_{m3} \ldots a_{mn} \end{pmatrix}$$

einzeilige Matrix = Zeilenvektor
einspaltige Matrix = Spaltenvektor

Unterschied zu einer Determinante: Häufig ist $m \neq n$; der Matrixbegriff enthält keine Vorschrift zur Verknüpfung der Elemente. Eine Determinante hat einen Wert.

Beispiele

$$\boldsymbol{A} = \begin{pmatrix} 1 & 2 \\ 3 & 4 \\ 0 & 9 \end{pmatrix}; \quad \boldsymbol{B} = \begin{pmatrix} \cos\alpha & \sin\alpha \\ -\sin\alpha & \cos\alpha \end{pmatrix}; \quad \boldsymbol{N} = \begin{pmatrix} 0 & 0 & 0 \\ 0 & 0 & 0 \\ 0 & 0 & 0 \end{pmatrix};$$

$$\boldsymbol{D} = \begin{pmatrix} 2 & 0 & 0 \\ 0 & 5 & 0 \\ 0 & 0 & 1 \end{pmatrix}; \quad \boldsymbol{E} = \begin{pmatrix} 1 & 0 & 0 \\ 0 & 1 & 0 \\ 0 & 0 & 1 \end{pmatrix}; \quad \boldsymbol{x} = \begin{pmatrix} x_1 \\ x_2 \\ x_3 \end{pmatrix}.$$

Stimmen zwei Matrizen in Spalten- und Zeilenzahl überein, so sind sie vom gleichen Typ.

Transponieren Vertauscht man in einer Matrix $\boldsymbol{A}$ alle Zeilen mit den entsprechenden Spalten, so erhält man die transponierte Matrix $\boldsymbol{A}^T$.

Quadratische Matrix $m = n$; Ordnung = Anzahl der Reihen; Symmetrie wenn Matrix gleich der transponierten Matrix ($\boldsymbol{A} = \boldsymbol{A}^T$); Diagonalmatrix $\boldsymbol{D}$: Diagonalelemente $a_{ii} \neq 0$, alle übrigen Elemente $a_{ik} = 0$; Einheitsmatrix $\boldsymbol{E}$ = Diagonalmatrix, bei der alle $a_{ii} = 1$ sind.

Gleichheit Zwei Matrizen $\boldsymbol{A}$ und $\boldsymbol{B}$ sind gleich, wenn sie vom gleichen Typ sind und $a_{ik} = b_{ik}$ für alle i und k gilt.

Addition $\boldsymbol{A}$ und $\boldsymbol{B}$ müssen vom gleichen Typ sein.

$$\boldsymbol{C} = \boldsymbol{A} + \boldsymbol{B} \quad c_{ik} = a_{ik} + b_{ik} \text{ für alle } i, k$$

Multiplikation einer Matrix $\boldsymbol{A}$ mit einem konstanten Faktor λ Jedes Element von $\boldsymbol{A}$ wird mit λ multipliziert (bei Determinanten wird dagegen nur eine Reihe mit λ multipliziert).

Multiplikation zweier Matrizen Es muß die Spaltenanzahl n_A gleich der Zeilenanzahl m_B sein.

$$\boldsymbol{C} = \boldsymbol{AB} \quad c_{ik} = \sum_{j=1}^{n} a_{ij} b_{jk} \quad i = 1, 2, \ldots, m_A$$
$$k = 1, 2, \ldots, n_B \quad (n = n_A = m_B)$$

$$\boldsymbol{A}(\boldsymbol{B} + \boldsymbol{C}) = \boldsymbol{AB} + \boldsymbol{AC}$$

$$(\boldsymbol{AB})\,\boldsymbol{C} = \boldsymbol{A}(\boldsymbol{BC})$$

Im allgemeinen gilt

$$\boldsymbol{AB} \neq \boldsymbol{BA}$$

Es gilt

$$(\boldsymbol{AB})^T = \boldsymbol{B}^T \boldsymbol{A}^T \quad \text{und} \quad (\boldsymbol{A}^T)^{-1} = (\boldsymbol{A}^{-1})^T$$

$$(\boldsymbol{AB})^{-1} = \boldsymbol{B}^{-1} \boldsymbol{A}^{-1}$$

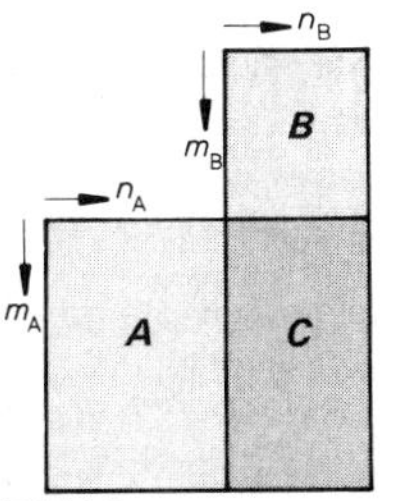

Bild 18
Falksches Schema für die Matrizenmultiplikation

Determinante einer Matrix det ($\boldsymbol{A}$)

det $(\boldsymbol{AB})$ = det $(\boldsymbol{A})$ det $(\boldsymbol{B})$

Beispiele Mit $\boldsymbol{A}=\begin{pmatrix}3 & 6\\ 2 & 5\end{pmatrix}$, $\boldsymbol{B}=\begin{pmatrix}2 & 3\\ 0 & 1\\ 5 & 2\end{pmatrix}$, $\boldsymbol{E}=\begin{pmatrix}1 & 0\\ 0 & 1\end{pmatrix}$ und $\boldsymbol{D}=\begin{pmatrix}2 & 0\\ 0 & 3\end{pmatrix}$ wird:

$\boldsymbol{A}^T=\begin{pmatrix}3 & 2\\ 6 & 5\end{pmatrix}$; $\boldsymbol{B}^T=\begin{pmatrix}2 & 0 & 5\\ 3 & 1 & 2\end{pmatrix}$; $\boldsymbol{A}+\boldsymbol{B}$ nicht definiert

$$\boldsymbol{A}+\boldsymbol{D}=\begin{pmatrix}3+2 & 6+0\\ 2+0 & 5+3\end{pmatrix}=\begin{pmatrix}5 & 6\\ 2 & 8\end{pmatrix};$$

$$\boldsymbol{AD}=\begin{pmatrix}3 & 6\\ 2 & 5\end{pmatrix}\begin{pmatrix}2 & 0\\ 0 & 3\end{pmatrix}=\begin{pmatrix}3\cdot 2+6\cdot 0 & 3\cdot 0+6\cdot 3\\ 2\cdot 2+5\cdot 0 & 2\cdot 0+5\cdot 3\end{pmatrix}=\begin{pmatrix}6 & 18\\ 4 & 15\end{pmatrix}$$

$$\boldsymbol{AE}=\begin{pmatrix}3 & 6\\ 2 & 5\end{pmatrix}\begin{pmatrix}1 & 0\\ 0 & 1\end{pmatrix}=\begin{pmatrix}3 & 6\\ 2 & 5\end{pmatrix};$$

$$\boldsymbol{DA}=\begin{pmatrix}2 & 0\\ 0 & 3\end{pmatrix}\begin{pmatrix}3 & 6\\ 2 & 5\end{pmatrix}=\begin{pmatrix}2\cdot 3+0\cdot 2 & 2\cdot 6+0\cdot 5\\ 0\cdot 3+3\cdot 2 & 0\cdot 6+3\cdot 5\end{pmatrix}=\begin{pmatrix}6 & 12\\ 6 & 15\end{pmatrix}$$

Mit $\boldsymbol{C}=\begin{pmatrix}\cos\alpha & \sin\alpha\\ -\sin\alpha & \cos\alpha\end{pmatrix}$

wird $\det(\boldsymbol{C})=\begin{vmatrix}\cos\alpha & \sin\alpha\\ -\sin\alpha & \cos\alpha\end{vmatrix}=\cos^2\alpha+\sin^2\alpha=1$

Kehrmatrix (inverse Matrix) $\boldsymbol{A}^{-1}$ $\boldsymbol{A}^{-1}$ ist die Kehrmatrix zu $\boldsymbol{A}$, wenn $\boldsymbol{AA}^{-1}=\boldsymbol{A}^{-1}\boldsymbol{A}=\boldsymbol{E}$ ist. $\boldsymbol{A}^{-1}$ existiert nur, wenn $\boldsymbol{A}$ quadratisch und $\det(\boldsymbol{A})\neq 0$ ist, d.h. wenn $\boldsymbol{A}$ regulär ist.

Zur Ermittlung von $\boldsymbol{A}^{-1}$ zerlegt man $\boldsymbol{A}^{-1}$ und $\boldsymbol{E}$ in Spaltenvektoren und bestimmt die Elemente α_{ik} der Kehrmatrix $\boldsymbol{A}^{-1}$ aus den dabei entstehenden Gleichungssystemen (n Gleichungen $\boldsymbol{A}\boldsymbol{\alpha}_k=\boldsymbol{e}_k$ mit jeweils n Unbekannten).

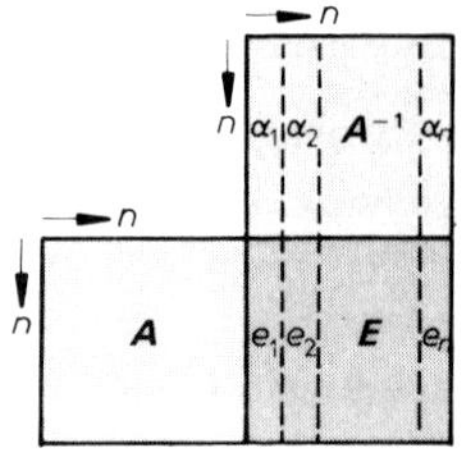

Bild 19

Beispiel Gesucht ist die Kehrmatrix $\boldsymbol{A}^{-1}$ zur zweireihigen Matrix $\boldsymbol{A}$.

$$\begin{pmatrix}a_{11} & a_{12}\\ a_{21} & a_{22}\end{pmatrix}\begin{pmatrix}\alpha_{11} & \alpha_{12}\\ \alpha_{21} & \alpha_{22}\end{pmatrix}=\begin{pmatrix}1 & 0\\ 0 & 1\end{pmatrix}$$

$$\left.\begin{aligned}a_{11}\alpha_{11}+a_{12}\alpha_{21}&=1\\ a_{21}\alpha_{11}+a_{22}\alpha_{21}&=0\end{aligned}\right\}\Rightarrow\begin{aligned}\alpha_{11}&=+a_{22}/\det(\boldsymbol{A})\\ \alpha_{21}&=-a_{21}/\det(\boldsymbol{A})\end{aligned}$$

$$\left.\begin{aligned}a_{11}\alpha_{12}+a_{12}\alpha_{22}&=0\\ a_{21}\alpha_{12}+a_{22}\alpha_{22}&=1\end{aligned}\right\}\Rightarrow\begin{aligned}\alpha_{12}&=-a_{12}/\det(\boldsymbol{A})\\ \alpha_{22}&=+a_{11}/\det(\boldsymbol{A})\end{aligned}$$

$$\boldsymbol{A}=\begin{pmatrix}a_{11} & a_{12}\\ a_{21} & a_{22}\end{pmatrix}\Rightarrow\boldsymbol{A}^{-1}=\frac{1}{\det(\boldsymbol{A})}\begin{pmatrix}a_{22} & -a_{12}\\ -a_{21} & a_{11}\end{pmatrix}$$

$(\boldsymbol{A}^T)^{-1}=(\boldsymbol{A}^{-1})^T$ Reihenfolge des Invertierens und Transponierens ist vertauschbar.

3.4 Lineare Gleichungssysteme

Zur Bestimmung von n Unbekannten $x_1, x_2, \ldots, x_n$ sind n unabhängige Gleichungen erforderlich.

$$\begin{aligned} a_{11}x_1 + a_{12}x_2 + a_{13}x_3 + \ldots + a_{1n}x_n &= b_1 \quad (1) \\ a_{21}x_1 + a_{22}x_2 + a_{23}x_3 + \ldots + a_{2n}x_n &= b_2 \quad (2) \\ \vdots \qquad\qquad\qquad & \;\vdots \quad\; \vdots \\ a_{n1}x_1 + a_{n2}x_2 + a_{n3}x_3 + \ldots + a_{nn}x_n &= b_n \quad (n) \end{aligned}$$

in Matrizenschreibweise $\boldsymbol{A}\boldsymbol{x} = \boldsymbol{b}$

Sind alle $b_i = 0$, dann nennt man das Gleichungssystem homogen, andernfalls inhomogen.

3.4.1 Lösung mit Determinanten

Cramersche Regel (für $n > 3$ numerisch ungeeignet)

$$x_k = \frac{D_k}{D} \quad \text{mit} \quad D_k = \begin{vmatrix} a_{11} \ldots a_{1,k-1} & b_1 & a_{1,k+1} \ldots a_{1n} \\ \vdots & & \\ a_{n1} \ldots a_{n,k-1} & b_n & a_{n,k+1} \ldots a_{nn} \end{vmatrix} \qquad k = 1, 2, \ldots, n$$

$D = \det(\boldsymbol{A})$ = Nennerdeterminante = Koeffizientendeterminante

D_k = Zählerdeterminante = Determinante, entstanden durch Ersetzen der k-ten Spalte der Koeffizientendeterminante durch die rechte Seite b_i.

Beispiel

$$\begin{aligned} 4x_1 - 3x_2 + 2x_3 &= 10 \\ 5x_1 + 6x_2 - 7x_3 &= 4 \\ 10x_1 - 2x_2 - 3x_3 &= 7 \end{aligned}$$

$$D = \begin{vmatrix} 4 & -3 & 2 \\ 5 & 6 & -7 \\ 10 & -2 & -3 \end{vmatrix} = (-72 + 210 - 20) - (120 + 45 + 56) = -103$$

$$D_1 = \begin{vmatrix} 10 & -3 & 2 \\ 4 & 6 & -7 \\ 7 & -2 & -3 \end{vmatrix} = (-180 + 147 - 16) - (84 + 140 + 36) = -49 - 260 = -309$$

$$x_1 = \frac{-309}{-103} = 3$$

$$D_2 = \begin{vmatrix} 4 & 10 & 2 \\ 5 & 4 & -7 \\ 10 & 7 & -3 \end{vmatrix} = (-48 - 700 + 70) - (80 - 196 - 150) = -678 + 266 = -412$$

$$x_2 = \frac{-412}{-103} = 4$$

$$D_3 = \begin{vmatrix} 4 & -3 & 10 \\ 5 & 6 & 4 \\ 10 & -2 & 7 \end{vmatrix} = (168 - 120 - 100) - (600 - 52 - 105) = -52 - 463 = -515$$

$$x_3 = \frac{-515}{-103} = 5$$

Aus $\boldsymbol{A}\boldsymbol{x} = \boldsymbol{b}$ folgt $\boldsymbol{x} = \boldsymbol{A}^{-1}\boldsymbol{b}$ (unbestimmtes Auflösen von Gleichungssystemen)

$$\boldsymbol{A}^{-1} = \frac{1}{D} \begin{pmatrix} A_{11} & A_{21} \ldots A_{n1} \\ A_{12} & A_{22} \ldots A_{n2} \\ \vdots & \vdots \qquad \vdots \\ A_{1n} & A_{2n} \ldots A_{nn} \end{pmatrix}$$

Die Indizes der Adjunkten A_{ik} der Koeffizientendeterminante entsprechen den an der Hauptdiagonale gespiegelten Indizes der Koeffizientenmatrix.

3.4.2 Eliminationsverfahren von Gauß (Gauß-Algorithmus)

Bei diesem Verfahren wird ein Gleichungssystem mit n Unbekannten (I) schrittweise um jeweils eine Gleichung und eine Unbekannte reduziert. Multipliziert man Gl. (1) nacheinander mit a_{ik}/a_{11} ($i=2, 3, \dots, n$) und subtrahiert diese Produkte jeweils von der i-ten Gleichung, so bleibt nach diesem ersten Schritt ein System von $(n-1)$ Gleichungen mit $(n-1)$ Unbekannten übrig. Verfährt man mit diesem neuen System und den in weiteren Schritten entstehenden neuen Systemen in gleicher Weise, so bleibt nach insgesamt $(n-1)$ Schritten nur noch eine Gleichung mit x_n übrig. Schreibt man aus jedem dieser Systeme jeweils die erste Gleichung heraus, so entsteht das sog. gestaffelte Gleichungssystem (II), aus dem die n Unbekannten von unten nach oben schrittweise berechnet werden können.

Gl.-System mit *n* Unbekannten (I)

$$a_{11}x_1+a_{12}x_2+\dots+a_{1n}x_n=b_1 \quad (1)$$
$$a_{21}x_1+a_{22}x_2+\dots+a_{2n}x_n=b_2 \quad (2)$$
$$\dots\dots\dots\dots\dots\dots\dots\dots\dots$$
$$a_{n1}x_1+a_{n2}x_2+\dots+a_{nn}x_n=b_n \quad (n)$$

Gestaffeltes Gl.-System (II)

$$a_{11}x_1+a_{12}x_2+\dots+a_1x_n=b_1 \quad (1)$$
$$a'_{22}x_2+\dots+a'_{2n}x_n=b'_2 \quad (2')$$
$$\dots\dots\dots\dots\dots\dots$$
$$a_{nn}^{(n-1)}x_n=b_n^{(n-1)} \quad (n^{(n-1)})$$

Das Verfahren wird in Tabellenform mit den gegebenen a_{ik} und b_i durchgeführt und nachstehend an einem System mit 4 Unbekannten gezeigt. Nur zur Erläuterung sind in der Tabelle zusätzlich auch die einzelnen Rechenschritte angegeben worden.

Beispiel System mit 4 Unbekannten

$$x_1+2x_2+x_3-2x_4=-5 \quad (1)$$
$$2x_1-2x_2-2x_3+4x_4=12 \quad (2)$$
$$-2x_1+2x_2+3x_3=2 \quad (3)$$
$$3x_1-x_3+3x_4=10 \quad (4)$$

Um nach jedem Schritt eine Rechenkontrolle zu haben, bildet man die Zeilensummen (Σ), mit denen man die gleichen Rechenschritte durchführt, wie mit den übrigen Zahlen der Zeile. Diese Ergebnisse (Kontrolle) müssen mit denen der Summenspalte übereinstimmen.

Zeile	Gl.	x_1	x_2	x_3	x_4	b	Σ	Kontrolle	Rechenschritte
1	(1)	1	2	1	−2	−5	−3		
2	(2)	2	−2	−2	4	12	14		
3	–	2	4	2	−4	−10	−6	−6	$a_{21}/a_{11}\cdot(1)$
4	(3)	−2	2	3	0	2	5		
5	–	−2	−4	−2	4	10	6	6	$a_{31}/a_{11}\cdot(1)$
6	(4)	3	0	−1	3	10	15		
7	–	3	6	3	−6	−15	−9	−9	$a_{41}/a_{11}\cdot(1)$
8	(2′)	0	−6	−4	8	22	20	20	Zeile 2 − Zeile 3
9	(3′)	0	6	5	−4	−8	−1	−1	Zeile 4 − Zeile 5
10	–	0	6	4	−8	−22	−20	−20	$a'_{32}/a'_{22}\cdot(2')$
11	(4′)	0	−6	−4	9	25	24	24	Zeile 6 − Zeile 7
12	–	0	−6	−4	8	22	20	20	$a'_{42}/a'_{22}\cdot(2')$
13	(3″)		0	1	4	14	19	19	Zeile 9 − Zeile 10
14	(4″)		0	0	1	3	4	4	Zeile 11 − Zeile 12
15	–		0	0	0	0	0	0	$a''_{43}/a''_{33}\cdot(3'')$
16	(4‴)				1	3	4	4	Zeile 14 − Zeile 15

Aus den Gleichungen (4‴), (3″), (2′) und (1), dem gestaffelten Gleichungssystem, werden die Unbekannten x_4, x_3, x_2 und x_1 wie folgt berechnet.

$$x_4=3/1=3$$
$$x_3=(14-4\cdot3)/1=2$$
$$x_2=(22-8\cdot3+4\cdot2)/(-6)=-1$$
$$x_1=(-5+2\cdot3-2+2\cdot1)/1=1$$

3.4.3 Austauschverfahren von Stiefel

Das Verfahren verwendet man zur Lösung von linearen Gleichungssystemen und insbesondere zur Ermittlung der Kehrmatrix.

$\boldsymbol{Ax}=\boldsymbol{b}$

x_1	$x_2 \ldots x_n$	
a_{11}	$a_{12} \ldots a_{1n}$	b_1
a_{21}	$a_{22} \ldots a_{2n}$	b_2
$\vdots$	$\vdots \quad \vdots$	$\vdots$
a_{n1}	$a_{n2} \ldots a_{nn}$	b_n

$\boldsymbol{y}=\boldsymbol{Ax}-\boldsymbol{b}$

	x_1	$x_2 \ldots x_n$	1
y_1	a_{11}	$a_{12} \ldots a_{1n}$	$-b_1$
y_2	a_{21}	$a_{22} \ldots a_{2n}$	$-b_2$
$\vdots$			$\vdots$
y_n	a_{n1}	$a_{n2} \ldots a_{nn}$	$-b_n$
	Kellerzeile		

$\boldsymbol{x}=\boldsymbol{A}^{-1}\boldsymbol{y}+\boldsymbol{c}$

	y_1	$y_2 \ldots y_n$	1
x_1	α_{11}	$\alpha_{12} \ldots \alpha_{1n}$	c_1
x_2	α_{21}	$\alpha_{22} \ldots \alpha_{2n}$	c_2
$\vdots$	$\vdots$		$\vdots$
x_n	α_{n1}	$\alpha_{n2} \ldots \alpha_{nn}$	c_n

Das zu untersuchende Gleichungssystem $\boldsymbol{Ax}=\boldsymbol{b}$ wird in Form der Funktion $\boldsymbol{y}=\boldsymbol{Ax}-\boldsymbol{b}$ geschrieben. Anschließend werden in n Schritten alle y_i mit den x_k vertauscht; damit erhält man $\boldsymbol{x}=\boldsymbol{A}^{-1}(\boldsymbol{y}+\boldsymbol{b})=\boldsymbol{A}^{-1}\boldsymbol{y}+\boldsymbol{A}^{-1}\boldsymbol{b}=\boldsymbol{A}^{-1}\boldsymbol{y}+\boldsymbol{c}$; mit $\boldsymbol{y}=\boldsymbol{0}$ wird $\boldsymbol{x}=\boldsymbol{c}$ (Lösungsvektor).

Vorbereitung des Austausches Im Schema $\boldsymbol{y}=\boldsymbol{Ax}-\boldsymbol{b}$ wird die Pivotzeile, die Pivotspalte und der Pivot (Drehelement) durch Unterstreichung hervorgehoben. (Man wähle als Pivot jeweils denjenigen mit dem größten Absolutwert.)

Durchführung des Austausches Die Elemente der neuen Matrix werden wie folgt berechnet.

1. Dem alten Schema wird eine Kellerzeile angefügt, in die (außer in der Pivotspalte) die durch den Pivot dividierten und im Vorzeichen geänderten Elemente der Pivotzeile eingetragen werden.
2. Der Pivot wird in seinen Kehrwert transformiert.
3. Die übrigen Elemente der Pivotspalte werden durch den Pivot dividiert.
4. Die übrigen Elemente der Pivotzeile werden aus der Kellerzeile übernommen.
5. Zu den übrigen Elementen wird das Produkt aus dem gleichzeiligen Element der Pivotspalte und dem gleichspaltigen Element der Kellerzeile addiert.

Berücksichtigung einer laufenden Rechenkontrolle Bei der Vielzahl der Rechenoperationen ist bei manueller Berechnung eine Rechenkontrolle unentbehrlich. Hierzu wird dem Gleichungssystem ein weiterer Spaltenvektor $\boldsymbol{u}$ angefügt, dessen Elemente u_i sich so bestimmen, daß in jeder Zeile die Zeilensumme Eins ergibt. Es läßt sich zeigen, daß auch nach dem Austausch die Zeilensumme immer Eins ergeben muß.

Beispiel Man löse das folgende Gleichungssystem mit drei Unbekannten.

$$5{,}25x_1+0{,}91x_2+1{,}13x_3=3{,}72$$
$$1{,}50x_1+6{,}88x_2+2{,}45x_3=4{,}38$$
$$0{,}54x_1+1{,}76x_2+3{,}90x_3=2{,}68$$

Die Rechnung wird mit 4 Stellen nach dem Komma durchgeführt, und es wird eine laufende Rechenkontrolle berücksichtigt.

	x_1	x_2	x_3	1	u	$\sum$
y_1	5,2500	0,9100	1,1300	−3,7200	−2,5700	1,0000
y_2	1,5000	6,8800	2,4500	−4,3800	−5,4500	1,0000
y_3	0,5400	1,7600	3,9000	−2,6800	−2,5200	1,0000
		−0,1733	−0,2152	0,7086	0,4895	

	y_1	x_2	x_3	1	u	$\sum$
x_1	0,1905	−0,1733	−0,2152	0,7086	0,4895	1,0001
y_2	0,2857	6,6201	2,1272	−3,3171	−4,7158	1,0001
y_3	0,1029	1,6664	3,7838	−2,2974	−2,2557	1,0000
	−0,0432		−0,3213	0,5011	0,7123	

Fortsetzung s. nächste Seite

Beispiel, Forts.

	y_1	y_2	x_3	1	u	$\sum$
x_1	0,1980	−0,0262	−0,1595	0,6218	0,3661	1,0002
x_2	−0,0432	0,1511	−0,3213	0,5011	0,7123	1,0000
y_3	0,0309	0,2517	3,2484	−1,4624	−1,0687	0,9999
	−0,0095	−0,0775		0,4502	0,3290	

	y_1	y_2	y_3	1	u	$\sum$
x_1	0,1995	−0,0138	−0,0491	0,5500	0,3136	1,0002
x_2	−0,0401	0,1760	−0,0989	0,3565	0,6066	1,0001
x_3	−0,0095	−0,0775	0,3078	0,4502	0,3290	1,0001

$$\boldsymbol{x}=\begin{pmatrix}x_1\\x_2\\x_3\end{pmatrix}=\begin{pmatrix}0{,}550\\0{,}356\\0{,}450\end{pmatrix}\qquad \boldsymbol{A}^{-1}=\begin{pmatrix}0{,}1995 & -0{,}0138 & -0{,}0491\\-0{,}0401 & 0{,}1760 & -0{,}0989\\-0{,}0095 & -0{,}0775 & 0{,}3078\end{pmatrix}$$

4 Trigonometrie

Rechtwinkliges Dreieck

$$\sin\alpha=\frac{a}{c}\qquad \cos\alpha=\frac{b}{c}$$

$$\tan\alpha=\frac{a}{b}\qquad \cot\alpha=\frac{b}{a}$$

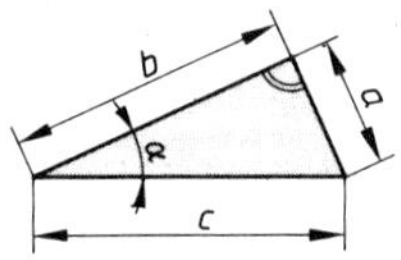

Bild 20

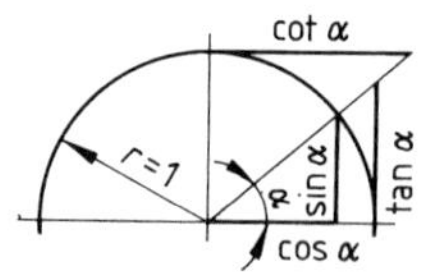

Bild 21
Funktionen am Einheitskreis

Schiefwinkliges Dreieck

R = Umkreisradius, r = Inkreisradius, $s=(a+b+c)/2$

Sinussatz $a:b:c=\sin\alpha:\sin\beta:\sin\gamma$ $\quad \dfrac{a}{\sin\alpha}=\dfrac{b}{\sin\beta}=\dfrac{c}{\sin\gamma}=2R$

Cosinussatz¹) $a^2=b^2+c^2-2bc\cos\alpha$

Halbwinkelsatz¹) $\tan\dfrac{\alpha}{2}=\sqrt{\dfrac{(s-b)(s-c)}{s(s-a)}}=\dfrac{r}{s-a}$

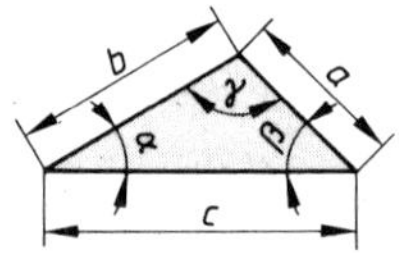

Bild 22

Tangenssatz¹) $\dfrac{a+b}{a-b}=\dfrac{\tan\dfrac{\alpha+\beta}{2}}{\tan\dfrac{\alpha-\beta}{2}}$

Flächensatz $2A=ab\sin\gamma=bc\sin\alpha=ac\sin\beta$
$=abc/(2R)=4R^2\sin\alpha\sin\beta\sin\gamma$

Trigonometrische Funktionen und deren Umkehrfunktionen

$\sin^2 x+\cos^2 x=1$ $\quad \tan x=\dfrac{\sin x}{\cos x}$ $\quad \cot x=\dfrac{\cos x}{\sin x}$ $\quad \tan x\cot x=1$

$\sin(x\pm y)=\sin x\cos y\pm\cos x\sin y$ $\quad \cos(x\pm y)=\cos x\cos y\mp\sin x\sin y$

$\tan(x\pm y)=\dfrac{\tan x\pm\tan y}{1\mp\tan x\tan y}$ $\quad \cot(x\pm y)=\dfrac{\cot x\cot y\mp 1}{\cot y\pm\cot x}$

$\sin 2x=2\sin x\cos x$ $\quad \cos 2x=\cos^2 x-\sin^2 x=2\cos^2 x-1=1-2\sin^2 x$

$\tan 2x=2\tan x/(1-\tan^2 x)$ $\quad \cot 2x=(\cot^2 x-1)/(2\cot x)$

$\sin(x/2)=\sqrt{(1-\cos x)/2}$ $\quad \cos(x/2)=\sqrt{(1+\cos x)/2}$

¹) a, b, c und α, β, γ können zyklisch vertauscht werden.

$\tan(x/2) = \sqrt{(1-\cos x)/(1+\cos x)}$

$\cot(x/2) = \sqrt{(1+\cos x)/(1-\cos x)}$

$\sin x + \sin y = 2\sin\frac{x+y}{2}\cos\frac{x-y}{2}$

$\cos x + \cos y = 2\cos\frac{x+y}{2}\cos\frac{x-y}{2}$

$\sin x - \sin y = 2\sin\frac{x-y}{2}\cos\frac{x+y}{2}$

$\cos x - \cos y = -2\sin\frac{x+y}{2}\sin\frac{x-y}{2}$

$\tan x \pm \tan y = \frac{\sin(x \pm y)}{\cos x \cos y}$

$\cot x \pm \cot y = \frac{\sin(y \pm x)}{\sin x \sin y}$

$\arcsin x + \arccos x = \pi/2$

$\arctan x + \operatorname{arccot} x = \pi/2$

$\arcsin x = \arccos\sqrt{1-x^2}$

$\arccos x = \arctan(\sqrt{1-x^2}/x)$

$\arccos x = \arcsin\sqrt{1-x^2}$

$\arctan x = \arcsin(x/\sqrt{1+x^2})$

Hyperbolische Funktionen und deren Umkehrfunktionen

$\sinh x = (e^x - e^{-x})/2$

$\cosh x = (e^x + e^{-x})/2$

$\tanh x = \sinh x / \cosh x$

$\coth x = 1/\tanh x$

$\sinh(x \pm y) = \sinh x \cosh y \pm \cosh x \sinh y$

$\cosh(x \pm y) = \cosh x \cosh y \pm \sinh x \sinh y$

$\operatorname{arsinh} x = \ln(x + \sqrt{x^2+1})$

$\operatorname{arcosh} x = \ln(x + \sqrt{x^2-1})$ für $x \geqq 1$

$\operatorname{artanh} x = \frac{1}{2}\ln\frac{1+x}{1-x}$ für $|x| < 1$

$\operatorname{arcoth} x = \frac{1}{2}\ln\frac{x+1}{x-1}$ für $|x| > 1$

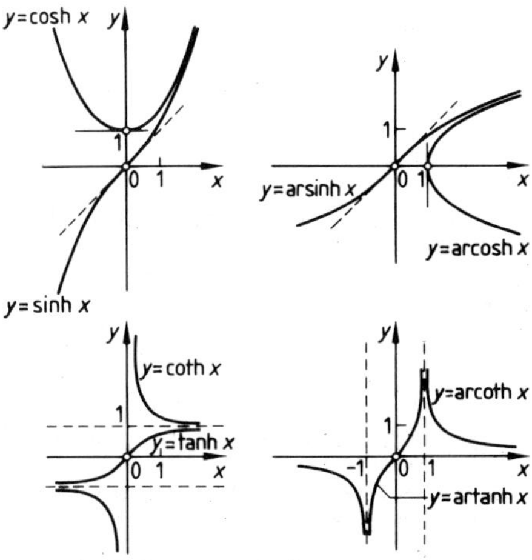

Bild 23

5 Geometrie

5.1 Geometrie der Ebene

Rechtwinkliges Dreieck

Fläche $A = \frac{1}{2}ab = \frac{1}{2}ch_c$

Pythagoras $c^2 = a^2 + b^2$

Euklid $a^2 = cp$ $b^2 = cq$

Höhensatz $h_c^2 = pq$

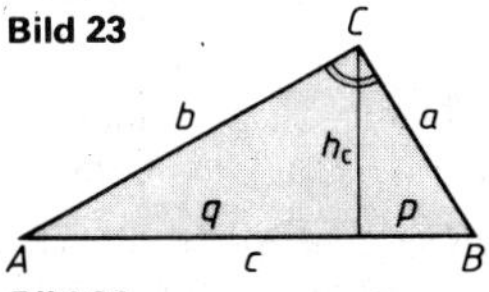

Bild 24

Dreieck

$$A = \frac{ah_a}{2} = \frac{bh_b}{2} = \frac{ch_c}{2} = rs = \sqrt{s(s-a)(s-b)(s-c)}$$ (s. Abschn. 4)

r = Radius des Inkreises $s = \frac{a+b+c}{2}$ = halber Umfang

Quadrat $A = a^2$

Rechteck $A = ab$

Parallelogramm $A = ah$

Einflußfläche

$A_1 = \frac{a^2}{a+b}\cdot\frac{h}{2}$ $A_2 = \frac{b^2}{a+b}\cdot\frac{h}{2}$

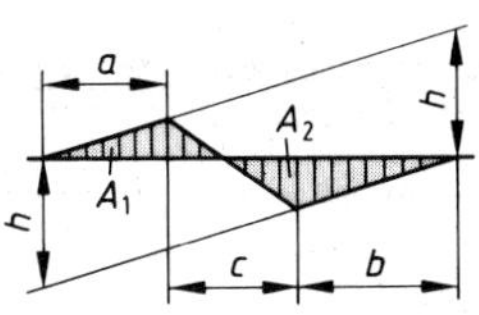

Bild 25

Trapez

Fläche

$$A=\frac{a+b}{2}h$$

Schwerpunktabstände

$$y_s=\frac{h}{3}\cdot\frac{a+2b}{a+b}$$

$$x_s=x_u-\frac{x_u-x_0}{3}\cdot\frac{a+2b}{a+b}$$

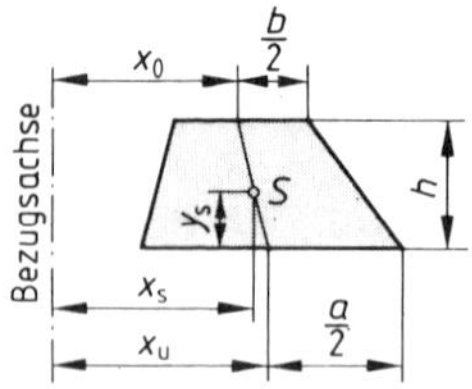

Bild 26

Regelmäßige Vielecke (n-Ecke)

Der Flächeninhalt ist $A=n\frac{s\cdot r}{2}$ oder mit

$$s=2\sin\frac{180°}{n}R=2\tan\frac{180°}{n}r \quad \text{und}$$

$$r=\frac{1}{2}\cot\frac{180°}{n}s=\cos\frac{180°}{n}R$$

$$A=\frac{n}{4}\cot\frac{180°}{n}s^2=n\sin\frac{180°}{n}\cos\frac{180°}{n}R^2=n\tan\frac{180°}{n}r^2$$

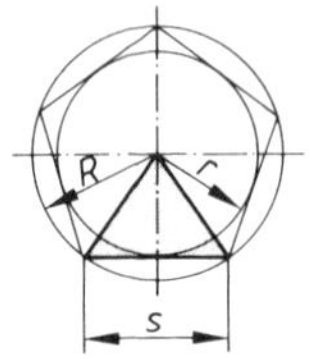

Bild 27

Zusammengesetzte Kreisbögen (Korbbogen)

h = Bogenhöhe, $l=2a$ = Bogenweite.
Übergangspunkt $Ü$ ist Schnittpunkt der Winkelhalbierenden im Dreieck ABC.

$$c=\sqrt{a^2+h^2} \quad f=\frac{ah}{a+h+c} \quad h_1=\frac{h(h+c)}{a+h+c}$$

$$R=\frac{ahc}{(a+h+c)\,(c-a)} \quad r=\frac{ahc}{(a+h+c)\,(c-h)}$$

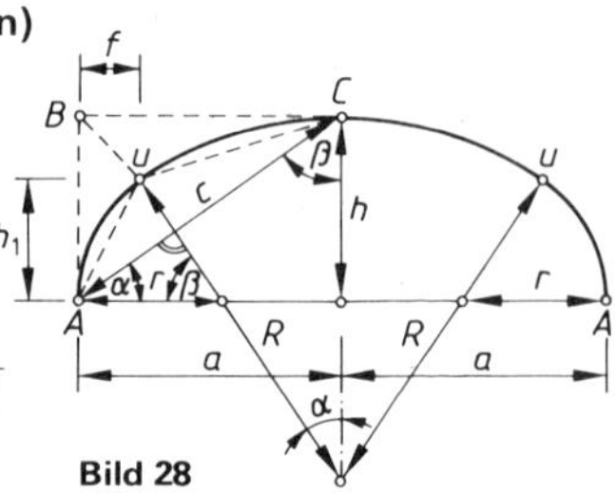

Bild 28

Unregelmäßige Vielecke

Zerlegen durch Diagonalen in Dreiecke oder durch Lote auf eine Grundlinie in Dreiecke und Trapeze.

A = Summe der Einzelflächen

Beliebiges n-Eck Flächenberechnung aus den Koordinaten der Eckpunkte s. Abschn. 6.2.

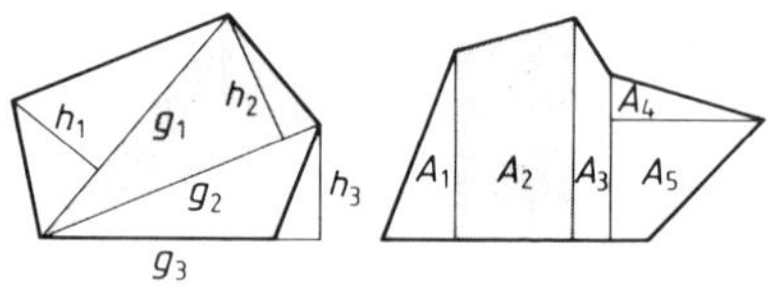

Bild 29

Kreis $\quad A=\pi r^2=\frac{\pi d^2}{4} \qquad U=2\pi r=\pi d$

Kreisring $\quad A=\pi(R^2-r^2)=\pi(R+r)(R-r)$

Kreisringstück gleicher Breite

$$A=\frac{\pi\alpha}{360°}(R^2-r^2)=\frac{\pi\alpha}{180°}R_m\delta=R_m\delta\operatorname{arc}\alpha$$

$$R_m=\frac{R+r}{2} \qquad \operatorname{arc}\alpha=\frac{\pi}{180°}\alpha$$

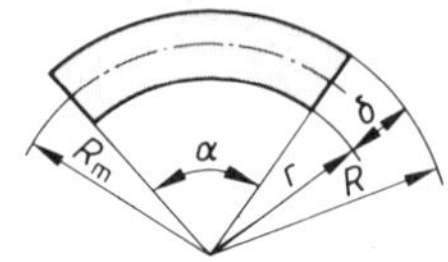

Bild 30

Kreisringstück ungleicher Breite

$$A=\frac{\pi R^2}{360°}\alpha_1-\frac{\pi r^2}{360°}\alpha_2-\frac{mS}{2} \qquad m=R-\delta-r$$

$$A=\tfrac{1}{2}(R^2\operatorname{arc}\alpha_1-r^2\operatorname{arc}\alpha_2-mS) \qquad S=2\sqrt{h_1(2R-h_1)}$$

$$s=2\sqrt{h_2(2r-h_2)}$$

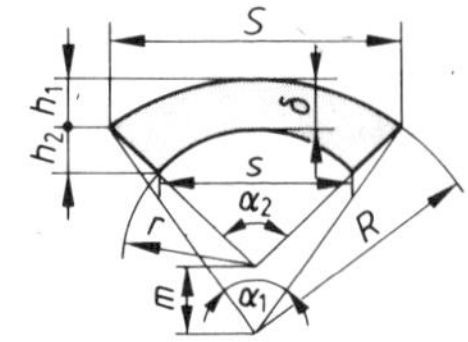

Bild 31

Kreisausschnitt

$$A = \frac{b\,r}{2} = \frac{r^2 \operatorname{arc} \alpha}{2} \qquad b = \frac{\pi\, r\, \alpha}{180°} = r \operatorname{arc} \alpha$$

$$s = 2r \sin\frac{\alpha}{2} \qquad y = r\cos\frac{\alpha}{2} \qquad h = r\left(1 - \cos\frac{\alpha}{2}\right)$$

Schwerpunktabstand

– vom Mittelpunkt $e_1 = \frac{2}{3} r \frac{s}{b} = \frac{2}{3} \cdot \frac{r^3 \sin\frac{\alpha}{2}}{A}$

– von der Sehne $e_2 = y - e_1 = r\cos\frac{\alpha}{2} - \frac{2}{3} \cdot \frac{r^3 \sin\frac{\alpha}{2}}{A}$

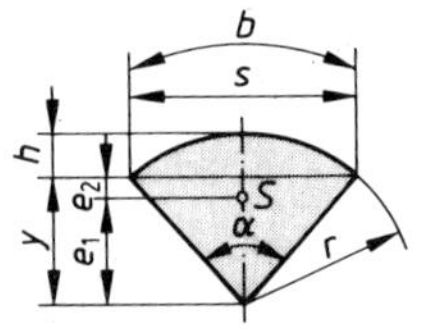

Bild 32

Kreisabschnitt s. Abschn. 1.4

Parabel

quadratische Parabel		kubische Parabel	
$y = h\left(\frac{x}{b}\right)^2 = \frac{h}{b^2} x^2$		$y = h\left(\frac{x}{b}\right)^3 = \frac{h}{b^3} x^3$	
$A_1 = \frac{2}{3} b\,h$	$A_2 = \frac{1}{3} b\,h$	$A_1 = \frac{3}{4} b\,h$	$A_2 = \frac{1}{4} b\,h$
$x_1 = \frac{3}{8} b$	$x_2 = \frac{3}{4} b$	$x_1 = \frac{2}{5} b$	$x_2 = \frac{4}{5} b$
$y_1 = \frac{3}{5} h$	$y_2 = \frac{3}{10} h$	$y_1 = \frac{4}{7} h$	$y_2 = \frac{2}{7} h$

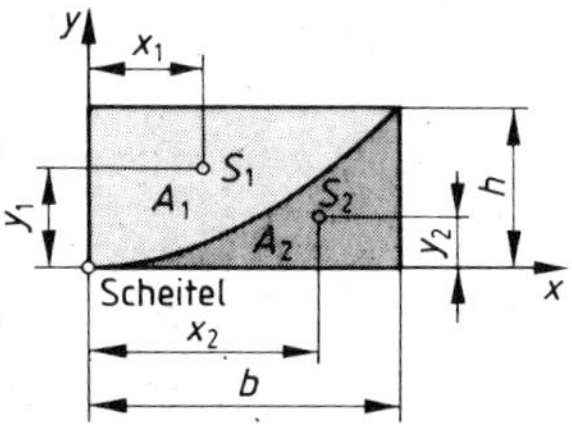

Bild 33

Ellipse

$$A = \pi a b \qquad U = \mu(a+b) \qquad \lambda = \frac{a-b}{a+b}$$

μ nach untenstehender Tafel

Zwischenwerte von λ und μ geradlinig einschalten

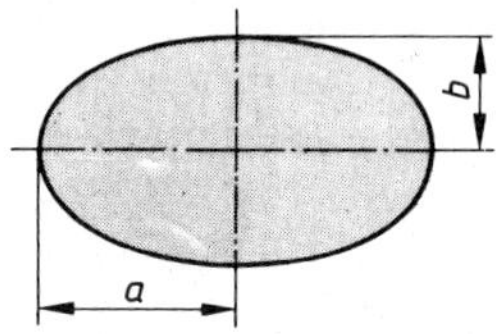

Bild 34

λ	0,1	0,2	0,3	0,4	0,5	0,6	0,7	0,8	0,9	1,0
μ	3,1495	3,1731	3,2127	3,2686	3,3412	3,4314	3,5401	3,6691	3,8208	4,0000

Beliebige Flächen Flächenberechnung mit der Trapezregel, Simpson-Regel oder Newton-Regel (s. Abschn. 8.4).

5.2 Geometrie des Raumes

Körper	Rauminhalt V	Oberfläche O, Mantel M
Prisma allgemein	$V = A h$	O = Summe aller Flächen
Würfel	$V = a^3$	$O = 6a^2$
Kreiszylinder	$V = \pi r^2 h = \frac{\pi d^2}{4} h$	$O = 2\pi r(r+h) \quad M = 2\pi r h$
Pyramide allgemein	$V = \frac{1}{3} A h$	O = Summe aller Flächen
Kreiskegel	$V = \frac{1}{3} \pi r^2 h$	$O = \pi r(r+s) \quad M = \pi r s$ $s = \sqrt{r^2 + h^2}$ (Mantellinie)
Pyramidenstumpf allgemein	$V = \frac{h}{3}(A_u + \sqrt{A_u A_o} + A_o)$	O = Summe aller Flächen
Kegelstumpf	$V = \frac{\pi h}{3}(R^2 + Rr + r^2)$	$M = \pi s(R+r)$ $s = \sqrt{(R-r)^2 + h^2}$ (Mantellinie)

Körper	Rauminhalt V	Oberfläche O, Mantel M
Kugel	$V=\frac{4}{3}\pi r^3=\frac{\pi d^3}{6}$	$O=4\pi r^2=\pi d^2$
Kugelabschnitt 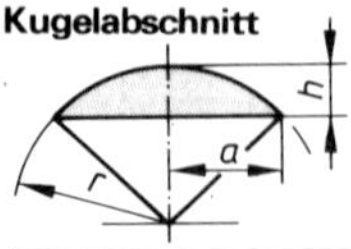	$V=\pi h^2\left(r-\frac{h}{3}\right)$ $V=\frac{\pi h}{6}(3a^2+h^2)$ $a=\sqrt{h(2r-h)}$	$O=\pi(2a^2+h^2)$ $M=2\pi r h=\pi(a^2+h^2)$ (Kappe oder Kalotte)
Kugelausschnitt	$V=\frac{2}{3}\pi r^2 h$	$O=\pi r(a+2h)$ $M=\pi r a$
Kugelschicht 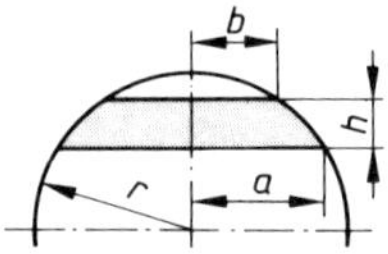	$V=\frac{\pi h}{6}(3a^2+3b^2+h^2)$ Für die Halbkugel wird $h=a=r$ und $b=0$ $V=\frac{\pi r}{6}(3r^2+r^2)=\frac{2}{3}\pi r^3$	$M=2\pi r h$ $r=\sqrt{a^2+\left(\frac{a^2-b^2-h^2}{2h}\right)^2}$
Zylinderhuf 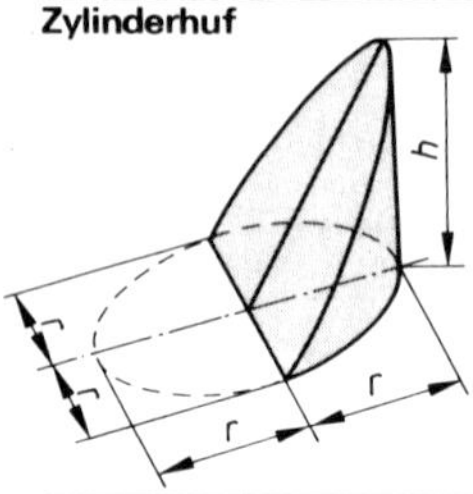	Die Grundfläche ist ein Halbkreis; der Schnitt geht also durch den Mittelpunkt des Kreises $\left.\begin{array}{l}V=\frac{2}{3}r^2 h\\ M=2rh\end{array}\right\}$ (ohne π)	Zu verwenden bei der Berechnung des Klostergewölbes, dessen Wange dem Volumen und dessen Leibungsfläche dem Mantel des Zylinderhufes inhaltsgleich ist.
Prismatoid 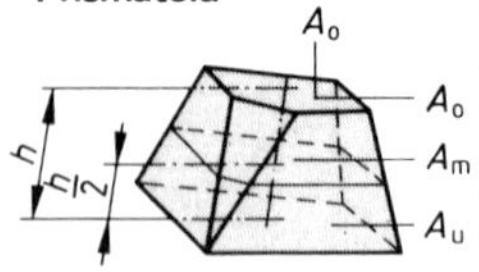	Die beliebigen Grundflächen liegen in parallelen Ebenen. A_m ist der zur Grundfläche parallele Querschnitt in halber Höhe. $V=\frac{h}{6}(A_u+4A_m+A_o)$	Oberfläche aller Prismatoide = Summe der Grund- und Seitenflächen. Letztere sind Vielecke. Sie können auch windschief sein. Sonderfälle des Prismatoids sind alle Prismen, Pyramide ($A_o=0$), Pyramidenstumpf, Obelisk (Sandhaufen, Säulenfuß), Keil (Dach), Rampe usw. Auch Kugel mit $A_u=A_o=0$ $A_m=\pi r^2$ $h=d$ Kugelabschnitt, Kugelschicht und Zylinderhuf können als Prismatoide aufgefaßt werden.
Obelisk (Keilstumpf) 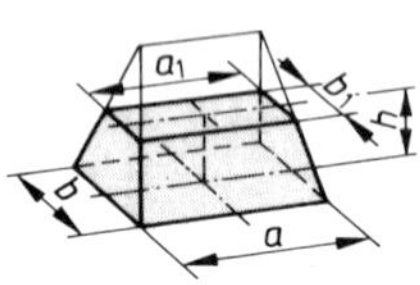	Grundfläche rechteckig: $V=\frac{h}{6}[(2a+a_1)b+(2a_1+a)b_1]$ Bei trapezförmiger Grundfläche sind für a und a_1 die Mittelparallelen, für b und b_1 die Trapezhöhen zu setzen.	
Keil, Dach 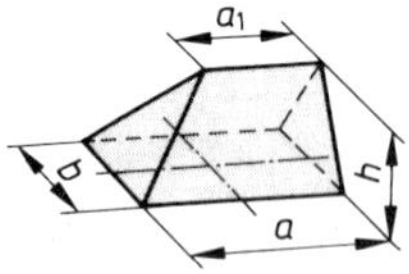	$V=\frac{hb}{6}(2a+a_1)$ Bei trapezförmiger Grundfläche ist für a die Mittelparallele, für b die Trapezhöhe zu setzen.	**Beispiel** Sandhaufen mit $a=8$ m, $b=6$ m, $h=1$ m, Böschung 1:1,5 $a_1=8-2\cdot1\cdot1{,}5=5$ m $b_1=6-2\cdot1\cdot1{,}5=3$ m $V=\frac{1}{6}[(2\cdot8+5)\,6+(2\cdot5+8)\,3]=30\text{ m}^3$

Fortsetzung s. nächste Seite

Geometrie des Raumes, Fortsetzung

Körper	Rauminhalt V	Anmerkungen, Beispiele
Rampe 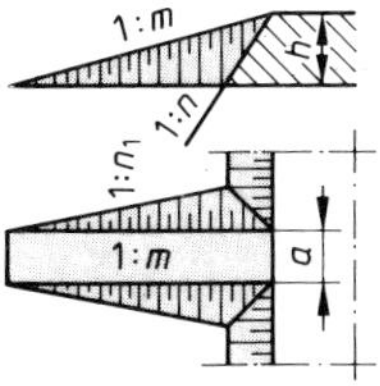	$V=\frac{h^2}{6}\left(3a+2n_1 h\frac{m-n}{m}\right)(m-n)$ Für $n=0$ (Rampe gegen lotrechte Mauer) wird $V=\frac{h^2}{6}(3a+2n_1 h)\,m$ **Beispiel** Rampe mit $h=2{,}0\,\text{m}$, $a=2{,}5\,\text{m}$, $m=12$, $n=1$, $n_1=1{,}5$ $V=\frac{2{,}0^2}{6}\left(3\cdot 2{,}5+2\cdot 1{,}5\cdot 2{,}0\frac{12-1}{12}\right)(12-1)=95{,}33\,\text{m}^3$ Für $n=0$: $V=\frac{2{,}0^2}{6}(3\cdot 2{,}5+2\cdot 1{,}5\cdot 2{,}0)\,12=108{,}00\,\text{m}^3$ V = Volumen der Rampe (ohne durchlaufende Böschung)	
Elliptischer Kübel 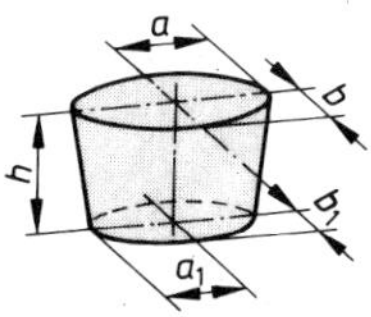	a, b obere Halbachsen, a_1, b_1 untere Halbachsen $V=\frac{\pi h}{6}[(2a+a_1)\,b+(2a_1+a)\,b_1]$ **Beispiel** Kübel mit $a=45\,\text{cm}$, $b=25\,\text{cm}$, $a_1=40\,\text{cm}$, $b_1=20\,\text{cm}$, $h=50\,\text{cm}$ $V=\frac{\pi\cdot 50}{6}[(2\cdot 45+40)\,25+(2\cdot 40+45)\,20]=150500\,\text{cm}^3=150{,}5\,\text{l}$	
Umdrehungskörper 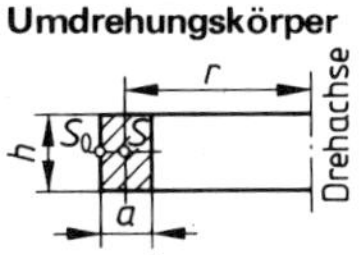	V = Umdrehungsfläche mal Weg des Flächenschwerpunktes S $V=A\cdot 2\pi r=ah\cdot 2\pi r$	M = Umdrehungslinienlänge mal Weg des Linienschwerpunktes S_0 $M=h\cdot 2\pi\left(r+\frac{a}{2}\right)$
zylindrischer Ring 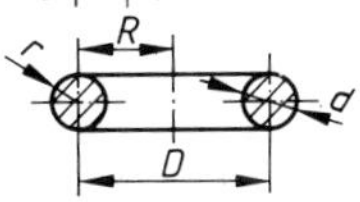	$V=\pi r^2\cdot 2\pi R$ $=2\pi^2 Rr^2=\frac{\pi^2 Dd^2}{4}$	$O=2\pi r\cdot 2\pi R$ $=4\pi^2 Rr=\pi^2 Dd$

6 Analytische Geometrie der Ebene

6.1 Punkt in verschiedenen Koordinatensystemen

Rechtwinkliges Koordinatensystem

$P(x;y)$ = Punkt mit der Abszisse x und der Ordinate y

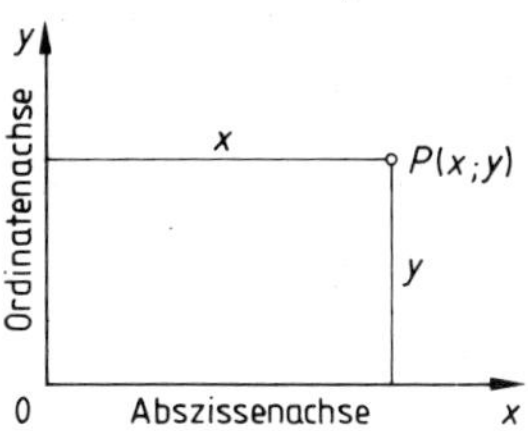

Bild 35

Polarkoordinatensystem

$P(r;\varphi)$ = Punkt mit dem Abstand r und dem Polarwinkel φ

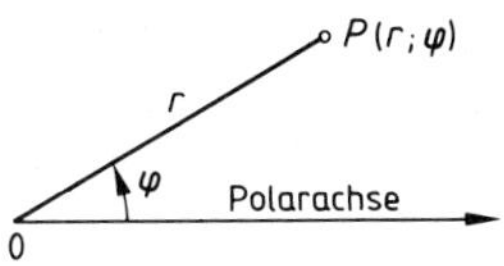

Bild 36

Umrechnung zwischen rechtwinkligen und Polarkoordinaten

$x = r\cos\varphi \qquad r = \sqrt{x^2+y^2}$

$y = r\sin\varphi \qquad \varphi = \arctan\frac{y}{x}$

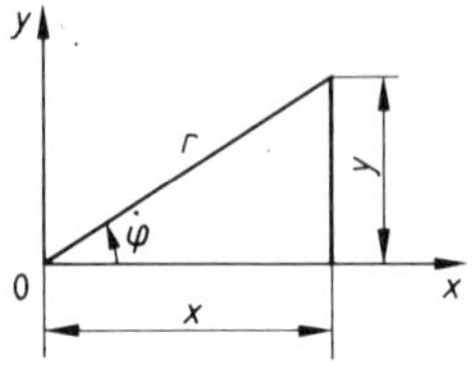

Bild 37

Koordinatentransformation

(Parallelverschiebung und Drehung)

$\bar{x} = x\cos\varphi + y\sin\varphi - a\cos\varphi - b\sin\varphi$

$\bar{y} = -x\sin\varphi + y\cos\varphi + a\sin\varphi - b\cos\varphi$

$x = \bar{x}\cos\varphi - \bar{y}\sin\varphi + a$

$y = \bar{x}\sin\varphi + \bar{y}\cos\varphi + b$

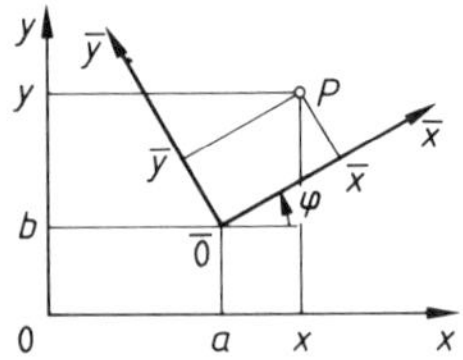

Bild 38

Transformationsgleichungen in Matrizenschreibweise

$$\begin{pmatrix}\bar{x}\\ \bar{y}\end{pmatrix} = \begin{pmatrix}\cos\varphi & \sin\varphi\\ -\sin\varphi & \cos\varphi\end{pmatrix}\begin{pmatrix}x-a\\ y-b\end{pmatrix} \qquad \begin{pmatrix}x\\ y\end{pmatrix} = \begin{pmatrix}\cos\varphi & -\sin\varphi\\ \sin\varphi & \cos\varphi\end{pmatrix}\begin{pmatrix}\bar{x}\\ \bar{y}\end{pmatrix} + \begin{pmatrix}a\\ b\end{pmatrix}$$

6.2 Zwei und mehr Punkte

Länge l der Strecke $\overline{P_1P_2}$ $\quad l = \sqrt{(x_2-x_1)^2+(y_2-y_1)^2}$

Steigung der Strecke $\overline{P_1P_2}$ $\quad \tan\alpha = \frac{y_2-y_1}{x_2-x_1} = m$

Teilpunkt T der Strecke $\overline{P_1P_2}$ $\quad x_T = \frac{x_1+kx_2}{1+k} \qquad y_T = \frac{y_1+ky_2}{1+k}$ mit $k = \frac{\overline{P_1T}}{\overline{TP_2}}$

Mittelpunkt M der Strecke $\overline{P_1P_2}$ $\quad x_M = \frac{x_1+x_2}{2} \qquad y_M = \frac{y_1+y_2}{2}$

Fläche A des Dreiecks $P_1P_2P_3$

$$A = \tfrac{1}{2}[x_1(y_2-y_3)+x_2(y_3-y_1)+x_3(y_1-y_2)] = \tfrac{1}{2}\begin{vmatrix}x_1 & y_1 & 1\\ x_2 & y_2 & 1\\ x_3 & y_3 & 1\end{vmatrix}$$

P_1, P_2 und P_3 liegen auf einer Geraden, wenn $A = 0$ ist.

Schwerpunkt S des Dreiecks $P_1P_2P_3$

$$x_S = \frac{x_1+x_2+x_3}{3} \qquad y_S = \frac{y_1+y_2+y_3}{3}$$

Querschnittswerte polygonal begrenzter Flächen (n-Eck)

(Vorhandene Flächen im Gegenuhrzeigersinn, nicht vorhande Flächen im Uhrzeigersinn umfahren; dabei ist $x_{n+1} = x_1$, $y_{n+1} = y_1$)

$a_i = x_i y_{i+1} - x_{i+1} y_i$

$A = \frac{1}{2}\sum_{i=1}^{n} a_i$

$S_y = \frac{1}{6}\sum_{i=1}^{n} a_i(x_i+x_{i+1}) \qquad S_x = \frac{1}{6}\sum_{i=1}^{n} a_i(y_i+y_{i+1})$

$x_s = S_y/A \qquad y_s = S_x/A$

$I_x = \frac{1}{12}\sum_{i=1}^{n} a_i(y_i^2+y_i y_{i+1}+y_{i+1}^2) \qquad I_y = \frac{1}{12}\sum_{i=1}^{n} a_i(x_i^2+x_i x_{i+1}+x_{i+1}^2)$

$I_{xy} = \frac{1}{24}\sum_{i=1}^{n} a_i(2x_i y_i + x_i y_{i+1} + x_{i+1} y_i + 2x_{i+1} y_{i+1})$

6.3 Gerade

Allgemeine Form $y = mx + n$

Zweipunkteform $\dfrac{y - y_1}{x - x_1} = \dfrac{y_2 - y_1}{x_2 - x_1}$

Punktrichtungsform für Punkt $(x_1; y_1)$ $\dfrac{y - y_1}{x - x_1} = m$

Achsenabschnittform $\dfrac{x}{a} + \dfrac{y}{b} = 1$

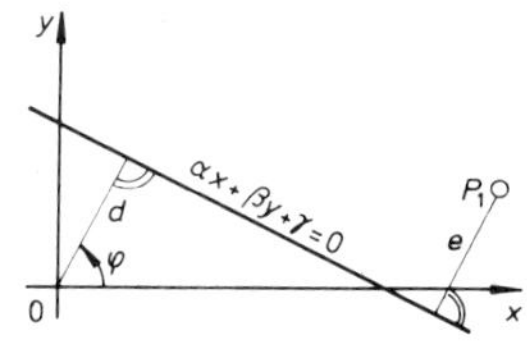

Bild 39

implizite Form $\alpha x + \beta y + \gamma = 0$

Hessesche Normalform $x \cos\varphi + y \sin\varphi - d = 0 \qquad \dfrac{\alpha x + \beta y + \gamma}{\pm\sqrt{\alpha^2 + \beta^2}} = 0$

Das Vorzeichen vor der Wurzel ist so zu wählen, daß $\pm\gamma/\sqrt{\alpha^2 + \beta^2} < 0$ wird.

Abstand des Punktes P_1 von einer Geraden $e = x_1 \cos\varphi + y_1 \sin\varphi - d$

Schnittpunkt und Schnittwinkel zweier Geraden

$$x_0 = \frac{n_2 - n_1}{m_1 - m_2} \qquad y_0 = \frac{n_2 m_1 - n_1 m_2}{m_1 - m_2}$$

$$\tan\delta = \tan(\alpha_1 - \alpha_2) = \frac{m_1 - m_2}{1 + m_1 m_2}$$

Orthogonalitätsbedingung $m_1 = -1/m_2$

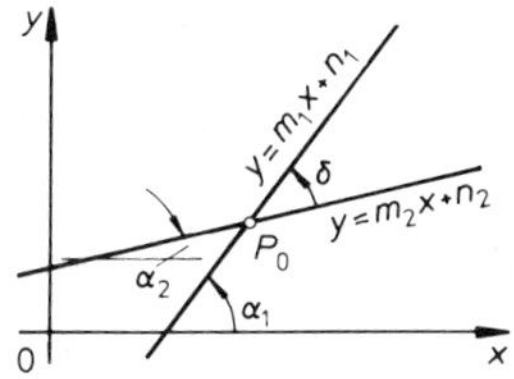

Bild 40

6.4 Kegelschnitte

Kreis mit Radius r um $(x_M; y_M)$ $(x - x_M)^2 + (y - y_M)^2 = r^2$

$$y = y_M \pm \sqrt{r^2 - (x - x_M)^2}$$

Anstieg im Berührungspunkt

$$m_T = -\frac{x_T - x_M}{y_T - y_M}$$

Polare mit Pol $(x_0; y_0)$

$$(x - x_M)(x_0 - x_M) + (y - y_M)(y_0 - y_M) = r^2$$

Ellipse (oberes Zeichen) und Hyperbel (unteres Zeichen)

mit Achsen parallel zu Koordinatenachsen

$$\frac{(x - x_M)^2}{a^2} \pm \frac{(y - y_M)^2}{b^2} = 1$$

Lineare Exzentrizität

$$e = \sqrt{a^2 \mp b^2}$$

Numerische Exzentrizität

$$\varepsilon = e/a \lessgtr 1$$

Anstieg im Berührungspunkt

$$m_T = \mp \frac{b^2 (x_T - x_M)}{a^2 (y_T - y_M)}$$

Polare mit Pol $(x_0; y_0)$

$$\frac{(x - x_M)(x_0 - x_M)}{a^2} \pm \frac{(y - y_M)(y_0 - y_M)}{b^2} = 1$$

Radien der Scheitelschmiegkreise

Ellipse $r_1 = b^2/a \quad r_2 = a^2/b$
Hyperbel $r = b^2/a$

Tangente

$$\frac{(x - x_M)(x_T - x_M)}{a^2} \pm \frac{(y - y_M)(y_T - y_M)}{b^2} = 1$$

Asymptoten der Hyperbel

$$y = y_M \pm \frac{b}{a}(x - x_M)$$

Parabel mit Scheitel $(x_A; y_A)$ $(y-y_A)^2=2p(x-x_A)$
(horizontale Achse; $p=+$ Öffnung nach rechts, $p=-$ Öffnung nach links)

Tangente
$(y-y_A)(y_T-y_A)$
$=p[(x-x_A)+(x_T-x_A)]$

Anstieg im Berührungspunkt

$$m_T=\frac{p}{y_T-y_A}$$

Polare mit Pol $(x_0; y_0)$
$(y-y_A)(y_0-y_A)=p[(x-x_A)+(x_0-x_A)]$

Parabel mit vertikaler Achse
$(x-x_A)^2=2p(y-y_A)$
($p=+$ Öffnung nach oben,
$p=-$ Öffnung nach unten)

Scheitelgleichungen der Kegelschnitte mit $p=b^2/a$

Ellipse $y^2=2px-\frac{p}{a}x^2$

Parabel $y^2=2px$

Hyperbel $y^2=2px+\frac{p}{a}x^2$

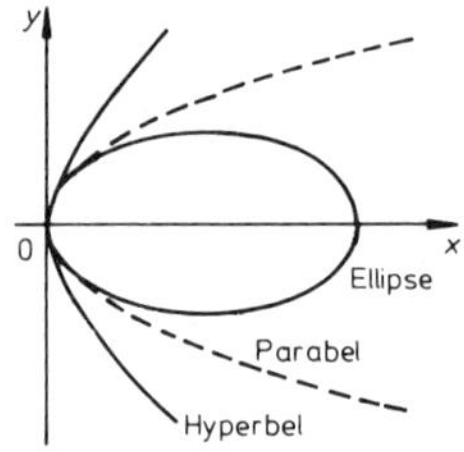

Bild 41

Algebraische Gleichung 2. Grades

$$a_{11}x^2+2a_{12}xy+a_{22}y^2+2a_{13}x+2a_{23}y+a_{33}=0$$

Mit $a_{ik}=a_{ki}$ wird $D=\begin{vmatrix} a_{11} & a_{12} & a_{13} \\ a_{21} & a_{22} & a_{23} \\ a_{31} & a_{32} & a_{33} \end{vmatrix}$ und $D_{33}=\begin{vmatrix} a_{11} & a_{12} \\ a_{21} & a_{22} \end{vmatrix}$ berechnet

$D\neq 0$ und D_{33}:
- <0 Hyperbel
- $=0$ Parabel
- >0 Ellipse, wenn $a_{11}D<0$; komplexe Kurve, wenn $\operatorname{sgn} D=\operatorname{sgn} a_{11}$

Sonderfall Ellipse wird Kreis, wenn $a_{11}=a_{22}$ und $a_{12}=0$

7 Differentialrechnung

7.1 Grundlagen

Differenzenquotient $\frac{\Delta y}{\Delta x}=\frac{y-y_1}{x-x_1}$

Die Funktion $y=f(x)$ ist in x_1 differenzierbar, wenn für alle Nullfolgen $(x-x_1)$ erhalten wird:

Differentialquotient $\lim\limits_{\Delta x\to 0}\frac{\Delta y}{\Delta x}=y'(x_1)=f'(x_1)=y'_1$

Differential $\mathrm{d}y=f'(x)\,\mathrm{d}x=y'\,\mathrm{d}x$

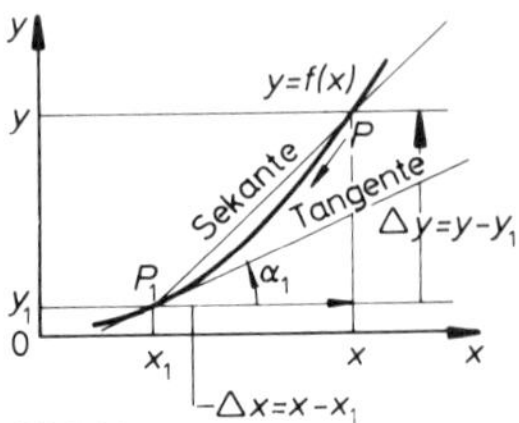

Bild 42

Höhere Ableitungen $y'=\frac{\mathrm{d}y}{\mathrm{d}x}$ $y''=\frac{\mathrm{d}^2y}{\mathrm{d}x^2}$ $y'''=\frac{\mathrm{d}^3y}{\mathrm{d}x^3}$ ...

Mittelwertsatz $\frac{f(b)-f(a)}{b-a}=f'(x_m)$ x_m aus (a, b)

7.2 Rechenregeln

Konstante $c'=0$ **Konstanter Faktor** $(cf)'=cf'$ **Summe** $(f_1 \pm f_2)'=f_1' \pm f_2'$

Produktregel $(f_1 f_2)'=f_1' f_2+f_1 f_2'=f_1 f_2 \left(\frac{f_1'}{f_1}+\frac{f_2'}{f_2}\right)$

Quotientenregel $\left(\frac{f_1}{f_2}\right)'=\frac{f_1' f_2-f_1 f_2'}{f_2^2}$

Kettenregel $\frac{dy}{dx}=\frac{dy}{du}\frac{du}{dx}$ wenn $y=f(x)=g(h(x))$ mit $u=h(x)$

Implizit gegebene Funktion $\frac{dh(y)}{dx}=\frac{dh}{dy}\cdot y'$

Logarithmische Differentiation

Ist $f_1(x)>0$ und $y=f_1(x)^{f_2(x)}$, so folgt $y'=f_1(x)^{f_2(x)}\left[\frac{f_1'(x)}{f_1(x)} f_2(x)+f_2'(x) \ln f_1(x)\right]$

Aufgelöste Funktion

Ist $x=g(y)$ gleichwertig mit $y=f(x)$, so gilt $\frac{df(x)}{dx}=\frac{1}{\frac{dg(y)}{dy}}$.

7.3 Ableitungen elementarer Funktionen

$(x^n)'=n x^{n-1}$ n reell

$(e^x)'=e^x$

$(a^x)'=a^x \cdot \ln a$ $a>0$

$(x^x)'=x^x(1+\ln x)$

$(\ln x)'=\frac{1}{x}$

$(\log_a x)'=\frac{1}{x \ln a}$

$(\sin x)'=\cos x$

$(\cos x)'=-\sin x$

$(\tan x)'=1+\tan^2 x=\frac{1}{\cos^2 x}$

$(\cot x)'=-(1+\cot^2 x)=-\frac{1}{\sin^2 x}$

$(\arcsin x)'=\frac{1}{\sqrt{1-x^2}}$

$(\ln \sin x)'=\cot x$

$(\ln \tan x)'=\frac{2}{\sin 2x}$

$(\arccos x)'=\frac{-1}{\sqrt{1-x^2}}$

$(\arctan x)'=\frac{1}{1+x^2}$

$(\operatorname{arccot} x)'=\frac{-1}{1+x^2}$

$(\sinh x)'=\cosh x$

$(\cosh x)'=\sinh x$

$(\tanh x)'=1-\tanh^2 x=\frac{1}{\cosh^2 x}$

$(\coth x)'=1-\coth^2 x=-\frac{1}{\sinh^2 x}$

$(\operatorname{arsinh} x)'=\frac{1}{\sqrt{x^2+1}}$

$(\operatorname{arcosh} x)'=\frac{1}{\sqrt{x^2-1}}$

$(\operatorname{artanh} x)'=\frac{1}{1-x^2}$ $|x|<1$

$(\operatorname{arcoth} x)'=\frac{-1}{x^2-1}$ $|x|>1$

$(\ln \cos x)'=-\tan x$

$(\ln \cot x)'=\frac{-2}{\sin 2x}$

7.4 Partielle Ableitungen von Funktionen von zwei (oder mehr) Variablen

$$z=f(x,y) \qquad \lim_{\Delta x\to 0}\frac{f(x+\Delta x,y)-f(x,y)}{\Delta x}=\frac{\partial z}{\partial x}=\frac{\partial f(x,y)}{\partial x}=f_x$$

$$\lim_{\Delta y\to 0}\frac{f(x,y+\Delta y)-f(x,y)}{\Delta y}=\frac{\partial z}{\partial y}=\frac{\partial f(x,y)}{\partial y}=f_y$$

Bei der Bildung höherer Ableitungen kann bei stetigen Funktionen und Ableitungen die Reihenfolge des Differenzierens vertauscht werden (z.B. $f_{xy}=f_{yx}$).

Totales Differential $dz=f_x\,dx+f_y\,dy$

8 Integralrechnung

8.1 Bestimmtes Integral

$$\int_a^b f(x)\,dx=\lim_{n\to\infty}\sum_{i=1}^{n} y_i\,\Delta x_i$$

$y=f(x)=$ Integrand; a und $b=$ untere und obere Integrationsgrenze; Intervall von a bis $b=$ Integrationsweg; $x=$ Integrationsvariable.

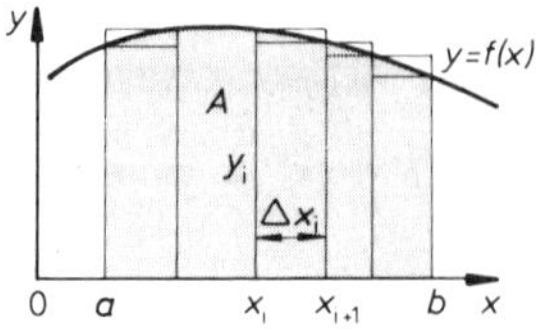

Bild 43

Mittelwertsatz

$$\int_a^b f(x)\,dx=(b-a)\,f(x_m)$$

Umkehrung des Integrationsweges

$$\int_a^b f(x)\,dx=-\int_b^a f(x)\,dx$$

Zerlegung des Integrationsweges

$$\int_a^b f(x)\,dx=\int_a^c f(x)\,dx+\int_c^b f(x)\,dx$$

8.2 Unbestimmtes Integral

$I(x)=\int_a^x f(u)\,du+C=\int f(x)\,dx$ ist die Menge aller Stammfunktionen $F(x)$ mit $F'(x)=f(x)$.

Hauptsatz der Differential- und Integralrechnung

$$\frac{dI(x)}{dx}=f(x)\Leftrightarrow I(x)=\int f(x)\,dx$$

Differenzieren und Integrieren sind inverse Rechenoperationen.

Ist $F(x)=\int f(x)\,dx$ eine Stammfunktion, so gilt $\int_a^b f(x)\,dx=F(b)-F(a)$

8.3 Rechenmethoden der Integralrechnung

Konstanter Faktor

$$\int c\,f(x)\,\mathrm{d}x = c\int f(x)\,\mathrm{d}x$$

Integration einer Summe

$$\int [f_1(x) \pm f_2(x)]\,\mathrm{d}x = \int f_1(x)\,\mathrm{d}x \pm \int f_2(x)\,\mathrm{d}x$$

Produktintegration

$$\int f_1 f_2'\,\mathrm{d}x = f_1 f_2 - \int f_1' f_2\,\mathrm{d}x$$

Logarithmische Integration

$$\int \frac{f'}{f}\,\mathrm{d}x = \ln|f|$$

Integration durch Substitution

Mit $f(x) = g(h(x)) = g(u)$ und $u = h(x) \Leftrightarrow x = k(u)$ gilt

$$\int f(x)\,\mathrm{d}x = \int g(u)\,\frac{\mathrm{d}k(u)}{\mathrm{d}u}\,\mathrm{d}u = \int g(u)\,\frac{\mathrm{d}x}{\mathrm{d}u}\,\mathrm{d}u$$

8.4 Numerische Integration

Trapezregel

$$\int_a^b f(x)\,\mathrm{d}x \approx h\left(\tfrac{1}{2}y_0 + y_1 + y_2 + \ldots + y_{n-1} + \tfrac{1}{2}y_n\right)$$ (gleich breite Streifen)

Simpson-Regel (Beispiel hierzu s. Abschn. 9.6)

$$\int_a^b f(x)\,\mathrm{d}x \approx \frac{h}{3}\left(y_0 + 4y_1 + 2y_2 + 4y_3 + \ldots + 2y_{n-2} + 4y_{n-1} + y_n\right)$$

(gerade Anzahl gleich breiter Streifen)

Newton-Regel

$$\int_a^b f(x)\,\mathrm{d}x \approx \frac{3}{8}h\left(y_0 + 3y_1 + 3y_2 + y_3\right)$$ (3 gleich breite Streifen)

8.5 Grundintegrale (ohne Integrationskonstante)

$$\int x^m\,\mathrm{d}x = \frac{x^{m+1}}{m+1} \qquad m \neq -1$$

$$\int \frac{\mathrm{d}x}{x} = \ln x \qquad x > 0$$

$$\int e^x\,\mathrm{d}x = e^x$$

$$\int a^x\,\mathrm{d}x = \frac{a^x}{\ln a} \qquad a \neq 1,\ a > 0$$

$$\int \sin x\,\mathrm{d}x = -\cos x$$

$$\int \cos x\,\mathrm{d}x = \sin x$$

$$\int \sinh x\,\mathrm{d}x = \cosh x$$

$$\int \frac{\mathrm{d}x}{1+x^2} = \arctan x$$

$$\int \frac{\mathrm{d}x}{1-x^2} = \frac{1}{2}\ln\left|\frac{1+x}{1-x}\right| = \operatorname{artanh} x$$

$$\int \frac{\mathrm{d}x}{\sqrt{1-x^2}} = \arcsin x \qquad |x| < 1$$

$$\int \frac{\mathrm{d}x}{\sqrt{x^2-1}} = \ln\left(x + \sqrt{x^2-1}\right) = \operatorname{arcosh} x \qquad |x| > 1$$

$$\int \frac{\mathrm{d}x}{\sqrt{x^2+1}} = \ln\left(x + \sqrt{x^2+1}\right) = \operatorname{arsinh} x$$

$$\int \cosh x\,\mathrm{d}x = \sinh x$$

8.6 Integrationsformeln (ohne Integrationskonstante)

Rationale Integranden

$$\int (a\,x+b)^n\,dx=\frac{(a\,x+b)^{n+1}}{a\,(n+1)} \quad \text{für } n\neq -1 \qquad \int\frac{dx}{a\,x+b}=\frac{1}{a}\ln|a\,x+b| \qquad \int\frac{dx}{(a\,x+b)^2}=-\frac{1}{a\,(a\,x+b)}$$

$$\int\frac{dx}{a\,x^2+b}=\frac{1}{\sqrt{a\,b}}\arctan\left(\sqrt{\frac{a}{b}}\,x\right) \quad \text{für } a\,b>0 \qquad \int\frac{dx}{a\,x^2-b}=\frac{1}{\sqrt{a\,b}}\ln\left|\frac{\sqrt{a\,b}-a\,x}{\sqrt{a\,b}+a\,x}\right| \quad \text{für } a\,b>0$$

Im weiteren sei $D=a\,c-b^2$

$$\int\frac{dx}{a\,x^2+2b\,x+c}=\begin{cases}\dfrac{1}{\sqrt{D}}\arctan\dfrac{a\,x+b}{\sqrt{D}} & D>0\\[2mm] \dfrac{1}{2\sqrt{-D}}\ln\left|\dfrac{\sqrt{-D}-b-a\,x}{\sqrt{-D}+b+a\,x}\right| & D<0\\[2mm] -\dfrac{1}{a\,x+b} & D=0\end{cases}$$

$$\int\frac{\alpha\,x+\beta}{a\,x^2+2b\,x+c}\,dx=\frac{\alpha}{2a}\ln|a\,x^2+2b\,x+c|+\frac{\beta\,a-\alpha\,b}{a}\int\frac{dx}{a\,x^2+2b\,x+c}$$

$$\int\frac{dx}{(a\,x^2+2b\,x+c)^n}=\frac{1}{2D(n-1)}\,\frac{a\,x+b}{(a\,x^2+2b\,x+c)^{n-1}}+\frac{(2n-3)\,a}{2D(n-1)}\int\frac{dx}{(a\,x^2+2b\,x+c)^{n-1}}$$

$$\int\frac{\alpha\,x+\beta}{(a\,x^2+2b\,x+c)^n}\,dx=\frac{-\alpha}{2a\,(n-1)}\,\frac{1}{(a\,x^2+2b\,x+c)^{n-1}}+\frac{\beta\,a-\alpha\,b}{a}\int\frac{dx}{(a\,x^2+2b\,x+c)^n}$$

Irrationale Integranden

$$\int\sqrt{a\,x+b}\,dx=\frac{2}{3a}(a\,x+b)^{3/2} \qquad \int\frac{dx}{\sqrt{a\,x+b}}=\frac{2}{a}\sqrt{a\,x+b}$$

$$\int\sqrt{x^2+a^2}\,dx=\frac{x}{2}\sqrt{x^2+a^2}+\frac{a^2}{2}\ln\left(x+\sqrt{x^2+a^2}\right)$$

$$\int x\sqrt{x^2+a^2}\,dx=\frac{1}{3}(x^2+a^2)^{3/2} \qquad \int\frac{\sqrt{x^2+a^2}}{x}\,dx=\sqrt{x^2+a^2}-a\ln\frac{a+\sqrt{x^2+a^2}}{x}$$

$$\int x^2\sqrt{x^2+a^2}\,dx=\frac{x}{4}(x^2+a^2)^{3/2}-\frac{a^2}{8}\left[x\sqrt{x^2+a^2}+a^2\ln\left(x+\sqrt{x^2+a^2}\right)\right]$$

$$\int\frac{dx}{\sqrt{x^2+a^2}}=\ln\left(x+\sqrt{x^2+a^2}\right) \qquad \int\frac{x}{\sqrt{x^2+a^2}}\,dx=\sqrt{x^2+a^2}$$

$$\int\frac{x^2}{\sqrt{x^2+a^2}}\,dx=\frac{x}{2}\sqrt{x^2+a^2}-\frac{a^2}{2}\ln\left(x+\sqrt{x^2+a^2}\right)$$

$$\int\frac{1}{x\sqrt{x^2+a^2}}\,dx=-\frac{1}{a}\ln\frac{a+\sqrt{x^2+a^2}}{x} \qquad \int\frac{1}{x^2\sqrt{x^2+a^2}}\,dx=-\frac{\sqrt{x^2+a^2}}{a^2x}$$

$$\int\sqrt{a^2-x^2}\,dx=\frac{x}{2}\sqrt{a^2-x^2}+\frac{a^2}{2}\arcsin\frac{x}{a} \qquad \int x\sqrt{a^2-x^2}\,dx=-\frac{1}{3}(a^2-x^2)^{3/2}$$

$$\int x^2\sqrt{a^2-x^2}\,dx=-\frac{x}{4}(a^2-x^2)^{3/2}+\frac{a^2}{8}\left(x\sqrt{a^2-x^2}+a^2\arcsin\frac{x}{a}\right)$$

$$\int\frac{1}{\sqrt{a^2-x^2}}\,dx=\arcsin\frac{x}{a} \qquad \int\frac{x}{\sqrt{a^2-x^2}}\,dx=-\sqrt{a^2-x^2}$$

$$\int \sqrt{x^2-a^2}\,dx=\frac{x}{2}\sqrt{x^2-a^2}-\frac{a^2}{2}\ln\left(x+\sqrt{x^2-a^2}\right)$$

$$\int x\sqrt{x^2-a^2}\,dx=\frac{1}{3}(x^2-a^2)^{3/2}$$

$$\int \frac{\sqrt{x^2-a^2}}{x}\,dx=\sqrt{x^2-a^2}-a\arccos\frac{a}{x}$$

$$\int \frac{1}{\sqrt{x^2-a^2}}\,dx=\ln\left(x+\sqrt{x^2-a^2}\right)$$

$$\int \frac{x}{\sqrt{x^2-a^2}}\,dx=\sqrt{x^2-a^2}$$

Transzendente Integranden

$$\int \ln x\,dx=x\ln x-x$$

$$\int (\ln x)^n\,dx=\int u^n e^u\,du \quad \text{mit } u=\ln x$$

$$\int x^n\ln x\,dx=\frac{x^{n+1}}{n+1}\ln x-\frac{x^{n+1}}{(n+1)^2} \quad n\neq -1$$

$$\int \frac{\ln x}{x}\,dx=\frac{1}{2}(\ln x)^2$$

$$\int \frac{dx}{x\ln x}=\ln|\ln x|$$

$$\int \tan x\,dx=-\ln|\cos x|$$

$$\int \cot x\,dx=\ln|\sin x|$$

$$\int \sin^2 x\,dx=-\frac{1}{4}\sin 2x+\frac{x}{2}$$

$$\int \cos^2 x\,dx=\frac{1}{4}\sin 2x+\frac{x}{2}$$

$$\int \tan^2 x\,dx=\tan x-x$$

$$\int \sin^n x\,dx=-\frac{\sin^{n-1}x\cos x}{n}+\frac{n-1}{n}\int \sin^{n-2}x\,dx$$

$$\int \cos^n x\,dx=\frac{\cos^{n-1}x\sin x}{n}+\frac{n-1}{n}\int \cos^{n-2}x\,dx$$

$$\int \sin(ax+b)\,dx=-\frac{1}{a}\cos(ax+b)$$

$$\int \cos(ax+b)\,dx=\frac{1}{a}\sin(ax+b)$$

$$\left.\begin{aligned}
&\int \sin ax\cos bx\,dx=-\frac{\cos(a+b)x}{2(a+b)}-\frac{\cos(a-b)x}{2(a-b)}\\
&\int \cos ax\cos bx\,dx=\frac{\sin(a-b)x}{2(a-b)}+\frac{\sin(a+b)x}{2(a+b)}\\
&\int \sin ax\sin bx\,dx=\frac{\sin(a-b)x}{2(a-b)}-\frac{\sin(a+b)x}{2(a+b)}
\end{aligned}\right\}\quad a^2\neq b^2$$

$$\int \frac{dx}{\sin x}=\ln\left|\tan\frac{x}{2}\right| \qquad \int \frac{dx}{1+\cos x}=\tan\frac{x}{2}$$

$$\int \frac{dx}{\cos x}=\ln\left|\tan\left(\frac{x}{2}+\frac{\pi}{4}\right)\right| \qquad \int \frac{dx}{1-\cos x}=-\cot\frac{x}{2}$$

$$\int \sin x\cos x\,dx=\frac{1}{2}\sin^2 x$$

$$\int \frac{dx}{\sin x\cos x}=\ln|\tan x|$$

$$\int x^n\sin x\,dx=-x^n\cos x+n\int x^{n-1}\cos x\,dx$$

$$\int x^n\cos x\,dx=x^n\sin x-n\int x^{n-1}\sin x\,dx$$

$$\int e^{ax}\cos bx\,dx=\frac{e^{ax}}{a^2+b^2}(a\cos bx+b\sin bx)$$

$$\int e^{ax}\sin bx\,dx=\frac{e^{ax}}{a^2+b^2}(a\sin bx-b\cos bx)$$

$$\int e^{ax}\cos^2 bx\,dx=\frac{e^{ax}}{2a}+\frac{e^{ax}}{a^2+4b^2}\left(\frac{a}{2}\cos 2bx+b\sin 2bx\right)$$

$$\int e^{ax}\sin^2 bx\,dx=\frac{e^{ax}}{2a}-\frac{e^{ax}}{a^2+4b^2}\left(\frac{a}{2}\cos 2bx+b\sin 2bx\right)$$

$$\int \arcsin x\,dx=x\arcsin x+\sqrt{1-x^2}$$

$$\int \arccos x\,dx=x\arccos x-\sqrt{1-x^2}$$

$$\int \arctan x\,dx=x\arctan x-\frac{1}{2}\ln(1+x^2)$$

$$\int \operatorname{arccot} x\,dx=x\operatorname{arccot} x+\frac{1}{2}\ln(1+x^2)$$

$$\int \operatorname{arsinh} x\,dx=x\operatorname{arsinh} x-\sqrt{1+x^2}$$

$$\int \operatorname{arcosh} x\,dx=x\operatorname{arcosh} x-\sqrt{x^2-1}$$

$$\int \operatorname{artanh} x\,dx=x\operatorname{artanh} x+\frac{1}{2}\ln(1-x^2)$$

$$\int \operatorname{arcoth} x\,dx=x\operatorname{arcoth} x+\frac{1}{2}\ln(x^2-1)$$

9 Anwendungen der Differential- und Integralrechnung

9.1 Tangente und Normale der Kurve einer Funktion

Tangente im Punkt $(x_1; y_1)$ $y = y_1 + f'(x_1) \cdot (x - x_1)$

Normale im Punkt $(x_1; y_1)$ $y = y_1 - \dfrac{x - x_1}{f'(x_1)}$

9.2 Eigenschaften der Kurven von Funktionen

Maximum $y' = 0$ und $y'' < 0$ **Minimum** $y' = 0$ und $y'' > 0$

Rechtskrümmung $y'' < 0$ **Linkskrümmung** $y'' > 0$

Wendepunkt y'' ändert das Vorzeichen

Beispiel Extremwerte und Wendepunkte der Funktion $y = x^3 - 6x + 9$.
$y' = 3x^2 - 6$; $y'' = 6x$; Extremwerte: $0 = 3x_e^2 - 6$; $x_e = \pm\sqrt{2}$; Maximum bei $(-\sqrt{2}; 9 + 4\sqrt{2})$, da $y''(-\sqrt{2}) = -6\sqrt{2} < 0$; Minimum bei $(+\sqrt{2}; 9 + 8\sqrt{2})$, da $y''(+\sqrt{2}) = +6\sqrt{2} > 0$; Wendepunkt: $0 = 6x_w$; $x_w = 0$; $y_w = 9$

Beispiel Rinne aus vier gleichbreiten Blechstreifen; Form, damit die Rinne möglichst viel Wasser faßt.

$$A = a \cdot 2a \cos\alpha + a \sin\alpha \cdot a \cos\alpha = a^2(2\cos\alpha + \sin\alpha\cos\alpha)$$

$$A' = a^2(-2\sin\alpha - \sin\alpha\sin\alpha + \cos\alpha\cos\alpha)$$

$$= -a^2(\sin^2\alpha - \cos^2\alpha + 2\sin\alpha)$$

$$A' = 0 \Rightarrow \sin^2\alpha_e - (1 - \sin^2\alpha_e) + 2\sin\alpha_e = 0$$

$$2\sin^2\alpha_e + 2\sin\alpha_e - 1 = 0;$$

$$\sin\alpha_e = -\frac{1}{2} \pm \sqrt{\frac{1}{4} + \frac{1}{2}} = \frac{-1 \pm \sqrt{3}}{2} \Rightarrow \alpha_e = 21{,}47°$$

$$\max A = a^2 \cdot 2{,}202 > a^2 \cdot 2 \quad \text{(Rechteck)}$$

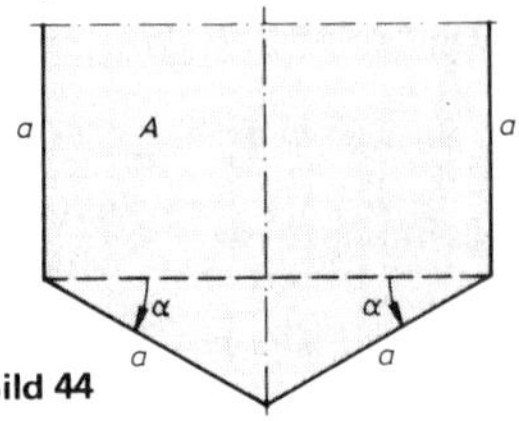

Bild 44

9.3 Nullstellen einer Funktion $f(x)$ (s. Abschn. 2.8)

Newton-Verfahren $x_{i+1} = x_i - \dfrac{f(x_i)}{f'(x_i)}$ konvergiert für $\left|\dfrac{ff''}{f'^2}\right| < 1$.

Regula falsi Ist $\operatorname{sgn} f(x_1) = -\operatorname{sgn} f(x_2)$, so ergibt

$x_3 = x_1 - \dfrac{x_2 - x_1}{f(x_2) - f(x_1)} f(x_1)$ eine verbesserte Näherung.

9.4 Krümmung, Krümmungsradius, Krümmungskreis

Krümmung $\varkappa = \lim\limits_{\Delta s \to 0} \dfrac{\Delta\alpha}{\Delta s} = \dfrac{d\alpha}{ds} = \dfrac{y''}{(1 + y'^2)^{3/2}}$ >0 Linkskrümmung, $=0$ Möglichkeit eines Wendepunktes, <0 Rechtskrümmung

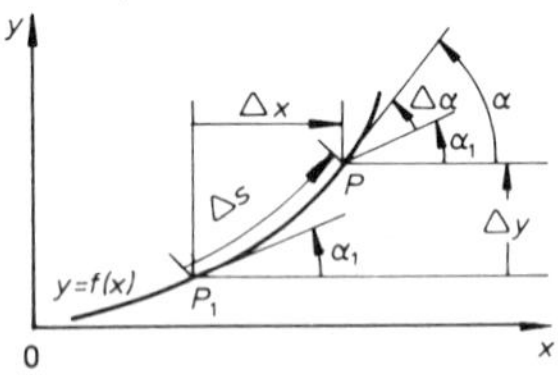

Bild 45

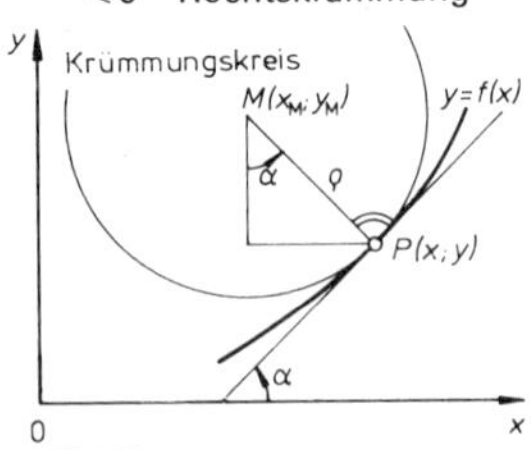

Bild 46

Krümmungsradius $\varrho = \frac{1}{\varkappa} = \frac{(1+y'^2)^{3/2}}{y''}$ $\quad \varrho > 0$ Linkskrümmung, $\varrho < 0$ Rechtskrümmung

Krümmungsmittelpunkt $x_M = x - y'\frac{1+y'^2}{y''} \qquad y_M = y + \frac{1+y'^2}{y''}$

Beispiel Die Krümmung $1/\varrho(x)$ der Biegelinie $w(x)$ ist proportional zum Schnittbiegemoment $M(x)$ und umgekehrt proportional zur Biegesteifigkeit $EI(x)$ (E = Elastizitätsmodul, $I(x)$ = auf die y-Achse bezogenes Flächenmoment 2. Grades des Trägerquerschnitts).

$$\frac{1}{\varrho(x)} = \frac{w''}{(1+w'^2)^{3/2}} = -\frac{M(x)}{EI(x)}$$ Nichtlinearisierte Differentialgleichung der Biegelinie

9.5 Unbestimmte Ausdrücke

Sind f und g in $x = a$ differenzierbar und $f(a) = g(a) = 0$ oder $f(a) \to \infty$, $g(a) \to \infty$, so gilt

$$\lim_{x\to a}\frac{f(x)}{g(x)} = \lim_{x\to a}\frac{f'(x)}{g'(x)}$$ Regel von de l'Hospital

Beispiel $\lim_{r\to 0}(r^2 \ln r) = ?$ Es wird auf den Ausdruck ∞/∞ umgeformt.

$$r^2 \cdot \ln r = \frac{\ln r}{1/r^2}; \; f(r) = \ln r; \; f'(r) = 1/r; \; g(r) = 1/r^2; \; g'(r) = -2/r^3$$

$$\lim_{r\to 0}(r^2 \ln r) = \lim_{r\to 0}\frac{1/r}{-2/r^3} = \lim_{r\to 0}(-r^2/2) = 0$$

9.6 Geometrische Größen

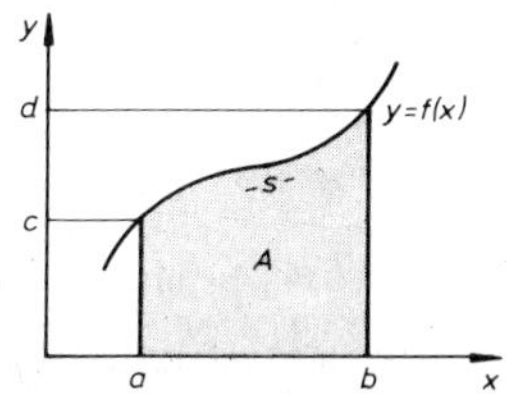

Bild 47

Fläche $A = \int_A dA = \int_a^b y\,dy$

Bogenlänge $s = \int_s ds = \int_a^b \sqrt{1+y'^2}\,dx$

Volumen $V = \int_V dV$

Rotationskörper $V_x = \pi\int_a^b y^2\,dx$ (x-Achse = Rotationsachse)

$$V_y = \pi\int_c^d x^2\,dy = \pi\int_a^b x^2 y'\,dx$$

Beispiel Differenz u zwischen Meßbandlänge s und Sehnenlänge (zu messende Länge); das Meßband hängt entsprechend der Funktion $y = hx^2/(s/2)^2$ durch.

$$du = ds - dx = (\sqrt{1+y'^2} - 1)\,dx$$

$$\approx \left(1 + \frac{y'^2}{2} - 1\right)dx = \frac{y'^2}{2}\,dx$$

$$y' = \frac{4h}{s^2}\cdot 2x \qquad u = \int_{-s/2}^{+s/2}\frac{32h^2}{s^4}x^2\,dx = \frac{8h^2}{3s}$$

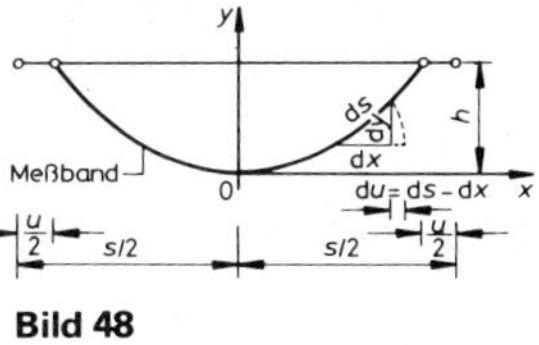

Bild 48

Beispiel Fläche zwischen der x-Achse und der Kurve der Funktion $y=x^3\,cm^{-2}-x^2\,cm^{-1}+1\,cm$, begrenzt durch die Abszissen $a=5$ cm und $b=8$ cm.

$$A=\int_a^b (x^3\,cm^{-2}-x^2\,cm^{-1}+1\,cm)\,dx$$

$$=\frac{b^4-a^4}{4}\,cm^{-2}-\frac{b^3-a^3}{3}\,cm^{-1}+(b-a)\,cm$$

$$=741{,}75\,cm^2$$

Beispiel Vergleich des Inhalts der Querkraftfläche $A_{Q,\,1-2}$ mit dem Momentenzuwachs ΔM_{1-2} auf der Länge (x_2-x_1).

$$dA_Q=Q(x)\,dx=-q\frac{x^2}{2l}dx$$

$$A_{Q,1-2}=\int_{x_1}^{x_2}Q(x)\,dx=-\frac{q}{2l}\int_{x_1}^{x_2}x^2\,dx=-\frac{q}{6l}(x_2^3-x_1^3)$$

$$\Delta M_{1-2}=M(x_2)-M(x_1)=-q\frac{x_2^3}{6l}+q\frac{x_1^3}{6l}=-\frac{q}{6l}(x_2^3-x_1^3)$$

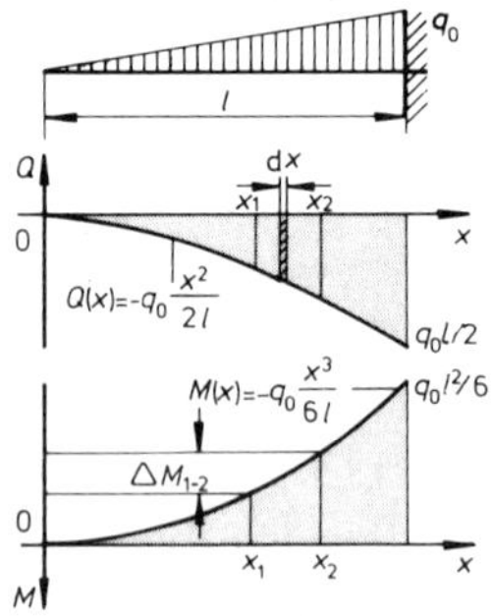

Bild 49

Beispiel Gesucht ist die Enddurchbiegung des Stahlbetonfreiträgers ($E_b=3\cdot10^7$ kN/m²); Trägerbreite $b=0{,}30$ m

Arbeitsgleichung

$$E_bI_c\cdot\delta_0=\int_0^l M(x)\,\overline{M}(x)\frac{I_c}{I(x)}\,dx$$

$$I_c=\frac{bd_4^3}{12}=\text{Vergleichsträgheitsmoment}$$

$$\frac{I_c}{I(x)}=\frac{d_4^3}{d^3(x)}=\left(\frac{0{,}70\,m}{d(x)}\right)^3$$

$$M(x)=-qx^2/2 \qquad \overline{M}(x)=-\overline{1}\,x$$

Das Integral $\int_0^l M(x)\,\overline{M}(x)\frac{I_c}{I(x)}dx$ wird mit der Simpson-Regel bestimmt.

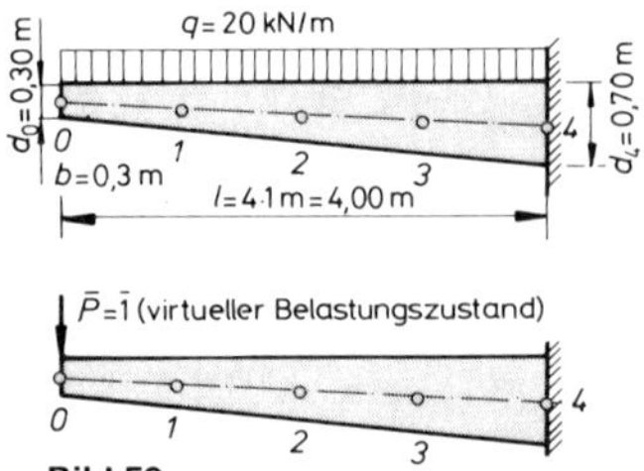

Bild 50

Tafel 1

Pkt.	x m	$d(x)$ m	$I_c/I(x)$	$M(x)$ kN m	$\overline{M}(x)$ m	k	$k\cdot I_c/I(x)\cdot M(x)\cdot\overline{M}(x)$ kN m²
0	0,0	0,30		0	0	1	0
1	1,0	0,40	5,359	− 10,0	−1,0	4	214,36
2	2,0	0,50	2,744	− 40,0	−2,0	2	439,04
3	3,0	0,60	1,588	− 90,0	−3,0	4	1715,04
4	4,0	0,70	1,000	−160,0	−4,0	1	640,00
							3008,44

$$\delta_0=\int_0^l M(x)\,\overline{M}(x)\frac{I_c}{I(x)}dx\cdot\frac{1}{E_b}\cdot\frac{1}{I_c}=\frac{1{,}0}{3}\cdot3008{,}44\,kN\,m^3\cdot\frac{m^2}{3\cdot10^7\,kN}\cdot\frac{12}{0{,}3\cdot0{,}7^3\,m^4}$$

$$=0{,}0039\,m=3{,}9\,mm$$

Bemerkung: Schon eine grobe Einteilung liefert genügend genaue Werte, wie die folgenden Ergebnisse zeigen:

$n=2$ $\delta_0=3{,}934$ mm; $n=6$ $\delta_0=3{,}901$ mm
$n=4$ $\delta_0=3{,}898$ mm; $n=8$ $\delta_0=3{,}902$ mm

9.7 Differenzieren und Integrieren in Polarkoordinaten

$$r = f(\varphi) \qquad r' = \frac{\mathrm{d}r}{\mathrm{d}\varphi} \qquad r'' = \frac{\mathrm{d}r'}{\mathrm{d}\varphi} \qquad \tan\psi = r/r'$$

$$y' = \frac{r'\sin\varphi + r\cos\varphi}{r'\cos\varphi - r\sin\varphi} \qquad y'' = \frac{r^2 + 2r'^2 - rr''}{(r'\cos\varphi - r\sin\varphi)^3}$$

Krümmung $\varkappa = \frac{y''}{+(1+y'^2)^{3/2}}$

$$\varkappa = [\operatorname{sgn}(r'\cos\varphi - r\sin\varphi)]\,\frac{r^2 + 2r'^2 - rr''}{+(r^2 + r'^2)^{3/2}}$$

Krümmungsradius $\rho = 1/\varkappa$

Fläche $A = \frac{1}{2}\int_{\varphi_1}^{\varphi_2} r^2\,\mathrm{d}\varphi$

Bogen $s = \int_{\varphi_1}^{\varphi_2} \sqrt{r^2 + r'^2}\,\mathrm{d}\varphi$

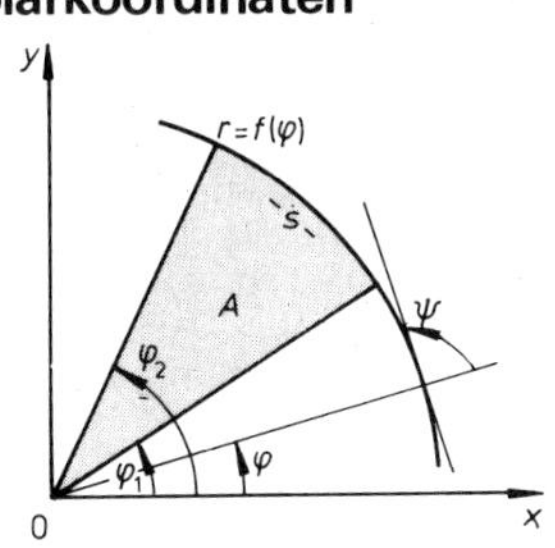

Bild 51

9.8 Potenzreihen

$$f(x) = f(x_0) + \frac{x - x_0}{1!} f'(x_0) + \frac{(x - x_0)^2}{2!} f''(x_0) + \ldots + \frac{(x - x_0)^n}{n!} f^{(n)}(x_0)$$

$$+ \frac{(x - x_0)^{n+1}}{(n+1)!} f^{(n+1)}(x_m) \quad \text{mit } x_m \text{ aus } [x, x_0]$$

$$\sin x = \sum_{i=0}^{\infty} (-1)^i \frac{x^{2i+1}}{(2i+1)!} = x - \frac{x^3}{3!} + \frac{x^5}{5!} - \ldots \qquad x \text{ reell}$$

$$\cos x = \sum_{i=0}^{\infty} (-1)^i \frac{x^{2i}}{(2i)!} = 1 - \frac{x^2}{2!} + \frac{x^4}{4!} - \ldots \qquad x \text{ reell}$$

$$\arcsin x = x + \frac{1}{2}\,\frac{x^3}{3} + \frac{1\cdot 3}{2\cdot 4}\,\frac{x^5}{5} + \frac{1\cdot 3\cdot 5}{2\cdot 4\cdot 6}\,\frac{x^7}{7} + \ldots \qquad |x| < 1$$

$$\arccos x = \frac{\pi}{2} - \arcsin x \qquad \arctan x = x - \frac{x^3}{3} + \frac{x^5}{5} - \ldots \qquad |x| < 1$$

$$e^x = 1 + \frac{x}{1!} + \frac{x^2}{2!} + \ldots = \sum_{i=0}^{\infty} \frac{x^i}{i!} \qquad a^x = \sum_{i=0}^{\infty} \frac{(x\cdot\ln a)^i}{i!} \qquad x \text{ reell}$$

$$\ln(1+x) = \sum_{i=1}^{\infty} (-1)^{i+1} \frac{x^i}{i} \qquad \ln(1-x) = -\sum_{i=1}^{\infty} \frac{x^i}{i} \qquad -1 \leqq x < +1$$

$$\sinh x = \sum_{i=0}^{\infty} \frac{x^{2i+1}}{(2i+1)!} = x + \frac{x^3}{3!} + \frac{x^5}{5!} + \frac{x^7}{7!} + \ldots \qquad x \text{ reell}$$

$$\cosh x = \sum_{i=0}^{\infty} \frac{x^{2i}}{(2i)!} = 1 + \frac{x^2}{2!} + \frac{x^4}{4!} + \frac{x^6}{6!} + \ldots \qquad x \text{ reell}$$

$$(1+x)^n = \sum_{i=0}^{n} \binom{n}{i} x^i \qquad (1-x)^n = \sum_{i=0}^{n} \binom{n}{i} (-x)^i \qquad m, n \text{ positiv ganz, } |x| < 1$$

10 Differentialgleichungen

10.1 Begriffe

Eine Gleichung, die außer den Variablen auch deren Ableitungen enthält, heißt Differentialgleichung (DGl.). Bei einer gewöhnlichen DGl. hängt die gesuchte Funktion nur von einer Variablen ab (allgemeine Form $f(x, y', y'', \ldots, y^{(m)}) = 0$); bei einer partiellen DGl. hängt die gesuchte Funktion von mehreren Variablen ab. Ist die m-te Ableitung die höchste in der DGl. vorkommende Ableitung, so ist die DGl. von m-ter Ordnung. Funktionen, die mit ihren Ableitungen die DGl. erfüllen, heißen Lösungen der DGl. Die allgemeine Lösung einer DGl. m-ter Ordnung enthält m Integrationskonstanten.

10.2 Trennung der Veränderlichen

Aus $y' = \frac{dy}{dx} = f_1(x) f_2(y)$ mit $y(x_0) = y_0$ und mit im betrachteten Intervall stetigen Funktionen $f_1(x)$ und $f_2(y)$ folgt

$$\int_{y_0}^{y} \frac{du}{f_2(u)} = \int_{x_0}^{x} f_1(v)\,dv \qquad f_2(y) \neq 0$$

Häufig wird geschrieben

$$\int \frac{dy}{f_2(y)} = \int f_1(x)\,dx$$

Beispiel Gesucht ist die Lösung der DGl. $y' = -x/y$ mit der Anfangsbedingung (Anfangswertaufgabe) $y(0) = 3$.

$$\frac{dy}{dx} = -\frac{x}{y} \qquad y\,dy = -x\,dx \qquad \int_0^y u\,du = -\int_3^x v\,dv$$

$$y^2 - 0^2 = -(x^2 - 3^2)$$

$$x^2 + y^2 = 9 \quad \text{d.h. Kreisgleichung}$$

Beispiel Für den dargestellten Einfeldträger sind $Q(x)$, $M(x)$ und $w(x)$ gesucht.

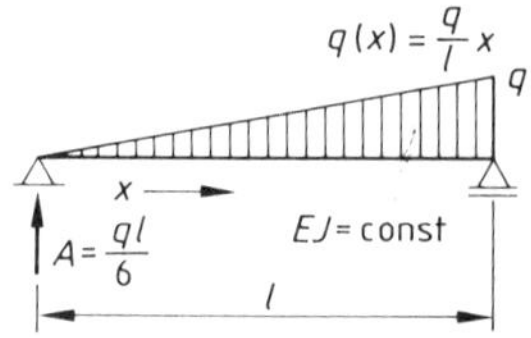

Bild 52

$$Q'(x) = -q(x) = -\frac{q}{l}x \qquad \int dQ = -\int \frac{q}{l} x\,dx$$

$$Q(x) = -\frac{qx^2}{2l} + c_1 \qquad \text{Rbd.: } Q(0) = \frac{ql}{6} \to c_1 = \frac{ql}{6} \qquad Q(x) = \frac{ql}{6} - \frac{qx^2}{2l}$$

$$M'(x) = Q(x) \qquad \int dM = \int \left(\frac{ql}{6} - \frac{qx^2}{2l}\right) dx$$

$$M(x) = \frac{qlx}{6} - \frac{qx^3}{6l} + c_2 \qquad \text{Rbd.: } M(0) = 0 \to c_2 = 0 \qquad M(x) = \frac{qlx}{6} - \frac{qx^3}{6l}$$

$$w''(x) = -\frac{M(x)}{EI} = -\frac{q}{EI}\left(\frac{lx}{6} - \frac{x^3}{6l}\right) \qquad w'(x) = -\frac{q}{EI}\left(\frac{lx^2}{12} - \frac{x^4}{24l} + c_3\right)$$

$$w(x) = -\frac{q}{EI}\left(\frac{lx^3}{36} - \frac{x^5}{120l} + c_3 x + c_4\right) \qquad \text{Rbd.: } w(0) = 0 \to c_4 = 0$$

$$w(l) = 0 \to c_3 = -\frac{7l^3}{360}$$

$$w(x) = \frac{q}{360EI}\left(7l^3 x - 10lx^3 + \frac{3x^5}{l}\right)$$

10.3 Lineare DGl. mit konstanten Koeffizienten

$\sum_{i=0}^{m} a_i y^{(i)} = g(x)$ — Lösung $y = y_{(h)} + y_{(p)}$

$y_{(h)} = \sum_{i=1}^{m} C_i e^{p_i x}$ — Lösung der homogenen DGl. $\sum_{i=0}^{m} a_i y^{(i)} = 0$

p_i sind Nullstellen der charakteristischen Gleichung:

$$\sum_{i=0}^{n} a_i p^i = 0 \qquad \text{wobei } p_1 \neq p_2 \neq \ldots \neq p_n$$

$$y_{(h)} = (B_0 + B_1 x + B_2 x^2 + \ldots + B_{k-1} x^{k-1})\, e^{p_1 x} + \sum_{i=k+1}^{m} C_i e^{p_i x} \quad \text{wenn}$$

mehrfache Nullstellen $p_1 = p_2 = p_3 = \ldots = p_k$ vorhanden.

$y_{(p)}$ = Spezielle (partielle) Lösung der inhomogenen DGl.: Der Ansatz wird in der allgemeinen Form der Störfunktion gemacht

Störfunktion	Ansatz
$g(x) = b\, e^{ax}$	$y_{(p)} = c\, e^{ax}$
$g(x) = b_0 + b_1 x + \ldots + b_r x^r$	$y_{(p)} = c_0 + c_1 x + \ldots + c_r x^r$
$g(x) = A \sin ax$ oder $g(x) = A \cos ax$	$y_{(p)} = B_1 \sin ax + B_1 \cos ax$
$g(x) = A\, e^{ax} \sin bx$ oder $g(x) = A\, e^{ax} \cos bx$	$y_{(p)} = e^{ax}(B_1 \sin bx + B_2 \cos bx)$

Bei Übereinstimmung der Störfunktion mit einer Lösung der homogenen DGl. werden die Größen B im Ansatz durch $B \cdot x^r$ ersetzt, r ergibt sich nach dem Einsetzen des Ansatzes in die DGl.

Beispiel Gesucht ist die allgemeine Lösung der DGl. $y'' - 4y = 2x$.

Homogene DGl.: $y'' - 4y = 0$

Charakteristische Gl.: $p^2 - 4 = 0 \rightarrow p_1 = +2$ und $p_2 = -2$

Inhomogene DGl.: $y'' - 4y = 2x$

Ansatz: $y_{(p)} = c_0 + c_1 x$

$0 - 4(c_0 + c_1 x) = 2x$

Koeffizientenvergleich liefert $c_0 = 0$ und $c_1 = -0{,}5$

Allgemeine Lösung: $y = C_1 e^{2x} + C_2 e^{-2x} - 0{,}5x$

Beispiel Die DGl. der freien Schwingung lautet $m\ddot{x} + cx = 0$; die Punkte bedeuten Ableitungen nach der Zeit t. Die Rückstellkraft ist cx = Federkraft = Federkonstante mal Auslenkung.

Mit $\omega^2 = c/m$ wird $\ddot{x} + \omega^2 x = 0$

Charakteristische Gleichung: $p^2 + \omega^2 = 0$

Lösungen: $p_1 = +i\omega$ und $p_2 = -i\omega$

Lösung der DGl.: $x = C_1 e^{i\omega t} + C_2 e^{-i\omega t}$

Mit Hilfe der Eulerschen Formel $e^{i\varphi} = \cos\varphi \pm i \sin\varphi$ (Beweis durch Reihenentwicklung) folgt:

$x = (C_1 + C_2) \cos\omega t + i(C_1 - C_2) \sin\omega t$

$x = A_1 \cos\omega t + iA_2 \sin\omega t$

Da nur die Lösungen in reeller Form interessieren, darf geschrieben werden:

$x = A_1 \cos\omega t + A_2 \sin\omega t = A \cos(\omega t - \varepsilon)$

Durch Einsetzen dieser Lösung in die DGl. kann die Richtigkeit überprüft werden.

10.4 Differenzenverfahren

Die Ableitungen in einer DGl. werden durch Differenzenquotienten ersetzt; durch Auflösen eines linearen Gleichungssystems werden Werte der Lösungsfunktion ermittelt.

Differenzenformeln für DGl. 1. Ordnung

$$y'_{il}=\frac{y_i-y_{i-1}}{\Delta x}\quad\text{(rückwärts)}$$

$$y'_i=\frac{y_{i+1}-y_{i-1}}{2\Delta x}\quad\text{(mittig)}$$

$$y'_{ir}=\frac{y_{i+1}-y_i}{\Delta x}\quad\text{(vorwärts)}$$

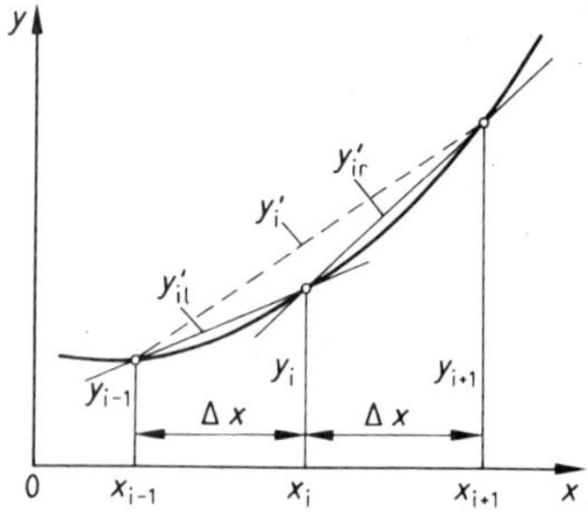

Bild 53

Differenzenformeln für DGl. 2. Ordnung

$$y''_i=\frac{1}{h^2}\,[1\ \ [-2]\ \ 1]\ y$$

$$y''_0=-\frac{3}{h}y'_0+\frac{1}{2h^2}\,[[-7]\ \ 8\ \ -1]\ y$$

Mehrstellenformeln für DGl. 2. Ordnung

$$[1\ \ [10]\ \ 1]\ y''=\frac{12}{h^2}\,[1\ \ [-2]\ \ 1]\ y$$

$$[[1]\ \ 6]\ y''=-\frac{10}{6h}y'_0+\frac{1}{18h^2}\,[[89]\ \ -216\ \ 135\ \ -8]\ y$$

Randbedingungen

Aus $y'_0=0$ folgt $y_{-1}=y_1$

Aus $y''_0=0$ folgt $y_{-1}=2y_0-y_1$

Aus $y'''_0=0$ folgt $y_{-2}=2y_{-1}-2y_1+y_2$

10.5 Allgemeines Lösungsverfahren für lineare DGL.

Das folgende Verfahren ist anwendbar auf lineare DGL'n m-ter Ordnung mit konstanten Koeffizienten und einem Polynom n-ten Grades als Störfunktion (s. Aufsätze von Rubin: ZAMM 1988, S. 433–443, Bauingenieur 1988, S. 195–204, Bauingenieur 1991, S. 131–141)

$$y^{(m)}-K_1y^{(m-1)}-K_2y^{(m-2)}\dots-K_my=p_0a_0+p_1a_1\dots+p_na_n=\sum_{j=0}^{n}p_ja_j=p(x)$$

K_1 bis K_m, p_0 bis p_n: gegebene Konstanten; $p_0=p(0)$, $p_1=p'(0)$, $\dots p_n=p^{(n)}(0)$

Definition der Funktionen $a_j=a_j(x)$

$x<0$: $a_j=0$ $\quad x=0$: $a_j=1$ $\quad x>0$: $a_j=x^j/j!$

Daraus folgt: $a'_j=a_{j-1},\ \dots\ a_j^{(n)}=a_{j-n}$

Lösung $y=y_{(h)}+y_{(p)}=c_0b_0+c_1b_1\dots+c_{m-1}b_{m-1}+p_0b_m+p_1b_{m+1}\dots+p_nb_{m+n}$

c_0 bis c_{m-1}: unbekannte Konstanten

$b_0(x)$ bis $b_{m-1}(x)$: linear unabhängige Lösungen der homogenen DGL.

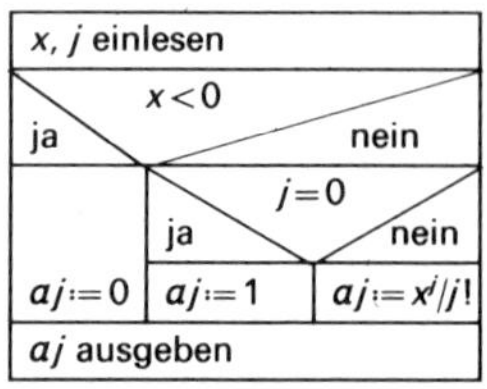

Bild 54

$p_0b_m(x)\dots+p_nb_{m+n}(x)$: Lösung der inhomogenen DGL.

DGL erfüllt, wenn $b_j=a_j+K_1b_{j+1}+K_2b_{j+2}\dots+K_mb_{j+m}$ für alle j **Rekursionsformel**

Es ist $b'_j=b_{j-1}$ für alle j $\qquad \int_0^x b_j\,dx=b_{j+1}$ für $j\geq 0$

Lösungsfunktionen $b_j(x)$ in analytischer Form (nur für bestimmte Fälle angegeben)

DGL. 1. Ordnung $y' - Ky = \sum_{j=0}^{n} p_j a_j$

Lösung $y = c_0 b_0 + \sum_{j=0}^{n} p_j b_{j+1}$

K	b_0	$b_1, b_2 \dots$
$\neq 0$	e^{Kx}	$b_j = (b_{j-1} - a_{j-1})/K$
$=0$	$b_j = a_j$	

Bild 55

DGL. 2. Ordnung $y'' - Ky = \sum_{j=0}^{n} p_j a_j$

Lösung $y = c_0 b_0 + c_1 b_1 + \sum_{j=0}^{n} p_j b_{j+2}$

K	f	b_0	b_1	$b_2, b_3 \dots$
>0	$\sqrt{\lvert K \rvert}$	$\cosh fx$	$\frac{\sinh fx}{f}$	$b_j = \frac{b_{j-2} - a_{j-2}}{K}$
<0		$\cos fx$	$\frac{\sin fx}{f}$	
$=0$	$b_j = a_j$			

Bild 56

DGL. 4. Ordnung $y'''' - K_1 y'' - K_2 y = \sum_{j=0}^{n} p_j a_j$

Lösung $y = c_0 b_0 + c_1 b_1 + c_2 b_2 + c_3 b_3 + \sum_{j=0}^{n} p_j b_{j+4}$

Zu unterscheiden sind 9 verschiedene Fälle in Abhängigkeit von K_1 und K_2.

Lösungsfunktionen $b_j(x)$ in Reihenform

Die stets konvergenten Reihenformeln für die Lösungen $b_j(x)$ sind allgemein anwendbar für lineare DGL'n mit beliebigen m und n und beliebigen K_i (auch Null) und vermeiden numerische Schwierigkeiten.

Reihenformel $b_j = \sum_{t=0}^{\infty} \alpha_t a_{j+t}$ für $j \geq 0$ (folgt aus Rekursionsformel, α_t unabhängig von j)

mit $\alpha_t = 0$ für $t < 0$ und $\alpha_0 = 1$ und Rekursionsformel $\alpha_t = \sum_{i=1}^{m} K_i \alpha_{t-i}$ für $t > 0$

DGL. 2. Ordnung $y'' - Ky = \sum_{j=0}^{n} p_j a_j$

Rekursionsformel $b_j = a_j + K b_{j+2}$ für alle j

Reihenformel $b_j = a_j + \sum_{t=1}^{\infty} K a_{j+2t}$ für $j \geq 0$

Zweckmäßige Form $b_j = \sum_{t=0}^{\infty} \beta_t$ für $j \geq 0$

mit $\beta_0 = a_j$ und $\beta_t = \frac{K x^2}{(j+2t)(j+2t-1)} \beta_{t-1}$ für $t \geq 1$

K, x, j einlesen
$bj := \beta := aj,\ s := j$
$s := s+2$
$\beta := \beta * K * x^2/s/(s-1)$
$bj := bj + \beta$
$\lvert \beta \rvert \leq \lvert bj \rvert * 10^{-9}$
bj ausgeben

Bild 57

DGL. 4. Ordnung $y'''' - K_1 y'' - K_2 y = \sum_{j=0}^{n} p_j a_j$

Rekursionsformel $b_j = a_j + K_1 b_{j+2} + K_2 b_{j+4}$ für alle j

Reihenformel $b_j = a_j + \sum_{t=1}^{\infty} \alpha_t a_{j+2t}$ für $j \geq 0$

mit $\alpha_0 = 1$, $\alpha_1 = K_1$ und $\alpha_t = K_1 \alpha_{t-1} + K_2 \alpha_{t-2}$ für $t \geq 2$

Zweckmäßige Form $b_j = \sum_{t=0}^{\infty} \beta_t$ für $j \geq 0$

mit den Anfangswerten $\beta_0 = a_j$, $\varrho_{-1} = 0$
und den Rekursionsformeln für $t = 1, 2, 3 \dots$

$$\eta_{t-1} = \frac{x^2}{(j+2t)(j+2t-1)} \qquad \varrho_{t-1} = \beta_{t-1} \eta_{t-1}$$

$$\beta_t = K_1 \varrho_{t-1} + K_2 \varrho_{t-2} \eta_{t-1}$$

Sonderfälle $K_1 = 0$, $K_2 = 0$ sind in den Formeln enthalten. Mit $K_2 = 0$ und $K_1 = K$ werden die Funktionen gleich denen bei der DGL 2. Ordnung.

$K1, K2, x, j$ einlesen
$bj := \beta := h1 := aj,\ \varrho 1 := 0,\ s := j$
$s := s+2$
$\eta := x^2/s/(s-1)$
$\varrho 2 := \varrho 1$
$\varrho 1 := \beta * \eta$
$\beta := K1 * \varrho 1 + K2 * \varrho 2 * \eta$
$bj := bj + \beta$
$h2 := h1$
$h1 := \lvert \beta \rvert$
$h := h1 + h2$
$h \leq \lvert bj \rvert * 10^{-9}$
bj ausgeben

Bild 58

11 Statistik, Fehlerrechnung

11.1 Statistik

Stichprobe $\{x_1, x_2, x_3, \ldots, x_n\}$ n Werte der beobachteten Größe; Klassenanzahl bei großem $(50 < n < 500)$ Stichprobenumfang: $k \approx \sqrt{n}$, jedoch nicht mehr als 30 Klassen.

Klassenbreite $\Delta x = (\max x - \min x)/k < 0{,}6s$ Klassenmitte $\bar{x}_i$

Ordinate der Häufigkeitsverteilung: Absolute Häufigkeit n_i (Anzahl der Werte einer Klasse) oder relative Häufigkeit $h_i = n_i/n$.

Ordinate der Häufigkeitssummenverteilung: Absolute Häufigkeitssumme $G_i = \sum_{j=1}^{i} n_j$ oder relative Häufigkeitssumme $\Phi_i = \sum_{j=1}^{i} h_j$.

Lagemaße einer Stichprobe (es wird stets über alle x_i summiert)

Arithmetischer Mittelwert $\bar{x} = \frac{1}{n}\sum x_i \approx \frac{1}{n}\sum n_i \bar{x}_i$

Geometrischer Mittelwert $\bar{x}_G = \sqrt[n]{x_1 x_2 \ldots x_n}$

Harmonischer Mittelwert $\bar{x}_H = \frac{n}{\sum 1/x_i}$

Streuungsmaße einer Stichprobe

Spannweite (Variationsbreite) $R = \max x - \min x$

Streuung
$$s^2 = \frac{1}{n-1}\sum (x_i - \bar{x})^2 = \frac{1}{n-1}\left[\sum x_i^2 - \frac{1}{n}\left(\sum x_i\right)^2\right]$$
$$\approx \frac{1}{n-1}\sum (\bar{x}_i - \bar{x})^2 n_i = \frac{1}{n-1}\left[\sum \bar{x}_i^2 n_i - \frac{1}{n}\left(\sum \bar{x}_i n_i\right)^2\right]$$

Standardabweichung $s = +\sqrt{s^2}$

Variationskoeffizient $v = s/\bar{x}$

Wahrscheinlichkeitsverteilungen einer Zufallsgröße

$h(A) = k/n =$ relative Häufigkeit des Zufallsereignisses A (bei n-maliger Durchführung eines Zufallsexperiments tritt A insgesamt k-mal ein).

$p(A) = \lim_{n\to\infty} h(A) =$ Wahrscheinlichkeit von A.

$n!$ Anzahl der Möglichkeiten, n Elemente zu ordnen.

n^k Anzahl der Möglichkeiten, k Elemente geordnet einer Menge von n verschiedenen Elementen zu entnehmen (mit Zurücklegen).

$\binom{n}{k}$ Anzahl der Möglichkeiten, k Elemente ungeordnet einer Menge von n verschiedenen Elementen zu entnehmen (ohne Zurücklegen).

Normalverteilung (stetige Verteilung mit Erwartungswert μ und Varianz σ^2)

Wahrscheinlichkeitsdichte
$$f(x) = \frac{1}{\sigma\sqrt{2\pi}} e^{-\frac{1}{2}\left(\frac{x-\mu}{\sigma}\right)^2}$$

Verteilungsfunktion
$$F(x) = \int_{-\infty}^{x} f(v)\,dv$$

Mit $u=(x-\mu)/\sigma$ und $\sigma f(x)=\varphi(u)$ wird die $N(\mu;\sigma)$-Verteilung zur $N(0;1)$-Verteilung (Normierte Normalverteilung)

Wahrscheinlichkeitsdichte

$$\varphi(u)=\frac{1}{\sqrt{2\pi}}\,\mathrm{e}^{-u^2/2}$$

Verteilungsfunktion

$$\Phi(u)=\frac{1}{2}+\frac{1}{\sqrt{2\pi}}\int_0^u \mathrm{e}^{-v^2/2}\,\mathrm{d}v=\frac{1}{2}+\Psi(u)$$

Tafel 2

u	$\varphi(u)$	$\Psi(u)u$ in %	u	$\varphi(u)$	$\Psi(u)$ in %
0,0	0,39894	0,000	1,2	0,19419	38,493
0,1	0,39695	3,983	1,4	0,14973	41,924
0,2	0,39104	7,926	1,6	0,11092	44,520
0,3	0,38139	11,791	1,8	0,07895	46,407
0,4	0,36827	15,542	2,0	0,05399	47,725
0,5	0,35207	19,146	2,2	0,03547	48,610
0,6	0,33322	22,575	2,4	0,02239	49,180
0,7	0,31225	25,804	2,6	0,01358	49,534
0,8	0,28969	28,814	2,8	0,00792	49,744
0,9	0,26609	31,594	3,0	0,00443	49,865
1,0	0,24197	34,134	3,2	0,00238	49,931

$\Phi(-u)=50\%-\Psi(u)$ $\qquad$ $\Phi(u)=50\%+\Psi(u)$

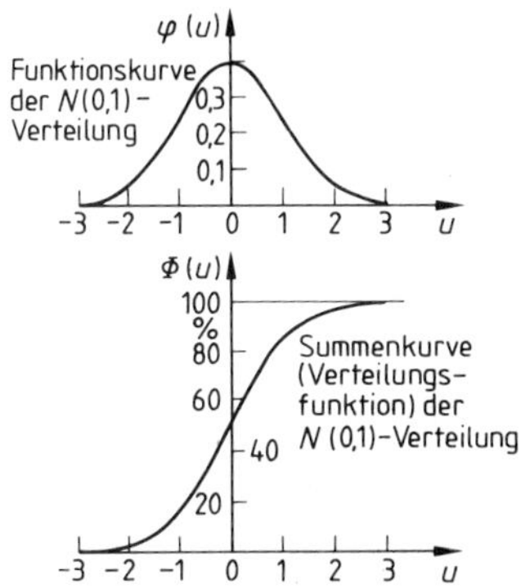

Bild 59

Binomialverteilung (diskrete Verteilung mit Erwartungswert $\mu=np$ und Varianz $\sigma^2=np(1-p)$)

Wahrscheinlichkeitsverteilung

$$p(x_i)=\binom{n}{x_i}p^{x_i}(1-p)^{n-x_i}$$

Verteilungsfunktion

$$F(x_i)=\sum_{j=0}^{i}\binom{n}{j}p^j(1-p)^{n-j}$$

$p(x_i)$ = Wahrscheinlichkeit dafür, daß unter n Elementen einer der beiden Merkmalswerte genau x_i-mal auftritt; p = Wahrscheinlichkeit dafür, daß bei einem Element der Merkmalswert vorhanden ist.

Poisson-Verteilung (diskrete Verteilung mit Erwartungswert $\mu=np$ und Varianz $\sigma^2=np$)

Wahrscheinlichkeitsverteilung (folgt aus der Binominalverteilung, wenn p klein und n groß wird)

$$p(x_i)=\frac{\mu^{x_i}}{x_i!}\,\mathrm{e}^{-\mu}$$

Beispiel In einer Lieferung von 100 Stück befinden sich 5 defekte Stücke ($p=0{,}05$). Wie groß ist die Wahrscheinlichkeit, bei einer Stichprobe von 3 Stück (mit Zurücklegen) 0, 1, 2 oder 3 defekte Stücke zu erhalten?

$p(0)=\binom{3}{0}\cdot 0{,}05^0\cdot 0{,}95^{3-0}=0{,}8574$ $\qquad$ $F(0)=0{,}8574$

$p(1)=\binom{3}{1}\cdot 0{,}05^1\cdot 0{,}95^{3-1}=0{,}1354$ $\qquad$ $F(1)=0{,}9928$

$p(2)=\binom{3}{2}\cdot 0{,}05^2\cdot 0{,}95^{3-2}=0{,}0071$ $\qquad$ $F(2)=0{,}9999$

$p(3)=\binom{3}{3}\cdot 0{,}05^3\cdot 0{,}95^{3-3}=0{,}0001$ $\qquad$ $F(3)=1{,}0000$

Mit 99,28%iger Wahrscheinlichkeit wird höchstens 1 defektes Stück entnommen.

Statistische Prüfverfahren

Statistische Sicherheit

$$S(u_S) = \int_{-u_S}^{u_S} \varphi(u)\, du = 2\Psi(u_S)$$

S % der Elemente x der Grundgesamtheit liegen zwischen den Schranken $\mu - u_S\sigma$ und $\mu + u_S\sigma$ (Schwellenwerte, Fraktile)

5%-Fraktile

$$x_{5\%} = \mu - 1{,}645\,\sigma$$

Schrankenwert, der nur von 5% der Grundgesamtheit unterschritten wird, Normalverteilung mit σ vorausgesetzt

Vertrauensbereich

$$\bar{x} - u_S\sigma/\sqrt{n} \leqq \mu \leqq \bar{x} + u_S\sigma/\sqrt{n}$$

Erwartungswert μ liegt mit der Sicherheit S im angegebenen Intervall.
Bei kleinem Stichprobenumfang bzw. wenn σ unbekannt ist

$$\bar{x} - t_s s\sqrt{n} \leqq \mu \leqq \bar{x} + t_s s/\sqrt{n}$$

t_s ist abhängig von $f = n - 1$

Tafel 3 u_s**-Werte der Normalverteilung**

S in %	α in %	Abgrenzung einseitig	Abgrenzung zweiseitig
90	10	1,28155	1,64485
95	5	1,64485	1,95996
96	4	1,75069	2,05375
97	3	1,88079	2,17009
98	2	2,05375	2,32635
99	1	2,32635	2,57583
99,9	0,1	3,09023	3,29053

Tafel 4 t_S**-Werte der** t**-Verteilung**

f	Abgrenzung einseitig $S = 95\%$	einseitig $S = 99\%$	zweiseitig $S = 95\%$	zweiseitig $S = 99\%$
1	6,314	31,821	12,706	63,657
2	2,920	6,965	4,303	9,925
3	2,353	4,541	3,182	5,841
4	2,132	3,747	2,776	4,604
5	2,015	3,365	2,571	4,032
6	1,943	3,143	2,447	3,707
7	1,895	2,998	2,365	3,499
8	1,860	2,896	2,306	3,355
9	1,833	2,821	2,262	3,250
10	1,812	2,764	2,228	3,169
15	1,753	2,602	2,131	2,947
20	1,725	2,528	2,086	2,845
25	1,708	2,485	2,060	2,787
30	1,697	2,457	2,042	2,750
40	1,684	2,423	2,021	2,704
50	1,676	2,403	2,010	2,678
∞	1,645	2,326	1,960	2,576

Beispiel Mittelwert $\bar{x}$, Standardabweichung s, 5%-Fraktile und der Vertrauensbereich ($S = 95\%$) einer Stichprobe sind gesucht.

$\bar{x} = 283{,}3/8 = 35{,}41\ \mathrm{MN/m^2}$

$s^2 = 100{,}95/7 = 14{,}42\ (\mathrm{MN/m^2})^2$

$s = 3{,}80\ \mathrm{MN/m^2}$

$x_{5\%} = 35{,}41 - 1{,}895 \cdot 3{,}80 = 28{,}21\ \mathrm{MN/m^2}$

$t_s s/\sqrt{n} = 2{,}365 \cdot 3{,}80/\sqrt{8} = 3{,}18\mathrm{MN/m^2}$

$\mu = (35{,}41 \pm 3{,}18)\ \mathrm{MN/m^2},\ S = 95\%$

Tafel 5

i	$\frac{x_i}{\mathrm{MN/m^2}}$	$\frac{(x_i - \bar{x})^2}{\mathrm{MN^2/m^4}}$
1	36,5	1,19
2	39,4	15,92
3	40,0	21,07
4	33,7	2,92
5	38,4	8,94
6	29,5	34,93
7	31,6	14,52
8	34,2	1,46
	283,3	100,95

Korrelation und Regression

Die Beobachtungswerte (x_i; y_i) einer verbundenen Stichprobe können in einem (x; y)-Koordinatensystem dargestellt werden; aus den x_i- und y_i-Werten werden

$$\bar{x} = \frac{1}{n} \sum x_i; \qquad s_x^2 = \frac{1}{n-1} \sum (x_i - \bar{x})^2; \qquad s_x = \sqrt{s_x^2};$$

$$\bar{y} = \frac{1}{n} \sum y_i; \qquad s_y^2 = \frac{1}{n-1} \sum (y_i - \bar{y})^2; \qquad s_y = \sqrt{s_y^2};$$

$m_{xy} = \frac{1}{n-1} \sum (x_i - \bar{x}) \cdot (y_i - \bar{y})$ (empirische Kovarianz) berechnet.

Empirischer Korrelationskoeffizient

$r = \frac{m_{xy}}{s_x s_y}$ $\quad r = 0$ kein linearer Zusammenhang, $\quad r = |1|$ linearer Zusammenhang.

Empirische Regressionsgerade

$$y = \bar{y} + r s_y / s_x \cdot (x - \bar{x})$$

Beispiel Ermittlung einer Regressionsgerade

i	x_i	y_i	$x_i - \bar{x}$	$y_i - \bar{y}$
1	4,1	28,0	−4,14	−3,0
2	6,2	32,0	−2,04	1,00
3	7,9	30,5	−0,34	−0,50
4	10,5	34,0	2,26	3,00
5	12,5	30,5	4,26	−0,50
	41,2	155,0		

$\bar{x} = \frac{41{,}2}{5} = 8{,}24$

$s_x^2 = \frac{44{,}67}{4} = 11{,}17$

$s_x = 3{,}3419$

$\bar{y} = \frac{155{,}0}{5} = 31{,}00$

$s_y^2 = \frac{19{,}50}{4} = 4{,}88$

$s_y = 2{,}2079$

$m_{xy} = \frac{15{,}20}{4} = 3{,}80$

$r = \frac{3{,}80}{3{,}3439 \cdot 2{,}2079} = 0{,}5150$

$$y = 31{,}00 + \frac{0{,}5150 \cdot 2{,}2079}{3{,}3419}(x - 8{,}24) = 28{,}1964 + 0{,}3402x$$

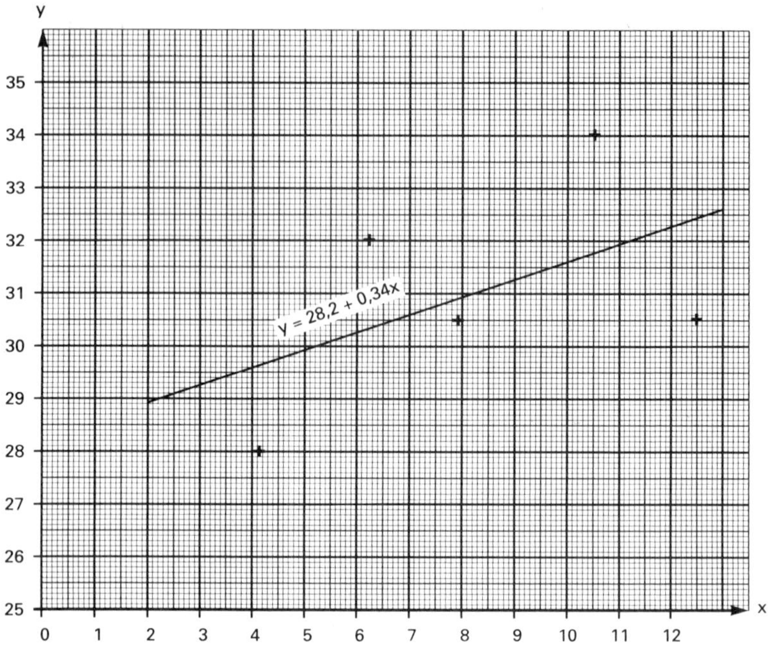

11.2 Fehlerrechnung

Fehlerfortpflanzungsgesetz und Vertrauensbereich für die Funktion $z=f(u, v, w, \dots)$

Standardabweichungen der Grundgesamtheiten σ_u, σ_v, σ_w, ... bekannt:

$$\sigma_z=\sqrt{(f_u \sigma_u)^2+(f_v \sigma_v)^2+(f_w \sigma_w)^2+\dots} \qquad \Delta z=\frac{u_S \sigma_z}{\sqrt{n}}$$

Schätzwerte s_u, s_v, s_w, ... aus Stichproben, alle vom gleichen Umfang n, bekannt:

$$s_z=\sqrt{(f_u s_u)^2+(f_v s_v)^2+(f_w s_w)^2+\dots} \qquad \Delta z=\frac{t_S s_z}{\sqrt{n}}$$

Vertrauensbereiche Δu, Δv, Δw, ... (i. allg. aus Stichproben unterschiedlichen Umfangs) bekannt:

$$\Delta z=\sqrt{(f_u \Delta u)^2+(f_v \Delta v)^2+(f_w \Delta w)^2+\dots}$$

$$=\sqrt{(f(u+\Delta u, v, w, \dots)-z)^2+(f(u, v+\Delta v, w, \dots)-z)^2+(f(u, v, w+\Delta w, \dots)-z)^2+\dots}$$

Beispiel Wie groß ist der relative Fehler $\Delta f_E/f_E$ der Enddurchbiegung eines Freiträgers unter Gleichstreckenlast mit folgenden relativen Vertrauensbereichen $\Delta l/l=1\%$, $\Delta E/E=2\%$ und $\Delta I/I=3\%$?

$$f_E=q l^4/(8EI); \quad l+\Delta l=1{,}01\, l; \quad E+\Delta E=1{,}02 E; \quad I+\Delta I=1{,}03 I$$

$$\Delta f_E=\sqrt{(f_E \cdot 1{,}01^4-f_E)^2+(f_E/1{,}02-f_E)^2+(f_E/1{,}03-f_E)^2}$$

$$\Delta f_E/f_E=\sqrt{(1{,}01^4-1)^2+(1/1{,}02-1)^2+(1/1{,}03-1)^2}=0{,}0537=5{,}37\%$$

Vermessung

Bearbeitet von Prof. Dipl.-Ing. Henning Natzschka

3

Inhalt

Literatur

DIN 18709-1 10.95 Begriffe, Kurzzeichen und Formelzeichen im Vermessungswesen – Teil 1: Allgemeines

DIN 18709-2 04.86 Begriffe, Kurzzeichen und Formelzeichen im Vermessungswesen – Teil 2: Ingenieurvermessung

Baumann: Vermessungskunde. Bonn: Ferd. Dümmlers Verlag, Band 1, 2. Aufl. 1989, Band 2, 3. Aufl. 1992

Breuer/Hirle/Jöckel: Freie Stationierung. Dt. Verein für Vermessungswesen, Landesverein Baden-Württemberg e.V., 1983

Desenritter: DV-gerechte Funktionen für Klothoidenberechnungen. Straßen- und Tiefbau, H. 37, 3/1983, Isernhagen: Giesel Verlag für Publizität, 1983

Gelhaus/Kolouch: Vermessungskunde für Architekten und Bauingenieure. Düsseldorf: Werner Verlag, 1991

Hennecke/Müller/Werner: Handbuch Ingenieurvermessung, Band 7, Verkehrsbau – Straßenbau. Heidelberg: Wichmann Verlag, 1995

Kaspar/Schürba/Lorenz: Die Klothoide als Trassierungselement. Bonn: Ferd. Dümmlers Verlag, 5. Aufl. 1968

Leupold, W. u.a.: Algebra und Geometrie für Ingenieure. Thun: Harri Deutsch Verlag, 1978

Matthews: Vermessungskunde. Teil 1, 28. Aufl., 1996, Teil 2, 17. Aufl. 1997. Stuttgart: B.G. Teubner Verlag

Netz/Arnold: Formeln der Mathematik. Braunschweig – Berlin – Hamburg – München – Kiel – Darmstadt: Georg Westermann Verlag, 1965

Osterloh: Erdmassenberechnung. 4. Aufl. Wiesbaden: Bauverlag, 1985

ders.: Straßenplanung mit Klothoiden und Schleppkurven. 5. Aufl. Wiesbaden: Bauverlag, 1991

REB-Verfahrensbeschreibung 21 003, Massenberechnung aus Querprofilen (Elling), Forschungsgesellschaft für das Straßenwesen e.V., Köln, 1979

Richtlinien für die Anlage von Straßen RAS, Teil: Vermessung (RAS-Verm), 1990, Forschungsgesellschaft für das Straßen- und Verkehrswesen e.V., Köln, 1990

Schnädelbach: Zur Berechnung von Schnittpunkten mit der Klothoide. Zeitschrift für Vermessungswesen, 3/1983, Stuttgart: Konrad Wittwer Verlag, 1983

Anmerkung: Entsprechend DIN 18709 werden die dort angeführten Bezeichnungen verwendet, die zum Teil von den mathematischen Bezeichnungen in den Gleichungen abweichen.

Bautechnische Vermessungen im Verkehrswesen lehnen sich meist an das vorhandene Koordinatennetz an. Verwendet werden in der Bundesrepublik Deutschland Koordinaten nach *Gauß-Krüger*. Für andere bautechnische Vermessungen sind auch örtliche Netze möglich.

1 Festpunktfeld

Grundlage für die Vermessung von Ingenieurbauten ist das Festpunktfeld. Man benutzt meist die Festpunkte der Vermessungsverwaltung. Sind keine vorhanden oder liegen diese ungünstig, muß ein Festpunktfeld durch eine *Grundlagenvermessung* erstellt werden. Bei Straßen ist das Festpunktfeld auf die Linienführung abzustimmen und in das Netz der Vermessungsverwaltung einzubinden. Folgemessungen sind an das Festpunktfeld anzuschließen. Das gilt dafür als fehlerfrei.
Für die Erkundung ist zu beachten.

1. Die Punkte müssen gute Sichten zu den Nachbarpunkten und möglichst auch zu Anschlußpunkten gewährleisten. (Belaubung in der Sommerzeit berücksichtigen!)
2. Bei freier Standpunktwahl müssen die Sichten nach mehreren Punkten für Aufnahme und Absteckung vorhanden sein. Das gilt auch für die Einbindung ins Festpunktfeld.
3. Die Punkte sind leicht zugänglich anzuordnen.
4. Als Anschlußpunkte sind Festpunkte zu verwenden, die Sichten zu Fernzielen zulassen.
5. Der Abstand der Lagefestpunkte soll maximal 250,00 m betragen.
6. Die Punkte sollen auf Sicherungspunkte eingemessen und vor Zerstörung geschützt werden.
7. Soll das Gelände durch Befliegung aufgenommen werden, müssen möglichst alle Punkte aus der Luft sichtbar sein.
8. Von den Festpunkten sind Einmeßskizzen zu fertigen.
9. Das Festpunktfeld ist mit den Punktnummern zu kartieren.
10. Bei Straßen legt man zweckmäßig die Festpunkte als Polygonzug außerhalb des Baubereiches.
11. Höhenfestpunkte sollen höchstens 300,00 m Abstand voneinander haben. In der Nähe von Bauwerken sind zwei Höhenfestpunkte einzumessen.
12. Die Messungen müssen die für das jeweilige Bauwerk erforderliche Genauigkeit garantieren. Meßgeräte und -anordnung sind darauf abzustimmen.

2 Polygonzug

Um Punkte einer Kurve oder bestimmte Meßpunkte abzustecken, benutzt man im Straßenbau einen trassennahen Polygonzug. Dieser wird in das Festpunktnetz eingebunden. Er soll möglichst gestreckt angelegt werden. Von den Polygonpunkten (*Polarabsteckung*) oder -seiten (*Orthogonalabsteckung*) sollen möglichst viele Aufnahmepunkte einsehbar sein.

Ausgangspunkt ist ein Punkt mit bekannten Koordinaten (y_0; x_0) und eine bekannte Anschlußrichtung. Diese kann auch aus Koordinaten eines zweiten Punktes (*Anschlußziel*) berechnet werden. Es gilt dann für die Richtung von P_0 mit (y_0; x_0) nach dem Anschlußziel P_A mit (y_A; x_A)

$$\boldsymbol{t_0 = \arctan \frac{y_0 - y_A}{x_0 - x_A}} \quad (1)$$

t_0 Richtungswinkel in gon

Die Entfernung zwischen zwei Punkten P_i und P_{i+1} ist

$$\boldsymbol{s = \sqrt{(y_{i+1} - y_i)^2 + (x_{i+1} - x_i)^2}} \quad (2)$$

s Strecke in m

Vom Ausgangspunkt zielt man den nächsten Punkt des Polygonzuges an und liest den *Brechungswinkel* β zwischen Anschlußziel und Neupunkt ab. Außerdem mißt man die Strecke zwischen den beiden Punkten. Dazu benutzt man Theodolite mit elektrooptischen Entfernungsmessern, die die Horizontalentfernung oder Schrägdistanz zeigen. Im letzten Falle muß man auch den *Zenitwinkel* ablesen und die Horizontalentfernung berechnen. Moderne Geräte registrieren die Meßwerte automatisch, manche werten sie bereits im Felde elektronisch aus. Die Richtung zum neuen Punkt errechnet man mit

$$t_i = t_{i-1} + \beta_i \pm 200 \text{ in gon} \quad (3)$$

t_i Richtungswinkel zum Neupunkt in gon
t_{i-1} Richtungswinkel vom vorhergehenden Punkt in gon
β_i gemessener Brechungswinkel in gon

Die Messung des Polygonzuges wird fortgesetzt, bis ein bekannter Festpunkt erreicht ist, von dem ein Fernziel (*Abschlußziel*) angezielt werden kann. Nun müssen ablesebedingte Meßungenauigkeiten ausgeglichen werden. Die *Winkelabweichung* wird mit Gl. (4) bestimmt. Sie ergibt sich aus dem Unterschied zwischen der gemessenen und der aus den bekannten Koordinaten errechneten Abschlußrichtung.

$$w_\beta = t_0 - t_E - (\beta_1 + \beta_2 + \beta_3 + \ldots + \beta_n \pm n \cdot 200) - \alpha \cdot 400 \text{ in gon} \quad (4)$$

t_0 Anschlußrichtungswinkel
n Anzahl der gemessenen Brechungswinkel
t_E Abschlußrichtungswinkel
α Vielfaches von 400, bis $w_\beta < 400$ gon ist
$\beta_1 \ldots \beta_n$ gemessene Brechungswinkel

Sind die zulässigen Grenzen der Abweichung eingehalten, wird die *Winkelabweichung* gleichmäßig auf die gemessenen Winkel verteilt. Dann werden die Verbesserungen für den Winkel

$$v_\beta = \frac{w_\beta}{n} \text{ in gon} \quad (5)$$

und die verbesserten Richtungswinkel

$$t_{i,korr} = t_i + v_\beta \text{ in gon} \quad (6)$$

Daraus ergeben sich die vorläufigen Koordinatenunterschiede

$$\Delta y_i = s \cdot \sin t_{i,korr} \quad (7) \qquad \Delta x_i = s \cdot \cos t_{i,korr} \quad (8)$$

Die Koordinatenabweichung erhält man aus den Gln. (9) und (10)

$$W_y = y_n - y_1 - \sum_{i=1}^{i=n-i} \Delta y_i \quad (9)$$

$$W_x = x_n - x_1 - \sum_{i=1}^{i=n-i} \Delta x_i \quad (10)$$

Die Längs- und Querabweichung (W_L; W_Q) bestimmt man aus dem Richtungswinkel t zwischen Anfangs- und Endpunkt und erhält so die Längsabweichung

$$W_L = W_y \cdot \sin t + W_x \cdot \cos t \quad (11)$$

und die Querabweichung

$$W_Q = W_y \cdot \cos t - W_x \cdot \sin t \quad (12)$$

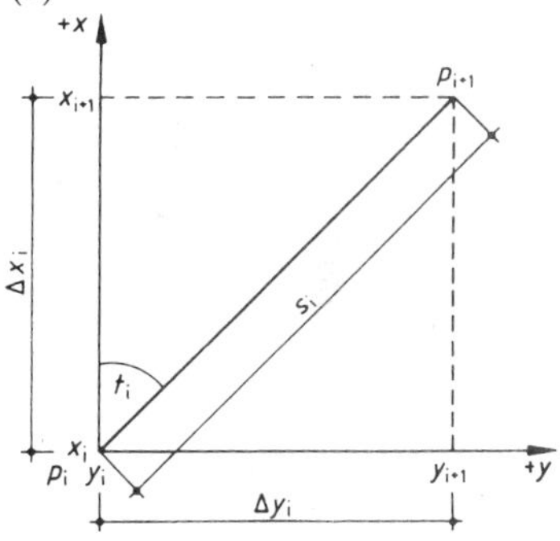

Bild 1 Koordinatenunterschiede

Für die vorläufigen Koordinatenunterschiede sind die Verbesserungen

$$v_{y,i} = W_y \cdot \frac{s_i}{\sum s} \quad (13) \qquad v_{x,i} = W_x \cdot \frac{s_i}{\sum s} \quad (14)$$

Mit den Glg. (7) und (8) werden die endgültigen Koordinatenunterschiede

$$Dy_i = \Delta y_i + W_{y,i} \quad (15) \qquad Dx_i = \Delta x_i + W_{x,i} \quad (16)$$

s_i Strecke zwischen zwei gemessenen Punkten
$\sum s$ Summe aller Seitenlängen
n Anzahl der gemessenen Brechungswinkel einschließlich der am Anfangs- und Endpunkt

Die endgültigen Punktkoordinaten der einzelnen Polygonpunkte ergeben sich mit den Gln. (17) und (18).

$$y_{i+1} = y_i + Dy_i \quad (17) \qquad x_{i+1} = x_i + Dx_i \quad (18)$$

Zulässige Abweichungen. Die Grenzen der zulässigen Abweichungen sind von den einzelnen Bundesländern festgelegt. Nach RAS-Verrm-90 sind die Werte der Tafel 1 einzuhalten.

Tafel 1 Zulässige Abweichungen beim Polygonzug

Standardabweichung S_p	Winkelabweichung	Querabweichung = Längsabweichung
0,02 m	9 mgon	0,09 m
0,03 m	11 mgon	0,13 m

Bei der baden-württembergischen Vermessungsverwaltung werden zwei Genauigkeitsstufen unterschieden.

- Genauigkeitsstufe 1 für besonders festgelegte Gebiete,
- Genauigkeitsstufe 2 für die übrigen Gebiete.

Es werden folgende Abweichungen toleriert:
als zulässige Längsabweichung W_L für die Genauigkeitsstufe 1

$$W_{L1} = \frac{2}{3}\sqrt{0{,}03^2 \cdot (n-1) + 0{,}06^2} \quad \text{in m} \quad (19a)$$

und für Genauigkeitsstufe 2

$$W_{L2} = \sqrt{0{,}03^2 \cdot (n-1) + 0{,}06^2} \quad \text{in m} \quad (19b)$$

als zulässige Winkelabweichung ist für Genauigkeitsstufe 1

$$W_{W1} = \frac{2}{3}\sqrt{\frac{600^2}{(\sum s)^2} \cdot (n-1)^2 \cdot n + 10^2} \quad \text{in mgon} \quad (20a)$$

und für Genauigkeitsstufe 2

$$W_{W2} = \sqrt{\frac{600^2}{(\sum s)^2} \cdot (n-1)^2 \cdot n + 10^2} \quad \text{in mgon} \quad (20b)$$

W_L zulässige Längsabweichung in m, W_W zulässige Winkelabweichung in mgon
n Anzahl der Brechungswinkel des Polygonzuges einschließlich der am Anfangs- und Endpunkt, s gemessene Strecke in m

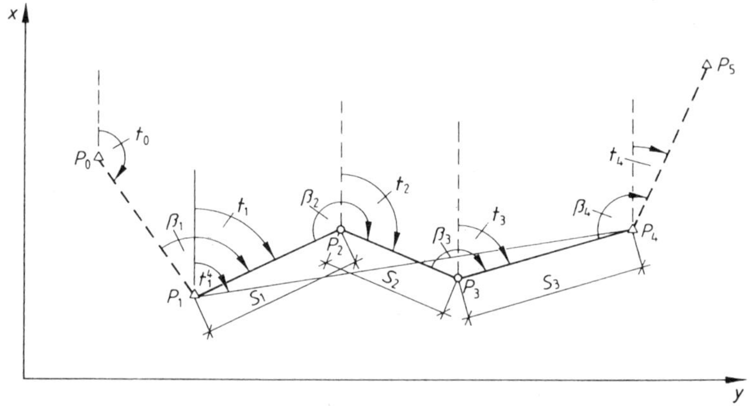

Bild 2 Beispiel für einen Polygonzug

Beispiel In Bild 2 ist ein gemessener Polygonzug dargestellt mit folgenden Werten

Bekannte Werte	Koordinaten y	x	Gemessene Werte bei	Strecke in m	Winkel in gon
Anschlußziel P_0	12131,19	20219,05	Punkt P_1	212,67	101,391
Ausgangspunkt P_1	12520,78	20219,02	P_2	173,28	196,909
Endpunkt P_4	12652,68	20654,48	P_3	140,92	278,743
Abschlußziel P_5	12982,79	20714,83	P_4		211,436

Als Anschluß- bzw. Abschlußrichtung ergeben sich nach Gl. (1)

$$t_0 = \arctan\frac{12520{,}78 - 12131{,}19}{20219{,}02 - 20219{,}05} = 100{,}0049 \text{ gon}, \qquad t_4 = 88{,}4886 \text{ gon}$$

Die Winkelabweichung wird mit Gl. (4)

$$w_\beta = 100{,}0049 - 88{,}4886 - (101{,}391 + 196{,}909 + 278{,}743 + 211{,}436 - 4 \cdot 200) = 4{,}7 \text{ mgon}$$

Die zulässige Winkelabweichung ist 9,0 mgon > 4,7 mgon (s. Tafel 1)
Die Verbesserung der Brechungswinkel ergibt mit Gl. (5)

$v_\beta = 0{,}0047 : 4 = 0{,}00118$ gon.

Damit werden die verbesserten Brechungswinkel

$\beta_1 = 101{,}391 + 0{,}00118 = 101{,}39218$ gon, $\beta_2 = 196{,}91018$ gon,
$\beta_3 = 278{,}74418$ gon, $\beta_4 = 211{,}43718$ gon

und die Richtungswinkel der Polygonseiten mit Gl. (3)

$t_1 = 100{,}0049 + 101{,}39218 - 200 = 1{,}39708$ gon, $t_2 = 398{,}30726$ gon,
$t_3 = 77{,}05144$ gon, $t_4 = 88{,}48862$ gon.

Die Koordinatenunterschiede werden mit Gln. (7) und (8)

$\Delta y_2 = 212{,}67 \cdot 0{,}02195 = 4{,}666$ m, $\Delta y_3 = -4{,}607$ m, $\Delta y_4 = 131{,}863$ m,
$\Delta x_2 = 212{,}619$ m, $\Delta x_3 = 173{,}219$ m, $\Delta x_4 = 49{,}705$ m

Die Koordinatenabweichungen werden mit Gln. (9) und (10) berechnet.

$W_y = 12652{,}68 - 12520{,}78 - (4{,}669 - 4{,}607 + 131{,}863) = -0{,}022$ m,
$W_x = -0{,}083$ m.

Der Richtungswinkel von P_1 nach P_4 ist mit Gl. (1)

$t = 18{,}7238$ gon, die Entfernung $s = 454{,}998$ m.

Die Längsabweichung beträgt nach Gl. (11)

$W_L = -0{,}025 \cdot 0{,}28989 + (-0{,}083 \cdot 0{,}95706) = -0{,}087$ m.

Die zulässige Längsabweichung ist nach Tafel 1 0,09 m > 0,087 m.
Die Querabweichung ist nach Gl. (12)

$W_Q = -0{,}0239 + 0{,}0241 = 0{,}002 \text{ m} < 0{,}09$ m.

Verteilt man die Längsabweichung anteilig auf die gemessenen Seiten, erhält man

$s_1 = 212{,}635$ m, $s_2 = 173{,}251$ m, $s_3 = 140{,}897$ m.

Mit Gln. (13) und (14) werden die Koordinatenverbesserungen

$$v_{y,2} = -0{,}022 \cdot \frac{212{,}635}{526{,}783} = -0{,}01 \text{ m}, \qquad v_{x,2} = -0{,}083 \cdot 0{,}40365 = -0{,}034 \text{ m},$$

$v_{y,3} = -0{,}008$ m, $v_{x,3} = -0{,}027$ m, $v_{y,4} = -0{,}007$ m, $v_{x,4} = -0{,}022$ m.

Die Koordinatenunterschiede sind dann

$Dy_2 = 4{,}666 - 0{,}01 = 4{,}656$, $Dy_3 = -4{,}615$ m, $Dy_4 = 131{,}856$ m,
$Dx_2 = 212{,}585$ m, $Dx_3 = 173{,}192$ m, $Dx_4 = 49{,}683$ m.

Die abgeglichenen Neupunkt-Koordinaten erhält man mit Gln. (17) und (18).

$y_2 = 12520{,}78 + 4{,}66 = 12525{,}44$, $x_2 = 20431{,}61$
$y_3 = 12525{,}44 - 4{,}62 = 12520{,}82$, $x_3 = 20604{,}80$

Zur Probe werden die Koordinaten des Abschlußpunktes errechnet.

$y_4 = 12520{,}82 + 131{,}856 = 12652{,}68$, $x_4 = 20604{,}80 + 49{,}683 = 20654{,}48$.

Das entspricht dem Sollwert.

3 Nivellementzug

Um ein Bauwerk höhengerecht einzumessen, werden Nivellementzüge von bekannten Höhenpunkten zu dauerhaft vermarkten Punkten in Bauwerksnähe eingemessen. Die vermarkten Höhenpunkte müssen bis zur Beendigung der Bauarbeiten erhalten bleiben.

Die *Meßgenauigkeit* ist aus der Bautoleranz abzuleiten und die Auswahl der Meßgeräte darauf abzustimmen. An- und Abschlußpunkte dürfen nicht identisch sein. In der Regel sind die Nivellementzüge hin und zurück zu messen. Die gemessenen Punkte ergeben das *Höhenfestpunktfeld*.

Tafel 2 Grenzwerte für Meßgenauigkeiten von Nivellementzügen
(nach RAS-Verm)

Widerspruch des Hin- und Rücknivellements zwischen zwei aufeinanderfolgenden Punkten D in mm	Widerspruch zwischen Meßergebnis und vorgegebenem Höhenunterschied zwischen An- und Abschlußpunkt F in mm	Standardabweichung eines Höhenfestpunktes S_h in mm
$\pm 5 \cdot \sqrt{S}$	$\pm(2+5 \cdot \sqrt{S})$	5

S_h einfacher Meßweg in km

Als Anhalt für andere Werte können die Werte der baden-württembergischen Vermessungsverwaltung dienen. Für Nivellementzüge aus neuer Messung zwischen zwei veröffentlichten Höhenunterschieden gilt für Züge

1. Ordnung $d_1 = \pm(2+2\sqrt{r})$ in mm
2. Ordnung $d_1 = \pm(2+3\sqrt{r})$ in mm
3. Ordnung $d_1 = \pm(2+5\sqrt{r})$ in mm

d_1 Differenz zwischen tatsächlichem und gemessenem Höhenunterschied
r Entfernung in km

Der Fehler wird gleichmäßig auf alle Standpunkte verteilt.

Zur Darstellung des Geländes im Längsschnitt braucht man die Geländehöhen in Straßenachse. Für dieses Liniennivellement gilt entsprechend der folgenden Skizze $\Delta h = \sum_1^n h = h_1 + h_2 + \ldots + h_n$. Der Höhenunterschied Δh entspricht der Summe der Lattenablesungen rückwärts abzüglich der Summe der Lattenablesungen vorwärts. Beim Anschluß des Liniennivellements an Höhenmarken am Anfang und am Ende entspricht der Wert dem Höhenunterschied beider Marken.

Für steigendes Gelände ist $\sum h$ positiv, für fallendes negativ einzusetzen. Es bedeuten r_1 bis r_n die Rückblicke, v_1 bis v_n die Vorblicke, WP die Wechselpunkte.

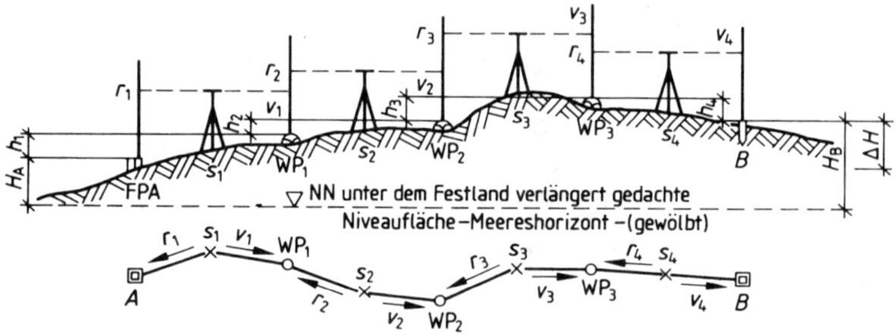

Bild 3 Schematische Darstellung eines Liniennivellements

4 Geländeaufnahmen

4.1 Terrestrische Geländeaufnahme

Einzelpunkte werden vom Lage- bzw. Höhenfestpunktfeld aus eingemessen. Sie treten auf als Zwangspunkte für die Linienführung und Höhenlage des Bauwerks, Paßpunkte für die Befliegung bei photogrammetrischer Aufnahme oder Punkte zur Katastereinpassung. Folgende Stadardabweichungen sollen nicht überschritten werden (RAS-Verm):

Tafel 3 Zulässige Standardabweichungen für Einzelpunkte

Punktart	Standardabweichung im m	
	Lage	Höhe
Zwangspunkt	0,02	0,01
Paßpunkt für Modellorientierung	0,05	0,05
Luftbildentzerrung	0,15	0,50
Katastereinpassung	0,10	

Tafel 4 Punktdichte in Abhängigkeit von der Geländeform

Geländeform	eben	bewegt	schwierig	Ortslage
Punktdichte/ha	20 bis 40	30 bis 60	> 50	> 100
Punktabstand bei quadratischem Raster in m	15 bis 22	13 bis 18	14	10

Tachymeteraufnahme. Ausgangspunkt ist das Festpunktfeld. Alle Geländepunkte und topographischen Objekte sind nach Lage und Höhe zu erfassen, soweit sie zur Geländebeschreibung notwendig sind. Da die Auswertung in der Regel elektronisch erfolgt, sind erforderliche Codierungen und die Formate der Schnittstellen für die Registrierung und das Auflisten der Meßpunkte programmkompatibel abzustimmen. Zwischen zwei Punkten soll das Gelände geradlinig beschrieben werden können. Die Punktdichte ist abhängig von der Geländeform.

Besonders erfaßt werden müssen Geländebruchkanten, Rücken-, Muldenlinien, besondere Hoch- und Tiefpunkte u. ä. Zur Kontrolle erfaßt man von jedem Messungsstandpunkt benachbarte Standpunkte. Hierbei ist darauf zu achten, daß das DV-Auswerteprogramm diese Punkte nicht doppelt registriert.

Soll die Geländeaufnahme als *Digitales Geländemodell* ausgewertet werden, ist die Aufnahme entsprechend weit über den Interessenstreifen auszudehnen, damit auch die Randbereiche sicher berechnet werden können.

Bei *Querprofilaufnahmen* durch Tachymetrie mißt man die Abstände vom Bezugspunkt entweder direkt oder durch Feststellen der Winkeldifferenz zwischen Richtung zum Bezugs- und zum Meßpunkt. Außerdem muß die Entfernung vom Standpunkt zu beiden Punkten gemessen werden. Die Entfernung vom Bezugspunkt zum Meßpunkt erhält man aus

$$\mathbf{e_i} = \sqrt{\mathbf{a^2 + b_i^2 - 2 \cdot a \cdot b_i \cdot \cos(t - \beta_i)}} \quad (21)$$

β_i Richtungswinkel zum Messpunkt

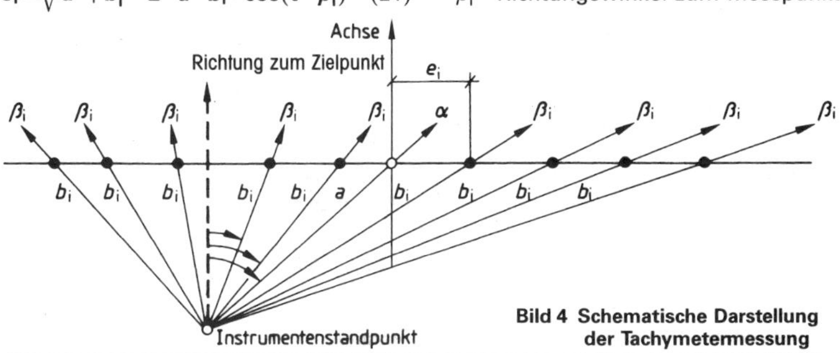

Bild 4 Schematische Darstellung der Tachymetermessung

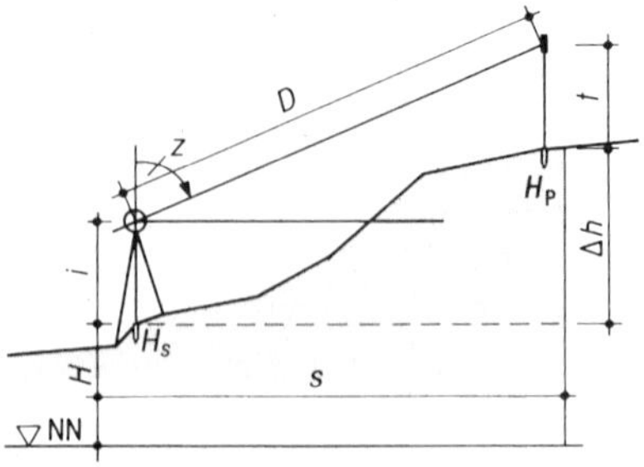

Bild 5 Darstellung der Höhenmessung mit dem Tachymeter

Ist die Standpunkthöhe bekannt, ist die Höhe des Meßpunktes nach Gl (22) zu ermitteln.

$$H_p = H_s + i + D \cdot \cos z - t \quad (22)$$

H_p Höhe des Neupunktes
H_s Höhe des Standpunktes
i Instrumentenhöhe
D Schrägstrecke vom Standpunkt zum Zielpunkt
z Zenitwinkel zum Zielpunkt
t Zielpunkthöhe

Die Messung wird vereinfacht, wenn man einen Reduktionstachymeter verwendet. Er verwandelt direkt die gemessene Schrägdistanz in die Horizontalentfernung. In Gl. (22) entfällt dann das Glied $D \cdot \cos z$.

Lage- und Höhengenauigkeit sind auf den Verwendungszweck abzustimmen. Die Genauigkeit nimmt mit Vergrößerung des Abstandes des Meßpunkts vom Standpunkt ab. Die Entfernung sollte 120,00 m bis 130,00 m möglichst nicht überschreiten. Das Instrument muß nicht auf der Achse stehen.

Querprofile werden allgemein senkrecht zu einer Leitlinie (Achse, Fahrbahnrand, Parallele dazu) aufgenommen. Meist werden vorher die Stationspunkte auf der Leitlinie abgesteckt, danach alle für das Geländequerprofil relevanten Punkte eingemessen. Beim Standpunktwechsel ist der Nullpunkt des letzten gemessenen Profils zur Kontrolle erneut aufzunehmen.

Bei Achsverschiebungen oder -änderungen können mit Hilfe einer Umformung im Digitalen Geländemodell die Querprofile senkrecht auf die neue Achse berechnet werden.

Die Höhengenauigkeit ist bei nivellitischer Aufnahme besser. Aufnahmepunkte sind hierbei die Nullpunkte der Querprofile und alle Geländeknickpunkte in der Leitlinie.

Nivellementaufnahme. Das Querprofil wird senkrecht zur Leitlinie gemessen. Die Entfernungen der Geländepunkte werden horizontal mit dem Meßband oder der Meßlatte gemessen. Die Punkthöhe wird auf einen bekannten Höhenpunkt bezogen. Die Ziellinie liegt dabei horizontal. Durch Aufstellen der Nivellierlatte auf den Geländepunkt läßt sich die Punkthöhe berechnen aus Instrumentenhorizont und Lattenablesung (Bild 6). Beim Standpunktwechsel ist der Nullpunkt des vorhergehenden Profils nochmals einzumessen. Die Geländehöhe der Querprofilpunkte berechnet man mit Gl. (23).

$$H_p = H_i - s_i \quad \text{in m} \quad (23)$$

HSP Höhe des Bezugspunktes über NN in m,
i Instrumentenhöhe,
H_i Instrumentenhorizont $= HSP + i$ in m,
H_p Höhe des Geländepunktes in m,
s_i Höhe der Lattenablesung am Zielfaden des Fernrohrs in m,
t_i Zielpunkthöhe

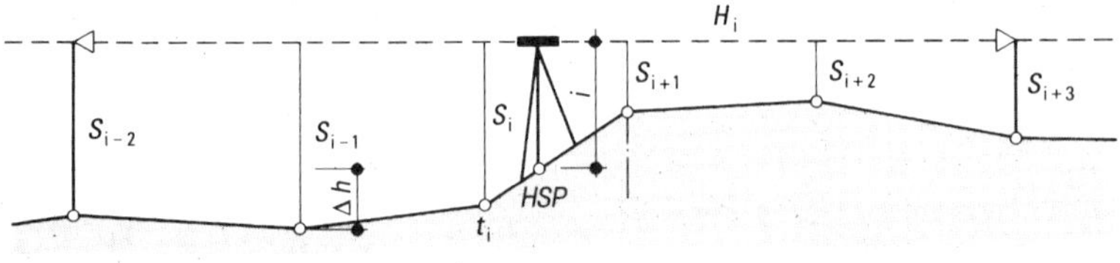

Bild 6 Schematische Darstellung der nivellitischen Querprofilmessung

4.2 Photogrammetrische Aufnahme

Paßpunkte. Für die Orientierung der Stereomodelle sind vier Lagepaßpunkte je Modell, für die Bildentzerrung sieben vorzusehen. Drei sollen in beiden Fällen in der Nähe des Bauwerks liegen. Sie sind mit der Genauigkeit nach Tafel 3 terrestrisch zu bestimmen. Die Paßpunkte sind für die Befliegung zu signalisieren.

Beim **Bildflug** soll die Trasse in der Mitte des Flugkorridors liegen. Die mittlere Überdeckung der Luftbilder muß in Längsrichtung mindestens 60%, die Überlappung in Querrichtung mindestens 20% betragen.

Bei der Auswertung der Luftbilder soll die Modellorientierung mindestens über drei Lagepaßpunkte und über sechs Höhenfestpunkte erfolgen. Es sind alle Geländepunkte und topographischen Gegebenheiten auszuwerten, die zur Geländedarstellung erforderlich sind. Die stereoskopische Auswertung muß die Genauigkeiten der Tafel 5 einhalten.

Tafel 5 Zulässige Standardabweichungen stereoskopischer Luftbildauswertung

	Höhen		Lage-paßpunkte	Höhen-schichtlinien
	im Gelände	auf Straßen, Wegen		
Standardabweichung in ‰ der Flughöhe über Grund	±0,2	±0,1	0,15	±0,25 bis ±0,30

Längs- und Querprofile können direkt aus Luftbildern ausgewertet werden. Um spätere Änderungen besser berücksichtigen zu können, ist die Speicherung als Digitales Geländemodell zweckmäßig. Bruchkanten, Rand- und Gerippelinien sowie Straßenränder sind gesondert zu erfassen. Die DV-Schnittstellen des anzuwendenden Programmsystems sind zu beachten.

Nach der Auswertung ist ein Feldvergleich durchzuführen.

4.3 Digitalisierung

Bei der *Digitalisierung* werden Punkte aus vorhandenen Karten oder Zeichnungen mit ihren Lage- bzw. Höhenkoordinaten entnommen. Sie können am Digitalisiertisch oder von einem Scanner elektronisch erfaßt werden. Die Auflösung des Digitalisiergeräts muß besser als 0,1 mm sein. Bei Punkten darf eine Standardabweichung von 0,2 mm nicht überschritten werden.

Die gespeicherten digitalisierten Punkte werden gegebenenfalls durch Codes oder Punktnummern ergänzt, welche die Punktart (z. B. Grenzpunkt, Gebäudeeckpunkt, Paßpunkt, Festpunkt) erkennen lassen.

Das gespeicherte Punktfeld wird dann mit dem Digitalen Geländemodell weiter bearbeitet. Dafür stehen eine Reihe von Rechenprogrammen verschiedener Softwareanbieter zur Verfügung.

5 Achsberechnung

Achsen von Verkehrswegen bestehen aus Geraden, Klothoiden und Kreisbögen. Andere Bauwerke verwenden meist nur die Elemente Gerade und Kreis. Um *Kleinpunkte von Geraden* zu berechnen, verwendet man die Gln. (1), (2), (17) und (18). Der *Kreisbogen* benötigt zur Berechnung verschiedene Elemente. In der Regel geht man vom Bogenanfangspunkt und der dort herrschenden Tangentenrichtung aus. Nach Bild 7 ergibt sich als

Tangentenlänge $$l_t = r \cdot \tan\frac{\alpha}{2} \qquad (24)$$

Scheiteltangente $$l_{ts} = r \cdot \tan\frac{\alpha}{4} \qquad (25)$$

Scheitelabstand $$f = \frac{r}{\cos\frac{\alpha}{2}} - r \qquad (26)$$

Pfeilhöhe $$h_f = r - r \cdot \cos\frac{\alpha}{2} \qquad (27)$$

Sehnenlänge $$l_s = 2 \cdot r \cdot \sin\frac{\alpha}{2} \qquad (28)$$

Bogenlänge $$l_b = \frac{\pi \cdot r \cdot \alpha}{200} \qquad (29)$$

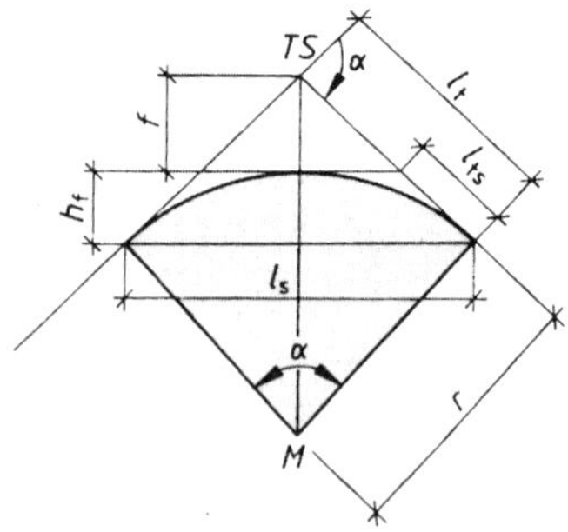

Bild 7 Kreisbogenelemente

Für einen beliebigen Bogenpunkt P_i wird für eine gegebene Länge x_i des Lotes durch P_i auf die Tangente die Ordinate y_i nach Gl. (30) bestimmt.

$$y_i = r - \sqrt{r^2 - x_i^2} \qquad (30)$$

Für beliebige Werte x berechnet man die Ordinaten mit

$$y_i = \frac{x_i^2}{2 \cdot r} + \frac{x_i^4}{8 \cdot r^3} + \frac{x_i^6}{16 \cdot r^5} + \ldots \qquad (31)$$

oder für $x \leqq \frac{r}{5}$ näherungsweise

$$y_i = \frac{x_i^2}{2 \cdot r} + \frac{1}{2 \cdot r} \cdot \left(\frac{x_i^2}{2 \cdot r}\right)^2 \qquad (32)$$

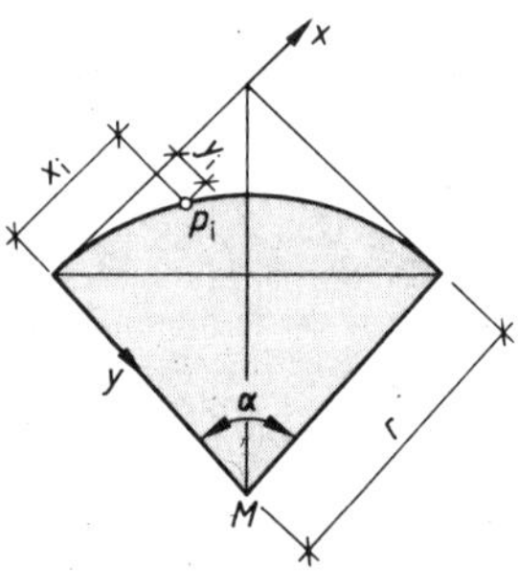

Bild 8 Bogenpunkt P_i

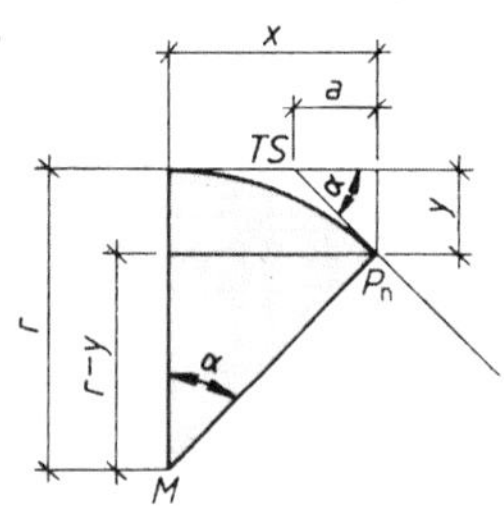

Bild 9 Kreisbogenabsteckung

Für den Bereich $x \geq \frac{r}{10}$ genügt die Genauigkeit des ersten Gliedes. Die Lage des Tangentenschnittpunktes *TS* (Bild 9) kann man errechnen mit Gl. (33).

$$\boldsymbol{a} = \frac{\boldsymbol{y \cdot (r - y)}}{\sqrt{\boldsymbol{y \cdot (2 \cdot r - y)}}} \quad (33)$$

Will man die *Kleinpunkte in gleicher Bodenlänge* angeben, legt man den jeweiligen Mittelpunktswinkel α mit

$$\alpha = \frac{200 \cdot l_b}{\pi \cdot r} = 63{,}661977 \cdot \frac{l_b}{r} \quad \text{in gon} \quad (34)$$

fest. Für jeden Einzelpunkt gilt dann

$$x_n = r \cdot \sin(n \cdot \alpha) \quad (35) \qquad y_n = r \cdot [1 - \cos(n \cdot \alpha)] \quad (36)$$

n Anzahl der Einzelstrecken, die vom Bogenanfang mit gleichem Zentriwinkel abgesetzt werden,
x_n die Abszisse auf der Bogentangente,
y_n Ordinate des Punktes P_n senkrecht zur Bogentangente.

Die vorgenannten Gleichungen lassen sich leicht auf einem Taschenrechner programmieren, so daß sich die früher üblichen Bogen-Abstecktafeln erübrigen.

Beispiel Gegeben $r = 400{,}00$ m. Gesucht y für $x = 50{,}00$ m. Damit ist $x < \frac{r}{5}$. Mit Gl. (32) wird

$$y = \frac{50^2}{2 \cdot 400} + \frac{1}{2 \cdot 400} \cdot \left(\frac{50^2}{2 \cdot 400}\right)^2 = 3{,}137 \text{ m.}$$

Mit Gl. (31) ergibt sich der gleiche Wert. Für $x = 40{,}00$ m wird der Wert der Ordinate ebenfalls mit beiden Gleichungen $y = 2{,}005$ m.

Da alle Werte x_i auf der Tangente durch den Bogenanfangspunkt abgetragen werden, lassen sich die Koordinaten der Bogenpunkte mit den Gleichungen für die Gerade berechnen.

Will man nicht gleiche Bogenlängen, sondern beliebige Stationen im Kreisbogen berechnen, kann man zunächst vom Bogenanfang die Streckenlänge bis zur gewünschten Station berechnen. Daraus ergibt sich der Mittelpunktswinkel α mit Gl. (34). Die Koordinaten des Mittelpunktes erhält man mit den Gln. (17) und (18), wenn man zur Tangentenrichtung im Bogenanfangspunkt *BA* 100 gon für Rechtsbögen oder 300 gon für Linksbögen addiert und als Entfernung den Radius r einsetzt. Danach addiert man zu dem Winkel, mit dem man vorher den Kreismittelpunkt errechnete, den Winkel α+ 200 gon hinzu und nimmt als Ausgangspunkt die Koordinaten des Kreismittelpunktes (vgl. Abschn. 6 Absteckung).

Die **Klothoide** als *Übergangsbogen* folgt dem Bildungsgesetz

$$A^2 = r \cdot l \quad (37)$$

Die Ordinaten y lassen sich nur durch Reihenentwicklung lösen. Für den Gebrauch gibt *Schnädelbach* (Zeitung für Vermessungswesen, 3/83) folgende Gleichungen an

$$y = \frac{x^3}{6 \cdot A^2}\left(1 - 0{,}205\left(\frac{x}{A}\right)^4\right)^{-0{,}27875} \quad (38)$$

$$\tan\tau = \frac{1}{2}\left(\frac{x}{A}\right)^2 \cdot \left(1 - 0{,}27371\left(\frac{x}{A}\right)^4\right)^{-0{,}487134} \quad (39)$$

$$l = x\left(1 - 0{,}205\left(\frac{x}{A}\right)^4\right)^{-0{,}12195} \quad (40)$$

Restfehler bis zur Kennstelle $A=r=l$

$\Delta y=2\cdot 10^{-6}\cdot A$, $\Delta\tau=0{,}02$ mgon, $\Delta l=5\cdot 10^{-6}\cdot A$

Damit liegen Gleichungen für die Berechnung von Ordinaten vor, die von *KA* aus abgetragen werden mit den Abszissenwerten x auf der langen Tangente. Für gleiche Streckenlängen l auf der Klothoide gibt *Desenritter* (Straßen- u. Tiefbau, Heft 37, 3/83) Polynome an, die auch auf Taschenrechnern zu programmieren sind.

$$\boldsymbol{x=A\cdot \sum_{i=1}^{i=n} a_i\cdot l_e^{4n-3}} \quad (41) \qquad \boldsymbol{y=|A|\cdot \sum_{i=1}^{i=n} b_i\cdot l_e^{4n-1}} \quad (42) \qquad l_e=\frac{l}{A}.$$

Die Gln. (41) und (42) werden zweckmäßig nach dem *Horner*-Schema gelöst. Die Koeffizienten entnimmt man der Tafel 6. Sehr hohe Genauigkeit erzielt man, wenn man die ersten sieben Glieder berücksichtigt.

Tafel 6 Koeffizienten des Klothoidenpolynoms

i	a	b
1	$1{,}000000000\cdot 10^{-0}$	$1{,}666666667\cdot 10^{-1}$
2	$-2{,}500000000\cdot 10^{-2}$	$-2{,}976190476\cdot 10^{-3}$
3	$2{,}893518519\cdot 10^{-4}$	$2{,}367424242\cdot 10^{-5}$
4	$-1{,}669337607\cdot 10^{-6}$	$-1{,}033399471\cdot 10^{-7}$
5	$5{,}698894141\cdot 10^{-9}$	$2{,}832783637\cdot 10^{-10}$
6	$-1{,}281497360\cdot 10^{-11}$	$-5{,}318467304\cdot 10^{-13}$
7	$2{,}038745799\cdot 10^{-14}$	$7{,}260490737\cdot 10^{-16}$

Außerdem sind die Werte x_M, Δr, T_K und T_L wichtig. Man erhält sie aus

$$\boldsymbol{x_M=x_{UE}-r\cdot\sin\tau} \quad (43) \qquad \boldsymbol{\Delta r=y_{UE}-r(1-\cos\tau)} \quad (44)$$

$$\boldsymbol{T_K=\frac{y_{UE}}{\sin\tau}} \quad (45) \qquad \boldsymbol{T_L=x_{UE}-y_{UE}\cdot\frac{\cos\tau}{\sin\tau}} \quad (46)$$

Beispiel Gegeben $A=250{,}00$ m. Gesucht werden r, x, y, T_K, T_L, x_M und Δr für die Bogenlänge $l=50{,}00$ m.

Nach Gl. (37) ist $r=\frac{A^2}{l}=\frac{62500}{50}=1250{,}00$ m.

Es wird mit $l_e=\frac{50}{250}=0{,}2$ nach Gln. (41) und (42)

$x=0{,}199992\cdot 250=49{,}998$ m, $y=0{,}00133329\cdot 250=0{,}333$ m.

Mit Gl. (39) berechnet man den Tangentenwinkel

$$\tan\tau=0{,}5\cdot\left(\frac{49{,}998}{250}\right)^2\cdot\left(1-0{,}27371\cdot\left(\frac{49{,}998}{250}\right)^4\right)^{-0{,}487137}=0{,}0200027$$

Damit ist der Tangentenschnittwinkel der Klothoide $\tau=1{,}27324$ gon.

Die übrigen Werte erhält man aus den Gln. (43) bis (46).

$X_M=49{,}998-1250\cdot 0{,}01999=25{,}00$ m,
$\Delta r=0{,}333-1250\cdot(1-0{,}9998)=0{,}083$ m.

$T_K=\frac{0{,}333}{0{,}01999}=16{,}666$ m, $T_L=49{,}998-0{,}333\cdot\frac{0{,}9998}{0{,}01999}=33{,}335$ m.

6 Absteckung

Zur Achsabsteckung berechnet man die Achshauptpunkte *KA, KE, WP* oder *BA, BE* und die Kleinpunkte. Sofern die Geländeform dies erlaubt, wählt man einen Querprofilabstand von 20,00 m, weil sich dann Mengenermittlungen leicht und ziemlich genau berechnen lassen. Für elektronische Berechnungen ist der Querprofilabstand nicht ausschlaggebend, weil der Computer auch mit unrunden Werten schnell rechnen kann. Liegen Anfangspunkt und -richtung fest, kann zur Koordinatenberechnung das Tangentenpolygon der Achse herangezogen werden. Da heute elektronische Meßgeräte verwendet werden, ist die Absteckung als Polarabsteckung (z. B. von einem Polygonpunkt aus) gebräuchlich. Die Absteckwerte für Distanz und Richtungswinkel werden aus den Koordinaten von Standpunkt und Kleinpunkt mit den Gln. (1) und (2) berechnet. Vom Standpunkt aus braucht man zusätzlich die Richtung zu einem Anschlußziel. Von dieser Richtung setzt man den Richtungswinkel zum Kleinpunkt ab und korrigiert den Standpunkt des Reflektors so lange, bis die abgelesene Distanz D_A und der berechnete Richtungswinkel übereinstimmen.

Bei Bauwerken kleinerer Ausdehnung kann auch die Orthogonalabsteckung zweckmäßig eingesetzt werden. Hierzu ist auf der nächstliegenden Polygonseite, deren Anfangs- und Endkoordinaten sowie Richtung bekannt sind, und aus den Koordinaten des Kleinpunktes der Lotfußpunkt zu berechnen. Sind auch diese Koordinaten bekannt, kann die Lotlänge ermittelt werden (Bild 10). Dazu berechnet man die Transformationskonstanten auf das örtliche System der Polygonseite.

$$o = -\frac{Y_E - Y_A}{s} \cdot \frac{D}{s} \quad (47)$$

$$a = \frac{X_E - X_A}{s} \cdot \frac{D}{s} \quad (48)$$

Zum Ausgleich von Längenänderungen (ausgeglichener PZ, anderes Meßwerkzeug) muß mit dem Faktor $v_D = \frac{D}{s}$ multipliziert werden, wobei *s* die berechnete, *D* die gemessene Strecke bedeutet.

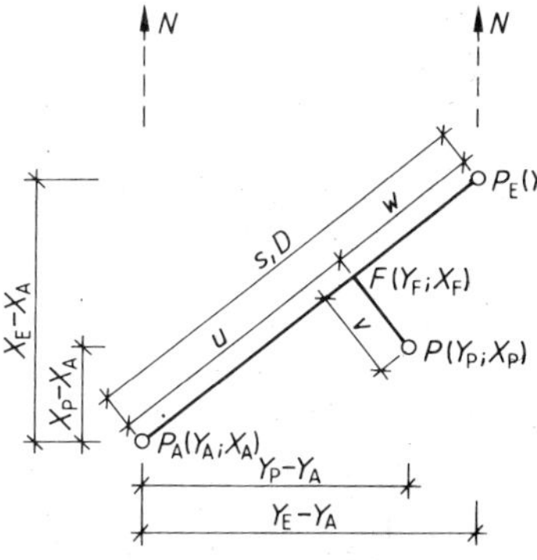

Bild 10 Orthogonalabsteckung

Auf der Polygonseite wird die Entfernung *u* vom Anfangspunkt aus abgesetzt und dort rechtwinklig die Lotlänge *v* abgetragen. Die Strecke vom Lotfußpunkt zum Endpunkt bezeichnet man mit *w*.

$$u = (X_P - X_A) \cdot a - (Y_P - Y_A) \cdot o \quad (49)$$

$$v = (X_P - X_A) \cdot o + (Y_P - Y_A) \cdot a \quad (50)$$

$$w = s - u \quad (51)$$

Die Koordinaten des Lotfußpunktes erhält man aus

$$Y_F = Y_A - o \cdot u \quad (52) \qquad X_F = X_A + o \cdot a \quad (53)$$

Beispiel Gegeben die Polygonpunkte P_1 und P_2. Abgesteckt werden soll ein Schacht mit den Koordinaten Y_s und X_s.

$Y_1 = 12652{,}680 \quad X_1 = 20654{,}480$

$Y_2 = 12982{,}790 \quad X_2 = 20714{,}830$

$Y_s = 12710{,}173 \quad X_s = 20673{,}632$

Es wird

$$o = -\frac{12982{,}79 - 12652{,}68}{335{,}581} = -0{,}983697 \quad a = \frac{20714{,}83 - 20654{,}48}{335{,}581} = 0{,}179837$$

Die Entfernung des Lotfußpunktes F von P_1 auf dem Polygonzug ist dann

$u = 19{,}152 \cdot 0{,}179837 - 57{,}493 \cdot (-0{,}983697) = 63{,}444$ m,

und der Abstand des Schachtes vom Polygonzug beträgt

$v = 19{,}152 \cdot (-0{,}983697) + 57{,}493 \cdot 0{,}179837 = -8{,}50$ m.

(Das negative Vorzeichen bedeutet, daß der Punkt links vom Polygonzug in Absteckrichtung liegt.)

Für die Polarabsteckung stellt man die Richtung der Polygonseite fest.

$$\tan t = \frac{12982{,}79 - 12652{,}68}{20714{,}83 - 20654{,}48} = 5{,}4699254 \text{ und damit } t = 88{,}488577 \text{ gon.}$$

Entsprechend wird die Richtung zum Schacht

$$\tan t = \frac{57{,}493}{19{,}152} = 3{,}00193 \text{ und } t = 79{,}5290 \text{ gon.}$$

Die Entfernung vom Polygonpunkt P_1 zum Schacht ist

$D = \sqrt{57{,}493^2 + 19{,}152^2} = 60{,}599$ m.

Man erleichtert sich bei Polarabsteckung die Arbeit, wenn man vorher den Teilkreis auf die berechnete Polygonzugsrichtung einstellt, weil man dann die neue Zielrichtung direkt eingeben kann.

Kreisbogenabsteckung

Sind die Station des Bogenanfangpunktes BA, dessen Koordinaten und die dort vorhandene Tangentenrichtung an den Kreisbogen bekannt, steckt man von der Tangente aus ab. Zunächst berechnet man die Bogenlänge von BA zur nächsten runden Station. Daraus kann man mit Gl. (34) den Mittelpunktswinkel α_n ermitteln. Mit den Gl. (35) und (36) ermittelt man die Absteckwerte auf der Tangente von BA aus. Dies wird notwendig, wenn der Punkt BA nicht mit einer runden Station zusammenfällt. Dann kann man wieder mit konstanten Bogenlängen arbeiten, da die Abstände dann vollen Stationsintervallen folgen. Mit Gl. (34) erhält man die Mittelpunktswinkel α_{ks}. Zur weiteren Berechnung benutzt man die Gln. (54) und (55)

$$\boldsymbol{X_n = r \cdot \sin(\alpha_n + n \cdot \alpha_{ks})} \qquad (54)$$

$$\boldsymbol{Y_n = r \cdot (1 - \cos(\alpha_n + n \cdot \alpha_{ks}))} \qquad (55)$$

X_n Abstand des Lotfußpunktes durch P_n von BA auf der Tangente
Y_n Abstand Lotfußpunkt bis P_n
r Kreisbogenradius
l_{bn} Bogenlänge von BA bis P_n
α_1 Mittelpunktswinkel für die Bogenlänge l_{bn}
n Anzahl der Winkel mit gleicher Bogenlänge (= Stationsentfernung)
α_{ks} Mittelpunktswinkel für Stationsentfernung

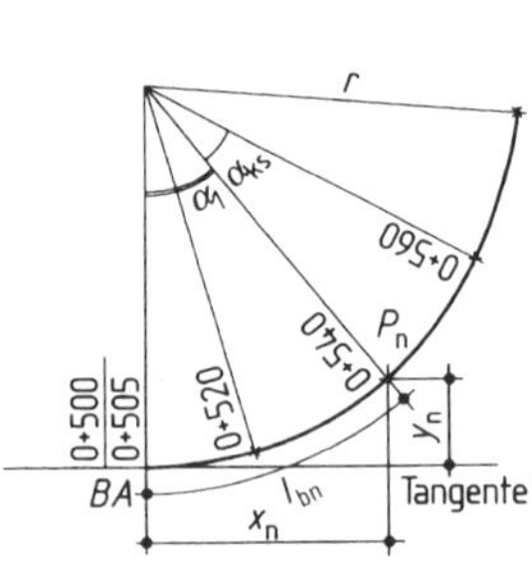

Bild 11 Kreisbogenabsteckung

Beispiel Gegeben: $r = 40{,}00$ m, Station des Bogenanfangs $BA = 104{,}362$ m.

Gesucht: die Absteckwerte für 0 + 120,00 + 140,00 und 0 + 160,00.

Berechnung für Station 0 + 120,00:

Bogenlänge *BA* bis Station 0 + 120,00: $l_b = 120{,}00 - 104{,}362 = 15{,}638$ m.

Nach Gl. (34) wird $\alpha_{lb} = \dfrac{15{,}638 \cdot 200}{\pi \cdot 40{,}00} = 24{,}8887$ gon.

Mit Gl. (35) wird $x_n = 40 \cdot 0{,}38107 = 15{,}243$ m,

mit Gl. (36) wird $y_n = 40 \cdot (1 - 0{,}92455) = 3{,}018$ m.

Berechnung für Station 0 + 140,00:

Nach Gl. (34) wird $\alpha_{ks} = \dfrac{20{,}000 \cdot 200}{\pi \cdot 40{,}00} = 31{,}8310$ gon.

Mit Gl. (54) wird $x_n = 40 \cdot \sin(24{,}8887 + 1 \cdot 31{,}831) = 31{,}107$ m,

mit Gl. (55) wird $y_n = 40 \cdot (1 - \cos 56{,}7197) = 14{,}853$ m.

Berechnung für Station 0 + 160,00:

Mit Gl. (54) wird $x_n = 40 \cdot \sin(24{,}8887 + 2 \cdot 31{,}831) = 39{,}355$ m,

mit Gl. (55) wird $y_n = 40 \cdot (1 - \cos 88{,}5507) = 32{,}845$ m.

Für die Berechnung der *Absteckung* von Stationen in der *Klothoide* verwendet man die Gln. (41) und (42) sinngemäß. Zuerst stellt man die Bogenlänge von *KA* bis zur ersten Station fest und errechnet die Werte X_n und Y_n nach *Desenritter*. Für weitere Stationen mit konstanter Stationsentfernung ermittelt man die Absteckwerte mit den Gln. (41) und (42).

Es gilt

$$\boldsymbol{L_{en} = L_a + n \cdot L_{ks}} \quad (56)$$

L_a Klothoidenbogenlänge von *KA* bis zur ersten Station

L_{ks} Klothoidenbogenlänge mit konstanter Stationsentfernung

n Anzahl der Stationsentfernungen mit konstanter Bogenlänge

Beispiel Gegeben: $A = 150{,}00$ m, Station bei *KA* 0 + 205,733.

Gesucht: orthogonale Absteckmaße auf der Klothoidentangente für die Stationen 0 + 200,00, 0 + 240,00 und 0 + 260,00.

Berechnung für Station 0 + 220,00:

$L_{en} = 220{,}000 - 205{,}733 = 14{,}267$ m;

$L_e = \dfrac{14{,}267}{150} = 0{,}09511333$

Mit Gl. (41) wird $X_n = 150 \cdot 0{,}0951131 = 14{,}267$ m, und

mit Gl. (42) wird $Y_n = 150 \cdot 0{,}0001434 = 0{,}022$ m.

Berechnung für Station 0 + 240,00:

$L_{en} = 14{,}267 + 1 \cdot 20{,}000 = 34{,}267$ m.

Mit Gl. (57) wird $X_n = 150 \cdot 0{,}2284311 = 34{,}265$ m, und

mit Gl. (58) wird $Y_n = 150 \cdot 0{,}0019869 = 0{,}298$ m.

Berechnung für Station 0 + 260,00:

$L_{en} = 14{,}267 + 2 \cdot 20{,}000 = 54{,}267$ m.

Mit Gl. (54) wird $X_n = 150 \cdot 0{,}3616251 = 54{,}244$ m, und

mit Gl. (55) wird $Y_n = 150 \cdot 0{,}0078943 = 1{,}184$ m.

Sind die Koordinaten des Punktes *KA* bekannt, kann man die Koordinaten der Stationen nun berechnen.

Beispiel Gegeben: Koordination bei Station 0 + 205,733 mit $Y_{UA} = 12525{,}44$, $X_{UA} = 30431{,}65$; Richtungswinkel in *KA*: $t = 65{,}4236$ gon.

Gesucht: Koordinaten der Station 0 + 260,00.

Mit Gln. (6) bis (8) erhält man zunächst den Fußpunkt des Lotes auf der Klothoidentangente

$Y_F = 12525{,}44 + (54{,}244 \cdot 0{,}856098) = 12571{,}878$

$X_F = 30431{,}65 + (54{,}244 \cdot 0{,}516814) = 30459{,}684$

Wenn die Klothoide nach rechts gekrümmt ist, wird die Richtung des Lotes durch den Fußpunkt $t_{Lot} = 165{,}4236$ gon und der Klothoidenpunkt bei Station 0 + 260,00 $Y_{260} = 12572{,}49$, $X_{260} = 30458{,}67$.

Das Abstecken dieses Punktes von *KA* aus mit der Polarabsteckung erfordert die Bestimmung des Richtungswinkels von *KA* nach Punkt 0 + 260,00. Diesen berechnet man aus

$$t = \arctan \frac{1{,}184}{54{,}244} = 1{,}38935 \text{ gon}$$

und zählt ihn zum Richtungswinkel in *KA* hinzu. Damit ergibt sich der Richtungswinkel in *KA* zum neuen Punkt 0 + 260,00 mit

$t_{polar} = t_{Lot} + t = 66{,}8129$ gon.

Die Länge der Klothoidensehne ist dann $S_L = 54{,}257$ m.

Damit werden die Polarkoordinaten

$Y_{260} = (54{,}257 \cdot 0{,}86717) + 12525{,}44 = 12572{,}49$

$X_{260} = (54{,}257 \cdot 0{,}498009) + 30431{,}65 = 30458{,}67$

Koordinatentransformation. Nicht immer werden Meßdaten auf das überregionale System der Vermessungsverwaltung bezogen. Besonders im Hochbau wählt man oft örtliche Aufnahmeachsen. Zur Einrechnung ins überörtliche Netz bedarf es dann einer Koordinatentransformation. Es gibt zwei Freiheitsgrade, um das gegebene Netz in das gewünschte zu überführen (Bild 12). Man unterscheidet drei Fälle:

Translation. Hierbei handelt es sich um eine Verschiebung des Koordinaten-Nullpunktes parallel zu den Koordinatenachsen.

Rotation. Den Übergang ins neue System erreicht man durch eine Drehung des Bezugssystems um den Winkel α.

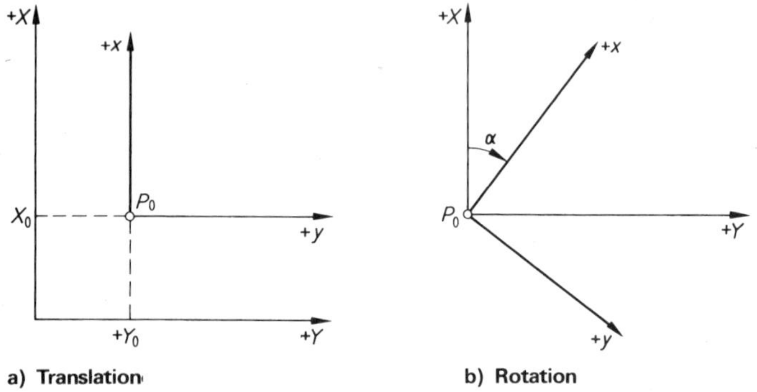

a) Translation **b) Rotation**

Bild 12 Koordinatentransformation

Transformation. Hier handelt es sich um eine Kombination aus Translation und Rotation mit Maßstabsänderung (Bild 13).

Die vier Transformationsparameter Y_0, X_0, M und α kann man bestimmen, wenn mindestens zwei Punkte mit ihren Koordinaten in beiden Systemen bekannt sind (identische Punkte). Setzt man

$$a = \cos\alpha \cdot M \quad (57a) \qquad o = \sin\alpha \cdot M \quad (57b)$$

erhält man

$$Y_i = Y_0 + o \cdot x_i + a \cdot y_i \quad (58a) \qquad X_i = X_0 + a \cdot x_i - o \cdot y_i \quad (58b)$$

Aus a und o lassen sich der Maßstabsfaktor M und der Drehwinkel α bestimmen.

$$M = \sqrt{a^2 + o^2} \quad (59) \qquad \alpha = \arctan \frac{o}{a} \text{ in gon} \quad (60)$$

Nach Bild 12 ist

$$(Y_2 - Y_1)^2 + (X_2 - X_1)^2$$
$$= (M \cdot y_2 - M \cdot y_1) + (M \cdot x_2 - M \cdot x_1)^2$$

oder

$$M = \frac{S}{s} \quad (61)$$

Außerdem sind

$$T = \arctan \frac{Y_2 - Y_1}{X_2 - X_1} \quad \text{und}$$

$$t = \arctan \frac{y_2 - y_1}{x_2 - x_1} \quad \text{und somit}$$

$$\alpha = T - t \quad (62)$$

t, T Richtungswinkel im Ausgangs- bzw. Zielsystem
s, S gemessene Strecken im Ausgangs- bzw. Zielsystem

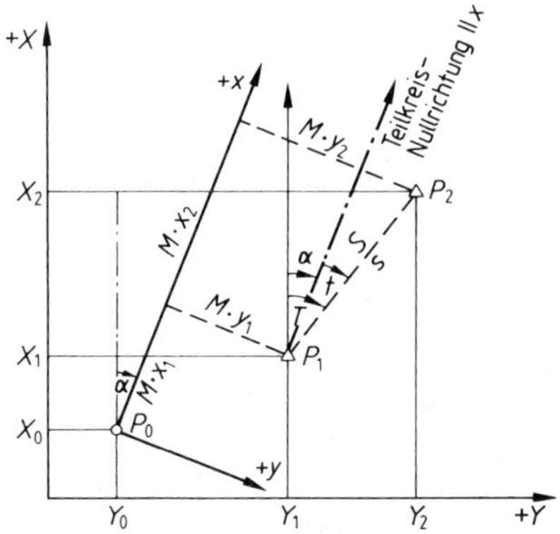

△ identische Punkte
○ Nullpunkt im örtlichen System

Bild 13 Bestimmung der Transformationsparameter mit identischen Punkten

Mit den Gln. (57) und (58) und den Koordinaten eines identischen Punktes berechnet man den Koordinatennullpunkt des Systems.

$$Y_0 = Y_1 - o \cdot x_1 - a \cdot y_1 \quad (63a) \qquad X_0 = X_1 - a \cdot x_1 + o \cdot y_1 \quad (63b)$$

Die Koordinaten eines beliebigen Punktes P_i werden dann

$$Y_i = Y_1 + M \cdot s_i \cdot \sin(\alpha + t_i) \quad (64a) \qquad X_i = X_1 + M \cdot s_i \cdot \cos(\alpha + t_i) \quad (64b)$$

Helmert-Transformation. Da wegen der Nachbarschaftstreue mehr als zwei identische Punkte für die Transformation erwünscht sind, andererseits aber mathematische Überbestimmung eintritt, muß die Transformation ausgeglichen werden. Vereinfacht stellt man sich die Figuren der identischen Punkte im Flächenschwerpunkt übereinandergelegt vor und bringt sie durch Rotation und Skalierung optimal zur Deckung. Anwendungen sind:

- Übertragen von Koordinaten zwischen zwei Netzsystemen,
- Übertragen photogrammetrischer Modellkoordinaten ins übergeordnete Netz,
- Berechnen von Näherungskoordinaten zur Punktbestimmung,
- Aufnahme und Absteckung von nicht koordinierten Standpunkten aus (freie Stationierung, GPS).

Es erfolgt hierbei eine Ähnlichkeitstransformation, deren Parameter durch eine Ausgleichsrechnung bestimmt werden. Zur Ausgleichung werden sämtliche im Punktfeld bekannten identischen Punkte herangezogen. Die Meßungenauigkeiten werden durch entsprechende Verbesserungen minimiert. Die Schwerpunktsbestimmung des Ausgangssystems (y; x) und des Zielsystems (Y; X) erfolgt mit den Gln. (65) bis (68).

$$y_s = \frac{y_i}{n} \quad (65\,a) \qquad x_s = \frac{x_i}{n} \quad (65\,b)$$

$$Y_s = \frac{Y_i}{n} \quad (66\,a) \qquad X_s = \frac{X_i}{n} \quad (66\,b)$$

$$y' = y - y_s \quad (67\,a) \qquad x' = x - x_s \quad (67\,b)$$

$$Y' = Y - Y_s \quad (68\,a) \qquad X' = X - X_s \quad (68\,b)$$

Die weiteren Parameter erhält man mit

$$a = \frac{(y' \cdot Y' + x' \cdot X')}{(x'^2 + y'^2)} = M \cdot \cos\alpha \quad (69) \qquad o = \frac{(x' \cdot Y' - y' \cdot X')}{(x'^2 + y'^2)} = M \cdot \sin\alpha \quad (70)$$

$$M = \sqrt{o^2 + a^2} \quad (71)$$

y_s; x_s Schwerpunktskoordinaten
y_i; x_i Koordinaten der identischen Punkte
y'; x' } auf den Schwerpunkt reduzierte
Y'; X' } Koordinaten der Systeme
n Anzahl der Punkte
M Maßstabsfaktor
α Drehwinkel, um ein System in das andere zu überführen

Die Verbesserung der Restfehler der Transformation berechnet man für die auf den Schwerpunkt bezogenen Koordinaten mit

$$v_y = o \cdot x' + a \cdot y' - Y' \quad (72\,a) \qquad v_x = a \cdot x' - o \cdot y' - X' \quad (72\,b)$$

Die Summe der Verbesserungen soll $\sum v = 0$ sein. Den Lagefehler für jeden Punkt bestimmt man aus

$$f_s = \sqrt{v_y^2 + v_x^2} \quad (73)$$

Den mittleren Koordinatenfehler m für die Gesamtheit aller Punkte sowie den mittleren Lagefehler für den Einzelpunkt M_P errechnet man mit den Gln. (74) und (75).

$$m = \sqrt{\frac{\sum (v_y^2 + v_x^2)}{2 \cdot n - 4}} \quad \text{in m} \quad (74)$$

n Anzahl der identischen Punkte

$$M_P = m\sqrt{2} \quad \text{in m} \quad (75)$$

Die nichtidentischen Punkte werden in das Zielsystem umgerechnet.

$$Y_T = o \cdot x' + a \cdot y' + Y_s = M(x' \cdot \sin\alpha + y' \cdot \cos\alpha) + Y_s \quad (76\,a)$$

$$X_T = a \cdot x' - o \cdot y' + X_s = M(x' \cdot \cos\alpha - y' \cdot \sin\alpha) + X_s \quad (76\,b)$$

Beispiel $P_1: Y_1 = 12525{,}44;\ X_1 = 20431{,}65$
$P_2: Y_2 = 12520{,}82;\ X_2 = 20604{,}87$
$P_3: Y_3 = 12652{,}68;\ X_3 = 20654{,}48$

Es wurde von einem beliebigen Standpunkt gemessen nach
$P_1: t_1 = 0{,}0000$ gon; $s_1 = 161{,}581$ m
$P_2: t_2 = 92{,}4316$ gon; $s_2 = 84{,}627$ m
$P_3: t_3 = 206{,}7296$ gon; $s_3 = 95{,}353$ m

Zu einem nichtidentischen Punkt wurde gemessen
$P_4: t_4 = 56{,}7246$ gon; $s_4 = 89{,}282$ m

Seine Koordinaten, polar errechnet, sind dann
$P_4: y_4 = 69{,}436$; $x_4 = 56{,}124$

Für die Helmert-Transformation benutzt man nachstehendes Muster.

	Punkt 1	2*	3	Summe	Schwerpunkt-Koordinaten
y_i	0,000	84,030	−10,060	73,970	24,6570
x_i	161,580	10,040	−94,820	76,800	25,6000
Y_i	12525,440	12520,820	12652,680	37698,940	12566,3130
X_i	20431,650	20604,870	20654,480	61691,000	20563,6670
y'	−24,657	59,373	−34,717	−0,001	$(y_i - y_s)$
x'	135,980	−15,560	−120,420	0,000	$(x_i - x_s)$
Y'	−40,873	−45,493	86,367	0,001	$(Y_i - Y_s)$
X'	−132,017	41,203	90,813	−0,001	$(X_i - X_s)$
$y' \cdot X'$	3255,143	2446,346	−3152,755	2548,734	
$x' \cdot Y'$	−5557,911	707,871	−10400,314	−15250,315	
$y' \cdot Y'$	1007,806	−2701,056	−2998,403	−4691,653	
$x' \cdot X'$	−17951,672	−641,119	−10935,701	−29528,492	
y'^2	607,968	3525,153	1205,270	5338,391	
x'^2	18490,560	242,114	14500,976	33233,650	

$$o = \frac{-15250{,}315 - 2548{,}734}{33233{,}650 + 5338{,}391} = -0{,}461449 \text{ (s. Gl. (70))}$$

$$a = \frac{-4691{,}653 - 29528{,}492}{38572{,}041} = -0{,}887175 \text{ (s. Gl. (69))}$$

$$M = \sqrt{0{,}212935 + 0{,}787079} = 1{,}000007 \text{ (s. Gl. (71))}$$

$$\alpha = \arctan \frac{-0{,}461449}{-0{,}887175} = 169{,}466 \text{ gon (s. Gl. (60))}$$

d. h. durch eine Rechtsdrehung kommt man vom Ausgangssystem in das Zielsystem.
Die Verbesserungen sind nach den Gln. (72) und (73)

Punkt	v_Y	v_X	f_s
1	0,000	0,001	0,001
2	−0,001	−0,001	0,001
3	0,001	0,001	0,001

Der mittlere Koordinatenfehler beträgt

$$m = \sqrt{\frac{0{,}000002 + 0{,}000003}{2 \cdot 3 - 4}} = 0{,}002 \text{ m (s. Gl. (74))}$$

und der mittlere Lagefehler nach Gl. (75)
$M_P = 0{,}002 \cdot \sqrt{2} = 0{,}003$ m.

Die Koordinaten des Punktes P_4 werden im Zielsystem mit der Gl. (76) berechnet.
$Y_{P4} = -14{,}085 - 39{,}727 + 12566{,}313 = 12512{,}501$
$X_{P4} = -27{,}080 + 20{,}663 + 20563{,}667 = 20557{,}250$

Freie Standpunktwahl. Die freie Standpunktwahl (in der Literatur auch „freie Stationierung") wird durch den Einsatz elektronischer Meßgeräte in Verbindung mit einem Feldcomputer zur Absteckung besonders günstig eingesetzt. Voraussetzung dafür ist, daß außer der elektronischen Meß- und Datenverarbeitungs-Ausrüstung ein Lagefestpunktfeld und mehrere gut sichtbare Anschlußziele vorhanden sind. Der Standpunkt bildet den Koordinaten-Nullpunkt für ein örtliches System mit beliebig festgelegten Richtungen. Die Koordinaten des Standpunktes werden über die Richtungen und Entfernungen zu bekannten Lagefestpunkten errechnet. Die Standpunktbestimmung kann auch mit modernen GPS-Geräten (**G**lobal **P**ositioning **S**ystem) festgelegt werden. Allerdings sind hierbei die lokalen Verhältnisse für den Empfang der Satellitensignale von Bedeutung.

Das örtliche System ist das Ausgangssystem, das übergeordnete Landessystem ist das Zielsystem. Die vom Standpunkt polar gemessenen Anschlußpunkte sind die identischen Punkte. Ihnen können sowohl im Ausgangs- wie im Zielsystem Lagekoordinaten zugeordnet werden.

Die Berechnung der Koordinaten weiterer polar gemessener Punkte erfolgt zunächst durch Koordinierung im Ausgangssystem. Anschließend nimmt man die Umformung ins Zielsystem mit Transformationsparametern vor, die man mit der Helmert-Transformation gewinnt. Dafür müssen die Standpunktkoordinaten nicht unbedingt bekannt sein. Je nach Aufgabe kann auch die Messung eines Polygonzuges bei freier Standpunktwahl entfallen (Bild 14).

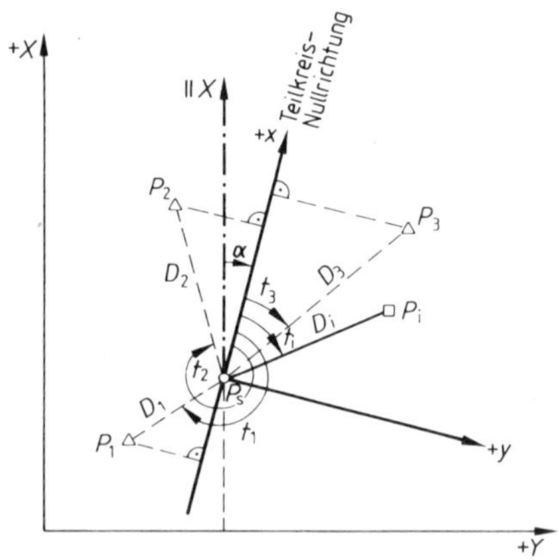

○ Standpunkt
□ nichtidentischer Punkt
△ identische Punkte
y; x Ausgangssystem
Y; X Zielsystem
t_i gemessene Richtung am Teilkreis
D_i gemessene Entfernung zum Zielpunkt
α Drehwinkel zwischen Ausgangs- und Zielsystem

Bild 14
Standpunktsystem bei freier Standpunktwahl

Schnittpunktberechnung. Kreuzende Verkehrswege erfordern die Bestimmung des Schnittpunktes beider Achsen oder Parallelen dazu. Handelt es sich dabei um Geraden, so berechnet man die Steigung derselben nach Bild 15 mit

$$m_1 = \frac{y_a - y_b}{x_a - x_b} \quad \text{und} \quad m_2 = \frac{y_d - y_c}{x_d - x_c}$$

Die y-Achse schneiden die Geraden in den Entfernungen b_1 und b_2 vom Nullpunkt.

$$\boldsymbol{b_1 = y_a - m_1 \cdot x_a = y_b - m_1 \cdot x_b} \quad (77) \qquad \boldsymbol{b_2 = y_c - m_2 \cdot x_c = y_d - m_2 \cdot x_d} \quad (78)$$

Die Koordinaten des Schnittpunktes erhält man mit folgenden Gleichungen:

$$\boldsymbol{x_s = \frac{b_2 - b_1}{m_1 - m_2}} \quad (79) \qquad \boldsymbol{y_s = m_1 \cdot x_s + b_1 = m_2 \cdot x_s + b_2} \quad (80)$$

Die Berechnung von Böschungs-Durchstoßpunkten erfolgt sinngemäß unter Verwendung der Böschungsneigung und der Geländeneigung im Schnittpunktbereich. Ebenso verwendet man die Gleichungen zum Einschneiden von Gebäude-Eckpunkten.

Schneidet eine Gerade einen Kreisbogen (Bild 16), dann legt man zunächst die Gerade von P_1 nach P_2 als x-Achse eines örtlichen Koordinatensystems fest. Auf diese Achse wird mit dem Drehwinkel, der dem Richtungswinkel im übergeordneten Koordinatensystem entspricht, und den Koordinatenunterschieden $Y_M - Y_1$ und $X_M - X_1$ der Kreismittelpunkt transformiert. Mit

$o = \sin\varepsilon$ und $a = \cos\varepsilon$

werden

$$\boldsymbol{y_M = (Y_M - Y_1) \cdot a - (X_M - X_1) \cdot o} \quad (81a)$$

$$\boldsymbol{x_M = (Y_M - Y_1) \cdot o + (X_M - X_1) \cdot a} \quad (81b)$$

Y, X Koordinaten im übergeordneten System
x, y Koordinaten im örtlichen System

Die x-Koordinaten der Schnittpunkte im örtlichen System berechnet man mit

$$\boldsymbol{x_{S1}, x_{S2} = x_M \pm \sqrt{r^2 - y_M^2}} \quad (82)$$

Damit werden die Schnittpunkte für $i = 1, 2$

$$\boldsymbol{Y_{S,i} = Y_1 + x_{S,i} \cdot o} \quad (83a) \qquad \boldsymbol{X_{S,i} = X_1 + x_{S,i} \cdot a} \quad (83b)$$

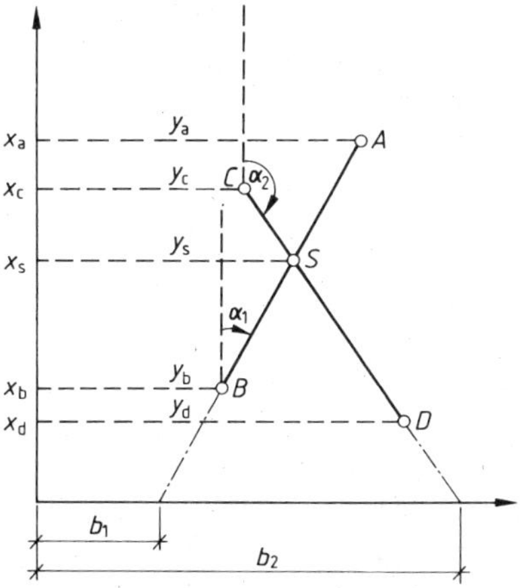

Bild 15 Schnittpunktberechnung

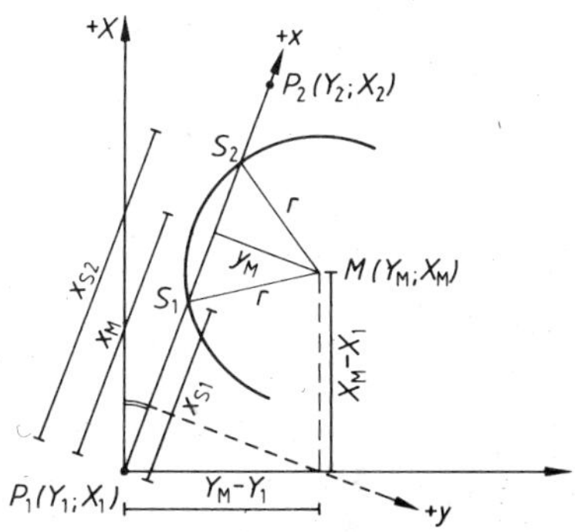

Bild 16 Schnittpunkte zwischen Gerade und Kreis

Für die Berechnung aller Achs- und Absteckwerte steht heute leistungsfähige Anwender-Software zur Verfügung.

7 Mengenberechnung

Flächenberechnung. Zwei Einsatzgebiete finden bei der Mengenberechnung besondere Anwendung:

- Berechnung von Grundstücksflächen,
- Berechnung von Baukörper-Volumina.

Für Flächenberechnungen von Grundstücken teilt man die jeweilige Fläche entweder in Dreiecke oder Trapeze auf (Bild 17). Summiert man die Einzelflächen zur Gesamtfläche, erhält man die *Gauß*'schen Flächenformeln.

$$A = \frac{1}{2}\sum_{i=1}^{n} x_i \cdot (y_{i+1} - y_{i-1}) \quad (84a)$$

oder

$$A = \frac{1}{2}\sum_{i=1}^{n} y_i \cdot (x_{i-1} - x_{i+1}) \quad (84b)$$

Für die *Trapezformel* lautet die Gleichung

$$A = \frac{1}{2}\sum_{i=1}^{n} \cdot (y_i + y_{i-1}) \cdot (x_i - x_{i-1}) \quad (85)$$

Die Punkte einer polygonal begrenzten Fläche werden dabei im Uhrzeigersinn durchnumeriert. Die Koordinaten des Anfangspunktes werden nochmals als Endpunktkoordinaten angegeben. Damit ist die Fläche geschlossen. Bei der Datenverarbeitung ist darauf zu achten, daß die Koordinaten des Anfangspunktes nicht doppelt gespeichert werden. Sollen Flächenteile nicht berechnet werden, sind die Koordinaten entgegen dem Uhrzeigersinn einzusetzen.

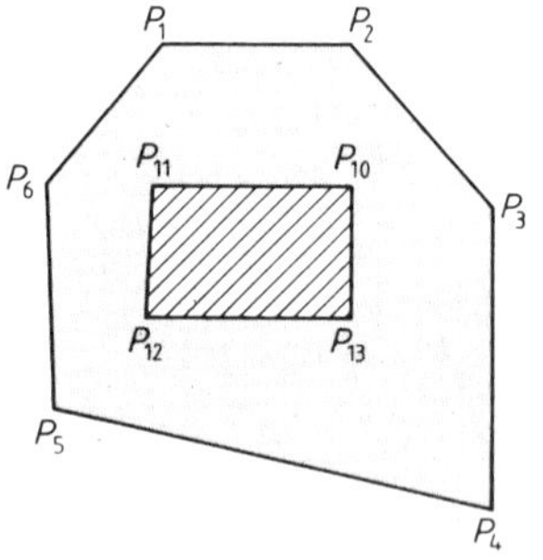

Bild 17 Flächenberechnung

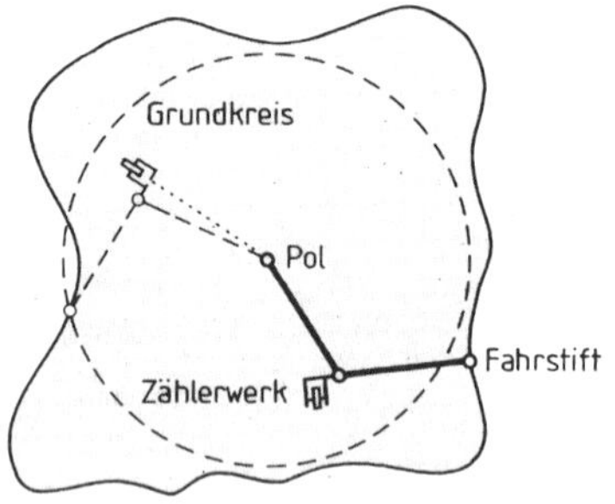

Bild 18 Planimetermessung

Für Querprofilflächen wendet man bei der Berechnung nach den „Regelungen für die elektronische Bauabrechnung – REB" ebenfalls die Trapezformel nach *Gauß* an. Hierbei benutzt man als Abszisse den Abstand von der Bauwerksachse und als Ordinate die Höhe über NN. Damit wird die Querprofilfläche berechnet.

$$A = \frac{1}{2}\sum_{i=1}^{i=n-1} (y_i + y_{i+1}) \cdot (z_i - z_{i+1}) \quad (86)$$

z_i bis z_n Höhenordinate des Punktes

Planimetermessung. Aus Karten oder Plänen kann die Fläche durch Planimetrieren gewonnen werden. Dazu verwendet man meist den Polarplanimeter, weil mit ihm nicht nur geradlinig, sondern auch durch Kurven begrenzte Flächen ausgemessen werden können. Die umfahrene Fläche wird dabei vom Gerät integriert und auf einer Registrierrolle abgelesen als Differenz von Anfangs- und Endablesung. Die Umfahrung geschieht im Uhrzeigersinn. Um Abweichungen auszugleichen, ist die Fläche mehrmals zu umfahren und der Mittelwert der Ergebnisse zu bilden (Bild 18).

Digitalisieren. Die Datenverarbeitung ermöglicht es, auf einem Digitalisiertisch Punkte mit einem Fadenkreuz in einer Lupe anzufahren und deren Koordinaten elektronisch zu registrieren. Dazu müssen einige bekannte Punkte als Paßpunkte vorher angefahren werden, damit die Papierverzerrung oder andere Ungenauigkeiten eliminiert werden können. Mit entsprechender Anwender-Software, läßt sich die Fläche rechnerisch bestimmen.

Mengenermittlung. Um die Menge eines Baukörpers zu berechnen, der von zwei Querprofilen begrenzt wird, zwischen denen die Begrenzungslinien gradlinig verlaufen, verwendet man bei gerader Achse die Gl. (87).

$$V = \frac{A_1 + A_2}{2} \cdot l \quad (87)$$

l Abstand der beiden Querprofile, gemessen in der Achse

Wenn die Mengen über das Querprofil hin nicht symmetrisch verteilt liegen, muß besonders bei engen Achsradien der Flächen-Schwerpunktsabstand von der Achse berücksichtigt werden.

$$y_S = \frac{\frac{1}{6} \sum_{i=1}^{i=n} (y_i^2 + y_i \cdot y_{i+1} + y_{i+1}^2) \cdot (z_i - z_{i+1})}{A} \quad (88)$$

Bei gekrümmter Achse ist ein Verbesserungsfaktor anzusetzen.

$$k = \frac{r - y_s}{r} \quad (89)$$

Die verbessere Menge ist dann

$$V_v = V \cdot k_{mittel} \quad (90)$$

$k_{mittel} = (k_i + k_{i+1}) \cdot 0{,}5$

r Radius an der Station des Querprofils

Geländequerprofile müssen so gelegt werden, daß sie den Verlauf des Geländes genügend genau repräsentieren, um eine genaue Leistungsberechnung zu ermöglichen. Es ist heute üblich, größere Bauwerke mit Hilfe der EDV zu berechnen. Deshalb kann von der konstanten Stationsentfernung (z. B. 20,00 m) abgewichen werden. Dies bedeutet aber auch, daß bei der Achsabsteckung unrunde Stationen eingemessen werden müssen.

Beispiel Die Fläche der im Bild 19 dargestellten Querprofile ist zu bestimmen und der Abtrag dazwischen zu berechnen. Die Profile liegen im Kreisbogen mit $r = 300{,}00$ m.

Bei Station 0 + 420 entsteht ein Anschnittsprofil. Der Ausgleich durch Quertransport soll nicht vorgenommen werden. Die Mengen sind getrennt zu ermitteln. Hier wird nur der Abtrag weiter berücksichtigt.

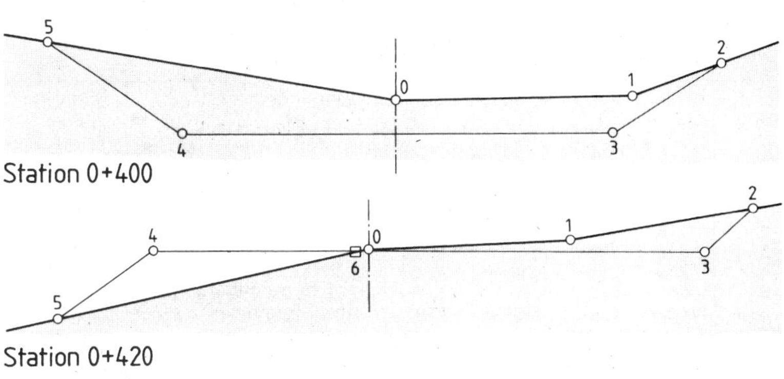

Bild 19 Beispiel für Mengenberechnung

Beispiel, Forts.

Station 0 + 400

Punktnr.	Achsabstand	Höhe
0	0,00	500,00
1	7,75	500,19
2	10,50	501,40
3	7,00	499,07
4	−7,00	498,88
5	−11,30	501,75

Station 0 + 420

Punktnr.	Achsabstand	Höhe
0	0,00	500,50
1	6,50	501,00
2	12,35	502,25
3	10,85	500,75
4	−7,00	500,30
5	−10,00	497,96

Der Schnittpunkt des Planums mit dem Gelände ist nach den Gln. (77) bis (80) zu errechnen.

$$m_1 = \frac{0{,}00 - 6{,}50}{500{,}50 - 501{,}00} = 13{,}00$$

$$m_2 = \frac{-7{,}00 - 10{,}85}{500{,}30 - 500{,}75} = 39{,}6667$$

$$b_1 = 0{,}00 - 13 \cdot 500{,}50 = -6506{,}50$$

$$b_2 = -7{,}00 - 39{,}6667 \cdot 500{,}30 = -19852{,}25$$

$$x_s = \frac{-19852{,}25 + 6506{,}50}{13{,}00 - 39{,}6667} = 500{,}465$$

$$y_s = 13{,}00 \cdot 500{,}465 - 6506{,}50 = -0{,}455$$

Anstelle der Punkte 4 und 5 ist in die Flächenbegrenzung der Punkt 6 mit den Koordinaten −0,455; 500,465 einzufügen.

Die Flächenberechnung für Profil 0 + 400 ergibt

von Punkt i nach Punkt $i+1$	$y_i + y_{i+1}$	$z_i - z_{i+1}$	Produkt
0 − 1	7,75	−0,19	−1,4725
1 − 2	18,25	−1,21	−22,0825
2 − 3	17,50	2,33	40,7750
3 − 4	0,00	0,19	0,0000
4 − 5	−18,30	−2,87	52,5210
5 − 0	−11,30	1,75	−19,7750
		Summe	49,966

$$A = \frac{49{,}966}{2} = 24{,}983\ \text{m}^2$$

Die Schwepunktlage wird in der folgenden Form bestimmt

von Punkt i nach Punkt $i+1$	y_i	y_{i+1}	$y_i \cdot y_{i+1}$	y_i^2	y_{i+1}^2	Summe	$z_i - z_{i+1}$	Produkt
0 − 1	0,00	7,75	0,00	0,00	60,063	60,063	−0,19	11,4119
1 − 2	7,75	10,50	81,375	60,063	110,250	251,688	−1,21	−304,5419
2 − 3	10,50	7,00	73,50	110,25	49,00	232,750	2,33	542,3075
3 − 4	7,00	−7,00	−49,00	49,00	49,00	49,00	0,19	9,3100
4 − 5	−7,00	−11,30	79,10	49,00	127,69	255,790	−2,87	−734,1173
5 − 0	−11,30	0,00	0,00	127,69	0,00	127,690	1,75	223,4575
							Summe	−274,9961

$$y_s = \frac{-274{,}9961}{6 \cdot 24{,}983} = -1{,}835\ \text{m}$$

Beispiel, Forts. d. h. der Flächenschwerpunkt liegt −1,835 m von der Achse entfernt. Für den Kreisbogen mit $r = 300{,}00$ m ergibt das den Korrekturwert

$$k_{400} = \frac{300 + 1{,}835}{300} = 1{,}0061$$

Auf gleiche Weise verfährt man für Profil 0 + 420. Die Werte sind dann

$A = 5{,}484\ \text{m}^2$, $y_s = 8{,}316$ m, $k_{420} = 0{,}9723$

$$k_{\text{mittel}} = \frac{1{,}0061 + 0{,}9723}{2} = 0{,}9892$$

Zwischen den beiden Profilen liegen dann als Aushubmengen

$$V = \frac{24{,}983 + 5{,}484}{2} \cdot 20 \cdot 0{,}9892 = 301{,}380\ \text{m}^3$$

Ohne Berücksichtigung des Korrekturfaktors würde die Berechnung $V = 304{,}67\ \text{m}^3$, also $3{,}29\ \text{m}^3$ mehr, ergeben.

Digitale Geländemodelle (DGM). Sie stellen das Gelände durch Koordinaten-Tripel (y; x; z) dar. Die Punkte werden als Festpunktfeld aufgenommen und mit elektronischer Datenverarbeitung zu einem Dreiecksmaschennetz verknüpft. Jede Dreiecksfläche wird dabei als eben angenommen und der Übergang zur nächsten durch Parameter nachbarschaftstreu ausgeglichen. Die Anordnung der Punkte kann im Raster mit gleichen Seitenlängen oder auch unregelmäßig vorliegen (Bild 20). Geländequerschnitte erhält man aus senkrechten Schnitten durch das Dreiecksmaschennetz, wobei auf jeder geschnittenen Dreiecksseite die Höhen interpoliert werden. Das DGM wird nun mit dem geplanten Kunstkörper überlagert und die Durchstoßpunkte werden ermittelt. Die Mengenermittlung erfolgt dann in der vorher beschriebenen Weise (Bild 21).

— äußere Begrenzung des zu berechnenden Erdkörpers (ist für alle Horizonte gleich)
— Dreiecksnetz des Urgeländes
- - - Dreiecksnetz eines Bodenhorizontes
• Aufnahmepunkte des Urgeländes
∘ Aufnahmepunkte eines Bodenhorizontes
•*A* Aufnahmepunkte des Urgeländes außerhalb des zu berechnenden Erdkörpers

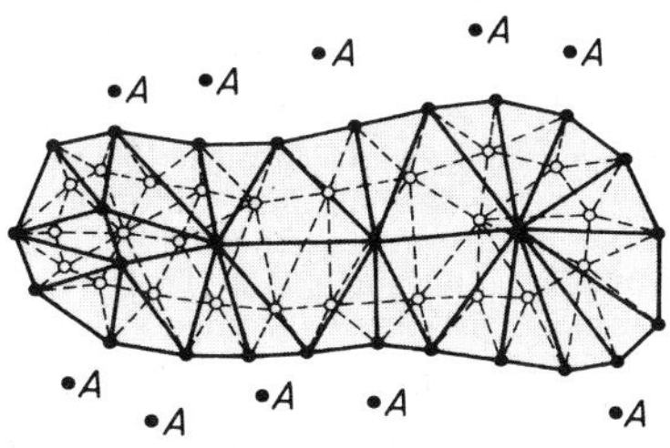

Bild 20 Meßfeld digitaler Punkte

Anmerkung: Die als Urgelände aufgemessenen Punkte *A* liegen außerhalb der äußeren Begrenzung und werden für die Mengenberechnung nicht benötigt.

Mengenermittlung zwischen Schichten. Will man die Mengen verschiedener Schichten (Erdabtrag, Fels, Frostschutz u. ä.) getrennt ermitteln, beschreibt man diese durch Begrenzungslinien ebenfalls wie die Umgrenzung des Sollprofils und ermittelt deren Flächen. Desgleichen kann man auch aus Höhenlinienplänen grobe Mengenberechnungen erstellen, wenn man die Flächen der von gleichen Höhenlinien umschlossenen Flächen planimetriert und mit den äquidistanten vertikalen Abständen multipliziert. Die Menge ist dann nach der Trapezregel

$$\boldsymbol{V_n = \tfrac{1}{2} h_{ad} \cdot (A_1 + 2 \cdot A_2 + 2 \cdot A_3 \ldots + 2 \cdot A_{n-1} + A_n)} \quad (93)$$

V_n Menge zwischen mehreren Höhenlinien in m^3
h_{ad} äquidistante Höhe zwischen zwei Höhenlinien in m
A_1 bis A_n Flächen, die von den Höhenlinien eingeschlossen werden in m^2

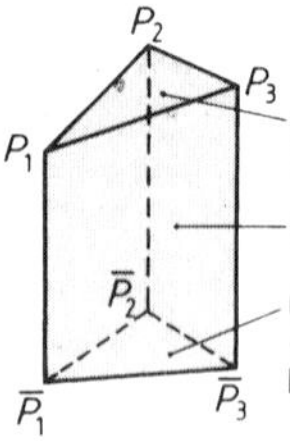

Bild 21 Systemskizze zur Prismenberechnung

Für Baugruben mit unregelmäßigen Abmessungen verwendet man auch die Berechnung mit Hilfe von Dreiecksprismen (Bild 21). Die Grundlage bildet dafür das Dreiecksmaschennetz. Die im Raum aufgespannten Dreiecke des Netzes werden auf eine horizontale Bezugshöhe projiziert. Verbindet man die Dreiecke mit der Projektion durch senkrechte Kanten, entstehen Prismen, deren Inhalt leicht ermittelt werden kann. Bezeichnet man die Punkte des Dreiecks der Geländefläche mit $P_1(X_1;\ Y_1;\ Z_1)$, $P_2\ (X_2;\ Y_2;\ Z_2)$, $P_3\ (X_3;\ Y_3;\ Z_3)$ und die Eckpunkte der Projektion bei der Höhe des Bezugshorizontes h_{BH} mit $\overline{P}_1\ (x_1;\ y_1;\ z_1)$, $\overline{P}_2\ (x_2;\ y_2;\ z_2)$, $\overline{P}_3\ (x_3;\ y_3;\ z_3)$, wird der Flächeninhalt des Projektionsdreiecks nach Bild 21

$$A_{Pr} = \frac{1}{2} \cdot [x_1 \cdot (y_2 - y_3) + x_2 \cdot (y_3 - y_1) + x_3 \cdot (y_1 - y_2)] \quad \text{in m}^2 \quad (94)$$

und der Inhalt des Prismas zwischen den Dreiecken

$$V_{Pr} = \frac{1}{3} \cdot (Z_1 + Z_2 + Z_3 - 3 \cdot h_{BH}) \cdot |A_{Pr}| \quad \text{in m}^3 \quad (95)$$

Das Volumen zwischen Gelände und horizontaler Bezugsfläche ist dann bei n Prismen

$$V = \sum_{i=1}^{i=n} V_i \quad \text{in m}^3 \quad (96)$$

A_{Pr}	Projektionsfläche des Dreiecks auf dem Bezugshorizont in m²
V_{Pr}	Prismeninhalt zwischen Projektions- und Geländedreieck in m³
V_i	Summe aller Dreiecksprismen in m³
h_{BH}	Höhe des Bezugshorizontes

Sinngemäß lassen sich auch Mengen zwischen zwei Dreiecksmaschennetzen berechnen, wenn man diese auf einen gemeinsamen Horizont bezieht und dann die Differenz der ermittelten Mengen bildet. Will man Einschnitt und Auftrag getrennt ermitteln, müssen allerdings vorher die Verschneidungen der Prismen ermittelt werden. Dies wird von guter Anwender-Software berücksichtigt. Die in der REB, Ziff. 22.013, angegebenen Schnittstellenbeschreibungen sind dabei zu beachten.

Bauphysik

Bearbeitet von Prof. Dr.-Ing. Richard Jenisch

Inhalt

Technische Baubestimmungen

DIN 4102-1	05.98	Brandverhalten von Baustoffen und Bauteilen; Baustoffe; Begriffe, Anforderungen und Prüfungen
DIN 4102-2	09.77	—; Bauteile; Begriffe, Anforderungen und Prüfungen
DIN 4102-3	09.77	—; Brandwände und nichttragende Außenwände; Begriffe, Anforderungen und Prüfungen
DIN 4102-4	03.94	—; Zusammenstellung und Anwendung klassifizierter Baustoffe, Bauteile und Sonderbauteile
DIN 4102-4 Ber 1	05.95	Berichtigung 1 zu DIN 4102-4:03.94
DIN 4102-4 Ber 2	04.96	Berichtigung 2 zu DIN 4102-4:03.94
DIN 4102-4 Ber 3	09.98	Berichtigung 3 zu DIN 4102-4:03.94
DIN 4102-7	07.98	—; Bedachungen; Begriffe, Anforderungen und Prüfungen
DIN 4108-1	08.81	Wärmeschutz im Hochbau. Größen und Einheiten *Wird ersetzt durch DIN EN ISO 7345 und DIN EN ISO 9346*
DIN 4108-2	08.81	Wärmeschutz im Hochbau. Wärmedämmung und Wärmespeicherung; Anforderungen und Hinweise für Planung und Ausführung
DIN 4108-3	08.81	Wärmeschutz im Hochbau. Klimabedingter Feuchteschutz. Anforderungen und Hinweise für Planung und Ausführung
DIN 4108-3/A1	11.95	Wärmeschutz im Hochbau. Klimabedingter Feuchteschutz. Anforderungen und Hinweise für Planung und Ausführung
DIN V 4108-4	10.98	Wärmeschutz und Energieeinsparung in Gebäuden. Teil 4: Wärme- und feuchteschutztechnische Kennwerte
DIN 4108-5	08.81	Wärmeschutz im Hochbau. Berechnungsverfahren (s. auch DIN EN ISO 9346)
DIN V 4108-6	04.95	Wärmeschutz im Hochbau. Berechnung des Jahresheizwärmebedarfs von Gebäuden
DIN V 4108-7	11.96	Wärmeschutz im Hochbau. Teil 7: Luftdichtheit von Bauteilen und Anschlüssen. Planungs- und Ausführungsempfehlungen und -beispiele
E DIN 4108-20	07.95	Wärmeschutz im Hochbau. Teil 20: Thermisches Verhalten von Gebäuden. Sommerliche Raumtemperaturen bei Gebäuden ohne Anlagentechnik. Allgemeine Kriterien und Berechnungsalgorithmen
E DIN 4108-21	11.95	Wärmeschutz im Hochbau. Teil 21: Außenwände von Gebäuden. Luftdurchlässigkeit. Prüfverfahren
DIN 4108 Bbl 1	04.82	Wärmeschutz im Hochbau. Inhaltsverzeichnisse, Stichwortverzeichnis
DIN 4108 Bbl 2	08.98	Wärmeschutz und Energieeinsparung in Gebäuden. Wärmebrücken — Planungs- und Ausführungsbeispiele
DIN 4109	11.89	Schallschutz im Hochbau; Anforderungen und Nachweise
DIN 4109 Bbl 1	11.89	—; Ausführungsbeispiele und Berechnungsverfahren
DIN 4109 Bbl 2	11.89	—; Hinweise für Planung und Ausführung; Vorschläge für eine erhöhten Schallschutz; Empfehlungen für den Schallschutz im eigenen Wohn- und Arbeitsbereich
DIN 4109 Bbl 3	06.96	—; Berechnung von $R'_{w,R}$ für den Nachweis der Eignung nach DIN 4109 aus Werten des im Labor ermittelten Schalldämm-Maßes R_w
DIN 4109 Ber 1	08.92	—; Berichtigung zu DIN 4109: 1989-11; Beiblatt 1: 1989-11 und Beiblatt 2: 1989-11
DIN 5031-1	03.82	Strahlungsphysik im optischen Bereich und Lichttechnik; Größen, Formelzeichen und Einheiten der Strahlungsphysik
DIN 18005-1	05.87	Schallschutz im Städtebau; Berechnungsverfahren
DIN 18032-1	04.89	Hallen für Turnen und Spiele; Richtlinien für Planung und Bau
DIN 18041	10.68	Hörsamkeit in kleinen bis mittelgroßen Räumen
DIN 18055	10.81	Fenster — Fugendurchlässigkeit, Schlagregensicherheit und mechanische Beanspruchung — Anforderungen und Prüfung
DIN 18164-1	08.92	Schaumkunststoffe als Dämmstoffe für das Bauwesen; Dämmstoffe für die Wärmedämmung.
DIN 18164-2	03.91	Schaumkunststoffe als Dämmstoffe für das Bauwesen; Dämmstoffe für die Trittschalldämmung.

DIN 18165-1	07.91	Faserdämmstoffe als Dämmstoffe für das Bauwesen; Dämmstoffe für die Wärmedämmung.
E DIN 18165-2	05.99	Faserdämmstoffe als Dämmstoffe für das Bauwesen; Dämmstoffe für die Trittschalldämmung.
DIN 18180	09.89	Gipskartonplatten; Arten, Anforderungen, Prüfung
DIN 18181	09.90	Gipskartonplatten im Hochbau; Grundlagen für die Verarbeitung
DIN 45641	06.90	Mittelung von Schallpegeln
DIN 45645-1	07.96	Ermittlung von Beurteilungspegeln aus Messungen
DIN EN 832	12.98	Wärmetechnisches Verhalten von Gebäuden. Berechnung des Heizwärmebedarfs – Wohngebäude
E DIN EN 12354-1	07.96	Bauakustik – Berechnung der akustischen Eigenschaften von Gebäuden aus den Bauteileigenschaften-1: Luftschalldämmung zwischen Räumen
E DIN EN 12354-4	10.97	Bauakustik – Berechnung der akustischen Eigenschaften von Gebäuden aus den Bauteileigenschaften-4: Schallübertragung von Räumen ins Freie
DIN EN 12464	10.98	Angewandte Lichttechnik, Teil 2: Beleuchtung am Arbeitsplatz
DIN EN 12524	07.00	Baustoffe und -produkte; Wärme- und feuchteschutztechnische Eigenschaften – Tabellierte Bemessungswerte
DIN EN ISO 140		Akustik – Messung der Schalldämmung in Gebäuden und von Bauteilen. Teil 1, Teil 4 bis Teil 8, Teil 12
DIN EN ISO 717-1	01.97	Akustik-Bewertung der Schalldämmung in Gebäuden und von Bauteilen – Teil 1: Luftschalldämmung
DIN EN ISO 717-2	01.97	Akustik-Bewertung der Schalldämmung in Gebäuden und von Bauteilen – Teil 2: Trittschalldämmung
DIN EN ISO 6946	11.96	Wärmedurchlaßwiderstand und Wärmedurchgangskoeffizient – Berechnungsverfahren
DIN EN ISO 7345	01.96	Wärmeschutz – Physikalische Größen und Definitionen
DIN EN ISO 13370	12.98	Wärmetechnisches Verhalten von Gebäuden; Wärmeübertragung durch das Erdreich – Berechnungsverfahren
E DIN EN ISO 13788	12.97	Bauteile. Berechnung der Oberflächentemperatur zur Vermeidung kritischer Oberflächenfeuchte und Berechnung der Tauwasserbildung im Bauteilinnern
DIN EN ISO 14683	09.99	Wärmebrücken im Hochbau; Längenbezogener Wärmedurchgangskoeffizient – Vereinfachte Berechnungsverfahren
VDI 4100	04.94	Schallschutz von Wohnungen; Kriterien für Planung und Beurteilung
VDI 2058-1	09.85	Beurteilung von Arbeitslärm in der Nachbarschaft

Weiterführende Literatur

[1] *Achtziger, I.:* Evaluating Thermal Insulation of Light Façade Walls. Mitteilungen – Forschungsinst. f. Wärmeschutz München. Reihe IV. Nr. 39

[2] *Furrer, W., Lauber, A.:* Raum- und Bauakustik, Lärmabwehr. Basel und Stuttgart 1972

[3] *Gösele, K., Schüle, W., Künzel, H.:* Schall, Wärme, Feuchte. Wiesbaden – Berlin 1997

[4] *Hauser, G.; Schulze, H.* und *Wolfseher, U.:* Wärmebrücken im Holzbau Bauphysik **5** (1983), H. 2, S. 17 und H. 2, S. 42

[5] *Hauser, G., Stiegel, H.:* Wärmebrücken-Atlas für den Mauerwerksbau. Wiesbaden – Berlin 1990

[6] *Heindl, W.; Kreč, K., Panzhauser, E., Sigmund, H.:* Wärmebrücken. Wien – New York 1987

[7] *Jenisch, R.:* Berechnung der Feuchtigkeitskondensation in Außenbauteilen, abhängig vom Außenklima. Ges. Ing. **92** (1971), H. 9, S. 257 und H. 10, S. 299

[8] *Jenisch, R.:* Tauwasserschäden. Schadenfreies Bauen Band 16, IRB Verlag, Stuttgart 1996

[9] *Lutz, P., Jenisch, R., Freymuth, H., Krampf, L., Petzold, K.:* Lehrbuch der Bauphysik. 4. Aufl. Stuttgart 1997

[10] *Mainka, G. W.* und *Paschen, H.:* Wärmebrückenkatalog. Stuttgart 1986

[11] *Rudolphi, R.* und *Müller, R.:* Bauphysikalische Temperaturberechnungen in FORTRAN. Band 1 Zwei- bzw. dreidimensionale stationäre Probleme des Wärmeschutzes. Stuttgart 1985

[12] *Schüle, W., Jenisch, R.* und *Lutz, H.:* Wärmeschutztechnische und raumklimatische Untersuchungen an Montagebauten. Berichte aus der Bauforschung (1969), H. 60, S. 9. Stuttgart 1972

1 Wärmeschutz im Hochbau

Der Begriff „Wärmeschutz im Hochbau" betrifft in der Regel Maßnahmen, die notwendig sind, um in beheizten Gebäuden ein für die Menschen behagliches Raumklima zu schaffen. Dabei wird zusätzlich erwartet, daß die Baukonstruktion vor Schäden durch Feuchteeinwirkung geschützt wird und der Verbrauch an Heizenergie in tragbaren Grenzen bleibt.

Die Anforderungen an den Wärmeschutz der Bauteile zur Gewährleistung eines zufriedenstellenden Raumklimas mit der zusätzlichen Forderung nach einem ausreichenden Schutz der Baukonstruktion führen zur Festlegung von Mindestwerten des Wärmedurchlaßwiderstandes. Eine erhöhte Einsparung von Heizenergie ist bei dieser Betrachtungsweise nicht zu erwarten. Deshalb gibt es mehrere technische Regelwerke, die sich aus diesen unterschiedlichen Gesichtspunkten mit dem Wärmeschutz von Bauteilen bzw. von Gebäuden befassen:

- Die DIN 4108-2 fordert Mindestwerte des Wärmedurchlaßwiderstandes zum Schutz des Menschen vor thermisch unbehaglichen Zuständen und zum Schutz der Baukonstruktion vor Schäden.
- Die Wärmeschutzverordnung (WSchV), DIN V 4108-6 und DIN EN 832 dagegen befaßt sich mit der Forderung nach einem energiesparenden Wärmeschutz.

1.1 Physikalische Größen, Formelzeichen, Einheiten und Indizes

Physikalische Größe	Formelzeichen nach Norm	Formelzeichen bisher üblich	SI-Einheit
Wärmemenge	Q	Q	J (1 J = 1 Ws)
Wärmestrom	Φ	Φ	W
Wärmestromdichte	q	q	W/m^2
Wärmeleitfähigkeit	λ	λ	$W/(m \cdot K)$
Wärmedurchlaßkoeffizient	Λ	Λ	$W/(m^2 \cdot K)$
Wärmedurchlaßwiderstand	R	$1/\Lambda$	$m^2 \cdot K/W$
Wärmeübergangskoeffizient	h	α	$W/(m^2 \cdot K)$
Wärmeübergangswiderstand	R_s	$1/\alpha$	$m^2 \cdot K/W$
Wärmedurchgangskoeffizient	U	k	$W/(m^2 \cdot K)$
Wärmedurchgangswiderstand	R_T	$1/k$	$m^2 \cdot K/W$
spezifische Wärmekapazität	c	c	$J/(kg \cdot K)$
Massebezogener Feuchtegehalt[1]	u	u_m	kg/kg
Volumenbezogener Feuchtegehalt[2]	ψ	u_v	m^3/m^3
Massebezogener Umrechnungsfaktor für den Feuchtegehalt[3]	f_u	—	kg/kg
Volumenbezogener Umrechnungsfaktor für den Feuchtegehalt[3]	f_ψ	—	m^3/m^3
Luftwechselrate	n	n, β	1/h
Fugendurchlaßkoeffizient	—	α	$m^3/(h \cdot m \cdot (daPa^{2/3}))$
Gesamtenergiedurchlaßgrad	—	g	—
Abminderungsfaktor	—	z	—
Thermodynamische Temperatur	T	T	K
Celsius-Temperatur	Θ	ϑ	°C
Dicke	d	s	m
Länge	l	l	*m*
Fläche	A	A	m^2
Volumen	V	V	m^3
Zeit	t	t	s
Dichte	ϱ	ϱ	kg/m^3

[1]) Quotient aus Masse des verdampfbaren Wassers und Trockenmasse des Baustoffs
[2]) Quotient aus Volumen des verdampfbaren Wassers und dem Trockenvolumen des Baustoffs
[3]) Zur Umrechnung der Wärmeschutztechnischen Eigenschaften

Indizes

innen	i	innere Oberfläche	si
außen	e	äußere Oberfläche	se
Oberfläche	s		

Zwischen den vor dem 1. 1. 1978 genutzten Einheiten kcal bzw. kcal/h und den SI-Einheiten J und W bestehen folgende Beziehungen:

1 kcal = 4186,8 J 1 kcal/h = 1,163 W

1.1.1 Wärmebewegung durch Bauteile

Trennt ein Bauteil einen beheizten Raum von einer Umgebung mit niedrigerer Temperatur, so fließt ein Wärmestrom durch ihn in Richtung des Temperaturgefälles. Der Wärmestrom hängt von der Geometrie, dem Material und der Beschaffenheit der Oberfläche, der Luftbewegung und der Lufttemperatur zu beiden Seiten des Bauteiles ab. Wenn die Temperaturen nicht konstant sind, ist der Wärmestrom auch noch zeitlichen Schwankungen unterworfen.

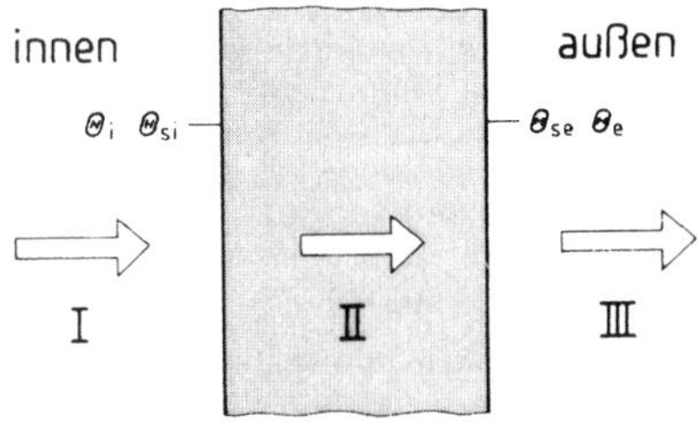

Bild 1 Schematische Darstellung der Wärmebewegung durch ein Bauteil von der höheren Temperatur Θ_i zur tieferen Θ_e

I Wärmeübergang von Raumluft zu raumseitiger Wandoberfläche

II Wärmedurchgang durch das Bauteil

III Wärmeübergang von außenseitiger Wandoberfläche an die Außenluft

Beim Wärmeschutz im Hochbau werden grundsätzlich konstante Temperaturen angenommen. Die auf dieser Annahme basierenden physikalischen Gesetze, die den wärmeschutztechnischen Berechnungen im Hochbau zugrunde liegen, gelten nur für plattenförmige, unendliche ausgedehnte Körper. Bauteile können, wenn Ecken- und Anschlußbereiche ausgeklammert werden, in erster Annäherung als derartige Körper angesehen werden. Die Wärmebewegung durch ein Bauteil kann nach Bild 1 in 3 Einzelvorgänge aufgeteilt werden:

Die Wärmestromdichten (Wärmestrom durch Fläche) der einzelnen Wärmebewegungen sind:
mit bisher üblichen Formelzeichen:

$$q_{I} = \alpha_i(\vartheta_{Li} - \vartheta_{Oi}) \qquad q_{II} = \Lambda(\vartheta_{Oi} - \vartheta_{Oa}) \qquad q_{III} = \alpha_a(\vartheta_{Oa} - \vartheta_{La})$$

mit Formelzeichen nach Norm:

$$q_{I} = h_{si}(\theta_i - \theta_{si}) \qquad q_{II} = \Lambda(\theta_{si} - \theta_{se}) \qquad q_{III} = h_{se}(\theta_{se} - \theta_e)$$

Bei der Gesamtbetrachtung der Wärmebewegung durch das Bauteil, einschließlich der beidseitigen Wärmeübergänge ergibt sich die Wärmestromdichte

$$q = k(\vartheta_{Li} - \vartheta_{La}) \quad \textbf{bzw.} \quad q = U(\theta_i - \theta_e)$$

Die Größen h_{si} und h_{se} bzw. α_i und α_a sind Wärmeübergangskoeffizienten. Λ der Wärmedurchlaßkoeffizient, U bzw. k der Wärmedurchgangskoeffizient des Bauteils.

Die Kehrwerte der Koeffizienten sind Wärmewiderstände. Der Wärmewiderstand einer Baustoffschicht hängt von deren Dicke und der Wärmeleitfähigkeit des Materials ab und wird Wärmedurchlaßwiderstand genannt.

1.1.2 Berechnungsverfahren

Die nachfolgend angeführten Kenngrößen und Berechnungsverfahren gelten nur bei stationären Wärmestromverhältnissen und für ebene, plattenförmige Körper. In Bereichen divergierender oder konvergierender Wärmestromlinien sind sie nicht anwendbar.

1.1.2.1 Bedeutung und Berechnung der Kenngrößen nach DIN EN ISO 6946-1

Rechenwert der Wärmeleitfähigkeit λ_R. Wärmeenergie wird in Stoffen unterschiedlich gut weitergeleitet. Diese Eigenschaft wird als Wärmeleitfähigkeit bezeichnet. Für wärmeschutztechnische Berechnungen ist der Rechenwert der Wärmeleitfähigkeit anzuwenden. Er ist auf eine Temperatur von 10 °C und den praktischen Feuchtegehalt (s. Tafel 26) bezogen und berücksichtigt material- und herstellungsbedingte Streuungen. Die Rechenwerte der Wärmeleitfähigkeit λ_R in Tafel 17 sind unter anderem aufgrund der praktischen Feuchtegehalte nach Tafel 26 festgelegt worden.

Wärmedurchlaßwiderstand R. Bei einem einschichtigen Bauteil berechnet er sich aus der Dicke d und dem Rechenwert der Wärmeleitfähigkeit λ_R nach der Gl.

$$R = d/\lambda_R \quad (1)$$

Bei mehrschichtigen Bauteilen der Dicken $d_1, d_2, \ldots, d_n$ der Einzelschichten und deren Rechenwerten der Wärmeleitfähigkeit $\lambda_{R1}, \lambda_{R2}, \ldots, \lambda_{Rn}$ berechnet er sich nach der Gleichung

$$R = d_1/\lambda_{R1} + d_2/\lambda_{R2} + \ldots + d_n/\lambda_{Rn} \quad (2)$$

Wärmeübergangswiderstand R_{si}; R_{se}. Er kennzeichnet den Wärmewiderstand beim Wärmetransport von der Luft zur Bauteiloberfläche bzw. umgekehrt (s. Bild 1). Die für Berechnungen notwendigen Zahlenwerte werden der Tafel 20 entnommen.

Wärmedurchgangswiderstand R_T. Durch die Addition der Einzelwiderstände erhält man den Wärmedurchgangswiderstand eines Bauteils

$$R_T = R_{si} + R + R_{se} \quad (3)$$

Wärmedurchgangskoeffizient U. Bei ein- und mehrschichtigen Bauteilen ergibt sich der Wärmedurchgangskoeffizient aus der Kehrwertbildung der Gl. (3)

$$U = \frac{1}{R_T} \quad (4)$$

Mittlerer Wärmedurchgangskoeffizient eines inhomogenen Bauteils

Bei den Gl. (1) bis (4) wird vorausgesetzt, daß das Bauteil in seiner ganzen Ausdehnung aus einer oder mehreren aufeinanderfolgenden homogenen, senkrecht zur Richtung des Wärmestromes angeordneten Schichten besteht. Sind jedoch mehrere, nebeneinanderliegende Abschnitte mit einem unterschiedlichen Materialaufbau vorhanden (s. Bild 2), weisen die Berechnungen einen mehr oder weniger großen Fehler auf, der von der Differenz der wärmeschutztechnischen Qualität der nebeneinanderliegenden Bereiche abhängt. Mit einer in vielen Fällen ausreichenden Genauigkeit kann der mittlere Wärmedurchgangskoeffizient eines solchen inhomogenen Bauteils mit dem nachfolgend beschriebenen Rechenverfahren ermittelt werden.

Berechnet wird der Wärmedurchgangswiderstand R_T des Bauteiles bei zwei sich stark unterscheidenden Randbedingungen. Die jeweiligen Rechenergebnisse ergeben Extremwerte, die als oberer (R'_T) bzw. unterer Grenzwert (R''_T) bezeichnet werden. Das Endergebnis ist der Mittelwert aus beiden Berechnungen. Neben den Materialwerten der Abschnitte und Schichten bestimmen auch die Anteile f der Abschnittsflächen an der Gesamtfläche A das jeweilige Ergebnis.

$$f_a = A_a/A,\ f_b = A_b/A,\ \ldots,\ f_n = A_n/A \quad \text{mit} \quad A = A_a + A_b + \ldots + A_n$$
$$\text{und} \quad f_a + f_b + \ldots + f_n = 1$$

Oberer Grenzwert R'_T

Für jeden Abschnitt des Bauteils wird der Wärmedurchgangskoeffizient getrennt

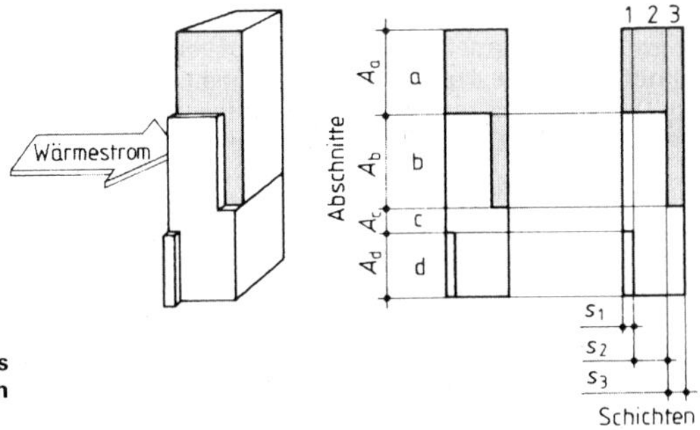

Bild 2 Inhomogener Bauteil aus n Abschnitten und m Schichten

bestimmt und zuerst der gewichtete Mittelwert U' des Bauteils und dann der Wärmedurchgangswiderstand R'_T berechnet.

$$\boldsymbol{U' = U_a \cdot f_a + U_b \cdot f_b + \ldots + U_n \cdot f_n} \qquad (5)$$
$$\boldsymbol{R'_T = 1/U'}$$

Unterer Grenzwert R''_T

Für jede Bauteilschicht wird entsprechend der Flächenanteile der verschiedenen Abschnitte die gewichtete Wärmeleitfähigkeit λ'' jeder einzelnen Schicht berechnet und mit diesen Werten der Wärmedurchgangswiderstand R''_T der Gesamtkonstruktion bestimmt. Für die Schicht m ist die mittlere Wärmeleitfähigkeit

$$\lambda''_m = \lambda_{m,a} \cdot f_a + \lambda_{m,b} \cdot f_b + \ldots + \lambda_{m,n} \cdot f_n$$

Der Wärmedurchgangswiderstand R''_T des m-schichtigen Bauteils ist

$$\boldsymbol{R''_T = R_{si} + R_1 + R_2 + \ldots + R_m + R_{se}} \qquad (6)$$

Mittelwert und relativer Fehler

Das Mittel aus oberem und unterem Grenzwert liefert den Näherungswert des Wärmedurchgangswiderstandes R_T des Bauteils.

$$\boldsymbol{R_T = (R'_T + R''_T)/2} \qquad (7)$$

und $\boldsymbol{U = 1/R_T}$

Die relative Rechenungenauigkeit e ist:

$$e = (R'_T - R''_T)/2 \cdot R_T$$

In Abschn. 1.2.8 wird ein Anwendungsbeispiel gezeigt.

Wärmestrom Φ und Wärmestromdichte q. Durch ein Bauteil mit der Fläche A fließt bei einer beidseitig angrenzenden Luft der Temperaturen Θ_i bzw. Θ_e ein Wärmestrom der Größe

$$\boldsymbol{\Phi = U \cdot A(\Theta_i - \Theta_e)}$$

bzw. eine Wärmestromdichte der Größe

$$\boldsymbol{q = U \cdot (\Theta_i - \Theta_e)} \qquad (8)$$

Bei den Berechnungen ist die Schichtdicke d in m und die Fläche A in m^2 einzusetzen.

Die Berechnungen der Größen nach den Gl. (1) bis (8) für den Nachweis des erforderlichen Wärmeschutzes im Hochbau erfolgt nach DIN EN ISO 6946.

Für die Berechnung des Wärmeschutzes der Bauteile sind die Stoffwerte der DIN V 4108-4 zu entnehmen (s. Tafel 17). Stoffwerte, die dort nicht enthalten sind, dürfen nur dann verwendet werden, wenn sie nach den Vorschriften der Bauregelliste bestimmt und im Bundesanzeiger bekannt gemacht worden sind.

1.1.2.2 An Luftschichten grenzende Flächen

Bei einer an eine Luftschicht grenzenden Fläche mit schmäleren Einschnitten oder Überständen wird nach DIN EN ISO 6946 die Berechnung so geführt, als ob die

Fläche eben wäre (s. Bild 3). Die schmäleren Einschnitte werden verlängert, ohne deren Wärmedurchlaßwiderstand zu verändern (Bild 3a). Die überstehenden Abschnitte werden verkürzt, wobei deren Wärmedurchlaßwiderstand entsprechend der Dicke der angrenzenden Bereiche vermindert wird (Bild 3b)

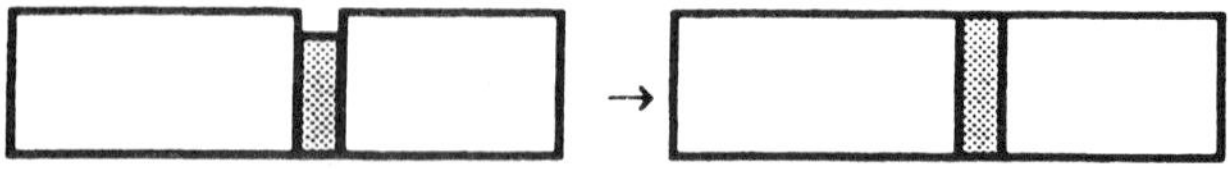

a) Schmälere Abschnitte werden verlängert ohne den Wärmedurchlaßwiderstand zu verändern.

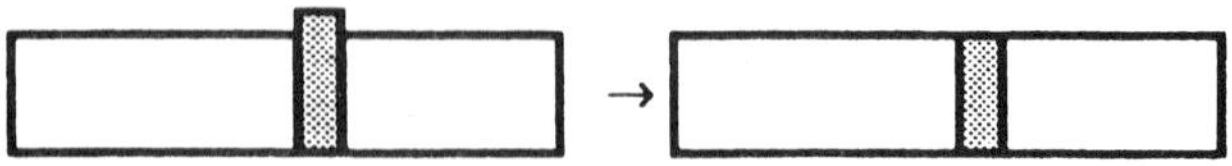

b) Überstehende Abschnitte werden verkürzt, wobei deren Wärmedurchlaßwiderstand vermindert wird.

Bild 3: Angaben zur Berechnung des Wärmedurchlaßwiderstandes von an Luftschichten grenzenden Bauteilen mit schmäleren Einschnitten a) oder Überständen b).

1.1.2.3 Berechnung von Temperaturen

Sind die Lufttemperaturen beiderseits des Bauteils Θ_i und Θ_e, ergeben sich für die Innen- bzw. Außenoberflächentemperaturen Θ_{si} bzw. Θ_{se} durch folgende Gleichungen

$$\boldsymbol{\Theta_{si} = \Theta_i - R_{si} \cdot q} \qquad (9)$$

$$\boldsymbol{\Theta_{se} = \Theta_e + R_{se} \cdot q} \qquad (10)$$

Die Temperaturen Θ_1, $\Theta_2, \ldots \Theta_n$ innerhalb des Bauteils nach der ersten, zweiten bzw- n-ten Schicht, gezählt in Richtung des Wärmestromes, sind

$$\boldsymbol{\Theta_1 = \Theta_{si} - R_1 \cdot q} \qquad (11)$$

$$\boldsymbol{\Theta_2 = \Theta_1 - R_2 \cdot q} \qquad (12)$$

$$\vdots$$

$$\boldsymbol{\Theta_n = \Theta_{n-1} - R_n \cdot q} \qquad (13)$$

Anwendungsbeispiel s. Abschn. 3.4.3.
Nach Gl. (8) ist

$$q = U(\Theta_i - \Theta_e)$$

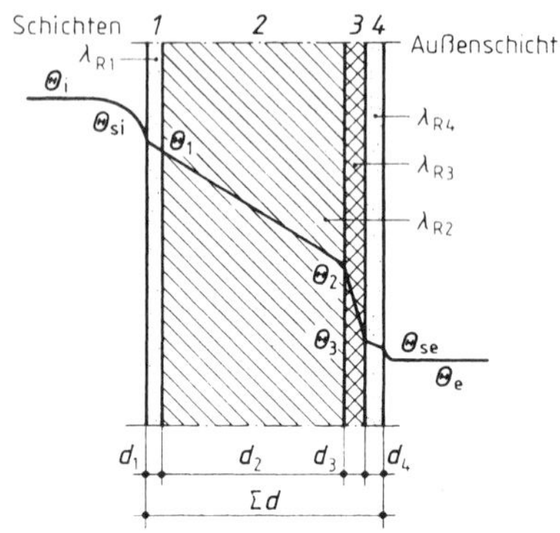

Bild 4 Temperaturen in mehrschichtigen Bauteilen

1.2 Mindestanforderungen an den Wärmeschutz im Winter nach DIN 4108

Hinweis: Wegen der durch die Verbrennung von fossilen Brennstoffen entstandenen Umweltprobleme sind die Anforderungen an den Wärmeschutz von Gebäuden in den vergangenen Jahren gestiegen. Deshalb wurde die DIN 4108-2 (08.81) überarbeitet und ist als Entwurf E DIN 4108-2 (06.99) der Öffentlichkeit zur Stellungnahme vorgelegt worden. Abschnitt 1.2.2 gibt eine Übersicht über einige der zu erwartenden Änderungen. Wegen der vielen, beim Arbeitsausschuß eingegangenen Einsprüchen, ist nicht abzusehen, wann die Norm baurechtlich eingeführt wird. Abweichungen von der Fassung E DIN 4108-2 (06.99) sind zu erwarten.

Die DIN 4108-2 legt Mindestanforderungen an die Wärmedämmung von Bauteilen und an Wärmebrücken in der Gebäudehülle fest. Sie gelten für Aufenthaltsräumen in Hochbauten, die ihrer Bestimmung nach auf normale Innentemperaturen ($\geq$ 19 °C) beheizt werden. Sie sind auch auf Nebenräume von Aufenthaltsräume anzuwenden, wenn diese mit den Aufenthaltsräumen in Verbindung stehen. Bei Erfüllung dieser Mindestanforderungen ist zu erwarten,

— daß sich in den Gebäuden bei normalen Heizungs- und Lüftungsverhältnissen ein aus hygienischer Sicht nicht zu beanstandendes Raumklima einstellt und

Tafel 1 **Mindestwerte *R* und Maximalwerte *U* von Bauteilen (mit Ausnahme leichter Bauteile nach Tafel 2)**

Zeile		Bauteile (s. Skizze zu Tafel 1, S. 126)		Wärmedurchlaßwiderstand *R* im Mittel in $m^2 \cdot K/W$	Wärmedurchlaßwiderstand *R* an der ungünstigst. Stelle in $m^2 \cdot K/W$	Wärmedurchgangskoeffizient *U* im Mittel in $W/(m^2 \cdot K)$	Wärmedurchgangskoeffizient *U* an der ungünstigst. Stelle in $W/(m^2 \cdot K)$
1	1.1	Außenwände[1]	allgemein	0,55		1,39; 1,32[2]	
	1.2		Für kleinflächige Einzelbauteile (z. B. Pfeiler) bei Gebäuden mit einer Höhe des Erdgeschoßfußbodens (1. Nutzgeschoß) ≦500 m über NN	0,47		1,56; 1,47[2]	
2	2.1	Wohnungstrennwände[3] und Wände zwischen fremden Arbeitsräumen	in nicht zentralbeheizten Gebäuden	0,25		1,96	
	2.2		in zentralbeheizten Gebäuden[4]	0,07		3,03	
3		Treppenraumwände[5]		0,25		1,96	
4	4.1	Wohnungstrenndecken u. Decken zwischen fremden Arbeitsräumen[3] [6] [7]	allgemein	0,35		1,64[8]; 1,45[9]	
	4.2		in zentralbeheizten Bürogebäuden[4]	0,17		2,33[8]; 1,96[9]	
5	5.1	Unterer Abschluß nicht unterkellerter Aufenthaltsräume[6]	unmittelbar an das Erdreich grenzend	0,90		0,93	
	5.2		über einen nicht belüfteten Hohlraum an das Erdreich grenzend			0,81	
6		Decken unter nicht ausgebauten Dachräumen[6] [10]		0,90	0,45	0,90	1,52
7		Kellerdecken[6] [11]		0,90	0,45	0,81	1,27
8	8.1	Decken, die Aufenthaltsräume gegen die Außenluft abgrenzen[6]	nach unten[12]	1,75	1,30	0,51; 0,50[2]	0,66; 0,65[2]
	8.2		nach oben[13] [14] [15]	1,10	0,80	0,79	1,03

[1]) Zeile 1 gilt auch für Wände, die Aufenthaltsräume gegen Bodenräume, Durchfahrten, Garagen (auch beheizte) oder dgl. abschließen oder an das Erdreich angrenzen. Zeile 1 gilt nicht für Abseitenwände, wenn die Dachschräge bis zum Dachfuß gedämmt ist.
[2]) Dieser Wert gilt für Bauteile mit hinterlüfteter Außenhaut.
[3]) Wohnungstrennwände und -trenndecken sind Bauteile, die Wohnungen voneinander oder von fremden Arbeitsräumen trennen.
[4]) Als zentralbeheizt im Sinne dieser Norm gelten Gebäude, deren Räume an eine gemeinsame Heizzentrale angeschlossen sind.
[5]) Zeile 3 gilt auch für Wände, die Aufenthaltsräume von fremden, dauernd unbeheizten Räumen trennen, wie abgeschlossenen Hausfluren, Kellerräumen, Ställen, Lagerräumen usw. Zeile 3 gilt nur für geschlossene, eingebaute Treppenhäuser; sonst gilt Zeile 1.
[6]) Bei schwimmenden Estrichen ist für den rechnerischen Nachweis der Wärmedämmung die Dicke der Dämmschicht im belasteten Zustand anzusetzen. Bei Fußboden- oder Deckenheizungen müssen die Mindestanforderungen an den Wärmedurchlaßwiderstand durch die Deckenkonstruktion unter- bzw. oberhalb der Ebenen der Heizfläche eingehalten werden.
[7]) Die Zeile 4 gilt auch für Decken unter Räumen zwischen gedämmten Dachschrägen und Abseitenwänden bei ausgebauten Dachräumen. [8]) Wärmestromverlauf von unten nach oben. [9]) Wärmestromverlauf von oben nach unten.
[10]) Die Zeile 6 gilt auch für Decken, die unter einem belüfteten Raum liegen, der nur bekriechbar oder noch niedriger ist, sowie für Decken unter belüfteten Räumen zwischen Dachschrägen und Abseitenwänden bei ausgebauten Dachräumen (bezüglich der erforderlichen Belüftung s. DIN 4108-3).
[11]) Die Zeile 7 gilt auch für Decken, die Aufenthaltsräume gegen abgeschlossene, unbeheizte Hausflure o. ä. beschließen.
[12]) Die Zeile 8.1 gilt auch für Decken, die Aufenthaltsräume gegen Garagen (auch beheizte), Durchfahrten (auch verschließbare) und belüftete Kriechkeller abgrenzen.
[13]) S. auch DIN 18530.
[14]) Zum Beispiel Dächer und Decken unter Terrassen.
[15]) Für Umkehrdächer Mindestwert des Wärmedurchlaßwiderstandes *R* um 10% erhöhen.

— daß die Baukonstruktion vor Folgeschäden klimabedingter Feuchteeinwirkungen bewahrt wird.

Der Nachweis eines Mindestwärmeschutzes nach DIN 4108 besteht darin, daß man für die gegebenen Außenbauteile den Wärmedurchlaßwiderstand R oder den Wärmedurchgangskoeffizienten U ermittelt und nachweist, daß

entweder **vorh. $R \geq$ erf. Mindestwert R**

oder **vorh. $U \leq$ zul. Maximalwert U**

ist.

1.2.1 Erforderlicher Wärmeschutz der Bauteile nach DIN 4108-2 (8.81)

1.2.1.1 Erforderlicher Mindestwärmeschutz bei Bauteilen mit einer Gesamtflächenmasse von 300 kg/m² oder mehr

Die Mindestwerte R bzw. Maximalwerte U der Bauteile sind in Tafel 1 angegeben. Bei Außenwänden, Decken unter nicht ausgebauten Dachgeschossen und Dächern bestehen nach Tafel 2 höhere Anforderungen an den Wärmeschutz, wenn deren Gesamtflächenmasse kleiner als 300 kg/m² ist (leichte Bauteile).

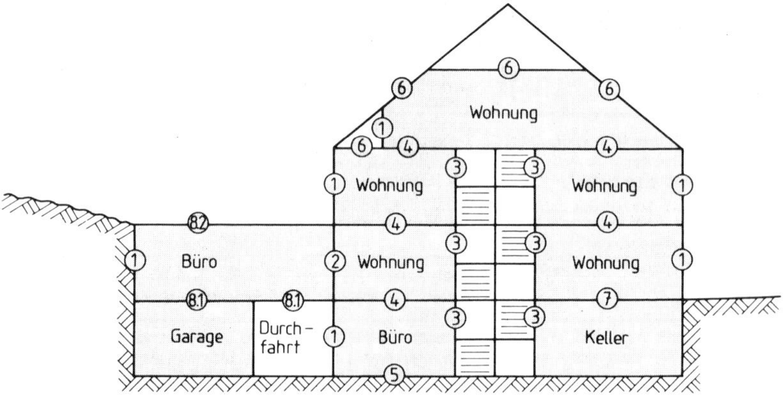

Skizze zu Tafel 1 S. 125. Die lfd. Nr. entsprechen den Zeilen-Nummern in Tafel 1

1.2.1.2 Erforderlicher Wärmeschutz der leichten Bauteile

Bei leichten Bauteilen ($m < 300$ kg/m²) bestehen zusätzliche Anforderungen an deren Wärmeschutz, die von der Wärmespeicherfähigkeit der dem Innenraum zugekehrten Baustoffschichten abhängen. Die Anforderungen sind in Tafel 2 enthalten. Eine Unterschreitung der Werte in Tafel 1 ist jedoch nicht zulässig.

Tafel 2 Mindestwerte R und Maximalwerte U für Außenwände, Decken unter nicht ausgebauten Dachräumen und Dächern mit einer flächenbezogenen Gesamtmasse $m < 300$ kg/m²

Flächenmasse m der dem Raum zugewandten Bauteilschichten in kg/m² ¹)		0	20	50	100	150	200	300
Mindestwert R in m²·K/W¹)		1,75	1,40	1,10	0,80	0,65	0,60	0,55
Maximalwerte U in W/(m²·K)¹)	mit nicht hinterlüfteter Außenhaut	0,52	0,64	0,79	1,03	1,22	1,30	1,39
	mit hinterlüfteter Außenhaut	0,51	0,62	0,76	0,99	1,16	1,23	1,32

¹) Zwischenwerte dürfen geradlinig interpoliert werden.

Speicherfähige Flächenmasse. Bei der Ermittlung der flächenbezogenen Masse eines Bauteils nach Tafel 2 sind in Rechnung zu stellen:

- bei Bauteilen mit Dämmschicht die Masse derjenigen Schichten, die zwischen der raumseitigen Bauteiloberfläche und der Dämmschicht angeordnet sind. Als Dämmschicht gilt hier die Schicht mit $\lambda_R \leq 0{,}1$ W/(m · K) und $R \geq 0{,}25$ m² · K/W.
- bei Bauteilen ohne Dämmschicht (z. B. Mauerwerk) die Gesamtmasse des Bauteils. Werden die Anforderungen nach Tafel 2 bereits von einer oder mehreren Schichten des Bauteils (z. B. bei Vernachlässigung der Masse und des Wärmedurchlaßwiderstandes einer Dämmschicht) erfüllt, so braucht kein weiterer Nachweis geführt zu werden.

Holz und Holzwerkstoffe dürfen bei der Ermittlung der Flächenmasse näherungsweise mit dem zweifachen Wert ihrer Masse in Rechnung gestellt werden.
Bei Holzbauteilen (z. B. Tafelbauart) gelten die Anforderungen der Tafel 2 für den Gefachbereich.

1.2.2 Anforderungen an den Mindestwärmeschutz nach E DIN 4108-2 (6.99)

Systemgrenze. Darunter versteht man die Abgrenzung eines beheizten Bereiches zu seiner Umgebung, für den eine Wärmebilanz mit einer bestimmten Raumlufttemperatur erstellt wird. Es kann sich hierbei um ein ganzes Gebäude handeln oder nur um eine beheizte Zone innerhalb eines Gebäudes. Inbegriffen in die Systemgrenze sind auch Räume, die direkt oder indirekt durch Raumverbund (z. B. Hausflure und Dielen) beheizt sind.

Mindestwärmeschutz. Dieser Begriff bezieht sich auf Maßnahmen, die sicherstellen, daß an der Systemgrenze des Gebäudes Schimmelbildung auf wärmebrückenfreien Innenoberflächen von Außenbauteilen ganz und in Ecken weitgehend vermieden wird. Vorausgesetzt wird, daß die betreffenden Räume bei üblicher Nutzung ausreichend beheizt und belüftet werden (20 °C Raumlufttemperatur und 50% relative Luftfeuchte) und somit ein hygienisches Raumklima gewährleistet ist. Unter dieser Annahme ist zu erwarten, daß ein dauerhafter Schutz der Baukonstruktion gegen feuchtebedingte Einwirkung sichergestellt ist. Hierzu werden Grenzwerte des Wärmedurchlaßwiderstandes der Einzelbauteile der betreffenden Räume festgelegt.

1.2.2.1 Bauteile mit einer flächenbezogenen Gesamtmasse von mindestens 100 kg/m²

Für diese Bauteile sind die Grenzwerte in Tafel 3 angegeben. Sie gelten auch für die ungünstigste Stelle.

1.2.2.2 Leichte Außenbauteile sowie Rahmen- und Skelettbauarten mit einer flächenbezogenen Gesamtmasse von weniger als 100 kg/m²

Für leichte Außenwände, Decken unter nicht ausgebauten Dachgeschossen und Dächer muß der Mindestwert des Wärmedurchlaßwiderstandes $R \geq 1{,}75$ (m² · K)/W sein.

Bei Rahmen- und Skelettbauarten gelten diese Anforderungen nur für den Gefachbereich. In diesen Fällen ist zusätzlich im Mittel $R = 1{,}0$ m² · K/W einzuhalten.

Die Rahmen nichttransparenter Ausfachungen von Metallfassaden dürfen höchstens einen Wärmedurchgangskoeffizienten der Rahmenmaterialgruppe 2.1 nach DIN V 4108-4 (s. Tafel 19) aufweisen.

Der nichttransparente Teil der Ausfachungen von Fensterwänden und Fenstertüren, die weniger als 50% der gesamten Ausfachungsfläche betragen, müssen mindestens die Anforderungen nach Tafel 3 erfüllen.

Die Wärmebrückenwirkung leichter Metallfassaden ist nach E DIN EN ISO 10077-2 in Verbindung mit DIN EN ISO 10221-1 und DIN EN ISO 10221-2 zu berechnen.

Tafel 3 Mindestwerte für Wärmedurchlaßwiderstände von Bauteilen

Spalte		1		2
Zeile		Bauteile		Wärmedurchlaßwiderstand R $(m^2 \cdot K)/W$
1		Außenwände; Wände von Aufenthaltsräumen gegen Bodenräume, Durchfahrten, offene Hausflure, Garagen, Erdreich		1,2
2		Wände zwischen fremdgenutzten Räumen; Wohnungstrennwände		0,07
3	3.1	Treppenraumwände	zu Treppenräumen mit wesentlich niedrigeren Innentemperaturen (z. B. indirekt beheizte Treppenräume); Innentemperatur $\Theta \leq 10\,°C$, aber Treppenraum mindestens frostfrei	0,25
	3.2		zu Treppenräumen mit Innentemperaturen $\Theta_i > 10\,°C$ (z. B. Verwaltungsgebäuden, Geschäftshäusern, Unterrichtsgebäuden, Hotels, Gaststätten und Wohngebäude)	0,07
4	4.1	Wohnungstrenndecken, Decken zwischen fremden Arbeitsräumen; Decken unter Räumen zwischen gedämmten Dachschrägen und Abseitenwänden bei ausgebauten Dachräumen	allgemein	0,35
	4.2		in zentralbeheizten Bürogebäuden	0,17
5	5.1	Unterer Abschluß nicht unterkellerter Aufenthaltsräume	unmittelbar an das Erdreich bis zu einer Raumtiefe von 5 m	0,90
	5.2		über einen nicht belüfteten Hohlraum an das Erdreich grenzend	
6		Decken unter nicht ausgebauten Dachräumen; Decken unter bekriechbaren oder noch niedrigeren Räumen; Decken unter belüfteten Räumen zwischen Dachschrägen und Abseitenwänden bei ausgebauten Dachräumen, wärmegedämmte Dachschrägen		
7		Kellerdecken; Decke gegen abgeschlossene, unbeheizte Hausflure u. ä.		
8	8.1	Decken (auch Dächer), die Aufenthaltsräume gegen die Außenluft abgrenzen	nach unten, gegen Garagen (auch beheizte), Durchfahrten (auch verschließbare) und belüftete Kriechkeller[1]	1,75
	8.2		nach oben, z. B. Dächer nach DIN 18530, Dächer und Decken unter Terrassen; Umkehrdächer nach 1.2.3.2. Für Umkehrdächer ist der berechnete Wärmedurchgangskoeffizient U nach DIN EN ISO 6946 und nach Abschn. 1.2.3.2 um ΔU zu korrigieren.	1,2

[1]) Erhöhter Wärmedurchlaßwiderstand wegen Fußkälte.

Der Wärmedurchlaßwiderstand von konstruktionsbedingten Wärmebrücken wird nach DIN EN ISO 6946, DIN EN ISO 10211-1 und DIN EN ISO 10211-2 oder im Falle transparenter Bauteile nach DIN EN 30077 berechnet.

1.2.2.3 Anforderungen für Gebäude mit niedrigen Innentemperaturen

Für Gebäude mit Temperaturen $12\,°C < \Theta < 19\,°C$, also abweichend vom normalen Anwendungsbereich dieser Norm, gilt als Mindestwert für den Wärmedurchlaßwiderstand von Bauteilen nach Tafel 3, Zeile 1: $R = 0{,}55\ m^2 \cdot K/W$.

4

1.2.2.4 Anwendungshinweis zu Wänden

Der in Tafel 3 geforderte Mindestwärmedurchlaßwiderstand muß an jeder Stelle vorhanden sein, z. B. in Fenster- bzw. Heizkörpernischen, Brüstungen von Fensterbauteilen, Fensterstürzen, Rolladenkästen einschließlich Rolladenkastendeckel. Werden Rohrkanäle oder — ausnahmsweise — wasserführende Leitungen in Außenwänden untergebracht, muß der nach außen gerichtete Restteil der Wand ebenfalls die Mindestanforderung erfüllen.

1.2.2.5 Wärmebrücken nach E DIN 4108-2 (6.99)

Als Wärmebrücken werden örtlich begrenzte Stellen bezeichnet, die im Vergleich zu den angrenzenden Bauteilbereichen eine höhere Wärmestromdichte aufweisen. Diese verursacht nicht nur einen zusätzlichen Wärmeverlust, sondern reduziert auch in dem betreffenden Bereich die Oberflächentemperatur des Bauteils. Deshalb sind Wärmebrücken wärmeschutztechnische Schwachstellen in einer Baukonstruktion und bedürfen einer besonderen Aufmerksamkeit. In ihrem Einflußbereich können die erniedrigten Oberflächentemperaturen zu Tauwasserniederschlag und in dessen Gefolge zu Feuchteschäden sowie Schimmelpilzbildung führen [8], [9]. Um das Risiko solcher Schäden und erhöhte Transmissionswärmeverluste zu verringern bzw. auszuschalten, sind die nachfolgend genannten Maßnahmen zu beachten. Unabhängig hiervon wird eine gleichmäßige Beheizung und ausreichende Belüftung der Räume vorausgesetzt.

Hinweise zur Bewertung der Oberflächentemperatur von Wärmebrücken

Bei folgenden Wärmebrücken entfällt der Nachweis des ausreichenden Schutzes gegen Tauwasserniederschlag:

- Bei allen Beispielen von Wärmebrücken, die in DIN 4108 Beiblatt 2 aufgeführt sind.
- Bei Ecken von Außenbauteilen mit gleichartigem Aufbau, deren Einzelkomponenten die Anforderungen der Tafel 3 erfüllen.

Für alle hiervon abweichenden Konstruktionen muß der Nachweis erbracht werden, daß der nach E DIN EN ISO 10211-2 definierte Temperaturfaktor f_{Rsi}

$$\boldsymbol{f_{Rsi} = \frac{\theta_{si} - \theta_e}{\theta_i - \theta_e}}$$

den folgenden Grenzwert f_{min} übersteigt.

$$\boldsymbol{f_{Rsi} \geq f_{min} = 0{,}70}$$

Eine weitere Bewertungsgröße für die Absenkung der Oberflächentemperatur einer Wärmebrücke ist die spezifische Temperaturabsenkung f_s (s. Abschn. 1.3.5 und [9]).

$$\boldsymbol{f_s = \frac{\theta_i - \theta_{si}}{\theta_i - \theta_e}}$$

zwischen dem Temperaturfaktor f und der spezifischen Temperaturabsenkung f_s besteht der Zusammenhang

$$\boldsymbol{f_{Rsi} + f_s = 1}$$

Bei Untersuchungen mit der spezifischen Temperaturabsenkung f_s muß diese geringer als der Maximalwert $f_{s,\,max}$ bleiben.

$$\boldsymbol{f_s \leq f_{s,max} = 0{,}30}$$

Hinweise zur Bewertung der Transmissionswärmeverluste von Wärmebrücken

Übliche Verbindungsmittel wie Nägel, Schrauben, Drahtanker sowie Mörtelfugen von Mauerwerk nach DIN 1053-1 werden beim Nachweisverfahren nicht als Wärmebrücken behandelt.
Wärmeverluste von dreidimensionalen Wärmebrücken (Raumecken) können wegen der begrenzten Flächenwirkung vernachlässigt werden. Diejenigen von zweidimensionalen Wärmebrücken (Wandecken bzw. -winkel) müssen überprüft und gegebenenfalls durch konstruktive Maßnahmen verringert werden.

Auskragende Betonplatten, Attiken, freistehende Stützen, in den ungedämmten Dachraum hineinragende Wände aus Beton müssen zusätzlich gedämmt werden.

Wärmebrücken nach DIN 4108 Beiblatt 2

Das Beiblatt 2 zu DIN 4108 enthält 58 Planungs- und Ausführungsbeispiele von Maßnahmen zur Verbesserung des Wärmeschutzes von Wärmebrücken, jedoch ohne Angabe von Koeffizienten zur Bewertung des Wärmeverlustes und ohne Werte des Temperaturfaktors *f* zur Ermittlung der niedrigsten Oberflächentemperatur. Beispiele mit diesen Bemessungswerten sind in Abschn. 1.3 zu finden, sowie in [5], [9] und [10]. Das nachfolgende Bild zeigt ein Beispiel einer ausreichend gedämmten Wärmebrücke nach DIN 4108 Beiblatt 2.

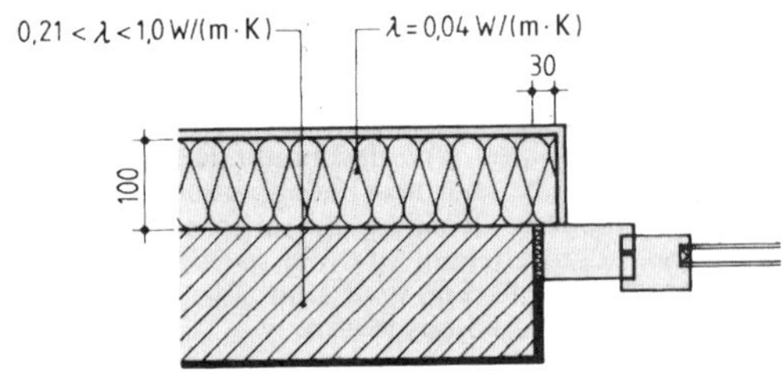

Bild 5
Fensterlaibung — außengedämmtes Mauerwerk

1.2.2.6 Luftschichten in Außenbauteilen nach DIN EN ISO 6946

Bei Luftschichten in Außenbauteilen wird hinsichtlich des Wärmeschutzes derselben zwischen ruhenden, schwach belüfteten und stark belüfteten Luftschichten unterschieden. Die berechneten Wärmedämmwerte gelten für den Fall, daß die Luftschichtdicke nicht mehr als das 0,1fache der kleineren der beiden Flächenabmessungen ist, jedoch den Betrag von 0,3 m nicht übersteigt. Vorausgesetzt wird, daß beide Flächen parallel zueinander verlaufen, jeweils einen Emissionsgrad von 0,8 besitzen und daß der Wärmestrom senkrecht zu den Flächen gerichtet ist.

Außerdem darf kein Luftaustausch zwischen der Luftschicht und dem Innenraum erfolgen.

Hinweis: Wenn die Dicke einer Luftschicht in einem Bauteil den Betrag von 0,3 m überschreitet, sollte der Wärmedurchgangskoeffizient *U* nicht mittels der Gl. (3) und (4) berechnet werden, denn die generelle Angabe des Wärmedurchlaßwiderstandes sehr dicker Luftschichten ist wegen der variierenden Randeinflüsse in der Regel nicht mehr möglich. In einem solchen Fall sollte der Wärmestrom durch das Bauteil mittels einer Wärmebilanz, z. B. nach E EN ISO 13789, Wärmetechnisches Verhalten von Gebäuden — Spezifischer Transmissionswärmeverlustkoeffizient — Berechnungsverfahren, ermittelt werden.

Ruhende Luftschicht. Wenn eine Luftschicht nicht in Verbindung mit der das Bauteil umgebenden Luft steht, wird sie als ruhend bezeichnet. Hierzu zählen auch die Luftschichten bei zweischaligem Mauerwerk nach DIN 1053-1. Besteht eine Verbindung zwischen der Luftschicht und der Umgebung durch kleine Öffnungen in der Außenschale, deren Größe und Anordnung das Entstehen eines Luftstromes ausschließt, wird die Luftschicht ebenfalls als ruhend eingestuft. Diese Bedingung trifft zu, wenn die Querschnittsfläche der Verbindungsöffnungen folgende Werte nicht übersteigt:

- Bei vertikaler Luftschicht: 500 mm^2/m; bezogen auf die horizontale Kantenlänge des Bauteils
- Bei horizontaler Luftschicht: 500 mm^2/m^2; bezogen auf die Oberfläche des Bauteils

Für Luftschichten, die diese Randbedingungen erfüllen, sind die für Berechnungen anzuwendenen Werte des Wärmedurchlaßwiderstandes in Tafel 4 enthalten. Als horizontal sind Luftschichten bis zu einem Winkel von ± 30° gegenüber der horizontalen Ebene einzustufen.

Schwach belüftete Luftschicht. Schwach belüftet ist eine Luftschicht, wenn die den Luftaustausch ermöglichenden, an gegenüberliegenden Seiten angeordnete Öffnungen, auf folgenden Wert begrenzt sind:

- Bei vertikaler Luftschicht: 1500 mm^2/m; bezogen auf die horizontalen Kantenlänge des Bauteils
- Bei horizontaler Luftschicht: 1500 mm^2/m^2; bezogen auf die Oberfläche des Bauteils

Für solche Luftschichten beträgt der Rechenwert des Wärmedurchlaßwiderstandes die Hälfte des entsprechenden Wertes der Tafel 4, dieser darf jedoch nicht größer als 0,15 $m^2 \cdot K/W$ angesetzt werden.

Tafel 4 Wärmedurchlaßwiderstand, in $m^2 \cdot K/W$, von ruhenden Luftschichten — Oberflächen mit hohem Emissionsgrad

Dicke der Luftschicht mm	Richtung des Wärmestromes		
	Aufwärts	Horizontal	Abwärts
0	0,00	0,00	0,00
5	0,11	0,11	0,11
7	0,13	0,13	0,13
10	0,15	0,15	0,15
15	0,16	0,17	0,17
25	0,16	0,18	0,19
50	0,16	0,18	0,21
100	0,16	0,18	0,22
300	0,16	0,18	0,23

Anmerkung: Zwischenwerte können mittels linearer Interpolation ermittelt werden.

Stark belüftete Luftschicht. Eine Luftschicht gilt als stark belüftet, wenn ihre Querschnittsfläche den bei der schwach belüfteten Luftschicht festgelegten Grenzwert übersteigt. In diesem Fall wird der Wärmeschutz sowohl der Luftschicht als auch der der zwischen ihr und der Umgebung angeordneten Bauteilschichten vernachlässigt. Dagegen wird der Wert des äußeren Wärmeübergangswiderstandes R_{se} gleich dem Wert des inneren Wärmeübergangswiderstandes R_{si} des Bauteils gesetzt.

1.2.3 Bauteile mit Abdichtungen

Wenn Bauteile gegen Wassereinwirkung zu schützen sind, dürfen nach den Vorschriften der DIN 4108-2 bei der Berechnung des Wärmedurchlaßwiderstandes nur solche Schichten berücksichtigt werden, die zwischen der raumseitigen Bauteiloberfläche und der Abdichtung angeordnet sind. Ausgenommen von dieser Festlegung sind Wärmedämmsysteme als Perimeterdämmung und als Umkehrdach, wenn die verwendeten Wärmedämmstoffe zusätzliche, in DIN V 4108-4 genannte Anforderungen erfüllen.

1.2.3.1 Perimeterdämmung

Bei der Perimeterdämmung ist die Wärmedämmschicht zwischen Abdichtung und Erdreich angeordnet. Der Untergrund muß ausreichend eben sein. Die verwendeten Wärmedämmstoffe dürfen nur geringe Wassermengen aufnehmen und müssen genügend druckfest sein. Außerdem dürfen die Dämmplatten nicht im Grundwasser liegen bzw. ist langanhaltendes Stauwasser oder drückendes Wasser im Bereich der Dämmschicht zu vermeiden. Geeignet sind Schaumkunststoffe nach DIN 18164-1 des Anwendungstypes WD und WS und solche aus Schaumglas nach DIN 18174-1 des Anwendungstypes WDS und WDH, wenn die folgend genannten Anforderungen an deren Eigenschaften erfüllt und die Verlegevorschriften beachtet werden.

Polystyrol-Hartschaumplatte nach DIN 18164-1. Die Dämmplatten müssen dichtgestoßen im Verband verlegt werden und auf dem Untergrund eben aufliegen. Sie

- müssen beidseitig je eine Schaumhaut haben,
- ihre Druckfestigkeit bzw. Druckspannung muß bei 10% Stauchung $\geq$ 0,30 N/mm^2 sein und
- die im Diffusionsversuch nach DIN EN 12088 im Temperaturgefälle 50 °C zu 1 °C aufgenommene Wassermenge darf den Betrag von 3%, auf das Volumen bezogen, nicht überschreiten.

Schaumglas nach DIN 18174-1. Die Schaumglasplatten müssen dicht gestoßen im Verband verlegt und mit Bitumenkleber großflächig an die Bauteilflächen angeklebt werden. Es ist darauf zu achten, daß die Fugen mit Bitumenkleber voll verfüllt werden. Weiterhin muß die Oberfläche der Dämmplatten mit einer bituminösen, frostbeständigen Deckschicht versehen sein, die entweder werksmäßig aufgebracht ist oder nachträglich angebracht wird. Einige Schaumglastypen dürfen laut Zulassung auch in Bereichen mit ständig oder langanhaltend drückendem Wasser (Grundwasser) bis zu einer maximalen Eintauchtiefe von 12 m verwendet werden.

1.2.3.2 Umkehrdach

Beim Umkehrdach ist die Wärmedämmschicht oberhalb der Dachabdichtung angeordnet und somit der Einwirkung der Niederschlagsfeuchte ausgesetzt. Deshalb dürfen als Wärmedämmaterial nur solche Stoffe verwendet werden, die eine geringe Wasseraufnahme aufweisen. Ohne weiteren Eignungsnachweis sind einlagig verlegte Schaumkunststoffe nach DIN 18164-1 des Anwendungstypes WD und WS mit Stufenfalz für Umkehrdächer zugelassen, wenn sie dieselben Eigenschaften besitzen, wie für eine Perimeterdämmung gefordert.

Bei Regen werden die Dämmplatten unterströmt, wobei zusätzliche Wärmeverluste entstehen. Daher ist bei der Ermittlung des wärmeschutztechnisch wirksamen Kennwertes eines Umkehrdaches der errechnete Wärmedurchgangskoeffizient um einen Betrag ΔU in Abhängigkeit des prozentualen Anteils des Wärmedurchlaßwiderstandes unterhalb der Abdichtung am Wärmedurchlaßwiderstand der Gesamtkonstruktion zu erhöhen.

Anteil der Unterkonstruktion am Gesamtwärmedurchlaßwiderstand in %	ΔU in W/(m^2 · K)
unter 10	0,05
von 10 bis 50	0,03
über 50	0

Um ein „Aufschwimmen" der Dämmplatten oder das Abheben durch Sogkräfte bei Wind zu verhindern, müssen sie durch eine mindestens 50 mm dicke Kiesschicht oder durch Gehwegplatten beschwert werden. Außerdem muß ein langfristiges Überstauen der Wärmedämmplatten bei Regen durch entsprechende Maßnahmen bei der Ausbildung der Dachentwässerung ausgeschlossen werden. Ein kurzfristiges Überstauen, z. B. während intensiver Niederschläge, kann als unbedenklich angesehen werden.

1.2.4 Wärmeschutz von Metallpaneelen

Leichte Metallpaneelen werden als vorgefertigte Elemente für die nichttransparente Ausfachung in Metallfassaden verwendet. Sie bestehen aus zwei Deckschichten, die am Rand durch einen druckfesten Verleimer miteinander verbunden sind. In der Regel werden für die Deckschichten ca. 1 bis 3 mm dicke Aluminium- oder Stahlbleche, aus gestalterischen Gründen für die außenseitige Deckschicht manchmal auch 4 bis 10 mm dicke Colorgläser verwendet. Der Rand wird entweder als Stufenfalz oder mit glatter Oberfläche ausgeführt (s. nachfolgende Skizze). Um zu verhindern, daß Wasserdampf in den Kernbereich der Paneelen eindringen kann, wird die Stirnfläche des Umleimers mit einer als Feuchtesperre dienenden Folie verklebt.

Paneel mit verschiedenen Randausbildungen:

a) Randbereich mit glatter Oberfläche

b) Randbereich mit Stufenfalz

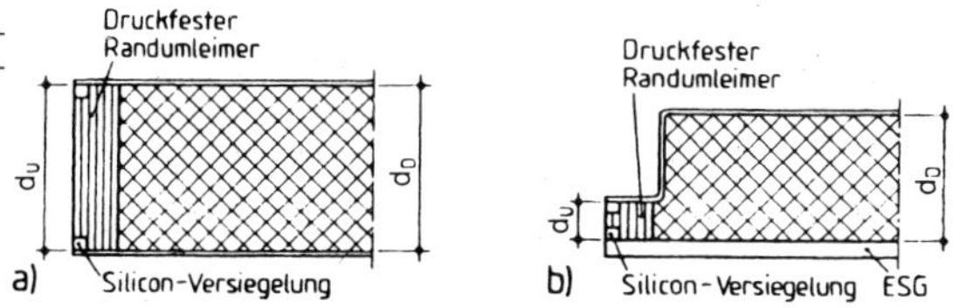

Der Wärmeschutz der Paneele hängt sowohl vom Wärmedurchlaßwiderstand des Kernbereichs als auch von dem des Umleimers ab. Auch die Wärmeleitfähigkeit des für die Deckschicht verwendeten Metalls beeinflußt den Wärmeschutz des Paneels, ebenso die der Randfolie, sofern sie aus Aluminium besteht [1]. Der mittlere Wärmedurchgangskoeffizient eines Metallpaneels kann nur mit Hilfe eines numerischen Rechenverfahrens (s. Abschn. 1.2.2.2) ermittelt werden, das in der Regel einen relativ großen Zeitaufwand erfordert. Wenn kein numerisches Rechenverfahren zur Verfügung steht, kann der mittlere Wärmedurchgangskoeffizient auch mit Hilfe eines Nomogrammes mit ausreichender Genauigkeit bestimmt werden [1], [9]. Das nachfolgende Bild zeigt das Nomogramm als Anwendungsbeispiel.

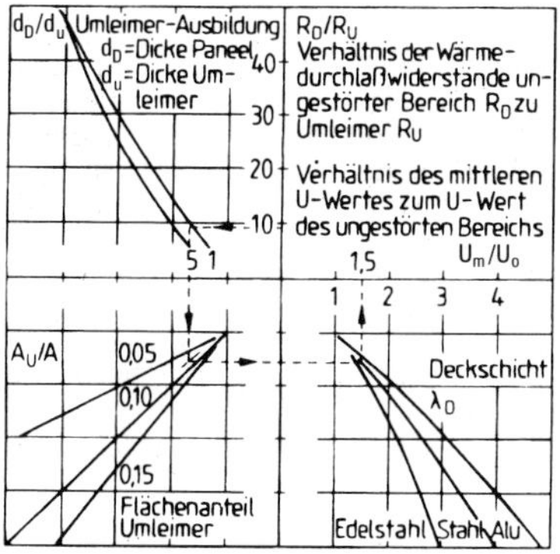

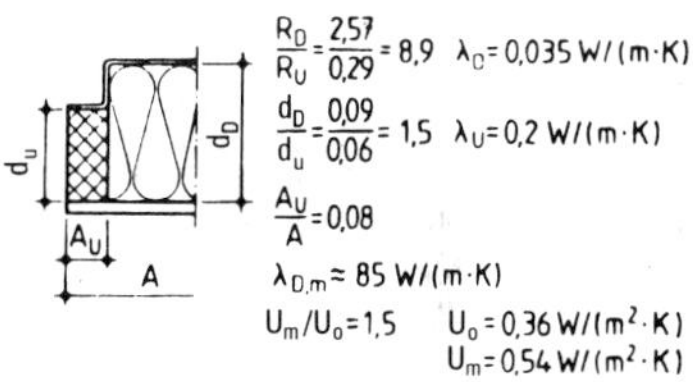

Beispiel zur Bestimmung des mittleren Wärmedurchgangskoeffizienten für ein Paneel

1.2.5 Fenster, Fenstertüren und Außentüren mit Glaseinsatz

Außenliegende Fenster, Fenstertüren und Außentüren mit Glaseinsatz von beheizten Räumen sind mindestens mit Isolier- oder Doppelverglasung auszuführen.

1.2.6 Luftdichtheit von Bauteilen

Wärmeverluste infolge von Undichtheiten in der Gebäudehülle sind dadurch zu begrenzen, daß

- Fugen in der wärmeübertragenden Umfassungsfläche nach dem Stand der Technik dauerhaft und luftundurchlässig abzudichten sind (s. auch DIN 18540). Aus einzelnen Teilen zusammengesetzte Bauteilschichten, z. B. Hohlschalungen, müssen in der Regel zusätzlich abgedichtet werden. Konstruktionen nach DIN V 4108-7 erfüllen ohne besonderen Nachweis die Anforderungen der Luftdichtheit. Experimentell kann die Luftdichtheit von Bauteilen nach E DIN 4108-21, von Gebäuden nach E DIN ISO 9972 bestimmt werden. Der aus den Meßergebnissen abgeleitete Fugendurchlaßkoeffizient *a* von Bauteilen muß kleiner 0,1 $m^3/(m \cdot h \cdot (daPa^{2/3}))$ sein.
- Bei Fenstern und Fenstertüren gelten die Anforderungen nach DIN 18055. Demnach muß bei Gebäuden bis zu 2 Vollgeschossen der Fugendurchlaßkoeffizient $a \leq 2{,}0\ m^3/(m \cdot h \cdot (daPa^{2/3}))$ (Beanspruchungsgruppe A), bei mehr als 2 Vollgeschossen muß $a \leq 1\ m^3/(m \cdot h \cdot (daPa^{2/3}))$ (Beanspruchungsgruppe B und C) sein.
- Bei Außentüren muß $a \leq 2\ m^3/(m \cdot h \cdot (daPa^{2/3}))$ sein.

1.2.7 Luftwechsel

Aus Gründen der Hygiene, der Begrenzung der Luftfeuchte sowie gegebenenfalls der Zuführung von Verbrennungsluft nach bauaufsichtlichen Vorschriften ist auf ausreichenden Luftwechsel zu achten. Dies ist in der Regel der Fall, wenn während der Heizperiode ein auf das Luftvolumen innerhalb der Systemgrenze bezogener durchschnittlicher, nutzerunabhängiger Luftwechsel von 0,5 h^{-1} sichergestellt wird.

1.2.8 Belüftete Außenbauteile

Bei Außenbauteilen mit stark belüftetem Gefachbereich erbringen die Bauteilschichten zwischen der belüfteten Luftschicht und der Außenluft keinen wesentlichen Anteil zum Wärmeschutz, sie werden deshalb beim rechnerischen Nachweis nicht berücksichtigt. Da die hinterlüftete Außenschale jedoch einen Schutz gegen Wärmeverluste durch Wärmestrahlung darstellt und die Windgeschwindigkeit, d. h. den konvektiven Wärmeübergang reduziert, wird nach DIN EN ISO 6946 an der Außenseite des Bauteils mit demselben Wert des Wärmeübergangswiderstandes wie an der Innenseite gerechnet. Es ist also $R_{se} = R_{si}$ zu setzen (s. Abschn. 1.2.2.6).

In DIN V 4108-4 wird für den äußeren Wärmeübergangswiderstandes eines Bauteiles mit stark belüfteter Luftschicht ein hiervon abweichender Zahlenwert genannt. Da europäische Normen einen Vorrang vor nationalen Normen haben, ist mit dem Wert nach DIN EN ISO 6946 zu rechnen.

Bei einer an eine Luftschicht angrenzenden Fläche mit schmäleren Einschnitten oder Überständen wird die Berechnung so geführt, als ob die Fläche eben wäre (s. Abschn. 1.1.2.2).

Rechenbeispiel – Wärmedurchgangskoeffizienten einer belüfteten Dachschräge

1 Dachdeckung mit Dachlattung
2 Sparren 80 × 160 mm; $\lambda_R = 0{,}13$ W/(m · K)
3 40 mm stark belüfteter Luftraum
4 120 mm Mineralfaserdämmstoff $\lambda_R = 0{,}04$ W/(m · K)
5 Dampfsperre (wird nicht berücksichtigt)
6 15 mm Gipskartonplatte; $\lambda_R = 0{,}25$ W/(m · K)
Gefachanteil: $f_a = A_a/A = 0{,}6/0{,}68 = 0{,}882$
Sparrenanteil: $f_b = A_b/A = 0{,}08/0{,}68 = 0{,}118$

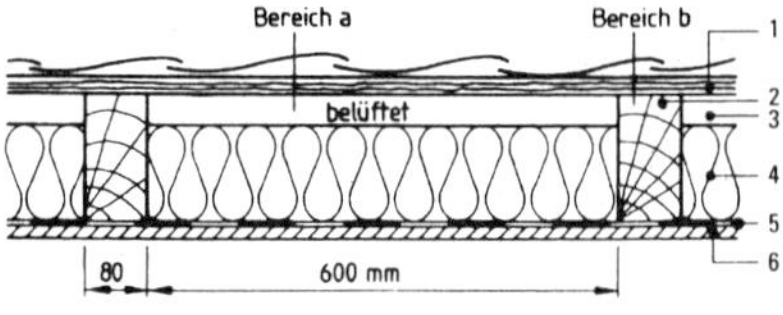

Die Luftschicht zwischen den Dachlatten oberhalb des Sparrens verbindet die Gefachräume miteinander. Daher ist die ganze Dachfläche stark belüftet und folglich auch am Sparren $R_{se} = R_{si} = 0{,}13$ m² · K/W. Wegen der durchgehenden Luftschicht ist der Sparren nach Abschn. 1.1.2.2 ein in den Luftraum überstehender Bauteil mit reduziertem Wärmedurchlaßwiderstand.

Oberer Grenzwert R'_T

Bereich a:

Gipskartonplatte, 15 mm:	$R_6 = 0{,}015/0{,}25$	$= 0{,}060$ m² · K/W
Mineralfaserdämmstoff, 120 mm:	$R_4 = 0{,}12/0{,}04$	$= 3{,}000$ m² · K/W
Luftschicht, stark belüftet, 40 mm:	R_3	$= 0{,}000$ m² · K/W
Dachdeckung mit Lattung:	R_1	$= 0{,}000$ m² · K/W
	R_a	$= 3{,}060$ m² · K/W

$$R'_{T,a} = R_{si} + R_a + R_{se} = 0{,}13 + 3{,}060 + 0{,}13 = 3{,}320 \text{ m}^2 \cdot \text{K/W}$$

$$U'_a = 1/3{,}320 = 0{,}301 \text{ W/(m}^2 \cdot \text{K)}$$

Bereich b:

Gipskartonplatte, 15 mm	$R_6 = 0{,}015/0{,}25$	$= 0{,}060$ m² · K/W
Holzsparren, 120 mm (s. Bild 3b)	$R_2 = 0{,}12/0{,}13$	$= 0{,}923$ m² · K/W
Dachdeckung mit Lattung:	R_1	$= 0{,}000$ m² · K/W
	R_b	$= 0{,}983$ m² · K/W

$$R'_{T,b} = R_{si} + R_b + R_{se} = 0{,}13 + 0{,}983 + 0{,}13 = 1{,}243 \text{ m}^2 \cdot \text{K/W}$$

$$U'_b = 1/1{,}243 = 0{,}805 \text{ W/(m}^2 \cdot \text{K)}$$

Wärmedurchgangskoeffizient: $U' = U'_a \cdot f_a + U'_b \cdot f_b$
$= 0{,}301 \cdot 0{,}882 + 0{,}805 \cdot 0{,}118 = 0{,}361\ \mathrm{W/(m^2 \cdot K)}$

Wärmedurchgangswiderstand: $R'_T = 1/0{,}361 = 2{,}774\ \mathrm{m^2 \cdot K/W}$

Unterer Grenzwert R''_T

Bei der aus zwei Abschnitten bestehenden Dachschräge tragen nur die Schicht mit den Gipskartonplatten (Schicht I) und die Schicht mit den 120 mm dicken Mineralfaserplatten und Sparren (Schicht II) zum Wärmeschutz der Dachschräge bei. Die Fläche zwischen dem Mineralfaserdämmstoff und der Luftschicht ist durchgehend als eben zu betrachten (s. Bild 3b). Die angrenzende, stark belüftete Luftschicht sowie die Dachdeckung liefern keinen Beitrag zum Wärmeschutz der Dachschräge.

Mittlere Wärmeleitfähigkeit der Schichten:

Schicht I: $\lambda_I = 0{,}25\ \mathrm{W/(m \cdot K)}$
Schicht II: $\lambda_{II,a} = 0{,}04\ \mathrm{W/(m \cdot K)}$; $\lambda_{II,b} = 0{,}13\ \mathrm{W/(m \cdot K)}$
$\lambda_{II,m} = f_a \cdot \lambda_{II,a} + f_b \cdot \lambda_{II,b} = 0{,}882 \cdot 0{,}04 + 0{,}118 \cdot 0{,}13 = 0{,}0505\ \mathrm{W/(m \cdot K)}$

Wärmedurchlaßwiderstände der beiden Schichten:

Schicht I: $R_I = 0{,}015/0{,}25 = 0{,}060\ \mathrm{m^2 \cdot K/W}$
Schicht II: $R_{II} = 0{,}12/0{,}0505 = 2{,}372\ \mathrm{m^2 \cdot K/W}$

Wärmedurchgangswiderstand: $R''_T = 0{,}13 + 0{,}060 + 2{,}372 + 0{,}13 = 2{,}692\ \mathrm{m^2 \cdot K/W}$

Mittelwert R_T des oberen und unteren Grenzwertes:

$R_T = (R'_T + R''_T)/2 = (2{,}774 + 2{,}692)/2 = 2{,}733\ \mathrm{m^2 \cdot K/W}$

Größtmöglicher relativer Fehler *e*:

$e = (R'_T - R''_T)/2 \cdot R_T = (2{,}774 - 2{,}692)/2 \cdot 2{,}733 = 0{,}015$ oder 1,5%

Wärmedurchgangskoeffizient *U*:

$U = 1/2{,}733 = 0{,}366 = 0{,}37\ \mathrm{W/(m^2 \cdot K)}$

Wärmedurchlaßwiderstand *R*:

$R = 2{,}733 - 0{,}13 - 0{,}13 = 2{,}473 = 2{,}47\ \mathrm{m^2 \cdot K/W}$

1.2.9 Wärmedämmstoffe — Anwendungshinweis

1.2.9.1 Wärmeleitfähigkeitsgruppen

Die Wärmeleitfähigkeit der Dämmstoffe bewegt sich in den Grenzen von ca. 0,020 W/(m · K) bis 0,06 W/(m · K). Um bei wärmeschutztechnischen Berechnungen nicht auf eine große Anzahl von teilweise nur wenig verschiedenen Werten zurückgreifen zu müssen, sind die Rechenwerte der Wärmeleitfähigkeit in Wärmeleitfähigkeitsgruppen zusammengefaßt worden. Von dieser Regelung sind die Holzwolle-Leichtbauplatten und der Harnstoff-Formaldehydharz-Ortschaum ausgenommen. In der nachfolgenden Tafel sind die Wärmeleitfähigkeitsgruppen für die verschiedenen Wärmedämmstoffe aufgeführt.

Wärmeleitfähigkeitsgruppen der Wärmedämmstoffe

Stoffart	Wärmeleitfähigkeitsgruppe						
	025	030	035	040	045	050	055
Kork					x	x	x
Phenolharz-Hartschaum		x	x	x	x		
Polystyrol-Hartschaum	x	x	x	x			
Polyurethan-Hartschaum	x	x	x				
Polyurethan-Ortschaum		x					
Faserdämmstoffe			x	x	x	x	
Schaumglas				x	x	x	x

1.2.9.2 Anwendungstypen

Je nach Anwendungsgebiet werden unterschiedliche Anforderungen an bestimmte Eigenschaften der Dämmstoffe gestellt. Die Kennzeichnung erfolgt durch ein Typ-Kurzzeichen, z.B. „W" für Wärmedämmstoffe und „T" für Trittschalldämmstoffe. Die Tafel 4 gibt einen Überblick über alle in den Dämmstoffnormen aufgeführten Typkurzzeichen und deren Anwendungsgebiete.

Bei den Wärmedämmstoffen aus Schaumkunststoff befinden sich auch solche, deren Zellen statt Luft ein hochmolekulares Schwergas enthalten, dessen Wärmeleitfähigkeit wesentlich kleiner ist als die der Luft. Dementsprechend ist die Wärmeleitfähigkeit solcher Schaumkunststoffe (z.B. Polyurethan-Hartschaum) deutlich niedriger als bei Schaumkunststoffen mit Luft in den Zellen. Da das Schwergas im Laufe der Zeit aus den Poren ausdiffundiert und durch eindiffundierende Luft ersetzt wird, nimmt die Wärmeleitfähigkeit dieser Schaumkunststoffe mit steigendem Alter der Produkte zu. Um den Gasaustausch zwischen Poren und umgebender Luft zu unterbinden oder zumindest stark zu behindern, werden diese Dämmstoffplatten meist mit gasdiffusionsdichten Deckenschichten aus mindestens 0,05 mm dicken Metallfolien abgedeckt. Mit solchen Dämmstoffen kann die Wärmeleitfähigkeitsgruppe 020 erreicht werden.

Tafel 4 Anwendungstypen und Anwendungsgebiete

Typkurzzeichen	Beanspruchbarkeit	Beispiele für Anwendungsgebiet
a) Wärmedämmstoffe		
W	nicht druckbeanspruchbar	in Wänden*) und belüfteten Dächern
WL	nicht druckbeanspruchbar	für belüftete Dachkonstruktionen
WD	druckbeanspruchbar, auch bei höheren Temperaturen	in unbelüfteten Dächern direkt unter der Dachhaut und unter druckverteilenden Böden (ohne Trittschallanforderung)
WDS	druckbeanspruchbar mit höherer Belastung auch bei höheren Temperaturen	für unbelüftete Dächer direkt unter der Dachhaut und Sondereinsatzgebiete wie unter druckverteilenden Böden bei Parkdecks, Industrieböden
WDH	druckbeanspruchbar mit höherer Belastung auch bei höheren Temperaturen	für unbelüftete Dächer direkt unter Dachhaut und Sondereinsatzgebiete wie unter druckverteilenden Böden von Parkdecks, auch befahrbar mit Lkw oder Feuerwehrfahrzeugen
WS	druckbeanspruchbar mit höherer Belastung	Sondereinsatzgebiete wie unter druckverteilenden Böden bei Parkdecks, Industrieböden
WV	nicht druckbeanspruchbar, begrenzt beanspruchbar auf Abreißen und Scheren	für angesetzte (Schallschutz-)Vorsatzschalen ohne Unterkonstruktion (bei Innenwänden)
b) Trittschalldämmstoffe		
T	druckbeanspruchbar und mit definierter dynamischer Steifigkeit	unter Böden mit Anforderungen an den Trittschallschutz
TK	druckbeanspruchbar mit geringer Zusammendrückbarkeit und definierter dynamischer Steifigkeit	unter Böden mit Anforderungen an den Trittschallschutz bei Fertigteilestrichen oder bei Kombinationen verschiedener Dämmaßnahmen

*) Für Kerndämmung Regelung durch Zulassung

1.2.9.3 Zulässige Maßabweichungen

Eine wichtige Größe bei der Anwendung von Wärmedämmstoffen ist die zulässige Maßabweichung der Einzelprodukte von der Nenndicke. Bei hinterlüfteten Bauteilen sind die Maßtoleranzen, insbesondere bei Faserdämmstoffen, unbedingt zu beachten, um einen ausreichenden Lüftungsquerschnitt zu gewährleisten. Tafel 5 enthält zulässige Dickenabweichungen bei Faserdämmstoffen nach DIN 18165.

Tafel 5 Zulässige Dickenabweichung nach DIN 18165 bei den Anwendungstypen der Faserdämmstoffe

Anwendungstyp	Zulässige Abweichung des gemessenen Mittelwertes von der Nenndicke d	Zulässige Abweichung des gemessenen Einzelwertes vom Mittelwert
W	+5 mm oder 6%[1]) −1 mm	±5 mm
WL	+15 mm −5%	±10 mm
WD, WV	+5 mm −1 mm	±3 mm

[1]) Der größere Wert ist maßgebend

1.2.9.4 Mehrschicht-Leichtbauplatten nach DIN 1101

Mehrschicht-Leichtbauplatten bestehen aus einer Hartschaum- (HS) oder Mineralfaserdämmschicht (MF), die ein- (Zweischichtplatten) oder beidseitig (Dreischichtplatten) mit mineralisch gebundener Holzwolle bekleidet ist. Ihre Bezeichnung richtet sich nach der Gesamtdicke der Dämmplatte in mm, der Anzahl und Dicke der Einzelschichten und der Art des Dämmstoffes (HS oder MF). Eine Mehrschicht-Leichtbauplatte HS-ML 50/3 (5/40/5)-040 ist z.B. insgesamt 50 mm dick, aus drei Einzelschichten zusammengesetzt, die aus 40 mm Polystyrol-Hartschaum der Wärmeleitfähigkeitsgruppe 040 und aus zwei je 5 mm dicken Holzwolleschichten bestehen.

Bei der Berechnung des Wärmedurchlaßwiderstandes einer Mehrschicht-Leichtbauplatte dürfen die einzelnen Holzwolleschichten nicht berücksichtigt werden, wenn sie weniger als 10 mm dick sind (Regelfall). In den Ausnahmefällen, in denen die Holzwolleschicht 10 mm und mehr, aber weniger als 25 mm beträgt, wird zur Berechnung ihres Wärmedurchlaßwiderstandes die Wärmeleitfähigkeit $\lambda = 0{,}15$ W/(m · K) verwendet.

Beispiel Der auf den Wärmeschutz anrechenbare Wärmedurchlaßwiderstand einer Mehrschicht-Leichtbauplatte MF-ML 75/3 (5/60/10)-045 beträgt $R_\lambda = 1{,}33 + 0{,}07 = 1{,}40$ m² · K/W.

1.3 Wärmebrücken

Wärmebrücken verursachen nicht nur zusätzliche Wärmeverluste, sondern reduzieren in ihrem Einzugsbereich auch die Oberflächentemperatur (s. auch Abschn. 1.2.7).

1.3.1 Wärmeverluste

Der erhöhte Wärmeverlust im Bereich von Wärmebrücken läßt den Wärmebedarf eines Raumes oder eines Gebäudes ansteigen und muß bei der Dimensionierung der Heizkörper und der Heizkessel berücksichtigt werden. Wärmebrücken verursachen somit nicht nur höhere Investitionskosten bei der Auslegung der Heizanlage, sondern bei der Nutzung der Gebäude auch höhere Heizkosten; sie vermindern die Wirtschaftlichkeit des Wärmeschutzes eines Bauwerkes.

1.3.2 Verringerte Oberflächentemperatur

In Wärmebrückenbereichen mit abgesenkten Oberflächentemperaturen muß zwischen zwei Zuständen unterschieden werden, nämlich ob an dieser Stelle die Taupunkttemperatur der Raumluft unterschritten wird oder nicht. Je nachdem entsteht ein Tauwasserniederschlag auf der Bauteiloberfläche mit den entsprechenden negativen Folgeerscheinungen oder es tritt nur eine verstärkte Staubablagerung auf. Wenn die Temperaturabsenkung an dieser Stelle so stark ist, daß Tauwasser auftritt, wachsen hier sehr häufig Schimmelpilze.

1.3.3 Arten von Wärmebrücken

Entstehen Temperaturunterschiede in den Ebenen parallel zur Bauteiloberfläche, dann ändern die Wärmestromlinien wegen der Querkomponente ihre Richtung und weichen vom parallelen Verlauf ab. Dies tritt ein, wenn entweder Stoffe unterschiedlicher Wärmeleitfähigkeit nebeneinander angeordnet sind, oder wenn die Bauteile von der Plattenform, beispielsweise an der Anschlußstelle zweier Bauteile, abweichen. Im ersten Fall spricht man von einer stoffbedingten, im zweiten Fall von einer form- oder geometriebedingten Wärmebrücke.

1.3.4 Untersuchung von Wärmebrücken

Wärmebrücken dürfen nicht mittels der einfachen Rechenregeln des Abschn. 1.1 berechnet werden, da wegen der hier nicht berücksichtigten Querleitung in der Regel große Abweichungen vom realen Ergebnis auftreten. Genauere rechnerische Untersuchungen von Wärmebrücken basieren auf der Lösung der Fouriergleichung mittels numerischer Verfahren, z. B. nach der Methode der finiten Elemente. In vielen Beiträgen der Fachliteratur wird über Ergebnisse von Untersuchungen an Wärmebrücken berichtet, die mittels solcher numerischer Verfahren durchgeführt wurden, z. B. in [4], [5], [6], [9] und [10].

1.3.5 Bewertung der Oberflächentemperatur zur Beurteilung der Tauwassergefahr

Bei der Überprüfung einer Wärmebrücke auf die Gefahr von Tauwasserbildung, wird die Taupunkttemperatur der Raumluft θ_{is} mit der Oberflächentemperatur $\theta_{\text{si}} = \theta_{\text{sw}}$ der Wärmebrücke verglichen. Die Oberflächentemperatur der Wärmebrükke ist sowohl von deren Material und konstruktiven Merkmalen als auch von der Raumlufttemperatur θ_{i} und der Außentemperatur θ_{e} abhängig; θ_{sw} kann mittels der im Abschn. 1.3.4 genannten Verfahren berechnet werden. Wird die temperaturunabhängige Größe f_{s} (spezifische Temperaturabsenkung)

$$\boldsymbol{f_{\text{s}}} = \frac{\boldsymbol{\theta_{\text{i}} - \theta_{\text{sw}}}}{\boldsymbol{\theta_{\text{i}} - \theta_{\text{e}}}}$$

ermittelt, kann mit ihrer Hilfe die Konstruktion auch für beliebige andere Temperaturen und Werte der Luftfeuchte auf die Gefahr von Tauwasser überprüft werden.

Die Oberflächentemperatur der Wärmebrücke ist

$$\boldsymbol{\theta_{\text{sw}} = \theta_{\text{i}} - f_{\text{s}}(\theta_{\text{i}} - \theta_{\text{e}})}$$

Beispiel Für eine Außenwand mit Wärmebrücke wurde für die Randbedingungen nach Abschn. 1.2.2.5 eine Oberflächentemperatur $\theta_{si} = 10{,}2\,°C$ berechnet. Damit ist $f_s = 0{,}28 < 0{,}30$ und die Wärmebrücke bleibt bei normaler Raumnutzung tauwasserfrei. Es ist geplant dieselbe Außenwandkonstruktion für eine Produktionshalle mit folgenden Klimawerten zu verwenden:
Raumlufttemperatur: $\theta_i = 25\,°C$; rel. Luftfeuchte $\varphi_i = 70\%$; nach Tafel 24 ist die Taupunkttemperatur $\theta_s = 19{,}1\,°C$.
Der Bauherr fordert, daß die Außenwand bis zu Außentemperaturen von $\theta_e = -5\,°C$ frei bleibt von Tauwasserniederschlägen.

Es ist $\theta_{sw} = \theta_i - f_s(\theta_i - \theta_e) = 25 - 0{,}28 \cdot (25 + 5) = 25 - 8{,}4 = 16{,}6\,°C < 19{,}1\,°C$

Bei den vom Bauherrn vorgegebenen Randbedingungen wird bei der Außentemperatur von $\theta_e = -5\,°C$ Tauwasser im Bereich der Wärmebrücke auftreten.

1.3.6 Temperaturverläufe bei einigen Wärmebrücken

Einige immer wiederkehrende Wärmebrücken wurden unter Verwendung des Rechenprogrammes STAT3DD nach *Rudolphi/Müller* untersucht [11]. Nachfolgend werden die Oberflächentemperaturen bzw. die spezifische Temperaturabsenkung an den kritischen Stellen dieser Wärmebrücken angegeben. Bei allen Beispielen wurde mit einem raumseitigen Wärmeübergangswiderstand $R_{si} = 0{,}2\,m^2 \cdot K/W$ gerechnet.

1.3.6.1 Außenwinkel

Beim Außenwandwinkel ist die wärmeabgebende Außenfläche größer als die wärmeaufnehmende Innenfläche. Dadurch divergieren die Wärmestromlinien im Winkelbereich und die Oberflächentemperatur im Winkel ist niedriger als in der Wandfläche. Bild 6 zeigt den Verlauf der Oberflächentemperatur der Wand vom Winkel

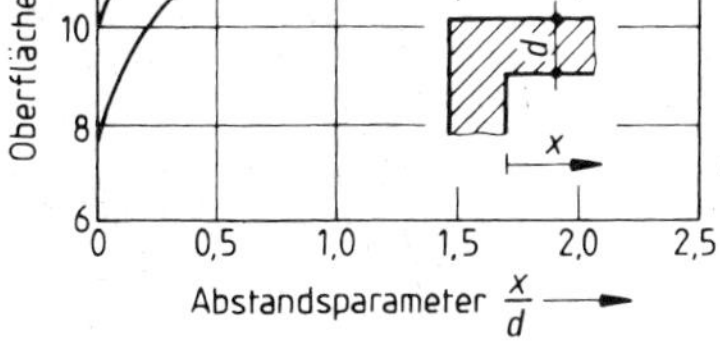

Bild 6 **Oberflächentemperatur abhängig von dem Abstandsparameter *x*/*d* (*x* = Abstand vom Winkel, *d* = Dicke der Wand) bei verschiedenen Wärmedurchlaßwiderständen der Wand**
Innenlufttemperatur: 20 °C
Außenlufttemperatur: −15 °C

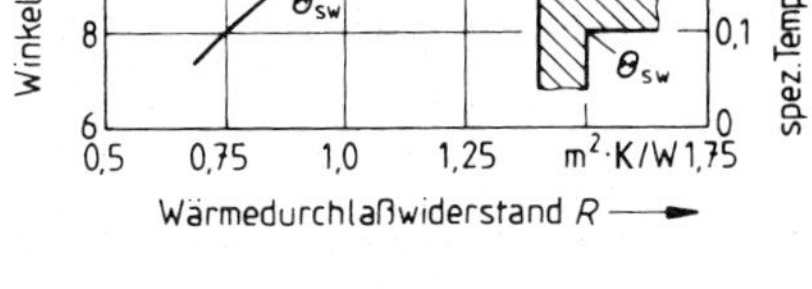

Bild 7 **Temperatur Θ_{sw} und spez. Temperaturabsenkung f_s im Wandwinkel, abhängig vom Wärmedurchlaßwiderstand der Wand**

ausgehend für Außenwände mit unterschiedlichem Wärmedurchlaßwiderstand. In Bild 7 wird die Temperatur Θ_{sw} im Wandwinkel sowie die zugehörige spezifische Temperaturabsenkung f_s für Außenwände mit unterschiedlichem Wärmedurchlaßwiderstand gezeigt.

1.3.6.2 Deckenauflager

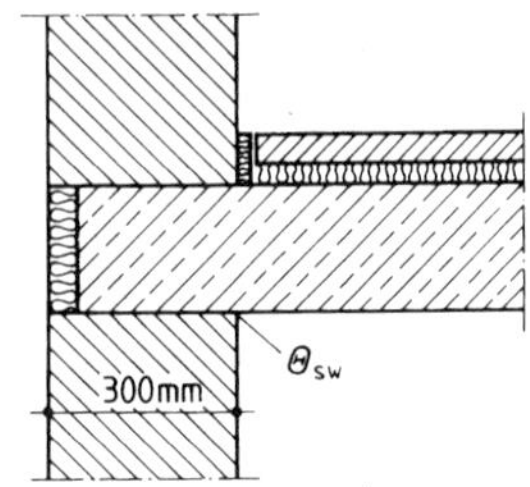

An der Auflagestelle der Wohnungstrenndecke auf die Außenwand ist eine Wärmebrücke vorhanden. Um deren Wirkung abzuschwächen wird die Stirnseite der Stahlbetondecke mit einer Wärmedämmplatte abgedeckt (s. Skizze). Die niedrigste Oberflächentemperatur tritt am Auflager der Decke auf die Wand im Winkel zwischen den beiden Bauteilen auf. In Bild 8 wird die Winkeltemperatur Θ_{sw} und die spezifische Temperaturabsenkung f_s, abhängig vom Wärmedurchlaßwiderstand der Wärmedämmschicht an der Stirnseite der Deckenplatte für zwei Wände mit unterschiedlichem Wärmedurchlaßwiderstand angegeben.

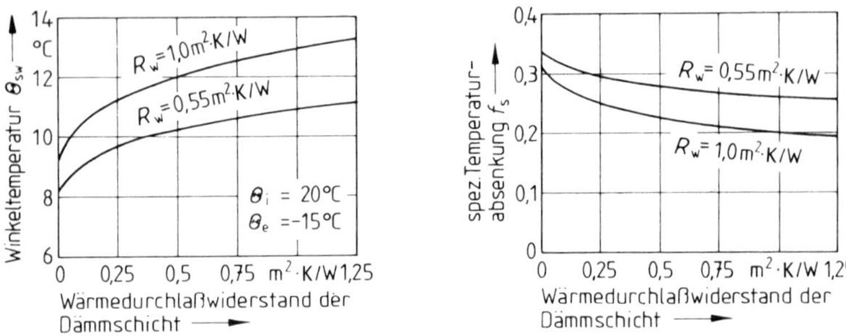

Bild 8 Temperatur Θ_{sw} und spez. Temperaturabsenkung f_s, abhängig vom Wärmedurchlaßwiderstand der Dämmschicht an der Stirnseite der Betondecke für 2 Außenwände mit unterschiedlichem Wärmedurchlaßwiderstand

1.3.6.3 Durchgehende Balkonplatte

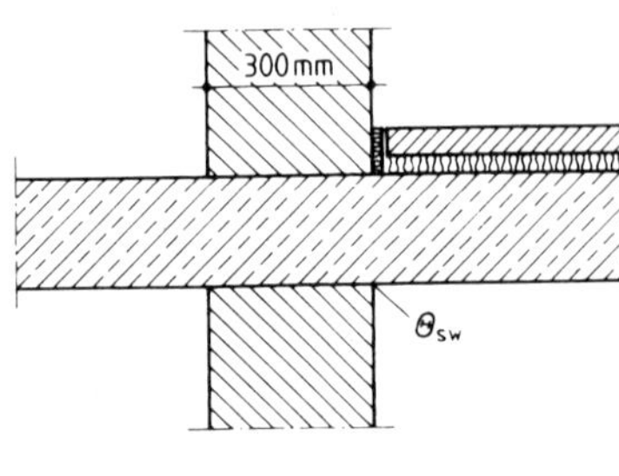

Die aus dem Baukörper herausragende Balkonplatte ist sowohl eine form- als auch eine stoffbedingte Wärmebrücke (s. Skizze). Wegen der außenseitigen Flächenvergrößerung entsteht ein erhöhter Wärmeverlust und damit verbunden eine Temperaturabsenkung im Winkel zwischen Außenwand und Unterseite der Stahlbetonplatte. Die berechnete Winkeltemperatur Θ_{sw} und die spezifische Temperaturabsenkung f_s wird abhängig vom Wärmedurchlaßwiderstand der Außenwand in Bild 9 gezeigt.

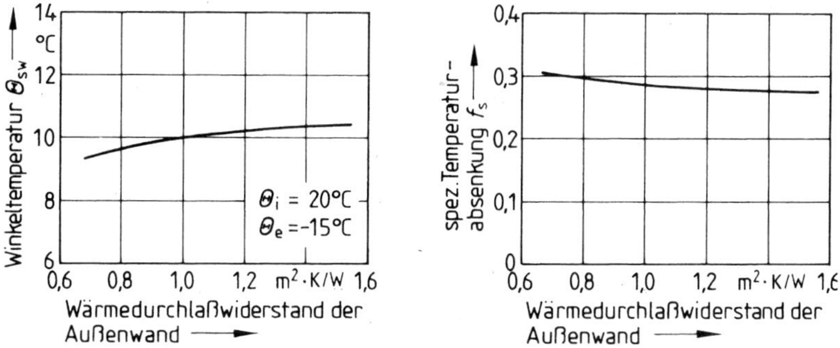

Bild 9 **Temperatur Θ_{sw} und spez. Temperaturabsenkung f_s im Winkel Wand/Decke einer durchgehenden Balkenplatte in Abhängigkeit des Wärmedurchlaßwiderstandes der Außenwand**

1.3.6.4 Attika

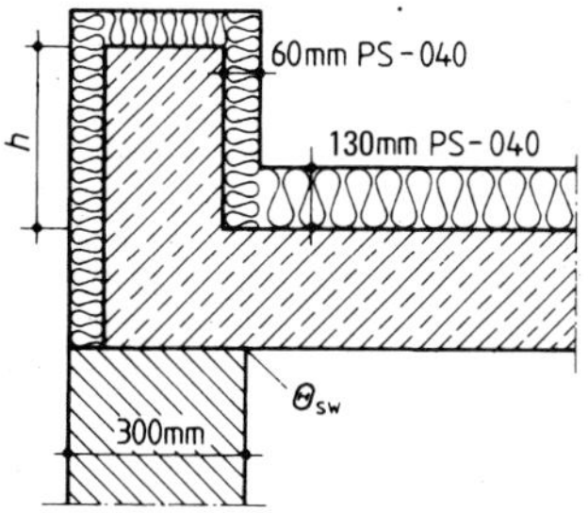

Bei der Attika vergrößert sich durch den hochstehenden Betonkranz die wärmeabgebende Außenfläche des Daches; die Attika wirkt dadurch wie eine Kühlrippe (s. Skizze). Je höher der Betonkranz der Attika über die Deckenplatte reicht, desto größer ist dessen Wärmeabgabe an die Außenluft und um so niedriger ist die Temperatur Θ_{sw} im Winkel zwischen Außenwand und Unterseite der Betonplatte des Daches. Bild 10 enthält die Temperaturangabe im Winkel und die spezifische Temperaturabsenkung f_s in Abhängigkeit des Wärmedurchlaßwiderstandes der Außenwand bei einer Aufkantungshöhe h der Attika von 300 mm und von 700 mm über der Betonplatte.

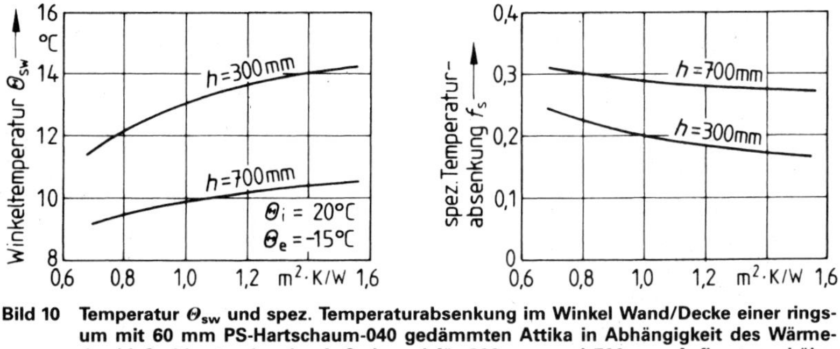

Bild 10 **Temperatur Θ_{sw} und spez. Temperaturabsenkung im Winkel Wand/Decke einer ringsum mit 60 mm PS-Hartschaum-040 gedämmten Attika in Abhängigkeit des Wärmedurchlaßwiderstandes der Außenwand für 300 mm und 700 mm Aufkantungshöhe. Dicke der Wärmedämmschicht (040) des Daches: 130 mm**

1.4 Empfehlungen für den Wärmeschutz im Sommer nach DIN 4108-2 (8.81)

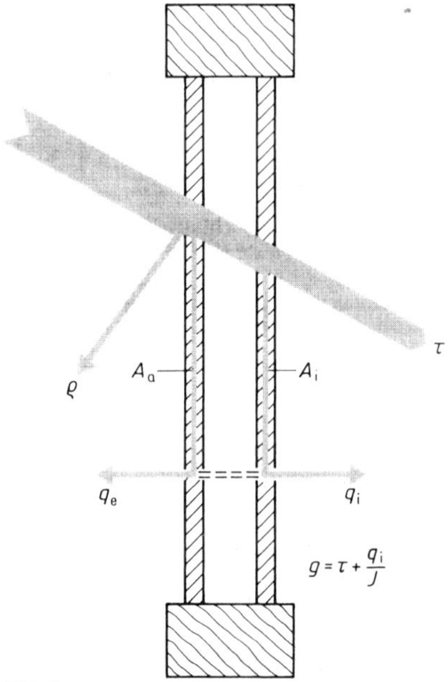

Bild 11
Schematische Darstellung des Strahlendurchganges, Reflexion und Absorption von Sonnenstrahlung an einer Isolierglasscheibe

J	auftreffende Strahlungsintensität
ϱ	reflektierter Strahlungsanteil
τ	transmittierter Strahlungsanteil
A_i, A_e	absorbierter Strahlungsanteil
q_i, q_e	Wärmeabgabe von der inneren und äußeren Scheibe auf Grund der absorbierten Strahlungswärme
g	Gesamtenergiedurchlaßgrad

Durch diese Empfehlung soll verhindert werden, daß bei einer Folge von heißen Sommertagen die Innentemperatur in einzelnen Räumen signifikant über die Außentemperaturen ansteigen. Die Erwärmung der Raumluft, insbesondere durch Sonneneinstrahlung, wird von folgenden Größen bestimmt:

- Gesamtenergiedurchlaßgrad g der Fensterverglasungen;
- Größe und Orientierung der Fenster;
- Sonnenschutz der Fenster;
- Lüftungsmöglichkeiten des Raumes, bes. ob eine Nachtlüftung möglich ist;
- Wärmespeicherfähigkeit der Innenbauteile.

Unter dem Gesamtenergiedurchlaßgrad g einer Verglasung versteht man bei Sonneneinstrahlung das Verhältnis der durch die Verglasung in den Raum transportierten Wärmeenergie zur auftreffenden Strahlungsenergie (s. Bild 11). Der Zahlenwert von g wird experimentell nach DIN 67507 ermittelt.

Wenn der sommerliche Wärmeschutz beurteilt werden soll, muß dies für jeden Raum getrennt geschehen. Hierbei werden die Einflüsse der Wärmezufuhr in Form des Gesamtenergiedurchlaßgrades der Verglasung g (Tafel 6) des Abminderungsfaktors z der Sonnenschutzvorrichtung (Tafel 7) und des Fensterflächenanteils f der Wärmeabgabe an die Umgebung durch Lüftung (Tag- oder Nachtlüftung) und Wärmespeicherfähigkeit (leichte oder schwere Innenbauart) gegenübergestellt.

Tafel 6 Bemessungswerte der Gesamtenergiedurchlaßgrade für Verglasungen, wenn keine Einzelfestlegungen vorliegen

Verglasung	Gesamtenergiedurchlaßgrad g
Doppelverglasung	0,75
Wärmeschutzverglasung, doppelverglast, Klarglas mit nur einer infrarot-reflektierenden Schicht	0,50
Dreifachverglasung, unbeschichtet	0,65
Dreifachverglasung mit zwei infrarot-reflektierenden Schichten	0,40

Beurteilt wird die Qualität des sommerlichen Wärmeschutzes durch das Produkt

$$g_F \cdot f \quad (14)$$

Dabei ist

$$g_F = g \cdot z \quad (15)$$

der Gesamtenergiedurchlaßgrad des Fensters. Sind mehrere Sonnenschutzvorrichtungen mit den Abminderungsfaktoren $z_1, z_2, \ldots, z_n$ hintereinander geschaltet, ist der Gesamtabminderungsfaktor $z = z_1 \cdot z_2 \cdot \ldots \cdot z_n$. Der Fensterflächenanteil ist

$$f = \frac{A_F}{A_W + A_F}. \quad (16)$$

Dabei ist die Fensterfläche auf die fensterenthaltende Außenwand, die Dachfensterfläche auf die direkt besonnte Dachdecke bezogen (lichte Rohbaumaße).

Um einen ausreichenden Wärmeschutz im Sommer zu gewährleisten, soll das Produkt $g_F \cdot f$ die in Tafel 8 angegebenen zulässigen Werte $(g_F \cdot f)$ nicht überschreiten.

Tafel 7 Abminderungsfaktoren *z* von Sonnenschutzvorrichtungen in Verbindung mit Verglasungen

Zeile	Sonnenschutzvorrichtung	z
1	fehlende Sonnenschutzvorrichtung	1,0
2	innenliegend [1]) und zwischen den Scheiben liegend	
2.1	Gewebe bzw. Folien [2])	0,4 bis 0,7
2.2	Jalousien	0,5
3	außenliegend	
3.1	Jalousien, drehbare Lamellen, hinterlüftet	0,25
3.2	Jalousien, Rolläden, Fensterläden, feststehende oder drehbare Lamellen	0,3
3.3	Vordächer, Loggien [3])	0,3
3.4	Markisen, oben und seitlich ventiliert [3])	0,4
3.5	Markisen, allgemein [3])	0,5

[1]) Die Sonnenschutzvorrichtung muß fest installiert sein (z. B. Lamellenstores). Übliche dekorative Vorhänge gelten nicht als Sonnenschutzvorrichtung.

[2]) Die Abminderungsfaktoren z können aufgrund der Gewebestruktur, der Farbe und der Reflexionseigenschaften sehr unterschiedlich sein. Im Einzelfall ist der Nachweis in Anlehnung an DIN 67507 zu führen. Ohne Nachweis darf nur der ungünstigere Grenzwert angewendet werden.

[3]) Dabei muß näherungsweise sichergestellt sein, daß keine direkte Besonnung des Fensters erfolgt. Dies ist der Fall, wenn bei Südorientierung der Abdeckwinkel $\beta \geqq 50°$ ist, bei Ost- und Westorientierung entweder der Abdeckwinkel $\beta \geqq 85°$ oder $\gamma \geqq 115°$ ist. Zu den jeweiligen Orientierungen gehören Winkelbereiche von $\pm 22{,}5°$. Bei Zwischenorientierungen ist der Abdeckwinkel $\beta \geqq 80°$ erforderlich.

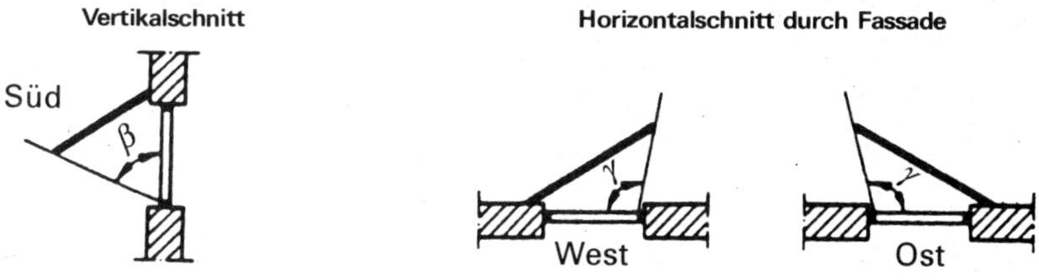

Tafel 8 Empfohlene Höchstwerte ($g_F \cdot f$) in Abhängigkeit von den natürlichen Lüftungsmöglichkeiten und der Innenbauart

Lüftung	empf. ($g_F \cdot f$) [1] bei Innenbauart [2]) leicht $\leqq 600\ kg/m^2$	schwer $> 600\ kg/m^2$
erhöhte natürliche Lüftung nicht vorhanden [3])	0,12	0,14
erhöhte natürliche Lüftung vorhanden [4])	0,17	0,25

[1]) Bei nach Norden orientierten Räumen oder solchen, bei denen eine ganztägige Beschattung (z.B. durch Verbauung) vorliegt, dürfen die angegebenen ($g_F \cdot f$)-Werte um 0,25 erhöht werden. Als Nord-Orientierung gilt ein Winkelbereich, der bis zu etwa 22,5° von der Nord-Richtung abweicht.

[2]) Zur Unterscheidung in leichte und schwere Innenbauart wird raumweise der Quotient aus der Masse der raumumschließenden Innenbauteile sowie gegebenenfalls anderer Innenbauteile und der Außenwandfläche ($A_W + A_F$), die die Fenster enthält, ermittelt. Für einen Quotienten $> 600\ kg/m^2$ liegt eine schwere Innenbauart vor. Für die Holzbauweise ergibt sich in der Regel leichte Innenbauart. Die Massen der Innenbauteile werden wie folgt berücksichtigt: Bei Innenbauteilen ohne Wärmedämmschicht wird die Masse zur Hälfte angerechnet. Bei Innenbauteilen mit Wärmedämmschicht darf die Masse derjenigen Schichten angerechnet werden, die zwischen der raumseitigen Bauteiloberfläche und der Dämmschicht angeordnet sind, jedoch höchstens die Hälfte der Gesamtmasse. Als Dämmschicht gilt hier eine Schicht mit $\lambda_R \leqq 0{,}1\ W/(m \cdot K)$ und $R \geqq 0{,}25\ m^2 \cdot K/W$. Bei Innenbauteilen mit Holz oder Holzwerkstoffen dürfen die Schichten aus Holz oder Holzwerkstoffen näherungsweise mit dem 2fachen Wert ihrer Masse angesetzt werden. Bei Dachfenstern ist der Fensterflächenanteil auf die direkt besonnte Dach- bzw. Dachdeckenfläche zu beziehen. Die Fußnote 1 ist nicht anzuwenden.

[3]) Fenster werden nachts oder in den frühen Morgenstunden nicht geöffnet (z.B. häufig bei Bürogebäuden und Schulen).

[4]) Erhöhte natürliche Belüftung (etwa 2 h), insbesondere während der Nacht- oder in den frühen Morgenstunden. Dies ist bei zu öffnenden Fenstern in der Regel gegeben (z.B. bei Wohngebäuden).

Beispiel für die Anwendung der Tafeln 6 bis 8, **s. auch S. 145**

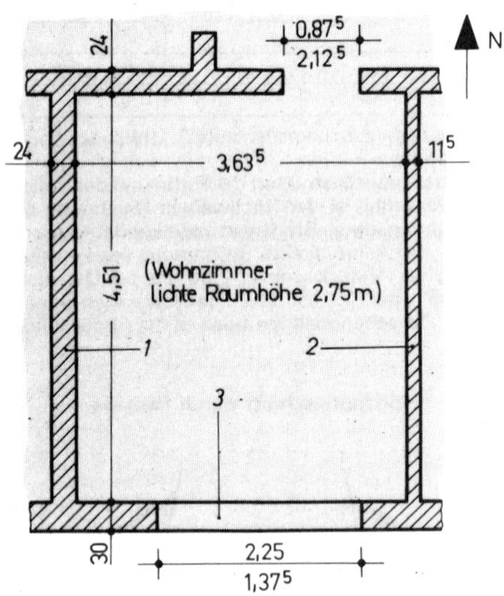

Beschreibung der Bauteile

1 240 mm Mauerwerk (Steine: $\varrho = 1600\ kg/m^3$)

2 115 mm Mauerwerk (Steine: $\varrho = 1000\ kg/m^3$)

3 Fenster mit Doppelverglasung aus Klarglas und Rolladen

Die Wände *1* und *2* sind jeweils beidseitig verputzt (Putz: $\varrho = 1400\ kg/m^3$)

Fußboden: schwimmender Estrich, 50 mm Zementestrich ($\varrho = 2000\ kg/m^3$) auf 25/20 mm Trittschalldämmplatten ($\lambda_R = 0{,}04\ W/(m \cdot K)$)

Decken: 180 mm Stahlbetonplatten ($\varrho = 2400\ kg/m^3$)

Grundriß eines Wohnraumes, lichte Raumhöhe 2,75 m

Fensterfläche: $A_F = 2{,}25 \cdot 1{,}375 = 3{,}09\ m^2$

Außenwand- und Fensterfläche: $A_W + A_F = 2{,}75 \cdot 3{,}635 = 10{,}00\ m^2$

Fensterflächenanteil (s. Gln. (16)): $f = 3{,}09/10 = 0{,}31$

Masse der raumumschließenden Innenbauteile (s. Fußnote 2, Tafel 8; IW: Innenwand).

Decke:	$0{,}5 \cdot 3{,}635 \cdot 4{,}51 \cdot 0{,}18 \cdot 2400 + 0{,}5 \cdot 3{,}635 \cdot 4{,}51 \cdot 0{,}05 \cdot 2000$	= 4361 kg
Estrich:	$3{,}635 \cdot 4{,}51 \cdot 0{,}05 \cdot 2000$	= 1639 kg
IW West:	$0{,}5 \cdot 4{,}51 \cdot 2{,}75 \cdot 0{,}24 \cdot 1600 + 4{,}51 \cdot 2{,}75 \cdot 0{,}015 \cdot 1400$	= 2642 kg
IW Ost:	$0{,}5 \cdot 4{,}51 \cdot 2{,}75 \cdot 0{,}115 \cdot 1000 + 4{,}51 \cdot 2{,}75 \cdot 0{,}015 \cdot 1400$	= 974 kg
IS Nord:	$(0{,}5 \cdot 0{,}24 \cdot 1600 + 0{,}015 \cdot 1400) \cdot (3{,}635 \cdot 2{,}75 - 0{,}875 \cdot 2{,}125)$	= 1733 kg
	Gesamtmasse	11340 kg

Innenbauart nach Fußn. 2 (Tafel 8): $1135\ kg/m^2 > 600\ kg/m^2$

Einordnung: schwere Innenbauart; erhöhte natürliche Lüftung vorhanden (s. Fußnote 4 der Tafel 8

gefordert nach Tafel 8: $(g_F \cdot f)$ empf $\geq 0{,}25$

vorhanden:
$g = 0{,}8$ nach Tafel 6
$z = 0{,}3$ nach Tafel 7
$g_F = 0{,}8 \cdot 0{,}3 = 0{,}24$
$g_F \cdot f = 0{,}24 \cdot 0{,}31 = 0{,}07 < 0{,}25.$

Ergebnis: Die Empfehlungen der Tafel 8 werden eingehalten.

2 Energiesparender Wärmeschutz — WschV (8.94)

2.1 Energiesparender Wärmeschutz bei Gebäuden

Anmerkung: Um den Heizenergieverbrauch bei der Beheizung von Gebäuden weiter einzuschränken, ist die Einführung einer Energieeinsparverordnung (EnEV) vorgesehen, die die z. Zt. noch geltende Wärmeschutzverordnung und Heizungsanlagenverordnung ersetzen soll. Neu wird sein, daß neben einer Erhöhung der Anforderungen an den Wärmeschutz des Gebäudes auch energetische Kennwerte der Heizungsanlage, abhängig vom Heizungssystem und dem Energieträger, in das Nachweisverfahren einbezogen werden. Der Termin der Einführung der Energieeinsparverordnung ist noch nicht absehbar.

Für die Bewertung des energiesparenden Wärmeschutzes eines Gebäudes ist dessen Jahres-Heizwärmebedarf ein sinnvolles Beurteilungsmaß. Ein verhältnismäßig einfaches Rechenverfahren zur Ermittlung des Jahres-Heizwärmebedarfs von Gebäuden mittels Monatsbilanzen wird in der Norm DIN EN 832 (12.98) „Wärmeschutztechnisches Verhalten von Gebäuden; Berechnung des Heizwärmebedarfes-Wohngebäude“ beschrieben. Hierbei werden die monatlichen Wärmeverluste und Wärmegewinne einander gegenübergestellt. Auf der Basis der dort beschriebenen Rechenvorgänge beruht die Vornorm DIN V 4108-6 (4.95) „Wärmeschutz im Hochbau. Berechnung des Jahres-Heizwärmebedarfs von Gebäuden“. Sie erlaubt es, den Jahres-Heizwärmebedarf sowohl nach einem Monats- als auch nach einem Jahresbilanzverfahren zu berechnen.

Die Wärmeschutzverordnung (8.94) bewertet den energiesparenden Wärmeschutz eines Gebäudes mittels einer vereinfachten Jahresbilanz des Heizenergiebedarfes, das in ihren Grundlagen mit dem in der Vornorm DIN V 4108-6 (4.95) beschriebenen Rechenverfahren übereinstimmt. Beurteilt wird die wärmeschutztechnische Qualität des Gebäudes durch einen als Jahres-Heizwärmebedarf Q_H bezeichneten Gebäudekennwert, der eine vergleichende Beurteilung der energetischen Qualität von Gebäuden unter einheitlichen Randbedingungen, nicht jedoch eine Aussage über den tatsächlichen Heizwärmeverbrauch erlaubt.

2.2 Begriffe

Heizwärmebedarf eines Gebäudes. Dies ist ein rechnerisch ermittelter Gebäude-Kennwert, der auf normierten Randbedingungen basiert.

Heizenergiebedarf eines Gebäudes. Bei dieser Größe werden die Umwandlungsverluste an Primärenergie, die zur Erzeugung des berechneten Heizwärmebedarfes erforderlich ist, berücksichtigt.

Heizwärmeverbrauch eines Gebäudes. Es entsteht bei der Beheizung des realen Gebäudes unter realen Randbedingungen und hängt somit sehr stark vom Nutzerverhalten und von den jährlich schwankenden Außentemperaturen ab.

Der Heizwärmebedarf eines Gebäudes nach DIN V 4108-6 (4.95) ist nicht identisch mit dem Norm-Wärmebedarf nach DIN 4701 „Regeln zur Berechnung der Wärmeleistung von Gebäuden", der zur Auslegung der Heizung dient.

2.3 Grundlagen der Wärmeschutzverordnung (8.94)

2.3.1 Anwendungsbereich

Der Anwendungsbereich der WSchV (8.94) umfaßt alle beheizbaren Neubauvorhaben, sowie bauliche Änderungen bestehender Gebäude mit normalen Innentemperaturen, wenn diese um einen oder mehrere Räume erweitert oder einzelne Bauteile ganz oder teilweise erneuert werden.

Bei Neuplanungen hängt das Anforderungsniveau von der Nutzungsart des Gebäudes und den damit verbundenen Raumlufttemperaturen, teilweise auch von der voraussichtlichen Dauer des Heizungsbetriebes ab. Unterschieden wird bei den Raumlufttemperaturen zwischen den Bewertungen „normal" und „niedrig". Bei Gebäuden mit normalen Innentemperaturen wird eine Lufttemperatur von mindestens 19 °C vorausgesetzt, bei solchen mit niedrigen Innentemperaturen müssen die Temperaturwerte zwischen 19 °C und 12 °C liegen; diese Gebäude müssen außerdem mindestens 4 Monate lang im Jahr beheizt werden.

Gebäude mit folgenden Nutzungen werden dem Bereich der normalen Innentemperaturen zugeordnet:

1. Wohngebäude,
2. Büro- und Verwaltungsgebäude,
3. Schulen, Bibliotheken,
4. Krankenhäuser, Altenwohn-, Alten-, Pflege-, Entbindungs- und Säuglingsheime, sowie Aufenthaltsgebäude in Justizvollzugsanstalten und Kasernen,
5. Gebäude des Gaststättengewerbes,
6. Waren- und sonstige Geschäftshäuser,
7. Betriebsgebäude, soweit sie nach ihrem üblichen Verwendungszweck auf Innentemperaturen von mindestens 19 °C beheizt werden,
8. Gebäude für Sport- und Versammlungszwecke, soweit sie nach ihrem üblichen Verwendungszweck auf Innentemperaturen von mindestens 15 °C und jährlich mehr als 3 Monate beheizt werden,
9. Gebäude, die eine nach den Nummern 1 bis 8 gemischte oder ähnliche Nutzung aufweisen.

Vom Anwendungsbereich der Wärmeschutzverordnung sind ausgenommen:

1. Traglufthallen, Zelte und Raumzellen sowie sonstige Bauten, die wiederholt aufgestellt und zerlegt und nicht mehr als 2 Heizperioden am jeweiligen Aufstellungsort beheizt werden.
2. unterirdische Bauten zum Zwecke der Landesverteidigung, des Zivil- oder Katastrophenschutzes,
3. Werkstätten, Werk- und Lagerhallen, soweit sie nach ihrem üblichen Verwendungszweck großflächig und langanhaltend offengehalten werden müssen,
4. Unterglasanlagen und Kulturräume im Gartenbau.

2.3.2 Berechnung der Flächen und Volumina

Wärmeübertragende Umfassungsfläche *A*

Die wärmeübertragende Umfassungsfläche *A* eines Gebäudes ist:

$$\boldsymbol{A = A_W + A_F + A_D + A_G + A_{AB}} \quad (17)$$

Bei der Ermittlung der Einzelflächen von Bauteilen, die beheizte Räume nach außen oder gegen die unbeheizte Umgebung abgrenzen, sind die Festlegungen nach Tafel 9 zu beachten.

Beheiztes Bauwerksvolumen *V*

Das beheizte Bauwerksvolumen *V* ist das Volumen, das von der nach Gl. (17) ermittelten Gebäudehüllfläche eingeschlossen wird. Gebäudeteile mit wesentlich niedrigeren Temperaturen werden in die Volumberechnung nicht mit einbezogen. Von dieser Festlegung ausgenommen sind nichtbeheizte, innenliegende Treppenräume.

Gebäudenutzfläche A_N

Die Gebäudenutzfläche wird für Gebäude mit einer lichten Raumhöhe von nicht mehr als 2,60 m wie folgt berechnet:

$$\boldsymbol{A_N = 0{,}32 \cdot V} \quad \text{in m}^2 \quad (18)$$

wobei *V* das beheizte Bauwerksvolumen in m^3 ist.

Tafel 9 Bezeichnungen und Hinweise zur Flächenberechnung

Formelzeichen	Bauteilbezeichnung	Hinweise zu den Maßen bei den Flächenberechnungen
A_W	an die Außenluft grenzende Außenwände und Abseitenwände zum nicht wärmegedämmten Dachraum	Gebäudeaußenmaße; OK des Geländes bzw. OK der darüberliegenden Decke bis OK der obersten Decke oder OK der wirksamen Dämmschicht
A_F	Fenster, Dachfenster, Fenstertüren, Türen, soweit sie nach außen gerichtet sind	lichte Rohbaumaße
A_D	wärmegedämmte Dachfläche, Dachschräge, Kehlbalkendecke usw.	Gebäude- bzw. Bauteilaußenmaße
A_G	Decken über unbeheizten Räumen, erdberührende Wand- und Bodenflächen von beheizten Räumen	Gebäude- bzw. Bauteilaußenmaße
A_{DL}	Decken, die das Gebäude nach unten gegen die Außenluft abgrenzen	Gebäude- bzw. Bauteilaußenmaße
A_{AB}	Bauteile, die das Gebäude gegen Teile mit wesentlich niedrigeren Temperaturen abgrenzen, z. B. außenliegende Treppenräume, Lagerräume und dgl.	Gebäude- bzw. Bauteilaußenmaße

Anrechenbares Luftvolumen V_L

Das anrechenbare Luftvolumen V_L wird wie folgt berechnet:

$$\boldsymbol{V_L = 0{,}8 \cdot V} \quad \text{in m}^3 \quad (19)$$

wobei *V* das beheizte Bauwerksvolumen in m^3 ist.

2.3.3 Jahres-Heizwärmebedarf nach WschVo (8.94)

Der Jahres-Heizwärmebedarf Q_H eines Gebäudes setzt sich zusammen aus dem Transmissions- und Lüftungswärmebedarf Q_T und Q_L, verringert um den solaren und internen Wärmegewinn Q_S und Q_I, und wird nach folgender Gleichung ermittelt:

$$\boldsymbol{Q_H = 0{,}9 \cdot (Q_T + Q_L) - (Q_S + Q_I)} \quad \text{in kW} \cdot \textbf{h/a} \quad (20)$$

Der Zahlenwert 0,9 in Gl. (20) ist ein Reduktionsfaktor für verbrauchverringernde Effekte, z. B. Nachtabsenkung, Teilbeheizung u. ä., die bei diesem einfachen Nachweisverfahren nicht in Ansatz gebracht werden.

Sowohl der Transmissionswärmebedarf als auch der Lüftungswärmebedarf eines Gebäudes hängen von der mittleren Temperaturdifferenz zwischen Raum- und Außenluft während der Heizperiode und von deren Dauer ab, also von der Heizgradtagezahl *Gt* des Gebäudestandortes. Die Heizgradtagezahl wird bestimmt von der Grenztemperatur Θ_x der Außenluft, bei der die Heizung im Herbst in Betrieb genommen und im Frühjahr abgestellt wird (Heizperiode), sowie von der mittleren Außenlufttemperatur am Standort während der Heizperiode. Die Heizgradtagezahl ist das Produkt aus der Zahl der Heiztage der Heizperiode und der Temperaturdifferenz zwischen der mittleren Raumlufttemperatur und der mittleren Außenlufttemperatur während dieser Zeit. In der Regel wird Θ_x zu 15 °C, 12 °C oder 10 °C, je nach der wärmeschutztechnischen Qualität der Häuser angenommen. Bei Gebäuden mit einer extrem guten Wärmedämmung trifft für Θ_x der Wert von 10 °C zu.

Um im Nachweisverfahren der Wärmeschutzverordnung einen vom Standort unabhängigen Wert des Jahres-Heizwärmebedarfes zu erhalten, wird in das Rechenverfahren die Heizgradtagezahl $Gt = 3500$ (K · d)/a eines mittleren, idealisierten Standortes in der Bundesrepublik Deutschland eingeführt.

2.3.4 Wärmeverluste – Wärmegewinne

2.3.4.1 Transmissionswärmeverlust Q_T

Der jährliche **Transmissionswärmeverlust Q_T** repräsentiert den aus dem Wärmedurchgang durch die Bauteile stammenden Anteil am Jahres-Heizwärmebedarf und wird nach folgender Zahlenwertgleichung berechnet.

$$\boldsymbol{Q_T = 84 \cdot (U_W \cdot A_W + U_F \cdot A_F + 0{,}8 \cdot U_D \cdot A_D + 0{,}5 \cdot U_G \cdot A_G + U_{DL} \cdot A_{DL} + 0{,}5 \cdot U_{AB} \cdot A_{AB})}$$

in kWh/a mit U in W/(m² · K) und A in m². (21)

Der Koeffizient $G_h = 84$ kW · h · K/(W · a) ergibt sich aus der Umrechnung der mittleren Heizgradtagzahl $Gt = 3500$ K · d/a in Heizgradstunden und von W in kW.

Die Faktoren 0,8 und 0,5 in Gl. (21) berücksichtigen bauspezifische Temperaturdifferenzen und werden als Temperaturreduktionsfaktoren *r* bezeichnet. Bei anderen Bauteilen sind die in der Tafel 10 angegebenen Werte für *r* in die Gl. (21) zur Berechnung von Q_T einzusetzen.

Die Einzelflächen A_i der Bauteile sind nach Abschn. 2.3.2 zu bestimmen.

Tafel 10 Temperaturreduktionsfaktoren *r* zur Berücksichtigung bauspezifischer Temperaturdifferenzen

Bauteil	Reduktionsfaktor *r*
Dächer und Dachdeckenflächen	0,8
Abseitenwände zum nicht wärmegedämmten Dachraum	0,8
an das Erdreich grenzende Wände	0,5
Wände gegen nicht beheizte Gebäudeteile	0,5
Decken über nicht beheizten Räumen	0,5
an das Erdreich grenzende Decken beheizter Räume	0,5
Wände und Fenster zu unbeheizten Glasvorbauten mit	
– Einfachverglasung/Doppelverglasung	0,7/0,6
– Wärmeschutzverglasung ($U_F \leq 2{,}0$ W/(m² · K))	0,5

2.3.4.2 Lüftungswärmeverlust Q_L

Der Lüftungswärmeverlust Q_L hängt vom Luftwechsel, der Wärmekapazität der Luft, dem Raumvolumen V_R und von den Heizgradtagen ab. Es ist:

$$\boldsymbol{Q_L = c_p \cdot \varrho \cdot n \cdot V_R \cdot G_h} \quad \text{in kWh/a} \quad (22)$$

In Gl. (22) ist c_p die spezifische Wärmekapazität der Luft bei konstantem Druck in W · h/(kg · K), ϱ die Luftdichte bei 20 °C in kg/m³, n die Luftwechselzahl in h^{-1}, $V_R = V_L$ das anrechenbare Luftvolumen in m³ und G_h der Heizgradstundenkoeffizient 84 kW · h · K/(W · a). Werden die Zahlenwerte dieser Größen in Gl. (22) eingesetzt, erhält man die Zahlenwertgleichung

$$\boldsymbol{Q_L = 28{,}56 \cdot n \cdot V_L} \quad \text{in kWh/a} \quad (23)$$

wobei nach Gl. (19) $V_L = 0{,}8 \cdot V$ ist.

Wenn in Verbindung mit einer mechanisch betriebenen Lüftungsanlage ein geregelter Luftwechsel möglich ist, oder wenn eine Anlage mit Wärmerückgewinnung eingebaut wird, reduziert sich der Lüftungswärmebedarf. Zwischen folgenden Möglichkeiten ist bei der Raumlüftung zu unterscheiden:

Ohne mechanisch betriebener Lüftungsanlage. In der Gl. (23) wird die Luftwechselzahl $n=0{,}8\ \mathrm{h}^{-1}$ gesetzt. Dann erhält man die folgende Zahlenwertgleichung:

$$\boldsymbol{Q_L = 28{,}56 \cdot 0{,}8 \cdot V_L = 18{,}28 \cdot V} \quad \text{in kWh/a} \quad (24)$$

Mit mechanisch betriebener Lüftungsanlage ohne Wärmerückgewinnung
Durch eine Regeleinrichtung muß sich eine Luftwechselzahl von mindestens $0{,}3\ \mathrm{h}^{-1}$ vom Nutzer einstellen lassen. Q_L berechnet sich dann zu:

$$\boldsymbol{Q_L = 0{,}95 \cdot 22{,}85 \cdot V_L = 17{,}37 \cdot V} \quad \text{in kWh/a} \quad (25)$$

Mit mechanisch betriebener Lüftungsanlage mit Wärmerückgewinnung. In diesem Fall wird gefordert, daß der zeitliche Mittelwert des Außenluftwechsels sich zwischen $0{,}5\ \mathrm{h}^{-1}$ und $1{,}0\ \mathrm{h}^{-1}$ regeln läßt und daß mindestens 60% der Wärmeenergie aus der Differenz des Wärmeinhaltes zwischen Fort- und Zuluftvolumenstrom zurückgewonnen wird, wobei eine Kühlung der Zuluft unter Einsatz elektrischer oder aus fossilen Brennstoffen gewonnener Energie nicht zulässig ist. Bei Wärmerückgewinnungsanlagen ohne Wärmepumpe muß je kWh aufgewendete elektrische Arbeit mindestens 5,0 kWh, bei Anlagen mit Wärmepumpe mindestens 4,0 kWh nutzbare Wärme abgegeben werden. Bei diesen Randbedingungen berechnet sich der Lüftungswärmeverlust zu:

$$\boldsymbol{Q_L = 0{,}8 \cdot 22{,}85 \cdot V_L = 14{,}62 \cdot V} \quad \text{in kWh/a} \quad (26)$$

2.3.4.3 Interne Wärmegewinne Q_I

Interne Wärmequellen (Licht, elektrische Geräte, Warmwasserbereitung usw.) dekken einen Teil des Wärmebedarfes eines Gebäudes. In der WSchV sind sie wie folgt zu ermitteln:

Bei einer lichten Raumhöhe von mehr als 2,6 m ist

$$\boldsymbol{Q_I = 8 \cdot V} \quad \text{in kWh/a} \quad (27) \qquad V \text{ ist das Gebäudevolumen in } \mathrm{m}^3$$

Bei einer lichten Raumhöhe von nicht mehr als 2,6 m ist

$$\boldsymbol{Q_I = 25 \cdot A_N} \quad \text{in kWh/a} \quad (28)$$

Nach Gl. (18) ist $A_N = 0{,}32 \cdot V$ die Gebäudenutzfläche in m^2.

Büro- und Verwaltungsgebäude. Bei Gebäuden, die ausschließlich als Büro- und Verwaltungsgebäude genutzt werden, ist der interne Wärmegewinn

$$\boldsymbol{Q_I = 1{,}25 \cdot 8 \cdot V = 10 \cdot V} \quad \text{in kWh/a} \quad (29)$$

2.3.4.4 Solare Wärmegewinne Q_S

Wegen der Transparenz der Fensterverglasung gelangt ein Teil der auf die Scheiben auftreffenden Sonnenstrahlung in das Gebäudeinnere und trägt zur Erwärmung der Raumluft bei. Diese Energiezufuhr hängt vom Gesamtenergiedurchlaßgrad der Verglasung (s. Abschn. 1.4), von der Intensität der Sonnenstrahlung und der Fensterorientierung ab. Betroffen sind Außenfenster und Fenstertüren sowie Außentüren mit einem Glasanteil von mindestens 60%. Im Nachweisverfahren können die solaren Wärmegewinne entweder als direkter Energiegewinn Q_S unter Anrechnung der himmelsrichtungabhängigen jährlichen Gesamtstrahlung in Gl. (20) eingesetzt werden oder der solare Wärmegewinn kann durch Verwendung des äquivalenten Wärmedurchgangskoeffizienten der Fenster $k_{eq,F}$ an Stelle des Wärmedurchgangskoeffizienten k_F der Fenster in Gl. (21) berücksichtigt werden.

Hinweis: Bei Berechnungen zur Ermittlung der solaren Wärmegewinne dürfen nur im Bundesanzeiger veröffentlichte Rechenwerte der Gesamtenergiedurchlaßgrade von Verglasungen verwendet werden. Wärmegewinne aus passiven oder aktiven Solarenergiegewinn-Systemen werden nicht berücksichtigt.

Ermittlung der solaren Wärmegewinne aus der Gesamtstrahlung. Entsprechend der einzelnen Fenster i und deren Orientierung j wird der solare Wärmegewinn wie folgt ermittelt:

$$\boldsymbol{Q_S = \sum_{i,j} 0{,}46 \cdot I_j \cdot g_i \cdot A_{F,j,i}} \quad \text{in kWh/a} \quad (30)$$

Im Faktor 0,46 ist ein mittlerer Nutzungsgrad, die Abminderung der Glasfläche durch den Rahmen und eine Teilverschattung enthalten. $A_{F,j,i}$ sind die Fensterflächen in m^2, g_i ist der Gesamtenergiedurchlaßgrad der Verglasung. Für die Strahlungsmenge I_j sind folgende Werte, je nach Himmelsrichtung, in Gl. (30) einzusetzen:

$I_S = 400\ kWh/(m^2 \cdot a)$ für Südorientierung
$I_{W/O} = 275\ kWh/(m^2 \cdot a)$ für West- und Ostorientierung
$I_N = 160\ kWh/(m^2 \cdot a)$ für Nordorientierung

Unter Fensterorientierung ist eine Abweichung der Himmelsrichtung von nicht mehr als 45° von der Senkrechten auf die Fensterflächen zu verstehen. In den Grenzfällen NO, NW, SO und SW gilt jeweils der kleinere Wert für I_j. Fenster in Dachflächen mit einer Neigung von mehr als 15° sind wie Fenster in senkrechten Flächen zu behandeln. Bei überwiegender Beschattung der Fenster ist in allen Himmelsrichtungen der Wert I_N anzusetzen.

Der solare Wärmegewinn nach Gl. (30) darf nur bis zu einer Fensterfläche von höchstens 2/3 der dazugehörenden Fassadenfläche berücksichtigt werden.

Berücksichtigung der solaren Wärmegewinne durch Verwendung des äquivalenten Wärmedurchgangskoeffizienten $U_{eq,F}$ in Gl. (21). Um Solargewinne durch Verglasungen als konstruktionsspezifische Größe der Fenster berücksichtigen zu können, wurde für letztere der äquivalente Wärmedurchgangskoeffizient $U_{eq,F}$ nach Gl. (31) definiert. Er ist um so kleiner, je größer der Gewinn an Strahlungsenergie ist. Der Wert von $U_{eq,F}$ wird dann in Gl. (21) an Stelle des Wärmedurchgangskoeffizienten U_F der Fenster eingesetzt, der Term für Q_S in Gl. (20) entfällt in diesem Fall.

$$\boldsymbol{U_{eq,F} = U_F - g \cdot S_F} \quad \text{in W/(m}^2 \cdot \text{K)} \quad (31)$$

In Gl. (31) ist g der Gesamtenergiedurchlaßgrad der Verglasung und S_F der himmelsrichtungabhängige Koeffizient für solare Wärmegewinne in $W/(m^2 \cdot K)$. Für ihn sind je nach Fensterorientierung folgende Werte in Gl. (31) einzusetzen:

$S_F = 2{,}40\ W/(m^2 \cdot K)$ für Südorientierung
$S_F = 1{,}65\ W/(m^2 \cdot K)$ für West- und Ostorientierung sowie für Fenster in Dächern mit einer Neigung $\leq 15°$
$S_F = 0{,}95\ W/(m^2 \cdot K)$ für Nordorientierung

Der solare Wärmegewinn darf nur bis zu einer Fensterfläche von höchstens 2/3 der dazugehörenden Fassadenfläche im Nachweisverfahren mittels des äquivalenten Wärmedurchgangskoeffizienten $U_{eq,F}$ berücksichtigt werden. Für darüber hinausgehende Fensterflächen wird in die Gleichung (21) der Transmissionswärmeverlust mit dem Wärmedurchgangskoeffizient U_F der Fenster berechnet.

Hinweis: Die Regelung für Orientierung und Beschattung der Fensterflächen bei der Ermittlung des solaren Wärmegewinnes Q_S aus der Gesamtstrahlung gilt auch hier.

Fertighäuser. Für Fertighäuser kann der Nachweis des solaren Wärmegewinnes unter Annahme einer West-/Ostorientierung für alle Fensterflächen geführt werden, wenn der spätere Standort des Gebäudes noch unbekannt ist.

Geschlossene, nicht beheizte Glasvorbauten. Im Bereich der Glasvorbauten dürfen die äquivalenten Wärmedurchgangskoeffizienten $U_{eq,F}$ der Fenster, Fenstertüren und Außentüren sowie die der Außenwände mit den Temperatur-Reduktionsfaktoren der Tafel 10 kombiniert werden.

2.4 Anforderungen an den Wärmeschutz von Gebäuden

2.4.1 Übersicht der Anforderungen an den Wärmeschutz

Beim Nachweis des ausreichenden Wärmeschutzes eines Gebäudes ist die Bewertungsgröße bei lichten Raumhöhen bis zu 2,6 m der auf die Gebäudenutzfläche A_N, bei lichten Raumhöhen von mehr als 2,6 m der auf das Bauwerksvolumen V bezogene Jahres-Heizwärmebedarf. Bei neu zu erstellenden Gebäude wird diese Bewertungsgröße in Abhängigkeit des Flächen-Volumen-Verhältnisses A/V begrenzt. Werden bei bestehenden Gebäuden Bauteile erneuert oder ersetzt, dann dürfen vorgegebene Maximalwerte der Wärmedurchgangskoeffizienten nicht überschritten werden. Eine Zusammenstellung der Anforderungen befindet sich in Tafel 11.

Tafel 11 Einteilung der Gebäude nach Nutzung und Anforderungen nach WSchV (8.94)

Gebäudenutzung bzw. bauliche Änderungen

Gebäude mit normalen Innentemperaturen $\Theta_i \geq 19$ °C	Gebäude mit niedrigen Innentemperaturen 19 °C $> \Theta_i \geq 12$ °C und jährlich mehr als 4 Monate beheizt	Bauliche Änderungen bestehender Gebäude mit normalen oder niedrigen Innentemperaturen
Nachweis nach Abschn. 2.4.2.1	Nachweis nach Abschn. 2.4.2.2	Nachweis nach Abschn. 2.4.2.3
	Fenster und Fenstertüren	
Doppelverglasung[1] wird verlangt. Wenn Heizkörper vor Verglasungen stehen, muß $U_F \leq 1{,}5$ W/(m$^2 \cdot$K) sein.	Bei Einfachverglasung muß mit $U_F = 5{,}2$ W/(m$^2 \cdot$K) gerechnet werden.	$U_F \leq 1{,}8$ W/(m$^2 \cdot$K). Wenn Heizkörper vor Verglasungen stehen, muß $U_F \leq 1{,}5$ W/(m$^2 \cdot$K) sein.

Heizkörper

Im Bereich der Heizkörper darf der Wärmeschutz der Außenwand nicht schlechter sein als im Bereich der restlichen Außenwände. Vor Verglasungen aufgestellte Heizkörper müssen rückseitig mit einer nicht demontierbaren oder mit einer integrierten Abdeckung versehen werden, deren Wärmedurchgangskoeffizient nicht größer als 0,9 W/(m$^2 \cdot$K) sein darf. Diese Forderung gilt als erfüllt, wenn der Wärmedurchlaßwiderstand des Strahlungsschirmes den Wert 0,85 m$^2 \cdot$K/W nicht unterschreitet.

Flächenheizung

Bei Bauteilen gegen das Freie, gegen das Erdreich oder gegen nicht beheizte Räume, darf der Wärmedurchgangskoeffizient des Bauteils den Wert 0,35 W/(m$^2 \cdot$K), von der Heizfläche an in Richtung des Wärmestromes gerechnet, nicht überschreiten.

Rolladenkästen

Der Wärmedurchgangskoeffizient des Rolladenkastens darf den Wert 0,6 W/(m$^2 \cdot$K) nicht überschreiten, vom Hersteller ist eine diesbezügliche Bestätigung vorzulegen.

Außentüren

Für Außentüren aus Holz, Holzwerkstoffen und Kunststoff darf mit $U = 3{,}0$ W/(m$^2 \cdot$K), für solche aus Metall-Rahmen und metallenen Bekleidungen mit $U = 4{,}0$ W/(m$^2 \cdot$K) gerechnet werden. Bei verglasten Außentüren mit Rahmen der Rahmenmaterialgruppe 1, 2.1 oder 2.2 wird der Wärmedurchgangskoeffizient nach DIN 4108-4, Tabelle 3 bzw. Tafel 19 bestimmt, sofern der Rahmenanteil $\leq 30\%$ ist.

Dichtheit der wärmeübertragenden Umfassungsfläche

Bauteile der wärmeübertragenden Umfassungsfläche müssen luftdicht sein. Eventuell vorhandene Fugen sind entsprechend dem Stand der Technik luftundurchlässig abzudichten (s. Abschn. 2.5).

RLT-Anlage mit Luftkühlung und Fensterflächenanteil von 50% je zugehöriger Fassade oder mehr

Um den Energiedurchgang bei Sonneneinstrahlung zu begrenzen, muß für jede Fassade $(g_F \cdot f) \leq 0{,}25$ sein. Ausgenommen hiervon sind nach Norden orientierte oder ganztägig beschattete Fenster. Der Abminderungsfaktor z der Sonnenschutzvorrichtung muß $\leq 0{,}5$ sein.

[1]) Großflächige Verglasungen, z. B. Schaufensteranlagen, sind von dieser Forderung ausgenommen, wenn sie nutzungsbedingt erforderlich sind.

4

2.4.2 Anforderungen, abhängig von der Nutzungsart der Gebäude

2.4.2.1 Anforderungen zur Begrenzung des Jahres-Heizwärmebedarfes bei Gebäuden mit normalen Innentemperaturen

Gebäude mit einer lichten Raumhöhe von mehr als 2,6 m. Der nach Gl. (20) bestimmte Jahres-Heizwärmebedarf wird auf das beheizte Bauwerksvolumen V bezogen. Der so berechnete Wert $Q'_H = Q_H/V$ in kWh/(m³ · a) darf den in Tafel 12 angegebenen oder den nach Gl. (32) in Abhängigkeit von A/V ermittelten Wert nicht überschreiten.

Gebäude mit einer lichten Raumhöhe von 2,60 m und weniger. Der nach Gl. (20) bestimmte Jahres-Heizwärmebedarf wird auf die Gebäudenutzfläche A_N bezogen. Der so berechnete Wert $Q''_H = Q_H/A_N$ in kWh/(m² · a) darf den in Tafel 12 angegebenen oder den nach Gl. (33) in Abhängigkeit von A/V ermittelten Wert nicht überschreiten.

Tafel 12 Maximaler Jahres-Heizwärmebedarf, bezogen auf das beheizte Bauwerksvolumen V oder auf die Gebäudenutzfläche A_N in Abhängigkeit von A/V

A/V in m⁻¹	≤0,20	0,30	0,40	0,50	0,60	0,70	0,80	0,90	1,00	≥1,05
Q'_H in kWh/(m³ · a)	17,3	19,0	20,7	22,5	24,2	25,9	27,7	29,4	31,1	32,0
Q''_H in kWh/(m² · a)	54,0	59,4	64,8	70,2	75,6	81,1	86,5	91,9	97,3	100,0

Für $0{,}2 \leq A/V \leq 1{,}05$ gilt:

$$\mathbf{Q'_H = 13{,}82 + 17{,}32 \cdot (A/V)} \quad \text{in kWh/(m}^3 \cdot \text{a)} \quad (32)$$

$$\mathbf{Q''_H = Q'_H/0{,}32} \quad \text{in kWh/(m}^2 \cdot \text{a)} \quad (33)$$

A in m² und V in m³ einsetzen.

Reihenhäuser. Bei aneinandergereihten Gebäuden ist der Nachweis des ausreichenden Wärmeschutzes für jedes Gebäude einzeln zu führen. Hierbei werden Gebäudetrennwände als wärmeundurchlässig angenommen und bei der Ermittlung von A und A/V nicht berücksichtigt. Dies gilt auch für die angrenzenden Trennwände, wenn ein bestehendes Gebäude um einen beheizten Raum erweitert wird (s. Abschn. 2.4.2.3).

Beim Reihenmittelhaus mit zwei Trennwänden gilt zusätzlich die Forderung, daß für die Fassadenfläche der Mittelwert des Wärmedurchgangskoeffizienten aus Außenwand und Fenster nicht größer als

$$U_{m,W+F} = (U_W \cdot A_W + U_F \cdot A_F)/(A_W + A_F) = 1{,}0 \text{ W/(m}^2 \cdot \text{K)}$$

sein darf. Diese Anforderung ist auch bei gegeneinander versetzten Gebäuden einzuhalten, wenn der Anteil der gemeinsamen Trennwand 50% und mehr der ganzen Trennwand ist.

Ist die Nachbarbebauung nicht gesichert, müssen die Trennwände den Mindestwärmeschutz nach DIN 4108 für Außenwände aufweisen.

Geschlossene, nicht beheizte Glasvorbauten. Im Bereich der Glasvorbauten dürfen die äquivalenten Wärmedurchgangskoeffizienten $U_{eq,F}$ der Fenster, Fenstertüren und Außentüren (s. Abschn. 2.3.4.4) sowie die der Außenwände mit den Temperatur-Reduktionsfaktoren der Tafel 10 kombiniert werden.

Sonstige Anforderungen bzw. Berechnungshinweise. Weitere Anforderungen bzw. Angaben zum Nachweis des ausreichenden Wärmeschutzes sind in der Tafel 11 aufgeführt.

2.4.2.2 Anforderungen zur Begrenzung des Jahres-Heizwärmebedarfes bei Gebäuden mit niedrigen Innentemperaturen

Maximal zulässiger Jahres-Transmissionswärmebedarf

Bei Gebäuden mit niedrigen Innentemperaturen wird nur der Jahres-Transmissionswärmebedarf ohne Berücksichtigung des Lüftungswärmebedarfs, der solaren und internen Wärmegewinne ermittelt. Er wird nach folgender Gl. berechnet:

$$Q_T = 30 \cdot (U_W \cdot A_W + U_F \cdot A_F + 0{,}8 \cdot U_D \cdot A_D + f_G \cdot U_G \cdot A_G + U_{DL} \cdot A_{DL} + 0{,}5 U_{AB} \cdot A_{AB}) \text{ in kWA/a} \quad (34)$$

Der nach Gl. (34) bestimmte Jahres-Transmissionswärmebedarf wird auf das beheizte Bauwerksvolumen V bezogen. Der so berechnete Wert $Q'_T = Q_T/V$ in kWh/(m³·a) darf den in Tafel 13 angegebenen oder den nach Gl. (35) in Abhängigkeit von A/V ermittelten Wert nicht überschreiten.

Tafel 13 Maximaler Jahres-Heizwärmebedarf, bezogen auf das beheizte Bauwerksvolumen V

A/V in m^{-1}	≤0,20	0,30	0,40	0,50	0,60	0,70	0,80	0,90	≥1,00
Q'_T in kWh/(m³·a)	6,20	7,80	9,40	11,00	12,60	14,20	15,80	17,40	19,00

Für $0{,}2 \leq A/V \leq 1{,}0$ gilt: $Q'_T = 3{,}0 + 16 \cdot (A/V)$ in kWh/(m³·a) (35)

A ist in m² und V in m³ einzusetzen.

Decken beheizter Räume gegen Erdreich bzw. Keller

Bei Decken **ohne Wärmedämmung** wird $U_G = 2{,}0$ W/(m²·K) gesetzt, für die Berechnung von Q_T nach Gl. (34) werden die Temperatur-Reduktionsfaktoren Tafel 14 entnommen.

Bei Decken **mit Wärmedämmung** ist der Wärmedurchgangskoeffizient rechnerisch zu bestimmen, zur Berechnung des Jahres-Transmissionswärmebedarfes ist $f_G = 0{,}5$ in Gl. (34) einzusetzen.

Tafel 14 Temperatur-Reduktionsfaktoren f_G der Wärmedurchgangskoeffizienten U_G für Decken gegen das Erdreich

A_G in m^{-2}	≤100	500	1000	1500	2000	2500	3000	5000	≥8000
Temperatur-Reduktionsfaktoren f_g	0,50	0,29	0,23	0,20	0,18	0,17	0,16	0,14	0,12

Für $100 \leq A_G \leq 8000$ mit A_G in m² gilt: $f_G = 2{,}33/\sqrt[3]{A_G}$

2.4.2.3 Anforderungen bei baulichen Änderungen bestehender Gebäude

Erweiterung eines Gebäudes. Bei Erweiterung eines Gebäudes um mehr als 10 m² zusammenhängende, beheizte Gebäudenutzfläche (s. Abschn. 2.3.2) sind für den neuen Gebäudeteil die Anforderungen der Tafel 12 bzw. 13 für Gebäude mit normalen oder niedrigen Innentemperaturen einzuhalten.

Erneuerung oder Ersatz von Bauteilen. Werden bei beheizten Gebäuden nachfolgend aufgezählte Bauteile erstmalig eingebaut, ersetzt oder erneuert (wobei deren Anteil an der Gesamtfläche des Bauteils mehr als 20% betragen muß), sind die in Tafel 15 genannten Anforderungen einzuhalten.

1. Außenwände
2. Außenliegende Fenster, Fenstertüren und Dachfenster
3. Decken unter nicht ausgebauten Dachräumen, Dachschrägen und Decken, die beheizte Räume nach oben oder unten gegen die Außenluft abgrenzen
4. Kellerdecken
5. Wände oder Decken gegen unbeheizte Räume.

Unter Erneuerung sind folgende Maßnahmen zu verstehen:

Bei Außenwänden:

a) Bekleidungen in Form von Platten oder plattenartigen Bauteilen oder Verschalungen sowie Mauerwerks-Vorsatzschalen werden angebracht.
b) Bei beheizten Räumen werden auf der Innenseite der Außenwände Bekleidungen oder Verschalungen aufgebracht oder Dämmschichten eingebaut.

Bei Decken nach den Ziffern 3 bis 5 der obigen Aufzählung:

a) Dachhaut und eventuell darunter vorhandene Dachschalung werden ersetzt.
b) Bekleidungen in Form von Platten oder plattenartigen Bauteilen (sofern nicht unmittelbar angemauert, angemörtelt oder geklebt) oder Verschalungen werden angebracht oder Dämmschichten eingebaut.

Tafel 15 Maximal zulässiger Wärmedurchgangskoeffizient bei erstmaligem Einbau, Ersatz und bei Erneuerung von Bauteilen beheizter Gebäude[1])

Bauteil und Formelzeichen des Wärmedurchgangskoeffizienten	max. Wärmedurchgangskoeffizient U_{max} in W/(m² · K) [2])	
	$\Theta_i \geq 19$ °C	12 °C $\leq \Theta_i \leq 19$ °C
Außenwände – allgemein – mit Außendämmung als Erneuerungsmaßnahme	$U_W \leq 0{,}50$ [3]) $U_W \leq 0{,}40$	$U_W \leq 0{,}75$
Außenliegende Fenster, Fenstertüren, Dachfenster	$U_F \leq 1{,}8$	–
Decken unter nicht ausgebauten Dachräumen, Decken und Dachschrägen, die Räume gegen die Außenluft abgrenzen	$U_D \leq 0{,}30$	$U_D \leq 0{,}40$
Kellerdecken, Decken und Wände gegen unbeheizte Räume sowie Decken und Wände, die an das Erdreich grenzen	$U_G \leq 0{,}50$	–

[1]) Auf das Einhalten der Anforderungen kann dann verzichtet werden, wenn im Einzelfall die aufzuwendenden Mittel in keinem Verhältnis zu der noch zu erwartenden Nutzungsdauer des Gebäudes stehen.

[2]) Der Wärmedurchgangskoeffizient kann unter Berücksichtigung vorhandener Bauteilschichten ermittelt werden.

[3]) Die Anforderung gilt als erfüllt für ein Mauerwerk der Dicke 365 mm aus Baustoffen einer Wärmeleitfähigkeit von $\leq 0{,}21$ W/(m · K).

2.5 Anforderungen an die Luftdichtheit der Gebäudehülle

Um Lüftungswärmeverluste durch Undichtheiten in der Gebäudehülle zu begrenzen, bestehen sowohl Anforderungen an die Dichtheit der Fugen von Fenstern, Fenster- und Außentüren als auch an die der Gebäudehülle.

2.5.1 Dichtheit der Fenster- und Türfugen

In Tafel 16 werden die zulässigen Höchstwerte der Fugendurchlaßkoeffizienten von Fenstern, Fenster- und Außentüren angegeben.

Tafel 16 Zulässige Fugendurchlaßkoeffizienten von Fenstern, Fenstertüren und Außentüren

Gebäudetemperaturen und Anzahl der Geschosse		zulässige Fugendurchlaßkoeffizienten *a* in $m^3/(m \cdot h \cdot (daPa)^{2/3})$		
		Fenster und Fenstertüren	Außentüren	RLT-Anlagen
normal	1 und 2 Vollgeschosse	≤2,0	≤2,0	≤1,0
	mehr als 2 Vollgeschosse	≤1,0	–	≤1,0
niedrig	allgemein	≤2,0	–	–

Ohne weiteren Nachweis durch ein Prüfzeugnis dürfen nachstehende Werte der Fugendurchlaßkoeffizienten als gegeben angenommen werden:

Bei allen Fensterkonstruktionen mit umlaufender, alterungsbeständiger, leicht auswechselbarer und weichfedernder Dichtung in der Fuge bis Gebäudehöhen von 20 m:

$a \leq 1{,}0\ m^3/(m \cdot h \cdot (daPa)^{2/3})$.

Bei Holzfenstern mit Profilen nach DIN 68121 – Holzfenster-Profile – ohne Dichtung in den Fugen:

$1{,}0 \leq a \leq 2{,}0\ m^3/(m \cdot h \cdot (daPa)^{2/3})$.

Andere leicht regulierbare Lüftungseinrichtungen sind zulässig, wenn sie im geschlossenen Zustand die Forderungen der Tafel 16 erfüllen.

2.5.2 Dichtheit der Gebäudehülle

Die Gebäudehülle muß entsprechend dem Stand der Technik luftundurchlässig ausgebildet werden. Planungs- und Ausführungsempfehlungen zur Abdichtung von Stoßstellen, Überlappungen, Anschlüssen und Durchdringungen sind in der Vornorm DIN V 4108-7 (11.96) „Wärmeschutz im Hochbau; Luftdichtheit von Bauteilen und Anschlüssen; Planungs- und Ausführungsempfehlungen sowie -beispiele" enthalten. Gemessen werden kann die Luftdichtheit der Gebäudehülle mittels des in der Norm E DIN EN ISO 9972 (1.97) „Wärmeschutz – Bestimmung der Luftdichtheit von Gebäuden – Differenzdruckverfahren" beschriebenen Meßverfahrens.

2.6 Wärmebedarfsausweis

Nach § 12 der Wärmeschutzverordnung (8.94) müssen bei allen Bauten, die nach den Abschnitten 1 und 2 zu bewerten sind, die wesentlichen Ergebnisse der rechnerischen Untersuchung in einem Wärmebedarfsausweis zusammengestellt werden.

Überschrift, Aufbau und Inhalt des Wärmebedarfsausweises muß dem im Bundesanzeiger Nr. 243 vom 28. Dezember 1994 gezeigten Muster entsprechen.

In ihm sind die energiebezogenen Merkmale eines Gebäudes festgehalten, die es im Sinne der Richtlinie 93/76/EWG des Rates vom 13. September 1993 zur Begrenzung der Kohlendioxydemission durch eine effizientere Energienutzung aufweisen soll. Dieser Wärmebedarfsausweis ist Käufern, Mietern oder sonstigen Nutzungsberechtigten und den Baurechtsbehörden auf Anforderung vorzulegen.

Form des Wärmebedarfsausweises und die darin anzugebenden Werte sind in der Wärmeschutzverordnung (8.94) festgelegt.

2.7 Vornorm DIN V 4108-6 (4.95)

Das Rechenverfahren der DIN V 4108-6 (4.95) zur Berechnung des Jahres-Heizwärmebedarfs basiert auf einer Energiebilanz aus Wärmeverlusten und Wärmegewinnen in monatlichen Zeitabschnitten. Hierzu sind Tabellen mit Monatsmittelwerten der Lufttemperatur am Gebäudestandort erforderlich.

Alternativ kann der Jahres-Heizwärmebedarf auch mittels der Heizgradtagezahl berechnet werden. In der Vornorm DIN V 4108-6 werden 40 standortspezifische Heizgradtagezahlen in Abhängigkeit der Heizgrenztemperaturen 15 °C, 12 °C und 10 °C aufgeführt. Bei Gebäuden mit einer sehr guten wärmeschutztechnischen Qualität liegt die Heizgrenztemperatur deutlich unter 15 °C.

Die Berechnung nach DIN V 4108-6 beruht auf der Annahme eines stationären Temperaturzustandes. Berücksichtigt wird eine eingeschränkte Wärmespeicherfähigkeit der Bauteile durch eine thermische Zeitkonstante.

3 Feuchteschutz

Die atmosphärische Luft enthält immer Wasserdampf. Dieser entsteht bei der Verdunstung des natürlich vorhandenen Wassers und erzeugt wie alle Gase einen Druck, den Wasserdampfdruck. Den Druck des in der Atmosphäre vorhandenen Wasserdampfes bezeichnet man als Wasserdampfteildruck. Luft kann allerdings bei gegebener Temperatur nur eine begrenzte Menge an Wasserdampf aufnehmen, die man als Wasserdampfsättigungsmenge oder als Wasserdampfkonzentration c_s im Sättigungszustand bezeichnet und die sehr stark von der Temperatur abhängig ist (s. Tafel 25). Im Sättigungszustand wird dann der Wasserdampfsättigungsdruck erreicht. Meistens ist Luft nicht mit Wasserdampf gesättigt, sondern enthält eine geringere Wasserdampfkonzentration als der Sättigungskonzentration c_s entspricht. Daraus abgeleitet wurde der Begriff der relativen Luftfeuchte φ als das Verhältnis der in der Luft vorhandenen Wasserdampfkonzentration c zur Wasserdampfkonzentration c_s im Sättigungszustand.

$$\varphi = c/c_s \quad (36)$$

Da der Wasserdampfteildruck p proportional zur Wasserdampfkonzentration c in der Luft ist, gilt auch

$$\varphi = p/p_s \quad (37)$$

wobei p_s der Wasserdampfsättigungsdruck ist (s. Tafel 22). Er kann auch näherungsweise nach der Zahlenwertgleichung

$$p_s = a(b + \Theta_L/100\,°C)^n \quad \text{in Pa} \quad (38)$$

berechnet werden, wobei für die Größen a, b und n folgende Zahlenwerte einzusetzen sind:

Größen	$-20 \leq \Theta_L < 0$ °C	$0 \leq \Theta_L \leq 30$ °C
a in Pa	4,689	288,68
b in 1	1,486	1,098
n in 1	12,3	8,02

Die in einem Raum sich einstellende relative Luftfeuchte wird nicht nur von deren Wassergehalt, sondern auch von der Temperatur der Raumluft bestimmt. Änderungen des Wassergehaltes ergeben sich aus der Wasserdampfbelastung der Luft durch die Bewohner bzw. durch die Raumlüftung, wenn die Wasserdampfkonzentration der Raum- und Außenluft unterschiedlich groß ist. Im Winter wird durch Lüftung der Wassergehalt der Raumluft abgesenkt, weil bei tiefen Temperaturen die Wasserdampfkonzentration der Luft viel geringer ist als bei hohen Temperaturen.

Der in der Luft enthaltene Wasserdampf kann zu Tauwasserniederschlägen auf der Oberfläche oder im Innern von Bauteilen führen, die in ungünstigen Fällen Schäden verursachen.

3.1 Feuchteschutztechnische Größen

3.1.1 Formelzeichen und Einheiten

Bedeutung	Formelzeichen	SI-Einheit[1])
Wasserdampfteildruck	p	Pa, N/m^2
Sättigungsdruck des Wasserdampfes (Wasserdampfsättigungsdruck)	p_s	Pa, N/m^2
relative Luftfeuchte	φ	1
Wasserdampf-Diffusionsstrom	I	kg/h
Wasserdampf-Diffusionsstromdichte	i	kg/(m^2 · h)
Wasserdampf-Diffusionsdurchlaßkoeffizient	Δ	kg/(m^2 · h · Pa)
Wasserdampf-Diffusionsdurchlaßwiderstand	$1/\Delta$	(m^2 · h · Pa)/kg
Wasserdampf-Diffusionsleitkoeffizient	δ	kg/(m · h · Pa)
Wasserdampf-Diffusionswiderstandszahl	μ	1
wasserdampfdiffusionsäquivalente Luftschichtdicke	s_d	m
flächenbezogene Wassermasse	W	kg/m^2
Wasseraufnahmekoeffizient	w	kg/(m^2 · h$^{1/2}$)

[1]) 1 steht für die Verhältnisgröße zweier gleicher Einheiten.

3.1.2 Rechengrößen

Wasserdampfdiffusionswiderstandszahl μ. μ ist ein Stoffwert, der als Quotient aus dem Wasserdampf-Diffusionsleitkoeffizienten der Luft δ_L und dem Wert δ des betreffenden Stoffes bestimmt wird.

Wasserdampfdiffusionsäquivalente Luftschichtdicke s_d: $s_d = \mu \cdot d$ einer Baustoffschicht ist zahlenmäßig gleich der Dicke einer Luftschicht, die den gleichen Wasserdampf-Diffusionsdurchlaßwiderstand wie die Bauteilschicht der Dicke d in m hat. Bei mehrschichtigen Bauteilen ist:

$$\mathbf{s_d = \mu_1 \cdot d_1 + \mu_2 \cdot d_2 + \ldots + \mu_n \cdot d_n}$$

Wasserdampf-Diffusionsdurchlaßwiderstand $1/\Delta$. Bei einem einschichtigen Bauteil wird er aus der Dicke d in m und der Wasserdampf-Diffusionswiderstandszahl μ wie folgt berechnet:

$$\mathbf{1/\Delta = 1{,}5 \cdot 10^6 \cdot \mu \cdot d} \quad \text{in m}^2\text{ h Pa/kg} \quad (39)$$

Bei mehrschichtigen Bauteilen der Dicken $d_1, d_2, \ldots, d_n$ der Einzelschichten und den Wasserdampf-Diffusionswiderstandszahlen $\mu_1, \mu_2, \ldots, \mu_n$ ergibt er sich aus der Gleichung

$$\mathbf{1/\Delta = 1{,}5 \cdot 10^6 (\mu_1 d_1 + \mu_2 d_2 + \ldots + \mu_n d_n) \quad \text{in m}^2\text{ h Pa/kg}} \quad (40)$$

Wasseraufnahmekoeffizient w. w ist eine Materialeigenschaft und gibt an, wie groß die kapillare Wasseraufnahme von Baustoffen ist. Sie wird nach DIN 52617 — Bestimmung der kapillaren Wasseraufnahme von Baustoffen und Beschichtungen — bestimmt.

3.2 Taupunkttemperatur

In einem abgeschlossenen Luftvolumen der Temperatur Θ und der relativen Luftfeuchte φ beträgt der Wasserdampfteildruck

$$p = \varphi \cdot p_s \qquad (41)$$

Die relative Luftfeuchte als Dezimalbruch einsetzen

Wird eine Luftmenge, bei der ein Wasserdampfaustausch mit der Umgebung unterbunden ist und der Wasserdampfteildruck p deshalb konstant bleibt, abgekühlt, steigt die relative Luftfeuchte nach Gl. (41), da mit fallender Temperatur der Sättigungsdampfdruck p_s abnimmt (s. Tafel 22). Wenn die relative Luftfeuchte den Wert 100% erreicht, beginnt Wasserdampf als Tauwasser auszufallen. Die Grenztemperatur, bei der dieser Vorgang einsetzt, nennt man die Taupunkttemperatur Θ_s. Diese kann für die gegebenen Luft- und Feuchteverhältnisse aus der Tafel 24 abgelesen werden. Man kann jedoch auch die Taupunkttemperatur Θ_s mit Hilfe des Wasserdampfsättigungsdruckes der Tafel 22 bestimmen.

Beispiel zur Ermittlung von Θ_s

Lufttemperatur:	$\Theta = 20\,°C$, relative Luftfeuchte $\varphi = 50\%$
Sättigungsdruck (s. Tafel 22):	$p_s = 2340$ Pa
Wasserdampfteildruck:	$p = \varphi \cdot p_s = 0{,}5 \cdot 2340 = 1170$ Pa
Taupunkttemperatur:	$\Theta_s = 9{,}3\,°C$

Für Lufttemperaturen $\Theta \geq 0\,°C$ und unter der Voraussetzung, daß Θ_s keinen negativen Wert annimmt, kann die Taupunkttemperatur auch nach folgender Zahlenwertgleichung berechnet werden:

$$\Theta_s = \varphi^{1/8{,}02}(109{,}8 + \Theta) - 109{,}8 \text{ in } °C$$

Die relative Luftfeuchte φ als Dezimalbruch und die Temperatur Θ in °C einsetzen.

3.3 Tauwasserbildung auf Oberflächen von Bauteilen

Unterschreitet die Oberflächentemperatur Θ_{si} die Taupunkttemperatur der Luft, erfolgt ein Tauwasserniederschlag auf der Bauteiloberfläche. Die Oberflächentemperatur des Bauteils ist um so höher, je größer der Wärmedurchlaßwiderstand bzw. je kleiner der Wärmedurchgangskoeffizient des Bauteils ist. Der zur Verhinderung eines Tauwasserniederschlages erforderliche Wärmedurchlaßwiderstand ist

$$\text{erf. } R \geq R_{si} \cdot \frac{(\Theta_i - \Theta_e)}{(\Theta_i - \Theta_s)} - (R_{si} + R_{se}) \qquad (42)$$

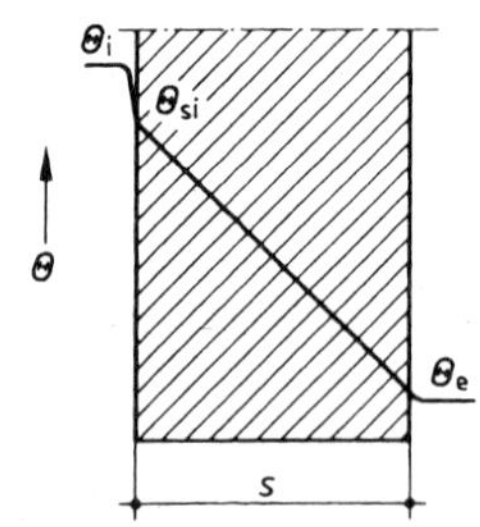

Bild 12 Temperaturen

Bei vorgegebenem Wärmedurchlaßwiderstand wird die Oberflächentemperatur Θ_{si} nach Gl. (9) des Abschn. Wärmeschutz berechnet und mit der Taupunkttemperatur Θ_s der Raumluft verglichen.

Nach DIN 4108-3 muß mit $R_{si} = 0{,}17\ m^2K/W$ und $\Theta_e = -15\,°C$ gerechnet werden. Bei stark behindertem Wärmedurchgang (z. B. durch Möblierung) kann ein größerer innerer Wärmeübergangswiderstand erforderlich werden. Länger andauernde Tauwasserniederschläge können Feuchteschäden (z. B. durch Schimmelpilzbildung) verursachen [8].

Anmerkung zur Schimmelpilzbildung.

Mehreren Seiten vertreten die Ansicht, die Tauwasserbildung auf Bauteiloberflächen sei in Wohnräumen nicht mehr Voraussetzung für das Schimmelpilzwachstum, vielmehr würden bereits bei Werten der relativen Feuchtigkeit der angrenzenden Raumluft ≥80% Schimmelpilze auftreten; als optimale Wachstumsbedingungen werden Werte von 90 bis 97% relative Feuchte genannt. Diese Aussagen beruhen auf Versuchen, die ausschließlich im Labor an Proben im Temperaturgleichgewicht und mit geringem Temperaturgradienten unter genau festgelegten Randbedingungen bei Werten der Luftfeuchtigkeit zwischen 83 und 97% durchgeführt wurden. Bisher fehlt der Nachweis, daß die Ergebnisse der Laborversuche sich auf die realen Verhältnisse in Wohnräumen und realen Klimadaten im Freien übertragen lassen [8], [9].

3.4 Tauwasserbildung im Innern von Bauteilen

In beheizten Räumen herrscht im Winter auf Grund der höheren Lufttemperaturen bei üblichen Werten der Luftfeuchte ein höherer Wasserdampfteildruck als im Freien. Durch diesen Druckunterschied bewegen sich die in der Raumluft vorhandenen Wasserdampfmoleküle durch die luftgefüllten Poren und Kapillaren der Baustoffe in Richtung zum Freien.

Den Vorgang nennt man Wasserdampf-Diffusion, und die je Zeiteinheit transportierte Wasserdampfmenge ist der Wasserdampf-Diffusionsstrom I in kg/h bzw. die Wasserdampf-Diffusionsstromdichte i in kg/(m^2 · h). Der Betrag des Diffusionsstromes durch das Außenbauteil hängt ab von dessen Wasserdampf-Diffusionsdurchlaßwiderstand $1/\Delta$ und der Differenz zwischen dem Wasserdampfteildruck p_i im Raum und p_e im Freien.

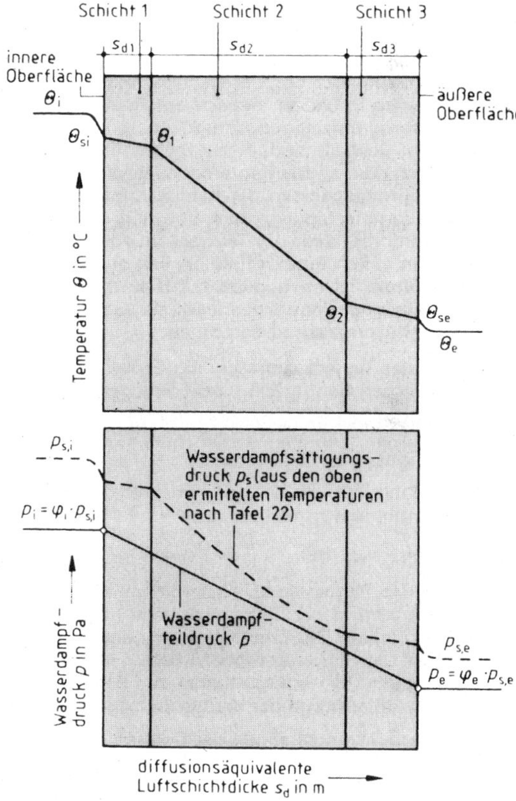

Bild 13
Schematisierte Darstellung des Verlaufs der Temperatur, des Wasserdampfsättigungs- und -teildrucks durch ein mehrschichtiges Bauteil zur Ermittlung etwaigen Tauwasserausfalls (im Beispiel bleibt der Querschnitt tauwasserfrei).

Die Wasserdampf-Diffusionsstromdichte i berechnet sich nach Gl. (43).

$$i = \frac{p_i - p_e}{1/\Lambda}. \quad (43)$$

Im Innern des Bauteils nimmt der Wasserdampfdruck linear ab, es sei denn, es tritt eine Änderung des Aggregatzustandes des Wasserdampfes durch Tauwasserbildung oder Verdunstung im Innern des Bauteils ein. Aus dem Temperaturverlauf im Innern des Bauteils läßt sich auch der Verlauf des Wasserdampfsättigungsdruckes bestimmen, der wegen des nichtlinearen Zusammenhangs zwischen Wasserdampfsättigungsdruck und Temperatur einen leicht gekrümmten Kurvenzug aufweist (s. Bild 13). Bei der Prüfung eines Bauteils auf innere Tauwasserniederschläge werden die Kurven des Wasserdampfdruckes und des Sättigungsdampfdruckes miteinander verglichen.

Wenn sich die beiden Kurven nicht berühren, bleibt der Querschnitt tauwasserfrei (s. Bild 13 und 14 Fall a). Wenn jedoch der Wasserdampfteildruck p im Innern eines Bauteils den Wasserdampfsättigungsdruck p_s erreicht, erfolgt Tauwasserausfall. Die Berechnung wird nach dem graphischen Verfahren von Glaser (Diffusionsdiagramm) durchgeführt. Hierbei werden auf der Abszisse in das Diagramm die im Maßstab der diffusionsäquivalenten Luftschichtdicken s_d dargestellten Baustoffschichten, auf der Ordinate der Wasserdampfteildruck p aufgetragen (s. Bild 13.).

In das Diagramm wird über dem Querschnitt des Bauteils der aufgrund der rechnerisch ermittelten Temperaturverteilung bestimmte Wasserdampfsättigungsdruck p_s (höchstmöglicher Wasserdampfdruck) und der vorhandene Wasserdampfteildruck p eingetragen. Der Verlauf des Wasserdampfteildrucks im Bauteil ergibt sich im Diffusionsdiagramm als Verbindungsgerade der Drücke p_i und p_e an beiden Bauteiloberflächen. Schneidet die Gerade den Kurvenzug des Wasserdampfsättigungsdruckes, so wäre in diesem Bereich des Bauteils der Wasserdampfteildruck höher als der Wasserdampfsättigungsdruck. Aus physikalischen Gründen ist dies jedoch nicht möglich. Deshalb sind in das Diagramm von den Drücken p_i und p_e ausgehend die Tangenten an die Kurve des Wasserdampfsättigungsdruckes zu zeichnen. An den Berührungspunkten der beiden Kurven ist der Wasserdampfdruck gleich dem Wasserdampfsättigungsdruck und wird mit p_{sw} bezeichnet. Je nach Aufbau und Schichtenfolge kann ein Tauwasserniederschlag in Ebenen (Bild 14, Fälle b und c) oder in einem Bereich (Bild 14, Fall d) erfolgen. Nach dem Berechnungsverfahren von Glaser ist es möglich, mit Hilfe des Diffusionsdiagrammes sowohl die im Winter anfallende Tauwassermasse als auch die im Sommer durch Verdunstung abführbare Wassermasse zu berechnen.

Berechnung der Tauwassermasse. die Größe der Tauwassermasse ergibt sich als Differenz zwischen den je Zeit- und Flächeneinheit eindiffundierenden und ausdiffundierenden Wasserdampfmassen (Differenz der Diffusionsstromdichten i_i und i_e). Die Neigung der Tangenten ist ein Maß für die jeweilige Diffusionsstromdichte i (s. Gl. (43) und Bild 14, Fall b).

Die in der Tauperiode der Dauer t_T in einem Außenbauteil ausfallende Tauwassermenge W_T ergibt sich zu

$$W_T = t_T \cdot (i_i - i_e) \quad (44)$$

Berechnung der Verdunstung. Nach einem vorhergehenden Tauwasserausfall im Außenbauteil wird in der Tauwasserebene bzw. im Tauwasserbereich Sättigungsdruck angenommen. Die Ermittlung der durch Dampfdiffusion an die Raum- und Außenluft aus den Tauwasserebenen bzw. dem Tauwasserbereich abführbaren Verdunstungsmengen W_V erfolgt analog zur Berechnung der Tauwassermenge. Ein Tauwasserausfall während der Verdunstungsperiode wird nicht berücksichtigt.

Die in der Verdunstungsperiode der Dauer t_v aus einem Außenbauteil abführbare Verdunstungsmenge ist

$$W_v = t_v \cdot (i_i + i_e) \quad (45)$$

3.4.1 Anforderungen nach DIN 4108-3

Eine Tauwasserbildung in Bauteilen ist unschädlich, wenn durch Erhöhung des Feuchtegehaltes der Bau- und Dämmstoffe der Wärmeschutz und die Standsicherheit der Bauteile nicht gefährdet werden. Dies ist der Fall, wenn folgende Bedingungen erfüllt sind:

a) Die während der Tauperiode im Innern des Bauteils anfallende Wassermasse W_T muß während der Verdunstungsperiode wieder an die Umgebung abgeführt werden können ($W_T < W_V$).

b) Die Baustoffe, die mit dem Tauwasser in Berührung kommen, dürfen nicht beschädigt werden (z.B. durch Korrosion, Pilzbefall).

c) Bei Dach- und Wandkonstruktionen darf eine Tauwassermasse von insgesamt 1,0 kg/m² nicht überschritten werden. Dies gilt nicht für die unter d) und e) ausgeführten Bedingungen.

d) Tritt Tauwasser an Berührungsflächen von kapillar nicht wasseraufnahmefähigen Schichten auf, so darf zur Begrenzung des Ablaufens oder Abtropfens eine Tauwassermasse von 0,5 kg/m² nicht überschritten werden (z.B. Berührungsflächen von Luft- oder Faserdämmstoffschichten einerseits und Beton- oder Dampfsperrschichten andererseits).

e) Bei Holz ist eine Erhöhung des massebezogenen Feuchtegehaltes um mehr als 5%, bei Holzwerkstoffen um mehr als 3% unzulässig. (Holzwolle-Leichtbauplatten und Mehrschicht-Leichtbauplatten nach DIN 1101 sind hiervon ausgenommen.)
Weitere Festlegungen zum Holzschutz siehe DIN 68800-2 (05.96)

3.4.2 Angaben zu den Berechnungen

3.4.2.1 Klimabedingungen

In nicht klimatisierten Wohn- und Bürogebäuden sowie vergleichbar genutzten Gebäuden können der Berechnung folgende vereinfachte Annahmen zugrundegelegt werden.

Tauperiode

$\Theta_i = 20\,°C$; $\varphi_i = 50\%$; $\Theta_e = -10\,°C$; $\varphi_e = 80\%$; $t_T = 1440$ h (60 Tage)

Verdunstungsperiode

a) Wandbauteile und Decken unter nicht ausgebauten Dachräumen

$\Theta_i = 12\,°C$; $\varphi_i = 70\%$; $t_v = 2160$ h (90 Tage)
$\Theta_e = 12\,°C$; $\varphi_e = 70\%$; Tauwasserbereich: $\varphi = 100\%$

b) Dächer, die Aufenthaltsräume gegen die Außenluft abschließen

$\Theta_i = 12\,°C$; $\varphi_i = 70\%$; $t_v = 2160$ h (90 Tage)
$\Theta_e = 12\,°C$; $\varphi_e = 70\%$; Tauwasserbereich: $\varphi = 100\%$
$\Theta_{se} = 20\,°C$; (Oberflächentemperatur des Daches)
Θ: entsprechend dem Temperaturgefälle von außen nach innen

Bei schärferen Klimabedingungen (z.B. Schwimmbäder, klimatisierte Räume, extremes Außenklima) sind diese vereinfachten Annahmen nicht zulässig. Hier sind das tatsächliche Raumklima und das Außenklima am Standort des Gebäudes mit deren zeitlichem Verlauf zu berücksichtigen [7].

3.4.2.2 Berechnungen

Fall a Wasserdampfdiffusion ohne Tauwasserausfall im Bauteil

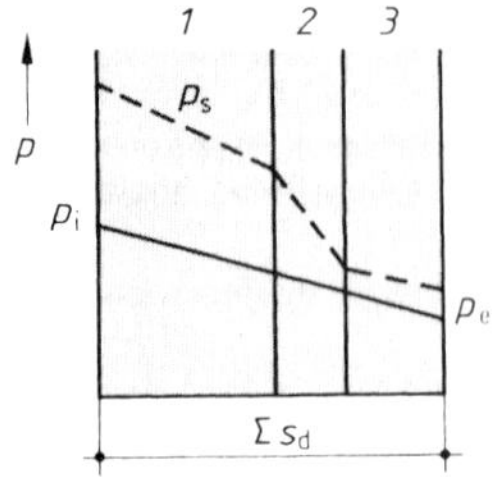

Tauwasserbildung

Berechnungsschema

Fall b Tauwasserausfall in einer Ebene

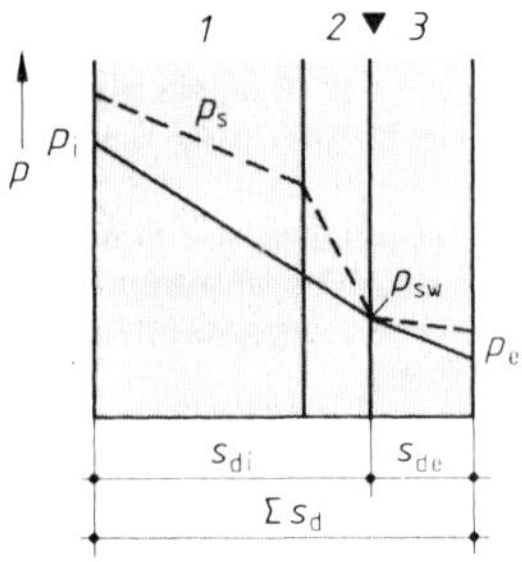

Diffusionsstromdichte

– in das Bauteil: $i_i = \dfrac{p_i - p_{sw}}{1/\Delta_i}$

– zum Freien: $i_e = \dfrac{p_{sw} - p_e}{1/\Delta_e}$

Tauwassermasse in der Ebene ▼
$W_T = t_T \cdot (i_i - i_e)$

Fall c Tauwasserausfall in zwei Ebenen

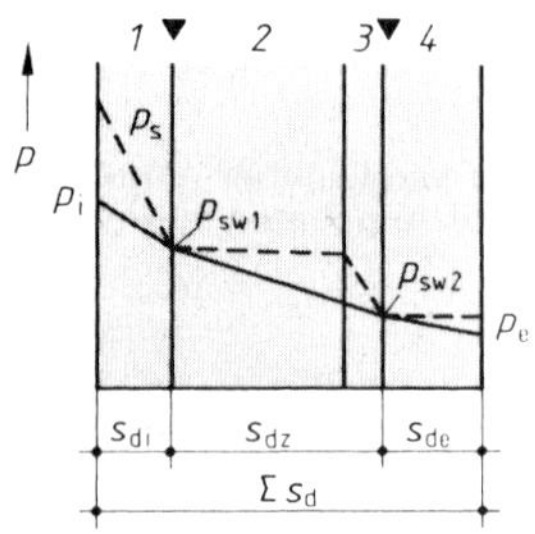

Diffusionsstromdichte

– in das Bauteil: $i_i = \dfrac{p_i - p_{sw1}}{1/\Delta_i}$

– von Ebene 1 zu Ebene 2: $i_z = \dfrac{p_{sw1} - p_{sw2}}{1/\Delta_z}$

– zum Freien: $i_e = \dfrac{p_{sw2} - p_e}{1/\Delta_e}$

Tauwassermasse
– in der ebene 1 ▼
$W_{T1} = t_T \cdot (i_i - i_z)$
– in der Ebene 2 ▼
$W_{T2} = t_T \cdot (i_z - i_e)$

Fall d Tauwasserausfall in einem Bereich

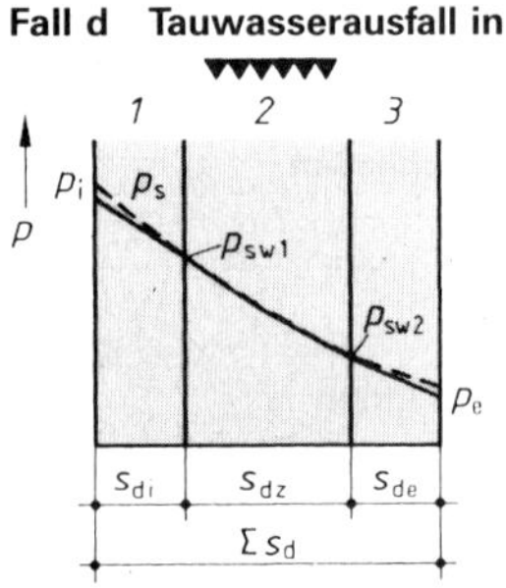

Diffusionsstromdichte

– in das Bauteil: $i_i = \dfrac{p_i - p_{sw1}}{1/\Delta_i}$

– zum Freien: $i_e = \dfrac{p_{sw2} - p_e}{1/\Delta_e}$

Tauwassermasse in der Ebene ▼▼▼▼
$W_T = t_T \cdot (i_i - i_e)$

Bild 14 Schematische Diffusionsdiagramme während der Tauperiode

Fall a Kein Tauwasserausfall während der Tauperiode. Eine Untersuchung der Verdunstung erübrigt sich.

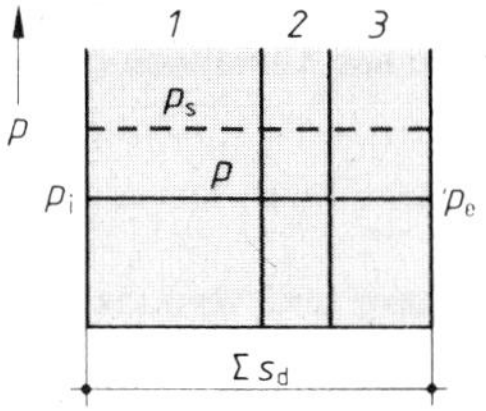

Verdunstung

Berechnungsschema

Fall b Verdunstung aus einer Ebene

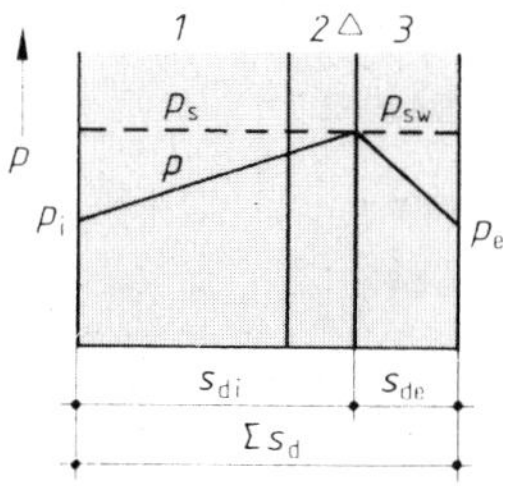

Diffusionsstromdichte

– zum Raum: $i_i = \dfrac{p_{sw} - p_i}{1/\Delta_i}$

– zum Freien: $i_e = \dfrac{p_{sw} - p_e}{1/\Delta_e}$

Verdunstende Wassermasse, die aus der Ebene △ abgeführt werden kann:
$W_v = t_v \cdot (i_i + i_e)$

Fall c Verdunstung aus 2 Ebenen

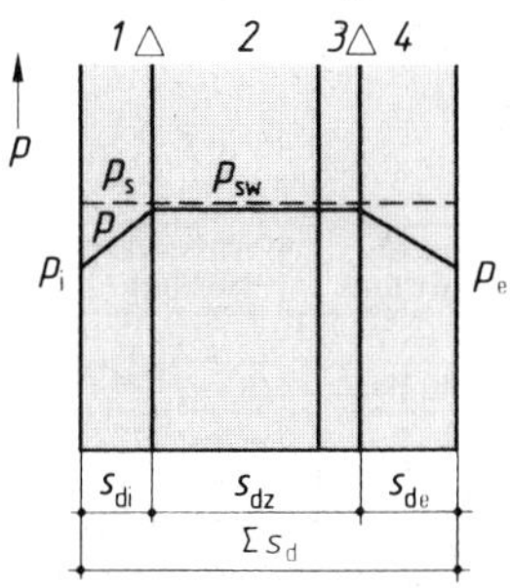

Diffusionsstromdichte

– zum Raum: $i_i = \dfrac{p_{sw} - p_i}{1/\Delta_i}$

– zum Freien: $i_e = \dfrac{p_{sw} - p_e}{1/\Delta_e}$

Verdunstende Wassermenge, die aus beiden Ebenen △ abgeführt werden kann:
$W_v = t_v \cdot (i_i + i_e)$

Fall d Verdunstung aus einem Bereich

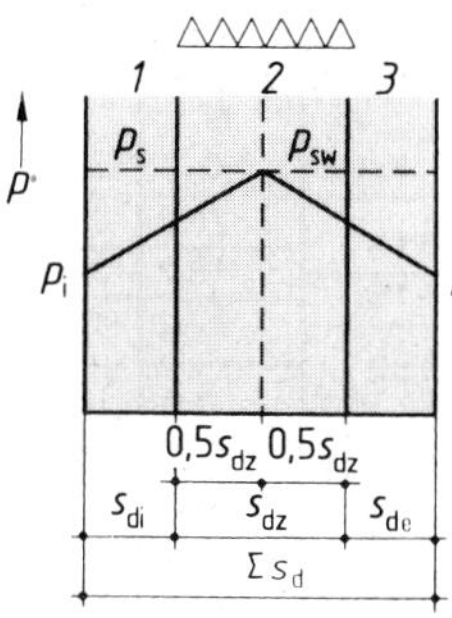

Diffusionsstromdichte

– zum Raum: $i_i = \dfrac{p_{sw} - p_i}{1/\Delta_i + 0{,}5 \cdot 1/\Delta_z}$

– zum Freien: $i_e = \dfrac{p_{sw} - p_e}{0{,}5 \cdot 1/\Delta_z + 1/\Delta_e}$

Verdunstende Wassermenge, die aus dem Bereich △△△△△△ abge-abgeführt werden kann:
$W_v = t_v \cdot (i_i + i_e)$

Bild 15 Schematisierte Diffusionsdiagramme während der Verdunstungsperiode

Berechnungsverfahren bei Sonderfällen. Ist nach DIN 4108-3 die Auswirkung des tatsächlich gegebenen Raumklimas und des Außenklimas am Standort des Gebäudes auf den Tauwasserausfall und bei der Ermittlung der Tauwassermasse mit zu erfassen, so ist ein modifiziertes, auf diese Klimabedingung abgestimmtes Rechenverfahren anzuwenden [7].

3.4.3 Anwendungsbeispiel – Außenwand

Untersuchung einer Außenwand auf innere Tauwasserbildung und Verdunstung infolge von Wasserdampfdiffusion bei den Randbedingungen entsprechend DIN 4108-3. Feuchtigkeitstechnische Schutzschichten (z.B. Dampfsperren, Dachhaut u.a.) werden bei der Ermittlung der Temperaturverteilung nicht mitgerechnet.

Anwendungsbeispiel – Wandaufbau

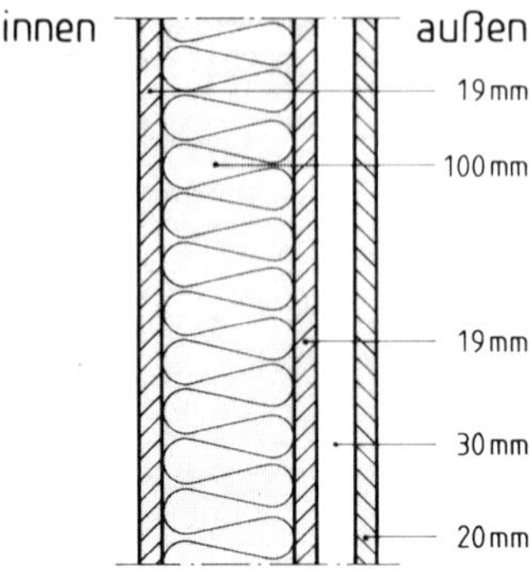

19 mm Spanplatte V 20 nach DIN 68763

100 mm Polystyrol-Partikelhartschaum nach DIN 18164-1, Wärmeleitfähigkeitsgruppe 040

19 mm Spanplatte V 100 nach DIN 68763

30 mm Luftschicht – belüftet

20 mm Vorgehängte Außenschale

Randbedingungen nach DIN 4108-3

	Lufttemperatur	rel. Luftfeuchte	Wasserdampf-sättigungsdruck	Wasserdampf-teildruck
Tauperiode				
Raumklima	$\Theta_i = 20\,°C$	$\varphi_i = 50\%$	$p_{s,i} = 2340$ Pa	$p_i = 1170$ Pa
Außenklima	$\Theta_e = -10\,°C$	$\varphi_e = 80\%$	$p_{s,e} = 260$ Pa	$p_e = 208$ Pa
Verdunstungsperiode				
Raumklima	$\Theta_i = 12\,°C$	$\varphi_i = 70\%$	$p_{s,i} = 1403$ Pa	$p_i = 982$ Pa
Außenklima	$\Theta_e = 12\,°C$	$\varphi_e = 70\%$	$p_{s,e} = 1403$ Pa	$p_e = 982$ Pa

Zusammenstellung der Rechengrößen für das Diffusionsdiagramm bei Tauwasserausfall

Schicht –	d m	μ –	s_d m	λ_R W/(m·K)	$R_{si,se}$, R m²·K/W	Θ °C	p_s Pa
						20,0	2340
Wärmeübergang innen	–	–	–	–	0,13		
						18,7	2158
Spanplatte V 20	0,019	50	0,95	0,13	0,15		
						17,2	1963
Polystyrol-Partikel-hartschaum	0,10	20	2,00	0,04	2,50		
						–7,7	318
Spanplatte V 100	0,019	100	1,90	0,13	0,15		
						–9,2	279
Luftschicht – belüftet	0,03	–	–	–	–		
						–	–
Außenschale	0,02	–	–	–	–		
						–	–
Wärmeübergang außen	–	–	–	–	0,08		
						–10,0	260
		$\sum s_d = 4{,}85$		$R_T = 3{,}01$			

Temperaturverteilung in der Außenwand während der Tauperiode, berechnet nach Abschn. 1.1.2.2

$$q = \frac{\Theta_i - \Theta_e}{R_T} = \frac{20 + 10}{3{,}01} = 9{,}97\ \text{W/m}^2$$

$$\Theta_{si} = 20{,}0 - 0{,}13 \cdot 9{,}97 = 18{,}7\ °\text{C}$$

$$\Theta_1 = 18{,}7 - 0{,}15 \cdot 9{,}97 = 17{,}2\ °\text{C}$$

$$\Theta_2 = 17{,}2 - 2{,}5 \cdot 9{,}97 = -7{,}7\ °\text{C}$$

$$\Theta_{se} = -7{,}7 - 0{,}15 \cdot 9{,}97 = -9{,}2\ °\text{C}$$

Berechnung der Tauwassermasse W_T

$$1/\Delta_i = 1{,}5 \cdot 2{,}95 \cdot 10^6 = 4{,}43 \cdot 10^6\ \text{m}^2 \cdot \text{h} \cdot \text{Pa/kg}$$

$$1/\Delta_e = 1{,}5 \cdot 1{,}9 \cdot 10^6 = 2{,}85 \cdot 10^6\ \text{m}^2 \cdot \text{h} \cdot \text{Pa/kg}$$

$$p_i = 1170\ \text{Pa}$$

$$p_{sw} = 318\ \text{Pa}$$

$$p_e = 208\ \text{Pa}$$

Dauer der Tauperiode: $t_T = 1440$ h

$$W_T = 1440\left(\frac{1170 - 318}{4{,}43} - \frac{318 - 208}{2{,}85}\right) \cdot 10^{-6}$$

$$W_T = 0{,}221\ \text{kg/m}^2$$

Ergebnis Zulässige Tauwassermenge nach DIN 4108-3 (Erhöhung des massebezogenen Feuchtegehalts der Spanplatte um nicht mehr als 3%):

$$\text{zul}\ W_T = 0{,}03 \cdot 0{,}019 \cdot 700 = 0{,}399\ \text{kg/m}^2$$

$$W_T < \text{zul}\ W_T$$

Diffusionsdiagramm während der Tauperiode

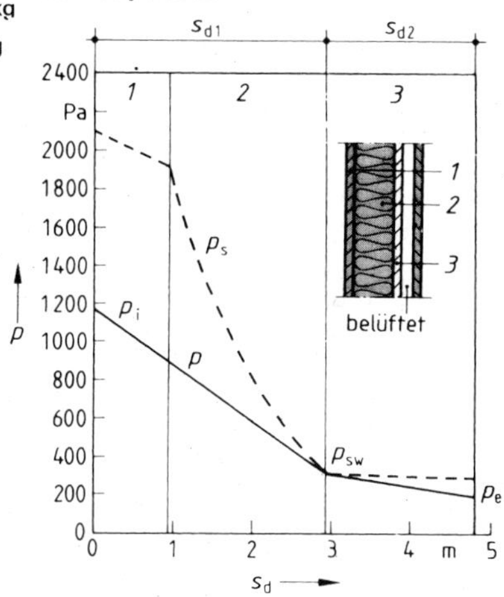

Berechnung der verdunstenden Wassermasse W_V

$$1/\Delta_i = 1{,}5 \cdot 2{,}95 \cdot 10^6 = 4{,}43 \cdot 10^6\ \text{m}^2 \cdot \text{h} \cdot \text{Pa/kg}$$

$$1/\Delta_e = 1{,}5 \cdot 1{,}9 \cdot 10^6 = 2{,}85 \cdot 10^6\ \text{m}^2 \cdot \text{h} \cdot \text{Pa/kg}$$

$$p_i = p_e = 982\ \text{Pa}$$

$$p_{sw} = 1403\ \text{Pa}$$

Dauer der Verdunstungsperiode: $t_V = 2160$ h

$$W_V = 2160\left(\frac{1403 - 982}{4{,}43} + \frac{1403 - 982}{2{,}85}\right) \cdot 10^{-6}$$

$$W_V = 0{,}524\ \text{kg/m}^2 > W_T$$

Ergebnis Die Tauwasserbildung ist im Sinne von DIN 4108-3 unschädlich, da

a) $W_T <$ zul W_T und
b) $W_V > W_T$.

Diffusionsdiagramm während der Verdunstungsperiode

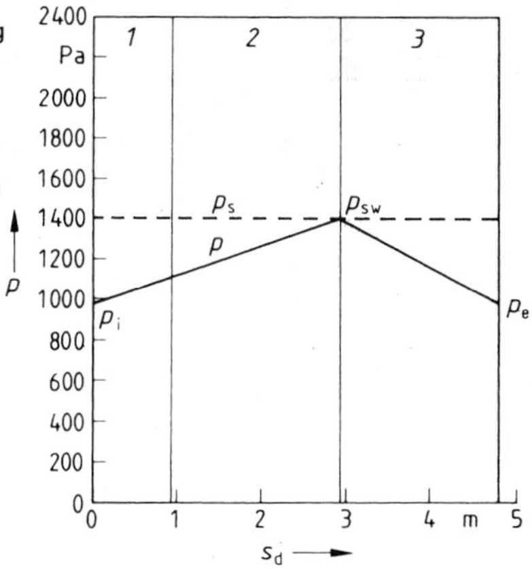

3.4.4 Bauteile, für die nach DIN 4108-3 kein rechnerischer Nachweis des Tauwasserausfalles infolge von Wasserdampfdiffusion erforderlich ist

Außenwände

Wandart	ergänzende Angaben	Forderungen an Putz oder Bekleidung	
		innen	außen
Mauerwerk	einschalig, beidseitig verputzt	keine	keine
	zweischalig DIN 1053, mit oder ohne Wärmedämmschicht	keine	keine
	einschalig, außenseitige Dämmschicht und Außenputz oder hinterlüftete Bekleidung	 keine keine	 $s_d \leq 4{,}0$ m keine
	einschalig, raumseitige Wärmedämmschicht	$s_d \geq 0{,}5$ m[1])	keine
Groß-formatige Platten	Porenbeton, bewehrt	keine	$s_d \leq 4{,}0$ m
	Leichtbeton ohne zusätzliche Wärmedämmung	keine	keine
	Beton oder Leichtbeton mit außenseitiger Wärmedämmschicht und Außenputz oder hinterlüftete Bekleidung	 keine keine	 keine keine
Holztafel-bauart	Wärmedämmstoff im Gefach mit innenseitiger Dampfsperre und außenseitige Beplankung oder hinterlüftetem Wetterschutz	 $s_d \geq 10$ m $s_d \geq 10$ m	 $s_d \leq 10$ m keine

[1]) einschließlich der Wärmedämmschicht

Nichtbelüftete Dächer

Aufbau bzw. Material	Forderungen an die Dampfsperre
Wärmedämmschicht auf der Tragkonstruktion. Dampfsperre unter oder in der Wärmedämmschicht. Wärmedurchlaßwiderstand unterhalb der Dampfsperre höchstens 20% des Gesamtwärmedurchlaßwiderstandes	$s_d \geq 100$ m
Einschalige Dächer aus Porenbeton nach DIN 4223	keine

Belüftete Dächer

Dachneigung	Lüftungsquerschnitte, bezogen auf die Dachfläche		freie Höhe der Luft über der Wärmedämmschicht	Dachlänge von Traufe bis First	Forderungen an die Dampfsperre
	Traufe	First			
$\geq 10°$	$\geq 2‰$[1])	$\geq 0{,}5‰$[2])	≥ 2 cm	≤ 10 m ≤ 15 m > 15 m	$s_d \geq 2$ m $s_d \geq 5$ m $s_d \geq 10$ m
$< 10°$	$\geq 2‰$[2])	–	≥ 5 cm	–	$s_d \geq 10$ m

[1]) bezogen auf die geneigte Dachfläche
[2]) bezogen auf die gesamte Dachfläche

3.5 Regenschutz

Um den Wärmeschutz der Bauteile zu gewährleisten, dürfen diese nicht naß werden. Außenwände sind durch Schlagregen gefährdet, wenn sie nicht gegen eindringendes Regenwasser geschützt werden. Ein entsprechender Regenschutz ist je nach Schlagregenbeanspruchung erforderlich, der das Eindringen des Regens erschweren oder unterbinden soll, gleichzeitig aber die Austrocknung der Wand nach der Regenbelastung nicht behindern darf. Kennzeichnend für die Wasseraufnahme des Materials ist der Wasseraufnahmekoeffizient w, für die Austrocknungsfähigkeit die diffusionsäquivalente Luftschichtdicke s_d.

3.5.1 Beanspruchungsgruppe

Die Belastung der Bauteile durch Schlagregen wird durch Beanspruchungsgruppen definiert. Die entsprechende Gruppe ist im Einzelfall unter Berücksichtigung der regionalen klimatischen Bedingungen, der örtlichen Lage und der Gebäudeart festzulegen (s. Anhang A in E DIN 4108-3/A_1 (11.95)).

Beanspruchungsgruppe I (Geringe Schlagregenbeanspruchung)

Im allgemeinen Gebiete mit Jahresniederschlagsmengen unter 600 mm sowie besonders windgeschützte Lagen auch in Gebieten mit größerer Niederschlagsmenge.

Beanspruchungsgruppe II (Mittlere Schlagregenbeanspruchung)

Im allgemeinen Gebiete mit Jahresniederschlagsmengen von 600 bis 800 mm sowie windgeschützte Lagen auch in Gebieten mit größeren Niederschlagsmengen. Hochhäuser und Häuser in exponierter Lage in Gebieten, die sonst Gruppe I zuzuordnen wären.

Beanspruchungsgruppe III (Starke Schlagregenbeanspruchung)

Im allgemeinen Gebiete mit Jahresniederschlagsmengen über 800 mm sowie windreiche Gebiete mit niedrigeren Niederschlagsmengen (z.B. Küstengebiete, Mittel- und Hochgebirgslagen, Alpenvorland). Hochhäuser und Häuser in exponierter Lage in Gebieten, die sonst Gruppe II zuzuordnen wären.

3.5.2 Regenschutz durch Außenputze und Beschichtungen

Entsprechend den drei Beanspruchungsgruppen bestehen folgende Anforderungen an den Außenputz bzw. die Beschichtung:

- Geringe Schlagregenbeanspruchung: keine zusätzlichen Anforderungen
- Mittlere Schlagregenbeanspruchung: wasserhemmender Putz
- Starke Schlagregenbeanspruchung: wasserabweisender Putz.

Nach DIN 18550-1 werden Putzmörtel abhängig von den Bindemitteln und Zuschlägen den Putzmörtelgruppen PI bis PV zugeordnet. Bewertet wird der Regenschutz des Außenputzes auf Grund der Putzmörtelgruppen oder des Wasseraufnahmekoeffizienten w und der diffusionsäquivalenten Luftschichtdicke s_d des Putzes.

Entsprechende Angaben über Eigenschaften und Zusammensetzung der Putze sind in DIN 18550-1 enthalten

3.5.3 Beispiele für die Zuordnung von genormten Wandbauarten und Beanspruchungsgruppen

Beanspruchungsgruppe I

Mit Außenputz ohne besondere Anforderungen an den Schlagregenschutz nach DIN 18550-1 verputzte

– Außenwände aus Mauerwerk, Wandbauplatten, Beton o.ä.,
– Holzwolle-Leichtbauplatten nach DIN 1101 mit Fugenbewehrung,
– Mehrschicht-Leichtbauplatten nach DIN 1101 mit ganzflächiger Bewehrung.

Einschaliges Sichtmauerwerk nach DIN 1053-1 31 cm dick.

Beanspruchungsgruppe II

Mit wasserhemmendem Außenputz nach DIN 18550 oder einem Kunstharzputz verputzte

– Außenwände aus Mauerwerk, Wandbauplatten, Beton o.ä.,
– Holzwolle-Leichtbauplatten nach DIN 1101 mit Fugenbewehrung,
– Mehrschicht-Leichtbauplatten nach DIN 1101 mit zu verputzenden Holzwolleschichten
  der Dicken ≧15 mm mit ganzflächiger Bewehrung,
  der Dicken <15 mm mit ganzflächiger Bewehrung unter Verwendung von Werkmörtel nach DIN 18557.

Einschaliges Sichtmauerwerk nach DIN 1053-1 37,5 cm dick.
Außenwände mit angemörtelten Bekleidungen nach DIN 18515.
Außenwände in Holzbauart unter Beachtung von DIN 68800-2 mit 11,5 cm dicker Vorsatzschale[1]).

Beanspruchungsgruppe III

Mit wasserabweisendem Außenputz nach DIN 18550-1 oder einem Kunstharzputz verputzte

– Außenwände aus Mauerwerk, Wandbauplatten, Beton o.ä.,
– Holzwolle-Leichtbauplatten nach DIN 1101 mit Fugenbewehrung,
– Mehrschicht-Leichtbauplatten nach DIN 1101 mit zu verputzenden Holzwolleschichten
  der Dicken ≧15 mm mit ganzflächiger Bewehrung,
  der Dicken <15 mm mit ganzflächiger Bewehrung unter Verwendung von Werkmörtel nach DIN 18557.

Zweischaliges Verblendmauerwerk

– mit Luftschicht nach DIN 1053-1[2]),
– ohne Luftschicht nach DIN 1053-1 mit Vormauersteinen.

Außenwände mit angemauerten oder angemörtelten Bekleidungen mit Unterputz nach DIN 18515 und mit wasserabweisendem Mörtel ($w \leqq 0{,}5\ \text{kg/m}^2 \cdot \text{h}^{1/2}$).
Außenwände mit gefügedichter Betonaußenschicht nach DIN 1045, DIN 4219-1 und DIN 4219-2.
Außenwände mit hinterlüfteten Außenwandbekleidungen nach DIN 18515 und mit Bekleidung nach DIN 18516.
Außenwände in Holzbauart unter Beachtung von DIN 68800-2

– mit vorgesetzter Bekleidung nach DIN 18516,
– mit 11,5 cm dicker Mauerwerks-Vorsatzschale mit Luftschicht[1])[3]).

---

[1]) Durch konstruktive Maßnahmen ist dafür zu sorgen, daß Feuchte von den Holzteilen ferngehalten und abgeleitet wird.

[2]) Luftschicht nach DIN 1053-1. Bei einer Kerndämmung im Zwischenraum muß DIN 1053-1 beachtet werden, oder es muß eine bauaufsichtliche Zulassung vorliegen.

[3]) Die Luftschicht muß mindestens 4 cm dick sein. Die Vorsatzschale ist unten und oben mit Luftöffnungen zu versehen, die jeweils eine Fläche von mindestens 150 cm^2 auf etwa 20 m^2 Wandfläche haben. Siehe auch DIN 68800-2. Für den Nachweis des Wärmeschutzes und der Tauwasserbildung an der raumseitigen Oberfläche dürfen die Luftschicht und die Vorsatzschale nicht in Ansatz gebracht werden.

4 Wärme- und feuchteschutztechnische Kennwerte

nach DIN V 4108-4 (10.98) und DIN EN 12524 (07.00)

DIN V 4108-4: 1998-10 (s. Tafel 17a) muß entsprechend der CEN/BT Resolution C5/ 1998 bis Ende des Jahres 2001 zurückgezogen und durch entsprechende europäische Normen ersetzt werden. Die Norm DIN EN 12524:2000-07 „Baustoffe und -produkte. Wärme- und feuchteschutztechnische Eigenschaften; Tabellierte Bemessungswerte" (s. Tafeln 17b1 bis 17b3) ist als teilweiser Ersatz für DIN V 4108-4 vorgesehen. Sie enthält umfangreichere Angaben als DIN V 4108-4 für Baustoffe, die bei Gebäuden zur Anwendung kommen. Die Tabellen wurden erweitert mit Werten der spezifischen Wärmekapazität der Baustoffe, der Wasserdampf-Diffusionswiderstandszahlen für den Trocken- und Feuchtebereich, Angaben der Feuchtegehalte bei 23 °C und 50% relative Luftfeuchte sowie 23 °C und 80% relative Luftfeuchte. DIN EN 12524 enthält auch Daten zur Berechnung und Umrechnung von wärmeschutztechnischen Bemessungswerten für verschiedene Umweltbedingungen.

Tafel 17a Bemessungswerte der Wärmeleitfähigkeit und Richtwerte der Wasserdampf-Diffusionswiderstandszahlen

Zeile	Stoff	Rohdichte[1])[2]) ϱ kg/m³	Bemessungswert der Wärmeleitfähigkeit[3]) λ_R W/(m · K)	Richtwert der Wasserdampf-Diffusionswiderstandszahl[4]) μ
1	**Putze, Mörtel und Estriche**			
1.1	Putze			
1.1.1	Putzmörtel aus Kalk, Kalkzement und hydraulischem Kalk	(1800)	0,87	15/35
1.1.2	Putzmörtel aus Kalkgips, Gips, Anhydrit und Kalkanhydrit	(1400)	0,70	10
1.1.3	Leichtputz	< 1300	0,52	15/20
1.1.4	Leichtputz	≤ 1000	0,36	
1.1.5	Leichtputz	≤ 700	0,21	
1.1.6	Gipsputz ohne Zuschlag	(1200)	0,35	10
1.1.7	Wärmedämmputz nach DIN 18550-3 Wärmeleitfähigkeitsgruppe 060 070 080 090 100	(≥ 200)	 0,060 0,070 0,080 0,090 0,100	5/20
1.1.8	Kunstharzputz	(1100)	0,70	50/200
1.2	Mauermörtel nach DIN 1053-1			
1.2.1	Zementmörtel	(2000)	1,4	15/35
1.2.2	Normalmörtel	(1800)	1,0	
1.2.3	Leichtmörtel LM 36	≤ 1000	0,36	
1.2.4	Leichtmörtel LM 21	≤ 700	0,21	

Fortsetzung s. folgende Seiten

Tafel 17a, Fortsetzung

Zeile	Stoff	Rohdichte[1])[2]) ϱ kg/m³	Bemessungswert der Wärmeleitfähigkeit[3]) λ_R W/(m · K)	Richtwert der Wasserdampf-Diffusionswiderstandszahl[4]) μ
1.3 Estriche				
1.3.1	Zement-Estrich	(2000)	1,4	15/35
1.3.2	Anhydrit-Estrich	(2100)	1,2	
1.3.3	Magnesia-Estrich	1400 2300	0,47 0,70	
1.3.4	Gußasphalt	(2300)	0,90	[5])
2 Beton-Bauteile				
2.1	Beton nach DIN ENV 206			
2.1.1	Leichtbeton	1600 1800 2000	0,70 0,90 1,2	70/150
2.1.2	Normalbeton	2200 2400	1,6 2,1	70/150
2.2	Leichtbeton und Stahlleichtbeton mit geschlossenem Gefüge nach DIN 4219-1 und DIN 4219-2, hergestellt unter Verwendung von Zuschlägen mit porigem Gefüge nach DIN 4226-2 ohne Quarzsandzuschläge[6])	800 900 1000 1100 1200 1300 1400 1500 1600 1800 2000	0,39 0,44 0,49 0,55 0,62 0,70 0,79 0,89 1,0 1,3 1,6	70/150
2.3	Dampfgehärteter Porenbeton nach DIN 4223	400 500 600 700 800	0,14 0,16 0,19 0,21 0,23	5/10
2.4 Leichtbeton mit haufwerkporigem Gefüge nach DIN 4232				
2.4.1	– mit nichtporigen Zuschlägen nach DIN 4226-1	1600 1800	0,81 1,1	3/10
	z. B. Kies	2000	1,4	5/10
2.4.2	– mit porigen Zuschlägen nach DIN 4226-2, ohne Quarzsandzuschläge[6])	600 700 800 1000 1200 1400 1600 1800 2000	0,22 0,26 0,28 0,36 0,46 0,57 0,75 0,92 1,2	5/15
2.4.2.1	– ausschließlich unter Verwendung von Naturbims	500 600 700 800 900 1000 1200	0,15 0,18 0,20 0,24 0,27 0,32 0,44	5/15

Tafel 17a, Fortsetzung

Zeile	Stoff	Rohdichte[1])[2]) ϱ kg/m³	Bemessungswert der Wärmeleitfähigkeit[3]) λ_R W/(m · K)	Richtwert der Wasserdampf-Diffusionswiderstandszahl[4]) μ
2.4.2.2	— ausschließlich unter Verwendung von Blähton	500	0,18	5/15
		600	0,20	
		700	0,23	
		800	0,26	
		900	0,30	
		1000	0,35	
		1200	0,46	

3 Bauplatten

3.1	Porenbeton-Bauplatten und Porenbeton-Planbauplatten, unbewehrt, nach DIN 4166			
3.1.1	Porenbetonbauplatten (Ppl) mit normaler Fugendicke und Mauermörtel nach DIN 1053-1 verlegt	400	0,20	
		500	0,22	
		600	0,24	5/10
		700	0,27	
		800	0,29	
3.1.2	Porenbeton-Planbauplatten (Pppl), dünnfugig verlegt	350	0,14	
		400	0,15	
		450	0,16	
		500	0,17	
		550	0,18	5/10
		600	0,20	
		650	0,21	
		700	0,23	
		800	0,27	
3.2	Wandplatten aus Leichtbeton nach DIN 18162	800	0,29	
		900	0,32	
		1000	0,37	5/10
		1200	0,47	
		1400	0,58	
3.3	Wandbauplatten aus Gips nach DIN 18163, auch mit Poren, Hohlräumen, Füllstoffen oder Zuschlägen	600	0,29	
		750	0,35	
		900	0,41	5/10
		1000	0,47	
		1200	0,58	
3.4	Gipskartonplatten nach DIN 18180	(900)	0,25	8

4 Mauerwerk, einschließlich Mörtelfugen

4.1	Mauerwerk aus Mauerziegeln nach DIN 105-1 bis DIN 105-4			
4.1.1	Vollklinker, Hochlochklinker, Keramikklinker	1800	0,81	
		2000	0,96	50/100
		2200	1,2	
4.1.2	Vollziegel, Hochlochziegel	1200	0,50	
		1400	0,58	
		1600	0,68	5/10
		1800	0,81	
		2000	0,96	
4.1.3	Leichthochlochziegel mit Lochung A und Lochung B nach DIN 105-2	700	0,36	
		800	0,39	5/10
		900	0,42	
		1000	0,45	

Tafel 17a, Fortsetzung

Zeile	Stoff	Rohdichte[1])[2]) ϱ kg/m³	Bemessungswert der Wärmeleitfähigkeit[3]) λ_R W/(m · K)	Richtwert der Wasserdampf-Diffusionswiderstandszahl[4]) μ
4.1.4	Leichthochlochziegel W nach DIN 105-2	700 800 900 1000	0,30 0,33 0,36 0,39	5/10
4.2	Mauerwerk aus Kalksandsteinen nach DIN 106-1, DIN 106-2 und aus Kalksand-Plansteinen nach E DIN 106-1/A1	1000 1200 1400	0,50 0,56 0,70	5/10
		1600 1800 2000 2200	0,79 0,99 1,1 1,3	15/25
4.3	Mauerwerk aus Hüttensteinen nach DIN 398	1000 1200 1400 1600 1800 2000	0,47 0,52 0,58 0,64 0,70 0,76	70/100
4.4	Mauerwerk aus Porenbeton-Blocksteinen und Porenbeton-Plansteinen nach DIN 4165			
4.4.1	Porenbeton-Blocksteine (PB)	400 450 500 550 600 650 700 800	0,20 0,21 0,22 0,23 0,24 0,25 0,27 0,29	5/10
4.4.2	Porenbeton-Plansteine (PP)	350 400 450 500 550 600 650 700 800	0,14 0,15 0,16 0,17 0,18 0,20 0,21 0,23 0,27	5/10
4.5	Mauerwerk aus Betonsteinen			
4.5.1	Hohlblöcke aus Leichtbeton (Hbl) nach DIN 18151 mit porigen Zuschlägen nach DIN 4226-2 ohne Quarzsandzusatz[7])			
4.5.1.1	2 K Hbl, Breite $b \leq 240$ mm 3 K Hbl, Breite $b \leq 300$ mm 4 K Hbl, Breite $b \leq 365$ mm 5 K Hbl, Breite $b \leq 490$ mm 6 K Hbl, Breite $b \leq 490$ mm	500 600 700 800 900 1000 1200 1400	0,29 0,32 0,35 0,39 0,44 0,49 0,60 0,73	5/10
4.5.1.2	2 K Hbl, Breite $b = 300$ mm 3 K Hbl, Breite $b = 365$ mm	500 600 700 800 900 1000 1200 1400	0,29 0,34 0,39 0,46 0,55 0,64 0,76 0,90	5/10

Tafel 17a, Fortsetzung

Zeile	Stoff	Rohdichte[1] [2] ρ kg/m³	Bemessungswert der Wärmeleitfähigkeit[3] λ_R W/(m·K)	Richtwert der Wasserdampf-Diffusionswiderstandszahl[4] μ
4.5.2	Vollsteine und Vollblöcke aus Leichtbeton nach DIN 18152			
4.5.2.1	Vollsteine (V)	500	0,32	5/10
		600	0,34	
		700	0,37	
		800	0,40	
		900	0,43	
		1000	0,46	
		1200	0,54	
		1400	0,63	
		1600	0,74	10/15
		1800	0,87	
		2000	0,99	
4.5.2.2	Vollblöcke (Vbl) (außer Vollblöcken S-W aus Naturbims nach Zeile 4.5.2.3 und aus Blähton und Naturbims nach Zeile 4.5.2.4)	500	0,29	5/10
		600	0,32	
		700	0,35	
		800	0,39	
		900	0,43	
		1000	0,46	
		1200	0,54	
		1400	0,63	
		1600	0,74	10/15
		1800	0,87	
		2000	0,99	
4.5.2.3	Vollblöcke S-W aus Naturbims			
4.5.2.3.1	Länge $l \geq 490$ mm	500	0,20	5/10
		600	0,22	
		700	0,25	
		800	0,28	
4.5.2.3.2	Länge l: 240 mm $\leq l <$ 490 mm	500	0,22	5/10
		600	0,24	
		700	0,28	
		800	0,31	
4.5.2.4	Vollblöcke S-W aus Blähton oder aus einem Gemisch aus Blähton und Naturbims			
4.5.2.4.1	Länge $l \geq 490$ mm	500	0,22	5/10
		600	0,24	
		700	0,27	
		800	0,31	
4.5.2.4.2	Länge l: 240 mm $\leq l <$ 490 mm	500	0,24	5/10
		600	0,26	
		700	0,30	
		800	0,34	
4.5.3	Mauersteine aus Beton nach DIN 18153			
4.5.3.1	Hohlblöcke, Vollblöcke, Vollsteine, T-Hohlblöcke, Vormauersteine und Vormauerblöcke mit dichten Zuschlägen nach DIN 4226-1			
4.5.3.1.1	2 K Hbl, Breite $b \leq 240$ mm 3 K Hbl, Breite $b \leq 300$ mm 4 K Hbl, Breite $b \leq 365$ mm	($\leq$1800)	0,92[7]	20/30

Tafel 17a, Fortsetzung

Zeile	Stoff	Rohdichte[1])[2]) ϱ kg/m³	Bemessungswert der Wärmeleitfähigkeit[3]) λ_R W/(m · K)	Richtwert der Wasserdampf-Diffusionswiderstandszahl[4]) μ
4.5.3.1.2	2 K Hbl, Breite $b \leq 300$ mm 3 K Hbl, Breite $b \leq 365$ mm	($\leq$ 1800)	1,3[7])	20/30
4.5.3.2	Hohlblöcke mit porigen Zuschlägen nach DIN 4226-2	$\leq$ 900 $\leq$1200	0,65 0,85	5/15
5	**Wärmedämmstoffe**			
5.1	Holzwolle-Leichtbauplatten nach DIN 1101[8]) Plattendicke *d*: 15 mm $\leq d \leq$ 25 mm	(460 bis 570)	0,15	2/5
	Plattendicke $d \geq$ 25 mm Wärmeleitfähigkeitsgruppe 065 070 075 080 085 090	(360 bis 450)	0,065 0,070 0,075 0,080 0,085 0,090	2/5
5.2	Mehrschicht-Leichtbauplatten nach DIN 1101			
	Hartschaumschicht (Polystyrol-Partikelschaum) nach DIN 18164-1 Wärmeleitfähigkeitsgruppe[9]) 035 040	$\geq$ 15 $\geq$ 20 $\geq$ 30	0,035 0,040	20/50 30/70 40/100
	Mineralfaserschicht nach DIN 18165-1 Wärmeleitfähigkeitsgruppe[10]) 040 045	(50 bis 250)	0,040 0,045	1
	Holzwolleschichten[11]) (Einzelschichten) Dicke d 10 mm$\leq d <$ 25 mm	(460 bis 650)	0,15	2/5
	Dicke $d \geq$ 25 mm Wärmeleitfähigkeitsgruppe 065 070 075 080 085 090	(360 bis 460)	0,065 0,070 0,075 0,080 0,085 0,090	2/5
5.3	Schaumkunststoffe nach DIN 18159-1, an der Baustelle hergestellt			
5.3.1	Polyurethan (PUR)-Ortschaum nach DIN 18159-1 (Treibmittel CO_2) Wärmeleitfähigkeitsgruppe 035 040	($>$ 45)	0,035 0,040	30/100

Tafel 17a, Fortsetzung

Zeile	Stoff	Rohdichte[1])[2]) ϱ kg/m³	Bemessungswert der Wärmeleitfähigkeit[3]) λ_R W/(m · K)	Richtwert der Wasserdampf-Diffusionswiderstandszahl[4]) μ
5.3.2	Harnstoff-Formaldehyd(UF)-Ortschaum nach DIN 18159-2 Wärmeleitfähigkeitsgruppe 035 040	(≥ 10)	 0,035 0,040	1/3
5.4	Korkdämmstoffe Korkplatten nach DIN 18161-1 Wärmeleitfähigkeitsgruppe 045 050 055	(80 bis 500)	 0,045 0,050 0,055	5/10
5.5	Schaumkunststoffe nach DIN 18164-1[12])			
5.5.1	Polystyrol(PS)-Hartschaum			
5.5.1.1	Polystyrol(PS)-Partikelschaum Wärmeleitfähigkeitsgruppe 035 040	 ≥ 15 ≥ 20 ≥ 30	 0,035 0,040	 20/50 30/70 40/100
5.5.1.2.1	Polystyrol-Extruderschaum Wärmeleitfähigkeitsgruppe 030 035 040	(≥ 25)	 0,030 0,035 0,040	80/250
5.5.1.2.2	Polystyrol-Extruderschaum außerhalb der Bauwerksabdichtung[13]) bzw. Dachhaut[14]) Wärmeleitfähigkeitsgruppe 030 035 040	(≥ 30)	 0,030 0,035 0,040	80/250
5.5.2	Polyurethan(PUR)-Hartschaum Wärmeleitfähigkeitsgruppe 020[15]) 025 030 035 040	(≥ 30)	 0,020 0,025 0,030 0,035 0,040	30/100
5.5.3	Phenolharz(PF)-Hartschaum Wärmeleitfähigkeitsgruppe 030 035 040 045	(≥ 30)	 0,030 0,035 0,040 0,045	10/50

Tafel 17a, Fortsetzung

Zeile	Stoff	Rohdichte[1][2]) ϱ kg/m³	Bemessungswert der Wärmeleitfähigkeit[3]) λ_R W/(m · K)	Richtwert der Wasserdampf-Diffusionswiderstandszahl[4]) μ
5.6	Mineralische und pflanzliche Faserdämmstoffe nach DIN 18165-1[16]) Wärmeleitfähigkeitsgruppe			
	035		0,035	
	040	(8 bis 500)	0,040	1
	045		0,045	
	050		0,050	
5.7	Schaumglas			
5.7.1	Schaumglas nach DIN 18174 Wärmeleitfähigkeitsgruppe			
	045		0,045	
	050	(100 bis 150)	0,050	[5])
	055		0,055	
	060		0,060	
5.7.2	Schaumglas nach DIN 18174 außerhalb der Bauwerksabdichtungen[15]) Wärmeleitfähigkeitsgruppe			
	045		0,045	
	050	(100 bis 150)	0,050	[5])
	055		0,055	
5.8	Holzfaserdämmplatten nach DIN 68755 Wärmeleitfähigkeitsgruppe			
	040		0,040	
	045		0,045	
	050		0,050	
	055	(120 bis 450)	0,055	5
	060		0,060	
	065		0,065	
	070		0,070	

6 Holz und Holzwerkstoffe[17])

6.1	Holz			
6.1.1	Fichte, Kiefer, Tanne	(600)	0,13	40
6.1.2	Buche, Eiche	(800)	0,20	
6.2	Holzwerkstoffe			
6.2.1	Sperrholz nach DIN 68705-2 bis DIN 68705-4	(800)	0,15	50/400

Tafel 17a, Fortsetzung

Zeile	Stoff	Rohdichte[1][2]) ϱ kg/m³	Bemessungswert der Wärmeleitfähigkeit[3]) λ_R W/(m · K)	Richtwert der Wasserdampf-Diffusionswiderstandszahl[4]) μ
6.2.2	Spanplatten			
6.2.2.1	Flachpreßplatten nach DIN 68761-1, DIN 68761-4 und DIN 68763	(700)	0,13	50/100
6.2.2.2	Strangpreßplatten nach DIN 68764-1 (Vollplatten ohne Beplankung)	(700)	0,17	20
6.2.3	Holzfaserplatten			
6.2.3.1	Harte Holzfaserplatten nach DIN EN 622-2, DIN EN 622-3 und DIN 68754-1	(1000)	0,17	70
6.2.3.2	Poröse Holzfaserplatten nach DIN EN 622-4 und Bitumen-Holzfaserplatten nach DIN 68752	≤ 400	0,070	5

7 Beläge, Abdichtstoffe und Abdichtungsbahnen

7.1	Fußbodenbeläge			
7.1.1	Linoleum nach DIN EN 548	(1000)	0,17	–
7.1.2	Korklinoleum	(700)	0,081	–
7.1.3	Linoleum-Verbundbeläge nach DIN EN 687	(100)	0,12	–
7.1.4	Kunststoffbeläge z. B. PVC	(1500)	0,23	–
7.2	Abdichtstoffe, Abdichtungsbahnen			
7.2.1	Asphaltmastix, Dicke $d \geq 7$ mm	(2000)	0,70	[5])
7.2.2	Bitumen	(1100)	0,17	–
7.2.3	Dachbahnen, Dachabdichtungsbahnen			
7.2.3.1	Bitumendachbahnen nach DIN 52128	(1200)	0,17	10000/80000
7.2.3.2	Nackte Bitumenbahnen nach DIN 52129	(1200)	0,17	2000/20000
7.2.3.3	Glasvlies Bitumendachbahnen nach DIN 52143	–	0,17	20000/60000
7.2.4	Kunststoff-Dachbahnen			
7.2.4.1	– nach DIN 16729 (ECB)	–	–	
	2,0 K			50000/75000
	2,0			70000/90000
7.2.4.2	– nach DIN 16730 (PVC-P)	–	–	10000/30000
7.2.4.3	– nach DIN 16731 (PIB)	–	–	400000/1750000

Tafel 17a, Fortsetzung

Zeile	Stoff	Rohdichte[1])[2]) ρ kg/m³	Bemessungswert der Wärmeleitfähigkeit[3]) λ_R W/(m·K)	Richtwert der Wasserdampf-Diffusionswiderstandszahl[4]) μ
7.2.5	Folien			
7.2.5.1	PVC-Folien Dicke $d \geq 0{,}1$ mm	–	–	20000/50000
7.2.5.2	Polyethylen-Folien Dicke $d \geq 0{,}1$ mm	–	–	100000
7.2.5.3	PTFE-Folien Dicke $d \geq 0{,}05$ mm	–	–	10000
7.2.5.4	PA-Folie Dicke $d \geq 0{,}05$ mm	–	–	50000
7.2.5.5	PP-Folie Dicke $d \geq 0{,}05$ mm	–	–	1000
7.2.5.6	Aluminium-Folie Dicke $d \geq 0{,}05$ mm	–	–	[5])
7.2.5.7	Andere Metallfolien Dicke $d \geq 0{,}1$ mm	–	–	[5])

8 Sonstige gebräuchliche Stoffe[18])

8.1	lose Schüttungen[19]), abgedeckt			
8.1.1	– aus porigen Stoffen: Blähperlit Blähglimmer Korkschrot, expandiert Hüttenbims Blähton, Blähschiefer Bimskies Schaumlava	 (≤100) (≤100) (≤200) (≤600) (≤400) (≤1000) ≤1200 ≤1500	 0,060 0,070 0,055 0,13 0,16 0,19 0,22 0,27	–
8.1.2	– aus Polystyrolschaumstoff-Partikeln	(15)	0,050	–
8.1.3	– aus Sand, Kies, Split (trocken)	(1800)	0,70	–
8.2	Fliesen	(2000)	1,0	–
8.3	Glas	(2500)	0,80	–
8.4	Natursteine			
8.4.1	Magmatische und metamorphe Gesteine (Granit, Basalt, Marmor)	(2800)	3,5	10000
8.4.2	Sedimentgesteine (Sandstein, Kalkstein, Schiefer)	(2600)	2,3	40 bis 1000
8.4.3	Vulkanische porige Natursteine	(1600)	0,55	10

Tafel 17a, Fortsetzung

Zeile	Stoff	Rohdichte[1])[2]) ρ kg/m³	Bemessungswert der Wärmeleitfähigkeit[3]) λ_R W/(m·K)	Richtwert der Wasserdampf-Diffusionswiderstandszahl[4]) μ
8.5	Lehme			
8.5.1	Massivlehm und Lehmformlinge	1800 2000	0,95 1,2	5/10
8.5.2	Strohlehm	1400 1600	0,60 0,80	
8.5.3	Leichtlehm	800 1000 1200	0,30 0,40 0,50	
8.5.4	Lehmwickel mit Stroh auf Holzstaken	–	0,50	
8.6	Böden, naturfeucht			
8.6.1	Sand und Kiessand	–	2,1	–
8.6.2	Bindige Böden	–	1,4	–
8.7	Keramik und Glasmosaik	(2000)	1,2	100/300
8.8	Metalle			
8.8.1	Stahl	–	50	–
8.8.2	Legierter Stahl	–	15	–
8.8.3	Kupfer	–	380	–
8.8.4	Aluminium	–	200	–
8.8.5	Aluminium-Legierungen	–	160	–
8.8.6	Blei	–	35	–
8.9	Gummi			
8.9.1	Naturgummi	–	0,13	–
8.9.2	Synthese-Kautschuk	–	0,25	–

[1]) Die in Klammern angegebenen Rohdichtewerte dienen nur zur Ermittlung der flächenbezogenen Masse, z.B. für den Nachweis des sommerlichen Wärmeschutzes.
[2]) Die bei Steinen genannten Rohdichten entsprechen den Rohdichteklassen der zitierten Stoffnormen.
[3]) Die angegebenen Bemessungswerte der Wärmeleitfähigkeit λ_R von Mauerwerk dürfen bei Verwendung von Leichtmörtel nach DIN 1053-1 um 0,06 W/(m·K) verringert werden, jedoch dürfen die verringerten Werte bei Porenbeton-Blocksteinen nach Zeile 4.4 sowie bei Vollblöcken S-W aus Naturbims und aus Blähton oder aus einem Gemisch aus Blähton und Naturbims nach den Zeilen 4.5.2.3.1 und 4.5.2.4.1 die Werte der entsprechenden Zeilen 2.3 sowie 2.4.2.1 und 2.4.2.2 nicht überschreiten.
[4]) Es ist jeweils der für die Baukonstruktion ungünstigere Wert einzusetzen. Bezüglich der Anwendung der μ-Werte siehe DIN 4108-3.
[5]) Praktisch dampfdicht; nach DIN EN 12086 oder E DIN EN ISO 12572: $s_d \geq 1500$ m.
[6]) Bei Quarzsandzusatz erhöhen sich die Bemessungswerte der Wärmeleitfähigkeit um 20%.
[7]) Die Bemessungswerte der Wärmeleitfähigkeit sind bei Hohlblöcken mit Quarzsandzusatz für 2 K Hbl um 20% und für 3 K Hbl bis 6 K Hbl um 15% zu erhöhen.
[8]) Platten der Dicke $d < 15$ mm dürfen wärmeschutztechnisch nicht berücksichtigt werden (siehe DIN 1101).

Fortsetzung s. nächste Seite

4

Fußnoten zu Tafel 17a, Fortsetzung

[9]) Bei Vereinbarung anderer Schaumkunststoffe nach DIN 18164-1 gelten die Werte der Zeile 5.5

[10]) Bei Vereinbarung anderer Wärmeleitfähigkeitsgruppen gelten die Werte der Zeile 5.6.

[11]) Holzwolleschichten (Einzelschichten) mit Dicken $d < 10$ mm dürfen zur Berechnung des Wärmedurchlaßwiderstandes R nicht berücksichtigt werden (siehe DIN 1101). Bei Diffusionsberechnungen werden sie jedoch mit ihrer wasserdampfdiffusionsäquivalenten Luftschichtdicke s_d in Ansatz gebracht.

[12]) Bei Trittschalldämmplatten aus Schaumkunststoffen werden bei sämtlichen Erzeugnissen der Wärmedurchlaßwiderstand R und die Wärmeleitfähigkeitsgruppe auf der Verpackung angegeben (siehe DIN 18164-2).

[13]) Zusätzliche Anforderungen gegenüber DIN 18164-1
Anwendungstyp WD oder WS bei Anwendung als Perimeterdämmung
- Die Dämmplatten müssen beidseitig je eine Schaumhaut haben;
- Druckfestigkeit bzw. Druckspannung bei 10% Stauchung $\geq$ 0,30 N/mm^2;
- Wasseraufnahme in der Prüfung nach DIN EN 12088 im Temperaturgefälle 50 °C zu 1 °C: unter 3,0% Volumenanteil.

[14]) Zusätzliche Anforderungen gegenüber DIN 18164-1, Anwendungstyp WD oder WS bei Anwendung als Umkehrdach:
- Druckfestigkeit bzw. Druckspannung bei 10% Stauchung $\geq$ 0,30 N/mm^2;
- Wasseraufnahme in der Prüfung nach DIN EN 12088 im Temperaturgefälle 50 °C zu 1 °C: unter 3,0% Volumenanteil.

Die Dämmplatten sind mit Kantenprofilierung (z. B. Stufenfalz) auszubilden.

[15]) Mit diffusionsdichten Deckschichten.

[16]) Bei Trittschalldämmung aus Faserdämmstoffen wird bei sämtlichen Erzeugnissen die Wärmeleitfähigkeitsgruppe auf der Verpackung angegeben (siehe DIN 18165-2).

[17]) Die angegebenen Bemessungswerte der Wärmeleitfähigkeit λ_R gelten für Holz quer zur Faser, für Holzwerkstoffe senkrecht zur Plattenebene. Für Holz in Faserrichtung sowie für Holzwerkstoffe in Plattenebene ist näherungsweise der 2,2fache Wert einzusetzen, wenn kein genauer Nachweis erfolgt.

[18]) Diese Stoffe sind hinsichtlich ihrer wärmeschutztechnischen Eigenschaften nicht genormt. Die angegebenen Wärmeleitfähigkeitswerte stellen obere Grenzwerte dar.

[19]) Die Dichte wird bei losen Schüttungen als Schüttdichte angegeben.

Tafel 17b1 — Wärmeschutztechnische Bemessungswerte für Baustoffe, die gewöhnlich bei Gebäuden zur Anwendung kommen

Stoffgruppe oder Anwendung	Rohdichte ϱ kg/m³	Bemessungs-wärmeleit-fähigkeit λ W/(m · K)	Spezifische Wärme-speicher-kapazität c_p J/kg · K)	Wasserdampf-Diffusions-widerstandszahl μ trocken	feucht
Asphalt	2100	0,70	1000	50000	50000
Bitumen					
als Stoff	1050	0,17	1000	50000	50000
Membran/Bahn	1100	0,23	1000	50000	50000
Beton[(a)]					
mittlere Rohdichte	1800	1,15	1000	100	60
	2000	1,35	1000	100	60
	2200	1,65	1000	120	70
hohe Rohdichte	2400	2,00	1000	130	80
armiert (mit 1% Stahl)	2300	2,3	1000	130	80
armiert (mit 2% Stahl)	2400	2,5	1000	130	80
Fußbodenbeläge					
Gummi	1200	0,17	1400	10000	10000
Kunststoff	1700	0,25	1400	10000	10000
Unterlagen, poröser Gummi oder Kunststoff	270	0,10	1400	10000	10000
Filzunterlage	120	0,05	1300	20	15
Wollunterlage	200	0,06	1300	20	15
Korkunterlage	< 200	0,05	1500	20	10
Korkfliesen	> 400	0,065	1500	40	20
Teppich/Teppichböden	200	0,06	1300	5	5
Linoleum	1200	0,17	1400	1000	800
Gase					
trockene Luft	1,23	0,025	1008	1	1
Kohlendioxid	1,95	0,014	820	1	1
Argon	1,70	0,017	519	1	1
Schwefelhexafluorid	6,36	0,013	614	1	1
Krypton	3,56	0,0090	245	1	1
Xenon	5,68	0,0054	160	1	1
Glas					
Natronglas (einschließlich Floatglas)	2500	1,00	750	∞	∞
Quarzglas	2200	1,40	750	∞	∞
Glasmosaik	2000	1,20	750	∞	∞
Wasser					
Eis bei −10 °C	920	2,30	2000		
Eis bei 0 °C	900	2,20	2000		
Schnee, frisch gefallen (< 30 mm)	100	0,05	2000		
Neuschnee, weich (30...70 mm)	200	0,12	2000		
Schnee, leicht verharrscht (70...1000 mm)	300	0,23	2000		
Schnee, verharrscht (< 200 mm)	500	0,60	2000		
Wasser bei 0 °C	1000	0,60	4190		
Wasser bei 40 °C	990	0,63	4190		
Wasser bei 80 °C	970	0,67	4190		
Metalle					
Aluminiumlegierungen	2800	160	880	∞	∞
Bronze	8700	65	380	∞	∞
Messing	8400	120	380	∞	∞
Kupfer	8900	380	380	∞	∞
Gußeisen	7500	50	450	∞	∞
Blei	11300	35	130	∞	∞
Stahl	7800	50	450	∞	∞
Nichtrostender Stahl	7900	17	460	∞	∞
Zink	7200	110	380	∞	∞

Fortsetzung s. folgende Seiten

Tafel 17b1, Forsetzung

Stoffgruppe oder Anwendung	Rohdichte ϱ	Bemessungs-wärmeleit-fähigkeit λ	Spezifische Wärme-speicher-kapazität c_p	Wasserdampf-Diffusions-widerstandszahl μ	
	kg/m³	W/(m · K)	J/kg · K)	trocken	feucht
Massive Kunststoffe					
Akrylkunststoffe	1050	0,20	1500	10000	10000
Polykarbonate	1200	0,20	1200	5000	5000
Polytetrafluorethylenkunststoffe (PTFE)	2200	0,25	1000	10000	10000
Polyvinylchlorid (PVC)	1390	0,17	900	50000	50000
Polymethylmethakrylat (PMMA)	1180	0,18	1500	50000	50000
Polyazetatkunststoffe	1410	0,30	1400	100000	100000
Polyamid (Nylon)	1150	0,25	1600	50000	50000
Polyamid 6.6 mit 25% Glasfasern	1450	0,30	1600	50000	50000
Polyethylen/hoher Rohdichte	980	0,50	1800	100000	100000
Polyethylen/niedriger Rohdichte	920	0,33	2200	100000	100000
Polystyrol	1050	0,16	1300	100000	100000
Polypropylen	910	0,22	1800	10000	10000
Polypropylen mit 25% Glasfasern	1200	0,25	1800	10000	10000
Polyurethan (PU)	1200	0,25	1800	6000	6000
Epoxyharz	1200	0,20	1400	10000	10000
Phenolharz	1300	0,30	1700	100000	100000
Polyesterharz	1400	0,19	1200	10000	10000
Gummi					
Naturkautschuk	910	0,13	1100	10000	10000
Neopren (Polychloropren)	1240	0,23	2140	10000	10000
Butylkautschuk (Isobutylenkautschuk), hart/heiß geschmolzen	1200	0,24	1400	200000	200000
Schaumgummi	60 bis 80	0,06	1500	7000	7000
Hartgummi (Ebonit), hart	1200	0,17	1400	∞	∞
Ethylen-Propylenedien, Monomer (EPDM)	1150	0,25	1000	6000	6000
Polyisobutylenkautschuk	930	0,20	1100	10000	10000
Polysulfid	1700	0,40	1000	10000	10000
Butadien	980	0,25	1000	100000	100000
Dichtungsstoffe, Dichtungen und wärmetechnische Trennungen					
Silicagel (Trockenmittel)	720	0,13	1000	∞	∞
Silikon ohne Füllstoff	1200	0,35	1000	5000	5000
Silikon mit Füllstoff	1450	0,50	1000	5000	5000
Silikonschaum	750	0,12	1000	10000	10000
Urethan-/Polyurethanschaum (als wärmetechnische Trennung)	1300	0,21	1800	60	60
Weichpolyvinylchlorid (PVC-P) mit 40% Weichmacher	1200	0,14	1000	100000	100000
Elastomerschaum, flexibel	60 bis 80	0,05	1500	10000	10000
Polyurethanschaum (PU)	70	0,05	1500	60	60
Polyethylenschaum	70	0,05	2300	100	100
Gips					
Gips	600	0,18	1000	10	4
	900	0,30	1000	10	4
	1200	0,43	1000	10	4
	1500	0,56	1000	10	4
Gipskartonplatten[(b)]	900	0,25	1000	10	4

Tafel 17b1, Forsetzung

Stoffgruppe oder Anwendung	Rohdichte ϱ kg/m³	Bemessungs-wärmeleit-fähigkeit λ W/(m · K)	Spezifische Wärme-speicher-kapazität c_p J/kg · K)	Wasserdampf-Diffusions-widerstandszahl μ trocken	feucht
Putze und Mörtel					
Gipsdämmputz	600	0,18	1000	10	6
Gipsputz	1000	0,40	1000	10	6
	1300	0,57	1000	10	6
Gips, Sand	1600	0,80	1000	10	6
Kalk, Sand	1600	0,80	1000	10	6
Zement, Sand	1800	1,00	1000	10	6
Erdreich					
Ton oder Schlick oder Schlamm	1200 bis 1800	1,5	1670 bis 2500	50	50
Sand und Kies	1700 bis 2200	2,0	910 bis 1180	50	50
Gestein					
Kristalliner Naturstein	2800	3,5	1000	10000	10000
Sediment-Naturstein	2600	2,3	1000	250	2
Leichter Sediment-Naturstein	1500	0,85	1000	30	20
Poröses Gestein, z. B. Lava	1600	0,55	1000	20	15
Basalt	2700 bis 3000	3,5	1000	10000	10000
Gneis	2400 bis 2700	3,5	1000	10000	10000
Granit	2500 bis 2700	2,8	1000	10000	10000
Marmor	2800	3,5	1000	10000	10000
Schiefer	2000 bis 2800	2,2	1000	1000	800
Kalkstein, extraweich	1600	0,85	1000	30	20
Kalkstein, weich	1800	1,1	1000	40	25
Kalkstein, halbhart	2000	1,4	1000	50	40
Kalkstein, hart	2200	1,7	1000	200	150
Kalkstein, extrahart	2600	2,3	1000	250	200
Sandstein (Quarzit)	2600	2,3	1000	40	30
Naturbims	400	0,12	1000	8	6
Kunststein	1750	1,3	1000	50	40
Dachziegelsteine					
Ton	2000	1,0	800	40	30
Beton	2100	1,5	1000	100	60
Platten					
Keramik/Porzellan	2300	1,3	840	∞	∞
Kunststoff	1000	0,20	1000	10000	10000
Konstruktionsholz[c]					
	500	0,13	1600	50	20
	700	0,18	1600	200	50
Holzwerkstoffe					
Sperrholz[d]	300	0,09	1600	150	50
	500	0,13	1600	200	70
	700	0,17	1600	220	90
	1000	0,24	1600	250	110
Zementgebundene Spanplatte	1200	0,23	1500	50	30

Tafel 17b1, Forsetzung

Stoffgruppe oder Anwendung	Rohdichte ϱ kg/m³	Bemessungswärmeleitfähigkeit λ W/(m · K)	Spezifische Wärmespeicherkapazität c_p J/kg · K)	Wasserdampf-Diffusionswiderstandszahl μ trocken	feucht
Spanplatte	300	0,10	1700	50	10
	600	0,14	1700	50	15
	900	0,18	1700	50	20
OSB-Platten	650	0,13	1700	50	30
Holzfaserplatten, einschließlich MDF[e]	250	0,07	1700	5	2
	400	0,10	1700	10	5
	600	0,14	1700	10	12
	800	0,18	1700	10	20

Anmerkung 1: Für Computerberechnungen kann der ∞-Wert durch einen beliebig großen Wert, wie z. B. 10^6, ersetzt werden.
Anmerkung 2: Wasserdampf-Diffusionswiderstandszahlen sind als Wert nach den in prEN ISO 12572:1999, Wärme- und feuchteschutztechnisches Verhalten von Baustoffen und -produkten – Bestimmung der Wasserdampfdurchlässigkeit, festgelegten „Dry cup-" und „Wet cup-Verfahren" angegeben.

[a] Die Rohdichte von Beton ist als Trockenrohdichte angegeben.
[b] Die Wärmeleitfähigkeit schließt den Einfluß der Papierdeckschichten ein.
[c] Die Rohdichte von Nutzholz und Holzfaserplattenprodukten ist die Gleichgewichtsdichte bei 20 °C und 65% relativer Luftfeuchte.
[d] Als Interimsmaßnahme und bis zum Vorliegen hinreichend zuverlässiger Daten können für Hartfaserplatten/solid wood panels (SWP) und Bauholz mit Furnierschichten (LVL, laminated veneer lumber) die für Sperrholz angegebenen Werte angewendet werden.
[e] MDF bedeutet Medium Density Fibreboard/mitteldichte Holzfaserplatte, die im sog. Trokkenverfahren hergestellt worden ist.

Tafel 17b2 – Feuchteschutztechnische Eigenschaften und spezifische Wärmekapazität von Wärmedämm- und Mauerwerksstoffen

Werkstoff	Rohdichte	Feuchtegehalt¹) bei 23 °C, 50% relativer Luftfeuchte		Feuchtegehalt¹) bei 23 °C, 80% relativer Luftfeuchte		Umrechnungsfaktor für den Feuchtegehalt		Wasserdampf-Diffusionswiderstandszahl μ		Spezifische Wärmekapazität
	ϱ kg/m³	u kg/kg	ψ m³/m³	u kg/kg	ψ m³/m³	f_u	f_ψ	trokken	feucht	c_p J/(kg · K)
Expandierter Polystyrol-Hartschaum	10 bis 50		0		0		4	60	60	1450
Extrudierter Polystyrol-Hartschaum	20 bis 65		0		0		2,5	150	150	1450
Polyurethanhartschaum	28 bis 55		0		0		3	60	60	1400
Mineralwolle	10 bis 200		0		0		4	1	1	1030
Phenolharz-Hartschaum	20 bis 50		0		0		5	50	50	1400
Schaumglas	100 bis 150	0		0		0		∞	∞	1000
Perliteplatten	140 bis 240	0,02		0,03		0,8		5	5	900
Expandierter Kork	90 bis 140		0,008		0,011		6	10	5	1560
Holzwolle-Leichtbauplatten	250 bis 450		0,03		0,05		1,8	5	3	1470

Tafel 17b2 (Fortsetzung)

Werkstoff	Rohdichte	Feuchtegehalt[1]) bei 23 °C, 50% relativer Luftfeuchte		Feuchtegehalt[1]) bei 23 °C, 80% relativer Luftfeuchte		Umrechnungsfaktor für den Feuchtegehalt		Wasserdampf-Diffusionswiderstandszahl μ		Spezifische Wärmekapazität
	ϱ kg/m³	u kg/kg	ψ m³/m³	u kg/kg	ψ m³/m³	f_u	f_ψ	trokken	feucht	c_p J/(kg · K)
Holzfaserdämmplatten	150 bis 250	0,1		0,16		1,5		10	5	1400
Harnstoff-Formaldehydschaum	10 bis 30	0,1		0,15		0,7		2	2	1400
Polyurethan-Spritzschaum	30 bis 50		0		0		3	60	60	1400
Lose Mineralwolle	15 bis 60		0		0		4	1	1	1030
Lose Zellulosefasern	20 bis 60	0,11		0,18		0,5		2	2	1600
Blähperlite-Schüttung	30 bis 150	0,01		0,02		3		2	2	900
Schüttung aus expandiertem Vermiculit	30 bis 150	0,01		0,02		2		3	2	1080
Blähtonschüttung	200 bis 400	0		0,001		4		2	2	1000
Polystyrol-Partikelschüttung	10 bis 30		0		0		4	2	2	1400
Vollziegel (gebrannter Ton)	1000 bis 2400		0,007		0,012		10	16	10	1000
Kalksandstein	900 bis 2200		0,012		0,024		10	20	15	1000
Beton mit Bimszuschlägen	500 bis 1300		0,02		0,035		4	50	40	1000
Beton mit nichtporigen Zuschlägen und Kunststein	1600 bis 2400		0,025		0,04		4	150	120	1000
Beton mit Polystyrolzuschlägen	500 bis 800		0,015		0,025		5	120	60	1000
Beton mit Blähtonzuschlägen	400 bis 700	0,02		0,03		2,6		6	4	1000
Beton mit überwiegend Blähbetonzuschlägen	800 bis 170	0,2		0,03		4		8	6	1000
Beton mit mehr als 70% geblähter Hochofenschlacke	1100 bis 1700	0,02		0,04		4		30	20	1000
Beton mit vorwiegend aus hochtemperaturbehandeltem taubem Gestein aufbereitet	1100 bis 1500	0,02		0,04		4		15	10	1000
Porenbeton	300 bis 1000	0,026		0,045		4		10	6	1000
Beton mit Leichtzuschlägen	500 bis 2000		0,03		0,05		4	15	10	1000
Mörtel (Mauermörtel und Putz-Mörtel)	250 bis 2000		0,04		0,06		4	20	10	1000

[1]) Die angegebenen Werte werden allgemein nicht überschritten.

Tafel 17b3 — Wasserdampfdiffusionsäquivalente Luftschichtdicke (Wasserdampfdurchlaßwiderstand)

Produkt/Stoff	Wasserdampfdiffusionsäquivalente Luftschichtdicke s_d m
Polyethylenfolie 0,15 mm	50
Polyethylenfolie 0,25 mm	100
Polyesterfolie 0,2 mm	50
PVC-Folie	30
Aluminium-Folie 0,05 mm	1500
PE-Folie (gestapelt) 0,15 mm	8
Bituminiertes Papier 0,1 mm	2
Aluminiumverbundfolie 0,4 mm	10
Unterdeck- und Unterspannbahn für Wände	0,2
Beschichtungsstoff	0,1
Glanzlack	3
Vinyltapete	2

Anmerkung: Die wasserdampfdiffusionsäquivalente Luftschichtdicke eines Produktes wird als Dicke einer unbewegten Luftschicht mit dem gleichen Wasserdampfdurchlaßwiderstand wie das Produkt angegeben.
Die Dicke der Produkte in Tabelle 3 wird normalerweise nicht gemessen und kann auf dünne Produkte mit einem Wasserdampfdurchlaßwiderstand bezogen werden. Die Tabelle gibt Dicken-Nennwerte als Hilfe zur Identifizierung des Produktes an.

Tafel 18 Wärmedurchlaßwiderstand, in $m^2 \cdot K/W$, von ruhenden und schwach bewegten Luftschichten — Oberflächen mit hohem Emissionsgrad (s. auch Abschn. 1.2.2.6)

ruhende Luftschicht				schwach bewegte Luftschicht			
Dicke der Luftschicht mm	Richtung des Wärmestromes			Dicke der Luftschicht mm	Richtung des Wärmestromes		
	aufwärts	horizontal	abwärts		aufwärts	horizontal	abwärts
0	0,00	0,00	0,00	0	0,00	0,00	0,00
5	0,11	0,11	0,11	5	0,06	0,06	0,06
7	0,13	0,13	0,13	7	0,07	0,07	0,07
10	0,15	0,15	0,15	10	0,08	0,08	0,08
15	0,16	0,17	0,17	15	0,08	0,08	0,08
25	0,16	0,18	0,19	25	0,08	0,08	0,08
50	0,16	0,18	0,21	50	0,08	0,08	0,08
100	0,16	0,18	0,22	100	0,08	0,08	0,08
300	0,16	0,18	0,23	300	0,08	0,08	0,08

Anmerkung: Zwischenwerte können mittels linearer Interpolation ermittelt werden.

Tafel 19 Rechenwerte der Wärmedurchgangskoeffizienten für Verglasungen U_V und für Fenster und Fenstertüren, einschließlich Rahmen U_F

Beschreibung der Verglasung	U_V 1) in W/(m² · K)	U_F in W/(m² · K) für Rahmenmaterialgruppe 2)				
		1	2.1	2.2	2.3	3 3)
Einfachverglasung	5,8	5,2				
Isolierglas mit 1 Luftzwischenraum (LZR) 6 mm ≤ LZR ≤ 8 mm	3,4	2,9	3,2	3,3	3,6	4,1
8 mm < LZR ≤ 10 mm	3,2	2,8	3,0	3,2	3,4	4,0
10 mm < LZR ≤ 16 mm	3,0	2,6	2,9	3,1	3,3	3,8
Isolierglas mit 2 Luftzwischen räumen (LZR) 6 mm ≤ LZR ≤ 8 mm	2,4	2,2	2,5	2,6	2,9	3,4
8 mm < LZR ≤ 10 mm	2,2	2,1	2,3	2,5	2,7	3,3
10 mm < LZR ≤ 16 mm	2,1	2,0	2,3	2,4	2,7	3,2
Doppelverglasung mit 20 bis 100 mm Scheibenabstand	2,8	2,5	2,7	2,9	3,2	3,7
Doppelverglasung aus Einfach- und Isolierglas (Luftzwischenraum 10 bis 16 mm) mit 20 bis 100 mm Scheibenabstand	2,0	1,9	2,2	2,4	2,6	3,1
Doppelverglasung aus zwei Isolierglaseinheiten (Luftzwischenraum 10 bis 16 mm) mit 20 bis 100 mm Scheibenabstand	1,4	1,5	1,8	1,9	2,2	2,7
Wärme- oder Sonnenschutzgläser	2,5	2,3	2,5	2,7	3,0	3,5
	2,4	2,2	2,5	2,6	2,9	3,4
	2,3	2,1	2,4	2,6	2,8	3,4
	2,2	2,1	2,3	2,5	2,7	3,3
	2,1	2,0	2,3	2,4	2,7	3,2
	2,0	1,9	2,2	2,4	2,6	3,1
	1,9	1,8	2,1	2,3	2,5	3,1
	1,8	1,8	2,0	2,2	2,5	3,0
	1,7	1,7	2,0	2,2	2,4	2,9
	1,6	1,6	1,9	2,1	2,3	2,9
	1,5	1,6	1,8	2,0	2,3	2,8
	1,4	1,5	1,8	1,9	2,2	2,7
	1,3	1,4	1,7	1,9	2,1	2,7
	1,2	1,4	1,6	1,8	2,0	2,6
	1,1	1,3	1,6	1,7	2,0	2,5
	1,0	1,2	1,5	1,7	1,9	2,4
	0,9	1,2	1,5	1,7	1,9	2,4
	0,8	1,2	1,4	1,6	1,9	2,3
	0,7	1,1	1,3	1,5	1,8	2,2
	0,6	1,0	1,3	1,5	1,8	2,2
	0,5	1,0	1,2	1,4	1,7	2,1
Glasbaustein-Wand nach DIN 4242 mit Hohlglasbausteinen nach DIN 18175						3,5

1) Bei Fenstern mit einem Rahmenanteil von nicht mehr als 5% (z. B. Schaufensteranlagen) kann für den Wärmedurchgangskoeffizienten U_F der Wärmedurchgangskoeffizient U_V der Verglasung gesetzt werden.

2) Einordnung der Rahmenmaterialgruppen von Fensterprofilen nach Material oder Wärmedurchgangskoeffizienten k_R der Rahmenprofile erfolgt nach folgendem Schema

Rahmenmaterialgruppe	Material	U_R des Rahmenprofils in W/(m² · K)
1	Holz, Kunststoff, Holzkombinationen	≤ 2,0 4)
2.1	Wärmegedämmte Metall- oder Betonprofile	über 2,0 bis 2,8
2.2		über 2,8 bis 3,5
2.3		über 3,5 bis 4,5
3	Metall oder Beton	> 4,5

3) Bei Verglasungen mit einem Rahmenanteil ≤ 15% dürfen in der Rahmenmaterialgruppe 3 (ausgenommen Einfachverglasung) die U_F-Werte um 0,5 W/(m² · K) herabgesetzt werden.

4) Rahmen aus beliebigen Profilen, wenn $U_R \leq 2{,}0$ W/(m² · K) aufgrund von Prüfzeugnissen nachgewiesen worden ist.

Tafel 20 Wärmeübergangswiderstände $R_{si,se}$ [1],[2],[3] in m^2 K/W

Zeile	Bauteil		R_{si}	R_{se}
1	Außenwand (ausgenommen solche nach Zeile 2)			0,04
2	Außenwand mit hinterlüfteter Außenhaut, Abseitenwand zum nicht wärmegedämmten Dachraum			0,08
3	Wohnungstrennwand, Treppenraumwand, Wand zwischen fremden Arbeitsräumen, Trennwand zu dauernd unbeheiztem Raum, Abseitenwand zum wärmegedämmten Dachraum		0,13	[4]
4	An das Erdreich grenzende Wand			0
5	Decke oder Dachschräge, die Aufenthaltsraum nach oben gegen die Außenluft abgrenzt (nicht belüftet)			0,04
6	Decke unter nicht ausgebautem Dachgeschoß, unter Spitzboden oder unter belüftetem Raum (z. B. belüftete Dachschräge)			0,08[5]
7	Wohnungstrenndecke und Decke zwischen fremden Arbeitsräumen	Wärmestrom von unten nach oben	0,10	[4]
		Wärmestrom von oben nach unten	0,17	
8	Kellerdecke			[4]
9	Decke, die Aufenthaltsraum nach unten gegen die Außenluft abgrenzt		0,17	0,04
10	Unterer Abschluß eines nicht unterkellerten Aufenthaltsraumes (an das Erdreich grenzend)			0

[1]) Vereinfachend kann in allen Fällen mit $R_{si} = 0{,}13\ m^2 \cdot K/W$ sowie — die Zeilen 4 und 10 ausgenommen — mit $R_{se} = 0{,}04\ m^2$ K/W gerechnet werden.

[2]) für die Überprüfung eines Bauteils auf Tauwasserbildung siehe besondere Festlegungen in DIN 4108-3.

[3]) Zur Lage der Bauteile im Bauwerk: siehe nachfolgende Skizze.

[4]) Bei innenliegendem Bauteil ist zu beiden Seiten mit demselben Wärmeübergangswiderstand zu rechnen.

[5]) nach DIN EN ISO 6946 ist mit $R_{se} = R_{si} = 0{,}13\ m^2 \cdot k/W$ zu rechnen

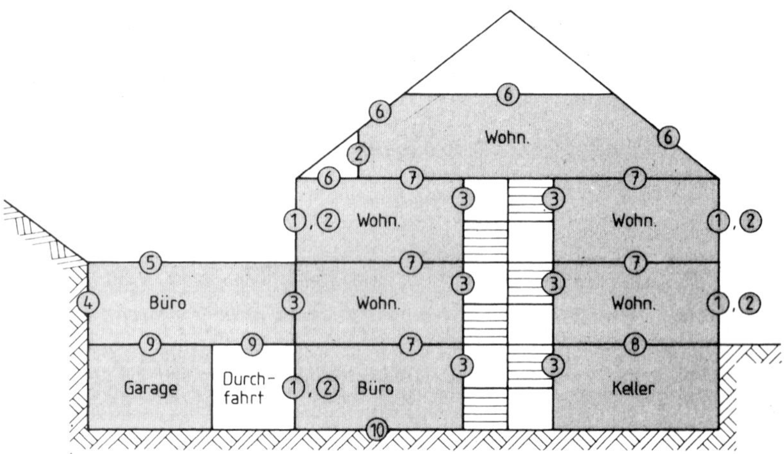

Tafel 21 Spezifische Wärmekapazität *c* in J/(kgK)

Stoff	*c*	Stoff	*c*
anorg. Bau- und Dämmstoffe	1000	Aluminium	800
Holz und Holzwerkstoffe, einschließlich Holzwolle-Leichtbauplatten	2100	sonstige Metalle	400
pflanz. Fasern und Textilfasern	1300	Luft ($\varrho = 1{,}25\ kg/m^3$)	1000
Schaumkunststoffe und Kunststoffe	1500	Wasser	4200

4

Tafel 22 Wasserdampfsättigungsdruck p_s bei Temperaturen Θ von +30,9 bis −20,9 °C

Θ_L in °C	Wasserdampfsättigungsdruck p_s über Wasser bzw. Eis in Pa 0,0	0,1	0,2	0,3	0,4	0,5	0,6	0,7	0,8	0,9
30	4244	4269	4294	4319	4344	4369	4394	4419	4445	4469
29	4006	4030	4053	4077	4101	4124	4148	4172	4196	4219
28	3781	3803	3826	3848	3871	3894	3916	3939	3961	3984
27	3566	3588	3609	3631	3652	3674	3695	3717	3738	3759
26	3362	3382	3403	3423	3443	3463	3484	3504	3525	3544
25	3169	3188	3208	3227	3246	3266	3284	3304	3324	3343
24	2985	3003	3021	3040	3059	3077	3095	3114	3132	3151
23	2810	2827	2845	2863	2880	2897	2915	2932	2950	2968
22	2645	2661	2678	2695	2711	2727	2744	2761	2777	2794
21	2487	2504	2518	2535	2551	2566	2582	2598	2613	2629
20	2340	2354	2369	2384	2399	2413	2428	2443	2457	2473
19	2197	2212	2227	2241	2254	2268	2283	2297	2310	2324
18	2065	2079	2091	2105	2119	2132	2145	2158	2172	2185
17	1937	1950	1963	1976	1988	2001	2014	2027	2039	2052
16	1818	1830	1841	1854	1866	1878	1889	1901	1914	1926
15	1706	1717	1729	1739	1750	1762	1773	1784	1795	1806
14	1599	1610	1621	1631	1642	1653	1663	1674	1684	1695
13	1498	1508	1518	1528	1538	1548	1559	1569	1578	1588
12	1403	1413	1422	1431	1441	1451	1460	1470	1479	1488
11	1312	1321	1330	1340	1349	1358	1367	1375	1385	1394
10	1228	1237	1245	1254	1262	1270	1279	1287	1296	1304
9	1148	1156	1163	1171	1179	1187	1195	1203	1211	1218
8	1073	1081	1088	1096	1103	1110	1117	1125	1133	1140
7	1002	1008	1016	1023	1030	1038	1045	1052	1059	1066
6	935	942	949	955	961	968	975	982	988	995
5	872	878	884	890	896	902	907	913	919	925
4	813	819	825	831	837	843	849	854	861	866
3	759	765	770	776	781	787	793	798	803	808
2	705	710	716	721	727	732	737	743	748	753
1	657	662	667	672	677	682	687	691	696	700
0	611	616	621	626	630	635	640	645	648	653
−0	611	605	600	595	592	587	582	577	572	567
−1	562	557	552	547	543	538	534	531	527	522
−2	517	514	509	505	501	496	492	489	484	480
−3	476	472	468	464	461	456	452	448	444	440
−4	437	433	430	426	423	419	415	412	408	405
−5	401	398	395	391	388	385	382	379	375	372
−6	368	365	362	359	356	353	350	347	343	340
−7	337	336	333	330	327	324	321	318	315	312
−8	310	306	304	301	298	296	294	291	288	286
−9	284	281	279	276	274	272	269	267	264	262
−10	260	258	255	253	251	249	246	244	242	239
−11	237	235	233	231	229	228	226	224	221	219
−12	217	215	213	211	209	208	206	204	202	200
−13	198	197	195	193	191	190	188	186	184	182
−14	181	180	178	177	175	173	172	170	168	167
−15	165	164	162	161	159	158	157	155	153	152
−16	150	149	148	146	145	144	142	141	139	138
−17	137	136	135	133	132	131	129	128	127	126
−18	125	124	123	122	121	120	118	117	116	115
−19	114	113	112	111	110	109	107	106	105	104
−20	103	102	101	100	99	98	97	96	95	94

Tafel 23 Wärmedurchlaßwiderstände *R* von Stahlbetonrippen- und Stahlbetonbalkendecken nach DIN 1045 mit Zwischenbauteilen nach DIN 4158

Darstellung	Dicke *d* in mm	*R* in m²·K/W im Mittel	*R* in m²·K/W an ungünstigster Stelle
Stahlbetonrippendecke (ohne Aufbeton, ohne Putz)	120	0,20	0,06
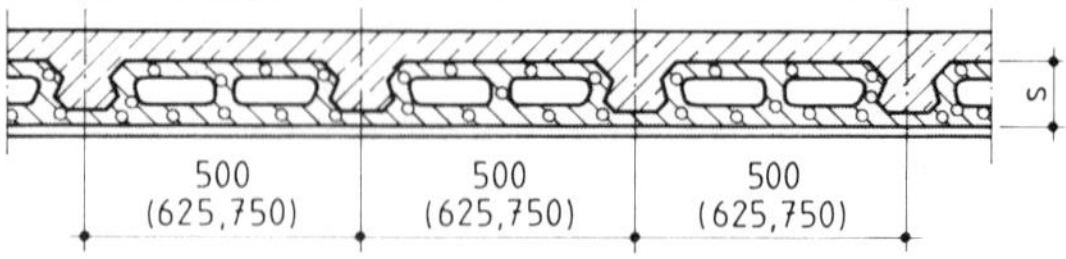	140	0,21	0,07
	160	0,22	0,08
	180	0,23	0,09
	200	0,24	0,10
	220	0,25	0,11
	250	0,26	0,12
Stahlbetonbalkendecke (ohne Aufbeton, ohne Putz)	120	0,16	0,06
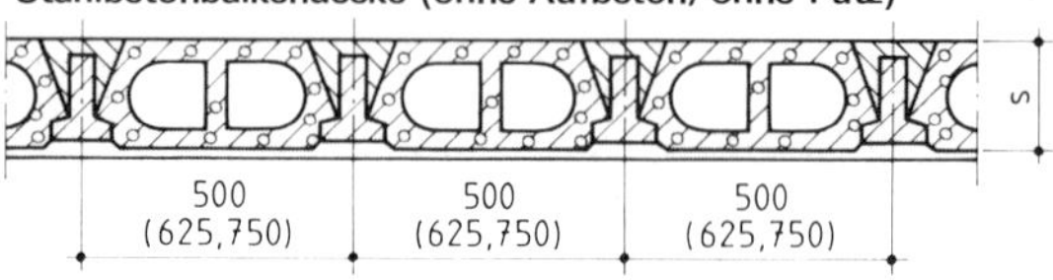	140	0,18	0,07
	160	0,20	0,08
	180	0,22	0,09
	200	0,24	0,10
	220	0,26	0,11
	240	0,28	0,12

Tafel 24 Taupunkttemperatur Θ_s der Luft in Abhängigkeit von der Lufttemperatur Θ in °C und der relativen Luftfeuchte φ

Lufttemp. Θ in °C	Taupunkttemperatur Θ_s [1]) in °C bei einer relativen Luftfeuchte von 30%	35%	40%	45%	50%	55%	60%	65%	70%	75%	80%	85%	90%	95%
30	10,5	12,9	14,9	16,8	18,4	20,0	21,4	22,7	23,9	25,1	26,2	27,2	28,2	29,1
29	9,7	12,0	14,0	15,9	17,5	19,0	20,4	21,7	23,0	24,1	25,2	26,2	27,2	28,1
28	8,8	11,1	13,1	15,0	16,6	18,1	19,5	20,8	22,0	23,2	24,2	25,2	26,2	27,1
27	8,0	10,2	12,2	14,1	15,7	17,2	18,6	19,9	21,1	22,2	23,3	24,3	25,2	26,1
26	7,1	9,4	11,4	13,2	14,8	16,3	17,6	18,9	20,1	21,2	22,3	23,3	24,2	25,1
25	6,2	8,5	10,5	12,2	13,9	15,3	16,7	18,0	19,1	20,3	21,3	22,3	23,2	24,1
24	5,4	7,6	9,6	11,3	12,9	14,4	15,8	17,0	18,2	19,3	20,3	21,3	22,3	23,1
23	4,5	6,7	8,7	10,4	12,0	13,5	14,8	16,1	17,2	18,3	19,4	20,3	21,3	22,2
22	3,6	5,9	7,8	9,5	11,1	12,5	13,9	15,1	16,3	17,4	18,4	19,4	20,3	21,2
21	2,8	5,0	6,9	8,6	10,2	11,6	12,9	14,2	15,3	16,4	17,4	18,4	19,3	20,2
20	1,9	4,1	6,0	7,7	9,3	10,7	12,0	13,2	14,4	15,4	16,4	17,4	18,3	19,2
19	1,0	3,2	5,1	6,8	8,3	9,8	11,1	12,3	13,4	14,5	15,5	16,4	17,3	18,2
18	0,2	2,3	4,2	5,9	7,4	8,8	10,1	11,3	12,5	13,5	14,5	15,4	16,3	17,2
17	–0,6	1,4	3,3	5,0	6,5	7,9	9,2	10,4	11,5	12,5	13,5	14,5	15,3	16,2
16	–1,4	0,5	2,4	4,1	5,6	7,0	8,2	9,4	10,5	11,6	12,6	13,5	14,4	15,2
15	–2,2	–0,3	1,5	3,2	4,7	6,1	7,3	8,5	9,6	10,6	11,6	12,5	13,4	14,2
14	–2,9	–1,0	0,6	2,3	3,7	5,1	6,4	7,5	8,6	9,6	10,6	11,5	12,4	13,2
13	–3,7	–1,9	–0,1	1,3	2,8	4,2	5,5	6,6	7,7	8,7	9,6	10,5	11,4	12,2
12	–4,5	–2,6	–0,1	0,4	1,9	3,2	4,5	5,7	6,7	7,7	8,7	9,6	10,4	11,2
11	–5,2	–3,4	–1,8	–0,4	1,0	2,3	3,5	4,7	5,8	6,7	7,7	8,6	9,4	10,2
10	–6,0	–4,2	–2,6	–1,2	0,1	1,4	2,6	3,7	4,8	5,8	6,7	7,6	8,4	9,2

[1]) Näherungsweise darf geradlinig interpoliert werden.

Tafel 25 Sättigungsmenge c_s der Luft in Abhängigkeit von der Temperatur Θ

Θ in °C	c_s in g/m³	Θ in °C	c_s in g/m³	Θ in °C	c_s in g/m³	Θ in °C	c_s in g/m³	Θ in °C	c_s in g/m³
−20	0,88	−10	2,14	0	4,84	10	9,4	20	17,3
−19	0,96	−9	2,33	1	5,2	11	10,0	21	18,3
−18	1,05	−8	2,54	2	5,6	12	10,7	22	19,4
−17	1,15	−7	2,76	3	6,0	13	11,4	23	20,6
−16	1,27	−6	2,99	4	6,4	14	12,1	24	21,8
−15	1,38	−5	3,24	5	6,8	15	12,8	25	23,0
−14	1,51	−4	3,51	6	7,3	16	13,6	26	24,4
−13	1,65	−3	3,81	7	7,8	17	14,5	27	25,8
−12	1,80	−2	4,13	8	8,3	18	15,4	28	27,2
−11	1,96	−1	4,47	9	8,8	19	16,3	29	28,7
−10	2,14	0	4,84	10	9,4	20	17,3	30	30,3

Tafel 26 Praktische Feuchtegehalte von Baustoffen

Zeile		Baustoffe	Massebezogener Feuchtegehalt[1])[2]) u_m %
1		Ziegel	1
2		Kalksandsteine	3
3	3.1	Beton mit geschlossenem Gefüge mit dichten Zuschlägen	2
	3.2	Beton mit geschlossenem Gefüge mit porigen Zuschlägen	13
4	4.1	Leichtbeton mit haufwerkporigem Gefüge mit dichten Zuschlägen nach DIN 4226-1	3
	4.2	Leichtbeton mit haufwerkporigem Gefüge mit porigen Zuschlägen nach DIN 4226-2	4,5
5		Porenbeton	6,5
6		Gips, Anhydrit	2
7		Gußasphalt, Asphaltmastix	0
8		Anorganische Stoffe in loser Schüttung; expandiertes Gesteinglas (z. B. Blähperlit)	1
9		Mineralische Faserdämmstoffe aus Glas-, Stein-, Hochofenschlacken-(Hütten)Fasern	1,5
10		Schaumglas	0
11		Holz, Sperrholz, Spanplatten, Holzfaserplatten, Schilfrohrplatten und -matten, organische Faserdämmstoffe	15
12		Holzwolle-Leichtbauplatten	13
13		Pflanzliche Faserdämmstoffe aus Seegras, Holz-, Torf- und Kokosfasern und sonstigen Fasern	15
14		Korkdämmstoffe	10
15		Schaumkunststoffe aus Polystyrol, Polyurethan (hart)	1

[1]) Unter Ausgleichsfeuchtegehalt versteht man den Feuchtegehalt, der bei der Untersuchung genügend ausgetrockneter Bauten, die zum dauernden Aufenthalt von Personen dienen, in 90% aller Fälle nicht überschritten werden oder den Feuchtegehalt, der nach E DIN EN ISO 12570 bestimmt wurde.
[2]) Siehe auch DIN EN ISO 9346

5 Schallschutz im Hochbau

Damit Menschen in Aufenthaltsräumen vor unzumutbaren Lärmbelästigungen durch Schallübertragung aus der Umgebung geschützt werden, legt die DIN 4109 einerseits Mindestwerte der Schalldämmung von Bauteilen und andererseits Höchstwerte des Schallpegels von Lärmquellen im Gebäude fest. Bei der Planung von Maßnahmen, um die Forderungen an den Schallschutz im Gebäude zu erfüllen, müssen auch die Schallausbreitungswege im Gebäude beachtet werden.

Die für die Lärmbelästigung des Menschen verantwortlichen Schallquellen können innerhalb oder außerhalb des Gebäudes lokalisiert sein. Befinden sie sich innerhalb des Gebäudes, dann handelt es sich entweder um Geräusche aus fremden Nachbarräumen, z. B. laute Sprache, Musik und dgl. oder um Lärm von haustechnischen Anlagen, z. B. Wasserinstallation, Aufzüge u. ä. Außerhalb des Hauses handelt es sich in der Regel um Verkehrslärm. Maßnahmen gegen Fluglärm sind Gegenstand der Verordnung der Bundesregierung über bauliche Schallschutzanforderungen nach dem Gesetz zum Schutz gegen Fluglärm.

Auf Grund der in DIN 4109 festgelegten Anforderungen kann nicht erwartet werden, daß in den eigenen Räumen Geräusche von außen nicht mehr wahrgenommen werden. Die festgelegten Anforderungen setzen voraus, daß in den Nachbarräumen keine ungewöhnlich starken Geräusche verursacht werden.

Ausführungsbeispiele von Bauteilen und deren Schalldämmung befinden sich im Beiblatt 1 zu DIN 4109.

Ergänzend zu den Schallschutzforderungen der DIN 4109 werden in der VDI-Richtlinie 4100 (8.94) – „Schallschutz von Wohnungen, Kriterien für Planung und Bewertung" – drei Schallschutzstufen definiert. Während die Schallschutzanforderungen der DIN 4109 durch die baurechtliche Einführung eine öffentlich-rechtliche Bedeutung erhält, kann der entsprechend der VDI-Richtlinie gewünschte Schallschutz nur zwischen den am Bau Beteiligten und dem Wohnungsnutzer privatrechtlich vereinbart werden.

5.1 Begriffe und Bewertungsgrößen der Bauakustik

5.1.1 Grundbegriffe

Als **Schall** bezeichnet man mechanische Schwingungen und Wellen eines elastischen Mediums, insbesondere im Bereich des menschlichen Hörens von etwa 16 Hz bis 16000 Hz. Je nachdem, ob er sich in Luft oder in einem festen Körper ausbreitet, spricht man von **Luft- oder Körperschall.**

Beim Luftschall ist zwischen Tönen, Klängen und Geräuschen zu unterscheiden.

Ein **Ton** entsteht bei einer Schallschwingung von sinusförmigem Verlauf. Die Zahl der Schwingungen je Sekunde ergibt die **Frequenz** f des Tones in Hertz (Hz). Mit zunehmender Frequenz nimmt auch die Tonhöhe zu. Eine Verdoppelung der Frequenz entspricht einer **Oktave.**

In der Bauakustik betrachtet man einen Bereich von rund 5 Oktaven, nämlich die Frequenzen von 100 Hz bis 3150 Hz. Für die Analyse von Schallvorgängen ist die Oktavbreite oft zu groß und wird deshalb in Terzen gedrittelt. Die Bandbreite der Oktave und der Terz sind durch das Verhältnis der oberen Eckfrequenz f_o zur unteren Eckfrequenz f_u jeweils wie folgt festgelegt:

Oktave $f_o/f_u = 2$ Terz $f_o/f_u = \sqrt[3]{2} = 1{,}26$

Als **Geräusch** bezeichnet man ein Schallereignis, das aus vielen Teiltönen zusammengesetzt ist, deren Frequenzen nicht in einem einfachen Zahlenverhältnis zueinander stehen. Die Stärke des Schalls findet seinen Ausdruck im **Schalldruck** $\boldsymbol{p}$ der

Druckschwankungen, die durch die Schallwellen in der Luft erzeugt werden und die sich dem atmosphärischen Druck der Luft überlagern. Die Einheit des Druckes ist $1\ N/m^2 = 1$ Pa. Der Empfindungsbereich des Ohres erfaßt Schalldrücke zwischen ca. $2 \cdot 10^{-5}$ Pa und 20 Pa. Für die praktische Bewertung von Schallvorgängen wurde der **Schallpegel *L*** definiert. Er ist der zehnfache Logarithmus vom Verhältnis des Quadrates des jeweiligen Schalldrucks p zum Quadrat des festgelegten Bezugschalldrucks $p_0 = 2 \cdot 10^{-5}$ Pa.

$$L = 10 \lg (p/p_0)^2 = 20 \lg (p/p_0) \quad \text{in dB}$$

Das **Dezibel** mit der Abkürzung dB ist keine Einheit im Sinne der qualitativen und quantitativen Angaben physikalischer Größen, sondern dient zur Kennzeichnung von logarithmierten Verhältnisgrößen.

Schallpegeladdition. Auf Grund der Definition des Schallpegels als logarithmiertes Verhältnis zweier Werte dürfen zwei oder mehr Schallpegel nicht direkt algebraisch addiert werden, um den Gesamtschallpegel zu ermitteln. Hierzu muß die Schallintensität in W/m^2 der einzelnen Schallquellen aufsummiert werden. Daraus kann abgeleitet werden, daß der Gesamtschallpegel mehrerer Schallquellen aus den einzelnen Schallpegeln L_i nach folgender Gleichung berechnet wird

$$L_{ges} = 10 \lg \sum_{i=1}^{n} (10^{0,1 \cdot L_i})$$

Bei mehreren zu addierenden Schallpegeln hängt die Zunahme nur von der Differenz der Einzelpegel und nicht von deren Absolutwert ab. So erhöhen zwei Schallquellen gleicher, aber beliebiger Intensität (Differenz gleich Null) immer den Schallpegel um 3 dB. Bei Schallquellen unterschiedlicher Stärke fällt die Zunahme bei größer werdender Differenz geringer aus, um bei einer Differenz von 10 dB gleich Null zu werden. Oft erfolgt die **Pegeladdition** mittels eines Nomogramms, das die Größe des Zuschlages ΔL zum größeren Pegel, abhängig von der Differenz der beiden Pegel L_m und L_n angibt. Bild 16 zeigt ein für die Praxis vereinfachtes Schema zur Pegeladdition.

$L_m - L_n$ in dB	0 und 1	2 und 3	4, 5, 6, 7, 8 und 9	10
Δ_L in dB	+3	+2	+1	0

Bild 16 Vereinfachtes Schema zur Addition von zwei Schallpegeln

Beispiel Addition von 4 Einzelschallpegeln $L_1 = 50$ dB (A); $L_2 = 53$ dB (A); $L_3 = 53$ dB (A) und $L_4 = 56$ dB (A) mittels des vereinfachten Schemas nach Bild 16

$L_2 - L_1 = 53 - 50 = 3$ dB (A); $\Delta L_{1,2} = +2$ dB (A);
$L_{1,2} = 53 + 2 = 55$ dB (A).
$L_{1,2} - L_3 = 55 - 53 = 2$ dB (A); $\Delta L_{1,2,3} = +2$ dB (A);
$L_{1,2,3} = 55 + 2 = 57$ dB (A).
$L_{1,2,3} - L_4 = 57 - 56 = 1$ dB (A); $\Delta L_{1,2,3,4} = +3$ dB (A);
$L_{ges} = 57 + 3 = 60$ dB (A).

Das menschliche Ohr ist nicht über den ganzen Hörbereich gleich sensitiv. Bei mittleren Frequenzen ist es viel empfindlicher als bei tiefen Frequenzen. Daher wurde neben dem physikalischen Maß des Schallpegels ein weiteres Maß eingeführt, dem die Empfindung des menschlichen Ohres auf Schalleinwirkung zugrunde liegt. Es wird als **Lautstärke** oder **Lautstärkepegel** bezeichnet und seine Einheit ist das **Phon.** Die Lautstärke in Phon ist definitionsgemäß zahlenmäßig gleich dem Schallpegel in dB eines gleich lauten Tones der Frequenz 1000 Hz (Die Hörschwelle liegt bei 0 Phon) (Bild 17).

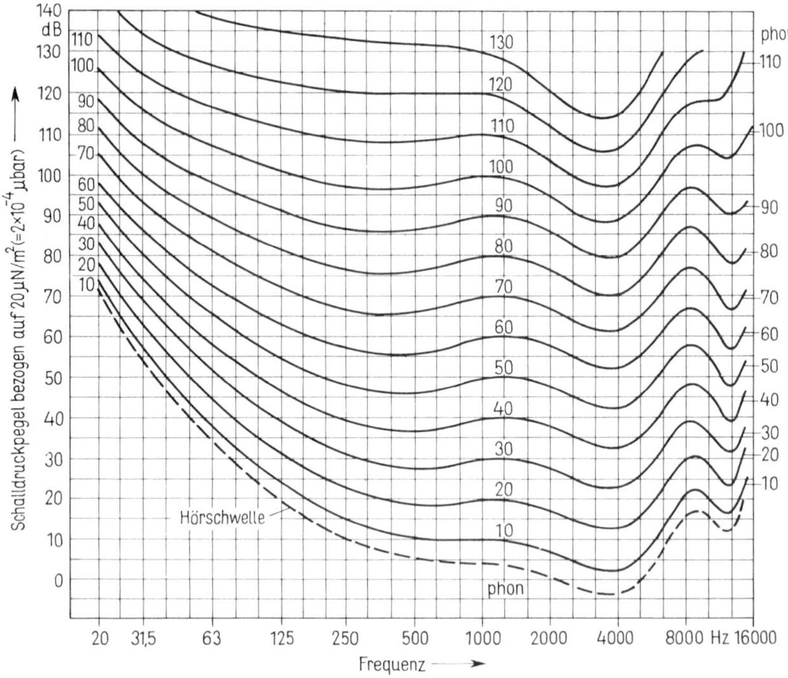

Bild 17 Hörschwelle und Kurven gleicher Lautstärke, Pegel für Sinustöne im freien Schallfeld nach DIN 45630

Wegen der komplizierten Verhältnisse im Zusammenhang mit der veränderlichen Empfindlichkeit des menschlichen Ohres ist die Bestimmung der Lautstärke eines Geräusches sehr aufwendig. Um Geräusche ohne großen Aufwand annähernd gehörrichtig messen zu können, wurde der **A-bewertete Schallpegel L_A** in dB(A) eingeführt. Die Schallpegel der verschiedenen Frequenzanteile eines Geräusches werden nach der A-Frequenz-Bewertungskurve bewertet, der so ermittelte Schallpegel L_A erlaubt die annähernd gehörrichtige Angabe der Stärke eines Geräusches (s. nachfolgende Beispiele)

Beispiele für den A-Schallpegel verschiedener Geräusche

Fabriksaal einer Spinnerei	90 bis 100 dB (A)
Verkehrslärm in Hauptverkehrsstraße	75 bis 80 dB (A)
laute Sprache	70 bis 75 dB (A)
ruhiger Raum, tagsüber	25 bis 30 dB (A)
ruhiger Raum, nachts (abseits vom Verkehr)	10 bis 20 dB (A)

Die Lautstärkeempfindung des Ohrs und die Lautstärkeskala bzw. der A-bewertete Schallpegel L_A verlaufen nicht proportional zueinander. Nimmt der Schallpegel eines Geräusches um 10 dB (A) zu, so wird dies normalerweise als eine Verdoppelung der Lautstärke empfunden. Nur bei leiseren Geräuschen genügen wesentlich geringere Zunahmen des Schallpegels, um dieselbe Empfindung hervorzurufen.

5.1.2 Schallschutz, Luft- und Trittschalldämmung

Unter **Schallschutz** versteht man Maßnahmen gegen die Schallentstehung (Primär-maßnahmen) und Maßnahmen gegen die Schallübertragung von einer Schallquelle zum Hörer (Sekundär-Maßnahmen). Bei Sekundärmaßnahmen erfolgt der Schallschutz durch Schalldämmung (Schallquelle und Hörer in verschiedenen Räumen) oder durch Schallschluckung (beide im selben Raum). Bei der Schalldämmung richten sich die erforderlichen Maßnahmen des Schallschutzes nach der Art der Schwingungsanregung, unterschieden wird zwischen Luft- oder Körperschallanregung (Bild 18).

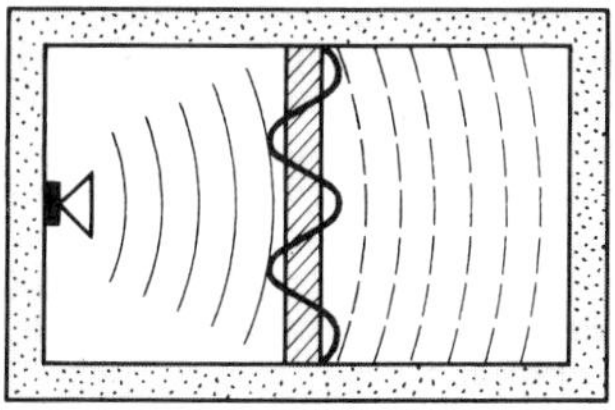

Luftschall-Anregung

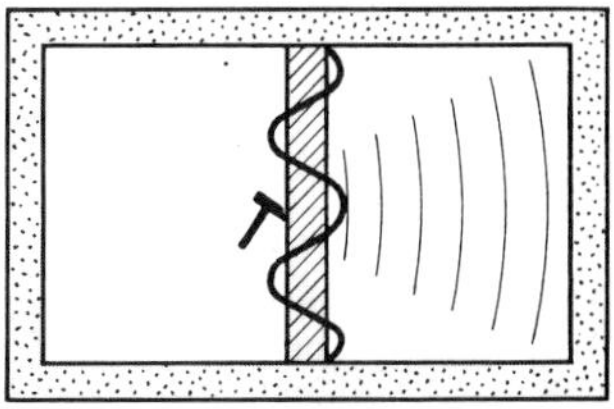

Körperschall-Anregung

Bild 18 Schwingungsanregung von Bauteilen durch Luft- und Körperschall

Ein besonderer Fall der Körperschallanregung liegt bei der Anregung der Decken zum Schwingen beim Gehen vor und wird als Trittschallanregung bezeichnet.

5.1.2.1 Bewertung und Kennzeichnung der Luftschalldämmung

Luftschalldämmung. Sie betrifft den Luftschallschutz zwischen angrenzenden Räumen. Dabei ist zu beachten, daß die Schallübertragung nicht nur direkt über die dazwischenliegende Trennwand oder -decke, sondern auch über die seitlich angrenzenden (flankierenden) Bauteile erfolgt (Bild 19).

Schalldämm-Maß *R*. Es kennzeichnet die Luftschalldämmung des Bauteils zwischen den beiden Räumen bei Schallübertragung ohne die Wege B und ist wie folgt definiert:

$$R = L_1 - L_2 + 10 \lg (S/A)$$

S Fläche des Bauteils in m^2
A äquivalente Schallschluckfläche des leisen Raumes in m^2

Bau-Schalldämm-Maß *R'*. Darin wird außer der Schalldämmung des Bauteiles auch die immer vorhandene Schallübertragung über die Nebenwege B (Bild 18) miterfaßt.

Norm-Schallpegeldifferenz D_n. Sie kennzeichnet die Luftschalldämmung zwischen zwei Räumen bei beliebiger Schallübertragung

$$D_n = L_1 - L_2 - 10 \lg (A/A_0)$$

A_0 ist eine Bezugs-Schallschluckfläche und wird in der Regel zu 10 m^2 gesetzt.

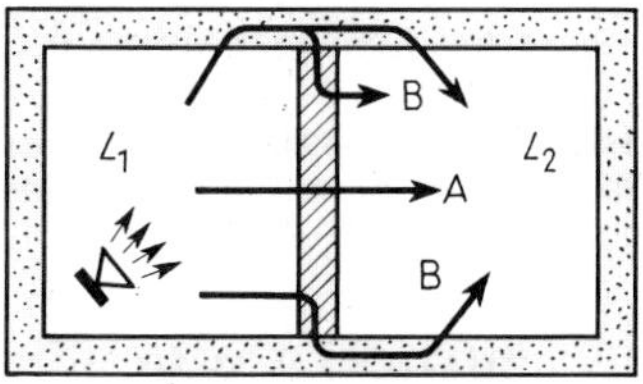

Bild 19 Luftschallübertragung zwischen zwei Räumen über die Trennfläche (Weg A) und die flankierenden Bauteile (Weg B)

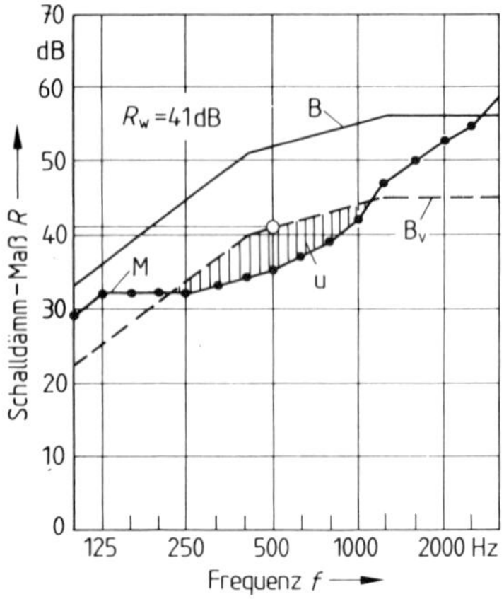

B Bezugskurve nach DIN 52210-4
B_v Verschobene Bezugskurve
M Meßwerte
u Zulässige mittlere Unterschreitung von 2 dB

Bild 20 Zur Definition des bewerteten Schalldämm-Maßes R_w

Schachtpegeldifferenz D_k. Mit dieser Größe wird die Schallübertragung über Lüftungsschächte o.ä. beurteilt, wenn diese eine Verbindung zwischen zwei Räumen herstellen. Sie ist wie folgt definiert

$$D_k = L_{k1} - L_{k2}$$

L_{k1} und L_{k2} ist jeweils der mittlere Schallpegel in der Nähe der Schachtöffnung im Senderaum (L_{k1}) bzw. Empfangsraum (L_{k2}).

Flankenübertragung. Diese betrifft die Nebenweg-Übertragung von Schall unter Ausschluß der Übertragung über Undichtheiten, Rohrleitung, Lüftungsanlagen und ähnliches. Bei Massivbauten ist das **Flankendämm-Maß** und bei Skelettbauten und Holzhäusern das **Schall-Längsdämm-Maß R_L** die Bewertungsgröße.

Meß- und Auswerteverfahren. Das Meß- und Auswerteverfahren zur Bestimmung der Luftschalldämmung ist in DIN 52210-4 festgelegt. Durchgeführt werden die Messungen abhängig von der Frequenz in Terzbandbreite. Zur Bewertung der Meßergebnisse dient eine Bezugskurve (Bild 20), mit deren Hilfe eine Einzahlangabe ermittelt wird.

Hierzu sind die Meßergebnisse mit der Bezugskurve zu vergleichen und diese parallel zu sich selbst in Ordinatenrichtung um ganze dB so weit zu verschieben, bis die mittlere Unterschreitung nicht mehr als 2 dB im Mittel beträgt.

Der Wert der verschobenen Bezugskurve bei 500 Hz ergibt

für die Luftschalldämmung

– das bewertete Schalldämm-Maß R_w bzw. R'_w (früher Luftschallschutzmaß *LSM*; $R'_w = LSM + 52$ dB)
– die bewertete Norm-Schallpegeldifferenz $D_{n,w}$
– das bewertete Schall-Längsdämm-Maß $R_{L,w}$

für die Luftschalldämmung von Schächten und Kanälen

– die bewertete Schaltpegeldifferenz $D_{K,w}$

Resultierende Schalldämmung von Flächenteilen mit unterschiedlicher Schalldämmung. Für das resultierende Schalldämm-Maß $R_{w,res}$ gilt (s. Bild 21):

$$R_{w,res} = -10 \lg \left(\frac{1}{S_{ges}} \cdot \sum_{i=1}^{n} S_i \cdot 10^{\frac{-R_{w,i}}{10}} \right) \text{dB}$$

$S_{ges} = \sum_{i=1}^{n} S_i$ Fläche des gesamten Bauteils

S_i Fläche des i-ten Elements des Bauteils

$R_{w,i}$ bewertetes Schalldämm-Maß des i-ten Elementes des Bauteils

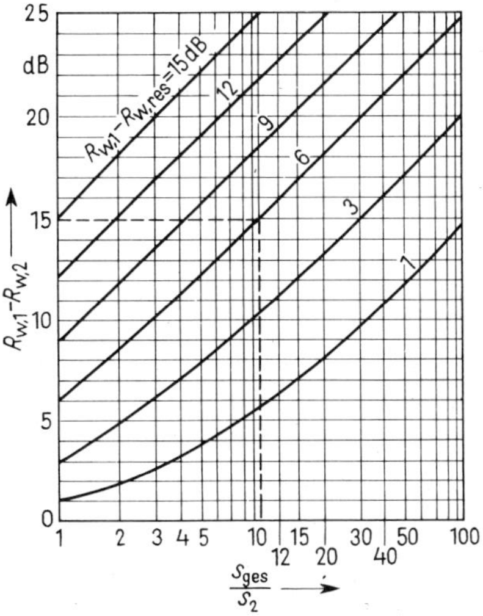

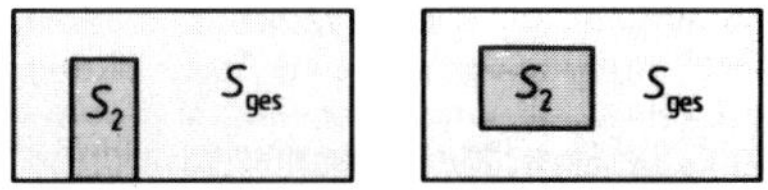

$\frac{S_{ges}}{S_2}$ Verhältnis der gesamten Wandfläche $S_{ges}=S_1+S_2$ einschließlich der Tür- oder Fensterfläche zur Tür- oder Fensterfläche S_2

$R_{w,1}-R_{w,2}$ Unterschied zwischen dem Schalldämm-Maß der Wand $R_{w,1}$ und dem Schalldämm-Maß von Tür oder Fenster $R_{w,2}$

$R_{w,1}-R_{w,res}$ Unterschied zwischen dem Schalldämm-Maß der Wand allein $R_{w,1}$ und dem Gesamt-Schalldämm-Maß $R_{w,res}$ der Wand mit Tür oder Fenster

Bild 21 Einfluß von Flächen geringer Schalldämmung auf die Gesamt-Luftschalldämmung eines Bauteils (z.B. Tür oder Fenster in einer Wand)

5.1.2.2 Bewertung und Kennzeichnung der Trittschalldämmung

Die Trittschalldämmung betrifft den Trittschallschutz von Decken und Treppen bei der Übertragung von Gehgeräuschen.

Trittschallpegel L_T. Er entsteht im Empfangsraum, wenn die zu prüfende Decke durch ein Norm-Hammerwerk angeregt wird.

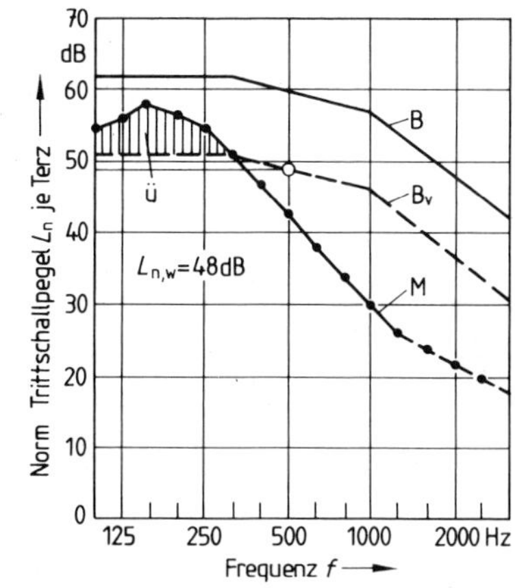

B Bezugskurve nach DIN 52210-4
B_v Verschobene Bezugskurve
M Meßwerte
ü Zulässige mittlere Überschreitung von 2 dB

Bild 22 Zur Definition des bewerteten Norm-Trittschallpegels $L_{n,w}$

Norm-Trittschallpegel L_n. Der Trittschallpegel L_T hängt von der Schallabsorption A im Empfangsraum ab. Wird er auf eine Bezugs-Absorptionsfläche von $A_0=10\,m^2$ bezogen, ist der Norm-Trittschallpegel

$$L_n = L_T + 10 \lg (A/A_0)$$

Norm-Trittschallpegel mit Flankenübertragung L'_N. Die Schallübertragung über flankierende Bauteile ist miterfaßt.

Trittschallminderung ΔL. Durch eine Deckenauflage (z.B. schwimmenden Estrich) erhöht sich die Trittschalldämmung. Die Differenz der Norm-Trittschallpegel ohne (L_{n0}) und mit (L_{n1}) Deckenauflage ist die Trittschallminderung ΔL

$$\Delta L = L_{n0} - L_{n1}$$

Meß- und Auswerteverfahren. Das Meß- und Auswerteverfahren zur Bestimmung der Trittschalldämmung von Deckenauflagen ist in DIN 52210-4 festgelegt. Messungen zur Ermittlung der verschiedenen Kenngrößen werden in Abhängigkeit der Frequenz in Terzbandbreite durchgeführt. Zur Bewertung der Meßergebnisse dient eine Bezugskurve (s. Bild 22), mit deren Hilfe Einzahl-Angaben ermittelt werden. Hierzu sind die Meßergebnisse mit der Bezugskurve zu vergleichen und diese parallel zu sich selbst in Ordinatenrichtung um ganze dB so weit zu verschieben, daß die mittlere Überschreitung nicht mehr als 2 dB im Mittel ergibt.

Der Wert der verschobenen Bezugskurve bei 500 Hz ergibt für die Trittschalldämmung

- den bewerteten Norm-Trittschallpegel $L_{n,w}$ bzw. $L'_{n,w}$ einer Decke mit Deckenauflage,
- den äquivalenten bewerteten Norm-Trittschallpegel $L_{n,w,eq}$ einer Massivdecke ohne Deckenauflage,
- das Trittschallverbesserungsmaß ΔL_w einer Deckenauflage, bestimmt an einer in ihrem Norm-Trittschallpegel festgelegten Bezugsdecke.

Die Norm 52210-4 (8.84) Luft- und Trittschalldämmung: Ermittlung von Einzahl-Angaben, berücksichtigt die Festlegungen in den internationalen Normen ISO 717-1 bis ISO 717-3. Dies führte zu den folgenden Änderungen gegenüber DIN 52210-4 (7.75):

Die Trittschall-Bezugskurve wurde zur Anpassung an die internationale Bezugskurve um 3 dB gesenkt. Außerdem wurde das Auswerteverfahren für die Trittschalldämmung von Messungen in Oktavbandbreite auf Messungen in Terzbandbreite umgestellt. Ersetzt wurden

- das Trittschallschutzmaß *TSM* durch den bewerteten Norm-Trittschallpegel $L_{n,w}$,
- das Trittschallverbesserungsmaß *VM* durch das Trittschallverbesserungsmaß ΔL_w,
- das äquivalente Trittschallschutzmaß TSM_{eq} von Rohdecken durch den äquivalenten bewerteten Norm-Trittschallpegel $L_{n,w,eq}$.

In der Literatur findet man noch oft Angaben zum Trittschallschutz mit den früheren Bezeichnungen *TSM*, TSM_{eq} und *VM*. Für die Umrechnung in die neuen Kenngrößen gelten folgende, für die Praxis hinreichend genaue Beziehungen:

$$L_{n,w} = 63\ \text{dB} - TSM$$
$$L_{n,w,eq} = 63\ \text{dB} - TSM_{eq}$$
$$\Delta L_w = VM$$

5.1.3 Bauakustische Kennzeichnung von Bauteilen

Einschalige Bauteile. Sie schwingen als Ganzes und können bestehen aus

a) einem einheitlichen Stoff (z.B. Beton, Mauerwerk)

b) mehreren Schichten verschiedener, in ihren schalltechnischen Eigenschaften verwandter, fest miteinander verbundener Baustoffe (z.B. Mauerwerk und Putzschichten)

c) den unter a) und b) genannten Baustoffen mit kleinen Hohlräumen (z.B. Lochsteine oder Hohlblocksteine).

Mehrschalige Bauteile. Bauteile aus zwei und mehreren Schalen, die nicht starr miteinander verbunden, sondern durch geeignete Dämmstoffe oder durch Luftschichten voneinander getrennt sind.

Grenzfrequenz f_g von Bauteilen. Frequenz, bei der die Wellenlänge des Luftschalls mit der Länge der freien Biegeschwingungen der Bauteile übereinstimmt (Spuranpassung). Im Bereich der Grenzfrequenz ist im allgemeinen die Luftschalldämmung ungünstig. Die Grenzfrequenz wird bestimmt durch das Verhältnis der flächenbezogenen Masse zur Biegefestigkeit des Bauteils. Für Platten von gleichmäßigem Gefüge gilt näherungsweise

$$f_g \approx \frac{60}{d}\sqrt{\frac{\varrho}{E_{dyn}}} \quad \text{in Hz}$$

E_{dyn} dyn. Elastizitätsmodul des Baustoffs in MN/m^2
d Dicke der Platte in m
ϱ Dichte des Baustoffs in kg/m^3 (DIN 1055)

Eigenfrequenz f_0 zweischaliger Bauteile (Resonanzfrequenz). Frequenz, bei der beide Schalen unter Zusammendrücken einer als Feder wirkenden Zwischenschicht (Luftpolster oder Dämmstoff) gegeneinander mit größter Amplitude schwingen. Mit den Flächenmassen m_1 und m_2 der beiden Schalen in kg/m^2 und der dynamischen Steifigkeit s' der Zwischenschicht in N/m^3 ergibt sich f_0 zu

$$f_0 = \frac{1}{2\pi}\sqrt{s'\left(\frac{1}{m_1}+\frac{1}{m_2}\right)}$$

Oft wird der Wert der dynamischen Steifigkeit in der Einheit MN/m^3 angegeben. Dann ist

$$f_0 \approx 160 \cdot \sqrt{s'\left(\frac{1}{m_1}+\frac{1}{m_2}\right)} \quad \text{in Hz}$$

Anwendung: s. Tafel 27

Dynamische Steifigkeit s' von Zwischenschichten. s' kennzeichnet das Federungsvermögen der Zwischenschicht (Luftpolster oder Dämmstoff) zwischen zwei Schalen. Sie ergibt sich aus der Luftsteifigkeit und gegebenenfalls aus der Gefügesteifigkeit des Dämmstoffs. Sie wird bestimmt nach DIN 52214.

Für Luftschichten berechnet sich die dynamische Steifigkeit zu

$$s' = \frac{0{,}14}{a} \quad \text{in } MN/m^3$$

a Dicke der Luftschicht in m

Für einige Dämmstoffe werden Werte für s' in Tafel 28 angegeben.

5.1.4 Schallschluckung (Schallabsorption)

Verlust an Schallenergie bei der Reflexion an den Begrenzungsflächen eines Raumes oder an Gegenständen oder Personen in einem Raum. Der Verlust entsteht vorwiegend durch Umwandlung von Schall in Wärme (Dissipation). Die Schallschluckung unterscheidet sich von der Schalldämmung (s. Abschn. 5.1.2.).

Schallschluckgrad (Schallabsorptionsgrad) α. Verhältnis der nicht reflektierten (nicht zurückgeworfenen) zur auffallenden Energie. Bei vollständiger Reflexion ist $\alpha=0$, bei vollständiger Schluckung ist $\alpha=1$.

Nachhall. Abnahme der Schallenergie in einem geschlossenen Raum nach beendeter Schallsendung. Für das Schluckvermögen des Raumes ist die Nachhallzeit T kennzeichnend.

Nachhallzeit T. Zeitspanne in Sekunden, während der der Schallpegel nach Beenden der Schallsendung um 60 dB fällt. Aus der Nachhallzeit T und dem Rauminhalt V ergibt sich die äquivalente Schallschluckfläche A.

Äquivalente Schallschluckfläche (Schallabsorptionsfläche) $A=0{,}163\,V/T$ in m^2. Schallschluckfläche mit dem Schallschluckgrad $\alpha=1$, die den gleichen Anteil der Schallenergie schlucken würde wie die gesamte Oberfläche des Raumes und die in ihm befindlichen Gegenstände und Personen. V ist in m^3 und T in Sekunden einzusetzen.

Pegelminderung ΔL durch Schallschluckung. $\Delta L = 10\cdot\lg(A_2/A_1)\,dB = 10\cdot\lg(T_1/T_2)$ dB. Minderung des Schallpegels L in einem Raum durch Anbringen von schallschluckenden Stoffen oder Konstruktionen gegenüber dem unbehandelten Raum. Der Index 1 gilt für den Zustand des unbehandelten, der Index 2 für den Zustand des behandelten Raumes.

5.2 Nachweis des geforderten Schallschutzes

Der Nachweis, daß die verwendeten Bauteile den in DIN 4109 geforderten Schallschutz besitzen, kann entweder durch die Benutzung von im Beiblatt 1 der DIN 4109 angegebenen Werten erfolgen (s. Abschn. 5.4) oder durch bauakustische Messungen (Eignungsprüfungen). Bei Eignungsprüfungen wird unterschieden:

Eignungsprüfung I. Gemessen wird der Schallschutz der Bauteile in Prüfständen nach DIN 52210-4. Das dort ermittelte Prüfergebnis wird durch den Index *P* gekennzeichnet, z. B. $R'_{w,P}$. Für den Nachweis des geforderten Schallschutzes muß, um den Rechenwert zu erhalten (Index *R*), der Meßwert um das **Vorhaltemaß** abgemindert werden. Es ist:

bei Wänden und Decken:	$R'_{w,R} = R'_{w,P} - 2$
bei Fenstern:	$R_{w,R} = R_{w,P} - 2$ dB,
bei Türen:	$R_{w,R} = R_{w,P} - 5$ dB.

Eignungsprüfung III. Prüfung in ausgeführten Bauten von Bauteilen, die sich wegen ihrer Größe nicht in genormte Prüfstände einbauen lassen (Sonderbauteile), und von Bauarten, zu deren Prüfung die genormten Prüfstände nicht geeignet sind (Sonderbauarten).

5.3 Schalltechnisches Verhalten von Bauteilen massiver Bauten

5.3.1 Luftschallschutz

Für den Nachweis des ausreichenden Schallschutzes von Bauteilen werden im Beiblatt zu DIN 4109 Rechenwerte der Schalldämmung (z. B. $R'_{w,R}$) genannt. Sie setzen eine mittlere flächenbezogene Masse der biegesteifen, flankierenden Bauteile von etwa 300 kg/m^2 (s. Abschn. 5.4.4) voraus und berücksichtigen das Vorhaltemaß von 2 dB, um das die Ergebnisse aus Eignungsprüfungen in Prüfständen (Eignungsprüfung I) vermindert werden muß.

5.3.1.1 Einschalige Bauteile

Einfluß von Masse und Biegesteifigkeit. Einschalige Bauteile haben im allgemeinen eine um so bessere Luftschalldämmung, je schwerer sie sind. In der Regel nimmt die Luftschalldämmung auch mit der Frequenz stetig zu. Nur im Bereich der Grenzfrequenz der Spuranpassung f_g verschlechtert sich die Luftschalldämmung. Ungünstig ist die Wirkung der Biegesteifigkeit einschaliger Bauteile, wenn f_g im Hauptfrequenzbereich (200 bis 2000 Hz) liegt. Günstig ist, wenn f_g im unteren Frequenzbereich (100 bis 200 Hz) oder sogar unter 100 Hz liegt (schwere Wände, Decken). Im akustischen Sinne als „biegeweich" gelten Platten mit f_g oberhalb 2000 Hz. Sie haben ihre wesentliche Bedeutung für die Konstruktion zweischaliger Bauteile.

Einfluß von Hohlräumen. Größere Hohlräume können die Schalldämmung gegenüber gleich schwerenAuteilen ohne Hohlräume verringern.

Einfluß von Putz. Der Putz verbessert die Luftschalldämmung von Bauteilen nur entsprechend seinem (meist geringen) Anteil an flächenbezogener Masse, sofern er nicht auch eine dichtende Funktion hat. Gemauerte Wände mit nur unvollständig vermörtelten Fugen und Wände aus luftdurchlässigem Material (Einkornbeton, haufwerkporiger Leichtbeton) erhalten die ihrer flächenbezogenen Masse entsprechende Schalldämmung erst mit einem zumindest einseitigen, dichten und vollflächig haftenden Putz.

5.3.1.2 Zweischalige Bauteile

Bei zweischaligen Bauteilen läßt sich eine bestimmte Luftschalldämmung mit einer geringeren flächenbezogenen Masse erreichen als bei einschaligen. Die bewerteten Schalldämm-Maße R'_w können zum Teil erheblich über denen für einschalige Bauteile liegen.

Einfluß der Eigenfrequenz f_0. Die Luftschalldämmung zweischaliger Bauteile ist nur für Frequenzen oberhalb ihrer Eigenfrequenz f_0 besser als die von gleich schweren einschaligen Bauteilen. Im Bereich f_0 ist die Luftschalldämmung geringer. f_0 soll deshalb unter 100 Hz liegen. In Tafel 27 sind Zahlenwertgleichungen zur Bestimmung von f_0 für einige typische Anwendungsfälle angegeben. Diese Gleichungen gelten dann, wenn die Schalen s_1 biegeweich (Grenzfrequenz $f_g \geqq 2000$ Hz) und die Schalen s_2 biegesteif ($f_g \leqq 200$ Hz) ausgeführt werden.

Dynamische Steifigkeit s'. Wenn bei zweischaligen Bauteilen eingelegte Dämmschichten vollflächig mit beiden Schalen fest verbunden sind oder fest an diesen anliegen, ist die Eigenfrequenz f_0 von der dynamischen Steifigkeit s' der Dämmschicht abhängig und um so niedriger, je geringer diese ist. Dies gilt auch bei schwimmenden Estrichen. In Tafel 28 sind Zahlenwerte verschiedener Dämmstoffe und von Luft angegeben.

Tafel 27 Bestimmung der Eigenfrequenz f_0 zweischaliger Bauteile nach [3]

Ausfüllung des Zwischenraumes	Doppelwand aus zwei gleich schweren biegeweichen Einzelschalen s_1 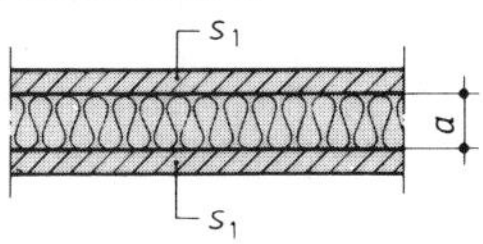	Biegeweiche Vorsatzschale s_1 vor schwerem Bauteil s_2 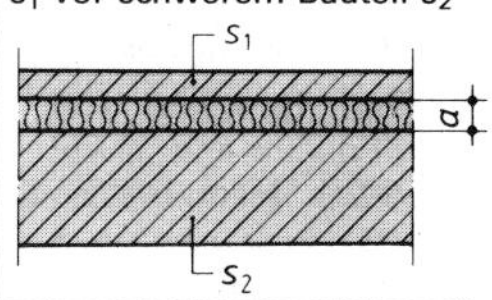
Luftschicht mit schallschluckender Einlage[1])	Fall a $f_0 \approx \frac{900}{\sqrt{m' \cdot a}}$	Fall b $f_0 \approx \frac{650}{\sqrt{m' \cdot a}}$
Dämmschicht mit beiden Schalen vollflächig fest verbunden oder an diesen fest anliegend	Fall c $f_0 \approx 270\sqrt{\frac{s'}{m'}}$	Fall d[2]) $f_0 \approx 190\sqrt{\frac{s'}{m'}}$

f_0 Eigenfrequenz in Hz

a Schalenabstand in cm

m' flächenbezogene Masse der biegeweichen Schale s_1 in kg/m²

s' dynamische Steifigkeit der Dämmschicht in MN/m³

[1]) Die Gleichungen für die Fälle a und b gelten nur, wenn die schallschluckende Einlage eine Gefügesteifigkeit hat, die vernachlässigbar klein gegenüber der Luftsteifigkeit ist. Diese Bedingungen können erfüllt werden z. B. von Faserdämmstoffen nach DIN 18165-1, Typ WL-w oder W-w. Ausnahmen bilden Ausführungen mit außenseitig verputzten Holzwolle-Leichtbauplatten nach DIN 1101. Hierbei kann auf eine schallschluckende Einlage verzichtet werden, weil diese Schalen zum Hohlraum hin offene Poren haben.

[2]) Diese Gleichung gilt auch für die Bestimmung der Eigenfrequenz schwimmender Estriche, obwohl diese im allgemeinen nicht mehr zu den biegeweichen Schalen rechnen.

Tafel 28 Dynamische Steifigkeit s' verschiedener Dämmschichten nach [9]

Material	Dicke in mm	dynamische Steifigkeit s' in MN/m³	
		Platten lose eingelegt	Platten fest mit Schalen verbunden
Mineralfaserplatten	15 30	8 4	12 bis 15 6 bis 8
Hartschaumplatten	10 20	ca. 30 bis 50	80 bis 200 40 bis 100
poröse Holzfaserdämmplatten	10 20	ca. 20 ca. 10	ca. 1000 ca. 500

5.3.2 Trittschallschutz

Fertige Decken bestehen aus der Rohdecke und der Deckenauflage, bzw. dem Fußboden und evtl. einer abgehängten Unterdecke. Im Gebäude ist die Trittschalldämmung der fertigen Decken für den Trittschallschutz maßgebend. Sie ergibt sich aus dem äquivalenten bewerteten Norm-Trittschallpegel $L_{n,w,eq}$ der Rohdecke und aus dem Trittschallverbesserungsmaß ΔL_w der Deckenauflage.

$$L_{n,w} = L_{n,w,eq} - \Delta L_w \quad \text{bzw.} \quad L'_{n,w,R} = L_{n,w,eq,R} - \Delta L_{w,R}$$

Der errechnete Wert $L'_{n,w,R}$ muß mindestens 2 dB niedriger sein, als die in DIN 4109 genannten Anforderungen!

Massivdecken. Bei einschaligen Massivplatten hängt der äquivalente bewertete Norm-Trittschallpegel von der Flächenmasse der Decke ab und ist um so kleiner, je schwerer die Decke ist. Durch eine abgehängte Unterdecke kann die Trittschalldämmung der Massivplatte um einige dB verbessert werden.

Deckenauflage. Die Deckenauflage bzw. der Fußboden mindert den Trittschallpegel. Erreicht wird die Trittschalldämmung durch einen auf der Decke verlegten schwimmenden Estrich oder durch einen unmittelbar auf der Decke aufgebrachten, weichfedernden Bodenbelag.

Treppen. Beim Begehen von Treppen entsteht ebenfalls störender Trittschall. Er wird nach denselben Meßverfahren wie bei Trenndecken bestimmt und auch durch den bewerteten Norm-Trittschallpegel gekennzeichnet.

5.4 Luft- und Trittschallschutz von Bauteilen

In den nachfolgenden Abschnitten werden in Beiblatt 1 zu DIN 4109 angegebene Rechenwerte der Schalldämmung genannt, die für den Nachweis des nach DIN 4109 geforderten Schallschutzes verwendet werden dürfen (s. Abschn. 5.2).

5.4.1 Einschalige Wände

Tafel 29 enthält Rechenwerte für das bewertete Schalldämm-Maß $R'_{w,R}$ abhängig von der flächenbezogenen Masse m' von Wänden und homogenen Massivdecken. Sie gelten bei flankierenden Bauteilen mit einer flächenbezogenen Masse von rund 300 kg/m².

Tafel 29 Rechenwerte des bewerteten Schalldämm-Maßes $R'_{w,R}$ von einschaligen, biegesteifen Bauteilen, abhängig von der flächenbezogenen Masse m'

m' in kg/m²	85	90	95	105	115	125	135	150	160	175	190	210
$R'_{w,R}$ in dB	34	35	36	37	38	39	40	41	42	43	44	45
m' in kg/m²	230	250	270	295	320	350	380	410	450	490	530	580
$R'_{w,R}$ in dB	46	47	48	49	50	51	52	53	54	55	56	57

Tafel 30 Wandrohdichten einschaliger, gemauerter Wände, abhängig von der Stein- bzw. Plattenrohdichte ϱ und der Mörtelart

Rohdichte ϱ in kg/dm³		2,2	2,0	1,8	1,6	1,4	1,2
Wandrohdichte in kg/m³	Normalmörtel	2080	1900	1720	1540	1360	1180
	Leichtmörtel	1940	1770	1600	1420	1260	1090
Rohdichte ϱ in kg/dm³		1,0	0,9	0,8	0,7	0,6	0,5
Wandrohdichte in kg/m³	Normalmörtel	1000	910	820	730	640	550
	Leichtmörtel	950	860	770	680	590	500

Tafel 31 Bewertetes Schalldämm-Maß $R'_{w,R}$ von einschaligem, mit Normalmörtel gemauertem Mauerwerk

Zeile	Bewertetes Schalldämm-Maß $R'_{w,R}$ [1]) in dB	Mindestrohdichte der Steine und Wanddicke der Rohwand: Beiderseitiges Sichtmauerwerk		Beiderseitig je 10 mm Putz P IV (Gips- und Kalkgipsputz) (20 kg/m²)		Beiderseitig je 15 mm Putz P I, P II, P III (Kalk-, Kalkzement-, Zementputz) (50 kg/m²)	
		Stein-Rohdichte-Klasse –	Wanddicke in mm	Stein-Rohdichte-Klasse –	Wanddicke in mm	Stein-Rohdichte-Klasse –	Wanddicke in mm
1		0,6	175	0,5	175	0,4	115
2		0,9	115	0,7	115	0,6	100
3	37	1,2	100	0,8	100	0,7	80
4		1,4	80	1,2	80	0,8	70
5		1,6	70	1,4	70	–	–
6		0,5	240	0,5	240	0,5	175
7		0,8	175	0,7	175	0,7	115
8	40	1,2	115	1,0	115	1,2	80
9		1,8	80	1,6	80	1,4	70
10		2,2	70	1,8	70	–	–
11		0,7	240	0,6	240	0,5	240
12		0,9	175	0,8	175	0,6	175
13	42	1,4	115	1,2	115	1,0	115
14		2,0	80	1,6	100	1,2	100
15		–	–	1,8	80	1,4	80
16		–	–	2,0	70	1,6	70
17		0,9	240	0,8	240	0,6	240
18	45	1,2	175	1,2	175	0,9	175
19		2,0	115	1,8	115	1,4	115
20		2,2	100	2,0	100	1,8	100
21		0,8	300	0,8	300	0,6	300
22	47	1,0	240	1,0	240	0,8	240
23		1,6	175	1,4	175	1,2	175
24		2,2	115	2,0	115	1,8	115
26		1,0	365	1,0	365	0,9	365
27	52	1,4	300	1,2	300	1,2	300
28		1,6	240	1,6	240	1,4	240
29		2,2	175	2,2	175	1,8	175
31		1,2	365	1,2	365	1,0	365
32	53	1,4	300	1,4	300	1,2	300
33		1,8	240	1,8	240	1,6	240
34		–	–	–	–	2,2	175
31		1,4	365	1,4	365	1,2	365
32	55	1,8	300	1,6	300	1,6	300
33		2,2	240	2,0	240	2,0	240
35	57	1,6	365	1,6	365	1,6	365
36		2,0	300	2,0	300	1,8	300

[1]) Gültig für flankierende Bauteile mit einer mittleren flächenbezogenen Masse von ≈300 kg/m²; für andere mittlere flächenbezogene Massen von flankierenden Bauteilen s. Abschn. 5.4.4.

Das bewertete Schalldämm-Maß $R'_{w,R}$ von einschaligen, biegesteifen Bauteilen kann auch nach folgender Näherungsgleichung berechnet werden:

$$R'_{w,R} = 28 \lg \frac{m'}{m'_0} - 20\,\text{dB}; \text{ dabei ist } m'_0 = 1\,\text{kg/m}^2.$$

Das Ergebnis ist auf ganze dB zu runden.

Voraussetzung für die Anwendung der Werte der Tafel 29 ist ein geschlossenes Gefüge und ein fugendichter Aufbau der Wände. Ist diese Voraussetzung nicht erfüllt, sind die Wände mindestens einseitig gegen Schalldurchgang abzudichten, z. B. durch einen Putz.

Für genormte Steine und Platten sind in Tafel 31 Mindestdicken einschaliger, biegesteifer, verputzter Wände angegeben, ausgeführt mit Normalmörtel und beidseitigem Putz. Bei Wänden, die mit Leichtmauermörtel oder im Dünnbettmörtel gemauert sind, sowie bei anderen Putzdicken, einseitigem Putz oder mit Leichtmauermörtel als Putz gilt Tafel 31 nicht.

Die flächenbezogene Masse der Wand ergibt sich aus der Rohdichte der gemauerten Wand und aus deren Dicke. Angaben der Wandrohdichte für Mauerwerk in Normal- und Leichtmörtel (Rohdichte $<1000\,\text{kg/m}^3$) sind in Tafel 30 zu finden. Für die flächenbezogene Masse von Putz sind die Werte nach Tafel 32 zu verwenden.

Normalbeton. Zur Ermittlung der flächenbezogenen Masse von Bauteilen aus Normalbeton ist mit einer Rohdichte von $2300\,\text{kg/m}^3$ zu rechnen.

Tafel 32 Flächenbezogene Masse von Putz

Putzdicke in mm		10	15	20
Flächenbezogene Masse in kg/m²	Kalkgipsputz, Gipsputz	10	15	–
	Kalkputz, Kalkzementputz, Zementputz	18	25	30

Einfluß zusätzlich angebrachter Bau- und Dämmplatten. Werden z. B. aus Gründen der Wärmedämmung an einschalige, biegesteife Wände Dämmplatten hoher dynamischer Steifigkeit (z. B. Holzwolle-Leichtbauplatten oder harte Schaumkunststoffplatten) vollflächig oder punktweise angesetzt oder anbetoniert, so verschlechtert sich die Schalldämmung, wenn die Dämmplatten z. B. durch Putz, Bauplatten (z. B. Gipskartonplatten) oder Fliesen abgedeckt werden. Die Werte von Tafel 29 sind auf solche Wände nicht anwendbar.

5.4.2 Zweischalige Wände

Zweischalige Wände aus schweren, biegesteifen Schalen mit durchgehender Trennfuge. Die flächenbezogene Masse der Einzelschale soll möglichst groß sein, muß jedoch mindestens $150\,\text{kg/m}^2$ betragen. Bei einer flächenbezogenen Masse $\geq 200\,\text{kg/m}^2$ muß die Trennfuge mindestens 20 mm dick, bei geringeren flächenbezogenen Massen mindestens 30 mm dick sein.

Beispiele für erreichbare Schalldämm-Maße zweischaliger, schwerer biegesteifer Wände mit durchgehender Trennfuge sind in Tafel 33 angegeben.

Das bewertete Schalldämm-Maß $R'_{w,R}$ einer zweischaligen Wand mit durchgehender Trennfuge kann auch aus der Summe der flächenbezogenen Masse m' der Einzelschalen nach folgender Näherungsgleichung ermittelt werden:

$$R'_{w,R} = 28 \lg \frac{m'}{m'_0} - 8\,\text{dB}, \text{ dabei ist } m'_0 = 1\,\text{kg/m}^2$$

Tafel 33 Beispiele für das bewertete Schalldämm-Maß $R'_{w,R}$ für zweischaliges, in Normalmörtel gemauertes Mauerwerk mit durchgehender Gebäudetrennfuge

Zeile	Bewertetes Schall-dämm-Maß $R'_{w,R}$	Rohdichteklasse der Steine und Mindestwanddicke der Schalen bei zweischaligem Mauerwerk					
		Beiderseitiges Sichtmauerwerk		Beiderseitig je 10 mm Putz P IV (Gips- und Kalkgipsputz) (20 kg/m²)		Beiderseitig je 15 mm Putz P I, P II, P III (Kalk-, Kalkzement-, Zementputz) (50 kg/m²)	
		Stein-Rohdichte-Klasse	Mindest-dicke der Schalen ohne Putz	Stein-Rohdichte-Klasse	Mindest-dicke der Schalen ohne Putz	Stein-Rohdichte-Klasse	Mindest-dicke der Schalen ohne Putz
	in dB	—	in mm	—	in mm	—	in mm
1		0,6	2 × 240	0,6	2 × 240	0,7	2 × 175
2	57	0,9	2 × 175	0,8	2 × 175	0,9	2 × 150
3		1,0	2 × 150	1,0	2 × 150	1,2	2 × 115
4		1,4	2 × 115	1,4	2 × 115		
5		0,6	2 × 240	0,6	2 × 240	0,5	2 × 240
6	62	0,9	175 + 240	0,8	2 × 175	0,8	2 × 175
7		0,9	2 × 175	1,0	2 × 150	0,9	2 × 150
8		1,4	2 × 115	1,4	2 × 115	1,2	2 × 115
9		1,0	2 × 240	1,0	2 × 240	0,9	2 × 240
10		1,2	175 + 240	1,2	175 + 240	1,2	175 + 240
11	67	1,4	2 × 175	1,4	2 × 175	1,4	2 × 175
13		1,8	115 + 175	1,8	115 + 175	1,6	115 + 175
14		2,2	2 × 115	2,2	2 × 115	2,0	2 × 115

Zweischalige Wände aus einer biegesteifen Schale mit biegeweicher Vorsatzschale. Die Luftschalldämmung einschaliger, biegesteifer Wände kann mit biegeweichen Vorsatzschalen nach Bild 23 verbessert werden. Rechenwerte des bewerteten Schalldämm-Maßes $R'_{w,R}$ sind in Tafel 34 enthalten.

a) Vorsatzschale aus Gipskartonplatten nach DIN 18180, Dicke 12,5 oder 15 mm, Ausführung nach DIN 18181 oder aus Spanplatten nach DIN 68763, Dicke 10 bis 16 mm; mit Hohlraumausfüllung¹). Holzstiele (Ständer) an schwerer Schale befestigt²).

b) Ausführung wie Bild 16a, jedoch Holzstiele (Ständer) mit Abstand ≧ e 20 mm vor schwerer Schale freistehen²).

c) Vorsatzschale aus Gipskartonplatten nach DIN 18180, Dicke 12,5 mm oder 15 mm und Faserdämmplatten³), Ausführung nach DIN 18181, an schwerer Schale streifenförmig angesetzt.

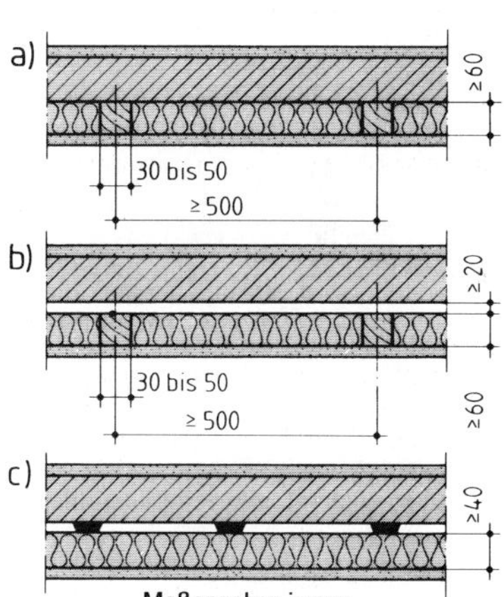

Bild 23
Beispiele für zweischalige Wände aus einer schweren, biegesteifen Schale und einer biegeweichen Vorsatzschale

¹) Faserdämmstoffe n. DIN 18165-1, Typ WZ-w o. W-w, Nenndicke 40 bis 60 mm.
²) Es können auch Ständer aus Blech-C-Profilen nach DIN 18183-1 verwendet werden.
³) Faserdämmplatte nach DIN 18165-1 Typ WV-s, Nenndicke ≧ 40 mm, $s' \leqq 5$ MN/m³.

Tafel 34 Bewertetes Schalldämm-Maß $R'_{w,R}$ von einschaligen, biegesteifen Wänden mit einer biegeweichen Vorsatzschale nach Bild 23 (Rechenwerte)

Zeile	Flächenbezogene Masse der Massivwand in kg/m²	$R'_{w,R}$ [1])[2]) in dB
1	100	49
2	150	49
3	200	50
4	250	52
5	275	53
6	300	54
7	350	55
8	400	56
9	450	57
10	500	58

[1]) Gültig für flankierende Bauteile mit einer mittleren flächenbezogenen Masse $m'_{L,Mittel}$ von etwa 300 kg/m². S. auch Abschn. 5.4.4.
[2]) Bei Wandausführungen nach Bild 23a sind diese Werte um 1 dB abzumindern.

Luftschalldämmung von Massivdecken mit schwimmendem Estrich. Die Luftschalldämmung wird durch den schwimmenden Estrich verbessert, allerdings wird die Verbesserung durch die Schall-Längsleitung begrenzt (s. Abschn. 5.4.4).

Zweischalige Wände aus 2 biegeweichen Schalen mit Stielen (Ständern). Tafel 35 enthält einige Ausführungsmöglichkeiten solcher zweischaliger Wände nebst dem zu erwartenden Schalldämm-Maß.

Tafel 35 Bewertetes Schalldämm-Maß $R'_{w,R}$ von zweischaligen Wänden aus zwei biegeweichen Schalen aus Gipskartonplatten oder Spanplatten

Wandauskleidung mit Stielen (Ständern) Achsabstand ≥ 600 mm ein- oder zweischalige Bekleidung[1])	Anzahl der Lagen je Seite	Schalenabstand s in mm	Dämmstoffdicke s_D in mm	$R'_{w,R}$[2]) in dB
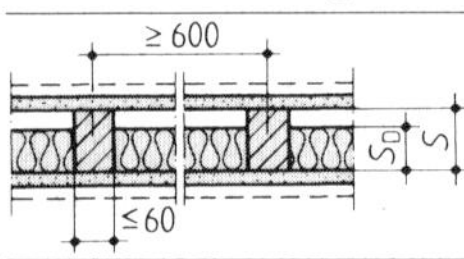	1	≥ 60	≥ 40	38
	2			46
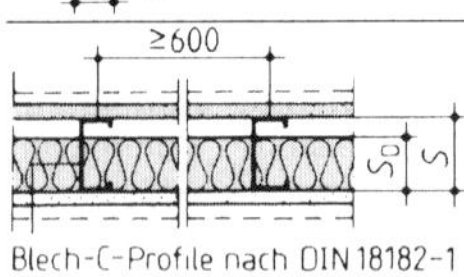	1 2	≥ 50	≥ 40	45 49
	2	≥ 100	≥ 80	50
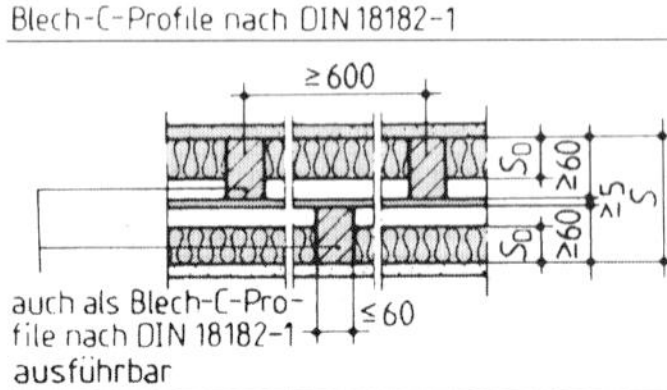	1	≥ 125	2 · ≥ 40	49
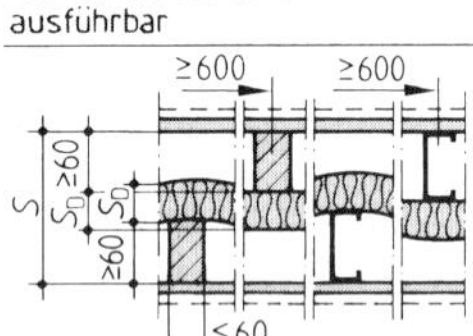	1	≥ 160	≥ 40	49
	2	≥ 200	≥ 80	50

[1]) Bekleidung aus Gipskartonplatten nach DIN 18180, 12,5 oder 15 mm dick, oder aus Spanplatten nach DIN 68763, 13 bis 16 mm dick.
[2]) Gültig für flankierende Bauteile mit einer flächenbezogenen Masse $m'_{L,mittel} \approx 300$ kg/m².

5.4.3 Decken

5.4.3.1 Massivdecken ohne und mit Deckenauflager

Luftschalldämmung von Massivdecken mit schwimmendem Estrich. Die Luftschalldämmung wird durch den schwimmenden Estrich verbessert, allerdings wird die Verbesserung durch die Schall-Längsleitung begrenzt.

Trittschalldämmung von Massivdecken

Einschalige Decken. Die Trittschalldämmung einschaliger Decken nimmt mit der Masse und der Biegesteifigkeit zu. Eine ausreichende Trittschalldämmung kann jedoch im Gegensatz zur Luftschalldämmung allein durch Erhöhung der flächenbezogenen Masse nicht erreicht werden. Eine Verbesserung durch Deckenauflagen ist immer notwendig. Die Trittschalldämmung einschaliger Decken kann durch eine zweite Schale (mit Abstand angebracht) verbessert werden. Als zweite Schale am wirksamsten ist der schwimmende Estrich.

Schwimmender Estrich. Er besteht aus einer lastverteilenden Estrichplatte, die auf einer weichfedernden Dämmschicht liegt. Die Verbesserung der Trittschalldämmung beginnt oberhalb der Eigenfrequenz. Den Zusammenhang zwischen dem Verbesserungsmaß ΔL_w und der dynamischen Steifigkeit s' der Dämmschicht zeigt Bild 24.

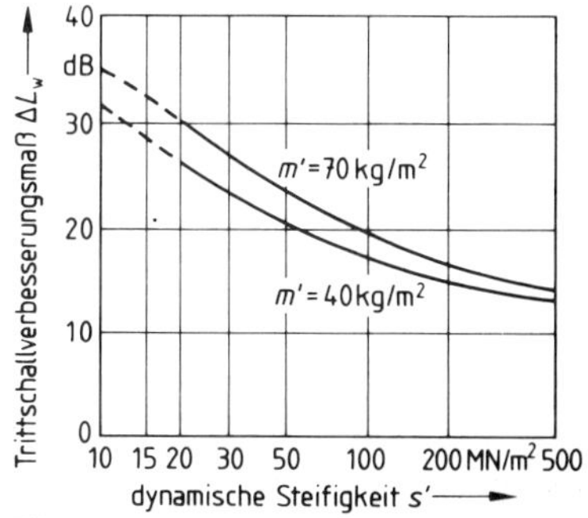

Bild 24 **Zusammenhang zwischen dem Trittschallverbesserungsmaß ΔL_w eines schwimmenden Estrichs ind der dynamischen Steifigkeit s' der verwendeten Dämmschicht bei Estrichen mit flächenbezogenen Massen m' von 70 und 40 kg/m²**

Angaben über Rechenwerte des bewerteten Schalldämm-Maßes $R'_{w,R}$ und des äquivalenten bewerteten Norm-Trittschallpegels $L_{n,w,eq,R}$ von Massivdecken ohne und mit biegeweicher Unterdecke (s. Bild 25) sind in den Tafeln 36 und 37 enthalten. Sie beziehen sich

auf Massivdecken mit Hohlräumen nach DIN 1045 als

- Stahlsteindecken,
- Stahlbetonrippendecken,
- Stahlbetonhohldielen und
- Stahlbetonbalkendecken.

Stahlbetonvollplatten

- aus Normalbeton nach DIN 1045,
- aus Leichtbeton nach DIN 4219-2,
- aus bewehrtem Porenbeton nach DIN 4223

25.1

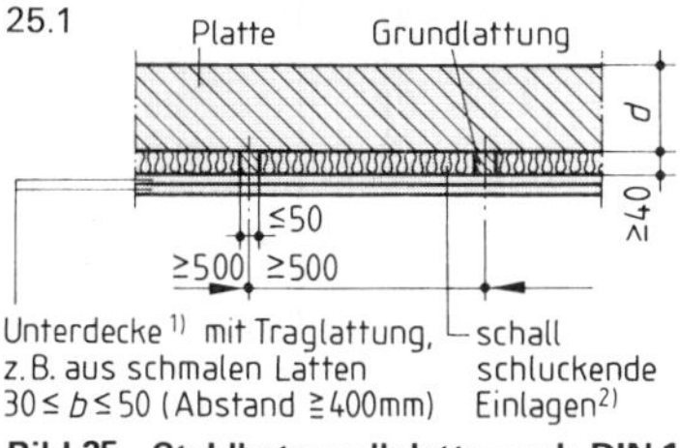

25.2

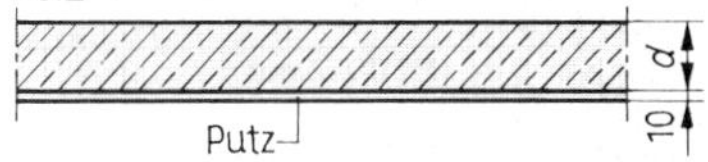

[1]) Z. B. Rohrgewebe und Putz; Gipskartonplatten nach DIN 18180, Dicke 12,5 oder 15 mm.

[2]) Im Hohlraum sind schallschluckende Einlagen vorzusehen, z. B. Faserdämm-Matten nach DIN 18165-1, Nenndicke 40 mm.

Bild 25 **Stahlbetonvollplatte nach DIN 1045 ohne und mit biegeweicher Unterdecke**

Tafel 36 **Rechenwerte des äquivalenten bewerteten Norm-Trittschallpegels $L_{n,w,eq,R}$ von Massivdecken ohne und mit biegeweicher Unterdecke nach Bild 24**

Flächenbezogene Masse in kg/m²		135	160	190	225	270	320	380	450	530
$L_{n,w,eq,R}$ in dB	ohne Unterdecke	86	85	84	82	79	77	74	71	69
	mit Unterdecke	75	74	74	73	73	72	71	69	67

Tafel 37 Rechenwerte des bewerteten Schalldämm-Maßes $R'_{w,R}$ von Massivdecken

Zeile	Flächenbezogene Masse der Decke[4]) in kg/m²	Bewertetes Schalldämm-Maß $R'_{w,R}$ in dB[1]) Einschalige Massivdecke, Estrich und Gehbelag unmittelbar aufgebracht	Einschalige Massivdecke mit schwimmendem Estrich[2])	Massivdecke mit Unterdecke[3]), Gehbelag und Estrich unmittelbar aufgebracht	Massivdecke mit schwimmendem Estrich und Unterdecke[3])
1	500	55	59	59	62
2	450	54	58	58	61
3	400	53	57	57	60
4	350	51	56	56	59
5	300	49	55	55	58
6	250	47	53	53	56
7	200	44	51	51	54
8	150	41	49	49	52

[1]) gültig für flankierende Bauteile mit mittlerer flächenbezogener Masse $m'_{L,\,Mittel} \approx 300$ kg/m².
[2]) Und andere schwimmend verlegte Deckenauflagen, z. B. schwimmend verlegte Holzfußböden, sofern sie ein Trittschall-Verbesserungsmaß $\Delta L_w \geqq 24$ dB haben.
[3]) Biegeweiche Unterdecke nach Bild 25.1, oder akustisch gleichwertige Ausführungen.
[4]) Die Masse von aufgebrachten Verbundestrichen oder Estrichen auf Trennschicht ist zu berücksichtigen.

5.4.3.2 Deckenauflagen

Beispiele für Deckenauflagen und die mit ihnen erzielbaren Trittschallverbesserungsmaße $\Delta L_{w,R}$ sind in den Tafeln 38 und 39 enthalten. Die Deckenauflagen in Tafel 38 (schwimmende Estriche) verbessern die Luft- und Trittschalldämmung einer Rohdecke, die Deckenauflagen der Tafel 39 (weichfedernde Bodenbeläge) verbessern nur die Trittschalldämmung.

Tafel 38 Rechenwerte des Trittschallverbesserungsmaße $\Delta L_{w,R}$ von schwimmenden Estrichen auf Massivdecken

Schwimmender Estrich	Dynamische Steifigkeit s' in MN/m³ von höchstens	$\Delta L_{w,R}$ in dB mit Bodenbelag hart	weich[1]) ($\Delta L_{w,R} \geqq 20$ dB)
Gußasphaltestriche nach DIN 18560-2 mit einer flächenbezogenen Masse ≧45 kg/m² auf Dämmschichten aus Dämmstoffen nach DIN 18164-2 oder DIN 18165-2	50	20	20
	40	22	22
	30	24	24
	20	26	26
	15	27	29
	10	29	32
Estriche nach DIN 18560-2 mit einer flächenbezogenen Masse ≧70 kg/m² auf Dämmschichten aus Dämmstoffen nach DIN 18164-2 oder DIN 18165-2	50	22	23
	40	24	25
	30	26	27
	20	28	30
	15	29	33
	10	30	34

[1]) Wegen der möglichen Austauschbarkeit von weichfedernden Bodenbelägen nach Tafel 39 dürfen diese bei dem Nachweis der Mindestanforderungen nach DIN 4109 nicht angerechnet werden.

Bei gegebenen $L_{n,w,eq,R}$ einer Massivdecke läßt sich der zur Erfüllung der Mindestanforderungen bzw. Richtwerte erforderliche Mindestwert des Verbesserungsmaßes $\Delta L_{w,R,mind}$ nach folgender Gleichung bestimmen:

$$\Delta L_{w,R,mind} = L_{n,w,eq,R} - L_{n,w,erf.} + 2 \text{ dB}$$

Tafel 39 Rechenwerte des Trittschallverbesserungs-Maßes $\Delta L_{w,R}$ von weichfedernden Bodenbelägen

Deckenauflagen; weichfedernde Bodenbeläge		$\Delta L_{w,R}$
Linoleum-Verbundbelag nach DIN 18173[1]		14[2]
PVC-Beläge[1]		
PVC-Beläge mit genadeltem Jutefilz als Träger nach DIN 16952-1		13[2]
PVC-Beläge mit Korkment als Träger nach DIN 16952-2		16[2]
PVC-Beläge mit Unterschicht aus PVC-Schaumstoff nach DIN 16952-3		16[2]
PVC-Beläge mit Synthesefaser-Vliesstoff als Träger nach DIN 16952-4		13[2]
Textile Bodenbeläge		
Nadelvlies, Dicke ≧5 mm		20
Poltteppiche		
Unterseite geschäumt	Gesamtdicke 4 mm	19
	Gesamtdicke 6 mm	24
	Gesamtdicke 8 mm	28
Unterseite ungeschäumt	Gesamtdicke 4 mm	19
	Gesamtdicke 6 mm	21
	Gesamtdicke 8 mm	24

[1]) Die Bodenbeläge müssen durch Hinweis auf die jeweilige Norm gekennzeichnet sein. Das maßgebliche Verbesserungsmaß $\Delta L_{w,R}$ muß auf dem Erzeugnis angegeben sein.

[2]) Die angegebenen Werte sind Mindestwerte aus den entsprechenden Normen DIN 18173 und DIN 16952-1 bis DIN 16952-4; sie gelten nur für aufgeklebte Bodenbeläge.

5.4.3.3 Holzbalkendecken

Ausführungsbeispiele sind in Bild 26 dargestellt mit Angabe der Rechenwerte des bewerteten Schalldämm-Maßes $R'_{w,R}$ und des bewerteten Norm-Trittschallpegels $L_{n,w,R}$.

1 Spanplatte nach DIN 68763, gespundet oder mit Nut und Feder
2 Holzbalken
3 Gipskarton-Bauplatte nach DIN 18180, 12,5 o. 15 mm dick, o. Spanplatte nach DIN 68763, 13 bis 16 mm dick
4 Faserdämmstoff nach DIN 18165-2, Typ T, dynamische Steifigkeit $s' \leqq 15$ MN/m³
5 Faserdämmstoff nach DIN 18165-1, Typ WL-w oder W-w
6 Holzlatten, Achsabstand ≧400 mm, direkte Befestigung an den Balken mit mechanischen Verbindungsmitteln
7 Unterkonstruktion aus Holz, Achsabstand der Latten ≧400 mm, Befestigung über Federbügel, kein fester Kontakt zwischen Latte und Balken – ein weichfedernder Faserdämmstreifen darf zwischengelegt werden.
8 Mechanische Verbindungsmittel oder Verleimung
9 Estrich
10 Betonplatten, lose auf 3 mm Filz verlegt

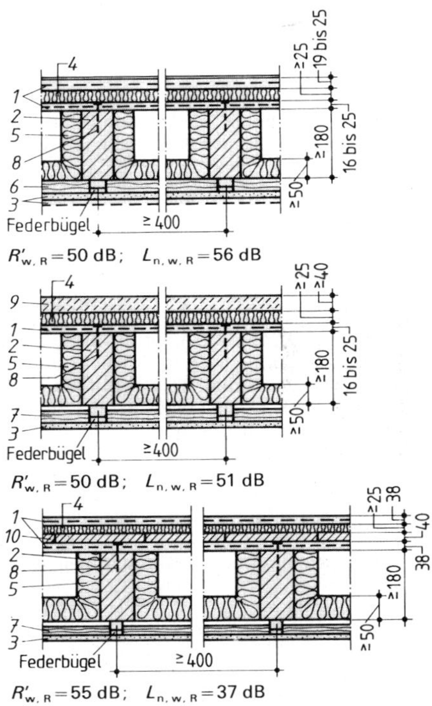

Bild 26 Ausführungsbeispiele für Holzbalkendecken

5.4.3.4 Massive Treppenläufe und Treppenpodeste

Bei der Ermittlung des erforderlichen Trittschallverbesserungsmaßes $\Delta L_{w,R,mind}$ von massiven Treppenläufen und -podesten kann von den äquivalenten bewerteten Norm-Trittschallpegeln $L_{n,w,eq,R}$ nach Tafel 40 ausgegangen werden. Das erf. Trittschallverbesserungsmaß $\Delta L_{w,R,mind}$ errechnet sich nach der Gl. im Absch. 5.4.3.2.

Tafel 40 Norm-Trittschallpegel für verschiedene Ausführungen von massiven Treppenlaufen und Treppenpodesten (Dicke $\geqq$ 120 mm)

Treppe und Treppenraumwand	$L_{n,w,eq,R}$	$L'_{n,w,R}$
Treppenpodest, fest verbunden		
– mit einschaliger Treppenraumwand (m' $\geqq$ 380 kg/m²),	66	70
– mit Treppenraumwand bei durchgehender Gebäudetrennfuge	$\leqq$ 53	$\leqq$ 50
Treppenlauf		
– mit einschaliger Treppenraumwand (m' $\geqq$ 380 kg/m²) fest verbunden	61	65
– von einschaliger Treppenraumwand abgesetzt	58	58
– zusätzlich mit durchgehender Gebäudetrennfuge	$\leqq$ 46	$\leqq$ 43
– zusätzlich auf Treppenpodest elastisch gelagert mit durchgehender Gebäudetrennfuge	38	42

5.4.4 Einfluß der Schall-Längsleitung flankierender Bauteile auf die Luftschalldämmung von Trennwänden und -decken

Die Schall-Längsleitung flankierender Bauteile (s. Bild 19 u. Abschn. 5.3.1) beeinflußt auch die Luftschalldämmung von Trennwänden und -decken. Berücksichtigt wird dieser Einfluß durch die **Korrekturwerte $K_{L,1}$ (mittlere Flächenmasse der flankierenden Bauteile)** und **$K_{L,2}$ (Anzahl der biegeweichen Vorsatzschalen der flankierenden Bauteile)**. Die in den Tafeln 29, 31, 34, 35, 37 und Bild 26 angegebenen Werte des bewerteten Schalldämm-Maßes $R'_{w,R}$ von Trennwänden und -decken setzen voraus, daß die **mittlere flächenbezogene Massen $m'_{L,mittel}$** der flankierenden Bauteile rund 300 kg/m² beträgt (R'_{w300}).

$$R'_{w,R} = R'_{w300} + K_{L,1} + K_{L,2}$$

Korrekturwert $K_{L,1}$:
Je höher $m'_{L,mittel}$ der flankierenden Bauteile ist, umso geringer ist die Schall-Längsleitung und umso höher das bewertete Schalldämm-Maß $R'_{w,R}$. Bei der Berechnung von $m'_{L,mittel}$ wird vorausgesetzt, daß die flankierenden Bauteile zu beiden Seiten eines trennenden Bauteils in einer Ebene liegen (s. Bild 27.1). Ist dies nicht der Fall (s. Bild 27.2), ist für die Berechnung von $m'_{L,mittel}$ anzunehmen, daß das leichtere Bauteil auch im Nachbarraum vorhanden ist, d. h. es ist an Stelle der Wand F_2 mit der Wand F''_2 zu rechnen. Verkleidete Bauteile oder solche, die aus biegeweichen Schalen bestehen, werden in der Berechnung nicht beachtet. Der Korrekturwert $K_{L,1}$ ist, je nach Ausführung des trennenden Bauteils, nach Tafel 41 oder 42 zu bestimmen.

Bei Trennwänden und -decken aus biegesteifen Schalen ist:

$$m'_{L,mittel} = \frac{1}{n}\sum_{i=1}^{n} m'_{Li}$$ m'_{Li} flächenbezogene Masse des i-ten Bauteils ohne Bekleidung

Bei Trennwänden und -decken aus biegeweichen Schalen bzw. bei Holzbalkendekken ist:

$$m'_{L,mittel} = \left[\frac{1}{n}\sum_{i=1}^{n} (m'_{L,i})^{-2,5}\right]^{-0,4}$$

Korrekturwert $K_{L,2}$:
Wenn trennende Bauteile mehrschalig und die flankierende Bauteile mit einer biegeweichen Vorsatzschale versehen sind oder aus biegeweichen Schalen bestehen

oder bei Decken ein schwimmender Estrich oder schwimmender Holzfußboden verlegt wurde, kommt die Korrektur $K_{L,2}$ zur Anwendung, sofern die flankierenden Bauteil im Bereich des trennenden Bauteils unterbrochen sind. Die Korrektur $K_{L,2}$ in Tafel 43 hängt nur von der Anzahl der flankierenden Bauteile ab, die die obengenannten Kriterien erfüllen.

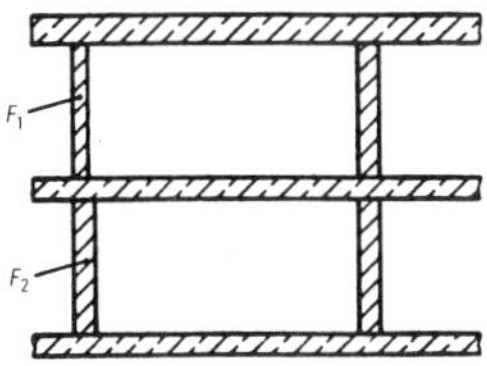

Bild 27.1 Nicht versetzt angeordnete flankierende Wände F_1 und F_2

Normalfall, den Korrekturwerten zugrundegelegt

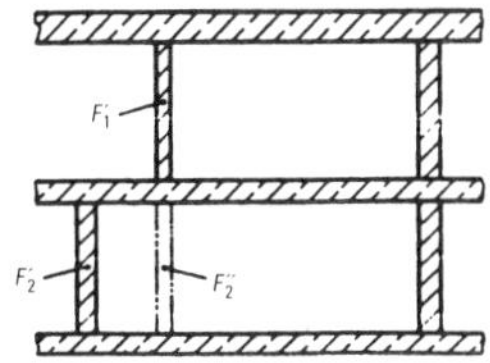

Bild 27.2 Versetzt angeordnete flankierende Wände F'_1 und F'_2

Ausnahmefall, für die Berechnung der Korrekturwerte wird anstelle der Wand F'_2 die Wand F''_2 angenommen

Tafel 41 Korrekturwerte $K_{L,1}$ für das bewertete Schalldämm-Maß $R'_{w,R}$ von biegesteifen Wänden nach Tafel 29, 31 und 34 und Decken nach Tafel 37 als trennende Bauteile bei flankierenden Bauteilen mit der mittleren flächenbezogenen Masse $m'_{L,Mittel}$

Art des trennenden Bauteiles	Korrektur $K_{L,1}$ in dB für mittlere flächenbezogene Massen $m'_{L,mittel}$ mittel in kg/m²						
	400	350	300	250	200	150	100
Einschalige, biegesteife Wände und Decken	0	0	0	0	−1	−1	−1
Einschalige, biegesteife Wände mit biegeweichen Vorsatzschalen und Massivdecken mit schwimmendem Estrich und/oder mit Unterdecke	+2	+1	0	−1	−2	−3	−4

Tafel 42 Korrekturwerte $K_{L,1}$ für das bewertete Schalldämm-Maß $R'_{w,R}$ von zweischaligen Wänden aus biegeweichen Schalen nach Tafel 35 und von Holzbalkendecken nach Bild 26 als trennende Bauteile bei flankierenden Bauteilen mit der mittleren flächenbezogenen Masse $m'_{L,Mittel}$

Zeile	R'_w der Trennwand bzw. -decke für $m'_{L,Mittel} = 300$ kg/m² in dB	$K_{L,1}$ in dB für mittlere flächenbezogene Massen $m'_{L,Mittel}$ in kg/m²						
		450	400	350	300	250	200	150
1	50	+4	+3	+2	0	−2	−4	−7
2	49	+2	+2	+1	0	−2	−3	−6
3	47	+1	+1	+1	0	−2	−3	−6
4	45	+1	+1	+1	0	−1	−2	−5
5	43	0	0	0	0	−1	−2	−4
6	41	0	0	0	0	−1	−1	−3

Tafel 43 Korrekturwert $K_{L,2}$ für das bewertete Schalldämm-Maß $R'_{w,R}$ trennender Bauteile mit biegeweicher Vorsatzschale, schwimmendem Estrich bzw. Holzfußboden oder aus biegeweichen Schalen in Abhängigkeit der Anzahl der flankierenden biegeweichen Bauteile oder solchen mit biegeweicher Vorsatzschale

Anzahl der flankierenden Bauteile	1	2	3
Korrekturwert $K_{L,2}$ der flankierenden Bauteile	+1	+3	+6

Beispiele zur Anwendung der Korrekturwerte $K_{L,1}$ und $K_{L,2}$ bei der Ermittlung von $R'_{w,R}$ von trennenden Bauteilen.

Beispiel 1 **Eine Wohnungstrenndecke (400 kg/m²) mit einem schwimmenden Estrich wird von folgenden Bauteilen flankiert:**

Außenwand $m'_{L,1} = 200$ kg/m²

Wohnungstrennwand $m'_{L,2} = 450$ kg/m²

Flurwand $m'_{L,3} = 300$ kg/m²

Zwischenwand $m'_{L,4} = 100$ kg/m²

$$m'_{L,\,mittel} = \frac{200 + 450 + 300 + 100}{4} = 262 \text{ kg/m}^2$$

Nach Tafel 37 ergibt sich für die Decke: $R'_{w,300} = 57$ dB

Nach Tafel 41 ist bei biegesteifen Wänden: $K_{L,1} = -1$ dB

Bei Berücksichtigung der Flankenübertragung ist: $R'_{w,R} = 57 - 1 = 56$ dB

Beispiel 2 **Eine zweischalige Trennwand aus je zwei Lagen Gipskartonplatten mit einem Schalenabstand von 100 mm und einer Einlage im Hohlraum von 80 mm Mineralfaserdämmstoff wird von folgenden Bauteilen flankiert:**

Außenwand $m'_{L,1} = 200$ kg/m²

Innenwand $m'_{L,2} = 350$ kg/m²

obere Trenndecke $m'_{L,3} = 368$ kg/m² (160 mm Stahlbetondecke)

untere Trenndecke mit schwimmendem Estrich hat keinen Einfluß auf $K_{L,1}$.

$$m'_{L,\,mittel} = [\tfrac{1}{3}(200^{-2,5} + 350^{-2,5} + 368^{-2,5})]^{-0,4} = 266 \text{ kg/m}^2$$

Nach Tafel 35, Zeile 2 ergibt sich für die Trennwand: $R'_{w,300} = 50$ dB

Nach Tafel 42 ist der Korrekturwert aus $m'_{L,\,mittel}$: $K_{L,1} = -2$ dB

Nach Tafel 43 ist der Korrekturwert bedingt durch den schwimmenden Estrich der unteren Trenndecke: $K_{L,2} = +1$ dB

Bei Berücksichtigung der Flankenübertragung ist: $R'_{w,R} = 50 - 2 + 1 = 49$ dB

5.4.5 Fenster

Die Schalldämmung von Fenstern hängt von der Fensterart (Einfach-, Verbund- oder Kastenfenster), der Verglasung und von der Dichtheit der Fensterfugen ab. Tafel 44 enthält Schalldämmwerte verschiedener Fensterarten.

Tafel 44 Bewertetes Schalldämm-Maß $R_{w,R}$ verschiedener Fensterarten

Fensterart	Verglasung	$R_{w,R}$ in dB
Einfachfenster	normale Isolierglasscheibe hochschalldämmendes Isolierglas	30 bis 40 bis 45
Verbundfenster	normale Ausführung hochschalldämmende Ausführung	35 bis 43 bis 48
Kastenfenster	je nach Verglasung und Rahmen	48 bis 55

Tafel 45 Bewertetes Schalldämm-Maß R_w von Türen

Türausführungen	bewertetes Schall-dämm-Maß in dB
einfache, leichte Zimmertüren, ohne besondere Dichtungsmaßnahmen	17 bis 25
schwer ausgeführte Zimmertüren mit zusätzlichen Falzdichtungen	25 bis 32
schalldämmende Türen, Spezialausführungen	32 bis 40
hochschalldämmende Türen (doppelschalige Stahlblechtüren)	40 bis 50
zwei einfache Einzeltüren, hintereinander geschaltet	40

5.4.6 Rolladenkästen

Bei Rolladenkästen wird die Schalldämmung oft als Normschallpegeldifferenz $D_{n,w,P}$ angegeben. Um diesen Wert mit der Schalldämmung des Fensters vergleichen zu können, muß daraus das Bauschalldämm-Maß $R_{w,R}$ nach folgender Gleichung errechnet werden

$$R_{w,R} = D_{n,w,P} - 10 \lg A_0/S_{PRÜ} - 2\ \mathrm{dB}$$

A_0 10 m² (Bezug-Absorptionsfläche)
$S_{PRÜ}$ lichte Einbaufläche des Elementes in der Prüfwand in m²
$D_{n,w,P}$ im Prüfstand gemessener Wert.

Um eine hohe Schalldämmung des Rolladenkastens zu erreichen, muß der Rollkastendeckel möglichst schwer sein und muß dicht schließen. Außerdem sollte der

Tafel 46 Ausführungsbeispiele für belüftete oder nicht belüftete Flachdächer in Holzbauart (Rechenwerte, Maße in mm)

Dachausbildung	Verbindungsmittel[1])	erforderliche Kiesauflage s_K in mm	$R'_{w,R}$ in dB
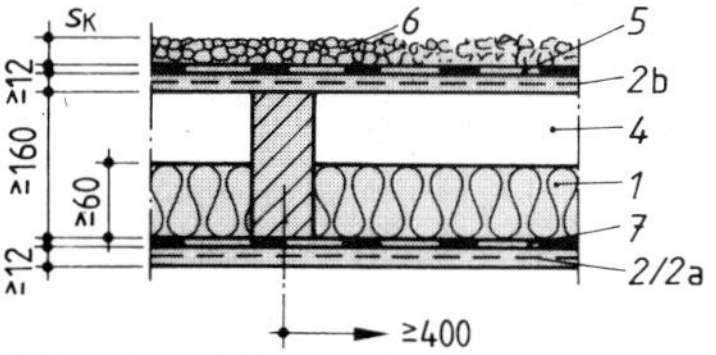	beliebig[2])	–	35
		≧30	40
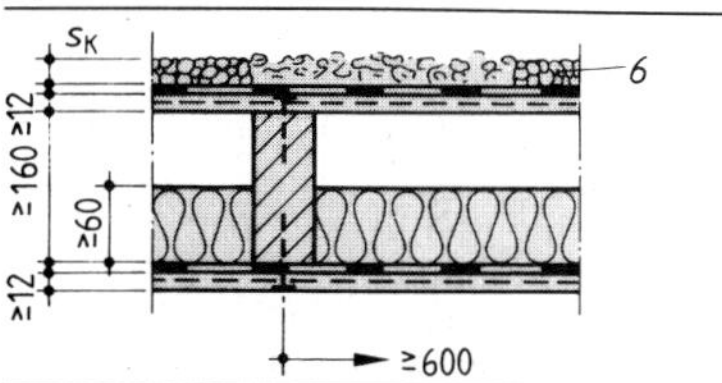	mechanisch[3])	≧30	45
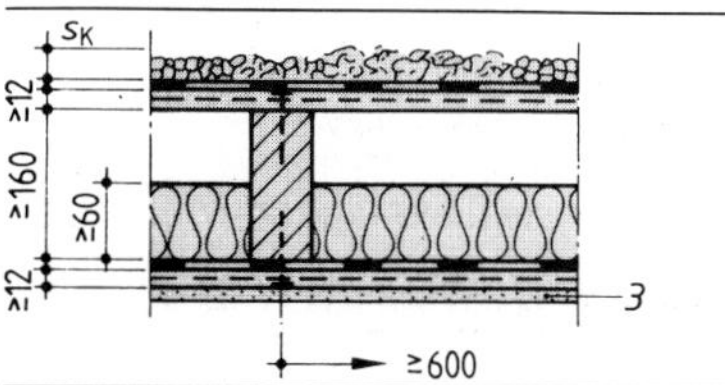	mechanisch[3])	≧30	50

[1]) Verbindungsmittel für die Befestigung von Beplankung und Rippe
[2]) mechanische Verbindungsmittel oder Verleimung
[3]) nur mechanische Verbindungsmittel, z. B. Nägel, Klammern

Erläuterungen zu Tafel 46

1 Faserdämmstoff nach DIN 18165-1, Typ W-w oder WL-w
2 Spanplatten nach DIN 68763, Bau-Furniersperrholz nach DIN 68705-3 und DIN 68705-5, Gipskartonplatten nach DIN 18180 (z. B. Entwurf), Nut-Feder-Bretterschalung
2a wie *2*, jedoch mit Zwischenlattung
2b Spanplatten, Bau-Furniersperrholz, Nut-Feder-Bretterschalung
3 Spanplatten, Gipskartonplatten, Bretterschalung mit $m' \geqq 8$ kg/m²
4 Hohlraum belüftet/nicht belüftet
5 Dachabdichtung
6 Kiesauflage
7 Dampfsperre

Kastenhohlraum durch Schallabsorptionsmaterial gedämpft werden. Meßwerte $D_{n,w,P}$ von Rolladenkästen liegen zwischen $D_{n,w,P} = 50$ dB und 60 dB.

5.4.7 Türen

Die Schallübertragung bei Türen erfolgt teils über das Türblatt, teils über Undichtheiten in den Fälzen und an der Türunterkante. Normale Türblätter besitzen eine niedrige flächenbezogene Masse und deshalb eine geringe Schalldämmung. Verbessert werden kann der Schallschutz, indem das Türblatt schwerer gemacht wird und die Fälze abgedichtet werden. Besondere Schwierigkeiten bereitet die Abdichtung der unteren Türkante. In Tafel 45 wird eine Übersicht über die erreichbaren Schalldämm-Maße bei Türen gegeben.

Tafel 47 Ausführungsbeispiele für Außenwände in Holzbauart (Rechenwerte, Maße in mm)

Mech. Verbindungsmittel (z. B. Nägel, Klammern) für Befestigung von Beplankung und Rippe.

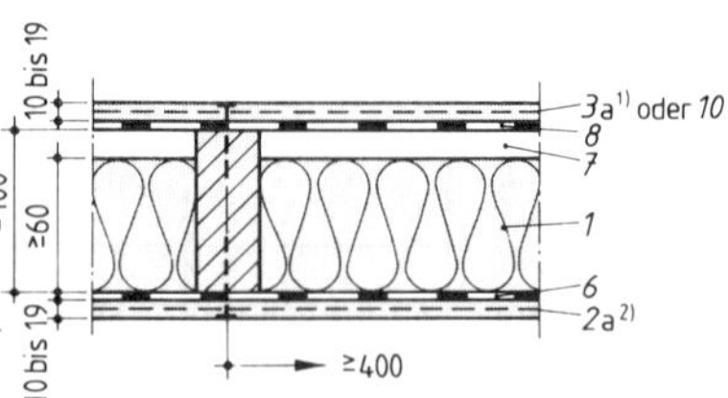

$R'_{w,R} = 35$ dB

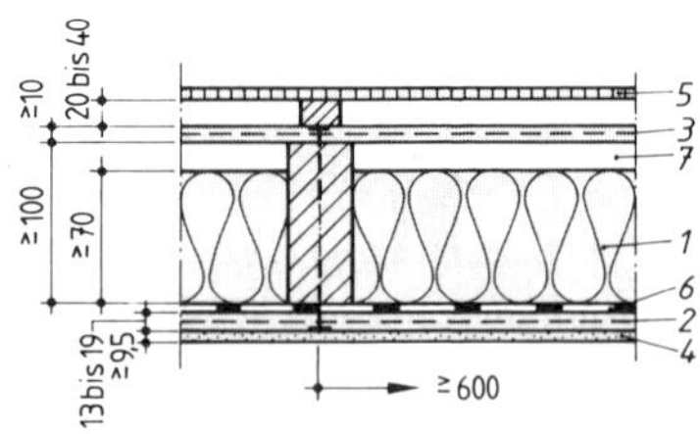

$R'_{w,R} = 42$ dB

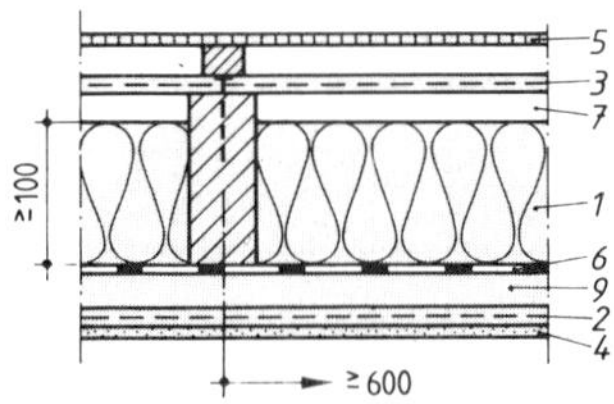

$R'_{w,R} = 45$ dB

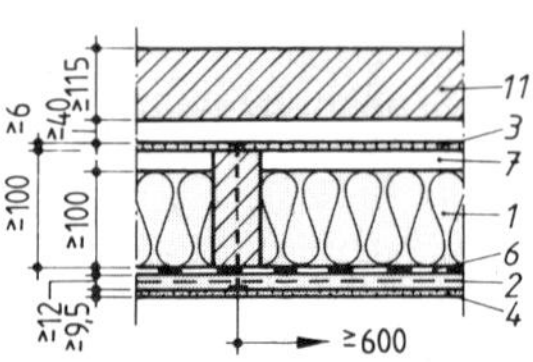

$R'_{w,R} = 52$ dB

[1]) Eine der beiden Bekleidungen darf auch als Bretterschalung mit Nut und Feder, $d \geqq 18$ mm, ausgeführt werden.

Erläuterungen zu Tafel 47

1 Faserdämmstoff nach DIN 18165-1, Typ W-w oder WL-W
2 Spanplatten nach DIN 68763, Bau-Furniersperrholz nach DIN 68705-3 und -5, Gipskartonplatten nach DIN 18180, mit $m' \geqq 8$ kg/m²
*2*a wie *2* oder 18 mm Nut-Feder-Bretterschalung
3 Spanplatten, Bau-Furniersperrholz mit $m' \geqq 8$ kg/m²
*3*a wie *3* oder 18 mm Nut-Feder-Bretterschalung
4 Bekleidung, $m' \geqq 8$ kg/m²
5 Vorhangschale, $m' \geqq 10$ kg/m²
6 Dampfsperre
7 Hohlraum, nicht belüftet
8 Wasserdampfdurchlässige Folie, nur bei Bretterschalung erforderlich
9 Zwischenlattung
10 Faserzementplatten nach DIN 274-4, $d \geqq 4$ mm
11 Mauerwerk-Vorsatzschale

5.4.8 Außenbauteile

Bauliche Maßnahmen an der Gebäudehülle sollen den Menschen vor dem von außen in Aufenthaltsräumen eindringenden Lärm schützen. Sie richten sich insbesondere an die Schalldämmung der Außenwände und Fenster und, soweit dies erforderlich ist, auch an die Schalldämmung der Decken und Dächer. Unter Außenlärm versteht sich Verkehrslärm, z. B. beim Straßen-, Schienen-, Wasser- und Luftverkehr und Lärm aus Gewerbe- und Industriebetrieben, die baulich in der Regel mit den Aufenthaltsräumen nicht verbunden sind. Ausführungsbeispiele für Außenwände, Flachdächer und geneigte Dächer in Holzbauart sind in den Tafeln 46, 47 und 48 enthalten. Angaben über die bewerteten Schalldämm-Maße von massiven Außenwänden sind in den Tafeln 29 und 31 zu finden.

Tafel 48 Ausführungsbeispiele für belüftete oder nicht belüftete geneigte Dächer in Holzbauart (Rechenwerte, Maße in mm)

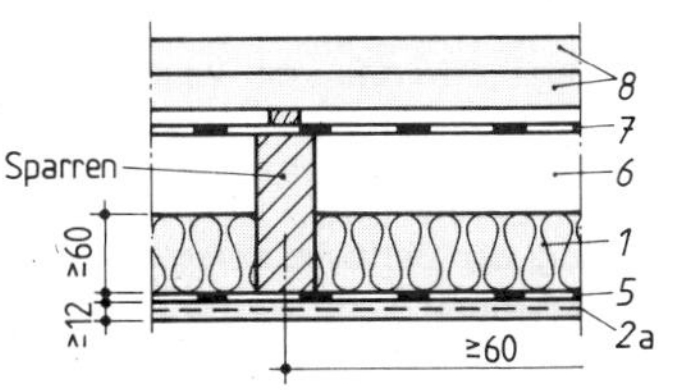

$R'_{w,R} = 35$ dB

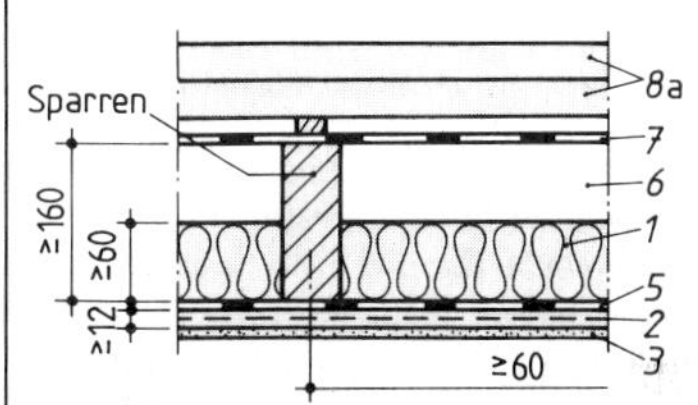

$R'_{w,R} = 45$ dB

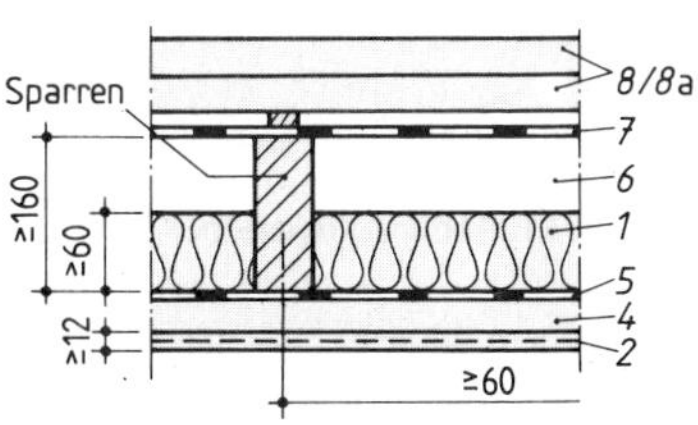

im Falle 8: $R'_{w,R} = 40$ dB
im Falle 8a: $R'_{w,R} = 45$ dB

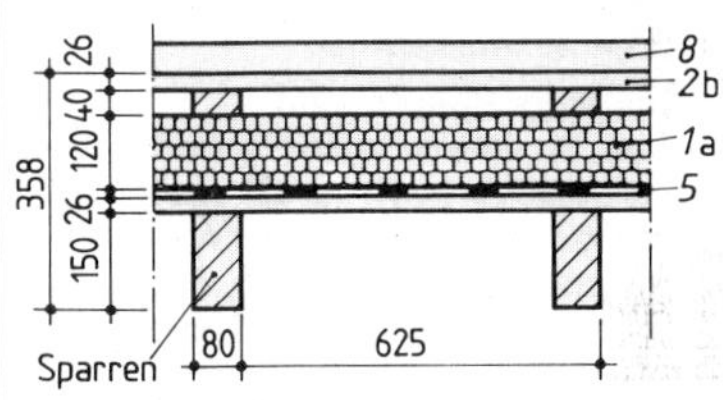

$R'_{w,R} = 37$ dB

Erläuterungen zu Tafel 48

1 Faserdämmstoff nach DIN 18165-1, Typ W-w oder WL-w
*1*a Hartschaumplatten nach DIN 18164-1, Typ WD oder WDS
2 Spanplatten oder Gipskartonplatten
*2*a Spanplatten oder Gipskartonplatten ohne/mit Zwischenlattung
*2*b Rauhspundschalung mit Nut und Feder, 24 mm
3 Zusätzliche Bekleidung aus Holz, Spanplatten oder Gipskartonplatten mit $m' \geqq 6$ kg/m²
4 Zwischenlattung
5 Dampfsperre, sofern erforderlich
6 Hohlraum belüftet/nicht belüftet
7 Unterspannbahn oder ähnliches, z. B. harte Holzfaserplatten nach DIN 68754-1 mit $d \geqq 3$ mm
8 Dachdeckung auf Querlattung und erforderlichenfalls Konterlattung
*8*a wie *8*, jedoch mit Anforderungen an die Dichtheit (z. B. Faserzementdachplatten nach DIN 274-3 auf Rauhspund ≧20 mm, Falzdachziegel nach DIN 456 bzw. Betondachsteine nach DIN 1115, nicht verfalzte Dachziegel bzw. Dachsteine in Mörtelbettung)

5.4.9 Haustechnische Anlagen und Betriebe

Haustechnische Anlagen im Sinne der DIN 4109 sind die zu einem Gebäude gehörenden technischen Einrichtungen, bei deren Betrieb Schall entstehen und in Aufenthaltsräumen übertragen werden kann. Es sind dies
- Ver- und Entsorgungsanlagen,
- Transportanlagen,
- fest eingebaute, betriebstechnische Anlagen,
- Gemeinschaftswaschanlagen,
- Schwimmanlagen, Saunen und dgl.,
- Sportanlagen,
- zentrale Staubsauganlagen,
- Müllabwurfanlagen,
- Garagenanlagen.

Betriebe sind Handwerks- und Gewerbebetriebe aller Art, auch Gaststätten und Theater.
Um Menschen in Aufenthaltsräumen (schutzbedürftige Räume) vor starken Geräuschen zu schützen, werden festgelegt:
- Werte für den noch zulässigen Schallpegel der vorgenannten Geräusche in den schutzbedürftigen Räumen,
- Mindestwerte für die Luft- und Trittschalldämmung der Bauteile zwischen „besonders lauten" Räumen und schutzbedürftigen Räumen.

Schutzbedürftige Räume sind
- Wohnräume einschließlich Wohndielen,
- Schlafräume einschließlich Übernachtungsräume in Beherbergungsstätten und Bettenräume in Krankenhäusern und Sanatorien,
- Unterrichtsräume in Schulen, Hochschulen und ähnlichen Einrichtungen,
- Büroräume (ausgenommen Großraumbüros), Praxisräume, Sitzungsräume und ähnliche Arbeitsräume.

Besonders laute Räume sind
- Räume, in denen nutzungsbedingt der maximale Schallpegel des Luftschalls häufig den Wert von 75 dB übersteigt,
- Räume zur Aufstellung von Auffangbehältern von Müllabwurfanlagen,
- Gasträume von Gaststätten, Cafés usw.
- Räume von Kegelbahnen, Sporthallen,
- Küchenräume von Beherbergungs- u. Gaststätten, Krankenhäusern, Sanatorien,
- Theaterräume, Musik- und Werkräume.

Bauteile. Um die in DIN 4109, Tab. 5 enthaltenen Anforderungen an die Luft- und Trittschalldämmung zwischen „besonders lauten" und schutzbedürftigen Räumen einzuhalten, bringt das Beiblatt 1 zu DIN 4109 in der Tab. 35 Ausführungsbeispiele für trennende und flankierende Bauteile und in der Tab. 36 Korrekturwerte zur Ermittlung des Trittschallschutzmaßes.

Lüftungsschächte und -kanäle. Durch Schächte und Kanäle, die Aufenthaltsräume untereinander verbinden, kann die Luftschalldämmung des trennenden Bauteils durch Nebenwegübertragung verschlechtert werden. Damit die Anforderungen an den Schallschutz nach DIN 4109 durch den Schacht nicht verschlechtert wird, muß die bewertete Schachtpegeldifferenz folgender Bedingung genügen:

$$D_{k,w,R} \geqq \text{erf. } R'_w - 10 \lg \frac{S}{S_k} + 20 \text{ dB}$$

erf. R'_w	gefordertes bewertetes Schalldämm-Maß des trennenden Bauteils
S	die Fläche des trennenden Bauteils
S_k	die lichte Querschnittsfläche der Anschlußöffnung

Diese Bedingung gilt für den Fall, daß die Anschlußöffnungen mindestens 0,5 m von einer Raumecke entfernt liegen, andernfalls ist eine um 6 dB höhere Schachtpegeldifferenz $D_{k,w}$ erforderlich.

Wasserinstallation. Geräusche aus Wasserversorgungsanlagen entstehen bei der Wasserentnahme im wesentlichen in den Querschnittsverengungen innerhalb der Armaturen und nicht in den Rohrleitungen selbst. Eine strömungstechnisch besonders günstige Ausbildung der Rohrleitungen bringt deshalb bezüglich der Geräusche keine Vorteile. Der in den Armaturen erzeugte Wasserschall wandert in den Rohrleitungen nur wenig geschwächt weiter. Durch den Wasserschall werden die Rohrleitungen zu Schwingungen angeregt, die ihrerseits wieder Wände bzw. Decken in Schwingungen bringen, an denen die Leitungen befestigt sind. Die Abstrahlung in den angrenzenden Raum ist geringer, wenn die Zwischenwand schwer ist oder eine Vorsatzschale auf der Seite des schutzbedürftigen Raumes angebracht wird. Der Installationsgeräuschpegel L_{In} des in einen schutzbedürftigen Raum übertragenen Geräusches ist um etwa 10 dB(A) geringer, wenn ein Raum zwischen der Wand mit Rohrinstallation und dem schutzbedürftigen Raum liegt.

Rohrschellen-Isolierungen bei Rohren vor der Wand und Rohrummantelungen bei Rohren in der Wand sind als Maßnahmen gegen die Übertragung von Armaturengeräuschen auf das Bauwerk wirkungslos, wenn die Armaturen fest mit der Wand verbunden oder andere Schallbrücken vorhanden sind. Eine Geräuschminderung ist nur zu erreichen, wenn derartige Schallbrücken vermieden werden.

Das Geräusch aus Wasserversorgungsanlagen wird um so größer, je größer der Fließdruck an der Armatur ist. Der Druck muß deshalb durch Druckminderer begrenzt werden.

Bei Armaturen und Geräten der Wasserinstallation erfolgt der Eignungsnachweis durch Zuordnung zu Armaturengruppen (s. Tafel 49).

Tafel 49 Armaturengruppen

Armaturengeräuschpegel L_{AG} für den kennzeichnenden Fließdruck nach DIN 52218-1		Armaturengruppe
Auslaufarmaturen und Geräte	Auslaufvorrichtungen, die direkt an Armaturen angeschlossen werden	
≦20 dB(A)	≦15 dB(A)	I
≦30 dB(A)	≦25 dB(A)	II

5.5 Anforderungen an den Schallschutz in Gebäuden

5.5.1 Schutz von Aufenthaltsräumen gegen Schallübertragung aus einem fremden Wohn- oder Arbeitsbereich

Die in Tafel 50 auf S. 212ff. angegebenen Werte sind Mindestanforderungen. Sie gelten nicht für die trennenden Bauteile allein, sondern für die resultierende Dämmung unter Berücksichtigung der an der Schallübertragung beteiligten Bauteile und Nebenwege im eingebauten Zustand.

Bei Türen und Fenstern gelten die Werte für die Schalldämmung bei alleiniger Übertragung über Türen und Fenster.

Bestehen Verbindungen zwischen Räumen durch Schächte und Kanäle, so dürfen die in Tafel 50 genannten Werte durch Schallübertragung über die Schacht- und Kanalanlagen nicht unterschritten werden.

5.5.2 Schutz gegen Geräusch aus haustechnischen Anlagen

Maximale Schallpegel. Die durch haustechnische Anlagen verursachten Schallpegel dürfen in schutzbedürftigen Räumen die in Tafel 51 angegebenen Maximalwerte nicht überschreiten.

Schallschutz von Bauteilen. Anforderungen an die Luft- und Trittschalldämmung von Bauteilen zwischen „besonders lauten" und schutzbedürftigen Räumen sind in Tafel 52 enthalten.

Tafel 50 Erforderliche Luft- und Trittschalldämmung zum Schutz gegen Schallübertragung aus einem fremden Wohn- oder Arbeitsbereich

Zeile		Bauteile	Anforderungen erf. R'_w in dB	Anforderungen erf. $L'_{n,w}$ in dB	Bemerkungen
1	**Geschoßhäuser mit Wohnungen und Arbeitsräumen**				
1	Decken	Decken unter allgemein nutzbaren Dachräumen, z. B. Trockenböden, Abstellräumen und ihren Zugängen	53	53	Bei Gebäuden mit nicht mehr als 2 Wohnungen betragen die Anforderungen erf. $R'_w = 52$ dB und erf. $L'_{n,w} = 63$ dB
2	Decken	Wohnungstrenndecken (auch -treppen) und Decken zwischen fremden Arbeitsräumen bzw. vergleichbaren Nutzungseinheiten	54	53	Wohnungstrenndecken sind Bauteile, die Wohnungen voneinander oder von fremden Arbeitsräumen trennen. Bei Gebäuden mit nicht mehr als 2 Wohnungen beträgt die Anforderung erf. $R'_w = 52$ dB. Weichfedernde Bodenbeläge dürfen bei dem Nachweis der Anforderungen an den Trittschallschutz nicht angerechnet werden; in Gebäuden mit nicht mehr als 2 Wohnungen dürfen weichfedernde Bodenbeläge berücksichtigt werden, wenn die Beläge auf dem Produkt oder auf der Verpackung mit dem entsprechenden ΔL_w gekennzeichnet sind.
3	Decken	Decken über Kellern, Hausfluren, Treppenhäusern unter Aufenthaltsräumen	52	53[1])	Weichfedernde Bodenbeläge dürfen bei dem Nachweis der Anforderungen an den Trittschallschutz nicht angerechnet werden.
4	Decken	Decken über Durchfahrten, Einfahrten von Sammelgaragen und ähnliches unter Aufenthaltsräumen	55	53[1])	
5	Decken	Decken unter/über Spiel- oder ähnlichen Gemeinschaftsräumen	55	46	Wegen der verstärkten Übertragung tiefer Frequenzen können zusätzliche Maßnahmen zur Körperschalldämmung erforderlich sein.
6	Decken	Decken unter Terrassen und Loggien über Aufenthaltsräumen	–	53	Bezüglich der Luftschalldämmung gegen Außenlärm siehe aber Abschn. 5.5.3.
7	Decken	Decken unter Laubengängen	–	53[1])	
8	Decken	Decken und Treppen innerhalb von Wohnungen, die sich über zwei Geschosse erstrecken	–	53[1])	Weichfedernde Bodenbeläge dürfen bei dem Nachweis der Anforderungen an den Trittschallschutz nicht angerechnet werden.
9	Decken	Decken unter Bad und WC ohne/mit Bodenentwässerung	54	53[1])	Bei Gebäuden mit nicht mehr als 2 Wohnungen beträgt die Anforderung erf. $R'_w = 52$ dB und erf. $L'_{n,w} = 63$ dB

Fortsetzung s. nächste Seiten, Fußnote s. S. 221

Tafel 50, Fortsetzung

Zeile		Bauteile	Anforderungen erf. R'_w in dB	Anforderungen erf. $L'_{n,w}$ in dB	Bemerkungen
10	Decken	Decken unter Hausfluren	–	53[1])	Weichfedernde Bodenbeläge dürfen bei dem Nachweis der Anforderungen an den Trittschallschutz nicht angerechnet werden.
11	Treppen	Treppenläufe und -podeste	–	58	Keine Anforderungen an Treppenläufe i. Gebäuden mit Aufzug und an Treppen in Gebäuden mit nicht mehr als 2 Wohnungen
12	Wände	Wohnungstrennwände und Wände zwischen fremden Arbeitsräumen	53	–	Wohnungstrennwände sind Bauteile, die Wohnungen voneinander oder von fremden Arbeitsräumen trennen.
13	Wände	Treppenraumwände und Wände neben Hausfluren	52	–	Für Wände mit Türen gilt die Anforderung erf. R'_w (Wand) = erf. R_w (Tür) + 15 dB. Darin bedeutet erf. R_w (Tür) die erforderliche Schalldämmung der Tür nach Zeile 16 oder Zeile 17. Wandbreiten ≦ 30 cm bleiben dabei unberücksichtigt.
14	Wände	Wände neben Durchfahrten, Einfahrten von Sammelgaragen u. ä.	55	–	
15	Wände	Wände von Spiel- oder ähnlichen Gemeinschaftsräumen	55	–	
16	Türen	Türen, die von Hausfluren oder Treppenräumen in Flure und Dielen von Wohnungen und Wohnheimen oder von Arbeitsräumen führen	27	–	Bei Türen gilt erf. R_w.
17	Türen	Türen, die von Hausfluren oder Treppenräumen unmittelbar in Aufenthaltsräume – außer Flure und Dielen – von Wohnungen führen	37	–	Bei Türen gilt erf. R_w.
2	**Einfamilien-Doppelhäuser und Einfamilien-Reihenhäuser**				
18	Decken	Decken	–	48[1])	
19	Decken	Treppenläufe und -podeste und Decken unter Fluren	–	53	Bei einschaligen Haustrennwänden gilt: Wegen der möglichen Austauschbarkeit von weichfedernden Bodenbelägen, die sowohl dem Verschleiß als auch besonderen Wünschen der Bewohner unterliegen, dürfen diese bei dem Nachweis der Anforderungen an den Trittschallschutz nicht angerechnet werden.
20	Wände	Haustrennwände	57	–	

Fortsetzung s. nächste Seite

Tafel 50, Fortsetzung

Zeile		Bauteile	Anforderungen erf. R'_w in dB	Anforderungen erf. $L'_{n,w}$ in dB	Bemerkungen
3 Beherbergungsstätten					
21	Decken	Decken	54	53	
22	Decken	Decken unter/über Schwimmbädern, Spiel- oder ähnlichen Gemeinschaftsräumen zum Schutz gegenüber Schlafräumen	55	46	Wegen der verstärkten Übertragung tiefer Frequenzen können zusätzliche Maßnahmen zur Körperschalldämmung erforderlich sein.
23	Decken	Treppenläufe und -podeste	–	58	Keine Anforderung an Treppenläufe in Gebäuden mit Aufzug.
24	Decken	Decken unter Fluren		53[1])	
25	Decken	Decken unter Bad und WC ohne/mit Bodenentwässerung	54	53[1])	
26	Wände	Wände zwischen – Übernachtungsräumen – Fluren und Übernachtungsräumen	47	–	
27	Türen	Türen zwischen Fluren und Übernachtungsräumen	32	–	Bei Türen gilt erf. R_w.
4 Krankenanstalten, Sanatorien					
28	Decken	Decken	54	53	
29	Decken	Decken unter/über Schwimmbädern, Spiel- oder ähnlichen Gemeinschaftsräumen	55	46	Wegen der verstärkten Übertragung tiefer Frequenzen können zusätzliche Maßnahmen zur Körperschalldämmung erforderlich sein.
30	Decken	Treppenläufe und -podeste	–	58	Keine Anforderungen an Treppenläufe in Gebäuden mit Aufzug.
31	Decken	Decken unter Fluren	–	53[1])	
32	Decken	Decken unter Bad und WC ohne/mit Bodenentwässerung	54	53[1])	
33	Wände	Wände zwischen – Krankenräumen, – Fluren und Krankenräumen, – Untersuchungs- bzw. Sprechzimmern, – Flure und Untersuchungs- bzw. Sprechzimmern, – Krankenräumen und Arbeits- und Pflegeräumen	47	–	
34	Wände	Wände zwischen – Operations- bzw. Behandlungsräumen, – Fluren und Operations- bzw. Behandlungsräumen	42	–	

Fortsetzung s. nächste Seite

Tafel 50, Fortsetzung

Zeile		Bauteile	Anforderungen erf. R'_w in dB	erf. $L'_{n,w}$ in dB	Bemerkungen
35	Wände	Wände zwischen – Räume der Intensivpflege, – Fluren und Räumen der Intensivpflege	37	–	
36	Türen	Türen zwischen – Untersuchungs- bzw. Sprechzimmern, – Fluren und Untersuchungs- bzw. Sprechzimmern	37	–	Bei Türen gilt erf. R_w.
37		Türen zwischen – Fluren- und Krankenräumen, – Operations- bzw. Behandlungsräumen, – Fluren und Operations- bzw. Behandlungsräumen	32	–	
5	**Schulen und vergleichbare Unterrichtsbauten**				
38	Decken	Decken zwischen Unterrichtsräumen oder ähnlichen Räumen	55	53	
39		Decken unter Fluren	–	53[1])	
40		Decken zwischen Unterrichtsräumen oder ähnlichen Räumen und „besonders lauten" Räumen (z. B. Sporthallen, Musikräume, Werkräume)	55	46	Wegen der verstärkten Übertragung tiefer Frequenzen können zusätzlich Maßnahmen zur Körperschalldämmung erforderlich sein.
41	Wände	Wände zwischen Unterrichtsräumen oder ähnlichen Räumen	47	–	
42		Wände zwischen Unterrichtsräumen oder ähnlichen Räumen und Fluren	47	–	
43		Wände zwischen Unterrichtsräumen oder ähnlichen Räumen und Treppenräumen	52	–	
44		Wände zwischen Unterrichtsräumen oder ähnlichen Räumen und „besonders lauten" Räumen (z. B. Sporthallen, Musikräumen, Werkräumen)	55	–	
45	Türen	Türen zwischen Unterrichtsräumen oder ähnlichen Räumen und Fluren	32	–	Bei Türen gilt erf. R_w.

[1]) Die Anforderungen an die Trittschalldämmung gilt nur für die Trittschallübertragung in fremde Aufenthaltsräume, ganz gleich, ob sie in waagrechter, schräger oder senkrechter Richtung (nach oben) erfolgt.

Wasserinstallationen. Einschalige Wände, an denen Armaturen und Wasserleitungen befestigt werden, müssen eine flächenbezogene Masse von mindestens 220 kg/m² aufweisen. Bei anderen Wänden muß die Eignung durch eine Prüfung nachgewiesen werden.

Die Zuordnung von Armaturen (s. Tafel 49) hängt davon ab, ob die Wände mit der Wasserinstallation direkt an schutzbedürftige Räume im selben Geschoß oder in den darüber oder darunter liegenden Geschossen angrenzen oder nicht (s. Bild 28). Stoßen Wände mit Wasserinstallation an Wände nach Bild 28.1 an, sind nur Armaturen der Gruppe I zulässig.

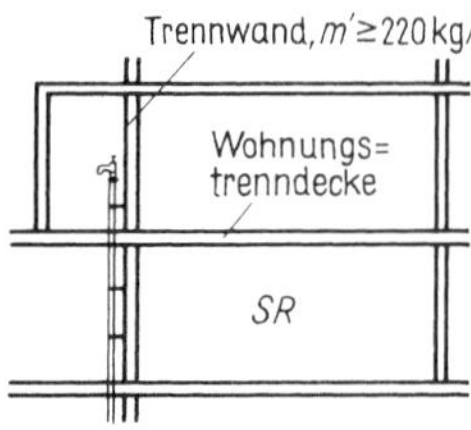

28.1 Armaturengruppe I

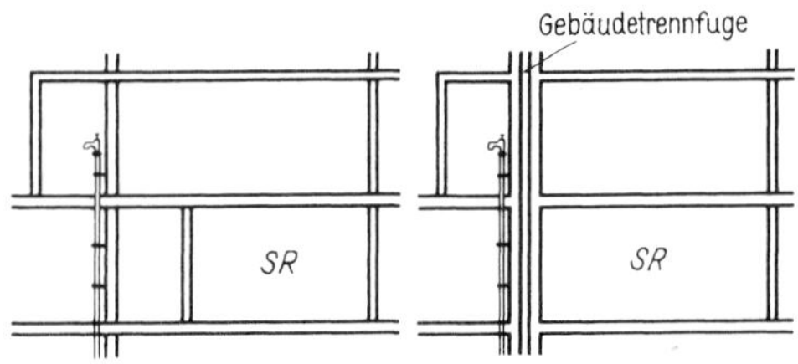

28.2 Armaturengruppe II

Bild 28 Anordnung von Räumen mit Wasserinstallation und schutzbedürftigen Räumen (SR) und Zuordnung von Armaturengruppen

Tafel 51 Werte für die zulässigen Schallpegel in schutzbedürftigen Räumen von Geräuschen aus haustechnischen Anlagen und Gewerbebetrieben

Zeile	Geräuschquelle	Art der schutzbedürftigen Räume	
		Wohn- und Schlafräume	Unterrichts- und Arbeitsräume
		Kennzeichnender Schallpegel in dB (A)	
1	Wasserversorgungsanlagen	≦ 35¹)	≦ 35¹)
2	Sonstige haustechnische Anlagen	≦ 30²)	≦ 35²)
3	Betriebs tags 6 bis 22 Uhr	≦ 35	≦ 35²)
4	Betriebe nachts 22 bis 6 Uhr	≦ 25	≦ 35²)

¹) Einzelne, kurzzeitige Spitzen, die beim Betätigen der Armaturen und Geräte der Wasserversorgungsanlagen (Öffnen, Schließen, Umstellen, Unterbrechen u. a.) entstehen, sind z. Z. nicht zu berücksichtigen.

²) Bei lüftungstechnischen Anlagen sind um 5 dB (A) höhere Werte zulässig, sofern es sich um Dauergeräusche ohne auffällige Einzeltöne handelt.

5.5.3 Schutz gegen Außenlärm

Maßgeblicher Außenlärmpegel. Grundlage für die Festlegung der erforderlichen Luftschalldämmung der Außenbauteile ist der „maßgebliche Außenlärmpegel". Für Straßenverkehr kann er mittels des Normogrammes in Bild 29 bestimmt werden.

Für die von der maßgeblichen Lärmquelle abgewandten Gebäudeseiten darf der „maßgebliche Außenlärmpegel" ohne besonderen Nachweis

— bei offener Bebauung um 5 dB (A),
— bei geschlossener Bebauung bzw. bei Innenhöfen um 10 dB (A)

gemindert werden.

Bei Vorhandensein von Lärmschutzwänden oder -wällen darf der „maßgebliche Lärmpegel" nach den Angaben in DIN 18005-1 reduziert werden.
Für Außenbauteile von Aufenthaltsräumen sind unter Berücksichtigung der unterschiedlichen Raumarten die in Tafel 53 aufgeführten Anforderungen der Luftschalldämmung einzuhalten.

Die erforderlichen Schalldämm-Maße sind in Abhängigkeit vom Verhältnis der gesamten Außenfläche eines Raumes $S_{(W+F)}$ zur Grundfläche eines Raumes S_G nach Tafel 54 zu erhöhen oder zu mindern. Für Wohngebäude mit üblichen Raumhöhen von etwa 2,5 m und Raumtiefen von etwa 4,5 m oder mehr darf ein Korrekturwert von −2 dB herangezogen werden. Für Außenbauteile unterschiedlicher Orientierung sind die Anforderungen der Tafel 54 separat anzuwenden.

Tafel 52 Anforderungen an die Luft- und Trittschalldämmung von Bauteilen zwischen „besonders lauten" und schutzbedürftigen Räumen

Zeile	Art der Räume	Bauteile	Bewertetes Schall-dämm-Maß erf. R'_w in dB		bewerteter Norm-Trittschallpegel erf. $L'_{n,w}$ in dB
			Schallpegel L_{AF} = 75 bis 80 dB(A)	Schallpegel L_{AF} = 81 bis 85 dB(A)	
1.1	Räume mit „besonders lauten" haustechnischen Anlagen oder Anlageteilen	Decken, Wände	57	62	–
1.2		Fußböden	–		43[3])
2.1	Betriebsräume von Handwerks- und Gewerbebetrieben; Verkaufsstätten	Decken, Wände	57	62	–
2.2		Fußböden	–		43
3.1	Küchenräume der Küchenanlagen von Beherbergungsstätten, Krankenhäusern, Sanatorien, Gaststätten, Imbißstuben und dgl.	Decken, Wände	55		–
3.2		Fußböden	–		43
3.3	Küchenräume wie vor, jedoch auch nach 22 Uhr in Betrieb	Decken, Wände	57[4])		–
		Fußböden	–		33
4.1	Gasträume, nur bis 22 Uhr in Betrieb	Decken, Wände	55		–
4.2		Fußböden	–		43
5.1	Gasträume (maximaler Schallpegel $L_{AF} \leqq$ 85 dB(A)), auch nach 22 Uhr in Betrieb	Decken, Wände	62		–
5.2		Fußböden	–		33
6.1	Räume von Kegelbahnen	Decken, Wände	67		–
6.2		Fußböden a) Keglerstube b) Bahn	– –		33 13
7.1	Gasträume (maximaler Schallpegel 85 dB(A) $\leqq L_{AF} \leqq$ 95 dB(A)), z. B. mit elektroakust. Anlagen	Decken, Wände	72		–
7.2		Fußböden	–		28

[1]) Jeweils in Richtung der Lärmausbreitung.
[2]) Die für Maschinen erforderliche Körperschalldämmung ist mit diesem Wert nicht erfaßt; hierfür sind gegebenenfalls weitere Maßnahmen erforderlich. Ebenso kann je nach Art des Betriebes ein höheres erf. $L'_{n,w}$ als das genannte notwendig sein, dies ist im Einzelfall zu überprüfen.
[3]) Nicht erforderlich, wenn geräuscherzeugende Anlagen ausreichend körperschallgedämmt aufgestellt werden; eventuelle Anforderungen nach Tafel 51 bleiben hiervon unberührt.
[4]) Handelt es sich um Großküchenanlagen und darüberliegende Wohnungen als schutzbedürftige Räume gilt für erf. R'_w = 62 dB.

Anmerkung
Die in dem Nomogramm angegebenen Pegel wurden für einige straßentypische Verkehrssituationen nach DIN 18005-1 Abschnitt 6, berechnet. Hierbei ist der Zuschlag von 3 dB gegenüber der Freifeldausbreitung berücksichtigt

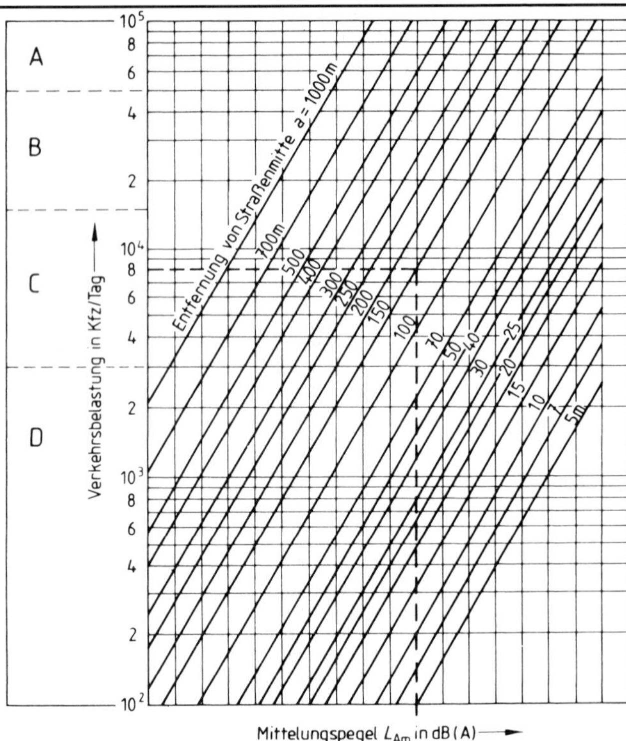

		Mittelungspegel L_{Am} in dB(A)
A	Autobahnen und Autobahnzubringer (25% Lkw-Anteil)	50 – 55 – 60 – 65 – 70 – 75
B	Bundes-, Landes-, Kreis-, Gemeindeverbindungsstraßen außerhalb des Ortsbereiches; Straßen in Industrie- und Gewerbegebieten (20% Lkw-Anteil)	50 – 55 – 60 – 65 – 70 – 75
C	Gemeinde-(Stadt-)straßen; Hauptverkehrsstraßen (2 bis 6-streifig, 10% Lkw-Anteil)	45 – 50 – 55 – 60 – 65 – 70
D	Gemeinde-(Stadt-)straßen; Wohn- und Wohnsammelstraßen (5% Lkw-Anteil)	40 – 45 – 50 – 55 – 60 – 65

Bild 29 Nomogramm zur Ermittlung des „maßgeblichen Außenlärmpegels" vor Hausfassaden für typische Straßenverkehrssituationen

Zu den Mittelungspegeln sind gegebenenfalls folgende Zuschläge zu addieren:

+3 dB (A), wenn der Immissionsort an einer Straße mit beidseitig geschlossener Bebauung liegt,

+2 dB (A), wenn die Straße eine Längsneigung von mehr als 5% hat,

+2 dB (A), wenn der Immissionsort weniger als 100 m vor der nächsten lichtsignalgeregelten Kreuzung oder Einmündung entfernt ist.

Tafel 53 Anforderungen an die Luftschalldämmung von Außenbauteilen

Zeile	Lärmpegelbereich	„Maßgeblicher Außenlärmpegel" in dB (A)	Raumarten: Bettenräume in Krankenanstalten und Sanatorien	Raumarten: Aufenthaltsräume in Wohnungen, Übernachtungsräume in Beherbergungsstätten, Unterrichtsräume u. ä.	Raumarten: Büroräume[1]) u. ä.
			erf. $R'_{w,res}$ des Außenbauteils in dB		
1	I	bis 55	35	30	–
2	II	56 bis 60	35	30	30
3	III	61 bis 65	40	35	30
4	IV	66 bis 70	45	40	35
5	V	71 bis 75	50	45	40
6	VI	76 bis 80	[2])	50	45
7	VII	> 80	[2])	[2])	50

[1]) An Außenbauteile von Räumen, bei denen der eindringende Außenlärm der darin ausgeübten Tätigkeiten nur einen untergeordneten Beitrag zum Innenraumpegel leisten, werden keine Anforderungen gestellt.
[2]) Die Anforderungen sind hier aufgrund der örtlichen Gegebenheiten festzulegen.

Tafel 54 Korrekturwert für das erforderliche resultierende Schalldämm-Maß nach Tafel 53 in Abhängigkeit vom Verhältnis $S_{(W+F)}/S_G$

1	$S_{(W+F)}/S_G$	2,5	2,0	1,6	1,3	1,0	0,8	0,6	0,5	0,4
2	Korrektur	+5	+4	+3	+2	+1	0	−1	−2	−3

$S_{(W+F)}$ Gesamtfläche des Außenbauteils eines Aufenthaltsraumes
$S_{(G)}$ Grundfläche eines Aufenthaltsraumes in m².

Für Räume in Wohngebäuden üblicher Raumhöhe von etwa 2,5 m und Raumtiefen von 4,5 m oder mehr und 10% bis 60% Fensterflächenanteil gelten die Anforderungen der Tafel 53 erfüllt, wenn die in Tafel 55 angegebenen Schalldämm-Maße $R'_{w,R}$ für die Wand und $R_{w,R}$ für das Fenster jeweils einzeln eingehalten werden.

Tafel 55 Erforderliche Schalldämm-Maße erf. $R_{w,res}$ von Kombinationen von Außenwänden und Fenstern

Zeile	erf. $R'_{w,res}$ in dB nach Tafel 53	Schalldämm-Maße für Wand/Fenster in .. dB/.. dB bei folgenden Fensterflächenanteilen in %: 10%	20%	30%	40%	50%	60%
1	30	30/25	30/25	35/25	35/25	50/25	30/30
2	35	35/30 40/25	35/30	35/32 40/30	40/30	40/32 50/30	45/32
3	40	40/32 45/30	40/35	45/35	45/35	40/37 60/35	40/37
4	45	45/37 50/35	45/40 50/37	50/40	50/40	50/42 60/40	60/42
5	50	55/40	55/42	55/45	55/45	60/45	–

Diese Tafel gilt nur für Wohngebäude mit üblicher Raumhöhe von etwa 2,5 m und Raumtiefe von etwa 4,5 m oder mehr, unter Berücksichtigung der Anforderungen an das resultierende Schalldämm-Maß erf. $R'_{w,res}$ des Außenbauteiles nach Tafel 53 und der Korrektur von −2 dB nach Tafel 54, Zeile 2.

5.6 Vorschläge für einen erhöhten Schallschutz und Empfehlungen zum Schallschutz im eigenen Wohn- und Arbeitsbereich

5.6.1 Vorschläge für einen erhöhten Schallschutz

In bestimmten Fällen kann ein über die Anforderungen nach DIN 4109 hinausgehender erhöhter Schallschutz (z. B. größeres Schutzbedürfnis, besonders geringes Hintergrundgeräusch) wünschenswert sein; hierdurch kann die Belästigung durch Schallübertragung weiter gemindert werden. Entsprechende Vorschläge sind in Tafel 56 enthalten. Wird $L'_{n,w,R}$ nach Abschn. 5.3.2 berechnet, muß das Ergebnis um mindestens 2 dB über dem Tabellenwert liegen.

Ein erhöhter Schallschutz einzelner oder aller Bauteile nach diesen Vorschlägen muß ausdrücklich zwischen dem Bauherrn und dem Entwurfsverfasser vereinbart werden, wobei hinsichtlich Eignungs- und Gütenachweis auf die Regelungen in DIN 4109 Bezug genommen werden soll.

Tafel 56 Vorschläge für erhöhten Schallschutz; Luft- und Trittschalldämmung von Bauteilen zum Schutz gegen Schallübertragung aus einem fremden Wohn- oder Arbeitsbereich

Spalte	1	2	3	4	5
Zeile		Bauteile	Vorschläge für erhöhten Schallschutz erf. R'_w in dB	 erf. $L'_{n,w}$ in dB	Bemerkungen
1	**Geschoßhäuser mit Wohnungen und Arbeitsräumen**				
1	Decken	Decken unter allgemein nutzbaren Dachräumen, z. B. Trockenböden, Abstellräumen und ihren Zugängen	≧55	≦46	
2		Wohnungstrenndecken (auch -treppen) und Decken zwischen fremden Arbeitsräumen bzw. vergleichbaren Nutzungseinheiten	≧55	≦46	Weichfedernde Bodenbeläge dürfen für den Nachweis an den Trittschallschutz angerechnet werden.
3		Decken über Kellern, Hausfluren, Treppenräumen unter Aufenthaltsräumen	≧55	≦46[1])	
4		Decken über Durchfahrten, Einfahrten von Sammelgaragen und ähnliches unter Aufenthaltsräumen	–	≦46[1])	
5		Decken unter Terrassen und Loggien über Aufenthaltsräumen	–	≦46	
6		Decken unter Laubengängen	–	≦46[1])	
7		Decken und Treppen innerhalb von Wohnungen, die sich über zwei Geschosse erstrecken	–	≦46[1])	Weichfedernde Bodenbeläge dürfen für den Nachweis an den Trittschallschutz angerechnet werden. Bei Sanitärobjekten in Bad oder WC ist für eine ausreichende Körperschalldämmung zu sorgen
8		Decken unter Bad und WC ohne/mit Bodenentwässerung	≧55	≦46[1])	
9		Decken unter Hausfluren	–	≦46[1])	
10	Treppen	Treppenläufe und -podeste	–	≦46	

Fortsetzung und Fußnote s. nächste Seite

Tafel 56, Fortsetzung

Spalte / Zeile	1	2 Bauteile	3 Vorschläge für erhöhten Schallschutz erf. R'_w in dB	4 erf. $L'_{n,w}$ in dB	5 Bemerkungen
11	Wände	Wohnungstrennwände und Wände zwischen fremden Arbeitsräumen	$\geqq 55$	–	
12	Wände	Treppenraumwände und Wände neben Hausfluren	$\geqq 55$	–	Für Wände mit Türen gilt R'_w (Wand) $= R_{w,P}$ (Tür) $+ 15$ dB. Darin bedeutet $R_{w,P}$ (Tür) die erforderliche Schalldämmung der Tür nach Zeile 13. Wandbreiten $\leqq 30$ cm bleiben dabei unberücksichtigt.
13	Türen	Türen, die von Hausfluren oder Treppenräumen in Flure und Dielen von Wohnungen und Wohnheimen oder von Arbeitsräumen führen	$\geqq 37$	–	Bei Türen gelten die Werte für die Schalldämmung bei alleiniger Übertragung durch die Tür.

2 Einfamilien-Doppelhäuser und Einfamilien-Reihenhäuser

Zeile	1	2	3	4	5
14	Decken	Decken	–	$\leqq 38$ [1])	Weichfedernde Bodenbeläge dürfen für den Nachweis an den Trittschallschutz angerechnet werden.
15	Decken	Treppenläufe und -podeste und Decken unter Fluren	–	$\leqq 46$ [1])	
16	Wände	Haustrennwände Wohnungstrennwände	$\geqq 67$	–	

3 Beherbergungsstätten, Krankenanstalten, Sanatorien

Zeile	1	2	3	4	5
17	Decken	Decken	$\geqq 55$	$\leqq 46$	
18	Decken	Decken unter Bad und WC ohne/mit Bodenentwässerung	$\geqq 55$	$\leqq 46$ [1])	Weichfedernde Bodenbeläge dürfen für den Nachweis an den Trittschallschutz angerechnet werden. Bei Sanitärobjekten in Bad oder WC ist für eine ausreichende Körperschalldämmung zu sorgen.
19	Decken	Decken unter Fluren	–	$\leqq 46$ [1])	
20	Treppen	Treppenläufe und -podeste	–	$\leqq 46$ [1])	
21	Wände	Wände zwischen Übernachtungs- bzw. Krankenräumen	$\geqq 52$	–	
22	Wände	Wände zwischen Fluren und Übernachtungs- bzw. Krankenräumen	$\geqq 52$	–	Das R'_w gilt nur für die Wand allein.
23	Türen	Türen zwischen Fluren und Krankenräumen	$\geqq 37$	–	Bei Türen gelten die Werte für die Schalldämmung bei alleiniger Übertragung durch die Tür.
24	Türen	Türen zwischen Fluren und Übernachtungsräumen	$\geqq 37$	–	

[1]) Der Vorschlag für den erhöhten Schallschutz an die Trittschalldämmung gilt nur für die Trittschallübertragung in fremde Aufenthaltsräume, ganz gleich, ob sie in waagrechter, schräger oder senkrechter (nach oben) Richtung erfolgt.

5.6.2 Empfehlungen für den Schallschutz im eigenen Wohn- oder Arbeitsbereich

In besonderen Fällen können Schallschutzmaßnahmen im eigenen Wohn- oder Arbeitsbereich wünschenswert sein.

Um dem Planer eine Orientierung für diese Aufgabe zu geben, werden in Tafel 57 Vorschläge für einen normalen und für einen erhöhten Schallschutz zum Schutz gegen Schallübertragung aus dem eigenen Wohn- oder Arbeitsbereich gemacht.

Der Schallschutz einzelner oder mehrerer Bauteile nach diesen Vorschlägen muß ausdrücklich zwischen dem Bauherrn und dem Entwurfsverfasser vereinbart werden, wobei hinsichtlich Eignungs- und Gütenachweis auf die Regelungen in DIN 4109 Bezug genommen werden soll.

Tafel 57 Empfehlungen für normalen und erhöhten Schallschutz; Luft- und Trittschalldämmung von Bauteilen zum Schutz gegen Schallübertragung aus dem eigenen Wohn- oder Arbeitsbereich

Spalte	1	2	3	4	5	6
Zeile	Bauteile	Empfehlungen für normalen Schallschutz		Empfehlungen für erhöhten Schallschutz		Bemerkungen
		erf. R'_w in dB	erf. $L'_{n,w}$ in dB	erf. R'_w in dB	erf. $L'_{n,w}$ in dB	
1 Wohngebäude						
1	Decken in Einfamilienhäusern, ausgenommen Kellerdecken und Decken unter nicht ausgebauten Dachräumen	50	56	≧55	≦46	Bei Decken zwischen Wasch- und Aborträumen als Schutz nur gegen Trittschallübertragung in Aufenthaltsräume. Weichfedernde Bodenbeläge dürfen angerechnet werden.
2	Treppen und Treppenpodeste in Einfamilienhäusern	–	–	–	≦53	Der Vorschlag für den erhöhten Schallschutz an die Trittschalldämmung gilt nur für die Trittschallübertragung in fremde Aufenthaltsräume, ganz gleich, ob sie in waagerechter, schräger oder senkrechter, (nach oben) Richtung erfolgt. Weichfedernde Bodenbeläge dürfen angerechnet werden.
3	Decken von Fluren in Einfamilienhäusern	–	56	–	≦46	
4	Wände ohne Türen zwischen „lauten" und „leisen" Räumen unterschiedlicher Nutzung, z. B. zwischen Wohn- und Kinderschlafzimmer	40	–	≧47	–	
2 Büro- und Verwaltungsgebäude						
5	Decken, Treppen, Decken von Fluren und Treppenraumwände	52	53	≧55	≦46	Weichfedernde Bodenbeläge dürfen angerechnet werden.

Fortsetzung s. nächste Seite

Tafel 57, Fortsetzung

Spalte	1	2	3	4	5	6
Zeile	Bauteile	Empfehlungen für normalen Schallschutz		Empfehlungen für erhöhten Schallschutz		Bemerkungen
		erf. R'_{w} in dB	erf. $L'_{n,w}$ in dB	erf. R'_{w} in dB	erf. $L'_{n,w}$ in dB	
6	Wände zwischen Räumen mit üblicher Bürotätigkeit	37	–	≧42	–	Es ist darauf zu achten, daß diese Werte durch eine Nebenwegübertragung über Flur und Türen nicht verschlechtert wird.
7	Wände zwischen Fluren und Räumen nach Zeile 6	37	–	≧42	–	
8	Wände von Räumen für konzentrierte geistige Tätigkeit oder zur Behandlung vertraulicher Angelegenheiten, z. B. zwischen Direktions- und Vorzimmer	45	–	≧52	–	
9	Wände zwischen Fluren und Räumen nach Zeile 8	45	–	≧52	–	
10	Türen in Wänden nach Zeile 6 und 7	27	–	≧32	–	Bei Türen gelten die Werte für die Schalldämmung bei alleiniger Übertragung durch die Tür.
11	Türen in Wänden nach Zeile 8 und 9	37	–	–	–	

5.7 VDI-Richtlinie 4100 (8.94) – Schallschutz von Wohnungen

Die VDI-Richtlinie 4100 will mittels der drei Schallschutzstufen SSt I bis SSt III dem Wohnungsbenutzer eine Bewertungshilfe an Hand geben, damit er den baulichen Schallschutz seinen Vorstellungen entsprechend differenzierter beurteilen kann. Die in der VDI-Richtlinie 4100 angegebenen Schallschutzwerte beziehen sich auf Aufenthaltsräume und gelten für alle Geräuschquellen und -übertragungswege aus fremden Wohn- und Arbeitsräumen.

Tafel 58 Wahrnehmung üblicher Geräusche aus Nachbarwohnungen und Zuordnung zu den drei Schallschutzstufen

1	2	3	4
Art der Geräuschemission	Wahrnehmung der Immission aus der Nachbarwohnung, abendlicher Grundgeräuschpegel von 20 dB(A) und üblich große Aufenthaltsräume vorausgesetzt		
	SSt I	SSt II	SSt III
Laute Sprache	verstehbar	im allgemeinen verstehbar	im allgemeinen nicht verstehbar
Sprache mit angehobener Sprechweise	im allgemeinen verstehbar	im allgemeinen nicht verstehbar	nicht verstehbar
Sprache mit normaler Sprechweise	im allgemeinen nicht verstehbar	nicht verstehbar	nicht hörbar
Gehgeräusche	im allgemeinen störend	im allgemeinen nicht mehr störend	nicht störend
Geräusche aus haustechnischen Anlagen	unzumutbare Belästigungen werden im allgemeinen vermieden	gelegentlich störend	nicht oder nur selten störend
Hausmusik, laut eingestellte Rundfunk- und Fernsehgeräte, Parties	deutlich hörbar		im allgemeinen hörbar

Die Qualität des subjektiv empfundenen Schallschutzes bei den einzelnen Stufen wird in der Tafel 58 angegeben.

Während in der **Schallschutzstufe I (SStI)** die Mindestanforderungen der DIN 4109 übernommen wurde, werden in der **Schallschutzstufe II (SSt II)** Werte angegeben, bei deren Einhaltung die Bewohner, übliche Wohngegebenheiten vorausgesetzt, im allgemeinen Ruhe finden und ihre Verhaltensweisen nicht besonders einschränken müssen, um Vertraulichkeit zu wahren. Angehobene Sprache in der Nachbarwohnung ist in der Regel in fremden Aufenthaltsräumen wahrnehmbar, aber nicht zu verstehen.

Bei Einhalten der Kennwerte der **Schallschutzstufe III (SSt III)** können die Bewohner ein hohes Maß an Ruhe finden. Geräusche von außen sind kaum wahrzunehmen. Der Schutz der Privatsphäre ist auch bei lauter Sprache weitestgehend gegeben. Angehobene Sprache aus der Nachbarwohnung wird nur halb so laut wahrgenommen wie bei Stufe II. Damit ist die Sicherheit des Nichtverstehens gegenüber Stufe II deutlich verbessert. Musikinstrumente können aber beim Nachbar noch hörbar sein und damit unter Umständen stören. In den Tafeln 59 und 60 werden die empfohlenen Kennwerte des einzuhaltenden baulichen Schallschutzes für die drei Schallschutzstufen angegeben.

Zu beachten ist, daß die VDI-Richtlinie 4100 weder von den Obersten Bauaufsichtsbehörden der Länder noch vom Bundesministerium für Städtebau, Bauwesen und Raumordnung anerkannt wird und daher kann auch nicht davon ausgegangen werden, daß es sich bei dieser Richtlinie um eine allgemein anerkannte Regel der Technik handelt.

Tafel 59 Kennwerte für Schallschutzstufen innerhalb des eigenen Wohnbereichs

			kennzeichnende akustische Größe[5])	SSt I	SSt II	SSt III
Luftschallschutz	zwischen Aufenthaltsräumen	horizontal[4])	R'_{w} in dB	Beiblatt 2 zu DIN 4109	48	48
		vertikal			55	55
Trittschallschutz	zwischen Aufenthaltsräumen oder zwischen Aufenthaltsräumen und Erschließungs- bzw. Gemeinschaftsräumen	vertikal, horizontal oder diagonal	$L'_{n,w}$ in dB		46[1])	46[1])
Geräusche von	Wasserinstallationen (Wasserversorgungs- und Abwasseranlagen gemeinsam)		L_{In} in dB(A)		30[2]), [3])	30[2]), [3])
Geräusche von	sonstigen haustechnischen Anlagen		L_{AFmax} in dB(A)		30[3])	25[3])
Luftschallschutz gegen von außen eindringende Geräusche			$R'_{w,res}$ in dB	[6])	[6])	[7])

[1]) Gilt auch zwischen Aufenthaltsräumen und Treppen bzw. -podesten
[2]) Werden Abwassergeräusche gesondert (ohne die zugehörigen Armaturengeräusche) wahrgenommen, sind wegen der erhöhten Lästigkeit dieser Geräusche um 5 dB(A) niedrigere Werte einzuhalten.
[3]) Nutzergeräusche sollten soweit wie möglich gemindert werden.
[4]) Wände ohne Türen
[5]) s. Begriffsdefinitionen in der Norm DIN 4109
[6]) $R'_{w,res}$ nach der Norm DIN 4109
[7]) $R'_{w,res}$ nach der Norm DIN 4109 + 5 dB

Tafel 60 Kennwerte für Schallschutzstufen von Wohnungen in Mehrfamilienhäusern und von Doppel- und Reihenhäusern

Geräuschübertragungswege und Geräuschquellen			kennzeichnende akustische Größe[5])	SSt I	Mehrfamilienhäuser[8]) SSt II	Mehrfamilienhäuser[8]) SSt III	Doppel- und Reihenhäuser[8]) SSt II	Doppel- und Reihenhäuser[8]) SSt III
Luftschallschutz	zwischen Aufenthaltsräumen und fremden Räumen	horizontal	R'_w in dB	Anforderungen nach DIN 4109	56	59	63	68
		vertikal			57	60	63	68
	zwischen Aufenthaltsräumen und fremden Treppenhäusern bzw. Fluren				56	59	–	–
Trittschallschutz	zwischen Aufenthaltsräumen und fremden Räumen		$L'_{n,w}$ in dB		46	39	41	34
	zwischen Aufenthaltsräumen und fremden Treppenhäusern				53	46	46	39
Geräusche von	Wasserinstallationen (Wasserversorgungs- und Abwasseranlagen gemeinsam)		L_{In} in dB (A)		30[3]), [4])	25[3]), [4])	25[3]), [4])	20[3]), [4])
Geräusche	sonstigen haustechnischen Anlagen		$L_{AF\,max}$ in dB (A)		30[4])	25[4])	25[4])	20[4])
Geräusche von	baulich verbundenen Gewerbebetrieben tags		L_r in dB (A) nach VDI 2058 Blatt 1		35[1]), [2])	–[0])	30[1]), [2])	[0])
Luftschallschutz gegen von außen eindringende Geräusche			$R'_{w,res}$ in dB		[6])	[7])	[6])	[7])

0) In Schallschutzstufe III ist in der Regel gewerbliche Nutzung störungsfrei nicht möglich.
1) Möglichst nur tagsüber arbeitende Gewerbebetriebe zulassen
2) $L_{AF\,max}$ höchstens 10 dB (A) höher
3) Wenn Abwassergeräusche gesondert (ohne die zugehörigen Armaturengeräusche) auftreten, sind wegen der erhöhten Lästigkeit dieser Geräusche um 5 dB niedrigere Werte einzuhalten
4) Nutzergeräusche sollten soweit wie möglich gemindert werden.
5) s. Begriffsdefinitionen in der Norm DIN 4109
6) $R'_{w,res}$ nach der Norm DIN 4109
7) $R'_{w,res}$ nach der Norm DIN 4109 + 5 dB
8) Schutz in Aufenthaltsräumen vor Geräuschen aus fremden Bereichen

5.8 Auswirkung der europäischen Normung auf den baulichen Schallschutz

Auch der bauliche Schallschutz wird von den europäischen Normen betroffen. Sie bringen Änderungen im Bereich der Prüfnormen sowie der Nachweisverfahren und schaffen die Grundlage für eine einheitliche Vorhersage des zu erwartenden Schallschutzes in Gebäuden. Erreicht werden soll dies durch Rechenverfahren unter Verwendung von Kennwerten, die im wesentlichen meßtechnisch ermittelt werden.

Die europäischen Normen werden baurechtlich schnellstmöglich eingeführt. In einer Übergangszeit von voraussichtlich noch 3 Jahren dürfen noch die alten Meßnormen verwendet werden.

Eine signifikante Änderung gegenüber der bisher in Deutschland üblichen Vorgehensweise besteht in der Festlegung, daß schalltechnisch relevante, experimentell zu bestimmende Kennwerte der Schalldämmung von Bauteilen nur noch in Wand und Deckenprüfständen **ohne** Flankenübertragungen gemessen werden dürfen. Das Prüfzeugnis enthält folglich nur eine Aussage über die Schalldämmung des Bauteiles allein, ohne Berücksichtigung der Schallübertragung über Nebenwege (s. Bild 19).

Das bisher in Prüfzeugnissen als Meßwert der Luftschalldämmung von Bauteilen angegebene Bau-Schalldämm-Maß R' wird in Zukunft vom Schalldämm-Maß R ersetzt werden und beim Trittschallschutz tritt der Norm-Trittschallpegel L_n an Stelle des bisher üblichen Norm-Trittschallpegels mit Flankenübertragung L'_n.

Um die Gesamtschall-Übertragung zwischen zwei Räumen zu bestimmen, wird diese in eine direkte und indirekte (Nebenwege) Übertragung aufgeteilt. Die direkte Übertragung erfaßt die Schallübertragung über das Trennbauteil allein und eventuell vorhandene Elemente in diesem Bauteil, die indirekte Schallübertragung besteht aus der Summe aller Nebenwegübertragungen. Diese setzt sich zusammen aus Körperschall-Übertragung über flankierende Bauteile und Luftschall-Übertragung über Systeme, z. B. über Lüftungsanlagen, Unterdecken und dgl.

Für die Berechnung der Schalldämmung zwischen zwei Räumen wird vorausgesetzt, daß die Gesamtschall-Übertragung getrennt in die einzelnen Übertragungswege aufgeteilt werden kann, wobei jeder Übertragungsweg durch einen zugehörigen Transmissionsgrad τ beschrieben wird [9]. Definiert ist dieser als das Verhältnis der abgestrahlten Schalleistung $P2$ zur auffallenden Schalleistung $P1$

$$\tau = P2/P1$$

Das Schalldämm-Maß R ist dann

$$R = 10 \lg 1/\tau = -10 \lg \tau$$

Für die Gesamtübertragung ist der Gesamttransmissionsgrad τ_{ges} maßgebend, der aus der Summe der einzelnen Transmissionsgrade gebildet wird. Folgende Transmissionsgrade sind an der Schallübertragung beteiligt:

- **direkte Übertragung:** τ_d Körperschallübertragung über das Trennbauteil, τ_e Luftschallübertragung über Elemente im Trennbauteil,
- **indirekte Übertragung:** τ_f Körperschall-Nebenwegübertragung über flankierende Bauteile, τ_s Luftschall-Nebenwegübertragung über Systeme, z. B. Unterdecken, Doppel- und Hohlraumböden und dgl.

Dann ist: $\tau_{ges} = P_{ges}/P_1 = \tau_d + \sum_1^n \tau_f + \sum_1^m \tau_e + \sum_1^k \tau_s$

und das für die Gesamt-Schallübertragung maßgebende Bau-Schalldämm-Maß R':

$$R' = 10 \lg 1/\tau_{ges} = -10 \lg \tau_{ges}$$

Der Schallschutz wird bei dem der europäischen Normung zugrundeliegenden Prinzip im Planungsstadium nur noch durch Berechnungen auf der zuvor beschriebenen Basis ermittelt und nicht mehr wie bisher mittels mitgemessenen Flankenübertragungen.

Um eine Verbindung zwischen Meßwerten nach harmonisierten Normen und den Angaben in DIN 4109 (11.89) herzustellen wurde das Beiblatt 3 DIN 4109 (6.96) – Berechnung von $R'_{w,R}$ für den Nachweis der Eignung nach DIN 4109 aus Werten des im Labor ermittelten Schalldämm-Maßes R_w – erarbeitet.

Keinen Einfluß haben die harmonisierten Normen auf das Anforderungsniveau der DIN 4109.

4

6 Raumakustik

6.1 Begriffe

Nachhall, Nachhallzeit *T*, Schallabsorption, Schallabsorptionsgrad α, äquivalente Schallschluckfläche *A*, Schallpegelminderung ΔL. (Diese Begriffe sind in Abschn. 5.1.4 definiert.)

Sabinesche Formel. Näherungsweise Berechnung der Nachhallzeit *T* aus Raumvolumen *V* in m^3 und äquivalenter Absorptionsfläche *A* in m^2

$$T = 0{,}163\,V/A \quad \text{in s}$$

Die äquivalente Absorptionsfläche *A* kann näherungsweise berechnet werden aus den Absorptionsgraden $\alpha_1, \alpha_2 \ldots \alpha_i$ der zugehörigen Flächen $S_1, S_2 \ldots S_i$ und der Absorptionen $A'_1, A'_2 \ldots A'_i$ der Objekte bzw.. Personen $n_1, n_2 \ldots n_i$

$$A = \alpha_1 S_1 + \alpha_2 S_2 + \ldots + \alpha_i S_i + n_1 A'_1 + n_2 A'_2 + \ldots + n_i A'_i$$

Schallabsorptionsgrade s. Tafel 61.

Direktschall. Schallwellen, die den Hörer direkt auf geradlinigem Weg erreichen.

Reflektierender Schall. An den Raumbegrenzungsflächen oder Gegenständen im Raum reflektierte Schallwellen, die den Hörer erst auf diesem Umweg erreichen. Es gibt günstige und ungünstige Schallreflexionen.

Tafel 61 Schallabsorptionsgrade einiger Bauelemente und Absorption von Publikum und Bestuhlung nach [2]

Element	Absorptionskoeffizient α					
	125 Hz	250 Hz	500 Hz	1000 Hz	2000 Hz	4000 Hz
Glatter Verputz auf Mauerwerk oder Beton	0,01	0,01	0,02	0,02	0,03	0,04
Aufgehängte, glatte Gipsdecke	0,25	0,2	0,1	0,05	0,05	0,1
Wandverkleidung aus Holz oder Holzfaserplatten auf Lattenrost	0,4	0,3	0,2	0,1	0,1	0,2
Aufgeklebter Bodenbelag (Holz, Kork, Gummi)	0,02	0,03	0,04	0,05	0,05	0,1
Parkett usw. auf Blindboden	0,2	0,15	0,1	0,1	0,05	0,1
Teppiche mittlerer Dicke	0,05	0,08	0,2	0,3	0,35	0,4
Vorhänge mittel	0,1	0,15	0,3	0,4	0,5	0,6
Akustikplatte, 2 cm, aufgeklebt	0,1	0,15	0,4	0,6	0,7	0,7
Akustikplatte, 2 cm, auf Lattenrost	0,2	0,3	0,6	0,7	0,7	0,7
Geschlossene Fenster	0,1	0,04	0,03	0,02	0,02	0,02
Mit Zuhörern, Orchester, Chören belegte Fläche	0,60	0,74	0,88	0,96	0,93	0,85
Fläche der Bestuhlung (Polster mit Stoffbespannung) ohne Zuhörer	0,49	0,66	0,80	0,88	0,82	0,70
Fläche der Bestuhlung (Polster mit Leder) ohne Zuhörer	0,44	0,54	0,60	0,62	0,58	0,50
Publikum (m^2/Person) stehend oder						
– auf Holzbestuhlung	0,15	0,3	0,5	0,55	0,6	0,5
– auf Polsterbestuhlung	0,2	0,4	0,55	0,6	0,6	0,5
Orchester mit Instrumenten auf Podium/Person	0,4	0,8	1,0	1,4	1,3	1,2
Bestuhlung alleine:						
– Holz	0,01	0,01	0,02	0,03	0,05	0,05
– Polster mit Stoffbespannung	0,1	0,3	0,35	0,45	0,5	0,4
– Polster mit Leder	0,1	0,25	0,35	0,35	0,2	0,1

Laufzeitdifferenz. Zeitunterschied zwischen der Einwirkung des direkten und reflektierten Schalles auf den Hörer. Die Laufzeitdifferenz sollte nicht größer als 0,5 s sein.

Hörsamkeit. Eignung eines Raumes für Schalldarbietungen im Hinblick auf eine ausreichende Sprachverständlichkeit, vorwiegend bewirkt durch eine zweckmäßige Gestaltung des Raumes in Verbindung mit Auswahl und Verteilung definierter schallschluckender Flächen.

6.2 Anwendungsbereich

Die Raumakustik befaßt sich mit der Schallausbreitung in geschlossenen Räumen, der Beurteilung derselben hinsichtlich der Verständlichkeit des gesprochenen Wortes oder der Eignung für musikalische Darbietungen. Außerdem gibt sie Hinweise für Lärmminderungsmaßnahmen in Aufenthalts- und Arbeitsräumen zur Sicherung ausreichender Verständlichkeit von Gesprächen.

6.3 Anforderungen

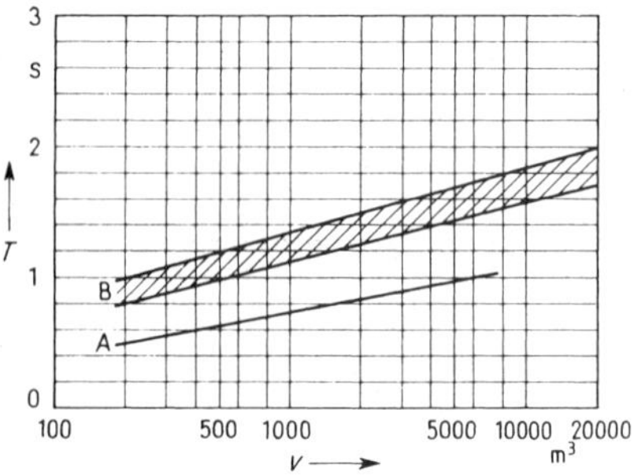

Bild 30
Nachhallzeit *T* für verschiedene Raumvolumina *V* bei 1000 Hz. (*A* Sprache; *B* mittlerer Bereich für Musik) nach [2]

Die Anforderungen hinsichtlich der raumakustischen Verhältnisse richten sich nach dem Verwendungszweck der Räume. Für jeden Raum gibt es einen günstigsten Nachhallzeitbereich, die sogenannte optimale Nachhallzeit T, die vom Verwendungszweck (sprachliche oder musikalische Darbietungen) und vom Raumvolumen abhängt (s. Bild 30). Bei Arbeits- und Aufenthaltsräumen ist gegebenenfalls durch zusätzliche Schallabsorptionsmaßnahmen der Schallpegel abzusenken, um eine ausreichende Verständlichkeit der Sprache zu gewährleisten.

6.3.1 Nachhallzeit

Tafel 62 Anzustrebende Nachhallzeiten *T* in Sekunden für mittlere Frequenzen (500 bis 1000 Hz)[1])

Sporthallen	–	oberhalb 500 Hz $<$ 1,8 s	DIN 18032
Sitzungssäle Versammlungsräume und dergleichen	$V = 125\ m^3$ 250 500 1000	0,6 0,7 0,8 0,9	DIN 18041

[1]) Werte gelten für unbesetzten Raum, im besetzten Raum sinken sie jeweils etwa um 0,2 s.

6.3.2 Lärmminderung

Eine Erhöhung der vorhandenen äquivalenten Schallabsorptionsfläche A_1 um ΔA ergibt eine Verminderung des Schallpegels ΔL um

$$\mathbf{\Delta L = 10\ lg\left(1 + \frac{\Delta A}{A_1}\right)}$$

Dieser Effekt wird jedoch häufig überschätzt. Eine Verdoppelung der äquivalenten Schallabsorptionsfläche ($\Delta A = A_1$) ergibt nur 3 dB Minderung.

6.4 Raumgeometrie

Bei der Ausbreitung des Schalles wird dieser an Decken und Wänden reflektiert. Für hintere Plätze sind kurze Zeit nach dem Direktschall eintreffende Reflexionen wichtig. Große Laufzeitunterschiede zwischen direktem und indirektem Schall beeinträchtigen die Sprachverständlichkeit, sie können durch Anordnung von schallabsorbierenden Flächen vermieden werden (s. Bilder 31 bis 35).

S. 231

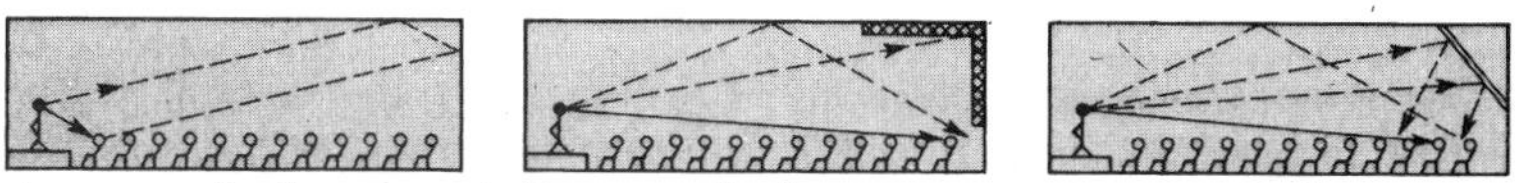

a) ungünstig b) günstig c) günstig

Bild 31 Rückwandreflexion

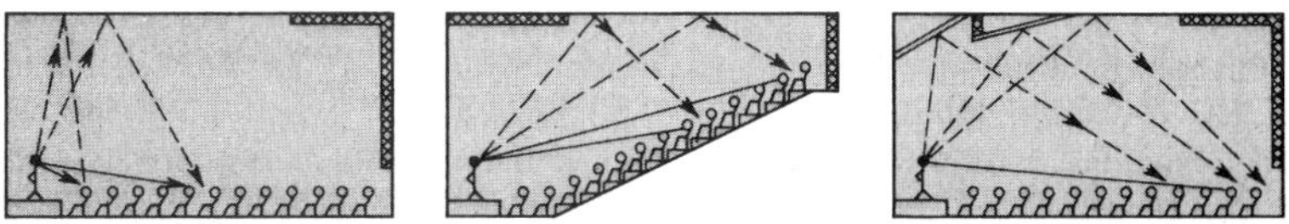

a) ungünstig b) günstig c) günstig

Bild 32 Deckenreflexion

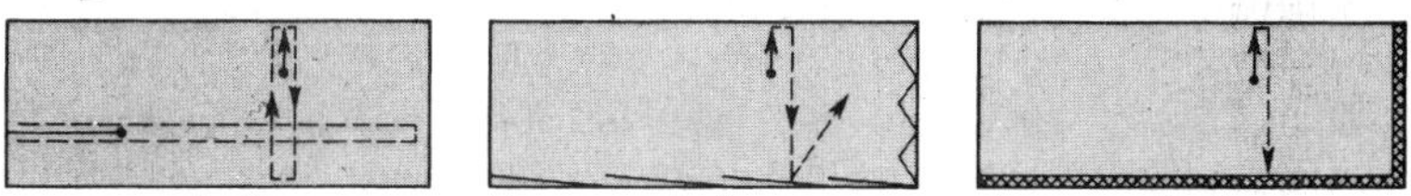

a) ungünstig b) günstig c) günstig

Bild 33 Flatterecho

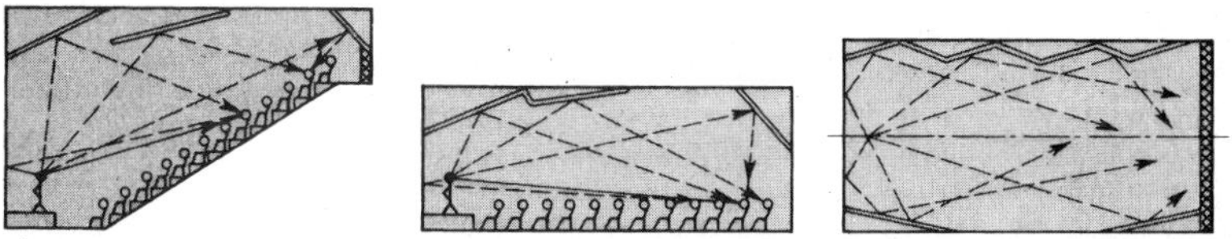

a) b) c)

Bild 34 Nützliche Reflexionen für den hinteren Raumbereich

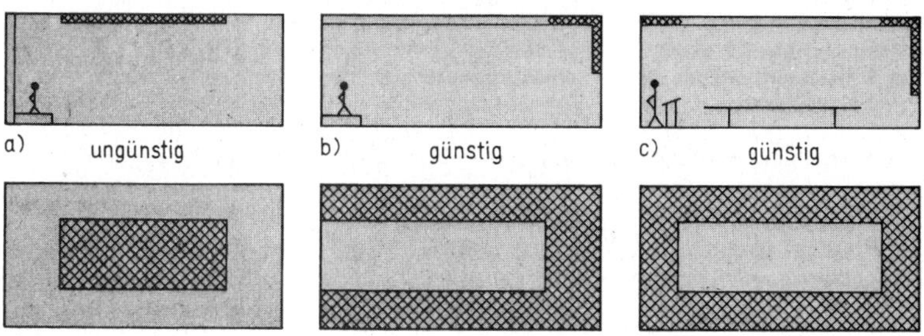

a) ungünstig b) günstig c) günstig

a) b) c)

Bild 35 Verteilen von Schallschluckflächen für Räume kleiner bis mittlerer Raumgröße, z. B. Schulräume, Sitzungsräume (oben Aufrisse, unten Deckenuntersichten)

7 Lärmschutz

Der von Geräuschquellen abgestrahlte Lärm wird von Menschen als belastend empfunden, wenn der am Immissionsort vorhandene Schallpegel zu hoch ist. Maßgebend für die Belastung ist die Stärke, Dauer, Häufigkeit des Auftretens, Frequenzzusammensetzung, Auffälligkeit und Ortsüblichkeit des Geräusches, sowie die Art und Betriebsweise der Geräuschquelle. Aus den am Immissionsort gemessenen Werten wird unter Berücksichtigung der verschiedenen Einflußgrößen der Beurteilungspegel L_r bestimmt. Um zu entscheiden, ob Lärm als belastend einzustufen ist, wird der Beurteilungspegel L_r mit Richtwerten verglichen, die nach Einwirkungsorten entsprechend der baulichen Nutzung ihrer Umgebung sowie nach der Einwirkungszeit (Tag bzw. Nacht) unterteilt sind.

Festgelegt sind die Richtwerte in der VDI-Richtlinie 2058 „Beurteilung von Arbeitslärm in der Nachbarschaft", DIN 18005 „Schallschutz im Städtebau", der Arbeitsstättenverordnung „Schutz gegen Lärm am Arbeitsplatz", TA-Lärm „Technische Anleitung zum Schutz gegen Lärm", AV-Baulärm „Allgemeine Verwaltungsvorschrift zum Schutz gegen Baulärm – Geräuschimmissionen", 16. BimSchV (Verkehrslärmschutzverordnung) und 18. BimSchV (Sportlärmschutzverordnung).

7.1 Schallpegelbewertung

Mittelungspegel L_m. Der von Schallquellen abgestrahlte Lärm ist in der Regel zeitlich nicht konstant. Um die Meßergebnisse verschiedener Schallereignisse miteinander vergleichen zu können, wird aus den zeitlich schwankenden Meßwerten der Mittelungspegel L_m nach DIN 45641 gebildet.

$$L_m = 10 \lg\left[\frac{1}{T}\int_0^T 10^{\frac{L(t)}{10\,dB}}\,dt\right] \text{ in dB}$$

T Zeitintervall der Messung
$L(t)$ Schallpegel in dB zur Zeit t

In der Regel wird der Schallpegel mit der Frequenzbewertung A als Funktion der Zeit mit der Zeitbewertung „F" (Schnell), „S" (Langsam) oder „I" (Impulse) gemessen. Je nach der gewählten Anzeigeart erhält man als Meßergebnis die Größe

$L_{AF}(t)$, $L_{AS}(t)$ oder $L_{AI}(t)$.

Wird in Zeitintervallen von 3 bis 5 Sekunden der für den ganzen Takt geltende maximale Schalldruck mit der Zeitbewertung „F" gemessen, ist

$L_{AFT}(t)$

der vom Schallpegelmesser angezeigte Wert. Die Mittelung dieser Meßwerte ergibt die folgenden Mittelungspegel:

L_{AFm}, L_{ASm}, L_{AIm} und L_{AFTm}.

Wirkpegel. Der in allgemeinen Verwaltungsvorschriften benützte Wirkpegel ist identisch mit dem Mittelungspegel L_{AFTm}.

Beurteilungspegel L_r. Die Einwirkung des zu beurteilenden Geräusches am Immissionsort wird an Hand des Beurteilungspegels L_r nach DIN 45645 bewertet unter Berücksichtigung der Einwirkungsdauer, der Tageszeit des Auftretens und besonderer Geräuschmerkmale (Töne, Impulse). Es ist

$$L_r = 10 \lg\left[\frac{1}{T_r}\int_0^{T_r} 10^{\frac{L(t)+K(t)}{10\,dB}}\,dt\right] \text{ in dB}$$

T_r Beurteilungszeit
$L(t)$ Schallpegel in dB zur Zeit t
$K(t)$ Schallpegelzuschlag in dB für Impuls- und Tonhaltigkeit

7.2 Richtwerte nach VDI 2058

7.2.1 Bezugszeitraum

Die Richtwerte für den Beurteilungspegel sind auf einen Bezugszeitraum von 16 Stunden während des Tages und die ungünstigsten Stunden während der Nacht bezogen. Die Nachtzeit beträgt 8 Stunden; sie beginnt im allgemeinen um 22.00 Uhr und endet um 6.00 Uhr.

7.2.2 Immissionsrichtwerte

Die Richtwerte betragen für Einwirkungsorte, in deren Umgebung

a) nur gewerbliche Anlagen und ggf. ausnahmsweise Wohnungen für Inhaber und Leiter der Betriebe sowie für Aufsichts- und Bereitschaftspersonen untergebracht sind		70 dB (A)
b) vorwiegend gewerbliche Anlagen untergebracht sind	tags 65 dB (A)	nachts 50 dB (A)
c) weder vorwiegend gewerbliche Anlagen noch vorwiegend Wohnungen untergebracht sind	tags 60 dB (A)	nachts 45 dB (A)
d) vorwiegend Wohnungen untergebracht sind	tags 55 dB (A)	nachts 40 dB (A)
e) ausschließlich Wohnungen untergebracht sind	tags 50 dB (A)	nachts 35 dB (A)
f) für Kurgebiete, Krankenhäuser, Pflegeanstalten, sowie sie als solche durch Orts- und Straßenbeschilderung ausgewiesen sind	tags 45 dB (A)	nachts 35 dB (A)

Kurzzeitige Geräuschspitzen sollen den Richtwert am Tage nicht mehr als 30 dB (A) überschreiten. Zur Sicherung der Nachtruhe sollen nachts auch kurzzeitige Überschreitungen der Richtwerte um mehr als 20 dB (A) vermieden werden.

8 Brandschutz

Brände in Gebäuden und ihre Auswirkung auf die Umgebung gefährden das Leben und die Gesundheit von Menschen. Um der Entstehung und Ausbreitung von Schadenfeuer vorzubeugen, werden Vorschriften zum Brandschutz erlassen; sie sind in den Landesbauordnungen enthalten und stimmen in allen Bundesländern weitgehend überein. Die dort festgelegten brandschutztechnischen Mindestauflagen betreffen die Ausführung der Bauteile, die Planung von Flucht- und Rettungswegen für den Brandfall und die Planung von Feuerwehrzufahrten.

Maßnahmen zum baulichen Brandschutz finden ihren Niederschlag in der Auswahl der Baustoffe und Ausbildung der Bauteile. Als Bewertungsmaßstab für die bauaufsichtlichen Anforderungen an den Brandschutz dient die Klassifizierung der Baustoffe nach ihrem Brandverhalten (brennbare oder nicht brennbare Baustoffe) und die Einteilung der Bauteile in Feuerwiderstandsklassen. Darunter versteht man die Widerstandsdauer in Minuten bei Feuereinwirkung unter definierten Bedingungen.

Eine Brandentstehung und die Ausbreitung des Feuers in einem Raum wird durch die Verwendung von nicht brennbaren oder schwer entflammbaren Baustoffen behindert. Leicht entflammbare Baustoffe sind nicht zugelassen, es sei denn, sie sind in Verbindung mit anderen Baustoffen nicht mehr leicht entflammbar.

Die Brandweiterleitung in benachbarte Räume oder in andere Geschosse wird durch das Brandverhalten der Bauteile bestimmt. An deren Feuerwiderstand werden, je nach Gebäudeart und -höhe, unterschiedliche Anforderungen gestellt.

8.1 Brandschutztechnische Prüfungen

Wie die Baustoffe und Bauteile zur brandschutztechnischen Klassifizierung zu prüfen sind, ist in DIN 4102 – Brandverhalten von Baustoffen und Bauteilen – festgelegt.

Die Norm besteht aus folgenden Teilen:

-1 (5.98)	Baustoffe; Begriffe, Anforderungen und Prüfungen
-2 (9.77)	Bauteile, Begriffe, Anforderungen und Prüfungen
-3 (9.77)	Brandwände und nichttragende Außenwände; Begriffe, Anforderungen und Prüfungen
-4 (3.94)	Zusammenstellung und Anwendung klassifizierter Baustoffe, Bauteile und Sonderbauteile
-5 (9.77)	Feuerschutzabschlüsse, Abschlüsse in Fahrschachtwänden, gegen Flugfeuer widerstandsfähige Verglasungen; Begriffe, Anforderungen und Prüfungen.
-6 (9.77)	Lüftungsleitungen; Begriffe, Anforderungen und Prüfungen
-7 (7.98)	Bedachungen; Begriffe, Anforderungen und Prüfungen
-11 (12.85)	Rohrummantelungen, Rohrabschottungen, Installationsschächte und -kanäle sowie Abschlüsse ihrer Revisionsöffnungen; Begriffe, Anforderungen und Prüfungen.

8.2 Baustoffklassen

Die Baustoffe werden nach ihrem Brandverhalten in Klassen eingeteilt. Diese sind gemeinsam mit den bauaufsichtlichen Benennungen in Tafel 63 aufgeführt.

Baustoffe der Klasse A2 dürfen geringe Mengen an organischen Bestandteilen enthalten, verhalten sich aber bei einem Brand wie ein Baustoff der Klasse A1. In der Bauverordnung wird nicht zwischen A1 und A2 unterschieden, die Baustoffe dieser Klassen werden bauaufsichtlich gleich behandelt.

Tafel 63 Baustoffklassen und bauaufsichtliche Benennung

Klasse	Benennung
A, A_1, A_2	nichtbrennbare Baustoffe
B	brennbare Stoffe
B1	schwerentflammbare Baustoffe
B2	normalentflammbare Baustoffe
B3	leichtentflammbare Baustoffe

Baustoffklassen müssen durch Prüfzeugnis bzw. -zeichen nachgewiesen werden.

Ohne Brandversuche können Baustoffe, die in DIN 4102-4 aufgeführt sind, den dort angegebenen Baustoffklassen ohne jeden weiteren Nachweis zugeordnet werden. Bei allen anderen Baustoffen muß durch ein Prüfzeugnis oder ein Prüfzeichen auf Grundlage von Brandversuchen nach DIN 4102-1 bzw. durch allgemeine bauaufsichtliche Zulassung (Institut für Bautechnik in Berlin) der Nachweis geliefert werden.

Für nichtbrennbare Baustoffe der Baustoffklasse A 1 genügt ein Prüfzeugnis, wenn sie keine brennbaren Bestandteile enthalten. Für nichtbrennbare Baustoffe der Baustoffklasse A 2 sowie für brennbare Baustoffe der Klasse B 1 besteht Prüfzeichenpflicht.

Für brennbare Baustoffe der Klasse B 2 und B 3 ist der Nachweis mit Prüfzeugnis ausreichend; diese können z.B. von amtlich anerkannten Materialprüfungsanstalten erstellt werden. Die folgende Tafel 64 gibt eine Übersicht zur Zuordnung von Baustoffen und Nachweisverfahren.

Werden Verbundstoffe klassifiziert, so müssen sie als Gesamtheit geprüft werden. Wenn für den Nachweis die in DIN 4102 vorgesehenen Prüfungen nicht ausreichen, sind weitere Nachweise zum Beispiel im Rahmen der Erteilung einer allgemeinen bauaufsichtlichen Zulassung zu erbringen.

Tafel 64 Baustoffklassen und Nachweisverfahren

Klasse	zusätzliches Kriterium		Nachweis durch
A 1	ohne brennbare Bestandteile	genormte Baustoffe	DIN 4102-4
		nicht genormte Baustoffe	Prüfzeugnis
A 2	mit brennbaren Bestandteilen		Prüfbescheid mit Prüfzeichen
B 1	nach bestimmten Normen		DIN 4102-4
	Sonstige		Prüfbescheid mit Prüfzeichen
B 2	genormte Baustoffe		Prüfzeugnis
	nicht genormte Baustoffe		Prüfzeugnis

8.3 Feuerwiderstandsklassen

Eine Zuordnung der Bauteile zu Feuerwiderstandsklassen erfolgt nach Zeitdauer, die das Bauteil bzw. die Baukonstruktion beim Brandversuch dem Feuer Widerstand bietet.

Feuerwiderstandsklassen F. Für Wand- und Deckenbauteile sowie Stützen, Unterzüge und sonstigen Tragwerke werden nach DIN 4102-2 die Feuerwiderstandsklassen F, baurechtlichen Benennungen und Kurzbezeichnungen der Tafeln 65 und 66 unterschieden.

Tafel 65 Feuerwiderstandsklasse F

Feuerwiderstandsklasse	F30	F60	F90	F120	F180
Feuerwiderstandsdauer in min	≧30	≧60	≧90	≧120	≧180

Tafel 66 Benennungen der Feuerwiderstandsklassen F und Kurzbezeichnung

Baurechtliche Benennung	Benennung nach DIN 4102	Kurzbezeichnung
feuerhemmend	Feuerwiderstandsklasse F 30	F 30–B
feuerhemmend und in den tragenden Teilen aus nicht brennbaren Stoffen	Feuerwiderstandsklasse F 30 und in den wesentlichen Teilen aus nichtbrennbaren Stoffen	F 30–AB
feuerhemmend und aus nichtbrennbaren Baustoffen	Feuerwiderstandsklasse F 30 und aus nichtbrennbaren Baustoffen	F 30–A
feuerbeständig	Feuerwiderstandsklasse F 90 und in den wesentlichen Teilen aus nichtbrennbaren Baustoffen	F 90–AB
feuerbeständig und aus nichtbrennbaren Baustoffen	Feuerwiderstandsklasse F 90 und aus nichtbrennbaren Baustoffen	F 90–A

Holzbauteile der Feuerwiderstandsklasse F 30–B und F 60–B werden im Abschn. Holzbau nach DIN 1052 S. 873ff. dieses Werkes aufgeführt.

Weitere Feuerwiderstandsklassen sind:

Feuerwiderstandsklasse W bei nichttragenden Außenwänden, Brüstungen und Stürzen.

Feuerwiderstandsklasse T bei Feuerschutzabschlüssen, z. B. Türen, Klappen, Rolläden und Toren. Sie müssen im eingebauten Zustand den Durchtritt eines Feuers durch Öffnungen in Wänden und Decken verhindern.

Feuerwiderstandsklasse G bei Verglasungen. Diese verhindern den Flammen- und Brandgasdurchtritt, nicht jedoch den Durchtritt der Wärmestrahlung. Die Verglasungen müssen einschließlich ihrer Halterungen sowie Befestigungen und Fugen als Raumabschluß wirksam bleiben. Verglasungen der Feuerwiderstandsklasse F verhindern nicht nur den Flammen- und Brandgasdurchtritt, sondern auch den Durchtritt von Wärmestrahlung.

Feuerwiderstandsklasse L und K bei Lüftungsleitungen und Absperrvorrichtungen. Die Übertragung von Feuer und Rauch durch Lüftungsleitungen soll verhindert werden.

9 Lichttechnische Größen und Einheiten

9.1 Größen und Einheiten

Die lichttechnischen Größen sind keine objektiven Meßgrößen, da durch die Bezugnahme auf die Helligkeitsempfindung des menschlichen Auges eine subjektive Bewertung unvermeidlich ist. Die Definitionen sind in DIN 5031 „Strahlungsphysik im optischen Bereich und Lichttechnik" niedergelegt. Die wichtigsten Größen sind:

Lichtstärke I. Ist die lichttechnische Basiseinheit im SI-Einheitensystem und wird in Candela (cd) gemessen.

Lichtstrom $\Phi = I \cdot \Omega$. Der Lichtstrom Φ ergibt sich aus der Lichtstärke I, die eine Lichtquelle in den Raumwinkel Ω (Einheit: Steradiant (sr)) ausstrahlt; er wird in Lumen (lm) gemessen. Es ist 1 lm = 1 cd · sr.

Leuchtdichte $L = I/(A \cdot \cos\varepsilon)$. Ist die maßgebende Größe für den vom Auge wahrgenommenen Helligkeitseindruck einer Fläche. Die Leuchtdichte L einer Fläche A in einer bestimmten Richtung ist der Quotient aus der Lichtstärke I der Fläche, die in Richtung zum Beobachter abgestrahlt wird, und der zur Ausstrahlungsrichtung senkrechten Projektion der Fläche ($A \cdot \cos\varepsilon$). Sie wird gemessen in cd/m^2.

Beleuchtungsstärke $E = \Phi/A$. Ist der Quotient aus dem auf eine Fläche A fallenden Lichtstrom Φ und der Größe dieser Fläche. Sie wird gemessen in Lux (lx). Es ist $1\ lx = 1\ lm/m^2$.

9.2 Anforderungen an die Beleuchtungsstärke

Richtwerte für die Nennbeleuchtungsstärke E_n in Räumen oder in Raumzonen von Arbeitsstätten in Gebäuden sind in der DIN 5035-2 „Innenraumbeleuchtung mit künstlichem Licht; Richtwerte für Arbeitsstätten" enthalten. Durch Übernahme in die Arbeitsstättenrichtlinie „Künstliche Beleuchtung 7/3 1979" des Bundesministers für Arbeit und Sozialordnung wurden sie zu Mindestanforderungen (s. Tafel 67).

Tafel 67 Richtwerte für Nennbeleuchtungsstärken nach DIN 5035-2

Art des Raumes bzw. der Tätigkeit	E_n in lx
Allgemeine Räume	
Verkehrszonen in Abstellräumen	50
Kantinen	200
Pausen- und Liegeräume	100
Räume für körperliche Ausgleichsübungen	300
Umkleideräume	100
Waschräume	100
Toilettenräume	100
Sanitätsräume, Räume für Erste Hilfe u.ä.	500
Verkehrswege in Gebäuden	
für Personen	50
für Personen und Fahrzeuge	100
Treppen, Fahrtreppen und geneigte Verkehrswege	100
Büroräume und büroähnliche Räume	
Büroräume mit tageslichtorientierten Arbeitsplätzen ausschließl. in unmittelbarer Fensternähe	300
Büroräume	500
Großraumbüros – hohe Reflexion	750
– mittlere Reflexion	1000
Technisches Zeichnen	750 [1])
Sitzungszimmer und Besprechungsräume	300
Empfangsräume	100
Räume mit Publikumsverkehr	200
Räume für Datenverarbeitung	500
Groß- und Einzelhandel	
Verkaufsräume	300
Kassenarbeitsplätze	500
Hotels und Gaststätten	
Empfang	200
Küche	500
Speiseräume	200
Buffet	300
Sitzungsräume	300
Selbstbedienungsgaststätten	300

[1]) bezogen auf eine Gebrauchslage des Zeichenbrettes von 75° zur Horizontalen; im Mittelpunkt 1,2 m Höhe.

Lastannahmen, Einwirkungen

Bearbeitet von Prof. Dr.-Ing. Otto W. Wetzell

Inhalt

Seite

5

Technische Baubestimmungen

DIN 1052-1	04.88	Holzbauwerke; Berechnung und Ausführung
DIN 1052-2	04.88	—; Mechanische Verbindungen
DIN 1052-3	04.88	—; Holzhäuser in Tafelbauart; Berechnung und Ausführung
DIN 1053-1	11.96	Mauerwerk; Berechnung und Ausführung
DIN 1053-3	02.90	—; Bewehrtes Mauerwerk; Berechnung und Ausführung
DIN 1055-1	07.78	Lastannahmen für Bauten; Lagerstoffe, Baustoffe und Bauteile, Eigenlasten und Reibungswinkel
DIN 1055-2	02.76	—; Bodenkenngröße, Wichte, Reibungswinkel, Kohäsion, Wandreibungswinkel
DIN 1055-3	06.71	—; Verkehrslasten
DIN 1055-4	08.86	—; Verkehrslasten; Windlasten bei nicht-schwingungsanfälligen Bauwerken
DIN 1055-4/A1	06.87	—; Verkehrslasten; Änderung 1, Berechtigungen
DIN 1055-5	06.75	—; Verkehrslasten; Schneelast und Eislast
DIN 1055-5/A1	04.94	—; —; —; Änderung
DIN 1055-6	05.87	—; Lasten in Silozellen
DIN 1055-6 Bbl. 1	05.87	—; Lasten in Silozellen; Erläuterungen
DIN 1056	10.84	Freistehende Schornsteine in Massivbauart; Berechnung und Ausführung
DIN 1072	12.85	Straßen- und Wegbrücken; Lastannahmen
DIN 1072 Bbl. 1	05.88	—; Lastannahmen; Erläuterungen
DIN 4112	02.83	Fliegende Bauten; Richtlinien für Bemessung und Ausführung
DIN 4131	11.91	Antennentragwerke aus Stahl
DIN 4132	02.81	Kranbahnen; Stahltragwerke; Grundsätze für Berechnung, bauliche Durchbildung und Ausführung
DIN 4132 Bbl. 1	02.81	—; Stahltragwerke; Grundsätze für Berechnung, bauliche Durchbildung und Ausführung; Erläuterungen
DIN 4134	02.83	Tragluftbauten; Berechnung, Ausführung und Betrieb
DIN 4149-1	04.81	Bauten in deutschen Erdbebengebieten; Lastannahmen; Bemessung und Ausführung üblicher Hochbauten
DIN 4149-1 Bbl. 1	04.81	—; Zuordnung von Verwaltungsgebieten zu Erdbebenzonen
DIN 4149-1/A1	12.92	—; —; Änderung
DIN 4212	01.86	Kranbahnen aus Stahlbeton und Spannbeton; Berechnung und Ausführung
DIN 4420-1	12.90	Arbeits- und Schutzgerüste; Allgemeine Regelungen; Sicherheitstechnische Anforderungen; Prüfungen
DIN 4420-2	12.90	—; Leitergerüste; Sicherheitstechnische Anforderungen
DIN 4420-3	12.90	—; Gerüstbauten; Sicherheitstechnische Anforderungen und Regelausführungen
DIN 4420-4	12.88	—; aus vorgefertigten Bauteilen; Werkstoffe; Gerüstbauteile, Abmessungen, Lastannahmen und sicherheitstechnische Anforderungen
DIN 4421	08.82	Traggerüste; Berechnung, Konstruktion und Ausführung
DIN V ENV 1991-1	12.95	Eurocode 1; Grundlagen der Tragwerksplanung und Einwirkungen auf Tragwerke; Grundlagen der Tragwerksplanung
DIN V ENV 1991-2-1	01.96	—; —; Einwirkungen auf Tragwerke; Wichten, Eigenlasten, Nutzlasten
DIN V ENV 1991-2-2	05.97	—; —; —; Einwirkungen im Brandfall
DIN V ENV 1991-2-3	01.96	—; —; —; Schneelasten
DIN V ENV 1991-2-4	12.96	—; —; —; Windlasten
DIN V ENV 1991-2-5	01.99	—; —; —; Temperatureinwirkungen
DIN V ENV 1991-2-6	08.99	—; —; —; Einwirkungen während der Ausführung
DIN V ENV 1991-3	08.96	—; —; Verkehrslasten auf Brücken
DIN V ENV 1991-4	12.96	—; —; Einwirkungen auf Silos und Flüssigkeitsbehälter
DIN V ENV 1998-1-1	06.97	Auslegung von Bauwerken gegen Erdbeben; Teil 1-1: Grundlagen; Erdbebeneinwirkungen und allgemeine Anforderungen an Bauwerke;
DIN V ENV 1998-1-2	06.97	—; Teil 1-2: Grundlagen; Allgemeine Regeln für Hochbauten;

DIN V ENV 1998-1-3	06.97	–; Teil 1-3: Grundlagen; Baustoffspezifische Regeln für Hochbauten;
DIN V ENV 1998-1-4	09.99	–; Teil 1-4: Grundlagen; Verstärkung und Reparatur von Hochbauten;
DIN V ENV 1998-2	07.98	–; Teil 2: Brücken;
DIN V ENV 1998-3	09.99	–; Teil 3: Türme, Maste und Schornsteine;
DIN V ENV 1998-5	06.97	–; Teil 5: Gründungen; Stützbauweke;

1 Sicherheitskonzept

Ein Bauwerk muß – unter besonderer Berücksichtigung des Aspektes der Dauerhaftigkeit – so entworfen werden, daß es während der Herstellung und der vorgesehenen Nutzungsdauer mit angemessener Zuverlässigkeit und Wirtschaftlichkeit

- die geforderten Gebrauchseigenschaften behält (Gebrauchstauglichkeit*),
- unter den Einwirkungen und Einflüssen, die während seiner Herstellung und Nutzung auftreten können, nicht versagt (Standsicherheit bzw. Tragfähigkeit),
- außergewöhnliche Ereignisse wie z. B. Feuer und Brand, Explosion und Aufprall eines Fahrzeuges übersteht, ohne in einem Maße geschädigt zu werden, das in keinem Verhältnis zur Schadensursache steht.

Außerdem soll der Ausfall eines einzelnen Bauteils oder eines begrenzten Teils des Bauwerks oder ein anderer örtlicher Schaden nicht zum Versagen des Gesamtbauwerks bzw. zum Einsturz des Bauwerks führen.

Der Grad der *Zuverlässigkeit für die Wahrung der Tragfähigkeit* kann und darf sich vom Grad der *Zuverlässigkeit für die Wahrung der Gebrauchstauglichkeit* unterscheiden.

Tafel 2 zeigt die Einteilung der Bauwerke hinsichtlich der Nutzungsdauer.

Tafel 2 Klassifizierung von Bauten im Hinblick auf die Nutzungsdauer

Klasse	Geplante Nutzungsdauer in Jahren	Beispiel
1	1 bis 5	Tragwerke mit befristeter Standzeit
2	25	Austauschbare Tragwerksteile, z. B. Kranbahnträger, Lager
3	50	Gebäude und andere gewöhnliche Tragwerke
4	100	Monumentale Gebäude, Brücken und andere Ingenieurbauwerke

Beim Nachweis der Tragfähigkeit und der Gebrauchstauglichkeit sind alle Situationen bzw. Zustände zu berücksichtigen, die während der Herstellung und Nutzung des Bauwerks auftreten können. Die Menge dieser Situationen kann eingeteilt werden in

- die Gruppe der planmäßig während der gesamten Nutzungszeit auftretenden – also in diesem Sinne ständigen – Situationen,
- die Gruppe der vorübergehend und zeitlich begrenzt auftretenden Situationen, wie z. B. die Situationen im Bauzustand oder während irgendwelcher Wartungs- und Instandsetzungsarbeiten,
- die Gruppe der außergewöhnlichen Situationen, wie sie z. B. durch Feuer und Brand, Explosion oder den Anprall eines Fahrzeuges entstehen
  und
- die Situation bei einem Erdbeben.

Für jede dieser Gruppen muß die Tragfähigkeit und Gebrauchstauglichkeit des Bauwerks gegeben sein.

Diese Tragfähigkeit oder Gebrauchstauglichkeit kann verloren gehen durch

- Verlust des Gleichgewichts
- übermäßige Verformung
- Übergang in eine sog. kinematische Kette
- Verlust der Stabilität und Übergang in einen Zustand des indifferenten oder labilen Gleichgewichts
- Ermüdung des Materials oder Wirksamwerden eines anderen Langzeitphänomens
- Bruch eines Bauteils mit oder ohne Vorankündigung.

---

* Die Gebrauchstauglichkeit ist nicht mehr gegeben, wenn das Bauwerk die für seine geplante Nutzung und das Wohlbefinden der zu dieser Nutzung gehörenden Personen erforderlichen Bedingungen und Voraussetzungen nicht mehr erfüllt. Zu diesen Bedingungen gehören neben einwandfreiem Funktionieren des Bauwerks z. B. auch ein einwandfreies optisches Erscheinungsbild.

In die Nachweise der Tragfähigkeit und der Gebrauchstauglichkeit gehen viele Daten und Verfahren zusammen mit ihren Unsicherheiten ein: Lasten bzw. Einwirkungen, Baustoffe und Baugrund, geometrische Bauwerksdaten, Verfahren der Strukturanalyse u. a. m.
Die Menge der Einwirkungen *F* läßt sich nach verschiedenen Gesichtspunkten einteilen:

a) Art der Einwirkung:
- direkte Einwirkungen, z. B. Kräfte (Lasten), die auf ein Bauwerk wirken, und
- indirekte Einwirkungen, z. B. aufgezwungene oder verhinderte Verformungen oder Bewegungen, herrührend etwa von Temperaturänderungen (veränderlich), Feuchtigkeitsänderungen, ungleichen Setzungen des Baugrundes (ständig) oder Erdbeben.

b) Zeitliches Verhalten
- die Gruppe der ständigen Einwirkungen *G*; zu ihr gehören die Eigenlasten von Bauwerk und fest eingebauten Ausrüstungen und die Vorspannung;
- die Gruppe der veränderlichen Einwirkungen *Q*; zu ihr gehören Nutzlasten sowie Wind- und Schneelasten;
- die Gruppe der außergewöhnlichen Einwirkungen *A*; zu ihr gehören Einwirkungen, die durch Explosion oder den Anprall eines Fahrzeuges ausgelöst werden.

c) Örtliche Gebundenheit
- die Gruppe der ortsfesten Einwirkungen, z. B. Eigenlasten,
- die Gruppe der ortsveränderlichen Einwirkungen.

d) Art und Weise der Reaktion des Tragwerks
- die Gruppe der statischen Einwirkungen (keine wesentliche Beschleunigung von Tragwerksteilen)
- die Gruppe der dynamischen Einwirkungen*); sie rufen eine nicht mehr vernachlässigbare Beschleunigung von Tragwerksteilen hervor.

e) Art der Intensität der Einwirkung
- Einwirkungen, die mit unterschiedlicher Intensität auftreten, z.B. Wind und Schnee und viele Nutzlasten,
- Einwirkungen, die stets mit ihrem vollen Wert auftreten, z. B. das Eigengewicht des Tragwerks.

Abgesehen vom Eigengewicht des Tragwerks, das allein wirksam sein kann, treten Lasten und Einwirkungen – z. B. Verkehrslasten, Schnee und Windlasten – nicht allein auf, sondern in Kombination mit anderen Einwirkungen. Bei der Zusammenstellung dieser Kombinationen stellt sich die Frage, ob die Annahme realistisch und nötig ist, daß stets alle Lasten, die gleichzeitig wirken können – manche Einwirkungen schließen sich auch gegenseitig aus – zur selben Zeit mit voller Intensität wirken. Die Antwort lautet: Es ist sinnvoll, neben diesem äußerst selten auftretenden Fall auch andere Kombinationen mit teilweise reduzierten Lastintensitäten zu betrachten.
Zu diesem Zweck werden Kombinationsregeln eingeführt und Kombinationsbeiwerte ψ_i $(0 \leq \psi \leq 1)$ definiert, s. Tafel 3a.

Tafel 3a Kombinationsbeiwerte ψ_i für Stahlbeton-, Spannbeton- und Holztragwerke

Einwirkung	Kombinationsbeiwert ψ_0	ψ_1	ψ_2
1	2	3	4
Verkehrslast auf Decken			
– Wohnräume; Büroräume; Verkaufsräume bis 50 m²; Flure; Balkone; Räume in Krankenhäusern	0,7	0,5	0,3
– Versammlungsräume; Garagen und Parkhäuser; Turnhallen; Tribünen; Flure in Lehrgebäuden; Büchereien, Archive	0,8	0,8	0,5
– Ausstellungs- und Verkaufsräume; Geschäfts- und Warenhäuser	0,8	0,8	0,8
Windlasten	0,6	0,5	0
Schneelasten	0,7	0,2	0
alle anderen Einwirkungen	0,8	0,7	0,5

*) Dynamische Einwirkungen dürfen in vielen Fällen als quasi-statische Einwirkungen behandelt werden, wobei entweder ihre Intensität entsprechend erhöht oder zusätzlich eine andere (statische) Einwirkung so angesetzt wird, daß eine vergleichbare Tragwerksbeanspruchung entsteht.

Nachweis der Standsicherheit bzw. Tragfähigkeit

Für diesen Nachweis wurden folgende Kombinationsregeln festgelegt:

a) gewöhnliche – also ständige und vorübergehende – Situation P u. T (permanent and temporary)

$\sum_{j \geqq 1} G_{kj}$ in Kombination mit P_k in Kombination mit Q_{k1} in Kombination mit $\sum_{i>1} \psi_{0i} Q_{ki}$

In Worten:

Alle ständig wirkende Lasten mit voller Intensität (z. B. Eigengewicht des Tragwerks)
in Kombination mit Vorspannung mit voller Intensität
in Kombination mit der wichtigsten bzw. vorherrschenden nicht-ständig wirkenden Last mit voller Intensität
in Kombination mit allen weiteren nicht ständig wirkenden Lasten mit reduzierter Intensität.

b) außergewöhnliche Situation A

$\sum_{j \geqq 1} G_{kj}$ in Kombination mit P_k in Kombination mit A_k in Kombination mit $\psi_{11} Q_{k1}$
in Kombination mit $\sum_{i>1} \psi_{2i} Q_{ki}$

c) Situation *Erdbeben*

$\sum_{j \geqq 1} G_{kj}$ in Kombination mit P_k in Kombination mit A_{Ed} in Kombination mit $\sum_{i \geqq 1} \psi_{2i} Q_{ki}$

Da diese Kombinationsregeln Belastungssituationen repräsentieren, werden die in ihnen auftretenden Terme – insbesondere also die Produkte von Kombinationsbeiwert ψ und charakteristischem Wert F_k, aber z. B. auch die charakteristischen Werte G_k und P_k selbst – als repräsentative Werte bezeichnet.

Speziell wird unterschieden
– der sog. Kombinationswert $\psi_0 Q_k$
– der sog. häufige Wert $\psi_1 Q_k$
und
– der sog. quasi-ständige Wert $\psi_2 Q_k$

Da man vom Erreichen des Zustandes, der durch diese Werte repräsentiert wird, natürlich einen bestimmten Sicherheitsabstand einhalten muß, werden zusätzlich Teilsicherheitsbeiwerte γ_F eingeführt (Tafel 3b und 3c), so daß der Tragfähigkeitsnachweis letztendlich mit diesen Kombinationsregeln geführt wird:

Tafel 3b Teilsicherheitsbeiwerte γ_F für den Nachweis der Tragfähigkeit von Stahlbeton- und Spannbetonbauwerken

Teilsicherheitsbeiwerte für Einwirkungen		Auswirkung günstig	Auswirkung ungünstig
ständig	γ_G	1,0 (0,9/1,1) [1]	1,35 (1,0) [2]
veränderlich	γ_Q	–	1,5 (1,15) [2]
Zwang	γ_Q	–	1,5 (1,2) [3]
Vorspannung	γ_P	1,0	1,0

[1]) für Nachweis der Lagesicherheit
[2]) nach DAfStb-Richtlinie für Fertigteile in vorübergehenden Bemessungssituationen für Biegung mit Längskraft
[3]) bei linear-elastischer Schnittgrößenermittlung

Tafel 3c Teilsicherheitsbeiwerte γ_F für den Nachweis der Tragfähigkeit von Holzbauwerken

	günstig	ungünstig
Ständige Einwirkungen γ_G	1,0	1,35
Führende veränderliche Einwirkung γ_{Q1}	[1])	1,5
Begleitende veränderliche Einwirkungen γ_{Qi}	[1])	1,5

[1]) für Holzbauwerke des Holzbaus $\gamma_{Q,inf} = 0$

a) gewöhnliche – also ständige und vorübergehende – Bemessungssituation P/T
$\sum_{j\geq 1} \gamma_{Gj} G_{kj}$ in Kombination mit $\gamma_P P_k$ in Kombination mit $\gamma_{Q1} Q_{k1}$ in Kombination mit
$\sum_{i>1} \gamma_{Qi} \psi_{0i} Q_{ki}$

b) außergewöhnliche Bemessungssituation A
$\sum_{j\geq 1} \gamma_{GAj} G_{kj}$ in Kombination mit $\gamma_{PA} P_k$ in Kombination mit A_d in Kombination mit
$\psi_{11} Q_{k1}$ in Kombination mit $\sum_{i>1} \psi_{2i} Q_{ki}$
bzw.
$\sum_{j\geq 1} \gamma_{GAj} G_{kj}$ in Kombination mit $\gamma_{PA} P_k$ in Kombination mit $\gamma_A A_k$ in Kombination mit
$\psi_{11} Q_{k1}$ in Kombination mit $\sum_{i>1} \psi_{2i} Q_{ki}$

c) Bemessungssituation Erdbeben
$\sum_{j\geq 1} G_{kj}$ in Komb. mit P_k in Komb. mit $\gamma_I A_{Ed}$ in Komb. mit $\sum_{i\geq 1} \psi_{2i} Q_{ki}$

Neben dem Teilsicherheitsbeiwert γ_G für die ständig vorhandenen Einwirkungen (z. B. Eigenlasten der Tragwerke) werden zwei weitere Werte angegeben:

- ein niedrigerer Wert $\gamma_{G,inf}$ für die jeweils günstig – also entlastend – wirkenden Anteile und
- ein höherer Wert $\gamma_{G,sup}$ für die jeweils ungünstig – also belastend – wirkenden Anteile.

Die in diesen Kombinations-Ausdrücken auftretenden Terme werden auch als Bemessungswerte bezeichnet und mit dem Index d (design) versehen, also z. B. $Q_{di} = \gamma_{Qi} \psi_{0i} Q_{ki}$.

Im Hochbau können vereinfachte Kombinationsregeln verwendet werden:

- Bemessungssituation bei zwei oder mehreren veränderlichen Einwirkungen Q_{ki}:
  $\sum_{j\geq 1} \gamma_{Gj} G_{kj}$ in Kombination mit [1,35] $\sum_{i\geq 1} Q_{ki}$ und
  $\sum_{j\geq 1} \gamma_{Gj} G_{kj}$ in Kombination mit [1,5] Q_{k1}
  wobei Q_{k1} die vorherrschende veränderliche Einwirkung ist.
- Bemessungssituation bei nur einer veränderlichen Einwirkung Q_{k1}:
  $\sum_{j\geq 1} \gamma_{Gj} G_{kj}$ in Kombination mit [1,5] Q_{k1}

Tafel 4a Teilsicherheitsbeiwerte γ_M für Baustoffe des Stahlbeton- und Spannbetonbaus für den Nachweis der Tragfähigkeit

Teilsicherheitsbeiwerte für Bauteilwiderstände		Einwirkungskombination Grundkombination	Außergew. Kombination
Normalbeton	γ_c	1,5	1,3
Normalbeton für Fertigteile	γ_c	1,5 (1,35)[1]	1,3
Leichtbeton	γ_{lc}	1,5	1,3
Unbewehrter Beton	γ_c	1,5 · 1,2	1,3 · 1,2
Betonstahl	γ_s	1,15	1,15
Spannstahl	γ_s	1,15	1,15

[1]) nach DAfStb-Richtlinie für Fertigteile bis C50/60 bei Prüfung der Festigkeiten am fertigen Bauteil und Aussonderung von Bauteilen mit Unterfestigkeiten

Tafel 4b Teilsicherheitsbeiwerte γ_M für Baustoffe des Holzbaus für den Nachweis der Tragfähigkeit

	Einwirkungskombination Grundkombination	Außergew. Kombinationen
Holz- und Holzwerkstoffe	1,3	1,0
Stahl in Verbindungen	1,1	1,0

Für die oben geschilderten Bemessungssituationen werden die Bemessungswerte S_d der Beanspruchungen – z. B. Schnittgrößen – ermittelt. Diesen werden dann Bemessungswerte R_d der Beanspruchbarkeiten – also des Widerstandes eines Bauteils, z. B. des in einem Querschnitt aufnehmbaren Biegemomentes – gegenübergestellt, die mit Bemessungswerten X_d für Baustoff- bzw. Baugrundeigenschaften und geometrischen Werten a_d und anderen berechnet werden.

$S_d \leq R_d$ bzw. $S_d/R_d \leq 1$

Die Bemessungswerte X_d der Baustoffe werden aus den zugehörigen charakteristischen Werten X_k mit Teilsicherheitsbeiwerten γ_M (Tafeln 4a und 4b) und ggf. einem modifizierenden Faktor k_{mod} (s. Abschnitt Holzbau, EC5), der den Einfluß der Lasteinwirkungsdauer auf die Baustoffeigenschaften und z. B. bei Holzbauwerken den Feuchtegehalt der Konstruktion berücksichtigt, berechnet in der Form

$X_d = X_k/\gamma_M$ bzw. $X_d = k_{mod} X_k/\gamma_M$.

Diese Vorgehensweise ist in Bild 1a dargestellt.

Wenn bei der Strukturanalyse die Theorie I. Ordnung verwendet wird und damit ein linearer Zusammenhang zwischen Einwirkung und elastischer Auswirkung gege-

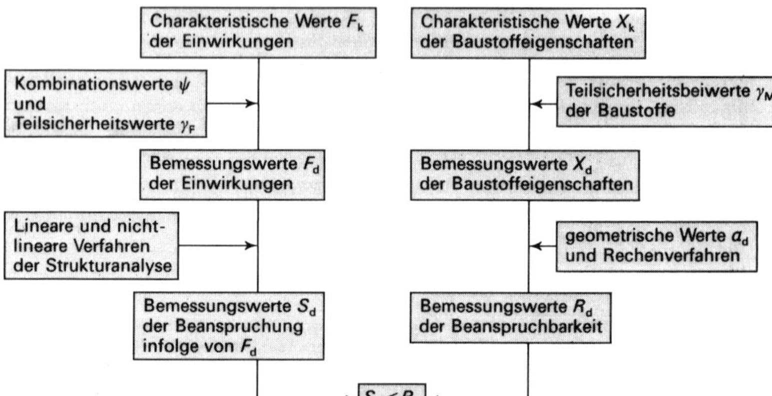

Bild 1a Einzelschritte auf dem Weg zur Bemessung, linear und nicht-linear

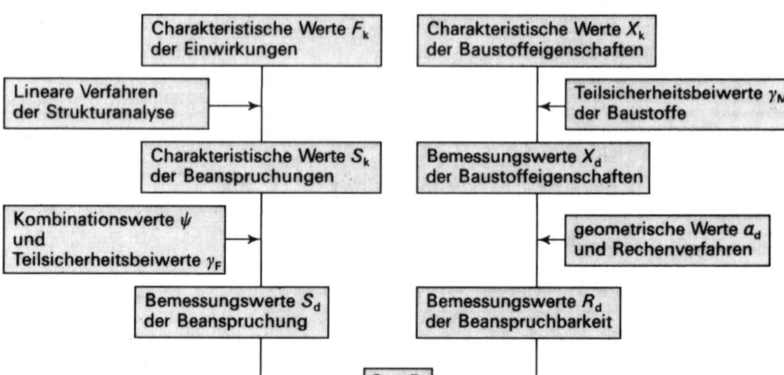

Bild 1b Einzelschritte auf dem Weg zur Bemessung, Theorie I. Ordnung

ben ist, kann die Reihenfolge der Arbeiten getauscht werden: man berechnet zunächst für die einzelnen charakteristischen Einwirkungen die zugehörigen charakteristischen Werte der Beanspruchungen und berechnet aus diesen unter Verwendung der Kombinationsregeln mit den Kombinationsbeiwerten ψ und Teilsicherheitsbeiwerten γ_F die Bemessungswerte der Beanspruchungen. Diese Vorgehensweise ist in Bild 1 b dargestellt.

Der Nachweis der Gebrauchstauglichkeit

Dieser Nachweis kann mit den Teilsicherheitsbeiwerten $\gamma_G = 1$ und $\gamma_Q = 1$ geführt werden, so daß sich folgende Kombinationsregeln ergeben:

a) Selten auftretende – charakteristische – Bemessungssituationen
$\sum_{j \geq 1} G_{kj}$ in Kombination mit P_k in Kombination mit Q_{k1} in Kombination mit $\sum_{i>1} \psi_{0i} Q_{ki}$

b) Häufig auftretende Bemessungssituationen
$\sum_{j \geq 1} G_{kj}$ in Komb. mit P_k in Komb. mit $\psi_{11} Q_{k1}$ in Komb. mit $\sum_{i>1} \psi_{2i} Q_{ki}$

c) Quasi-ständig auftretende Bemessungssituation
$\sum_{j \geq 1} Q_{kj}$ in Kombination mit P_k in Kombination mit $\sum_{i \geq 1} \psi_{2i} Q_{ki}$

Im Hochbau können vereinfachte Kombinationsregeln verwendet werden:

– Bemessungssituation bei zwei oder mehreren veränderlichen Einwirkungen Q_{ki}
  $\sum_{j \geq 1} G_{kj}$ in Kombination mit [0,9] $\sum_{i \geq 1} Q_{ki}$
  $\sum_{j \geq 1} G_{kj}$ in Kombination mit Q_{k1}
  wobei Q_{k1} die vorherrschende veränderliche Einwirkung ist.
– Bemessungssituation bei nur veränderlichen Einwirkung
  $\sum_{j \geq 1} G_{kj}$ in Kombination mit Q_{k1}

Für die oben geschilderten Bemessungssituationen wird der Bemessungswert E_d für die jeweils betrachtete kritische Größe – z. B. die Durchbiegung eines Balkens – ermittelt und dem zulässigen Wert C_d – berechnet mit $\gamma_M = 1$ – gegenübergestellt:

$E_d \leq C_d$ bzw. $E_d / C_d \leq 1$.

Nachweis der Gleit- und Kippsicherheit bzw. des statischen Gleichgewichts

Mit dem Bemessungswert $E_{d,dstb}$ der jeweiligen Größe infolge der destabilisierenden Einwirkungen und dem Bemessungswert $E_{d,stb}$ der jeweiligen Größe infolge der stabilisierenden Einwirkungen muß sein

$E_{d,dstb} \leq E_{d,stb}$ bzw. $E_{d,dstb} / E_{d,stb} \leq 1$.

1.2.6 Nachweis der Dauerhaftigkeit

Planung, Entwurf und Ausführung eines Bauwerks müssen so auf seine Umwelt abgestimmt sein, daß es bei angemessenem Instandhaltungsaufwand während der geplanten Nutzungsdauer gebrauchsfähig bleibt.

Um eine angemessene Dauerhaftigkeit sicherzustellen, müssen die Umweltbedingungen zu Beginn der Planungsphase erfaßt und bei Festlegung der folgenden Einzelheiten beachtet werden:

- vorgesehene und mögliche, zukünftige Nutzung des Bauwerks
- Wahl der Baustoffe
- Wahl des statischen Systems bzw. der statischen Systeme
- Form der Bauteile und ihre bauliche Durchbildung (z. B. Betonüberdeckung)
- Qualität der Bauausführung und deren Überwachung
- Instandhaltung(smaßnahmen) während der Nutzungsdauer
- ggf. besondere Schutzmaßnahmen.

2 Eigenlasten von Lagerstoffen, Baustoffen und -teilen

nach DIN 1055-1 (7.78)

2.1 Vorbemerkung

Die im folgenden aufgeführten Rechenwerte zur Ermittlung der Eigenlasten sind die bezogenen Schwerkräfte aus der Masse der Bau- und Lagerstoffe. Sie sind gleich dem Produkt aus der Masse dieser Stoffe und der Erdbeschleunigung.

Im allgemeinen sind sie so in die Rechnung einzuführen, daß sie sich im ungünstigsten Sinne auf die Bemessungsgrößen des Tragwerkes auswirken.

2.2 Rechenwerte der Eigenlasten von gewerblichen, industriellen und landwirtschaftlichen Lagerstoffen

Wegen ihrer geringen Bedeutung für die Praxis hier nicht wiedergegeben. Siehe Abschn. 6 von Teil 1 der DIN 1055.

2.3 Rechenwerte der Eigenlasten von Baustoffen und -teilen

2.3.1 Lagerstoffe, Metalle, Holz und Holzwerkstoffe (in kN/m³)

Lagerstoffe			
Bentonit, lose	8	gebrannt, in Stücken	13
gerüttelt	11	gebrannt, gemahlen	13
Blähton, Blähschiefer	15	gebrannt, gelöscht	11
Braunkohlenfilterasche	15	Kalksteinmehl	13
Gips, gemahlen	15	Flugasche	10
Glas, in Tafeln	25	Koksasche	7,5
Drahtglas	26	Kies und Sand trocken oder	
Acrylglas	12	erdfeucht;	
Hochofenstückschlacke	18	bei nasser Schüttung (nicht	
Hochofenschlacke,		unter Wasser) erhöht sich der	
granuliert, Kesselschlacke	11	Rechenwert um 2 kN/m³	18
Hüttenbims, erdfeucht		Kunststoffe	
Hochofenschaumschlacke)		a) Polyäthylen, Polystyrol	
Naturbims	9	als Granulat	6,5
Hüttenbims, trocken	7	b) Polyvinylchlorid als Pulver	6,0
Kalk; Luftkalke (Weißkalk,		c) Polyesterharze	12,0
Dolomitkalk, Karbidkalk)		d) Leimharze	13,0
gebrannt, in Stücken		Magnesit (kaustisch gebrannte	
gebrannt, gemahlen	13	Magnesia), gemahlen	12
gebrannt, gelöscht	13	Schaumlava, gebrochen,	
(Trockenhydrat)		erdfeucht	10
gebrannt, gelöscht	6	Traß, gemahlen	15
(Kalkteig)		Zement, gemahlen	16
Kalk; hydraulisch erhärtende	13	Zementklinker	18
Kalke (Wasser-, Hydraulischer,		Ziegelsand, Ziegelsplitt und	
Hochhydraulischer Kalk)		Ziegelschotter, erdfeucht	15
Metalle			
Aluminium	27	Messing	85
Aluminiumlegierungen	28	Nickel	89
Blei	114	Stahl und Schweißeisen	78,5
Bronze	85	Zink	
Gußeisen	72,5	gegossen	69
Kupfer	89	gewalzt	72
Magnesium	18,5	Zinn, gewalzt	74

Holz und Holzwerkstoffe. Zuschläge für kleine Stahlteile usw. sind in den Berechnungsgewichten enthalten; Gewichte stählerner Zugglieder, Knotenbleche usw. sind besonders zu berücksichtigen.

Nadelholz, allgemein	4 bis 6	Tischlerplatten nach DIN 68705-4	4,5 bis 6,5
Brettschichtholz im Holzleimbau	4 bis 5	Hartfaserplatten HFH nach DIN 68754-1	9 bis 11
Laubholz	6 bis 8	Mittelharte Faserplatten HFM nach DIN 68754-1	6 bis 8,5
Hölzer aus Übersee	Nachweis erforderlich	Dämmplatten nach DIN 68750	2,5 bis 4
Spanplatten nach DIN 68761 und DIN 68763	5 bis 7,5		
Furnierplatten nach DIN 68705-3	4,5 bis 8		

2.3.2 Beton und Mörtel

Beton. Die folgenden Rechenwerte gelten auch für Betonfertigteile. Bei Frischbeton sind die Werte im allgemeinen um 1 kN/m³ zu erhöhen. Die Eigenlast von Beton und Stahlbeton ist, wenn sie aus besonderen Gründen (z.B. schwere oder besonders leichte Zuschlagstoffe, hoher Bewehrungsanteil) von dem nachstehenden Wert abweicht, aufgrund von Probekörpern bzw. Berechnung des Bewehrungsanteils zu bestimmen, sofern eine solche Abweichung von nennenswertem Einfluß auf die Standsicherheit des Bauwerkes ist. Die Auswirkungen auf den Schalungsdruck sind nicht Gegenstand dieser Norm.

Tafel 5 Beton (Rechenwerte in kN/m³)

Betonart	Rohdichteklasse (g/cm³)											Gesteinsrohdichte bis
	0,4	0,5	0,6	0,7	0,8	1,0	1,2	1,4	1,6	1,8	2,0	2,7 g/cm³
Porenbeton bewehrt nach DIN 4223		6,2	7,2	8,4	9,5							
Leichtbeton nach den Richtlinien für Leicht- und Stahlleichtbeton mit geschlossenem Gefüge						10,5	12,5	14,5	16,5	18,5	20,5	
Stahlleichtbeton nach den „Richtlinien ...“						11,5	13,5	15,5	17,5	19,5	21,5	
Leichtbeton mit Zuschlägen aus Holzspänen (Holzspanbeton)	5	6	7	8								
Leichtbeton mit haufwerksporigem Gefüge nach DIN 4232						10	12	15	16	18	20	
Normalbeton mit geschlossenem Gefüge nach DIN 1045 bis B 10 ab B 15												23 24
Stahlbeton aus Normalbeton mit geschlossenem Gefüge nach DIN 1045 ab B15												25

Mauer- und Putzmörtel (alle Rechenwerte in kN/m³)

Gipsmörtel, ohne Sand	12	Kalkzement- und Kalktraßmörtel	20
Kalkmörtel (Mauer- und Putzmörtel)		Lehmmörtel	20
Kalkgipsmörtel, Gipssandmörtel (Putzmörtel), Anhydritmörtel	18	Zement- und Zementtraßmörtel und Mörtel mit Putz- und Mauerbinder	21

2.3.3 Mauerwerk

Durch die Rechenwerte ist nur unverputztes Mauerwerk erfaßt; Fugenmörtel und der normale Feuchtigkeitsanteil sind enthalten.

Tafel 6 Mauerwerk aus natürlichen Steinen (alle Rechenwerte in kN/m³)

Erstarrungsgesteine		Schichtgesteine	
Basalt, Melaphyr, Diorit, Gabbro	30	Grauwacke, Sandstein, Nagelfluh	27
Basaltlava	24	dichter (fester) Kalkstein und Dolomit, einschließlich Muschelkalk und Marmor	28
Diabas	29	sonstiger Kalkstein, einschließlich Kalkkonglomeraten, Travertin u.ä.	26
Granit, Syenit, Porphyr	28	Vulkanischer Tuffstein	20
Trachyt	26		
Metamorphe Gesteine			
Gneis, Granulit	30		
Schiefer	28		
Serpentin	27		

Tafel 7a Mauerwerk aus künstlichen Steinen nach DIN 1053-1 (Rechenwert in kN/m³)

Steinrohdichte (g/cm³)	0,5	0,6	0,7	0,8	0,9	1,0	1,2	1,4	1,6	1,8	2,0	2,1	2,2	2,5
normaler Mauermörtel	7	8	9	10	11	12	14	15	17	18	20	21	22	25
Leichtmauermörtel	6	7	8	9	10	11	13	14	16	17	19	20	21	24

Tafel 7b Steinrohdichten künstlicher Mauersteine

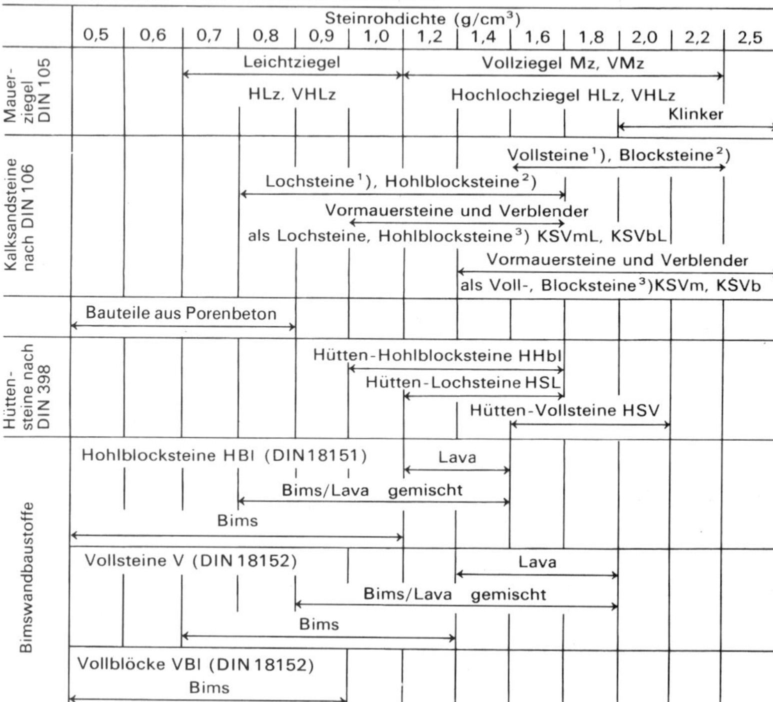

¹) Vollsteine sind Steine mit bis zu 15%, Lochsteine sind Steine mit mehr als 15% Lochung
²) Block- und Hohlblocksteine sind Steine von mehr als 113 mm Höhe
³) KSVb, KSVbl gibt es nur bis zu 113 mm Höhe

2.3.4 Geschoß- und Dachdecken

Stahlbetondecken nach DIN 1045 (Rechenwerte einschl. Stahleinlagen, jedoch ohne Gewicht etwaiger Stahlträger.)

Stahlbetonplatten nach DIN 1045 $\gamma = 0{,}25$ kN/m² je cm Dicke

Tafel 8a **Stahlsteindecken** nach DIN 1045, Abschn. 20.2; aus Deckenziegeln nach DIN 4159, Abschn. 4

	teilvermörtelte Stoßfugen				vollvermörtelte Stoßfugen			
d \ ρ	0,6	0,8	1,0	1,2	0,6	0,8	1,0	1,2
11,5	1,25	1,45	1,65	1,85	1,45	1,60	1,85	2,00
14,0	1,50	1,75	2,00	2,25	1,80	1,95	2,20	2,45
16,5	1,90	2,15	2,40	2,75	2,20	2,40	2,65	2,95
19,0	2,15	2,45	2,80	3,15	2,55	2,80	3,05	3,40
21,5	2,45	2,80	3,15	3,55	2,90	3,15	3,45	3,85
24,0	2,75	3,10	3,50	3,95	3,20	3,55	3,90	4,30
26,5	3,05	3,45	3,90	4,30	3,70	4,10	4,45	4,80
29,0	3,35	3,80	4,25	4,70	4,05	4,45	4,85	5,25

d (cm) = Deckendicke; ρ (g/cm³) = Ziegelrohdichte; Rechenwerte (kN/m²)

Tafel 8b **Stahlbetondecken** nach DIN 1045, Abschn. 19.7.7, mit statisch nicht mitwirkenden Zwischenbauteilen aus Beton nach DIN 4158

s (cm)	*d* (cm)	Betonrohdichte (g/cm³) der Zwischenbauteile 1,4	2,3
62,5	16	2,13	2,85
	20	2,28	2,95
	24	2,48	3,18
75	20	2,13	2,85

Rechenwerte in kN/m²

Rippendecken ohne Füllkörper: Rechenwerte der Eigenlasten entsprechend der Formgebung ermitteln.

Einachsig gespannte Stahlbetonrippendecken nach DIN 1045, Abschn. 19.7.8 und 21.2, mit statisch mitwirkenden Zwischenbauteilen **aus Beton** nach DIN 4158. Rechenwerte nach Herstellerangaben.

Bei **zweiachsig gespannten Stahlbetonrippendecken** nach DIN 1045, Abschn. 21.2.3, sind die o.a. Rechenwerte um den Anteil der zusätzlichen Rippen zu erhöhen.

Tafel 9a **Einachsig gespannte Stahlbetonrippendecken** nach DIN 1045, Abschn. 19.7.8 und 21.2.2, mit statisch nicht mitwirkenden Zwischenbauteilen nach DIN 4158 (Beton) und DIN 4160 (Deckenziegel) und einer 5 cm dicken Betondruckplatte

Beton-Zwischenbauteile				
Rippenachsabstand	50 cm		62,5 cm	
Beton-Rohdichte (g/cm³)	1,4	2,3	1,4	2,3
Gesamtdeckendicke 17	2,95	3,58	2,77	3,36
19	3,14	3,75	2,99	3,63
21	3,71	4,38	3,42	4,13
23	3,79	4,48	3,50	4,16
25	3,87	4,55	3,57	4,24
27	4,00	4,71	3,67	4,35
29	4,11	4,83	3,76	4,47
33	5,04	6,15	4,63	5,74

Deckenziegel		
Rippenachsabstand	50 cm	
Ziegel-Rohdichte (g/cm³)	0,6	0,9
Gesamtdeckendicke 19,0	2,55	2,95
21,5	2,80	3,25
24,0	3,05	3,55
26,5	3,40	4,00
29,0	3,65	4,30
31,5	3,90	4,65
34,0	4,15	4,95
36,5	4,65	5,45
39,0	4,90	5,80

alle Rechenwerte in kN/m²

Tafel 9b Einachsig gespannte Stahlbetonrippendecken nach DIN 1045, Abschn. 19.7.8 und 21.2, mit statisch mitwirkenden Deckenziegeln oder Zwischenbauteilen **aus Ziegeln** nach DIN 4159 ohne Aufbeton (Rechenwerte in kN/m²)

Rippenachsabstand		50 cm				62,5 cm			
Ziegel-Rohdichte (g/cm³)		0,6	0,8	1,0	1,2	0,6	0,8	1,0	1,2
Deckendichte	11,5	1,19	1,39	1,59	1,79	1,13	1,33	1,54	1,75
	14,0	1,43	1,68	1,92	2,17	1,35	1,60	1,85	2,11
	16,5	1,67	1,96	2,25	2,55	1,58	1,88	2,18	2,48
	19,0	1,92	2,25	2,58	2,92	1,81	2,15	2,50	2,85
	21,5	2,24	2,61	2,98	3,36	2,11	2,49	2,87	3,27
	24,0	2,50	2,91	3,32	3,74	2,35	2,77	3,20	3,64
	26,5	2,81	3,26	3,71	4,17	2,64	3,11	3,58	4,06
	29,0	3,07	3,56	4,05	4,56	2,88	3,39	3,91	4,43
	31,5	3,32	3,85	4,40	4,95	3,13	3,68	4,24	4,81
	34,0	3,58	4,16	4,74	5,33	3,37	3,96	4,57	5,19

Tafel 10 Stahlbeton-Hohldielen nach DIN 1045, Abschn. 19.3 (Rechenwerte in kN/m²)

Dicke (cm)	5	6	7	8	9	10	11	12	14	16
Leichtbeton	0,55	0,60	0,65	0,72	0,80	0,88	0,95	1,00	1,17	1,35
Normalbeton	0,85	1,00	1,15	1,30	1,50	1,65	1,85	2,00		

Tafel 11 Decken aus Gas- und Schaumbetonplatten nach DIN 4223

Beton-Rohdichte (g/cm³)	0,5	0,6	0,7	0,8
Rechenwert (kN/m² je cm Dicke)	0,062	0,072	0,084	0,095

Tafel 12 Gewölbte Decken bis zu 2 m Stützweite. Rechenwerte (kN/m²) einsch. Hintermauerung, jedoch ohne Trägergewicht

Gesamtdicke in cm		11,5	24
aus Vollsteinen nach DIN 105, DIN 106 und DIN 398		2,75	5,40
	Steinrohdichte (g/cm³)		
aus Leichtbeton-Vollsteinen nach DIN 18152, Lochziegeln nach DIN 105 und Kalksand-Lochsteinen nach DIN 106	1,2	1,80	3,60
	1,4	2,25	4,50

Tafel 13 Decken aus Voll- und Lochsteinen nach DIN 105, DIN 106 und DIN 398 oder aus Leichtbeton-Vollsteinen nach DIN 18152; Deckenstärke 11,5 cm; Mindestdruckfestigkeit der Steine 15 N/mm²

Material	Vollziegel Vollsteine Hüttensteine	Hochloch-Klinker, Leichtbeton-Vollsteine	Loch- oder Porensteine	
Stein-Rohdichte (g/cm³)	1,8	1,6	1,4	1,2
Rechenwert (kN/m²)	2,20	2,05	1,90	1,70

Tafel 14 Decken aus Glasstahlbeton nach DIN 1045, Abschn. 20.3

Material nach DIN 4243	massive Betongläser	Hohl-Betongläser	massive Betongläser 6 mm hoch
Rippenbreite × Rippenhöhe (cm)	3 × 8	3 × 10	5 × 12
Rechenwert (kN/m²)	1,00	1,40	1,95

2.3.5 Wandbauplatten und Wände

Die folgenden Rechenwerte beziehen sich auf unverputzte Wände einschließlich Fugenmörtel.

Tafel 15 Wandbauplatten und Hohlwandplatten aus Leichtbeton

Plattenrohdichte (g/cm³)	0,6	0,7	0,8	0,9	1,0	1,2	1,4
Wandbauplatten nach DIN 18162			0,09	0,10	0,11	0,13	0,15
Hohlwandplatten nach DIN 18148	0,08	0,09	0,10	0,11	0,12	0,14	0,15

Rechenwerte in kN/m² je cm Wanddicke

Tafel 16 Unbewehrte Gasbetonbauplatten nach DIN 4168 **und bewehrte Gasbetonplatten** nach DIN 4223

	Rohdichte (g/cm³)	0,5	0,6	0,7	0,8
unbewehrte Gasbeton-Bauplatten	mit normaler Fugendicke	0,06	0,07	0,08	0,09
	im Dünnbettmörtel	0,055	0,065	0,075	0,085
bewehrte Gasbeton-Platten		0,062	0,072	0,084	0,095

Rechenwerte in kN/m² je cm Plattendicke

Tafel 17 Wandbauplatten aus Gips nach DIN 18163 **und Gipskartonplatten** nach DIN 18180

Gegenstand	Plattenrohdichte (g/cm³)	Rechenwert kN/m² je cm
Porengips Wandbauplatte	0,7	0,07
Gips-Wandbauplatte	0,9	0,09
Gipskartonplatte		0,11

Tafel 18 Wandbauart mit Schalungssteinen aus Holzspanbeton und Leichtbeton (Füllbeton der Rohdichte 2,3 g/cm³)

Wanddicke (cm)	Holzspanbeton der Rohdichteklasse 0,6 g/cm³	Leichtbeton der Rohdichteklasse (g/cm³) 1,0	1,2	1,4	1,6
17,5	2,8	3,2	3,3	3,4	3,6
20,0	3,2	3,7	3,8	4,0	4,1
24,0	4,0	4,5	4,7	4,8	5,0
30,0	4,9	5,5	5,8	6,0	6,2

Rechenwerte in kN/m²

Tafel 19 Wände aus Glasbausteinen und Profilbauglas (Rechenwert in kN/m²)

Glasbaustein-Wände nach DIN 4242 mit Glasbausteinen nach DIN 18175	80 mm dick	1,00
	100 mm dick	1,25
Sprossenlose Verglasung mit Profilbauglas als Trenn- oder Lichtwand	einschalig	0,27
	zweischalig	0,54

Tafel 20 Trennwände aus Gipsplatten (Rechenwert in kN/m²)

Ständerwände aus Gipskartonplatten nach DIN 18183-1 mit Mineralwolleausfachung		einfache Beplankung doppelte Beplankung	0,35 0,50
Trennwände aus Gipsstuckbauplatten mit Mineralwolleausfachung (Gipskartonplatten mit Metallriegeln)		mit Abspachtelung mit Trockenputz	0,50 0,70
Trennwände aus Gipszwischenwandplatten	Einfache Wände	60 mm dick 80 mm dicke 100 mm dick	0,55 0,75 0,90
	Doppelwand 200 mm dick mit 40 mm Mineralwolleausfachung		1,50
	Doppelwand 280 mm dick mit Mineralwolleausfachung einschl. 2 × 50 mm Holzwolle-Leichtbauplatten und 20 mm Luftzwischenraum		1,80

2.3.6 Putze

Tafel 21 Putze

	Rechenwert in kN/m^2
Drahtputz (Rabitzdecken und Verkleidungen), 30 mm Mörteldicke	
– mit Gipsmörtel	0,50
– mit Kalk-, Gipskalk- oder Gipssandmörtel	0,60
– mit Zementmörtel	0,80
Gipskalkputz auf Putzträgern wie Baustahlmatten, Ziegelgewebe, Streckmetall bei 30 mm Mörteldicke	0,50
Gipskalkputz auf 15 mm dicken Holzwolleleichtbauplatten bei 20 mm Mörteldicke	0,35
Gipskalkputz auf 25 mm dicken Holzwolleleichtbauplatten bei 20 mm Mörteldicke	0,45
Gipskalkputz auf 9,5mm dicken Gipskarton-Putzträgerplatten bei 8mm Mörteldicke	0,23
Gipskalkputz auf doppeltem Rohrgewebe und Faserplatten, 20 mm Mörteldicke (Rechenwert beinhaltet auch Rohr, Latten und Faserplatten)	0,40
wie oben, jedoch auf Schalung	0,50
Gipsputz, 15 mm dick	0,18
Kalkmörtel, 20 mm dick	0,35
Kalkzementmörtel, 20 mm dick	0,40
Luftporenputz, 20 mm dick	0,25
Putz aus Putz- und Mauerbinder nach DIN 4211, 20 mm dick	0,40
Rohrdeckenputz (Gips), 20 mm dick	0,30
Vorgehängte Fassade mit mineralischem Putz, 95 mm dick, bestehend aus 40 mm Dämmplatten, Putzträger, Z-Schienen, 25 mm Edelputz	0,50
Wärmedämmputz 50 mm, bestehend aus 35 mm Dämmputz und 15 mm Luftporenputz	0,40
Wärmedämmverkleidung, bestehend aus 35 mm Holzwolleleichtbauplatte und 20 mm Kalkzementputz auf Rabitzgewebe	0,55
Wärmedämmverkleidung, bestehend aus 35 mm Schaumkunststoff nach DIN 18164 und 10 mm Kleber/Zementmischungs- und Kunststoffputzschichten	0,03
Zementmörtel, 20 mm dick	0,42

2.3.7 Fußboden- und Wandbeläge

Tafel 22 Fußboden- und Wandbeläge (Rechenwerte in kN/m^2 je cm Dicke)

Asphaltbeläge:		Zementestrich	0,22
– Asphaltbeton	0,24	Glasplatten	0,25
– Asphaltmastix	0,18	Glaswandplatten	0,25
– Gußasphalt	0,23	Glasfliesen	0,25
– Stampfasphalt in Plattenform	0,22	Glasmosaik	0,25
Betonwerksteinplatten (auch Terrazzo)	0,24	Gummi	0,15
Estriche:		Keramische Wandfliesen (Steingut) (einschl. Verlegemörtel)	0,19
– Anhydritestrich	0,22	Keramische Bodenfliesen (Steinzeug und Spaltplatten) (einschl. Verlegemörtel)	0,22
– Gipsestrich	0,20	Kunststoff-Fußböden	0,15
– Gußasphaltestrich	0,23	Linoleum	0,13
– Hartstoffestriche	0,24	Natursteinplatten (einschl. Verlegemörtel)	0,30
– Kunstharzestrich	0,22	Teppichböden	0,03
Magnesiaestrich nach DIN 272		Sportböden	
– begehbare Nutzschicht bei ein- oder mehrschichtigen Ausführungen	0,22	– Elastikböden (inkl. Oberbelag)	0,12
– Unterschicht bei mehrschichtigen Ausführungen	0,12	– Schwingböden	0,30

2.3.8 Sperr-, Dämm- und Füllstoffe

Tafel 23 Lose Stoffe
(Rechenwerte in kN/m² je cm Dicke)

Asbestfaser Bimskies, geschüttet Blähglimmer, geschüttet Blähperlit Blähschiefer u. Blähton, geschüttet	0,06 0,07 0,015 0,01 0,15	Gummischnitzel Hanfscheben, bituminiert	0,03 0,02
Faserdämmstoffe nach DIN 18165-1 und -2 (z. B. Glas-, Schlacken-, Steinfaser)	0,01	Hochofenschaumschlacke (Hüttenbims), Steinkohlenschlacke, Koksasche	0,14
Faserstoffe, bituminiert, als Schüttung	0,02	Hochofenschlackensand Kieselgur Korkschrot, geschüttet Magnesia, gebrannt Schaumkunststoffe	0,10 0,025 0,02 0,10 0,005

Tafel 24 Platten, Matten oder Bahnen
(Rechenwerte in kN/m² je cm Dicke)

Asbestpappe Asphaltplatten	0,12 0,22	Korkschrotplatten aus imprägniertem Kork nach DIN 18161-1 bituminiert oder geteert	0,02
Faserdämmstoffe nach DIN 18165 T1 in Bahnen, Matten, Filzen oder Platten	0,01	Mehrschicht-Leichtbauplatten nach DIN 1101-2 – Zweischichtplatten – Dreischichtplatten	 0,045 0,09
Harnstoff-Formaldehydharz-Ortschaum nach DIN 18159 T2	0,001 bis 0,002 kN/m²	Korkschrotplatten aus Backkork nach DIN 18161-1	0,012
Holzfaserplatten nach DIN 68750, DIN 68752 und DIN 68754-1 – hart – mittelhart – weich	 0,10 0,08 0,04	Perliteplatten Polyurethan-Ortschaum nach DIN 18159-1	0,02 0,004 bis 0,01 kN/m²
Holzwolle-Leichtbauplatten nach DIN 1101 – bei 15 mm Plattendicke – bei 100 mm Plattendicke	 0,06[1]) 0,04[1])	Schaumglas (Rohdichte 0,07 g/cm³) in Dicken von 4 bis 6 cm mit Pappekaschierung	0,01
Kieselgurplatten	0,025	Schaumkunststoffplatten nach DIN 18164-1 und -2	0,004

Tafel 25 Sperren gegen Feuchtigkeit (ohne Bindemittel)
(Rechenwerte in kN/m² je Lage)

Bitumendachpappen mit beidseitiger Bitumendeckschicht nach DIN 52128	0,03	Nackte Bitumenpappen nach DIN 52129 und nackte Teerpappen nach DIN 52126	0,02
Bitumen-Dachdichtungsbahnen mit Rohfilzpappeneinlage nach DIN 52130-1	0,04	Teerdachpappen, beidseitig besandet nach DIN 52121	0,03
Bituminöse Schweißbahnen	0,07	Teer-Sonderdachpappen und Teerbitumendachpappen nach DIN 52140	0,03
Dichtungsbahnen für Bauwerksabdichtungen nach DIN 18190-1 bis -5	0,04	Glasvlies-Bitumen-Dachbahnen nach DIN 52143 – besandet – bekiest	 0,02 0,05
Kunststoffbahnen	0,02		

[1]) Flächengewicht von Holzwolle-Leichtbauplatten nach DIN 1101 (3.80)

Kurzzeichen	L15	L25	L35	L50	L75	L100
g (kN/m²)	0,085	0,115	0,145	0,28	0,195	0,36

2.3.9 Dachdeckungen

Die Rechenwerte gelten für 1 m^2 Dachfläche ohne Sparren, Pfetten und Dachbinder.

Tafel 26 Deckung aus Dachziegeln, Betondachsteinen und Glasdachsteinen (Rechenwerte in kN/m^2).

Die Rechenwerte gelten, soweit nicht anders angegeben, ohne Vermörtelung, aber einschließlich der Latten Bei einer Vermörtelung sind 0,1 kN/m^2 zuschlagen.

Betondachsteine mit mehrfacher Fußverrippung und hochliegendem Längsfalz – bis 10 St./m^2 – über 10 St./m^2	 0,50 0,55
Betondachsteine mit mehrfacher Fußverrippung und tiefliegendem Längsfalz – bis 10 St./m^2 – über 10 St./m^2	 0,60 0,65
Biberschwanzziegel nach DIN 456155/375 und 189/380 mm u. Biberschwanzbetondachsteine – bei Spließdach (einschließlich Schindeln) – bei Doppeldach und Kronendach	 0,60 0,75
Falzziegel, Reformpfannen, Falzpfannen, Flachdachpfannen nach DIN 456	0,55
Glasdachsteine bei gleicher Dachdeckungsart	s. oben
Großformatige Pfannen bis 10 St./m^2	0,50
Kleinformatige Biberschwanzziegel und Sonderformate (Kirchen-, Turmbiber usw.) nach DIN 456	0,95
Krempziegel, Hohlpfannen nach DIN 456	0,45
Krempziegel, Hohlpfannen nach DIN 456	0,45
Krempziegel, Hohlpfannen in Pappdocken verlegt	0,55
Mönch und Nonne (mit Vermörtelung)	0,90
Strangfalzziegel nach DIN 456	0,60

Tafel 27 Schieferdeckung (Rechenwerte in kN/m^2)

Altdeutsche Schieferdeckung und Deutsche Schuppenschablonendeckung auf 22 mm Schalung, einschl. Pappunterlage und Schalung – in einfacher Deckung – in doppelter Deckung	 0,50 0,60
Englische Schieferdeckung (Rechteckschablonendach) – in Doppeldeckung auf Lattung, einschl. Lattung – auf 22 mm Schalung, einschl. Pappunterlage und Schalung	 0,45 0,55

Tafel 28 Deckung mit ebenen Asbestzement-Dachplatten n. DIN 274-1 bis -3 (Rechenwerte in kN/m^2)

Deutsche Deckung auf 22 mm Schalung, einschl. Dachpappe und Schalung	0,4
Doppeldeckung auf Lattung, einschl. Lattung	0,38
Waagerechte Deckung auf Lattung, einschl. Lattung	0,25

Tafel 29 Deckung mit Asbestzement-Wellplatten, ohne Pfetten, aber einschließlich Befestigungsmaterial (Rechenwerte in kN/m^2)

Asbestzement-Kurzwellplatten (Wohnhaus-Platten), Rohdichte 1,6 g/cm^3	0,24
Asbestzement-Wellplatten nach DIN 274-1 bis -3	0,20

Tafel 30 Metalldeckung (Rechenwerte in (kN/m^2)

Aluminiumdach (Alu 0,7 mm dick, einschl. 22 mm Schalung)		0,25
Doppelstehfalzdach aus verzinkten Falzblechen (0,63 mm dick, einschl. Pappunterlage und 22 mm Schalung)		0,30
Kupferdach mit doppelter Falzung (Kupferblech 0,6 mm dick, einschl. 22 mm Schalung)		0,30
Stahlpfannendach (verzinkte Pfannenbleche nach DIN 59231) – einschl. Latten – einschl. Pappunterlage und 22 mm Schalung		 0,15 0,30
Stahlprofilblechdach aus Trapez-, Steg- oder Doppelstegsickenprofil)		
Profilhöhe mm	Nennblechdicke mm	
26	0,75	0,0075
	1,00	0,10
	1,50	0,15
70	0,75	0,11
	1,00	0,145
	1,50	0,22
121	0,75	0,12
	1,00	0,16
	1,50	0,24
Zwischenwerte können geradlinig interpoliert werden.		
Wellblechdach (verzinkte Stahlbleche nach DIN 59231, einschl. Befestigungsmaterial)		0,25
Zinkdach mit Leistendeckung, einschl. 22 mm Schalung		0,30

Tafel 31 Dachabdichtung und Dachdeckung mit bituminösen Dachbahnen und Kunststoffbahnen für Flachdächer (Rechenwerte in kN/m² je Schicht)

Ausgleichsschicht – lose – einschl. Klebemasse	 0,03 0,04
Dachabdichtung – 3lagige Dachabdichtung, einschl. Klebemasse – 2lagige Dachabdichtung, einschließl. Klebemasse – 1lagige Kunststoffbahn, lose	 0,17 0,13 0,02
Dachdeckung – 2lagige Dachabdichtung, einschl. Klebemasse	 0,15
Dampfausgleichsschicht – lose – einschl. Klebemasse	 0,02 0,04
Dampfsperre – einschl. Klebemasse – aus Kunststoffbahn, lose	 0,07 0,02
Oberflächenschutz – 5 cm Kiesschüttung, einschl. Deckaufstrich – Mehrgewicht für jeden weiteren cm – Bekiesung (Kiespressung), einschl. Kieseinbettmasse	 1,0 0,19 0,20
Besplittung, einschl. – Deckenaufstrich – Schutzbahn, einschl. Klebemasse	 0,05 0,08
Wärmedämmschicht, s. Tafel 23 und 24 Zuschlag für Klebemasse	 0,015

Tafel 32 Sonstige Deckungen (Rechenwerte in kN/m²)

Deckung mit Kunststoffwellplatten (Profilform nach DIN 274-1 bis -3, ohne Pfetten, einschl. Befestigungsmaterial aus glasfaserverstärkten Polyesterharzen (Rohdichte 1,4 g/cm³), Plattendicke 1 mm – wie vor, jedoch mit Deckkappen – aus Plexiglas (Rohdichte 1,2 g/cm³), Plattendicke 3 mm	0,03 0,06 0,08
PVC-beschichtetes Polyestergewebe ohne Tragwerk – Typ I (Reißfestigkeit 3,00 kN/5 cm Breite) – Typ II (Reißfestigkeit 4,7 kN/5 cm Breite) – Typ III (Reißfestigkeit 6,0 kN/5 cm Breite)	 0,0075 0,0085 0,01
Rohr-/Strohdach, einschl. Latten	0,70
Schindeldach, einschl. Latten	0,25
Sprossenlose Verglasung – Profilbauglas einschalig – Profilbauglas zweischalig	 0,27 0,54
Zeltleinwand, ohne Tragwerk	0,03

5

3 Verkehrslasten für Bauten nach DIN 1055-3 (6.71)

3.1 Allgemeines

Ständige Last ist die Summe der unveränderlichen Lasten, also das Gewicht der tragenden oder stützenden Bauteile und der unveränderlichen, von den tragenden Bauteilen dauernd aufzunehmenden Lasten (z.B. Auffüllungen, Fußbodenbeläge, Putz und dgl.).

Verkehrslast ist die veränderliche oder bewegliche Belastung des Bauteils (z.B. Personen, Einrichtungsstücke, unbelastete leichte Trennwände, Lagerstoffe, Maschinen, Fahrzeuge, Kranlasten, Wind, Schnee).

Als „vorwiegend ruhend" gelten die Verkehrslasten nach Abschn. 3.2 und 3.3 mit Ausnahme der weiter unten ausdrücklich als „nicht vorwiegend ruhend" definierten Lasten.

Die Verkehrslasten in Werkstätten und Fabriken (s. Abschn. 2.1.2) gelten als vorwiegend ruhend, soweit nicht im Einzelfall stoßende oder sehr häufig sich wiederholende Lasten wirken oder nicht ausgewuchtete Maschinen zu berücksichtigen sind.

Als „nicht vorwiegend ruhend" gelten

- stoßende und sich häufig wiederholende Lasten,
- die Massenkräfte nicht ausgewuchteter Maschinen,
- die Verkehrslasten auf Kranbahnen, auf Hofkellerdecken, auf von Gabelstaplern befahrenen Decken und auf Dachdecken, die als Hubschrauberlandeplätze dienen (s. Abschn. 3.3.2).

In Werkstätten, Fabriken, Lagerräumen und dgl. ist anzugeben

- in jedem Raum die nach Abschnitt 3.2 angenommene Verkehrslast,
- an den Einfahrten zu mit Gabelstaplern befahrenen Räumen deren zulässiges Gesamtgewicht nach Abschn. 3.3.2.

An den Zufahrten von Decken, die von Personenkraftfahrzeugen oder ähnlichen Kraftfahrzeugen mit einem zulässigen Gesamtgewicht bis zu 2,5 t befahren werden dürfen, ist dieses zulässige Gesamtgewicht anzugeben.

An den Zufahrten von Decken, die von schwereren Kraftfahrzeugen befahren werden, ist das zulässige Gesamtgewicht des Kraftfahrzeuges derjenigen Brückenklasse nach DIN 1072 anzugeben, für welche die Decke entsprechend Abschn. 3.3.2 berechnet wurde.

3.2 Lotrechte gleichmäßig verteilte Verkehrslasten

Die in Tafel 34 unter (1) bis (4) genannten Verkehrslasten gelten für Belastung durch Personen, Möbel, Geräte, unbeträchtliche Warenmengen und dgl.

Kommen in einzelnen Räumen etwa besondere Belastungen durch Akten, Bücher, Warenvorräte, leichte Maschinen, Panzerschränke, Tresore usw. vor, so ist ein genauer Nachweis für diese Belastungen nicht erforderlich, wenn zu den o.g. Verkehrslasten dieser Räume ein Zuschlag von 3,0 kN/m^2 eingeführt wird.

Elektrische Speicherheizgeräte, Tresore und dgl. auf Decken in Gebäuden, die nach Abschnitt 3.2 für eine gleichmäßig verteilte Verkehrslast von 1,5 kN/m^2 bzw. 2,0 kN/m^2 berechnet werden, können unberücksichtigt bleiben, wenn

- das einzelne Gerät die Decke mit höchstens 3,0 kN belastet,
- das einzelne Gerät die Decke mit höchstens 5,0 kN belastet und an einem statisch in Rechnung gestellten Auflager der Decke steht.

Der Einfluß des Gewichts **unbelasteter leichter Trennwände** darf in der Regel durch einen gleichmäßig verteilten Zuschlag zur Verkehrslast berücksichtigt werden. Ausgenommen sind Wände mit einem Gewicht von mehr als 100 kg/m^2 Wandfläche, die parallel zu den Balken von Decken ohne ausreichende Querverteilung stehen.

Der Zuschlag zur Verkehrslast muß mindestens betragen

- 0,75 kN/m^2 bei Wänden, die einschl. Putz höchstens 100 kg/m^2 Wandfläche wiegen,
- 1,25 kN/m^2 bei Wänden, die mehr als 100 und höchstens 150 kg/m^2 Wandfläche wiegen.

Das Wandgewicht einschl. Putz ist nach DIN 1055-1 nachzuweisen. Bei Verkehrslasten von 5,0 kN/m^2 und mehr kann der Zuschlag entfallen.

Tafel 33 Verkehrslast waagerechter und bis 1:20 geneigter Dächer und Dachdecken

	Rechenwert in kN/m^2
(1) bei zeitweiligem Aufenthalt von Personen (Winddruck und Schneelast dürfen im Regelfall dann unberücksichtigt bleiben; der Lastfall „Windsog" ist jedoch zu untersuchen)	2,0
(2) Zugängliche Dächer von Terrassenhäusern, Dachgärten, wenn hierfür nicht höhere Lasten in Frage kommen	3,5
(3) Hubschrauberlandeplätze (s. a. Abschn. 3.3.2)	5,0

Tafel 34 Verkehrslast von Decken (Geschoßdecken)

	Rechenwert in kN/m^2
(1) Spitzböden, die auf Grund ihrer Querschnittsabmessungen nur bedingt begehbar sind	1,0
Wohnräume	
(2.1) Decken mit ausreichender Querverteilung der Lasten	1,5
(2.2) Decken ohne ausreichende Querverteilung der Lasten.	2,0
Bei der Berechnung und Bemessung stützender Bauteile (Unterzüge, Stützen usw.) darf mit 1,5 kN/m^2 gerechnet werden. (Für den Zustand beim Einbau ist eine Einzellast von 1,0 kN in ungünstigster Stellung anzusetzen, wenn nicht die Verkehrslast von 2,0 kN/m^2 ungünstiger ist. Die Verteilungsbreite der Einzellast ist gleich der Plattenbreite anzunehmen. Bei einer Verteilungsbreite von mindestens 0,5 m ist der Nachweis für die Einzellast nur bei Stützweiten bis 2 m erforderlich.)	
(3) Büroräume Verkaufsräume bis 50 m^2 Grundfläche in Wohngebäuden Flure und Dachbodenräume in Wohn- und Bürogebäuden Krankenzimmer und Aufenthaltsräume in Krankenhäusern Kleinviehstallungen	2,0
(4) Balkone und Laubengänge über 10 m^2 Grundfläche Haushaltungskeller Hörsäle und Klassenzimmer Behandlungsräume sowie Küchen und Flure in Krankenhäusern	3,5
Für die Weiterleitung der Verkehrslasten von Balkonen und Laubengängen dürfen diese unter bestimmten Bedingungen auf 1,5 kN/m^2 abgemindert werden, s. Abschn. 3.6	
Garagen und Parkhäuser, die von PKW oder ähnlichen Kfz bis zu einem zul. Gesamtgewicht von 2,5 t[1]) befahren werden	
(5.1) für die Berechnung von Platten mit $l \geqq 3$ m und Balken mit $l \geqq 5$ m	3,5
(5.2) für die Berechnung von Platten mit $l < 3$ m	$3{,}5 \cdot 3/l \leqq 5$
(5.3) Für die Berechnung von Balken mit $l < 5$ m	$3{,}5 \cdot 5/l \leqq 5$
Für die Weiterleitung der Verkehrslast auf Stützen oder Wände kann in allen Fällen mit 3,5 kN/m^2 gerechnet werden.	

Fortsetzung und Fußnote s. nächste Seite

Tafel 34, Fortsetzung

	Rechenwert in kN/m²
(6) Balkone, Laubengänge und offene gegen Innenräume abgeschlossene Hauslauben bis 10 m² Grundfläche Keller besonderer Art, z.B. Kohlenkeller Für die Weiterleitung der Verkehrslasten von Balkonen und Laubengängen dürfen diese unter bestimmten Bedingungen auf 1,5 kN/m² abgemindert werden, s. Abschn. 3.6	5,0
(7) Versammlungsräume in öffentlichen Gebäuden, z.B. Kirchen, Theater- und Lichtspielsäle, Tanzsäle; Turnhallen, Tribünen mit festen Sitzplätzen; Flure zu Hörsälen und Klassenzimmern; Ausstellungs- und Verkaufsräume; Geschäfts- und Warenhäuser; Büchereien, Archive; Aktenräume, soweit nicht die Ermittlung nach DIN 1055-1 höhere Werte ergibt; Gastwirtschaften, Großküchen, Schlächtereien, Bäckereien; Fabriken und Werkstätten mit leichtem Betrieb; nicht befahrbare Hofkellerdecken, Vorplätze; Großviehstallungen	5,0
(8) Zufahrten und Rampen in Garagen und Parkhäusern, die von PKW oder ähnlichen Kfz bis zu einem zul. Gesamtgewicht von 2,5 t[1]) befahren werden. Für die Weiterleitung dieser Verkehrslast auf Stützen oder Wände darf sie auf 3,5 kN/m² abgemindert werden.	5,0
(9) Tribünen ohne feste Sitzplätze; Werkstätten und Fabriken sowie Lagerräume, wenn nicht höhere Belastungen nach (10) in Frage kommen	7,5
(10) Werkstätten und Fabriken sowie Lagerräume mit schwerem Betrieb, z.B. durch Gabelstapler (s. Abschn. 2.1.3.2). Die Verkehrslast ist in jedem Einzelfall zu bestimmen. Kommen hierfür gleichmäßig verteilte Verkehrslasten in Betracht, so empfiehlt es sich, nebenstehende Stufung zu wählen (s. a. Tafel 36). Dient diese Verkehrslast im wesentlichen als Ersatzlast für schwere Einzellasten (z.B. schwere Maschinen), so darf sie mit Zustimmung der Bauaufsichtsbehörde für Hauptträger und Stützen stufenweise abgemindert werden, wenn die Ersatzlast, die sich für die gesamte Lastfläche des Bauteils errechnet, wesentlich größer ist als die Last, die tatsächlich – auch beim Ein- und Ausbauen der Maschinen – auf der Fläche wirkt.	10,0 12,5 15,0 20,0 25,0 30,0
Fertigteildecken mit geringerer Tragfähigkeit während des Einbauzustandes müssen in diesem Zustand die folgenden gleichmäßig verteilten Verkehrslasten tragen können:	
(11.1) Decken, die bei der Herstellung mit Transportgefäßen für Beton bis zu 100 l Fassungsvermögen befahren werden	1,0
(11.2) Decken, die bei der Herstellung mit Transportgefäßen für Beton bis zu 150 l Fassungsvermögen befahren werden	1,5
(11.3) Decken, die bei der Herstellung mit Transportgefäßen für Beton bis zu 200 l Fassungsvermögen befahren werden	2,0

[1]) Ein Fahrzeug mit dieser Masse stellt für die Decke eine Last von 25 kN dar.

Tafel 35 Verkehrslast von Treppen, Treppenabsätzen und Zugängen

	RW in kN/m²
(1.1) in Wohngebäuden	3,5
(1.2) in öffentlichen Gebäuden	5,0
Für die Bemessung der einzelnen Stufen genügen die hier angegebenen Verkehrslasten nur, wenn die konstruktive Gestaltung der Treppe eine hinreichende Lastverteilung gewährleistet (z.B. durch Verbindung der einzelnen Trittstufen durch Setzstufen oder durch Auflagern der Stufen auf eine von Podest zu Podest laufende oder in die Treppenhauswände eingespannte Platte). Ist dies nicht der Fall, so ist bei Treppenstufen in Wohngebäuden eine Einzellast von 1,5 kN und bei Treppenstufen in öffentlichen Gebäuden eine Einzellast von 2,0 kN in ungünstigster Stellung anzunehmen. Bei auskragenden Stufen ist außerdem nachzuweisen, daß ihre in der Rechnung vorausgesetzte volle Einspannung in den Treppenhauswänden oder in der Wange auch wirklich aufgenommen werden kann. An Stellen, wo – wie z.B. unter Treppenhausfenstern – die zur Einspannung erforderliche Auflast des Treppenhausmauerwerks fehlt, muß diese Einspannung durch geeignete konstruktive Maßnahmen (z.B. Randträger) gesichert werden. Bei Treppen, bei denen mit besonders großen Einzellasten zu rechnen ist (z.B. in Fabrikgebäuden und Warenhäusern), sind Stufen ohne hinreichende Lastverteilung unzulässig.	

5

3.3 Lotrechte Einzelverkehrslasten für Dächer, befahrene Decken und Hubschrauberlandeplätze

3.3.1 Einzelverkehrslasten für Dächer

Einzelne Tragglieder. In der Mitte der einzelnen Sprossen, Sparren oder Pfetten und in der Mitte von Fachwerk-Obergurtstäben, die unmittelbar die Dachhaut tragen, ist unter Außerachtlassung von Wind- und Schneelasten eine Einzellast von 1,0 kN anzunehmen für Personen, die das Dach bei Reinigungs- und Wiederherstellungsarbeiten betreten, wenn die auf diese Tragteile entfallende Wind- und Schneelast kleiner als 2,0 kN ist.

Begehbare Dachhaut. Es gilt das für einzelne Tragglieder Gesagte. Hierbei ist die Verteilungsbreite zu zwei Plattenbreiten – jedoch nicht größer als 1 m – anzunehmen, soweit DIN 1045 nicht anderes bestimmt. Für Stahlbetonhohldielen s. DIN 4028 (1.82).

Dachlatten. Bei Dachlatten sind zwei Einzellasten von je 0,5 kN in den äußeren Viertelpunkten der Stützweite anzunehmen. Für hölzerne Dachlatten mit Querschnittsabmessungen, die sich erfahrungsgemäß bewährt haben, ist bei Sparrenabständen bis etwa 1 m kein rechnerischer Nachweis erforderlich.

Leichte Sprossen. Für die Berechnung leichter Sprossen ist der Ansatz einer Einzellast von 0,5 kN in ungünstigster Stellung ausreichend, wenn das Dach nur mit Hilfe von Bohlen und Leitern begehbar ist.
Die o.a. Belastungen sind nur für die Bemessung der jeweils direkt belasteten Bauteile anzusetzen. Ihre Weiterleitung bzw. Ableitung in den Baugrund wird nicht nachgewiesen.

3.3.2 Verkehrslasten für befahrene Decken und Hubschrauberlandeplätze

Hofkellerdecken usw. Hofkellerdecken und andere von Kraftfahrzeugen befahrene Decken (ausgenommen Decken nach Tafel 34) sind mindestens für die Lasten der Brückenklasse 6/6 entsprechend Tab. 2 von DIN 1072 (12.85) zu bemessen. Abweichend von DIN 1072 ist jedoch die Fläche außerhalb der Hauptspur ebenfalls mit der gleichmäßig verteilten Flächenlast p_1 der Hauptspur zu belasten.

Muß mit schwereren Kraftfahrzeugen – z.B. mit Feuerwehrfahrzeugen – gerechnet werden, gelten die Lastannahmen der Brückenklasse 12/12 oder 30/30 der o.g. Tab. 2 von DIN 1072 (12.85)

Die Belastung ist als nicht vorwiegend ruhend unter Berücksichtigung der Schwingbeiwerte nach Abschn. 3.5 anzusetzen.

Von Gabelstaplern befahrene Decken. Decken, auf denen Gabelstapler eingesetzt werden, sind je nach den Betriebsverhältnissen für einen der durch Bild 2 und Tafel 36 beschriebenen Gabelstapler zu bemessen. Dabei sind sie für zwei Belastungen zu untersuchen:

a) Für einen Gabelstapler in ungünstigster Stellung mit den Lasten nach Bild 2 und Tafel 36, Zeile 3, und eine ringsherum gleichmäßig verteilte Verkehrslast nach Tafel 36, Zeile 7. Dabei ist die Belastung nach Tafel 36, Zeile 3, als nicht vorwiegend ruhend unter Berücksichtigung der Schwingbeiwerte nach Abschn. 3.5 anzusetzen.

b) Für eine gleichmäßig verteilte Verkehrslast nach Tafel 36, Zeile 7, ohne Schwingbeiwert, wobei angenommen werden darf, daß die einzelnen Felder entweder vollbelastet oder unbelastet sind (feldweise veränderliche Belastung).

Auf Lagerflächen ist die o.a. Verkehrslast nach Zeile 7 durch die hier angesetzte Belastung zu ersetzen, wenn diese größer ist.

Von den sich nach a) und b) ergebenden Werten sind die jeweils ungünstigen für die Bemessung maßgebend.

Für Decken, die durch Gabelstapler mit einem zulässigen Gesamtgewicht von mehr als 13 t belastet werden, ist ein besonderer Nachweis zu führen. Ist damit zu rechnen, daß eine Decke sowohl von Gabelstaplern als auch von Kraftfahrzeugen befahren wird, so ist die ungünstiger wirkende Belastung anzusetzen.

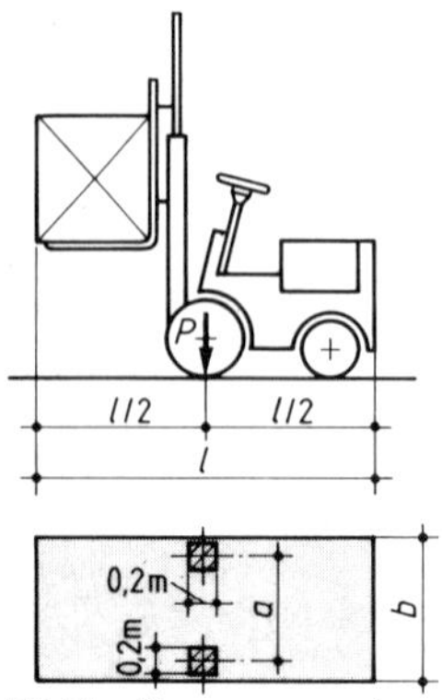

Bild 2 Abmessungen der Gabelstapler

Tafel 36 Gabelstapler-Regelfahrzeuge

1	zulässiges Gesamtgewicht	in t	2,5	3,5	7	13
2	Nenntragfähigkeit	in t	0,6	1	2,5	5
3	statische Achslast (Regellast) P	in kN	20	30	65	120
4	mittlere Spurweite a	in m	0,8	0,8	1	1,2
5	Gesamtbreite b	in m	1	1	1,2	1,5
6	Gesamtlänge l	in m	2,4	2,8	3,4	3,6
7	gleichmäßig verteilte Verkehrslast (Regellast)	in kN/m²	10	12,5	15	25

Hubschrauberlandeplätze auf Dachdecken. Als Hubschrauberlandeplatz benutzte Dachdecken und die zugehörigen Unterzüge sind für zwei Belastungen zu untersuchen:

a) Für die Hubschrauber-Regellast nach Tafel 37 entsprechend dem zulässigen Abfluggewicht der Hubschrauber, das entsprechend dem vorgesehenen Verwendungszweck des Landeplatzes zu wählen ist. Diese Regellast ist als nicht vorwiegend ruhende Einzellast mit einer quadratischen Aufstandsfläche unter Berücksichtigung der Schwingbeiwerte nach Abschn. 3.5 an der für den jeweils untersuchten Querschnitt ungünstigsten Stelle der Betriebsfläche anzunehmen.

Tafel 37 Hubschrauber-Regellasten

höchstzulässiges Abfluggewicht	in t	2	6
Hubschrauber-Regellast	in kN	20	60
Seitenlängen einer Aufstandsfläche	in m	0,2	0,3

b) Für eine – vom zulässigen Abfluggewicht unabhängige – gleichmäßig verteilte Verkehrslast von 5,0 kN/m² ohne Schwingbeiwert, wobei angenommen werden darf, daß die einzelnen Felder entweder vollbelastet oder unbelastet sind (feldweise veränderliche Belastung).

Von den sich nach a) und b) ergebenden Werten sind die jeweils ungünstigen für die Bemessung maßgebend.

Lotrechte Pendelkräfte. Bei Sportgeräten in Turnhallen, z. B. bei Schaukelringen, Klettertauen usw., ist in jedem Anschlußpunkt eines Taues eine lotrechte Pendelkraft von 2,0 kN ohne Schwingbeiwert anzusetzen [s. auch DIN 18032-6 (4.82)]. Luftschaukeln, Fliegerkarusselle usw. s. DIN 4112.

3.4 Waagerechte Verkehrslasten

Horizontallast in Holmhöhe an Brüstungen und Geländern:

– 0,5 kN/m bei Treppen in Wohngebäuden und bei Balkonen und offenen Hauslauben;
– 1,0 kN/m bei Treppen in Versammlungsräumen, Kirchen, Schulen, Theater- und Lichtspielsälen.

Die Horizontalkräfte können in ihrer Ebene nach jeder beliebigen Richtung wirken (Ausnahme: Horizontalkräfte an Geländern und Fanggittern von Hubschrauberlandeplätzen auf Dachdecken).

Horizontallasten zur Erzielung einer ausreichenden Längs- und Quersteifigkeit: Neben der vorgeschriebenen Windlast und etwaigen anderen waagerecht wirkenden Kräften sind folgende beliebig gerichtete Horizontallasten zu berücksichtigen:

– Bei Tribünen und ähnlichen Sitz- und Steheinrichtungen eine in Fußbodenhöhe angreifende Horizontallast von 1/20 der lotrechten Verkehrslast.
– Bei Gerüsten eine in Schalungshöhe angreifende Horizontallast von 1/100 aller lotrechten Lasten.
– Bei kippgefährdeten Einbauten, die innerhalb von geschlossenen Bauwerken stehen und keiner Windbeanspruchung unterliegen (z.B. eingebaute freistehende Silos), eine in Höhe des Schwerpunktes angreifende Horizontallast von 1/100 der Gesamtlast.

Bremskräfte und Horizontallasten von Kranen und Kranbahnen sind nach DIN 15018 (11.84) und DIN 4132 (2.81) in Rechnung zu stellen (s. Stahlbau).

Horizontalstöße auf tragende Stützen und Wände

– An Straßen: Bei stützenden Bauteilen von Bauwerken, die innerhalb von geschlossenen Ortschaften im Abstand von weniger als 1 m von der Bordschwelle stehen und so unmittelbar der Gefahr eines Anpralls von Straßenfahrzeugen ausgesetzt sind (etwa die Pfeiler von Bogengängen), ist zur Berücksichtigung dieser Kraftwirkung in 1,2 m über Geländehöhe eine Horizontallast anzunehmen von 500 kN an ausspringenden Gebäudeecken bzw. von 250 kN bei anderen stützenden Bauteilen, und zwar getrennt je einmal in Richtung

der Längs- und der Querachse des stützenden Bauteils. Diese Horizontallast braucht nicht angesetzt zu werden, wenn nachgewiesen werden kann, daß durch Ausfall der stützenden Bauteile die Standsicherheit des Gebäudes nicht gefährdet wird. Bei der Berechnung der Fundamente braucht diese Anprallast in keinem Fall berücksichtigt zu werden.
Bei stützenden Bauteilen von Bauwerken, die außerhalb von geschlossenen Ortschaften der Gefahr des Anpralls von Straßenfahrzeugen ausgesetzt sind, gilt DIN 1072 (12.85), Abschn. 7.2.

- Bei Tankstellen: Bei stützenden Bauteilen von Tankstellenüberdachungen, die nicht am fließenden Verkehr liegen, ist, auch wenn sie durch Bordschwellen geschützt sind, zur Berücksichtigung eines möglichen Anpralls von Kraftfahrzeugen in 1,2 m Höhe über Gelände eine Horizontallast von 100 kN in ungünstigster Richtung wirkend anzunehmen, sofern nicht nachgewiesen werden kann, daß bei Ausfall der stützenden Bauteile die Standsicherheit der Tankstellenüberdachung nicht gefährdet ist. Bei der Berechnung der Fundamente braucht diese Anprallast nicht berücksichtigt zu werden.
- In Garagen, Werkstätten, Lagerräumen und dgl.: Bei stützenden Bauteilen in Räumen von ein- und mehrgeschossigen Gebäuden, in denen Lastkraftwagen oder Gabelstapler verkehren, ist zur Berücksichtigung eines möglichen Anpralls bei Lastkraftwagen in 1,2 m Höhe eine Horizontallast von 100 kN, bei Gabelstaplern in 0,75 m Höhe eine Horizontallast gleich dem 5fachen zulässigen Gesamtgewicht nach Zeile 1 von Tafel 36 anzunehmen.
  Kann diese Horizontallast nicht von einem Bauteil allein aufgenommen werden, so ist sie durch besondere bauliche Maßnahmen (z.B. durch ausreichend verformbare Schutzvorrichtungen aus Stahl) von dem stützenden Bauteil fernzuhalten oder so zu vermindern, daß dieser Bauteil der übrigbleibenden Belastung standhält.

Im übrigen gelten sinngemäß der folgende Abschnitt und die Bestimmungen der DIN 1072 (12.85), Abschn. 5.3 und 5.4

Horizontalstöße auf nichttragende umschließende Bauteile

Bei Geschoßgaragen und anderen mehrgeschossigen Gebäuden, in denen mit Kraftfahrzeugen gerechnet werden muß, ist zur Berücksichtigung eines möglichen Anpralls von Fahrzeugen gegen Außenwände und Wände, die Lichtschächte u.ä. abschließen, sowie gegen Brüstungen von Rampen, Parkpaletten und dgl. bei PKW in 0,5 m Höhe über dem Fußboden eine horizontale Streckenlast von 2,0 kN/m, bei LKW in 1,2 m Höhe eine Streckenlast von 5,0 kN/m anzunehmen, jeweils nach außen wirkend.

Zusätzlich soll der Anprall von Kfz, insbesondere von Gabelstaplern, gegen Wände und Brüstungen durch Bordschwellen, vorgesetzte Riegel u.ä. von mindestens 0,2 m Höhe verhindert werden.

Zulässige Spannungen. Bei der Bemessung stützender Bauteile für die zuvor erwähnten Horizontalstöße darf

- bei Beton und Stahlbeton nach DIN 1045 der Sicherheitsbeiwert $\gamma = 1$ gesetzt werden;
- bei Mauerwerk als zulässige Spannung das 2fache der in DIN 1053 angegebenen Werte angenommen werden;
- bei Stahlbauteilen, Verbindungsmitteln, Nieten, Schrauben und Schweißnähten als zulässige Spannung das 1,7fache der in DIN 1050 und DIN 4100 für Hauptlasten angegebenen Werte angesetzt werden.

Waagerechte Pendelkräfte. Bei Sportgeräten in Turnhallen (z.B. bei Schaukelringen, Klettertauen usw.) ist in jedem Anschlußpunkt eines Taues eine waagerechte Pendelkraft von 0,9 kN ohne Schwingbeiwert anzusetzen [s. a. DIN 18032, T6 (4.82)]. Luftschaukeln, Fliegerkarusselle usw. siehe DIN 4112.

Horizontallasten für Hubschrauberlandeplätze auf Dachdecken. In der Ebene der Start- und Landefläche und des umgebenden Sicherheitsstreifens ist eine Horizontallast gleich der Regellast nach Tafel 37 an der für den untersuchten Querschnitt eines Bauteils jeweils ungünstigsten Stelle anzunehmen.
Für den mindestens 0,25 m hohen Überrollschutz ist am oberen Rand eine Horizontallast von 10 kN anzunehmen.

Bei Geländern und Fanggittern ist in Holmhöhe eine Streckenlast von 1 kN/m rechtwinklig zur Geländer- oder Gitterebene anzunehmen.

3.5 Schwingbeiwerte (Stoßzahlen)

Verkehrslasten, die Stöße oder Schwingungen verursachen, sind von Fall zu Fall mit einer Stoßzahl bzw. einem Schwingbeiwert φ zu vervielfachen. Für die in Abschn. 3.3.2 aufgeführten Hofkellerdecken, von Gabelstaplern befahrenen Decken und Dachdecken, die als Hubschrauberlandeplatz benutzt werden, beträgt der Schwingbeiwert im Regelfall $\varphi=1{,}4$; bei überschütteten Bauwerken beträgt er $\varphi=1{,}4-0{,}1\,h_{ü}$, wobei $h_{ü}$ die Überschüttungshöhe in m ist. Bei Maschinen mit Schwungmassenkräften sind die dynamischen Einflüsse rechnerisch zu untersuchen. Siehe hierzu DIN 4024 und DIN 4025; eine Norm für den Erschütterungsschutz im Bauwesen ist in Vorbereitung.

Bei Teilen von Schutzbrücken unter Seilbahnen, die (wie z.B. der Belag und die Längs- und Querträger) unmittelbar von herabfallenden Gegenständen getroffen werden können, muß eine Stoßzahl in Rechnung gestellt werden, die in erster Linie nach der Fallhöhe abzustufen ist. Bisher wurde hierbei mit einer Stoßzahl von 10 bis 20 gerechnet. Es empfiehlt sich, vor der endgültigen Wahl einer Stoßzahl die Entscheidung der Bauaufsichtsbehörde einzuholen. Bei nur mittelbar beanspruchten Bauteilen braucht keine Stoßzahl in Rechnung gestellt zu werden.

3.6 Verminderung der Verkehrslasten

Bei der Berechnung von Bauteilen (wie Stützen, Unterzüge, Wandpfeiler, Grundmauern und dgl.), die die Lasten von mehr als drei Vollgeschossen aufnehmen, und bei der Ermittlung der entsprechenden Bodenpressung darf die durch Zusammenzählen der Verkehrslasten der einzelnen Geschosse sich ergebende Gesamtverkehrslast nach folgenden Regeln ermäßigt werden, sofern es sich bei dem betrachteten Gebäude nicht um eine Werkstatt mit schwerem Betrieb, einen Speicher oder um Lagerräume handelt.

Die Verkehrslasten der drei den Bauteil am meisten belastenden Geschosse sind mit dem vollen Betrag einzusetzen; von den Verkehrslasten der anderen (diesen Bauteil belastenden) Geschosse – geordnet nach der Größe ihrer Lasten in absteigender Folge – darf ein von Geschoß zu Geschoß um einen bestimmten Bruchteil wachsender Betrag abgezogen werden. Dieser Bruchteil beträgt

a) bei Wohngebäuden, Büro- und Geschäftshäusern 20% bis zum Höchstbetrag von 80%
b) bei Werkstätten mit leichtem Betrieb und Waren- bzw. Kaufhäusern sowie bei Gebäuden, die zum Teil als Werkstätten oder Warenhäuser dienen, 10% bis zum Höchstbetrag von 40%.

Die Verminderung der gesamten auf einem solchen Bauteil ruhenden Verkehrslast darf aber bei den unter a) genannten Gebäuden 40% und bei den unter b) genannten 20% nicht überschreiten.

Sind die von den einzelnen Geschossen herrührenden Verkehrslasten einander gleich, so ergeben sich die in den Zeilen 1 und 3 der Tafel 38 in Prozent angegebenen Abzüge und die in den Zeilen 2 und 4 angegebenen auf die Gesamtverkehrslast bezogenen Minderungswerte α (das ist das Verhältnis der in Rechnung zu stellenden Verkehrslast zur Gesamtverkehrslast).

Für die Berechnung von Bauteilen, die die Lasten von mehr als drei Vollgeschossen aufnehmen, darf die Verkehrslast von Balkonen und Laubengängen aller Geschosse von 3,5 kN/m² bzw. 5,0 kN/m² einheitlich auf 1,5 kN/m² abgemindert werden.

Tafel 38 Abzüge und Minderungswerte für die Verkehrslast von Bauteilen, die die Lasten von mehr als drei Vollgeschossen aufzunehmen haben, bei gleicher Verkehrslast in allen Vollgeschossen

	Anzahl der Geschosse	1 bis 3	4	5	6	7	8	9	10	11	12
Wohngebäude usw. nach a)											
1	Abzüge in %	0	20	40	60	80			40		
2	Minderungswert α	1	0,95	0,88	0,8	0,71	0,65	0,6			
Werkstätten usw. nach b)											
3	Abzüge in %	0	10	20	30	40			20		
4	Minderungswert α	1	0,98	0,94	0,9	0,86	0,83	0,8			

4 Windlasten nach DIN 1055-4 (8.86) und DIN 1056 (10.84)

4.1 Allgemeines

Windlasten gehören ebenso wie die Verkehrs- oder Nutzlasten zu den nicht ständig wirkenden Lasten.

Manche Bauwerke können, wenn sie vom Wind angeblasen werden, in Schwingungen geraten. Sie sind schwingungsanfällig. In diesem Abschnitt werden die Auswirkungen des Windes nur auf nicht schwingungsanfällige Bauwerke untersucht.[1]) Ein Bauwerk gilt im Sinne der Norm als nicht schwingungsanfällig, wenn seine Verformungen unter Berücksichtigung der dynamischen Wirkung der Windkräfte die Verformungen aus statischer Windlast um nicht mehr als 10% überschreiten.

Ohne besonderen Nachweis dürfen übliche Wohn-, Büro- und Industriegebäude und ihnen in Form oder Konstruktion ähnliche Bauwerke mit einer Schlankheit $h/b_1 \leqq 5$ in der Regel als nicht schwingungsanfällig im Sinne der Norm angesehen werden, wobei für b_1 die kleinste Breite der gegen Horizontalkräfte aussteifenden Konstruktion einzusetzen ist. h ist die Gebäudehöhe über Gelände.

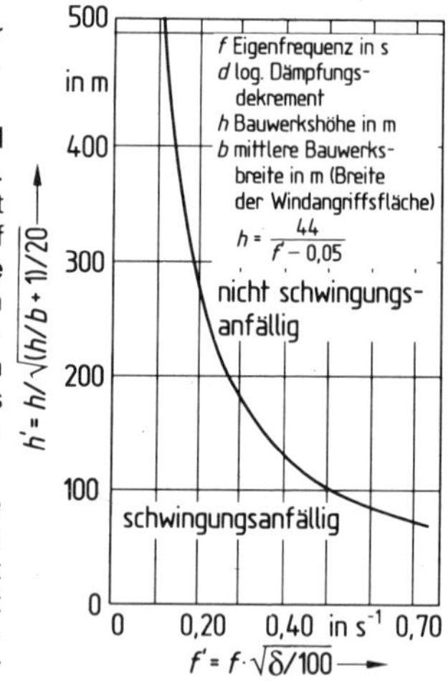

Bild 3 Grenze der Schwingungsanfälligkeit

Auch Krantragwerke können – von besonders gelagerten Ausnahmenfällen abgesehen – als nicht schwingungsanfällig im Sinne der o.g. Definition angesehen werden. Mit den Werten des Teiles 4 der DIN 1055 werden Windlasten für den Zustand „außer Betrieb" errechnet.

Allgemein darf ein als Kragträger wirkendes Bauwerk dann als nicht schwingungsanfällig im Sinne der o.g. Definition betrachtet werden, wenn der durch seine bezogene Eigenfrequenz f' und bezogene Höhe h' gegebene Punkt in Bild 3 oberhalb der angegebenen Kurve liegt. Sofern zur Berechnung der bezogenen

[1]) Die Windlast auf ein schwingungsanfälliges Bauwerk – auf freistehende Schornsteine – wird in Abschnitt 4.5 untersucht.

Eigenfrequenz f' kein genauerer Wert des logarithmischen Dämpfungsdekrementes δ bekannt ist, kann er der Tafel 39 entnommen werden.

Tafel 39 Logarithmisches Dämpfungsdekrement

	Stahlkonstruktionen			Beton- und Stahlbetonkonstruktionen		Mauerwerkskonstruktionen	Holzkonstruktionen
	geschraubt		geschweißt	Zustand I (a. Spannbeton)	Zustand II		
	rohe Schrauben	HV-Schrauben					
δ	0,05	0,03	0,02	0,04	0,10[1])	0,12	0,15
	Zuschlag für offene geschraubte Gitterkonstruktionen 0,02						
	Zuschlag für dämpfende Einbauten, z.B. Ausmauerungen 0,02						

[1]) nur für Konstruktionen anzusetzen, die im Gebrauchszustand überwiegend im Zustand II sind.

4.2 Berücksichtigung der Windwirkung

Bauwerke sind auf Windlast im allgemeinen in Richtung ihrer Hauptachsen zu untersuchen. In besonderen Fällen ist eine Berechnung mit Bezug auf andere Achsen („über Eck") erforderlich.

Bei Bauwerken, die durch genügend steife Wände und Decken hinreichend ausgesteift sind, brauchen in der Regel die Windbeanspruchungen der Gesamtkonstruktion nicht nachgewiesen zu werden. Siehe z. B. DIN 1053-1 (11.96), Abschn. 3.1.
Steht bei baulichen Anlagen und bei Bauteilen, die umkippen und/oder gleiten können, die ausreichende Sicherheit gegen Umkippen und/oder Gleiten infolge Wind nicht fest, so ist sie unter Berücksichtigung auch etwaiger anderer waagerechter Lasten nachzuweisen. Dabei sind günstig wirkende Verkehrslasten und **günstig wirkende Windlasten nicht** zu **berücksichtigen**. Die Sicherheit muß mindestens 1,5fach sein.
Werden beim Nachweis der Sicherheit von Einzelbauteilen gegen Abheben die Sogspitzen (erhöhte Druck- bzw. Sogbeiwerte s. Abschn. 4.3) berücksichtigt, so führt eine Bemessung nach der Gleichung

$$F_{Trag}/1{,}3 \geqq 1{,}1\, S_{Sog} - S_{G\,Dach}/1{,}1$$

zu ausreichender Sicherheit. Hierbei ist F_{Trag} die Traglast des Verbindungsmittels, S_{Sog} die Sogkraft unter Berücksichtigung der Windsogspitzen, $S_{G\,Dach}$ der Auflagerlastanteil aus der Eigenlast des trockenen Daches. Diese darf mit dem 0,8fachen des Regelwertes des nassen Baustoffes nach DIN 1055-1, berechnet werden (s. Abschn. 2), soweit kein unterer Regelwert angegeben ist.

Wegen der gleichzeitigen Berücksichtigung von Wind- und Schneelast s. Abschn. 4.4.

4.3 Rechenwerte für Staudruck, Windlast, -druck bzw. -sog

4.3.1 Staudruck

Windrichtung. Die Windlast ist in jeder Richtung mit ihrem Maximalwert anzunehmen. Die Windrichtung kann im allgemeinen waagerecht angenommen werden.

Staudruck. Der Staudruck (Geschwindigkeitsdruck) q ist

$$q = \frac{1}{2} \varrho\, v^2,$$

wobei $\varrho = 1{,}25\ \text{kg/m}^3$ hinreichend genau und v die Windgeschwindigkeit ist. Mit v in m/s ergibt sich $q = v^2/1600$ in kN/m². Tafel 40 gibt die in Rechnung zu stellende Windgeschwindigkeit v und den zugehörenden Staudruck q in Abhängigkeit von der Höhe über dem (das betrachtete Bauwerk) umgebenden Gelände an.

Tafel 40 Windgeschwindigkeit und Staudruck in Abhängigkeit von der Höhe

Höhe über Gelände h	von 0 bis 8 m	über 8 bis 20 m	über 20 bis 100 m	über 100 m
Windgeschwindigkeit v in m/s	28,3	35,8	42,0	45,6
Staudruck q in kN/m²	0,5	0,8	1,1	1,3

Bemerkung In Abhängigkeit von örtlichen topographischen Einflüssen können hiervon abweichende Windgeschwindigkeiten auftreten. Insbesondere können infolge von Föhn- und Düseneffekten auch höhere Windgeschwindigkeiten auftreten.

Ist das Bauwerk auf einer das umliegende Gelände steil und hoch überragenden Erhebung dem Windangriff besonders stark ausgesetzt, so ist bei Festsetzung der Windlast mindestens von dem Staudruck $q = 1{,}1\ \text{kN/m}^2$ auszugehen.

4.3.2 Windlast

Die Windlast eines Bauwerkes setzt sich aus Druck-, Sog- und Reibungswirkungen zusammen und beträgt im Regelfall

$$\boldsymbol{W} = \boldsymbol{c}_\mathbf{f} \cdot \boldsymbol{q} \cdot \boldsymbol{A}.$$

Es ist c_f der aerodynamische Kraftbeiwert, q der Staudruck und A die Bezugsfläche. Die Kraftbeiwerte c_f sind von der Form des Bauwerkes und von der Anströmrichtung abhängig. Für etliche Bauwerksformen sind c_f-Werte in T 4 der DIN 1055 angegeben. Für Bauwerksformen, die hier nicht aufgeführt und bei denen keine Analogieschlüsse zu gegebenen Bauwerksformen möglich sind, müssen die Beiwerte in Windkanalversuchen ermittelt werden.

Die Bezugsfläche A ist diejenige Fläche, auf welche der Beiwert c_f bezogen ist. Sie ist in der Norm mit angegeben und wird häufig eine Hauptprojektionsfläche sein. Der Staudruck q ist nach Tafel 40 einzusetzen. Bei abschnittsweise veränderlichem Staudruck und/oder veränderlicher Bauwerksbreite b darf näherungsweise gesetzt werden

$$\boldsymbol{W} = \boldsymbol{c}_\mathbf{f} \sum_{i=1}^{n} \boldsymbol{q}_\mathbf{i} \boldsymbol{A}_\mathbf{i}$$

q_i Staudruck im Abschnitt i
A_i Fläche im Abschnitt i
n Anzahl der Abschnitte

Teil 4 der DIN 1055 enthält Kraftbeiwerte c_f für die folgenden Gruppen von Körpern:

1. Prismatische Baukörper
   - allseitig geschlossene Baukörper mit rechteckigem Grundriß (s. S. 273)
   - allseitig geschlossene Baukörper mit nicht rechteckigem Grundriß
2. Kreiszylindrische Baukörper
   - stehende und liegende Zylinder
   - sonstige Baukörper mit Kreisquerschnitt
   - Drähte, Stangen, Seile
3. Stäbe, Tafeln, Fachwerke
   - Einzelne Widerstandskörper
   - Fachwerke, ebene und räumliche
4. Nachgiebige Baukörper
   - Flaggen mit festgespanntem Flaggentuch
   - Flaggen mit losem Flaggentuch

Die Windlast W ist auch berechenbar durch Verwendung des Druckbeiwertes c_p, wenn die entlastenden Sogkräfte nicht in Ansatz gebracht werden.

Tafel 41 Kraftbeiwerte c_f für einen allseitig geschlossenen prismatischen Körper

Windrichtung	Bezugsfläche A	Kraftbeiwerte c_{fx}	c_{fy}
parallel zur x-Achse	$b \cdot h$	1,3	0
parallel zur y-Achse	$a \cdot h$	0	1,3

Gültig für Körper mit $h/b \leqq 5$ bzw. $h/a \leqq 5$

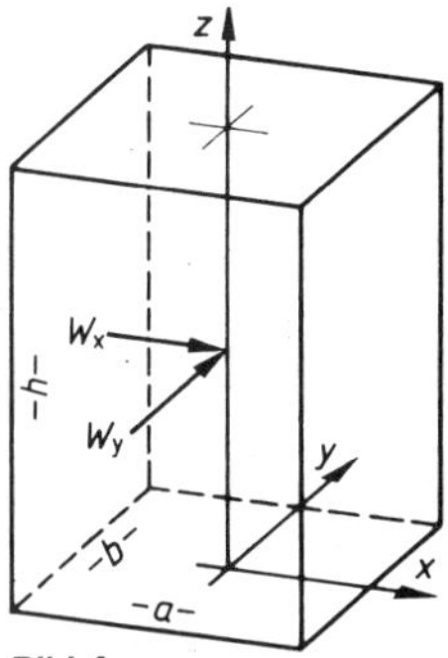

Bild 4

Es gilt:

$$W_x = c_{fx} \cdot A \cdot q \quad \text{und} \quad W_y = c_{fy} \cdot A \cdot q$$

Bei ungleichmäßiger Verteilung der Windgeschwindigkeit in x- oder y-Richtung kommt es zu einem exzentrischen Lastangriff. Deshalb ist eine Ausmitte der resultierenden Windlast von $a/10$ in x- bzw. $b/10$ in y-Richtung anzunehmen.

4.3.3 Winddruck

Die Größe des auf die Flächeneinheit einer Bauwerksoberfläche wirkenden Winddruckes ist

$$w = c_p \cdot q,$$

wobei q der Staudruck des Windes und c_p der aerodynamische Druckbeiwert der betrachteten Flächeneinheit ist. Der auf eine Fläche wirkende Winddruck ist stets rechtwinklig auf diese Fläche gerichtet. Aerodynamische Druck- und Sogbeiwerte c_p sind in Abschnitt 6.3 von T4 für verschiedene Bauwerksformen angegeben. Bei der Anwendung dieser Werte ist zu beachten, daß es sich um Mittelwerte über die jeweils gekennzeichneten Bereiche handelt. Deshalb sind die **Druckwerte für einzelne Tragglieder** (z.B. Sparren, Pfetten, Wandstiele, Fassadenelemente) um 1/4 zu erhöhen. Einzelne Tragglieder in diesem Sinne liegen vor, wenn ihre Einzugsfläche weniger als 15% derjenigen Fläche beträgt, über die der Beiwert gemittelt wurde. Bei unmittelbar durch Wind belasteten Einzelbauteilen, z.B. Wand- und Dachtafeln, sind an den Schnittkanten von Wand- und Dachflächen prismatischer Körper zur Erfassung der hier auftretenden Sogspitzen die in der Norm angegebenen erhöhten Beiwerte (s. Tafel 43 und 46) anzunehmen. Der **Abhebenachweis** für solche Einzelbauteile kann dann mit der o.a. Gl.

$$F_{Trag}/1{,}3 \geqq 1{,}1\, S_{Sog} - S_{G\,Dach}/1{,}1$$

geführt werden.

Für folgende Fälle sind Druckbeiwerte c_p in der Norm angegeben:

1 Prismatische Baukörper

1.1 Allseitig geschlossene Baukörper (s. S. 272, 273)
lotrechte Gebäudewände; Teilbereiche lotrechter Wandflächen; Sattel-, Pult- und Flachdächer; Teilbereiche von Dächern;

1.2 Seitlich offene Baukörper (s. S. 274)
vorne offen bzw. hinten offen; beide Seiten offen; vorne und an beiden Seiten offen bzw. hinten und an beiden Seiten offen; allseitig offen (also freistehende Dächer);

2 Kreiszylindrische Baukörper

Tafel 42 Druckbeiwerte c_p für Wände allseitig geschlossener Baukörper

Gebäudewand (Bezugsfläche)	c_p
vordere Wand *ABCD* (= luv)	+0,8
hintere Wand *EFGH* (= lee)	−0,5
Seitenwände *AEHD* und *BFGC*	−0,5 für $h/a \leqq 0{,}25$ −0,7 für $h/a > 0{,}50$

Ein positives Vorzeichen bedeutet Druck, ein negatives Vorzeichen bedeutet Sog

Tafel 43 Erhöhter Druckbeiwert und zugehörige Teilfläche

Erhöhter Druckbeiwert c_p	Breite d der zugehörigen Teilfläche
−2,0	für $a < 8$ m: $d = 1$ m $8\ \text{m} \leqq a \leqq 16$ m: $d = a/8$ für $a > 16$ m: $d = 2$ m

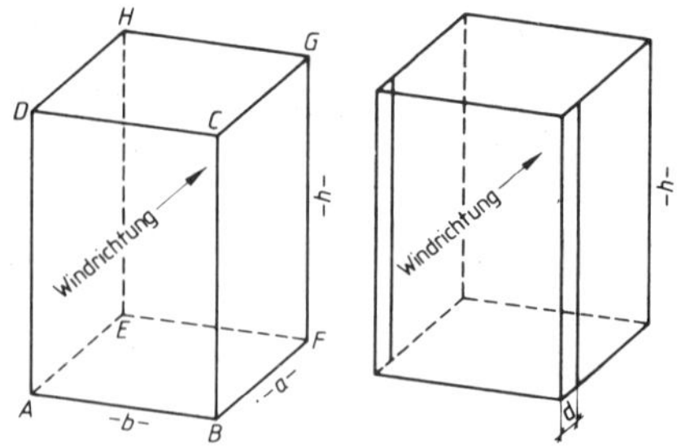

Bild 5 Teilflächen mit erhöhtem Druckbeiwert

Der Druckbeiwert für Dachflächen wird angegeben in Abhängigkeit von der Dachneigung α und ist Bild 7 zu entnehmen.

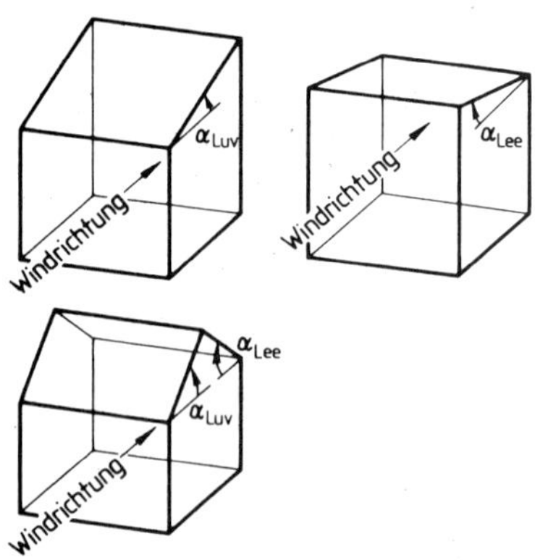

Bild 6

$$c_p = \frac{1}{50}\,\alpha_{Luv} - 0{,}2 \quad (25° \leqq \alpha_{Luv} \leqq 50°)$$

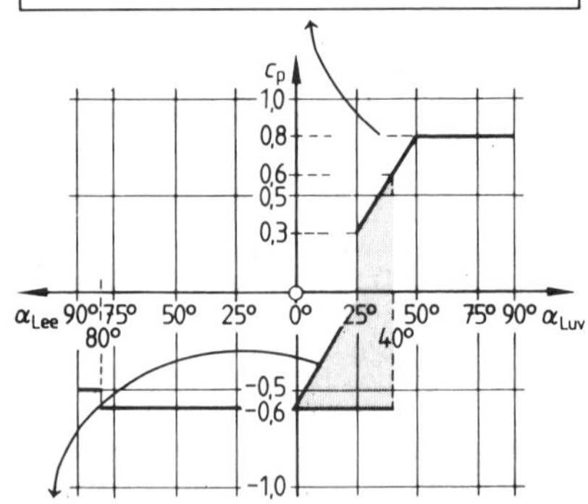

$$c_p = 1{,}3 \cdot \sin \alpha_{Luv} - 0{,}6 \quad (0° \leqq \alpha_{Luv} < 25°)$$

Im Bereich zwischen 25° und 40° ist der für den geplanten Nachweis ungünstige c_p-Wert zu wählen, s. Beispiel S. 269

Bild 7 Druckbeiwerte für Dachflächen

Tafel 44 Druckbeiwerte c_p für Dachflächen allseitig geschlossener prismatischer Baukörper

Dachneigung α_{Luv}	+0°	+5°	+10°	+15°	+20°	+25°	+30°	+35°	+40°	+45°	+50°	$\alpha \geqq 50°$
Druckbeiwert c_p	−0,60	−0,49	−0,37	−0,26	−0,16	+0,3	+0,4	+0,5	+0,6	+0,7	+0,8	+0,8
	−0,6											

Ein positives Vorzeichen bedeutet Druck, ein negatives Vorzeichen bedeutet Sog.

Beispiel

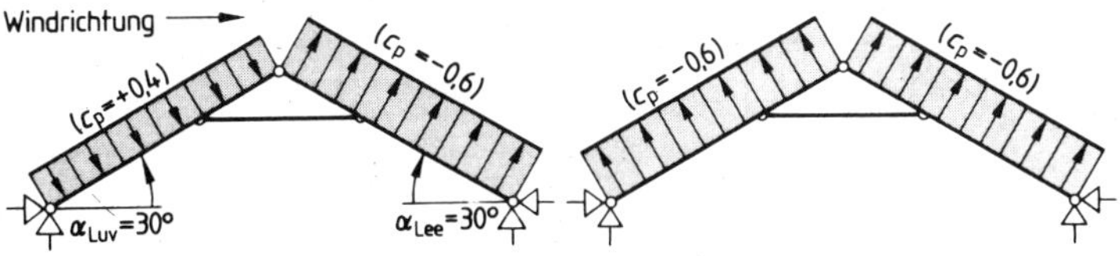

a) Lastbild mit oberem c_p-Grenzwert

b) Lastbild mit unterem c_p-Grenzwert (etwa für den Nachweis der Sicherheit der Gesamtkonstruktion gegen Abheben)

Bild 8 Oberer und unterer c_p-Wert

5

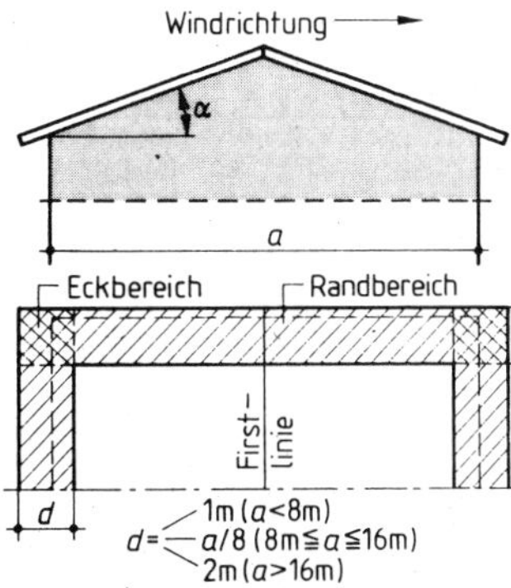

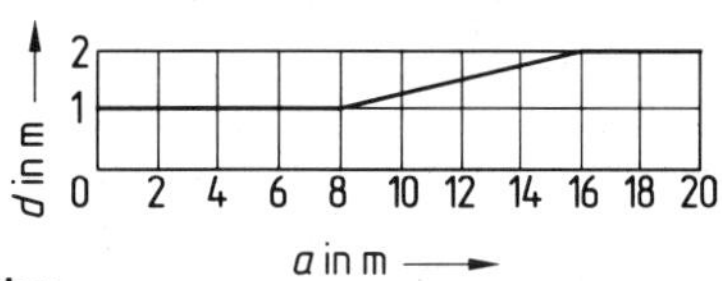

Bild 9 Ausdehnung des Eck- und Randbereiches

Tafel 45 Erhöhte Druckbeiwerte c_p für Teilbereiche geneigter Dachflächen

Dachneigungswinkel α	Einzelbauteil liegt ganz im Eckbereich	Randbereich
0° bis 25°	−3,2	−1,8
26° bis 35°	−1,8	−1,1

Das negative Vorzeichen bedeutet Sog

Tafel 46 Erhöhte Druckbeiwerte c_p – genauere Werte – und zugehörige Teilbereiche für Flachdächer ohne Attika von Bauwerken bestimmter Proportionen

	gültig für	$\frac{h}{a} < 0{,}40$	$\frac{h}{a} > 0{,}40$
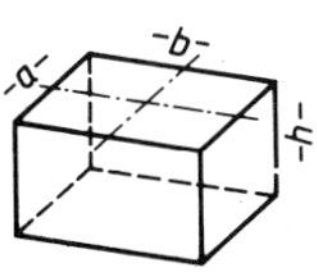	$\frac{b}{a} < 1{,}5$	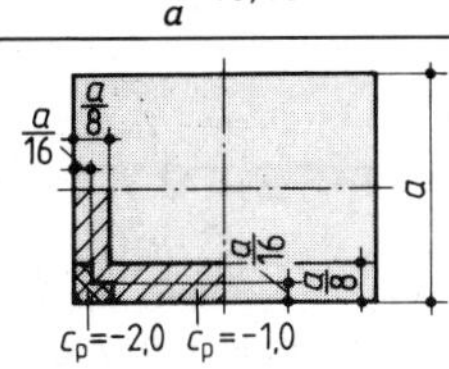	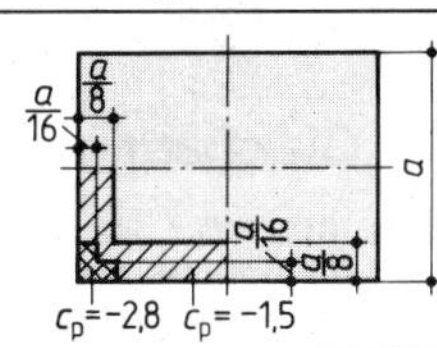
	$\frac{b}{a} > 1{,}5$	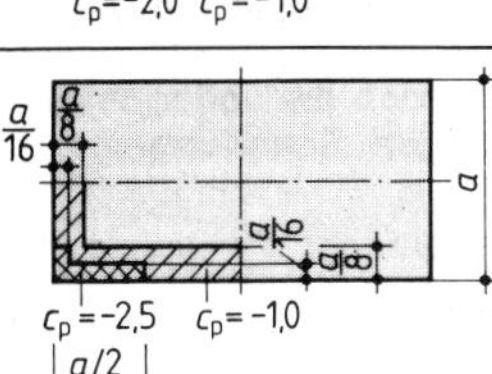	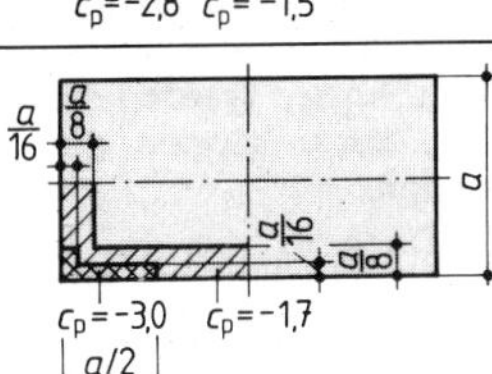

Das negative Vorzeichen bedeutet Sog

Tafel 47 Druckbeiwerte c_p seitlich offener Baukörper

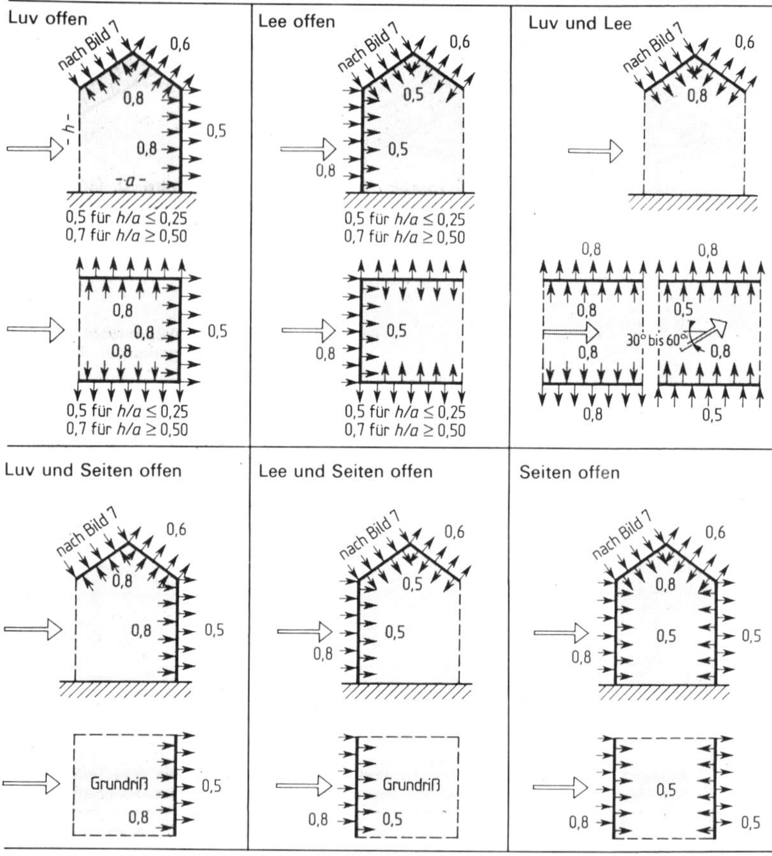

Anmerkung Der Fall „eine Seite offen" fehlt leider in der Norm.

4.4 Gleichzeitige Berücksichtigung von Wind- und Schneelast

Dächer mit einer Neigung bis 45° sind für eine gleichzeitige Belastung durch Wind und Schnee zu untersuchen. Dabei sind die beiden Lastfälle $s+w/2$ und $s/2+w$ zu berücksichtigen. [1]) Die jeweils ungünstigsten Werte sind für die Bemessung maßgebend, wobei die für den Lastfall H zugelassenen Spannungen nicht überschritten werden dürfen. Werden die vollen Wind- und Schneelasten kombiniert, dann können die zulässigen Spannungen des Lastfalles HZ ausgenützt werden.

Bei Dächern über 45° Neigung braucht mit gleichzeitiger Belastung durch Wind und Schnee nur in Gebieten mit besonders ungünstigen Schneeverhältnissen gerechnet zu werden oder dann, wenn Schneeansammlungen möglich sind (z.B. bei Zusammenstoß mehrerer Dachflächen).

[1]) Weitere Zusatzlasten sind gegebenenfalls entsprechend zu kombinieren.

Für den Standsicherheitsnachweis des in Bild 10 skizzierten Pultdaches ($\alpha \leqq 45°$) gibt es also zwei Möglichkeiten:

a) Die Standsicherheit wird nachgewiesen für die Lastkombinationen

$\boldsymbol{g+s}$ (Lastfall H)

$\boldsymbol{g+s+w_d}$ (Lastfall HZ)

b) Die Standsicherheit wird nachgewiesen für die Lastkombinationen

$\boldsymbol{g+s/2+w_d}$ (Lastfall H)

$\boldsymbol{g+s+w_d/2}$ (Lastfall H).

In beiden Fällen muß freilich die Sicherheit gegen Abheben zusätzlich nachgewiesen werden.

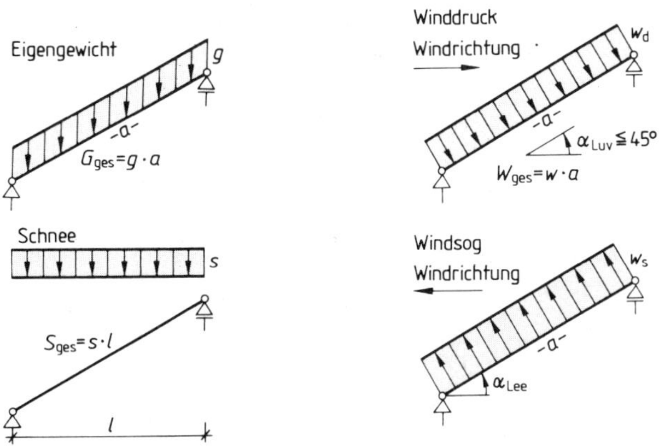

Bild 10 Belastung eines wenig geneigten Pultdaches

4.5 Windbelastung freistehender Schornsteine

Das klassische Beispiel für schwingungsanfällige Bauwerke ist der freistehende Schornstein in Massivbauart entsprechend DIN 1056 (10.84).

Das Verfahren der Berechnung der Windlast solcher Schornsteine ist im Anhang dieser Norm angegeben.

Der Staudruck q (kN/m²) in der Höhe z (m) über Gelände beträgt

für $z \leqq 300$ m $\quad q = q_0 + 0{,}003z$
für $z > 300$ m $\quad q = q_0 + 0{,}9$.

Der Staudruck q_0 in Geländehöhe beträgt

– im Nord- und Ostsee-Küstengebiet (Zone III) $\quad q_0 = 1{,}30$ kN/m²

– in der norddeutschen Tiefebene außer Zone III, in Berlin und in allen Standorten der Zone I, mit Geländehöhen über 800 m NN (Zone II) $\quad q_0 = 1{,}05$ kN/m²

– im übrigen Gebiet der BRD (Zone I) $\quad q_0 = 0{,}80$ kN/m².

(Karte der Windlastzonen s. DIN 1056).

Der aerodynamische Kraftbeiwert c_f freistehender Schornsteine ergibt sich aus dem Grundkraftbeiwert c_{f0} und dem Schlankheitsfaktor λ

$$\boldsymbol{c_f = c_{f0} \cdot \lambda}.$$

Der Grundkraftbeiwert c_{f0} ist abhängig von der Querschnittsform und beträgt für kreiszylindrische Baukörper 0,95.

Der Schlankheitsfaktor λ hängt ab von der Höhe h_1 des Schornsteins über Gelände und dem Querschnittswert d_m (bei kreisförmigem Querschnitt ist d_m der Schaft-Außendurchmesser in halber Höhe)

$$\lambda = 0{,}65 + 0{,}005\, h_1/d_m.$$

Die auf den Schornsteinabschnitt i mit der Bezugsfläche $A_i = h_i \cdot d_i$ wirkende Windlast beträgt

$$W_i = c_f \cdot q_i \cdot A_i.$$

Zur Berücksichtigung der durch Böigkeit des Windes (räumliche und zeitliche Änderung der Windgeschwindigkeit) hervorgerufenen Schwingungen in Windrichtung werden die Windlasten W_i mit dem Böenfaktor φ multipliziert (statische Ersatzlast)

$$\text{ers } W_i = \varphi \cdot c_f \cdot q_i \cdot A_i.$$

Der Böenfaktor φ ergibt sich als Produkt von dem Größenfaktor η und dem Böengrundfaktor φ_0:

$$\varphi = \varphi_0 \cdot \eta$$

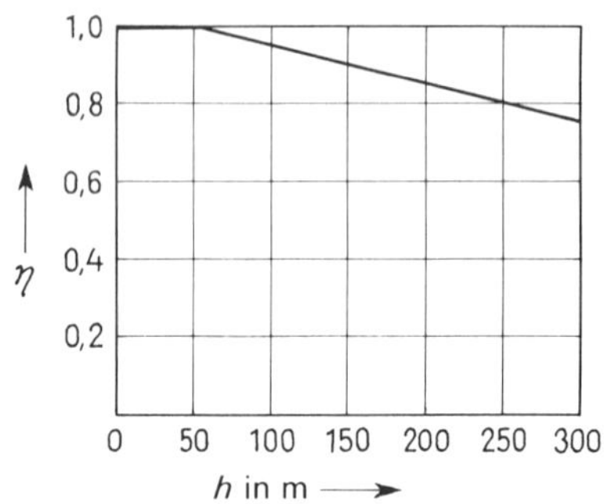

Bild 11 Größenfaktor η

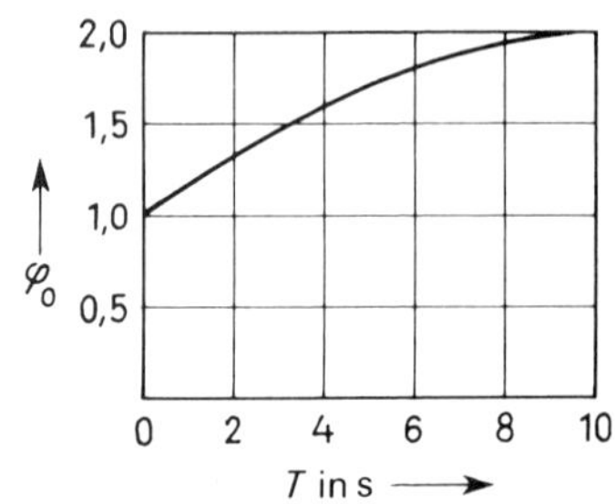

Bild 12 Böengrundfaktor φ_0 für $\delta = 0{,}1$

Der Größenfaktor η ist abhängig von der Länge h des Schornsteinschaftes und beträgt

für $h \leqq 50$ m $\quad \eta = 1{,}00$

für $h > 50$ m $\quad \eta = 1{,}05 - h/1000.$

Der Böengrundfaktor φ_0 ist abhängig von der Schwingungsdauer T (s) der Bauwerksgrundschwingung und dem logarithmischen Dämpfungsdekrement δ und beträgt im Bereich $T \leqq 10$ s

$$\varphi_0 = 1 + (0{,}042\,T - 0{,}0019\,T^2)\,\delta^{-0{,}63}.$$

Bei Mauerwerk und Stahlbeton darf näherungsweise mit $\delta = 0{,}1$ gerechnet werden, wenn keine genaueren Werte (für die Dämpfung) bekannt sind.

Die Schwingungsdauer T von Schornsteinen mit konstantem oder sich stetig veränderndem kreisförmigem oder rechteckigem Querschnitt beträgt näherungsweise

$$T = \frac{0{,}05}{1 + 2(1 - b_0/b_u)^2} \sqrt{\frac{\gamma}{E}} \sqrt{\frac{G}{G_1}} \frac{h^2}{b_m}$$

Dabei ist

E Elastizitätsmodul (vertikal) des Schaftbaustoffes in MN/m^2
γ Rohwichte des Schaftbaustoffes in kN/m^3
G Eigenlast von Schaft, Futter und Einbauten in kN
G_1 Eigenlast des Schaftes in kN
b_o maßgebende obere Querschnittsabmessung in m
b_u maßgebende untere Querschnittsabmessung in m
b_m maßgebende mittlere Querschnittsabmessung in m
h Schornsteinschafthöhe in m über OK Fundament

Maßgebend ist die Querschnittsbreite in Schwingungsrichtung. Bei kreisförmigen Querschnitt ist dies der äußere Durchmesser.

Neben den böenerregten Schwingungen in Windrichtung können auch auftreten

a) Schwingungen (des Gesamtbauwerkes) rechtwinklig zur Windrichtung, hervorgerufen durch periodische wechselseitige Wirbelablösungen am Bauwerk,

b) Schwingungen (des Gesamtbauwerkes), hervorgerufen durch Wirbelablösungen an luvseitig vor dem Bauwerk gelegenen Ablösestellen (dieses Phänomen kann z.B. bei hintereinander stehenden Schornsteinen auftreten),

c) Schwingungen des Mündungsquerschnittes (Atmen, Ovalling). Diese Schwingungen brauchen bei Massivschornsteinen üblicher Bauart nicht untersucht zu werden. Nur bei Schornsteinen mit kreisringförmigem Querschnitt und $G/V < 2{,}0\,kN/m^3$ ist die Möglichkeit des Auftretens von Schwingungen nach (a) zu prüfen (G ist die Summe aller Eigenlasten über OK Fundament, und V ist das von der Außenfläche des Schornsteins umschlossene Volumen).

5 Schnee- und Eislast nach DIN 1055-5 (6.75)

5.1 Regelschneelast

Die Regelschneelast s_0 eines Standortes ist Tafel 48 in Abhängigkeit von der Schneelastzone nach Bild 13 – Karte der Schneelastzonen – und der Geländehöhe des Bauwerkstandortes über NN zu entnehmen.

Tafel 48 Regelschneelast s_0 in kN/m^2

Schneelastzone [1]) nach Bild 11	Geländehöhe [2]) des Bauwerkstandortes über NN in m									
	≦200	300	400	500	600	700	800	900	1000	>1000
I	0,75	0,75	0,75	0,75	0,85	1,05	1,25			[3])
II	0,75	0,75	0,75	0,90	1,15	1,50	1,85	2,30		
III	0,75	0,75	1,00	1,25	1,60	2,00	2,55	3,10	3,80	
IV	1,00	1,15	1,55	2,10	2,60	3,25	3,90	4,65	5,50	

[1]) Für Bauwerkstandorte auf der Grenzlinie zweier Schneelastzonen darf als s_0 das arithmetische Mittel aus den beiden Schneelastzonen angenommen werden. Wird dieser Mittelwert nicht gebildet, so ist der höhere s_o-Wert anzusetzen. In Berlin beträgt die Regelschneelast $s_0 = 0{,}75\ kN/m^2$.

[2]) Für Geländehöhen, die zwischen den angegebenen Geländehöhen liegen, darf der s_0-Wert geradlinig interpoliert werden. Wird nicht interpoliert, so ist der s_0-Wert der nächsthöheren Geländehöhe anzusetzen.

[3]) Wird im Einzelfall festgelegt durch die zuständige Baubehörde im Einvernehmen mit dem Zentralamt des Deutschen Wetterdienstes in Offenbach

5.2 Rechenwert der Schneelast

Der Rechenwert s der Schneelast einer Dachfläche ist die auf einen Quadratmeter der Grundrißprojektion dieser Dachfläche entfallende rechnerische Schneelast in kN. Dieser Rechenwert ergibt sich aus der Regelschneelast s_0 des

[1]) Weitere Zusatzlasten sind gegebenenfalls entsprechend zu kombinieren.

Bild 13 Karte der Schneelastzonen

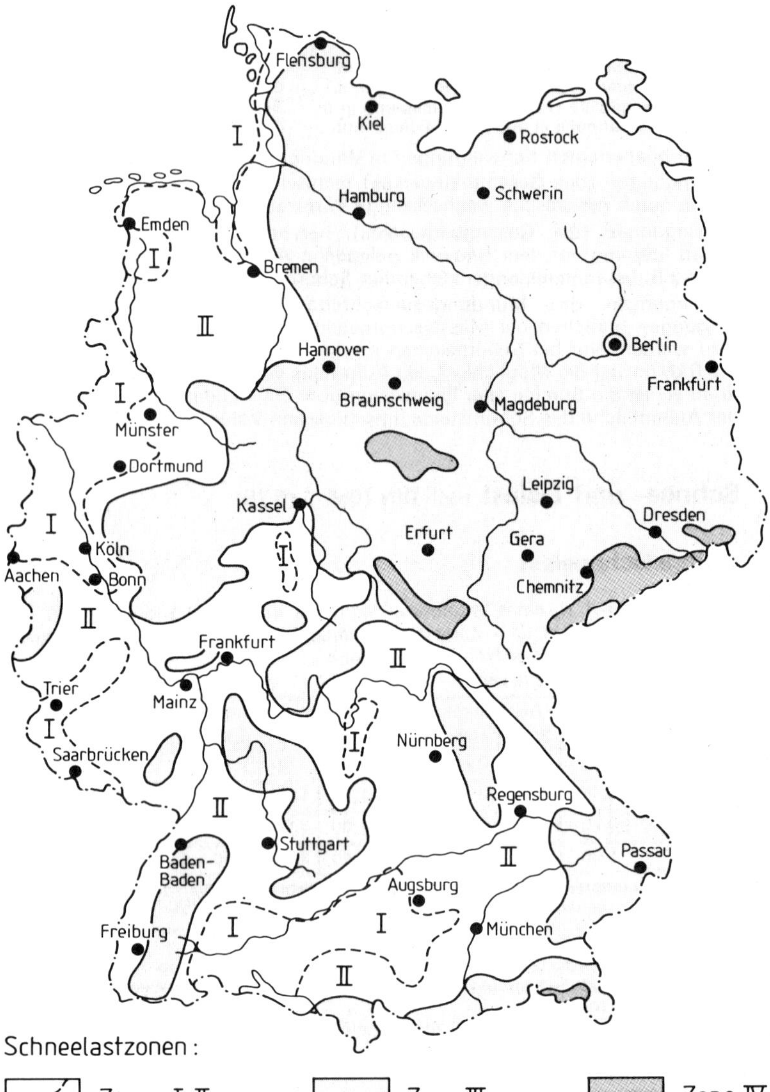

Anwendungsbereich

— — Schneezonengrenze zwischen Zone I und II

—— Schneezonengrenze zwischen Zone II, III und IV

Bauwerkstandortes und einem Abminderungsbeiwerk k_s, der vom Neigungswinkel α der betrachteten Dachfläche abhängt:

$$s = k_s \cdot s_0$$

mit $k_s = \begin{cases} 1 & (0° \leqq \alpha < 30°) \\ 1 - \dfrac{\alpha - 30°}{40°} & (30° \leqq \alpha \leqq 70°) \\ 0 & (70° < \alpha \leqq 90°) \end{cases}$

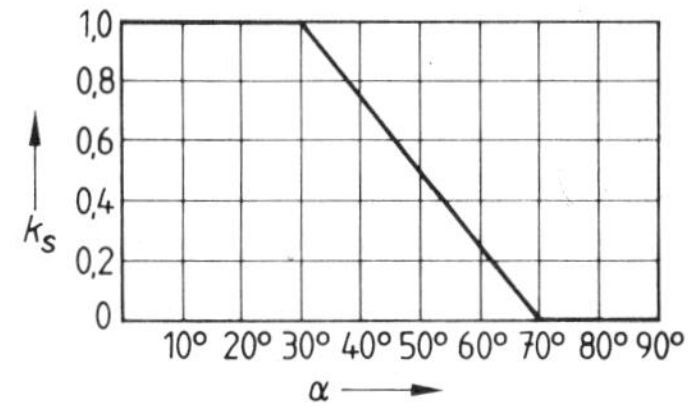

Bild 14 Verlauf des Abminderungsbeiwertes k_s über α

Tafel 49 Abminderungswerte k_s in Abhängigkeit von der Dachneigung α

α	0°	1°	2°	3°	4°	5°	6°	7°	8°	9°
0 bis 30°	1,0									
30°	1,00	0,97	0,95	0,92	0,90	0,87	0,85	0,82	0,80	0,77
40°	0,75	0,72	0,70	0,67	0,65	0,62	0,60	0,57	0,55	0,52
50°	0,50	0,47	0,45	0,42	0,40	0,37	0,35	0,32	0,30	0,27
60°	0,25	0,22	0,20	0,17	0,15	0,12	0,10	0,07	0,05	0,02
70 bis 90°	0									

5.3 Lastfälle

Alle Dächer sind unter voller Schneelast zu untersuchen. Ist bei einem geneigten Dach die Möglichkeit einer einseitigen Schneebelastung gegeben, so ist dieses Dach auch für eine solche Belastung zu untersuchen.[1]) Dabei ist der jeweilige Teilbereich mit $s_1 = s/2$ (einseitig verminderte Schneelast = halbe rechnerische Schneelast) zu belasten.

Über die gleichzeitige Berücksichtigung von Wind- und Schneelast s. Abschn. 4.4.

5.4 Sonderregelungen

Für verschiedene Bauten wie Wetterschutzhallen, Tragluftbauten, Fliegende Bauten und Gewächshäuser enthält DIN 1055-5, besondere Angaben.

5.5 Eislast

Allgemeingültige Angaben über das Auftreten von Vereisung können nicht gemacht werden. Im Zweifelsfall ist im Benehmen mit der Bauaufsichtsbehörde festzulegen, ob und gegebenenfalls in welchem Maße Eisansatz zu berücksichtigen ist.

Muß Eisansatz berücksichtigt werden und liegen keine genaueren Werte vor, so darf in nicht besonders gefährdeten Lagen bis zu einer Geländehöhe von 400 m über NN vereinfachend ein allseitiger Eisansatz von 3 cm Dicke für alle der Witterung ausgesetzten Konstruktionsteile angenommen werden.

Die Eisrohdichte ist mit 7 kN/m³ einzusetzen.

[1]) Bei Satteldächern ist die Möglichkeit einseitiger Schneebelastung gegeben, bei Pult- und Flachdächern nicht. Bei Sparrendächern liefert „Schnee einseitig" nirgends höhere Werte als „Schnee voll". Bei Kehlriegeldächern jedoch liefert „Schnee einseitig" größere Sparrenmomente als „Schnee voll" und muß deshalb untersucht werden.

6 Lastannahmen für Straßen- und Wegbrücken

nach DIN 1072 (12.85) mit Beiblatt (5.88)

6.1 Allgemeines

DIN 1072 behandelt die Einwirkungen, die bei Entwurf und Bemessung von Straßen- und Wegbrücken zu beachten sind.[1]) Hinsichtlich ihrer Nutzung wird unterschieden in

- Straßenbrücken ohne Schienenbahnen;
- Straßenbrücken mit Schienenbahnen
  - der Gleiskörper ist auch durch Straßenfahrzeuge befahrbar;
  - der Gleiskörper ist nicht durch Straßenfahrzeuge befahrbar;
- Gehweg- und Radwegbrücken.

Für die Straßenbrücken sind Brückenklassen definiert:

- die Regelklassen 60/30 und 30/30,
- die Nachrechnungsklassen 16/16 bis 3/3.

Bei der Bemessung zu berücksichtigen sind alle planmäßigen und alle sonstigen möglichen Zustände

- während der Errichtung des Bauwerks (Bauzustände),
- während des Betriebes des Bauwerks (Bauwerk während der planmäßigen Nutzung; Bauwerk während planmäßiger Reparaturen; bei beweglichen Brükken: Bauwerk in ausgeschwenkter bzw. hochgeklappter Position, usw.).

Bei der Bemessung für den Endzustand sind gegebenenfalls folgende Lasten anzusetzen:

Hauptlasten

- Ständige Lasten (Eigenlasten der Bauteile, Ständige Erdlasten nach DIN 1055 Teil 1 und 2, Versorgungsleitungen und andere ruhende Lasten)
- Vorspannungen (z.B. durch Spannglieder, planmäßige Änderung der Lagerungsbedingungen. Vorbelastungen oder andere Maßnahmen)
- Schwinden des Betons
- Zwängungen aus wahrscheinlichen Baugrundbewegungen
- Verschiebungen beim Auswechseln von Lagern
- Lotrechte Verkehrs-Regellasten auf Überbau
- Verkehrslasten auf Bauwerkshinterfüllungen

Zusatzlasten[2])

- Wärmewirkungen bei stählernen Brücken, Verbundbrücken und massiven Brücken; bei hölzernen Brücken können sie unberücksichtigt bleiben.
  - Temperaturschwankung (gleichmäßige Änderung der Schwerpunktstemperatur aller Bauteile)
  - Temperaturunterschied (lineares Temperaturgefälle zwischen gegenüberliegenden Außenflächen eines Baukörpers)
  - Ungleiche Erwärmung verschiedener Bauteile
- Windlasten; Richtung des Windes: Sowohl quer zur Brücke(nachse) als auch in Brückenlängsrichtung; im allg. waagerecht. Intensität der Windlast nach

[1]) Für außergewöhnliche Einwirkungen (z.B. Anprall von Schienenfahrzeugen, Eisdruck, Schiffsstoß, Erdbeben) sind besondere Lastannahmen von der für die Bauaufsicht zuständigen Stelle zu treffen.

[2]) Ist in einem Bauteil die Beanspruchung aus einer Zusatzlast größer als die Beanspruchung aus den Hauptlasten ohne ständige Lasten und gegebenenfalls Vorspannung, dann ist diese Zusatzlast als Hauptlast einzustufen.

Tafel 50 a. Windangriff: i. allg. Wind auf die gesamte Angriffsfläche; für die Berechnung der Füllstäbe des Windverbandes Wind als Wanderlast ansetzen. Lastkombination: Soweit lotrechte Verkehrslast entlastend wirkt, ist sie als Streckenlast mit höchstens 5 kN/m in der Achse der Hauptspur anzunehmen. Größe der Windangriffsfläche: Unterschieden werden einerseits Brücke ohne Verkehrslast und Brücke mit Verkehrslast und andererseits Überbauten mit vollwandigen Hauptträgern und Überbauten mit gegliederten Hauptträgern. Höhe des Verkehrsbandes: Für Straßen- und Schienenfahrzeuge $h = 3{,}50$ m; für Fußgänger und Radfahrer $h = 1{,}80$ m.

Tafel 50a Windlasten auf Straßen- und Wegbrücken

	Höhenlage H der Windangriffsfläche über Gelände	Windlast bei Lastfall ohne Verkehr		Windlast bei Lastfall mit Verkehr
		Überbau ohne Lärmschutzwand, Pfeiler, Stützen	Überbau mit Lärmschutzwand	Überbau mit oder ohne Lärmschutzwand, Pfeiler, Stützen
	in m	in kN/m²	in kN/m²	in kN/m²
1	0 bis 20	1,75	1,45	0,90
2	20 bis 50	2,10	1,75	1,10
3	50 bis 100	2,50	2,05	1,25

Bei Überbauten gilt als Höhenlage H die Höhendifferenz zwischen der Fahrbahnoberkante und dem tiefsten Punkt des Talgrundes bzw. der Wasserspiegelhöhe bei Mittelwasser.

- Schneelast braucht i. allg. nicht berücksichtigt zu werden. Bei geöffneten beweglichen (außer Klapp-)Brücken ist mit 0,75 kN/m² zu rechnen. Bei überdachten Brücken ist die Schneelast nach DIN 1055-5 anzusetzen (s. Abschn. 4).
- Lasten aus Bremsen und Anfahren (Bremslast); Bremslast von Straßenfahrzeugen; Intensität: $^1/_4$ der Hauptspurbelastung (s. Tafel 51), mindestens $^1/_3$ der Lasten der Regelfahrzeuge in der Haupt- und Nebenspur, und höchstens 900 kN. Schwingbeiwert $\varphi = 1$. Ort und Richtung: Bremslast wirkt in Brückenachse in Höhe der Fahrbahnoberkante. Bremslast von Schienenfahrzeugen; Intensität: $^1/_8$ aller Achslasten innerhalb der Belastungslänge $l = 50$ m; darüber hinausgehende Belastungslänge $^1/_{20}$ aller Achslasten. Ort und Richtung: In Gleisrichtung in Höhe der Schienenoberkante; bei zweigleisigen Schienenbahnen wirkt Bremslast auf beiden Gleisen in gleicher Richtung.
  Die Bremslast darf unberücksichtigt bleiben, wenn sie offensichtlich ohne Einfluß auf die Sicherheit des Bauwerks oder Bauteils ist.
- Verschiebungswiderstände von Lagern und Fahrbahnübergängen; erforderliche Kenngrößen enthalten Zulassungsbescheide oder DIN 4141[1]); Bewegungswiderstände von Bewegungselementen; bei Lagern für lotrechte Lasten werden sie mit der Lagerkraft aus ständiger Last berechnet, vermehrt gegebenenfalls um die volle Lagerkraft aus Schienenverkehr und die halbe Lagerkraft aus nicht schienengebundenem Verkehr (Tafel 51); entlastende Beiträge der Verkehrslast bleiben unberücksichtigt. Bei Lagern für Querlasten werden sie berechnet einerseits aus der Summe der Zwangsbeanspruchungen und andererseits aus den 0,3fachen Windlasten; der größere Wert ist maßgebend. Verformungswiderstände von Verformungselementen; sie sind für eine Verformung der Lager von mindestens 1 cm in jeder Bewegungsrichtung anzusetzen.

1) Für Lager, Pendel und Stelzen herkömmlicher Bauart, für die Angaben aus einem Zulassungsbescheid oder aus DIN 4141 nicht entnommen werden können, s. DIN 1072 (12.85), Abschn. 4.5.

- Trägheitswirkungen bei beweglichen Brücken. Hier sind Lastzustände zu untersuchen, die beim Bewegen der Überbauten eintreten.
- Lasten auf Geländer sind mit 0,8 kN/m waagerecht in Holmhöhe anzunehmen.
- Lasten aus Besichtigungswagen; entsprechend der vorgesehenen Nutzung und Betriebsweise ansetzen.

Sonderlasten (im Endzustand)

- mögliche Baugrundbewegungen;
- Ersatzlasten für den Anprall von Straßenfahrzeugen; Tragende Stützen, Rahmenstiele, Endstiele von Fachwerkträgern usw. sind in der Regel für Fahrzeuganprall zu bemessen und durch besondere Maßnahmen zu sichern. Die Sicherung kann entfallen, wenn die Brücke innerhalb einer geschlossenen Ortschaft mit Geschwindigkeitsbeschränkung auf höchstens 50 km/h liegt oder wenn sie nur von Gemeindewegen oder Hauptwirtschaftswegen genutzt wird. Zusätzlich kann die Bemessung für Fahrzeuganprall entfallen, wenn die o.g. Bauteile durch ihre Lage gegen die Gefahr des Fahrzeuganpralls geschützt sind.

  Die Ersatzlast wirkt in 1,2 m Höhe über Fahrbahnoberfläche und beträgt 1 MN in Fahrtrichtung und 0,5 MN rechtwinklig dazu (nicht gleichzeitig wirkend).
- Ersatzlasten für den Seitenstoß auf Schrammborde und seitliche Schutzeinrichtungen; Intensität: s. Tafel 50b; Ort und Richtung: 5 cm unter Oberkante des Bauteils, höchstens jedoch 1,20 m über Fahrbahnrand, waagerecht und quer zur Fahrbahn wirkend.

Tafel 50 b Ersatzlasten für den Seitenstoß von Straßenfahrzeugen

Brückenklasse		60/30	30/30	16/16 bis 3/3
Ersatzlast in kN bei	Schrammborden und Schutzeinrichtungen, die direkt angefahren werden können	100	50	Radlast eines Hinterrades
	Brüstungen und dgl., die mehr als ein Meter hinter Distanzschutzplanken liegen	50	25	Halbe Radlast eines Hinterrades

6.2 Belastung von Straßenbrücken durch nichtschienengebundenen Verkehr

Die entsprechenden lotrechten Verkehrs-Regellasten (und Regel-Fahrzeuge) sind Tafel 51 zu entnehmen.

Auf jeder Brücke bzw. jedem Überbau sind an der für den jeweils untersuchten Bauteil ungünstigen Stelle der Fahrbahn(en) eine Hauptspur und eine Nebenspur anzunehmen, i.allg. parallel zur Richtung der Fahrbahnachse.

Dabei ist die Brückenfläche wie folgt unterteilt.

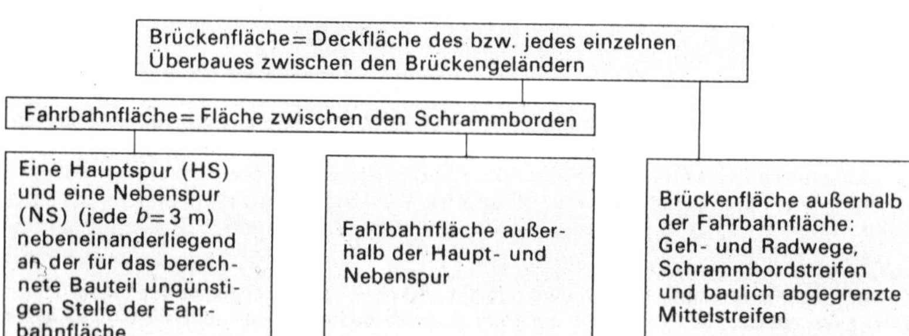

Tafel 51 Lotrechte Verkehrsregellasten der Regelklassen (Maße in m)

Brückenklasse 60/30 vorzusehen für*) BAB, B,L, K, S	Brückenklasse 30/30 vorzusehen für K, S, G, W	
(1) Regelfahrzeug 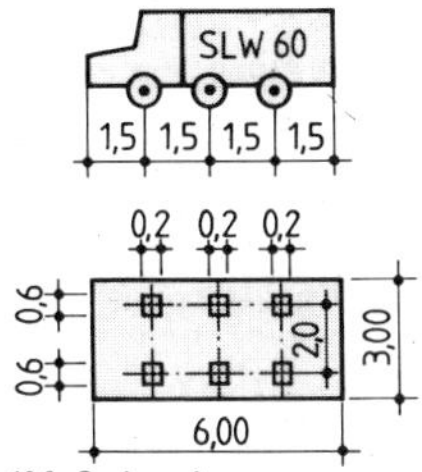 (Maße in m)	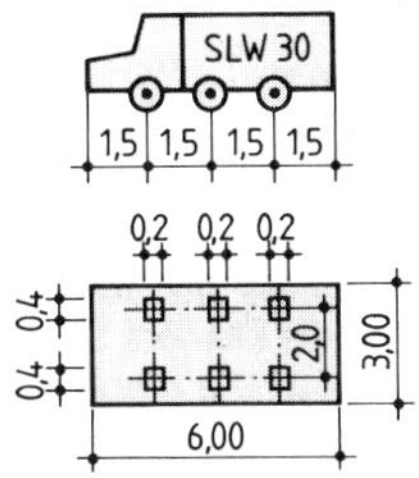	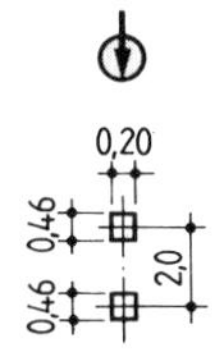 (Maße in m)
Gesamtlast: 600 kN	Gesamtlast: 300 kN	
Radlast: 100 kN	Radlast: 50 kN	
Aufstandsfläche: 0,20 × 0,60 (m)	Aufstandsfläche: 0,20 × 0,40 (m)	
Ersatzflächenlast: $p' = 33{,}3\ kN/m^2$	Ersatzflächenlast: $p' = 16{,}7\ kN/m^2$	Einzelne Achslast 130 kN

Figure text for image 1:

Figure text for image 2:

Figure text for image 3:

(2) Belastungssysteme für die Fahrbahnfläche zwischen den Schrammborden

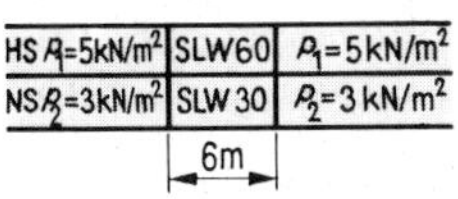

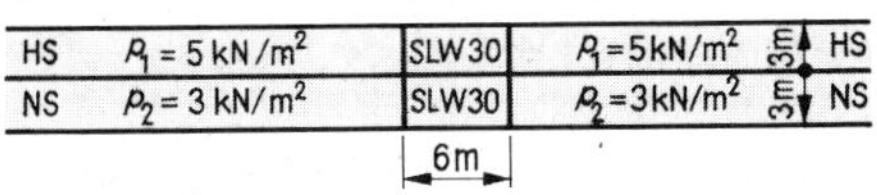

Restliche Fahrbahnfläche mit $p_2 = 3\ kN/m^2$ belasten ohne Schwingbeiwert φ

HS = Hauptspur mit Schwingbeiwert φ
NS = Nebenspur ohne Schwingbeiwert φ

Bei der Ermittlung der jeweils ungünstigen Laststellung sind die auf der Hauptspur (HS) und Nebenspur (NS) aufgestellten Regelfahrzeuge nicht gegeneinander zu verschieben, sondern als Lastpaket unmittelbar nebeneinander auf gleicher Höhe anzusetzen.

Beträgt die Fahrbahnbreite (von Brücken der Regelklassen) weniger als 6,0 m, so bleiben auch einzelne Radlasten des SLW auf der Nebenspur unberücksichtigt.

(3) Belastung (bis zum Geländer) von Geh-, Radwegen, Schrammbordstreifen, erhöhten oder baulich abgegrenzten Mittelstreifen (ohne Schwingbeiwert φ).
Der ungünstigste Wert von (3.1) bis (3.3) ist maßgebend.

(3.1) Flächenlast $p_2 = 3\ kN/m^2$ zusammen mit den Lasten nach (2).

(3.2) Für die Belastung einzelner Bauteile, z.B. Gehwegplatten, Längsträger, Konsolen, Querträger, ist $p_3 = 5\ kN/m^2$ anzusetzen ohne die Lasten nach (2).

(3.3) Falls nicht gegen Auffahren durch starre abweisende Schutzeinrichtungen gesichert, Radlast $P = 50$ kN mit Aufstandsfläche 0,20 × 0,40 (wie bei SLW 30), ohne die Lasten nach (2).
Für das Nachrechnen bestehender Brücken gilt Radlast $P = 40$ kN nach (3.3).
Dies bezieht sich auch auf Brücken der Brückenklasse 60, 45, 30, auch wenn sie in Brückenklasse 60/30 oder 30/30 eingestuft werden können.

*) BAB = Bundesautobahnen; B = Bundesstraßen; L = Landesstraßen (Land- bzw. Staatsstraßen bzw. L I.O; S = Stadt- bzw. Gemeindestraßen; K = Kreisstraßen (L II.O); G = Gemeindewege; W = Wirtschaftswege

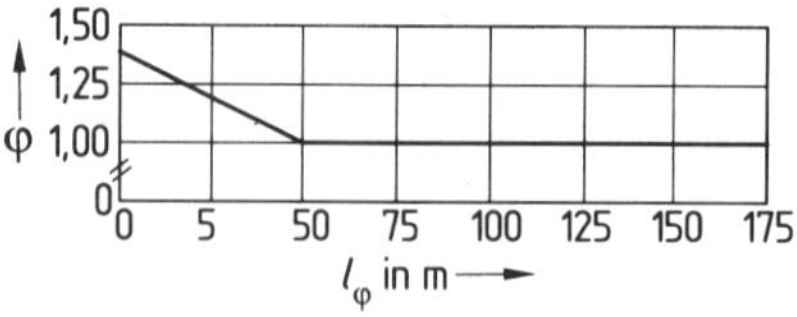

Bild 15 Schwingbeiwert l_φ bei Bauwerken ohne Überschüttung

Der Schwingbeiwert φ beträgt

– bei Bauwerken ohne Überschüttung

$\varphi = 1{,}4 - 0{,}008 \cdot l_\varphi \geqq 1{,}0$

– bei überschütteten Bauwerken

$\varphi = 1{,}4 - 0{,}008 \cdot l_\varphi - 0{,}1\ h_ü \geqq 1{,}0$

mit l_φ = maßgebende Länge in m
und $h_ü$ = Überschüttungshöhe in m

Maßgebende Längen l_φ sind:

- beim Berechnen der Schnittgrößen aus unmittelbarer Belastung eines Baugliedes die Stützweite bzw. die Länge der Auskragung dieses Baugliedes, bei kreuzweise gespannten Platten die kleinere Stützweite,
- beim Berechnen der Schnittgrößen aus mittelbarer Belastung eines Baugliedes entweder dessen Stützweite oder die der Tragglieder, die die Verkehrslast auf das Bauglied übertragen; dabei darf der größere Wert für l_φ angesetzt werden,
- bei durchlaufenden Trägern ohne und mit Gelenken das arithm. Mittel aller Stützweiten; für Lasten unmittelbar auf Kragarmen oder in Feldern, deren Stützweite geringer ist als das 0,7fache der größten Stützweite, ist als maßgebende Länge die Länge des Kragarmes oder die Stützweite des jeweils kleineren Feldes zu nehmen (s. Beiblatt 1 zu DIN 1072).

6.3 Verkehrslasten von Straßenbrücken mit Schienenbahnen

Soweit auf Straßenbrücken Schienenfahrzeuge auf getrenntem – von Straßenfahrzeugen nicht befahrbarem – Gleiskörper verkehren, sind die Lastenzüge der Schienenbahnen und die Verkehrsregellasten der Straße gleichzeitig in ungünstiger Stellung anzusetzen. Ist hingegen der Gleiskörper auch für Straßenfahrzeuge befahrbar, so sind für die Verkehrslasten folgende Lastfälle je für sich zu untersuchen:

- gleichzeitige Belastung durch Straßen- und Schienenlasten. Hierbei entweder zwei Gleise mit Schienenfahrzeugen in ungünstiger Zusammensetzung und die übrige Brückenfläche mit p_2 nach Tafel 50 bzw. 51 belasten oder ein Gleis mit Schienenfahrzeugen in ungünstiger Zusammensetzung und die übrige Brückenfläche wie bei Straßenbrücken ohne Schienenbahnen belasten.
- Belastung nur durch Straßenverkehrslasten auf der gesamten Fahrbahnfläche wie bei Straßenbrücken ohne Schienenbahnen.

6.4 Verkehrslasten von Wegbrücken

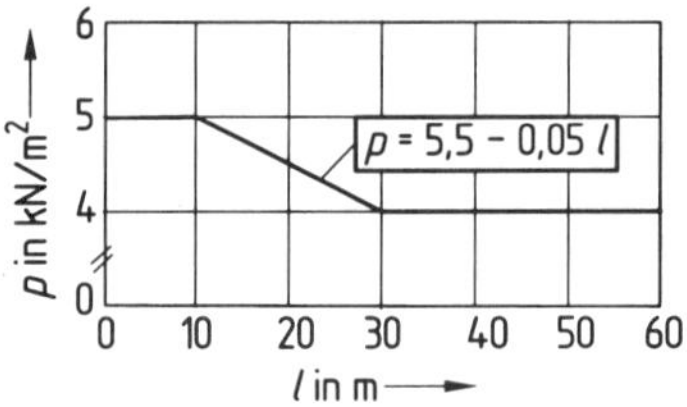

Bild 16 Regellast für Geh- und Radwegbrücken

Geh- und Radwegbrücken sind einheitlich mit einer Flächenlast von $p_3 = 5\,kN/m^2$ zu belasten.

Soweit die Tragglieder mehr als 10 m weit gespannt sind, darf für diese und ihre Stützungen die Flächenlast auf $p_4 = 5{,}5 - 0{,}05\ l \geqq 4{,}0\ kN/m^2$ ermäßigt werden (l in m)

Über die statische Berechnung für diese Lasten hinaus können – insbesondere bei schlanken und schwach gedämpften Bauwerken – Schwingungsuntersuchungen erforderlich werden.

7 Lastannahmen für Eisenbahnbrücken nach DS 804 (1.83)

Für den Neubau, die Erneuerung und den Umbau von Eisenbahnbrücken und sonstigen Ingenieurbauwerken im Bereich der Deutschen Bundesbahn gilt seit 1. Januar 1983 die Druckschrift DS 804. Sie besteht aus den Teilen (1) Allgemeines, (2) Lastannahmen, (3) Bemessung, (4) Konstruktion und (5) Allgemeine technische Bestimmungen sowie den Anlagen 1 bis 25 und dem Anhang I bis VIII. In Teil 2 werden die Lasten zunächst eingeteilt in Hauptlasten, Zusatzlasten und Sonderlasten.

Zu den Hauptlasten zählen ständige Lasten, Lastwirkungen aus Vorspannungen, Kriechen und Schwinden des Betons, Wasserdruckkräfte, Lastwirkungen aus wahrscheinlichen Baugrundbewegungen und Verkehrslasten (einschl. Fliehkräfte).

Zu den Zusatzlasten zählen in der Regel [1]) Lastwirkungen aus Temperatur, Windlasten,[2]) Schneelasten,[3]) Anfahr- und Bremslasten, Verschiebungswiderstände der Lager, Trägheitswirkungen bei beweglichen Brücken, Seitenlasten, Lastwirkungen aus möglichen Baugrundbewegungen und Verkehrslasten auf Dienstgehwegen.[4])

Zu den Sonderlasten zählen zeitweilig im Bauzustand wirkende Lasten aus Baugeräten, Baustoffen und Bauwerksteilen u.ä. sowie Ersatzlasten für Anprall von Eisenbahnfahrzeugen, Anprall von Straßenfahrzeugen und Gabelstaplern, Bruch von Fahrleitungen, Anprall von Schiffen, Eisstoß und thermischen Eisdruck, Erdbebenwirkungen und Entgleisung von Eisenbahnfahrzeugen.

Es sind folgende Lastfälle zu unterscheiden:

Lastfall H: Hauptlasten in der jeweils festzulegenden Zusammensetzung
Lastfall Z: Zusatzlasten in der jeweils festzulegenden Zusammensetzung
Lastfall A: Sonderlasten für Anprallfälle und Bruch von Fahrleitungen
Lastfall B: Sonderlasten für Bauzustände
Lastfall C: Sonderlasten für Entgleisung von Eisenbahnfahrzeugen
Lastfall E: Sonderlasten für Erdbebenwirkungen
Lastfall HZ: Hauptlasten und Zusatzlasten in der jeweils festzulegenden Zusammensetzung
Lastfall HA: Hauptlastung und Sonderlasten für Anprallfälle und Bruch von Fahrleitungen
Lastfall HB: Hauptlasten und Sonderlasten für Bauzustände
Lastfall HZB: Lasten der Lastfälle HB und zutreffende Zusatzlasten
Lastfall HZE: Haupt- und Zusatzlasten und Sonderlasten aus Erdbebenwirkungen.
Lastfälle nach DIN 1054 für Baugrunduntersuchungen.

Bei Tragwerken von Eisenbahnbrücken sind in Lastfällen HZ (nur) folgende Zusatzlasten gleichzeitig anzusetzen:

- Wärmewirkungen, Anfahr- und Bremskräfte und Verkehrslast auf öffentlichen Gehwegen oder
- Wärmewirkungen, mögliche Baugrundbewegungen und Verkehrslast auf öffentlichen Gehwegen oder
- Windlast, Seitenstoß und mögliche Baugrundbewegungen oder
- Anfahr- und Bremskräfte und mögliche Baugrundbewegungen.

Im Lastfall HZB sind alle möglichen Zusatzlasten zu berücksichtigen. Im Lastfall HZE sind folgende Lasten zu kombinieren:
100% der Eigenlast, 50% der Verkehrslasten, 50% der Windlasten,
125% der Erddruckkräfte und 100% der Ersatzlast für Erdbeben.

[1]) Ist in einem Bauteil die Beanspruchung aus einer Zusatzlast größer als die Beanspruchung aus den Hauptlasten ohne Eigengewicht und Vorspannung, dann bildet diese Zusatzlast zusammen mit dem Eigengewicht und der Vorspannung den Lastfall H.
Wird ein Bauteil außer durch seine Eigenlast nur durch Zusatzlasten beansprucht, dann ist die größte Zusatzlast als Hauptlast einzustufen.

[2]) In den Lastfällen HB und HZB ist die Last aus Wind als Hauptlast anzunehmen.

[3]) Bei „sonstigen Ingenieurbauwerken" ist die Schneelast als Hauptlast anzunehmen.

[4]) Die Verkehrslasten für Gehwege an Eisenbahnbrücken sind für die Gehwege selbst als Hauptlast, für alle Bauteile des Haupttragwerkes als Zusatzlast einzuführen.

Als Verkehrslast gilt für ein- und zweigleisige Tragwerke der regelspurigen Eisenbahnen das Lastbild UIC 71 (Bild 17).

Bei Tragwerken ab 10 m Stützweite mit durchgeführter Regelfahrbahn darf mit dem vereinfachten Lastbild UIC 71 (Bild 18) gerechnet werden.

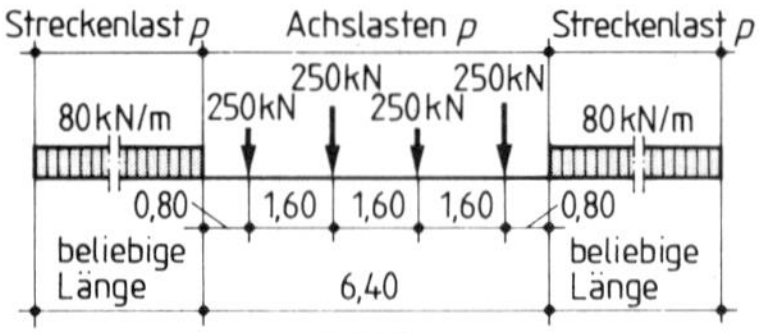

Bild 17 Lastbild UIC 71

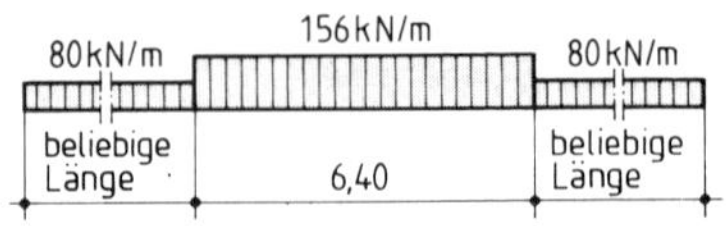

Bild 18 Vereinfachtes Lastbild UIC 71

Für Tragwerke und Bauteile, die von mehr als zwei Gleisen belastet werden, ist der jeweils ungünstigere der nachstehenden Fälle anzunehmen:

- Jeweils zwei Gleise sind mit dem vollen Lastbild UIC 71 in ungünstigster Kombination belastet; alle übrigen Gleise sind ohne Verkehrslast.
- Alle Gleise sind mit 73% des Lastbildes UIC 71 in ungünstigster Stellung belastet.

Bei der Ermittlung der größten und kleinsten Werte der Schnitt- und Stützgrößen sowie Formänderungen und dgl. bleiben entlastend wirkende Teile des Lastbildes UIC 71 unverücksichtigt. Bild 19 zeigt hierfür einige Beispiele.

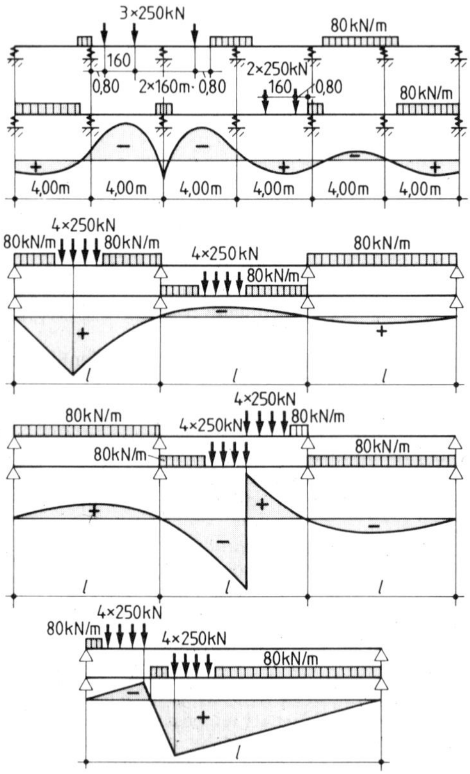

Belastung für die Ermittlung des kleinsten Stützmomentes M_s

Belastung für die Ermittlung des größten Stützmomentes M_s

M_s-Linie

Belastung für die Ermittlung des größten Feldmomentes M_F

Belastung für die Ermittlung des kleinsten Feldmomentes M_F

M_F-Linie

Belastung für die Ermittlung der größten Querkraft Q_n

Belastung für die Ermittlung der kleinsten Querkraft Q_n

Q_n-Linie

Belastung für die Ermittlung des kleinsten Wertes der Größe S

Belastung für die Ermittlung des größten Wertes der Größe S

S-Linie

Bild 19 Lastbilder

Die sich aus der Wirkung des so modifizierten Lastbildes UIC 71 ergebenden Schnitt- und Stützgrößen sind für die Bemessung usw. mit dem Schwingfaktor ϕ zu multiplizieren. Für nicht überschüttete Bauwerke kann die Größe dieses Schwingfaktors in Abhängigkeit von der Länge l_ϕ der Tafel 52 entnommen werden (gilt für stählerne und für massive Tragwerke). Siehe auch Bild 20. Die dabei maßgebenden Längen l_ϕ sind für die einzelnen Brückenteile in Tafel 53 angegeben.

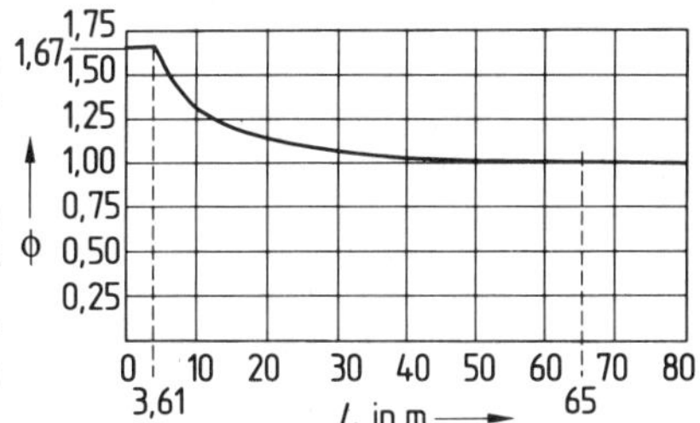

Bild 20

Tafel 52 Schwingfaktor ϕ für Tragwerke oder Tragwerksteile ohne Überschüttung

l_ϕ in m	≦3,61	4	5	6	7	8	9	10	11	12	13	14	15	16	17
ϕ	1,67	1,62	1,53	1,46	1,41	1,37	1,33	1,31	1,28	1,26	1,24	1,23	1,21	1,20	1,19
l_ϕ in m	18	19	20	22	24	26	28	30	35	40	45	50	55	60	≧65
ϕ	1,18	1,17	1,16	1,14	1,13	1,11	1,10	1,09	1,07	1,06	1,04	1,03	1,02	1,01	1,00

Bei Tragwerken aus Walzträgern in Beton ist für die Bemessung der Querbewehrung $\phi = 1{,}30$ einzusetzen.

Tafel 53 Maßgebende Längen l_ϕ

	Bauglied			l_ϕ
1	Fahrbahn	Geschlossene Fahrbahn Fahrbahnblech Fahrbahnplatte massiver Tragwerke	Tragwirkung rechtwinklig zu den Hauptträgern	Stützweite des Fahrbahnblechs (Abstand der Längsrippen) oder der massiven Fahrbahnplatte (Abstand der Hauptträger)
2	Fahrbahn	Längsrippen und -träger		Abstand der Querträger + 3 m
3	Fahrbahn	Querträger ohne Trägerrostwirkung		doppelter Abstand der Querträger + 3 m
4	Fahrbahn	Querträger mit Trägerrostwirkung		Stützweite der Hauptträger bzw. doppelte Länge der Querträger, der kleinere Wert ist maßgebend
5	Fahrbahn	Endquerträger		4 m
6	Fahrbahn	Fahrbahnplatten		Für jede Haupttragrichtung sind die maßgebenden Längen entsprechend den Zeilen 1 bis 5 zu bestimmen
7	Fahrbahn	Zwischenlängs- und Zwischenquerträger		Abstand der stützenden Träger
8	Fahrbahn	Querträgerkragarme, Kragarme an massiven Fahrbahnplatten		wie Querträger (Zeile 3 oder 4)
9	Fahrbahn	Längsträgerkragarme		0,50 m
10	Fahrbahn	Hängestangen, Stützen mit nur Querträgerbelastung		wie Querträger (Zeile 3 oder 4)
11	Hauptträger	eingleisiges Tragwerk	auf 2 Stützen	Stützweite der Hauptträger
12	Hauptträger	eingleisiges Tragwerk	durchlaufend über n Öffnungen	$l_\phi = \frac{1}{n}(l_1 + l_2 + ... + l_n)$
13	Hauptträger	eingleisiges Tragwerk	Bogen	halbe Stützweite
14	Hauptträger	mehrgleisiges Tragwerk		doppelte Stützweite n. 11 bis 13

Fortsetzung s. nächste Seite

Tafel 53, Fortsetzung

	Bauglied		l_ϕ
15	Stahlstützen, Stützrahmen Unterzüge, Lager, Gelenke, Zuganker, Auflagerbänke; für die Pressung unter Lagern und unter Auflagerbänken		Stützweite der gelagerten Brückenteile
16	Setzt sich die Gesamtspannung eines Baugliedes aus Anteilen mehrerer Tragaufgaben zusammen, z.B. bei Fahrbahnplatten oder Längsträgern, wenn sie auch für anteilige Spanngrößen der Hauptträger zu berechnen sind, so gilt für jeden Anteil der für ihn maßgebende Wert l_ϕ mit Ausnahme des Falles 4.		

8 Lasten in Silozellen nach DIN 1055-6 (5.87) mit Beiblatt (5.87)

Die Angaben des Noprmblattes gelten für

- zylinderförmige Silos mit Füllhöhe/Durchmesser $\geqq 0{,}8$
- trichterförmige Silos mit $\alpha > 20°$.

Sie gelten sowohl beim Massenfluß (beim Entleeren ist das gesamte Schüttgut in Bewegung) als auch beim Kernfluß (Teilbereiche des Schüttgutes bleiben beim Entleeren in Ruhe), soweit das Verhältnis von vertikaler Füllast zu Wichte des Silogutes nicht größer als 25 m ist. Zu berechnen sind

a) Lasten im Zellenschaft (Wandreibungslast, Horizontallast, Vertikallast)

- beim Füllen; beim Entleeren; beim Entleeren ist ungleichförmige Beanspruchung zu berücksichtigen,
- bei Silos mit kreisförmigem Querschnitt und horizontaler Aussteifung am Kopf- und Fußende und Wänden mit ausreichender Querverteilung sowie bei Silos mit n-eckigem Querschnitt durch Erhöhung der gleichförmigen Horizontallast,
- bei Silos mit Kreisquerschnitt ohne Aussteifung und Querverteilung durch Ansatz zusätzlicher Teilflächenlasten auf diametral angeordneten Teilflächen bestimmter Größe.

b) Lasten auf waagerechten Siloböden

- bei Silos mit Füllhöhe/Durchmesser $> 1{,}5$ darf mit einer gleichmäßig verteilten Last auf waagerechte Siloböden gerechnet werden;
- bei Silos mit Kreisquerschnitt und Füllhöhe/Durchmesser $< 1{,}5$ ist mit einer ungleichmäßigen Lastverteilung zu rechnen.

c) Lasten in Auslauftrichtern ($\alpha > 20°$)

Die Lasten in Auslauftrichtern setzen sich zusammen aus den Anteilen für das im Trichter und für das über liegende Schüttgut.

d) Zusätzliche Lasten am Übergang von Zellenschaft zum Trichter

Bei Massenflußsilos treten beim Entleeren an diesem Übergang Lastspitzen auf, die ein Mehrfaches der Horizontallast im Normalbereich des Schaftes beträgt.

e) Lasten aus dem Einblasen von Druckluft

Hierbei ist zu unterscheiden

- Lufteinblasen zum Trocknen von körnigem Schüttgut,
- Lufteinblasen als Entleerungshilfe bei staubförmigem Schüttgut,
- Lufteinblasen zum Homogenisieren von staubförmigem Schüttgut.

f) Lasten aus schnellem Einfüllen von staubförmigem Schüttgut

Bei schnellem Einfüllen staubförmiger Schüttgüter können im oberen Bereich von Silos mit kleinem Wert von Querschnitt/Umfang größere Lasten auftreten als nach a) berechnet. Bei schnellem Entleeren kann ein Unterdeck entstehen, der zu berücksichtigen ist.

g) Gärfutterlasten

Für Gärfutter gelten andere physikalische Gesetze als für körnige oder staubförmige Schüttgüter. Hier wird auch nicht zwischen Füllen und Entleeren unterschieden. Bei Obenentnahme des Silogutes ist das Silo gegen die negativen Wandreibungskräfte zu verankern.

Dünne Silowände und Wandaussteifungen sind gegen Knicken und Beulen aus Wandreibungslast nachzuweisen.

9 Lastbilder für extremale Schnitt- und Stützgrößen

Ein Tragwerk wird in aller Regel nicht nur durch ständig wirkende Lasten beansprucht, sondern auch durch nicht ständig wirkende Lasten. Dann müssen bei der rechnerischen Untersuchung – der Analyse – des Tragwerkes selbstverständlich alle überhaupt möglichen Belastungsfälle bzw. Lastkombinationen bedacht werden, und der konstruktiven Ausbildung einer jeden baulichen Einzelheit muß der jeweils für diese Einzelheit ungünstige Belastungsfall zugrunde gelegt werden. Bei nicht regelmäßigen oder gar komplexen Tragwerken ist das Auffinden dieser jeweils ungünstigen Belastungsfälle nicht immer leicht, bei regelmäßigen oder besonders einfachen Tragwerken hingegen sind sie schnell gefunden. Zu ihnen gehören Durchlaufträger, Stockwerkrahmen und regelmäßige Systeme von Rechteckplatten.

9.1 Durchlaufträger des üblichen Hochbaus unter Gleichlasten

Alle normalerweise für die Bemessung maßgebenden Schnittgrößen und alle Stützgrößen eines unnachgiebig gestützten Durchlaufträgers nehmen extremale Werte an, wenn die einzelnen Felder entweder gar nicht oder auf ihrer ganzen Länge zusätzlich durch die nicht ständige Last beansprucht werden, wie schon die Anschauung, spätestens jedoch ein Blick auf die Einflußlinien für diese Größen zeigt. In Bild 21 sind die bei einem Vierfeldträger mit zwei Kragarmen zu

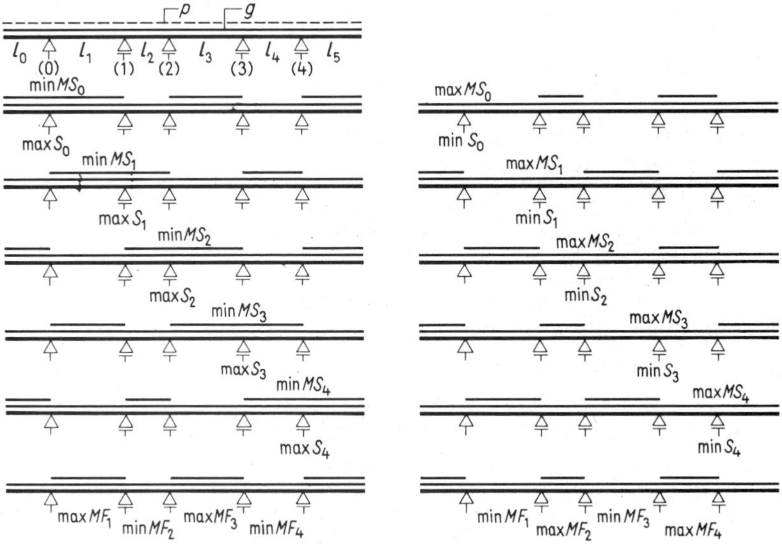

Bild 21 Lastbilder eines Vierfeldträgers

untersuchenden Lastbilder und die zugehörigen Extremalgrößen angeschrieben. Ein Zahlenbeispiel zeigt Bild 22.

Bei den Biegemomenten interessiert neben Maximal-/Minimalwerten der Feld- und Stützmomente auch die größtmögliche Ausdehnung der positiven und negativen Bereiche (etwa für die Bewehrungsführung). Diese entnimmt man der sogenannten Momentengrenzlinie, die für jeden Balkenquerschnitt das größte und kleinste Biegemoment bzw. die beiden Grenzwerte aller dort auftretenden Biegemomente angibt. Sie wird aus den ungünstigen Stücken der zu den verschiedenen Lastbildern gehörenden *M*-Linien aufgebaut.

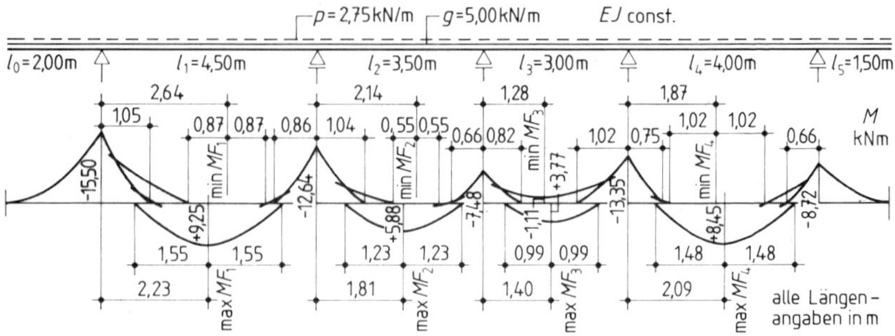

Bild 22 Momentengrenzlinie eines Vierfeldträgers mit 2 Kragarmen

Manchmal wird die extremale Querkraft irgendwo im Inneren eines Feldes gebraucht (z.B., weil dort eine Rohrdurchführung den Querschnitt schwächt und deshalb die Schubspannungen nachzuweisen sind). Sie stellt sich ein, wenn dieses Feld (nur) teilweise durch Verkehrslast beansprucht wird, wie ein Blick auf die entsprechende Einflußlinie zeigt. Extremale Querkräfte für jeden beliebigen Balkenquerschnitt im Inneren eines Feldes entnimmt man der sogenannten Querkraftgrenzlinie. Bild 23 zeigt für einen statisch bestimmten Einfeldbalken mit zwei Kragarmen die Einflußlinie für $Q(x)$ sowie die Werte für $Q(x)$ infolge ständiger Last und nicht ständiger Teilstreckenlast. Bild 24 zeigt die sich damit ergebende Querkraftgrenzlinie. Bei der Berechnung der Querkraftgrenzlinie eines statisch unbestimmten Durchlaufträgers geht man genau so vor; wegen des nicht-linearen Verlaufes der Q-Linie können freilich die Integrationen zur Ermittlung der Werte von $Q^{(g)}$, $\max Q^{(p)}$ und $\min Q^{(p)}$ mühsam werden.

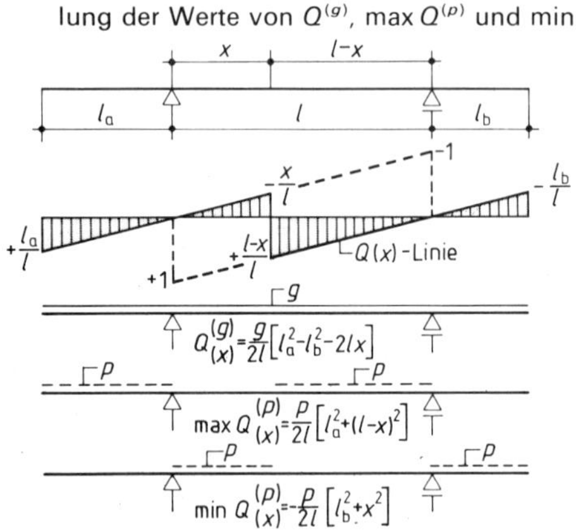

Bild 23 Querkräfte im Feldinnern

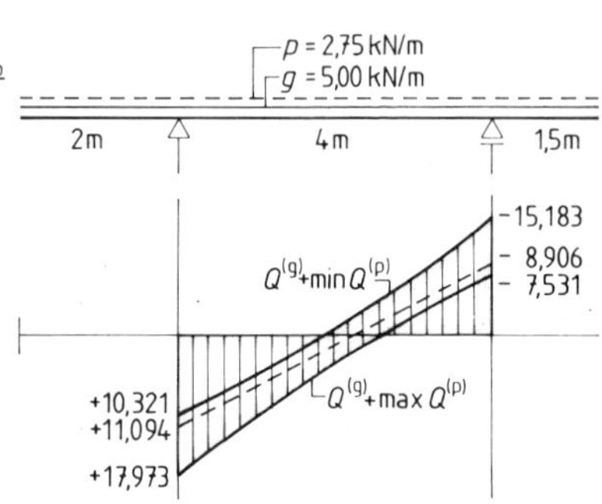

Bild 24 Querkraftgrenzlinie im Feld (kN)

9.2 Stockwerkrahmen unter Gleichlasten

Die Lastbilder a) und b) von Bild 25 liefern größte Feldmomente in den belasteten Riegeln und kleinste Feldmomente in den unbelasteten Riegeln. Das Lastbild c) liefert extremale Kopf- und Fußmomente in den durch Querstriche gekennzeichneten Stielquerschnitten. Das Lastbild d) liefert das minimale Stützmoment in dem durch einen Querstrich gekennzeichneten Riegelquerschnitt.

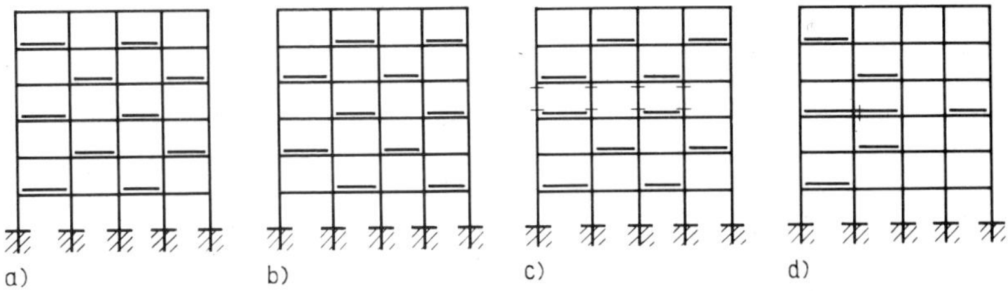

Bild 25 **Lastbilder eines Hochbaurahmens**

Seitlich unverschieblich gehaltene Rahmen werden für die Berechnung i.allg. durch sogenannte rahmenartige Tragwerke ersetzt (Bild 26). Für jedes einzelne der dabei entstehenden Tragwerke gelten dann wieder die Lastbilder von 9.1. Die Innenstützen werden dabei als mittig gedrückte Pendelstützen behandelt.

In den Stielen der Außenwände ergeben sich extremale Kopf- und Fußmomente bei den Lastanordnungen von Bild 27.

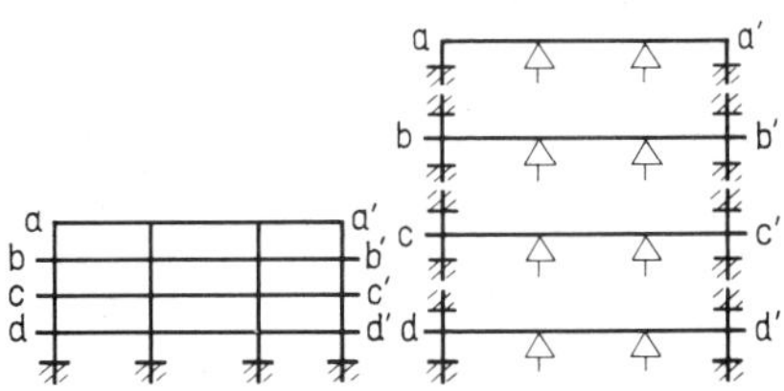

Bild 26 **Rahmenartige Tragwerke**

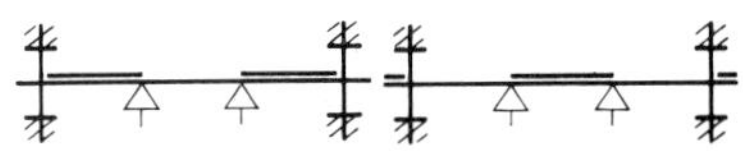

Bild 27 **Lastbilder eines rahmenartigen Tragwerkes**

9.3 Regelmäßige Systeme von zweiachsig gespannten Rechteckplatten im Hochbau unter Gleichlast

Die Lastbilder, die hier extremale Werte der Feld- und Stützmomente ergeben, findet man unschwer durch Erweiterung der für Durchlaufträger maßgebenden Lastbilder in die zweite Dimension (Bild 28).

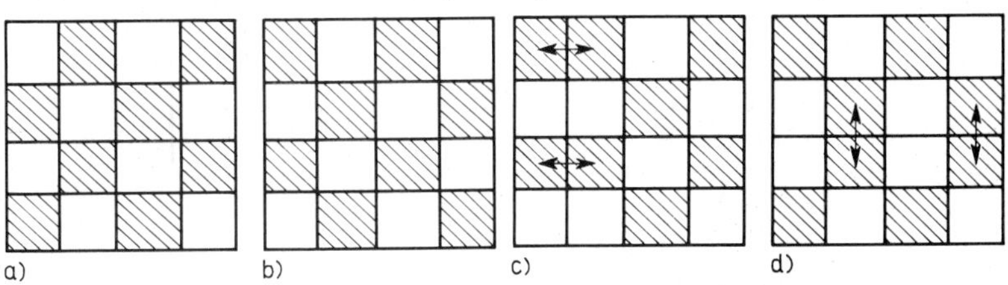

Bild 28 **Lastbilder eines orthogonal gerasterten Plattensystems (schraffierte Felder belastet)**

Die schachbrettartige Belastung der Bilder a) und b) liefert maximale Feldmomente in den belasteten Feldern (schraffiert) und minimale Feldmomente in den unbelasteten Feldern. Die Lastbilder c) und d) liefern minimale Stützmomente über den gekennzeichneten Stützungen. Bei der praktischen Berechnung werden jeweils Einfeldplatten untersucht, wobei der Einfluß der umliegenden Plattenfelder und ihrer Lasten durch eine entsprechend gewählte Lagerung der untersuchten Einfeldplatte berücksichtigt wird.

Statik und Festigkeitslehre

Bearbeitet von Prof. Dr.-Ing. Gerhard Haße

Inhalt

Seite

1 Grundlagen

1.1 Begriff

Unter dem Begriff „Statik und Festigkeitslehre" ist die wissenschaftliche Grundlage für die Bemessung der Tragwerke zusammengefaßt. Es werden Methoden zur Berechnung von Beanspruchungen und Formänderungen zur Verfügung gestellt. In diesem Abschnitt beschränkt sich die Darstellung der Methoden auf solche, die allgemeinerer Natur – also nicht spezifischer Bestandteil einer bestimmten Bauweise (Holzbau, Stahlbau oder Mauerwerks-, Beton-, Stahl- oder Spannbetonbau) – sind. Bauweisenspezifische Verfahren werden in den jeweiligen Abschnitten behandelt.

1.2 Koordinatensysteme

1.2.1 Kartesisches Koordinatensystem

Ein allgemeines räumliches Koordinatensystem für statische Aufgabenstellungen ist in DIN 1080 Teil 1 festgelegt (Bild 1). Für die Darstellung ebener Objekte und Zustände wird die z-x-Ebene bevorzugt.

Globale Koordinaten dienen als festes Bezugssystem für ein ganzes Tragwerk oder einen größeren Komplex.

Lokale Koordinaten dienen als Bezugssystem für einzelne Bauteile oder Orte innerhalb eines Bauteils.

Relative Koordinaten sind auf bestimmte System- oder Bauteilabmessungen bezogene (dimensionslose) Koordinaten, z. B. $\xi = x/l$, wobei l beispielsweise eine Stablänge bedeutet, über die die Koordinate x verläuft.

Tafel 1 Gebräuchliche Achsbezeichnungen

Absolute Koordinaten		Relative Koordinaten	
Lokal	Global	Lokal	Global
x x_1	X X_1	ξ ξ_1	Ξ Ξ_1
y x_2	Y X_2	η ξ_2	H Ξ_2
z x_3	Z X_3	ζ ξ_3	Z Ξ_3

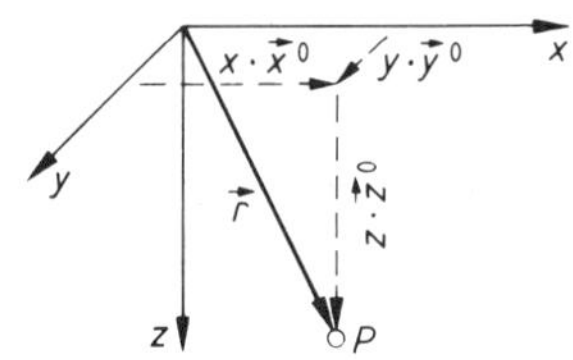

Bild 1 Kartesisches Koordinatensystem

Bevorzugt werden in diesem Abschnitt (x, y, z), (X, Y, Z) und (ξ, η, ζ) verwendet. Größenkomponenten erhalten die entsprechenden Indizes, z. B. ein Winkel in der z-x-Ebene φ_y (vektoriell in Richtung y) oder eine vertikale Kraft F_Z (in Richtung global Z).

1.2.2 Polares Koordinatensystem

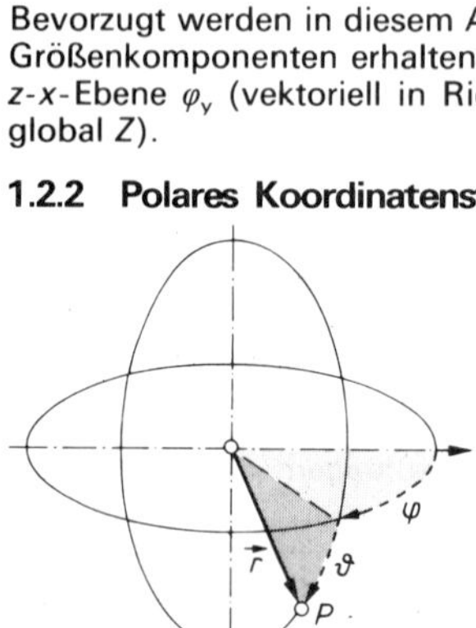

Der *Ortsvektor* $\vec{r}$ des Punktes P ist durch seinen *Betrag* (r), den *Azimut* (φ) und die *Höhe* (ϑ) definiert. Im ebenen Polarkoordinatensystem ist $\vartheta = 0$.

Bild 2
Räumliches Polarkoordinatensystem

1.3 Formelzeichen

Im Bauingenieurwesen verwendete Formelzeichen unterliegen weitgehend allgemeinen Konventionen, die in DIN 1080 festgelegt waren und neuerdings durch Eurocode geregelt sind. Bis zu einer endgültigen Einführung der reformierten Normen werden Elemente beider Systeme gleichzeitig auftreten. Auf eine konsequente Anwendung der Eurocode-Bezeichnungen wird in diesem Abschnitt verzichtet, zumal die bisherigen Zeichen oftmals sinnvoller erscheinen (z. B. die alternativen Querschnittswertebezeichnungen $A_{zz}\,(=I_y)$). Die Querkraft wird mit V statt bisher mit Q bezeichnet.

1.4 Tragwerksmodelle

Tragwerke erleiden unter äußeren Einwirkungen innere Beanspruchungen und Formänderungen, die i. allg. an jedem Punkt andere Richtungen und Ausmaße annehmen. Theoretisch können die Verhältnisse über die Differentialbeziehungen von Spannungen und Formänderungen am infinitesimalen Volumenelement erfaßt werden. Die Integration dieser Beziehungen ist aber für den allgemeinen Gebrauch so aufwendig, daß sie in der täglichen Ingenieurpraxis nicht gehandhabt werden kann. Daher bedient man sich geeigneter Verhaltensmodelle für verschiedene Tragwerkstypen, wobei die Formänderungsgeometrie auf die Haupterscheinungsformen reduziert wird.

Tragwerksmodelle werden dabei aus wenigen Bauteil-Typen aufgebaut:

Stab: Im Verhältnis zu seiner Länge geringe Querschnittsabmessungen; gerade oder gekrümmt (Bogen); prismatisch oder mit veränderlichem Querschnitt.

Netzartiger Zusammenbau zu *Rahmen-, Trägerrost- oder Fachwerkkonstruktionen* in Ebene und Raum.

Platte: Ebenes Flächenelement; im Verhältnis zu Flächenausdehnung geringe Dikke; senkrecht zu seiner Ebene gestützt und belastet.

Platten können zu ein- und zweiachsig durchlaufenden oder rahmenartigen Plattensystemen zusammengesetzt werden oder zu behälterartigen Konstruktionen.

Scheibe: Ebenes Flächenelement; im Verhältnis zu Flächenausdehnung geringe Dicke; parallel zu seiner Ebene gestützt und belastet.

Scheiben können zu *Faltwerken* zusammengesetzt werden.

Schale: Gekrümmtes Flächenelement; im Verhältnis zu Flächenausdehnung geringe Dicke; einfach oder doppelt gekrümmt *(Hypar-Schalen, Rotationsschalen)*.

Gewölbe: Einfach *(Tonnengewölbe)* oder doppelt gekrümmtes *(Kuppel)* Flächenelement mit reiner Druckbeanspruchung.

2 Kraft- und Verschiebungsgrößen

2.1 Kraft

Einzelkraft: Die *„Einzel"-Kraft* ist ein Vektor, der an eine *Wirkungslinie* gebunden ist:

$$\vec{F} = \begin{pmatrix} F_x \\ F_y \\ F_z \end{pmatrix} = \vec{F}_x + \vec{F}_y + \vec{F}_z = F_x \vec{x}^0 + F_y \vec{y}^0 + F_z \vec{z}^0$$

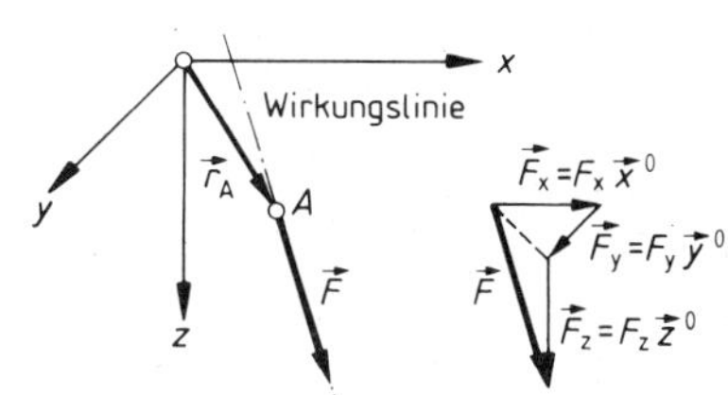

Bild 3 Einzelkraft

Die Wirkungslinie ist durch die Vektorgleichung $\vec{f} = \vec{r}_A + f \cdot \vec{F}$ mit der skalaren Variablen f gegeben. $\vec{r}_A$ weist im allg. auf den Kraftangriffspunkt. Der Betrag von $\vec{F}$ ist F:

$$F=|\vec{F}|=\sqrt{F_x^2+F_y^2+F_z^2}$$

Eine Einzelkraft ist eine ideelle Größe. Sie ist als *Resultierende* von raum- und flächenverteilten Kraftwirkungen zu begreifen. Die Dimension der Kraft ist **F**.

Linienkraft: Auf eine Linie reduzierte raum- oder flächenverteilte natürliche Kraftwirkungen heißen Linienkräfte. Beispiele sind Eigengewichte von Stäben, Lasten aus Wänden (Linienlasten g), Auflagerkräfte von Platten ($\vec{g}$, g für ständige, $\vec{p}$, p für Verkehrskräfte oder -lasten, $\vec{q}$, q allgemein). Die Dimension der Linienkraft ist $\mathbf{FL}^{-1}$. Das Differential $\mathrm{d}\vec{F}=\vec{q}\,(x)\cdot \mathrm{d}x$ ist ein Einzelkraftvektor.

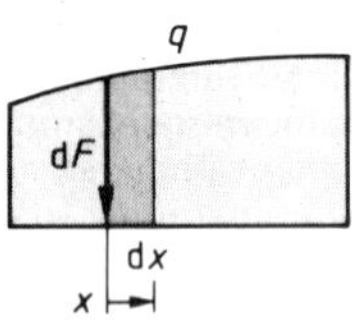

Bild 4 Linienlast und ihr Differential

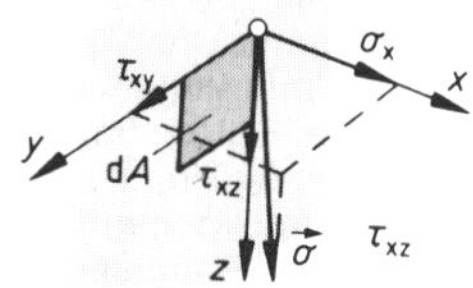

Bild 5 Spannung

Spannung, Pressung: Flächenhaft verteilte Kraft im Innern eines Körpers oder zwischen zwei Körpern heißt *Spannung* ($\vec{\sigma}$). Die Spannung ist ein Vektor, deren Komponente senkrecht (normal) zur Bezugsfläche mit σ, σ_x, σ_y, σ_z (auch σ_{xx}, σ_{yy}, σ_{zz}) und deren Komponenten parallel (tangential) zur Bezugsfläche mit τ, τ_{yz}, τ_{zx}, τ_{xy} (auch σ_{yz}, σ_{zx}, σ_{xy}) bezeichnet werden.

Bild 5 zeigt ein Bezeichnungssystem der Spannungskomponenten im Koordinatensystem x, y, z. Die Dimension der Spannung ist $\mathbf{FL}^{-2}$.
Das Differential $\vec{\sigma}\cdot \mathrm{d}A$ ist ein Einzelkraftvektor.

Reibungskraft ist ein Sonderfall des Verhältnisses von σ und τ in der Kontaktfläche zweier Körper. $\vec{\tau}_R=\mathrm{d}\vec{R}/\mathrm{d}A=\varrho\sigma\vec{v}^0$ (σ ist eine im Flächenpunkt herrschende Druckspannung, ϱ der material- und oberflächenspezifische *Reibungsbeiwert*, $\vec{v}^0$ der Einheitsvektor der Bewegungsrichtung). Der Betrag der resultierenden Reibungskraft zwischen den beiden Körpern ist $R=\varrho D$, wobei $D=-\int\sigma \mathrm{d}A$ die resultierende Druckkraft in der Kontaktfläche bedeutet.

Volumenbezogene Kräfte: Über das Volumen verteilte Kräfte bestehen als Massenkräfte verschiedener Ursachen wie Gravitation, Fliehkraft, Brems- und Beschleunigungskraft. Gemeinsam ist ihnen die Beziehung $\mathrm{d}\vec{F}=\mathrm{d}m\,\vec{a}$ (m: Masse, $\vec{a}$: Beschleunigung). Insbesondere gilt für die Gravitation $\mathrm{d}\vec{G}=\mathrm{d}m\vec{g}$ ($\vec{G}$: Gewichtskraft, $|\vec{g}|\approx 9{,}81\ \mathrm{m/s^2}$: „Erdbeschleunigung"); $\mathrm{d}m=\varrho \mathrm{d}V$, $\mathrm{d}\vec{G}=\vec{\gamma}\,\mathrm{d}V$ (V: Volumen, ϱ: Dichte $[\mathbf{ML}^{-3}]$, γ=Wichte $[\mathbf{FL}^{-3}=\mathbf{ML}^{-2}\mathbf{T}^{-2}]$). ϱ und γ sind materialspezifische Parameter, $\vec{\gamma}$ eine volumenbezogene auf den Erdmittelpunkt gerichtete Kraft.

2.2 Kräftepaar und Moment einer Kraft

Zwei betragsmäßig gleich große parallele aber entgegengesetzt orientierte Kräfte bilden ein *Kräftepaar*. Ein Kräftepaar läßt sich nicht auf eine resultierende Kraft zurückführen (2.3). Es vertritt vielmehr eine eigenständige Kraftgröße – ein *statisches Moment*.[1])

[1]) „Moment" ist definiert als [Physikalische Größe] · [Länge]. Im Falle des *statischen Moments* ist die physikalische Größe eine Kraft.

Das Moment ist – wie die Kraft – ein Vektor, jedoch im Gegensatz zur Kraft nicht an eine Wirkungslinie gebunden: $\vec{M}=\vec{r}\times\vec{F}$. Der (durch Doppelpfeilspitze gekennzeichnete) Momentenvektor steht senkrecht auf der durch die Wirkungslinien des Kräftepaars aufgespannten Ebene, in die auch der Vektor $\vec{r}$ fällt. Das statische Moment bedeutet eine „Drehkraft". Der Drehsinn ergibt sich aus der „Kurbelwirkung" von $\vec{r}$ und $\vec{F}$.

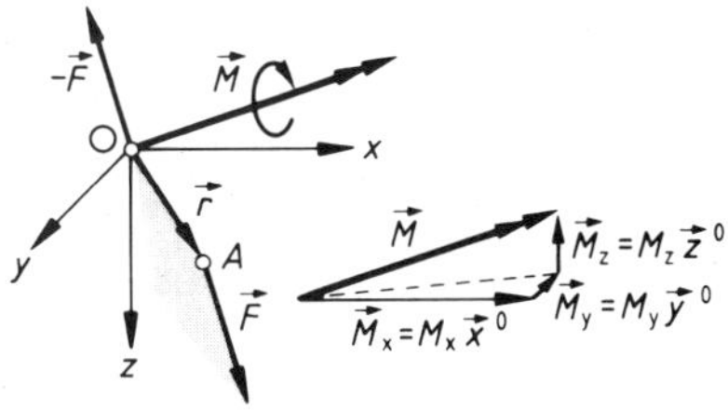

Bild 6 Kräftepaar und Moment einer Kraft

Alternativ wird der Momentenvektor als Drehpfeil dargestellt, rechtsdrehend bei Blick in Vektorrichtung (Bild 6).

$\vec{M}=\vec{r}\times\vec{F}$ gilt auch für das Moment der Kraft $\vec{F}$ um **O**.

$$\vec{M}=\begin{pmatrix}M_x\\M_y\\M_z\end{pmatrix}=\vec{M}_x+\vec{M}_y+\vec{M}_z=M_x\vec{x}^0+M_y\vec{y}^0+M_z\vec{z}^0=\vec{r}\times\vec{F}=\begin{pmatrix}yF_z-zF_y\\zF_x-xF_z\\xF_y-yF_x\end{pmatrix}.$$

Ist $\vec{r}=a\perp\vec{F}$, gilt $|\vec{M}|=a\cdot|\vec{F}|\rightarrow M=aF$.

In der z-x-Ebene gilt $M_y=z\cdot F_x-x\cdot F_z$.

2.3 Kräftereduktion, Äquivalenz, Schwerpunkt

Eine Menge statischer Momente kann auf ein einziges *resultierendes statisches Moment* reduziert werden, Mengen von Kräften *(Kräftesystem)* und Momenten im allg. auf eine *resultierende Kraft (Resultierende) und ein resultierendes statisches Moment*. Ein *zentrales Kräftesystem* (alle Kraftwirkungslinien schneiden sich in einem Punkt, dem Zentrum des Kräftesystems) hat nur eine resultierende Kraft, deren Wirkungslinie ebenfalls durch das Kraftzentrum **Z** läuft.

Zentrales Kräftesystem – Reduktion in das Zentrum

$$\{\vec{F}_1;\vec{F}_2,\vec{F}_3\ldots\vec{F}_n\}\rightarrow\mathbf{Z}\qquad\vec{F}=\sum_1^n\vec{F}_i$$

Allgemeines Kräftesystem – Reduktion in den Koordinaten-Ursprung O

$$\{\vec{F}_1,\vec{F}_2,\vec{F}_3\ldots\vec{F}_n\}+\{\vec{M}_1,\vec{M}_2,\vec{M}_3\ldots\vec{M}_m\}\rightarrow\mathbf{O}\qquad\vec{F}=\sum_1^n\vec{F}_i;\qquad\vec{M}=\sum_1^m\vec{M}_i+\sum_1^n\vec{r}_i\times\vec{F}_i$$

$\vec{r}_i$ ist der Ortsvektor des Angriffspunktes von $\vec{F}_i$. *Äquivalenzbedingungen*

Allgemeines Kräftesystem – Reduktion in den Punkt A (Ortsvektor $\vec{r}_A$)

$$\{\vec{F}_1,\vec{F}_2,\vec{F}_3\ldots\vec{F}_n\}+\{\vec{M}_1,\vec{M}_2,\vec{M}_3\ldots\vec{M}_m\}\rightarrow\mathbf{A}$$

$$\vec{F}=\sum_1^n\vec{F}_i;\qquad\vec{M}=\sum_1^m\vec{M}_i+\sum_1^n\vec{r}_i\times\vec{F}_i-\vec{r}_A\times\vec{F}$$

Schwerpunkt: Sonderfall eines zentralen Kräftesystems ist ein System paralleler Kräfte. Parallele Kräfte $\vec{\gamma}\,\mathrm{d}V$ treten insbesondere im Gravitationsfeld auf. Sie lassen sich daher auf das Gewicht $G=\int\gamma\,\mathrm{d}V$ bzw. bei *homogenen Körpern* (gleichverteilte Wichte) $G=\gamma V$ reduzieren. Der Vektor $\vec{G}$ wirkt im Sinne des Gravitationsfeldes im Schwerpunkt des Körpers, der durch den Ortsvektor $\vec{r}_S$ bestimmt ist:

$$\vec{r}_S=\frac{1}{\int\gamma\,\mathrm{d}V}\int\vec{r}\gamma\,\mathrm{d}V=\frac{1}{G}\vec{G}_r$$

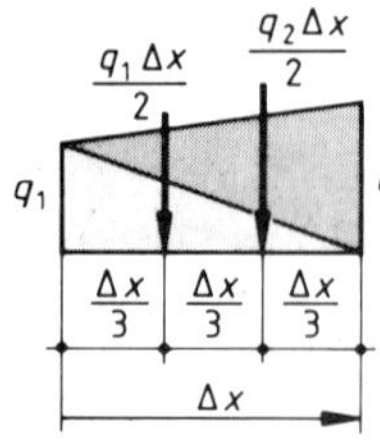

Bild 7
Resultierende des Trapezlastblocks

bzw. beim homogenen Körper

$$\vec{r}_S = \frac{1}{\int dV} \int \vec{r} \, dV = \frac{1}{V} \vec{V}_r .$$

$\vec{r}$ ist darin der Ortsvektor des Volumenelements dV. Die Integrale erstrecken sich über das Körpervolumen. $\vec{G}_r$ ist in den Beziehungen das statische Moment der Gewichtskraft, $\vec{V}_r$ das Volumenmoment des Körpers bezogen auf den Koordinatenursprung. Entsprechend werden die „Schwerpunkte" von Flächen und Linien bestimmt. Ein Beispiel ist die Resultierende eines Trapezlastblockes, die vorteilhaft durch 2 Teilresultierende (von Linienlasten mit dreieckförmigem Verlauf) ersetzt wird (Bild 7).

2.4 Gleichgewicht

Verschwinden die resultierende Kraft und das resultierende statische Moment eines Kräftesystems $\{\vec{F}_1, \vec{F}_2, \vec{F}_3 \dots \vec{F}_n\}; \{\vec{M}_1, \vec{M}_2, \vec{M}_3 \dots \vec{M}_m\}$, so herrscht *Gleichgewicht*. Gleichgewicht im Kräftesystem ist die zentrale Forderung der Statik! In statischen Systemen muß stets gelten

$$\sum_1^n \vec{F}_i = \vec{0} \qquad \sum_1^m \vec{M}_i + \sum_1^n \vec{r}_i \times \vec{F}_i = \vec{0}$$ *Gleichgewichtsbedingung*

2.5 Verrückungen

Unter *Verrückung* versteht man die Lageveränderung eines (Konstruktions-)Punktes oder Bauteils, d. h. die *Verschiebungen* $\vec{v}$ und *Verdrehungen* $\vec{\varphi}$ gegenüber seiner ursprünglichen Lage. In der z-x-Ebene gibt es die 3 Verrückungskomponenten v_x, v_z und $\varphi = \varphi_y$. Verrückungen haben ihre Ursache hauptsächlich in Formänderungen der Tragwerke oder Baugrundbewegungen.

2.6 Arbeit einer Kraftgröße

Die Arbeit eines Kräftesystems $\{\vec{F}_1, \vec{F}_2, \vec{F}_3 \dots \vec{F}_n\}; \{\vec{M}_1, \vec{M}_2, \vec{M}_3 \dots \vec{M}_m\}$ an den Verrückungen $\{\vec{v}_1, \vec{v}_2, \vec{v}_3 \dots \vec{v}_n\}; \{\vec{\varphi}_1, \vec{\varphi}_2, \vec{\varphi}_3 \dots \vec{\varphi}_m\}$ seiner Angriffspunkte ist bei über den gesamten Verrückungsweg gleichbleibender Intensität der Kraftgröße:

$$W = \sum_1^n \vec{F}_i \cdot \vec{v}_i + \sum_1^m \vec{M}_i \cdot \vec{\varphi}_i$$

bzw. im Falle gleichgerichteter Kräfte und Verschiebungen, Momente und Verdrehungen

$$W = \sum_1^n F_i v_i + \sum_1^m M_i \varphi_i .$$

Wächst die Kraftgröße linear mit dem Verrückungsweg ($F(\xi) = F\xi$; $M(\xi) = M\xi$; $dv = v\,d\xi$; $\varphi = \varphi\,d\xi$), dann gilt für die Arbeit der Kraft und des Momentes

$$W = \int F(\xi)\,dv = Fv \int \xi\,d\xi = \tfrac{1}{2} Fv$$ *Arbeit einer linear anwachsenden Kraft*

$$W = \int M(\xi)\,d\varphi = M\varphi \int \xi\,d\xi = \tfrac{1}{2} F\varphi$$ *Arbeit eines linear anwachsenden Moments*

3 Spannungen und Verzerrungen am Volumenelement

3.1 Volumenelement

Das Volumenelement ist ein infinitesimal (über alle Grenzen) kleiner Ausschnitt im Innern eines Körpers (Bild 8). Seine Ausmaße sind dx, dy, dz. Das eingetragene Koordinatensystem ist bezüglich Richtung und Orientierung verbindlich, sein Ursprung kann an beliebiger Stelle angeordnet sein.

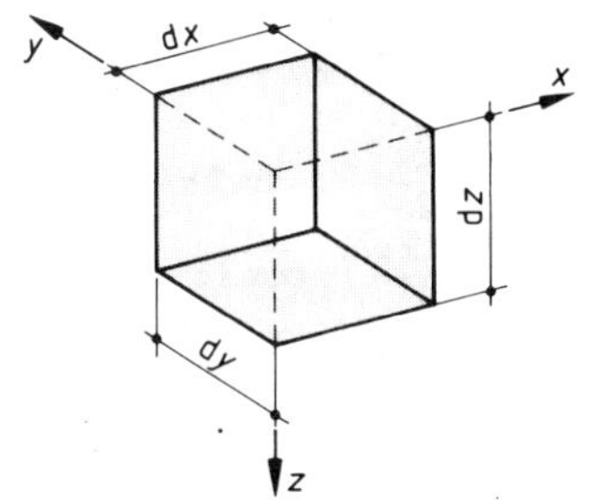

Bild 8 Infinites Volumenelement („schräg" von unten gesehen)

Die am Element gültigen Kraft- und Verformungsbeziehungen bestimmen das Verhalten des Gesamtkörpers. Beanspruchungs- und Verformungsverhältnisse komplexer Baukonstruktionen in Form geschlossener Lösungen aus den elementaren Beziehungen am Raumelement herzuleiten, wäre für das tägliche Geschäft der Konstruktionsplanung unvertretbar aufwendig. Hier hat die Methode der *finiten Elemente*, also der endlichen Elemente mit der Verbreitung leistungsfähiger Rechner Eingang gefunden. Im allg. aber werden jedoch für verschiedene Bauteiltypen (Stab, Platte, Scheibe, Schale) eigene Verhaltensmodelle zugrundegelegt.

Einige am Volumenelement hergeleitete Beziehungen haben jedoch in der täglichen Praxis Bedeutung.

3.2 Spannungszustand

An den „Zuwachs"flächen, also den Normalflächen in den Schnitten $x+\mathrm{d}x$, $y+\mathrm{d}y$, $z+\mathrm{d}z$ des Volumenelements mit dem volumenbezogenen Gewichtsvektor

$$\vec{\gamma}\,\mathrm{d}x\,\mathrm{d}y\,\mathrm{d}z=\begin{pmatrix}\gamma_x\\ \gamma_y\\ \gamma_z\end{pmatrix}\mathrm{d}x\,\mathrm{d}y\,\mathrm{d}z$$

wirken die Komponenten der Spannungsvektoren nach Bild 9, in den Normalschnitten x, y, z die Spannungsvektoren

$$\begin{pmatrix}\sigma_x\\ \tau_{yx}\\ \tau_{zx}\end{pmatrix},\ \begin{pmatrix}\tau_{xy}\\ \sigma_y\\ \tau_{zy}\end{pmatrix},\ \begin{pmatrix}\tau_{xz}\\ \tau_{yz}\\ \sigma_z\end{pmatrix}.$$

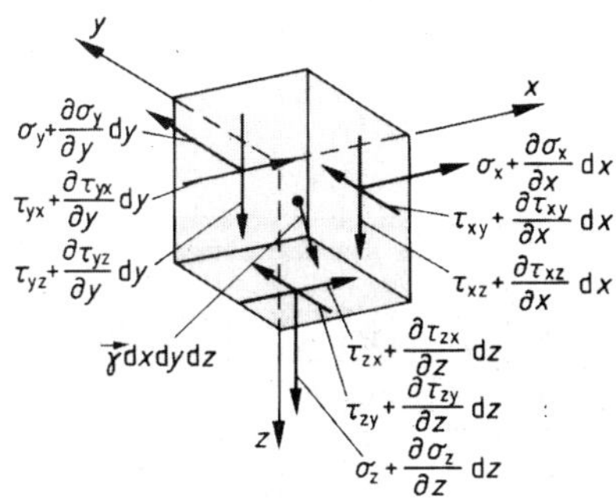

Bild 9 Spannungszustand am Volumenelement („schräg" von unten gesehen)

3.2.1 Gleichgewichtsbedingungen am Element

$$x:\ \frac{\partial\sigma_x}{\partial x}+\frac{\partial\tau_{yx}}{\partial y}+\frac{\partial\tau_{zx}}{\partial z}=-\gamma_x \qquad \text{Ebene } y\text{-}z:\ \tau_{yz}=\tau_{zy}$$

$$y:\ \frac{\partial\tau_{yx}}{\partial y}+\frac{\partial\sigma_x}{\partial x}+\frac{\partial\tau_{zx}}{\partial z}=-\gamma_y \qquad \text{Ebene } z\text{-}x:\ \tau_{zx}=\tau_{xz}$$

$$z:\ \frac{\partial\tau_{yx}}{\partial y}+\frac{\partial\tau_{zx}}{\partial z}+\frac{\partial\sigma_x}{\partial x}=-\gamma_z \qquad \text{Ebene } x\text{-}y:\ \tau_{xy}=\tau_{yx}$$

Satz von den zugeordneten Schubspannungen

3.2.2 Ebener Spannungszustand

Spannungen am gedrehten Element

Der ebene Spannungsvektor am gedrehten Element kann mit folgender Transformationsbeziehung aus dem ursprünglichen Vektor gewonnen werden:

$$\begin{pmatrix}\sigma_r\\ \tau_{tr}\\ \sigma_t\end{pmatrix}=\begin{pmatrix}\dfrac{1+\cos 2\alpha}{2} & -\sin 2\alpha & \dfrac{1-\cos 2\alpha}{2}\\ \dfrac{\sin 2\alpha}{2} & \cos 2\alpha & -\dfrac{\sin 2\alpha}{2}\\ \dfrac{1-\cos 2\alpha}{2} & \sin 2\alpha & \dfrac{1+\cos 2\alpha}{2}\end{pmatrix}\begin{pmatrix}\sigma_x\\ \tau_{zx}\\ \sigma_z\end{pmatrix}$$

Die Beziehung ist einer Koordinatentransformation vom z-x-System in ein t-r-System äquivalent und gleichbedeutend mit:

$$\sigma_r=\frac{\sigma_z+\sigma_x}{2}-\left[\frac{\sigma_z-\sigma_x}{2}\cos 2\alpha+\tau_{zx}\sin 2\alpha\right]$$

$$\sigma_t=\frac{\sigma_z+\sigma_x}{2}+\left[\frac{\sigma_z-\sigma_x}{2}\cos 2\alpha+\tau_{zx}\sin 2\alpha\right]$$

Es gilt: $\sigma_x+\sigma_z=\sigma_r+\sigma_t$

$$\tau_{tr}=\tau_{zx}\cos 2\alpha-\frac{\sigma_z-\sigma_x}{2}\sin 2\alpha$$

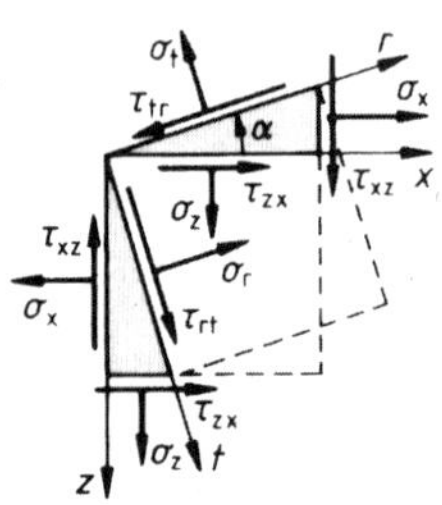

Bild 10 Spannungen in Abhängigkeit von der Elementrichtung α

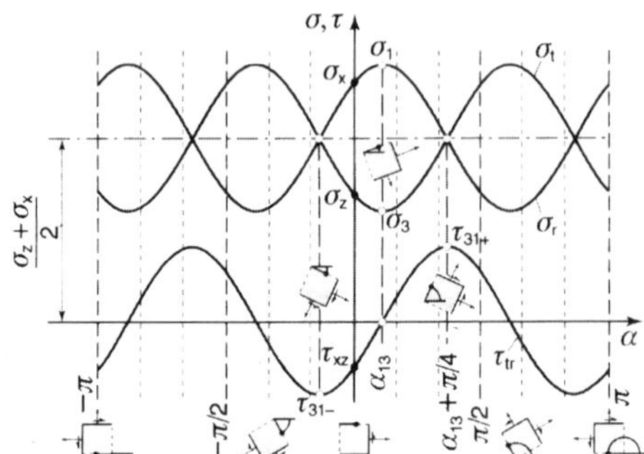

Bild 11 Beispiel für Funktionen $\sigma_x(\alpha)$, $\sigma_z(\alpha)$ und $\tau_{zx}(\alpha)$

Die Extremwerte der Normalspannungen heißen *Hauptnormalspannungen*, die der Schubspannungen *Hauptschubspannungen*

Tafel 2 Hauptspannungen in z-x-Ebene

Größe	Richtung	Wert	Bedingung	
Hauptnormalspannung	$\tan 2\alpha_{13}=\dfrac{2\tau_{zx}}{\sigma_z-\sigma_x}$	$\sigma_1=\dfrac{\sigma_z+\sigma_x}{2}-\dfrac{\sigma_z-\sigma_x}{2}\sqrt{1+\tan^2 2\alpha_{13}}$ $\sigma_3=\dfrac{\sigma_z+\sigma_x}{2}+\dfrac{\sigma_z-\sigma_x}{2}\sqrt{1+\tan^2 2\alpha_{13}}$	$\sigma_x\neq\sigma_z$	
Hauptschubspannung	$\alpha_{13}\pm\dfrac{\pi}{4}$	$\tau_{31}=\mp\dfrac{\sigma_z-\sigma_x}{2}\sqrt{1+\tan^2 2\alpha_{13}}$		
Hauptnormalspannung	$\alpha_{13}=\dfrac{\pi}{4}$	$\sigma_1=\sigma_x-\tau_{zx}$ $\sigma_3=\sigma_x+\tau_{zx}$	$\tau_{zx}\neq 0$	
Hauptschubspannung	$\alpha_{13}\pm\dfrac{\pi}{4}$	$\tau_{31}=\mp\tau_{zx}$		$\sigma_x=\sigma_z$
Hydrostatischer Spannungszustand	$-\pi\ldots+\pi$	$\sigma=\sigma_x$ $\tau=0$	$\tau_{zx}=0$	

3.3 Verzerrungszustand am homogenen isotropen elastischen Körper

Der *homogene* Körper besteht aus gleichem gleichdicht verteiltem Material, der *isotrope* Körper zeigt in allen Richtungen gleiches Materialverhalten.

3.3.1 Dehnverzerrung

Die Dehnung eines Körperelements in einer Richtung ist gekoppelt mit Querdehnungen umgekehrten Vorzeichens in den Querrichtungen.
Dehnung und Querdehnung werden über die Materialkennwerte:

$E = E(\sigma)$ *Elastizitätsmodul*

$\nu = \nu(\sigma)$ *Querdehnzahl*

mit den Normalspannungen in Beziehung gesetzt. Im Gültigkeitsbereich des *Hooke*schen Gesetzes sind E und ν konstant.

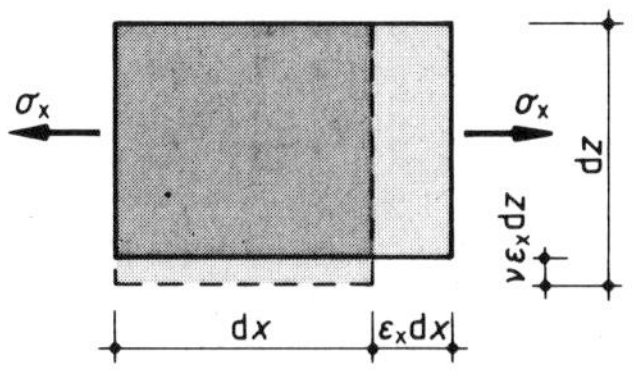

Bild 12 Elementverzerrung unter einachsiger Längsspannung

Tafel 3 Dehnungen in Abhängigkeit von den Spannungen

	ε_x	ε_y	ε_z
Einachsiger Spannungszustand	$\frac{1}{E}\sigma_x$	$-\frac{\nu}{E}\sigma_x$	$-\frac{\nu}{E}\sigma_x$
Ebener Spannungszustand	$\frac{1}{E}(\sigma_x - \nu\sigma_z)$	$-\frac{\nu}{E}(\sigma_x + \sigma_z)$	$\frac{1}{E}(\sigma_z - \nu\sigma_x)$
Räumlicher Spannungszustand	$\frac{1}{E}[\sigma_x - \nu(\sigma_y + \sigma_z)]$	$\frac{1}{E}[\sigma_y - \nu(\sigma_z + \sigma_x)]$	$\frac{1}{E}[\sigma_z - \nu(\sigma_x + \sigma_y)]$

Tafel 4 Spannungen in Abhängigkeit von den Dehnungen

	σ_x	σ_y	σ_z
Einachsiger Dehnungszustand	$E\varepsilon_x$	0	0
Ebener Dehnungszustand	$\frac{E}{1-\nu^2}(\varepsilon_x + \nu\varepsilon_z)$	0	$\frac{E}{1-\nu^2}(\varepsilon_z + \nu\varepsilon_x)$
Räumlicher Dehnungszustand	$\frac{E}{1+\nu}\left(\varepsilon_x + \frac{\nu}{1-2\nu}\,{}^3\varepsilon\right)$	$\frac{E}{1+\nu}\left(\varepsilon_y + \frac{\nu}{1-2\nu}\,{}^3\varepsilon\right)$	$\frac{E}{1+\nu}\left(\varepsilon_z + \frac{\nu}{1-2\nu}\,{}^3\varepsilon\right)$
	mit ${}^3\varepsilon = \varepsilon_x + \varepsilon_y + \varepsilon_z$		

Dehnung bei verhinderter Querdehnung

Bei der Betrachtung plattenartiger Bauteile muß man beachten, daß Querdehnung in Scheibenrichtung im allg. nicht stattfinden kann. Eine häufige Konstellation ist: $\sigma_z = 0$; $\varepsilon_y = 0$. In diesem Fall gilt:

$$\sigma_y = -\nu\sigma_x; \qquad \sigma_x = \frac{E}{1-\nu^2}\varepsilon_x .$$

Die letzte Beziehung entspricht der des einachsigen Spannungszustands, wenn $\frac{E}{1-\nu^2}$ an die Stelle von E gesetzt wird („Brettbiegung").

3.3.2 Gleitverzerrung (Schubverzerrung)

Die Gleitverzerrung ist volumenneutral. Sie wird über den Materialkennwert

$G = G(\tau)$ *Gleitmodul (Schubmodul)*

in Beziehung zur Schubspannung gesetzt:

$$\gamma_{zx} = \frac{\tau_{zx}}{G}; \quad \gamma_{xy} = \frac{\tau_{xy}}{G}; \quad \gamma_{yz} = \frac{\tau_{yz}}{G}$$

Im Gültig keitsbereich des *Hooke*schen Gesetzes ist G konstant.

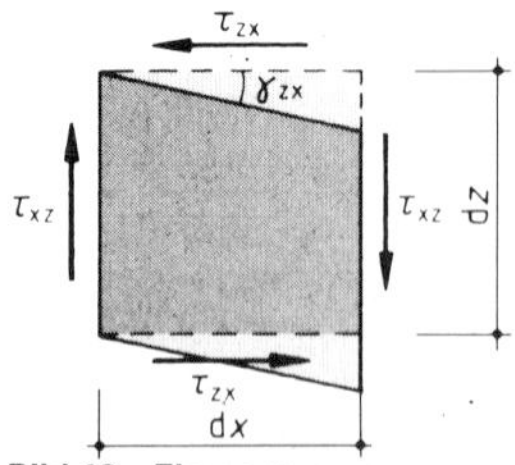

Bild 13 Elementverzerrung unter ebenem Schubspannungszustand

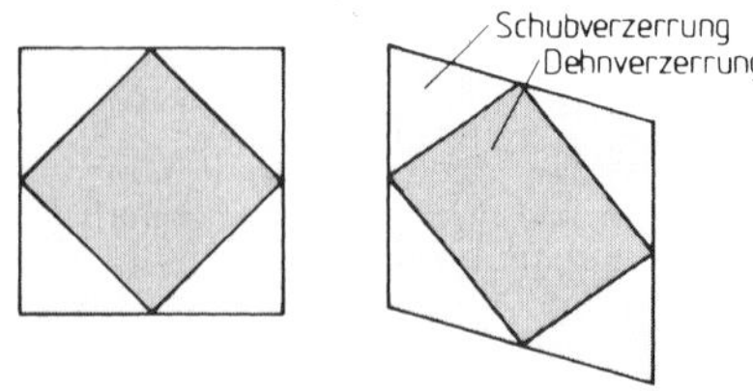

Bild 14 Zusammenhang von Gleit- und Dehnverzerrungen

3.3.3 Zusammenhang der Materialkonstanten

Dehn- und Gleitverzerrung sind miteinander gekoppelt (Bild 14). Ein Gleitverzerrungszustand erscheint unter 45° als Dehnzerrungszustand. Daher sind die drei Materialkennwerte nicht voneinander unabhängig.

$$G = \frac{E}{2(1+\nu)} \leq \frac{E}{3}; \quad \nu = \frac{E}{2G} - 1 \leq 0{,}5$$

Die Grenzbedingungen folgen aus der Forderung, daß die (positive) einachsige Dehnung nicht durch Querdehnung zu einer Volumenminderung führen kann.

Tafel 5 Elastizitätsmoduln E in MN/m^2 einiger Baustoffe

Europäische Nadelhölzer parallel (senkrecht) zur Faser	s. S. 818	10000 (300)	DIN 1052
Eiche und Buche parallel (senkrecht) zur Faser		12500 (600)	
Brettschichtholz parallel (senkrecht) zur Faser		11000 (300)	
Baustahl, geschmiedeter Stahl, Stahlguß		210000	DIN 18800-1 4113
Grauguß, Gußeisen		100000	
Aluminium		70000	
Mauerwerk aus künstlichen Steinen		1500 bis 10000	1053-1
Beton je nach Festigkeitsklasse: B10	s. S. 430	22000	DIN 1045
B15		26000	
B25		30000	
B35		34000	
B45		37000	
B55		39000	

4 Spannungen und Grundlagen der Formänderungsberechnung in der Stabstatik

4.1 Modell des Stabelements

Die Geometrie des idealen Stabes entsteht durch Translation einer festen Querschnittsstruktur längs einer geraden Achse. Seine Länge ist groß gegenüber seinen Querschnittsabmessungen (schlanker Stab). Er besteht aus homogenem isotropem ideal elastischem Material – es gilt das *Hooke*sche Gesetz, d. h. der lineare Zusammenhang zwischen Spannung und Dehnung bzw. Schiebung und damit zwischen Schnittgröße und Formänderung.

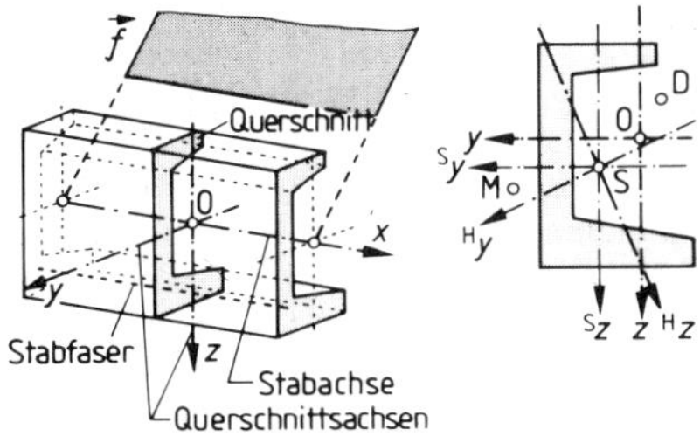

O Ursprung der allgemeinen Querschnittsachsen
S Ursprung der Schwer- und Hauptachsen = Spurpunkt der Biegeruheachse
D Spurpunkt der Drillachse
M Schubmittelpunkt = Spurpunkt der Drillruheachse

Bild 15 Stabmodell

Bild 16 · Verbundquerschnitt

Stäbe können aus Strängen verschiedener Materialien bestehen (Beton und Stahl im Stahlbeton bzw. allg. Verbundquerschnitt, Holz und Stahl). Sie heißen Verbundstäbe; ihre Querschnitte sind *nicht homogen*. Holz verhält sich *orthogonal anisotrop*, d.h. es ist in zwei zueinander senkrechten Richtungen unterschiedlich steif.

Der Stab wird durch *Querschnitt* und *Stabachse* repräsentiert. Die Stabachse kann frei gewählt werden (Querschnittsachsen y und z). Besondere Achslagen sind:

Schwerachse = Biegeruheachse. Die Faser in der Schwerachse erfährt bei Biegebeanspruchung keine Dehnungen *(Biegeruheachse)* und krümmt sich nicht unter achsialer Längslast. Querschnittsachsen: ${}^{S}y$, ${}^{S}z$.

Schubmittelpunktsachse = Drillruheachse. Die Faser in der Schubmittelpunktsachse verwindet sich unter Torsionsmomenteneinwirkung nicht *(Drillruheachse)*. Auf die Schubmittelpunktsachse gerichtete Querlasten erzeugen keine Torsionsbeanspruchung.

Sonderfall der Querschnittsachsen sind die *Hauptachsen* (${}^{H}y$, ${}^{H}z$). Biegung um die Hauptachsen bewirkt keine Deviation, d.h. Biegung um eine Hauptachse erzeugt keine Krümmungen um die andere.

Stäbe aus Baustoffen ohne Zugfestigkeit (Beton, Mauerwerk) können nur Druckspannungen aufnehmen. Ihre Querschnitte nennt man *Querschnitte mit versagender Zugzone*. Im Gegensatz dazu stehen die *Seile*, die keine Druckkräfte aufnehmen können. Die technische Biegelehre behandelt Beanspruchung und Formänderung des idealen biegesteifen Stabes. Geringe Krümmung und leichte Keil- oder Pyramidenform des Stabkörpers schränken die Gültigkeit der für den prismatischen Stab getroffenen Aussagen kaum ein.

4.2 Differentialbeziehungen zwischen Last- und Schnittgrößen

Lasten am räumlichen Stab sind vor allem Querlasten als Einzel- (F_y, F_z) und Linienlasten (q_y, q_z) und Längslasten (F_x bzw. f_x). Insbesondere wenn die Lastwirkungslinien (und -flächen) die Stabachse nicht enthalten, können außerdem Lastmomente auftreten (M_{fy}, M_{fz}, $M_{ft} = M_{fx}$, m_y, m_z, $m_t = m_x$). Darüber hinaus können auch Lastbimomente ($M_{f\omega}$, m_ω) in Betracht kommen (Abschnitt „Aussteifung"). Schnittgrößen sind die resultierenden Längs- und Schubspannungszustände im Querschnitt. Je nach verursachendem σ- oder τ-Zustand werden sie mit $\vec{S}_\sigma$ bzw. $\vec{S}_\tau$ bezeichnet.

$$\vec{S}_\tau = \begin{pmatrix} 0 \\ V_y \\ V_z \\ M_t \end{pmatrix} \quad \begin{matrix} - \\ \textit{Querkraft in Richtung } y \\ \textit{Querkraft in Richtung } z \\ \textit{Torsionsmoment in Richtung } x \end{matrix}$$

$$\vec{S}_\sigma = \begin{pmatrix} N \\ -M_z \\ M_y \\ -M_\omega \end{pmatrix} \begin{matrix} \textit{Längs- oder Normalkraft} \text{ in Richtung } x \\ \textit{Biegemoment} \text{ in Richtung } z \\ \textit{Biegemoment} \text{ in Richtung } y \\ \textit{Wölbbimoment} \text{ in Richtung } x \end{matrix}$$

Alle Schnittgrößenkomponenten sind *positiv*, wenn sie am „Zuwachs"-Schnitt $(x+\mathrm{d}x)$ des Elements wie die Koordinatenrichtungen orientiert sind. Am gegenüberliegenden Schnitt (x) sind sie umgekehrt orientiert.

Ebene Stäbe: $(M_y = M;\ m_y = m)$

$$N' = \frac{\mathrm{d}N}{\mathrm{d}x} = -f_x; \quad V' = V_z' = \frac{\mathrm{d}V_z}{\mathrm{d}x} = -q_z \qquad M' = \frac{\mathrm{d}M}{\mathrm{d}x} = V - m \rightarrow M'' = -q_z - m'$$

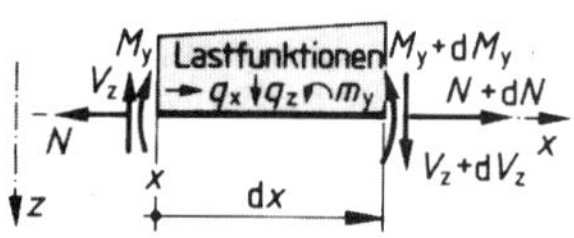

Bild 17 Ebenes Stabelement

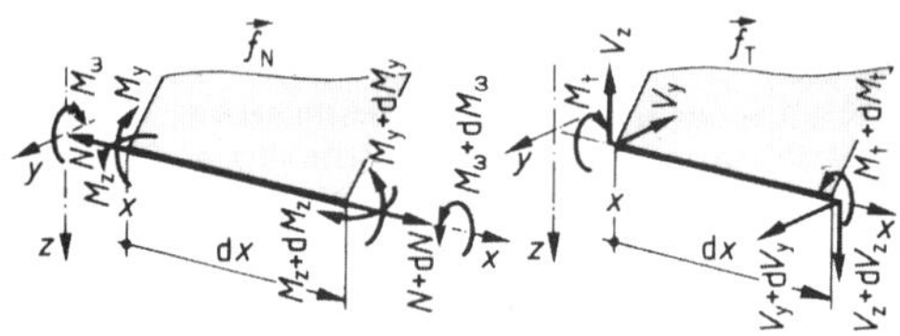

Bild 18 Räumlicher Stab

Räumliche Stäbe

$\vec{f}_N$, $\vec{f}_T$: Lastfunktionen mit querschnittsnormaler und -tangentialer Wirkung.

$N' = -f_x$

$V_z' = -q_z; \quad V_y' = -q_y$

$M_y' = V_z - m_y \rightarrow M_y'' = -q_z - m_y'$

$M_z' = -V_y - m_z \rightarrow M_z'' = q_y - m_z'$

$M_t' = -m_t$ ($m_t = m_x$: Torsionslast)

St. Venantsche Torsion und Wölbkrafttorsion

Am I-Querschnitt (Bild 19) kann das Phänomen der beiden konkurrierenden Torsionstragverhalten leicht eingesehen werden. Die gesamte Torsionsschubbeanspruchung wird dabei in zwei Anteile (a) und (c) zerlegt. Der umlaufende Schubfluß $T_{\mathrm{St.Venant}}$ erzeugt eine Verformung mit parallel verwölbten Querschnitten im gesamten Stabelement (b). Er wird durch ein Torsionsmoment M_{tr} repräsentiert. Die zweite Komponente wirkt wie ein Querkräftepaar in den beiden Gurten (c, e). Es ist dem Torsionsmoment $M_{t\omega}$ äquivalent. Die Gurtschnittgrößen V_{gu} und M_{gu} verhalten sich am einzelnen Gurt genauso wie V und M am Stabelement (s. o.):

$$M_{gu}' = -V_{gu} \rightarrow (h\,M_{gu})' = -h\,V_{gu} = M_\omega' = -M_{t\omega}$$

mit dem *Wölbbimoment* $M_\omega = h\,M_{gu}$. Das Wölbbimoment hat die Dimension $\mathbf{FL}^2$.

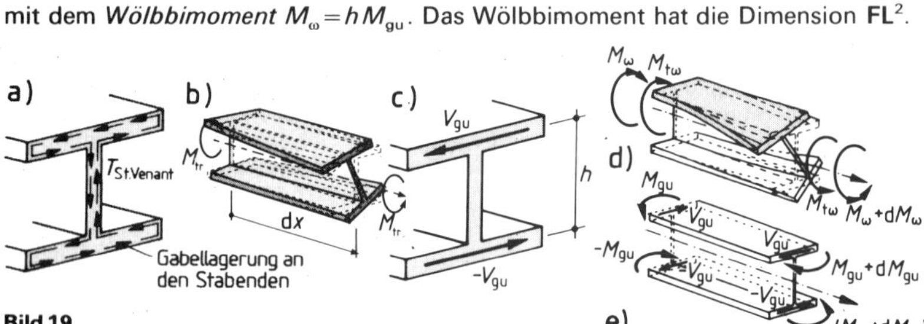

Bild 19

Die Anteile der reinen (St. Venantschen) Torsion und der Wölbkrafttorsion ergänzen sich zum Gesamttorsionsmoment: $M_t = M_{tr} + M_{t\omega}$.
Mit auf die Wölbtorsionsanteile $M_{t\omega}$ und (formal) $m_{t\omega}$ beschränkten Schnittgrößen- und Lasttupeln

$$\vec{S}_{\tau\omega} = \begin{pmatrix} 0 \\ V_y \\ V_z \\ M_{t\omega} \end{pmatrix}, \quad \vec{S}_{\sigma} = \begin{pmatrix} N \\ -M_z \\ M_y \\ -M_{\omega} \end{pmatrix} \quad \text{und} \quad \vec{f}_{\tau\omega} = \begin{pmatrix} 0 \\ q_y \\ q_z \\ m_{t\omega} \end{pmatrix}, \quad \vec{f}_{\sigma} = \begin{pmatrix} -f'_x \\ m'_z \\ -m'_y \\ m'_{\omega} \end{pmatrix}$$

lauten die Beziehungen:

$$\vec{S}'_{\tau\omega} = -\vec{f}_{\tau\omega}; \quad \vec{S}'_{\sigma} = \vec{S}_{\tau\omega} + \vec{f}_{\sigma}; \quad \vec{S}''_{\sigma} = -\vec{f}_{\tau\omega} + \vec{f}'_{\sigma}$$

4.3 Momenten-Krümmungs-Beziehung — Bernoulli-Hypothese

Reine Biegung — grundlegendes Momenten-Krümmungs-Modell

Infolge ausschließlicher Einwirkung eines konstanten Biegemoments *(reine Biegung)* verformt sich ein *Stabelement* (ein durch achsnormale Schnitte begrenzter Stababschnitt von der Länge ds) zu einem Kreisbogen unter dem Abschnitt dx der ursprünglichen Stabachse (Bild 20). Bei beanspruchungsneutraler *Biegesteifigkeit B* ist dabei die *Krümmung* $\varkappa$ proportional dem angreifenden Biegemoment. Mit Ausnahme der *neutralen Fasern* verändern dabei alle Stabfasern ihre Länge. Legt man die Stabachse genau in die neutrale Ebene, dann gilt:

$$ds = R\,d\varphi = \sqrt{1 + w'^2}\,dx; \quad d\varphi = d(w') = w''\,dx$$

Den Reziprokwert des *Krümmungsradius R* bezeichnet man als *Krümmung* $\varkappa$, so daß gilt: $\varkappa = \dfrac{1}{R} = \dfrac{w''}{\sqrt{1 + w'^2}}$

Die Proportionalität zwischen Biegemoment und Krümmung ergibt $\dfrac{M}{B} = -\dfrac{w''}{\sqrt{1 + w'^2}}$

Nun ist wegen der sehr kleinen Formänderungen realer Tragwerke $w'^2 \ll 1$ und damit $\sqrt{1 + w'^2} \approx 1$. Bei den praktischen Aufgabenstellungen im Bauwesen wird daher $ds = dx$ gesetzt und i. allg. mit der vereinfachten Differentialbeziehung $w'' = -\dfrac{M}{B}$ gerechnet.

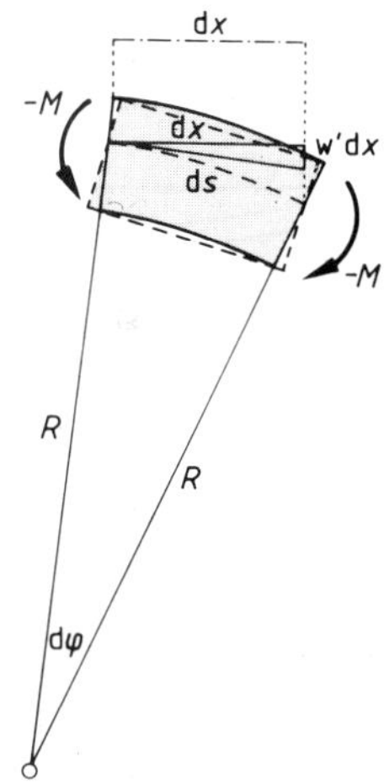

Bild 20
Elementverformung infolge reiner Biegung

Querkraftbiegung

Querkraftbiegung ist eine Folge der Schubverzerrung des Stabelements. Dabei erleidet der Querschnitt Verwölbungen. Diese sind bei schlanken Stäben aber unbedeutend, so daß auch bei Querkraftbiegung in schlanken Stäben die Annahme eben bleibender Querschnitte gerechtfertigt ist. Sie bleiben allerdings nicht senkrecht zur gekrümmten Stabachse *(Bernoulli-Hypothese)*.

Biegung mit Längskraft

Auch bei Biegung mit Längskraft wird allgemein von $ds = dx$ ausgegangen: Formänderungen in Stablängsrichtung (u) bleiben bei der Rand- und Schnittgrößenermittlung unberücksichtigt. Querverformungen (Durchbiegungen v, w) können bei Druckkrafteinwirkung zu maßgeblichen Erhöhungen der Biegebeanspruchung führen. Bei Berechnungen nach der *Elastizitätstheorie I. Ordnung* werden diese vernachlässigt, nach der *Elastizitätstheorie II. Ordnung* werden sie berücksichtigt.

4.4 Normalspannungen, Formänderungen aus Dehnverzerrung

Lasten und Zwängungen rufen in den Querschnitten des Stabes Spannungszustände hervor. Die Resultierenden des Normalspannungszustands ($\sigma=\sigma_x$) sind die Schnittgrößen: *Längskraft* im Spurpunkt der Stabachse (N), *Biegemomente* um die beiden Querschnittsachsen (M_y, M_z) und das *Wölbbimoment* (M_ω).

Dem Normalspannungszustand entspricht ein über die Querschnittsfläche verteilter Dehnungszustand ($\varepsilon=\varepsilon_x$) aufgrund des Hookeschen Gesetzes, der analog zu den Schnittgrößen auf die Formänderungskomponenten der Stabachse – *Längung* (u'), *Biegekrümmung* (w'', v'') und *Drillkrümmung* (ϑ'') – zurückgeführt werden kann. Dabei handelt es sich um Ableitungen der *Längsverschiebung* (u), der *Querverschiebungen* oder *Durchsenkungen* (v, w) und der *Verdrehung* um die x-Achse (ϑ); sie bezeichnen die Lageänderungskomponenten (Verrückungen) eines Punktes der Stabachse. (Zu M_ω s. auch 4.5.5.)

4.4.1 Elementverformung infolge Dehnungen ε_x

Tafel 6 Stabelementverformung auf der Grundlage der Bernoulli-Hypothese
x, y, z, ω bilden ein beliebiges Bezugssystem mit $x \parallel$ zu Stabfasern

Elementverformungszustand	In die Stabkantenflucht projizierte Lageänderung des Endquerschnitts	Faserlängung infolge Achsverformungskomponente	Gesamtdehnung
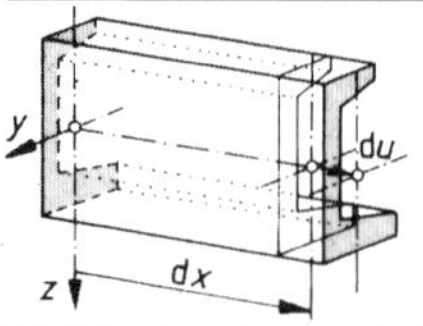	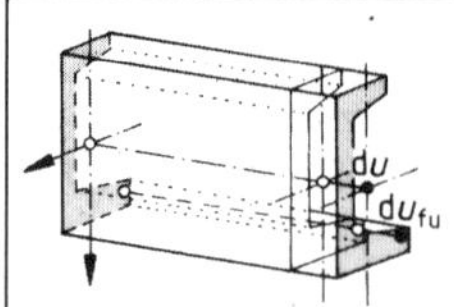	**Längsverformung** $\mathrm{d}u=u'\,\mathrm{d}x$ $\mathrm{d}u_{fx}=1\cdot\mathrm{d}u$ $=u'\,\mathrm{d}x$	
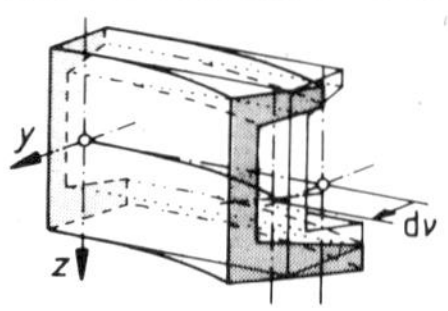	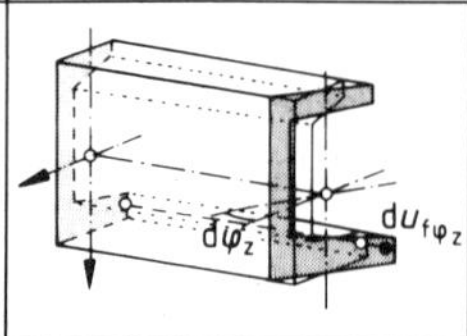	**Biegung** um z-Achse $\mathrm{d}\varphi_z=v''\,\mathrm{d}x$ $\mathrm{d}u_{f\varphi z}=-y\,\mathrm{d}\varphi_z$ $=-y v''\,\mathrm{d}x$	$\varepsilon=\vec{d}^{\,T}\vec{K}$ mit $\vec{d}=\begin{pmatrix}1\\y\\z\\\omega\end{pmatrix}$
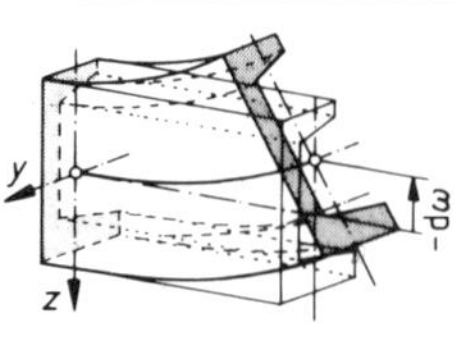	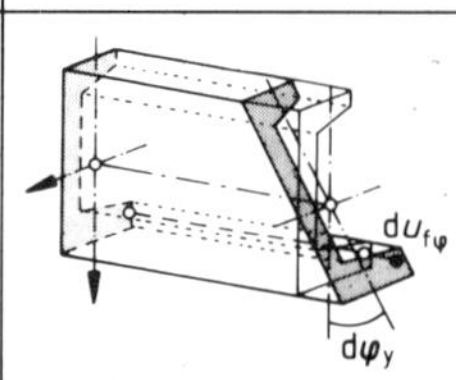	**Biegung** um y-Achse $\mathrm{d}\varphi_y=-w''\,\mathrm{d}x$ $\mathrm{d}u_{f\varphi y}=z\,\mathrm{d}\varphi_y$ $=-z w''\,\mathrm{d}x$	$\vec{K}=\begin{pmatrix}u'\\-v''\\-w''\\-\vartheta''\end{pmatrix}$
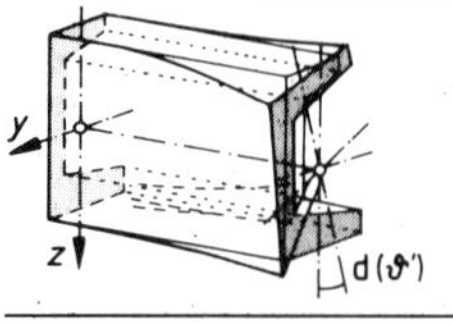	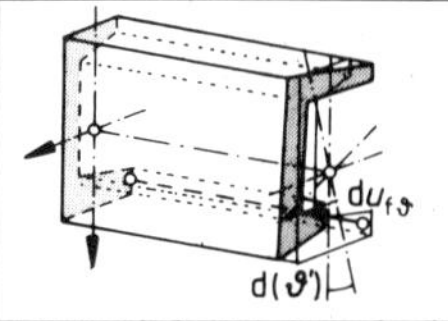	**Wölbdrillung** $\mathrm{d}(\vartheta')=\vartheta''\,\mathrm{d}x$ $-\mathrm{d}u_{f\vartheta}=\omega\,\mathrm{d}(\vartheta')$ $\mathrm{d}u_{f\vartheta}=-\omega\vartheta''\,\mathrm{d}x$	

Einheitsverschiebungen der Biegung, y und z, entsprechen den Querschnittskoordinaten y und z. Für *Einheitsverwölbung* ω gibt es keine vergleichbare Entsprechung; im allg. ist ihre Ermittlung schwierig, bei dünnwandigen Querschnitten kann ω jedoch auf einfache Weise genügend genau bestimmt werden (s. Abschn. 4.4.3.3).

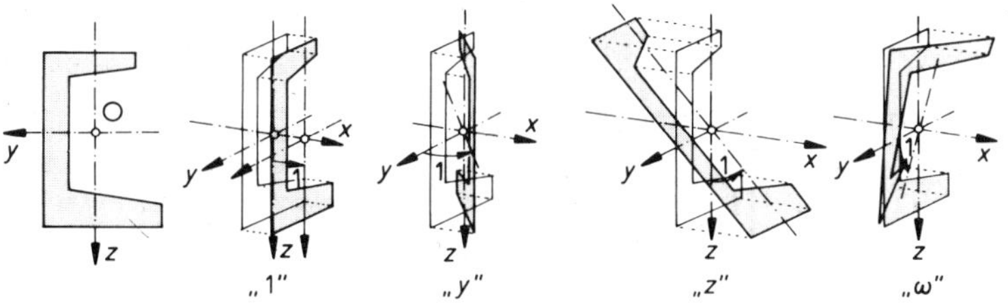

Bild 21 Einheitsverschiebungen

4.4.2 Normalspannungen und korrespondierende Schnittgrößen

Unter äußeren Einwirkungen (Last und Zwängung) baut sich in den Querschnitten ein Spannungszustand auf, der in die Komponenten der *Normalspannung* (oder *Längsspannung*) σ_x und der *Tangentialspannungen* (oder *Schubspannungen*) τ_{xy}, τ_{xz} oder im *s-t*-Achsensystem τ_{xs}, τ_{xt} zerlegt werden kann.

Bild 22 links zeigt den Normalspannungskörper, dessen obere Grenzfläche auf der Grundlage der linearen Elastizitätstheorie bei Längskraft- und Biegebeanspruchung (N, M_y, M_z) eine schiefe Ebene bezüglich der Querschnittsgrundfläche bildete. Unter Wirken einer Torsionsbeanspruchung (*Wölbbimoment* M_ω) bildet sich eine windschiefe und verwölbte Grenzfläche aus. (Zur Wölbkrafttorsion s. S. 321)

Der Spannungszustand ist den resultierenden Schnittgrößen äquivalent.

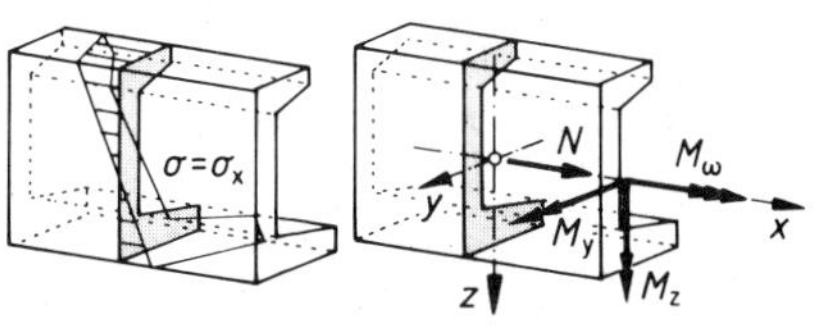

Bild 22 Normalspannungen und korrespondierende Schnittgrößen

Tafel 7 Beziehungen zwischen Spannungszustand und Schnittgrößen aus der Äquivalenzbedingung

Bezeichnung	Beziehung	Erläuterung
Schnittgröße	$\vec{S}_\sigma = E_{\text{verb}} \bar{\bar{A}} \vec{K}$	$\int_{(A)} \vec{a} \sigma \,\mathrm{d}A = \int_{(A)} \vec{a} E_\mu \varepsilon \,\mathrm{d}A = \int_{(A)} \vec{a} E_\mu \vec{a}^{\mathrm{T}} \mathrm{d}A\, \vec{K}$ $= E_{\text{verb}} \int_{(A)} e_\mu \vec{a} \vec{a}^{\mathrm{T}} \mathrm{d}A\, \vec{K}$
„Krümmung"	$\vec{K} = \frac{1}{E_{\text{verb}}} \bar{\bar{A}}^{-1} \vec{S}_\sigma$	
Normalspannung	$\sigma = e_\mu \vec{a}^{\mathrm{T}} \bar{\bar{A}}^{-1} \vec{S}_\sigma$	$E_\mu \varepsilon = E_\mu \vec{a}^{\mathrm{T}} \vec{K} = \frac{E_\mu}{E_{\text{verb}}} \vec{a}^{\mathrm{T}} \bar{\bar{A}}^{-1} \vec{S}_\sigma$
Querschnittswerte	$\bar{\bar{A}} = \int_{(A)} e_\mu \vec{a} \vec{a}^{\mathrm{T}} \mathrm{d}A$ $\begin{pmatrix} A & A_y & A_z & A_\omega \\ A_y & A_{yy} & A_{yz} & A_{y\omega} \\ A_z & A_{zy} & A_{zz} & A_{z\omega} \\ A_\omega & A_{\omega y} & A_{\omega z} & A_{\omega\omega} \end{pmatrix}$	$\begin{pmatrix} \int e_\mu \mathrm{d}A & \int e_\mu y \mathrm{d}A & \int e_\mu z \mathrm{d}A & \int e_\mu \omega \mathrm{d}A \\ \int e_\mu y \mathrm{d}A & \int e_\mu yy \mathrm{d}A & \int e_\mu yz \mathrm{d}A & \int e_\mu y\omega \mathrm{d}A \\ \int e_\mu z \mathrm{d}A & \int e_\mu zy \mathrm{d}A & \int e_\mu zz \mathrm{d}A & \int e_\mu z\omega \mathrm{d}A \\ \int e_\mu \omega \mathrm{d}A & \int e_\mu \omega y \mathrm{d}A & \int e_\mu \omega z \mathrm{d}A & \int e_\mu \omega\omega \mathrm{d}A \end{pmatrix}_{(A)}$

Fortsetzung s. nächste Seite

Tafel 7, Fortsetzung

Größe	Inhalt	Dimension	Erläuterung
$\vec{d}$	$\begin{pmatrix}1\\y\\z\\\omega\end{pmatrix}$	**1** **L** **L** $\mathbf{L}^2$	Verschiebung des Faserspurpunktes f infolge $u=1$ Verschiebung des Faserspurpunktes f infolge $-\varphi_z=1$ Verschiebung des Faserspurpunktes f infolge $-\varphi_y=1$ Verschiebung des Faserspurpunktes f infolge $-\vartheta'=1$
$\vec{K}$	$\begin{pmatrix}u'\\-v''\\-w''\\-\vartheta''\end{pmatrix}$	**1** $\mathbf{L}^{-1}$ $\mathbf{L}^{-1}$ $\mathbf{L}^{-2}$	Längung des Stabelements in Richtung x Biegekrümmung des Stabelements um die z-Achse Biegekrümmung des Stabelements um die y-Achse Drillkrümmung des Stabelements (um die x-Achse)
$\vec{S}_\sigma$	$\begin{pmatrix}N\\-M_z\\M_y\\-M_w\end{pmatrix}$	**F** **FL** **FL** $\mathbf{FL}^2$	Längskraft (Stabachse ist Wirkungslinie) Biegemoment um die z-Achse Biegemoment um die y-Achse Wölbbimoment um die x-Achse
μ	$1, 2, \ldots, m$	**FL**	Materialindex bei Verbundquerschnitten
E_μ		$\mathbf{FL}^{-2}$	Elastizitätsmodul des Materials μ
E_{verb}		$\mathbf{FL}^{-2}$	Ideeller Elastizitätsmodul des Verbundquerschnitts (kann beliebig gewählt werden)
e_μ	E_μ/E_{verb}	**1**	Relative Elastizität des Materials μ (beim homogenen Querschnitt ist $E_\mu=E_{verb}=E$ und $e_\mu=1$)

4.4.3 Querschnittswerte (s.a. Beispielsammlung auf CD-ROM)

4.4.3.1 Allgemeines

Das Produkt des Elastizitätsmoduls (E bzw. E_{verb}) mit den Querschnittswerten ($\bar{A}$) beschreibt das Maß der Dehn-, Biege- und Wölbtorsionssteifigkeiten des Stabelements gegenüber den 4 Schnittgrößen ($\vec{S}_\sigma$). Zur etwa erforderlichen Berechnung der Querschnittswerte wird ein unter dem Gesichtspunkt einfacher Berechenbarkeit geeignetes Bezugssystem (y, z, ω) gewählt. Bei Nichtberücksichtigung der Wölbkrafttorsion entfällt ω, bei ebenen statischen Systemen hat y keine Bedeutung für die Querschnittswerte. Je nach Fall ergibt die Rechnung die Matrizen:

Räumliche Betrachtung mit Berücksichtigung der Wölbkrafttorsion

$$\bar{A}=\begin{pmatrix}A & A_y & A_z & A_\omega\\ A_y & A_{yy} & A_{yz} & A_y\\ A_z & A_{zy} & A_{zz} & A_{z\omega}\\ A_\omega & A_{\omega y} & A_{\omega z} & A_{\omega\omega}\end{pmatrix}$$

Räumliche Betrachtung ohne Berücksichtigung der Wölbkrafttorsion

$$\bar{A}=\begin{pmatrix}A & A_y & A_z\\ A_y & A_{yy} & A_{yz}\\ A_z & A_{zy} & A_{zz}\end{pmatrix}$$

Ebene Betrachtung in der z-x-Ebene

$$\bar{A}=\begin{pmatrix}A & A_z\\ A_z & A_{zz}\end{pmatrix}$$

oder mit den gebräuchlichen Bezeichnungen:

$$\bar{A}=\begin{pmatrix}A & S_z & S_y & S_\omega\\ S_z & I_z & I_{yz} & I_{z\omega}\\ S_y & I_{yz} & I_y & I_{y\omega}\\ S_\omega & I_{z\omega} & I_{y\omega} & I_\omega\end{pmatrix} \qquad \bar{A}=\begin{pmatrix}A & S_z & S_y\\ S_z & I_z & I_{yz}\\ S_y & I_{yz} & I_y\end{pmatrix} \qquad \bar{A}=\begin{pmatrix}A & S\\ S & I\end{pmatrix}$$

Die Bezeichnung der Querschnittswerte ist in den Normenwerken einschließlich EUROCODE nur ungenügend geregelt. Tafel 8 gibt eine häufige Bezeichnungsvariante und die Gegenüberstellung mit der matrizenorientierten Bezeichnungsweise wieder (DIN 1080), die mit den Hochindizes der jeweils zugrundeliegenden Bezugssysteme die Unsicherheiten der gebräuchlichen Benennungen vermeidet.

Tafel 8 Bezeichnung der Querschnittswerte

Definition	Gebräuchliche Bezeichnungsweise					Matrizenorientierte Bezeichnungsweise					Benennung
	Freier Drehpunkt			Schubmittelpunkt		Freier Drehpunkt			Schubmittelpunkt		*Torsionsachse*
Bezogen auf:	Freie Achsen	Schwerachsen	Hauptachsen	Schwerachsen	Hauptachsen	Freie Achsen	Schwerachsen	Hauptachsen	Schwerachsen	Hauptachsen	*Biegeachse*
$\int e_\mu \mathrm{d}A$	A					A					Fläche
$\int e_\mu y \mathrm{d}A$	S_z	0				A_y	0				Flächenmoment 1. Grades um z
$\int e_\mu z \mathrm{d}A$	S_y	0				A_z	0				Flächenmoment 1. Grades um y
$\int e_\mu \omega \mathrm{d}A$	$[S_\omega]$	0				A_ω	0				Flächenbimoment 1. Grades um x
$\int e_\mu yy \mathrm{d}A$		I_z	I_ζ	I_z	I_ζ	A_{yy}	${}^SA_{yy}$	${}^HA_{yy}$	${}^SA_{yy}$	${}^HA_{yy}$	Flächenmoment 2. Grades um z
$\int e_\mu yz \mathrm{d}A$		I_{yz}	0	I_{yz}	0	A_{yz}	${}^SA_{yz}$	0	${}^SA_{yz}$	0	Deviationsmoment
$\int e_\mu zz \mathrm{d}A$		I_y	I_η	I_y	I_η	A_{zz}	${}^SA_{zz}$	${}^HA_{zz}$	${}^SA_{zz}$	${}^HA_{zz}$	Flächenmoment 2. Grades um y
$\int e_\mu y\omega \mathrm{d}A$		$[I_{z\omega}]$		0		$A_{y\omega}$	${}^SA_{y\omega}$	${}^HA_{y\omega}$	0		Flächen-Flächenbimoment
$\int e_\mu z\omega \mathrm{d}A$		$[I_{y\omega}]$		0		$A_{z\omega}$	${}^SA_{z\omega}$	${}^HA_{z\omega}$	0		Flächen-Flächenbimoment
$\int e_\mu \omega\omega \mathrm{d}A$				I_ω		$A_{\omega\omega}$	${}^SA_{\omega\omega}$		${}^MA_{\omega\omega}$		Flächenbimoment 2. Grades um x

Die unbesetzten Positionen in Tafel 8 enthalten Werte, die entbehrlich sind, sofern Schwerachsen und Drillruheachse vorab ermittelt werden.

4.4.3.2 Allgemeine Transformation des Bezugssystems

Veränderungen des Bezugssystems beeinflussen die Beträge der Querschnittswerte sowie die der Schnittgrößen und Formänderungen. Allgemein lauten die Transformationsbeziehungen mit der Transformationsmatrix $\bar{T}$:

Einheitsverschiebungen: $${}^T\vec{a} = \bar{T}\vec{a} \qquad {}^T\vec{a} = \begin{pmatrix} 1 \\ {}^Ty \\ {}^Tz \\ {}^T\omega \end{pmatrix}$$

Querschnittswerte: $${}^T\bar{A} = \bar{T}\bar{A}\bar{T}^T \qquad {}^T\bar{A} = \begin{pmatrix} A & {}^TA_y & {}^TA_z & {}^TA_\omega \\ A_y & {}^TA_{yy} & {}^TA_{yz} & {}^TA_{y\omega} \\ A_z & {}^TA_{zy} & {}^TA_{zz} & {}^TA_{z\omega} \\ A_\omega & {}^TA_{\omega y} & {}^TA_{\omega z} & {}^TA_{\omega\omega} \end{pmatrix}$$

Schnittgrößen: $${}^T\vec{S}_\sigma = \bar{T}\vec{S}_\sigma \qquad {}^T\vec{S}_\sigma = \begin{pmatrix} N \\ -{}^TM_z \\ {}^TM_y \\ -{}^TM_\omega \end{pmatrix}$$

Formänderungen: $${}^T\vec{K} = \bar{T}^{T-1}\vec{K} \qquad {}^T\vec{K} = \begin{pmatrix} {}^Tu' \\ -{}^Tv'' \\ -{}^Tw'' \\ -{}^T\vartheta'' \end{pmatrix}$$

Prinzipiell sind drei Veränderungsarten des Bezugssystems zu unterscheiden:

(1) Λ-Transformation: Parallelverschieben der Bezugsebene der Einheitsverschiebungen um y_t, z_t und ω_t (für y und z gleichbedeutend mit Parallelverschieben der Querschnittsachsen um y_t, z_t); Sonderfall der Λ-Transformation ist die Transformation auf den „Schwerpunkt", $y_0, z_0, \omega_0 \rightarrow O_t = S$;

In bezug auf die Einheitsverschiebungen y und z ist das Verschieben der Bezugsebene gleichbedeutend mit dem Verschieben der entsprechenden Querschnittsachsen. Dies gilt jedoch nicht für die Querschnittsverwölbung ω (Bild 23).

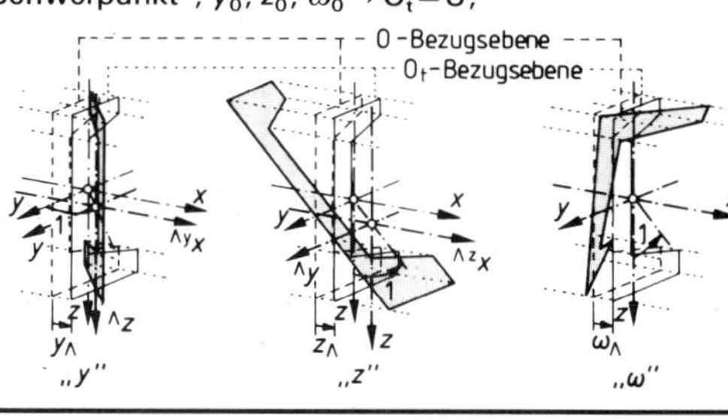

Bild 23
Transformation der Bezugsebene

(2) Φ-Transformation: Verdrehen der Querschnittsachsen (y, z) um den Winkel φ_t; Sonderfall der Φ-Transformation ist die „Hauptachsen"-Transformation, φ_0;

(3) Θ-Transformation: Parallelverschieben der Drillachse um y_{Dt} und z_{Dt}. Man beachte, daß die Lage der Stabachse (Spurpunkt **O**) und die Lager der Drillachse

Tafel 9 Λ-Transformation; Verschieben der Bezugsebene

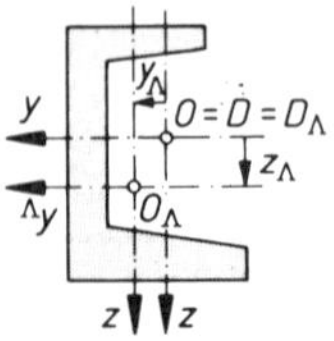

$$\bar{T} = \bar{\Lambda} = \begin{pmatrix} 1 & 0 & 0 & 0 \\ -y_\Lambda & 1 & 0 & 0 \\ -z_\Lambda & 0 & 1 & 0 \\ -\omega_\Lambda & 0 & 0 & 1 \end{pmatrix}$$

$$^\Lambda\vec{d} = \begin{pmatrix} 1 \\ y - y_\Lambda \\ z - z_\Lambda \\ \omega - \omega_\Lambda \end{pmatrix} \qquad ^\Lambda\vec{S}_\sigma = \begin{pmatrix} N \\ -M_z - N y_\Lambda \\ M_y - N z_\Lambda \\ -M_\omega - N\omega_\Lambda \end{pmatrix}$$

Querschnittswerte	
$^\Lambda A$	A
$^\Lambda A_y$	$A_y - A y_\Lambda$
$^\Lambda A_z$	$A_z - A z_\Lambda$
$^\Lambda A_\omega$	$A_\omega - A\omega_\Lambda$
$^\Lambda A_{yy}$	$A_{yy} - 2A_y y_\Lambda + A y_\Lambda^2$
$^\Lambda A_{yz}$	$A_{yz} - (A_y z_\Lambda + A_z y_\Lambda) + A y_\Lambda z_\Lambda$
$^\Lambda A_{zz}$	$A_{zz} - 2A_z z_\Lambda + A z_\Lambda^2$
$^\Lambda A_{y\omega}$	$A_{y\omega} - (A_y \omega_\Lambda + A_\omega y_\Lambda) + A y_\Lambda \omega_\Lambda$
$^\Lambda A_{z\omega}$	$A_{z\omega} - (A_z \omega_\Lambda + A_\omega z_\Lambda) + A z_\Lambda \omega_\Lambda$
$^\Lambda A_{\omega\omega}$	$A_{\omega\omega} - 2A_\omega \omega_\Lambda + A\omega_\Lambda^2$

Tafel 10 Φ-Transformation; Drehen der Querschnittsachsen

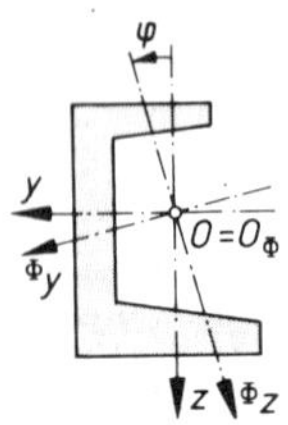

$$\bar{T} = \bar{\Phi} = \begin{pmatrix} 1 & 0 & 0 & 0 \\ 0 & \cos\varphi & \sin\varphi & 0 \\ 0 & -\sin\varphi & \cos\varphi & 0 \\ 0 & 0 & 0 & 1 \end{pmatrix}$$

$$^\Phi\vec{d} = \begin{pmatrix} 1 \\ z\sin\varphi + y\cos\varphi \\ z\cos\varphi - y\sin\varphi \\ \omega \end{pmatrix} \qquad ^\Phi\vec{S}_\sigma = \begin{pmatrix} N \\ M_y\sin\varphi - M_z\cos\varphi \\ M_y\cos\varphi + M_z\sin\varphi \\ -M_\omega \end{pmatrix}$$

Querschnittswerte	
$^\Phi A$	A
$^\Phi A_y$	$A_z \sin\varphi + A_y \cos\varphi$
$^\Phi A_z$	$A_z \cos\varphi - A_y \sin\varphi$
$^\Phi A_\omega$	A_ω
$^\Phi A_{yy}$	$\frac{A_{yy}+A_{zz}}{2} + \frac{A_{yy}-A_{zz}}{2}\cos 2\varphi + A_{yz}\sin 2\varphi$
$^\Phi A_{yz}$	$A_{yz}\cos 2\varphi - \frac{A_{yy}-A_{zz}}{2}\sin 2\varphi$
$^\Phi A_{zz}$	$\frac{A_{yy}+A_{zz}}{2} - \frac{A_{yy}-A_{zz}}{2}\cos 2\varphi - A_{yz}\sin 2\varphi$
$^\Phi A_{y\omega}$	$A_{z\omega}\sin\varphi + A_{y\omega}\cos\varphi$
$^\Phi A_{z\omega}$	$A_{z\omega}\cos\varphi - A_{y\omega}\sin\varphi$
$^\Phi A_{\omega\omega}$	$A_{\omega\omega}$

Tafel 11 Θ-Transformation; Verschieben der Drillachse

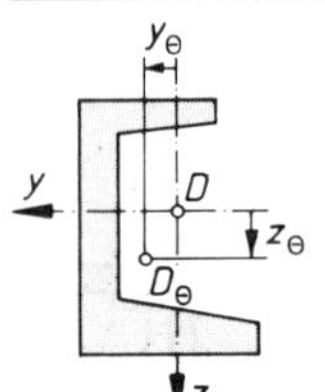

$$\bar{T} = \bar{\Theta} = \begin{pmatrix} 1 & 0 & 0 & 0 \\ 0 & 1 & 0 & 0 \\ 0 & 0 & 1 & 0 \\ 0 & z_\Theta & -y_\Theta & 1 \end{pmatrix}$$

$$^\Theta\vec{d} = \begin{pmatrix} 1 \\ y \\ z \\ \omega + y z_\Theta - z y_\Theta \end{pmatrix} \qquad ^\Theta\vec{S}_\sigma = \begin{pmatrix} N \\ -M_z \\ M_y \\ -M_\omega - M_z z_\Theta - M_y y_\Theta \end{pmatrix}$$

Querschnittswerte	
$^\Theta A$	A
$^\Theta A_y$	A_y
$^\Theta A_z$	A_z
$^\Theta A_\omega$	$A_\omega + A_y z_\Theta - A_z y_\Theta$
$^\Theta{}_{yy}$	A_{yy}
$^\Theta A_{yz}$	A_{yz}
$^\Theta A_{zz}$	A_{zz}
$^\Theta A_{y\omega}$	$A_{y\omega} + A_{yy} z_\Theta - A_{yz} y_\Theta$
$^\Theta A_{z\omega}$	$A_{z\omega} + A_{yz} z_\Theta - A_{zz} y_\Theta$
$^\Theta A_{\omega\omega}$	$A_{\omega\omega} + {}^\Theta A_{y\omega} z_\Theta - {}^\Theta A_{z\omega} y_\Theta$

(Spurpunkt **D**) zwar bei der „Urberechnung" der Querschnittswerte zusammenfallen, aber voneinander unabhängige Elemente des Bezugssystems sind. Eine Verschiebung von **O** (Λ-Transformation) führt nicht zu einer Lageänderung von D! Sonderfall der Θ-Transformation ist die Transformation auf den „Schubmittelpunkt", $y_M, z_M \rightarrow \mathbf{D}_t = \mathbf{M}$.

4.4.3.3 Berechnung der Querschnittswerte

Berechnung der Querschnittswerte aus Flächenelementen

Bei komplexen Querschnitten, die sich aus Elementarformen oder vertafelten Standardprofilen (Walzprofilen) zusammensetzen, lassen sich die Gesamtquerschnittswerte aus den Querschnittswerten der einzelnen Elemente bilden. Die Querschnittswertematrix des Querschnittselements i sei auf Schwerpunkt und Schubmittelpunkt bezogen (MS-normiert) und lautet:

$$^S\bar{A}_i = \begin{pmatrix} A_i & 0 & 0 & 0 \\ 0 & ^SA_{yyi} & ^SA_{yzi} & 0 \\ 0 & ^SA_{zyi} & ^SA_{zzi} & 0 \\ 0 & 0 & 0 & ^MA_{\omega\omega i} \end{pmatrix}$$

Die auf das lokale S_i-M_i-Koordinatensystem bezogenen Werte der verschiedenen Querschnittsbestandteile sind nach Abschnitt 4.4.3.2 auf das globale O-D-System zu transformieren. Ohne Berücksichtigung der Wölbkrafttorsion gilt:

$$\bar{A}_i = \bar{\Lambda}_i \cdot \bar{\Phi}_i \cdot {}^S\bar{A} \cdot (\bar{\Lambda}_i \cdot \bar{\Phi}_i)^T$$

$$\text{mit } \bar{\Lambda}_i \cdot \bar{\Phi}_i = \begin{pmatrix} 1 & 0 & 0 \\ -y_i & \cos\varphi_i & \sin\varphi_i \\ -z_i & -\sin\varphi_i & \cos\varphi_i \end{pmatrix}$$

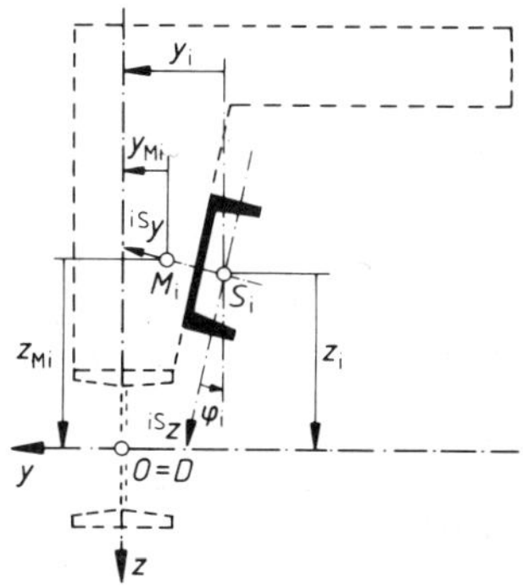

Bild 24 Zusammengesetzter Querschnitt

Oft sind Bezugssysteme des Gesamtquerschnitts und seiner Elemente parallel und auf die Berücksichtigung der Wölbkrafttorsion kann verzichtet werden. Dann ist $\bar{\Phi} = \bar{\Theta} = \bar{I}$, und es genügt die Einheitsverschiebungs-Transformation $\bar{A}_i = \bar{\Lambda}_i {}^SA_i \bar{\Lambda}_i^T$.

Die Gesamtquerschnittswerte erhält man aus der Summe der Elementwerte:

$$\bar{A} = \Sigma e_i \bar{A}_i$$

Berechnung der Querschnittswerte polygonal begrenzter Flächen

Die Eckpunkte sind fortlaufend von 0 bis n zu numerieren, wobei die Punkte 0 und n identisch sind.

Positive Flächen werden links, Abzugsflächen rechts umfahren. Im Falle vorhandener Hohlräume können Abzugsflächen auch durch einen ideellen „Kanal" zwischen 2 Eckpunkten des umgebenden und des eingeschriebenen Polygons mit der Umgebungsfläche verbunden werden. Die Kanalufer werden ggf. wie normale Polygonseiten behandelt, erhalten also an ihren Eckpunkten

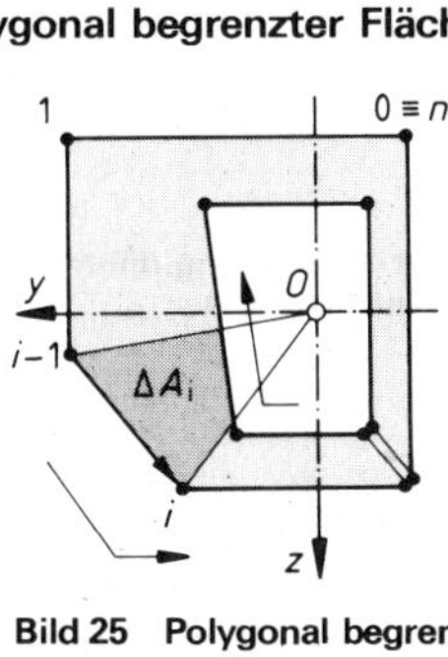

Bild 25 Polygonal begrenzter Querschnitt

eigene Nummern. Die Querschnittswerte von Abzugsflächen können aber auch als selbständige (negative) Teilquerschnitte behandelt werden.

Die Querschnittswerte für Längs- und Biegeverformung ergeben sich zu $\bar{A} = \sum_{1}^{n} \Delta\bar{A}_i$.

$$\Delta\bar{A}_i = \Delta\begin{pmatrix} A_i & A_{yi} & A_{zi} \\ A_{yi} & A_{yyi} & A_{yzi} \\ A_{zi} & A_{zyi} & A_{zzi} \end{pmatrix} \quad \begin{aligned} \Delta A_i &= \tfrac{1}{2}(y_{i-1} z_i - y_i z_{i-1}) \\ \Delta A_{yi} &= \tfrac{1}{3}(y_{i-1} + y_i)\,\Delta A_i \\ \Delta A_{zi} &= \tfrac{1}{3}(z_{i-1} + z_i)\,\Delta A_i \\ \Delta A_{yyi} &= \tfrac{1}{6}(y_{i-1}^2 + y_{i-1} y_i + y_i^2)\,\Delta A_i \\ \Delta A_{yzi} &= \tfrac{1}{12}(2y_{i-1} z_{i-1} + y_{i-1} z_i + y_i z_{i-1} + 2y_i z_i)\,\Delta A_i \\ \Delta A_{zzi} &= \tfrac{1}{6}(z_{i-1}^2 + z_{i-1} z_i + z_i^2)\,\Delta A_i \end{aligned}$$

Die Wölbquerschnittswerte lassen sich auf diese Weise nicht berechnen. Ggf. können sie mit dem Verfahren für dünnwandige Querschnitte ermittelt werden.

Berechnung der Querschnittswerte dünnwandiger Querschnitte

Bei der Verwölbung dünnwandiger Querschnitte kann die „innere Verwölbung" der einzelnen Wandquerschnitte gegenüber der des Gesamtquerschnitts vernachlässigt werden. Vergleichbar der Bernoulli-Hypothese kann unterstellt werden, daß die Einzelwandquerschnitte bei der Verdrillung eben und senkrecht zu ihren Längsfasern bzw. Längsrändern bleiben. Unter diesen Umständen ist der Winkel, mit dem der Einzelwandquerschnitt aus der ursprünglichen Querschnittsebene strebt, gleich dem Kippwinkel der Einzelwand infolge Drillung ϑ'. Er nimmt mit wachsendem Abstand der Wand von der Drillachse zu (s. Bild 26). Der Verwölbungszuwachs über die Wandabschnittslänge Δs beträgt $\Delta\omega = r\Delta s$, wenn $r \perp \Delta s$ oder allgemein (vektoriell) $\Delta\vec{\omega} = \vec{r} \times \Delta\vec{s}$.

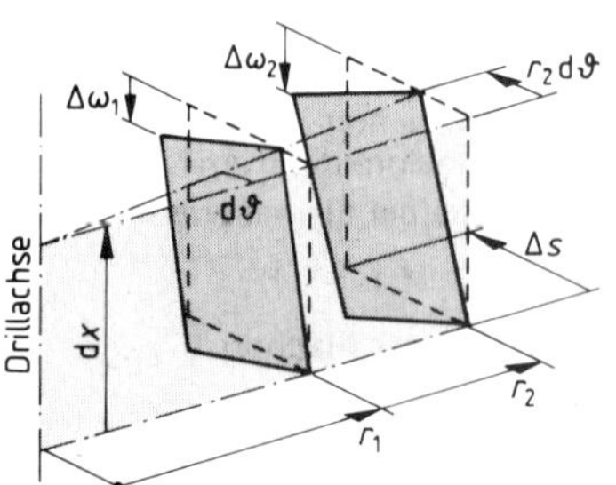

Bild 26 Schema der Verwölbung dünnwandiger Querschnitte

Für den geraden Abschnitt zwischen den im Wandzug aufeinanderfolgenden Punkten „$k-1$" und „k" ergibt das Kreuzprodukt $\Delta\omega_{k-1,k} = y_{k-1} z_k - y_k z_{k-1}$. Damit läßt sich die Einheitsverwölbung des Punktes „k" aus der des Punktes „$k-1$" berechnen:

$$\omega_k = \omega_{k-1} + y_{k-1} z_k - y_k z_{k-1}$$

An gemeinsamen Punkten zweier oder mehr Wandabschnitte (Wandknoten) ist die Verwölbung aller anschließenden Wandendpunkte selbstverständlich gleich. Von einem beliebig – wie der Koordinatenursprung **O** – gewählten Ausgangspunkt[1]) mit $\omega = 0$ ausgehend, wird die Verwölbung den Achsen des Wandzugs folgend als Summe der Abschnittsbeiträge ermittelt, für den Punkt i:

$\omega_i = \sum_{(k)} r_k \Delta s_{k-1,k}$ – für einfach zusammenhängende (offene) Querschnitte.[2])

[1]) Mit der Wahl des Koordinaten-Ursprungs ist die Bezugsebene für die Biege-Einheitsverschiebungen y und z bereits festgelegt. Für die Drillverwölbung gilt das nicht. Deshalb ist eine gesonderte Festlegung des „Ursprungs" der Drillverwölbung ω, d.h. ihrer Bezugsebene, erforderlich.

[2]) Für mehrfach zusammenhängende (geschlossene) Querschnitt s. Abschn. „Aussteifung".

k ist dabei die (logische) Knotenfolge vom Wölbursprung ($\omega = 0$) bis zum Punkt i, also nicht unbedingt eine fortlaufende Zählung, die ja bei Querschnittsstrukturen mit Verästelungen nicht durchgehalten werden kann.

Bei dünnwandigen Querschnitten weichen Einheitsverschiebungen und -verwölbungen an den Wandrändern nur geringfügig von den Werten in der zugehörigen Wandmittellinie ab. Insbesondere bei Berücksichtigung der Wölbkrafttorsion ist es zweckmäßig und meist ausreichend, sich auf die Berechnung der Mittellinienwerte – im „Querschnittsskelett" – zu beschränken. In Bild 27 sind die Einheitsverschiebungen und -verwölbungen an die Systemlinien des Querschnitts angetragen.

Die Pfeile an den Wandachsen geben die positive Achsrichtung für die angetragene Einheitsverschiebungsfunktion an.

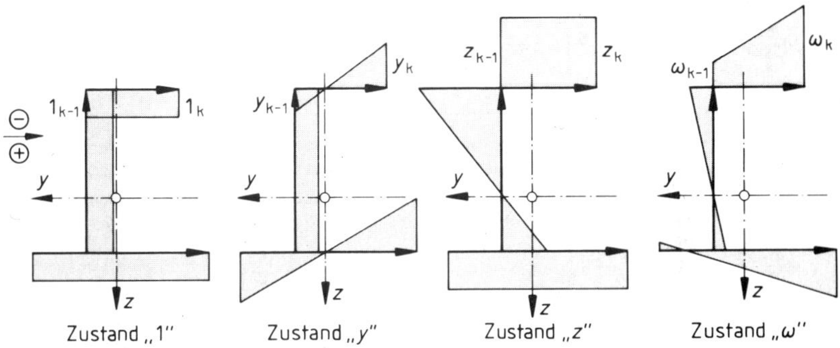

Bild 27 Einheitsverschiebungs- und Verwölbungszustände des dünnwandigen Querschnitts

Die Einzelbeiträge der Wandabschnitte an den Querschnittswerten sind nichts anderes als die Produktintegrale aller möglichen Zustandskombinationen $\int p \cdot q \, dA$, wobei p und q für jeweils einen der Zustände 1, y, z, ω stehen. Für den Beitrag des Wandabschnitts zwischen den im Wandzug aufeinanderfolgenden Punkten $k-1$ und k erhält man den Querschnittwertbeitrag

$$\Delta A_{pq;k-1,k} = \int_{k-1}^{k} pq \, dA = t_{k-1,k} \int_{k-1}^{k} pq \, ds \quad \text{bei konstanter Wanddicke } t_{k-1,k}.$$

Das Querschnittswerteelement A_{pq} ergibt sich als Summe aller Wandbeiträge.

$$A_{pq} = \sum_{(k)} \Delta A_{pq;k-1,k}.$$

Bei geradlinigen Wandabschnitten sind die Zustandsfiguren eines Abschnitts linear, im allg. trapezförmig. Hierfür gilt (s. Tafel „Produktintegrale") mit der Abschnittsfläche:

$$\Delta A_{k-1,k} = t_{k-1,k} \, s_{k-1,k} \quad (t = \text{Wanddicke}, \ s = \text{Abschnittslänge})$$
$$\Delta A_{pq;k-1,k} = \tfrac{1}{6} \left(2 p_{k-1} q_{k-1} + p_{k-1} q_k + p_k q_{k-1} + 2 p_k q_k \right) \Delta A_{k-1,k}$$

Für Flächenmomente 1. Grades vereinfacht sich die Beziehung:

$$\Delta A_{p;k-1,k} = \tfrac{1}{2} \left(p_{k-1} + p_k \right) \Delta A_{k-1,k}$$

Tafel 12 Querschnittswerte elementarer Flächen

	A		y_S	z_S	$I_y = A_{zz}$	$I_z = A_{yy}$	$I_{yz} = A_{yz}$
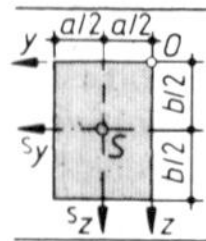	ab	**O**	$\frac{a}{2}$	$\frac{b}{2}$	$\frac{ab^3}{3}$	$\frac{a^3 b}{3}$	$\frac{a^2 b^2}{4}$
		S			$\frac{ab^3}{12}$	$\frac{a^3 b}{12}$	0
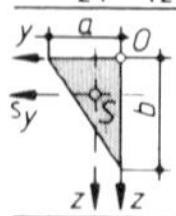	$\frac{ab}{2}$	**O**	$\frac{a}{3}$	$\frac{b}{3}$	$\frac{ab^3}{12}$	$\frac{a^3 b}{12}$	$\frac{a^2 b^2}{24}$
		S			$\frac{ab^3}{36}$	$\frac{a^3 b}{36}$	$-\frac{a^2 b^2}{72}$
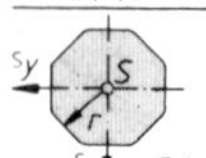 n-Eck	$\frac{nr^2}{2} \sin \frac{2\pi}{n}$	**S**	0		$\frac{nr^4}{24} \sin \frac{2p}{n} \left(2 + \cos \frac{2\pi}{n}\right)$		0
$n = 3$	$1{,}2990\,r^2$				$0{,}1624\,r^4$		
$n = 4$	$2{,}0000\,r^2$				$0{,}3333\,r^4$		
$n = 6$	$2{,}5981\,r^2$				$0{,}5413\,r^4$		
$n = 8$	$2{,}8284\,r^2$				$0{,}6381\,r^4$		
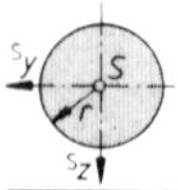	πr^2 $3{,}1416\,r^2$	**S**	0		$\frac{\pi r^4}{4}$ $0{,}7854\,r^4$		0
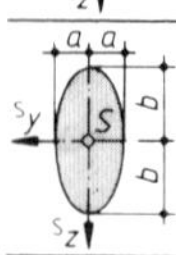	πab $3{,}1416\,ab$	**S**	0	0	$\frac{\pi ab^3}{4}$ $0{,}7854\,ab^3$	$\frac{\pi a^3 b}{4}$ $0{,}7854\,a^3 b$	0
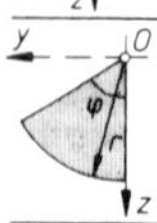	$\frac{\varphi r^2}{2}$	**O**	$\frac{2}{3} \frac{1-\cos\varphi}{\varphi} r$	$\frac{2}{3} \frac{\sin\varphi}{\varphi} r$	$(2\varphi + \sin 2\varphi) \frac{r^4}{16}$	$(2\varphi - \sin 2\varphi) \frac{r^4}{16}$	$(1 - \cos 2\varphi) \frac{r^4}{16}$
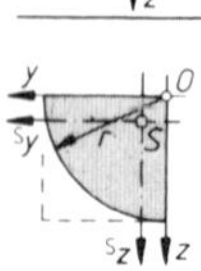	$\frac{\pi r^2}{4}$ $0{,}7854\,r^2$	**O**	$\frac{4}{3\pi} r$ $0{,}4244\,r$		$\frac{\pi r^4}{16}$ $0{,}19635\,r^4$		$\frac{r^4}{8}$ $0{,}125\,r^4$
		S			$\left(1 - \frac{64}{9\pi^2}\right) \frac{\pi r^4}{16}$ $0{,}05488\,r^4$		$\left(1 - \frac{32}{9\pi}\right) \frac{r^4}{8}$ $-0{,}01647\,r^4$
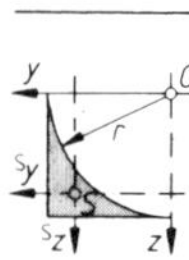	$\left(1 - \frac{\pi}{4}\right) r^2$ $0{,}2146\,r^2$	**O**	$\frac{2}{3(4-\pi)} r$ $0{,}77663\,r$		$\left(\frac{16}{3\pi} - 1\right) \frac{\pi r^4}{16}$ $0{,}13698\,r^4$		$\frac{r^4}{8}$ $0{,}125\,r^4$
		S			$\left(\frac{11 - 3\pi}{9(4-\pi)} - \frac{\pi}{16}\right) r^4$ $0{,}007545\,r^4$		$\frac{28 - 9\pi}{72(4-\pi)} r^4$ $0{,}004439\,r^4$
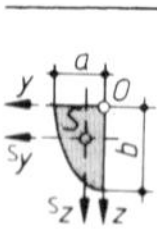	$\frac{\pi ab}{4}$	**O**	$\frac{4a}{3\pi}$	$\frac{4b}{3\pi}$	$\frac{\pi ab^3}{16}$ $0{,}19635\,ab^3$	$\frac{\pi a^3 b}{16}$ $0{,}19635\,a^3 b$	$\frac{a^2 b^2}{8}$ $0{,}125\,a^2 b^2$
		S			$\left(\frac{\pi}{16} - \frac{4}{9\pi}\right) ab^3$ $0{,}05488\,ab^3$	$\left(\frac{\pi}{16} - \frac{4}{9\pi}\right) a^3 b$ $0{,}05488\,a^3 b$	$\left(1 - \frac{32}{9\pi}\right) \frac{a^2 b^2}{8}$ $-0{,}01647\,a^2 b^2$

Flächenmomente 2. Grades von Plattenbalken-Querschnitten

Mit $A_{pl}=bd$ und $A_{St}=b_0(d_0-d)$ ist $I_{pl}=\dfrac{A_{pl}d^2}{12}$ und $I_{St}=\dfrac{A_{St}(d_0-d)^2}{12}$.

Mit $e_0=\dfrac{d_0}{2}\cdot\dfrac{A_{St}}{A_{pl}+A_{St}}+\dfrac{d}{2}$ ist dann $I_s=I_{pl}+I_{St}+\dfrac{A_{pl}\cdot A_{St}}{A_{pl}+A_{St}}\left(\dfrac{d_0}{2}\right)^2$.

Einfacher und hinreichend genau kann I_s ermittelt werden mit Hilfe der μ-Werte der folgenden Tafel nach der Gleichung $I_s=\dfrac{b\cdot d_0^3}{\mu}$

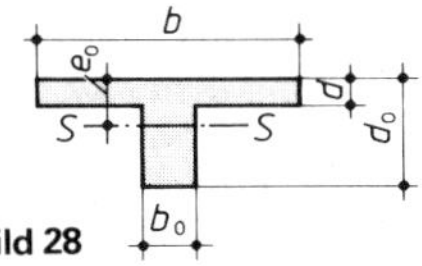

Bild 28

Tafel 13 μ-Werte zur Berechnung der Flächenmomente 2. Grades von Plattenbalkenquerschnitten

b_0/b	d/d_0											
	0,05	0,10	0,15	0,20	0,25	0,30	0,35	0,40	0,45	0,50	0,55	0,60
0,05	103,4	91,9	89,9	89,8	89,2	86,8	82,3	75,7	67,7	59,2	50,9	43,3
0,06	91,3	80,0	77,7	77,5	77,2	75,9	72,9	68,2	62,1	55,2	48,2	41,5
0,07	82,3	71,4	68,9	68,5	68,4	67,7	65,6	62,1	57,4	51,8	45,8	39,9
0,08	75,4	64,9	62,2	61,7	61,7	61,2	59,8	57,2	53,4	48,8	43,6	38,4
0,09	69,8	59,7	57,0	56,4	56,3	56,1	55,1	53,1	50,0	46,1	41,7	37,1
0,10	65,2	55,6	52,7	52,0	52,0	51,8	51,1	49,6	47,1	43,8	40,0	35,8
0,11	61,3	52,1	49,2	48,5	48,4	48,3	47,8	46,6	44,5	41,8	38,4	34,7
0,12	57,9	49,1	46,3	45,4	45,3	45,3	44,9	44,0	42,3	39,9	36,9	33,6
0,13	55,0	46,6	43,8	42,9	42,7	42,7	42,4	41,7	40,3	38,2	35,6	32,6
0,14	52,4	44,4	41,6	40,7	40,5	40,5	40,3	39,7	38,5	36,7	34,4	31,7
0,15	50,0	42,4	39,7	38,7	38,5	38,5	38,4	37,9	36,9	35,4	33,3	30,8
0,16	48,0	40,7	38,0	37,0	36,8	36,7	36,7	36,3	35,4	34,1	32,3	30,0
0,17	46,1	39,2	36,5	35,5	35,2	35,2	35,1	34,8	34,1	32,9	31,3	29,3
0,18	44,4	37,8	35,2	34,2	33,8	33,8	33,8	33,5	32,9	31,9	30,4	28,5
0,19	42,8	36,5	34,0	32,9	32,6	32,6	32,5	32,3	31,8	30,9	29,6	27,9
0,20	41,3	35,3	32,9	31,8	31,5	31,4	31,4	31,2	30,8	30,0	28,8	27,2
0,22	38,7	33,3	30,9	29,9	29,5	29,4	29,4	29,3	29,0	28,4	27,4	26,1
0,24	36,5	31,5	29,3	28,3	27,9	27,8	27,7	27,7	27,4	26,9	26,1	25,0
0,26	34,5	29,9	27,8	26,8	26,4	26,3	26,3	26,3	26,1	25,7	25,0	24,1
0,28	32,7	28,6	26,6	25,6	25,2	25,1	25,1	25,0	24,9	24,6	24,0	23,2
0,30	31,2	27,4	25,5	24,5	24,1	24,0	24,0	23,9	23,8	23,6	23,1	22,4
0,32	29,8	26,3	24,5	23,6	23,2	23,0	23,0	23,0	22,9	22,7	22,3	21,7
0,34	28,5	25,3	23,6	22,7	22,3	22,1	22,1	22,1	22,1	21,9	21,6	21,0
0,36	27,3	24,4	22,8	22,0	21,5	21,4	21,3	21,3	21,3	21,2	20,9	20,4
0,38	26,2	23,5	22,1	21,3	20,9	20,7	20,6	20,6	20,6	20,5	20,3	19,9
0,40	25,2	22,8	21,4	20,6	20,2	20,0	20,0	20,0	20,0	19,9	19,7	19,3
0,42	24,3	22,0	20,8	20,0	19,6	19,5	19,4	19,4	19,4	19,3	19,1	18,8
0,44	23,5	21,4	20,2	19,5	19,1	18,9	18,9	18,9	18,9	18,8	18,7	18,4
0,46	22,7	20,8	19,6	19,0	18,6	18,4	18,4	18,4	18,4	18,3	18,2	18,0
0,48	21,9	20,2	19,1	18,5	18,2	18,0	17,9	17,9	17,9	17,9	17,8	17,6
0,50	21,3	19,6	18,7	18,1	17,7	17,6	17,5	17,5	17,5	17,5	17,4	17,2
0,55	19,7	18,4	17,6	17,1	16,8	16,6	16,6	16,5	16,5	16,5	16,5	16,3
0,60	18,4	17,4	16,7	16,2	16,0	15,8	15,8	15,7	15,7	15,7	15,7	15,6
0,65	17,2	16,4	15,9	15,5	15,3	15,1	15,1	15,1	15,1	15,1	15,0	15,0
0,70	16,2	15,6	15,1	14,8	14,7	14,5	14,5	14,5	14,5	14,5	14,4	14,4
0,75	15,3	14,8	14,5	14,3	14,1	14,0	14,0	13,9	13,9	13,9	13,9	13,9
0,80	14,5	14,2	13,9	13,7	13,6	13,5	13,5	13,5	13,5	13,5	13,5	13,4
0,90	13,1	13,0	12,9	12,8	12,7	12,7	12,7	12,7	12,7	12,7	12,7	12,7
1,00	12,0	12,0	12,0	12,0	12,0	12,0	12,0	12,0	12,0	12,0	12,0	12,0

Beispiel $b=1{,}50$ m; $b_0=0{,}30$ m; $d=0{,}15$ m; $d_0=0{,}60$ m. Für $b_0/b=0{,}30/1{,}50=0{,}20$ und $d/d_0=0{,}15/0{,}60=0{,}25$ erhält man aus der Tafel $\mu=31{,}4$; $I_s=1{,}50\cdot 0{,}60^3/31{,}5=0{,}0103$ m⁴.

6

4.4.3.4 Normierung der Querschnittswerte

Bei der Urberechnung der Querschnittswerte ist das Bezugssystem (**O** = **D** und *y*- bzw. *z*-Richtung) willkürlich festgelegt worden. Im allg. führt das zu einer voll besetzten Querschnittswertematrix. Dadurch sind Schnittgrößen und Formänderungen in der Beziehung $\vec{S}_\sigma = E_{\text{verb}} \bar{A} \vec{K}$ gekoppelt, d. h. sie können nicht in Einzelbeziehungen der Schnittgröße und ihrer zugeordneten Formänderungsgröße ($N = N(u)$, $M_z = M_z(v)$, $M_y = M_y(w)$, $M_\omega = M_\omega(\vartheta)$) ausgedrückt werden.

Variieren der Lage des Biegebezugspunktes **O**, der Richtung des Querschnittskoordinatensystems (y, z) φ und des Drillbezugspunktes **D** beeinflußt den Koppelungsgrad (Abschn. 4.4.3.2). Völlig entkoppelt werden die Beziehungen im Falle **O** → **S** (*Schwerpunkt, Biegeruhepunkt, neutrale Faser*), $\varphi \to \varphi_H$ (*Hauptachsen*) und **D** → **M** (*Schubmittelpunkt, Drillruhepunkt, Drillruheachse*).

Die folgenden Transformationen sind Sonderfälle der allgemeinen Bezugssystem-Transformationen nach Abschn. 4.4.2:

S-Transformation: (*Schwerpunkttransformation*) Verschieben der y-, z- und ω-Bezugsebenen um y_S, z_S und ω_S so, daß die N-u-Beziehung mit den Momenten-Krümmungsbeziehungen entkoppelt wird. Der Koordinatenursprung **O** verschiebt sich dabei in den Schwerpunkt **S**.

H-Transformation: (*Hauptachsentransformation*) Verdrehen des auf **S** bezogenen Koordinatensystems um φ_H so, daß zusätzlich die M_z-v- und M_y-w-Beziehung entkoppelt sind.

M-Transformation: (*Schubmittelpunktstransformation*) Verschieben des Torsionsbezugspunkts **D** um y_M, z_M in den Schubmittelpunkt **M** so, daß die M-ϑ-Beziehung mit den übrigen Beziehungen entkoppelt ist. Diese Transformation kann sowohl am S- als auch am H-System durchgeführt werden.

Tafel 14 O → S-Transformation = Schwerpunkttransformation

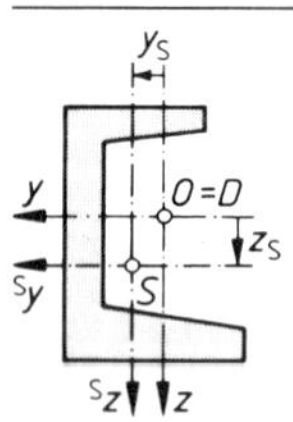

$$\bar{\Lambda}_S = \begin{pmatrix} 1 & 0 & 0 & 0 \\ -y_S & 1 & 0 & 0 \\ -z_S & 0 & 1 & 0 \\ -\omega_S & 0 & 0 & 1 \end{pmatrix}$$

$$^S\vec{d} = \begin{pmatrix} 1 \\ y - y_S \\ z - z_S \\ \omega - \omega_S \end{pmatrix}$$

$$^S\vec{S}_\sigma = \begin{pmatrix} N \\ -M_z - N y_S \\ M_y - N z_S \\ -M_\omega - N \omega_S \end{pmatrix}$$

Querschnittswerte (konventionelle Bezeichnungen)

y_S	A_y/A	y_0	S_z/A
z_S	A_z/A	z_0	S_y/A
ω_S	A_ω/A	ω_0	S_ω/A
^SA	A	A	A
$^SA_{yy}$	$A_{yy} - \frac{A_y A_y}{A}$	I_ζ	$I_z - \frac{S_z S_z}{A}$
$^SA_{yz}$	$A_{yz} - \frac{A_y A_z}{A}$	$I_{\eta\zeta}$	$I_{yz} - \frac{S_y S_z}{A}$
$^SA_{zz}$	$A_{zz} - \frac{A_z A_z}{A}$	I_η	$I_y - \frac{S_y S_y}{A}$
$^SA_{y\omega}$	$A_{y\omega} - \frac{A_y A_\omega}{A}$	$I_{\zeta\omega}$	$I_{z\omega} - \frac{S_z S_\omega}{A}$
$^SA_{z\omega}$	$A_{z\omega} - \frac{A_z A_\omega}{A}$	$I_{\eta\omega}$	$I_{y\omega} - \frac{S_y S_\omega}{A}$
$^SA_{\omega\omega}$	$A_{\omega\omega} - \frac{A_\omega A_\omega}{A}$	I_ω	$I_\omega - \frac{S_\omega S_\omega}{A}$

Tafel 15 S → H-Transformation = Hauptachsentransformation

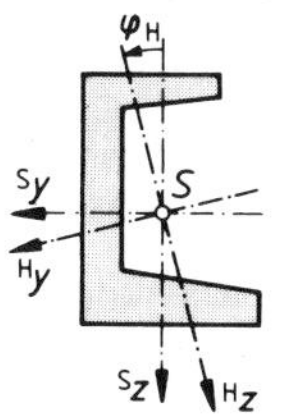

$$\bar{\Phi}_H = \begin{pmatrix} 1 & 0 & 0 & 0 \\ 0 & \cos\varphi_H & \sin\varphi_H & 0 \\ 0 & -\sin\varphi_H & \cos\varphi_H & 0 \\ 0 & 0 & 0 & 1 \end{pmatrix}$$

$$^H\vec{a} = \begin{pmatrix} 1 \\ z\sin\varphi_H + y\cos\varphi_H \\ z\cos\varphi_H - y\sin\varphi_H \\ \omega \end{pmatrix}$$

$$^H\vec{S}_\sigma = \begin{pmatrix} N \\ M_y\sin\varphi_H - M_z\cos\varphi_H \\ M_y\cos\varphi_H + M_z\sin\varphi_H \\ -M_\omega \end{pmatrix}$$

Querschnittswerte

	$A_{yy} \neq A_{zz}$	$A_{yy}=A_{zz}$, $A_{yz} \neq 0$	$A_{yy}=A_{zz}$, $A_{yz}=0$
φ_H	$\frac{1}{2}\arctan\frac{2\,{}^SA_{yz}}{{}^SA_{yy}-{}^SA_{zz}}$	$45° \mathrel{\hat=} \frac{\pi}{4}$	beliebig
^HA	A		
$^HA_{yy}$	$\frac{{}^SA_{yy}+{}^SA_{zz}}{2}+\frac{{}^SA_{yy}-{}^SA_{zz}}{2}\sqrt{1+\tan^2 2\varphi_H}$	$A_{yy}+A_{yz}$	$A_{yy}=A_{zz}$
$^HA_{yz}$	0		
$^HA_{zz}$	$\frac{{}^SA_{yy}+{}^SA_{zz}}{2}-\frac{{}^SA_{yy}-{}^SA_{zz}}{2}\sqrt{1+\tan^2 2\varphi_H}$	$A_{zz}+A_{yz}$	$A_{zz}=A_{yy}$
$^HA_{y\omega}$ $^HA_{z\omega}$ $^HA_{\omega\omega}$	${}^SA_{z\omega}\sin\varphi_H + {}^SA_{y\omega}\cos\varphi_H$ ${}^SA_{z\omega}\cos\varphi_H - {}^SA_{y\omega}\sin\varphi_H$ ${}^SA_{\omega\omega}$		

Tafel 16 S/H → M-Transformation = Schubmittelpunktstransformation

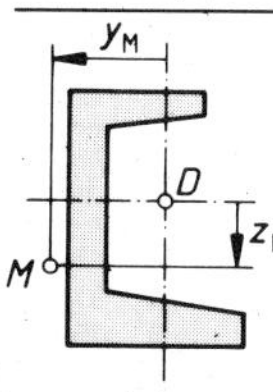

$$\bar{\Theta}_M = \begin{pmatrix} 1 & 0 & 0 & 0 \\ 0 & 1 & 0 & 0 \\ 0 & 0 & 1 & 0 \\ 0 & z_\Theta & -y_\Theta & 1 \end{pmatrix}$$

$$^M\vec{a} = \begin{pmatrix} 1 \\ y \\ z \\ \omega + yz_M - zy_M \end{pmatrix}$$

$$^M\vec{S}_\sigma = \begin{pmatrix} N \\ -M_z \\ M_y \\ -M_\omega - M_z z_M - M_y y_M \end{pmatrix}$$

Querschnittswerte

	S → M	H → M
y_M	$\frac{{}^SA_{yy}\,{}^SA_{z\omega}-{}^SA_{yz}\,{}^SA_{y\omega}}{{}^SA_{yy}\,{}^SA_{zz}-{}^SA_{yz}^2}$	$\frac{{}^HA_{z\omega}}{{}^HA_{zz}}$
z_M	$\frac{{}^SA_{yz}\,{}^SA_{z\omega}-{}^SA_{zz}\,{}^SA_{y\omega}}{{}^SA_{yy}\,{}^SA_{zz}-{}^SA_{yz}^2}$	$-\frac{{}^HA_{y\omega}}{{}^HA_{yy}}$
^Mz	A	
$^MA_{yy}$ $^MA_{yz}$ $^MA_{zz}$	${}^SA_{yy}$ ${}^SA_{yz}$ ${}^SA_{zz}$	${}^HA_{yy}$ 0 ${}^HA_{zz}$
$^MA_{y\omega}$ $^MA_{z\omega}$	0 0	
$^MA_{\omega\omega}$	${}^SA_{\omega\omega}-{}^SA_{z\omega}\,{}^Sy_M+{}^SA_{y\omega}\,{}^Sz_M$	${}^HA_{\omega\omega}-{}^HA_{z\omega}\,{}^Hy_M+{}^HA_{y\omega}\,{}^Hz_M$

4.4.4 Längs- oder Normalspannung (s.a. Beispielsammlung auf CD-ROM)

Die Normalspannung in einem beliebigen Querschnittspunkt (y, z) gewinnt man gemäß Tafel 7 aus der Beziehung $\sigma = e_\mu \vec{a}^{\mathrm{T}} \bar{A}^{-1} \vec{S}_\sigma$. [Bei unmittelbarer Verwendung der Beziehung für die Spannungsberechnung in mehreren Punkten eines Querschnitts werden die Tupel $e_\mu \vec{a}^{\mathrm{T}}$ zweckmäßig zu einer Matrix $\bar{a}^{\mathrm{T}}$ zusammengefaßt: $\vec{\sigma} = \bar{a}^{\mathrm{T}} \bar{A}^{-1} \vec{S}_\sigma$]. Tafel 17 enthält die ausgewertete Beziehung, wobei vorausgesetzt wird, daß Querschnittswerte und Schnittgrößen auf Schubmittelpunkt und Schwerpunkt normiert sind. Bei Berechnung mit Hilfe der Matrizenbeziehung ist eine Normierung nicht erforderlich. Unnötig ist im allg. auch die Hauptachsentransformation.

Tafel 17 Berechnungsformeln für Längs- oder Normalspannungen

Berechnung über Widerstandsmomente	$\sigma = e_\mu \left[\frac{N}{A} - \frac{M_z}{W_z} + \frac{M_y}{W_y} - \frac{M_\omega}{W_\omega}\right]$			
	Standardquerschnitte	Widerstandsmomente für ausgezeichnete Randpunkte können Profiltafeln entnommen werden.		
	Hauptachsen und Drillruheachse	$W_z = \frac{{}^{S}A_{yy}}{{}^{S}y}$	$W_y = \frac{{}^{S}A_{zz}}{{}^{S}z}$	$W_\omega = \frac{{}^{M}A_{\omega\omega}}{{}^{M}\omega}$
	Schwerachsen und Drillruheachse	$W_z = \frac{{}^{S}A_{yy}\,{}^{S}A_{zz} - {}^{S}A_{yz}^2}{{}^{S}y\,{}^{S}A_{zz} - {}^{S}z\,{}^{S}A_{yz}}$	$W_y = -\frac{{}^{S}A_{yy}\,{}^{S}A_{zz} - {}^{S}A_{yz}^2}{{}^{S}y\,{}^{S}A_{yz} - {}^{S}z\,{}^{S}A_{yy}}$	
Berechnung über Punktkoordinaten	Ebene Systeme, Hauptachsen	$\sigma = e_\mu \left[\frac{N}{A} + \frac{{}^{H}z}{{}^{H}A_{zz}}\,{}^{H}M_y\right]$ $\sigma = e_\mu \left[\frac{N}{A} + \frac{z}{I_y} M_y\right]$		
	Ohne Berücksichtigung der Wölbkrafttorsion, Hauptachsen und Drillruheachse	$\sigma = e_\mu \left[\frac{N}{A} - \frac{{}^{H}y}{{}^{H}A_{yy}}\,{}^{H}M_z + \frac{{}^{H}z}{{}^{H}A_{zz}}\,{}^{H}M_y - \frac{{}^{M}\omega}{{}^{M}A_{\omega\omega}}\,{}^{M}M_\omega\right]$ $\sigma = e_\mu \left[\frac{N}{A} - \frac{\eta}{I_\zeta} M_\zeta + \frac{\zeta}{I_\eta} M_\eta - \frac{\omega}{I_\omega} M_\omega\right]$		
	Ohne Berücksichtigung der Wölbkrafttorsion, Schwerachsen und Drillruheachse	$\sigma = e_\mu \left[\frac{N}{A} - \frac{{}^{S}y\,{}^{S}A_{zz} - {}^{S}z\,{}^{S}A_{yz}}{{}^{S}A_{yy}\,{}^{S}A_{zz} - {}^{S}A_{yz}^2}\,{}^{S}M_z - \frac{{}^{S}y\,{}^{S}A_{yz} - {}^{S}z\,{}^{S}A_{yy}}{{}^{S}A_{yy}\,{}^{S}A_{zz} - {}^{S}A_{yz}^2}\,{}^{S}M_y\right]$ $\sigma = e_\mu \left[\frac{N}{A} - \frac{y I_y - z I_{yz}}{I_y I_z - I_{yz}^2} M_z - \frac{y I_{yz} - z I_z}{I_y I_z - I_{yz}^2} M_y\right]$		
	Mit Berücksichtigung der Wölbkrafttorsion, Schwerachsen und Drillruheachse	$\sigma = e_\mu \left[\frac{N}{A} - \frac{{}^{S}y\,{}^{S}A_{zz} - {}^{S}z\,{}^{S}A_{yz}}{{}^{S}A_{yy}\,{}^{S}A_{zz} - {}^{S}A_{yz}^2}\,{}^{S}M_z - \frac{{}^{S}y\,{}^{S}A_{yz} - {}^{S}z\,{}^{S}A_{yy}}{{}^{S}A_{yy}\,{}^{S}A_{zz} - {}^{S}A_{yz}^2}\,{}^{S}M_y - \frac{{}^{M}\omega}{{}^{M}A_{\omega\omega}}\,{}^{M}M_\omega\right]$ $\sigma = e_\mu \left[\frac{N}{A} - \frac{y I_y - z I_{yz}}{I_y I_z - I_{yz}^2} M_z - \frac{y I_{yz} - z I_z}{I_y I_z - I_{yz}^2} M_y - \frac{\omega}{I_\omega} M_\omega\right]$		
	Bei homogenem Querschnitt ist $e_\mu = 1$ im ganzen Querschnitt			

4.4.5 Schnittgrößen und Achsverformung

Die Schnittgrößen $\vec{S}_\sigma$ und die Formänderungen $\vec{K}$ können wie die Querschnittswerte aus dem ursprünglichen O-Koordinatensystem in das DS-, DH-, MS- oder MH-Koordinatensystem transformiert werden.

q_x, q_y und q_z sind darin die Lasten/Stablänge in x-, y- bzw. z-Richtung des zugrundegelegten Bezugssystems, m_ω die Wölbkrafttorsion verursachende Momentenlast/Stablänge.

Tafel 18 Transformation der Schnittgrößen und Formänderungen

O-System	Ausgangsbezugssystem (siehe Normierung) DS-normiert	DH-normiert	MS-normiert	MH-normiert
$\vec{S}_\sigma$	${}^{S}\vec{S}_\sigma = \bar{\Lambda}_S \vec{S}_\sigma$	${}^{H}\vec{S}_\sigma = \bar{\Phi}_H\,{}^{S}\vec{S}_\sigma$	${}^{MS}\vec{S}_\sigma = {}^{S}\bar{\Theta}_M\,{}^{S}\vec{S}_\sigma$	${}^{MH}\vec{S}_\sigma = {}^{H}\bar{\Theta}_M\,{}^{H}\vec{S}_\sigma$
$\vec{K}$	${}^{S}\vec{K} = \bar{\Lambda}_S^{T-1}\vec{K}$	${}^{H}\vec{K} = \bar{\Phi}_H^{T-1}\,{}^{S}\vec{K}$	${}^{MS}\vec{K} = {}^{S}\bar{\Theta}_M^{T-1}\,{}^{S}\vec{K}$	${}^{MH}\vec{K} = {}^{H}\bar{\Theta}_M^{T-1}\,{}^{H}\vec{K}$

Tafel 19 Differentialgleichung der Längung, Biegung und Wölbdrillung (Elastitizätstheorie I. Ordnung)

Größe	Ausgangsbezugssystem (siehe Normierung) O-System	DS-normiert	DH-normiert	MS-normiert	MH-normiert
$\vec{S}_\sigma$	$E_{verb}\bar{A}\vec{K}$	$E_{verb}\,{}^{S}\bar{A}\,{}^{S}\vec{K}$	$E_{verb}\,{}^{H}\bar{A}\,{}^{MH}\vec{K}$	$E_{verb}\,{}^{MS}\bar{A}\,{}^{MS}\vec{K}$	$E_{verb}\,{}^{MH}\bar{A}\,{}^{MH}\vec{K}$
$\vec{K}$	$\frac{1}{E_{verb}}\bar{A}^{-1}\vec{S}_\sigma$	$\frac{1}{E_{verb}}\,{}^{S}\bar{A}^{-1}\,{}^{S}\vec{S}_\sigma$	$\frac{1}{E_{verb}}\,{}^{H}\bar{A}^{-1}\,{}^{H}\vec{S}_\sigma$	$\frac{1}{E_{verb}}\,{}^{MS}\bar{A}^{-1}\,{}^{MS}\vec{S}_\sigma$	$\frac{1}{E_{verb}}\,{}^{MH}\bar{A}^{-1}\,{}^{MH}\vec{S}_\sigma$

Größe	Ausführliche Darstellung MS-normiert	MH-normiert
u'	$\frac{1}{E_{verb}A}N$	
v''	$\frac{1}{E_{verb}}\left[\frac{{}^{S}A_{zz}}{{}^{S}A_{yy}\,{}^{S}A_{zz}-{}^{S}A_{yz}^2}\,{}^{S}M_z+\frac{{}^{S}A_{yz}}{{}^{S}A_{yy}\,{}^{S}A_{zz}-{}^{S}A_{yz}^2}\,{}^{S}M_y\right]$	$\frac{1}{E_{verb}\,{}^{H}A_{yy}}\,{}^{H}M_z$
w''	$-\frac{1}{E_{verb}}\left[\frac{{}^{S}A_{yz}}{{}^{S}A_{yy}\,{}^{S}A_{zz}-{}^{S}A_{yz}^2}\,{}^{S}M_z+\frac{{}^{S}A_{yy}}{{}^{S}A_{yy}\,{}^{S}A_{zz}-{}^{S}A_{yz}^2}\,{}^{S}M_y\right]$	$-\frac{1}{E_{verb}\,{}^{H}A_{zz}}\,{}^{H}M_y$
ϑ''	$\frac{1}{E_{verb}\,{}^{M}A_{\omega\omega}}\,{}^{M}M_\omega$	
u''	$\frac{1}{E_{verb}A}q_x$	
v''''	$\frac{1}{E_{verb}}\left[\frac{{}^{S}A_{zz}}{{}^{S}A_{yy}\,{}^{S}A_{zz}-{}^{S}A_{yz}^2}\,{}^{S}q_y-\frac{{}^{S}A_{yz}}{{}^{S}A_{yy}\,{}^{S}A_{zz}-{}^{S}A_{yz}^2}\,{}^{S}q_z\right]$	$\frac{1}{E_{verb}\,{}^{H}A_{yy}}\,{}^{H}q_y$
w''''	$-\frac{1}{E_{verb}}\left[\frac{{}^{S}A_{yz}}{{}^{S}A_{yy}\,{}^{S}A_{zz}-{}^{S}A_{yz}^2}\,{}^{S}q_y-\frac{{}^{S}A_{yy}}{{}^{S}A_{yy}\,{}^{S}A_{zz}-{}^{S}A_{yz}^2}\,{}^{S}q_z\right]$	$\frac{1}{E_{verb}\,{}^{H}A_{zz}}\,{}^{H}q_z$
ϑ''''	$\frac{1}{E_{verb}\,{}^{H}A_{\omega\omega}}\,{}^{M}m_\omega$	

4.4.6 Formänderung unter Temperatureinwirkung

Unterschiedliche Temperaturänderungen T_1 und T_2 gegenüberliegender Profiloberflächen werden zerlegt in eine gleichmäßige Temperaturänderung T in der Schwerlinie und die Temperaturdifferenz $\Delta T = T_2 - T_1$, Bild 29.

Die Temperaturdifferenz ΔT führt dazu, daß die freie Stabachse die Form eines Kreisbogens annimmt mit der Krümmung

$$\frac{1}{R} = \frac{\Delta T \cdot \alpha_t}{h}$$

hierbei ist h die Profilhöhe und α_t die Temperaturdehnzahl

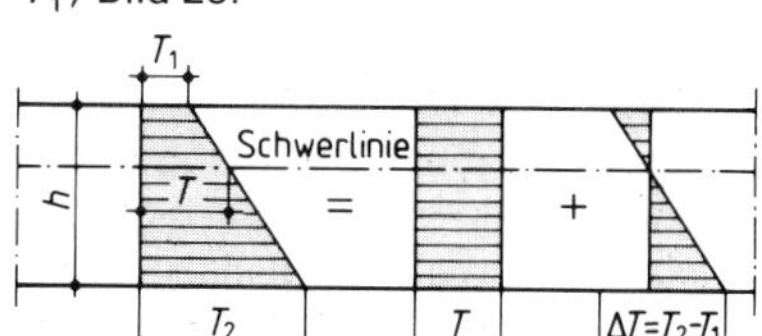

Bild 29 Temperaturänderung

4.5 Schubspannungen, Formänderungen aus Schubverzerrung

4.5.1 Geometrie der Elementverformung

Der auf der Grundlage der Bernoulli-Hypothese berechnete Normalspannungszustand infolge Biegung unter Querlasteinfluß hat einen Schubspannungszustand zur Folge, unter dem sich der Querschnitt nach Maßgabe der Querkraft verwölbt (Bild 38). Um nicht in Widerspruch zur Annahme des ebenbleibenden Querschnitts zu geraten, werden Mittelwerte der Schubverzerrung γ_{zm} und γ_{ym} gebildet und die Querschnitte auch unter Schubeinfluß als ebenbleibend angesehen. Bei gedrungenen Stäben ist diese vereinfachende Annahme nicht mehr gerechtfertigt. Deshalb ist die Anwendung der auf der Bernoulli-Hypothese entwickelten Beziehungen auf schlanke Stäbe beschränkt!

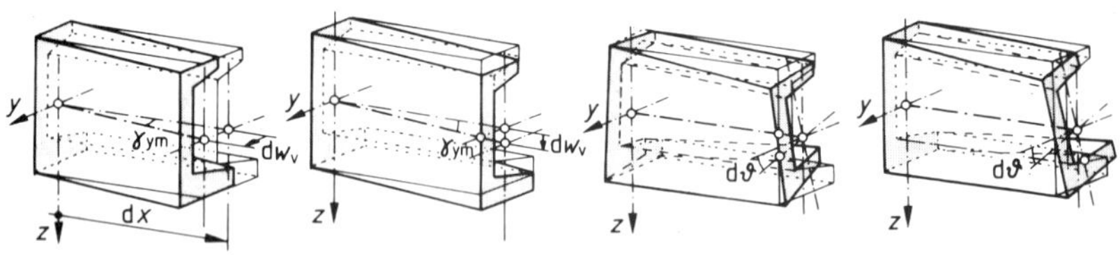

Schubverformung in Richtung y — Schubverformung in Richtung z — Drillverformung infolge M_{tr} — Schubverformung infolge $M_{t\omega}$

Bild 30 Idealisierte Schubverzerrungen

Außer bei Stäben mit Kreis- oder Kreisringquerschnitt verwölben sich die Querschnitte auch infolge Torsion. Im Gegensatz zu den Verhältnissen bei Biegung kann bei der Herleitung der Schnittgrößen-Spannungs-Beziehungen der Torsion nicht generell vom Ebenbleiben der Querschnitte ausgegangen werden. Allerdings führt die mit der Stabverwindung im allg. einhergehende Querschnittsverwölbung nicht unter allen Umständen zu Faserdehnungen, nämlich dann nicht, wenn sich alle Querschnitte im Stab im gleichen Maße (parallel) verwölben.

Dieser Fall ist bei prismatischen Stäben mit konstanter Torsionsbeanspruchung gegeben, wenn die Endquerschnitte nicht durch Einspannung in die ebene Form gezwungen werden, sondern sich bei „Gabellagerung" ganz am Stabende frei verwölben können.

Dieser Beanspruchungsfall wird als „reine Torsion" oder „St. Venantsche Torsion" bezeichnet. Er verursacht im Querschnitt einen reinen Schubspannungszustand. Wird die Verwölbung durch Zwang behindert (Einspannung, Querschnittsänderung) oder verändert sich das Torsionsmoment über die Stablänge, dann treten Faserdehnungen und damit Längsspannungen auf; der den Längsspannungszustand verursachende Torsionsanteil heißt Wölbkrafttorsion. Bei schlanken Stäben mit Vollquerschnitten hat die Wölbkrafttorsion im allg. keine entscheidende Bedeutung.

4.5.2 Querkraftgleicher Schub- oder Tangentialspannungszustand

Spaltet man das Stabelement durch einen Längsschnitt (Bild 31) in zwei Teile, so herrscht in der neu erzeugten Schnittfläche im allg. ein Spannungszustand. (*r*, *s* und *t* bilden das schnittorientierte Koordinatensystem. *r* ist parallel *x*, *s* die zur Spaltfläche normale Richtung und *t* verläuft in der Spur der Spaltfläche mit der *y*-*z*-Ebene; *s* und *t* sind im allg. nicht parallel zu *y* und *z*.)

Die Normalspannungen σ_s in dieser Fläche sind bei Stäben allenfalls an Einleitungsstellen großer Einzellasten von Bedeutung. Von Interesse ist hingegen der Schubspannungszustand τ_{rs}.

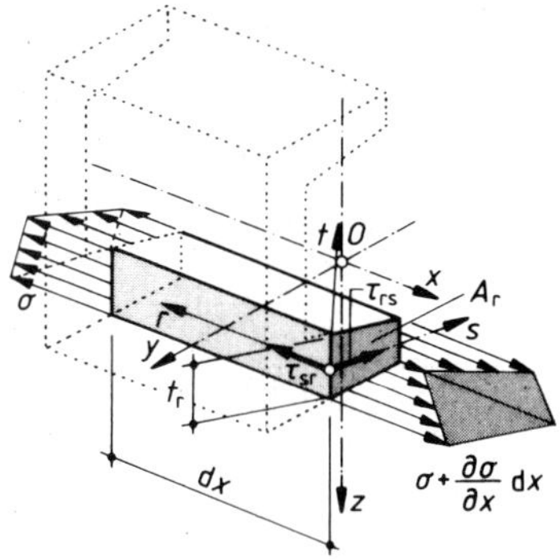

Bild 31 Spannungen am Elementabschnitt

Gleichgewicht am Elementabschnitt in Richtung x:

$$dx \int_{(t_\tau)} \tau_{sr}\, dt = \int_{(A_\tau)} \frac{\partial \sigma}{\partial x}\, dA\, dx.$$

Nach Tafel 7 ist der Normalspannungszuwachs

$$\frac{\partial \sigma}{\partial x} = e_\mu a^{\mathrm{T}} \bar{A}^{-1} \vec{S}'_\sigma, \quad \text{wobei} \quad \vec{S}'_\sigma = \vec{S}_\tau = \begin{pmatrix} N' \\ -M'_z \\ M'_y \\ -M'_\omega \end{pmatrix} = \begin{pmatrix} 0 \\ V_y \\ V_z \\ V_\omega \end{pmatrix}$$

die Querkräfte einschließlich des Wölbtorsionsmomentes $M_{t\omega} = V_\omega$ enthält.[1]) Daraus folgt

$$\int_{(t_\tau)} \tau_{sr}\, dt = \int_{(A_\tau)} e_\mu a^{\mathrm{T}}\, dA\, \bar{A}^{-1} \vec{S}_\tau = \vec{A}_\tau^{\mathrm{T}} \bar{A}^{-1} \vec{S}_\tau$$

mit den Flächenmomenten 1. Grades des abgetrennten Querschnittsteils:

$$\vec{A}_\tau^{\mathrm{T}} = (A_\tau\; A_{y\tau}\; A_{z\tau}\; A_{\omega\tau}).$$

Die Verteilung der Schubspannung $\tau_{rs} = \tau_{xs}$ über die Schnittbreite t_τ ist nicht ohne weiteres bestimmbar. Im allg. darf unter der Voraussetzung kürzester Schnittführung von Querschnittsrand zu Querschnittsrand etwa Gleichverteilung $\tau_{rsm} = \tau_{xsm}$ über t_τ angenommen werden:

Schubspannung längs t_τ:

$$\tau_{rsm} = \tau_{xsm} = \tau = \frac{1}{t_\tau} \vec{A}_\tau^{\mathrm{T}} \bar{A}^{-1} \vec{S}_\tau.$$

Werden längs t_τ unterschiedliche Materialien ($\mu = 1 \ldots n$) durchschnitten, so gilt für den Materialbereich μ: $t_{\tau\mu} \approx \dfrac{\Sigma e_\mu t_{\tau\mu}}{e_\mu}$.

Tafel 20 Schubspannung τ_μ im Materialbereich μ

Allgemein	$\tau_{\mu m} = \dfrac{e_\mu}{\Sigma e_\mu t_{\tau\mu}}\, {}^{S}\vec{A}_\tau^{\mathrm{T}}\, {}^{S}\bar{A}^{-1}\, {}^{S}\vec{S}_\tau = \dfrac{e_\mu}{\Sigma e_\mu t_{\tau\mu}}\, {}^{H}\vec{A}_\tau^{\mathrm{T}}\, {}^{H}\bar{A}^{-1}\, {}^{H}\vec{S}_\tau$
Ebenes System mit homogenem Querschnitt	$\tau_m = \dfrac{1}{t_\tau} \dfrac{{}^{S}A_{z\tau}}{{}^{S}A_{zz}} V_z = \dfrac{V_z S_\tau}{t_\tau \cdot I}$
Auf Drillruheachse und Hauptachsen bezogen	$\tau_{\mu m} = \dfrac{e_\mu}{\Sigma e_\mu t_{\tau\mu}} \left[\dfrac{{}^{H}A_{y\tau}}{{}^{H}A_{yy}} V_y + \dfrac{{}^{H}A_{z\tau}}{{}^{H}A_{zz}} V_z + \dfrac{{}^{MH}A_{\omega\tau}}{{}^{M}A_{\omega\omega}}\, {}^{M}V_\omega \right]$
Auf Drillruheachse und Schwerachsen bezogen	$\tau_{\mu m} = \dfrac{e_\mu}{\Sigma e_\mu t_{\tau\mu}} \left[\dfrac{{}^{S}A_{y\tau}\, {}^{S}A_{zz} - {}^{S}A_{z\tau}\, {}^{S}A_{yz}}{{}^{S}A_{yy}\, {}^{S}A_{zz} - {}^{S}A_{yz}^2} V_y + \dfrac{{}^{S}A_{z\tau}\, {}^{S}A_{yy} - {}^{S}A_{y\tau}\, {}^{S}A_{yz}}{{}^{S}A_{yy}\, {}^{S}A_{zz} - {}^{S}A_{yz}^2} V_z + \dfrac{{}^{MS}A_{\omega\tau}}{{}^{M}A_{\omega\omega}}\, {}^{M}V_\omega \right]$

[1]) N', die Änderung der Längskraft zu berücksichtigen ist nur sinnvoll, wenn auch der äußere und innere Längslastangriff am abgespaltenen Elementteil berücksichtigt wird.

Beispiel Homogener Rechteckquerschnitt

Das Maximum des Flächenmomentes 1. Grades ergibt sich für eine an der Schwerachse begrenzte Teilfläche des Querschnitts. Folglich treten die größten Schubspannungen aus Querkraftbiegung längs der Schwerachsen auf.

Es ist ${}^{S}A_{z\tau} = b\,d^2/8$; $A = b\,d$ und ${}^{S}A_{zz} = b\,d^3/12$

somit $\max\tau = \dfrac{b\,d^2/8}{b\,b\,d^3/12}\,V_z = \dfrac{3}{2}\dfrac{V_z}{A}$

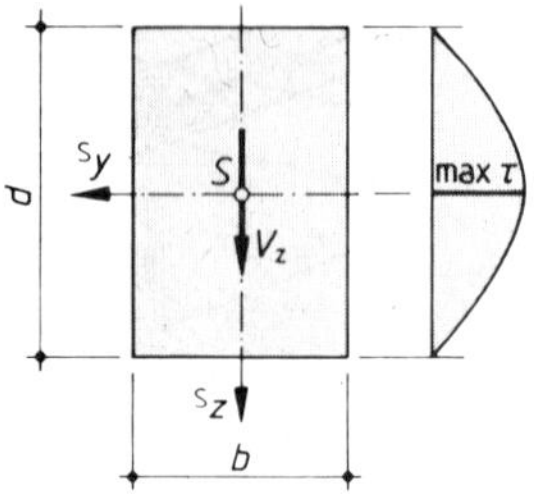

Bild 32 Schubspannungen in der neutralen Achse des Rechteckquerschnitt

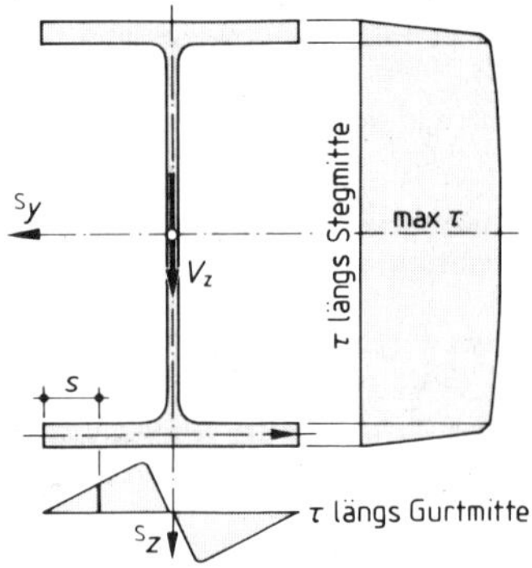

Bild 33 Schubspannungen im HE500B

Beispiel Träger (HE500B)

(1) τ längs des Steges: (Daten siehe Abschnitt Stahlbau)

$I_y = {}^{S}A_{zz} = 107\,200\ \text{cm}^4$; $S_y = \max {}^{S}A_z = 2410\ \text{cm}^3$;

$S_f = \max {}^{S}A_{zf} = 2130\ \text{cm}^3$; $A_{Steg} = 68{,}4\ \text{cm}^2$; $t_{\tau Steg} = (s) = 1{,}45\ \text{cm}$

In Stegmitte: $\max\tau = \dfrac{2410}{1{,}45\cdot 107\,200}\,V_z = 15{,}504\cdot 10^{-3}\,[\text{cm}^{-2}]\,V_z$

Am Beginn der Ausrundungen: $\tau_f = \dfrac{2130}{1{,}45\cdot 107\,200}\,V_z = 13{,}703\cdot 10^{-3}\,[\text{cm}^{-2}]\,V_z$

Bei diesem Profil sind die Unterschiede zwischen den beiden Werten gering; deshalb wird beim Schubspannungsnachweis infolge V_z bei Profilen mit verhältnismäßig dünnem Steg und starken Gurten vielfach mit gleichmäßig über die Stegfläche verteilter Schubspannung gerechnet. Dann ergibt sich:

$\tau_m = \dfrac{V_z}{A_{Steg}} = \dfrac{1}{68{,}4}\,V_z = 14{,}620\cdot 10^{-3}\,[\text{cm}^{-2}]\,V_z$

(2) τ längs des Untergurtes:

Der Schnitt durch den Untergurt ist in Richtung der Gurtdicke $t_{\tau UG} = (t) = 2{,}8$ cm zu führen. Vom Ende eines Gurtes bis hin zur Ausrundung wird ein rechteckiger Querschnittsteil mit der Fläche $2{,}8\cdot s$ (s = Länge des Gurtabschnitts) und dem Achsabstand $z_g = 25 - 2{,}8/2 = 23{,}4$ cm abgetrennt. Das zugehörige Flächenmoment 1. Grades beträgt

${}^{S}A_{z\tau} = 2{,}8\cdot 23{,}4\,s = 65{,}52\cdot[\text{cm}^2]\,s$. Demnach ist

$\tau = \dfrac{65{,}52}{2{,}8\cdot 107\,200}\,s\,V_z = 0{,}2183\cdot 10^{-3}\,[\text{cm}^{-3}]\,s\,V_z$. Am Ausrundungsbeginn ergibt sich

$\tau = 0{,}2183\cdot 10^{-3}((30-1{,}45)/2-2{,}7)\,V_z = 2{,}527\cdot 10^{-3}\,[\text{cm}^{-2}]\,V_z$

4.5.3 Schubspannungen infolge Torsion

Das Prandtlsche Seifenhautgleichnis

Stellt man sich den gedrillten Stab als durch seine Oberfläche gebildetes Rohr vor und über den Querschnitt eine Membran (Seifenhaut) gespannt, die unter Innendruck gesetzt ist, dann lassen sich daraus qualitative Aussagen zur Torsionsschubspannung ableiten. Legt man nämlich an einen Punkt der gekrümmten Membranfläche 2 Tangenten, die Fallinie und die Normale dazu, so gibt letztere die Richtung der Schubspannung an, während die Neigung der Fallinie gegen die Querschnittsebene ein Maß für den Betrag der Spannung ist.

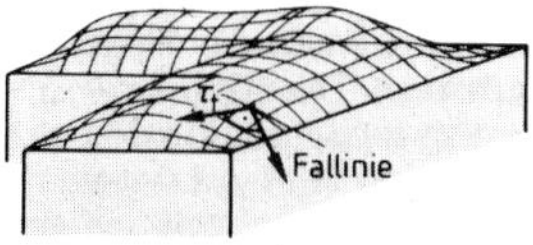

Bild 34 **Prandtlsches Seifenhautgleichnis**

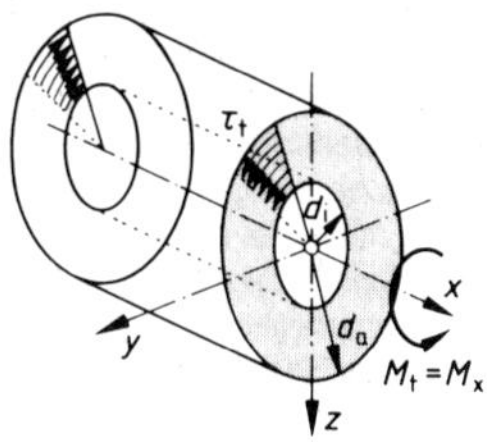

Bild 35 **Torsion des zylindrischen Stabes**

Zylindrischer Stab (Kreis- oder Kreisringquerschnitt)

Bei der Torsion zylindrischer Stäbe um die Mittelachse bleiben die Querschnitte eben; die Schubspannungen verlaufen tangential und wachsen linear von 0 im Querschnittsmittelpunkt auf ihren Größtwert max τ_t an der äußeren Zylinderwand. Daraus folgt die Äquivalenz

$$M_t = \int_{r_i}^{r_a} r\,(r/r_a)\max\tau_t\,2\pi r\,\mathrm{d}r = \frac{2\pi\max\tau_t}{r_a}\int_{r_i}^{r_a} r^3\,\mathrm{d}r = \frac{\pi\max\tau_t}{2r_a}\,(r_a^4 - r_i^4)$$

$$\rightarrow \max\tau_t = \frac{M_t}{W_t} \quad \text{mit} \quad W_t = \frac{\pi\,(r_a^4 - r_i^4)}{2r_a} = \frac{\pi\,(d_a^4 - d_i^4)}{16\,d_a}$$

Stab mit schlankem Rechteckquerschnitt

Bei der Torsion von Stäben mit schlankem Rechteckquerschnitt baut sich ein laminarer Schubspannungszustand auf, der linear von der Querschnittsmittellinie zum Rand hin von 0 bis max τ_t anwächst. Der *Schubfluß* $T = \frac{1}{2}\frac{t}{2}\max\tau_t$ wirkt in den Schwerpunkten der dreieckförmigen Schubspannungsflächen. Verlagert man den Schubfluß an den Enden näherungsweise in die Stirnseiten, besteht die Äquivalenz

$$M_t = \frac{2}{3}\,t s T + s\,\frac{2}{3}\,t T = \frac{1}{3}\,s t^2 \max\tau_t \rightarrow \max\tau_t = \frac{M_t}{W_t} \quad \text{mit} \quad W_t = \frac{1}{3}\,s t^2.$$

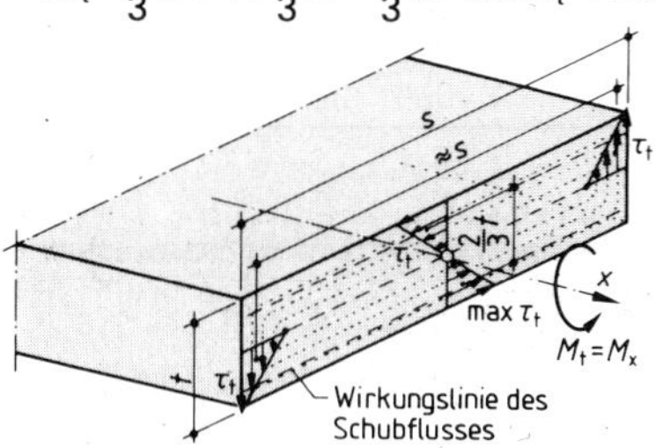

Bild 36 **Torsion des Stabes mit schlankem Rechteckquerschnitt**

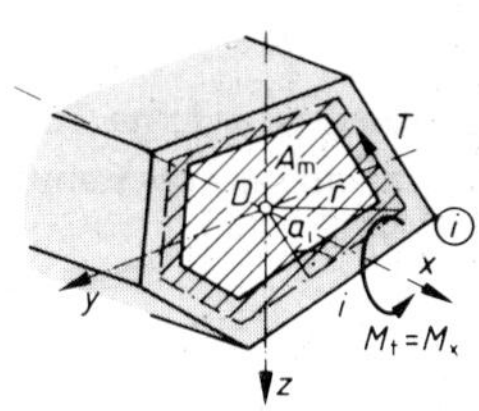

Bild 37 **Torsion des Stabes mit einzelligem Hohlquerschnitt**

Stab mit einzelligem Hohlquerschnitt ($t \ll s$)

Wegen Längsspannungsfreiheit bei reiner oder St. Venantscher Torsion ist der Schubfluß T in allen Zellwänden gleich: $T_i = T = \text{const}$. Damit besteht die Äquivalenz

$$M_t = T\sum_{(i)} a_i s_i = 2TA_m \quad \text{mit } 2A_m = \sum_{(i)} \vec{r}_i \times \vec{s}_i = \sum_{(i)} (y_{i-1} z_i - y_i z_{i-1}) \text{ und } T = t_i\,\tau_{ti}$$

$$T = \frac{M_t}{2A_m} \quad \text{(1. Bredtsche Formel)} \rightarrow \max\tau_t = \frac{M_t}{W_t} \quad \text{mit} \quad W_t = 2A_m \min t$$

4.5.4 Schubverformung infolge Querkraft

Am Beispiel der Schubspannungsverteilung des eben beanspruchten Rechteckquerschnitts (Bild 38) wird deutlich, daß die Schubverzerrung $\gamma(z) = \tau(z)/G$ über die Querschnittshöhe in der Einwirkungsebene nicht konstant ist. Sie entspricht der Funktion der Schubspannung, die im Beispielfall parabolisch 2. Grades ist. Aus der Tatsache, daß die Querkraft Verwölbungen Δu_{zV} ($\Delta u_z = u_z - u$; u = Querschnittsverschiebung in Richtung x, u_z = Verschiebung eines Querschnittspunktes in Richtung x) verursacht, folgt, daß bei veränderlicher Querkraft veränderliche Querschnittsverwölbungen und folglich zusätzliche Faserdehnungen auftreten. Die daraus herrührenden Normalspannungen werden als sekundäre Normalspannungen bezeichnet. Sie sind bei schlanken Stäben aber gegenüber den Spannungen infolge Längskraft, Biege- und Wölbbimomenten so gering, daß sie vernachlässigt werden können.

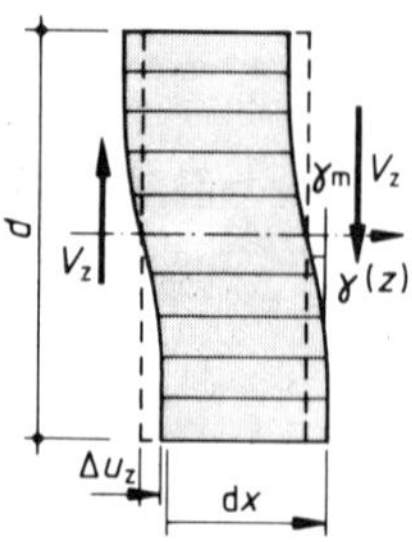

Bild 38 Schubverformung des Stabelements

Um die Fiktion des eben bleibenden Querschnitts (Bernoulli-Hypothese) aufrechterhalten zu können, wird der Querschnitt für die Schubverformungsberechnung (Querkraftbiegung) unter dem mittleren Verzerrungswinkel γ_m „eingeebnet". γ_m wird aus der Bedingung gleicher Formänderungsarbeit gewonnen, z. B. in Richtung z:

$$\frac{1}{2} V_z \gamma_{xzm} = \frac{1}{2} \int_{(A)} \tau_{xz} \gamma_{xz} \, dA \rightarrow \gamma_{xzm} = \frac{1}{G V_z} \int_{(A)} \tau_{xz}^2 \, dA$$

$$= \frac{V_z}{G} \int_{(A)} \left(\frac{{}^S A_{z\tau}}{t_\tau \, {}^S A_{zz}} \right)^2 dA = \frac{V_z}{G \alpha_V A}$$

Tafel 21 Schubkrümmung; Differentialgleichungen der Schubverformung

Schubkrümmung	$v_V'' = -\dfrac{q_y}{S_y}$	$w_V'' = -\dfrac{q_z}{S_z}$
Schubsteifigkeit	$S_y = G \alpha_{Vy} A$	$S_z = G \alpha_{Vz} A$
Beiwert α	$\dfrac{1}{\alpha_{Vy}} = \dfrac{A}{{}^S A_{yy}^2} \int_{(A)} \left(\dfrac{{}^S A_{y\tau}}{t_{z\tau}} \right)^2 dA$	$\dfrac{1}{\alpha_{Vz}} = \dfrac{A}{{}^S A_{zz}^2} \int_{(A)} \left(\dfrac{{}^S A_{z\tau}}{t_{y\tau}} \right)^2 dA$
Rechteckquerschnitt $\alpha_{Vy} = \alpha_{Vz} =$	0,833	
Kreisquerschnitt $\alpha_{Vy} = \alpha_{Vz} =$	0,844	
I-Profile $\alpha_V \approx$	$0{,}833 A_{Gurte}/A$	A_{Steg}/A
(z. B. IPE500:	0,478	0,426)

4.5.5 Schubverformung infolge Torsion

Stabdrillung ϑ' verursacht die Verdrehung des Endquerschnitts eines Stabelements dx um den Winkel $d\vartheta$.

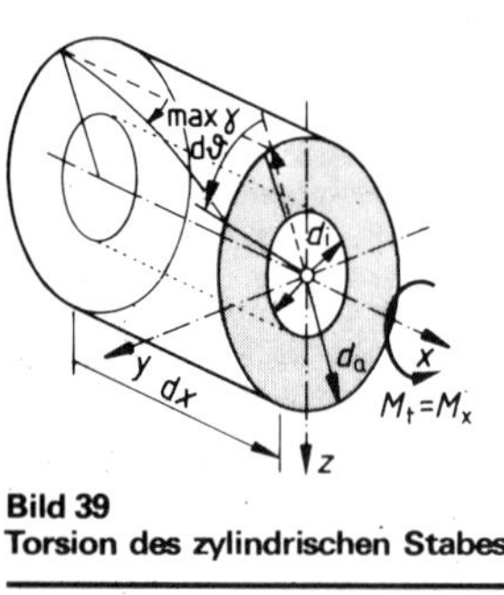

Bild 39 Torsion des zylindrischen Stabes

Stab mit Kreisquerschnitt

$$\max \gamma = \frac{d_a \, d\vartheta}{2 dx} = \frac{d_a}{2} \vartheta' = \frac{\max \tau_t}{G} = \frac{1}{G} M_t \frac{16 d_a}{\pi (d_a^4 - d_i^4)}$$

$$\rightarrow \vartheta' = \frac{M_t}{G I_t} \quad \text{mit} \quad I_t = \frac{\pi (d_a^4 - d_i^4)}{32}$$

Stab mit schlankem Rechteckquerschnitt

Infolge Drillung verschieben sich die Eckpunkte sowohl in der (ursprünglichen) Querschnittsebene als auch in Längsrichtung wegen Querschnittsverwölbung. Beim Verwölbungsmodell des schlanken Querschnitts bleibt an den Schmalseiten der rechte Winkel zwischen den Stabkanten und dem Querschnittsrand erhalten.

$$\max\gamma=\frac{1}{s/2}\,\frac{s}{2}\,\frac{t}{2}\,\frac{\mathrm{d}\vartheta}{\mathrm{d}x}+\frac{1}{\mathrm{d}x}\,\frac{t}{2}\,\mathrm{d}\vartheta=t\vartheta'=\frac{\max\tau_t}{G}=\frac{1}{G}\,\frac{M_t}{st^2/3}$$

$$\rightarrow\ \vartheta'=\frac{M_t}{GI_t}\quad\text{mit}\quad I_t=\frac{st^3}{3}$$

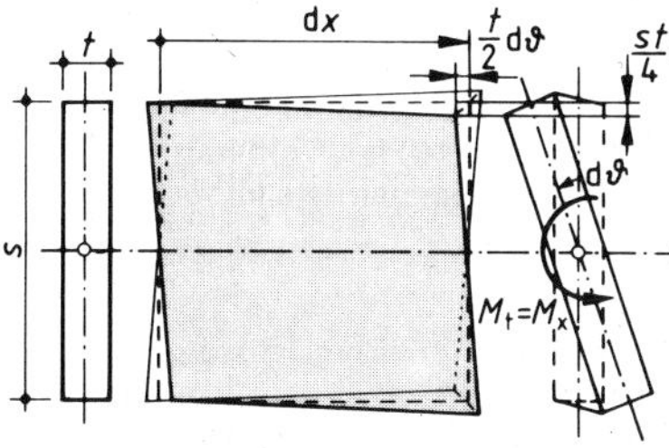

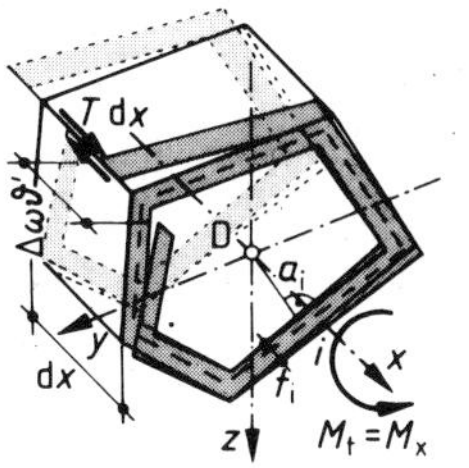

Bild 40 **Torsionsverzerrung des Stabes mit schlankem Rechteckquerschnitt**

Bild 41 **Torsionsverzerrung des Stabes mit einzelligem Hohlquerschnitt**

Stab mit einzelligem Hohlquerschnitt ($t \ll s$)

In Bild 41 ist die Wölbverzerrung des Stababschnitts dargestellt, die am aufgeschlitzten Rohr eintreten würde. Der Wölbsprung beträgt (s. Abschn. 4.4.3.3)

$$\omega\vartheta'=\sum_{(i)}a_i s_i\vartheta'=2A_m\vartheta'\rightarrow\Delta\omega=2A_m$$

Am ungeschlitzten Rohr erfahren die Zellwände eine solche Schubverzerrung, daß tatsächlich kein Wölbsprung eintritt:

$$\Delta\omega\vartheta'=2A_m\vartheta'=\sum_{(i)}\gamma_i s_i=\sum_{(i)}\frac{T}{Gt_i}s_i=\frac{T}{G}\sum_{(i)}\frac{s_i}{t_i}=\frac{M_t}{G\,2A_m}\sum_{(i)}\frac{s_i}{t_i}$$

$$\vartheta'=\frac{M_t}{G\,4A_m^2}\sum_{(i)}\frac{s_i}{t_i}\ \rightarrow\ \vartheta'=\frac{M_t}{GI_t}\quad\text{mit}\quad I_t=\frac{4A_m^2}{\sum\limits_{(i)}\frac{s_i}{t_i}}\quad\text{(2. Bredtsche Formel)}$$

Bei gekrümmter Zellwand ist allgemein

$$I_t=\frac{4A_m^2}{\oint\frac{s}{t}\,\mathrm{d}s}$$

Bemerkung zum Wölbbimoment

Der Zusammenhang zwischen Wölbbimoment ($\dim[M_\omega]=\mathbf{FL^2}$) und dem Wölbkraftanteil des Torsionsmomentes ($M_{t\omega}$) entspricht dem zwischen Biegemoment und Querkraft:

$$V_\omega=M_{t\omega}=-M'_\omega$$

(bei Querlast-Biegung: $V_z=M'_y$)

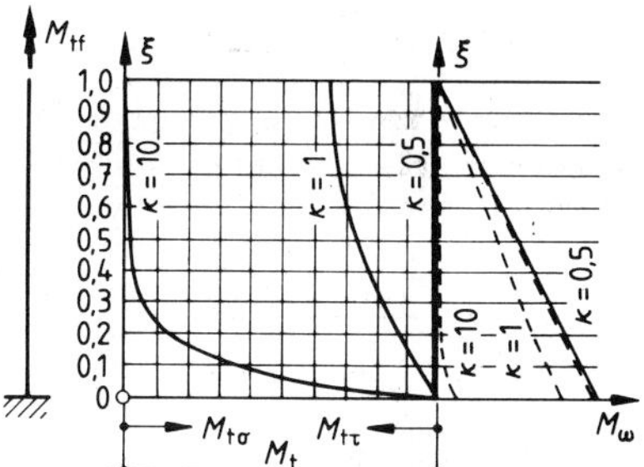

Bild 42 **Torsionsanteile in Abhängigkeit von $\varkappa$ (Einzeltorsionsmoment M_{tf} an Kragarmspitze, $\xi=1$)**

Im Gegensatz aber zu den Querkräften V_y und V_z, die jeweils einzige Kraftgrößen ihrer Dimension sind, wird das Torsionsmoment M_t im allg. zwischen reiner (St. Venantscher) und Wölbkraft-Torsion aufgeteilt:

$$M_t=T\vartheta'-W\vartheta''',$$

worin der erste Term mit der St. Venantschen Torsionssteifigkeit $T = G I_t$ den Anteil der reinen Torsion ($M_{t\tau}$) und der zweite mit der Wölbsteifigkeit $W = E A_{\omega\omega} = E I_\omega$ den Anteil der Wölbkrafttorsion ($M_{t\sigma} = V_\omega$) repräsentieren. Daraus folgt die Differentialgleichung der Torsion:

$$\vartheta''' - \frac{\varkappa^2}{l^2}\,\vartheta' = -\frac{M_t}{W} \quad \text{mit dem Eigenwert} \quad \varkappa = l\sqrt{T/W}; \quad (l = \text{Abschnittslänge})$$

Bild 42 verdeutlicht die Verhältnisse am unten eingespannten Kragträger für $M_t = \text{const}$ und $\varkappa$-Werte von 0,5, 1 und 10. Für $\varkappa \leq 0{,}5$ wird der St. Venantsche Torsionsanteil bedeutungslos, während sich für Werte $\varkappa \geq 10$ der Wölbkraftanteil auf eine kurze Zone in Nähe der Wölbbehinderung an der Einspannstelle beschränkt.

Tafel 22 Torsionsflächenmomente 2. Grades und Torsionswiderstandsmomente

Querschnittsform	I_T	W_T	Ort von max τ
Kreis 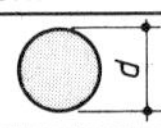	$\pi \frac{d^4}{32}$	$\pi \frac{d^3}{16}$	am Umfang
Kreisring 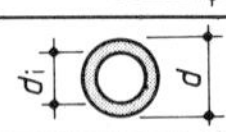	$\frac{\pi}{32}(d^4 - d_i^4)$	$\frac{\pi}{16} \cdot \frac{d^4 - d_i^4}{d}$	am (äußeren) Umfang
dünnwandiger Kreisring $t \ll d$, $d_m = d - t$ 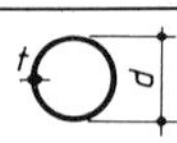	$\frac{\pi d_m^3 t}{4}$	$\frac{\pi d_m^2 t}{2}$	τ ist über die Ringdicke nahezu konstant
Ellipse 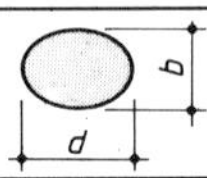	$\frac{\pi}{16} \cdot \frac{a^3 b^3}{a^2 + b^2}$	$\pi \frac{a b^2}{16}$	beide Berührungspunkte von eingeschriebenem Kreis und Ellipse
Sechseck 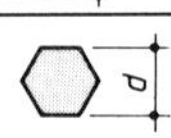	$0{,}133\,d^4$	$0{,}188\,d^3$	in der Mitte der Seiten
Achteck 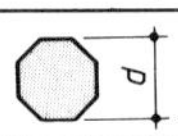	$0{,}130\,d^4$	$0{,}185\,d^3$	in der Mitte der Seiten
Rechteck 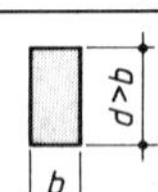	$\alpha b^3 d$	$\beta b^2 d$	Mitten der längeren Seiten

d/b	1,00	1,25	1,50	2,00	3,00	4,00	6,00	10,00	∞
α	0,140	0,171	0,196	0,229	0,263	0,281	0,299	0,313	0,333
β	0,208	0,221	0,231	0,246	0,267	0,281	0,299	0,313	0,333

Querschnittsform	I_T	W_T	Ort von max τ
Walzquerschnitte 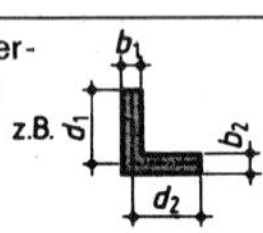	$\eta \cdot \frac{1}{3}\sum(d \cdot b^3)$	$\eta \cdot \frac{1}{3 \cdot b_{max}}\sum(d \cdot b^3)$	Mitte der Längsseiten des dicksten Rechtecks

Profil	I	[	L	T	+
η	1,30	1,12	1,00	1,12	1,17

Querschnittsform	I_T	W_T	Ort von max τ
Kastenquerschnitt $t_1, t_2 \ll b$, $t_3, t_4 \ll d$ 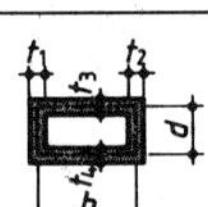	$\frac{4bd}{\frac{1}{b}\left(\frac{1}{t_1} + \frac{1}{t_2}\right) + \frac{1}{d}\left(\frac{1}{t_3} + \frac{1}{t_4}\right)}$	$2bd \min t$	in der Mitte der dünnsten Wand
geschlossener dünnwandiger Querschnitt 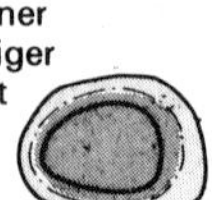	allgemein: $\frac{4A_m^2}{\oint ds/t}$; für $t = \text{const}$: $\frac{4A_m^2 t}{U}$	$2A_m \min t$	wo der Ring am dünnsten ist

4.6 Querschnittskern

In manchen Zusammenhängen – z. B. für Kernpunktmoment-Einflußlinien – interessiert die Frage, bei welcher Wirkungsachse bei *ausschließlichem* Normalkraftangriff die Normalspannung am Querschnittsrand (${}^{R}y$, ${}^{R}z$) Null wird. Die Frage ist gleichbedeutend mit der nach den Grenzen einer Querschnittszone, innerhalb derer ein resultierender Normalkraftangriff keine Normalspannungen unterschiedlichen Vorzeichens bzw. im Falle einer Druckkraft keine „klaffende Fuge" im Querschnitt erzeugt. Diese Zone heißt *Querschnittskern*. Die Funktion des Kernrandes (${}^{K}y$, ${}^{K}z$) eines homogenen Querschnitts ohne Wölbkrafttorsion folgt also aus

$$\sigma = {}^{R}\vec{a}^{T}\,\bar{A}^{-1}\,\vec{S}_{\sigma}({}^{K}y, {}^{K}z) = 0 \quad \text{worin} \quad {}^{R}\vec{a}^{T} = (1\ {}^{R}y\ {}^{R}z) \quad \text{und} \quad \vec{S}_{0}({}^{K}y, {}^{K}z) = \begin{pmatrix} 1 \\ {}^{K}y \\ {}^{K}z \end{pmatrix}.$$

Allgemein ergibt sich daraus die Gleichung für die Tangenten an den Querschnittskern in der Hesseschen Normalform:

$$\frac{{}^{K}z}{(-W_y/A)} + \frac{{}^{K}y}{(-W_z/A)} = 1$$

Die Widerstandsmomente sind für die Randpunkte zu bilden nach den Regeln in Tafel 17; die Nenner geben die Achsabschnitte der Tangenten an.

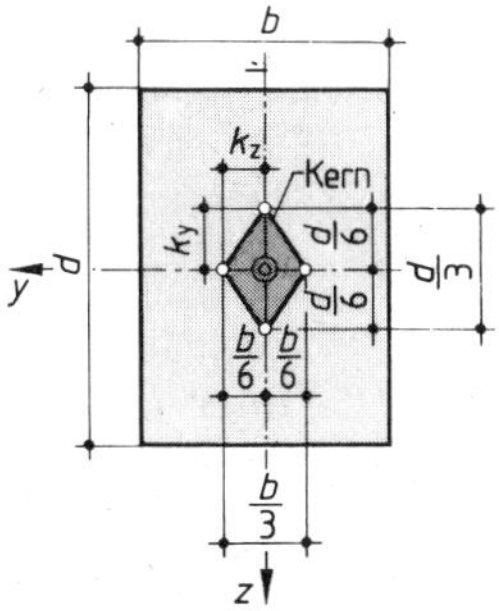

Bild 43 Rechteckquerschnitt

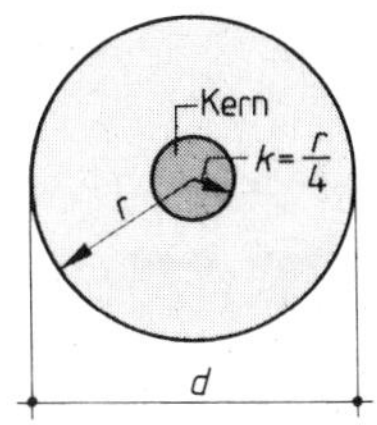

Bild 44 Vollkreisquerschnitt

4.7 Querschnitte mit versagender Zugzone

4.7.1 Allgemeines

Mittig und ausmittig in der Querschnittsfläche wirkende Druckkräfte können auch dann übertragen werden, wenn der Baustoff – wie z. B. Mauerwerk und Baugrund – keine Zugspannungen aufnehmen kann (Zugfestigkeit = 0).

Solange die Druckkraft im Kern des Querschnitts wirkt, ist der gesamte Querschnitt gedrückt und es gelten die Beziehungen des Abschnittes 4.4.4. Wirkt sie außerhalb des Kerns, so müssen hierfür neue Äquivalenz-Beziehungen zwischen den Spannungen und der resultierenden Schnittkraft entwickelt werden. Für den häufig auftretenden Fall des Rechteckquerschnitts werden sie im Folgenden angegeben.

4.7.2 Angriffspunkt der Druckkraft liegt auf einer Symmetrieachse

Mit den Bezeichnungen von Bild 45 lautet die Beziehung zwischen der größten Kantenpressung max σ und der Druckkraft D, wirkend im Abstand c von diesem Querschnittsrand

$$\max\sigma = \frac{2\cdot D}{3\cdot a\cdot c}$$

Die Spannungsnullinie hat den Abstand $3c$ von diesem Querschnittsrand. Auf die Restlänge von $b-3c$ bis zum gegebüberliegenden Rand gibt es die „klaffende Fuge". Diese würde sich z. B. bis zum Flächenschwerpunkt S öffnen bei $c = b/6$.

4.7.3 Angriffspunkt der Druckkraft liegt nicht auf Symmatrieachsen

Je nach Lage des Aufpunkts der resultierenden Druckkraft ist die Grundfläche des Spannungskörpers beim Rechteckquerschnitt ein Vier- oder Fünfeck, im Sonderfall des Aufpunkts im Abstand von $a/4$ und $b/4$ von einem Eckpunkt ein Dreieck (Bild 46). Das Volumen des Spannungskörpers ist der Druckkraft äquivalent. Die maximale Druckspannung ergibt sich mit Hilfe der Beziehung

$$\max\sigma = \mu \frac{D}{a \cdot b} \qquad \mu \text{ nach Tafel 23}$$

ermittelt werden.

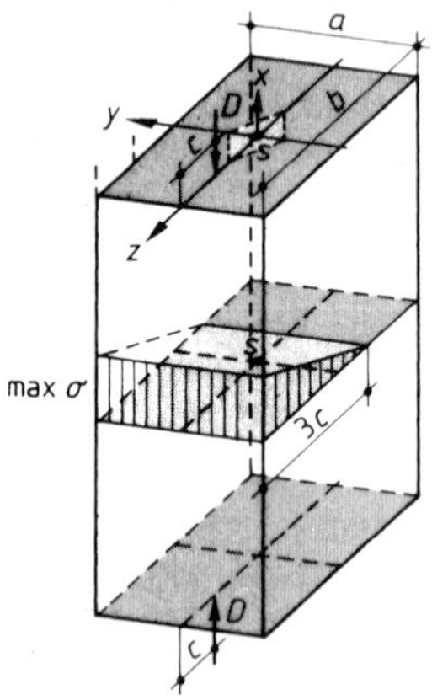

Bild 45 Einachsig ausmittiger Druck, versagende Zugzone

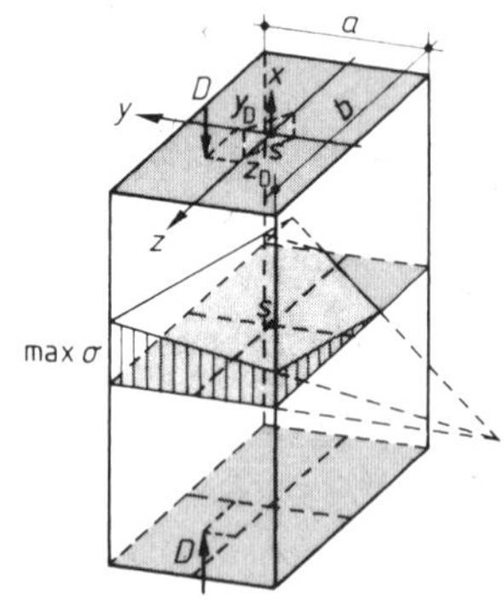

Bild 46 Zweiachsig ausmittiger Druck, versagende Zugzone

Für nicht aufgeführte oder nicht bewertete Kombinationen von y_D/a und z_D/b öffnet sich die Fuge über mehr als den halben Querschnitt (unzulässig).
Liegt die Druckkraft im Querschnittskern, so führt das zu einem Wert im grau angelegten Teil der Tafel (der gesamte Querschnitt wird gedrückt, es gilt Abschn. 4.4.4).

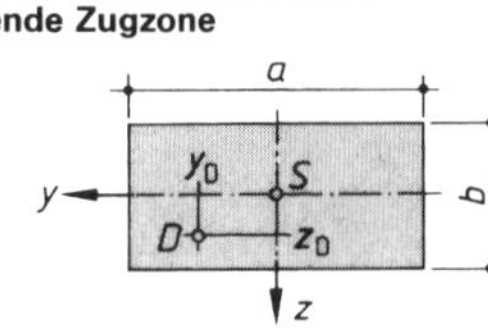

Tafel 23 μ-Werte

z_D/b → 0,32	3,70	3,93	4,17	4,43	4,70	4,99											
0,30	3,33	3,54	3,75	3,98	4,23	4,49	4,78	4,09	5,43								
0,28	3,03	3,22	3,41	3,62	3,84	4,08	4,35	4,63	4,94	5,28	5,66						
0,26	2,78	2,95	3,13	3,32	3,52	3,74	3,98	4,24	4,53	4,84	5,19	5,57					
0,24	2,56	2,72	2,88	3,06	3,25	3,46	3,68	3,92	4,18	4,47	4,79	5,15	**5,55**				
0,22	2,38	2,53	2,68	2,84	3,02	3,20	3,41	3,64	3,88	4,15	4,44	**4,77**	5,15	5,57			
0,20	2,22	2,36	2,50	2,66	2,82	2,99	3,18	3,39	3,62	3,86	**4,14**	4,44	4,79	5,19	5,66		
0,18	2,08	2,21	2,35	2,49	2,64	2,80	2,98	3,17	3,38	**3,61**	3,86	4,15	4,47	4,84	5,28		
0,16	1,96	2,08	2,21	2,34	2,48	2,63	2,80	2,97	**3,17**	3,38	3,62	3,88	4,18	4,53	4,94	5,43	
0,14	1,84	1,96	2,08	2,21	2,34	2,48	2,63	**2,79**	2,97	3,17	3,39	3,64	3,92	4,24	4,63	5,09	
0,12	1,72	1,84	1,96	2,08	2,21	2,34	**2,48**	2,63	2,80	2,98	3,18	3,41	3,68	3,98	4,35	4,78	
0,10	1,60	1,72	1,84	1,96	2,08	**2,20**	2,34	2,48	2,63	2,80	2,99	3,20	3,46	3,74	4,08	4,49	4,99
0,08	1,48	1,60	1,72	1,84	**1,96**	2,08	2,21	2,34	2,48	2,64	2,82	3,02	3,25	3,52	3,84	4,23	4,70
0,06	1,36	1,48	1,60	**1,72**	1,84	1,96	2,08	2,21	2,34	2,49	2,66	2,84	3,06	3,32	3,62	3,98	4,43
0,04	1,24	1,36	**1,48**	1,60	1,72	1,84	1,96	2,08	2,21	2,35	2,50	2,68	2,88	3,13	3,41	3,75	4,17
0,02	1,12	**1,24**	1,36	1,48	1,60	1,72	1,84	1,96	2,08	2,21	2,36	2,53	2,72	2,95	3,22	3,54	3,93
0,00	**1,00**	1,12	1,24	1,36	1,48	1,60	1,72	1,84	1,96	2,08	2,22	2,38	2,56	2,78	3,03	3,33	3,70
	0,00	0,02	0,04	0,06	0,08	0,10	0,12	0,14	0,16	0,18	0,20	0,22	0,24	0,26	0,29	0,30	0,32
	y_D/a →																

4.8 Differentialgleichung der ebenen Biegung nach Theorie II. Ordnung

Gleichgewicht am Stabelement:

$$q + V^{*\prime} = 0$$
$$V^* \approx V + N\,(w'_K + w'_V + w'_M)$$
$$M' - V = 0$$

und Formänderungsbeziehungen:

$$M = -B\,w''_M, \quad V = S\,w'_V$$

führen auf die Differentialgleichung

$$w''''_M - \frac{1}{1+\frac{N}{S}}\,\frac{N}{B}\,w''_M = \frac{1}{1+\frac{N}{S}}\left(\frac{q}{B} + \frac{N}{B}\,w''_K\right)$$

mit $w = w(x) \rightarrow w' = \frac{dw}{dx}$.

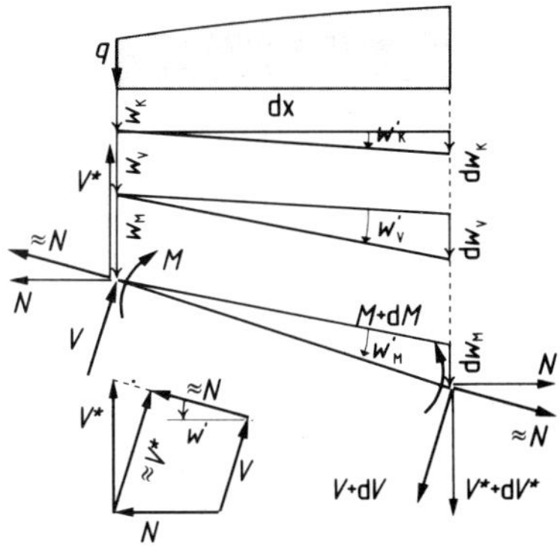

Bild 47 **Ebenes Stabelement (Theorie II. Ordnung)**

Bezeichnungen

l Stablänge,
q Linienlasteinwirkung,
N Längskraft im Stab bzw. Stababschnitt (konstant),
V Querkraft senkrecht zum verformten Stab,
V^* Querkraft senkrecht zur Systemachse,
M Biegemoment,
B Biegesteifigkeit (Abschn. 4.3),
S Schubsteifigkeit (Abschn. 4.5.4),
w_K Durchsenkung infolge Vorkrümmung (Imperfektion),
w_V Durchsenkung infolge Schubkrümmung,
w_M Durchsenkung infolge Biegekrümmung.

Mit den normierten Größen:

$$\varsigma = \frac{S\,l^2}{B}, \quad \hat{\gamma} = \frac{1}{1+\nu\varsigma}, \quad \xi = \frac{x}{l},$$

$$\omega = \frac{w}{l}, \quad \nu = \frac{N\,l^2}{B}, \quad \eta = \frac{q\,l^3}{B}$$

$$\ddot{\omega}_M - \varepsilon^2\,\ddot{\omega}_M = \varepsilon^2\left(\frac{\eta}{\nu} + \ddot{\omega}_K\right)$$

mit $\omega = \omega(\xi) \rightarrow \dot{\omega} = \frac{d\omega}{d\xi}$ und

$$\varepsilon = l\sqrt{\frac{N}{\left(1+\frac{N}{S}\right)B}} = \sqrt{\hat{\gamma}\,\nu}\,^{1)}$$

In der normierten Form sind alle Größen dimensionslos.

Die Differentialgleichung erfaßt den Einfluß der Schubverformung. Im allg. liefert die Schubverformung keinen nennenswerten Beitrag zur Gesamtverformung und kann dann unberücksichtigt bleiben. Bei besonders schubweichen Stabausbildungen wie Gitter- und Rahmenstützen ist sie jedoch zu beachten.

Die Elastizitätstheorie II. Ordnung ist regelmäßig bei druckbeanspruchten Stäben anzuwenden, wenn der Betrag der Bemessungslängskraft den Grenzwert $|N_d| \gtrsim \frac{B}{l^2} = \frac{EI}{l^2}$ überschreitet.

Für Lösungswege siehe Abschnitt 5.4.

[1]) Der Schubbeiwert-Ausdruck $\frac{1}{1+\frac{\nu}{\varsigma}}$ wird gelegentlich mit „γ" bezeichnet. Dasselbe Zeichen wird aber daneben auch für den Schubverzerrungswinkel und die Sicherheitsbeiwerte verwendet. Um eine Verwechslung zu vermeiden – Schubbeiwert und Sicherheitsbeiwert würden im Ausdruck für ε sogar in derselben Position auftreten – wird der Ausdruck hier mit $\hat{\gamma}$ bezeichnet.

5 Einfeldstab

5.1 Statisches System

Sowohl als selbständiges bzw. aus einem größeren Tragwerkszusammenhang isoliertes Bauteil als auch als Bestandteil von Fach- und Rahmenstabwerken (Glied zwischen zwei *Knoten i* und *k*) tritt der *Einfeldstab* auf (Bild 48).

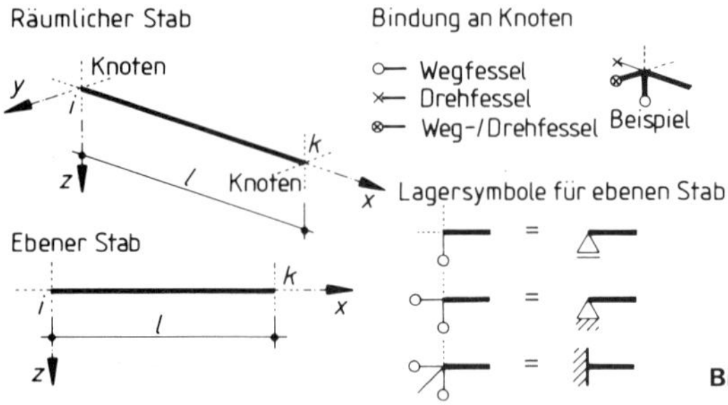

Bild 48 Einzelstab

Im Falle unstetiger Steifigkeit oder Lastfunktion wird er in Abschnitte mit jeweils stetigen Verhältnissen eingeteilt (Bild 49). U. U. ist es erforderlich, die Biegesteifigkeit ($B=EI$, $B_y=EI_y=E\,{}^{H}A_{zz}$, $B_z=EI_z=E\,{}^{H}A_{yy}$) innerhalb eines Abschnittes konstant anzunehmen.

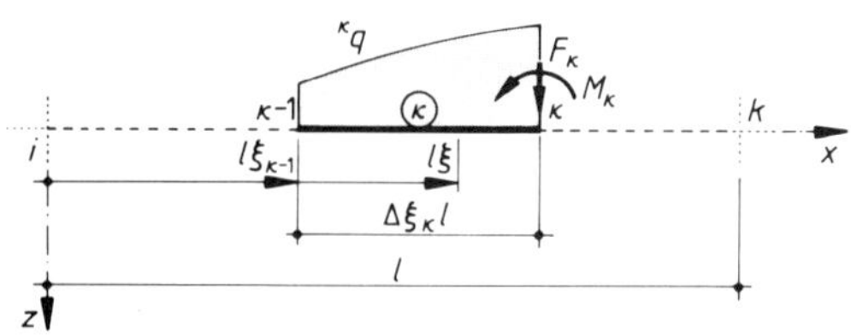

Bild 49 Finite Stababschnitte

Ebene statische Systeme mit genau 3 unabhängigen Fesseln und räumliche mit genau 6 unabhängigen Fesseln sind statisch bestimmt; bei mehr Fesseln sind sie statisch unbestimmt. Eine Fessel(komponente) verhindert die Verrückung eines Randpunktes (*i*, *k*) in einer Verschiebungs- oder Verdrehungsrichtung. Unabhängig sind die Fesseln dann, wenn sie die Unverrückbarkeit des Gesamtsystems sicherstellen.

5.2 Statische Berechnung des Einfeldstabes

Bei statisch bestimmten Systemen können zunächst die Fesselkräfte (Auflagerkräfte) und anschließend die Schnittgrößen N, V, M beim ebenen und N, V_y, V_z, M_y, M_z, M_t beim räumlichen System als Funktionen von x bzw. ξ oder in einzelnen Querschnitten bestimmt werden. Bei statisch unbestimmten Systemen ergeben sich die statisch überzähligen Fesselkräfte aus geometrischen oder dynamischen Verträglichkeitsbedingungen (Rand- und Übergangsbedingungen). Ein einfaches Verfahren zur Ermittlung der Zustandsgrößen in statisch bestimmten und statisch unbestimmten Einfeldträgern ist in Abschnitt 5.4 angegeben. Es eignet sich gleichermaßen für die Rechnung nach der Elastizitätstheorie I. wie II. Ordnung.

5.2.1 Einfache ebene statisch bestimmte Systeme

Tafel 24 Kragträger und Träger auf 2 Stützen

Belastungsfall	Auflagerkräfte	Biegemomente	Durchbiegung
1. 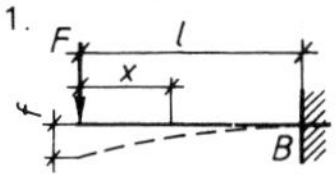	$B=F$	$M(x)=-Fx$ $M_B=-Fl$	$f=\frac{1}{3}\cdot\frac{Fl^3}{EI}=\frac{1}{3}\cdot\frac{\lvert M_B\rvert l^2}{EI}$
2. 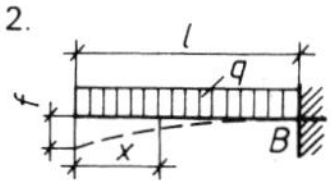	$B=ql$	$M(x)=-\frac{qx^2}{2}$ $M_B=-\frac{ql^2}{2}$	$f=\frac{1}{8}\cdot\frac{ql^4}{EI}=\frac{1}{4}\cdot\frac{\lvert M_B\rvert l^2}{E\cdot I}$
3. 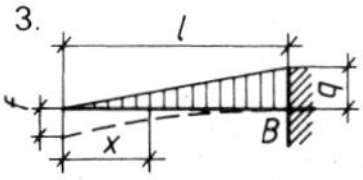	$B=\frac{ql}{2}$	$M(x)=-\frac{qx^3}{6l}$ $M_B=-\frac{ql^2}{6}$	$f=\frac{1}{30}\cdot\frac{ql^4}{EI}=\frac{1}{5}\cdot\frac{\lvert M_B\rvert l^2}{EI}$
4. 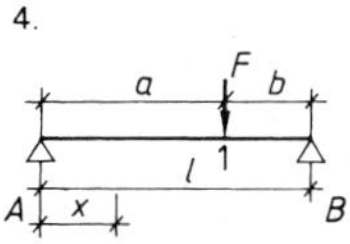	$A=F\frac{b}{l}$ $B=F\frac{a}{l}$	$M(x)=A\cdot x$ für $0\leqq x\leqq a$ $M(x)=B(l-x)$ für $a\leqq x\leqq l$ max $M=F\cdot a\cdot b/l$	$f_1=\frac{1}{3}\cdot\frac{F}{EI}\cdot\frac{a^2b^2}{l}$
5. $a=b=\frac{l}{2}$	$A=B=\frac{F}{2}$	$M(x)=\frac{F}{2}x$; max $M=\frac{Fl}{4}$	$f=\frac{1}{48}\cdot\frac{Fl^3}{EI}=\frac{1}{12}\cdot\frac{\max M\, l^2}{EI}$ (s. Tafel 24a)
6. 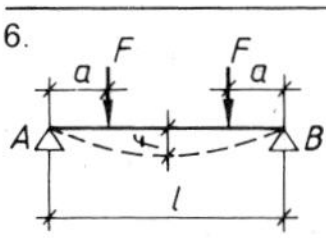	$A=B=F$	max $M=Fa$	$f=\frac{Fa}{24EI}(3l^2-4a^2)$ (s. Tafel 24a)
7. 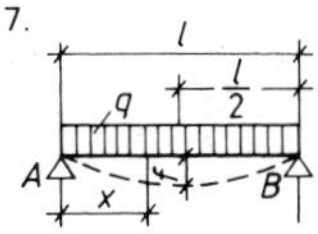	$A=B=\frac{ql}{2}$	$M(x)=\frac{qx}{2}(l-x)$ max $M=\frac{ql^2}{8}$	$f=\frac{5}{384}\cdot\frac{ql^4}{EI}=\frac{1}{9{,}6}\cdot\frac{\max M\, l^2}{EI}$ (s. Tafel 24a, LF1)
8. 	$A=\frac{1}{6}ql$ $B=\frac{1}{3}ql$	$M(x)=\frac{qlx}{6}\left(1-\frac{x^2}{l^2}\right)$ max $M=\frac{ql^2}{15{,}6}$ bei $x=0{,}577\,l$	$f=0{,}00652\,\frac{ql^4}{EI}$ bei $x=0{,}5193\,l$
9. 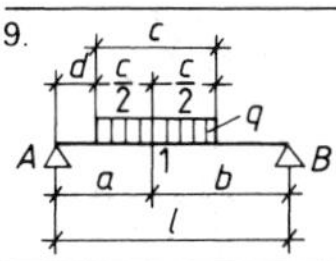	$A=\frac{qbc}{l}$ $B=\frac{qac}{l}$	max $M=\frac{qabc}{2l^2}(2l-c)$ bei $x=\frac{A}{q}+d$	$f_1=\frac{qc}{384\,lEI}$ $(lc^3-16abc^2+128a^2b^2)$ bei $x=a$
10. $a=b=\frac{l}{2}$	$A=B=\frac{qc}{2}$	max $M=\frac{qc}{8}(2l-c)$	$f=\frac{q\cdot c}{96EI}(2l^3-lc^2+0{,}25c^3)$

Tafel 24 (Fortsetzung)

Belastungsfall	Auflagerkräfte	Biegemomente	Durchbiegung
11. 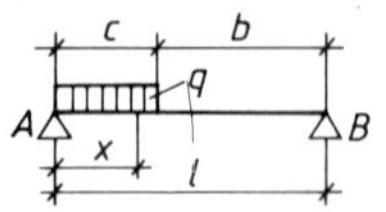	$A=\frac{qc}{2l}(2l-c)$ $B=\frac{qc^2}{2l}$	$x\leq c$: $M(x)=A\cdot x-\frac{qx^2}{2}$ $\max M=\frac{qc^2}{8l^2}(2l-c)^2$ bei $x=\frac{A}{q}$	$f=\frac{q\cdot b\cdot c^3}{24EI}\left(4-3\frac{c}{l}\right)$ bei $x=c$
12. $c=\frac{l}{2}$	$A=\frac{3}{8}ql$ $B=\frac{1}{8}ql$	$\max M=\frac{9}{128}ql^2$	$f=\frac{5}{768}\cdot\frac{q\cdot l^4}{EI}$ bei $x=l/2$
13. 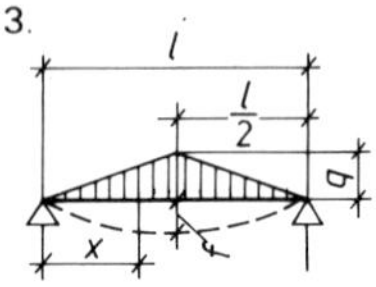	$A=B=\frac{ql}{4}$	$x\leq\frac{l}{2}$: $M(x)=\frac{qlx}{2}\left(\frac{1}{2}-\frac{2}{3}\cdot\frac{x^2}{l^2}\right)$ $x\geq\frac{l}{2}$: $M=M(x\leftarrow l-x)$ $\max M=\frac{ql^2}{12}$	$f=\frac{1}{120}\cdot\frac{ql^4}{EI}$
14. 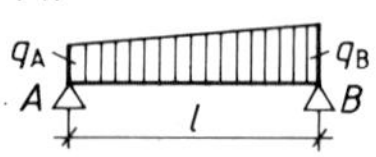	$A=(2q_A+q_B)\frac{l}{6}$ $B=(q_A+2q_B)\frac{l}{6}$	Mit $q=\frac{1}{2}(q_A+q_B)$ ist $\max M=\frac{q\cdot l^2}{n}$ bei $x=\xi\cdot l$	Für $q_A/q_B=0$ s. Fall 8 für $q_A/q_B=1{,}0$ s. Fall 7

q_A/q_B	0	0,1	0,2	0,3	0,4	0,5	0,6	0,7	0,8	0,9	1
ξ	0,577	0,566	0,554	0,544	0,535	0,528	0,521	0,515	0,509	0,504	0,500
n	7,79	7,86	7,90	7,94	7,96	7,98	7,99	7,99	8,00	8,00	8,00

Belastungsfall	Auflagerkräfte	Biegemomente	Durchbiegung
15. 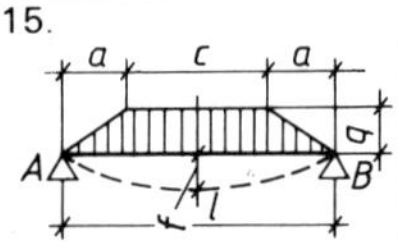	$A=B=\frac{q(l-a)}{2}$	$\max M=\frac{q}{24}(3l^2-4a^2)$	$f=\frac{q(5l^2-4a^2)^2}{1920EI}$
16. 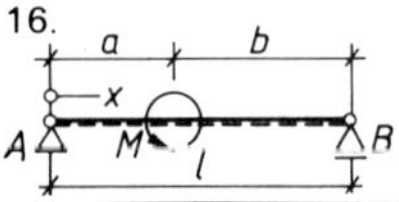	$A=-B=\frac{M}{l}$	$M(x)=M\frac{x}{l}$ für $x\leqq a$ $M(x)=-M\frac{l-x}{l}$ für $x\geqq a$	
17. 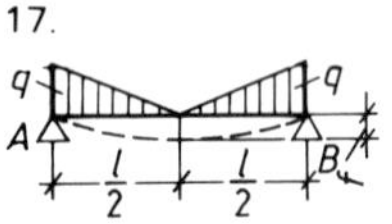	$A=B=\frac{ql}{4}$	$\max M=\frac{ql^2}{24}$	$f=\frac{3ql^4}{640EI}$
18. Parabel 2. Ordnung 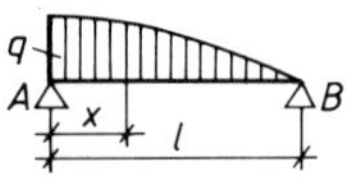	$A=\frac{5}{12}ql$ $B=\frac{ql}{4}$	$\max M=\frac{ql^2}{11{,}15}$ bei $x=0{,}446\,l$	$f=\frac{11ql^4}{120EI}$ bei $x=0{,}486\,l$
19. Parabel 2. Ordnung 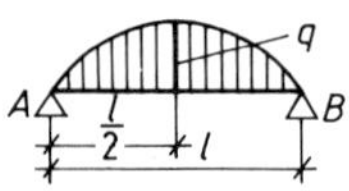	$A=B=\frac{q\cdot l}{3}$	$\max M=\frac{5}{48}ql^2$	$f=\frac{61ql^4}{5760EI}$

Tafel 25 Träger auf 2 Stützen mit Kragarmen

Belastungsfall	Auflagerkräfte	Biegemomente	Durchbiegung
20. 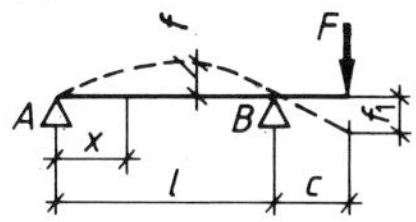	$A=-\frac{Fc}{l}$ $B=\frac{F(l+c)}{l}$	$x \leq l$: $M(x)=A\cdot x=-\frac{Fcx}{l}$ $M_B=-Fc$	$f=\frac{Fl^2}{9EI}\cdot\frac{c}{\sqrt{3}}$ bei $x=0{,}577\,l$ $f_1=\frac{Fc^2}{3EI}(l+c)$
21. 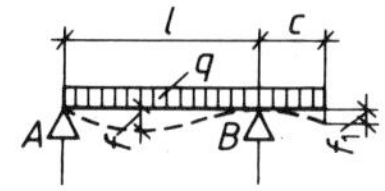	$A=\frac{q}{2l}(l^2-c^2)$ $B=\frac{q}{2l}(l+c)^2$	$\max M_F=\frac{q}{8l^2}(l^2-c^2)^2$ $M_B=-\frac{qc^2}{2}$ $\max M_F=\lvert M_B\rvert$ wenn $c=l(\sqrt{2}-1)$	$f=\frac{ql^2}{384EI}(5l^2-12c^2)$ bei $x=\frac{l}{2}$ $f_1=\frac{qc}{24EI}[c^2(4l+3c)-l^3]$
22. 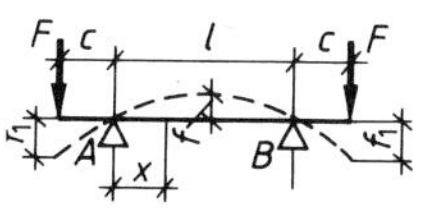	$A=B=F$	$M_A=M_B=-Fc$	$f=\frac{Fl^2c}{8EI}$ bei $\frac{l}{2}$ $f_1=\frac{Fc^2}{3EI}\left(c+\frac{3l}{2}\right)$
23. 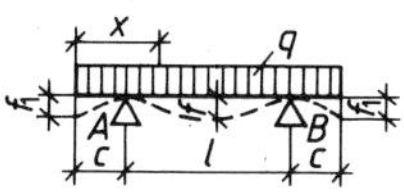	$A=B=$ $\frac{q}{2}(l+2c)$	$M(x)=A\cdot x\left(1-\frac{c}{x}-\frac{x}{l+2c}\right)$ für $x \leqq c$ wird $M_{(x)}=-\frac{qx^2}{2}$ $M_A=M_B=-\frac{qc^2}{2}$ $M_C=\frac{ql^2}{2}\left(\frac{1}{4}-\frac{c^2}{l^2}\right)$ für $c=0{,}3535\,l$ wird $M_A=M_C=\pm\frac{ql^2}{16}$	$f=\frac{1}{16}\cdot\frac{ql^4}{EI}\left(\frac{5}{24}-\frac{c^2}{l^2}\right)$ $f_1=\frac{1}{24}\cdot\frac{ql^4}{EI}$ $\cdot\left(3\frac{c^4}{l^4}+6\frac{c^3}{l^3}-\frac{c}{l}\right)$

Tafel 24a Erf. Flächenmoment bei Durchbiegungsbeschränkung und Durchsenkung

$\text{erf}\,I\,[\text{cm}^4]=k_{In}\cdot M\,[\text{kNm}]\cdot l\,[\text{m}]=\frac{n}{k_I}\cdot M\,[\text{kNm}]\cdot l\,[\text{m}]$ $\qquad f\,[\text{cm}]=\frac{\max\sigma\,[\text{N/mm}^2]}{k_f}\cdot\frac{l^2\,[\text{m}^2]}{h\,[\text{m}]}$

Lastfall (LF) nach 6.3		Stahl $E=210\,000$ kN/mm²			Nadelholz $E=10\,000$ kN/mm²			Brettschichtholz $E=11\,000$ kN/mm²		
	n	LF 5	LF 6	LF 1	LF 5	LF 6	LF 1	LF 5	LF 6	LF 1
k_{In}	150	5,95	7,61	7,44	125,00	159,72	156,25	113,64	145,20	142,05
	200	7,94	10,14	9,92	166,67	212,96	208,33	151,52	193,60	189,39
	250	9,92	12,68	12,40	208,33	266,20	260,42	189,39	242,00	236,74
	300	11,90	15,21	14,88	250,00	319,44	312,50	227,27	290,40	284,09
	350	13,89	17,75	17,36	291,67	372,69	364,58	265,15	338,80	331,44
	400	15,87	20,28	19,84	333,33	425,93	416,67	303,03	387,21	378,79
	500	19,84	25,35	24,80	416,67	532,41	520,83	378,79	484,01	473,48
	600	23,81	30,42	29,76	500,00	638,89	625,00	454,55	580,81	568,18
k_I		25,20	19,72	20,16	1,200	0,939	0,960	1,320	1,033	1,056
k_f		126,00	98,61	100,80	6,00	4,70	4,80	6,60	5,17	5,28

5.2.2 Einfache ebene statisch unbestimmte Systeme

Tafel 26 Eingespannte Träger

Belastungsfall	Auflagerkräfte	Biegemomente	Durchbiegung
1. 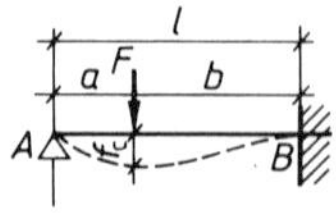	$A=\frac{Fb^2}{2l^3}(2l+a)$ $B=\frac{Fa}{2l^3}(3l^2-a^2)$	$M_B=-\frac{Fab}{2l^2}(l+a)$ $M_C=\frac{Fab^2}{2l^3}(2l+a)$	$f_C=\frac{Fa^2b^3}{12EIl^3}(3l+a)$
2. 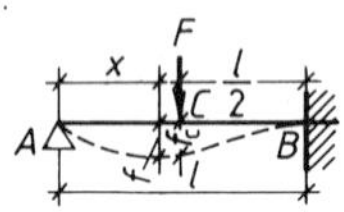	$A=\frac{5}{16}F$ $B=\frac{11}{16}F$	$M_B=-\frac{3}{16}Fl$ $M_C=\frac{5}{32}Fl$	$f_C=\frac{7}{768}\cdot\frac{Fl^3}{EI}$ $f=\frac{1}{48\sqrt{5}}\cdot\frac{Fl^3}{EI}$ bei $x=0{,}447\,l$
3. 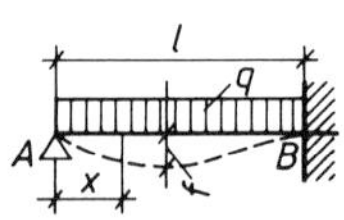	$A=\frac{3}{8}ql$ $B=\frac{5}{8}ql$	$M_{(x)}=\frac{qlx}{2}\left(\frac{3}{4}-\frac{x}{l}\right)$ $M_B=-\frac{ql^2}{8}$ $M_C=\frac{9}{128}ql^2$ bei $x=\frac{3}{8}l$	$f\approx\frac{2}{369}\cdot\frac{ql^4}{EI}$ bei $x=0{,}4215\,l$
4. 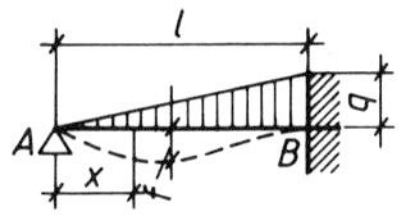	$A=\frac{1}{10}ql$ $B=\frac{2}{5}ql$	$M_{(x)}=\frac{qlx}{2}\left(\frac{1}{5}-\frac{x^2}{3l^2}\right)$ $M_B=-\frac{ql^2}{15}$ $M_C=\frac{ql^2}{33{,}54}$ bei $x=0{,}447\,l$	$f\approx\frac{1}{420}\cdot\frac{ql^4}{EI}$ bei $x=0{,}447\,l$
5. 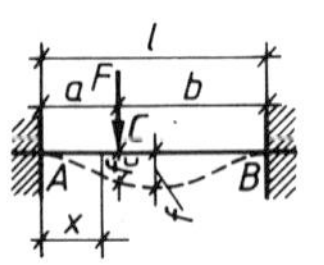	$A=\frac{Fb^2}{l^3}(l+2a)$ $B=\frac{Fa^2}{l^3}(l+2b)$	$M_A=-F\frac{ab^2}{l^2}$ $M_B=-F\frac{a^2b}{l^2}$ $\max M=M_C=2F\frac{a^2b^2}{l^3}$	$f_C=\frac{1}{3l^3}\cdot\frac{Fa^3b^3}{EI}$ $f=\frac{2}{3(3l-2a)^2}\cdot\frac{Fa^2b^3}{EI}$ bei $x=\frac{l^2}{3l-2a}$
6. 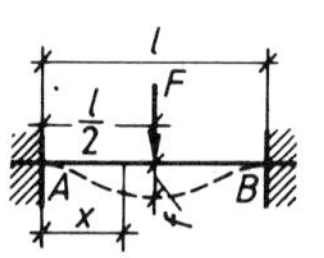	$A=B=\frac{F}{2}$	$M_{(x)}=\frac{F}{2}\left(x-\frac{l}{4}\right)$ $M_A=M_B=-\frac{Fl}{8}$ $\max M=M_C=\frac{Fl}{8}$	$f=\frac{1}{192}\cdot\frac{Fl^3}{EI}$ $=\frac{\max M\,l^2}{24EI}$
7. 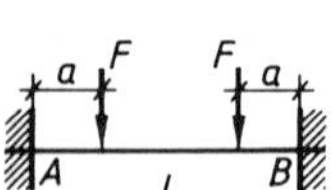	$A=B=F$	$M_A=M_B=-\frac{Fa}{l}(l-a)$ $\max M=\frac{Fa^2}{l}$	

Tafel 26 (Fortsetzung)

Belastungsfall	Auflagerkräfte	Biegemomente	Durchbiegung
8. 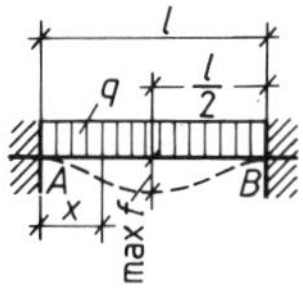	$A = B = \frac{q\,l}{2}$	$M(x) = -\frac{q\,l^2}{2}\left(\frac{1}{6} - \frac{x}{l} + \frac{x^2}{l^2}\right)$ $\max M = M_A = M_B = -\frac{q\,l^2}{12}$ $M_C = \frac{q\,l^2}{24}$	$f_C = \frac{1}{384} \cdot \frac{q\,l^4}{EI}$
9. 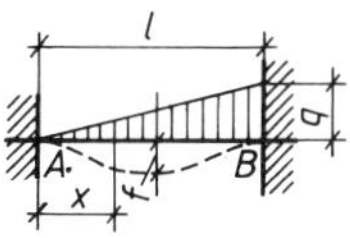	$A = \frac{3}{20}\,q\,l$ $B = \frac{7}{20}\,q\,l$	$M(x) = -\frac{q\,l^2}{60}$ $\cdot\left(2 - 9\frac{x}{l} + 10\frac{x^3}{l^3}\right)$ $M_A = -\frac{q\,l^2}{30}$ $\max M = M_B = -\frac{q\,l^2}{20}$ $M_C = \frac{q\,l^2}{46{,}6}$ bei $x = 0{,}548\,l$	$f = \frac{1}{764} \cdot \frac{q\,l^4}{EI}$ bei $x = 0{,}525\,l$
10. 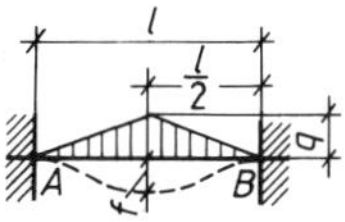	$A = B = \frac{q\,l}{4}$	$\max M = M_A = M_B$ $= -\frac{5}{96}\,q\,l^2$ $M_C = \frac{q\,l^2}{32}$ (größtes Feldmoment)	$f \approx \frac{1}{549} \cdot \frac{q\,l^4}{EI}$
11. 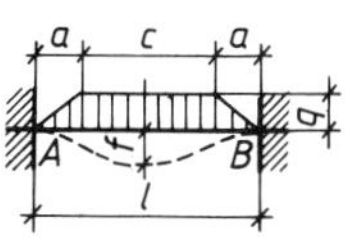	$A = B$ $= \frac{q(l-a)}{2}$	$\max M = M_A = M_B$ $= -\frac{q}{12}\left(l^2 - 2a^2 + \frac{a^3}{l}\right)$ $M_C = \frac{q}{24}\left(l^2 - \frac{2a^3}{l}\right)$ (größtes Feldmoment)	$f = \frac{q}{1920\,EI}$ $\cdot(5\,l^4 - 20a^3\,l + 16\,a^4)$
12. 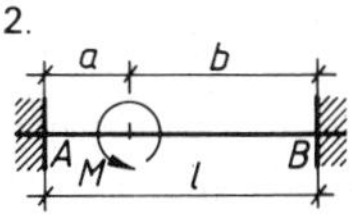	$A = -B$ $= 6\,M\frac{a\,b}{l^3}$	$M_A = -M\frac{b}{l^2}(3a - l)$ $M_B = M\frac{a}{l^2}(3b - l)$	
13. Stützensenkung 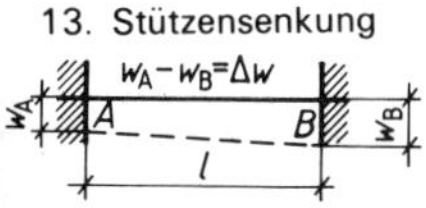	$A = -B$ $= -\frac{12\,EI}{l^3}\,\Delta w$	$M_A = -M_B = \frac{6\,EI}{l^2}\,\Delta w$	
14. ungl. Erwärmung 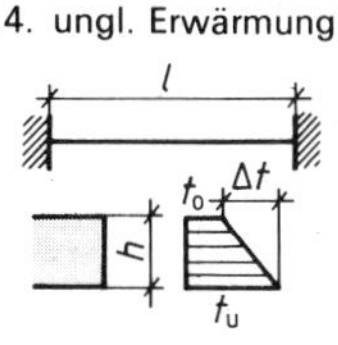	$A = B = 0$	$M_A = M_B = -\frac{EI}{h}\,\alpha_T\,\Delta t$ h = Trägerhöhe	

6

5.2.3 Belastungsglieder und Volleinspannmomente

Tafel 27 Belastungsglieder und Volleinspannmomente nach Theorie I. Ordnung

Nr.	Lastfall	$\frac{l}{6EI}\cdot L=\varphi_A$ 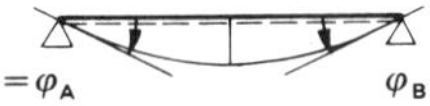 L	$\varphi_B=\frac{l}{6EI}R$ R

1	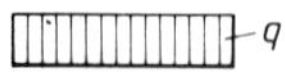	$\frac{q l^2}{4}$	$\frac{q l^2}{4}$
2	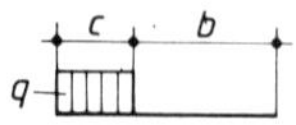	$\frac{q c^2}{4 l^2}(2l-c)^2$	$\frac{q c^2}{4 l^2}(2l^2-c^2)$
3	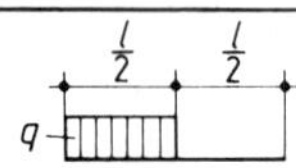	$\frac{9}{64} q l^2$	$\frac{7}{64} q l^2$
4	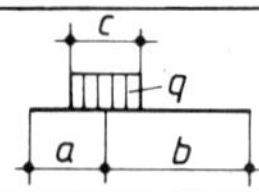	$\frac{qcb}{l^2}\left(l^2-b^2-\frac{c^2}{4}\right)$	$\frac{qca}{l^2}\left(l^2-a^2-\frac{c^2}{4}\right)$
5	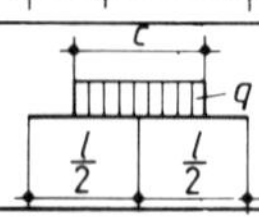	$\frac{qc}{8l}(3l^2-c^2)$	$\frac{qc}{8l}(3l^2-c^2)$
6	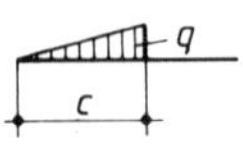	$\frac{qc^2}{3l}\left(2l-2{,}25c+0{,}6\frac{c^2}{l}\right)$	$\frac{qc^2}{3l}\left(l-0{,}6\frac{c^2}{l}\right)$
7	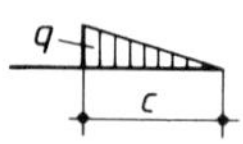	$\frac{qc^2}{3l}\left(l-0{,}6\frac{c^2}{l}\right)$	$\frac{qc^2}{3l}\left(2l-2{,}25c+0{,}6\frac{c^2}{l}\right)$
8	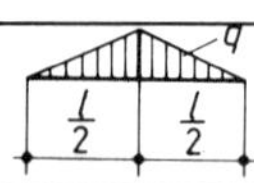	$\frac{5}{32} q l^2$	$\frac{5}{32} q l^2$
9		$\frac{7}{60} q l^2$	$\frac{8}{60} q l^2$
10	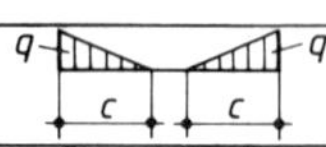	$\frac{qc^2}{2l}(l-0{,}5c)$	$\frac{qc^2}{2l}(l-0{,}5c)$
11	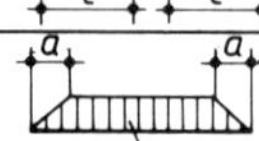	$\frac{q}{4}\left(l^2-2a^2+\frac{a^3}{l}\right)$	$\frac{q}{4}\left(l^2-2a^2+\frac{a^3}{l}\right)$
12	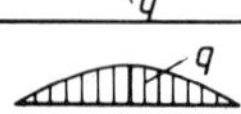	$\frac{1}{5} q l^2$	$\frac{1}{5} q l^2$
13		$\frac{10}{60} q l^2$	$\frac{11}{60} q l^2$
14	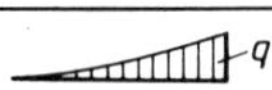	$\frac{1}{15} q l^2$	$\frac{1}{12} q l^2$

Anmerkung In die Formeln dieser Seite stets die tatsächlichen (geometrischen) Feldlängen einsetzen; auch dann, wenn wegen unterschiedlicher Flächenmomente zweiten Grades mit reduzierten (mechanischen) Feldlängen gearbeitet wird.

M_A	M_B	M_B M_A	Nr.
$-\frac{ql^2}{12}$	$-\frac{ql^2}{12}$	$-\frac{ql^2}{8}$	1
$-\frac{qc^2}{12l^2}(6b^2+4bc+c^2)$	$-\frac{qc^3}{12l^2}(4b+c)$	$M_B=-\frac{qc^2}{8l^2}(2l^2-c^2)$ $M_A=-\frac{qc^2}{8l^2}(l+b)^2$	2
$-\frac{11}{192}ql^2$	$-\frac{5}{192}ql^2$	$M_B=-\frac{7}{128}ql^2 \quad M_A=-\frac{9}{128}ql^2$	3
$-\frac{qc}{12l^2}\cdot[(4l^2-c^2)(2b-a)$ $-4(2b^3-a^3)]$	$-\frac{qc}{12l^2}\cdot[(4l^2-c^2)(2a-b)$ $-4(2a^3-b^3)]$	$M_B=-\frac{qac}{8l^2}[4(l^2-a^2)-c^2]$ $M_A=-\frac{qbc}{8l^2}[4(l^2-b^2)-c^2]$	4
$-\frac{qc}{24l}(3l^2-c^2)$	$-\frac{qc}{24l}(3l^2-c^2)$	$-\frac{qc}{16l}(3l^2-c^2)$	5
$-\frac{qc^2}{3l}\left(l-1{,}5c+0{,}6\frac{c^2}{l}\right)$	$-\frac{qc^3}{4l}\left(1-0{,}8\frac{c}{l}\right)$	$M_B=-\frac{qc^2}{6}\left(1-0{,}6\frac{c^2}{l^2}\right)$ $M_A=-\frac{qc^2}{6l}\left(2l-2{,}25c+0{,}6\frac{c^2}{l}\right)$	6
$-\frac{qc^3}{4l}\left(1-0{,}8\frac{c}{l}\right)$	$-\frac{qc^2}{3l}\left(l-1{,}5c+0{,}6\frac{c^2}{l}\right)$	$M_B=-\frac{qc^2}{6l}\left(2l-2{,}25c+0{,}6\frac{c^2}{l}\right)$ $M_A=-\frac{qc^2}{6}\left(1-0{,}6\frac{c^2}{l^2}\right)$	7
$-\frac{5}{96}ql^2$	$-\frac{5}{96}ql^2$	$-\frac{5}{64}ql^2$	8
$-\frac{1}{30}ql^2$	$-\frac{1}{20}ql^2$	$M_B=-\frac{8}{120}ql^2 \quad M_A=-\frac{7}{120}ql^2$	9
$-\frac{qc^2}{6l}(l-0{,}5c)$	$-\frac{qc^2}{6l}(l-0{,}5c)$	$-\frac{qc^2}{4l}(l-0{,}5c)$	10
$-\frac{q}{12}\left(l^2-2a^2+\frac{a^3}{l}\right)$	$-\frac{q}{12}\left(l^2-2a^2+\frac{a^3}{l}\right)$	$-\frac{q}{8}\left(l^2-2a^2+\frac{a^3}{l}\right)$	11
$-\frac{1}{15}ql^2$	$-\frac{1}{15}ql^2$	$-\frac{1}{10}ql^2$	12
$-\frac{1}{20}ql^2$	$-\frac{1}{15}ql^2$	$M_B=-\frac{11}{120}ql^2 \quad M_A=-\frac{10}{120}ql^2$	13
$-\frac{1}{60}ql^2$	$-\frac{1}{30}ql^2$	$M_B=-\frac{1}{24}ql^2 \quad M_A=-\frac{1}{30}ql^2$	14

Fortsetzung s. nächste Seite

Tafel 27, Fortsetzung

Nr.	Lastfall	L	R
	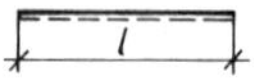	$\frac{l}{6EI}\cdot L=\varphi_A$ 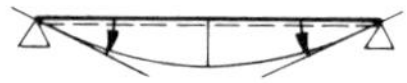	$\varphi_B=\frac{l}{6EI}R$
15	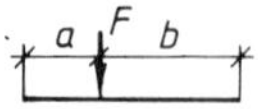	$\frac{Fab}{l^2}(l+b)$	$\frac{Fab}{l^2}(l+a)$
16	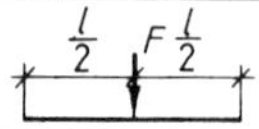	$\frac{3}{8}Fl$	$\frac{3}{8}Fl$
17	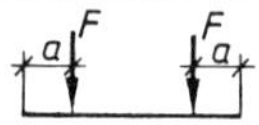	$\frac{3Fa}{l}(l-a)$	$\frac{3Fa}{l}(l-a)$
18	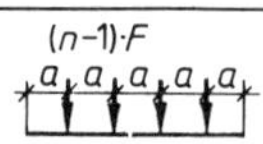	$\frac{Fa}{4}(n^2-1)$	$\frac{Fa}{4}(n^2-1)$
19	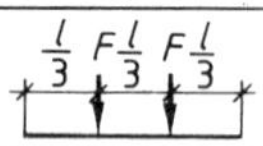	$\frac{2}{3}Fl$	$\frac{2}{3}Fl$
20	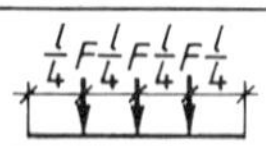	$\frac{15}{16}F\cdot l$	$\frac{15}{16}Fl$
21	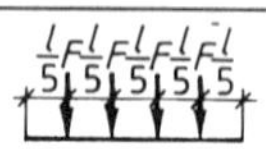	$\frac{6}{5}Fl$	$\frac{6}{5}Fl$
22	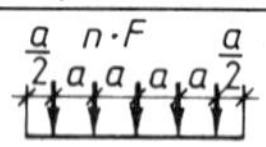	$\frac{Fa}{4}\left(n^2+\frac{1}{2}\right)$	$\frac{F\cdot a}{4}\left(n^2+\frac{1}{2}\right)$
23	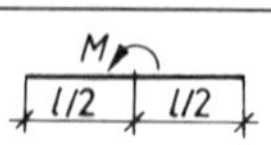	$\frac{M}{4}$	$-\frac{M}{4}$
24	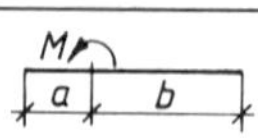	$\frac{M}{l^2}(l^2-3b^2)$	$-\frac{M}{l^2}(l^2-3a^2)$
25	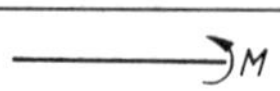	M	$2M$
26		$2M_1+M_2$	M_1+2M_2
27	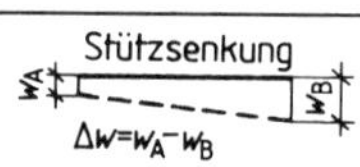	$\frac{6EI}{l^2}(w_B-w_A)$	$-\frac{6EI}{l^2}(w_B-w_A)$
28	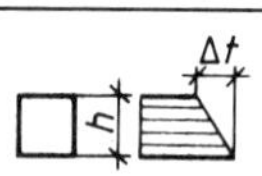	$3EI\alpha_t\frac{\Delta t}{h}$	$3EI\alpha_t\frac{\Delta t}{h}$

Anmerkung In die Formeln dieser Seite stets die tatsächlichen (geometrischen) Feldlängen einsetzen; auch dann, wenn wegen unterschiedlicher Flächenmomente zweiten Grades mit reduzierten (mechanischen) Feldlängen gearbeitet wird.

M_A	M_B	M_A	Nr.
$-\frac{Fab^2}{l^2}$	$-\frac{F\cdot a^2 b}{l^2}$	$-\frac{Fab}{2l^2}(l+b)$	15
$-\frac{Fl}{8}$	$-\frac{Fl}{8}$	$-\frac{3}{16}Fl$	16
$-\frac{Fa}{l}(l-a)$	$-\frac{Fa}{l}(l-a)$	$-\frac{3Fa}{2l}(l-a)$	17
$-\frac{Fl}{12}\left(n-\frac{1}{n}\right)$	$-\frac{Fl}{12}\left(n-\frac{1}{n}\right)$	$-\frac{Fl}{8}\left(n-\frac{1}{n}\right)$	18
$-\frac{2}{9}Fl$	$-\frac{2}{9}Fl$	$-\frac{Fl}{3}$	19
$-\frac{5}{16}Fl$	$-\frac{5}{16}Fl$	$-\frac{15}{32}Fl$	20
$-\frac{2}{5}Fl$	$-\frac{2}{5}Fl$	$-\frac{3}{5}Fl$	21
$-\frac{Fl}{12}\left(n+\frac{1}{2n}\right)$	$-\frac{Fl}{12}\left(n+\frac{1}{2n}\right)$	$-\frac{Fl}{8}\left(n+\frac{1}{2n}\right)$	22
$-\frac{M}{4}$	$+\frac{M}{4}$	$-\frac{M}{8}$	23
$-\frac{Mb}{l^2}(3a-l)$	$\frac{Ma}{l^2}(3b-l)$	$-\frac{M}{2l^2}(l^2-3b^2)$	24
O	$-M$	$-\frac{M}{2}$	25
$-M_1$	$-M_2$	$-M_1-\frac{1}{2}M_2$	26
$\frac{6EI}{l^2}\Delta w$	$-\frac{6EI}{l^2}\Delta w$	$\frac{3EI}{l^2}\Delta w$	27
$-EI\alpha_t\frac{\Delta t}{h}$	$-EI\alpha_t\frac{\Delta t}{h}$	$-\frac{3}{2}E\cdot I\alpha_t\frac{\Delta t}{h}$	28

Tafel 28 Volleinspannmomente (Vorspannung) $EI = \text{const.}$

Nr. Spanngliedführung		
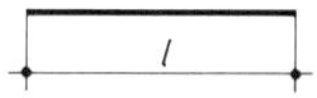 Nr. Spanngliedführung	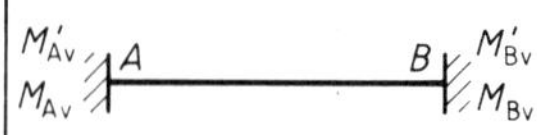	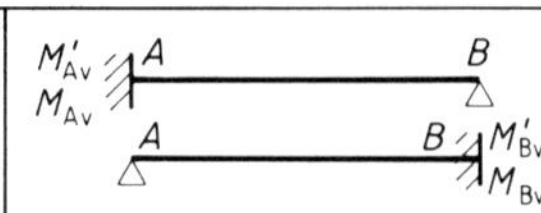
1 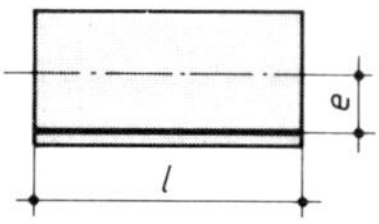	$M'_{Av} = -e\cdot P$ $M_{Av} = 0$ $M'_{Bv} = -e\cdot P$ $M_{Bv} = 0$	$M'_{Av} = -\frac{3}{2}e\cdot P$ $M_{Av} = -\frac{1}{2}e\cdot P$ $M'_{Bv} = -\frac{3}{2}e\cdot P$ $M_{Bv} = -\frac{1}{2}e\cdot P$
2 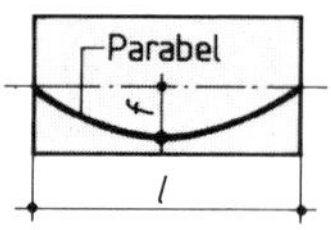	$M'_{Av} = M_{Av} = M'_{Bv} = M_{Bv} = -\frac{2}{3}f\cdot P$	$M'_{Av} = M_{Av} = M'_{Bv} = M_{Bv} = -f\cdot P$
3 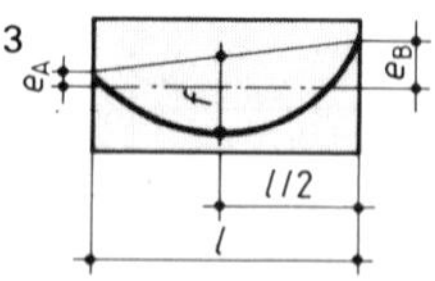	$M'_{Av} = -\frac{1}{3}(2f+3e_A)\cdot P$ $M_{Av} = -\frac{2}{3}f\cdot P$ $M'_{Bv} = -\frac{1}{3}(2f+3e_B)\cdot P$ $M_{Bv} = -\frac{2}{3}f\cdot P$	$M'_{Av} = -\frac{1}{2}(2f+2e_A+e_B)\cdot P$ $M_{Av} = -\frac{1}{2}(2f+e_B)\cdot P$ $M'_{Bv} = -\frac{1}{2}(2f+e_A+2e_B)\cdot P$ $M_{Bv} = -\frac{1}{2}(2f+e_A)\cdot P$
4 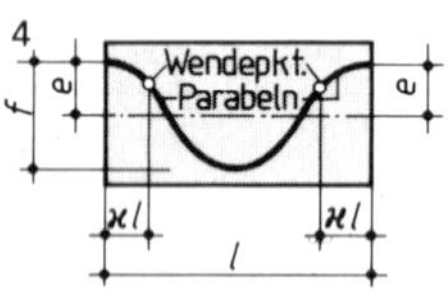	$M'_{Av} = -\frac{1}{3}[2f(1-\varkappa)+3e]\cdot P$ $M_{Av} = -\frac{2}{3}f(1-\varkappa)\cdot P$ $M'_{Bv} = -\frac{1}{3}[2f(1-\varkappa)+3e]\cdot P$ $M_{Bv} = -\frac{2}{3}f(1-\varkappa)\cdot P$	$M'_{Av} = -\frac{1}{2}[2f(1-\varkappa)+3e]\cdot P$ $M_{Av} = -\frac{1}{2}[2f(1-\varkappa)+e]\cdot P$ $M'_{Bv} = -\frac{1}{2}[2f(1-\varkappa)+3e]\cdot P$ $M_{Bv} = -\frac{1}{2}[2f(1-\varkappa)+e]\cdot P$
5 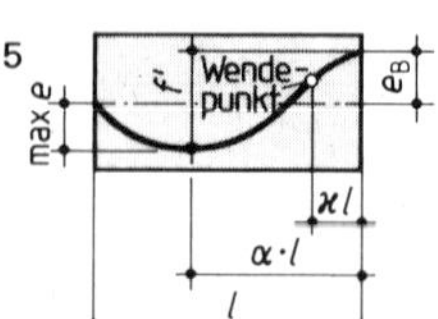	$M'_{Bv} = -\frac{1}{4}\{f'[5-\alpha(2-\varkappa)-\varkappa(4-\varkappa)]+e_B[5-\alpha(2-\alpha)]\}\cdot P$ $M_{Bv} = e_B\cdot P + M'_{Bv}$ $f' = e_u - e_B$; $(e_u - \max e)$	

Der einseitig eingespannte Balken mit parabelförmigem Spannglied

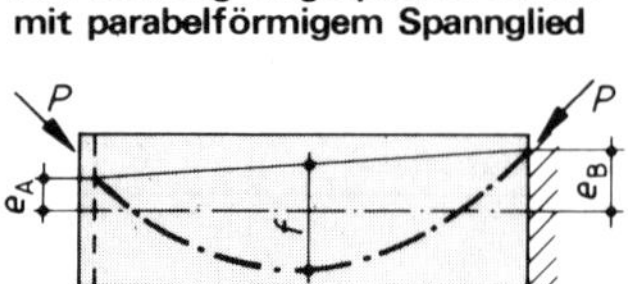

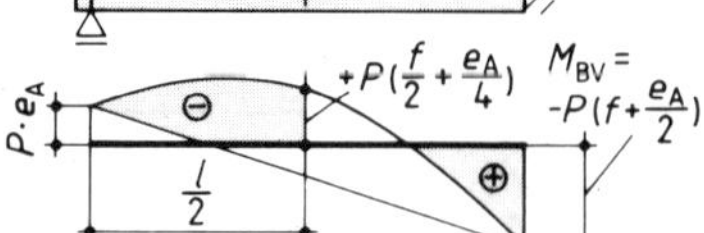

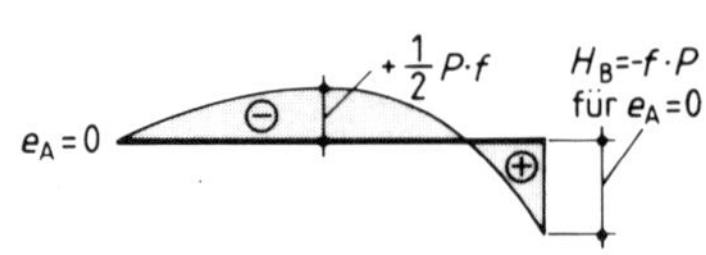

$e_A = 0$

$M_V = M^0_V + M'_V$; M'_V stat. unbestimmtes Moment für $e_A = 0$

$M^0_{Bv} = e_B\cdot P$; $M'_{Bv} = -(f+e_B)\cdot P$

$M_{Bv} = e_B\cdot P - (f+e_B)\cdot V = -f\cdot P$

e über der Schwerlinie P negativ

Tafel 29 Volleinspannmomente nach Theorie II. Ordnung

Lagerungseinfluß

Nr.	Linker Rand				System	Rechter Rand			
1	0	0	0	0		0	$\frac{\varrho_{-1n}}{\varrho_{0n}}$	1	0
2	0	0	0	0		$-\frac{\varrho_{1n}}{\varrho_{bn}}$	$\frac{\varrho_{1n}}{\varrho_{bn}}$	1	0
3	0	0	$-\frac{1}{\varrho_{0n}}$	$\hat{\gamma}\frac{\varrho_{1n}}{\varrho_{0n}}$		0	0	0	0
4	$\frac{\varrho_{1n}}{\varrho_{bn}}$	0	$\frac{\varrho_{an}}{\varrho_{bn}}$	0		0	0	0	0
5	$\frac{\varrho_{2n}}{2\varrho_{cn}}$	$-\frac{\varrho_{an}}{\varrho_{cn}}$	0	0		$-\frac{\varrho_{2n}}{2\varrho_{cn}}$	$\frac{\varrho_{bn}}{\varrho_{cn}}$	1	0
	f_ω	f_φ	f_μ	f_υ	Faktor	f_ω	f_φ	f_μ	f_υ

Einwirkungseinfluß

Nr.	Einwirkung	f_ω	f_φ	f_μ	f_υ	Faktor
1	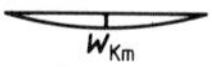	$\hat{\gamma}(\varrho_{1(1)}-\varrho_{2(1)})$	$\varrho_{0(1)}-2\varrho_{1(1)}$	$-(\varrho_{-1(1)}-2\varrho_{0(1)})$	0	$4w_{Km}$
2		$\hat{\gamma}\frac{\varrho_{4(1)}}{4!}-\frac{\varsigma}{2}$	$\frac{\varrho_{3(1)}}{3!}$	$-\frac{\varrho_{2(1)}}{2!}$	$-\frac{1}{\hat{\gamma}}$	
3		$\hat{\gamma}\frac{\varrho_{5(1)}}{5!}-\frac{\varsigma}{6}$	$\frac{\varrho_{4(1)}}{4!}$	$-\frac{\varrho_{3(1)}}{3!}$	$-\frac{1}{2\hat{\gamma}}$	
4		$\hat{\gamma}\left(\frac{\varrho_{4(1)}}{4!}-\frac{\varrho_{5(1)}}{5!}\right)-\frac{\varsigma}{3}$	$\frac{\varrho_{3(1)}}{3!}-\frac{\varrho_{4(1)}}{4!}$	$-\left(\frac{\varrho_{2(1)}}{2!}-\frac{\varrho_{3(1)}}{3!}\right)$	$-\frac{1}{2\hat{\gamma}}$	
5	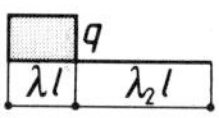	$\hat{\gamma}\left(\frac{\varrho_{4(1)}}{4!}-\frac{\varrho_{4(\lambda)}}{4!}\lambda_2^4\right)-\frac{\varsigma\lambda}{2}(2-\lambda)$	$\frac{\varrho_{3(1)}}{3!}-\frac{\varrho_{3(\lambda)}}{3!}\lambda_2^3$	$-\left(\frac{\varrho_{2(1)}}{2!}-\frac{\varrho_{2(\lambda)}}{2!}\lambda_2^2\right)$	$-\frac{\lambda}{\hat{\gamma}}$	$\hat{\gamma}ql^2$
6	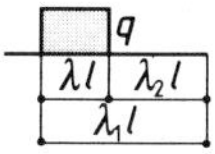	$\hat{\gamma}\left(\frac{\varrho_{4(\lambda_1)}}{4!}\lambda_1^4-\frac{\varrho_{4(\lambda_2)}}{4!}\lambda_2^4\right)-\frac{\varsigma\lambda}{2}(2\lambda_1-\lambda)$	$\frac{\varrho_{3(\lambda_1)}}{3!}\lambda_1^3-\frac{\varrho_{3(\lambda_2)}}{3!}\lambda_2^3$	$-\left(\frac{\varrho_{2(\lambda_1)}}{2!}\lambda_1^2-\frac{\varrho_{2(\lambda_2)}}{2!}\lambda_2^2\right)$	$-\frac{\lambda}{\hat{\gamma}}$	
7	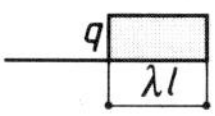	$\hat{\gamma}\frac{\varrho_{4(\lambda)}}{4!}\lambda^4-\varsigma\frac{\lambda^2}{2}$	$\frac{\varrho_{3(\lambda)}}{3!}\lambda^3$	$-\frac{\varrho_{2(\lambda)}}{2!}\lambda^2$	$-\frac{\lambda}{\hat{\gamma}}$	

6

Tafel 29, Fortsetzung

Nr.	Einwirkung	f_ω	f_φ	f_μ	f_υ	Faktor
8	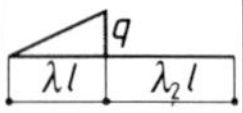	$\hat\gamma\left(\frac{\varrho_{5(1)}}{5!}\frac{1}{\lambda}-\frac{\varrho_{5(\lambda_2)}}{5!}\frac{\lambda_2^5}{\lambda}-\frac{\varrho_{4(\lambda_2)}}{4!}\lambda_2^4\right)-\frac{\varsigma\lambda}{6}(3\lambda_2+\lambda)$	$\frac{\varrho_{4(1)}}{4!}\frac{1}{\lambda}-\frac{\varrho_{4(\lambda_2)}}{4!}\frac{\lambda_2^4}{\lambda}-\frac{\varrho_{3(\lambda_2)}}{3!}\lambda_2^3$	$-\left(\frac{\varrho_{3(1)}}{3!}\frac{1}{\lambda}-\frac{\varrho_{3(\lambda_2)}}{3!}\frac{\lambda_2^3}{\lambda}-\frac{\varrho_{2(\lambda_2)}}{2!}\lambda_2^2\right)$	$-\frac{\lambda}{2\hat\gamma}$	
9	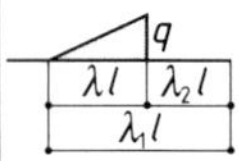	$\hat\gamma\left(\frac{\varrho_{5(\lambda_1)}}{5!}\frac{\lambda_1^5}{\lambda}-\frac{\varrho_{5(\lambda_2)}}{5!}\frac{\lambda_2^5}{\lambda}-\frac{\varrho_{4(\lambda_2)}}{4!}\lambda_2^4\right)-\frac{\varsigma\lambda}{6}(3\lambda_2+\lambda)$	$\frac{\varrho_{4(\lambda_1)}}{4!}\frac{\lambda_1^4}{\lambda}-\frac{\varrho_{4(\lambda_2)}}{4!}\frac{\lambda_2^4}{\lambda}-\frac{\varrho_{3(\lambda_2)}}{3!}\lambda_2^3$	$-\left(\frac{\varrho_{3(\lambda_1)}}{3!}\frac{\lambda_1^3}{\lambda}-\frac{\varrho_{3(\lambda_2)}}{3!}\frac{\lambda_2^3}{\lambda}-\frac{\varrho_{2(\lambda_2)}}{2!}\lambda_2^2\right)$	$-\frac{\lambda}{2\hat\gamma}$	
10	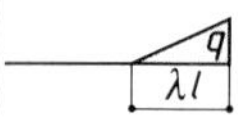	$\hat\gamma\frac{\varrho_{5(\lambda)}}{5!}\lambda^4-\frac{\varsigma\lambda^2}{6}$	$\frac{\varrho_{4(\lambda)}}{4!}\lambda^3$	$\frac{\varrho_{3(\lambda)}}{3!}\lambda^2$	$-\frac{\lambda}{2\hat\gamma}$	
11	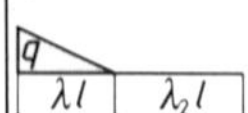	$\hat\gamma\left(\frac{\varrho_{4(1)}}{4!}-\frac{\varrho_{5(1)}}{5!}\frac{1}{\lambda}+\frac{\varrho_{5(\lambda_2)}}{5!}\frac{\lambda_2^5}{\lambda}\right)-\frac{\varsigma\lambda}{6}(3-\lambda)$	$\frac{\varrho_{3(1)}}{3!}-\frac{\varrho_{4(1)}}{4!}\frac{1}{\lambda}+\frac{\varrho_{4(\lambda_2)}}{4!}\frac{\lambda_2^5}{\lambda}$	$-\left(\frac{\varrho_{2(1)}}{2!}-\frac{\varrho_{3(1)}}{3!}+\frac{\varrho_{3(\lambda_2)}}{3!}\frac{\lambda_2^3}{\lambda}\right)$	$-\frac{\lambda}{2\hat\gamma}$	$\hat\gamma q l^2$
12	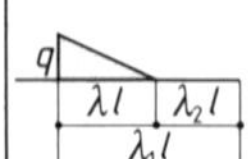	$\hat\gamma\left(\frac{\varrho_{4(\lambda_1)}}{4!}\lambda_1^4-\frac{\varrho_{5(\lambda_1)}}{5!}\frac{\lambda_1^5}{\lambda}+\frac{\varrho_{5(\lambda_2)}}{5!}\frac{\lambda_2^5}{\lambda}\right)-\frac{\varsigma\lambda}{6}(3\lambda_1-\lambda)$	$\frac{\varrho_{3(\lambda_1)}}{3!}\lambda_1^3-\frac{\varrho_{4(\lambda_1)}}{4!}\frac{\lambda_1^4}{\lambda}+\frac{\varrho_{4(\lambda_2)}}{4!}\frac{\lambda_2^4}{\lambda}$	$-\left(\frac{\varrho_{2(\lambda_1)}}{2!}\lambda_1^2-\frac{\varrho_{3(\lambda_1)}}{3!}\frac{\lambda_1^3}{\lambda}+\frac{\varrho_{3(\lambda_2)}}{3!}\frac{\lambda_2^3}{\lambda}\right)$	$-\frac{\lambda}{2\hat\gamma}$	
13	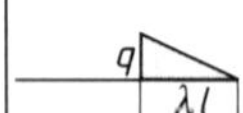	$\hat\gamma\left(\frac{\varrho_{4(\lambda)}}{4!}-\frac{\varrho_{5(\lambda)}}{5!}\right)\lambda^4-\frac{\varsigma\lambda^2}{3}$	$\left(\frac{\varrho_{3(\lambda)}}{3!}-\frac{\varrho_{4(\lambda)}}{4!}\right)\lambda^3$	$-\left(\frac{\varrho_{2(\lambda)}}{2!}-\frac{\varrho_{3(\lambda)}}{3!}\right)\lambda^2$	$-\frac{\lambda}{2\hat\gamma}$	
14	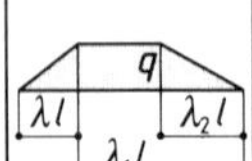	$\hat\gamma\left(\frac{\varrho_{5(1)}}{5!}\frac{1}{\lambda}-\frac{\varrho_{5(\lambda_1)}}{5!}\frac{\lambda_1^5}{\lambda}-\frac{\varrho_{5(\lambda_2)}}{5!}\lambda_2^4\right)-\frac{\varsigma}{6}(3\lambda_1+\lambda^2-\lambda_2^2)$	$\frac{\varrho_{4(1)}}{4!}\frac{1}{\lambda}-\frac{\varrho_{4(\lambda_1)}}{4!}\frac{\lambda_1^4}{\lambda}-\frac{\varrho_{4(\lambda_2)}}{4!}\lambda_2^3$	$-\left(\frac{\varrho_{3(1)}}{3!}\frac{1}{\lambda}-\frac{\varrho_{3(\lambda_1)}}{3!}\frac{\lambda_1^3}{\lambda}-\frac{\varrho_{3(\lambda_2)}}{3!}\lambda_2^2\right)$	$-\frac{1+\lambda-\lambda_2}{2\hat\gamma}$	
15	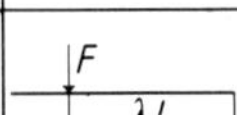	$\hat\gamma\frac{\varrho_{3(\lambda)}}{3!}\lambda^3-\varsigma\lambda$	$\frac{\varrho_{2(\lambda)}}{2!}\lambda^2$	$-\varrho_{1(\lambda)}\lambda$	$-\frac{\lambda}{\hat\gamma}$	$\hat\gamma F l$
16	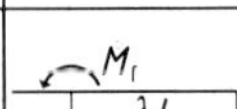	$\hat\gamma\frac{\varrho_{2(\lambda)}}{2!}\lambda^2$	$\varrho_{1(\lambda)}\lambda$	$-\varrho_{0(\lambda)}$	0	M_f

Zu ϱ-Funktionen s. Abschn. 5.4.2

5.2.4 Knicken in einer Ebene (Eulerfälle)

Knicken wird durch die Differentialgleichung der Biegelinie in der Form

$w''' + \frac{F}{E \cdot I} w' = 0$ beschrieben.

Lösung $F_K = \frac{\pi^2 EI}{s_K^2}$ Kritische Last

Von besonderer Bedeutung ist die Knicklänge s_K. Man unterscheidet 4 Eulerfälle.

6

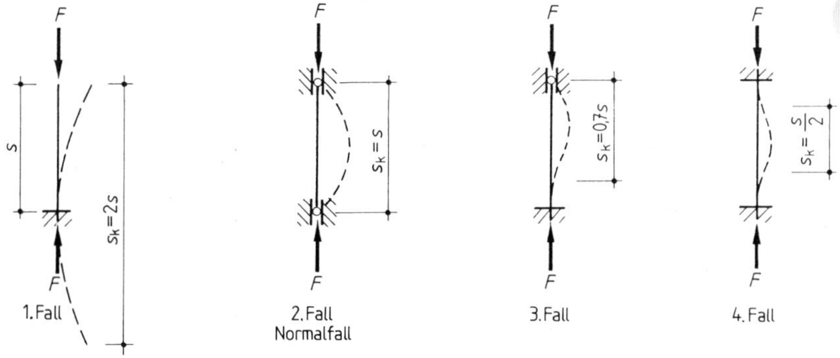

Bild 50 Eulerfälle

Omega-Verfahren (Baustoff Holz nach DIN 1052)

$\text{zul}\,\sigma_K = \frac{\text{zul}\,\sigma_0}{\omega}$; $\lambda = \frac{s_K}{i}$; $i = \sqrt{\frac{I}{A}}$;

λ Schlankheitsgrad
ω Knickzahl
Holz s. S. 824f.

Neue Vorschriften legen der Druckstabbemessung das Traglastverfahren zugrunde.

5.3 Formänderungsberechnung

Arbeitsgleichung

$$\bar{1} \cdot \delta_j = \int_{(l)} \left[\frac{M\bar{M}}{EI} + \frac{M_T \bar{M}_T}{GI_T} + \frac{N\bar{N}}{EA} + \varkappa_Q \frac{V\bar{V}}{GA} + \alpha_t \left(\bar{N} T_0 + \bar{M} \frac{\Delta t}{d} \right) \right] dx - \sum \bar{C} c - \sum \bar{M} \varphi$$

Die Berechnung der Einzelweggröße δ_j erfolgt mit der Arbeitsgleichung, indem am Ort und in Richtung der Einzelweggröße eine virtuelle Last $\bar{1}$ angebracht wird.

Tafel 30 Produktintegrale $\int {}^i f\, {}^k f\, d\xi = \frac{1}{l} \int {}^i f\, {}^k f\, dx$

l	Rechteck 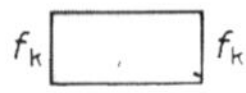	Dreieck 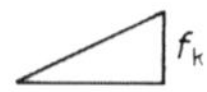	Dreieck 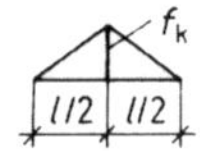	Dreieck 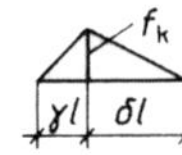
Rechteck 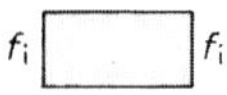	$f_i f_k$	$\frac{1}{2} f_i f_k$	$\frac{1}{2} f_i f_k$	$\frac{1}{2} f_i f_k$
Dreieck 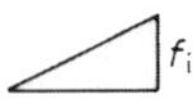	$\frac{1}{2} f_i f_k$	$\frac{1}{3} f_i f_k$	$\frac{1}{4} f_i f_k$	$\frac{1}{6} (1+\gamma) f_i f_k$
Dreieck 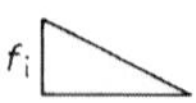	$\frac{1}{2} f_i f_k$	$\frac{1}{6} f_i f_k$	$\frac{1}{4} f_i f_k$	$\frac{1}{6} (1+\delta) f_i f_k$
Dreieck 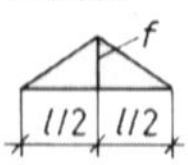	$\frac{1}{2} f_i f_k$	$\frac{1}{4} f_i f_k$	$\frac{1}{3} f_i f_k$	$\frac{1}{12} \frac{3-4\gamma^2}{\delta} f_i f_k$ für $\gamma \leqq \delta$
Dreieck 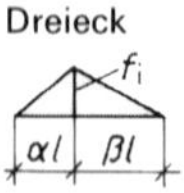	$\frac{1}{2} f_i f_k$	$\frac{1}{6} (1+\alpha) f_i f_k$	$\frac{1}{12} \frac{3-4\alpha^2}{\beta} f_i f_k$ für $\alpha \leqq \beta$	$\frac{1}{6} \frac{2\alpha-\alpha^2-\gamma^2}{\alpha \cdot \delta} f_i f_k$ für $\alpha \geq \gamma$
Trapez 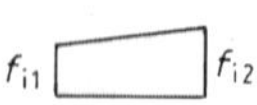	$\frac{1}{2} (f_{i1}+f_{i2}) f_k$	$\frac{1}{6} (f_{i1}+2f_{i2}) f_k$	$\frac{1}{4} f_k (f_{i1}+f_{i2})$	$\frac{1}{6} f_k [(1+\delta) f_{i1}$ $+ (1+\gamma) f_{i2}]$
Quadratische Parabel 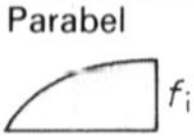	$\frac{2}{3} f_i f_k$	$\frac{5}{12} f_i f_k$	$\frac{17}{48} f_i f_k$	$\frac{1}{12} (5-\delta-\delta^2) f_i f_k$
Quadratische Parablel 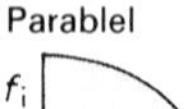	$\frac{2}{3} f_i f_k$	$\frac{1}{4} f_i f_k$	$\frac{17}{48} f_i f_k$	$\frac{1}{12} (5-\gamma-\gamma^2) f_i f_k$
Quadratische Parabel 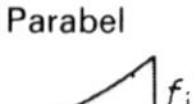	$\frac{1}{3} f_i f_k$	$\frac{1}{4} f_i f_k$	$\frac{7}{48} f_i f_k$	$\frac{1}{12} (1+\gamma+\gamma^2) f_i f_k$
Quadratische Parabel 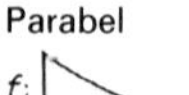	$\frac{1}{3} f_i f_k$	$\frac{1}{12} f_i f_k$	$\frac{7}{48} f_i f_k$	$\frac{1}{12} (1+\delta+\delta^2) f_i f_k$
$\int {}^k f\, {}^k f\, dx$	f_k^2	$\frac{1}{3} f_k^2$	$\frac{1}{3} f_k^2$	$\frac{1}{3} f_k^2$

Trapez 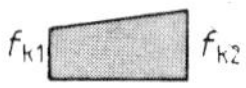	Quadratische Parabel 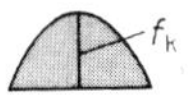	Quadratische Parabel 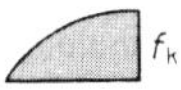	Quadratische Parabel 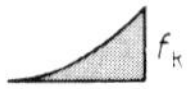
$\frac{1}{2} f_i (f_{k1} + f_{k2})$	$\frac{2}{3} f_i f_k$	$\frac{2}{3} f_i f_k$	$\frac{1}{3} f_i f_k$
$\frac{1}{6} f_i (f_{k1} + 2 f_{k2})$	$\frac{1}{3} f_i f_k$	$\frac{5}{12} f_i f_k$	$\frac{1}{4} f_i f_k$
$\frac{1}{6} f_i (2 f_{x1} + f_{k2})$	$\frac{1}{3} f_i f_k$	$\frac{1}{4} f_i f_k$	$\frac{1}{12} f_i f_k$
$\frac{1}{4} f_i (f_{k1} + f_{k2})$	$\frac{5}{12} f_i f_k$	$\frac{17}{48} f_i f_k$	$\frac{7}{48} f_i f_k$
$\frac{1}{6} f_i [(1+\beta) f_{k1} + (1+\alpha) f_{k2}]$	$\frac{1}{3} (1+\alpha\beta) f_i f_k$	$\frac{1}{12} (5-\beta-\beta^2) f_i f_k$	$\frac{1}{12} (1+\alpha+\alpha^2) f_i f_k$
$\frac{1}{6} [(2 f_{k1} + f_{k2}) f_{i1} + (f_{k1} + 2 f_{k2}) f_{i2}]$	$\frac{1}{3} (f_{i1} + f_{i2}) f_k$	$\frac{1}{12} (3 f_{i1} + 5 f_{i2}) f_k$	$\frac{1}{12} (f_{i1} + 3 f_{i2}) f_k$
$\frac{1}{12} f_i (3 f_{k1} + 5 f_{k2})$	$\frac{7}{15} f_i f_k$	$\frac{8}{15} f_i f_k$	$\frac{3}{10} f_i f_k$
$\frac{1}{12} f_i (5 f_{k1} + 3 f_{k2})$	$\frac{7}{15} f_i f_k$	$\frac{11}{30} f_i f_k$	$\frac{2}{15} f_i f_k$
$\frac{1}{12} f_i (f_{k1} + 3 f_{k2})$	$\frac{1}{5} f_i f_k$	$\frac{3}{10} f_i f_k$	$\frac{1}{5} f_i f_k$
$\frac{1}{12} f_i (3 f_{k1} + f_{k2})$	$\frac{1}{5} f_i f_k$	$\frac{2}{15} f_i f_k$	$\frac{1}{30} f_i f_k$
$\frac{1}{3} (f_{k1}^2 + f_{k2}^2 + f_{k1} f_{k2})$	$\frac{8}{15} f_k^2$	$\frac{8}{15} f_k^2$	$\frac{1}{5} f_k^2$

Es bedeuten

$\overline{1}$	die dimensionsbehaftete virtuelle Lastgröße
δ_j	die gesuchte Einzelverformung
M, M_T, N, Q	die Schnittgrößen infolge der wirklichen Lastgrößen
$\overline{M}, \overline{M}_T, \overline{N}, \overline{Q}$	die Schnittgrößen infolge der virtuellen Belastung
$T_0, \Delta t$	die vorgegebene Temperaturänderung eines Stabes
c, φ	die tatsächliche Verschiebung der Auflagerpunkte und die Drehungen von Auflagereinspannungen.
$\overline{C}, \overline{M}$	die zur virtuellen Lastgröße gehörenden Auflagerreaktionen
$I, A, \varkappa, E, \alpha_T$	Querschnittswerte und Materialkonstante

Die Gleichung enthält den vollständigen Ansatz zur Berechnung von Einzelverformungen für vollwandige ebene Tragwerke.

Eine Auflagerverschiebung tritt nicht in jedem Fall auf.

Der Einfluß der Temperatur wird getrennt untersucht.

Der Einfluß der Quer- und Normalkräfte kann fast immer vernachlässigt werden.

Beispiel Gesucht ist die horizontale Verschiebung des Punktes b

I 300; $I_y = 9800\ \text{cm}^4$; $A = 69{,}1\ \text{cm}^2$; $A_{\text{Steg}} = 28{,}9\ \text{cm}^2$; $E = 2{,}1 \cdot 10^4\ \text{kN/cm}^2$; $G = 0{,}8 \cdot 10^4\ \text{kN/cm}^2$

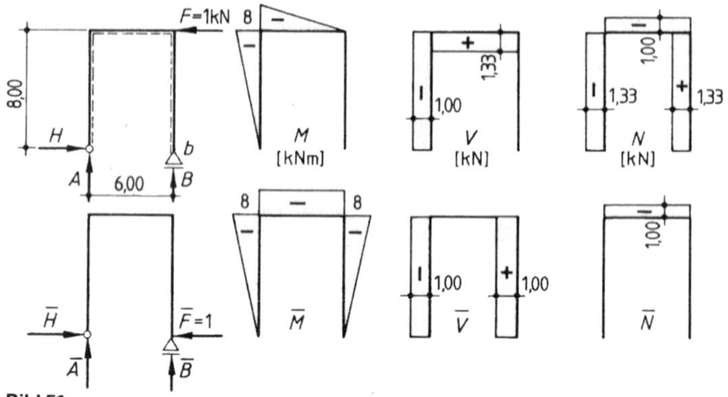

Bild 51

Arbeitsgleichung: $\delta_b = \dfrac{1}{EI}\int M \cdot \overline{M}\,dx + \dfrac{1}{G \cdot A_{\text{Steg}}}\int V\overline{V}\,dx + \dfrac{1}{EA}\int N\overline{N} \cdot dx$

Auswertung mit Hilfe der Tafel 30

Anteile aus den Momenten

$$\delta_{bM} = \left[\frac{1}{3} \cdot 800(-800)(-800) + \frac{1}{2}600(-800)(-800)\right] \cdot \frac{1}{2{,}1 \cdot 10^4 \cdot 9800} = 1{,}76\ \text{cm}$$

Anteile aus Querkräften

$$\delta_{bQ} = (-1)(-1) \cdot 800 \cdot \frac{1}{0{,}8 \cdot 10^4 \cdot 28{,}9} = 0{,}0035\ \text{cm}$$

Anteile aus Normalkräften

$$\delta_{bN} = (-1)(-1) \cdot 600 \cdot \frac{1}{2{,}1 \cdot 10^4 \cdot 69{,}1} = 0{,}0004\ \text{cm}$$

5.4 Elastizitätstheorien I. und II. Ordnung

5.4.1 Einführung

Grundlage für die Lösung des Problems ist die Differentialgleichung nach Abschnitt 4.8. Sie beschreibt die vom Biegemoment hervorgerufene Durchsenkung (Biegelinie) eines Stabes nach der Elastizitätstheorie II. Ordnung unter Berücksichtigung des Schubverformungseinflusses. Die Schubverformung kann bei schubweichen Gurtverbindungen (Gitter-, Rahmenstäbe) Bedeutung haben, kann im allg. aber außer Betracht bleiben.

Voraussetzung der Theorien I. und II. Ordnung ist eine im Vergleich mit der Stablänge so kleine Formänderung, daß die Längenänderung der Systemlinie (Veränderung des Abstands der Stabendpunkte) bei der Berechnung der Schnittgrößen vernachlässigt werden kann. Bei der Rechnung nach Theorie I. Ordnung bleibt außerdem die Auswirkung der verformungsbedingten Längskraftausmitte unberücksichtigt. Die Berechnung nach Elastizitätstheorie I. Ordnung ist daher über den Sonderfall $N=0$ eingeschlossen. Im übrigen wird für die angegebenen Lösungen davon ausgegangen, daß die Stabsteifigkeiten und die Längskraft mindestens abschnittsweise konstant sind.

Nach Theorie II. Ordnung muß gerechnet werden, wenn die Längskraft eine kritische Größenordnung übersteigt; diese wird bei $|N_d| = N_{Ki}/10 \approx EI/s_K^2$ angesetzt. Da die Lösung nach Theorie II. Ordnung nicht linear ist, muß die Längskraft – jedenfalls bei der Berechnung des charakteristischen Wertes (ε) – mit ihrem Bemessungswert (N_d) angesetzt werden! Aus demselben Grund findet im Gegensatz zur Theorie I. Ordnung das Superpositionsgesetz grundsätzlich keine Anwendung d.h. die Einwirkungen können nicht getrennt behandelt und ihre jeweiligen Auswirkungen anschließend überlagert werden; vielmehr sind Gesamteinwirkungsfälle zu betrachten. Auswirkungsüberlagerung ist aber zulässig, wenn der ungünstigste Längskraftzustand für die möglichen Kombinationen von Teileinwirkungen zugrunde gelegt wird.

Zwei Lösungswege werden in den folgenden Abschnitten angegeben:

(1) **Ergänzungslastverfahren**; Voraussetzung: Konstante Steifigkeiten und Längskraft im ganzen Stab sowie abschnittsweise polynomal darstellbare Einwirkung,

(2) **Übertragungsverfahren**; Voraussetzung: Abschnittsweise konstante Steifigkeiten und Längskraft sowie abschnittsweise polynomal darstellbare Einwirkung.

5.4.2 Allgemeine Lösungsgrundlagen

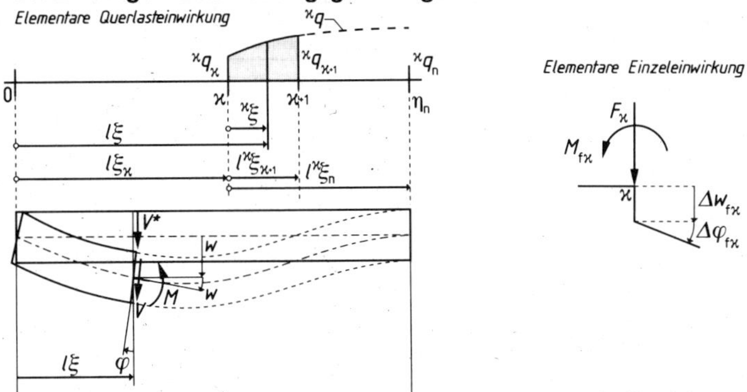

Bild 52 Bezeichnungen

Geometrische Größen, Steifigkeitsgrößen, Normalkraft

$\varkappa$	$0 \dots n_\varkappa$	Punktindex, Numerierung der Abschnittsgrenzen
l	Stablänge	
x	Stabachskoordinate	
ξ	$\frac{x}{l}$	Bezogene Stabachskoordinate
$^\varkappa\xi$	$\xi - \xi_\varkappa$	Bezogene Achsabschnittskoordinate (siehe Bild 52)
B	$EI = EA_{zz}$	Biegesteifigkeit; Vergleichsbiegesteifigkeit
$B_\varkappa$	$(EI)_\varkappa = (EA_{zz})_\varkappa$	Biegesteifigkeit des Abschnitts $\varkappa$
$\beta_\varkappa$	$\frac{B_\varkappa}{B}$	Normalisierte Biegesteifigkeit des Abschnitts $\varkappa$
N	Längskraft als Bemessungsgröße (N_d)	
ν	$\frac{N_\varkappa l^2}{B_\varkappa}$	Normalisierte Längskraft im Abschnitt $\varkappa$
S; $S_\varkappa$	$G\alpha_V A$; $G\alpha_V A_\varkappa$	Schubsteifigkeit; Schubsteifigkeit des Abschnitts $\varkappa$
$\frac{1}{\varsigma}$; $\frac{1}{\varsigma_\varkappa}$	$\frac{Sl^2}{B}$; $\frac{S_\varkappa l^2}{B_\varkappa}$	Normalisierte Schubsteifigkeit; – des Abschnitts $\varkappa$
$\hat{\gamma}$	$\frac{1}{1+\nu_\varkappa \varsigma_\varkappa}$	Schubverformungsbeiwert ($\hat{}$ unterscheidet von Schubverzerrungs- und Sicherheitsbeiwert)

Zustandsgrößen

N	Längskraft als Bemessungsgröße N_d	
V	Querschnittstreue Querkraft	
V^*	Richtungstreue Querkraft	
M	Biegemoment	
w_M	Biegedurchsenkung	
w_V	Schubdurchsenkung	
w	$w_M + w_V$	Gesamtdurchsenkung
φ	w'_M	Querschnittverdrehung
ν	$\frac{Nl^2}{B}$	Normalisierte Längskraft
υ	$\frac{Vl^2}{B}$	Normalisierte querschnittstreue Querkraft
υ^*	$\frac{V^* l^2}{B}$	Normalisierte richtungstreue Querkraft
μ	$\frac{Ml}{B}$	Normalisiertes Biegemoment
ω_M	$\frac{w_M}{l}$	Normalisierte Biegedurchsenkung
ω_V	$\frac{w_V}{l}$	Normalisierte Schubdurchsenkung
ω	$\omega_M + \omega_V$	Normalisierte Durchsenkung
φ	$\dot{\omega}_M$	Querschnittsverdrehung

Einwirkungsgrößen

$F_\varkappa$	Einzellast senkrecht zur Systemlinie	
$M_{f\varkappa}$	Lastmoment	
$^\varkappa q$	Verteilte Last senkrecht zur Systemlinie	
$\Delta w_{f\varkappa}$	Eingeprägter Durchsenkungssprung	
$\Delta\varphi_{f\varkappa}$	Eingeprägter Knick	
$\Delta\upsilon^*_{f\varkappa}$	$\frac{F_\varkappa l^2}{B}$	Normalisierte Einzellast
$\Delta\mu_{f\varkappa}$	$\frac{M_{f\varkappa} l^2}{B}$	Normalisiertes Lastmoment
$^\varkappa\eta$	$\frac{^\varkappa q l^3}{B}$	Normalisierte verteilte Last
$\Delta\omega_{f\varkappa}$	$\frac{\Delta w_{f\varkappa}}{l}$	Bezogener eingeprägter Durchsenkungssprung

Nach Theorie II. Ordnung muß zwischen der richtungstreuen und der querschnittstreuen Querkraft unterschieden werden. Die richtungstreue Querkraft (V^*) behält auch bei Formänderung des Stabes ihre Richtung bei, bleibt also senkrecht zur Systemlinie; sie ist maßgebend für die Knotenkräfte an den Stabenden bzw. die Auflagerkräfte (außerdem wird sie für das Befriedigen der Zwischenbedingungen benötigt). Die querschnittstreue Querkraft (V) bleibt auch bei Formänderung des Stabes parallel zum Querschnitt; sie ist maßgebend für die Bemessung.

Allgemeine Lösungsfunktion: $\vec{z} = \bar{\Xi}\,\vec{z}_0^{\,*} + \vec{f}$ mit $\vec{z}_0^{\,*} = \overline{R}_{\rm f}\,\vec{f}_{\rm n} + \overline{R}_{\rm r}\,\vec{r}$.

Bei abgestuften Steifigkeiten oder abschnittsweise stetiger Einwirkung ist die Zustandsgrößenfunktion ebenfalls nur abschnittsweise stetig. Im Abschnitt $\varkappa$ gilt dann ${}^{[\varkappa]}\vec{z} = {}^{[\varkappa]}\bar{\Xi}\,\vec{z}_0^{\,*} + {}^{\varkappa}\vec{f}$.

Die einzelnen Größen darin sind wie folgt definiert:

Zustandsgrößentupel	$\vec{z}\,(\xi)$	$\vec{z}_0^{\,*}$
In $\vec{z}$ sind die 5 Zustandsgrößen zusammengefaßt. $\vec{z}_0^{\,*}$ ist das 4-Tupel der Zustandsgrößen (ausgenommen υ) am linken Rand des Stabes.	$\begin{pmatrix}\omega\\ \varphi\\ \mu\\ \upsilon^*\\ \upsilon\end{pmatrix}$	$\begin{pmatrix}\omega_0\\ \varphi_0\\ \mu_0\\ \upsilon_0^*\end{pmatrix}$

Feldmatrix	${}^{\varkappa}\bar{\Xi}\,({}^{\varkappa}\xi)$
Die Matrix enthält die mit den Parametern des Abschnitts $\varkappa$ erzeugten Funktionen, nach denen die Randgrößen $\vec{z}_0^{\,*}$ in die Zustandsgrößen eingehen. Die ϱ-Funktionen ergeben sich aus Tafel 32. Bei Vernachlässigung der Schubverformung ist $\hat{\gamma}_\varkappa = 1$ und $\varsigma_\varkappa = 0$ zu setzen.	$\begin{pmatrix}1 & \hat{\gamma}_\varkappa\,{}^{\varkappa}\varrho_1\,{}^{\varkappa}\xi & -\hat{\gamma}_\varkappa\,{}^{\varkappa}\varrho_2\,\frac{{}^{\varkappa}\xi^2}{2!} & -\hat{\gamma}_\varkappa\left(\hat{\gamma}_\varkappa\,{}^{\varkappa}\varrho_3\,\frac{{}^{\varkappa}\xi^3}{3!} - \varsigma_\varkappa\,{}^{\varkappa}\xi\right)\\ 0 & {}^{\varkappa}\varrho_0 & -{}^{\varkappa}\varrho_1\,{}^{\varkappa}\xi & -\hat{\gamma}_\varkappa\,{}^{\varkappa}\varrho_2\,\frac{{}^{\varkappa}\xi^2}{2!}\\ 0 & -\beta_\varkappa\,{}^{\varkappa}\varrho_{-1}\,{}^{\varkappa}\xi^{-1} & \beta_\varkappa\,{}^{\varkappa}\varrho_0 & \hat{\gamma}_\varkappa\beta_\varkappa\,{}^{\varkappa}\varrho_1\,{}^{\varkappa}\xi\\ 0 & 0 & 0 & \beta_\varkappa\\ 0 & -\beta_\varkappa\,{}^{\varkappa}\varrho_{-2}\,{}^{\varkappa}\xi^{-2} & \beta_\varkappa\,{}^{\varkappa}\varrho_{-1}\,{}^{\varkappa}\xi^{-1} & \hat{\gamma}_\varkappa\beta_\varkappa\,{}^{\varkappa}\varrho_0\end{pmatrix}$

Tafel 31 Zustandsfunktionen der Einwirkungen

Einwirkung	${}^{\varkappa}\vec{f}$	
Vorkrümmung 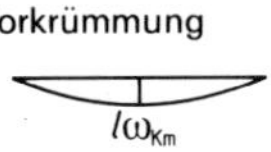 $\omega_{\rm K} = \xi(1-\xi)\,4\,\omega_{\rm Km}$	$\begin{pmatrix}\hat{\gamma}_\varkappa\left({}^{\varkappa}\varrho_1\,\xi - 2\,{}^{\varkappa}\varrho_2\,\frac{\xi^2}{2!}\right) - \xi\,(1-\xi)\\ ({}^{\varkappa}\varrho_0 - 2\,{}^{\varkappa}\varrho_1\,\xi) - (1-2\,\xi)\\ -\beta_\varkappa\,({}^{\varkappa}\varrho_{-1}\,\xi^{-1} - 2\,{}^{\varkappa}\varrho_0)\\ 0\\ -\beta_\varkappa\,({}^{\varkappa}\varrho_{-2}\,\xi^{-2} - 2\,{}^{\varkappa}\varrho_{-1}\,\xi^{-1})\end{pmatrix} 4\,\omega_{\rm Km}$	
Einzeleinwirkung Formänderungsgrößen 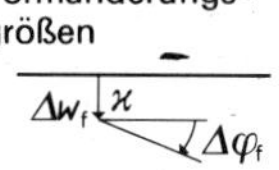	Versatz: $\begin{pmatrix}1\\0\\0\\0\\0\end{pmatrix}\frac{1}{l}\,\Delta w_{{\rm f}\varkappa}$	Knick: $\begin{pmatrix}\hat{\gamma}_\varkappa\,{}^{\varkappa}\varrho_1\,{}^{\varkappa}\xi\\ {}^{\varkappa}\varrho_0\\ -\beta_\varkappa\,{}^{\varkappa}\varrho_{-1}\,{}^{\varkappa}\xi^{-1}\\ 0\\ -\beta_\varkappa\,{}^{\varkappa}\varrho_{-2}\,{}^{\varkappa}\xi^{-2}\end{pmatrix}\Delta\varphi_{{\rm f}\varkappa}$
Einzeleinwirkung Kraftgrößen 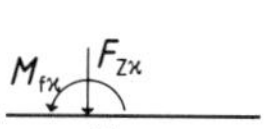	Einzellast: $\begin{pmatrix}\hat{\gamma}_\varkappa\,{}^{\varkappa}\varrho_3\,\frac{{}^{\varkappa}\xi^3}{3!} - \varsigma_\varkappa\,{}^{\varkappa}\xi\\ {}^{\varkappa}\varrho_2\,\frac{{}^{\varkappa}\xi^2}{2!}\\ -\beta_\varkappa\,{}^{\varkappa}\varrho_1\,{}^{\varkappa}\xi\\ -\frac{1}{\hat{\gamma}_\varkappa}\\ -\beta_\varkappa\,{}^{\varkappa}\varrho_0\end{pmatrix}\hat{\gamma}_\varkappa\,\frac{l^2}{B_\varkappa}\,F_{{\rm z}\varkappa}$	Lastmoment: $\begin{pmatrix}\hat{\gamma}_\varkappa\,{}^{\varkappa}\varrho_2\,\frac{{}^{\varkappa}\xi^2}{2!}\\ {}^{\varkappa}\varrho_1\,{}^{\varkappa}\xi\\ -\beta_\varkappa\,{}^{\varkappa}\varrho_0\\ 0\\ -\beta_\varkappa\varrho_{-1}\,{}^{\varkappa}\xi^{-1}\end{pmatrix}\frac{l}{B_\varkappa}\,M_{{\rm f}\varkappa}$

Fortsetzung s. nächste Seite

Tafel 31, Fortsetzung

Einwirkung	$^\times\vec{f}$
Gleichlast 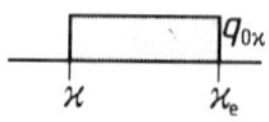	$\begin{pmatrix} \hat\gamma_\times {}^\times\varrho_4 \frac{{}^\times\xi^4}{4!} - \varsigma_\times \frac{{}^\times\xi^2}{2!} \\ {}^\times\varrho_3 \frac{{}^\times\xi^3}{3!} \\ -\beta_\times {}^\times\varrho_2 \frac{{}^\times\xi^2}{2!} \\ -\frac{\beta_\times}{\hat\gamma_\times}{}^\times\xi \\ -\beta_\times {}^\times\varrho_1 {}^\times\xi \end{pmatrix} \hat\gamma_\times \frac{q_{0\times} l^3}{B_\times}$
Dreieckslast 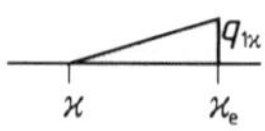	$\begin{pmatrix} \hat\gamma_\times {}^\times\varrho_5 \frac{{}^\times\xi^5}{5!} - \varsigma_\times \frac{{}^\times\xi^3}{3!} \\ {}^\times\varrho_4 \frac{{}^\times\xi^4}{4!} \\ -{}^\times\varrho_3 \frac{{}^\times\xi^3}{3!} \\ -\frac{\beta_\times}{\hat\gamma_\times} \frac{{}^\times\xi^2}{2!} \\ -{}^\times\varrho_2 \frac{{}^\times\xi^2}{2!} \end{pmatrix} \hat\gamma_\times \frac{q_{1\times} l^3}{{}^\times\xi_{\times e} B_\times}$
Parabolische Last p. Grades 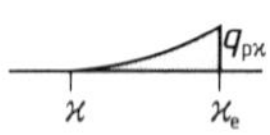	$\begin{pmatrix} \hat\gamma_\times {}^\times\varrho_{p+4} \frac{{}^\times\xi^{p+4}}{(p+4)!} - \varsigma_\times \frac{{}^\times\xi^{p+2}}{(p+2)!} \\ {}^\times\varrho_{p+3} \frac{{}^\times\xi^{p+3}}{(p+3)!} \\ -\beta_\times {}^\times\varrho_{p+2} \frac{{}^\times\xi^{p+2}}{(p+2)!} \\ -\frac{\beta_\times}{\hat\gamma_\times} \frac{{}^\times\xi^{p+1}}{(p+1)!} \\ -\beta_\times {}^\times\varrho_p \frac{{}^\times\xi^p}{p!} \end{pmatrix} \hat\gamma_\times \frac{p!}{{}^\times\xi^p_{\times e}} \frac{q_{p\times} l^3}{B_\times}$

Einwirkungsüberlagerung (Superposition)

Nach Theorie I. Ordnung können Teileinwirkungen uneingeschränkt gesondert behandelt und die Ergebnisse anschließend überlagert (addiert) werden (Superpositionsgesetz).

Für Berechnungen nach Theorie II. Ordnung gilt dies nicht uneingeschränkt, da die Zusammenhänge von Einwirkungen und Auswirkungen nicht linear sind! Dies betrifft jedoch nur den Einfluß der Längskraft. Verwendet man daher für die Berechnung des charakteristischen Wertes (ε) einer Gruppe von Teileinwirkungen den Gesamtbemessungswert der zugehörigen Normalkraft (N_d), so können auch nach Theorie II. Ordnung die Teileinwirkungen im einzelnen behandelt und die Einzelergebnisse überlagert werden. Untermengen der Teileinwirkungsgruppe dürfen dann überlagert werden, wenn die zugehörige Bemessungsnormalkraft den zugrunde gelegten Wert n i c h t u n t e r s c h r e i t e t.

Insbesondere gilt: $\quad {}^\times q = \sum_{\iota=1}^{p} {}^\times q_\iota \frac{{}^\times\xi^\iota}{\iota!}.$

Tafel 32 ϱ-**Funktionen**

	$N_x<0$ Druckbeanspruchung	$N_x=0$ Theorie I. Ordnung	$N_x>0$ Zugbeanspruchung
ε_x	$l\cdot\sqrt{\dfrac{(-N_x)}{\left(1+\dfrac{N_x}{S_x}\right)B}}=\sqrt{-\hat{\gamma}_x\nu_x}$	0	$l\cdot\sqrt{\dfrac{N_x}{\left(1+\dfrac{N_x}{S_x}\right)B}}=\sqrt{\hat{\gamma}_x\nu_x}$
${}^x\varrho_{-2}$	$-(\varepsilon_x{}^x\xi)^2\cos(\varepsilon_x{}^x\xi)$	0	$(\varepsilon_x{}^x\xi)^2\cosh(\varepsilon_x{}^x\xi)$
${}^x\varrho_{-1}$	$-\varepsilon_x{}^x\xi\sin(\varepsilon_x{}^x\xi)$	0	$\varepsilon_x{}^x\xi\sinh(\varepsilon_x{}^x\xi)$
${}^x\varrho_0$	$\cos(\varepsilon_x{}^x\xi)$	1	$\cosh(\varepsilon_x{}^x\xi)$
${}^x\varrho_1$	$\dfrac{\sin(\varepsilon_x{}^x\xi)}{\varepsilon_x{}^x\xi}$	1	$\dfrac{\sinh(\varepsilon_x{}^x\xi)}{\varepsilon_x{}^x\xi}$
${}^x\varrho_2$	$-\dfrac{\cos(\varepsilon_x{}^x\xi)-1}{\dfrac{(\varepsilon_x{}^x\xi)^2}{2!}}$	1	$\dfrac{\cosh(\varepsilon_x{}^x\xi)-1}{\dfrac{(\varepsilon_x{}^x\xi)^2}{2!}}$
${}^x\varrho_3$	$-\dfrac{\sin(\varepsilon_x{}^x\xi)-\varepsilon_x{}^x\xi}{\dfrac{(\varepsilon_x{}^x\xi)^3}{3!}}$	1	$\dfrac{\sinh(\varepsilon_x{}^x\xi)-\varepsilon_x{}^x\xi}{\dfrac{(\varepsilon_x{}^x\xi)^3}{3!}}$
${}^x\varrho_4$	$\dfrac{\cos(\varepsilon_x{}^x\xi)-1+\dfrac{(\varepsilon_x{}^x\xi)^2}{2!}}{\dfrac{(\varepsilon_x{}^x\xi)^4}{4!}}$	1	$\dfrac{\cosh(\varepsilon_x{}^x\xi)-1-\dfrac{(\varepsilon_x{}^x\xi)^2}{2!}}{\dfrac{(\varepsilon_x{}^x\xi)^4}{4!}}$
${}^x\varrho_5$	$\dfrac{\sin(\varepsilon_x{}^x\xi)-\varepsilon_x{}^x\xi+\dfrac{(\varepsilon_x{}^x\xi)^3}{3!}}{\dfrac{(\varepsilon_x{}^x\xi)^5}{5!}}$	1	$\dfrac{\sinh(\varepsilon_x{}^x\xi)-\varepsilon_x{}^x\xi-\dfrac{(\varepsilon_x{}^x\xi)^3}{3!}}{\dfrac{(\varepsilon_x{}^x\xi)^5}{5!}}$
ϱ_a, ϱ_b, ϱ_c	$\varrho_a=\dfrac{\varrho_{3n}}{6}-\varsigma\left(1+\nu\hat{\gamma}\dfrac{\varrho_{3n}}{6}\right)$	$\varrho_b=\dfrac{\varrho_{2n}}{2}-\varrho_a$	$\varrho_c=\dfrac{\varrho_{3n}}{6}-\dfrac{\varrho_{4n}}{12}+\varsigma\left(1+\nu\hat{\gamma}\dfrac{\varrho_{4n}}{12}\right)$
Beziehungen zwischen den ϱ-Funktionen	$\dfrac{\varrho_{n+2}}{(n+2)!}=\dfrac{\varrho_n-1}{n!\,(\varepsilon\xi)^2}\operatorname{sign}\nu$		$\dfrac{d\left(\varrho_n\dfrac{\xi^n}{n!}\right)}{d\xi}=\varrho_{n-1}\dfrac{\xi^{n-1}}{(n-1)!}$

Durch die Spaltung der Lösung in die drei Fälle $N<0$, $N=0$, $N>0$ werden reelle Lösungsfunktionen erreicht.

Bei einheitlicher Steifigkeit und gleicher Längskraft im ganzen Stab entfällt der Index $\varkappa$ (ausgenommen ${}^x\xi$ bei unstetiger Last) und es ist $\beta=1$.

Tafel 33 ϱ**-Funktionswerte für Druckbeanspruchung (*N* < 0)**

$\varepsilon\xi$	ϱ_{-2}	ϱ_{-1}	ϱ_0	ϱ_1	$\varrho_2\,2!$	$\varrho_3\,3!$	$\varrho_4\,4!$	$\varrho_5\,5!$
0,00	−0.000000	0.000000	1,000000	1,000000	0,500000	0,166667	0,041667	0,008333
0,05	−0,002497	−0.002499	0,998750	0,999583	0,499896	0,166646	0,041663	0,008333
0,10	−0,009950	−0,009983	0,998334	0,998334	0,499583	0,166583	0,041653	0,008331
0,15	−0,022247	−0,022416	0,988771	0,996254	0,499063	0,166479	0,041635	0,008329
0,20	−0,039203	−0,039734	0,980067	0,993347	0,498336	0,166334	0,041611	0,008325
0,25	−0,060557	−0,061851	0,968912	0,989616	0,497401	0,166147	0,041580	0,008321
0,30	−0,085980	−0,088656	0,955336	0,985067	0,496261	0,165918	0,041542	0,008315
0,35	−0,115073	−0,120014	0,939373	0,979708	0,494917	0,165649	0,041497	0,008309
0,40	−0,147370	−0,155767	0,921061	0,973546	0,493369	0,165338	0,041445	0,008302
0,45	−0,182341	−0,195734	0,900447	0,966590	0,491619	0,164987	0,041386	0,008293
0,50	−0,219396	−0,239713	0,877583	0,958851	0,489670	0,164596	0,041321	0,008284
0,55	−0,257889	−0,287478	0,852525	0,950340	0,487522	0,164164	0,041249	0,008274
0,60	−0,297121	−0,338785	0,825336	0,941071	0,485179	0,163692	0,041170	0,008262
0,65	−0,336345	−0,393371	0,796084	0,931056	0,482642	0,163181	0,041084	0,008250
0,70	−0,374773	−0,450952	0,764842	0,920311	0,479914	0,162631	0,040992	0,008237
0,75	−0,411575	−0,511229	0,731689	0,908852	0,476998	0,162041	0,040893	0,008223
0,80	−0,445892	−0,573885	0,696707	0,896695	0,473896	0,161414	0,040788	0,008207
0,85	−0,476838	−0,638588	0,659983	0,883859	0,470612	0,160748	0,040676	0,008191
0,90	−0,503504	−0,704994	0,621610	0,870363	0,467148	0,160045	0,040558	0,008174
0,95	−0,524969	−0,772745	0,581683	0,856227	0,463509	0,159305	0,040433	0,008156
1,00	−0,540302	−0,841471	0,540302	0,841471	0,459698	0,158529	0,040302	0,008138
1,05	−0,548572	−0,910794	0,497571	0,826117	0,455718	0,157717	0,040165	0,008118
1,10	−0,548851	−0,980328	0,453596	0,810189	0,451573	0,156869	0,040022	0,008097
1,15	−0,540225	−1,049679	0,408487	0,793708	0,447268	0,155987	0,039873	0,008076
1,20	−0,521795	−1,118447	0,362358	0,776699	0,442807	0,155070	0,039717	0,008053
1,25	−0,492691	−1,186231	0,315322	0,759188	0,438194	0,154120	0,039556	0,008030
1,30	−0,452073	−1,252626	0,267499	0,741199	0,433433	0,153137	0,039389	0,008006
1,35	−0,399140	−1,317227	0,219007	0,722758	0,428529	0,152122	0,039216	0,007981
1,40	−0,333136	−1,379630	0,169967	0,703893	0,423486	0,151075	0,039038	0,007955
1,45	−0,253357	−1,439434	0,120503	0,684630	0,418310	0,149998	0,038854	0,007928
1,50	−0,159159	−1,496242	0,070737	0,664997	0,413006	0,148890	0,038664	0,007901
1,55	−0,049960	−1,549665	0,020795	0,645022	0,407578	0,147754	0,038469	0,007872
1,60	0,074751	−1,599318	−0,029200	0,624734	0,402031	0,146588	0,038269	0,007843
1,65	0,215407	−1,644827	−0,079121	0,604161	0,396371	0,145396	0,038064	0,007813
1,70	0,372361	−1,685830	−0,128844	0,583332	0,390604	0,144176	0,037853	0,007782
1,75	0,545879	−1,721975	−0,178246	0,562278	0,384733	0,142930	0,037638	0,007751
1,80	0,716135	−1,752926	−0,227202	0,541026	0,378766	0,141658	0,037418	0,007719
1,85	0,943208	−1,778359	−0,275590	0,519608	0,372707	0,140363	0,037193	0,007686
1,90	1,167075	−1,797970	−0,323290	0,498053	0,366562	0,139044	0,036963	0,007652
1,95	1,407613	−1,811471	−0,370181	0,476390	0,360337	0,137702	0,036729	0,007617
2,00	1,664587	−1,818595	−0,416147	0,454649	0,354037	0,136338	0,036491	0,007582
2,05	1,937658	−1,819093	−0,461073	0,432860	0,347668	0,134953	0,036248	0,007546
2,10	2,226371	−1,812740	−0,504846	0,411052	0,341235	0,133548	0,036001	0,007510
2,15	2,530161	−1,799332	−0,547358	0,389255	0,334745	0,132124	0,035750	0,007473
2,20	2,848345	−1,778692	−0,588501	0,367498	0,328203	0,130682	0,035495	0,007435
2,25	3,180129	−1,750665	−0,628174	0,345810	0,321615	0,129223	0,035237	0,007396
2,30	3,524600	−1,715122	−0,666276	0,324220	0,314986	0,127747	0,034974	0,007357
2,35	3,880733	−1,671962	−0,702713	0,302755	0,308323	0,126255	0,034708	0,007318
2,40	4,247388	−1,621112	−0,737394	0,281443	0,301631	0,124749	0,034439	0,007277
2,45	4,623313	−1,562524	−0,770231	0,260312	0,294916	0,123230	0,034166	0,007236
2,50	5,007148	−1,496180	−0,801144	0,239389	0,288183	0,121698	0,033891	0,007195
2,55	5,397423	−1,422093	−0,830054	0,218699	0,281438	0,120154	0,033612	0,007153
2,60	5,792568	−1,340304	−0,856889	0,198270	0,274688	0,118599	0,033330	0,007111
2,65	6,190911	−1,250881	−0,881582	0,178125	0,267936	0,117035	0,033046	0,007068
2,70	6,590686	−1,153926	−0,904072	0,158289	0,261190	0,115461	0,032759	0,007024
2,75	6,990037	−1,049568	−0,924302	0,138786	0,254453	0,113880	0,032469	0,006980
2,80	7,387023	−0,937967	−0,942222	0,119639	0,247732	0,112291	0,032177	0,006936
2,85	7,779627	−0,819312	−0,957787	0,100869	0,241033	0,110696	0,031883	0,006891
2,90	8,165758	−0,693823	−0,970958	0,082500	0,234359	0,109096	0,031586	0,006845
2,95	8,543263	−0,561747	−0,981702	0,064550	0,227716	0,107492	0,031288	0,006800
3,00	8,909932	−0,423360	−0,989992	0,047040	0,221110	0,105884	0,030988	0,006754
3,05	9,263507	−0,278967	−0,995808	0,029988	0,214545	0,104274	0,030686	0,006707
3,10	9,601689	−0,128900	−0,999135	0,013413	0,208027	0,102663	0,030382	0,006660

Tafel 34 ϱ-Funktionswerte für Zugbeanspruchung ($N>0$)

$\varepsilon\xi$	ϱ_{-2}	ϱ_{-1}	ϱ_0	ϱ_1	$\varrho_2/2!$	$\varrho_3/3!$	$\varrho_4/4!$	$\varrho_5/5!$
0,00	0,000000	0,000000	1,000000	1,000000	0,500000	0,166667	0,042667	0,008333
0,10	0,010050	0,010017	1,005004	1,001668	0,500417	0,166750	0,041681	0,008335
0,20	0,040803	0,040267	1,020067	1,006680	0,501669	0,167000	0,041722	0,008341
0,30	0,094080	0,091356	1,045339	1,015068	0,503761	0,167418	0,041792	0,008351
0,40	0,172972	0,164301	1,081072	1,026881	0,506702	0,168005	0,041890	0,008365
0,50	0,281906	0,260548	1,127626	1,042191	0,510504	0,168762	0,042015	0,008383
0,60	0,426767	0,381992	1,185465	1,061089	0,515181	0,169693	0,042170	0,008405
0,70	0,615033	0,531009	1,255169	1,083691	0,520753	0,170798	0,042353	0,008431
0,80	0,855958	0,710485	1,337435	1,110132	0,527242	0,172082	0,042566	0,008461
0,90	1,160800	0,923865	1,433086	1,140574	0,534675	0,173548	0,042808	0,008496
1,00	1,543081	1,175201	1,543081	1,175201	0,543081	0,175201	0,043081	0,008535
1,10	2,018907	1,469212	1,668519	1,214225	0,552495	0,177045	0,043384	0,008577
1,20	2,607344	1,811354	1,810656	1,257884	0,562955	0,179086	0,043719	0,008625
1,30	3,330845	2,207897	1,970914	1,306448	0,574505	0,181330	0,044086	0,008677
1,40	4,215761	2,666022	2,150898	1,360215	0,587193	0,183783	0,044486	0,008733
1,50	5,292922	3,193919	2,352410	1,419520	0,601071	0,186453	0,044920	0,008794
1,60	6,598309	3,800909	2,577464	1,484730	0,616197	0,189348	0,045389	0,008860
1,70	8,173832	4,497574	2,828315	1,556254	0,632635	0,192475	0,045895	0,008930
1,80	10,068213	5,295914	3,107473	1,634541	0,650455	0,195846	0,046437	0,009006
1,90	12,338011	6,209510	3,417732	1,720086	0,669732	0,199470	0,047017	0,009087
2,00	15,048783	7,253721	3,762196	1,813430	0,690549	0,203358	0,047637	0,009173
2,10	18,276421	8,445899	4,144313	1,915170	0,712996	0,207522	0,048298	0,009264
2,20	22,108676	9,805631	4,567908	2,025957	0,737171	0,211975	0,049002	0,009361
2,30	26,646897	11,355012	5,037221	2,146505	0,763180	0,216731	0,049750	0,009464
2,40	32,008016	13,118950	5,556947	2,277596	0,791137	0,221805	0,050545	0,009573
2,50	38,326809	15,125511	6,132289	2,420082	0,821166	0,227213	0,051387	0,009687
2,60	45,758479	17,406304	6,769006	2,574897	0,853403	0,232973	0,052279	0,009809
2,70	54,481586	19,996910	7,473469	2,743060	0,887993	0,239103	0,053223	0,009936
2,80	64,701391	22,937371	8,252728	2,925685	0,925093	0,245623	0,054221	0,010071
2,90	76,653654	26,272727	9,114584	3,123987	0,964873	0,252555	0,055276	0,010213
3,00	90,608958	30,053625	10,067662	3,339292	1,007518	0,259921	0,056391	0,010362
3,10	106,87762	34,336998	11,121500	3,573049	1,053226	0,267747	0,057568	0,010518
3,20	125,81526	39,186829	12,286646	3,826839	1,102212	0,276058	0,058810	0,010683
3,30	147,82915	44,674997	13,574761	4,102387	1,154707	0,284884	0,060120	0,010856
3,40	173,38540	50,882236	14,998737	4,401577	1,210963	0,294254	0,061502	0,011037
3,50	203,01710	57,899196	16,572825	4,726465	1,271251	0,304201	0,062959	0,011227
3,60	237,33362	65,827639	18,312779	5,079293	1,335863	0,314760	0,064496	0,011427
3,70	277,03103	74,781775	20,236014	5,462511	1,405114	0,325969	0,066115	0,011636
3,80	322,90407	84,889746	22,361778	5,878791	1,479347	0,337866	0,067822	0,011856
3,90	375,85957	96,295304	24,711346	6,331052	1,558931	0,350497	0,069621	0,012086
4,00	436,93173	109,15967	27,308233	6,822479	1,644265	0,363905	0,071517	0,012327
4,10	507,29941	123,66362	30,178430	7,356551	1,735778	0,378141	0,073514	0,012580
4,20	588,30570	140,00980	33,350663	7,937064	1,833938	0,393258	0,075620	0,012845
4,30	681,48003	158,42538	36,856681	8,568166	1,939247	0,409311	0,077839	0,013123
4,40	788,56325	179,16490	40,731573	9,254385	2,052251	0,426363	0,080178	0,013414
4,50	911,53593	202,51355	45,014120	10,000669	2,173537	0,444477	0,082644	0,013719
4,60	1052,6504	228,79081	49,747184	10,812420	2,303742	0,463725	0,085243	0,014039
4,70	1214,4670	258,35448	54,978134	11,695540	2,443555	0,484180	0,087983	0,014374
4,80	1399,8948	291,60525	60,759324	12,656478	2,593721	0,505924	0,090873	0,014725
4,90	1612,2382	328,99172	67,148613	13,702279	2,755044	0,529041	0,093921	0,015093
5,00	1855,2487	371,01605	74,209949	14,840642	2,928398	0,553626	0,097136	0,015478

6

Tafel 34 ϱ**-Funktionswerte für Zugbeanspruchung (**$N>0$**)** (Fortsetzung)

$\varepsilon\xi$	ϱ_{-2}	ϱ_{-1}	ϱ_0	ϱ_1	$\varrho_2/2!$	$\varrho_3/3!$	$\varrho_4/4!$	$\varrho_5/5!$
5,10	2133,1842	418,24032	82,014002	16,079981	3,114725	0,579776	0,100528	0,015883
5,20	2450,8753	471,29349	90,638879	17,429493	3,315047	0,607600	0,104107	0,016307
5,30	2813,8006	530,87932	100,17090	18,899228	3,530470	0,637210	0,107884	0,016751
5,40	3228,1714	597,78513	110,70547	20,500176	3,762190	0,668730	0,111872	0,017218
5,50	3701,0273	672,89158	122,34801	22,244350	4,011504	0,702293	0,116083	0,017707
5,60	4240,3441	757,18359	135,21505	24,144885	4,279817	0,738038	0,120530	0,018220
5,70	4855,1553	851,76256	149,43537	26,216145	4,568648	0,776120	0,125228	0,018758
5,80	5555,6895	957,85994	165,15129	28,473839	4,879646	0,816702	0,130192	0,019323
5,90	6353,5248	1076,8524	182,52010	30,935146	5,214596	0,859958	0,135438	0,019916
6,00	7261,7629	1210,2789	201,71564	33,618860	5,575434	0,906079	0,140984	0,020539
6,10	8295,2255	1359,8584	222,93001	36,545535	5,964257	0,955268	0,146849	0,021193
6,20	9470,6756	1527,5157	246,37554	39,737662	6,383339	1,007744	0,153053	0,021880
6,30	10807,066	1715,3857	272,28687	43,219847	6,835144	1,063740	0,159616	0,022602
6,40	12325,820	1925,8988	300,92335	47,019014	7,322347	1,123511	0,166561	0,023360
6,50	14051,149	2161,7054	332,57157	51,164625	7,847848	1,187328	0,173914	0,024158
6,60	16010,403	2425,8096	367,54827	55,688926	8,414791	1,255485	0,181699	0,024996
6,70	18234,476	2721,5554	406,20353	60,627209	9,026588	1,328296	0,189944	0,025877
6,80	20758,255	3052,6770	448,92420	66,018101	9,686942	1,406101	0,198680	0,026804
6,90	23621,124	3423,3443	496,13786	71,903892	10,399871	1,489265	0,207937	0,027780
7,00	26867,535	3838,2129	548,31704	78,330875	11,169735	1,578181	0,217750	0,028806
7,10	30547,651	4302,4802	605,98395	85,349736	12,001269	1,673274	0,228155	0,029887
7,20	34718,065	4821,9481	669,71576	93,015973	12,899609	1,774999	0,239190	0,031025
7,30	39442,610	5403,0923	740,15030	101,39036	13,870338	1,883850	0,250898	0,032223
7,40	44793,270	6053,1401	817,99252	110,53945	14,919513	2,000355	0,263322	0,033486
7,50	50851,208	6780,1570	904,02148	120,53612	16,053715	2,125087	0,276510	0,034816
7,60	57707,912	7593,1425	999,09820	131,46022	17,280093	2,258660	0,290514	0,036219
7,70	65466,490	8502,1380	1104,1742	143,39919	18,606413	2,401740	0,305387	0,037697
7,80	74243,125	9518,3461	1220,3012	156,44882	20,041111	2,555043	0,321189	0,039257
7,90	84168,707	10654,264	1348,6413	170,71405	21,593356	2,719341	0,337980	0,040902
8,00	95390,666	11923,831	1490,4792	186,30985	23,273112	2,895466	0,355830	0,042637
8,10	108075,04	13342,594	1647,2342	203,36221	25,091208	3,084320	0,374809	0,044470
8,20	122408,76	14927,895	1820,4753	222,00915	27,059418	3,286870	0,394994	0,046404
8,30	138602,29	16699,069	2011,9363	242,40194	29,190540	3,504165	0,416469	0,048447
8,40	156892,52	18677,679	2223,5335	264,70634	31,498490	3,737335	0,439321	0,050605
8,50	177546,03	20887,767	2457,3845	289,10404	33,998402	3,987599	0,463646	0,052885
8,60	200862,78	23356,135	2715,8299	315,79415	36,706732	4,256276	0,489545	0,055295
8,70	227180,22	26112,667	3001,4562	344,99495	39,641382	4,544787	0,517128	0,057843
8,80	256877,93	29190,673	3317,1221	376,94567	42,821824	4,854670	0,546511	0,060537
8,90	290382,82	32627,282	3665,9868	411,90862	46,269244	5,187585	0,577822	0,063387
9,00	328174,90	36463,877	4051,5420	450,17132	50,006692	5,545325	0,611194	0,066403
9,10	370793,90	40746,581	4477,6464	492,04904	54,059249	5,929828	0,646773	0,069595
9,20	418846,51	45526,793	4948,5646	537,88744	58,454213	6,343188	0,684714	0,072974
9,30	473014,64	50861,789	5469,0096	588,06554	63,221293	6,787670	0,725185	0,076552
9,40	534064,66	56815,389	6044,1904	642,99897	68,392829	7,265719	0,768366	0,080342
9,50	602857,68	63458,702	6679,8635	703,14351	74,004027	7,779984	0,814449	0,084358
9,60	680361,14	70870,951	7382,3908	768,99904	80,093216	8,333323	0,863642	0,088614
9,70	767661,83	79140,395	8158,8036	841,11377	86,702132	8,928832	0,916167	0,093125
9,80	865980,43	88365,350	9016,8725	920,08902	93,876223	9,569857	0,972264	0,097909
9,90	976687,81	98655,333	9965,1852	1006,5844	101,66499	10,260018	1,032190	0,102983
10,00	1101323,3	110132,33	11013,233	1101,3233	110,12233	11,003233	1,096223	0,108366

5.4.3 Einheitliche Steifigkeit und Längskraft – Ergänzungslastverfahren

Für Stäbe mit durchgehend gleicher Steifigkeit und Längskraft kann die Lösung mit Hilfe der Föppl-Notation quasi-geschlossen angegeben werden, wenn die Belastung aus Teilbelastungszuständen

$^{\varkappa}q\,(^{\varkappa}\xi)\,;\ \forall\,^{\varkappa}\xi:\ (\xi-\xi_{\varkappa})\leq{}^{\varkappa}\xi\leq(1-\xi_{\varkappa})$

oder Einzeleinwirkungen in den Punkten $\varkappa$ zusammengesetzt wird; d.h. jeder Teilbelastungszustand erstreckt sich von einem Punkt $\varkappa$ bis zum rechten Stabende und kann ein Polynom p. Grades sein: $^{\varkappa}q=\sum_{\iota=1}^{p}{}^{\varkappa}q_{\iota}\,\frac{^{\varkappa}\xi^{\iota}}{\iota!}$.

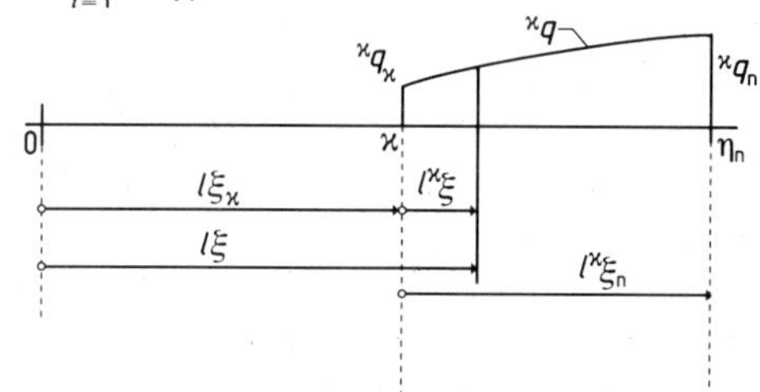

Bild 53 Teilbelastungszustand

Die einzelnen Teilbelastungszustände „ergänzen" sich zum Gesamtbelastungsbild (Beispiel Bild 54):

$q=\langle{}^{1}q_{3}\cdot(\xi-\xi_{1})\rangle-\langle|{}^{2}q_{3}|\cdot(\xi-\xi_{2})\rangle-\langle|{}^{3}q_{3}|\cdot(\xi-\xi_{3})\rangle$

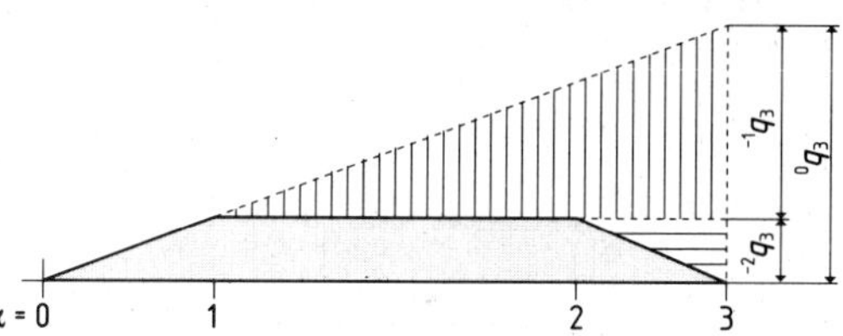

Bild 54 Beispiel „Ergänzungslast"

Funktion der **Zustandsgrößen**:

$\vec{z}\,(\xi)=\bar{\Xi}\,(\xi)\cdot(\bar{\boldsymbol{R}}_{\mathrm{f}}\,\vec{f}_{\mathrm{n}}^{*}+\bar{\boldsymbol{R}}_{\mathrm{r}}\,\vec{r}\,)+\vec{f}\,(\xi)$

mit $\vec{f}=\sum_{\iota=0}^{\varkappa(\xi)}\langle{}^{\iota}\vec{f}\,(^{\iota}\xi)\rangle$.

Für die Terme in $\langle\cdots\rangle$ (Föppl-Notation) gilt

$$\langle f\,(\xi-\xi_{\varkappa})\rangle=\begin{cases}0 & \text{für}\quad \xi<\xi_{\varkappa}:\quad(\hat{=}\,^{\varkappa}\xi<0)\\ f\,(\xi-\xi_{\varkappa}) & \text{für}\quad \xi\geq\xi_{\varkappa}:\quad(\hat{=}\,^{\varkappa}\xi\geq0)\end{cases}$$

$\vec{f}_{\mathrm{n}}^{*}$ enthält den Wert des Tupels der oberen 4 Elemente von $\vec{f}_{\mathrm{n}}=\sum_{(\varkappa)}{}^{\varkappa}\vec{f}_{\mathrm{n}}$ (Abschnitt 5.1.2) am rechten Stabende. Die 4×4-Matrizen $\bar{\boldsymbol{R}}_{\mathrm{f}}$ und $\bar{\boldsymbol{R}}_{\mathrm{r}}$ enthalten den Einfluß der Randbedingungen, $\vec{r}$ ist das 4-Tupel der „eingeprägten" Randgrößen und ist bei Standardlagerung $\vec{0}$. $\vec{r}$ hat aber Bedeutung bei Stäben, die Elemente von Stabwerken sind. Die Größen können Tafel 35 entnommen werden.

Tafel 35 Matrizen $\overline{\boldsymbol{R}}_{\mathrm{r}}$, $\overline{\boldsymbol{R}}_{\mathrm{f}}$ und Tupel $\vec{r}$

System	$\overline{\boldsymbol{R}}_{\mathrm{r}}$	$\vec{r}$	$\overline{\boldsymbol{R}}_{\mathrm{f}}$
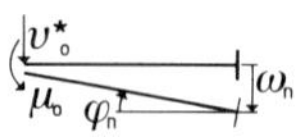	$\begin{pmatrix} -\hat{\gamma}\frac{\varrho_{\mathrm{bn}}}{\varrho_{0\mathrm{n}}} & -\hat{\gamma}\frac{\varrho_{2\mathrm{n}}}{2\varrho_{0\mathrm{n}}} & 1 & -\hat{\gamma}\frac{\varrho_{1\mathrm{n}}}{\varrho_{0\mathrm{n}}} \\ \hat{\gamma}\frac{\varrho_{2\mathrm{n}}}{2\varrho_{0\mathrm{n}}} & \frac{\varrho_{1\mathrm{n}}}{\varrho_{0\mathrm{n}}} & 0 & \frac{1}{\varrho_{0\mathrm{n}}} \\ 0 & 1 & 0 & 0 \\ 1 & 0 & 0 & 0 \end{pmatrix}$	$\begin{pmatrix} \upsilon_0^* \\ \mu_0 \\ \omega_{\mathrm{n}} \\ \varphi_{\mathrm{n}} \end{pmatrix}$	$\begin{pmatrix} -1 & \hat{\gamma}\frac{\varrho_{1\mathrm{n}}}{\varrho_{0\mathrm{n}}} & 0 & 0 \\ 0 & -\frac{1}{\varrho_{0\mathrm{n}}} & 0 & 0 \\ 0 & 0 & 0 & 0 \\ 0 & 0 & 0 & 0 \end{pmatrix}$
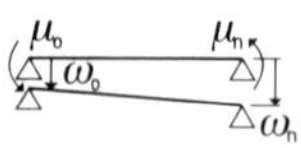	$\begin{pmatrix} 1 & 0 & 0 & 0 \\ -1 & \frac{\varrho_{\mathrm{bn}}}{\varrho_{1\mathrm{n}}} & 1 & \frac{\varrho_{\mathrm{an}}}{\varrho_{1\mathrm{n}}} \\ 0 & 1 & 0 & 0 \\ -\frac{1}{\hat{\gamma}}\frac{\varrho_{-1\mathrm{n}}}{\varrho_{1\mathrm{n}}} & -1 & \frac{1}{\hat{\gamma}}\frac{\varrho_{-1\mathrm{n}}}{\varrho_{1\mathrm{n}}} & 1 \end{pmatrix}$	$\begin{pmatrix} \omega_0 \\ \mu_0 \\ \omega_{\mathrm{n}} \\ \mu_{\mathrm{n}} \end{pmatrix}$	$\begin{pmatrix} 0 & 0 & 0 & 0 \\ -1 & 0 & -\frac{\varrho_{\mathrm{an}}}{\varrho_{1\mathrm{n}}} & 0 \\ 0 & 0 & 0 & 0 \\ -\frac{1}{\hat{\gamma}}\frac{\varrho_{-1\mathrm{n}}}{\varrho_{1\mathrm{n}}} & 0 & -1 & 0 \end{pmatrix}$
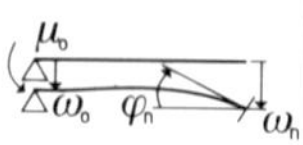	$\begin{pmatrix} 1 & 0 & 0 & 0 \\ -\frac{\varrho_{2\mathrm{n}}}{2\varrho_{\mathrm{bn}}} & \frac{\varrho_{\mathrm{cn}}}{\varrho_{\mathrm{bn}}} & \frac{\varrho_{2\mathrm{n}}}{2\varrho_{\mathrm{bn}}} & -\frac{\varrho_{\mathrm{an}}}{\varrho_{\mathrm{bn}}} \\ 0 & 1 & 0 & 0 \\ -\frac{1}{\hat{\gamma}}\frac{\varrho_{0\mathrm{n}}}{\varrho_{\mathrm{bn}}} & -\frac{\varrho_{2\mathrm{n}}}{2\varrho_{\mathrm{bn}}} & \frac{1}{\hat{\gamma}}\frac{\varrho_{0\mathrm{n}}}{\varrho_{\mathrm{bn}}} & -\frac{\varrho_{1\mathrm{n}}}{\varrho_{\mathrm{bn}}} \end{pmatrix}$	$\begin{pmatrix} \omega_0 \\ \mu_0 \\ \omega_{\mathrm{n}} \\ \mu_{\mathrm{n}} \end{pmatrix}$	$\begin{pmatrix} 0 & 0 & 0 & 0 \\ -\frac{\varrho_{2\mathrm{n}}}{2\varrho_{\mathrm{bn}}} & \frac{\varrho_{\mathrm{an}}}{\varrho_{\mathrm{bn}}} & 0 & 0 \\ 0 & 0 & 0 & 0 \\ -\frac{1}{\hat{\gamma}}\frac{\varrho_{0\mathrm{n}}}{\varrho_{\mathrm{bn}}} & \frac{\varrho_{1\mathrm{n}}}{\varrho_{\mathrm{bn}}} & 0 & 0 \end{pmatrix}$
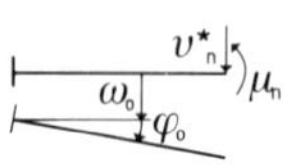	$\begin{pmatrix} 1 & 0 & 0 & 0 \\ 0 & 1 & 0 & 0 \\ 0 & \frac{\varrho_{-1\mathrm{n}}}{\varrho_{0\mathrm{n}}} & -\hat{\gamma}\frac{\varrho_{1\mathrm{n}}}{\varrho_{0\mathrm{n}}} & \frac{1}{\varrho_{0\mathrm{n}}} \\ 0 & 0 & 1 & 0 \end{pmatrix}$	$\begin{pmatrix} \omega_0 \\ \varphi_0 \\ \upsilon_{\mathrm{n}}^* \\ \mu_{\mathrm{n}} \end{pmatrix}$	$\begin{pmatrix} 0 & 0 & 0 & 0 \\ 0 & 0 & 0 & 0 \\ 0 & 0 & -\frac{1}{\varrho_{0\mathrm{n}}} & \hat{\gamma}\frac{\varrho_{1\mathrm{n}}}{\varrho_{0\mathrm{n}}} \\ 0 & 0 & 0 & -1 \end{pmatrix}$
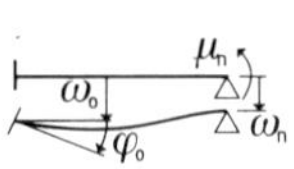	$\begin{pmatrix} 1 & 0 & 0 & 0 \\ 0 & 1 & 0 & 0 \\ \frac{\varrho_{1\mathrm{n}}}{\varrho_{\mathrm{bn}}} & \frac{\varrho_{1\mathrm{n}}}{\varrho_{\mathrm{bn}}} & -\frac{\varrho_{1\mathrm{n}}}{\varrho_{\mathrm{bn}}} & -\frac{\varrho_{\mathrm{an}}}{\varrho_{\mathrm{bn}}} \\ -\frac{1}{\hat{\gamma}}\frac{\varrho_{0\mathrm{n}}}{\varrho_{\mathrm{bn}}} & -\frac{\varrho_{1\mathrm{n}}}{\varrho_{\mathrm{bn}}} & \frac{1}{\hat{\gamma}}\frac{\varrho_{0\mathrm{n}}}{\varrho_{\mathrm{bn}}} & \frac{\varrho_{2\mathrm{n}}}{2\varrho_{\mathrm{bn}}} \end{pmatrix}$	$\begin{pmatrix} \omega_0 \\ \varphi_0 \\ \omega_{\mathrm{n}} \\ \mu_{\mathrm{n}} \end{pmatrix}$	$\begin{pmatrix} 0 & 0 & 0 & 0 \\ 0 & 0 & 0 & 0 \\ \frac{\varrho_{1\mathrm{n}}}{\varrho_{\mathrm{bn}}} & 0 & \frac{\varrho_{\mathrm{an}}}{\varrho_{\mathrm{bn}}} & 0 \\ -\frac{1}{\hat{\gamma}}\frac{\varrho_{0\mathrm{n}}}{\varrho_{\mathrm{bn}}} & 0 & -\frac{\varrho_{2\mathrm{n}}}{2\varrho_{\mathrm{bn}}} & 0 \end{pmatrix}$
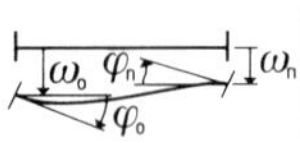	$\begin{pmatrix} 1 & 0 & 0 & 0 \\ 0 & 1 & 0 & 0 \\ \frac{\varrho_{2\mathrm{n}}}{2\varrho_{\mathrm{cn}}} & \frac{\varrho_{\mathrm{bn}}}{\varrho_{\mathrm{cn}}} & -\frac{\varrho_{2\mathrm{n}}}{2\varrho_{\mathrm{cn}}} & \frac{\varrho_{\mathrm{an}}}{\varrho_{\mathrm{cn}}} \\ -\frac{1}{\hat{\gamma}}\frac{\varrho_{1\mathrm{n}}}{\varrho_{\mathrm{cn}}} & -\frac{\varrho_{2\mathrm{n}}}{2\varrho_{\mathrm{cn}}} & \frac{1}{\hat{\gamma}}\frac{\varrho_{1\mathrm{n}}}{\varrho_{\mathrm{cn}}} & -\frac{\varrho_{2\mathrm{n}}}{2\varrho_{\mathrm{cn}}} \end{pmatrix}$	$\begin{pmatrix} \omega_0 \\ \varphi_0 \\ \omega_{\mathrm{n}} \\ \varphi_{\mathrm{n}} \end{pmatrix}$	$\begin{pmatrix} 0 & 0 & 0 & 0 \\ 0 & 0 & 0 & 0 \\ \frac{\varrho_{2\mathrm{n}}}{2\varrho_{\mathrm{cn}}} & -\frac{\varrho_{\mathrm{an}}}{\varrho_{\mathrm{cn}}} & 0 & 0 \\ -\frac{1}{\hat{\gamma}}\frac{\varrho_{1\mathrm{n}}}{\varrho_{\mathrm{cn}}} & \frac{\varrho_{2\mathrm{n}}}{2\varrho_{\mathrm{cn}}} & 0 & 0 \end{pmatrix}$

Beispiel

Vernachlässigung der Schubverformung: $\varsigma = 0$; $\hat{\gamma} = 1$.

$$\nu = \frac{-2500 \cdot 10{,}0^2}{40000} = -6{,}25; \quad \varepsilon = \sqrt{|-6{,}25|} = 2{,}5$$

$$^0\eta_0 = \frac{20 \cdot 10{,}0^3}{40000} = 0{,}5; \quad ^1\eta_0 = -\frac{20 \cdot 10{,}0^3}{40000} = -0{,}5$$

$$^0\xi = \xi; \qquad ^1\xi = \xi - 0{,}6$$

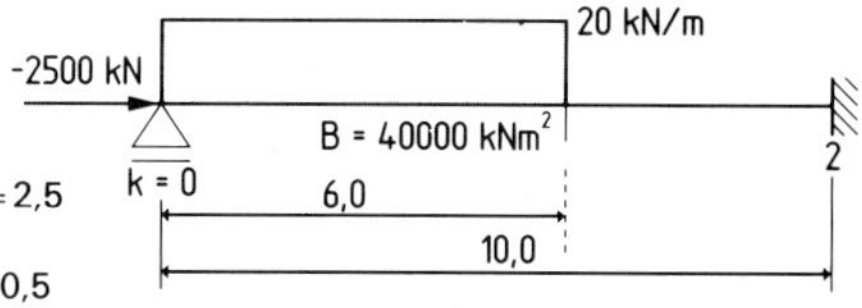

Bild 55 Beispiel

Zur Ermittlung der Zustandsgrößen w, M, V^* und V an den Stellen $\xi = 0{,}2$ und $\xi = 0{,}8$ werden folgende ϱ-Werte benötigt:

$\xi =$	0,2	0,8	0,4	1
$\varepsilon\xi =$	0,5	2,0	1,0	2,5
ϱ_{-2}	−0,21940	1,66549		
ϱ_{-1}	−0,23971	−1,81859		
ϱ_0	0,87758	−0,41615	0,54030	−0,80114
ϱ_1	0,95885	0,45465	0,84147	0,23939
ϱ_2	0,97934	0,70807	0,91940	0,57637
ϱ_3	0,98757	0,81803	0,95117	0,73019
ϱ_4	0,99170	0,87578	0,96726	0,81338
ϱ_α				0,12170
ϱ_β				0,16649

$$\vec{f}_n^* = \begin{pmatrix} 0{,}03389 \\ 0{,}12170 \\ -0{,}28818 \\ -1 \end{pmatrix} \cdot 0{,}5 + \begin{pmatrix} 0{,}00103 \\ 0{,}01015 \\ -0{,}07355 \\ -0{,}4 \end{pmatrix} \cdot (-0{,}5) = \begin{pmatrix} 0{,}01643 \\ 0{,}05578 \\ -0{,}10732 \\ -0{,}3 \end{pmatrix}$$

$$\vec{z}_0 = \overline{R}_f \vec{f}_n^* = \begin{pmatrix} 0 & 0 & 0 & 0 \\ -1{,}7310 & 0{,}7310 & 0 & 0 \\ 0 & 0 & 0 & 0 \\ 4{,}8121 & 1{,}4379 & 0 & 0 \end{pmatrix} \cdot \begin{pmatrix} 0{,}01643 \\ 0{,}05578 \\ -0{,}10731 \\ -0{,}30000 \end{pmatrix} = \begin{pmatrix} 0 \\ 0{,}01233 \\ 0 \\ 0{,}15926 \end{pmatrix}$$

$\boldsymbol{\xi = 0{,}2}$ $(\varepsilon\xi = 2{,}5 \cdot 0{,}2 = 0{,}5)$:

$$\overline{\Xi}(0{,}2) = \begin{pmatrix} 1 & 0{,}19177 & -0{,}01959 & -0{,}00132 \\ 0 & 0{,}87758 & -0{,}19177 & -0{,}01959 \\ 0 & 1{,}19856 & 0{,}87758 & 0{,}19177 \\ 0 & 0 & 0 & 1 \\ 0 & 5{,}48489 & -1{,}19856 & 0{,}87758 \end{pmatrix}; \quad {}^0\vec{f}(0{,}2) = \begin{pmatrix} 0{,}000033 \\ 0{,}000658 \\ -0{,}00979 \\ -0{,}10000 \\ -0{,}09588 \end{pmatrix} \rightarrow \vec{z}(0{,}2) = \begin{pmatrix} 0{,}00219 \\ 0{,}00836 \\ 0{,}03553 \\ 0{,}05927 \\ 0{,}11152 \end{pmatrix} \triangleq \begin{pmatrix} 0{,}0219\ \text{m} \\ 0{,}00836 \\ 142{,}12\ \text{kNm} \\ 23{,}708\ \text{kN} \\ 44{,}608\ \text{kN} \end{pmatrix}$$

$\boldsymbol{\xi = 0{,}8}$ $(\varepsilon\xi = 2{,}5 \cdot 0{,}8 = 2{,}0)$:

$$\overline{\Xi}(0{,}8) = \begin{pmatrix} 1 & 0{,}36372 & -0{,}22658 & -0{,}06980 \\ 0 & -0{,}41615 & -0{,}36372 & -0{,}22658 \\ 0 & 2{,}27324 & -0{,}41615 & 0{,}36372 \\ 0 & 0 & 0 & 1 \\ 0 & -2{,}60092 & -2{,}27324 & -0{,}41615 \end{pmatrix}$$

$${}^1\vec{f}(0{,}8) = {}^0\begin{pmatrix} 0{,}00747 \\ 0{,}03490 \\ -0{,}11329 \\ -0{,}40000 \\ -0{,}18186 \end{pmatrix} + {}^1\begin{pmatrix} -0{,}000033 \\ -0{,}000658 \\ 0{,}00979 \\ 0{,}10000 \\ 0{,}09588 \end{pmatrix} = \begin{pmatrix} 0{,}00744 \\ 0{,}03424 \\ -0{,}10350 \\ -0{,}30000 \\ -0{,}08597 \end{pmatrix}$$

$$\rightarrow \vec{z}(0{,}8) = \begin{pmatrix} 0{,}000809 \\ -0{,}00697 \\ -0{,}01754 \\ -0{,}14074 \\ -0{,}18432 \end{pmatrix} \triangleq \begin{pmatrix} 0{,}00809\ \text{m} \\ -0{,}00697 \\ -70{,}16\ \text{kNm} \\ -56{,}296\ \text{kN} \\ -73{,}728\ \text{kN} \end{pmatrix}$$

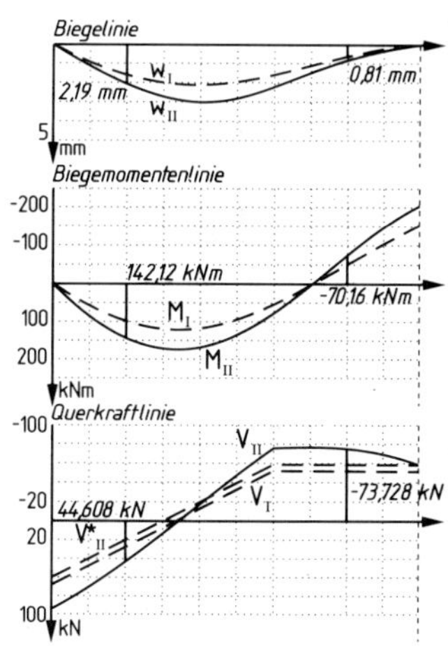

Bild 56 Zustandsfunktionen

5.4.4 Abschnittsweise einheitliche Steifigkeit und Längskraft – Übertragungsverfahren

Voraussetzung: Im Stababschnitt $\varkappa$ mit $\xi_\varkappa \leq \xi \leq \xi_{\varkappa+1}$ sind die Steifigkeiten ($B_\varkappa$, $S_\varkappa$) und die Normalkraft ($N_\varkappa$) konstant und die Einwirkungsfunktion (q) ist stetig. Am Anfang jedes Abschnitts kann ein Einzelgrößentupel $\vec{\boldsymbol{p}}_{f\varkappa} = \begin{pmatrix} \Delta\omega_{f\varkappa} \\ \Delta\varphi_{f\varkappa} \\ -\Delta\mu_{f\varkappa} \\ -\Delta\upsilon^*_{f\varkappa} \end{pmatrix}$ einwirken.

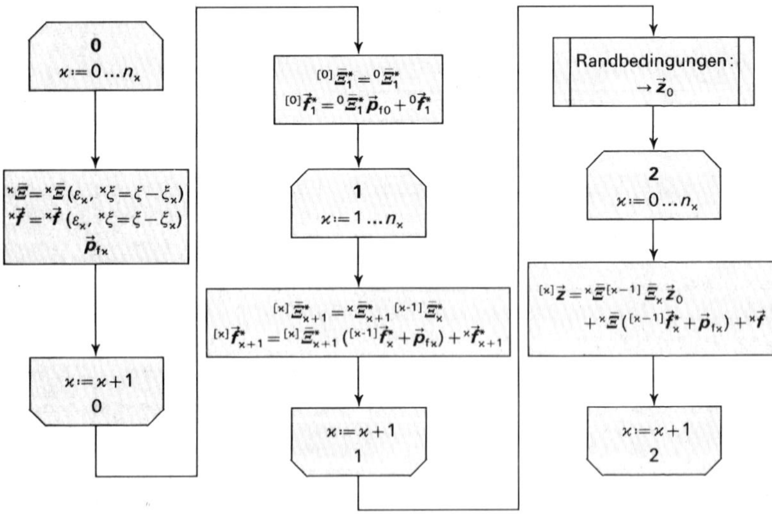

Bild 57 Übertragungsprozeß

Der Übertragungsprozeß nach Bild 57, Schleife 1 endet am rechten Rand mit dem Ergebnis:

$$
{}^{[n-1]}\bar{\boldsymbol{\Xi}}_n = \begin{pmatrix} 1 & r_{\omega\varphi} & r_{\omega\mu} & r_{\omega\upsilon} \\ 0 & r_{\varphi\varphi} & r_{\varphi\mu} & r_{\varphi\upsilon} \\ 0 & r_{\mu\varphi} & r_{\mu\mu} & r_{\mu\upsilon} \\ 0 & 0 & 0 & 1 \end{pmatrix}; \quad {}^{[n-1]}\vec{\boldsymbol{f}}_n = \begin{pmatrix} f_\omega \\ f_\varphi \\ f_\mu \\ f_\upsilon \end{pmatrix}
$$

Die Größen $r_{\alpha\beta}$ bzw. f_α repräsentieren darin die numerischen Werte der Elemente am Ende des Iterationsprozesses (am rechten Rand des Stabes). Aus Tafel 57 können nun die zur Berechnung der Randgrößen am Stabanfang benötigten Matrizen entnommen werden. Anschließend lassen sich die Zustandfunktionen für jeden Abschnitt des Stabes bestimmen, wobei die Abschnittsanfangszustände entweder in einem neuen Übertragungsprozeß ermittelt, oder als Zwischenergebnisse des ersten Durchgangs eingesetzt werden können.

Tafel 36 Randgrößentupel $\vec{z}_0$

System	$\vec{z}_0 = \overline{R}_r \vec{r} + \overline{R}_f \vec{f}_n$: $\overline{R}_r$	$\vec{r}$	$\overline{R}_f$
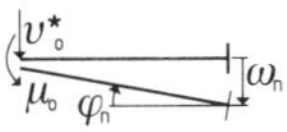	$\begin{pmatrix} \frac{^{\omega\varphi}R_{\varphi\upsilon}}{r_{\varphi\varphi}} & \frac{^{\omega\varphi}R_{\varphi\mu}}{r_{\varphi\varphi}} & 1 & -\frac{r_{\omega\varphi}}{r_{\varphi\varphi}} \\ -\frac{r_{\varphi\upsilon}}{r_{\varphi\varphi}} & -\frac{r_{\varphi\mu}}{r_{\varphi\varphi}} & 0 & \frac{1}{r_{\varphi\varphi}} \\ 0 & 1 & 0 & 0 \\ 1 & 0 & 0 & 0 \end{pmatrix}$	$\begin{pmatrix} \upsilon_0^* \\ \mu_0 \\ \omega_n \\ \varphi_n \end{pmatrix}$	$\begin{pmatrix} -1 & \frac{r_{\omega\varphi}}{r_{\varphi\varphi}} & 0 & 0 \\ 0 & -\frac{1}{r_{\varphi\varphi}} & 0 & 0 \\ 0 & 0 & 0 & 0 \\ 0 & 0 & 0 & 0 \end{pmatrix}$
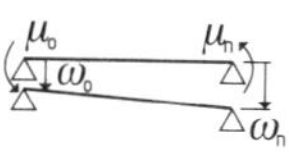	$\begin{pmatrix} 1 & 0 & 0 & 0 \\ -\frac{r_{\mu\upsilon}}{^{\omega\varphi}R_{\mu\upsilon}} & -\frac{^{\omega\mu}R_{\mu\upsilon}}{^{\omega\varphi}R_{\mu\upsilon}} & \frac{r_{\mu\upsilon}}{^{\omega\varphi}R_{\mu\upsilon}} & -\frac{r_{\omega\upsilon}}{^{\omega\varphi}R_{\mu\upsilon}} \\ 0 & 1 & 0 & 0 \\ \frac{r_{\mu\varphi}}{^{\omega\varphi}R_{\mu\upsilon}} & -\frac{^{\omega\varphi}R_{\mu\mu}}{^{\omega\varphi}R_{\mu\upsilon}} & -\frac{r_{\mu\varphi}}{^{\omega\varphi}R_{\mu\upsilon}} & \frac{r_{\omega\varphi}}{^{\omega\varphi}R_{\mu\upsilon}} \end{pmatrix}$	$\begin{pmatrix} \omega_0 \\ \mu_0 \\ \omega_n \\ \mu_n \end{pmatrix}$	$\begin{pmatrix} 0 & 0 & 0 & 0 \\ -\frac{r_{\mu\upsilon}}{^{\omega\varphi}R_{\mu\upsilon}} & 0 & \frac{r_{\omega\upsilon}}{^{\omega\varphi}R_{\mu\upsilon}} & 0 \\ 0 & 0 & 0 & 0 \\ \frac{r_{\mu\varphi}}{^{\omega\varphi}R_{\mu\upsilon}} & 0 & -\frac{r_{\omega\varphi}}{^{\omega\varphi}R_{\mu\upsilon}} & 0 \end{pmatrix}$
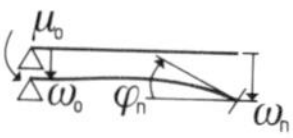	$\begin{pmatrix} 1 & 0 & 0 & 0 \\ -\frac{r_{\varphi\upsilon}}{^{\omega\varphi}R_{\varphi\upsilon}} & -\frac{^{\omega\mu}R_{\varphi\upsilon}}{^{\omega\varphi}R_{\varphi\upsilon}} & \frac{r_{\varphi\upsilon}}{^{\omega\varphi}R_{\varphi\upsilon}} & -\frac{r_{\omega\upsilon}}{^{\omega\varphi}R_{\varphi\upsilon}} \\ 0 & 1 & 0 & 0 \\ \frac{r_{\varphi\varphi}}{^{\omega\varphi}R_{\varphi\upsilon}} & -\frac{^{\omega\varphi}R_{\varphi\mu}}{^{\omega\varphi}R_{\varphi\upsilon}} & -\frac{r_{\varphi\varphi}}{^{\omega\varphi}R_{\varphi\upsilon}} & \frac{r_{\omega\varphi}}{^{\omega\varphi}R_{\varphi\upsilon}} \end{pmatrix}_n$	$\begin{pmatrix} \omega_0 \\ \mu_0 \\ \omega_n \\ \varphi_n \end{pmatrix}$	$\begin{pmatrix} 0 & 0 & 0 & 0 \\ -\frac{r_{\varphi\upsilon}}{^{\omega\varphi}R_{\varphi\upsilon}} & \frac{r_{\omega\upsilon}}{^{\omega\varphi}R_{\varphi\upsilon}} & 0 & 0 \\ 0 & 0 & 0 & 0 \\ \frac{r_{\varphi\varphi}}{^{\omega\varphi}R_{\varphi\upsilon}} & -\frac{r_{\omega\varphi}}{^{\omega\varphi}R_{\varphi\upsilon}} & 0 & 0 \end{pmatrix}$
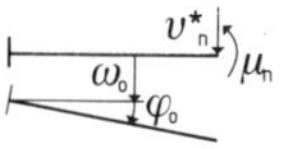	$\begin{pmatrix} 1 & 0 & 0 & 0 \\ 0 & 1 & 0 & 0 \\ 0 & -\frac{r_{\mu\varphi}}{r_{\mu\mu}} & -\frac{r_{\mu\upsilon}}{r_{\mu\mu}} & \frac{1}{r_{\mu\mu}} \\ 0 & 0 & 1 & 0 \end{pmatrix}$	$\begin{pmatrix} \omega_0 \\ \varphi_0 \\ \upsilon_0^* \\ \mu_n \end{pmatrix}$	$\begin{pmatrix} 0 & 0 & 0 & 0 \\ 0 & 0 & 0 & 0 \\ 0 & 0 & -\frac{1}{r_{\mu\mu}} & \frac{r_{\mu\upsilon}}{r_{\mu\mu}} \\ 0 & 0 & 0 & -1 \end{pmatrix}_n$
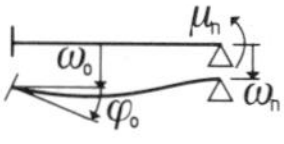	$\begin{pmatrix} 1 & 0 & 0 & 0 \\ 0 & 1 & 0 & 0 \\ -\frac{r_{\mu\upsilon}}{^{\omega\mu}R_{\mu\upsilon}} & -\frac{^{\omega\varphi}R_{\mu\upsilon}}{^{\omega\mu}R_{\mu\upsilon}} & \frac{r_{\mu\upsilon}}{^{\omega\mu}R_{\mu\upsilon}} & -\frac{r_{\omega\upsilon}}{^{\omega\mu}R_{\mu\upsilon}} \\ \frac{r_{\mu\mu}}{^{\omega\mu}R_{\mu\upsilon}} & \frac{^{\omega\varphi}R_{\mu\mu}}{^{\omega\mu}R_{\mu\upsilon}} & -\frac{r_{\mu\mu}}{^{\omega\mu}R_{\mu\upsilon}} & \frac{r_{\omega\mu}}{^{\omega\mu}R_{\mu\upsilon}} \end{pmatrix}$	$\begin{pmatrix} \omega_0 \\ \varphi_0 \\ \omega_n \\ \mu_n \end{pmatrix}$	$\begin{pmatrix} 0 & 0 & 0 & 0 \\ 0 & 0 & 0 & 0 \\ -\frac{r_{\mu\upsilon}}{^{\omega\mu}R_{\mu\upsilon}} & 0 & \frac{r_{\omega\upsilon}}{^{\omega\mu}R_{\mu\upsilon}} & 0 \\ \frac{r_{\mu\mu}}{^{\omega\mu}R_{\mu\upsilon}} & 0 & -\frac{r_{\omega\mu}}{^{\omega\mu}R_{\mu\upsilon}} & 0 \end{pmatrix}$
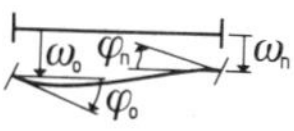	$\begin{pmatrix} 1 & 0 & 0 & 0 \\ 0 & 1 & 0 & 0 \\ -\frac{r_{\varphi\upsilon}}{^{\omega\mu}R_{\varphi\upsilon}} & -\frac{^{\omega\varphi}R_{\varphi\upsilon}}{^{\omega\mu}R_{\varphi\upsilon}} & \frac{r_{\varphi\upsilon}}{^{\omega\mu}R_{\varphi\upsilon}} & -\frac{r_{\omega\upsilon}}{^{\omega\mu}R_{\varphi\upsilon}} \\ \frac{r_{\varphi\mu}}{^{\omega\mu}R_{\varphi\upsilon}} & -\frac{^{\omega\varphi}R_{\varphi\mu}}{^{\omega\mu}R_{\varphi\upsilon}} & -\frac{r_{\varphi\mu}}{^{\omega\mu}R_{\varphi\upsilon}} & \frac{r_{\omega\mu}}{^{\omega\mu}R_{\varphi\upsilon}} \end{pmatrix}$	$\begin{pmatrix} \omega_0 \\ \varphi_0 \\ \omega_n \\ \varphi_n \end{pmatrix}$	$\begin{pmatrix} 0 & 0 & 0 & 0 \\ 0 & 0 & 0 & 0 \\ -\frac{r_{\varphi\upsilon}}{^{\omega\mu}R_{\varphi\upsilon}} & \frac{r_{\omega\upsilon}}{^{\omega\mu}R_{\varphi\upsilon}} & 0 & 0 \\ \frac{r_{\varphi\mu}}{^{\omega\mu}R_{\varphi\upsilon}} & -\frac{r_{\omega\mu}}{^{\omega\mu}R_{\varphi\upsilon}} & 0 & 0 \end{pmatrix}$

mit $^{ab}R_{cd} = \begin{vmatrix} r_{ab} & r_{ad} \\ r_{cb} & r_{cd} \end{vmatrix}$

6 Gelenk- und Durchlaufträger

6.1 Gelenkträger unter Gleichlast

Ausführung, Gelenke	Auflagerkräfte	Biegemomente
1. 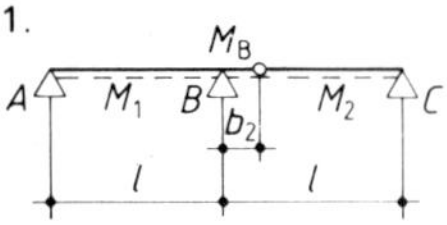 $b_2 = 0{,}1716\,l$	$A = 0{,}4142\,ql$ $B = 1{,}1716\,ql$ $C = 0{,}4142\,ql$	$M_1 = M_2 = -M_B$ $= 0{,}0858\,ql^2$
2a. 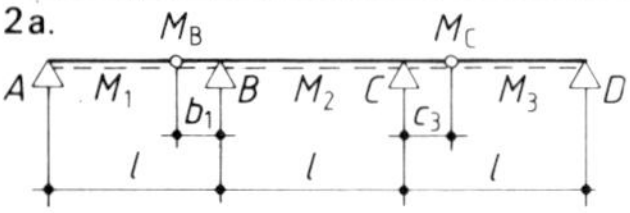 $b_1 = c_3 = 0{,}125\,l$	$A = D = 0{,}4375\,ql$ $B = C = 1{,}0625\,ql$	$M_1 = 0{,}0957\,ql^2$ $M_2 = -M_B = -M_C$ $= 0{,}0625\,ql^2$
2b. 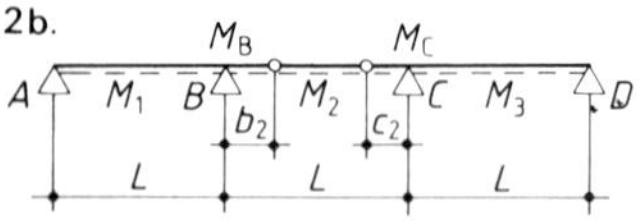 $b_2 = c_2 = 0{,}22\,l$	$A = D = 0{,}4142\,ql$ $B = C = 1{,}0858\,ql$	$M_1 = -M_B = -M_C$ $= 0{,}0858\,ql^2$ $M_2 = 0{,}0392\,ql^2$
3. 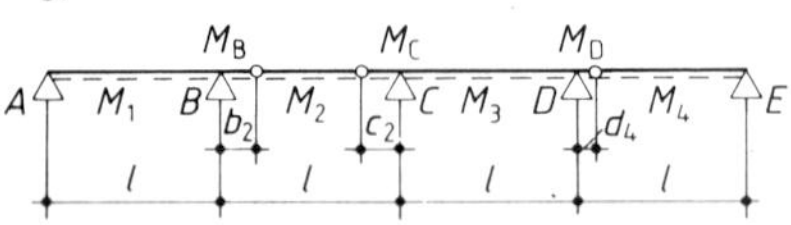 $b_2 = 0{,}2035\,l$; $c_2 = 0{,}157\,l$; $d_4 = 0{,}125\,l$	$A = 0{,}4142\,ql$ $B = 1{,}1090\,ql$ $C = 0{,}9768\,ql$ $D = 1{,}0625\,ql$ $E = 0{,}4375\,ql$	$M_1 = -M_B$ $= 0{,}0858\,ql^2$ $M_2 = 0{,}0511\,ql^2$ $-M_c = M_3 = -M_D$ $= 0{,}0625\,ql^2$ $M_4 = 0{,}0957\,ql^2$

4. Fünffeld-Gerberträger

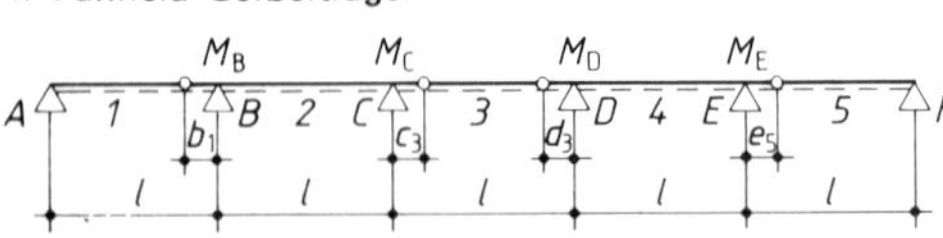

$A = F = 0{,}4375\,ql$;
$B = E = 1{,}0625\,ql$;
$C = D = 1{,}0\,ql$

$b_1 = 0{,}125\,l$; $c_3 = 0{,}1465\,l = d_3$; $e_5 = 0{,}125\,l$

$M_1 = 0{,}0957\,q \cdot l^2$; $M_2 = M_3 = -M_B = -M_C = 0{,}0625\,ql^2$

5. Sechsfeld-Gerberträger

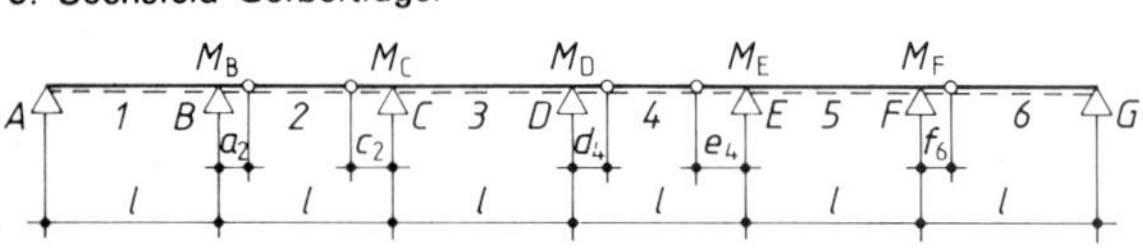

$A = 0{,}4142\,ql$;
$B = 1{,}1090\,ql$;
$C = 0{,}9768\,ql$;
$D = E = 1{,}0\,ql$;
$F = 1{,}0625\,q \cdot l$

$a_2 = 0{,}2035\,l$; $c_2 = 0{,}1570\,l$; $d_4 = e_4 = 0{,}1465\,l$; $f_6 = 0{,}125\,l$

$M_1 = -M_B = 0{,}0858\,ql^2$; $M_2 = 0{,}0511\,ql^2$; $M_6 = 0{,}0957\,ql^2$

$M_3 = M_4 = M_5 = -M_C = -M_D = -M_E = -M_F = 0{,}0625\,q \cdot l^2$

6.2 Zweifeldträger

$l'_1 = \frac{I_c}{I_1} l_1 \qquad l'_2 = \frac{I_c}{I_2} l_2$

I_c Vergleichsflächenmoment zweiten Grades

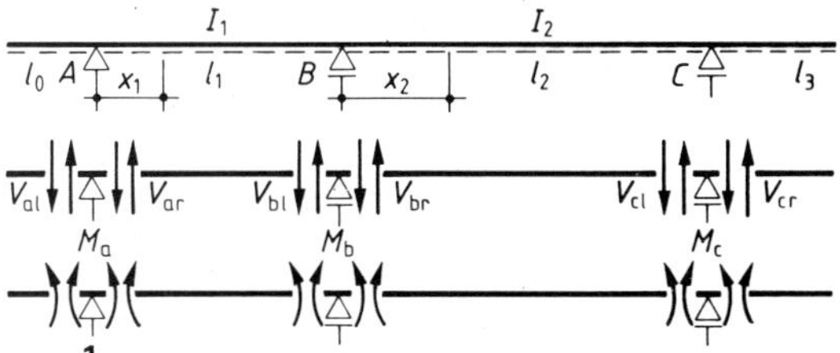

Bild 58 Positivbild

Allgemein gilt (s. S. 334) $\boldsymbol{M_b = -\frac{1}{2(l'_1+l'_2)}[(R_1+M_a)l'_1+(L_2+M_c)l'_2]}$

Für Gleichlast q ergibt sich mit $R_j = L_j = q_j l_j^2/4$

$$M_b = -\frac{1}{2(l'_1+l'_2)}\left[\left(\frac{q_1 l_1^2}{4}+M_a\right)l'_1+\left(\frac{q_2 l_2^2}{4}+M_c\right)l'_2\right]$$

Die Quer- und Stützkräfte sowie die größten Feldmomente betragen dann:

$V_{al} = -q_0 l_0$

$V_{ar} = +\frac{1}{2}q_1 l_1 + (-M_a+M_b)/l_1$

$V_{bl} = -\frac{1}{2}q_1 l_1 + (-M_a+M_b)/l_1$

$V_{br} = +\frac{1}{2}q_2 l_2 + (-M_b+M_c)/l_2$

$V_{cl} = -\frac{1}{2}q_2 l_2 + (-M_b+M_c)/l_2$

$V_{cr} = +q_3 l_3$

$A = V_{ar} - V_{al}$

$\max M_1 = V_{ar}^2/2q_1 + M_a \quad$ bei $x_1 = V_{ar}/q_1$

$B = V_{br} - V_{bl}$

$\max M_2 = V_{br}^2/2q_2 + M_b \quad$ bei $x_2 = V_{br}/q_2$

$C = V_{cr} - V_{cl}$

Ohne Kragarme bzw. für $M_a = M_c = O$ gilt

$$\boldsymbol{M_b = -\frac{1}{2(l'_1+l'_2)}\left[\frac{q_1 l_1^2}{4}l'_1+\frac{q_2 l_2^2}{4}l'_2\right]}$$

und bei gleichen Flächenmomenten zweiten Grades in beiden Feldern ($I_1 = I_2 = I_c$) gilt

$$\boldsymbol{M_b = -\frac{1}{2(l_1+l_2)}\left[\frac{q_1 l_1^3}{4}+\frac{q_2 l_2^3}{4}\right]}$$

Tafel 37 Beiwerte für g, p_1 und p_2 zur Berechnung von M_b

$l_1:l_2$	Stützmoment M_b			$l_1:l_2$	Stützmoment M_b		
	aus g	aus p			aus g	aus p	
	Vollast	Feld 1	Feld 2		Vollast	Feld 1	Feld 2
1:1	−0,1250	−0,0625	−0,0625	1:2	−0,3750	−0,0417	−0,3333
1:1,05	−0,1316	−0,0610	−0,0706	1:2,05	−0,3941	−0,0410	−0,3531
1:1,1	−0,1388	−0,0595	−0,0793	1:2,1	−0,4138	−0,0403	−0,3735
1:1,15	−0,1466	−0,0581	−0,0885	1:2,15	−0,4341	−0,0397	−0,3944
1:1,2	−0,1550	−0,0568	−0,0982	1:2,2	−0,4550	−0,0391	−0,4159
1:1,25	−0,1641	−0,0556	−0,1085	1:2,25	−0,4766	−0,0385	−0,4381
1:1,3	−0,1738	−0,0543	−0,1195	1:2,3	−0,4988	−0,0379	−0,4609
1:1,35	−0,1841	−0,0532	−0,1309	1:2,35	−0,5216	−0,0373	−0,4843
1:1,4	−0,1950	−0,0521	−0,1429	1:2,4	−0,5450	−0,0368	−0,5082
1:1,45	−0,2066	−0,0510	−0,1556	1:2,45	−0,5690	−0,0362	−0,5328
1:1,5	−0,2188	−0,0500	−0,1688	1:2,5	−0,5938	−0,0357	−0,5581
1:1,55	−0,2316	−0,0490	−0,1826	1:2,55	−0,6191	−0,0352	−0,5839
1:1,6	−0,2450	−0,0481	−0,1969	1:2,6	−0,6450	−0,0347	−0,6103
1:1,65	−0,2591	−0,0472	−0,2119	1:2,65	−0,6716	−0,0342	−0,6374
1:1,7	−0,2738	−0,0463	−0,2275	1:2,7	−0,6988	−0,0338	−0,6650
1:1,75	−0,2891	−0,0455	−0,2436	1:2,75	−0,7265	−0,0333	−0,6932
1:1,8	−0,3050	−0,0446	−0,2604	1:2,8	−0,7550	−0,0329	−0,7221
1:1,85	−0,3216	−0,0439	−0,2777	1:2,85	−0,7841	−0,0325	−0,7516
1:1,9	−0,3388	−0,0431	−0,2957	1:2,9	−0,8138	−0,0321	−0,7817
1:1,95	−0,3566	−0,0424	−0,3142	1:2,95	−0,8441	−0,0316	−0,8125
1:2	−0,3750	−0,0417	−0,3333	1:3	−0,8750	−0,0313	−0,8437
	$\cdot g l_1^2$	$\cdot p_1 l_1^2$	$\cdot p_2 l_1^2$		$\cdot g l_1^2$	$\cdot p_1 l_1^2$	$\cdot p_2 l_1^2$

6.3 Durchlaufträger mit gleichen Stützweiten und feldweiser Belastung

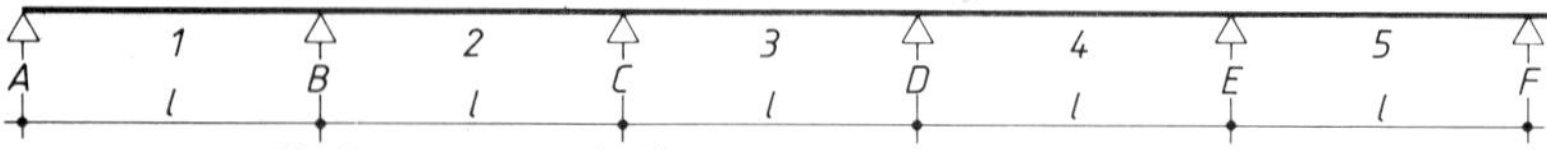

Bild 59

Die Tafel enthält die Koeffizienten k zur Ermittlung der Größtwerte der Feld- und Stützmomente, Auflager- und Querkräfte. Voraussetzung sind konstantes Träg-

Belastung 1	Belastung 2	Belastung 3	Belastung 4	Belastung 5	Belastung 6
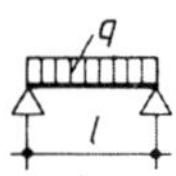	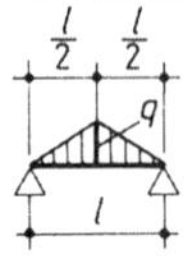	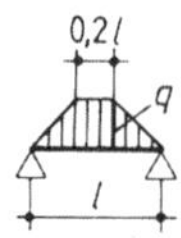	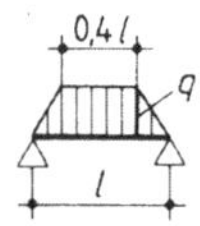	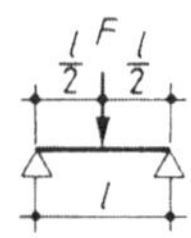	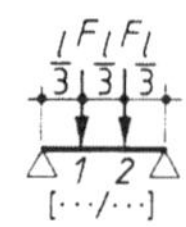

Es gilt für	Momente	Kräfte	Durchsenkung
Belastung 1...4	$k \cdot ql^2$	$k \cdot ql$	$10^{-2} \cdot k \cdot ql^4/EI$
Belastung 5...6	$k \cdot Fl$	$k \cdot F$	$10^{-2} \cdot k \cdot Fl^3/EI$

Belastungsschema	statische Größe	Belastung 1	2	3	4	5	6
2 gleiche Felder 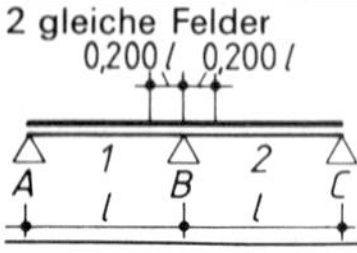	M_1	0,070	0,048	0,056	0,063	0,156	(0,222/0,111
	min M_B	−0,125	−0,078	−0,093	−0,106	−0,187	−0,333
	A	0,375	0,172	0,207	0,244	0,313	0,667
	max B	1,250	0,656	0,786	0,912	1,375	2,667
	min V_{Bl}	−0,625	−0,328	−0,393	−0,456	−0,687	−1,333
	f_1	0,542	0,357	0,423	0,476	0,932	1,521
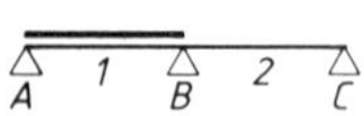	max M_1	0,096	0,065	0,076	0,085	0,203	(0,278/0,222
	M_B	−0,062	−0,039	−0,046	−0,053	−0,094	−0,167
	max A	0,438	0,211	0,254	0,297	0,406	0,833
	min C	−0,062	−0,039	−0,046	−0,053	−0,094	−0,167
	f_1	0,915	0,591	0,702	0,793	1,501	2,517
3 gleiche Felder 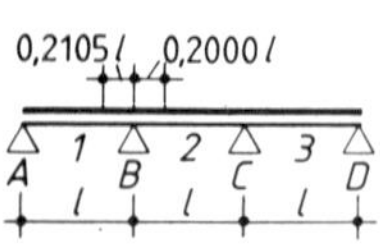	M_1	0,080	0,054	0,064	0,071	0,175	(0,244/0,156
	M_2	0,025	0,021	0,024	0,025	0,100	0,067
	M_B	−0,100	−0,062	−0,074	−0,085	−0,150	−0,267
	A	0,400	0,188	0,226	0,265	0,350	0,733
	B	1,100	0,563	0,674	0,785	1,150	2,267
	V_{Bl}	−0,600	−0,313	−0,374	−0,435	−0,650	−1,267
	V_{Br}	0,500	0,250	0,300	0,350	0,500	1,000
	f_1	0,688	0,449	0,533	0,601	1,157	1,913
	f_2	0,052	0,052	0,060	0,063	0,208	0,216
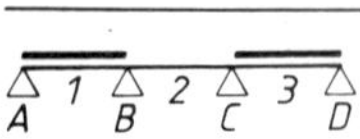	max M_1	0,101	0,068	0,080	0,090	0,213	(0,289/0,244
	M_B	−0,050	−0,031	−0,037	−0,042	−0,075	−0,133
	max A	0,450	0,219	0,263	0,308	0,425	0,867
	f_1	0,992	0,639	0,759	0,858	1,617	2,722
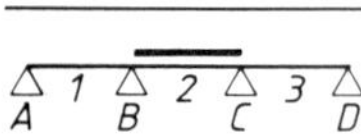	max M_2	0,075	0,052	0,061	0,068	0,175	0,200
	M_B	−0,050	−0,031	−0,037	−0,042	−0,075	−0,133
	min A	−0,050	−0,031	−0,037	−0,042	−0,075	−0,133
	f_2	0,677	0,443	0,525	0,592	1,146	1,883
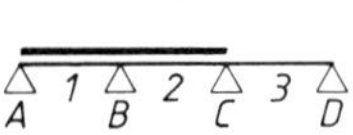	min M_B	−0,117	−0,073	−0,087	−0,099	−0,175	−0,311
	M_C	−0,033	−0,021	−0,025	−0,028	−0,050	−0,089
	max B	1,200	0,625	0,749	0,869	1,300	2,533
	min V_{Bl}	−0,617	−0,302	−0,387	−0,449	−0,675	−1,311
	max V_{Br}	0,583	0,302	0,362	0,421	0,625	1,222
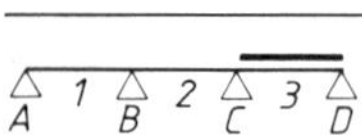	max M_B	0,017	0,010	0,012	0,014	0,025	0,044
	M_C	−0,067	−0,042	−0,050	−0,056	−0,100	−0,178
	max V_{Bl}	0,017	0,010	0,012	0,014	0,025	0,044
	min V_{Br}	−0,083	−0,052	−0,062	−0,071	−0,125	−0,222

Fortsetzung s. nächste Seite

heitsmoment und gleiche Stützweite, doch kann die Tafel auch bei ungleichen Stützweiten benutzt werden, wenn min $l \geqq 0{,}8$ max l ist.

Die statischen Größen an den Innenstützen (Momente, Auflager- und Querkräfte) werden dann mit den Mittelwerten der jeweils benachbarten Stützweiten berechnet, z.B. $C = kq(l_2 + l_3)/2$. Die Koeffizienten k gelten – spiegelbildlich – auch für die rechte Trägerhälfte, für die Querkräfte jedoch mit umgekehrten Vorzeichen; z.B. beim Träger mit 3 gleichen Öffnungen: $M_1 \triangleq M_3$, $A \triangleq D$, $V_{Bl} \triangleq -V_{Cr}$ usw.

Belastungsschema	statische Größe	Belastung					
		1	2	3	4	5	6
4 gleiche Felder	M_1	0,077	0,052	0,062	0,069	0,170	(0,238/0,143)
	M_2	0,036	0,028	0,032	0,035	0,116	(0,079/0,111)
	M_B	−0,107	−0,067	−0,080	−0,091	−0,161	−0,286
	M_C	−0,071	−0,045	−0,053	−0,060	−0,107	−0,190
	A	0,393	0,183	0,220	0,259	0,339	0,714
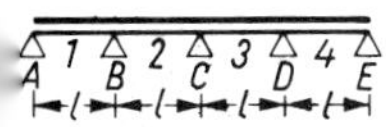	B	1,143	0,589	0,706	0,821	1,214	2,381
	C	0,929	0,455	0,547	0,639	0,893	1,810
	V_{Bl}	−0,607	−0,317	−0,380	−0,441	−0,661	−1,286
	V_{Br}	0,536	0,272	0,327	0,380	0,554	1,095
	V_{Cl}	−0,464	−0,228	−0,273	−0,320	−0,446	−0,905
	f_1	0,646	0,422	0,501	0,565	1,092	1,800
	f_2	0,189	0,137	0,162	0,178	0,411	0,581
	max M_1	0,100	0,067	0,079	0,088	0,210	(0,286/0,238)
	M_B	−0,054	−0,033	−0,040	−0,045	−0,080	−0,143
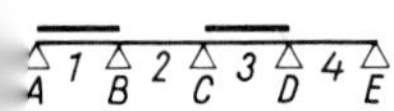	M_C	−0,036	−0,022	−0,027	−0,030	−0,054	−0,095
	max A	0,446	0,217	0,260	0,305	0,420	0,857
	f_1	0,970	0,626	0,743	0,840	1,584	2,663
	max M_2	0,081	0,055	0,065	0,072	0,183	(0,206/0,222)
	M_B	−0,054	−0,033	−0,040	−0,045	−0,080	−0,143
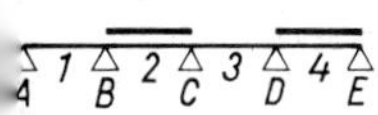	M_C	−0,036	−0,022	−0,027	−0,030	−0,054	−0,095
	min A	−0,054	−0,033	−0,040	−0,045	−0,080	−0,143
	f_2	0,744	0,485	0,575	0,649	1,247	2,062
	min M_B	−0,121	−0,075	−0,090	−0,102	−0,181	−0,321
	M_C	−0,018	−0,011	−0,013	−0,015	−0,027	−0,048
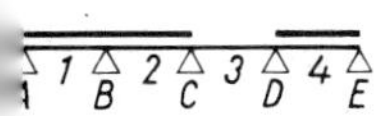	M_D	−0,058	−0,036	−0,043	−0,049	−0,087	−0,155
	max B	1,223	0,640	0,766	0,889	1,335	2,595
	min V_{Bl}	−0,621	−0,325	−0,390	−0,452	−0,681	−1,321
	max V_{Br}	0,603	0,314	0,376	0,437	0,654	1,274
	max M_B	0,013	0,008	0,010	0,011	0,020	0,036
	M_C	−0,054	−0,033	−0,040	−0,045	−0,080	−0,143
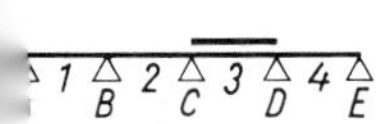	M_D	−0,049	−0,031	−0,037	−0,042	−0,074	−0,131
	min B	−0,080	−0,050	−0,060	−0,068	−0,121	−0,214
	max V_{Bl}	0,013	0,008	0,010	0,011	0,020	0,036
	min V_{Br}	−0,067	−0,042	−0,050	−0,057	−0,100	−0,179
	M_B	−0,036	−0,022	−0,027	−0,030	−0,054	−0,095
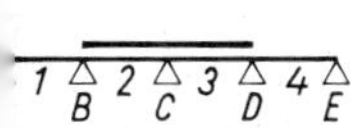	min M_C	−0,107	−0,067	−0,080	−0,091	−0,161	−0,286
	max C	1,143	0,589	0,706	0,821	1,214	2,381
	min V_{Cl}	−0,571	−0,295	−0,353	−0,410	−0,607	−1,190
	M_B	−0,071	−0,045	−0,053	−0,060	−0,107	−0,190
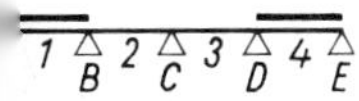	max M_C	0,036	0,022	0,027	0,030	0,054	0,095
	min C	−0,214	−0,134	−0,159	−0,181	−0,321	−0,571
	max V_{Cl}	0,107	0,067	0,080	0,091	0,161	0,286

Belastungsschema	statische Größe	Belastung					
		1	2	3	4	5	6
5 gleiche Felder	M_1	0,078	0,053	0,062	0,069	0,171	(0,240/0,146)
	M_2	0,033	0,026	0,030	0,032	0,112	(0,076/0,099)
	M_3	0,046	0,034	0,040	0,043	0,132	0,123
	M_B	−0,105	−0,066	−0,078	−0,089	−0,158	−0,281
	M_C	−0,079	−0,049	−0,059	−0,067	−0,118	−0,211
	A	0,395	0,184	0,222	0,261	0,342	0,719
	B	1,132	0,582	0,698	0,811	1,197	2,351
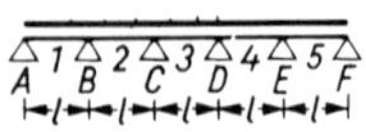	C	0,974	0,484	0,580	0,678	0,961	1,930
	V_{Bl}	−0,605	−0,316	−0,378	−0,439	−0,658	−1,281
	V_{Br}	0,526	0,266	0,320	0,372	0,539	1,070
	V_{Cl}	−0,474	−0,234	−0,280	−0,328	−0,461	−0,930
	V_{Cr}	0,500	0,250	0,300	0,350	0,500	1,000
	f_1	0,657	0,429	0,509	0,574	1,109	1,829
	f_2	0,153	0,115	0,135	0,148	0,358	0,484
	f_3	0,315	0,217	0,256	0,285	0,603	0,918
	max M_1	0,100	0,067	0,080	0,089	0,211	(0,287/0,240)
	max M_3	0,086	0,059	0,069	0,077	0,191	0,228
	M_B	−0,053	−0,033	−0,039	−0,045	−0,079	−0,140
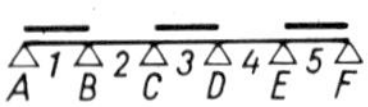	M_C	−0,039	−0,025	−0,029	−0,033	−0,059	−0,105
	max A	0,447	0,217	0,261	0,305	0,421	0,860
	f_1	0,976	0,629	0,747	0,845	1,593	2,679
	f_3	0,809	0,525	0,623	0,703	1,343	2,234
	max M_2	0,079	0,055	0,064	0,071	0,181	(0,205/0,216)
	M_B	−0,053	−0,033	−0,039	−0,045	−0,079	−0,140
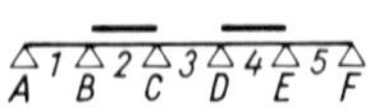	M_C	−0,039	−0,025	−0,029	−0,033	−0,059	−0,105
	min A	−0,053	−0,033	−0,039	−0,045	−0,079	−0,140
	f_2	0,727	0,474	0,562	0,634	1,220	2,015
	min M_B	−0,120	−0,075	−0,089	−0,101	−0,179	−0,319
	M_C	−0,022	−0,013	−0,016	−0,018	−0,032	−0,057
	M_D	−0,044	−0,028	−0,033	−0,037	−0,066	−0,118
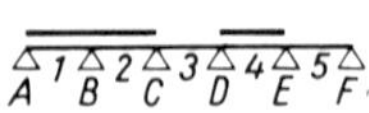	M_E	−0,051	−0,032	−0,038	−0,044	−0,077	−0,137
	max B	1,218	0,636	0,762	0,884	1,327	2,581
	min V_{Bl}	−0,620	−0,325	−0,389	−0,451	−0,679	−1,319
	max V_{Br}	0,598	0,311	0,373	0,433	0,647	1,262
	max M_B	0,014	0,009	0,011	0,012	0,022	0,038
	M_C	−0,057	−0,036	−0,043	−0,049	−0,086	−0,153
	M_D	−0,035	−0,022	−0,026	−0,029	−0,052	−0,093
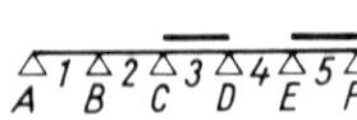	M_E	−0,054	−0,034	−0,040	−0,046	−0,081	−0,144
	min B	−0,086	−0,054	−0,064	−0,073	−0,129	−0,230
	max V_{Bl}	0,014	0,009	0,011	0,012	0,022	0,038
	min V_{Br}	−0,072	−0,045	−0,053	−0,061	−1,108	−0,191
	M_B	−0,035	−0,022	−0,026	−0,029	−0,052	−0,093
	min M_C	−0,111	−0,070	−0,083	−0,094	−0,167	−0,297
	M_D	−0,020	−0,013	−0,015	−0,017	−0,031	−0,054
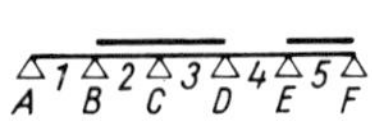	M_E	−0,057	−0,036	−0,043	−0,049	−0,086	−0,153
	max C	1,167	0,605	0,725	0,842	1,251	2,447
	min V_{Cl}	−0,576	−0,298	−0,357	−0,415	−0,615	−1,204
	max V_{Cr}	0,591	0,307	0,368	0,427	0,636	1,242
	M_B	−0,071	−0,044	−0,053	−0,060	−0,106	−0,188
	max M_C	0,032	0,020	0,024	0,027	0,048	0,086
	M_D	−0,059	−0,037	−0,044	−0,050	−0,088	−0,156
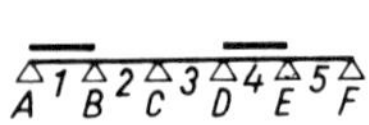	M_E	−0,048	−0,030	−0,036	−0,041	−0,072	−0,128
	min C	−0,194	−0,121	−0,144	−0,164	−0,291	−0,517
	max V_{Cl}	0,103	0,064	0,077	0,087	0,154	0,274
	min V_{Cr}	−0,091	−0,057	−0,068	−0,077	−0,136	−0,242

6.4 Biegelinien von Durchlaufträgern (Näherungsverfahren)[1]

In einem beliebigen Feld eines Durchlaufträgers ist die Gesamtdurchbiegung $f = f_0 + f_M$ (s. Bild 60). Hierin ist

f_0 maximale Durchbiegung eines Trägers auf 2 Stützen infolge seiner Belastung (Werte s. S. 331 f.) und

f_M Verformung infolge der Stützmomente M_B und M_C.

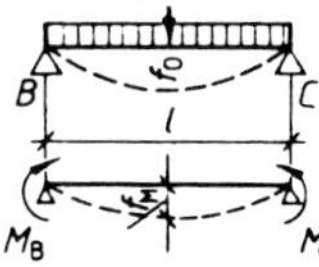

Bild 60

f_M kann bequem nach dem Satz von Mohr ermittelt werden, da die M-Fläche aus den Stützmomenten schon vorhanden ist (meist ein Trapez, in Grenzfällen ein Rechteck oder Dreieck). Mit $\mathfrak{F}$ = Inhalt der M-Fläche ist hinreichend genau (s. S. 332, Fall 14).

max $\mathfrak{M} = \mathfrak{F} \cdot l/8$, bzw. mit $\mathfrak{F} = (M_B + M_C) \cdot l/2$: max $\mathfrak{M} = (M_B + M_C) \cdot l^2/16$.

Hiermit erhält man folgende allgemeingültige Berechnungsformeln

$$f = f_0 + \frac{l^2}{16\,EI}(M_B + M_C) \quad \text{für beliebige Innenfelder}$$

$$f = f_0 + \frac{l^2}{16\,EI} \cdot M_B \quad \text{für Endfelder mit frei drehbarem Auflager } (M_C = 0)$$

Für den häufig vorkommenden Sonderfall einer Gleichstreckenlast q mit $f_0 = (5/384)\,ql^4/EI$ (Fall 7/S. 331) erhält man folgende Gebrauchsformeln

$$f = \frac{l^2}{48\,EI}\,[5\,M_0 + 3(M_B + M_C)] \quad \text{für beliebige Innenfelder}$$

$$M_0 = \frac{q\,l^2}{8}$$

$$f = \frac{l^2}{48\,EI}\,(5\,M_0 + 3\,M_B) \quad \text{für Endfelder}$$

Tafel 38 **ω-Zahlen** (zur Ermittlung von Momenten und Durchbiegungen[1]))

Belastung	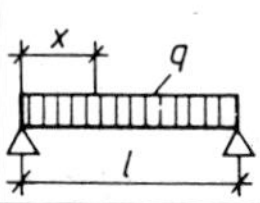	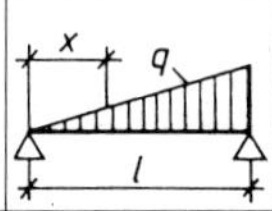	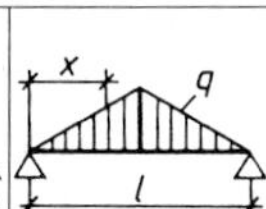	quadratische Parabel 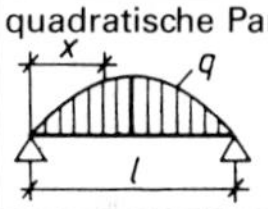	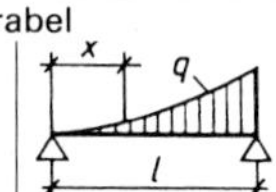
$M_{(x)} =$	$\alpha_R \cdot \omega_R$	$\alpha_D \cdot \omega_D$	$\alpha_G \cdot \omega_G$	$\alpha_B \cdot \omega_B$	$\alpha_P \cdot \omega_P$
$\alpha =$	$q \cdot l^2/2$	$q \cdot l^2/6$	$q \cdot l^2/12$	$q \cdot l^2/3$	$q \cdot l^2/12$
$\xi = x/l$	$\omega_R = \xi - \xi^2$	$\omega_D = \xi - \xi^3$	$\omega_G = 3\xi - 4\xi^3$	$\omega_B = \xi - 2\xi^3 + \xi^4$	$\omega_P = \xi - \xi^4$
0,1	0,09	0,099	0,296	0,0981	0,0999
0,2	0,16	0,192	0,568	0,1856	0,1984
0,3	0,21	0,273	0,792	0,2541	0,2919
0,4	0,24	0,336	0,944	0,2976	0,3744
0,5	0,25	0,375	1,000	0,3125	0,4375
0,6	0,24	0,384	0,944	0,2976	0,4704
0,7	0,21	0,357	0,792	0,2541	0,4599
0,8	0,16	0,288	0,568	0,1856	0,3904
0,9	0,09	0,171	0,296	0,0981	0,2439

[1]) Ersetzt man q durch M, so erhält man mit den α- und ω-Werten die *Durchbiegungen:* $E \cdot I \cdot f = \alpha \cdot \omega$

[1]) Da f_0 und f_M nicht an der gleichen Stelle im Feld auftreten, enthält das Verfahren eine geringfügige Ungenauigkeit, die jedoch in baupraktisch zulässigen Grenzen liegt. Voraussetzung ist nur eine – wenigstens annähernd – symmetrische Lastanordnung in dem betrachteten Feld.

6.5 Einflußlinien

6.5.1 Allgemeines

Die Einflußlinie einer statischen Größe Z ist eine Kurve, deren Ordinaten η an der Angriffsstelle einer wandernden Einzellast nach Multiplikation mit dem Wert der Last, den zu dieser Laststellung gehörenden Wert der statischen Größe liefert.
Statisch bestimmte Systeme: Einflußlinie (für Kraftgrößen) linear.

m-fach statisch unbestimte Systeme: $\eta_n = \eta_{n0} + \eta_1 \cdot Z_{n1} + \eta_2 \cdot Z_{n2} + \ldots + \eta_m \cdot Z_{nm}$

η_{n0}	Ordinaten der Einflußlinie am statisch bestimmten Grundsystem
η_1 bis η_m	Ordinaten der Einflußlinien für die statisch Unbestimmten
Z_{n1} bis Z_{nm}	Statische Größen im Bezugspunkt n infolge X_1 bis X_m

Beispiel s. S. 368.

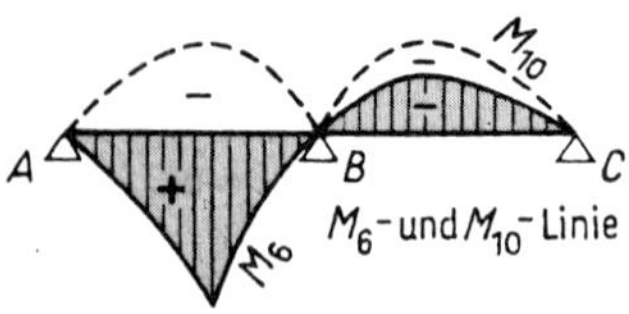

Bild 61 ***M*-Linien**

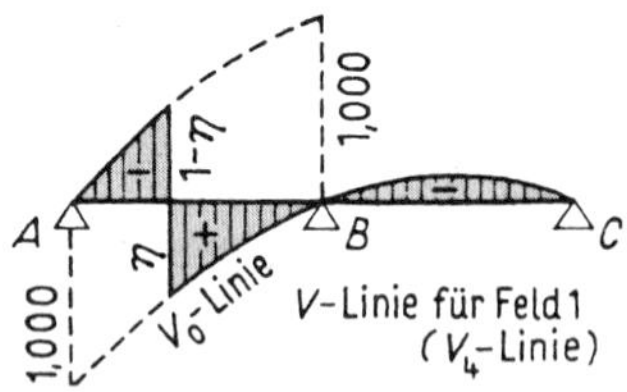

Bild 62 ***V*-Linie**

Tafel 39 Einflußzahlen

Steht die Last $F = 1$ kN in den Punkten	x/l	dann entstehen Biegemomente $M = F\eta l$ in kNm in den Punkten 1	2	3	4	5	6	7
A 0	0	0	0	0	0	0	0	0
1	0,1	0,0875	0,0751	0,0626	0,0501	0,0376	0,0252	0,0127
2	0,2	0,0752	0,1504	0,1256	0,1008	0,0760	0,0512	0,0264
3	0,3	0,0632	0,1264	0,1895	0,1527	0,1159	0,0791	0,0422
4	0,4	0,0516	0,1032	0,1548	0,2064	0,1580	0,1096	0,0612
l_1 5	0,5	0,0406	0,0812	0,1219	0,1625	0,2031	0,1438	0,0844
6	0,6	0,0304	0,0608	0,0912	0,1216	0,1520	0,1824	0,1128
7	0,7	0,0211	0,0422	0,0632	0,0843	0,1054	0,1265	0,1475
8	0,8	0,0128	0,0256	0,0384	0,0512	0,0640	0,0768	0,0896
9	0,9	0,0057	0,0115	0,0172	0,0229	0,0286	0,0344	0,0401
B 10	1,0	0	0	0	0	0	0	0
11	1,1	−0,0043	−0,0086	−0,0128	−0,0171	−0,0214	−0,0257	−0,0299
12	1,2	−0,0072	−0,0144	−0,0216	−0,0288	−0,0360	−0,0432	−0,0504
13	1,3	−0,0089	−0,0179	−0,0268	−0,0357	−0,0446	−0,0536	−0,0625
14	1,4	−0,0096	−0,0192	−0,0288	−0,0384	−0,0480	−0,0576	−0,0672
l_2 15	1,5	−0,0094	−0,0188	−0,0281	−0,0375	−0,0469	−0,0563	−0,0656
16	1,6	−0,0084	−0,0168	−0,0252	−0,0336	−0,0420	−0,0504	−0,0588
17	1,7	−0,0068	−0,0137	−0,0205	−0,0273	−0,0341	−0,0410	−0,0478
18	1,8	−0,0048	−0,0096	−0,0144	−0,0192	−0,0240	−0,0288	−0,0336
19	1,9	−0,0025	−0,0050	−0,0074	−0,0099	−0,0124	−0,0149	−0,0173
C 20	2,0	0	0	0	0	0	0	0

$\cdot\, l$

6.5.2 Einflußlinien für den durchlaufenden Träger mit gleichen Stützweiten

Einflußlinien sind vorteilhaft anwendbar zur Ermittlung des Einflusses beweglicher Lasten auf statische größen (Biegemomente, Querkräfte, Auflagerkräfte, Durchbiegungen usw.).

Die Einflußlinien der Biegemomente im Feld 2 sind den entsprechenden im Feld 1 spiegelbildlich gleich (z. B. $M_8 \mathrel{\hat{=}} M_{12}$). Ihre Tafelwerte stellen Momente infolge $F = 1$ für die Stützweite $l = 1$ dar, sie müssen daher noch mit dem Faktor l multipliziert werden. Die Ordinaten der *V*- und *A*-*B*-*C*-Linien sind dagegen unabhängig von der Stützweite.

Um die *V*-Linie für jeden beliebigen Punkt des 1. Feldes zu erhalten, muß zu allen Ordinaten der V_0-Linie im Feld 1 der Wert −1 addiert werden, d. h., der zweite Kurvenzweig ist um die Größe −1 parallel versetzt. Der Verlauf der jeweiligen *V*-Linie ist aus Bild „V_4-Linie" ersichtlich. Für das Feld 2 findet man ihren Verlauf analog aus der V_{10}-Linie.

6

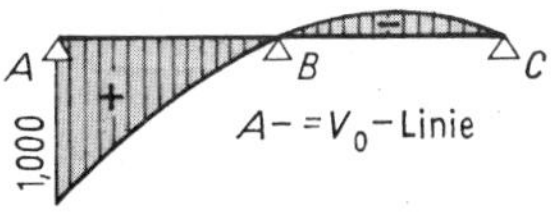

Bild 61 ***A*-Linien**

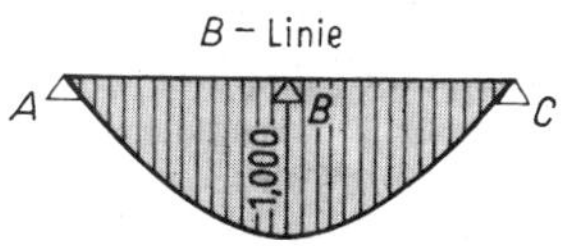

Bild 62 ***B*-Linie**

				Querkräfte in kN		Auflagerkräfte in kN		
8	9	10	11	V_0	V_{10}	A	B	C
0	0	0	0	1,0000	0,0000	1,0000	0,000	−0,0
0,0002	−0,0123	−0,0249	−0,0223	0,8753	0,0248	0,8753	0,1495	−0,0248
0,0016	−0,0232	−00480	−0,0432	0,7520	0,0480	0,7520	0,2960	−0,0480
0,0054	−0,0314	−0,0683	−0,0683	0,6318	0,0683	0,6318	0,4365	−0,0683
0,0128	−0,0356	−0,0840	−0,0756	0,5160	0,0840	0,5160	0,5680	−0,0840
0,0250	−0,0344	−0,0938	−0,0844	0,4063	0,0938	0,4063	0,6875	−0,0938
0,0432	−0,0264	−0,0960	−0,0864	0,3040	0,0960	0,3040	0,7920	−0,0960
0,0686	−0,0103	−0,0893	−0,0803	0,2108	0,0893	0,2108	0,8785	−0,0893
0,1024	0,0152	−0,0720	−0,0648	0,1280	0,0720	0,1280	0,9440	−0,0720
0,0458	0,0515	−0,0428	−0,0385	0,0573	0,0428	0,0573	0,9855	−0,0428
0	0	0	0	0	1,0000	0	1,0000	0
−0,0432	−0,0385	−0,0428	0,0515	−0,0428	0,9428	−0,0428	0,9855	0,0573
−0,0576	−0,0648	−0,0720	0,0152	−0,0720	0,8720	−0,0720	0,9440	0,1280
−0,0714	−0,0803	−0,0893	−0,0103	−0,0893	0,7893	−0,0893	0,8785	0,2108
−0,0768	−0,0864	−0,0960	−0,0264	−0,0960	0,6960	−0,0960	0,7920	0,3040
−0,0750	−0,0844	−0,0938	−0,0344	−0,0938	0,5938	−0,0938	0,6875	0,4063
−0,0676	−0,0756	−0,0840	−0,0356	−0,0840	0,4840	−0,0840	0,5680	0,5160
−0,0546	−0,0614	−0,0683	−0,0314	−0,0683	0,3683	−0,0683	0,4365	0,6318
−0,0384	−0,0432	−0,0480	−0,0232	−0,0480	0,2480	−0,0480	0,2960	0,7520
−0,0198	−0,0223	−0,0248	−0,0123	−0,0248	0,1248	−0,0248	0,1495	0,8753
0	0	0	0	0	0	0	0	1,0000
				V_0	V_{10}	A	B	C

Beispiel Zweifeldträger (zu S. 366)

$X_1 = -\delta_{m1}/\delta_{11}$

Die Einflußlinie für die statisch unbestimmte Größe $X_1 = 1$ ergibt sich als Produkt der Biegelinienordinaten am Grundsystem und $-1/\delta_{11}$

Für die Einflußlinien von A, $M_n = M_2$ und $Q_n = Q_{2r}$ gelten folgende Gleichungen:

$\eta_A = \eta_{A0} + \eta_1 \cdot A_1$

für das Moment im Punkt 2

$\eta_2 = \eta_{20} + \eta_1 \cdot M_{21}$

für die Querkraft im Punkt 2

$\eta_2 = \eta_{20} + \eta_1 \cdot V_{21}$

Für Laststellung im Punkt 2

$\eta_A = 0{,}60 - 0{,}6 \cdot 0{,}125 = 0{,}525$ (Auflagerdruck)

$\eta_2 = 1{,}92 - 0{,}6 \cdot 0{,}40 = 1{,}68$ m (Moment)

$\eta_2 = 0{,}6 - 0{,}6 \cdot 0{,}125 = 0{,}525$ (Querkraft)

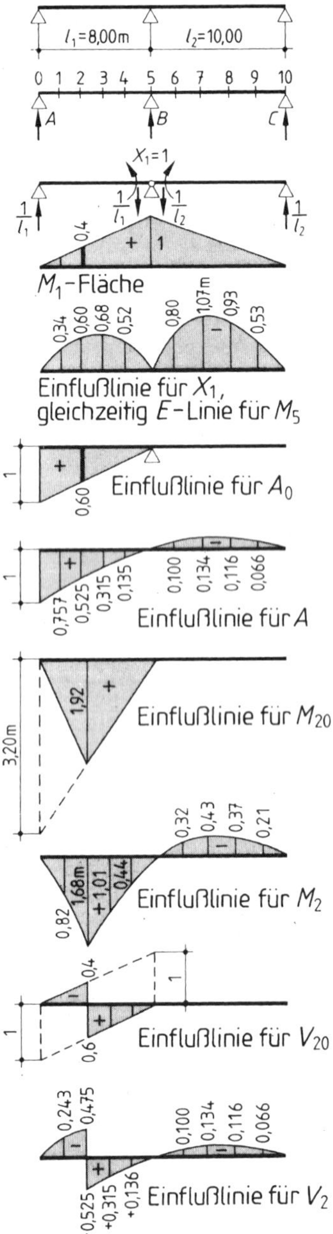

Bild 65 ***M*- und *A*- und *V*-Linien**

6.6 Methoden zur statischen Berechnung von Durchlaufträgern

6.6.1 Momentenausgleichsverfahren nach Cross

Voraussetzungen

1. Knotenpunkte unter der Belastung unverschieblich[1]; 2. feldweise konstantes I

Vorzeichenregel (Bild 66)

Abweichend von der gebräuchlichen Regel (nach dem Biegesinn) wird vom Drehsinn ausgegangen. Entgegen dem Uhrzeigersinn um den Stab drehende Momente sind positiv.

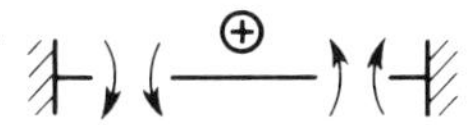

Bild 66 Positivbild

Rechengang

1. Ermittlung der Einspannmomente mit Hilfe der Tafel 27; die Trägerfelder werden als voll eingespannt angenommen
2. Berechnung der Steifigkeiten $k=I/l$ bzw. $k'=0{,}75\,I/l$ bei frei drehbaren Endauflagern
3. Berechnung der Verteilungszahlen $\alpha=k/\sum k$ für die einzelnen Knoten mit Ausnahme der frei drehbaren und fest eingespannten Endauflagerknoten. Kontrolle: $\sum\alpha=1{,}00$ an jedem Knoten
4. Momentenausgleich mit Hilfe des Berechnungsschemas (s. Beispiel unten) Übertragungskoeffizient $\gamma=0{,}5$; bei frei drehbaren Endauflagern $\gamma=0$

Beispiel Ermittlung der Stützmomente eines Durchlaufträgers nach Cross

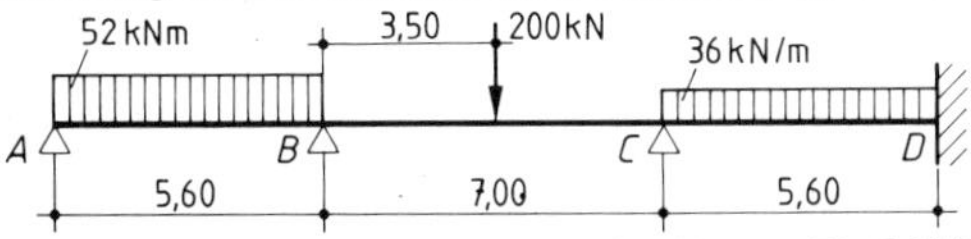

Bild 67

1. Einspannmomente Feld 1 $M_{ab}=0$ $M_{ba}=-52\cdot5{,}6^2/8=-203{,}8$ kNm
   Feld 2 $M_{bc}=200\cdot7{,}0/8=+175$ kNm $M_{cb}=-175$ kNm
   Feld 3 $M_{cd}=36\cdot5{,}6^2/12=+94{,}1$ kNm $M_{dc}=-94{,}1$ kNm
2. Steifigkeiten $k=I/l$ ($I=10\,\text{m}^4$ angenommen)
   Feld 1 $k_1=0{,}75\cdot10/5{,}60=1{,}34$ $>2{,}77=\sum k=k_1+k_2$
   Feld 2 $k_2=10/7{,}00 \quad =1{,}43$
   Feld 3 $k_3=10/5{,}60 \quad =1{,}79$ $>3{,}22=\sum k=k_2+k_3$
3. Verteilungszahlen Knoten B: $\alpha_{ba}=1{,}34/2{,}77=0{,}48$ $\alpha_{bc}=1{,}43/2{,}77=0{,}52$
   ($\alpha=k/\sum k$) Knoten C: $\alpha_{cb}=1{,}43/3{,}22=0{,}44$ $\alpha_{cd}=1{,}79/3{,}22=0{,}56$
4. Berechnungsschema

	A	B (ba)	B	B (bc)	C (cb)	C	C (cd)	D
			0 ← γ → 0,5			0,5 ← γ → 0,5		
		0,48		0,52	0,44		0,56	
Einspannmomente		−203,8		+175	−175		+94,1	−94,1
1.			−28,8			−80,9		
				+17,8 ←	+35,6		+45,3 →	+22,6
2.			−11,0					
	0 ←	+5,3		+5,7 →	+2,9			
3. Ausgleich						+2,9		
				−0,7 ←	−1,3		−1,6	−0,8
4.			−0,7					
	0 ←	+0,3		+0,4 →	+0,2			
5.						+0,2		
					−0,1		−0,1	
$\sum$=		−198,2		+198,2	−137,7		+137,7	−72,3

$M_B=-198{,}2$ kNm $M_C=-137{,}7$ kNm $M_D=-72{,}3$ kNm

1. Ausgleich am Knoten C
Das Differenzmoment
$M=-175+94{,}1$
$=-80{,}9$ kNm
wird durch ein gleich großes Moment mit entgegengesetztem Vorzeichen ausgeglichen, das im Verhältnis der Verteilungszahlen auf die anschließenden Stäbe verteilt wird (+35,6 u. +45,3 kNm). Diese Momente rufen (mit $\gamma=0{,}5$) an den jeweils abliegenden Knoten ein Übertragungsmoment von halber Größe (+17,8 und +22,6) hervor (kein Vorzeichenwechsel!). Weitere Ausgleiche analog. Die Vorzeichen der endgültigen Einspann- u. Stützmomente (i. allg. negativ) ergeben sich nach den Vorzeichenregeln der Statik.

[1]) Über Systeme mit verschieblichen Knoten s. Wagner/Erlhof, Praktische Baustatik, Teil 2

6.6.2 Momentenausgleichsverfahren nach Kani

Voraussetzungen

1. Knotenpunkte unter der Belastung unverschieblich[1]); 2. feldweise konstantes I

Vorzeichenregel (Bild 68)

Im Uhrzeigersinn um den Stab drehende Stabendmomente sind positiv (+)

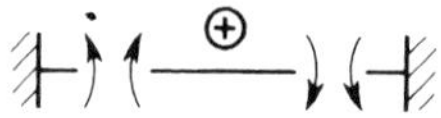

Bild 68 Positivbild

Rechengang. Zu berechnen sind:

1. die Volleinspannmomente $\overline{M}_{ik}$ sowie die Festhaltemomente $\overline{M}_i$, wobei $\overline{M}_i = \sum \overline{M}_{ik}$ an jedem Knoten i ist
2. die Steifigkeiten (wie bei Cross) $k = I/l$ bzw. $k' = 0{,}75 \cdot I/l$
3. die Drehungsfaktoren $\mu_{ik} = -0{,}5\ k_i/\sum k_{ik}$ für die einzelnen Knoten i
   Kontrolle: $\sum \mu_{ik} = -0{,}5$ an jedem Knoten
4. die Drehungsanteile M'_{ik} durch wiederholtes Anwenden der Grundoperation $M'_{ik} = \mu_{ik}(\overline{M}_i + \sum M'_{ki})$ von Knoten zu Knoten in beliebiger Reihenfolge fortschreitend, bis an allen Knoten die gewünschte Genauigkeit erreicht ist
5. die endgültigen Stabendmomente M_{ik}; es ist: $M_{ik} = \overline{M}_{ik} + 2 \cdot M'_{ik} + M'_{ki}$

Beispiel Es wird das gleiche Beispiel wie beim Cross-Verfahren gewählt (s. S. 369)

1. Volleinspannmomente $\overline{M}_{ik}$ (s. Cross) — Festhaltemomente $\overline{M}_i = \sum \overline{M}_{ik}$

$\overline{M}_{ab} = 0$ — $\overline{M}_{ba} = +203{,}8$ kNm — $\overline{M}_b = +203{,}8 - 175 = +28{,}8$ kNm

$\overline{M}_{bc} = -175$ kNm — $\overline{M}_{cb} = +175$ kNm — $\overline{M}_c = +175 - 94{,}1 = +80{,}9$ kNm

$\overline{M}_{cd} = -94{,}1$ kNm — $\overline{M}_{dc} = +94{,}1$ kNm

2. Steifigkeiten k (die Werte sind dieselben wie beim Cross-Verfahren s. S. 369)
3. Drehungsfaktoren:

Knoten B: $\mu_{ba} = -0{,}5 \cdot 1{,}34/2{,}77 = -0{,}24$ $\mu_{bc} = -0{,}5 \cdot 1{,}43/2{,}77 = -0{,}26$

($\mu = -0{,}5\ k/\sum k$) Knoten C: $\mu_{cb} = -0{,}5 \cdot 1{,}43/3{,}22 = -0{,}22$ $\mu_{cd} = -0{,}5 \cdot 1{,}79/3{,}22 = -0{,}28$

4. Drehungsanteile M'_{ik} (mit folgendem Berechnungsschema)

	A	B		C		D
μ		−0,24	−0,26	−0,22	−0,28	
$\overline{M}_i$		+28,8		+80,9		
$\overline{M}_{ik}$		+203,8	−175	+175	−94,1	+94,1
1. Schritt		−2,6	−2,9	−17,8	−22,6	
2. Schritt		−2,8	−3,0	−17,2	−21,8	
3. Schritt		−2,8	−3,0	−17,2	−21,8	

1. Schritt der Iteration.

Knoten C: $-0{,}22\ (+80{,}9 + 0) = -17{,}8$; $-0{,}28\ (+80{,}9 + 0) = -22{,}6$
Knoten B: $-0{,}24\ (+28{,}8 - 17{,}8) = -2{,}6$; $-0{,}26\ (+28{,}8 - 17{,}8) = -2{,}9$

2. Schritt. Knoten C: $-0{,}22\ (+80{,}9 - 2{,}9) = -17{,}2$; $-0{,}28\ (+80{,}9 - 2{,}9) = -21{,}8$
Knoten B: $-0{,}24\ (+28{,}8 - 17{,}2) = -2{,}8$; $-0{,}26\ (+28{,}8 - 17{,}2) = -3{,}0$

3. Schritt. Knoten C: $-0{,}22\ (+80{,}9 - 3{,}0) = -17{,}2$; $-0{,}28\ (+80{,}9 - 3{,}0) = -21{,}8$
Knoten B: $-0{,}24\ (+28{,}8 - 17{,}2) = -2{,}8$; $-0{,}26\ (+28{,}8 - 17{,}2) = -3{,}0$

5. Endgültige Stabendmomente $M_{ik} = \overline{M}_{ik} + 2 \cdot M'_{ik} + M'_{ki}$

$M_{ba} = +203{,}8 - 2 \cdot 2{,}8 + 0 = +198{,}2$ kNm — $M_{bc} = -175 - 2 \cdot 3{,}0 - 17{,}2 = -198{,}2$ kNm

$M_{cb} = +175 - 2 \cdot 17{,}2 - 3{,}0 = +137{,}6$ kNm — $M_{cd} = -94{,}1 - 2 \cdot 21{,}8 + 0 = -137{,}7$ kNm

$M_{dc} = +94{,}1 - 0 - 21{,}8 = +72{,}3$ kNm

Mithin sind die Stützmomente: $M_B = -198{,}2$ kNm $M_C = -137{,}7$ kNm $M_D = -72{,}3$ kNm

[1]) Über Systeme mit verschieblichen Knoten s. Wagner/Erlhof, Praktische Baustatistik, Teil 3

6.6.3 Numerische Iteration (Gauß-Seidel, Wetzell)

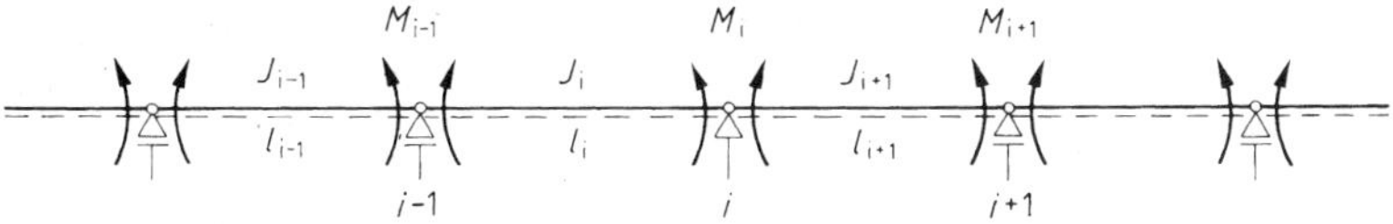

Bild 69

Grundlage ist die Dreimomentengleichung nach Clapeyron (s. S. 385)

$$l'_i M_{i-1} + 2(l'_i + l'_{i+1}) M_i + l'_{i+1} M_{i+1} = -l'_i R_i - l'_{i+1} L_{i+1}$$

Für die Momente gilt die übliche Vorzeichendefinition. Ein positives Moment zieht die gestrichelte Faser.

Rechengang

1. Berechnung der Belastungsglieder L und R in allen Feldern, s. S. 336.
2. Berechnung der mechanischen (reduzierten) Feldlängen $l'_{i-1} = (l_c/l_{i-1}) l_{i-1}$; $l'_i = (l_c/l_i) l_i$; $l'_{i+1} = (l_c/l_{i+1}) l_{i+1}$ (nur bei feldweise unterschiedlichem Flächenmoment 2. Grades erforderlich).
3. Berechnung der Grundwerte $G_i = R_i l'_i + L_{i+1} l'_{i+1}$ für alle Stützen an denen das Stützmoment unbekannt ist.
4. Berechnung der Werte $N_i = 2\,(l'_i + l'_{i+1})$ für alle Stützen an denen das Stützmoment unbekannt ist.
5. Gegebenenfalls Berechnung der Kragmomente M_o und/oder M_n.
6. Iteration: Berechnung von $M_i = \dfrac{-G_i - M_{i-1} l'_i - M_{i+1} l'_{i-1}}{N_i}$ an allen Stützen an denen das Stützmoment unbekannt ist in mehreren Durchgängen.
7. Im Iterationsprozeß werden etwa gemachte Rechenfehler selbständig korrigiert bzw. ausgeglichen.

Beispiel Ermittlung der Stützmomente eines Durchlaufträgers

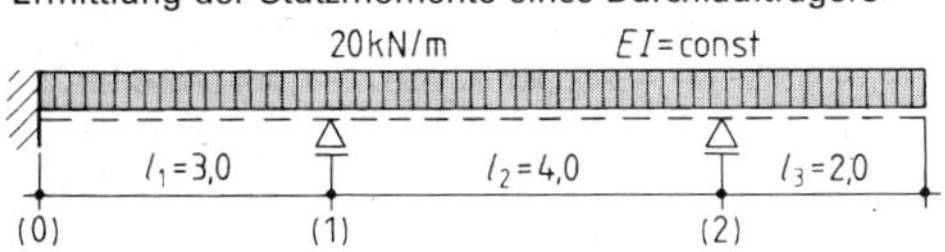

Bild 70
R bzw. L
$G_i = R_i l'_i + L_{i+1} l'_i+1$
$N_i = 2\,(l'_i + l'_i+1)$
M_n

(0)	(1)		(2)
45	45	80	80
+135	+455		
6	14		
			−40
−22,50	−16,25		
−14,37	−17,99		
−13,50	−18,17		
−13,41	−18,20		
−13,40	−18,20		
M_0	M_1		M_2

Zu 1. Belastungsglieder: Feld (1) $L = R = 20 \cdot 3{,}0^2/4 = 45$ kNm;
Feld (2) $L = R = 20 \cdot 4{,}0^2/4 = 80$ kNm;

Zu 3. $G_0 = 45 \cdot 3{,}0 = 135$ kNm²; $G_1 = 45 \cdot 3{,}0 + 80 \cdot 4{,}0 = 455$ kNm²

Zu 4. $N_0 = 2 \cdot 3{,}0 = 6{,}0$; $N_1 = 2(3{,}0 + 4{,}0) = 14$

Zu 5. Kragmoment; $M_2 = -20 \cdot 2{,}0^2/2 = -40$ kNm

1. Durchgang: $M_0 = \quad -135/6 = -22{,}50$ kNm; $M_1 = (-455 + 22{,}5 \cdot 3{,}0 + 40 \cdot 4{,}0)/14 = -16{,}25$ kNm
2. Durchgang: $M_0 = (-135 + 16{,}25 \cdot 3{,}0)/6 = -14{,}37$ kNm; $M_1 = (-455 + 14{,}37 \cdot 3{,}0 + 40 \cdot 4{,}0)/14 = -17{,}99$ kNm
3. Durchgang: $M_0 = (-135 + 17{,}99 \cdot 3{,}0)/6 = -13{,}50$ kNm; $M_1 = (-455 + 13{,}5 \cdot 3{,}0 + 40 \cdot 4{,}0)/14 = -18{,}17$ kNm
4. Durchgang: $M_0 = (-135 + 18{,}17 \cdot 3{,}0)/6 = -13{,}41$ kNm; $M_1 = (-455 + 13{,}41 \cdot 3{,}0 + 40 \cdot 4{,}0)/14 = -18{,}20$ kNm
5. Durchgang: $M_0 = (-135 + 18{,}20 \cdot 3{,}0)/6 = -13{,}40$ kNm; $M_1 = (-455 + 13{,}4 \cdot 3{,}0 + 40 \cdot 4{,}0)/14 = -18{,}20$ kNm

6.6.4 Übertragungsverfahren, Reduktionsverfahren

Obwohl grundsätzlich für jedes Stabwerk anwendbar, eignet sich das Übertragungsverfahren vor allem für den geraden Stab. Geeignet ist es für die Automatenprogrammierung. Lediglich die Schnittgrößenermittlung bei bekannten Fesselkräften läßt sich für kleinere Systeme auch sinnvoll „von Hand" durchführen (Abschnitt 6.6.4.1).

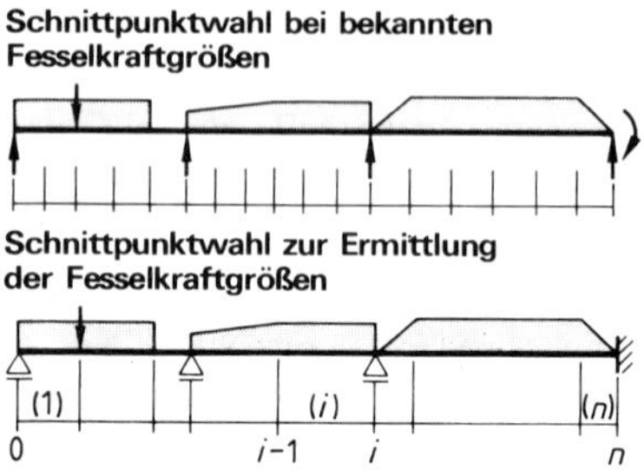

Bild 71 Abschnittseinteilung

Der zu berechnende Stab wird in Abschnitte eingeteilt. Schnittgrößen (allgemeiner: Zustandsgrößen) werden an Abschnittsgrenzen ermittelt. Abschnittsgrenzen können an jeder beliebigen Stelle festgelegt werden, müssen aber dort gesetzt werden, wo Stetigkeitsgrenzen der Belastung liegen, bei statisch unbestimmten Systemen außerdem dort, wo Steifigkeitssprünge liegen (Trägerabschnitte mit jeweils konstanter Steifigkeit angenommen).

6.6.4.1 Schnittgrößen bei vorbestimmten Fesselkraftgrößen

Wenn die Fesselkräfte (Auflagerkräfte, Einspannmomente) bekannt sind, lassen sich die Schnittgrößen V und M von Schnitt zu Schnitt fortschreitend mit Hilfe von Übertragungsbeziehungen berechnen:

Übertragungsbeziehungen

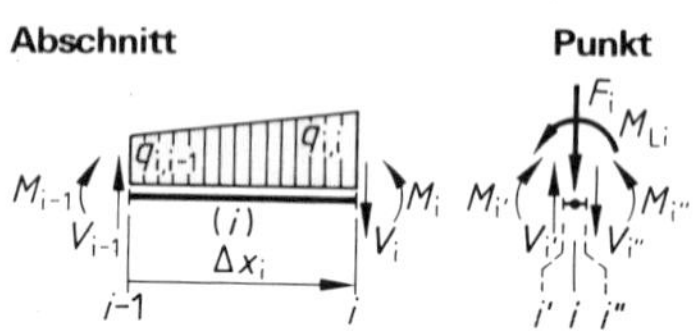

Bild 72 Übertragungsbeziehung für Schnittgrößen

Der Funktionswert der Schnittgrößen an der Stelle $i-1$ sei bekannt. Dann ergibt sich ihr Funktionswert an der Stelle i mittels aus den Gleichgewichtsbedingungen gewonnenen Übertragungsbeziehungen:

Lastanteil eines Stab-**Abschnitts**

$$\boldsymbol{K}=\begin{pmatrix} -(2q+q'\Delta x)\,\Delta x/2 \\ -(3q+q'\Delta x)\,\Delta x^2/6 \end{pmatrix} \quad \text{mit } q_i=q_{i,i-1};\; q_i'=\frac{q_{i,i}-q_{i,i-1}}{\Delta x_i};$$

Lastanteil eines Stab-**Punktes**

$$\boldsymbol{P}=\begin{pmatrix} -F \\ -M_L \end{pmatrix};$$

Übertragungsmatrix $\quad \boldsymbol{U}=\begin{pmatrix} 1 & 0 \\ \Delta x & 1 \end{pmatrix}.$

Abschnittsübertragung $\quad \boldsymbol{S}_i=\boldsymbol{U}_i\,\boldsymbol{S}_{i-1}+\boldsymbol{K}_i$

Punktübertragung $\quad \boldsymbol{S}_{i''}=\boldsymbol{S}_{i'}+\boldsymbol{P}_i$

Darin ist S das Schnittgrößentupel $\boldsymbol{S}=\begin{pmatrix} N \\ M \end{pmatrix};$

Der Index i' bezeichnet den Schnitt unmittelbar vor dem Lasteintragungspunkt i, der Index i'' den Schnitt unmittelbar dahinter.

Die Rechnung beginnt mit $\boldsymbol{S}_{0'} = \boldsymbol{0} = \begin{pmatrix} 0 \\ 0 \end{pmatrix}$

unmittelbar vor dem linken Trägerende, einem Auflager oder einer Kragarmspitze,

sie schließt ab mit $\boldsymbol{S}_{n''} = \boldsymbol{0} = \begin{pmatrix} 0 \\ 0 \end{pmatrix}$

unmittelbar hinter dem rechten Trägerende.
Das **0**-Ergebnis ist Rechenkontrolle!

Beispiel 1

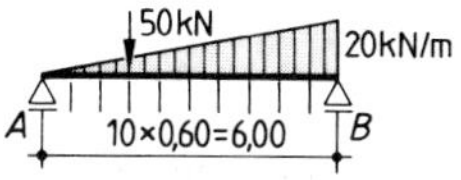

Bild 73 System zu Beispiel 1

$$A = -F_A = 20 \cdot 6{,}00/6 + 0{,}7 \cdot 50 = 55\ \text{kN}$$
$$B = -F_B = 20 \cdot 6{,}00/3 + 0{,}3 \cdot 50 = 55\ \text{kN}$$
$$q' = 20/6{,}00 = 3{,}333\ \text{kN/m}$$

Tafel 40 Rechnung zu Beispiel 1

1	2	3	4	5	6	7	8	9	10
i	x	Δx	q	q'	$-F$	$-M_L$	V	ΔM	M
0′							0,00		0,00
0	0,00				55,00	0,00			
0″							55,00		0,00
		0,60	0,00	3,333	−0,60	−0,12		32,88	
1	0,60						54,40		32,88
		0,60	2,00	3,333	−1,80	−0,48		32,16	
2	1,20						52,60		65,04
		0,60	4,00	3,333	−3,00	−0,84		30,72	
3′							49,60		95,76
3	1,80				−50,00				
3″							−0,40		95,76
		0,60	6,00	3,333	−4,20	−1,20		−1,44	
4	2,40						−4,20		94,32
		0,60	8,00	3,333	−5,40	−1,56		−4,32	
5	3,00						−10,00		90,00
		0,60	10,00	3,333	−6,60	−1,92		−7,92	
6	3,60						−16,60		82,08
		0,60	12,00	3,333	−7,80	−2,28		−12,24	
7	4,20						−24,40		69,84
		0,60	14,00	3,333	−9,00	−2,64		−17,28	
8	4,80						−33,40		52,56
		0,60	16,00	3,333	−10,20	−3,00		−23,04	
9	5,40						−43,60		29,52
		0,60	18,00	3,333	−11,40	−3,36		−29,52	
10′							−55.00		0,00
10	6,00				55,00				
10″							0,00		0,00

(In den Spalten 6 und 7 sind auch die Abschnittslastbeiträge eingetragen)

6.6.4.2 Statisch bestimmt gelagerte Träger

Übertragungsbeziehungen

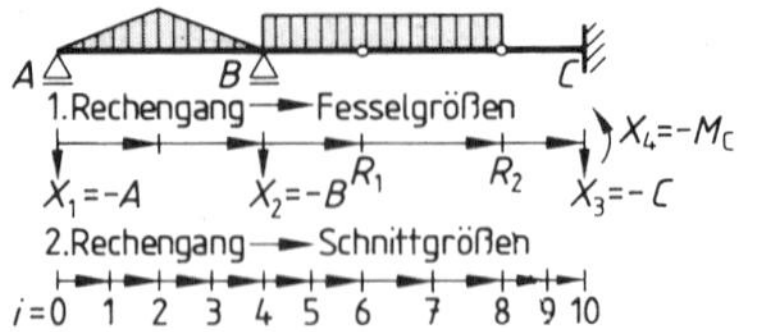

Bild 74 Übertragungsrechnung bei nicht vorbestimmten Fesselgrößen

Wenn die Fesselgrößen nicht vorbestimmt sind, müssen zwei Übertragungs-Rechengänge ablaufen (Bild 74). Der erste dient der Berechnung der Fesselgrößen, der zweite der Berechnung der Schnittgrößen. Beide Rechengänge folgen grundsätzlich dem Vorgehen nach Abschn. 6.6.4.1.

Die Fesselgrößen werden im ersten Rechengang als Unbekannte $X_1 \dots X_k \dots X_{nF}$ in die Rechnung eingeführt und genau wie Punktlasten behandelt. Die Übertragungsrechnung erfaßt nur die quer zur Trägerachse wirksamen Fesselarten (achsparallel gleitendes Auflager und Einspannung), so daß ein einfacher Stab im Sinne der Übertragungsrechner nur zwei Fesseln besitzt: Es können aber mehr als zwei „Quer"fesseln auftreten, wenn punktuell innere Bindungen gelöst sind, z. B. bei Gelenkträgern (Gerberträgern).

Bei statisch bestimmten Systemen können Fesseln im Rahmen der Schnittgrößenermittlung immer als starre Auflager (Wegfessel) oder Einspannungen (Drehfessel) angesehen werden, auch dann, wenn es sich tatsächlich um elastische Elemente handelt. Eine Unterscheidung starrer und elastischer Fesseln ist nicht erforderlich. Man beachte aber, daß einem Fesselelement nur eine Fesselkraftgröße entspricht. Die Drehfessel in Bild 75 beispielsweise ist nicht zugleich auch Auflager (Wegfessel). Die Einspannung eines Kragarms enthält also zwei Fesselelemente: eine Weg- und eine Drehfessel (Bild 74).

Die Punktlasttupel an Fesselpunkten haben die Form:

$$-\boldsymbol{P} = \begin{pmatrix} F \\ M_L \end{pmatrix} = \begin{pmatrix} 1 \\ 0 \end{pmatrix} X_k \quad \text{bzw.} \quad \begin{pmatrix} F \\ M_L \end{pmatrix} = \begin{pmatrix} 0 \\ 1 \end{pmatrix} X_k,$$

je nach dem, ob es sich um Weg- oder Drehfesseln handelt. An Doppelfesselpunkten (Krageinspannstellen) ist

$$-\boldsymbol{P} = \begin{pmatrix} F \\ M_L \end{pmatrix} = \begin{pmatrix} 1 & 0 \\ 0 & 1 \end{pmatrix} \begin{pmatrix} X_\alpha \\ X_\beta \end{pmatrix}.$$

α und β stehen für die aktuellen Werte von k in der jeweiligen Berechnungsphase.

Unabhängig davon, wie viele Fesseln ein System enthält, übersteigt die Anzahl der Unbekannten in der Rechnung niemals 2. Spätestens ehe eine dritte Fesselgröße eintreten würde, kann an einem „Reduktionspunkt" (Bild 74) eine vorhandene eliminiert werden. Der Zustandsgrößenausdruck hat daher die Form

$$\boldsymbol{S} = \boldsymbol{S}_1 \boldsymbol{X} + \boldsymbol{S}_0,$$

$$\boldsymbol{X} = \begin{pmatrix} X_\alpha \\ X_\beta \end{pmatrix}, \quad \boldsymbol{S}_1 = \begin{pmatrix} V_\alpha & V_\beta \\ M_\alpha & M_\beta \end{pmatrix} = (s_\alpha \, s_\beta) \quad \text{und} \quad \boldsymbol{S}_0 = \begin{pmatrix} V_0 \\ M_0 \end{pmatrix},$$

wobei der Vektor $\boldsymbol{X}$ keines, ein oder zwei Elemente enthält. Entsprechend ist S_1 entweder nicht vorhanden, oder es ist eine 1×2- oder eine 2×2-Matrix. Im ersten Rechengang ist die Übertragungsoperation demnach auf den Summenausdruck, also sowohl auf $\boldsymbol{S}_1$ als auch auf $\boldsymbol{S}_0$ anzuwenden.

Reduktion

Fesselgrößen

Reduktion

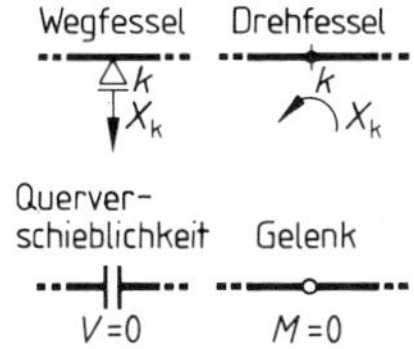

Bild 75 Unbekannte Fesselkraftgrößen und Reduktion

Handelt es sich um einen Mehrscheiben-Träger, etwa einen Gelenkträger (Gerberträger), so kann an den Verbindungspunkten zweier benachbarter „Scheiben" (Gelenke, Querverschieblichkeiten) unter Ausnutzung der Bedingungen $M=0$ an einem Gelenk bzw. $V=0$ an einer praktisch allerdings kaum bedeutsamen Querverschieblichkeit („Querkraftgelenk") eine Unbekannte eliminiert werden. Dies ist auch erforderlich, um „Platz zu schaffen" für die an der nächsten Fesselstelle anfallende neue Unbekannte. Die Operation wird mit Reduktion bezeichnet.

$V_i=0$:

$$V_{\alpha i} X_\alpha + V_{\beta i} X_\beta + V_{0i} = 0 \;\rightarrow\; X_\alpha = -(V_{\beta i} X_\beta + V_{0i})/V_{\alpha i}$$
$$\text{oder} \;\rightarrow\; X_\beta = -(V_{\alpha i} X_\alpha + V_{0i}/V_{\beta i}$$

Der Schnittgrößenausdruck im Punkt i geht damit über in

$$\boldsymbol{S}_{i''} = \boldsymbol{S}_{i'} - \boldsymbol{R}_i$$

mit $\boldsymbol{R}_\alpha = [(V_\alpha\, V_\beta)\, \boldsymbol{X} + V_0]\, \boldsymbol{s}_\alpha / V_\alpha$ bei Elimination von X_α bzw.
$\boldsymbol{R}_\beta = [(V_\alpha\, V_\beta)\, \boldsymbol{X} + V_0]\, \boldsymbol{s}_\beta / V_\beta$ bei Elimination von X_β

$M_i=0$:

$$M_{\alpha i} X_\alpha + M_{\beta i} X_\beta + M_{0i} = 0 \;\rightarrow\; X_\alpha = -(M_{\beta i} X_\beta + M_{0i}/M_{\alpha i}$$
$$\text{oder} \;\rightarrow\; X_\beta = -(M_{\alpha i} X_\alpha + M_{0i}/M_{\beta i}$$

$$\boldsymbol{S}_{i''} = \boldsymbol{S}_{i'} - \boldsymbol{R}_i$$

mit $\boldsymbol{R}_\alpha = [(M_\alpha\, M_\beta)\, X + M_0]\, \boldsymbol{s}_\alpha / M_\alpha$ bei Elimination von X_α bzw.
$\boldsymbol{R}_\beta = [(M_\alpha\, M_\beta)\, X + M_0]\, \boldsymbol{s}_\beta / M_\beta$ bei Elimination von X_β

$\boldsymbol{s}_\alpha$ und $\boldsymbol{s}_\beta$ repräsentieren darin die erste bzw. zweite Spalte in $\boldsymbol{S}_1$.

Welche Unbekannte eliminiert wird, ist im allg. gleichgültig. Grundsätzlich maßgebend ist der Divisor S_α oder S_β (S steht für V oder M). Der größere läßt das numerisch bessere Endergebnis erwarten.

Berechnungsstart und -abschluß

Die Berechnung beginnt im Punkt O' mit $S_{0'}=0$ und schließt ab hinter dem letzten Punkt (n) bei „n" mit $\boldsymbol{S}_{n''}=\boldsymbol{0}$. Diese Bedingung erlaubt die Berechnung der letzten beiden Unbekannten.

Im Rückwärtsgang werden die übrigen Unbekannten als Ergebnis der bei der Reduktion aufgestellten Ausdrücke bestimmt. Die Übertragungsrechnung nach Abschn. 6.6.4.1 liefert anschließend die Schnittgrößen an jeder gewünschten Stelle.

Beispiel 2

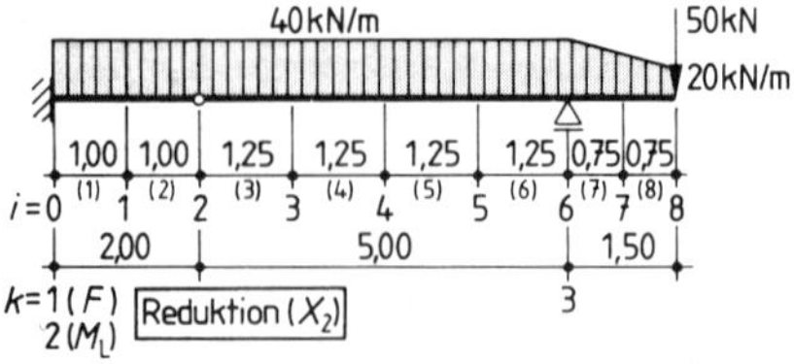

Die Beispielrechnung dient nur der Veranschaulichung des Verfahrens. Für die manuelle Berechnung von Fesselgrößen ist das Übertragungsverfahren praktisch ohne Bedeutung.

Bild 76 Statisches System zu Beispiel 1

Tafel 41 Berechnung der Fesselkräfte und Schnittgrößen von Beispiel 2

1	2	3	4	5	6	7	8	9	10	11	12
i (i)	Δx_i	k	Δx_k	$S_{1,i}$		$q_{i,i-1}$ $q_{i,i}$	q_i'	$K_{0,i}$, P_{0i}	$S_{0,i}$	K_i, P_i	S_i
0′									0,00 0,00		0,00 0,00
[0]	0,00	1 2		−1,00 0,00	0,00 −1,00			0,00 0,00		159,00 −238,00	
0″									0,00 0,00		159,00 −238,00
(1)	1,00					40,00 40,00	0,000			−40,00 −20,00	
1			2,00	−1,00 −2,00	0,00 −1,00			−80,00 −80,00			119,00 −99,00
(2)	1,00					40,00 40,00	0,000			−40,00 −20,00	
2′									−80,00 −80,00		79,00 0,00
[2]		−2	Reduktion	0,00 2,00	0,00 1,00			0,00 −80,00			
2″				−1,00 0,00					−80,00 0,00		79,00 0,00
(3)	1,25					40,00 40,00	0,000			−50,00 −31,25	
3											29,00 67,50
(4)	1,25					40,00 40,00	0,000			−50,00 −31,25	
4			5,00	−1,00 −5,00				−200,00 −500,00			−21,00 72,50
(5)	1,25					40,00 40,00	0,000			−50,00 −31,25	
5											−71,00 15,00
(6)	1,25					40,00 40,00	0,000			−50,00 −31,25	
6′									−280,00 −900,00		−121,00 −105,00
6		3			−1,00 0,00					216,00 0,00	
6″									−280,00 −900,00		95,00 −105,00
(7)	0,75					40,00 30,00	−13,333			−26,25 −10,31	
7			1,50	−1,00 −6,50	−1,00 −1,50			−45,00 −37,50			68,75 −44,06
(8)	0,75					30,00 20,00	−13,333			−45,00 −37,50	
8′									−325,00 −1357,50		50,00 0,00
[8]								−50,00 0,00		−50,00 0,00	
8″			Schluß	−0,30 1,30	0,20 −0,20				−375,00 −1357,50		0,00 0,00

6.6.4.3 Statisch unbestimmte Balken auf starren und elastischen Stützen

Bei statisch unbestimmten Systemen sind die Formänderungen – auch für die Berechnung der Schnittkraftgrößen – von entscheidender Bedeutung. Aus diesem Grund muß die Gruppe der Zustandsgrößen (bisher $\boldsymbol{Z}=\boldsymbol{S}$ mit V und M) um die Durchsenkung der Stabachse w und deren Tangentenneigung w' erweitert werden. Das Tupel der Zustandsgrößen ist jetzt:

$$\boldsymbol{Z}=\begin{pmatrix} V \\ M \\ w' \\ w \end{pmatrix} \begin{matrix} \text{Querkraft} \\ \text{Biegemoment} \\ \text{Neigung der Stabachse} \\ \text{Durchsenkung der Stabachse} \end{matrix}$$

Übertragungsbeziehungen

Gegenüber Abschnitt 6.6.4.2 ist lediglich zu berücksichtigen, daß das Zustandsgrößentupel nun 4 Elemente enthält. Außer den Fesselgrößen können jetzt auch unbekannte Formänderungen w_k und w'_k auftreten, die ebenfalls mit X_k bezeichnet werden. Der Index k läuft über alle unbekannten Fesselgrößen und Formänderungsklaffungen. Formänderungsklaffungen sind Knicke und Versetzungen der Stabachse an freien Gelenken und Querverschieblichkeiten. Das gilt auch bei Start mit freier Auflagerung (unbekanntes ΔV und unbekanntes w') oder Kragarmende (unbekanntes w und unbekanntes w'). Ferner müssen die Übertragungsgesetze für die Formänderungen in die Übertragungsmatrizen für Abschnitt und Punkt aufgenommen werden.

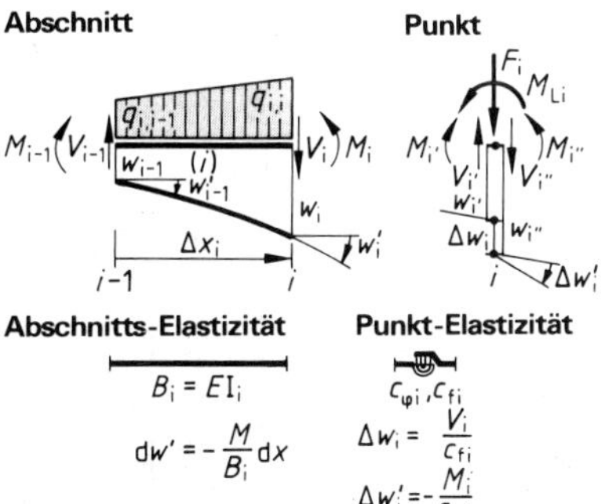

Bild 77 Stabelemente

Lastanteil eines Stab-**Abschnitts**

$$K_i=\begin{pmatrix} -(2q_i+q'_i\,\Delta x_i)\,\Delta x_i/2 \\ -(3q_i+q'_i\,\Delta x_i)\,\Delta x_i^2/6 \\ 0 \\ 0 \end{pmatrix}$$

Lastanteil eines Stab-**Punktes**

$$P_i=\begin{pmatrix} -F_i \\ -M_{Li} \\ \Delta w'_i \\ \Delta w_i \end{pmatrix}$$

Abschnittsübertragungs-Matrix

$$\boldsymbol{U}_i=\begin{pmatrix} 1 & 0 & 0 & 0 \\ \Delta x & 1 & 0 & 0 \\ \Delta x^2/(2B) & -\Delta x/B & 1 & 0 \\ \Delta x^3/(6B) & -\Delta x^2/(2B) & \Delta x & 1 \end{pmatrix}_i$$

Punktübertragungs-Matrix

$$\boldsymbol{U}_i=\begin{pmatrix} 1 & 0 & 0 & 0 \\ 0 & 1 & 0 & 0 \\ 0 & -1/c_\varphi & 1 & 0 \\ 1/c_f & 0 & 0 & 1 \end{pmatrix}_i$$

$c_\varphi=0$:	Gelenk
$c_f=0$:	Querverschieblichkeit
$c_\varphi=c_f=\infty$:	starre Bindung

Im Gegensatz zu elastischen Gelenken und Querverschieblichkeiten sind freie Gelenke und Querverschieblichkeiten keine Punktübertragungsfälle, sondern Ursachen zunächst unbekannter Formänderungsklaffungen (s.o.).

Abschnittsübertragung: $\boldsymbol{Z}_i=\boldsymbol{U}_i\,\boldsymbol{Z}_{i-1}+\boldsymbol{K}_i$

Punktübertragung: $\boldsymbol{Z}_{i''}=\boldsymbol{U}_i\,\boldsymbol{Z}_{i'}+\boldsymbol{P}_i$

Im Zustandsgrößenausdruck sind stets zwei Unbekannte enthalten. Er hat daher folgenden Aufbau:

$$\boldsymbol{Z}=\boldsymbol{Z}_1\boldsymbol{X}+\boldsymbol{Z}_0 \quad \text{mit} \quad \boldsymbol{X}=\begin{pmatrix}X_\alpha\\X_\beta\end{pmatrix}; \quad \boldsymbol{Z}_1=\begin{pmatrix}V_\alpha & V_\beta\\M_\alpha & M_\beta\\w'_\alpha & w'_\beta\\w_\alpha & w_\beta\end{pmatrix}; \quad \boldsymbol{Z}_0=\begin{pmatrix}V_0\\M_0\\w'_0\\w_0\end{pmatrix}$$

Die Indizes α und β vertreten wieder die in der jeweiligen Übertragungsphase geltenden Werte des Index k der unbekannten Kraft- und Formänderungsgrößen.

Reduktion

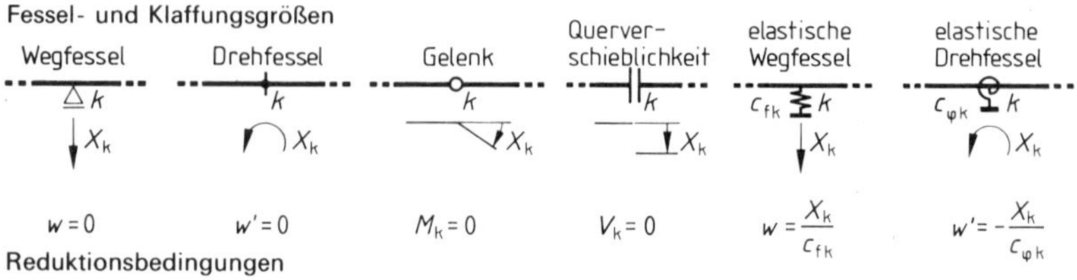

Bild 78 Fesselkräfte und Reduktionsbedingungen

Tafel 42 Reduktionsgrößen

1	2	3	4	5
ZNr	Symbol		Ersatz der 1. Unbekannten (α) $k \to \alpha$	Ersatz der 2. Unbekannten (β) $k \to \beta$
1	 ΔV_k	X	$-[w_\beta X_\beta+w_0]/w_\alpha$	$-[w_\alpha X_\alpha+w_0]/w_\beta$
		$\boldsymbol{R}$	$[(w_\alpha\, w_\beta)\,\boldsymbol{X}+w_0]\,\boldsymbol{z}_\alpha/w_\alpha$	$[(w_\alpha\, w_\beta)\,\boldsymbol{X}+w_0]\,\boldsymbol{z}_\beta/w_\beta$
		ΔV_k	$\Delta V_\alpha \Leftarrow \Delta V_\alpha-1$	$\Delta V_\beta \Leftarrow \Delta V_\beta-1$
2	 ΔM_k	X	$-[w'_\beta X_\beta+w'_0]/w'_\alpha$	$-[w'_\alpha X_\alpha+w'_0]/w'_\beta]$
		$\boldsymbol{R}$	$[(w'_\alpha\, w'_\beta)\,\boldsymbol{X}+w'_0]\,\boldsymbol{z}_\alpha/w'_\alpha$	$[(w'_\alpha\, w'_\beta)\,\boldsymbol{X}+w'_0]\,\boldsymbol{z}_\beta/w'_\beta$
		ΔM_k	$\Delta M_\alpha \Leftarrow \Delta M_\alpha-1$	$\Delta M_\beta \Leftarrow \Delta M_\beta-1$
3	 $\Delta w'_k$	X	$-[M_\beta X_\beta+M_0]/M_\alpha$	$-[M_\alpha X_\alpha+M_0]/M_\beta$
		$\boldsymbol{R}$	$[(M_\alpha\, M_\beta)\,\boldsymbol{X}+M_0]\,\boldsymbol{z}_\alpha/M_\alpha$	$[(M_\alpha\, M_\beta)\,\boldsymbol{X}+M_0]\,\boldsymbol{z}_\beta/M_\beta$
		$\Delta w'_k$	$\Delta w'_\alpha \Leftarrow \Delta w'_\alpha+1$	$\Delta w'_\beta \Leftarrow \Delta w'_\beta+1$
4	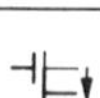 Δw_k	X	$-[V_\beta X_\beta+V_0]/V_\alpha$	$-[V_\alpha X_\alpha+V_0]/V_\beta$
		$\boldsymbol{R}$	$[(V_\alpha\, V_\beta)\,\boldsymbol{X}+V_0]\,\boldsymbol{z}_\alpha/V_\alpha$	$[(V_\alpha\, V_\beta)\,\boldsymbol{X}+V_0]\,\boldsymbol{z}_\beta/V_\beta$
		Δw_k	$\Delta w_\alpha \Leftarrow \Delta w_\alpha+1$	$\Delta w_\beta \Leftarrow \Delta w_\beta+1$
5	 ΔV_k	X	$-[w_\beta X_\beta+w_0-X_k/c_{fk}]/w_\alpha$	$-[w_\alpha X_\alpha+w_0-X_k/c_{fk}]/w_\beta$
		$\boldsymbol{R}$	$[(w_\alpha\, w_\beta)\,\boldsymbol{X}+w_0-X_k/c_{fk}]\,\boldsymbol{z}_\alpha/w_\alpha$	$[(w_\alpha\, w_\beta)\,\boldsymbol{X}+w_0-X_k/c_{fk}]\,\boldsymbol{z}_\beta/w_\beta$
		ΔV_k	$\Delta V_\alpha \Leftarrow \Delta V_\alpha-1$	$\Delta V_\beta \Leftarrow \Delta V_\beta-1$
6	 ΔM_k	X	$-[w'_\beta X_\beta+w'_0-X_k/c_{fk}]/w'_\alpha$	$-[w'_\alpha X_\alpha+w'_0-X_k/c_{fk}]/w'_\beta$
		$\boldsymbol{R}$	$[(w'_\alpha\, w'_\beta)\,\boldsymbol{X}+w'_0-X_k/c_{fk}]\,\boldsymbol{z}_\alpha/w'_\alpha$	$[(w'_\alpha\, w'_\beta)\,\boldsymbol{X}+w'_0-X_k/c_{fk}]\,\boldsymbol{z}_\beta/w'_\beta$
		ΔM_k	$\Delta M_\alpha \Leftarrow \Delta M_\alpha-1$	$\Delta M_\beta \Leftarrow \Delta M_\beta-1$
	Im Falle großer Federsteifigkeiten c_f oder c_φ nähern sich die Fesseln starrer Lagerung bzw. Volleinspannung. In diesem Fall wird die neue Unbekannte X_k eliminiert:			
5a	 ΔV_k	X_k	$c_{fk}[(w_\alpha\, w_\beta)\,X+w_0]$	
		ΔV_0	$\Delta V_0 \Leftarrow \Delta V_0-c_{fk}[(w_\alpha\, w_\beta)\,\boldsymbol{X}+w_0]$	
6a	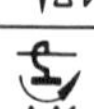 ΔM_k	X_k	$c_{\varphi k}[(w_\alpha\, w_\beta)\,\boldsymbol{X}+w_0]$	
		ΔM_0	$\Delta M_0 \Leftarrow \Delta M_0-c_{\varphi k}[(w_\alpha\, w_\beta)\,\boldsymbol{X}+w_0]$	

An jedem Punkt i, an dem eine neue Unbekannte X_{k_i} hinzutritt, ermöglicht eine Bedingung die Ablösung einer anderen oder auch der neu hinzutretenden. Am Reduktionspunkt i geht $\boldsymbol{Z}_{i'}$ in $\boldsymbol{Z}_{i''}$ über:

$$\boldsymbol{Z}_{i'} \overset{R}{\rightarrow} \boldsymbol{Z}_{i''} \rightarrow \boldsymbol{Z}_{i''} = \boldsymbol{Z}_{i'} - \boldsymbol{R}_{k_i}.$$

Der Reduktionsterm $\boldsymbol{R}_{k_i}$ ergibt sich für die unterschiedlichen Reduktionsbedingungen nach Tafel 42.

Die ersten 6 Hauptzeilen enthalten je 3 Unterzeilen, mit X, $\boldsymbol{R}$ und Δ.... Sie enthalten:

- $\boldsymbol{X}$ Ausdruck der ausscheidenden Unbekannten durch die anderen,
- $\boldsymbol{R}$ Reduktionsterm zur Transformation der Zustandsgrößen (s. o.),
- Δ... Beitrag der neu hinzutretenden Unbekannten in der bezeichneten Position. Mit dieser Angabe wird nur erklärt, wie die am erreichten Punkt angreifende neue Unbekannte in die Rechnung eingeht. Die Operation ist nicht Bestandteil der eigentlichen Reduktion.

6

Doppelfesseln (Auflager und Einspannung) können einzeln nacheinander behandelt werden.

Für welche Unbekannte man sich bei der Elimination entscheidet, ist so lange gleichgültig, wie ihre Koeffizienten in der Bedingungsgleichung von gleicher Größenordnung sind. Bei großen Unterschieden ist die Elimination der Unbekannten mit dem größten Koeffizienten aus numerischen Gründen zu empfehlen, in Extremfällen zwingend geboten.

Beispiel zur Reduktion

Annahmen: Reduktion bei $k=7$, elastische Auflagerung, aktuelle Unbekannte X_3 und X_6.
a) normale Feder, $w_6 > w_3$: X_6 eliminieren,
b) starke Feder: X_7 eliminieren.

a) Reduktion nach Zeile 5:

$$X_6 = [w_3 X_3 + w_0 - X_7/c_{f7}]/w_6;$$

$$\boldsymbol{R} = [(w_3\, w_6)\, \boldsymbol{X} + w_0 - X_7/c_{f7}]\ \boldsymbol{z}_6/w_6 = [w_3 X_3 + w_6 X_6 + w_0 - X_7/c_{f7}] \begin{pmatrix} V_6 \\ M_6 \\ w_6' \\ w_6 \end{pmatrix} / w_6$$

$$\boldsymbol{Z}_{i''} = \boldsymbol{Z}_{i'} - \boldsymbol{R} + 1_1 X_7 = \begin{pmatrix} V_3 - w_3 V_6/w_6 & 1 - V_6/(c_{f7}\, w_6) \\ M_3 - w_3 M_6/w_6 & -M_6/(c_{f7}\, w_6) \\ w_3' - w_3 w_6'/w_6 & -w_6'/(c_{f7}\, w_6) \\ 0 & -1/(c_{f7}\, w_6) \end{pmatrix} \begin{pmatrix} X_3 \\ X_7 \end{pmatrix} + \begin{pmatrix} V_0 - w_0 V_6/w_6 \\ M_0 - w_0 M_0/w_6 \\ w_0' - w_0 w_0'/w_6 \\ 0 \end{pmatrix}.$$

b) Reduktion nach Zeile 5a:

$$X_7 = c_{f7}[(w_3\, w_6)\, \boldsymbol{X} + w_0] = c_{f7}[w_3 X_3 + w_6 X_6 + w_0]$$

$$\boldsymbol{Z}_{i''} = \boldsymbol{Z}_{i'} + 1_1 X_7 = \begin{pmatrix} V_3 + c_{f7} w_3 & V_6 + c_{f7} w_6 \\ M_3 & M_6 \\ w_3' & w_6' \\ w_3 & w_6 \end{pmatrix} \begin{pmatrix} X_3 \\ X_6 \end{pmatrix} + \begin{pmatrix} V_0 + c_{f7} w_0 \\ M_0 \\ w_0' \\ w_0 \end{pmatrix}$$

Berechnungsstart und -abschluß

Die Berechnung beginnt im Punkt 0' mit $\boldsymbol{Z}_{0'} = \boldsymbol{0}$, sie schließt ab hinter dem letzten Punkt (n), bei n'' mit $\boldsymbol{Z}_{n''} = \boldsymbol{0}$. Nach der Reduktion im letzten Punkt verbleiben zwei der vier Bedingungen, aus denen die letzten beiden Unbekannten ermittelt werden.

Im Rückwärtsgang werden die übrigen Unbekannten als Ergebnis der bei der Reduktion aufgestellten Ausdrücke bestimmt. Die Übertragungsrechnung liefert anschließend die Zustandsgrößen an jeder gewünschten Stelle.

6.6.5 Andere Verfahren

Kraft- und Formänderungsgrößenverfahren s. Abschn. 7.

7 Rahmenartige Stabwerke

7.1 Standardsysteme

7.1.1 Einfeldrahmen

Hilfsgröße $c=\frac{I_R}{I_S}\cdot\frac{h}{l}$ — I_R Trägheitsmoment des Riegelquerschnitts, I_S Trägheitsmoment des Stielquerschnitts, h Höhe, l Stützweite

1.

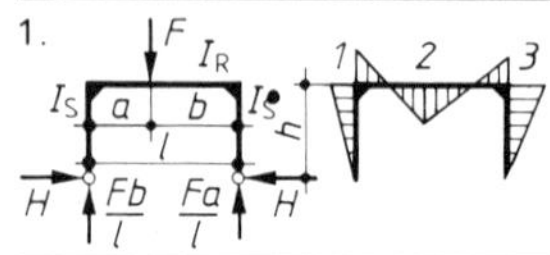

$$H=\frac{3Fab}{2hl}\cdot\frac{1}{2c+3}$$

$$M_1=M_3=-Hh$$

$$M_2=\frac{Fab}{l}-Hh$$

Sonderfall $a=b=l/2$

$$H=\frac{3Fl}{8h}\cdot\frac{1}{2c+3}$$

$$M_1=M_3=-Hh \qquad M_2=\frac{F\cdot l}{4}-Hh$$

2.

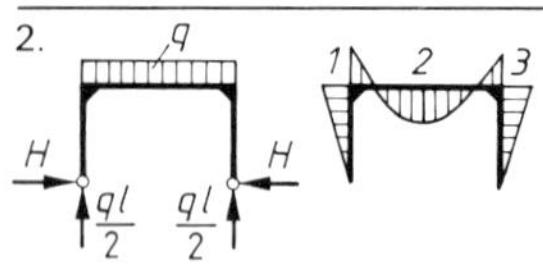

$$H=\frac{ql^2}{4h}\cdot\frac{1}{2c+3}$$

$$M_1=M_3=-Hh \qquad \max M_2=\frac{ql^2}{8}-Hh$$

3.

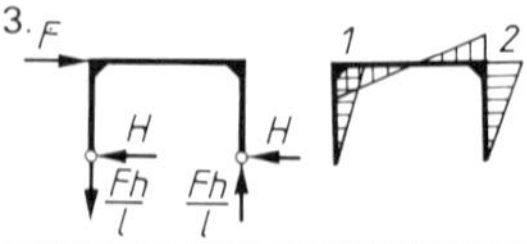

$$H=F/2$$

$$M_1=-M_2=\frac{Fh}{2}$$

4.

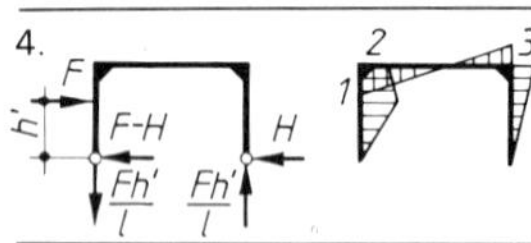

$$H=\frac{3Fh'}{2h}\left[1-\frac{1}{3}\left(\frac{h'}{h}\right)^2+\frac{1}{c}\right]\frac{c}{2c+3}$$

$$M_1=(F-H)h' \qquad M_2=Fh'-Hh \qquad M_3=Hh$$

5.

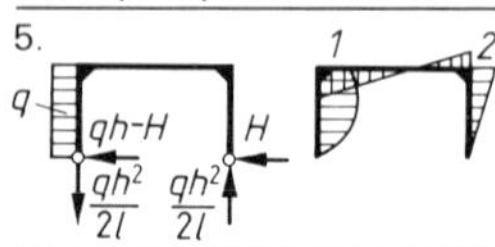

$$H=\frac{qh}{8}(5c+6)\frac{1}{2c+3}$$

$$M_1=\frac{qh^2}{2}-Hh \qquad M_2=-Hh$$

6.

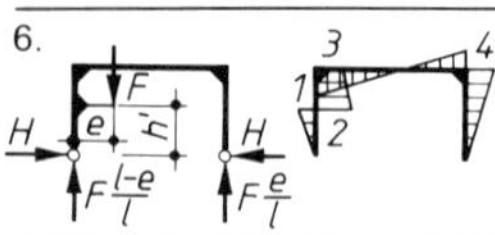

$$H=\frac{3Fe}{2h}\left[1-\left(\frac{h'}{h}\right)^2+\frac{1}{c}\right]\frac{c}{2c+3}$$

$$M_1=-Hh' \qquad M_2=Fe-Hh'$$

$$M_3=Fe-Hh \qquad M_4=-Hh$$

7. Belastung durch Moment am Riegel

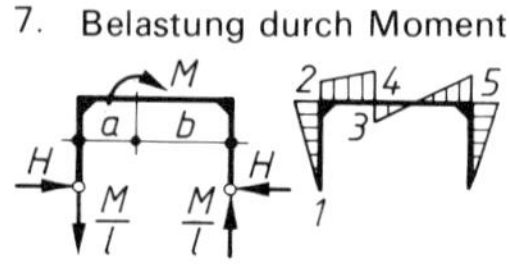

$$H=\frac{3M}{2h}\cdot\frac{b-a}{l}\cdot\frac{1}{2c+3} \qquad M_2=M_5=-H\cdot h$$

$$M_3=-Hh-M\frac{a}{l} \qquad M_4=-Hh+M\frac{b}{l}$$

Ist $a>b$, so wird H negativ, d.h. ist von innen nach außen gerichtet, wenn M, wie eingezeichnet, rechtsdrehend.

8. gleichmäßige Erwärmung um t°C

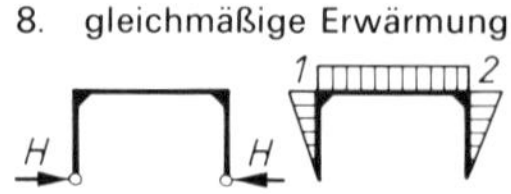

$$H=\frac{3EI_R\alpha_T t}{h^2}\cdot\frac{1}{2c+3} \qquad M_1=M_2=-Hh$$

9.

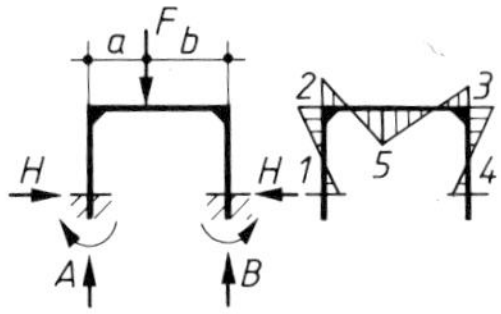

$$A=\frac{Fb}{l}\left[1+\frac{a(b-a)}{l^2(6c+1)}\right] \qquad B=F-A \qquad H=\frac{3Fab}{2hl}\cdot\frac{1}{c+2}$$

$$\left.\begin{matrix}M_1=\\M_4=\end{matrix}\right\rangle=\frac{Fab}{2l}\left[\frac{1}{c+2}\mp\frac{b-a}{l(6c+1)}\right]$$

$$\left.\begin{matrix}M_2=\\M_3=\end{matrix}\right\rangle=-\frac{Fab}{l}\left[\frac{1}{c+2}\pm\frac{b-a}{2l(6c+1)}\right]$$

$$M_5=\frac{1}{l}(Fab+bM_2+aM_3)$$

Sonderfall $a=b=\frac{l}{2}$: $\quad A=B=\frac{F}{2} \qquad H=\frac{3Fl}{8h}\cdot\frac{1}{c+2}$

$$M_1=M_4=\frac{H\cdot h}{3} \qquad M_2=M_3=-2M_1 \qquad M_5=\frac{Fl}{4}+M_2$$

10.

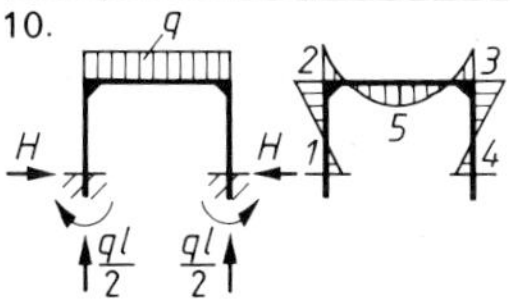

$$H=\frac{ql^2}{4h}\cdot\frac{1}{c+2} \qquad M_1=M_4=\frac{ql^2}{12}\cdot\frac{1}{c+2}$$

$$M_2=M_3=-2M_1 \qquad M_5=\frac{ql^2}{8}+M_2$$

11.

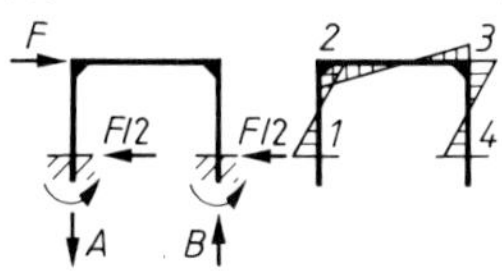

$$A=-B=\frac{Fh}{l}\cdot\frac{3c}{6c+1}$$

$$M_1=M_4=\frac{Fh}{2}\cdot\frac{3c+1}{6c+1}$$

$$M_2=-M_3=\frac{Fh}{2}\cdot\frac{3c}{6c+1}$$

12.

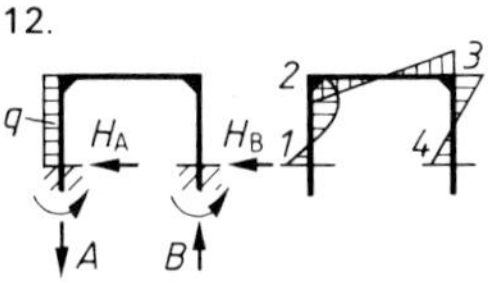

$$B=-A=\frac{q\cdot h^2}{l}\cdot\frac{c}{6c+1}; \quad H_A=-\frac{q\cdot h}{8}\cdot\frac{6c+13}{c+2}; \quad H_B=\frac{q\cdot h}{8}\cdot\frac{2c+3}{c+2}$$

$$\left.\begin{matrix}M_1=\\M_4=\end{matrix}\right\rangle=\frac{qh^2}{4}\left[-\frac{c+3}{6(c+2)}\mp\frac{4c+1}{6c+1}\right]$$

$$\left.\begin{matrix}M_2=\\M_3=\end{matrix}\right\rangle=\frac{qh^2}{4}\left[-\frac{c}{6(c+2)}\pm\frac{2c}{6c+1}\right]$$

13.

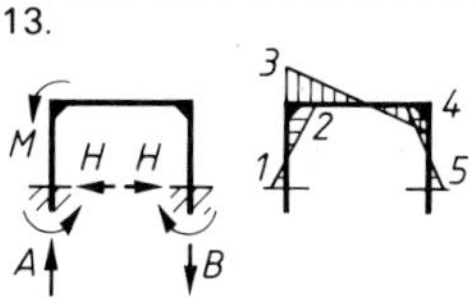

$$A=-B=\frac{6M}{l}\cdot\frac{c}{6c+1} \qquad H=-\frac{3M}{2h}\cdot\frac{1}{c+2}$$

$$\left.\begin{matrix}M_1=\\M_5=\end{matrix}\right\rangle=-\frac{M}{2}\left(\frac{1}{c+2}\mp\frac{1}{6c+1}\right)$$

$$M_3=-(M-M_2)$$

$$\left.\begin{matrix}M_2=\\M_4=\end{matrix}\right\rangle=\frac{M}{2}\left(\frac{2}{c+2}\pm\frac{1}{6c+1}\right)$$

14. gleichmäßige Erwärmung um t °C

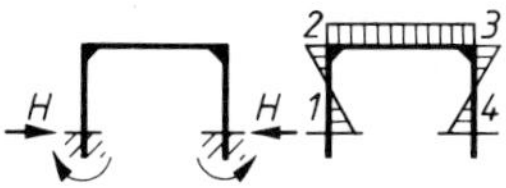

$$H=\frac{3EI_R\alpha_T t}{h^2}\cdot\frac{2c+1}{c(c+2)}$$

$$M_1=M_4=-\frac{3EI_R\alpha_T t}{h}\cdot\frac{c+1}{c(c+2)}$$

$$M_2=M_3=M_1-Hh \text{ (negativ)}$$

Zu S. 378

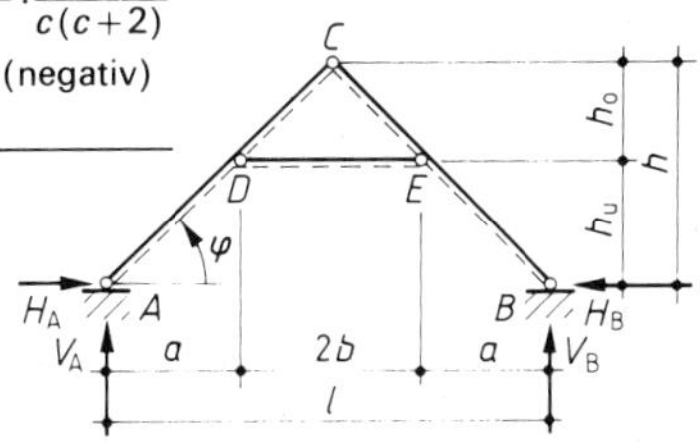

$\tan\varphi=2h/l,\ \alpha=h_u/h$

$\beta=h_o/h=1-\alpha$

$\gamma=\alpha\beta$

$\varkappa=w_r/w_l$

7.1.2 Kehlbalkendach (Bezeichnungen s. S. 381 unten)

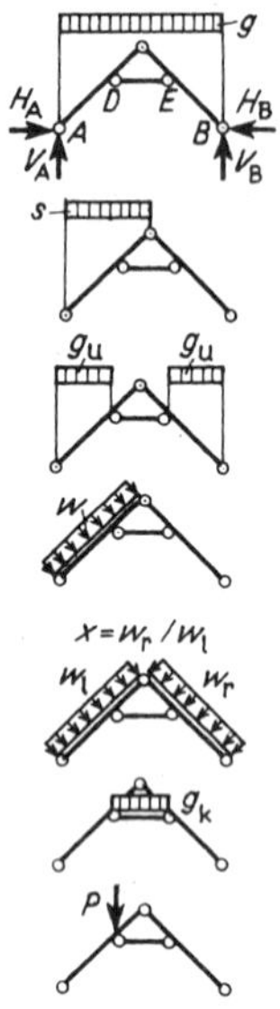

	Belastungen	V_A	V_B	N_{DE}
a)		$\frac{g \cdot l}{2}$	$\frac{g \cdot l}{2}$	$-\frac{1+\gamma}{16\,\gamma \tan\varphi}\, g \cdot l$
b)		$\frac{3}{8}\, s \cdot l$	$\frac{1}{8}\, s \cdot l$	$-\frac{1+\gamma}{32\,\gamma \tan\varphi}\, s \cdot l$
c)		$\frac{\alpha}{2}\, g_u \cdot l$	$\frac{\alpha}{2}\, g_u \cdot l$	$-\frac{\alpha(3\beta+1)}{16\,\beta \tan\varphi}\, g_u \cdot l$
d)		$\frac{3-\tan^2\varphi}{8}\, w \cdot l$	$\frac{1+\tan^2\varphi}{8}\, w \cdot l$	$-\frac{1+\gamma}{32\,\gamma} \cdot \frac{1+\tan^2\varphi}{\tan\varphi}\, w \cdot l$
e)		$V_A = \frac{3-\tan^2\varphi+\varkappa(1+\tan^2\varphi)}{8}\, w_l \cdot l$ $V_B = \frac{1+\tan^2\varphi+\varkappa(3-\tan^2\varphi)}{8}\, w_l \cdot l$		$-\frac{(1+\gamma)(1+\tan^2\varphi)(1+\varkappa)}{32\,\gamma \cdot \tan\varphi}\, w_l \cdot l$
f)		$g_k \cdot b = \frac{\beta}{2}\, g_k \cdot l$	$g_k \cdot b = \frac{\beta}{2}\, g_k \cdot l$	$-\frac{g_k \cdot b}{\tan\varphi} = -\frac{\beta}{2\tan\varphi}\, g_k \cdot l$
g)		$\frac{2b+a}{l}\, P = \left(\beta + \frac{\alpha}{2}\right) P$	$\frac{a}{l}\, P = \frac{\alpha}{2}\, P$	$-\frac{P}{2\tan\varphi}$

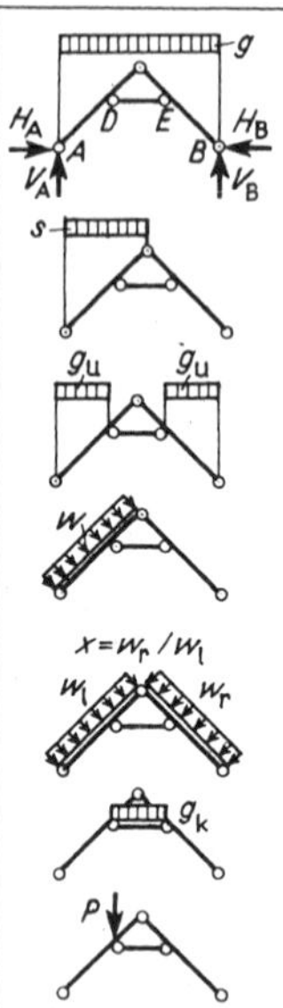

	Belastungen	H_A	H_B	M_D	M_E
a)		$\frac{1+4\alpha+\gamma}{16\alpha \tan\varphi}\, g \cdot l$	$\frac{1+4\alpha+\gamma}{16\alpha \tan\varphi}\, g \cdot l$	$\frac{3\gamma-1}{32}\, g \cdot l^2$	$\frac{3\gamma-1}{32}\, g \cdot l^2$
b)		$\frac{1+4\alpha+\gamma}{32\alpha \tan\varphi}\, s \cdot l$	$\frac{1+4\alpha+\gamma}{32\alpha \tan\varphi}\, s \cdot l$	$\frac{7\gamma-1}{64}\, s \cdot l^2$	$-\frac{1+\gamma}{64}\, s \cdot l^2$
c)		$\frac{\alpha(\alpha+4)}{16\tan\varphi}\, g_u \cdot l$	$\frac{\alpha(\alpha+4)}{16\tan\varphi}\, g_u \cdot l$	$-\frac{\alpha^3}{32}\, g_u \cdot l^2$	$-\frac{\alpha^3}{32}\, g_u \cdot l^2$
d)		$\frac{k_1}{16}\, w \cdot l$	$\frac{k_2}{16}\, w \cdot l$	$\frac{k_3}{64}\, w \cdot l^2$	$-\frac{k_4}{64}\, w \cdot l^2$
		k_1 und k_2 wie unter e)		k_3 und k_4 wie unter e)	
e)		$\frac{k_1+\varkappa k_2}{16}\, w_l \cdot l$	$\frac{k_2+\varkappa k_1}{16}\, w \cdot l$	$\frac{k_3-\varkappa k_4}{64}\, w_l \cdot l^2$	$\frac{-k_4+\varkappa k_3}{64}\, w_l \cdot l^2$
		worin $k_1 = \frac{2}{\tan\varphi} - 6\tan\varphi + \frac{1+\gamma}{2\alpha} \cdot \frac{1+\tan^2\varphi}{\tan\varphi}$ $k_2 = \frac{1+\tan^2\varphi}{\tan\varphi} \cdot \left(2 + \frac{1+\gamma}{2\alpha}\right)$		worin $k_3 = (1+\tan^2\varphi)(7\gamma-1)$ $k_4 = (1+\tan^2\varphi)(1+\gamma)$	
f)		$\frac{g_k \cdot b}{\tan\varphi} = \frac{\beta}{2\tan\varphi}\, g_k \cdot l$	$\frac{g_k \cdot b}{\tan\varphi} = \frac{\beta}{2\tan\varphi}\, g_k \cdot l$	0	0
g)		$\frac{P}{2\tan\varphi}$	$\frac{P}{2\tan\varphi}$	$\frac{\gamma \cdot l}{4}\, P$	$-\frac{\gamma \cdot l}{4}\, P$

7.2 Kraftgrößenverfahren

Ein Tragwerk ist statisch bestimmt ($n=0$, s. unten), wenn jede beliebige Kraftgröße allein durch Gleichgewichtsbetrachtungen bestimmt werden kann: Bestimmung der statischen Unbestimmtheit entweder durch Aufbaukriterium oder durch Abzählkriterium.

Aufbaukriterium

Version 1: Das gegebene Tragwerk wird in seiner Geometrie neu aufgebaut aus statisch bestimmten und unverschieblichen Grundstrukturen wie *beidseitig frei drehbar gelagerter Einzelstab*, *Dreigelenkrahmen* usw. Vergleich des so entstandenen statisch bestimmten Tragwerkes mit dem gegebenen Tragwerk liefert den Grad n der statischen Unbestimmtheit als Anzahl der Bindungen, die das gegebene System vom neu aufgebauten statisch bestimmten System unterscheiden.

Version 2: Wiederholte Prüfung und Reduktion des gegebenen Systems, wie im Ablaufdiagramm Bild 79 gezeigt.

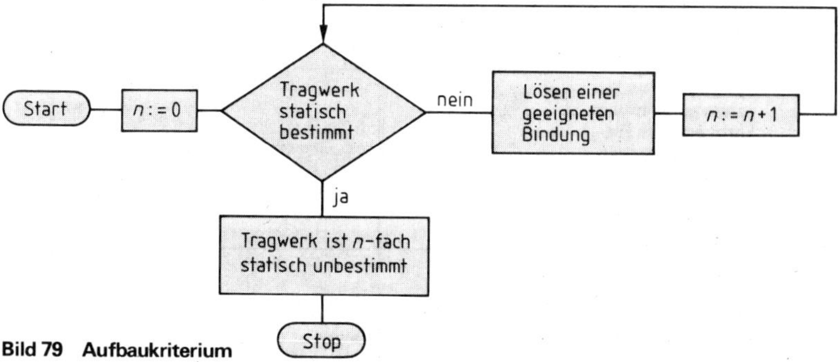

Bild 79 Aufbaukriterium

Abzählkriterium. Grad n der statischen Unbestimmtheit

– bei ebenen Stabwerken $n=a+z-3p$
– bei ebenen Fachwerken $n=a+s-2k$

a die Anzahl der Auflagerreaktionen
k die Anzahl der Fachwerkknoten
s die Anzahl der Fachwerkstäbe
p die Anzahl der einfach zusammenhängenden Stabwerksscheiben
z die Anzahl der Zwischenreaktionen,
– die beim Auftrennen von mehrfach zusammenhängenden Tragwerksteilen anfallen, und
– die zwischen den einzelnen Tragwerksteilen wirken.

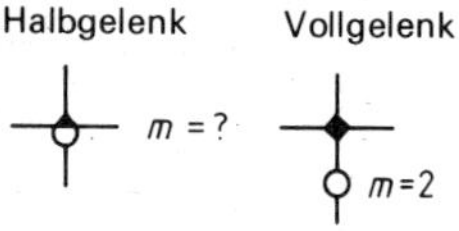

In einem Gelenk, in dem m Stäbe zusammenlaufen, werden $z=2(m-1)$ Zwischenreaktionen übertragen.

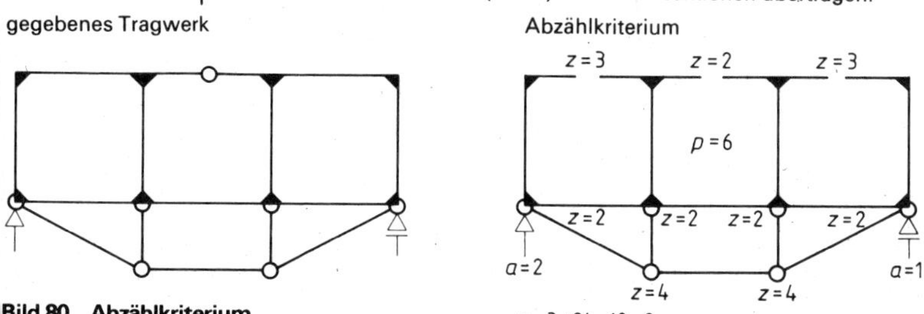

Bild 80 Abzählkriterium

Bei Anwendung des Abzählkriteriums ist zusätzlich die Standfestigkeit des Tragwerkes nachzuweisen.

Die unbekannten Kraftgrößen werden an einem statisch bestimmten Ersatzsystem ermittelt, das im Hinblick auf die numerische Rechnung möglichst steif zu wählen ist. Auch sollen die Eigenspannungszustände möglichst einfach sein und gegebene Symmetrien erhalten bleiben.[1])

Tafel 43 Beispiel zum Kraftgrößenverfahren

Beispiel	gegebenes System	Ersatzsystem	Lastspannungszustand	Eigenspannungszustand
System (Tragwerk mit Lasten und Reaktionskräften)	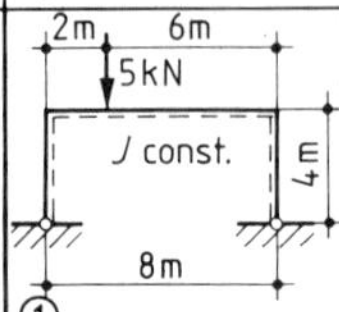	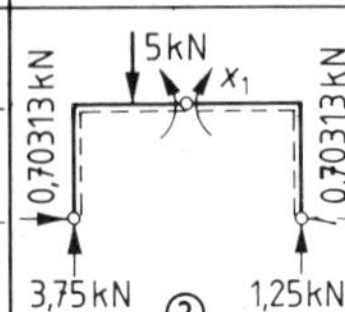	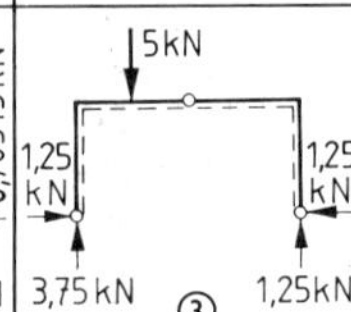	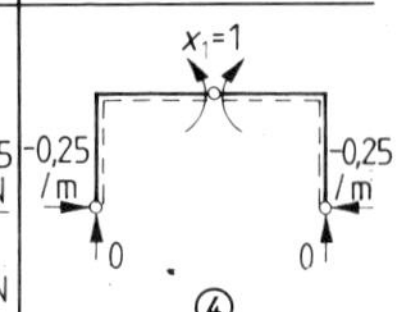
Rechnung	Rechengang: ① gegebenes System aufzeichnen und positive Biegemomente definieren ② Ersatzsystem wählen ③ + ④ Last- und Eigenspannungszustände bestimmen ⑤ Verformungen berechnen ⑥ System der Elastizitätsgleichungen aufstellen und lösen ⑦ Spannungszustand des Ersatz- bzw. des gegebenen System bestimmen ⑧ Verformungskontrollen machen	$\delta_1 = \delta_{10} + X_1 \cdot \delta_{11} = 0$ $X_1 = -\delta_{10}/\delta_{11}$ $= 70/32$ $X_1 = +2{,}1875$ kNm ⑥	$EJ\delta_{10} = -70/3$ kNm² 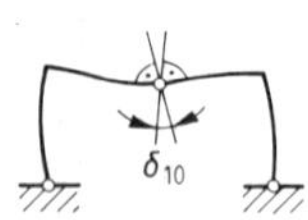	$EJ\delta_{11} = +32/3$ m 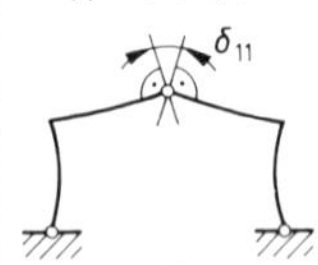
(M)		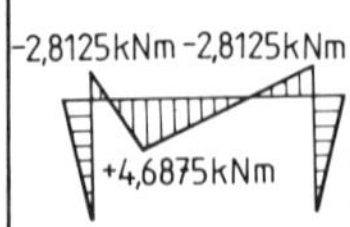	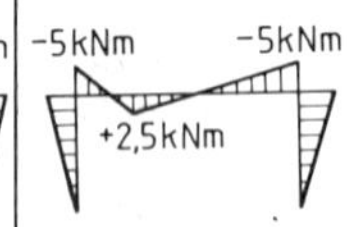	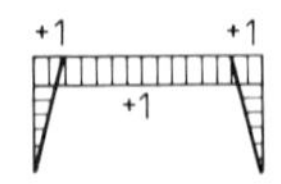
(V)		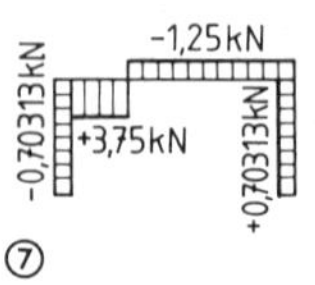	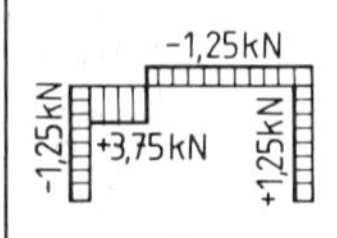	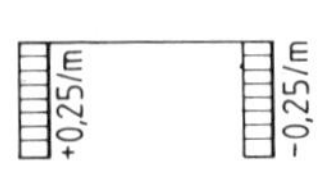
(N)		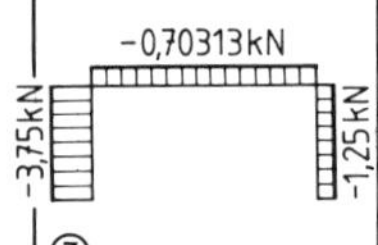	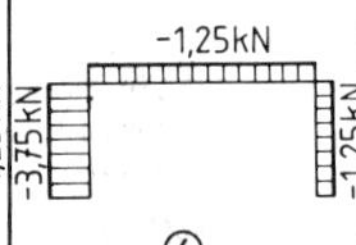	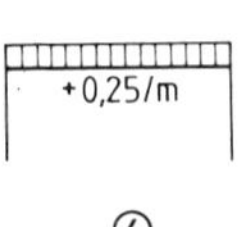

[1]) Die besondere Eigenart symmetrischer Tragwerke kann durch Ansatz symmetrischer und antimetrischer Gruppenzustände der statisch Unbestimmten (und Lasten) erfaßt werden. Dadurch wird eine Normalisierung bzw. Orthogonalisierung der Eigenspannungszustände erreicht, die i. allg. zu einer entsprechenden Entkopplung des Systems der Elastizitätsgleichungen führt.

Der Spannungs- bzw. Verformungszustand Z eines n-fach statisch unbestimmten Tragwerkes wird ermittelt als Linearkombination der Spannungs- bzw. Verformungszustände des statisch bestimmten Ersatzsystems

- infolge der gegebenen Belastung (Zustand Z_o) und
- infolge der zu den gewählten statisch Überzähligen X_i gehörenden n Einheitslasten 1 (Zustände Z_j), multipliziert mit den sich tatsächlich einstellenden n Werten X_i dieser statisch Überzähligen:

$$\boldsymbol{Z = Z_o + \sum_{i=1}^{n} X \cdot Z_i}$$

Die n Werte X_i der statisch überzähligen Größen ergeben sich aus der Bedingung, daß die entsprechenden (gegenseitigen) Verformungen δ_j infolge der Gesamtbelastung am Ersatzsystem wie beim gegebenen System verschwinden (Elastizitätsgleichungen erster Art):

$$\boldsymbol{\delta_j = \delta_{jo} + \sum_{i=1}^{n} X_i \cdot \delta_{ji} \equiv 0;\ j \text{ von 1 bis } n.}$$

δ_{jo} der Überzähligen X_i entsprechende (gegenseitige) Verformung des Ersatzsystems infolge der gegebenen Belastung.

δ_{ji} der Überzähligen X_j entsprechende (gegenseitige) Verformung des Ersatzsystems infolge der Einheitslast $X_i = 1$.

Die Werte der Verformungen δ_{jo} und δ_{ji} werden i. allg. mit Hilfe der Arbeitsgleichung berechnet (Abschn. 5 und 6). Anwendungsbeispiel s. Tafel 43.

Dabei gilt bezüglich des Vorzeichens von δ: Positive X_i erzeugen positive δ_i.

Der gefundene Spannungszustand ist korrekt, wenn die den statisch Überzähligen entsprechenden Verformungssprünge tatsächlich verschwinden. Bei diesen Verformungskontrollen wird mit Vorteil der Reduktionssatz verwendet; er besagt, daß bei Berechnung einer Verformung eines statisch unbestimmten Tragwerkes mit Hilfe der Arbeitsgleichung die betreffende Kerngröße 1 an einem geeignet, aber beliebig erzeugten statisch bestimmten Tragwerksausschnitt aufgebracht werden kann.

Durchlaufträger

Wenn bei der Untersuchung von Durchlaufträgern mit Hilfe des Kraftgrößenverfahrens die Stützmomente als statisch Überzählige gewählt werden, bekommt das System der Elastizitätsgleichungen Bandstruktur: bei elastischer Stützung beträgt die Bandbreite 5, bei unnachgiebiger Stützung 3. Einführung der Belastungsglieder (s. S. 332) ergibt hier für jedes statisch unbestimmte Stützmoment die Dreimomentengleichung in der Clapeyronschen Form (Bild 81)

$$\boldsymbol{M_i \cdot l_i' + 2 \cdot M_j \cdot (l_i' + l_j') + M_k \cdot l_j' = -R_i \cdot l_i' - L_j \cdot l_j',}$$

mit den mechanischen bzw. reduzierten Stützweiten $l_i' = l_i / I_i$,

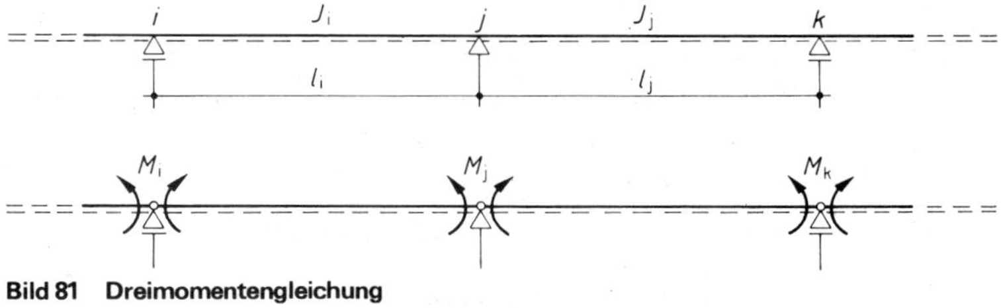

Bild 81 Dreimomentengleichung

7.3 Formänderungsgrößenverfahren – Drehwinkelverfahren

7.3.1 Allgemeines

Beim Formänderungsgrößenverfahren werden die möglichen Knotenverrückungen (beim äußerlich ungefesselten Knoten *i* des ebenen Stabwerks: u_i, w_i, φ_i) so variiert, daß an den freigeschnittenen Knoten Gleichgewicht der Schnittgrößen infolge Einwirkung und Formänderung herrscht. Da der Stabwerkszusammenhang über die Knotenwege erfaßt wird, kann im übrigen jeder Stab als selbständiges Bauteil behandelt werden (geometrisch bestimmtes Hauptsystem).

Knoten ist dabei jeder Verbindungs- und Endpunkt von Stäben. Die Gesamtzahl der entsprechend dem Freiheitsgrad der einzelnen Knoten möglichen Verrückungen ist der Grad der geometrischen Unbestimmtheit des Stabwerks.

7.3.2 Drehwinkelverfahren (s.a. Beispielsammlung auf CD-ROM)

Stablängenänderungen haben bei den Formänderungen rahmenartiger Stabwerke im allg. nur untergeordnete Bedeutung. Auf ihrer Vernachlässigung (Ausnahme: Einwirkungen wie Temperaturdehnung) beruht das Drehwinkelverfahren[1]). Der Vorteil ist die Verminderung geometrisch Unbestimmter durch die kinematische Koppelung von Knotenverschiebungen. Im System nach Bild 82 können z.B. die $2 \cdot 5 = 10$ Verschiebungskomponenten der Knoten 3–7 auf 3 Stabverdrehungen reduziert werden.

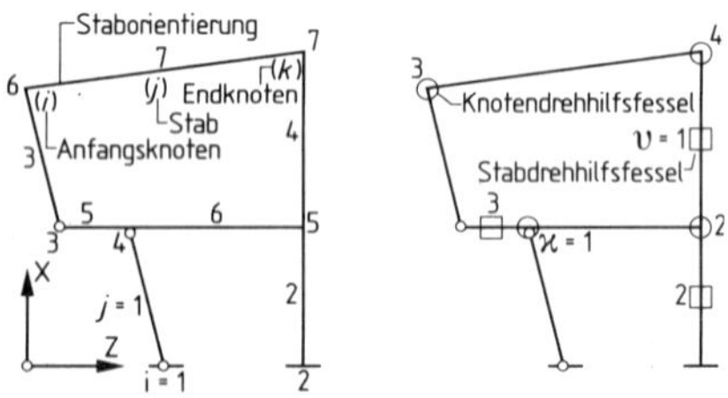

Bild 82 Beispiel Drehwinkelverfahren; System und geometrisch bestimmtes Hauptsystem

Bezeichnungen

n_S	Anzahl der Stäbe
n_K	Anzahl der Knoten
n_F	Anzahl der Fesselkomponenten
n_Φ	Anzahl der nicht drehgefesselten Knoten
n_Ψ	Anzahl der möglichen Stabsehnennetzverzerrungen
i, k	Knotennumerierung; Anfangs-, End-
j	Stabnumerierung
l_j	Stablänge
B_j	Biegesteifigkeit
B_C	Vergleichsbiegesteifigkeit
$\beta_j = B_j/B_C$	Relative Biegesteifigkeit
γ	bezogene Längskraft
φ_i	Knotenverdrehungswinkel
ψ_j	Stabverdrehungswinkel
$\mu_{\Phi i}$	Momentenbeiwerte für Knotendrehung
$\mu_{\Psi j}$	Momentenbeiwerte für Stabdrehung
${}^0M_{ji}$	Stabendmoment aus Lasteinwirkung im geometrisch bestimmten Hauptsystem
${}^0\varphi_i$	Eingeprägte Knotenverdrehung
${}^0\psi_j$	Ungewollte Schiefstellung
${}^T\psi_j$	Stabverdrehung infolge Temperatur
$\varkappa$	Index der Kontenverdrehung
υ	Index der Netzverzerrung
$\Phi_\varkappa$	Unbestimmte Knotenverdrehung
Ψ_υ	Unbestimmte Stabnetzverzerrung

Geometrisch Unbestimmte: Die Verdrehungswinkel der verdrehbaren Knoten von biegesteif miteinander verbundenen Stäben $\Phi_\varkappa$, $\varkappa = 1 \dots n_\Phi$, und die möglichen Stabsehnennetzverzerrungen (Verzerrungen des „Gelenksystems") Ψ_υ, $\upsilon = 1 \dots n_\Psi$, bilden die $n_{\Phi+\Psi}$ geometrisch Unbestimmten. Sind sie ermittelt, können Formänderungen, Biegemomente und Querkräfte stabweise berechnet werden.

Es gilt: $n_\Psi = 2n_K - n_S - n_F$. Systeme mit $n_\Psi = 0$ heißen unverschieblich. Im geometrisch bestimmten Hauptsystem sind sämtliche Verrückungen $\Phi_\varkappa$ und Ψ_υ Null (Bild 82).

Formänderungszustände einzelner Unbestimmter zeigt Bild 83.

[1]) Iterativ können auch beim Drehwinkelverfahren die Stablängenänderungen erfaßt werden.

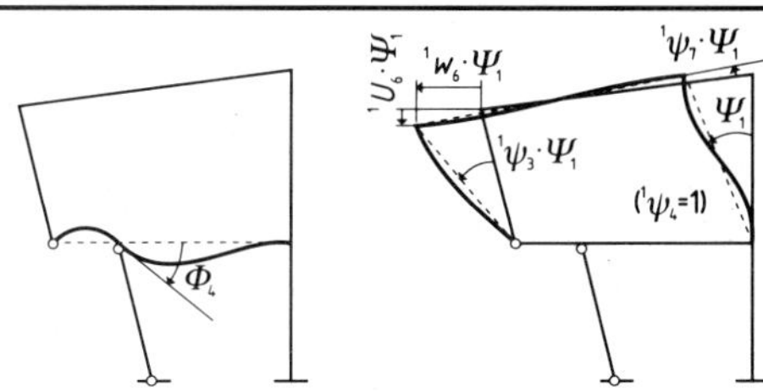

Bild 83
Beispiele für Knotendrehung und Netzverzerrung

Stab *j* zwischen Knotenpunkten *i* und *k*: Die Funktionen der Biegeverformung, des Biegemoments und der Querkraft lassen sich am Einzelstab in Abhängigkeit von Einwirkung und Verdrehung des Stabes und der anschließenden Knoten angeben. Die Längskraft kann nicht am Einzelstab ermittelt werden, lediglich ihr Zuwachs über die Stablänge. Bei Rechnung nach Theorie II. Ordnung wird sie zunächst geschätzt. Für die Stabendmomente ergibt sich (Bild 84):

Stabendmoment am Knoten i des Stabes j:

$$M_{ji} = {}^0M_{ji} + {}^iM_{ji} + {}^kM_{ji} + {}^jM_{ji}$$
$$= {}^{\varkappa(i)}\mu_{\Phi ji} \cdot (B_C \cdot \varphi_i) + {}^{\varkappa(k)}\mu_{\Phi ji} \cdot (B_C \cdot \varphi_k) + \mu_{\Psi ji} \cdot (B_C \cdot \psi_j) + {}^0M_{ji}$$

mit $\varphi_i = {}^0\varphi_i + \Phi_{\varkappa(i)}$; $\varphi_k = {}^0\varphi_k + \Phi_{\varkappa(k)}$

$$\psi_j = {}^T\psi_j + \sum_{(\upsilon)} {}^\upsilon\psi_j \cdot \Psi_\upsilon$$

Die Momentenbeiwerte μ_Φ und μ_Ψ können Tafel 44 bzw. Tafel 45 entnommen werden.

Als Hilfsgrößen für die Berechnung der Unbestimmten werden eingeführt:

Stabmoment des Stabes j:

$$\mathfrak{M}_j = M_{ji} + M_{jk} + N_j l_j (\psi_j + {}^0\psi_j)$$
$$= \sum_{\varkappa=1}^{n_\Phi} ({}^\varkappa\mu_{\Phi ji} + {}^\varkappa\mu_{\Phi jk}) \cdot (B_C \Phi_\varkappa) + \left(\mu_{\Psi ji} + \mu_{\Psi jk} + \frac{\beta_j \nu_j}{l_j}\right) \sum_{\upsilon=1}^{n_\Psi} {}^\upsilon\psi_j \cdot (B_C \Psi_\upsilon) + {}^0M_{ji} + {}^0M_{jk} + N_j l_j ({}^0\psi_j + {}^T\psi_j)$$

Stabmomente sind die insgesamt am Körper „Stab" angreifenden Momente ggf. einschl. der nach Theorie II. Ordnung infolge des entstehenden Längskraftversatzes.

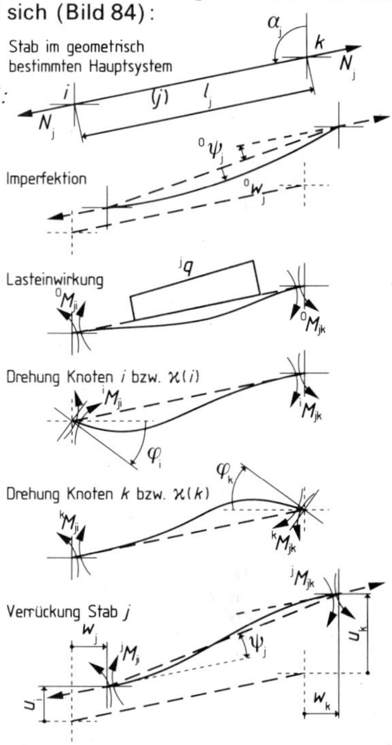

Bild 84
Verformungskomponenten des Stabes *j*

Knotenresultierende am Knoten i:

$\mathfrak{F}_{xi}$, $\mathfrak{F}_{zi}$ sind die Komponenten der Summe der Lastresultierenden aller an den Knoten *i* anschließenden Stäbe. Die Kraftbeiträge eines Stabes berechnen sich wie die Auflagerkräfte eines frei aufliegenden Trägers:

$$\mathfrak{F}_j = \int_{(l_j)} {}^jq\,dx; \quad \mathfrak{F}_{jk} = \frac{\int_{(l_j)} {}^jq\,x\,dx}{\mathfrak{F}_j}; \quad \mathfrak{F}_{ji} = \mathfrak{F}_j - \mathfrak{F}_{jk} \quad \mathfrak{F}_{xi} = -\sum_{(j)} \mathfrak{F}_{ji} \sin\alpha_j; \quad \mathfrak{F}_{zi} = -\sum_{(j)} \mathfrak{F}_{ji} \cos\alpha_j$$

(Winkeldefinition siehe Bild 87)

Tafel 44 Momentenbeiwerte μ

System des Stabes j	$^{\times}\mu_{\Phi ij}$		$^{\times}\mu_{\Phi ik}$		$\mu_{\Psi ji}$		$\mu_{\Psi jk}$	
	Druckbeanspruchung ohne Berücksichtigung der Schubverformung						Theorie I. Ordnung	
	Zugbeanspruchung ohne Berücksichtigung der Schubverformung							
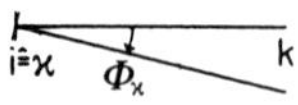	$-\frac{\varrho_{1nj}}{\varrho_{0nj}}$		0		0		0	
	$\varepsilon_j \tan \varepsilon_j$	0						
	$-\varepsilon_j \tan h\varepsilon_j$							
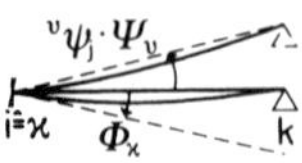	$\frac{\varrho_{1nj}}{\varrho_{bnj}}$		0		$\frac{\varrho_{1nj}}{\varrho_{bnj}}$		0	
	$\frac{\varepsilon_j^2}{1-\varepsilon_j/\tan\varepsilon_j}$	3			$\frac{\varepsilon_j^2}{1-\varepsilon_j/\tan\varepsilon_j}$	3		
	$\frac{\varepsilon_j^2}{\varepsilon_j/\tanh\varepsilon_j-1}$				$\frac{\varepsilon_j^2}{\varepsilon_j/\tanh\varepsilon_j-1}$			
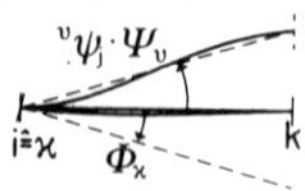	$\frac{\varrho_{bnj}}{\varrho_{cnj}}$		$\frac{\varrho_{anj}}{\varrho_{cnj}}$		$\frac{\varrho_{2nj}}{\varrho_{cnj}}$		$\frac{\varrho_{2nj}}{\varrho_{cnj}}$	
	$\frac{1-\frac{\varepsilon_j}{\tan\varepsilon_j}}{\frac{\tan(\varepsilon_j/2)}{\varepsilon/2}-1}$	4	$\frac{\frac{\varepsilon_j}{\sin\varepsilon_j}-1}{\frac{\tan(\varepsilon_j/2)}{\varepsilon/2}-1}$	2	$\frac{\varepsilon_j^2}{-1\,\frac{\varepsilon_j/2}{\tan(\varepsilon_j/2)}}$	6	$\frac{\varepsilon_j^2}{-1\,\frac{\varepsilon_j/2}{\tan(\varepsilon_j/2)}}$	6
	$\frac{1-\frac{\varepsilon_j}{\tanh\varepsilon_j}}{\frac{\tanh(\varepsilon_j/2)}{\varepsilon/2}-1}$		$\frac{\frac{\varepsilon_j}{\sinh\varepsilon_j}-1}{\frac{\tanh(\varepsilon_j/2)}{\varepsilon/2}-1}$		$\frac{\varepsilon_j^2}{-1\,\frac{\varepsilon_j/2}{\tanh(\varepsilon_j/2)}}$		$\frac{\varepsilon_j^2}{-1\,\frac{\varepsilon_j/2}{\tanh(\varepsilon_j/2)}}$	
Faktor:	$\frac{\beta_j}{l_j}$							

ϱ-Funktionen und $^0M_{ji}$ siehe Abschnitt 5.2.3

Die Funktionswerte für Elastizitätstheorie II. Ordnung können auch Tafel 45 entnommen werden!

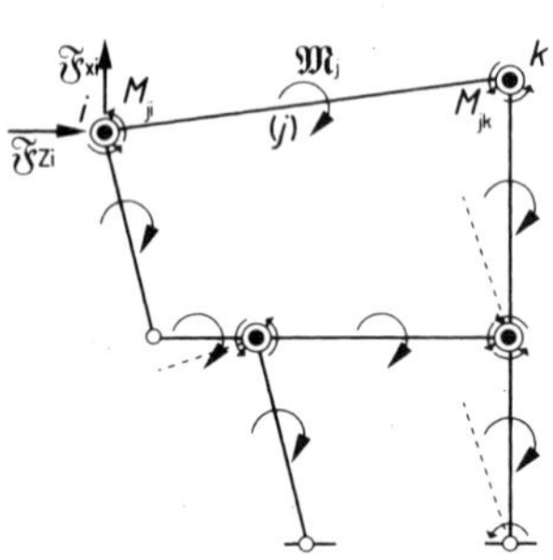

Bild 85 Knotenkraftgrößen und Stabmomente im Gelenksystem

Ermittlung der geometrisch Unbestimmten: Momentengleichgewicht an den freigeschnittenen Knoten $\varkappa$ und Gleichgewicht im Gelenksystem bilden die $n_\Phi + n_\Psi$ Bedingungen für ebenso viele Unbestimmte (Bild 85). Vor allem die zweite Gruppe wird zweckmäßigerweise mit Hilfe des Prinzips der virtuellen Arbeiten ermittelt.

Gleichgewicht am Knoten $\varkappa$:

$$\sum_{(j)} M_{j\varkappa} = 0$$

Gleichgewicht im Teilgelenksystem v:

$$\sum_{(j)} \mathfrak{M}_j{}^v\psi_j - \sum_{(i)} (\mathfrak{F}_{Xi}{}^v u_i + \mathfrak{F}_{Zi}{}^v w_i) = 0$$

Das Gleichungssytem wird nach Tafel 47 aufgestellt. Nach Lösung können Stabendmomente und anschließend die Schnittgrößen und Formänderungen des Stabwerks berechnet werden.

Tafel 45 Momentenbeiwerte für Druckbeanspruchung

ε	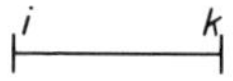				
	$\varkappa(i)_{\mu\Phi ji}$	$\varkappa(i)_{\mu\Phi jk}$	$\mu_{\Psi ji}=\mu_{\Psi jk}$	$\varkappa(i)_{\mu\Phi ji}=\mu_{\Psi ji}$	$\mu_{\Phi ji}$
0,00	4,00000	2,00000	6,00000	3,00000	0,00000
0,10	3,99867	2,00033	5,99900	2,99800	0,01003
0,20	3,99466	2,00133	5,99600	2,99199	0,04054
0,30	3,98799	2,00301	5,99099	2,98195	0,09280
0,40	3,97862	2,00536	5,98398	2,96785	0,16912
0,50	3,96656	2,00840	5,97496	2,94964	0,27315
0,60	3,95177	2,01214	5,96391	2,92725	0,41048
0,70	3,93424	2,01658	5,95083	2,90060	0,58960
0,80	3,91394	2,02176	5,93571	2,86959	0,82371
0,90	3,89083	2,02769	5,91853	2,83411	1,13414
1,00	3,86488	2,02439	5,89928	2,79402	1,55741
1,10	3,83604	2,04190	5,87794	2,74916	2,16124
1,20	3,80426	2,05023	5,85449	2,69934	3,08658
1,30	3,76949	2,05943	5,82892	2,64435	4,68273
1,40	3,73167	2,06953	5,80119	2,58394	8,11704
1,50	3,69072	2,08058	5,77129	2,51783	21,15213
1,60	3,64656	2,09262	5,73918	2,44569	
1,70	3,59912	2,10571	5,70484	2,36715	
1,80	3,54831	2,11991	5,66822	2,28178	
1,90	3,49401	2,13529	5,62930	2,18906	
2,00	3,43611	2,15193	5,58804	2,08843	
2,10	3,37450	2,16989	5,54439	1,97919	
2,20	3,30902	2,18929	5,49831	1,86056	
2,30	3,23954	2,21022	5,44976	1,73158	
2,40	3,16587	2,23280	5,39867	1,59114	
2,50	3,08784	2,25716	5,34500	1,43790	
2,60	3,00525	2,28344	5,28869	1,27024	
2,70	2,91785	2,31182	5,22967	1,08619	
2,80	2,82540	2,34247	5,16787	0,88332	
2,90	2,72763	2,37560	5,10323	0,65861	
3,00	2,62420	2,41145	5,03565	0,40824	
3,10	2,51477	2,45030	4,96507	0,12730	
Faktor	$\cdot\frac{\beta_j}{l_j}$				

Weichen bei Rechnung nach Theorie II. Ordnung die aus den Gleichgewichtsbedingungen an den Knoten errechneten Längskräfte im ungünstigen Sinne von den der Rechnung zugrunde gelegten Werten ab, muß die Rechnung mit verbesserten Werten erneut durchgeführt werden. Im allg. konvergiert der Iterationsprozeß schnell.

Tafel 46 Gleichungssystem zur Bestimmung der geometrisch Unbestimmten

Bedingung		$B_C \Phi_\varkappa \cdot$	$B_C \Psi_\upsilon \cdot$		Belastungsglieder
		$\varkappa: 1 \ldots n_\Phi$	$\upsilon: 1 \ldots n_\Psi$		
$\iota: 1 \ldots n_\Phi$	Gleichgewicht am Knoten	$\delta_{\iota\varkappa}$	$\delta_{\iota\upsilon}$	=	$-\delta_{\iota 0}$
		$\sum\limits_{(j)} {}^{\varkappa}\mu_{\Phi j\iota}$	$\sum\limits_{(j)} \mu_{\Psi j\iota}\, {}^{\upsilon}\psi_j$		$-\sum\limits_{(j)} ({}^0M_{j\iota} + \mu_{\Psi j\iota}\, {}^T\psi_j)$
$\iota: 1 \ldots n_\Psi$	Gleichgewicht im Gelenksystem	$\delta_{\iota\varkappa}$	$\delta_{\iota\upsilon}$		$-\delta_{\iota 0}$
		$\sum\limits_{(j)} ({}^{\varkappa}\mu_{\Phi ji} + {}^{\varkappa}\mu_{\Phi jk})\, {}^{\iota}\psi_j$	$\sum\limits_{(j)} \left(\mu_{\Psi ji} + \mu_{\Psi jk} + \frac{\beta_j \nu_j}{l_j}\right) {}^{\upsilon}\psi_j\, {}^{\iota}\psi_j$		$-\sum\limits_{(j)} [{}^0M_{ji} + {}^0M_{jk} + B_C(\mu_{\Psi ji} + \mu_{\Psi jk})\, {}^T\psi_j + N_j l_j ({}^0\psi_j + {}^T\psi_j)]\, {}^{\iota}\psi_j + \sum\limits_{(i)} (\mathfrak{F}_{Xi}\, {}^{\iota}u_i + \mathfrak{F}_{Zi}\, {}^{\iota}w_i)$

Verrückungszustände des Gelenksystems (Stabsehnennetz): Im allg. lassen sich die Verrückungszustände des Gelenksystems (an allen Knotenpunkten sind Gelenke eingeführt) leicht durchschauen (Bild 86). In weniger übersichtlichen Fällen (z. B. Bild 82) müssen die von jedem Verrückungszustand Ψ_υ abhängigen Stabverdrehungen und Knotenverschiebungen etwa mittels Polplan bestimmt werden.

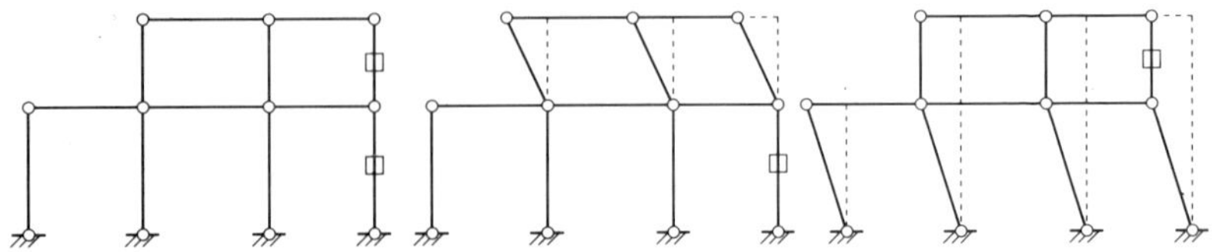

Bild 86 Netzverzerrungszustände bei einem Stockwerkrahmen

Rechnerisch kann man sie mit Hilfe des Gleichungssystems $\bar{\boldsymbol{K}} \cdot {}^{\mathrm{I}}\bar{\boldsymbol{v}} = {}^{\mathrm{I}}\bar{\boldsymbol{b}}$ bestimmen (Tafel 47).

Die kinematische Eigenschaft des Gelenksystems wird von seinen inneren Bindungen (der Netzstruktur des Stabwerks) und seinen äußeren Bindungen (der Fesselung) bestimmt. Ein Stabwerk mit insgesamt n_K Knoten und n_S Stäben hat in der Verrückungsebene $2n_K$ (unbekannte) Knotenverschiebungen (u_i, w_i) und n_S (unbekannte) Stabverdrehungen (ψ_j). Der innere Zusammenhang des Stabnetzes wird durch $2n_S$

Netzbedingungen (Bild 87 links):

$$-u_i + u_k - (l_{zj} + {}^{T}\Delta l_{zj}) = 0;\; l_{zj} = -l_j \sin\alpha_j$$

$$-w_i + w_k + (l_{xj} + {}^{T}\Delta l_{xj}) = 0;\; l_{xj} = l_j \cos\alpha_j$$

ausgedrückt. Die n_F Fesselkomponenten liefern n_F

Fesselbedingungen (Bild 87 rechts): $\cos\alpha_{iF}\, u_{iF} - \sin\alpha_{iF}\, w_{iF} = 0$.

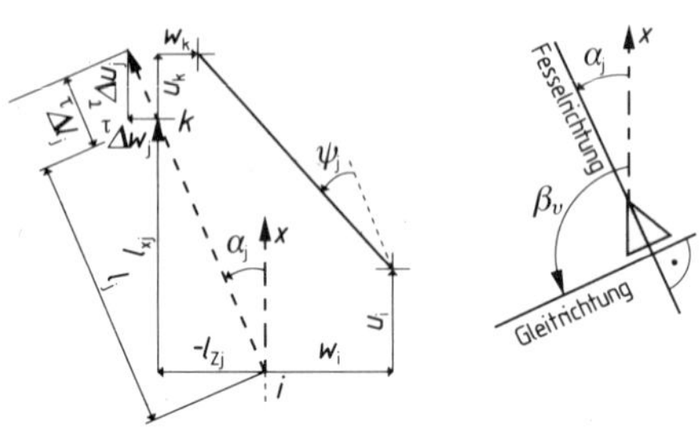

Bild 87
Verrückungsbeziehungen für Stab *j* und Fesselpunkt *i*

Den $2n_K + n_S$ Unbekannten stehen $2n_S + n_F$ Bindungsbedingungen gegenüber. Die Differenz ist der kinematische Freiheitsgrad des „Gelenksystems": $2n_K - n_S - n_F$. Jeder Freiheit ist eine geometrisch Unbekannte (Leitverrückung Ψ_υ) zuzuordnen, die die Verdrehung eines geeigneten Stabes bedeutet oder – bei Gleit- oder elastischen Lagern – eine Lagerverschiebung. Die Definition dieser Leitverrückungen ergibt die fehlenden Gleichungen eines Gleichungssystems (Tafel 47), das zur Ermittlung der Knotenverschiebungen und Stabdrehungen in Abhängigkeit von den Leitverrückungen ausgewertet werden kann. Dasselbe Gleichungssystem kann auch zur Ermittlung der Temperaturverzerrungen (${}^{T}\psi_j$) dienen.

Tafel 47 Gleichungssystem zur Ermittlung Netzverzerrungen

	$\bar{K} \cdot {}^{\mathrm{I}}\bar{v}$			${}^{\mathrm{I}}\bar{b}$	${}^{\mathrm{T}}\bar{b}$
${}^{\mathrm{I}}\bar{v}$ ${}^{\mathrm{I}}\vec{v}$	${}^{\mathrm{T}}u_i \cdot$ ${}^{v}u_i \cdot$	${}^{\mathrm{T}}w_i \cdot$ ${}^{v}w_i \cdot$	${}^{\mathrm{T}}\psi_j \cdot$ ${}^{v}\psi_j \cdot$	Bedingung für Einheitsverrückung	Bedingung für Temperaturdehnungsverrückung
	$i: 1 \dots n_K$	$i: 1 \dots n_K$	$j = i \rightarrow k: 1 \dots n_S$	$v: 1 \dots n_\Psi$	1
$j: 1 \dots n_S$	$k_{ji} = -1\,;\, k_{jk} = 1$	0	$k_{jj} = -l_{zj}$	0	${}^{\mathrm{T}}\Delta w_j$
$j: 1 \dots n_S$	0	$k_{ji} = -1\,;\, k_{jk} = 1$	$k_{jj} = l_{xj}$	0	$-{}^{\mathrm{T}}\Delta u_j$
$\iota: 1 \dots n_F\,(i_F)$	$k_{\iota i_F} = \cos\alpha_{iF}$	$k_{\iota i_F} = -\sin\alpha_{iF}$	0	0	0
$v: 1 \dots n_\Psi$	Stabdrehung			${}^{\mathrm{I}}b_{vv} = 1$	0
	0	0	$k_{v j_v} = 1$		
	Fesselpunktverschiebung				
	$k_{v i_v} = \cos\beta_{i_v}$	$k_{v i_v} = \sin\beta_{i_v}$	0		

Beispiel zu Drehwinkelverfahren

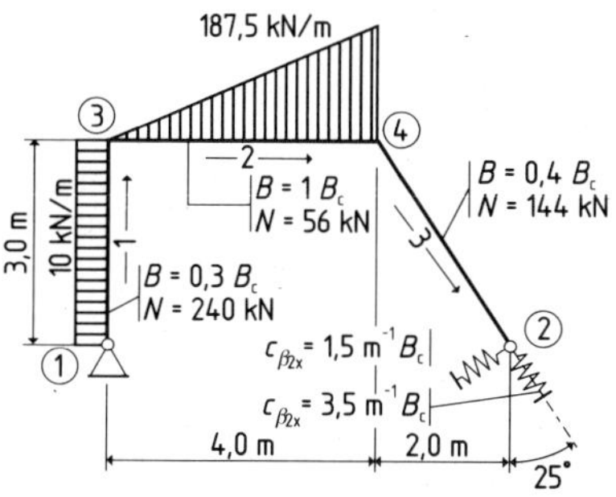

Bild 88 Beispiel zu Drehwinkelverfahren

Der Rahmen soll für den gegebenen Lastzustand nach Theorie II. Ordnung mit einem Sicherheitswert von $\gamma = 1{,}5$ berechnet werden. Eine ungewollte Schiefstellung von 1/150 der Höhe wird (als eigener Lastfall) berücksichtigt. Der geschätzte Längskraftzustand in den Stielen ist aus Bild 88 zu entnehmen, ebenso die auf die Vergleichsbiegesteifigkeit $B_C = 3500\ \mathrm{kNm^2}$ bezogenen Biege- und Lagerungssteifigkeiten.

Lastresultierende:

$\mathfrak{F}_{z3} = 10 \cdot 3{,}0/2 = 15{,}00\ \mathrm{kN}$

$\mathfrak{F}_{x3} = -187{,}5 \cdot 4{,}0/6 = -125{,}00\ \mathrm{kN}$

$\mathfrak{F}_{x4} = -187{,}5 \cdot 4{,}0/3 = -250{,}00\ \mathrm{kN}$

Stabdaten:

Stab	l	β	N	ε	Tafel 45 $\mu_{\varphi ji}$ $\mu_{\varphi jk}$	Tafel 45 $\mu_{\psi ji}$ $\mu_{\psi jk}$	$\frac{\beta}{l}$	Tafel 29 r_ω, r_φ, r_μ i	Tafel 29 r_ω, r_φ, r_μ k	Tafel 29 f_ω f_φ f_μ	ql^2
1: 1–3	3,0	0,3	−240	1,7566	0 2,3197	0 2,3197	0,1000	0	2,3197 −2,3197 −1	0,03761 0,14276 −0,38395	90
2: 3–4	4,0	1,0	−56	0,6197	3,9485 2,0130	5,9615 5,9615	0,2500	5,9615 −2,0130 0	5,9615 −3,9485 −1	0,00826 0,04114 −0,16350	3000
3: 4–2	3,606	0,4	−144	1,4162	2,5736 0	2,5736 0	0,1109	–	–	–	–

Einheitsnetzverzerrung (siehe Bild 89)

Gleichungssystem:

$$\begin{pmatrix}
\begin{pmatrix}-1 & 0 & 1 & 0\\ 0 & 0 & -1 & 1\\ 0 & 1 & 0 & -1\end{pmatrix} & \begin{pmatrix}0 & 0 & 0 & 0\\ 0 & 0 & 0 & 0\\ 0 & 0 & 0 & 0\end{pmatrix} & \begin{pmatrix}0 & 0 & 0\\ 0 & -4{,}0 & 0\\ 0 & 0 & -2{,}0\end{pmatrix}\\
\begin{pmatrix}0 & 0 & 0 & 0\\ 0 & 0 & 0 & 0\\ 0 & 0 & 0 & 0\end{pmatrix} & \begin{pmatrix}-1 & 0 & 1 & 0\\ 0 & 0 & -1 & 1\\ 0 & 1 & 0 & -1\end{pmatrix} & \begin{pmatrix}3{,}0 & 0 & 0\\ 0 & 0 & 0\\ 0 & 0 & -3{,}0\end{pmatrix}\\
\begin{pmatrix}1 & 0 & 0 & 0\\ 0 & 0 & 0 & 0\end{pmatrix} & \begin{pmatrix}0 & 0 & 0 & 0\\ 1 & 0 & 0 & 0\end{pmatrix} & \begin{pmatrix}0 & 0 & 0\\ 0 & 0 & 0\end{pmatrix}\\
\begin{pmatrix}0 & 0 & 0 & 0\\ 0 & 0{,}906 & 0 & 0\\ 0 & 0{,}423 & 0 & 0\end{pmatrix} & \begin{pmatrix}0 & 0 & 0 & 0\\ 0 & -0{,}423 & 0 & 0\\ 0 & 0{,}906 & 0 & 0\end{pmatrix} & \begin{pmatrix}1 & 0 & 0\\ 0 & 0 & 0\\ 0 & 0 & 0\end{pmatrix}
\end{pmatrix}
\cdot
\begin{pmatrix}
\begin{pmatrix}{}^1u_1 & {}^2u_1 & {}^3u_1\\ {}^1u_2 & {}^2u_2 & {}^3u_2\\ {}^1u_3 & {}^2u_3 & {}^3u_3\\ {}^1u_4 & {}^2u_4 & {}^3u_4\end{pmatrix}\\
\begin{pmatrix}{}^1w_1 & {}^2w_1 & {}^3w_1\\ {}^1w_2 & {}^2w_2 & {}^3w_2\\ {}^1w_3 & {}^2w_3 & {}^3w_3\\ {}^1w_4 & {}^2w_4 & {}^3w_4\end{pmatrix}\\
\begin{pmatrix}{}^1\psi_1 & {}^2\psi_1 & {}^3\psi_1\\ {}^1\psi_2 & {}^2\psi_2 & {}^3\psi_2\\ {}^1\psi_3 & {}^2\psi_3 & {}^3\psi_3\end{pmatrix}
\end{pmatrix}$$

Lösung:

$$= \begin{pmatrix}
\begin{pmatrix}0 & 0 & 0\\ 0 & 0 & 0\\ 0 & 0 & 0\end{pmatrix}\\
\begin{pmatrix}0 & 0 & 0\\ 0 & 0 & 0\\ 0 & 0 & 0\end{pmatrix}\\
\begin{pmatrix}0 & 0 & 0\\ 0 & 0 & 0\end{pmatrix}\\
\begin{pmatrix}1 & 0 & 0\\ 0 & 1 & 0\\ 0 & 0 & 1\end{pmatrix}
\end{pmatrix}
\rightarrow \bar{\boldsymbol{v}}_{\mathrm{I}} =
\begin{pmatrix}
\begin{pmatrix}0 & 0 & 0\\ 0 & 0{,}9063 & 0{,}4226\\ 0 & 0 & 0\\ -2{,}0 & 1{,}1881 & -0{,}1816\end{pmatrix}\\
\begin{pmatrix}0 & 0 & 0\\ 0 & -0{,}4226 & 0{,}9063\\ -3{,}0 & 0 & 0\\ -3{,}0 & 0 & 0\end{pmatrix}\\
\begin{pmatrix}1 & 0 & 0\\ -0{,}5 & 0{,}2970 & -0{,}0454\\ 1 & -0{,}1409 & 0{,}3021\end{pmatrix}
\end{pmatrix}$$

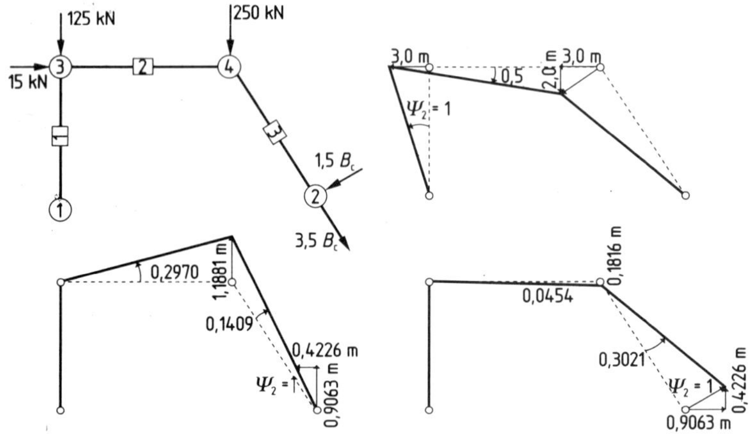

Bild 89 Einheitsnetzverzerrung

Stabendmomente:

$$^{0}\overline{\boldsymbol{M}}_1=\begin{pmatrix}0 & 0 & 12{,}602 & 0\\ 0 & 0 & -100{,}739 & 150{,}876\\ 0 & 0 & 0 & 0\end{pmatrix}\text{kNm};$$

$$^{0}\overline{\boldsymbol{M}}_2=\overline{\boldsymbol{0}}$$

$$^{1}\bar{\mu}_{\Phi}=\begin{pmatrix}0 & 0 & 0{,}23197 & 0\\ 0 & 0 & 0{,}98714 & 0{,}50324\\ 0 & 0 & 0 & 0\end{pmatrix};$$

$$^{2}\bar{\mu}_{\Phi}=\begin{pmatrix}0 & 0 & 0 & 0\\ 0 & 0 & 0{,}50324 & 0{,}98714\\ 0 & 0 & 0 & 0{,}28552\end{pmatrix}$$

$$^{1}\bar{\mu}_{\Psi}=\begin{pmatrix}0 & 0 & 0{,}23197 & 0\\ 0 & 0 & -0{,}74519 & -0{,}74519\\ 0 & 0 & 0 & 0{,}28552\end{pmatrix};\quad ^{2}\bar{\mu}_{\Psi}=\begin{pmatrix}0 & 0 & 0 & 0\\ 0 & 0 & 0{,}44266 & 0{,}44266\\ 0 & 0 & 0 & -0{,}04022\end{pmatrix};$$

$$^{3}\bar{\mu}_{\Psi}=\begin{pmatrix}0 & 0 & 0 & 0\\ 0 & 0 & -0{,}06766 & -0{,}06766\\ 0 & 0 & 0 & 0{,}08625\end{pmatrix}$$

$$\begin{pmatrix}1{,}21910 & 0{,}50324 & -0{,}51322 & 0{,}44266 & -0{,}06766\\ 0{,}50324 & 1{,}27265 & -0{,}45967 & 0{,}40244 & 0{,}01860\\ -0{,}51322 & -0{,}45967 & 0{,}89261 & -0{,}45248 & 0{,}10765\\ 0{,}44266 & 0{,}40244 & -0{,}45248 & 3{,}76003 & -0{,}04517\\ -0{,}06766 & 0{,}01860 & 0{,}10765 & -0{,}04517 & 1{,}51853\end{pmatrix}\cdot B_C\begin{pmatrix}\Phi_1\\ \Phi_2\\ \Psi_1\\ \Psi_2\\ \Psi_3\end{pmatrix}$$

$$=-\begin{pmatrix}-88{,}13 & 0\\ 150{,}87 & 0\\ -467{,}46 & -8{,}26\\ 311{,}90 & 0{,}48\\ -47{,}67 & -1{,}04\end{pmatrix}\rightarrow\begin{pmatrix}\Phi_1\\ \Phi_2\\ \Psi_1\\ \Psi_2\\ \Psi_3\end{pmatrix}=\frac{1}{3500}\begin{pmatrix}393{,}68 & 4{,}22\\ 3{,}05 & 3{,}03\\ 730{,}99 & 13{,}60\\ -41{,}71 & 0{,}69\\ -4{,}16 & -0{,}10\end{pmatrix}$$

Stabendmomente: $\overline{\boldsymbol{M}}_{sk}={}^{0}\overline{\boldsymbol{M}}+B_C\left(\sum_{\varkappa=1}^{2}{}^{\varkappa}\bar{\mu}_{\Phi}\,\Phi_{\varkappa}+\sum_{\upsilon=1}^{3}{}^{\upsilon}\bar{\mu}_{\Psi}\,\Psi_{\upsilon}\right)$

$$\overline{\boldsymbol{M}}_{sk,1}=\begin{pmatrix}0 & 0 & 273{,}49 & 0\\ 0 & 0 & -273{,}49 & -210{,}90\\ 0 & 0 & 0 & 210{,}90\end{pmatrix}\text{kNm};$$

$$\overline{\boldsymbol{M}}_{sk,2}=\begin{pmatrix}0 & 0 & 4{,}10 & 0\\ 0 & 0 & -4{,}10 & -4{,}70\\ 0 & 0 & 0 & 4{,}70\end{pmatrix}\text{kNm}$$

Stabendquerkräfte: $V^*_{ji}={}^{0}V^*_{ji}+\dfrac{M_{ji}+M_{jk}}{l_j}+N_j\,\psi_j$

$$\overline{\boldsymbol{V}}^*_{sk,1}=\begin{pmatrix}-26{,}04 & 0 & -56{,}04 & 0\\ 0 & 0 & 240{,}05 & -134{,}95\\ 0 & -28{,}23 & 0 & -28{,}23\end{pmatrix}\text{kN}$$

$$\overline{\boldsymbol{V}}^*_{sk,2}=\begin{pmatrix}1{,}16 & 0 & 1{,}16 & 0\\ 0 & 0 & 2{,}11 & 2{,}11\\ 0 & 0{,}21 & 0 & 0{,}21\end{pmatrix}\text{kN}$$

Stabendlängskräfte: aus Knotengleichgewichtsbedingungen

$$\bar{\boldsymbol{N}}_{sk,1} = \begin{pmatrix} -240{,}05 & 0 & -240{,}05 & 0 \\ 0 & 0 & -56{,}04 & -56{,}04 \\ 0 & -143{,}37 & 0 & -143{,}37 \end{pmatrix} \text{kN}$$

$$\bar{\boldsymbol{N}}_{sk,2} = \begin{pmatrix} -2{,}11 & 0 & -2{,}11 & 0 \\ 0 & 0 & 1{,}16 & 1{,}16 \\ 0 & 2{,}39 & 0 & 2{,}39 \end{pmatrix} \text{kN}$$

Fesselkräfte: aus Gleichgewicht an den gefesselten Knoten 1 und 2

$$\bar{\boldsymbol{C}}_1 = \begin{pmatrix} C_{1x,1} & C_{1x,2} \\ C_{1z,1} & C_{1z,2} \end{pmatrix} = \begin{pmatrix} 240{,}05 & 2{,}11 \\ 26{,}04 & -1{,}16 \end{pmatrix} \text{kN}$$

$$\bar{\boldsymbol{C}}_2 = \begin{pmatrix} 134{,}95 & -2{,}11 \\ -56{,}04 & 1{,}16 \end{pmatrix} \text{kN}$$

Beton- und Stahlbetonbau nach DIN 1045

Bearbeitet von Prof. Dr.-Ing. Otto W. Wetzell

Inhalt

Seite

Fortsetzung s. nächste Seite

Inhalt, Fortsetzung

Technische Baubestimmungen

DIN 1045	7.88	Beton und Stahlbeton; Bemessung und Ausführung
DIN 1045/A1	12.96	–; Änderungen
DIN 488-1	9.84	Betonstahl; Sorten, Eigenschaften, Kennzeichen
DIN 1048-1	6.91	Prüfverfahren für Beton; Frischbeton
DIN 1048-2	6.91	–; Festbeton in Bauwerken und Bauteilen
DIN 1048-4	6.91	–; Bestimmung der Druckfestigkeit von Festbeton in Bauwerken und Bauteilen
DIN 1048-5	6.91	–; Festbeton, gesondert hergestellte Probekörper
DIN 1084-1	12.78	Überwachung (Güteüberwachung) im Beton- und Stahlbetonbau; Beton B II auf Baustellen
DIN 1084-2	12.78	–; Fertigteile
DIN 1084-3	12.78	–; Transportbeton
DIN 4099	11.85	Schweißen von Betonstahl; Ausführung und Prüfung
DIN 4102-1	5.98	Brandverhalten von Baustoffen und Bauteilen; Baustoffe; Begriffe, Anforderungen und Prüfungen
DIN 4102-2	9.77	–; Bauteile; Begriffe, Anforderungen und Prüfungen
DIN 4102-4	3.94	–; Zusammenstellung und Anwendung klassifizierter Baustoffe, Bauteile und Sonderbauteile
DIN 4158	5.78	Zwischenbauteile aus Beton für Stahlbeton- und Spannbetondecken
DIN 4159	10.99	Ziegel für Decken und Vergußtafeln, statisch mitwirkend
E DIN 4160	4.99	Ziegel für Decken, statisch nicht mitwirkend
E DIN 4226-1	12.99	Gesteinskörnungen für Beton und Mörtel; Normale und schwere Gesteinskörnungen
DIN 4226-2	4.83	–; Zuschlag mit porigem Gefüge (Leichtzuschlag); Begriffe, Bezeichnungen und Anforderungen
DIN 4226-3	4.83	–; Prüfung von Zuschlag mit dichtem und porigem Gefüge
DIN 4226-4	4.83	–; Überwachung (Güteüberwachung)
DIN 4227-1	7.88	Spannbeton; Bauteile aus Normalbeton mit beschränkter oder voller Einspannung

Deutscher Ausschuß für Stahlbeton; Richtlinie zur Nachbehandlung von Beton; Richtlinie für Beton mit Fließmittel und für Fließbeton; Richtlinie Alkalireaktion im Beton, vorbeugende Maßnahmen gegen schädigende Alkalireaktionen im Beton; Vorl. Richtlinie für Beton mit verlängerter Verarbeitbarkeitszeit (verzögerter Beton).

7

Weiterführende Literatur

Deutscher Ausschuß für Stahlbeton: DAfStb – Heft 220, Bemessung von Beton und Stahlbetonbauteilen nach DIN 1045, Ausg. Dez. 1978. 2. Aufl. Berlin: Verlag Wilhelm Ernst & Sohn 1979

Deutscher Ausschuß für Stahlbeton: DAfStb – Heft 240, Hilfsmittel zur Berechnung von Schnittgrößen und Formänderungen von Stahlbetontragwerken. 2. Aufl. Berlin: Verlag Wilhelm Ernst & Sohn 1979

Deutscher Ausschuß für Stahlbeton: DAfStb – Heft 400, Erläuterungen zu DIN 1045 Beton und Stahlbeton, Ausg. 07.88. Berlin: Beuth Verlag GmbH 1990

Leonhardt: Vorlesungen über Massivbau Teil 1 bis 3, Springer Verlag

Grasser: Bemessung der Stahlbetonbauteile, Betonkalender 1990 Teil I. Berlin: Verlag Ernst & Sohn 1990

Schlaich/Schäfer: Konstruieren im Stahlbetonbau, Betonkalender 1984 Teil II. Berlin: Verlag Ernst & Sohn 1984

Pieper, Martens: Durchlaufende vierseitig gestützte Platten. Beton und Stahlbetonbau 1966, Heft 6, S. 158 und 1967, Heft 6, S. 150

Hahn: Durchlaufträger, Rahmen, Platten und Balken auf elastischer Bettung. 14. Aufl. Düsseldorf. Werner Verlag 1985

Stiglat/Wippel: Platten. 3. Auflage. Verlag Wilhelm Ernst & Sohn 1983

Lohmeyer: Stahlbetonbau, 5. Aufl., 1994, B. G. Teubner

Wommelsdorf: Stahlbetonbau Teil 1 und 2, Werner Verlag

Kordina/Meyer-Ottens: Beton Brandschutz Handbuch. Düsseldorf: Beton Verlag 1981

Wesche: Baustoffe für tragende Bauteile, Bd. 2, Beton und Mauerwerk. 3. Aufl. Bauverlag 1993

1 Die Baustoffe und ihr Zusammenwirken

1.1 Beton

1.1.1 Ausgangsstoffe des Betons

Zement. Für Beton und Stahlbeton müssen Normzemente nach DIN 1164, unter Beachtung der Zulassungsbedingungen können auch bauaufsichtlich zugelassene Zemente verwendet werden.

Tafel 1 Bezeichnung und Hauptbestandteile der Normzemente

Zementart	Kurzbezeichnung	Anteil in Gew.-%[1]) Portlandzementklinker	Hüttensand[2])	Traß	Gebrannter Ölschiefer
Portlandzement	PZ	100	–	–	–
Eisenportlandzement	EPZ	65 bis 94	35 bis 6	–	–
Hochofenzement	HOZ	20 bis 64	80 bis 36	–	–
Traßzement	TrZ	60 bis 80	–	40 bis 20	–
Portlandölschieferzement	PÖZ	65 bis 90	–	–	35 bis 10

[1]) bezogen auf die Summe von Portlandzementklinker und jeweiligem Hauptbestandteil
[2]) schnell gekühlte, granulierte Hochofenschlacke

Tafel 2 Festigkeitsklassen der Normzemente und ihre Kennzeichnung

Festigkeitsklasse		Druckfestigkeit in N/mm² nach 2 Tagen min.	7 Tagen min.	28 Tagen min.	28 Tagen max.	Kennfarbe des Sackes bzw. des Silo-Anheftblattes	Kennfarbe des Aufdruckes
Z 25[1])		–	10	25	45	violett	schwarz
Z 35	L[2])	–	18	35	55	hellbraun	schwarz
	F[3])	10	–				rot
Z 45	L	10	–	45	65	grün	schwarz
	F	20					rot
Z 55		30	–	55	–	rot	schwarz

[1]) Nur für Zemente mit niedriger Wärmeentwicklung und/oder hohem Sulfatwiderstand
[2]) L = Zement mit langsamer Anfangserhärtung
[3]) F = Zement mit hoher Anfangsfestigkeit

Betonzuschlag

Tafel 3 Bezeichnung von Zuschlag mit dichtem Gefüge nach DIN 4226

Zuschlag mit Kleinstkorn in mm	Größtkorn in mm	Zusätzliche Bezeichnung für ungebrochenen Zuschlag	gebrochenen Zuschlag[1])
0	4	Sand	Brechsand; Edelbrechsand
4	32	Kies	Splitt; Edelsplitt
32	–	Grobkies	Schotter

[1]) Für gebrochene Zuschläge nach den „Technischen Lieferbedingungen für Mineralstoffe im Straßenbau" (TL Min) gelten andere Begrenzungen der Korngruppen.

Anforderungen der DIN 4226 an den Zuschlag betreffen Kornzusammensetzung der Korngruppen, Kornform, Festigkeit, Widerstand gegen Frost bei mäßiger Durchfeuchtung, schädliche Bestandteile.

Abweichungen können als erhöhte (e) oder verminderte (v) Anforderungen im Rahmen der Tafel 4 vereinbart werden.

Das Größtkorn des Zuschlags soll $\leq 1/3$ der kleinsten Bauteilemaße sein. Bei enger Bewehrung oder geringer Betondeckung soll der überwiegende Teil des Zuschlags kleiner als der Abstand der Stähle untereinander und von der Schalung sein.

Tafel 4 Kennzeichnung möglicher Abweichungen von den Regelanforderungen

Eigenschaft	Anforderung erhöht (e)	Anforderung vermindert (v)
Kornform	eK	vK
Druckfestigkeit	—	vD
Widerstand gegen Frost	eF	vF
Widerstand gegen Frost und Taumittel	eFT	—
Gehalt an abschlämmbaren Stoffen	—	vA
Gehalt an Stoffen organischen Ursprungs	—	vO
Gehalt an quellfähigen Bestandteilen organischen Ursprungs	eQ	—
Gehalt an Sulfaten	—	vS
Gehalt an wasserlöslichem Chlorid	eCl	vCl

Der Kornaufbau des Zuschlags wird durch Vergleich mit Regelsieblinien nach DIN 1045 (Bilder 1 bis 3) und durch Kennwerte wie *D*-Summe, Körnungsziffer *k* (Tafel 5) u.a. beurteilt. Er ist maßgebend für die Verarbeitbarkeit, die Verdichtungswilligkeit und den Wasseranspruch (Tafel 22) des Betons. Sieblinien mit gleichem Kennwert haben etwa den gleichen Wasseranspruch.

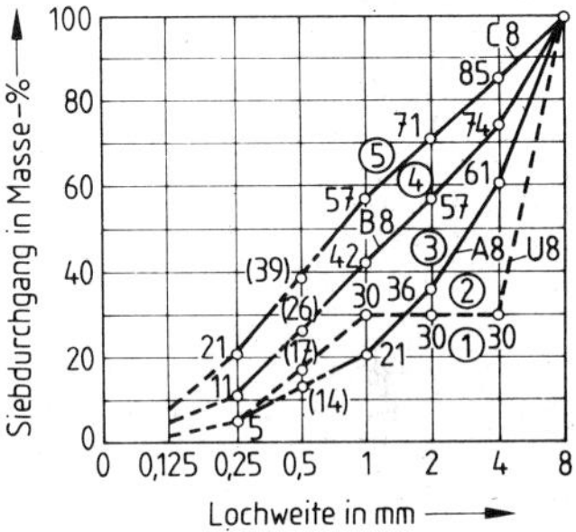

Bild 1 Sieblinien mit 8 mm Größtkorn

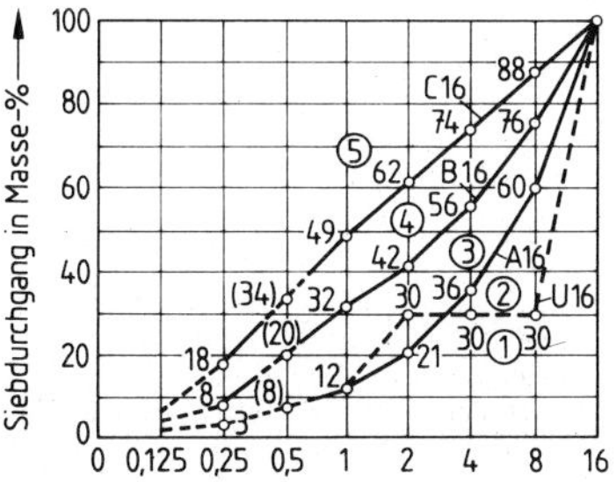

Bild 2 Sieblinien mit 16 mm Größtkorn

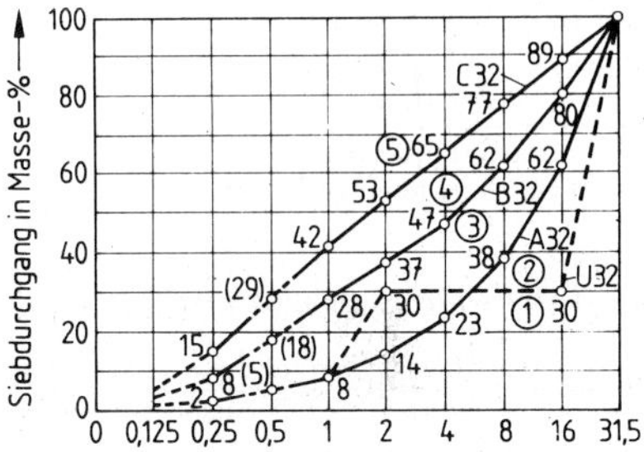

Bild 3 Sieblinien mit 32 mm Größtkorn

Kennwerte

***D*-Summe** $D = \sum D_i$ Summe der Durchgangsordinaten einschl. Korngröße 63 mm

Körnungsziffer $k = \frac{1}{100} \sum R_i = \frac{1}{100}(900 - D)$ Summe der Rückstandsordinaten

Für beide Kennwerte wird die Korngröße 0,125 mm nicht berücksichtigt

Tafel 5 Kennwerte der Regelsieblinien

Regelsieblinie	A 32	B 32	C 32	A 16	B 16	C 16	A 8	B 8	C 8
D-Summe	352	480	570	439	534	625	536	611	673
Körnungsziffer *k*	5,48	4,20	3,30	4,61	3,66	2,75	3,64	2,89	2,27

Tafel 6 Betonzusatzmittel

Wirkungsgruppe	Kurzzeichen	Farbkennzeichen
Betonverflüssiger	BV	gelb
Fließmittel	FM	grau
Luftporenbildner	LP	blau
Dichtungsmittel	DM	braun
Verzögerer	VZ	rot
Beschleuniger	BE	grün
Einpreßhilfen	EH	weiß
Stabilisierer	ST	violett

Betonzusatzstoffe sind fein aufgeteilte Betonzusätze wie Steinkohlenflugasche, Traß, Gesteinsmehle oder Farbpigmente. Sie müssen einer Norm entsprechen oder ein Prüfzeichen haben. Sie sind als Volumenbestandteile zu berücksichtigen.

Betonzusatzmittel können die Frisch- und Festbetoneigenschaften beeinflussen. Die Zugabemenge ist gering. Sie benötigen ein Prüfzeichen und dürfen nur mit Eignungsprüfung eingesetzt werden.

1.1.2 Festbetoneigenschaften

Nach der Trockenrohdichte ϱ in kg/dm^3 werden die Betone eingeteilt in **Leichtbeton** ($\varrho<2{,}00$), **Normalbeton** ($\varrho=2{,}01$ bis 2,80) und **Schwerbeton** ($\varrho>2{,}80$).

Tafel 7 Festigkeitsklassen, erforderliche $\beta_{W\,28}$ und Anwendung des Betons

Betongruppe	Festigkeitsklasse	Nennfestigkeit β_{WN} in N/mm²	Serienfestigkeit β_{WS} in N/mm²	min β_{Wm} bei Eignungsprüfung in N/mm²	Anwendung
B I	B 5	5	8	11	nur für unbewehrten Beton
	B 10	10	15	20	
	B 15	15	20	25	für unbewehrten und bewehrten Beton
	B 25	25	30	35	
B II	B 35	35	40	²)	
	B 45	45	50		
	B 55¹)	55	60		

¹) Vor allem für Fertigteile
²) Vorhaltemaß nach Erfahrung

1.1.3 Frischbetoneigenschaften

Tafel 8 Konsistenzbereiche des Frischbetons

Konsistenzbereiche: Bedeutung	Kurzzeichen	Ausbreitmaß a in cm	Verdichtungsmaß v	Verdichtungsart
steif	KS	–	$\geqq 1{,}20$	kräftig wirkende Rüttler oder kräftiges Stampfen in dünner Lage
plastisch	KP	35 bis 41	1,19 bis 1,08	Rütteln oder Stampfen
weich	KR	42 bis 48	1,07 bis 1,02	Rütteln oder Stochern
fließfähig	KF	49 bis 60	–	Stochern oder leichtes Rütteln

Für Ortbeton der Gruppe B I vorzugsweise KR oder KF. KF darf nur mit einem Fließmittel FM eingestellt werden (Fließbeton).

Im Übergangsbereich zwischen KS und KP kann je nach Zusammenhaltevermögen des Frischbetons das Ausbreitmaß oder das Verdichtungsmaß zweckmäßiger sein. Bei Splittbeton, Leichtbeton, Schwerbeton oder sehr mehlkornreichem Beton kann auch für KP und KR das Verdichtungsmaß zweckmäßig sein.

1.1.4 Betonzusammensetzung

Tafel 9 Grenzwerte für Zementgehalt und *w/z*-Wert von Beton mit Eignungsprüfung (B I und B II)

Anwendungsbereich	Zementfestigkeitsklasse	Zementgehalt *z* in kg/m³	*w/z*
unbewehrter Beton	–	≧100	–
Innenbauteile	Z 25 ≧Z 35	≧280 ≧240	≦0,65 ≦0,75
Außenbauteile¹)	≦Z 35 ≧Z 45	≧300²) ≧270	≦0,60

¹) Mindestens B 25. Mindestzementgehalt und $w/z \leqq 0{,}60$ bedingen in der Regel eine Nennfestigkeit $\beta_{WN} \geqq 32$ N/mm²
²) Für Beton B II ≧270 kg/m³

Tafel 10 Erforderliche Korngruppen des Zuschlags

Betongruppe	Betonfestigkeitsklasse	Gesamtzahl der Korngruppen³) Größtkorn 8 und 16 mm	Gesamtzahl der Korngruppen³) Größtkorn 32 mm	davon vorgeschrieben
Beton B I	B 5 B 10	Ungetrennter Zuschlag zulässig		
	B 15 B 25	≧2¹)	≧2¹)	0/4
Beton B II	B 35 B 45 B 55	≧2	≧3²)	0/2 oder 0/4 a

¹) Werkgemischter Betonzuschlag zulässig
²) Bei unstetiger Sieblinie mind. 2 Korngruppen
³) Mehlkornzusatz gilt nicht als Korngruppe

Bei Beton für Außenbauteile und Beton mit hohem Frostwiderstand, hohem Frost- und Tausalzwiderstand oder hohem Verschleißwiderstand sollen Mehlkorn- und Feinstsandgehalt nach Tafel 11 nicht überschritten werden.

Tafel 11 Höchstzulässiger Mehlkorn- und Feinstsandgehalt bei Größtkorn von 16 mm bis 63 mm

Zementgehalt in kg/m³	Höchstzul. Gehalt [kg/m³] an Mehlkorn¹) bei einer Prüfkorngröße von 0,125 mm	Höchstzul. Gehalt [kg/m³] an Mehlkorn¹) plus Feinstsand²) bei einer Prüfkorngröße von 0,250 mm
≦300³) 350³)	350⁴) 400⁴)	450⁴) 500⁴)

¹) Mehlkorn: Summe Kornanteil ≦0,125 mm des Zuschlags, Zement und Zusatzstoff
²) Feinstsand: Kornanteil 0,125 mm bis 0,250 mm des Zuschlags
³) Bei Zementgehalten von 300 bis 350 kg/m³ lineare Interpolation
⁴) Erhöhung um x≦50 kg/m³ möglich, wenn
- der Zementgehalt 350 kg/m³ um x kg/m³ überschritten wird
- der Beton x kg/m³ Flugasche oder Traß enthält
- das Zuschlaggrößtkorn 8 mm beträgt

Tafel 12 Mindestzementgehalt für B I (Rezeptbeton)

Festigkeitsklasse des Betons	Sieblinienbereich des Zuschlags³)	Mindestzementgehalt in kg/m³ ²) Konsistenzbereich K S¹)	K P	K R
B 5¹)	3 4	140 160	160 180	– –
B 10¹)	3 4	190 210	210 230	230 260
B 15	3 4	240 270	270 300	300 330
B 25 allgemein	3 4	280 310	310 340	340 380
B 25 Außenbauteile	3 4	300 320	320 350	350 380

¹) Nur für unbewehrten Beton
²) Der Mindestgehalt **darf** (Außenbauteile ausgenommen) verringert werden:
- bei Zement der Festigkeitsklasse Z 45 um höchstens 10%
- bei einem Größtkorn des Zuschlags von 63 mm um höchstens 10%
- bei Stahlbeton jedoch nicht unter 240 kg/m³

Der Mindestzementgehalt **muß** erhöht werden:
- bei Zement der Festigkeitsklasse Z 25 um 15%
- bei einem Größtkorn des Zuschlags von 16 mm um 10% von 8 mm um 20%

Vergrößerungen müssen, Verringerungen dürfen zusammengerechnet werden.
³) s. Bilder 1 bis 3

Beton B I ohne Eignungsprüfung. Zusammensetzung nach Tafel 12 („Rezeptbeton") mit Zuschlag 0/32 und Zement Z 35. Für anderen Zuschlag und/oder Zement gilt Fußnote 2.

Beton B I mit Eignungsprüfung. Eignungsprüfung erforderlich, wenn Mindestzementgehalt nach Tafel 12 reduziert oder wenn Zusatzstoffe, Zusatzmittel, Ausfallkörnung oder Zuschlag mit verminderten Anforderungen verwendet werden sollen. Bei der Prüfung muß die Betonkonsistenz an der oberen Grenze des Konsistenzbereichs liegen, und die Druckfestigkeit muß die Werte min β_{Wm} nach Tafel 7, Spalte 5, erreichen.

Beton B II. Er darf nur nach Eignungsprüfung hergestellt werden. Die Wahl eines Vorhaltemaßes für die Druckfestigkeit der Eignungsprüfung ist Sache des Unternehmens.

Beton mit besonderen Eigenschaften. Herstellung als B II, in Ausnahmefällen als B I mit Richtwerten nach Tafel 13.

Tafel 13 Beton mit besonderen Eigenschaften

Eigenschaft	Baustelle zugel. für	Sieblinienbereich	Zementgehalt kg/m³	größter *w/z*-Wert	zusätzliche Anforderungen
Wasserundurchlässigkeit	B I	*A/B* 16 *A/B* 32	≧370 ≧350	– –	Wassereindringtiefe e_w ≦5 cm
	B II	– –	– –	0,60 1) 0,70 2)	
hoher Frostwiderstand	B I	*A/B* 16 *A/B* 32	≧370 ≧350	– –	Zuschlag eF Wassereindringtiefe e_w ≦5 cm
	B II	– –	– –	0,60 0,70 3)	
hoher Frost- und Tausalzwiderstand	B II	–	–	0,50	Zement ≧Z 35; Zuschlag eFT; LP-Gehalt nach Tafel 14 e_w ≦5 cm
hoher Widerstand gegen chem. Angr. mit Angriffsgrad: schwach	B I	*A/B* 16 *A/B* 32	≧370 ≧350	– –	Wassereindringtiefe e_w ≦5 cm 4)
	B II	–	–	0,60	
stark	B II	–	–	0,50	Wassereindringtiefe e_w ≦3 cm 4)
sehr stark	B II	–	–	0,50	Wassereindringtiefe e_w ≦3 cm und Schutz des Betons 4)
hoher Abnutzwiderstand	B II	nahe *A* oder *B/U*	≦350 bei Zuschlag 0/32 mm	–	Beton ≧B 35; Zuschlag ≦4 mm Quarz o.ä., >4 mm mit hohem Verschleißwiderstand

1) Bei Bauteildicke $d \leqq 40$ cm
2) Bei $d > 40$ cm
3) Bei LP-Gehalt nach Tafel 14
4) Bei Sulfatgehalt >600 mg SO_4 je l Wasser oder >3000 mg je kg Boden nur HS-Zement

Tafel 14 Luftgehalt im Frischbeton für hohen Frost- und Tausalzwiderstand

Größtkorn des Zuschlaggemisches in mm	8	16	32	63
mittlerer Luftgehalt in Volumen-% 1) ≧	5,5	4,5	4,0	3,5

1) Einzelwerte dürfen diese Anforderungen um ≦0,5% unterschreiten

1.1.5 Bauausführung

Beton muß gleichmäßig durchgemischt sein und darf sich bei Transport und Einbau nicht entmischen. Er muß vollständig verdichtet werden. Als Anhaltswert gilt ein Restluftgehalt $\leqq 1{,}5$ Vol.-% (ohne LP-Zusatz).

Vorzeitige Austrocknung muß verhindert, die ausreichende Erhärtung auch der oberflächennahen Bereiche gesichert werden. Dazu ist Nachbehandlung nach der „Richtlinie zur Nachbehandlung von Beton" erforderlich. Mögliche Maßnahmen: Belassen in der nassen Schalung, Abdecken mit Folien oder/und nassen Matten, Nachbehandlungsfilme, Besprühen mit Wasser. Dauer abhängig von Erhärtungsgeschwindigkeit des Betons und Umgebungsbedingungen. Anhalt nach den Tafeln 15 und 16

Tafel 15 Nachbehandlungsdauer in Abhängigkeit von Umgebungsbedingung und Betonfestigkeitsentwicklung

Festigkeitsentwicklung des Betons	Der Festigkeitsentwicklung entsprechende Betonzusammensetzungen (Beispiele)		Maßgebende Umgebungsbedingung[1])		
			I	II	III
	Zementfestigkeitsklasse	Wasserzementwert w/z	Nachbehandlungsdauer[2]) in Tagen		
schnell	Z 45 F; Z 55	<0,50	1	1	2
mittel	Z 35 L	<0,50	2	3	4
	Z 35 F; Z 45; Z 55	0,50 bis 0,60			
langsam	Z 25; Z 35 L – NW/HS	<0,50	2	4	5
	Z 35 L	0,50 bis 0,60			

[1]) Die Einordnung erfolgt nach Tafel 16.
[2]) Bei Betontemperaturen < +10 °C verdoppeln; bei der Berücksichtigung von Flugasche bei Mindestzementgehalt und Höchstwasserzementwert 2 Tage addieren; bei verzögertem Beton um die Verzögerungszeit verlängern; bei Betonoberflächen-Temperaturen <0 °C um die Frostdauer verlängern.

Tafel 16 Umgebungsbedingungen zu Tafel 15

Umgebungsbedingungen[1])	Einzelumgebungsbedingungen		
	Sonneneinstrahlung	Wind	Relative Luftfeuchte
I	schwach (bedeckt)	schwach	>80%
II	mittel (bewölkt)	mittel	>50%
III	stark (wolkenlos)	stark	<50%

[1]) Für die Festlegung der Umgebungsbedingungen ist der jeweils ungünstigste der drei Einzeleinflüsse maßgebend

Der Beton darf erst dann ausgerüstet oder ausgeschalt werden, wenn er zur Aufnahme der Belastung ausreichend erhärtet ist.

Tafel 17 Anhaltswerte für Ausschalfristen

Zementfestigkeitsklasse	Ausschalfristen in Tagen		
	Seitliche Schalung (Balken, Wände, Stützen)	Schalung von Deckenplatten	Rüstung (Stützung) von Balken, Rahmen und weitgespannten Platten
25	4	10	28
35 L	3	8	20
35 F/45 L	2	5	10
45 F/55	1	3	6

Die Ausschalfristen sind zu vergrößern, wenn die Betontemperatur in der Erhärtungszeit überwiegend unter +5 °C lag. Tritt während des Erhärtens Frost ein, so sind die Fristen für ungeschützten Beton mindestens um die Dauer des Frostes zu verlängern.

1.1.6 **Betonprüfung** nach DIN 1048-1

Die **Eignungsprüfung** wird vor Baubeginn durchgeführt, um festzustellen, welche Zusammensetzung der Beton haben muß, damit er zuverlässig verarbeitet werden kann und bei Normallagerung (s. Tafel 18) die geforderten Eigenschaften sicher erreicht.

Die **Güteprüfung** erfolgt während der Bauausführung. Sie soll nachweisen, daß die Betonzusammensetzung geeignet ist, bei sachgemäßer Verarbeitung und unter Bedingungen der Normallagerung die geforderten Eigenschaften zu erreichen.

Die **Erhärtungsprüfung** soll Aufschluß über den wahrscheinlichen Festigkeitszustand im Bauwerk geben, z.B. für Ausschal- und Vorspannfristen.

Tafel 18 Bedingungen für Festigkeitsprüfungen

Prüfungsart	Probekörper[1])	Lagerung	Prüfalter
Eignungsprüfung	Würfel mit 200 mm Kantenlänge	Normallagerung nach DIN 1048[3])	28 Tage[2])
Güteprüfung			
Erhärtungsprüfung		wie Bauwerksbeton	nach Zweck

[1]) Für andere Würfelgrößen oder Körperformen muß Festigkeitsverhältnis zum 200-mm-Würfel an mind. 6 Körperpaaren nachgewiesen werden. Es kann umgerechnet werden:
bei Würfeln von 150 mm Kantenlängen: $\boldsymbol{\beta_{W200} = 0{,}95 \cdot \beta_{W150}}$
bei Zylindern ∅ 150, h = 300: für ≦ B 15: $\beta_{W200} = 1{,}25 \cdot \beta_C$
für ≧ B 25: $\beta_{W200} = 1{,}18 \cdot \beta_C$
[2]) Ohne Vergleichsversuche darf β_{W28} mit den Beiwerten der Tafel 19 aus β_{W7} errechnet werden
[3]) 7 Tage feucht, 21 Tage an Raumluft, beides bei 15 bis 22 °C

Tafel 19 Beiwerte für die Umrechnung von β_{W7} auf β_{W28}

Zement	Z 25	Z 35 L	Z 35 F und Z 45 L	Z 45 F und Z 55
β_{W28}	1,4 β_{W7}	1,3 β_{W7}	1,2 β_{W7}	1,1 β_{W7}

Tafel 20 Festigkeitsanforderungen für die Güteprüfung

Mindestanzahl der Würfel	3	9	35
Festigkeitsanforderung	je $\beta_{Wi} \geqq \beta_{WN}$ $\beta_{Wm} \geqq \beta_{WS}$	1 $\beta_{Wi} \geqq 0{,}8\ \beta_{WN}$ 8 $\beta_{Wi} \geqq \beta_{WN}$ 7 $\beta_{Wm} \geqq \beta_{WS}$	statistische Auswertung mit $\beta_{W5\%} \geqq \beta_{WN}$

β_{Wi} = Einzelwert; β_{Wm} = Serien-Mittelwert; $\beta_{W5\%}$ = 5%-Fraktile; Serie = drei aufeinanderfolgend hergestellte Würfel

Tafel 21 Umfang der Güteprüfung

Prüfung	Betongruppe		Häufigkeit	
Zementgehalt	B I	je Betonsorte	beim ersten Einbringen, dann in angemessenen Zeitabständen	
W/*Z*-Wert	B II	je Betonsorte	beim ersten Einbringen, dann einmal je Betoniertag	
Konsistenz	B I B II	je Betonsorte	beim ersten Einbringen, beim Herstellen der Probekörper	
	B II		zus. in angemessenen Zeitabständen	
Druck-festigkeit	B I	tragende Wände und Stützen aus B 5 und B 10	3 Würfel	je 500 m³ Beton oder je Geschoß oder je 7 Betoniertage
		B 15 und B 25		
	B II	B 35, B 45 und B 55	6 Würfel[1])	

[1]) Die Hälfte kann durch die doppelte Zahl von *W*/*Z*-Wert-Bestimmungen ersetzt werden

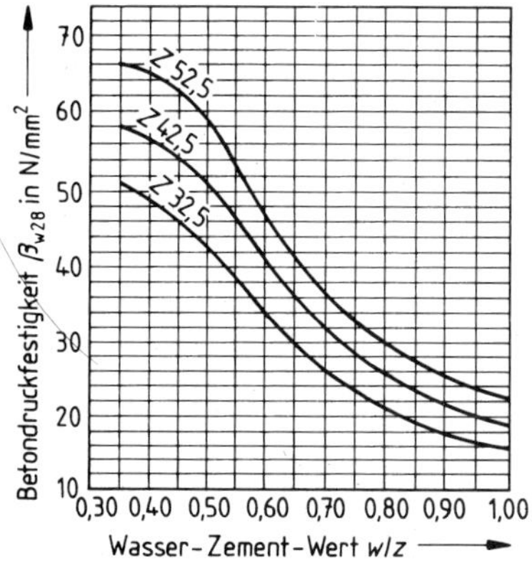

Bild 4 Zusammenhang zwischen Betondruckfestigkeit, Normfestigkeit des Zements und Wasserzementwert (nach Walz)

Tafel 22 Anhaltswerte für den Wasseranspruch in kg/m³ Frischbeton

Sieblinie	Konsistenzbereich		
	KS	KP	KR
A_{32}	130	150	170
A_{16}	140	160	180
B_{32}	150	170	190
B_{16}	160	180	200
C_{32}	170	190	210
C_{16}	190	210	230

Tafel 23 Anhaltswerte für Dichten bzw. Rohdichten in kg/dm³

Stoff	Dichte
PZ	3,10
EPZ	3,05
HOZ	3,00
TrZ	2,90
Kiessand	2,60 bis 2,70
Kalkstein	2,65 bis 2,85

Mischungsentwurf

Grundlage ist die **Stoffraumberechnung** $V = \frac{m}{\varrho}$

es gilt $V_z + V_g + V_w + p = \frac{z}{\varrho_z} + \frac{g}{\varrho_g} + \frac{w}{\varrho_w} + p = 1000$

z, g, w Menge von Zement, Zuschlag und Wasser in kg/m³
p Luftgehalt in dm³/m³
$\varrho_z, \varrho_g, \varrho_w$ Dichte bzw. Kornrohdichte in kg/dm³

Beispiel Gegeben Z 32,5 mit $N_{28} = 45$ N/mm²
Rheinzuschlag Sieblinie A/B 32, $\varrho_g = 2{,}63$ kg/dm³
Gesucht B 25, KR ($a = 45$ cm)
Zielfestigkeit $= 30 + 5 = 35$ N/mm²

Schritte (s. Tafel 24)
① aus Bild 4 $w/z = 0{,}58$
aus Tafel 22 $w = 180$ kg/m³,
② $z = \frac{w}{w/z} = \frac{180}{0{,}58} = 310$ kg/m³
③ $p = 15$ dm³/m³ (vollständige Verdichtung)
④ $g = V_g \cdot \varrho_g = 705 \cdot 2{,}63 = 1854$ kg/m³

Tafel 24 Tabellierte Stoffraumberechnung zum obigen Beispiel

Stoff	Mischungsverhältnis Gew.-Teile	Menge in kg/m³	Dichte bzw. Rohdichte in kg/dm³	Stoffraum in dm³/m³	Schritt
z	1,00	310 :	3,10 →	100	②
w	0,58	180 :	1,00 →	180	①
p	–	–	–	15	③
				295	
g	5,98	1854 ←	2,63 ×	705	④
Summe		2344		1000	

1.2 Betonstahl (BSt) nach DIN 488

Die Norm gilt für untengenannte schweißgeeignete Stahlsorten zur Bewehrung von Beton nach DIN 1045, sie gilt nicht für Spannstahl zur Bewehrung von Spannbeton nach DIN 4227.

Betonstahl wird als Betonstabstahl, -stahlmatte und Bewehrungsdraht hergestellt.

Betonstabstahl (S) ist ein stangenförmiger gerippter Betonstahl für eine Einzelstabbewehrung. Er wird in der Sorte BSt500 S geliefert. Durchmesser, Querschnitt und Gewicht sind in der Tafel 82, S. 504 angegeben.

Betonstahlmatte (M) Geschweißte Betonstahlmatten sind eine werksmäßige vorgefertigte Bewehrung aus sich kreuzenden gerippten Bewehrungsstäben, die an den Kreuzungsstellen durch Widerstands-Punktschweißung scherfest miteinander verbunden sind. Sie werden aus Bewehrungsstäben der Betonstahlsorte BSt 500 M hergestellt.

Lagermatten werden mit den vom Hersteller (s. S. 506) festgelegten Abmessungen (Mattenlängen 5 m bzw. 6 m, -breite 2,15 m) durch den Baustoffhändler vorgehalten.

Listenmatten sind Betonstahlmatten, deren Mattenaufbau vom Besteller festgelegt wird. (Mattenlänge bis 12 m, Mattenbreite bis 3,00 m.)

Zeichnungsmatten sind Betonstahlmatten, deren Aufbau und Maße ausschließlich in einer Zeichnung festgelegt sind.

Bewehrungsdraht ist glatter oder profilierter Betonstahl, der als Ring in den Betonstahlsorten BST 500 G und BST 500 P hergestellt und vom Ring werkmäßig zu Bewehrungen weiterverarbeitet wird. Für sie gelten besondere Anforderungen.

Mattenbezeichnung. Für den Mattenaufbau müssen die Stababstände und Durchmesser in folgender Reihenfolge angegeben werden.
a) Längsstab-, b) Querstababstand, c) Längsstab-, d) Querstabdurchmesser

Beispiel Betonstahlmatte: 150 mm Längsstababstand, 250 mm Querstababstand, 10 mm Längsstabdurchmesser, 8 mm Querstabdurchmesser **150 × 250 × 10 × 8**

Schweißen der Bewehrung. Die Anwendungsbedingungen für Schweißverbindungen an Betonrippenstahl BST 500 S richtet sich nach DIN 1045. Für das Schweißen gilt DIN 4099-Schweißen von Betonstahl.

Die Verwendung von Betonstählen, die von DIN 488 abweichen, bedarf der Zustimmung im Einzelfall der obersten Bauaufsichtsbehörde, sofern nicht eine allgemeine bauaufsichtliche Zulassung erteilt ist.

1.3 Zusammenwirken von Stahl und Beton

Zustand I. Der Beton ist in der Zugzone nicht gerissen und trägt auf Zug mit.

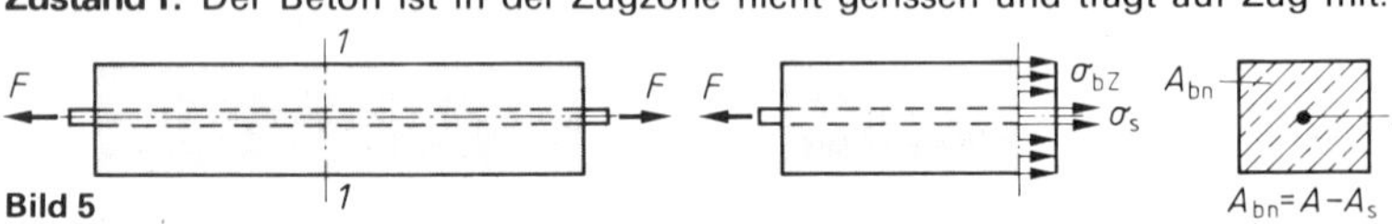

Bild 5

Gleichgewicht $\sigma_s A_s + \sigma_{bz} A_{bn} - F = 0 \quad Z_s + Z_b - F = 0$

Verformung $\varepsilon_s = \varepsilon_b$ Bei niedrigen Spannungen $\sigma_{bz} < \beta_{BZ}$ gilt: $\sigma_s = \varepsilon_s\, E_s$; $\sigma_{bz} = \varepsilon_b\, E_b$

Stahlspannung $\sigma_s = \frac{E_s}{E_b} \sigma_{bz}$ mit $\frac{E_s}{E_b} = n \quad \sigma_s = n \cdot \sigma_{bz}$

Betonspannung $n \cdot \sigma_{bz} A_s + \sigma_{bz} \cdot A_{bn} - F = 0$

$\sigma_{bz} = \frac{F}{(A_{bn} + n \cdot A_s)} = \frac{F}{A_i}$; $\quad A_i = A_{bn} + n \cdot A_s$ ideeller Querschnitt

Zustand II. Der Beton ist in der Zugzone mehrfach gerissen. Die Zugkräfte müssen allein von den Stahleinlagen aufgenommen werden. Bemessung s. S. 427f.

Tafel 25 Sorteneinteilung und Eigenschaften der Betonstähle nach DIN 488

	1		2	3	4	5
Betonstahlsorte	Kurzname		BSt 420 S	BSt 500 S	BSt 500 M [2])	Wert p in %[3])
Betonstahlsorte	Kurzzeichen [1])		III S	IV S	IV M	
Betonstahlsorte	Werkstoffnummer		1.0428	1.0438	1.0466	
Betonstahlsorte	Erzeugnisform		Beton-stabstahl	Beton-stabstahl	Beton-stahlmatte [2])	
1	Nenndurchmesser d_s	in mm	6 bis 28	6 bis 28	4 bis 12[4])	–
2	Streckgrenze R_e (β_s) [5]) bzw. 0,2%-Dehngrenze $R_{p0,2}$ ($\beta_{0,2}$) [5])	in N/mm²	420	500	500	5,0
3	Zugfestigkeit R_m (β_Z) [5])	in N/mm²	500[6])	550[6])	550[6])	5,0
4	Bruchdehnung A_{10} (δ_{10}) [5])	in %	10	10	8	5,0
	Dauerschwing-festigkeit N/mm²	Schwing-breite				
5	Dauerschwingfestigkeit: gerade Stäbe [7])	$2\sigma_A (2 \cdot 10^6)$	215	215	–	10,0
6	Dauerschwingfestigkeit: gebogene Stäbe	$2\sigma_A (2 \cdot 10^6)$	170	170	–	10,0
7	Dauerschwingfestigkeit: gerade freie Stäbe von Matten	$2\sigma_A (2 \cdot 10^6)$	–	–	100	10,0
8	Dauerschwingfestigkeit: von Matten mit Schweißstelle	$2\sigma_A (2 \cdot 10^5)$	–	–	200	10,0
9	Rückbiegeversuch mit Biegerollendurchmesser für Nenndurchmesser d_s mm	6 bis 12	$5 d_s$	$5 d_s$	–	1,0
10		14 und 16	$6 d_s$	$6 d_s$	–	1,0
11		20 bis 28	$8 d_s$	$8 d_s$	–	1,0
12	Biegedorndurchmesser beim Faltversuch an der Schweißstelle		–	–	$6 d_s$	5,0
13	Knotenscherkraft S	in N	–	–	$0,3 \cdot A_s \cdot R_e$	5,0
14	Unterschreitung des Nenn-querschnittes A_s [8])	in %	4	4	4	5,0
15	Bezogene Rippenfläche f_R		S. DIN 488-2	S. DIN 488-2	S. DIN 488-4	0
16	Chemische Zusammen-setzung bei der Schmelzen- und Stückanalyse [9]) Massengehalt in %, max.	C	0,22 (0,24)	0,22 (0,24)	0,15 (0,17)	–
17		P	0,050 (0,055)	0,050 (0,055)	0,050 (0,055)	–
18		S	0,050 (0,055)	0,050 (0,055)	0,050 (0,055)	–
19		N [10])	0,012 (0,013)	0,012 (0,013)	0,012 (0,013)	–
20	Schweißeignung für Verfahren [11])		E, MAG, GP, RA, RP	E, MAG, GP, RA, RP	E[12]), MAG[12]), RP	–

[1]) Für Zeichnungen und statische Berechnungen.

[2]) Mit den Einschränkungen nach Abschn. 8.3 (DIN 488) gelten die in dieser Spalte festgelegten Anforderungen auch für Bewehrungsdraht.

[3]) p-Wert für eine statistische Wahrscheinlichkeit $W = 1 - \alpha = 0{,}90$ (einseitig) (s. auch Abschn. 5.2.2 von DIN 488).

[4]) Für Betonstahlmatten mit Nenndurchmessern von 4,0 und 4,5 mm gelten die in Anwendungsnormen festgelegten einschränkenden Bestimmungen; die Dauerschwingfestigkeit braucht nicht nachgewiesen zu werden.

[5]) Früher verwendete Zeichen.

[6]) Für die Istwerte des Zugversuchs gilt, daß R_m min. $1{,}05 \cdot R_e$ (bzw. $R_{p0,2}$), beim Betonstahl BSt 500 M mit Streckgrenzenwerten über 550 N/mm² min. $1{,}03 \cdot R_e$ (bzw. $R_{p0,2}$) betragen muß.

[7]) Die geforderte Dauerschwingfestigkeit an geraden Stäben gilt als erbracht, wenn die Werte nach Zeile 6 eingehalten werden.

[8]) Die Produktion ist so einzustellen, daß der Querschnitt im Mittel mindestens dem Nennquerschnitt entspricht.

[9]) Die Werte in Klammern gelten für die Stückanalyse.

[10]) Die Werte gelten für den Gesamtgehalt an Stickstoff. Höhere Werte sind nur dann zulässig, wenn ausreichende Gehalte an stickstoffabbindenden Elementen vorliegen.

[11]) Die Kennbuchstaben bedeuten: E = Metall-Lichtbogenhandschweißen, MAG = Metall-Aktivgasschweißen, GP = Gaspreßschweißen, RA = Abbrennstumpfschweißen, RP = Widerstandspunktschweißen.

[12]) Der Nenndurchmesser der Mattenstäbe muß mindestens 6 mm beim Verfahren MAG und mindestens 8 mm beim Verfahren E betragen, wenn Stäbe von Matten untereinander oder mit Stabstählen ≤14 mm Nenndurchmesser verschweißt werden.

2 Schnitt- und Stützgrößen im Stahlbetonbau

2.1 Auflagertiefe und Stützweite

Die Auflagertiefe ist so zu wählen, daß die zul. Pressungen in der Auflagerfläche nicht überschritten werden und die erforderlichen Verankerungslängen der Bewehrung untergebracht werden können. Die Mindestauflagertiefe beträgt für

- für Balken und Plattenbalken 10 cm
- für Platten
  - 7 cm bei Auflagerung auf Mauerwerk und auf Beton B 5 und B 10
  - 5 cm bei Auflagerung auf Bauteile aus Beton B 15 bis B 55 und auf Stahl
  - 3 cm bei Auflagerung auf Trägern aus Stahl oder Stahlbeton, wenn seitliches Ausweichen der Auflager konstruktiv verhindert wird und die Stützweite l nicht mehr als 2,50 m beträgt.

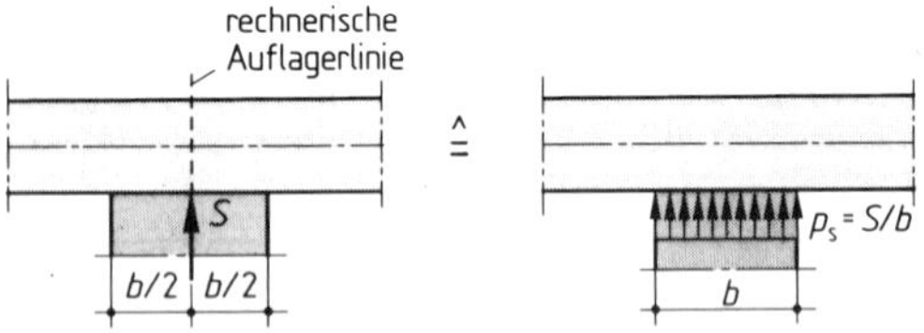

Bild 6
Durchlaufende Platte auf gemauerter Wand; Auflagerpressung

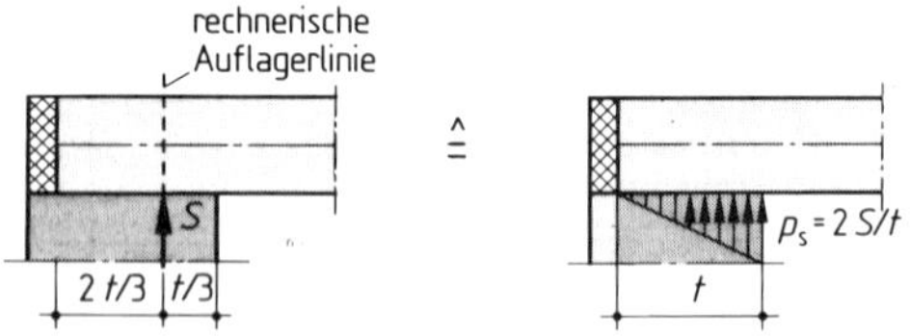

Bild 7
Platte auf gemauerter Wand; Endauflager; Auflagerpressung

Die Auflagerpressung wird angenommen als

- gleichmäßig verteilt bei Auflagern, über die das Bauteil durchläuft
- dreieckförmig verteilt bei Endauflagern (frei drehbar oder eingespannt)

Die rechnerische Auflagerlinie eines Auflagers liegt im Schwerpunkt der Auflagerpressung.

Als lichte Weite w gilt

- bei auskragenden Bauteilen das Maß vom Bauteilende bis zur Vorderkante des Auflagers
- bei allen anderen freitragenden Bauteilen das Maß zwischen den Vorderkanten der das Feld begrenzenden Auflager.

Als Stützweite eines Feldes gilt

- bei auskragenden Bauteilen das Maß vom Bauteilende bis zur rechnerischen Auflagerlinie
- bei allen anderen freitragenden Bauteilen der Abstand der rechnerischen Auflagerlinien der das Feld begrenzenden Auflager.

Bei sehr großen Auflagertiefen kann als Stützweite auch die um 5 Prozent vergrößerte lichte Weite w genutzt werden.

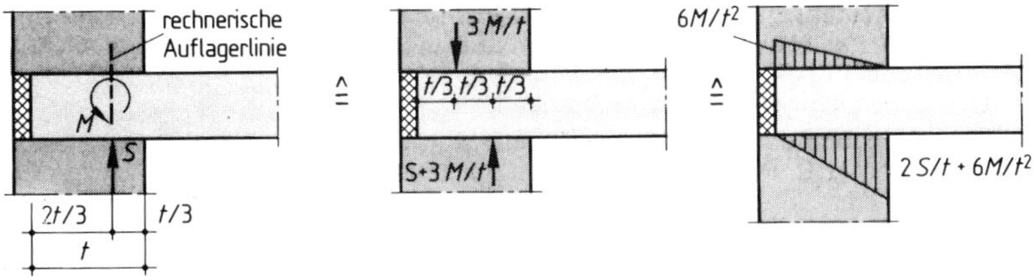

Bild 8 Einspannung einer Kragplatte; Auflagerpressung

2.2 Schnitt- und Stützgrößen in Stabtragwerken

Die Schnittgrößen statisch unbestimmter Stabtragwerke sind mit den Verfahren der Elastizitätstheorie zu berechnen, wobei i. allg. die Betonquerschnitte nach Zustand I (ungerissener Querschnitt) mit oder ohne Einschluß des 10fachen Stahlquerschnittes verwendet werden dürfen.

Bei Durchlaufkonstruktionen bleibt eine ggf. vorhandene elastische Einspannung dieser Konstruktion in die Stützkonstruktionen – Beispiel: durchlaufende Platte ist mit dem stützenden Unterzug biegesteif verbunden – i. allg. zunächst unberücksichtigt.

Es sind alle maßgebenden Lastfälle während der Errichtung und Nutzung des Bauwerkes zu untersuchen (Verkehrslasten in ungünstiger Stellung). Bei Hochbauten unter gleichmäßig verteilten Verkehrslasten darf mit Vollbelastung der einzelnen Felder in ungünstiger Anordnung gerechnet werden.

Die sich für die einzelnen Lastfälle so ergebenden Biegemomente dürfen bei Durchlaufkonstruktionen des üblichen Hochbaus mit Stützweiten bis zu 12 m und gleichbleibendem Betonquerschnitt in der Weise umgelagert werden, daß

- die Stützmomente um maximal 15 Prozent ihres Wertes vergrößert oder verkleinert werden, und
- die Feldmomente den veränderten Stützmomenten so angepaßt werden, daß die Gleichgewichtsbedingungen wieder erfüllt sind (bei Gleichstreckenlast z. B. bedeutet dies: Einhängen der $ql^2/8$-Parabel).

Wenn – wie oben angegeben – die ggf. vorhandene elastische Einspannung der durchlaufenden Konstruktion in die stützenden Bauteile bei der Momentenberechnung unberücksichtigt blieb,

- müssen in den Feldern mindestens die positiven Momente in Rechnung gestellt werden, die sich bei einseitig starrer Einspannung (Endfelder) bzw. beidseitig starrer Einspannung (Innenfelder) ergeben. Für eine Gleichlast bedeutet dies
  - in Endfeldern mindest $M_{\text{Feld}} = \frac{9}{128} q l^2$; (1)
  - in Innenfeldern mindest $M_{\text{Feld}} = q l^2/24$. (2)
- dürfen in den Feldern die aus Verkehrslast stammenden Anteile der negativen Momente ermäßigt werden, und zwar
  - um 50 Prozent bei durchlaufenden Platten und Rippendecken
  - um 30 Prozent bei durchlaufenden Balken.

Die für Schneidenlagerung berechneten Stützmomente treten im wirklichen Bauwerk wegen der flächenhaft eingeleiteten Stützkräfte nicht auf. Eine entsprechende nachträgliche Anpassung der Momentenlinie – „Momentenausrundung" – im Bereich der Stützungen führt zu folgendem:

– die durchlaufende Konstruktion ist nicht biegesteif mit dem stützenden Bauteil verbunden (z. B. Platte, gestützt durch gemauerte Wand).

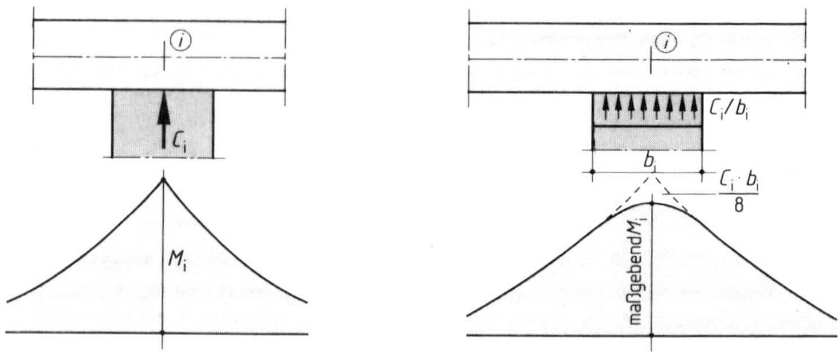

maßgebend $M_i = M_i - \frac{C_i b_i}{8}$

Bild 9 Momentenausrundung bei Auflagerung auf Mauerwerk

– die durchlaufende Konstruktion ist biegesteif mit dem stützenden Bauteil verbunden (z. B. Ortbetonplatte, gestützt auf Ortbetonunterzug).

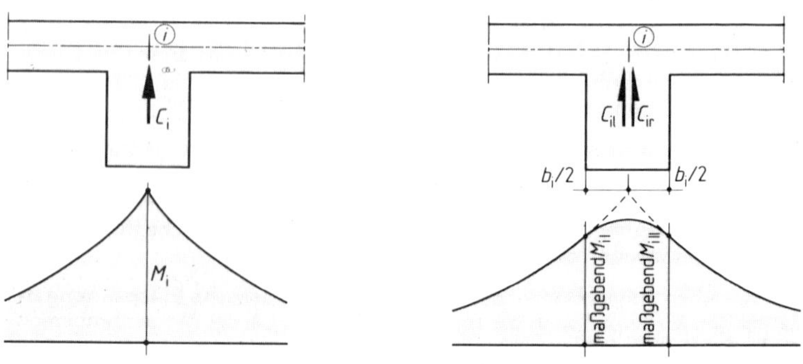

maßgebend $M_{iI} = M_i - C_{il} \cdot b_i/2 \geqq$ mindest M_{iI}
maßgebend $M_{iII} = M_i - C_{ir} \cdot b_i/2 \geqq$ mindest M_{iII}

Bild 10 a Momentenausrundung bei biegesteifem Anschluß

Die Mindest-Randmomente betragen für Gleichstreckenlast

– **mindest $M_{iI,II} = -q\,l_w^2/12$ in Endfeldern** (3)

– **mindest $M_{iI,II} = -q\,l_w^2/14$ in Innenfeldern** (4)

Bei durchlaufenden kreuzweise gespannten Platten sind hier die Lastanteile q_x bzw. q_y einzusetzen.

Bei anderer Belastung ist entsprechend zu verfahren.

Im Bereich von Balkenschrägen bzw. Vouten darf bei der Bestimmung der Nutzhöhe h[1]) höchstens mit einer Neigung von 1:3 gerechnet werden.

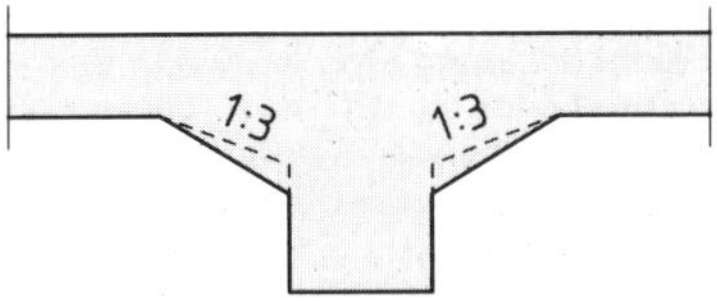

Bild 10b Zur Berechnung der Nutzhöhe *h* bei Balkenschrägen

Bei Bauteilen mit Nutzhöhen $h<7$ cm sind die Schnittgrößen im Verhältnis $15/(h+8)$ vergrößert in Rechnung zu stellen.

Der bei Außerachtlassen einer ggf. vorhandenen elastischen Einspannung der Durchlaufkonstruktion in das Endlauflager (z. B. Unterzug/Stahlbetonstütze oder Deckenplatte /Wand oder Deckenplatte/Randunterzug) sich im Endfeld rechnerisch ergebende Momentenverlauf tritt im wirklichen Bauteil nicht auf. Er muß ggf. nachträglich den wirklichen Verhältnissen angepaßt werden. Für rahmenartige Tragwerke ist das sog. c_o/c_u-Verfahren anwendbar:

Mit dem Einspannmoment M_R^o des beidseitig voll eingespannten Endfeldes unter Vollast und den Verteilungszahlen

$$c_o=\frac{l_R}{h_o}\cdot\frac{I_{So}}{I_R} \quad \text{und} \quad c_u=\frac{l_R}{h_u}\cdot\frac{I_{Su}}{I_R}$$

ergeben sich das Riegel-End-Moment

$$M_R=\frac{c_o+c_u}{3(c_o+c_u)+2{,}5}\cdot\left(3+\frac{p}{q}\right)\cdot M_R^o \qquad (5)$$

und die Stützen-Momente

$$M_{So}=-\frac{c_o}{3(c_o+c_u)+2{,}5}\cdot\left(3+\frac{p}{q}\right)\cdot M_R^o \qquad (6)$$

$$M_{Su}=\frac{c_u}{3(c_o+c_u)+2{,}5}\cdot\left(3+\frac{p}{q}\right)\cdot M_R^o \qquad (7)$$

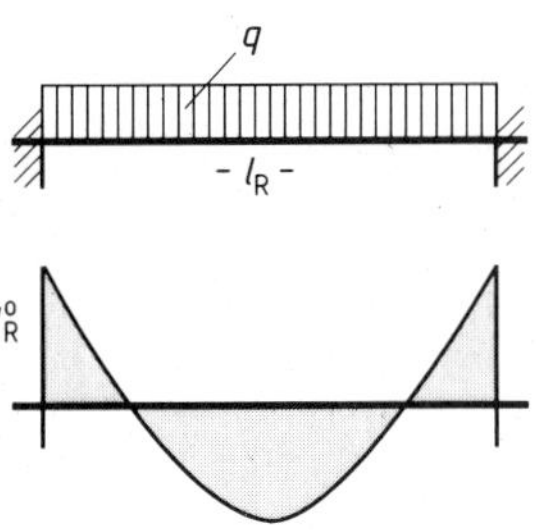

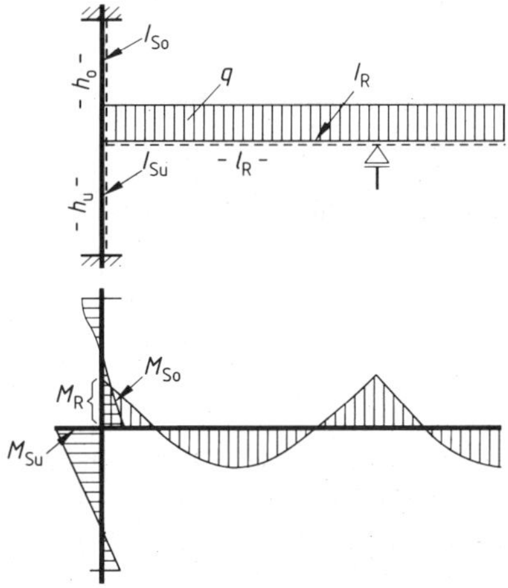

Bild 11 Rahmenartiges Tragwerk c_o/c_u-Verfahren

[1]) Diese Nutzhöhe h wird bei der Bemessung gebraucht und ergibt sich aus der Bauteildicke d und der Betondeckung d_1 zu $h=d-d_1$.

Querkräfte von Durchlaufsystemen dürfen in Hochbauten für Vollbelastung aller Felder bestimmt werden, wenn das Verhältnis der Stützweiten benachbarter Felder nicht kleiner als 0,7 ist. In Feldern mit größeren Querschnittsschwächungen oder stark wechselnder Steghöhe ist bei der Ermittlung der Querkraft im geschwächten Bereich die ungünstige Teilstreckenlast anzusetzen.

Für die Stützkräfte von durchlaufenden Balken, Plattenbalken, Rippendecken und einachsig gespannten Platten gilt folgendes: die Durchlaufwirkung muß bei der Ermittlung der Stützkraft der ersten Innenstütze stets berücksichtigt werden; bei der Ermittlung der Stützkraft der übrigen Innenstützen nur dann, wenn das Verhältnis benachbarter Stützweiten kleiner als 0,7 ist.

In vornehmlich biegebeanspruchten Bauteilen (Balken, Plattenbalken u.ä.) ist die Aufnahme von Torsionsmomenten nur dann rechnerisch nachzuweisen, wenn sie für das Gleichgewicht notwendig sind. Rechnerisch vernachlässigte Torsionsmomente und ihre Weiterleitung in stützende Bauteile sind jedoch bei der Bewehrungsführung konstruktiv zu berücksichtigen.

Die Einflüsse von Stützensenkungen, Temperaturänderungen, Schwinden usw. (Zwang) müssen stets berücksichtigt werden, wenn hierdurch die Summe der Schnittgrößen wesentlich in ungünstiger Richtung verändert wird. Bei kleineren Bauten und solchen, die durch Fugen in genügend kurze Abschnitte unterteilt sind, darf der Einfluß von Kriechen, Schwinden und Temperatur in der Regel vernachlässigt werden.

Beim Nachweis der von Wärmewirkungen hervorgerufenen Schnittgrößen oder Verformungen darf in der Regel angenommen werden, daß die Temperatur im ganzen Tragwerk gleich ist.

Für die durch Witterungseinflüsse hervorgerufenen mittleren Temperaturschwankungen in den Bauteilen sind als Grenzen in Rechnung zu stellen:

a) $\pm 15\,°C$ im allgemeinen
b) $\pm 10\,°C$ bei Bauteilen, deren geringste Abmessung ≥ 70 cm beträgt
c) $\pm\ 7{,}5\,°C$ bei Bauteilen, die durch Überschüttung oder andere Vorkehrungen vor Temperaturschwankungen geschützt sind

Bei Bauteilen im Freien sind die Werte unter a) und b) um je 5 °C zu erhöhen, wenn der Abbau der Zwangsschnittgrößen nach Zustand II in Rechnung gestellt. Für den Beton und die Stahleinlagen gilt als Wärmedehnzahl $\alpha_T = 10^{-5}/°C$.

2.3 Räumliche Steifigkeit und Stabilität

Von der räumlichen Steifigkeit des gesamten Bauwerks und von der Schlankheit der Einzelbauteile hängt es ab, ob bei der Ermittlung der Schnittgrößen die Formänderungen der Bauteile zu berücksichtigen sind oder nicht.

Ein Tragwerk kann in einer gegebenen Richtung als horizontal unverschieblich behandelt werden, wenn in dieser Richtung die Bedingung der Gl. (8) erfüllt ist (Labilitätszahl α für Biegung).

$$\alpha = h\sqrt{\frac{N}{E_b I}} \leq \begin{cases} 0{,}6 & \text{für } n \geq 4 \\ 0{,}2 + 0{,}1\,n & \text{für } n = 1 \text{ bis } 4 \end{cases} \qquad (8)$$

h Gebäudehöhe in m über der Einspannebene
N Summe aller lotrechten Lasten des Gebäudes
$E_b I$ Summe der Biegesteifigkeiten aller lotrechten aussteifenden Bauteile. Das Flächenmoment 2. Grades kann unter Ansatz des vollen Betonquerschnitts jedes einzelnen lotrechten aussteifenden Bauteils ermittelt werden. Der Elastizitätsmodul E_b kann Tafel 35 S. 428 entnommen werden. Bei unterschiedlichem $E_b I$ über die Gebäudehöhe darf mit einem gemittelten Steifigkeitswert gerechnet werden.
n Anzahl der Geschosse

Dann muß auch die Standsicherheit der waagerechten und lotrechten aussteifenden Bauteile nachgewiesen werden. Dabei sind auch Maßabweichungen des Systems und ungewollte Ausmitten der lotrechten Lasten und ggf. – bei großer Nachgiebigkeit der aussteifenden Bauteile – auch die Formänderungen bei der Ermittlung der Schnittgrößen zu berücksichtigen. Maßabweichungen und ungewollte Ausmitten werden durch Schrägstellung um den Winkel φ (Bogenmaß) in ungünstiger Richtung – Lastfall Lotabweichung – berücksichtigt:

– beim Nachweis eines waagerechten aussteifenden Bauteils Schrägstellung der auszusteifenden Stützen oder Wände um den Winkel

$$\varphi_1 = \pm \frac{1}{200\sqrt{h_1}} \qquad (9)$$

– beim Nachweis eines lotrechten aussteifenden Bauteils Schrägstellung der auszusteifenden Stützen und Wände und des aussteifenden lotrechten Bauteils um den Winkel

$$\varphi_2 = \pm \frac{1}{100\sqrt{h}} \qquad (10)$$

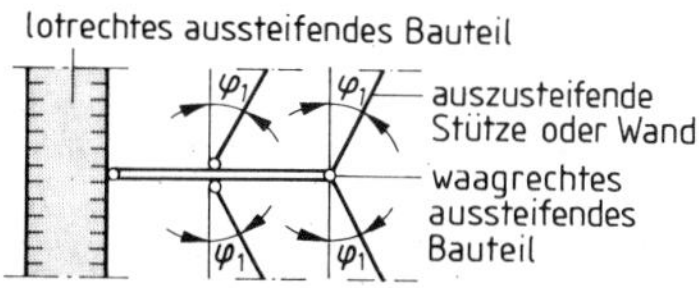

Bild 12 Schrägstellung φ_1 aller auszusteifenden Stützen und Wände

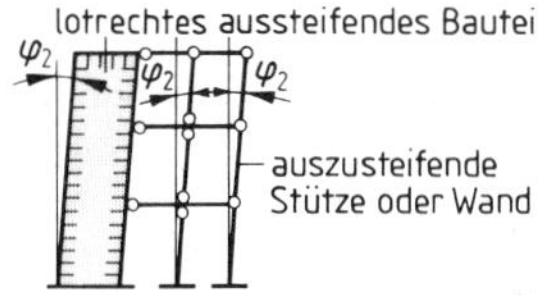

Bild 13 Schrägstellung φ_2 aller auszusteifenden und aussteifenden lotrechten Bauteile

h Gebäudehöhe in m über der Einspannebene

φ_1 Winkel im Bogenmaß zwischen den Achsen der auszusteifenden Stützen und Wände und der Lotrechten

φ_2 Winkel im Bogenmaß zwischen der Lotrechten und den auszusteifenden sowie den aussteifenden lotrechten Bauteilen

h_1 Mittel aus den jeweiligen Stockwerkshöhen unter und über dem waagerechten aussteifenden Bauteilen in m

2.4 Schnitt- und Stützgrößen von vierseitig gelagerten Platten unter Gleichlast

Vierseitig gelagerte Rechteckplatten, deren größere Stützweite nicht größer als das Zweifache der kleineren ist, sind als zweiachsig gespannt zu berechnen und auszubilden.

2.4.1 Die vierseitig gestützte Einfeldplatte

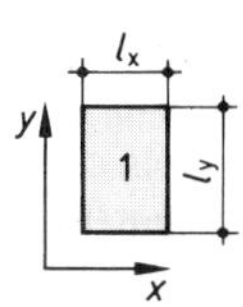

Als Bezugssystem dient ein rand-paralleles x-y-System, wobei die x-Achse dem kürzeren Rand parallel ist. Der kürzere Rand hat die Länge l_x. Das Biegemoment m_x erzeugt Spannungen in x-Richtung, das Biegemoment m_y erzeugt Spannungen in y-Richtung. Die Lastabtragung in x-Richtung liefert die Stützkräfte $\bar{q}_x$ entlang dem längeren Rand; die Lastabtragung in y-Richtung liefert die Stützkräfte $\bar{q}_y$ entlang dem kürzeren Rand.

Allgemein gilt: Größen in direktem Zusammenhang

– mit der Lastabtragung in x-Richtung tragen den Index x;

– mit der Lastabtragung in y-Richtung tragen den Index y.

Die einzelnen Ränder der Einfeldplatte können frei drehbar gelagert oder fest eingespannt sein. Bild 14 zeigt die möglichen Lagerungsfälle. Ecken, in denen zwei frei drehbare Ränder zusammenstoßen, nennt man freie Ecken.

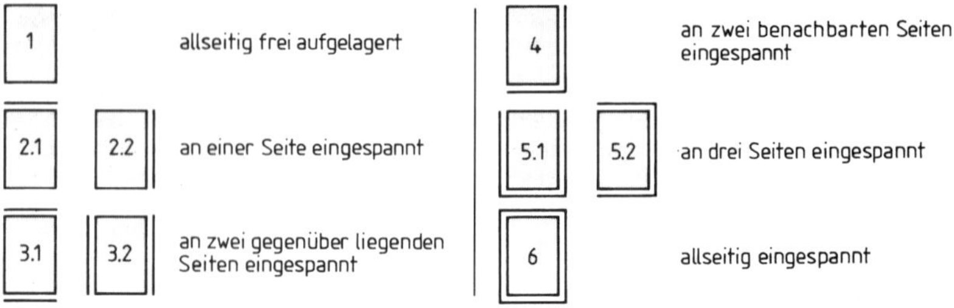

Bild 14 Stützungen

Plattenmomente werden angegeben in der allgemeinen Form

$$m_i = \frac{q \cdot l_x^2}{k_i} \quad (11)$$

m_{xm}	Plattenmoment m_x in Feldmitte (maximal)
$m_{y\,max}$	größtes Feldmoment m_y
m_{xerm}	Einspannmoment in der Mitte des längeren Randes (minimal)
m_{yerm}	Einspannmoment in der Mitte des kürzeren Randes (minimal)
m_{xermin}	kleinstes Einspannmoment entlang dem eingespannten längeren Rand
m_{yermin}	kleinstes Einspannmoment entlang dem eingespannten kürzeren Rand
k_i	Tafel 26

Tafel 26 enthält die k_i-Werte für a) volle Drilltragfähigkeit (drillsteife Platte) b) herabgesetzte Drilltragfähigkeit, c) Drilltragfähigkeit = 0 (drillweiche Platte).

Volle Drilltragfähigkeit ist bei Stahlbetonvollplatten gegeben, wenn

– die freien Ecken gegen Abheben gesichert sind (Nachweis),

– im Bereich der freien Ecke(n) in der Platte die geforderte Drillbewehrung angeordnet wird

und

– in den Eckbereichen der Platte keine größeren Aussparungen vorhanden sind.

Die Sicherheit gegen Abheben ist z. B. gegeben, wenn die dauernd vorhandene Auflast im Eckbereich mindestens 1/16 der Gesamtlast der Platte beträgt.

Ist eine der o. g. Bedingungen nicht erfüllt, so sind die k_i-Werte für (b) herabgesetzte Drilltragfähigkeit zu verwenden, was zu größeren Feldmomenten führt (Stützmomente einfachheitshalber wie bei (a)).

Fertigteilplatten mit statisch mitwirkender Ortbetonschicht und zweiachsig gespannte Rippendecken sind als (c) drillweich (Drilltragfähigkeit = 0) zu berechnen. Gleichwohl können auch hier Abhebekräfte in den Ecken auftreten, da die Drilltragfähigkeit nicht vollständig ausfällt (Ecken konstruktiv verankern).

Ein Bild über den Verlauf der aus Tafel 26 errechneten Plattenmomente gibt Tafel 29.

Die Werte der Tafel 26 gelten für isotrope Platten, also für Platten mit gleicher Plattensteifigkeit in allen Richtungen. Haben z. B. bei zweiachsig gespannten Rippendecken die Rippen in Längs- und Querrichtung unterschiedliche Abstände

Tafel 26 Beiwerte k_i zur Berechnung der Biegemomente in Einfeldplatten

Stützung	Drilltragfähig	Beiwerte k_i; $\varepsilon = l_y/l_x$	1,0	1,10	1,20	1,30	1,40	1,50	1,60	1,70	1,80	1,90	2,0	∞
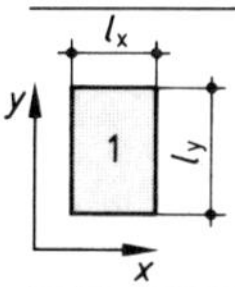 1	a	k_{xm}	27,2	22,4	19,1	16,8	15,0	13,7	12,7	11,9	11,3	10,8	10,4	
		k_{ymax}	27,2	27,9	29,1	30,9	32,8	34,7	36,1	37,3	38,5	39,4	40,3	
	b	k_{xm}	20,0	16,6	14,5	13,0	11,9	11,1	10,6	10,2	9,8	9,5	9,3	
		k_{ymax}	20,0	20,7	22,1	24,0	26,2	28,3	30,2	31,9	33,4	34,7	35,9	
	c	k_{xm}	13,1	10,9	9,6	8,7	8,2	7,8	7,5	7,3	7,2	7,2	7,1	
		k_{ymax}	13,1	13,5	14,4	15,8	17,7	19,9	21,7	23,5	24,2	24,9	25,5	
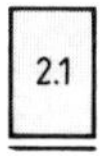 2.1	a	k_{xm}	41,2	31,9	25,9	21,7	18,8	16,6	15,0	13,8	12,8	12,0	11,4	
		k_{ymax}	29,4	28,8	28,9	29,7	30,8	32,3	33,6	34,9	36,2	37,5	38,8	
		k_{yerm}	−11,9	−10,9	−10,1	−9,6	−9,2	−8,9	−8,7	−8,5	−8,4	−8,3	−8,2	
	b	k_{xm}	34,3	25,9	20,6	17,0	14,10	12,8	11,6	10,8	10,1	9,6	9,3	
		k_{ymax}	23,5	22,7	22,4	23,1	24,1	25,5	26,9	28,5	30,2	31,7	33,2	
	c	k_{xm}	22,6	17,2	13,9	11,8	10,4	9,5	8,8	8,3	8,0	7,8	7,6	
		$k_{y,max}$	16,9	15,5	15,3	15,6	16,3	17,2	18,4	19,9	21,6	23,7	23,5	
		k_{yerm}	−8,4	−7,7	−7,3	−7,1	−7,1	−7,1	−7,1	−7,2	−7,3	−7,4	−7,5	
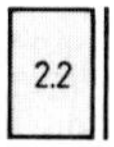 2.2	a	k_{xm}	31,4	27,3	24,5	22,4	21,0	19,8	19,0	18,3	17,8	17,4	17,1	
		k_{ymax}	41,2	45,1	48,8	51,8	54,3	55,6	56,8	57,8	58,6	59,0	59,2	
		k_{xerm}	−11,9	−10,9	−10,2	−9,7	−9,3	−9,0	−8,8	−8,6	−8,4	−8,3	−8,3	
	b	k_{xm}	25,1	22,4	20,6	19,2	18,4	17,7	17,3	16,8	16,5	16,3	16,1	
		k_{ymax}	34,3	38,7	43,2	46,5	49,4	51,2	53,1	54,3	55,3	55,9	56,4	
	c	k_{xmax}	16,3	14,8	13,8	13,2	12,8	12,6	12,5	12,5	12,5	12,6	12,7	
		k_{ymax}	22,6	25,6	29,7	33,3	36,4	37,7	38,9	40,0	41,0	42,0	42,0	
		k_{xerm}	−8,4	−7,8	−7,3	−7,1	−6,9	−6,8	−6,8	−6,8	−6,8	−6,8	−6,9	
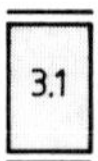 3.1	a	k_{xm}	63,3	46,1	35,5	28,5	23,7	20,4	17,9	16,0	14,6	13,4	12,5	
		k_{ymax}	35,1	32,9	31,7	31,2	31,4	32,1	33,3	34,9	37,1	39,7	42,4	
		k_{yerm}	−14,3	−12,7	−11,5	10,7	10,0	−9,5	−9,2	−8,9	−8,7	−8,5	−8,4	
	c	k_{xm}	41,0	28,8	21,8	17,3	14,4	11,7	11,0	10,0	9,3	8,8	8,4	
		k_{ymax}	23,1	20,7	19,2	18,5	18,3	18,6	19,4	20,5	22,1	24,2	26,8	
		k_{yerm}	−10,8	−9,6	−8,7	−8,1	−7,7	−7,5	−7,4	−7,3	−7,3	−7,3	−7,5	
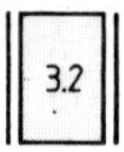 3.2	a	k_{xm}	35,1	31,7	29,4	27,8	26,6	25,8	25,2	24,7	24,4	24,3	24,1	
		k_{ymax}	61,7	67,2	71,5	73,5	74,6	75,8	77,0	77,0	77,0	77,0	77,0	
		k_{xerm}	−14,3	−13,5	−13,0	−12,6	−12,3	−12,2	−12,0	−12,0	−12,0	12,0	−12,0	
	c	k_{xm}	23,1	21,8	21,1	20,9	20,8	20,8	20,9	21,2	21,4	21,7	22,0	
		k_{ymax}	41,0	48,1	52,1	54,2	55,8	57,5	59,0	60,0	59,2	57,9	57,5	
		k_{xerm}	−10,8	−10,4	−10,2	−10,0	−10,0	−10,0	−10,1	−10,2	−10,3	−10,3	−10,5	
 4	a	k_{xm}	42,7	35,1	30,0	26,5	24,1	22,2	21,0	19,9	19,1	18,4	17,9	
		k_{ymax}	40,2	42,0	44,0	47,6	51,0	53,0	54,8	56,3	57,7	59,0	60,2	
		k_{xermin}	−14,3	−12,7	−11,5	−10,7	−10,0	−9,6	−9,2	−8,9	−8,7	−8,5	−8,4	
		k_{yermin}	−14,3	−13,6	−13,1	−12,8	−12,6	−12,4	−12,3	−12,2	−12,2	−12,2	−12,2	
	b	k_{xm}	37,1	30,7	26,3	23,5	21,5	20,0	19,1	18,3	17,7	17,2	16,9	
		k_{ymax}	35,0	36,7	38,6	41,2	45,5	47,8	49,8	51,7	53,4	55,1	56,8	
	c	k_{xmax}	23,4	19,4	17,0	15,5	14,5	13,8	13,4	13,1	13,0	12,9	12,9	
		k_{ymax}	23,4	24,3	26,3	28,3	31,2	33,9	35,7	37,5	39,1	40,8	42,3	
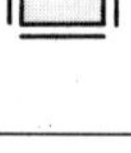 5.1	a	k_{xm}	44,1	37,9	33,8	31,0	29,0	27,6	26,5	25,7	25,1	24,7	24,5	
		k_{ymax}	55,9	60,3	66,2	69,0	72,0	75,2	78,7	82,5	86,8	91,7	97,0	
		k_{xermin}	−16,2	−14,8	−13,9	−13,2	−12,7	−12,5	−12,3	−12,2	−12,1	−12,0	−12,0	
		k_{xerm}	−18,3	−17,7	−17,5	−17,5	−17,5	−17,5	−17,5	−17,5	−17,5	−17,5	−17,5	
	c	k_{xmax}	28,8	25,6	23,7	22,6	21,9	21,6	21,4	21,4	21,4	21,6	21,7	
		k_{ymax}	36,3	40,0	46,1	49,0	51,9	54,7	57,4	59,9	59,1	58,2	57,5	
		k_{xermin}	−12,9	−11,8	−11,1	−10,7	−10,5	−10,3	−10,3	−10,3	−10,3	−10,3	−10,3	
		k_{yerm}	−15,3	−15,5	−15,9	−16,2	−16,6	−16,9	−17,1	−17,4	−17,6	−17,9	−18,1	

Fortsetzung und Hinweise s. nächste Seite

7

Tafel 26, Fortsetzung

Stützung	Drilltragfähig		Beiwerte k_i $\varepsilon = l_y/l_x$ 1,0	1,10	1,20	1,30	1,40	1,50	1,60	1,70	1,80	1,90	2,00	∞
5.2	a	k_{xm}	59,5	46,1	37,5	31,8	28,0	25,2	23,3	21,7	20,5	19,5	18,7	
		k_{ym}	44,1	43,7	44,8	46,9	50,3	55,0	61,6	70,4	79,6	89,8	101,0	
		k_{xerm}	–18,3	–15,4	–13,5	–12,2	–11,2	–10,6	–10,1	–9,7	–9,4	–9,0	–8,8	
		k_{yermin}	–110,2	–14,8	–13,9	–13,3	–13,0	–12,7	–12,6	–12,5	–12,4	–12,3	–12,3	
	c	k_{xmax}	36,3	27,9	22,7	19,4	17,3	15,9	14,9	14,2	13,8	13,5	13,3	
		k_{ymax}	28,8	27,8	28,1	29,5	31,8	35,2	39,9	46,0	52,7	57,6	60,8	
		k_{xerm}	–15,3	–12,7	–10,9	–9,7	–8,9	–8,3	–7,9	–7,6	–7,4	–7,2	–7,1	
		k_{yesmin}	–12,9	–12,0	–11,5	–11,3	–11,2	–11,3	–11,4	–11,6	–11,8	–11,9	–12,2	
6	a	k_{xm}	56,8	46,1	39,4	34,8	31,9	29,6	28,1	26,9	26,0	25,4	25,0	
		k_{ymax}	56,8	60,3	65,8	73,6	83,4	93,5	98,1	101,3	103,3	104,6	105,0	
		k_{xerm}	–19,4	–17,1	–15,5	–14,5	–13,7	–13,2	–12,8	–12,5	–12,3	–12,1	–12,0	
		k_{yerm}	–19,4	–18,4	–17,9	–17,6	–17,5	–17,5	–17,5	–17,5	–17,5	–17,5	–17,5	
	c	k_{xm}	39,1	32,2	28,2	25,6	24,0	23,0	22,3	22,0	21,9	21,9	21,9	
		k_{ymax}	39,1	41,4	45,6	52,0	61,1	72,5	81,2	86,5	92,6	97,5	94,5	
		k_{xerm}	–16,3	–14,2	–12,8	–11,9	–11,3	–10,9	–10,6	–10,5	–10,5	–10,5	–10,5	
		k_{yerm}	–16,3	–15,9	–15,9	–16,1	–16,3	–16,6	–17,0	–17,3	–17,6	–17,8	–18,1	

a: volle Drilltragfähigkeit; b: verminderte Drilltragfähigkeit; c: Drilltragfähigkeit = 0;

dann ist die Platte orthogonal anisotrop, man sagt auch orthotrop. Für solche Platten dürfen die Werte der Tafel 26 nicht verwendet werden.

Bei der Berechnung der Werte der Tafel 26 wurde die Querdehnzahl $\mu = 0$ gesetzt. Feldmomente für $\mu \neq 0$ (z. B. $\mu = 0{,}2$) lassen sich aus den mit Tafel 26 errechneten Werten so berechnen:

$$m_{x,\mu} = \frac{1}{(1-\mu^2)} (m_{x,\mu=0} + \mu \cdot m_{y,\mu=0})$$

$$m_{y,\mu} = \frac{1}{(1-\mu^2)} (m_{y,\mu=0} + \mu \cdot m_{x,\mu=0}) \quad (12)$$

$$m_{xy,\mu} = (1-\mu)\, m_{xy,\mu=0}.$$

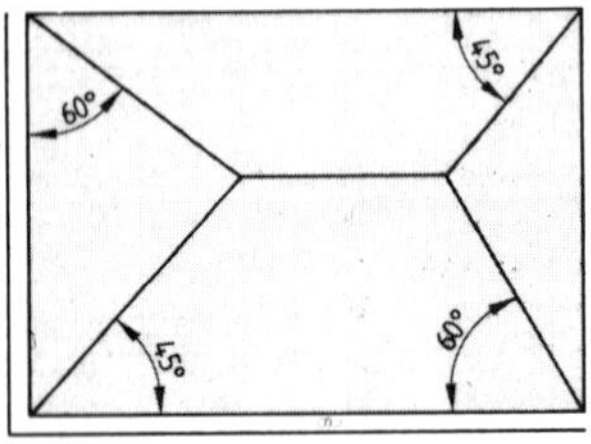

Bild 15 Lastaufteilung zur Berechnung der Stützkräfte

Zur Ermittlung der Schnittgrößen in Randunterzügen dürfen die Stützkräfte von Platten näherungsweise mit den Lastbildern berechnet werden, die sich aus der Zerlegung der Plattenfläche in Trapeze und Dreiecke ergeben, Bild 15: Stoßen an einer Ecke Plattenränder mit gleichartiger Stützung zusammen, so beträgt der Zerlegungswinkel 45°; stößt ein voll eingespannter mit einem frei drehbar gelagerten Rand zusammen, so beträgt der am eingespannten Rand anliegende Zerlegungswinkel 60°. Für die verschiedenen Stützungen ergeben sich die maximalen Lastordinaten des freien und eingespannten Randes in der Form

$\max \bar{q} = m \cdot q \cdot l_x$ (13) m aus Tafel 27

Tafel 27 Koeffizienten *m* für maximale Lastordinaten

	1	2.1	2.2	3.1	3.2	4	5.1	5.2	6
frei drehbar gelagerter Rand	0,50	0,50	0,365	0,50	0,29	0,365	0,29	0,365	–
fest eingespannter Rand	–	0,865	0,635	0,865	0,50	0,635	0,50	0,635	0,50

Wenn die Gleichlast q einer zweiachsig gespannten Platte auf die beiden Tragrichtungen aufgeteilt werden muß, so kann das mit den Lastaufteilungsfaktoren k_x und k_y nach Tafel 28 erfolgen

$$q_x = k_x \cdot q; \quad q_y = k_y \cdot q. \qquad (13)$$

Tafel 28 Lastaufteilungsfaktoren k_x und k_y

y, x	1, 4, 6; $\varepsilon = l_y/l_x$	2.1; l_x	2.2; l_y	3.1; l_x	3.2; l_y	5.1; l_y; l_x	5.2; l_y; l_x
k_x	$\left(1+\frac{1}{\varepsilon^4}\right)^{-1}$	$\left(1+\frac{1}{0{,}4\cdot\varepsilon^4}\right)^{-1}$	$\left(1+\frac{1}{2{,}5\cdot\varepsilon^4}\right)^{-1}$	$\left(1+\frac{1}{0{,}2\cdot\varepsilon^4}\right)^{-1}$	$\left(1+\frac{1}{5\cdot\varepsilon^4}\right)^{-1}$	$\left(1+\frac{1}{2\cdot\varepsilon^4}\right)^{-1}$	$\left(1+\frac{1}{0{,}5\cdot\varepsilon^4}\right)^{-1}$
k_y	$(1+\varepsilon^4)^{-1}$	$(1+0{,}4\cdot\varepsilon^4)^{-1}$	$(1+2{,}5\cdot\varepsilon^4)^{-1}$	$(1+0{,}2\cdot\varepsilon^4)^{-1}$	$(1+5\cdot\varepsilon^4)^{-1}$	$(1+2\cdot\varepsilon^4)^{-1}$	$(1+0{,}5\cdot\varepsilon^4)^{-1}$

Tafel 29 Verlauf der Plattenmomente

Volle Drilltragfähigkeit (drillsteif) Verlauf der Biege- und Drillmomente für $\varepsilon = 1{,}5$	Drilltragfähigkeit = 0 (drillweich) Verlauf der Biegemomente
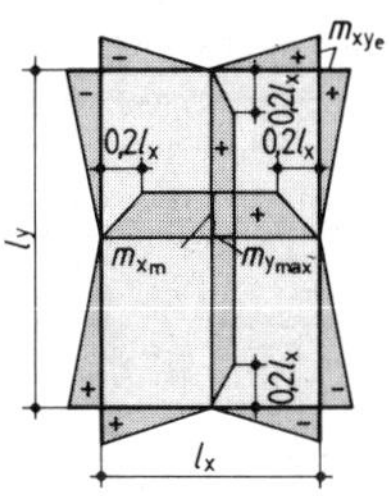	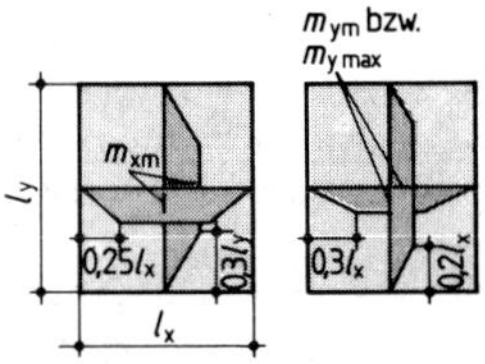
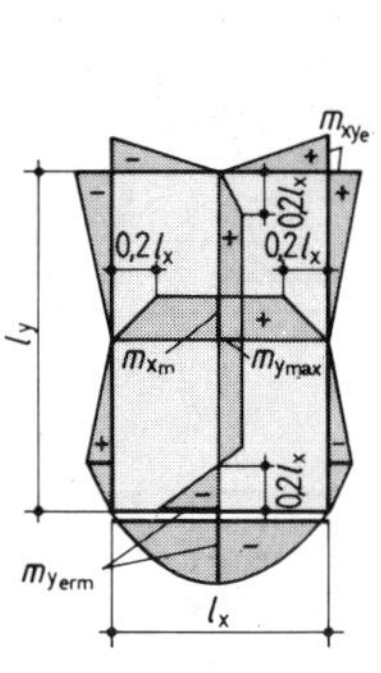 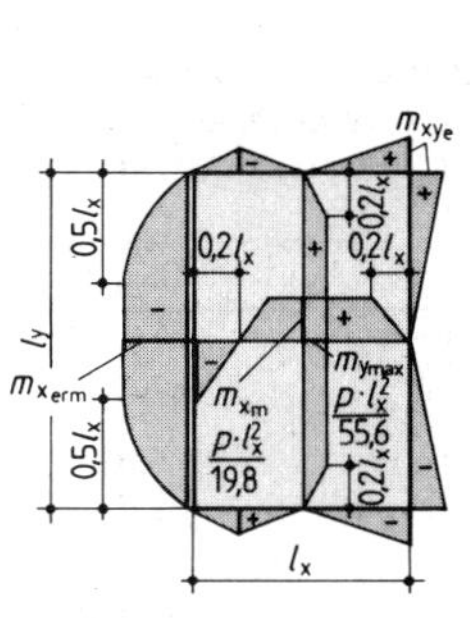	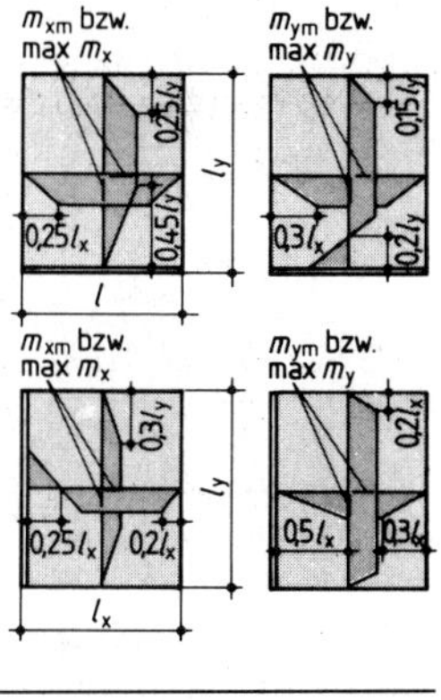

Fortsetzung s. nächste Seite

Tafel 29, Fortsetzung

Volle Drilltragfähigkeit (drillsteif) Verlauf der Biege- und Drillmomente für $\varepsilon = 1{,}5$	Drilltragfähigkeit = 0 (drillweich) Verlauf der Biegemomente
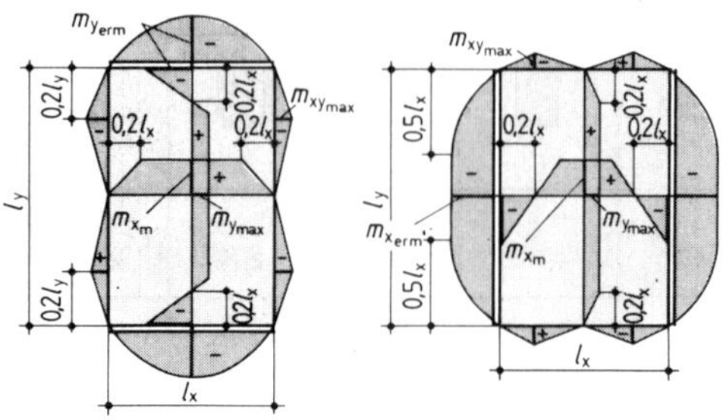	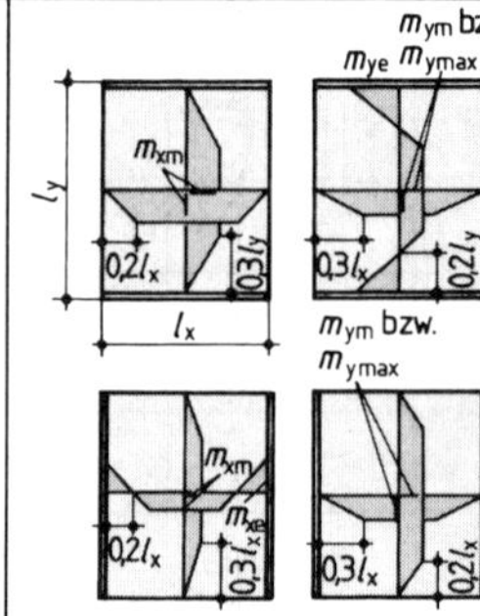
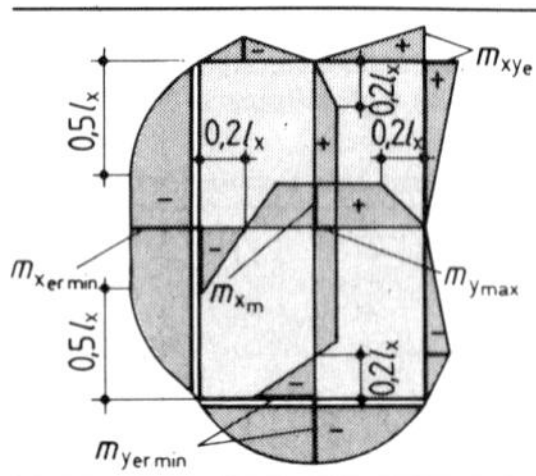	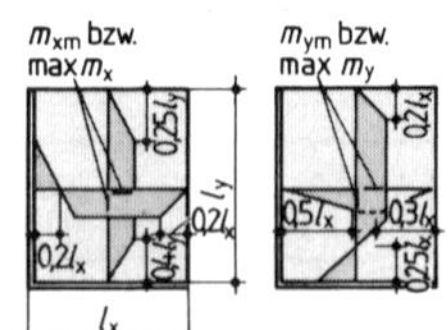
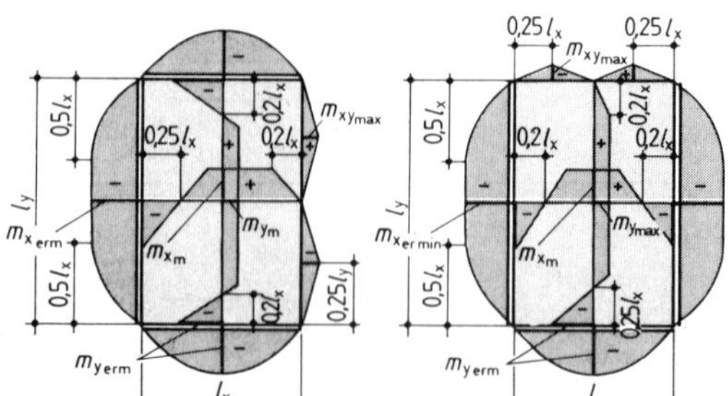	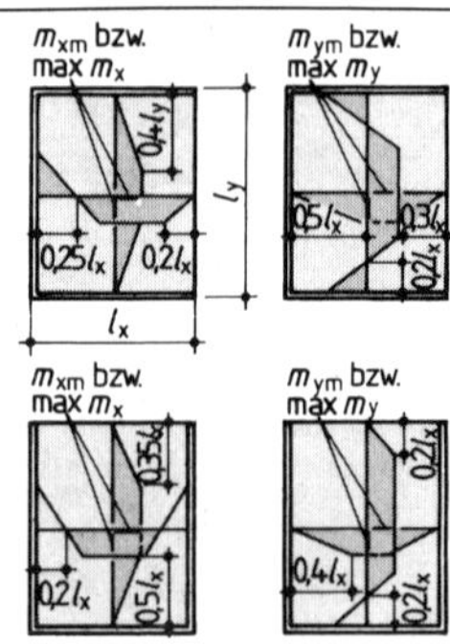
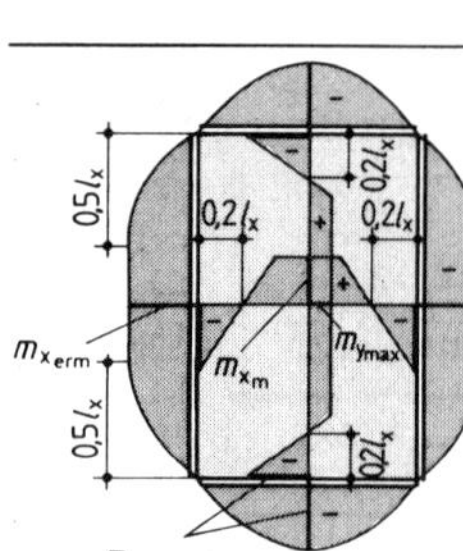	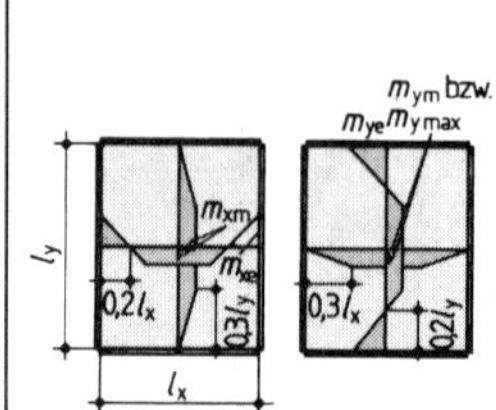

2.4.2 Zweiachsig gespannte durchlaufende Platten

In der Baupraxis sind Einfeldplatten (z. B. Garagendecke) die Ausnahme und Mehrfeldplatten – Plattensysteme (z. B. Geschoßdecke) – die Regel.

Platten zwischen Stahlträgern oder Stahlbetonfertigbalken dürfen nur dann als durchlaufend gerechnet werden, wenn die Oberkante der Platte mindestens 4 cm über der Trägeroberkante liegt und die Bewehrung zur Deckung der Stützmomente über die Träger hinweggeführt wird.

Bei der Berechnung eines Systems von zweiachsig gespannten Platten wird ausgegangen von den bekannten Ergebnissen der Analyse von Einfeldplatten.

Die Plattenmomente durchlaufender zweiachsig gespannter Platten, deren Stützweitenverhältnis min l/max l in einer Durchlaufrichtung nicht kleiner als 0,75 ist, dürfen nach dem Verfahren der Belastungsumordnung berechnet werden:

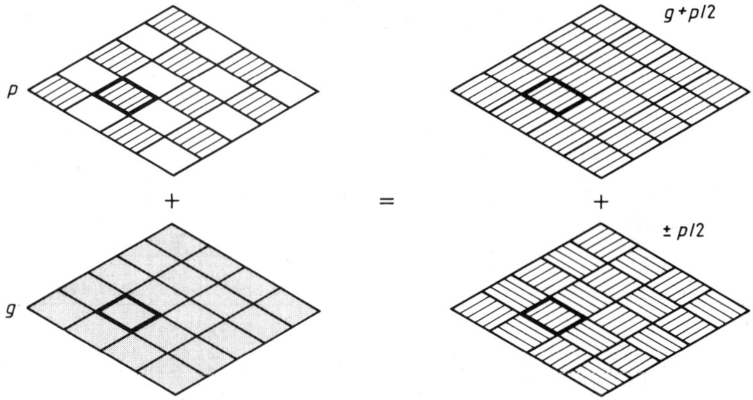

Bild 16 Belastungsumordnung

Maximale Feldmomente des stärker umrandeten Feldes von Bild 16 ergeben sich unter der links dargestellten Belastung (schraffierte Felder belastet). Rechts wirkt die gleiche Belastung in anderer Aufteilung. Wie man sieht, lassen sich die **maximalen Feldmomente** des elastisch eingespannten Plattenfeldes des Plattensystems an einer Einfeldplatte mit fest eingespannten und frei drehbar gelagerten Rändern ermitteln, die man wie folgt belastet:

$g+p/2$ auf Einfeldplatte, die an allen Rändern fest eingespannt ist, wo Nachbarfelder anschließen, liefert m'_{Feld}

$p/2$ auf Einfeldplatte, die an allen Rändern frei drehbar gelagert ist, liefert m''_{Feld}

$$\max \boldsymbol{m_{Feld} = m'_{Feld} + m''_{Feld}} \quad (14\,a)$$

Das **minimale Stützmoment** zwischen zwei Plattenfeldern eines Plattensystems darf wie folgt berechnet werden:

(a) Man berechnet die beiden (Voll-)Einspannmomente m_{S1} und m_{S2} der beiden benachbarten Einfeldplatten.

(b) Man berechnet das arithmetische Mittel $\boldsymbol{m_S = \frac{1}{2}(m_{S1} + m_{S2})}$ (14 b)

(c) Man berechnet den Wert „75 Prozent des betragsmäßig größeren (Voll-)Einspannmomentes".

(d) Man vergleicht die unter (b) und (c) berechneten Werte miteinander und wählt den betragsmäßig größeren Wert als maßgebendes Stützmoment.

(e) bei $l_1/l_2 > 5$ ist zwischen m_{S1} und m_{S2} nicht zu mitteln: der betragsmäßig größere Wert ist allein für die Bemessung maßgebend.

Ein Kragarm kann hinsichtlich der Stützungsart des angrenzenden Feldes dann als einspannend angesetzt werden, wenn das Kragmoment aus Eigenlast größer ist als das halbe Volleinspannmoment des Feldes bei Belastung durch q. Sinngemäß ist zu verfahren, wenn andere einspannende Systeme, z. B. dreiseitig gelagerte Platten angrenzen.

Tafel 30 **Momentenzahlen** nach Pieper und Martens

Stützungsart	Drilltragfähigkeit	Beiwerte	Stützweitenverhältnis l_y/l_x 1,0	1,1	1,2	1,3	1,4	1,5	1,6	1,7	1,8	1,9	2,0	$>\infty$
1 (l_x, l_y, x, y)	a	k_{xm}	27,2	22,4	19,1	16,8	15,0	13,7	12,7	11,9	11,3	10,8	10,4	8,0
		k_{ymax}	27,2	27,9	29,1	30,9	32,8	34,7	36,1	37,3	38,5	39,4	40,3	•
	b	k_{xm}	20,0	16,6	14,5	13,0	11,9	11,1	10,6	10,2	9,8	9,5	9,3	8,0
		k_{ymax}	20,0	20,7	22,1	24,0	26,2	28,3	30,2	31,9	33,4	34,7	35,9	•
2	a	k_{xm}	32,8	26,3	22,0	18,9	16,7	15,0	13,7	12,8	12,0	11,4	10,9	8,0
		k_{ymax}	29,1	29,2	29,8	30,6	31,8	33,5	34,8	36,1	37,3	38,4	39,5	•
		k_{yerm}	-11,9	-10,9	-10,1	-9,6	-9,2	-8,9	-8,7	-8,5	-8,4	-8,3	-8,2	-8,0
	b	k_{xm}	26,4	21,4	18,2	15,9	14,3	13,0	12,1	11,5	10,9	10,4	10,1	8,0
		k_{ymax}	22,4	22,8	23,9	25,1	26,7	28,6	30,4	32,0	33,4	34,8	36,2	•
2′	a	k_{xm}	29,1	24,6	21,5	19,2	17,5	16,2	15,2	14,4	13,8	13,3	12,9	10,2
		k_{ymax}	32,8	34,5	36,8	38,8	40,9	42,7	44,1	45,3	46,5	47,2	47,9	•
		k_{xerm}	-11,9	-10,9	-10,2	-9,7	-9,3	-9,0	-8,8	-8,6	-8,4	-8,3	-8,3	-8,0
	b	k_{xm}	22,4	19,2	17,2	15,7	14,7	13,9	13,2	12,7	12,3	12,0	11,8	10,2
		k_{ymax}	26,4	28,1	30,3	32,7	35,1	37,3	39,1	40,7	42,2	43,3	44,8	•
3	a	k_{xm}	38,0	30,2	24,8	21,1	18,4	16,4	14,8	13,6	12,7	12,0	11,4	8,0
		k_{ymax}	30,6	30,2	30,3	31,0	32,2	33,8	35,9	38,3	41,1	44,9	46,3	•
		k_{yerm}	-14,3	-12,7	-11,5	-10,7	-10,0	-9,5	-9,2	-8,9	-8,7	-8,5	-8,4	8,0
3′	a	k_{xm}	30,6	26,3	23,2	20,9	19,2	17,9	16,9	16,1	15,4	14,9	14,5	12,0
		k_{ymax}	38,0	39,5	41,4	43,5	45,6	47,6	49,1	50,3	51,3	52,1	52,9	•
		k_{xerm}	-14,3	-13,5	-13,0	-12,6	-12,3	-12,2	-12,0	-12,0	-12,0	-12,0	-12,0	-12,0
4	a	k_{xm}	33,2	27,3	23,3	20,6	18,5	16,9	15,8	14,9	14,2	13,6	13,1	10,2
		k_{ymax}	33,2	34,1	35,5	37,7	39,9	41,9	43,5	44,9	46,2	47,2	48,3	•
		k_{xermin}	-14,3	-12,7	-11,5	-10,7	-10,0	-9,6	-9,2	-8,9	-8,7	-8,5	-8,4	-8,0
		k_{yermin}	-14,3	-13,6	-13,1	-12,8	-12,6	-12,4	-12,3	-12,2	-12,2	-12,2	-12,2	-11,2
	b	k_{xm}	26,7	22,1	19,2	17,2	15,7	14,6	13,8	13,2	12,7	12,3	12,0	10,2
		k_{ymax}	26,7	27,6	29,2	31,4	33,8	36,2	38,1	39,8	41,4	42,8	44,2	•
5	a	k_{xm}	33,6	28,2	24,4	21,8	19,8	18,3	17,2	16,3	15,6	15,0	14,6	12,0
		k_{ymax}	37,3	38,7	40,4	42,7	45,1	47,5	49,5	51,4	53,3	55,1	58,9	•
		k_{xermin}	-16,2	-14,8	-13,9	-13,2	-12,7	-12,5	-12,3	-12,2	-12,1	-12,0	-12,0	-12,0
		k_{yerm}	-18,3	-17,7	-17,5	-17,5	-17,5	-17,5	-17,5	-17,5	-17,5	-17,5	-17,5	-17,5
5′	a	k_{xm}	37,3	30,3	25,3	22,0	19,5	17,7	16,4	15,4	14,6	13,9	13,4	10,2
		k_{ym}	33,6	34,1	35,1	37,3	39,8	43,1	46,6	52,3	55,5	60,5	66,1	•
		k_{xerm}	-18,3	-15,4	-13,5	-12,2	-11,2	-10,6	-10,1	-9,7	-9,4	-9,0	-8,9	-8,0
		k_{yermin}	-16,2	-14,8	-13,9	-13,3	-13,0	-12,7	-12,6	-12,5	-12,4	-12,3	-12,3	-11,2
6	a	k_{xm}	36,8	30,2	25,7	22,7	20,4	18,7	17,5	16,5	15,7	15,1	14,7	12,0
		k_{ymax}	36,8	38,1	40,4	43,5	47,1	50,6	52,8	54,5	56,1	57,3	58,3	•
		k_{xerm}	-19,4	-17,1	-15,5	-14,5	-13,7	-13,2	-12,8	-12,5	-12,3	-12,1	12,0	-12,0
		x_{yerm}	-19,4	-18,4	-17,9	-17,6	-17,5	-17,5	-17,5	-17,5	-17,5	-17,5	-17,5	-17,5

a: volle Drilltragfähigkeit

Auf die oben beschriebene Weise können auch die Plattenmomente eines Plattensystems mit Hilfe der k-Werte von Tafel 26 berechnet werden. Die hierbei erforderlich werdende Überlagerung haben Pieper und Martens überflüssig gemacht, indem sie generell eine 50prozentige Einspannung $\left(\frac{g+p/2}{g+p}=0{,}50\right)$ annehmen und dafür die Koeffizienten angeben, Tafel 30. Die Koeffizienten dieser Tafel dürfen bei annähernd gleicher Dicke d aller Platten benutzt werden, solange p nicht größer als $\frac{2}{3}q$ ist.

Folgt in einem Plattensystem auf zwei kleine Felder ein großes (Bild 17), dann werden die Verhältnisse z. B. in Feld 1 nicht nur durch Feld 2, sondern auch durch Feld 3 beeinflußt.

Tafel 31 Momentenzahlen f_{x1} [1])

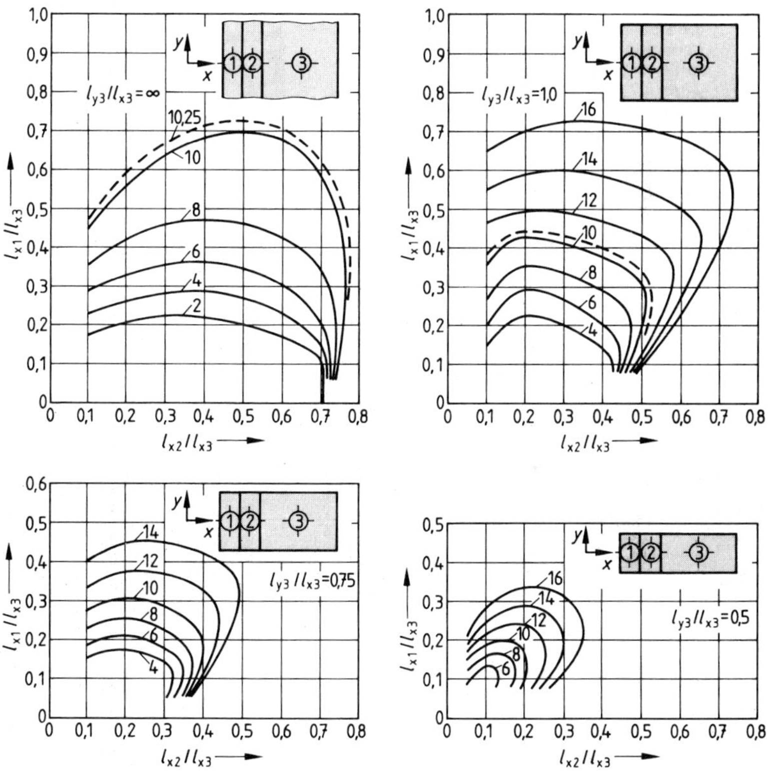

[1]) Zwischenwerte können innerhalb einer Tafel und zwischen zwei Tafeln linear eingeschaltet werden. Im allgemeinen genügt es jedoch die Tafel zu verwenden, deren Seitenverhältnis im Feld 3 dem vorhandenen am nächsten liegt. Wird die Tafel mit dem niedrigen Wert l_{y3}/l_{x3} gewählt so ist etwas reichlicher zu bewehren.

Man verfährt dann so:

- Tafel 31 Momentenzahl f_{x1} entnehmen;
- wenn $f_{x1} > 10{,}25$ oder das Stützweitenverhältnis nicht mehr notiert, dann wie im Normalfall Tafel 26 oder Tafel 30 verwenden;
- andernfalls ergibt sich

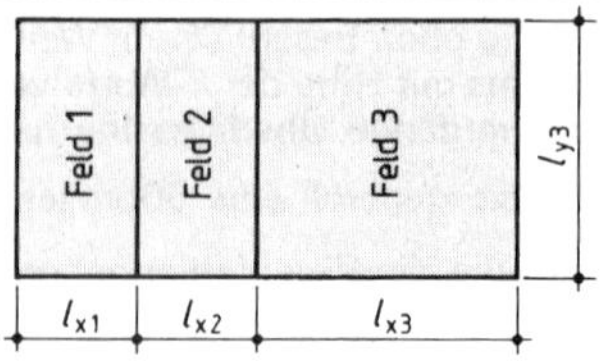

Bild 17 Auf zwei kleine Felder folgt ein großes

das Feldmoment in Feld 1 $$m_{fx1} = \frac{q \cdot l_{x1}^2}{f_{x1}} \quad (15)$$

die Endauflagerkraft des Feldes 1 $$A = \sqrt{2\,q \cdot m_{fx1}} \quad (16)$$

das Stützmoment zwischen den Feldern 1 und 2 $$m_b = A\, l_{x1} - \frac{q\, l_{x1}^2}{2} \quad (17)$$

das Feldmoment in Feld 2 $$m_{fx2} = \frac{q\, l_{x2}^2}{12} \quad (18)$$

(wenn $m_b > m_{fx2}$, dann ist m_b im Feld 2 maßgebend).

Beispiel $d = 13$ cm $g = 4{,}0$ kN/m²; $p = 1{,}50$ kN/m²; $q = 5{,}50$ kN/m² $p < 5{,}5/3$.
Berechnung der Momente s. Tabelle unten
zu Platte 6 $\varepsilon' = l'_y/l'_x = 1{,}13$

zu Platte 4 $l_{y3}/l_{x3} = 4{,}80/5{,}40 = 0{,}88 \approx 1{,}0$
$l_{x1}/l_{x3} = 1{,}60/5{,}40 = 0{,}296$;
$l_{x2}/l_{x3} = 2{,}0/5{,}40 = 0{,}37$;
nach Tafel 31 $f_{x1} = 7{,}9$. Die Indizes geben hier nicht die Plattennummer sondern das 1. bzw. 3. Feld an.

zu Platte 2 Kragmoment $m_{sxo} = -5{,}5 \cdot 1{,}7^2/2 = -7{,}95$ kNm/m. Das Plattenfeld 2 kann auch in andere statische Systeme aufgelöst werden z. B. in dreiseitig gelagerte Platten.

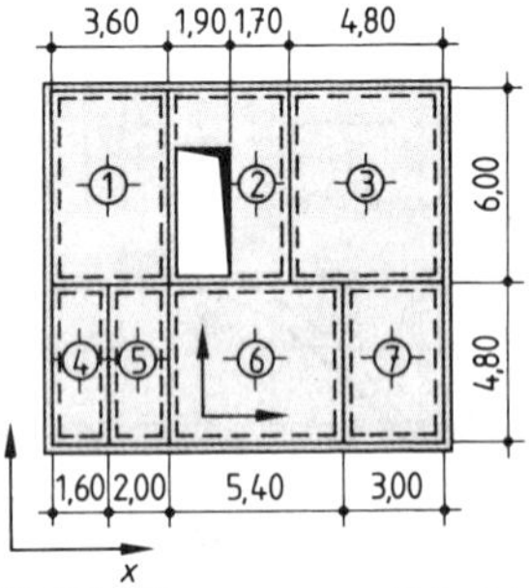

Bild 18 Plattensystem, Beispiel

Feldmomente in kNm/m

Platten-Nr.	Stützung	l_x / l'_y	l_y / l'_x	$\varepsilon = l_y/l_x$ / $\varepsilon' = l'_y/l'_x$	f_x	f_y	s_x	s_y	m_{fx}	m_{fy}	m_{sox}	m_{soy}
1	2	3,60 —	6,00 —	1,67 —	13,1	35,7	–	8,7	5,45	2,00	– –	–8,20
2	Krag	1,70	–	–	–	–	2,0	–	–	–	– 7,95	–
3	4	4,80 —	6,00 —	1,25 —	22,0	36,6	11,1	13,0	5,75	3,46	–11,40	–9,75
4	4	1,60 —	4,80 —	3,00 —	7,9	•	8,0	11,2	1,79	•	– 1,75	–1,25
5	5	2,00	4,80	2,40	12,0	•	12,0	17,5	1,84	•	– 1,84	–1,26
6	5'	— 5,40	— 4,80	— 1,13	34,4	28,8	14,5	14,8	3,68	4,38	– 8,70	–8,52
7	4	3,00 —	4,80 —	1,60 —	15,8	43,5	9,2	12,3	3,14	1,14	– 5,40	–4,04

f_x und m_{fx} für Platte 4 nach Tafel 31. f_x und m_{fx} für Platte 5 nach Gl. (18). Alle anderen Werte nach Tafel 26.

Stützmomente in kN/m

Rand $i-k$ / m	x-Richtung				y-Richtung			
	2–3	4–5	5–6	6–7	1–4	1–5	(2) 3–6	3–7
$m_{so} = m_{ik}$	–7,95	–1,75	–1,84	–8,70	–8,20	–8,20	–9,75	–9,75
$m_{so} = m_{ki}$	–11,4	–1,84	–8,70	–5,40	–1,25	–1,26	–8,52	–4,04
$\frac{m_{ik} + m_{ki}}{2}$		–1,80	–5,27	–7,05	wegen der T-förmigen Wandstücke			
0,75 min m_{so}		–1,38	–6,52	–6,52	Volleinspannung maßgebend			
min m_s	–7,95	–1,80	–6,52	–7,05	–8,20	–8,20	–9,75	–9,75

2.5 Dreiseitig gelagerte Platten nach Hahn

2.5.1 Dreiseitig frei drehbar gestützte Platte

$\varepsilon = l_y / l_x$; $D = \bar{\omega}_r \cdot E \cdot d^3$

Lastfall 1 Gleichlast q

$$K = q \cdot l_x l_y$$

Momente $m_i = K : f_i$

Durchbiegung $\omega_r = K \cdot l_x^2 : D$

Auflagerkräfte: $K_x = v_x \cdot K$; $K_y = v_y \cdot K_i$

Verteilung der Auflagerkräfte s. Bild 19

Eckkräfte: $R_1 = 2 m_{xy1}$; $R_2 = 2 m_{xy2}$ (Zug)

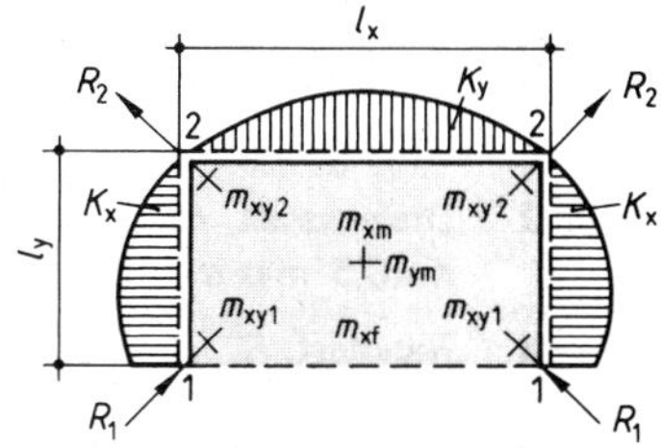

Bild 19 Gleichlast

Lastfall 2 Randlast q_x

$$S = q_x l_x$$

Momente $m_i = S : f_i$

Durchbiegung $\omega_r = S \cdot l_x^2 : D$

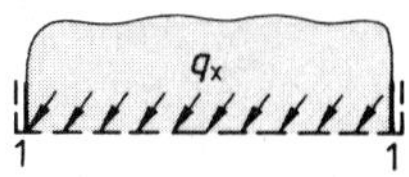

Bild 20 Randlast

Lastfall 3 Randmoment μ

Momente $m_i = \mu : f_i$

Durchbiegung $\omega_r = \mu l_x^2 : D$

Auflagerkräfte: $K_x = v_x \cdot \mu$; $K_y = v_y \cdot \mu$;

Verteilung der Auflagerkräfte s. Bild 21.

Eckkräfte: $R_1 = |\varrho_1 \cdot \mu|$; $R_2 = \varrho_2 \cdot \mu$

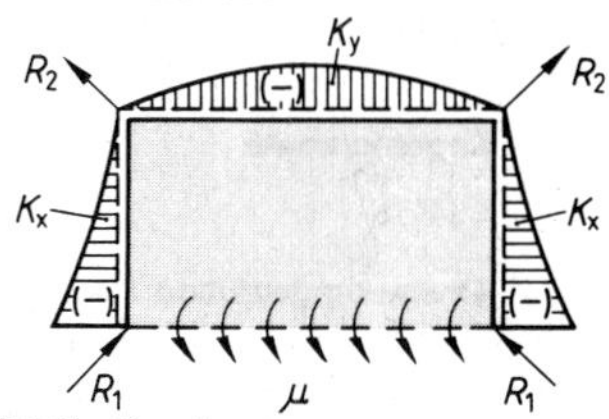

Bild 21 Randmoment

Tafel 32 Dreiseitig frei drehbar gestützte Platte

Fall	$\varepsilon =$	1,5	1,4	1,3	1,2	1,1	1,0	0,9	0,8	0,7	0,6	0,5	0,4	0,3	0,25
1 Gleichlast	f_{xr}	12,6	11,9	11,3	10,7	10,2	9,8	9,4	9,1	9,1	9,2	9,8	11,0	13,7	16,2
	f_{xm}	15,3	14,9	14,5	14,1	13,8	13,7	13,6	13,8	14,2	15,2	17,0	20,2	26,3	31,5
	f_{ym}	62,4	58,4	54,2	50,0	45,9	41,7	37,1	33,2	29,9	27,4	25,9	26,3	29,7	33,7
	$\pm f_{xy2}$	22,3	20,6	19,3	17,9	16,7	15,4	14,1	12,9	11,8	10,8	10,1	9,4	8,8	8,6
	$\pm f_{xy1}$	412	300	220	161	118	86,5	63,6	47,0	35,0	26,3	20,2	15,8	12,8	11,6
	$\bar{\omega}_r$	9,10	8,70	8,35	8,05	7,80	7,60	7,45	7,35	7,35	7,40	7,65	8,25	9,90	11,60
	v_x	0,45	0,45	0,44	0,43	0,42	0,41	0,39	0,37	0,34	0,31	0,28	0,22	0,16	0,13
	v_y	0,28	0,30	0,32	0,34	0,36	0,40	0,44	0,49	0,54	0,59	0,64	0,72	0,80	0,84
2 Randlast	f_{xr}	4,1	4,1	4,1	4,1	4,1	4,1	4,1	4,2	4,3	4,5	4,9	5,6	6,9	8,1
	f_{xm}	18,0	16,1	14,3	13,1	11,9	10,9	10,2	9,6	9,4	9,3	9,7	10,8	13,1	16,1
	f_{ym}	36,2	33,0	30,8	29,2	27,9	27,2	27,2	29,3	32,8	39,4	52,5	91,0	200	500
	$\pm f_{xy2}$	65,0	51,5	40,5	32,4	25,6	20,4	16,0	12,6	10,2	8,3	6,9	5,8	5,2	4,9
	$\bar{\omega}_r$	3,10	3,10	3,10	3,10	3,10	3,10	3,05	3,05	3,10	3,35	3,70	4,45	5,75	7,00
3 Randmoment	f_{xr}	2,95	2,94	2,93	2,92	2,91	2,90	2,85	2,80	2,74	2,65	2,50	2,35	2,20	2,08
	f_{xm}	−18,2	−18,4	−18,8	−20,5	−23,2	−31,0	−69	105	30,0	12,5	7,9	5,7	4,6	4,2
	$-f_{ym}$	32,1	22,4	16,5	12,8	9,8	7,6	6,1	4,8	3,4	3,1	2,5	2,2	2,1	2,0
	$\bar{\omega}_r$	2,00	2,00	2,00	2,00	2,00	2,00	1,95	1,90	1,85	1,78	1,71	1,63	1,54	1,49
	$-v_x$						1,19	1,39	1,52	1,55	1,52	1,49	1,46	1,36	1,20
	$-v_y$						0,62	0,64	0,70	0,78	0,80	0,80	0,70	0,50	0,28
	ϱ_1						1,25	1,55	1,78	1,94	2,03	2,15	2,35	2,65	2,96
	$-\varrho_2$						−0,25	−0,16	−0,09	−0,01	0,11	0,26	0,54	1,04	1,52

Beispiel $l_y = 2{,}10$ m; $l_x = 3{,}00$ m; $\varepsilon = 0{,}70$; Gleichlast $q = 8{,}5$ kN/m² Lastfall 1; Randlast $q_x = 7{,}2$ kN/m Lastfall 2; $K = 8{,}50 \cdot 2{,}10 \cdot 3{,}0 = 53{,}55$ kN; $S = 7{,}2 \cdot 3{,}0 = 21{,}6$ kN;

$m_{xr} = 53{,}55/9{,}1 + 21{,}6/4{,}3 = 10{,}90$ kNm/m;

$m_{xm} = 53{,}55/14{,}2 + 21{,}6/9{,}4 = 6{,}07$ kNm/m;

$m_{ym} = 53{,}55/29{,}9 - 21{,}6/32{,}8 = 1{,}13$ kNm/m;

$m_{xy2} = \pm 53{,}55/11{,}8 \pm 21{,}6/10{,}2 = \pm 6{,}66$ kNm/m;

$m_{xy1} = 53{,}55/35 = 1{,}53$ kNm/m.

2.5.2 Dreiseitig gestützte Platte mit Einspannung der drei Ränder

$\varepsilon = l_y/l_x$

Lastfall 1 Gleichlast: q

$K = q \cdot l_x \cdot l_y; \quad m_i = K/f_i;$
$K_x = v_x \cdot K; \quad K_y = v_y \cdot K;$

Lastfall 2 Dreieckslast; max q am Rand 2−2; $q = 0$ am Rand 1−1;
$K = 0{,}5 \cdot \max q \cdot l_x \cdot l_y; \quad m_i = K : f_i$

Lastfall 3 Randlast: $S_{1-1} = q_{1-1} \cdot l_x; \quad m_i = S_{1-1}/f_i$

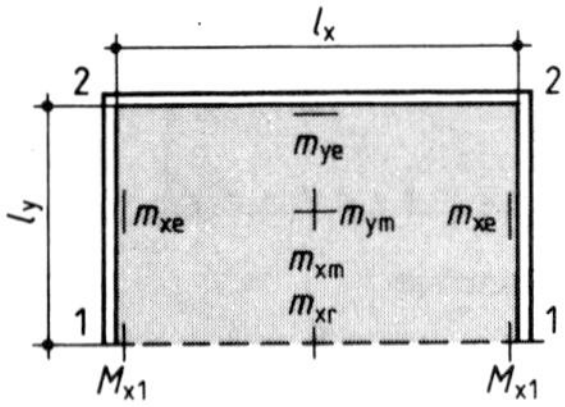

Bild 22 Biegemomente

Bild 23 Stützkräfte

Tafel 33 Dreiseitig gestützte Platte mit Einspannung der drei Ränder

Fall	$\varepsilon=$	1,5	1,4	1,3	1,2	1,1	1,0	0,9	0,8	0,7	0,6	0,5	0,4	0,3	0,25
1 Gleichlast	f_{xr}	35,8	33,4	31,0	28,6	26,4	24,3	22,4	20,9	19,9	19,8	21,3	26,8	46,4	77,0
	f_{xm}	39,8	38,3	37,0	35,8	34,9	34,3	34,0	34,3	35,6	38,6	45,6	63,6	126	228
	f_{ym}	163	152	141	130	119	109	99,5	91,0	83,4	80,0	83,4	108	208	417
	$-f_{x1}$	17,8	16,6	15,3	14,1	12,8	11,6	10,4	9,3	8,2	7,4	6,8	6,8	7,6	8,6
	$-f_{xe}$	18,7	17,8	17,0	16,2	15,6	15,0	14,5	14,3	14,2	14,7	15,8	18,1	23,0	27,2
	$-f_{ye}$	26,4	24,6	22,8	21,1	19,3	17,6	15,8	14,2	12,6	11,1	9,8	9,0	9,0	9,6
	v_x	0,42	0,41	0,40	0,39	0,38	0,37	0,35	0,34	0,32	0,30	0,27	0,23	0,19	0,17
	v_y	0,16	0,18	0,20	0,22	0,24	0,26	0,30	0,32	0,36	0,40	0,46	0,54	0,62	0,66
2 Dreieckslast max q. Rand 2−2	f_{xr}	115	100	86,3	73,7	63,0	54,1	46,8	41,4	37,9	36,6	38,9	48,7	85,5	143
	f_{xm}	42,4	41,5	41,1	41,0	41,3	42,2	44,0	46,8	51,4	59,2	74,2	110	230	430
	f_{ym}	80,6	76,2	71,3	66,7	62,5	58,8	56,9	54,0	56,5	59,1	69,0	91,0	172	313
	$-f_{x1}$	85,8	74,8	64,0	54,1	45,1	37,1	30,0	24,6	20,2	17,0	15,0	14,3	15,7	17,7
	$-f_{xe}$	19,1	18,4	17,8	17,3	16,9	16,6	16,5	16,7	17,2	18,3	20,3	23,9	30,7	36,5
	$-f_{ye}$	17,8	17,0	16,3	15,6	14,9	14,2	13,5	13,0	12,5	12,0	11,7	11,7	12,6	13,8
3 Randlast S_{1-1}	f_{xr}	7,0	7,0	7,1	7,1	7,2	7,2	7,3	7,3	7,4	7,9	9,2	13,0	21,2	33,5
	f_{xm}	143	112	85	63	47,5	35,5	28,2	24,0	22,1	23,3	27,1	34,3	54	84
	$-f_{ym}$	22	22	22	22	22	22	22	21	21	19	17	15	13	12
	$-f_{x1}$	2,3	2,3	2,3	2,2	2,2	2,2	2,1	2,1	2,1	2,2	2,2	2,6	3,3	4,1
	$-f_{xe}$	262	165	102	68	47,1	35,8	27,0	20,5	15,8	13,2	12,1	12,5	13,9	15,6
	$-f_{ye}$	$\sim\infty$	–	–	–	250	120	59	35	20	12,4	8,6	5,9	5,3	5,2

Beispiel $l_y = 4{,}80$ m; $l_x = 6{,}00$ mm; $\varepsilon = 0{,}80$; Dreieck max $q = 12{,}5$ kN/m²
Lastfall 2; $K = 0{,}5 \cdot 12{,}5 \cdot 6{,}00 \cdot 4{,}80 = 180$ KN

$m_{xr} = 180/41{,}4 = 4{,}35$ kNm/m
$m_{xm} = 180/46{,}8 = 3{,}85$ kNm/m
$m_{ym} = 180/54{,}0 = 3{,}33$ kNm/m
$m_{x1} = -180/24{,}6 = -7{,}32$ kNm/m
$m_{xe} = -180/16{,}7 = -10{,}78$ kNm/m
$m_{ye} = -180/13{,}0 = -13{,}85$ kNm/m

2.6 Punkt- und Linienlasten auf einachsig gespannten Platten; rechnerische Lastverteilungsbreite b_m

Ohne genaueren Nachweis darf die rechnerische Lastverteilungsbreite b_m nach Tafel 34 ermittelt werden. Dabei gilt für die Lasteintragungsbreite t

$$t = b_0 + 2d_1 + d \quad (19)$$

b_0 Lastaufstandsbreite
d_1 lastverteilende Deckschicht
d Plattendicke

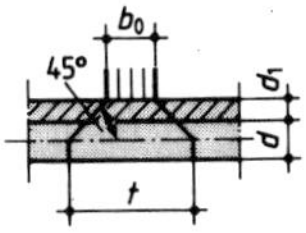

Bild 24 Lasteintragungsbreite t

Die Bilder 25a und b zeigen Beispiele für b_m. Für Lasten in Randnähe ergibt sich eine reduzierte rechnerische Lastverteilungsbreite red b_m nach Bild 25c.

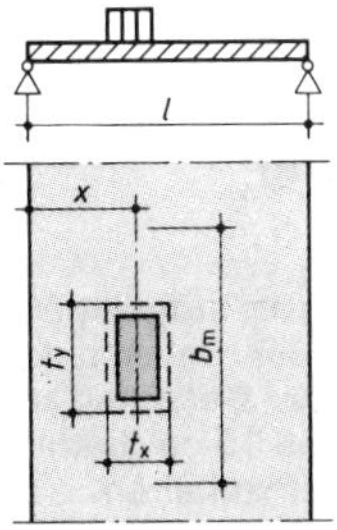

Bild 25a b_m für Feldmomente

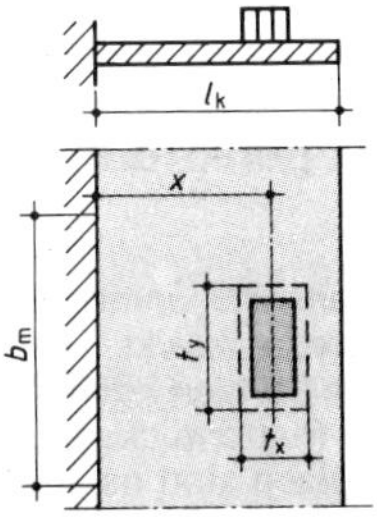

Bild 25b b_m für Stützmoment bei Kragplatten

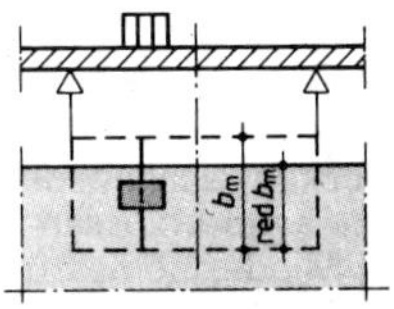

Bild 25c Reduzierte b_m bei Lasten in Randnähe

Tafel 34 Rechnerische Lastverteilungsbreite

	statisches System Schnittgröße	rechnerische Lastverteilungsbreite b_m	Gültigkeitsgenzen x	t_y	t_x	Mitwirkende Breite b_m. gültig für durchgehende Linienlast ($t_x = l$) $t_y = 0{,}05\,l$	$t_y = 0{,}1\,l$
1	m_F	$t_y + 2{,}5\,x\left(1 - \frac{x}{l}\right)$	$0 < x < l$	$0{,}8\,l$	l	$b_m = 1{,}36\,l$	
2	q_s	$t_y + 0{,}5\,x$	$0 < x < l$	$0{,}8\,l$	l	$b_m = 0{,}25\,l$	$b_m = 0{,}30\,l$
3	m_F	$t_y + 1{,}5\,x\left(1 - \frac{x}{l}\right)$	$0 < x < l$	$0{,}8\,l$	l	$b_m = 1{,}01\,l$	
4	m_s	$t_y + 0{,}5\,x\left(2 - \frac{x}{l}\right)$	$0 < x < l$	$0{,}8\,l$	l	$b_m = 0{,}67\,l$	
5	q_s	$t_y + 0{,}3\,x$	$0{,}2\,l < x < l$	$0{,}4\,l$	$0{,}2\,l$	$b_m = 0{,}25\,l$	$b_m = 0{,}30\,l$
6	q_s	$t_y + 0{,}4\,(l - x)$	$0 < x < 0{,}8\,l$	$0{,}4\,l$	$0{,}2\,l$	$b_m = 0{,}17\,l$	$b_m = 0{,}21\,l$
7	m_F	$t_y + x\left(1 - \frac{x}{l}\right)$	$0 < x < l$	$0{,}8\,l$	l	$b_m = 0{,}86\,l$	
8	m_s	$t_y + 0{,}5\,x\left(2 - \frac{x}{l}\right)$	$0 < x < l$	$0{,}4\,l$	l	$b_m = 0{,}52\,l$	
9	q_s	$t_y + 0{,}3\,x$	$0{,}2\,l < x < l$	$0{,}4\,l$	$0{,}2\,l$	$b_m = 0{,}21\,l$	$b_m = 0{,}25\,l$
10	m_s	$t_y + 1{,}5\,x$	$0 < x < l_k$	$0{,}8\,l_k$	l_k	$b_m = 1{,}35\,l_k$	
11	q_s	$t_y + 0{,}4\,(l - x)$	$0 < x < 0{,}8\,l$	$0{,}4\,l$	$0{,}2\,l$	$b_m = 0{,}36\,l_k$	$b_m = 0{,}43\,l_k$

Für die Berechnung des Biegemomentes m und der Querkraft q gilt

$$m=\frac{M}{b_m} \quad (20) \qquad q=\frac{Q}{b_m} \quad (21)$$

l Stützweite der Platte
l_k Kragweite der Platte
u Ort des größten Feldmomentes
x Abstand des Lastschwerpunktes vom Auflager
t_x Lasteintragungsbreite in x-Richtung
t_y Lasteintragungsbreite senkrecht zur x-Richtung
m Plattenmoment je m Breite (m_F bzw. m_s)
M größtes Balkenmoment (Feldmoment M_F bzw. Stützmoment M_s) der auf die Länge t_x gleichmäßig verteilten Gesamtlast
Q Balkenquerkraft am Auflager
q_s Plattenquerkraft je m Breite am Auflager
b_m rechnerische Lastverteilungsbreite a.d. Stelle des max. Feldmomentes bzw. am Auflager

2.7 Flach- und Pilzdecken mit punktförmiger Stützung

2.7.1 Allgemeine Grundlagen

Platten sind punktförmig gestützt, wenn sie unmittelbar auf Stützen aufgelagert sind. Dabei können die Stützenköpfe verstärkt (Pilzdecken) oder unverstärkt (Flachdecken) ausgebildet werden. Die Stützen können gelenkig oder biegesteif an die Platte angeschlossen werden. Die Plattendicke muß mindestens 15 cm betragen, die Mindestabmessungen der Stützen sind nach Abschn. 18 einzuhalten.

2.7.2 Schnittgrößen

Bei rechteckigem Stützenraster mit Stützweiten

$0{,}75 \leqq l_x/l_y \leqq 1{,}33$

und vorwiegend lotrechter Belastung gilt für die Ermittlung der Schnittgrößen das unten dargestellte Näherungsverfahren. Die Pilzdecke wird durch zwei sich kreuzende Scharen von Durchlaufträgern oder bei biegesteifer Unterstützung Rahmen ersetzt. Als Stützweite wird der Abstand der Unterstützungen und als Systembreite der entsprechende Stützenabstand senkrecht zur Trägerrichtung angenommen. Die Systeme werden in beide Richtungen jeweils mit der gesamten Last feldweise in ungünstiger Stellung belastet.

Der Einfluß der Stützenkopfverstärkungen ist zu berücksichtigen, wenn der Durchmesser der Verstärkung $\geqq 0{,}3 \min l$ und die Neigung der Unterseiten $\geqq 1:3$ ist.

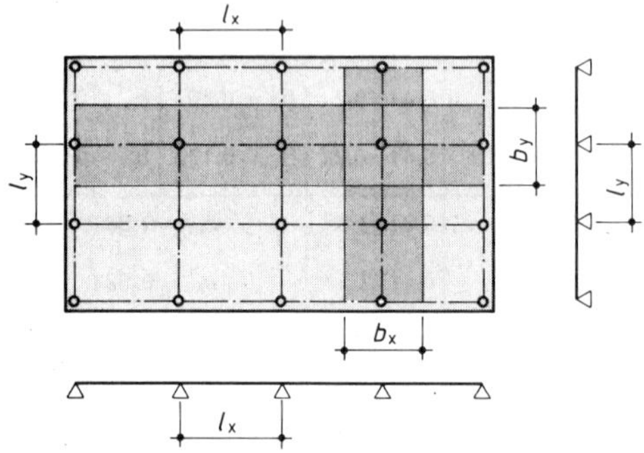

b_y Belastungsbreite in x-Richtung
b_x Belastungsbreite in y-Richtung

Bild 26 Ersatzträger als Durchlaufträger bei gelenkigen Anschlüssen Stützen/Platte

Die Schnittgrößen sind im Bereich der jeweiligen Systembreite zu verteilen, wobei das Deckenfeld in einen inneren Feldstreifen und zwei äußeren Gurtstreifen zerlegt wird.

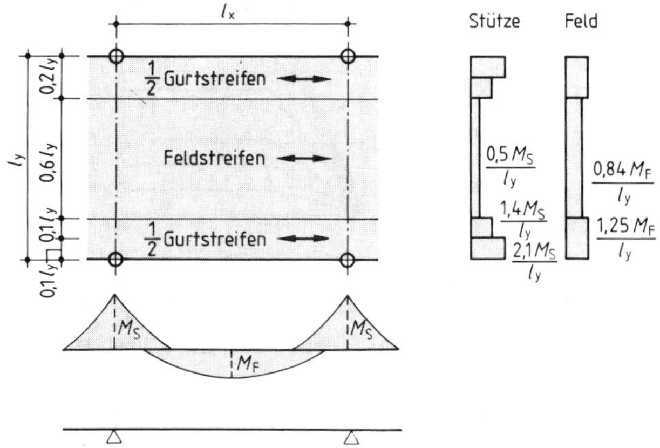

Bild 27 Schnittgrößen in Pilz- und Flachdecken (dargestellt für die *x*-Richtung)

3 Bemessung für Biegung, Biegung mit Längskraft und Längskraft allein

3.1 Allgemeine Grundlagen und Biegebemessung

Die Bemessungsregeln gelten für Träger mit $l_0/h \geqq 2$ und Kragträger mit $l_k/h \geqq 1$ mit l_0 = Abstand der Momenten-Nullpunkte und l_k = Kraglänge.

Die Bemessung muß einen ausreichenden Sicherheitsabstand zwischen Gebrauchs- und rechnerischer Bruchlast gewährleisten. Dies ist der Fall, wenn die Schnittgrößen im Bruchzustand mindestens gleich sind den mit dem Sicherheitsbeiwert γ vervielfachten Schnittgrößen unter Gebrauchslast.

Der für die Bemessung maßgebende Zusammenhang zwischen Spannung und Dehnung ist für Stahl in Bild 28 und für Beton in Bild 29a dargestellt. Wie weit diese Spannungsdehnungslinien im einzelnen ausgenutzt werden dürfen, zeigen die Dehnungsdiagramme in Bild 30.

Zur Vereinfachung darf für Beton statt Bild 29a auch Bild 29b benutzt werden.

Der für Zug und Druck gleiche Elastizitätsmodul für Stahl beträgt E_s = 210000 N/mm^2.

Tafel 35 gibt Rechenwerte des für Zug und Druck gleichen Elastizitätsmoduls E_b für Beton an. Sie gelten nur für Beton mit Zuschlag nach DIN 4226-1, nicht aber für Beton mit anderen z. B. porigen Zuschlägen. Der Einfluß der Querdehnung ist mit μ = 0,2 zu berücksichtigen, wenn er von wesentlicher Bedeutung ist.

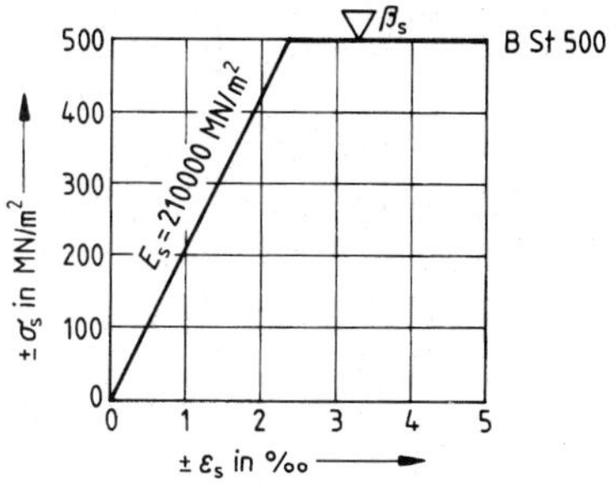

Bild 28 Rechenwerte für die Spannungs-Dehnungs-Linien der Betonstähle

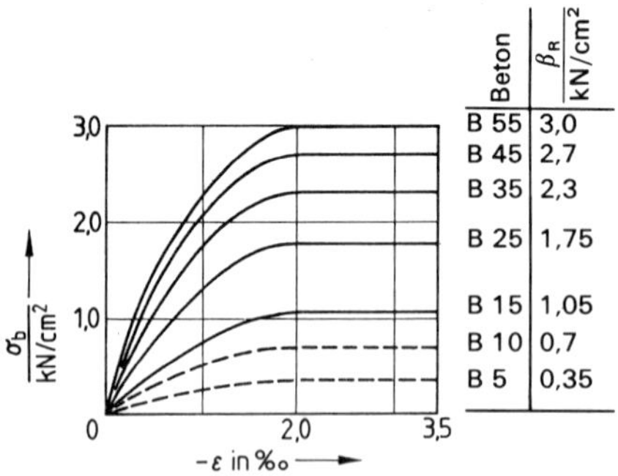

Bild 29a **Rechenwerte für die Spannungs-Dehnungslinie des Betons**

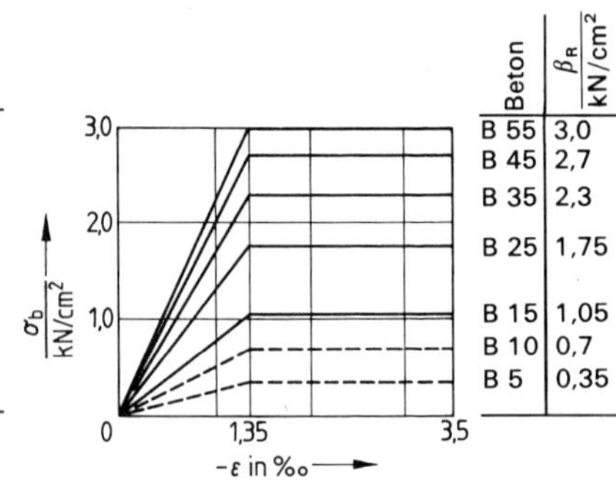

Bild 29b **Spannungs-Dehnungs-Linie des Betons zum Nachweis der Formänderungen oberhalb der Gebrauchslast (β_R s. Tafel 36)**

Tafel 35 **Rechenwerte des Elastizitätsmoduls des Betons unter Gebrauchslast in N/mm²**

Festigkeitsklasse des Betons	B10	B15	B25	B35	B45	B55
Elastizitätsmodul E_b in N/mm²	22000	26000	30000	34000	37000	39000

Tafel 36 **Rechenwerte β_R der Betondruckfestigkeit in N/mm²**

Nennfestigkeit des Betons β_{wN}	5	10	15	25	35	45	55
Rechenwerte β_R	3,5	7,0	10,5	17,5	23	27	30

Ein Mitwirken des Betons auf Zug darf näherungsweise durch Annahme eines um 10% vergrößerten Querschnitts der Zugbewehrung berücksichtigt werden.

Merkmale der Dehnungsbereiche

1 Mittige Zugkraft und Zugkraft mit geringer Ausmitte

2 Biegung oder Biegung mit Längskraft bis zur Ausnutzung der Betondruckfestigkeit ($|\varepsilon_{b1}| \leq 3{,}5‰$) und unter Ausnutzung der Stahlstreckgrenze ($\varepsilon_{s2} > \varepsilon_{sS}$)

3 Biegung oder Biegung mit Längskraft bei Ausnutzung der Betondruckfestigkeit und der Stahlstreckgrenze. Linie a: Grenze der Ausnutzung der Stahlstreckgrenze ($\varepsilon_{s2} = \varepsilon_{sS}$)

4 Biegung mit Längskraft ohne Ausnutzung der Streckgrenze ($\varepsilon_{s2} < \varepsilon_{sS}$) bei Ausnutzung der Betondruckfestigkeit

5 Druckkraft mit geringer Ausmitte und mittige Druckkraft. Innerhalb dieses Bereiches ist $\varepsilon_{b1} = -3{,}5‰ - 0{,}75\ \varepsilon_{b2}$ in Rechnung zu stellen, für mittigen Druck (Linie b) ist somit $\varepsilon_{b1} = \varepsilon_{b2} = -2‰$.

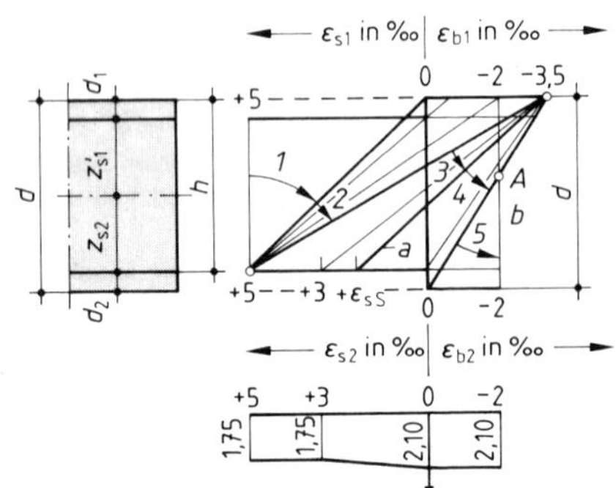

Bild 30 **Dehnungsdiagramme und Sicherheitsbeiwerte**

Bei Lastschnittgrößen betragen die Sicherheitsbeiwerte (Bild 30)

$\gamma = 1{,}75$ bei Versagen des Querschnitts mit Vorankündigung, d.h. bei $\varepsilon_{s2} \geqq 3‰$

$\gamma = 2{,}10$ bei Versagen des Querschnitts ohne Vorankündigung, d.h. bei $\varepsilon_{b2} \leqq 0‰$.
(Im Bereich $0 < \varepsilon < 3$ Sicherheitswert geradlinig einschalten)

Bei Zwangsschnittgrößen beträgt der Sicherheitsbeiwert $\gamma = 1{,}0$.

Beim Rechteckquerschnitt mit der Breite b treten im Bruchzustand folgende inneren Kräfte auf:

$D_b = k_b b h \beta_R$	Resultierende der Betondruckspannungen
$Z_S = A_{s2} \cdot \sigma_{s2,u}$	Zugkraft in der Zugbewehrung
$D_s = A_{s1} \cdot \sigma_{s1,u}$	Druckkraft in der Druckbewehrung

Die Stahlspannungen $\sigma_{s2,u}$ und $\sigma_{s1,u}$ sind den Spannungs-Dehnungs-Linien nach Bild 28 entsprechend den zugehörigen Dehnungen ε_{s2} und ε_{s1} zu entnehmen ($\sigma_{s2,u}$ bzw. $\sigma_{s1,u} \leqq \beta_S$).

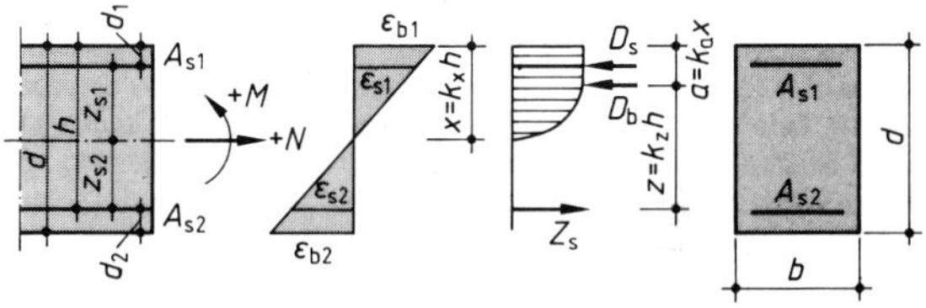

Bild 31
Bezeichnungen, äußere Schnittgrößen und innerer Spannungs- und Dehnungszustand für den Rechteckquerschnitt im Bruchzustand

Der dargestellte Dehnungs- und Spannungszustand gilt für den Bruch- bzw. Erschöpfungszustand, der nach DIN 1080 mit dem Index u gekennzeichnet wird. Wenn die Eindeutigkeit nicht darunter leidet, läßt man diesen Index jedoch fort, wie hier teilweise geschehen.

Hilfsgrößen

$x = k_x h$	Höhe der Druckzone
$z = k_z h$	Hebelarm der inneren Kräfte
$a = k_a x$	Abstand der Resultierenden der Betondruckspannungen ($D_b = b x \sigma_m$) vom stärker gedrückten Querschnittsrand
$\sigma_m = D_b / b x$	mittlere Betondruckspannung (s. Bild 32)
$\alpha_R = \sigma_m / \beta_R$	Beanspruchungsgrad
$k_b = \alpha_R \cdot k_x = D_b / b \cdot h \cdot \beta_R$	auf die Querschnittsfläche bh und den Rechenwert β_R der Betonfestigkeit bezogene resultierende Druckkraft D_b

Mit der Spannungsverteilung von Bild 29a und den möglichen Dehnungszuständen von Bild 30 können Größe und Lage der resultierenden Betondruckkraft D_{bu} für jeden Dehnungszustand bestimmt werden. Bild 32 zeigt den Zusammenhang für (a) den Dehnungsbereich 2 und (b) den Dehnungsbereich 5. Bild 32 (a) zeigt außerdem die Lage der Spannungsnullinie im Querschnitt, die freilich auch schon Bild 30 zu entnehmen ist.

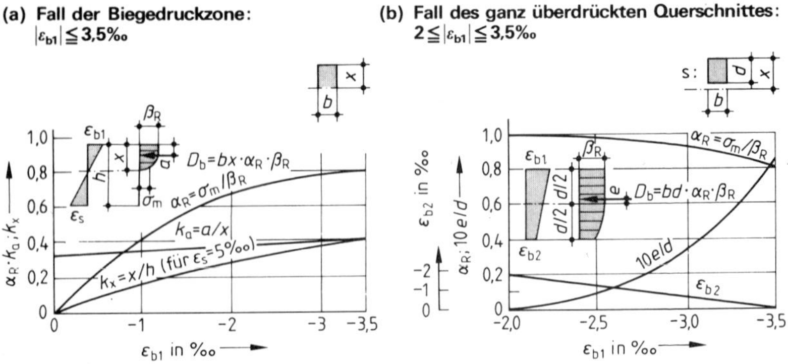

Bild 32 Kennwerte der Biegedruckzone für den Rechteckquerschnitt im Bruchzustand

Die sich zu den einzelnen Dehnungszuständen – man durchläuft nacheinander die Bereiche 2, 3 und 4 – für Rechteckquerschnitte ergebenden Bruchschnittgrößen liefert Tafel 38. Division der Bruchschnittgrößen durch die zu ε_{s2} bzw. ε_{b2} gehörenden Sicherheitsbeiwerten liefert den Zusammenhang mit den Momenten im Gebrauchszustand, Tafel 39.

Auf der Abszisse von Tafel 39 ist als Richtwert das bezogene Moment m_s im Gebrauchszustand aufgetragen, das den Ausnutzungsgrad des Querschnitts kennzeichnet. Auf der Ordinate findet man die diesem Wert m_s zugeordneten Hilfsgrößen k_x, k_z und k_b sowie ε_{s1} und ε_{s2}. Zur Bemessung benötigt man meist nur k_z und ε_{s2}. Mit k_z ermittelt man $z = k_z h$, und mit ε_{s2} erhält man aus Bild 28 die Stahlspannung σ_{su}. Die erforderliche Bewehrung A_s ergibt sich dann aus Gl. (22a). Bei normaler Querschnittsausnutzung wird meist die Streckgrenze des Stahls erreicht. Wenn gleichzeitig $\varepsilon_s \geqq 3‰$ beträgt, bleibt $\gamma = 1{,}75$ konstant und aus Gl. (22a) wird dann Gl. (22b). Werte $1{,}75/\beta_s$ s. Tafel 37.

$$\boldsymbol{A_s = \frac{\gamma}{\sigma_{su}}\left(\frac{M_s}{z} + N\right)} \quad (22a) \qquad \boldsymbol{A_s = \frac{1{,}75}{\beta_s} \cdot \left(\frac{M_s}{z} + N\right)} \quad (22b) \qquad \boldsymbol{m_s = M_s / b\,h^2\,\beta_R} \quad (22c)$$

Tafel 37 Werte β_s, $\beta_s/1{,}75$ und $1{,}75/\beta_s$ für Betonstahl nach DIN 1045

	B St 500 S/B St 500 M
β_s in MN/m²	500
$\beta_s/1{,}75$ in MN/m²	286
$1{,}75/\beta_s$ in m²/MN	0,0035

Tafel 39 kann auch zur Ermittlung einer zusätzlichen Druckbewehrung benutzt werden. Man spaltet hierzu das Gesamtmoment M_s nach Gl. (23) in 2 Anteile auf, nämlich

$$\boldsymbol{M_s = M_{sb} + \Delta M_s} \quad (23)$$

M_{sb} Momentenanteil der unbewehrten Betondruckzone
ΔM_s Momentanteil einer zusätzlichen Druck- und Zugbewehrung.

Die Zug- und Druckbewehrung erhält man dann mit Gl. (24) und Gl. (25).

$$\boldsymbol{A_{s2} = \frac{\gamma}{\sigma_{s2,u}}\left(\frac{M_{sb}}{z} + \frac{\Delta M_s}{h - d_1} + N\right)} \quad (24) \qquad \boldsymbol{A_{s1} = \frac{\gamma}{\sigma_{s1,u}} \cdot \frac{\Delta M_s}{h - d_1}} \quad (25)$$

Tafel 38 Allgemeines Bemessungsdiagramm mit M_s im Bruchzustand

$M_{su} = M_u - N_u \cdot Z_s$

Ohne Druckbewehrung:

$$A_{s2} = \frac{1}{\sigma_{s2,u}} \left(\frac{M_{su}}{z} + N_u \right)$$

$M_{su} = M_{sbu} + \Delta M_{su}$

mit Druckbewehrung:

$$A_{s2} = \frac{1}{\sigma_{s2,u}} \left(\frac{M_{sbu}}{z} + \frac{\Delta M_{su}}{h - d_1} + N_u \right)$$

$$A_{s1} = \frac{1}{\sigma_{s1,u}} \cdot \frac{\Delta M_{su}}{h - d_1}$$

N_u als Druckkraft negativ einsetzen

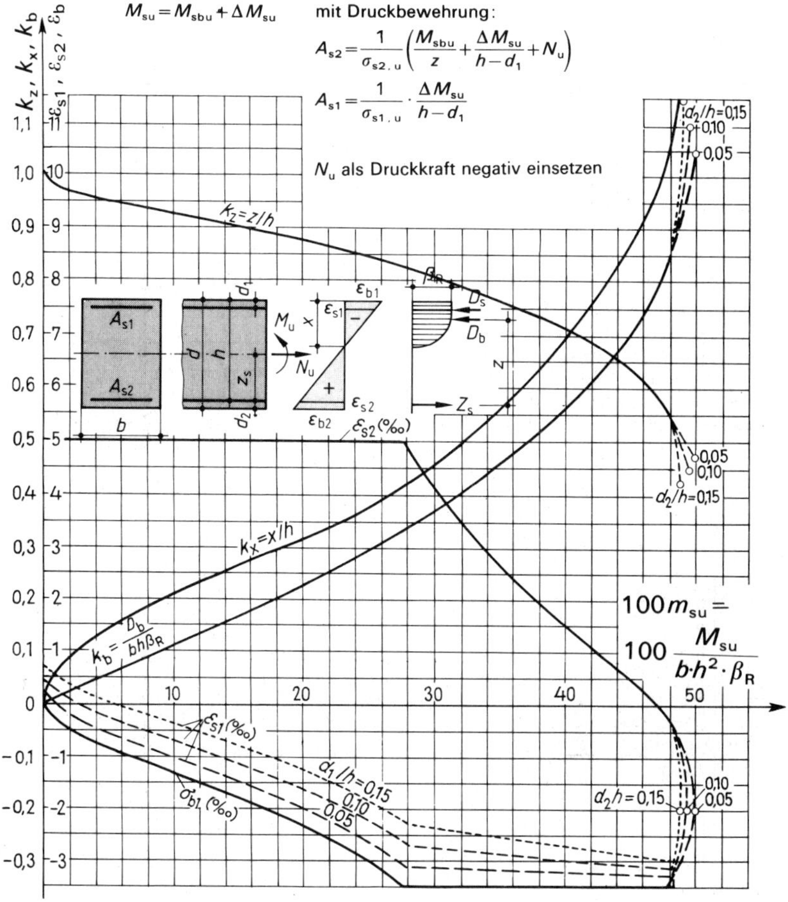

Tafel 39 Allgemeines Bemessungsdiagramm mit M_s im Gebrauchszustand

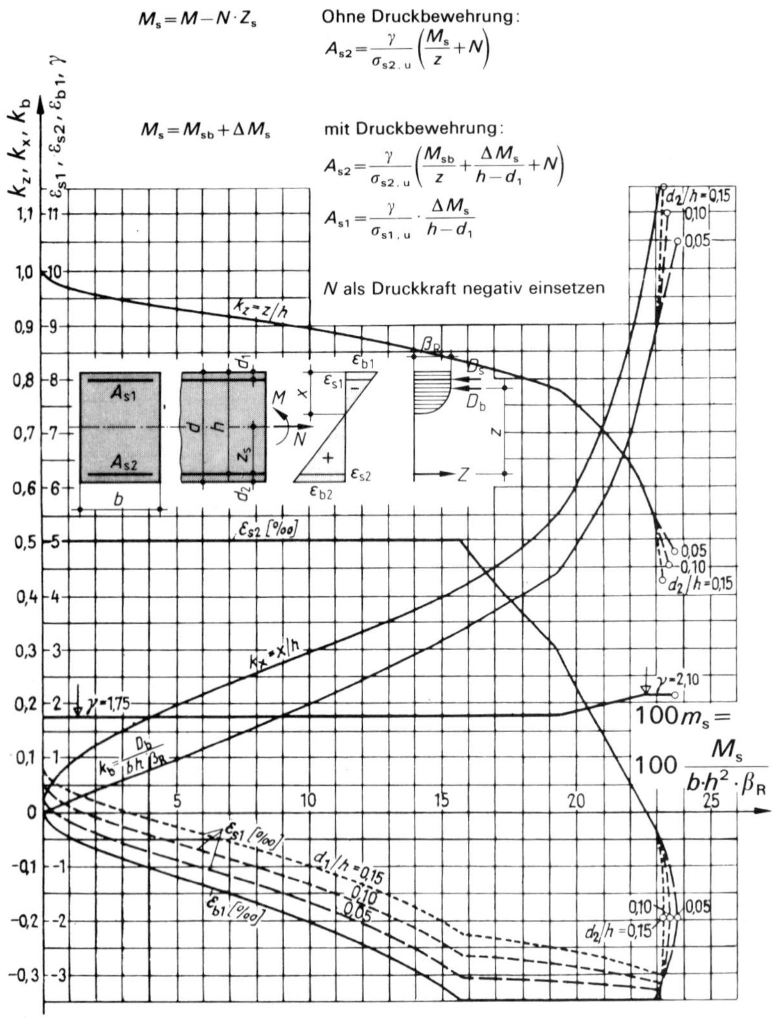

Beispiel Geg.: $b = 0{,}30$ m; $d = 0{,}5$ m; $h = 0{,}46$ m; $z_s = 0{,}21$ m; B 25; BSt 500 S;
$M = 68{,}0$ kNm und $N = -100$ kN;
Ges.: Bewehrung

$M_s = 68 + 100 \cdot 0{,}21 = 89$ kNm $\rightarrow 100\, m_s = \frac{100 \cdot 89}{0{,}3 \cdot 0{,}46^2 \cdot 17{,}5 \cdot 10^3} = 8{,}0.$

Hierzu $k_z = 0{,}91$ (Ablesung)

$z = 0{,}91 \cdot 0{,}46 = 0{,}42$ m; $A_s = \frac{1{,}75}{50} \left(\frac{89}{0{,}42} - 100 \right) = 3{,}91$ cm²

Die Stahlspannungen $\sigma_{s2,u}$ der Zugbewehrung und $\sigma_{s1,u}$ der Druckbewehrung erhält man aus Bild 28 für die Dehnungen ε_{s2} und ε_{s1}, die aus Tafel 39 bei m_{sb} zu entnehmen sind. Um den Querschnitt möglichst wirtschaftlich zu bemessen, ist es i. allg. vorteilhaft, den Momentenanteil M_{sb} so zu wählen, daß die Zugbewehrung mindestens die Streckgrenze, besser aber noch eine Dehnung von $\varepsilon_{s2}=3‰$ erreicht.

Beispiel Geg.: $b=0{,}30$ m; $d=0{,}5$ m; $z_s=0{,}21$ m; B 25; BSt 500 S
$M=208$ KNm und $N=-200$ kN
Ges.: Bewehrung

$M_s=208+200\cdot 0{,}21=250$ kNm $\rightarrow 100\, m_s=\dfrac{100\cdot 250}{0{,}3\cdot 0{,}46^2\cdot 17{,}5\cdot 10^3}=22{,}5>19{,}3$
(bei $\varepsilon_{s2}=3‰$).

Bei $100\, m_s=19{,}3\rightarrow k_z=0{,}78$ (Ablesung) $z=0{,}78\cdot 0{,}46=0{,}36$ m

$M_{sb}=19{,}3\cdot 0{,}3\cdot 0{,}46^2\cdot 17{,}5\cdot 10^3/100=214$ kNm $\quad \Delta M_s=250-214=36$ kNm

$$A_{s2}=\frac{1{,}75}{50}\left(\frac{214}{0{,}36}+\frac{36}{0{,}46-0{,}04}-200\right)=16{,}8\ \text{cm}^2;\quad A_{s1}=\frac{1{,}75}{50}\cdot\frac{36}{0{,}46-0{,}04}=3{,}02\ \text{cm}^2$$

Da die Handhabung dieser Diagramme für die tägliche Bemessungsarbeit zu umständlich ist, wurden Bemessungstabellen entwickelt, s. S. 480ff.

3.2 Zugkraftlinie und Zugkraftdeckungslinie

Die Biegezugbewehrung eines Biegebalkens kann in Bauteil-Längsrichtung dem Verlauf der M-Linie bzw. der $\left(\dfrac{M_s}{z}+N\right)$-Linie entsprechend geführt werden. Um dem tatsächlichen Tragverhalten eines biegebeanspruchten Stahlbetonbauteils näher zu kommen, wird die sog. Zugkraftlinie eingeführt, das ist die um ein bestimmtes Versatzmaß v verschobene $\left(\dfrac{M_s}{z}+N\right)$-Linie. Die einzelnen Teile der $\left(\dfrac{M_s}{z}+N\right)$-Linie sind jeweils so zu verschieben, daß sich eine Vergrößerung der $\left(\dfrac{M_s}{z}+N\right)$-Fläche ergibt. Das Versatzmaß v ist von der Größe der Schubbeanspruchung – dem Schubbereich (s. S. 442) – und der gewählten Schubbewehrung abhängig und in Tafel 40 angegeben.

Tafel 40 Versatzmaß *v* (vgl. DIN 1045, Tab. 25)

Schubsicherung durch	Versatzmaß v bei: Balken im Schubbereich 1	2	3	Platten im Schubbereich 1	2
Schrägbügel $s\leqq 0{,}25\cdot h$	$0{,}75\cdot h$	$0{,}50\cdot h$	$0{,}25\cdot h$	Keine Schubbewehrung erforderlich	$0{,}50\cdot h$
Schrägbügel $s>0{,}25\cdot h$	$0{,}75\cdot h$	$0{,}75\cdot h$	$0{,}50\cdot h$		$0{,}75\cdot h$
Aufgebogene Stäbe allein	nicht zulässig!				$0{,}75\cdot h$
Aufbiegungen und lotrechte Bügel	$0{,}75\cdot h$	$0{,}75\cdot h$	$0{,}50\cdot h$		$0{,}75\cdot h$
Lotrechte Bügel allein	$0{,}75\cdot h$	$1{,}00\cdot h$	$0{,}75\cdot h$		$1{,}00\cdot h$
Kein Nachweis d. Schubbewehrung	$0{,}75\cdot h$	nicht zulässig!		$0{,}75\cdot h$	nicht zulässig!
Bauteile ohne Schubbewehrung	im allg. nicht zulässig!			$1{,}00\cdot h$	
Bei „voller Schubdeckung" gelten immer die Werte des Schubbereiches 3					

„schräg": Neigungswinkel zwischen Bauteilachse und Schubbewehrung 45° bis 60°, „annähernd rechtwinklig": Neigungswinkel zwischen Bauteilachse und Schubbewehrung mehr als 60°.

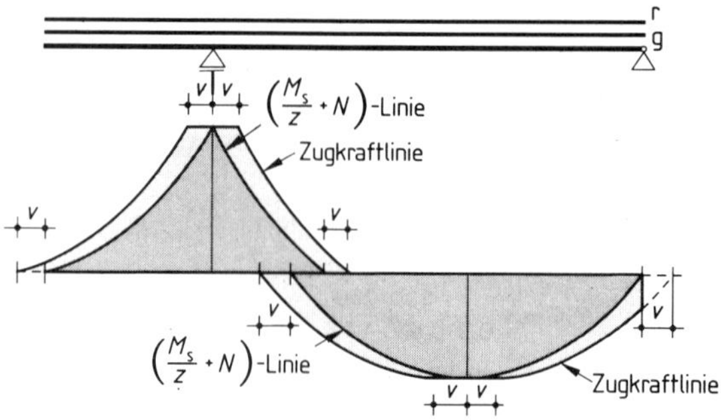

Bild 33
$\left(\frac{M_s}{z}+N\right)$**-Linie, Versatzmaß und Zugkraftlinie**

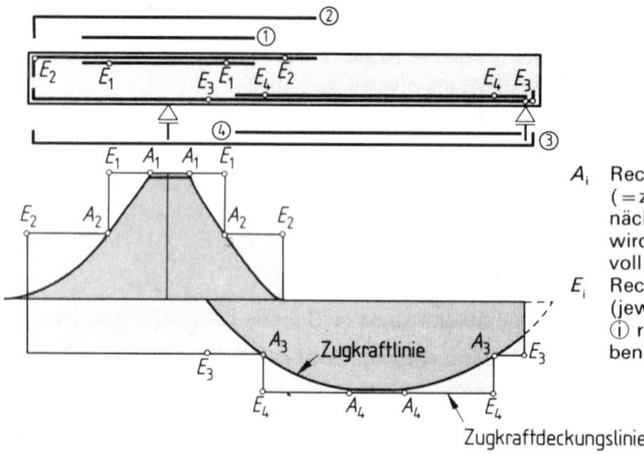

A_i Rechnerischer Anfangspunkt (= zwischen A_i und dem nächstliegenden Punkt E_i wird der Stab ⓘ nicht mehr voll ausgenutzt)

E_i Rechnerischer Endpunkt (jeweils von E_i wird der Stab ⓘ rechnerisch nicht mehr benötigt)

Bild 34
Zugkraftlinie und Zugkraftdeckungslinie

3.3 Bemessung verbügelter und umschnürter Druckglieder ohne Knickgefahr

Die zulässige Last N des mittig beanspruchten und symmetrisch bewehrten verbügelten Stahlbetondruckgliedes ohne Knickgefahr beträgt

$$N = N_b + n_s = \frac{1}{2{,}1}(A_b \cdot \beta_R + A_s \cdot \sigma_{su}) \quad (26)$$

Tafel 41 Zulässiger Lastanteil $N_b = k \cdot$ Tafelwert in kN für den Betonquerschnitt $A_b = b \cdot d$

Betonfestigkeitsklasse	k
B 15	0,6
B 25	1,0
B 35	1,31
B 45	1,54
B 55	1,71

b in cm =	20	25	30	35	40	45	50	55	60
d = 20 cm	333								
25	417	521							
30	500	625	750						
35	583	729	875	1021					
40	667	833	1000	1167	1333				
45	750	938	1125	1312	1500	1688			
50	833	1042	1250	1458	1667	1875	2083		
55	917	1146	1375	1604	1833	2062	2292	2521	
60	1000	1250	1500	1750	2000	2250	2500	2750	3000
65	1083	1354	1625	1896	2167	2438	2708	2979	3250
70	1167	1458	1750	2042	2333	2625	2917	3208	3500

Tafel 42 Zulässiger Lastanteil N_s in kN für die Längsbewehrung A_s

Betonstahl	n	∅12	∅14	∅16	∅18	∅20	∅22	∅25	∅28
BSt 500 S	4	90	124	160	202	254	314	380	492
	6	136	184	242	306	376	456	590	738
$\frac{\sigma_{su}}{2,1} = 200\ \text{MN/m}^2$	8	182	246	322	408	502	608	786	986
	10	226	308	402	510	628	760	982	1232
$= 20,0\ \text{kN/cm}^2$	12	272	370	483	610	753	912	1180	1478

Geg. $b = 35$ cm; $d = 55$ cm; B 35; B St 500; 8∅20 $A_s = 25,1\ \text{cm}^2$
zul. $N = 1604 \cdot 1,31 + 502 = 2603$ KN $= 2,603$ MN

Die Bruchlast umschnürter Druckglieder darf um

$$\Delta N_U = [\gamma A_w \beta_{SW} - (A_b - A_k)\beta_R] \cdot \left(1 - \frac{8M}{Nd_k}\right) \geqq 0 \quad (27)$$

größer angenommen werden als die eines verbügelten Druckgliedes mit gleichen Außenabmessungen. Doch darf der traglaststeigernde Einfluß ΔN_U der Umschnürung nur in Rechnung gestellt werden mit folgenden Einschränkungen:

- Betonfestigkeitsklasse mindestens B 25
- Schlankheit $\lambda \leqq 50$ (aus dem Gesamtquerschnitt berechnet)
- Lastausmitte $e \leqq d_k/8$

Es gilt für Beton		B 25	B 35	B 45	B 55
δ		0,42	0,39	0,37	0,36
γ	$\lambda \leqq 10$	1,60	1,70	1,80	1,90
	$10 < \lambda < 20$	linear interpolieren			
	$20 \leqq \lambda \leqq 50$	0,80	0,85	0,90	0,95

Zusätzlich muß sein

$$A_w \beta_{SW} \leqq \delta \cdot [(2,3 A_b - 1,4 A_k)\beta_R + A_s \beta_S] \quad (28)$$

A_b Gesamtquerschnitt der Druckgliedes
A_s Gesamtquerschnitt der Längsbewehrung
d_k Kerndurchmesser (= Achsdurchmesser der Wendel)
A_{sw} Stabquerschnitt der Wendel
s_w Ganghöhe der Wendel
β_{sw} Streckgrenze der Wendelbewehrung
$A_k = \frac{\pi}{4} d_k^2$ Kernquerschnitt des Druckgliedes
$A_w = \frac{\pi d_k}{s_w} A_{sw}$ Bezogener Querschnitt der Wendelbewehrung s. Tafel 74
M, N Schnittgrößen im Gebrauchszustand

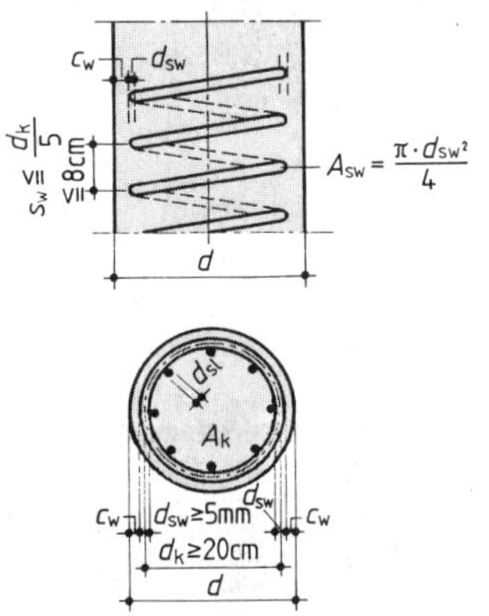

Bild 35 Umschnürtes Druckglied

Beispiel B 25; $d = 40$ cm; $s_K = 4,50$ m; $\lambda = 45 < 50$;
vorh. $N = 2150$ kN
gewählt: längs 10∅20; quer ∅12; $s_w = 5$ cm
$A_b = 40^2 \cdot \pi/4 = 1256,6\ \text{cm}^2$;
$d_K = 40 - 2\ (2,0 + 1,2/2) \approx 34$ cm
$A_K = 34^2 \cdot \pi/4 = 907,9\ \text{cm}^2$; $A_s = 10 \cdot 3,14 = 31,4\ \text{cm}^2$
$\mu_0 = 31,4/907,9 = 0,035 > 0,02 = \min \mu_0$;
$A_w = 0,711 \cdot 34 = 24,17\ \text{cm}^2$
$A_w \cdot \beta_s = 24,17 \cdot 50 = 1209$
$< 0,42 \cdot [(2,3 \cdot 1256,6 - 1,4 \cdot 907,9) \cdot 1,75 + 31,4 \cdot 50] = 1849$ kN
zul $N_1 = [1256,6\ 1,75 + 31,4 \cdot 50]/2,1 = 1795$ kN
$\Delta N_u = [0,80 \cdot 1209 - (1256,6 - 907,9) \cdot 1,75] = 357$ kN
zul $N = 357/8/2,1 + 1795 = 1816$ kN

3.4 Bemessung von Bauteilen aus unbewehrtem Beton

Die Tragfähigkeit von Bauteilen aus unbewehrtem Beton ist auf der Grundlage der Dehnungsdiagramme in den Bildern 28 und 29a zu ermitteln, wobei die Mitwirkung des Betons auf Zug nicht in Rechnung gestellt werden darf. Dabei darf unter Gebrauchslast eine klaffende Fuge höchstens bis zum Schwerpunkt des Gesamtquerschnitts entstehen. Der traglastmindernde Einfluß der Bauteilauslenkung ist auch für Schlankheiten $\lambda \leqq 20$ zu berücksichtigen. Für Bauteile mit Schlankheiten $\lambda > 70$ ist stets ein genauer Nachweis mit Berücksichtigung des Kriechens zu führen. Die zulässige Last wird mit dem Sicherheitsbeiwert $\gamma = 2{,}1$ ermittelt.
Es darf rechnerisch keine höhere Betonfestigkeit des Betons als B 35 ausgenutzt werden. Unbewehrte Bauteile aus Beton < B 10 dürfen nur bis zu einer Schlankheit von $\lambda \leqq 20$ ausgeführt werden.
Die zulässige Last im Gebrauchszustand darf für den Rechteckquerschnitt näherungsweise nach Gl. (29) ermittelt werden, wobei $e/d \leqq 0{,}3$ sein muß.

$$N = \frac{1}{\gamma} A_b \beta_R \left(1 - 2 \cdot \frac{e}{d}\right) \qquad (29)$$

Der Einfluß der Schlankheit und ungewollter Ausmitte auf die Tragfähigkeit darf näherungsweise durch Verringerung der ermittelten zulässigen Last mit dem Beiwert $\varkappa$ nach Gl. (30a) bzw., bei Rechteckquerschnitten, nach Gl. (30b) berücksichtigt werden.

Der Abminderungsfaktor $\varkappa$ kann aus Bild 36 ermittelt werden. Dabei gelten folgende Grenzen, wobei Zwischenwerte gradlinig interpoliert werden dürfen

$$m \leqq 1{,}20 \quad \lambda_{zul} = 70$$
$$1{,}20 < m \leqq 1{,}50 \quad \lambda_{zul} = 40$$
$$1{,}50 < m \leqq 1{,}80 \quad \lambda_{zul} = 20$$

$$\varkappa = 1 - \frac{\lambda}{140}\left(1 + \frac{m}{3}\right) \qquad (30a)$$

$$\varkappa = 1 - \frac{s_k\sqrt{12}}{140\,d}\left(1 + 2 \cdot \frac{e}{d}\right) \qquad (30b)$$

$m = e/k$ bezogene Ausmitte des Lastangriffs im Gebrauchszustand
$e = M/N$ größte planmäßige Ausmitte des Lastangriffs unter Gebrauchslast im mittleren Drittel der Knicklänge s_k
$k = W_d/A_b$ Kernweite des Betonquerschnitts, bezogen auf den Druckrand (bei Rechteckquerschnitten ist $k = d/6$)
$\lambda = s_k/i$ Schlankheit mit Trägheitsradius $i = \sqrt{I/A}$ in Knickrichtung

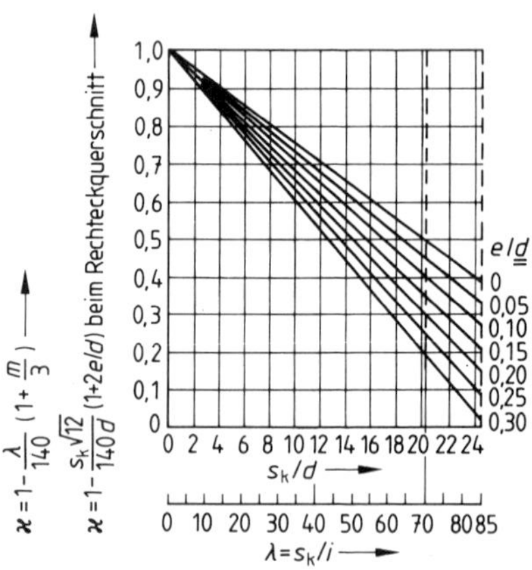

Bild 36 Abminderungsfaktoren

Unbewehrte Fundamente s. Abschnitt 17.2

3.5 Teilflächenbelastung

Wird nur die Teilfläche A_1 (Übertragungsfläche) eines Querschnitts durch eine Druckkraft F belastet, dann darf A_1 mit der Pressung σ_1 nach Gl. (31) beansprucht werden, wenn im Beton unterhalb der Teilfläche die Spaltzugkräfte aufgenommen werden können (z. B. durch Bewehrung).

Der Schwerpunkt von A muß in Belastungsrichtung mit dem Schwerpunkt von A_1 übereinstimmen. Wirken mehrere Druckkräfte F auf den Betonquerschnitt, so dürfen sie die rechnerischen Verteilungsflächen innerhalb der Höhe h nicht überschneiden.

$$\sigma_1 = \frac{\beta_R}{2{,}1}\sqrt{\frac{A}{A_1}} \leqq 1{,}4\,\beta_R \quad (31)$$

$A(A_1)$ Querschnittsfläche des kleineren der angrenzenden Bauteile (des Fugenmörtels)

β_R Rechenwert der Betondruckfestigkeit der anschließenden Bauteile nach Tafel 27

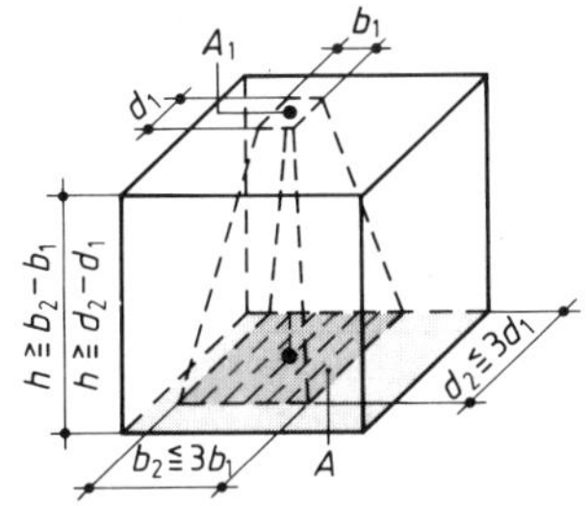

Bild 37 Rechnerische Verteilungsfläche

3.6 Spannungen in dünnen Mörtelfugen

Bei dünnen Mörtelfugen mit dem Verhältnis der kleinsten tragenden Fugenbreite zur Fugendicke $b/d \geqq 7$ dürfen Druckspannungen nach Gl. (31) in Rechnung gestellt werden.

Überschreitet die Druckspannung in der Mörtelfuge den Wert $\beta_R/2{,}1$ des Betons der anschließenden Bauteile, so muß die Aufnahme der Spaltzugkräfte in den anschließenden Bauteilen nachgewiesen werden (z.B. durch Bewehrung).

Für dickere Fugen ($b/d < 7$) gelten die Bemessungsgrundlagen nach Abschn. 3.1.

4 Nachweis der Knicksicherheit

4.1 Grundlagen

Der Nachweis der Knicksicherheit ist für Druckglieder zusätzlich zur Bemessung nach Abschn. 3 zu führen. Nach der Größe der Schlankheit $\lambda = s_K/i$ unterscheidet man

mäßige Schlankheit, wenn $20 < \lambda \leqq 70$

große Schlankheit, wenn $\lambda > 70$ ist.

Der Nachweis darf bei mäßiger Schlankheit nach Abschn. 4.3, aber er muß bei großer Schlankheit nach Abschn. 4.4 geführt werden.

Schlankheiten $\lambda > 200$ sind unzulässig.

Entfallen darf der Nachweis, wenn

$\lambda \leqq 45$ bei Innenstützen, die mittig gedrückt und beiderseits eingespannt sind. Hierbei ist als Knicklänge s_K die Geschoßhöhe in Rechnung zu stellen.

$\lambda \leqq 70$ für bezogene Ausmitten des Lastangriffs $e/d \geqq 3{,}50$

$\lambda > 70$ wenn $e/d \geqq 3{,}50\,\lambda/70$ ist.

4.2 Knicklänge s_K

Die Knicklänge ergibt sich in der Regel als Abstand der Wendepunkte der Knickfigur; sie darf mit Hilfe der Elastizitätstheorie nach dem Ersatzstabverfahren ermittelt werden. Für häufig benötigte Fälle können die Knicklängen $s_K = \beta \cdot s$ mit Hilfe der Beiwerte β der Tafel 43 ermittelt werden.

Tafel 43 Beiwerte β zur Ermittlung der Knicklängen

	Lagerung	Verschieblichkeit	System	$\beta=\frac{\text{Knicklänge}}{\text{Systemlänge}}$
	der Stabenden			
1	beide Enden gelenkig	unverschieblich		1,0
2	beide Enden elastisch eingespannt			$\geqq$0,7
3	ein Ende starr eingespannt, das andere gelenkig			$\approx$0,7
4	beide Enden starr eingespannt			0,5
5	ein Ende starr eingespannt, das andere frei	verschieblich		2,0
6	beide Enden starr eingespannt			1,0
7	beide Enden elastisch eingespannt			$\geqq$1,3

4.3 Druckglieder mit mäßiger Schlankheit ($\lambda \leqq 70$)

Der Einfluß der ungewollten Ausmitte und der Stabauslenkung darf näherungsweise erfaßt werden durch eine Bemessung im mittleren Drittel der Knicklänge unter Berücksichtigung einer zusätzlichen Ausmitte f nach Gl. (32a) bzw. (32b) bzw. (32c). Für f ist einzusetzen bei

$e/d < 0{,}30$:
$$f = d\,\frac{\lambda-20}{100}\sqrt{0{,}10+e/d} \geqq 0 \qquad (32\text{a})$$

$e/d = 0{,}30$ bis $2{,}50$:
$$f = d\,\frac{\lambda-20}{160} \geqq 0 \qquad (32\text{b})$$

$e/d = 2{,}50$ bis $3{,}50$:
$$f = d\,\frac{\lambda-20}{160}(3{,}50-e/d) \geqq 0 \qquad (32\text{c})$$

- I_b Flächenmoment 2. Grades des Betonquerschnittes
- A_b Flächeninhalt des Betonquerschnittes
- s_K Knicklänge
- d Querschnittsabmessung in Knickrichtung
- $e = |M/N|$ größte planmäßige Ausmitte des Lastangriffs unter Gebrauchslast im mittleren Drittel der Knicklänge
- $\lambda = s_k/i$ Schlankheit (min $\lambda = 20$)
- $i = \sqrt{I_b A_b}$ Trägheitsradius des Betonquerschnittes in Knickrichtung

4.4 Druckglieder mit großer Schlankheit ($\lambda > 70$)

Ihre Knicksicherheit gilt als ausreichend, wenn nachgewiesen wird, daß unter den in ungünstigster Anordnung einwirkenden 1,75fachen Gebrauchslasten ein stabiler Gleichgewichtszustand unter Berücksichtigung der Stabauslenkungen (Theorie II.

Ordnung) möglich ist und die zulässigen Schnittgrößen unter Gebrauchslast im unverformten System nicht überschritten werden. Es darf keine kleinere Bewehrung angeordnet werden, als für die Berechnungen der Stabauslenkungen vorausgesetzt wurde.

4.5 Ungewollte Ausmitte des Lastangriffs und unvermeidbare Maßabweichungen

Sie sind durch Annahme einer zur Knickfigur des untersuchten Druckgliedes affinen Verformung mit dem Größtwert e_v nach folgender Gleichung zu berücksichtigen:

$$e_v = s_K/300$$

4.6 Berücksichtigung des Kriechens

Kriechverformungen sind in der Regel nur dann zu berücksichtigen, wenn im unverschieblichen System $\lambda > 70$ und im verschieblichen System $\lambda > 45$ und wenn gleichzeitig $e/d < 2$ ist. Sie sind unter den im Gebrauchszustand ständig einwirkenden Lasten (ggf. auch Verkehrslasten) und ausgehend von den ständig vorhandenen Stabauslenkung und Ausmitten einschließlich der ungewollten Ausmitte nach o. a. Gleichung zu ermitteln.

4.7 Knicken nach zwei Richtungen

Wenn ein Knicksicherheitsnachweis geführt werden muß und ist die Knickrichtung nicht eindeutig vorgegeben, so muß grundsätzlich der Nachweis für schiefe Biegung mit Längsdruck geführt werden. Die ungewollten Ausmitten e_{vy} und e_{vz} sind getrennt für beide Hauptachsenrichtungen zu ermitteln und zusammen mit den planmäßigen Ausmitten zu berücksichtigen.

Bei Druckgliedern mit λ_z und $\lambda_y \leqq 70$ (mäßiger Schlankheit) sind die Zusatzausmitten f_z und f_y getrennt für die beiden Hauptachsenrichtungen nach Abschn. 4.3 zu bestimmen, wobei die planmäßigen Ausmitten der Last e_z und e_y und die Schlankheiten λ_z und λ_y entsprechend den Hauptachsen einzusetzen sind. Die Verformungsmomente ergeben sich zu $N \cdot f_z$ bzw. $N \cdot f_y$. Der Knicksicherheitsnachweis wird analog Abschn. 4.3 als Regelbemessung für schiefe Biegung mit Achsdruck für den Querschnitt im mittleren Dritten der Ersatzlänge geführt, der die größte planmäßige Ausmitte $e = \sqrt{(e_z^2 + e_y^2)}$ zeigt.

Für Druckglieder mit Rechteckquerschnitt und $\lambda > 70$ (große Schlankheit) darf das Näherungsverfahren nach DAfStb Heft 220 angewendet werden, wenn das Seitenverhältnis $d/b \leqq 1{,}5$ beträgt. Für $d/b > 1{,}5$ gilt die Einschränkung, daß die planmäßige Ausmitte im Bereich B nach Bild 38 liegen muß.

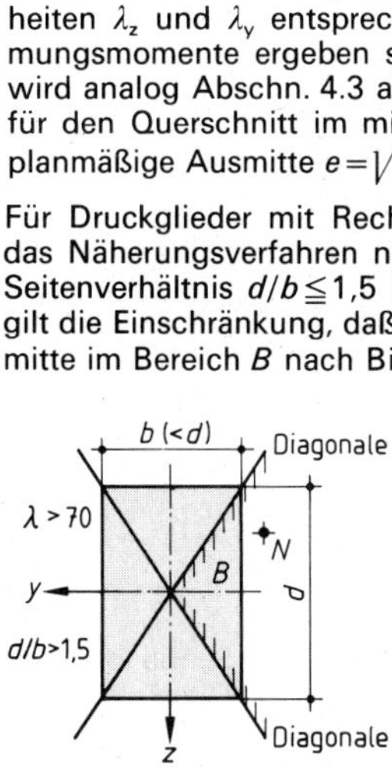

Bild 38 Anwendungsgrenzen für das Näherungsverfahren für Schiefe Biegung mit Längsdruck

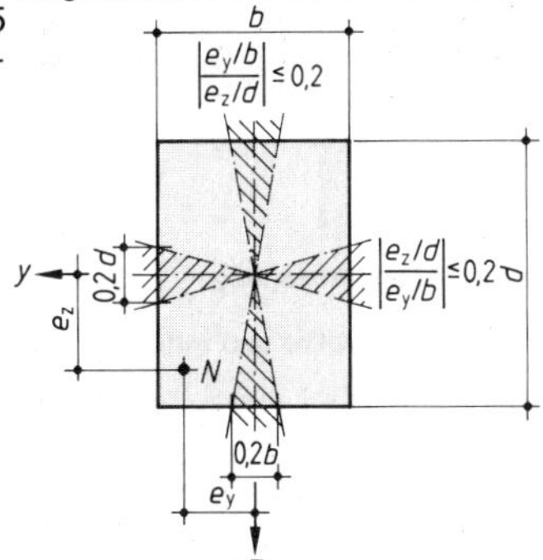

Bild 39 Anwendungsgrenzen für das Näherungsverfahren

Getrennte Nachweise für die Knicksicherheit sind nur erlaubt, wenn das Verhältnis der kleineren zur größeren bezogenen Lastausmitte den Wert 0,2 nicht überschreitet. Ist bei Druckgliedern mit einer planmäßigen Ausmitte $e_z \geqq 0{,}2\,d$, so muß beim Nachweis in Richtung der kürzeren Querschnittsseite b die dann maßgebende Querschnittsseite d auf das Maß der Höhe der Druckzone infolge der Lastausmitte $e_x + e_{vz}$ im Gebrauchszustand verkleinert werden (vgl. Bild 39).

4.8 Nachweis am Gesamtsystem

Grundlage für einen Nachweis am Gesamtsystem ist, daß die Biegesteifigkeiten der einzelnen Stäbe ausreichend mit dem dazugehörigen Beanspruchungszustand übereinstimmen. Hierzu ist es notwendig, jeweils die Biegesteifigkeit eines ganzen Bauteiles zu erfassen, die Angabe der Steifigkeit einzelner Querschnitte genügt nicht, Verformungen des Gesamtsystems sind entsprechend Abschn. 4.4 zu berücksichtigen. Der Nachweis der Knicksicherheit erfolgt unter 1,75facher Gebrauchslast nach Theorie II. Ordnung.

5 Querkraftbemessung und Schubbewehrung

5.1 Bemessung für Querkraft

Biegebeanspruchte Bauteile mit $b/d \leqq 5$ sind Balken.
Biegebeanspruchte Bauteile mit $b/d > 5$ sind Platten.

Lasteintragungen über Druckkräfte in biegebeanspruchte Bauteile heißen direkt bzw. unmittelbar. Andersartige Lasteintragungen heißen indirekt bzw. mittelbar (s. Bild 40a).

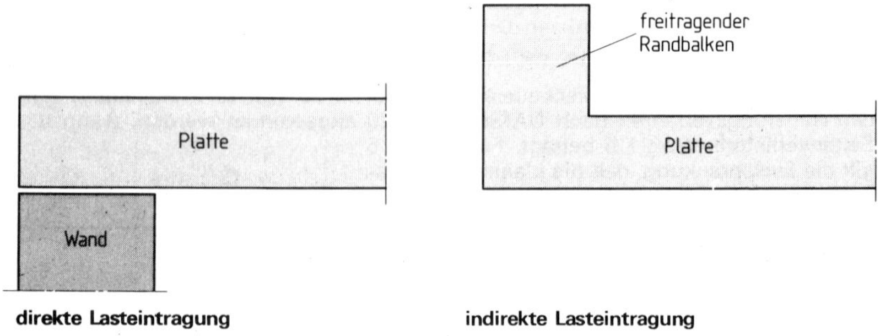

Bild 40a Direkte und indirekte Lasteintragung

Für die Schubbemessung wird eine biegebeanspruchtes Bauteil in Schubabschnitte – das sind die Abschnitte zwischen zwei aufeinanderfolgenden Querkraftlinien-Nullpunkten – unterteilt. Die für die Berechnung der Schubspannung in einem Schubabschnitt maßgebende Querkraft ist bei Bauteilen gleichbleibender Dicke

- i. allg. die Querkraft am Auflagerrand
- bei direkter Stützung die Querkraft im Abstand von $0{,}5\,h$ vom Auflagerrand.

Bei veränderlicher Bauteilhöhe (z. B. Vouten) ist die maßgebende Querkraft

– bei Vouten auf der gedrückten Seite $\boldsymbol{Q_s = Q \pm \frac{M_s}{h} \cdot \tan \alpha}$ (33a)

– bei Vouten auf der Zugseite $\boldsymbol{Q_s = Q \pm \left(\frac{M_s}{h} + N\right) \cdot \tan \alpha}$ (33b)

Das negative Vorzeichen gilt dort, wo in Richtung zunehmender Bauteilhöhe auch der Absolutwert des Biegemomentes zunimmt. Andernfalls gilt das positive Vorzeichen, Bild 40b.

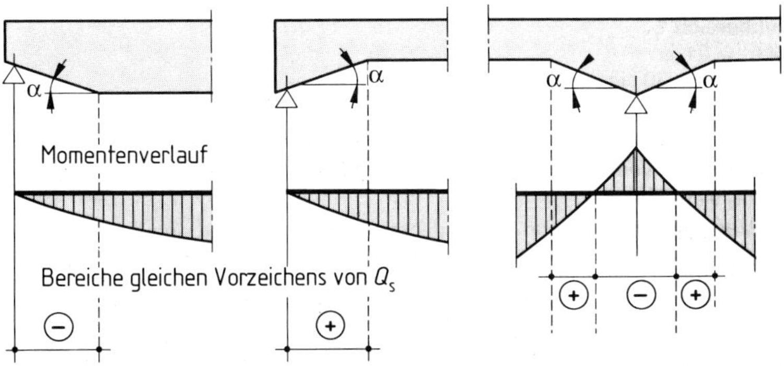

Bild 40 b Maßgebende Querkraft bei Vouten

Der Grundwert τ_0 der Schubspannung beträgt bei Biegung und Biegung mit Längskraft, solange die Nullinie im Querschnitt liegt,

– $\boldsymbol{\tau_0 = \frac{Q_s}{b_0 z}}$ (34a), wenn die Bauteilbreite b_0 über die Zugzone konstant ist,

– $\boldsymbol{\tau_0 = \frac{Q_s}{\min b_0 z}}$ (34b), wenn die Bauteilbreite b_0 in der Zugzone variiert.

Bei Biegung mit Längsdruckkraft und Nullinie außerhalb des Querschnitts darf der Grundwert τ_0 in der Größe der nach Zustand I auftretenden größten Hauptzugspannung angenommen werden:

$$\sigma_1 = \frac{\sigma_x}{2} + \sqrt{\left(\frac{\sigma_x}{2}\right)^2 + \tau^2} \quad (35) \quad \text{mit} \quad \sigma_x = \frac{N}{A_b} \pm \frac{M}{W_b}$$

In diesem Fall ist zusätzlich nachzuweisen, daß die schiefe Hauptdruckspannung im Zustand II den Wert $2\tau_{03}$ nicht überschreitet.

Der so ermittelte Grundwert τ_0 darf

– i. allg. den Grenzwert τ_{02}

– bei Balken mit $d \geqq 30$ cm und Verwendung von Rippenstahl den Grenzwert τ_{03} aus Tafel 44 nicht überschreiten. (Einhaltung dieser Grenzwerte entspricht einem Sicherheitsbeiwert der Biegebemessung von $\gamma = 1{,}75$.)

Tafel 44 Grenzen der Grundwerte τ_0 in N/mm² unter Gebrauchslast

Bereich		Bauteil	max τ_0	Grenzen der Schubspannung τ_0 für					Schubdeckung
				B 15	B 25	B 35	B 45	B 55	
1	a	Platten[1])	τ_{011}	0,25	0,35	0,4	0,5	0,55	keine
	b			0,35	0,5	0,6	0,7	0,8	
		Balken	τ_{012}	0,5	0,75	1,0	1,1	1,25	konstruktive
2		Platten Balken	τ_{02}	1,2	1,8	2,4	2,7	3,0	verminderte nach Gl. (36)
3		Balken	τ_{03}	2,0	3,0	4,0	4,5	5,0	volle
				nur bei d bzw. $d_0 \geqq 30$ cm und Rippenstahl					

[1]) Zeile a) gilt bei gestaffelter, d. h. teilweise im Zugbereich verankerter Bewehrung.

Das weitere Vorgehen hängt von der Größe des Grundwertes τ_0 ab:

Schubbereich 1

Balken: $\tau_0 \leqq \tau_{012}$

Platten mit $d \leqq 30$ cm: $\tau_0 \leqq \tau_{011}$

Platten mit $d > 30$ cm:

– Höchstwerte von M und Q treten an gleicher Stelle auf: $\tau_0 \leqq k_1 \tau_0$

– Höchstwerte von M und Q treten an unterschiedlichen Stellen auf: $\tau_0 \leqq k_2 \tau_{012}$

k_1 und k_2 siehe Bild 41.

Bei Balken, Plattenbalken und Rippendecken – ausgenommen sind Tür- und Fenstersturze mit $l \leqq 2{,}0$ m, über denen im Mauerwerk ein Gewölbe wirksam werden kann und Rippendecken mit $d_{sl} \leqq 16$ mm und $p \leqq 2{,}75$ kN/m², wenn die Feldbewehrung von Auflager zu Auflager durchgeführt wird – ist eine Schubbewehrung anzuordnen, die mit dem Bemessungswert

$$\tau = 0{,}4\,\tau_0$$

zu ermitteln ist. Hiervon ist mindestens der Anteil $\tau = 0{,}25\,\tau_0$ durch Bügel abzudecken.

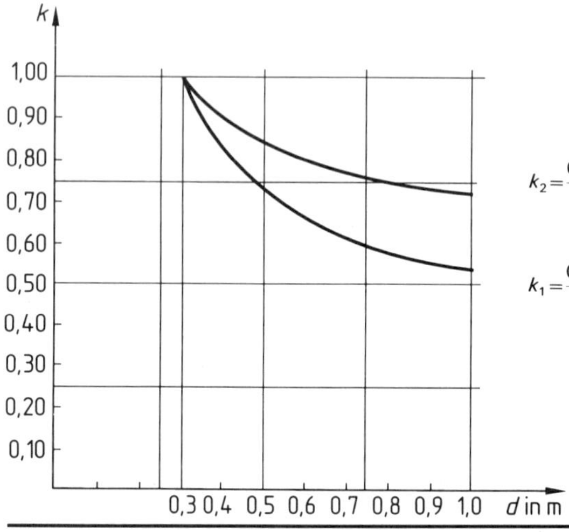

$$k_2 = \frac{0{,}12}{d} + 0{,}6 \begin{matrix} \geqq 0{,}7 \\ \leqq 1{,}0 \end{matrix}$$

$$k_1 = \frac{0{,}2}{d} + 0{,}33 \begin{matrix} \geqq 0{,}5 \\ \leqq 1{,}0 \end{matrix}$$

Bild 41
Die *k*-Faktoren

Zur Berechnung von τ darf der Grundwert τ_0 zuvor ggf. reduziert werden: Der aus auflagernahen Einzellasten F im Abstand $a \leqq 2h$ stammende Anteil der Querkraft Q_s darf im Verhältnis $a/2h$ abgemindert werden.

Bei Platten darf auf eine Schubbewehrung verzichtet werden.

Schubbereich 2

Balken: $\tau_{012} < \tau_0 \leqq \tau_{02}$

Platten mit $d \leqq 30$ cm: $\tau_{011} < \tau_0 \leqq \tau_{02}$

Platten mit $d > 30$ cm:

– Höchstwerte von M und Q treten an gleicher Stelle auf: $k_1 \tau_{011} < \tau_0 \leqq \tau_{02}$

– Höchstwerte von M und Q treten an unterschiedlichen Stellen auf: $k_2 \tau_{012} < \tau_0 \leqq \tau_{02}$

k_1 und k_2 s. Bild 41.

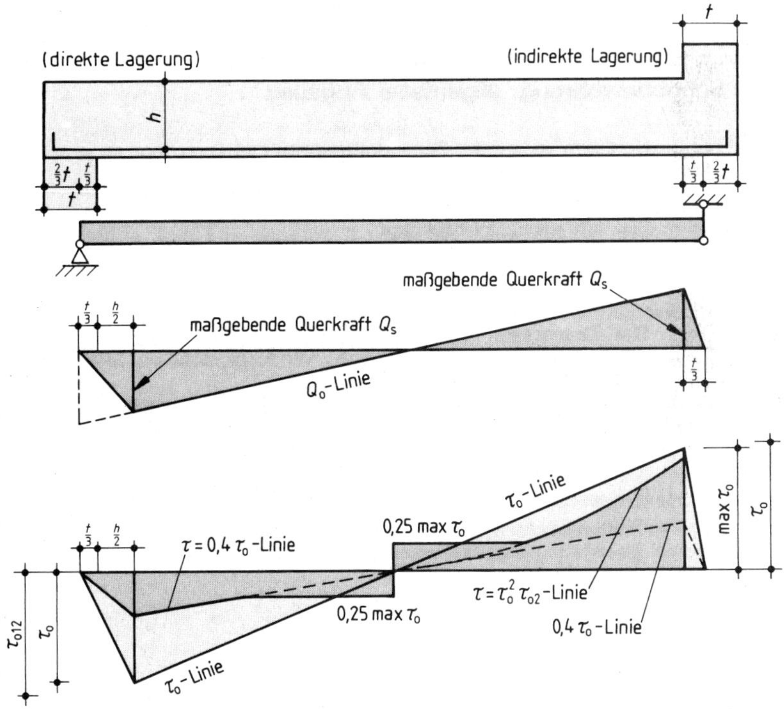

Bild 42 **Maßgebende Querkraft bei direkter und indirekter Stützung und Bemessungswerte τ im Schubbereich 1 und 2**

In allen Bauteilen – Platten, Balken, Plattenbalken und Rippendecken – ist eine Schubbewehrung anzuordnen, die mit dem Bemessungswert

$$\tau = \tau_0^2/\tau_{02} \geqq 0{,}4\,\tau_0 \quad (36)$$

zu ermitteln ist.

Bei Balken, Plattenbalken und Rippendecken ist hiervon mindestens der Anteil $\tau = 0{,}25\,\tau_0$ durch Bügel zu decken. Zur Berechnung des Bemessungswertes τ darf der Grundwert τ_0 zuvor wie beim Schubbereich 1 reduziert werden.

Bei Platten darf in Teilbereichen mit $\tau_0 \leqq k_1\,\tau_{011}$ bzw. $\tau_0 \leqq k_2\,\tau_{011}$ auf eine Schubbewehrung verzichtet werden.

Schubbereich 3 (nur für Balken mit $d \geqq 30$ cm und Verwendung von Rippenstahl)

$$\tau_{02} < \tau_0 \leqq \tau_{03}$$

Es ist eine Schubbewehrung anzuordnen, die mit dem Bemessungswert $\tau = \tau_0$ zu ermitteln ist (volle Schubbedeckung). Mindestens der Anteil $\tau = 0{,}25\,\tau_0$ ist durch Bügel zu decken. Zur Berechnung des Bemessungswertes τ darf der Grundwert τ_0 zuvor wie beim Schubbereich 1 reduziert werden. Der größte im Schubabschnitt vorhandene Bemessungswert τ ist im ganzen Schubabschnitt anzusetzen (das bedeutet: bei Bauteilen im Schubbereich 3 darf die Schubbewehrung nicht dem Verlauf der τ-Linie angepaßt werden).

5.2 Schubbewehrung; allgemeine Angaben

Sie ist mindestens dem Verlauf der Bemessungswerte τ entsprechend zu verteilen. Schubbewehrung kann bestehen aus:

- vertikalen oder schrägen Bügeln
- vertikalen oder schrägen Schubzulagen
- Schrägstäben
- einer Kombination dieser Elemente.

Mindestquerschnitt: In Balken, Plattenbalken und Rippendecken sind stets Bügel anzuordnen. Der Querschnitt ergibt sich aufgrund des Bemessungswertes $\tau_{bü} = 0{,}25\,\tau_0$ (τ_0 Grundwert der Schubspannung) Mindestabstände s. Tafel 45.

Bügel, Ausbildung. Bei Balken und Plattenbalken müssen die Bügel die Biegezugbewehrung und die Druckzone umschließen.

Sie sind wahlweise in der Druck- bzw. Zugzone zu schließen (s. Bild 43). Bei Plattenbalken dürfen die Bügel im Bereich der Platte mittels durchgehender Querstäbe geschlossen werden (Bild 44).

Wenn Bügel in Platten erforderlich sind, müssen sie mindestens die Hälfte der Stäbe der äußersten Bewehrungslage umfassen und brauchen die Druckzone nicht zu umschließen.

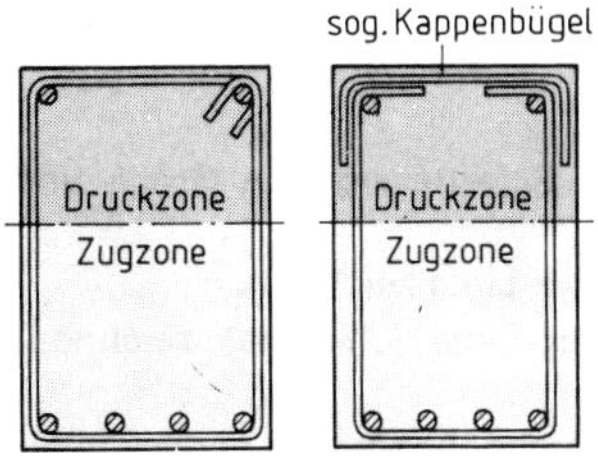

Bild 43 Bügel im Balken

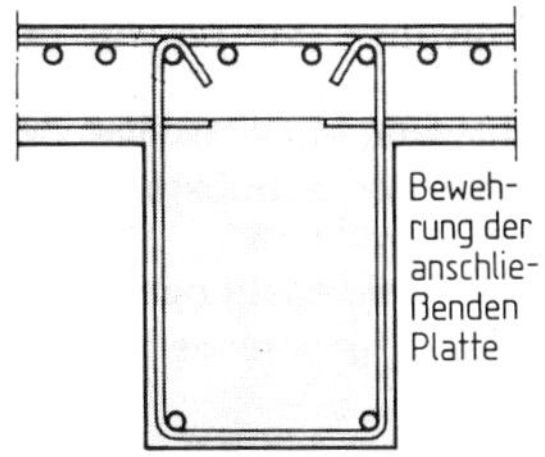

Bild 44 Bügelausbildung bei Plattenbalken (in der Druck- und Zugzone zulässig)

Tafel 45 Obere Grenzwerte der zulässigen Abstände der Bügel und Bügelschenkel

Abstand der Bügel in Richtung der Biegezugbewehrung		
Bemessungsspannung der Schubbewehrung		$\sigma_s = 286$ N/mm²
Art des Bauteils und Höhe der Schubbeanspruchung	Platten im Schubbereich 2	0,6 d bzw. 80 cm
	Balken im Schubbereich 1	0,8 d_0 bzw. 25 cm¹)
	Balken im Schubbereich 2	0,6 d_0 bzw. 20 cm¹)
	Balken im Schubbereich 3	0,3 d_0 bzw. 15 cm¹)
Abstand der Bügelschenkel quer zur Biegezugbewehrung		
Bauteildicke d bzw. d_0	$\leqq 40$ cm	40 cm
	> 40 cm	d bzw. d_0 oder 80 cm

¹) Bei Balken mit $d_0 < 20$ cm und $\tau_0 \leqq \tau_{011}$ braucht der Abstand nicht kleiner als 15 cm zu sein.

Schrägstäbe. Abstände von der rechnerischen Auflagerlinie bzw. untereinander in Richtung der Bauteillängsachse nach Bild 45. Verankerung s. S. 459. Schrägstäben an nur einer Stelle darf höchstens die in einem Längenbereich von 2,0 h vorh. Schubkraft zugewiesen werden.

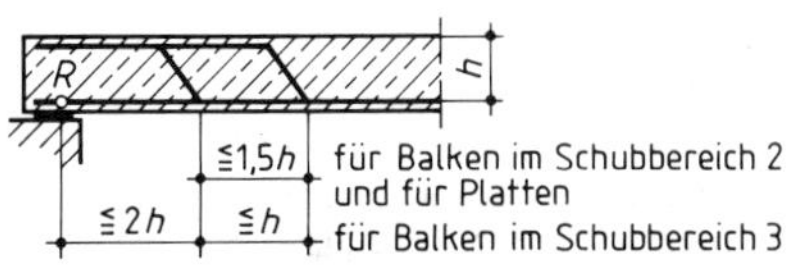

Bild 45 Zulässiger Abstand von Schrägstäben, die als Schubbewehrung dienen

Schubzulagen sind Schubbewehrungselemente, die die Biegezugbewehrung nicht umschließen. Sie sind korb-, leiter- oder girlandenartig auszubilden und müssen aus Rippenstäben o. Betonstahlmatten aus gerippten Stäben bestehen.

Bei Platten in Bereichen mit Schubspannungen $\tau_0 \leqq 0{,}5\,\tau_{02}$ dürfen Schubzulagen allein, $\tau_0 > 0{,}5\,\tau_{02}$ nur in Verbindung mit Bügeln angeordnet werden.

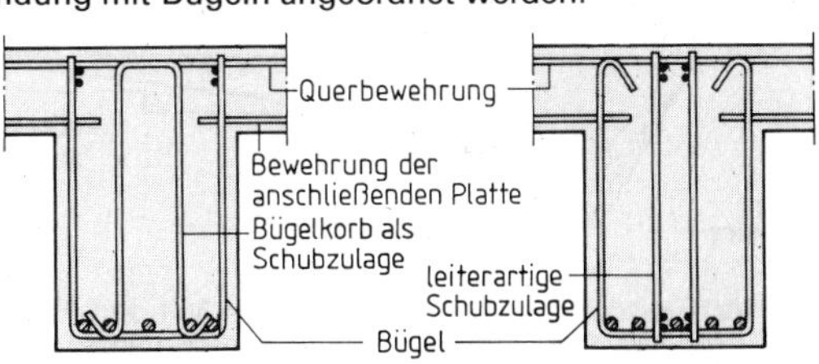

Bild 46 Beispiel für eine Schubbewehrung aus Bügeln und Schubzulagen in Plattenbalken

5.3 Bestimmung der Größe und Lage der Schubbewehrung

Es gibt verschiedene Möglichkeiten der Berechnung

a) Verwendung der Schubkraft(-linie). Folgende Schritte ergeben Größe und Lage der Schubbewehrung:

1. Die zum Querkraftverlauf gehörende τ_0-Linie und τ-Linie zeichnen.

2. Die zur τ-Linie gehörende bezogene Schubkraft-Linie (T'-Linie) zeichnen: $T' = \tau b_0$

3. Bügeldurchmesser und Bügelabstand $s_{bü}$ wählen, gegebenenfalls bereichsweise. Aus einfacher Querschnittsfläche $a_{sbü}$ des Bügels, Schnittigkeit s, Bügelabstand $s_{bü}$ und zulässiger Zugspannung $\sigma_{s\tau}$ (s.u.) ergibt sich der durch Bügel abgedeckte Teil der bezogenen Schubkraft zu

$$\boldsymbol{T'_{bü} = a_{sbü} \cdot s \cdot \sigma_{s\tau} / s_{bü}} \quad (\sigma_{s\tau} = \beta_s / 1{,}75).$$

4. Sicherstellen, daß der Anteil $\tau = 0{,}25\,\tau_0$ durch Bügel abgedeckt ist:

$$\text{erf}\, a_{sbü} = \frac{0{,}25\,\tau_0 b}{\sigma_{s\tau}} \cdot \frac{s_{bü}}{s}$$

5. Den Inhalt der (Rest-) Fläche zwischen T'-Kurve und $T'_{bü}$-Kurve gegebenenfalls näherungsweise) berechnen.

6. Die zugehörige (resultierende) Restschubkraft T_s muß durch Schrägstäbe aufgenommen werden. Die Gesamtquerschnittsfläche der dazu erforderlichen Schrägstäbe beträgt

$$\textbf{erf}\, \boldsymbol{A_{ss} = T_s / (\sigma_{s\tau} \sqrt{2} \cos\delta)},$$

wobei δ den Winkel angibt, um den die Schrägstäbe von der 45°-Richtung abweichen; bei 60°-Aufbiegungen z.B. ist $\delta = 15°$.

7. Ermittlung der Anzahl der Schrägstäbe nach Maßgabe der vorhandenen Durchmesser. Aufteilung der Restschubkraft T_s auf die einzelnen Schrägstäbe und Abschätzung der zugehörigen Teilflächen (zwischen T'-Kurve und $T'_{bü}$-Kurve).

8. Die geschätzten Schwerpunkte der Teilflächen auf die Schwerlinie loten. Die Schrägstäbe so legen, daß sie die Schwerlinie in diesen Punkten schneiden (Bild 47).

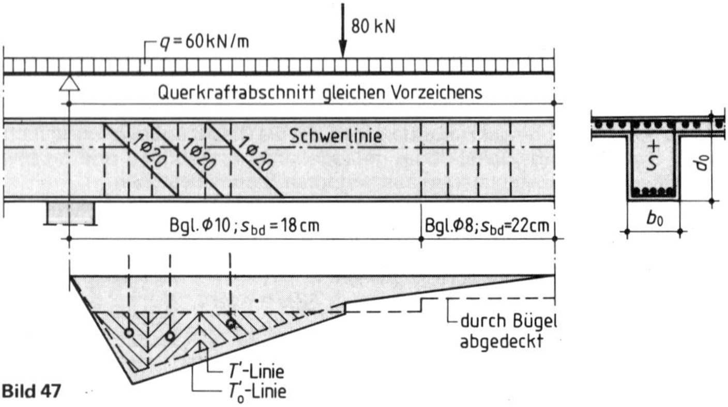

Bild 47

b) Verwendung der Grundwerte τ_0. Mit den Formeln der Tafel 46 ergibt sich die erforderliche Schubbewehrung in Abhängigkeit von τ_0.

Tafel 46 Grenzwerte τ_0 in MN/m und Schubberechnung a_s in cm²/m

Bauteil	Bereich	max τ_0	Grenzwert τ_0 [MN/m²] B 15	B 25	B 35	B 45	B 55	Nachweis der Schubdeckung a_s [cm²/m] Gesamte Schubbewehrung	davon Mindest-Bü-Bew.	Anmerkung
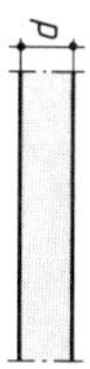	1	τ_{011}	0,25	0,35	0,40	0,50	0,55	Keine Schubbewehrung für $d \leq 30$ cm, wenn $\tau_0 \leq \tau_{011}$ für $d > 30$ cm, wenn $\tau_0 \leq k_1 \cdot \tau_{011}$ 1) bzw. $\tau_0 \leq k_2 \cdot \tau_{011}$ 1) sonst	nicht erforderlich 2)	$k_\beta = \frac{1}{\sin\beta + \cos\beta}$ für lotrechte Bügel: $k_\beta = 1$ für Schrägeisen: ($\beta = 45°$) $k_\beta = 0{,}707$
			Feldbew. gestaffelt							
			0,35	0,50	0,60	0,70	0,80			
			Feldbew. durchgehend							
	2	τ_{02}	1,20	1,80	2,40	2,70	3,00	$a_s = \frac{\tau_0^2 \cdot b}{\tau_{02} \cdot 2{,}86}$		
	1	τ_{012}	0,50	0,75	1,00	1,10	1,25	$a_s = \frac{0{,}4 \cdot \tau_0 \cdot b}{2{,}86} \cdot k_\beta$	$a_{sbü} = \frac{0{,}25 \cdot \tau_0 \cdot b}{2{,}86}$	bei Plattenbalken muß anstatt b die Stegbreite b_0 eingesetzt werden
	2	τ_{02}	1,20	1,80	2,40	2,70	3,00	$a_s = \frac{\tau_0^2 \cdot b}{\tau_{02} \cdot 2{,}86} \cdot k_\beta$		
	3	τ_{03}	2,00	3,00	4,00	4,50	5,00	$a_s = \frac{\tau_0 \cdot b}{2{,}86} \cdot k_\beta$ 3)		
			zulässig nur für d bzw. $d_0 \geq 30$ cm							
								τ_0 in MN/m², b in cm		

1) Für dicke Platten ($d > 30$ cm) gilt

$\mathrm{Ort}_{\max M} = \mathrm{Ort}_{\max Q}$: $k_1 = \frac{0{,}2}{d\,[\mathrm{m}]} + 0{,}33 \; \begin{matrix} \geq 0{,}5 \\ \leq 1{,}0 \end{matrix}$

$\mathrm{Ort}_{\max M} \neq \mathrm{Ort}_{\max Q}$: $k_2 = \frac{0{,}12}{d\,[\mathrm{m}]} + 0{,}60 \; \begin{matrix} \geq 0{,}7 \\ \leq 1{,}0 \end{matrix}$

2) Bei Verwendung von Schubzulagen s. DIN 1045, 18.8.4.

3) Gilt für den ganzen zugehörigen Querkraftbereich gleichen Vorzeichens

c) Verwendung der Biegebewehrung. Für Stahlbetonbalken unter Gleichlast kann die insgesamt im Feldbereich eines Querkraftvorzeichens erforderliche Schubbewehrung näherungsweise berechnet werden nach der Formel

$$\mathbf{erf}\,A_\tau = (A_{s\,Feld} + A_{s\,Stütze})\,\varkappa \quad (37) \quad \text{mit } \varkappa = \sigma_{s\tau}/\sigma_{s\,längs}.$$

6 Bemessung für Torsion

Der Grundwert τ_T der Torsionsschubspannung ist mit den Querschnittswerten für Zustand I und für die Schnittgrößen unter Gebrauchslast ohne Berücksichtigung der Bewehrung nach Gl. (36) zu ermitteln. Es muß $\tau_T \leq \tau_{02}$ in Tafel 38 sein; Abminderungen nach Gl. (36) sind unzulässig. Ein Nachweis der Torsionsbewehrung ist nur erforderlich, wenn $\tau_T > 0{,}25\,\tau_{02}$ ist. Für die häufig vorkommenden Querschnitte kann W_T dem Abschnitt Statik und Festigkeitslehre, Tafel 22 entnommen werden.

$$\max \tau_T = M_T / W_T \quad (38)$$

Torsionsbewehrung

Schubkraft nach Bredt $\quad T'_T = \frac{M_T}{2A_k} \quad (39)$

Stahlquerschnitte: Bügel $\quad A'_{sbü} = \frac{T'_T}{\sigma_s} \quad (40)$

Einfacher Bügelquerschnitt $\quad A_{sbu} = \frac{M_T \cdot s_{bü}}{2A_k \cdot \sigma_s} \quad (41)$

Längsstäbe $\quad \sum A_{sL} = \frac{T'_T \cdot u_k}{\sigma_s} \quad (42)$

Einzelstabquerschnitte $\quad A_{sL} = \frac{M_T \cdot s_L}{2A_k \cdot \sigma_s} \quad (43)$

$A_k = b_k \cdot d_k$

$u_k = 2\,(b_k + d_k)$

$\sigma_s = \frac{\beta_s}{1{,}75}$

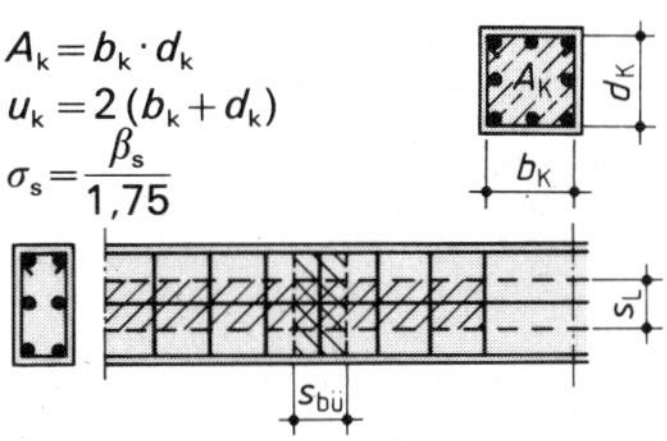

Bild 48 Torsionsbewehrung

s_L arithmetisches Mittel benachbarter Längsstababstände

7 Bemessung für Querkraft und Torsion

Wirken Querkraft und Torsion gleichzeitig, so ist zunächst nachzuweisen, daß τ_0 und τ_T jeder für sich die unter 5 und 6 angegebenen Höchstwerte nicht überschreiten. Weiter muß Gl. (44) erfüllt sein. Beträgt die Bauteildicke d bzw. d_0 weniger als 30 cm, so tritt an Stelle des Höchstwertes τ_{03} der Höchstwert τ_{02}. Die erforderliche Schubbewehrung ist getrennt für die Teilwerte τ_0 bzw. τ und τ_T zu ermitteln. Die so ermittelten Querschnittswerte der Schubbewehrung sind zusammenzuzählen.

$$\frac{\tau_0}{\tau_{03}} + \frac{\tau_T}{\tau_{02}} \leqq 1{,}3 \qquad (44)$$

8 Beschränkung der Rißbreite unter Gebrauchslast

8.1 Allgemeine Grundlagen

Sie soll durch geeignete Wahl von Bewehrungsgrad, Stahlspannung und Bewehrungsanordnung in dem Maße erfolgen, wie es der Verwendungszweck erfordert.

Wenn Mindestbewehrung und Regeln für statisch erforderliche Bewehrung eingehalten, wird die Rißbreite in dem Maße beschränkt, daß das äußere Erscheinungsbild und die Dauerhaftigkeit von Stahlbetonteilen nicht beeinträchtigt werden. Diese Konstruktionsregeln unterscheiden zwischen Anforderungen an Innenbauteile (Tafel 50, Zeile 1) und Bauteile mit Umweltbedingungen nach Tafel 50, Zeile 2 bis 4. Darüber hinaus können weitere Anforderungen erforderlich sein.

Als rißverteilende Bewehrung sind stets Betonrippenstähle zu verwenden.

8.2 Mindestbewehrung

Eine Mindestbewehrung ist im allgemeinen in oberflächennahen Bereichen von Stahlbetonbauteilen einzulegen, in denen Betonzugspannungen entstehen können. Sie ist nicht erforderlich

- bei Innenbauteilen des üblichen Hochbaus;
- bei Bauteilen, wo Zwangsauswirkungen nicht auftreten können;
- wenn die Zwangsschnittgröße die Rißschnittgröße nicht erreichen kann, denn dann ist die Bewehrung für die Zwangsschnittgröße nach den Konstruktionsregeln für die statisch erfaßte Bewehrung zu ermitteln;
- wenn breite Risse unbedenklich sind.

Die Schnittgröße, die zu einer Randspannung gleich der Betonfestigkeit führt, wird als Rißschnittgröße bezeichnet. Sie wird durch eine Mindestbewehrung nach folgender Gleichung aufgenommen.

$$\mu_z = k_0 \cdot \beta_{bz} / \sigma_s \qquad (45)$$

$$\beta_{bz} = 0{,}25\, \beta_{WN}^{2/3} \qquad (46)$$

μ_z Bewehrungsgehalt auf die Zugzone nach Zustand I bezogen (A_s/A_{bz})

k_0 Beiwert zur Beschränkung von Erstrissen
0,4 Bauwerke unter Biegezwang
1,0 Bauwerke unter zentrischem Zwang

σ_z Betonstahlspannung im Zustand II in Abhängigkeit vom gewählten Stabdurchmesser nach Tafel 47a mit $\sigma_s \leqq 0{,}8\,\beta_s$.

β_{WN} Nennfestigkeit des Betons, in Gl. (46) ist dje vorgesehene Nennfestigkeit, mindestens jedoch $\beta_{WN} = 35$ N/mm², einzusetzen.

Bei Zwang im frühen Betonalter darf mit der dann vorhandenen, geringeren wirksamen Betonzugfestigkeit β_{bzw} gerechnet werden, wenn der Grenzdurchmesser nach Tafel 47 a im Verhältnis $\beta_{bzw}/2{,}1$ abgemindert wird.

8.3 Statisch erforderliche Bewehrung

Die statisch erforderliche Bewehrung ist unter Beachtung von Tafel 47a anzuordnen.

Die Betonstahlspannung σ_s ist die Stahlspannung unter dem häufig wirkenden Lastanteil nach Zustand II. Sie kann mit 70% der zulässigen Gebrauchslast, mindestens aber der ständigen Last einschließlich Zwang, angesetzt werden.

Als Grenzdurchmesser gilt der Durchmesser eines Einzelstabes (auch bei Betonstahlmatten mit Doppelstäben) bzw. der Vergleichsdurchmesser bei Stabbündeln.

Tafel 47a Grenzdurchmesser d_s (Grenzen für Vergleichsdurchmesser d_{sV}) in mm
Nur einzuhalten, wenn die Werte der Tafel 47b nicht eingehalten sind, und stets einzuhalten bei Ermittlung der Mindestbewehrung

	1		2	3	4	5	6	7
1	Betonstahlspannung σ_s in N/mm²		160	200	240	280	350	400[1])
2	Grenzdurchmesser d_s in mm bei Umweltbedingungen nach Tafel 50	Zeile 1	36	36	28	25	16	10
3		Zeilen 2 bis 4	28	20	16	12	8	5

Die Grenzdurchmesser dürfen im Verhältnis $\frac{d}{10(d-h)} \geqq 1$ vergrößert werden.

d Bauteildicke
h statische Nutzhöhe } jeweils rechtwinklig zur betrachteten Bewehrung

Bei Verwendung von Stabbündeln mit $d_{sV} > 36$ mm ist immer eine Hautbewehrung erforderlich. Zwischenwerte dürfen linear interpoliert werden.

[1]) jedoch $\sigma_s \leqq 0{,}8\,\beta_s$

Tafel 47b Höchstwerte der Stababstände in cm
Nur einzuhalten, wenn die Werte der Tafel 47a nicht eingehalten sind.

	1		2	3	4	5	6
1	Betonstahlspannung σ_s in N/mm²		160	200	240	280	350
2	Höchstwerte der Stababstände in cm bei Umweltbedingungen nach Tafel 50	Zeile 1	25	25	25	20	15
3		Zeilen 2 bis 4	25	20	15	10	7

In Tafel 47b dürfen Zwischenwerte gradlinig eingeschaltet werden. Für mittigen Zug gelten die halben Werte.

9 Beschränkung der Durchbiegung unter Gebrauchslast

Der Nachweis der Beschränkung der Durchbiegung kann vereinfacht werden durch eine Begrenzung der Biegeschlankheit l_i/h. Es gelten folgende Grenzen:

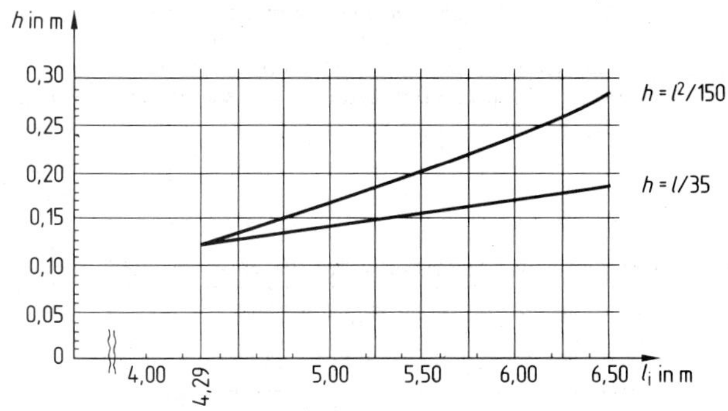

Bild 49
Biegeschlankheit

$l_i/h \leqq 35$ bei Bauteilen, die mit ausreichender Überhöhung der Schalung hergestellt worden sind (l_i und h in m)

$l_i/h \leqq 150/l_i$ bei Bauteilen, die Trennwände zu tragen haben, wenn störende Risse in den Trennwänden nicht durch andere Maßnahmen vermieden werden.

Tafel 48 Beiwerte $\alpha = l_i/l$

statisches System	$\alpha = l_i/l$
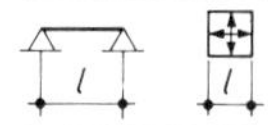	1,00
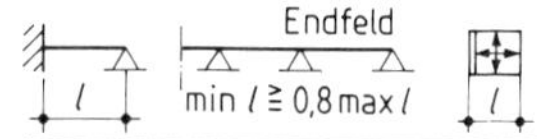	0,80
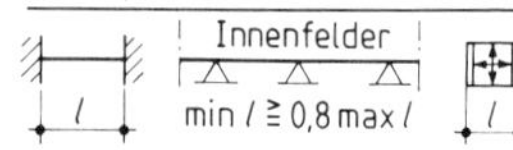	0,60
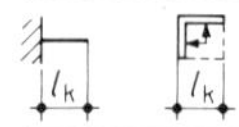	2,40

Mit der Ersatzstützweite $l_i = \alpha l$ kann gerechnet werden, wenn die Durchbiegung vorwiegend verursacht wird durch die im betrachteten Feld wirkende Belastung. Für häufig vorkommende Anwendungsfälle mit gleichbleibender Bauhöhe kann der Beiwert α aus Tafel 48 entnommen werden.

10 Beschränkung der Stahlspannungen unter Gebrauchslast bei nicht vorwiegend ruhender Belastung

Unter Gebrauchslast darf die Schwingbreite der Stahlspannungen folgende Werte nicht überschreiten.

Tafel 49 Zulässige Spannungen unter Gebrauchslast

Betonstahl	zul. Spannung in N/mm²	Anwendung
500 S	180	in geraden oder schwach gekrümmten Stababschnitten (Biegerollendurchmesser $d_{br} \geqq 25\,d_s$)
	140	in gekrümmten Stababschnitten mit einem Biegerollendurchmesser $25\,d_s > d_{br} \geqq 10\,d_s$
	100	in gekrümmten Stababschnitten mit einem Biegerollendurchmesser $d_{br} < 10\,d_s$
500 M	80	Betonstahlmatten mit tragenden Stäben $d_s > 4{,}5$ mm

Für Biegung ohne Längskraft darf zur Vereinfachung der Nachweis geführt werden, daß der durch häufige Lastwechsel verursachte Momentenanteil die Werte der Tafel 50 nicht überschreitet.

Tafel 50 Höchstwerte der Schnittgrößenanteile

Betonstahl	$\frac{\text{dyn } M}{\text{max } M}$	$\frac{\text{dyn } Q}{\text{max } Q}$	Anwendung
500 S	75%		gerade oder schwach gekrümmte Stäbe
	60%		Abbiegestellen
		60%	Bügel
500 M	30%		Betonstahlmatten
		30%	Bügelmatten

Bei Biegung mit Längskraft genügt der gleiche Nachweis für zugbeanspruchte Bewehrungsstäbe, wenn ΔM um den Schwerpunkt der Druckzone gebildet wird. Treten Wechselspannungen in der Bewehrung auf, so darf die Stahldruckspannung gleich der 10fachen im Schwerpunkt der Bewehrung auftretenden Betondruckspannung gesetzt werden, deren Ermittlung unter Annahme einer geradlinigen Spannungsverteilung nach Zustand I erfolgen darf.

11 Spannungsermittlung bewehrter Querschnitte im Gebrauchszustand

Außer der Bruchsicherheit ist auch das einwandfreie Verhalten unter Gebrauchslast nachzuweisen. Bei Ermittlung von Querschnittswerten und Spannungen darf dabei einheitlich mit $n=E_s/E_b=10$ gerechnet werden, σ_s darf näherungsweise nach Gl. (47) angenommen werden, worin M_s das auf die Zugbewehrung bezogene Moment ist. Als Druckkraft ist N mit negativem Vorzeichen einzusetzen.

$$\sigma_s=\frac{1}{A_s}\left(\frac{M_s}{z}+N\right) \qquad (47)$$

Für eine genauere Berechnung und vor allem für die Ermittlung der Betonrandspannungen können folgende Gleichungen benutzt werden.

11.1 Spannungsnachweis bei reiner Biegung

a) Einfach bewehrte Rechteckquerschnitte

$$x=\frac{nA_s}{b}\left(-1+\sqrt{1+\frac{2bh}{nA_b}}\right) \quad (48) \qquad z=h-\frac{x}{3} \quad (49) \qquad \sigma_s=\frac{2M}{bxz} \quad (50) \qquad \sigma_s=\frac{M}{zA_s} \quad (51)$$

b) Doppelt bewehrte Rechteckquerschnitte

$$x=-a_s+\sqrt{a_s^2+\frac{2n}{b}(A_{s2}\cdot h+A_{s1}\cdot d_1)} \quad (52) \qquad \text{mit } a_s=\frac{n(A_{s1}+A_{s2})}{b}$$

$$\sigma_b=M:\left[\frac{bx}{6}(3h-x)+\frac{nA_{s1}(h-d_1)}{x}(x-d_1)\right] \quad (53) \qquad \sigma_s=\sigma_b\frac{n(h-x)}{x} \quad (54)$$

c) Einfach bewehrte Plattenbalkenquerschnitte

$$x=\frac{0{,}5bd^2+nA_sh}{bd+nA_s} \quad (55) \qquad z=h-\frac{d}{2}+\frac{d^2}{6(2x-d)} \quad (56)$$

d) Doppelt bewehrte Plattenbalkenquerschnitte

$$x=\frac{0{,}5bd^2+n(A_{s2}\cdot h+A_{s1}\cdot d)}{bd+n(A_{s1}+A_{s2})} \quad (57)$$

$$\sigma_s=M:\left[A_{s2}(h-x)+A_{s1}\cdot\frac{(x-d_1)^2}{h-x}+\frac{bd(3x^2-3xd+d^2)}{3n(h-x)}\right] \quad (58)$$

oder angenähert $\sigma_s=\dfrac{M}{(h-d/2)A_{s2}}$ (59) $\qquad \sigma_b=\sigma_s\cdot\dfrac{x}{n(h-x)}$ (60)

Bei c) und d) sind die Spannungen im Steg unterhalb der Platte vernachlässigt.

11.2 Spannungsnachweis bei Biegung mit Längskraft

Da ein geschlossener Ansatz zu einer kubischen Gleichung führt, wird zur Vereinfachung folgende Iteration empfohlen:

Die Gleichungen (48) bis (60) gelten auch für den Fall der Biegung mit Längskraft, wenn man statt A_s den von M_s allein verursachten Bewehrungsanteil A_{sM} aus Gl. (61) und statt M das auf den Schwerpunkt der Zugbewegung bezogene Moment M_s einsetzt. N ist als Druckkraft negativ einzusetzen.

$$A_{sM}=A_s-\frac{N}{\sigma_s}. \quad (61)$$

In Gl. (61) ist σ_s zunächst unbekannt und muß im ersten Rechnungsgang geschätzt und dann mit dem nach Gl. (51) bzw. (58) errechneten Wert σ_s verglichen werden. In weiteren Rechengängen ist der Schätzwert σ_s zu verbessern, bis eine ausreichende Übereinstimmung erreicht ist.

12 Bewehrungsrichtlinien

12.1 Betondeckung, Abstand der Bewehrung und Biegerollendurchmesser

Der lichte Abstand der Bewehrungsstäbe (d_s = Stabdurchmesser) muß betragen: $\geqq 2$ cm und $\geqq d_s$ bei gleichlaufenden Bewehrungsstäben. Dies gilt nicht für den Abstand zwischen einem Einzelstab und einem an die Querbewehrung angeschweißten Längsstab mit $d_s \leqq 12$ mm.

Beim Einbau der Bewehrung ist für die Bewehrungsstäbe, die der Außenfläche am nächsten liegen, das Mindestmaß der Betondeckung min *c* nach Tafel 50, Spalte 3, einzuhalten.

Zur Sicherung der Mindestmaße sind dem Entwurf und der Ausführung die Nennmaße zugrundezulegen, die in Tafel 51, Spalte 4, angegeben sind.

Tafel 51 Maße der Betondeckung in cm, bezogen auf die Umweltbedingungen (Korrosionsschutz) und die Sicherung des Verbundes

	1	2	3	4
	Umweltbedingungen	Stabdurchmesser d_s in mm	Mindestmaße für $\geqq$ B 25 min *c* in cm	Nennmaße für $\geqq$ B 25 nom *c* in cm
1	Bauteile in geschlossenen Räumen, z. B. in Wohnungen (einschließlich Küche, Bad und Waschküche), Büroräumen, Schulen, Krankenhäusern, Verkaufsstätten – soweit nicht im folgenden etwas anderes gesagt ist. Bauteile, die ständig trocken sind.	bis 12 14, 16 20 25 28	1,0 1,5 2,0 2,5 3,0	2,0 2,5 3,0 3,5 4,0
2	Bauteile, zu denen die Außenluft häufig oder ständig Zugang hat, z. B. offene Hallen und Garagen. Bauteile, die ständig unter Wasser oder im Boden verbleiben, soweit nicht Zeile 3 oder Zeile 4 oder andere Gründe maßgebend sind. Dächer mit einer wasserdichten Dachhaut für die Seite, auf der die Dachhaut liegt.	bis 20 25 28	2,0 2,5 3,0	3,0 3,5 4,0
3	Bauteile im Freien. Bauteile in geschlossenen Räumen mit oft auftretender, sehr hoher Luftfeuchte bei üblicher Raumtemperatur, z. B. in gewerblichen Küchen, Bädern, Wäschereien, in Feuchträumen von Hallenbädern und in Viehställen. Bauteile, die wechselnder Durchfeuchtung ausgesetzt sind, z. B. durch häufige starke Tauwasserbildung oder in der Wasserwechselzone. Bauteile, die „schwachem" chemischem Angriff nach DIN 4030 ausgesetzt sind.	bis 25 28	2,5 3,0	3,5 4,0
4	Bauteile, die besonders korrosionsfördernden Einflüssen auf Stahl oder Beton ausgesetzt sind, z. B. durch häufige Einwirkung angreifender Gase oder Tausalze (Sprühnebel- oder Spritzwasserbereich) oder durch „starken" chemischen Angriff nach DIN 4030	bis 28	4,0	5,0

Tafel 52 Mindestwerte der Biegerollendurchmesser d_{br}

			Betonstahlsorte BSt 500 S BSt 500 M
Haken, Winkelhaken, Schlaufen, Bügel	Stabdurchmesser d_s in mm	<20	$4\,d_s$
		20 bis 28	$7\,d_s$
Aufbiegungen und andere Krümmungen von Stäben (z. B. in Rahmenecken) [1]	Betondeckung (Mindestmaß) rechtwinklig zur Krümmungsebene	>5 cm und $>3\,d_s$	$15\,d_s$ [2]
		≤ 5 cm oder $\leq 3\,d_s$	$20\,d_s$

[1]) Werden die Stäbe mehrerer Bewehrungslagen an einer Stelle abgebogen, dann sind die entsprechenden Werte für die Stäbe der inneren Lagen mit 1,5 zu multiplizieren.
[2]) Verminderung auf 10 d_s erlaubt, wenn die Betondeckung rechtwinklig zur Krümmungsebene und der Abstand der Stäbe mindestens 10 cm und mindestens 7 d_s betragen.

Bei Beton der Festigkeitsklasse B 35 und höher dürfen Mindest- und Nennmaße um 0,5 cm verringert werden.

Um den Verbund der Bewehrungsstähle zu sichern, ist das Mindestmaß der Betondeckung in jedem Fall größer als der Durchmesser der eingelegten Bewehrung, mindestens jedoch 1 cm anzusetzen.

Das Nennmaß der Betondeckung ist der statischen Berechnung zugrundezulegen und auf den Bewehrungszeichnungen anzugeben.

Für Fertigteile und besondere Anwendungsgebiete gelten weitere Regeln (s. dazu DIN 1045 und weitere Normen sowie DAfStb-Heft 400). Dies gilt ebenso für Belange des Brandschutzes (s. dazu DIN 4102-4 und Abschn. 20).

12.2 Verankerungen

12.2.1 Grundmaß l_0 und reduziertes Grundmaß l_1 der Verankerungslänge

Verbundspannungen. Die zulässigen Grundwerte in Tafel 53 sind abhängig von der Lage der Bewehrungsstäbe im Querschnitt beim Betonieren. Es gilt:

Ein Bewehrungsstab liegt im Verbundbereich I, wenn er beim Betonieren

- mindestens 45° gegen die Waagerechte geneigt ist,
- unabhängig von seiner Neigung gegen die Waagerechte und seinem Abstand von der Oberfläche des Frischbetonkörpers nicht mehr als 25 cm über der Bodenfläche des Frischbetonkörpers liegt,
- unabhängig von seiner Neigung gegen die Waagerechte und seiner Höhe über der Bodenfläche des Frischbetonkörpers mindestens 30 cm unter der Deckfläche des Frischbetonkörpers liegt.

Alle anderen Stäbe liegen im Verbundbereich II.

Tafel 53 Zulässige Grundwerte der Verbundspannungen zul. τ_1 in N/mm²

Verbundbereich	Fertigkeitsklasse des Betons				
	B 15	B 25	B 35	B 45	B 55
I	1,4	1,8	2,2	2,6	3,0
II	0,7	0,9	1,1	1,3	1,5

Tafel 54 Streckgrenze β_s in N/mm²

Betonstahl	β_s
BSt 500 S BSt 500 M	500

Verankerung sowohl für Zug- als auch für Druckstäbe durch:

Gerade Stabenden, Haken, Winkelhaken, Schlaufen, angeschweißte Querstäbe und Ankerkörper.

Die Verankerungslänge l_0 eines voll ausgenutzten Bewehrungsstabes mit geradem Stabende – gültig für Betonstabstahl und für Betonstahlmatten – ergibt sich nach Gl. (62):

$$l_0=\frac{F_s}{\gamma\cdot u\,\mathrm{zul}\,\tau_1}=\frac{d_s}{4\cdot\mathrm{zul}\,\tau_1}\cdot\frac{\beta_s}{\gamma}=\frac{\beta_s}{7\,\mathrm{zul}\,\tau_1}\cdot d_s \quad (62)$$

F_s Zug- oder Druckkraft im Bewehrungsstab bei $\sigma_s=\beta_s$ (s. Tafel 25)
u Umfang des Bewehrungsstabes
γ Sicherheitsbeiwert ($\gamma=1{,}75$)
$\mathrm{zul}\,\tau_1$ Grundwert der Verbundspannung nach Tafel 53 (konstant über l_0)
d_s Durchmesser des Bewehrungsstabes

Tafel 55 Koeffizienten $\beta_s/(7\,\mathrm{zul}\,\tau_1)$ für den Verbundbereich I

	B 15	B 25	B 35	B 45	B 55
B St 500 S B St 500 M	51,02	39,68	32,47	27,47	23,81

Für den Verbundbereich II sind die Tafelwerte zu verdoppeln

Reduziertes Grundmaß l_1

Die Verankerungslänge l_1 eines nicht voll ausgenutzten Bewehrungsstabes mit unterschiedlich geformtem Stabende – gültig für Betonstabstahl und Betonstabmatten – ergibt sich nach Gl. (63):

$$l_1=\alpha_1\frac{\mathrm{erf}\,A_s}{\mathrm{vorh}\,A_s}\cdot l_0 \quad \begin{cases}\geqq 10\,d_s & \text{bei geraden Stabenden mit angeschweißtem Querstab oder ohne}\\ \geqq \dfrac{d_{br}}{2}+d_s & \text{bei Haken, Winkelhaken oder Schlaufen mit angeschweißtem Querstab oder ohne}\end{cases} \quad (63)$$

α_1 Beiwert zur Berücksichtigung der Art der Verankerung nach Tafel 58;
$\mathrm{erf}\,A_s$ rechnerisch erforderlicher Bewehrungsquerschnitt;
$\mathrm{vorh}\,A_s$ vorhandener Bewehrungsquerschnitt;
d_{br} vorhandener Biegerollendurchmesser.

Tafel 56 Verankerungslänge l_0 in cm für BSt 500 S

Nenndurchmesser d_s in mm	Verbund-bereich	Betonfestigkeitsklasse B 15	B 25	B 35	B 45	B 55
	I II	$51{,}0\,d_s$ $102\,d_s$	$39{,}7\,d_s$ $79{,}4\,d_s$	$32{,}5\,d_s$ $65{,}0\,d_s$	$27{,}5\,d_s$ $55{,}0\,d_s$	$23{,}8\,d_s$ $47{,}6\,d_s$
6	I II	31 62	24 48	20 39	17 33	15 29
8	I II	41 82	32 64	26 52	22 44	19 38
10	I II	51 102	40 80	33 65	28 55	24 48
12	I II	62 123	48 96	39 78	33 66	29 58
14	I II	72 143	56 112	46 91	39 77	34 67
16	I II	82 164	64 127	52 104	44 88	39 77
20	I II	102 204	80 159	65 130	55 110	48 96
25	I II	128 255	100 199	82 163	69 138	60 119
28	I II	143 286	112 223	91 182	77 154	67 134

Die genauen Werte können aufgrund von Rundungen um ±1 cm differieren.

Tafel 57 Verankerungslänge l_0 in cm im Verbundbereich I für Betonstahlmatten BSt500M

Matte/Richtung			B 15	B 25	B 35	B 45	B 55
Q-Matten	131	längs	26	20	17	14	12
		quer	26	20	17	14	12
	188	längs	31	24	20	17	15
		quer	31	24	20	17	15
	221	längs	34	26	22	18	16
		quer	34	26	22	18	16
	257	längs	37	28	23	20	17
		quer	37	28	23	20	17
	377	längs	44	34	28	24	21
		quer	44	34	28	24	21
	513	längs	51	39	32	27	24
		quer	42	32	27	22	20
R- und K-Matten	131	längs	26	20	17	14	12
		quer	21	16	14	11	10
	188	längs	31	24	20	17	15
		quer	21	16	14	11	10
	221	längs	34	26	22	18	16
		quer	21	16	14	11	10
	257	längs	37	28	23	20	17
		quer	24	18	15	13	11
	317	längs	40	31	26	22	19
		quer	24	18	15	13	11
	377	längs	44	34	28	24	21
		quer	26	20	17	14	12
	443	längs	48	37	31	26	23
		quer	29	22	18	16	14
	513	längs	51	39	32	27	24
		quer	31	24	20	17	15
	589	längs	55	42	35	29	26
		quer	34	26	22	18	16
	664	längs	48	37	31	26	23
		quer	34	26	22	18	16
	770	längs	51	39	32	27	24
		quer	37	28	23	20	17
	884	längs	55	42	35	29	26
		quer	39	30	25	21	18

Im Verbundbereich II sind die Verankerungslängen doppelt so groß.

Tafel 58 Beiwerte α_1

	1	2	3
	Art und Ausbildung der Verankerung	Beiwert α_1 Zugstäbe	Beiwert α_1 Druckstäbe
1	a) Gerade Stabenden 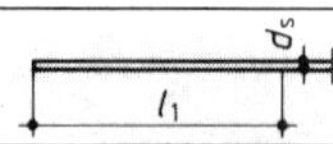	1,0	1,0
2	b) Haken c) Winkelhaken d) Schlaufen 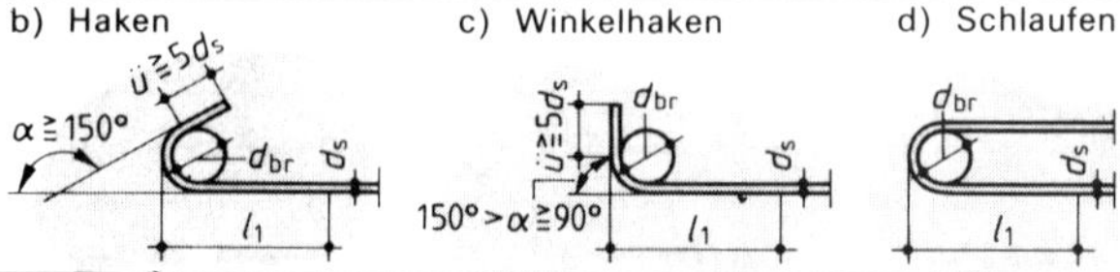	0,7 (1,0) [1])	1,0 [2])
3	e) Gerade Stabenden mit mindestens einem angeschweißten Stab innerhalb l_1 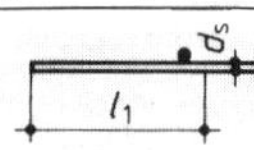	0,7	0,7
4	f) Haken g) Winkelhaken h) Schlaufen (Draufsicht) 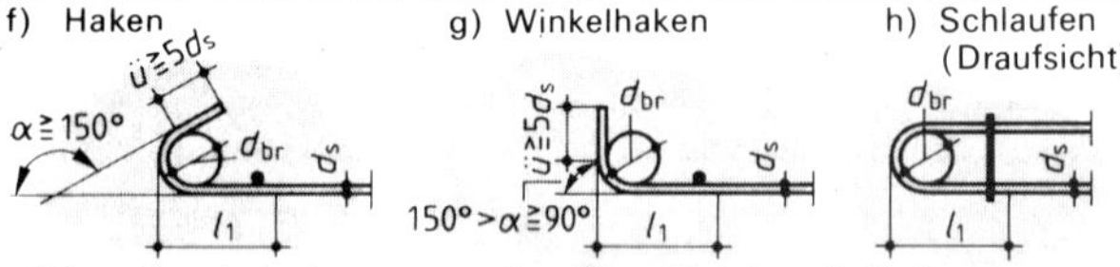 mit jeweils mind. einem angeschweißten Stab innerhalb l_1 vor Krümmungsbeginn	0,5 (0,7) [1])	1,0 [2])
5	i) Gerade Stabenden mit mindestens zwei angeschweißten Stäben innerhalb l_1 (Stababstand $s_q < 10$ cm bzw. $\geqq 5\,d_s$ und $\geqq 5$ cm), nur zulässig bei Einzelstäben mit $d_s \leqq 16$ mm bzw. Doppelstäben mit $d_s \leqq 12$ mm 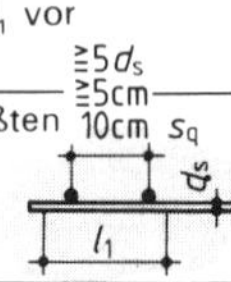	0,5	0,5

[1]) Die in Spalte 2 in Klammern angegebenen Werte gelten, wenn im Krümmungsbereich rechtwinklig zur Krümmungsebene die Betondeckung weniger als 3 d_s beträgt bzw. kein Querdruck oder keine Verbügelung vorhanden ist.

[2]) Haken, Winkelhaken und Schlaufen bei Druckstäben möglichst vermeiden.

12.2.2 Verankerung an Endauflagern

An frei drehbaren oder nur schwach eingespannten Endauflagern ist eine Bewehrung zur Aufnahme der Zugkraft F_{SR} nach Gl. (64) erforderlich.

$$\boldsymbol{F_{SR} = Q_r \cdot \frac{v}{h} + N} \qquad (64)$$

Mindestens ein Drittel der größten Feldbewehrung muß jedoch vorhanden sein. Diese Bewehrung ist hinter der Auflagervorderkante

bei direkter Auflagerung mit der Verankerungslänge $\boldsymbol{l_2 = \frac{2}{3} l_1 \geqq 6\, d_s}$ (65a)

bei indirekter Auflagerung mit $\boldsymbol{l_3 = l_1 \geqq 10\, d_s}$ (65b)

zu verankern.

In allen Fällen ist die Bewehrung mindestens bis über die rechnerische Auflagerlinie zu führen.

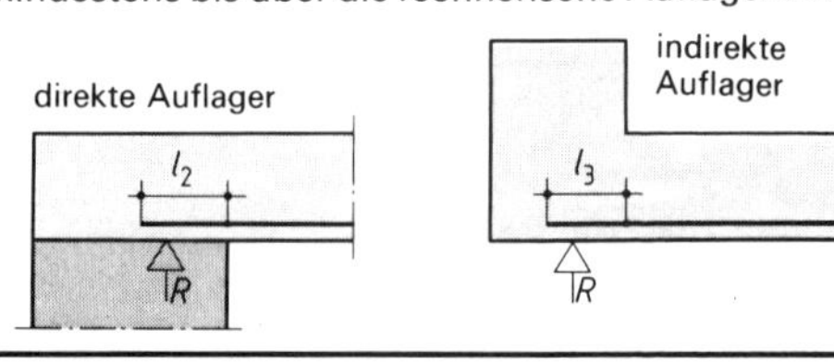

Bild 50 Verankerung am Endauflager

Bei Betonstahlmatten u. erfa_s/vorh$a_s \leq \frac{1}{3}$ genügt zur Verankerung mindestens ein Querstab hinter der rechnerischen Auflagerlinie. Bei Matten aus glatten oder profilierten Stäben muß dieser Querstab auch mindestens 5 cm hinter der Auflagervorderkante liegen.

12.2.3 Verankerung an Zwischenauflagern

Es wird empfohlen, die Bewehrung über Zwischenauflagern durchzuführen oder dort kraftschlüssig zu stoßen

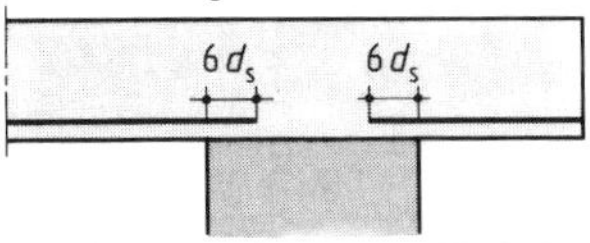

Bild 51 Verankerung am Zwischenaufleger

An Zwischenauflagern von durchlaufenden Platten und Balken, an Endauflagern mit anschließenden Kragarmen, an eingespannten Auflagern und Rahmenecken ist mind. ein Viertel der größten Feldbewehrung mind. um das Maß 6 d_s bis hinter die Auflagervorderkante zu führen.

12.2.4 Verankerung der Biegezugbewehrung im Feld

Die Verankerungslänge eines nicht mehr benötigten Stabes im Feld beträgt allgemein $\alpha_1 \cdot l_0$, gemessen vom rechnerischen Endpunkt *E*. In Platten dürfen Bewehrungsstäbe mit $d_s < 16$ mm mit l_1 verankert werden, wenn zusätzlich nachgewiesen wird, daß die Verankerungslänge bis zum rechnerischen Anfangspunkt *A* mindestens $\alpha_1 \cdot l_0$ beträgt.

gerade Verankerung Betonstabstahl

Verankerung durch Aufbiegen

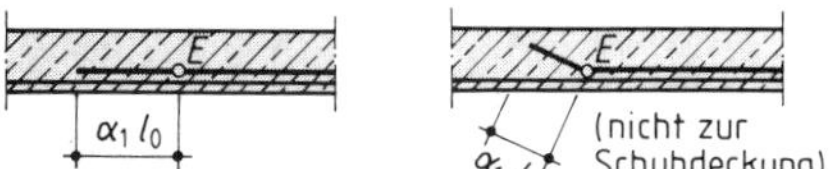

(Platten mit $d_s < 16$ mm s. Bild 53)

Bild 52 Beispiele für Verankerungen gestaffelter bzw. auf- oder abgebogener Stäbe außerhalb von Auflagern

Punkte E und A s. Bild 34

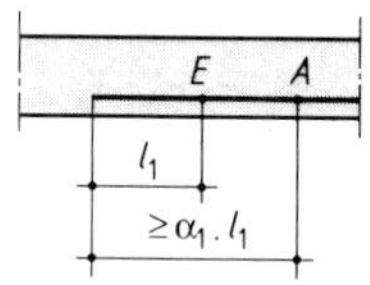

Bild 53 Verankerung gestaffelter Bewehrung bei $d_s < 16$ mm im Feld einer Platte

Verankerung von Schubaufbiegungen im Feld. Die zur Schubsicherung auf- bzw. abgebogenen Stäbe sind zu verankern mit

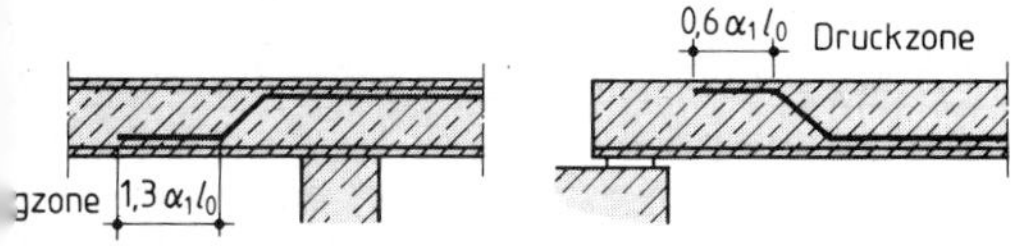

Bild 54 Beispiele für Schubaufbiegungen

$$l_z = 1{,}3 \cdot \alpha_1 \cdot l_0 \quad (66\,a)$$

im Bereich von Betonzugspannungen

$$l_d = 0{,}6 \cdot \alpha_1 \cdot l_0 \quad (66\,b)$$

im Bereich von Betondruckspannungen

12.2.5 Verankern und Stoßen bei Bügeln

Bügel dürfen in der Zug- und Druckzone verankert werden. Werden Bügel bei Balken in der Zugzone geschlossen, dann sind die Grundsätze für das Stoßen von Bewehrungsstäben – Übergreifungsstöße – zu beachten (Abschn. 12.3).

Bei Plattenbalken dürfen die Bügel im Bereich der Platte mittels durchgehender Querstäbe geschlossen werden.

Schubzulagen werden wie Bügel verankert. Bei girlandenartigen Schubzulagen muß der Biegerollendurchmesser jedoch mindestens $d_{br} = 10\, d_s$ betragen.

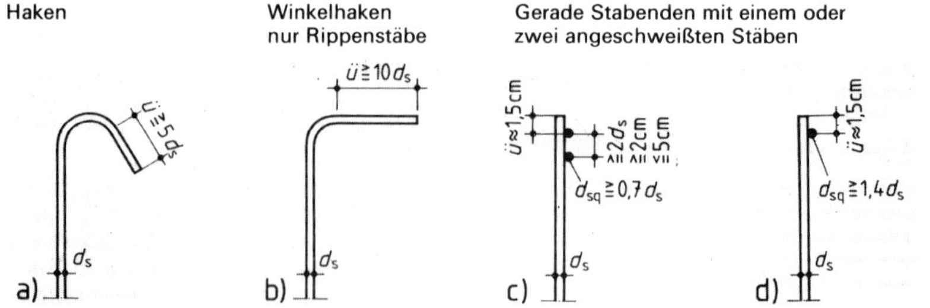

Verankerung nach c bis d nur zulässig bei ausreichender seitlicher Betondeckung $\geqq 3 d_s$ bzw. $\geqq 5$ cm.

Bild 55 Verankerungselemente von Bügeln

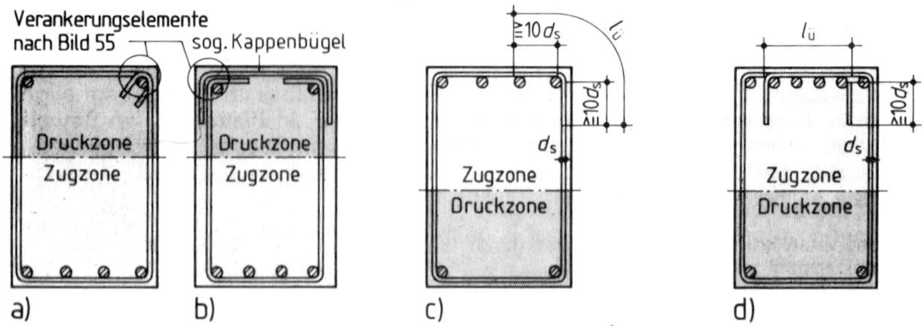

Schließen in der Druckzone

Bild 56 Beispiele für das Schließen von Bügeln

Schließen in der Zugzone mit $l_ü$ nach Abschn. 12.5. Beiwert $\alpha_1 = 0{,}7$ (nur zulässig, wenn an den Bügelenden Haken oder Winkelhaken angeordnet werden).

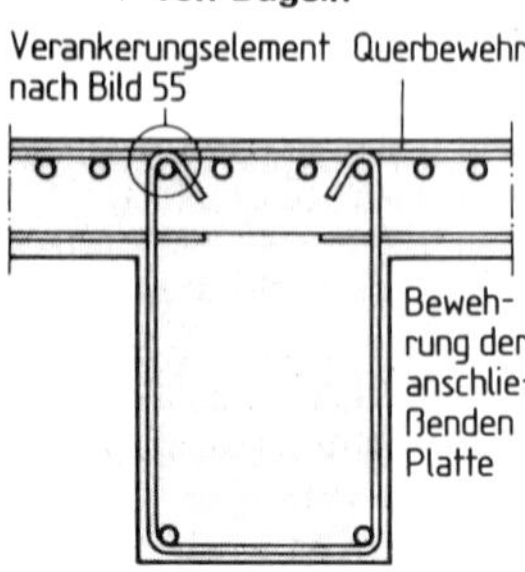

Bild 57 Schließen bei Plattenbalken im Bereich der Platte (in der Druck- und Zugzone zulässig)

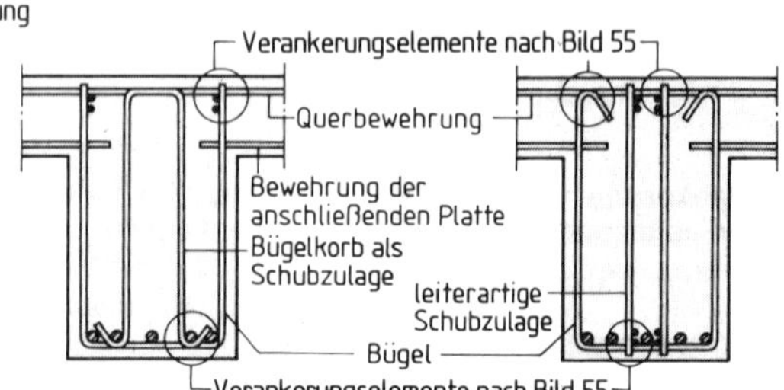

Bild 58 Beispiel für eine Schubbewehrung aus Bügeln und Schubzulagen in Plattenbalken

12.3 Stöße von Bewehrungen

12.3.1 Stöße von Betonstabstahl

Sie können u.a. hergestellt werden durch Übergreifen von Stäben mit geraden Stabenden, mit Haken, Winkelhaken oder mit Schlaufen, sowie mit geraden Stabenden und angeschweißten Querstäben, z. B. bei geschweißten Betonstahlmatten.

Der zulässige Anteil der durch Übergreifen an einer Stelle gestoßenen Stäbe beträgt 100% des Bewehrungsquerschnittes in einer Lage, und bei mehreren Bewehrungslagen ohne Längsversatz höchstens 50% des Bewehrungsquerschnittes.

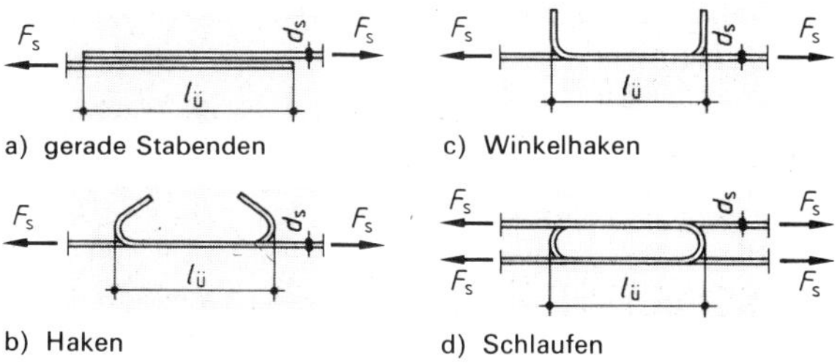

Bild 59
Beispiele für zugbeanspruchte Übergreifungsstöße

Übergreifungsstöße. Sie gelten als längsversetzt, wenn der Längsabstand der Stoßmitten mindestens gleich der 1,3fachen Übergreifungslänge $l_ü$ ist. Der lichte Querabstand im Stoßbereich muß Bild 60 entsprechen.

Zugstöße

$$l_ü = \alpha_ü \cdot l_1 \begin{cases} \geqq 20\ \text{cm} & \text{in allen Fällen} \\ \geqq 15\ d_s & \text{bei geraden Stabenden} \\ \geqq 1{,}5\ d_{br} & \text{bei Haken, Winkelhaken, Schlaufen} \end{cases} \quad (67)$$

$\alpha_ü$ Beiwert s. Tafel 59
l_1 red. Grundmaß (Beiwert $\alpha_1 \geqq 0{,}7$)
d_{br} vorh. Biegerollendurchmesser

Tafel 59 Beiwert $\alpha_ü$ 1)

	1	2	3	4	5	6
	Verbundbereich	d_s in mm	Anteil der ohne Längsversatz gestoßenen Tragstäbe am Querschnitt einer Bewehrungslage $\leqq 20\%$	$>20\%$ $\leqq 50\%$	$>50\%$	Querbewehrung
1	I	<16	1,2	1,4	1,6	1,0
2		$\geqq 16$	1,4	1,8	2,2	
3	II	75% der Werte Verbundbereich I				1,0

1) Die Beiwerte $\alpha_ü$ der Spalten 3 bis 5 dürfen mit 0,7 multipliziert werden, wenn der gegenseitige Achsabstand nicht längsversetzter Stöße (s. Bild 60) mindestens 10 d_s und bei stabförmigen Bauteilen der Randabstand (s. Bild 60) mindestens 5 d_s betragen.

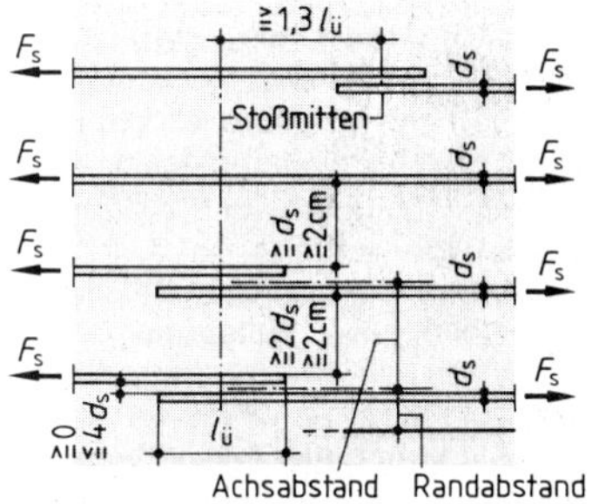

(s. Fußnote Tafel 59)

Bild 60 Längsversatz und Querabstand der Bewehrungsstäbe im Stoßbereich

Druckstöße. Übergreifungslänge l_0. Abminderungen für Haken, Winkelhaken oder Schlaufen sind nicht zulässig.

Querbewehrung. Im Bereich der Übergreifungsstöße muß stets eine Querbewehrung angeordnet werden. Zur Bemessung und Lage s. DIN 1045, Abschn. 18.6.3.4 und Bild 61. Der Abstand einer nachzuweisenden Querbewehrung darf im Bereich der Stoßenden in Längsrichtung höchstens 15 cm betragen. Für den Abstand der Bügelschenkel quer zur Stoßrichtung gilt Tafel 45. Bei Druckstößen ist ein Bügel bzw. ein Stab der Querbewehrung vor dem jeweiligen Stoßende außerhalb des Stoßbereiches anzuordnen.

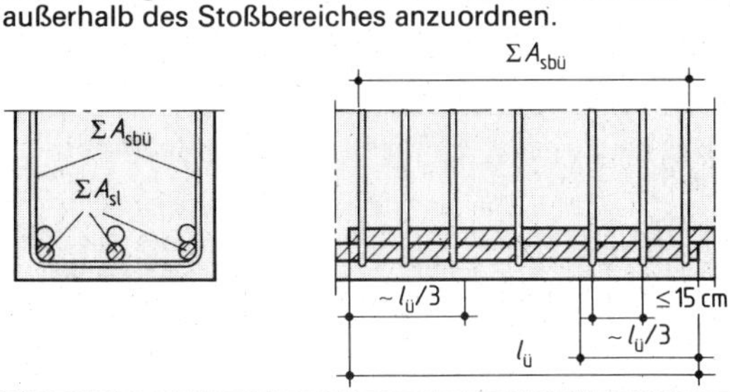

$\sum A_{sbü}$ Querschnittsfläche aller Bügelschenkel

Bild 61
Beispiel für die Anordnung von Bügeln im Stoßbereich von übereinanderliegenden zugbeanspruchten Stäben

12.3.2 Übergreifungsstöße von Betonstahlmatten

Ein-Ebenen-Stöße (Bild 62) können wie normale zugbeanspruchte Übergreifungsstöße behandelt werden. Bei der Berechnung der Übergreifungslänge nach Gl. (67) sind angeschweißte Querstäbe nicht mit anzusetzen. Der Beiwert $\alpha_{ü}$ ist bei Doppelstabmatten mit dem Vergleichsdurchmesser für einen Einzelstab zu berechnen ($d_{sv} = d_s \cdot \sqrt{2}$).

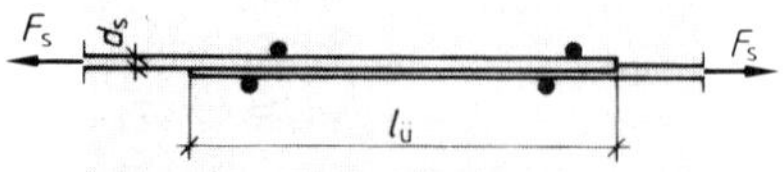

Bild 62 Ein-Ebenen-Stoß

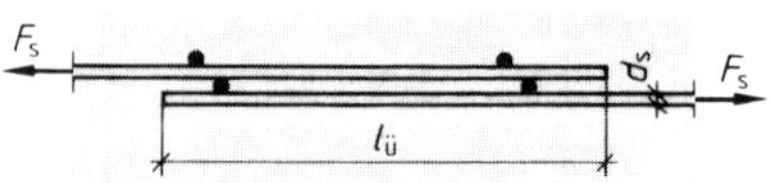

Bild 63 Zwei-Ebenen-Stoß

Zwei-Ebenen-Stöße mit bügelartiger Umfassung der Tragbewehrung können wie Ein-Ebenen-Stöße behandelt werden.

Zwei-Ebenen-Stöße ohne Umfassung der Tragbewehrung (Bild 63) sind möglichst in Bereichen mit nicht mehr als 80% Ausnutzung der Bewehrung anzuordnen, s. DIN 1045, Abschn. 18.6.4.3.

Für den Zwei-Ebenen-Stoß ohne Umfassung der Tragstäbe sind folgende Belastungen zulässig

$a_s \leqq 6$ cm²/m vorwiegend ruhende und nicht vorwiegend ruhende Belastung
$a_s > 6$ cm²/m vorwiegend ruhende Belastung

Betonstahlmatten mit $a_s \leqq 12$ cm²/m dürfen in einem Querschnitt gestoßen werden. Stöße von Matten $a_s > 12$ cm²/m sind nur in der inneren Lage bei mehrlagiger Bewehrung zulässig. Der gestoßene Anteil darf jedoch nicht mehr als 60% des erforderlichen Bewehrungsquerschnitts betragen. Weiterhin sind bei mehrlagiger Bewehrung die Stöße der einzelnen Lagen mind. um die 1,3fache Übergreifungslänge gegeneinander zu versetzen.

Stoßlängen beim Zwei-Ebenen-Stoß ohne Umfassung der Tragstäbe. Beim Verlegen von Betonstahlmatten treten sog.
– Tragstöße in Längs- und Querrichtung und
– Verteilerstöße

auf. Für ihre Berechnung steht im Regelfall der Zugbeanspruchung sowohl die sog. Stoßformel als auch – für die meisten Fälle – die sog. Maschenregel zur Verfügung. Tafel 60 zeigt die Möglichkeiten.

Tafel 60 Zwei-Ebenen-Zugstoß von Betonstahlmatten (Lagermatten) im Verbundbereich I; Möglichkeiten der Berechnung

		Längsrichtung	Querrichtung
Tragstoß	Q-Matten	sowohl Maschenregel als auch Stoßformel	sowohl Maschenregel als auch Stoßformel
	R- und K-Matten	Stoßformel; für R131 bis R513 auch Maschenregel	Stoßformel ($l_{ü} \geqq$ Verteilerstoß)
Verteilerstoß		Maschenregel	Maschenregel

Tafel 61 zeigt die sog. Maschenregel. Die sog. Stoßformel liefert für Zugbeanspruchung die Übergreifungslänge

$$l_{ü} = \alpha_{üm} \frac{\text{erf}\,a_s}{\text{vorh}\,a_s} l_0 \geqq 20 \text{ cm} \qquad (68)$$

mit Verbundbereich I: $$\alpha_{üm\,I} = 0{,}5 + \frac{a_s}{7} \quad \begin{matrix} \geqq 1{,}1 \\ \leqq 2{,}2 \end{matrix} \qquad (69\text{a})$$

Verbundbereich II: $$\alpha_{üm\,II} = 0{,}75\, \alpha_{üm\,I} \geqq 1{,}0 \qquad (69\text{b})$$

a_s Bewehrungsquerschnitt der zu stoßenden Matte in cm²/m;
$d_{sv} = d_s \cdot \sqrt{2}$ bei Doppelstabmatten

Tafel 61 Maschenregel

Stoßlängen in Matten-Längsrichtung

Tragstöße

Verbundbereich I	Q131	Q188	Q221	Q257	Q377
B 15	2 Maschen (≧35 cm)	2 Maschen (≧35 cm)	3 Maschen (≧50 cm)	3 Maschen (≧50 cm)	3 Maschen (≧50 cm)
B 25	2 Maschen (≧35 cm)	2 Maschen (≧35 cm)	2 Maschen (≧35 cm)	2 Maschen (≧35 cm)	3 Maschen (≧50 cm)
B 35	1 Masche (≧20 cm)	2 Maschen (≧35 cm)	2 Maschen (≧35 cm)	2 Maschen (≧35 cm)	2 Maschen (≧35 cm)
B 45	1 Masche (≧20 cm)	1 Masche (≧20 cm)	1 Masche (≧20 cm)	2 Maschen (≧35 cm)	2 Maschen (≧35 cm)
B 55	1 Masche (≧20 cm)	1 Masche (≧20 cm)	1 Masche (≧20 cm)	1 Masche (≧20 cm)	2 Maschen (≧35 cm)

Tragstöße

Verbundbereich I	R131	R188	R221	R257	R317	R337	R443	R513
B 15	1 Masche (≧30 cm)	2 Maschen (≧55 cm)	2 Maschen (≧55 cm)	2 Maschen (≧55 cm)	2 Maschen (≧55 cm)	2 Maschen (≧55 cm)	2 Maschen (≧55 cm)	3 M (≧80 cm)
B 25	1 Masche (≧30 cm)	1 Masche (≧30 cm)	1 Masche (≧30 cm)	2 Maschen (≧55 cm)	2 Maschen (≧55 cm)	2 Maschen (≧55 cm)	2 Maschen (≧55 cm)	2 Maschen (≧55 cm)
B 35	1 Masche (≧30 cm)	1 Masche (≧30 cm)	1 Masche (≧30 cm)	1 Masche (≧30 cm)	1 Masche (≧30 cm)	1 Masche (≧30 cm)	2 Maschen (≧55 cm)	2 Maschen (≧55 cm)
B 45	1 Masche (≧30 cm)	1 Masche (≧30 cm)	1 Masche (≧30 cm)	1 Masche (≧30 cm)	1 Masche (≧30 cm)	1 Masche (≧30 cm)	1 Masche (≧30 cm)	2 Maschen (≧55 cm)
B 55	1 Masche (≧30 cm)	1 Masche (≧30 cm)	1 Masche (≧30 cm)	1 Masche (≧30 cm)	1 Masche (≧30 cm)	1 Masche (≧30 cm)	1 Masche (≧30 cm)	1 Masche (≧30 cm)

Stoßlängen in Matten-Querrichtung

Tragstöße

Verbundbereich I	Q131	Q188	Q221	Q257	Q377	Q513
B 15	2 Maschen (≧35 cm)	2 Maschen (≧35 cm)	3 Maschen (≧50 cm)	3 Maschen (≧50 cm)	3 Maschen (≧50 cm)	3 Maschen (≧50 cm)
B 25	2 Maschen (≧35 cm)	2 Maschen (≧35 cm)	3 Maschen (≧50 cm)	3 Maschen (≧50 cm)	3 Maschen (≧50 cm)	3 Maschen (≧50 cm)
B 35	1 Masche (≧20 cm)	2 Maschen (≧35 cm)	3 Maschen (≧50 cm)	3 Maschen (≧50 cm)	3 Maschen (≧50 cm)	3 Maschen (≧50 cm)
B 45	1 Masche (≧20 cm)	1 Masche (≧20 cm)	3 Maschen (≧50 cm)	3 Maschen (≧50 cm)	3 Maschen (≧50 cm)	3 Maschen (≧50 cm)
B 55	1 Masche (≧20 cm)	1 Masche (≧20 cm)	3 Maschen (≧50 cm)	3 Maschen (≧50 cm)	3 Maschen (≧50 cm)	3 Maschen (≧50 cm)

Verteilerstöße

	R-Matten	K-Matten
Verbundbereich I + II	1 Masche (≧30 cm)	3 Maschen (≧35 cm)

7

Tafel 62 Stoßbeiwerte $\alpha_{üm}$ für Zwei-Ebenen-Tragstoß

	Verbund-bereich	Q131 bis Q377	Q513	R131 bis R377	R443	R513	R589	K664	K770	K884
Längs-richtung	I	1,10	1,23	1,10	1,13	1,23	1,34	1,45	1,60	1,76
	II	1,00		1,00				1,09	1,20	1,32
Quer-richtung	I	1,10	1,22	1,10						
	II	1,00		1,00						

Die Querbewehrung darf im Stoßbereich als Ein-Ebenen- oder Zwei-Ebenen-Stoß ausgeführt werden. Die Übergreifungslänge richtet sich nach Tafel 63, wobei innerhalb $l_ü$ eine Ausbildung nach Bild 64 erforderlich ist.

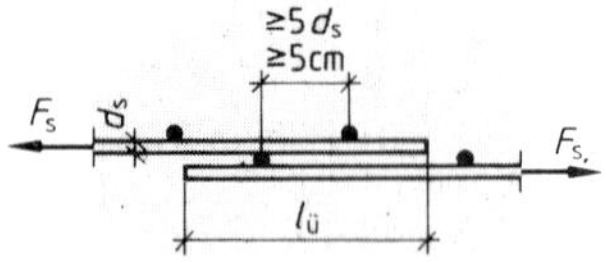

Bild 64 Übergreifungsstoß der Querbewehrung

Tafel 63 Erforderliche Übergreifungslänge $l_ü$ der Querbewehrung

	Stabdurchmesser der Querbewehrung d_s in mm	Erforderliche Übergreifungslänge $l_ü$ in cm
1	$\leqq$ 6,5	$\geqq$15
2	> 6,5 $\leqq$ 8,5	$\geqq$25
3	> 8,5 $\leqq$12,0	$\geqq$35

12.4 Sonstige Bewehrungen

In Bauteilen mit geknickten Leibungen (z.B. Rahmenecken) sind Zugkräfte vorhanden, die sich aus der Richtungsänderung der vorhandenen Zug- und Druckkräfte ergeben. Diese werden Umlenkkräfte genannt und ihre Aufnahme ist nachzuweisen.

Bei Beanspruchung von Rahmenecken durch negative Momente ist besonders auf eine ordnungsgemäße Verdichtung des Betons zu achten. Bewehrungsstöße sollten im Eckbereich vermieden werden. Wird die Bewehrung gestoßen, so kann $l_ü$ nach Bild 65 berechnet werden. Der Biegerollendurchmesser d_{br} der Zugstäbe in der Rahmenecke muß in Abhängigkeit von der Betondeckung mindestens $15\,d_s$ (min $c > 5$ cm und $> 3\,d_s$) bzw. $20\,d_s$ (min $c \leqq 5$ cm oder $\leqq 3\,d_s$) betragen. Werden an den Stabenden Haken oder Winkelhaken mit Biegerollendurchmesser d_{br1} bzw. d_{br2} von $4\,d_s$ (vorh. $d_s < 20$ mm) bzw. $7\,d_s$ (vorh. d_s von 20 bis 28 mm) angeordnet, so darf der Beiwert α_1 mit 0,7 angesetzt werden. Die Querbewehrung ist nach Abschn. 12.3 anzuordnen.

Wird die Rahmenecke durch positive Momente beansprucht, so kann die Bewehrung nach Bild 66 ausgebildet werden. Die Biegebewehrung ist für die dargestellten Schnitte 1 – 1 und 2 – 2 zu bemessen, Verankerungslängen brauchen bei Einhaltung der Angaben nicht nachgewiesen werden. Für die Schrägbügel gilt Tafel 64. Bei Bauteilen mit einer Dicke von $d > 1{,}00$ m, sind die Umlenkkräfte durch Bügel oder eine gleichwertige Bewehrung aufzunehmen. Der Biegerollendurchmesser d_{br} ist sinngemäß den obigen Angaben anzunehmen.

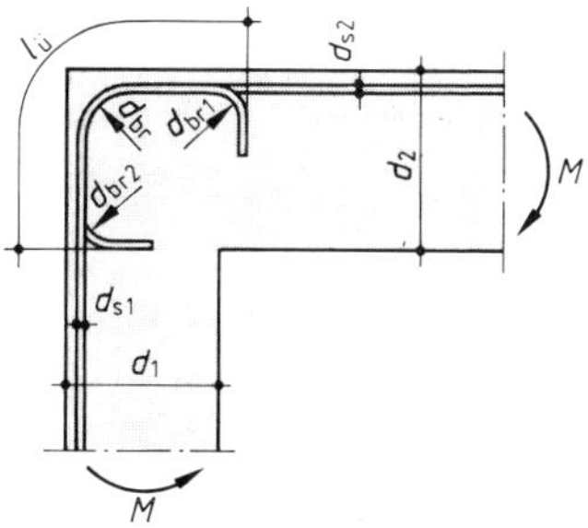

Bild 65 Rahmenecke mit Belastung durch negatives Moment

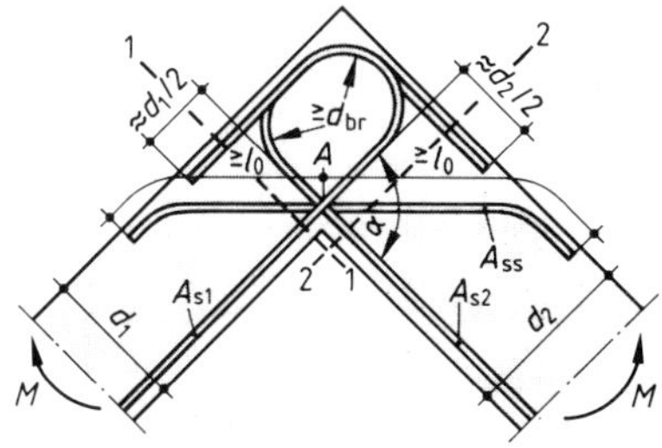

Bild 66 Rahmenecke mit Belastung durch positives Moment

Tafel 64 Ausbildung der Schrägbewehrung in Rahmenecke mit positivem Moment

vorh μ in %	Schrägbewehrung A_{ss} in cm^2	Bemerkung
$\mu < 0{,}4$	nicht erforderlich	A_s = erforderliche Zugbewehrung
$0{,}4 \leq \mu \leq 1{,}0$	$A_{ss} = \frac{A_s}{2}$	$A_s = \max A_{s1}, A_{s2}$ $\mu = \max \mu_1, \mu_2$
$\mu > 1{,}0$	$A_{ss} = A_s$	$\mu_1 = \frac{A_{s1}}{b \cdot h_1}$; $\mu_2 = \frac{A_{s2}}{b \cdot h_2}$

13 Platten und plattenartige Bauteile

13.1 Allgemeines

Platten sind flächenhafte ebene Bauteile, deren maßgebende Belastung senkrecht zur Mittelfläche gerichtet ist. Es gibt Platten unterschiedlichster Form, z. B. Kreisplatten, Dreieck-, Viereck-, Fünfeck- und Sechseckplatten. Viereckplatten gibt es u.a. als Routen-, Rechteck- und Parallelogrammplatten (sog. schiefe Platten). Rechteckplatten können u.a. vierseitig, dreiseitig, an zwei gegenüberliegenden und an zwei benachbarten Rändern gestützt sein. An zwei gegenüberliegenden Rändern gestützte Platten werden einachsig gespannt, alle anderen werden in der Regel zweiachsig gespannt. Werden sie zur Vereinfachung als einachsig gespannt berechnet, so sind die aus der vernachlässigten Tragwirkung herrührenden Beanspruchungen durch eine geeignete konstruktive Bewehrung zu berücksichtigen.

13.2 Mindestdicke, Stützweite und Mindestauflagertiefe

Die Mindestdicke von Platten beträgt

- allgemein: 7 cm
- bei befahrbaren Platten
  - befahrbar nur für Personenkraftwagen: 10 cm
  - befahrbar für schwere Fahrzeuge: 12 cm
- bei Platten, die nur ausnahmsweise begangen werden: 5 cm.

Die erforderliche Plattendicke ergibt sich i. allg. im Zusammenhang mit der Beschränkung der Durchbiegung, Abschnitt 9.

Angaben zur Stützweite und Mindesttiefe der Auflager von Platten macht Abschn. 2.1.

13.3 Bewehrung

Höchstbewehrung allgemein 9% von A_b, bei B 15 jedoch nur 5%.

Hauptbewehrung

$$s = \begin{cases} \leqq 15\,\text{cm} & \text{bei } d \leqq 15\,\text{cm} \\ \leqq d & \text{bei } 15\,\text{cm} < d < 25\,\text{cm} \\ \leqq 25\,\text{cm} & \text{bei } d \geqq 25\,\text{cm} \end{cases} \quad (70)$$

Abstand der Stäbe im Bereich der größten Momente

$2d \geqq s \leqq 25$ cm   Abstand der Stäbe in der minderbeanspruchten Richtung zweiachsig gespannter Platten der Dicke d

Querbewehrung

≧ 1/5 der Hauptbewehrung, jedoch ≧ 3 ⌀ 6 mm bei BSt 420 S (III S) und 500 S (IV S) und ≧ 3 ⌀ 4,5 mm bei BSt 500 M (IV M)

≧ 60% der Hauptbewehrung bei Einzel- und Streckenlasten auf einer Breite von 0,5 b_m, mindestens jedoch t_x, mit einer Länge der Querbewehrung von $b_m + 2L_1$.

Eckbewehrung (Drillbewehrung). Sie kann entsprechend Bild 67 als schräge (rechte Bildhälfte) oder rechtwinklige Eckbewehrung (linke Bildhälfte) ausgeführt werden. Ihr Querschnitt je Längeneinheit muß in beiden Richtungen gleich dem der größten unteren Feldbewehrung sein.

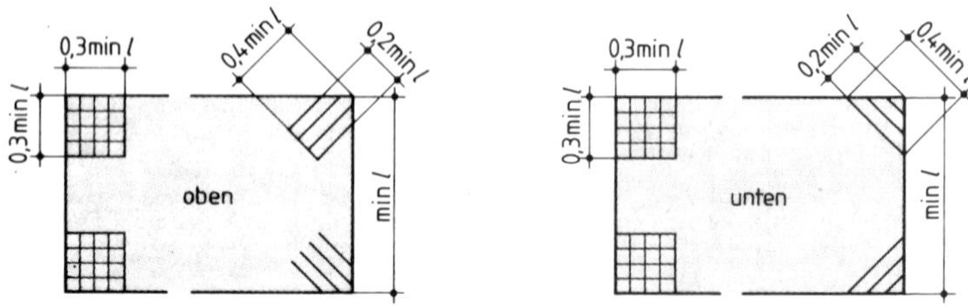

Bild 67 Eckbewehrung

13.4 Unterbrochene Stützungen (deckengleiche Unterzüge)

$l/d \leqq 7$ Konstruktive Bewehrungszulage ohne rechnerischen Nachweis

$7 < l/d \leqq 15$ Bemessung mit den Schnittgrößen des Ersatzbalkens. Zusatzbewehrung nach Bild 68.

Unterbrochene Stützung an Innenauflagern mehrfeldriger Platten:

Die sich aus der durchgehenden Stützung der Platte ergebende Stützbewehrung und der bis zum Auflager durchgehende Anteil der Feldbewehrung ist auch im Bereich der unterbrochenen Stützung ungeschwächt einzulegen. Diese gleichmäßig verteilte Bewehrung genügt bis zu einer Länge der unterbrochenen Stützung von $l = 10$ d. Für $l > 10$ d ist die Stützbewehrung in den Auflagerbereichen des

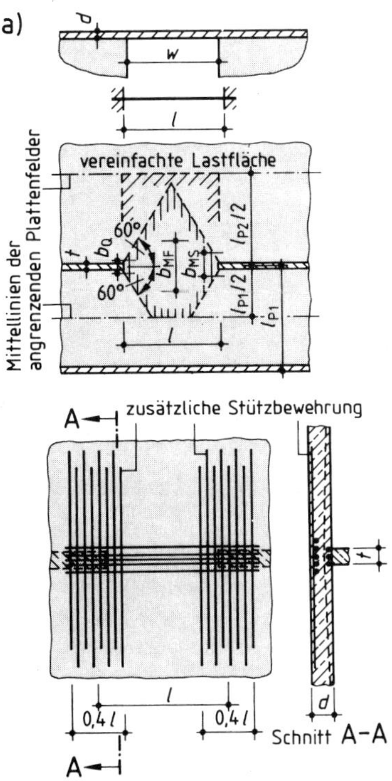

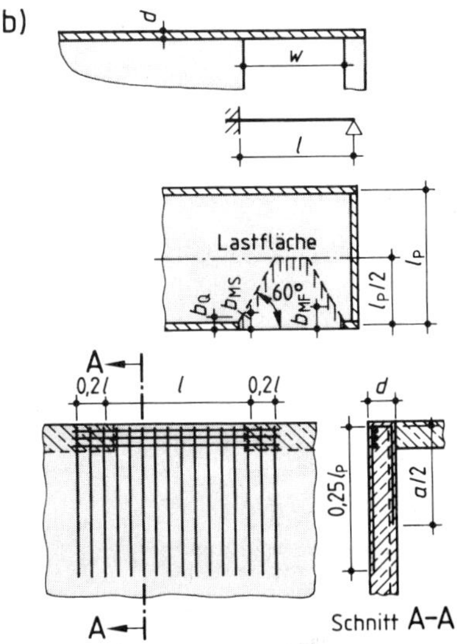

Mitwirkende Breiten im Fall:

	a)	b)
b_{MF}	$0{,}5\,l$	$0{,}25\,l$
b_{MS}	$0{,}25\,l$	$0{,}125\,l$
b_{MS}	$t+d$	$t+0{,}5\,d$

Einfassungsbewehrung, konstr.

Bild 68 Deckengleiche Unterzüge

deckengleichen Unterzuges linear bis zu 40% (abhängig von l/d) zu verstärken. Diese Zusatzbewehrung ist gleichmäßig in einem Bereich von jeweils 0,2 l beidseitig des theoretischen Auflagers anzuordnen.

Unterbrochene Stützung an Endauflagern von Platten:

Die rechtwinkelig zur unterbrochenen Stützung vorhandene Feldbewehrung ist voll bis zum nicht unterstützten Plattenrand durchzuführen.

Für $\tau_0 \leqq \tau_{011}$ ist eine Schubbewehrung nicht erforderlich. Bei deckengleichen Unterzügen an Plattenendauflagern ist jedoch die nach DIN 1045, Abschn. 18.5.3.1, für freie ungestützte Ränder von Platten geforderte Einfassungsbewehrung (z. B. Steckbügel) anzuordnen. Für $\tau_0 > \tau_{011}$ ist eine Schubbewehrung wie für Balken vorzusehen. Die Bügel müssen die Längsbewehrung unten umschließen; es genügt, wenn sie oben mit Haken verankert sind.

Zur Aufnahme der rechtwinkelig zur unterbrochenen Stützung im nicht unterstützten Plattenbereich wirkenden positiven und negativen Biegemomente kann die zuvor beschriebene Einfassungsbewehrung (Steckbügel) verwendet werden. Der auf die Längeneinheit des Plattenstreifens und auf die Nutzhöhe h der Platte bezogene Bewehrungsprozentsatz sowohl der unteren als auch der oberen Schenkel dieser Steckbügel muß jeweils mindestens 0,1% betragen.

Es genügt, wenn der untere Schenkel der Steckbügel mit der halben Verankerungslänge ($a/2$) an die bis zum Plattenrand durchgeführte Feldbewehrung angeschlossen wird und der obere Schenkel eine Länge von etwa 0,25 der Plattenspannweite l_P aufweist. Die Anordnung der Steckbügel zeigt Bild 68 b.

14 Balken und Plattenbalken

14.1 Bewehrung (Hauptbewehrung)

Die Höchstwerte der Längsbewehrung betragen 9% von A_b auch im Bereich von Übergreifungsstößen, jedoch nur 5% von A_b bei B 15. Im Bereich überwiegender Biegung soll die Druckbewehrung $A_{s1} \leqq 1\%$ von A_b betragen.

Abreiß- und Bügelbewehrung s. DIN 1045.

14.2 Mitwirkende Plattenbreite

Die Mindestdicke der Platten von Plattenbalken beträgt wie bei Platten $d=7$ cm. Mindestauflagertiefe 10 cm.

Die mitwirkende Plattenbreite darf vereinfachend angenommen werden zu

- $\boldsymbol{b_m = l_0/3}$ (71 a) bei beidseitigen Plattenbalken
- $\boldsymbol{b_m = l_0/6}$ (71 b) bei einseitigen Plattenbalken

Zutreffendere Werte erhält man jedoch mit

- $\boldsymbol{b_m = b_0 + b_{m1} + b_{m2}}$ (72 a) bei beiderseits freien Plattenrändern und bei Randträgern
- $\boldsymbol{b_m = b_0 + b_{m2} + b_{m3}}$ (72 b) bei Innenträgern

Ergeben sich hiermit stark unsymmetrische Querschnitte, so muß eine Bemessung für schiefe Biegung durchgeführt werden, wenn der Querschnitt nicht gegen Verdrehen gesichert und hoch ausgenutzt ist.

Die Werte b_{m1}/b_1 bzw. b_{m2}/b_2 bzw. b_{m3}/b_3 sind Tafel 65 zu entnehmen.
Für die Stützweite l gilt vereinfachend

- in den Endfeldern $\boldsymbol{l_0 = 0{,}8\,l}$ (73 a) – in den Mittelfeldern $\boldsymbol{l_0 = 0{,}6\,l}$ (73 b)

Bei Kragträgern mit l_k = Kragarmlänge gilt $\boldsymbol{l_0 = 1{,}5\,l_k}$ (73 c)

Um 40% abzumindern sind die so ermittelten B_m-Werte über den Stützen von Durchlaufträgern mit der Platte in der Druckzone wegen der einschnürenden Wirkung von Einzellasten.

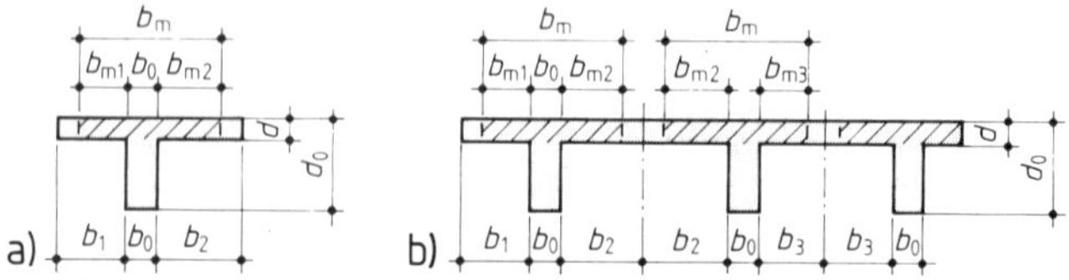

Bild 69 Plattenbalken
a) beiderseits freie Ränder
b) Rand- und Innenträger

Tafel 65 Bezogene mitw. Plattenbreite b_{m1}/b_1 bzw. b_{m2}/b_2 bzw. b_{m3}/b_3

$\frac{d}{d_0}$	$\frac{b_1}{l_0}$ bzw. $\frac{b_2}{l_0}$ bzw. $\frac{b_3}{l_0}$														
	1,0	0,9	0,8	0,7	0,6	0,5	0,45	0,4	0,35	0,3	0,25	0,2	0,15	0,1	
0,10	0,18	0,20	0,23	0,26	0,31	0,38	0,43	0,48	0,55	0,62	0,71	0,82	0,92	1,00	b_{m1}/b_1 bzw. b_{m2}/b_2 bzw. b_{m3}/b_3
0,15	0,20	0,22	0,25	0,28	0,33	0,40	0,45	0,50	0,57	0,64	0,72	0,82	0,92		
0,20	0,23	0,26	0,29	0,33	0,38	0,45	0,50	0,55	0,61	0,68	0,76	0,85	0,93		
0,30	0,32	0,36	0,40	0,44	0,50	0,56	0,59	0,63	0,68	0,74	0,80	0,87	0,94		

Zwischenwerte dürfen geradlinig interpoliert werden

Bei sehr großen vorhandenen Plattenbreiten b_i ($i = 1, 2, 3$) darf näherungsweise der zu $b_i/l_0 = 1$ gehörende Wert b_{mi}/b_i verwendet werden. Zur Ermittlung der mitwirkenden Breite b_{mi} ist die vorhandene Plattenbreite b_i dabei rechnerisch auf $b_i = 1{,}0\,l_0$ zu begrenzen.

14.3 Bemessung von Plattenbalken

a) Gedrungene Querschnitte ($b_m/b_0 \leqq 5$). Der oberhalb der Nullinie liegende Querschnitt der Druckzone wird umgewandelt in ein Rechteck mit der Ersatzbreite b_i nach Gl. (74), wobei der Wert λ_b aus Tafel 66 zu entnehmen ist. Die Bemessung erfolgt dann wie beim Rechteckquerschnitt mit den k_h-Tafeln (BT 2a, 2b und 4a). Man schätzt k_x, erhält damit für b_m/b_0 und d/h aus Tafel 66 den Wert λ_b, mit dem b_i ermittelt wird. Mit b_i berechnet man k_h nach Gl. (75).

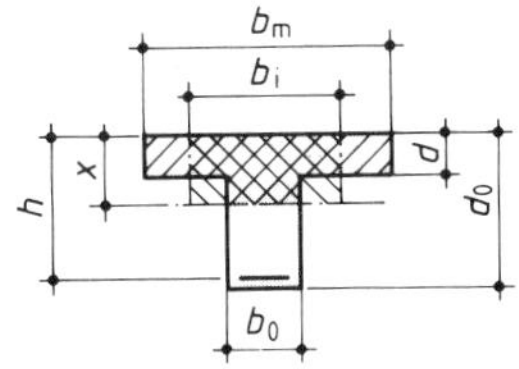

Bild 70 Ersatzbreite b_i

$$\boldsymbol{b_i = \lambda_b \cdot b_m} \qquad (74) \qquad\qquad \boldsymbol{k_h = h/\sqrt{M_s/b_i}} \qquad (75)$$

Ist der geschätzte k_x-Wert kleiner als der zu diesem k_h-Wert gehörende k_x-Wert, so muß Schätzung und Berechnung wiederholt werden. Man kann diese Iteration vermeiden, wenn man den zum größten k_x-Wert gehörenden Wert λ_b wählt.

Der Nachweis, daß die Festigkeit der Biegedruckzone nicht überschritten wird, ist erbracht, wenn $k_h \geqq k_h^*$ ist.

Tafel 66 Beiwerte λ_b zur Bestimmung der Ersatzbreite b_i bei Plattenbalken

$d/h=$										b_m/b_o						
0,50	0,45	0,40	0,35	0,30	0,25	0,20	0,15	0,10	0,05	1,5	2,0	2,5	3,0	3,5	4,0	5,0
$k_x=$										$100 \cdot \lambda_b$						
0,50	0,45	0,40	0,35	0,30	0,25	0,20	0,15	0,10	0,05	100						
	0,50	0,44	0,39	0,33	0,28	0,22	0,17	0,11	0,06	99	99	99	99	99	99	98
		0,50	0,44	0,38	0,31	0,25	0,19	0,13	0,06	97	96	95	95	95	94	94
			0,50	0,43	0,36	0,29	0,21	0,14	0,07	95	92	90	89	89	88	87
				0,50	0,42	0,33	0,25	0,17	0,08	91	87	84	82	81	80	79
					0,50	0,40	0,30	0,20	0,10	87	81	77	75	73	71	70
						0,50	0,38	0,25	0,13	83	75	70	66	64	62	60
							0,50	0,33	0,17	79	69	62	58	55	53	50
								0,50	0,25	75	62	55	50	46	44	40
									0,50	71	56	47	42	37	34	30

b) Schlanke Querschnitte ($b/b_0 > 5$). Meist vernachlässigt man die Druckspannungen im Steg. Man nimmt die Resultierende der Betondruckspannungen im Abstand $d/2$ vom oberen Querschnittsrand an. Die erforderliche Bewehrung A_s erhält man dann nach Gl. (76).

Hierbei wird meist die Stahlspannung ausgenutzt, so daß $\gamma/\sigma_{su} = 1{,}75/\beta_s$ wird.

Mit Gl. (77) kann dann der Nachweis erbracht werden, daß die Festigkeit der Betondruckzone nicht überschritten wird.

$$\boldsymbol{A_s = \frac{\gamma}{\sigma_{su}}\left[\frac{M_s}{h-d/2} + N\right]} \qquad (76) \qquad\qquad \boldsymbol{\sigma_m = \frac{M_s}{(h-d/2)\, b_m\, d} \leqq \frac{\beta_R}{1{,}75}} \qquad (77)$$

c) Beliebige Plattenbalkenquerschnitte

Für alle B Für alle BSt

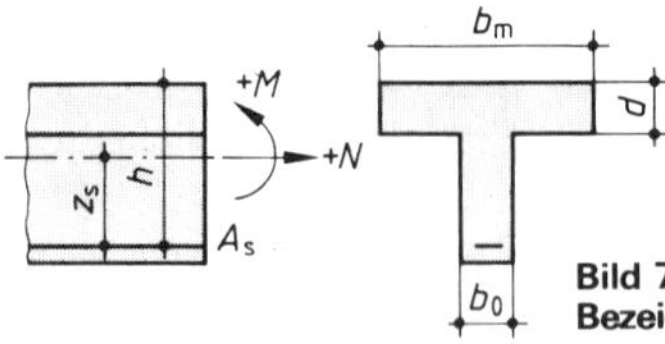

Bild 71 Bezeichnungen

$$M_s = M - N \cdot z_s$$

N als Druckkraft negativ einsetzen.

$$m_s = \frac{M_s}{b_m h^2 \beta_R}$$

($\leq m_s^*$ ohne Druckbewehrung)

$$A_s = \omega_M \frac{b_m \cdot h}{\beta_s/\beta_R} + \frac{N}{\beta_s/\gamma}$$

Für die verschiedenen Größen sind einander entsprechende Einheiten zu verwenden.

Tafel 67 Verhältniswerte

	β_S/β_R B 15	B 25	B 35	B 45	B 55	β_S/γ [MN/m²]
BSt 500	47,6	28,6	21,7	18,5	16,7	286

Tafel 68 Mechanische Bewehrungsgrade $1000\,\omega_M$

m_s	$d/h=0{,}05$, b_m/b_o = 10	5	3	2	1	$d/h=0{,}10$, b_m/b_o = 10	5	3	2	1	$d/h=0{,}15$, b_m/b_o = 10	5	3	2	1
0,01	18	18	18	18	18	18	18	18	18	18	18	18	18	18	18
0,02	26	36	36	36	37	36	36	36	36	37	37	37	37	37	37
0,03	55	55	55	55	55	55	55	55	55	55	55	55	55	55	55
0,04	76	75	75	75	75	74	74	74	74	75	74	74	74	74	75
0,05		97	95	94	94	93	93	93	94	94	94	94	94	94	94
0,06		124	117	115	114	112	113	113	113	114	113	113	113	113	114
0,07			141	137	134		134	133	134	134	132	133	133	133	133
0,08			169	160	154		161	156	155	154	152	153	153	154	154
0,09				184	175			181	177	175	176	174	174	175	175
0,10				211	197			210	201	197		201	197	197	197
0,11				241	218				227	218			224	220	218
0,12					241				256	241				246	247
0,13					264					264				274	264
0,14					288					288					288
0,15					313					313					313
0,16					339					339					339
0,17					367					367					367
0,18					395					395					395
0,19					426					426					426
$m_s^*=$	0,044	0,061	0,083	0,111	0,193	0,068	0,082	0,101	0,124	0,193	0,091	0,102	0,117	0,136	0,193
$1000\,\omega_M=$	89	127	179	243	436	134	167	212	268	436	179	207	245	293	436

m_s	$d/h=0{,}20$, b_m/b_o = 10	5	3	2	1	$d/h=0{,}30$, b_m/b_o = 10	5	3	2	1	$d/h=0{,}40$, b_m/b_o = 10	5	3	2	1
0,01	18	18	18	18	18	18	18	18	18	18	18	18	18	18	18
0,02	37	37	37	37	37	37	37	37	37	37	37	37	37	37	37
0,03	55	55	55	55	55	55	55	55	55	55	55	55	55	55	55
0,04	75	75	75	75	75	75	75	75	75	75	75	75	75	75	75
0,05	94	94	94	94	94	94	94	94	94	94	94	94	94	94	94
0,06	114	114	114	114	114	114	114	114	114	114	114	114	114	114	114
0,07	134	134	134	134	134	134	134	134	134	134	134	134	134	134	134
0,08	154	154	154	154	154	154	154	154	154	154	154	154	154	154	154
0,09	174	174	174	175	175	175	175	175	175	175	175	175	175	175	175
0,10	195	195	195	196	197	197	197	197	197	197	197	197	197	197	197
0,11	218	217	217	218	218	218	218	218	218	218	218	218	218	218	218
0,12		244	241	241	241	241	241	241	241	241	241	241	241	241	241
0,13			269	266	264	264	264	264	264	264	264	264	264	264	264
0,14				293	288	287	287	287	288	288	288	288	288	288	288
0,15					313	312	312	312	313	313	313	313	313	313	313
0,16					339			341	340	339	339	339	339	339	339
0,17					367					367	366	366	366	366	367
0,18					399					395		397	397	395	395
0,19					426					426					426
$m_s^*=$	0,112	0,121	0,133	0,148	0,193	0,150	0,155	0,161	0,169	0,193	0,178	0,180	0,182	0,185	0,193
$1000\,\omega_M=$	224	247	279	318	436	312	326	345	367	436	388	394	401	409	436

15 Stahlbetonrippendecken

15.1 Allgemeine Grundlagen

Stahlbetonrippendecken sind Plattenbalkendecken mit den Abmessungen nach Bild 72. Ein Nachweis für die Platte ist nicht erforderlich.

Die Platte kann ganz oder teilweise durch Zwischenbauteile (DIN 4158 oder DIN 4159) ersetzt werden. Zwischen den Rippen können Füllkörper nach DIN 4158 oder DIN 4160 angeordnet werden. Stahlbetonrippendecken dürfen höchstens mit einer Verkehrslast p von 5,00 kN/m^2 belastet werden. Einzellasten über 7,5 kN sind unmittelbar durch Querrippen oder gleichwertige Maßnahmen auf die Längsrippen zu übertragen.

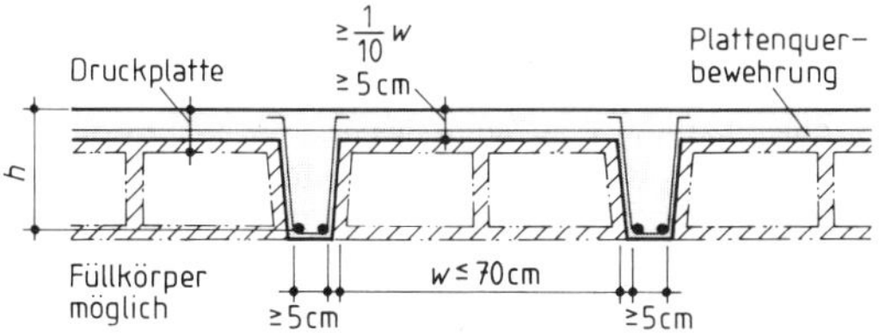

Bild 72
Stahlbetonrippendecken

7

15.2 Einachsig gespannte Decken

Die Druckplatte braucht statisch nicht nachgewiesen zu werden, als Querbewehrung sind mindestens 3 Stäbe mit $d_s = 6$ mm (Betonstabstahl) oder $d_s = 4{,}5$ mm (Betonstahlmatten) erforderlich.

In den Längsrippen ist die Längsbewehrung möglichst gleichmäßig zu verteilen. Die Bügelbewehrung kann entfallen, wenn die Verkehrslast $p \leqq 2{,}75$ kN/m^2, der Wert der Schubspannung $\tau_0 \leqq \tau_{0_{11}}$ (Bereich 1 b) und der Durchmesser der Längsbewehrung $d_s \leqq 16$ mm ist. Dabei ist die Feldbewehrung dann von Auflager zu Auflager zu führen.

Im Bereich von Innenstützen dürfen Vouten nur bis zu einer Neigung von 1:3 in Rechnung gestellt werden, Druckbewehrung darf für durchgeführte Feldbewehrung mit $\mu_d \leqq 1\%$ von Ab in Rechnung gestellt werden.

Für die Anordnung von Querrippen in Abhängigkeit der Verkehrslast p, der Stützweite l und der Dicke der Rippendecke d_0 gilt Tafel 69.

Tafel 69 Abstand von Querrippen

Verkehrslast p in kN/m^2	Stützweite l in m	Abstand der Längsrippen	Abstand der Querrippen
$\leqq 2{,}75$ und dazugehörige Flure $\leqq 3{,}50$	$\leqq 6{,}0$	–	–
$\leqq 2{,}75$	$> 6{,}00$	$\leqq 1/8$ $> 1/8$	– $12 d_0$
$> 2{,}75$		$\leqq 1/8$ $> 1/8$	$10 d_0$ $8 d_0$

Bei $p > 2{,}75$ kN/m^2 oder $l > 6{,}00$ m ist mindestens eine Querrippe anzuordnen.

Die Querrippen sind in der Bauhöhe der Längsrippen auszubilden und zu verbügeln. Sie sind für die Schnittgrößen der Längsrippen zu bemessen, bei einer Verkehrslast von $p \leqq 3{,}50$ kN/m^2 genügt eine Bemessung für die halben Werte.

15.3 Zweiachsig gespannte Decken

Zweiachsig gespannte Decken sind wie einachsig gespannte zu bemessen und auszubilden. Die Schnittgrößenermittlung erfolgt wie bei zweiachsig gespannten Platten, jedoch ohne Berücksichtigung der günstig wirksamen Drillmomente.

16 Flach- und Pilzdecken

16.1 Schnittgrößen

Angaben für Ermittlung der Schnittgrößen enthält Abschn. 2.7.

16.2 Biegebemessung

Die Bemessung erfolgt für die nach Abschnitt 2.7 ermittelten Schnittgrößen. Stützkopfverstärkungen mit einer Neigung von $\geqq 1:3$ dürfen nur mit einer Neigung von 1:3 in Rechnung gestellt werden. Um eine Zugbandwirkung zu erreichen, ist mindestens 50% der Feldbewehrung bis zu den Stützenachsen durchzuführen. Wird keine Schubbewehrung angeordnet, so ist eine Mindestbewehrung im Bereich des Rundschnittes der Stützen $A_s = \max Q_r/\beta_s$ einzulegen. Im Bereich des Rundschnittes um die Stützen ist die Biegetragfähigkeit nachzuweisen, an der Plattenoberseite ist in jeder Richtung ein Biegebewehrungsgrad von $\mu = 0{,}5\%$ einzulegen. An Plattenrändern ist die Bewehrung zu verankern.

Ist bei der Platte am Rande eine durchgehende Unterstützung vorhanden, so entfällt der Gurtstreifen neben dem Rand. Der dann vorhandene Randstreifen mit einer Breite von $0{,}8\,l$ kann für 75% der Schnittlasten eines Feldstreifens bemessen werden.

16.3 Nachweis der Sicherheit gegen Durchstanzen

Die rechnerische Schubspannung τ_r wird in einem zylindrischen Rundschnitt um die Stütze bestimmt.

$$\max \tau_r = \frac{\max Q_r}{u \cdot h_m} \quad (78) \qquad \text{mit } u = (d_{St} + h_m)\,\pi$$

In obiger Gleichung ist $\max Q_r$ die größte Querkraft im Rundschnitt. Der Beiwert u ist bei Randstützen um 40% und bei Eckstützen um 70% zu reduzieren. Für h_m ist die mittlere statische Höhe einzusetzen. Als Stützenabmessung d_{St} wird bei Rundstützen der Durchmesser und bei Rechteckstützen mit den Seitenabmessungen d und b der Wert $1{,}13\sqrt{d \cdot b}$ eingesetzt, wobei die größte Seitenlänge nicht mehr als der 1,5fache Betrag der kleineren in Rechnung gestellt werden darf.

Bei Randstützen ist die Biegebeanspruchung nicht rotationssymmetrisch, hier darf auf eine genaue Ermittlung von verzichtet werden, wenn der Rechenwert nach Gl. (78) um 40% erhöht wird.

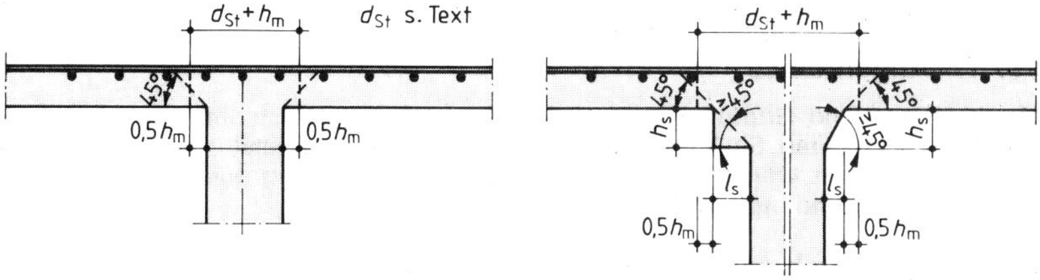

Platte ohne Stützenkopfverstärkung **Platte mit Stützenkopfverstärkung und $l_s \leqq h_s$**

Bild 73 Maßgebende Schnitte für den Distanznachweis

Wird eine Stützenkopfverstärkung ausgebildet, so sollte $l_s \ll h_s$ gewählt werden, dann ist ein Nachweis der Schubspannung im Bereich der Verstärkungen nicht erforderlich.

Für die Ermittlung der Schubbewehrung gilt Tafel 70. Wird eine Bewehrung erforderlich, so ist diese für 0,75 max Q_r zu bemessen, wobei sie 45° und steiler geneigt sein soll.

Tafel 70 Schubbewehrung

Fall	Schubspannung	Schubbewehrung	
1	$\tau_r \leqq \varkappa_1 \tau_{011}$	nicht erforderlich	$\varkappa_1 = 1{,}3\ \alpha_s \sqrt{\mu_g}$ | $\alpha_s = 1{,}3$ (BSt III S) $\varkappa_2 = 0{,}45\ \alpha_s \sqrt{\mu_g}$ | $\alpha_s = 1{,}4$ (BSt IV s/IV M)
2	$\varkappa_1 \tau_{0\mu} < \tau_r \leqq \varkappa_2 \tau_{02}$	erforderlich	$\mu_g = \frac{A_s}{h_m} \leqq 0{,}25 \frac{\beta_{ws}}{\beta_s} \leqq 1{,}5\%$
3	$\tau_r > \varkappa_2 \tau_{02}$	nicht zulässig	$\frac{A_s}{h_m} =$ vorh. Bewehrungsgrad im Rundschnitt

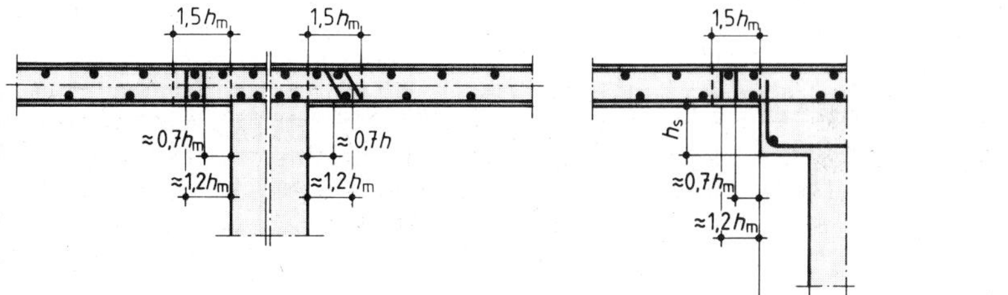

Platte ohne Stützenkopfverstärkung **Platte mit Stützenkopfverstärkung und $l_s \leqq h_s$**

Bild 74 Anordnung der Schubbewehrung

17 Fundamente

17.1 Allgemeines

Fundamente sind Gründungskörper, die Bauwerkslasten aufnehmen und in den Untergrund ableiten. Sie können bewehrt und für kleinere Belastungen auch unbewehrt ausgeführt werden. (Im Fertigteilbau kommen häufig auch Köcherfundamente zur Anwendung).

17.2 Unbewehrte Fundamente

Bei unbewehrten Fundamenten müssen Biegezugspannungen vom Beton aufgenommen werden. Die zulässige Breite ist daher begrenzt. Sie kann in Abhängigkeit der Betonfestigkeitsklasse angegeben werden.

$$\text{zul}\, b = 2 \cdot \frac{d}{n} + c \qquad (79)$$

Tafel 71 Tafelwerte ***n***

B	max. p_s in kN/m²				
	100	200	300	400	500
5	1,6	2,0	2,0	unzulässig	
10	1,1	1,6	2,0	2,0	2,0
15	1,0	1,3	1,6	1,8	2,0
25	1,0	1,0	1,2	1,4	1,6
35	1,0	1,0	1,0	1,2	1,3

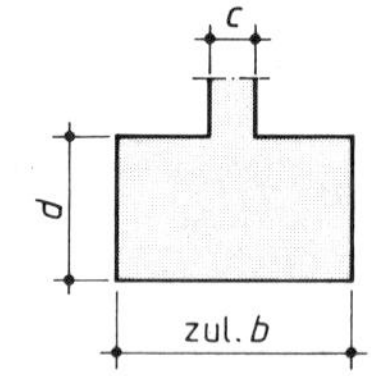

Bild 75 Ausführung unbewehrte Fundamente

17.3 Bewehrte Einzelfundamente

Für die Bemessung bewehrter Fundamentplatten sind die Schnittgrößen nach der Plattentheorie zu ermitteln. Heft 240 DAfStb gibt ein Näherungsverfahren an, wobei anstelle von Hauptmomenten Momente in *x*- und *y*-Richtung parallel zu den Fundamentkanten verlaufen. Sie werden für lotrechte Belastung aus einer gleichmäßig verteilten Belastungsfigur unter dem Fundamentkörper ermittelt, wobei das Fundamentgewicht unberücksichtigt bleibt. Die Konzentrierung der Momente unter der Stütze wird durch Faktoren berücksichtigt. Hierfür wird das Fundament in 8 gleiche Streifen unterteilt.

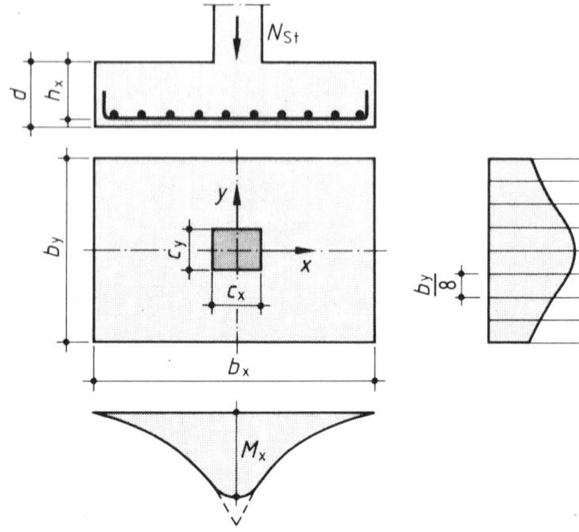

Verteilung von M_x in Fundamentmitte

α-Werte des Momentes			
c_y/b_y			
0,1	0,2	0,3	>0,3
7	8	9	12,5
10	10	11	⋮
14	14	14	⋮
19	18	16	⋮
19	18	16	⋮
14	14	14	⋮
10	10	11	⋮
7	8	9	12,5

Bild 76 Biegemomente der Fundamentplatte und Verteilung der Momente über die Plattenbreite dargestellt für M_x

$$M_x = N_{St} \cdot \frac{b_x - c_x}{8} \quad (80a) \qquad M_y = N_{St} \cdot \frac{b_y - c_y}{8} \quad (80b)$$

Für jeden Plattenstreifen mit der Breite $\frac{b_y}{8}$ gilt

$$k_{hx} = \frac{h_x}{\sqrt{\frac{\alpha}{100} \cdot \frac{M_x}{8 \cdot b_y}}} \quad (81) \qquad A_{Sx} = k_S \cdot \frac{\frac{\alpha}{100} \cdot M_x}{h_x} \quad (82)$$

Nach neueren Untersuchungen kann zur Bemessung auch das jeweilige Moment am Stützenrand zugrunde gelegt werden. Danach wird

$$M_x = N_{St}\left(\frac{b_x}{8} - \frac{c_x}{4}\right) \quad (83a) \qquad M_y = N_{St}\left(\frac{b_y}{8} - \frac{c_y}{4}\right) \quad (83b)$$

Die Biegebewehrung sollte ohne Abstufung bis zum Rand durchgeführt werden. Eine Begrenzung des Biegebewehrungsgrades ist nicht erforderlich.

Für den Nachweis der Sicherheit gegen Durchstanzen darf die Belastung N_{St} um den Anteil, der im Bereich einer Lastausbreitung unter 45° abgetragen wird, abgemindert werden.

Als Stützenabmessung wird bei Rundstützen der Durchmesser d_{St} und bei Rechteckstützen $d_{St} = 1{,}13\sqrt{c_x \cdot c_y}$ angesetzt, wobei die größere Seitenlänge nicht mehr als der 1,5fache Betrag der kleineren in Rechnung gestellt werden darf.

$$\max Q_r = N_{St} - \frac{\pi d_k^2}{4}\sigma_0 \quad (84) \qquad d_k = d_{St} + 2 \cdot h_m$$

Die Ermittlung der Schubspannung sowie der Schubbewehrung wird in Abschn. 16 ausführlich behandelt.

Für außermittige Belastung werden die Momente in x und in y Richtung aus einer trapezförmigen Belastungsfigur ermittelt. Beim Nachweis der Sicherheit gegen Durchstanzen wird im Bereich unter der Stütze ebenfalls eine trapezförmige Belastung berücksichtigt.

Werden Streifenfundamente unter langen Wänden angeordnet, so kann die Biegebemessung derart erfolgen, daß die Bewehrung senkrecht zur Fundamentachse berechnet und in Fundamentlängsrichtung eine konstruktive Querbewehrung eingelegt wird. Der Nachweis der Sicherheit gegen Durchstanzen ist nur für das Wandende erforderlich, wenn das Fundament hier in Längsrichtung übersteht. Er wird dann für ein Rechteckfundament mit den in Bild 78 dargestellten Abmessungen geführt.

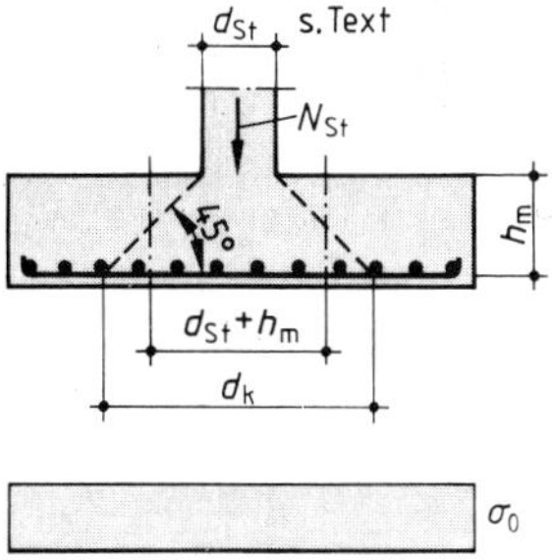

Bild 77 **Nachweis der Sicherheit gegen Durchstanzen bei Fundamenten**

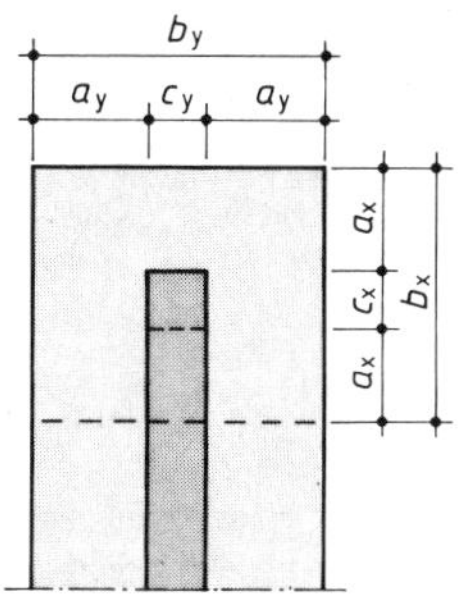

Bild 78 **Durchstanznachweis für das Ende eines Streifenfundamentes unter einer Wand**

18 Druckglieder

Man unterscheidet stabförmige Druckglieder mit $b \leqq 5d$ und Wände mit $b > 5d$, wobei $b \geqq d$.

18.1 Stabförmige Druckglieder

18.1.1 Bügelbewehrte Druckglieder

Mindestdicke d s. Tafel 72

Bewehrung

Längsbewehrung A_s	$\geqq 0{,}4\%$ erf A_b am gezogenen oder weniger gedrückten Rand $\geqq 0{,}8\%$ erf A_b im Gesamtquerschnitt $\leqq 9{,}0\%$ erf A_b auch im Bereich von Übergreifungsstößen Nenndurchmesser (Mindestdurchmesser) d_{sl} s. Tafel 73 Abstand $\leqq 30$ cm; bei $b \leqq 40$ cm genügt ein Stab je Ecke. Verankerungsbereich der Stütze nach Bild 81 a (ohne besondere Verbundmaßnahmen) bzw. nach Bild 81 b bei $0{,}5d \leqq l \leqq 2d$
Druckbewehrung A_s'	Sie darf höchstens mit dem am gezogenen oder weniger gedrückten Rand vorhandenen A_s in Rechnung gestellt werden.
Bügelbewehrung	$d_s \geqq 5$ mm bei Einzelbügel oder Bügelwendel $d_s \geqq 4$ mm bei Betonstahlmatten $d_s \geqq 8$ mm bei Längsstäben mit $d_{sl} > 20$ mm Bügelabstand $s_{bü}$ nach Bild 79, 81 a und 81 b Verbügelung je Ecke bis zu 5 Längsstäben (s. Bild 80)

Tafel 72 Mindestdicken bügelbewehrter, stabförmiger Druckglieder in cm

	Querschnittsform	stehend hergestellte Druckglieder aus Ortbeton	Fertigteile und liegend hergestellte Druckglieder
1	Vollquerschnitt, Dicke	≧20	≧14
2	aufgelöster Querschnitt[1)], z.B. I-, T- und L-förmig (Flansch- und Stegdicke)	≧14	≧ 7
3	Hohlquerschnitt[2)] (Wanddicke)	≧10	≧ 5

[1)] Gesamte Flanschbreite ≧ Werte in Zeile 1;
Flansche mit Breite > 5fache Dicke sind als Wände zu behandeln.

[2)] Wandungen mit lichter Seitenlänge > 10fache Wanddicke sind als Wände zu behandeln.

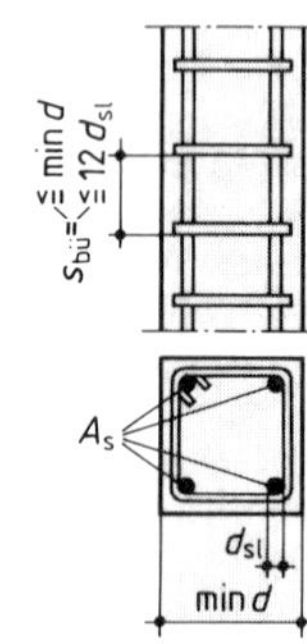

Bild 79 Bewehrung

Tafel 73 Nenndurchmesser d_{sl} der Längsbewehrung

kleinste Querschnittsdicke der Druckglieder in cm	<10	≧10 bis <20	≧20
Nenndurchmesser d_{sl}	8	10	12

Bei Druckgliedern für untergeordnete Zwecke dürfen die Tafelwerte d_{sl} unterschritten werden.

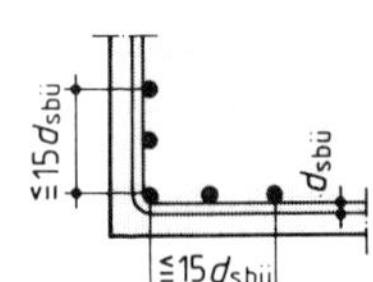

Bild 80 Eckbereich

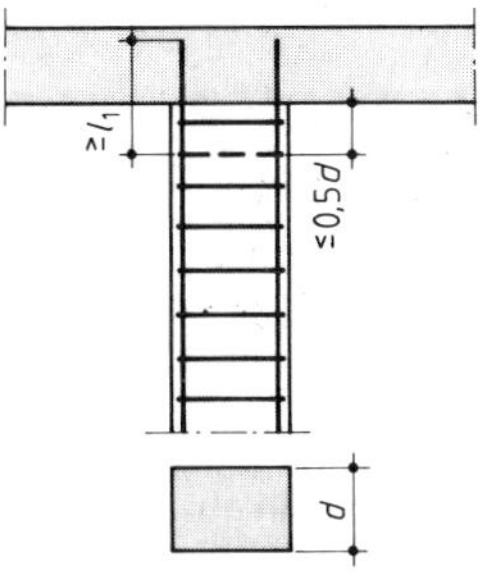

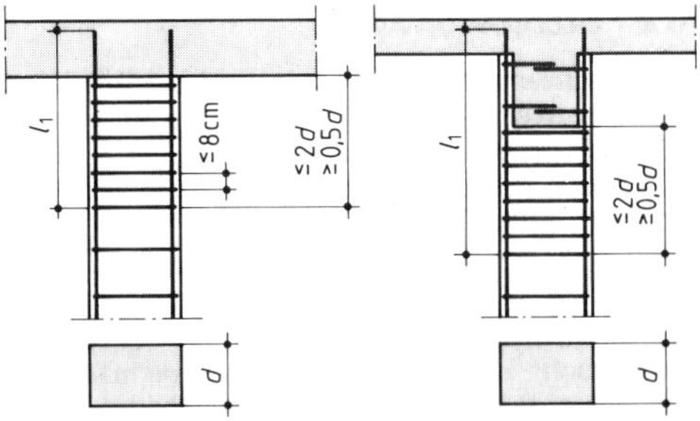

Bild 81a Verankerungsbereich der Stütze ohne besondere Verbundmaßnahmen

Bild 81b Verstärkung der Bügelbewehrung im Verankerungsbereich der Stützenbewehrung

18.1.2 Umschnürte Druckglieder

Die Mindestanforderungen sind Bild 82 zu entnehmen.
Zusätzlich muß sein

$$A_w \beta_{sw} \leqq \delta \cdot [(2{,}3 A_b - 1{,}4 A_k)\beta_R + A_s \beta_S] \quad (85)$$

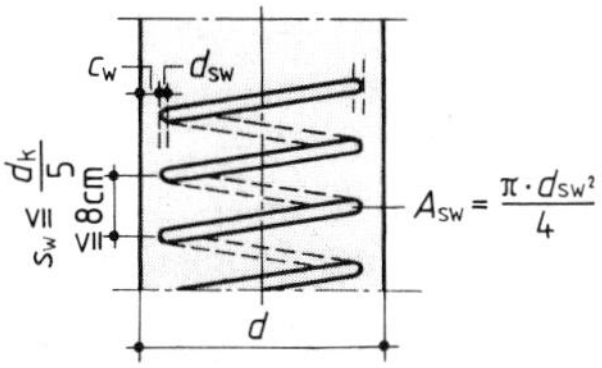

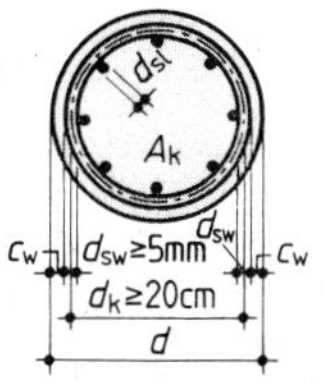

$$A_{sw} = \frac{\pi \cdot d_{sw}^2}{4}$$

Beton	B 25	B 35	B 45	B 55
δ	0,42	0,39	0,37	0,36

Bild 82 Umschnürtes Druckglied

Tafel 74 Bezogene Wendelbewehrung A_W/d_K in cm, Ganghöhe s_W in cm

s_W in cm	⌀5	⌀6	⌀8	⌀10	⌀12	⌀14	⌀16
3,5	0,176	0,254	0,452	0,704	1,015	1,380	1,805
4,0	0,154	0,222	0,395	0,617	0,888	1,209	1,578
4,5	0,137	0,197	0,351	0,548	0,790	1,074	1,403
5,0	0,123	0,178	0,316	0,498	0,711	0,967	1,263
5,5	0,112	0,161	0,287	0,448	0,646	0,879	1,148
6,0	0,103	0,148	0,263	0,411	0,592	0,806	1,052
6,5	0,095	0,137	0,243	0,379	0,547	0,744	0,971
7,0	0,088	0,127	0,226	0,352	0,508	0,691	0,902
7,5	0,082	0,118	0,210	0,329	0,474	0,645	0,830
8,0	0,077	0,110	0,197	0,308	0,444	0,604	0,789

18.2 Stahlbetonwände

Stahlbetonwände sind überwiegend auf Druck beanspruchte, scheibenartige Bauteile, und zwar

a) tragende Wände zur Aufnahme lotrechter Lasten, z.B. Deckenlasten; auch lotrechte Scheiben zur Abtragung waagerechter Lasten (z.B. Windscheiben) gelten als tragende Wände.

b) aussteifende Wände zur Knickaussteifung tragender Wände, dazu können jedoch auch tragende Wände verwendet werden

c) nichttragende Wände werden überwiegend nur durch ihr Eigengewicht beansprucht, können aber auch auf ihre Fläche wirkende Windlasten auf tragende Bauteile, z. B. Wand- oder Deckenscheiben, abtragen.

Mindestwanddicke *d*

Für tragende Wände in Tafel 75; für aussteifende Wände ≧8 cm

Knicklänge h_K

Sie ist je nach Art der Aussteifung in Abhängigkeit von der Geschoßhöhe h_s nach folgender Gl. in Rechnung zu stellen: $h_K = \beta h_s$

Für den Beiwert β ist einzusetzen bei

a) zweiseitig gehaltenen Wänden[1]) $\beta = 1{,}00$

b) dreiseitig gehaltenen Wänden $\beta = 1/[1+(h_s/3b)^2] \geqq 0{,}3$

c) vierseitig gehaltenen Wänden für $h_s \leq b$ $\beta = 1/[1+(h_s/b)^2]$
für $h_s > b$ $\beta = b/2h_s$

b Abstand des freien Randes von der Mitte der aussteifenden Wand bzw. Mittenabstand der aussteifenden Wände

Bewehrung

Längsbewehrung A_s — $d_s \geqq 8$ mm, aber $\geqq 5$ mm bei geschweißten Betonstahlmatten aus B St500M (IV); Größtabstand 20 cm

Querbewehrung — wie bei Platten

Nachweis der Knicksicherheit s. Heft 220 des DAfStb.

Tafel 75 Mindestwanddicken *d* in cm für tragende Wände

1	2	3	4	5	6
Festigkeitsklasse des Betons	Herstellung	Mindestwanddicken für Wände aus			
		unbewehrtem Beton		Stahlbeton	
			Decke über Wänden		
		nicht durchlaufend	durchlaufend	nicht durchlaufend	durchlaufend
bis B 10	Ortbeton	20	14	–	–
ab B 15	Ortbeton	14	12	12	10
	Fertigteil	12	10	10	8

Die Werte gelten auch für Wandteile mit $b < 5d$ zwischen oder neben Öffnungen oder für Wandteile mit Einzellasten, auch wenn sie als bügelbewehrte, stabförmige Druckglieder ausgebildet werden. Die Werte der Spalten 4 und 6 gelten auch bei nicht durchlaufenden Decken, wenn nachgewiesen wird, daß die Ausmitten der lotrechten Last kleiner als $^1/_6$ der Wanddicke ist.

[1]) Für $h_s \leq b$ darf $\beta = 0{,}85$ gesetzt werden, wenn die Wände oben und unten mit den Decken durch Ortbeton und Bewehrung biegesteif so verbunden sind, daß die Eckmomente voll aufgenommen werden.

19 Brandschutz

19.1 Allgemeines

Einleitende Worte zum Thema Brandschutz sind im Abschn. „Bauphysik" wiedergegeben. Dort ist sowohl auf die Klassifizierung der Baustoffe als auch auf die Widerstandsklassen der Bauteile eingehend eingegangen worden, so daß sich an dieser Stelle weitere Erläuterungen erübrigen.

19.2 Bemessungstafeln für Standardfälle

Die DIN 4102 Teil 4 enthält Angaben über Baustoffe, Bauteile und Sonderbauteile, die nach ihrem Brandverhalten eindeutig klassifiziert werden. Für die brandschutztechnische Bemessung von Bauteilen aus Beton mit überwiegend quarzhaltigem Zuschlag werden Bemessungstabellen angegeben. Danach können die einzelnen Bauteile dann in die entsprechenden Feuerwiderstandsklassen eingestuft werden.

Als Parameter gehen neben den statischen Systemen in erster Linie die Abmessungen der Bauteile sowie die Betondeckung und der Abstand der Bewehrung ein. Auch kann durch Putzverkleidungen der Brandschutz verbessert werden. Voraussetzung für die brandschutztechnische Wirksamkeit eines Putzes ist seine Haftung am Putzgrund. Für Standardfälle werden Bemessungstafeln angegeben. Dazu folgende Erläuterungen:

1. Die Tafeln beziehen sich auf eine kritische Temperatur des Bewehrungsstahles von crit $T = 500°$. Damit sind alle Betonstähle nach DIN 1045 abgedeckt. Bei Vorliegen anderer kritischer Temperaturen sind vor allem die Mindestachsabstände der Bewehrungen zu korrigieren, da diese maßgebend sind für die Erwärmung der Stahleinlagen.
2. Als Achsabstand u der Bewehrung ist der Abstand zwischen der Längsachse der Bewehrungsstäbe und der beflammten Betonoberfläche definiert. Je nach Lage der bezogenen Betonoberfläche wird er mit u (unten), u_s (seitlich) oder u_0 (oben) bezeichnet. Als Betondeckung c ist der Abstand der Staboberfläche von der Bauteiloberfläche definiert.
3. Bei Betondeckungen von $c > 50$ mm ist eine Schutzbewehrung erforderlich; damit soll ein frühzeitiges Abfallen von Betonschichten vermieden werden. Diese Bewehrung ist mit kreuzweise angeordneten, an den Knotenpunkten fest verbundenen Stäben mit einem Stab$\varnothing \geqq 2{,}5$ mm, einer Maschenweite zwischen $(150 \cdot 150)$ und $(500 \cdot 500)$ mm und einer Betondeckung von 15 mm auszubilden.
4. Werden bei Verwendung von Putzbelag Tafelwerte nach Tafel 76 abgemindert, so ist allerdings zu beachten, daß Mindestachsabstände u einzuhalten sind.

Tafel 76 Putzdicke als Ersatz für eine Querschnittsabmessung oder den Abstand *u*

Putzart		Erforderliche Putzdicke in mm als Ersatz für 10 mm		maximal zulässige Putzdicke in mm
		Normalbeton	Leicht- oder Porenbeton	
Putze nach DIN 18550-2 ohne Putzträger	Putzmörtel der Gruppe P II und P IVc	15	18	20
	Putzmörtel der Gruppe P IVa und P IVb	10	12	25
Putze auf nichtbrennbaren Putzträgern	Putze nach DIN 18550-2	8	10	25[1])
	2lagige Vermiculite- oder Perlite-Zementputze oder 2lagige Vermiculite- oder Perlite-Gipsputze	5	6	30[1])

[1]) gemessen über Putzträger

Tafel 77 Unbekleidete Stahlbetonplatten aus Normalbeton mit einer $d \geqq 10$ cm

Zeile	Konstruktionsmerkmale	Feuerwiderstandsklasse	
	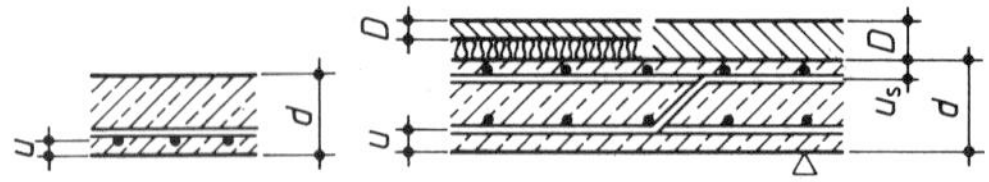	F 30	F 90
1	Frei aufliegende Stahlbetonplatten[3]		
1.1	Mindestachsabstand *u* in mm einachsig gespannter Platten 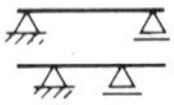	12	35
1.2	Mindestachsabstand *u* in mm zweiachsig gespannter Platten bei		
1.2.1	– 3seitiger Lagerung mit $\frac{l_y}{l_x} > 1{,}0$ 	10	35
1.2.2	– 3seitiger Lagerung mit $1{,}0 \geqq \frac{l_y}{l_x} \geqq 0{,}7$ 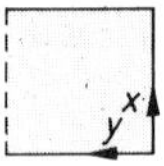	10	30
1.2.3	– 3seitiger Lagerung mit $0{,}7 > \frac{l_y}{l_x}$ 	10	25
1.2.4	– 4seitiger Lagerung mit $1{,}5 \geqq \frac{l_y}{l_x}$ 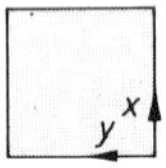	10	15[1]
1.2.5	– 4seitiger Lagerung mit $\frac{l_y}{l_x} \geqq 3{,}0$	10	35[1]
2	Durchlaufende oder eingespannte Stahlbetonplatten[3]		
2.1	Mindestachsabstand u_0 in mm der Stütz- bzw. Einspannbewehrung		
2.1.1	ohne Anordnung von Estrichen	10	15
2.1.2	bei Anordnung eines nichtbrennbaren Estrichs, eines Gußasphaltestrichs oder von Walzasphalt	10	10[2]
2.2	Mindestachsabstand *u* in mm der Feldbewehrung		
2.2.1	einachsig gespannter Platten bei einer Anordnung der Stütz- bzw. Einspannbewehrung		
2.2.1.1	nach DIN 1045	10	25
2.2.1.2	mit Verlängerung um $0{,}15\,l$ gegenüber den Werten nach DIN 1045 bei		
	– $\min l < 0{,}2 \max l$	10[1]	25[1]
	– $\min l \geqq 0{,}8 \max l$	10[1]	10[1]
2.2.2	zweiachsig gespannter Platten bei einer Anordnung der Stütz- bzw. Einspannbewehrung nach DIN 1045 unabhängig vom Seitenverhältnis bei		
2.2.2.1	– 3seitiger Lagerung	10	25
2.2.2.2	– 4seitiger Lagerung	10	15

[1]) Es darf geradlinig interpoliert werden.
[2]) Mindestdicke des Estrichs $D = 10$ mm.
[3]) Bei Putzbekleidungen sind Abminderungen (s. Norm) zulässig, *u* jedoch nicht kleiner als 12 mm.

Tafel 78 Mindestachsabstände *u*[1]) und u_s[1]) und Mindeststabanzahl *n*[2]) der Zugbewehrung[3]) unbekleideter, statisch bestimmt gelagerter Stahlbetonbalken aus Normalbeton mit einlagiger Bewehrung und einer Mindestdicke *t* von 150 mm bei ein- bis vierseitiger Brandbeanspruchung

	Konstruktionsmerkmale	Feuerwiderstandsklasse		Konstruktionsmerkmale	Feuerwiderstandsklasse	
		F 30	F 90		F 30	F 90
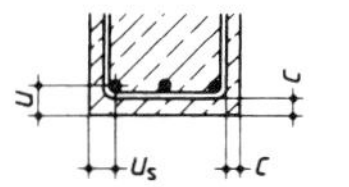	Balkenbreite *b*	80	≦150	Balkenbreite *b*	160	250
	u in mm	25	55	*u* in mm	10	40
	u_s in mm	35	65	u_s in mm	20	50
	n	1	2	*n*	2	4
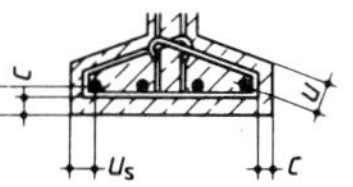	Balkenbreite *b*	120	200	Balkenbreite *b*	≧200	≧400
	u in mm	15	45	*u* in mm	10	35
	u_s in mm	25	55	u_s in mm	10	35
	n	2	3	*n*	3	5

1) Zwischen den *u*- und u_s-Werten darf in Abhängigkeit der Balkenbreite *b* gradlinig interpoliert werden.
2) Die geforderte Mindeststabzahl *n* darf unterschritten werden, wenn der seitliche Abstand u_s pro entfallendem Stab jeweils um 10 mm vergrößert wird.
3) Bei Putzbekleidungen sind Abminderungen nach Tafel 21/1 der DIN 4102-4 zulässig, *u* jedoch nicht kleiner als für F 30.

Tafel 79a Unbekleidete Stahlbetonstützen aus Normalbeton

Brandbeanspruchung	Konstruktionsmerkmale	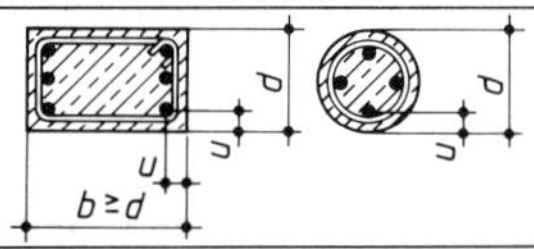	Feuerwiderstandsklasse	
			F 30 – A	F 90 – A
	Stützen mit mehrseitiger Brandbeanspruchung			
mehrseitig	Ausnutzungsfaktor $\alpha_1 = 0{,}3$	Mindestdicke *d* in mm	150	180
		zug. Mindestachsabstand *u* in mm	1)	1)
	Ausnutzungsfaktor $\alpha_1 = 0{,}7$	Mindestdicke *d* in mm	150	210
		zug. Mindestachsabstand *u* in mm	1)	1)
	Ausnutzungsfaktor $\alpha_1 = 1{,}0$	Mindestdicke *d* in mm	150	240
		zug. Mindestachsabstand *u* in mm	1)	1)
einseitig		Mindestdicke *d* in mm	100	140
		zug. Mindestachsabstand *u* in mm	1)	1)
Mindestabmessung für umschnürte Druckglieder			240	300

1) bezüglich c: Mindestwerte nach DIN 1045

Tafel 79b Unbekleidete tragende Stahlbetonwände aus Normalbeton

Konstruktionsmerkmale	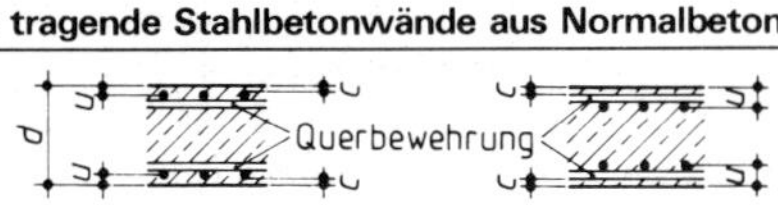		Feuerwiderstandsklasse	
			F 30 – A	F 90 – A
Mindestwanddicke *d* in mm	Ausnutzungsfaktor α_1	0,1	80	100
		0,5	100	120
		1,0	120	140
Mindestachsabstand *u* in mm der Längsbewehrung	Ausnutzungsfaktor α_1	0,1	10	10
		0,5	10	20
		1,0	10	25

Der Ausnutzungsfaktor α_1 ist das Verhältnis der vorhandenen Beanspruchung zu der zulässigen Beanspruchung ($1/\gamma$-fache rechnerische Bruchlast)

Betonfestigkeitsklasse	B 15	B 25	B 35	B 45	B 55
Werte für $\frac{\beta_R}{2{,}1}$ in MN/m²	5,0	8,34	11,0	12,90	14,30

7

20 Bemessungstafeln für Rechteckquerschnitte BT1 bis BT7

Bezeichnungen und allgemeine Ansätze

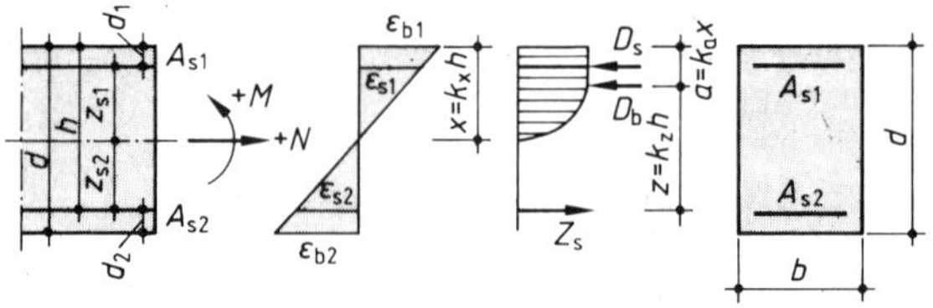

Bild 83

Die äußeren Schnittgrößen. Je nach Bemessungsverfahren wird als Moment verwendet entweder das auf den Schwerpunkt des Betonquerschnitts bezogene Moment M oder auch das auf den Schwerpunkt der Zugbewehrung bezogene Moment

$$\boldsymbol{M_{s2}=M-N z_{s2}} \qquad (86\,a)$$

bzw. das auf den Schwerpunkt der Druckbewehrung bezogene Moment

$$\boldsymbol{M_{s1}=M-N z_{s1}}. \qquad (86\,b)$$

Die inneren Schnittgrößen. Der in Bild 83 dargestellte Dehnungs- und Spannungszustand gilt für den Bruch- bzw. Erschöpfungszustand, der nach DIN 1080 mit dem Index u gekennzeichnet wird. Wenn die Eindeutigkeit nicht darunter leidet, läßt man diesen Index jedoch fort.

Beim Rechteckquerschnitt mit der Breite b treten im Bruchzustand folgende inneren Kräfte auf:

$\boldsymbol{D_b=b_k h \beta_R}$ (87 a) Resultierende der Betondruckspannungen

$\boldsymbol{Z_S=A_{s2}\cdot\sigma_{s2,u}}$ (87 b) Zugkraft in der Zugbewehrung

$\boldsymbol{D_s=A_{s1}\cdot\sigma_{s1,u}}$ (87 c) Druckkraft in der Druckbewehrung

Hilfsgrößen

$x=k_x h$	Höhe der Druckzone
$z=k_z h$	Hebelarm der inneren Kräfte
$a=k_a x$	Abstand der Resultierenden der Betondruckspannungen ($D_b=b x \sigma_m$) vom stärker gedrückten Querschnittsrand
$\sigma_m=D_b/bx$	mittlere Betondruckspannung (s. Bild 32)
$\alpha_R=\sigma_m/\beta_R$	Beanspruchungsgrad
$k_b=\alpha_R\cdot k_x=D_b/b\cdot h\cdot\beta_R$	auf die Querschnittsfläche bh und den Rechenwert β_R der Betonfestigkeit bezogene resultierende Druckkraft D_b

Tafel 80 Werte β_s, $\beta_s/1{,}75$ und $1{,}75/\beta_s$ für Betonstähle nach DIN 1045

	BSt500S/BSt500M
β_s in MN/m²	500
$\beta_s/1{,}75$ in MN/m²	286
$1{,}75/\beta_s$ in m²/MN	0,0035

Die folgenden dimensionslosen Schnittgrößen werden eingeführt:

für den rechnerischen Bruchzustand

$$n_u = \frac{N_u}{b\,d\,\beta_R} \quad (88\,a)$$

$$m_u = \frac{M_u}{b\,d^2\,\beta_R} \quad (88\,b)$$

$$m_{s2,u} = \frac{M_{s2,u}}{b\,h^2\,\beta_R} \quad (88\,c)$$

$$m_{s1,u} = \frac{M_{s1,u}}{b\,d^2\,\beta_R} \quad (88\,d)$$

für den Gebrauchszustand

$$n = \frac{N}{b\,d\,\beta_R} = \frac{n_u}{\gamma} \quad (89\,a)$$

$$m = \frac{M}{b\,d^2\,\beta_R} = \frac{m_u}{\gamma} \quad (89\,b)$$

$$m_{s2} = \frac{M_{s2}}{b\,h^2\,\beta_R} = \frac{m_{s2,u}}{\gamma} \quad (89\,c)$$

$$m_{s1} = \frac{M_{s1}}{b\,d^2\,\beta_R} = \frac{m_{s1,u}}{\gamma} \quad (89\,d)$$

Bewehrungsgrade

$\mu_2 = A_{s2}/bh$	bzw. $\mu_{02} = A_{s2}/bd$	geometrische Bewehrungsgrade der	Zugbewehrung
$\mu_1 = A_{s1}/bh$	bzw. $\mu_{01} = A_{s1}/bd$		Druckbewehrung
$\omega_2 = \mu_2 \beta_S/\beta_R$	bzw. $\omega_{02} = \mu_{02} \beta_S/\beta_R$	mechanische Bewehrungsgrade der	Zugbewehrung
$\omega_1 = \mu_1 \beta_S/\beta_R$	bzw. $\omega_{01} = \mu_{01} \beta_S/\beta_R$		Druckbewehrung
tot μ	bzw. tot μ_0	geometrischer Gesamtbewehrungsgrad	
tot ω	bzw. tot ω_0	mechanischer Gesamtbewehrungsgrad	

Tafel 81 gibt einen Überblick über die hier folgenden Bemessungstafeln und -diagramme und ihre Eignung für die verschiedenen Beanspruchungen. Für zweiachsige Biegung mit Längsdruckkraft ist BT6 geeignet.

BT1a
Allgemeines Bemessungsdiagramm mit M_{su} im Bruchzustand

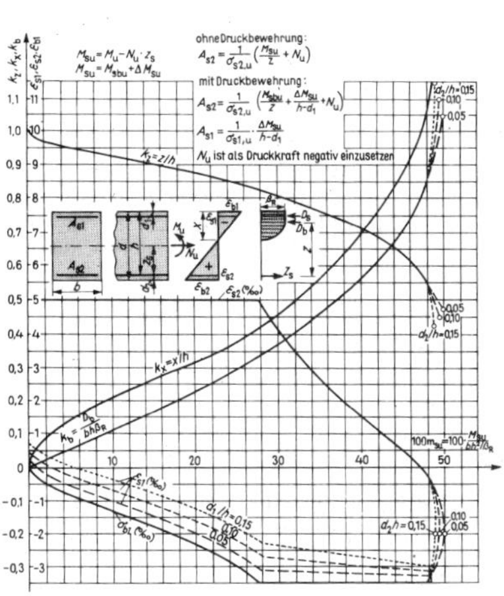

BT1b
Allgemeines Bemessungsdiagramm mit M_s im Gebrauchszustand

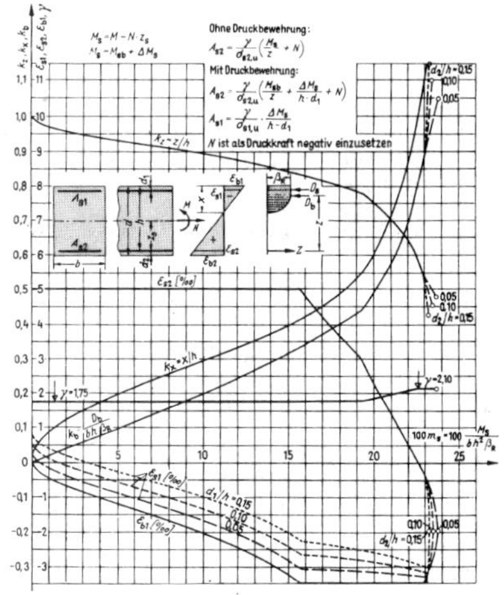

Erläuterungen zu BT1a und BT1b s. S. 423ff.

Tafel 81 Anwendung der Bemessungstafeln BT1 bis BT7

	Druckbeanspruchung e/d					Reine Biegung einachsig	Zugbeanspruchung	
	=0	<0,3	0,3 bis 0,6	0,6 bis 3,5	>3,5		$e>z_s$	$e<z_s$
Allgemeines Bemessungsdiagramm BT 1 b bzw. Tafel 39		(×)	×	×	×	×	×	
k_h-Verfahren BT 2 und BT 3 (einheitliche Bemessung) $A_{s2}<A_{s1}$ (geeignet für $\left\|\frac{N}{b \cdot d \cdot \beta_R}\right\|<0{,}25$)			×	×	×	×	×	
Diagramme für symmetrische Bewehrung BT 4 für B St 500 $A_{s2}=A_{s1}$ (geeignet für $\left\|\frac{N}{b \cdot d \cdot \beta_R}\right\| \geqq 0{,}25$)	×	×	(×)	(×)	(×)	(×)	(×)	×
Diagramme für beiderseits beliebig bewehrte Rechteckquerschnitte BT 5 für B St 500	(×)	(×)	(×)	(×)	(×)	(×)	(×)	
Nomogramme zur Bemessung von Druckgliedern mit großer Schlankheit $\lambda>70$ BT 7 für B St 500	(×)	×	(×)					
Hebelgesetz								×

× = Anwendung empfohlen; (×) = Anwendung sehr bedingt empfohlen

BT 2 Biegung mit Längskraft ohne Druckbewehrung

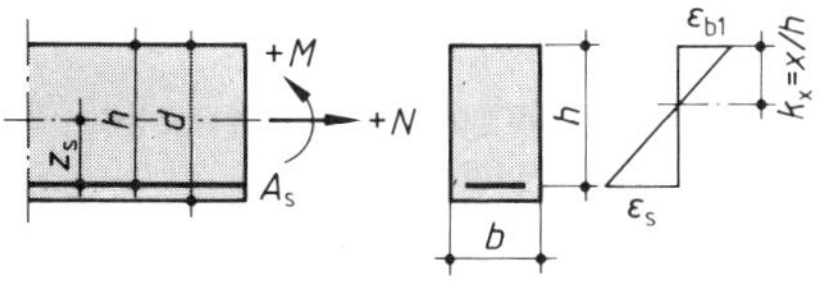

$$M_s = M - N z_s$$

N als Druckkraft negativ einsetzen.

Einfache Bewehrung, wenn $k_h \geqq k_h^*$

$$k_h = \frac{h}{\sqrt{M_s/b}}$$

h in cm, b in m, M_s in kNm

$$A_s = \frac{M_s}{h} k_s + \frac{10N}{\sigma_{su}/\gamma}$$

A_s in cm², h in cm, M_s in kNm, N in kN, σ_{su} in MN/m²

BT 2 Für Betonstahl BSt500S (ohne Druckbewehrung)

B 15		B 25		B 35		B 45		B 55		k_s	σ_{su}/γ	k_x	k_z	$-\varepsilon_{b1}$	ε_s
k_h	d_s	k_h	d_s	k_h	d_s	k_h	d_s	k_h	d_s		MN/m²			‰	
10,2	1	7,9	1	6,9	2	6,4	2	6,0	2	3,6		0,08	0,97	0,44	
5,4	3	4,2	5	3,6	7	3,4	8	3,2	8	3,7	286	0,16	0,95	0,92	5,00
3,9	6	3,0	11	2,6	14	2,4	17	2,3	18	3,8		0,22	0,92	1,41	
3,2	10	2,5	17	2,2	22	2,0	27	1,9	29	3,9		0,28	0,90	1,91	
2,86	14	2,22	23	1,94	30	1,79	36	1,69	41	4,0	286	0,32	0,87	2,39	5,00
2,64	18	2,05	31	1,78		1,65		1,56		4,1		0,36	0,85	2,87	
2,49	23	1,93		1,68		1,55		1,47		4,2		0,40	0,83	3,38	5,00
2,37	26	1,84		1,61		1,48		1,41		4,3	286	0,45	0,81	3,50	4,32
2,29	32	1,79		1,55		1,43		1,36		4,4		0,49	0,80	3,50	3,62
$k_h^* = 2{,}22$		1,72		1,50		1,38		1,31		4,5		0,54	0,78	3,50	3,00

Als Richtwert dient k_h, der mit Gl. (90) ermittelt wird. Tafel BT2 entnimmt man dann den k_s-Wert, der zum nächstkleineren k_h-Wert gehört. Die Zugbewehrung erhält man mit diesem k_s-Wert nach Gl. (91). Auch der bei der Biegung mit Längskraft benötigte Wert σ_{su}/γ ist in den Tafeln angegeben.

$$k_h = \frac{h}{\sqrt{M_s/b}} \qquad (90)$$

h in cm, b in m, M_s in kNm

$$A_s = \frac{M_s}{h} \cdot k_s + \frac{10N}{\sigma_{su}/\gamma} \qquad (91)$$

A_s in cm², h in cm, M_s in kNm, N in kN, σ_{su} in MN/m²

Bei steigendem Beanspruchungsgrad des Querschnitts, d.h. bei fallendem k_h-Wert, wird man die Tafeln in der Regel nur verwenden, bis der Dehnungszustand $\varepsilon_{b1}/\varepsilon_{s2} = -3{,}5/3{,}0$ ‰ erreicht ist, von dem an der Sicherheitsbeiwert γ ansteigt. Der diesem Dehnungszustand zugehörige Richtwert wird mit k_h^* bezeichnet. Bis zu ihm ist $\sigma_{su}/\gamma = \beta_S/1{,}75 = \text{const.}$

Die Tafeln sind bis zum Erreichen der Streckgrenze in der Zugbewehrung nach unten fortgesetzt, um in Sonderfällen auch für tiefere Nullinienlagen ohne Anordnung einer Druckbewehrung benessen zu können. Beispiel s. S. 485.

BT 3 Biegung mit Längskraft mit Druckbewehrung

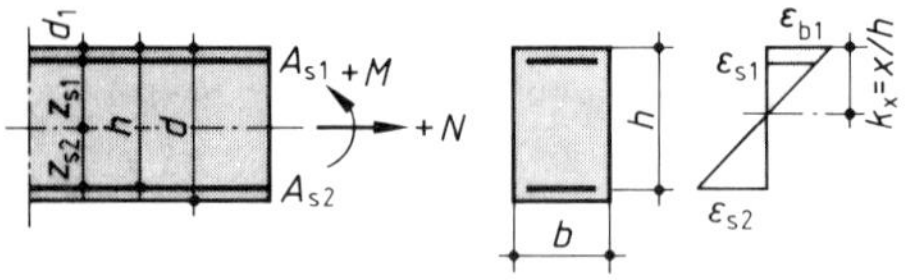

$$M_s = M - N z_{s2}$$

N als Druckkraft negativ einsetzen.

$$k_h = \frac{h}{\sqrt{M_s/b}}$$

h in cm, b in m, M_s in kNm

Doppelte Bewehrung, wenn $k_h < k_h^*$

$$A_{s2} = \frac{M_s}{h} k_s \varrho + \frac{10 \cdot N}{\beta_S/1{,}75} \qquad A_{s1} = \frac{M_s}{h} k_{s1} \cdot \varrho_1$$

A_{s2} und A_{s1} in cm², M_s in kNm, h in cm, N in kN und β_s in MN/m²

Werte für $\beta_S/1{,}75$ sind Tafel 80 zu entnehmen.

Diese Tafel verwendet man, wenn man aus Gl. (90) einen Wert $k_h < k_h^*$ erhält. Dabei wird der zu k_h gehörige Dehnungszustand unverändert beibehalten. Der Teil von M_s, der hierbei von der Betondruckzone nicht mehr aufgenommen werden kann, wird einem Kräftepaar zugewiesen, das aus der Kraft der Druckbewehrung und einer zusätzlichen Zugbewehrung gebildet wird. Von Einfluß ist hierbei der Abstand d_1 der Druckbewehrung vom oberen Rand. Die Tafelwerte gelten für das Verhältnis $d_1/h = 0{,}07$.

Für $d_1/h > 0{,}07$ sind zur Ermittlung der Zug- und Druckbewehrung die Korrekturfaktoren ϱ und ϱ_1 in den Nebentafeln angegeben. Die Ermittlung erfolgt mit Gl. (92) und Gl. (93). Da für die Mehrzahl der Bemessungsaufgaben $d_1/h < 0{,}07$ ist, bleibt man auf der sicheren Seite, wenn man $\varrho = \varrho_1 = 1{,}0$ setzt.

Der in Gl. (92) einzusetzende Wert $\beta_s/1{,}75$ kann Tafel 80 entnommen werden.

$$A_{s2} = \frac{M_s}{h} \cdot k_s \varrho + \frac{10 \cdot N}{\beta_S/1{,}75} \qquad (92)$$

$$A_{s1} = \frac{M_s}{h} \cdot k_{s1} \varrho_1 \qquad (93)$$

A_{s2} und A_{s1} in cm²,
h in cm
M_s in kNm
N in kN,
β_s in MN/m²
$\beta_s/1{,}75$ s. Tafel 67

Beispiel s. S. 485.

BT 3 Für Betonstahl BSt 500

B 15	B 25	B 35	B 45	B 55	k_s	k_{s1}
k_h						
$k_h^* = 2{,}22$	1,72	1,50	1,38	1,31	4,5	0,0
2,19	1,70	1,48	1,37	1,30	4,5	0,1
2,16	1,67	1,46	1,36	1,28	4,5	0,2
2,13	1,65	1,44	1,33	1,26	4,6	0,3
2,10	1,63	1,42	1,31	1,24	4,4	0,4
2,07	1,60	1,40	1,29	1,22	4,4	0,5
2,04	1,58	1,38	1,27	1,20	4,4	0,6
2,00	1,55	1,35	1,25	1,18	4,4	0,7
1,97	1,53	1,33	1,23	1,16	4,4	0,8
1,94	1,50	1,31	1,21	1,15	4,3	0,9
1,90	1,47	1,29	1,19	1,13	4,3	1,0
1,87	1,45	1,26	1,16	1,10	4,3	1,1
1,83	1,42	1,24	1,14	1,09	4,3	1,2
1,80	1,39	1,21	1,12	1,06	4,3	1,3
1,76	1,36	1,19	1,10	1,04	4,2	1,4
1,72	1,33	1,16	1,07	1,02	4,2	1,5
1,68	1,30	1,14	1,05	1,00	4,2	1,6
1,64	1,27	1,11	1,02	0,97	4,2	1,7
1,60	1,24	1,08	1,00	0,95	4,2	1,8
1,56	1,21	1,06	0,97	0,92	4,1	1,9
1,52	1,18	1,03	0,95	0,90	4,1	2,0
1,48	1,14	1,00	0,92	0,87	4,1	2,1

d_1/h	ϱ für $k_s =$ 4,5	4,4	4,3	4,2	4,1	ϱ_1 für alle k_s
0,07			1,00	1,00	1,00	1,00
0,08	1,00	1,00	1,00	1,00	1,00	1,01
0,10			1,01	1,01	1,02	1,03
0,12			1,01	1,02	1,03	1,06
0,14	1,00	1,01	1,02	1,03	1,04	1,08
0,16			1,02	1,04	1,05	1,11
0,18		1,01	1,03	1,04	1,06	1,15
0,20	1,00	1,01	1,03	1,05	1,07	1,25
0,22		1,02	1,04	1,06	1,09	1,37

Beispiel zu BT 2 Gesucht: Bew. einer Platte für $M=27{,}05\,\text{kNm}$ $N=15{,}0\,\text{kN}$
Gewählt: B 35; BSt 500; $b=1{,}0$ m; $d=15$ cm; $h=13{,}5$ cm;
$z_s=13{,}5–7{,}5=6$ cm;

$M_s=27{,}05–15{,}0\cdot 0{,}06=26{,}15\,\text{kNm}$; $k_h=13{,}5/\sqrt{26{,}15/1{,}0}=2{,}6>k_h^*$
zu $k_h=2{,}60$ aus BT 2 $k_s=3{,}8$ $\sigma_{su}/\gamma=286\,\text{MN/m}^2$;
$A_s=3{,}8\cdot 26{,}15/13{,}5+10\cdot 15{,}0/286=7{,}89\,\text{cm}^2$

Beispiel zu BT 3 Gesucht: Bew. eines Balkens für $M=320$ kNm und $N=-250$ kN
Gewählt: B 25; BSt 500 S; $b=0{,}35$ m; $d=0{,}60$ m; $h=0{,}56$ m;
$z_{s2}=0{,}26$ m
$M_s=320+250\cdot 0{,}26=385\,\text{kNm}$; $k_h=56/\sqrt{385/0{,}35}=1{,}69<k_h^*$
zu $k_h=1{,}69$ aus BT3 $k_s=4{,}5$; $k_{s1}=0{,}2$
$d_1/h=4/56=0{,}07$; $\varrho=1{,}00$ und $\varrho_1=1{,}00$
$A_{s2}=385\cdot 4{,}5\cdot 1{,}0/56-10{,}0\cdot 250/286=22{,}2\,\text{cm}^2$
$A_{s1}=385\cdot 0{,}2\cdot 1{,}0/56=1{,}4\,\text{cm}^2$

BT4 Querschnitt mit symmetrischer Bewehrung $A_{s2}=A_{s1}$

Symmetrische Bewehrung empfiehlt sich bei Längskraft mit geringer Ausmitte. Diese Tafeln umfassen den gesamten Beanspruchungsbereich vom mittigen Druck über reine Biegung bis zum mittigen Zug. Sie gelten jeweils nur für eine Stahlart und für einen Randabstand d_1/h der Bewehrung, aber für alle Betonfestigkeitsklassen.

Für Betonstahl 500 S mit jeweils 5 verschiedenen Randabständen d_1/h ergeben sich 5 BT4a bis e.

Mit den nach Gl. (94) und (95) ermittelten bezogenen Schnittgrößen n und m des Gebrauchszustandes kann aus den Tafeln der auf die gesamte Betonfläche $b\,d$ bezogene mechanische Bewehrungsgrad $\omega_{01}=\omega_{02}$ abgelesen werden, mit dem die Bewehrung nach Gl. (96) ermittelt wird.

$$n=\frac{N}{b\,d\,\beta_R} \quad (94) \qquad m=\frac{M}{b\,d^2\,\beta_R} \quad (95)$$

$$\omega_{01}=\omega_{02}=\frac{A_{s1}}{b\,d}\cdot\frac{\beta_S}{\beta_R}=\frac{A_{s2}}{b\,d}\cdot\frac{\beta_S}{\beta_R}$$

$$A_{s1}=A_{s2}=\frac{\omega_{01}\cdot b\cdot d}{\beta_S/\beta_R}=\frac{\omega_{02}\cdot b\cdot d}{\beta_S/\beta_R} \quad (96)$$

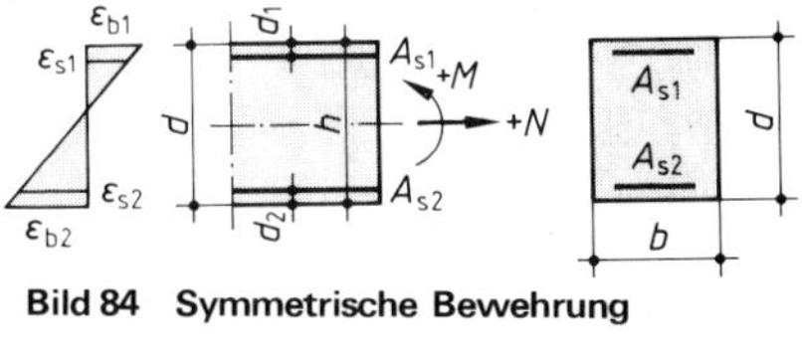

Bild 84 Symmetrische Bewehrung

Zum besseren Verständnis der Diagramme sind noch Linien gleicher Dehnungszustände sowie im Bereich des gleitenden Sicherheitsbeiwertes Linien gleicher Werte entsprechend Bild 30 angegeben.

BT 4a Symmetrisch bewehrter Querschnitt (Erläuterungen s. S. 485)

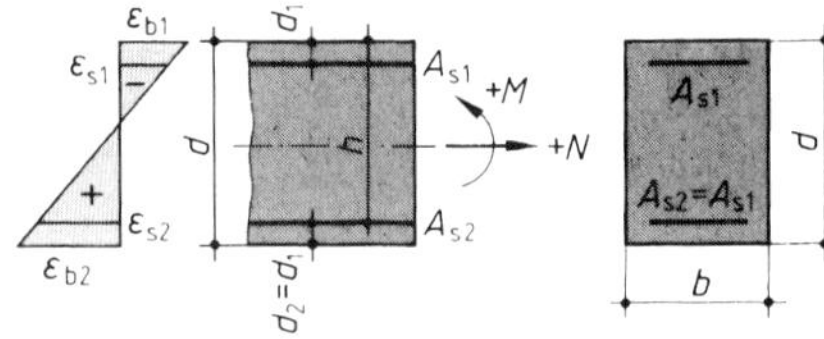

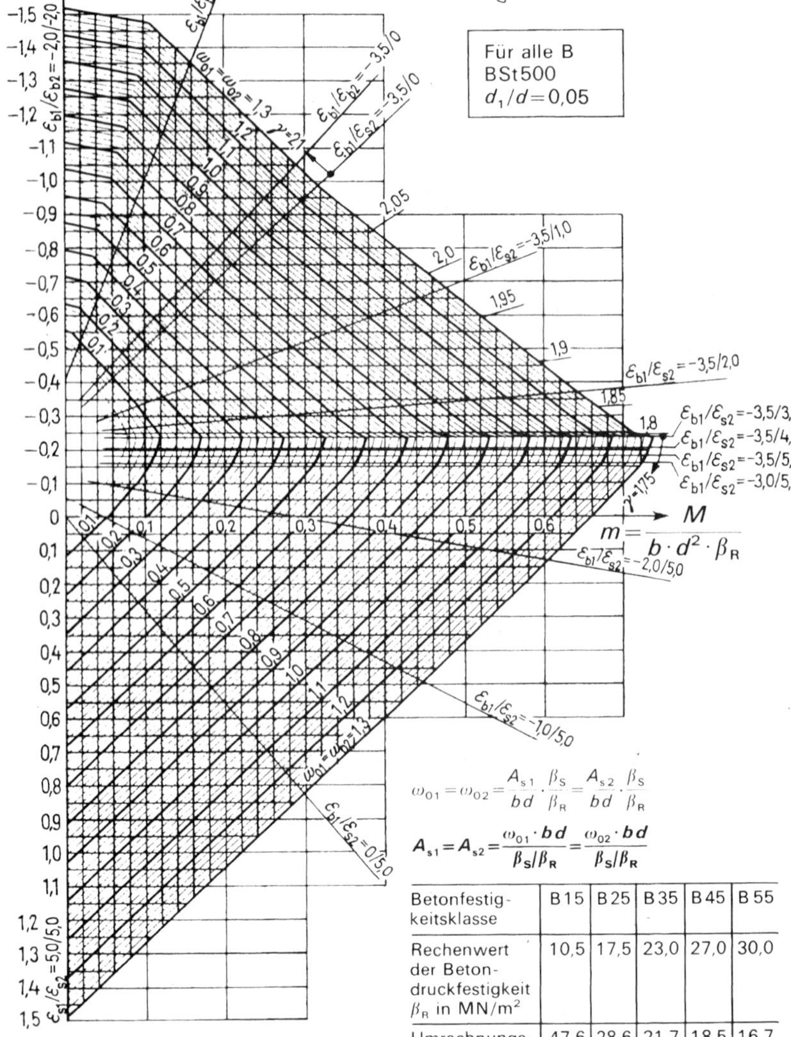

$$\omega_{01} = \omega_{02} = \frac{A_{s1}}{bd} \cdot \frac{\beta_S}{\beta_R} = \frac{A_{s2}}{bd} \cdot \frac{\beta_S}{\beta_R}$$

$$\boldsymbol{A_{s1} = A_{s2} = \frac{\omega_{01} \cdot bd}{\beta_S/\beta_R} = \frac{\omega_{02} \cdot bd}{\beta_S/\beta_R}}$$

Betonfestigkeitsklasse	B 15	B 25	B 35	B 45	B 55
Rechenwert der Betondruckfestigkeit β_R in MN/m²	10,5	17,5	23,0	27,0	30,0
Umrechnungsfaktor β_S/β_R	47,6	28,6	21,7	18,5	16,7

BT 4b Symmetrisch bewehrter Querschnitt (Erläuterungen s. S. 485)

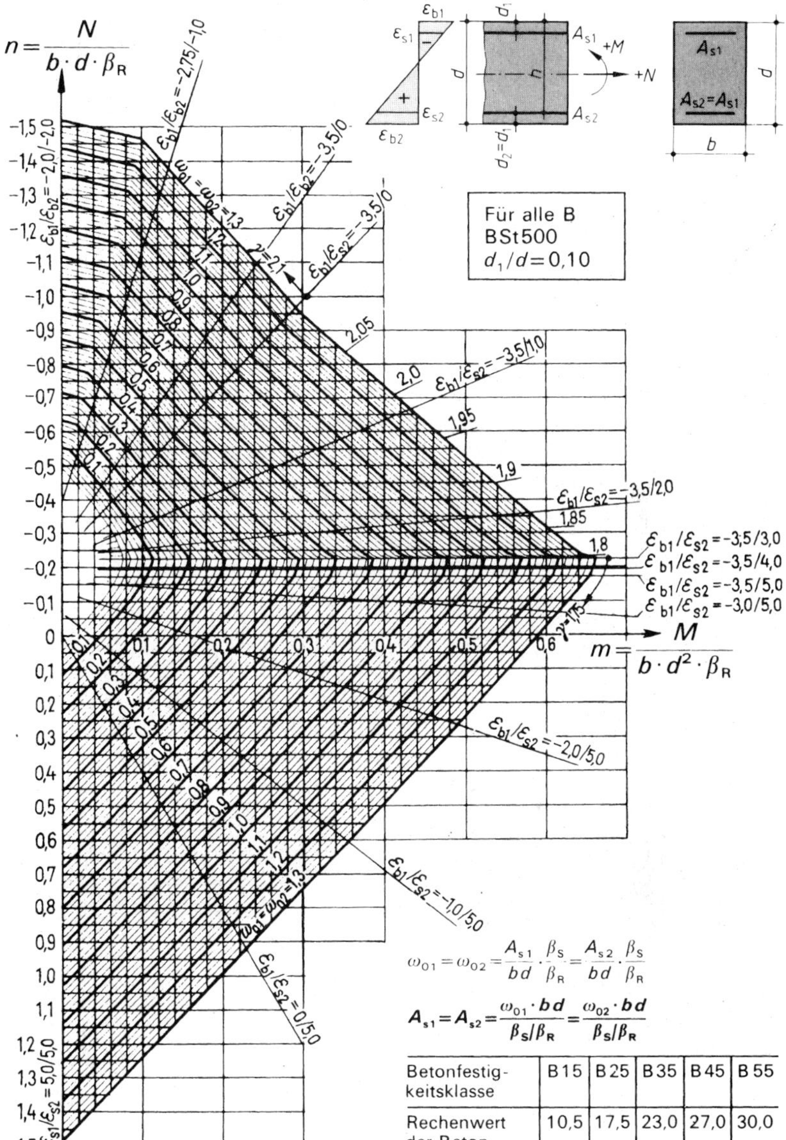

$$\omega_{01}=\omega_{02}=\frac{A_{s1}}{bd}\cdot\frac{\beta_S}{\beta_R}=\frac{A_{s2}}{bd}\cdot\frac{\beta_S}{\beta_R}$$

$$A_{s1}=A_{s2}=\frac{\omega_{01}\cdot bd}{\beta_S/\beta_R}=\frac{\omega_{02}\cdot bd}{\beta_S/\beta_R}$$

Betonfestigkeitsklasse	B 15	B 25	B 35	B 45	B 55
Rechenwert der Betondruckfestigkeit β_R in MN/m^2	10,5	17,5	23,0	27,0	30,0
Umrechnungsfaktor β_S/β_R	47,6	28,6	21,7	18,5	16,7

BT 4c Symmetrisch bewehrter Querschnitt (Erläuterungen s. S. 485)

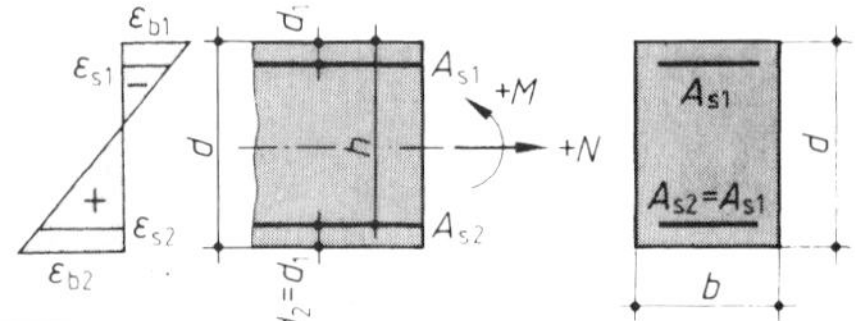

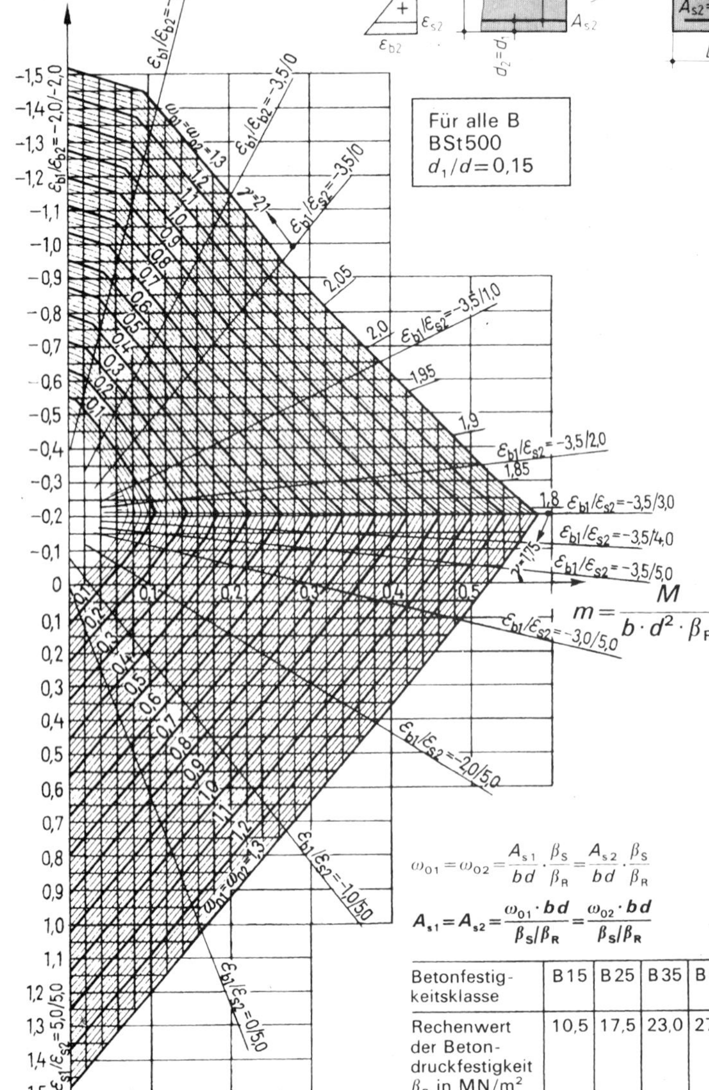

Für alle B
BSt500
$d_1/d=0,15$

$$\omega_{01}=\omega_{02}=\frac{A_{s1}}{bd}\cdot\frac{\beta_S}{\beta_R}=\frac{A_{s2}}{bd}\cdot\frac{\beta_S}{\beta_R}$$

$$\boldsymbol{A_{s1}=A_{s2}=\frac{\omega_{01}\cdot bd}{\beta_S/\beta_R}=\frac{\omega_{02}\cdot bd}{\beta_S/\beta_R}}$$

Betonfestigkeitsklasse	B 15	B 25	B 35	B 45	B 55
Rechenwert der Betondruckfestigkeit β_R in MN/m^2	10,5	17,5	23,0	27,0	30,0
Umrechnungsfaktor β_S/β_R	47,6	28,6	21,7	18,5	16,7

BT 4d Symmetrisch bewehrter Querschnitt (Erläuterungen s. S. 485)

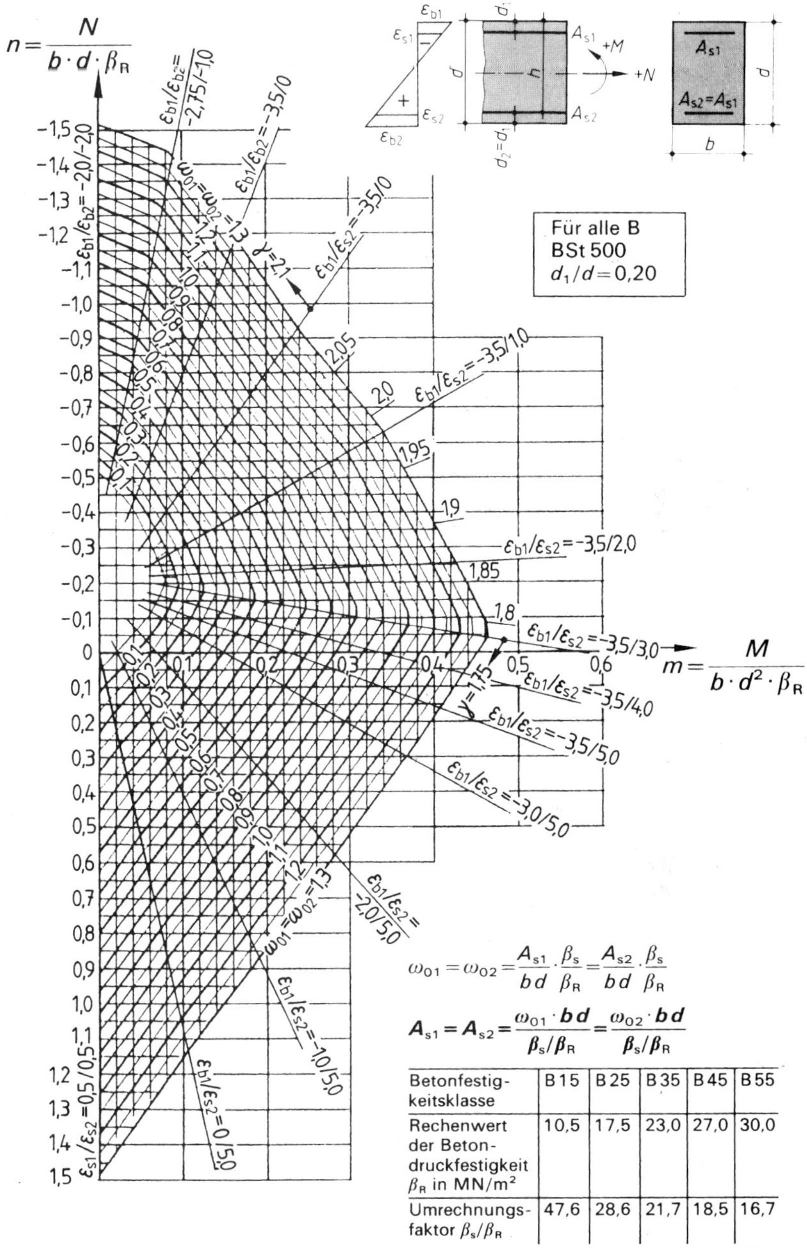

$$\omega_{01} = \omega_{02} = \frac{A_{s1}}{bd} \cdot \frac{\beta_s}{\beta_R} = \frac{A_{s2}}{bd} \cdot \frac{\beta_s}{\beta_R}$$

$$\boldsymbol{A_{s1} = A_{s2} = \frac{\omega_{01} \cdot bd}{\beta_s/\beta_R} = \frac{\omega_{02} \cdot bd}{\beta_s/\beta_R}}$$

Betonfestigkeitsklasse	B 15	B 25	B 35	B 45	B 55
Rechenwert der Betondruckfestigkeit β_R in MN/m²	10,5	17,5	23,0	27,0	30,0
Umrechnungsfaktor β_s/β_R	47,6	28,6	21,7	18,5	16,7

BT 4e Symmetrisch bewehrter Querschnitt (Erläuterungen s. S. 485)

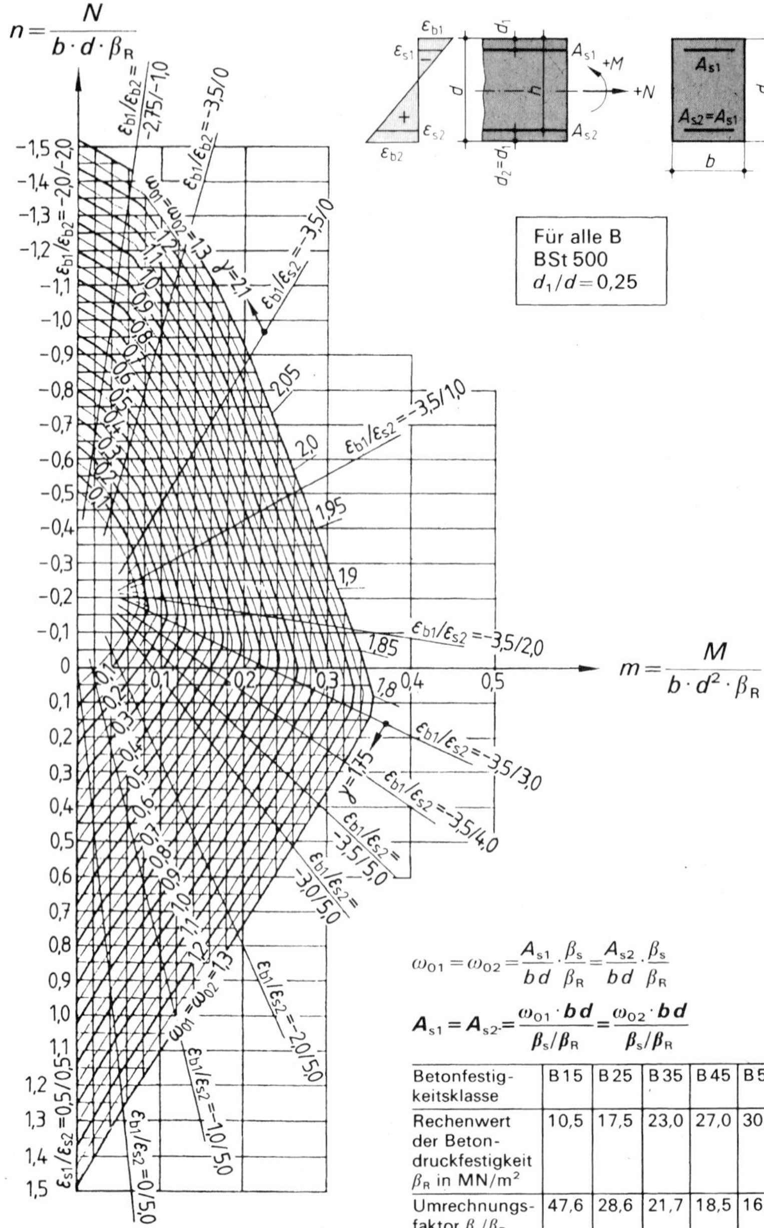

Für alle B
BSt 500
$d_1/d = 0{,}25$

$$\omega_{01} = \omega_{02} = \frac{A_{s1}}{b\,d} \cdot \frac{\beta_s}{\beta_R} = \frac{A_{s2}}{b\,d} \cdot \frac{\beta_s}{\beta_R}$$

$$\boldsymbol{A_{s1} = A_{s2} = \frac{\omega_{01} \cdot b\,d}{\beta_s/\beta_R} = \frac{\omega_{02} \cdot b\,d}{\beta_s/\beta_R}}$$

Betonfestigkeitsklasse	B 15	B 25	B 35	B 45	B 55
Rechenwert der Betondruckfestigkeit β_R in MN/m²	10,5	17,5	23,0	27,0	30,0
Umrechnungsfaktor β_s/β_R	47,6	28,6	21,7	18,5	16,7

BT5 Beiderseits beliebig bewehrter Querschnitt $A_{s1} \leqq A_{s2}$

Diese Tafeln sind bei einem beliebigen Bewehrungsverhältnis A_{s1}/A_{s2} anwendbar und umfassen fast den ganzen Beanspruchungsbereich, in dem der Querschnitt ganz oder teilweise Druckspannungen aufweist. Ihre untere Grenze ist der Fall des mittigen Druckes bei $\varepsilon_{s2}/\varepsilon_{b1} = -2{,}0/-2{,}0‰ = 1{,}0$. Nach oben ist der Anwendungsbereich bis zur Beanspruchung mit hochliegender Nullinie dargestellt. Dies ist erreicht worden durch einen Wechsel des Ordinatenmaßstabes von $\varepsilon_{s2}/\varepsilon_{b1}$ auf k_x an der Stelle $\varepsilon_{s2}/\varepsilon_{b1} = 5{,}0/-3{,}5‰ = -1{,}43$ auf $k_x = 0{,}412$.

Zur Benutzung der Tafeln benötigt man die bezogenen Schnittgrößen m_{s2} und m_{s1} nach Gl. (97b) und (98b) mit M_{s2} und M_{s1} nach Gl. (97a) und (98a).

$$M_{s2} = M - N \cdot z_{s2} \qquad (97a) \qquad\qquad m_{s2} = \frac{M_{s2}}{b d^2 \beta_R} \qquad (97b)$$

$$M_{s1} = M + N \cdot z_{s1} \qquad (98a) \qquad\qquad m_{s1} = \frac{M_{s1}}{b d^2 \beta_R} \qquad (98b)$$

N als Druckkraft negativ einsetzen.

Zu jedem Dehnungsverhältnis $\varepsilon_{s2}/\varepsilon_{b1}$ (= horizontale Linie) erhält man zu m_{s2} und m_{s1} ein bestimmtes Bewehrungsverhältnis A_{s1}/A_{s2} wie folgt (s. Schlüssel, Bild 85):

Man bringt die horizontale Linie, die zur günstigsten Bewehrung führt, mit den Kurven zum Schnitt, die zu den oben berechneten Werten m_{s2} und m_{s1} gehören, und erhält als Abszissen dieser Schnittpunkte die dazugehörigen mechanischen Bewehrungsgerade ω_{01} und ω_{02}, wobei zu beachten ist, daß die m_{s1}-Kurve den Wert ω_{02} und die m_{s2}-Kurve den Wert ω_{01} liefern.

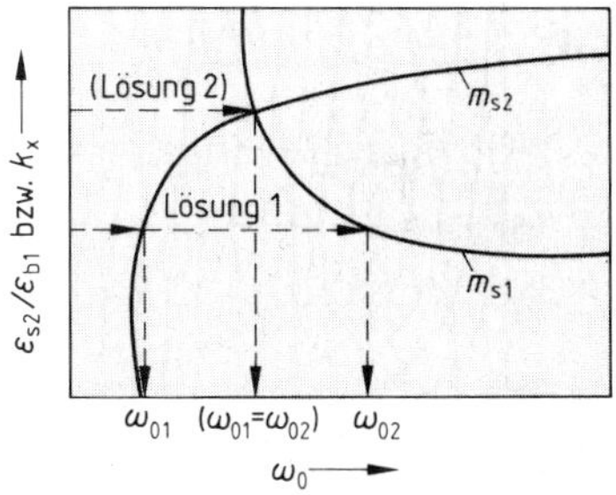

Bild 85 Schlüssel zum Gebrauch der Tafel BT5

$$\omega_{01} = \frac{A_{s1}}{bd} \cdot \frac{\beta_S}{\beta_R} \qquad \omega_{02} = \frac{A_{s2}}{bd} \cdot \frac{\beta_S}{\beta_R}$$

$$A_{s1} = \omega_{01} \cdot \frac{bd}{\beta_S/\beta_R} \qquad A_{s2} = \omega_{02} \cdot \frac{bd}{\beta_S/\beta_R}$$

Zum besseren Verständnis der Diagramme ist rechts noch der Verlauf der Dehnungen und des zugehörigen Sicherheitsbeiwertes angegeben.

Beispiel zu BT 5a

Gegeben: $M = 350$ kNm und $N = -500$ kN; Gesucht: Bewehrung

Gewählt: $b = 0{,}30$ m; $d = 0{,}55$ m; $z_{s2} = z_{s1} = 0{,}225$ m; $d_1/h = 0{,}10$; B25, BSt 500 S;

$M_{s2} = 350 + 500 \cdot 0{,}225 = 462{,}5$ kNm; $M_{s1} = 350 - 500 \cdot 0{,}225 = 237{,}5$ kNm

$$m_{s2} = \frac{462{,}5}{0{,}30 \cdot 0{,}55^2 \cdot 17500} = 0{,}29; \quad m_{s1} = \frac{237{,}5}{0{,}3 \cdot 0{,}55^2 \cdot 17500} = 0{,}15$$

Für $\varepsilon_{s2}/\varepsilon_{b1} = -0{,}8$ erhält man aus BT5: $\omega_{01} = 0{,}3$ und $\omega_{02} = 0{,}4$

$A_{s2} = 0{,}4 \cdot 30 \cdot 55/28{,}6 = 23{,}10$ cm²; $A_{s1} = 0{,}3 \cdot 30 \cdot 55/28{,}6 = 17{,}31$

BT 5a Beiderseits beliebig bewehrter Querschnitt

(Erläuterung und Schlüssel auf S. 491)

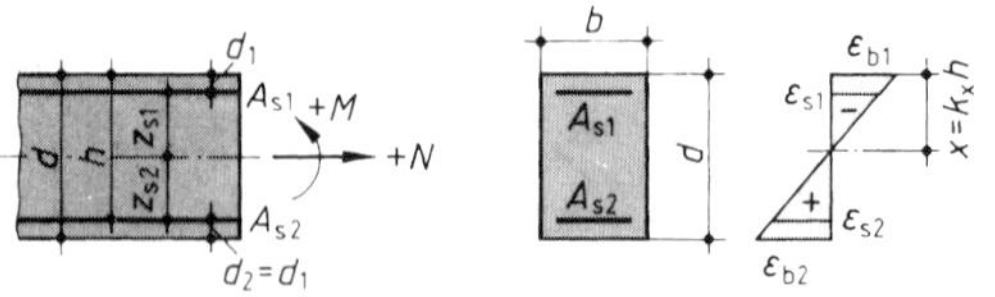

Für alle B
BSt 500
$d_1/d = 0{,}10$

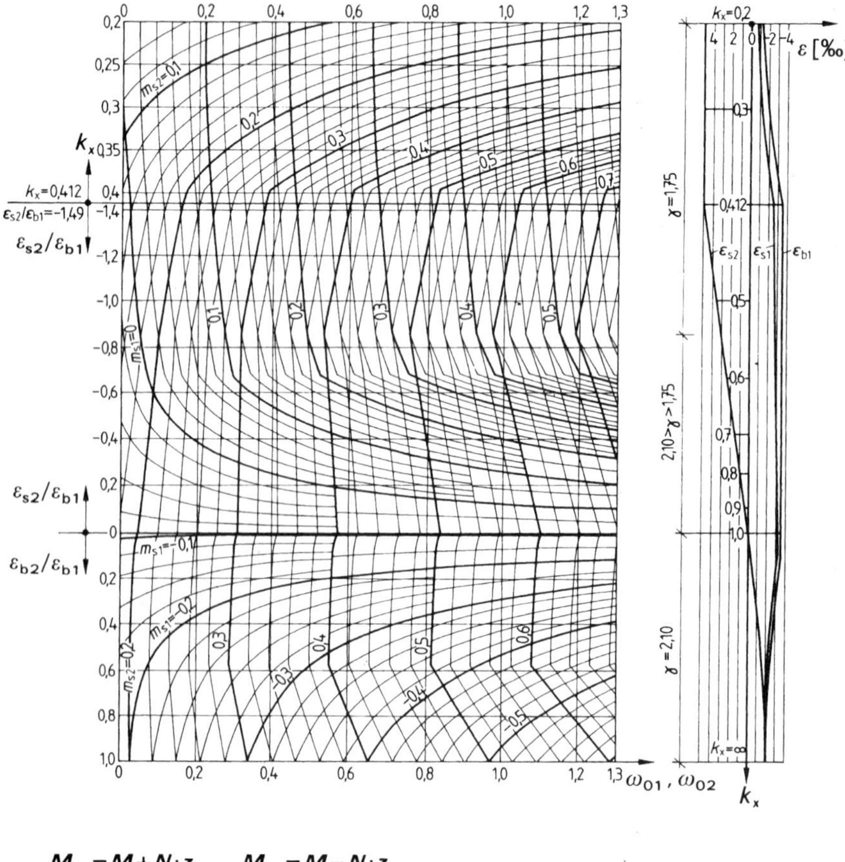

$$M_{s1} = M + N \cdot z_{s1} \qquad M_{s2} = M - N \cdot z_{s2}$$

$$m_{s1} = \frac{M_{s1}}{b d^2 \beta_R} \qquad m_{s2} = \frac{M_{s2}}{b d^2 \beta_R}$$

$$\omega_{01} = \frac{A_{s1}}{b d} \cdot \frac{\beta_S}{\beta_R} \qquad \omega_{02} = \frac{A_{s2}}{b d} \cdot \frac{\beta_S}{\beta_R}$$

$$A_{s1} = \omega_{01} \cdot \frac{b d}{\beta_S/\beta_R} \qquad A_{s2} = \omega_{02} \cdot \frac{b d}{\beta_S/\beta_R}$$

Betonfestigkeitsklasse	B 15	B 25	B 35	B 45	B 55
Rechenwert der Betondruckfestigkeit β_R [MN/m²]	10,5	17,5	23,0	27,0	30,0
Umrechnungsfaktor β_S/β_R	47,6	28,6	21,7	18,5	16,7

BT 5b Beiderseits beliebig bewehrter Querschnitt

(Erläuterung und Schlüssel auf S. 491)

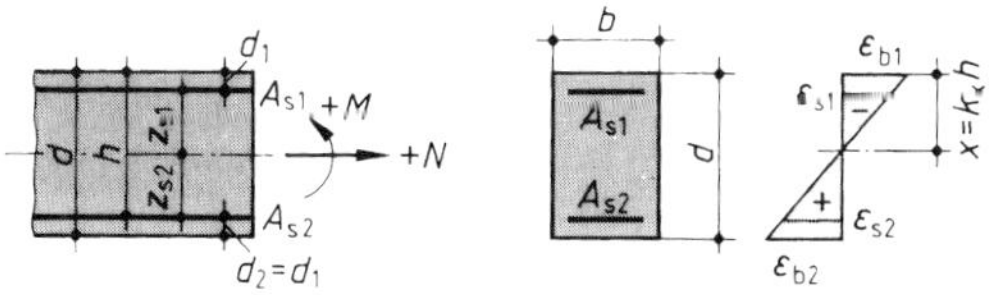

Für alle B
BSt 500
$d_1/d = 0{,}15$

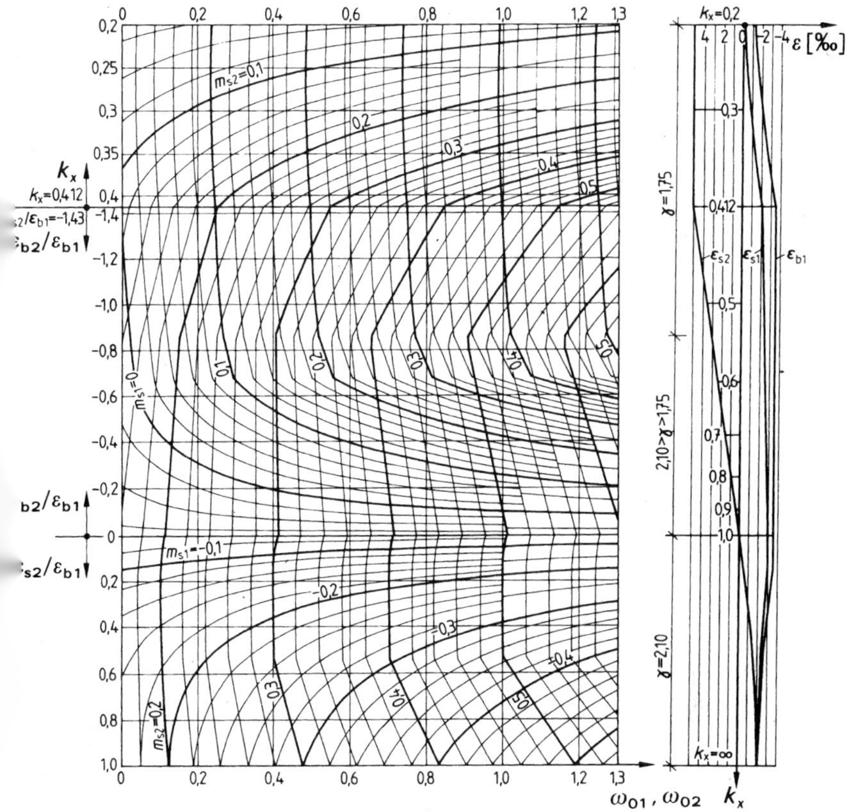

$$M_{s1} = M + N \cdot z_{s1} \qquad M_{s2} = M - N \cdot z_{s2}$$

$$m_{s1} = \frac{M_{s1}}{b\,d^2\,\beta_R} \qquad m_{s2} = \frac{M_{s2}}{b\,d^2\,\beta_R}$$

$$\omega_{01} = \frac{A_{s1}}{b\,d} \cdot \frac{\beta_S}{\beta_R} \qquad \omega_{02} = \frac{A_{s2}}{b\,d} \cdot \frac{\beta_S}{\beta_R}$$

$$A_{s1} = \omega_{01} \cdot \frac{b\,d}{\beta_S/\beta_R} \qquad A_{s2} = \omega_{02} \cdot \frac{b\,d}{\beta_S/\beta_R}$$

Betonfestigkeitsklasse	B 15	B 25	B 35	B 45	B 55
Rechenwert der Betondruckfestigkeit β_R [MN/m²]	10,5	17,5	23,0	27,0	30,0
Umrechnungsfaktor β_S/β_R	47,6	28,6	21,7	18,5	16,7

BT6 Bemessung bei schiefer Biegung

Diese Tafeln gelten für B St500 mit dem Randabstand $d_1/d = b_1/b = 0{,}10$ sowie für die oberhalb der Tafeln angegebenen Bewehrungsbilder.

Zunächst ermittelt man mit Gl. (100a) bis (101) m_y, m_z und n und überführt dann m_y und m_z in die auf den Achsen aufgetragenen Werte m_1 und m_2, wie auf den Tafeln angegeben. Unter Ausnutzung der vorhandenen Symmetrien genügt es, von allen möglichen Nullinien nur die darzustellen, die die resultierende Normalkraft etwa im Winkelbereich eines Oktanten – mit der Querschnittsmitte als Zentrum – liefern. Die Kurven mit tot ω_0 als Parameter gelten daher in jedem Oktanten nur für den dort angegebenen Wert n.

Mit diesem den Tafeln entnommenen mechanischen Bewehrungsgrad tot ω_0 erhält man dann nach Gl. (102) die Gesamtbewehrung tot A_s, die nach dem Bewehrungsbild zu verteilen ist.

$$m_y = \frac{M_y}{b\,d^2\,\beta_R} \quad (100\text{a}) \qquad m_z = \frac{M_z}{b^2\,d\,\beta_R} \quad (100\text{b})$$

$$n = \frac{N}{b\,d\,\beta_R} \quad (101) \qquad \text{tot}\,A_s = \frac{\text{tot}\,\omega_0}{\beta_S/\beta_R}\cdot b\,d \quad (102)$$

Beispiel zu BT 6 Gegeben: $M_y = 96{,}0$ kNm; $M_z = 26{,}0$ kNm; $N = -370$ kN; Gesucht: tot A_s
Gewählt: $b = 0{,}30$ m; $d = 0{,}35$ m; $d_1/h = 0{,}10$; B St500 S
$m_y = 96{,}0/0{,}3\cdot 0{,}35^2\cdot 175\,000 = 0{,}149$; $m_z = 26{,}0/0{,}30^2\cdot 0{,}35\cdot 17500 = 0{,}047$
$n = -370/0{,}30\cdot 0{,}35\cdot 17500 = -0{,}20$;
mit $m_1 = m_y$; $m_2 = m_z$ und $n = -0{,}2 \rightarrow$ Ablesung: tot$\omega_0 = 0{,}6$
tot$A_s = 0{,}6\cdot 30\cdot 35/28{,}6 = 22{,}03$

BT7 Knicksicherheitsnachweis für Druckglieder mit großer Schlankheit

Die Bemessungsnomogramme dienen zur Vereinfachung des allgemein gültigen Nachweisverfahrens für Druckglieder mit Schlankheiten $\lambda > 70$.

Sie wurden für einige ausgewählte Querschnittsformen für B St500 entwickelt. Bei gegebenem n; m, e/d und s_k/d läßt sich die erforderliche Bewehrung direkt ermitteln.

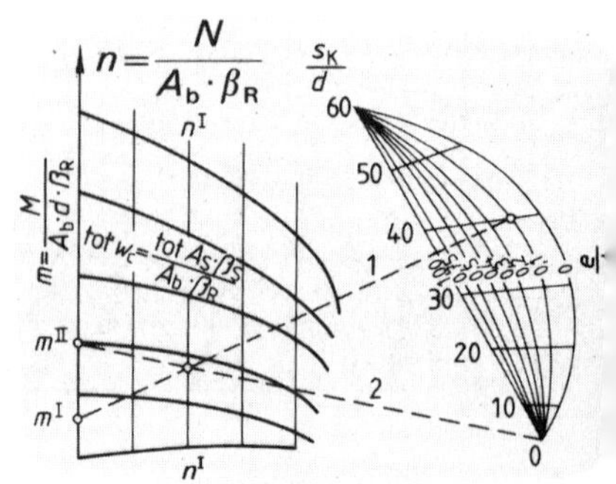

Bild 86 **Prinzip der Nomogramme und ihrer Anwendung**

Bezogene Normalkraft

$$n = \frac{N}{A_b\cdot\beta_R} \quad (103)$$

Bezogenes Moment

$$m = \frac{M}{A_b\cdot d\cdot\beta_R} \quad (104)$$

Die ungewollte Ausmitte e_v ist bereits berücksichtigt. Die von den einspannenden Bauteilen aufzunehmenden Verformungsmomente $\Delta m = m^{II} - m^{I}$ können mit den Tafeln bestimmt werden.

Beispiel zu BT7a B 35, B St500S; $b = 40$ cm; $d = 40$ cm; $M = 0{,}138$ MNm;
$N = -0{,}183$ MN $s_k = 2\cdot 6{,}30 = 12{,}6$ m $\lambda = 12{,}6/0{,}289\cdot 0{,}4 = 109 > 70$
$s_k/d = 32$; $e/d > 1{,}0$ $n = -0{,}049$; $m = 0{,}094$ tot$\omega_0 = 0{,}45$
tot$A_s = 0{,}45\cdot 40^2/21{,}7 = 33{,}18$ cm²

BT 6a Schiefe Biegung mit Längsdruckkraft (s. Erläuterung auf S. 494)

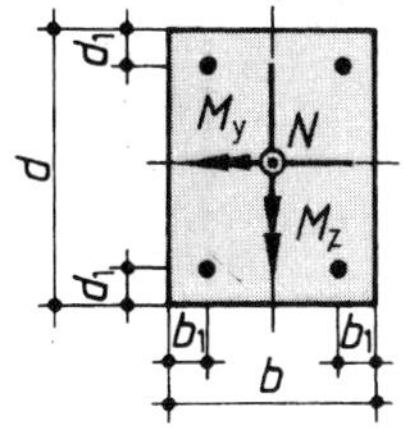

Für alle B
BSt 500
$d_1/d = b_1/b = 0{,}10$

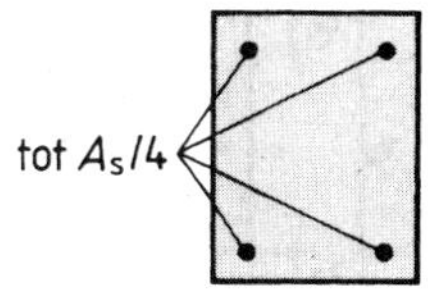

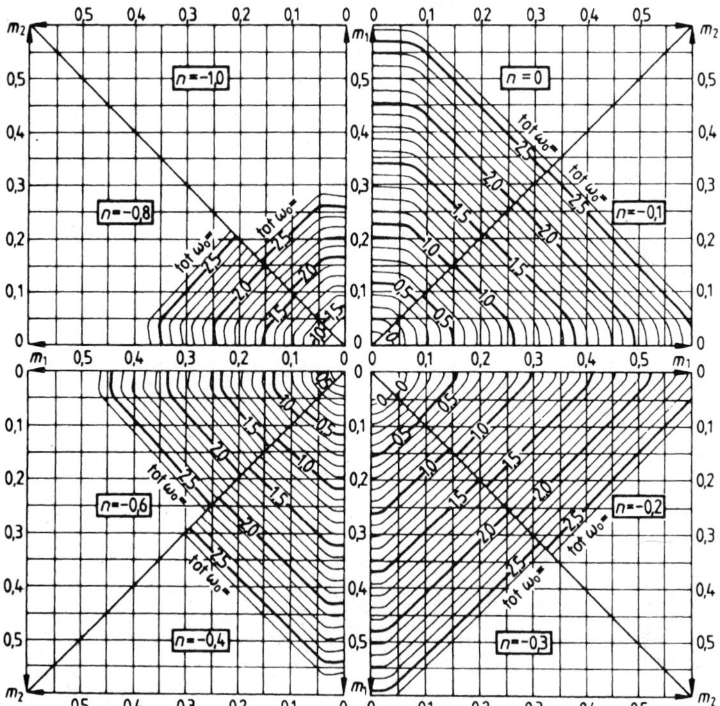

$$m_y = \frac{|M_y|}{b\,d^2\,\beta_R}$$

$$m_z = \frac{|M_z|}{b^2\,d\,\beta_R}$$

$$n = \frac{N}{b\,d\,\beta_R}$$

wenn $m_y > m_z \rightarrow m_1 = m_y;\ m_2 = m_z$
wenn $m_y < m_z \rightarrow m_1 = m_z;\ m_2 = m_y$

Betonfestigkeitsklasse	B 15	B 25	B 35	B 45	B 55
Rechenwert der Betondruckfestigkeit β_R [MN/m²]	10,5	17,5	23,0	27,0	30,0
Umrechnungsfaktor β_S/β_R	47,6	28,6	21,7	18,5	16,7

Gesamte Bewehrung: $\textbf{tot}\,\boldsymbol{A_s} = \textbf{tot}\,\omega_0 \dfrac{b\,d}{\beta_S/\beta_R}$

Verteilung von totA_s entsprechend Skizze oben rechts

BT 6b Schiefe Biegung mit Längsdruckkraft (s. Erläuterung auf S. 494)

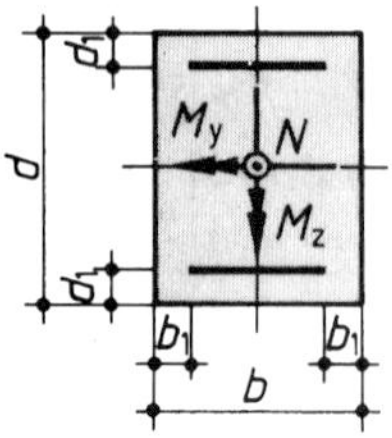

Für alle B
BSt 500
$d_1/d = b_1/b = 0{,}10$

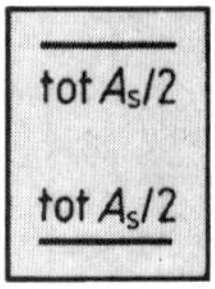

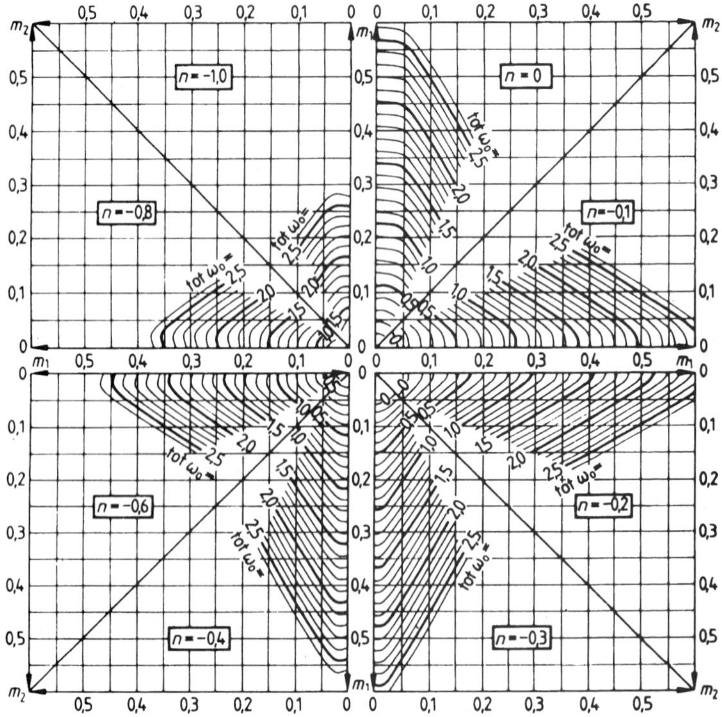

$m_1 = m_y \qquad m_2 = m_z$

$$m_y = \frac{|M_y|}{b\,d^2\,\beta_R}$$

$$m_z = \frac{|M_z|}{b^2\,d\,\beta_R}$$

$$n = \frac{N}{b\,d\,\beta_R}$$

Betonfestigkeitsklasse	B 15	B 25	B 35	B 45	B 55
Rechenwert der Betondruckfestigkeit β_R [MN/m²]	10,5	17,5	23,0	27,0	30,0
Umrechnungsfaktor β_S/β_R	47,6	28,6	21,7	18,5	16,7

Gesamte Bewehrung: $\mathrm{tot}\,A_s = \mathrm{tot}\,\omega_0 \dfrac{b\,d}{\beta_S/\beta_R}$

Verteilung von totA_s entsprechend Skizze oben rechts

BT 7a Druckglieder mit großer Schlankheit (Erläuterung s. S. 494)

bezogenes planmäßiges Moment $m = \frac{M}{A_b \cdot d \cdot \beta_R}$

N als Druckkraft negativ

$e = \text{abs}\left(\frac{M}{N}\right)$

$A_{s1} = A_{s2} = \frac{1}{2}\,\text{tot}A_s$

Für alle B
BSt 500 S
$d_1/d = d_2/d = 0{,}10$

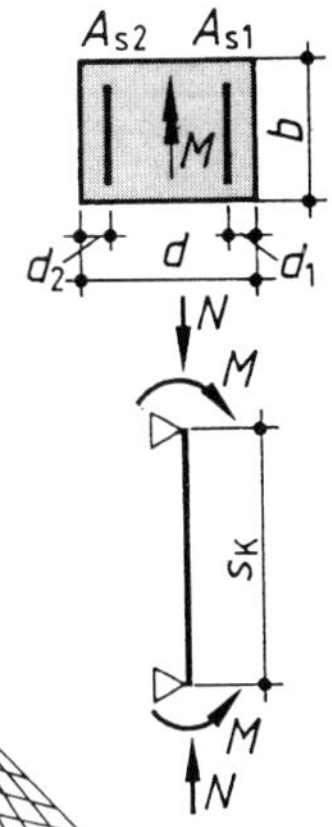

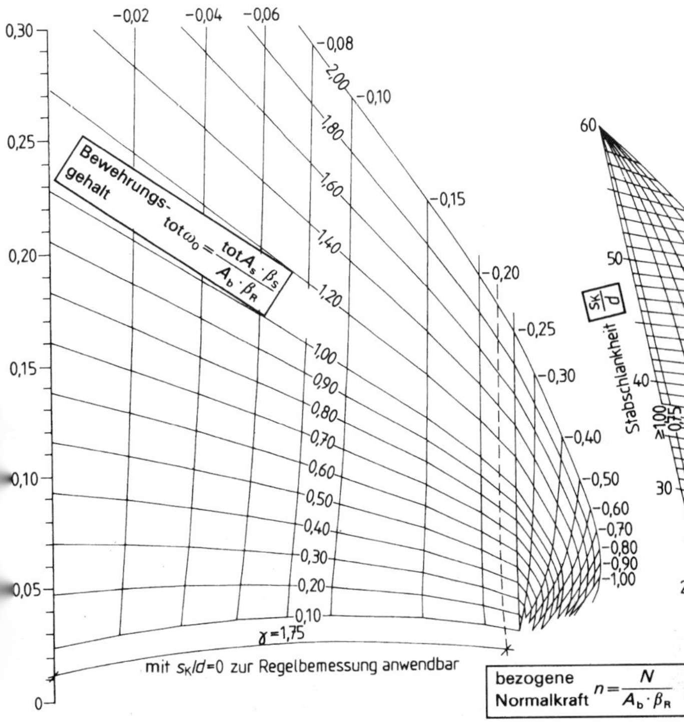

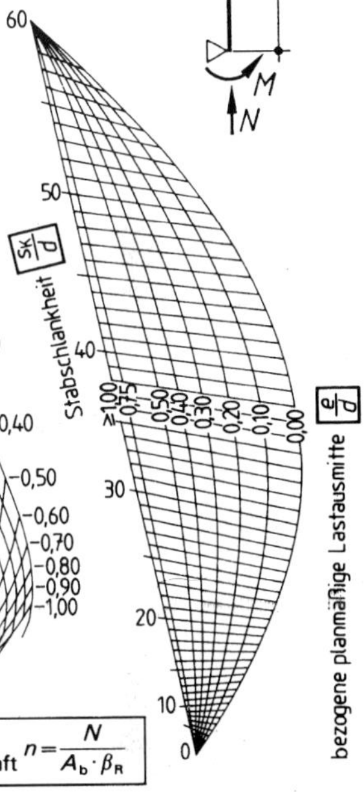

Die Auswirkung der Vorverformung e_v nach DIN 1045, Abschn. 17.4.6 ist im Nomogramm berücksichtigt.

$$\text{tot}A_s = \frac{\text{tot}\,\omega_0}{\beta_S/\beta_R} A_b$$

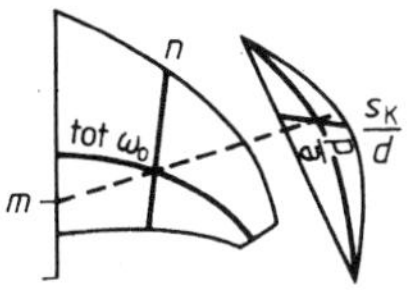

Ablesung im Nomogramm

Betonfestigkeitsklasse	B 15	B 25	B 35	B 45	B 55
Rechenwert der Betondruckfestigkeit β_R in MN/m²	10,5	17,5	23,0	27,0	30,0
Umrechnungsfaktor β_S/β_R	47,6	28,6	21,7	18,5	16,7

Anwendungsgrenzen:
a) $s_K/d < 45$, für $e/d > 2{,}0$ und zugleich $\text{tot}\omega_0 > 1{,}0$.
b) $e/d = 0{,}1$ statt $e/d < 0{,}1$ für $\text{tot}\omega_0 > 0{,}5$.

BT 7b Druckglieder mit großer Schlankheit (Erläuterung s. S. 494)

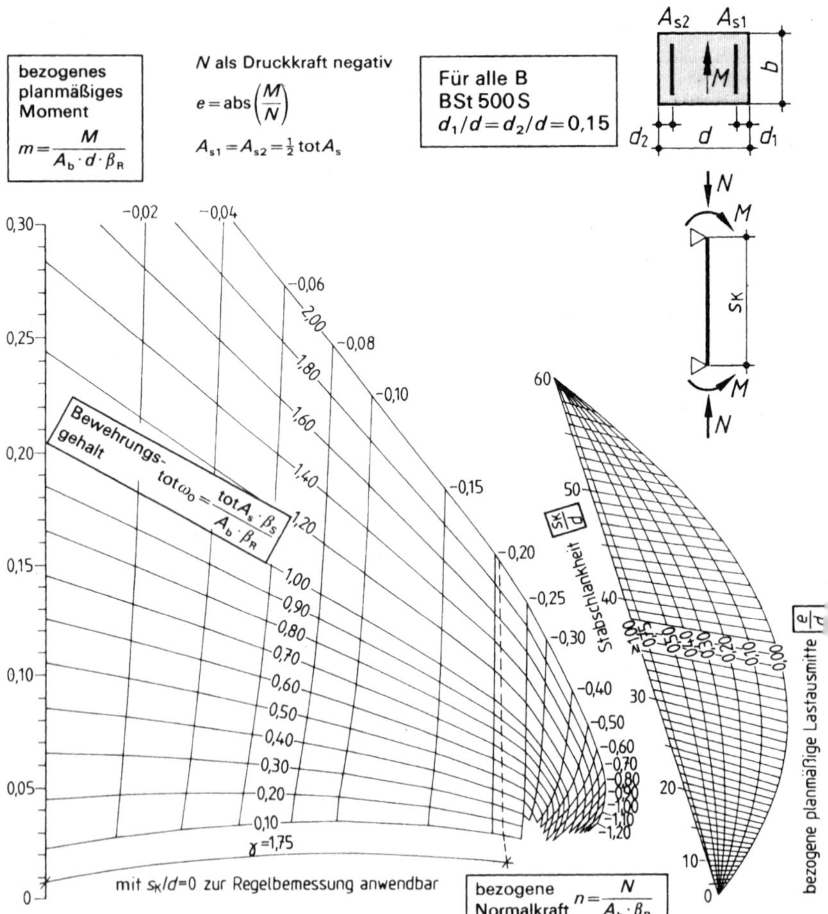

Die Auswirkung der Vorverformung e_v nach DIN 1045, Abschn. 17.4.6 ist im Nomogramm berücksichtigt.

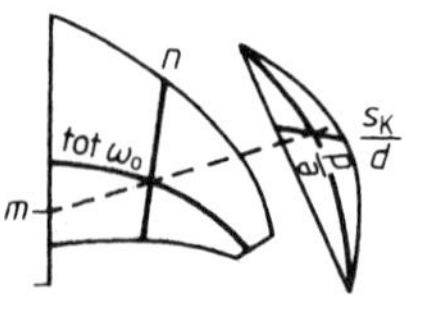

Ablesung im Nomogramm

$$\text{tot}A_s = \frac{\text{tot}\,\omega_0}{\beta_S/\beta_R} A_b$$

Betonfestigkeitsklasse	B 15	B 25	B 35	B 45	B 55
Rechenwert der Betondruckfestigkeit β_R in MN/m²	10,5	17,5	23,0	27,0	30,0
Umrechnungsfaktor β_S/β_R	47,6	28,6	21,7	18,5	16,7

Anwendungsgrenzen:
a) $s_K/d < 45$, für $e/d > 2{,}0$ und zugleich tot$\omega_0 > 1{,}0$.
b) $e/d = 0{,}1$ statt $e/d < 0{,}1$ für tot$\omega_0 > 0{,}5$.

BT 7c Druckglieder mit großer Schlankheit (Erläuterung s. S. 494)

bezogenes planmäßiges Moment $m = \frac{M}{A_b \cdot d \cdot \beta_R}$

N als Druckkraft negativ

$e = \text{abs}\left(\frac{M}{N}\right)$

an jeder Seite $\frac{1}{4}$ tot A_s

Für alle B
BSt 500 S
$d_1/d = d_2/d = 0{,}10$

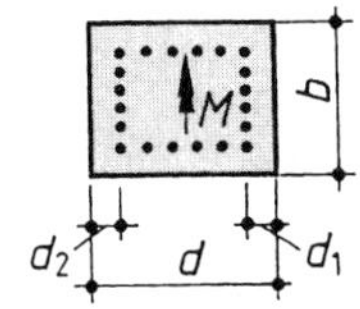

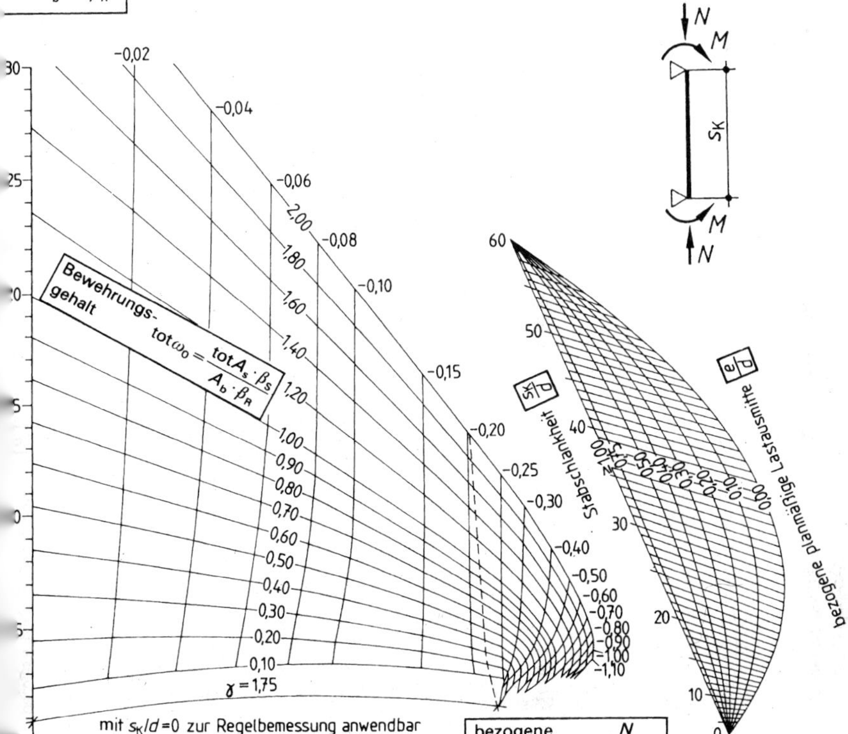

bezogene Normalkraft $n = \frac{N}{A_b \cdot \beta_R}$

Auswirkung der Vorverformung e_v nach DIN 1045, Abschn. 17.4.6 ist im Nomogramm ücksichtigt.

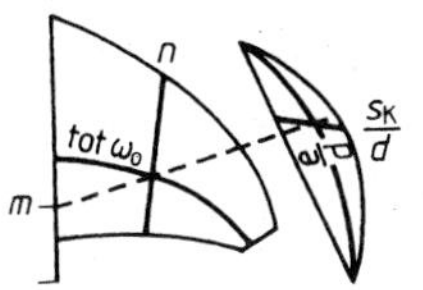

Ablesung im Nomogramm

$$\text{tot}A_s = \frac{\text{tot}\,\omega_0}{\beta_S/\beta_R} A_b$$

Betonfestigkeitsklasse	B 15	B 25	B 35	B 45	B 55
Rechenwert der Betondruckfestigkeit β_R in MN/m²	10,5	17,5	23,0	27,0	30,0
Umrechnungsfaktor β_S/β_R	47,6	28,6	21,7	18,5	16,7

Anwendungsgrenzen:
a) $s_K/d < 45$, für $e/d > 2{,}0$ und zugleich tot $\omega_0 > 1{,}0$.
b) $e/d = 0{,}1$ statt $e/d < 0{,}1$ für tot $\omega_0 > 0{,}5$.

BT 7d Druckglieder mit großer Schlankheit (Erläuterung s. S. 494)

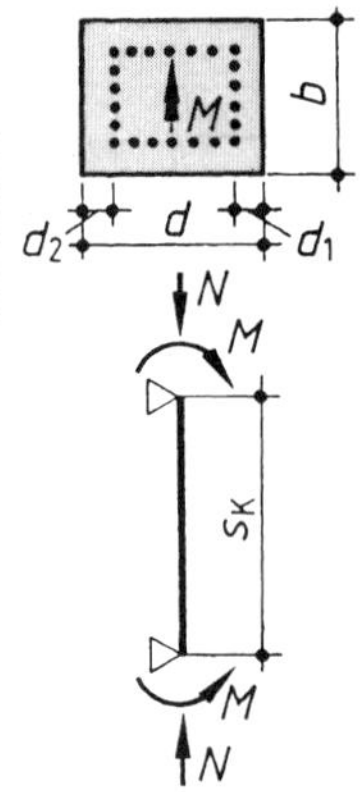

bezogenes planmäßiges Moment

$$m = \frac{M}{A_b \cdot d \cdot \beta_R}$$

N als Druckkraft negativ

$$e = \text{abs}\left(\frac{M}{N}\right)$$

an jeder Seite $\frac{1}{4}$ totA_s

Für alle B
BSt 500 S
$d_1/d = d_2/d = 0{,}15$

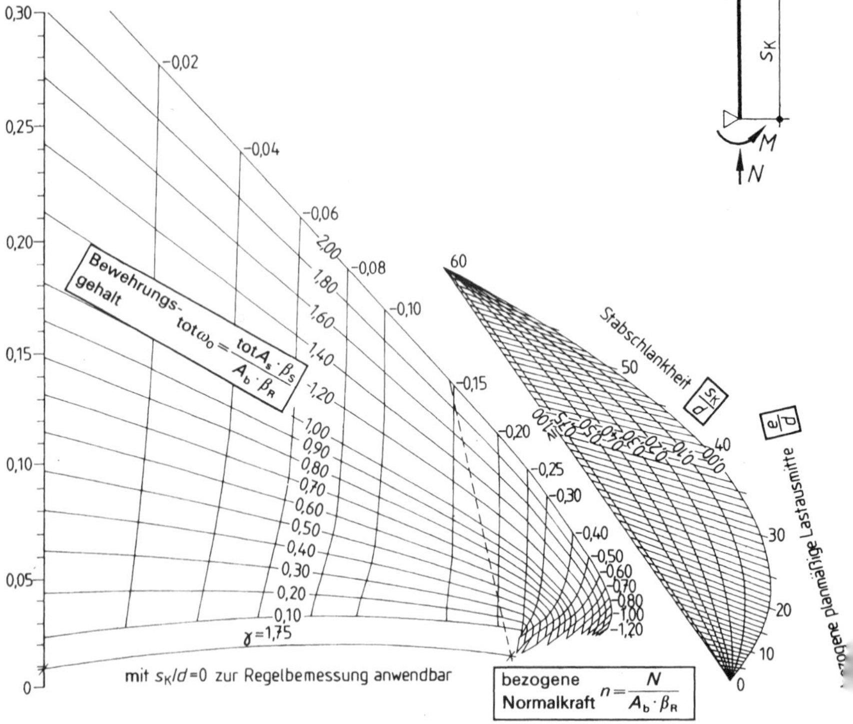

Die Auswirkung der Vorverformung e_v nach DIN 1045, Abschn. 17.4.6 ist im Nomogramm berücksichtigt.

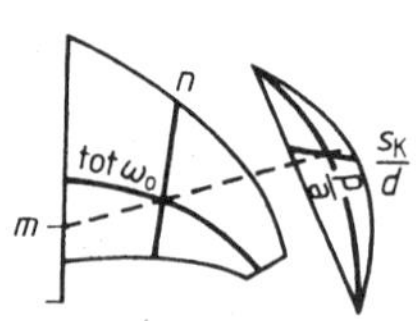

Ablesung im Nomogramm

$$\text{tot}A_s = \frac{\text{tot}\,\omega_0}{\beta_S/\beta_R} A_b$$

Betonfestigkeitsklasse	B 15	B 25	B 35	B 45	B 55
Rechenwert der Betondruckfestigkeit β_R in MN/m²	10,5	17,5	23,0	27,0	30,0
Umrechnungsfaktor β_S/β_R	47,6	28,6	21,7	18,5	16,7

Anwendungsgrenzen:

a) $s_K/d < 45$, für $e/d > 2{,}0$ und zugleich tot$\omega_0 > 1{,}0$.
b) $e/d = 0{,}1$ statt $e/d < 0{,}1$ für tot$\omega_0 > 0{,}5$.

BT 7e Druckglieder mit großer Schlankheit (Erläuterung s. S. 494)

bezogenes planmäßiges Moment

$$m = \frac{M}{A_b \cdot d \cdot \beta_R}$$

N als Druckkraft negativ

$$e = \text{abs}\left(\frac{M}{N}\right)$$

mindestens 6 Stäbe

Für alle B
BSt 500 S
$d_1/d = d_2/d = 0{,}10$

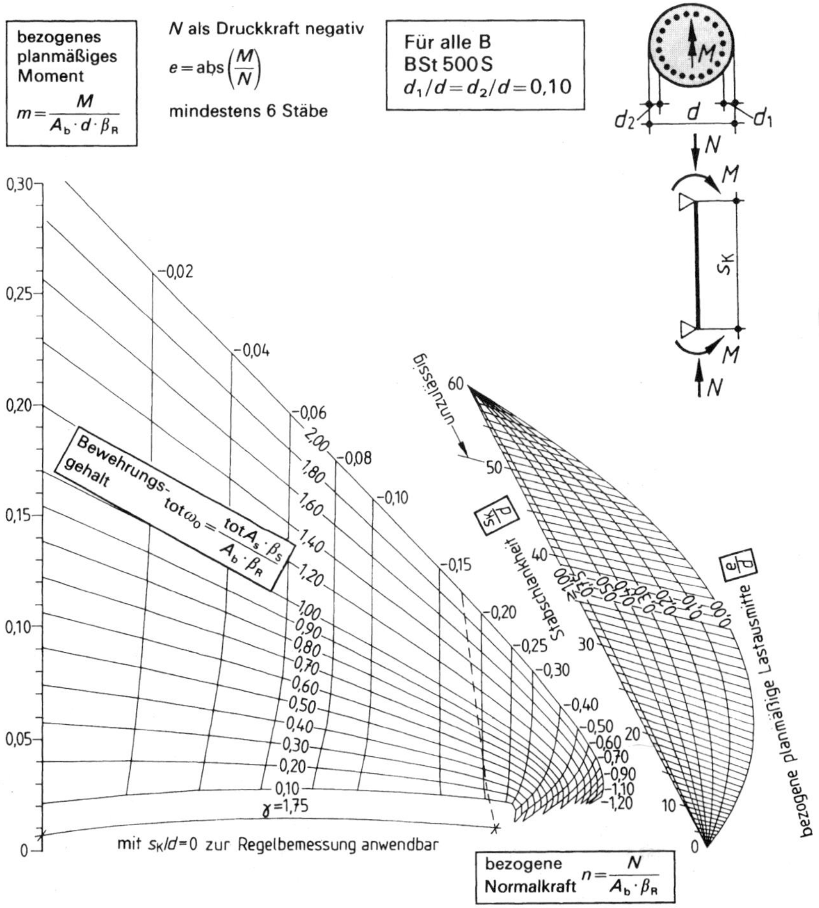

Die Auswirkung der Vorverformung e_v nach DIN 1045, Abschn. 17.4.6 ist im Nomogramm berücksichtigt.

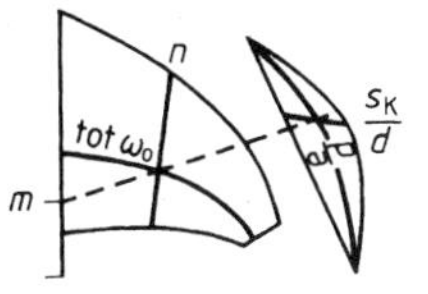

Ablesung im Nomogramm

$$tot\,A_s = \frac{tot\,\omega_0}{\beta_S/\beta_R} A_b$$

Betonfestigkeitsklasse	B 15	B 25	B 35	B 45	B 55
Rechenwert der Betondruckfestigkeit β_R in MN/m²	10,5	17,5	23,0	27,0	30,0
Umrechnungsfaktor β_S/β_R	47,6	28,6	21,7	18,5	16,7

Anwendungsgrenze:
$s_K/d < 45$, für $e/d > 2{,}0$ und zugleich $tot\,\omega_0 > 1{,}0$.

BT 7f Druckglieder mit großer Schlankheit (Erläuterung s. S. 494)

bezogenes planmäßiges Moment

$m = \frac{M}{A_b \cdot d \cdot \beta_R}$

N als Druckkraft negativ

$e = \text{abs}\left(\frac{M}{N}\right)$

mindestens 6 Stäbe

Für alle B
BSt 500 S
$d_1/d = d_2/d = 0{,}15$

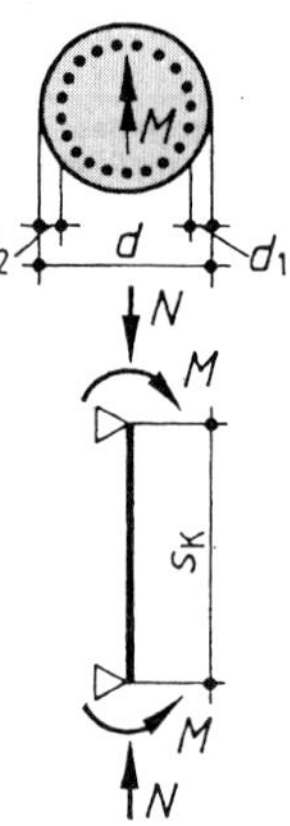

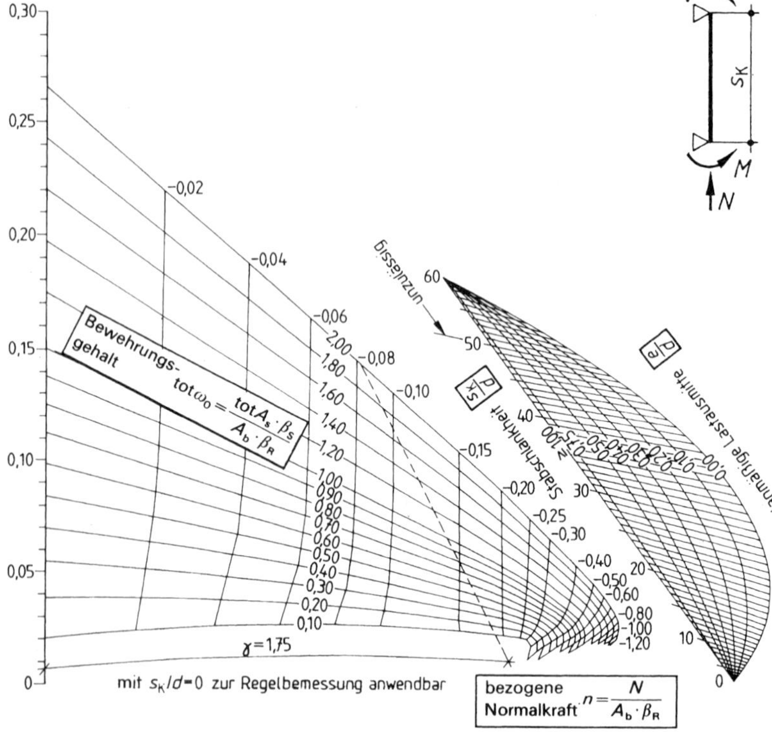

Die Auswirkung der Vorverformung e_v nach DIN 1045, Abschn. 17.4.6 ist im Nomogramm berücksichtigt.

$$\text{tot}A_s = \frac{\text{tot}\,\omega_0}{\beta_S/\beta_R} A_b$$

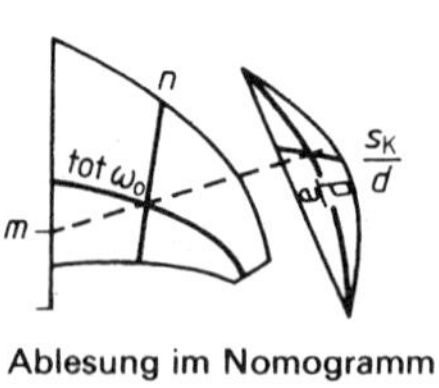

Ablesung im Nomogramm

Betonfestigkeitsklasse	B 15	B 25	B 35	B 45	B 55
Rechenwert der Betondruckfestigkeit β_R in MN/m²	10,5	17,5	23,0	27,0	30,0
Umrechnungsfaktor β_S/β_R	47,6	28,6	21,7	18,5	16,7

Anwendungsgrenze:
$s_K/d < 45$, für $e/d > 2{,}0$ und zugleich $\text{tot}\,\omega_0 > 1{,}0$.

BT 7g Druckglieder mit großer Schlankheit (Erläuterung s, S. 494)

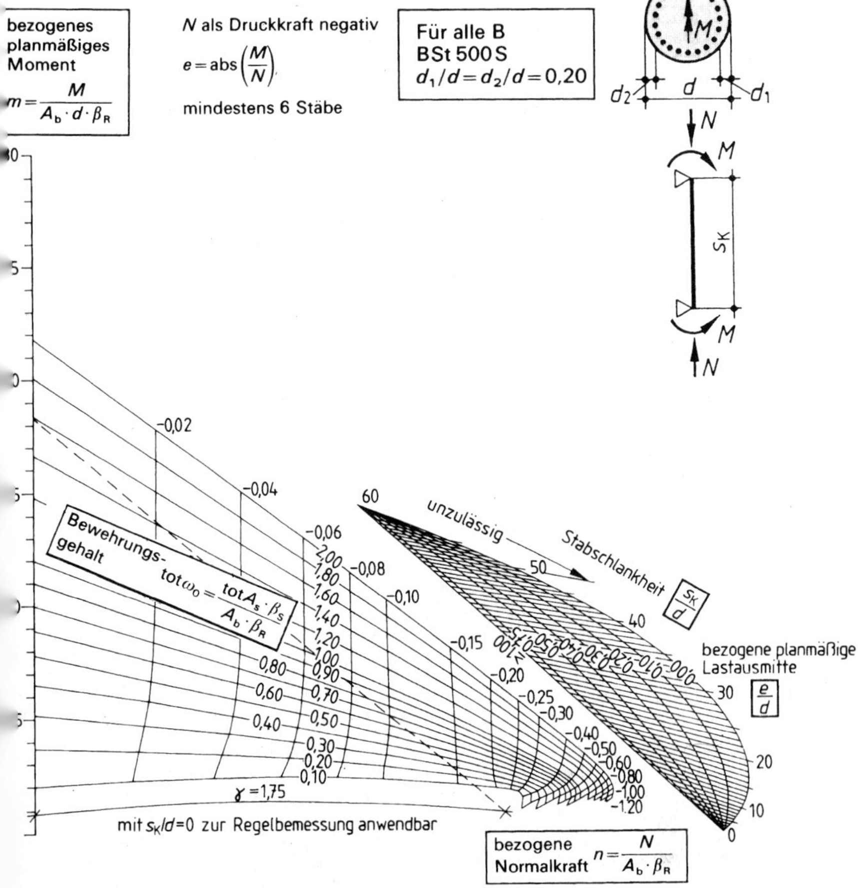

Die Auswirkung der Vorverformung e_v nach DIN 1045, Abschn. 17.4.6 ist im Nomogramm berücksichtigt.

$$\text{tot}\,A_s = \frac{\text{tot}\,\omega_0}{\beta_S/\beta_R} A_b$$

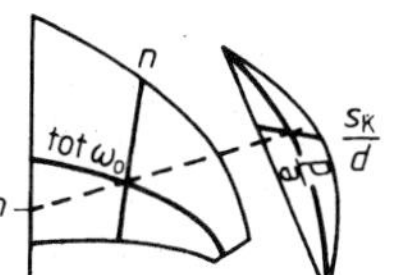

Ablesung im Nomogramm

Betonfestigkeitsklasse	B 15	B 25	B 35	B 45	B 55
Rechenwert der Betondruckfestigkeit β_R in MN/m²	10,5	17,5	23,0	27,0	30,0
Umrechnungsfaktor β_S/β_R	47,6	28,6	21,7	18,5	16,7

Anwendungsgrenze:
$s_K/d < 45$, für $e/d > 2{,}0$ und zugleich $\text{tot}\,\omega_0 > 1{,}0$.

21 Betonstahl nach DIN 488

Tafel 82 Nennwerte von Betonstahl BSt500S; BSt500M

Nenndurchmesser d_s in mm	Nennquerschnitt[1]) A_s in cm²	Nenngewicht[2]) in kg/m	Nenndurchmesser d_s in mm	Nennquerschnitt[1]) A_s in cm²	Nenngewicht[2]) in kg/m
4,0	0,126	0,099	**9,5**	0,709	0,556
4,5	0,159	0,125	**10,0**	0,785	0,617
5,0	0,196	0,154	**10,5**	0,866	0,680
5,5	0,238	0,187	**11,0**	0,950	0,746
6,0	0,283	0,222	**11,5**	1,039	0,815
6,5	0,332	0,260	**12,0**	1,131	0,888
7,0	0,385	0,302	**14,0**	1,54	1,21
7,5	0,442	0,347	**16,0**	2,01	1,58
8,0	0,503	0,395	**20,0**	3,14	2,47
8,5	0,567	0,445	**25,0**	4,91	3,85
9,0	0,636	0,499	**28,0**	6,16	4,83

Tafel 83 Querschnitte von Plattenbewehrungen a_s in cm²/m s = Stababstand n = Stabzahl

s	Stabdurchmesser d_s in mm									n
in cm	6	8	10	12	14	16	20	25	28	je m
7,5	3,77	6,70	10,47	15,08	20,52	26,81	41,9	65,4	82,1	13,3
8,0	3,53	6,28	9,82	14,14	19,24	25,1	39,3	61,4	77,0	12,5
8,5	3,33	5,91	9,24	13,31	18,11	23,7	37,0	57,9	72,5	11,8
9,0	3,14	5,59	8,73	12,57	17,10	22,34	34,9	54,5	68,4	11,1
9,5	2,98	5,29	8,27	11,90	16,20	21,2	33,1	51,6	64,8	10,5
10,0	2,83	5,03	7,85	11,31	15,39	20,1	31,4	49,1	61,6	10,0
10,5	2,69	4,79	7,48	10,77	14,66	19,15	29,9	46,6	58,7	9,5
11,0	2,57	4,57	7,14	10,28	13,99	18,28	28,6	44,7	56,0	9,1
11,5	2,46	4,37	6,83	9,84	13,39	17,49	27,3	42,7	53,6	8,7
12,0	2,36	4,19	6,54	9,42	12,83	16,76	26,2	40,8	51,3	8,3
12,5	2,26	4,02	6,28	9,05	12,32	16,09	25,1	39,3	49,3	8,0
13,0	2,17	3,87	6,04	8,70	11,84	15,47	24,2	37,8	47,4	7,7
13,5	2,09	3,72	5,82	8,38	11,40	14,90	23,3	36,3	45,6	7,4
14,0	2,02	3,59	5,61	8,08	11,00	14,36	22,4	34,9	44,0	7,1
14,5	1,95	3,47	5,42	7,80	10,62	13,87	21,7	33,9	42,5	6,9
15,0	1,89	3,35	5,24	7,54	10,26	13,41	20,9	32,9	41,1	6,7
15,5	1,82	3,24	5,07	7,30	9,93	12,97	20,3	31,9	39,7	6,5
16,0	1,77	3,14	4,91	7,07	9,62	12,57	19,64	30,9	38,5	6,3
16,5	1,71	3,05	4,76	6,85	9,23	12,19	19,04	30,0	37,3	6,1
17,0	1,66	2,96	4,62	6,65	9,05	11,83	18,48	29,0	36,2	5,9
17,5	1,62	2,87	4,49	6,46	8,79	11,49	17,95	27,0	35,2	5,7
18,0	1,57	2,79	4,36	6,28	8,55	11,17	17,46	27,5	34,2	5,6
18,5	1,53	2,72	4,25	6,11	8,32	10,87	16,94	26,5	33,3	5,4
19,0	1,49	2,65	4,13	5,95	8,10	10,58	16,54	26,0	32,4	5,3
19,5	1,45	2,58	4,03	5,80	7,89	10,31	16,11	25,0	31,6	5,1
20,0	1,41	2,51	3,93	5,65	7,69	10,05	15,72	24,6	30,8	5,0
20,5	1,38	2,45	3,83	5,52	7,50	9,80	15,32	23,9	30,0	4,9
21	1,35	2,39	3,74	5,39	7,33	9,57	14,96	23,4	29,3	4,8
21,5	1,32	2,34	3,65	5,26	7,16	9,35	14,61	22,8	28,6	4,6
22	1,29	2,28	3,57	5,14	7,00	9,14	14,28	22,3	28,0	4,5
22,5	1,26	2,23	3,49	5,03	6,84	8,94	13,96	21,6	27,4	4,4
23	1,23	2,19	3,41	4,92	6,69	8,74	13,66	21,3	26,8	4,3
23,5	1,20	2,14	3,34	4,81	6,55	8,56	13,37	20,9	26,2	4,2
24	1,18	2,09	3,27	4,71	6,41	8,38	13,09	20,4	25,7	4,2
24,5	1,15	2,05	3,21	4,61	6,28	8,21	12,82	20,0	25,1	4,1
25	1,13	2,01	3,14	4,52	6,16	8,04	12,57	19,6	24,6	4,0

max $s = 15 + d/10$ (d = Plattendicke in cm) Querbewehrung: $a_{sq} = a_s/5$
min a_{sq}: 3 ∅ 6/m bei Betonstabstahl III S und IV S, 3 ∅ 4,5/m bei Betonstahlmatten IV M

Tafel 84 Querschnitte von Balkenbewehrungen A_s in cm²

d_s in mm	Stabanzahl											
	1	2	3	4	5	6	7	8	9	10	11	12
6	0,28	0,57	0,85	1,13	1,42	1,70	1,98	2,26	2,55	2,83	3,11	3,40
8	0,50	1,01	1,51	2,01	2,52	3,02	3,52	4,02	4,53	5,03	5,53	6,04
10	0,79	1,57	2,36	3,14	3,93	4,71	5,50	6,28	7,07	7,85	8,64	9,42
12	1,13	2,26	3,39	4,52	5,65	6,78	7,91	9,04	10,17	11,30	12,43	13,56
14	1,54	3,08	4,62	6,16	7,70	9,24	10,78	12,32	13,86	15,40	16,94	18,48
16	2,01	4,02	6,03	8,04	10,05	12,06	14,07	16,08	18,09	20,10	22,11	24,12
20	3,14	6,28	9,42	12,56	15,70	18,84	21,98	25,12	28,26	31,40	34,54	37,68
25	4,91	9,82	14,73	19,64	24,55	29,46	34,37	39,28	44,19	49,10	54,01	58,92
28	6,16	12,32	18,48	24,64	30,80	36,96	43,12	49,28	55,44	61,60	67,76	73,92

Tafel 85 Größte Anzahl von Stahleinlagen in einer Lage (b_0 = Balkenbreite)

b_0 in cm	Durchmesser der Stahleinlagen d_s in mm						
	10	12	14	16	20	25	28
10	1	1	1	1	1	1	1
15	3	3	2	2	2	1	1
20	(5)	4	4	4	3	2	2
25	6	6	5	5	4	3	3
30	8	7	7	(7)	6	5	4
35	(10)	9	8	8	7	5	5
40	11	(11)	10	9	8	6	6
45	13	12	11	11	(10)	7	7
50	(15)	14	13	12	11	8	8
60	18	17	16	15	13	10	9
∅ Bügel	6 mm				8 mm	10 mm	

Betondeckung der Bügel $c_{bü}$ = 3,0 cm. Bei den Werten in Klammern werden die geforderten Abstände geringfügig unterschritten.

Tafel 86 Querschnitte von Schrägstäben unter 45° $A_s \cdot \sqrt{2}$ in cm²

d_s in mm	Anzahl der Schubaufbiegungen									
	1	2	3	4	5	6	7	8	9	10
10	1,1	2,2	3,3	4,4	5,6	6,7	7,8	8,9	10,0	11,1
12	1,6	3,2	4,8	6,4	8,0	9,6	11,2	12,8	14,4	16,0
14	2,2	4,4	6,5	8,7	10,9	13,1	15,2	17,4	19,6	21,8
16	2,8	5,7	8,5	11,4	14,2	17,1	19,9	22,8	25,6	28,4
20	4,4	8,9	13,3	17,8	22,2	26,7	31,3	35,5	40,0	44,4
25	6,9	13,9	20,8	27,8	34,7	41,7	48,6	55,5	62,5	69,4
28	8,7	17,4	26,1	34,8	43,5	52,3	61,0	69,7	78,4	87,1

Für Aufbiegungen unter 60° sind die Tafelwerte mit cos 15° = 0,966 zu vervielfachen.

Tafel 87 Querschnitte $A_{sbü}$ in cm² für zweischnittige Bügel

d_s in mm	Anzahl der Bügel														
	1	2	3	4	5	6	7	8	9	10	11	12	13	14	15
5	0,4	0,8	1,2	1,6	2,0	2,4	2,7	3,1	3,5	3,9	4,3	4,7	5,1	5,5	5,9
6	0,6	1,1	1,7	2,3	2,8	3,4	4,0	4,5	5,1	5,7	6,2	6,8	7,4	7,9	8,5
8	1,0	2,0	3,0	4,0	5,0	6,0	7,0	8,0	9,0	10,1	11,1	12,1	13,1	14,1	15,1
10	1,6	3,1	4,7	6,3	7,9	9,4	11,0	12,6	14,1	15,7	17,3	18,8	20,4	22,0	23,6
12	2,3	4,5	6,8	9,0	11,3	13,6	15,8	18,1	20,4	22,6	24,9	27,1	29,4	31,7	33,9
14	3,1	6,2	9,2	12,3	15,4	18,5	21,6	24,6	27,7	30,8	33,9	36,9	40,0	43,1	46,2
16	4,0	8,0	12,1	16,1	20,1	24,1	28,1	32,2	36,2	40,2	44,2	48,3	52,3	56,3	60,3

Baustahlgewebe-Lagermatten nach Tafel 88. In Sonderausführung mit einer Mattenlänge bis zu 12 m. Lagermatten werden – mit Ausnahme von Q131, Q188, R188 und R221 – als Randsparmatten ausgebildet.

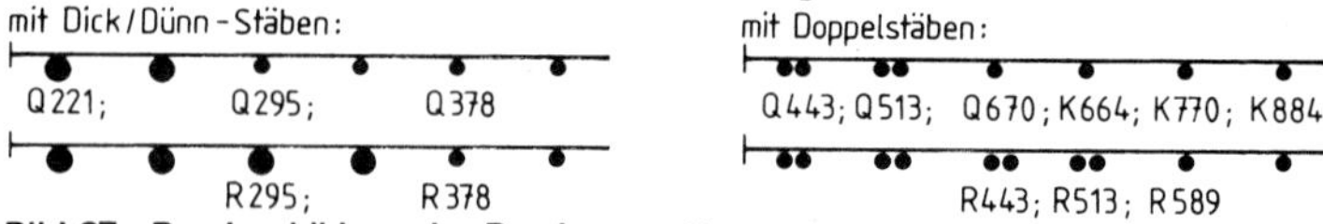

Bild 87 Randausbildung der Randsparmatten

Tafel 88 BAUSTAHLGEWEBE®-Lagermatten

Matten-bezeichnung	Querschnitte längs quer	Länge Breite	Gewichte je Matte	Mattenaufbau in Längsrichtung und Querrichtung: Stababstände	Stabdurchmesser Innenbereich	Stabdurchmesser Randbereich	Anzahl der Längsrandstäbe (Randeinsparung) links	rechts	Überstände Anfang/Ende links/rechts
	cm²/m	m	kg	mm	mm	mm	links	rechts	mm
Q 131	1,31 1,31		22,5	150 150	5,0 5,0				100 25
Q 188	1,88 1,88	5,00 2,15	32,4	150 150	6,0 6,0				100 25
Q 221	2,21 2,21		33,7	150 150	6,5 6,5	5,0	4	4	100 25
Q 295	2,95 2,95		44,2	150 150	7,5 7,5	5,5	4	4	100 25
Q 378¹)	3,78 3,78		66,7	150 150	8,5 8,5	6,0	4	4	150 25
Q 443	4,43 4,42	6,00 2,15	78,3	150 100	6,5d 7,5	6,5	4	4	100 25
Q 513	5,13 5,03		90,0	150 100	7,0d 8,0	7,0	4	4	100 25
Q 670	6,70 6,36		115,4	150 100	8,0d 9,0	8,0	4	4	100 25
R 188	2,21 0,78		23,3	150 250	6,0 5,0				125 25
R 221	2,21 0,78	5,00 2,15	26,1	150 250	6,5 5,0				125 25
R 295	2,95 0,78		29,4	150 250	7,5 5,0	5,5	2	2	125 25
R 378¹)	3,78 0,78		42,6	150 250	8,5 5,0	6,0	2	2	125 25
R 443	4,43 0,95		50,2	150 250	6,5d 5,5	6,5	2	2	125 25
R 513	5,13 1,13	6,00 2,15	58,6	150 250	7,0d 6,0	7,0	2	2	125 25
R 589	5,89 1,33		67,5	150 250	7,5d 6,5	7,5	2	2	125 25
K 664	6,64 1,33		69,6	100 250	6,5d 6,5	6,5	4	4	125 25
K 770	7,70 1,54		80,8	100 250	7,0d 7,0	7,0	4	4	125 25
K 884	8,84 1,77		92,9	100 250	7,5d 7,5	7,5	4	4	125 25
N 94	0,94 0,94	5,00 2,15	15,9	75 75	3,0 3,0	◆ Kein Betonstahl nach DIN 488 ◆ Nur für nicht-statische Zwecke ◆ Glatte Drähte			
N 141	1,41 1,41		23,7	50 50	3,0 3,0				

¹) Wird zu Q 377 bzw. R 377, falls $d_s = 8{,}5$ mm durch $d_s = 6{,}0\,d$ (Doppelstab) ersetzt wird.

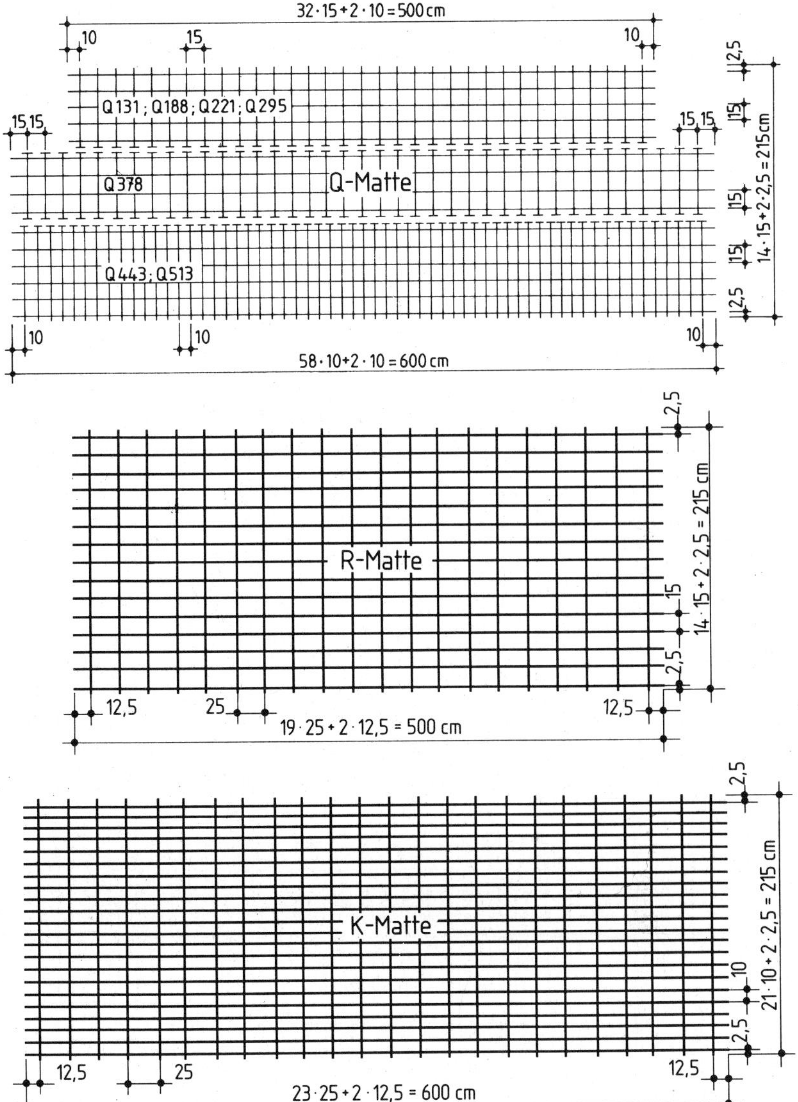

Bild 88 Baustahlgewebe Lagermatten

Baustahlgewebe-Listenmatten werden als Einfach- oder Doppelstabmatten bei freier Wahl der Stabdurchmesser, Stababstände und Querschnitte geliefert.
Mattenlänge bis zu 12 m. Mattenbreite bis zu 3 m.

Tafel 89 BAUSTAHLGEWEBE® Listenmatten – mögliche Querschnitte, Verschweißbarkeitsverhältnisse, Gewichte

Gewicht eines Stabes	Längsstabdurchmesser	Querschnitt eines Stabes	▼ Querschnitt der Längsstäbe $a_{s\,längs}$ ▼ vorrangig verwendete Querschnitte unterlegt; Längsstababstand in mm: 50 / 100 d*	– / 150 d*	100 / 200 d*	–	150	–	200	–	250	–	300	–	–
kg/m	mm	cm²	cm²/m												
0,099	**4,0****	0,126	2,52	1,68	1,26	1,01	0,84	0,72	0,63	0,56	0,50	0,46	0,42	0,39	0,36
0,125	**4,5****	0,159	3,18	2,12	1,59	1,27	1,06	0,91	0,80	0,71	0,64	0,58	0,53	0,49	0,45
0,154	**5,0**	0,196	3,93	2,62	1,96	1,57	1,31	1,12	0,98	0,87	0,78	0,71	0,65	0,60	0,56
0,187	**5,5**	0,238	4,75	3,17	2,38	1,90	1,58	1,36	1,19	1,06	0,95	0,86	0,79	0,73	0,68
0,222	**6,0**	0,283	5,65	3,77	2,82	2,26	1,88	1,62	1,41	1,26	1,13	1,03	0,94	0,87	0,81
0,260	**6,5**	0,332	6,64	4,43	3,31	2,65	2,21	1,90	1,65	1,47	1,33	1,21	1,10	1,02	0,95
0,302	**7,0**	0,385	7,70	5,13	3,85	3,08	2,57	2,20	1,92	1,71	1,54	1,40	1,28	1,18	1,10
0,347	**7,5**	0,442	8,84	5,89	4,42	3,53	2,95	2,52	2,20	1,96	1,77	1,61	1,47	1,36	1,26
0,395	**8,0**	0,503	10,05	6,70	5,03	4,02	3,35	2,87	2,51	2,23	2,01	1,83	1,67	1,55	1,44
0,445	**8,5**	0,567	11,35	7,57	5,67	4,54	3,78	3,24	2,84	2,52	2,27	2,06	1,89	1,74	1,62
0,499	**9,0**	0,636	12,72	8,48	6,36	5,09	4,24	3,63	3,18	2,83	2,54	2,31	2,12	1,96	1,82
0,556	**9,5**	0,709	14,18	9,45	7,09	5,67	4,73	4,05	3,54	3,15	2,83	2,58	2,36	2,18	2,02
0,617	**10,0**	0,785	15,71	10,47	7,85	6,28	5,24	4,49	3,92	3,49	3,14	2,85	2,61	2,42	2,24
0,680	**10,5**	0,866	17,32	11,55	8,66	6,93	5,77	4,95	4,33	3,85	3,46	3,15	2,89	2,66	2,47
0,746	**11,0**	0,950	19,01	12,67	9,50	7,60	6,34	5,43	4,74	4,22	3,80	3,45	3,16	2,92	2,71
0,815	**11,5**	1,039	20,77	13,85	10,39	8,31	6,92	5,93	5,19	4,61	4,15	3,78	3,45	3,19	2,97
0,888	**12,0**	1,131	22,62	15,08	11,31	9,04	7,54	6,46	5,66	5,02	4,52	4,11	3,76	3,48	3,23
kg/m	mm	cm²	cm²/m												
	Querstab-Ø		50	75	100	125	150	175	200	225	250	275	300	325	350
			Querstababstand in mm; vorrangig verwendete Querschnitte unterlegt; ▼ Querschnitt der Querstäbe $a_{s\,quer}$ ▼												

*Doppelstäbe nur als Längsstäbe

Verschweißbarkeit: Einfachlängsstäbe Ø	verschweißbar mit Einfachquerstäben Ø von - bis	Doppellängsstäbe Ø	verschweißbar mit Einfachquerstäben Ø von - bis
mm	mm	mm	mm
4,0**	4,0 – 6,5	**4,0 d****	4,0 – 5,5
4,5**	4,0 – 7,0	**4,5 d****	4,0 – 6,0
5,0	4,0 – 8,5	**5,0 d**	4,5 – 7,0
5,5	4,0 – 8,5	**5,5 d**	4,5 – 7,5
6,0	4,0 – 8,5	**6,0 d**	5,0 – 8,5
6,5	4,0 – 9,0	**6,5 d**	5,5 – 9,0
7,0	4,5 – 10,0	**7,0 d**	6,0 – 10,0
7,5	5,0 – 10,5	**7,5 d**	6,0 – 10,5
8,0	5,0 – 11,0	**8,0 d**	6,5 – 11,0
8,5	5,0 – 12,0	**8,5 d**	7,0 – 12,0
9,0	6,5 – 12,0	**9,0 d**	7,5 – 12,0
9,5	7,0 – 12,0	**9,5 d**	8,0 – 12,0
10,0	7,0 – 12,0	**10,0 d**	8,0 – 12,0
10,5	7,5 – 12,0	**10,5 d**	8,5 – 12,0
11,0	8,0 – 12,0	**11,0 d**	9,0 – 12,0
11,5	8,5 – 12,0	**11,5 d**	9,5 – 12,0
12,0	8,5 – 12,0	**12,0 d**	10,0 – 12,0

** Betonstahlmatten mit Nenndurchmessern von 4,0 mm und 4,5 mm dürfen nur bei vorwiegend ruhender Belastung und – mit Ausnahme von untergeordneten vorgefertigten Bauteilen, wie eingeschossigen Einzelgaragen – nur als Querbewehrung bei einachsig gespannten Platten, bei Rippendecken und bei Wänden verwendet werden (DIN 1045, Juli 1988, Tabelle 6).

Achsengetrennte Schreibweise

A_K = Abstand der kurzen Stäbe vom Mattenanfang in m
L_K = Länge der kurzen Stäbe in m

Bemerkungen		Mattenaufbau	Länge	Überstände Anfang	Überstände Ende
A_K =	Längsrichtung	$a_L \cdot d_{s1}/d_{s2}$ – n_{links}/n_{rechts}	L	$ü_1$	$ü_2$
L_K =	Querrichtung	$a_Q \cdot d_{s3}/d_{s4}$**) – $m_{Anf.}/m_{Ende}$	B Breite	$ü_3$ links	$ü_4$ rechts

a_L = Abstand der Längsstäbe in mm
a_Q = Abstand der Querstäbe in mm
d_{s1}/d_{s2} = Durchmesser der Längsstäbe im Innenbereich/Randbereich in mm
d_{s3}/d_{s4} = Durchmesser der Querstäbe im Innenbereich/Randbereich in mm
d = Doppelstäbe (nur in Längsrichtung)
n_{links}, n_{rechts} = Anzahl der Längs-Randstäbe d_{s2} links/rechts in Fertigungsrichtung
m_{Anfang}, m_{Ende} = Anzahl der Quer-Randstäbe d_{s4} am Anf./Ende der Fertigungsrichtung
L = Mattenlänge in m
B = Mattenbreite in m
$ü_1/ü_2$ = Längsstab-Überstände am Mattenanfang/-ende
$ü_3/ü_4$ = Querstab-Überstände am Mattenrand links/rechts

Listenmatten mit tragenden Längs- und Querstäben

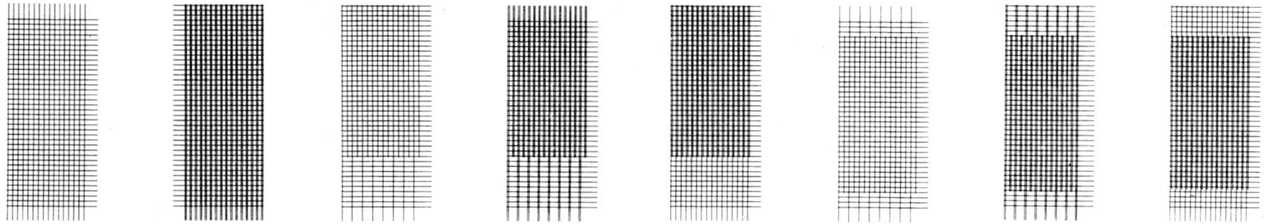

Einfachstabmatte ohne Staffelung | *Doppelstabmatte ohne Staffelung* | *Einfachstabmatte mit einseitiger Staffelung* | *Doppelstabmatte mit einseitiger Staffelung* | *Doppelstabmatte mit einseitiger Staffelung (Ausführung „dz")* | *Einfachstabmatte mit zweiseitiger Staffelung* | *Doppelstabmatte mit zweiseitiger Staffelung* | *Doppelstabmatte mit zweiseitiger Staffelung (Ausführung „dz")*

- a_s-Werte der Längsstäbe einer Matte bis 22,62 cm^2/m (> 22,62 cm^2/m möglich bei Stababständen < 100 mm)
- a_s-Werte der Querstäbe einer Matte bis 11,31 cm^2/m (> 11,31 cm^2/m möglich bei Stababständen < 100 mm)
- Nahezu stufenlos wählbares Verhältnis der a_s-Werte längs/quer(evtl. quer/längs) 1:1 bis 1:0,2
- Anordnung und Größe der Überstände nach dem jeweiligen Anwendungsfall wählbar

Kennzeichen dieser typischen Listenmatten ist der einfache Aufbau mit maximal zwei Längsstab-Typen und einem Querstab-Typ.

Listenmatten mit nur in einer Richtung wirkenden Stäben

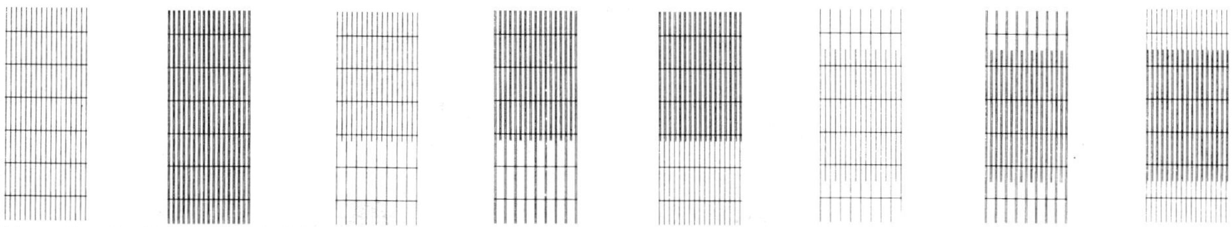

Längsstäbe d_{s1}: Einfachstäbe sind Doppelstäben vorzuziehen

Querstäbe d_{s3}: max. $a_Q = 100\ d_{s1}$ bis 120 d_{s1}, $d_{s3} = d_{s1}$ und $d_{s3} \geq 10$ mm

- a_s-Werte der Längsstäbe einer Matte bis 22,62 cm^2/m (> 22,62 cm^2/m möglich bei Stababständen < 100 mm)
- Die Querstäbe sind in großen Abständen angeordnet und dienen lediglich als Montagestäbe
- Die fertige Bewehrung ergibt sich aus 2 Lagen rechtwinklig zueinander verlegter Matten

Werden sehr große Längsstabüberstände erforderlich ($\ddot{u} > 100\ d_S$, z. B. für Ein-Ebenen-Stöße, Verbundber. II), sollten diese einseitig ausgebildet werden ($\ddot{u}_1 = 25$ mm, $\ddot{u}_2 \geq$ erf $l_{\ddot{u}}$)

7

Tafel 91 Listenmatten für stabförmige Bauteile

Einsatzbereiche: Bügelkörbe, Schubzulagen, Bügelleitern für Balken, Plattenbalken, Stützen. Zur Anwendung kommen vorwiegend einachsige Listenmatten

In der Regel:

- Bügelstäbe gleich Mattenlängsstäbe
- Montagestäbe (Bügelkorblänge) gleich Mattenquerstäbe $\leq 3{,}00$ m
- Durchmesser $\varnothing_L$ und Stababstände der Bügelstäbe entsprechend Tafel 98 wählen.
- Durchmesser $\varnothing_Q$ und Anordnung der Montagestäbe (= Querstäbe) nach statischen (Verankerung der Bügelstäbe) und konstruktiven (Stabilität, Einbau, Stapelfähigkeit) Gesichtspunkten festlegen.

Biegeformen: Biegeformen und Biegerollendurchmesser d_{br} können weitgehend nach den statisch-konstruktiven Anforderungen festgelegt werden. Möglichst einfache, stapelfähige Formen wählen.

Anordnung: Bügelkörbe werden normalerweise in Korblänge auf Lücke gelegt oder stumpf gestoßen.

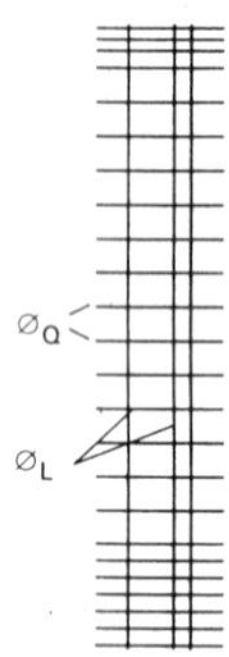

Matte zu Bild 1
hier: Biegestäbe gleich Querstäbe

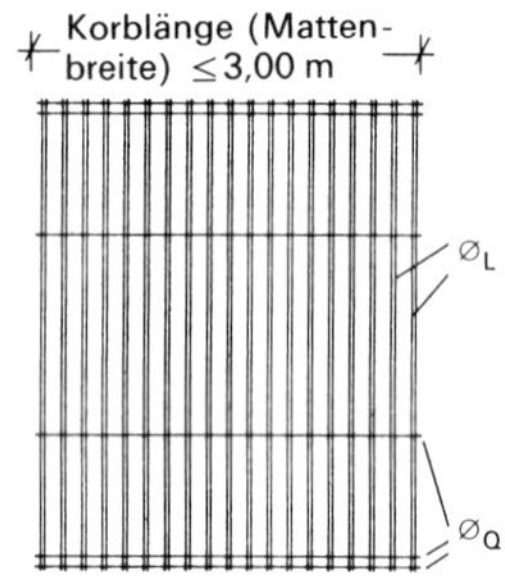

Matte zu Bild 2

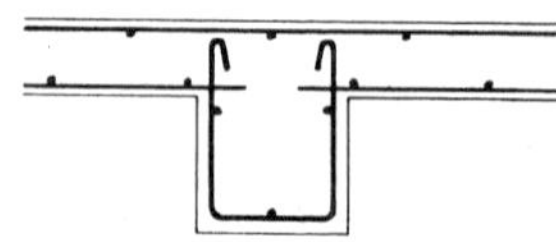

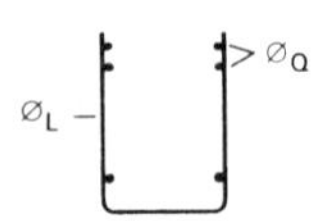

Bild 2

Bild 3

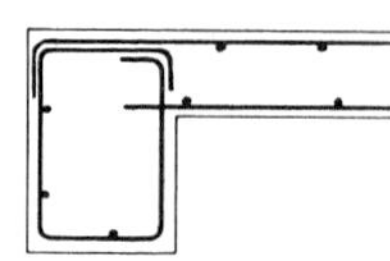

Zweiteiliger Bügel für eine Stahlbeton-Stütze

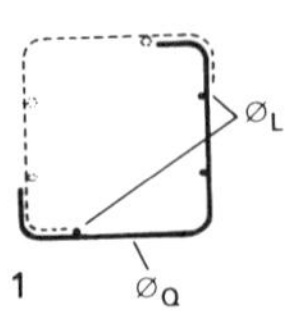

Bild 1

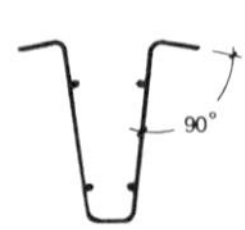

Bild 4

Bild 5

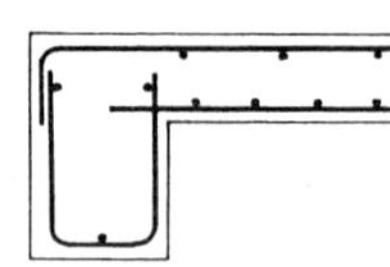

Stapelbarkeit von Bügelkörben

Beispiele für die Anordnung der Montagestäbe in Bügelkörben im Hinblick auf eine gute Stapelbarkeit.

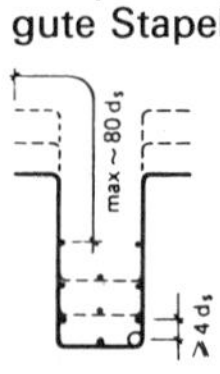

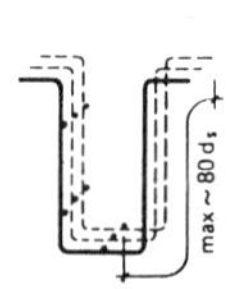

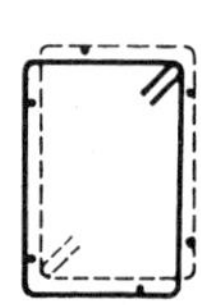

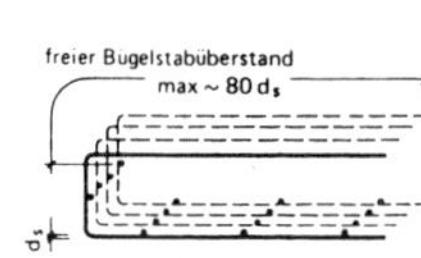

Tafel 92 Listenmatten für Randbereiche von Flächentragwerken

Einsatzbereiche: Bügelkörbe für Einfassungen an Plattenrändern, Anschlußbewehrung Wand/Wand, Wand/Boden u. ä. Zur Anwendung kommen vorwiegend einachsige Listenmatten.

In der Regel:
- Bügelstäbe gleich Mattenlängsstäbe
- Montagestäbe (Länge der Körbe) gleich Mattenquerstäbe ≤3,00 m
- Durchmesser $\varnothing_L$ und Stababstände der Bügelstäbe/Einfassung entsprechend Tafel 89 wählen.
- Durchmesser $\varnothing_Q$ und Anordnung der Montagestäbe (= Querstäbe) nach konstruktiven Gesichtspunkten festlegen [Stabilität, Einbau der Körbe (Durchdringungen), Stapelfähigkeit].

Biegeformen: Biegeformen und Biegerollendurchmesser d_{br} können weitgehend nach den statisch-konstruktiven Anforderungen festgelegt werden. Möglichst einfache, stapelfähige Formen wählen.

Anordnung: Bügelkörbe werden normalerweise in Korblänge auf Lücke gelegt oder stumpf gestoßen.

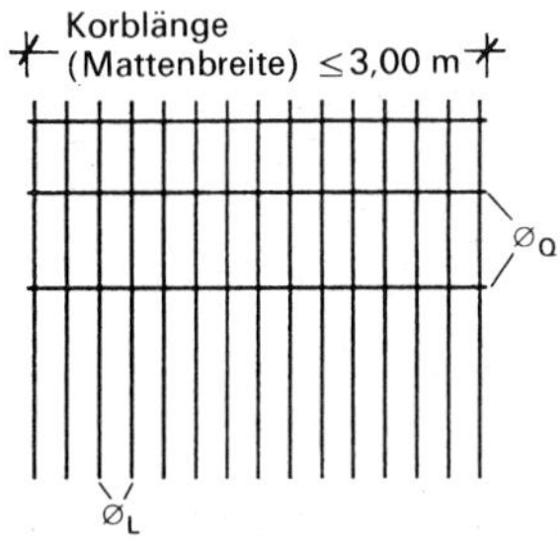

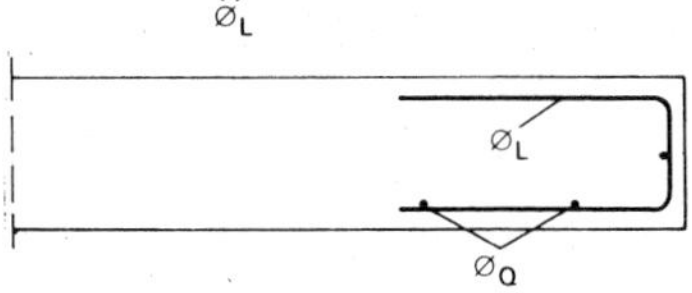

Standardisierte Listenmatten („HS-Typen")

für Durchdringungen und Eckverbindungen/hier: Biegestäbe gleich Querstäbe/ Korblänge = 5 m

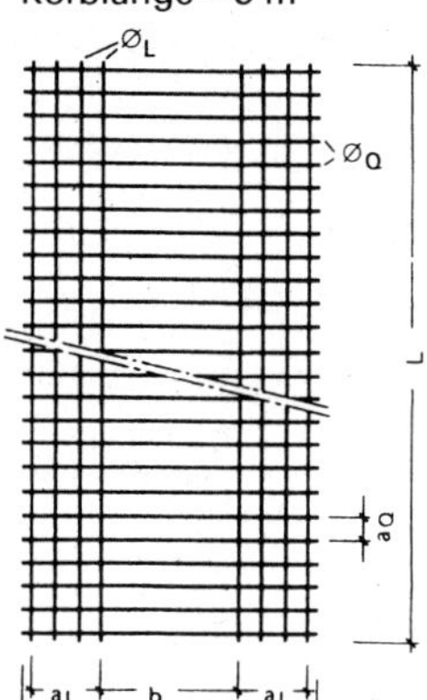

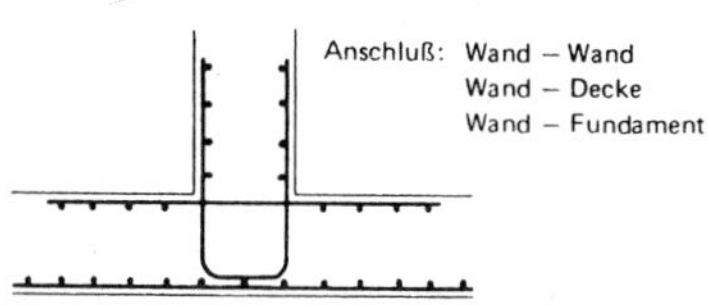

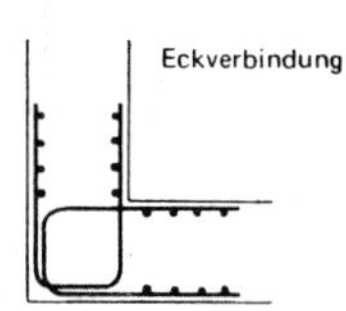

Kurzbezeichnung	Länge L m	Breite B m	Abstand Längsstäbe a_L mm	Abstand Längsstäbe b mm	Abstand Querstäbe a_Q mm	Stabdurchmesser längs/quer mm	Querschnitte quer cm²/m	Gewicht kg
HS 1	5,00	1,25	3×100	600	150	6,0/6,0	1,88	18,315
HS 2	5,00	1,85	3×150	900	150	6,0/6,0	1,88	22,844
HS 3	5,00	1,85	3×150	900	150	8,0/8,0	3,35	40,646

Tafel 93 Baustahlgewebe – Unterstützungskörbe

APSTA® stehen auf der Schalung	SBA stehen auf der unteren Bewehrung	SCHLANGE stehen auf der unteren Bewehrung
Korblänge=2,00 m; Standfüße mit Kunststoff gegen Korrosion geschützt	Korblänge=2,00 m	Stützlänge=2,00 m, Stützbreite=0,20 m
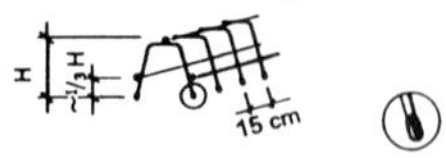	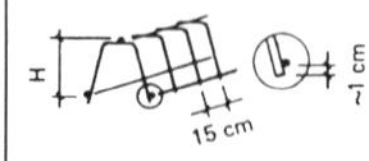	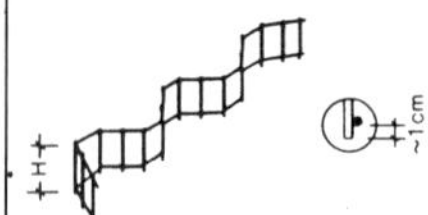
H=Unterstützungshöhe =lichter Abstand zwischen Schalung und oberer Bewehrung	H=Unterstützungsabstand =lichter Abstand zwischen unterer und oberer Bewehrung	H=Unterstützungsabstand =lichter Abstand zwischen unterer und oberer Bewehrung
Typenbezeichnung U .... gibt Unterstützungshöhe H in cm an	**Typenbezeichnung SBA .... gibt Unterstützungshöhe in cm an**	**Typenbezeichnung S .... gibt Unterstützungshöhe H in cm an**

Typ	Gewicht je Korb kg	Typ	Gewicht je Korb kg	Typ	Gewicht je Korb kg	Typ	Gewicht je Korb kg	Typ	Gewicht je Korb kg	Typ	Gewicht je Korb kg
U 8	0,658	U 26	1,425	SBA 5	0,650	SBA 23	1,350	S 2	0,421	S 24	1,284
U 9	0,762	U 27	1,458	SBA 6	0,676	SBA 24	1,383	S 3	0,436	S 26	1,319
U 10	0,788	U 28	1,491	SBA 7	0,702	SBA 25	1,609	S 4	0,452	S 28	1,355
U 11	0,845	U 29	1,748	SBA 8	0,728	SBA 26	1,646	S 5	0,468	S 30	1,390
U 12	0,874	U 30	1,785	SBA 9	0,753	SBA 27	1,684	S 6	0,484	S 32	1,517
U 13	0,903	U 31	1,823	SBA 10	0,779	SBA 28	1,722	S 7	0,567	S 34	1,558
U 14	0,931	U 32	1,861	SBA 11	0,804	SBA 29	1,760	S 8	0,583	S 36	1,559
U 15	0,960	U 33	2,198	SBA 12	0,831	SBA 30	1,798	S 9	0,599	S 38	1,640
U 16	0,988	U 34	2,242	SBA 13	0,857	SBA 31	1,836	S 10	0,615		
U 17	1,017	U 35	2,287	SBA 14	0,882	SBA 32	1,873	S 11	0,631		
U 18	1,046	U 36	2,332	SBA 15	0,953	SBA 33	2,237	S 12	0,670		
U 19	1,074			SBA 16	1,034	SBA 34	2,282	S 13	0,687		
U 20	1,103			SBA 17	1,063	SBA 35	2,326	S 14	0,705		
U 21	1,259			SBA 18	1,091	SBA 36	2,371	S 15	0,723		
U 22	1,292			SBA 19	1,120	SBA 37	2,416	S 16	0,862		
U 23	1,325			SBA 20	1,148	SBA 38	2,460	S 18	0,898		
U 24	1,359			SBA 21	1,284	SBA 39	2,505	S 20	1,212		
U 25	1,392			SBA 22	1,317	SBA 40	2,550	S 22	1,248		

Größere Höhen und Sonderanfertigungen insbesondere stabilere Ausführungen auf Anfrage

Verlegeanordnung (Deckendraufsicht)

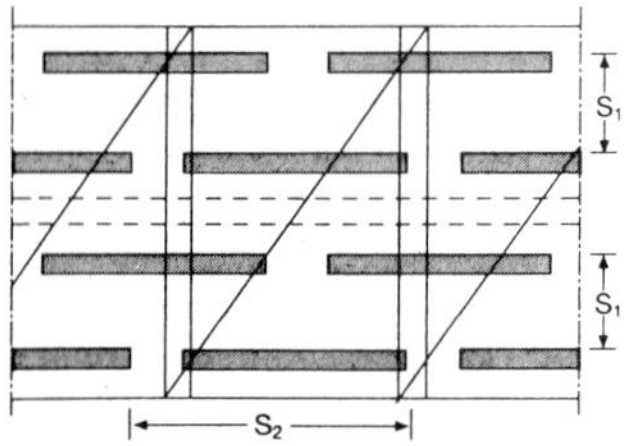

Richtwerte für Verlegeabstände und Bedarf je m²

Stabdurchmesser der oberen Bewehrung mm	Abstand s_1 m	Abstand s_2 m	Stück/m² obere Bewehrung
4,0 bis 6,0	0,5	2,0	1,0
6,5 bis 9,0	0,6	2,0	0,8
9,5 bis 12,0	0,7	2,1	0,7

Begehen und Befahren leichter Bewehrungen über Bohlen

Spannbeton nach DIN 4227

Bearbeitet von Prof. Dr.-Ing. Wolfgang Krings

Inhalt

8

Technische Baubestimmungen

DIN 4227-1	07.88	Spannbeton; Bauteile aus Normalbeton mit beschränkter oder voller Vorspannung
DIN 4227-1/A1	12.95	–; –; Änderung
DIN V 4227-2	05.84	–; Bauteile mit teilweiser Vorspannung
DIN 4227-4	02.86	–; Bauteile aus Spannleichtbeton
DIN EN 445	07.96	Einpreßmörtel für Spannglieder; Prüfverfahren
DIN EN 446	07.96	–; Einpreßverfahren
DIN EN 447	07.96	–; Anforderungen für übliche Einpreßmörtel

1 Begriffe, Querschnittswerte und Betonfestigkeiten

Querschnittsteile

Druckzone	Teil des Querschnitts der ohne Vorspannung durch die Belastung gedrückt wird. Sonderfall: Druckspannungen durch Vorspannung in der Druckzone: *vorgedrückte Druckzone*
Vorgedrückte Zugzone	Teil des Querschnitts der ohne Vorspannung durch die Belastung unter Zugspannungen steht. Diese Zugspannungen können ganz oder teilweise durch die Vorspannung aufgehoben werden.

Vorspanngrade

Volle Vorspannung	Es treten im Beton im Gebrauchszustand keine Zugspannungen – bis auf wenige erlaubte Ausnahmen – auf.
Beschränkte Vorspannung	Zugspannungen dürfen im Gebrauchszustand auftreten.

Verbundwirkung der Vorspannung

mit sofortigem Verbund	Die Spannglieder werden im gespannten Zustand einbetoniert.
mit nachträglichem Verbund	Nach dem Erhärten des Betons werden die Spannglieder vorgespannt. Danach wird erst der Verbund hergestellt.
ohne Verbund	Im Endzustand sind die Spannglieder (außer an den Verankerungsstellen und eventuellen Zwischenpunkten) nicht mit dem Beton verbunden.

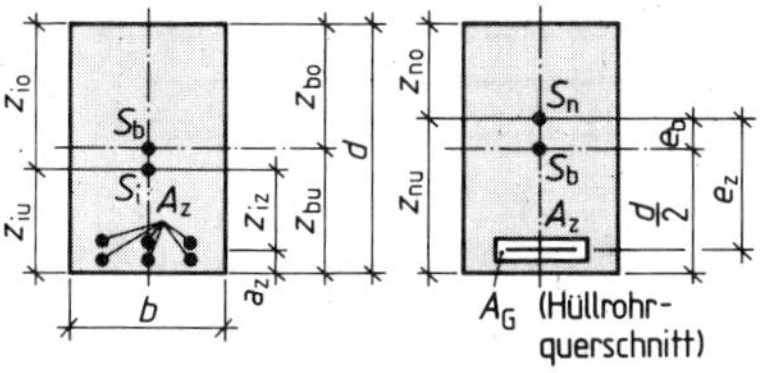

Bild 1

Elastizitätsmodul

Betonstahl $E_s = 210000$ N/mm²
Spannstahl $E_z = 205000$ N/mm²
Spannlitzen $E_z = 195000$ N/mm²

Beton B II nach DIN 1045 (7.88)

Betonfestigkeitsklasse	B 25	B 35	B 45	B 55
Nennfestigkeit β_{WN} (N/mm²)	25	35	45	55
Elastizitätsmodul E_b (N/mm²)	30000	34000	37000	39000
Schubmodul G_b (N/mm²)	13000	14000	15000	16000
Teilvorspannung β_{Wm} (N/mm²)	$\geqq 12$	$\geqq 16$	$\geqq 20$	$\geqq 24$
endgültige Vorspannung β_{Wm} (N/mm²)	$\geqq 24$	$\geqq 32$	$\geqq 40$	$\geqq 48$

$(n = E_z/E_b)$	Bruttoquerschnitt	Nettoquerschnitt	ideeller Querschnitt
Flächeninhalt	$A_b = b \cdot d$ [1])	$A_n = A_b - A_z$ bzw. $A_n = A_b - A_G$	$A_i = A_b + (n-1) \cdot A_z$ $A_i = A_n + n \cdot A_z$
Randabstände der Schwerlinie	$z_{bo} = d/2$ [1])	$z_{no} = d - z_{nu}$	$z_{io} = d - z_{iu}$
	$z_{bu} = d/2$ [1])	$z_{nu} = (A_b \cdot z_{bu} - A_z \cdot a_z)/A_n$ bzw. A_G statt A_z	$z_{iu} = (A_b \cdot z_{bu} + (n-1) A_z \cdot a_z)/A_i$
Flächenmoment zweiter Ordnung	$I_b = b d^3/12$ [1])	$I_n = I_b + A_b(z_{nu} - z_{bu})^2 - A_z(z_{nu} - a_z)^2$ bzw. A_G statt A_z	$I_i = I_b + A_b(z_{bu} - z_{iu})^2 + (n-1) A_z \cdot (z_{iu} - a_z)^2$
Widerstandsmomente	$W_{bo} = b d^2/6$ [1])	$W_{no} = I_n/z_{no}$	$W_{io} = I_i/z_{io}$
	$W_{bu} = b d^2/6$ [1])	$W_{nu} = I_n/z_{nu}$	$W_{iu} = I_i/z_{iu}$

[1]) Rechteckquerschnitt (als Beispiel).

2 Vorspannung mit sofortigem Verbund

2.1 Lastfall Vorspannung bei Spannbettverankerung

2.1.1 Mittige Vorspannung

Zur Zeit des Betonierens wirkt im Spannstahl die Spannkraft $\boldsymbol{Z_v^{(o)}}$ (Bild 2a). Die zugehörige Spannung beträgt $\boldsymbol{\sigma_{Zv}^{(o)} = Z_v^{(o)}/A_z}$, der zugehörige Vordehnweg des Spannstahls beträgt $\boldsymbol{\delta_{Zv}^{(o)} = Z_v^{(o)} \cdot l/(E_z \cdot A_z)}$.

Nach dem Erhärten des Betons wird die Verankerung des Spannstahls im Spannbett gelöst. Wegen der nun auftretenden Stauchung des Betons verringert sich die Dehnung des Spannstahls, wobei die im Spannstahl wirkende Zugkraft auf Z_v absinkt (Bild 2b).

Im Betonkörper (Nettoquerschnitt) wirkt die Druckkraft $\boldsymbol{D_{bv} = -Z_v}$, zu ihr gehören die Betondruckspannung $\boldsymbol{\sigma_{bv} = D_{bv}/A_n}$ und die Verkürzung $\boldsymbol{\delta_{bv} = D_{bv} \cdot l/(E_b \cdot A_n)}$. Der verbleibende Dehnweg des Spannstahls beträgt $\boldsymbol{\delta_{Zv} = |\delta_{Zv}^{(o)}| - |\delta_{bv}|}$.

Wegen $\delta_{z_v} = Z_v \cdot l/(E_z A_z)$ gilt

$$\frac{Z_v \cdot l}{E_z \cdot A_z} = \frac{Z_v^{(o)} \cdot l}{E_z \cdot A_z} - \frac{Z_v \cdot l}{E_b \cdot A_n}$$

$$Z_v \left[\frac{1}{E_z A_z} + \frac{1}{E_b \cdot A_n}\right] = Z_v^{(o)} \frac{1}{E_z A_z}$$

Multiplikation mit $E_z \cdot A_z$ liefert

$$Z_v \left[1 + \frac{E_z A_z}{E_b A_n}\right] = Z_v^{(o)}$$

$$Z_v \left[1 + n \frac{A_z}{A_n}\right] = Z_v^{(o)}$$

$$\frac{Z_v}{A_n} [A_n + n \cdot A_z] = Z_v^{(o)}$$

$$\frac{Z_v}{A_n} \cdot A_i = Z_v^{(o)} \quad \text{bzw.} \quad \frac{Z_v}{A_n} = \frac{Z_v^{(o)}}{A_i} (= -\sigma_{bv})$$

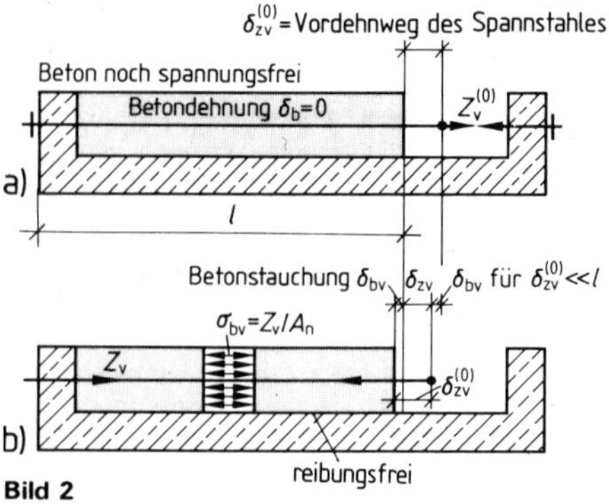

Bild 2

Beispiel Ermittlung der Beton- und Stahlspannungen nach dem Lösen der Verankerung 1420/1570 gerippt, Einzelquerschnitt 0,4 cm²;

$A_z = 6 \cdot 0{,}4 = 2{,}4\ \text{cm}^2$, B 45.

Stahl wird mit $\sigma_{zv}^{(o)} = 90\ \text{kN/cm}^2$ vorgespannt.

$Z_v^{(o)} = 90 \cdot 2{,}4 = 216\ \text{kN}$; $n = 2{,}05 \cdot 10^5 / 3{,}7 \cdot 10^4 = 5{,}54$
$A_i = 15 \cdot 25 + (5{,}54 - 1) \cdot 2{,}4 = 385{,}90\ \text{cm}^2$
$\sigma_{bv} = -216/385{,}90 = 0{,}56\ \text{kN/cm}^2$;
$A_n = 15 \cdot 25 - 2{,}4 = 372{,}6\ \text{cm}^2$
$Z_v = 216 \cdot 372{,}6/385{,}90 = 208{,}56\ \text{kN}$;
$\sigma_{zv} = 208{,}56/2{,}4 = 86{,}9\ \text{kN/cm}^2 = 869\ \text{MN/m}^2$

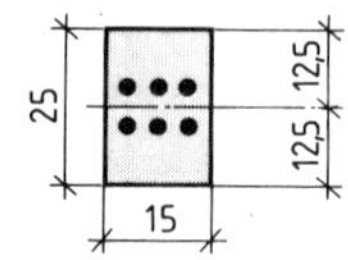

Bild 3

2,1.2 Ausmittige Vorspannung

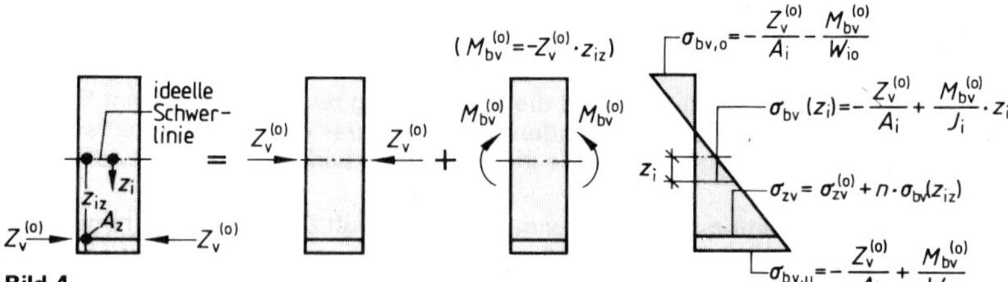

Bild 4

3 Vorspannung mit nachträglichem Verbund

3.1 Schnittgrößen N_{bv}, Q_{bv}, M_{bv} des Lastfalles Vorspannung bei beliebiger Spanngliedführung

3.1.1 Statisch bestimmte Systeme

$$N_{bv}(x) = -Z_v(x) \cdot \cos\varphi(x) \approx -Z_v(x)$$

$$Q_{bv}(x) = -Z_v(x) \cdot \sin\varphi(x)$$

$$M_{bv}(x) = -Z_v(x) \cdot \cos\varphi(x) \cdot z_{nz}(x) \approx -Z_v(x) \cdot z_{nz}(x)$$

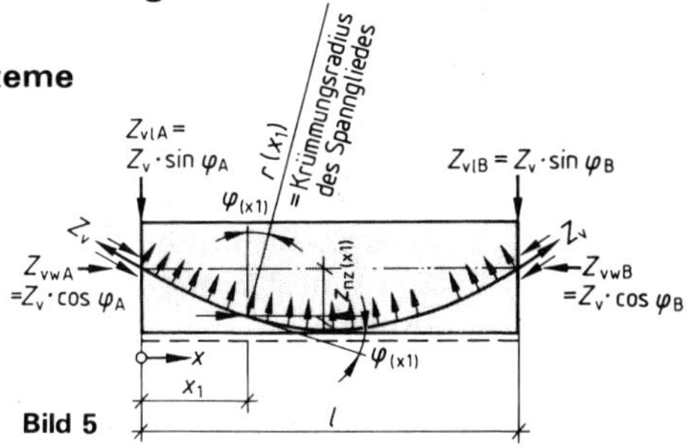

Bild 5

3.1.2 Statisch unbestimmte Systeme

Die Ermittlung der Schnittkräfte wird am Zweifeldträger mit Stützweiten l_1 und l_2 und einer Spanngliedführung mit Abstand $z = z(x)$ erläutert (vgl. Bild 6a).

Vorspannung mit Berücksichtigung der Reibung (Bild 6c)

$Z_v(x) = Z_v \cdot e^{-\mu \cdot \gamma}$

Statisch bestimmtes Grundsystem (Bild 6b)

Grundsystem zur Ermittlung der Schnittkräfte nach dem Kraftgrößenverfahren

Einheitsspannungszustand (Bild 6d)

$X_1 = 1$, $M_1(x)$

Verformungsgröße $\delta_{11} = \int \frac{M_1^2(x)}{EJ} d_s$

Lastspannungszustand *M* (Bild 6e)

$M^o_{bv}(x) = -Z_v(x)\, z_{nz}(x)$

$A^o = B^o = C^o = 0$

Verformungsgröße

$\delta_{10} = \int \frac{M^o_{bv}(x) \cdot M_1(x)}{EJ} d_s$

(evtl. numerisch integrieren)

Zwängungsmomente (Bild 6f)

$X_1 = -\frac{\delta_{10}}{\delta_{11}}$

$M_{zw}(x) = X_1 \cdot M_1(x)$

Momente aus Vorspannung am statisch unbestimmten System

$M_{bv}(x) = M^o_{bv}(x) + M_{zw}$

Lastspannungszustand *Q* (Bild 6g)

$Q^o_{bv}(x) = -Z_v(x) \cdot \sin\varphi(x)$

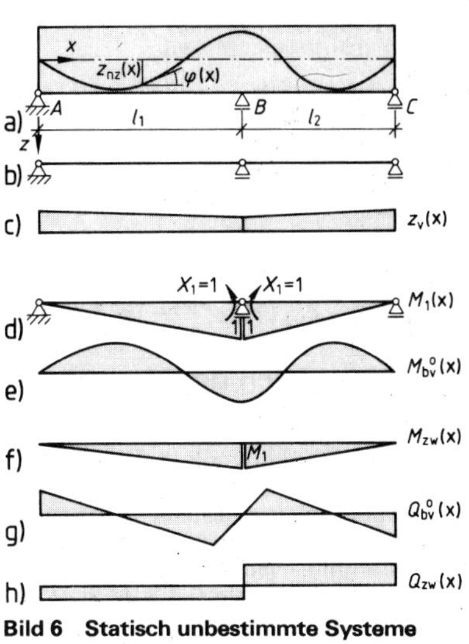

Bild 6 Statisch unbestimmte Systeme

8

Auflager und Querkräfte aus M_{zw} (Bild 6h)

$$A = \frac{M_{zw}}{l_1} \quad B = -M_{zw}\left(\frac{1}{l_1} + \frac{1}{l_2}\right) \quad C = \frac{M_{zw}}{l_2}$$

$$Q_{zw}(x) = \frac{M_{zw}}{l_1} \quad \text{(Bereich } l_1\text{)}$$

$$Q_{zw}(x) = -\frac{M_{zw}}{l_2} \quad \text{(Bereich } l_2\text{)}$$

Querkräfte aus Vorspannung am statisch unbestimmten System

$$Q_{bv}(x) = Q^0_{bv}(x) + Q_{zw}(x)$$

Normalkräfte aus Vorspannung am statisch unbestimmten System

$$N_{bv}(x) = -Z_v(x) \quad \text{unabhängig von der Zwängung}$$

4 Spannkraftabfall infolge Reibung

Die an der Spannstelle A eingeleitete Vorspannkraft Z_{VA} nimmt längs der Spanngliedachse infolge Reibung des Spannglieds im Gleitkanal auf $Z_v(x)$ ab.

$$\boldsymbol{Z_v(x) = Z_{VA} \cdot e^{-\mu\gamma_{Ax}} \approx Z_{VA} \cdot (1 - \mu \cdot \gamma_{Ax}) \quad \text{mit} \quad \gamma_{Ax} = \varphi_{Ax} + \beta \cdot x}$$

Hierin bedeuten

- γ_{Ax} Rechenwert des Umlenkwinkels von der Spannstelle A bis zur untersuchten Schnittstelle.
- μ Reibungswert konstant über die Spanngliedlänge. Er ist dem Zulassungsbescheid des Spannverfahrens zu entnehmen.
- φ_{Ax} Absolutsumme der Umlenkwinkel aus der Geometrie des Spannglieds von der Spannstelle bis zur untersuchten Schnittstelle (Bogenmaß), s. Bild 7.
- β Ungewollte Umlenkwinkel je Meter Gliedlänge, s. Zulassungsbescheid des Spannverfahrens (Bogenmaß).
- x Spanngliedlänge ungefähr Tragwerkslänge von der Spannstelle bis zur untersuchten Schnittstelle in Metern.

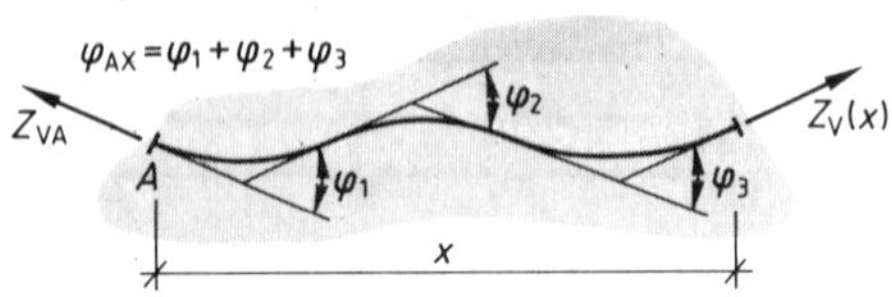

Bild 7

Spannkraftverlust

$$\boldsymbol{\Delta Z_v(x) = Z_{VA}(1 - e^{-\mu \cdot \gamma_{Ax}}) \approx Z_{VA} \cdot \mu \cdot \gamma_{Ax}}$$

4.1 Ausgleich der Verluste durch Überspannen

Nach DIN 4227, s. Tafel 6 Zeile 66, darf die zulässige Stahlspannung im Gebrauchszustand am Spannende (s. DIN 4227, 15.4) um 5% überschritten werden, ohne die Überspannung durch Nachlassen wieder abbauen zu müssen. Beträgt ΔZ_{Vm} zwischen der Einleitungsstelle und dem für zul Z_V maßgebenden Querschnitt mehr als 5%, dann ist der Ausgleich der Reibungsverluste nur durch Überspannen mit anschließendem Nachlassen möglich. Die Stahlspannung darf dann an der Einleitungsstelle kurzfristig 0,8 β_s bzw. 0,65 β_z erreichen. Der kleinere Wert ist maßgebend, s. Tafel 6 Zeile 64.

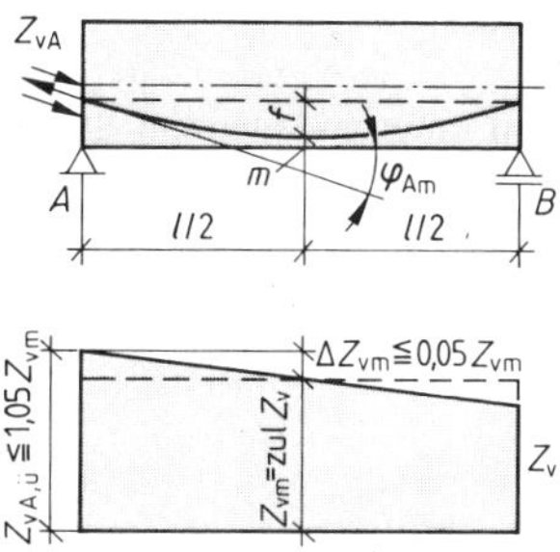

$\gamma_{Am} = \varphi_{Am} + \beta\, l/2$

$\Delta Z_{vm} = Z_{vAü}\,(1 - e^{\mu \cdot \gamma_{Am}}) \leq 0{,}05 \cdot \text{zul}\, Z_v$

Bild 8 Überspannen auf $Z_{vAü}$ ohne Nachlassen

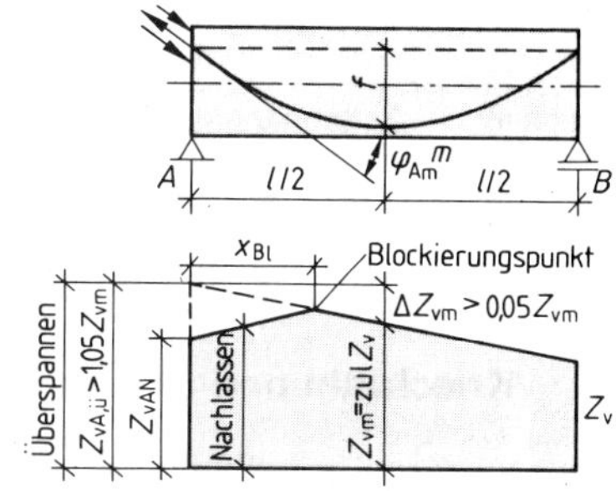

$\gamma_{Am} = \varphi_{Am} + \beta\, l/2$

$\Delta Z_{vm} = Z_{vAü}\,(1 - e^{\mu \cdot \gamma_{Am}}) > 0{,}05 \cdot \text{zul}\, Z_v$

Bild 9 Überspannen auf $Z_{vAü}$ mit Nachlassen auf Z_{vAN}

Nachlassen Umlenkwinkel bis zum Blockierungspunkt

$$\gamma = \frac{Z_{vAü} - Z_{vAN}}{\mu \cdot Z_{vAü} + \mu_R \cdot Z_{vAN}}$$

μ_R Reibungsbeiwert beim Rückgleiten

Abstand bis zum Blockierungspunkt bei konstanter Spanngliedkrümmung

$$x_{BL} = \frac{\gamma}{\varphi' + \beta}$$

φ' Summe der Umlenkwinkel im Bogenmaß/m

Nachlaßweg

$$\delta_{spN} = \frac{A_N}{E_z \cdot A_z} + \frac{A_N}{E_b \cdot A_n}$$

$$A_N = (Z_{vAü} - Z_{vAN}) \cdot x_{BL}/2$$

Spannkraft am Blockierungspunkt

$$Z_{vxBL} = Z_{vAü} \cdot e^{-\mu\gamma} \leqq 1{,}05\ \text{zul}\, Z_v$$

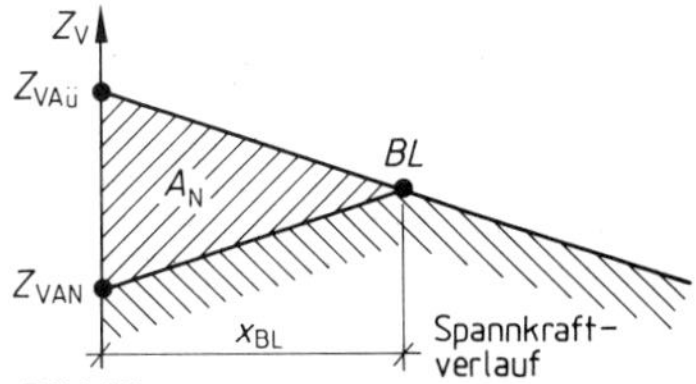

Bild 10

Beispiel Für den dargestellten Balken ist zur Herabsetzung des Reibungsverlustes in A vorübergehend zu überspannen. Die Überspannung ist so zu wählen, daß in Balkenmitte gerade die Vorspannkraft $Z_{vm} = \text{zul}\, Z_v = 1000$ kN erreicht wird.

$\mu = 0{,}3$; $\beta = 0{,}9°/\text{m}$

Summe der Umlenkwinkel

$\gamma_{Am} = 8{,}67 + 0{,}9 \cdot 10{,}5 = 18{,}12°$; $\text{arc}\, \gamma_{Am} = 0{,}316$

$\gamma_{AB} = 17{,}34 + 0{,}9 \cdot 21{,}0 = 36{,}24°$; $\text{arc}\, \gamma_{AB} = 0{,}633$

$$Z_{vAü} = \frac{Z_{vm}}{e^{-\mu \cdot \gamma_{Am}}} = \frac{1000}{e^{-0{,}3 \cdot 0{,}316}} = 1099{,}4\ \text{kN} > 1{,}05 \cdot 1000\ \text{kN}$$

$$Z_{vB} = Z_{vAü} \cdot e^{-\mu \cdot \gamma_{AB}} = 1099{,}4 \cdot e^{-0{,}3 \cdot 0{,}633} = 909{,}2\ \text{kN}$$

Nachlassen auf $Z_{vAN} = 1000$ kN

Umlenkwinkel bis zum Blockierungspunkt: $\mu_R = \mu$

$$\gamma = \frac{1}{0{,}3} \cdot \frac{1099{,}4 - 1000}{1099{,}4 + 1000} = 0{,}158$$

Blockierungspunkt $\varphi' = 17{,}34/21{,}0 = 0{,}83°/\text{m}$

$\text{arc}(\varphi' + \beta) = \text{arc}(0{,}83 + 0{,}9) = \text{arc}\, 1{,}73 = 0{,}0302/\text{m}$;

$x_{BL} = 0{,}158/0{,}0302 = 5{,}23$ m;

$Z_{vBL} = 1099{,}4 \cdot e^{-0{,}3 \cdot 0{,}158} = 1049$ kN

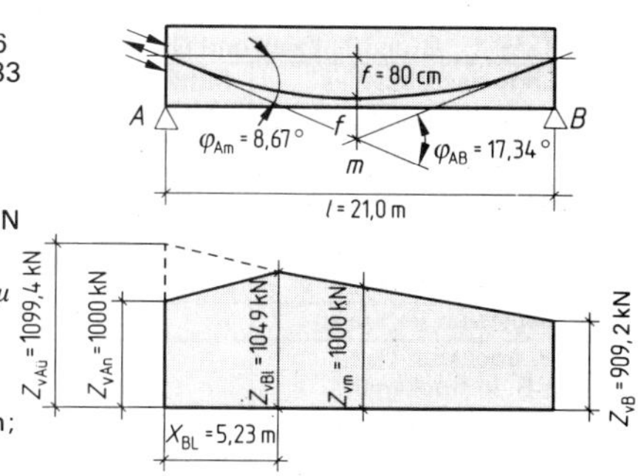

Bild 11

5 Zeitabhängiges Verformungsverhalten

Kriechen Zeitabhängige Zunahme der Verformung unter andauernder Spannung.

Schwinden Verkürzung des unbelasteten Betons während der Austrocknung.

Relaxation Zeitabhängige Abnahme der Spannungen unter einer aufgezwungenen Verformung von konstanter Größe.

5.1 Kriechzahl und Schwindmaß

Kriechdehnung $\varepsilon_{K,t} = \frac{\sigma_b}{E_b} \varphi_t$

Kriechzahl $\varphi_t = \varphi_{fo}(k_{f,t} - k_{f,to}) + 0{,}4\, k_{v,(t-to)}$

Schwindmaß $\varepsilon_{s,t} = \varepsilon_{so}(k_{s,t} - k_{s,to})$

φ_{fo} Grundfließzahl nach Tafel 1
k_f Beiwert nach Bild 12 für den zeitlichen Ablauf des Fließens unter Berücksichtigung der wirksamen Körperdicke d_{ef}, der Zementart und des wirksamen Alters.
t Wirksames Betonalter im untersuchten Zeitpunkt (Endzeitpunkt $t = \infty$)
t_o Wirksames Betonalter beim Aufbringen der kriecherzeugenden Spannungen, bzw. zu dem Zeitpunkt, von dem ab der Schwindeinfluß berücksichtigt werden soll.
k_v Beiwert nach Bild 13 zur Berücksichtigung des zeitlichen Ablaufes der verzögert elastischen Verformung.
ε_{so} Grundschwindmaß nach Tafel 1
k_s Beiwert zur Berücksichtigung der zeitlichen Entwicklung des Schwindens nach Bild 14

Wirksame Körperdicke $d_{ef} = k_{ef} \cdot \frac{2A}{u}$

Wirksames Betonalter $t = \sum_i \frac{T_i + 10\,°C}{30\,°C} \Delta t_i$

k_{ef} Beiwert nach Tafel 1 zur Berücksichtigung des Einflusses der Feuchte auf die wirksame Dicke
A Fläche des gesamten Betonquerschnittes
u Die Abwicklung der der Austrocknung ausgesetzten Begrenzungsfläche des gesamten Betonquerschnittes. Bei Kastenträgern ist im allgemeinen die Hälfte des inneren Umfanges zu berücksichtigen.
T_i Mittlere Tagestemperatur des Betons in °C
Δt_i Anzahl der Tage mit mittlerer Tagestemperatur T_i des Betons in °C

Tafel 1 Grundfließzahl und Grundschwindmaß in Abhängigkeit von der Lage des Bauteils

Lage des Bauteiles	Mittlere relative Luftfeuchtigkeit in % (etwa)	Konsistenzbereich KP[1]) Grundfließzahl φ_{fo}[1])	Konsistenzbereich KP[1]) Grundschwindmaß ε_{so}[1])	Beiwert k_{ef}
im Wasser		0,8	$+10 \cdot 10^{-5}$	30
in sehr feuchter Luft, z.B. unmittelbar über dem Wasser	90	1,3	$-13 \cdot 10^{-5}$	5,0
allgemein im Freien	70	2,0	$-32 \cdot 10^{-5}$	1,5
in trockener Luft, z.B. in trockenen Innenräumen	50	2,7	$-46 \cdot 10^{-5}$	1,0

[1]) für die Konsistenzbereiche KS bzw. KR sind die Zahlen um 25% zu ermäßigen bzw. zu erhöhen

Beispiel Ein Spannbetonträger soll nach $t = 28$ Tagen Normalerhärtung vorgespannt werden. Er befindet sich anschließend im Freien. Querschnitt $b/d = 20/40$ cm; Zement Z35L, KP.

Mittlere Tagestemperatur $= 20\,°C$

Ges. φ_∞, $\varepsilon_{s\infty}$:

nach Tafel 1

$\varepsilon_{so} = -32 \cdot 10^{-5}$;

$\varphi_{fo} = 2{,}0$;

$k_{ef} = 1{,}5$

$$d_{ef} = 1{,}5 \frac{2 \cdot 20 \cdot 40}{2\,(20 + 40)} = 20 \text{ cm}$$

nach Bild 12

$k_{f\infty} = 1{,}55$; $k_{f28} = 0{,}58$

nach Bild 13

$k_{v\infty} = 1{,}0$

$$t = \frac{20\,°C + 10\,°C}{30\,°C} \cdot 28 = 28$$

nach Bild 14

$k_{s\infty} = 0{,}9$; $k_{s28} = 0{,}2$

Kriechzahl

$$\varphi_\infty = 2{,}0\,(1{,}55 - 0{,}58) + 0{,}4 \cdot 1{,}0 = 2{,}34$$

Schwindmaß

$$\varepsilon_{s\infty} = -32 \cdot 10^{-5}\,(0{,}9 - 0{,}2) = -22{,}4 \cdot 10^{-5} = -0{,}224‰ = -0{,}224 \text{ mm/m}$$

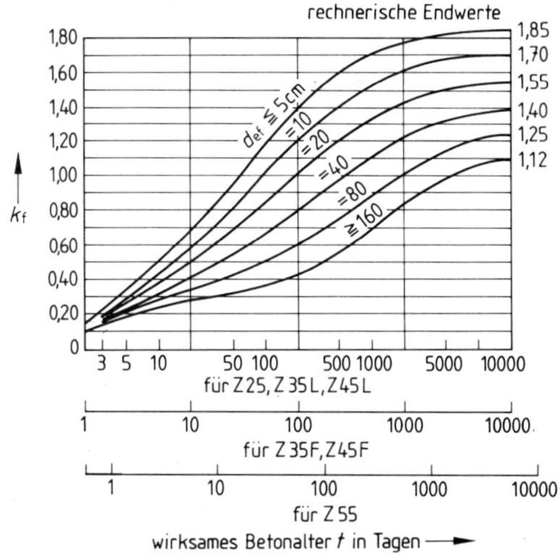

Bild 12 Beiwerte k_f

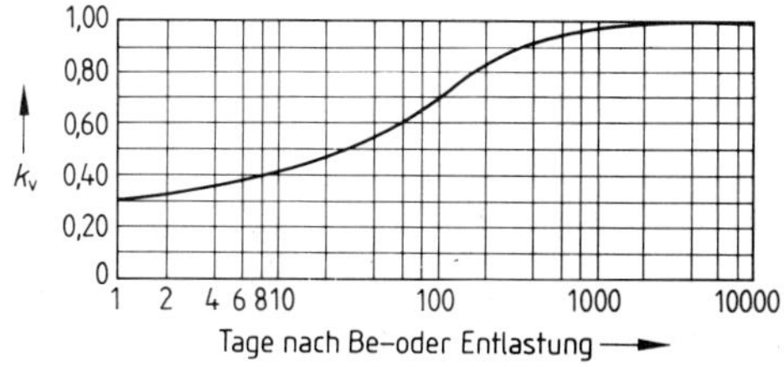

Bild 13 Verlauf der verzögerten elastischen Verformung

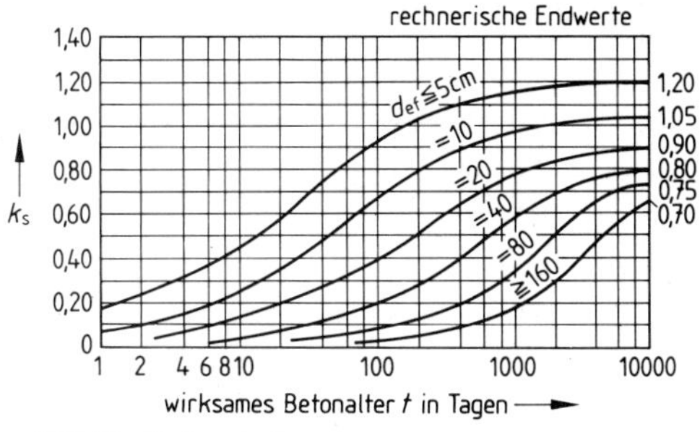

Bild 14 Beiwerte k_s

8

5.2 Spannkraftverlust infolge Schwinden und Kriechen für Vorspannung mit Verbund, über die mittlere kriecherzeugende Spannung

$$\sigma_{z,k+s}=\frac{n[(\sigma_{bz,d}+\sigma_{bz,v})\cdot\varphi_t+E_b\cdot\varepsilon_{st}]}{1-n\frac{\sigma_{bz,v}}{\sigma_{zv}}\left(1+\frac{\varphi_t}{2}\right)}$$

$\sigma_{z,k+s}$ Stahlspannungsverlust im Spannglied infolge Kriechen und Schwinden des Betons
$\sigma_{bz,d}$ Betonspannung infolge der Dauerlast in Höhe des Spanngliedes
$\sigma_{bz,v}$ Betonspannung infolge der Vorspannung in Höhe des Spanngliedes
σ_{zv} Stahlspannung im Spannglied vor dem Kriechen und Schwinden des Betons
φ_t Kriechzahl
ε_{st} Schwindmaß
E_b Elastizitätsmodul des Betons
E_z Elastizitätsmodul des Spannstahls
$n=E_z/E_b$

Beispiel Für einen Spannbettbalken sind in Bild 15 die Abmessungen, Querschnittswerte, Baustoffkennwerte und Betonspannungen angegeben. Die Vorspannung wird nach $t_1=7$ Tagen Normalerhärtung aufgebracht. Gleichzeitig wirkt infolge Eigengewicht $M_{g1}=4{,}5$ kNm in Balkenmitte. Der Träger lagert unter dieser Beanspruchung, aus $v+g_1$, zwei Monate im Freien. Ges. Spannungsabfall $\sigma_{z,k+s}$ und die Betonspannungen $\sigma_{b,k+s}$ zum Zeitpunkt $t_2=7+2\cdot30=67$ Tage und $t=\infty$

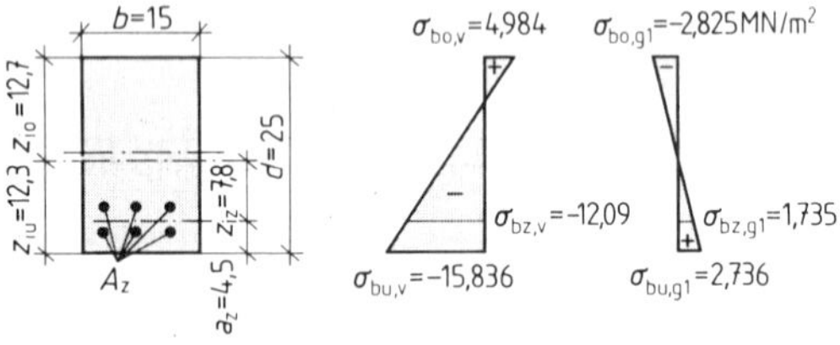

$A_z=2{,}40$ cm²
$\sigma^{(o)}_{z,v}=900$ MN/m²
$n=5{,}54$
B 45, Z 35 F
Konsistenz K_2

Bild 15

$\sigma_{z,v}=900+5{,}54\cdot(-12{,}09)=833{,}02$ MN/m²

$\varphi_{fo}=2{,}0$; $\varepsilon_{so}=-32\cdot10^{-5}$; $k_{ef}=1{,}5$; $d_{ef}=14{,}1$ cm, wirksames Betonalter bei $T=20°$
$t_7=7$ Tage; $t_{67}=67$ Tage; $k_{f7}=0{,}45$; $k_{f67}=0{,}97$; $k_{f\infty}=1{,}64$; $k_{v(67-7)}=0{,}64$; $k_{v\infty}=1{,}0$
$k_{s1}=0$; $k_{s67}=0{,}48$; $k_{s\infty}=1{,}0$
$\varphi_{7,67}=2{,}0(0{,}97-0{,}45)+0{,}4\cdot0{,}64=1{,}296$; $\varphi_{7,\infty}=2{,}0(1{,}64-0{,}45)+0{,}4\cdot1{,}0=2{,}78$

Mit dem Einfluß des Schwindens und wegen des sofortigen Verbundes vom ersten Tage an gerechnet

$$\varepsilon_{s,0,67}=-32\cdot10^{-5}\cdot(0{,}48-0)=-15{,}36\cdot10^{-5};\quad \varepsilon_{s,0,\infty}=-32\cdot10^{-5}(1{,}0-0)=-32\cdot10^{-5}$$

Spannungsabfall zum Zeitpunkt $t=67$ Tage Lastfälle $v+g_1$

$$\sigma_{z,k+s}=\frac{5{,}54[(1{,}735-12{,}09)\cdot1{,}296-0{,}37\cdot10^5\cdot15{,}36\cdot10^{-5}]}{1-5{,}54\frac{(-12{,}09)}{833{,}02}\left(1+\frac{1{,}296}{2}\right)}=-93{,}45\text{ MN/m}^2$$

Spannungsabfall zum Zeitpunkt t_∞; von $t_1=7$ Tage bis $t=\infty$ Lastfälle $v+g_1$

$$\sigma_{z,k+s}=\frac{5{,}54[(1{,}735-12{,}09)\,2{,}78-0{,}37\cdot10^5\cdot32\cdot10^{-5}]}{1-5{,}54\frac{(-12{,}09)}{833{,}02}\left(1+\frac{2{,}78}{2}\right)}=-188{,}79\text{ MN/m}^2$$

Beispiel, Fortsetzung

Betonspannungen $\sigma_{b,k+s} = -\sigma_{b,v} \cdot \frac{\sigma_{z,k+s}}{\sigma_{z,v}}$

$$\sigma_{bo,k+s} = -4{,}984 \, \frac{188{,}79}{833{,}2} = -1{,}13 \text{ MN/m}^2 \qquad \sigma_{bu,k+s} = -(-15{,}836) \cdot \frac{188{,}79}{833{,}2} = 3{,}59 \text{ MN/m}^2$$

Zum Zeitpunkt $t = \infty$ betragen die Spannungen in Balkenmitte für die Lastfälle $v + g_1 + k + s$

$$\sigma_{bo} = 4{,}984 - 2{,}825 - 1{,}13 = +1{,}029 \text{ MN/m}^2;$$

$$\sigma_{bu} = -15{,}836 + 2{,}736 + 3{,}59 = -9{,}51 \text{ MN/m}^2$$

$$\sigma_z = +833{,}02 + 1{,}735 \cdot 5{,}54 - 188{,}79 = 653{,}84 \text{ MN/m}^2$$

6 Mindestbewehrung

In Spannbetonbauteilen ist eine Mindestbewehrung aus Betonstahl einzubauen. Statisch erforderliche Betonstahlbewehrung und Bewehrung zur Beschränkung der Rißbreite (s. unter 8) braucht nicht zusätzlich eingebaut werden. Es ist also nur der jeweils größte Wert einzulegen.

Die Stababstände der Mindestbewehrung in Längsrichtung dürfen maximal 20 cm sein. Liegen Umweltbedingungen nach DIN 1045, Tabelle 10, Zeile 2 bis 4 vor, so gilt für den Stabdurchmesser der Mindestbewehrung:

$d_s \geq 10$ mm Betonstabstahl

$d_s \geq 8$ mm Betonstahlmatten

Oberflächennahe Spannstahlbewehrung mit sofortigem Verbund darf angerechnet werden. Bei Oberflächenbewehrungen als Betonstahl IVS. Bei Längsbewehrungen im Verhältnis $\beta_{0,2}/\beta_s$, wenn die Spannbewehrung nur bis $0{,}3 \cdot \beta_{0,2}$ vorgespannt wird. Die Oberflächen-Mindestbewehrung ist in Form, von sich rechtwinklig kreuzenden Bewehrungslagen anzuordnen. Bei Fertigteilplatten mit einer Breite bis zu 1,20 m darf die Mindestquerbewehrung entfallen.

Tafel 2 Grundwerte des Mindestbewehrungsgehaltes μ (Betonstahl IVS, IVM)

Betonfestigkeitsklasse	μ in %	μ –
B 25	0,08	0,0008
B 35	0,09	0,0009
B 45	0,10	0,0010
B 55	0,11	0,0011

Beispiel Für eine Platte mit einer Dicke von $d = 40$ cm (Umweltbedingung nach DIN 1045, Tabelle 10, Zeile 2) ist die Mindestbewehrung zu bestimmen. B 45; Stahl IVS

Ablesungen aus Tafel 2 $\mu = 0{,}0010$ aus Tafel 3 $1{,}0 \cdot \mu \cdot d$

$\min a_s = 1{,}0 \cdot 0{,}0010 \cdot 0{,}40 \text{ m} = 0{,}0004 \text{ m}^2/\text{m} = 4{,}00 \text{ cm}^2/\text{m}$

Eine Bewehrung größer als 3,35 cm²/m ist nicht erforderlich!

Gewählt: $d_s = 10$ mm, $e = 20$ cm mit 3,93 cm²/m in Längsrichtung
$d_s = 10$ mm, $e = 23$ cm mit 3,41 cm²/m in Querrichtung

(Weil der Mindeststabdurchmesser 10 mm und der maximale Stababstand in Längsrichtung 20 cm beträgt!)

Beispiel Für einen Balken mit einer Dicke von $d = 80$ cm und einer Breite $b = 30$ cm (Umweltbedingung nach DIN 1045, Tabelle 10, Zeile 3) ist die Mindestlängsbewehrung in der vorgedrückten Zugzone zu bestimmen. B 35; Stahl IVS

Ablesungen aus Tafel 2 $\mu = 0{,}0009$ aus Tafel 3 $1{,}5 \cdot \mu \cdot b \cdot d$

$\min A_{sl} = 1{,}5 \cdot 0{,}0009 \cdot 30 \text{ cm} \cdot 80 \text{ cm} = 3{,}24 \text{ cm}^2$

Eventuell Spannstahlbewehrung mit anrechnen!

Tafel 3 Mindestbewehrung für verschiedene Bereiche eines Spannbetonbauteils

	Platten/Gurtplatten oder breite Balken $b > d$		Balken mit $b \leq d$ Stege von Plattenbalken und Kastenträgern	
	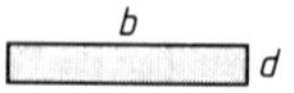		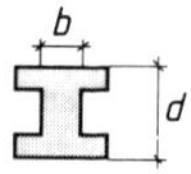	
	Umweltbed. DIN 1045 Tabelle 10 Zeile 1	Umweltbed. DIN 1045 Tabelle 10 Zeilen 2 bis 4	Umweltbed. DIN 1045 Tabelle 10 Zeile 1	Umweltbed. DIN 1045 Tabelle 10 Zeilen 2 bis 4
Oberflächenbewehrung je m bei Balken an jeder Seitenfläche, bei Platten mit $d \geq 1{,}0$ m an jedem gestützten oder nicht gestützten Rand[1])	$1{,}0 \cdot \mu \cdot d$	$1{,}0 \cdot \mu \cdot d$	$1{,}0 \cdot \mu \cdot b$	$1{,}0 \cdot \mu \cdot b$
Oberflächenbewehrung am äußeren Rand der Druckzone bzw. in der Zugzone von Platten[1])	$1{,}0 \cdot \mu \cdot d$ (je m)	$1{,}0 \cdot \mu \cdot d$ (je m)	–	$1{,}0 \cdot \mu \cdot b \cdot d$
Oberflächenbewehrung in Druckgurten (obere und untere Lage je für sich)[1])	–	$1{,}0 \cdot \mu \cdot d$ (je m)	–	–
Längsbewehrung in vorgedrückten Zugzonen	$1{,}5 \cdot \mu \cdot d$ (je m)	$1{,}5 \cdot \mu \cdot d$ (je m)	$1{,}5 \cdot \mu \cdot b \cdot d$	$1{,}5 \cdot \mu \cdot b \cdot d$
Längsbewehrung in Zuggurten und Zuggliedern (obere und untere Lage je für sich)	$2{,}5 \cdot \mu \cdot d$ (je m)	$2{,}5 \cdot \mu \cdot d$ (je m)	–	–
Schubbewehrung für Scheibenschub	$2{,}0 \cdot \mu \cdot d$ (je m)	$2{,}0 \cdot \mu \cdot d$ (je m)	–	–
Bügelbewehrung von Balkenstegen und freien Rändern von Platten	$2{,}0 \cdot \mu \cdot d$ (je m)	$2{,}0 \cdot \mu \cdot d$ (je m)	$2{,}0 \cdot \mu \cdot b$ (je m)	$2{,}0 \cdot \mu \cdot b$ (je m)

[1]) Eine Oberflächenbewehrung größer als 3,35 cm^2/m je Richtung ist nicht erforderlich.

d Balkendicke/Plattendicke/Gurtplattendicke/Zuggliedddicke

b Stegbreite in Höhe der Querschnittsschwerlinie, bei Hohlplatten kleinste Stegbreite

7 Nachweis der Bruchsicherheit

7.1 Maßgebende Bruchschnittgrößen

Statisch bestimmte Tragwerke

$$M_u = 1{,}75(M_g + M_p)$$
$$N_u = 1{,}75(N_g + N_p)$$
$$Q_u = 1{,}75(Q_g + Q_p)$$

Statisch unbestimmte Tragwerke

$$M_u = 1{,}75(M_g + M_p) + 1{,}0 \cdot M'_{zw}$$

Bei statisch unbestimmt gelagerten Tragwerken sind zusätzlich Zwängungsmomente M_{zw} infolge Temperatur (T), wahrscheinlicher Baugrundbewegung (s), Kriechen und Schwinden ($k+s$) sowie Vorspannung (V) zu berücksichtigen

$$M'_{zw} = (M_{zw,T} + M_{zw,s} + M_{zw,k+s} + M_{zw,v}).$$

7.2 Bemessung des erforderlichen Spannstahlquerschnitts für die rechnerische Bruchlast. Einfach bewehrte Querschnitte mit rechteckiger Druckzone

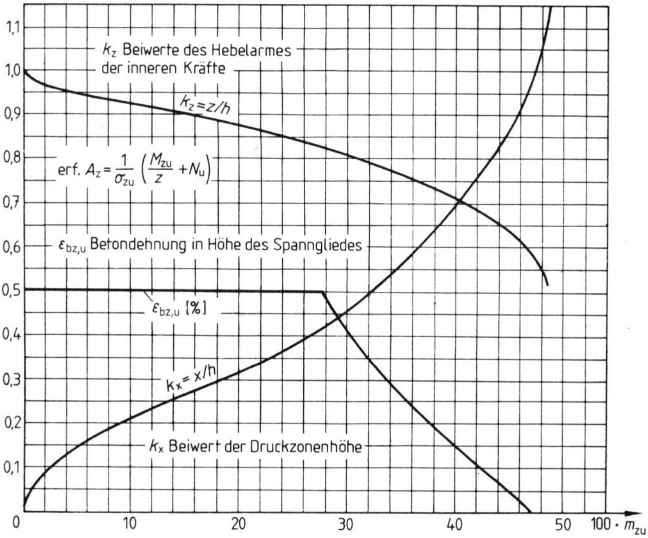

Bild 16 Bemessungsdiagramm mit M_{zu} im Bruchzustand

Moment um die Spannstahlachse

$$M_{zu} = M_u - N_u \cdot z_{iz}$$

Bezogenes Moment

$$100\, m_{zu} = \frac{100\, M_{zu}}{b \cdot h^2 \cdot 0{,}6\, \beta_{WN}}$$

	$0{,}6 \cdot \beta_{WN}$	
	MN/m²	kN/cm²
B 25	15	1,5
B 35	21	2,1
B 45	27	2,7
B 55	31	3,1

Spannstahl-Vordehnung sofortiger Verbund

$$\varepsilon^{(o)}_{z,v+k+s} = \frac{1}{E_z} \left(\sigma_{z,v+k+s} - n \cdot \sigma_{bz,v+k+s}\right)$$

Vordehnung mit nachträglichem Verbund

$$\varepsilon^{(o)}_{z,v+k+s} = \frac{1}{E_z} \left(\sigma_{z,v+g_1+k+s} - n \cdot \sigma_{bz,v+g_1+k+s}\right)$$

Spannstahl-Gesamtdehnung

$$\varepsilon_{zu} = \varepsilon^{(o)}_{z,v+k+s} + \varepsilon_{bz,u}$$

Erforderlicher Spannstahlquerschnitt

$$\text{erf.}\, A_z = \frac{1}{\sigma_{zu}} \cdot \left(\frac{M_{zu}}{z} + N_u\right) \quad \text{mit } \sigma_{zu} = \varepsilon_{zu} \cdot E_z \leqq \beta_{zs}$$

Schlaffe Bewehrungszulagen

$$\text{erf.}\, A_s = (\text{erf.}\, A_z - \text{vorh.}\, A_z) \frac{\sigma_{zu} \cdot Z_z}{\sigma_{su} \cdot Z_s} \quad \text{mit } \sigma_{su} = \varepsilon_{bsu} E_s \leqq \beta_{ss}$$

Beispiel Für den Spannbettbalken s. Bild 15 soll die Bruchsicherung nachgewiesen werden. Gebrauchslastmomente

$M_q = M_g + M_p = 28\,\text{kNm};\ \sigma_{z,v+k+s} = 660{,}0\,\text{MN/m}^2;\ \sigma_{bz,v+k+s} = -9{,}6\,\text{MN/m}^2$

Bezogenes Moment mit $N_u = 0$; $100 m_{zu} = \dfrac{100 \cdot 1{,}75 \cdot 2800}{15 \cdot 20{,}5^2 \cdot 0{,}6 \cdot 4{,}5} = 28{,}78$

nach Bild 16 $\varepsilon_{bz,u} = 4{,}4‰$; $k_z = 0{,}82$; $k_x = 0{,}43$; $z = 0{,}82 \cdot 20{,}5 = 16{,}81$ cm

Stahl-Vordehnung $\varepsilon^{(o)}_{z,v+k+s} = \dfrac{10^3}{2{,}05 \cdot 10^5}(660 + 5{,}54 \cdot 9{,}6) = 3{,}47‰$

Stahl-Gesamtdehnung $\varepsilon_{zu} = 3{,}47 + 4{,}4 = 7{,}87‰$

Stahlspannungen $\sigma_{zu} = 7{,}87 \cdot 10^{-3} \cdot 2{,}05 \cdot 10^5 \rightarrow 1420\,\text{MN/m}^2 = \beta_{zs}$

Erforderlicher Stahlquerschnitt $\text{erf.}A_z = \dfrac{1}{142}\left(\dfrac{1{,}75 \cdot 28{,}0}{0{,}1681} + 0\right) = 2{,}05\,\text{cm}^2$

Vorhandener Stahlquerschnitt $\text{vorh.}A_z = 6 \cdot 0{,}4 = 2{,}4\,\text{cm}^2 > 2{,}05\,\text{cm}^2$

8 Bewehrung zur Beschränkung der Rißbreite

Im Gebrauchszustand bei voller Vorspannung dürfen in der Regel keine Zugspannungen infolge von Längskraft und Biegemoment auftreten, allerdings sind unmittelbar nach Aufbringen der Vorspannung vor dem Einwirken der vollen ständigen Last (Bauzustand) geringe Zugspannungen zulässig. Dies gilt ebenso bei Brücken unter Haupt- und Zusatzlasten sowie bei anderen Bauwerken unter wenig wahrscheinlicher Häufung von Lastfällen bzw. wenig wahrscheinlichen Laststellungen.

Bei beschränkter Vorspannung sind geringe Zugspannungen infolge von Längskraft und Biegemoment zulässig. Dies gilt nicht bei Bauteilen im Freien oder solchen mit erhöhtem Korrosionsangriff.

Durch geeignete Wahl von Bewehrungsgehalt, Stahlspannung und Stabdurchmesser ist die Rißbreite so zu beschränken, daß die Gebrauchsfähigkeit und Dauerhaftigkeit der Bauteile entsprechend ihrem Verwendungszweck gesichert ist.

Der Nachweis ist in Haupttragrichtung unter der seltenen Einwirkungskombination und mit 0,9facher Vorspannung zu führen. (Bei Fertigteilen mit sofortigem Verbund darf mit 0,95facher Vorspannung gerechnet werden, wenn ausreichende statistische Meßdaten zur Vorspannkraft vorliegen.)

Seltene Einwirkungskombination
- ständige Last und Verkehrslast
- Zwang aus wahrscheinlichen Baugrundbewegungen
- Schwinden und Wärmewirkung

Die erforderliche Bewehrung ist in Haupttragrichtung überall dort einzulegen, wo am Bauteilrand unter der seltenen Einwirkungskombination und die 0,90- bzw. 0,95fache Vorspannung Zug- oder Druckspannungen bis zu 1 N/mm^2 auftreten.

Erforderlicher Bewehrungsgehalt zur Beschränkung der Rißbreite

$$\boldsymbol{\mu_s = 0{,}8 \cdot k \cdot k_c \cdot \beta_{bz}/\sigma_s - \xi_1 \cdot \mu_z}$$

μ_s Betonstahlbewehrungsgehalt A_s/A_{bz}. A_{bz} ist die Zugzone unmittelbar vor der Rißbildung für die seltene Einwirkungskombination und die 0,90- bzw. 0,95fache Vorspannung.

μ_z Spannstahlbewehrungsgehalt A_z/A_{bz} in der Zugzone A_{bz}. Es darf nur die Spannstahlbewehrung innerhalb von A_{bz} angesetzt werden.

β_{bz} $= 0{,}25 \cdot \beta_{WN}^{2/3} \geq 2{,}70\,\text{N/mm}^2$, zentrische Betonzugfestigkeit. Für B 25 und B 35: $\beta_{bz} = 2{,}70\,\text{N/mm}^2$; für B 45: $\beta_{bz} = 3{,}16\,\text{N/mm}^2$; für B 55: $\beta_{bz} = 3{,}62\,\text{N/mm}^2$.

σ_s Betonstahlspannung in Abhängigkeit vom Stahldurchmesser und der Betonfestigkeitsklasse (s. Tafel 4).

k $k = 1{,}00$ für Stege und Rechteckquerschnitte mit der Dicke $d \leq 0{,}30$ m.
$k = 0{,}65$ für Stege und Rechteckquerschnitte mit der Dicke $d \geq 0{,}80$ m.
Zwischenwerte interpolieren.

k_c $= 0{,}4 \cdot (1 + \sigma_{bV}/(k_1 \cdot \beta_{bZ} \cdot d/d')) \leq 1$ für Rechteckquerschnitte und Stege
$d' = d$ für $d < 1$ m
$d' = 1$ m für $d \geq 1$ m, d Balken- bzw. Plattendicke
$k_1 = 1{,}5$ für Drucknormalkraft
$k_1 = 2/3 \cdot d'/d$ für Zugnormalkraft
σ_{bV} zentr. Betonspannungsanteil infolge äußerer Normalkraft und 0,9facher (im Bereich von Koppelfugen = 0,75facher) Normalkraft aus Vorspannung (Druck negativ)

k_c $= 1{,}0$ (obere Abschätzung) für Zuggurte in gegliederten Querschnitten

ξ_1 $= \sqrt{\xi \cdot d_s / d_z}$ Verbundbeiwert zur Berücksichtigung des Spannstahls

ξ Verbundbeiwert in Abhängigkeit von der Spannstahlsorte

d_s Betonstahldurchmesser
d_z Spannglieddurchmesser
$d_z = 1{,}6 \cdot \sqrt{A_z}$ Bündel- und Litzenspannglieder
$d_z = 1{,}75 \cdot d_v$ für 7drähtige Einzellitzen
$d_z = 1{,}20 \cdot d_v$ für 3drähtige Einzellitzen
d_v einzelner Spanndrahtdurchmesser

	sofortiger Verbund	nachtr. Verbund
glatt	–	0,3
Litzen	0,6	0,5
profiliert	0,7	0,6
gerippt	0,9	0,7

Soll keine Betonstahlbewehrung und nur Spannstahl zur Rißbreitenbeschränkung eingesetzt werden, so ist $\xi_1 = 0$, für μ_s ist μ_z zu setzen und der Spannungszuwachs $\Delta\sigma_z$ aus Tafel 4 ist für den Stabdurchmesser $d_s = d_z/\xi$ abzulesen.

Tafel 4 Betonstahlspannungen zur Rißbreitenbeschränkung

Betonklasse	Stabdurchmesser d_s in mm	25	20	16	14	12	10	8	6
B 25/B 35	σ_s bzw. $\Delta\sigma_z$ in N/mm²	160	180	200	220	240	260	280	320
B 45	σ_s bzw. $\Delta\sigma_z$ in N/mm²	173	195	216	238	260	281	303	346
B 55	σ_s bzw. $\Delta\sigma_z$ in N/mm²	185	208	231	255	278	301	324	370

9 Schiefe Hauptspannungen und Schubdeckung

Allgemeines. Zur Einschränkung von Schrägrissen unter Gebrauchslast muß in Bereichen größerer Querkräfte getrennt nachgewiesen werden, daß auch die schiefen Hauptspannungen innerhalb zulässiger Grenzen bleiben.

Größe und Richtung der schiefen Hauptzugspannungen σ_1 werden mit Hilfe der Längenspannungen σ_x und der Schubspannungen τ_{xz} berechnet. Torsionsmomente sind ebenfalls zu berücksichtigen.

Der Hauptspannungsnachweis ist im Bereich großer Querkräfte zu führen, wobei die Entfernung vom Auflager i. allg. nicht vorgegeben werden kann. Bei unmittelbarer Unterstützung darf der Nachweis im Schnitt 0,5 d_o vom Auflagerrand geführt werden.

Schnittgrößenkombinationen

Größtwert Q mit zugehörigem M_T und M
oder Größtwert M_T mit zugehörigem Q und M
oder Größtwert M mit zugehörigem Q und M_T

9.1 Hauptspannungen im Zustand I

Im Fall des ebenen Spannungszustandes

σ_x als Längsspannung aus Biegung, Normalkraft und Vorspannung
σ_z aus Auflagerpressung und lotrechter Vorspannung
τ_{xz} aus Querkraft und Torsion;

$$\tau_{xz} = \frac{Q \cdot S}{I \cdot b}; \quad \tau_T = \frac{M_T}{W_T};$$

$$\sigma_{1,3} = \frac{\sigma_z + \sigma_x}{2} \pm \frac{\sigma_z - \sigma_x}{2} \cdot \sqrt{1 + \tan^2 2\alpha}$$

mit $\tan 2\alpha = \dfrac{2\tau_{xz}}{\sigma_z - \sigma_x}$

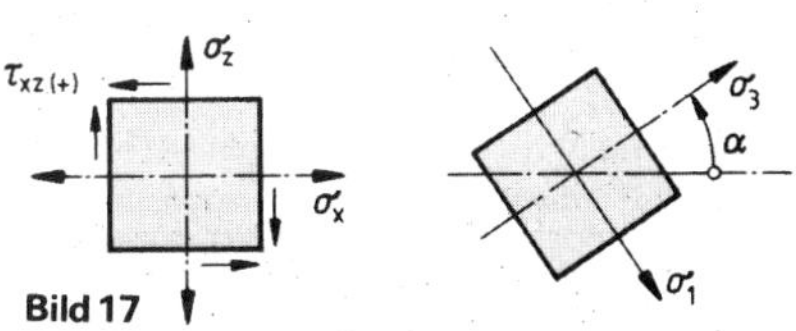

Bild 17

9.2 Hauptspannungen im Zustand II

Überschreiten die Biegezugspannungen die in Tafel 5 angegebenen Grenzwerte, so gilt in Zone b als Hauptzugspannung der Rechenwert der Schubspannung

$$\tau_R = \frac{Q}{b \cdot z}$$ Zone b siehe nächste Seite

9.3 Spannungsnachweise im Gebrauchszustand

Unter Gebrauchslast wird nur der Nachweis der Hauptzugspannungen σ_1 nach Zustand I verlangt. Sie dürfen im Bereich von Längsdruckspannungen sowie in der Mittelfläche von Gurten und Stegen (soweit zugbeanspruchte Gurte anschließen) auch im Bereich von Längszugspannungen die Werte der Tafel 6 Zeile 46 bis 49 nicht überschreiten.

Querbiegespannungen müssen nur unter ständiger Last und Vorspannung berücksichtigt werden.

Beispiel Schiefe Hauptspannungen unter Gebrauchslast

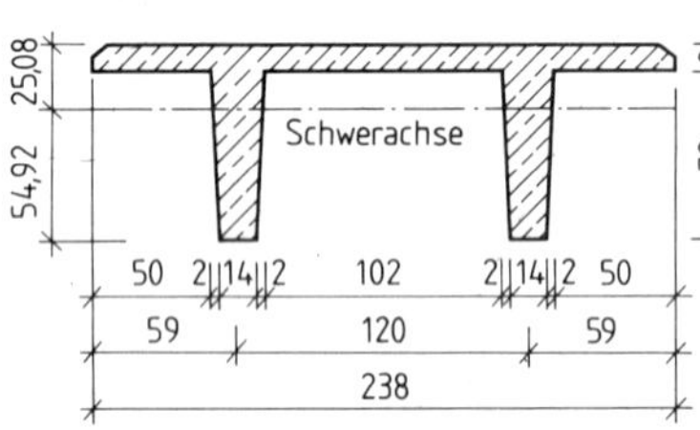

Bild 18 Querschnitt

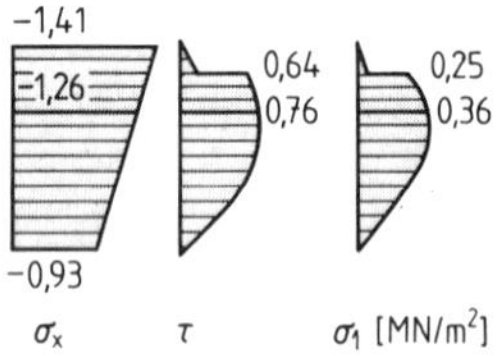

Bild 19 Hauptzugspannungen σ_1

$S_b = 45295\ \text{cm}^3$; $I_b = 2545536\ \text{cm}^4$; $Q = 145{,}40\ \text{kN}$

$$\tau = \frac{145{,}40 \cdot 45295}{2545536 \cdot 2 \cdot 17{,}05} = 0{,}076\ \text{kN/cm}^2 = 0{,}76\ \text{MN/m}^2$$

Schiefe Hauptzugspannungen

$$\tan 2\alpha = \frac{2 \cdot 0{,}76}{-(-1{,}26)} = 1{,}206 \quad \sigma_1 = \frac{-1{,}26}{2} + \frac{-(-1{,}26)}{2} \cdot \sqrt{1 + 1{,}206^2} = 0{,}36\ \text{MN/m}^2$$

Die schiefe Hauptzugspannung wird hier σ_1 genannt.

9.4 Spannungsnachweise im rechnerischen Bruchzustand

Der vorgespannte Balken kann sich unter rechnerischer Bruchlast bereichsweise im Zustand I oder Zustand II befinden. Die Spannungsnachweise sind getrennt für Zone a, in der Biegerisse nicht zu erwarten sind, und Zone b, in der sich die Schubrisse aus Biegerissen entwickeln, zu führen.

Ein Querschnitt liegt in Zone a, wenn die größte nach Zustand I im rechnerischen Bruchzustand ermittelte Randzugspannung die Werte der Tafel 5 nicht überschreitet.

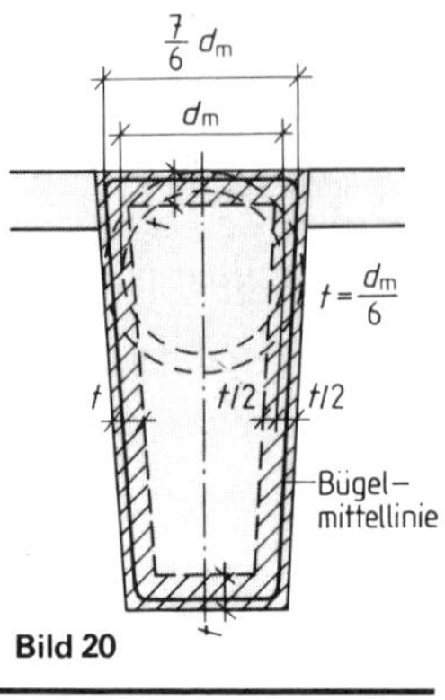

Bild 20

Tafel 5 Höchstbiegezugspannungen für Zone a

Beton	B 25	B 35	B 45	B 55
σ_{bz} in MN/m²	2,5	2,8	3,2	3,5

Die Begrenzung der schiefen Hauptzugspannungen ist für die Zonen a und b gleich, s. Tafel 6 Zeilen 50 bis 55. Die Spannungsberechnung erfolgt für Zone a nach Zustand I und in Zone b nach Zustand II mit dem Rechenwert τ_R der Schubspannungen.

Zone a

Schiefe Hauptdruckspannungen. In Zone a sind, wenn nicht vereinfachend wie in Zone b verfahren wird, die schiefen Hauptdruckspannungen unter der Annahme ausgefallener schiefer Hauptzugspannungen nachzuweisen, s. Tafel 6 Zeilen 62, 63. Auf diesen Nachweis darf bei druckbeanspruchten Gurten verzichtet werden, wenn die größte Schubspannung im rechnerischen Bruchzustand kleiner als 0,1 β_{WN} ist. Die schiefen Hauptdruckspannungen sind nach der Fachwerkanalogie zu ermitteln. Zur Vereinfachung kann dieser Nachweis in der Schwerlinie des Trägers geführt werden, wenn konstante Stegdicke vorliegt oder die geringste Stegdicke angesetzt wird.

Für Torsion ist bei Vollquerschnitten der in Bild 20 dargestellte Ersatzhohlquerschnitt anzusetzen, s. Abschn. Statik.

Zone b

Maßgebend ist der Rechenwert der Schubspannung τ_R aus Querkraft nach Zustand II, aus Torsion nach Zustand I. Es sind die Werte der Tafel 6 Zeile 56 bis 61 einzuhalten. Für druckbeanspruchte Gurte sind die Nachweise wie in Zone a zu führen.

Bei zugbeanspruchten Gurten kann die Schubspannung infolge Querkraft aus der Zugkraftdifferenz zweier benachbarter Querschnitte oder nach Zustand I berechnet werden.

9.5 Bemessung der Schubbewehrung

Die schiefen Hauptzugkräfte sind unter rechnerischer Bruchlast durch Schubbewehrung aufzunehmen, wenn die Nachweisgrenzen der Tafel 6 Zeilen 50 bis 55 überschritten werden. Die erforderliche Schubbewehrung ist für die in den Zugstreben eines gedachten Fachwerks wirkenden Kräfte zu ermitteln, s. DIN 4227 Abschn. 12.4.

Beispiel Schubsicherung eines Biegeträgers bei Vorspannung mit nachträglichem Verbund
Rechteckquerschnitt $b/d/h = 0{,}80/2{,}00/1{,}80$ [m] Beton B 45
Betonstahl B St500 S

Gebrauchszustand $Q_{g+p} = 2{,}00$ MN; $Q_v = -0{,}40$ MN;
$Q = 1{,}60$ MN; $M = 0$ (Auflager)

$$\max \tau = \frac{1{,}60}{0{,}8 \cdot 2{,}00} \cdot 1{,}5 = 1{,}5 \text{ MN/m}^2 < 2{,}6 \text{ MN/m}^2$$

Bruchzustand (Zone b) $z = 1{,}50$ m; $Q_{bs,u} = 1{,}75 \cdot 2{,}00 - 0{,}4 = 3{,}10$ MN;

$$\max \tau_R = \frac{3{,}10}{0{,}80 \cdot 1{,}50} = 2{,}58 \text{ MN/m}^2 \begin{matrix} < 8{,}00 \text{ MN/m}^2 = \text{zul } \tau_R \\ > 2{,}00 \text{ MN/m}^2 \end{matrix}$$

Nachweis der Schubbewehrung erforderlich.

$$\text{Neigung der Druckstreben } \tan \vartheta = 1 - \frac{\Delta\tau}{\tau_R} = 1 - \frac{0{,}6 \cdot 2{,}00}{2{,}58} = 0{,}535 > 0{,}4$$

Schubsicherung nur durch Bügel

$$\text{Strebenzugkraft: } Z' = \frac{Q_{bs,u}}{z} \cdot \tan \vartheta = \frac{3{,}10 \cdot 0{,}535}{1{,}50} = 1{,}11 \text{ MN/m}$$

$$\text{erf. } A_{s,bü} = \frac{Z'}{\sigma_{su}} = \frac{1{,}11 \cdot 10^4}{500} = 22{,}2 \text{ cm}^2/\text{m};$$

gew. vierschnittige Bügel ⌀12, $e = 20$ cm vorh. $A_{s,bü} = 22{,}6$ cm²/m.

10 Einleitung der Spannkräfte

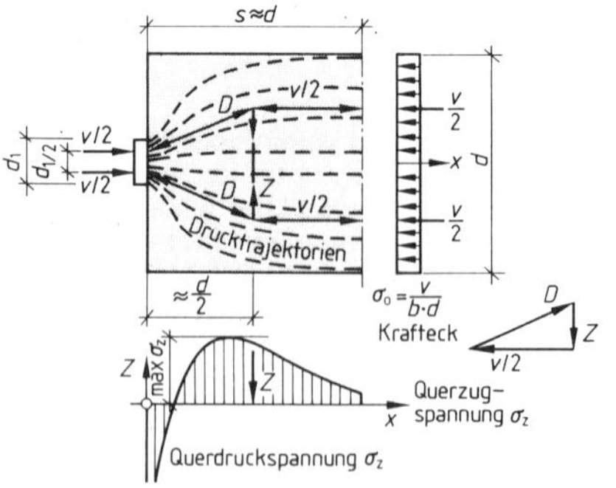

Durch die konzentriert eingetragene Spannkraft entstehen quer zur Kraftrichtung Zugspannungen. Die Resultierende dieser Querzugspannungen, die Spaltzugkräfte, sind durch Bewehrung aufzunehmen.

In Bild 23 sind die Spaltzugkraft Z, die Lage von max σ_z, sowie die Stelle $\sigma_z = 0$, in Abhängigkeit von d_1/d angegeben. Den Verlauf von σ_z entlang der x-Achse in Abhängigkeit von d_1/d zeigt Bild 24.

Bild 21 Kraftfluß und Druckresultierende zur Ermittlung der Spaltzugkraft Z sowie Verlauf der Querzugspannungen längs der x-Achse

Beispiel Spaltzugbewehrung Anspannstelle, Längsvorspannung Spannkraft $V = 1160$ kN je Spannglied

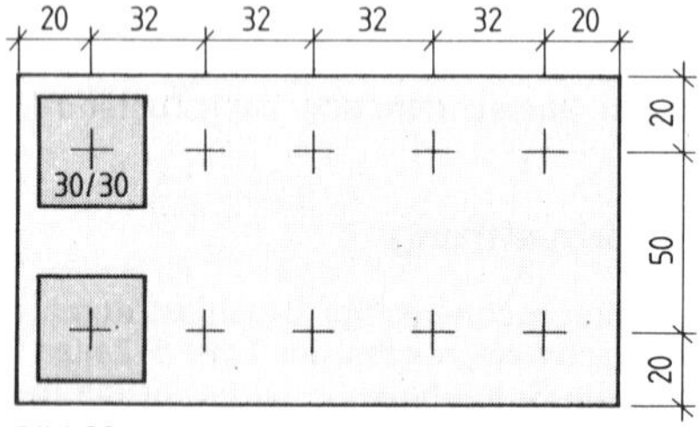

Bild 22

Lotrechte Spaltzugkraft
$d_1 = 30$ cm; $d = 20 + 25 = 45$ cm;
$d_1/d = 0{,}67$ n. Bild 24 $Z/V = 0{,}08$;
$Z = 0{,}08 \cdot 1160 = 92{,}8$ kN
$\sigma_z = 0 \rightarrow x = 0{,}22 \cdot 45 = 9{,}9$ cm
$\sigma_z = \max \rightarrow x = 0{,}47 \cdot 45 = 21{,}2$ cm
$A_s = 92{,}8 \cdot 10^{-3}/286 \cdot 10^{-4} = 3{,}24$ cm^2
je Spannglied

Betonstahl B St500 S mit
$\sigma_s = 500/1{,}75 = 286$ N/mm^2

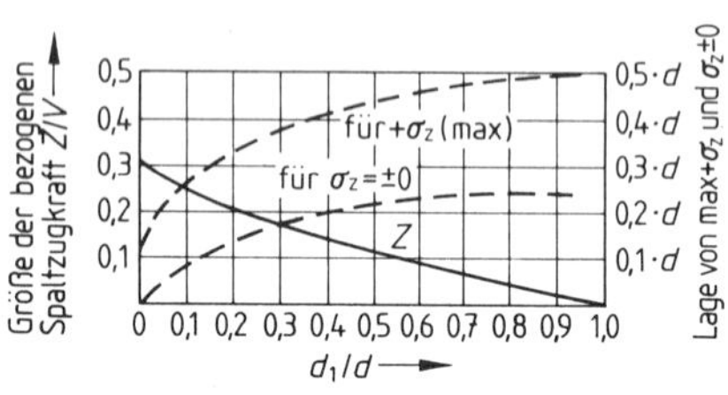

Bild 23 Spaltzugkraft Z in der x-Achse, sowie Lage von max σ_z und $\sigma_z = 0$ (nach Iyengar)

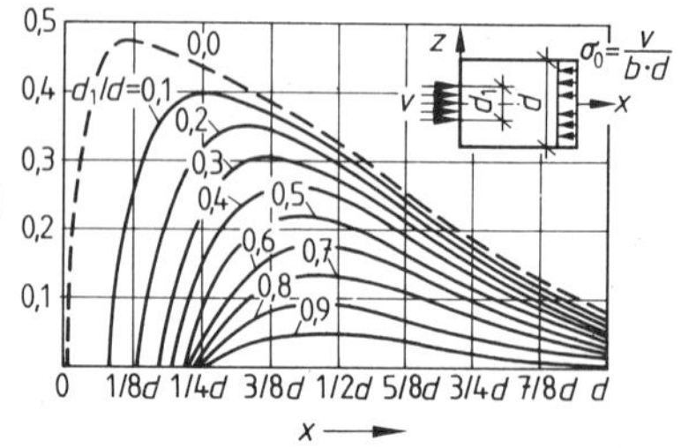

Bild 24 Verlauf der Querzugspannungen $+\sigma$, entlang der x-Achse (nach Iyengar)

Verankerung durch Verbund s. DIN 4227 Abschn. 14.2

11 Zugkraftdeckung

Bei gestaffelter Anordnung von Spanngliedern ist die Zugkraftdeckung im rechnerischen Bruchzustand analog den Bestimmungen der DIN 1045 durchzuführen. Siehe DIN 4227 Abschn. 14.3 bzw. Abschn. Stahlbeton.

12 Zulässige Spannungen

Die bei den Nachweisen zulässigen Beton- und Stahlspannungen sind in Tafel 6 angegeben. Zwischenwerte dürfen nicht eingeschaltet werden. Tafel 6 gilt auch für die Bemessung und Ausführung von Stahlverbundträgern.

Tafel 6 Zulässige Spannungen in MN/m² nach DIN 4227

	1	2	3	4	5	6
	Querschnitts-bereich	Anwendungsbereich	Festigkeitsklasse			
			B 25	B 35	B 45	B 55
Beton auf Druck infolge von Längskraft und Biegemoment im Gebrauchszustand						
1	Druckzone	Mittiger Druck in Säulen und Druckgliedern	8	10	11,5	13
2		Randspannung bei Voll- (z. B. Rechteck-) Querschnitt (einachsige Biegung)	11	14	17	19
3		Randspannung in Gurtplatten aufgelöster Querschnitte (z. B. Plattenbalken und Hohlkastenquerschnitte)	10	13	16	18
4		Eckspannung bei zweiachsiger Biegung	12	15	18	20
5	vorgedrückte Zugzone	Mittiger Druck	11	13	15	17
6		Randspannung bei Voll- (z. B. Rechteck-) Querschnitt (einachsige Biegung)	14	17	19	21
7		Randspannung in Gurtplatten aufgelöster Querschnitte (z. B. Plattenbalken und Hohlkastenquerschnitte)	13	16	18	20
8		Eckspannung bei zweiachsiger Biegung	15	18	20	22
Beton auf Zug infolge von Längskraft und Biegemoment im Gebrauchszustand						
Allgemein (nicht bei Brücken)						
	volle Vorspannung	allgemein:				
9		Mittiger Zug	0	0	0	0
10		Randspannung	0	0	0	0
11		Eckspannung	0	0	0	0
		unter unwahrscheinlicher Häufung von Lastfällen:				
12		Mittiger Zug	0,6	0,8	0,9	1,0
13		Randspannung	1,6	2,0	2,2	2,4
14		Eckspannung	2,0	2,4	2,7	3,0
		Bauzustand:				
15		Mittiger Zug	0,3	0,4	0,4	0,5
16		Randspannung	0,8	1,0	1,1	1,2
17		Eckspannung	1,0	1,2	1,4	1,5
	beschränkte Vorspannung	allgemein:				
18		Mittiger Zug	1,2	1,4	1,6	1,8
19		Randspannung	3,0	3,5	4,0	4,5
20		Eckspannung	3,5	4,0	4,5	5,0
		unter unwahrscheinlicher Häufung von Lastfällen:				
21		Mittiger Zug	1,6	2,0	2,2	2,4
22		Randspannung	4,0	4,4	5,0	5,6
23		Eckspannung	4,4	5,2	5,8	6,4
		Bauzustand:				
24		Mittiger Zug	0,8	1,0	1,1	1,2
25		Randspannung	2,0	2,2	2,5	2,8
26		Eckspannung	2,2	2,6	2,9	3,2

8

Tafel 6, Fortsetzung

Zeile	1	2	3	4	5	6
	Vorspannung	Anwendungsbereich	Festigkeitsklasse			
			B 25	B 35	B 45	B 55
Beton auf Zug infolge von Längskraft und Biegemoment im Gebrauchszustand						
Bei Brücken und vergleichbaren Bauwerken nach Abschn. 6.7.1 DIN 4227						
		unter Hauptlasten:				
27		Mittiger Zug	0	0	0	0
28		Randspannung	0	0	0	0
29		Eckspannung	0	0	0	0
		unter Haupt- und Zusatzlasten:				
30	volle Vorspannung	Mittiger Zug	0,6	0,8	0,9	1,0
31		Randspannung	1,6	2,0	2,2	2,4
32		Eckspannung	2,0	2,4	2,7	3,0
		Bauzustand:				
33		Mittiger Zug	0,3	0,4	0,4	0,5
34		Randspannung	0,8	1,0	1,1	1,2
35		Eckspannung	1,0	1,2	1,4	1,5
		unter Hauptlasten:				
36		Mittiger Zug	1,0	1,2	1,4	1,6
37		Randspannung	2,5	2,8	3,2	3,5
38		Eckspannung	2,8	3,2	3,6	4,0
		unter Haupt- und Zusatzlasten:				
39	beschränkte Vorspannung	Mittiger Zug	1,2	1,4	1,6	1,8
40		Randspannung	3,0	3,6	4,0	4,5
41		Eckspannung	3,5	4,0	4,5	5,0
		Bauzustand:				
42		Mittiger Zug [1])	0,8	1,0	1,1	1,2
43		Randspannung [1])	2,0	2,2	2,5	2,8
44		Eckspannung [1])	2,2	2,6	2,9	3,2
Biegezugspannungen aus Quertragwirkung beim Nachweis nach Abschn. 15.6 DIN 4227						
45			3,0	4,0	5,0	6,0

Beton auf Schub

Zeile	Vorspannung	Anwendungsbereich	B 25	B 35	B 45	B 55
Schiefe Hauptzugspannungen im Gebrauchszustand						
46	volle Vorspannung	Querkraft, Torsion, Querkraft plus Torsion in der Mittelfläche	0,8	0,9	0,9	1,0
47		Querkraft plus Torsion	1,0	1,2	1,4	1,5
48	beschränkte Vorspannung	Querkraft, Torsion, Querkraft plus Torsion in der Mittelfläche	1,8	2,2	2,6	3,0
49		Querkraft plus Torsion	2,5	2,8	3,2	3,5
Schiefe Hauptzugspannungen bzw. Schubspannungen im rechnerischen Bruchzustand ohne Nachweis der Schubbewehrung (Zone a und Zone b)						
50	Querkraft	bei Balken	1,4	1,8	2,0	2,2
51		bei Platten [2]) (Querkraft senkrecht zur Platte)	0,8	1,0	1,2	1,4
52	Torsion	bei Vollquerschnitten	1,4	1,8	2,0	2,2
53		in der Mittelfläche von Stegen und Gurten	0,8	1,0	1,2	1,4
54	Querkraft plus Torsion	in der Mittelfläche von Stegen und Gurten	1,4	1,8	2,0	2,2
55		bei Vollquerschnitten	1,8	2,4	2,7	3,0

Tafel 6, Fortsetzung

Zeile	1	2	3	4	5	6
	Beanspruchung	Bauteile	Festigkeitsklasse			
			B 25	B 35	B 45	B 55
Beton auf Schub						
	Grundwerte der Schubspannung im rechnerischen Bruchzustand in Zone b und in Zuggurten der Zone a					
56	Querkraft	bei Balken	5,5	7,0	8,0	9,0
57	Querkraft	bei Platten (Querkraft senkrecht zur Platte)	3,2	4,2	4,8	5,2
58	Torsion	bei Vollquerschnitten	5,5	7,0	8,0	9,0
59	Torsion	in der Mittelfläche von Stegen und Gurten	3,2	4,2	4,8	5,2
60	Querkraft plus Torsion	in der Mittelfläche von Stegen und Gurten	5,5	7,0	8,0	9,0
61	Querkraft plus Torsion	bei Vollquerschnitten	5,5	7,0	8,0	9,0
	Schiefe Hauptdruckspannungen im rechnerischen Bruchzustand in Zone a und Zone b					
62	Querkraft, Torsion, Querkraft plus Torsion	in Stegen	11	16	20	25
63	Querkraft, Torsion, Querkraft plus Torsion	in Gurtplatten	15	21	27	33

Stahl der Spannglieder

	1	2
	Beanspruchung	Zulässige Spannungen
64	vorübergehend, im Spannbett besonders beim Spannen (s. a. Abschn. 9.3 und 15.7 DIN 4227)	$0{,}8\beta_s$ bzw. $0{,}65\beta_z$
65	im Gebrauchszustand	$0{,}75\beta_s$ bzw. $0{,}55\beta_z$
66	im Gebrauchszustand bei Dehnungsbehinderung (s. Abschn. 15.4 DIN 4227)	5% mehr als nach Zeile 65
67	Randspannungen in Krümmungen (s. a. Abschn. 15.8 DIN 4227)	$\beta_{0,01}$

Betonstahl

	1	2	3
	Beanspruchung	Betonstahl	zul. Spannungen
68	Zur Aufnahme der im Gebrauchszustand auftretenden Zugspannung	BST 420 S (III S) BSt 500 S (IV S) BSt 500 M (IV M)	$\beta_s/1{,}75$
69	Beim Nachweis zur Beschränkung der Rißbreite, zur Aufnahme der Zugkräfte bei Biegung im rechnerischen Bruchzustand und zur Bemessung der Schubbewehrung	BSt 420 S (III S) BSt 500 S (IV S) BSt 500 M (IV M)	β_s

[1]) Abschn. 15.1 (3) DIN 4227 ist zu beachten
[2]) Für dicke Platten ($d > 30$ cm) s. Abschn. 12.4.1 DIN 4227

13 Spannstähle (Auswahl)

Tafel 7 Spannstähle (Auswahl)

1	Spannstahlsorte	835/ 1030	835/ 1030	1080/ 1230	1420/ 1570	1420/ 1570	1420/ 1570	1470/ 1670	1570/ 1770
2	Stahlherstellung	warmgewalzt, gereckt und angelassen			vergütet			kaltgezogen	
3	Form	rund glatt	runde Gewinderippen	runde Gewinderippen	rund, glatt	rund, gerippt	flach gerippt	rund, glatt	
4	Durchmesser in mm bzw. Abmessungen in mm und Fläche in mm^2	26- 32-36	26,5- 32-36	26,5- 32-36	6-7-8 10- 12,2-14	5,2-6,2- 7,2-8 10- 12-14	4,5 × 10 ≙ 40 5,4 × 11 ≙ 50 7,9 × 15,5 ≙ 114	6,0- 6,5-7,0 7,5	5,0- 5,5
5	Streckgrenze β_s bzw. $\beta_{0,2}$ in N/mm^2	835	835	1080	1420	1420	1420	1470	1570
6	Zugfestigkeit β_z in N/mm^2	1030	1030	1230	1570	1570	1570	1670	1770
7	Elastizitätsgrenze $\beta_{0,01}$ in N/mm^2	735	735	950	1220	1220	1220	1250	1300
8	Bruchdehnung δ_{10} in %	7	7	6	6	6	6	6	6
9	Gleichmaßdehnung δ_{GL} in %	4	4	4	2	2	2	2	2
10	Relaxationsverlust in % $\sigma_i = 0,7\beta_z$; 1000 h; 20°	3,3	3,3	3,3	2,0	2,0	2,0	7,5	7,5
11	Relaxationsklasse	–	–	–	–	–	–	no	no
12	Schwingbreite in N/mm^2 [1])	290 230	240 200	240 210	335 295	245 230	250 200	430 320	540 430
13	Elastizitätsmodul E_z in N/mm^2	$2{,}05 \cdot 10^5$							

[1]) Die Dauerschwingfestigkeiten $2\sigma_A$ sind für eine Grenzlastspielzahl von $2 \cdot 10^6$ angegeben, und zwar der erste Wert für $\sigma_0 = 0{,}55\beta_z$ und der zweite für $\sigma_0 = 0{,}9\beta_{0,2}$.

Beton nach DIN V ENV 206

Bearbeitet nach Prof. Dr.-Ing. Otto W. Wetzell

Inhalt

9

Literatur

DIN V ENV 1992-1-1	06.92	Eurocode 2; Planung von Stahlbeton- und Spannbetontragwerken; Grundlagen und Anwendungsregeln für den Hochbau
DIN V ENV 206	10.90	Beton; Eigenschaften, Herstellung, Verarbeitung und Gütenachweis
E DIN EN 206	08.97	Beton; Eigenschaften, Herstellung und Konformität
DAfStb	06.95	Richtlinien zur Anwendung von EC 2, Teil I
DAfStb	11.91	Richtlinien zur Anwendung von DIN V ENV 206
Kordina, K. u. a.		Bemessungshilfsmittel zu EC 2, Teil 1. Schriftenreihe des DAfStb, Heft 425

Der vorliegende Beitrag folgt nach DIN V ENV 1992-1-1 von 06.92.
Teile der neuen E DIN EN 206 vom 8.97 sind in den Beitrag Stahlbeton nach Eurocode 2 bzw. E DIN 1045-1 eingearbeitet.

1 Allgemeines

Die in den nachstehenden Abschnitten enthaltenen Regeln über die Eigenschaften, Herstellung, Verarbeitung und über den Gütenachweis von Beton basieren auf DIN V ENV 206.

Da die vorliegende Vorschrift nur im Zusammenhang mit dem gesamten europäischen Normenwerk gültig ist, und wesentliche Normen fehlen, ist zunächst eine Einbindung in das deutsche Normenwerk erforderlich. Diesem Zweck dient die vom Deutschen Ausschuß für Stahlbetonbau herausgegebene DAfStb-Anwendungsrichtlinie.

Die mit DIN V ENV 206 vorliegenden Regeln für den Baustoff Beton sind auf die Bemessung und Ausführung von Betonbauten nach Eurocode 2 abgestimmt.

Wichtigste Neuerungen gegenüber der DIN 1045 sind:

- Neue Festigkeitsklassen mit der Bezeichnung C für Concrete
- Neue Umweltklassen zur Berücksichtigung der Umweltbedingungen
- Verschiedene Verfahren zu Messung der Konsistenz
- Regelung der Nachbehandlung von Beton im Hinblick auf die Dauerhaftigkeit
- Neue Regelungen zur Güteüberwachung.

2 Begriffe, Formelzeichen, SI-Einheiten

2.1 Begriffe

Zur Vereinheitlichung finden verschiedene grundlegende Begriffe in allen Eurocodes Anwendung. Eine Übersicht über einige äquivalente Begriffe in den Sprachen der Gemeinschaft ist in EC2 Teil 1, Kap. 2.1 in der Tafel 1.1 angegeben.

Darüber hinaus enthält DIN V ENV 206 einige nachstehend genannte grundlegende Begriffe:

- Beton
  Baustoff aus Zement, grob- und feinkörnigem Zuschlag und Wasser, der durch Erhärten der Mischung aus Zement und Wasser (Zementleim) entsteht.
- Frischbeton
  Beton, der noch verarbeitet und verdichtet werden kann
- Festbeton
  erhärteter Beton mit einer bestimmten Festigkeit
- Lieferung
  Übergabe des Betons an der Abnehmer
- Zusatzmittel
  Mittel zur Änderung der Eigenschaften des Betons
- Zusatzstoff
  Anorganische Stoffe zur Änderung der Eigenschaften des Betons
- Wasserzementwert
  Verhältnis von wirksamen Wassergehalt zu Zementgehalt im Beton
- Entwurfsmischung
  Mischung, bei der die Festlegung der Angaben beim Bauausführenden liegt, und der Hersteller des Betons für die Erfüllung bei der Herstellung verantwortlich ist.
- Vorgeschriebene Mischung
  Mischung, bei der die Ausgangsstoffe und deren Zusammensetzung vom Bauausführenden festgelegt werden. Der Hersteller liefert nach diesen Angaben, übernimmt aber keine Verantwortung für die Eigenschaften des Betons.
- Eignungsprüfung
  Prüfungen zur Sicherstellung der Erfüllung der geforderten Eigenschaften des Betons.

2.2 Formelzeichen

Nachstehend sind wesentliche Formelzeichen und abgeleitete Zeichen aufgeführt (weitere werden in den einzelnen Abschnitten erläutert).

2.2.1 Einzelne Formelzeichen

Lateinische Großbuchstaben

C Beton
CE Zementklasse
HC Schwerbeton
LC Leichtbeton
Z Zementklasse (DIN)

Lateinische Kleinbuchstaben

f Festigkeit
λ, k Beiwert

Indizes

c Beton, Druck

2.2.2 Abgeleitete Formelzeichen

Kleine lateinische Buchstaben

f_c Druckfestigkeit Beton
$f_{ck,\,cyl}$ charakteristische Zylinderdruckfestigkeit des Betons nach 28 Tagen.
$f_{ck,\,cube}$ charakteristische Würfelfestigkeit des Betons nach 28 Tagen.

2.3 SI-Einheiten

Angaben über SI-Einheiten s. EC2 Teil 1, Kap. 2.3

3 Ausgangsstoffe

Für die Verwendung der Ausgangsstoffe gelten die Bedingungen der Tafel 1.

Tafel 1 Bedingungen für Ausgangsstoffe

Ausgangsstoff		Anforderungen
Zemente	Portlandzement (CEI) Portlandkompositzement (CEII) Hochofenzement (CEIII) Puzzolanzement (CEIV)	EN 197 Teile 1 bis 3
	Andere Zementarten	nationale Normen bzw. die am Verwendungsort geltenden Bestimmungen
Zuschläge[1]		
Zugabewasser[1] [2]		
Zusatzmittel[1]		
Zusatzstoffe[1]		

[1]) Schädliche Bestandteile müssen derart beschränkt werden, daß
a) die Dauerhaftigkeit des Betons nicht leidet
b) die Bewehrung nicht korrodiert
[2]) Trinkwasser aus öffentlichen Versorgungsleitungen ist in der Regel geeignet

Nach der DAfStb Richtlinie zur Anwendung von ENV 206 gelten zunächst die Bedingungen der Tafel 2.

Tafel 2 Bedingungen für Ausgangsstoffe nach DAfStb-Richtlinie

Ausgangsstoff	Anforderungen	
Zemente	– E DIN EN 197-1 – E DIN EN 197-2 – Bauaufsichtliche Zulassungen	
	Zuordnung der Zementfestigkeiten Zement nach	
	CEN	DIN
	CE 32,5	Z 35 L
	CE 32,5 R	Z 35 F
	CE 42,5	Z 45 L
	CE 42,5 R	Z 45 F, Z 55
Zuschläge	Korngruppeneinteilung, Betonzuschlag nach DIN 4226; Kornzusammensetzung nach DIN 1045, 6.2.2; Mehlkorn- und Feinstsandgehalt nach DIN 1045, 6.5.4	
Zugabewasser	DIN 1045, 6.4 bzw. DAfStb-Richtlinie	
Zusatzmittel	DIN 1045, 6.3.1	
Zusatzstoffe	DIN 1045, 6.3.2 (1) und (2)	

4 Anforderungen an den Beton

4.1 Betonzusammensetzung

Beton besteht aus

– Zement
– Zuschlag
– Wasser
– evtl. Zusatzmittel, Zusatzstoffe.

Die Zusammensetzung soll entsprechend den Anforderungen gewählt und auf die Verarbeitbarkeit abgestimmt werden. Dabei sind folgende Anforderungen einzuhalten:

Betongefüge
Geschlossen, Luftgehalt des Zuschlagkorns
< 16 mm $\leqq 4$ Vol%
$\geqq 16$ mm $\leqq 3$ Vol%

Zementart
entsprechend der Verwendungsart, der Bauteilabmessungen, der Umweltbedingungen des Bauwerkes und der Wärmeentwicklung des Betons im Bauwerk

Zementgehalt
Für Nennwert des Zuschlagskorns $\leqq 32$ mm nach Tafel 5

max. Wasserzementwert nach Tafel 5

Korngröße des Zuschlags
so wählen, daß beim Einbringen des Betons kein Entmischen stattfindet, der maximale Nennwert beträgt:
– 25% der kleinsten Bauteilabmessung
– lichte Abstand der Bewehrungsstäbe abzüglich 5 mm
– um 30% vergrößerte Betondeckung der Bewehrung

Chloridgehalt des Betons
Werte der nationalen Normen oder der am Verwendungsort des Betons geltenden Bestimmungen sind einzuhalten; wenn keine Werte vorliegen, gilt für den Cl-Massenanteil in % bezogen auf den Zementgehalt:

Unbewehrter Beton ≦1,0%
Stahlbeton ≦0,4%
Spannbeton ≦0,2%

Konsistenz beim Betonieren
sollte zum Zeitpunkt der Verarbeitung der Slump-Klasse S3 oder der Ausbreitklasse F3 entsprechen, um eine sachgem. Verdichtung zu erzielen.

Alkali-Kieselsäure-Reaktion
Zur Vermeidung von Auswirkungen sind folgende Maßnahmen erforderlich
- Einschränkung des Gesamtalkaligehaltes der Betonmischung
- geeignete Wahl des Zementes (mit geringem Anteil an reaktionsfähigem Alkali)
- geeignete Wahl der Zuschläge
- Einschränkung des Sättigungsgrades des Betons

Zusatzmittel
Bei Verwendung sind folgende Gewichtsanteile einzuhalten
2 g/kg Zement ≦ g Zusatzmittel/kg Zement ≦ 50 g/kg Zement

Zusatzstoffe
Werte der nationalen Normen oder der am Verwendungsort des Betons geltenden Bestimmungen sind einzuhalten, Dauerhaftigkeit des Betons darf nicht beeinträchtigt werden

Betontemperatur
Frischbeton ≦30°
Beim Mischen und Einbringen ≧5°

9

4.2 Dauerhaftigkeit

Beton mit ausreichender Dauerhaftigkeit soll
- den Bewehrungsstahl vor Korrosion zu schützen
- den Umweltbedingungen standhalten
- den Arbeitsbedingungen standhalten.

Hierfür sind folgende Maßnahmen sicherzustellen
- Wahl der Ausgangsstoffe (vgl. Abschn. 7)
- Wahl der Betonzusammensetzung
- Sicherung des Betons gegen mechanische Angriffe
- Ausreichende Verarbeitung des Betons bei der Herstellung (Mischen, Einbringen, Verdichten)
- Ausreichende Nachbehandlung.

Umwelteinflüsse wirken wie chemische und physikalische Einwirkungen auf den Beton. Zur Erfassung werden die Umweltbedingungen in Umweltklassen nach Tafel 4 eingestuft. Für die angegebenen Umweltklassen 5a bis 5c gelten die in Tafel 3 angegebenen Angriffsgrade nach DIN 4030 Teil 1 für Wasser Böden und Gase.

In Abhängigkeit der Umweltklassen sind Grenzwerte für die Zusammensetzung von Beton und die zulässigen Zemente in Tafel 5 angegeben.

Tafel 3 Zuordnung der Umweltklassen 5a–5c zu den Angriffsgraden nach DIN 4030 (entspricht Tab. R3 der DAfStb – Anwendungsrichtlinie)

Angriffsgrad				
ENV 206 Tafel 4.1 Klasse 5		DIN 4030-1		
		Wässer	Böden	Gase
chemisch angreifende Umgebung	5a	schwach	schwach	schwach
	5b	stark	stark	[1])
	5c	sehr stark	[1])	[1])

[1]) keine Regelung in DIN 4030

Tafel 4 Umweltklassen in Abhängigkeit von den Umweltbedingungen

Umweltklasse		**Beispiele** für Umweltbedingungen
1 Trockene Umgebung		Innenräume von Wohn- oder Bürogebäuden[1])
2 Feuchte	a ohne Frost	Gebäudeinnenräume mit hoher Feuchte (z.B. Wäschereien) Außenbauteile Bauteile in nichtangreifendem Boden und/oder Wasser
	b mit Frost	Aufbauteile, die Frost ausgesetzt sind Bauteile in nichtangreifendem Boden und/oder Wasser, die Frost ausgesetzt sind Innenbauteile bei hoher Luftfeuchte, die Frost ausgesetzt sind
3 Feuchte Umgebung mit Frost- und Taumitteleinwirkung		Außenbauteile, die Frost und Taumitteln ausgesetzt sind
4 Meerwasser-umgebung	a ohne Frost	Bauteile im Spritzwasserbereich oder ins Meerwasser eintauchende Bauteile bei denen eine Fläche der Luft ausgesetzt ist Bauteile in salzgesättigter Luft (unmittelbarer Küstenbereich)
	b mit Frost	Bauteile im Spritzwasserbereich oder ins Meerwasser eintauchende Bauteile, bei denen eine Fläche Luft und Frost ausgesetzt ist Bauteile, die salzgesättigter Luft und Frost ausgesetzt sind
Die folgenden Klassen können einzeln oder in Kombination mit den oben genannten Klassen vorliegen:		
5 Chemisch angreifende Umgebung[1])	a	Schwach chemisch angreifende Umgebung (gasförmig, flüssig oder fest) Aggressive industrielle Atmosphäre
	b	Mäßig chemisch angreifende Umgebung (gasförmig, flüssig oder fest)
	c	Stark chemisch angreifende Umgebung (gasförmig, flüssig oder fest)

[1]) Diese Umweltklasse gilt nur dann, wenn das Bauwerk oder einige seiner Bauteile während der Bauausführung über einen längeren Zeitraum hinweg keinen schlechteren Bedingungen ausgesetzt wird.

[2]) Chemisch angreifende Umgebungen werden in 150 DP 9690 klassifiziert. Folgende gleichwertige Umweltklassen können ebenfalls angegeben werden:
Umweltklasse 5a: ISO-Klassifizierung A1G, A1L, A1S
Umweltklasse 5b: ISO-Klassifizierung A2G, A2L, A2S
Umweltklasse 5c: ISO-Klassifizierung A3G, A3L, A3S

Tafel 5 Anforderungen hinsichtlich der Dauerhaftigkeit in Abhängigkeit von den Umweltklassen

Anforderung	Umweltklasse nach Tabelle 2								
	1	2a	2b	3	4a	4b	5a	5b	5c[1])
Maximaler Wasserzementwert für[2])									
– unbewehrten Beton	–	0,70							
– Stahlbeton	0,65	0,60	0,55	0,50	0,55	0,50	0,55	0,50	0,45
– Spannbeton	0,60	0,60							
Mindestzementgehalt[2]) in kg/m³ für									
– unbewehrten Beton	150	200	200				200		
– Stahlbeton	260	280	280	300	300	300	280	300	300
– Spannbeton	300	300	300				300		
Mindestluftporengehalt von Frischbeton in % für den Nennwert des Zuschlaggrößtkorns[3])			[4])	[4])		[4])			
–32 mm	–	–	4	4	–	4	–	–	–
–16 mm	–	–	5	5	–	5	–	–	–
– 8 mm	–	–	6	6	–	6	–	–	–

Fortsetzung und Fußnoten s. nächste Seite

Tafel 5, Fortsetzung

Anforderung	Umweltklasse nach Tabelle 2								
	1	2a	2b	3	4a	4b	5a	5b	5c[1])
Frostbeständige Zuschläge[6])	–	–	ja	ja	–	ja	–	–	–
Wasserundurchlässiger Beton nach 7.3.1.5	–	–	ja	ja	ja	ja	ja	ja	ja
							Zement mit hohem Sulfatwiderstand, wenn der Sulfatgehalt[5]) >500 mg/kg im Wasser >3000 mg/kg im Boden		
Für unbewehrten Beton und Stahlbeton erforderliche Zementarten nach EN 197	Die o.g. Werte für den Wasserzementwert und den Zementgehalt gelten für Zemente, mit denen viele Länder langzeitige Erfahrungen haben. Bei Erstellung des Entwurfs dieser Vornorm beruhten die Erfahrungen einiger Länder mit einer Reihe der in EN 197 genormten Zemente jedoch nur auf den jeweiligen örtlichen klimatischen Bedingungen. Deshalb sollten für die Gültigkeitsdauer dieser Vornorm insbesondere für die Umweltklassen 2b, 3, 4b bei der Wahl der Zementart und ihrer Zusammensetzung die am Verwendungsort des Betons geltenden nationalen Normen oder Regelungen zugrundegelegt werden. Die Eignung der Zemente kann auch durch Prüfung des Betons unter herrschenden Bedingungen beim beabsichtigten Gebrauch nachgewiesen werden. Zusätzlich kann der Zement CEI allgemein für Spannbeton verwendet werden. Es können auch andere Zementarten verwendet werden, wenn mit diesen Zementen Erfahrungen gesammelt worden sind, und deren Anwendung nach den am Verwendungsort des Betons geltenden nationalen Normen oder Regelungen zulässig ist.								

[1]) Zusätzlich muß der Beton durch Beschichtungen vor direkter Berührung mit dem angreifenden Medium geschützt werden, ausgenommen in den Fällen, in denen ein derartiger Schutz nicht für erforderlich gehalten wird.

[2]) Für den in dieser Vornorm festgelegten Mindestzementgehalt und den maximalen Wasserzementwert sind nur Zemente nach 4.1 zu berücksichtigen. In besonderen Fällen, in denen puzzolanische oder latent hydraulische Zusatzstoffe der Betonmischung zugegeben werden, können am Verwendungsort des Betons geltende nationale Normen oder Regelungen angeben, ob und in welchem Maße die Mindest- bzw. Höchstwerte geändert werden dürfen.

[3]) Mit einem Abstandsfaktor des Luftporenbildners $\leqq 0{,}20$ mm, gemessen am Festbeton.

[4]) Sofern ein hoher Sättigungsgrad über längere Zeiträume hinweg vorliegt.
Es können auch andere Werte und Maßnahmen gelten, wenn geprüft und nachgewiesen wird, daß der Beton nach den an seinem Verwendungsort geltenden nationalen Normen oder Regelungen eine entsprechende Frostbeständigkeit aufweist (gelten zur Zeit nicht).

Für die Umweltklasse 3 ist stets ein hoher Sättigunsgrad des Betons anzunehmen.
Die Bedingungen der dieser Tafel sind für die Umweltklassen 2b und 4b im Fall eines hohen Sättigungsgrades einzuhalten. Ein hoher Sättigungsgrad ist zu erwarten, wenn ein Bauteil über mehrere Tage mit Wasser unmittelbar im Kontakt steht, z. B. bei Teilen von Schleusenbauwerten, Kläranlagen, Bauteilen in Wasserwechselzonen und waagerechten Betonflächen (s. DIN 1045/07.88, Abschn. 6.5.7.3 und 6.5.7.4). Für Außenbauteile nach DIN 1045 (7.88), Abschn. 2.1.1, ist ein hoher Sättigungsgrad dagegen generell nicht zu erwarten; bei ihnen kann von einem entsprechenden Frostwiderstand in der Regel auch ohne den geforderten Mindestluftporengehalt ausgegangen werden.

[5]) Der Sulfatwiderstand des Zements muß nach den nationalen Normen und den am Verwendungsort des Betons geltenden nationalen Normen oder Regelungen beurteilt werden.
Für die Definition von HS-Zementen gilt DIN 1164-1 (10.94), Abschnitt 4.6.

[6]) Anhand der am Verwendungsort des Betons geltenden nationalen Normen oder Regelungen nachzuweisen.
Dabei gilt: Für die Umweltklasse 2b ist bei hohem Sättigungsgrad Betonzuschlag eF, für die Umweltklassen 3 und 4b ist Betonzuschlag eFT nach DIN 4226-1 (4.83), Abschn. 7.5, zu verwenden.

Tafel 6 Zulässige Zemente in Abhängigkeit von den Umweltklassen und den Anwendungsbereichen (entspricht Tab. R4 der DAfStb – Anwendungsrichtlinie)

	Anwendungsbereiche	Umweltklassen nach DIN V ENV 206 (10.90) Tabelle 2								
		1	2a	2b	3	4a	4b	5a	5b	5c
		trocken	feucht ohne Frost	feucht mit Frost	feucht mit Frost und Tausalz	Meerwasser ohne Frost	Meerwasser mit Frost	chemischer Angriff schwach	mäßig	stark
1	Für unbewehrten Beton und Stahlbeton-zulässige Zementarten	Alle DIN-Zemente und bauaufsichtlich zugelassenen Zemente[1])			Alle Zemente entsprechend DIN 1045, Abschnitt 6.5.7.4 (1) und bauaufsichtlich zugelassene Zemente[1]). Bei sehr starkem Frost- und Tausalzangriff die Zemente nach DIN 1045 (7.88) Abschn. 6.5.7.4 (4) und bauaufsichtlich zugelassene Zemente[1])	wie 1, 2a, 2b		Alle DIN-Zemente und bauaufsichtlich zugelassenen Zemente[1]), wenn nicht HS-Zement in ENV 206, Abschnitt 6.2.2, Tabelle 3 gefordert wird.		
2	Spannbeton mit nachträglichem Verbund (verpreßtes Hüllrohr) oder Vorspannung ohne Verbund	Alle DIN- und bauaufsichtlich zugelassenen Zemente, [1]) soweit nicht Einschränkungen nach Zeile 1 gelten.								
3	Spannbeton mit sofortigem Verbund	Folgende DIN-Zemente dürfen verwendet werden; PZ 35 F; PZ 45; PZ 55; EPZ 35 F; EPZ 45; HOZ 45; PÖZ 45 F; PÖZ 55; bauaufsichtlich zugelassene Zemente[1])								

[1]) Für zugelassene Zemente je nach Zulassungsbescheid.

5 Betoneigenschaften

5.1 Frischbeton

Klassifizierung entsprechend seiner Konsistenz nach Tafel 7 anhand folgender Prüfungen:

- Slump nach ISO 4109
- Vebe nach ISO 4110
- Verdichtung nach ISO 4111
- Ausbreitversuch nach ISO 9812
- sonstige zu vereinbarende Prüfungen.

weitere Eigenschaften sind wie folgt zu bestimmen

- Luftgehalt ISO 4848
- Rohdichte des verdichteten Betons: ISO 6276
- Wasserzementwert und Zementgehalt: Meßergebnisse aufgrund von Gewichtsanteilen.

Tafel 7 Konsistenzklassen des Betons

Prüfung	Klasse	Kennzeichnung	
Slump	S 1 S 2 S 3 S 4	Slump in mm (auf 10 mm gerundet)	10 bis 40 50 bis 90 100 bis 150 ≧160
Vebe	V 0 V 1 V 2 V 3 V 4	Vebe in Sekunden	≧3,1 30 bis 21 20 bis 11 10 bis 5 ≦4
Verdichtungsmaß	C 0 C 1 C 2 C 3	Verdichtungsmaß	≧1,46 1,45 bis 1,26 1,25 bis 1,11 1,10 bis 1,04
Ausbreitklassen	F 1 F 2 F 3 F 4	Ausbreitmaß in mm (Durchmesser)	≦340 350 bis 410 420 bis 480 490 bis 600

5.2 Festbeton

a) Druckfestigkeit

Charakteristische Festigkeit mit dem Wert, unter dem erwartungsgemäß 5% der Gesamtheit aller möglichen Festigkeitsmessungen liegen.
Bestimmung an Probekörpern nach ISO 4012 mit Nachbehandlung nach ISO 2736 im Alter von 28 Tagen

- Würfel ($f_{ck,cube}$) mit 150 mm Kantenlänge
- Zylinder ($f_{ck,cyl}$) mit $d = 150$ mm Durchmesser und $h = 300$ mm Höhe.

Für die Betonfestigkeit des Betons gelten folgende Werte

Tafel 8 Festigkeitsklassen für Beton

Festigkeitsklasse	Druckfestigkeit in N/mm²	
	$f_{ck,cyl}$ [1])	$f_{ck,cube}$
C12/15[2])	12	15
C16/20	16	20
C20/25[2])	20	25
C25/30	25	30
C30/37[2])	30	37
C35/45	35	45
C40/50[2])	40	50
C45/55	45	55
C50/60[2])	50	60

[1]) $f_{ck,cyl}$ wird in EC2 als f_{ck} bezeichnet
[2]) empfohlene Werte

Bei Würfeln mit einer Lagerung abweichend von ISO 2736 nach DIN 1048 Teil 1 gilt für die Druckfestigkeit nach ISO 2736

$$f_{c\,(ISO)} = 0{,}92\, f_{c\,(DIN)}$$

b) Zugfestigkeit

Bestimmung durch

- Spaltzugfestigkeit nach ISO 4108
- Biegezugfestigkeit nach ISO 4013
- Axiale Zugfestigkeit nach RI-LEM CP7

c) Festigkeitsentwicklung

Wird zeitabhängig anhand von Druckfestigkeitsprüfungen bestimmt

d) Verschleißwiderstand

Keine Vorschriften in Deutschen Normen zur Ermittlung des Verschleißwiderstandes. Folgende Maßnahmen werden zur Herstellung eines entsprechenden Betons empfohlen

- Festigkeitsklasse ≧C30/37
- Verwendung von gut abgestuften, harten Zuschlägen mit rauhen Oberflächen und hohem Anteil an groben Körnern
- Nachbehandlung verdoppeln
- evtl. Verschleißschicht auftragen

e) Wasserundurchlässigkeit

Beton geeignet, wenn

- max. Eindringtiefe <50 mm
- mittlere Eindringtiefe <20 mm
- Wasserzementwert ≦0,55

f) Rohdichte

Kennzeichnung entsprechend der Trockenrohdichte des Betons

- C Normalbeton: 2000 bis 2800 kg/m³ (105 °C)
- LC Leichtbeton: nach Tafel 9
- HC Schwerbeton: >2800 kg/m³ (105 °C)

Tafel 9 Klassifizierung von Leichtbeton

Rohdichteklasse	1,0	1,2	1,4	1,6	1,8	2,0
kg/m³	901 bis 1000	1001 bis 1200	1201 bis 1400	1401 bis 1600	1601 bis 1800	1801 bis 2000

6 Festlegung des Betons

Beton darf als Entwurfsmischung oder als vorgeschriebene Mischung beschrieben werden, wobei jeweils Mindestangaben und, wenn besondere Bedingungen zu erfüllen sind, zusätzliche Angaben erforderlich sind.

6.1 Entwurfsmischung

Die Festlegung der Angaben liegt beim Bauausführenden, der Hersteller des Betons ist für die Erfüllung bei der Herstellung verantwortlich.

Mindestangaben sind:

- Festigkeitsklasse
- Zuschlaggrößtkorn (Nennwert)
- Auf den Verwendungszweck abgestimmte Mindestanforderungen der Zusammensetzung
- Konsistenz-Klasse.

Zusätzliche Angaben für die Eigenschaften des Festbetons können sein:

- Betonrohdichte
- Widerstand gegen eindringendes Wasser
- Widerstand gegen chemischen Angriff
- Widerstand gegen hohe Temperaturen
- Verschleißwiderstand
- andere zusätzliche technische Anforderungen.

Zusätzliche Angaben für die Eigenschaften der Mischung können sein:

- Zementart
- Konsistenz
- zeitlich abhängige Festigkeitsentwicklung
- verzögerte Hydratation
- besondere Anforderungen an Zuschläge
- besondere Anforderungen an die Temperatur des Frischbetons
- andere zusätzliche technische Anforderungen.

6.2 Vorgeschriebene Mischung

Die Ausgangsstoffe und deren Zusammensetzung werden vom Bauausführenden festgelegt, der Hersteller liefert nach diesen Angaben, übernimmt aber keine Verantwortung für die Eigenschaften des Betons.

Mindestangaben sind:

- Zementgehalt/m³ Beton
- Art und Festigkeitsklasse des Zements
- Konsistenzbereich von Frischbeton oder Wasserzementwert
- Zuschlag (Art, Größtkorn, Sieblinie)
- Zusatzmittel und Zusatzstoffe (Art und Menge)
- Herkunft und Ausgangsstoffe des Betons bei Verwendung von Zusatzmitteln der Zusatzstoffe.

Zusätzliche Angaben für Eigenschaften der Betonzusammensetzung können sein:

- Herkunft der Ausgangsstoffe
- andere zusätzliche technische Anforderungen

Zusätzliche Angaben für Transport, Förderung und Verarbeitung von Transportbeton können sein:

- Lieferzeit
- Liefermenge
- Fahrzeugart (mit/ohne Rührwerk)
- Fahrzeugabmessungen, Fahrzeuggewicht.

9

7 Herstellung, Transport, Lieferung, Verarbeitung, Nachbehandlung und Schutz

Grundsätzlich muß Personal mit entsprechender Kenntnis, Ausbildung und Erfahrung vorhanden sein.

7.1 Herstellung

Anforderung an das Personal

a) Herstellung. Eine Person mit o.g. Qualifikation muß anwesend sein (DIN 1045 (7.88), Abschn. 5.1, 5.2.2.7; 5.3.2 und 5.4.2 gelten sinngemäß)

b) Eigenüberwachung. Eine Person mit o.g. Qualifikation auf dem Gebiet der Betontechnologie muß verantwortlich sein.

Anforderung an Anlagen und Einrichtungen

a) Lager

- Zur Einhaltung der Lieferungen müssen genügend Ausgangsstoffe vorhanden sein
- Unterschiedliche Ausgangsstoffe sind getrennt zu lagern
- Verschmutzung der Ausgangsstoffe muß vermieden werden
- Vorrichtungen zur Probeentnahme müssen vorhanden sein

b) Dosiervorrichtungen und Mischer
- Mischanweisung muß vorliegen
- Zuverlässige Wäge- bzw. Messvorrichtung muß bei der Dosierung vorhanden sein. Dabei ist die Meßunsicherheit wie folgt zu beschränken
  - Zement, Wasser, Zuschläge insgesamt, Zusatzstoffe ±3% der erforderlichen Menge
  - Zusatzmittel ±5% der erforderlichen Menge
- Gleichmäßige Mischung muß in einem mechanischen Mischer erfolgen
- Zusatzmittel sind bei kleiner Dosierung im Zugabewasser aufzulösen
- vor und nach Zugabe von Fließmittel ist der Beton ausreichend lange zu mischen und Fließmittel.

7.2 Transport

- Beton darf sich während des Transportes nicht entmischen, keine Bestandteile verlieren und nicht verunreinigen.
- Die Transportdauer ist zu beachten.

7.3 Lieferung

Besonders sorgfältig ist die Konsistenz des Betons zu überprüfen, ggf. muß der Beton zurückgewiesen werden.
Vom Hersteller sind dem Verwender alle wichtigen Angaben zum Beton anzugeben (evtl. Betonsortenverzeichnis).
- Zementart und -Festigkeit
- Zuschlagart
- Zusatzmittel
- Zusatzstoffe
- Wasserzementwert
- Prüfergebnisse von früheren Prüfungen

a) Transportbeton

Vor dem Entladen ist vom Lieferbeauftragten ein Lieferschein mit den folgenden Mindestangaben zu übergeben
- Name des Transportwerkes
- Lieferscheinnummer
- Beladezeit, Zeitpunkt des ersten Kontakts zwischen Zement und Wasser
- Fahrzeugnummer
- Name des Abnehmers
- Baustellenbezeichnung und -lage
- Betonmenge
- Spezielle Angaben zum Beton.

Zusätzliche Angaben bei einer Entwurfsmischung
- Betonfestigkeitsklasse
- Umweltklasse
- Konsistenzklasse
- Zementart und Zementfestigkeit
- Zusatzmittel
- Zusatzstoffe
- besondere Eigenschaften.

Zusätzliche Angaben bei einer vorgeschriebenen Mischung
- Zementzusammensetzung
- Konsistenzbereich.

b) Auf der Baustelle gemischter Beton

Obengenannte Angaben gelten auch hier sinngemäß, eine Angabe kann erforderlich sein.

7.4 Verarbeitung

- baldmögliches Einbringen des Betons ist sicherzustellen
- das Entmischen ist zu verhindern
- auf sorgfältiges Einbringen und Verdichten ist zu achten (bei Einsatz von Rüttlern ist so lange zu rütteln bis sich keine Luftblasen mehr bilden).

7.5 Nachbehandlung und Schutz

Durch Nachbehandlung und Schutzmaßnahmen soll folgendes verhindert werden:

a) Nachbehandlung
- vorzeitiges Austrocknen (Sonne, Wind)

b) Schutzmaßnahmen
- Auswaschungen (Regen, fließendes Wasser)
- rasches Abkühlen des jungen Betons
- zu hohes Temperaturgefälle oder zu niedrige Temperaturen (Frost)
- Verhinderung von Erschütterungen oder Stöße (Gefahr von Rißbildungen oder Beeinträchtigung der Verbundwirkung).

Maßnahmen

a) Nachbehandlung
- Verlängerung der Ausschalfristen
- Besprühung mit Wasser
- Abdeckung mit feuchtem Material bzw. mit Kunststoff-Folien
- Auftragen von Nachbehandlungsmitteln.

Die Dauer der Nachbehandlung richtet sich dabei nach folgenden Kriterien:
- örtliche Anforderungen
- Reifegrad des Betons (Hydrationsgrad der Betonmischung bzw. Umgebungsbedingungen)
- Mindestdauer nach Tafel 10 unter Abschätzung der Festigkeitsentwicklung nach Tafel 11.

b) Schutz
- Maßnahmen zur Sicherstellung eines maximalen Temperaturunterschieds von 20 °C zwischen Betonmitte und -oberfläche
- Maßnahmen zum Fernhalten von Frost bei Druckfestigkeiten des Betons von $<5\ N/mm^2$

Tafel 10 Mindestdauer der Nachbehandlung in Tagen für die Umweltklassen nach Tafel 3

	Festigkeitsentwicklung des Betons								
	schnell			mittel			langsam		
Betontemperaturen über 0 °C während der Nachbehandlung Umgebungsbedingungen während der Nachbehandlung	5	10	15	5	10	15	5	10	15
I Keine direkte Sonneneinstrahlung und Wind, relative Feuchte der Umgebungsluft nicht unter 80%	2	2	1	3	3	2	3	3	2
II Mittlere Sonneneinstrahlung oder mittlere Windgeschwindigkeit oder relative Luftfeuchte nicht unter 50%	4	3	2	6	4	3	8	5	4
III Starke Sonneneinstrahlung oder hohe Windgeschwindigkeit oder relative Luftfeuchte unter 50%	4	3	2	8	6	5	10	8	5

Die Tafelwerte können auch auf Umweltklasse 1 angewendet werden.

Die Tafelwerte sollen erheblich verlängert werden
- wenn Beton starkem Verschleiß ausgesetzt ist
- bei stark angreifenden Umweltbedingungen (Umweltklassen 3, 4, 5b und 5c)

Tafel 11 Festigkeitsentwicklung des Betons

	Festigkeitsentwicklung des Betons			
	schnell	mittel		langsam
Wasserzementwert	<0,5	0,5 bis 0,6	<0,5	alle
Festigkeitsklassen[1]) von Zement	42,5 R	42,5 R	32,5 R 42,5 R	andere Fälle

[1]) Die Festigkeitsklassen der CEN-Zemente sind den Festigkeitsklassen der DIN-Zemente nach Tafel 2 zuzuordnen

8 Güteüberwachung

Die Herstellung, Verarbeitung und Nachbehandlung des Betons sind einer Güteüberwachung, bestehend aus

- Eigenüberwachung
- Fremdüberwachung

zu unterwerfen.

8.1 Eigenüberwachung

Die Eigenüberwachung ist eine Fertigungskontrolle und ist durchzuführen vom:

- Bauausführenden
- Subunternehmer
- Zulieferer.

Die Eigenüberwachung umfaßt

- Maßnahmen, um eine Übereinstimmung der Betonqualität mit den festgelegten Anforderungen zu erzielen
- eine Kontrolle vor dem Betonieren
- eine Kontrolle des Transports, Einbringens, Verdichtens und der Nachbehandlung des Frischbetons.

Zur Durchführung der Eigenüberwachung müssen alle erforderlichen Geräte und Einrichtungen zur Verfügung stehen.

Als Ergebnisse sind zu Dokumentieren (Tagebuch)

- Name der Zulieferer und Nummer der Lieferscheine von Zement, Zuschlägen, Zusatzmitteln und Zusatzstoffen
- Herkunft des Zugabewassers
- Konsistenz des Betons
- Rohdichte des Frischbetons
- Wasserzementwert des Frischbetons
- Gehalt des Zugabewassers im Frischbeton
- Zementgehalt
- Datum und Uhrzeit der Probenahme
- Anzahl der Proben
- Arbeitsvorgänge während der Verarbeitung und Nachbehandlung (zeitlicher Verlauf)
- Temperatur und Witterung während der Verarbeitung und Nachbehandlung des Betons
- Bauteilangaben
- Name des Zulieferers und Nummer des Lieferscheins (nur bei Transportbeton).

Alle Abweichungen sind dem Verantwortlichen zu melden.

Die Eigenüberwachung kann als Teil des Gütenachweises (Abschn. 8.2) überprüft werden. Bei Transportbeton dürfen die Versuchsergebnisse der Eigenüberwachung auf die erforderlichen Versuche im Rahmen der Güteprüfung angerechnet werden.

a) Prüfung des Betons

- Ausgangsstoffe:
  Prüfung nach Tafel 12. Wenn an der Produktionsstätte der Ausgangsstoffe keine angemessenen Qualitätskontrollen vorgenommen werden, muß die Konformität der Ausgangsstoffe mit den einschlägigen Stoffnormen überprüft werden (Bauausführender)
- Einrichtungen und Geräte:
  Prüfung nach Tafel 13
- Betoneigenschaften, Prüfungen während d. Herstellung:
  Prüfung nach Tafel 17.
- Transportbeton
  Prüfung nach Tafel (durch den Bauausführenden)
- Transportbeton und Betonfertigteile, Prüfungen während der Herstellung:
  Prüfung nach Tafel 12 bis 14. Bei Herstellung von mehr als eine Betonsorte innerhalb eines fortlaufenden Herstellungsvorganges ist die Mindestanzahl der Druckfestigkeit auf Grundlage von Familien von Betonmischungen zu bestimmen. Voraussetzung der Zugehörigkeit von Betonsorten zur gleichen Familie ist die Herstellung mit folgender Eigenschaften
  - Zement der gleichen Art, der gleichen Festigkeitsklasse und der gleichen Herkunft
  - Zuschläge mit der gleichen geologischen Herkunft und Art
  - (bei Zugabe von Zusatzmitteln und Zusatzstoffen werden versch. Familien gebildet).

9

Tafel 12 Prüfung der Ausgangsstoffe

Ausgangsstoff	Prüfung	Zweck	Mindesthäufigkeit
Zemente[1])	Prüfung des Lieferscheins	Um sicherzustellen, daß die Lieferung der Bestellung entspricht[2]) und die richtige Herkunft hat	Jede Lieferung
Zuschläge[3])	Prüfung des Lieferscheins	Um sicherzustellen, daß die Lieferung der Bestellung entspricht und die richtige Herkunft hat	Jede Lieferung
	Prüfung	Um Aussehen mit üblichem Aussehen hinsichtlich Kornverteilung, Kornform und Verunreinigungen zu vergleichen	Jede Lieferung
	Siebversuch	Um Übereinstimmung mit der normalen oder einer anderen vereinbarten Kornverteilung zu beurteilen	i) Erste Lieferung neuer Herkunft ii) In Zweifelsfällen nach der Augenscheinprüfung iii) In regelmäßigen Abständen, abhängig von örtlichen Bedingungen oder Lieferbedingungen
	Prüfung auf Verunreinigungen	Um zu beurteilen, ob und in welcher Menge Verunreinigungen vorhanden sind	i) Erste Lieferung neuer Herkunft ii) In Zweifelsfällen nach der Augenscheinprüfung iii) In regelmäßigen Abständen, abhängig von örtlichen Bedingungen oder Lieferbedingungen

Fortsetzung und Fußnoten s. nächste Seite

Tafel 12, Fortsetzung

Ausgangsstoff	Prüfung	Zweck	Mindesthäufigkeit
Zusätzliche Prüfung für Leicht- oder Schwerbeton	Prüfung nach ISO 6782	Um die Schüttdichte zu messen	i) Erste Lieferung neuer Herkunft ii) In Zweifelsfällen nach der Augenscheinprüfung iii) In regelmäßigen Abständen, abhängig von örtlichen Bedingungen oder Lieferbedingungen
Zusatzmittel[4])	Prüfung des Lieferscheins und der Beschriftung des Behälters	Um sicherzustellen, daß die Lieferung der Bestellung entspricht und ordnungsgemäß bezeichnet ist	Jede Lieferung
	Prüfung des Zusatzmittels	Um Aussehen mit üblichem Aussehen zu vergleichen	i) Jede Lieferung ii) Während der Verwendung
	Dichtebestimmung	Um Dichte mit üblicher Dichte zu vergleichen	In Zweifelsfällen
Zusatzstoffe (lose Pulver)[4])	Prüfung des Lieferscheins	Um sicherzustellen, daß die Lieferung der Bestellung entspricht und die richtige Herkunft hat	Jede Lieferung
Aufgeschlämmte Zusatzstoffe	Prüfung des Lieferscheins	Um sicherzustellen, daß die Lieferung der Bestellung entspricht und die richtige Herkunft hat	Jede Lieferung
	Dichtebestimmung	Um die Gleichmäßigkeit sicherzustellen	Jede Lieferung
Wasser	Prüfung anhand chemischer Analyse	Um sicherzustellen, daß das Wasser keine betonschädigenden Bestandteile aufweist	Nur wenn das Wasser aus öffentlicher Vergungsleitung stammt, beim erstmaligen Gebrauch; in Zweifelsfällen
	Prüfung anhand von Beton- oder Mörtelprüfkörpern nach ISO 2736	Um die Ansteif- und Festigkeitseigenschaften der hergestellten Probekörper mit den entsprechenden Eigenschaften von Referenzprobekörpern, die mit Wasser bekannter Brauchbarkeit hergestellt wurden, zu vergleichen	Nur wenn das Wasser nicht aus öffentlichen Versorgungsleitungen stammt; beim erstmaligen Gebrauch, im Zweifelsfällen

[1]) Es wird empfohlen, je Zementart einmal wöchentlich eine Probe für Prüfungen in Zweifelsfällen zu entnehmen. Für die Probenahme s. DIN EN 196-7.

[2]) Bei der Lieferung sind mindestens die Zementart, Herkunft und Festigkeitsklasse auf dem Lieferschein anzugeben.

[3]) Der Lieferschein sollte ebenfalls Angaben über den Höchstgehalt an löslichem Chlorid enthalten, sofern der Chloridgehalt nicht in Normen oder Regelungen, auf die verwiesen wird, begrenzt ist. Falls erforderlich, sollte der Lieferschein Angaben zu möglichen Alkali-Kieselsäure-Reaktionen enthalten. Die Angaben über den Höchstgehalt an löslichen Chloriden sind entbehrlich, wenn folgendes verwendet wird.

[4]) Es wird empfohlen, bei jeder Lieferung Proben zu entnehmen und diese zu lagern.

Tafel 13 Prüfung der Einrichtungen und Geräte

Einrichtung, Gerät	Prüfung	Zweck	Häufigkeit
Lager, Silos usw.	Augenscheinprüfung	Um Übereinstimmung mit den Anforderungen nachzuweisen	Einmal wöchentlich
Wägeeinrichtungen	Augenscheinprüfung der Funktionen	Um sicherzustellen, daß die Wägeeinrichtungen einwandfrei funktionieren	Täglich
	Prüfung der Wägegenauigkeit	Um die Fehlergrenzen nach Tabelle 10 festzustellen	i) Nach Aufstellung ii) In regelmäßigen Abständen, abhängig von nationalen Regelungen
Dosiergerät für Zusatzmittel	Augenscheinprüfung der Funktionen	Um sicherzustellen, daß das Gerät in sauberem Zustand ist und einwandfrei funktioniert	Für jedes Zusatzmittel bei der ersten Dosierung des Tages
	Genauigkeitsprüfung	Um ungenaue Zugabe zu vermeiden	i) Nach Aufstellung ii) Monatlich nach Aufstellung iii) In Zweifelsfällen
Wasserzähler	Vergleich der tatsächlichen mit der vom Meßgerät angezeigten Wassermenge	Um Fehlergrenzen sicherzustellen	i) Nach Aufstellung ii) Monatlich nach Aufstellung iii) In Zweifelsfällen
Gerät zur kontinuierlichen Messung des Wassergehaltes der feinkörnigen Zuschläge	Vergleich des tatsächlichen mit dem vom Meßgerät angezeigten Wassergehalt	Um Geräte zu justieren	i) Nach Aufstellung ii) Monatlich nach Aufstellung iii) In Zweifelsfällen
Dosieranlage	Vergleich der tatsächlichen Menge der Mischungsbestandteile mit den Zielwerten mit Hilfe eines für die jeweilige Dosieranlage geeigneten Verfahren	Um Fehlergrenzen sicherzustellen	i) Nach erstmaliger Aufstellung ii) In Zweifelsfällen nach weiteren Aufstellungen iii) Monatlich nach Aufstellung
	Augenscheinprüfung	Um sicherzustellen, daß die Dosieranlage einwandfrei funktioniert	Täglich
Prüfgeräte	Prüfungen nach Normen oder anderen Bestimmungen	Um Übereinstimmung zu überprüfen	In regelmäßigen Abständen abhängig vom Gerät, mindestens jedoch alle 2 Jahre
Mischer (einschließlich Mischfahrzeuge)	Augenscheinprüfung	Um den Abnutzungsgrad der Mischwerkzeuge zu überprüfen	Monatlich

9

Tafel 14 Prüfung der Betoneigenschaften – Prüfungen während der Herstellung

Prüfgegenstand	Prüfung	Zweck	Häufigkeit
Mischungszusammensetzung für Entwurfsmischung	Eignungsprüfung	Um nachzuweisen, daß die festgelegten Betoneigenschaften mit dem erforderlichen Vorhaltemaß erreicht werden	Vor der Verwendung einer neuen Mischung, wenn keine Angaben aufgrund langjähriger Erfahrung zur Verfügung stehen
Chloridgehalt der Mischung	Eignungsprüfung (Bestimmung s. 11.3.12)	Um sicherzustellen, daß der Höchstgehalt an Chlorid nicht überschritten wird	Eignungsprüfung und bei Änderung des Chloridgehalts der Ausgangsstoffe
Wassergehalt des Grobzuschlags	Darrprüfung oder Gleichwertiges	Um das noch erforderliche Zugabewasser zu bestimmen	Wenn nicht kontinuierlich: täglich oder öfter, abhängig von örtlichen und Wetterbedingungen
Wassergehalt von feinkörnigen Zuschlägen	Kontinuierliches Meßverfahren Darrprüfung oder Gleichwertiges	Um das Zugabewasser zu bestimmen	Wenn nicht kontinuierlich: täglich oder öfter, abhängig von örtlichen und Wetterbedingungen
Konsistenz des Betons	Augenscheinprüfung	Um Aussehen mit üblichem Aussehen zu vergleichen	Jede Mischerfüllung oder Ladung
	Konsistenzprüfung nach ISO 4109 oder ISO 4110 oder ISO 4111 oder ISO 9812	Um Übereinstimmung mit der geforderten Konsistenzklasse nachzuweisen und mögliche Änderung des Wassergehalts zu überprüfen	i) Bei der Herstellung von Probekörpern für die Prüfung von Festbeton ii) Bei der Prüfung des Luftgehalts iii) In Zweifelsfällen nach der Augenscheinprüfung
Rohdichte des Frischbetons	Rohdichteprüfung nach ISO 6276	Um die Dosieranlage zu überwachen und die Rohdichte von Leicht- oder Schwerbeton zu überprüfen	So häufig wie für die Druckfestigkeitsprüfung
Druckfestigkeitsprüfung an in Formen hergestellten Betonprobekörpern	Prüfung nach ISO 4012	Um die Betonfestigkeit der Betonmischung festzustellen	So häufig wie für den Gütenachweis erforderlich (siehe 11.3) jedoch nicht weniger als in Tabelle 18 angegeben
Rohdichte von erhärtetem Leichtbeton oder Schwerbeton	Prüfung nach ISO 4012	Um Übereinstimmung mit der festgelegten Rohdichte zu beurteilen	So häufig wie für die Druckfestigkeitsprüfung
Zugabewasser zum Frischbeton	Aufzeichnung des Zugabewassers[1])	Um Angaben zur Bestimmung des Wasserzementwertes zu erhalten	Jede Mischerfüllung
Zementgehalt des Frischbetons	Aufzeichnung der beigegebenen Zementmenge[1])	Um den Zementgehalt zu überprüfen und Angaben für die Bestimmung des Wasserzementwertes zu erhalten	Jede Mischerfüllung
Gehalt an Zusatzstoffen in Frischbeton	Aufzeichnung der beigegebenen Zusatzstoffmenge[1])	Um den Zusatzstoffgehalt zu überprüfen	Jede Mischerfüllung
Wasserzementwert des Frischbeton[2])	Wird durch die Teilung von (3) + (4) + (10) durch (11) berechnet oder vereinbarte Prüfverfahren	Um Übereinstimmung mit dem festgelegten Wasserzementwert nachzuweisen	Täglich oder häufiger, je nach Bedarf

Fortsetzung s. nächste Seite

Tafel 14, Fortsetzung

Prüfgegenstand	Prüfung	Zweck	Häufigkeit
Luftgehalt von Frischbetonsorten mit festgelegtem Luftgehalt	Prüfung nach ISO 4848	Um Übereinstimmung mit dem festgelegten Gehalt an künstlich eingeführten Luftporen nachzuweisen	Für Mischungen mit künstlich eingeführten Luftporen: i) erste Mischerfüllung mindestens täglich ii) öfter, abhängig von den Herstellungsbedingungen und Umwelteinflüssen
Homogenität	Vergleichende Prüfungen der Eigenschaften von Teilproben von unterschiedlichen Stellen einer Mischerfüllung	Um die Homogenität einer Mischerfüllung nachzuweisen	In Zweifelsfällen
Wassereindringtiefe	Prüfung nach ISO 7031	Um die Wasserundurchlässigkeit nachzuweisen	Bei der Eignungsprüfung, weitere Häufigkeit nach Vereinbarung
Weitere Eigenschaften	Nach den einschlägigen Normen oder nach Vereinbarung	Um die Übereinstimmung mit den geforderten Eigenschaften nachzuweisen	Nach Vereinbarung

[1]) Diese Angabe kann durch Verweisung auf das Betonsortenverzeichnis nach Abschn. 7.3 erfolgen.
[2]) Siehe jedoch Tafel 5, Fußnote 2

Tafel 15 Prüfung des Betons bei Verwendung von Transportbeton durch den Bauausführenden

Gegenstand	Prüfung	Zweck	Mindesthäufigkeit
Lieferschein	Augenscheinprüfung	Um sicherzustellen, daß die Lieferung der Bestellung entspricht[1])	Jede Lieferung
Konsistenz des Betons	Augenscheinprüfung	Um Aussehen mit üblichem Aussehen zu vergleichen	Jede Lieferung
	Konsistenzprüfung nach ISO 4109 oder ISO 4110 oder ISO 4111 oder ISO 9812	Um Übereinstimmung mit der geforderten Konsistenzklasse zu beurteilen	i) Bei der Herstellung von Probekörpern zur Prüfung von Festbeton ii) In Zweifelsfällen nach der Augenscheinprüfung
Homogenität des Betons	Augenscheinprüfung	Um Aussehen mit üblichem Aussehen zu vergleichen	Jede Lieferung
	Vergleichende Prüfungen der Eigenschaften von Teilproben von unterschiedlichen Stellen einer Mischerfüllung	Um die Homogenität einer Mischung nachzuweisen	In Zweifelsfällen nach der Augenscheinprüfung
Aussehen des Betons im allgemeinen	Augenscheinprüfung	Um Aussehen mit üblichem Aussehen zu vergleichen, z. B. Farbe	Jede Lieferung
Eigenüberwachung (Fertigungskontrolle) des Betonherstellers	Kontrolle der Zertifikationssbescheinigung oder Inspektion des Transportbetonwerkes	Um sich zu vergewissern, daß eine Fertigungskontrolle durchgeführt wird	i) Bei erstem Vertrag mit neuem Lieferanten ii) In Zweifelsfällen
Druckfestigkeit der auf der Baustelle entnommenen Betonprobe	Prüfung nach ISO 4012	Um die Festigkeitseigenschaften der Mischung nachzuweisen	So häufig wie für den Gütenachweis erforderlich, siehe Abschn. 8.2
Luftgehalt von Frischbetonmischungen mit festgelegtem Luftgehalt	Prüfung nach ISO 4848 auf der Baustelle	Um die Übereinstimmung mit dem geforderten Luftgehalt zu beurteilen	i) So häufig wie für den Gütenachweis erforderlich ii) Mindestens täglich und je nach den Umwelteinflüssen häufiger iii) In Zweifelsfällen
Weitere Eigenschaften	Nach den einschlägigen Normen oder nach Vereinbarung	Um die Übereinstimmung mit den geforderten Eigenschaften nachzuweisen	Nach Vereinbarung

[1]) siehe Abschn. 6

b) Überprüfungen vor dem Betonieren

Folgende Punkte sind zu überprüfen (Inspektion)

- Schalung (Festigkeit, Steifigkeit, Geometrie, Oberflächenvorbereitung, Fugendichtigkeit)
- Bewehrung (Lage, Sauberkeit)
- Entfernen von Fremdkörpern (Staub, Sägemehl, Schnee, Eis, Reste an Schalung, Bindedraht am Untergrund)
- erhärtete Oberflächen der Arbeitsfugen (Behandlung)
- Benetzung von Schalung/Untergrund
- Kontrollöffnungen
- Befestigungen aller Art
- Transportmittel, Gräte und Einrichtungen (Verfügbarkeit)
- fachkundiges Personal (Verfügbarkeit).

c) Kontrollen während des Transports, Einbringens, während der Verdichtung und Nachbehandlung des Frischbetons

Folgende Punkte sind zu überprüfen (Inspektion)

- Zeitraum zwischen Mischen, Lieferung und Betonieren
- Beton (Gleichmäßigkeit während des Transports und der Verarbeitung, gleichmäßige Verteilung in der Schalung, gleichmäßige Verdichtung)
- maximale Freifallhöhe des Betons
- Schichttiefen
- Betoniergeschwindigkeit, Anstieg des Betons in der Schalung
- Besondere Vorkehrungen bei Frost/warmen Wetter/extremer Witterung (schwere Regenfälle)
- Arbeitsfugen (insbes. Behandlung vor dem Erhärten)
- Oberflächenbeschaffenheiten
- Betonierverfahren, Nachbehandlung
- vermeiden von Erschütterungen bzw. Schwingungen.

8.2 Fremdüberwachung

Die Konformität der festgelegten Anforderungen wird durch eine Kombination von

- Maßnahmen
- Entscheidungen

als Gütenachweis überprüft.

Dabei führt die

- Konformität zur Abnahme
- Nichtkonformität zu weiteren erforderlichen Maßnahmen (z. B. zusätzliche Prüfungen nach ISO 7034 an Bohrkernen aus dem fertigen Bauwerk, oder eine Kombination aus Bohrkernprüfungen und zerstörungsfreien Prüfungen).

8.2.1 Gütenachweissysteme

Als Gütenachweis für

- Transportbetonwerke
- Betonfertigteilwerke
- Baustellen

kommen folgende Systeme in Frage

- Fall 1: Nachweis durch Zertifizierungsstelle
  Zertifizierungsverfahren nach der Normenreihe DIN 1084, Abschn. 3.1
  Dieser Nachweis gilt für die Überwachung
  - in Transportwerken
  - in Fertigteilwerken
  - für Baustellenbeton ≧ C 30/37 (C 25/30)
  - für Betonarten für Umweltklassen 3, 4 b und 5

- Fall 2: Nachweis durch den Auftraggeber
  Dieser Nachweis gilt für die Überwachung
  - in den Fällen, in denen kein zugelassenes Zertifizierungssystem existiert
  - für Baustellenbeton $\leqq$ C 20/25
- Fall 3: Abnahmeprüfung
  Sie kann vom Auftraggeber zusätzlich gewünscht werden, wobei die Probenahme zu vereinbaren ist.

8.2.2 Probenahmepläne und Konformitätskriterien

Die Verantwortung für die Probenahme trägt der für den Gütenachweis Zuständige. Die Proben sind unabhängig getrennt zu entnehmen.

8.2.2.1 Druckfestigkeit von Beton

a) Einzelne Baustelle. Die verwendete Betonmenge für ein Gebäude, Bauwerk oder Bauteil wird in Lose unterteilt. Dabei gilt als Los die gelieferte Betonmenge für

- jedes Geschoß eines Gebäudes
- Gruppen von Balken/Platten eines Geschosses/Gebäudes
- Gruppen von Stützen/Wänden eines Geschosses/Gebäudes
- maximal 450 m^3, jedoch nicht mehr als die Menge, die in einer Woche verarbeitet werden kann (geringere Menge ist maßgebend).

Für Baustellenbeton gilt:

Proben	$\geqq$ 6	für jedes Los
	3	für jedes Los bis zu einer Betonfestigkeitsklasse C 20/25 und Lose bis 150 m^3
Nachweis Konformität		Kriterium 1 für $\geqq$ 6 Proben
		Kriterium 2 für 3 Proben

Für auf der Baustelle verwendeten Transportbeton gilt:

Möglichkeit 1: Konformität aufgrund Probenahme (auf der Baustelle) durch Lose

Proben	$\geqq$ 6	für jedes Los
	3	für jedes Los bis zu einer Betonfestigkeitsklasse C 20/25 und Lose bis 150 m^3
Nachweis Konformität		Kriterium 1 für $\geqq$ 6 Proben
		Kriterium 2 für 3 Proben

Wenn die Konformität bereits durch Zertifizierungsstelle nachgewiesen wurde (Abschn. 8.2.1, Fall 1), und der Nachweis auf Grundlage von $\geqq$ 15 Prüfergebnissen erfolgte so gilt:

Nachweis Konformität	Kriterium 1	Kriterium 2
	für $\geqq$ 6 Proben	für 3 Proben
	($\lambda = 1{,}48$)	(mit $\bar{x}_3 \geqq f_{ck} + 3$ $x_{min} \geqq f_{ck} - 1$)

Möglichkeit 2: Konformität aufgrund einer anerkannten Zertifizierung des Betons bei einer Stichprobe aus einer Betonmenge $\leqq$ 150 m^3 Beton der Festigkeitsklasse $\leqq$ C 20/25

Auf der Baustelle ist eine Prüfung unter folgenden Bedingungen nicht erforderlich
- Konformität des gelieferten Transportbetons wurde von einer zugelassenen zertifizierenden Stelle für den Konformitätsnachweis für fortlaufende Betonherstellung in Transportbetonwerken nachgewiesen
- Lieferer des Transportbetons kann Prüfergebnisse vorlegen, die zufriedenstellend und nicht älter als 7 Tage sind.

b) Fortlaufende Betonherstellung in Transportbetonwerken

Probeentnahme an jeder Familie (vgl. Abschn. 8.1 a) auf Grundlage des Gesamtvolumens des hergestellten Betons oder Gesamtdauer für dessen Herstellung.

Proben	$1/150\ m^3$, jedoch nicht mehr als 6/Tag	Betonfestigkeitsklasse $\leqq$ C 20/25
	$1/75\ m^3$, jedoch nicht mehr als 15/Tag	Betonfestigkeitsklasse $>$ C 20/2
Nachweis Konformität		Kriterium 1

c) Fortlaufende Betonherstellung in Betonfertigteilwerken

Proben und Nachweis Konformität

wie b) wenn Fertigteilwerk dem Zertifizierungssystem einer zugelassenen Stelle unterliegt

sonst wie a)

d) Konformitätskriterien für die Betonfestigkeit

Kriterium 1:

Gilt für $n \geqq 6$ aufeinanderfolgende Proben mit den Festigkeiten $x_1, x_2, \ldots x_n$.

Für die bei der Durchführung der Prüfung festgestellte Festigkeit gilt:

- das Prüfergebnis, wenn Prüfung nur an einem Probekörper
- der Mittelwert der Prüfergebnisse, wenn Prüfung an mindestens zwei aus einer einzelnen Probe hergestellten Probekörpern

Dabei muß die Druckfestigkeit folgende Bedingungen erfüllen

$$\bar{x}_n \geqq f_{ck} + \lambda s_n$$
$$x_{min} \geqq f_{ck} - k$$

x_{min} niedrigster Einzelwert der Probereihe
$\bar{x}_n$ Mittlere Festigkeit der Probereihe
s_n Standardabweichung der Reihe der Prüfergebnisse für die Festigkeit
f_{ck} charakteristische Betonfestigkeit
λ, k Beiwerte nach Tafel 16

Tafel 16 Beiwerte λ und k

n	6	7	8	9	10	11	12	13	14	15
λ	1,87	1,77	1,72	1,67	1,62	1,58	1,55	1,52	1,50	1,48
k	3	3	3	3	4	4	4	4	4	4

Kriterium 2:

Gilt für $n = 3$ aufeinanderfolgende Proben mit den Festigkeiten x_1, x_2 und x_3.

Für die bei der Durchführung der Prüfung festgestellte Festigkeit gilt:

- das Prüfergebnis, wenn Prüfung nur an einem Probekörper
- der Mittelwert der Prüfergebnisse, wenn Prüfung an mindestens zwei aus einer einzelnen Probe hergestellten Probekörpern

Dabei muß die Druckfestigkeit folgende Bedingungen erfüllen

$\bar{x}_3 \geqq f_{ck} + 5$ $\quad x_{min} \geqq f_{ck} - 1$ $\quad \bar{x}_3$ Mittlere Festigkeit der drei Proben

8.2.2.2 Betonkonsistenz

Anzahl

- jede Mischerfüllung oder Ladung
- jede Lieferung (Transportbeton)
- wenn Proben entnommen werden müssen, müssen sie repräsentativ sein

Nachweis Konformität nach Augenschein (Augenscheinprüfung)

8.2.2.3 Rohdichte von Leichtbeton

Anzahl
Häufigkeit wie bei Druckfestigkeitsprüfungen (vgl. Abschn. 8.2.2.1)

Nachweis Konformität
Mittelwert der Trockenrohdichte muß innerhalb der Werte der Tafel 9 liegen

8.2.2.4 Wasserzementwert

Anzahl
mindestens 1/Tag (Ergebnisse der Fertigungskontrolle nach Tafel 16 können übernommen werden)

Nachweis Konformität
- mittlerer Wasserzementwert darf den festgelegten Wert nicht überschreiten und
- Einzelwerte dürfen den festgelegten Wert um max. 0,02 überschreiten

Tafel 17 Festigkeitsklassen von Beton in Abhängigkeit vom Wasserzementwert

Festigkeitsklasse vom Zement		Wasserzementwert
CE 32,5	CE 42,5	
C 20/25	C 25/30	0,65
C 25/30	C 30/37	0,60
C 30/37	C 35/45	0,55
C 35/45	C 40/50	0,50
C 40/50	C 45/55	0,45

Die Anforderungen gelten als erfüllt, wenn der Beton den in Tafel 17 angegebenen Werten entspricht. Die Werte gelten nicht bei Verwendung von
- Zusatzstoffe des Typ II
- Luftporenzusatzstoffe.

8.2.2.5 Zementgehalt

Anzahl
Häufigkeit ist zu vereinbaren

Nachweis Konformität
Mittelwert des Zementgehaltes sollen
- mit den festgelegtem Wert übereinstimmen oder
- den festgelegten Wert überschreiten (Einzelne Werte dürfen den festgelegten Wert um max. 5 Gewichtsprozente unterschreiten).

8.2.2.6 Luftgehalt von Frischbeton

Anzahl
mindestens 1/Tag
1/150 m³ Frischbeton (größerer Wert ist maßgebend)

Nachweis Konformität
Prüfergebnisse müssen über den festgelegten Wert liegen, dürfen ihn aber nicht um mehr als 3% überschreiten.

8.2.2.7 Wasserundurchlässigkeit

Anzahl
Häufigkeit ist zu vereinbaren

Nachweis Konformität
Werte für den Höchstwert und Mittelwert der Wassereindringtiefe jedes Probekörpers sind nach Abschn. 5.2e) einzuhalten (Ergebnisse der Fertiungskontrolle nach Tafel 16 können anerkannt werden).

8.2.2.8 Chloridgehalt

Anzahl

Häufigkeit ist zu vereinbaren

Bestimmung

- für jeden Mischungsentwurf
- wenn sich der Chloridgehalt der Ausgangsstoffe ändert

Umfang

- Berechnung anhand der gemessenen Chloridgehalte der Ausgangsstoffe
- Berechnung anhand der Nennhöchstwerte der Chloridgehalte der Ausgangsstoffe
- Prüfungen des Frischbetons für den Chloridgehalt

Nachweis Konformität

maximale Werte nach Abschn. 4.1 sind einzuhalten.

Stahlbeton nach Eurocode 2 (EC2) bzw. nach E DIN 1045-1

Bearbeitet von Prof. Dr. Otto W. Wetzell

Abschnitt **Beton nach DIN EN V 206** auf S. 535.

Inhalt

10

1 Allgemeines

1.1 Einführung

Die deutsche Version von

Eurocode 2: Design of Concrete Structures;
Part 1: General Rules and Rules for Buildings;

ist

DIN V ENV 1992: Eurocode 2; Planung von Stahlbeton und Spannbetontragwerken;
Teil 1-1 (6.92): Grundlagen und Anwendungsregeln für den Hochbau.

Wenn eine Konstruktion nach EC 2, Teil 1 bemessen wird, sind die Stoffangaben der DIN V ENV 206 (10.90) zu verwenden.

Nationale Anwendungsdokumente beider Normen sind die

Richtlinie zur Anwendung von Eurocode 2, Teil 1 (4.93)
Richtlinie zur Anwendung von DIN V ENV 206 (11.91)

des Deutschen Ausschusses für Stahlbeton (DAfStb).

Bei der Planung eines und desselben Bauwerks dürfen Eurocode-Vorschriften nicht mit deutschen Vorschriften (etwa DIN 1045) vermischt werden.

1.2 Literatur

E DIN 1045-1	02.97	Tragwerke aus Beton, Stahlbeton und Spannbeton; Teil 1: Bemessung und Konstruktion
DIN V ENV 1992-1-1	06.92	Eurocode 2; Planung von Stahlbeton- und Spannbetontragwerken; Teil 1: Grundlagen und Anwendungsregeln für den Hochbau
DIN V ENV 206	10.90	Beton; Eigenschaften, Herstellung, Verarbeitung und Gütenachweis
E DIN EN 206	08.97	Beton; Eigenschaften, Herstellung und Konformität
DAfStB	04.93	Richtlinien zur Anwendung von EC 2, Teil 1
DAfStB	11.91	Richtlinien zur Anwendung von DIN V ENV 206
Albrecht, U.:		Stahlbetonbau nach EC 2, B. G. Teubner, Stuttgart 1997
Kordina, K. u. a.:		Bemessungshilfsmittel zu EC 2, Teil 1, Schriftenreihe des DAfStB, Heft 425
Heydel, Krings, Herrmann:		Stahlbeton im Hochbau nach EC 2, Ernst & Sohn, Berlin, 1995

2 Begriffe, Formelzeichen, SI-Einheiten

2.1 Begriffe nach EC2, Abschn. 1.4 bzw. E DIN 1045-1, Abschn. 1.1 und 1.2

Zur Vereinheitlichung finden verschiedene grundlegende Begriffe in allen Eurocodes Anwendung. In untenstehender Übersicht wird eine Liste äquivalenter Begriffe in den Sprachen der Gemeinschaft wiedergegeben.

Tafel 1 Liste äquivalenter Begriffe

Englisch	Französisch	Deutsch	Italienisch	Niederländisch	Spanisch
Construction works	Construction	Bauwerk	Costruzione	Bouwwerk	Construccion
Execution	Exécution	(Bau-)Ausführung	Esecuzione	Uitvoering	Ejecucion
Structure	Structure	Tragwerk	Struttura	Draagconstructie	Estructura
Type of building or civil engineering works	Nature de construction	Art des Bauwerks	Tipo di costruzione	Type bouwwerk	Naturaleza de la construccion
Form of structure	Type de structure	Art des Tragwerks	Tipo di struttura	Type draagconstructie	Tipo de estructura
Construction material	Matériau de construction	Baustoff; Werkstoff (Stahlbau)	Materiale de costruzione	Constructie materiaal	Material de construccion
Type of construction	Mode de construction	Bauart	Sistema costruttivo	Bouwwijze	Modo de construccion
Method of construction	Procédé d'exécution	Bauverfahren	Procedimento esecutivo	Bouwmethode	Procedimiento de ejecucion
Structural system	Système structural	Tragsystem	Sistema strutturale	Constructief systeem	Sistema estructural

Darüber hinaus enthält EC2 einige grundlegende neue Begriffe, die in den einzelnen Kapiteln ausführlich erläutert werden:

- Prinzip
  allgemein gültige Definitionen und Anforderungen, die verbindlich sind und im vollen Umfang beachtet werden müssen
- Anwendungsregel
  Regeln zur Bemessung, die den Anforderungen zur Bemessung genügen
- Grenzzustände der Tragfähigkeit u. der Gebrauchstauglichkeit.
  Zustände, die den Bereich der Beanspruchung begrenzen, in dem das Tragwerk tragsicher oder gebrauchstauglich ist.
- Einwirkung
  Lasten, die als Kräfte oder Zwänge in Form von Temperatur oder Setzungen auf ein Bauwerk wirken
- charakteristischer Wert
  Werte der Einwirkungen, die in einschlägigen Bestimmungen festgelegt werden
- Bemessungswert
  Werte, die sich durch Multiplikation der charakteristischen Werte mit einem Sicherheitsbeiwert ergeben
- Duktilität
  plastische Dehnfähigkeit von Betonstahl und Spannstahl
- Relaxation
  mit Relaxation wird bei Spannstählen das allmähliche Absinken der Spannung bei gleichbleibender Dehnung bezeichnet

2.2 Formelzeichen nach EC 2, Abschn. 1.6 bzw. E DIN 1045-1, Abschn. 1.2.2

Nachstehend sind wesentliche Formelzeichen und abgeleitete Zeichen aufgeführt (weitere werden in den einzelnen Abschn. erläutert).

2.2.1 Einzelne Formelzeichen

Lateinische Großbuchstaben

A	Außergewöhnliche Einwirkung
A	Fläche, Querschnitt
E	Elastizitätsmodul
F	Einwirkung
F	Kraft
G	ständige Einwirkung
G	Schubmodul
I	Trägheitsmoment
M	Moment, Biegemoment
N	Längskraft
P	Vorspannkraft
Q	Veränderliche Einwirkung
R	Widerstand
S	Schnittgrößen
T	Torsionsmoment
V	Querkraft
W	Widerstandsmoment

Lateinische Kleinbuchstaben

a	Abstand, Bügelabstand
b	Breite
d	Durchmesser, Nutzhöhe
e	Exzentrizität, Ausschnitte
f	Festigkeit
h	Höhe
i	Trägheitsradius
k	Beiwert
l	Länge
m	Masse
r	Radius
t	Wanddicke, Zeitpunkt
u	Umfang
u, v, w	Verschiebung eines Punktes
x	Höhe der Druckzone
z	Hebelarm der inneren Kräfte
x, y, z	Koordinaten

Griechische Buchstaben

α, β	Winkel
γ	Teilsicherheitswert
ε	Dehnung
μ	Reibungsbeiwert Spannglied/Hüllrohr
ν	Querdehnzahl
ϱ	Trockenrohdichte des Betons
σ	Normalspannung
τ	Schubspannung
ψ	Beiwert zur Kennzeichnung der repräsentativen Werte veränderlicher Einwirkungen

Indizes

a	Baustahl
c	Beton, Druck
d	Bemessungswert
eff	effektiv, wirksam
ext	außerhalb der Bügel liegend
f	Flansch, Gurt
F	Einwirkung, Kraft
g, G	ständige Einwirkung
h	Höhe
ind	indirekt
inf	unterer, niedriger
int	innere
k	charakteristisch
l	niedrig
m, M	Baustoff
m	Biegung, Mittlere
max, min	Maximum, Minimum
nom	Nennwert
p, P	Einwirkung, Kraft (Vorspannung)
prov	vorhanden
ps	Spannstahl
q, Q	veränderliche Einwirkung
R	Widerstand
req	erforderlich
s/v	Betonstahl/Spannglieder oder Spannkanäle
S	Schnittgröße
sup	ober, oberer
surf	an der Oberfläche liegend
t	Torsion, Zeit
u	Grenz
v	Querkraft
w	Steg
y	Fließ-, Streckgrenze

2.2.2 Abgeleitete Formelzeichen

Lateinische Großbuchstaben

A_c Fläche des Betonquerschnitts
A_p Querschnittsfläche Spannglied(er)
A_s Querschnittsfläche des Betonstahles in der Zugzone
A_{sw} Querschnittsfläche der Schubbewehrung
E_{cd} Bemessungswert des Elastizitätsmoduls für Beton
E_{cm}/E_s Elastizitätsmodul Betonstahl/Spannstahl
I_c Trägheitsmoment des Betonquerschnitts
$J(t, t_0)$ Kriechfunktion zur Zeit t
M_{Sd} Bemessungswert des aufzunehmenden Biegemomentes
N_{Sd} Bemessungswert der aufzunehmenden Längskraft
$P_0/P_{m,t}$ Vorspannkraft unmittelbar nach Vorspannen/zur Zeit t
T_{Sd} Bemessungswert des aufzunehmenden Torsionsmomentes
V_{Sd} Bemessungswert der aufzunehmenden Querkraft

Lateinische Kleinbuchstaben

d_g Nennwert des Größtkorndurchmessers des Zuschlages
b_w Stegbreite
f_c Druckfestigkeit Beton
f_{cd} Bemessungswert der Zylinderdruckfestigkeit des Betons
f_{ck} charakterist. Zylinderdruckfestigkeit des Betons nach 28 Tagen
f_{cm} Mittelwert der Zylinderdruckfestigkeit des Betons
f_{ctk} charakterist. Zugfestigkeit des Betons
f_{ctm} Mittelwert der Zugfestigkeit des Betons
f_p/f_t Zugfestigkeit Spannstahl/Betonstahl
f_{pk}/f_{tk} charakteristische Zugfestigkeit Spannstahl/Betonstahl
f_y Festigkeit des Betonstahles an der Streckgrenze
f_{yk} charakteristische Festigkeit des Betonst. an der Streckgrenze
f_{yd} Bemessungsw. der Festigk. des Betonst. an der Streckgr.
f_{ywd} Bemessungsw. der Festigk. des Betonst. an der Streckgr. der Schubbewehrung
l_{eff} wirksame Stützweite

Griechische Buchstaben

$\gamma_F/\gamma_G/\gamma_Q/$
γ_P/γ_A Teilsicherheitsbeiwerte für Einwirkungen
γ_c/γ_s Teilsicherheitsbeiwert für Beton/Beton- oder Spannstahl
ε_c Betonstauchung
ε_{cu} Bruchstauchung des Betons
ε_u Dehnung des Beton- oder Spannstahles bei Höchstlast
ϱ_l/ϱ_w Bewehrungsgrad der Längs-/Schubbewehrung
σ_c Betondruckspannung
$\phi(t, t_0)$ Kriechzahl zwischen den Zeitpunkten t_0 und t
d_s/d_v Nenndurchm. von Betonstahl/Spanngl. oder Spannkanälen
d_n Vergleichsdurchmesser von Stabbündeln

2.3 SI-Einheiten nach EC2, Abschn. 1.5 bzw. E DIN 1045-1, Abschn. 1.2.2

Folgende mit ISO 1000 übereinstimmende SI-Einheiten werden für Berechnungen empfohlen

- Kräfte, Lasten = kN, kN/m, kN/m²
- Dichte = kg/m³
- Wichte = kN/m³
- Spannungen, Festigkeiten = N/mm²
- Momente = kNm

3 Baustoffeigenschaften

nach EC2, Abschn. 3 bzw. E DIN 1045-1, Abschn. 6

Die physikalischen Eigenschaften für die zur Verwendung kommenden Baustoffe sind in Tafel 2 zusammengestellt.

Tafel 2 Physikalische Eigenschaften von Beton, Stahlbeton und Spannbeton aus Normalbeton: Betonstahl und Spannstahl

Physikalische Eigenschaft	Normalbeton		Stahl	
	Beton	Stahlbeton Spannbeton	Betonstahl	Spannstahl
Dichte ϱ [kg/m³]	2400	2500	7850	7850
Wärmedehnzahl [K⁻¹]	$10 \cdot 10^{-6}$			
Querdehnzahl μ [/]	0,2 für elastische Dehnungen 0 wenn Rißbildung in Beton unter Zugbeanspruchung zulässig ist			

3.1 Beton nach EC2, Abschn. 3.1 bzw. E DIN 1045-1, Abschn. 6.1

Normalbeton ist Beton mit geschlossenem Gefüge, der aus festgelegten Zuschlagstoffen hergestellt wird und so zusammengesetzt und verdichtet ist, daß außer den künstlich erzeugten kein nennenswerter Anteil an eingeschlossenen Luftporen vorhanden ist.

3.1.1 Betondruck- und Betonzugfestigkeit

nach EC2, Abschn. 3.1.2.2 bis 3.1.2.4 bzw. E DIN 1045-1, Abschn. 6.1.2 bis 6.1.7

Der Bemessung der Bauteile liegen die charakteristischen Zylinderdruckfestigkeiten f_{ck} zugrunde. Die Betondruckfestigkeit ist als der Bemessungswert definiert, der bei statistischer Auswertung aller Druckfestigkeitsergebnisse von Beton im Alter von 28 Tagen nur in 5% aller Fälle (5% Fraktile) unterschritten wird.

Die Druckfestigkeitswerte f_{ck} können entweder an Zylindern (300 mm Höhe, 150 mm Durchmesser) als $f_{ck,zyl}$ oder an Würfeln (150 mm Kantenlänge) als $f_{ck,cube}$ ermittelt werden. Da die Bemessungsregeln auf den Werten der Zylinderfestigkeit basieren, gilt im weiteren $f_{ck,zyl} = f_{ck}$.

Die Betonzugfestigkeit wird für den einachsigen Spannungszustand angegeben. Wegen der großen Streuung der Zugfestigkeitswerte werden hierfür sowohl die Mittelwerte f_{ctm} als auch die unteren und oberen charakteristischen Grenzwerte $f_{ctk;0,05}$ bzw. $f_{ctk;0,95}$ angegeben, wobei folgende Beziehungen gelten.

$$f_{ctm} = 0{,}30 f_{ck}^{2/3} \quad (1) \qquad f_{ctk;0,05} = 0{,}7 f_{ctm} \quad (2) \qquad f_{ctk;0,95} = 1{,}3 f_{ctm} \quad (3)$$

Tafel 3 Betonfestigkeitsklassen, Betondruck- und Betonzugfestigkeiten [1])

Betonfestigkeitsklasse		C12/15	C16/20	C20/25	C25/30	C30/37	C35/45	C40/50	C45/55	C50/60
Druckfestigkeit [N/mm²]	$f_{ck} = f_{ck,cyl}$	12	16	20	25	30	35	40	45	50
	$f_{ck,cube}$	15	20	25	30	37	45	50	55	60
Zugfestigkeit [N/mm²]	f_{ctm}	1,6	1,9	2,2	2,6	2,9	3,2	3,5	3,8	4,1
	$f_{ctk;0,05}$	1,1	1,3	1,5	1,8	2,0	2,2	2,5	2,7	2,9
	$f_{ctk;0,95}$	2,0	2,5	2,9	3,3	3,8	4,2	4,6	4,9	5,3

[1]) Hochleistungsbetone und Leichtbetone s. E DIN 1045-1, Tab. 14

3.1.2 Verformungseigenschaften

nach EC2, Abschn. 3.1.2.5 und 4.2.1.3 bzw. E DIN 1045-1, Abschn. 6.1.5

Die Schnittgrößenermittlung ist auf Grundlage der in Bild 1 dargestellten Spannungs-Dehnungs-Linie durchzuführen. Dabei gilt für die dargestellte Parabel folgende rechnerische Beziehung:

$$\sigma_c = f_c \frac{k\eta - \eta^2}{1 + (k-2)\,\eta} \qquad (4)$$

$\eta \quad = \varepsilon_c / \varepsilon_{c1}$

$\varepsilon_{c1} \quad = -0{,}0022 \quad (\varepsilon \text{ bei } \sigma_c = f_c)$

$k \quad = 1{,}1\, E_c \cdot \varepsilon_{c1} / f_c$

f_c Höchstwert der Betonspannung
ε_{cu} Bruchstauchung in der äußeren Faser des gedrückten Betons
$E_{c,nom}$ maßgebender Elastizitätsmodul

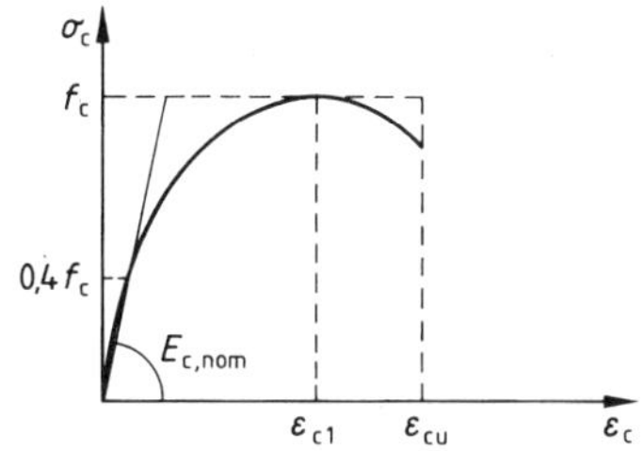

Bild 1
Spannungs-Dehnungs-Linie von Beton für die Schnittgrößenermittlung

Tafel 4 Elastizitätsmodul E_{cm} als Sekantenmodul, Mittelwert der Betondruckfestigkeit f_{cm}, rechnerische Bruchstauchung ε_{cu} für Rechteckquerschnitte und maximale Bruchstauchungen max ε_{cu} für Querschnittsbemessung [1])

Betonfestigkeits-klasse	C12/15	C16/20	C20/25	C25/30	C30/37	C35/45	C40/50	C45/55	C50/60
E_{cm} [N/mm²]	26000	27500	29000	30500	32000	33500	35000	36000	37000
f_{cm} [N/mm²]	20	24	28	33	38	43	48	53	58
$\varepsilon_{cu} \cdot 10^{-3}$	−3,6	−3,5	−3,4	−3,3	−3,2	−3,1	−3,0	−2,9	−2,8

[1]) Hochleistungsbetone und Leichtbetone s. E DIN 1045-1, Tab. 14

Der Elastizitätsmodul darf für den Bereich $0 \leqq \sigma_c \leqq 0{,}4 f_{ck}$ in Bild 1 als Sekantenmodul E_{cm} nach Tafel 4 angenommen werden, wenn kein genauerer Wert vorliegt. Hier sind auch die rechnerischen Bruchstauchungen ε_{cu} für die Schnittgrößenbemessung sowie die maximalen Bruchstauchungen $\varepsilon_{cu,max}$ angegeben. Die Bruchstauchung kann in Abhängigkeit vom Mittelwert f_{cm} der Betondruckfestigkeit entnommen werden

$$f_{cm} = f_{ck} + 8 \quad [\text{N/mm}^2] \qquad (5)$$

Für die Querschnittsbemessung für Biegung, Biegung mit Längskraft und Längskraft allein dürfen die in den Bildern 2 und 3 dargestellten Spannungsdehnungslinien verwendet werden. Dabei muß die Form der Druckzone im bilinearen Diagramm dem des Parabel–Rechteck–Diagrammes gleichwertig sein.

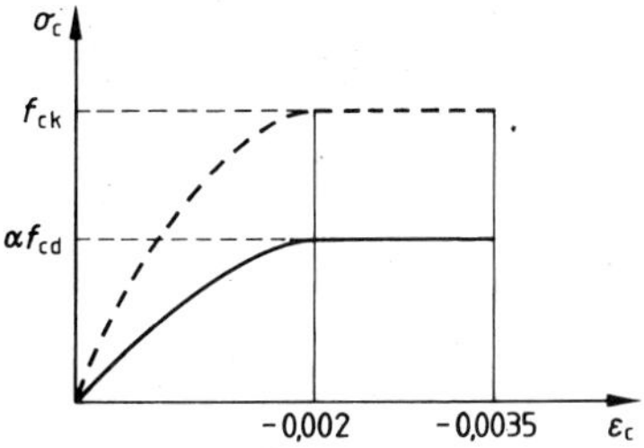

Bild 2 Parabel–Rechteck–Diagramm

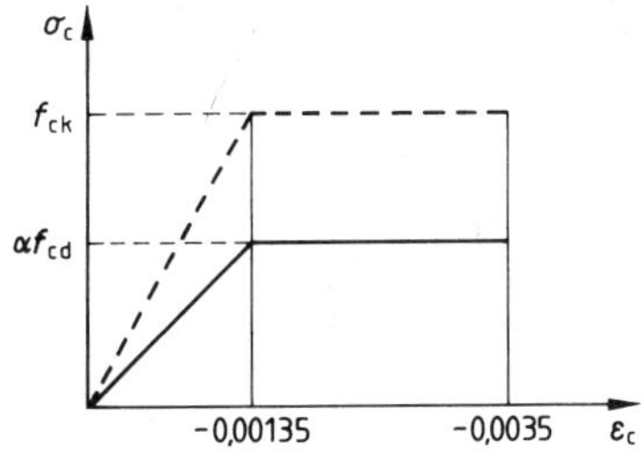

Bild 3 Bilineares Diagramm

Die Druckspannung f_{cd} ist durch folgende Beziehung zu ermitteln

$$f_{cd} = f_{ck}/\gamma_c \quad (6)$$

$$\alpha f_{cd} = \alpha (f_{ck}/\gamma_c) \quad (7)$$

γ_c Teilsicherheitsbeiwert für Beton

α ein zusätzlicher Beiwert zur Berücksichtigung der Reduzierung der Betondruckfestigkeit unter Dauerlast.

$\alpha = 0{,}80$ Querschnitte mit abnehmender Breite zum Betondruckrand (z. B. Kreisquerschnitte)

$\alpha = 0{,}85$ alle anderen Querschnitte

3.1.3 Kriechen und Schwinden

nach EC 2, Abschn. 3.1.2.5.5 bzw. E DIN 1045-1, Abschn. 6.1.4

Unter den Voraussetzungen, daß die Betondruckspannung beim Aufbringen der Belastung zum Zeitpunkt t_0 den Wert $0{,}45 f_{ck}$ nicht überschreitet, die mittlere Bauwerkstemperatur zwischen +10 °C und +20 °C liegt, wobei jahreszeitlich bedingte Schwankungen von −20 °C bis +40 °C zulässig sind, und die Schwankungen der rel. Luftfeuchte zwischen 20% und 100% liegen, können die Werte der Endkriechzahlen $\phi(\infty, t_\phi)$ nach Tafel 5 und Endschwindmaße $E_{cs\infty}$ nach Tafel 6 angesetzt werden. Dabei ist die wirksame Bauteildicke α als das Verhältnis der doppelten Querschnittsfläche des Betons A_c zum Querschnittsumfang u in mm definiert.

Tafel 5 Endkriechzahlen $\phi(\infty, t_\phi)$ für Normalbeton bezogen auf den Sekantenmodul E_{cm}

Alter t_0 des Betons bei Belastung in Tagen	Wirksame Bauteildicke in mm $\alpha = 2\,Ac/u$ in mm	Innenräume, sonst trockene Umgebungen rel. Luftfeuchte 50%	im Freien, sonst feuchte Umgebungen rel. Luftfeuchte 80%
	50	5,5	3,6
1	150	4,6	3,2
	600	3,7	2,9
	50	3,9	2,6
7	150	3,1	2,3
	600	2,6	2,0
	50	3,0	1,9
28	150	2,5	1,7
	600	2,0	1,5
	50	2,4	1,5
90	150	2,0	1,4
	600	1,6	1,2
	50	1,8	1,1
365	150	1,5	1,0
	600	1,2	1,0

Tafel 6 Endschwindmaß $E_{cs\infty}$ in ‰ für Normalbeton

Wirksame Bauteildicke in mm	Lage des Bauteiles	
	Innen rel. Luftfeuchte 50%	Außen rel. Luftfeuchte 80%
≦150	−0,60	−0,33
600	−0,50	−0,28

3.2 Betonstahl nach EC2, Abschn. 3.2 bzw. E DIN 1045-1, Abschn. 6.2

Betonstahl kann als Stabstahl, vom Ring und als Matten zur Bewehrung von Betonbauten verwendet werden. Er ist nach Stahlsorten, Klasse, Duktilität, Maße, Oberflächenbeschaffenheit und Schweißbarkeit einzuteilen. Die Einordnung kann nach Tafel 7a erfolgen.

Tafel 7a Schweißgeeignete Betonstähle in Deutschland nach EC 2

Betonstahl nach	Bezeichnung	Lieferform	Durchmesser in mm	Oberfläche	Nennstreckgrenze f_{yk} in N/mm²	Duktilität nach EC2, Teil 1
DIN 488	BSt 420 S	Stab	6 bis 28	gerippt	420	hoch
	BSt 500 S	Stab	6 bis 28	gerippt	500	hoch
	BSt 500 M	Matte	6 bis 28	gerippt	500	normal
bauaufsichtliche Zulassung	BSt 500 WR	Ring	6 bis 14	gerippt	500	hoch
	BSt 500 WR	Ring	6 bis 12	gerippt	500	normal

Tafel 7b Erlaubte Schweißverfahren und deren Anwendung nach E DIN 1045-1

Belastungsart	Schweißverfahren	Zugstäbe	Druckstäbe
vorwiegend ruhend	Abbrennstumpfschweißen (RA)	Stumpfstoß	
	Gaspreßschweißen (GP)	Stumpfstoß mit $d_s \geq 14$ mm	
	Lichtbogenhandschweißen (E) *	Laschenstoß, Überlappstoß,	
	Metall-Aktivgasschweißen (MAG) **	Kreuzungsstoß ***, Verbindung mit anderen Stahlteilen	
			Stumpfstoß mit $d_s \geq 20$ mm
	Widerstandspunktschweißen (RP) (mit Einpunktschweißmaschine)	Überlappstoß mit $d_s \leq 12$ mm Kreuzungsstoß	
nicht vorwiegend ruhend	Abbrennstumpfschweißen (RA)	Stumpfstoß	
	Gaspreßschweißen (GP)	Stumpfstoß mit $d_s \geq 14$ mm	
	Lichtbogenhandschweißen (E)		Stumpfstoß mit $d_s \geq 14$ mm
	Metall-Aktivgasschweißen (MAG)		

* Der Nenndurchmesser von Mattenstäben muß mindestens 8 mm betragen

** Der Nenndurchmesser von Mattenstäben muß mindestens 6 mm betragen

*** Bei tragenden Verbindungen $d_s \leq 16$ mm

3.2.1 Festigkeiten nach EC2, Abschn. 3.2.4 bzw. E DIN 1045-1, Abschn. 6.2

Charakteristische Werte sind Streckgrenze f_{yk} und Zugfestigkeit f_{tk}. Für Betonstähle mit nicht ausgeprägter Streckgrenze darf der Wert bei 0,2% Dehnung angesetzt werden ($f_{0,2k}$).

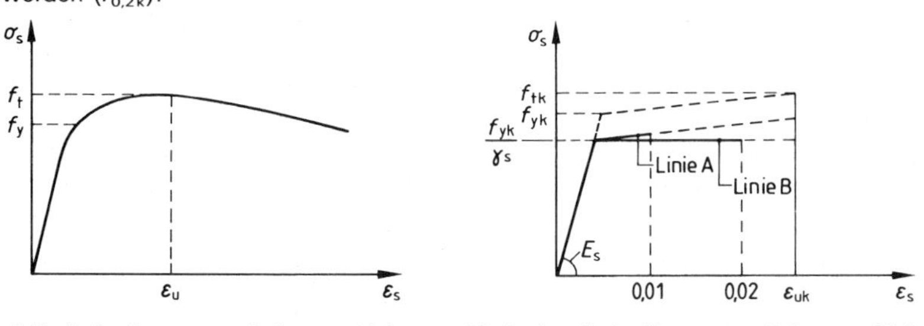

a) Typische Spannungs-Dehnungs-Linie **b) Rechnerische Spannungs-Dehnungs-Linie**

Bild 4 Typische und rechnerische Spannungs-Dehnungs-Linie für den Betonstahl

Angemessene Dehnfähigkeit muß vorhanden sein; dabei sind folgende Duktilitätsanforderungen in Abhängigkeit von dem charakteristischen Wert der Dehnung bei Höchstlast ε_{uk} zu erfüllen.

Hohe Duktilität $\varepsilon_{uk} > 5\%$ $(f_t/f_y)_k > 1{,}08$
Normale Duktilität $\varepsilon_{uk} > 2{,}5\%$ $(f_t/f_y)_k > 1{,}05$

Auf Grundlage der typischen Spannungsdehnungslinie für den Betonstahl darf für die Ermittlung der Schnittgrößen und für die Querschnittsbemessung eine idealisierte rechnerische Spannungsverteilung nach Bild 4 angenommen werden.
Die Bemessungswerte für den Betonstahl ergeben sich durch Division der charakteristischen Werte der Spannungs-Dehnungs-Linie durch Teilsicherheitsbeiwerte γ_s nach Abschn. 4.2. Dabei kann entweder Linie A (geneigter oberer Ast: Begrenzung der Stahldehnung auf 0,01) oder Linie B (horizontaler oberer Ast: Begrenzung der Stahlspannung auf f_{yk}/γ_s) zugrunde gelegt werden. Der Elastizitätsmodul beträgt in beiden Fällen $E_s = 200$ kN/mm^2.

3.3 Spannstahl nach EC2, Abschn. 3.3 bzw. E DIN 1045-1, Abschn. 6.3

Als Spannstahl können Drähte, Stäbe und Litzen verwendet werden. Er ist nach Stahlsorten, Klasse (Relaxationsverhalten), Maße, Oberflächenbeschaffenheit einzuteilen. Das Relaxationsverhalten führte auf folgende Klassifizierung

Klasse 1: Drähte und Litzen mit hoher Relaxation
Klasse 2: Drähte und Litzen mit niedriger Relaxation
Klasse 3: Stäbe

3.3.1 Festigkeiten
nach EC2, Abschn. 4.2.3 bzw. E DIN 1045-1, Abschn. 6.3 und 9.10.3

Charakteristische Werte sind die 0,1%-Dehngrenze $f_{p0,1k}$ und die Zugfestigkeit f_{pk}. Spannstähle müssen eine angemessene Dehnfähigkeit haben, wobei die charakteristische Dehnung bei Höchstlast ε_{uk} vom Hersteller angegeben wird, Die Bemessung kann unter Ansatz des Nenndurchmessers oder des Nennwertes der Querschnittsfläche erfolgen.

Auf Grundlage der typischen Spannungsdehnungslinie für den Spannstahl darf für die Ermittlung der Schnittgrößen und für die Querschnittsbemessung eine idealisierte rechnerische Spannungsverteilung nach Bild 5 angenommen werden.

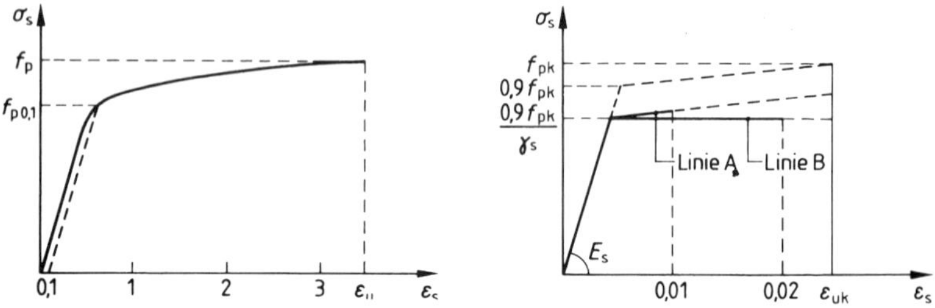

Typische Spannungs-Dehnungs-Linie **Rechnerische Spannungs-Dehnungs-Linie**

Bild 5 Typische und rechnerische Spannungs-Dehnungs-Linie für den Spannstahl

Die Bemessungswerte für den Spannstahl ergeben sich durch Division der charakteristischen Werte der Spannungsdehnungslinie durch Teilsicherheitsbeiwerte γ_s (s. Abschn. 4). Dabei kann entweder Linie A (geneigter oberer Ast: Begrenzung der Stahldehnung auf 0,01) oder Linie B (horizontaler oberer Ast: Begrenzung der Stahlspannung auf $0{,}9 f_{pk}/\gamma_s$) zugrunde gelegt werden. Die zulässige Zugfestigkeit darf voll angesetzt werden, wenn die Spannstähle im Bereich von Umlenkstellen die

Bedingungen der in Tafel 8 angegebenen Verhältnisse des Mindestradius R zum Nenndurchmesser d_v erfüllen. Der Elastizitätsmodul kann für Drähte und Stäbe mit $E_s = 200\ kN/mm^2$ und für Litzen mit $E_s = 190\ kN/mm^2$ angenommen werden.

Tafel 8 Verhältnis Mindestradius/Nenndurchmesser

Spanngliedart		Verhältnis R/d[1])
Einzeldraht oder Litze	nach dem Spannen umgelenkt	15
	in glattem Hüllrohr	20
	in gerippten Hüllrohren	40

[1]) Die Werte sind bei Bündelspanngliedern aus mehreren Drähten oder Litzen mit dem Verhältnis der Gesamtanzahl n_1 zur Anzahl n_2 der Drähte oder Litzen, über die die Radialkraft auf die Umlenkung übertragen wird, zu multiplizieren.

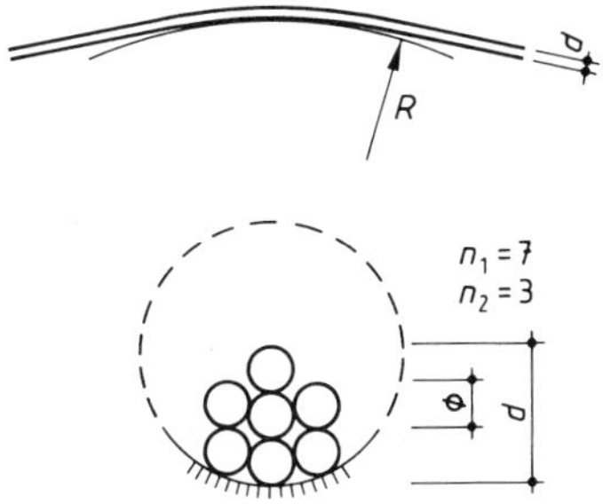

Bild 6 Darstellung von R und n_1, n_2 in Tafel 8

3.3.2 Relaxation

nach EC2, Abschn. 3.3.5.2 u. 4.2.3.4.1 bzw. E DIN 1045-1, Abschn. 6.3.3

Bemessungswerte für einen Relaxationsverlust nach 1000 h sind alternativ anzunehmen

- aus den Bescheinigungen, die der Lieferung beigefügt sind
- nach Bild 7.

Langzeitverluste und Relaxationsverluste für den Zeitraum <1000 h können nach Tafel 9 angenommen werden.

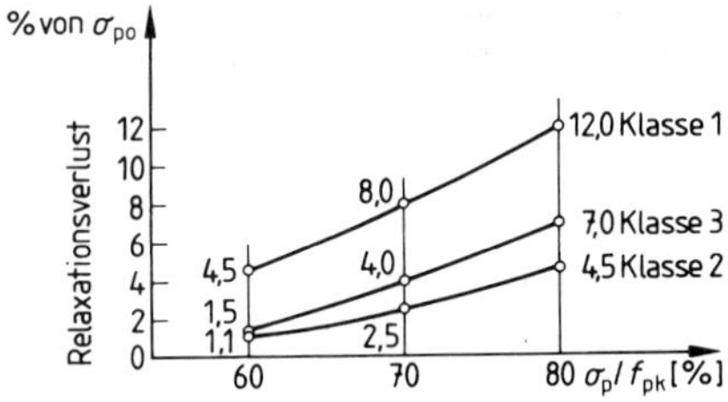

Bild 7 Relaxationsverluste nach 1000 h

Tafel 9 Relaxationsverluste unter 1000 h und Langzeitwerte

Zeit in h	1	5	20	100	200	500	1000	Langzeitverluste
Relaxationsverluste in % (1000 h = 100%)	15	25	35	55	65	85	100	300

3.4 Spannglieder nach EC2, Abschn. 3.4 bzw. E DIN 1045-1, Abschn. 9.10

Bezüglich der Anforderungen an die Eigenschaften, die Prüfverfahren und die Verfahren zur Bescheinigung der Konformität von unten genannten Baustoffen wird auf die einschlägigen Normen verwiesen.

Für Verankerungen (Ankerkörper) und Kopplungen zur Verbindung einzelner Spanngliedabschnitte zu durchlaufenden Spanngliedern von vorgespannten Tragwerken mit nachträglichem Verbund gilt:

- Die Verwendung erfolgt auf Grundlage von Technischen Zulassungsbescheiden
- Für die bauliche Durchbildung gelten die Abschn. 6.4 und 7.3.8
- Die Festigkeits-, Verformungs- und Dauerfestigkeitseigenschaften müssen erfüllt sein durch
  a) entsprechende Wahl der Geometrie und Baustoffeigenschaft
  b) sinnvolle Begrenzung der Bruchdehnung
  c) Verankerung in Bereichen, die nicht anderweitig hochbelastet sind
- Ausreichende Kraftübertragung muß gewährleistet sein.

10

Für Spannkanäle und Hüllrohre von vorgespannten Tragwerken mit nachträglichem Verbund gilt

- Die Verwendung erfolgt auf Grundlage von Technischen Zulassungsbescheiden
- Hüllrohre sollen aus Baustoffen bestehen, die in einschlägigen Normen festgelegt sind
- Das Profil der Hüllrohre muß eine einwandfreie Kraftübertragung der Kräfte gewährleisten.

4 Allgemeine Grundlagen zur Tragwerksplanung

Einwirkungen auf Tragwerke, Teilsicherheitsbeiwerte und Lastkombinationen werden im Registerabschnitt „Lasten und Einwirkungen" behandelt.

5 Schnittgrößenermittlung

nach EC 2, Abschn. 2.5 bzw. E DIN 1045-1, Abschn. 4 und 5

Zur Bestimmung von Schnittgrößen werden Tragwerke idealisiert.

a) Durch Zerlegung der Tragwerke in einzelne Bauteile (geometrische Idealisierung) werden statische Systeme gebildet.
b) Die Idealisierung des Tragverhaltens erfolgt durch Annahme verschiedener Rechenverfahren
   - elastisches Verhalten
   - plastisches Verhalten
   - nichtlineares Verhalten.
c) Im Bereich von örtlich konzentrierten Beanspruchungen (z. B. Auflager, Einzellasten, Verankerungszonen, Kreuzungspunkte von Bauteilen und unstetigen Querschnittsteilen) können weitere Berechnungen erforderlich sein.

Die Ausführungen in Kap. 2 des Abschnittes „Beton- u. Stahlbeton nach DIN 1045" gelten auch hier.

5.1 Lastfälle und Lastfallkombinationen

nach EC 2, Abschn. 2.5.1.2 bzw. E DIN 1045-1, Abschn. 4.2

Die für die Bemessung eines Tragwerkes maßgebende Einwirkungskombination ist durch Untersuchung einer ausreichenden Anzahl von Lastfällen zu bestimmen.

Dabei dürfen Einwirkungskombinationen vereinfacht angenommen werden, wenn sie alle kritischen Bemessungsbedingungen erfassen. Die Bemessung kann entweder im Grenzzustand der Tragfähigkeit oder im Grenzzustand der Gebrauchstauglichkeit erfolgen.

Durchlaufträger ohne Kragarme (Balken und Platten) mit Belastung durch gleichmäßig verteilte Lasten dürfen in der Regel durch Annahme folgender Lastfälle berechnet werden.

- Belastung der Felder abwechselnd mit den ständigen Bemessungslasten $(\gamma_Q \cdot Q_k + \gamma_G \cdot G_k)$ bzw. $(\gamma_G \cdot G_k)$
- Belastung von zwei beliebig nebeneinander liegenden Feldern mit den ständigen Bemessungslasten $(\gamma_Q \cdot Q_k + \gamma_G \cdot G_k)$ und allen anderen Feldern mit $(\gamma_G \cdot G_k)$.

5.2 Imperfektionen

nach EC 2, Abschn. 2.5.1.3 bzw. E DIN 1045-1, Abschn. 4.3

Im Grenzzustand der Tragfähigkeit sind die Auswirkungen von möglichen Imperfektionen zu berücksichtigen. Wird der Einfluß der Tragwerksimperfektionen auf geometrische Ersatzimperfektionen zurückgeführt, so kann die Schnittgrößenermittlung am unbelasteten, unverformten Tragwerk als Ganzes über eine Schiefstellung gegen die Vertikale unter dem Winkel ν im Bogenmaß berücksichtigt werden.

$$\nu = 1/(100\sqrt{l}) \geqq \min \nu \quad (8)$$

min ν = 1/400 stabilitätsgefährdete Bauteile
= 1/200 nicht stabilitätsgefährdete Bauteile
l Gesamthöhe des Tragwerkes in m

Wenn n lotrechte durchlaufende Bauteile gemeinsam wirken, so kann Gl. (8) durch Multiplikation mit dem Wert α_n abgemindert werden.

$$\alpha_n = \sqrt{(1+1/n)/2} \quad (9)$$

Auf Grundlage der Schiefstellungen werden Ersatzhorizontalkräfte ermittelt und als Beanspruchungsgrößen auf das Tragwerk angesetzt. Der Ansatz dieser Kräfte in

- waagerechte aussteifende Bauteile
- lotrechte aussteifende Bauteile
- nicht ausgesteifte Rahmensysteme

ist in den Bildern 8 bis 10 erläutert.
Wenn die Ersatzhorizontalkräfte kleiner sind als die horizontalen Bemessungskräfte und bei außergewöhnlichen Einwirkungskombinationen kann auf den Ansatz der Imperfektionen verzichtet werden.

10

Waagerechte aussteifende Bauteile (z. B. Decken) übertragen Stabilisierungskräfte von den lotrechten Bauteilen zu den aussteifenden Bauteilen. Sie sind für eine Ersatzhorizontallast H_{fd} nach Gl. (10) zu bemessen. Auf die Weiterleitung dieser Kräfte (z. B. bei der Bemessung der lotrechten aussteifenden Bauteile) kann verzichtet werden.

$$H_{fd} = (N_{bc} + N_{ba}) \cdot \nu/2 \quad (10)$$

H_{fd} Ersatzhorizontalkraft in waagerecht aussteifenden Bauteilen
N_{bc}, N_{ba} Bemessungswerte der Beanspruchungen
ν Schiefstellung nach Gl. (8)
l_{col} mittlere Geschoßhöhe

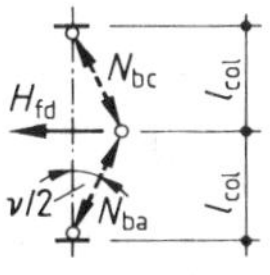

Bild 8 Waagerechte aussteifende Bauteile

Lotrechte aussteifende Bauteile sind für Ersatzhorizontalkräfte nach Gl. (11) zu bemessen.

$$H_j = \sum_{i=1}^{n} V_{ji} \cdot \nu \quad (11)$$

H_j Ersatzhorizontalkraft in der Ebene j
$\sum_{i=1}^{n} V_{ji}$ Summe der vertikalen Bemessungsanteilkräfte in der Ebene j
ν Schiefstellung nach Gl. (8)
l Gesamthöhe

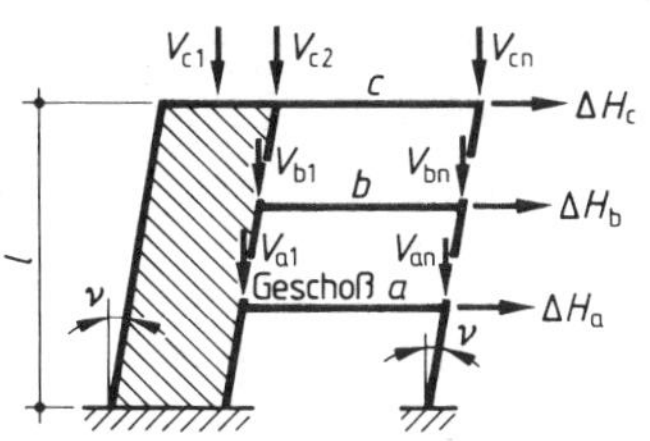

Bild 9 Lotrechte aussteifende Bauteile

Tragwerke ohne lotrechte aussteifende Bauteile (z. B. Rahmen) sind für Ersatzhorizontalkräfte nach Gl. (12) zu bemessen.

$$H_j = \sum_{i=1}^{n} V_{ji} \cdot \nu \quad (12)$$

H_j Ersatzhorizontalkraft in der Ebene j

$\sum_{i=1}^{n} V_{ji}$ Summe der vertikalen Bemessungsanteilkräfte in der Ebene j

ν Schiefstellung nach Gl. (8)

l Gesamthöhe

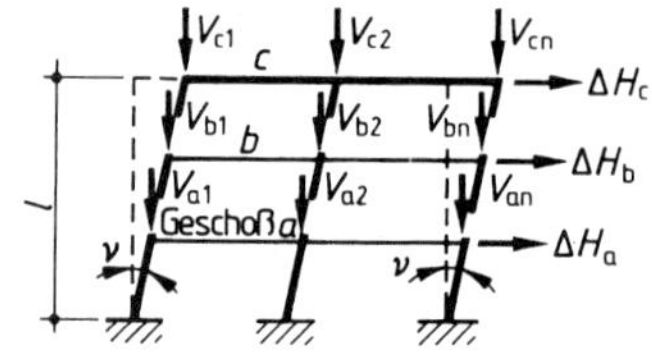

Bild 10 Tragwerke ohne Aussteifung

5.3 Auswirkungen nach Theorie II. Ordnung

nach EC 2, Abschn. 2.5.1.4 bzw. E DIN 1045-1, Abschn. 5.6

Für Hochbauten dürfen Auswirkungen nach Theorie II. Ordnung vernachlässigt werden, wenn das Verhältnis MII/MI < 1,10 ist. Ansonsten und bei anderen Bauten, bei denen der Einfluß von Bedeutung ist, müssen die Auswirkungen nach Theorie II. Ordnung in Rechnung gestellt werden (Gleichgewichtszustand unter Berücksichtigung des verformten Tragwerkes).

5.4 Zeitabhängige Wirkungen nach EC 2, Abschn. 2.5.1.5

Zeitabhängige Wirkungen sind in Rechnung zu stellen, wenn der Einfluß von Bedeutung ist.

5.5 Tragwerksidealisierung

nach EC 2, Abschn. 2.5.2 bzw. E DIN 1045-1, Abschn. 4.4

Für die gängigen Formen von Tragwerksteilen gelten die in Tafel 10 aufgezeichneten Bedingungen.

Tafel 10 Einteilung von Tragwerksteilen

Funktion	Bedingung	Kurzzeichen	
Balken Stütze	$l/h \geqq 2$ $l/h \geqq 2$	l h	Stützweite Querschnittsdicke
Wand Stütze	$l/b \geqq 4$ $l/b < 4$	l b	horizontale Länge Breite
Platte	$l_{min}/h \geqq 4$	l_{min}	kleinste Stützweite
Wandartiger Träger	Balken mit $l/h < 2$	l h	Spannweite Querschnittshöhe

Platten dürfen als einachsig gespannt angenommen werden, wenn die Belastung gleichmäßig verteilt ist und wenn zwei nahezu parallele Ränder ohne Auflagerung oder bei allseitiger Stützung einer Rechteckplatte das Stützenverhältnis $l_{max}/l_{min} > 2$ ist.

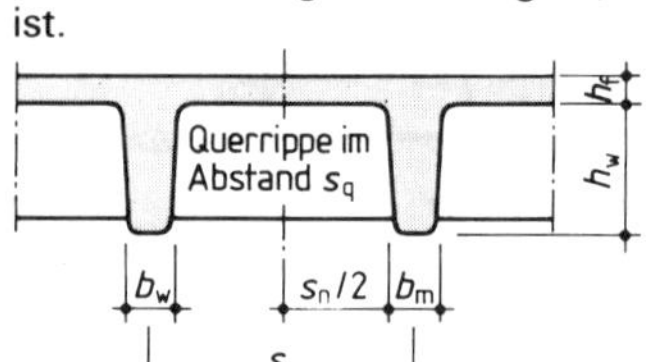

Bild 11
Ausbildung von Rippen- und Kassettendecken als Vollplatten

Rippen- oder Kassettendecken dürfen als Vollplatten berechnet werden, wenn die Gurtplatte zusammen mit den Rippen ausreichend torsionssteif ist und die Bedingungen in Bild 11 erfüllt sind.

$s \leqq 150$ cm
$h_w \leqq 4\,b_m$
$h_f \geqq s_n/10$
$\geqq 5$ cm
$s_q \leqq 10\,h_0$

5.5.1 Stützweite von Platten und Balken

nach EC 2, Abschn. 2.5.2.2.2 bzw. E DIN 1045-1, Abschn. 4.4.3

Für die wirksame Stützweite gilt

$$l_{eff} = l_n + \sum a_i$$

l_n lichte Stützweite
a_i Abstand der Auflagerlinien von der Auflagervorderkante

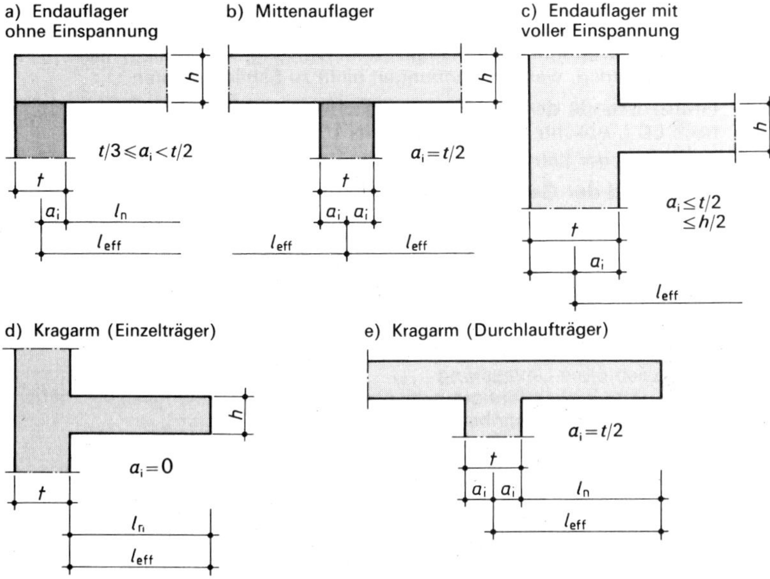

Bild 12 Wirksame Stützweiten

5.5.2 Mitwirkende Plattenbreite

nach EC 2, Abschn. 2.5.2.2.1 bzw. E DIN 1045-1, Abschn. 4.4.2

Die mitwirkende Plattenbreite b_{eff} von Plattenbalken darf vereinfachend feldweise konstant über die gesamte Feldlänge angenommen werden.

a) Symmetrischer Plattenbalken

$b_{eff} = b_w + l_0/5 \leqq b$ (13)

b) Sonderfall einseitiger Plattenbalken

$b_{eff} = b_w + l_0/10 \leqq b_w + b_1$ (14)

Die Formelzeichen sind nach den Bildern 13 und 14 anzunehmen. Für den Abstand der Momentennullpunkte l_0 gelten dabei die Bedingungen $l_3/l_2 \leqq 0{,}5$ bzw. $l_1/l_2 \leqq 1{,}5$.

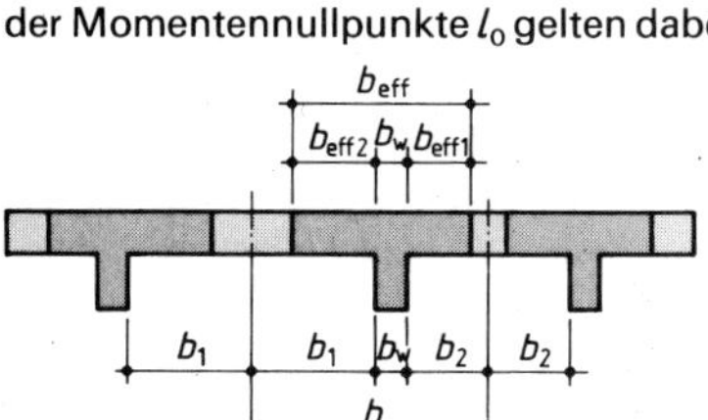

Bild 13 Plattenbalken, mitwirkende Plattenbreite

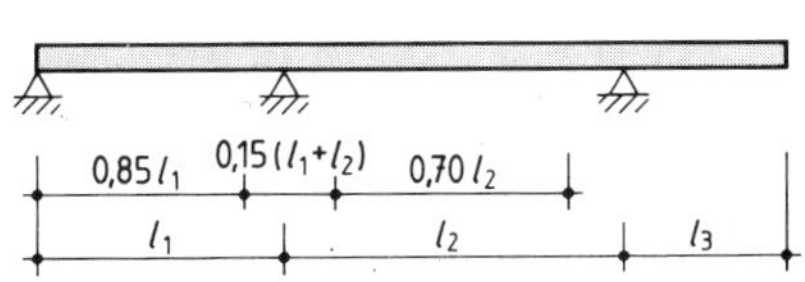

Bild 14 Momentennullpunkte l_0

5.6 Berechnungsverfahren

nach EC 2, Abschn. 2.5.3.1 bzw. E DIN 1045-1, Abschn. 5.1 bis 5.5

Grundbedingungen der Anwendung aller Berechnungsverfahren ist, daß der Gleichgewichtszustand jederzeit sichergestellt ist. Dabei genügt in der Regel die Anwendung von Theorie I. Ordnung (Gleichgewichtszustand am nicht verformten Tragwerk). Theorie II. Ordnung s. Abschn. 5.3. Sind Tragwerke durch Fugen in Abschnitte unterteilt (Abschnittslänge im Regelfall <30 m), so brauchen die Einflüsse aus Zwangsverformungen (Temperatureinwirkung, Schwinden) dann nicht berücksichtigt werden, wenn Verformungen nicht zu Schäden führen.

5.6.1 Grenzzustände der Gebrauchstauglichkeit und Tragfähigkeit

nach EC 2, Abschn. 2.5.3.2 bzw. E DIN 1045-1, Abschn. 5

Für die Ermittlung der Schnittgrößen sind zwei Verfahren zulässig:

a) Grenzzustand der Gebrauchstauglichkeit

– Elastizitätstheorie (ungerissener Querschnitt mit Elastizitätsmodul E_{cm})
– Rißbildungen im Beton dürfen bei günstiger Auswirkung und müssen bei deutlich ungünstigem Einfluß auf das Tragverhalten berücksichtigt werden.

b) Grenzzustand der Tragfähigkeit

Hier dürfen verschiedene Berechnungsverfahren angewendet werden

– linear-elastisch mit Umlagerung
– linear-elastisch ohne Umlagerung
– nichtlinear unter Berücksichtigung der nicht linearen Verformungseigenschaften von Stahlbeton- und Spannbetonquerschnitten
– plastisch (Plastizitätstheorie).

5.6.2 Vereinfachungen

nach EC 2, Abschn. 2.5.3.3 bzw. E DIN 1045-1, Abschn. 4.5

Für die Ermittlungen der Schnittgrößen sind folgende Vereinfachungen zulässig:

– Querdehnzahl darf den Wert Null erhalten
– durchlaufende Platten und Balken dürfen als frei drehbar gelagert gerechnet werden
– Das Stützmoment darf bei frei drehbar gelagerter Rechnung ausgerundet und bei monolithischem Verbund des zu stützenden Bauteiles mit dem Auflager am Auflagerrand angenommen werden, wobei letzteres Moment größer als 65% des Auflagermomentes bei Volleinspannung sein sollte. Allgemein ergeben sich die in Bild 15 angegebenen Bemessungswerte.

frei drehbare Lagerung | **monolithischer Verbund**

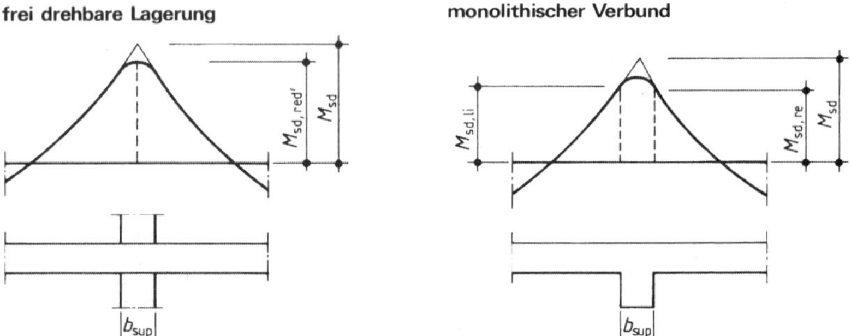

$$M_{Sd,red} = M_{Sd} - F_{Sd,sup} \cdot b_{sup}/8 \quad (15)$$

$$M_{Sd,li} = M_{Sd} - V_{d,li} \cdot b_{sup}/2 > M_d \quad (16)$$

$$M_{Sd,re} = M_{Sd} - V_{d,re} \cdot b_{sup}/2 > M_d \quad (17)$$

Bild 15 Ausrundung des Stützmomentes

Bei gleichmäßig verteilter Einwirkung wird

erste Innenstütze im Endfeld

$$M_d = (q_d + g_d) \cdot l_n^2/12$$

übrige Innenstützen

$$M_d = (q_d + g_d) \cdot l_n^2/18$$

M_{Sd}	Bemessungswert ohne Abminderung
$M_{Sd,red}$	red. Bemessungswerte
$M_{Sd,li}$; $M_{Sd,re}$	red. Bemessungswerte
$F_{d,sup}$	Auflagerreaktion (Bemessungswert)
$V_{d,re}$; $V_{d,li}$	Querkraft rechts bzw. links (Bemessungswert)
b_{sup}	Auflagerbreite
F_d	Auflagerreaktion bei gleichmäßig verteilter Einwirkung
l_n	lichte Stützweite

– Auflagerreaktionen bei einachsig gespannten Platten dürfen auf Grundlage einer frei drehbaren Lagerung unter Vernachlässigung der Durchlaufwirkung ermittelt werden.

Ausnahme:
– Erste Innenauflager
– Spannweite der angrenzenden Felder weichen mehr als 30% voneinander ab.

5.6.3 Schnittgrößenermittlung bei Platten

nach EC2, Abschn. 2.5.3.5 bzw. E DIN 1045-1, Abschn. 5.4

Abschn. 5.6.3 gilt für alle Platten, die in 2 Achsrichtungen beansprucht sind; für einachsig gespannte Platten gilt Abschn. 5.6.4.

Zulässige Berechnungsverfahren sind
– lineare Berechnung mit oder ohne Umlagerung (Grenzzustände der Gebrauchstauglichkeit und der Tragfähigkeit)
– plastische Berechnung (Grenzzustand der Tragfähigkeit)
– numerische Verfahren auf der Grundlage nicht linearer Baustoffeigenschaften.

Die lineare Berechnung kann unter den in Abschn. 5.6.4 angegebenen Berechnungsverfahren für Balken angewendet werden.

Bei der plastischen Berechnung kommen vor allem 2 Verfahren zur Anwendung, wobei untenstehende Anmerkungen zu beachten sind
– Bruchlinientheorie (kinematisches Verfahren)
– Streifenverfahren (statisches Verfahren).

Auf den direkten Nachweis des Rotationsvermögens darf verzichtet werden, wenn ausreichende Verformungsfähigkeit vorhanden ist. Betonstähle mit hoher Duktilität können ohne weitere Nachweise verwendet werden.
Für das Verhältnis von Stützmoment zu Feldmoment gilt

$$0{,}5 \leqq M_S/M_F \leqq 2{,}0$$

Der Querschnitt der Zugbewehrung soll überall für folgenden Wert bemessen werden

$$x/d = 0{,}25$$

x Höhe der Druckzone (Grenzzustand nach Umlagerung)
d Nutzhöhe

5.6.4 Schnittgrößenermittlung bei Balken und Rahmen

nach EC2, Abschn. 2.5.3.4 bzw. E DIN 1045-1, Abschn. 5.3

Die zulässigen Berechnungsverfahren sind in Abschn. 5.6.1 angegeben.

Bei der linearen Berechnung müssen alle Auswirkungen einer Momentenumlagerung bei der Bemessung berücksichtigt werden. Die sich aus der Momentenumlagerung ergebenden Schnittgrößen müssen mit den aufgebrachten Lasten im Gleichgewicht stehen.

Der Nachweis des Rotationsvermögens braucht für Durchlaufträger mit Stützweitenverhältnissen benachbarter Felder $\leqq 2$, in Riegeln von unverschieblichen

Rahmen und vorwiegend auf Biegung beanspruchten Bauteilen nicht geführt werden, wenn das Verhältnis δ des umgelagerten Momentes zum Ausgangsmoment vor der Umlagerung folgende Bedingungen in Abhängigkeit der Betonfestigkeitsklassen und der verwendeten Stahlsorten erfüllt.

		δ nach EC 2	δ nach E DIN 1045-1
Betonfestigkeitsklasse	$\leqq$ C 35/45 $>$ C 35/45	$\geqq 0{,}44 + 1{,}25 \cdot x/d$ $\geqq 0{,}56 + 1{,}25 \cdot x/d$	$\geqq 0{,}50 + 1{,}25\, x/d$ $\geqq 0{,}80$
Stahlsorte	hochduktil normalduktil	$\geqq 0{,}7$ $\geqq 0{,}85$	

Wird bei diesen Bauteilen keine Umlagerung vorgenommen, so ist das Verhältnis x/d zu beschränken.

		x/d nach EC 2	x/d nach E DIN 1045-1
Betonfestigkeitsklasse	$\geqq$ C 12/15 $\leqq$ C 35/45	$\leqq 0{,}45$	$\leqq 0{,}52$
	$\geqq$ C 40/45	$\leqq 0{,}35$	

Bei verschieblichen Rahmen und immer dann, wenn das Rotationsvermögen nicht mit Sicherheit angenommen werden kann (z. B. in Ecken von vorgespannten Rahmen), ist eine Umlagerung nicht zugelassen.

Bei einer nicht linearen Berechnung bzw. der Anwendung der Plastizitätstheorie wird auf den Anhang von EC 2 verwiesen.

5.6.5 Schnittgrößenermittlung von Wänden und in ihrer Ebene beanspruchten Bauteilen nach EC 2, Abschn. 2.5.3.6

Schnittgrößen von Bauteilen, für die die Annahme einer linearen Dehnungsverteilung nicht zutrifft, dürfen nach folgenden Verfahren ermittelt werden:

- lineare Berechnung (Grenzzustände der Gebrauchstauglichkeit und der Tragfähigkeit)
- elastische-plastische Berechnung
- Berechnungen unter Zugrundelegung nichtlineare Materialverhaltens.

Bei der linearen Berechnung müssen die Auswirkungen von Zwang (z. B. Wärmeeinwirkungen oder Auflagersetzungen) und von Theorie II. Ordnung berücksichtigt werden, wenn sie von Bedeutung sind. Kommen numerische Methoden auf Grundlage der Elastizitätstheorie zur Anwendung, so sind die Auswirkungen einer Rißbildung in hochbelasteten Bauteilen zu verfolgen (z. B. durch Verringerung der Steifigkeiten in den betroffenen Bereichen).

Bei der Berechnung nach der Plastizitätstheorie dürfen Bauteile durch Idealisierung in statisch bestimmte Stabwerke mit fiktiven Druck- und Zugstreben betrachtet werden, wobei dann alle Kräfte aus Gleichgewichtsbedingungen ermittelt werden.

Folgende Nachweise sind zu führen:

- Aufnahme der Zugkräfte durch Bewehrung mit ausreichender Verankerung, dabei ist der Bemessungswert der Stahlspannung auf $\sigma_{sd} \leqq f_{yd}$ begrenzt.
- Nachweis der Betondruckspannungen in den Druckstreben, wobei für die zulässige Bemessungsdruckspannung gilt

$$\boldsymbol{\sigma_{cd} \leqq \nu_{ü} \cdot f_{cd}}$$

$\nu_{ü} = 0{,}6$ allgemein
$0{,}6 < \nu_{ü} \leqq 1$ bei Vorliegen dreiachsiger Spannungszustände

- Kontrolle örtlich auftretender Spannungen (z. B. aus konzentrierten Einzellasten).

Bei Anwendung der nicht linearen Berechnung wird auf den Anhang von EC 2 verwiesen.

5.6.6 Konsolen nach EC2, Abschn. 2.5.3.7

Konsolen sind kleine Kragarme mit $a_c \leqq h_c$. Sie können unter den in Abschn. 5.6.5 angegebenen Bedingungen für die elastisch-plastische Berechnung berechnet werden, dabei ist der Einfluß dieser Berechnung bei der Bemessung der angrenzenden Bauteile zu berücksichtigen.

a) Stabwerksmodell bei
$0{,}4 h_c \leqq a_c \leqq h_c$
Bemessung für F_v, $H_c \geqq 0{,}2 F_v$
h_c nach Abschn. 6.5.2

b) Stabwerks- oder andere gleichwertige Modelle bei
$a_c < 0{,}4 \cdot h_c$

c) Konsole nach Balkenstatik (Kragarm) bei
$a_c > h_c$

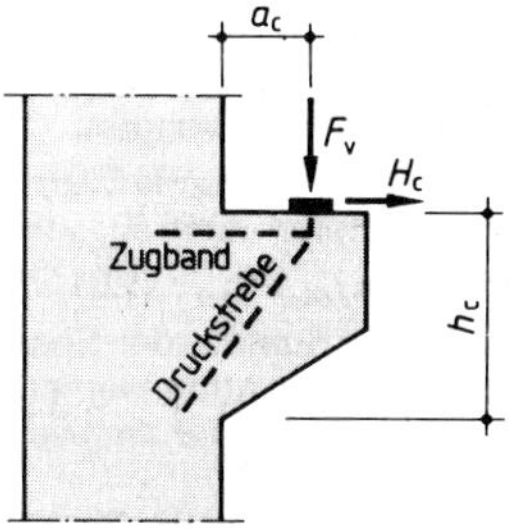

Bild 16 Konsole

5.6.7 Wandartige Träger nach EC2, Abschn. 2.5.3.7.3

Wandartige Träger können unter den in Abschn. 5.6.5 angegebenen Bedingungen für die elastisch-plastische Berechnung unter Verwendung eines einfachen Stabwerksmodells bemessen werden.

5.6.8 Konzentrierte Krafteinleitungen
nach EC2, Abschn. 2.5.3.7.4 bzw. E DIN 1045-1, Abschn. 10.9

Bei der Berechnung der Bereiche mit konzentrierten Krafteinleitungen ist insbesondere auf die Einhaltung des Gleichgewichtes aller Kräfte sowie auf die Aufnahme der Querkräfte aus Verankerungen und von Druckstreben aus der Vorspannung mit nachträglichem Verbund zu achten.

5.7 Auswirkungen einer Vorspannung
nach EC2, Abschn. 2.5.4 bzw. E DIN 1045-1, Abschn. 5.7

5.7.1 Vorspannung mit sofortigem oder nachträglichem Verbund
nach EC2, Abschn. 2.5.4.2 bzw. E DIN 1045-1, Abschn. 5.7.2

Bei der Ermittlung der Schnittlasten sind folgende Auswirkungen zu berücksichtigen

- statisch bestimmte in statisch bestimmten Tragwerken
- statisch bestimmte und statisch unbestimmte in statisch unbestimmten Tragwerken
- im Verankerungsbereich und in Bereichen, wo Spannglieder umgelenkt werden.

Für den Mittelwert der Vorspannkraft $P_{m,t}$ zur Zeit t an einer beliebigen Stelle im Bauwerk gilt

a) Spannglieder mit sofortigem Verbund

$$P_{m,t} = P_0 - \Delta P_c - \Delta P_t(t) - \Delta P_\mu(x) \quad (18)$$

b) Spannglieder mit nachträglichem Verbund

$$P_{m,t} = P_0 - \Delta P_c - \Delta P_\mu(x) - \Delta P_{Sl} - \Delta P_t(t) \quad (19)$$

P_0 Vorspannkraft am Spannende
$\Delta P_\mu(x)$ Spannkraftverlust infolge Reibung
ΔP_{Sl} Spannkraftverlust infolge Schlupf
ΔP_c Spannkraftverlust infolge elastischer Verformung des Bauteils
$\Delta P_t(t)$ Spannkraftverlust infolge Kriechen, Schwinden und Relaxation zur Zeit t

5.7.1.1 Grenzzustände der Gebrauchstauglichkeit
nach EC 2, Abschn. 2.5.4.3 bzw. E DIN 1045-1, Abschn. 5.7.4

Die Schnittgrößen sind nach der Elastizitätstheorie zu ermitteln. Dabei kann normalerweise mit dem Mittelwert der Vorspannung $P_{m,t}$ gerechnet werden (z. B. beim Nachweis der Druckspannungen). Lediglich bei der Berücksichtigung der Grenzzustände der Rißbildung, der Dekompression, des Öffnens von Fugen zwischen Fertigteilen und der Ermüdungseinwirkungen ist der charakteristische Wert der Vorspannung anzuwenden.

Der charakteristische Wert der Vorspannung ist durch einen oberen Wert $P_{k,sup}$ und einen unteren Wert $P_{k,inf}$ festgelegt

$P_{k,sup} = r_{sup} P_{m,t}$ (20) $\qquad$ $P_{k,inf} = r_{inf} P_{m,t}$ (21)

Wenn die Summe der Spannkraftverluste infolge Reibung, Kriechen und Schwinden und Relaxation kleiner als 30% der anfänglichen Vorspannkraft ist, kann r_{sup} mit 1,1 und r_{inf} mit 0,9 angesetzt werden.

5.7.1.2 Grenzzustände der Tragfähigkeit
nach EC 2, Abschn. 2.5.4.4 bzw. E DIN 1045-1, Abschn. 5.7.5

Die Schnittgrößenermittlung erfolgt linear, nichtlinear oder auf Grundlage der Plastizitätstheorie.

Der Bemessungswert der Vorspannung P_d beträgt

$P_d = \gamma_p P_{m,t}$ (22)

Bei linearer Berechnung beträgt $\gamma_p = 1{,}0$.

Die Querschnittsbemessung erfolgt ebenfalls unter Berücksichtigung der Schnittlasten infolge Vorspannung nach Gl. (22). Dabei darf $\gamma_p = 1{,}0$ gesetzt werden, wenn nicht mehr als 25% des gesamten Spannstahlquerschnittes in der Druckzone liegt und die Spannstahlspannung größer als $f_{p0,1k}/\gamma_m$ ist, ansonsten ist $\gamma_p = 0{,}9$.

5.7.2 Bauteile mit zeitlich begrenztem Wegfall des Verbundes
nach EC 2, Abschn. 2.5.4.1

Ist in Bauteilen die Vorspannung zeitlich begrenzt ohne Verbund (z. B. während der Bauzeit), so darf im Grenzzustand der Gebrauchstauglichkeit vereinfacht so gerechnet werden, als lägen die Spannglieder im Verbund.

5.8 Zeitabhängiges Betonverhalten
nach EC 2, Abschn. 2.5.5 bzw. E DIN 1045-1, Abschn. 6.1.8

Die Einflüsse aus Kriechen und Schwinden müssen im Allgemeinen nur für den Grenzzustand der Gebrauchstauglichkeit berücksichtigt werden. (Ausnahme: Theorie II. Ordnung und wenn der Beton extremen Temperaturen ausgesetzt ist)

Die Abschätzung der Spannkraftverluste kann unter folgenden Annahmen erfolgen:

- getrennte Betrachtung von Kriechen und Schwinden
- Beziehung zwischen Kriechverformungen und kriecherzeugenden Spannungen linear
- Das Superpositionsprinzip bleibt gültig
- ungleichmäßige Temperatur- und Feuchtigkeitsverläufe werden vernachlässigt.

Die Gesamtverformung des Betons zum Zeitpunkt t beträgt bei der ersten Lastaufbringung (σ_0) zum Zeitpunkt t_0:

$$\varepsilon_{tot}(t, t_0) = \varepsilon_n(t) + \sigma_0 J(t, t_0) + \sum J(t, t_i)\, \Delta\sigma(t_i) \quad (23)$$

$\varepsilon_n(t)$ von Lastspannungen unabhängige, aufgezwungene Verformung (z. B. Schwinden, Temperatur)

$\Delta\sigma(t_i)$ Spannungsänderung zum Zeitpunkt t_i

Tafel 11 a Schwinden

<table>
<tr><td colspan="3">Schwindfunktion
$\varepsilon_{cs}(t-t_s)=\varepsilon_{cs0}\cdot\beta_s(t-t_s)$</td></tr>
<tr><td colspan="2">Grundschwindmaß
$\varepsilon_{sc0}=\varepsilon_s(f_{cm})\cdot\beta_{RH}$</td><td rowspan="2">Beiwert „Zeitlicher Verlauf"
$\beta_s(t-t_s)=\sqrt{\frac{t-t_s}{0{,}035\,h_0^2+t-t_s}}$

Wirksame Dicke
$h_0=\frac{2A_c}{u}$ in mm

A_c Querschnittsfläche
u Querschnittsumfang

t Betonalter in Tagen
t_s Betonalter in Tagen bei Beginn des Schwindens</td></tr>
<tr><td>Beiwert „Betonfestigkeit"
$\varepsilon_s(f_{cm})=[160+\beta_{sc}(90-f_{cm})]\cdot10^{-6}$

Beiwert „Zementart"
$\beta_{sc}=\begin{cases}4 & \text{Langsam erhärtende Zemente (S)}\\ 5 & \text{Normal und schnell erhärtende Zemente (N, R)}\\ 8 & \text{Schnell erhärtende hochfeste Zemente (RS)}\end{cases}$

f_{cm} Betonfestigkeit</td><td>Beiwert „Umgebungsfeuchtigkeit"
$\beta_{RH}=\begin{cases}-1{,}55\,\beta_{sRH}: & 40\%\le RH<99\%\ \text{(Luftlagerung)}\\ +0{,}25\,\beta_{sRH}: & RH\ge99\%\ \text{(Wasserlagerung)}\end{cases}$

Beiwert „Luftfeuchte" (Relative Humidität)
$\beta_{sRH}=1-(RH/100)^3$
RH = Relative Luftfeuchte in %</td></tr>
</table>

Tafel 11 b Kriechen

Kriechfunktion $J(t,t_0)=\frac{1}{E_c(t_0)}+\frac{\phi(t,t_0)}{E_c(28)}$		t_0 Zeitpunkt der ersten Lastaufbringung t betrachteter Zeitpunkt $E_c(t_0)$ (Tangenten-)Elastizitätsmodul im Zeitpunkt t_0 $E_v(28)$ (Tangenten-)Elastizitätsmodul nach 28 Tagen
Kriechzahl (bezogen auf elast. Verformung mit $E_c(28)$)		$\phi(t,t_0)=\phi_0\cdot\beta_c(t-t_0)$
Grundkriechzahl $\phi_0=\phi_{RH}\cdot\beta(f_{cm})\cdot\beta(t_0)$ mit – $\phi_{RH}=1+\frac{1-RH/100}{0{,}10\sqrt[3]{h_0}}$ – $\beta(f_{cm})=\frac{16{,}8}{\sqrt{f_{cm}}}$ f_{cm} Betonfestigkeit – $\beta(t_0)=\frac{1}{0{,}1+t_0^{0{,}2}}$	$\beta_c(t-t_0)=\left(\frac{t-t_0}{\beta_H+t-t_0}\right)^{0{,}3}$ mit $\beta_H\approx 1{,}5\,[1+(0{,}012\,RH)^{18}]\,h_0+250\leq 1500$	$t-t_0$ Tatsächliche Belastungsdauer in Tagen h_0 Wirksame Dicke (siehe bei Schwinden) RH Relative Feuchte in %
	Der Einfluß von Zementart und Temperaturverlauf kann erfaßt werden durch:	$t_0=t_{0,T}\left\{\left(\frac{9}{2+t_{0,T}^{1,2}}+1\right)^{\alpha}\geq 0{,}5\right\}$ $\alpha=$ –1 langsam erhärtende Zemente (S) 0 normal oder schnell erhärtende Zemente (N, R) 1 schnell erhärtende hochfeste Zemente (RS)
	Temperatureinfluß: $t_{0,T}$ *aus (Wirksames Betonalter)*	$t_T=\sum_{i=1}^{n} e^{-(4000/(273+T(\Delta t_i))-13{,}65)}\cdot\Delta t_i$
	$T(\Delta t_i)$ Temperatur in °C;	Δt_i Anzahl der Tage mit Temperatur $T(\Delta t_i)$

Man erkennt in Gl. (24) neben dem Platzhalter für die Schwinddehnung die Position der kriech-modifizierten Dehnung infolge der ersten Lastaufbringung und – unter dem Summenzeichen – die kriech-modifizierten Dehnungsbeiträge infolge der nachfolgenden Einwirkungsänderungen.

Diese kriech-modifizierten Dehnungsbeiträge aller nachfolgenden Einwirkungsänderungen lassen sich auch pauschal durch einen von der zeitlichen Entwicklung der Dehnungen abhängigen Relaxationswert χ erfassen:

$$\varepsilon_{tot}(t, t_0) = \varepsilon_n(t) + \sigma(t_0)\, J(t, t_0) + [\sigma(t) - \sigma(t_0)] \left[\frac{1}{E_c(t_0)} + \chi \frac{\phi(t, t_0)}{E_{c(28)}} \right] \quad (24)$$

χ Relaxationswert, darf üblicherweise mit 0,8 angenommen werden

Bei geringer Änderung der Betonspannungen können die Verformungen mit dem wirksamen Elastizitätsmodul (Gl. (25)) berechnet werden.

$$E_{c,eff} = \frac{E_c(t_0)}{1 + \phi(t, t_0)} \quad (25)$$

Bei Anwendung der Kriechzahlen nach Tafel 5 in obige Gleichungen sollten die Tafelwerte um 5% vergrößert werden.

Die Endschwindmaße können nach Tafel 6 angenommen werden.

6 Bemessung nach EC2, Abschn. 4.1.3

10

Tragwerke sind derart zu bemessen, daß sie während der vorgesehenen Nutzungsdauer ihre Funktion hinsichtlich der Gebrauchstauglichkeit, Standfestigkeit und Stabilität voll erfüllen.

6.1 Umweltbedingungen und Betondeckung

nach EC2, Abschn. 4.1.3.3 bzw. E DIN 1045-1, Abschn. 3.2

Bauten und Bauteile sind nicht nur direkt einwirkenden Lasten – also äußeren Kräften – ausgesetzt sondern auch chemischen und physikalischen Einwirkungen und indirekten Einwirkungen, s. z. B. Tafel 12.

Tafel 12 Beispiele von chemischen und physikalischen Angriffen und indirekten Einwirkungen

chemischer Angriff	– Nutzung eines Gebäudes zur Lagerung von Flüssigkeiten – Umweltbedingungen aggressiv – Tragwerk ist Gasen oder Lösungen (z. B. Säurelösungen) ausgesetzt – ungeeignete Baustoffeigenschaften (z. B. Alkalireaktion von Zuschlägen)
physikalischer Angriff	– Abnutzung – Frost-Tau-Wechselwirkung – Eindringen von Wasser
indirekte Einwirkungen	– Zwangeinwirkungen durch Verformungen durch bes. Lasten, Temperatur, Kriechen und Schwinden, Risse

In Abhängigkeit von den Umweltbedingungen werden Bauten und Bauteile bestimmten Umweltklassen (EC2) bzw. Expositionsklassen (E DIN 1045-1) zugeordnet, s. Tafeln 13 u. 15.

Von der Umwelt- bzw. Expositionsklasse, der ein Bauwerk oder Bauteil zugehört, hängen die Werte für Betondeckung und Betonfestigkeitsklasse ab, die mindestens einzuhalten sind, Tafeln 14, 16 u. 17.

6.1.1 Umweltklassen und (Mindest-)Betondeckung nach EC 2

Tafel 13 Umweltklassen in Abhängigkeit von den Umweltbedingungen

Umweltklasse		Beispiele für Umweltbedingungen
1 Trockene Umgebung		– Innenräume von Wohn- oder Bürogebäuden[1])
2 Feuchte Umgebung	a ohne Frost	– Gebäudeinnenräume mit hoher Feuchte (z. B. Wäschereien) – Außenbauteile – Bauteile in nichtangreifendem Boden und/oder Wasser
	b mit Frost	– Außenbauteile, die Frost ausgesetzt sind – Bauteile in nichtangreifendem Boden und/oder Wasser, die Frost ausgesetzt sind – Innenbauteile bei hoher Luftfeuchte, die Frost ausgesetzt sind
3 Feuchte Umgebung mit Frost und Taumitteleinwirkung		– Außenbauteile, die Frost und Taumitteln ausgesetzt sind
4 Meerwasserumgebung	a ohne Frost	– Bauteile im Spritzwasserbereich oder ins Meerwasser eintauchende Bauteile, bei denen eine Fläche der Luft ausgesetzt ist – Bauteile in salzgesättigter Luft (unmittelbarer Küstenbereich)
	b mit Frost	– Bauteile im Spritzwasserbereich oder ins Meerwasser eintauchende Bauteile, bei denen eine Fläche Luft und Frost ausgesetzt ist – Bauteile, die salzgesättigter Luft und Frost ausgesetzt sind

Die folgenden Klassen können einzeln oder in Kombination mit den oben genannten Klassen vorliegen:

5 Chemisch angreifende Umgebung[2])	a	Schwach chemisch angreifende Umgebung (gasförmig, flüssig oder fest) Aggressive industrielle Atmosphäre
	b	Mäßig chemisch angreifende Umgebung (gasförmig, flüssig oder fest)
	c	Stark chemisch angreifende Umgebung (gasförmig, flüssig oder fest)

[1]) Diese Umweltklasse gilt nur dann, wenn das Bauwerk oder einige seiner Bauteile während der Bauausführung über einen längeren Zeitraum hinweg keinen schlechteren Bedingungen ausgesetzt wird.
[2]) Chemisch angreifende Umgebungen werden in ISO DP 9690 klassifiziert. Folgende gleichwertige Umweltklassen können ebenfalls angegeben werden:
Umweltklasse 5a: ISO-Klassifizierung A1G, A1L, A1S
Umweltklasse 5b: ISO-Klassifizierung A2G, A2L, A2S
Umweltklasse 5c: ISO-Klassifizierung A3G, A3L, A3S

Die Mindestmaße min *c* sind durch ein Vorhaltemaß Δh auf das Nennmaß nom *c* der Betondeckung zu vergrößern. Hierdurch sollen in erster Linie Abweichungen bei der Ausführung berücksichtigt werden. Nennmaße der Betondeckung sind auf den Bewehrungszeichnungen anzugeben.

Tafel 14 Mindestbetondeckung min c und Vorhaltemaß Δh von Normalbeton

		Umweltklasse nach Tafel 13								
		1	2a	2b	3	4a	4b	5a	5b	5c[2])
Mindest-betondeckung min c in mm [1])	Betonstahl	15	20	25	40	40	40	25	30	40
	Spannstahl	25	30	35	50	50	50	35	40	50
Vorhaltemaß Δh (mm)	Betonstahl/Spannstahl	Fertigteile: $0 \leqq \Delta h \leqq 5$[3]) Ortbeton: $5 \leqq \Delta h \leqq 10$								

[1]) Mindestbetondeckung der Hauptbewehrung soll $\geqq 20$ mm sein
Betondeckung der maßg. Bewehrungsstäbe oder Spannglieder
a) > Durchmesser Betonstahl oder Hüllrohr; > Vergleichdurchmesser eines Stabbündels, aber $\leqq 40$ mm
oder wenn der Größtkorndurchm. des Betonzuschlages > 32 mm
b) – Durchmesser Betonstahl oder Hüllrohr + 5 mm
– Vergleichdurchmesser eines Stabbündels + 5 mm
Mindestbetondeckung bei Spannbeton mit sofortigem Verbund
> 2 Nenndurchmesser des Spannstahles;
> 3 Nenndurchmesser des Spannst. bei Verwendung gerippter Drähte
Mindestbetondeckung bei Betonschüttung
– direkt gegen Erde $\geqq 75$ mm
– auf vorbereitetem Untergrund $\geqq 40$ mm
Abminderung von 5 mm zulässig
– bei plattenartigen Bauteilen für Umweltklassen 2 bis 5
– bei Betonfestigkeitsklassen $\geqq$ C 40/50 (Stahlbeton nach Umweltkl. 2a bis 5b, Spannbeton nach Umweltkl. 1 bis 5b) jedoch immer größer als nach Umweltkl. 1 angegeben

[2]) Beschichtungen zur Vermeidung eines direkten Kontaktes mit chemisch angreifenden Stoffen erforderlich

[3]) Nur zulässig, wenn diese Werte durch Fertigungskontrolle garantiert werden und dies im Rahmen der Güteüberwachung bestätigt wird.

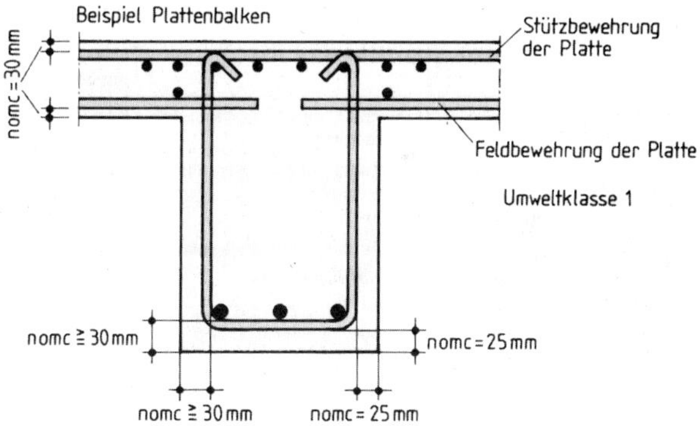

6.1.2 Expositionsklassen, (Mindest-)Betondeckung und Betonfestigkeitsklassen nach E DIN 1045-1

Tafel 15 Expositionsklassen in Abhängigkeit von den Umweltbedingungen

Bewehrungskorrosion			Beispiele für Umweltbedingungen
Karbonatisierungs-induzierte Korrosion	XC 1	Trocken	Bauteile in Innenräumen mit normaler Luftfeuchte
	XC 2	Naß, selten trocken	Teile von Wasserbehältern, Gründungsbauteile
	XC 3	Mäßige Luftfeuchtigkeit	Bauteile, zu denen die Außenluft häufig oder ständig Zugang hat, z. B. offene Hallen und Garagen und Innenräume mit hoher Luftfeuchte
	XC 4	Zyklisch naß und trocken	Außenbauteile mit direkter Beregnung, Bauteile in Wasserwechselzonen
Chloridinduzierte Korrosion	XD 1	Mäßige Feuchtigkeit	Bauteile im Bereich chloridhaltiger Sprühnebel
	XD 2	Naß, selten trocken	Schwimmbecken; Bauteile, die chloridhaltigen Industriewässern ausgesetzt sind
	XD 3	Zyklisch naß und trocken	Bauteile im Spritzwasserbereich von tausalzbehandelten Straßen, Parkdecks
Chloridinduzierte Korrosion aus Meerwasser	XS 1	Salzhaltige Luft, kein direkter Meerwasser-Kontakt	Außenbauteile in Küstennähe
	XS 2	Unter Wasser	Bauteile in Hafenbecken, die ständig unter Wasser liegen
	XS 3	Gezeitenzonen, Spritz- und Sprühwasserzonen	Kaimauern in Hafenanlagen
Betonangriff			Beispiele für Umweltbedingungen
Kein Angriffsrisiko	X 0	Kein Angriffsrisiko	Unbewehrte Bauteile in nicht betonangreifender Umgebung
Angriff durch aggressive chemische Umgebung	XA 1	Chemisch leicht aggressive Umgebung	Behälter von Kläranlagen
	XA 2	Chemisch mäßig aggressive Umgebung	Betonbauteile, die mit Meerwasser in Berührung kommen; Bauteile in stark betonangreifenden Böden
	XA 3	Chemisch hoch aggressive Umgebung	Industrieabwasseranlagen mit sehr stark chemisch angreifenden Abwässern, z. B. Käsereien
Frost-Tauwechsel-Angriff	XF 1	Mäßige Wassersättigung ohne Taumittel	Außenbauteile
	XF 2	Mäßige Wassersättigung mit Taumittel	Bauteile im Sprühnebelbereich von Straßen
	XF 3	Hohe Wassersättigung ohne Taumittel	Offene Wasserbehälter
	XF 4	Hohe Wassersättigung mit Taumittel	Straßenbeläge, die mit Tausalz behandelt werden
Verschleiß-Angriff	XM 1	Mäßiger Verschleiß	Straßenbeläge von Wohnstraßen
	XM 2	Schwerer Verschleiß	Straßenbeläge von Hauptverkehrsstraßen, Verkehrsflächen mit schwerem Gabelstaplerverkehr
	XM 3	Extremer Verschleiß	Beläge von Flächen, die häufig mit Kettenfahrzeugen befahren werden

Tafel 16 Die Mindestbetondeckung min *c*

		Karbonatisierungs-induzierte Korrosion				Chloridinduzierte Korrosion			Chloridinduzierte Korrosion aus Meerwasser		
Expositionsklasse		XC 1	XC 2	XC 3	XC 4	XD 1	XD 2	XD 3	XS 1	XS 2	XS 3
Mindest-betondeckung in mm[1])[2])[3])	Betonstahl[2])	10	20		25	40			40		
	Spannstahl[2])	20	35		35	50			50		

[1]) Für plattenförmige Bauteile darf eine Abminderung von 5 mm außer für die Expeditionsklasse XC 1 vorgenommen werden.
[2]) Für Fertigteile darf die Mindestbetondeckung um 5 mm vermindert werden, wenn die Festigkeit um 2 Festigkeitsklassen höher liegt als für Tabelle 6 erforderlich ist (außer für die Expositionsklasse XC 1).
[3]) Für die Expositionsklasse XM 1 sind 5 mm, für XM 2 10 mm und für XM 2 15 mm als Opferbeton vorzusehen.

Die Mindestbetondeckung min *c* muß durch ein Vorhaltemaß Δh für unplanmäßige Abweichungen vergrößert werden. Der Wert von Δh hängt von der Größe und der Art des Bauteils, der Art der Konstruktion, der Bauausführung und der Güteüberwachung sowie der Art der baulichen Durchbildung ab. Das Ergebnis ist das Nennmaß der Betondeckung nom *c*, das auf den Bewehrungszeichnungen angegeben werden muß.

Das Vorhaltemaß für Maßabweichungen (Δh) sollte 10 mm für Bauteile der Expositionsklasse XC 1 und 15 mm für Bauteile der Expositionsklassen XC 2 bis XS 3 nach Tafel 15 betragen. Diese Werte dürfen abgemindert werden, wenn dies durch eine entsprechende Qualitätskontrolle von Planung, Entwurf, Herstellung und Bauausführung gerechtfertigt werden kann.

Für Spannbetonbauteile mit sofortigem Verbund sollte die Mindestbetondeckung min $c \geq 2\,\varnothing$ sein, wobei $\varnothing$ den Nenndurchmesser des Spanngliedes bezeichnet. Bei Verwendung gerippter Drähte beträgt die Mindestbetondeckung min $c \geq 3\,\varnothing$.

Für Spannbetonbauteile mit nachträglichem Verbund bezieht sich die Mindestbetondeckung auf den äußeren Durchmesser des Hüllrohres. Die Betondeckung sollte nicht kleiner als der Durchmesser des Hüllrohres sein. Für rechteckige Hüllrohre sollte die Betondeckung nicht geringer als die kleinere Seite oder die Hälfte der größeren Seite des Hüllrohrquerschnittes sein.

Tafel 17 Mindestfestigkeitsklassen für Beton

	Bewehrungskorrosion										
Expositionsklasse	XC1	XC2	XC3	XC4	XD1	XD2	XD3	XS1	XS2	XS3	
Mindestbeton-festigkeitsklasse[1]) [2]) [3])	C12	C16	C20	C25	C30	C30	C35	C30	C35	C35	
	Betonangriff										
Expositionsklasse	X0	XA1	XA2	XA3	XF1	XF2	XF3	XF4	XM1	XM2	XM3
Mindestbeton-festigkeitsklasse[1]) [2]) [3])	C12	C25	C35	C35	C30	C25	C25	C30	C30	C30	C30

[1]) Die Mindestfestigkeitsklasse beträgt für vorgespannte Bauteile mit nachträglichem Verbund C25/30 und für Bauteile mit sofortigem Verbund C30/37.
[2]) Die Mindestfestigkeitsklassen wurden aufgrund des Zusammenhangs zwischen Wasser/Zementwert und Betonfestigkeitsklasse, der mit Zement der Festigkeitsklasse CEM 32,5 hergestellt wurde, bestimmt.
[3]) Für massige Bauteile ($h > 80$ cm) gilt: Mindestfestigkeitsklasse C30/37 und Betondeckung min $c + 20$ mm. Auf die Oberflächenbewehrung kann dann verzichtet werden.

6.2 Beton nach EC 2, Abschn. 4.2.1

Die Bemessung erfolgt auf Grundlage der in Abschn. 3.1 angegebenen Betonfestigkeitsklassen und weiteren Unterlagen.

6.3 Stahlbeton nach EC 2, Abschn. 4.2.2

Die für die Bemessung maßgebenden Werte sind in den Abschn. 3.1 und 3.2 angegeben.

Die Festigkeitswerte für den Betonstahl dürfen auf Grundlage des Nenndurchmessers und des Nennquerschnittes des Betonstahles erfolgen. Bei der Bemessung für Streckgrenze und Zugfestigkeit können für den Betonstahl die gleichen Festigkeitswerte für Zug und Druck angesetzt werden.

Nach der DAfStb-Anwendungsrichtlinie ist die rechnerische Stahldehnung auf 20‰ zu begrenzen.

6.4 Spannbeton nach EC 2, Abschn. 4.2.3 bzw. E DIN 1045-1, Abschn. 5.7

Die Bemessung erfolgt auf Grundlage der Angaben in Abschn. 3. Darüber hinaus gelten folgende Bedingungen.

6.4.1 Mindestbetonfestigkeitsklassen nach EC 2, Abschn. 4.2.3.5.2 und 4.2.3.5.4

Als Mindestbetonfestigkeitsklasse gilt

- Vorspannung mit sofortigem Verbund C30/37
- Vorspannung mit nachträglichem Verbund C25/30.

Beim Vorspannen von Spanngliedern mit nachträglichem Verbund muß der Beton untenstehende Mindestfestigkeiten aufweisen, die durch Erhärtungsprüfung nachgewiesen werden. Die Betonfestigkeitsklassen richten sich nach den jeweiligen Zulassungsbescheiden für das Spannverfahren.

Tafel 18 Mindestwerte der Betonfestigkeit f_c beim Vorspannen

Festigkeitsklasse	Mindestwerte f_c in N/mm²	
	beim Teilvorspannen[1])	beim endgültigen Vorspannen
C25/30	14	28
C30/37	17	34
C35/45	20	39
C40/50	22	45
C45/55	25	50
C50/60	28	56

[1]) Die Spannkraft des einzelnen Spanngliedes ist auf 30% des zulässigen Wertes zu begrenzen, die Betondruckspannung auf 13% von f_{ck}.
Liegen beim Teilvorspannen die erforderlichen Mindestwerte der Betondruckspannungen, die beim endgültigen Vorspannen erforderlich sind, vor, so darf die Spannkraft 100% der zulässigen Werte betragen.
Zwischenwerte können zwischen 30 und 100% interpoliert werden.

6.4.2 **Spanngliedanzahl** nach EC 2, Abschn. 4.2.3.53

Für die Mindestanzahl von Spanngliedern in der vorgedrückten Zugzone von Einzelbauteilen gilt Tafel 19.

Tafel 19 Mindestanzahl von Stäben, Drähten und Spanngliedern in der vorgedruckten Zugzone von Einzelbauteilen

Spanngliedart	Mindestanzahl [1] [2]
Einzelstäbe, Einzeldrähte	3
Als Litze oder Spannglied zusammengefaßte Stäbe und Drähte	7
Spannglieder außer Litzen	3
Litze mit mindestens 7 Drähten mit Einzeldurchmesser $d_y \geqq 4$ mm	1

[1] tragende Bauteile, ohne zusätzliche Tragfähigkeit aus
- Umlagerung von Schnittkräften oder Momenten
- Querverteilungen von Belastungen
- nicht vorgespannter Bewehrung

[2] Angaben gelten für gleiche Durchmesser für alle Stäbe, Drähte oder Spannglieder

10

6.4.3 **Anfängliche Vorspannung**
nach EC 2, Abschn. 4.2.3.5.4 bzw. E DIN 1045-1, Abschn. 5.7.2

Die Bestimmung der anfänglichen Vorspannung erfolgt nach Abschn. 5.7.1. Dabei gilt

– Höchstkraft der Vorspannung P_0 am aktiven Spannende ($x=0$)

$$P_0 = A_p \, \sigma_{0,\max} \quad (26)$$

A_p Querschnittsfläche der Spannglieder

$\sigma_{0,\max}$ Maximale Spannung $\leqq 0{,}80 f_{pk}$, $\leqq 0{,}90 f_{p0,1k}$

– Vorspannkraft unmittelbar nach dem Spannen (Vorspannung mit nachträglichem Verbund) bzw. nach dem Lösen der Verankerung (Vorspannung mit sofortigem Verbund)

$$P_{m0} = A_p \, \sigma_{pm0} \quad (27) \qquad \sigma_{pm0} \leqq 0{,}75 f_{pk}, \; \leqq 0{,}85 f_{p0,1k}$$

Zum Erreichen der erforderlichen Vorspannkraft darf überspannt werden, wenn die Spannpresse mit einer Genauigkeit von $\pm 5\%$ arbeitet. Dabei ist P_{m0} zu begrenzen

$$P_{m0} \leqq 0{,}95 f_{p0,1k} \, A_p \quad (28)$$

6.4.4 Sofortige Spannkraftverluste

nach EC 2, Abschn. 4.2.3.5.5 bzw. E DIN 1045-1, Abschn. 5.7.3

Spannkraftverluste aus

- Ankerschlupf ΔP_{s1} sind vom verwendeten Spannverfahren abhängig (Zulassungsbescheid beachten)
- elastischer Verformung des Betons ΔP_c sind beim Vorspannen mit sofortigem und nachträglichem Verbund auf Grundlage der E-Moduli des Betons und der Stähle unter Verwendung der Betonspannungen in Höhe der Spannglieder zu berechnen. Bei der Vorspannung mit nachträglichem Verbund ist evtl. der Einfluß aus nicht gleichzeitiger Vorspannung aller Spannglieder zu berücksichtigen.
- Relaxationsverluste $\Delta P_{t(t)}$ bzw. ΔP_{ir} ergeben sich beim Vorspannen mit sofortigem Verbund zwischen dem Spannen der Spannglieder und der Spannungsübertragung auf den Beton und sind nach Abschn. 3.3.2 abzuschätzen
- aus Reibung $\Delta P_{\mu(x)}$ in Spanngliedern mit nachträglichem Verbund nach folgender Abschätzung

$$\Delta P_{\mu(x)} = P_0 (1 - e^{-\mu(\theta + kx)}) \quad (29)$$

μ Reibungsbeiwert zwischen Spannglied und Hüllrohr
Wenn keine genauen Angaben vorliegen, können für Spannglieder, die ungefähr 50% der Hüllrohre ausfüllen, folgende Werte verwendet werden
0,17 Draht, kaltgezogen 0,33 Rundstab, glatt
0,19 Litzen 0,65 Stab, gerippt

k ungewollter Umlenkwinkel in °/m nach Zulassungsbescheid, im allgemeinen
$0{,}005 < k < 0{,}01$

Die angegebenen Werte für μ und k sind Mittelwerte und können beim Vorliegen genauerer Werte korrigiert werden.

6.4.5 Zeitabhängige Spannkraftverluste

nach EC 2, Abschn. 4.2.3.5.5 bzw. E DIN 1045-1, Abschn. 5.7.3

Die Zeitabhängigen Verluste ergeben sich zu

$$P_t(t) = \Delta\sigma_{p,c+s+r} A_p \quad (30)$$

$$\Delta\sigma_{p,c+s+r} = \frac{\varepsilon_s(t-t_0)\, E_s + \Delta\sigma_{pr} + \alpha \cdot \phi(t,t_0)\,(\sigma_{cg} + \sigma_{cp0})}{1 + \alpha \dfrac{A_p}{A_c}\left(1 + \dfrac{A_c}{I_c} z_{cp}^2\right)(1 + 0{,}8 \cdot \phi(t,t_0))} \quad (31)$$

$\Delta\sigma_{p,c+s+r}$ Spannungsverlust infolge Kriechen, Schwinden und Relaxation zur Zeit t
$\varepsilon_s(t-t_0)$ Schwindmaß zur Zeit t
α E_s/E_{cm}
E_s Elastizitätsmodul Spannstahl nach Abschn. 3.3
E_{cm} Elastizitätsmodul Beton nach Tafel 4
$\Delta\sigma_{pr}$ Spannungsverlust infolge Relaxation nach Bild 7, wobei für die Ausgangsspannung gilt

$$\sigma_p = \sigma_{pg0} - 0{,}3 - \sigma_{p,c+s+r}$$

σ_{pg0} ist die anfängliche Spannung in den Spanngliedern aus ständiger Last und Vorspannung. Für übliche Hochbauten darf $\sigma_p = 0{,}85\,\sigma_{pg0}$ angesetzt werden
$\phi(t,t_0)$ Kriechzahl nach Abschn. 5.8
σ_{cg} Betonspannung in Höhe der Spannglieder aus Eigenlast und anderen Ständigen Einwirkungen
σ_{cp0} Betonspannung in Höhe der Spannglieder aus anfänglicher Vorspannung
A_c Betonquerschnitt
A_p Spannstahlquerschnitt
I_c Trägheitsmoment Betonquerschnitt
z_{cp} Abstand Schwerpunkt Betonquerschnitt/Spannglieder

6.4.6 Verankerungsbereiche von Spanngliedern mit sofortigem Verbund
nach EC 2, Abschn. 4.2.3.5.6 bzw. E DIN 1045-1, Abschn. 5.7.6

Es ist nach Bild 17 zu unterscheiden zwischen

- der Übertragungslänge l_{bp}, in deren Bereich die Spannkraft P_0 voll auf den Beton übertragen wird
- der Eintragungslänge $l_{p,eff}$, ab der die Betonspannung aus der Vorspannung linear über den Querschnitt verteilt ist
- der Verankerungslänge l_{ba}, innerhalb der die Vorspannkraft F_{pu} in den Beton eingeleitet werden kann.

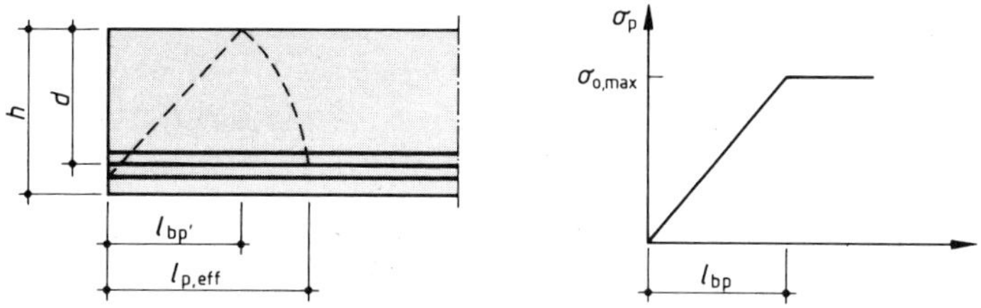

a) Übertragungslänge-, Eintragungslänge, b) Bemessungswert von l_{pb}

Bild 17 Verankerungsbereiche bei Vorspannung mit sofortigem Verbund

Für die Übertragungslänge gilt in Abhängigkeit der Beiwerte β_b nach Tafel 20

$$l_{bp} = \beta_b \, d_v \qquad d_v \quad \varnothing \text{ des Stabes}$$

Tafel 20 Beiwerte β_b nach Gl. (52)

		Betonfestigkeit f_c in N/mm² bei Übertragung der Vorspannkraft					
		25	30	35	40	45	50
β_b 1)	Litzen 2) profilierte Drähte 3)	75	70	65	60	55	50
	gerippte Drähte 4)	55	50	45	40	35	30

1) Beiwerte gelten nur mit den in den Zulassungen ausgewiesenen Verbundbeiwerten für profilierte und gerippte Stähle und Litzen
2) Werte gelten für Litzen mit $A_p < 100$ mm²
3) Werte gelten für profilierte Drähte mit $d_v \leqq 8$ mm
4) Werte gelten für gerippte Drähte mit $d_v \leqq 12$ mm als Näherungswerte, die durch genaue Werte ersetzt werden sollten

Für den Bemessungswert der Übertragungslänge gilt der jeweils ungünstigere Wert aus nachfolgender Gleichung

$$l_{bpd} \leqq 0{,}8\, l_{bp}$$
$$\leqq 1{,}2\, l_{bp}$$

Die Eintragungslänge kann für Rechteckquerschnitte und gerader, untenliegender Spanngliedanordnung wie folgt angegeben werden

$$l_{p,eff} = \sqrt{l_{bpd}^2 + d^2}$$

Die Länge der Verankerung ist vom Zustand des Verankerungsbereiches im Grenzzustand der Tragfähigkeit abhängig. Bei vorhandenen Zugspannungen gilt

$\sigma_{ct} \leqq f_{ct,0,05}$	Übertragungslänge ist ausreichend
$\sigma_{ct} \geqq f_{ct,0,05}$	Nachweis erforderlich, daß Zugkraftlinie die Zugkraftdeckungslinie (aus Spannglieder und nicht vorgespannter Bewehrung) nicht überschreitet.

Ist ein Nachweis erforderlich, so gilt für die aufnehmbare Kraft F_{px}

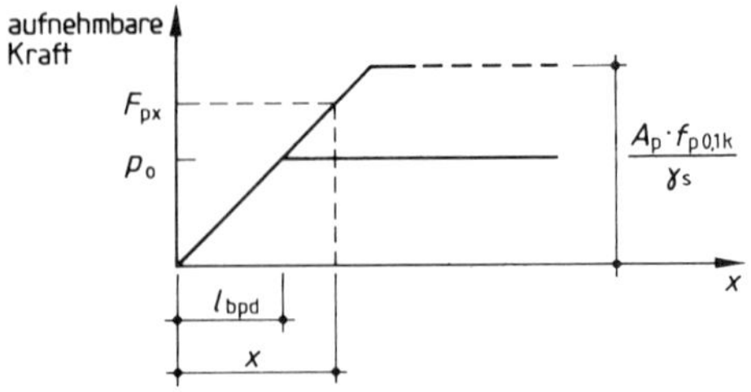

$$F_{px} = \frac{x}{l_{bpd}} P_0 \leqq \frac{A_p \cdot f_{p0,1k}}{\gamma_s} \quad (32)$$

Bild 18 Darstellung der Gl. (55)

6.4.7 Verankerungsbereiche von Spanngliedern mit nachträglichem Verbund nach EC 2, Abschn. 4.2.3.5.7 bzw. E DIN 1045-1, Abschn. 5.7.7

Die Eintragungslänge darf unter Annahme eines Winkels β nach Bild 19 angenommen werden.

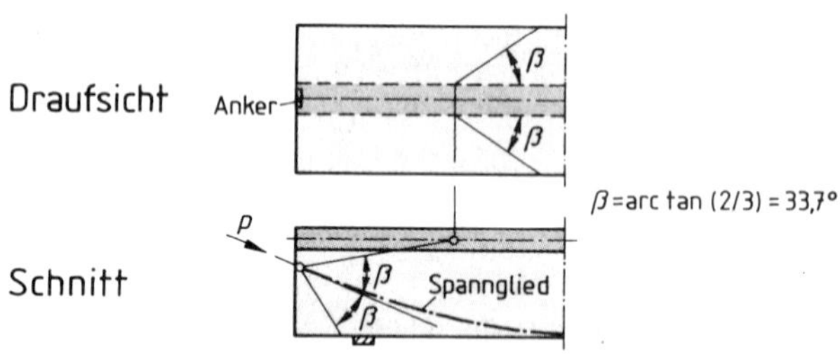

Bild 19 Einleitung der Vorspannung

Für die Aufnahme der Vorspannkraft im Bereich hinter der Ankerplatte gelten die Bemessungsregeln für Teilflächenbelastung nach Abschn. 7.3.8.2. Daneben ist die zur Aufnahme der Spaltzugkräfte erforderliche Bewehrung den Zulassungsbescheiden zu entnehmen. Weitere Bewehrung ist nach Abschn. 7.3.7 anzuordnen.

6.5 Nachweis in den Grenzzuständen der Tragfähigkeit nach EC 2, Abschn. 4.3 bzw. E DIN 1045-1, Abschn. 7

6.5.1 Biegung mit Längskraft nach EC 2, Abschn. 4.3.1 bzw. E DIN 1045-1, Abschn. 7.1

Für Bauteile mit im Verbund liegende Bewehrung, die mit Biegung, Biegung mit Längskraft oder Längskraft allein belastet sind, erfolgt die Ermittlung der aufnehmbaren Schnittgrößen unter folgender Annahme:

- Ebenbleiben der Querschnitte
- Zug-, Druckbewehrung und Beton haben, wenn sie in gleicher Höhe liegen, gleich große Dehnung
- Zugfestigkeit des Betons wird vernachlässigt
- Für die Betondruckspannungen gelten die rechnerischen Spannungsdehnungslinien nach Bild 3 und 4
- Die Bemessung erfolgt auf Grundlage des Dehnungsdiagrammes nach Bild 20.

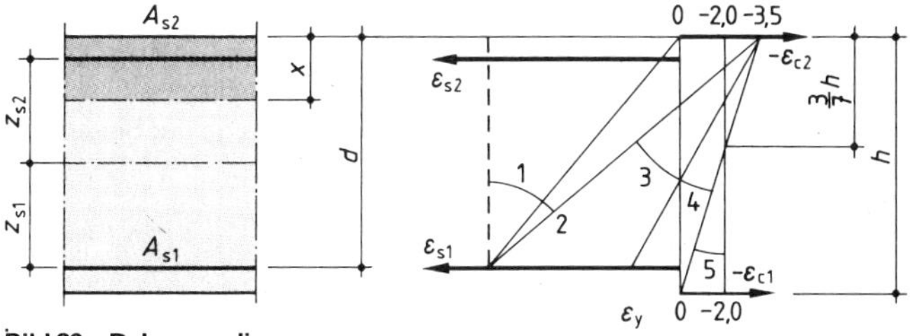

Bild 20 Dehnungsdiagramm

Für die einzelnen Dehnbereiche gilt:

a) Dehnbereich 1: Mittiger Zug oder Zugkraft mit kleiner Ausmitte. Nullinie liegt außerhalb des Querschnitts.

b) Dehnbereich 2: Biegung mit Längskraft mit Ausnutzung der Bewehrung. Nullinie liegt innerhalb des Querschnitts, so daß Zug- und Druckzone vorhanden sind. Betonstauchung < −3,5‰, Stahldehnung 20%

c) Dehnbereich 3: Biegung mit Längskraft mit Ausnutzung der Bewehrung und des Betons. Betonstauchung = −3,5‰, Stahldehnung liegt zwischen 20‰ und ε_{yd}

d) Dehnbereich 4: Biegung mit Längskraft mit Ausnutzung des Betons. Betonstauchung = −3,5‰, Stahldehnung liegt zwischen ε_{yd} und 0‰

e) Dehnbereich 4a: Biegung mit Längskraft mit Ausnutzung des Betons. Betonstauchung = −3,5‰, Stahl auf Druck beansprucht

f) Dehnbereich 5: Längsdruckkraft mit kleiner Ausmitte bzw. mittiger Druck. Gesamter Querschnitt auf Druck beansprucht. Alle Dehnungsverteilungen schneiden sich in Punkt C. Betonstauchung liegt zwischen −3,5‰ ($\varepsilon_{c1} = 0$) und −2‰ (zentrischer Druck)

10

6.5.1.1 Bemessung für mittigen Zug oder Zugkraft mit kleiner Ausmitte

Bewehrungsermittlung ohne weitere Hilfsmittel durch Anwendung des Hebelgesetzes nach Bild 21 und Gl. (33) bis (35).

$$e = \frac{M_{sd}}{N_{sd}} \quad (33)$$

$$A_{s2} = N_{sd} \frac{z_{s1} - e}{f_{yd}(z_{s1} + z_{s2})} \quad (34)$$

$$A_{s1} = N_{sd} \frac{z_{s2} - e}{f_{yd}(z_{s1} + z_{s2})} \quad (35)$$

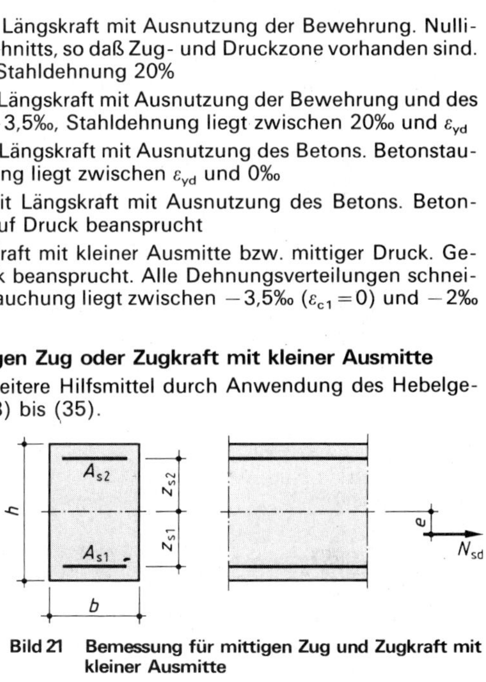

Bild 21 Bemessung für mittigen Zug und Zugkraft mit kleiner Ausmitte

Beispiel Bemessung eines Zugstabes für folgende Vorgaben:

Abmessungen	$b/h = 24/40$ cm
Bemessungsschnittgrößen	$M_{sd} = 30$ kNm, $N_{sd} = 300$ kN
Betonstahl	$S500$, $z_{s1} = z_{s2} = 15$ cm

Lösung $f_{yd} = f_{yk}/\gamma_s = 500/1{,}15 = 435$ MN/m², $e = 30/300 = 0{,}10$

$$A_{s2} = 0{,}300 \frac{0{,}15 - 0{,}10}{435\,(0{,}15 + 0{,}15)} \cdot 10^4 = 1{,}15 \text{ cm}^2$$

$$A_{s1} = 0{,}300 \frac{0{,}15 + 0{,}10}{435\,(0{,}15 + 0{,}15)} \cdot 10^4 = 5{,}75 \text{ cm}^2$$

6.5.1.2 Bemessung für Biegung mit Längskraft

Bewehrungsermittlung durch Bemessungstabellen bzw. Diagrammen. Diese sind im Anhang für Rechteckquerschnitte und Plattenbalken abgedruckt.

Dabei sind die einwirkenden Schnittgrößen in der Regel auf die Lage der Biegezugbewehrung zu beziehen.

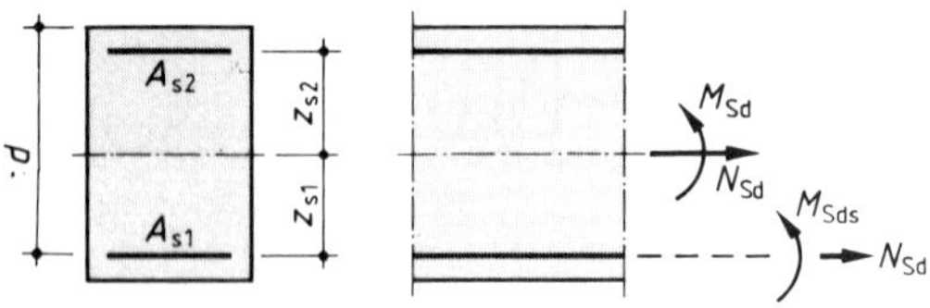

$$M_{Sds} = M_{Sd} - N_{Sd} \cdot z_{s1} \quad (36)$$

Bild 22 Umrechnung Schnittgrößen

Beispiel Bemessung eines Rechteckquerschnittes für folgende Vorgaben:

Abmessungen	$b/h = 24/40$ cm
Bemessungsschnittgrößen	$M_{Sd} = 78{,}2$ kNm, $N_{Sd} = 0$
Beton	C 20/25
Betonstahl	S 500 ($d = 35$ cm)

Lösung

$f_{cd} = f_{ck}/\gamma_c = 20/1{,}5 = 13{,}3$ MN/m²

$f_{yd} = f_{yk}/\gamma_s = 500/1{,}15 = 435$ MN/m²

$M_{Sds} = 78{,}20$ kNm ($N_{Sd} = 0$)

$$\mu_{Sds} = 0{,}0782 \frac{1}{0{,}24 \cdot 0{,}35^2 \cdot 13{,}3} = 0{,}20$$

$\omega_{1,M} = 0{,}2327$ (aus BT 2)

$$A_s = \frac{1}{435} (0{,}2327 \cdot 0{,}24 \cdot 0{,}35 \cdot 13{,}3 + 0)\ 10^4 = 5{,}98 \text{ cm}^2$$

Beispiel Bemessung eines Plattenbalkenquerschnittes für folgende Vorgaben

Abmessungen $b_{eff} = 1{,}50$ m
$b_w = 30$ cm
$h_f = 15$ cm
$d = 55$ cm

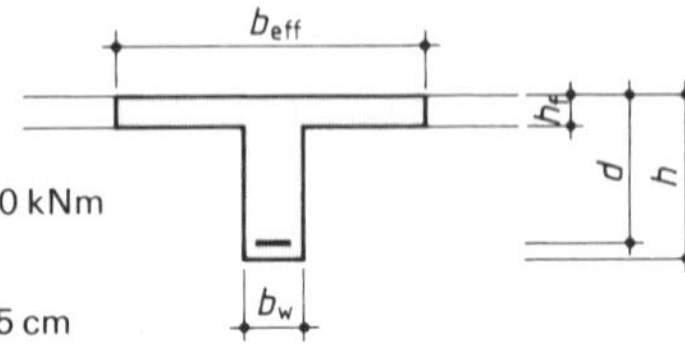

Bemessungsschnittgrößen	$M_{Sd} = 242{,}50$ kNm
	$N_{Sd} = 0$
Beton	C 20/25
Betonstahl	S 500, $d = 55$ cm

Bild 23

Lösung

$f_{cd} = 20/1{,}5 = 13{,}3$ MN/m²

$f_{yd} = 500/1{,}15 = 435$ MN/m²

$M_{Sds} = 242{,}50$ kNm

$$\mu_{Sds} = 0{,}2425 \frac{1}{1{,}50 \cdot 0{,}55^2 \cdot 13{,}3} = 0{,}040$$

$h_f/d = 15/55 \approx 0{,}25$

$b_{eff}/b_w = 1{,}50/0{,}30 = 5{,}0$

$1000\,\omega_{1,M} = 41$ (aus BT 6 c)

$$A_s = \frac{1}{43{,}5} (0{,}041 \cdot 1{,}50 \cdot 0{,}55 \cdot 13{,}3 + 0)\ 10^4 = 10{,}35 \text{ cm}^2$$

6.5.1.3 Längsdruckkraft mit kleiner Ausmitte

Bewehrungsermittlung durch Interaktionsdiagramme, welche im Anhang für Rechteckquerschnitte abgedruckt sind.

Für überwiegenden Längsdruck oder Längszug bzw. überwiegende Biegebeanspruchung mit wechselnden Vorzeichen wird in der Regel eine symmetrische Bewehrung angeordnet.

6.5.1.4 Kreisquerschnitte

Kreisquerschnitte werden in der Regel wie Rechteckquerschnitte mit symmetrischer Bewehrung bemessen. Im Anhang ist eine solche Bemessungshilfe für den Vollquerschnitt angegeben.

6.5.1.5 Rechteckquerschnitt mit zweiachsiger Biegung

Die Bewehrungsermittlung durch Anwendung von Interaktionsdiagrammen, welche für zwei verschiedene Bewehrungsanordnungen im Anhang abgedruckt sind.

6.5.1.6 Bemessung von Spannbetonteilen bei Vorspannung mit nachträglichem oder sofortigem Verbund

Die Bemessung kann analog der Bemessung der Stahlbetonbauteile erfolgen.

6.5.2 **Querkraft** nach EC 2, Abschn. 4.3.2 bzw. E DIN 1045-1, Abschn. 7.2

Unabhängig von den nachstehend geführten Nachweisen ist in Platten und Balken eine Mindestbewehrung nach Abschn. 7.3 anzuordnen.

Ausnahme:
- Platten (Voll-, Rippen-, Hohlplatten) mit ausreichendem Querabtrag der Lasten.
- Bauteile von untergeordneter Bedeutung (z. B. Sturz mit Spannweite <2 m).

6.5.2.1 Bemessungsverfahren
nach EC 2, Abschn. 4.3.2.2 bzw. E DIN 1045-1, Abschn. 7.2.2 und 7.2.3

Für die Bemessung gilt

$$\boldsymbol{V_{Sd} \leqq V_{Rd}} \quad (37)$$

6.5.2.1.1 Aufzunehmende Querkraft V_{Sd}. Die aufzunehmende Querkraft V_{Sd} ist nach Abschn. 4 zu ermitteln. Dabei sind folgende Einflüsse zu beachten:

a) **Bauteile mit veränderlicher Höhe** nach EC 2, Abschn. 4.3.2.4.5
Neben dem Bemessungswert der Querkraft V_{0d} sind die Querkraftkomponenten in der Druckzone V_{ccd} und in der Zugzone V_{td} zu berücksichtigen.

$$\boldsymbol{V_{Sd} = V_{0d} - V_{cd} - V_{td}} \quad (38)$$

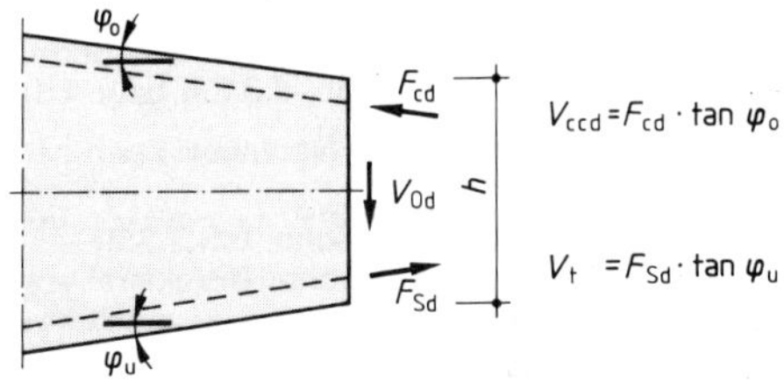

Bild 24
Bauteile mit veränderlicher Höhe

b) **Bauteile mit geneigten Spanngliedern** nach EC 2, Abschn. 4.3.2.4.6
Neben dem Bemessungswert der Querkraft V_{0d} ist die Querkraftkomponente des geneigten Spanngliedes V_{pd} zu berücksichtigen.

$$\boldsymbol{V_{Sd} = V_{0d} - V_{pd}} \quad (39)$$

Bei Anwendung von Gl. (39) ist eine Abminderung nach Gl. (38) nicht zulässig.

6.5.2.2 Bauteile ohne rechnerisch erf. Schubbewehrung ($V_{sd} \leqq V_{Rd1}$)
nach EC 2, Abschn. 4.3.2.3 bzw. E DIN 1045-1, Abschn. 7.2.5

Der Bemessungswert V_{Rd1} der Querkrafttragfähigkeit ergibt sich

– nach EC 2 zu $\boldsymbol{V_{rd1} = [\tau_{Rd}\, k(1{,}2 + 40\, \varrho_1) + 0{,}15\, \sigma_{cd}]\, b_w d}$ (40)

$\varrho_1 = A_{sl}/(b_w d) \leqq 0{,}2$

$k = 1$	Bauteile mit Staffelung der Feldbewehrung von >50%
$k = 1{,}6 - d \geqq 1$	alle anderen Bauteile (d in m)

Tafel 21 Grundwert der Bemessungsschubfestigkeit τ_{Rd} mit $\tau_{Rd} = 0{,}25 f_{ctk;0,05}/\gamma_c$; $\gamma_c = 1{,}5$

f_{ck}	12	16	20	25	30	35	40	45	50
τ_{Rd}	0,20	0,22	0,24	0,26	0,28	0,30	0,31	0,32	0,33

Wenn Gl. (40) im Verankerungsbereich vorgespannter Bauteile mit sof. Verbund gelten soll, so sind die Verankerungen nach Abschn. 6.4.6 auszubilden.

– nach E DIN 1045-1 zu $V_{Rd1} = [0{,}12\, k\, (100\, \varrho_1 \cdot f_{ck})^{1/3} - 0{,}15\, \sigma_{cd}]\, b_w d$ (41)

mit $k = 1 + \sqrt{200/d}$ mit $d \geqq 200$ mm

und (für EC 2 und E DIN 1045-1 geltend)

$\varrho_1 = A_{sl}/(b_w d) \leqq 0{,}02$

A_{sl} Fläche der Zugbewehrung im betrachteten Querschnitt, die mindestens um das Maß $d + l_{b,net}$ verankert wird (vgl. Bild 25)

b_w kleinste Breite des Querschnitts (vgl. Bild 26)

$\sigma_{cd} = N_{sd}/A_c$

N_{sd} Längskraft im Querschnitt aus Last oder Vorspannung

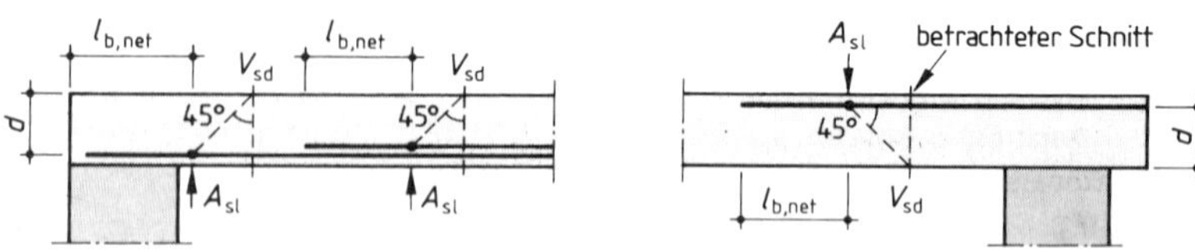

Bild 25 Darstellung von A_{sl}

Der Bemessungswert V_{Rd2} der Querkrafttragfähigkeit ergibt sich zu

$\boldsymbol{V_{Rd2} = 0{,}5\, \nu f_{cd} b_w\, 0{,}9\, d}$ (42) mit $\nu = 0{,}7 - (f_{ck}/200) \geqq 0{,}5$

6.5.2.3 Bauteile mit rechnerisch erf. Schubbewehrung ($V_{Sd} > V_{Rd1}$)
nach EC 2, Abschn. 4.3.2.4 bzw. E DIN 1045-1, Abschn. 7.2.6

6.5.2.3.1 Verfahren. Der Nachweis kann nach zwei verschiedenen Bemessungsverfahren erfolgen

- Standardverfahren (Abschn. 6.5.2.3.2)
- Verfahren mit veränderlicher Druckstrebenneigung (Abschn. 6.5.2.3.3)

Die Nachweise erfolgen auf Grundlage der in Bild 26 dargestellten Bezeichnungen.

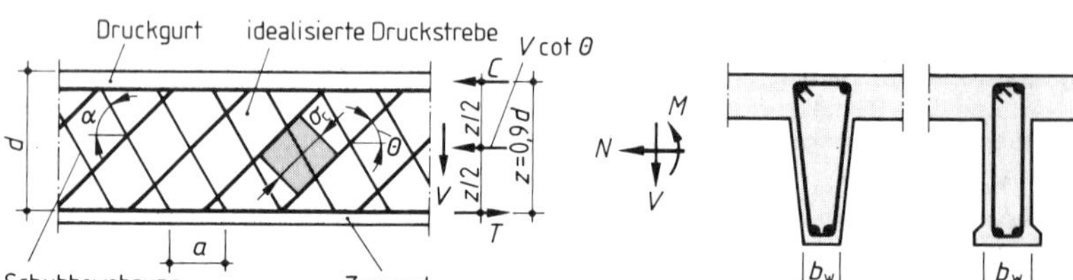

Bild 26 Bezeichnungen beim Nachweis der Schubbewehrung

Die Spannung in den Betondruckstäben ist auf $\sigma_c \leqq \nu f_{cd}$ zu begrenzen, wobei für ν gilt

$$\nu = 0{,}7 - \frac{f_{ck}}{200} \geqq 0{,}5 \quad (f_{ck} \text{ in N/mm}^2)$$

Bei Verwendung von Schrägstäben soll der Winkel zwischen Bauteilachse und Schrägstab $\geqq 45°$ sein.

Schrägstäbe dürfen in Balken nur gleichzeitig mit Bügeln angeordnet werden, wobei aber mindestens 50% von V_{sd} den Bügeln zugewiesen werden muß.

6.5.2.3.2 Standardverfahren nach EC 2, Abschn. 4.3.2.4.3

Für die Querkrafttragfähigkeit gilt:

$$V_{Rd3} = V_{cd} + V_{wd} \quad (43)$$

$V_{cd} = V_{Rd1}$ nach Gl. (40)

$$V_{wd} = \frac{A_{sw}}{a} 0{,}9\, d\, f_{ywd} (1 + \cot \alpha) \sin \alpha \quad (44)$$

Für die Druckstrebentragfähigkeit gilt:

$$V_{Rd2} = \tfrac{1}{2} \nu f_{cd}\, b_w\, 0{,}9\, d (1 + \cot \alpha) \quad (45)$$

A_{sw} Querschnittsfläche der Schubbewehrung
a Abstand der Schubbewehrung
α Neigungswinkel der Schubbewehrung zur Bauteilachse (lotrechte Bügel oder Kombination senkrechter Bügel/Schrägstäbe: $\alpha = 90°$: $\sin \alpha = 1$, $\cot \alpha = 0$)

6.5.2.3.3 Verfahren mit veränderlicher Druckstrebenneigung
nach EC 2, Abschn. 4.3.2.4.4 bzw. E DIN 1045-1, Abschn. 7.2.6

Für die Querkrafttragfähigkeit gelten die untenstehenden Gleichungen, wobei der Winkel θ zwischen Betondruckstrebe und Längsbewehrung bei Platten und Balken auf $4/7 \leqq \cot\theta \leqq 7/4$ begrenzt ist. Für den Hebelarm z darf $0{,}9\,d$ angenommen werden.

a) Bauteile mit lotrechter Schubbewehrung

$$V_{Rd2} = b_w\, z\, \nu f_{cd} / (\cot \theta + \tan \theta) \quad (46)$$

$$V_{Rd3} = \frac{A_{sw}}{a} z f_{ywd} \cot \theta; \left(\frac{A_{sw} \cdot f_{ywd}}{b_w \cdot a} \leqq \frac{1}{2} \nu f_{cd} \right) \quad (47)$$

b) Bauteile mit geneigter Schubbewehrung

$$V_{Rd2} = b_w\, z\, \nu f_{cd} (\cot \theta + \cot \alpha) / (1 + \cot^2 \theta) \quad (48)$$

$$V_{Rd3} = \frac{A_{sw}}{a} z f_{ywd} (\cot \theta + \cot \alpha) \sin \alpha; \left(\frac{A_{sw}\, f_{ywd}}{b_w \cdot a} \leqq \frac{0{,}5\, \nu f_{cd} \sin \alpha}{1 - \cos \alpha} \right) \quad (49)$$

6.5.2.4 Schub zwischen Balkensteg und Gurt
nach EC 2, Abschn. 4.3.2.5 bzw. E DIN 1045-1, Abschn. 7.2.8

Der Anschluß von Gurten an Stegen kann aufgrund des Bemessungsmodells nach Bild 27 berechnet werden.

Es ist nachzuweisen

$$v_{Sd} \leqq v_{Rd2} \quad (50)$$

$$v_{Sd} \leqq v_{Rd3} \quad (51)$$

Für den aufzunehmenden Längsschub gilt

$$v_{Sd} = F_{d,max} / a_v \quad (52)$$

$F_{d,max}$ maximale Gurtkraft
a_v Abstand zwischen Momentennullpunkt und dem Querschnitt mit dem maximalen Moment.

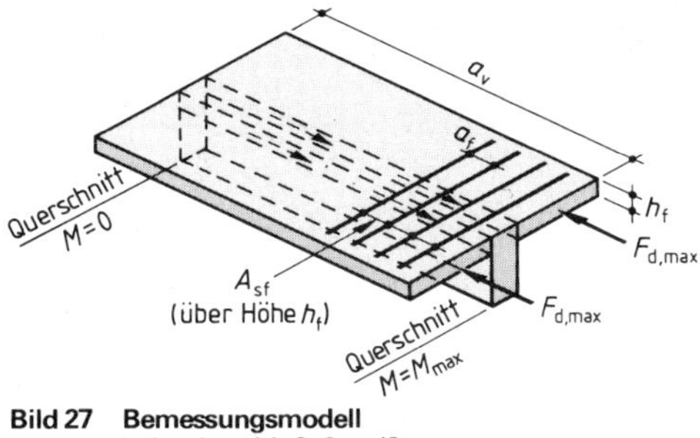

Bild 27 Bemessungsmodell beim Anschluß Gurt/Steg

Die aufzunehmende Querkraft errechnet sich unter Berücksichtigung der Werte für τ_{Rd} nach Tafel 21 zu

$$\boldsymbol{v_{Rd2} = 0{,}2 f_{cd} h_f} \quad (53) \qquad \boldsymbol{v_{Rd3} = 2{,}5 \tau_{Rd} h_f + A_{sf} f_{yd}/a_f} \quad (54)$$

In Gl. (54) ist der Ausdruck $2{,}5\,\tau_{Rd}\,h_f = 0$ zu setzen, wenn der Gurt durch eine Zugkraft beansprucht wird. Bei gleichzeitiger Beanspruchung von Schub und Querbiegung braucht jeweils nur die größte Bewehrung angeordnet zu werden.

6.5.3 **Torsion** nach EC 2, Abschn. 4.3.3 bzw. E DIN 1045-1, Abschn. 7.3

Eine vollständige Torsionsbemessung ist nur erforderlich, wenn das statische Gleichgewicht eines Tragwerkes von der Torsionssteifigkeit seiner einzelnen Bauteile abhängt. Ggf. ist zu berücksichtigen, daß Torsion in stat. unbestimmten Bauteilen auftreten und damit zu Rißbildungen führen kann (Grenzzustand der Gebrauchstauglichkeit).

In jedem Fall sollte immer eine Mindestbewehrung nach Abschn. 6.6.2 und 7.3.1 zur Vermeidung von Rißbildungen angeordnet werden.

6.5.3.1 **Reine Torsion** nach EC 2, Abschn. 3.3.1 bzw. E DIN 1045-1, Abschn. 7.3.2

Für die Bemessung gilt

$$\boldsymbol{T_{Sd} \leqq T_{Rd}} \quad (55)$$

6.5.3.1.1 Aufzunehmendes Torsionsmoment T_{Sd}. Das aufzunehmende Torsionsmoment T_{Sd} ist nach Abschn. 4 zu ermitteln.

6.5.3.1.2 Aufnehmbare Torsionsmoment. T_{Rd} ist festgelegt in

– T_{Rd1} Bemessungswert des durch die Betonstreben aufnehmbares Torsionsmoments
– T_{Rd2} Bemessungswert des durch Bewehrung aufnehmbaren Torsionsmoments

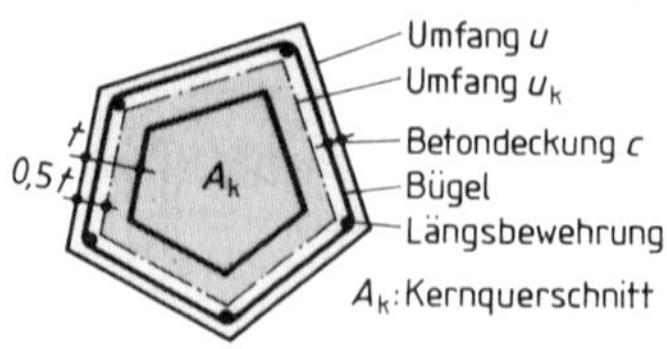

Bild 28 Bezeichnungen für den Nachweis von Torsion

Folgende Nachweise sind zu führen:

$$\boldsymbol{T_{Sd} \leqq T_{Rd1}} \quad (56)$$

$$\boldsymbol{T_{Sd} \leqq T_{Rd2}} \quad (57)$$

Dabei gelten die im Bild 28 verwendeten Bezeichnungen.

a) Betondruckstreben

$$T_{Rd1} = 2\,\nu f_{cd}\,t A_k/(\cot\theta + \tan\theta) \quad (58)$$

$$t = A/u$$

t fiktive Wanddicke. Dabei darf t nicht größer als die vorhandene Dicke und nicht kleiner als die zweifache Betondeckung sein
u äußerer Umfang
A Gesamtfläche des Querschnitts innerhalb des äußeren Umfangs einschließlich hohler Innenbereiche
ν Wirksamkeitsfaktor

$$\nu = 0{,}7\left(0{,}7 - \frac{f_{ck}}{200}\right) \geq 0{,}35 \quad (f_{ck} \text{ in N/mm}^2)$$

A_k Von der Mittellinie eines dünnwandigen Hohlquerschnitts umschlossene Fläche
θ Winkel zwischen Betondruckstrebe und Längsbewehrung bei Balken, der auf $4/7 \leq \cot\theta \leq 7/4$ begrenzt ist.

b) Torsionsbewehrung

Bügel:

$$T_{Rd2} = 2A_k \cdot f_{ywd} \cdot A_{sw} \cdot \cot\theta / a \quad (59)$$

Zusätzliche Längsbewehrung:

$$A_{sl} \cdot f_{yld} = T_{Rd2} \cdot u_k \cdot \cot\theta / (2A_k) \quad (60)$$

A_{sw} Querschnittsfläche der Bügelbewehrung
A_{sl} Zusätzlich erforderliche Querschnittsfläche der Längsbewehrung
f_{ywd} Bemessungswert der Festigkeit der Bügel an der Streckgrenze
a Abstand der Bügelbewehrung
u_k Umfang der Fläche A_k
f_{yld} Bemessungswert der Festigkeit der Längsbewehrung an der Streckgrenze

6.5.3.2 Kombinierte Beanspruchung aus Querkraft und Torsion
nach EC 2, Abschn. 4.3.3.2 bzw. E DIN 1045-1, Abschn. 7.3.3

a) Betondruckstreben

Es ist nachzuweisen

$$\left(\frac{T_{Sd}}{T_{Rd1}}\right)^2 + \left(\frac{V_{Sd}}{V_{Rd2}}\right)^2 \leqq 1 \quad (61)$$

T_{Rd1} Bemessungswert des aufnehmbaren Torsionsmomentes nach Gl. (58)
V_{Rd2} Bemessungswert der aufnehmbaren Querkraft nach Gl. (46) und (48)

b) Bewehrung

Getrennte Bemessung für Torsion und Querkraft ist zulässig, die Neigung der Betondruckstreben θ ist dabei gleich groß anzunehmen. Bei rechteckigen Vollquerschnitten kann auf Schub- und Torsionsbewehrung verzichtet werden, wenn folgende Bedingungen eingehalten sind:

$$T_{Sd} \leqq V_{Sd} \frac{b_w}{4{,}5} \quad (62) \qquad V_{Sd}\left(1 + \frac{4{,}5\, T_{Sd}}{V_{Sd}\, b_w}\right) \leqq V_{Rd1} \quad (63)$$

Mindestbewehrung ist aber in jedem Fall erforderlich.

6.5.4 Durchstanzen nach EC 2, Abschn. 4.3.4 bzw. E DIN 1045-1, Abschn. 7.4

Für punktförmig gestützte Platten (Platten, Fundamente und Rippendecken mit Vollquerschnitten) ist neben dem Nachweis nach den Abschn. 6.5.1 und 6.5.2 der Nachweis zu erbringen, daß die aufnehmbare Querkraft längs eines kritischen Rundschnittes folgende Bedingungen erfüllt:

$$v_{Sd} = \frac{V_{Sd}\,\beta}{u} \leqq v_{Rd} \quad (64)$$

v_{Sd} Bemessungswert der aufzunehmenden Querkraft
u Umfang des kritischen Rundschnittes im Abstand von 1,5d von der Lasteinleitungsfläche nach Bild 30
β Beiwert zur Berücksichtigung der Auswirkung von Lastausmitten
$\beta = 1{,}00$ Lastausmitte nicht möglich (Rotationssymmetr. Biegebeanspruchung)
$\beta = 1{,}15$ Innenstützen
$\beta = 1{,}40$ Randstützen
$\beta = 1{,}50$ Eckstützen

v_{Rd} Bemessungswert der Querkrafttragfähigkeit längs des kritischen Rundschnittes einer Platte mit folgender Grenztragfähigkeit
v_{Rd1} Bemessungswert ohne Schubbewehrung
v_{Rd2} größter Bemessungswert
v_{Rd3} Bemessungswert mit Schubbewehrung

Das Bemessungsmodell kann aus Bild 29 abgeleitet werden.

10

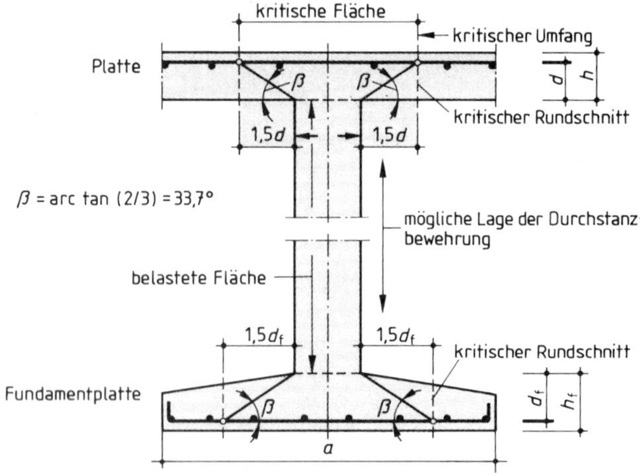

für $a > 2h_f$ sollte das Fundament als Platte betrachtet werden

Bild 29 Bemessungsmodell für den Nachweis der Sicherheit gegen Durchstanzen

Normalbereich

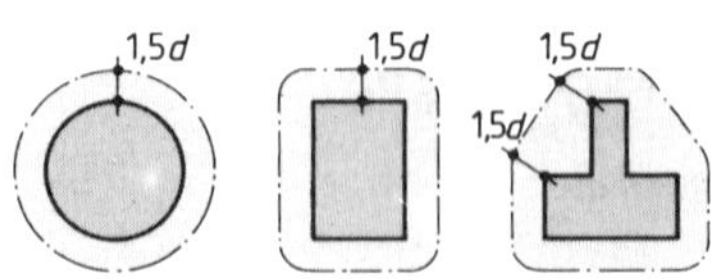

Sonderbereich
Bei Wänden oder Stützen, wenn die Bedingungen für Normalbereich nicht erfüllt sind.
Lastaufstandsfläche $\leqq 11\,d$ Länge/Breite $\leqq 2{,}0$

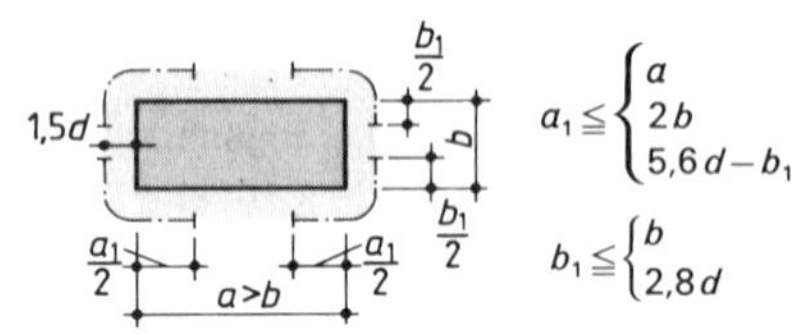

–·–·– maßgebend für den Nachweis gegen Durchstanzen
Restbereich Schub maßgebend

Randbereich

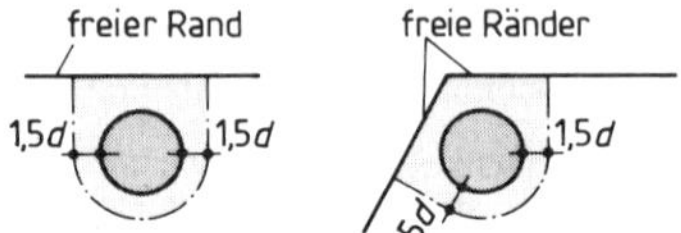

in der Nähe von Öffnungen

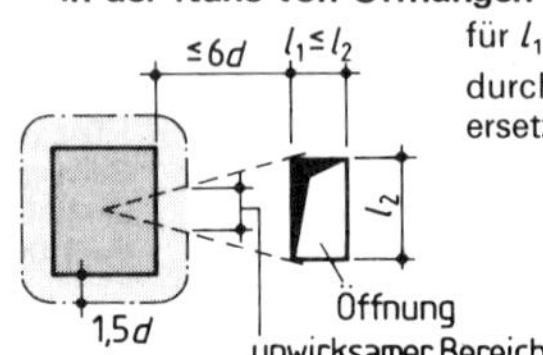

für $l_1 > l_2$ ist l_2 durch $\sqrt{l_1 \cdot l_2}$ zu ersetzen

Bild 30 Darstellung des kritischen Rundschnittes

6.5.4.1 Platten und Fundamente ohne Durchstanzbewehrung

nach EC 2, Abschn. 4.3.4.5.1 bzw. E DIN 1045-1, Abschn. 7.4.4

a) ohne Vorspannung

$v_{Rd1} = \tau_{Rd}\,k\,(1{,}2 + 40\varrho_1)\,d \cdot 1{,}2$ (65) τ_{Rd} nach Tafel 21 $k = (1{,}6 - d) \geqq 1{,}0$
d in m

$\varrho_1 = \sqrt{\varrho_{1x} \cdot \varrho_{1y}} \leqq 0{,}015$

$\varrho_{1x}, \varrho_{1y}$ a_{slx}/d bzw. a_{sly}/d (Längsbewehrungsgrad in x- bzw. y-Richtung)

$d = (d_x + d_y)/2$ d_x, d_y gemessen im Bereich der theoretischen Bruchfläche

b) Platten mit Vorspannung

$$\varrho_1 = \sqrt{\varrho_{1x} \cdot \varrho_{1y}} + \frac{\sigma_{cp0}}{f_{yd}} \leqq 0{,}015$$

$$\sigma_{cp0} = \frac{N_{pd}}{A_c}$$

N_{pd} Vorspannung $P_{m0} \cdot \gamma_p \, (\gamma_p = 0{,}9)$

6.5.4.2 Platten mit Durchstanzbewehrung

nach EC 2, Abschn. 4.3.4.5.2 bzw. E DIN 1045-1, Abschn. 7.4.5

Bei $v_{Sd} > v_{Rd1}$ gilt

$$v_{Rd2} = 1{,}6\, v_{Rd1} \quad (66)$$

$$v_{Rd3} = v_{Rd1} + \sum A_{sw} f_{yd} \sin\alpha / u \quad (67)$$

Aus Gl. (67) folgt

$$\sum A_{sw} = (V_{Rd3} - V_{Rd1})\, u/(f_{yd} \sin\alpha)$$

$\sum A_{sw} f_{yd} \sin\alpha / u$ Summe der Komponenten der Zugkräfte in der Schubbewehrung

α Neigung der Schubbewehrung zur Plattenmittelachse

Flachdecken mit Schubbewehrung sollen mindestens 200 mm dick sein. Für die bauliche Durchbildung gilt Abschn. 7.3.3.2, wobei die Schubbewehrung innerhalb der kritischen Fläche angeordnet werden soll.

Mindestbewehrung:

$$\min \sum A_{sw} = 0{,}6\, \varrho_w \, (A_{crit} - A_{load})/\sin\alpha \quad (68)$$

A_{crit} Kritische Fläche innerhalb des kritischen Rundschnittes
A_{load} Lasteinleitungsfläche
ϱ_w Tafelwerte nach Tafel 43

6.5.4.3 Mindestbemessungsmomente für Platten-Stützen-Verbindungen bei ausmittiger Belastung

nach EC 2, Abschn. 4.3.4.5.3 bzw. E DIN 1045-1, Abschn. 7.4.6

Zur Sicherung der Querkrafttragfähigkeit nach den Gl. (65), (66) und (67) ist die Platte für folgende Mindestmomente in x- und y-Richtung zu bemessen, sofern nicht die Schnittgrößenermittlung zu höheren Werten führt:

$$\boldsymbol{m_{Sdx} \geqq \eta \cdot V_{Sd}} \quad (69)$$

$$\boldsymbol{m_{Sdy} \geqq \eta \cdot V_{Sd}} \quad (70)$$

V_{Sd} Aufzunehmende Querkraft
η Momentenbeiwert nach Tafel 22

Beim Nachweis der aufnehmbaren Biegemomente können nur Bewehrungsstäbe berücksichtigt werden, die außerhalb der kritischen Querschnittsfläche verankert sind.

Tafel 22 Momentenbeiwerte η

Lage der Stütze	η für m_{Sdx}			η für m_{Sdy}		
	Plattenoberseite	Plattenunterseite	mitwirkende Plattenbreite	Plattenoberseite	Plattenunterseite	mitwirkende Plattenbreite
Innenstütze	−0,125	0	$0{,}3\,l_y$	−0,125	0	$0{,}3\,l_x$
Randstütze, Plattenrand parallel zur x-Achse	−0,25	0	$0{,}15\,l_y$	−0,125	+0,125	(je m Plattenbreite)
Randstütze, Plattenrand parallel zur y-Achse	−0,125	+0,125	(je m Plattenbreite)	−0,25	0	$0{,}15\,l_x$
Eckstütze	−0,5	+0,5	(je m Plattenbreite)	−0,5	+0,5	(je m Plattenbreite)

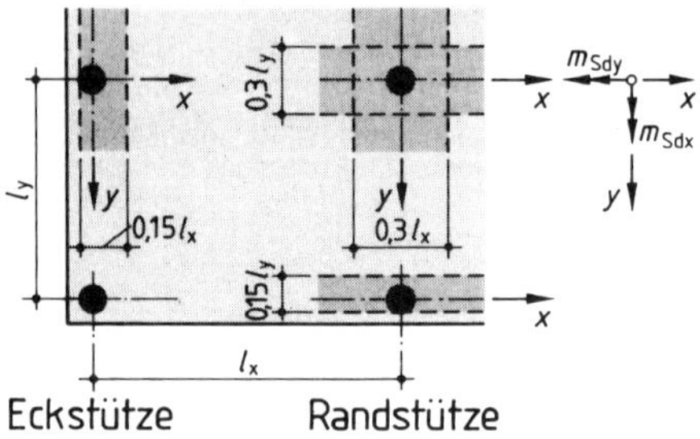

Bild 31
Biegemomente m_{Sdx} und m_{Sdy} in Platten-Stützen-Verbindungen bei außermittiger Belastung und mitwirkende Plattenbreite zur Ermittlung der aufnehmbaren Biegemomente

6.5.5 Knicksicherheitsnachweis
nach EC 2, Abschn. 4.3.5 bzw. E DIN 1045-1, Abschn. 5.6

Für schlanke Tragwerke oder schlanke Bauteile, die vorwiegend auf Druck beansprucht und deren Tragfähigkeit wesentlich durch ihre Verformung derart beeinflußt werden, daß die Momente aus Theorie II. Ordnung zu einer Erhöhung der Momente aus Theorie I. Ordnung führen, ist ein Nachweis nach diesem Abschnitt erforderlich.

6.5.5.1 Einteilung des Tragwerks und der Tragwerksteile
nach EC 2, Abschn. 4.3.5.3 bzw. E DIN 1045-1, Abschn. 5.6.2

Der zu führende Nachweis hängt in erster Linie von der Nachgiebigkeit des Tragwerkes ab.

Aussteifende Bauteile sind in der Regel nach Theorie I. Ordnung zu bemessen und sollen 100% aller Horizontallasten aufnehmen.

Als unverschieblich gelten

a) Tragwerke, bei denen der Einfluß von Knotenverschiebungen auf die Bemessungsmomente und – Kräfte der einzelnen Bauteile vernachlässigt werden können.
b) Tragwerke, die durch massive Wände oder Bauwerkskerne ausgesteift werden können.
c) Tragwerke, bei denen die aussteifenden Bauteile annähernd symmetrisch verteilt sind und folgende Bedingungen erfüllen:

$$\boldsymbol{h_{tot}}\sqrt{\frac{\boldsymbol{F_v}}{\boldsymbol{E_{cm} I_c}}} \leqq \mathbf{0{,}2+0{,}1}\,\boldsymbol{n} \qquad n \leqq 3 \qquad (71)$$
$$\leqq \mathbf{0{,}6} \qquad n \geqq 4$$

h_{tot}	Gesamthöhe des Bauwerkes über Einspannebene
F_v	Summe aller lotrechten Lasten
$E_{cm} I_c$	Biegesteifigkeit aller vertikalen aussteifenden Bauteile
n	Anzahl der Geschosse

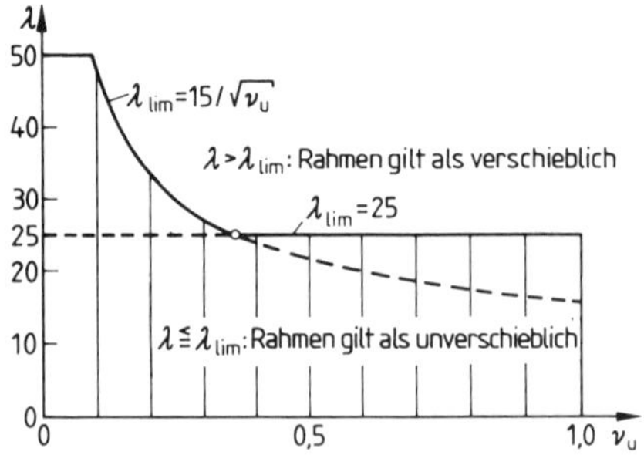

Bild 32 Schlankheitsgrenzen von Rahmen

d) Rahmen ohne aussteifende Bauteile, bei denen die Schnittgrößen nach Theorie I. Ordnung infolge zugehöriger Verschiebungen um nicht mehr als 10% erhöht werden.

Dies kann als erfüllt angesehen werden, wenn die Schlankheit aller Druckglieder, die mehr als 70% der mittleren Normalkraft je Geschoß aufnehmen, folgende in Bild 32 dargestellten Bedingungen erfüllen.

Die Bemessung von einzelnen unverschieblichen Druckgliedern erfolgt als Einzeldruckglieder. Verschiebliche Rahmen sind nach dem in DIN V 18932 T1 angegebenen besonderen Verfahren zu bemessen.

6.5.5.2 Einzeldruckglieder

nach EC 2, Abschn. 4.3.5.3.5 bzw. E DIN 1045-1, Abschn. 5.6.3 u. 5.6.4

Als Einzeldruckglieder werden bezeichnet

- Einzelstehende Stützen
- Druckglieder, die in einem unverschieblichen Tragwerk gelenkig oder biegesteif angeschlossen sind
- Druckglieder, die als aussteifendes Bauteil dienen und schlank sind.

Die Schlankheit von Einzeldruckgliedern kann nach Bild 33 ermittelt werden. Dabei gilt für die Ersatzlänge l_0 eines Druckgliedes

$$l_0 = \beta l_{col}$$

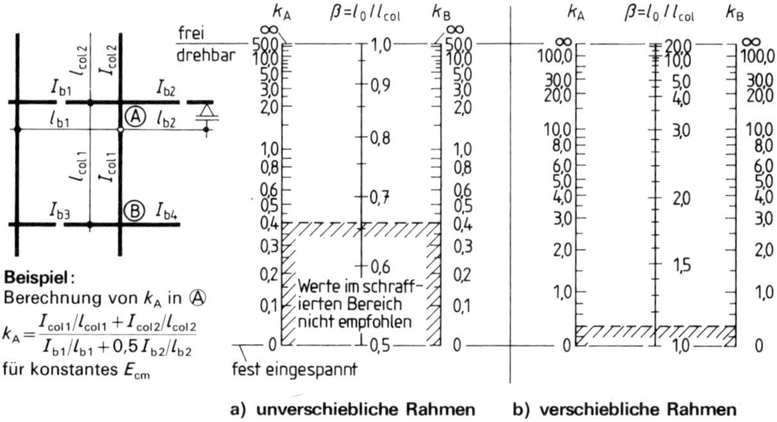

Beispiel:
Berechnung von k_A in Ⓐ

$$k_A = \frac{I_{col1}/l_{col1} + I_{col2}/l_{col2}}{I_{b1}/l_{b1} + 0{,}5\, I_{b2}/l_{b2}}$$

für konstantes E_{cm}

Bild 33 Berechnung der Ersatzlänge von Einzeldruckgliedern

Die Steifigkeit der Einspannung an den Stützenenden kann durch die Beiwerte k_A und k_B angegeben werden.

$$k_A(k_B) = \frac{\sum E_{cm}\, I_{col}/l_{col}}{\sum E_{cm}\, \alpha\, I_b/l_{eff}} \quad (72)$$

E_{cm}	Elastizitätsmodul Beton
I_{col}, I_b	Trägheitsmoment Druckglied, Balken
l_{col}	Stützenlänge zwischen den ideellen Einspannstellen
l_{eff}	wirksame Stützweite Balken
α	Beiwert zur Berücksichtigung der Einspannung am abliegenden Ende eines Balkens $\alpha = 1{,}0$ abliegende Ende elastisch oder starr eingespannt $\alpha = 0{,}5$ abliegende Ende frei drehbar gelagert $\alpha = 0$ Kragbalken

Einzeldruckglieder gelten als schlank, wenn für λ die nachstehende Gl. erfüllt ist, wobei der größte Wert maßgebend ist.

$$\lambda \begin{matrix} > 25 \\ > 15/\sqrt{\nu_u} \end{matrix}$$

λ Schlankheit l_0/i
ν_u Bezogene Längskraft nach Gl. (111)
l_0 Ersatzlänge des Druckgliedes
i Flächenträgheitsradius

Für ν_u gilt

$$\nu_u = N_{Sd}/(f_{cd}\,A_c)$$

N_{Sd} Bemessungswert der aufzunehmenden Normalkraft ($N_{Sd} \geqq 0{,}7\,N_{Sd,m}$)
A_c Betonquerschnitt der Stütze
f_{cd} Bemessungswert der Betondruckfestigkeit

Ein Knicksicherheitsnachweis kann entfallen, wenn für die Schlankheit λ in unverschieblichen Tragwerken folgende Bedingung eingehalten ist:

$$\lambda_{crit} \leqq 25\,(2 - e_{01}/e_{02}) \quad (73)$$

e_{01}, e_{02} Ausmitten der Normalkraft nach Theorie I. Ordnung mit $|e_{02}| \geqq |e_{01}|$

Gl. (73) gilt nur für Druckglieder ohne Querlasten zwischen den Enden.

Die Druckglieder sind allerdings für folgende Lastkombination zu bemessen:

$$N_{Rd} = N_{Sd} \quad (74) \qquad M_{Rd} = N_{Sd}\,h/20 \quad (75)$$

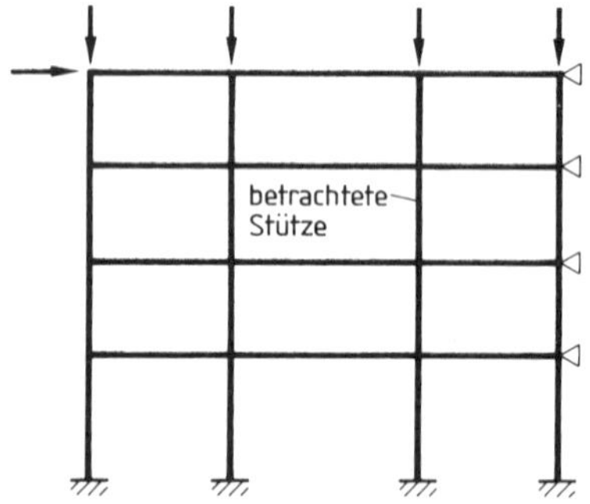

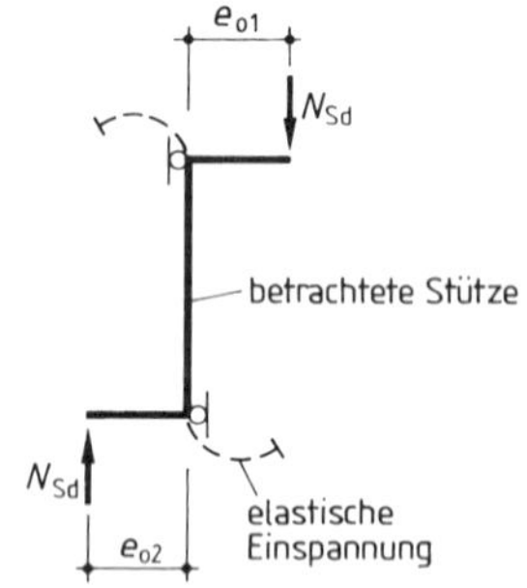

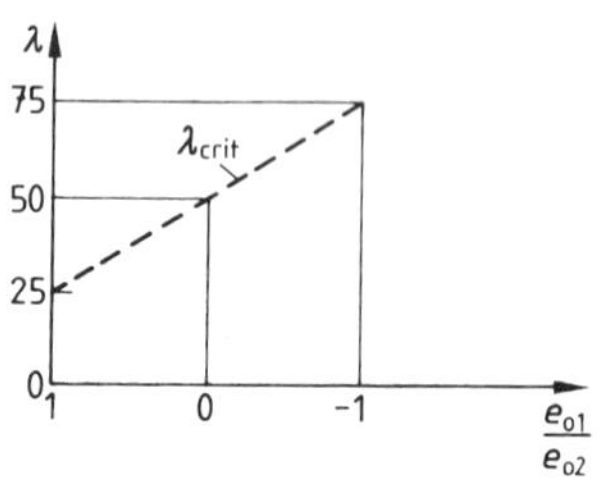

Bild 34
Grenzschlankheit λ_{crit} von Einzeldruckgliedern in unverschieblichen Tragwerken

6.5.5.3 Vereinfachtes Bemessungsverfahren
nach EC 2, Abschn. 4.3.5.6 bzw. E DIN 1045-1, Abschn. 5.6.5

Für rechteckige bzw. kreisförmige Druckglieder mit $\lambda < 140$ und einer Lastausmitte $e_0 > 0{,}1\,h$ kann auf Grundlage einer fußeingespannten und am Kopf frei verschieblichen Modellstütze nach Bild 35 bemessen werden.

Die Bemessung des Kritischen Querschnittes $A-A$ erfolgt unter der Längskraft N_{Sd} und der Gesamtausmitte e_{tot} nach Bild 36

$$e_{tot} = e_0 + e_a + e_2 \quad (76)$$

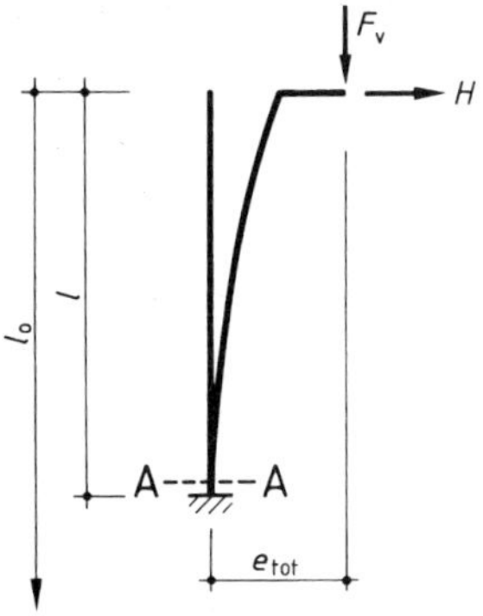

Gesamtausmitte $e_{tot} = e_0 + e_a + e_2$

Bild 35 Modellstütze

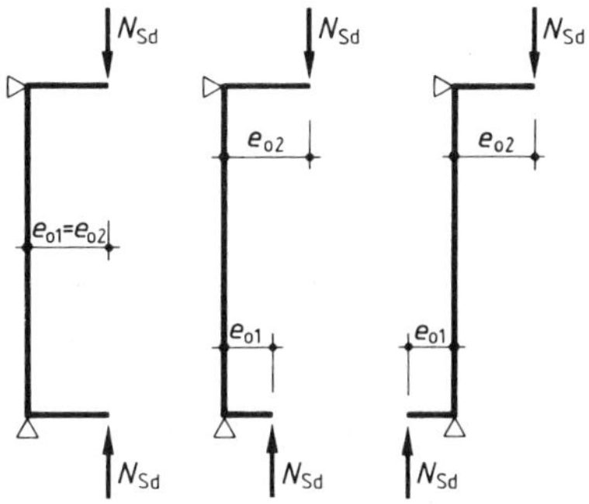

Bild 36 Berechnung der Lastausmitte e_0

a) e_0 Lastausmitte nach Theorie I. Ordnung

$$e_0 = M_{Sd1}/N_{Sd}$$

M_{Sd1} Bemessungswert des aufzunehmenden Biegemomentes nach Theorie I. Ordnung
N_{Sd} Bemessungswert der aufzunehmenden Längskraft

Für $e_{01} \neq e_{02}$ wird e_0 durch eine Ersatzausmitte e_e auf Grundlage von $|e_{02}| \geqq |e_{01}|$ ersetzt, wobei der größere der beiden Werte maßgebend wird

$$e_e = 0{,}6\, e_{02} + 0{,}4\, e_{01} \qquad e_e = 0{,}4\, e_{02}$$

b) e_a Ersatzimperfektion, die durch Erhöhung der Lastausmitte angenommen wird

$$e_a = \nu \cdot l_0/2$$

l_0 Ersatzlänge der Stütze
ν Schiefstellung nach Gl. (8)

c) e_2 Stabauslenkung nach Theorie II. Ordnung

$$e_2 = K_1\, l_0^2 (1/r)/10$$

$K_1 = \lambda/20 - 0{,}75$ für $15 \leqq \lambda \leqq 35$
$K_1 = 1$ $\lambda > 35$

$1/r$ Stabkrümmung im maßgebenden Querschnitt

$$1/r = 2 K_2\, \varepsilon_{yd}/(0{,}9\, d)$$

$\varepsilon_{yd} = f_{yd}/E_s$ Bemessungswert der Dehnung der Bewehrung an der Streckgrenze
d Nutzhöhe des Querschnitts in der Stabilitätsrichtung

$$K_2 = (N_{ud} - N_{Sd})/(N_{ud} - N_{bal}) \leqq 1$$

N_{ud} Bemessungswert der Grenztragfähigkeit des Querschnitts unter zentrischem Druck $N_{ud} = \alpha f_{cd} A_c + f_{yd} A_s$
N_{Sd} Bemessungswert der aufzunehmenden Längskraft
N_{bal} Längsdruckkraft, unter der die Momentengrenztragfähigkeit eines Querschnittes am größten ist $N_{bal} = 0{,}4 f_{cd} A_c$ (Rechteckquerschnitte mit symmetrischer Bewehrung)

6.5.5.4 Berücksichtigung des Kriechens

In unverschieblichen Tragwerken können Kriechverformungen normalerweise vernachlässigt werden.

Bei verschieblichen Rahmen sind Kriechverformungen zu berücksichtigen, wenn hiervon die Tragwerksstabilität wesentlich beeinflußt wird. Dies ist z. B. der Fall, wenn aus Kriecheinwirkung die Momente nach Theorie I. Ordnung unter planmäßigen Lasten um 10% vergrößert werden. Für den Nachweis enthält der Anhang 3 zur DIN V ENV 1992-1-1 weitere Hinweise.

6.5.5.5 Druckglieder mit zweifacher Lastausmitte
nach EC 2, Abschn. 4.3.5.6.4 bzw. E DIN 1045-1, Abschn. 5.6.6

Bei zweiachsiger Ausmitte ist für Rechteckquerschnitte ein getrennter Nachweis in Richtung der beiden Hauptachsen erlaubt, wenn die bezogenen Ausmitten e_y/b und e_z/h nach untenstehenden Gleichungen derart begrenzt sind, daß der Lastangriffspunkt der Längskraft im dunkleren Bereich des Bildes 37 liegt. Die ungewollte Ausmitte e_a (s. oben) braucht bei der Ermittlung von e_y und e_z nicht berücksichtigt werden.

$$\frac{e_z/h}{e_y/b} \leqq 0{,}2 \quad (77\,a) \qquad\qquad \frac{e_y/b}{e_z/h} \leqq 0{,}2 \quad (77\,b)$$

Zur Erfüllung der Bedingung genügt die Einhaltung eine der beiden Gleichungen. Der getrennte Nachweis kann wie vor beschrieben geführt werden.

Bei $e_z/h > 0{,}2$ ist ein getrennter Nachweis nur dann erlaubt, wenn für den Nachweis um die schwächere Hauptachse z nach Bild 38 die Dicke h auf h' abgemindert wird. Dabei wird h' auf Grundlage einer linearen Spannungsverteilung nach folgenden Formeln ermittelt.

$$\frac{N_{Sd}}{A_c} - \frac{N_{Sd}}{Z_c}(e_z + e_{az}) = 0 \quad (78)$$

$$h' = \frac{h}{2} + \frac{h^2}{12\,(e_z + e_{az})} \leqq h \quad (79)$$

N_{Sd} Bemessungswert der aufzunehmenden Längskraft (bei Druck negativ)
A_c Fläche des Betonquerschnitts $(b \cdot h)$
Z_c Widerstandsmoment $(b \cdot h^3/12\,[h' - h/2])$
e_{az} Zusatzausmitte in z-Richtung

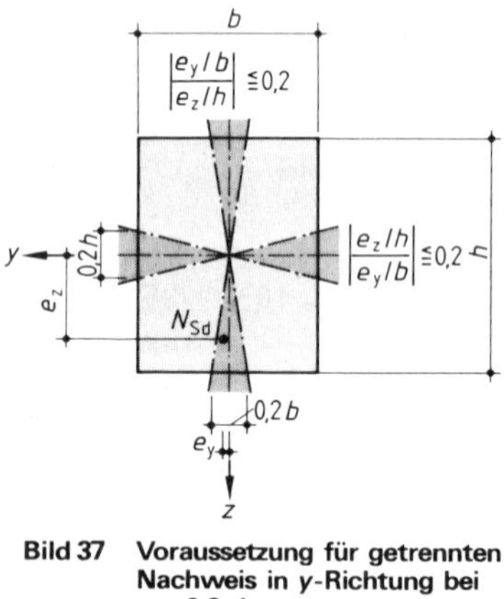

Bild 37 **Voraussetzung für getrennten Nachweis in y-Richtung bei $e_z > 0{,}2 \cdot h$**

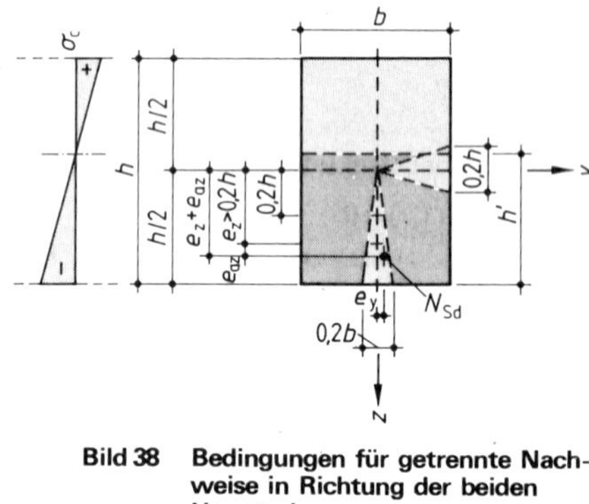

Bild 38 **Bedingungen für getrennte Nachweise in Richtung der beiden Hauptachsen**

6.5.5.6 Kippen von schlanken Trägern
nach EC 2, Abschn. 4.3.5.7 bzw. E DIN 1045-1, Abschn. 5.6.8

Auf einen genauen Nachweis kann bei Stahlbeton- und Spannbetonträgern verzichtet werden, wenn folgende beiden Gleichungen erfüllt sind

$$l_{0t} < 35\,b \quad (80)$$
$$h < 2{,}5\,b$$

b Breite des Druckgurtes
h Gesamtdicke des Trägers
l_{0t} Druckgurtlänge zwischen den seitlichen Abstützungen

6.5.5.7 Direkte Bemessung von Stützen

Auf Grundlage des Modellstützenverfahrens kann eine exakte Bemessung unter Anwendung der Nomogramme nach BT 8 (Anhang) durchgeführt werden.

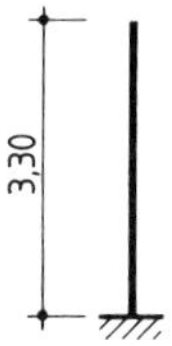

Bild 39

Beispiel Bemessung einer Kragstütze

Abmessungen $b/h = 45/45$ cm, $l_k = 3{,}30$ m
Beton C 30/37
Betonstahl S 500, $d = 40{,}5$ cm

Einwirkungen an der Einspannstelle

		N [kN]	M_0 [kNm]	M_1 [kNm]
ständig	g	−500	9,08	9,08
veränderlich	s	250	4,54	4,54
	w	0	120,0	120,0

Imperfektion nach Gl. (26)

$$\nu = \frac{1}{100\sqrt{l}} \geqq 0{,}005 \qquad \nu = \frac{1}{100\sqrt{3{,}30}} = 0{,}0055 \geqq 0{,}005$$

Zusatzmoment M_a nach Gl. (119)

$$M_a = |N| \cdot l_0 \cdot \nu/2 = |N| \cdot 3{,}30 \cdot 0{,}0055 \quad [\text{kNm}]$$

Bemessungswerte und bezogene Momente und Längskräfte

Vorwerte $l_0/h = 2 \cdot 3{,}30/0{,}45 = 14{,}66$, Beton $\gamma_c = 1{,}5$, Betonstahl $\gamma_s = 1{,}15$

$$A_c \cdot f_{cd} = 0{,}45^2 \cdot \frac{30}{1{,}5} = 4{,}05 \text{ MN}$$

$$h \cdot A_c \cdot f_{cd} = 0{,}45 \cdot 4{,}05 = 1{,}823 \text{ MNm}$$

$$\frac{f_{yd}}{f_{cd}} = \frac{500}{1{,}15} \cdot \frac{1{,}5}{30} = \frac{435}{20} = 21{,}75$$

Kombinationen nach Gl. (16)

1: $1{,}35 \cdot g + 1{,}5 \cdot s + 1{,}5 \cdot 0{,}6 \cdot w$

$N_{Sd} = -1{,}35 \cdot 500 - 1{,}5 \cdot 250 = -1050$ kNm,
$M_{Sd} = 1{,}35 \cdot 9{,}08 + 1{,}5 \cdot 4{,}54 + 1{,}5 \cdot 0{,}6 \cdot 120 = 127{,}07$ kNm
$\nu_{sd} = -1050/4050 = -0{,}26$
$\mu_{sd} = 127{,}07/1823 = 0{,}07$

2: $1{,}35 \cdot g + 1{,}5 \cdot w + 1{,}5 \cdot 0{,}7 \cdot s$

$N_{sd} = -1{,}35 \cdot 500 - 1{,}5 \cdot 0{,}7 \cdot 250 = -937{,}50$ kN
$M_{sd} = +1{,}35 \cdot 9{,}08 + 1{,}5 \cdot 120 + 1{,}5 \cdot 0{,}7 \cdot 4{,}54 = 197{,}03$ kNm
$\nu_{sd} = -937{,}50/4050 = -0{,}23$
$\mu_{sd} = 197{,}03/1823 = 0{,}11$

3: $1{,}0 \cdot g + 1{,}50 \cdot w$

$N_{sd} = -1{,}0 \cdot 500 = -500$ kN
$M_{sd} = 1{,}0 \cdot 9{,}08 + 1{,}50 \cdot 120 = 189{,}08$ kNm
$\nu_{sd} = -500/4050 = -0{,}12$
$\mu_{sd} = 189{,}08/1823 = 0{,}10$

aus Tafel BT 8b erhält man folgende bezogene Bewehrungsverhältnisse ω

Kombination
1 $\omega = 0{,}03$ 2 $\omega = 0{,}14$ 3 $\omega = 0{,}16$

Die maßgebende Bewehrung ergibt sich zu

$$A_s = \omega \cdot A_c/(f_{yd}/f_{cd}) = 0{,}16 \cdot 45^2/21{,}75 = 14{,}90 \text{ cm}^2$$

6.6 Nachweis in den Grenzzuständen der Gebrauchstauglichkeit

nach EC 2, Abschn. 4.4 bzw. E DIN 1045-1, Abschn. 8

Die Dauerhaftigkeit und Gebrauchstauglichkeit von Beton- und Spannbetonbauteilen kann durch Bildung von Mikrorissen und Kriechverformungen infolge hoher Betondruckspannungen und durch nichtelastische Verformungen durch Stahlspannungen beeinträchtigt werden und ist durch Spannungsbegrenzung sicherzustellen. Weiterhin soll eine ordnungsgemäße Nutzung und das Erscheinungsbild eines Tragwerkes durch Beschränkung der Rissbildung und durch Einhaltung von Verformungsgrenzen gewährleistet werden. Darüberhinaus können weitere Einschränkungen z. B. wegen Auftreten von Erschütterungen notwendig sein.

6.6.1 Begrenzung der Spannungen

nach EC 2, Abschn. 4.4.1 bzw. E DIN 1045-1, Abschn. 8.1

Die Gebrauchsspannungen sind zu begrenzen

a) Beton

unter seltener Lastkombination	$\sigma_c \leqq 0{,}60 f_{ck}$
unter quasi-ständigen Lasten	$\sigma_c \leqq 0{,}45 f_{ck}$
Anforderungen an Dauerhaftigkeit von Spannbetonbauteilen	volle Überdrückung des Querschnittes

b) Betonstahl unter seltener Lastkombination

wenn Zugspannungen ausschließlich aus Zwang	$\sigma_s \leqq 1{,}00 f_{yk}$
sonst	$\sigma_s \leqq 0{,}80 f_{yk}$

c) Spannstahl unter seltener Lastkombination

nach Abzug der Spannkraftverluste	$\sigma_p \leqq 0{,}75 f_{pk}$

O. g. Begrenzungen der Spannungen können als eingehalten gelten, wenn folgende Bedingungen eingehalten sind:

a) Bemessung für den Grenzzustand der Tragfähigkeit nach Abschn. 6.5
b) Mindestbewehrung nach Abschn. 6.6.2.2
c) Bauliche Durchbildung nach Abschn. 7
d) Schnittgrößen im Grenzzustand der Tragfähigkeit sind um nicht mehr als 30% umgelagert

Wird der Nachweis geführt, so sind die Spannungen im allgemeinen unter Berücksichtigung der ungerissenen Querschnitte (Zustand I) zu ermitteln. Wenn jedoch unter der seltenen Lastkombination die Zugspannungen aus der Rechnung im Zustand I den Mittelwert der Zugspannung f_{ctm} überschreiten, sollte der gerissene Querschnitt (Zustand II) angesetzt werden. Folgendes ist zu berücksichtigen:

a) Einflüsse aus Kriechen und Schwinden und (wenn erforderlich) aus Reißen des Querschnitts unter Gebrauchslast
b) Einflüsse aus Zwangeinwirkungen sobald sie die Spannungen wesentlich beeinflussen
c) Langzeiteinflüsse bei der Bemessung, wenn der Anteil der quasi-ständigen Einwirkung größer als 50% der Gesamteinwirkung ist. Das Verhältnis der E-Module E_s/E_c kann mit 15 angenommen werden.
d) bei Rechnung nach Zustand I: elastisches Verhalten des Querschnittes
e) bei Rechnung nach Zustand II: elastisches Verhalten des auf Druck beanspruchten Betons, dieser kann aber keine Zugspannungen aufnehmen

6.6.2 Begrenzung der Rißbreite
nach EC 2, Abschn. 4.4.2 bzw. E DIN 1045-1, Abschn. 8.2

6.6.2.1 Allgemeine Grundlagen

Die zulässigen Rißbreiten zur Sicherstellung der Dauerhaftigkeit von Stahlbeton- und Spannbetonbauteilen ohne besondere Anforderungen (z.B. Wasserundurchlässigkeit) sind in Tafel 23 angegeben.

Tafel 23 Zulässige Rißbreiten w_k in mm

Umweltklasse nach Tafel 16	Stahlbeton[1])	Spannbeton Vorspannung mit	
		sofortigem Verbund	nachträglichem Verbund
1	–	0,2	0,2
2	0,3	Dekompression[2])	0,2
3			Dekompression[2]) oder
4			Beschichtung der Spannglieder und 0,2
5	Besondere Maßnahmen notwendig, von der Art der jeweiligen aggressiven chemischen Substanz abhängig		

[1]) unter quasi-ständiger Belastung
[2]) Grenzzustand der Dekompression gilt als eingehalten, wenn unter der häufigen Lastkombination alle Teile des Spanngliedes wenigstens 25 mm innerhalb des gedrückten Beton liegen

Garantiert wird die Einhaltung der zulässigen Rißbreiten durch
- Einlegen einer Mindestbewehrung nach Gl. (81)
  und
- Beachtung der Grenzen der Abstände (Tafel 25) und Durchmesser (Tafel 24) der Bewehrung.

6.6.2.2 Mindestbewehrung
nach EC 2, Abschn. 4.4.2.2 bzw. E DIN 1045-1, Abschn. 8.2.2

Eine Mindestbewehrung ist im allgemeinen in oberflächennahen Bereichen von Stahlbeton- und Spannbetonbauteilen einzulegen, in denen Betonzugspannungen, besonders infolge von Zwang entstehen. Dabei muß zwischen Biegung (Zugspannungsverteilung über den Querschnitt dreieckförmig) und Zug (gesamter Querschnitt unter Zug) unterschieden werden.

Die als Mindestbewehrung definierte Querschnittsbewehrung der Zugbewehrung A_s ergibt sich zu

$$\boldsymbol{A_s = k_c\, k\, f_{ct,eff}\, A_{ct}/\sigma_s} \qquad (81)$$

wobei k_c den Einfluß der Spannungsverteilung innerhalb des Querschnitts bei Erstrißbildung und k nichtlinear verteilte Eigenspannungen berücksichtigt. Im einzelnen betragen

k_c	Stahlbeton,	alle Querschnitte
	1,0	unter reinem Zug
	0,4	unter reiner Biegung
	Spannbeton,	Kastenquerschnitte
	0,4	für Stege
	0,8	für Zuggurte
	Spannbeton,	Rechteckquerschnitte
	0,4	für reine Biegung
	0	Querschnitt ist unter seltener Lastkombination und den charakteristischen Werten der Vorspannung überdrückt, wobei eine lineare Interpolation vorgenommen werden darf
	0	Querschnitt reißt unter der Lastbedingung, die im Zustand II zum Erstriß führt unter dem Ansatz des maßgebenden charakteristischen Wertes der Vorspannung an keiner Stelle mehr als $h/2$ oder 0,5 m auf

k		Zugspannungen infolge von Eigenzwang
	0,8	allgemein
	0,8	Rechteckquerschnitte mit $h \leqq 30$ cm
	0,5	$h \geqq 80$ cm
	1,0	Zugspannungen infolge von Zwang durch andere Bauteile
	0,5 bis 1,0	Zugspannungen in folge Zwang in von der Hauptzugbewehrung entfernt liegenden Bauteilen (z. B. Stege von hohen Querschnitten)

$f_{ct,eff}$ wirksame Betonzugfestigkeit bei Erstrißbildung, nach Tafel 3. Treten die Risse nach <28 Tagen auf, ist mit dem Festigkeitswert zu rechnen, der beim Auftreten der Risse wirksam ist, dabei soll mindestens 3 N/mm² angenommen werden.

A_{ct} Querschnittsfläche der Betonzugzone (Zustand I bzw. nach Spannungsverteilung bei vorgespannten Bauteilen

σ_s Betonstahlspannung im Zustand II (nach Tafel 24 oder, wenn kein Zwang vorhanden, $\sigma_s = f_{yk}$).

6.6.2.3 Begrenzung der Rißbreite ohne besondere Berechnung
nach EC 2, Abschn. 4.4.2.3 bzw. E DIN 1045-1, Abschn. 8.2.3

Für Hochbauplatten aus Stahlbeton und Spannbeton mit $h \leqq 20$ cm braucht keine besondere Bewehrung eingelegt werden, wenn diese nach Abschn. 7.3.2 ausgebildet sind.

Bei allen anderen Bauteilen, für die nach Abschn. 6.6.2.2 Mindestbewehrung vorgesehen ist, können die Rißbreiten als ausreichend begrenzt angesehen werden, wenn

a) bei überwiegendem Zwang die Grenzdurchmesser nach Tafel 24

b) bei Lastbeanspruchung die Grenzdurchmesser nach Tafel 24 oder die maximalen Stababstände nach Tafel 25

eingehalten werden. Bei Stahlbeton dürfen die Grenzdurchmesser um folgende Faktoren vergrößert werden:

bei Zwang

$$\frac{f_{ctm}}{2{,}5}\,\frac{h}{10\,(h-d)} \geqq \frac{f_{ctm}}{2{,}5} \qquad (82\,a)$$

bei Lastbeanspruchung

$$\frac{h}{10\,(h-d)} \geqq 1{,}0 \qquad (82\,b)$$

Die Stahlspannungen sollen folgendermaßen ermittelt werden

a) bei Stahlbeton unter quasi-ständiger Last

b) Bei Spannbeton unter häufigen Lasten und dem maßgebenden charakteristischen Wert der Vorspannung

Balken mit $h \geqq 1{,}00$ m mit konzentrierter Hauptbewehrung sind mit einer zusätzlichen Stegbewehrung zu versehen. Die Zulagen sind nach Gleichung (81) (mit $k=0{,}5$ und $\sigma_s = f_{yk}$) zu bemessen und nach Tafel 24 bzw. 25 (unter der Annahme von reinem Zug und $\sigma_s = 50\%$ der Stahlspannung der Hauptbewehrung) zu dimensionieren und im Bereich Zugbewehrung/Nullinie anzuordnen.

Tafel 24 Grenzdurchmesser bei Rippenstählen

Stahlspannung[1]) σ_s in [N/mm²]		160	200	240	280	320	360	400	450
Grenzdurchmesser der Stäbe in mm	Stahlbeton	32	25	20	16	12	10	8	6
	Spannbeton	25	16	12	8	6	5	4	–

[1]) Bei überwiegendem Zwang σ_s nach Gl. (81)

Tafel 25 Maximale Stababstände bei Betonrippenstählen

Stahlspannung σ_s in [N/mm²]			160	200	240	280	320	360
maximale Stababstände in mm	Stahlbeton	Biegung	300	250	200	150	100	50
		Zug	200	150	125	75	–	–
	Spannbeton	Biegung	200	150	100	50	–	–

Eine Einhaltung der Begrenzung der Breite von Schubrissen kann als ausreichend angesehen werden, wenn die in Tafel 26 angegebenen maximalen Bügelabstände in Abhängigkeit der Bügelspannung σ_w eingehalten werden.

Tafel 26 Maximale Bügelabstände in Balken

Bügelspannung σ_w in N/mm²	$\leqq 50$	75	100	150	200
Bügelabstand in mm	300	200	150	100	50

$$\sigma_w = \frac{V_{Sd} - 3\,V_{cd}}{\varrho_w\, b_w\, d} \quad (83)$$

$$\varrho_w = \frac{A_{sw}}{a\, b_w \sin\alpha}$$

V_{Sd} Bemessungswert der aufzunehmenden Querkraft im Grenzzustand der Tragfähigkeit
V_{cd} entspricht V_{Rd1} nach Gl. (40)
ϱ_w Schubbewehrungsgrad
b_w Stegbreite bzw. kleinste Breite des Bauteils
a Abstand der Schubbügel
α Winkel der Schubbewehrung zur Biegebewehrung (bei senkrechten Bügeln: $\alpha = 90°$)

6.6.2.4 Berechnung der Rißbreite
nach EC 2, Abschn. 4.4.2.4 bzw. E DIN 1045-1, Abschn. 8.2.4

Die in den vorstehenden Kapiteln angegebenen Regeln zur Begrenzung der Rißbreite sind praxisgerecht, so daß eine gesonderte Berechnung der Rißbreiten nur sehr selten erforderlich sein wird, wobei dann auf die DIN V ENV 1992-1-1, Abschn. 4.4.2.4 verwiesen wird.

10

6.6.3 Begrenzung der Verformung

6.6.3.1 Allgemeines

Die Verformung eines Bauteils oder Tragwerks darf seine ordnungsgemäße Funktion und sein Erscheinungsbild – also die Gebrauchstauglichkeit – nicht beeinträchtigen. Deshalb soll die größte auftretende Durchbiegung vorh f von Balken und Platten in der Regel den Grenzwert $l_{eff}/250$ nicht überschreiten, wobei l_{eff} entweder die Länge der Verbindungslinie der Auflager (die Stützweite) oder die Länge des Kragträgers (gemessen vom Ende des Kragträgers bis zum rechnerischen Auflager) ist.

Es gilt also

$$\max f < l_{eff}/250.$$

Überhöhungen bei der Herstellung von Platten und Balken sind zulässig mit einem „Stich" bis zu $l_{eff}/250$.

Wenn das betrachtete Bauteil Elemente zu tragen hat, die bei diesen Verformungen Schaden nehmen (z. B. nichttragende leichte Trennwände oder Verglasungen), so ist eine weitergehende Begrenzung der Verformung nötig. In solchen Fällen soll der Grenzwert $l_{eff}/500$ eingehalten werden.

6.6.3.2 Biegeschlankheit

Der Nachweis vorh $f < l_{eff}/250$ kann ersetzt werden durch den Nachweis, daß der Wert der vorhandenen Biegeschlankheit vorh l_{eff}/d den Grenzwert der zulässigen Biegeschlankheit zul l_{eff}/d nicht überschreitet. Grenzwerte der zulässigen Biegeschlankheit für Balken und Platten sind Tafel 27 zu entnehmen, für Flachdecken gilt Tafel 28.

Tafel 27 Grenzwerte der Biegeschlankheit l_{eff}/d für Stahlbetonbalken, Plattenbalken und Platten; Betonstahl S500[1])

Statisches System: Einfeldträger	Durchlaufträger	Platte		Balken/Platte (Rechteckquerschnitt) 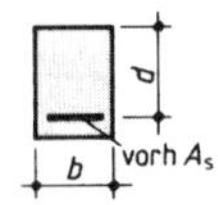 $\varrho=\frac{\text{vorh}\,A_s}{b\cdot d}\cdot 100$ in %		Plattenbalken mit $b_{eff}/b_w>3$ 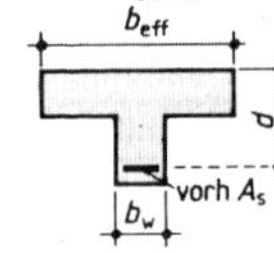 $\varrho=\frac{\text{vorh}\,A_s}{b_{eff}\cdot d}\cdot 100$ in %	
				ϱ=1,5%[2])	ϱ=0,5%[2])	ϱ=1,5%[2])	ϱ=0,5%[2])
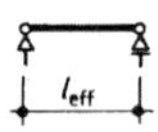		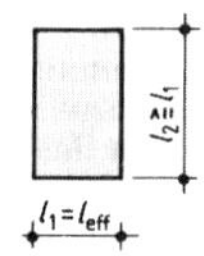	$l_{eff} \leqq 7$ m	14,4	20,0	11,5	16,0
			$l_{eff} > 7$ m	$14{,}4\cdot\frac{7}{l_{eff}}$	$20{,}0\cdot\frac{7}{l_{eff}}$	$11{,}5\cdot\frac{7}{l_{eff}}$	$16{,}0\cdot\frac{7}{l_{eff}}$
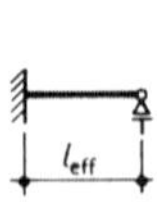	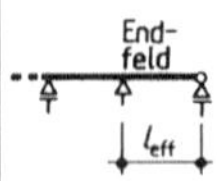	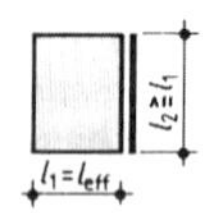	$l_{eff} \leqq 7$ m	18,4	25,6	14,7	20,5
			$l_{eff} > 7$ m	$18{,}4\cdot\frac{7}{l_{eff}}$	$25{,}6\cdot\frac{7}{l_{eff}}$	$14{,}7\cdot\frac{7}{l_{eff}}$	$20{,}5\cdot\frac{7}{l_{eff}}$
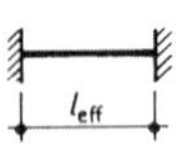	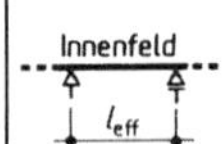	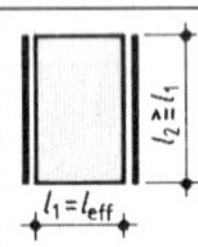	$l_{eff} \leqq 7$ m	20,0	28,0	110,0	22,4
			$l_{eff} > 7$ m	$20{,}0\cdot\frac{7}{l_{eff}}$	$28{,}0\cdot\frac{7}{l_{eff}}$	$16{,}0\cdot\frac{7}{l_{eff}}$	$22{,}4\cdot\frac{7}{l_{eff}}$
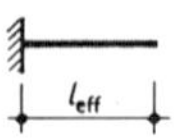		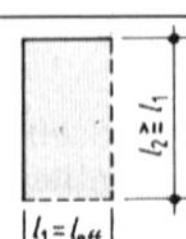	$l_{eff} \leqq 7$ m	5,6	8,0	4,5	6,4
			$l_{eff} > 7$ m	$5{,}6\cdot\frac{7}{l_{eff}}$	$8{,}0\cdot\frac{7}{l_{eff}}$	$4{,}5\cdot\frac{7}{l_{eff}}$	$6{,}4\cdot\frac{7}{l_{eff}}$

[1]) Werte gelten für: Streckgrenze des Betonstahles $f_{yk}=400$ N/mm²
Stahlspannung unter häufigen Lasten $\sigma_s=250$ N/mm²
bei $\sigma_s \neq 250$ N/mm² sind die Werte mit $250/\sigma_s$ zu multiplizieren
bei $f_{yk} \neq 400$ N/m² sind die Werte mit $400/(f_{yk}\cdot A_{s,req}/A_{s,prov})$ zu multiplizieren

[2]) Zwischenwerte können interpoliert werden

Tafel 28 Grenzwerte der Biegeschlankheit l_{eff}/d bei Flachdecken; Betonstahl S500[1])

Statisches System		$\varrho=\frac{\text{vorh}\,A_s}{b\cdot d}$: ϱ=1,5%[2])	ϱ=0,5%[2])
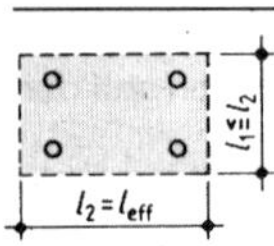	$l_{eff} \leqq 8{,}5$ m	21	30
	$l_{eff} > 8{,}5$ m	$21\cdot\frac{8{,}5}{l_{eff}}$	$30\cdot\frac{8{,}5}{l_{eff}}$

[1]) Werte gelten für: Streckgrenze des Betonstahles $f_{yk}=400$ N/mm²
Stahlspannung unter häufigen Lasten $\sigma_s=250$ N/mm²
bei $\sigma_s \neq 250$ N/mm² sind die Werte mit $250/\sigma_s$ zu multiplizieren
bei $f_{yk} \neq 400$ N/m² sind die Werte mit $400/(f_{yk}\cdot A_{s,req}/A_{s,prov})$ zu multiplizieren

[2]) Zwischenwerte können interpoliert werden

Beispiel Plattenbalken über zwei Felder

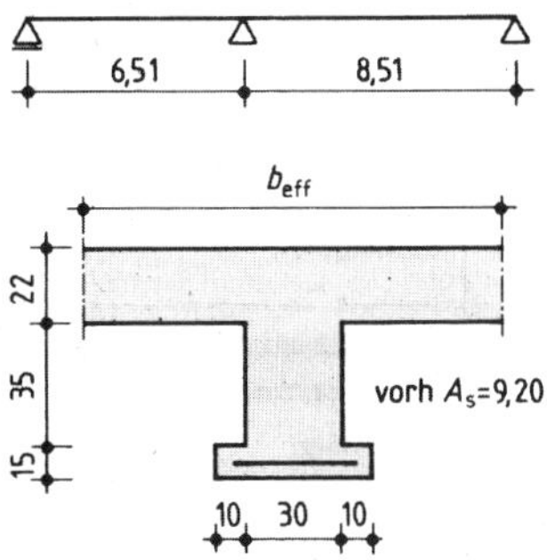

Beton C 20/25
S500
Umweltklasse 2a

$b_{eff} = b_w + (l_0/5)$ l_0 für ein Endfeld $= 0{,}85 \cdot l$
Feld 1 $b_{eff} = 0{,}3 + (0{,}85 \cdot 6{,}51/5) = 1{,}41$ m
Feld 2 $b_{eff} = 0{,}3 + (0{,}85 \cdot 8{,}51/5) = 1{,}75$ m

Feld 1
$A_s = 28{,}27$ cm²
$b_{eff}/b_w = 1{,}41/0{,}3 = 4{,}7 > 3{,}0$
$d_{vorh} = 72 - 3{,}5 - 1{,}0 - 2{,}0/2 = 66{,}5$ cm
$\varrho = A_s/(b_{eff} \cdot d) \cdot 100 = 28{,}27/(141 \cdot 66{,}5) \cdot 100 = 0{,}30\% < 0{,}5\%$
$l_{eff}/d = 20{,}5$
$d_{erf} = 6{,}51/0{,}205 = 0{,}32$ m $< 0{,}665$ m $= d_{vorh}$
Anforderung erfüllt.

Feld 2
$A_s = 28{,}27$ cm²
$b_{eff}/b_w = 1{,}75/0{,}3 = 5{,}83 > 3{,}0$
$l_{eff} > 7{,}0$ m$: 7{,}0/8{,}51 = 0{,}823$
$d_{vorh} = 66{,}5$ cm
$\varrho = 28{,}27/(175 \cdot 66{,}5) \cdot 100 = 0{,}24\% < 0{,}5\%$
$l_{eff}/d = 20{,}5 \cdot 0{,}823 = 16{,}9$
$d_{erf} = 8{,}51/16{,}9 = 0{,}50$ m $< 0{,}665$ m $= d_{vorh}$
Anforderung erfüllt.

7 Bauliche Durchbildung

nach EC 2, Abschn. 5 bzw. E DIN 1045-1, Abschn. 9

Abschn. 7 gilt für Normalbeton mit Bewehrungen aus Betonstabstählen, Betonstahlmatten, und Spannstählen bei überwiegender ruhender Belastung

7.1 Betonstahl

nach EC 2, Abschn. 5.2 bzw. E DIN 1045-1, Abschn. 9.2 bis 9.5

7.1.1 Stababstände und Verbund

Der lichte Abstand a von Betonstahl (Stabdurchmesser d_s) in Abhängigkeit vom Größtkorndurchmesser d_g des Zuschlagstoffes ist Tafel 29a zu entnehmen.

Tafel 29a Lichter Stababstand a in mm

Stabdurchmesser d_s	≤ 32 mm	> 32 mm
Lichter Stababstand a	$\geq d_g$[1]) ≥ 20 mm	$\geq d_g$[1]) + 5 mm

[1]) d_g = Größtkorndurchmesser des Zuschlagstoffes in mm

In jedem Fall soll a so groß gewählt werden, daß der Beton ausreichend verdichtet werden kann und der Verbund gesichert ist. Die Mindestweite der Biegerollendurchmesser sind in Tafel 29 angegeben.

Tafel 29b Mindestwerte der Biegerollendurchmesser

Betonstahl	Haken, Winkelhaken, Schlaufen		Schräge Stäbe und sonst. Krümmungen		
	Stabdurchmesser d_s		Mindestmaß der Betondeckung seitlich		
	< 20 mm	≥ 20 mm	> 100 mm und $> 7\,d_s$	> 50 mm und $> 3\,d_s$	≤ 50 mm und $\leq 3\,d_s$
glatte Stäbe S220	$2{,}5\,d_s$	$5\,d_s$	$10\,d_s$	$10\,d_s$	$15\,d_s$
Rippenstäbe S400, S500	$4\,d_s$	$7\,d_s$	$10\,d_s$	$15\,d_s$	$20\,d_s$
geschweißte Bewehrung und Betonstahlmatten	$20\,d_s$[1])				

[1]) Wert gilt bei Schweißung innerhalb des Biegebereichs sowie bei einem Abstand von $< 4\,d_s$ zwischen Biegebeginn und Schweißstelle, bei größerem Abstand können die Werte für Stäbe angewendet werden

Die Verbundbedingungen sind abhängig von den Bauteilabmessungen sowie der Beschaffenheit der Bewehrungsstäbe und deren Lage im Bauteil während des Betonierens. Unterschieden wird zwischen guten (vgl. Tafel 30) und mäßigen (alle anderen Bauteile) Verbundbedingungen. Der Bemessungswert der Verbundspannungen ist in Tafel 31 angegeben.

Tafel 30 Bedingungen für guten Verbundbereich

Stablage zur Waagerechten während des Betonierens	Bauteildicke h in cm	Stablage[1])
0 bis 45°	≦25	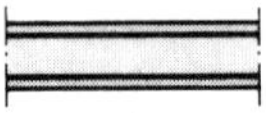 alle Stäbe
	>25 ≦60	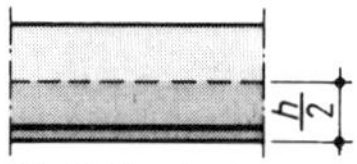 alle Stäbe in der unteren Hälfte des Bauteils
	>60	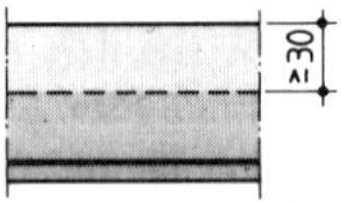 alle Stäbe, die ≧30 cm von oben liegen
45 bis 90°	ohne Begrenzung	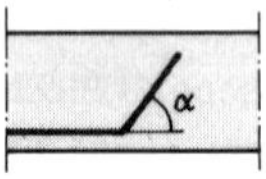 alle Stäbe mit $45 < \alpha \leqq 90°$

[1]) Betonierrichtung ist immer von unten nach oben

Tafel 31 Bemessungswerte der Verbundspannungen f_{bd} in [N/mm²][1]) [4])

charakteristische Zylinderfestigkeit f_{ck} in N/mm²	gute Verbundbedingungen		mäßige Verbundbedingungen
	glatte Stäbe[2])	gerippte Stäbe $d_s < 32$ mm[3])	glatte Stäbe, gerippte Stäbe $d_s < 32$ mm
12	0,9	1,6	70% der Werte für gute Verbundbedingungen
16	1,0	2,0	
20	1,1	2,3	
25	1,2	2,7	
30	1,3	3,0	
35	1,4	3,4	
40	1,5	3,7	
45	1,6	4,0	
50	1,7	4,3	

[1]) $\gamma_c = 1,5$

[2]) $f_{bd} = 0,36\sqrt{f_{ck}}/\gamma_c$

[3]) $f_{bd} = 2,25 f_{ctk;0,05}/\gamma_c$

[4]) Bei Querdruck dürfen die Werte in Abhängigkeit des mittleren Querdruckes p [N/mm²] um folgenden Beiwert erhöht werden

$$\frac{1}{1-0,04p} \leqq 1,4$$

7.1.2 **Verankerungen** nach EC 2, Abschn. 5.2.2.3 u. 5.2.3 u. 5.2.5 bzw. E DIN 1045-1, Abschn. 9.6 u. 9.7

Für das Grundmaß der Verankerungslänge l_b gilt

$$\boldsymbol{l_b = (d_s/4)\,(f_{yd}/f_{bd})} \qquad (84)$$

Der Nenndurchmesser ist bei geschweißten Betonstahlmatten mit Doppelstäben durch den Vergleichsdurchmesser $d_n = d_s\sqrt{2}$ zu ersetzen.
Die erforderliche Verankerungslänge $l_{b,net}$ von Stäben, Drähten, und Betonstahlmatten aus Rippenstäben ist nach Gl. (85) unter Berücksichtigung der Beiwerte α nach Tafel 32 und der erforderlichen ($A_{s,req}$) zur vorhandenen ($A_{s,prov}$) Querschnittsfläche der Bewehrung zu berechnen.

$$\boldsymbol{l_{b,net} = \alpha_a\, l_b\, A_{s,req}/A_{s,prov}} \qquad (85)$$
$$\boldsymbol{\geqq l_{b,min}}$$

Die Mindestlänge $l_{b,min}$ beträgt

- für Zugstäbe
  $l_{b,min} = 0{,}3\,l_b \geqq 10\,d_s$.
  $\geqq 100$ mm
- für Druckstäbe
  $l_{b,min} = 0{,}6\,l_b \geqq 10\,d_s$
  $\geqq 100$ mm

Tafel 32 Verankerungsarten, Verankerungslängen und α_a-Werte

Verankerungsart			α_a
gerade Stabenden	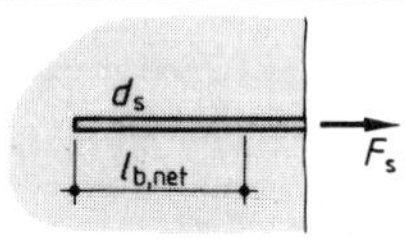	[1])	1,0
Haken	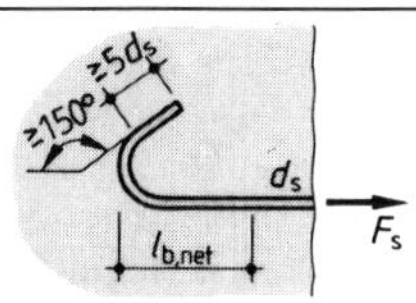		0,7 [2])
Winkelhaken	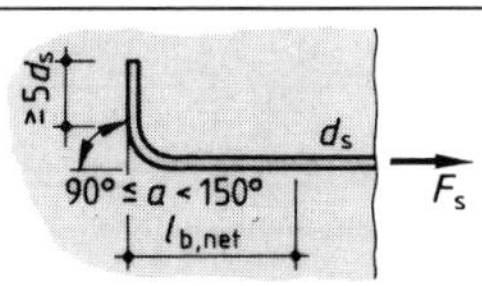	[2])	0,7 [2])
Schlaufe	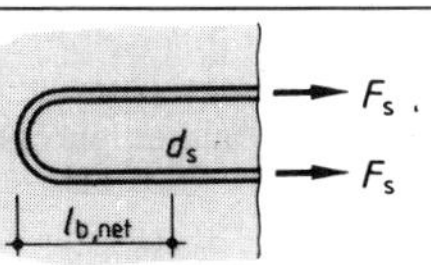		0,7 [2])
angeschweißter Querstab d_{st}	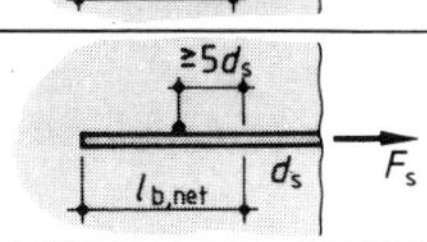	$d_{st} \geqq 0{,}6\,d_s$	0,7 [3])

[1]) nicht für glatte Stäbe mit $d_s > 8$ mm
[2]) Werte gelten bei Stabbeanspruchung auf Zug, wenn Betondeckung in Abbiegebereich rechtwinklig zur Krümmungsebene $\geqq 3\,d_s$
[3]) mindestens 1 Querstab im Verankerungsbereich erforderlich

In Balken soll eine Querbewehrung bei Verankerungen im Druckbereich generell und im Zugbereich dann, wenn kein Querdruck aus Auflagerkräften (z. B. indirekte Auflager) vorhanden ist, angeordnet werden. Dabei ist die gesamte Querschnittsfläche A_{st} der Querbewehrung in Abhängigkeit der Querschnittsfläche des zu verankernden Stabes A_{si} zu wählen

$A_{st} \geqq 0{,}25 A_{si}$ (EC 2) bzw. $A_{se} \geqq 0{,}20 A_{si}$ (E DIN 1045-1)

Tafel 33 Querbewehrung im Verankerungsbereich

Balken

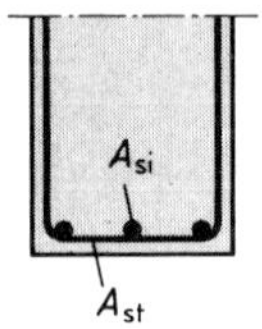

Querbewehrung soll zu verankernde Druckstäbe umfassen und hierbei am Ende der Verankerung konzentriert liegen

Querbewehrung $\geqq 4 d_s$ über Stoßbereiche hinaus anordnen

Platte

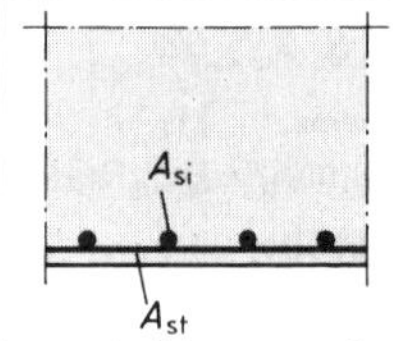

A_{st} ist gleichmäßig zu verteilen, wobei 1 Querstab im Bereich von Aufbiegungen liegen soll

Für Verankerungen von Bügeln und Schubbewehrungen gelten die in Tafel 34 angegebenen besonderen Bedingungen

Tafel 34 Verankerungen von Bügeln und Schubbewehrungen

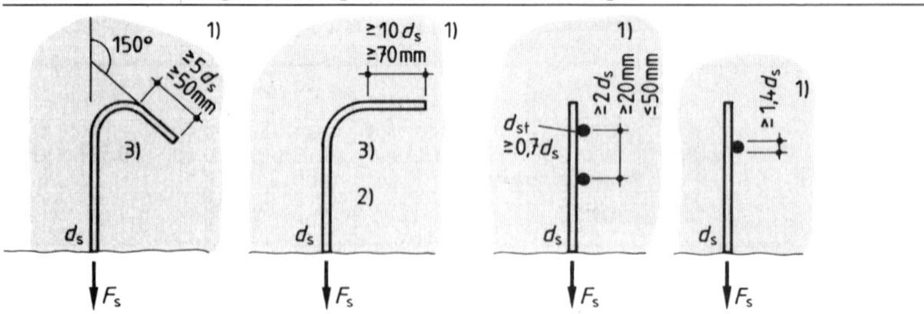

Haken Winkelhaken angeschweißter Querstab

[1]) Bei Einhaltung der Maße kann Verankerung als ausreichend angesehen werden
[2]) Winkelhaken bei glatten Stäben nicht zulässig
[3]) Biegerollendurchmesser nach Tafel 29

Bei Verankerungen mit Ankerkörper dürfen nur allgemein bauaufsichtlich zugelassene Anker verwendet werden.

7.1.3 Bewehrungsstöße

nach EC 2, Abschn. 5.2.4 bzw. E DIN 1045-1, Abschn. 9.8

Stöße von Bewehrungen sind derart auszubilden, daß die Kraftübertragung sichergestellt ist und im Stoßbereich keine Betonabplatzungen auftreten. Die Rißbreite sollte die Werte aus Abschn. 6.6.2.1 nicht wesentlich überschreiten.

Übergreifungsstöße von Stäben und Drähten sind nach Tafel 35 auszubilden. Die Übergreifungslänge l_s ist nach Gl. (86) unter Berücksichtigung von $l_{b,net}$ nach Gl. (85), α_a nach Tafel 32 und α_1 nach Tafel 36 zu berechnen.

$$\boldsymbol{l_s = l_{b,net}\,\alpha_1 \geqq l_{s,min}} \quad (86) \qquad l_{s,min} = 0{,}3\,\alpha_a\,\alpha_1\,l_b \geqq 15\,d_s$$
$$\geqq 200\text{ mm}$$

Tafel 35 Ausbildung von Übergreifungsstößen

Stoßausbildung

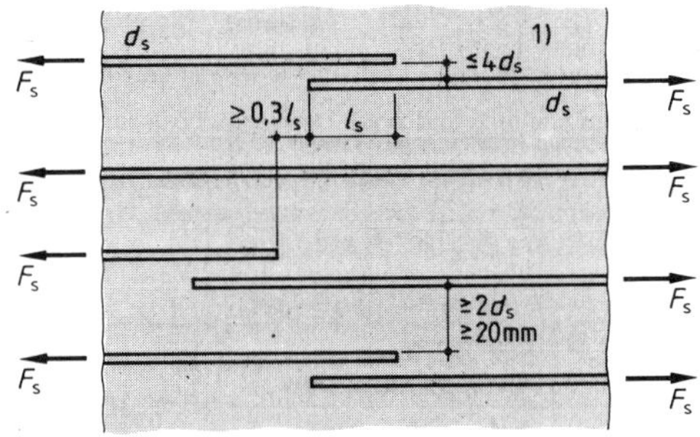

bei $a > 4\,d_s$ ist l_s um $(a - 4\,d_s)$ zu vergrößern

Querbewehrung – Zugstoß

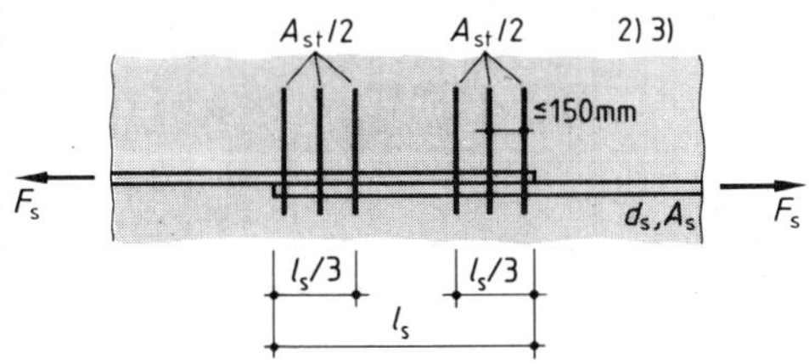

$d_s < 16$ mm

Querbewehrung konstruktiv

$d_s \geqq 16$ mm

Stoßanteil $< 20\%$ Querbewehrung konstruktiv

Querbewehrung – Druckstoß

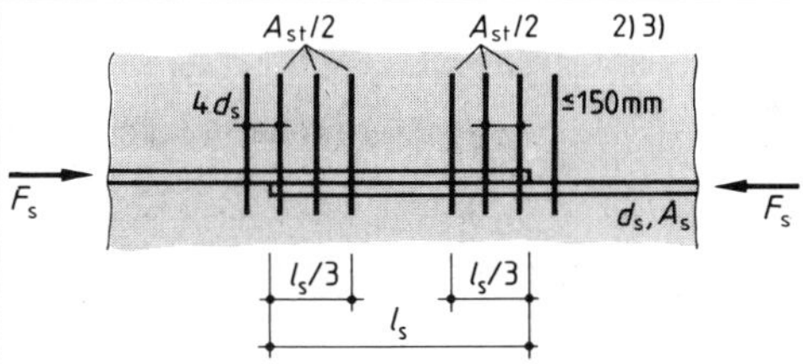

$\geqq 20\%$, $a \leqq 10\,d_s$: $\sum A_{st} \geqq 1{,}0\,A_s$ (Bügel, außen)

$\geqq 20\%$, $a > 10\,d_s$: $\sum A_{st} \geqq 1{,}0\,A_s$ (gerade Stäbe, außen)

Tafel 36 Beiwerte α_1

Stoßdarstellung	Stoßart	Stoßanteil %	a b	α_1
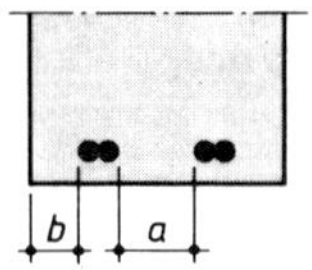	Druckstoß	–		1,0
	Zugstoß	< 30%	$a \geqq 10\,d_s$ $b \geqq 5\,d_s$	1,0
		≧ 30%	oder $a < 10\,d_s$ oder $b < 5\,d_s$	1,4
			$a < 10\,d_s$ $b < 5\,d_s$	2,0

Stöße von Betonstahlmatten aus Rippenstäben sind nach Tafel 37 auszubilden. Die Übergreifungslänge l_s der Hauptbewehrung ist nach Gl. (87) berechnen.

Tafel 37 Stoßausbildung bei Betonstahlmatten aus Rippenstäben

Stoß	zul. Stoßanteil in %	Bedingung	Übergreifungslänge
Hauptbewehrung[1])	100	$A_s/a^{2)} \leqq 1200\ \text{mm}^2/\text{m}$	nach Gl. (87) [2]) [3])
	60	$A_s/a > 1200\ \text{mm}^2/\text{m}$	
Querbewehrung	100	Mindestens 2 Querstäbe sollen im Bereich der Übergreifungsstöße liegen	$d_s < 6$ mm: $l_s \geqq a_l$ [4]), $l_s \geqq 150$ mm $d_s \geqq 6$ mm, $d_s \leqq 8{,}5$ mm: $l_s \geqq a_l$, $l_s \geqq 250$ mm $d_s > 8{,}5$ mm, $d_s \leqq 12$ mm: $l_s \geqq a_l$, $l_s \geqq 350$ mm

[1]) Stöße sollen in Bereiche liegen, in denen unter sehr seltenen Lastkombinationen die Beanspruchungen nicht größer als 80% des Bemessungswertes der Tragfähigkeit ist

[2]) A_s/a = Stabquerschnitt/Stababstand in mm^2/m

[3]) a_l = Abstand der Querstäbe

[4]) a_e = Abstand der Längsstäbe

$$l_s = \alpha_2\, l_b\, A_{s,req}/A_{s,pro} \geqq l_{s,min} \qquad (87)$$

$$\alpha_2 = 0{,}4 + (1/800)\,(A_s/a) \begin{array}{l}\geqq 1{,}0\\ \leqq 2{,}0\end{array}$$

$$l_{s,min} = 0{,}3\,\alpha_2\, l_b \begin{array}{l}\geqq 200\ \text{mm}\\ \geqq a_e\end{array}$$

7.1.4 Zusätzliche Regeln für Rippenstäbe mit $d_s \geqq 32$ mm
nach EC 2, Abschn. 5.2.6

Die wesentlichen Abmessungen, Stababstände und Betondeckung sind in Tafel 38 angegeben. Daneben soll die Rißbeschränkung entweder durch Anordnung einer Hautbewehrung oder durch Nachweis nach Abschn. 6.6.2 erfolgen. Die Bemessungswerte der Verbundspannungen f_{bd} nach Tafel 31 sind mit dem Faktor $(132 - d_s)/100$ zu multiplizieren.

Verankerungen im Zugbereich sind nicht zulässig. Zur Verankerung sind gerade Stabenden oder Anker zu verwenden. Stöße dürfen in auf Zug und Druck beanspruchten Bauteilen nicht verwendet werden. Bei Balken und Platten ohne Querdruck im Verankerungsbereich ist zusätzlich zur Schubbewehrung eine gleichmäßig über den Verankerungsbereich verteilte Querbewehrung nach Tafel 38 erforderlich.

Tafel 38 Zusätzliche Regeln für Rippenstäbe mit $d_s > 32$ mm

Bauteilabmessungen	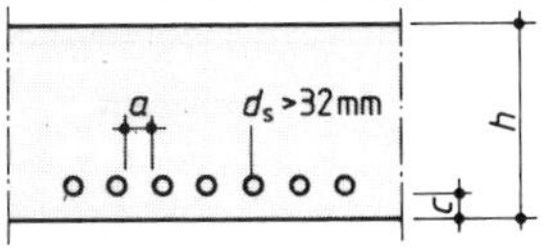Mindestdicke $h > 15 d_s$ Lichter Abstand $a \geqq d_s$; $a \geqq d_g + 5$ mm Betondeckung $c \geqq d_s$ d_g Nennwert des Größtkorndurchmessers des Zuschlags
Zusatzbewehrung im Verankerungsbereich bei geraden Stabenden	○ verankerte Bewehrungsstäbe ● durchlaufende Bewehrungsstäbe 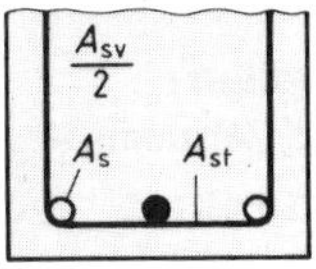in Richtung zur Bauteilunterseite – parallel $A_{st} = n_1\, 0{,}25 A_s$ – senkrecht $A_{sv} = n_2\, 0{,}25 A_s$ Abstand Zusatzbew. $\sim 5 d_s$ A_s Querschnitt eines verankerten Stabes n_1 Anzahl der Bewehrungslagen, die im gleichen Schnitt verankert werden n_2 Anzahl der Bewehrungsstäbe, die in jeder Lage verankert werden
Hautbewehrung	senkrecht $A_{s,surf} = 0{,}01\, A_{ct,ext}$ parallel $A_{s,surf} = 0{,}02\, A_{ct,ext}$ $A_{ct,ext}$ Querschnittsfläche des auf Zug beanspruchten Bauteils außerhalb der Bügel (vgl. 7.3.1.4)

7.1.5 Zusätzliche Regeln für Stabbündel aus Rippenstäben
nach EC 2, Abschn. 5.2.7 bzw. E DIN 1045-1, Abschn. 9.9

Als Bemessungsgrundlage dient ein Ersatzstab mit dem Durchmesser d_n und gleicher Fläche bzw. gleichem Schwerpunkt des Stabbündels nach Gl. (88).

$$d_n = d_s \sqrt{n_b} \leqq 55 \text{ mm} \qquad (88)$$

n_b Anzahl der Einzelstäbe des Stabbündels
$n_b \leqq 4$ lotrechte, auf Druck beanspruchte Stäbe und Stäbe in einem Übergreifungsstoß
$n_b \leqq 3$ alle anderen Stäbe

Für den Stababstand gilt Abschn. 7.1.1, allerdings wird der Abstand vom äußeren Bündelumfang gemessen. Die Betondeckung soll min $c > d_n$ betragen.

Verankerungen oder Stöße müssen derart ausgebildet sein, daß jeder Einzelstab verankert oder gestoßen wird. Bei der Verankerung sind nur versetzt angeordnete gerade Stabenden zulässig, wobei der Längsversatz bei Bündeln aus 1, 2 bzw. 3 Stäben mindestens die 1,2-, 1,3- bzw. 1,4fache Verankerungslänge betragen muß.

7.2 Spannstahl nach EC 2, Abschn. 5.3 bzw. E DIN 1045-1, Abschn. 9.10

Die Betondeckung der Spannglieder bzw. Hüllrohre ist nach Abschn. 6.1 und Tafel 17 festzulegen. Für die lichten Abstände untereinander gelten die Werte in Tafel 39.

Ankerkörper (Vorspannung mit nachträglichem Verbund) und Verankerungslängen (Vorspannung mit sofortigem Verbund) sind für die volle Vorspannkraft zu bemessen. Spanngliedkopplungen dürfen bis max. 50% der Spannglieder in einem Querschnitt liegen, aber nicht im Bereich von Zwischenauflagern angeordnet sein.

Tafel 39 Lichte Mindestabstände von Spanngliedern und Hüllrohre

Vorspannung	Lichte Mindestabstände a		
mit sofortigem Verbund	Spannglieder	senkrecht	$a \geqq d_s$ $a \geqq d_g$ $a \geqq 10$ mm
		waagerecht	$a \geqq d_s$ $a \geqq d_g + 5$ mm $a \geqq 20$ mm
mit nachträglichem Verbund	Hüllrohre	senkrecht	$a \geqq 50$ mm
		waagerecht	$a \geqq 40$ mm

7.3 Besondere Durchbildung von Bauteilen

nach EC 2, Abschn. 5.4 bzw. E DIN 1045-1, Abschn. 10

7.3.1 Balken nach EC 2, Abschn. 5.4.2 bzw. E DIN 1045-1, Abschn. 10.2

7.3.1.1 Längsbewehrung nach EC 2, Abschn. 5.4.2.1 bzw. E DIN 1045-1, Abschn. 10.2.2 u. 10.2.3

Die Längsbewehrung ist mit einem Mindest- bzw. Höchstquerschnitt nach untenstehenden Gleichungen auszubilden, wobei der charakteristische Wert des Betonstahles f_{yk} in N/mm² einzusetzen ist. In jedem Fall ist zu überprüfen, ob nicht der Nachweis der Begrenzungen der Rißbildungen nach Abschn. 6.6.2 für die Mindestbewehrung maßgebend wird.

$$A_{sl,min} \geqq 0{,}0015\, b_t\, d \quad (89)$$

$$\geqq 0{,}6\, b_t\, d$$

$\geqq$ Mindestbewehrung nach Abschn. 6.6.2

$$A_{sl,max} \leqq 0{,}04\, A_c \quad (90)$$

b_t mittlere Breite der Zugzone
d Nutzhöhe des Bauteils
A_c Gesamtquerschnitt der Betonflächen

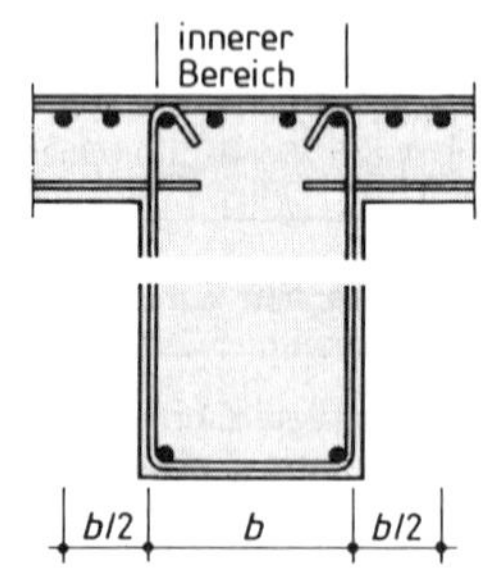

Bild 40 Ausgelagerte Bewehrung im Plattenbalken

Werden Bauteile mit monolithischer Einspannung als frei drehbar gelagert berechnet, sind die unberücksichtigten Einspannungen für ein Stützmoment zu bemessen, welches mindestens 25% des maximalen Feldmomentes entspricht.

An Zwischenauflagern von durchlaufenden Balken darf die Gesamtbewehrung A_{sl} zu 50% ausgelagert werden (vgl. Bild 40).

Die Ermittlung der Zugkraftdeckungslinie und der Verankerungslängen für die Bemessung von Bauteilen bei reiner Biegung erfolgt nach den Tafeln 40 und 41. Das Versatzmaß a_l ist in Abhängigkeit des gewählten Nachweisverfahrens für die Schubbewehrung zu bestimmen.

Standardverfahren

$$a_l = 0{,}5\, z\, (1 - \cot \alpha) \geqq 0 \quad (91)$$

Veränderliche Druckstrebenneigung

$$a_l = 0{,}5\, z\, (\cot \theta - \cot \alpha) \geqq 0 \quad (92)$$

α Neigung der Schubbewehrung
θ Neigung der Druckstreben
z $\approx 0{,}9\, d$ (im allgemeinen ausreichend genau)

Bei End- und Zwischenauflagern ist mindestens 25% der Feldbewehrung über das entsprechende Auflager zu führen und für untenstehende Zugkraft zu bemessen

$$F_s = V_{Sd}\, a_l / d + N_{Sd} \quad (93)$$

An Zwischenauflagern wird zur Aufnahme positiver Momente infolge außergewöhnlicher Beanspruchung empfohlen, die Bewehrung durchzuführen und kraftschlüssig zu schließen.

Tafel 40 Zugkraftdeckungslinie und Verankerungslängen für die Bemessung von Bauteilen bei reiner Biegung

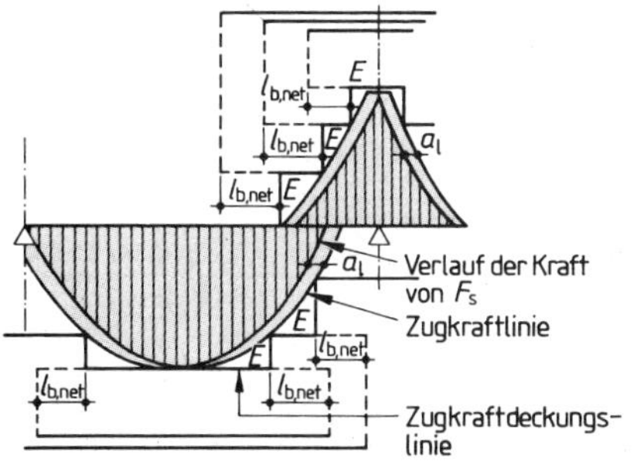

Bei Auslagerung der Bewehrung im Gurtbereich ist a_l um den Wert $b/2$ nach Bild 40 zu vergrößern

Für Verankerungen außerhalb von Auflagern gilt
Verankerungslängen
- Biegebewehrung ab dem rechnerischen Endpunkt E $\quad l \geq l_{b,net}$, $\geq d$
- Schrägstäbe zur Aufnahme von Schubkräften
  - im Bereich von Zugspannungen $\quad l \geq 1{,}3\, l_{b,net}$
  - im Bereich von Druckspannungen $\quad l \geq 0{,}7\, l_{b,net}$

Tafel 41 Verankerungslängen im Auflagerbereich

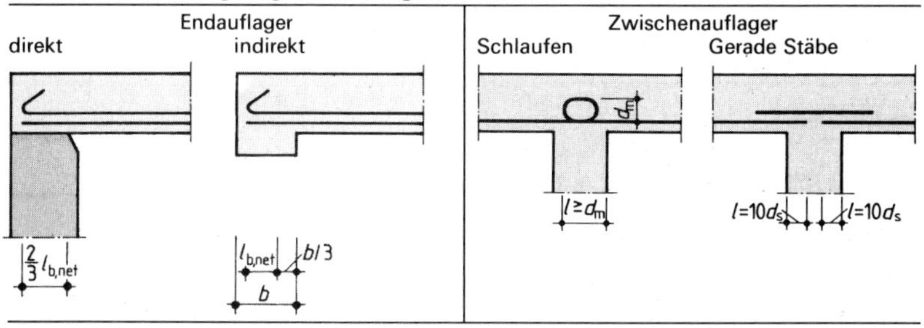

7.3.1.2 Schubbewehrung

nach EC 2, Abschn. 5.4.2.2 bzw. E DIN 1045-1, Abschn. 10.2.4

Die Neigung der Schubbewehrung zur Bauteilachse sollte zwischen 45° und 90° liegen. Mögliche Kombinationen von Schubbewehrungen sind in Tafel 42 dargestellt.

Tafel 42 Beispiele von Kombinationen für Schubbewehrungen

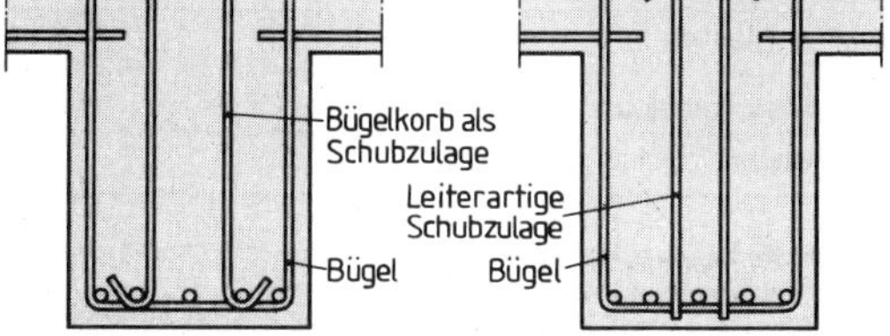

Kombinationen[1])
- Bügel (umfassen Längsbewehrung und Druckzone)
- Schrägstäbe
- Schubzulagen (ohne Umschließng der Längsbewehrung)
  z. B. Körbe, Leitern usw.
  (ausreichendes Verankerung erforderlich)

[1]) Der Anteil der Bügel muß ≧50% der notwendigen Schubbewehrung sein

Bügel sind ausreichend zu verankern, an der Außenseite von Stegen dürfen nur Rippenstäbe gestoßen werden. Der Durchmesser von glatten Rundstäben soll 12 mm nicht überschreiten. Für die Mindestbewehrung $A_{sw,min}$ gilt

$$A_{sw,min} = \varrho_w \, a \, b_w \sin \alpha \qquad (94)$$

A_{sw}	Querschnittsfläche der Schubbewehrung je Länge a
ϱ_w	Bewehrungsgrad in Abhängigkeit der verwendeten Betonfestigkeitsklasse nach Tafel 43
a	Abstand der Schubbewehrung
b_w	Stegbreite
α	Winkel zwischen Schubbewehrung und Hauptbewehrung

Tafel 43 Mindestwerte ϱ_w

Festigkeitsklassen des Betonstahles	Betonfestigkeitsklasse C 12/15 und C 20/25	C 25/30 bis C 35/45	C 40/50 bis C 50/60
S 500	0,0007	0,0011	0,0013

Der maximale Abstand von Bügeln oder anderen Schubbewehrungen a_{max} ist vom Verhältnis der Schubbeanspruchung V_{Sd} zum höchsten Bemessungswert der Querkraft V_{Rd2}, der ohne Versagen der Druckstreben aufgenommen werden kann, abhängig.

Tafel 44 Maximaler Abstand von Bügeln und anderen Schubbewehrungen bei Betonfestigkeiten bis C 50/60

Verhältnis V_{Sd}/V_{Rd2}	Abstand a_{max} Längsabstand	Querabstand
$V_{Sd} \leqq 1/5\, V_{Rd2}$	$\leqq 0{,}8\, d$ $\leqq 300$ mm	$\leqq 1{,}0\, d$ $\leqq 800$ mm
$1/5\, V_{Rd2} < V_{Sd} \leqq 2/3\, V_{Rd2}$	$\leqq 0{,}6\, d$ $\leqq 300$ mm	$\leqq 1{,}0\, d$ $\leqq 600$ mm
$2/3\, V_{Rd2} < V_{Sd}$	$\leqq 0{,}3\, d$ $\leqq 200$ mm	$\leqq 1{,}0\, d$ $\leqq 600$ mm

Der Längsabstand von Schrägstäben sollte nach folgender Gleichung begrenzt werden

$$\boldsymbol{a_{max} \leqq 0{,}6\, d (1 + \cot \alpha)} \qquad (95)$$

7.3.1.3 Torsionsbewehrung

nach EC 2, Abschn. 5.4.2.3 bzw. E DIN 1045-1, Abschn. 10.2.5

Für die Anordnung und Ausbildung der Torsionsbewehrung gelten die folgenden Bedingungen.

Tafel 45 Ausbildung der Torsionsbewehrung

Ausbildung Torsionsbügel	– Winkel zur Bauteilachse 90° – geschlossen – durch Übergreifen verankert
Mindestbewehrung	– Angaben in Abschn. 7.3.1.2 gelten sinngemäß
Bügelabstände	– $a_{max} = u_k/8$ u_k Umfang des Kernquerschnittes – Die Abstände nach Tafel 44 sind einzuhalten
Längsstäbe	– über den inneren Umfang der Bügel verteilen mit $a < 350$ mm, mindestens jedoch 1 Stab je Querschnittsecke

7.3.1.4 Hautbewehrung
nach EC 2, Abschn. 5.4.2.4 bzw. E DIN 1045-1, Abschn. 10.2.6

Zur Begrenzung von Rißbildungen bei Balken mit $h \geqq 1{,}0$ m und zur Vermeidung von Abplatzungen (z. B. aus Brandeinwirkung, bei Verwendung von Stabbündeln oder Stäben mit $d_s > 32$ mm) ist eine Hautbewehrung nach Bild 41 unter Beachtung der Mindestbetondeckung nach Tafel 17 anzuordnen.

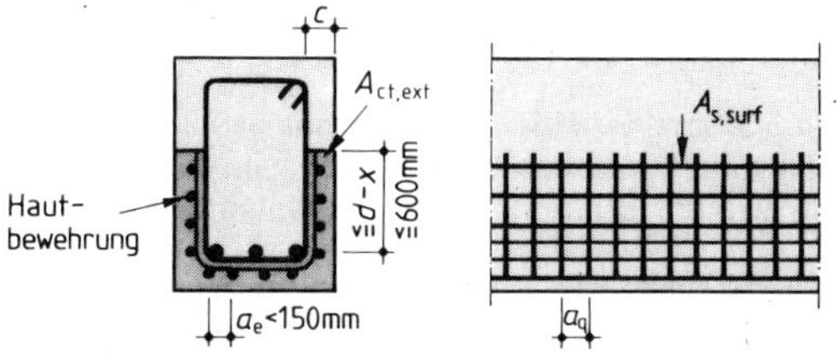

Bild 41
Anordnung einer Hautbewehrung

Für die parallele zur Balkenzugbewehrung liegende Querschnittsfläche der Hautbewehrung $A_{s,surf}$ gilt

$$A_{s,surf} = 0{,}01\, A_{ct,ext} \quad (96)$$

$A_{ct,ext}$ Querschnittsfläche des auf Zug beanspruchten Betons außerhalb der Bügel

Die Längs- bzw. Querbewehrung der Hautbewehrung kann auf die Biege- bzw. Schubbewehrung angerechnet werden, wenn die Regeln für die Anordnung und Verankerung dieser Bewehrung beachtet sind.

Tafel 46 Ausbildung der Biegebewehrung bei Vollplatten

Mindestbewehrung Höchstbewehrung	Gl. (89) und (90) gelten sinngemäß
Hauptbewehrung	Abschn. 7.3.1.1 gilt sinngemäß. Das Versatzmaß ist mit $a_l = d$ anzunehmen $a_{max} = 1{,}5h \leqq 350$ mm
Querbewehrung	$A_s \geqq 20\%$ der Hauptbewehrung $a_{max} = 2{,}5h \leqq 400$ mm
Bewehrung am Auflager 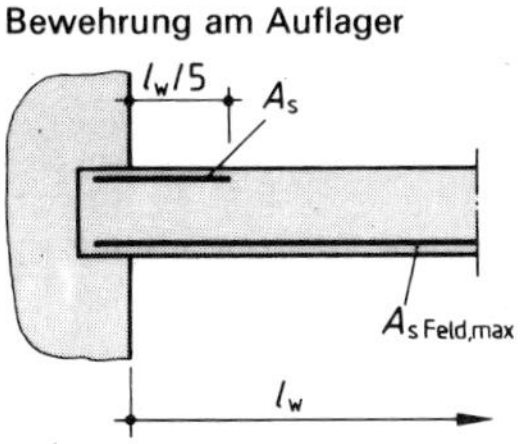 	$\geqq 50\%$ der erforderlichen Feldbewehrung durchführen und verankern Bei teilweisen, nicht berücksichtigten Endeinspannung ist obere Bewehrung anzuordnen $A_s \geqq 0{,}25\, A_{SFeld,max}$ $l \geqq l_w/5$ (vom Auflagerrand)
Drillbewehrung	ist anzuordnen, wenn durch bauliche Durchbildung das Abheben der Platte an einer Ecke verhindert wird
Bewehrung freier Ränder 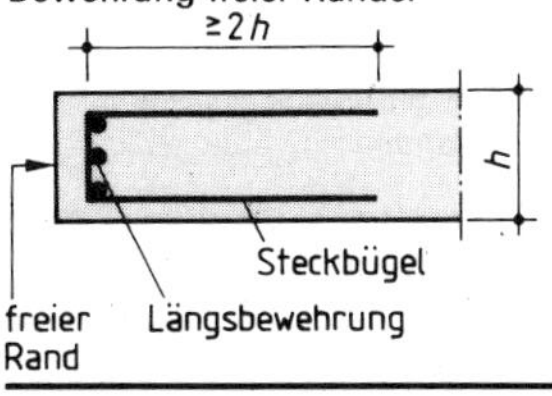 	an ungestützen freien Rändern Längs- und Querbewehrung erforderlich mit $l \geqq 2h$. Vorhandene Bewehrung darf angerechnet werden

7.3.2 Auf der Baustelle betonierte Vollplatten
nach EC 2, Abschn. 5.4.3 bzw. E DIN 1045-1, Abschn. 10.3

Ein- oder zweiachsig gespannte Vollplatten mit $b > 4h$ sind mit einer Mindestdicke von 50 mm auszubilden.

7.3.2.1 Biegebewehrung
nach EC 2, Abschn. 5.4.3.2 bzw. E DIN 1045-1, Abschn. 10.3.2

Für die Biegebewehrung gelten die Bedingungen der Tafel 46.

7.3.2.2 Schubbewehrung
nach EC 2, Abschn. 5.4.3.3 bzw. E DIN 1045-1, Abschn. 10.3.3

Platten mit Schubbewehrung sollen mindestens $h = 200$ mm dick sein. Die bauliche Durchbildung erfolgt sinngemäß wie in Abschn. 7.3.1.2 angegeben, dabei gelten folgende Ausnahmen:

- Die Werte der Tabelle 43 dürfen zu 60% in Rechnung gestellt werden
- Bei $V_{Sd} < 1/3\, V_{Rd2}$ darf die Schubbewehrung vollständig aus Schrägstäben oder Schubeinlassungen bestehen
- Der Längsabstand von Bügeln ist nach Tafel 44 einzuhalten, für Schrägstäbe beträgt er $a_{max} = h$
- Die in Tafel 47 angegebene Durchbildung der Bewehrung am Auflager ist zu beachten.

Tafel 47 Durchbildung der Schubbewehrung am Auflager

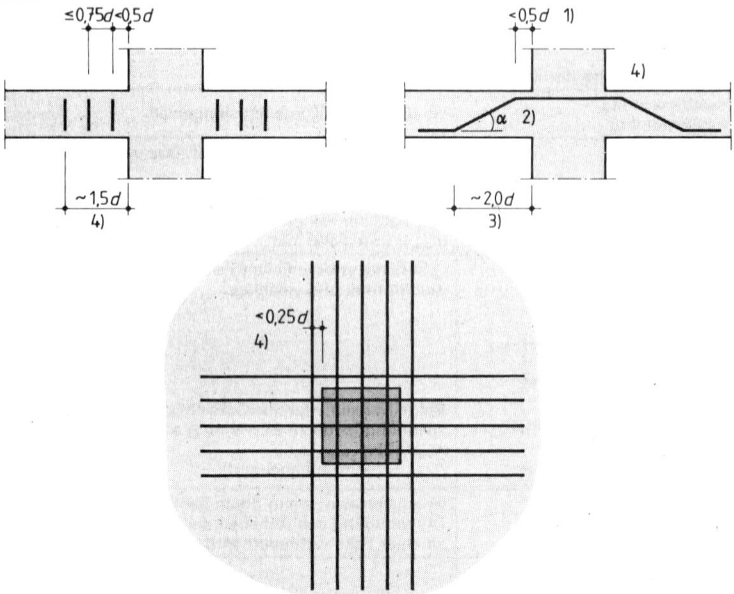

[1]) 0,5 d ist einzuhalten, wenn Schrägstäbe als Schubbewehrung ausgerechnet werden

[2]) Bei nur einer Lage von Schrägstäben darf α auf 30° verringert werden

[3]) Ein Schrägstab darf die Schubkraft von 2 d aufnehmen

[4]) Schrägstäbe, die die belastete Fläche kreuzen oder in einem Abstand $< 0{,}25\,d$ vom Rand liegen, dürfen als Durchstanzbewehrung angerechnet werden (im übrigen darf Bewehrung angerechnet werden, die am Rande der belasteten Fläche im Abstand $\leqq 1{,}5\,d$ bzw. $\leqq 800$ mm entfernt liegt (kleinerer Wert maßgebend))

7.3.3 Stützen und Druckglieder

nach EC 2, Abschn. 5.4.1 bzw. E DIN 1045-1, Abschn. 10.5

Stützen und Druckglieder mit dem Seitenverhältnis $b/h \leqq 4$ sind nach Tafel 48 auszubilden, der Mindestwert der Zugbewehrung ist nach Gl. (97) und der maximale zulässige Bewehrungsquerschnitt nach Gl. (98) zu ermitteln

$$A_{s,min} = 0{,}15 N_{Sd}/f_{yd} \geqq 0{,}003 A_c \qquad (97)$$

$$A_{s,max} = 0{,}08 A_c \qquad (98)$$

A_c Gesamtquerschnitt der Betonfläche
N_{Sd} Bemessungswert der aufnehmbaren Längskraft
f_{yd} Bemessungswert des Betonstahles (Streckgrenze)

Tafel 48 Bauliche Durchbildung von Stützen und Druckglieder mit $b/h \leqq 4$

Mindestabmessungen 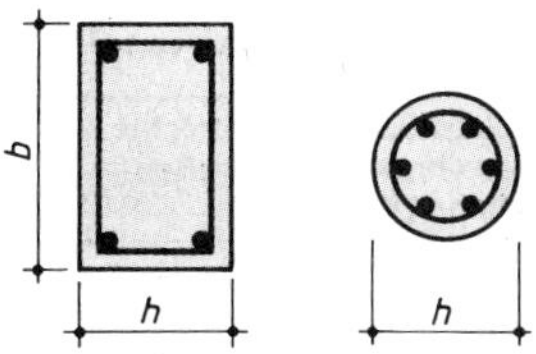	$h \geqq 200$ mm	Vor Ort betonierte Stützen mit Vollquerschnitt
	$h \geqq 140$ mm	Waagerecht betonierte Fertigteilstützen
Längsbewehrung	$d_{sl} \geqq 12$ mm $A_{s,min}$ $A_{s,max}$	Mindestdurchmesser Zugbewehrung nach Gl. (89) max Bewehrung nach Gl. (90) (gilt auch im Bereich von Übergreifungsstößen)
	Verteilung	– gleichmäßig, mindestens 1 Stab je Ecke bzw. 6 Stäbe bei Kreisquerschnitt – jeder Stab muß durch Querbewehrung gehalten sein – max. 5 Stäbe können im Eckbereich durch einschnittige Bewehrung gesichert sein
Querbewehrung 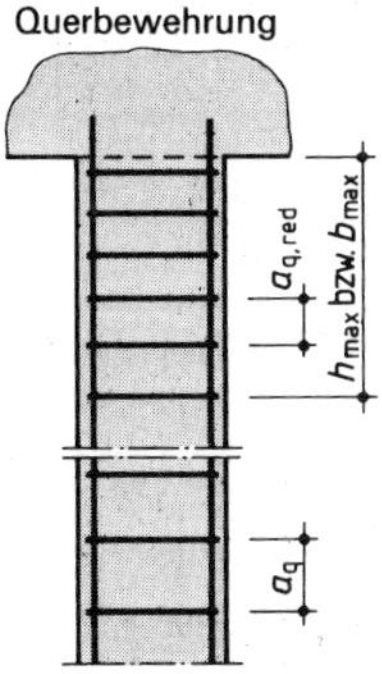	$d_{sq} \geqq 6$ mm $d_{sq} \geqq 0{,}25\, d_{sl}$	Mindestdurchmesser bei Stabstahl
	$d_{sq} \geqq 5$ mm	Mindestdurchmesser Betonstahlmatten
	$a_q \leqq 12\, d_{sl,min}$ $a_q \leqq h_{min}$ $a_q \leqq 30$ mm	Bügelabstand im Normalbereich
	$a_{q,red} \leqq 0{,}6 \cdot a_q$	Bügelabstand – unmittelbar über oder unter Platten, Balken im Bereich h_{max}, b_{max} – bei Übergreifungsstößen, wenn $d_{sl,max} > 14$ mm

7.3.4 Stahlbetonwände

nach EC 2, Abschn. 5.4.7 bzw. E DIN 1045-1, Abschn. 10.7

Stahlbetonwände mit dem Verhältnis der waagerechten Länge zur Dicke von $l/b \geqq 4$ und einer Bewehrung auf Grundlage des Tragfähigkeitsnachweises sind nach Tafel 49 auszubilden.

Tafel 49 Ausbildung von Stahlbetonwände

Lotrechte Bewehrung 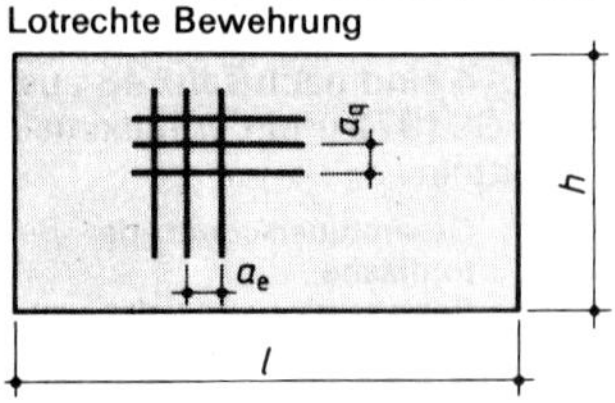 b Wanddicke; $\frac{l}{h} \leqq 4$	$A_{sl,min} \geqq 0{,}004\,A_c$ $A_{sl,max} \leqq 0{,}04\,A_c$ $a_l \leqq 2b$ $a_l \leqq 300$ mm	min, max Bewehrung, hiervon die Hälfte auf jeder Seite Abstand der lotrechten Bewehrung
Waagerechte Bewehrung	$d_{sq} \geqq 0{,}25\,d_{sl}$ $A_{sq,min} \geqq 0{,}50\,A_{sl}$ $a_q \leqq 300$ mm	zwischen Außenfläche und lotrechte Bewehrung verteilt
Querbewehrung	bei $A_{sl} \geqq 0{,}02\,A_c$ a_{sq} nach Tafel 48	sollten Bügel die lotrechte Bewehrung umschließen ausbilden (Bügel)

7.3.5 **Wandartige Träger** nach EC 2, Abschn. 5.4.5

In wandartigen Trägern ist eine Netzbewehrung mit $A_{sl} = A_{sq} = 0{,}15\,A_c$ anzuordnen. Die Zugbewehrung ist vollständig außerhalb vom Knotenpunkt zu verankern, wenn zwischen Knotenpunkt und Trägerende keine ausreichende Verankerungslänge $l_{b,net}$ vorhanden ist.

7.3.6 **Konsolen** nach EC 2, Abschn. 5.4.4

Die Zugbewehrung ist ab dem Knotenpunkt von Druck- und Zugstrebe unter der Auflagerplatte mit U-Bügeln oder Ankerkörpern zu verankern, wenn die Verankerungslänge $l_{b,net}$ zwischen Knotenpunkt und Stirn nicht vorhanden ist.
Konsolen mit $h_c \geqq 300$ mm und einer Hauptbewehrung von

$$A_s \geqq 0{,}4\,A_c\,f_{yd}/f_{yd} \quad (99)$$

sind mit einer Zusatzbewehrung als Bügel mit $A_{sb} \geqq 0{,}4\,A_s$ nach Bild 42 zu bewehren. Diese Bewehrung ist bei $a_c/h_c \leqq 0{,}5$ waagerecht und bei $0{,}5 < a_c/h_c \leqq 1{,}5$ stets lotrecht einzulegen. (Abweichend von DIN V ENV 1992-1-1 Abschn. 5.44, vgl. DAfStb Anwendungsrichtlinie.)

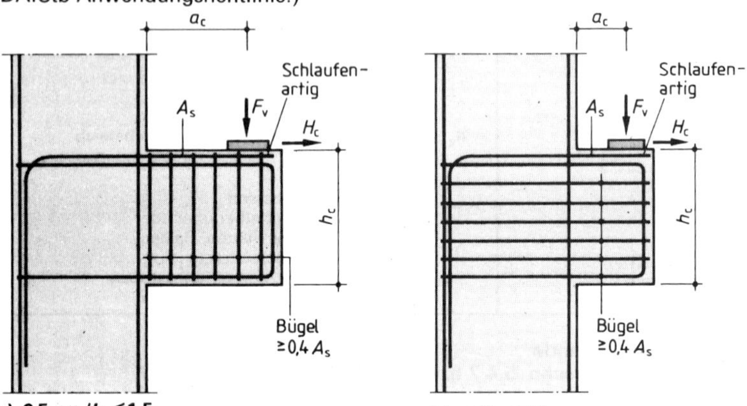

a) $0{,}5 < a_c/h_c \leqq 1{,}5$ b) $a_c/h_c \leqq 0{,}5$

Bild 42 Bewehrung von Konsolen

7.3.7 Verankerungsbereiche für Vorspannkräfte bei nachträglichem Verbund nach EC 2, Abschn. 5.4.6

Alle Oberflächen von Verankerungsbereichen sind mit einer vertikalen Bewehrung aus rechtwinkligen Bewehrungsnetzen mit einem Bewehrungsgrad von mindestens 0,15% in beiden Richtungen zu bewehren. Zur Aufnahme von Spaltzugkräften sind am Ende der Spannglieder geeignete Bügel anzuordnen.

7.3.8 Sonderfälle nach EC 2, Abschn. 5.4.8 bzw. E DIN 1045-1, Abschn. 10.9

7.3.8.1 Indirekte Auflager
nach EC 2, Abschn. 5.4.8.3 bzw. E DIN 1045-1, Abschn. 10.11

In Kreuzungsbereichen von Haupt- und Nebenträgern sind wechselseitige Auflagerreaktionen durch Aufhängebewehrungen vollständig aufzunehmen.

Diese Bewehrung sollte aus Bügeln bestehen, die die Hauptbewehrung des Hauptträgers umfassen, wobei einige Bügel aus dem Kreuzungsbereich nach Bild 43 ausgelagert werden können.

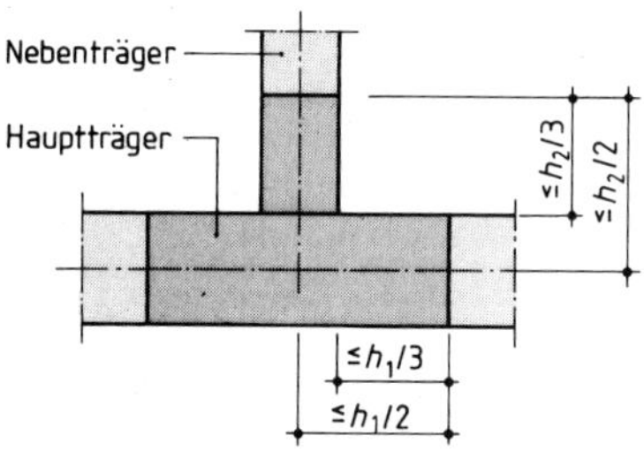

h_1 Dicke des Hauptträgers
h_2 Dicke des Nebenträgers

Bild 43 Kreuzungsbereich bei indirekten Auflagern

7.3.8.2 Teilflächenbelastung
nach EC 2, Abschn. 5.4.8.1 bzw. E DIN 1045-1, Abschn. 7.6

Die aufnehmbare Teilflächenbelastung F_{Rdu} aus der Belastung auf einer Teilfläche A_{c0} beträgt

$$F_{Rdu} = A_{c0} f_{cd} \sqrt{A_{c1}/A_{c0}} \leqq 3{,}3 f_{cd} A_{c0} \quad (100) \quad f_{cd} = f_{ck}/\gamma_c$$

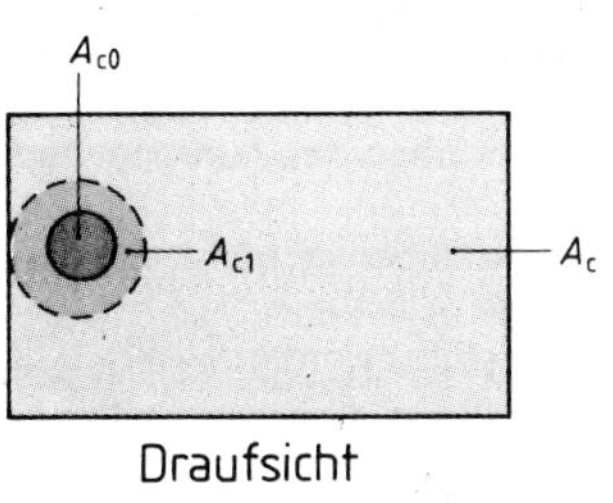

A_{c0} Belastungsfläche
A_{c1} größte Fläche, die bei gleichem Schwerpunkt wie A_{c0} in das Bauteil eingeschrieben werden kann

Bild 44 Darstellung der Flächen bei Teilflächenbelastungen

Spaltzugkräfte sind durch eine Zusatzbewehrung aus Bügeln oder Haarnadeln aufzunehmen.

Bei Verankerungen von Spanngliedern s. Abschn. 5.6.8.

7.4 Ausbildung für außergewöhnliche Einwirkungen
nach EC 2, Abschn. 5.5 bzw. E DIN 1045-1, Abschn. 10.2

Zur Vermeidung örtlicher Schäden durch außergewöhnliche Einwirkungen (Anprallasten) sowie zur Sicherung einer alternativen Lastabtragung beim Auftreten örtlicher Schäden können Ringanker angeordnet werden.

Dabei kann das Zusammenwirken der Bauteile durch äußere, innere Ringanker oder senkrechte Zugbänder erreicht werden, wobei das Ringankersystem über den vollen Umfang eines Bauwerkes bzw. bei Anordnung von Dehnfugen über volle Bauwerksabschnitte durchlaufen soll. Die Bemessung von Ringankern kann sich auf Kräfte aus o.g. Einwirkungen beschränken.

Für die Ermittlung des Betonstahlquerschnittes darf die charakteristische Festigkeit f_{yk} des Betonstahles in Ansatz gebracht und evtl. eine vorhandene Bewehrung aus anderen Lastfällen angerechnet werden. Notwendige Übergreifungslängen sind mit dem zweifachen Grundmaß der Verankerungslänge $l_s = 2\,l_b$ auszubilden und durch umfassende Bügel oder Spiralen mit $a < 100$ mm zu sichern.

8 Bauausführung nach EC 2, Abschn. 6

EC 2 T1 enthält im Abschn. 6 Angaben über eine Reihe von Mindestanforderungen, die bei der Bauausführung beachtet werden müssen, um die Verwirklichung der Entwurfsannahmen sicherzustellen.

- Maßabweichungen
- Ausführungsregeln für
  - Beton
  - Schalung und Gerüste
  - Betonstahl
  - Spannstahl, Spannvorgang und Verpressen

Es wird ausdrücklich darauf hingewiesen, daß die Angaben dieses Abschnittes nicht dazu bestimmt sind, als Vertragsgrundlage herangezogen zu werden, weil sie dazu nicht ausführlich genug sind.

9 Güteüberwachung nach EC 2, Abschn. 7

Es müssen drei Überwachungssysteme unterschieden werden
- Eigenüberwachung
- Fremdüberwachung
- Konformitätskontrolle

Die Eigenüberwachung wird aufgrund eigener Veranlassung oder betriebsinterner Festlegungen ausgeübt und soll der Sicherstellung der Anforderungen dienen.

Die Fremdüberwachung kann zur Kontrolle der Eigenüberwachung dienen, kann aber auch in Form von unabhängigen Zusatzprüfungen durchgeführt werden. Für die Ausführung kommen nur unabhängige Stellen im Auftrage des Auftraggebers oder einer Behörde in Frage.

Konformitätskontrollen sind im allgemeinen Teil der Fremdüberwachung. Sie dienen dem Nachweis von Leistungen oder der Herstellung.

Zeitabhängig können folgende Überwachungen durchgeführt werden:
- Überwachung der Tragwerksplanung
- Überwachung von Herstellung und Planung
- Kontrolle des fertigen Bauwerks (Abnahme)
- evtl. Überwachungsprogramm zur Unterhaltung des Bauwerks.

Die Tragwerksplanung muß dem europäischen oder nationalen Verfahren entsprechen.

Für den Nachweis der Brauchbarkeit und der ordnungsgemäßen Herstellung von Bauprodukten gelten die bauaufsichtlichen Bestimmungen der einzelnen Bauordnungen der Länder entsprechend der §§ 20 bis 24 der Musterbauordnung MBO.

10 Bemessungstabellen

Vom Deutschen Ausschuß für Stahlbeton sind Bemessungshilfen für die Anwendung nach EC 2 T1 erstellt worden, die in der Schriftenreihe des DAfStb veröffentlicht wurden.

Nachfolgende Bemessungstafeln BT 0 bis BT 8 sind als Auszug aus o.g. Literatur abgedruckt.

Für die Anwendung gibt Tafel 50 einen Überblick. Die weiteren Erläuterungen sollen das Arbeiten mit den einzelnen BT erleichtern.

Tafel 50 Übersicht der Anwendungsbereiche der Bemessungshilfen

Betonquerschnitt	Anwendungsbereich	Bemessungstafeln BT besondere Merkmale		Nr.
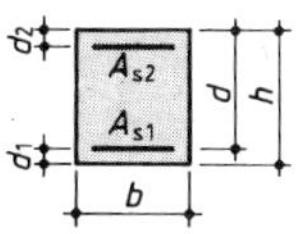	Reine Biegung und Biegung mit Längskraft	All. Bemessungsdiagramm		BT 0
		Tabellen	BFK ≦ C 35/45	BT 1 a
			BFK ≧ C 40/50	BT 1 b
		Tabellen	ohne Druckbew.	BT 2
			mit Druckbew.	BT 3 a bis 3 d
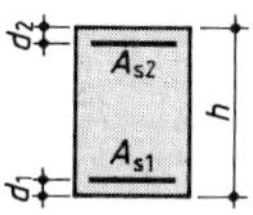	a) Biegung mit überwiegend Längsdruck bzw. Längszug mit geringer Ausmitte b) überwiegend Biegezug mit wechselnden Vorzeichen	Diagramm mit $A_{s1} = A_{s2}$ $d_1/h = 0{,}05$; 0,10; 0,15; 0,20; 0,25		BT 4 a bis 4 e
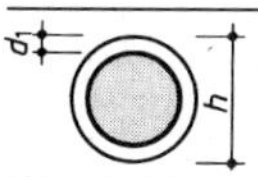	Biegung und Längskraft	Diagramm mit gleichm. über dem Umfang verteilte Bewehrung $d_1/h = 0{,}10$		BT 5
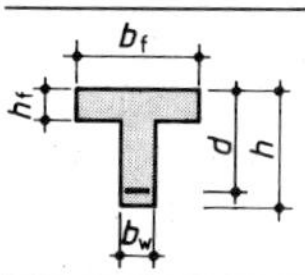	Längskraft mit großer Ausmitte	Tabellen		BT 6 a bis 6 d
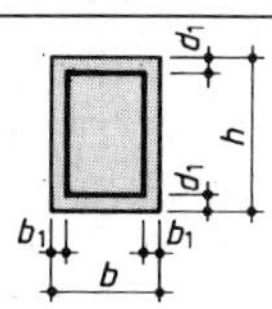	Zweiachsige Biegung und Längskraft	Diagramm mit $d_1/h = b_1/h = 0{,}10$ versch. Bewehrungsanordnung		BT 7 a bis b
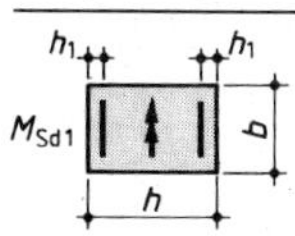	Stabilitätsnachweis Modellstützenverfahren	μ-Nomogramm bzw. e/h Diagramm $h_1/h = 0{,}05$; 0,10; 0,15; 0,20		BT 8 a bis 8 d
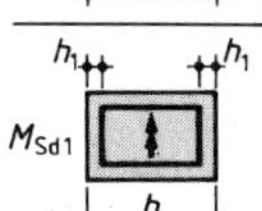				BT 8 e bis 8 h
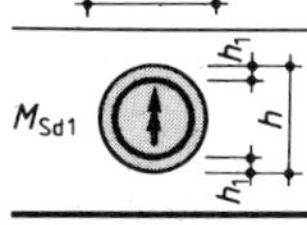				BT 8 i bis 8 m

BT 0 Allgemeines Bemessungsdiagramm für Rechteckquerschnitte

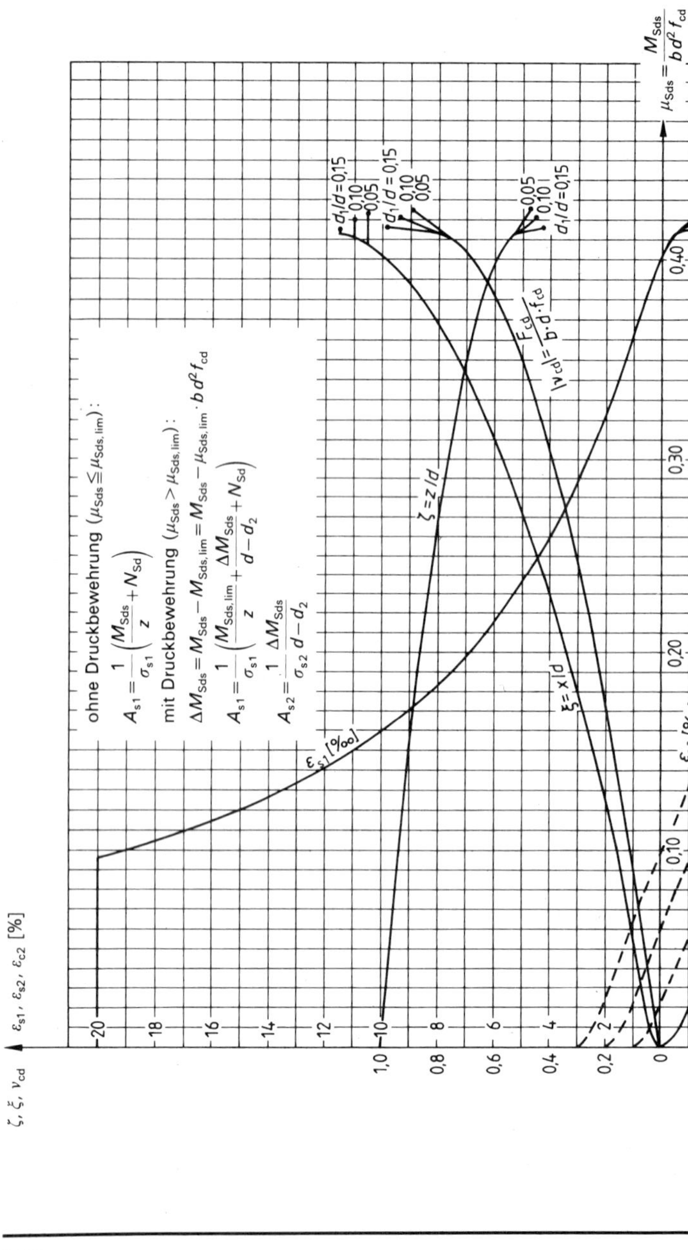

zu BT 0: Allgemeines Bemessungsdiagramm für Rechteckquerschnitte

Eingangsparameter:
- die auf die Lage der Biegezugbewehrung bezogenen Schnittgrößen in folgender dimensionsloser Form

$M_{Sds} = M_{Sd} - N_{Sd}\, z_{s1}$ $\qquad$ $\mu_{Sds} = M_{Sds}/b\, d^2 f_{cd}$

zu BT 1: Rechteckquerschnitt ohne und mit Druckbewehrung

Eingangsparameter:

$M_{Sds} = M_{Sd} - N_{Sd} \cdot z_{s1}$ $\qquad$ $k_d = \dfrac{d}{\sqrt{M_{Sds}/b}}$

zu BT 2: Rechteckquerschnitt ohne Druckbewehrung

Eingangsparameter:
- die auf die Lage der Biegezugbewehrung bezogenen Schnittgrößen in folgender dimensionsloser Form

$M_{Sds} = M_{Sd} - N_{Sd}\, z_{s1}$ $\qquad$ $\mu_{Sds} = M_{Sds}/b\, d^2 f_{cd}$

zu BT 3: Rechteckquerschnitt mit Druckbewehrung

Eingangsparameter:
- die auf die Lage der Biegezugbewehrung bezogenen Schnittgrößen in folgender dimensionsloser Form

$M_{Sds} = M_{Sd} - N_{Sd}\, z_{s1}$ $\qquad$ $\mu_{Sds} = M_{Sds}/b\, d^2 f_{cd}$

- die bezogenen Druckzonenhöhen
- die bezogenen Randabstände d_2/d

zu BT 4: Rechteckquerschnitt mit symmetrische Bewehrung

BT 4 gilt für
- alle Betonfestigkeitsklassen
- Beton mit frei wählbaren Sicherheitsbeiwerten
- Betonstahl S 500 mit $\gamma_s = 1{,}15$

Eingangsparameter:
- die auf die Schwereachse des Rechteckquerschnittes bezogenen Momente μ_{Sd} bzw. Längskräfte ν_{Sd} in folgender dimensionsloser Form

$\mu_{Sd} = M_{Sd}/b\, h^2 f_{cd}$ $\qquad$ $\nu_{Sd} = N_{Sd}/b\, h\, f_{cd}$

- die bezogenen Randabstände d_1/h

zu BT 5: Kreisquerschnitte

BT 5 gilt für
- alle Betonfestigkeitsklassen
- Beton mit frei wählbaren Sicherheitsbeiwerten
- Betonstahl S 500 mit $\gamma_s = 1{,}15$

Eingangsparameter:
- die auf den Mittelpunkt des Kreisquerschnittes bezogenen Momente μ_{Sd} bzw. Längskräfte ν_{Sd} in folgender dimensionsloser Form

$\mu_{Sd} = M_{Sd}/A_c\, h\, f_{cd}$ $\qquad$ $\nu_{Sd} = N_{Sd}/A_c\, f_{cd}$

- die bezogenen Randabstände d_1/h

zu BT6: Plattenbalken

Eingangsparameter:

- die auf die Lage der Biegezugbewehrung bezogenen Schnittgrößen in folgender dimensionsloser Form

  $$\boldsymbol{M_{Sds} = M_{Sd} - N_{Sd}\, z_{s1} \quad \mu_{Sds} = M_{Sds}/b_{eff}\, d^2 f_{cd} \quad (b_{eff} = b_f)}$$

- die bezogenen Randabstände h_f/d

Bewehrung:

$$\boldsymbol{A_s = (\omega\, b_{eff}\, d f_{cd} + N_{Sd})/f_{yd}}$$

zu BT7: Schiefe Biegung mit Längskraft

BT 7 gilt für

- alle Betonfestigkeitsklassen
- Beton mit frei wählbaren Sicherheitsbeiwerten
- Betonstahl S 500 mit $\gamma_s = 1{,}15$

Eingangsparameter:

- die auf die Schwereachse des Rechteckquerschnittes bezogenen Momente μ_{Sd} bzw. Längskräfte ν_{Sd} in folgender dimensionsloser Form

  $$\boldsymbol{\mu_{Sdy} = |M_{Sdy}|/b\, h^2 f_{cd} \quad \mu_{Sdz} = |M_{Sdz}|/b\, h^2 f_{cd} \qquad \nu_{Sd} = N_{Sd}/b\, h\, f_{cd}}$$

- die bezogenen Randabstände d_1/h bzw. b_1/b

zu BT8: e/h und μ-Diagramme

BT 8 gilt für

- Alle Betonfestigkeitsklassen
- Beton mit frei wählbaren Sicherheitsbeiwerten
- Betonstahl S 500 mit $\gamma_s = 1{,}15$

Die Anwendung erfolgt in 2 Diagrammen, da das μ-Nomogramm im Bereich kleiner bezogener Last-Ausmitten nicht ablesbar ist; hier ist dann das in der Handhabung etwas umständlichere e/h-Diagramm anzuwenden.

Eingangsparameter μ-Nomogramm:

- das bezogene Momente μ_{Sd} (einschließlich zusätzlicher Ausmitte e_a (Imperfektionen) und e_c (Kriechverformungen))

  $\mu_{Sdy} = M_{Sd1}/h A_c f_{cd}$

- die bezogene Längskräfte ν_{Sd}

  $\nu_{Sd} = N_{Sd}/A_c f_{cd}$

- die bezogenen Stababstände l_o/h

Eingangsparameter e/h-Diagramm:

- die bezogene Lastausmitte e_1/h (einschließlich zusätzlicher Ausmitte e_a (Imperfektionen) und e_c (Kriechverformungen))
- die bezogenen Längskräfte ν_{Sd}

  $\nu_{Sd} = N_{Sd}/A_c f_{cd}$

- die bezogenen Stababstände l_o/h

Beispiele zur Anwendung der folgenden Bemessungstabellen BT 1a u. BT 1b.

Plattenbalkenquerschnitt, einfache Bewehrung

Verkehr: $q_k = 45$ kN/m
Eigengewicht: $g_k = 35$ kN/m

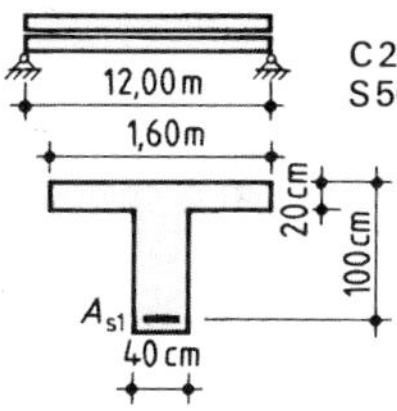

C 20/25
S 500

Bemessungsmoment:

$M_d = (35 \cdot 1{,}35 + 45 \cdot 1{,}50) \cdot 12{,}00^2/8$
$M_d = 2065{,}5$ kNm

Bemessung:

$$k_d = \frac{100}{\sqrt{2065{,}5/1{,}60}} = 2{,}78 \rightarrow k_x = 0{,}15$$

$$\text{erf}\,A_{s1} = 2{,}45 \cdot \frac{2065{,}5}{100} = 50{,}6 \text{ cm}^2$$

$x = 0{,}15 \cdot 100 = 15 \text{ cm} < 20 \text{ cm}$
$k_{s1} = 2{,}45$

Rechteckquerschnitt mit Druckbewehrung

$M_d = 1780$ kNm
$N_d = -1000$ kN
$M_{d,s} = 1780 + 1000 \cdot 0{,}348$
$M_{d,s} = 2128$ kNm

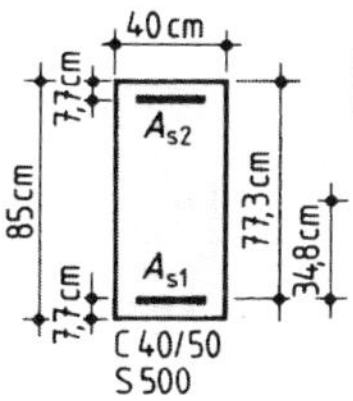

C 20/25
S 500

Bemessung:

oben: $k_{s2} = 0{,}95$; $\varrho_2 = 1{,}03$;

$$\text{erf}\,A_{s2} = 0{,}95 \cdot \frac{2128}{77{,}3} \cdot 1{,}03 = 26{,}9 \text{ cm}^2$$

unten: $k_{s1} = 2{,}61$; $\varrho_1 = 1{,}01$;

$$\text{erf}\,A_{s1} = 2{,}61 \cdot \frac{2128}{77{,}3} \cdot 1{,}01 + \frac{-1000}{43{,}5} = 49{,}6 \text{ cm}^2$$

10

Platte, lineare Berechnung und lineare Berechnung mit Umlagerung

$g_k \cdot 1{,}35 + q_k \cdot 1{,}50 = 70$ kN/m²

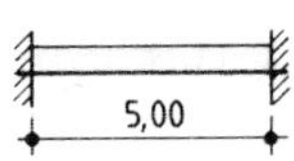

C 25/30
S 500 (Stabstahl)
Platte: $d = 20$ cm
(statische Höhe)

lineare Berechnung ohne Umlagerung:

Stützen:

$m_d = -70 \cdot 5{,}00^2/12 = -145{,}83$ kNm/m

$$k_d = \frac{20}{\sqrt{145{,}83}} = 1{,}656 \rightarrow \delta_{zul} \cong 0{,}815$$

(hohe Duktilität)

$k_{s1} = 2{,}73$

$$\text{erf}\,a_{s1} = 2{,}73 \cdot \frac{145{,}83}{20} = 19{,}9 \text{ cm}^2/\text{m}$$

Feld:

$m_d = +70 \cdot 5{,}00^2/24 = 72{,}92$ kNm/m

$$k_d = \frac{20}{\sqrt{72{,}92}} = 2{,}34 \rightarrow k_{s1} = 2{,}48$$

$$\text{erf}\,a_{s1} = 2{,}48 \cdot \frac{72{,}92}{20} = 9{,}04 \text{ cm}^2/\text{m}$$

lineare Berechnung mit Umlagerung:

Stützen: (s. oben)

$m_{d,\delta} = -0{,}815 \cdot 145{,}83 = -118{,}85$ kNm/m

$$k_d = \frac{2{,}0}{\sqrt{118{,}85}} = 1{,}835 \rightarrow k_x \cong 0{,}30$$

$k_{s1} = 2{,}62$

(Kontrolle: $\delta_{zul} = 0{,}44 + 1{,}25 \cdot 0{,}30 = 0{,}815$)

$$\text{erf}\,a_{s1} = 2{,}62 \cdot \frac{118{,}85}{20} = 15{,}6 \text{ cm}^2/\text{m}$$

Feld:

$m_d = 70 \cdot 5{,}00^2/8 - 118{,}85 = 99{,}9$ kNm/m

$$k_d = \frac{20}{\sqrt{99{,}9}} = 2{,}00 \rightarrow k_{s1} = 2{,}56$$

$$\text{erf}\,a_{s1} = 2{,}56 \cdot \frac{99{,}9}{20} = 12{,}8 \text{ cm}^2/\text{m}$$

BT 1a
Bemessung Rechteckquerschnitt
Betonstahl S 500
BFK ≤ C 35/45
$\varepsilon_{s,max} = 20‰$

(Beispiel s. S. 627)

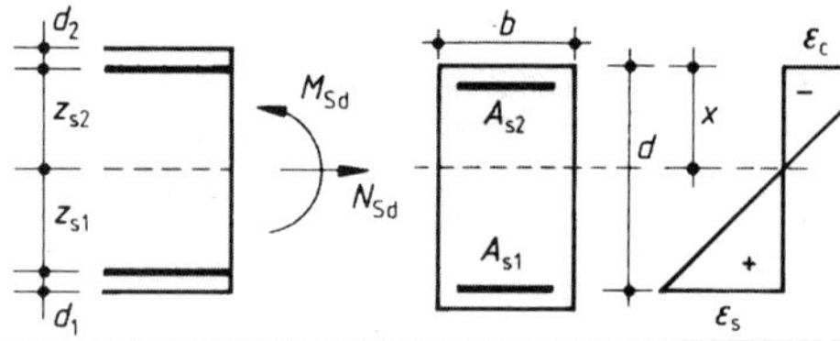

	k_d-Wert							$\xi =$	$\zeta =$			Umlagerung Faktor δ_{zul}	
	C 12/15	C 16/20	C 20/25	C 25/30	C 30/37	C 35/45	$-\varepsilon_c/\varepsilon_s$ in ‰	$k_x = \frac{x}{d}$	$k_z = \frac{z}{d}$	k_{s1}	k_{s2}	hohe Duktilität	norm. Duktilität
Nur Zugbewehrung erforderlich	8,68	7,52	6,72	6,01	5,49	5,08	1,0/20,0	0,05	0,98	2,34	0,00	0,700	0,850
	6,20	5,37	4,80	4,30	3,92	3,63	1,5/20,0	0,07	0,97	2,36	0,00	0,700	0,850
	5,01	4,34	3,88	3,47	3,17	2,93	2,0/20,0	0,09	0,97	2,38	0,00	0,700	0,850
	4,34	3,76	3,36	3,01	2,75	2,54	2,5/20,0	0,11	0,96	2,40	0,00	0,700	0,850
	3,91	3,39	3,03	2,71	2,47	2,29	3,0/20,0	0,13	0,95	2,43	0,00	0,700	0,850
	3,61	3,12	2,79	2,50	2,28	2,11	3,5/20,0	0,15	0,94	2,45	0,00	0,700	0,850
	3,46	3,00	2,68	2,40	2,19	2,03	3,5/18,0	0,16	0,93	2,47	0,00	0,700	0,850
	3,31	2,86	2,56	2,29	2,09	1,94	3,5/16,0	0,18	0,93	2,48	0,00	0,700	0,850
	3,15	2,73	2,44	2,18	1,99	1,84	3,5/14,0	0,20	0,92	2,51	0,00	0,700	0,850
	2,98	2,58	2,31	2,06	1,88	1,74	3,5/12,0	0,23	0,91	2,54	0,00	0,700	0,850
	2,80	2,43	2,17	1,94	1,77	1,64	3,5/10,0	0,26	0,89	2,58	0,00	0,700	0,850
	2,71	2,35	2,10	1,88	1,71	1,59	3,5/ 9,0	0,28	0,88	2,60	0,00	0,700	0,850
	2,61	2,26	2,02	1,81	1,65	1,53	3,5/ 8,0	0,30	0,87	2,63	0,00	0,700	0,850
	2,52	2,18	1,95	1,74	1,59	1,47	3,5/ 7,0	0,33	0,86	2,67	0,00	0,742	0,850
	2,46	2,13	1,91	1,71	1,56	1,44	3,5/ 6,5	0,35	0,85	2,69	0,00	0,759	0,850
	2,41	2,09	1,87	1,67	1,53	1,41	3,5/ 6,0	0,37	0,85	2,71	0,00	0,795	0,850
	2,36	2,04	1,83	1,64	1,49	1,38	3,5/ 5,5	0,39	0,84	2,74	0,00	0,836	0,850
	2,31	2,00	1,79	1,60	1,46	1,35	3,5/ 5,0	0,41	0,83	2,77	0,00	0,884	0,884
	2,25	1,95	1,75	1,56	1,42	1,32	3,5/ 4,5	0,44	0,82	2,81	0,00	0,967	0,967
$k_d^* =$	**2,23**	**1,93**	**1,73**	**1,54**	**1,41**	**1,30**	**3,5/4,278**	**0,45**	**0,81**	**2,83**	**0,00**	**1,000**	**1,000**
Druckbewehrung erforderlich	2,19	1,90	1,70	1,52	1,39	1,29	3,5/4,278	0,45		2,82	0,07		
	2,13	1,84	1,65	1,48	1,35	1,25	3,5/4,278	0,45		2,80	0,21		
	2,07	1,79	1,60	1,43	1,31	1,21	3,5/4,278	0,45		2,78	0,35		
	2,00	1,73	1,55	1,39	1,27	1,17	3,5/4,278	0,45		2,76	0,48		
	1,94	1,68	1,50	1,34	1,22	1,13	3,5/4,278	0,45		2,74	0,61		
	1,87	1,62	1,45	1,30	1,18	1,10	3,5/4,278	0,45		2,72	0,73		
	1,81	1,57	1,40	1,25	1,14	1,06	3,5/4,278	0,45		2,71	0,85	**Keine**	
	1,74	1,51	1,35	1,21	1,10	1,02	3,5/4,278	0,45		2,69	0,96	**Umlagerung**	
	1,68	1,45	1,30	1,16	1,06	0,98	3,5/4,278	0,45		2,67	1,07	**möglich**	
	1,61	1,40	1,25	1,12	1,02	0,94	3,5/4,278	0,45		2,66	1,18		
	1,55	1,34	1,20	1,07	0,98	0,91	3,5/4,278	0,45		2,64	1,28		
	1,48	1,29	1,15	1,03	0,94	0,87	3,5/4,278	0,45		2,63	1,37		
	1,42	1,23	1,10	0,98	0,90	0,83	3,5/4,278	0,45		2,62	1,47		
	1,36	1,17	1,05	0,94	0,86	0,79	3,5/4,278	0,45		2,60	1,56		
	1,29	1,12	1,00	0,89	0,82	0,76	3,5/4,278	0,45		2,59	1,64		

d_2/d	p_1 für k_{s1}						p_2 für alle k_{s1}
	2,83	2,78	2,74	2,69	2,64	2,59	
0,07	1,00	1,00	1,00	1,00	1,00	1,00	1,00
0,08	1,00	1,00	1,00	1,00	1,01	1,01	1,01
0,10	1,00	1,00	1,01	1,01	1,02	1,02	1,03
0,12	1,00	1,01	1,01	1,02	1,03	1,04	1,06
0,14	1,00	1,01	1,02	1,03	1,04	1,05	1,08
0,16	1,00	1,01	1,02	1,04	1,05	1,07	1,11
0,17	1,00	1,02	1,03	1,04	1,06	1,08	1,12

Dehnungszustand für Druckbewehrung

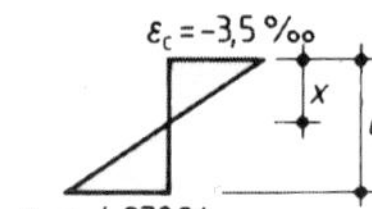

$\xi_{lim} = (x/d)_{lim} \leq 0{,}45$

Momentenumlagerung:

umgelagertes Moment = $\delta \cdot$ Ausgangsmoment

BT 1b Bemessung Rechteckquerschnitt **Betonstahl S 500** **BFK ≧ C 40/50**
$\varepsilon_{s,\,max} = 20‰$

$M_{Sds}\,[kNm] = M_{Sd}\,[kNm] - N_{Sd}\,[kN] \cdot z_{s1}\,[m]$

$$k_d = \frac{d\,[m]}{\sqrt{\dfrac{M_{Sds}\,[kNm]}{b\,[m]}}} \qquad A_{s1,erf}\,[cm^2] = k_{s1} \cdot \frac{M_{Sds}\,[kNm]}{d\,[cm]} \cdot \varrho_1 + \frac{N_{Sd}\,[kN]}{\sigma_s\,[kN/cm^2]}$$

$$A_{s2,erf}\,[cm^2] = k_{s2} \cdot \frac{M_{Sds}\,[kNm]}{d\,[cm]} \cdot \varrho_2$$

mit
$\sigma_s = 43{,}5\ kN/cm^2$ bei $\varepsilon_s \geq 2{,}175‰$
$\sigma_s = 43{,}5\ kN/cm^2 \cdot \varepsilon_s/2{,}175‰$ bei $\varepsilon_s < 2{,}175‰$

(Beispiel s. S. 627)

	k_d-Wert								Umlagerung Faktor δ_{zul}	
	C 40/50	C 45/55	C 50/60	$-\varepsilon_c/\varepsilon_s$ in ‰	$\xi = k_x = \frac{x}{d}$	$\zeta = k_z = \frac{z}{d}$	k_{s1}	k_{s2}	hohe Duktilität	norm. Duktilität
Nur Zugbewehrung erforderlich	4,76	4,48	4,25	1,0/20,0	0,05	0,98	2,34	0,00	0,700	0,850
	3,40	3,20	3,04	1,5/20,0	0,07	0,97	2,36	0,00	0,700	0,850
	2,75	2,59	2,46	2,0/20,0	0,09	0,97	2,38	0,00	0,700	0,850
	2,38	2,24	2,13	2,5/20,0	0,11	0,96	2,40	0,00	0,700	0,850
	2,14	2,02	1,92	3,0/20,0	0,13	0,95	2,43	0,00	0,700	0,850
	1,98	1,86	1,77	3,5/20,0	0,15	0,94	2,45	0,00	0,709	0,850
	1,89	1,79	1,69	3,5/18,0	0,16	0,93	2,47	0,00	0,716	0,850
	1,81	1,71	1,62	3,5/16,0	0,18	0,93	2,48	0,00	0,731	0,850
	1,72	1,63	1,54	3,5/14,0	0,20	0,92	2,51	0,00	0,744	0,850
	1,63	1,54	1,46	3,5/12,0	0,23	0,91	2,54	0,00	0,775	0,850
	1,53	1,45	1,37	3,5/10,0	0,26	0,89	2,58	0,00	0,826	0,850
	1,48	1,40	1,33	3,5/ 9,0	0,28	0,88	2,60	0,00	0,862	0,862
	1,43	1,35	1,28	3,5/ 8,0	0,30	0,87	2,63	0,00	0,899	0,899
	1,38	1,30	1,23	3,5/ 7,0	0,33	0,86	2,67	0,00	0,961	0,961
$k_d^* =$	**1,35**	**1,27**	**1,21**	**3,5/ 6,5**	**0,35**	**0,85**	**2,69**	**0,00**	**1,000**	**1,000**
Druckbewehrung erforderlich	1,31	1,23	1,17	3,5/ 6,5	0,35		2,68	0,15		
	1,27	1,20	1,14	3,5/ 6,5	0,35		2,67	0,27		
	1,24	1,17	1,11	3,5/ 6,5	0,35		2,66	0,39		
	1,20	1,13	1,08	3,5/ 6,5	0,35		2,65	0,51		
	1,17	1,10	1,04	3,5/ 6,5	0,35		2,64	0,63		
	1,13	1,07	1,01	3,5/ 6,5	0,35		2,63	0,74		
	1,10	1,03	0,98	3,5/ 6,5	0,35		2,62	0,84	Keine Umlagerung möglich	
	1,06	1,00	0,95	3,5/ 6,5	0,35		2,61	0,95		
	1,03	0,97	0,92	3,5/ 6,5	0,35		2,60	1,05		
	0,99	0,93	0,89	3,5/ 6,5	0,35		2,59	1,14		
	0,95	0,90	0,85	3,5/ 6,5	0,35		2,58	1,24		
	0,92	0,87	0,82	3,5/ 6,5	0,35		2,57	1,33		
	0,88	0,83	0,79	3,5/ 6,5	0,35		2,57	1,41		
	0,85	0,80	0,76	3,5/ 6,5	0,35		2,56	1,50		
	0,81	0,77	0,73	3,5/ 6,5	0,35		2,55	1,57		
	0,78	0,73	0,70	3,5/ 6,5	0,35		2,54	1,65		
	0,74	0,70	0,66	3,5/ 6,5	0,35		2,54	1,72		
	0,71	0,67	0,63	3,5/ 6,5	0,35		2,53	1,79		

d_2/d	p_1 für k_{s1}					p_2 für alle k_{s1}
	2,69	2,65	2,60	2,55	2,53	
0,07	1,00	1,00	1,00	1,00	1,00	1,00
0,08	1,00	1,00	1,00	1,01	1,01	1,01
0,10	1,00	1,01	1,01	1,02	1,02	1,03
0,12	1,00	1,01	1,02	1,04	1,04	1,06
0,13	1,00	1,01	1,03	1,04	1,05	1,07

Dehnungszustand für Druckbewehrung

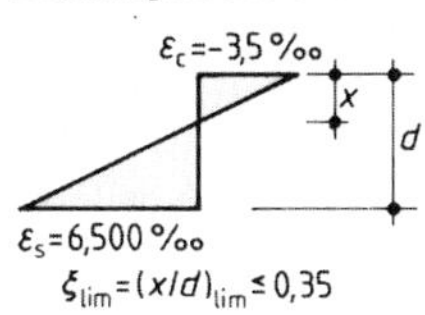

Momentenumlagerung
umgelagertes Moment = δ · Ausgangsmoment

10

BT2 Rechteckquerschnitt ohne Druckbewehrung, Biegung mit Längskraft

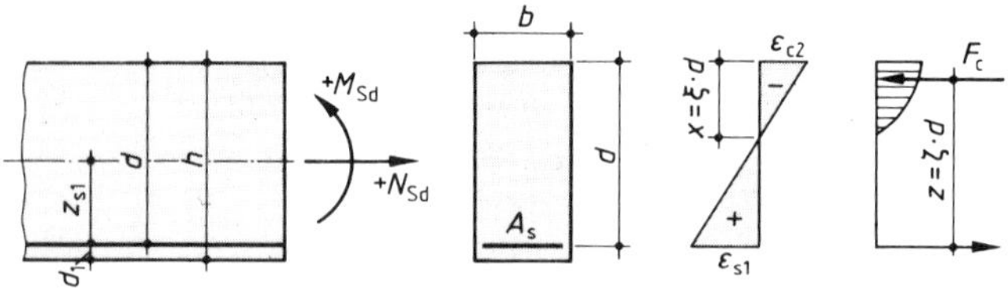

$$\mu_{Sds} = \frac{M_{Sds}}{b\,d^2 f_{cd}}$$

μ_{Sds}	ω	$\xi = \frac{x}{d}$	$\zeta = \frac{z}{d}$	ε_{c2} [‰]	ε_{s1} [‰]	σ_{sd} in N/mm² S 500
0,01	0,0101	0,036	0,987	−0,75	20,00	435
0,02	0,0204	0,053	0,981	−1,12	20,00	435
0,03	0,0307	0,067	0,976	−1,43	20,00	435
0,04	0,0412	0,079	0,971	−1,72	20,00	435
0,05	0,0518	0,091	0,966	−2,01	20,00	435
0,06	0,0625	0,103	0,960	−2,31	20,00	435
0,07	0,0733	0,116	0,954	−2,62	20,00	435
0,08	0,0844	0,128	0,948	−2,94	20,00	435
0,09	0,0955	0,141	0,942	−3,28	20.00	435
0,10	0,1069	0,155	0,935	−3,50	19,03	435
0,11	0,1185	0,172	0,928	−3,50	16,83	435
0,12	0,1303	0,189	0,921	−3,50	14,99	435
0,13	0,1422	0,207	0,914	−3,50	13,43	435
0,14	0,1544	0,224	0,907	−3,50	12,10	435
0,15	0,1668	0,242	0,899	−3,50	10,94	435
0,16	0,1795	0,261	0,892	−3,50	9,92	435
0,17	0,1924	0,280	0,884	−3,50	9,02	435
0,18	0,2055	0,299	0,876	−3,50	8,22	435
0,19	0,2190	0,318	0,868	−3,50	7,50	435
0,20	0,2327	0,338	0,859	−3,50	6,85	435
0,21	0,2468	0,359	0,851	−3,50	6,26	435
0,22	0,2613	0,380	0,842	−3,50	5,72	435
0,23	0,2761	0,401	0,833	−3,50	5,22	435
0,24	0,2913	0,423	0,824	−3,50	4,77	435
0,25	0,3070	0,446	0,814	−3,50	4,35	435
0,26	0,3231	0,470	0,805	−3,50	3,95	435
0,27	0,3398	0,494	0,795	−3,50	3,59	435
0,28	0,3571	0,519	0,784	−3,50	3,24	435
0,29	0,3750	0,545	0,773	−3,50	2,92	435
0,30	0,3937	0,572	0,762	−3,50	2,62	435
0,31	0,4132	0,601	0,750	−3,50	2,33	435
0,32	0,4337	0,630	0,738	−3,50	2,05	411
0,33	0,4553	0,662	0,725	−3,50	1,79	358
0,34	0,4783	0,695	0,711	−3,50	1,54	307
0,35	0,5029	0,731	0,696	−3,50	1,29	258
0,36	0,5295	0,769	0,680	−3,50	1,05	210
0,37	0,5587	0,812	0,662	−3,50	0,81	162
0,38	0,5915	0,860	0,642	−3,50	0,57	114
0,39	0,6297	0,915	0,619	−3,50	0,32	65
0,40	0,6774	0,984	0,591	−3,50	0,06	11

$$A_s = \frac{1}{\sigma_{Sd}} (\omega\, b\, d\, f_{cd} + N_{Sd})$$

Beispiel s. Seite 592

BT3a Rechteckquerschnitt mit Druckbewehrung für Biegung mit Längskraft

Betonstahl S500, $\gamma_s = 1{,}15$, $\xi = \frac{x}{d} = 0{,}25$

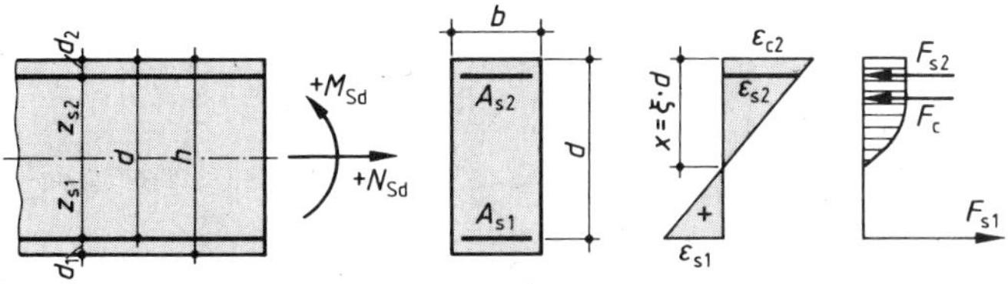

$$\mu_{Sds} = \frac{M_{Sds}}{b\,d^2 f_{cd}}$$

	$\xi = 0{,}250$							
μ_{Sds}	$d_2/d = 0{,}05$		$d_2/d = 0{,}10$		$d_2/d = 0{,}15$		$d_2/d = 0{,}20$	
	ω_1	ω_2	ω_1	ω_2	ω_1	ω_2	ω_1	ω_2
0,16	0,178	0,006	0,179	0,007	0,179	0,011	0,179	0,023
0,17	0,189	0,017	0,190	0,018	0,191	0,029	0,192	0,062
0,18	0,199	0,027	0,201	0,030	0,202	0,047	0,204	0,100
0,19	0,210	0,038	0,212	0,041	0,214	0,066	0,217	0,139
0,20	0,220	0,048	0,223	0,053	0,226	0,084	0,229	0,178
0,21	0,231	0,059	0,234	0,064	0,238	0,102	0,242	0,217
0,22	0,241	0,069	0,245	0,076	0,250	0,120	0,254	0,256
0,23	0,252	0,080	0,256	0,087	0,261	0,139	0,267	0,295
0,24	0,262	0,090	0,267	0,099	0,273	0,157	0,279	0,333
0,25	0,273	0,101	0,279	0,110	0,285	0,175	0,292	0,372
0,26	0,283	0,111	0,290	0,122	0,297	0,193	0,304	0,411
0,27	0,294	0,122	0,301	0,133	0,308	0,212	0,317	0,450
0,28	0,305	0,132	0,312	0,145	0,320	0,230	0,329	0,489
0,29	0,315	0,143	0,323	0,156	0,332	0,248	0,342	0,528
0,30	0,326	0,154	0,334	0,168	0,344	0,267	0,354	0,567
0,31	0,336	0,164	0,345	0,179	0,355	0,285	0,367	0,605
0,32	0,347	0,175	0,356	0,191	0,367	0,303	0,379	0,644
0,33	0,357	0,185	0,367	0,202	0,379	0,321	0,392	0,683
0,34	0,368	0,196	0,379	0,214	0,391	0,340	0,404	0,722
0,35	0,378	0,206	0,390	0,225	0,402	0,358	0,417	0,761
0,36	0,389	0,217	0,401	0,237	0,414	0,376	0,429	0,800
0,37	0,399	0,227	0,412	0,248	0,426	0,395	0,442	0,838
0,38	0,410	0,238	0,423	0,260	0,438	0,413	0,454	0,877
0,39	0,420	0,248	0,434	0,271	0,450	0,431	0,467	0,916
0,40	0,431	0,259	0,445	0,283	0,461	0,449	0,479	0,955
0,41	0,441	0,269	0,456	0,294	0,473	0,468	0,492	0,994
0,42	0,452	0,280	0,467	0,306	0,485	0,486	0,504	1,033
0,43	0,462	0,290	0,479	0,317	0,497	0,504	0,517	1,071
0,44	0,473	0,301	0,490	0,329	0,508	0,522	0,529	1,110
0,45	0,483	0,311	0,501	0,340	0,520	0,541	0,542	1,149
0,46	0,494	0,322	0,512	0,352	0,532	0,559	0,554	1,188
0,47	0,505	0,332	0,523	0,363	0,544	0,577	0,567	1,227
0,48	0,515	0,343	0,534	0,375	0,555	0,596	0,579	1,266
0,49	0,526	0,354	0,545	0,387	0,567	0,614	0,592	1,304
0,50	0,536	0,364	0,556	0,398	0,579	0,632	0,604	1,343

$$A_{s1} = \frac{1}{f_{yd}}(\omega_1\, b\, d\, f_{cd} + N_{Sd}) \qquad A_{s2} = \omega_2\, b\, d\, \frac{f_{cd}}{f_{yd}}$$

BT3b Rechteckquerschnitt mit Druckbewehrung für Biegung mit Längskraft
Betonstahl S500, $\gamma_s = 1{,}15$, $\xi = \frac{x}{d} = 0{,}35$

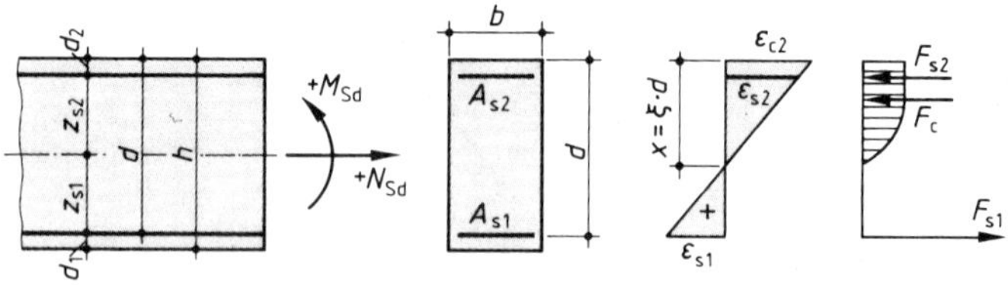

$$\mu_{Sds} = \frac{M_{Sds}}{b\,d^2 f_{cd}}$$

μ_{Sds}	$\xi = 0{,}350$							
	$d_2/d = 0{,}05$		$d_2/d = 0{,}10$		$d_2/d = 0{,}15$		$d_2/d = 0{,}20$	
	ω_1	ω_2	ω_1	ω_2	ω_1	ω_2	ω_1	ω_2
0,21	0,245	0,004	0,246	0,005	0,246	0,005	0,246	0,008
0,22	0,256	0,015	0,257	0,016	0,258	0,018	0,259	0,026
0,23	0,266	0,026	0,268	0,027	0,269	0,031	0,271	0,044
0,24	0,277	0,036	0,279	0,038	0,281	0,044	0,284	0,062
0,25	0,287	0,047	0,290	0,049	0,293	0,057	0,296	0,080
0,26	0,298	0,057	0,301	0,060	0,305	0,069	0,309	0,098
0,27	0,308	0,068	0,312	0,071	0,316	0,082	0,321	0,116
0,28	0,319	0,078	0,323	0,082	0,328	0,095	0,334	0,135
0,29	0,329	0,089	0,334	0,094	0,340	0,108	0,346	0,153
0,30	0,340	0,099	0,346	0,105	0,352	0,121	0,359	0,171
0,31	0,351	0,110	0,357	0,116	0,363	0,133	0,371	0,189
0,32	0,361	0,120	0,368	0,127	0,375	0,146	0,384	0,207
0,33	0,372	0,131	0,379	0,138	0,387	0,159	0,396	0,225
0,34	0,382	0,141	0,390	0,149	0,399	0,172	0,409	0,243
0,35	0,393	0,152	0,401	0,160	0,411	0,185	0,421	0,261
0,36	0,403	0,162	0,412	0,171	0,422	0,197	0,434	0,280
0,37	0,414	0,173	0,423	0,182	0,434	0,210	0,446	0,298
0,38	0,424	0,183	0,434	0,194	0,446	0,223	0,459	0,316
0,39	0,435	0,194	0,446	0,205	0,458	0,236	0,471	0,334
0,40	0,445	0,204	0,457	0,216	0,469	0,248	0,484	0,352
0,41	0,456	0,215	0,468	0,227	0,481	0,261	0,496	0,370
0,42	0,466	0,226	0,479	0,238	0,493	0,274	0,509	0,388
0,43	0,477	0,236	0,490	0,249	0,505	0,287	0,521	0,406
0,44	0,487	0,247	0,501	0,260	0,516	0,300	0,534	0,425
0,45	0,498	0,257	0,512	0,271	0,528	0,312	0,546	0,443
0,46	0,508	0,268	0,523	0,282	0,540	0,325	0,559	0,461
0,47	0,519	0,278	0,534	0,294	0,552	0,338	0,571	0,479
0,48	0,529	0,289	0,546	0,305	0,563	0,351	0,584	0,497
0,49	0,540	0,299	0,557	0,316	0,575	0,364	0,596	0,515
0,50	0,551	0,310	0,568	0,327	0,587	0,376	0,609	0,533

$$A_{s1} = \frac{1}{f_{yd}}(\omega_1\, b\, d\, f_{cd} + N_{Sd}) \qquad A_{s2} = \omega_2\, b\, d\, \frac{f_{cd}}{f_{yd}}$$

BT3c Rechteckquerschnitt mit Druckbewehrung für Biegung mit Längskraft

Betonstahl S500, $\gamma_s = 1{,}15$, $\xi = \frac{x}{d} = 0{,}45$

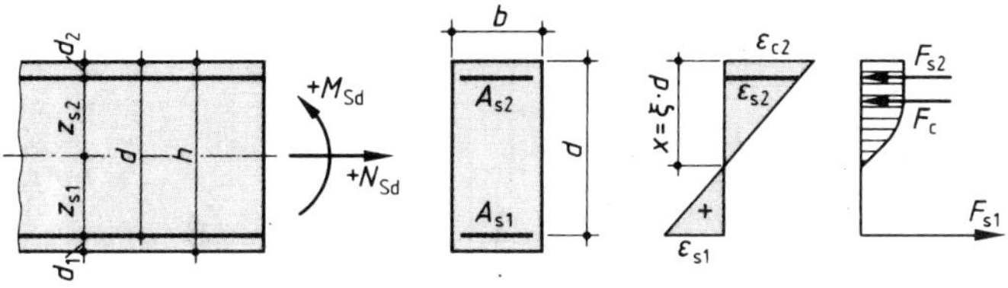

$$\mu_{Sds} = \frac{M_{Sds}}{b\, d^2 f_{cd}}$$

	$\xi = 0{,}450$							
μ_{Sds}	$d_2/d = 0{,}05$		$d_2/d = 0{,}10$		$d_2/d = 0{,}15$		$d_2/d = 0{,}20$	
	ω_1	ω_2	ω_1	ω_2	ω_1	ω_2	ω_1	ω_2
0,26	0,318	0,009	0,319	0,009	0,319	0,010	0,320	0,012
0,27	0,329	0,019	0,330	0,020	0,331	0,022	0,333	0,026
0,28	0,339	0,030	0,341	0,031	0,343	0,033	0,345	0,040
0,29	0,350	0,040	0,352	0,043	0,355	0,045	0,358	0,054
0,30	0,361	0,051	0,363	0,054	0,366	0,057	0,370	0,068
0,31	0,371	0,061	0,374	0,065	0,378	0,069	0,383	0,082
0,32	0,382	0,072	0,386	0,076	0,390	0,080	0,395	0,096
0,33	0,392	0,082	0,397	0,087	0,402	0,092	0,408	0,110
0,34	0,403	0,093	0,408	0,098	0,414	0,104	0,420	0,123
0,35	0,413	0,103	0,419	0,109	0,425	0,116	0,433	0,137
0,36	0,424	0,114	0,430	0,120	0,437	0,127	0,445	0,151
0,37	0,434	0,125	0,441	0,131	0,449	0,139	0,458	0,165
0,38	0,445	0,135	0,452	0,143	0,461	0,151	0,470	0,179
0,39	0,455	0,146	0,463	0,154	0,472	0,163	0,483	0,193
0,40	0,466	0,156	0,474	0,165	0,484	0,174	0,495	0,207
0,41	0,476	0,167	0,486	0,176	0,496	0,186	0,508	0,221
0,42	0,487	0,177	0,497	0,187	0,508	0,198	0,520	0,235
0,43	0,497	0,188	0,508	0,198	0,519	0,210	0,533	0,249
0,44	0,508	0,198	0,519	0,209	0,531	0,222	0.545	0,263
0,45	0,518	0,209	0,530	0,220	0,543	0,233	0,558	0,277
0,46	0,529	0,219	0,541	0,231	0,555	0,245	0,570	0,291
0,47	0,539	0,230	0,552	0,243	0,566	0,257	0,583	0,305
0,48	0,550	0,240	0,563	0,254	0,578	0,269	0,595	0,319
0,49	0,561	0,251	0,574	0,265	0,590	0,280	0,608	0,333
0,50	0,571	0,261	0,586	0,276	0,602	0,292	0,620	0,347

$$A_{s1} = \frac{1}{f_{yd}} (\omega_1\, b\, d\, f_{cd} + N_{Sd}) \qquad A_{s2} = \omega_2\, b\, d \frac{f_{cd}}{f_{yd}}$$

BT3d Rechteckquerschnitt mit Druckbewehrung für Biegung und Längskraft
Betonstahl S500, $\gamma_s = 1{,}15$, $\xi = \frac{x}{d} = 0{,}617$

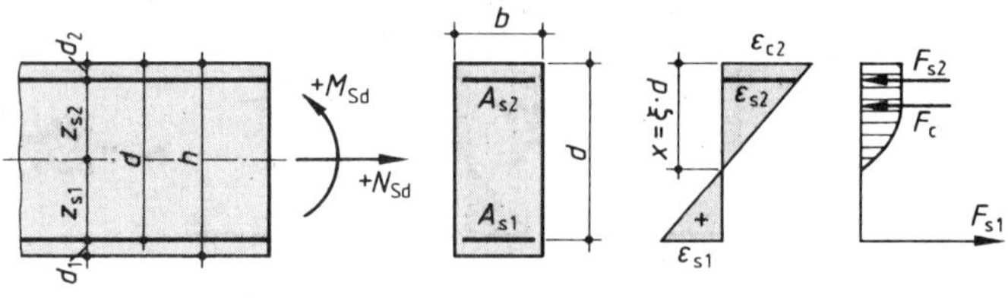

$$\mu_{Sds} = \frac{M_{Sds}}{b\,d^2 f_{cd}}$$

	$\xi = 0{,}617$							
μ_{Sds}	$d_2/d = 0{,}05$		$d_2/d = 0{,}10$		$d_2/d = 0{,}15$		$d_2/d = 0{,}20$	
	ω_1	ω_2	ω_1	ω_2	ω_1	ω_2	ω_1	ω_2
0,32	0,429	0,005	0,429	0,005	0,430	0,005	0,430	0,006
0,33	0,440	0,015	0,441	0,016	0,441	0,017	0,443	0,018
0,34	0,450	0,026	0,452	0,027	0,453	0,029	0,455	0,031
0,35	0,461	0,036	0,463	0,038	0,465	0,041	0,468	0,043
0,36	0,471	0,047	0,474	0,049	0,477	0,052	0,480	0,056
0,37	0,482	0,057	0,485	0,061	0,489	0,064	0,493	0,068
0,38	0,492	0.068	0,496	0,072	0,500	0,076	0,505	0,081
0,39	0,503	0,078	0,507	0,083	0,512	0,088	0,518	0,093
0,40	0,513	0,089	0,518	0,094	0,524	0,099	0,530	0,106
0,41	0,524	0,099	0,529	0,105	0,536	0,111	0,543	0,118
0,42	0,534	0,110	0,541	0,116	0,547	0,123	0,555	0,131
0,43	0,545	0,120	0,552	0,127	0,559	0,135	0,568	0,143
0,44	0,555	0,131	0,563	0,138	0,571	0,146	0,580	0,156
0,45	0,566	0,142	0,574	0,149	0,583	0,158	0,593	0,168
0,46	0,577	0,152	0,585	0,161	0,594	0,170	0,605	0,181
0,47	0,587	0,163	0,596	0,172	0,606	0,182	0,618	0,193
0,48	0,598	0,173	0,607	0,183	0,618	0,193	0,630	0,206
0,49	0,608	0,184	0,618	0,194	0,630	0,205	0,643	0,218
0,50	0,619	0,194	0,629	0,205	0,641	0,217	0,655	0,231

$$A_{s1} = \frac{1}{f_{yd}} (\omega_1\, b\, d\, f_{cd} + N_{Sd}) \qquad A_{s2} = \omega_2\, b\, d \frac{f_{cd}}{f_{yd}}$$

BT4a Rechteckquerschnitt mit symmetrischer Bewehrung
Betonstahl S500, $\gamma_s = 1{,}15$, $d_1/h = 0{,}05$

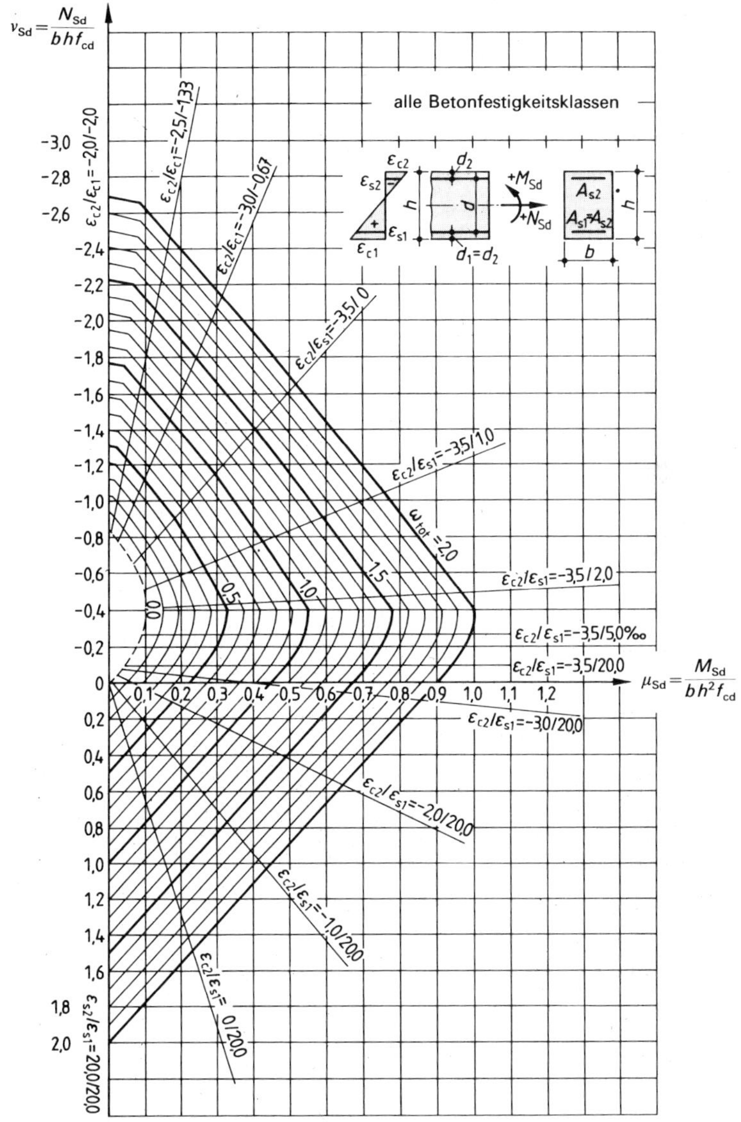

$$\omega_{tot} = \frac{A_{s,tot}}{b h} \cdot \frac{f_{yd}}{f_{cd}} \qquad A_{s,tot} = A_{s1} + A_{s2} = \omega_{tot} \frac{b h}{f_{yd}/f_{cd}}$$

BT4b Rechteckquerschnitt mit symmetrischer Bewehrung
Betonstahl S500, $\gamma_s = 1{,}15$, $\frac{d_1}{h} = 0{,}10$

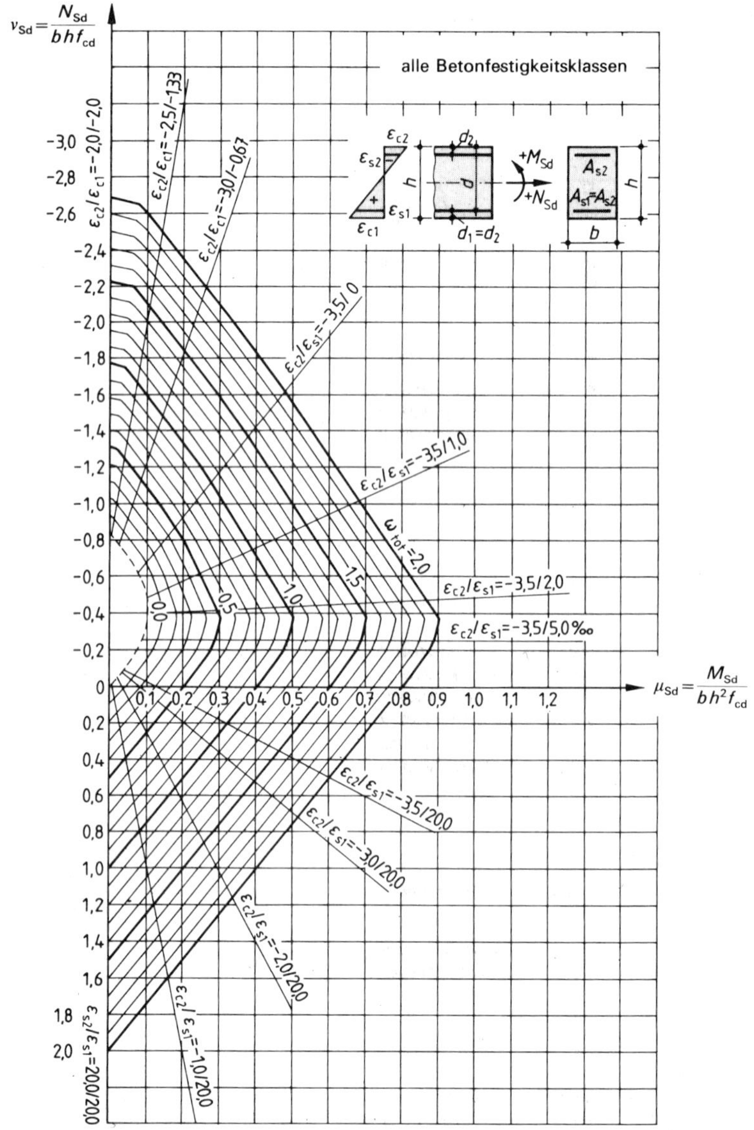

$$\omega_{tot} = \frac{A_{s,tot}}{b h} \cdot \frac{f_{yd}}{f_{cd}} \qquad A_{s,tot} = A_{s1} + A_{s2} = \omega_{tot} \frac{b h}{f_{yd}/f_{cd}}$$

BT4c Rechteckquerschnitt mit symmetrischer Bewehrung
Betonstahl S500, $\gamma_s = 1{,}15$, $d_1/h = 0{,}15$

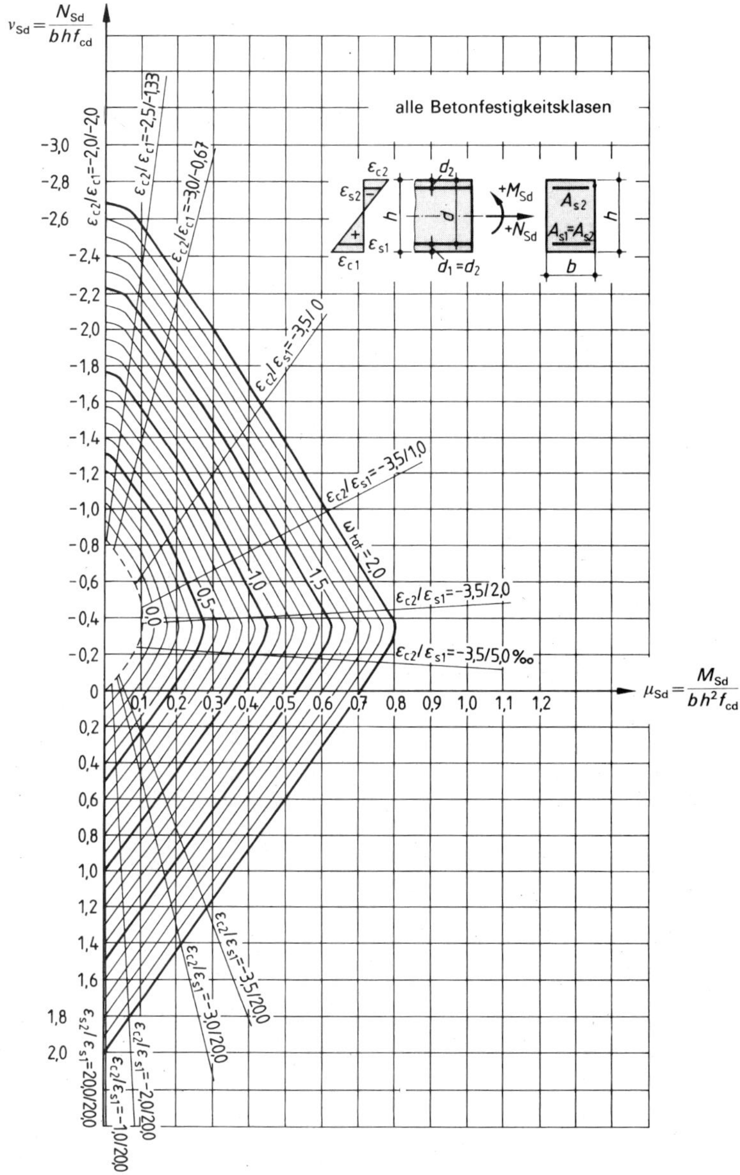

$$\omega_{tot} = \frac{A_{s,tot}}{b h} \cdot \frac{f_{yd}}{f_{cd}} \qquad A_{s,tot} = A_{s1} + A_{s2} = \omega_{tot} \frac{b h}{f_{yd}/f_{cd}}$$

10

BT4d Rechteckquerschnitt mit symmetrischer Bewehrung

Betonstahl S500, $\gamma_s = 1{,}15$, $\frac{d_1}{h} = 0{,}20$

alle Betonfestigkeitsklassen

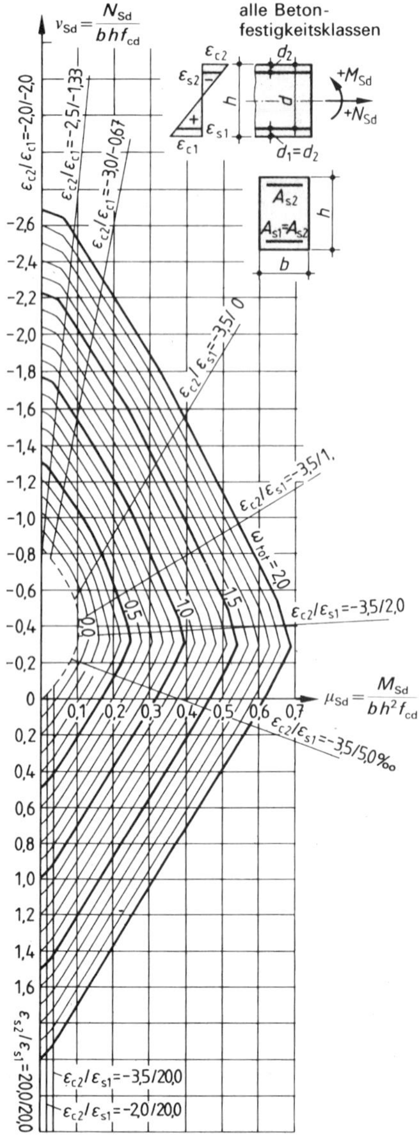

BT4e Rechteckquerschnitt mit symmetrischer Bewehrung

Betonstahl S500, $\gamma_s = 1{,}15$, $\frac{d_1}{h} = 0{,}25$

alle Betonfestigkeitsklassen

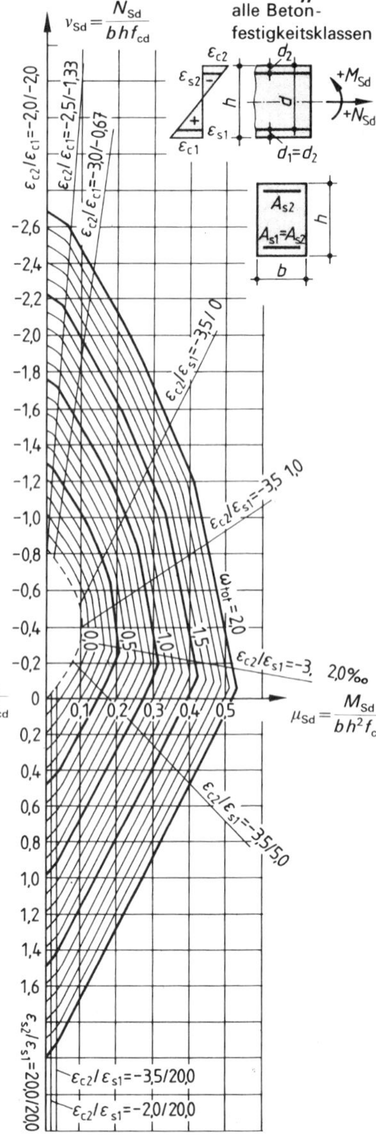

$$\omega_{tot} = \frac{A_{s,tot}}{bh} \cdot \frac{f_{yd}}{f_{cd}} \qquad A_{s,tot} = A_{s1} + A_{s2} = \omega_{tot} \frac{bh}{f_{yd}/f_{cd}}$$

BT5 Kreisquerschnitte (Vollquerschnitt), Betonstahl S500, $\gamma_s = 1{,}15$, $d_1/h = 0{,}10$

alle Betonfestigkeitsklassen

$$\nu_{Sd} = \frac{N_{Sd}}{A_c f_{cd}} = \frac{N_{Sd}}{\pi r^2 f_{cd}}$$

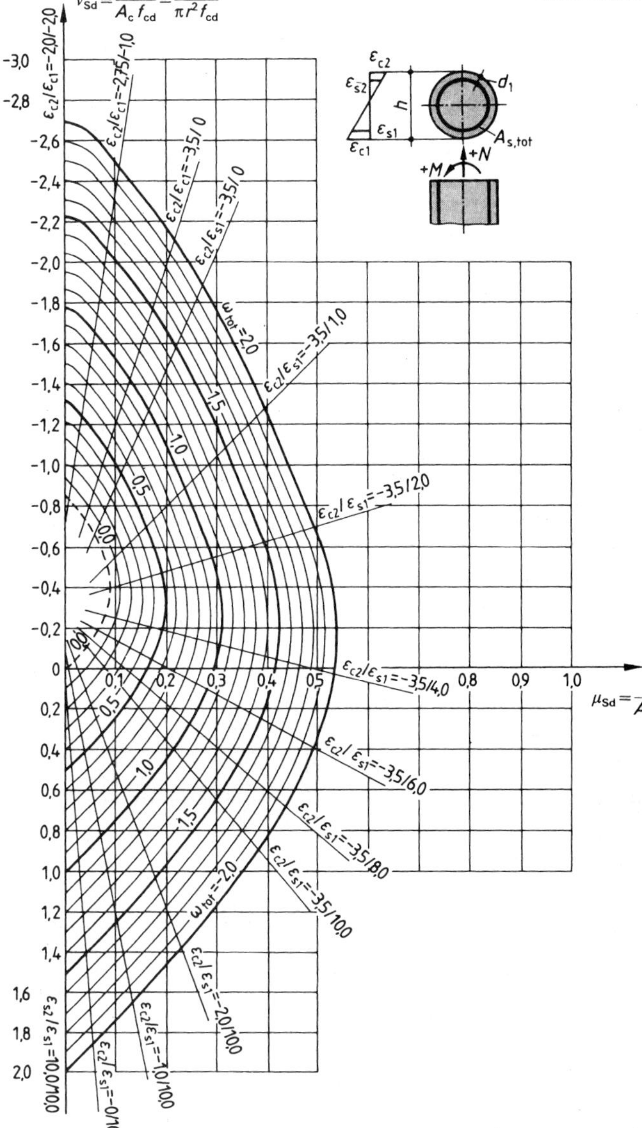

$$\mu_{Sd} = \frac{M_{Sd}}{A_c h f_{cd}} = \frac{M_{Sd}}{2 \pi r^3 f_{cd}}$$

$$\omega_{tot} = \frac{A_{s,tot}}{A_c} \cdot \frac{f_{yd}}{f_{cd}}$$

$$A_{s,tot} = \omega_{tot} \frac{A_c}{f_{yd}/f_{cd}} = \omega_{tot} \frac{\pi r^2}{f_{yd}/f_{cd}}$$

BT6a Plattenbalkenquerschnitt $h_f/d = 0{,}05;\ 0{,}10$ Beispiel s. Seite 594

	μ_{Sds}	$1000\omega_{1,M}$ / ξ / ε_{s1} — $h_f/d = 0{,}05$, $b_f/b_w =$ 10	5	3	2	1	$1000\omega_{1,M}$ / ξ / ε_{s1} — $h_f/d = 0{,}10$, $b_f/b_w =$ 10	5	3	2	1
	0,02	20	20	20	20	20	20	20	20	20	20
		0,05	0,05	0,05	0,05	0,05	0,05	0,05	0,05	0,05	0,05
		20,00	20,00	20,00	20,00	20,00	20,00	20,00	20,00	20,00	20,00
	0,04	41	41	41	41	41	41	41	41	41	41
		0,10	0,09	0,09	0,08	0,08	0,08	0,08	0,08	0,08	0,08
		20,00	20,00	20,00	20,00	20,00	20,00	20,00	20,00	20,00	20,00
	0,06	65	63	63	63	62	62	62	62	62	62
		0,39	0,21	0,15	0,13	0,10	0,10	0,10	0,10	0,10	0,10
		5,36	12,84	19,74	20,00	20,00	20,00	20,00	20,00	20,00	20,00
	0,08		90	87	86	84	84	84	84	84	84
			0,41	0,26	0,19	0,13	0,15	0,14	0,14	0,13	0,13
			5,03	10,20	15,23	20,00	20,00	20,00	20,00	20,00	20,00
	0,10			114	110	107	111	108	108	107	107
				0,37	0,26	0,16	0,50	0,29	0,22	0,19	0,16
				5,87	10,06	19,03	3,47	8,45	12,28	15,09	19,03
	0,12			146	137	130		138	134	132	130
				0,51	0,34	0,19		0,51	0,34	0,26	0,19
				3,34	6,94	14,99		3,35	6,94	9,99	14,99
	0,14				166	154			164	158	154
					0,42	0,22			0,47	0,34	0,22
					4,83	12,10			4,01	6,89	12,10
	0,16				199	179				188	179
					0,52	0,26				0,42	0,26
					3,29	9,92				4,80	9,92
	0,18					206				220	206
						0,30				0,52	0,30
						8,22				3,27	8,22
	0,20					233					233
						0,34					0,34
						6,85					6,85
	0,22					261					261
						0,38					0,38
						5,72					5,72
	0,24					291					291
						0,42					0,42
						4,77					4,77
	0,26					323					323
						0,47					0,47
						3,95					3,95
	0,28					357					357
						0,52					0,52
						3,24					3,24
	0,30					394					394
						0,57					0,57
						2,62					2,62
$\xi = 0{,}25$	$\mu_{Sds,lim}$	0,053	0,064	0,079	0,098	0,154	0,088	0,095	0,105	0,117	0,154
	$1000\omega_{1M,lim}$	55	68	86	107	172	94	102	114	129	172
$\xi = 0{,}35$	$\mu_{Sds,lim}$	0,058	0,074	0,096	0,124	0,206	0,093	0,106	0,122	0,143	0,206
	$1000\omega_{1M,lim}$	62	82	109	142	241	101	116	137	163	241
$\xi = 0{,}45$	$\mu_{Sds,lim}$	0,062	0,083	0,112	0,147	0,252	0,098	0,115	0,138	0,166	0,252
	$1000\omega_{1M,lim}$	69	96	132	176	310	107	130	160	197	310
$\xi = 0{,}617$	$\mu_{Sds,lim}$	0,069	0,096	0,133	0,179	0,316	0,104	0,128	0,159	0,198	0,316
	$1000\omega_{1M,lim}$	81	119	170	234	425	119	153	198	255	425

BT6b Plattenbalkenquerschnitt $h_f/d=0{,}15;\ 0{,}20$

	μ_{Sds}	$1000\omega_{1,M}$ / ξ / ε_{s1}				$h_f/d=0{,}15$	$1000\omega_{1,M}$ / ξ / ε_{s1}				$h_f/d=0{,}20$
		$b_f/b_w=$					$b_f/b_w=$				
		10	5	3	2	1	10	5	3	2	1
	0,02	20	20	20	20	20	20	20	20	20	20
		0,05	0,05	0,05	0,05	0,05	0,05	0,05	0,05	0,05	0,05
		20,00	20,00	20,00	20,00	20,00	20,00	20,00	20,00	20,00	20,00
	0,04	41	41	41	41	41	41	41	41	41	41
		0,08	0,08	0,08	0,08	0,08	0,08	0,08	0,08	0,08	0,08
		20,00	20,00	20,00	20,00	20,00	20,00	20,00	20,00	20,00	20,00
	0,06	62	62	62	62	62	62	62	62	62	62
		0,10	0,10	0,10	0,10	0,10	0,10	0,10	0,10	0,10	0,10
		20,00	20,00	20,00	20,00	20,00	20,00	20,00	20,00	20,00	20,00
	0,08	84	84	84	84	84	84	84	84	84	84
		0,13	0,13	0,13	0,13	0,13	0,13	0,13	0,13	0,13	0,13
		20,00	20,00	20,00	20,00	20,00	20,00	20,00	20,00	20,00	20,00
	0,10	107	107	107	107	107	107	107	107	107	107
		0,16	0,16	0,16	0,16	0,16	0,16	0,16	0,16	0,16	0,16
		18,97	18,98	18,99	19,00	19,03	19,03	19.03	19.03	19,03	19,03
	0,12	130	130	130	130	130	130	130	130	130	130
		0,24	0,22	0,21	0,20	0,19	0,19	0,19	0,19	0,19	0,19
		10,95	12,29	13,21	13,89	14,99	14,99	14,99	14,99	14,99	14,99
	0,14		157	155	155	154	154	154	154	154	154
			0,40	0,31	0,27	0,22	0,23	0,23	0,23	0,23	0,22
			5,31	7,90	9,68	12,10	11,57	11,67	11,77	11,87	12,10
	0,16			184	182	179	180	179	179	179	179
				0,43	0,34	0,26	0,39	0,33	0,30	0,28	0,26
				4,59	6,72	9,92	5,49	7,24	8,22	8,90	9,92
	0,18			219	211	206		210	207	206	206
				0,58	0,43	0,30		0,54	0,41	0,35	0,30
				2,50	4,68	8,22		2,98	5,03	6,39	8,22
	0,20				244	233			241	236	233
					0,52	0,34			0,56	0,44	0,34
					3,18	6,85			2,80	4,47	6,85
	0,22					261				270	261
						0,38				0,54	0,38
						5,72				3,02	5,72
	0,24					291					291
						0,42					0,42
						4,77					4,77
	0,26					323					323
						0,47					0,47
						3,95					3,95
	0,28					357					357
						0,52					0,52
						3,24					3,24
	0,30					394					394
						0,57					0,57
						2,62					2,62
$\xi=0{,}25$	$\mu_{Sds,lim}$	0,121	0,124	0,129	0,136	0,154	0,145	0,146	0,147	0,149	0,154
	$1000\omega_{1M,lim}$	131	136	142	149	172	160	162	163	165	172
$\xi=0{,}35$	$\mu_{Sds,lim}$	0,127	0,136	0,147	0,162	0,206	0,158	0,163	0,170	0,179	0,206
	$1000\omega_{1M,lim}$	139	150	165	184	241	176	183	193	205	241
$\xi=0{,}45$	$\mu_{Sds,lim}$	0,131	0,145	0,163	0,185	0,252	0,163	0,173	0,186	0,202	0,202
	$1000\omega_{1M,lim}$	146	164	188	219	310	184	198	217	240	240
$\xi=0{,}617$	$\mu_{Sds,lim}$	0,138	0,157	0,184	0,217	0,316	0,169	0,186	0,207	0,234	0,316
	$1000\omega_{1M,lim}$	157	187	227	276	425	195	221	255	297	425

10

BT6c Plattenbalkenquerschnitt $h_f/d=0{,}25$; 0,30

	μ_{Sds}	$1000\omega_{1,M}$ / ξ / ε_{s1} — $b_f/b_w=$				$h_f/d=0{,}25$	$1000\omega_{1,M}$ / ξ / ε_{s1} — $b_f/b_w=$				$h_f/d=0{,}30$
		10	5	3	2	1	10	5	3	2	1
	0,02	20	20	20	20	20	20	20	20	20	20
		0,05	0,05	0,05	0,05	0,05	0,05	0,05	0,05	0,05	0,05
		20,00	20,00	20,00	20,00	20,00	20,00	20,00	20,00	20,00	20,00
	0,04	41	41	41	41	41	41	41	41	41	41
		0,08	0,08	0,08	0,08	0,08	0,08	0,08	0,08	0,08	0,08
		20,00	20,00	20,00	20,00	20,00	20,00	20,00	20,00	20,00	20,00
	0,06	62	62	62	62	62	62	62	62	62	62
		0,10	0,10	0,10	0,10	0,10	0,10	0,10	0,10	0,10	0,10
		20,00	20,00	20,00	20,00	20,00	20,00	20,00	20,00	20,00	20,00
	0,08	84	84	84	84	84	84	84	84	84	84
		0,13	0,13	0,13	0,13	0,13	0,13	0,13	0,13	0,13	0,13
		20,00	20,00	20,00	20,00	20,00	20,00	20,00	20,00	20,00	20,00
	0,10	107	107	107	107	107	107	107	107	107	107
		0,16	0,16	0,16	0,16	0,16	0,16	0,16	0,16	0,16	0,16
		19,03	19,03	19,03	19,03	19,03	19,03	19,03	19,03	19,03	19,03
	0,12	130	130	130	130	130	130	130	130	130	130
		0,19	0,19	0,19	0,19	0,19	0,19	0,19	0,19	0,19	0,19
		14,99	14,99	14,99	14,99	14,99	14,99	14,99	14,99	14,99	14,99
	0,14	154	154	154	154	154	154	154	154	154	154
		0,22	0,22	0,22	0,22	0,22	0,22	0,22	0,22	0,22	0,22
		12,10	12,10	12,10	12,10	12,10	12,10	12,10	12,10	12,10	12,10
	0,16	179	179	179	179	179	179	179	179	179	179
		0,26	0,26	0,26	0,26	0,26	0,26	0,26	0,26	0,26	0,26
		9,87	9,88	9,88	9,89	9,92	9,92	9,92	9,92	9,92	9,92
	0,18	205	205	205	205	206	206	206	206	206	206
		0,33	0,32	0,32	0,31	0,30	0,30	0,30	0,30	0,30	0,30
		7,07	7,34	7,59	7,81	8,22	8,22	8,22	8,22	8,22	8,22
	0,20		234	233	233	233	232	232	233	233	233
			0,46	0,41	0,37	0,34	0,35	0,35	0,35	0,34	0,34
			4,03	5,14	5,85	6,85	6,48	6,54	6,61	6,69	6,85
	0,22			266	263	261	261	261	261	261	261
				0,54	0,46	0,38	0,49	0,45	0,42	0,40	0,38
				2,98	4,16	5,72	3,68	4,36	4,82	5,17	5,72
	0,24				298	291			293	292	291
					0,56	0,42			0,54	0,48	0,42
					2,80	4,77			2,99	3,75	4,77
	0,26					323				328	323
						0,47				0,58	0,47
						3,95				2,51	3,95
	0,28					357					357
						0,52					0,52
						3,24					3,24
	0,30					394					394
						0,57					0,57
						2,62					2,62
$\xi=0{,}25$	$\mu_{Sds,lim}$	0,154	0,154	0,154	0,154	0,154	0,154	0,154	0,154	0,154	0,154
	$1000\omega_{1M,lim}$	172	172	172	172	172	172	172	172	172	172
$\xi=0{,}35$	$\mu_{Sds,lim}$	0,183	0,186	0,189	0,193	0,206	0,200	0,200	0,201	0,202	0,206
	$1000\omega_{1M,lim}$	209	212	217	223	241	232	233	234	236	241
$\xi=0{,}45$	$\mu_{Sds,lim}$	0,192	0,202	0,207	0,219	0,252	0,217	0,252	0,226	0,232	0,252
	$1000\omega_{1M,lim}$	221	240	244	261	310	256	310	270	280	310
$\xi=0{,}617$	$\mu_{Sds,lim}$	0,199	0,212	0,229	0,251	0,316	0,227	0,236	0,250	0,266	0,316
	$1000\omega_{1M,lim}$	234	255	283	319	425	272	289	311	340	425

BT6d Plattenbalkenquerschnitt $h_f/d = 0{,}35$; 0,40

	μ_{Sds}	$1000\omega_{1,M}$ ξ ε_{s1} $h_f/d=0{,}35$, $b_f/b_w=$ 10	5	3	2	1	$1000\omega_{1,M}$ ξ ε_{s1} $h_f/d=0{,}40$, $b_f/b_w=$ 10	5	3	2	1
	0,02	20 0,05 20,00	20 0,05 20,00	20 0,05 20,00	20 0,05 20,00	20 0,05 20,00	20 0,05 20,00	20 0,05 20,00	20 0,05 20,00	20 0,05 20,00	20 0,05 20,00
	0,04	41 0,08 20,00	41 0,08 20,00	41 0,08 20,00	41 0,08 20,00	41 0,08 20,00	41 0,08 20,00	41 0,08 20,00	41 0,08 20,00	41 0,08 20,00	41 0,08 20,00
	0,06	62 0,10 20,00	62 0,10 20,00	62 0,10 20,00	62 0,10 20,00	62 0,10 20,00	62 0,10 20,00	62 0,10 20,00	62 0,10 20,00	62 0,10 20,00	62 0,10 20,00
	0,08	84 0,13 20,00	84 0,13 20,00	84 0,13 20,00	84 0,13 20,00	84 0,13 20,00	84 0,13 20,00	84 0,13 20,00	84 0,13 20,00	84 0,13 20,00	84 0,13 20,00
	0,10	107 0,16 19,03	107 0,16 19,03	107 0,16 19,03	107 0,16 19,03	107 0,16 19,03	107 0,16 19,03	107 0,16 19,03	107 0,16 19,03	107 0,16 19,03	107 0,16 19,03
	0,12	130 0,19 14,99	130 0,19 14,99	130 0,19 14,99	130 0,19 14,99	130 0,19 14,99	130 0,19 14,99	130 0,19 14,99	130 0,19 14,99	130 0,19 14,99	130 0,19 14,99
	0,14	154 0,22 12,10	154 0,22 12,10	154 0,22 12,10	154 0,22 12,10	154 0,22 12,10	154 0,22 12,10	154 0,22 12,10	154 0,22 12,10	154 0,22 12,10	154 0,22 12,10
	0,16	179 0,26 9,92	179 0,26 9,92	179 0,26 9,92	179 0,26 9,92	179 0,26 9,92	179 0,26 9,92	179 0,26 9,92	179 0,26 9,92	179 0,26 9,92	179 0,26 9,92
	0,18	206 0,30 8,22	206 0,30 8,22	206 0,30 8,22	206 0,30 8,22	206 0,30 8,22	206 0,30 8,22	206 0,30 8,22	206 0,30 8,22	206 0,30 8,22	206 0,30 8,22
	0,20	233 0,34 6,85	233 0,34 6,85	233 0,34 6,85	233 0,34 6,85	233 0,34 6,85	233 0,34 6,85	233 0,34 6,85	233 0,34 6,85	233 0,34 6,85	233 0,34 6,85
	0,22	261 0,39 5,58	261 0,38 5,60	261 0,38 5,63	261 0,38 5,65	261 0,38 5,72	261 0,38 5,72	261 0,38 5,72	261 0,38 5,72	261 0,38 5,72	261 0,38 5,72
	0,24	290 0,48 3,83	290 0,46 4,06	291 0,45 4,27	291 0,44 4,45	291 0,42 4,77	291 0,43 4,71	291 0,43 4,72	291 0,43 4,73	291 0,42 4,74	291 0,42 4,77
	0,26			323 0,56 2,79	323 0,52 3,27	323 0,47 3,95	322 0,50 3,43	322 0,50 3,54	322 0,49 3,65	323 0,48 3,75	323 0,47 3,95
	0,28				360 0,62 2,17	357 0,52 3,24			357 0,59 2,44	357 0,56 2,76	357 0,52 3,24
	0,30					394 0,57 2,62					394 0,57 2,62
$\xi=0{,}25$	$\mu_{Sds,lim}$ $1000\omega_{1M,lim}$	0,154 172	0,154 172	0,154 172	0,154 172	0,154 172	0,154 172	0,154 172	0,154 172	0,154 172	0,154 172
$\xi=0{,}35$	$\mu_{Sds,lim}$ $1000\omega_{1M,lim}$	0,206 241	0,206 241	0,206 241	0,206 241	0,206 241	0,206 241	0,206 241	0,206 241	0,206 241	0,206 241
$\xi=0{,}45$	$\mu_{Sds,lim}$ $1000\omega_{1M,lim}$	0,236 284	0,238 287	0,240 290	0,243 295	0,252 310	0,248 303	0,248 303	0,249 304	0,249 306	0,252 310
$\xi=0{,}617$	$\mu_{Sds,lim}$ $1000\omega_{1M,lim}$	0,252 309	0,259 322	0,268 339	0,280 360	0,316 425	0,273 343	0,278 352	0,284 364	0,292 379	0,316 425

BT7a **Schiefe Biegung mit Längsdruckkraft**
Betonstahl S500, $\gamma_s = 1{,}15$, $d_1/h = b_1/b = 0{,}10$
Für alle Betonfestigkeitsklassen

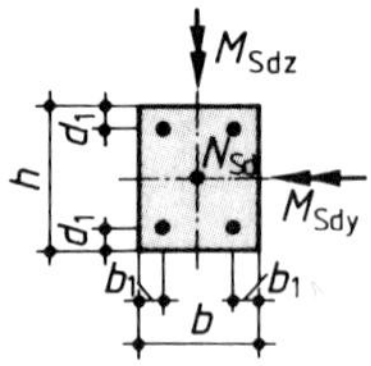

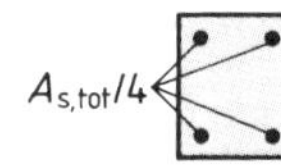

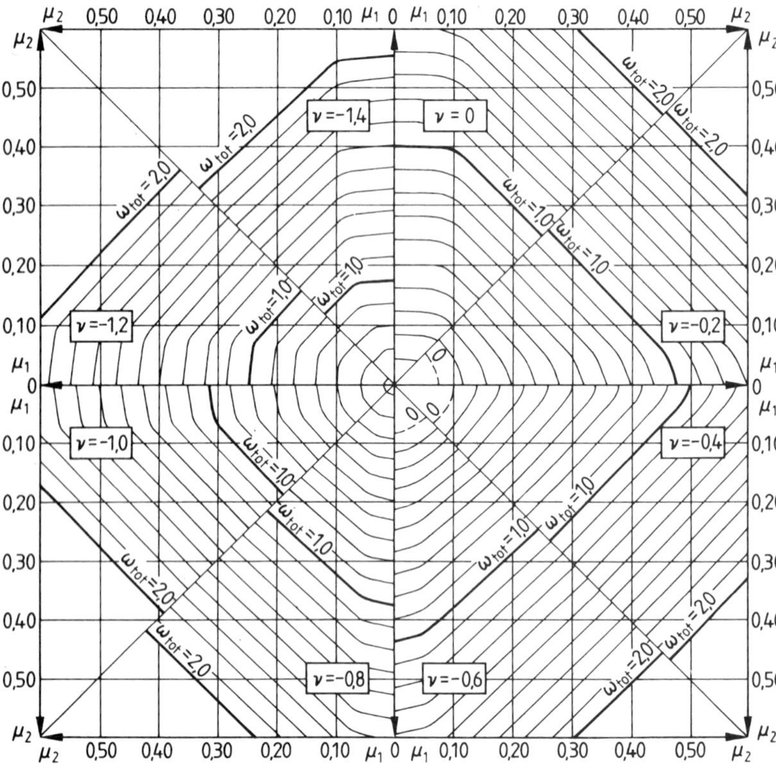

$$\mu_{Sdy} = \frac{|M_{Sdy}|}{bh^2 f_{cd}} \quad \text{wenn } \mu_{Sdy} > \mu_{Sdz} \qquad \mu_1 = \mu_{Sdy};\ \mu_2 = \mu_{Sdz}$$

$$\mu_{Sdz} = \frac{|M_{Sdz}|}{b^2 h f_{cd}} \quad \text{wenn } \mu_{Sdy} < \mu_{Sdz} \qquad \mu_1 = \mu_{Sdz};\ \mu_2 = \mu_{Sdy}$$

$$\nu = \nu_{Sd} = \frac{N_{Sd}}{b h f_{cd}} \qquad \omega_{tot} = \frac{A_{s,tot}}{bh} \cdot \frac{f_{yd}}{f_{cd}} \qquad A_{s,tot} = \omega_{tot} \frac{bh}{f_{yd}/f_{cd}}$$

BT7b Schiefe Biegung mit Längsdruckkraft
Betonstahl S500, $\gamma_s = 1{,}15$, $d_1/h = b_1/b = 0{,}10$
Für alle Betonfestigkeitsklassen

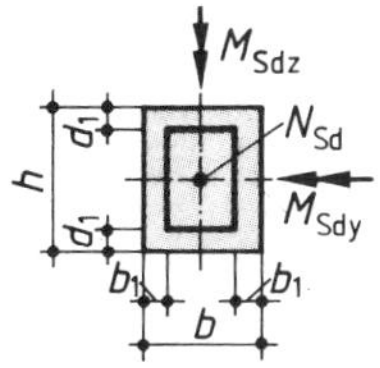

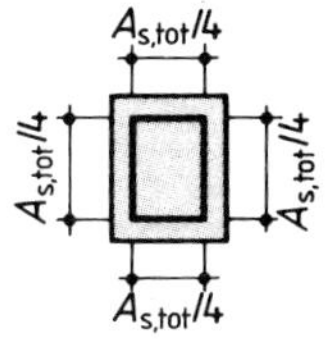

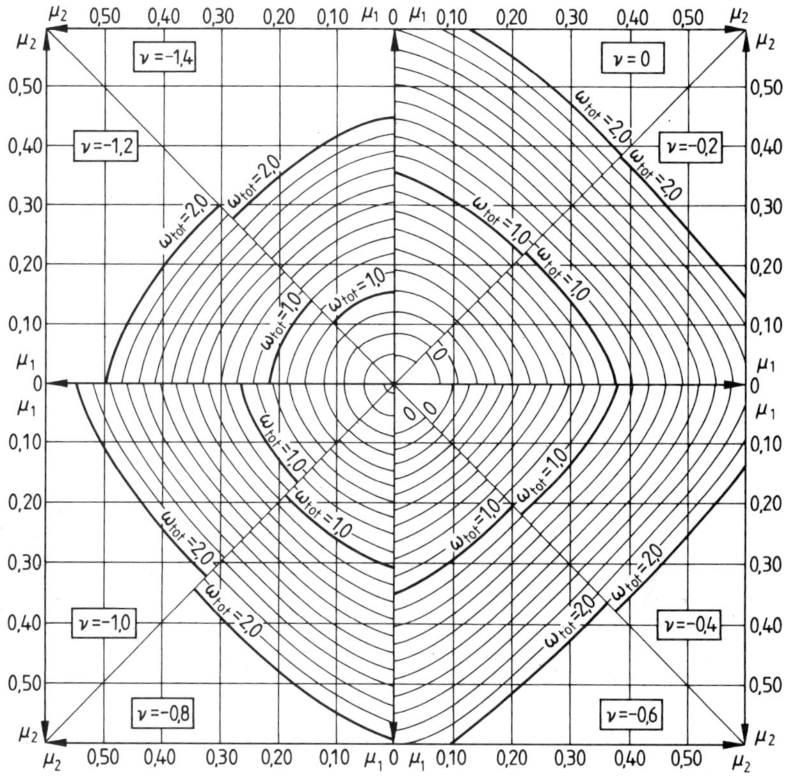

$$\mu_{Sdy} = \frac{|M_{Sdy}|}{bh^2 f_{cd}} \qquad \text{wenn } \mu_{Sdy} > \mu_{Sdz} \qquad \mu_1 = \mu_{Sdy};\ \mu_2 = \mu_{Sdz}$$

$$\mu_{Sdz} = \frac{|M_{Sdz}|}{b^2 h f_{cd}} \qquad \text{wenn } \mu_{Sdy} < \mu_{Sdz} \qquad \mu_1 = \mu_{Sdz};\ \mu_2 = \mu_{Sdy}$$

$$\nu = \nu_{Sd} = \frac{N_{Sd}}{b h f_{cd}} \qquad \omega_{tot} = \frac{A_{s,tot}}{bh} \cdot \frac{f_{yd}}{f_{cd}} \qquad A_{s,tot} = \omega_{tot} \frac{bh}{f_{yd}/f_{cd}}$$

BT8a ***e/h*** **Diagramm und *μ*-Nomogramm**
R 2-05
$h_1/h = 0{,}05$

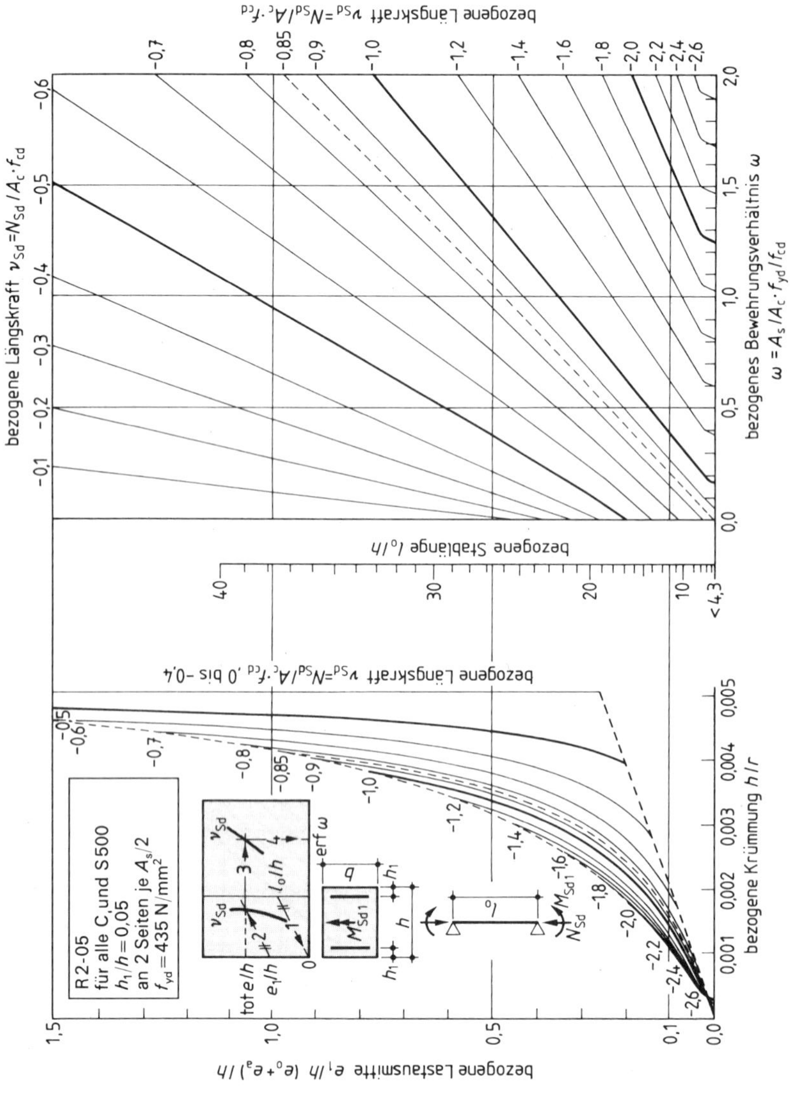

Beispiel s. Seite 605

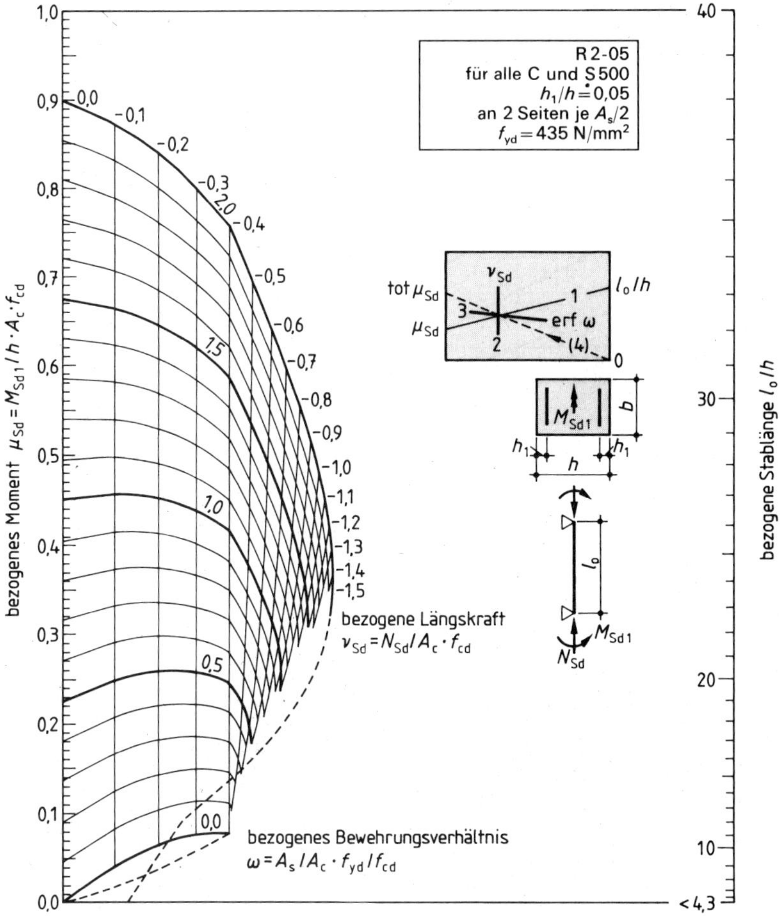
R 2-05
für alle C und S 500
$h_1/h = 0{,}05$
an 2 Seiten je $A_s/2$
$f_{yd} = 435\ N/mm^2$
bezogenes Moment $\mu_{Sd} = M_{Sd1}/h \cdot A_c \cdot f_{cd}$
bezogene Längskraft
$\nu_{Sd} = N_{Sd}/A_c \cdot f_{cd}$
bezogenes Bewehrungsverhältnis
$\omega = A_s/A_c \cdot f_{yd}/f_{cd}$
bezogene Stablänge l_0/h
tot μ_{Sd}
μ_{Sd}
ν_{Sd}
l_0/h
erf ω
M_{Sd1}
N_{Sd}
l_0
h_1
h
b
1,0
0,9
0,8
0,7
0,6
0,5
0,4
0,3
0,2
0,1
0,0
40
30
20
10
<4,3
-0,0
-0,1
-0,2
-0,3
-0,4
-0,5
-0,6
-0,7
-0,8
-0,9
-1,0
-1,1
-1,2
-1,3
-1,4
-1,5
2,0
1,5
1,0
0,5
0,0

BT8b ***e/h* Diagramm und *μ*-Nomogramm**
R 2-10
$h_1/h = 0{,}10$

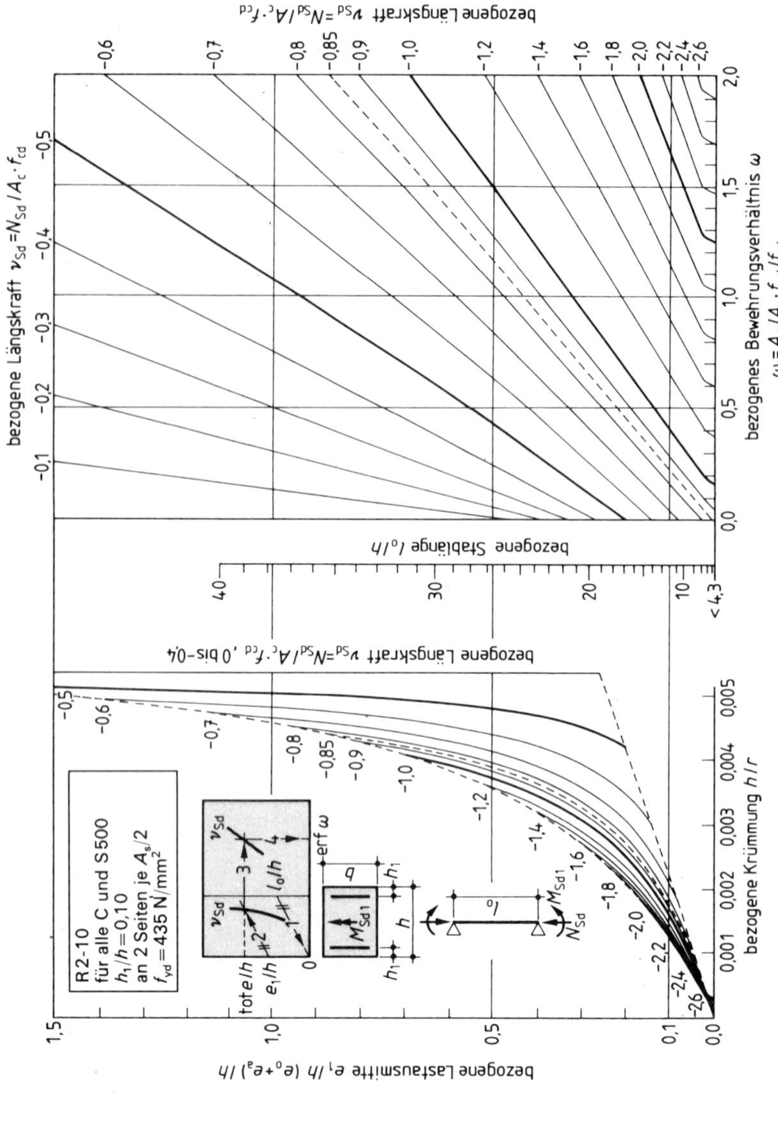

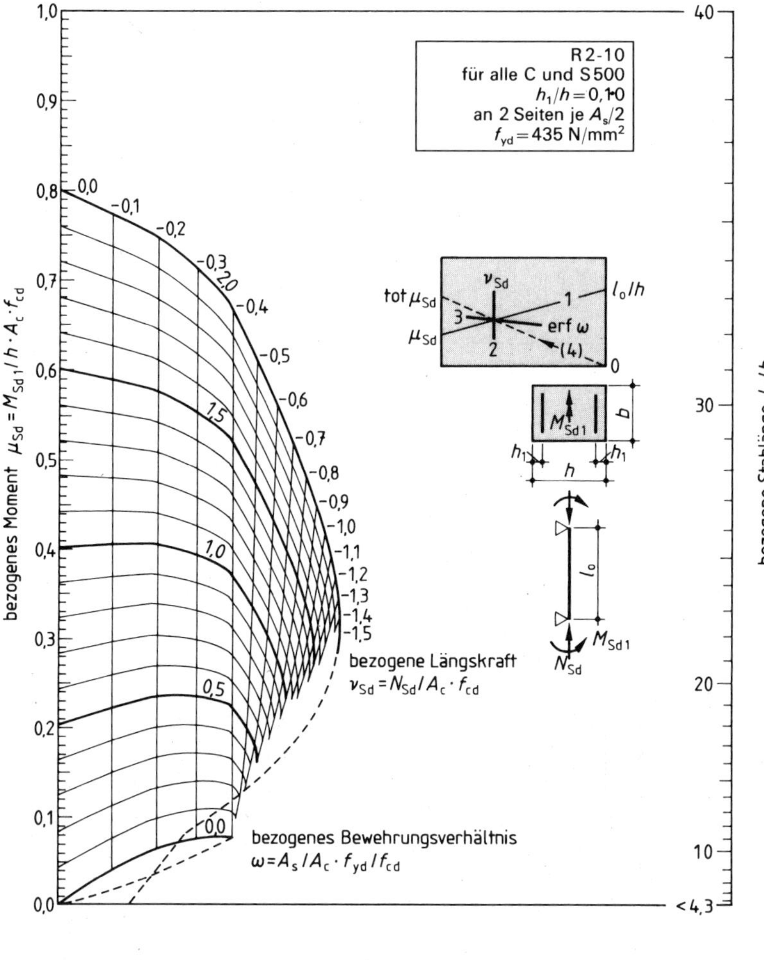
R 2-10
für alle C und S500
$h_1/h = 0{,}10$
an 2 Seiten je $A_s/2$
$f_{yd} = 435$ N/mm²
bezogenes Moment $\mu_{Sd} = M_{Sd1}/h \cdot A_c \cdot f_{cd}$
bezogene Stablänge l_0/h
bezogene Längskraft
$\nu_{Sd} = N_{Sd}/A_c \cdot f_{cd}$
bezogenes Bewehrungsverhältnis
$\omega = A_s/A_c \cdot f_{yd}/f_{cd}$
tot μ_{Sd}
μ_{Sd}
ν_{Sd}
l_0/h
erf ω
(4)
M_{Sd1}
N_{Sd}
0,0 −0,1 −0,2 −0,3 −0,4 −0,5 −0,6 −0,7 −0,8 −0,9 −1,0 −1,1 −1,2 −1,3 −1,4 −1,5
2,0 1,5 1,0 0,5 0,0
1,0 0,9 0,8 0,7 0,6 0,5 0,4 0,3 0,2 0,1 0,0
40 30 20 10 <4,3

BT8c ***e/h*** **Diagramm und** μ**-Nomogramm**
R2-15
$h_1/h = 0{,}15$

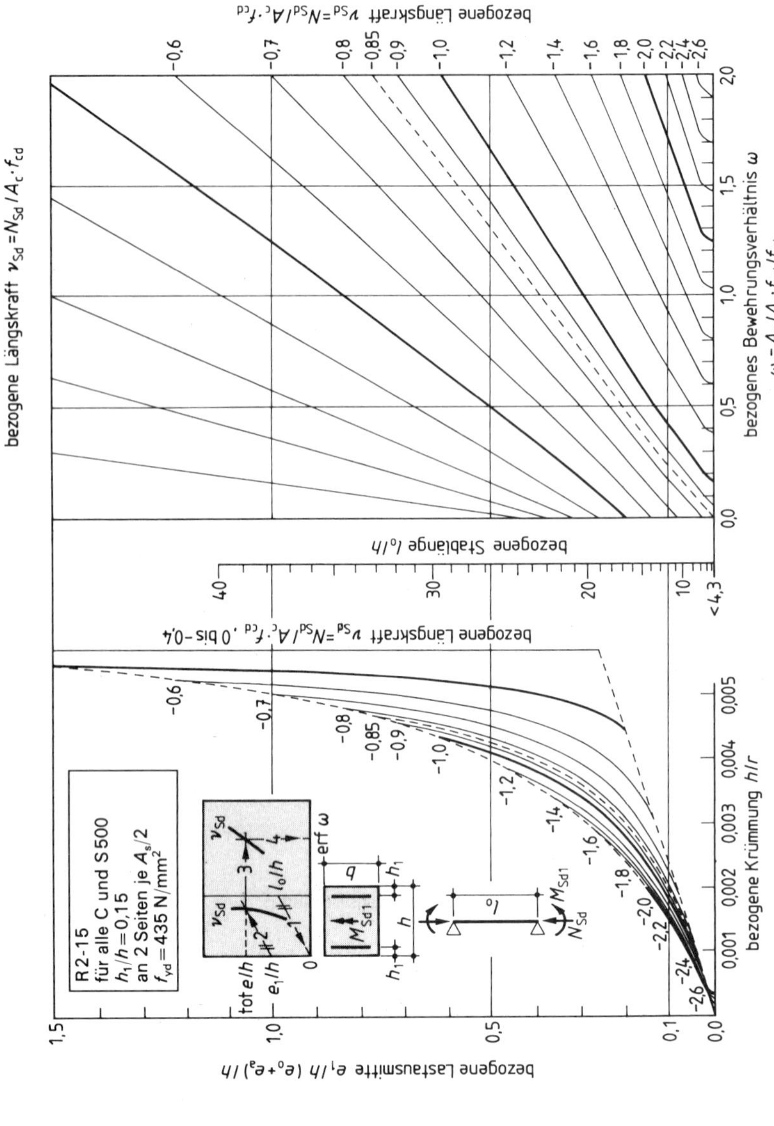

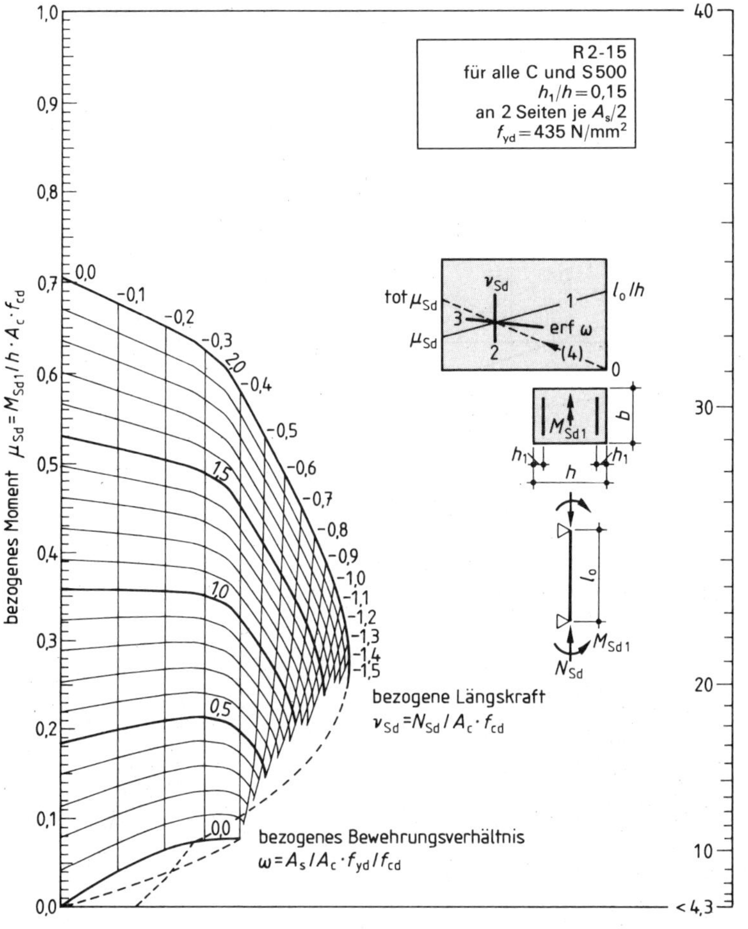
R 2-15
für alle C und S 500
$h_1/h = 0{,}15$
an 2 Seiten je $A_s/2$
$f_{yd} = 435$ N/mm²
bezogenes Moment $\mu_{Sd} = M_{Sd1}/h \cdot A_c \cdot f_{cd}$
bezogene Stablänge l_o/h
bezogene Längskraft
$\nu_{Sd} = N_{Sd}/A_c \cdot f_{cd}$
bezogenes Bewehrungsverhältnis
$\omega = A_s/A_c \cdot f_{yd}/f_{cd}$
tot μ_{Sd}
μ_{Sd}
ν_{Sd}
erf ω
l_o/h
M_{Sd1}
N_{Sd}

BT8d *e/h* Diagramm und μ-Nomogramm
R2-20
$h_1/h = 0{,}20$

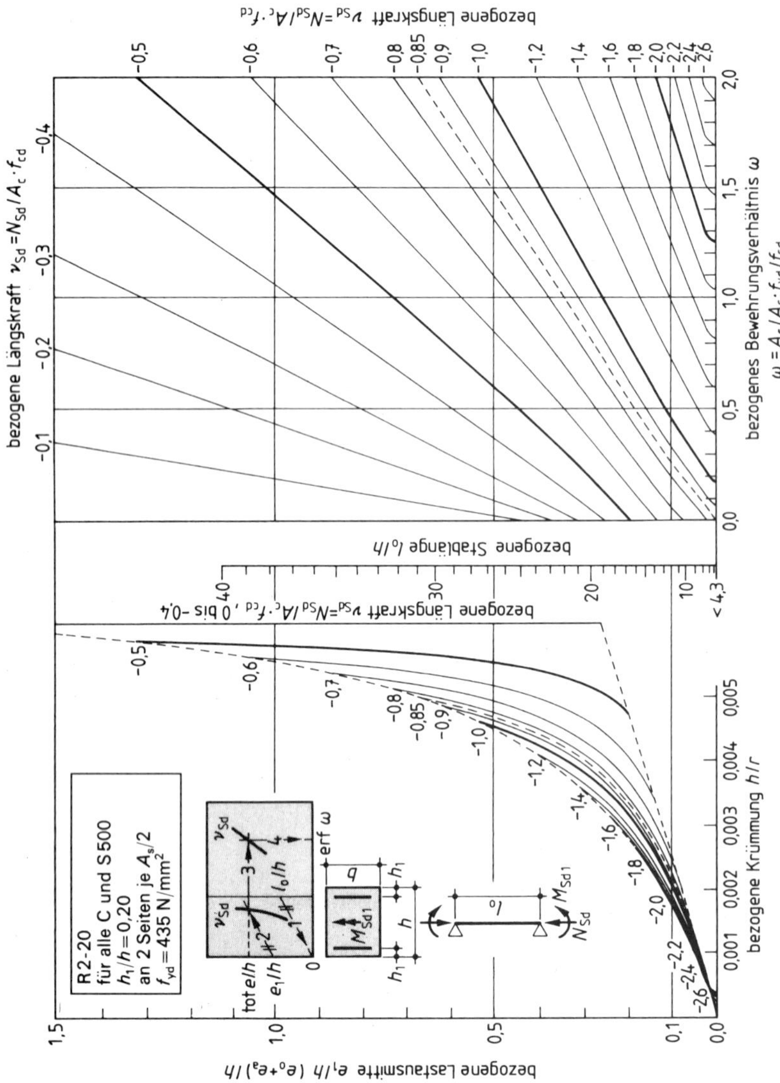

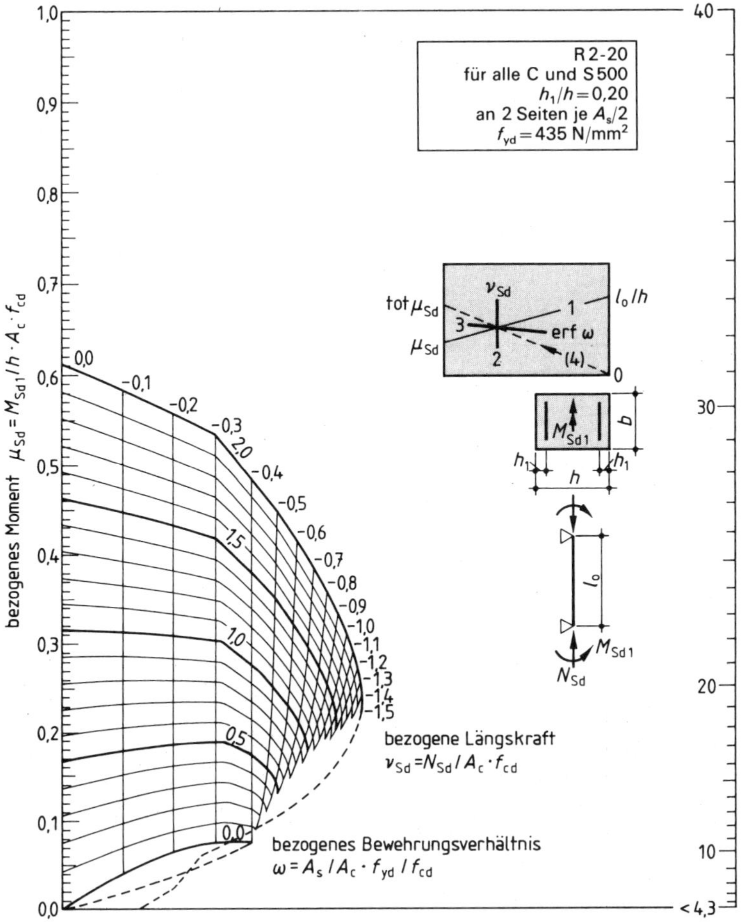
R 2-20
für alle C und S500
$h_1/h = 0,20$
an 2 Seiten je $A_s/2$
$f_{yd} = 435$ N/mm²
bezogenes Moment $\mu_{Sd} = M_{Sd1}/h \cdot A_c \cdot f_{cd}$
bezogene Stablänge l_0/h
bezogene Längskraft
$\nu_{Sd} = N_{Sd}/A_c \cdot f_{cd}$
bezogenes Bewehrungsverhältnis
$\omega = A_s/A_c \cdot f_{yd}/f_{cd}$
tot μ_{Sd}
μ_{Sd}
ν_{Sd}
erf ω
l_0/h
M_{Sd1}
N_{Sd}
l_0
h_1
h
b
1,0
0,9
0,8
0,7
0,6
0,5
0,4
0,3
0,2
0,1
0,0
40
30
20
10
<4,3

BT8e ***e/h*-Diagramm und *μ*-Nomogramm**
R4-05
$h_1/h = 0{,}05$

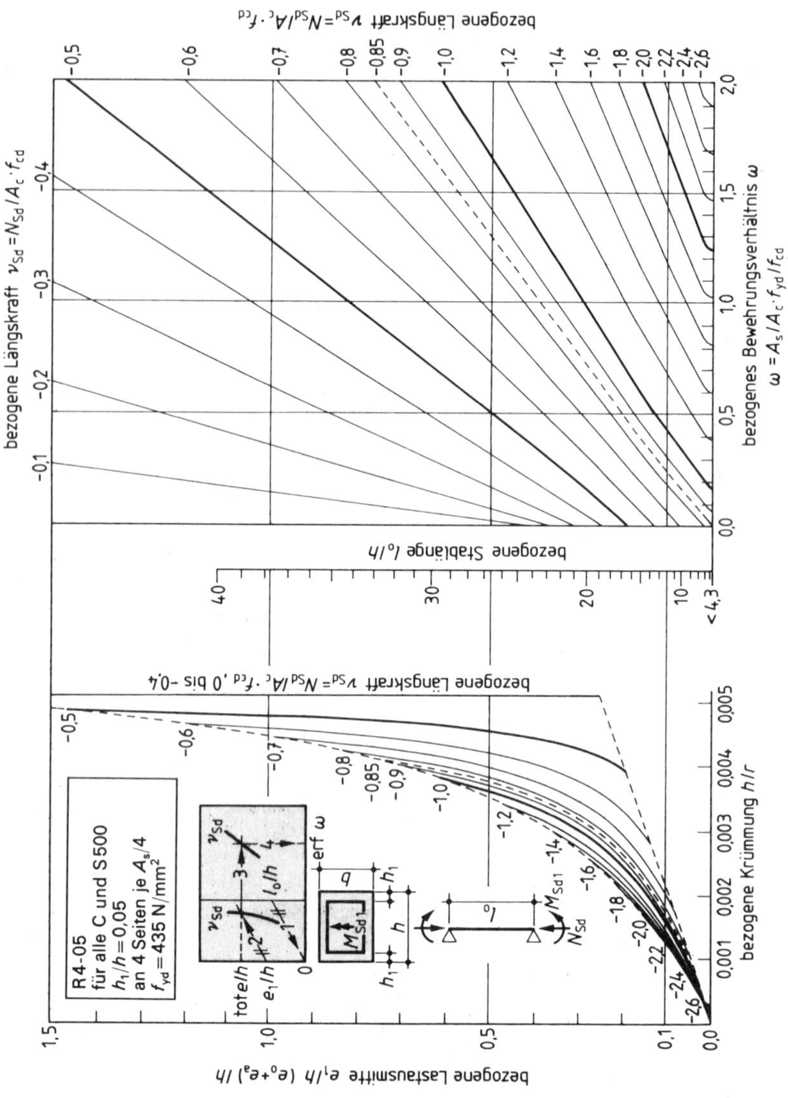

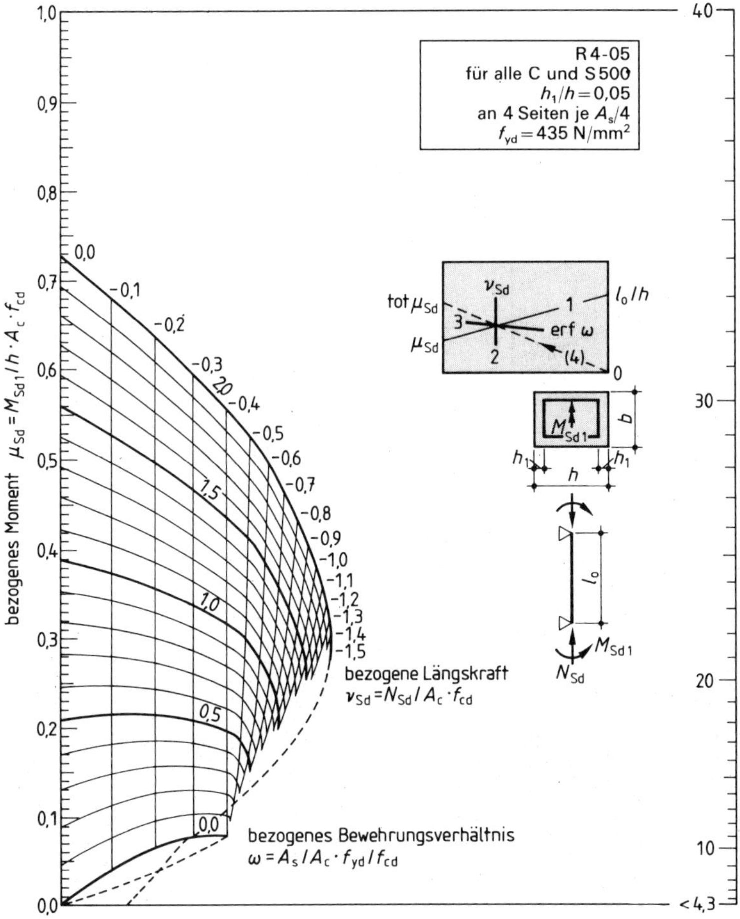
R 4-05
für alle C und S 500
$h_1/h = 0{,}05$
an 4 Seiten je $A_s/4$
$f_{yd} = 435$ N/mm²
bezogenes Moment $\mu_{Sd} = M_{Sd1}/h \cdot A_c \cdot f_{cd}$
bezogene Stablänge l_0/h
bezogene Längskraft
$\nu_{Sd} = N_{Sd}/A_c \cdot f_{cd}$
bezogenes Bewehrungsverhältnis
$\omega = A_s/A_c \cdot f_{yd}/f_{cd}$
tot μ_{Sd}
μ_{Sd}
ν_{Sd}
erf ω
l_0/h
(4)
M_{Sd1}
N_{Sd}
l_0
h_1
h
b
1,0
0,9
0,8
0,7
0,6
0,5
0,4
0,3
0,2
0,1
0,0
40
30
20
10
<4,3
-0,1
-0,2
-0,3
-0,4
-0,5
-0,6
-0,7
-0,8
-0,9
-1,0
-1,1
-1,2
-1,3
-1,4
-1,5
2,0
1,5
1,0
0,5

BT8f *e*/*h*-Diagramm und μ-Nomogramm
R4-10
$h_1/h = 0{,}10$

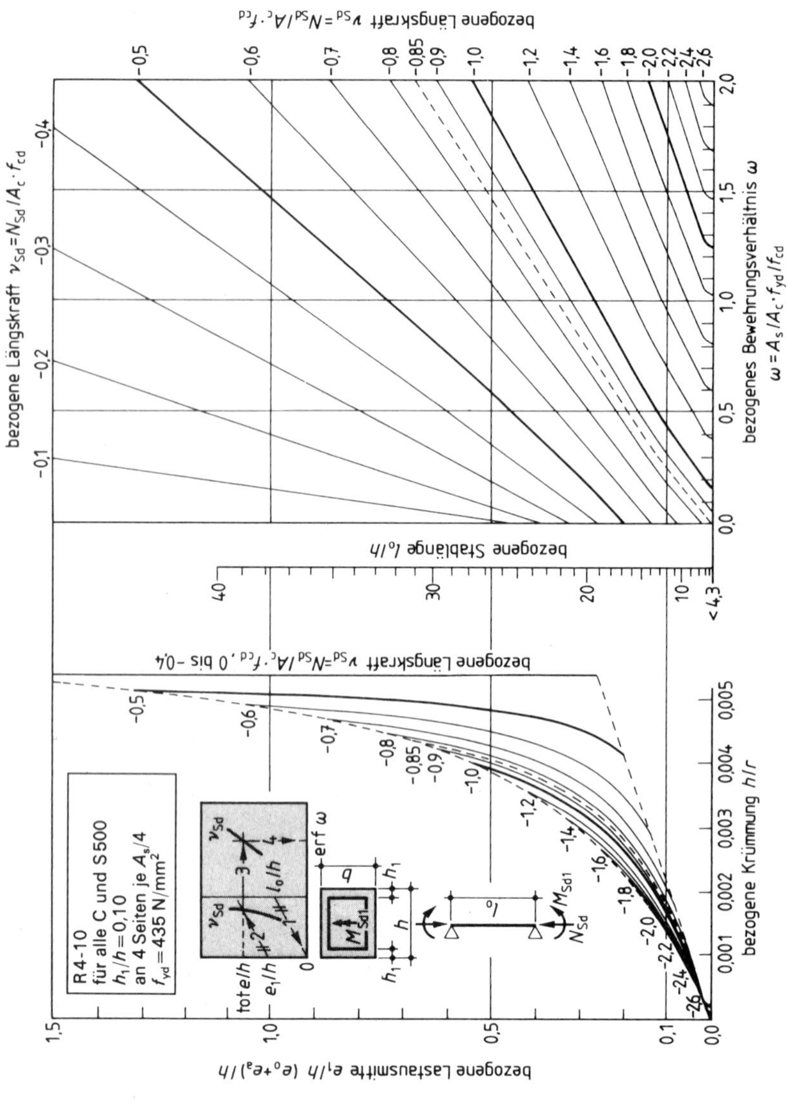

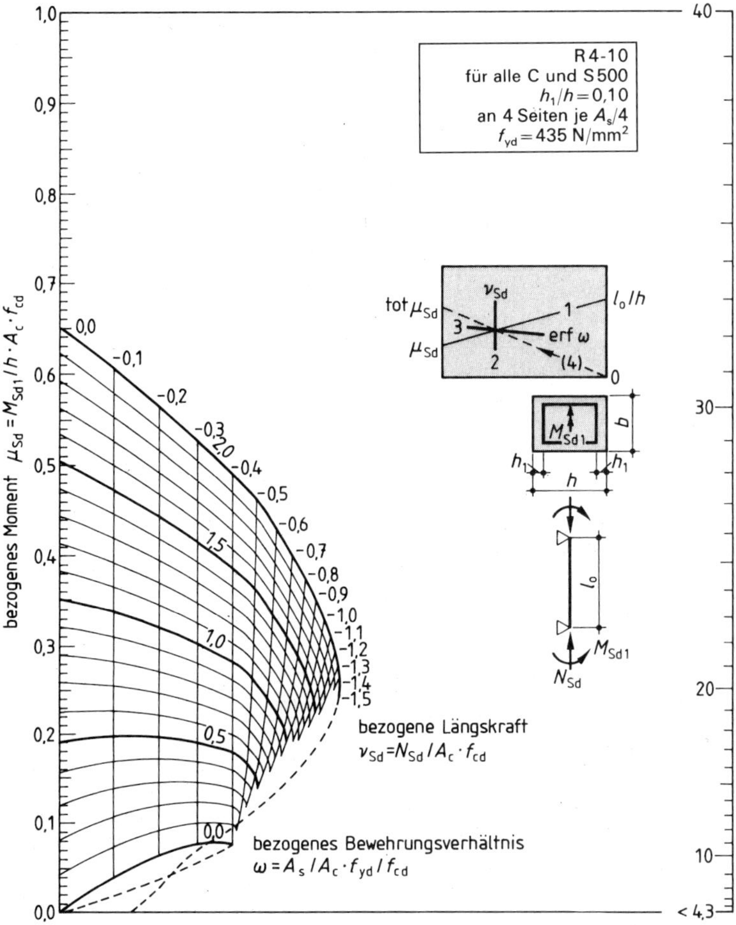
R4-10
für alle C und S500
$h_1/h = 0,10$
an 4 Seiten je $A_s/4$
$f_{yd} = 435$ N/mm²
bezogenes Moment $\mu_{Sd} = M_{Sd1}/h \cdot A_c \cdot f_{cd}$
bezogene Stablänge l_0/h
bezogene Längskraft
$\nu_{Sd} = N_{Sd}/A_c \cdot f_{cd}$
bezogenes Bewehrungsverhältnis
$\omega = A_s/A_c \cdot f_{yd}/f_{cd}$
tot μ_{Sd}
μ_{Sd}
ν_{Sd}
erf ω
l_0/h
M_{Sd1}
N_{Sd}
l_0
h_1
h
b
1,0
0,9
0,8
0,7
0,6
0,5
0,4
0,3
0,2
0,1
0,0
40
30
20
10
< 4,3
0,0
-0,1
-0,2
-0,3
-0,4
-0,5
-0,6
-0,7
-0,8
-0,9
-1,0
-1,1
-1,2
-1,3
-1,4
-1,5
2,0
1,5
1,0
0,5
0,0

BT8g ***e/h*-Diagramm und *μ*-Nomogramm**
R 4-15
$h_1/h = 0,15$

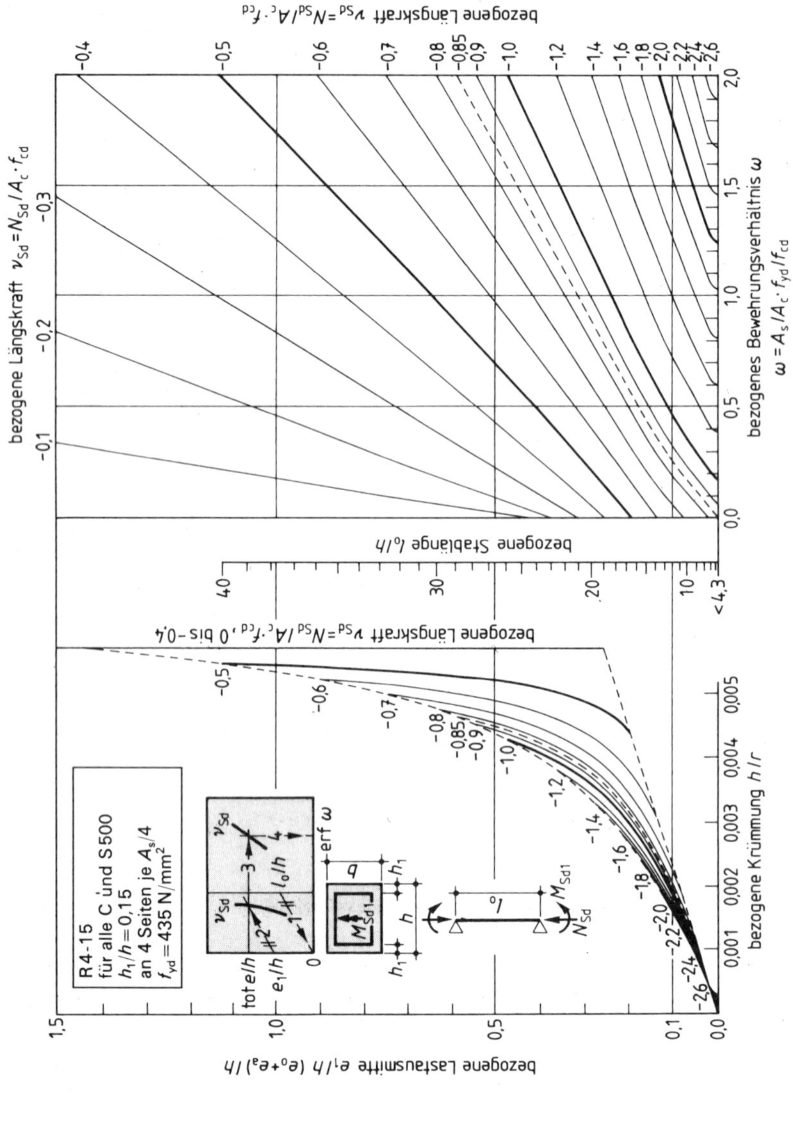

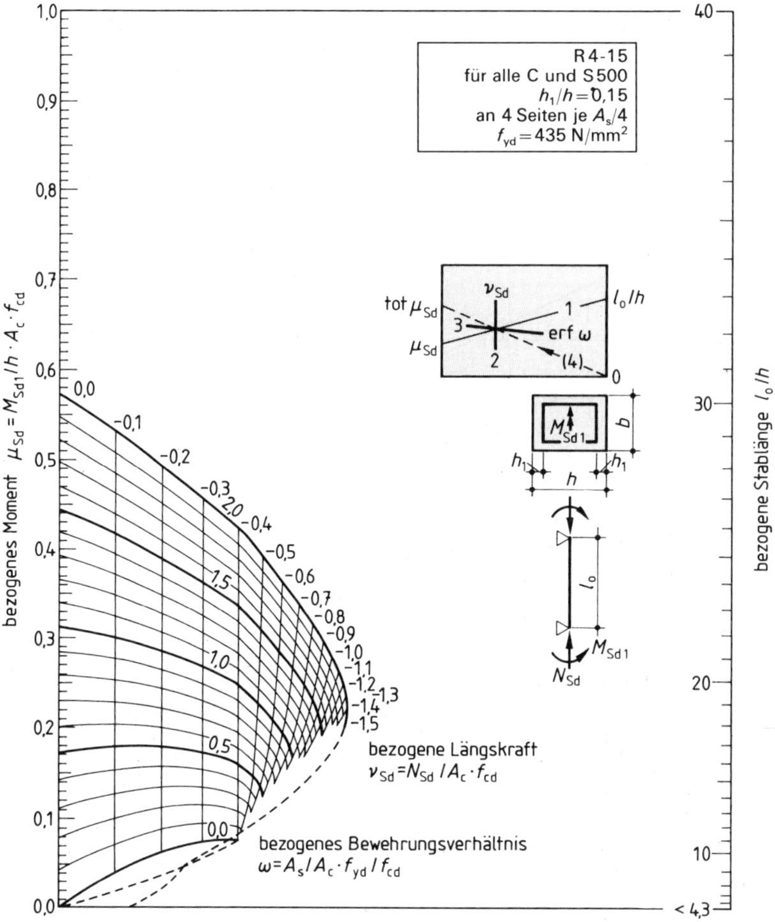
R4-15
für alle C und S500
$h_1/h = 0,15$
an 4 Seiten je $A_s/4$
$f_{yd} = 435$ N/mm²
bezogenes Moment $\mu_{Sd} = M_{Sd1}/h \cdot A_c \cdot f_{cd}$
bezogene Stablänge l_0/h
bezogene Längskraft
$\nu_{Sd} = N_{Sd} / A_c \cdot f_{cd}$
bezogenes Bewehrungsverhältnis
$\omega = A_s / A_c \cdot f_{yd} / f_{cd}$
tot μ_{Sd}
μ_{Sd}
ν_{Sd}
l_0/h
erf ω
M_{Sd1}
N_{Sd}
h_1
h
b
l_0
1,0
0,9
0,8
0,7
0,6
0,5
0,4
0,3
0,2
0,1
0,0
40
30
20
10
< 4,3

BT8h *e*/*h*-Diagramm und *μ*-Nomogramm
R4-20
$h_1/h = 0{,}20$

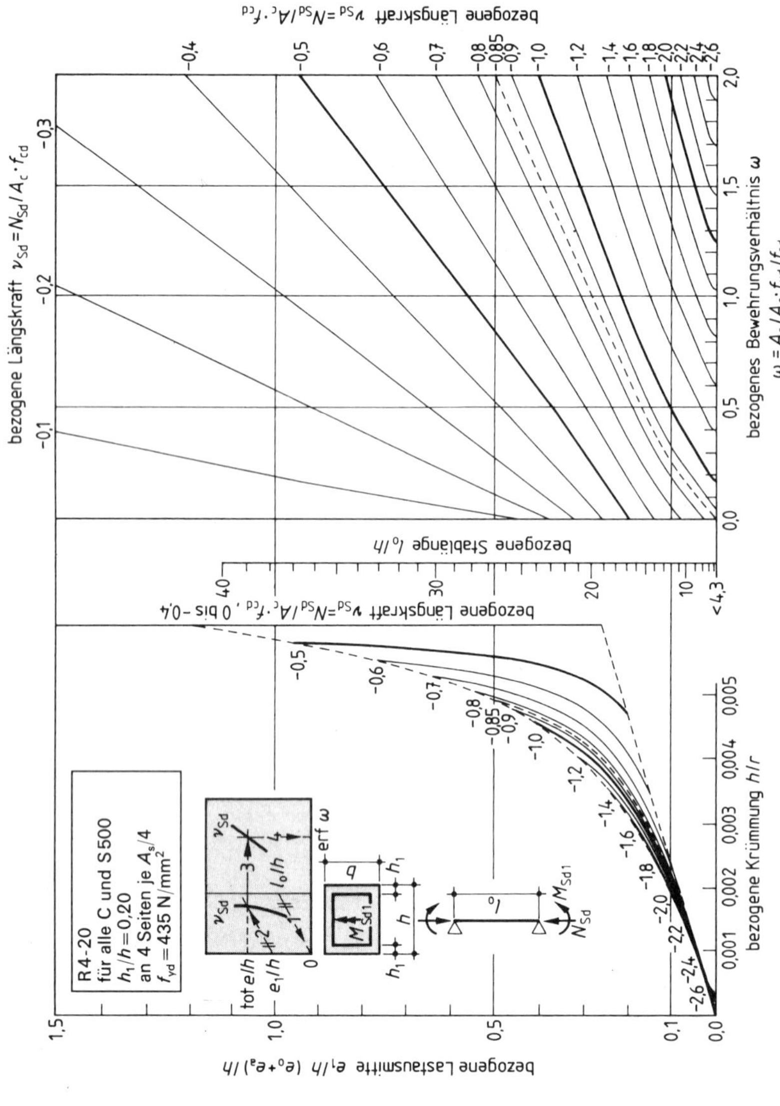

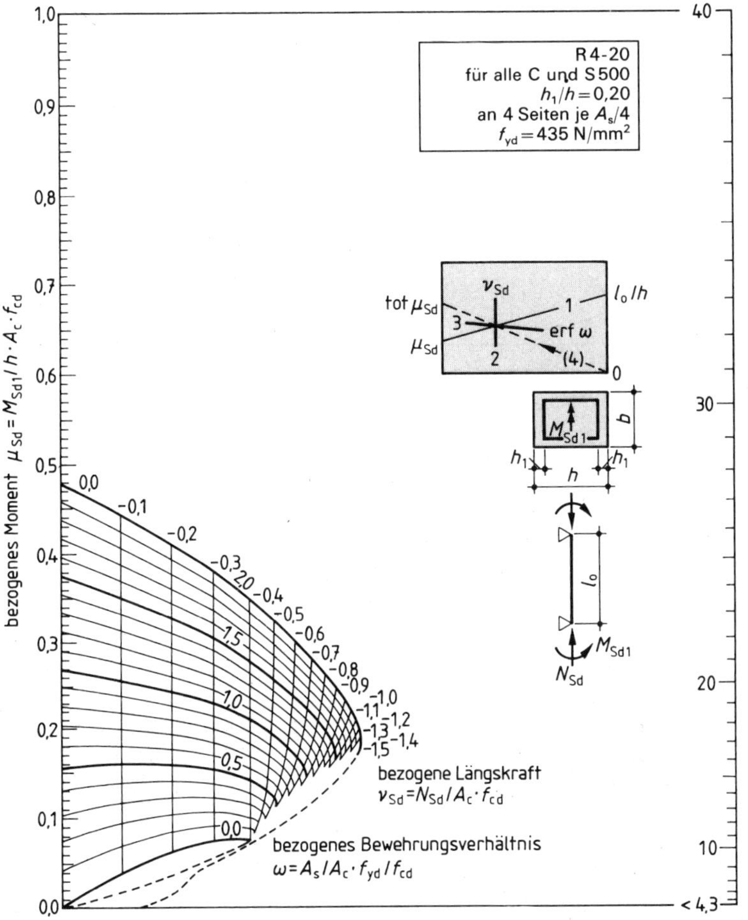
R 4-20
für alle C und S 500
$h_1/h = 0{,}20$
an 4 Seiten je $A_s/4$
$f_{yd} = 435$ N/mm²
bezogenes Moment $\mu_{Sd} = M_{Sd1}/h \cdot A_c \cdot f_{cd}$
bezogene Stablänge l_0/h
tot μ_{Sd}
μ_{Sd}
ν_{Sd}
erf ω
(4)
l_0/h
bezogene Längskraft
$\nu_{Sd} = N_{Sd}/A_c \cdot f_{cd}$
bezogenes Bewehrungsverhältnis
$\omega = A_s/A_c \cdot f_{yd}/f_{cd}$
M_{Sd1}
N_{Sd}
l_0
< 4,3

BT8i *e*/*h*-Diagramm und μ-Nomogramm
K-05
$h_1/h = 0{,}05$

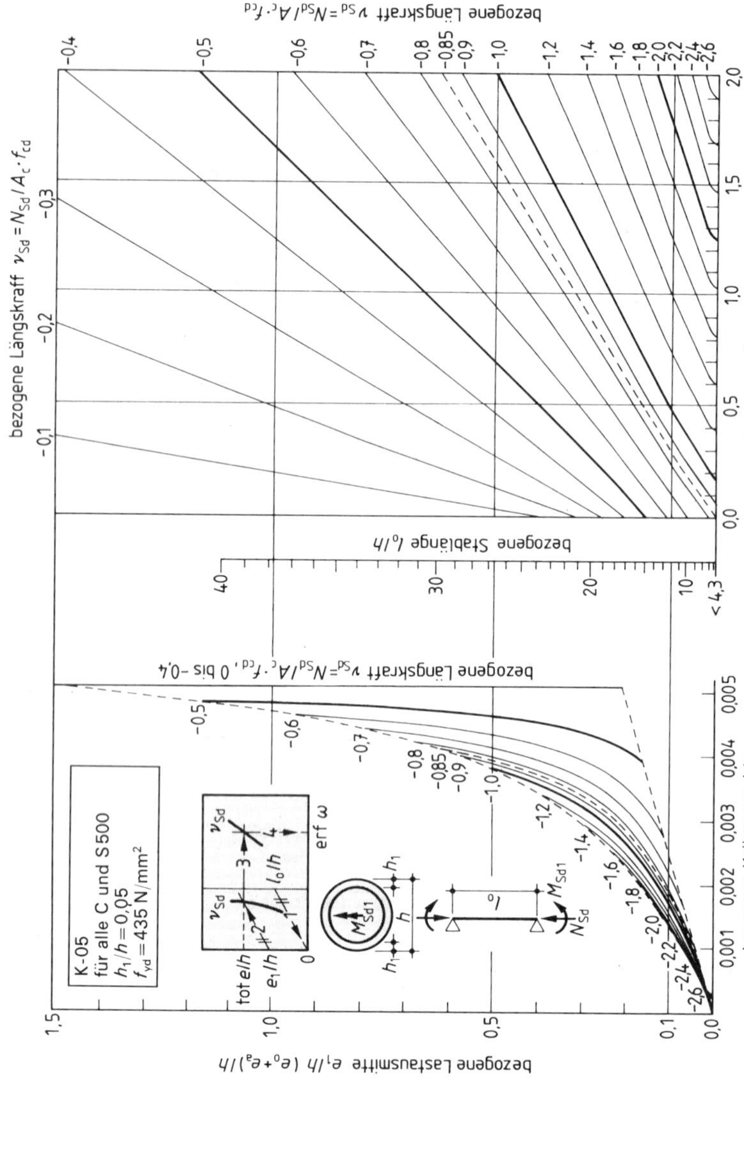

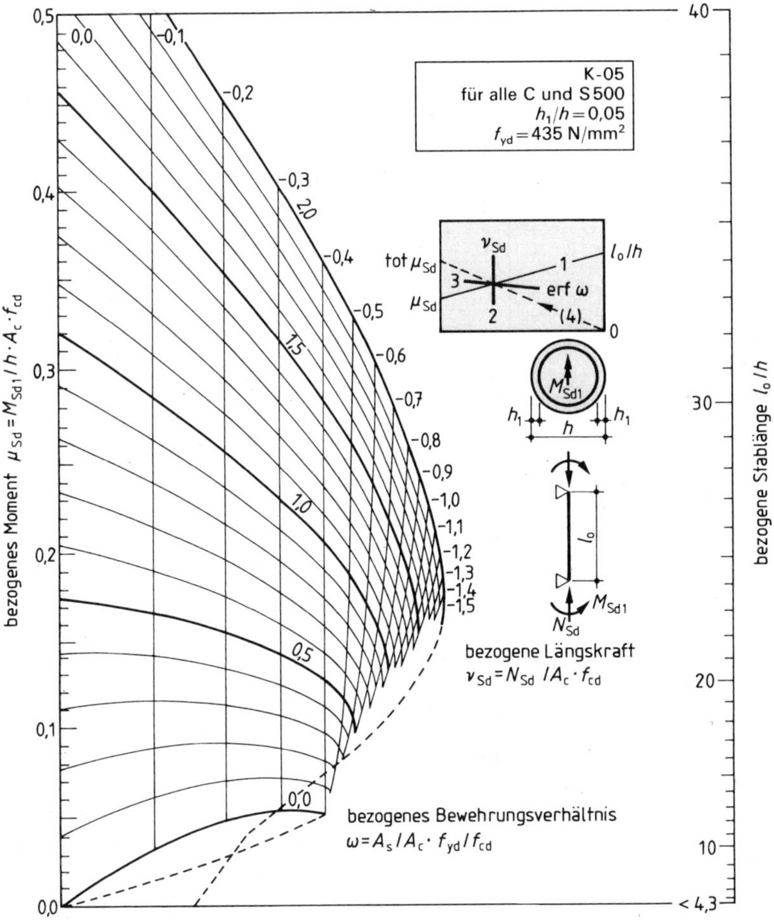
K-05
für alle C und S500
$h_1/h = 0,05$
$f_{yd} = 435$ N/mm²
bezogenes Moment $\mu_{Sd} = M_{Sd1}/h \cdot A_c \cdot f_{cd}$
bezogene Stablänge l_o/h
bezogene Längskraft
$\nu_{Sd} = N_{Sd}/A_c \cdot f_{cd}$
bezogenes Bewehrungsverhältnis
$\omega = A_s/A_c \cdot f_{yd}/f_{cd}$
tot μ_{Sd}
μ_{Sd}
ν_{Sd}
erf ω
l_o/h
M_{Sd1}
N_{Sd}

BT8k ***e*/*h*-Diagramm und *μ*-Nomogramm**
K-10
$h_1/h = 0{,}10$

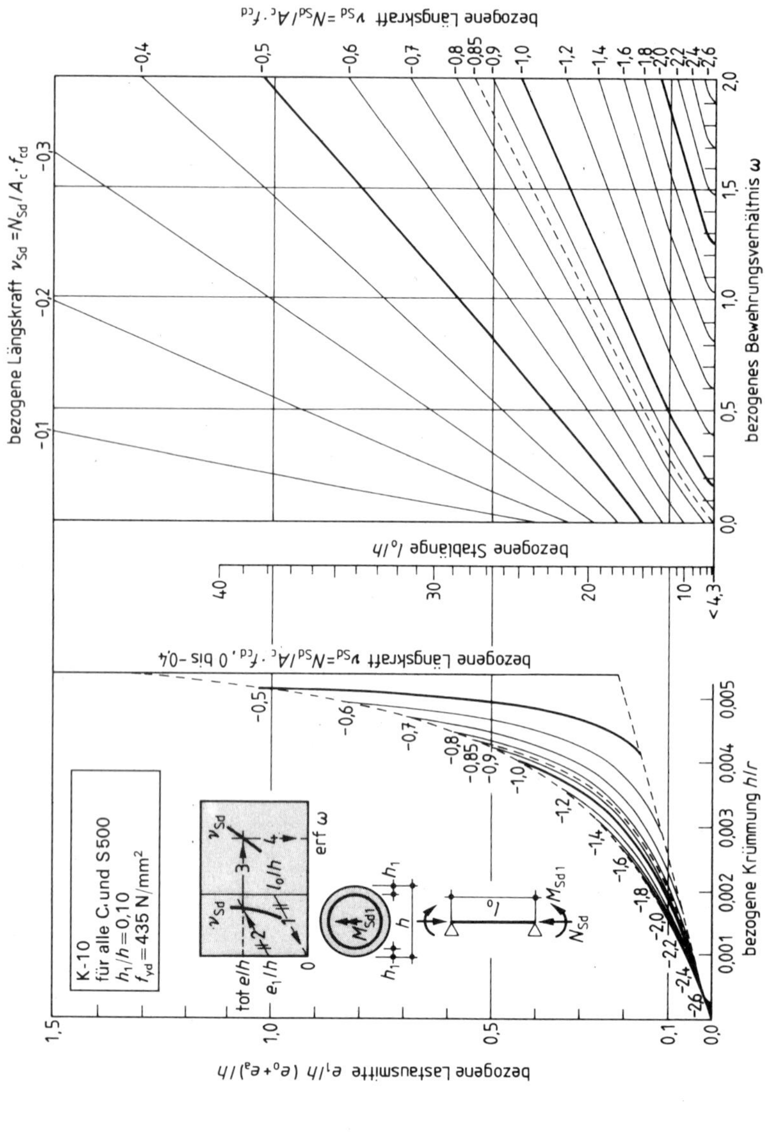

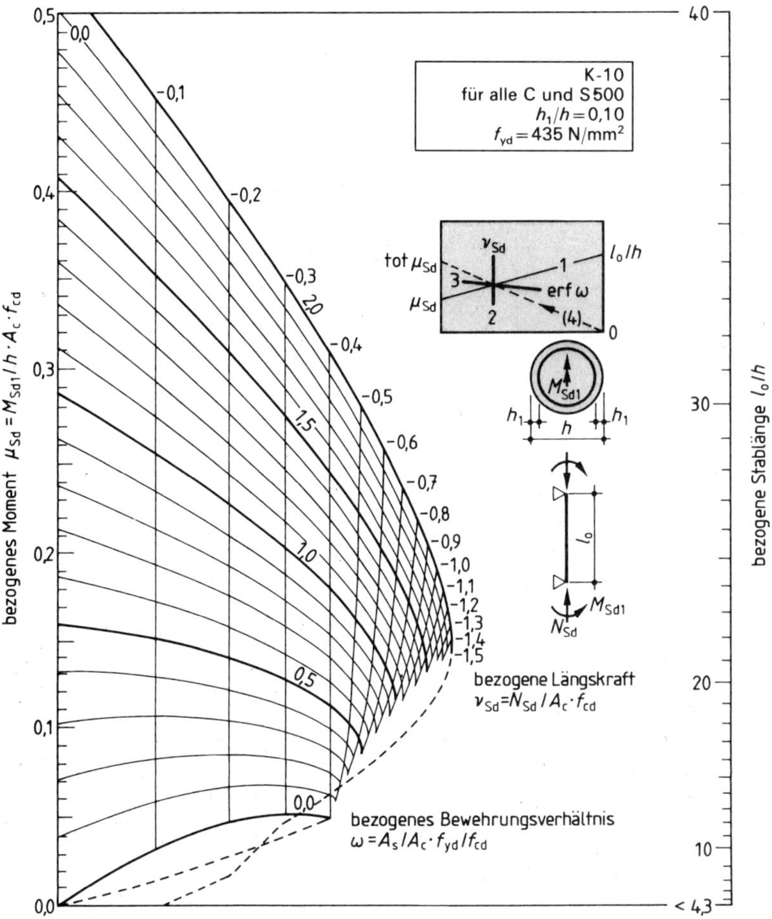
K-10
für alle C und S500
$h_1/h = 0{,}10$
$f_{yd} = 435\ \mathrm{N/mm^2}$
bezogenes Moment $\mu_{Sd} = M_{Sd1}/h \cdot A_c \cdot f_{cd}$
bezogene Stablänge l_0/h
bezogene Längskraft $\nu_{Sd} = N_{Sd}/A_c \cdot f_{cd}$
bezogenes Bewehrungsverhältnis $\omega = A_s/A_c \cdot f_{yd}/f_{cd}$
tot μ_{Sd}
μ_{Sd}
ν_{Sd}
erf ω
l_0/h
M_{Sd1}
N_{Sd}
h_1
h
l_0
0,0
-0,1
-0,2
-0,3
-0,4
-0,5
-0,6
-0,7
-0,8
-0,9
-1,0
-1,1
-1,2
-1,3
-1,4
-1,5
2,0
1,5
1,0
0,5
0,0
0,5
0,4
0,3
0,2
0,1
0,0
40
30
20
10
< 4,3

BT8I ***e/h*-Diagramm und *μ*-Nomogramm**
K-15
$h_1/h = 0{,}15$

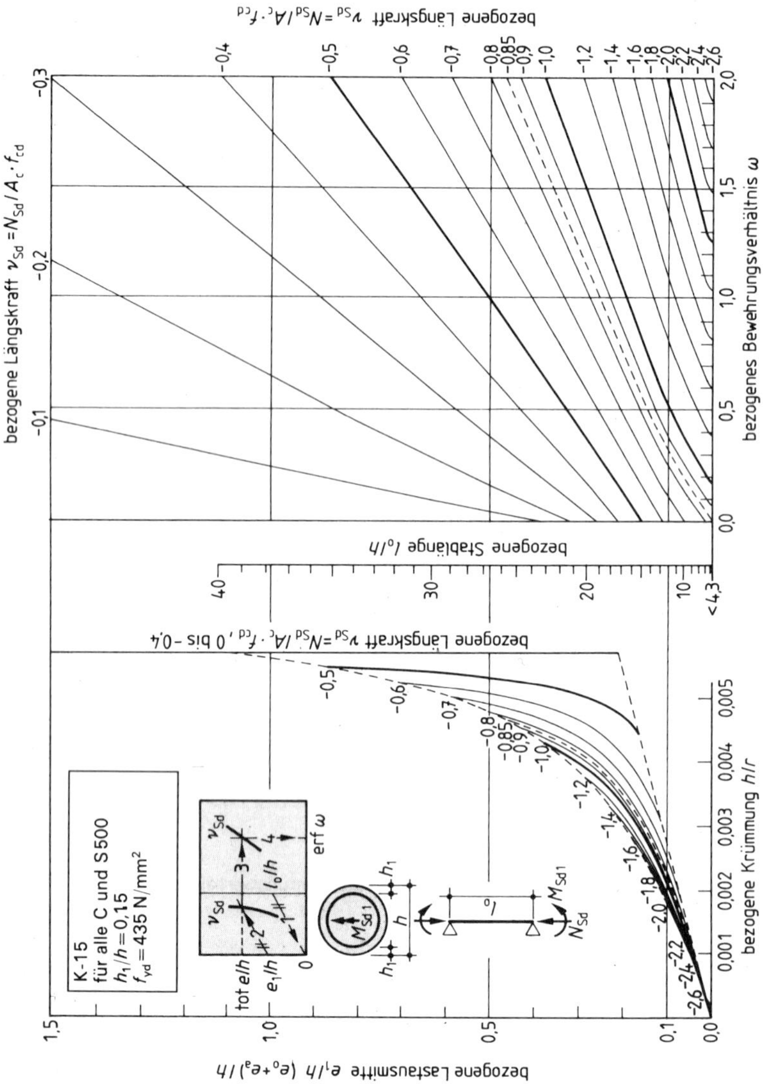

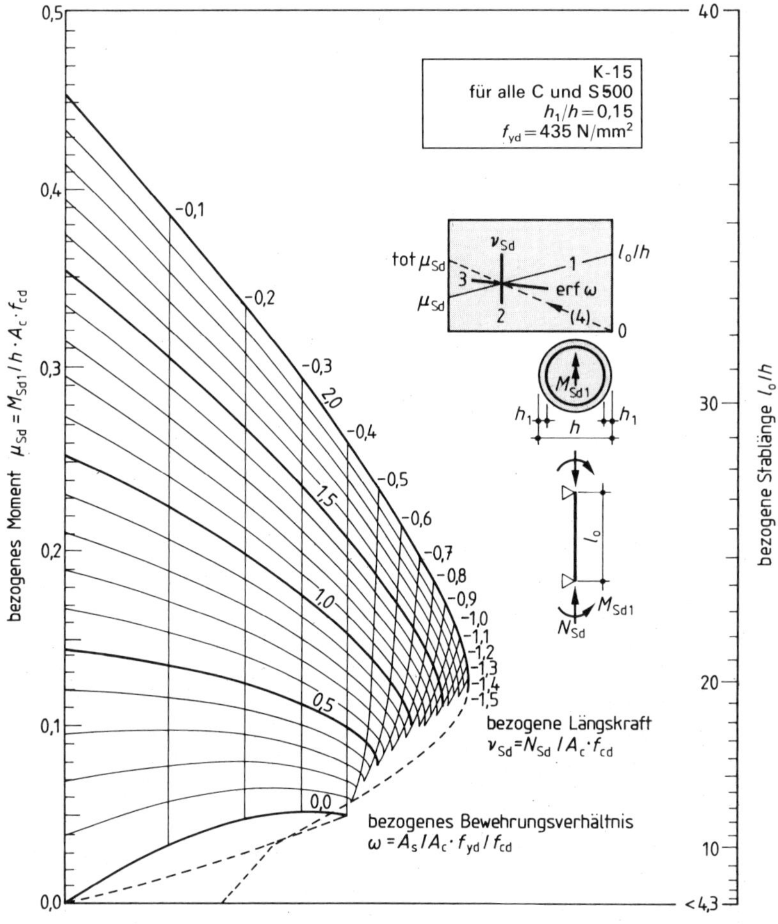
K-15
für alle C und S500
$h_1/h = 0{,}15$
$f_{yd} = 435\ N/mm^2$
bezogenes Moment $\mu_{Sd} = M_{Sd1}/h \cdot A_c \cdot f_{cd}$
bezogene Stablänge l_o/h
bezogene Längskraft $\nu_{Sd} = N_{Sd}/A_c \cdot f_{cd}$
bezogenes Bewehrungsverhältnis $\omega = A_s/A_c \cdot f_{yd}/f_{cd}$
tot μ_{Sd}
μ_{Sd}
ν_{Sd}
erf ω
l_o/h
M_{Sd1}
N_{Sd}
h_1
h
l_o
0,0
0,1
0,2
0,3
0,4
0,5
10
20
30
40
<4,3
-0,1
-0,2
-0,3
-0,4
-0,5
-0,6
-0,7
-0,8
-0,9
-1,0
-1,1
-1,2
-1,3
-1,4
-1,5
0,5
1,0
1,5
2,0

BT8m *e*/*h*-Diagramm und μ-Nomogramm
K-20
$h_1/h = 0{,}20$

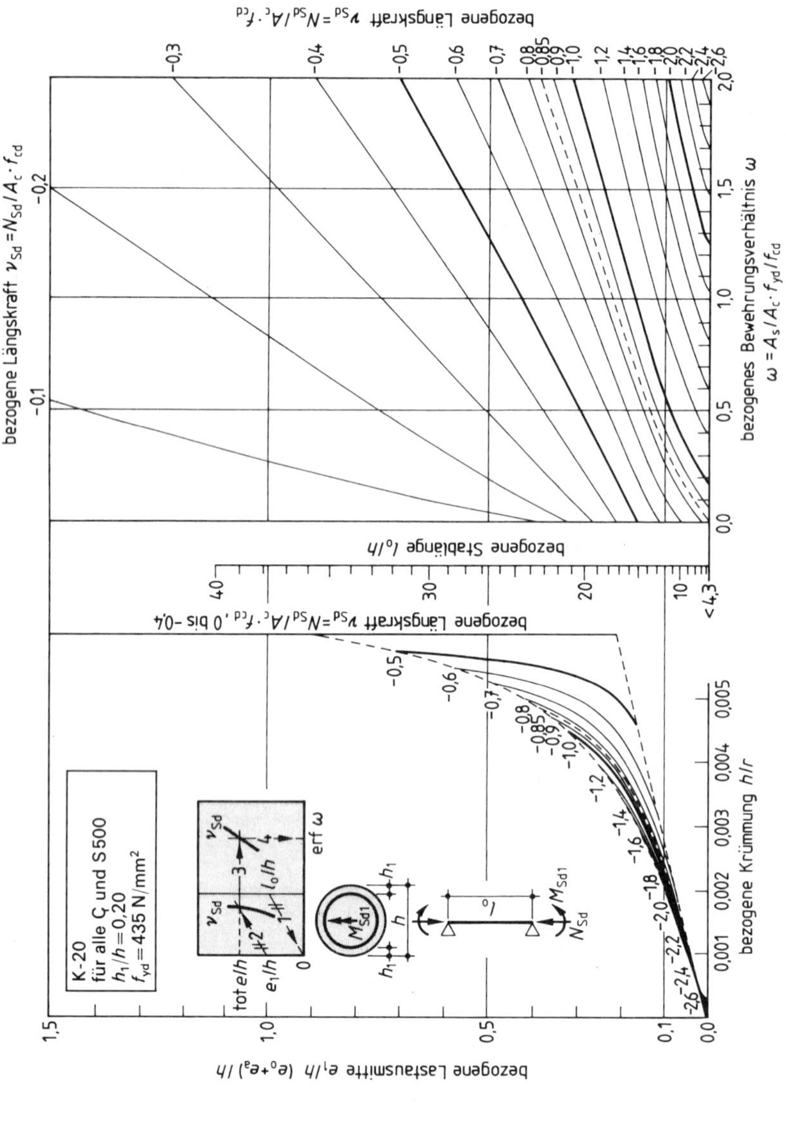

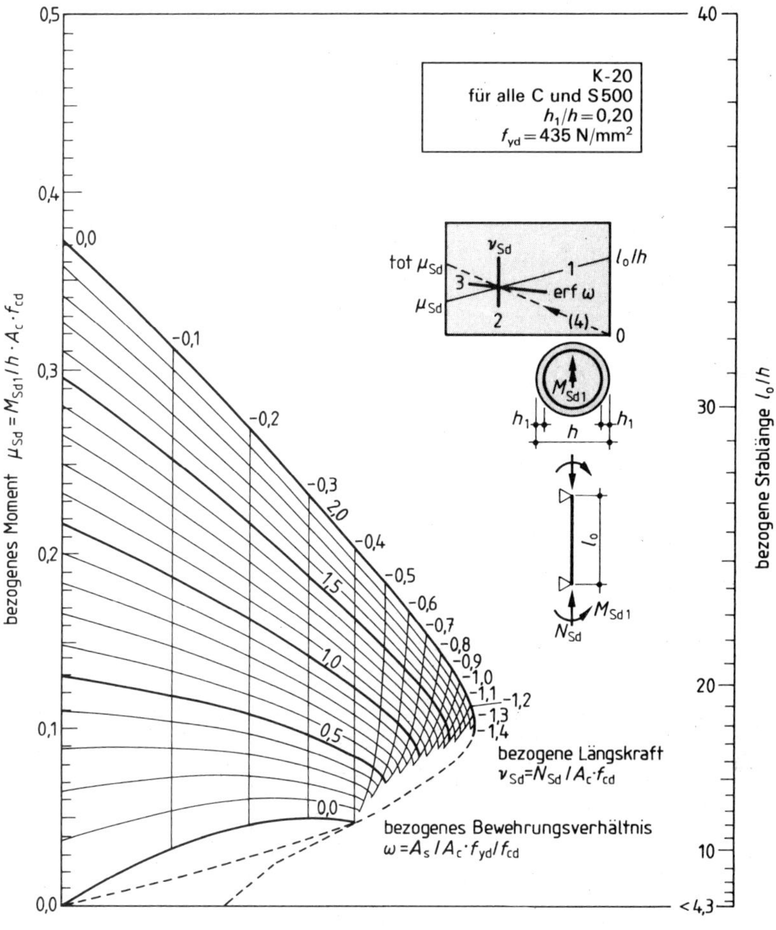
K-20
für alle C und S500
$h_1/h = 0{,}20$
$f_{yd} = 435$ N/mm²
bezogenes Moment $\mu_{Sd} = M_{Sd1}/h \cdot A_c \cdot f_{cd}$
bezogene Stablänge l_0/h
bezogene Längskraft
$\nu_{Sd} = N_{Sd}/A_c \cdot f_{cd}$
bezogenes Bewehrungsverhältnis
$\omega = A_s/A_c \cdot f_{yd}/f_{cd}$
tot μ_{Sd}
μ_{Sd}
ν_{Sd}
erf ω
l_0/h
M_{Sd1}
N_{Sd}
h_1
h
l_0
0,0
0,1
0,2
0,3
0,4
0,5
10
20
30
40
<4,3
-0,1
-0,2
-0,3
-0,4
-0,5
-0,6
-0,7
-0,8
-0,9
-1,0
-1,1
-1,2
-1,3
-1,4
2,0
1,5
1,0
0,5
0,0

Angaben zu Baustahlgeweben, Lager- und -Listenmatten sowie Betonstabstahl für Platten, Balken u. a. m. s. S. 504ff.

Stahlbau

Bearbeitet von Prof. Dr.-Ing. Wolfram Lohse

Inhalt

II

Technische Baubestimmungen

[1]	DIN V ENV 1993-1-1	04.93	Eurocode 3: Bemessung und Konstruktion von Stahlbauten — Allgemeine Bemessungsregeln, Bemessungsregeln für den Hochbau
[1a]	DIN V ENV 1993-1-2	05.97	Eurocode 3: Bemessung und Konstruktion von Stahlbauten — Allgemeine Regeln — Tragwerksbemessung für den Brandfall
[2]	DIN V ENV 1994-1-1	02.94	Eurocode 4: Bemessung und Konstruktion von Verbundtragwerken aus Stahl und Beton — Allgemeine Bemessungsregeln, Bemessungsregeln für den Hochbau
[2a]	DIN V ENV 1994-1-2	06.97	Eurocode 4: Bemessung und Konstruktion von Verbundtragwerken aus Stahl und Beton — Allgemeine Regeln — Tragwerksbemessung für den Brandfall
[3]	DIN 4132	02.81	Kranbahnen, Stahltragwerke, Grundsätze für Berechnung, bauliche Durchbildung und Ausführung
[4]	DIN 15018-1	11.84	Krane; Grundsätze für Stahltragwerke, Berechnung
[5]	DIn 15018-2	11.84	—, Grundsätze für die bauliche Durchbildung
[6]	DIN 18800-1	11.90	Stahlbauten, Bemessung und Konstruktion
[7]	DIN 18800-2	11.90	— Stabilitätsfälle, Knicken von Stäben und Stabwerken
[8]	DIN 18800-3	11.90	—, Stabilitätsfälle, Plattenbeulen
[9]	DIN 18800-4	11.90	—, Stabilitätsfälle, Schalenbeulen
[10]	DIN 18800-7	05.83	—, Herstellen, Eignungsnachweise zum Schweißen

mit Anpassungs- und Herstellungsrichtlinie Stahlbau-korrigierte Ausgabe 08.99

[11]	DIN 18801	09.83	Stahlhochbau; Bemessung, Konstruktion, Herstellung
[12]	DIN 18806-1	03.84	Verbundkonstruktionen, Verbundstützen
[12a]	EDIN 18800-5	01.99	Verbundtragwerke aus Stahl und Beton. Bemessung und Konstruktion
[13]	DIN 18807-1	06.87	Trapezprofile im Hochbau; Stahltrapezprofile, Allg. Anforderungen, Ermittlung der Tragfähigkeitswerte durch Berechnung
[14]	DIN 18807-2	06.87	–, Durchführung und Auswertung von Tragfähigkeitsversuchen
[15]	DIN 18807-3	06.87	–, Festigkeitsnachweis und konstruktive Ausbildung
[16]	DIN 18808	10.84	Stahlbauten, Tragwerke aus Hohlprofilen unter vorwiegend ruhender Beanspruchung
[17]	DIN 18809	09.87	Stählerne Straßen- und Wegbrücken; Bemessung, Konstruktion, Herstellung
[18]	DS 804	07.88	Vorschrift für Eisenbahnbrücken und sonstige Ingenieurbauwerke (VEI)
[19]	DASt-Ri 006	01.80	Überschweißen von Fertigungsbeschichtungen (FB) im Stahlbau
[20]	DASt-Ri 007	11.79	Wetterfeste Baustähle
[21]	DASt-Ri 009	04.73	Empfehlungen zur Wahl der Stahlgütegruppen für geschweißte Stahlbauten
[22]	DASt-Ri 014	01.81	Empfehlungen zum Vermeiden von Terrassenbrüchen in geschweißten Konstruktionen aus Baustahl
[23]	DASt-Ri 016	06.88	Bemessung und konstruktive Gestaltung von Tragwerken aus dünnwandigen kaltgeformten Bauteilen
[24]	DASt-Ri 103	11.93	Nationales Anwendungsdokument (NAD) – Richtlinie zur Anwendung von DIN V ENV 1993 Teil 1-1 (Eurocode 3)
[25]	DASt-Ri 104	02.94	Nationales Anwendungsdokument (NAD) – Richtlinie zur Anwendung von DIN V ENV 1994 Teil 1-1 (Eurocode 4)
[26]	DStV/DASt		Typisierte Verbindungen im Stahlhochbau. Köln 1984
[27]	Richtlinien für die Bemessung und Ausführung von Stahlverbundträgern (3.81) mit ergänzenden Bestimmungen, 1984 und 1991		
[28]	VDI 2388	07.95	Krane in Gebäuden – Planungsgrundlagen

[3], [6] – [11], [13] – [16] mit Anpassungs- und Herstellungsrichtlinie Stahlbau-korrigierte Ausgabe 08. 99

Weiterführende Literatur

[29] *v. Berg, D.*: Krane und Kranbahnen, 2. Aufl. Stuttgart: B. G. Teubner 1989

[30] *Klöppel/Scheer* und *Klöppel/Möller*. Beulwerte ausgesteifter Rechteckplatten. Band I und II, Berlin – München: Wilhelm Ernst & Sohn

[31] *Lindner, J.* und *Greguli, T.*: Drehbettungswerte für Dachdeckungen mit untergelegter Wärmedämmung. Stahlbau **58** (1989)

[32] *Lindner, J.* und *Habermann, W.*: Zur Weiterentwicklung des Beulnachweises für Platten bei mehrachsiger Beanspruchung. Stahlbau 1988 und 1989

[33] *Oberegge, O./Hockelmann, H. P.*: Bemessungshilfen für profilorientiertes Konstruieren, 3. Aufl. Köln: Stahlbau-Verlagsges. mbH 1997

[34] *Oxfort, J.*: Zur Biegebeanspruchung des Stegblechanschlusses infolge exzentrischer Radlasten auf dem Obergurt von Kranbahnträgern. Der Stahlbau **50** (1981)

[35] *Petersen, Ch.*: Statik und Stabilität der Baukonstruktionen. Braunschweig 1982

[36] *Protte, W.*: Zum Scheiben- und Beulproblem längsversteifter Stegblechfelder bei örtlicher Lasteinleitung und bei Belastung aus Haupttragwirkung. Der Stahlbau **45** (1976)

[37] *Rose, G.*: Ein Beitrag zur Berechnung von Kranbahnen. Der Stahlbau **27** (1958)

[38] *Rubin, H.*: Interaktionsbeziehungen zw. Biegemoment, Quer- und Normalkraft für einfachsymmetrische I- und Kasten-Querschnitte bei Biegung um die starke und für doppeltsymmetrische I-Querschnitte bei Biegung um die schwache Achse. Der Stahlbau **47** (1978)

[39] *Rubin, H.*: Näherungsweise Bestimmung der Knicklängen und Knicklasten von Rahmen nach DIN 18800 Teil 2. Stahlbau **58** (1989)

[40] *Siebert, G.*: Biegesteife Stirnplattenverbindungen nach DSTV – Berechnung nach alter und neuer Norm, Stahlbau **64** (1995)

[41] *Thiele, A./Lohse, W.*: Stahlbau Teil 1, 23. Aufl. Stuttgart: B. G. Teubner 1997

[42] *Thiele, A./Lohse, W.*: Stahlbau Teil 2, 19. Aufl. Stuttgart: B. G. Teubner 2000

[43] *Heil, W.*: Stabilisierung von biegedrillknickgefährdeten Trägern durch Trapezbleche. Stahlbau **63** (1994)

[44] *Stahlbaukalender 1999:* 1. Jahrg. Berlin: Ernst & Sohn

Formelzeichen

a) Schnittgrößen und Spannungen

N	Normalkraft, als Zug positiv
M_y, M_z	Biegemomente
M_x	Torsionsmoment
V_y, V_z	Querkräfte
σ	Normalspannung
$\Delta\sigma$	Spannungsschwingbreite
τ	Schubspannung
f_y	Streckgrenze
f_u	Zugfestigkeit
μ	Reibungszahl
ψ	Verhältnis von Spannungen oder Schnittgrößen

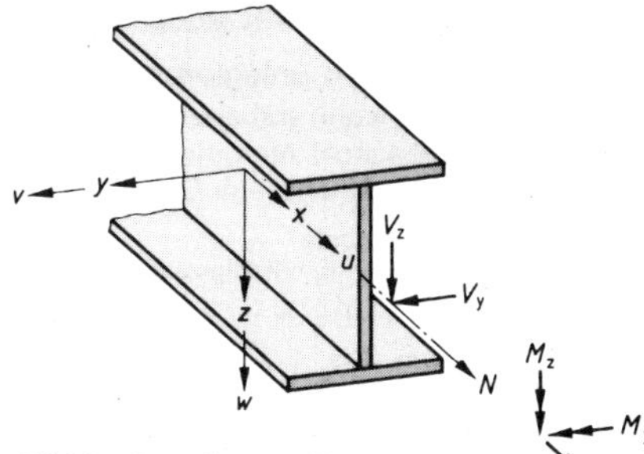

Bild 1 Koordinaten, Verschiebungs- und Schnittgrößen

b) Querschnittsgrößen

A	Querschnittsfläche
A_{Steg}	Stegfläche (zwischen den Gurtschwerlinien)
S	Statisches Moment
I	Flächenmoment 2. Grades
$i=\sqrt{I/A}$	Trägheitsradius
I_T	Torsionsflächenmoment 2. Grades (St. Venantscher Torsionswiderstand)
I_ω	Wölbflächenmoment 2. Grades (Wölbwiderstand)
W	elastisches Widerstandsmoment
N_{pl}	Normalkraft im vollplastischen Zustand
M_{pl}	Biegemoment im vollplastischen Zustand
M_{el}	Biegemoment, bei dem die Spannung σ_x an der ungünstigsten Stelle des Querschnitts f_y erreicht
$\alpha_{pl}=M_{pl}/M_{el}$	plastischer Formbeiwert (1)
V_{pl}	Querkraft im vollplastischen Zustand
d_L	Lochdurchmesser
d_{Sch}	Schaftdurchmesser
Δd	Nennlochspiel
A_{Sch}	Schaftquerschnitt einer Schraube
A_{Sp}	Spannungsquerschnitt einer Schraube
a	rechnerische Schweißnahtdicke

c) Systemgrößen

l	Systemlänge eines Stabes	
$N_{Ki}=\pi^2\cdot E\cdot I/(\beta_K\cdot l)^2$	Normalkraft unter der kleinsten Verzweigungslast nach Elastizitätstheorie, Druck positiv	
$s_K=\beta_K\cdot l=\pi\cdot\sqrt{(E\cdot I)/N_{Ki}}$	zu N_{Ki} gehörende Knicklänge eines Stabes; β_K s. Abschn. 4.4	(2)
$\lambda_K=s_K/i$	Schlankheitsgrad	(3)
$\lambda_a=\pi\cdot\sqrt{E/f_{y,k}}$	Bezugsschlankheitsgrad $\lambda_a=92{,}9$ für St37 (S235) mit $f_{y,k}=240$ N/mm² $\lambda_a=75{,}9$ für St52 (S355) mit $f_{y,k}=360$ N/mm²	(4)
$\bar{\lambda}_K=\lambda_K/\lambda_a=\sqrt{N_{pl}/N_{Ki}}$	bezogener Schlankheitsgrad bei Druckbeanspruchung	(5)
$\varkappa$	Abminderungsfaktor nach den Europäischen Knickspannungslinien	
$\varepsilon=l\cdot\sqrt{N/(E\cdot I)_d}$	Stabkennzahl	(6)
$\eta_{Ki}=N_{Ki,d}/N$	Verzweigungslastfaktor des Systems	(7)
$M_{Ki,y}$	Biegedrillknickmoment nach der Elastizitätstheorie bei Wirkung von M_y ohne N	
$\bar{\lambda}_M=\sqrt{M_{pl,y}/M_{Ki,y}}$	bezogener Schlankheitsgrad bei Biegemomentenbeanspruchung	(8)
$\varkappa_M$	Abminderungsfaktor für das Biegedrillknicken	

Anmerkung: Für Zähler und Nenner in den Gln. (2), (5) und (8) sind einheitlich entweder deren charakteristische Werte oder aber ihre Bemessungswerte einzusetzen.

d) Einwirkungen, Widerstandsgrößen, Sicherheitselemente

F	Einwirkung (allg. Formelzeichen; engl.: **F**orce)
G	ständige Einwirkung
Q	veränderliche Einwirkung
F_A	außergewöhnliche Einwirkung
F_E	Erddruck
M	Widerstandsgröße (allg. Formelzeichen)
γ_F	Teilsicherheitsbeiwert für die Einwirkungen
γ_M	Teilsicherheitsbeiwert für die Widerstandsgrößen
ψ	Kombinationsbeiwert für Einwirkungen
S_d	Beanspruchung (allg. Formelzeichen; engl.: **S**tress)
R_d	Beanspruchbarkeit (allg. Formelzeichen; engl. **R**esistance)

e) Indizes

k	ch(k)arakteristischer Wert einer Größe
d	Bemessungswert einer Größe (engl.: **d**esign)
P	Platte
R, d	Beanspruchbarkeit
S, d	Beanspruchung
w	Schweißen (engl.: **w**eld)
b	Schrauben, Niete, Bolzen (engl.: **b**olt)
a	Stahl (**a**cier)
K	Knicken

11

1 Werkstoffe, charakteristische Werte, Walzprofile

Bezeichnungssystem unlegierter Stähle für den Stahlbau

Die Bezeichnung kann auf zwei Arten erfolgen:

a) Nach der Werkstoff-Nummer gem. DIN EN 10027-2, z.B. 1.0116

b) Mit dem Kurznamen nach DIN EN 10027-1 (9.92) und DIN V 17006-100:

Beispiel

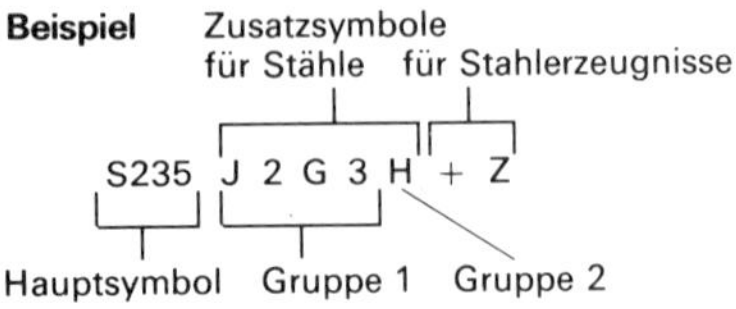

Beispiele für die Bedeutung der *Hauptsymbole*:

S = Stähle für den allg. Stahlbau, gefolgt von dem Mindeststreckgrenzenwert in N/mm²

B = Betonstähle mit charakt. Streckgrenzenwert in N/mm²

Tafel 1 Zusatzsymbole Gruppe 1 für Nenndicken $10 < t \leqq 150$ mm (Auszug)

Prüftemperatur in °C		+20	0	−20	−30	−40	−50	−60
Kerbschlagarbeit, min	27 J	JR	JO	J2	J3	J4	J5	J6
	40 J	KR	KO	K2	K3	K4	K5	K6

Der Angabe der Kerbschlagarbeit folgt ggf. eine zusätzliche Gütekennzeichnung G, evtl. mit 1 oder 2 Ziffern, mit der die Vergießungsart beschrieben wird.

Zusatzsymbole der Gruppe 2 werden erforderlichenfalls an die Gruppe 1 angehängt.

Beispiele C = mit besonderer Kaltumformbarkeit, H = für Hohlprofile
L = für niedrige Temperatur, W = wetterfest

Zusatzsymbole für Stahlerzeugnisse s. Normblätter.

Tafel 2 Bezeichnung der Stähle, Auswahl

Stähle nach DIN EN	Bezeichnung der Stahlsorten			
	neu nach		früher nach	
	EN 10027-1 (9.92)	EN 10027-2 (9.92)	DIN 17100	EN 10025:1990
10025 (3.94)	S235JR S235JRG1 S235JRG2 S235JO S235J2G3	1.0037 1.0036 1.0038 1.0114 1.0116	St 37-2 USt 37-2 RSt 37-2 St 37-3 U St 37-3 N	Fe 360 B Fe 360 BFU Fe 360 BFN Fe 360 C Fe 360 D1
	S275JR S275JO S275J2G3	1.0044 1.0143 1.0144	St 44-2 St 44-3 U St 44-3 N	Fe 430 B Fe 430 C Fe 430 D1
	S355JO S355J2G3	1.0553 1.0570	St 52-3 U St 52-3 N	Fe 510 C Fe 510 D1
10155 (8.93)	S235J2W S355J2G1W	1.8961 1.8963	WTSt 37-3 WTSt 52-3	Fe 360 D KI Fe 519 D2 KI
10113-2 (4.93)	S355N S355NL	1.0545 1.0546	StE 355 TStE 355	FeE 355 KGN FeE 355 KTN

Tafel 3 Charakteristische Werte für Werkstoffe von Kopf- und Gewindebolzen nach DIN 18800-1 [6] Tab. 4

	Bolzen	Streckgrenze $f_{y,b,k}$ in N/mm²	Zugfestigkeit $f_{u,b,k}$ in N/mm²
1	nach DIN 32500-1, Festigkeitsklasse 4.8	320	400
2	nach DIN 32500-3 mit der chemischen Zusammensetzung des S235J2G3 nach DIN EN 10025	350	450

Bei den Bolzen-Werkstoffen S235JR, S235J2G3, S355J2G3 gelten für $f_{y,b,k}$ und $f_{u,b,k}$ die Werte aus Tafel 4, Zeilen 1 bis 4; dabei entspricht t dem Bolzendurchmesser d.

Tafel 4 Charakteristische Werte für Walzstahl und Stahlguß nach DIN 18800-1 [6] Tab. 1

	Stahl		Erzeugnisdicke t mm	Streckgrenze $f_{y,k}$ N/mm²	Zugfestigkeit $f_{u,k}$ N/mm²	Hertzsche Pressung $\sigma_{H,k}$ N/mm²	E-Modul E N/mm²	Schubmodul G N/mm²	Temperaturdehnzahl α_T K^{-1}
1	Baustahl	S235	$t \leq 40$	240[1]	360[1] [2]	800	210000	81000	$12 \cdot 10^{-6}$
2			$40 < t \leq 100$	215					
3		S275	$t \leq 40$	275	410				
4			$40 < t \leq 80$	255					
5		S355	$t \leq 40$	360[1]	510[1] [2]				
6			$40 < t \leq 80$	335					
7	Feinkornbaustahl	S275N u. NL	$t \leq 40$	275	370				
8			$40 < t \leq 80$	255					
9		S355N u. NL	$t \leq 40$	360[1]	510[1]	1000			
10			$40 < t \leq 80$	335					
11	Vergütungsstahl	C35 + N	$t \leq 16$	300	550	950			
12			$16 < t \leq 100$	270	520				
13		C45 + N	$t \leq 16$	340	620				
14			$16 < t \leq 100$	305	580				
15	Gußwerkstoffe	GS200 + N	$t \leq 100$	200	380				
16		GS240 + N		240	450				
17		G17Mn5 + QT	$t \leq 50$						
18		G20Mn5 + QT	$t \leq 100$	300	500				
19		GJS400 – 15	$t \leq 60$	250	390		169000	46000	$12{,}5 \cdot 10^{-6}$
20		GJS400 – 18 – LT		230					
21		GJS400 – 18 – RT		250					

Bedingungen für die Verwendung anderer Stahlsorten s. Normblatt!
Zur Auswahl der Stahlgütegruppen s. Tafel 56 bis 58 und [22]

Tafel 5 Mechanische Eigenschaften der Flach- und Langerzeugnisse[1]
Auszug aus DIN EN 10025 (3.94) und DIN EN 10113-2 (4.93)

Stahlsorte Kurzname nach EN 10027-1	Desoxidationsart[2]	Stahlart[3]	Streckgrenze R_{eH} in N/mm², min. für Nenndicken ≤ 16	> 16 ≤ 40	> 40 ≤ 63	> 63 ≤ 80	> 80 ≤ 100	Zugfestigkeit R_m N/mm²	Bruchdehnung %, min. für Nenndicke ≥ 3 ≤ 40	> 40 ≤ 63	> 63 ≤ 100
S235JR	freig.	BS	235	225	–	–	–	340 bis 470	26 (24)	25 (23)	24 (22)
S235JRG2 S235J2G3	FN FF	BS QS	235	225	215	215	215				
S275JR S275J2G3	FN FF	BS QS	275	265	255	245	235	410 bis 560	22 (20)	21 (19)	20 (18)
S355J2G3	FF	QS	355	345	335	325	315	490 bis 630			
S355N[4] S355NL[4]	GF	QS						470 bis 630	22		

1) Für Nenndicken $t < 3$ mm und $t > 100$ mm s. Normblätter, Kerbschlagarbeit s. Norm
2) FU Unberuhigter Stahl, FN Unberuhigter Stahl nicht zulässig, FF Vollberuhigter Stahl, GF Vollberuhigter Stahl mit ausreichendem Gehalt an Elementen zur Bindung des Stickstoffs und mit feinkörnigem Gefüge.
3) BS Grundstahl, QS Qualitätsstahl
4) Normalgeglühte/normalisierend gewalzte (N), schweißgeeignete Feinkornbaustähle.

Warmgewalzte schmale I-Träger

I-Reihe nach DIN 1025-1 (5.95)

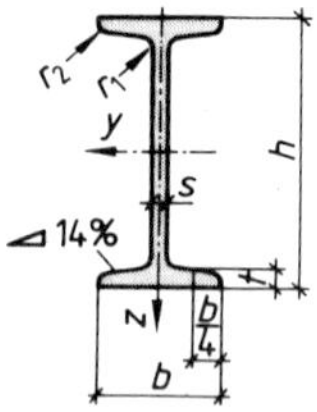

Bezeichnung eines warmgewalzten I-Trägers aus einem Stahl mit dem Kurznamen S235JR bzw. der Werkstoffnummer 1.0037 nach DIN EN 10025 mit dem Kurzzeichen I360:

I-Profil DIN 1025 – S235JR – I360 oder
I-Profil DIN 1025 – 1.0037 – I360

Kurzzeichen[1]	Maße[2]) in mm					[3])	[3])	für Biegung um die[4]) y-Achse			z-Achse		
	h	b	$s=r_1$	t	r_2	A	G	I_y	W_y	i_y	I_z	W_z	i_z = min i
I						cm²	kg/m	cm⁴	cm³	cm	cm⁴	cm³	cm
80	80	42	3,9	5,9	2,3	**7,57**	5,94	77,8	**19,5**	3,20	6,29	3,00	**0,91**
100	100	50	4,5	6,8	2,7	**10,6**	8,34	171	**34,2**	4,01	12,2	4,88	**1,07**
120	120	58	5,1	7,7	3,1	**14,2**	11,1	328	**54,7**	4,81	21,5	7,41	**1,23**
140	140	66	5,7	8,6	3,4	**18,2**	14,3	573	**81,9**	5,61	35,2	10,7	**1,40**
160	160	74	6,3	9,5	3,8	**22,8**	17,9	935	**117**	6,40	54,7	14,8	**1,55**
180	180	82	6,9	10,4	4,1	**27,9**	21,9	1450	**161**	7,20	81,3	19,8	**1,71**
200	200	90	7,5	11,3	4,5	**33,4**	26,2	2140	**214**	8,00	117	26,0	**1,87**
220	220	98	8,1	12,2	4,9	39,5	31,1	3060	278	8,80	162	33,1	2,02
240	240	106	8,7	13,1	5,2	**46,1**	36,2	4250	**354**	9,59	221	41,7	**2,20**
260	260	113	9,4	14,1	5,6	**53,3**	41,9	5740	**442**	10,4	288	51,0	**2,32**
280	280	119	10,1	15,2	6,1	61,0	47,9	7590	542	11,1	364	61,2	2,45
300	300	125	10,8	16,2	6,5	**69,0**	54,2	9800	**653**	11,9	451	72,2	**2,56**
320	320	131	11,5	17,3	6,9	77,7	61,0	12510	782	12,7	555	84,7	2,67
340	340	137	12,2	18,3	7,3	**86,7**	68,0	15700	**923**	13,5	674	98,4	**2,80**
360	360	143	13,0	19,5	7,8	**97,0**	76,1	19610	**1090**	14,2	818	114	**2,90**
380	380	149	13,7	20,5	8,2	107	84,0	24010	1260	15,0	975	131	3,02
400	400	155	14,4	21,6	8,6	**118**	92,4	29210	**1460**	15,7	1160	149	**313**
450	450	170	16,2	24,3	9,7	**147**	115	45850	**2040**	17,7	1730	203	**3,43**
500	500	185	18,0	27,0	10,8	**179**	141	68740	**2750**	19,6	2480	268	**3,72**
550	550	200	19,0	30,0	11,9	212	166	99180	3610	21,6	3490	349	4,02

Fett gedruckte Profile sind zur bevorzugten Verwendung empfohlen (DStV-Profilliste).

[1]) Kurzzeichen nach DIN 1353-2
[2]) Zul. Abweichungen s. DIN 1025-1.
[3]) A Querschnitt, G Masse ($\gamma = 7{,}85$ kg/dm³).
[4]) I Flächenmoment 2. Grades, W elastisches Widerstandsmoment, i Trägkeitshalbmesser, jeweils für die Bezugsachsen y, z.
[5]) S_y = Flächenmoment 1. Grades des halben Querschnitts um die y-Achse. $W_{pl,y} = 2\,S_y$ plastisches Widerstandsmoment für die y-Achse.
[6]) $s_y = I_y/S_y$ = Abstand der Druck- und Zugmittelpunkte.
[7]) S_f = Flächenmoment 1. Grades des Trägerflansches (einschl. Ausrundung) um die y-Achse.
[8]) A_{Steg} = Stegfläche zwischen den Flanschmitten zur näherungsweisen Berechnung der Schubspannung τ infolge Querkraft V_z. Bei kursiv gedruckten Werten ist $A_{Flansch}/A_{Steg} \leqq 0{,}6$ und es ist τ erforderlichenfalls genauer nachzuweisen.
[9]) i_{zg} = Trägheitsradius eines Flansches einschl. 1/5 der Stegfläche nach DIN 18800-2, Abschn. 3.3.3.

Werkstoff vorzugsweise aus Stahlsorten nach DIN EN 10025; er ist in der Bezeichnung anzugeben.

Die gewünschte Nennlänge ist bei Bestellung anzugeben. Die Profile werden mit folgenden Grenzabmaßen von der bestellten Länge geliefert:

a) ±50 mm

oder, auf Vereinbarung

b) $^{+100}_{\ \ 0}$ mm

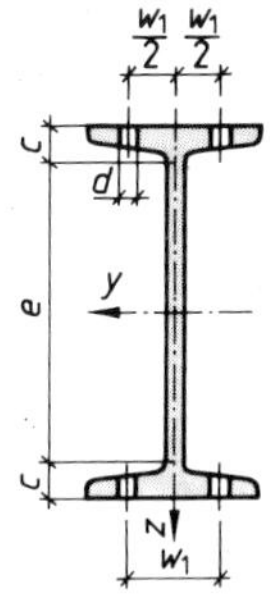

5) $S_y = \frac{1}{2} W_{pl,y}$ cm³	6) s_y cm	7) S_f cm³	8) A_{Steg} cm²	9) i_{zg} cm	10) I_T cm⁴	11) $\frac{I_\omega}{1000}$ cm⁶	12) U m²/m	Maße nach DIN 997 in mm Größt-∅ d	Anreißmaß 13) w_1	c	e	Kurzzeichen I
11,4	6,84	9,65	2,89	1,02	0,869	0,0875	0,304	6,4	22	10,5	59	**80**
19,9	8,57	16,6	4,19	1,21	1,60	0,268	0,370	6,4	28	12,5	75	**100**
31,8	10,3	26,3	5,73	1,39	2,71	0,685	0,439	8,4	32	14	92	**120**
47,7	12,0	39,1	7,49	1,58	4,32	1,54	0,502	11	34	15,5	109	**140**
68,0	13,7	55,5	9,48	1,76	6,57	3,14	0,575	11	40	17,5	125	**160**
93,4	15,5	75,8	11,7	1,95	9,58	5,92	0,640	13+)	44	19	142	**180**
125	17,2	101	14,2	2,14	13,5	10,52	0,709	13	48	20,5	159	**200**
162	18,9	130	16,8	2,31	18,6	17,76	0,775	13	52	22	176	220
206	20,6	165	19,7	2,51	25,0	28,73	0,844	17 | 13	56	24	192	**240**
257	22,3	205	23,1	2,66	33,5	44,07	0,906	17	60	26	208	**260**
316	24,0	251	26,7	2,81	44,2	64,58	0,966	17	60	27,5	225	280
381	25,7	302	30,7	2,94	56,8	91,85	1,03	21 | 17	64	29,5	241	**300**
457	27,4	361	34,8	3,08	72,5	128,8	1,09	21 | 17	70	31	258	320
540	29,1	425	39,2	3,22	90,4	176,3	1,15	21	74	33	274	**340**
638	30,7	500	44,3	3,36	115	240,1	1,21	23 | 21	76	35	290	**360**
741	32,4	579	49,3	3,50	141	318,7	1,27	23 | 21	82	37	306	380
857	34,1	668	54,5	3,64	170	419,6	1,33	23	86	38,5	323	**400**
1200	38,3	929	69,0	3,99	267	791,1	1,48	25 | 23	94	43,5	363	**450**
1620	42,4	1250	85,1	4,33	402	1403	1,63	28	100	48	404	**500**
2120	46,81	1640	98,8	4,71	544	2389	1,80	28	110	52,5	445	550

10) Torsionsflächenmoment 2. Grades (St. Venantscher Torsionswiderstand)

$$I_T = 2\left[\frac{1}{3} b t^3 \left(1 - 0{,}63\frac{t}{b}\right)\right] + \frac{1}{3}(h-2t)\,s^3 + 2\alpha D^4$$

mit D = Durchmesser des zwischen den Rundungen und der Flanschaußenkante einbeschriebenen Kreises und $\alpha = (0{,}145 + 0{,}1\ r/t) \cdot s/t$.

11) I_ω = Wölbflächenmoment 2. Grades (Wölbwiderstand).

12) U = Mantelfläche (Anstrichfläche) für 1 m Stablänge.

13) Für Niete und Schrauben von kleinerem als dem Größtdurchmesser können die gleichen Anreißmaße verwendet werden. Bei 2 Werten gilt für HV-Verbindungen der kleinere d.

+) Genormte Schrauben für HV-Verbindungen sind hier nicht anwendbar.

Bemerkung Die Angaben entsprechend den Fußnoten 7 bis 11 sind nicht genormt.

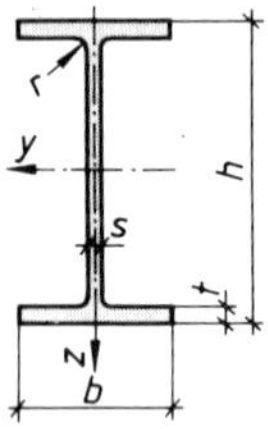

Warmgewalzte mittelbreite I-Träger

IPE-Reihe nach DIN 1025-5 (3.94).

Diese Reihe entspricht der Euronorm 19 – 57.

Bezeichnung eines I-Trägers aus einem Stahl mit dem Kurznamen S235JR nach DIN EN 10025 mit dem Kurzzeichen IPE 360:

I-Profil DIN 1025 – S235JR – IPE 360

Kurzzeichen	Maße in mm							für Biegung um die					
								y-Achse			z-Achse		
	h	b	s	t	r	A	G	I_y	W_y	i_y	I_z	W_z	i_z = min i
IPE						cm^2	kg/m	cm^4	cm^3	cm	cm^4	cm^3	cm
80	80	46	3,8	5,2	5	7,64	6,00	80,1	20,0	3,24	8,49	3,69	1,05
100	100	55	4,1	5,7	7	10,3	8,10	171	34,2	4,07	15,9	5,79	1,24
120	120	64	4,4	6,3	7	**13,2**	10,4	318	**53,0**	4,90	27,7	8,65	**1,45**
140	140	73	4,7	6,9	7	**16,4**	12,9	541	**77,3**	5,74	44,9	12,3	**1,65**
160	160	82	5,0	7,4	9	**20,1**	15,8	869	**109**	6,58	68,3	16,7	**1,84**
180	180	91	5,3	8,0	9	**23,9**	18,8	1320	**146**	7,42	101	22,2	**2,05**
200	200	100	5,6	8,5	12	**28,5**	22,4	1940	**194**	8,26	142	28,5	**2,24**
220	220	110	5,9	9,2	12	33,4	26,2	2770	252	9,11	205	37,3	2,48
240	240	120	6,2	9,8	15	**39,1**	30,7	3890	**324**	9,97	284	47,3	**2,69**
270	270	135	6,6	10,2	15	**45,9**	36,1	5790	**429**	11,2	420	62,2	**3,02**
300	300	150	7,1	10,7	15	**53,8**	42,2	8360	**557**	12,5	604	80,5	**3,35**
330	330	160	7,5	11,5	18	**62,6**	49,1	11770	**713**	13,7	788	98,5	**3,55**
360	360	170	8,0	12,7	18	**72,7**	57,1	16270	**904**	15,0	1040	123	**3,79**
400	400	180	8,6	13,5	21	**84,5**	66,3	23130	**1160**	16,5	1320	146	**3,95**
450	450	190	9,4	14,6	21	**98,8**	77,6	33740	**1500**	18,5	1680	176	**4,12**
500	500	200	10,2	16,0	21	**116**	90,7	48200	**1930**	20,4	2140	214	**4,31**
550	550	210	11,1	17,2	24	134	106	67120	2440	22,3	2670	254	4,45
600	600	220	12,0	19,0	24	**156**	122	92080	**3070**	24,3	3390	308	**4,66**
IPEo IPEv	**Mittelbreite I-Träger (nicht genormt)**												
180o	182	92	6,0	9,0	9	**27,1**	21,3	1510	**165**	7,45	117	25,5	**2,08**
200o	202	102	6,2	9,5	12	**32,0**	25,1	2210	**219**	8,32	169	33,1	**2,30**
220o	222	112	6,6	10,2	12	37,4	29,4	3130	282	9,16	240	42,8	2,53
240o	242	122	7,0	10,8	15	**43,7**	34,3	4370	**361**	10,0	329	53,9	**2,74**
270o	274	136	7,5	12,2	15	**53,8**	42,3	6950	**507**	11,4	514	75,5	**3,09**
300o	304	152	8,0	12,7	15	**62,8**	49,3	9990	**658**	12,6	746	98,1	**3,45**
330o	334	162	8,5	13,5	18	**72,6**	57,0	13910	**833**	13,8	960	119	**3,64**
360o	364	172	9,2	14,7	18	**84,1**	66,0	19050	**1050**	15,1	1250	146	**3,86**
400o	404	182	9,7	15,5	21	**96,4**	75,7	26750	**1320**	16,7	1560	172	**4,03**
400v	408	182	10,6	17,5	21	**107**	84,0	30140	**1480**	16,8	1770	194	**4,06**
450o	456	192	11,0	17,6	21	**118**	92,4	40920	**1790**	18,7	2090	217	**4,21**
450v	460	194	12,4	19,6	21	**132**	104	46200	**2010**	18,7	2400	247	**4,26**
500o	506	202	12,0	19,0	21	**137**	107	57780	**2280**	20,6	2620	260	**4,38**
500v	514	204	14,2	23,0	21	**164**	129	70720	**2750**	20,8	3270	321	**4,46**
550o	556	212	12,7	20,2	24	156	123	79160	2850	22,5	3220	304	4,55
550v	566	216	17,1	25,2	24	202	159	102300	3620	22,5	4260	395	4,59
600o	610	224	15,0	24,0	24	**197**	154	118300	**3880**	24,5	4520	404	**4,79**
600v	618	228	18,0	28,0	24	**234**	184	141600	**4580**	24,6	5570	489	**4,88**

Fett gedruckte Profile sind zur bevorzugten Anwendung empfohlen (DStV-Profilliste).

Werkstoff vorzugsweise aus Stahlsorten nach DIN EN 10025; er ist in der Bezeichnung anzugeben.

Die gewünschte Nennlänge ist bei Bestellung anzugeben. Die Profile werden mit folgenden Grenzabmaßen von der bestellten Länge geliefert:

a) ±50 mm oder

b) $^{+100}_{\ \ 0}$ mm, wenn bestimmte Mindestlängen gefordert werden.

Anmerkungen sinngemäß wie auf S. 680/681.

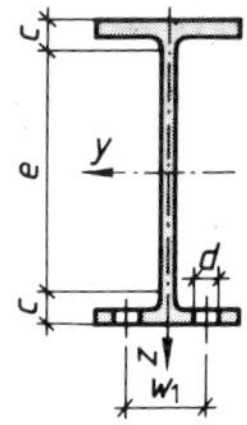

$S_y = \frac{1}{2} W_{pl,y}$ cm³	s_y cm	S_f cm³	A_{Steg} cm²	i_{zg} cm	I_T cm⁴	$\frac{I_\omega}{1000}$ cm⁶	U m²/m	Maße nach DIN 997 in mm: Größt-Ø d[1])	Anreißmaß w_1	c	e	Kurzzeichen IPE
11,6	6,90	9,92	2,84	1,18	0,698	0,118	0,328	6,4	26	10,5	59	80
19,7	8,68	16,9	3,87	1,40	1,20	0,351	0,400	8,4	30	13	74	100
30,4	10,5	25,6	5,00	1,63	1,74	0,890	0,475	8,4	36	13,5	93	**120**
44,2	12,3	36,8	6,26	1,87	2,45	1,98	0,551	11	40	14	112	**140**
61,9	14,0	51,8	7,63	2,08	3,60	3,96	0,623	13⁺)	44	16,5	127	**160**
83,2	15,8	69,1	9,12	2,32	4,79	7,43	0,698	13	50	17	146	**180**
110	17,6	92,6	10,7	2,52	6,98	12,99	0,768	13	56	20,5	159	**200**
143	19,4	119	12,4	2,79	9,07	22,67	0,848	17	60	21,5	177	220
183	21,2	155	14,3	3,03	12,9	37,39	0,922	17	68	25	190	**240**
242	23,9	202	17,1	3,41	15,9	70,58	1,04	21 | 17	72	25,5	219	**270**
314	26,6	259	20,5	3,79	20,1	125,9	1,16	23	80	26	248	**300**
402	29,3	333	23,9	4,02	28,1	199,1	1,25	25 | 23	86	29,5	271	**330**
510	31,9	420	27,8	4,29	37,3	313,6	1,35	25	90	31	298	**360**
654	35,4	536	33,2	4,49	51,1	490,0	1,47	28 | 25	96	34,5	331	**400**
851	39,7	682	40,9	4,72	66,9	791,0	1,61	28	106	36	378	**450**
1100	43,9	866	49,4	4,96	89,3	1249	1,74	28	110	37	426	**500**
1390	48,2	1090	59,1	5,16	123	1884	1,88	28	120	41,5	467	550
1760	52,4	1360	69,7	5,41	165	2846	2,01	28	120	43	514	**600**
Mittelbreite I-Träger (nicht genormt)												**IPEo IPEv**
94,6	15,9	78,6	10,4	2,35	6,76	8,74	0,705	13	50	18	146	**180o**
125	17,7	105	11,9	2,59	9,45	15,57	0,779	13	56	21,5	159	**200o**
161	19,5	135	14,0	2,85	12,3	26,79	0,858	17	62	22,5	177	220o
205	21,3	173	16,2	3,09	17,2	43,68	0,932	17	68	26	190	**240o**
287	24,2	242	19,6	3,47	24,9	87,64	1,051	21 | 17	72	27,5	219	**270o**
372	26,9	310	23,3	3,88	31,1	157,7	1,174	23	80	28	248	**300o**
471	29,5	393	27,2	4,10	42,2	245,7	1,268	25 | 23	86	31,5	271	**330o**
593	32,1	491	32,1	4,36	55,8	380,3	1,367	25	90	33	298	**360o**
751	35,6	618	37,7	4,57	73,1	587,6	1,481	28 | 25	98	36,5	331	**400o**
841	35,8	695	41,4	4,60	99,0	670,3	1,487	28 | 25	98	38,5	331	**400v**
1020	40,0	826	48,2	4,81	109	997,6	1,622	28	106	39	378	**450o**
1150	40,2	928	54,6	4,88	150	1156	1,635	28	106	41	378	**450v**
1310	44,2	1030	58,4	5,04	143	1548	1,760	28	110	40	426	**500o**
1580	44,6	1260	69,7	5,13	243	1961	1,780	28	110	44	426	**500v**
1630	48,5	1280	68,0	5,25	188	2302	1,893	28	120	44,5	467	550o
2100	48,7	1640	92,5	5,34	380	3095	1,921	28	120	49,5	467	550v
2240	52,9	1740	87,9	5,56	318	3860	2,045	28	120	48	514	**600o**
2660	53,2	2070	106	5,66	512	4813	2,071	28	120	52	514	**600v**

[1]) und ⁺) s. S. 681 Fußnoten [13]) und ⁺).

Warmgewalzte breite I-Träger, leichte Ausführung

IPBl-Reihe nach DIN 1025-3 (3.94).

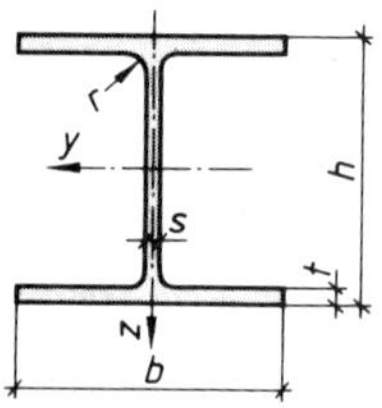

Diese Reihe entspricht der Euronorm 53 – 62 (HE-A).

Träger mit parallelen Flanschflächen, deren Stege und Flansche d ü n n e r und deren Höhen h damit k l e i n e r als die der IPB-Reihe nach DIN 1025-2 sind.

Bezeichnung eines Trägers dieser Reihe aus einem Stahl mit dem Kurznamen S235JR nach DIN EN 10025 mit dem Kurzzeichen IPBl 360:

I-Profil DIN 1025 – S235JR – IPBl 360

Das Kurzzeichen HE 360 A nach Euronorm 53 – 62 entspricht IPBl 360.

Kurzzeichen[1]) **IPBL** **HE-A**	Maße in mm h	b	s	t	r	A cm²	G kg/m	für Biegung um die y-Achse I_y cm⁴	W_y cm³	i_y cm	z-Achse I_z cm⁴	W_z cm³	i_z = min i cm
100	96	100	5	8	12	**21,2**	16,7	349	**72,8**	4,06	134	26,8	**2,51**
120	114	120	5	8	12	**25,3**	19,9	606	**106**	4,89	231	38,5	**3,02**
140	133	140	5,5	8,5	12	**31,4**	24,7	1030	**155**	5,73	389	55,6	**3,52**
160	152	160	6	9	15	**38,8**	30,4	1670	**220**	6,57	616	76,9	**3,98**
180	171	180	6	9,5	15	**45,3**	35,5	2510	**294**	7,45	925	103	**4,52**
200	190	200	6,5	10	18	**53,8**	42,3	3690	**389**	8,28	1340	134	**4,98**
220	210	220	7	11	18	64,3	50,5	5410	515	9,17	1950	178	5,51
240	230	240	7,5	12	21	**76,8**	60,3	7760	**675**	10,1	2770	231	**6,00**
260	250	260	7,5	12,5	24	**86,8**	68,2	10450	**836**	11,0	3670	282	**6,50**
280	270	280	8	13	24	97,3	76,4	13670	1010	11,9	4760	340	7,00
300	290	300	8,5	14	27	**112**	88,3	18260	**1260**	12,7	6310	421	**7,49**
320	310	300	9	15,5	27	124	97,6	22930	1480	13,6	6990	466	7,49
340	330	300	9,5	16,5	27	**133**	105	27690	**1680**	14,4	7440	496	**7,46**
360	350	300	10	17,5	27	**143**	112	33090	**1890**	15,2	7890	526	**7,43**
400	390	300	11	19	27	**159**	125	45070	**2310**	16,8	8560	571	**7,34**
450	440	300	11,5	21	27	**178**	140	63720	**2900**	18,9	9470	631	**7,29**
500	490	300	12	23	27	**198**	155	86970	**3550**	21,0	10370	691	**7,24**
550	540	300	12,5	24	27	212	166	111900	4150	23,0	10820	721	7,15
600	590	300	13	25	27	**226**	178	141200	**4790**	25,0	11270	751	**7,05**
650	640	300	13,5	26	27	242	190	175200	5470	26,9	11720	782	6,97
700	690	300	14,5	27	27	**260**	204	215300	**6240**	28,8	12180	812	**6,84**
800	790	300	15	28	30	**286**	224	303400	**7680**	32,6	12640	843	**6,65**
900	890	300	16	30	30	320	252	422100	9480	36,3	13550	903	6,50
1000	990	300	16,5	31	30	**347**	272	553800	**11190**	40,0	14000	934	**6,35**

I-Träger mit besonders breiten Flanschen, leichte Ausführung

HL 1000A	990	400	16,5	31	30	409	321	696400	14070	41,3	33120	1656	9,00
HX 1000A	992	450	18	32	30	463	363	799800	16130	41,6	48670	2163	10,3

Fett gedruckte Profile sind zur bevorzugten Anwendung empfohlen (DStV-Profilliste).

Anmerkungen sinngemäß wie auf S. 680/681.

Werkstoff vorzugsweise aus Stahlsorten nach DIN EN 10025; er ist in der Bezeichnung anzugeben.

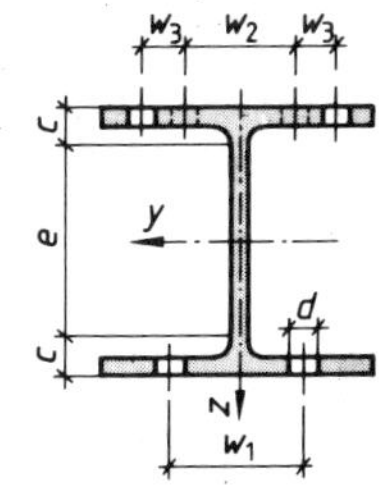

Die gewünschte Nennlänge ist bei Bestellung anzugeben. Die Profile werden mit folgenden Grenzabmaßen von der bestellten Länge geliefert:

a) ± 50 mm oder

b) $^{+100}_{\ \ 0}$ mm, wenn bestimmte Mindestlängen gefordert werden.

$S_y = \frac{1}{2} W_{pl,y}$ cm³	s_y cm	S_f cm³	A_{Steg} cm²	i_{zg} cm	I_T cm⁴	$\frac{I_\omega}{1000}$ cm⁶	U m²/m	Maße nach DIN 997 in mm: Größt-Ø d	Anreißmaße $w_{1,2}$	w_3	c	e	Kurzzeichen[1]) IPBL HE-A
41,5	8,41	39,5	4,40	2,66	5,24	2,58	0,561	13	56	–	20	56	**100**
59,7	10,1	56,3	5,30	3,21	5,99	6,47	0,677	17	66	–	20	74	**120**
86,7	11,9	80,9	6,85	3,76	8,13	15,06	0,794	21	76	–	20,5	92	**140**
123	13,6	114	8,58	4,26	12,2	31,41	0,906	23	86	–	24	104	**160**
162	15,5	151	9,69	4,82	14,8	60,21	1,02	25	100	–	24,5	122	**180**
215	17,2	200	11,7	5,32	21,0	108,0	1,14	25	110	–	28	134	**200**
284	19,0	264	13,9	5,88	28,5	193,3	1,26	25	120	–	29	152	220
372	20,9	347	16,4	6,40	41,6	328,5	1,37	25	94	35	33	164	**240**
460	22,7	431	17,8	6,91	52,4	516,4	1,48	25	100	40	36,5	177	**260**
556	24,6	518	20,6	7,46	62,1	785,4	1,60	25	110	45	37	196	280
692	26,4	646	23,5	7,98	85,2	1200	1,72	28	120	45	41	208	**300**
814	28,2	757	26,5	7,99	108	1512	1,76	28	120	45	42,5	225	320
925	29,9	855	29,8	7,99	127	1824	1,79	28	120	45	43,5	243	**340**
1040	31,7	959	33,3	7,98	149	2177	1,83	28	120	45	44,5	261	**360**
1280	35,2	1160	40,8	7,94	189	2942	1,91	28	120	45	46	298	**400**
1610	39,6	1440	48,2	7,93	244	4148	2,01	28	120	45	48	344	**450**
1970	44,1	1750	56,0	7,91	309	5643	2,11	28	120	45	50	390	**500**
2310	48,4	2010	64,5	7,86	352	7189	2,21	28	120	45	51	438	550
2680	52,8	2290	73,5	7,82	398	8978	2,31	28	120	45	52	486	**600**
3070	57,1	2590	82,9	7,77	448	11030	2,41	28	120	45	53	534	650
3520	61,2	2900	96,1	7,70	514	13350	2,50	28	120	45	54	582	**700**
4350	69,8	3500	114	7,58	597	18290	2,70	28	130	40	58	674	**800**
5410	78,1	4220	138	7,49	737	24960	2,90	28	130	40	60	770	900
6410	86,4	4860	*158*	7,41	822	32070	3,10	28	130	40	61	868	**1000**

Nicht genormt (nach dem Walzprogramm der ARBED)

7899	88,2	6345	158	10,2	1021	76030	3,50				61	868	**HL** 1000 A
9026	88,6	7331	173	11,6	1268	112000	3,70				62	868	**HX** 1000 A

[1]) Von den mit gleichen Zahlen bezeichneten IPB-Trägern nach DIN 1025-2 (S. 686) abgeleitete Profile. Trägerbezeichnung entspricht nicht der Trägerhöhe.

II

Warmgewalzte breite I-Träger (I-Breitflanschträger)

IPB-Reihe nach DIN 1025-2 (3.94).

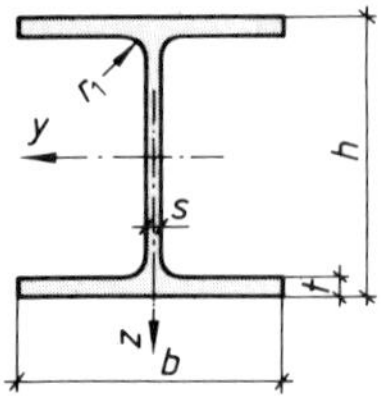

Diese Reihe entspricht der Euronorm 53 – 62 (HE-B).

Bezeichnung eines warmgewalzten I-Trägers aus einem Stahl mit dem Kurznamen S235JR bzw. der Werkstoffnummer 1.0037 nach DIN EN 10025 mit dem Kurzzeichen IPB 360:

I-Profil DIN 1025 – S235JR – IPB 360

oder I-Profil DIN 1025 – 1.0037 – IPB 360

Das Kurzzeichen HE 360 B nach Euronorm 53 – 62 entspricht IPB 360.

Breite I-Träger mit parallelen Flanschflächen (IPB-Reihe)

Kurzzeichen	Maße in mm							für Biegung um die					
								y-Achse			*z*-Achse		
	h	*b*	*s*	*t*	r_1	*A*	*G*	I_y	W_y	i_y	I_z	W_z	i_z = min *i*
IPB HE-B						cm²	kg/m	cm⁴	cm³	cm	cm⁴	cm³	cm
100	100	100	6	10	12	**26,0**	20,4	450	**89,9**	4,16	167	33,5	**2,53**
120	120	120	6,5	11	12	**34,0**	26,7	864	**144**	5,04	318	52,9	**3,06**
140	140	140	7	12	12	**43,0**	33,7	1510	**216**	5,93	550	78,5	**3,58**
160	160	160	8	13	15	**54,3**	42,6	2490	**311**	6,78	889	111	**4,05**
180	180	180	8,5	14	15	**65,3**	51,2	3830	**426**	7,66	1360	151	**4,57**
200	200	200	9	15	18	**78,1**	61,3	5700	**570**	8,54	2000	200	**5,07**
220	220	220	9,5	16	18	91,0	71,5	8090	736	9,43	2840	258	5,59
240	240	240	10	17	21	**106**	83,2	11260	**938**	10,3	3920	327	**6,08**
260	260	260	10	17,5	24	**118**	93,0	14920	**1150**	11,2	5130	395	**6,58**
280	280	280	10,5	18	24	131	103	19270	1380	12,1	6590	471	7,09
300	300	300	11	19	27	**149**	117	25170	**1680**	13,0	8560	571	**7,58**
320	320	300	11,5	20,5	27	161	127	30820	1930	13,8	9240	616	7,57
340	340	300	12	21,5	27	**171**	134	36660	**2160**	14,6	9690	646	**7,53**
360	360	300	12,5	22,5	27	**181**	142	43190	**2400**	15,5	10140	676	**7,49**
400	400	300	13,5	24	27	**198**	155	57680	**2880**	17,1	10820	721	**7,40**
450	450	300	14	26	27	**218**	171	79890	**3550**	19,1	11720	781	**7,33**
500	500	300	14,5	28	27	**239**	187	107200	**4290**	21,2	12620	842	**7,27**
550	550	300	15	29	27	254	199	136700	4970	23,2	13080	872	7,17
600	600	300	15,5	30	27	**270**	212	171000	**5700**	25,2	13530	902	**7,08**
650	650	300	16	31	27	286	225	210600	6480	27,1	13980	932	6,99
700	700	300	17	32	27	**306**	241	256900	**7340**	29,0	14440	963	**6,87**
800	800	300	17,5	33	30	**334**	262	359100	**8980**	32,8	14900	994	**6,68**
900	900	300	18,5	35	30	371	291	494100	10980	36,5	15820	1050	6,53
1000	1000	300	19	36	30	**400**	314	644700	**12890**	40,1	16280	1090	**6,38**

I-Träger mit besonders breiten Flanschen (nicht genormt)

HL 1000 B	1000	400	19	36	30	472	371	812100	16240	41,5	38480	1924	9,03
HX 1000 B	1000	451	19	36	30	509	399	897400	17950	42,0	55120	2444	10,4

Fett gedruckte Profile sind zur bevorzugten Anwendung empfohlen (DStV-Profilliste).

Werkstoff vorzugsweise aus Stahlsorten nach DIN EN 10025; er ist in der Bezeichnung anzugeben.

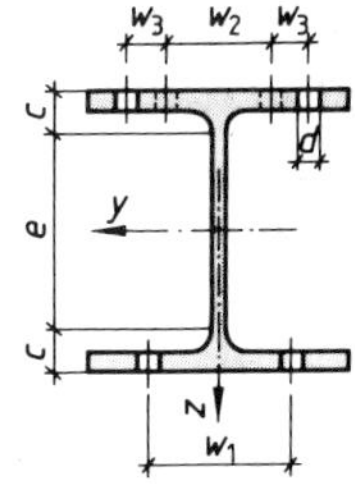

Die gewünschte Nennlänge ist bei Bestellung anzugeben. Die Profile werden mit folgenden Grenzabmaßen von der bestellten Länge geliefert:

a) ± 50 mm oder

b) $^{+100}_{\ \ 0}$ mm, wenn bestimmte Mindestlängen gefordert werden.

$S_y = \frac{1}{2} W_{pl,y}$	s_y	S_f	A_{Steg}	i_{zg}	I_T	$\frac{I_\omega}{1000}$	U	Maße nach DIN 997 in mm: Größt-Ø d	Anreißmaße $w_{1,2}$	w_3	c	e	Kurzzeichen IPB HE-B
cm^3	cm	cm^3	cm^2	cm	cm^4	cm^6	m^2/m						
52,1	8,63	49,8	5,40	2,69	9,25	3,38	0,567	13	56	–	22	56	**100**
82,6	10,5	78,2	7,09	3,24	13,8	9,41	0,686	17	66	–	23	74	**120**
123	12,3	115	8,96	3,80	20,1	22,48	0,805	21	76	–	24	92	**140**
177	14,1	166	11,8	4,31	31,2	47,94	0,918	23	86	–	28	104	**160**
241	15,9	225	14,1	4,87	42,2	93,75	1,04	25	100	–	29	122	**180**
321	17,7	301	16,7	5,39	59,3	171,1	1,15	25	110	–	33	134	**200**
414	19,6	386	19,4	5,95	76,6	295,4	1,27	25	120	–	34	152	220
527	21,4	493	22,3	6,47	103	486,9	1,38	25	96	35	38	164	**240**
641	23,3	602	24,3	6,99	124	753,7	1,50	25	106	40	41,5	177	**260**
767	25,1	717	27,5	7,54	144	1130	1,62	25	110	45	42	196	280
934	26,9	875	30,9	8,06	185	1688	1,73	28	120	45	46	208	**300**
1070	28,7	1000	34,4	8,06	225	2069	1,77	28	120	45	47,5	225	320
1200	30,4	1120	38,2	8,05	257	2454	1,81	28	120	45	48,5	243	**340**
1340	32,2	1240	42,2	8,03	292	2883	1,85	28	120	45	49,5	261	**360**
1620	35,7	1470	50,8	7,99	356	3817	1,93	28	120	45	51	298	**400**
1990	40,1	1780	59,4	7,97	440	5258	2,03	28	120	45	53	344	**450**
2410	44,5	2130	68,4	7,94	538	7018	2,12	28	120	45	55	390	**500**
2800	48,9	2440	78,2	7,89	600	8856	2,22	28	120	45	56	438	550
3210	53,2	2750	88,4	7,84	667	10970	2,32	28	120	45	57	486	**600**
3660	57,5	3090	99,0	7,80	739	13360	2,42	28	120	45	58	534	650
4160	61,7	3440	114	7,73	831	16060	2,52	28	120	45	59	582	**700**
5110	70,2	4120	134	7,61	946	21840	2,71	28	130	40	63	674	**800**
6290	78,5	4920	160	7,52	1137	29460	2,91	28	130	40	65	770	900
7430	86,8	5640	*183*	7,43	1254	37640	3,11	28	130	40	66	868	**1000**

Nach dem Walzprogramm der ARBED

9163	88,6	7373	183	10,2	1565	89210	3,51		66	868	**HL** 1000 B
10050	89,3	8258	183	11,7	1724	127900	3,71		66	868	**HX** 1000 B

Anmerkungen sinngemäß wie auf S. 680/681.

Warmgewalzte breite I-Träger, verstärkte Ausführung

IPBv-Reihe nach DIN 1025-4 (3.94).

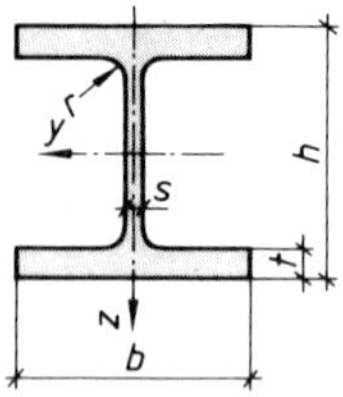

Diese Reihe entspricht der Euronorm 53–62 (HE-M).

Träger mit parallelen Flanschflächen, deren Stege und Flansche dicker und deren Höhen *h* damit größer als die der IPB-Reihe nach DIN 1025-2 sind.

Bezeichnung eines Trägers dieser Reihe aus einem Stahl mit dem Kurznamen S235JR nach DIN EN 10025 mit dem Kurzzeichen IPBv 360:

I-Profil DIN 1025 – S235JR – IPBv 360

Das Kurzzeichen HE 360 M nach Euronorm 53–62 entspricht IPBv 360.

Kurzzeichen[1] IPBv HE-M	Maße in mm							für Biegung um die y-Achse			z-Achse		
	h	b	s	t	r	A	G	I_y	W_y	i_y	I_z	W_z	i_z = min i
						cm^2	kg/m	cm^4	cm^3	cm	cm^4	cm^3	cm
100	120	106	12	20	12	**53,2**	41,8	1140	**190**	4,63	399	75,3	**2,74**
120	140	126	12,5	21	12	**66,4**	52,1	2020	**288**	5,51	703	112	**3,25**
140	160	146	13	22	12	**80,6**	63,2	3290	**411**	6,39	1140	157	**3,77**
160	180	166	14	23	15	**97,1**	76,2	5100	**566**	7,25	1760	212	**4,26**
180	200	186	14,5	24	15	**113**	88,9	7480	**748**	8,13	2580	277	**4,77**
200	220	206	15	25	18	**131**	103	10640	**967**	9,00	3650	354	**5,27**
220	240	226	15,5	26	18	149	117	14600	1220	9,89	5010	444	5,79
240	270	248	18	32	21	**200**	157	24290	**1800**	11,0	8150	657	**6,39**
260	290	268	18	32,5	24	**220**	172	31310	**2160**	11,9	10450	780	**6,90**
280	310	288	18,5	33	24	240	189	39550	2550	12,8	13160	914	7,40
300	340	310	21	39	27	**303**	238	59200	**3480**	14,0	19400	1250	**8,00**
320/305	320	305	16	29	27	225	177	40950	2560	13,5	13740	901	7,81
320	359	309	21	40	27	312	245	68130	3800	14,8	19710	1280	7,95
340	377	309	21	40	27	**316**	248	76370	**4050**	15,6	19710	1280	**7,90**
360	395	308	21	40	27	**319**	250	84870	**4300**	16,3	19520	1270	**7,83**
400	432	307	21	40	27	**326**	256	104100	**4820**	17,9	19330	1260	**7,70**
450	478	307	21	40	27	**335**	263	131500	**5500**	19,8	19340	1260	**7,59**
500	524	306	21	40	27	**344**	270	161900	**6180**	21,7	19150	1250	**7,46**
550	572	306	21	40	27	354	278	198000	6920	23,6	19160	1250	7,35
600	620	305	21	40	27	**364**	285	237400	**7660**	25,6	18970	1240	**7,22**
650	668	305	21	40	27	374	293	281700	8430	27,5	18980	1240	7,13
700	716	304	21	40	27	**383**	301	329300	**9200**	29,3	18800	1240	**7,01**
800	814	303	21	40	30	**404**	317	442600	**10870**	33,1	18630	1230	**6,79**
900	910	302	21	40	30	424	333	570400	12540	36,7	18450	1220	6,60
1000	1008	302	21	40	30	**444**	349	722300	**14330**	40,3	18460	1220	**6,45**

I-Träger mit besonders breiten Flanschen, verstärkte Ausführung

HL 1000 M	1008	402	21	40	30	524	412	909800	18050	41,7	43410	2160	9,10
HX 1000 M	1008	453	21	40	30	565	444	1005400	19950	42,2	62070	2740	10,5

Fett gedruckte Profile sind zur bevorzugten Anwendung empfohlen (DStV-Profilliste).

Anmerkungen sinngemäß wie auf S. 680/681.

Werkstoff vorzugsweise aus Stahlsorten nach DIN EN 10025; er ist in der Bezeichnung anzugeben.

Die gewünschte Nennlänge ist bei Bestellung anzugeben. Die Profile werden mit folgenden Grenzabmaßen von der bestellten Länge geliefert:

a) ±50 mm oder

b) $^{+100}_{0}$ mm, wenn bestimmte Mindestlängen gefordert werden.

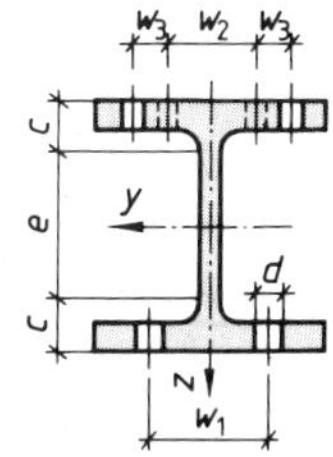

$S_y = \frac{1}{2} W_{pl.y}$ cm³	s_y cm	S_f cm³	A_{Steg} cm²	i_{zg} cm	I_T cm⁴	$\frac{I_\omega}{1000}$ cm⁶	U m²/m	Maße nach DIN 997 in mm: Größt-Ø d[2])	Anreißmaße $w_{1,2}$	w_3	c	e	Kurzzeichen[1]) **IPBv HE-M**
118	9,69	113	12,0	2,90	68,2	9,93	0,619	13	60	–	32	56	**100**
175	11,5	167	14,9	3,45	91,7	24,79	0,738	17	68	–	33	74	**120**
247	13,3	233	17,9	4,00	120	54,33	0,857	21	76	–	34	92	**140**
337	15,1	318	22,0	4,52	162	108,1	0,970	23	86	–	38	104	**160**
442	16,9	415	25,5	5,08	203	199,3	1,09	25	100	–	39	122	**180**
568	18,7	534	29,3	5,61	259	346,3	1,20	25	110	–	43	134	**200**
710	20,6	665	33,2	6,16	315	572,7	1,32	25	120	–	44	152	220
1060	22,9	998	42,8	6,78	628	1152	1,46	25 | 23	100	35	53	164	**240**
1260	24,8	1190	46,4	7,31	719	1728	1,57	25	110	40	56,5	177	**260**
1480	26,7	1390	51,2	7,86	807	2520	1,69	25	116	45	57	196	280
2040	29,0	1930	63,2	8,47	1408	4386	1,83	25	120	50	66	208	**300**
1460	28,0	1380	46,6	8,29	598	2903	1,78	28	120	50	56	208	320|305
2220	30,7	2080	67,0	8,43	1501	5004	1,87	28	126	47	67	225	320
2360	32,4	2200	70,8	8,41	1506	5584	1,90	28	126	47	67	243	**340**
2490	34,0	2320	74,6	8,36	1507	6137	1,93	28	126	47	67	261	**360**
2790	37,4	2550	82,8	8,29	1515	7410	2,00	28	126	47	67	298	**400**
3170	41,5	2850	92,0	8,23	1529	9251	2,10	28	126	47	67	344	**450**
3550	45,7	3150	102	8,15	1539	11190	2,18	28	130	45	67	390	**500**
3970	49,9	3460	112	8,09	1554	13520	2,28	28	130	45	67	438	550
4390	54,1	3770	122	8,01	1564	15910	2,37	28	130	45	67	486	**600**
4830	58,3	4080	132	7,95	1579	18650	2,47	28	130	45	67	534	650
5270	62,5	4380	142	7,87	1589	21400	2,56	28	130	42	67	582	**700**
6240	70,9	5050	163	7,72	1646	27780	2,75	28	132	42	70	674	**800**
7220	79,0	5660	183	7,60	1671	34750	2,93	28	132	42	70	770	900
8280	87,2	6310	*203*	7,50	1701	43010	3,13	28	132	42	70	868	**1000**

Nicht genormt (nach dem Walzprogramm der ARBED)

10220	89,0	8242	203	10,3	2128	101500	3,53				70	868	**HL** 1000 M
11210	89,7	9230	203	11,8	2346	145200	3,73				70	868	**HX** 1000 M

[1]) Von den mit gleichen Zahlen bezeichneten IPB-Trägern nach DIN 1025-2 (S. 686) abgeleitete Profile. Trägerbezeichnung entspricht nicht der Trägerhöhe.

[2]) s. S. 681 Fußnote [13])

Warmgewalzte Breitflansch-Stützenprofile

HD-Reihe 360/400 nach ASTM A6/A6 M (Amerikanische Norm)

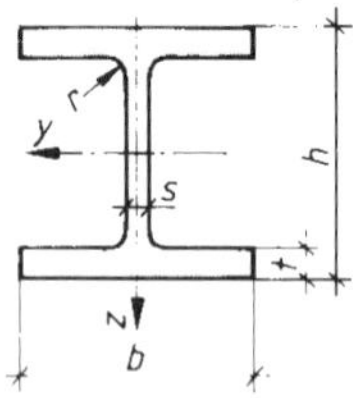

Dieses Profil hat nahezu quadratische Außenabmessungen.
Bezeichnung eines Profiles dieser Reihe aus S235JR bzw. mit der Werkstoffnummer 1.0037 nach DIN EN 10025 mit dem Kurzzeichen HD 320 × 245

HD-Profil EN 10034-S235JR 320 × 245

Kurzzeichen		Maße in mm						für Biegung um die					
								y-Achse			*z*-Achse		
	G	*h*	*b*	*s*	*t*	*r*	*A*	I_y	W_y	i_y	I_z	W_z	i_z
HD	kg/m						cm²	cm⁴	cm³	cm	cm⁴	cm³	cm
260 × 93		260	260	10	17,5	24	118,4	14920	1148	11,22	5135	395	6,58
260 × 114		268	262	12,5	21,5	24	145,7	18910	1411	11,39	6456	492,8	6,66
260 × 142		278	265	15,5	26,5	24	180,3	24330	1750	11,62	8236	621,6	6,76
260 × 172		290	268	18	32,5	24	219,6	31310	2159	11,94	10450	779,7	6,9
320 × 97,6		310	300	9	15,5	27	124,4	22930	1479	13,58	6985	465,7	7,49
320 × 127		320	300	11,5	20,5	27	161,3	30820	1926	13,82	9239	615,9	7,57
320 × 158		330	303	14,5	25,5	27	201,2	39640	2403	14,04	11840	781,7	7,67
320 × 198		343	306	18	32	27	252,3	51900	3026	14,34	15310	1001	7,79
320 × 245		359	309	21	40	27	312	68130	3796	14,78	19710	1276	7,95
360 × 147		360	370	12,3	19,8	15	187,9	46290	2572	15,7	16720	903,9	9,43
360 × 162		364	371	13,3	21,8	15	206,3	51540	2832	15,81	18560	1001	9,49
360 × 179		368	373	15	23,9	15	228,3	57440	3122	15,86	20680	1109	9,52
360 × 196		372	374	16,4	26,2	15	250,3	63630	3421	15,94	22860	1222	9,56
400 × 187		368	391	15	24	15	237,6	60180	3271	15,91	23920	1224	10,03
400 × 216		375	394	17,3	27,7	15	275,5	71140	3794	16,07	28250	1434	10,13
400 × 237		380	395	18,9	30,2	15	300,9	78780	4146	16,18	31040	1572	10,16
400 × 262		387	398	21,1	33,3	15	334,6	89410	4620	16,35	35020	1760	10,23
400 × 287		393	399	22,6	36,6	15	366,3	99710	5074	16,5	38780	1944	10,29
400 × 314		399	401	24,9	39,6	15	399,2	110200	5525	16,62	42600	2125	10,33
400 × 347		407	404	27,2	43,7	15	442	124900	6140	16,81	48090	2380	10,43
400 × 382		416	406	29,8	48	15	487,1	141300	6794	17,03	53620	2641	10,49
400 × 421		425	409	32,8	52,6	15	537,1	159600	7510	17,24	60080	2938	10,58
400 × 463		435	412	35,8	57,4	15	589,5	180200	8283	17,48	67040	3254	10,66
400 × 509		446	416	39,1	62,7	15	648,9	204500	9172	17,75	75400	3625	10,78
400 × 551		455	418	42	67,6	15	701,4	226100	9939	17,95	82490	3947	10,85
400 × 592		465	421	45	72,3	15	754,9	250200	10760	18,2	90170	4284	10,93
400 × 634		474	424	47,6	77,1	15	808	274200	11570	18,42	98250	4634	11,03
400 × 677		483	428	51,2	81,5	15	863,4	299500	12400	18,62	106900	4994	11,13
400 × 744		498	432	55,6	88,9	15	948,1	342100	13740	19	119900	5552	11,25
400 × 818		514	437	60,5	97	15	1043	392200	15260	19,39	135500	6203	11,4
400 × 900		531	442	65,9	106	15	1149	450200	16960	19,79	153300	6938	11,55
400 × 990		550	448	71,9	115	15	1262	518900	18870	20,27	173400	7739	11,72
400 × 1086		569	454	78	125	15	1386	595700	20940	20,73	196200	8645	11,9

Werkstoff vorzugsweise aus Stahlsorten nach DIN EN 10025; er ist in der Bezeichnung anzugeben: Es sind nur Profile angegeben, die bei S235 dem Nachweisverfahren Plastisch-Plastisch, s. Tafel 12 entsprechen. Bei anderen Stahlsorten siehe Werkstoffangaben (Klassifizierung nach DIN ENV 1993-1-1-EC3).

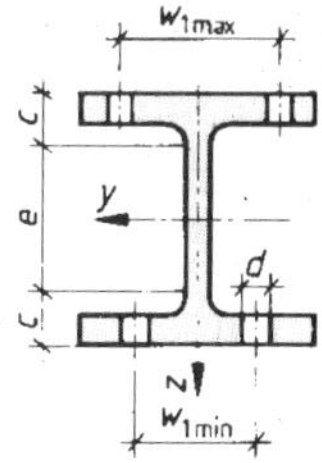

Walztoleranzen:
HD 260/320 nach EN 10034
HD 360/400 nach ASTM A6/A6M

$S_y = \frac{1}{2} W_{pl,y}$	s_y	S_f	A_{Steg}	i_{zg}	I_T	$\frac{I_\omega}{1000}$	U	Maße nach DIN 997 in mm Größt-Ø d	Anreißmaße W_{1min}	W_{1max}	c	e	Kurzzeichen HD[1])
cm³	cm	cm³	cm²	cm	cm⁴	cm⁶	m²/m						
641	23,3	602	24,3	6,99	123,8	753,7	1,499	28	108/111	170	41,5	177	**260** ×
800	23,6	751	30,8	7,08	222,4	979	1,518	28	111/114	172	45,5	177	**260** ×
1010	24,1	947	39,0	7,19	406,8	1300	1,544	28	114/117	175	50,5	177	**260** ×
1260	24,8	1191	46,4	7,31	719	1728	1,575	28	116/119	178	56,5	177	**260** ×
814	28,2	757	26,5	7,99	108	1512	1,756	28	113/116	210	42,5	225	**320** ×
1070	28,7	1002	34,4	8,06	225,1	2069	1,771	28	115/119	210	47,5	225	**320** ×
1360	29,2	1267	44,2	8,18	420,5	2741	1,797	28	118/122	213	52,5	225	**320** ×
1740	29,8	1626	56	8,30	805,3	3695	1,828	28	122/125	216	59	225	**320** ×
2220	30,7	2085	67	8,44	1501	5004	1,866	28	125/128	219	67	225	**320** ×
1420	32,6	1289	41,8	10,1	223,7	4836	2,15	28	102	280	34,8	290,4	**360** ×
1570	32,8	1429	45,5	10,1	295,5	5432	2,16	28	103	281	36,8	290,4	**360** ×
1740	33,0	1583	51,6	10,2	393,8	6119	2,172	28	105	283	38,9	290,2	**360** ×
1920	33,2	1747	56,7	10,2	517,1	6829	2,181	28	106	284	41,2	289,6	**360** ×
1820	33,0	1663	51,6	10,7	414,6	7074	2,244	28	105	301	39	290	**400** ×
2130	33,4	1950	60,1	10,8	637,3	8515	2,266	28	107	304	42,7	289,6	**400** ×
2340	33,6	2145	66,1	10,8	825,5	9489	2,276	28	109	305	45,2	289,6	**400** ×
2630	34,0	2407	74,6	10,9	1116	10940	2,298	28	111	308	48,3	290,4	**400** ×
2910	34,3	2669	80,5	11	1464	12300	2,311	28	113	309	51,6	289,8	**400** ×
3190	34,6	2926	89,5	11	1870	13740	2,326	28	115	311	54,6	289,8	**400** ×
3570	35,0	3284	98,8	11,1	2510	15850	2,35	28	117	314	58,7	289,6	**400** ×
3980	35,5	3669	110	11,2	3326	18130	2,371	28	120	316	63	290	**400** ×
4440	35,9	4096	122	11,3	4398	20800	2,395	28	123	319	67,6	289,8	**400** ×
4940	36,5	4562	135	11,3	5735	23850	2,421	28	126	322	72,4	290,2	**400** ×
5520	37,1	5104	150	11,5	7513	27630	2,452	28	129	326	77,7	290,6	**400** ×
6030	37,5	5584	163	11,5	9410	30870	2,472	28	132	328	82,6	289,8	**400** ×
6570	38,1	6095	177	11,6	11560	34670	2,498	28	135	331	87,3	290,4	**400** ×
7110	38,6	6611	189	11,7	14020	38570	2,523	28	138	334	92,1	289,8	**400** ×
7670	39,0	7135	206	11,8	16790	42920	2,55	28	141	338	96,5	290	**400** ×
8580	39,9	7998	227	11,9	21840	49980	2,587	28	146	342	103,9	290,2	**400** ×
9630	40,7	8992	252	12,1	28510	58650	2,629	28	151	347	112	290	**400** ×
10810	41,6	10121	280	12,2	37350	68890	2,672	28	156	352	121	289	**400** ×
12140	42,7	11385	313	12,4	48210	81530	2,722	28	162	358	130	290	**400** ×
13610	43,8	12791	346	12,6	62290	96080	2,722	28	168	364	140	289	**400** ×

[1]) Hinter dem × folgt die Angabe des Gewichts/m

Warmgewalzter rundkantiger U-Stahl

Stabstahl und Formstahl nach DIN 1026 (10.63)

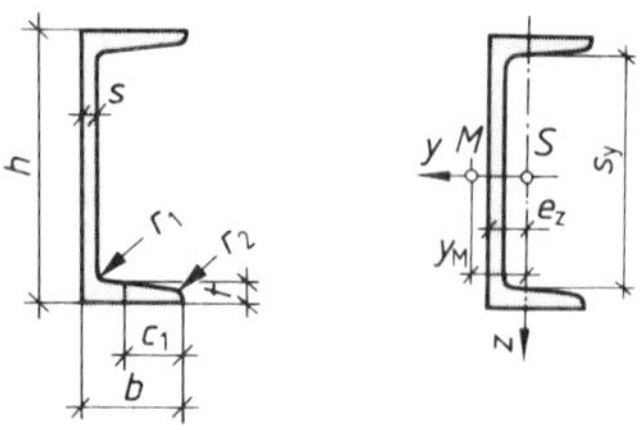

$c_1 = \frac{b}{2}$ bei $h \leqq 300$ mm

$c_1 = \frac{b-s}{2}$ bei $h > 300$ mm

Neigung der inneren Flanschflächen
8% bei $h \leqq 300$ mm
5% bei $h > 300$ mm

Diese Norm gilt bevorzugt für Stahlsorten nach DIN EN 10025 (s. Taf. 2). Die Stahlsorte ist bei der Bestellung anzugeben.

Bezeichnung eines U-Stahls mit $h = 300$ mm aus S235JR nach DIN EN 10025:

U 300 DIN 1026 – S235JR oder
U 300 DIN 1026 – 1.0037

Kurzzeichen	Maße in mm							für Biegung um die						[1])	[2])
								y-Achse			z-Achse				
	h	b	s	$t = r_1$	r_2	A	G	I_y	W_y	i_y	I_z	W_z	i_z = min i	e_z	y_M
U						cm²	kg/m	cm⁴	cm³	cm	cm⁴	cm³	cm	cm	cm
30 × 15	30	15	4	4,5	2	2,21	1,74	2,53	1,69	1,07	0,38	0,39	0,42	0,52	0,7…
30	30	33	5	7	3,5	5,44	4,27	6,39	4,26	1,08	5,33	2,68	0,99	1,31	2,2…
40 × 20	40	20	5	5,5[3])	2,5	3,66	2,87	7,58	3,79	1,44	1,14	0,86	0,56	0,67	1,0…
40	40	35	5	7	3,5	6,21	4,87	14,1	7,05	1,50	6,68	3,08	1,04	1,33	2,3…
50 × 25	50	25	5	6	3	4,92	3,86	16,8	6,73	1,85	2,49	1,48	0,71	0,81	1,3…
50	50	38	5	7	3,5	7,12	5,59	26,4	10,6	1,92	9,12	3,75	1,13	1,37	2,4…
60	60	30	6	6	3	6,46	5,07	31,6	10,5	2,21	4,51	2,16	0,84	0,91	1,5…
65	65	42	5,5	7,5	4	9,03	7,09	57,5	17,7	2,52	14,1	5,07	1,25	1,42	2,6…
80	80	45	6	8	4	**11,0**	8,64	106	**26,5**	3,10	19,4	6,36	**1,33**	1,45	2,6…
100	100	50	6	8,5	4,5	**13,5**	10,6	206	**41,2**	3,91	29,3	8,49	**1,47**	1,55	2,9…
120	120	55	7	9	4,5	**17,0**	13,4	364	**60,7**	4,62	43,2	11,1	**1,59**	1,60	3,0…
140	140	60	7	10	5	**20,4**	16,0	605	**86,4**	5,45	62,7	14,8	**1,75**	1,75	3,3…
160	160	65	7,5	10,5	5,5	**24,0**	18,8	925	**116**	6,21	85,3	18,3	**1,89**	1,84	3,5…
180	180	70	8	11	5,5	**28,0**	22,0	1350	**150**	6,95	114	22,4	**2,02**	1,92	3,7…
200	200	75	8,5	11,5	6	**32,2**	25,3	1910	**191**	7,70	148	27,0	**2,14**	2,01	3,9…
220	220	80	9	12,5	6,5	37,4	29,4	2690	245	8,48	197	33,6	2,30	2,14	4,2…
240	240	85	9,5	13	6,5	**42,3**	33,2	3600	**300**	9,22	248	39,6	**2,42**	2,23	4,3…
260	260	90	10	14	7	**48,3**	37,9	4820	**371**	9,99	317	47,7	**2,56**	2,36	4,6…
280	280	95	10	15	7,5	53,3	41,8	6280	448	10,9	399	57,2	2,74	2,53	5,0…
300	300	100	10	16	8	**58,8**	46,2	8030	**535**	11,7	495	67,8	**2,90**	2,70	5,4…
320	320	100	14	17,5	8,75	75,8	59,5	10870	679	12,1	597	80,6	2,81	2,60	4,8…
350	350	100	14	16	8	**77,3**	60,6	12840	**734**	12,9	570	75,0	**2,72**	2,40	4,4…
380	380	102	13,5	16	8	80,4	63,1	15760	829	14,0	615	78,7	2,77	2,38	4,5…
400	400	110	14	18	9	**91,5**	71,8	20350	**1020**	14,9	846	102	**3,04**	2,65	5,1…

Fett gedruckte Profile sind zur bevorzugten Verwendung empfohlen (DStV-Profilliste).

[1]) e_z = Abstand der z-Achse von der Stegaußenkante.
[2]) y_M = Abstand des Schubmittelpunktes M von der z-Achse.
[3]) Bei U 40 × 20 ist $t = 5{,}5$ mm, $r_1 = 5$ mm.

Lieferart:
Bei Bestellung nach Gewicht darf die Länge zwischen 3000 und 15000 mm schwanken. Zul. Maßabweichung bei Längen ≦15000 mm: Bei Bestellung in Festlänge ±50 mm; bei Bestellung in Genaulänge zwischen ±50 und ±5 mm, zu bevorzugen ±25, ±10, ±5 mm.

Bestellbeispiel:
200 Stäbe U 300 DIN 1026 – S235JR in Festlänge 6000

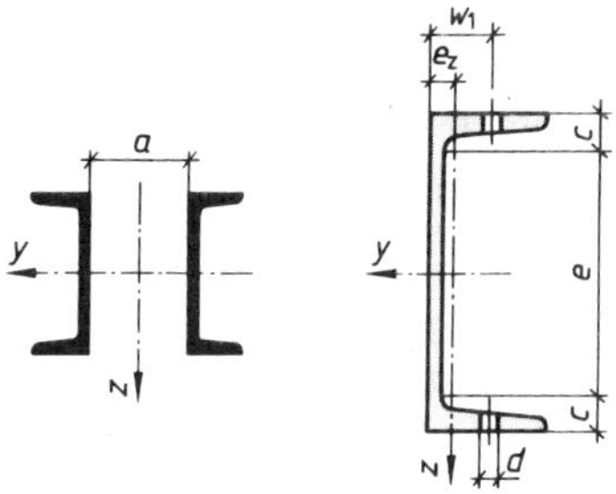

$S_y=\frac{1}{2}W_{pl,y}$	s_y	S_f	A_{Steg}	I_T	I_ω	U	a 4)	Maße nach DIN 997 in mm Größt-Ø d	Anreißmaß w_1	c	e	Kurzzeichen
cm³	cm	cm³	cm²	cm⁴	cm⁶	m²/m	mm					U
–	–	–	*1,02*	0,165	0,408	0,103	9	4,3	10	9	12	30 × 15
–	–	–	1,15	0,912	4,36	0,174	–	8,4	20	14,5	14	30
–	–	–	*1,73*	0,363	2,12	0,142	13	6,4	11	11	18	40 × 20
–	–	–	1,65	1,00	11,9	0,199	–	8,4	20	14,5	11	40
–	–	–	2,20	0,878	8,25	0,181	18	8,4	16	12,5	25	50 × 25
–	–	–	2,15	1,12	27,8	0,232	4	11	20	15	20	50
–	–	–	*3,24*	0,939	21,9	0,215	23	8,4	18	12,5	35	60
–	–	–	3,16	1,61	77,3	0,273	15	11	25	16	33	65
15,9	6,65	14,3	4,32	2,16	168	0,312	27	13 +)	25	17	46	**80**
24,5	8,42	21,4	5,49	2,81	414	0,372	41	13	30	18	64	**100**
36,3	10,0	30,4	*7,77*	4,15	900	0,434	55	17 | 13	30	19	82	**120**
51,4	11,8	43,0	9,10	5,68	1800	0,489	68	17	35	21	98	**140**
68,8	13,3	56,4	*11,2*	7,39	3260	0,546	82	21 | 17	35	22,5	115	**160**
89,6	15,1	71,9	*13,5*	9,55	5570	0,611	94	21	40	23,5	133	**180**
114	16,8	89,8	*16,0*	11,9	9070	0,661	108	23 | 21	40	24,5	151	**200**
146	18,5	115	*18,7*	16,0	14600	0,718	120	23	45	26,5	167	220
179	20,1	139	*21,6*	19,7	22100	0,775	133	25 | 23	45	28	184	**240**
221	21,8	171	*24,6*	25,5	33300	0,834	146	25	50	30	200	**260**
266	23,6	208	*26,5*	31,0	48500	0,890	159	25	50	32	216	280
316	25,4	249	*28,4*	37,4	69100	0,950	172	28	55	34	232	**300**
413	26,3	307	*42,4*	66,7	96100	0,982	181	28	58	37	246	320
459	28,6	320	*46,8*	61,2	114000	1,05	204	28	58	34	282	**350**
507	31,1	342	*49,1*	59,1	146000	1,11	227	28	60	33,5	313	380
618	32,9	434	*53,5*	81,6	221000	1,18	239	28	60	38	324	**400**

4) a = Stegabstand zweier U-Profile, für die das Flächenmoment 2. Grades für die y-Achse und z-Achse gleich groß und gleich $2I_y$ wird (Angaben nicht genormt).

Weitere Anmerkungen sinngemäß wie auf S. 680/681.

Warmgewalzter U-Stahl mit parallelen Flanschflächen

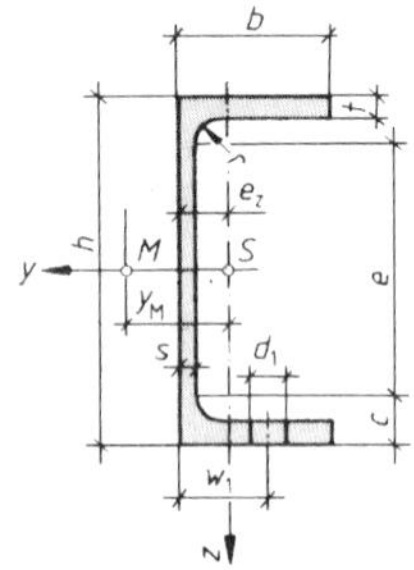

Formstahl nach PSAG 03 1996 (Preussag) UPE bzw. nach NFA 45-255 (Arbed) UAP

Diese Querschnitte gelten bevorzugt für Stahlsorten nach DIN EN 10025 (s. Tafel 2). Die Stahlsorte ist bei der Bestellung anzugeben.
Bezeichnung eines U-Stahls mit $h = 300$ mm aus S235JR nach DIN EN 10025:

UPE 300	PSAG 95	-S 235 JR oder
UPE 300	PSAG 95	-1.0037

Kurz zei-chen	Maße in mm							für Biegung um die y-Achse			z-Achse			1)	2)
	h	b	s	t	r	A	G	I_y	W_y	i_y	I_z	W_z	$i_z =$ min i	e_z	y_M
						cm^2	kg/m	cm^4	cm^3	cm	cm^4	cm^3	cm	cm	cm
UAP	**U-Stahl mit parallelen inneren Flanschflächen** (Arbed) **UAP-Reihe** (genormt gemäß NFA45-255)														
80	80	45	5	8	8	10,7	8,38	107	26,8	3,17	21,3	7,38	1,41	1,61	3,17
100	100	50	5,5	8,5	8,5	13,4	10,5	210	41,9	3,96	32,8	9,95	1,57	1,7	3,38
130	130	55	6	9,5	9,5	17,5	13,7	460	70,7	5,12	51,3	13,8	1,71	1,77	3,56
150	150	65	7	10,25	10,5	22,8	17,9	796	106	5,90	93,3	21,0	2,02	2,05	4,15
175	175	70	7,5	10,75	10,75	27,1	21,2	1270	145	6,85	126	25,9	2,16	2,12	4,32
200	200	75	8	11,5	11,5	32,0	25,1	1946	195	7,80	170	32,1	2,30	2,22	4,53
220	220	80	8	12,5	12,5	36,3	28,5	2710	246	8,64	222	39,7	2,48	2,4	4,94
250	250	85	9	13,5	13,5	43,8	34,4	4137	331	9,72	295	48,9	2,60	2,45	5,04
300	300	100	9,5	16	16	58,6	46,0	8171	545	11,8	562	79,9	3,10	2,96	6,17
UPE3)	**U-Stahl mit parallelen inneren Flanschflächen** (Preussag Stahl AG) **UPE-Reihe** (nach Werksnormen)														
80	80	50	4	7	10	10,1	7,9	107	26,8	3,26	25,5	8	1,59	1,82	3,71
100	100	55	4,5	7,5	10	12,5	9,8	207	41,4	4,07	38,3	10,6	1,75	1,91	3,93
120	120	60	5	8	12	15,4	12,1	364	60,6	4,86	55,5	13,8	1,90	1,98	4,12
140	140	65	5	9	12	18,4	14,5	600	85,6	5,71	78,8	18,2	2,07	2,17	4,54
160	160	70	5,5	9,5	12	21,7	17,0	911	114	6,48	107	22,6	2,22	2,27	4,76
180	180	75	5,5	10,5	12	25,1	19,7	1354	150	7,34	144	28,6	2,39	2,47	5,19
200	200	80	6	11	13	29,0	22,8	1909	191	8,11	187	34,5	2,54	2,56	5,41
220	220	85	6,5	12	13	33,9	26,6	2683	244	8,90	247	42,5	2,70	2,70	5,70
240	240	90	7	12,5	15	38,5	30,2	3599	300	9,67	311	50,1	2,84	2,79	5,91
270	270	95	7,5	13,5	15	44,8	35,2	5255	389	10,8	401	60,7	2,99	2,89	6,14
300	300	100	9,5	15	15	56,6	44,4	7823	522	11,8	538	75,6	3,08	2,89	6,03
330	330	105	11	16	18	67,8	53,2	11008	667	12,7	682	89,7	3,17	2,90	6,00
360	360	110	12	17	18	77,9	61,2	14826	824	13,8	844	105	3,29	2,97	6,12
400	400	115	13,5	18	18	91,9	72,2	20981	1049	15,1	1045	123	3,37	2,98	6,06

1) e_z = Abstand der z-Achse von der Stegaußenkante
2) y_M = Abstand des Schubmittelpunktes M von der z-Achse
3) Die Profilhöhen dieser Reihe sind die gleichen wie der IPE-Reihe

Bei Bestellung nach Gewicht darf die Länge zwischen den für die Herstellängen angegebenen größten und kleinsten Maßen schwanken. Zulässige Maßabweichungen:
Bestellänge: ±100 mm; bei Bestellung in
Fixlänge: +100/−0 mm
Bestellbeispiel:
200 Stäbe UPE 300 PSAG 95 -S235JR in
Fixlänge 6000 mm

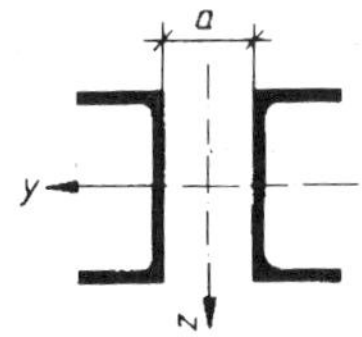

$S_y = \frac{1}{2} W_{pl,y}$	s_y	S_f	A_{Steg}	I_T	I_ω	U	a[4])	Maße nach DIN 997 in mm Größt-∅ d[5])	Anreißmaß w_1	c	e	Kurzzeichen
cm³	cm	cm³	cm²	cm⁴	cm⁶	m²/m	mm					
												UAP
15,9	6,72	14,5	3,60	1,9	180	0,323	24	13[6])	25	16	48	**80**
24,8	8,45	21,8	5,03	2,65	450	0,382	39	13	30	17	66	**100**
41,8	11,00	35,4	7,23	4,15	1220	0,46	61	17/13	30	19	92	**130**
62,7	12,70	52,2	9,78	6,51	2990	0,537	70	21/17	35	20,5	109	**150**
85,8	14,80	69,4	12,3	8,43	5620	0,606	88	21	40	21,5	132	**175**
115	16,92	91,3	15,1	11,24	9980	0,674	105	23/21	40	23	154	**200**
145	18,69	116	16,6	14,4	15820	0,733	118	23	45	25	170	**220**
196	21,11	153	21,3	20,4	27430	0,81	138	25/23	45	27	196	**250**
320	25,53	254	27,0	36,3	75040	0,967	169	28	55	32	236	**300**
												UPE
15,6	6,87	14,6	2,92	1,50	223	0,343	20	13	30	17	46	**80**
24,0	8,62	21,6	4,16	2,07	536	0,402	35	13	30	18	65	**100**
35,2	10,34	31,2	5,60	3,00	1136	0,460	50	17/13	35	20	80	**120**
49,4	12,13	43,4	6,55	4,11	2190	0,520	63	17	35	21	98	**140**
65,8	13,85	56,4	8,28	5,31	3935	0,579	76	21/17	40	22	117	**160**
86,5	15,65	74,0	9,32	7,11	6671	0,639	89	21	40	23	135	**180**
110,0	17,35	92,7	11,3	9,04	10826	0,697	103	23/21	45	24	152	**200**
140,7	19,06	117	13,5	12,3	17221	0,756	116	23	45	25	170	**220**
173,4	20,75	143	15,9	15,4	26025	0,813	129	25/23	50	28	185	**240**
225,5	23,30	183	19,2	20,3	42595	0,892	150	25	50	29	213	**270**
306,7	25,51	238	27,1	32,4	71165	0,968	169	28	55	30	240	**300**
395,9	27,80	302	34,5	46,8	110564	1,043	189	28	60	34	262	**330**
491,2	30,18	365	41,2	60,6	164167	1,121	209	28	60	35	290	**360**
631,3	33,23	450	51,6	82,2	255351	1,218	235	28	60	36	328	**400**

[4]) a = Stegabstand zweier U-Profile, für die das Flächenmoment 2. Grades für die y-Achse und z-Achse gleich groß und gleich $2I_y$ wird (Angaben nicht genormt)
[5]) Bei mehreren Werten für d_1 gilt der kleinere für HV-Schrauben
[6]) HV-Schrauben nicht verwendbar

Weitere Angaben sinngemäß wie auf S. 680.

Warmgewalzter gleichschenkliger rundkantiger Winkel-Stahl

nach DIN 1028 (3.94), Fortsetzung s. folgende Seiten.

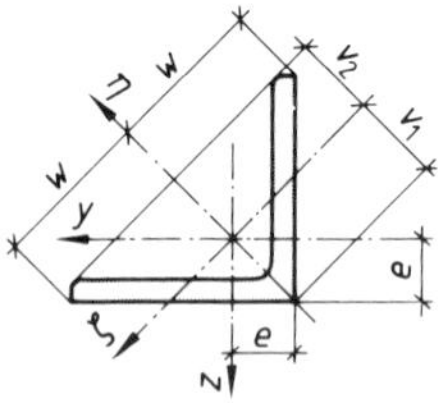

Werkstoff vorzugsweise aus Stahlsorten nach DIN EN 10025; er ist in der Bezeichnung anzugeben.

Bezeichnung eines gleichschenkligen Winkels aus Stahl S235JO nach DIN EN 10025:

Winkel DIN 1028 – S235JO – 80 × 8

Die gewünschte Nennlänge ist bei Bestellung anzugeben. Die Grenzabmaße der bestellten Länge betragen:

a) ±100 mm oder

b) $^{+200}_{\ \ 0}$ mm, wenn eine Mindestlänge gefordert wird. Bei der Bestellung können kleinere Grenzabmaße vereinbart werden.

Kurzzeichen	Maße in mm							Randabstände			
	a	*s*	r_1	r_2	*A*	*G*	*U*	*e*	*w*	v_1	v_2
L*a*×*s*					cm²	kg/m	m²/m	cm	cm	cm	cm
20 × **3**	20	3	3,5	2	**1,12**	0,88	0,077	0,60	1,41	0,85	0,70
25 × **3**	25	3	3,5	2	**1,42**	1,12	0,097	0,73	1,77	1,03	0,87
4		4			1,85	1,45		0,76		1,08	0,89
3		3			**1,74**	1,36		0,84		1,18	1,04
30 × 4	30	4	5	2,5	2,27	1,78	0,116	0,88	2,12	1,24	1,05
5		*5*			*2,78*	*2,18*		*0,92*		*1,30*	*1,07*
35 × **4**	35	4	5	2,5	**2,67**	2,1	0,136	1,00	2,47	1,41	1,24
5		5			3,28	2,57		1,04		1,47	1,25
40 × **4**	40	4	6	3	**3,08**	2,42	0,155	1,12	2,83	1,58	1,40
5		5			**3,79**	2,97		1,16		1,64	1,42
45 × 4	45	4	7	3,5	3,49	2,74	0,174	1,23	3,18	1,75	1,57
5		5			**4,3**	3,38		1,28		1,81	1,58
5		5			**4,8**	3,77		1,40		1,98	1,76
50 × 6	50	6	7	3,5	5,69	4,47	0,194	1,45	3,54	2,04	1,77
7		7			6,56	5,15		1,49		2,11	1,78
55 × 6	*55*	*6*	*8*	*4*	*6,31*	*4,95*	*0,213*	*1,56*	*3,89*	*2,21*	*1,94*
5		5			5,82	4,57		1,64		2,32	2,11
60 × **6**	60	6	8	4	**6,91**	5,42	0,233	1,69	4,24	2,39	2,11
8		8			9,03	7,09		1,77		2,50	2,14
65 × 7	65	7	9	4,5	8,7	6,83	0,252	1,85	4,60	2,62	2,29
6		*6*			*8,13*	*6,38*		*1,93*		*2,73*	*2,46*
70 × **7**	70	7	9	4,5	**9,4**	7,38	0,272	1,97	4,95	2,79	2,47
9		9			11,9	9,34		2,05		2,90	2,50
75 × 7	75	7	10	5	10,1	7,94	0,291	2,09	5,30	2,95	2,63
8		8			11,5	9,03		2,13		3,01	2,65
6		6			9,35	7,34		2,17		3,07	2,80
80 × **8**	80	8	10	5	**12,3**	9,66	0,311	2,26	5,66	3,20	2,82
10		10			15,1	11,9		2,34		3,31	2,85
90 × 7	90	7	11	5,5	12,2	9,61	0,351	2,45	6,36	3,47	3,16
9		9			**15,5**	12,2		2,54		3,59	3,18
8		8			15,5	12,2		2,74		3,87	3,52
100 × **10**	100	10	12	6	**19,2**	15,1	0,390	2,82	7,07	3,99	3,54
12		12			22,7	17,8		2,90		4,10	3,57
110 × **10**	110	10	12	6	**21,2**	16,6	0,430	3,07	7,78	4,34	3,89
10		10			23,2	18,2		3,31		4,69	4,22
120 × *11*	120	*11*	13	6,5	*25,4*	*19,9*	0.469	*3,36*	8,49	*4,75*	*4,24*
12		12			**27,5**	21,6		3,40		4,80	4,26

Fett gedruckte Winkel sind zu bevorzugen.

Für jeden Abstand a_1 (s. Bild) wird I_z größer als I_y. ∟ mit größter Schenkeldicke s sind für einteilige Knickstäbe unwirtschaftlich. Der nächstgrößere Winkel mit kleinerer Schenkeldicke hat bei geringerem Metergewicht größere Tragfähigkeit.

Für Schrauben mit $\varnothing < d$ können die gleichen Anreißmaße w angewendet werden. Für $a \leqq 100$ mm eine Lochreihe, für $a \geqq 110$ mm zwei Lochreihen mit versetzten Bohrungen.

Andere Loch-∅ sowie -abstände nach DIN 999 (10.70) s. nächste Seite.

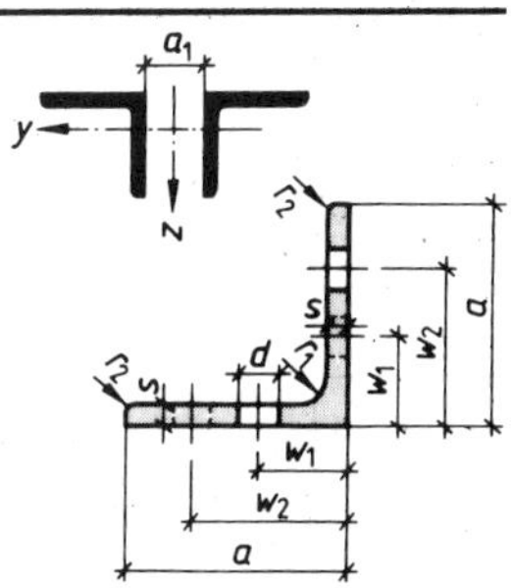

Anmerkungen sinngemäß wie auf S. 680/681.

für Biegung um die: y-Achse = z-Achse			η-Achse		ζ-Achse				Maße nach DIN 997			Kurzzeichen
I_y	W_y	i_y	I_η	i_η	I_ζ	W_ζ	i_ζ = min i	I_{yz} ²)	d	w_1	w_2	
cm⁴	cm³	cm	cm⁴	cm	cm⁴	cm³	cm	cm⁴	mm	mm	mm	∟ $a \times s$
0,39	0,28	0,59	0,62	0,74	0,15	0,18	**0,37**	0,23	4,3	12	–	**20 × 3**
0,79	0,45	0,75	1,27	0,95	0,31	0,30	**0,47**	0,48	6,4	15	–	**25** × **3**
1,01	0,58	0,74	1,61	0,93	0,40	0,37	0,47	0,60				4
1,41	0,65	0,90	2,24	1,14	0,57	0,48	**0,57**	0,84				**3**
1,81	0,86	0,89	2,85	1,12	0,76	0,61	0,58	1,05	8,4	17	–	**30** × 4
2,16	*1,04*	*0,88*	*3,41*	*1,11*	*0,91*	*0,70*	*0,57*	*1,25*				*5*
2,96	1,18	1,05	4,68	1,33	1,24	0,88	**0,68**	1,72	11	18	–	**35** × **4**
3,56	1,45	1,04	5,63	1,31	1,49	1,10	0,67	2,07				5
4,48	1,55	1,21	7,09	1,52	1,86	1,18	**0,78**	2,62	11	22	–	**40** × **4**
5,43	1,91	1,20	8,64	1,51	2,22	1,35	0,77	3,21				5
6,43	1,97	1,36	10,2	1,71	2,68	1,53	0,88	3,75	13	25	–	**45** × 4
7,83	2,43	1,35	12,4	1,70	3,25	1,80	**0,87**	4,58				**5**
11,0	3,05	1,51	17,4	1,90	4,59	2,32	**0,98**	6,41				**5**
12,8	3,61	1,50	20,4	1,89	5,24	2,57	0,96	7,56	13	30	–	**50** × 6
14,6	4,15	1,49	23,1	1,88	6,02	2,85	0,96	8,58				7
17,3	*4,40*	*1,66*	*27,4*	*2,08*	*7,24*	*3,28*	*1,07*	*10,1*	*17*	*30*	–	*55 × 6*
19,4	4,45	1,82	30,7	2,30	8,03	3,46	1,17	11,3				5
22,8	5,29	1,82	36,1	2,29	9,43	3,95	**1,17**	13,4	17	35	–	**60 × 6**
29,1	6,88	1,80	46,1	2,26	12,1	4,84	1,16	17,0				8
33,4	7,18	1,96	53,0	2,47	13,8	5,27	1,26	19,6	21	35	–	65 × 7
36,9	*7,27*	*2,13*	*58,5*	*2,68*	*15,3*	*5,60*	*1,37*	*21,6*				*6*
42,4	8,43	2,12	67,1	2,67	17,6	6,31	**1,37**	24,8	21	40	–	**70 × 7**
52,6	10,6	2,10	83,1	2,64	22,0	7,59	1,36	30,6				9
52,4	9,67	2,28	83,6	2,88	21,1	7,15	1,45	31,3	23	40	–	75 × 7
58,9	11,0	2,26	93,3	2,85	24,4	8,11	1,46	34,5				8
55,8	9,57	2,44	88,5	3,08	23,1	7,54	1,57	32,7				6
72,3	12,6	2,42	115	3,06	29,6	9,25	**1,55**	42,7	23	45	–	**80 × 8**
87,5	15,5	2,41	139	3,03	35,9	10,9	1,54	51,6				10
92,6	14,1	2,75	147	3,46	38,3	11,0	1,77	54,3	25	50	–	**90** × 7
116	18,0	2,74	184	3,45	47,8	13,3	**1,76**	68,2				**9**
145	19,9	3,06	230	3,85	59,9	15,5	1,96	85,1				8
177	24,7	3,04	280	3,82	73,3	18,4	**1,95**	104	25	55	–	**100 × 10**
207	29,2	3,02	328	3,80	86,2	21,0	1,95	121				12
239	30,1	3,36	379	4,23	98,6	22,7	**2,16**	140	25	45	70	**110 × 10**
313	36,0	3,67	497	4,63	129	27,5	2,36	184				10
341	*39,5*	*3,66*	*541*	*4,62*	*140*	*29,5*	*2,35*	*201*	25	50	80	**120** × *11*
368	42,7	3,65	584	4,60	152	31,6	**2,35**	216				**12**

Kursiv gedruckte Winkel sind möglichst zu vermeiden.

²) Zentrifugalmoment; Angaben nicht genormt.

Kurzzeichen	Maße in mm							Randabstände			
	a	s	r_1	r_2	A	G	U	e	w	v_1	v_2
∟ $a \times s$					cm^2	kg/m	m^2/m	cm	cm	cm	cm
130 × 12	130	12	14	7	30	23,6	0,508	3,64	9,19	5,15	4,60
140 × 13	140	13	15	7,5	35	27,5	0,547	3,92	9,90	5,54	4,96
150 × 12	150	12	16	8	34,8	27,3	0,586	4,12	10,6	5,83	529
150 × *14*	150	*14*	16	8	*40,3*	*31,6*	0,586	*4,21*	10,6	*5,95*	*5,31*
150 × 15	150	15	16	8	**43**	33,8	0,586	4,25	10,6	6,01	5,33
160 × 15	160	15	17	8,5	46,1	36,2	0,625	4,49	11,3	6,35	5,67
160 × *17*	160	*17*	17	8,5	*51,8*	*40,7*	0,625	*4,57*	11,3	*6,46*	*5,70*
180 × 16	180	16	18	9	55,4	43,5	0,705	5,02	12,7	7,11	6,39
180 × 18	180	18	18	9	**61,9**	48,6	0,705	5,10	12,7	7,22	6,41
200 × 16	200	16	18	9	61,8	48,5	0,785	5,52	14,1	7,80	7,09
200 × *18*	200	*18*	18	9	*69,1*	*54,3*	0,785	*5,60*	14,1	*7,92*	*7,12*
200 × 20	200	20	18	9	**76,3**	59,9	0,785	5,68	14,1	8,04	7,15
200 × 24	200	24	18	9	90,6	71,1	0,785	5,84	14,1	8,26	7,21

Fett gedruckte Winkel sind zu bevorzugen.

Lochabstände in gleichschenkligen Winkelstählen in mm nach DIN 999 (10.70)

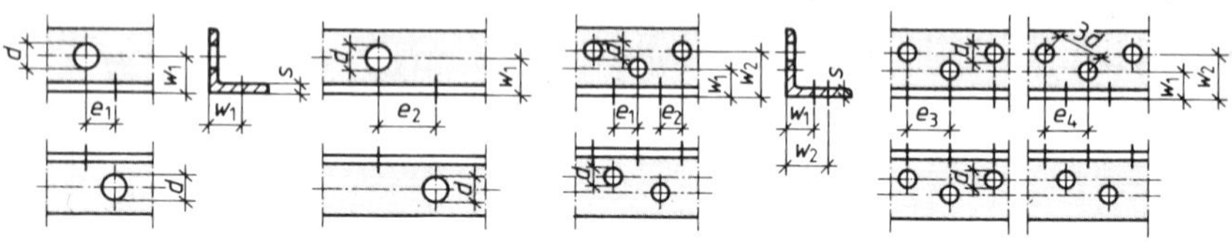

∟ $a \times s$	d [1])	e_1	e_2
20 3	4,3	12	19
25 × 3 4	6,4	15 16	24
30 × 3 4 5	8,4	12 14 15	26
35 × 4 5	11	15 16	32
40 × 4 5	11	13 14	33
45 × 4 5	13	15 16	38
50 × 5 6 7	13	0 8 11	42
50 × 5 6 7	11	0	38
55 × 6	17 13	20 8	48 42

∟ $a \times s$	d [1])	e_1	e_2
60 × 5 6 8	17	6 10 15	52
60 × 5 6 8	13	0	45
65 × 7	21 17 13	27 13 0	62 52 45
70 × 6 7 9	21	18 20 24	62
70 × 6 7 9	17	0 0 7	55
70 × 6 7 9	13	0	48

∟ $a \times s$	d [1])	e_1	e_2
75 × 7 8	23	26 28	65
75 × 7 8	21	20 22	62
75 × 7 8	17	0	55
80 × 6 8 10	23	19 23	69
80 × 6 8 10	21	0 10 16	65
80 × 6 8 10	17	0	58
90 × 7 9	25	22	75
90 × 7 9	23	0	72
90 × 7 9	21	0	69

[1]) Für Niete und Schrauben mit noch kleinerem als dem hier angegebenen Durchmesser können die gleichen Anreißmaße und Lochabstände angewendet werden.

für Biegung um die									Maße nach DIN 997			Kurzzeichen
y-Achse $= z$-Achse			η-Achse		ζ-Achse							
I_y	W_y	i_y	I_η	i_η	I_α	W_ξ	$i_\xi = \min i$	I_{yz}	d	w_1 2)	w_2	
cm⁴	cm³	cm	cm⁴	cm	cm⁴	cm³	cm	cm⁴	mm	mm	mm	L $a \times s$
472	50,4	3,97	750	5,00	194	37,7	2,54	278	25	50	90	130 × 12
638	63,3	4,27	1010	5,38	262	47,3	2,74	376	28	55	95	140 × 13
737 *845* 898	67,7 *78,2* 83,5	4,60 *4,58* 4,57	1170 *1340* 1430	5,80 *5,77* 5,76	303 *347* 370	52,0 *58,3* 61,6	2,95 *2,94* **2,93**	434 *498* 528	28	60	105	**150** × 12 *14* **15**
1100 *1230*	95,6 *108*	4,88 *4,86*	1750 *1950*	6,15 *6,13*	453 *506*	71,3 *78,3*	3,14 *3,13*	647 *724*	28	60	115	160 × 14 *17*
1680 1870	130 145	5,51 5,49	2690 2970	6,96 6,93	679 757	95,5 105	3,50 **3,49**	1000 1110	28	60 60 | 65	135	**180** × 16 **18**
2340 *2600* 2850 3330	162 *181* 199 235	6,15 *6,13* 6,11 6,06	3740 *4150* 4540 5280	7,78 *7,75* 7,72 7,64	943 *1050* 1160 1380	121 *133* 144 167	3,91 *390* **3,89** 3,90	1400 *1550* 1690 1950	28	65 65 | 70	150	**200** × 16 *18* **20** 24

Kursiv gedruckte Winkel sind möglichst zu vermeiden.

s = Schenkeldicke, d = Lochdurchmesser in mm

Haben die Löcher in beiden Schenkeln mindestens den Abstand

- e_1, so lassen sich die Niete mit Rücksicht auf den Döpper- und Kopf-∅ schlagen;
- e_2, so braucht bei Zugstäben nur ein Loch abgezogen zu werden;
- e_3, so ist der Abstand $3d$ gewahrt, und bei Zugstäben brauchen nur zwei Löcher abgezogen zu werden;
- e_4, so ist der Abstand $3d$ gewahrt.

Anreißmaße w_1 und w_2 nach DIN 997 s. S. 697 und 699

L $a \times s$	d 1)	e_1	e_2	e_3	e_4
8 10 12	25	0 10 18	79	–	–
100×8 10 12	23	0	75	–	–
8 10 12	21	0	72	–	–
110×10	25 23 21	32 23 16	88 84 80	71 65 58	71 65 58
10 11 12	25	26 28	93	69	69
120×11 10 12	23	14 17	89	63	63
10 11 12	21	0	85	56	56
130×12	25 23 21	24 17 0	99 94 90	64 57 49	64 57 49
140×13	28 25 23 21	30 20 0 0	107 101 100 92	74 64 57 49	74 64 57 49
150×12 14 15	28	17 22 25	112	71	71
150×12 14 15	25	0 0 10	106	60	60
150×12 14 15	23	0	101	53	53
160×15 17	28	25 28	117	64	64
160×15 17	25	10 18	111	59	51
160×15 17	23	0	106	56	42
180×16 18	28	26 30	127	71	38
180×16 18	25	15 20	119	67	0
180×16 18	23	0	114	55	0
200×16 18 20 24	28	13 20 25 32	133	75	0
200×16 18 20 24	25	0 0 10 22	125	70	0
200×16 18 20 24	23	0	120	67	0

2) s. links, Fußnote 1).

Warmgewalzter ungleichschenkliger rundkantiger Winkel-Stahl
nach DIN 1029 (3.94). Fortsetzung s. folgende Seiten.

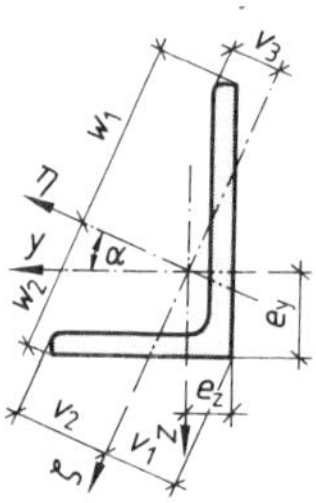

Werkstoff vorzugsweise aus Stahlsorten nach DIN EN 10025; er ist in der Bezeichnung anzugeben.

Bezeichnung eines ungleichschenkligen Winkels aus Stahl S235JO nach DIN EN 10025 von Schenkellänge $a = 80$ mm, Schenkellänge $b = 40$ mm und Schenkeldicke $s = 6$ mm:

Winkel DIN 1029 – S235JO – 80 × 40 × 6

Die gewünschte Nennlänge ist bei Bestellung anzugeben. Die Grenzabmaße der bestellten Länge betragen

a) ±100 mm oder

b) $^{+200}_{\ \ 0}$ mm, wenn eine Mindestlänge gefordert wird.

Bei der Bestellung können kleinere Grenzabmaße vereinbart werden.

Kurzzeichen ∟ a×b×s	Maße in mm r_1	r_2	a_1	A cm²	G kg/m	U m²/m	Randabstände e_y cm	e_z cm	w_1 cm	w_2 cm	v_1 cm	v_2 cm	v_3 cm	Lage der ζ-Achse tan α
30 × 20 × 3	3,5	2	5,2	**1,42**	1,11	0,097	0,99	0,50	2,04	1,51	0,86	1,04	0,56	0,431
30 × 20 × 4			4,2	**1,85**	1,45		1,03	0,54	2,02	1,52	0,91	1,03	0,58	0,423
40 × 20 × 3	3,5	2	14,6	**1,72**	1,35	0,117	1,43	0,44	2,61	1,77	0,79	1,19	0,46	0,259
40 × 20 × 4			13,8	**2,25**	1,77		1,47	0,48	2,57	1,80	0,83	1,18	0,50	0,252
40 × 25 × 4	4	2	8,7	2,46	1,93	0,127	1,36	0,62	2,69	1,90	1,10	1,35	0,68	0,381
45 × 30 × 3	4,5	2	9,0	2,19	1,72	0,146	1,43	0,70	3,09	2,23	1,21	1,59	0,80	0,436
45 × 30 × 4			8,0	**2,87**	2,25		1,48	0,74	3,07	2,26	1,27	1,58	0,83	0,436
45 × 30 × 5			7,2	**3,53**	2,77		1,52	0,78	3,05	2,27	1,32	1,58	0,85	0,430
50 × 30 × 4	4,5	2	13,1	**3,07**	2,41	0,156	1,68	0,70	3,36	2,35	1,24	1,67	0,78	0,356
50 × 30 × 5			12,2	**3,78**	2,96		1,73	0,74	3,33	2,38	1,28	1,66	0,80	0,353
50 × 40 × 4	4	2	–	3,46	2,71	0,177	1,52	1,03	3,50	2,85	1,67	1,84	1,26	0,629
50 × 40 × 5			–	**4,27**	3,35		1,56	1,07	3,49	2,88	1,73	1,84	1,27	0,625
60 × 30 × 5	6	3	21,4	**4,29**	3,37	0,175	2,15	0,68	3,90	2,67	1,20	1,77	0,72	0,256
60 × 40 × 5	6	3	11,2	**4,79**	3,76	0,195	1,96	0,97	4,08	3,01	1,68	2,09	1,10	0,437
60 × 40 × 6			10,2	**5,68**	4,46		2,00	1,01	4,06	3,02	1,72	2,08	1,12	0,433
60 × 40 × 7			9,2	6,55	5,14		2,04	1,05	4,04	3,03	1,77	2,07	1,14	0,429
65 × 50 × 5	6	3	3,6	**5,54**	4,35	0,224	1,99	1,25	4,52	3,61	2,08	2,38	1,50	0,583
65 × 50 × 7			1,8	7,60	5,97		2,07	1,33	4,50	3,62	2,19	2,37	1,52	0,574
65 × 50 × 9			–	9,58	7,52		2,15	1,41	4,48	3,63	2,28	2,36	1,57	0,567
70 × 50 × 6	6	3	8,4	**6,88**	5,40	0,235	2,24	1,25	4,82	3,68	2,20	2,52	1,42	0,497
75 × 50 × 7	6,5	3,5	13,0	**8,30**	6,51	0,244	2,48	1,25	5,10	3,77	2,13	2,63	1,38	0,433
75 × 50 × 9			11,0	10,5	8,23		2,56	1,32	5,06	3,80	2,22	2,62	1,44	0,427
75 × 55 × 5	7	3,5	8,4	**6,30**	4,95	0,254	2,31	1,33	5,19	4,00	2,27	2,71	1,58	0,530
75 × 55 × 7			6,6	**8,66**	6,80		2,40	1,41	5,16	4,02	2,37	2,70	1,62	0,525
75 × 55 × 9			5,0	10,9	8,59		2,47	1,48	5,14	4,04	2,46	2,70	1,66	0,518

Fett gedruckte Winkel sind zu bevorzugen; die anderen sollten für Neukonstruktionen nicht mehr verwendet werden.

Der Hinweis auf unwirtschaftliche Knickstäbe am Kopf der gleichschenkligen Winkel gilt auch für ungleichschenklige Winkel.

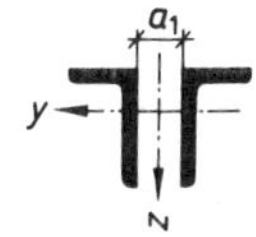

a_1 = Abstand zweier **L**-Profile, für den das Flächenmoment 2. Grades für die y-Achse und z-Achse gleich groß und gleich $2I_y$ wird (Angaben nicht genormt).

Für Schrauben mit $\varnothing < d_1$ bzw. d_2 können die gleichen Anreißmaße w_1, w_2 bzw. w_3 angewendet werden. Andere Lochdurchmesser sowie Lochabstände nach DIN 998 (10.70) s. S. 704/705

Anmerkungen sinngemäß wie auf S. 680/681.

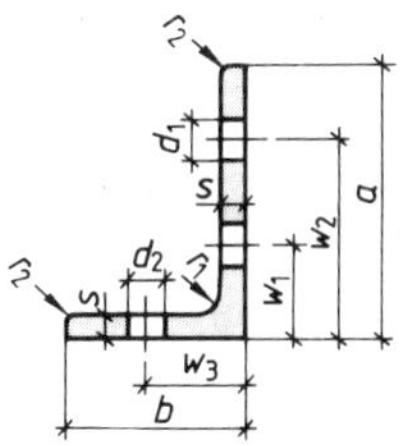

für Biegung um die											Maße nach DIN 997 in mm				Kurzzeichen
y-Achse			z-Achse			η-Achse		ζ-Achse							
I_y	W_y	i_y	I_z	W_z	i_z	I_η	i_η	I_ζ	$i_\zeta =$ min i	I_{yz} 2)	d_1	d_2 1)	w_1	w_3 1)	
cm^4	cm^3	cm	cm^4	cm^3	cm	cm^4	cm	cm^4	cm	cm^4					**L** $a \times b \times s$
1,25	0,62	0,94	0,44	0,29	0,56	1,43	1,00	0,25	**0,42**	0,43	8,4	4,3	17	12	**30 × 20 × 3**
1,59	0,81	0,93	0,55	0,38	0,55	1,81	0,99	0,33	**0,42**	0,53					**4**
2,79	1,08	1,27	0,47	0,30	0,52	2,96	1,31	0,30	**0,42**	0,65	11	4,3	22	12	**40 × 20 × 3**
3,59	1,42	1,26	0,60	0,39	0,52	3,79	1,30	0,39	**0,42**	0,81					**4**
3,89	1,47	1,26	1,16	0,62	0,69	4,35	1,33	0,70	0,53	1,21	11	6,4	22	15	40 × 25 × 4
4,47	1,46	1,43	1,60	0,70	0,86	5,15	1,53	0,93	0,65	1,54	13	8,4	25	17	3
5,78	1,91	1,42	2,05	0,91	0,85	6,65	1,52	1,18	**0,64**	2,00					**45 × 30 × 4**
6,99	2,35	1,41	2,47	1,11	0,84	8,02	1,51	1,44	**0,64**	2,39					**5**
7,71	2,33	1,59	2,09	0,91	0,82	8,53	1,67	1,27	**0,64**	2,30	13	8,4	30	17	**50 × 30 × 4**
9,41	2,88	1,58	2,54	1,12	0,82	10,4	1,66	1,56	**0,64**	2,77					**5**
8,54	2,47	1,57	4,86	1,64	1,19	10,9	1,78	2,46	0,84	3,82	13	11	30	22	**50 × 40 ×** 4
10,4	3,02	1,56	5,89	2,01	1,18	13,3	1,76	3,02	**0,84**	4,60					**5**
15,6	4,04	1,90	2,60	1,12	0,78	16,5	1,96	1,69	**0,63**	3,56	17	8,4	35	17	**60 × 30 × 5**
17,2	4,25	1,89	6,11	2,02	1,13	19,8	2,03	3,50	**0,86**	5,98	17	11	35	22	**5**
20,1	5,03	1,88	7,12	2,38	1,12	23,1	2,02	4,12	**0,85**	6,92					**60 × 40 × 6**
23,0	5,79	1,87	8,07	2,74	1,11	26,3	2,00	4,73	0,85	7,81					7
23,1	5,11	2,04	11,9	3,18	1,47	28,8	2,28	6,21	**1,06**	9,80	21	13	35	30	**5**
31,0	6,99	2,02	15,8	4,31	1,44	38,4	2,25	8,37	1,05	13,0					**65 × 50 ×** 7
38,2	8,77	2,00	19,4	5,39	1,42	47,0	2,22	10,5	1,05	15,7					9
33,5	7,04	2,21	14,3	3,81	1,44	39,9	2,41	7,94	**1,07**	12,7	21	13	40	30	**70 × 50 × 6**
46,4	9,24	2,36	16,5	4,39	1,41	53,3	2,53	9,56	**1,07**	16,0	23	13	40	30	**75 × 50 × 7**
57,4	11,6	2,34	20,2	5,49	1,39	65,7	2,50	11,9	1,07	19,4					9
35,5	6,84	2,37	16,2	3,89	1,60	43,1	2,61	8,68	**1,17**	14,2	23	17	40	30	**5**
47,9	9,39	2,35	21,8	5,32	1,59	57,9	2,59	11,8	**1,17**	19,0					**75 × 55 × 7**
59,4	11,8	2,33	26,8	6,66	1,57	71,3	2,55	14,8	1,16	23,1		17 | 13			9

1) Bei 2 Werten gelten für HV-Verbindungen das größere w_3 und der kleinere d_2. Ist dieser noch mit einem • gekennzeichnet, dann gilt er für alle Schrauben und der größere d_2 nur für Niete.

2) Zentrifugalmoment; Angaben nicht genormt.

Fortsetzung der vorhergehenden Seiten

Kurz-zeichen $L\, a \times b \times s$	Maße in mm r_1	r_2	a_1	A cm²	G kg/m	U m²/m	Randabstände e_y cm	e_z cm	w_1 cm	w_2 cm	v_1 cm	v_2 cm	v_3 cm	Lag der ζ-Ac tan
80 × 40 × 6	7	3,5	29,0	**6,89**	5,41	0,234	2,85	0,88	5,21	3,53	1,55	2,42	0,89	0,2
80 × 40 × 8			27,2	**9,01**	7,07		2,94	0,95	5,15	3,57	1,65	2,38	1,04	0,2
80 × 60 × 7	8	4	5,7	**9,38**	7,36	0,274	2,51	1,52	5,55	4,42	2,70	2,92	1,68	0,5
80 × 65 × 8	8	4	–	**11,0**	8,66	0,283	2,47	1,73	5,59	4,65	2,79	2,94	2,05	0,6
80 × 65 × 10			–	13,6	10,7		2,55	1,81	5,56	4,68	2,90	2,95	2,11	0,6
90 × 60 × 6	7	3,5	17,8	**8,69**	6,82	0,294	2,89	1,41	6,14	4,50	2,46	3,16	1,60	0,4
90 × 60 × 8			16,0	**11,4**	8,96		2,97	1,49	6,11	4,54	2,56	3,15	1,69	0,4
100 × 50 × 6	9	4,5	37,6	**8,73**	6,85	0,292	3,49	1,04	6,50	4,39	1,91	2,98	1,15	0,2
100 × 50 × 8			35,4	**11,5**	8,99		3,59	1,13	6,48	4,44	2,00	2,95	1,18	0,2
100 × 50 × 10			33,8	**14,1**	11,1		3,67	1,20	6,43	4,49	2,08	2,91	1,22	0,2
100 × 65 × 7	10	5	21,8	**11,2**	8,77	0,321	3,23	1,51	6,83	4,91	2,66	3,48	1,73	0,4
100 × 65 × 9			19,8	**14,2**	11,1		3,32	1,59	6,78	4,94	2,76	3,46	1,78	0,4
100 × 65 × 11			17,8	17,1	13,4		3,40	1,67	6,74	4,97	2,85	3,45	1,83	0,
100 × 75 × 7	10	5	8,8	11,9	9,32	0,341	3,06	1,83	6,96	5,42	3,10	3,61	2,18	0,5
100 × 75 × 9			7,0	**15,1**	11,8		3,15	1,91	6,91	5,45	3,22	3,63	2,22	0,5
100 × 75 × 11			5,2	18,2	14,3		3,23	1,99	6,87	5,49	3,32	3,65	2,27	0,
120 × 80 × 8	11	5,5	24,0	**15,5**	12,2	0,391	3,83	1,87	8,23	5,99	3,27	4,20	2,16	0,
120 × 80 × 10			22,2	**19,1**	15,0		3,92	1,95	8,18	6,03	3,37	4,19	2,19	0,
120 × 80 × 12			20,2	**22,7**	17,8		4,00	2,03	8,14	6,06	3,46	4,18	2,25	0,
130 × 65 × 8	11	5,5	48,6	**15,1**	11,9	0,381	4,56	1,37	8,50	5,71	2,49	3,86	1,47	0,
130 × 65 × 10			46,8	**18,6**	14,6		4,65	1,45	8,43	5,76	2,58	3,82	1,54	0,
130 × 65 × 12			44,6	22,1	17,3		4,74	1,53	8,37	5,81	2,66	3,80	1,60	0,
130 × 90 × 12	12	6	18,6	25,1	19,7	0,430	4,24	2,26	8,88	6,72	3,85	4,60	2,56	0,
150 × 75 × 9	10,5	5,5	56,4	**19,5**	15,3	0,441	5,28	1,57	9,79	6,62	2,90	4,46	1,72	0,
150 × 75 × 11			54,4	**23,6**	18,6		5,37	1,65	9,73	6,66	2,97	4,44	1,77	0
150 × 100 × 10	13	6,5	29,8	**24,2**	19,0	0,489	4,80	2,34	10,3	7,50	4,10	5,25	2,68	0,
150 × 100 × 12			28,0	**28,7**	22,6		4,89	2,42	10,2	7,53	4,19	5,24	2,73	0,
150 × 100 × 14			26,2	33,2	26,1		4,97	2,50	10,2	7,56	4,28	5,23	2,77	0
160 × 80 × 12	13	6,5	57,9	27,5	21,6	0,469	5,72	1,77	10,4	7,10	3,15	4,75	1,89	0
180 × 90 × 10	14	7	69,0	**26,2**	20,6	0,528	6,28	1,85	11,8	7,89	3,38	5,42	2,00	0
180 × 90 × 12			67,0	31,2	24,5		6,37	1,93	11,7	7,95	3,48	5,38	2,07	0
200 × 100 × 10	15	7,5	77,4	**29,2**	23,0	0,587	6,93	2,01	13,2	8,76	3,75	5,98	2,22	0
200 × 100 × 12			75,2	**34,8**	27,3		7,03	2,10	13,1	8,82	3,84	5,95	2,26	0
200 × 100 × 14			73,0	**40,3**	31,6		7,12	2,18	13,0	8,88	3,93	5,92	2,32	0

Fett gedruckte Winkel sind zu bevorzugen; die anderen sollten für Neukonstruktionen nicht mehr verwendet werden.

für Biegung um die											Maße nach DIN 997 in mm					Kurzzeichen
y-Achse			z-Achse			η-Achse		ζ-Achse								
	W_y	i_y	I_z	W_z	i_z	I_η	i_η	I_ζ	$i_\zeta=$ min i	I_{yz}	d_1	d_2 1)	w_1	w_2	w_3 1)	
n⁴	cm³	cm	cm⁴	cm³	cm	cm⁴	cm	cm⁴	cm	cm⁴						∟ *a* × *b* × *s*
4,9	8,73	2,55	7,59	2,44	1,05	47,6	2,63	4,90	**0,84**	10,4	23	11	45	–	22	**80 × 40 × 6**
7,6	11,4	2,53	9,68	3,18	1,04	60,9	2,60	6,41	**0,84**	12,9						**8**
9,0	10,7	2,51	28,4	6,34	1,74	72,0	2,77	15,4	**1,28**	23,8	23	17	45	–	35	**80 × 60 × 7**
3,1	12,3	2,49	40,1	8,41	1,91	88,0	2,82	20,3	**1,36**	30,8	23	21	45	–	35	**80 × 65 × 8**
2,2	15,1	2,46	48,3	10,3	1,89	106	2,79	24,8	1,35	36,7		21 / 17				10
1,7	11,7	2,87	25,8	5,61	1,72	82,8	3,09	14,6	**1,30**	25,2	25	17	50	–	35	**90 × 60 × 6**
2,5	15,4	2,85	33,0	7,31	1,70	107	3,06	19,0	**1,29**	32,1						**8**
9,7	13,8	3,20	15,3	3,86	1,32	95,2	3,30	9,78	**1,06**	21,0	25	13	55	–	30	**100 × 50 × 6**
16	18,0	3,18	19,5	5,04	1,31	123	3,28	12,6	**1,05**	26,7						**8**
41	22,2	3,16	23,4	6,17	1,29	149	3,25	15,5	**1,04**	31,5		13 +)				**10**
13	16,6	3,17	37,6	7,54	1,84	128	3,39	21,6	**1,39**	38,2	25	21	55	–	35	**100 × 65 × 7**
41	21,0	3,15	46,7	9,52	1,82	160	3,36	27,2	**1,39**	47,1		21 / 17				**9**
67	25,3	3,13	55,1	11,4	1,80	190	3,34	32,6	1,38	55,0		21 / 17			35 / 37	11
18	17,0	3,15	56,9	10,0	2,19	145	3,49	30,1	1,59	48,5	25	23	55	–	40	**100 × 75 ×** 7
48	21,5	3,13	71,0	12,7	2,17	181	3,47	37,8	**1,59**	60,5						**9**
76	25,9	3,11	84,0	15,3	2,15	214	3,44	45,4	1,58	71,0		23 / 21				11
26	27,6	3,82	80,8	13,2	2,29	261	4,10	45,8	**1,72**	79,4	25	23	50	80	45	**120 × 80 × 8**
76	34,1	3,80	98,1	16,2	2,27	318	4,07	56,1	**1,71**	96,1						**10**
23	40,4	3,77	114	19,1	2,25	371	4,04	66,1	**1,71**	111						**12**
63	31,1	4,17	44,8	8,72	1,72	280	4,31	28,6	**1,38**	61,6	25	21 / 17	50	90	35	**130 × 65 × 8**
21	38,4	4,15	54,2	10,7	1,71	340	4,27	35,0	**1,37**	74,1		21 / 17 •			35 / 36	**10**
76	45,5	4,12	63,0	12,7	1,69	397	4,24	41,2	1,37	85,4		21 / 17 •			35 / 38	12
20	48,0	4,09	165	24,4	2,56	492	4,43	92,6	1,92	154	25	25	50	90	50	130 × 90 × 12
55	46,8	4,83	78,3	13,2	2,00	484	4,98	50,0	**1,60**	107	28	23	60	105	40	**150 × 75 × 9**
45	56,6	4,80	93,0	15,9	1,98	578	4,95	59,8	**1,59**	127		23 / 21				**11**
52	54,1	4,78	198	25,8	2,86	637	5,13	112	**2,15**	194	28	25	60	105	55	**150 × 100 × 10**
50	64,2	4,76	232	30,6	2,84	749	5,10	132	**2,15**	227						**12**
44	74,1	4,73	264	35,2	2,82	856	5,07	152	2,14	257						14
20	70,0	5,11	122	19,6	2,10	763	5,26	78,9	1,69	166	28	23	60	115	45	160 × 80 × 12
30	75,1	5,80	151	21,2	2,40	934	5,97	97,4	**1,93**	205	28	25	60	135	50	**180 × 90 × 10**
40	89,3	5,77	177	25,1	2,38	1100	5,94	114	1,92	241						12
0	93,2	6,46	210	26,3	2,68	1300	6,66	133	**2,14**	289	28	25	65	150	55	**200 × 100 × 10**
0	111	6,43	247	31,3	2,67	1530	6,63	158	**2,13**	338						**12**
0	128	6,41	282	36,1	2,65	1760	6,60	181	**2,12**	385						**14**

[1]) s. S. 701 Fußnote [1]).

+) Genormte Schrauben für HV-Verbindungen sind hier nicht anwendbar.

II

Lochabstände in ungleichschenkligen Winkelstählen. Auszug aus DIN 998 (10.70), Maße in mm. Anreißmaße w_1, w_2, w_3 nach DIN 997 s. S. 701 und 703

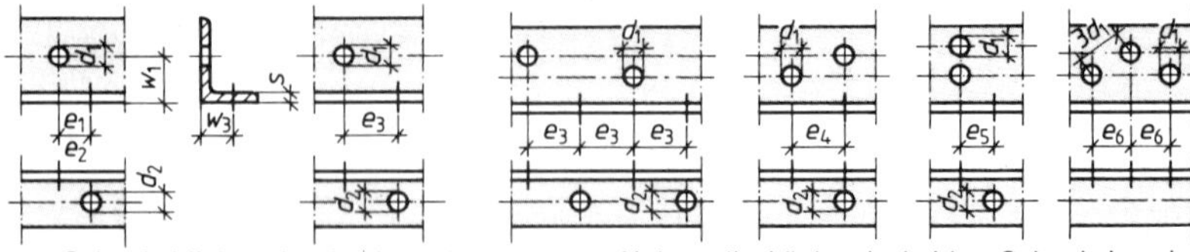

s = Schenkeldicke; d_1, d_2 = Lochdurchmesser. Haben die Löcher in beiden Schenkeln mindestens den Abstand

- e_1 (e_2), so läßt sich mit Rücksicht auf den Döpper- und Niet-∅ der Niet im kleinen (großen) Schenkel schlagen, wenn der Niet im großen (kleinen) Schenkel bereits sitzt;
- e_3, so braucht in Zugstäben nur ein Loch abgezogen zu werden;
- e_4 (e_5), so ist der Abstand 3 d_1 gewahrt, und in Zugstäben brauchen nur zwei Löcher abgezogen zu werden;
- e_6, so ist der Abstand 3 d_1 gewahrt.

L	s	d_1	d_2	e_1	e_2	e_3
30 × 20	3 4	8,4	4,3	10 11	0	17
40 × 20	3 4	11	4,3	12 13	0	18
45 × 30	3 4 5	13	8,4	16 17 18	0	29
50 × 30	5	13	8,4	18	0	30
50 × 40	4 5	13	11	18 19	0	36
	4 5	11		13 14		
60 × 30	5	17 13	8,4	22 18	0	31
60 × 40	5 6 7	17	11	20 21 22	0	38
	5 6 7	13		16 17 18		
65 × 50	5 7 9	21	13	19 22 24	13 18 21	44
	5 7 9	17		13 16 19	0 0 11	
	5 7 9	21	11	14 18 20	10 15 19	40
	5 7 9	17		0 11 15	0 0 8	

L	s	d_1	d_2	e_1	e_2	e_3
75 × 50	7 9	23	13	24 26	9 15	45
	7 9	21		22 24	0 10	
	7 9	17		16 19	0	
	7 9	23	11	20 22	0 13	41
	7 9	21		18 20	0	
	7 9	17		11 15		
75 × 55	5 7 9	23	17	26 28 30	13 18 22	52
	5 7 9	21		24 26 28	0 13 17	
	5 7 9	17		19 22 24	0	
	5 7 9	23	13	21 24 26	0 11 16	45
	5 7 9	21		19 22 24	0 0 11	
	5 7 9	17		13 16 19	0	
80 × 40	6 8	23	11	27 28	0	40
	6 8	21		26 27		
	6 8	17		21 23		

L	s	d_1	d_2	e_1	e_2	e_3
80 × 65	8 10	23	21	30 32	16 21	62
	8 10	21		29 31	9 16	
	8 10	23	17	23 26	0 13	55
	8 10	21		21 24	0	
90 × 60	6 8	25	17	24 27	0	57
	6 8	23		21 23		
	6 8	21		18 21		
	6 8	25	13	18 22		49
	6 8	23		14 18		
	6 8	21		10 16		
100 × 50	6 8 10	25	13	26 28 30	0	49
	6 8 10	23		22 25 27		
	6 8 10	21		20 23 25		

L	s	d_1	d_2	e_1	e_2	e_3
100 × 65	7 9 11	25	21	32 34 36	0	65
	7 9 11	23		29 31 33		
	7 9 11	21		27 30 32		
	7 9 11	25	17	25 28 30	0	63
	7 9 11	23		22 25 27		
	7 9 11	21		20 23 25		
100 × 75	7 9 11	25	23	30 32 34	0	70
	7 9 11	23		26 29 31		
	7 9 11	21		24 27 29		
	7 9 11	25	21	26 29 31	0	67
	7 9 11	23		23 26 28		
	7 9 11	21		20 26		

L	s	d_1	d_2	e_1	e_2	e_3	e_4	e_6
120 × 80	8 10 12	25		24 27 30	14 20 24		69	69
	8 10 12	23	23	19 23 26	0 10 17	80	63	63
	8 10 12	21		16 21 24	0 0 10		56	56
	8 10 12	25		19 23 26	10 17 21		69	69
	8 10 12	23	21	14 19 23	0 0 14	76	63	63
	8 10 12	21		10 16 20	0		56	56
130 × 65	8 10 12	25		33 35 37	10 17 21		64	64
	8 10 12	23	21	30 32 34	0 0 14	76	57	57
	8 10 12	21		29 31 32	0		49	49

L	s	d_1	d_2	e_1	e_2	e_3	e_4	e_6
130 × 65	8 10 12	25		27 29 31	0 0 13		64	64
	8 10 12	23	17	23 26 28	0	68	57	57
	8 10 12	21		21 24 26	0		49	49
130 × 90	12	25 23	25	28 24	28 22	88	64 57	57
	12	25 23	23	22 17	19 17	84	64 57	64 57
150 × 75	9 11	28		34 36			71	71
	9 11	25	23	32 34	0	85	60	60
	9 11	23		29 31			53	53
150 × 100	10 12 14	28		15 20 25	0 13 20		71	71
	10 12 14	25	25	10 18 22	0	93	60	60
	10 12 14	28		0 10 17	0 0 13		71	71
	10 12 14	25	23	0 0 14	0	89	60	60

L	s	d_1	d_2	e_1	e_2	e_3	e_4	e_5	e_6
160 × 80		28		31			64		64
	12	25	23	30	0	89	51	–	51
		23		26			42		42
		28		28			64		64
	12	25	21	24	0	86	51	–	51
		23		23			42		42
180 × 90	10 12	28		27 30	0 13		53	–	38
	10 12	25	25	24 28	0	100	49	79	0
	10 12	23		20 24			47		
	10 12	28		20 24			53	–	38
	10 12	25	23	17 22	0	96	49	76	0
	10 12	23		10 17			47		
200 × 100	10 12 14	28		15 20 25			55		
	10 12 14	25	25	10 18 22	0	105	52	82	0
	10 12 14	28		0 10 17			55		
	10 12 14	25	23	0 0 14	0	100	52	78	

Warmgewalzter Breitflachstahl nach DIN 59200 (10.75)

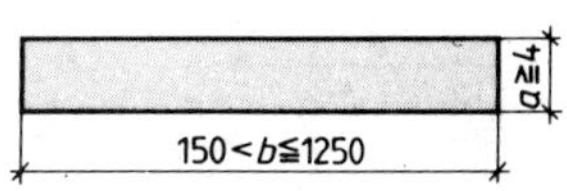

Werkstoff: Stahl nach DIN EN 10025.

Bezeichnung für Breitflachstahl von 10 mm Dicke, 200 mm Breite in Herstellängen ohne Angabe eines Längenbereichs, aus Stahl S235JRG2 (Werkstoffnummer 1.0038) nach DIN EN 10025:

Breitflachstahl DIN 59200 – 10 × 200 – S235JRG2

oder

BrFl DIN 59200 – 10 × 200 – 1.0038

Lieferart:

Bei Bestellung nach Gewicht darf die Länge zwischen 2000 und 12000 mm schwanken. Zulässige Maßabweichung bei Bestellung in Genaulänge: +200 mm; nach Vereinbarung kleinere Maßabweichungen, zu bevorzugen sind +50, +25 mm.

Dicke: Die zu bevorzugenden Nenndicken *a* sind:
5, 6, 8, 10, 12, 15, 20, 25, 30, 40, 50, 60, 80 mm.

Breite: Die zu bevorzugenden Nennbreiten *b* sind:
160, 180, 200, 220, 240, 250, 260, 280, 300, 320, 340, 350, 360, 380, 400, 450, 500, 550, 600, 650, 700, 750, 800, 900, 1000, 1100, 1200 mm.

Warmgewalzter gleichschenkliger T-Stahl mit gerundeten Kanten und Übergängen nach DIN EN 10055:1995-12

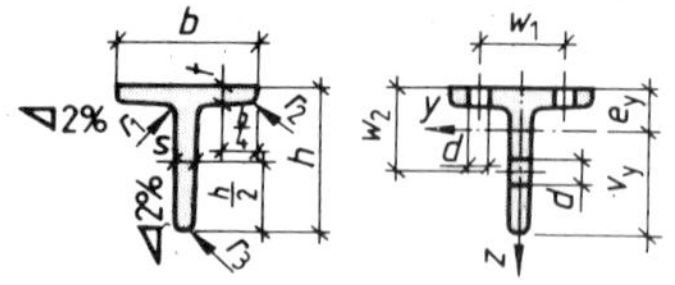

Werkstoff vorzugsweise aus Stahlsorten nach DIN EN 10025; er ist in der Bezeichnung anzugeben.

Bezeichnung eines warmgewalzten gleichschenkligen rundkantigen T-Stahls mit $h = 40$ mm aus einem Stahl S235JR nach DIN 10025:

T-Profil EN 10055 – T40 – Stahl EN 10025 – S235JR

Die gewünschte Nennlänge ist bei Bestellung anzugeben.

Übliches Grenzabmaß ±100 mm. Eingeschränkte Grenzabmaße ±50, ±25, ±10 mm.

Auf Vereinbarung bei der Bestellung können die Gesamtspannen für die Grenzabmaße ganz auf die Plusseite oder ganz auf die Minusseite gelegt werden.

Kurzzeichen	Maße in mm							für Biegung um die						Maße in mm nach DIN 997		
								y-Achse			z-Achse			Größt-Ø	Anreißmaße	
T	h	b	$s=t=r_1$	A cm²	G kg/m	U m²/m	e_y cm	I_y cm⁴	W_y[1]) cm³	i_y[2]) cm	I_z cm⁴	W_z cm³	i_z[2]) cm	d	w_1	w_2
30	30	30	4	**2,26**	1,77	0,114	0,85	1,72	**0,80**	0,87	0,87	0,58	**0,62**	4,3	17	17
35	35	35	4,5	**2,97**	2,33	0,133	0,99	3,10	**1,23**	1,04	1,57	0,90	**0,73**	4,3	19	19
40	40	40	5	**3,77**	2,96	0,153	1,12	5,28	**1,84**	1,18	2,58	1,29	**0,83**	6,4	21	22
50	50	50	6	**5,66**	4,44	0,191	1,39	12,1	**3,36**	1,46	6,06	2,42	**1,03**	6,4	30	30
60	60	60	7	**7,94**	6,23	0,229	1,66	23,8	**5,48**	1,73	12,2	4,07	**1,24**	8,4	34	35
70	70	70	8	**10,6**	8,32	0,268	1,94	44,5	**8,79**	2,05	22,1	6,32	**1,44**	11	38	40
80	80	80	9	**13,6**	10,7	0,307	2,22	73,7	**12,8**	2,33	37,0	9,25	**1,65**	11	45	45
100	100	100	11	**20,9**	16,4	0,383	2,74	179	**24,6**	2,92	88,3	17,7	**2,05**	13	60	60
120	120	120	13	**29,6**	23,2	0,459	3,28	366	**42,0**	3,51	178	29,7	**2,45**	17	70	70
140	140	140	15	**39,9**	31,3	0,537	3,80	660	**64,7**	4,07	330	47,2	**2,88**	21	80	75

[1]) $W_y = I_y / v_y$ [2]) **Fett** gedruckte Werte sind min i.

Warmgewalzter rundkantiger breitfüßiger T-Stahl. Nicht genormt

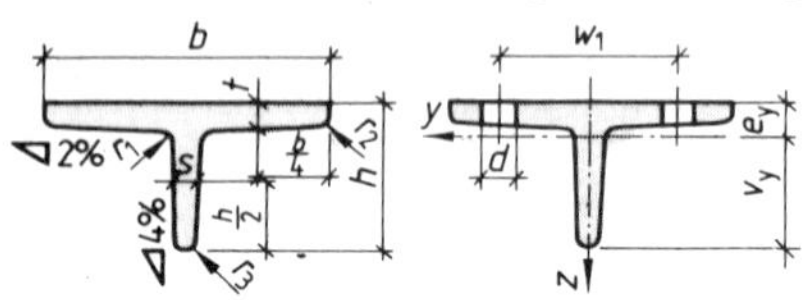

Diese Profilreihe (früher DIN 1024) wurde in DIN EN 10055 gestrichen. Vor ihrer Verwendung ist die Lieferbarkeit zu prüfen.

Kurzzeichen	Maße in mm							für Biegung um die						Maße in mm nach DIN 997		
								y-Achse			z-Achse			Größt-Ø	Anreißmaße	
TB	h	b	$s=t=r_1$	A cm²	G kg/m	U m²/m	e_y cm	I_y cm⁴	W_y[1]) cm³	i_y[2]) cm	I_z cm⁴	W_z cm³	i_z[2]) cm	d	w_1	w_2
30	30	60	5,5	**4,64**	3,64	0,171	0,67	2,58	**1,11**	**0,75**	8,62	2,87	1,36	8.4	34	–
35	35	70	6	**5,94**	4,66	0,201	0,77	4,49	**1,65**	**0,87**	15,1	4,31	1,59	11	37	–
40	40	80	7	**7,91**	6,21	0,233	0,88	7,81	**2,50**	**0,99**	28,5	7,13	1,90	11	45	–
50	50	100	8,5	**12,0**	9,42	0,287	1,09	18,7	**4,78**	**1,25**	67,2	13,5	2,38	13	55	–
60	60	120	10	**17,0**	13,4	0,345	1,30	38,0	**8,09**	**1,49**	137	22,8	2,84	17	65	–

[1]) $W_y = I_y / v_y$ [2]) **Fett** gedruckte Werte sind min i.

Halbierte I-Träger

Bezeichnungen und Maße *b, s, t, r*, r_1 und r_2 s. die entsprechenden Tafeln der Walzprofile.

e_y Abstand der *y*-Achse von der Flansch-Kante

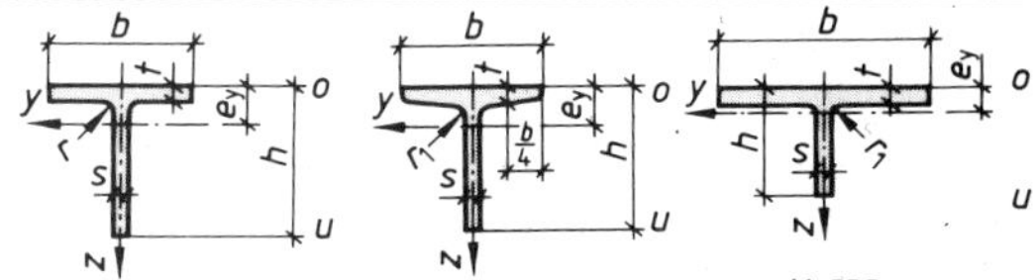

1/2 IPE 1/2 I 1/2 IPB

Kurzzeichen	*h* mm	e_y cm	*A* cm^2	*G* kg/m	I_y cm^4	W_{yu} [1] cm^3	W_{yo} [1] cm^3	i_y *) cm	I_z cm^4	W_z cm^3	i_z *) cm	I_T cm^4	i_p [2] cm	i_M [3] cm
					für Biegung um die *y*-Achse				*z*-Achse					
1/2 IPE	**Halbierte mittelbreite I-Träger** mit parallelen Flanschflächen, nach DIN 1025-5													
140	70	1,62	**8,21**	6,45	33,0	**6,14**	20,4	2,01	22,4	6,15	**1,65**	1,22	2,60	2,90
160	80	1,84	**10,0**	7,89	52,9	**8,57**	28,8	2,29	34,1	8,34	**1,84**	1,80	2,94	3,29
180	90	2,05	**12,0**	9,40	80,3	**11,5**	39,1	2,59	50,4	11,1	**2,05**	2,39	3,30	3,69
200	100	2,25	**14,2**	11,2	117	**15,1**	51,9	2,87	71,2	14,2	**2,24**	3,48	3,64	4,07
220	110	2,45	**16,7**	13,1	165	**19,3**	67,6	3,15	102	18,6	**2,48**	4,52	4,01	4,47
240	120	2,63	**19,6**	15,4	227	**24,3**	86,6	3,41	142	23,6	**2,69**	6,42	4,34	4,84
270	135	2,97	**23,0**	18,0	346	**32,8**	117	3,88	210	31,1	**3,02**	7,95	4,92	5,50
300	150	3,32	**26,9**	21,1	509	**43,6**	153	4,35	302	40,3	**3,35**	10,0	5,49	6,16
330	165	3,65	**31,3**	24,6	717	**55,8**	196	4,78	394	49,3	**3,55**	14,0	5,96	6,70
360	180	3,99	**36,4**	28,5	992	**70,8**	249	5,22	522	61,4	**3,79**	18,6	6,45	7,27
400	200	4,52	**42,2**	33,2	1450	**93,7**	320	5,86	659	73,2	**3,95**	25,5	7,06	8,05
450	225	5,28	**49,4**	38,8	2220	**129**	420	6,70	838	88,2	**4,12**	33,4	7,86	9,08
500	250	6,01	**57,8**	45,3	3260	**172**	543	7,52	1070	107	**4,31**	44,5	8,66	10,1
550	275	6,77	**67,2**	52,8	4670	**225**	690	8,33	1330	127	**4,45**	61,5	9,45	11,1
600	300	7,48	**78,0**	61,2	6500	**288**	868	9,13	1690	154	**4,66**	82,5	10,2	12,2
1/2 IPEo **1/2 IPEv**	**Halbierte mittelbreite I-Träger, verstärkte Ausführung,** nicht genormt													
180o	91	2,12	**13,5**	10,6	92,3	**13,2**	43,6	2,61	58,6	12,7	**2,08**	3,36	3,34	3,73
200o	101	2,30	**16,0**	12,6	132	**17,0**	57,6	2,88	84,4	16,6	**2,30**	4,71	3,68	4,11
220o	111	2,51	**18,7**	14,7	188	**21,9**	74,8	3,17	120	21,4	**2,53**	6,12	4,06	4,52
240o	121	2,71	**21,9**	17,2	259	**27,6**	95,5	3,44	164	26,9	**2,74**	8,57	4,40	4,91
270o	137	3,02	**26,9**	21,1	407	**38,1**	134	3,89	257	37,7	**3,09**	12,4	4,96	5,52
300o	152	3,36	**31,4**	24,7	594	**50,2**	177	4,35	373	49,1	**3,45**	15,5	5,55	6,18
330o	167	3,72	**36,3**	28,5	835	**64,3**	225	4,79	480	59,3	**3,64**	21,0	6,02	6,74
360o	182	4,10	**42,1**	33,0	1160	**82,5**	284	5,26	626	72,7	**3,86**	27,8	6,52	7,34
400o	202	4,61	**48,2**	37,8	1670	**107**	361	5,88	782	85,9	**4,03**	36,5	7,13	8,10
400v	204	4,69	**53,5**	42,0	1860	**119**	397	5,90	883	97,0	**4,06**	49,4	7,16	8,12
450o	228	5,41	**58,8**	46,2	2670	**153**	493	6,73	1040	109	**4,21**	54,4	7,94	9,14
450v	230	5,57	**66,0**	51,8	3040	**174**	546	6,79	1200	124	**4,26**	74,6	8,01	9,23
500o	253	6,19	**68,4**	53,7	3920	**205**	633	7,57	1310	130	**4,38**	71,5	8,74	10,2
500v	257	6,39	**82,0**	64,4	4770	**247**	747	7,63	1640	160	**4,46**	121	8,84	10,3
550o	278	6,89	**78,0**	61,3	5460	**261**	793	8,36	1610	152	**4,55**	93,5	9,52	11,2
550v	283	7,48	**101**	79,3	7400	**355**	989	8,56	2130	197	**4,59**	189	9,71	11,5
600o	305	7,78	**98,4**	77,3	8350	**368**	1070	9,21	2260	202	**4,79**	159	10,4	12,3
600v	309	8,13	**117**	91,8	10160	**446**	1250	9,32	2780	244	**4,88**	255	10,5	12,5

*) **Fettgedruckte Werte** sind min *i*.

[1] W_{yu}, W_{yo} auf den unteren bzw. oberen Querschnittsrand bezogenes Widerstandsmoment.

[2] $i_p = \sqrt{i_y^2 + i_z^2}$ auf den Schwerpunkt bezogener polarer Trägheitsradius.

[3] $i_M = \sqrt{i_p^2 + z_M^2}$ mit $z_M = e_y - t/2$ auf den Schubmittelpunkt bezogener polarer Trägheitsradius.

Alle I-Träger können nicht nur in der Stegmitte, sondern auch an anderen Stegstellen geteilt werden. Es entstehen dann mehr oder weniger hochstegige oder breitfüßige T-Stähle. Auch können zwischen die halbierten I-Träger Stegbleche eingeschweißt werden.

Fortsetzung s. folgende Seiten

Kurzzeichen					für Biegung um die									
					y-Achse				z-Achse					
	h mm	e_y cm	A cm²	G kg/m	I_y cm⁴	W_{yu} cm³	W_{yo} cm³	*) i_y cm	I_z cm⁴	W_z cm³	*) i_z cm	I_T cm⁴	i_p cm	i_M cm
$^1/_2$ I	**Halbierte I-Träger** nach DIN 1025-1													
140	70	1,79	**9,15**	7,20	37,9	**7,26**	21,2	2,03	17,6	5,35	**1,40**	2,15	2,47	2,82
160	80	2,04	**11,4**	8,95	62,2	**10,5**	30,5	2,34	27,4	7,40	**1,55**	3,27	2,81	3,21
180	90	2,30	**14,0**	11,0	99,7	**14,9**	43,3	2,65	40,7	9,90	**1,71**	4,77	3,15	3,62
200	100	2,56	**16,7**	13,1	144	**19,4**	56,3	2,94	58,2	12,9	**1,87**	6,72	3,48	4,02
220	110	2,83	**19,8**	15,5	208	**25,4**	73,5	3,24	81,0	16,6	**2,02**	9,26	3,82	4,42
240	120	3,09	**23,0**	18,1	289	**32,5**	93,5	3,54	110	20,8	**2,20**	12,4	4,17	4,83
260	130	3,37	**26,7**	20,9	396	**41,1**	118	3,85	144	25,4	**2,32**	16,7	4,49	5,23
280	140	3,66	**30,5**	23,9	528	**51,1**	144	4,16	182	30,5	**2,45**	22,0	4,83	5,63
300	150	3,96	**34,5**	27,1	691	**62,6**	174	4,47	225	36,0	**2,56**	28,3	5,15	6,04
320	160	4,26	**38,9**	30,5	888	**75,7**	208	4,78	277	42,3	**2,67**	36,1	5,48	6,44
340	170	4,56	**43,3**	34,0	1130	**90,6**	248	5,10	336	49,1	**2,80**	45,0	5,82	6,87
360	180	4,86	**48,5**	38,1	1420	**108**	292	5,40	408	57,1	**2,90**	57,2	6,13	7,26
400	200	5,46	**58,9**	46,2	2140	**147**	392	6,02	578	74,6	**3,13**	84,6	6,79	8,08
450	225	6,21	**73,4**	57,6	3400	**209**	548	6,80	861	101	**3,43**	133	7,62	9,11
500	250	6,96	**89,7**	70,4	5150	**286**	740	7,58	1240	134	**3,72**	200	8,44	10,1
$^1/_2$ IPB	**$^1/_2$ HE-B Halbierte Breitflanschträger** mit parallelen Flanschflächen nach DIN 1025-2													
140	70	1,29	**21,5**	16,9	53,5	**9,36**	41,6	**1,58**	275	39,3	3,58	10,0	3,91	3,97
160	80	1,48	**27,1**	21,3	91,3	**14,0**	61,9	**1,83**	445	55,6	4,05	15,6	4,44	4,52
180	90	1,62	**32,6**	25,6	139	**18,9**	86,0	**2,07**	681	75,7	4,57	21,0	5,02	5,10
200	100	1,77	**39,0**	30,6	204	**24,8**	115	**2,29**	1000	100	5,07	29,6	5,56	5,65
220	110	1,92	**45,5**	35,7	289	**31,8**	151	**2,52**	1420	129	5,59	38,2	6,13	6,23
240	120	2,06	**53,0**	41,6	397	**40,0**	193	**2,74**	1960	163	6,08	51,2	6,67	6,78
260	130	2,17	**59,2**	46,5	512	**47,3**	236	**2,94**	2570	197	6,58	61,8	7,21	7,33
280	140	2,32	**65,7**	51,6	673	**57,7**	290	**3,20**	3300	236	7,09	71,7	7,78	7,90
300	150	2,47	**74,5**	58,5	871	**69,5**	353	**3,42**	4280	285	7,58	92,4	8,31	8,45
320	160	2,68	**80,7**	63,3	1100	**82,3**	409	**3,69**	4620	308	7,57	112	8,42	8,58
340	170	2,91	**85,4**	67,1	1360	**96,7**	468	**3,99**	4840	323	7,53	128	8,52	8,72
360	180	3,15	**90,3**	70,9	1670	**113**	531	**4,30**	5070	338	7,49	146	8,64	8,87
400	200	3,66	**98,9**	77,6	2440	**149**	666	**4,96**	5410	361	7,40	178	8,91	9,24
450	225	4,23	**109**	85,6	3570	**195**	843	**5,72**	5860	391	7,33	220	9,30	9,75
500	250	4,82	**119**	93,7	5020	**249**	1040	**6,49**	6310	421	7,27	269	9,75	10,3
550	275	5,49	**127**	99,7	6830	**311**	1240	7,33	6540	436	**7,17**	300	10,3	11,0
600	300	6,20	**135**	106	9060	**381**	1460	8,19	6770	451	**7,08**	333	10,8	11,8
650	325	6,94	**143**	112	11750	**459**	1690	9,06	6990	466	**6,99**	369	11,4	12,6
700	350	7,82	**153**	120	15280	**562**	1950	9,99	7220	481	**6,87**	415	12,1	13,6
800	400	9,39	**167**	131	23000	**751**	2450	11,7	7450	497	**6,68**	472	13,5	15,6
900	450	11,1	**186**	146	33770	**996**	3040	13,5	7910	527	**6,53**	568	15,0	17,7
1000	500	12,9	**200**	157	46560	**1250**	3620	15,3	8140	543	**6,38**	626	16,5	19,9

*) **Fettgedruckte Werte** sind min i.

Anmerkungen s. vorige Seite

Kurzzeichen	h mm	e_y cm	A cm²	G kg/m	für Biegung um die *y*-Achse: I_y cm⁴	W_{yu} cm³	W_{yo} cm³	*) i_y cm	*z*-Achse: I_z cm⁴	W_z cm³	*) i_z cm	I_T cm⁴	i_p cm	i_M cm
1/2 IPBl	**1/2 HE-A Halbierte breite I-Träger, leichte Ausführung**, nach DIN 1025-3													
140	66,5	1,13	**15,7**	12,3	37,5	**6,79**	33,3	**1,55**	195	27,8	3,52	4,06	3,84	3,91
160	76,0	1,28	**19,4**	15,2	61,5	**9,72**	48,1	**1,78**	308	38,5	3,98	6,08	4,36	4,44
180	85,5	1,37	**22,6**	17,8	89,1	**12,4**	65,0	**1,98**	462	51,4	4,52	7,39	4,94	5,02
200	95,0	1,52	**26,9**	21,1	133	**16,6**	87,3	**2,22**	668	66,8	4,98	10,5	5,45	5,55
220	105	1,66	**32,2**	25,3	194	**21,9**	116	**2,45**	977	88,8	5,51	14,2	6,03	6,14
240	115	1,81	**38,4**	30,2	273	**28,2**	151	**2,67**	1380	115	6,00	20,7	6,57	6,68
260	125	1,91	**43,4**	34,1	355	**33,5**	186	**2,86**	1830	141	6,50	26,2	7,10	7,22
280	135	2,06	**48,6**	38,2	477	**41,8**	231	**3,13**	2380	170	7,00	31,0	7,67	7,80
300	145	2,21	**56,3**	44,2	630	**51,2**	285	**3,35**	3150	210	7,49	42,5	8,20	8,34
320	155	2,41	**62,2**	48,8	808	**61,7**	335	**3,60**	3490	233	7,49	53,9	8,32	8,47
340	165	2,64	**66,7**	52,4	1020	**73,5**	387	**3,91**	3720	248	7,46	63,5	8,42	8,62
360	175	2,87	**71,4**	56,0	1270	**86,7**	442	**4,22**	3940	263	7,43	74,3	8,54	8,77
400	195	3,39	**79,5**	62,4	1890	**118**	559	**4,88**	4280	285	7,34	94,4	8,81	9,14
450	220	3,94	**89,0**	69,9	2820	**156**	715	**5,62**	4730	316	7,29	122	9,21	9,65
500	245	4,51	**98,8**	77,5	4020	**201**	891	**6,38**	5180	346	7,24	154	9,65	10,2
550	270	5,17	**106**	83,1	5530	**253**	1070	7,23	5410	361	**7,15**	176	10,2	10,9
600	295	5,87	**113**	88,9	7400	**313**	1260	8,08	5640	376	**7,05**	199	10,7	11,7
650	320	6,61	**121**	94,8	9670	**381**	1460	8,95	5860	391	**6,97**	224	11,3	12,5
700	345	7,50	**130**	102	12740	**472**	1700	9,89	6090	406	**6,84**	256	12,0	13,5
800	395	9,06	**143**	112	19330	**635**	2130	11,6	6320	421	**6,65**	298	13,4	15,4
900	445	10,8	**160**	126	28710	**851**	2670	13,4	6770	452	**6,50**	368	14,9	17,5
1000	495	12,5	**173**	136	39840	**1080**	3180	15,2	7000	467	**6,35**	410	16,4	19,8
1/2 IPBv	**1/2 HE-M Halbierte breite I-Träger, verstärkte Ausführung**, nach DIN 1025-4													
140	80	1,87	**40,3**	31,6	132	**21,5**	70,6	**1,81**	572	78,4	3,77	59,7	4,18	4,25
160	90	2,05	**48,5**	38,1	205	**29,5**	99,9	**2,05**	879	106	4,26	80,8	4,73	4,81
180	100	2,20	**56,6**	44,5	296	**37,9**	134	**2,29**	1290	139	4,77	101	5,29	5,39
200	110	2,35	**65,6**	51,5	413	**47,8**	176	**2,51**	1830	177	5,27	129	5,84	5,94
220	120	2,50	**74,7**	58,7	561	**59,1**	224	**2,74**	2510	222	5,79	157	6,41	6,52
240	135	2,89	**99,8**	78,3	918	**86,5**	317	**3,03**	4080	329	6,39	313	7,07	7,19
260	145	3,01	**110**	86,2	1160	**101**	384	**3,24**	5220	390	6,90	358	7,62	7,75
280	155	3,15	**120**	94,3	1460	**119**	464	**3,49**	6580	457	7,40	402	8,18	8,32
300	170	3,55	**152**	119	2170	**161**	612	**3,78**	9700	626	8,00	702	8,85	8,99
320/305	160	3,00	**113**	88,3	1450	**111**	483	**3,59**	6870	450	7,81	299	8,60	8,73
320	179,5	3,74	**156**	122	2550	**179**	682	**4,04**	9850	638	7,95	748	8,92	9,08
340	188,5	3,91	**158**	124	2950	**198**	754	**4,32**	9860	638	7,90	751	9,01	9,21
360	197,5	4,10	**159**	125	3390	**217**	827	**4,61**	9760	634	7,83	752	9,08	9,32
400	216	4,50	**163**	128	4430	**259**	985	**5,22**	9670	630	7,70	755	9,30	9,63
450	239	5,03	**168**	132	6000	**318**	1190	**5,98**	9670	630	7,59	762	9,66	10,1
500	262	5,59	**172**	135	7880	**382**	1410	**6,76**	9580	626	7,46	767	10,1	10,7
550	286	6,22	**177**	139	10210	**456**	1640	7,59	9580	626	**7,35**	775	10,6	11,4
600	310	6,88	**182**	143	12920	**536**	1880	8,43	9490	622	**7,22**	780	11,1	12,1
650	334	7,56	**187**	147	16070	**622**	2130	9,27	9490	622	**7,13**	787	11,7	13,0
700	358	8,28	**192**	150	19650	**714**	2370	10,1	9400	618	**7,01**	793	12,3	13,8
800	407	9,81	**202**	159	28430	**920**	2900	11,9	9310	615	**6,79**	821	13,7	15,7
900	455	11,4	**212**	166	39050	**1150**	3420	13,6	9230	611	**6,60**	833	15,1	17,8
1000	504	13,1	**222**	174	52170	**1400**	3980	15,3	9230	611	**6,45**	849	16,6	20,0

*) **Fettgedruckte Werte** sind min *i*.

Hohlprofile für den Stahlbau nach DIN EN 10210-1,2 (9.94 u. 11.97) (Auszug)

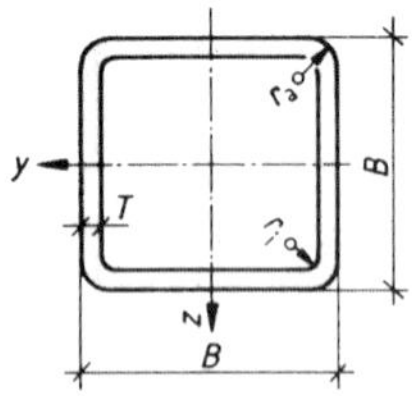

Werkstoffe aus unlegierten Baustählen und aus Feinkornbaustählen nach DIN EN 10210-1.

Bezeichnung eines quadratischen Hohlprofils mit den Seitenlängen B = 80 mm und der Nenndicke T = 5 mm aus einem Stahl S235JRH (bzw. Werkstoffnummer 1.0039):
Hohlprofil 80 × 80 × 5 DIN EN 10210 – S235JRH
(oder 1.0039)

Grenzmaße der Länge: Bei Bestellung nach Herstellänge darf die Länge im vereinbarten Bereich schwanken, s. Norm

Warmgefertigte[1]) quadratische Hohlprofile, nahtlos oder geschweißt

B mm	T mm	A cm²	M kg/m	U m²/m	I[2]) cm⁴	W[2]) cm³	i[2]) cm	I_T[2]) cm⁴	$C_1 = W_T$[2]) cm³
40	3	**4,34**	3,41	0,152	9,78	**4,89**	1,50	15,7	7,10
	4	**5,59**	4,39	0,150	11,8	**5,91**	1,45	19,5	8,54
50	3	**5,54**	4,35	0,192	20,2	**8,08**	1,91	32,1	11,8
	4	**7,19**	5,64	0,190	25,0	**9,99**	1,86	40,4	14,5
60	3	**6,74**	5,29	0,232	36,2	**12,1**	2,32	56,9	17,7
	4	**8,79**	6,90	0,230	45,4	**15,1**	2,27	72,5	22,0
	5	**10,7**	8,42	0,227	53,3	**17,8**	2,23	86,4	25,7
70	3	**7,94**	6,24	0,272	59,0	**16,9**	2,73	92,2	24,8
	4	**10,4**	8,15	0,270	74,7	**21,3**	2,68	118	31,2
	5	**12,7**	9,99	0,267	88,5	**25,3**	2,64	142	36,8
80	4	**12,0**	9,41	0,310	114	**28,6**	3,09	180	41,9
	5	**14,7**	11,6	0,307	137	**34,2**	3,05	217	49,8
	6,3	**18,1**	14,2	0,304	162	**40,5**	2,99	262	58,7
90	4	**13,6**	10,7	0,350	166	**37,0**	3,50	260	54,2
	5	**16,7**	13,1	0,347	200	**44,4**	3,45	316	64,8
	6,3	**20,7**	16,2	0,344	238	**53,0**	3,40	382	77,0
100	4	**15,2**	11,9	0,390	232	**46,4**	3,91	361	68,2
	5	**18,7**	14,7	0,387	279	**55,9**	3,86	439	81,8
	6,3	**23,2**	18,2	0,384	336	**67,1**	3,80	534	97,8
120	5	**22,7**	17,8	0,467	498	**83,0**	4,68	777	122
	8	**35,2**	27,6	0,459	726	**121**	4,55	1160	176
	10	**42,9**	33,7	0,454	852	**142**	4,46	1382	206
140	5	**26,7**	21,0	0,547	807	**115**	5,50	1253	170
	8	**41,6**	32,6	0,539	1195	**171**	5,36	1892	249
	10	**50,9**	40,0	0,534	1416	**202**	5,27	2272	294
160	6,3	**38,3**	30,1	0,624	1499	**187**	6,26	2333	275
	10	**58,9**	46,3	0,614	2186	**273**	6,09	3478	398
	12,5	**72,1**	56,6	0,608	2576	**322**	5,98	4158	467
180	6,3	**43,3**	34,0	0,704	2168	**241**	7,07	3361	355
	10	**66,9**	52,5	0,694	3193	**355**	6,91	5048	518
	12,5	**82,1**	64,4	0,688	3790	**421**	6,80	6070	613
200	6,3	**48,4**	38,0	0,784	3011	**301**	7,89	4653	444
	10	**74,9**	58,8	0,774	4471	**447**	7,72	7031	655
	12,5	**92,1**	72,3	0,768	5336	**534**	7,61	8491	778
220	6,3	**53,4**	41,9	0,864	4049	**368**	8,71	6240	544
	10	**82,9**	65,1	0,854	6050	**550**	8,54	9473	807
	12,5	**102**	80,1	0,848	7254	**659**	8,43	11481	963
260	8	**80,0**	62,8	1,020	8423	**648**	10,3	13006	956
	10	**98,9**	77,7	1,010	10242	**788**	10,2	15932	1159
	16	**153**	120	0,999	15061	**1159**	9,91	23942	1689
300	8	**92,8**	72,8	1,180	13128	**875**	11,9	20194	1294
	10	**115**	90,2	1,170	16026	**1068**	11,8	24807	1575
	16	**179**	141	1,160	23850	**1590**	11,5	37622	2325

[1]) Kaltgefertigte, geschweißte Hohlprofile nach DIN EN 10219 weisen bei gleichen Seitenlängen und Nenndicken andere Querschnittswerte auf.

[2]) Die Querschnittswerte wurden mit 1,5 T für r_0 und 1,0 T für r_i errechnet; r_0, r_i äußerer bzw. innerer Rundungshalbmesser.

Hohlprofile für den Stahlbau nach DIN EN 10210-1,2 (9.94 u. 11.97) (Auszug)

Werkstoffe aus unlegierten Baustählen und aus Feinkornbaustählen nach DIN EN 10210-1. Bezeichnung eines rechteckigen Hohlprofils mit den Seitenlängen $B = 100$ mm und $H = 60$ mm so wie der Nenndicke $T = 5$ mm, aus einem Stahl S355 NLH nach DIN EN 10210 (bzw. Werkstoffnummer 1.0549): Hohlprofil 100 × 60 × 5 DIN EN 10210-S355 NLH (oder 1.0549)

Grenzmaße der Länge: Bei Bestellung nach Herstellänge darf die Länge im vereinbarten Bereich schwanken, s. Norm

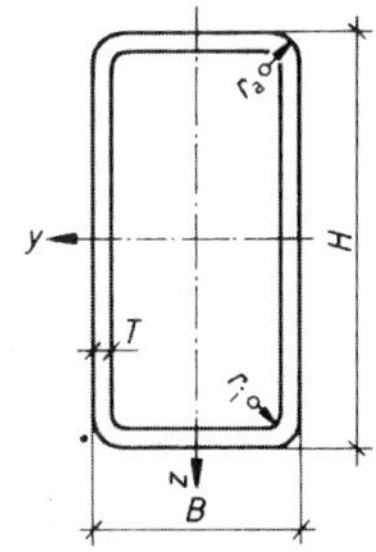

Warmgefertigte[1]) rechteckige Hohlprofile, nahtlos oder geschweißt

H × B mm	T mm	A cm²	M kg/m	U m²/m	I_y[2]) cm⁴	W_y[2]) cm³	i_y[2]) cm	I_z[2]) cm⁴	W_z[2]) cm³	i_z[2]) cm	I_T[2]) cm⁴	$C_1 = W_T$[2]) cm³
50 × 30	3	**4,34**	3,41	0,152	13,6	**5,43**	1,77	5,94	3,96	**1,17**	13,5	6,51
	4	**5,59**	4,39	0,150	16,5	**6,60**	1,72	7,08	4,72	**1,13**	16,6	7,77
60 × 40	3	**5,54**	4,35	0,192	26,5	**8,82**	2,18	13,9	6,95	**1,58**	29,2	11,2
	4	**7,19**	5,64	0,190	32,8	**10,9**	2,14	17,0	8,52	**1,54**	36,7	13,7
80 × 40	3	**6,74**	5,29	0,232	54,2	**13,6**	2,84	18,0	9,00	**1,63**	43,8	15,3
	4	**8,79**	6,90	0,230	68,2	**17,1**	2,79	22,2	11,1	**1,59**	55,2	18,9
	5	**10,7**	8,42	0,227	80,3	**20,1**	2,74	25,7	12,9	**1,55**	65,1	21,9
90 × 50	3	**7,94**	6,24	0,272	84,4	**18,8**	3,26	33,5	13,4	**2,05**	76,5	22,4
	4	**10,4**	8,15	0,270	107	**23,8**	3,21	41,9	16,8	**2,01**	97,5	28,0
	5	**12,7**	9,99	0,267	127	**28,3**	3,16	49,2	19,7	**1,97**	116	32,9
100 × 50	4	**11,2**	8,78	0,290	140	**27,9**	3,53	46,2	18,5	**2,03**	113	31,4
	5	**13,7**	10,8	0,287	167	**33,3**	3,48	54,3	21,7	**1,99**	135	36,9
	6,3	**16,9**	13,3	0,284	197	**39,4**	3,42	63,0	25,2	**1,93**	160	42,9
100 × 60	4	**12,0**	9,41	0,310	158	**31,6**	3,63	70,5	23,5	**2,43**	156	38,7
	5	**14,7**	11,6	0,307	189	**37,8**	3,58	83,6	27,9	**2,38**	188	45,9
	6,3	**18,1**	14,2	0,304	225	**45,0**	3,52	98,1	32,7	**2,33**	224	53,8
120 × 60	4	**13,6**	10,7	0,350	249	**41,5**	4,28	83,1	27,7	**2,47**	201	47,1
	5	**16,7**	13,1	0,347	299	**49,9**	4,23	98,8	32,9	**2,43**	242	56,0
	6,3	**20,7**	16,2	0,344	358	**59,7**	4,16	116	38,8	**2,37**	290	65,9
120 × 80	4	**15,2**	11,9	0,390	303	**50,4**	4,46	161	40,2	**3,25**	330	65,0
	5	**18,7**	14,7	0,387	365	**60,9**	4,42	193	48,2	**3,21**	401	77,9
	6,3	**23,2**	18,2	0,384	440	**73,3**	4,36	230	57,6	**3,15**	487	92,9
140 × 80	4	**16,8**	13,2	0,430	441	**62,9**	5,12	184	46,0	**3,31**	411	76,5
	5	**20,7**	16,3	0,427	534	**76,3**	5,08	221	55,3	**3,27**	499	91,9
	6,3	**25,7**	20,2	0,424	646	**92,3**	5,01	265	66,2	**3,21**	607	110
160 × 80	6,3	**28,2**	22,2	0,464	903	**113**	5,66	299	74,8	**3,26**	730	127
	8	**35,2**	27,6	0,459	1091	**136**	5,57	356	89,0	**3,18**	883	151
	10	**42,9**	33,7	0,454	1284	**161**	5,47	411	103	**3,10**	1041	175
180 × 100	6,3	**33,3**	26,1	0,544	1407	**156**	6,50	557	111	**4,09**	1277	186
	8	**41,6**	32,6	0,539	1713	**190**	6,42	671	134	**4,02**	1560	224
	10	**50,9**	40,0	0,534	2036	**226**	6,32	787	157	**3,93**	1862	263
200 × 100	8	**44,8**	35,1	0,579	2234	**223**	7,06	739	148	**4,06**	1804	251
	10	**54,9**	43,1	0,574	2664	**266**	6,96	869	174	**3,98**	2156	295
	12,5	**67,1**	52,7	0,568	3136	**314**	6,84	1004	201	**3,87**	2541	341
200 × 120	8	**48,0**	37,6	0,619	2529	**253**	7,26	1128	188	**4,85**	2495	310
	10	**58,9**	46,3	0,614	3026	**303**	7,17	1337	223	**4,76**	3001	367
	12,5	**72,1**	56,6	0,608	3576	**358**	7,04	1562	260	**4,66**	3569	428
260 × 180	8	**67,2**	52,7	0,859	6390	**492**	9,75	3608	401	**7,33**	7221	644
	10	**82,9**	65,1	0,854	7741	**595**	9,66	4351	483	**7,24**	8798	775
	12,5	**102**	80,1	0,848	9299	**715**	9,54	5196	577	**7,13**	10643	924
300 × 200	8	**76,8**	60,3	0,979	9717	**648**	11,3	5184	518	**8,22**	10562	840
	10	**94,9**	74,5	0,974	11819	**788**	11,2	6278	628	**8,13**	12908	1015
	12,5	**117**	91,9	0,968	14273	**952**	11,0	7537	754	**8,02**	15677	1217
350 × 250	10	**115**	90,2	1,170	20102	**1149**	13,2	11937	955	**10,2**	23354	1525
	12,5	**142**	112	1,170	24419	**1395**	13,1	14444	1156	**10,1**	28526	1842
	16	**179**	141	1,160	30011	**1715**	12,9	17654	1412	**9,93**	35325	2246

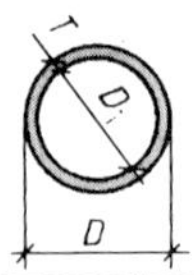

Kreisfömige Hohlprofile für den Stahlbau (Auswahl)
DIN EN 10210-1,2: Warmgefertigt, nahtlos oder geschweißt
DIN EN 10210-1,2: Kaltgefertigt, geschweißt

D mm	*T* mm	*A* cm^2	*M* kg/m	*U* m^2/m	*I* cm^4	*W* cm^3	*i* cm
	2,6	**2,54**	1,99	0,106	3,09	**1,84**	1,10
33,7	3,2	**3,07**	2,41		3,60	**2,14**	1,08
	4	**3,73**	2,93		4,19	**2,49**	1,06
	2,6	**3,25**	2,55	0,133	6,46	**3,05**	1,41
42,4	3,2	**3,94**	3,09		7,62	**3,59**	1,39
	4	**4,83**	3,79		8,99	**4,24**	1,36
	2,6	**3,73**	2,93	0,152	9,78	**4,05**	1,62
48,3	3,2	**4,53**	3,56		11,6	**4,80**	1,60
	4	**5,57**	4,37		13,8	**5,70**	1,57
	3,2	**5,74**	4,51	0,189	23,5	**7,78**	2,02
60,3	4	**7,07**	5,55		28,2	**9,34**	2,00
	5	**8,69**	6,82		33,5	**11,1**	1,96
	3,2	**7,33**	5,75	0,239	48,8	**12,8**	2,58
76,1	4	**9,06**	7,11		59,1	**15,5**	2,55
	5	**11,2**	8,77		70,9	**18,6**	2,52
	3,2	**8,62**	6,76	0,279	79,2	**17,8**	3,03
88,9	4	**10,7**	8,38		96,3	**21,7**	3,00
	6,3	**16,3**	12,8		140	**31,5**	2,93
	4	**12,3**	9,63	0,319	146	**28,8**	3,45
101,6	5	**15,2**	11,9		177	**34,9**	3,42
	6,3	**18,9**	14,8		215	**42,3**	3,38
	4	**13,9**	10,9	0,359	211	**36,9**	3,90
114,3	5	**17,2**	13,5		257	**45,0**	3,87
	8	**26,7**	21,0		379	**66,4**	3,77
	4	**17,1**	13,4	0,439	393	**56,2**	4,80
139,7	6,3	**26,4**	20,7		589	**84,3**	4,72
	12,5	**50,0**	39,2		1020	**146**	4,52
	5	**25,7**	20,1	0,529	856	**102**	5,78
168,3	8	**40,3**	31,6		1297	**154**	5,67
	12,5	**61,2**	48,0		1868	**222**	5,53
	6,3	**37,1**	29,1	0,609	1630	**168**	6,63
193,7	10	**57,7**	45,3		2442	**252**	6,50
	16	**89,3**	70,1		3554	**367**	6,31
	6,3	**42,1**	33,1	0,688	2386	**218**	7,53
219,1	10	**65,7**	51,6		3598	**328**	7,40
	20	**125**	98,2		6261	**572**	7,07
	6,3	**52,8**	41,4	0,858	4696	**344**	9,43
273	16	**129**	101		10707	**784**	9,10
	25	**195**	153		15127	**1108**	8,81
	8	**79,4**	62,3	1,02	9910	**612**	11,2
323,9	16	**155**	121		18390	**1136**	10,9
	25	**235**	184		26400	**1630**	10,6
	8	**87,4**	68,6	1,12	13201	**742**	12,3
355,6	16	**171**	134		24663	**1387**	12,0
	25	**260**	204		35677	**2007**	11,7
	10	**125**	97,8	1,28	24476	**1205**	14,0
406,4	20	**243**	191		45432	**2236**	13,7
	40	**460**	361		78186	**3848**	13,0

Bemerkungen

Diese Tafel enthält eine Auswahl von bisher meist verwendeten Rohr-Außendurchmessern *D* (der älteren Normen DIN 2448, 2458).

Weitere Außendurchmesser sind *D* = 177,8; 244,5; 457; 610; 711; 762; ...

Die Wanddicken sind wie folgt abgestuft:

2,6; 3,2; 4,0; 5,0; 6,0; 6,3; 8,0; 10,0; 12,5; 16,0; 20,0; 25,0; 30,0; 40,0; 50,0

In dieser Tafel sind folgende Dicken berücksichtigt:
Kleinste, mittlere und größte Dicke.

Querschnittswerte

für nicht angegebene Nenndicken *T* errechnen sich mit $D_i = D - 2T$ zu

$$A = \pi(D^2 - D_i^2)/4$$
$$I = \pi(D^4 - D_i^4)/64$$
$$I_T = 2I;\ W_T = 2W$$
$$W = 2I/D;\ i = \sqrt{I/A}$$

Werkstoff:

Unlegierte Baustähle und Feinkornbaustähle nach DIN EN 10210.

Bezeichnung eines geschweißten Stahlrohres von 273 mm Außendurchmesser und 6,3 mm Wanddicke aus Stahl S355JOH nach DIN EN 10219.

Rohr 273 × 6,3 DIN EN 10219-S355JOH

Warmgewalzter rundkantiger ⅂-Stahl nach DIN 1027 (10.63x)

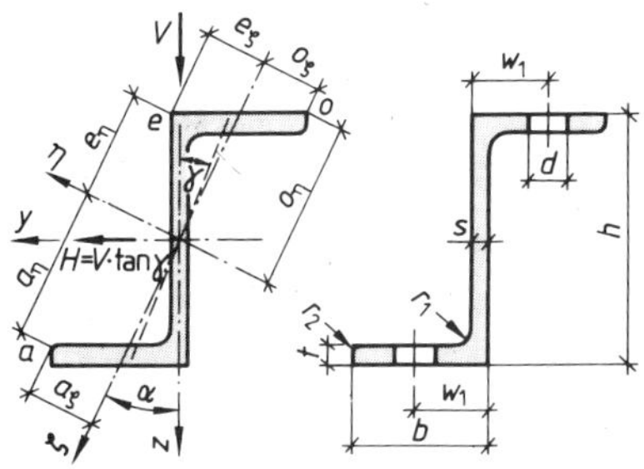

Bezeichnung eines ⅂-Stahles mit $h=$ 100 mm aus einem Stahl mit dem Kurznamen S235JRG1 bzw. der Werkstoffnummer 1.0036 nach DIN EN 10025:

Z100 DIN 1027 – S235JRG1 oder
Z100 DIN 1027 – 1.0036

Lieferart: Bei Bestellung nach Gewicht darf die Länge zwischen 3000 und 15000 mm schwanken. Zul. Maßabweichung bei Längen ≦15000 mm: Bei Bestellung in Festlänge ±100 mm; bei Bestellung in Genaulänge zwischen ±100 und ±5 mm, zu bevorzugen ±50, ±25, ±10, ±5 mm.

Bestellbeispiel:
1 t Z100 DIN 1027 – S235JRG1

Kurzzeichen ⅂	Maße in mm h	b	s	$t=r_1$	r_2	A cm²	G kg/m	U m²/m	Achslage $\tan\alpha$	Koordinaten der Punkte a, e und o: o_η cm	o_ζ cm	e_η cm	e_ζ cm	a_η cm	a_ζ cm	DIN 997 d[1]) mm	w_1 mm
30	30	38	4	4,5	2,5	**4,32**	3,39	0,198	1,655	3,86	0,58	0,61	1,39	3,54	0,87	11	20
40	40	40	4,5	5	2,5	**5,43**	4,26	0,225	1,181	4,17	0,91	1,12	1,67	3,82	1,19	11	22
50	50	43	5	5,5	3	**6,77**	5,31	0,253	0,939	4,60	1,24	1,65	1,89	4,21	1,49	11	25
60	60	45	5	6	3	**7,91**	6,21	0,282	0,779	4,98	1,51	2,21	2,04	4,56	1,76	13	25
80	80	50	6	7	3,5	**11,1**	8,71	0,339	0,588	5,83	2,02	3,30	2,29	5,35	2,25	13	30
100	100	55	6,5	8	4	**14,5**	11,4	0,397	0,492	6,77	2,43	4,34	2,50	6,24	2,65	17	30
120	120	60	7	9	4,5	**18,2**	14,3	0,454	0,433	7,75	2,80	5,37	2,70	7,16	3,02	17	35
140	140	65	8	10	5	**22,9**	18,0	0,511	0,385	8,72	3,18	6,39	2,89	8,08	3,39	17	35
160	160	70	8,5	11	5,5	**27,5**	21,6	0,569	0,357	9,74	3,51	7,39	3,09	9,04	3,72	21 17	35
180	*180*	*75*	*9,5*	*12*	*6*	*33,3*	*26,1*	*0,626*	*0,329*	*10,7*	*3,86*	*8,40*	*3,27*	*9,99*	*4,08*	*23 21*	*40*
200	*200*	*80*	*10*	*13*	*6,5*	*38,7*	*30,4*	*0,683*	*0,313*	*11,8*	*4,17*	*9,39*	*3,47*	*11,0*	*4,39*	*23*	*45*

Kurzzeichen ⅂	für Biegung um die y-Achse I_y cm⁴	W_y cm³	i_y cm	z-Achse I_z cm⁴	W_z cm³	i_z cm	η-Achse I_η cm⁴	W_η cm³	i_η cm	ζ-Achse I_ζ cm⁴	W_ζ cm³	$i_\zeta=\min i$ cm	Zentrifugalmoment I_{yz} cm⁴	bei lotrechter Belastung V und bei Verhinderung seitlicher Ausbiegung durch H: W_y cm³	$H/V=\tan\gamma$	freier Ausbiegung zur Seite W cm³
30	5,96	**3,97**	1,17	13,7	3,80	1,78	18,1	4,69	2,04	1,54	1,11	**0,60**	7,35	3,97	1,227	**1,26**
40	13,5	**6,75**	1,58	17,6	4,66	1,80	28,0	6,72	2,27	3,05	1,83	**0,75**	12,2	6,75	0,913	**2,26**
50	26,3	**10,5**	1,97	23,8	5,88	1,88	44,9	9,76	2,57	5,23	2,76	**0,88**	19,6	10,5	0,752	**3,64**
60	44,7	**14,9**	2,38	30,1	7,09	1,95	67,2	13,5	2,81	7,60	3,73	**0,98**	28,8	14,9	0,647	**5,24**
80	109	**27,3**	3,13	47,4	10,1	2,07	142	24,4	3,58	14,7	6,44	**1,15**	55,6	27,3	0,509	**10,1**
00	222	**44,4**	3,91	72,5	14,0	2,24	270	39,8	4,31	24,6	9,26	**1,30**	97,2	44,4	0,438	**16,8**
20	402	**67,0**	4,70	106	18,8	2,42	470	60,6	5,08	37,7	12,5	**1,44**	158	67,0	0,392	**25,6**
40	676	**96,6**	5,43	148	24,3	2,54	768	88,0	5,79	56,4	16,6	**1,57**	239	96,6	0,353	**38,0**
60	1060	**132**	6,20	204	31,0	2,72	1180	121	6,57	79,5	21,4	**1,70**	349	132	0,330	**52,9**
80	*1600*	*178*	*6,92*	*270*	*38,4*	*2,84*	*1760*	*164*	*7,26*	*110*	*27,0*	*1,82*	*490*	*178*	*0,307*	*72,4*
00	*2300*	*230*	*7,71*	*357*	*47,6*	*3,04*	*2510*	*213*	*8,06*	*147*	*33,4*	*1,95*	*674*	*230*	*0,293*	*94,1*

ursiv gedruckte Profile möglichst vermeiden, da geplant ist, sie bei der nächsten Ausgabe er Norm zu streichen.

) s. S. 675, Fußnote [13]). Anmerkungen und Werkstoff sinngemäß wie S. 680/681

II

Trapezprofile (nicht genormt)

Auszug aus dem Prüfbescheid für HOESCH-Stahltrapezprofile (mit Umbezeichnungen)

Maßgebende Querschnittswerte					**Charakteristische** Tragfähigkeitswerte[1])					
					Feldmoment und Endlaufagerkraft		Elastische Schnittgrößen an Zwischenauflagern			
Profil	t_N [2]) mm	A_g [3]) cm^2/m	I_{ef} cm^4/m	L_{gr} [4]) m	$M_{m,F,k}$ kNm/m	$R_{A,T,k}$ kN/m	$M^0_{B,k}$ kNm/m	C_k [5])	max $M_{B,k}$ kNm/m	max $R_{B,k}$ kN/m
E40 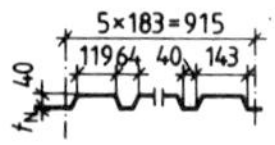	0,75	9,41	21,6	1,20	2,57	8,50	3,32	11,2	2,70	15,3
	0,88	11,1	27,7	2,70	3,31	16,0	4,32	12,4	3,63	26,5
	1,00	12,7	35,2	3,90	4,04	23,1	5,24	13,5	4,50	37,0
	1,25	16,0	44,1	5,10	5,51	37,7	7,16	15,9	6,12	58,8
	1,50	19,4	52,9	6,20	6,98	52,4	9,07	18,3	7,74	80,6
E85 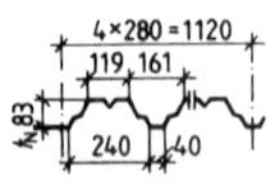	0,75	9,30	91,0	3,50	6,03	9,40	6,12	10,6	6,12	21,3
	0,88	11,0	108	4,93	8,12	13,1	7,97	13,5	7,97	30,7
	1,00	12,6	123	5,63	9,23	16,4	9,59	15,6	9,59	38,9
	1,25	15,9	155	7,10	11,6	21,6	12,0	18,5	12,0	51,9
	1,50	19,2	187	8,57	14,0	26,0	14,4	20,3	14,4	62,6
E106*) 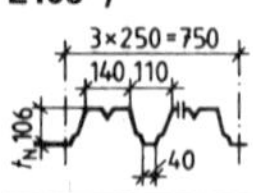	0,75	11,7	185	5,50	9,37	12,1	7,65	11,0	6,75	22,8
	0,88	13,8	218	8,75	11,7	17,7	9,30	11,9	9,00	27,2
	1,00	15,8	250	10,0	13,8	23,6	11,0	13,5	11,0	33,2
	1,25	19,9	315	12,6	17,5	34,5	15,8	18,4	15,8	51,5
	1,50	24,0	380	15,2	21,1	41,5	21,6	24,6	21,6	77,6
E160*) 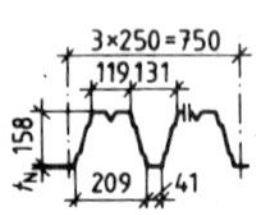	0,75	13,9	458	7,75	13,2	11,4	13,6	7,23	9,92	25,5
	0,88	16,5	542	10,0	17,5	17,0	17,0	9,00	13,2	36,5
	1,00	18,8	619	11,4	22,1	22,3	20,9	10,8	18,0	46,2
	1,25	23,8	780	14,4	27,8	28,1	26,3	12,1	22,8	58,2
	1,50	28,7	942	17,4	33,6	33,8	31,7	13,3	27,3	70,2

*) Auch als Akustikprofil 106A bzw. 160A mit gelochten Stegen lieferbar, verminderte Tragfähigkeit; min $b_B = 120$ mm.

[1]) Die Zahlenangaben gelten unter folgenden Voraussetzungen: Trapezprofile in Positivlage (Längsstoß unten), nach unten gerichtete und andrückende Flächenbelastung ohne Normalkraft, Endauflagerbreite einschl. Profilüberstand $b_A + \ddot{u} = 40$ mm, Zwischenauflagerbreite $b_B = 60$ mm. Bei anderen Voraussetzungen s. Prüfbescheid.

[2]) Nennblechdicke einschl. Verzinkung. $t_N > 1$ mm i. allg. für lokal auftretende Mehrbeanspruchung. Bei Decken $t_N > 0{,}88$ mm; $t_N = 0{,}75$ mm nur als verlorene Schalung.

[3]) Nicht reduzierter Querschnitt. Mit A_g in cm^2/m wird das Blechgewicht in kN/m^2 angenähert $g \approx (0{,}83\,A_g + 0{,}35)/100$.

[4]) Maximale Grenzstützweite bei Decken und Dächern für Einfeldträger; bei Mehrfeldträgern ist L_{gr} um 25% größer.

[5]) Dimension von C_k: $[kN^{(\varepsilon-1)/\varepsilon}\,m^{-1}]$; $\varepsilon = 1$ für Profil E40; $\varepsilon = 2$ für die anderen Profile

Nachweis der Tragsicherheit für Belastung ohne Normalkraft ⊥ Profiltafelebene (Positivlage). Der Nachweis erfolgt mit den Schnitt- und Auflagergrößen aus den γ_F-fachen Lasten (S_d) gegen die durch γ_M dividierten charakteristischen Tragfähigkeitswerte (R_d);

γ_F und γ_M siehe Tafel 8 und Seite 717. Für den Gebrauchstauglichkeitsnachweis (nach plastischer Bemessung) gilt $\gamma_{F,G} = 1{,}0$, $\gamma_{F,Q} = 1{,}15$ und $\gamma_M = 1{,}1$.

Wird der Tragfähigkeitsnachweis nach der Elastizitätstheorie geführt, ist damit auch der Gebrauchsfähigkeitsnachweis erbracht. — Nachweise über Reststützmomente bei Durchlaufträgern s. Prüfbescheid.

Endauflagerkraft:	$R_{A,d} \leq R_{A,T,d}$; Endauflagerbreite einschl. Profilüberstand $b_A + \ddot{u} = 40$ mm.
Feldmoment:	$M_{F,d} \leq M_{m,F,d}$
Zwischenauflagerkraft:	$R_{B,d} \leq$ max $R_{B,d}$; Auflagerbreite $b_B = 60$ mm.
Stützmoment:	$M_{B,d} \leq$ max $M_{B,d}$ **und** $M_{B,d} < M^0_{B,d} - (R_{B,d}/C_d)^{\varepsilon}$

Maximale Lieferlänge je nach Profil 18 oder 24 m.
Berechnung und Durchbiegung gem. Prüfbescheid und DIN 18807 [15] [12)]

	charakteristische Schubfeldwerte für Normalbefestigung [6)] und $L_S \geqq \min L_S$									
	$T_{3,k} = G_{S,k}/750 \ldots$ [10)] in kN/m			$G_{S,k} = 10^4/(K_{1,k} + K_{2,k}/L_S)$			$F_{t,k}$ [11)] Einleitungslänge a_E			Profil
$\min L_S$ [7)]	$T_{1,k}$	$T_{2,k}$ [8)]	L_G [9)]	$K_{1,k}$	$K_{2,k}$	$K_{3,k}$	≧130 mm	≧280 mm	t_N	
m	kN/m	kN/m	m	m/kN	m²/kN		kN/Rippe	kN/Rippe	mm	
1,90	2,04	2,86	1,90	0,234	10,2	0,17	6,50	10,0	0,75	
1,70	2,62	4,35	1,70	0,198	6,71	0,18	7,70	11,8	0,88	
1,60	3,21	6,07	1,60	0,173	4,80	0,19	8,80	13,5	1,00	**E40**
1,50	4,54	10,8	1,50	0,137	2,69	0,22	11,1	17,0	1,25	
1,30	6,01	17,3	1,30	0,114	1,69	0,24	13,4	20,6	1,50	
3,00	1,77	3,14	3,00	0,229	18,0	0,42	9,00	11,0	0,75	
2,70	2,27	4,78	2,70	0,193	11,8	0,45	10,6	13,0	0,88	
2,60	2,78	6,67	2,60	0,169	8,48	0,48	12,2	14,8	1,00	**E85**
2,30	3,93	11,9	2,30	0,134	4,75	0,54	15,3	18,7	1,25	
2,10	5,21	19,0	2,10	0,111	2,97	0,60	18,5	22,6	1,50	
4,20	1,67	1,57	5,70	0,285	46,6	0,40	9,00	12,0	0,75	
3,80	2,15	2,39	5,10	0,241	30,6	0,43	10,6	14,2	0,88	
3,60	2,63	3,34	4,50	0,211	21,9	0,46	12,2	16,2	1,00	**E106**
3,20	3,72	5,95	3,60	0,167	12,3	0,52	15,3	20,5	1,25	
2,90	4,93	9,52	3,00	0,139	7,69	0,57	18,5	24,7	1,50	
5,00	1,60	1,73	8,60	0,343	68,3	0,69	9,00	12,0	0,75	
4,60	2,06	2,64	7,30	0,290	44,9	0,76	10,6	14,2	0,88	
4,30	2,51	3,69	6,40	0,254	32,1	0,81	12,2	16,2	1,00	**E160**
3,80	3,56	6,57	5,10	0,201	18,0	0,91	15,3	20,5	1,25	
3,50	4,72	10,5	4,30	0,167	11,3	1,00	18,5	24,7	1,50	

[6)] 1 Befestigung je anliegendem Gurt. (Schubfeldwerte für Sonderbefestigungen s. Prüfbescheid).
[7)] Die Schubfeldlänge L_S ist immer in Profilierungsrichtung gemessen. Bei $L_S < \min L_S$ müssen die charakteristischen Schubfeldwerte reduziert werden.
[8)] Nur bei Dächern mit bituminös verklebtem Dachaufbau zu berücksichtigen.
[9)] Für $L_S > L_G$ wird T_3 nicht maßgebend.
[10)] G_S = Ideeller Schubmodul
[11)] Einzellast je Rippe für die Einleitung in Trapezprofile in Spannrichtung ohne Lasteinleitungsträger. Einleitungslänge a_E = Abstand des letzten Verbindungsmittels vom Blechrand; Randabstände $a_R \geqq 30$ mm. Weitere Abstandsregeln für Verbindungsmittel s. [15]
[12)] Unter Beachtung der Anpassungsrichtlinie

Durchbiegungsnachweis mit I_{ef} und $E = 2{,}1 \cdot 10^5$ N/mm²; $\gamma_F = \gamma_M = 1{,}0$.
Dächer unter Vollast: mit oberseitiger Abdichtung (Warmdach) $f_{voll} \leqq l/300$, sonst $f_{voll} \leqq l/500$
Geschoßdecken mit $l > 3{,}0$ m unter Verkehrslast nur im untersuchten Feld:
Mit ausbetonierten Rippen $f_P \leqq l/300$, sonst $f_P \leqq l/500$

Schubfeld-Nachweise erfolgen unabhängig von den Vertikallasten mit $\gamma_F = \gamma_M = 1{,}0$.
Mittlerer Schubfluß: $T_k = V_k/b$

mit V_k = Querkraft unter $\gamma_F = 1{,}0$-facher Last; b = Länge des Schubfeldes in Richtung der Querkraft.

Es muß sein: $T_k \leqq T_{i,k}$ mit $i = 1$ bis 3 (s. Tafel)
Die vertikalen Auflager-Kontaktkräfte $R_{S,d} = \gamma_M \, K_{3,k} \, T_d$ belasten die Stege der Profiltafeln und die Verbindungsmittel zusätzlich und sind dabei zu berücksichtigen; γ_F, γ_M wie im Tragsicherheitsnachweis.
Weitere Nachweise, z. B. Verbindungsmittel, Wirkung und Durchleitung von Normalkräften, Stabilitätsnachweise und Einzellasten s. [15] und Prüfbescheid.

Kranschienen nach DIN 536-1 (9.91) und -2 (12.74)

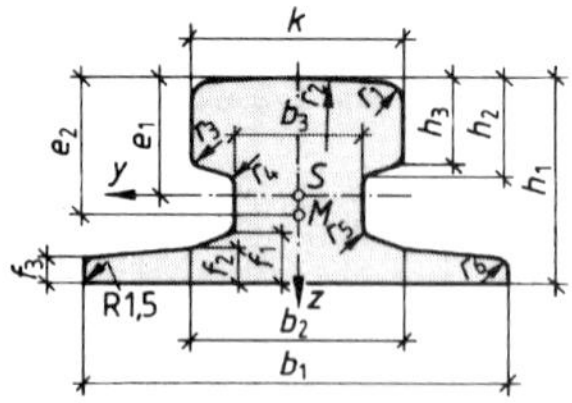

Form A (mit Flußflansch)

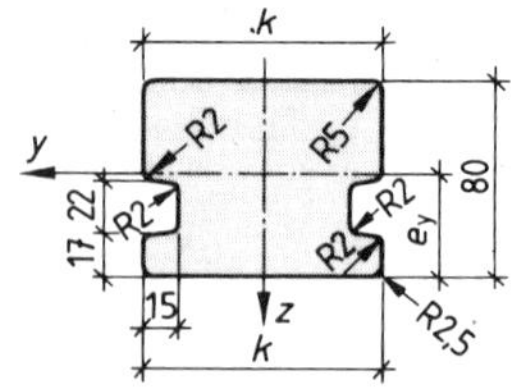

Form F (flach)
für spurkranzlose Laufräder

Bezeichnung einer Kranschiene:

Form A mit Kopfbreite $k = 100$ mm aus Stahl mit $f_{u,k} \geq 690$ N/mm²:
Kranschiene DIN 536 – A 100 – 690

Form F mit Kopfbreite $k = 100$ mm:
Kranschiene F100 DIN 536

Werkstoff: Stahl mit Zugfestigkeit $f_{u,k} \geq 690$ N/mm²,
bei A 75, A 100, A 120 und A 150 auch $f_{u,k} \geq 880$ N/mm².

Kurzzeichen	Maße in mm															
	k	b_1	b_2	b_3	f_1	f_2	f_3	h_1	h_2	h_3	r_1	r_2	r_3	r_4	r_5	r_6
A 45	45	125	54	24	14,5	11	8	55	24	20	4	400	3	4	5	4
A 55	55	150	66	31	17,5	12,5	9	65	28,5	25	5	400	5	5	6	5
A 65	65	175	78	38	20	14	10	75	34	30	6	400	5	5	6	5
A 75	75	200	90	45	22	15,4	11	85	39,5	35	8	500	6	6	8	6
A100	100	200	100	60	23	16,5	12	95	45,5	40	10	500	6	6	8	6
A120	120	220	120	72	30	20	14	105	55,5	47,5	10	600	6	10	10	6
A150	150	220	–	80	31,5	–	14	150	64,5	50	10	800	10	30	30	6
F100	100	–	–	–	–	–	–	–	–	–	5	–	–	–	–	–
F120	120	–	–	–	–	–	–	–	–	–	5	–	–	–	–	–

Kurzzeichen	Gewicht kg/m	Stabstatische Querschnittswerte									
		e_1 cm	e_2 cm	A cm²	A_y cm²	A_z cm²	I_x cm⁴	I_y cm⁴	I_z cm⁴	S_y cm³	S_z cm³
A 45	22,1	3,33	4,24	28,2	17,0	9,6	39	90	170	22,88	26,12
A 55	31,8	3,90	4,91	40,5	24,8	14,6	88	178	337	38,45	48,64
A 65	43,1	4,47	5,61	54,9	33,7	20,2	173	319	606	60,18	69,22
A 75	56,2	5,04	6,29	71,6	44,1	26,9	311	531	1011	88,41	102,09
A100	74,3	5,29	6,27	94,7	65,8	41,6	666	856	1345	128,78	141,58
A120	100,0	5,79	6,53	127,4	97,1	58,5	1302	1361	2350	187,23	222,35
A150	150,3	7,73	8,48	191,4	153,6	107,1	2928	4373	3605	412,00	342,60
F100	57,5	4,09	–	73,2	–	–	–	414	541	–	–
F120	70,1	4,07	–	89,2	–	–	–	499	962	–	–

A Querschnittsfläche, A_y und A_z Schubflächen, I_x Flächenmoment 2. Grades für Torsion (I_T), S_y und S_z Statische Momente der durch die Hauptachsen begrenzten Querschnittsteile bezogen auf diese Hauptachsen

Zulässiger Raddruck des Laufkrans in N nach DIN 15070 (12.77):

$$R \leqq \text{zul}\, p \cdot c_2 \cdot c_3 \cdot d_1 \cdot (k - 2r_1) \quad \text{mit} \quad R = (\min R + 2 \max R)/3$$

k = Kopfbreite und r_1 = Rundungshalbmesser der Kranschiene in mm; d_1 = Laufraddurchmesser in mm; zul p = zulässige Pressung in N/mm² (s. Tafel 7).

Tafel 6 Betriebsdauer-Beiwert c_3

	Betriebsdauer des Fahrantriebs (bezogen auf 1 Stunde)				
	≦16%	17 bis 25%	26 bis 40%	41 bis 63%	>63%
$c_3 =$	1,25	1,12	1	0,9	0,8

Beiwert c_2

$c_2 \approx 1/(0{,}803 + 0{,}0169\, n^{0,7})$ mit Laufrad-Drehzahl n in min⁻¹

Tafel 7 Zulässige Laufradpressung zul p

Werkstoffzugfestigkeit $f_{u,k}$ des Laufrads	in N/mm²	≦330	410	490	590	≧740
Zulässige Laufradpressung zul p	in N/mm²	2,8	3,6	4,5	5,6	7,0

2 Bemessung und Konstruktion der Stahlbauten

nach DIN 18800-1 [6] sowie der Anpassungs- und Herstellungsrichtlinie (10.98)

Zur Bemessung und Konstruktion von Stahlbauten stehen zwei Regelwerke zur Verfügung:

- DIN 18800 (11.90) [6 bis 9]. Diese Norm liegt diesem Buch zugrunde.
- Vornorm DIN V ENV 1993 Teil 1-1 (4.93), Eurocode 3. Der Regelungsgegenstand des EC 3 entspricht weitgehend DIN 18800 (11.90). Die probeweise Anwendung war zeitlich befristet, jedoch werden einzelne Regelungen, die DIN 18800 ergänzen oder erläutern können, mit entsprechenden Hinweisen übernommen.

2.1 Einwirkungen, Widerstandsgrößen, Nachweise

Einwirkungen

Bemessungswert der Einwirkung

$$\mathbf{F}_d = \gamma_F \cdot \psi \cdot \mathbf{F}_k \quad (9)$$

$\mathbf{F}_k$ ch(k)arakteristischer Wert der Einwirkung = Wert der einschlägigen Lastnorm DIN 1055
γ_F Teilsicherheitsbeiwert
ψ Kombinationsbeiwert

Mit den ständigen (G) aus Schwerkraft und (P) aus Vorspannung, veränderlichen (Q) und außergewöhnlichen (F_A) Einwirkungen sind Einwirkungskombinationen zu bilden (Tafel 8).

Einwirkungen Q_i können aus mehreren Einzelwirkungen bestehen; z. B. gelten die Lastkombinationen ($s + w/2$) und ($s/2 + w$) ebenso wie die Summe aller vertikalen Verkehrslasten nach DIN 1055-3 als jeweils **eine** Einwirkung Q_i. Die Beanspruchungen vergrößernde, wahrscheinliche Baugrundbewegungen sind den ständigen, Temperaturänderungen den veränderlichen Einwirkungen zuzuordnen. Kontrollierte ständige Einwirkungen dürfen mit einem um 10% kleineren γ_F-Wert berücksichtigt werden.

R e l a t i v k l e i n e B e a n s p r u c h u n g e n
Bei lokal geringen Beanspruchungen (z. B. Stöße im Bereich der Momentennullpunkte oder bei kleinen Normalkräften in Fachwerkstäben) sind ggf. additive Zuschläge zu den Beanspruchungen vorzusehen.

Tafel 8 Teilsicherheits- und Kombinationsbeiwerte γ_F und ψ; Einwirkungskombinationen nach DIN 18800-1 [6], 7.2.2

			γ_F bzw. ($\gamma_F \cdot \psi$) für die Einwirkungskombinationen		
			1	2	3
1	Ständige Einwirkungen[2])	$G_d = \gamma_F \cdot G_k$	1,35 (1,0)[1])	1,35 (1,0)[1])	1,0
2	Berücksichtigung jeweils **einer** ungünstig wirkenden veränderlichen Einwirkung Q_i	$Q_{i,d} = \gamma_F \cdot Q_{i,k}$	–	1,50	–
3	Berücksichtigung **aller** ungünstig wirkenden veränderlichen Einwirkungen	$Q_{i,d} = (\gamma_F \cdot \psi) \cdot Q_{i,k}$	1,35	–	0,9
4	**Eine** außergewöhnliche Einwirkung	$F_{A,d} = \gamma_F \cdot F_{A,k}$	–	–	1,0

[1]) Klammerwerte, wenn die ständigen Einwirkungen die Beanspruchungen aus veränderlichen Einwirkungen verringern (z. B. bei Windsog).
Wenn die Einwirkung Erddruck F_E die Beanspruchung aus veränderlichen Einwirkungen verringert, gilt dafür $\gamma_F = 0{,}6$.

[2]) Wenn ständige Einwirkungen bereichsweise günstig und ungünstig wirken, sind zusätzliche Grundkombinationen zu bilden. In ihnen ist anstelle von $\gamma_F = 1{,}35$ gleichzeitig anzusetzen:
Im Teilbereich mit ungünstiger Wirkung $\gamma_F = 1{,}1$, in dem mit günstiger Wirkung $\gamma_F = 0{,}9$. (Nicht erforderlich bei Durchlaufträgern und Rahmen, jedoch bei Tragwerken vom Typ „Waagebalken".)

Fortsetzung s. nächste Seite

Widerstandsgrößen

Bemessungswert der Widerstandsgrößen $\mathbf{M}_d = \mathbf{M}_k/\gamma_M$ (10)

$\gamma_M = 1{,}1$ für die Berechnung der Bemessungswerte der Festigkeiten (Gl. 19 und 20) und der Steifigkeiten beim Tragsicherheitsnachweis, jedoch

$\gamma_M = 1{,}0$ – für die Steifigkeiten, wenn kein Nachweis des Biege- oder Biegedrillknickens erforderlich ist, oder wenn $\gamma_M = 1{,}1$ die Beanspruchungen verringert

– beim Nachweis der Gebrauchstauglichkeit.

Die charakteristischen Werte der Festigkeiten gehen aus den Tafeln 4,71 und 72 hervor. Die charakteristischen Werte der Steifigkeiten $(E \cdot I)_k$ sind aus den Nennwerten der Querschnitte und E bzw. G aus Tafel 4 zu berechnen.

Nachweise

Mit den Beanspruchungen S_d aus den Einwirkungen $\mathbf{F}_d$ nach Gl. (9) und den Beanspruchbarkeiten R_d aus den Widerstandsgrößen $\mathbf{M}_d$ nach Gl. (10) muß sein

$$S_d/R_d \leqq 1$$

Abweichend von vorstehendem Nachweis darf auch mit den γ_M (=1,1)-fachen Beanspruchungswerten der Einwirkungen gerechnet werden; für die Bemessungswerte des Widerstandes sind dann die charakteristischen Werte (z. B. $(E \cdot I)_k$, $f_{y,k}$) zu verwenden.

Tafel 9 Nachweisverfahren, Bezeichnungen nach DIN 18800-1 [6], Tab. 11

	Nachweisverfahren	Berechnung der	
		Beanspruchungen S_d nach	Beanspruchbarkeiten R_d nach
1	Elastisch-Elastisch	Elastizitätstheorie	Elastizitätstheorie
2	Elastisch-Plastisch	Elastizitätstheorie	Plastizitätstheorie
3	Plastisch-Plastisch	Plastizitätstheorie	Plastizitätstheorie

2.2 Nachweis der Tragsicherheit

2.2.1 Grundlagen

Die Tragsicherheit ist nach einem der drei Verfahren aus Tafel 9 nachzuweisen.

Imperfektionen

Für alle durch Druckkräfte beanspruchten Stäbe, die am verformten Stabwerk Stabdrehwinkel aufweisen können, sind Vorverdrehungen der Stabachsen so anzusetzen, daß sie sich am ungünstigsten auf die jeweils betrachtete Beanspruchung auswirken (Bild 2 und Abschn. 3.1).

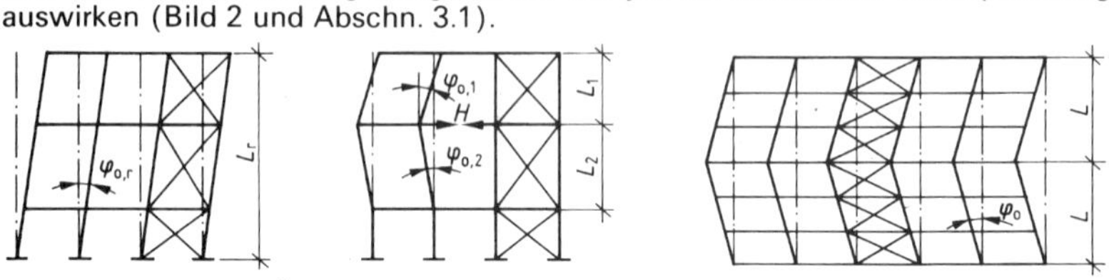

a) Aussteifung, $n=4^*$ **b) Anschlußkraft H,** $n=4$ **c) Dachverband** $n=6$

Bild 2 Beispiele für Imperfektionen

Stabdrehwinkel:

$$\varphi_0 = \frac{1}{400} \cdot r_1 \cdot r_2 \qquad (11)$$

Hierin ist: $r_1 = \sqrt{5/L}$ jedoch $r_1 \leqq 1$.
L = Länge des vorverdrehten Stabes in m
$r_2 = (1 + \sqrt{1/n})/2$ mit n = Anzahl der voneinander unabhängigen Ursachen, die zu einem imperfekten stat. System führen (z. B. Zahl der normalkraftbeanspruchten Stiele in einem Stockwerk eines Rahmens, ohne die Stiele mit $N < 0{,}25 \max N$)

Wirken auf das Tragwerk oder seine stabilisierenden Bauteile Horizontallasten, deren Summe $\leqq 1/400$ der ungünstig beanspruchenden Vertikallasten ist, ist φ_0 aus Gl. (11) zu verdoppeln.

Lochschwächungen

Keine Berücksichtigung von Lochschwächungen
- bei Berechnung von Formänderungen, Stütz- und Schnittgrößen
- im Druckbereich und bei Schub, wenn das Lochspiel $\Delta d \leq 1$ mm ist, oder, bei $\Delta d > 1$ mm, wenn Tragwerksverformungen (z. B. durch Zusammenquetschen des Lochspiels) nicht begrenzt werden müssen.
- in zugbeanspruchten Querschnittsteilen, wenn

$$\frac{A_{Brutto}}{A_{Netto}} \leq \begin{cases} 1{,}2 & \text{für S235} \\ 1{,}15 & \text{für S275} \\ 1{,}1 & \text{für S355} \end{cases} \quad (12)$$

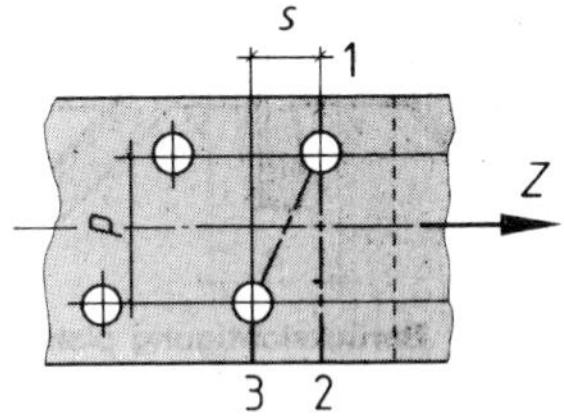

Bild3 Schnittführung bei versetzten Bohrungen

1 — 2: senkrecht zur Bauteillängsachse,
1 — 3: diagonal oder im Zick-Zack

In allen anderen Fällen sind Löcher für Verbindungsmittel und andere Querschnittsöffnungen von der Bruttofläche abzuziehen. Bei Löchern für Senkschrauben ist die Senkung zu berücksichtigen. Bei versetzten Löchern ist außer dem Schnitt senkrecht zur Bauteillängsachse auch ein Schnitt längs einer Diagonalen oder Zick-Zack-Linie zu untersuchen (Bild 3); der kleinere Nettoquerschnitt ist maßgebend. Nach EC 3 ist für jeden schrägen Zwischenraum in der Lochkette von der Lochabzugsfläche ein zusätzlicher Flächenanteil $s^2 \cdot t/(4\,p)$ abzuziehen.

In zugbeanspruchten Querschnitten oder Querschnittsteilen aus S235 und S355 darf die Grenzzugkraft im Nettoquerschnitt — unabhängig von der Art der Lochherstellung — mit der Zugfestigkeit nach Gl. (13) berechnet werden. Für andere Stähle gilt dies nur bei gebohrten Löchern.

$$\boldsymbol{N_{R,d} = A_{Netto} \cdot f_{u,k} / (1{,}25 \cdot \gamma_M)} \quad (13)$$

Tafel 10 Querschnittswerte bei näherungsweiser Berücksichtigung von Löchern für Verbindungsmittel

Zeile	Schnittgröße	Spannungsart	Maßgebende Querschnittswerte zur Ermittlung der Spannungen aus	
			N und V	M_B und M_T
1	Längskraft N	Druck	A	
2		Zug	$A - \Delta A$	
3	Biegemoment M_B	Druck		$W_D = I/z_D$
4		Zug		$W_Z = (I - \Delta I)/z_Z$
5	Längskraft N und Biegemoment M_B	Druck	A	$W_D = I/z_D$
6		Zug	$A - \Delta A$	$W_Z = (I - \Delta I)/z_Z$
7	Querkraft V	Schub	A_{Steg}, S, I, t	
8	Torsionsmoment M_T			[1]

Tafel nur anwenden, wenn Beanspruchbarkeiten mit Streckgrenze berechnet werden.
- A Fläche des ungelochten Querschnittes
- ΔA Summe aller abzuziehenden Lochflächen, die in derjenigen Rißlinie liegen, die den kleinsten Wert $A - \Delta A$ ergibt
- A_{Steg} Querkraftfläche, die bei näherungsweiser Berechnung der Schubspannungen infolge Querkraft zu deren Aufnahme geeignet ist; t = Dicke des Querschnittsteils
- S Flächenmoment 1. Grades (statisches Moment) von ungelochten Querschnittsteilen[2]
- I Flächenmoment 2. Grades (Trägheitsmoment) des ungelochten Querschnittes
- ΔI Summe der I der in ungünstigste Rißlinie fallenden Löcher im Biegezugbereich[2]
- z_D, z_Z Abstand der Randfaser am Druckrand bzw. Zugrand[2]
- W_D, W_Z Maßgebendes Widerstandsmoment für die Randdruck- bzw. Randzugspannung

[1] Querschnittswerte des ungelochten Querschnittes
[2] bezogen auf die Schwerachse des ungelochten Querschnittes

Wenn in zugbeanspruchten Querschnittsteilen (Querschnitten) die Beanspruchbarkeiten mit der Streckgrenze ($f_{y,k}$) berechnet werden oder Gl. (12) erfüllt ist, darf der durch die Lochschwächung verursachte Versatz der Querschnittsschwerachsen vernachlässigt werden. Lochschwächungen werden näherungsweise nach Tafel 10 berücksichtigt.

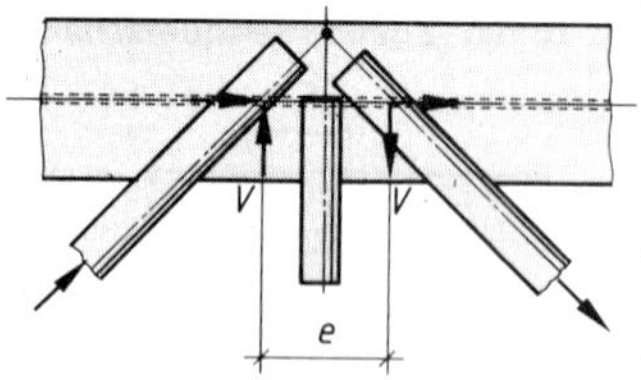

Bild 4 Berücksichtigung planmäßiger Außermittigkeiten in der Bildebene

Planmäßige Außermittigkeiten sind zu berücksichtigen, z.B. Bild 4, jedoch nicht, wenn bei Fachwerkgurten mit über die Länge veränderlichen Querschnitten die gemittelte Schwerachse der Einzelquerschnitte in die Systemlinie des Gurtes gelegt wird.

Tragwerksverformungen sind zu berücksichtigen, wenn sie zur Vergrößerung der Beanspruchungen führen (Theorie II. Ordnung). Sie brauchen nicht berücksichtigt zu werden (Theorie I. Ordnung), wenn Biegeknick- und Biegedrillknicknachweise nicht erforderlich sind.

Die Biegeknicksicherheit braucht nicht nachgewiesen zu werden, wenn eine der folgenden Bedingungen erfüllt ist:

1. Normalkräfte des Systems $N \leqq 0{,}1\, N_{\mathrm{Ki,d}}$ (14)
2. Bezogene Schlankheitsgrade $\bar{\lambda}_{\mathrm{K}} \leqq 0{,}3\sqrt{f_{\mathrm{y,d}} \cdot A/N}$ (14a)
3. $s_{\mathrm{K}} \cdot \sqrt{N/(E \cdot I)_{\mathrm{d}}} \leqq 1$ (14b)

Biegedrillknicken ist nicht nachzuweisen bei

1. Stäben mit Hohlquerschnitten mit oder ohne Druckkraft
2. Biegung um die z-Achse von Stäben mit I-Querschnitt, mit/ohne Druckkraft
3. Biegung um die y-Achse ohne Druckkraft von Stäben mit I-förmigem, zur Stegachse symmetrischem Querschnitt, deren Druckgurt im Abstand c seitlich unverschieblich gehalten ist:

$c \leqq 0{,}5\, \lambda_{\mathrm{a}} \cdot i_{\mathrm{z,g}} \cdot M_{\mathrm{pl,y,d}} / \max |M_{\mathrm{y}}|$ (15)

$i_{\mathrm{z,g}}$ s. Gl. (50) und Profiltafeln; statt dessen darf auch i_{z} eingesetzt werden.

Weitere ausführliche Angaben hierzu s. Abschn. 3.2.2.

Schlupf in Verbindungen ist zu berücksichtigen, wenn er nicht offenbar vernachlässigt werden darf (wie z.B. in Fachwerkträgern, die nicht der Stabilisierung dienen).

Schlupf von Schraubenverbindungen = Nennlochspiel Δd

Betriebsfestigkeit braucht nicht nachgewiesen zu werden,
wenn als veränderliche Einwirkungen nur Schnee, Temperatur, Verkehrslasten nach DIN 1055-3, Abschn. 1.4 und Windlasten ohne periodische Anfachung des Bauwerks auftreten,
oder wenn $\Delta\sigma < 26$ N/mm² (16)
oder wenn die Zahl der Spannungsspiele $n < 5 \cdot 10^6 (26/\Delta\sigma)^3$ (17).

2.2.2 Detailregelungen nach DIN 18800-1 und DIN 18801

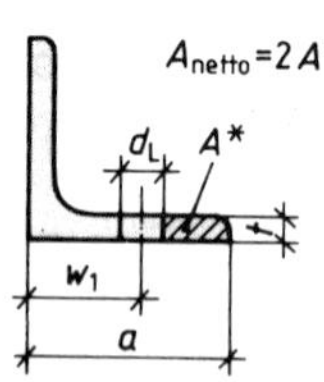

Bild 5
Anschluß eines Winkels durch nur 1 Schraube

a) Ausmittige Anschlüsse von Zugstäben

Mehrere Anschlußschrauben: Bei einem Winkelquerschnitt mit ≧2 Schrauben in Kraftrichtung hintereinander oder Flankenkehlnähten mit Länge $l_{\mathrm{w}} \geqq$ Schenkelbreite darf die Ausmittigkeit infolge unmittelbaren Anschlusses eines Schenkels unberücksichtigt bleiben, wenn $\boldsymbol{\sigma \leqq 0{,}8\, \sigma_{\mathrm{R,d}}}$ ist.

Nur eine Anschlußschraube: Der Tragsicherheitsnachweis ist mit dem doppelten Wert des kleineren Teils des Nettoquerschnitts zu führen. Bei einem Winkelanschluß nach Bild 5 wird z.B.

$\boldsymbol{\sigma = N/A_{\mathrm{Netto}}}$ mit $A^* \approx t \cdot (a - w_1 - d_{\mathrm{L}}/2)$

b) Auf Biegung beanspruchte vollwandige Tragwerksteile

Stützweite bei unmittelbarer Lagerung auf Mauerwerk oder Beton:

$l = 1{,}05\,w \geqq w + 120$ mm   mit w = Lichtweite

Auflagerkräfte von Durchlaufträgern mit $\geqq 3$ Feldern:
Wie für Träger auf 2 Stützen, falls min $l \geqq 0{,}8$ max l ist.

Steifenlose Krafteinleitungen in I-förmige Querschnitte (Bild 6)

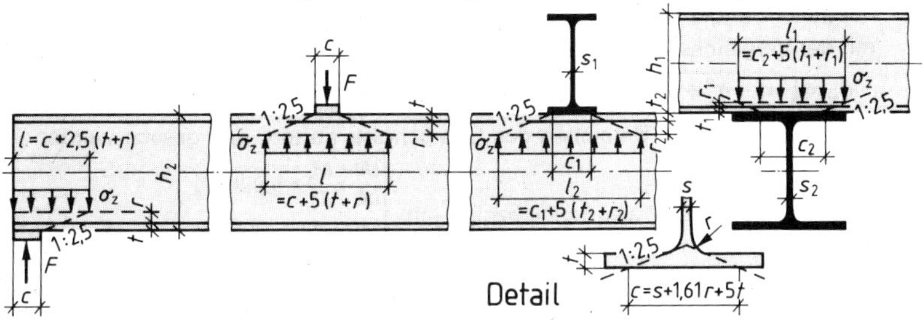

Bild 6 Rippenlose Lasteinteilung bei I-Profilen

Wenn die Betriebsfestigkeit nicht maßgebend und der Träger gegen Verdrehen und seitliches Ausweichen gesichert ist, wird die einleitbare Grenzkraft bei geschweißten Profilen mit einer Stegschlankheit $h/s \leqq 60$ sowie bei Walzprofilen wie folgt berechnet:

a) σ_x und σ_z mit unterschiedlichen Vorzeichen und $|\sigma_x| > 0{,}5 f_{y,k}$:

$$F_{R,d} = s \cdot l \cdot f_{y,k}(1{,}25 - 0{,}5 \cdot |\sigma_x| / f_{y,k}) / \gamma_M \quad (18)$$

b) Für alle anderen Fälle:

$$F_{R,d} = s \cdot l \cdot f_{y,k} / \gamma_M \quad (18a)$$

Hierin bedeuten:

σ_x Normalspannung im Träger in der maßgebenden Faser aus Biegung und/oder Normalkraft
σ_z Normalspannung aus der lokalen Lasteinleitung in der maßgebenden Faser
s Stegdicke des Trägers
l Mittragende Länge nach Bild 6; bei geschweißten Trägern ist die Schweißnahtdicke a anstelle von r zu setzen.

Im Bereich der Krafteinleitung braucht die Vergleichsspannung σ_V nach Gl. (22) nicht nachgewiesen zu werden.

Bei $h/s > 60$ ist zusätzlich die Beulsicherheit mit Gl. (83) nachzuweisen.

2.2.3 Tragsicherheitsnachweis nach dem Verfahren Elastisch-Elastisch

Die Beanspruchungen und Beanspruchbarkeiten sind nach der Elastizitätstheorie zu berechnen (Taf. 9, Z. 1); das System muß im stabilen Gleichgewicht sein.

a) Nachweis ausreichender Bauteildicke
Die Dicke der Querschnittsteile muß entweder den Grenzwerten grenz (b/t) bzw. grenz (d/t) nach Tafel 11 bzw. Bild 7 genügen, oder es ist ausreichende Beulsicherheit nach Abschn. 4 nachzuweisen.

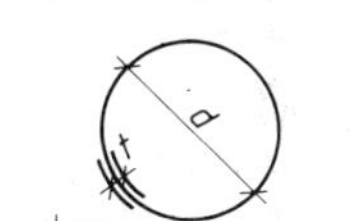

$$\text{grenz}\,(d/t) = \left(90 - 20\frac{\sigma_N}{\sigma_1}\right) \cdot \frac{240}{\sigma_1 \cdot \gamma_M}$$

Bild 7 Grenzwerte grenz (d/t) für Kreiszylinderquerschnitte für volles Mittragen unter Druckspannungen σ_x beim Tragsicherheitsnachweis nach dem Verfahren Elastisch-Elastisch

σ_1 = Größtwert der Druckspannungen in N/mm²
σ_N = Druckspannungsanteil aus Normalkraft in N/mm²

b) Sicherheit gegen Fließen

Grenznormalspannung: $\sigma_{R,d} = f_{y,d} = f_{y,k}/\gamma_M$ mit $\gamma_M = 1{,}1$ (19)

Grenzschubspannung: $\tau_{R,d} = f_{y,d}/\sqrt{3}$ (20)

Die **Nachweise** lauten

- für $\sigma_x, \sigma_y, \sigma_z$: $\sigma/\sigma_{R,d} \leqq 1$ (21)
- für $\tau_{xy}, \tau_{xz}, \tau_{yz}$: $\tau/\tau_{R,d} \leqq 1$ (21 a)
- bei gleichzeitiger Wirkung mehrerer Spannungen: $\sigma_V/\sigma_{R,d} \leqq 1$ (21 b)

  mit der Vergleichsspannung σ_V

$$\sigma_V = \sqrt{\sigma_x^2 + \sigma_y^2 + \sigma_z^2 - \sigma_x \cdot \sigma_y - \sigma_x \cdot \sigma_z - \sigma_y \cdot \sigma_z + 3\tau_{xy}^2 + 3\tau_{xz}^2 + 3\tau_{yz}^2} \quad (22)$$

Wenn σ_V nur in kleinen Bereichen des Querschnitts auftritt, darf gesetzt werden:

$$\sigma_V \leqq 1{,}1\,\sigma_{R,d}, \quad \text{so z. B. wenn gleichzeitig gilt} \quad \begin{cases} \left|\dfrac{N}{A} + \dfrac{M_y}{I_y} z\right| \leqq 0{,}8\,\sigma_{R,d} \\ \left|\dfrac{N}{A} - \dfrac{M_z}{I_z} y\right| \leqq 0{,}8\,\sigma_{R,d} \end{cases} \quad (21\,c)$$

Beim Nachweis nach dem Verfahren Elastisch-Elastisch dürfen $\sigma_{R,d}$ und $\tau_{R,d}$ in den Gln. (21, 21 a, b) um 10% erhöht werden, wenn

- Biegeknicken und Biegedrillknicken nicht nachzuweisen sind (s. Abschn. 2.2.1),
- die Bedingungen von Tafel 11 und Bild 7 eingehalten sind,
- kein Gebrauch von den Gln. (21 c) und (24) gemacht wird.

Spannungen in Stäben infolge Normalkraft und/oder Biegung

$$\sigma_x = \left|\frac{N}{A} + \frac{M_y}{I_y} z - \frac{M_z}{I_z} y\right| \quad (23)$$

Besondere Regelungen für Zugstäbe s. Abschn. 2.2.1 und 2.2.2.

Für Stäbe mit doppeltsymmetrischem **I-Querschnitt**, die die Bedingungen der Tafel 12, Zeile 1 erfüllen, darf σ_x nach Gl. (24) berechnet werden:

$$\sigma_x = \left|\frac{N}{A} \pm \frac{M_y}{\alpha^*_{pl,y} \cdot W_y} \pm \frac{M_z}{\alpha^*_{pl,z} \cdot W_z}\right| \quad (24)$$

α^*_{pl} der jeweilige plast. Formbeiwert α_{pl}, jedoch $\alpha_{pl} \leqq 1{,}25$; α_{pl} s. Gl. (1). Für I-förmige Walzprofile gilt vereinfacht $\alpha^*_{pl,y} = 1{,}14$ und $\alpha^*_{pl,z} = 1{,}25$.

Werden bei **Stäben mit Winkelprofil** schenkelparallele Querschnittsachsen anstelle der Trägheitshauptachsen benutzt, ist σ_x um 30% zu erhöhen.

Spannungen in Stäben infolge von Querkräften

$$\tau = \left|\frac{V_z \cdot S_y}{I_y \cdot t} \pm \frac{V_y \cdot S_z}{I_z \cdot t}\right| \quad (25)$$

Vereinfachter Nachweis von τ für Stäbe mit I-förmigem Querschnitt, bei denen $A_{Gurt}/A_{Steg} \geqq 0{,}6$ ist und die Wirkungslinie von V_z mit dem Steg zusammenfällt.

$$\tau = \left|\frac{V_z}{A_{Steg}}\right| \quad (26)$$

Bei der Berechnung von A_{Steg} darf die Steghöhe h_{Steg} gleich dem Abstand der Gurtschwerlinien gesetzt werden.

Beispiel Nachweis ausreichender Bauteildicke für den Flansch einer Stütze aus HE300A – S355 mit den Bemessungsgrößen $N_d = 1890$ kN, $M_{y,d} = 70$ kNm, $M_{z,d} = 32$ kNm.

An der Kante: $\sigma_1 = 1890/112 + 7000/1260 + 3200/421 = 16{,}88 + 5{,}56 + 7{,}60$

$\sigma_1 = 30{,}04\ \text{kN/cm}^2 = 300{,}4\ \text{N/mm}^2 < 360/1{,}1 = 327{,}3\ \text{N/mm}^2 = \sigma_{R,d}$

An der Rundung: $\sigma_2 = 16{,}88 + 5{,}56 + 3200\ (0{,}85/2 + 2{,}7)/6310 = 24{,}02\ \text{kN/cm}^2$

$\psi = 24{,}02/30{,}04 = 0{,}8;\quad k_\sigma = 0{,}57 - 0{,}21 \cdot 0{,}8 + 0{,}07 \cdot 0{,}8^2 = 0{,}447$

$\text{grenz}\,(b/t) = 305\sqrt{0{,}447/(300{,}4 \cdot 1{,}1)} = 11{,}2$

$> b/t = (30 - 0{,}85 - 2 \cdot 2{,}7)/(2 \cdot 1{,}4) = 8{,}48$

Bei Walzprofilen aus S235 ist die Bedingung für grenz (b/t) fast immer erfüllt.

Tafel 11 Grenzwerte grenz(b/t) für ein- und beidseitig gelagerte Plattenstreifen für volles Mittragen unter Druckspannungen σ_x beim Tragsicherheitsnachweis nach dem Verfahren Elastisch-Elastisch mit zugehörigen Beulwerten k_σ
nach DIN 18800-1 [6], Tab. 12 u. 13
σ_1 = Größtwert der Druckspannungen σ_x in N/mm²

	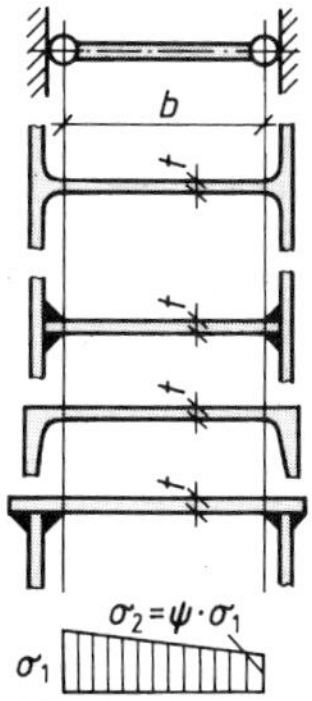	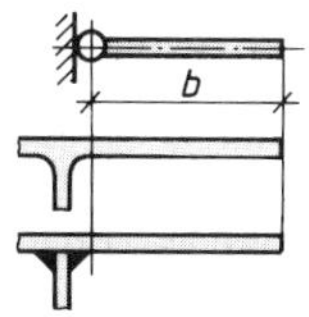 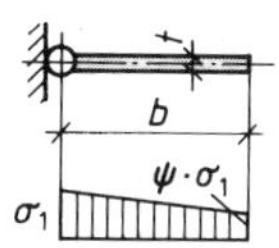	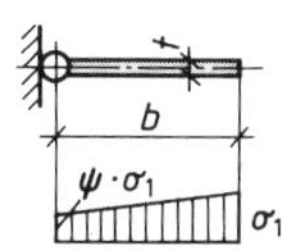
ψ	k_σ	k_σ	k_σ
1	4	0,43	0,43
$1 > \psi > 0$	$\frac{8,2}{\psi + 1,05}$	$\frac{0,578}{\psi + 0,34}$	$0,57 - 0,21 \cdot \psi + 0,07 \cdot \psi^2$
0	7,81	1,70	0,57
$0 > \psi > -1$	$7,81 - 6,29 \cdot \psi + 9,78 \cdot \psi^2$	$1,70 - 5 \cdot \psi + 17,1 \cdot \psi^2$	$0,57 - 0,21 \cdot \psi + 0,07 \cdot \psi^2$
-1	23,9	23,8	0,85
	grenz(b/t) [1]	**grenz(b/t)**	
$0 < \psi \leqq 1$	$(1 - 0,278\,\psi - 0,025\,\psi^2) \cdot 420,4 \cdot \sqrt{k_\sigma/(\sigma_1 \cdot \gamma_M)}$	$305 \cdot \sqrt{\frac{k_\sigma}{\sigma_1 \cdot \gamma_M}}$	
$\psi \leqq 0$	$420,4 \cdot \sqrt{k_\sigma/(\sigma_1 \cdot \gamma_M)}$		

Vereinfachend kann $\sigma_1 \cdot \gamma_M = f_{y,k}$ gesetzt werden. $f_{y,k}$ s. Tafel 4.
[1]) Bei gleichzeitiger Wirkung von σ_x und τ ist ein Beulsicherheitsnachweis erforderlich, wenn $b/t > 0,64\sqrt{k_\sigma \cdot E/f_{y,k}}$ (27)

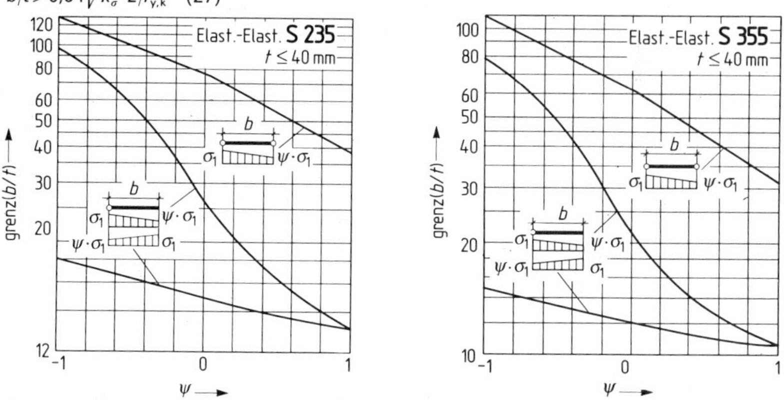

Bild 8 Diagramm zu Tafel 11 mit $\sigma_1 = f_{y,k}/\gamma_M$. Wenn σ_1 kleiner ist als dieser Wert, wird grenz(b/t) größer

2.2.4 Tragsicherheitsnachweis nach dem Verfahren Elastisch-Plastisch

Die Beanspruchungen sind nach der Elastizitätstheorie, die Beanspruchbarkeiten unter Ausnutzung plastischer Tragfähigkeiten zu berechnen (Taf. 9, Z. 2); das System muß im stabilen Gleichgewicht sein.

a) Momentenumlagerung

Wenn Biegeknicken und Biegedrillknicken nicht berücksichtigt werden müssen (s. Abschn. 2.2.1 und 3.2), dürfen die nach Elastizitätstheorie ermittelten Stützmomente unter Beachtung der Gleichgewichtsbedingungen um $\leqq 15\%$ abgemindert oder erhöht werden. Zusätzlich gilt für Verbindungen Abschn. 2.2.5, Punkt d).

b) Nachweis ausreichender Bauteildicke

Die Dicke der Querschnittsteile muß den Grenzwerten nach Tafel 12, Zeile 1 genügen.

Für die Bereiche des Tragwerks, in denen die Schnittgrößen den Bedingungen des Abschnitts 2.2.3 entsprechen, ist Tafel 11 maßgebend.

c) Nachweis der plastischen Tragfähigkeit

Grenzschnittgrößen im vollplastischen Zustand

Berechnung s. Bild 9. Dabei ist $\alpha_{pl} \cdot W$ das plastische Widerstandsmoment

$$\boldsymbol{W_{pl}} = \boldsymbol{S_o} + \boldsymbol{S_u} \quad (28)$$

mit S_o bzw. S_u = Flächenmoment 1. Grades über bzw. unter der Flächenhalbierenden des Querschnitts.

Bei doppelsymmetrischen Profilen ist

$$\boldsymbol{W_{pl,y}} = \boldsymbol{2S_y} \quad \text{bzw.} \qquad \boldsymbol{W_{pl,z}} = \boldsymbol{2S_z} \quad (28a, b)$$

S_y für Walzprofile s. Profiltafeln.

$W_{pl,y}$ und $W_{pl,z}$ sind i. allg. auf den Wert $1{,}25 \cdot W_{el}$ zu begrenzen!

α_{pl} nach Gl. (1) sowie Grenzschnittgrößen im vollplastischen Zustand für I-förmige Walzprofile s. Tafel 15.

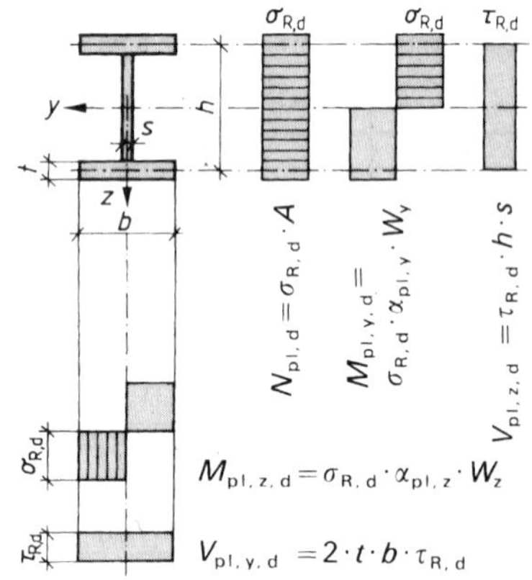

Bild 9 Spannungsverteilung für doppeltsymmetrische I-Querschnitte für Schnittgrößen im vollplastischen Zustand

Es ist nachzuweisen, daß die Beanspruchungen unter Beachtung der Interaktion nicht zu einer Überschreitung der Grenzschnittgrößen im plastischen Zustand führen:

Grenzspannungen: s. Gl. (19) und (20).

Interaktion von Grenzschnittgrößen im plastischen Zustand

Die Tragsicherheitsnachweise für Stäbe mit doppelsymmetrischen I- und einfachsymmetrischen Querschnitten können vereinfacht geführt werden bei gleichzeitiger Wirkung von

N, M_y, V_z nach Tafel 13a (doppelsymmetrisch)
nach Tafel 13b (einfachsymmetrisch)
N, M_z, V_y nach Tafel 14
N, M_y, M_z nach Gl. (29), (30) oder Bild 13, falls $V_{z,d} \leqq 0{,}33\ V_{pl,z,d}$ und $V_{y,d} \leqq 0{,}25\ V_{pl,y,d}$ ist. } (doppelsymmetrisch)

Tafel 12 Grenzwerte grenz(b/t) und grenz(d/t) für volles Mitwirken von Querschnittsteilen unter Druckspannungen σ_x beim Tragsicherheitsnachweis nach dem Verfahren Elastisch-Plastisch und Plastisch-Plastisch n. [6], Tab. 15. $f_{y,k}$ in N/mm²

Zeile	Nachweis-Verfahren	Plattenstreifen			Kreiszylinder
		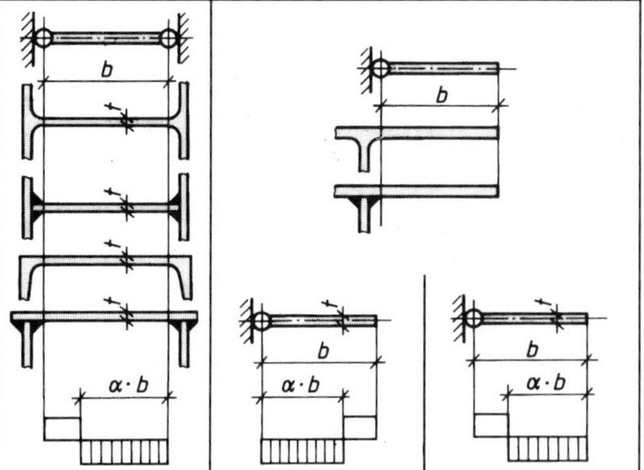			d und t s. Bild 7
		grenz(b/t)	**grenz(b/t)**	**grenz(b/t)**	**grenz(d/t)**
1	Elast.-Plast.	$\frac{37}{\alpha}\cdot\sqrt{\frac{240}{f_{y,k}}}$	$\frac{11}{\alpha\cdot\sqrt{\alpha}}\cdot\sqrt{\frac{240}{f_{y,k}}}$	$\frac{11}{\alpha}\cdot\sqrt{\frac{240}{f_{y,k}}}$	$70\cdot\frac{240}{f_{y,k}}$
2	Plast.-Plast.	$\frac{32}{\alpha}\cdot\sqrt{\frac{240}{f_{y,k}}}$	$\frac{9}{\alpha\cdot\sqrt{\alpha}}\cdot\sqrt{\frac{240}{f_{y,k}}}$	$\frac{9}{\alpha}\cdot\sqrt{\frac{240}{f_{y,k}}}$	$50\cdot\frac{240}{f_{y,k}}$

Druckspannungen sind durch Schraffur gekennzeichnet.

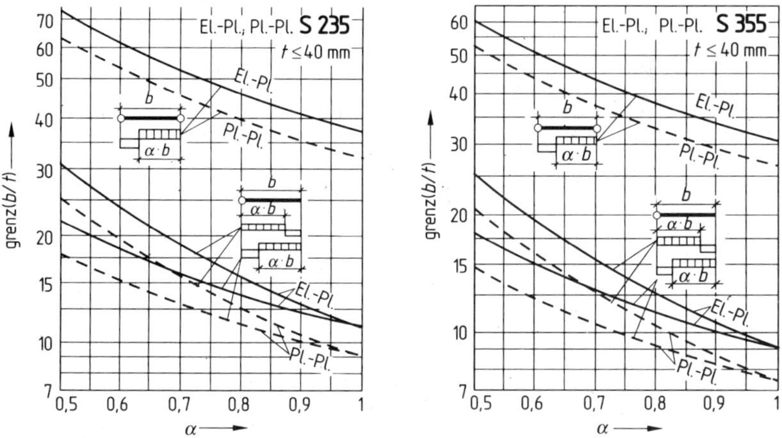

Bild 10 Diagramm zur Tafel 12

Tafel 13a Vereinfachte Tragsicherheitsnachweise für doppeltsymmetrische I-Querschnitte mit N, M_y, V_z nach DIN 18800-1 [6], Tab. 16

Momente um y-Achse	Gültigkeits-bereich	$\frac{V}{V_{pl,d}} \leqq 0{,}33$	$0{,}33 < \frac{V}{V_{pl,d}} \leqq 1{,}0$[1])
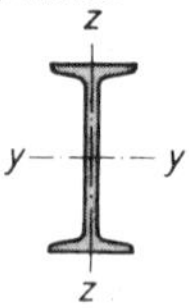	$\frac{N}{N_{pl,d}} \leqq 0{,}1$	$\frac{M}{M_{pl,d}} \leqq 1$	$0{,}88 \frac{M}{M_{pl,d}} + 0{,}37 \frac{V}{V_{pl,d}} \leqq 1$
	$0{,}1 < \frac{N}{N_{pl,d}} \leqq 1$	$0{,}9 \frac{M}{M_{pl,d}} + \frac{N}{N_{pl,d}} \leqq 1$	$0{,}8 \frac{M}{M_{pl,d}} + 0{,}89 \frac{N}{N_{pl,d}} + 0{,}33 \frac{V}{V_{pl,d}} \leqq 1$

[1]) Bei voller Ausnutzung der Querschnittsinteraktion darf $V_{pl,d}$ nur zu 90% des rechnerischen Wertes angenommen werden.

Interaktionsbeziehung für einfachsymmetrische Querschnitte

bei Biegung um die y-Achse (nach [38])

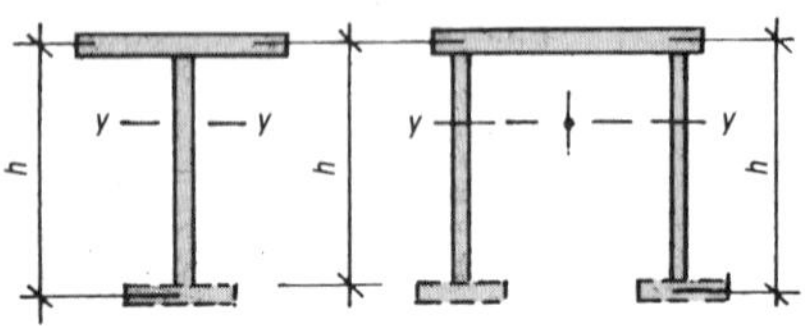

Bild 11 Querschnitte

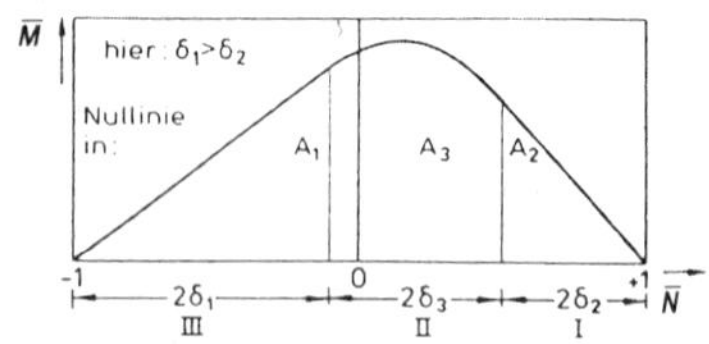

Bild 12 Interaktionsdiagramm

Vorwerte

$V_{pl,d} = A_3 \cdot \tau_{R,d}$ mit A_1 = Momentendruckgurtfläche

$V/V_{pl,d} \leqq 1/3: \eta = 1$ A_2 = Momentenzuggurtfläche

$V/V_{pl,d} > 1/3: \eta = \sqrt{1 - (V/V_{pl,d})^2}$ A_3 = Steg bzw. beide Stege

$A_r = A_1 + A_2 + \eta \cdot A_3$; $\delta_1 = A_1/A_r$;

$\delta_2 = A_2/A_r$; $\delta_3 = \eta \cdot A_3/A_r$

N ist positiv (negativ) bei Druck (Zug)

Tafel 13b Tragsicherheitsnachweis für einfachsymmetrische Querschnitte mit N, M_y, V_z nach [38]

$N_{pl,V,d} = A_r \cdot \sigma_{R,d}$ $\bar{N} = N/N_{pl,V,d}$ $\bar{M} = M/(h \cdot N_{pl,V,d})$

$1 - 2 \cdot \delta_2 \leqq \frac{N}{N_{pl,V,d}} \leqq 1$	$2 \cdot \delta_1 - 1 \leqq \frac{N}{N_{pl,V,d}} \leqq 1 - 2 \cdot \delta_2$	$-1 \leqq \frac{N}{N_{pl,V,d}} \leqq 2 \cdot \delta_2 - 1$
$\bar{M} \leqq (\delta_1 + 0{,}5 \cdot \delta_3) \cdot (1 - \bar{N})$	$\bar{M} \leqq (\delta_1 + 0{,}5 \cdot \delta_3) \cdot (1 - \bar{N}) - 0{,}25 \cdot (1 - 2 \cdot \delta_2 - \bar{N})^2/\delta_3$	$\bar{M} \leqq (\delta_2 + 0{,}5 \cdot \delta_3) \cdot (1 + \bar{N})$
I	II	III

Tafel 14 Vereinfachte Tragsicherheitsnachweise für doppeltsymmetrische I-Querschnitte mit N, M_z, V_y nach DIN 18800-1 [6], Tab. 17

Momente um z-Achse	Gültigkeitsbe-reich	$\frac{V}{V_{pl,d}} \leqq 0{,}25$	$0{,}25 < \frac{V}{V_{pl,d}} \leqq 0{,}9$
	$\frac{N}{N_{pl,d}} \leqq 0{,}3$	$\frac{M}{M_{pl,d}} \leqq 1$	$0{,}95 \frac{M}{M_{pl,d}} + 0{,}82 \leqq \left(\frac{V}{V_{pl,d}}\right)^2 \leqq 1$
	$0{,}3 < \frac{N}{N_{pl,d}} \leqq 1$	$0{,}91 \frac{M}{M_{pl,d}} + \leqq \left(\frac{N}{N_{pl,d}}\right)^2 \leqq 1$	$0{,}87 \frac{M}{M_{pl,d}} + 0{,}95 \leqq \left(\frac{N}{N_{pl,d}}\right)^2 + 0{,}75 \leqq \left(\frac{V}{V_{pl,d}}\right)^2 \leqq 1$

Es ist $M_{pl,z,d} = 1{,}25 \cdot \sigma_{R,d} \cdot W_z$ (für Walzprofile $= M_{pl,z,d}$ aus Taf. 15)

Mit $M_y^* = M_{pl,y,d} \cdot [1-(N/N_{pl,d})^{1,2}]$;
$M_{pl,z,d} = 1{,}25\,\sigma_{R,d} \cdot W_z = M^*_{pl,z,d}$
$c_1 = (N/N_{pl,d})^{2,6}$
und $c_2 = (1-c_1)^{-N_{pl,d}/N}$

gilt für $M_y \leqq M_y^*$:

$$M_z/M_{pl,z,d} + c_1 + c_2 \cdot (M_y/M_{pl,y,d})^{2,3} \leqq 1 \quad (29)$$

für $M_y > M_y^*$:

$$\frac{1}{40}\left(\frac{M_z}{M_{pl,z,d}} - \frac{M_z^*}{M_{pl,z,d}}\right) + \left(\frac{N}{N_{pl,d}}\right)^{1,2} + \frac{M_y}{M_{pl,y,d}} \leqq 1 \quad (30)$$

mit
$M_z^* = [1 - c_2 \cdot (M_y^*/M_{pl,y,d})^{2,3} - c_1] \cdot M_{pl,z,d}$

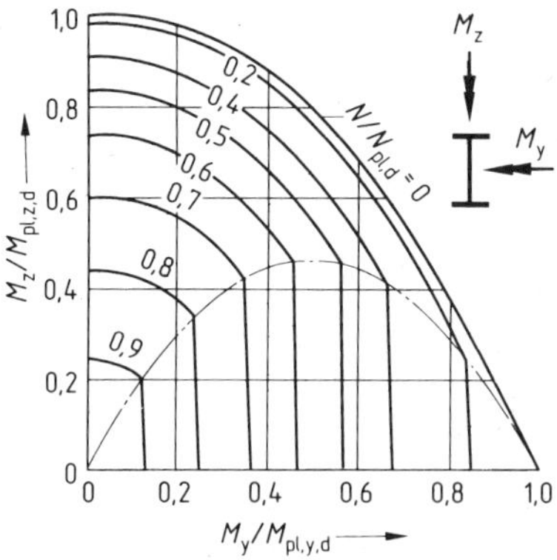

Bild 13 Interaktion für N, M_y, M_z für doppeltsymmetrische I-Querschnitte

2.2.5 Tragsicherheitsnachweis nach dem Verfahren Plastisch-Plastisch

Nachweisverfahren s. Tafel 9, Zeile 3.

a) Es ist nachzuweisen, daß das System im stabilen Gleichgewicht ist.

b) **Grenzschnittgrößen** im plastischen Zustand und **Interaktion** wie beim Verfahren Elastisch-Plastisch (Abschn. 2.2.4).

c) Die **Dicke der Querschnittsteile** muß im Bereich der Fließgelenke Taf. 12, Zeile 2 genügen.

Für die Bereiche des Tragwerks, in denen die Schnittgrößen nicht größer sind als die Grenzschnittgrößen im plastischen Zustand nach dem Verfahren Elastisch-Plastisch, gilt Abschn. 2.2.4, Punkt b).

d) Für **Verbindungen** ist die Auswirkung eines oberen Grenzwertes der Streckgrenze $\sigma_{R,d}^{oben} = 1{,}3\,\sigma_{R,d}$ nachzuweisen, oder sie müssen die 1,25fachen Grenzschnittgrößen im plastischen Zustand der durch sie verbundenen Teile konstanten Querschnitts aufnehmen. Diese Erhöhungen bleiben unberücksichtigt beim Lochleibungsnachweis der Schrauben und bei Schweißnähten mit nachgewiesener Güte nach Taf. 55, Zeilen 1 bis 4.

Es dürfen nicht verwendet werden:

Einschnittige ungestützte Verbindungen mit einer Schraube in Kraftrichtung; Schweißnähte im Bereich von Fließgelenken n. Taf. 55, Zeilen 5, 6, 10, 12 und 15 bei Beanspruchung durch $\sigma_\perp$ und $\tau_\perp$.

e) **Vereinfachte Bemessung von Durchlaufträgern** nach DIN 18801 [11], 6.1.2.3

Biegemomente des Durchlaufträgers:

Endfelder	$\boldsymbol{M_E = q \cdot l^2/11}$	(31)	q und l des jeweiligen Feldes einsetzen.
Innenfelder	$\boldsymbol{M_I = q \cdot l^2/16}$	(32)	
Innenstützen	$\boldsymbol{M_s = -q \cdot l^2/16}$	(33)	q und l des angrenzenden Feldes einsetzen, das den größeren Wert liefert.

Der Tragsicherheitsnachweis erfolgt mit den **elastischen** Querschnittswerten nach Abschn. 2.2.3.

Bedingungen: Träger mit doppelt-symmetrischem Querschnitt; Belastung mit feldweise konstanter Gleichstreckenlast $q \geqq 0$; min $l \geqq 0{,}8$ max l; Nachweis des Biegedrillknickens; Mindestdicken nach Tafel 12, Zeile 2.

Beispiel 1 Durchlaufträger über zwei Felder mit je $L = 6{,}0$ m und $E \cdot I = \text{const.}$; gleichmäßig verteilte Streckenlast $G = 20$ kN/m, $Q = 11$ kN/m.

$$G_d = 1{,}35 \cdot 20 = 27{,}0 \text{ kN/m}$$
$$Q_d = 1{,}50 \cdot 11 = 16{,}5 \text{ kN/m}$$
$$G_d - Q_d = 43{,}5 \text{ kN/m}$$

Berechnung der Biegemomente mit Hilfe der Tafeln aus dem BZ-Abschn. Statik:

$\max M_F = (0{,}070 \cdot 27 + 0{,}096 \cdot 16.5) \cdot 6{,}0^2 = 125{,}1$ kNm
$\min M_B = -0{,}125 \cdot 43{,}5 \cdot 6{,}0^2 = -195{,}8$ kNm

a) Tragsicherheitsnachweis nach dem Verfahren Elastisch-Plastisch mit Momentenumlagerung −15%:

$M_B = -0{,}85 \cdot 195{,}8 = -166{,}4$ kNm; $V_A = 43{,}5 \cdot 6{,}0\ 2 - 166{,}4\ 6{,}0 = 102{,}8$ kN
$M_F = 102{,}8^2/(2 \cdot 43{,}5) = 121{,}4$ kNm $< \max M_F$; $V_{B,l} = 102{,}8 - 43{,}5 \cdot 6{,}0 = 158{,}2$ kN

HE260A-S235: $M_B/M_{pl,y,d} = 166{,}4/201 = 0{,}8279$ ($M_{pl,y,d}$, $V_{pl,z,d}$ s. Taf. 15)
$V_{B,l}/V_{pl,z,d} = 158{,}2/224 = 0{,}7063$
Interaktion (Taf. 13a): $0{,}88 \cdot 0{,}8279 + 0{,}37 \cdot 0{,}7063 = 0{,}99 < 1$

b) Vereinfachte Bemessung nach Abschn. 2.2.5e:
$M_E = 43{,}5 \cdot 6{,}0^2/11 = 142{,}4$ kNm
HE240A − S235: $\sigma = M_E/W_{el,y} = 14240/675 = 21{,}1$ kN/cm²
$< \sigma_{R,d} = 24/1{,}1 = 21{,}8$ kN/cm²

Beispiel 2 Interaktion für den Querschnitt HE300B−S235 mit den Schnittgrößen $N = 1000$ kN, $M_y = 250$ kNm, $M_z = 80$ kNm, $V_z = 80$ kN, $V_y = 30$ kN.
Vollplastische Schnittgrößen s. Taf. 15.

$N/N_{pl,d} = 1000/3253 = 0{,}3074$
$M_y/M_{pl,y,d} = 250/408 = 0{,}6127$; $M_z/M_{pl,z,d} = 80/156 = 0{,}5128$
$V_y/V_{pl,y,d} = 30/1436 = 0{,}02 < 0{,}25$; $V_z/V_{pl,z,d} = 80/389 = 0{,}206 < 0{,}33$

Die Interaktion nach Bild 13 ist zulässig.

$M_y^* = 408\,(1 - 0{,}3074^{1,2}) = 308{,}9$ kNm $> M_y$; es ist Gl. (29) maßgebend
$c_1 = 0{,}3074^{2,6} = 0{,}0466$; $c_2 = (1 - 0{,}0466)^{-1\ 0.3074} = 1{,}168$
Interaktion mit Gl. (29): $0{,}5128 + 0{,}0466 + 1{,}168 \cdot 0{,}6127^{2,3} = 0{,}94 < 1$

Tafel 15 Schnittgrößen der I-förmigen Walzprofile aus St 37 (S235) im vollplastischen Zustand (Bemessungswerte)

Profil Nr.	$N_{pl,d}$ in kN	$\alpha_{pl,y}$	$M_{pl,y,d}$ in kNm	$V_{pl,z,d}$ in kN	$\alpha_{pl,z}$	$M_{pl,z,d}$ in kNm	$M^*_{pl,z,d}$ in kNm	$V_{pl,y,d}$ in kN
HE− B; IPB								
100	568	1,159	22,7	68,0	*1,537*	*11,2*	9,12	252
120	742	1,147	36,0	89,2	*1,530*	*17,7*	14,4	333
140	937	1,138	53,5	113	*1,525*	*26,1*	21,4	423
160	1184	1,136	77,2	148	*1,528*	*37,1*	30,3	524
180	1424	1,131	105	178	*1,526*	*50,4*	41,3	635
200	1704	1,128	140	210	*1,527*	*66,7*	54,6	756
220	1986	1,124	180	244	*1,523*	*85,9*	70,5	887
240	2313	1,122	230	281	*1,525*	*109*	89,2	1028
260	2583	1,118	280	305	*1,525*	*131*	108	1146
280	2867	1,115	335	347	*1,524*	*157*	128	1270
300	3253	1,114	408	389	*1,524*	*190*	156	1436
320	3519	1,116	469	434	*1,525*	*205*	168	1549
340	3729	1,117	525	481	*1,526*	*215*	176	1625
360	3940	1,118	585	531	*1,527*	*225*	184	1701
400	4316	1,121	705	639	*1,531*	*241*	197	1814
450	4756	1,121	869	748	*1,533*	*261*	213	1965
500	5206	1,123	1050	862	*1,535*	*282*	230	2116
550	5544	1,125	1220	984	*1,538*	*293*	238	2192
600	5891	1,127	1402	1113	*1,542*	*303*	246	2267
650	6247	1,130	1597	1248	*1,546*	*314*	254	2343
700	6685	1,135	1817	1431	*1,553*	*326*	263	2419
800	7292	1,139	2232	1690	*1,563*	*339*	271	2494
900	8101	1,146	2746	2015	*1,573*	*362*	287	2645
1000	8727	1,152	3241	2308	*1,582*	*374*	296	2721

Tafel 15, Fortsetzung

Profil Nr.	$N_{pl,d}$ in kN	$\alpha_{pl,y}$	$M_{pl,y,d}$ in kNm	$V_{pl,z,d}$ in kN	$\alpha_{pl,z}$	$M_{pl,z,d}$ in kNm	$M^*_{pl,z,d}$ in kNm	$V_{pl,y,d}$ in kN
HE–A; IPBI								
100	463	1,141	18,1	55,4	*1,537*	*8,98*	7,30	202
120	553	1,124	26,1	66,8	*1,530*	*12,8*	10,5	242
140	686	1,116	37,9	86,3	*1,525*	*18,5*	15,2	300
160	846	1,114	53,5	108	*1,529*	*25,7*	21,0	363
180	987	1,106	70,9	122	*1,524*	*34,1*	28,0	431
200	1174	1,105	93,7	147	*1,525*	*44,5*	36,4	504
220	1404	1,103	124	175	*1,523*	*59,0*	48,5	610
240	1677	1,103	162	206	*1,524*	*76,7*	62,9	726
260	1894	1,100	201	224	*1,525*	*93,9*	76,9	819
280	2122	1,098	243	259	*1,523*	*113*	92,8	917
300	2455	1,098	302	296	*1,524*	*140*	115	1058
320	2714	1,101	355	334	*1,524*	*155*	127	1171
340	2913	1,103	404	375	*1,525*	*165*	135	1247
360	3116	1,104	456	419	*1,526*	*175*	143	1323
400	3469	1,109	559	514	*1,529*	*190*	156	1436
450	3884	1,110	702	607	*1,530*	*211*	172	1587
500	4309	1,112	861	706	*1,532*	*231*	188	1738
550	4621	1,115	1008	812	*1,535*	*242*	197	1814
600	4942	1,118	1167	925	*1,538*	*252*	205	1890
650	5271	1,121	1339	1044	*1,541*	*263*	213	1965
700	5684	1,127	1534	1211	*1,548*	*274*	221	2041
800	6236	1,133	1898	1440	*1,557*	*286*	230	2116
900	6993	1,140	2359	1733	*1,566*	*309*	246	2267
1000	7567	1,146	2798	1993	*1,574*	*321*	255	2343
HE-M; IPBv								
100	1162	1,238	51,4	151	*1,545*	*25,4*	20,5	534
120	1449	1,217	76,5	187	*1,538*	*37,4*	30,4	667
140	1758	1,200	108	226	*1,534*	*52,5*	42,8	809
160	2117	1,191	147	277	*1,536*	*71,0*	57,8	962
180	2472	1,181	193	321	*1,533*	*92,8*	75,7	1125
200	2865	1,173	248	368	*1,532*	*119*	96,7	1297
220	3260	1,166	310	418	*1,530*	*148*	121	1480
240	4355	1,176	462	540	*1,530*	*219*	179	1999
260	4791	1,169	551	584	*1,529*	*260*	213	2194
280	5241	1,163	647	646	*1,528*	*305*	249	2394
300	6613	1,171	890	796	*1,528*	*417*	341	3046
320/305	4911	1,143	638	587	*1,526*	*300*	246	2228
320	6807	1,169	968	844	*1,529*	*426*	348	3114
340	6890	1,164	1029	891	*1,530*	*426*	348	3114
360	6956	1,161	1089	939	*1,532*	*424*	346	3104
400	7108	1,156	1215	1037	*1,535*	*422*	344	3094
450	7318	1,151	1382	1159	*1,539*	*423*	344	3094
500	7512	1,148	1548	1280	*1,543*	*422*	341	3084
550	7732	1,146	1731	1407	*1,547*	*423*	341	3084
600	7935	1,145	1914	1534	*1,552*	*421*	339	3074
650	8153	1,145	2107	1662	*1,555*	*422*	340	3074
700	8356	1,146	2299	1789	*1,559*	*421*	337	3064
800	8821	1,148	2725	2047	*1,569*	*421*	335	3053
900	9242	1,152	3151	2301	*1,578*	*421*	333	3043
1000	9692	1,156	3615	2561	*1,587*	*423*	333	3043

Tafel 15, Fortsetzung

Profil Nr,	$N_{pl,d}$ in kN	$\alpha_{pl,y}$	$M_{pl,y,d}$ in kNm	$V_{pl,z,d}$ in kN	$\alpha_{pl,z}$	$M_{pl,z,d}$ in kNm	$M^*_{pl,z,d}$ in kNm	$V_{pl,y,d}$ in kN
IPE								
80	167	1,159	5,07	35,8	*1,576*	*1,27*	1,01	60,3
100	225	1,152	8,60	48,7	*1,580*	*2,00*	1,58	79,0
120	288	1,147	13,2	63,0	*1,571*	*2,96*	2,36	102
140	358	1,143	19,3	78,8	*1,563*	*4,20*	3,36	127
160	438	1,139	27,0	96,1	*1,567*	*5,69*	4,54	153
180	523	1,138	36,3	115	*1,561*	*7,55*	6,04	183
200	621	1,135	48,1	135	*1,567*	*9,74*	7,76	214
220	728	1,133	62,3	157	*1,560*	*12,7*	10,2	255
240	854	1,130	80,0	180	*1,564*	*16,1*	12,9	296
270	1003	1,128	106	216	*1,559*	*21,2*	17,0	347
300	1174	1,128	137	259	*1,556*	*27,3*	22,0	404
330	1366	1,128	176	301	*1,560*	*33,5*	26,9	464
360	1587	1,128	222	350	*1,556*	*41,7*	33,5	544
400	1843	1,131	285	419	*1,564*	*50,0*	39,9	612
450	2156	1,135	371	516	*1,567*	*60,3*	48,1	699
500	2520	1,138	479	622	*1,568*	*73,3*	58,4	806
550	2932	1,142	608	745	*1,577*	*87,4*	69,3	910
600	3404	1,144	766	878	*1,577*	*106*	84,0	1053
IPEo/v								
180o	591	1,144	41,3	131	*1,565*	*8,71*	6,95	209
200o	697	1,139	54,4	150	*1,568*	*11,3*	9,03	244
220o	816	1,138	70,1	176	*1,562*	*14,6*	11,7	288
240o	954	1,136	89,5	204	*1,567*	*18,4*	14,7	332
270o	1175	1,133	125	247	*1,559*	*25,7*	20,6	418
300o	1371	1,131	162	294	*1,555*	*33,3*	26,8	486
330o	1584	1,132	206	343	*1,560*	*40,4*	32,3	551
360o	1836	1,133	259	405	*1,560*	*49,5*	39,7	637
400o	2103	1,135	328	475	*1,565*	*58,7*	46,9	711
400v	2335	1,138	367	521	*1,566*	*66,3*	52,9	802
450o	2568	1,140	446	607	*1,570*	*74,4*	59,2	851
450v	2880	1,146	502	688	*1,575*	*84,9*	67,4	958
500o	2983	1,144	570	736	*1,574*	*89,1*	70,8	967
500v	3580	1,151	691	878	*1,580*	*111*	87,5	1182
550o	3406	1,146	712	857	*1,580*	*105*	83,0	1079
550v	4407	1,163	917	1165	*1,601*	*138*	108	1371
600o	4294	1,153	976	1107	*1,586*	*140*	110	1354
600v	5101	1,162	1162	1338	*1,597*	*170*	133	1608

Wenn das Nachweisverfahren Elastisch-Elastisch angewendet wird und wenn die in den Abschnitten 2.2.1 und 2.2.3 genannten Bedingungen für die Erhöhung von $\sigma_{R,d}$ erfüllt sind, dürfen die Tafelwerte um 10% erhöht werden.

Für Walzprofile aus S355 sind die Tafelwerte mit 1,5 zu multiplizieren.

Die Grenzschnittgrößen sind nach Bild 9 und den Gln. (19), (20), (28a und b) berechnet; dabei wurden abweichend von den Angaben der Profiltafeln Querschnittswerte mit größerer Stellenzahl verwendet.

$M_{pl,z,d} = 2 S_z \cdot \sigma_{R,d}$; *kursiv* gedruckte Werte nur zulässig beim Tragsicherheitsnachweis nach der Plastizitätstheorie bei Einfeldträgern und Durchlaufträgern mit über die gesamte Länge gleichbleibendem Querschnitt.

$M^*_{pl,z,d}$ mit $\alpha^*_{pl,z} = 1{,}25$ beschränkt auf $1{,}25\, M_{el,z} = 1{,}25\, W_z \cdot \sigma_{R,d}$

2.3 Nachweis der Lagesicherheit

Die Nachweise sind als Tragsicherheitsnachweise mit γ_F und γ_M aus Abschn. 2.1 in der Regel nur für Lagerfugen zu führen. Evtl. nach Theorie II. Ordnung ermittelte Schnittkräfte gelten auch für den Lagesicherheitsnachweis; beim Verfahren Plast.-Plast. sind Zwischenzustände zu berücksichtigen, ebenso auch, wenn alle oder einige Einwirkungen noch nicht ihren Bemessungswert erreicht haben.

2.3.1 Gleiten

Es muß sein:

Gleitkraft $V_d \leqq$ Grenzgleitkraft $V_{R,d}$ bzw. $\boldsymbol{V_d/V_{R,d} \leqq 1}$

Bei der Berechnung der Grenzgleitkraft dürfen Reibwiderstand und Scherwiderstand mechanischer Schubsicherungen als gleichzeitig wirkend angesetzt werden:

$$\boldsymbol{V_{R,d} = \mu_d \cdot N_{z,d}/1{,}5 + V_{a,R,d}} \quad (34)$$

$N_{z,d}$ result. Druckkraft normal zur Lagerfuge
μ_d Reibungszahl in der Fuge (Bem.-wert):
$\mu_d = 0{,}2$ für Stahl/Stahl;
$\mu_d = 0{,}5$ für Stahl/Beton und Beton/Beton;
$\mu_d = 0$ bei dynamischen Einwirkungen
$V_{a,R,d}$ Grenzabscherkraft der mechanischen Schubsicherung

2.3.2 Abheben

$$\boldsymbol{Z_d/Z_{A,R,d} \leqq 1} \quad (35)$$

Z_d Zugkraft normal zur Lagerfuge
$Z_{A,R,d}$ Grenzwert des Widerstands der Verankerung

Bei unverankerter Lagerfuge darf keine abhebende Kraftkomponente rechtwinklig zur Lagerfuge auftreten.

2.3.3 Umkippen

Die Kräfte in der Lagerfuge sind bei einer konstant angenommenen Pressung σ in einer Teilfläche der Fuge mit den Gleichgewichtsbedingungen zu ermitteln (Bild 14). Es muß sein:

Ankerzugkraft $\boldsymbol{Z_A \leqq Z_{A,R,d}}$ (36) und $\boldsymbol{\sigma \leqq \sigma_{R,d}}$ (37)

Für Beton ist $\sigma_{R,d} = \beta_R/1{,}3$ mit β_R nach DIN 1045 (7.88).

Beispiel (Bild 14) Die charakteristischen Werte der Einwirkungen (*H* wird nicht betrachtet) sind:

Ständige Einwirkung: $N_{g,k} = 40$ kN; $M_{g,k} = 0$
Verkehrslast: $N_{p,k} = 100$ kN; $M_{p,k} = 30$ kNm
Wind: $N_{w,k} = 0$; $M_{w,k} = 80$ kNm

Ankerzugkraft Z_A ($\Sigma M = 0$ um D):
Ständ. Einwirkung mit $\gamma_F = 1{,}0$ (Tafel 8, Fußn. 1):
$Z_{A,d} = -1{,}0 \cdot 40 \cdot 0{,}4/0{,}8 = -20$ kN
Wind mit $\gamma_F = 1{,}5$ (Taf. 8, Z. 2):
$Z_{A,d} = 1{,}5 \cdot 80/0{,}8 \quad = 150$ kN
max $Z_{A,d} = 130$ kN

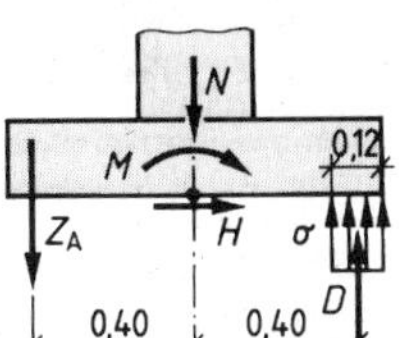

Bild 14 Kraftwirkung in der Lagerfuge

2 Zuganker M 22 – 4,6 mit $N_{R,d} = 2 \cdot 75{,}4 = 150{,}8$ kN (Taf. 66)
Nachweis: $130/150{,}8 = 0{,}862 < 1$

Druckkraft D ($\Sigma M = 0$ um Z_A):

Ständ. Einwirkung mit $\gamma_F = 1{,}35$:	$D_d = 1{,}35 \cdot 40 \cdot 0{,}4/0{,}8$	27,0 kN
Verkehrslast mit $\gamma_F \cdot \psi = 1{,}35$:	$D_d = 1{,}35\,(100 \cdot 0{,}4 + 30)/0{,}8$	= 118,1 kN
Wind mit $\gamma_F \cdot \psi = 1{,}35$:	$D_d = 1{,}35 \cdot 80/0{,}8$	= 135,0 kN
		max $D_d = 280{,}1$ kN

Beispiel, Forts. Beton B15 mit $\beta_R = 10{,}5$ N/mm²; $\sigma_{R,d} = 10{,}5/1{,}3 = 8{,}08$ N/mm² $= 0{,}808$ kN/cm².
Mit der Breite des Stützenfußes $b = 30$ cm ist $\sigma = 280{,}1/(12 \cdot 30) = 0{,}778$ kN/cm².
Nachweis: $0{,}778/0{,}808 = 0{,}963 < 1$

2.3.4 Lagerteile und Gelenke

Berührungsdruck nach den Formeln von Hertz

Walze gegen Ebene $$\sigma_H = 0{,}418 \sqrt{\frac{F \cdot E}{l \cdot r}} \qquad (38)$$

Vollkugel gegen Hohlkugel $$\sigma_H = 0{,}388 \sqrt[3]{F \cdot E^2 \left(\frac{1}{r_1} - \frac{1}{r_2}\right)^2} \qquad (39)$$

Vollkugel gegen Ebene $$\sigma_H = 0{,}388 \sqrt[3]{\frac{F \cdot E^2}{r^2}} \qquad (40)$$

F Auflagerkraft
E Elastizitätsmodul
$\sigma_{H,k}$ s. Taf. 4
r, r_1, r_2 Walzen- bzw. Kugelhalbmesser
l tragende Länge der Walze

2.4 Nachweis der Gebrauchstauglichkeit

Er ist in der Regel ein Nachweis der Größe der Verformungen; Querschnittswerte ohne Lochabzug, Steifigkeiten $E \cdot I/\gamma_M$ (i. allg. mit $\gamma_M = 1{,}0$). Die Einwirkungskombinationen sind zu vereinbaren. Es sind anzusetzen: $\gamma_F = 1{,}0$ und $\psi = 0{,}9$; kann der Verlust der Gebrauchstauglichkeit eine Gefahr für Leib und Leben bedeuten, gelten γ_F, ψ und γ_M nach Abschn. 2.1. Beim Verfahren Plast.-Plast. ist das plastische Verhalten zu berücksichtigen.

Maximale Durchbiegung: $\partial_{max} = \partial_G + \partial_Q - \partial_0$

mit
∂_G = Verformung des Trägers unter ständiger Last unmittelbar nach Aufbringen der Last
∂_Q = Verformung infolge veränderlicher Lasten und der zeitabhängigen Verformungen aus ständiger Last
∂_0 = Vorkrümmung des Trägers im unbelasteten Zustand (Überhöhung)

Im Eurocode 3 (4.93) werden folgende Grenzwerte empfohlen (die Länge von Kragträgern ist mit der doppelten Bauteillänge anzusetzen):

Lotrechte Verformungen	$\partial_{max} \leqq$	$\partial_Q \leqq$
Dächer generell	$L/200$	$L/250$
Decken allgemein und begehbare Dächer	$L/250$	$L/300$
Decken und Dächer mit Putz oder anderen spröden Deckschichten	$L/250$	$L/350$
Decken, die Stützen tragen	$L/400$	$L/500$
Wenn das Aussehen des Gebäudes beeinträchtigt wird	$L/250$	–
Waagerechte Auslenkungen am oberen Ende der Stützen		
Portalrahmen ohne Krangerüst	$h/150$	
andere eingeschossige Gebäude	$h/300$	
Mehrgeschossige Gebäude: In jedem Stockwerk	$h/300$	
Im gesamten Tragwerk	$h_{ges}/500$	
Berücksichtigung dynamischer Auswirkungen bei Tragwerken für öffentliche Bauten	Eigenfrequenz	$\partial_G + \partial_Q$ [1])
regelmäßig begangene Decken (Wohnungen, Büros u. ä.)	$\geqq 3$ Hz	$\leqq 28$ mm
Decken mit rhythm. Einwirkungen (z. B. Turnhallen, Tanzsäle)	$\geqq 5$ Hz	$\leqq 10$ mm

[1]) Unter Verwendung der häufigsten Kombination berechnet. Diese Grenzwerte dürfen bei Nachweis hoher Dämpfungswerte überschritten werden.

3 Knicken von Stäben und Stabwerken nach DIN 18800-2

Die Stabquerschnitte werden nach Tafel 17 den Knickspannungslinien zugeordnet. Falls die Dicke der Querschnittsteile nicht Tafel 11 oder 12 entspricht, sind für diese dünnwandigen Teile Nachweise unter Berücksichtigung des Zusammenwirkens von Knicken und Beulen zu führen (s. Normblatt [7]).

Die Berechnung erfolgt entweder nach Theorie II. Ordnung (Berücksichtigung der Verformungen) nach Abschn. 3.1, oder mit vereinfachten Tragsicherheitsnachweisen nach Abschn. 3.2.

In Stabilitätsnachweisen sind Normalkräfte N als **Druckkräfte positiv** einzusetzen.

3.1 Berechnung nach Theorie II. Ordnung

Anwendung, wenn Theorie I. Ordnung nicht zulässig ist (s. Abschn. 2.2.1); hierbei Ansatz von **Ersatzimperfektionen** nach Tafel 16:

1. Vorkrümmung von Stäben: Stich w_o ($\perp$ y-Achse) oder v_0 ($\perp$ z-Achse) für den Nachweis des Biegeknickens; Stich $0{,}5 \cdot v_0$ für Biegedrillknicken
2. Vorverdrehung φ_0 der Stabsehne

Ersatzimperfektionen sind entsprechend der Verformungsfigur beim Knicken anzusetzen (Bild 15). An ihrer Stelle können Ersatzbelastungen eingeführt werden (Bild 16). Der Schlupf von SL- und SLV-Verbindungen ist zusätzlich zu berücksichtigen. Der Tragsicherheitsnachweis ist nach einem der Verfahren aus Tafel 9 entsprechend Abschn. 2.2 zu führen. Die Verformungen sind mit dem Bemessungswert der Steifigkeit $(E \cdot I)_d = (E \cdot I)/\gamma_M$ mit $\gamma_M = 1{,}1$ zu berechnen.

Ein Beispiel s. S. 742.

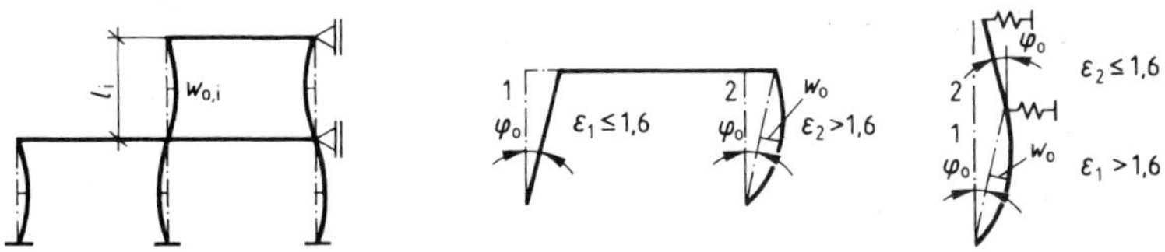

Bild 15 Beispiele für Vorkrümmung und Vorverdrehung

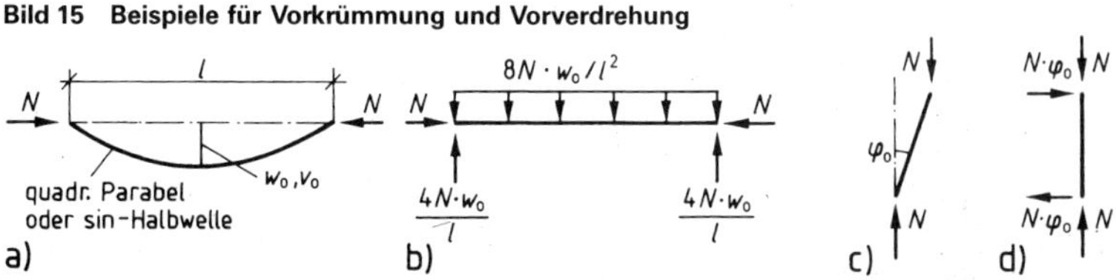

Bild 16a) Vorkrümmung des Stabes mit b) Ersatzbelastung bei quadratischer Parabel, c) Vorverdrehung φ_0 eines Stabes mit d) Ersatzbelastung

Tafel 16 Imperfektionen beim Stabilitätsnachweis nach [7], Tab. 3 und Element (205)

		Einteilige Stäbe mit Querschnitten gemäß den Knickspannungslinien				Mehrteilige Stäbe beim Nachweis nach Abschn. 3.3
		a	b	c	d	
Stich der Vorkrümmung	w_o, $v_0$¹)	$l/300$	$l/250$	$l/200$	$l/150$	$l/500$
Vordrehung	$\varphi_0$²)	$r_1 \cdot r_2/200$³)				$r_1 \cdot r_2/400$³)

Bei Berechnung nach dem Verfahren Elast.-Elast. brauchen bei den einteiligen Stäben nur 2/3 der Tafelwerte angesetzt zu werden; eine 10%-ige Erhöhung von $\sigma_{R,d}$ und Anwendung von Gl. (24) ist dann nicht erlaubt.

¹) Bei Stäben mit $\varepsilon > 1{,}6$ (ε n. Gl. 6) sind w_0 bzw. v_0 zusätzlich zu φ_0 anzusetzen (Bild 15). w_0 bzw. v_0 entfallen, wenn nach Theorie I. Ordnung gerechnet werden darf (s. Abschn. 2.2.1). Beim Biegedrillknicknachweis genügt der alleinige Ansatz von $0{,}5 v_0$.

²) Für Stäbe, die am verformten Tragwerk Stabdrehwinkel aufweisen.

³) r_1 und r_2 s. bei Gl. (11). Mögliche Abminderung von r_1 bei mehrgeschossigen Rahmen s. Normblatt

Tafel 17 Zuordnung der Querschnitte zu den Knickspannungslinien nach DIN 18800-2 [7], Tab. 5

	Querschnitt		Ausweichen ⊥ zur Achse	Knickspannungslinie
1	Hohlprofile 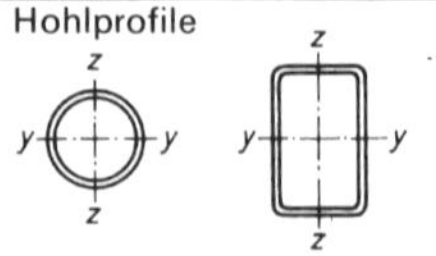	warm gefertigt	$y-y$ $z-z$	a
		kalt gefertigt	$y-y$ $z-z$	b
2	geschweißte Kastenquerschnitte 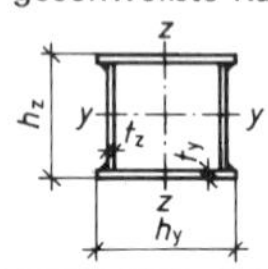		$y-y$ $z-z$	b
		dicke Schweißnaht ($a \geqq \min t$) und $\left.\begin{matrix} h_y/t_y < 30 \\ h_z/t_z < 30 \end{matrix}\right\}$	$y-y$ $z-z$	c
3	gewalzte I-Profile 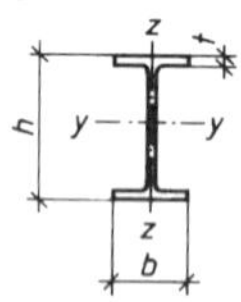	$h/b > 1{,}2$; $t \leqq 40$ mm	$y-y$ $z-z$	a b
		$\left.\begin{matrix} h/b > 1{,}2;\ 40 < t \leqq 80\text{ mm} \\ h/b \leqq 1{,}2;\ t \leqq 80\text{ mm} \end{matrix}\right\}$	$y-y$ $z-z$	b c
		$t > 80$ mm	$y-y$ $z-z$	d
4	geschweißte I-Querschnitte 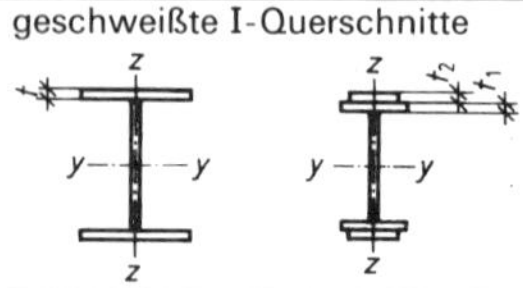	$t_i \leqq 40$ mm	$y-y$ $z-z$	b c
		$t_i > 40$ mm	$y-y$ $z-z$	c d
5	U-, L-, T- und Vollquerschnitte 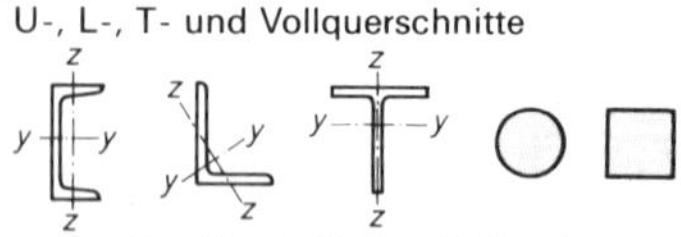 und mehrteilige Stäbe nach Abschnitt 3.3		$y-y$ $z-z$	c
6	Hier nicht aufgeführte Profile sind sinngemäß einzuordnen. Die Einordnung soll dabei nach den möglichen Eigenspannungen und Blechdicken erfolgen.			

3.2 Vereinfachte Nachweise für einteilige Stäbe

Geltungsbereich: Einzelstäbe und aus einem Gesamtsystem mit zugehöriger Knicklänge herausgelöste Stäbe. Biegeknicken und Biegedrillknicken werden getrennt untersucht. Bei druckbeanspruchten Querschnittsteilen dürfen die Grenzwerte grenz (b/t) und grenz (d/t) (nach Tafel 12) nicht überschritten werden.

Biegeknicken: Momente nach Theorie I. Ordnung ohne Ansatz von Imperfektionen.

Biegedrillknicken: Stabendmomente erf. nach Theorie II. Ordnung, Feldmomente mit diesen Stabendmomenten nach Theorie I. Ordnung. Nachweis erforderlich, wenn die Bedingungen aus Abschn. 2.2.1 nicht erfüllt sind oder wenn $\bar{\lambda}_M > 0{,}4$ ist.

3.2.1 Planmäßig mittiger Druck (N)

a) Biegeknicken

$$\frac{N}{\varkappa \cdot N_{pl,d}} \leqq 1 \qquad (41)$$

$N_{pl,d}$ s. Tafel 15 und Bild 9;
$\varkappa = \min(\varkappa_y;\ \varkappa_z)$ aus Tafel 18, abhängig von $\bar{\lambda}_K$ nach Gl. (5).

Grenzdruckkräfte $N_{R,d}$ für einige Querschnittsformen s. Tafel 19 bis 25.

Bei veränderlichen Querschnitten und/oder Normalkräften ist Gl. (41) für alle maßgebenden Querschnitte mit den zugehörigen Schnittgrößen, Querschnittswerten und zugehörigem N_{Ki} nachzuweisen; dabei müssen folgende Bedingungen erfüllt sein:

$\eta_{Ki} = N_{Ki,d}/N \geqq 1{,}2$ (42) und $\min M_{pl} \geqq 0{,}05 \max M_{pl}$ (43)

Biegesteif angeschlossene Fachwerkfüllstäbe aus einem Einzelwinkel dürfen mit Gl. (41) ohne Einfluß der Exzentrizität mit einem erhöhten bezogenen Schlankheitsgrad $\bar{\lambda}'_K$ nach Tafel 26 nachgewiesen werden.

b) Biegedrillknicken

Der Nachweis erfolgt mit Gl. (41). $\varkappa$ ist für Ausweichen ⊥ zur z-Achse dem Schlankheitsgrad $\bar{\lambda}_K = \lambda_{Vi}/\lambda_a$ mit λ_{Vi} aus Gl. (44) zuzuordnen.

$$\lambda_{Vi} = \frac{\beta \cdot s}{i_z} \sqrt{\frac{c^2 + i_M^2}{2c^2} \left\{ 1 + \sqrt{1 - \frac{4c^2\,[i_p^2 + 0{,}093\,(\beta^2/\beta_0^2 - 1)\; z_M^2]}{(c^2 + i_M^2)^2}} \right\}} \tag{44}$$

mit

$I_T = \frac{1}{3} \sum b_i \cdot t_i^3$ Torsionsflächenmoment 2. Grades in cm^4 (für Walzprofile s. Profiltafeln) (45)

I_ω auf den Schubmittelpunkt M bezogener Wölbwiderstand in cm^6 (s. Bild 17; für Walzprofile s. Profiltafeln)

i_p, i_M, z_M s. Fußnoten 2 und 3 in der Profiltafel der halbierten I-Träger und Bild 17.

s Netzlänge des Stabes in cm; s_0 = Abstand der Stabanschlüsse an den Stabenden in cm

β Einspannungswert für Biegung ($\beta = 1$: frei drehbare Lagerung; $\beta = 0{,}5$: volle Einspannung).

β_0 Kennwert für Verwölbung ($\beta_0 = 1$: freie Verwölbung; $\beta_0 = 0{,}5$: Wölbbehinderung der Endstirnflächen).

$$c = \sqrt{\frac{I_\omega (\beta \cdot s)^2/(\beta_0 \cdot s_0)^2 + 0{,}039\,(\beta \cdot s)^2\, I_T}{I_z}} \quad \text{Drehradius des Querschnitts in cm} \tag{46}$$

Bei punkt- und doppelsymmetrischen Querschnitten wird für $i_p > c$:

$$\lambda_{Vi} = \frac{\beta \cdot s}{i_z} \cdot \frac{i_p}{c} \tag{44a}$$

Für T-Profile (Bild 17) ist in der Regel Biegedrillknicken maßgebend.

Für Einzelwinkel (Bild 17) wird Biegedrillknicken maßgebend, wenn $s \lesssim b^2/t$ ist; Gl. (44) vereinfacht sich näherungsweise zu

$$\lambda_{Vi} \approx \left(\frac{b}{t} - 0{,}34\right) \cdot \left[4{,}93 + 0{,}32 \left(\frac{s}{b} \cdot \frac{t}{b}\right)^2\right] \tag{44b}$$

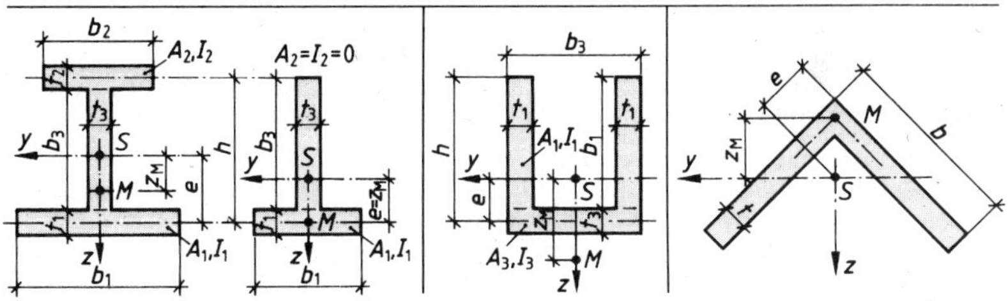

S Schwerpunkt *M* Schubmittelpunkt

$z_M =$	$[e \cdot I_1 - (h-e)\, I_2]/I_z$	$e + I_1 \cdot h/I_z$	$(e - t/2)\sqrt{2}$
$I_\omega =$	$I_1 \cdot I_2 \cdot h^2/(I_1 + I_2)$	$h^2\,(I_1^2 + 2 I_1 \cdot I_3)/(3 I_z)$	0
$I_T =$	$(b_1 \cdot t_1^3 + b_2 \cdot t_2^3 + b_3 \cdot t_3^3)/3$	$(2 b_1 \cdot t_1^3 + b_3 \cdot t_3^3)/3$	$t^3\,(2b - t)/3$

I_1, I_2, I_3 Auf die Symmetrieachse (z-Achse) bezogenes Flächenmoment 2. Grades einer Teilfläche

Bild 17 Torsionskennwerte einfachsymmetrischer Querschnitte

**Tafel 18 Abminderungsfaktoren $\varkappa$ für den Biegeknicknachweis; Parameter α zur Berechnung von $\varkappa$.
Abminderungsfaktoren $\varkappa_M$ für Biegemomente beim Biegedrillknicknachweis**

$\bar{\lambda}_K$	$\varkappa$ für die Knickspannungslinien				$\varkappa_M$ für die Systemfaktoren n[1])		
$\bar{\lambda}_M$	a	b	c	d	1,5	2,0	2,5
0,2	1,0000	1,0000	1,0000	1,0000	1,0000	1,0000	1,0000
0,3	0,9775	0,9641	0,9491	0,9235	1,0000	1,0000	1,0000
0,4	0,9528	0,9261	0,8973	0,8504	1,0000	1,0000	1,0000
0,5	0,9243	0,8842	0,8430	0,7793	0,9245	0,9701	0,9878
0,6	0,8900	0,8371	0,7854	0,7100	0,8778	0,9409	0,9705
0,7	0,8477	0,7837	0,7247	0,6431	0,8215	0,8980	0,9398
0,8	0,7957	0,7245	0,6622	0,5797	0,7591	0,8423	0,8928
0,9	0,7339	0,6612	0,5998	0,5208	0,6942	0,7771	0,8306
1,0	0,6656	0,5970	0,5399	0,4671	0,6300	0,7071	0,7579
1,1	0,5960	0,5352	0,4842	0,4189	0,5688	0,6370	0,6813
1,2	0,5300	0,4781	0,4338	0,3762	0,5122	0,5704	0,6067
1,3	0,4703	0,4269	0,3888	0,3385	0,4608	0,5092	0,5379
1,4	0,4179	0,3817	0,3492	0,3055	0,4147	0,4545	0,4766
1,5	0,3724	0,3422	0,3145	0,2766	0,3738	0,4061	0,4230
1,6	0,3332	0,3079	0,2842	0,2512	0,3377	0,3639	0,3766
1,7	0,2994	0,2781	0,2577	0,2289	0,3058	0,3270	0,3367
1,8	0,2702	0,2521	0,2345	0,2093	0,2777	0,2949	0,3023
1,9	0,2449	0,2294	0,2141	0,1920	0,2530	0,2670	0,2727
2,0	0,2229	0,2095	0,1962	0,1766	0,2311	0,2425	0,2469
2,1	0,2036	0,1920	0,1803	0,1630	0,2118	0,2211	0,2246
2,2	0,1867	0,1765	0,1662	0,1508	0,1946	0,2023	0,2050
2,3	0,1717	0,1628	0,1537	0,1399	0,1793	0,1857	0,1879
2,4	0,1585	0,1506	0,1425	0,1302	0,1657	0,1711	0,1727
2,5	0,1467	0,1397	0,1325	0,1214	0,1535	0,1580	0,1593
2,6	0,1362	0,1299	0,1234	0,1134	0,1426	0,1463	0,1474
2,7	0,1267	0,1211	0,1153	0,1062	0,1327	0,1359	0,1368
2,8	0,1182	0,1132	0,1079	0,0997	0,1238	0,1265	0,1273
2,9	0,1105	0,1060	0,1012	0,0937	0,1158	0,1181	0,1187
3,0	0,1036	0,0994	0,0951	0,0882	0,1084	0,1104	0,1109
$\alpha=$	0,21	0,34	0,49	0,76			

Es ist:

Für $\bar{\lambda}_K \leqq 0{,}2$: $\varkappa = 1$

$\bar{\lambda}_K > 0{,}2$: $$\varkappa = \frac{1}{k + \sqrt{k^2 - \bar{\lambda}_K^2}} \quad (47)$$

$$\text{mit } k = 0{,}5\,[1 + \alpha(\bar{\lambda}_K - 0{,}2) + \bar{\lambda}_K^2] \quad (47\,a)$$

$\bar{\lambda}_K$ nach Gln. (2) bis (5)

Es ist:

Für $\bar{\lambda}_M \leqq 0{,}4$: $\varkappa_M = 1$

$\bar{\lambda}_M > 0{,}4$:

$$\varkappa_M = \left(\frac{1}{1 + \bar{\lambda}_M^{2n}}\right)^{1/n} \quad (48)$$

mit $\bar{\lambda}_M$ nach Gl. (8)

[1]) $n = 2{,}5$ für gewalzte Träger
$n = 2{,}0$ für geschweißte oder ausgeklinkte Träger
$n = 1{,}5$ für Wabenträger; für Voutenträger s. Normblatt

Sind Stabendmomente vorhanden, so ist n vor dem Einsetzen in die Formeln bzw. Ablesen der Tafel mit dem Faktor k_n nach Bild 18 zu multiplizieren

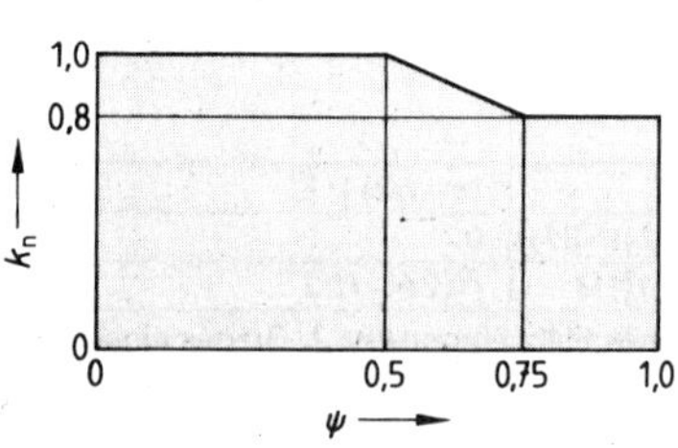

Bild 18 Faktor k_n für den Trägerbeiwert n

Tafel 19 **Grenz-Druckkräfte $N_{R,d} = \varkappa \cdot N_{pl,d}$ von planmäßig mittig gedrückten Stäben aus einem Breitflanschträger aus S235** in kN (Bemessungswerte)

IPB HE–B	Knicklänge s_K in m										
	3,00	3,50	4,00	4,50	5,00	5,50	6,00	6,50	7,00	7,50	8,00
100	227	181	147	121	101	85,0	72,8	63,0	55,0	*48,4*	*43,0*
120	377	311	257	214	181	154	132	115	101	89,0	79,2
140	561	478	405	344	294	252	219	191	168	149	133
160	786	688	597	516	446	387	338	297	263	234	209
180	1026	921	818	721	633	557	490	434	386	345	309
200	1300	1188	1075	964	860	765	681	607	543	487	439
240	1910	1790	1665	1537	1410	1286	1169	1060	962	874	795
260	2192	2071	1945	1815	1683	1551	1424	1304	1192	1089	996
300	2874	2748	2616	2479	2337	2193	2048	1906	1768	1637	1514
340	3289	3143	2991	2832	2669	2502	2335	2171	2013	1862	1722
360	3471	3316	3154	2985	2811	2634	2457	2283	2116	1957	1808
400	3933	3798	3651	3490	3314	3126	2928	2726	2526	2333	2149
450	4327	4177	4012	3832	3635	3425	3204	2980	2758	2544	2342
500	4728	4561	4379	4179	3960	3727	3483	3235	2991	2756	2536
600	5321	5124	4907	4670	4411	4136	3850	3562	3282	3015	2766
IPBl	**(HE–A) Breitflanschträger, leichte Ausführung**										
100	183	146	118	96,7	80,6	68,2	58,3	50,4	*44,0*	*38,8*	*34,4*
120	277	228	188	157	132	112	96,6	83,9	73,5	64,9	57,7
140	404	343	290	246	209	180	156	136	120	106	94,5
160	555	484	419	361	312	270	236	207	183	162	145
180	707	633	561	493	433	380	335	296	263	235	211
200	889	810	731	653	581	516	459	408	365	327	295
240	1377	1289	1197	1103	1009	919	834	756	685	621	565
260	1600	1511	1417	1320	1221	1124	1030	942	860	785	717
300	2162	2065	1964	1859	1751	1640	1530	1421	1317	1218	1125
340	2563	2448	2328	2202	2073	1942	1810	1681	1557	1440	1330
360	2739	2615	2485	2351	2212	2070	1929	1791	1658	1532	1415
400	3157	3047	2927	2796	2653	2499	2339	2175	2013	1857	1710
450	3529	3405	3270	3121	2959	2786	2604	2420	2238	2063	1898
500	3911	3772	3619	3453	3271	3076	2873	2667	2465	2270	2088
600	4460	4292	4111	3911	3693	3460	3219	2977	2742	2518	2309
IPBv	**(HE–M) Breitflanschträger, verstärkte Ausführung**										
100	516	416	340	281	235	199	171	148	129	114	*101*
120	789	658	549	461	390	334	288	251	220	195	173
140	1102	950	813	695	596	515	447	392	345	306	274
160	1457	1290	1130	984	856	747	655	577	511	455	408
180	1827	1654	1480	1314	1162	1026	908	806	718	643	578
200	2229	2051	1868	1687	1513	1354	1210	1083	971	874	789
240	3659	3448	3227	2999	2769	2543	2326	2122	1934	1763	1609
260	4124	3914	3694	3466	3232	2998	2768	2548	2340	2148	1971
300	5922	5682	5433	5173	4905	4629	4350	4072	3800	3537	3288
340	6357	6162	5952	5722	5473	5204	4918	4620	4318	4020	3730
360	6407	6207	5991	5756	5500	5223	4930	4626	4319	4015	3722
400	6529	6320	6094	5846	5577	5287	4981	4664	4345	4032	3731
450	6703	6483	6245	5984	5699	5394	5071	4739	4406	4081	3771
500	6857	6626	6373	6097	5796	5472	5132	4784	4438	4102	3783
600	7197	6940	6659	6350	6014	5654	5279	4898	4524	4166	3830

Bei *kursiv* gedruckten Werten ist $\bar{\lambda}_K > 3$.

Bei der Berechnung wurden abweichend von den Angaben der Profiltafeln Querschnittswerte mit größerer Stellenzahl verwendet.

Tafel 20a **Grenzdruckkräfte $N_{R,d,y} = \kappa \cdot N_{pl,d}$ von planmäßig mittig gedrückten Stäben aus einem mittelbreiten I-Träger beim Ausweichen rechtwinklig zur *y*-Achse** in kN (Bemessungswerte)

IPE	Knicklänge s_K in m												
	1,50	2,00	2,50	3,00	3,50	4,00	4,50	5,00	5,50	6,00	6,50	7,00	8,00
80	154	144	130	111	92,3	75,7	62,4	51,9	43,8	37,3	32,2	28,0	21,7
100	214	206	195	180	161	141	121	103	88,3	76,1	66,1	57,8	45,2
120	280	271	262	250	234	216	194	172	152	133	117	103	81,5
140	351	343	334	323	310	295	276	254	230	207	185	166	133
160	434	426	417	407	395	381	364	344	322	297	272	248	204
180	519	511	502	492	481	468	453	436	416	393	368	342	290
200	622	613	604	594	583	570	556	540	522	501	477	451	395
220	732	723	713	703	692	680	666	651	634	615	593	568	513
240	860	850	840	829	818	806	792	778	761	743	723	700	646
270	1014	1003	993	982	970	959	946	932	917	901	882	862	815
300	1192	1181	1169	1158	1147	1135	1122	1108	1094	1078	1061	1043	1000
330	1390	1379	1367	1355	1343	1331	1318	1304	1290	1274	1258	1240	1201
360	1618	1605	1593	1581	1568	1555	1542	1528	1513	1498	1482	1464	1426
400	1885	1872	1859	1846	1832	1819	1805	1791	1776	1761	1745	1729	1692
450	2208	2195	2181	2167	2154	2140	2126	2112	2097	2082	2066	2049	2014
500	2597	2583	2568	2554	2539	2525	2510	2495	2480	2464	2448	2431	2396
550	3005	2989	2974	2959	2944	2928	2913	2898	2882	2866	2849	2832	2797
600	3502	3486	3469	3453	3437	3421	3404	3388	3371	3354	3337	3319	3282

Tafel 20b **Grenzdruckkräfte $N_{R,d,z} = \kappa \cdot N_{pl,d}$ von planmäßig mittig gedrückten Stäben aus einem mittelbreiten I-Träger beim Ausweichen rechtwinklig zur *z*-Achse** in kN (Bemessungswerte)

IPE	Knicklänge s_K in m												
	1,0	1,25	1,5	1,75	2,0	2,25	2,5	2,75	3,0	3,5	4,0	4,5	5,0
80	97,3	73,1	55,1	42,5	33,6	27,2	22,4	18,8	15,9	11,9	9,21	7,4	6,0
100	153	123	96,0	75,6	60,5	49,3	40,8	34,3	29,2	21,9	17,0	13,6	11,1
120	219	185	152	123	100	82,4	68,7	58,1	49,6	37,4	29,1	29,3	19,1
140	290	256	219	183	153	127	107	92,2	78,3	59,3	46,4	37,3	30,5
160	371	336	297	256	217	184	157	134	116	88,4	69,4	55,9	45,9
180	456	422	382	339	296	256	220	190	166	127	101	81,2	66,9
200	555	520	479	433	385	338	295	258	225	175	139	113	92,0
220	665	630	590	546	496	445	369	350	310	244	195	159	132
240	790	755	714	669	619	565	510	457	409	326	263	216	179
270	945	909	870	827	778	725	669	612	557	455	373	308	258
300	1122	1086	1047	1004	957	905	848	789	728	611	510	426	359
330	1315	1276	1234	1189	1139	1084	1024	960	894	763	643	542	459
360	1538	1496	1452	1404	1352	1295	1233	1166	1096	951	813	692	590
400	1796	1750	1701	1649	1593	1531	1465	1393	1316	1156	998	856	734
450	2109	2057	2003	1946	1885	1818	1746	1667	1584	1406	1227	1061	915
500	2485	2428	2368	2304	2236	2163	2084	1999	1907	1710	1507	1313	1139
550	2881	2817	2751	2682	2608	2529	2443	2351	2252	2038	1812	1591	1389
600	3366	3296	3223	3146	3066	2980	2887	2788	2681	2449	2199	1948	1713

Die Berechnungen wurden durchgeführt mit den Tabellenwerten der Profiltafeln. Die grenz(b/t)-Werte sind für alle Profile eingehalten. Drillknicken ist berücksichtigt.

Tafel 21 **Grenzdruckkräfte $N_{R,d} = \kappa \cdot N_{pl,d}$ von planmäßig mittig gedrückten Stäben aus einem U-, UEP-, bzw. UAP-Stahl aus S235** in kN (Bemessungswerte)

	Knicklänge s_K in m												
U	0,75	1,0	1,5	2,0	2,5	3,0	3,5	4,0	5,0	5,5	6,0	6,5	7,0
80	187	157	102	66,8	46,1	33,4	25,3	19,8	13,0	10,9	9,23	7,92	6,87
100	240	208	143	96,5	67,4	49,3	37,5	29,4	19,4	16,3	13,8	11,8	10,3
120	311	275	198	137	96,7	71,2	54,4	42,8	28,4	23,7	20,2	17,3	15,1
140	385	346	261	187	135	100	77,1	60,9	40,6	34,0	28,9	24,9	21,6
160	462	420	328	242	178	133	103	81,5	54,6	45,8	39,0	33,6	29,2
180	548	504	405	307	229	174	135	107	72,0	60,5	51,6	44,5	38,7
200	638	591	486	378	287	220	172	137	92,4	77,8	66,3	57,2	49,9
s_K	2,0	2,5	3,0	3,5	4,0	4,5	5,0	5,5	6,0	6,5	7,0	7,5	8,0
220	471	365	283	223	179	146	121	102	87,3	75,4	65,7	57,8	51,2
240	560	442	346	274	221	181	151	127	109	94,1	82,1	72,2	64,1
260	671	539	428	342	277	228	190	161	138	119	104	91,6	81,3
280	780	639	516	416	340	280	235	199	171	148	129	114	101
300	896	748	613	500	410	341	286	243	209	181	159	140	124
320	1129	933	758	614	503	416	349	296	254	220	193	170	151
350	1125	920	741	597	487	402	336	285	244	212	185	163	145
380	1186	975	789	638	521	431	361	306	263	228	199	176	156
400	1437	1216	1008	830	686	572	482	410	353	307	269	237	211
	Knicklänge s_K in m												
UPE	0,75	1,0	1,5	2,0	2,5	3,0	3,5	4,0	5,0	5,5	6,0	6,5	7,0
80	173	162	117	80,7	57,1	42,0	32,1	25,2	16,7	14,0	11,9	10,2	8,9
100	221	207	160	114	82,6	61,4	47,1	37,2	24,8	20,8	17,7	15,2	13,2
120	282	264	212	157	115	86,6	66,8	53,0	35,5	29,8	25,3	21,8	19,0
140	343	320	271	208	156	119	92,4	73,6	49,5	41,7	35,5	30,6	26,7
160	413	386	335	264	203	156	122	97,8	66,2	55,8	47,6	41,1	35,8
180	486	455	406	329	258	202	160	129	87,6	73,9	63,1	54,6	47,6
200	571	536	478	400	321	254	203	164	112	95,0	81,4	70,4	61,5
s_K	2,0	2,5	3,0	3,5	4,0	4,5	5,0	5,5	6,0	6,5	7,0	7,5	8,0
220	490	400	322	259	211	174	146	123	106	91,7	80,2	70,6	62,7
240	579	480	391	318	260	216	181	154	132	114	100	88,3	78,5
270	697	587	484	397	328	273	230	195	168	146	128	113	100
300	896	761	633	523	433	361	305	260	224	194	170	150	134
330	1091	934	782	650	540	452	382	326	281	245	215	190	169
360	1280	1107	937	784	655	551	467	399	345	300	263	233	207
400	1529	1331	1133	953	800	674	572	490	424	369	324	287	256
	Knicklänge s_K in m												
UAP	0,75	1,0	1,5	2,0	2,5	3,0	3,5	4,0	5,0	5,5	6,0	6,5	7,0
80	187	160	108	71,5	50,0	36,2	27,5	21,5	14,2	11,9	10,1	8,65	7,51
100	244	214	153	105	74,0	54,4	41,4	32,6	21,6	18,1	15,3	13,2	11,5
130	326	293	219	156	112	82,8	63,5	50,1	33,3	27,9	23,7	20,4	17,7
150	435	410	330	251	187	142	110	87,7	58,9	49,5	42,2	36,4	31,7
175	527	497	411	320	243	187	146	116	78,6	66,2	56,4	48,7	42,4
200	632	597	506	404	314	244	192	154	105	88,1	75,3	65,0	56,7
s_K	2,0	2,5	3,0	3,5	4,0	4,5	5,0	5,5	6,0	6,5	7,0	7,5	8,0
220	490	389	306	243	196	161	134	113	97,0	83,9	73,2	64,5	57,2
250	615	496	395	316	256	211	176	149	128	111	96,6	85,1	75,5
300	931	792	659	545	451	377	318	271	233	203	178	157	140

Die Berechnung wurde durchgeführt mit den Querschnittswerten der Profiltabellen; die Drillknicklast als kleinste Verzweigungslast ist berücksichtigt.

Tafel 22 Grenzdruckkräfte $N_{R,d} = \kappa \cdot N_{pl,d}$ von planmäßig mittig gedrückten Stäben aus warmgewalzten, quadratischen Rechteckrohren aus S 235 in kN (Bemessungswerte)

B	*T*	Knicklänge s_K in m										
[mm]	[mm]	1,50	2,00	2,50	3,00	3,50	4,00	4,50	5,00	5,50	6,00	6,50
40	3,0	57,6	37,9	25,7	18,4	13,8	10,7	8,52	6,95	5,77	4,87	4,17
40	4,0	71,3	46,3	31,3	22,4	16,7	13,0	10,3	8,42	7,00	5,91	5,05
50	3,0	91,7	69,3	49,8	36,5	27,6	21,5	17,2	14,1	11,7	9,93	8,51
50	4,0	117	87,1	62,1	45,3	34,2	26,7	21,4	17,5	14,6	12,3	10,5
60	3,0	123	104	81,1	61,7	47,6	37,5	30,2	24,8	20,7	17,5	15,0
60	4,0	159	133	103	78,0	59,9	47,2	37,9	31,2	26,0	22,0	18,9
60	5,0	193	160	122	92,1	70,6	55,5	44,6	36,6	30,6	25,9	22,2
70	3,0	152	137	116	93,0	73,7	58,9	47,9	39,5	33,1	28,1	24,2
70	4,0	198	177	149	119	93,8	74,9	60,8	50,1	42,0	35,7	30,6
70	5,0	241	215	179	142	112	89,1	72,2	59,6	49,9	42,3	36,4
80	4,0	235	218	194	164	135	110	90,1	74,9	63,0	53,7	46,2
80	5,0	288	267	236	199	162	132	108	89,6	75,4	64,2	55,3
80	6,3	354	326	287	239	194	157	129	107	89,6	76,3	65,7
90	4,0	272	257	237	211	180	151	126	105	89,3	76,4	66,0
90	5,0	334	316	290	256	218	182	152	127	108	91,9	79,4
90	6,3	412	388	355	312	264	219	182	152	129	110	95,0
100	4,0	308	295	278	255	226	196	167	142	121	104	90,2
100	5,0	380	363	341	312	276	238	202	172	146	126	109
100	6,3	469	448	420	383	337	289	245	207	176	152	131
120	5,0	470	455	438	416	387	353	315	277	242	211	185
120	8,0	725	701	672	636	589	533	471	412	358	312	273
120	10,0	884	854	817	770	710	638	562	489	424	368	322
140	5,0	559	546	531	512	490	462	430	393	354	316	282
140	8,0	868	846	821	792	755	709	655	595	534	475	422
140	10,0	1063	1036	1004	966	919	861	792	717	641	569	504
160	6,3	808	792	774	754	730	701	667	626	581	532	484
160	10,0	1241	1216	1187	1154	1115	1068	1011	945	872	795	719
160	12,5	1517	1484	1448	1406	1356	1296	1224	1140	1047	951	858
180	6,3	921	905	888	869	848	823	795	761	722	678	630
180	10,0	1420	1395	1368	1338	1303	1263	1216	1161	1097	1026	950
180	12,5	1740	1708	1674	1636	1593	1542	1482	1412	1330	1240	1144
200	6,3	1033	1018	1001	984	964	942	917	888	855	817	774
200	10,0	1598	1574	1548	1519	1488	1453	1412	1365	1311	1248	1179
200	12,5	1963	1932	1899	1864	1824	1780	1728	1668	1599	1520	1432
220	6,3	1141	1130	1114	1097	1079	1059	1036	1011	982	949	911
220	10,0	1772	1752	1727	1700	1671	1638	1602	1561	1514	1460	1399
220	12,5	2181	2155	2123	2090	2053	2012	1966	1914	1854	1786	1709
260	8,0	1708	1705	1686	1665	1644	1621	1596	1569	1539	1505	1468
260	10,0	2113	2109	2085	2059	2032	2003	1972	1938	1900	1858	1811
260	16,0	3277	3267	3227	3186	3143	3096	3046	2990	2928	2859	2781
300	8,0	1982	1982	1971	1951	1931	1909	1887	1862	1836	1808	1777
300	10,0	2455	2455	2442	2417	2391	2364	2336	2305	2272	2237	2198
300	16,0	3824	3824	3799	3759	3718	3674	3628	3579	3526	3468	3404
350	8,0	2323	2323	2323	2308	2289	2268	2247	2225	2201	2176	2150
350	12,0	3433	3433	3433	3409	3379	3348	3316	3283	3247	3210	3170
350	16,0	4508	4508	4508	4473	4433	4392	4349	4305	4257	4207	4153
400	10,0	3310	3310	3310	3309	3285	3260	3234	3208	3180	3152	3122
400	14,0	5192	5192	5192	5187	5148	5108	5067	5024	4980	4934	4886
400	20,0	6130	6130	6130	6127	6082	6035	5987	5938	5887	5833	5777

Bei der Berechnung wurden die genauen Querschnittswerte und die Streckgrenzen nach DIN EN 10210-1 zugrunde gelegt. S 235: $t < 16$ mm: $f_{y,k} = 235$ N/mm²; $t > 16$ mm: $f_{y,k} = 225$ N/mm².

Tafel 23 Grenzdruckkräfte $N_{R,d} = \kappa \cdot N_{pl,d}$ von planmäßig mittig gedrückten Stäben aus warmgewalzten, quadratischen Rechteckrohren aus S 355 in kN (Bemessungswerte)

B	*T*	Knicklänge s_K in m										
[mm]	[mm]	1,50	2,00	2,50	3,00	3,50	4,00	4,50	5,00	5,50	6,00	6,50
40	3,0	65,3	40,1	26,6	18,9	14,0	10,8	8,63	7,03	5,83	4,92	4,20
40	4,0	80,0	48,8	32,3	22,9	17,0	13,1	10,5	8,52	7,07	5,96	5,09
50	3,0	116	77,3	52,8	37,9	28,4	22,0	17,6	14,3	11,9	10,05	8,60
50	4,0	146	96,5	65,6	47,0	35,2	27,3	21,7	17,7	14,7	12,4	10,6
60	3,0	167	125	89,7	65,6	49,6	38,7	30,9	25,3	21,1	17,8	15,3
60	4,0	215	159	113	82,5	62,3	48,6	38,9	31,8	26,5	22,4	19,2
60	5,0	258	189	134	97,2	73,3	57,1	45,7	37,4	31,1	26,3	22,5
70	3,0	215	178	136	102	78,4	61,6	49,5	40,6	33,9	28,7	24,6
70	4,0	279	229	173	130	99,5	78,1	62,8	51,5	43,0	36,4	31,2
70	5,0	339	276	207	155	118	92,8	74,6	61,1	51,0	43,2	37,0
80	4,0	339	297	242	188	147	117	94,2	77,6	64,9	55,0	47,2
80	5,0	415	361	292	226	176	140	113	92,8	77,6	65,8	56,5
80	6,3	508	439	351	271	210	166	134	110	92,1	78,1	67,0
90	4,0	396	361	312	255	204	164	134	111	92,7	78,8	67,8
90	5,0	487	442	379	308	246	198	161	133	112	94,8	81,5
90	6,3	599	542	461	372	296	237	193	159	133	113	97,5
100	4,0	453	422	379	325	268	220	181	151	127	108	93,3
100	5,0	557	519	464	395	326	266	219	182	153	131	113
100	6,3	688	639	568	481	395	322	264	219	185	157	136
120	5,0	695	664	622	567	499	428	363	307	262	225	195
120	8,0	1071	1020	951	859	749	637	536	453	385	330	286
120	10,0	1305	1239	1151	1034	895	756	635	535	454	389	336
140	5,0	831	804	769	725	669	603	531	462	401	349	304
140	8,0	1289	1244	1188	1116	1024	915	801	694	600	520	454
140	10,0	1578	1521	1450	1357	1240	1102	961	830	716	620	540
160	6,3	1204	1172	1134	1087	1029	957	873	783	695	613	542
160	10,0	1849	1797	1735	1659	1563	1445	1310	1167	1030	906	798
160	12,5	2258	2192	2114	2017	1894	1744	1572	1395	1227	1077	946
180	6,3	1375	1344	1309	1268	1218	1158	1086	1003	914	824	739
180	10,0	2119	2070	2014	1947	1867	1769	1651	1517	1374	1234	1103
180	12,5	2596	2534	2463	2379	2277	2151	2001	1831	1653	1480	1320
200	6,3	1545	1515	1482	1444	1401	1349	1288	1216	1133	1044	954
200	10,0	2389	2341	2289	2229	2158	2075	1974	1856	1723	1581	1439
200	12,5	2933	2873	2807	2732	2643	2536	2408	2258	2090	1912	1736
220	6,3	1715	1685	1654	1619	1579	1534	1480	1418	1345	1263	1175
220	10,0	2659	2612	2562	2506	2442	2369	2282	2180	2062	1930	1789
220	12,5	3270	3212	3149	3079	2999	2905	2795	2665	2515	2348	2172
260	8,0	2580	2549	2511	2470	2426	2377	2321	2258	2186	2103	2010
260	10,0	3193	3152	3105	3054	2998	2936	2867	2787	2695	2591	2473
260	16,0	4951	4880	4804	4722	4632	4531	4417	4285	4134	3961	3766
300	8,0	2993	2980	2943	2905	2864	2820	2771	2718	2658	2591	2516
300	10,0	3709	3691	3645	3597	3546	3490	3430	3362	3287	3203	3108
300	16,0	5777	5743	5669	5592	5509	5420	5321	5212	5089	4950	4793
350	8,0	3510	3510	3483	3446	3407	3366	3323	3276	3226	3171	3110
350	12,0	5186	5186	5143	5087	5029	4968	4902	4832	4755	4672	4579
350	16,0	6810	6810	6749	6674	6596	6514	6427	6332	6229	6116	5991
400	10,0	5000	5000	4993	4948	4901	4853	4802	4748	4691	4630	4565
400	14,0	7843	7843	7827	7754	7679	7601	7519	7433	7341	7243	7136
400	20,0	9400	9400	9382	9295	9205	9112	9015	8912	8803	8685	8558

Bei der Berechnung wurden die genauen Querschnittswerte und die Streckgrenzen nach DIN EN 10210-1 zugrunde gelegt. S355: $t < 16$ mm: $f_{y,k} = 355$ N/mm^2; $t > 16$ mm: $f_{y,k} = 345$ N/mm^2.

Tafel 24 **Grenzdruckkräfte $N_{R,d} = \kappa \cdot N_{pl,d}$ von planmäßig mittig gedrückten Stäben aus einem gleichschenkligen L-Stahl aus S235** in kN (Bemessungswerte) bei biegesteifen Stabendanschlüssen (berechnet mit $\bar{\lambda}'_K$ nach Taf. 26); z. B.: Winkel geschlitzt, oder Schweißnähte

	Knicklänge s_K in m														
L axs	0,50	0,75	1,00	1,25	1,50	1,75	2,00	2,25	2,50	2,75	3,00	3,25	3,50	3,75	4,00
40 × 4	41,5	31,4	23,6	18,7	15,1	12,5	10,4	–	–	–	–	–	–	–	–
40 × 5	50,9	38,4	28,9	22,9	18,5	15,2	12,7	–	–	–	–	–	–	–	–
45 × 4	49,8	39,2	30,4	24,2	19,8	16,5	13,9	11,8	–	–	–	–	–	–	–
45 × 5	61,2	48,1	37,3	29,6	24,2	20,1	17,0	14,5	–	–	–	–	–	–	–
50 × 5	71,6	58,1	46,3	36,9	30,6	25,7	21,9	18,8	16,3	–	–	–	–	–	–
50 × 6	84,7	68,7	54,7	43,5	36,1	30,3	25,8	22,1	19,2	–	–	–	–	–	–
50 × 7	97,5	79,0	62,8	50,0	41,5	34,8	29,6	25,4	22,0	–	–	–	–	–	–
55 × 6	97,2	80,9	65,9	53,5	44,3	37,6	32,2	27,8	24,2	21,3	–	–	–	–	–
60 × 5	84,9	78,7	65,7	54,3	45,1	38,5	33,2	28,9	25,3	22,4	19,9	17,8	–	–	–
60 × 6	107	93,2	77,7	64,2	53,2	45,5	39,2	34,1	29,9	26,4	23,4	21,0	–	–	–
60 × 8	143	121	101	83,3	69,0	59,0	50,8	44,2	38,7	34,2	30,3	–	–	–	–
65 × 7	138	122	103	86,7	72,8	62,0	53,9	47,1	41,5	36,8	32,8	29,4	26,5	–	–
70 × 6	120	118	102	86,9	73,8	62,9	54,9	48,4	42,8	38,1	34,1	30,7	27,8	25,2	–
70 × 7	146	136	118	100	85,0	72,4	63,2	55,7	49,3	43,9	39,3	35,3	31,9	29,0	–
70 × 9	196	172	148	126	107	90,9	79,4	69,8	61,8	55,0	49,2	44,3	40,0	36,3	–
s_K in m	1,50	1,75	2,00	2,25	2,50	2,75	3,00	3,25	3,50	3,75	4,00	4,50	5,00	5,50	6,00
75 × 7	97,8	84,1	73,1	64,7	57,6	51,5	46,2	41,7	37,8	34,4	31,5	–	–	–	–
75 × 8	111	94,9	82,6	73,1	65,0	58,1	52,2	47,1	42,7	38,8	35,5	–	–	–	–
80 × 6	96,3	83,6	72,7	64,5	57,7	51,8	46,7	42,3	38,4	35,1	32,1	–	–	–	–
80 × 8	126	109	94,6	84,0	75,0	67,3	60,7	54,9	49,9	45,5	41,7	–	–	–	–
80 × 10	154	133	116	103	91,8	82,4	74,2	67,2	61,0	55,7	51,0	–	–	–	–
90 × 7	139	122	108	95,2	85,5	77,3	70,2	63,9	58,4	53,6	49,3	42,0	–	–	–
90 × 9	175	154	136	120	108	97,3	88,3	80,4	73,4	67,3	61,9	52,8	–	–	–
100 × 8	189	169	151	135	121	109	99,9	91,5	84,0	77,4	71,5	61,4	53,3	–	–
100 × 10	232	208	185	165	148	134	123	112	103	94,8	87,5	75,2	65,2	–	–
100 × 12	275	245	219	195	174	158	145	132	122	112	103	88,6	76,8	–	–
s_K in m	2,50	2,75	3,00	3,25	3,50	3,75	4,00	4,25	4,50	4,75	5,00	5,50	6,00	–	–
110 × 10	182	164	150	138	128	118	109	102	94,5	88,1	82,4	72,4	64,1	–	–
120 × 10	217	198	180	166	154	143	133	124	116	108	101	89,6	79,6	–	–
120 × 11	237	216	197	181	168	156	145	135	126	118	111	97,7	86,8	–	–
120 × 12	257	234	213	196	182	169	157	146	137	128	120	106	93,9	–	–
130 × 12	301	276	253	232	215	201	187	175	164	154	145	128	114	92,5	–
140 × 13	374	345	318	293	271	253	236	222	208	196	184	164	147	120	–
150 × 12	395	366	339	315	292	271	254	239	225	212	200	179	161	132	110
150 × 14	455	422	391	363	336	312	293	275	259	244	230	206	185	152	126
150 × 15	485	450	417	386	358	333	312	293	276	260	245	219	197	161	134
160 × 15	545	508	473	441	410	383	357	336	317	299	283	254	229	189	158
160 × 17	611	570	531	494	460	429	400	376	355	335	317	285	257	211	176
180 × 16	708	666	626	588	552	518	487	457	430	407	387	350	317	264	223
180 × 18	789	743	698	656	616	578	542	510	479	453	431	389	353	294	248
200 × 16	839	796	754	714	675	638	603	570	538	509	482	437	400	336	286
200 × 18	936	889	842	796	753	712	672	635	600	568	537	488	445	375	318
200 × 20	1033	980	928	878	830	784	741	700	661	625	592	537	490	412	351
200 × 24	1223	1160	1098	1038	981	927	875	827	781	738	698	634	579	487	413

Bei fehlender Zahlenangabe (–) ist $\bar{\lambda}_K > 3$. Drillknicken ist über λ_{Vi} erfaßt. Bei der Berechnung wurden abweichend von den Angaben der Profiltafeln Querschnittswerte mit größerer Stellenzahl verwendet. Die grenz(b/t)-Werte sind bei allen Querschnitten eingehalten.

Tafel 25 **Grenzdruckkräfte $N_{R,d} = \kappa \cdot N_{pl,d}$ von planmäßig mittig gedrückten Stäben aus halbierten mittelbreiten und breiten I-Trägern aus S235** in kN (Bemessungswerte)

	Knicklänge s_K in m										
1/2IPE	1,00	1,25	1,50	1,75	2,00	2,25	2,50	2,75	3,00	3,50	4,00
140	*116*	*103*	*90,0*	*78,8*	68,5	57,8	49,1	42,0	36,3	27,9	22,0
160	*150*	*135*	*121*	*108*	*96,5*	82,7	70,9	61,2	53,3	41,1	32,6
180	*176*	163	150	139	127	113	98,5	85,9	75,2	58,7	46,8
200	*210*	*194*	*179*	*164*	153	141	131	*116*	102	80,2	64,4
s_K in m	1,50	1,75	2,00	2,25	2,50	2,75	3,00	3,50	4,00	4,50	5,00
220	*206*	*191*	*178*	*164*	*152*	*141*	*130*	110	89,4	73,5	61,4
240	*243*	*228*	*213*	*198*	*185*	*172*	*160*	*139*	120	99,1	83,0
270	*274*	*259*	*245*	*231*	*218*	*206*	*194*	*172*	*152*	*135*	118
300	*313*	*298*	*285*	*271*	*257*	*245*	*233*	*210*	*189*	*171*	*154*
330	*359*	*344*	*329*	*315*	*300*	*288*	*276*	*252*	*230*	*209*	*191*
360	*407*	*393*	*378*	*363*	*349*	*335*	*323*	*297*	*274*	*252*	*231*
400	*468*	*450*	*437*	*423*	*409*	*395*	*380*	*355*	*331*	*308*	*286*
450	*530*	*513*	*500*	*485*	*472*	*459*	*446*	*420*	*396*	*372*	*351*
500	*600*	*586*	*571*	*558*	*543*	*530*	*515*	*488*	*467*	*443*	*421*
550	*703*	*687*	*672*	*655*	*644*	*625*	*615*	*587*	*559*	*536*	*512*
600	*807*	*792*	*776*	*760*	*744*	*729*	*710*	*686*	*658*	*631*	*606*
1/2-HE-A	1,00	1,25	1,50	1,75	2,00	2,25	2,50	2,75	3,00	3,50	4,00
140	249	212	176	146	121	101	84,9	72,4	62,3	47,5	37,3
160	331	292	252	215	182	154	132	113	98,0	75,3	59,5
180	404	364	323	281	243	209	181	157	137	106	84,1
200	499	459	416	371	328	287	252	220	194	152	122
220	590	572	527	479	431	384	341	302	268	213	172
240	708	705	656	604	551	499	448	402	360	289	235
260	*642*	*584*	*531*	*481*	*438*	*397*	*361*	*328*	*300*	*250*	*211*
280	*746*	*686*	*629*	*576*	*527*	*483*	*442*	*405*	*372*	*314*	*267*
s_K in m	1,50	1,75	2,00	2,25	2,50	2,75	3,00	3,50	4,00	4,50	5,00
300	*749*	*691*	*636*	*585*	*539*	*496*	*458*	*390*	*334*	*289*	*251*
320	*862*	*799*	*741*	*686*	*636*	*589*	*546*	*470*	*406*	*352*	*308*
340	*965*	*902*	*840*	*784*	*732*	*681*	*636*	*552*	*482*	*421*	*371*
360	1066	999	939	882	826	775	725	638	*560*	*493*	*437*
400	*1207*	1156	1108	1056	1009	964	920	822	733	656	588
450	*1280*	*1227*	*1175*	*1126*	*1078*	*1032*	*988*	*904*	*827*	*755*	*690*
500	*1336*	*1288*	*1243*	*1198*	*1155*	*1114*	*1074*	*998*	*925*	*857*	*795*
550	*1342*	*1307*	*1265*	*1229*	*1192*	*1156*	*1120*	*1052*	*990*	*925*	*871*
600	*1359*	*1317*	*1289*	*1252*	*1222*	*1186*	*1158*	*1099*	*1041*	*985*	*930*
1/2-HE-B	1,00	1,25	1,50	1,75	2,00	2,25	2,50	2,75	3,00	3,50	4,00
140	345	295	247	205	170	142	120	103	88,4	67,4	53,0
160	469	417	362	310	264	225	193	166	144	111	87,7
180	592	537	480	422	368	319	276	240	210	164	130
200	732	675	614	551	490	432	379	333	294	231	185
220	877	818	756	690	624	559	498	443	394	314	254
240	1042	980	915	847	776	705	636	572	513	414	338
260	1165	1119	1053	983	911	836	763	693	627	513	422
280	1276	1271	1205	1135	1063	988	913	838	767	638	531
s_K in m	1,50	1,75	2,00	2,25	2,50	2,75	3,00	3,50	4,00	4,50	5,00
300	1396	1324	1248	1170	1090	1010	931	786	661	558	474
320	1544	1473	1399	1322	1243	1162	1082	928	791	674	577
340	1669	1601	1530	1457	1381	1303	1224	1069	924	797	688
360	1784	1728	1661	1590	1518	1442	1366	1211	1063	927	808
400	*1589*	*1512*	*1436*	*1359*	*1293*	*1227*	*1163*	*1042*	*934*	*837*	*752*
450	*1835*	*1760*	*1679*	*1612*	*1544*	*1475*	*1411*	*1287*	*1172*	*1065*	*970*
500	*2000*	*1927*	1868	1809	1753	1695	1641	1527	1408	1295	1196
550	*2011*	*1955*	*1886*	*1837*	*1772*	*1725*	*1670*	*1566*	*1464*	*1367*	*1279*
600	*2024*	*1972*	*1919*	*1861*	*1819*	*1764*	*1722*	*1630*	*1540*	*1455*	*1376*

Kursiv gedruckte Werte wurden unter Berücksichtigung des lokalen Beulens der Stege nach [8] mit Spannungen nach Theorie II. O. ermittelt. Diese Grenzlasten liegen z.T. deutlich über den Grenzlasten nach [7] bei Einhaltung der grenz(b/t)-Werte.

11

Beispiel Stütze HE 200 A – S235 mit $N_d = 700$ kN, $s_{Ky} = 7{,}00$ m, $s_{Kz} = 4{,}00$ m; $A = 53{,}8$ cm², $h/b = 190/200 < 1{,}2$; $N_{pl,d} = 1174$ kN (Taf. 15).

Knicken ⊥ y-Achse	Knicken ⊥ z-Achse	nach
$\bar{\lambda}_{K,y} = 700/(8{,}28 \cdot 92{,}93)$ $= 0{,}9097 > 0{,}2$	$\bar{\lambda}_{K,z} = 400/(4{,}98 \cdot 92{,}93)$ $= 0{,}8643 > 0{,}2$	Gl. (5)
Knickspannungslinie b; $\alpha = 0{,}34$	Knickspannungslinie c; $\alpha = 0{,}49$	Taf. 17
$k = 0{,}5 \cdot [1 + 0{,}34 \cdot (0{,}9097 - 0{,}2) + 0{,}9097^2]$	$k = 0{,}5 \cdot [1 + 0{,}49 \cdot (0{,}8643 - 0{,}2) + 0{,}8643^2]$	Gl. (47a)
$k = 1{,}0344$	$k = 1{,}0363$	
$\varkappa_y = 1/(1{,}0344 + \sqrt{1{,}0344^2 - 0{,}9097^2})$	$\varkappa_z = 1/(1{,}0363 + \sqrt{1{,}0363^2 - 0{,}8643^2})$	Gl. (47)
$\varkappa_y = 0{,}6549$	$\varkappa_z = 0{,}6219 = \min \varkappa$	
	$700/(0{,}6219 \cdot 1174) = 0{,}96 < 1$	Gl. (41)

Für I-förmige Profile braucht Biegedrillknicken bei mittigem Druck nicht nachgewiesen zu werden.

Tafel 26 Bezogener Schlankheitsgrad $\bar{\lambda}'_K$ bei biegesteif angeschlossenem einteiligen Winkelprofil bei Vernachlässigung der Exzentrizität nach DIN 18800-2 [7], Tab. 16

$\bar{\lambda}_K = l/(i_1 \cdot \lambda_a)$ mit l = Systemlänge; $i_1 = \min i$ des Winkelquerschnitts

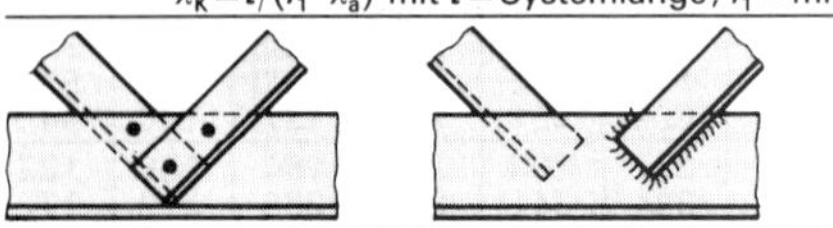

	1	2
1	$0 < \bar{\lambda}_K \leqq \sqrt{2}$	$\bar{\lambda}'_K = 0{,}35 + 0{,}753\,\bar{\lambda}_K$
2	$\sqrt{2} < \bar{\lambda}_K \leqq 3{,}0$	$\bar{\lambda}'_K = 0{,}50 + 0{,}646\,\bar{\lambda}_K$

Beispiel zu Taf. 26: L 90 × 9 – S235, min $i = 1{,}76$ cm, $A = 15{,}5$ cm², $N_{pl,d} = 15{,}5 \cdot 24/1{,}1 = 338$ kN. Systemlänge $l = 175$ cm, $N_d = 154$ kN.

$\bar{\lambda}_K = \dfrac{175}{1{,}76 \cdot 92{,}93} = 1{,}07 < \sqrt{2}$ nach Gl. (5)

$\bar{\lambda}'_K = 0{,}35 + 0{,}753 \cdot 1{,}07 = 1{,}1557$ (Taf. 26); Knicksp.linie c; $\varkappa = 0{,}4554$ (Taf. 18)

$\dfrac{154}{0{,}4554 \cdot 338} = 1{,}0$ nach Gl. (41), vgl. Tafel 24

$l = 175 \text{ cm} > b^2/t = 9{,}0^2/0{,}9 = 90$ cm, daher Biegedrillknicken nicht maßgebend.

3.2.2 Einachsige Biegung ohne Normalkraft (M_y)

Nachweise entfallen bei ausreichender Behinderung der Träger-Verformungen oder wenn die Voraussetzungen für Biegedrillknicken gem. Abschn. 2.2.1 erfüllt sind.

a) Behinderung der Verformung

Behinderung der seitlichen Verschiebung:

Ausreichende Behinderung durch ständig am Druckgurt anschließendes Mauerwerk nach DIN 1053 s. Bild 19.

Wenn an Träger Trapezprofile (oder andere Bekleidungen) angeschlossen sind, gilt die Anschlußstelle in Trapezblechebene als unverschieblich (gebundene Drehachse), wenn die Größe des auf den Träger entfallenden Anteils der Schubsteifigkeit S des Trapezblechs (s. Profiltafel) bei Befestigung in jeder Rippe ist:

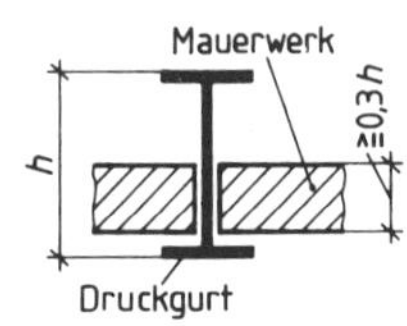

Bild 19 Aussteifung durch Mauerwerk

$$S \geqq (E \cdot I_\omega \cdot \pi^2/l^2 + G \cdot I_T + 0{,}25\,E \cdot I_z \cdot \pi^2 \cdot h^2/l^2) \cdot 70/h^2 \quad (49)$$

Behinderung der Verdrehung:

Siehe Normblatt [7], [31] und [43]. Mit Trapezblechen verbundene IPE-Profile mit $h \leqq 200$ mm gelten ohne Nachweis als gegen Biegedrillknicken gesichert.

b) Nachweis des Druckgurtes als Druckstab

Bei I-Trägern mit zur z-Achse symmetrischem Querschnitt muß sein:

$$\bar{\lambda} \leqq 0{,}5 \frac{M_{\mathrm{pl,y,d}}}{M_{\mathrm{y}}} \quad \text{mit} \quad \bar{\lambda} = \frac{c \cdot k_{\mathrm{c}}}{i_{\mathrm{z,g}} \cdot \lambda_{\mathrm{a}}} \qquad (50)$$

c Abstand der seitlich unverschieblich gehaltenen Punkte des Druckgurts
$i_{z,g}$ Trägheitsradius um die Stegachse des Druckgurt-Querschnitts nach Bild 20
k_c Beiwert für den Verlauf der Druckkraft im Druckgurt nach Tafel 27

Ist Bedingung (50) nicht erfüllt, kann folgender Nachweis geführt werden:

$$\frac{0{,}843 \cdot \max |M_{\mathrm{y}}|}{\varkappa \cdot M_{\mathrm{pl,y,d}}} \leqq 1 \qquad (51)$$

$\varkappa$ ausTafel 18 für $\bar{\lambda}$ aus Gl. (50). Hierbei gilt:

Knickspannungslinie **d** für geschweißte Träger mit Lasten q_z am Obergurt; zusätzlich gilt mit der größten Trägerhöhe h und der Druckgurtdicke t (s. Bild 20) die Bedingung:

$$h/t \leqq 44 \cdot \sqrt{240/f_{y,k}}$$

Knickspannungslinie **c** in den übrigen Fällen.

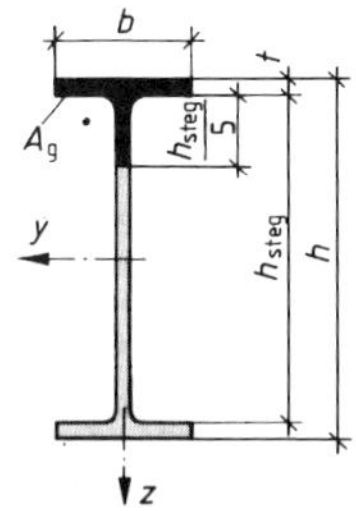

Bild 20 Druckgurt

Tafel 27 Druckkraftbeiwert k_c nach DIN 18800-2 [7], Tab. 8 und **Tafel 28 Momentenverteilung ζ** nach Tab. 10 (Zeile 1 – 4) und nach[2]) (Zeile 5 – 8)

	Normalkraftverlauf [1]) bzw. Momentenverlauf	k_c	ζ		Normalkraftverlauf [1]) bzw. Momentenverlauf	k_c	ζ
1	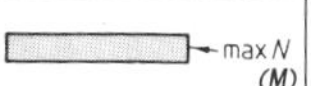 max N (M)	1,0	1,0	5	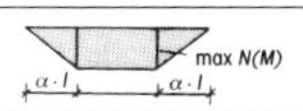 max $N(M)$; $\alpha \cdot l$; $\alpha \cdot l$	$k_c \approx 1/\sqrt{\zeta}$	$1+2{,}8 \cdot \alpha^3$ $0 \leq \alpha \leq 0{,}5$
2	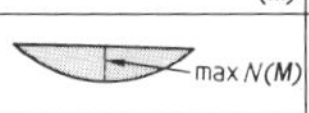 max $N(M)$	0,94	1,12	6	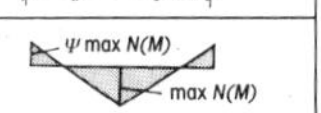 ψ max $N(M)$; max $N(M)$		$1{,}35 - 0{,}35 \cdot \psi$ $-1 \leq \psi \leq 1$
3	 max $N(M)$	0,86	1,35	7	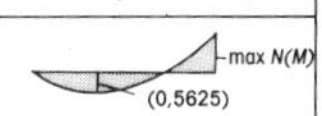 max $N(M)$; (0,5625)		1,25
4	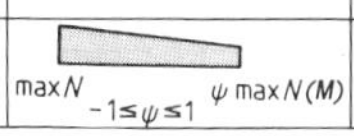 max N; ψ max $N(M)$; $-1 \leq \psi \leq 1$	$\frac{1}{1{,}33 - 0{,}33 \cdot \psi}$	$1{,}77 - 0{,}77 \cdot \psi$	8	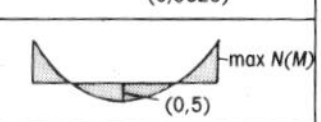 max $N(M)$; (0,5)		1,30

[1]) Der Normalkraftverlauf entspricht der M_y-Linie, Beispiel s. S. 765
[2]) *Kroll, K.-H.:* Rechenbehelfe für ideale Biegedrillknickmomente, Verlag Stahleisen, Düsseldorf 1998

c) Biegedrillknicknachweis,

falls für I-Träger die Gln. (50) und (51) nicht erfüllt sind, sowie für U- und C-Profile ohne planmäßige Torsion:

$$\frac{\max |M_{\mathrm{y}}|}{\varkappa_{\mathrm{M}} \cdot M_{\mathrm{pl,y,d}}} \leqq 1 \qquad (52)$$

$\varkappa_M$ aus Tafel 18 mit $\bar{\lambda}_M = \sqrt{M_{pl,y}/M_{Ki,y}}$
$M_{pl\backslash ko,y}$ und $M_{Ki,y}$ müssen beide entweder ihre charakteristischen oder ihre Bemessungswerte sein.

Charakteristische Werte für das **Biegedrillknickmoment $M_{Ki,y}$** bei Wirkung von M_y ohne Normalkräfte für frei drehbar gelagerte Einfeldträger mit Gabellagerung der Stabenden und gleichbleibendem doppelsymmetrischem Querschnitt:

1. Träger mit Momentenverlauf nach Tafel 28

$$M_{\mathrm{Ki,y}} = \zeta \cdot \frac{\pi^2 \cdot E \cdot I_{\mathrm{z}}}{l^2} \cdot \left(\sqrt{c^2 + 0{,}25\, z_{\mathrm{p}}^2} + 0{,}5\, z_{\mathrm{p}}\right) \qquad (53)$$

ζ Momentenbeiwert nach Tafel 28
c nach Gl. (46) mit $\beta = \beta_0 = 1$
z_p Abstand der Querbelastung vom Schwerpunkt; z_p ist negativ, wenn die Last zum Schwerpunkt weist, sonst positiv.

Bei Trägerhöhen $h \leqq 60$ cm darf mit den Bezeichnungen in Bild 20 gesetzt werden:

$$M_{\mathrm{Ki,y}} = \frac{1{,}32\, b \cdot t (E \cdot I_{\mathrm{y}})}{l \cdot h^2} \qquad (53a)$$

Beispiel s. S. 749.

2. Träger mit Streckenlast und Stabendmomenten [35] (Bild 21a)

$$M_{Ki,y} = \max|M_y| \cdot \frac{\pi^2 \cdot E \cdot I_z}{G_1} \cdot \left(G_2 \pm \sqrt{G_2^2 + G_1 \cdot G_3}\right) \quad \text{(53b)}$$

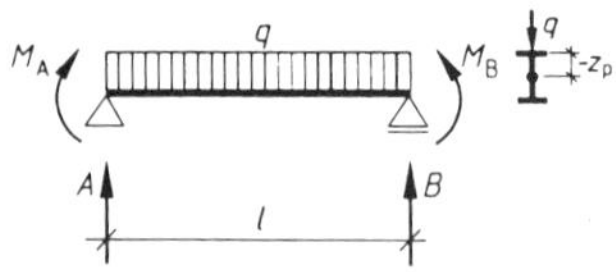

mit $G_1 = \left(\frac{M_A + M_B}{2} + \frac{q \cdot l^2}{9{,}2}\right)^2$; es muß sein: $M_A / M_B \geq 0$

$G_2 = \frac{q \cdot z_p}{2\pi^2}$; $\quad G_3 = \frac{c^2}{l^4}$

Bild 21a Träger mit Streckenlast und Stabendmomenten $\quad c$ und z_p wie bei Gl. (53).

Eine sichere Abschätzung der Tragfähigkeit von Durchlaufträgern erhält man, wenn der Durchlaufträger in eine Kette von gabelgelagerten Einfeldträgern mit Stabendmomenten (= Stützmomenten) zerlegt wird und für alle Felder — unter Beachtung der feldweise wechselnden veränderlichen Einwirkungen — mit Gl. (53b) die Nachweise nach Gl. (52) geführt werden.

3. Kragträger mit unterschiedlicher Lagerung der Kragarmspitze (Bild 21b)

Fall A: Kragarmspitze frei

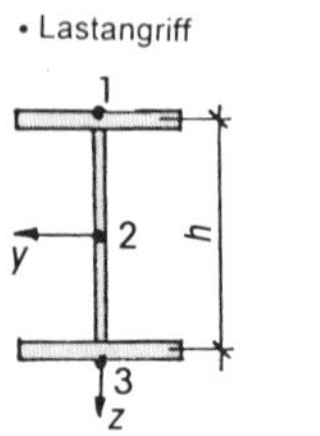

$$\chi = \frac{EI_Z}{GI_T} \cdot \left(\frac{h}{2l}\right)^2$$

$$M_{Ki,y} = \frac{k_i}{l} \cdot \sqrt{EI_Z \cdot GI_T} \quad \text{(53c)}$$

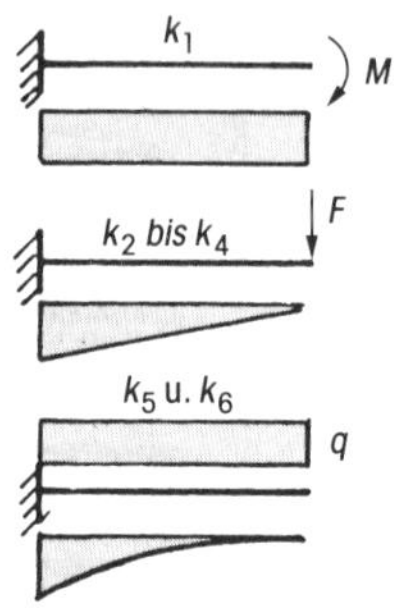

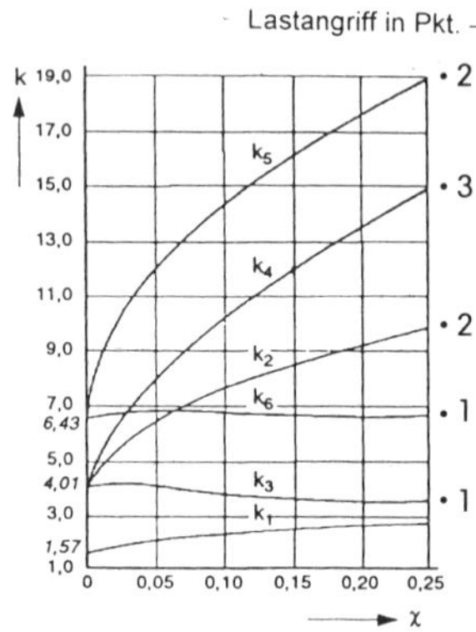

Fall B: Kragarmspitze seitlich gehalten und gabelgelagert

$$\left.\begin{aligned} k_1 &\cong 4{,}5 \cdot [1 + 7{,}85 \cdot \chi \cdot (1 - \chi)] \\ k_2 \cong k_3 \cong k_4 &\cong 10{,}45 \cdot [1 + 9{,}0 \cdot \chi \cdot (1 - \chi)] \\ k_5 &\cong 16{,}65 \cdot [1 + 1{,}65 \cdot \chi \cdot (1 - \chi)] \end{aligned}\right\} \quad \text{(53d)}$$

Bild 21b Kragarm mit Einzelmoment, Einzellast und Streckenlast

Beispiel Träger IPBI 400: $I_z = 8560$ cm^4, $I_\omega = 2942 \cdot 10^3$ cm^6, $I_T = 189$ cm^4, $l = 5{,}2$ m, $M_{pl,y,d} = 559$ kNm (Taf. 15), $z_p = -0{,}195$ m (Obergurt), $q_d = 175$ kN/m.

$M_A = 0$, $M_B = -295$ kNm, $V_A = 398{,}3$ kN, $\max M = 398{,}3^2/(2 \cdot 175) = 453{,}2$ kNm

$c^2 = (2\,942\,000 + 0{,}039 \cdot 520^2 \cdot 189)/(8560 \cdot 10^4) = 0{,}05765$ m^2 Gl. (46)

$G_1 = (-295/2 + 175 \cdot 5{,}2^2/9{,}2)^2 = 134{,}6 \cdot 10^3$ kN^{2}m^2

$G_2 = -175 \cdot 0{,}195/(2 \cdot \pi^2) = -1{,}729$ kN $\quad G_3 = 0{,}05765/5{,}2^4 = 0{,}07885 \cdot 10^{-3}$ m^{-2}

$$M_{Ki,y} = 453{,}2 \cdot \frac{\pi^2 \cdot 2{,}1 \cdot 8560}{134{,}6 \cdot 10^3} \cdot \left(-1{,}729 \pm \sqrt{(-1{,}729)^2 + 134{,}6 \cdot 0{,}07885}\right)$$

$M_{Ki,y} = 1170$ kNm $\quad M_{Ki,y,d} = 1170/1{,}1 = 1064$ kNm

$\bar{\lambda}_M = \sqrt{559/1064} = 0{,}7248$; $\quad \psi = M_A/M_B = 0$; $\quad k_n = 1 \quad n = 1 \cdot 2{,}5 = 2{,}5$

$\varkappa_M = \left(\frac{1}{1 + 0{,}7248^{2 \cdot 2{,}5}}\right)^{1/2{,}5} = 0{,}9296$ Gl. (49)

$453{,}2/(0{,}9296 \cdot 559) = 0{,}87 < 1$ (52)

3.2.3 Einachsige Biegung mit Normalkraft (*N*, *M*)

N darf vernachlässigt werden, wenn $N/(\varkappa \cdot N_{pl,d}) < 0{,}1$ ist; die Nachweise sind dann nach Abschn. 3.2.2 zu führen.

a) Biegeknicken

Vereinfachter Nachweis

Für den beidseitig gelenkig gelagerten Stab mit Querbelastung durch Strecken- oder Einzellast darf der Nachweis mit Gl. (41) geführt werden, wenn zur Berechnung von $\varkappa$ der Parameter k von Gl. (47a) ersetzt wird durch

$$k = 0{,}5\,[1 + \alpha(\bar{\lambda}_K - 0{,}2) + \bar{\lambda}_K^2 + (M/M_{pl,d})/(N/N_{pl,d})] \qquad (54)$$

Sind A und/oder N veränderlich, sind die Hinweise in Abschn. 3.2.1 und die Gln. (42) und (43) zu beachten.

Ersatzstabverfahren

$$\frac{N}{\varkappa \cdot N_{pl,d}} + \frac{\beta_m \cdot M}{M_{pl,d}} + \Delta n \leqq 1 \qquad (55)$$

$\varkappa$ Abminderungsfaktor aus Tafel 18 für die maßgebende Knickspannungslinie entsprechend $\bar{\lambda}_K$ nach Gl. (5) für Ausweichen **in** der Momentenebene

β_m Momentenbeiwert nach Tafel 29, Spalte 2
$\beta_m < 1$ nur bei unverschieblicher Lagerung der Stabenden, konstantem Querschnitt, konstanter Druckkraft ohne Querlasten.

M = max $|M|$ nach Theorie I. Ordnung ohne Ansatz von Imperfektionen

$$\Delta n = \frac{N}{\varkappa \cdot N_{pl,d}}\left(1 - \frac{N}{\varkappa \cdot N_{pl,d}}\right) \cdot \varkappa^2 \cdot \bar{\lambda}_K^2, \text{ jedoch } \Delta n \leqq 0{,}1 \qquad (56)$$

vereinfacht: $\Delta n = (\varkappa \cdot \bar{\lambda}_K/2)^2$ oder $\Delta n = 0{,}1$ (56a)

Bei doppeltsymmetrischen Querschnitten, bei denen $A_{Steg} \geqq 0{,}18\,A$ sowie $N/N_{pl} > 0{,}2$ ist, darf $M_{pl,d}$ in Gl. (55) durch $1{,}1\,M_{pl,d}$ ersetzt werden.

Tafel 29 Momentenbeiwerte β_m und β_M nach [7], Tab. 11

	1	2	3
	Momentenverlauf	β_m für Biegeknicken	β_M für Biegedrillknicken
1	Stabendmomente 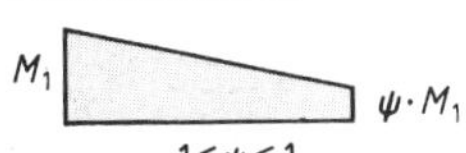 $-1 \leq \psi \leq 1$	$\beta_{m,\psi} = 0{,}66 + 0{,}44\,\psi$ jedoch $\beta_{m,\psi} \geqq 1 - \frac{1}{\eta_{Ki}}$ und $\beta_{m,\psi} \geqq 0{,}44$ η_{Ki} nach Gl. (7)	$\beta_{M,\psi} = 1{,}8 - 0{,}7\,\psi$
2	Momente aus Querlast 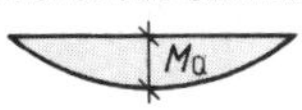	$\beta_{m,Q} = 1{,}0$	$\beta_{M,Q} = 1{,}3$
	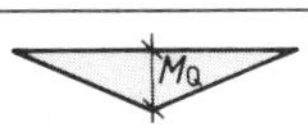		$\beta_{M,Q} = 1{,}4$
3	Momente aus Querlasten mit Stabendmomenten 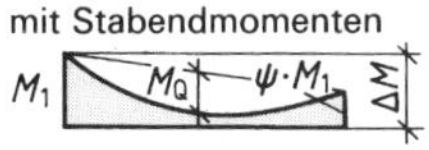 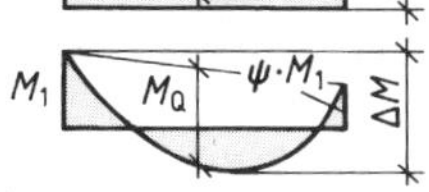 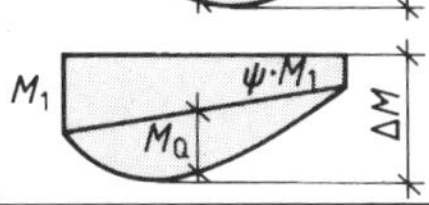	$\psi \leqq 0{,}77$: $\beta_m = 1{,}0$ $\psi > 0{,}77$: $\beta_m = \frac{M_Q + \lvert M_1\rvert \cdot \beta_{m,\psi}}{M_Q + \lvert M_1\rvert}$	$\beta_M = \beta_{M,\psi} + \frac{M_Q}{\Delta M}(\beta_{M,Q} - \beta_{M,\psi})$ $M_Q = \lvert\max M\rvert$ nur aus Querlast ΔM: Bei nicht durchschlagendem Momentenverlauf: $\Delta M = \lvert\max M\rvert$ Bei durchschlagendem Momentenverlauf: $\Delta M = \lvert\max M\rvert + \lvert\min M\rvert$

Bei veränderlichen Querschnitten und/oder Normalkräften muß Gl. (55) für alle maßgebenden Querschnitte mit den zugehörigen Schnittgrößen. Querschnittswerten und zugehörigem N_{Ki} bei Beachtung von Gl. (42) und (43) nachgewiesen werden.

Der Einfluß von Querkräften kann durch Reduktion der vollplastischen Schnittgrößen mittels der Tafeln 13 und 14 berücksichtigt werden.

Bei der Bemessung biegesteifer Verbindungen ist $M_{pl,d}$ anstelle von vorh M zu berücksichtigen, oder es ist das Biegemoment nach Th.II.O. zugrunde zu legen.
An druckbeanspruchte Stäbe angeschlossene Stabschnitte ohne Druckkräfte (z.B. Rahmenriegel) sind bei gleich großer Streckgrenze nach Gl. (57) nachzuweisen:

$$(M/M_{pl,d})/(1-1{,}15/\eta_{Ki}) \leqq 1 \quad (57) \quad \text{mit } \eta_{Ki}=N_{Ki,d}/N>1{,}15$$

b) Biegedrillknicken

Für Stäbe ohne planmäßige Torsion mit konstanter Normalkraft, einfach- oder doppeltsymmetrischem I-Querschnitt, deren Abmessungsverhältnisse den Walzprofilen entsprechen, sowie für U- und C-Profile gilt

$$\frac{N}{\varkappa_z \cdot N_{pl,d}} + \frac{M_y}{\varkappa_M \cdot M_{pl,y,d}} k_y \leqq 1 \quad (58)$$

$\varkappa_z$ nach Tafel 18 mit $\bar{\lambda}_{K,z}$ nach Gl. (5); darin ist N_{Ki} entweder die kleinste Verzweigungslast für Ausweichen ⊥ z-Achse, oder die Drillknicklast.
$k_y = 1 - a_y \cdot N/(\varkappa_z \cdot N_{pl,d})$, jedoch $k_y \leqq 1$, mit $a_y = 0{,}15\,\bar{\lambda}_{K,z} \cdot \beta_{M,y} - 0{,}15$, jedoch $a_y \leqq 0{,}9$
$\beta_{M,y}$ Momentenbeiwert β_M nach Tafel 29, Spalte 3 zur Erfassung der Form von M_y
$\varkappa_M$ nach Tafel 18 in Abhängigkeit von $\bar{\lambda}_M$ nach Gl. (8); $M_{Ki,y}$ s. Gl. (53)

Beispiel (Bild 22) Stab HE 200 B – S235, Balken auf zwei Stützen mit Gabellagerung.
$I_y = 5700\,\text{cm}^4$, $I_z = 2000\,\text{cm}^4$, $i_y = 8{,}54\,\text{cm}$, $I_\omega = 171\,100\,\text{cm}^6$, $I_T = 59{,}3\,\text{cm}^4$
$N_{pl,d} = 1704\,\text{kN}$, $M_{pl,y,d} = 140\,\text{kNm}$, $V_{pl,z,d} = 210\,\text{kN}$ nach Taf. 15
$h/b < 1{,}2$: Knickspannungslinie b für Ausweichen ⊥ y-Achse (Taf. 17); $\alpha = 0{,}34$ (Taf. 18). KSL c für Ausw. ⊥ z-Achse; $\alpha = 0{,}49$.

Ständige Einwirkung:
$F_{g,k} = 20\,\text{kN}$; $F_{g,d} = 1{,}35 \cdot 20 = 27\,\text{kN}$ (Taf. 8)
Veränderliche Einwirkung:
$F_{p,k} = 10\,\text{kN}$; $F_{p,d} = 1{,}50 \cdot 1 \cdot 10 = 15\,\text{kN}$
$F_d = 42\,\text{kN}$
Ständige Einwirkung:
$N_{g,k} = 205\,\text{kN}$; $N_{g,d} = 1{,}35 \cdot 205 = 277\,\text{kN}$
Veränderliche Einwirkung:
$N_{p,k} = 160\,\text{kN}$; $N_{p,d} = 1{,}50 \cdot 1 \cdot 160 = 240\,\text{kN}$
$N_d = 517\,\text{kN}$

$N/N_{pl,d} = 517/1704 = 0{,}3034 > 0{,}2$;
$M/M_{pl,y,d} = 52{,}5/140 = 0{,}3750$
$V/V_{pl,z,d} = 42/(2 \cdot 210) = 0{,}1 < 0{,}33$:
Reduktion von $M_{pl,y}$ nicht erforderlich.

Der Biegeknick-Nachweis wird nach 3 verschiedenen Verfahren durchgeführt.

1. Nachweis nach Theorie II. Ordnung, Verfahren Elastisch-Plastisch.

$w_0 = 500/250 = 0{,}02\,\text{m}$ (Taf. 16)

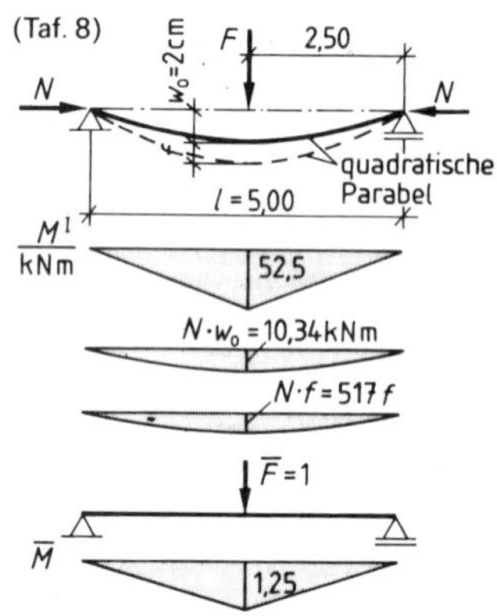

Bild 22

Mit Bild 22 läßt sich f aus der Arbeitsgleichung berechnen (s. Abschn. Statik):

$f \cdot (E \cdot I_y)/\gamma_M = 5{,}0 \cdot 52{,}5 \cdot 1{,}25/3 + 5{,}0 \cdot 1{,}25\,(10{,}34 + 517 f) \cdot 5/12$
$f \cdot 2{,}1 \cdot 10^8 \cdot 5700 \cdot 10^{-8}/1{,}1 = 109{,}4 + 26{,}9 + 1346\,f$
$f(10882 - 1346) = 136{,}3$; $f = 0{,}0143\,\text{m}$

In Trägermitte ist: $M_y^{II} = 52{,}5 + 10{,}34 + 517 \cdot 0{,}0143 = 70{,}23\,\text{kNm}$;

Nachweis nach Taf. 13:

$0{,}9 \cdot 70{,}23/140 + 517/1704 = 0{,}4515 + 0{,}3034 = 0{,}75 < 1$

Beispiel, Forts.

2. Vereinfachter Nachweis

$\bar{\lambda}_{K,y} = 500/(8{,}54 \cdot 92{,}93) = 0{,}6300$ Gl. (5);

$k = 0{,}5 \cdot [1 + 0{,}34(0{,}6300 - 0{,}2) + 0{,}6300^2 + 0{,}3750/0{,}3034] = 1{,}3895$ Gl. (54)

$\varkappa = 1/(1{,}3895 + \sqrt{1{,}3895^2 - 0{,}6300^2}) = 0{,}3805$ Gl. (47)

Nachweis nach Gl. (41): $(N/N_{pl,d})/\varkappa = 0{,}3034/0{,}3805 = 0{,}80 < 1$

3. Ersatzstabverfahren

$\bar{\lambda}_{K,y} = 0{,}6300$; $\varkappa = 0{,}8217$ Taf. 18, KSL b

$\Delta n = (0{,}8217 \cdot 0{,}6300/2)^2 = 0{,}067 < 0{,}1$ n. Gl. (56a); $\beta_{m,Q} = 1$ nach Taf. 29.

$A_{Steg}/A = 16{,}7/78{,}1 = 0{,}214 > 0{,}18$

Nachweis nach Gl. (55):

$0{,}3034/0{,}8217 + 1 \cdot 52{,}5/(1{,}1 \cdot 140) + 0{,}067 = 0{,}3692 + 0{,}3409 + 0{,}067$
$= 0{,}78 < 1$

4. Biegedrillknicken

$N_{Ki,z} = \pi^2 \cdot E \cdot I_z/s_K^2 = \pi^2 \cdot 21\,000 \cdot 2000/500^2 = 1658$ kN;

$\bar{\lambda}_{K,z} = \sqrt{1704 \cdot 1{,}1/1658} = 1{,}0633$ Gl. (5); $\varkappa_z = 0{,}5041$ Taf. 18, KSL c

$\beta = \beta_0 = 1$; $c^2 = (171\,100 + 0{,}039 \cdot 500^2 \cdot 59{,}3)/2000 = 374{,}6$ cm² Gl. (46)

Lasteinleitung am Obergurt – Last weist zum Schwerpunkt: $z_p = -10$ cm

$M_{Ki,y} = 1{,}35 \cdot 1658 \cdot (\sqrt{374{,}6 + 0{,}25 \cdot 10^2} - 0{,}5 \cdot 10)/100 = 335{,}5$ kNm Gl. (53)

$\bar{\lambda}_M = \sqrt{140/(335{,}5/1{,}1)} = 0{,}6775$ Gl. (8);

$\varkappa_M = [1/(1 + \bar{\lambda}_M^{2 \cdot 2{,}5})]^{1/2{,}5} = 0{,}9480$ Taf. 18

Nachweis nach Gl. (58):

$\beta_{M,y} = 1{,}4$ Taf. 29; $a_y = 0{,}15 \cdot 1{,}0633 \cdot 1{,}4 - 0{,}15 = 0{,}0733 < 0{,}9$

$k_y = 1 - 0{,}0733 \cdot 517/(0{,}5041 \cdot 1704) = 0{,}9559 < 1$

$0{,}3034/0{,}5041 + 0{,}3750 \cdot 0{,}9559/0{,}9480 = 0{,}6019 + 0{,}3781 = 0{,}98 < 1$

3.2.4 Zweiachsige Biegung mit oder ohne Normalkraft (M_y, M_z, N)

Die im Abschn. 3.2.3 gemachten Angaben über veränderliche Querschnitte und Normalkräfte, Berücksichtigung von Querkräften, biegesteife Verbindungen sowie Stababschnitte ohne Druckkräfte sind sinngemäß anzuwenden.

II

a) Biegeknicken

Nachweismethode 1:

$$\frac{N}{\varkappa \cdot N_{pl,d}} + \frac{M_y}{M_{pl,y,d}} k_y + \frac{M_z}{M_{pl,z,d}} k_z \leqq 1 \qquad (59)$$

$\varkappa = \min(\varkappa_y, \varkappa_z)$ nach Tafel 18

M_y, M_z max $|M|$ nach Theorie 1. Ordnung ohne Ansatz von Imperfektionen

$\beta_{M,y}$, $\beta_{M,z}$ nach Taf. 29, Spalte 3 zur Erfassung der Form von M_y bzw. M_z

$\alpha_{pl,y}$, $\alpha_{pl,z}$ n. Gl. (1); die Begrenzung auf $\alpha_{pl} \leqq 1{,}25$ ist hier nicht anzuwenden!

$k_y = 1 - a_y \cdot N/(\varkappa_y \cdot N_{pl,d})$, jedoch $k_y \leqq 1{,}5$

$a_y = \bar{\lambda}_{K,y}(2\beta_{M,y} - 4) + (\alpha_{pl,y} - 1)$, jedoch $a_y \leqq 0{,}8$

$k_z = 1 - a_z \cdot N/(\varkappa_z \cdot N_{pl,d})$, jedoch $k_z \leqq 1{,}5$

$a_z = \bar{\lambda}_{K,z}(2\beta_{M,z} - 4) + (\alpha_{pl,z} - 1)$, jedoch $a_z \leqq 0{,}8$

$M_{pl,z,d}$ nach Tafel 15 ohne Begrenzung auf $1{,}25\,M_{el}$!

Nachweismethode 2:

$$\frac{N}{\varkappa \cdot N_{pl,d}} + \frac{\beta_{m,y} \cdot M_y}{M_{pl,y,d}} k_y + \frac{\beta_{m,z} \cdot M_z}{M_{pl,z,d}} k_z + \Delta n \leqq 1 \qquad (60)$$

$\varkappa$ min $(\varkappa_y, \varkappa_z)$; Abminderungsfaktor der maßg. Knickspannungslinie n. Taf. 18

$\beta_{m,y}$, $\beta_{m,z}$ Momentenbeiwerte β_m nach Taf. 29, Spalte 2 zur Erfassung der Form von M_y bzw. M_z

$M_{pl} \leqq 1{,}25\,M_{el}$

Für $\varkappa_y < \varkappa_z$: $k_y = 1$, $k_z = c_z$ mit
$\varkappa_y = \varkappa_z$: $k_y = 1$, $k_z = 1$ $c_z = 1/c_y = (1 - \bar{\lambda}_{K,y}^2 \cdot N/N_{pl,d})/(1 - \bar{\lambda}_{K,z}^2 \cdot N/N_{pl,d})$
$\varkappa_y > \varkappa_z$: $k_y = c_y$, $k_z = 1$

Δn wie bei Gl. (55); es ist das zu $\varkappa$ gehörige $\bar{\lambda}_K$ einzusetzen.

b) Biegedrillknicken

Für Stäbe mit konstanter Normalkraft, ohne Torsion, mit doppelt- oder einfachsymmetrischem I-Querschnitt. deren Abmessungen denen der Walzprofile entsprechen:

$$\frac{N}{\varkappa_z \cdot N_{pl,d}} + \frac{M_y}{\varkappa_M \cdot M_{pl,y,d}} k_y + \frac{M_z}{M_{pl,z,d}} k_z \leqq 1 \quad (61)$$

k_y wie Gl. (58); Näherung: $k_y = 1$
k_z wie Gl. (59); Näherung: $k_z = 1{,}5$
Übrige Größen s. Abschn. 3.2.2, 3.2.3 und bei Gl. (59).

3.3 Mehrteilige, einfeldrige Stäbe

3.3.1 Ausweichen rechtwinklig zur Stoffachse

Die Stäbe sind wie einteilige Stäbe nach Abschn. 3.2.1 oder 3.2.3 zu berechnen; für N und M_y gilt das nur, wenn $M_z = 0$ ist. Übereck gestellte Winkel (Bild 23) brauchen nur für Ausweichen ⊥ zur Stoffachse mit $\lambda_{K,y} = s_{K,y}/i_y$ nachgewiesen zu werden; im Fall zweier verschiedener Knicklängen gilt für $s_{K,y}$ deren arithmetisches Mittel. Bei ungleichschenkligen Winkeln (Bild 23b) ist $i_y = i_0/1{,}15$; i_0 bezieht sich auf die zum langen Schenkel parallele Achse.

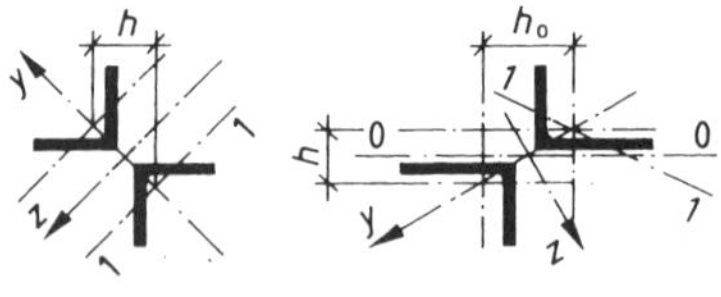

a) gleichschenklig b) ungleichschenklig

Bild 23 Übereck gestellte Winkel

3.3.2 Ausweichen rechtwinklig zur stoffreien Achse

Bei Querschnitten mit zwei stoffreien Achsen (Bild 24) gilt das folgende sinngemäß für beide Achsen.

a) Schnittgrößen des Gesamtstabes (Bild 25):

Sie sind unter Beachtung der Randbedingungen zu ermitteln; bei einem mittig gedrückten Stab mit gelenkiger, unverschieblicher Lagerung dürfen die Gln. (62) bis (67) angewendet werden.

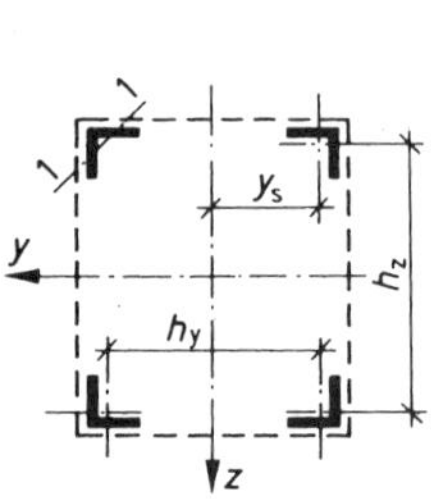

Bild 24 Querschnitt mit 2 stoffreien Achsen

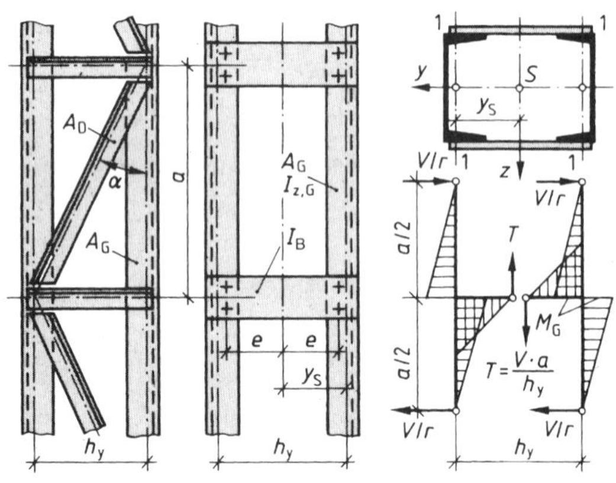

a) Gitterstab b) Rahmenstab c) Kraftwirkung und Biegemomente im Einzelfeld und Bindeblech bei $r = 2$ Gurten

Bild 25 Bezeichnungen

In Stabmitte $M_z = \dfrac{N \cdot v_0}{1 - \dfrac{N}{N_{Ki,z,d}}}$ (62) $\qquad N_{Ki,z,d} = \dfrac{1}{\dfrac{l^2}{\pi^2 \cdot (E \cdot I_z^*)_d} + \dfrac{1}{S_{z,d}^*}}$ (63)

v_0 s. Tafel 16.

Rechenwert I_z^* für das Flächenmoment 2. Grades des Gesamtquerschnitts:

bei Rahmenstäben: $I_z^* = \sum (A_G \cdot y_S^2 + \eta \cdot I_{z,G})$ (64)

bei Gitterstäben: $I_z^* = \sum (A_G \cdot y_S^2)$ (64a)

$I_{z,G}$ Flächenmoment 2. Grades eines Gurtquerschnitts um seine zur stofffreien Achse parallele Schwerachse.

η Korrekturwert für Rahmenstäbe:
$\eta = 1$ für $\lambda_{K,z} \leqq 75$; $\eta = 2 - \lambda_{K,z}/75$ für $75 < \lambda_{K,z} \leqq 150$; $\eta = 0$ für $\lambda_{K,z} > 150$

$\lambda_{K,z} = s_{K,z}/\sqrt{I_z/A}$ Schlankheitsgrad des Rahmenstabes ohne Querkraftverformungen

I_z . aus Gl. (64) mit $\eta = 1$; Flächenmoment 2. Grades des Gesamtquerschnitts um die stofffreie Achse bei Annahme schubstarrer Verbindung der Gurte.

Bemessungswert der Schubsteifigkeit des Ersatzstabes:

bei Rahmenstäben: $S_{z,d}^* = 2\pi^2 \cdot (E \cdot I_{z,G}/\gamma_M)/a^2$, wenn $r \cdot I_B/h_y \geqq 10\, I_{z,G}/a$

bei Gitterstäben: $S_{z,d}^* = m \cdot (E \cdot A_D/\gamma_M) \cdot \cos\alpha \cdot \sin^2\alpha$
m = Anzahl der zur stofffreien Achse rechtwinkligen Verbände

Am Stabende: $\max V_y = \pi \cdot M_z/l$ (65)

Verlauf von M und V über die Stablänge:

$M_z(x) = M_z \cdot \sin(\pi \cdot x/l)$ (66)

$V_y(x) = \max V_y \cdot \cos(\pi \cdot x/l)$ (67)

b) Einzelstäbe von Gitter- und Rahmenstäben

Kraft des meistbeanspruchten Gurtes:

$N_G = \dfrac{N}{r} \pm \dfrac{M_z}{W_z^*} A_G$ (68)

$W_z^* = I_z^*/y_S$
r Anzahl der einzelnen Gurte.
$s_{K,1} = a$ Knicklänge des Gurtabschnitts s. Bild 25.
$s_{K,1}$ für Gitterstäbe mit 2 stofffreien Achsen s. Normblatt.

Mit N_G und $\lambda_{K1} = s_{K,1}/i_1$ ist der Gurtabschnitt nach Abschn. 3.2.1 nachzuweisen.

Füllstäbe von Gitterstäben sind unter Annahme beidseitiger gelenkiger Lagerung für ihre Normalkräfte infolge V_y nach Gl. (65) entspr. Abschn. 3.2.1 nachzuweisen. Knicklänge s. Abschn. 3.4.

c) Einzelfelder von Rahmenstäben

Das zwischen zwei Bindeblechen liegende Einzelfeld, das $\max V_y$ nach Gl. (72) aus der Berechnung des Gesamtsystems erhält, ist mit folgenden Schnittgrößen nachzuweisen (Bild 25):

Stabendmoment $M_G = \dfrac{\max V_y}{r} \cdot \dfrac{a}{2}$ (69)

Querkraft $V_G = \max V_y/r$

Normalkraft $N_G = \dfrac{N}{r} \pm \dfrac{M_z(x_B)}{W_z^*} A_G$ (70)

$M_z(x_B)$ Moment des Gesamtsystems an der Längskoordinate x_B des Bindeblechs nach Gl. (66).

d) Bindebleche

Anordnung der Bindebleche an den Stabenden sowie mindestens in den Drittelspunkten der Stablänge; ihre Lichtabstände sollen gleich groß sein. Es muß sein:

$a/i_1 \leqq 70.$ (71)

Die in einem Bindeblech bei m Verbänden wirkende Schubkraft $T' = V \cdot a/(m \cdot h_y)$ erzeugt im Schwerpunkt des Bindeblechanschlusses das Moment $M = T' \cdot e$. Für T' und M sind das Bindeblech und sein Anschluß nachzuweisen (Bild 25).

3.4 Knicklänge von Stäben und Rahmenstielen

Die folgenden Ausführungen, Formeln, Tafeln und Bilder setzen eine elastische Berechnung des Tragwerkes voraus.

$s_K = \beta_K \cdot L$ mit β_K = Knicklängenbeiwert und l = Stablänge

3.4.1 Fachwerke

Die Stabkräfte dürfen unter Annahme gelenkiger Knotenpunkte ohne Berücksichtigung von Nebenspannungen berechnet werden. Druckstäbe können nach Abschn. 3.2 bzw. 3.3 mit folgenden Knicklängen nachgewiesen werden:

Knicken in Fachwerkebene:
- Für Gurte: $s_K = l$ (Netzlänge);
- für Füllstäbe: $s_K = 0{,}9l$

Knicken ⊥ Fachwerkebene:
- Für Gurte: s_K = Abstand der unverschieblich (z. B. durch Pfetten im Zusammenwirken mit Verbänden) unverschieblich gehaltenen Punkte.
- für Füllstäbe: $s_K = l$

Fachwerkstäbe, die durch einen anderen Fachwerkstab gestützt werden:
- Knicken in Fachwerkebene: $s_K = l$ (Netzlänge)
- Knicken ⊥ Fachwerkebene: s_K nach Tafel 31.

An der Kreuzungsstelle müssen beide Fachwerkstäbe unmittelbar oder über ein Knotenblech miteinander verbunden werden; wenn beide Stäbe durchlaufen, ist deren Verbindung für eine rechtwinklig zur Fachwerkebene wirkende Kraft von 10% der größeren Druckkraft zu bemessen.

Auf N_1 bezogene Knicklängenbeiwerte β_K für Druckstäbe mit veränderlicher Normalkraft bei konstantem Querschnitt s. Tafel 30. Weitere Angaben s. Abschn. 3.2.1, [7] und [35].

Tafel 30 Knicklängenbeiwerte β_K für Druckstäbe mit gleichbleibendem Querschnitt und veränderlicher Normalkraft

Zeile	Normalkraftverteilung	Lagerungsbedingungen der Stabenden			
			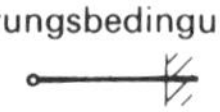		
1		1	0,7	0,7	0,5
2	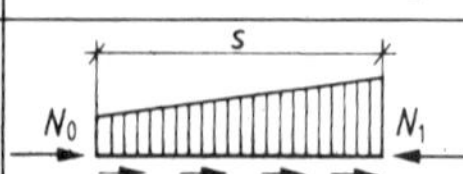	$\sqrt{\frac{1+0{,}88\frac{N_0}{N_1}}{1{,}88}}$	$\sqrt{\frac{1+1{,}65\frac{N_0}{N_1}}{5{,}42}}$	$\sqrt{\frac{1+0{,}51\frac{N_0}{N_1}}{3{,}09}}$	$\sqrt{\frac{1+0{,}93\frac{N_0}{N_1}}{7{,}72}}$
3	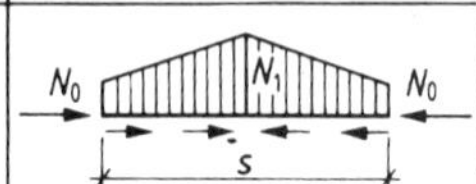	$\sqrt{\frac{1+2{,}18\frac{N_0}{N_1}}{3{,}18}}$	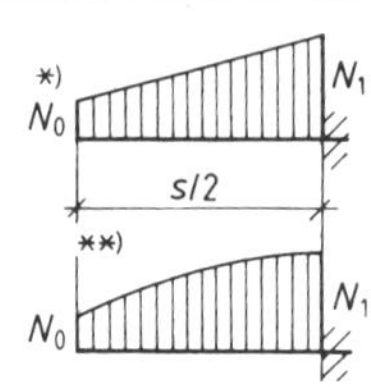		$\sqrt{\frac{1+0{,}93\frac{N_0}{N_1}}{7{,}72}}$
4	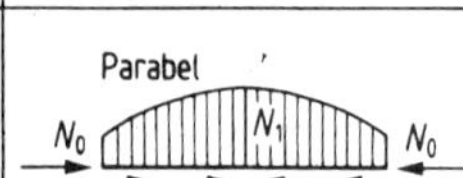	$\sqrt{\frac{1+1{,}09\frac{N_0}{N_1}}{2{,}09}}$			$\sqrt{\frac{1+0{,}35\frac{N_0}{N_1}}{5{,}40}}$
5	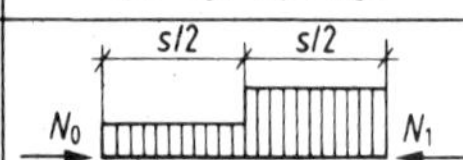	$0{,}75+0{,}25\frac{N_0}{N_1}$	–	–	–

Die Zeilen 2, 3 und 4 gelten auch, wenn N_0 eine Zugkraft ist mit $N_0 \leq 0{,}2 \cdot |N_1|$; in den Formeln ist dann + durch – zu ersetzen. Die Formeln *) und **) gelten auch für den einseitig eingespannten Stab. Für s ist dann die doppelte Stablänge einzusetzen.

Tafel 31 **Knicklängen von Fachwerkstäben mit konstanten Querschnitten für das Ausweichen rechtwinklig zur Fachwerkebene**

	1	2	3
1	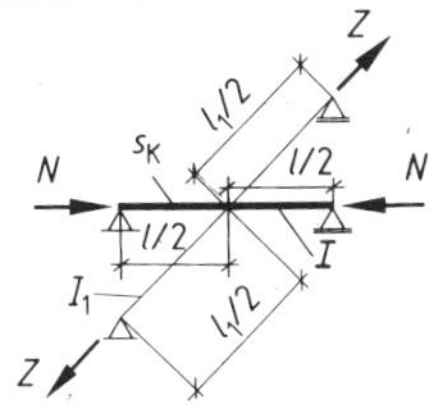	$s_K = l\sqrt{\dfrac{1-\dfrac{3}{4}\dfrac{Z\cdot l}{N\cdot l_1}}{1+\dfrac{I_1\cdot l^3}{I\cdot l_1^3}}}$ jedoch $s_K \geq 0{,}5\,l$	
2	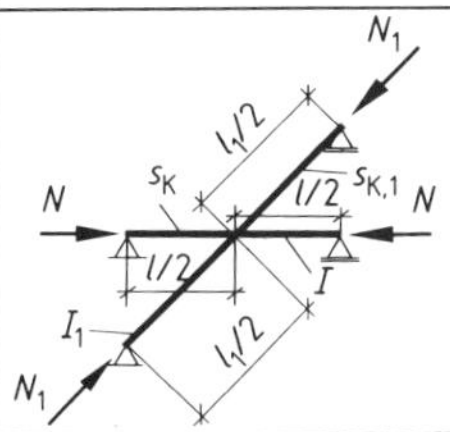	$s_K = l\sqrt{\dfrac{1+\dfrac{N_1\cdot l}{N\cdot l_1}}{1+\dfrac{I_1\cdot l^3}{I\cdot l_1^3}}}$ jedoch $s_K \geq 0{,}5\,l$	$s_{K,1} = l_1\sqrt{\dfrac{1+\dfrac{N\cdot l_1}{N_1\cdot l}}{1+\dfrac{I\cdot l_1^3}{I_1\cdot l^3}}}$ jedoch $s_{K,1} \geq 0{,}5\,l_1$
3	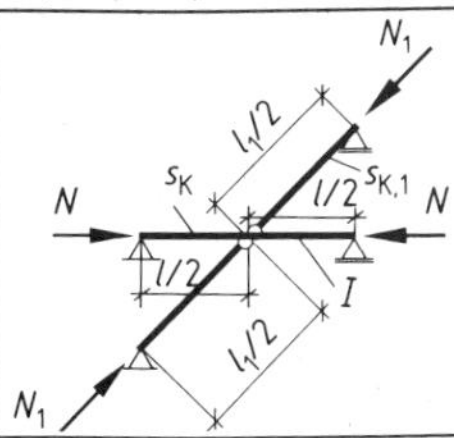	durchlaufender Druckstab $s_K = l\sqrt{1+\dfrac{\pi^2}{12}\cdot\dfrac{N_1\cdot l}{N\cdot l_1}}$	gelenkig angeschlossener Druckstab $s_{K,1} = 0{,}5\,l_1$ wenn $(E\cdot I)_d \geq \dfrac{N_1\cdot l^3}{\pi^2\cdot l_1}\left(\dfrac{\pi^2}{12}+\dfrac{N\cdot l_1}{N_1\cdot l}\right)$
4	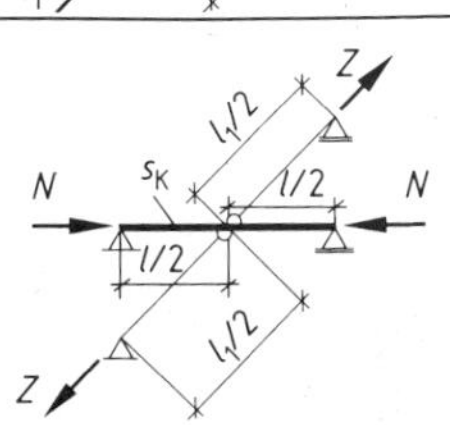	$s_K = l\sqrt{1-0{,}75\,\dfrac{Z\cdot l}{N\cdot l_1}}$ jedoch $s_K \geq 0{,}5\,l$	
5	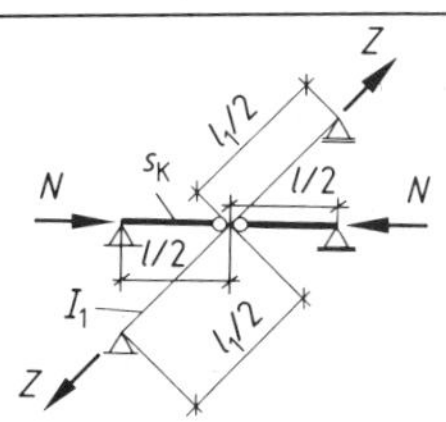	$s_K = 0{,}5\,l$ wenn $\dfrac{N\cdot l_1}{Z\cdot l} \leq 1$ oder wenn gilt $(E\cdot I_1)_d \geq \dfrac{3Z\cdot l_1^2}{4\pi^2}\left(\dfrac{N\cdot l_1}{Z\cdot l}-1\right)$	
6	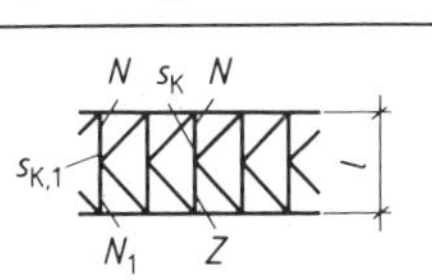	$s_K = l\left(0{,}75-0{,}25\left\lvert\dfrac{Z}{N}\right\rvert\right)$ jedoch $s_K \geq 0{,}5\,l$	$s_{K,1} = l\left(0{,}75+0{,}25\,\dfrac{N_1}{N}\right)$ $N_1 < N$

3.4.2 Rahmen

Mit η_{Ki} nach Gl. (7) erfolgt die Berechnung für

$\eta_{Ki} \geqq 10$ nach Theorie I. Ordnung

$\eta_{Ki} < 10$ nach Theorie II. Ordnung oder vereinfacht nach dem Ersatzstabverfahren entsprechend Abschnitt 3.2; s_K ist am Gesamtsystem zu ermitteln.

a) Rahmen und Durchlaufträger mit unverschieblichen Knotenpunkten

Das System muß unverschieblich, die Normalkraftverformungen müssen vernachlässigbar sein. Kriterien s. Normblatt.

Berechnung von s_K näherungsweise nach Bild 27.

Die Aufteilung der Riegelsteifigkeiten auf die einstieligen Teilsysteme erfolgt iterativ, bis η_{Ki} in allen Teilsystemen möglichst gleich groß ist. min η_{Ki} gilt für alle Teilsysteme; daher ist β für den Stiel j im Teilsystem r noch zu korrigieren:

$$\beta_j = \beta_r \sqrt{\eta_{Ki,r}/\min \eta_{Ki}} \quad (72)$$

Beim Biegeknicknachweis der Stiele nach Abschn. 3.2.3 darf für Momentenanteile aus Querlast auf den Riegeln β_m aus Tafel 29, Zeile 2 verwendet werden. Bei geringen Druckkräften im Riegel darf max M beim Nachweis des Riegels nach Gl. (57) mit dem Faktor $(1 - 0{,}8/\eta_{Ki})$ abgemindert werden.

b) Rahmen und Durchlaufträger mit verschieblichen Knotenpunkten

Beim Nachweis nach dem Ersatzstabverfahren kann der Knicklängenbeiwert β_K für den mit F belasteten Stiel nach Tafel 32 ermittelt werden (Normalkraftverformungen vernachlässigt).

Angenäherte Berechnung anderer Rahmenformen nach Bild 28; die Stielfüße müssen gleich hoch und gleichartig gelagert sein. Die Berechnung erfolgt geschoßweise, ebenso die eventuelle Zerlegung in Teilsysteme mit Aufteilung der Riegelsteifigkeiten auf das jeweils obere und untere Geschoß.

Vorhandene Pendelstützen sind bei allen Verfahren wie folgt zu berücksichtigen:

– Ansatz von Horizontalkräften der Pendelstützen infolge ihrer Schiefstellung φ_0 (Taf. 16 und Bild 16d) bei der Berechnung der Schnittgrößen.
– Bei der Ermittlung von η_{Ki} und β_j nach Bild 28 ist ΣN_j durch $\Sigma N_j + \Sigma l_S \cdot N_i/l_i$ zu ersetzen.

N_i, l_i Druckkraft und Länge der einzelnen Pendelstützen
l_S Stockwerkhöhe

Für die Berechnung von Knicklängen gibt es umfangreiche Literatur, z. B. [35].

Beispiel 1 (Bild 26) Die Knicklängen der Stiele des verschieblichen Rahmens, jedoch ohne Belastung der Pendelstütze, sind mit Hilfe von Bild 28 näherungsweise zu berechnen.

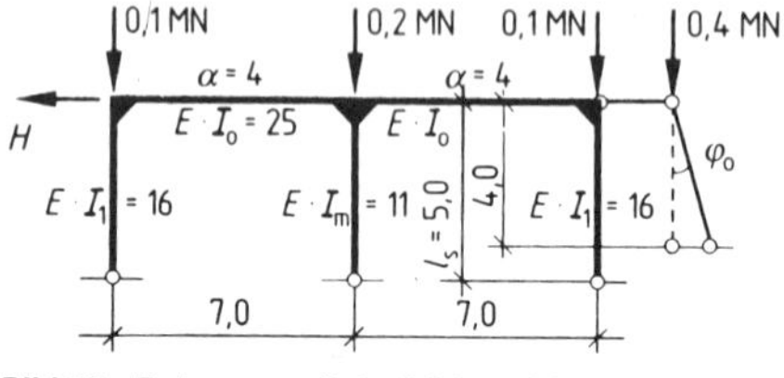

Bild 26 Rahmen zu Beispiel 1 und 2

$N = 2 \cdot 0{,}1 + 0{,}2 = 0{,}4$ MN

$E \cdot K_S = (2 \cdot 16 + 11)/5{,}0 = 8{,}6$ MNm

$$c_0 = \frac{1}{1 + \frac{2 \cdot 4 \cdot 25/7{,}0}{8{,}6}} = 0{,}231; \quad c_u = 1$$

Bild 28: $\beta = 2{,}2$

$$\eta_{Ki} = \leqq ft(\frac{\pi}{2{,}2})^2 \cdot \frac{8{,}6}{0{,}4 \cdot 5{,}0} = 8{,}77 < 10$$

Berechnung mit dem Ersatzstabverfahren ist erforderlich.

$$\beta_1 = 2{,}2 \cdot \sqrt{\frac{0{,}4 \cdot 16/5{,}0}{0{,}1 \cdot 8{,}6}} = 2{,}68\ (2{,}79)$$

$$\beta_m = 2{,}2 \cdot \sqrt{\frac{0{,}4 \cdot 11/5{,}0}{0{,}2 \cdot 8{,}6}} = 1{,}57\ (1{,}64)$$

Klammerwerte aus der Berechnung nach Tafel 32.

$s_{K1} = 2{,}68 \cdot 5{,}0 = 13{,}4$ m $\quad s_{Km} = 1{,}57 \cdot 5{,}0 = 7{,}85$ m

Fortsetzung der Beispiele s. S. 758

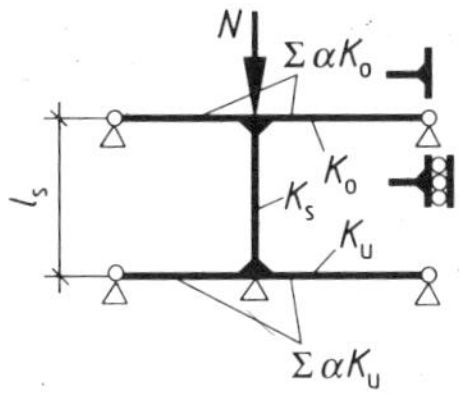

alle Stäbe:
$K = I/l$

$$c_o = \frac{1}{1 + \frac{\Sigma\alpha K_o}{K_S}}, \quad c_u = \frac{1}{1 + \frac{\Sigma\alpha K_u}{K_S}}$$

β aus Diagramm

$$\eta_{Ki} = \frac{N_{Ki}}{N} = \left(\frac{\pi}{\beta}\right)^2 \frac{EK_S}{Nl_S}$$

$$s_K = \beta l_S$$

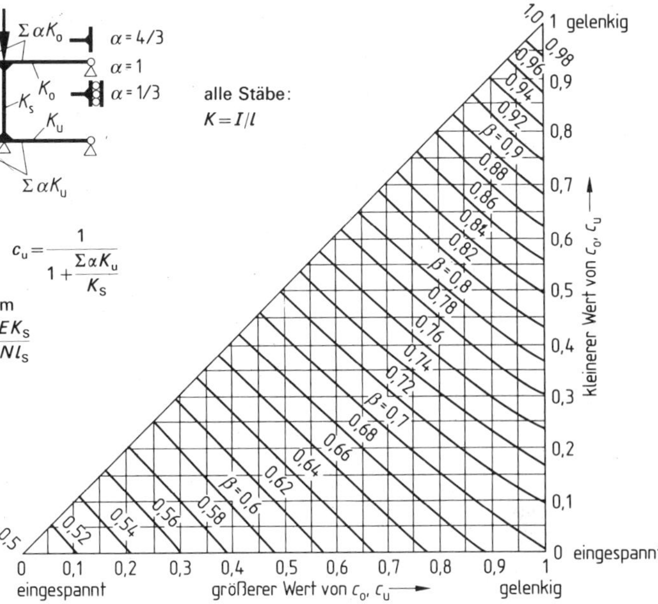

Sonderfälle

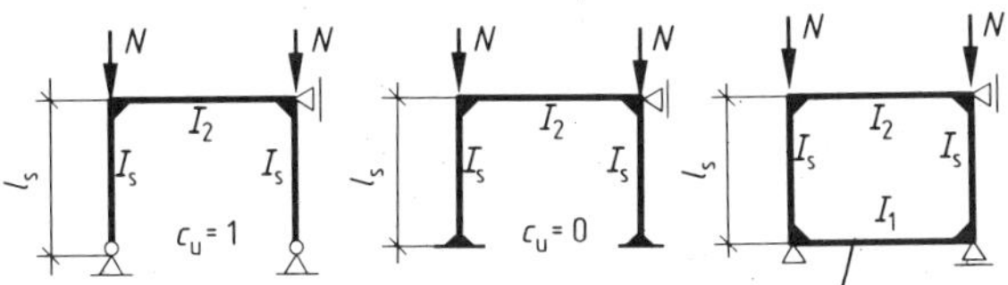

$$c_u = \frac{1}{1 + \frac{2}{3}\frac{I_1 l_S}{I_S l_2}}$$

für alle drei Fälle

$$c_o = \frac{1}{1 + \frac{2}{3}\frac{I_2 l_S}{I_S l_2}}$$

$$s_K = \beta l_S$$

$$\eta_{Ki} = \frac{\left(\frac{\pi}{\beta l_S}\right)^2 EI_S}{N}$$

Zerlegung eines unverschieblichen Rahmens in einstielige Teilrahmen, für die das Diagramm angewendet werden kann

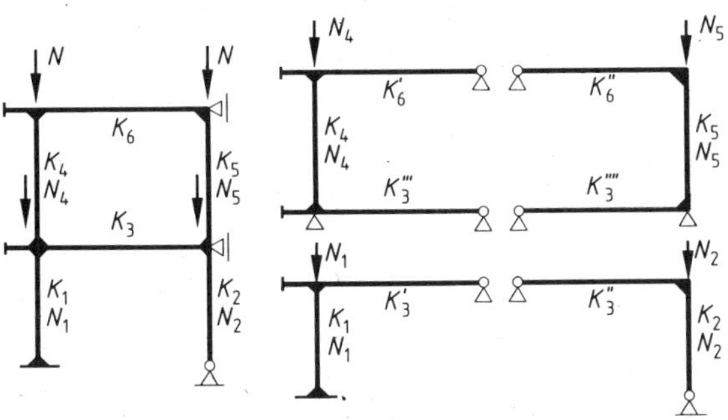

$K_6' + K_6'' = K_6$
$K_3' + K_3'' + K_3''' + K_3'''' = K_3$
(Aufteilung von K_3 und K_6 beliebig)

Bild 27 Diagramm zur Bestimmung des Verzweigungslastfaktors η_{Ki} und der Knicklänge s_K für Stiele unverschieblicher Rahmen mit $\varepsilon_{Riegel} \leq 0{,}3$

Tafel 32 Knicklängenbeiwerte β_K der Stiele freistehender Rechteckrahmen

$s_K = \beta_K \cdot h$. Der Knicklängenbeiwert β_K ist von folgenden Hilfsgrößen abhängig:

$$c = \frac{I \cdot b}{I_0 \cdot h} \leqq 10\ (\leqq 5) \qquad m = \frac{F_1}{F} \leqq 1 \qquad n = \frac{F_2}{F} \leqq 2$$

($n = 0$, wenn die Pendelstütze unbelastet oder nicht vorhanden ist).

$$p = \frac{F_m}{F} \qquad t = \frac{I_m}{I};$$

der Einfluß der Normalkräfte auf die Rahmenwirkung wird vernachlässigt ($\alpha = 0$).

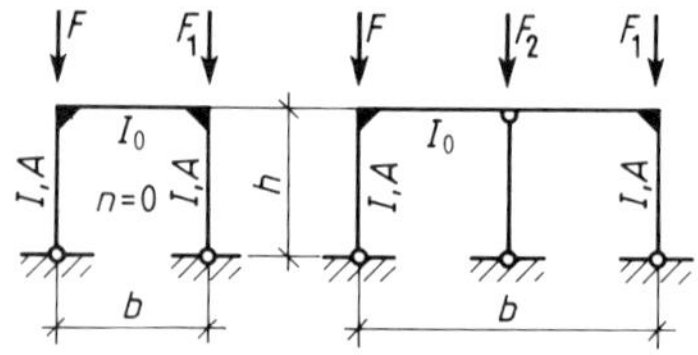

$$\beta_K = \sqrt{1+0{,}48n} \cdot \sqrt{\tfrac{1}{2}(1+m)} \cdot \sqrt{4+1{,}4c+0{,}02c^2}$$

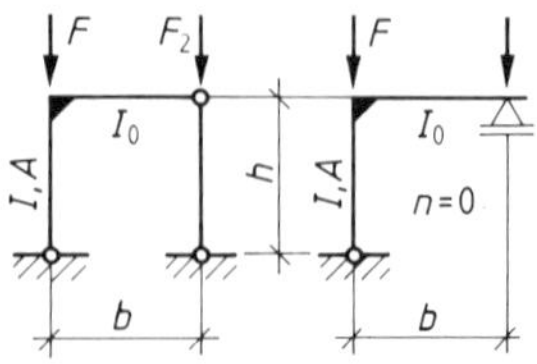

$$\beta_K = \sqrt{1+0{,}96n} \cdot \sqrt{4+2{,}8c+0{,}08c^2}$$

(mit $c \leqq 5$)

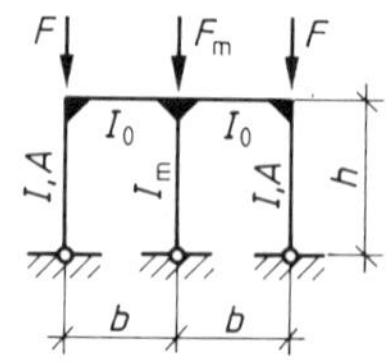

$$\beta_K = \frac{6+1{,}2c}{3+0{,}1c}\sqrt{\frac{2+p}{2+t}} \leqq 6$$

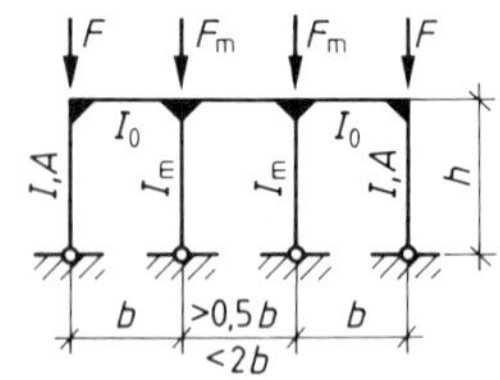

$$\beta_K = \frac{6+1{,}2c}{3+0{,}1c}\sqrt{\frac{1+p}{1+t}} \leqq 6$$

$$\beta_m = \beta_K \sqrt{t/p}$$

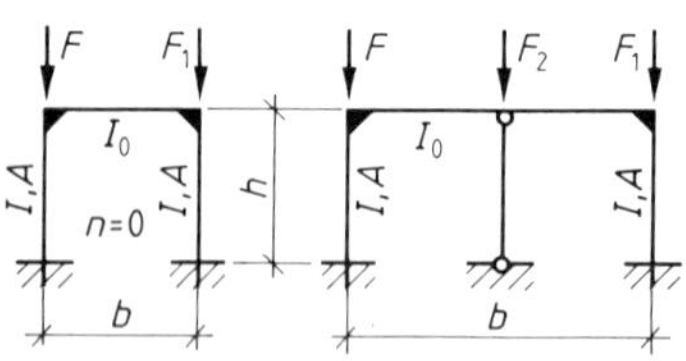

$$\beta_K = \sqrt{1+0{,}43n} \cdot \sqrt{\tfrac{1}{2}(1+m)} \cdot \sqrt{1+0{,}35c-0{,}017c^2}$$

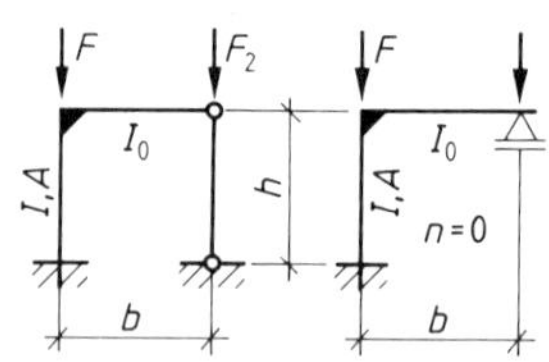

$$\beta_K = \sqrt{1+0{,}86n} \cdot \sqrt{1+0{,}7c-0{,}068c^2}$$

(mit $c \leqq 5$)

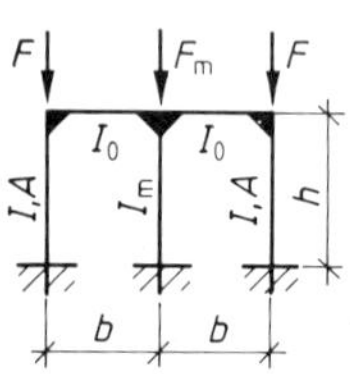

$$\beta_K = \frac{1+0{,}4c}{1+0{,}2c}\sqrt{\frac{2+p}{2+t}} \leqq 3$$

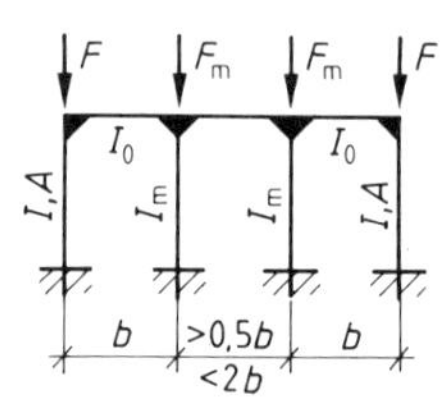

$$\beta_K = \frac{1+0{,}4c}{1+0{,}2c}\sqrt{\frac{1+p}{1+t}} \leqq 3$$

$$\beta_m = \beta_K \sqrt{t/p}$$

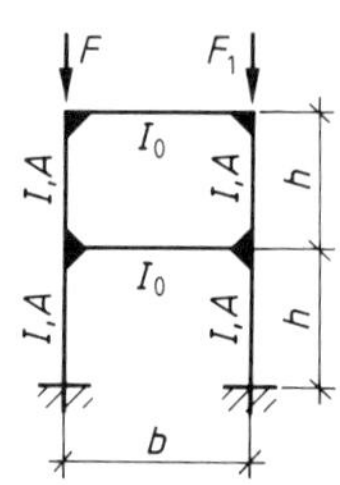

$$\beta_K = \sqrt{\tfrac{1}{2}(1+m)} \cdot \sqrt{1+0{,}89c-0{,}003c^3}$$

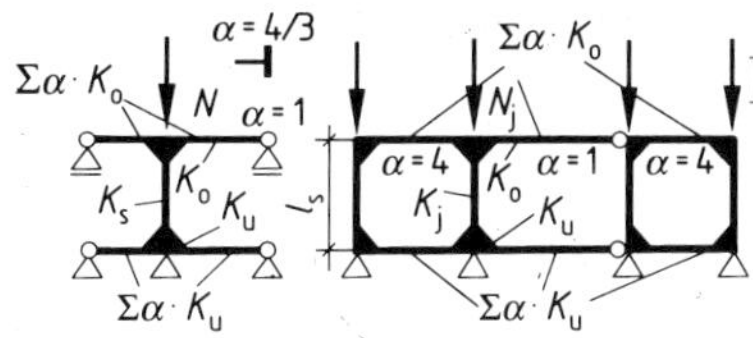

alle Stäbe: $K = I/l$

$N = \Sigma N_j$

$K_S = \Sigma K_j$

$$c_o = \frac{1}{1+\dfrac{\Sigma\alpha K_o}{K_S}}, \quad c_u = \frac{1}{1+\dfrac{\Sigma\alpha K_u}{K_S}}$$

β aus Diagramm

$$\eta_{Ki} = \frac{N_{Ki}}{N} = \left(\frac{\pi}{\beta}\right)^2 \frac{E K_S}{N l_S}$$

$$\beta_j = \sqrt{\frac{N K_j}{N_j K_S}}\,\beta$$

$s_K = \beta l_S$ bzw.

$s_{Kj} = \beta_j l_S$

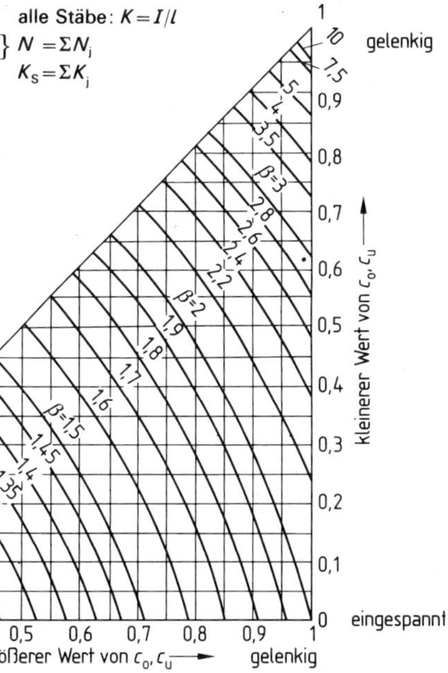

Sonderfälle

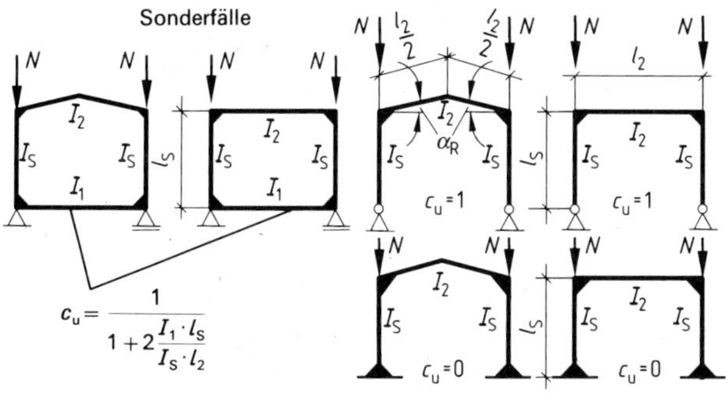

$$c_u = \frac{1}{1+2\dfrac{I_1 \cdot l_S}{I_S \cdot l_2}}$$

für alle sechs Fälle

$$c_o = \frac{1}{1+2\dfrac{I_2 \cdot l_S}{I_S \cdot l_2}}$$

$s_K = \beta l_S$

$$\eta_{Ki} = \frac{N_{Ki}}{N} = \frac{\left(\dfrac{\pi}{\beta l_S}\right)^2 E I_S}{N}$$

unabhängig von α_R

Mehrgeschossiger Rahmen: die Formeln für c_o, c_u sind zu ersetzen durch

betrachtetes Stockwerk

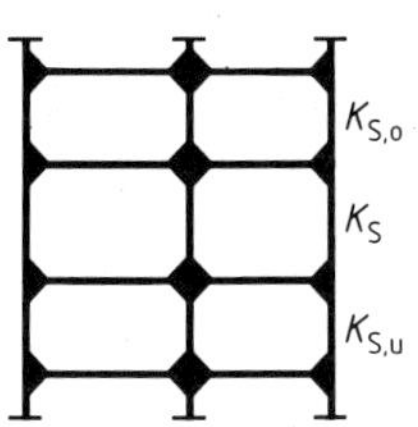

$$c_o = \frac{1}{1+\dfrac{\Sigma\alpha K_o}{K_S + K_{S,o}}}$$

$$c_u = \frac{1}{1+\dfrac{\Sigma\alpha K_u}{K_S + K_{S,u}}}$$

Bild 28 Diagramm zur Bestimmung des Verzweigungslastfaktors η_{Ki} und der Knicklänge s_K für Stiele verschieblicher Rahmen mit $\varepsilon_{Riegel} \leqq 0{,}3$

Beispiel 2 (Bild 26) Die Knicklängen sind mit Berücksichtigung der Pendelstütze zu berechnen.
Aus Beispiel 1 übernommen: $E \cdot K_S = 8{,}6$ MNm; $\beta = 2{,}2$

$$N = 0{,}4 + 0{,}4 \cdot 5{,}0/4{,}0 = 0{,}9 \text{ MN}; \quad \eta_{Ki} = \left(\frac{\pi}{2{,}2}\right)^2 \cdot \frac{8{,}6}{0{,}9 \cdot 5{,}0} = 3{,}90$$

$$\beta_1 = 2{,}2 \cdot \sqrt{\frac{0{,}9 \cdot 16/5{,}0}{0{,}1 \cdot 8{,}6}} = 4{,}03 \qquad \beta_m = 2{,}2 \cdot \sqrt{\frac{0{,}9 \cdot 11/5{,}0}{0{,}2 \cdot 8{,}6}} = 2{,}36$$

$$s_{K1} = 4{,}03 \cdot 5{,}0 = 20{,}1 \text{ m} \qquad s_{Km} = 2{,}36 \cdot 5{,}0 = 11{,}8 \text{ m}$$

Horizontalkraft aus Schiefstellung der Pendelstütze:

Mit $r_1 = 1$ und $r_2 = (1 + \sqrt{1/3})/2 = 0{,}789$ wird nach Taf. 16: $\varphi_0 = 0{,}789/200 = 1/254$

$H = 0{,}4/254 = 0{,}0016$ MN (Bild 16d).

H ist zusätzlich zu den übrigen Einwirkungen anzusetzen.

Beispiel 3 (Bild 29) Die Knicklängen der Stiele des unverschieblichen Rahmens sind mit Hilfe des Bildes 27 zu berechnen.

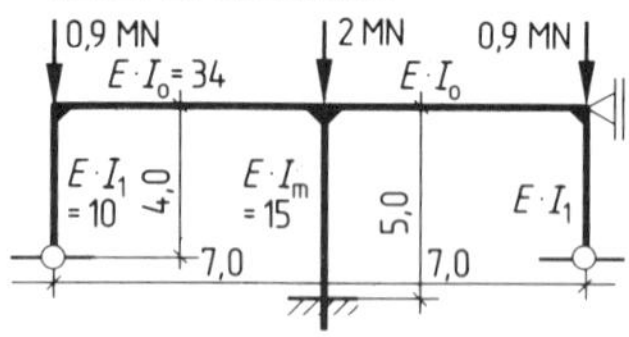

Das Rahmensystem wird in einstielige Teilsysteme zerlegt. Wegen der Symmetrie von System und Belastung genügt es, zwei Stiele zu betrachten. Die Steifigkeit des Riegels wird auf die beiden Teilsysteme aufgeteilt; der Teilungsfaktor ξ wird so lange verändert, bis η_{Ki} in beiden Systemen angenähert gleich groß ist. Die iterative Berechnung erfolgt tabellarisch.

Teilsystem 1:

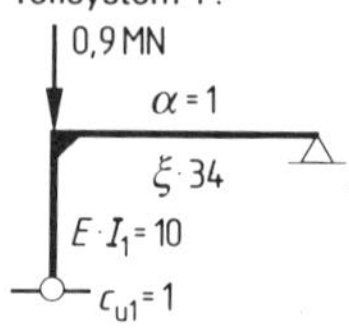

$$c_{01} = \frac{1}{1 + \frac{1 \cdot 1 \cdot \xi \cdot 34/7{,}0}{10/4{,}0}} = \frac{1}{1 + 1{,}94\,\xi}$$

Aus Bild 27 $\rightarrow \beta_1 \rightarrow \eta_{Ki} = \left(\frac{\pi}{\beta}\right)^2 \cdot \frac{10/4{,}0}{0{,}9 \cdot 4{,}0} = \frac{6{,}85}{\beta^2}$

Teilsystem 2:

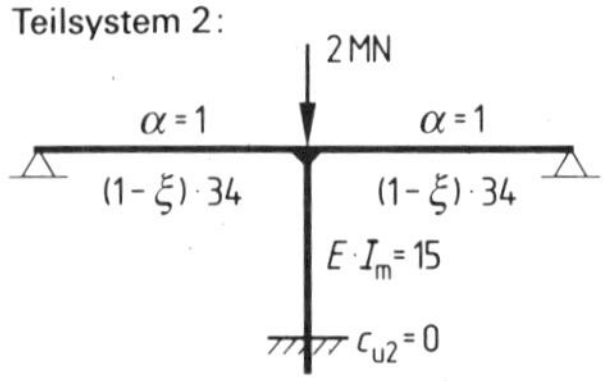

$$c_{02} = \frac{1}{1 + \frac{2 \cdot 1 \cdot (1-\xi)\, 34/7{,}0}{15/5{,}0}} = \frac{1}{1 + 3{,}24\,(1-\xi)}$$

Bild 27 $\rightarrow \beta_2 \rightarrow \eta_{Ki} = \left(\frac{\pi}{\beta}\right)^2 \cdot \frac{15/5{,}0}{2 \cdot 5{,}0} = \frac{2{,}96}{\beta^2}$

Bild 29 Rahmen zu Beispiel 3

ξ	Teilsystem 1			Teilsystem 2		
	c_{01}	β_1	$\eta_{Ki,1}$	c_{02}	β_2	$\eta_{Ki,2}$
0,5	0,508	0,843	9,64	0,382	0,58	8,80
0,3	0,632	0,883	8,79	0,306	0,562	9,37
0,4	0,563	0,861	**9,24**	0,340	0,57	**9,11**

Nach Gl. (72):

$$\beta_{K,1} = 0{,}861 \cdot \sqrt{\frac{9{,}24}{9{,}11}} = 0{,}87$$

$$s_{K,1} = 0{,}87 \cdot 4{,}0 = 3{,}48 \text{ m}$$

$\beta_{K,m} = 0{,}57$; $s_{K,m} = 0{,}57 \cdot 5{,}0 = 2{,}85$ m

4 Plattenbeulen nach DIN 18800-3 [8]

a) Definitionen

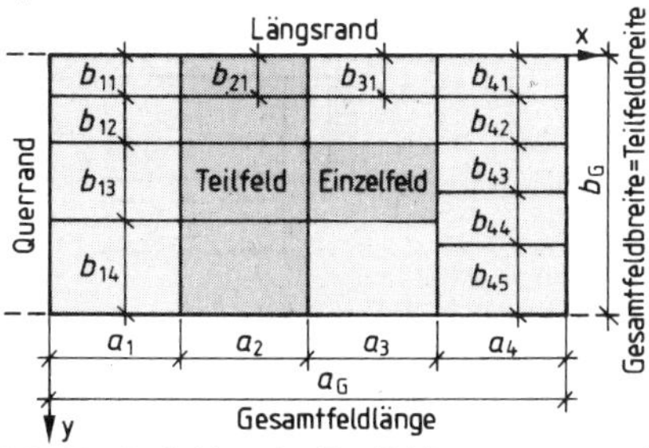

Bild 30 Definition der Beulfelder
Gesamtfeld = Feld $a_G \cdot b_G$
Teilfelder = Felder $a_i \cdot b_G$
Einzelfelder = Felder $a_i \cdot b_{ik}$

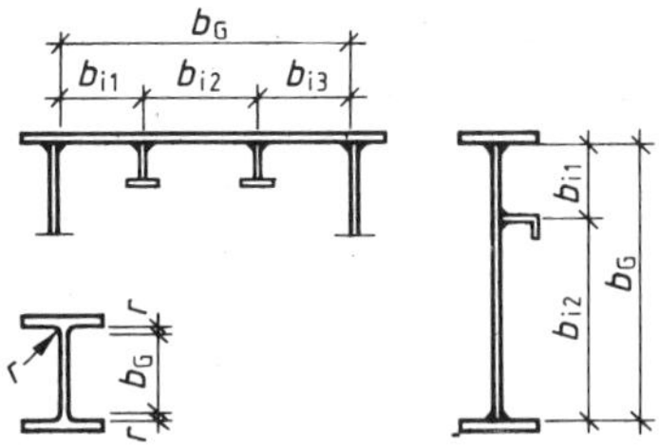

Bild 31 Maßgebende Querrandlänge b_G

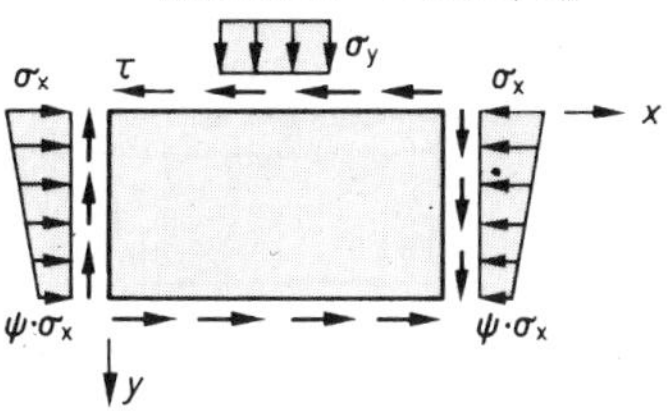

Bild 32 Spannungen im Beulfeld

Es bedeuten:

a Längsrandlänge, b Querrandlänge eines Beulfeldes, $\alpha = a/b$ Seitenverhältnis

$\mu =$ 0,3 Querdehnzahl, $f_{y,k}$ Streckgrenze des Plattenwerkstoffs (s. Tafel 4)

t Plattendicke

σ_1 größte Drucknormalspannung am Rand des untersuchten Beulfeldes (positiv)

σ_2 Normalspannung am anderen Beulfeldrand (als Zugspannung negativ)

$\psi = \sigma_2/\sigma_1$ Randspannungsverhältnis

$\tau = \boldsymbol{Q/(b_G \cdot t)}$ über die Breite b_G oder b_{ik} konstant angenommene Schubspannung

b) Spannungen infolge Einwirkungen

Sie sind mit den Bemessungswerten der Einwirkungen und mit den geometrisch vorhandenen Querschnittsflächen nach Abschn. 2.2.3 zu ermitteln.

Sind σ_x oder τ bei gleichbleibenden Plattenkennwerten über die Beulfeldlänge a veränderlich, sind in der Regel Nachweise mit den einander zugeordneten Spannungen (max σ_x, τ) und (max τ, σ_x) zu führen. Diese Spannungszustände sind in der Regel konstant über die Länge a anzunehmen.

Treten max σ_x oder max τ an Querrändern auf, dürfen anstelle der Größtwerte die Spannungen in Beulfeldmitte benutzt werden, jedoch nicht weniger als die Spannungswerte im Abstand $b/2$ vom Querrand mit dem jeweiligen Größtwert und nicht weniger als der Mittelwert der über der Beulfeldlänge a vorh. Spannungen.

Bei über die Beulfeldlänge veränderlichen Plattenkennwerten sind zusätzliche Nachweise mit den Plattenkennwerten und den Spannungen an den Querrändern und an den Stellen der Veränderungen zu führen.

4.1 Beulsicherheitsnachweise

4.1.1 Vereinfachte Nachweise

Ohne Nachweise bleiben

- Stege von Walzprofilen mit den Bedingungen nach Tafel 33.
- Platten, deren Ausbeulen durch angrenzende Bauteile verhindert wird.
- Durch σ_x und τ beanspruchte, unversteifte Platten mit gedrungenen Querschnitten, für die $b/t \leq 0{,}64\sqrt{k_{\sigma x} \cdot E/f_{y,k}}$ ist.

Tafel 33 Stege von Walzprofilen ohne Beulsicherheitsnachweis bei Beanspruchung durch σ_x und τ

Profil	$f_{y,k}$ in N/mm²	$\psi = \sigma_2/\sigma_1$
I, U	≦360	beliebig
HE-A, HE-B,	240	≦0,7
HE-M, IPE	360	≦0,4

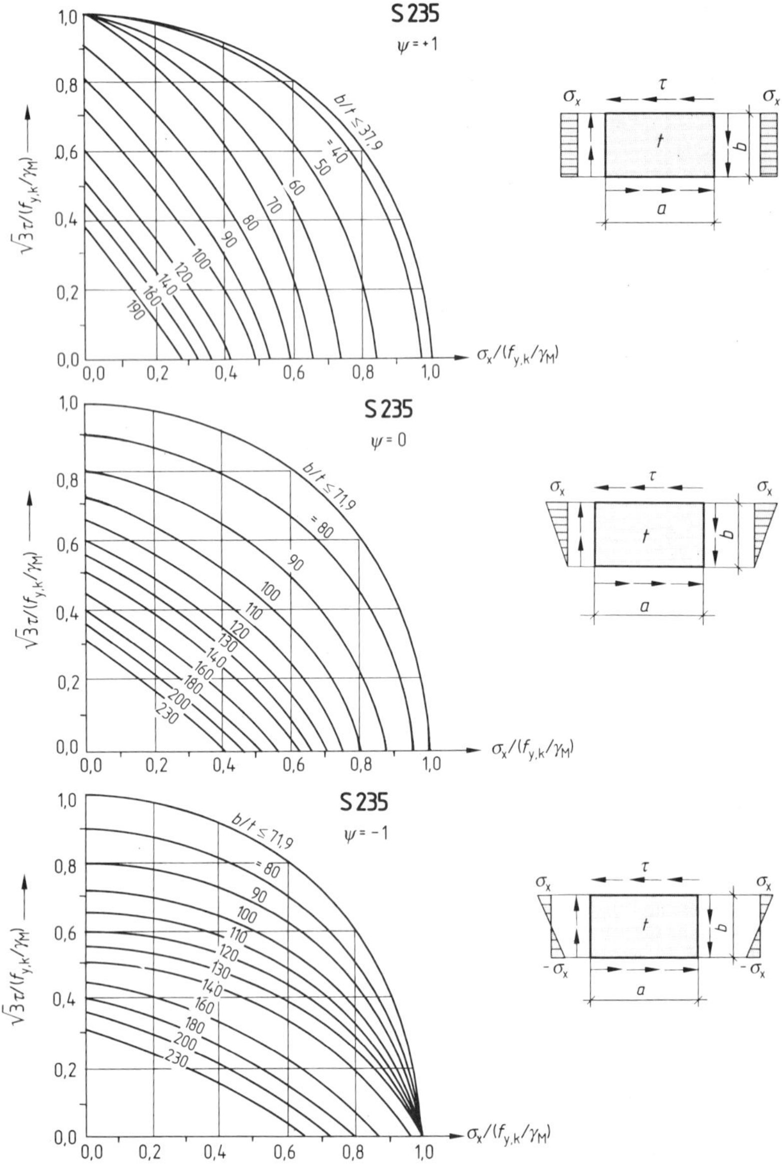

Bild 33 Beulsicherheitsnachweis für unversteifte Platten aus Stahl S235 (S355) bei Beanspruchung durch σ_x und τ durch Nachweis von grenz(b/t)

[1]) Voraussetzungen: $\sigma_y = 0$, $\gamma_M = 1{,}1$, $\alpha = a/b \geqq 1$; kein knickstabähnliches Verhalten, kein Beulknicken. Der Nachweis mit dem vorhandenen α kann günstiger sein.

Bild 33, Fortsetzung

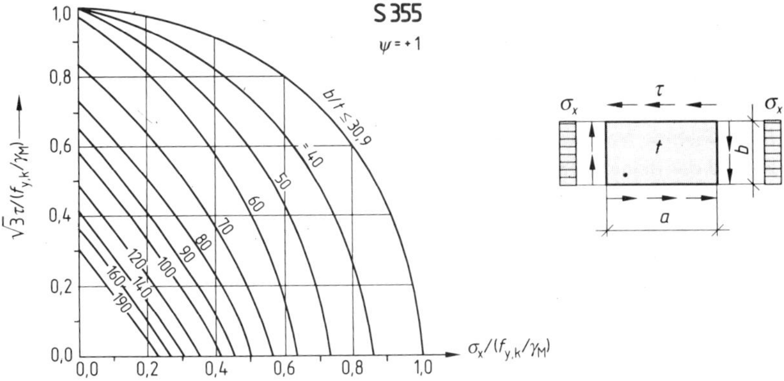

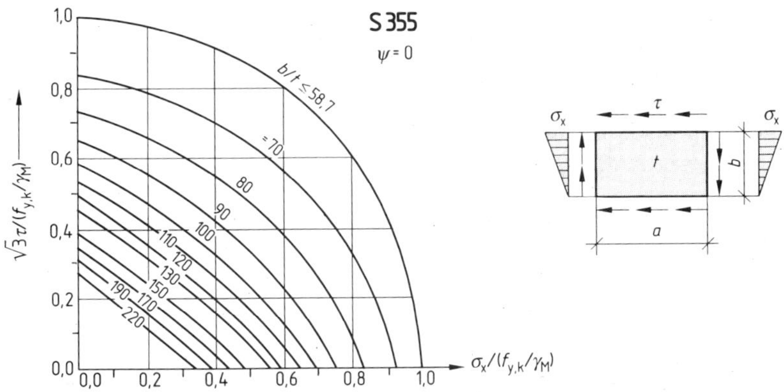

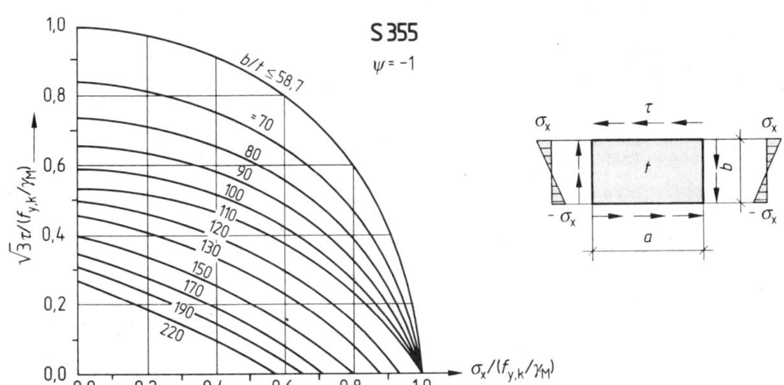

Nachweis durch Einhalten von b/t-Werten

$$\boldsymbol{b/t \leqq \text{grenz}(b/t)} \quad (73)$$

grenz (b/t) für unversteifte allseitig gelagerte Teil- und Gesamtfelder bei gleichzeitiger Wirkung von σ_x und τ s. Bild 33.

4.1.2 Nachweise

Nachfolgende Nachweise beschränken sich auf unversteifte Gesamtfelder.

Es sind der Reihe nach zu berechnen:

Bezugsspannung

$$\sigma_e = \frac{\pi^2 \cdot E}{12(1-\mu^2)} \left(\frac{t}{b}\right)^2 = 18{,}98 \left(\frac{100\,t}{b}\right)^2 \quad \text{in N/mm}^2 \quad (74)$$

Ideale Einzelbeulspannungen:

$$\sigma_{xPi} = k_{\sigma x} \cdot \sigma_e \quad (75) \qquad \sigma_{yPi} = k_{\sigma y} \cdot \sigma_e \quad (76) \qquad \tau_{Pi} = k_\tau \cdot \sigma_e \quad (77)$$

Beulwerte k bei alleiniger Wirkung von Randspannungen σ_x, σ_y oder τ s. Tafeln 34, 35 und 11. Für ausgesteifte Platten s. [30].

Grenzbeulspannungen:

Ohne Knickeinfluß:

$$\sigma_{P,R,d} = \varkappa \cdot f_{y,k}/\gamma_M \quad (78) \qquad \tau_{P,R,d} = \varkappa_\tau \cdot f_{y,k}/(\sqrt{3} \cdot \gamma_M) \quad (79)$$

Abminderungsfaktoren $\varkappa$, $\varkappa_\tau$ für das Plattenbeulen s. Tafel 36.

Mit Knickeinfluß, wenn für das Bauteil, in dem das Beulfeld liegt, der Nachweis des Biegeknickens erforderlich ist:

$$\sigma_{xP,R,d} = \varkappa_K \cdot \varkappa_x \cdot f_{y,k}/\gamma_M \quad (80)$$

$\varkappa_K$ Abminderungsfaktor für das Biegeknicken nach Abschn. 3.2.1

Beim Beulen mit knickstabähnlichem Verhalten sind die Gln. (84) und (85) zu beachten.

Nachweise

Bei alleiniger Wirkung von σ_x oder σ_y oder τ muß sein:

$$\sigma/\sigma_{P,R,d} \leqq 1 \quad (81) \qquad \tau/\tau_{P,R,d} \leqq 1 \quad (82)$$

Bei gleichzeitiger Wirkung mehrerer Spannungen gilt die Interaktionsbedingung

$$\left(\frac{|\sigma_x|}{\sigma_{xP,R,d}}\right)^{e_1} + \left(\frac{|\sigma_y|}{\sigma_{yP,R,d}}\right)^{e_2} - V\left(\frac{|\sigma_x \cdot \sigma_y|}{\sigma_{xP,R,d} \cdot \sigma_{yP,R,d}}\right) + \left(\frac{\tau}{\tau_{P,R,d}}\right)^{e_3} \leqq 1 \quad (83)$$

Hierin bedeuten:

$e_1 = 1 + \varkappa_x^4$; $\quad e_2 = 1 + \varkappa_y^4$; $\quad e_3 = 1 + \varkappa_x \cdot \varkappa_y \cdot \varkappa_\tau^2$

$V = (\varkappa_x \cdot \varkappa_y)^6$ wenn σ_x und σ_y Druckspannungen sind, sonst $V = \dfrac{\sigma_x \cdot \sigma_y}{|\sigma_x \cdot \sigma_y|}$.

Wenn einzelne Spannungen nicht vorhanden oder wenn σ_x oder σ_y Zugspannungen sind, sind die zugehörigen Abminderungsfaktoren $\varkappa = 1$ zu setzen.

Knickstabähnliches Verhalten nicht ausgesteifter Bleche im Fall von Spannungen σ_x ist zu berücksichtigen, wenn Gl. (84) erfüllt ist:

$$\varrho = \frac{\Lambda - \sigma_{Pi}/\sigma_{Ki}}{\Lambda - 1} \geqq 0 \quad (84)$$

mit $\sigma_{Pi}/\sigma_{Ki} = k_\sigma \cdot \alpha^2$, jedoch $\geqq 1$
und $\Lambda = \bar{\lambda}_P^2 + 0{,}5$, jedoch $2 \leqq \Lambda \leqq 4$

In Gl. (78) ist dann an Stelle von $\varkappa$ einzusetzen:

$$\varkappa_{PK} = (1 - \varrho^2)\,\varkappa + \varrho^2 \cdot \varkappa_K \quad (85)$$

mit $\varkappa$ nach Tafel 36 und $\varkappa_K$ aus Tafel 18 nach Knickspannungslinie b für einen gedachten Stab mit dem bezogenen Plattenschlankheitsgrad $\bar{\lambda}_P$.

Tafel 34 Beulwerte k_σ und k_τ vierseitig gelagerter Beulfelder

	1		2	3	4
1	Belastung		Beulspannung	Gültigkeitsbereich	Beulwert
2	Geradlinig verteilte Druckspannungen $0 \leqq \psi \leqq 1$	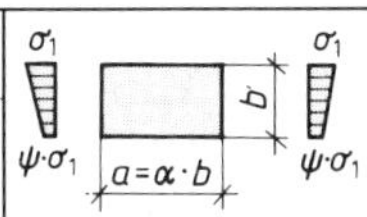	$\sigma_{xPi} = k_\sigma \cdot \sigma_e$	$\alpha \geqq 1$	$k_\sigma = \dfrac{8{,}4}{\psi + 1{,}1}$
				$\alpha < 1$	$k_\sigma = \left(\alpha + \dfrac{1}{\alpha}\right)^2 \cdot \dfrac{2{,}1}{\psi + 1{,}1} k_\sigma$
3	Geradlinig verteilte Druck- u. Zugspannungen mit überwiegendem Druck $-1 < \psi < 0$	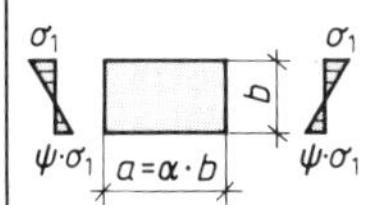	$\sigma_{xPi} = k_\sigma \cdot \sigma_e$		$k_\sigma = (1 + \psi) \cdot k' - \psi \cdot k'' + 10\psi \cdot (1 + \psi)$, worin k' den Beulwert für $\psi = 0$ (nach Reihe 2) und k'' den Beulwert für $\psi = -1$ (nach Reihe 4) bedeuten
4	Geradlinig verteilte Druck- u. Zugspannungen mit gegengleichen Randwerten $\psi = -1$ oder mit überwiegendem Zug[1]) $\psi < -1$	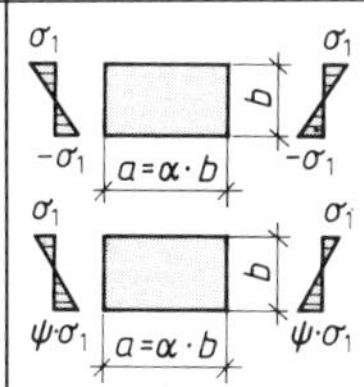	$\sigma_{xPi} = k_\sigma \cdot \sigma_e$	$\alpha \geqq \frac{2}{3}$	$k_\sigma = 23{,}9$
				$\alpha < \frac{2}{3}$	$k_\sigma = 15{,}87 + \dfrac{1{,}87}{\alpha^2} + 8{,}6 \cdot \alpha^2$
5	Gleichmäßig verteilte Schubspannungen	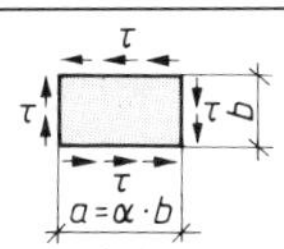	$\tau_{Pi} = k_\tau \cdot \sigma_e$	$\alpha \geqq 1$	$k_\tau = 5{,}34 + \dfrac{4{,}00}{\alpha^2}$
				$\alpha < 1$	$k_\tau = 4{,}00 + \dfrac{5{,}34}{\alpha^2}$

[1]) Bei der Berechnung des Seitenverhältnisses α und der Eulerspannung σ_e ist hier b durch den ideellen Wert $b_i = 2\,b_D$ zu ersetzen, wobei $b_D < 0{,}5\,b$ die Breite der Druckzone ist. Dies ist jedoch nicht zulässig für die Berechnung des Beulwertes k_τ gleichzeitig wirkender Schubspannungen und der Bezugspannung σ_e zur Ermittlung der Beulspannung τ_{Pi}.

Tafel 35 Beulwerte $k_{\sigma,y}$ für eine Einzellast in der Mitte des oberen Blechrandes [36]

c/a	Seitenverhältnis $\alpha = a/b_G$											
	0,7	0,8	0,9	1,0	1,25	1,50	1,75	2,00	2,5	3,0	3,5	4,0
0,0	6,42	4,91	3,92	3,23	2,23	1,70	1,39	1,17	0,90	0,73	0,61	0,52
0,2	6,65	5,09	4,06	3,35	2,32	1,79	1,48	1,27	1,02	0,86	0,76	0,68
0,4	7,28	5,57	4,45	3,67	2,55	1,99	1,66	1,45	1,21	1,06	0,97	0,91
0,6	8,35	6,40	5,11	4,22	2,94	2,30	1,94	1,72	1,47	1,33	1,25	1,19
0,8	9,93	7,61	6,07	5,02	3,50	2,75	2,34	2,08	1,80	1,65	1,57	1,51
1,0	12,1	9,23	7,36	6,08	4,25	3,35	2,85	2,55	2,21	2,03	1,92	1,84

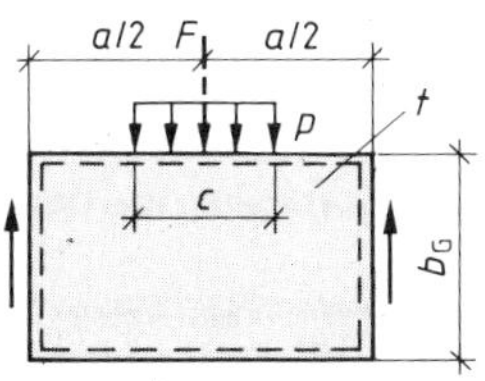

Hierbei gilt:

$\sigma_y = F/(c \cdot t)$

$\sigma_{y,Pi} = k_{\sigma,y} \cdot \sigma_e \cdot \left(\dfrac{a}{c}\right)$

$\bar{\lambda}_{P,y} = \sqrt{f_{y,k}/\sigma_{y,Pi}}$; $\varkappa$ nach Tafel 36, Zeile 1 bzw. 3 mit $\psi_T = \psi = 1$

Tafel 36 Abminderungsfaktoren $\varkappa$ (=bezogene Tragbeulspannungen) bei alleiniger Wirkung von σ_x, σ_y oder τ nach DIN 18800-3 [8], Tab. 1

	Beulfeld	Lagerung	Beanspruchung	bezogener Schlankheitsgrad	Abminderungsfaktor
1	Einzelfeld	allseitig gelagert	Normalspannungen σ mit dem Randspannungsverhältnis $\psi_T \leqq 1$ *)	$\bar{\lambda}_P = \sqrt{\frac{f_{y,k}}{\sigma_{Pi}}}$	$\varkappa = c\left(\frac{1}{\bar{\lambda}_P} - \frac{0{,}22}{\bar{\lambda}_P^2}\right) \leqq 1$ mit $c = 1{,}25 - 0{,}12\,\psi_T \leqq 1{,}25$
2		allseitig gelagert	Schubspannungen τ	$\bar{\lambda}_P = \sqrt{\frac{f_{y,k}}{\tau_{Pi} \cdot \sqrt{3}}}$	$\varkappa_\tau = \frac{0{,}84}{\bar{\lambda}_P} \leqq 1$
3	Teil- und Gesamtfeld	allseitig gelagert	Normalspannungen σ mit dem Randspannungsverhältnis $\psi \leqq 1$	$\bar{\lambda}_P = \sqrt{\frac{f_{y,k}}{\sigma_{Pi}}}$	$\varkappa = c\left(\frac{1}{\bar{\lambda}_P} - \frac{0{,}22}{\bar{\lambda}_P^2}\right) \leqq 1$ mit $c = 1{,}25 - 0{,}25\,\psi \leqq 1{,}25$
4		dreiseitig gelagert	Normalspannungen σ	$\bar{\lambda}_P = \sqrt{\frac{f_{y,k}}{\sigma_{Pi}}}$ **)	$\varkappa = \frac{1}{\bar{\lambda}_P^2 + 0{,}51} \leqq 1$
5		dreiseitig gelagert	konstante Randverschiebung u [1])	$\bar{\lambda}_P = \sqrt{\frac{f_{y,k}}{\sigma_{Pi}}}$ **)	$\varkappa = \frac{0{,}7}{\bar{\lambda}_P} \leqq 1$
6		allseitig gelagert, ohne Längssteifen	Schubspannungen τ	$\bar{\lambda}_P = \sqrt{\frac{f_{y,k}}{\tau_{Pi} \cdot \sqrt{3}}}$	$\varkappa_\tau = \frac{0{,}84}{\bar{\lambda}_P} \leqq 1$
7		allseitig gelagert, mit Längssteifen	Schubspannungen τ	$\bar{\lambda}_P = \sqrt{\frac{f_{y,k}}{\tau_{Pi} \cdot \sqrt{3}}}$	$\varkappa_\tau = \frac{0{,}84}{\bar{\lambda}_P} \leqq 1$ für $\bar{\lambda}_P \leqq 1{,}38$; $\varkappa_\tau = \frac{1{,}16}{\bar{\lambda}_P^2}$ für $\bar{\lambda}_P > 1{,}38$

*) Bei Einzelfeldern ist ψ_T das Randspannungsverhältnis des Teilfeldes, in dem das Einzelfeld liegt. **) Zur Ermittlung von σ_{Pi} ist der Beulwert $\min k_\sigma(\alpha)$ für $\psi = 1$ einzusetzen.
[1]) Nur für Flansche symmetrischer I-Profile mit Biegung um die y-Achse.

4.2 Quersteifen

I_Q Flächenmoment 2. Grades einer Quersteife, berechnet mit der wirksamen Gurtbreite a' (Bild 34)

$a' = (a'_i + a'_k)/2$ (86) einem Steifensteg zugeordnete wirksame Gurtbreite

mit $a'_i = 0{,}605\,t \cdot \lambda_a (1 - 0{,}133\,t \cdot \lambda_a / a_i)$, jedoch $a'_i \leqq a_i$ und $a'_i \leqq b_G/3$; λ_a s. Gl. (4)

Unter alleiniger Wirkung von Spannungen σ_x kann die Steife bei beliebigen Randbedingungen vereinfacht nach dem Verfahren Elast.-Elast. nach Theorie I. Ordnung mit einer auf der Länge b_G konstanten Querlast q nachgewiesen werden:

$$q = \pi \cdot \sigma_m \cdot (w_0 + w_{el})/4 \quad (87) \quad \text{mit}$$

$$\sigma_m = \frac{\sigma_x \cdot t \cdot (1+\psi)}{2 \cdot \sigma_{Pi}/\sigma_{Ki}} \cdot \left(\frac{1}{a_1} + \frac{1}{a_2}\right) \quad (88)$$

σ_{Pi}/σ_{Ki} s. bei Gl. (84); ψ = Randspannungsverhältnis, jedoch $\psi \geqq 0$

a_1, a_2 Längen der angrenzenden Teilfelder

$w_0 = b_G/300$, jedoch $w_0 \leqq \min a_i/300$ und $w_0 \leqq 10$ mm

w_{el} elast. Durchbiegung; sie ist iterativ zu berechnen oder mit ihrem Größtwert grenz $w_{el} = b_G/300$ einzusetzen.

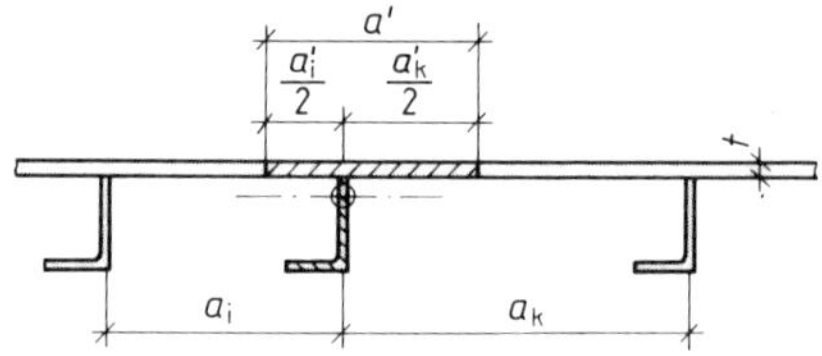

Bild 34 Wirksame Gurtbreiten von Quersteifen

Nachweise für Endquersteifen, wenn für sie $V > b_G \cdot t \cdot \tau_{Pi}$ ist, sowie Nachweise für Schubspannungen τ oder planmäßige Quersteifenbelastung s. [8].

Beispiel (Bild 35) Für das Stegblech-Endfeld aus S235 ist für die angegebenen Schnittgrößen unter Bemessungslasten die Beulsicherheit nachzuweisen.

$\sigma_x = 200300 \cdot 55/707700 = 15{,}57$ kN/cm²; $\tau = 706{,}6/(1{,}2 \cdot 110) = 5{,}35$ kN/cm²

$\psi = -1$; $\alpha = a_G/b_G = 350/110 = 3{,}18$

nach Gl. (74) $\sigma_e = 18980 \cdot (1{,}2/110)^2 = 2{,}259$ kN/cm²

Alleinige Wirkung von σ_x:

nach Taf. 34, Z. 4: $k_{\sigma x} = 23{,}9$

nach Gl. (75): $\sigma_{xPi} = 23{,}9 \cdot 2{,}259 = 53{,}98$ kN/cm²

Aus Taf. 36, Z. 3: $\bar{\lambda}_P = \sqrt{24/53{,}98} = 0{,}6668$;

$c = 1{,}25 - 0{,}25(-1) = 1{,}5 > 1{,}25$; $c = 1{,}25$

$\varkappa_x = 1{,}25\,(1/0{,}6668 - 0{,}22/0{,}6668^2) = 1{,}256 > 1$; $\varkappa_x = 1$

nach Gl. (78): $\sigma_{xP,R,d} = 1 \cdot 24/1{,}1 = 21{,}82$ kN/cm²

nach Gl. (81): $\sigma_x/\sigma_{xP,R,d} = 15{,}57/21{,}82 = 0{,}7136 < 1$

nach Gl. (84): $\Lambda = 0{,}6668^2 + 0{,}5 = 0{,}9446 < 2$; $\Lambda = 2$

$\sigma_{Pi}/\sigma_{Ki} = 23{,}9 \cdot 3{,}18^2 = 242$; $\varrho = (2-242)/(2-1) \ll 0$

Es liegt kein knickstabähnliches Verhalten vor.

Alleinige Wirkung von τ:

Aus Taf. 34, Z. 5: $k_\tau = 5{,}34 + 4{,}00/3{,}18^2 = 5{,}74$

nach Gl. (77): $\tau_{Pi} = 5{,}74 \cdot 2{,}259 = 12{,}96$ kN/cm²

Aus Taf. 36, Z. 6: $\bar{\lambda}_P = \sqrt{24/(12{,}96 \cdot \sqrt{3})} = 1{,}034$; $\varkappa_\tau = 0{,}84/1{,}034 = 0{,}812 < 1$

nach Gl. (79): $\tau_{P,R,d} = 0{,}812 \cdot 24/(1{,}1 \cdot \sqrt{3}) = 10{,}23$ kN/cm²

nach Gl. (82): $\tau/\tau_{P,R,d} = 5{,}35/10{,}23 = 0{,}5230 < 1$

Gemeinsame Wirkung von σ_x und τ ($\sigma_y = 0$):

nach Gl. (83): $e_1 = 1 + 1^4 = 2$; $e_3 = 1 + 1 \cdot 1 \cdot 0{,}812^2 = 1{,}6593$

$0{,}7136^2 + 0 - 0 + 0{,}5230^{1{,}6593} = 0{,}5092 + 0{,}3411 = 0{,}85 < 1$

Vereinfachter Nachweis mit grenz (b/t):

$\sigma_x/(f_{y,k}/\gamma_M) = 15{,}57/(24/1{,}1) = 0{,}7136$

$\sqrt{3}\,\tau/(f_{y,k}/\gamma_M) = \sqrt{3} \cdot 5{,}35/(24/1{,}1) = 0{,}425$; $\psi = -1$

Bild 33:
grenz$(b/t) \approx 104 > b/t$
$= 1100/12 = 91{,}7$

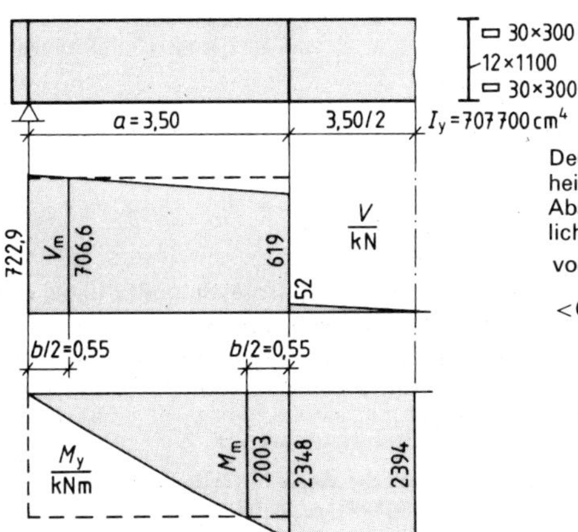

Der obige Beulsicherheitsnachweis wäre nach Abschn. 4.1.1 nicht erforderlich gewesen:

vorh $(b/t) = 91{,}67$

$$< 0{,}64 \cdot \sqrt{\frac{23{,}9 \cdot 21\,000}{24{,}0}} = 92{,}55$$

Bild 35

Biegedrillknicknachweis des Trägers im Innenfeld.

max $M = 2394$ kNm; Abstand der seitlich unverschieblich gehaltenen Punkte des Druckgurts $c = 350$ cm.

Nach Taf. 27: $k_c \approx 1{,}00$

$S_y = 1{,}2 \cdot 55^2/2 + 3 \cdot 30 \cdot 56{,}5 = 6900$ cm³ $\quad M_{pl,y,d} = 2 \cdot 6900 \cdot 24/1{,}1 = 301\,090$ kNcm

Für den Druckgurt nach Bild 20: $\quad A_{Gurt} = 3 \cdot 30 + 1{,}2 \cdot 110/5 = 116{,}4$ cm²

$I_{z,Gurt} \approx 3 \cdot 30^3/12 = 6750$ cm⁴; $\quad i_{z,g} = \sqrt{6750/116{,}4} = 7{,}62$ cm

Nach Gl. (50): $\bar{\lambda} = 350 \cdot 1{,}00/(7{,}62 \cdot 92{,}93) = 0{,}494 < 0{,}5 \cdot 301\,090/239\,400 = 0{,}629$

5 Verbundtragwerke

Dieser Abschnitt basiert auf DIN V ENV 1994 Teil 1-1, Eurocode 4 (EC 4): „Bemessung und Konstruktion von Verbundtragwerken aus Stahl und Beton" [2] mit der zugehörigen Richtlinie zu seiner Anwendung [25].
Der Regelungsgegenstand des EC 4 entspricht weitgehend dem Entwurf der DIN 18800-5 (01.99) [12a] — Verbundtragwerke aus Stahl und Beton, Bemessung und Konstruktion —, welcher lediglich einige Ergänzungen und nur wenige, vom EC 4 abweichende Regelungen enthält. Sie sind hier bereits teilweise über [25] eingearbeitet.

Es werden behandelt: Verbundträger und mittig belastete Stützen aus Normalbeton in unverschieblichen Tragwerken des Hochbaus. — Andere Fälle sowie Verbunddecken mit Profilblechen und Fertigteilen s. Normblatt.

5.1 Grundlagen

5.1.1 Formelzeichen

f_{ck}, f_{sk}, f_{yp}	Charakteristischer Wert der Betondruckfestigkeit, der Streckgrenze des Betonstahls, der Streckgrenze der Profilbleche
m	Beiwert für Verbunddecken
n	Reduktionszahl
P_R	Dübeltragfähigkeit
P_{Rd}	Bemessungswert der Dübeltragfähigkeit (Grenzscherkraft eines Dübels)
δ	Stahlanteil bei Verbundstützen; Verformung

Indizes

c	Druck; Beton; Verbundquerschnitt	s	Betonstahl
cs	Schwinden des Betons	t	Zug; dehnbar; quer; oben
eff	wirksam	ten	Zug (Zugbeanspruchung)
e	wirksam (mit Ziffer)	u	Versagenszustand
f	Flansch; volltragfähig; vorne	v	vertikal; bezogen auf Schubverbindung
p	profiliertes Stahlblech	w	Steg
r	reduziert		

Weitere Formelzeichen am Anfang des Abschn. Stahlbau.

5.1.2 Werkstoffe

Beton

Charakteristische Werkstoffe s. Tafel 37.
Reduktionszahlen: Bei einfachen Hochbauten wird die Betonfläche A_c rechnerisch ersetzt durch eine äquivalente wirksame Stahlfläche A_c/n mit

$$\boldsymbol{n = E_a/E'_c} \quad (89)$$

Kurzzeitbelastung: $E'_c = E_{cm}$; E_{cm} nach Tafel 37.
Langzeitbelastung (Kriechen): $E'_c = E_{cm}/3$

Betonstahl s. BZ-Abschnitt Beton- und Stahlbetonbau, EC 2.

Tafel 37 Betonfestigkeitsklassen, charakteristische Werte für Zylinder-Druckfestigkeit f_{ck}, Zugfestigkeit f_{ct}, Bemessungsschubfestigkeit τ_{Rd} in N/mm², Elastizitätsmodul (Sekantenmodul) E_{cm} in kN/mm²

Betonfestigkeitsklasse	(12)	(16)	C20/25	C25/30	C30/37	C35/45	C40/50	C45/55	C50/60
f_{ck}	12	16	20	25	30	35	40	45	50
f_{ctm}	1,6	1,9	2,2	2,6	2,9	3,2	3,5	3,8	4,1
τ_{Rd}	0,206	0,227	0,244	0,263	0,280	0,294	0,308	0,320	0,332
E_{cm}	26	27,5	29	30,5	32	33,5	35	36	37

Die Spalten (12) und (16) dienen zur Beurteilung von Betonen mit einem Alter von weniger als 28 Tagen. (C30/37 ≈ B 35; C35/45 ≈ B 45, C45/55 ≈ B 55)

Baustahl (Taf. 38)

Für 40 mm $< t \leqq 100$ mm sind die Tafelwerte um 20 N/mm² zu ermäßigen. $f_{y,k}$ ist hier abweichend von DIN 18800 festgelegt!

Tafel 38 Charakteristische Werte der Streckgrenze $f_{y,k}$ und der Zugfestigkeit $f_{u,k}$ in N/mm² für Baustahl nach EN 10025 für Nenndikke $t \leqq 40$ mm

Stahl	S235	S275	S355
Streckgrenze $f_{y,k}$	235	275	355
Zugfestigkeit $f_{u,k}$	360	430	510

Die Werkstoffkennwerte E, G und α_T s. Tafel 4.

Profilbleche für Verbunddecken

Stahlsorten nach Tafel 4; weitere Werkstoffe s. Normblatt.
Blechdicke $t \geqq 0{,}75$ mm, außer bei Verwendung als verlorene Schalung. Die charakteristischen Werte der Streckgrenze f_{yp} entsprechen der Stahlbezeichnung.

5.1.3 Einwirkungen, Teilsicherheitsbeiwerte

Bemessungswerte der Einwirkungen, Teilsicherheitsbeiwerte γ_F, Kombinationsbeiwerte ψ sowie Einwirkungskombinationen s. Abschn. 2.1.

Teilsicherheitsbeiwerte γ_M der Widerstandsgrößen s. Tafel 39.

Beim Nachweis der Tragfähigkeit dürfen Beanspruchungen aus Temperatur und aus dem Schwinden des Betons vernachlässigt werden.

Ein Ermüdungsnachweis ist nur erforderlich bei Beanspruchung durch
- Hebevorrichtungen, Aufzüge oder Radlasten,
- Maschinenschwingungen,
- windinduzierte Schwingungen,
- rhythmische Bewegungen von Personengruppen.

Tafel 39 Teilsicherheitsbeiwerte γ_M für Tragfähigkeiten und Werkstoffeigenschaften

Kombination	Baustahl γ_a	Beton γ_c	Betonstahl γ_s	profiliertes Stahlblech γ_{ap}	Dübel; Reibungsverbund γ_v
grundlegend	1,10	1,5	1,15	1,10	1,25
außergewöhnlich (ausgenommen Erdbeben)	1,0	1,3	1,0	1,0	1,0

5.1.4 Berechnungsgrundlagen

Stahlquerschnitte werden in vier Klassen eingestuft; alle nachfolgenden Berechnungsverfahren sind beschränkt auf die Querschnittsklassen 1 und 2; für die Klassen 3 und 4 bestehen abweichende Regelungen (s. EC4).

Klasse 1: Diese Querschnitte können plastische Gelenke mit ausreichendem Rotationsvermögen für eine plastische Berechnung des Systems ausbilden (entspricht dem Verfahren plastisch-plastisch nach DIN 18800).

Klasse 2: Diese Querschnitte können bei eingeschränktem Rotationsvermögen die volle plastische Querschnittstragfähigkeit entwickeln (Verfahren elastisch-plastisch nach DIN 18800).

Die Einstufung in die jeweils ungünstigste Klasse hängt von den Abmessungen gedrückter Teile des Stahlquerschnitts ab (Tafel 40). Wird der Kammerbeton berücksichtigt, muß er in Längsrichtung in Kombination mit Bügeln oder Betonstahlmatten bewehrt werden und mit angeschweißten Bügeln oder mit Steckhaken $d_s \geqq 6$ mm oder mit Kopfbolzendübeln $d \geqq 10$ mm angeschlossen sein; Längsabstände $\leqq 400$ mm.

Grenzspannungen

Baustahl $\sigma_{a,Rd} = f_{yk}/\gamma_a$ (90)

Beton $\sigma_{c,Rd} = 0{,}85\, f_{ck}/\gamma_c$ (91)

Betonstahl $\sigma_{s,Rd} = f_{sk}/\gamma_s$ (92)

Teilsicherheitsbeiwerte γ s. Tafel 39.

Tafel 40 grenz(c/t_f) und grenz(d/t_w) für Stahlverbundträger der Klassen 1 und 2

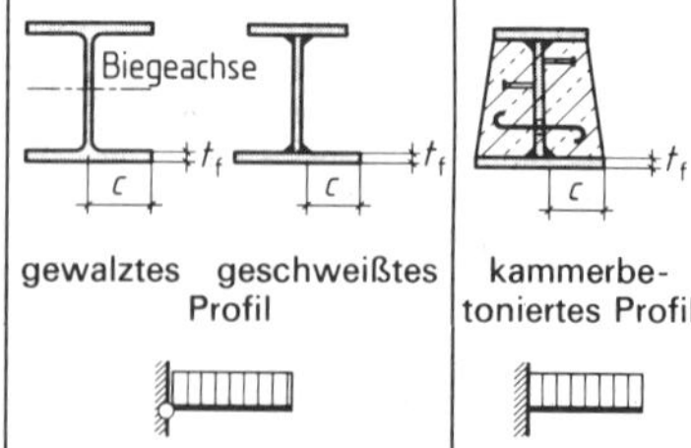

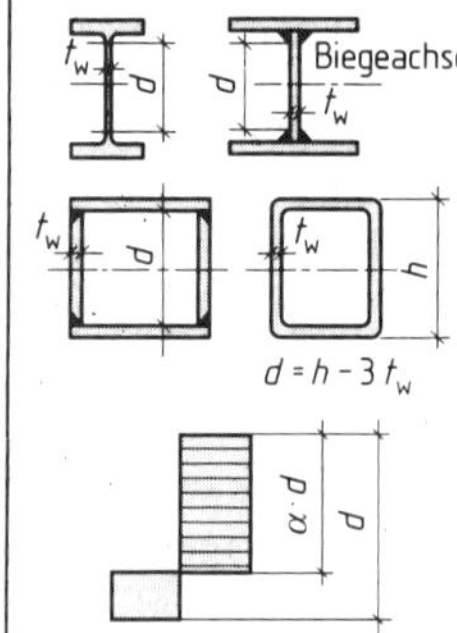

Querschnitts-klasse	Querschnitts-typ	druckbeanspruchte Flansche ohne Kammerbeton (gewalztes / geschweißtes Profil) grenz c/t_f	druckbeanspruchte Flansche mit Kammerbeton (kammerbetoniertes Profil) grenz c/t_f	Stegteile $\alpha \leqq 0{,}5$ grenz d/t_w	Stegteile $\alpha > 0{,}5$ grenz d/t_w
1	gewalzt	10ε	10ε	$36\varepsilon/\alpha$	$396\varepsilon/(13\alpha-1)$
	geschweißt	9ε	9ε		
2	gewalzt	11ε	15ε	$41{,}5\varepsilon/\alpha$	$456\varepsilon/(13\alpha-1)$
	geschweißt	10ε	14ε		

$\varepsilon = \sqrt{235/f_{y,k}}$ mit $f_{y,k}$ nach Tafel 38 in N/mm². Druckspannungen sind schraffiert. Wenn $d/t_w > 69\varepsilon$ und bei kammerbetonierten Trägern $d/t_w > 124\varepsilon$ ist, sind an den Auflagern Quersteifen anzuordnen. Werden diese Grenzen nicht überschritten, ist kein Schubbeulnachweis erforderlich.

5.2 Verbundträger

Für Verbundträger (Bild 36) sind folgende Nachweise zu führen:
- Querschnittstragfähigkeit in kritischen Schnitten
- Biegedrillknicken
- Schubbeulen und Einknicken der Flansche (s. Fußnote zu Tafel 40)
- Längsschubtragfähigkeit in der Verbundfuge bzw. im Betongurt
- Nachweis der Gebrauchstauglichkeit

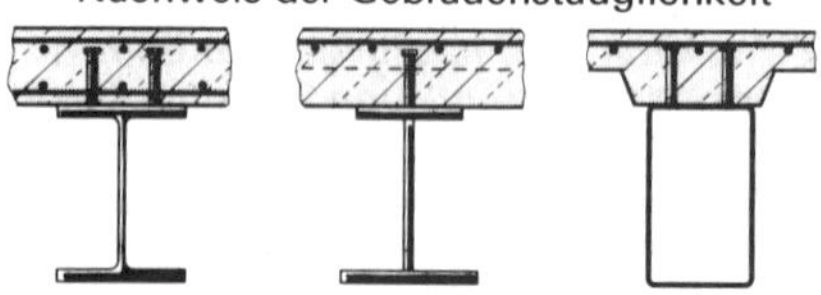

Bild 36 Typische Verbundträgerquerschnitte

Kritische Schnitte sind:
- Stellen extremaler Biegemomente
- Angriffspunkte von Einzellasten und Auflagerpunkte
- Stellen mit Querschnittssprüngen, die nicht durch Rißbildung im Betongurt hervorgerufen werden.

Beim Nachweis der Längsschubtragfähigkeit wird die maßgebende kritische Länge L_{cr} durch zwei benachbarte kritische Schnitte begrenzt.

5.2.1 Tragfähigkeit der Trägerquerschnitte

Soll der Kammerbeton in Rechnung gestellt werden, sind [2] und [25] zu beachten. Profilbleche im Druckbereich dürfen nicht berücksichtigt werden.

Mittragende Breite des Betongurts $b_e = l_0/8 < b$

$b_{eff} = b_{e1} + b_{e2}$ (Bild 37b) $\quad$ l_0 Nullpunktabstand, nach Bild 37a.

Plastische Momententragfähigkeit $M_{pl,Rd}$ bei vollständiger Verdübelung

Wenn die Betonplatte im Biegedruckbereich liegt, hängt $M_{pl,Rd}$ von der Lage der Biegenullinie ab (Bild 38, a bis c).

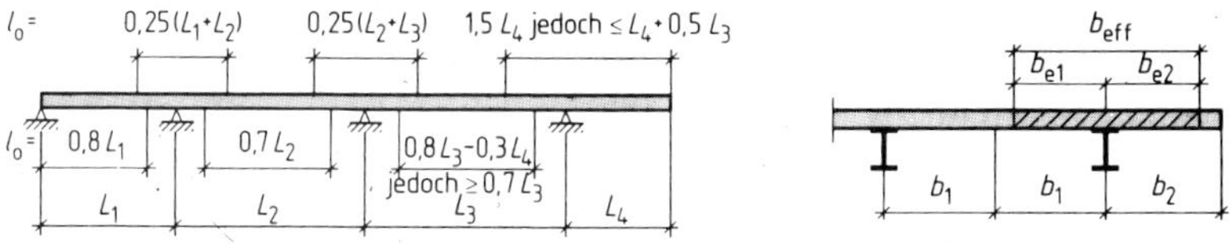

a) Äquivalente Stützweiten l_0 b) Mittragende Gurtbreite b_{eff}

Bild 37 Berechnung der mittragenden Gurtbreite genauere Regelungen s. EDIN 18800-5 [12a]

Im Biegezugbereich ist die Betonplatte als gerissen anzusehen. $M_{pl,Rd}$ wird berechnet mit dem Baustahlquerschnitt und mit dem in der mittragenden Betonplatte vorhandenen und in der Druckzone verankerten Betonstahl A_s (Bild 38d).

Grenzspannungen s. Abschn. 5.1.4; γ_M nach Tafel 39.

Es muß sein: $\boldsymbol{M_{Sd} \leqq M_{pl,Rd}}$ (93)

$$Z_a = A_a \cdot \sigma_{a,Rd}$$

$$x = \frac{Z_a}{b_{eff} \cdot \sigma_{c,Rd}}; \quad x \leqq h_c$$

$$D_c = x \cdot b_{eff} \cdot \sigma_{c,Rd}$$

$$M_{pl,Rd} = Z_a\left(h_{a,d} - \frac{x}{2}\right)$$

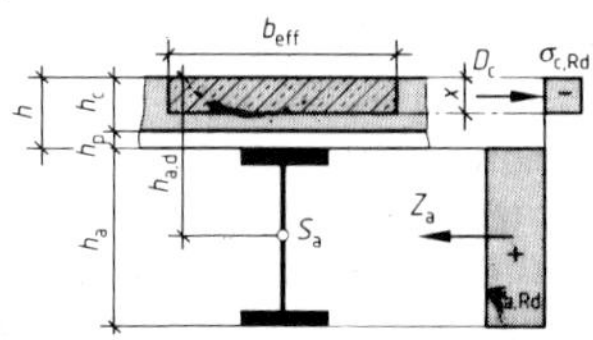

a) Plastische Nullinie in der Betonplatte

$$Z_a = A_a \cdot \sigma_{a,Rd}$$

$$D_c = b_{eff} \cdot h_c \cdot \sigma_{c,Rd}$$

$$x = h + \frac{Z_a - D_c}{2b_f \cdot \sigma_{a,Rd}}; \quad x \leqq h + t_f$$

$$D_a = 2b_f \cdot \sigma_{a,Rd}(x - h)$$

$$M_{pl,Rd} = Z_a\left(h_{a,d} - \frac{h_c}{2}\right) - D_a \cdot \frac{x+h}{2}$$

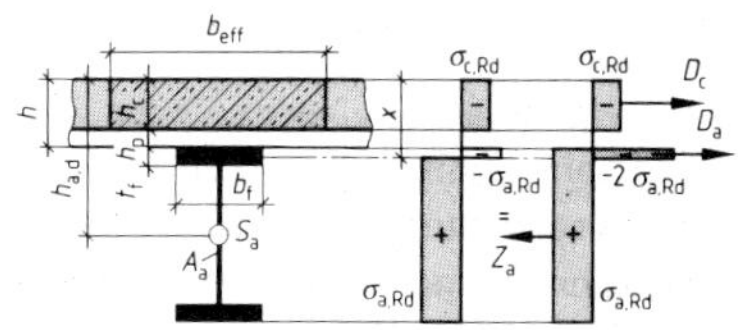

b) Plastische Nullinie im Trägerflansch

$$Z_a = A_a \cdot \sigma_{a,Rd}$$

$$D_c = b_{eff} \cdot h_c \cdot \sigma_{c,Rd}$$

$$D_{a,f} = 2b_f \cdot t_f \cdot \sigma_{a,Rd}$$

$$x = h + t_f + \frac{Z_a - D_c - D_{a,f}}{2t_w \cdot \sigma_{a,Rd}}; \quad x \geqq h + t_f$$

$$D_{a,w} = 2t_w \cdot \sigma_{a,Rd}(x - h - t_f)$$

$$M_{pl,Rd} = Z_a \cdot \left(h_{a,d} - \frac{h_c}{2}\right) - D_{a,f} \cdot \frac{t_f + h + h_p}{2} - D_{a,w} \cdot \frac{x + h_p + t_f}{2}$$

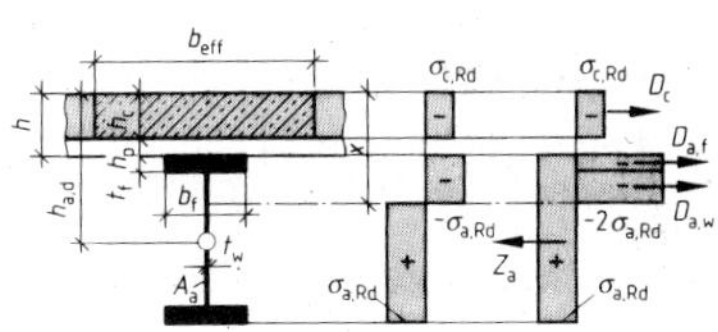

c) Plastische Nullinie im Trägersteg

$$Z_s = A_s \cdot \sigma_{s,Rd}$$

$$h_d = \frac{Z_s}{t_w \cdot \sigma_{a,Rd}}; \quad h_d \leqq h_w$$

$$M_{pl,Rd} = -M_{pl,a} - Z_s\left(z - \frac{h_d}{4}\right)$$

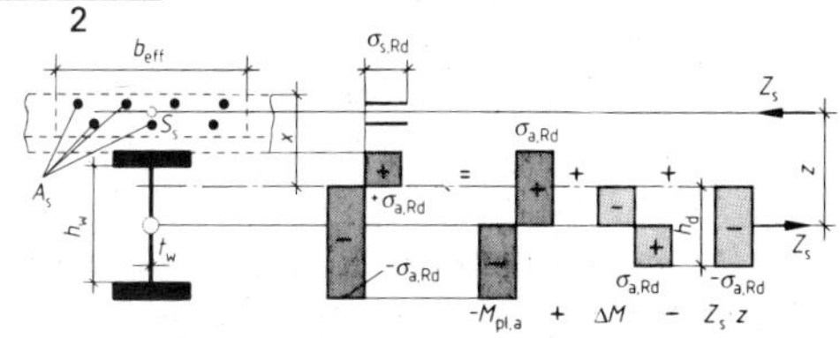

d) Innere Kräfte bei negativem Moment

Bild 38 Berechnung der plastischen Grenzmomente für Verbundquerschnitte bei vollständiger Verdübelung

Querkraft

Es muß sein $\boldsymbol{V_{Sd} \leqq V_{pl,Rd}}$ (94)

$\boldsymbol{V_{pl,Rd} = A_v \cdot \sigma_{a,Rd}/\sqrt{3}}$ (95)

Wirksame Schubfläche:

Bei Walzprofilen $A_v = 1{,}04\,h \cdot t_w$ (96)

Bei geschweißten Trägern $A_v = \Sigma d \cdot t_w$ (97)

h Trägerhöhe
d Steghöhe

Biegung und Querkraft

Wenn $V_{Sd} > 0{,}5\,V_{pl,Rd}$ ist, muß das Grenzmoment M_{Rd} abgemindert werden:

$$\boldsymbol{M_{Sd} \leqq M_{f,Rd} + (M_{Rd} - M_{f,Rd}) \cdot \left[1 - \left(\frac{2V_{Sd}}{V_{pl,Rd}} - 1\right)^2\right]} \qquad (98)$$

M_{Sd}, V_{Sd} Bemessungswerte für Moment und Querkraft
$V_{pl,Rd}$ nach Gl. (95)
M_{Rd} Grenzmoment nach Bild 38
$M_{f,Rd}$ plastisches Grenzmoment des wirksamen Querschnitts zur Berechnung von M_{Rd} (Bild 38), jedoch ohne Berücksichtigung des Steges: $A_a = A - A_v$

Schubbeulen

Ein Nachweis ist nicht erforderlich, wenn für den Trägersteg $d/t_w \leqq 69\varepsilon$, bei kammerbetonierten Trägern $d/t_w \leqq 124\varepsilon$ ist (s. Tafel 40).

Andernfalls ist der Nachweis entsprechend dem Normblatt zu führen.

Biegedrillknicken bei Durchlaufträgern

Zusätzliche seitliche Halterungen des Druckgurtes sind entbehrlich, wenn folgende Bedingungen erfüllt sind:

– Für je zwei benachbarte Felder muß sein $\max L \leqq 1{,}2 \min L$. Die Länge eines Kragarms muß kleiner sein als 15% der Stützweite des benachbarten Feldes.
– Beanspruchungen nur durch Gleichstreckenlasten mit $G_d > 0{,}4\,(G_d + Q_d)$
– An den Auflagerpunkten ist der Steg ausgesteift und der Untergurt seitlich gehalten.
– Die Profilhöhen der Stahlträger dürfen die Maße nach Tafel 41 nicht überschreiten.
– EC4 gibt einzuhaltende Werte für Dübelabstände und Betonplattenmaße an, die bei üblichen Ausführungen in der Regel erfüllt sind.

Sind diese Bedingungen nicht erfüllt, ist das Grenzmoment unter Berücksichtigung des Biegedrillknickens nach EC4 nachzuweisen.

Tafel 41 Maximale Profilhöhen *h* für Träger beim Biegedrillknicknachweis in mm

Baustahl	S235	S275	S355
IPE oder vergleichbare Profile	≦600	≦550	≦400
HE oder vergleichbare Profile	≦800	≦700	≦650

Bei Trägern mit Kammerbeton darf h jeweils um 200 mm größer sein.

5.2.2 Schnittgrößenermittlung für Durchlaufträger

a) Berechnung nach dem Fließgelenkverfahren I. Ordnung

Bedingungen:

– Der Baustahlquerschnitt muß symmetrisch zur Stegachse sein und im Bereich von Fließgelenken der Klasse 1, sonst der Klasse 2 angehören.

- Für je zwei benachbarte Felder muß sein $\max L \leqq 1{,}5 \min L$. Wenn $\max L > 1{,}2 \min L$ ist, muß die Sicherheit gegen Biegedrillknicken nachgewiesen werden.
- Für das Endfeld muß sein $L_1 \leqq 1{,}15\, L_2$.
- Der Druckflansch muß im Bereich von Fließgelenken seitlich gehalten sein.
- Die Abmessungen des Stahlträgers und ggf. stabilisierende Bauteile müssen Biegedrillknicken ausschließen.
- Es darf nur Betonstahl hoher Duktilität verwendet werden.

Bei konzentriert auftretenden Lasten siehe Normblatt.

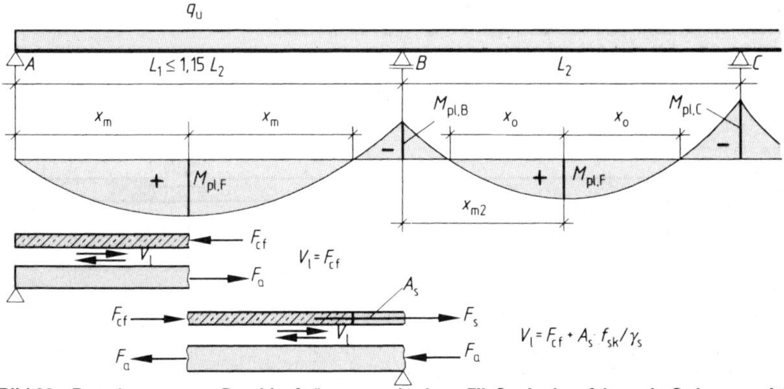

Bild 39 Berechnung von Durchlaufträgern nach dem Fließgelenkverfahren I. Ordnung mit vollständiger Verdübelung

Im Versagenszustand (Bild 39) sind bei vollständiger Verdübelung sowohl an den Innenstützen als auch in den Feldbereichen die jeweiligen plastischen Grenzmomente – ggf. um den Einfluß der Querkräfte reduziert – erreicht.
In einem **Innenfeld**:

$$\boldsymbol{x}_{\mathbf{m}} = \frac{\boldsymbol{L}}{1 + \sqrt{1 - \dfrac{\boldsymbol{M}_{\mathbf{pl,r}} - \boldsymbol{M}_{\mathbf{pl},l}}{\boldsymbol{M}_{\mathbf{pl,F}} - \boldsymbol{M}_{\mathbf{pl},l}}}} \quad (99) \qquad \boldsymbol{q}_{\mathbf{u}} = 2(\boldsymbol{M}_{\mathbf{pl,F}} - \boldsymbol{M}_{\mathbf{pl},l})/\boldsymbol{x}_{\mathbf{m}}^2 \quad (100)$$

$$\boldsymbol{x}_{\mathbf{o}} = \sqrt{2\boldsymbol{M}_{\mathbf{pl,F}}/\boldsymbol{q}_{\mathbf{u}}} \qquad (101)$$

Es muß sein

$$\boldsymbol{q}_{\mathbf{d}} \leqq \boldsymbol{q}_{\mathbf{u}} \qquad (102)$$

Die plastischen Grenzmomente werden nach Abschn. 5.2.1 berechnet und sind mit ihrem Vorzeichen einzusetzen.

Es ist:

$M_{pl,l}$, $M_{pl,r}$ plastische Momententragfähigkeit am linken/rechten Stabende (Stützmoment) nach Bild 38d, mit Vorzeichen
$M_{pl,F}$ ($\equiv M_{pl,Rd}$) plastische Momententragfähigkeit im Feld (Bild 38a–c)

Im **Endfeld**: In den Gleichungen (99) und (100) ist das Stützmoment am frei drehbaren Auflager $= 0$ zu setzen.

Beim **Balken** auf zwei Stützen wird mit $M_{pl,l} = M_{pl,r} = 0$:

$\boldsymbol{x}_{\mathbf{m}} = \boldsymbol{L}/\mathbf{2}$ und $\boldsymbol{q}_{\mathbf{u}} = \mathbf{8}\boldsymbol{M}_{\mathbf{pl,F}}/\boldsymbol{l}^{\mathbf{2}}$ (103), (104)

b) Elastische Tragwerksberechnung

Bei der elastischen Tragwerksberechnung mit den Bemessungslasten unter Berücksichtigung der wechselnden Lastanordnungen darf die Biegesteifigkeit des Verbundträgers alternativ nach zwei Verfahren angesetzt werden:

Ohne Berücksichtigung der Rißbildung nach Bild 40a,
mit Berücksichtigung der Rißbildung nach Bild 40b.

I_1 Betonquerschnittsteile mit Zugspannungen werden als ungerissen angenommen
I_2 berechnet mit dem Stahl- und Betonstahlquerschnitt; Beton unter Zugspannungen wird nicht berücksichtigt.

Bei der Berechnung der Flächenmomente 2. Grades I des ideellen Stahlquerschnitts sind die Betonflächen durch die Reduktionszahl n Gl. (89) zu dividieren.

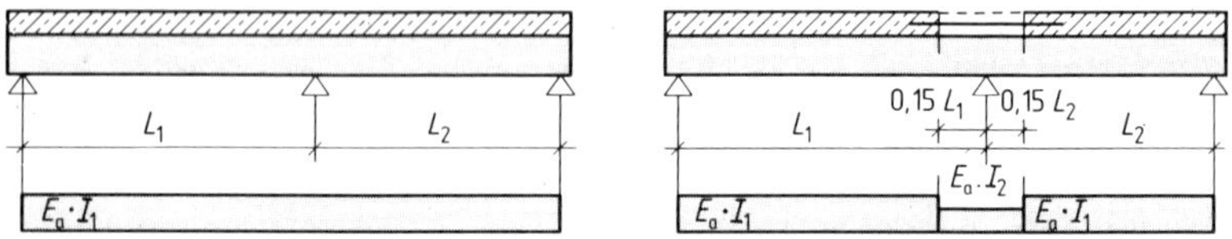

a) ohne Berücksichtigung der Rissebildung b) mit Berücksichtigung der Rissebildung

Bild 40 Anzusetzende Biegesteifigkeiten bei der elastischen Berechnung von Durchlaufträgern

An jeder Stelle des Tragwerks muß sein

$$M_{Sd} \leqq M_{pl,Rd} \qquad (105)$$

Momentenumlagerung

Bei Trägern mit konstanter Bauhöhe der Klassen 1 und 2 dürfen die Stützmomente entsprechend Tafel 42 prozentual abgemindert oder vergrößert werden; für jeden Lastfall müssen die Schnittgrößen mit den Lasten im Gleichgewicht stehen.

Tafel 42 Maximal zulässige Momentenumlagerungen von elastisch ermittelten Stützmomenten

Querschnittsklasse im negativen Momentenbereich	1	2
elast. Berechnung **ohne** Berücksichtigung der Rißbildung	−40% bis +10%	−30% bis +10%
elast. Berechnung **mit** Berücksichtigung der Rißbildung	−25% bis +20%	−15% bis +20%

5.2.3 Tragfähigkeit der Verbundmittel

a) Bolzendübel in Vollbetonplatten

$$P_{Rd} = 0{,}2\,\pi d^2 \cdot f_u / \gamma_v \qquad (106\,a)$$

bzw.

$$P_{Rd} = 0{,}29\,\alpha \cdot d^2 \cdot \sqrt{f_{ck} \cdot E_{cm}} / \gamma_v \qquad (106\,b)$$

Der kleinere Wert ist maßgebend

$d \leqq 22$ mm Schaftdurchmesser des Dübels
$f_u \leqq 500$ N/mm² Zugfestigkeit des Bolzenmaterials; üblich $f_u = 450$ N/mm²
f_{ck}, E_{cm} s. Tafel 37
$\alpha = 0{,}2\,(h/d+1)$, jedoch $\leqq 1$ mit $3 \leqq h/d \leqq 4$ und Gesamtlänge des Bolzens h
γ_v s. Tafel 39

b) Kopfbolzendübel bei Profilblechen

P_{Rd} nach Gl. (106a, b) ist mit einem Beiwert k zu multiplizieren.

Blechrippen parallel zur Trägerachse (Bild 41):

$$k_L = 0{,}6\,b_0/h_p\,(h/h_p - 1) \leqq 1 \qquad (107)$$

Größte rechnerische Dübellänge $h \leqq h_p + 75$ mm

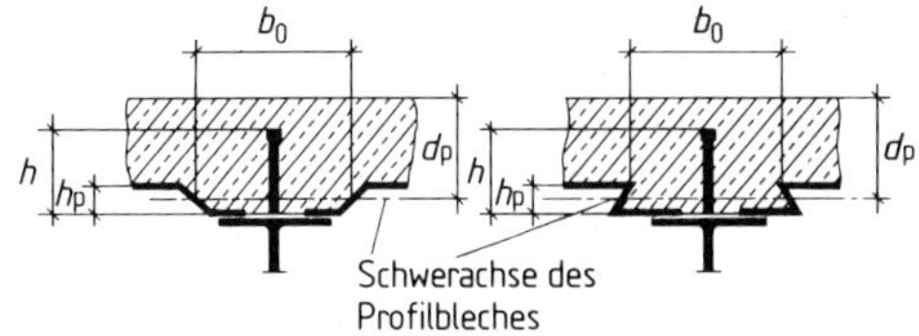

Bild 41
Profilbleche mit Rippen parallel zum Träger

Blechrippen quer zur Trägerachse:

$$k_t = \frac{0{,}7\,b_0}{\sqrt{N_r} \cdot h_p}\left(\frac{h}{h_p} - 1\right) \qquad (108)$$

$N_r \leqq 2$ Anzahl der Bolzendübel/Rippe; $h_p < 85$ mm, $b_0 \leqq h_p$, $d \leqq 20$ mm.

grenz $k_t = 0{,}85$ für $N_r = 1$ und grenz $k_t = 0{,}7$ für $N_r = 2$, wenn die Dübel durch das Blech mit $t \leqq 1{,}0$ mm geschweißt werden.

Bei vorgelochten Profilblechen ist grenz k_t um 0,1 zu vermindern; $d = 19$ u. 22 mm.

c) Andere Dübelformen s. EC4.

5.2.4 Längsschubkräfte in der Verbundfuge

Kopfbolzen- und Bolzendübel

Schaftdurchmesser: $d = 19$ bzw. 22 mm (DIN 32500-3); Länge: $h \geqq 3d$

Achsabstände in Kraftrichtung: $5d \leqq e_l \leqq 6h_c$, jedoch $\leqq 800$ mm
quer zur Kraftrichtung: $e_t \geqq 2{,}5d$ bei Vollbetonplatten, sonst $\geqq 4d$
Lichter Abstand zur Gurtkante: $e_r \geqq 20$ mm
Weitere Maße s. Bild 42.

Die nachfolgende Berechnung gilt für Träger, deren Tragfähigkeit plastisch ermittelt wurde (Abschn. 5.2.2a). Bei elastischer Berechnung (Abschn. 5.2.2b) sind die Längsschubkräfte aus den Querkräften in einer elastischen Berechnung zu ermitteln und die elastischen Querschnittseigenschaften der Biegebemessung zugrunde zu legen.

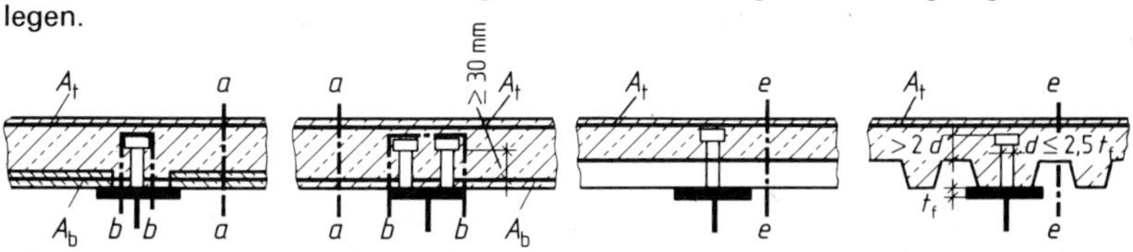

Bild 42 Typische Schnitte bei Längsschubversagen des Betongurts; Maße für Kopfbolzendübel

a) Vollständige Verdübelung (Bild 39)

Längsschubkraft zwischen einem gelenkigen Auflager und dem benachbarten maximalen Feldmoment:

$$V_l = F_{cf} = A_a \cdot \sigma_{a,Rd} \qquad (109a)$$

oder

$$F_{cf} = A_c \cdot \sigma_{c,Rd} \qquad (109b)$$

A_a Baustahlquerschnitt
$A_c = b_{eff} \cdot h_c$ Querschnittsfläche des mittragenden Betongurts ohne Kammerbeton
$\sigma_{a,Rd}$, $\sigma_{c,Rd}$, $\sigma_{s,Rd}$ Grenzspannungen s. Abschn. 5.1.4.

Der kleinere Wert von F_{cf} ist maßgebend.

Längsschubkraft zwischen dem maximalen Feldmoment und dem benachbarten Zwischenauflager:

$$V_l = F_{cf} + A_s \cdot \sigma_{s,Rd} \qquad (110)$$

A_s anrechenbare Querschnittsfläche der Längsbewehrung des Betongurts am Zwischenauflager
F_{cf} nach Gl. (109)

Anzahl der Dübel im betrachteten Trägerabschnitt: $N_f = F_{cf}/P_{Rd}$ (111)

b) Teilweise Verdübelung

Ist die Versagenslast des Verbundträgers q_u größer als die Bemessungslast q_d, kann in Gl. (99) bis (104) anstelle von $M_{pl,F}$ ($\equiv M_{pl,Rd}$) iterativ ein reduzierter Wert $M_{Sd} < M_{pl,Rd}$ eingesetzt werden, bis $q_u \approx q_d$ ist; Gl. (102) muß erfüllt sein. In Gln. (109), (110) darf anstelle von F_{cf} der kleinere Wert F_c eingesetzt werden:

$$\boldsymbol{F_c = \frac{M_{Sd} - M_{a\,pl,Rd}}{M_{pl,Rd} - M_{a\,pl,Rd}} \cdot F_{cf}} \quad (112)$$

$M_{a\,pl,Rd}$ plastisches Grenzmoment des Baustahlquerschnitts allein

$M_{pl,Rd}$ plastisches Grenzmoment des Verbundquerschnitts bei vollständiger Verdübelung

Dübelanzahl im betrachteten Trägerabschnitt: $N = F_c / P_{Rd}$ (113)

Voraussetzung für die Anwendung der teilweisen Verdübelung sind duktile Verbundmittel; ferner darf der Verdübelungsgrad

$$\boldsymbol{\eta_v = N/N_f = F_c/F_{cf}} \quad (114)$$

die Grenzwerte nach Tafel 43 nicht unterschreiten.
Mindest-Verdübelungsgrad bei Profilblech-Verbunddecken s. EC 4.

Tafel 43 Grenzwerte für Verdübelungsgrad η_v und Abmessungen der Kopfbolzendübel

Kopfbolzendübel	Trägerquerschnitt	Mindest-Verdübelungsgrad η_v [1])
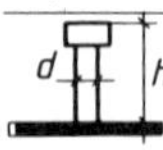 16 mm $\leqq$ d $\leqq$ 22 mm	doppelsymmetrisch	$\geqq$ (0,25 + 0,03 L), jedoch 0,4 $\leqq \eta_v \leqq$ 1
	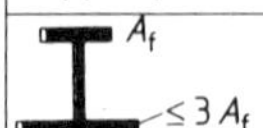	$\geqq$ (0,4 + 0,03 L), jedoch $\eta_v \leqq$ 1

Anforderungen bei Profilblechverbunddecken s. EC 4.

[1]) Stützweite L in m

5.2.5 Verteilung der Verbundmittel

Die Dübel sind im allg. entsprechend dem in elastischer Rechnung ermittelten Verlauf der Bemessungsschubkraft über die Länge L_{cr} zu verteilen.

Bei Querschnitten der Klasse 1 und 2 dürfen Kopfbolzendübel über die Länge L_{cr} zwischen zwei kritischen Schnitten **äquidistant** angeordnet werden, wenn der Verdübelungsgrad – mit L_{cr} statt mit L berechnet – den Bedingungen der Tafel 43 genügt. Falls $M_{pl,Rd} > 2{,}5 M_{a,pl,Rd}$ ist, sind zur Ermittlung der Dübelzahl zusätzliche Schnitte zwischen den kritischen Schnitten zu untersuchen.

5.2.6 Längsschubbeanspruchung im Betongurt

Der Bemessungswert der Längsschubkraft v_{Sd} je Längeneinheit darf die Längsschubtragfähigkeit v_{Rd} in maßgebenden Schnitten (Bild 42) nicht überschreiten:

$$\boldsymbol{v_{Sd} \leqq v_{Rd}} \quad (115)$$

v_{Sd} ist aus der für den Grenzzustand der Tragfähigkeit erforderlichen Dübelzahl zu berechnen. Für v_{Rd} ist der kleinere Wert aus Gl. (116) maßgebend:

$$v_{Rd} = 2{,}5 A_{cv} \cdot \tau_{Rd} + A_e \cdot \sigma_{s,Rd} + v_{pd} \quad (116a)$$

oder

$$v_{Rd} = 0{,}2 A_{cv} \cdot \sigma_{c,Rd} \quad (116b)$$

$\tau_{Rd} = 0{,}09 \sqrt[3]{f_{ck}}$ in N/mm² Grundwert der Bemessungsschubfestigkeit (Tafel 37)

$\sigma_{s,Rd}$, $\sigma_{c,Rd}$ s. Abschn. 5.1.4

A_{cv} mittlere Querschnittsfläche je Längeneinheit des Trägers, die für das jeweils betrachtete Schubversagen maßgebend ist (Bild 42). Der Beton in Rippen von Profilblechen, die senkrecht zum Träger verlaufen, darf nur in Gl. (116a) berücksichtigt werden.

A_e Gesamtquerschnittsfläche je Längeneinheit der senkrecht zum Träger verlaufenden Bewehrung (einschl. vorhandener Plattenbewehrung), die die jeweils betrachtete Schnittebene (Bild 42) kreuzt.

Für senkrecht zur Trägerachse ungestoßen durchlaufende Profilbleche ist ein Traganteil auf v_{Rd} anrechenbar:

$$\boldsymbol{v_{pd} = A_p \cdot f_{yp} / \gamma_{ap}} \quad (117)$$

A_p Querschnittsfläche des Profilblechs je Längeneinheit
f_{yp} Streckgrenze des Profilblechs

v_{pd} für auf dem Träger gestoßene Profilbleche mit durchgeschweißten Dübeln s. EC4.

Die rechnerisch erforderliche Querbewehrung ist so zu verankern, daß sie entsprechend EC2 bis zur Streckgrenze beansprucht werden kann. Die Verankerung darf mit Schlaufen erfolgen, die die Dübel umfassen.

5.2.7 Nachweis der Gebrauchstauglichkeit

Die Nachweise erfolgen in elastischer Berechnung unter Gebrauchslasten mit den Teilsicherheitsbeiwerten nach Abschn. 2.4.

a) Nachweis der Durchbiegung

Empfohlene Grenzwerte der Durchbiegung s. Abschn. 2.4.

Die gesamte Durchbiegung setzt sich zusammen aus der Durchbiegung δ_a infolge der Lasten, die auf den Stahlträger allein einwirken, und δ_c aus Einwirkungen auf den Verbundträger.

Zur Berechnung der Steifigkeiten des Verbundträgers sind die Querschnittswerte der Betonplatte durch n aus Gl. (89) zu dividieren. Für den Anteil aus ständigen Einwirkungen ist E_c' für Langzeitbelastung zu verwenden.

Bei Tragwerken ohne Eigengewichtsverbund darf die Nachgiebigkeit der Verbundfuge vernachlässigt werden, wenn der Verdübelungsgrad $N/N_f \geqq 0{,}5$ und bei senkrecht zum Träger verlaufenden Profilblechen $h_p \leqq 80$ mm ist. Andernfalls ist δ_c auf den Wert δ zu vergrößern:

$$\boldsymbol{\delta = \delta_c \cdot [1 + k_v \cdot (1 - N/N_f) \cdot (\delta_a/\delta_c - 1)]} \quad (118)$$

δ_a Durchbiegung bei Ansatz der Steifigkeiten des Stahlträgers allein
δ_c Durchbiegung bei Ansatz der Steifigkeiten des Verbundträgers ohne Nachgiebigkeit der Verbundfuge
$N/N_f \geqq 0{,}4$ Verdübelungsgrad gem. Gl. (114)
$k_v = 0{,}5$ bei Trägern mit, $k_v = 0{,}3$ bei Trägern ohne Eigengewichtsverbund

Wenn die Betonzugspannung an einer Innenstütze eines Durchlaufträgers $\sigma_{ct} > 0{,}15 f_{ck}$ ist, muß die Rißbildung berücksichtigt werden. Statt des genaueren Nachweises nach [2] darf das Stützmoment mit f_1 multipliziert werden, wobei die beiderseitigen Feldmomente entsprechend zu vergrößern sind:

$$\boldsymbol{f_1 = \left(\frac{E_a \cdot I_1}{E_a \cdot I_2}\right)^{-0{,}35} \geqq 0{,}6} \quad (119)$$

$E_a \cdot I_1$, $E_a \cdot I_2$ s. Abschn. 5.2.2b.

Schwinden braucht in der Regel nicht berücksichtigt zu werden.

b) Rißbildung im Betongurt

Wird kein Nachweis der Rißbreitenbeschränkung nach [2] geführt, soll im Bereich negativer Biegemomente innerhalb der mittragenden Breite b_{eff} eine Längsbewehrung angeordnet werden mit mindestens

0,4% der Betonfläche bei Trägern mit Eigengewichtsverbund

0,2% bei Trägern ohne Eigengewichtsverbund.

Diese Bewehrung soll über eine Länge von 25% der an die Innenstütze anschließenden Stützweiten bzw. über 50% der Länge eines Kragarms geführt werden.

Bei Bauteilen der Umweltklasse 1 (s. Abschn. 10, EC2 bzw. E DIN 1045-1) braucht kein Nachweis geführt zu werden. In anderen Fällen ist zusätzlich auch die Zwangsbeanspruchung in statisch unbestimmten Systemen infolge Schwindens zu berücksichtigen.

5.3 Verbundstützen

Dieser Abschnitt gilt für planmäßig mittig beanspruchte Verbundstützen in seitensteifen Tragwerken. Bei Beanspruchung durch N **und** M siehe EC4.

5.3.1 Normalkrafttragfähigkeit

Voraussetzung für die Anwendung des vereinfachten Bemessungsverfahrens:

- Doppelsymmetrischer, konstanter Verbundquerschnitt
- Die Bedingungen nach Bild 43 und Tafel 46 müssen erfüllt sein
- $0{,}003 A_c \leqq A_s \leqq 0{,}04 A_c$ rechnerisch berücksichtigte Längsbewehrung; wird A_s nicht in Rechnung gestellt, ist eine konstruktive Bewehrung anzuordnen (s. EC4)

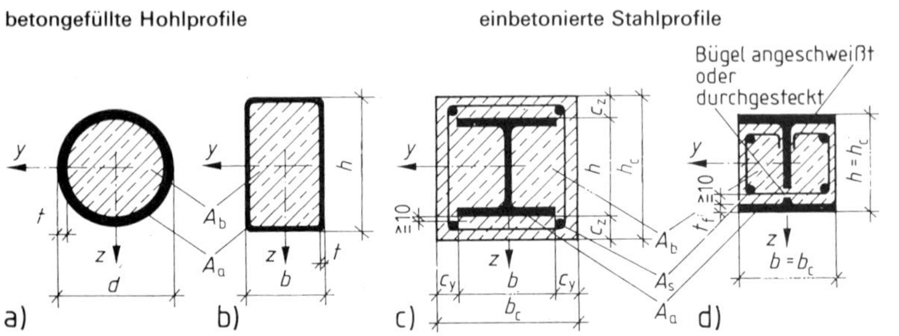

Bild 43

Es muß sein:

$$\boldsymbol{N_{Sd} \leqq \kappa \cdot N_{pl,Rd}} \tag{120}$$

$$\boldsymbol{N_{pl,Rd} = A_a \cdot f_y/\gamma_{Ma} + A_c \cdot k_c \cdot f_{ck}/\gamma_c + A_s \cdot f_{sk}/\gamma_s} \tag{121}$$

Bei betongefüllten **Rundrohren** mit $\bar{\lambda} \leqq 0{,}5$ darf angesetzt werden:

$$\boldsymbol{N_{pl,Rd} = A_a \cdot \eta_{20} \frac{f_y}{\gamma_{Ma}} + A_c \frac{f_{ck}}{\gamma_c}\left(1 + \eta_{10} \frac{t}{d} \cdot \frac{f_y}{f_{ck}}\right) + A_s \cdot \frac{f_{sk}}{\gamma_s}} \tag{122}$$

$\gamma_{Ma} = \gamma_a$, γ_c, γ_s s. Tafel 39
$k_c = 0{,}85$; bei betongefüllten Hohlprofilen ist $k_c = 1$
$\eta_{10} = 4{,}9 - 18{,}5\bar{\lambda} + 17\bar{\lambda}^2$, jedoch $\geqq 0$
$\eta_{20} = 0{,}75 + 0{,}5\bar{\lambda}$, jedoch $\leqq 1$

$\delta = \dfrac{A_a \cdot f_y/\gamma_a}{N_{pl,Rd}}$ Querschnittsparameter. Es muß sein: $0{,}2 \leqq \delta \leqq 0{,}9$

$(E \cdot I)_{eff} = E_a \cdot I_a + 0{,}8\, E_{cm} \cdot I_c/\gamma_c + E_s \cdot I_s$ Wirksame Biegesteifigkeit

$\gamma_c = 1{,}35$ Sicherheitsbeiwert für die Steifigkeit

Falls $\bar{\lambda} > \lim \bar{\lambda}$ (Tafel 44), ist E_{cm} mit $(1-0{,}5 N_{G,Sd}/N_{Sd})$ zu multiplizieren. $N_{G,Sd}$ ist der ständig wirkende Anteil der Bemessungsnormalkraft N_{Sd}.

$N_{cr} = \pi^2 \cdot (E \cdot I)_{eff}/s_K^2$ kritische Normalkraft (ideelle Knicklast)

$\bar{\lambda} = \sqrt{N_{pl,R}/N_{cr}}$ bezogener Schlankheitsgrad; es muß sein: $\bar{\lambda} \leqq 2{,}0$

$N_{pl,R}$ aus Gl. (121) bzw. (122) mit $\gamma_{Ma} = \gamma_c = \gamma_s = 1$

$\varkappa$ Abminderungsfaktor aus Tafel 18 (α s. Tafel 44)

Tafel 44 Abmessungen und Rechenwerte für Verbundstützen

		Querschnitte nach Bild 43 a	b	c	d
Seitenverhältnis nach [12]			$0{,}2 \leqq h/b \leqq 5$		
Wanddicke und rechnerisch berücksichtigte Betondeckung der Stahlprofile	$\varepsilon = \sqrt{\frac{235}{f_y}}$	$d/t \leqq 90\varepsilon^2$	$h/t \leqq 52\varepsilon$	$40 \leqq c_z \leqq 0{,}3h$ $c_z \geqq b/6$ $40 \leqq c_y \leqq 0{,}4b$	$b/t_f \leqq 44\varepsilon$
Maßg. Knickspannungskurve; Beiwert α bei Knicken um die	y-Achse	a; $\alpha = 0{,}21$		b; $\alpha = 0{,}34$	
	z-Achse			c; $\alpha = 0{,}49$	
Grenzschlankheit zur Berücksichtigung von Schwinden und Kriechen		$\lim \bar{\lambda} = 0{,}8/(1-\delta)$		$\lim \bar{\lambda} = 0{,}8$	

5.3.2 Schub zwischen Stahlprofil und Betonteil

In den Endbereichen der Stützen ist die Einleitung der Lasten bzw. Schnittgrößen aus angrenzenden Bauteilen in das Stahlprofil und in den Betonteil nachzuweisen, ohne daß nennenswerter Schlupf auftritt. Die Lasteinleitungslänge sollte den zweifachen Wert der zugehörigen Außenabmessungen des Querschnitts nicht überschreiten. Die Schubtragfähigkeit der Verbundfuge zwischen Stahlprofil und Beton kann sichergestellt werden durch:

a) Einhalten von Verbundspannungen τ_v. Grenzwerte von τ_v s. Tafel 45.

b) Mechanische Verbundmittel und bei Kopfbolzendübeln am Steg ggf. zusätzlich Aktivierung von Reibungskräften (Bild 44).

P_{Rd} nach Gl. (106).

$\mu = 0{,}5$ für $t_f \geqq 10$ mm; $\mu = 0{,}55$ für $t_f \geqq 15$ mm.

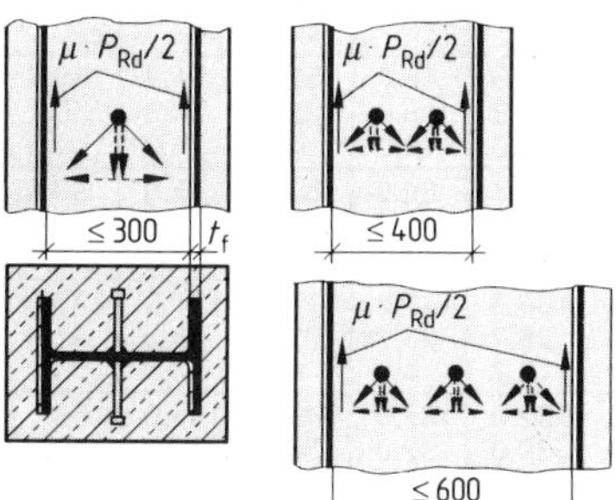

Bild 44 Kopfbolzendübel im Krafteinleitungsbereich der Verbundstütze; Reibungskräfte an den Flanschen

Tafel 45 Grenzwerte der Verbundspannungen im Lasteinleitungsbereich

	Querschnitte nach Bild 43 a, b	c	d Flansch	Steg
τ_v in N/mm² $\leqq$	0,4	0,6	0,2	0

6 Kranbahnen nach DIN 4132 [3]

6.1 Einwirkungen

Belastungsvorschriften nach DIN 4132 siehe BZ-Abschnitt Lastannahmen.

Genormte Tragfähigkeiten der Krane in t:

0,125; 0,16; 0,2; 0,25; 0,32; 0,4; 0,5; 0,63; 0,8; 1,0 sowie das 10-fache, 100-fache und 1000-fache dieser Werte.

Bezeichnungen der Kransysteme: EFF; EFL; WFF; WFL.

W Laufradpaar durch mechanische oder elektrische **W**elle gekoppelt
E **E**inzelantrieb des Laufradpaares
F **F**estlager } des Laufradpaars hinsichtlich seitlicher Verschiebung
L **L**oslager

Beispiele für die Einstufung von Kranarten in Hubklassen und Beanspruchungsgruppen s. [4].

Radlasten und Abmessungen eines 2-Träger-Brückenkrans mit Elektroseilzug s. Bild 45 sowie die Tafeln 46 und 47. Für andere Kranarten s. [28] und [29].

Tafel 46 Maße zu Bild 45

Traglast in t	Maße in mm *b*	*g*	*h*	*k*	*d*
5	200	750	300	550	300
10	250	800	400	700	350
16	260	900	600	900	400
20	300	1350	1000	1100	500

Weitere Maße und Anmerkung s. Taf. 41.

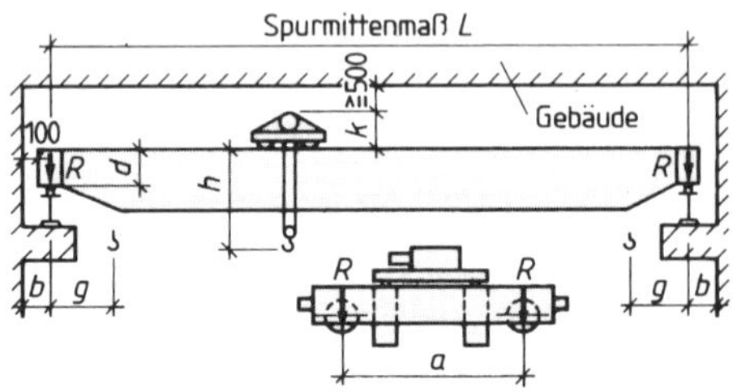

Bild 45 Zweiträger-Brückenlaufkran

Tafel 47 Radlasten *R* und Radabstand *a* für Zweiträger-Brückenlaufkran mit Elektroseilzug, Hubklasse H2, Beanspruchungsgruppe B3 nach [29]

Traglast in t		Spannweite *L* des Laufkrans in m 12	14	16	18	20	22	24	26	28
5	max *R* in kN	36,0	37,0	38,0	40,5	42,5	48,0	50,5	54,2	59,8
	min *R* in kN	8,5	11,0	12,5	14,0	15,5	19,8	22,3	24,9	30,1
	a in m	2,0	2,5	3,2	3,2	4,0	4,0	4,0	4,0	4,0
10	max *R* in kN	62,0	65,0	66,0	71,4	73,4	80,0	82,1	85,8	90,4
	min *R* in kN	14,0	15,0	15,5	20,1	21,6	25,4	27,1	30,5	34,2
	a in m	2,0	2,5	2,5	3,2	4,0	4,0	4,0	4,0	4,0
16	max *R* in kN	95,0	98,0	100,2	103,4	106,3	111,2	114,4	117,9	127,2
	min *R* in kN	20,0	21,5	22,2	24,1	26,2	28,7	31,2	34,3	41,9
	a in m	2,5	3,2	3,2	3,2	3,2	4,0	4,0	4,0	4,0
20	max *R* in kN	115,0	118,0	122,0	129,0	132,0	137,0	142,0	147,0	153,0
	min *R* in kN	23,0	24,0	25,5	27,0	30,0	32,0	36,0	40,0	49,0
	a in m	3,2	3,2	3,2	3,2	3,2	4,0	4,0	4,0	4,0

Lastangaben ohne Eigenlast-, Hublast- und Schwingbeiwerte.
Die Angaben der Tafel sind nur für Vorplanungen anzuwenden; zur Ausführung und Berechnung sind die Konstruktionsmaße und Lasten vom Bauherrn anzugeben.

6.1.1 Lotrechte Einwirkungen auf die Kranbahn

Der Kranbahnträger wird neben den ständigen Einwirkungen durch das wandernde Lastenpaar der Kranlaufräder belastet. An der Stelle x im Feldbereich des Trägers tritt das größte Biegemoment $M(x)$ auf, wenn die größere der Einzellasten P_1 über dieser Stelle steht.

Beim **Einfeldträger** ist die Funktion der Momentenhüllkurve (Bild 46)

$$M(x) = A \cdot x = (P_1 + P_2) \cdot x \cdot [(1 - c/l) - x/l], \quad x \leqq l/2$$

mit $c = \dfrac{P_2 \cdot a}{P_1 + P_2}$

Rückt P_1 bis x_M vor, tritt hier das größte Biegemoment im ganzen Träger auf:

$$\max M_p = \frac{(P_1 + P_2) \cdot l}{4} \left(1 - \frac{c}{l}\right)^2,$$

jedoch (123)

$$\max M_p \geqq \frac{P_1 \cdot l}{4}$$

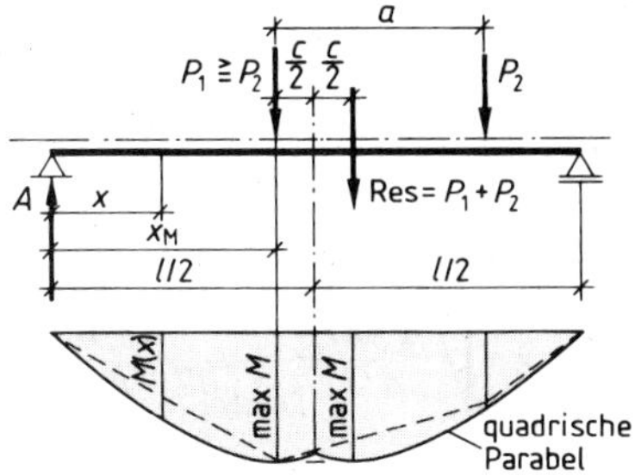

Bild 46 Einfeldträger unter wanderndem Lastenpaar.
Momentenhüllkurve und Laststellung für größtes Biegemoment

Auflagerlasten und Biegemomente des 2-feldrigen **Durchlaufträgers** mit $E \cdot I = \text{const}$ für ein Lastenpaar gleicher Größe ($P_1 = P_2$) s. Tafel 48 mit den jeweils maßgebenden Laststellungen entsprechend Bild 47.

Auflagerlasten und Biegemomente infolge eines Lastenpaares unterschiedlicher Größe s. [37].

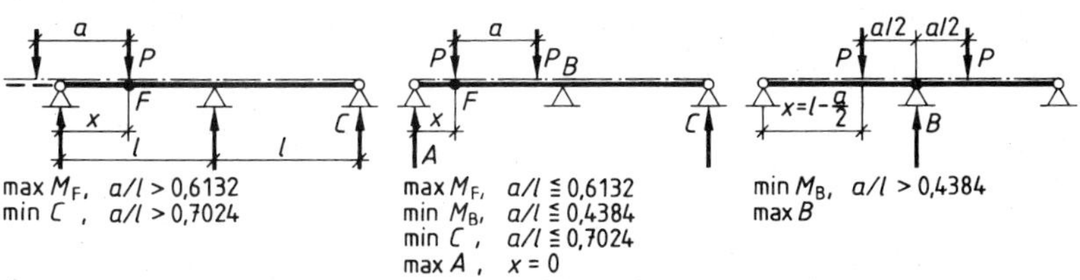

Bild 47 Zweifeldträger unter wanderndem gleichen Lastenpaar.
Maßgebende Laststellungen für Auflagerlasten und Biegemomente

Tafel 48 Auflagerlasten und Biegemomente des 2-Feld-Trägers mit $E \cdot I = \text{const}$ unter einem wandernden Paar gleich großer Lasten P (Bild 47)

a/l	$M_F/(P \cdot l)$	x_F/l	$M_B/(P \cdot l)$	x_B/l	max A/P	min C/P	$x_{\min C}/l$	max B/P
0	0,4149	0,4323	−0,1925	0,5774	2,0000	−0,1925	0,5774	2,0000
0,1	0,3692	0,4119	−0,1903	0,5252	1,8753	−0,1903	0,5252	1,9926
0,2	0,3281	0,3934	−0,1839	0,4686	1,7520	−0,1839	0,4686	1,9710
0,3	0,2916	0,3772	−0,1733	0,4075	1,6317	−0,1733	0,4075	1,9359
0,4	0,2597	0,3637	−0,1589	0,3416	1,5160	−0,1589	0,3416	1,8880
0,4384	0,2487	0,3594	−0,1524	0,3149	1,4731	−0,1524	0,3149	1,8664
0,5	0,2325	0,3536	−0,1641	0,7500	1,4063	−0,1409	0,2704	1,8281
0,6	0,2100	0,3479	−0,1785	0,7000	1,3040	−0,1200	0,1933	1,7570
0,6132	0,2074	0,3476	−0,1800	0,6934	1,2911	−0,1171	0,1826	1,7468
0,7	0,2074	0,4323	−0,1877	0,6500	1,2107	−0,0968	0,1092	1,6754
0,7024	0,2074	0,4323	−0,1878	0,6488	1,2086	−0,0962	0,1070	1,6733
0,8	0,2074	0,4323	−0,1920	0,6000	1,1280	−0,0962	0,5774	1,5840
0,9	0,2074	0,4323	−0,1918	0,5500	1,0572	−0,0962	0,5774	1,4836
1	0,2074	0,4323	−0,1875	0,5000	1,0000	−0,0962	0,5774	1,3750

x ist der Abstand der maßgebenden Last des Lastenpaares vom linken Auflager

Spannungen aus der Radlasteinleitung. Zur Berechnung von $\bar{\sigma}_z$ (z. B. im Trägersteg) im Abstand h unter Oberkante der um 25% der Schienenkopfhöhe abgefahrenen Kranschiene darf die Radlast in Längsrichtung auf $2h+50$ mm verteilt werden.

Schubspannung: $\bar{\tau}_{zx}=0{,}2\bar{\sigma}_z$

Ein auf den Lastgurt einwirkendes Torsionsmoment $M_{x,\text{Gurt}}$ (z. B. aus exzentrischem Lastangriff) verursacht im Steg mit Dicke t_s die Biegespannung [34]

$$\bar{\sigma}_{z,B}=\frac{6}{t_s^2}\cdot M_{x,\text{Gurt}}\cdot\frac{\lambda}{2}\cdot\tanh\left(\frac{\lambda\cdot a}{2}\right) \qquad (124)$$

$$\text{mit } \lambda=\sqrt{\frac{2{,}98\,t_s^3}{a\cdot I_T}\cdot\frac{\sinh^2\left(\frac{\pi\cdot b}{a}\right)}{\sinh\left(\frac{2\pi\cdot b}{a}\right)-\frac{2\pi\cdot b}{a}}} \qquad (125)$$

a Quersteifenabstand
b Stegblechhöhe
$I_T=I_{T,\text{Gurt}}+I_{T,\text{Schiene}}$ St. Venantscher Torsionswiderstand
$I_{T,\text{Schiene}}$ Bei nicht schubfester Befestigung ist $I_{T,\text{Schiene}}=0$ zu setzen

6.1.2 Waagerechte Einwirkungen quer zur Kranbahn

Der Angriff der horizontalen Einwirkungen H_S und H_M wird in der Aufstandsfläche der Laufräder (Schienenoberkante) angenommen; dadurch entstehen im Kranbahnträger Torsionsmomente, die beim Spannungsnachweis und beim Biegedrillknicknachweis berücksichtigt werden müssen [35].

Die nachfolgenden Berechnungen beziehen sich auf Laufkrane mit Spurkranzführung. Bei anderen Führungsmitteln s. [4] und [29].

Weitere Angaben hierzu sowie über waagerechte Einwirkungen längs der Fahrbahn s. BZ-Abschn. Lastannahmen.

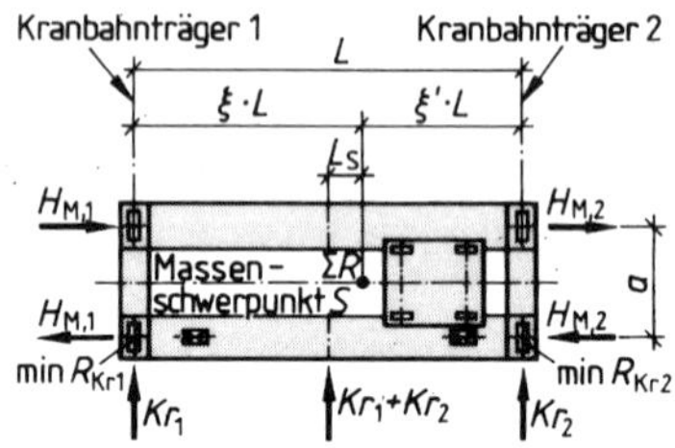

Bild 48 Horizontallast H_M für Laufkran EFF beim Anfahren mit Katze in äußerster Stellung

Massenkräfte aus Antrieben (Bild 48)

$$\boldsymbol{H_{M,1}=\frac{\xi'}{a}(Kr_1+Kr_2)\cdot L_s} \quad \text{und} \quad \boldsymbol{H_{M,2}=\frac{\xi}{a}(Kr_1+Kr_2)\cdot L_s} \qquad (126)$$

Darin ist:

$\xi'=\sum\min R/\sum R$ Summe aller Radlasten auf dem minderbelasteten Kranbahnträger bezogen auf die Summe aller Radlasten ($\sum\max R+\sum\min R$) einschließlich Hublast, aber ohne Schwingbeiwert

$\xi=1-\xi'$

$L_s=(\xi-0{,}5)\cdot L$

$(Kr_1+Kr_2)=1{,}5\cdot 0{,}2\cdot\min(R_{Kr1}+R_{Kr2})$ Summe der Antriebskräfte

$\min(R_{Kr1}+R_{Kr2})$ Summe der kleinsten Radlasten $\min R$ der angetriebenen Räder, ohne Schwingbeiwert, ohne Hublastanteil.

Gl. (126) für System E darf näherungsweise auch beim System W angewendet werden.

Wenn H_M in einem bestimmten Kranbahnbereich regelmäßig wiederholt auftritt, bildet H_M zusammen mit den lotrechten Einwirkungen aus den Kranlaufrädern **eine** Einwirkung.

Kräfte aus Schräglauf

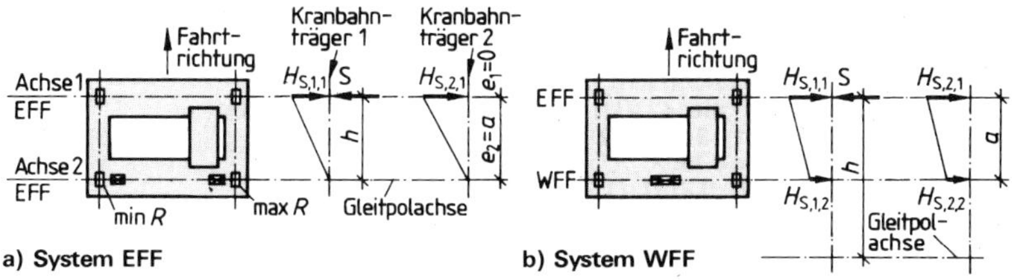

Bild 49 Schräglaufkraft S und Horizontallasten H_S des Brückenkrans

Schräglaufkraft S am Führungselement (Spurkranz) der in Fahrtrichtung vorderen Kranräder (Bild 49):

$$\boldsymbol{S = f \cdot \sum R \cdot \left(1 - \frac{\sum e_i}{n \cdot h}\right)} \qquad (127)$$

n Zahl der Laufradpaare

S erzeugt in der Aufstandfläche der Kranlaufräder Horizontalkräfte H_S:

$$\boldsymbol{H_{s,1,i} = f \cdot \sum R \, \frac{\xi'}{n} \left(1 - \frac{e_i}{h}\right)} \qquad (128)$$

$$\boldsymbol{H_{s,2,i} = f \cdot \sum R \, \frac{\xi}{n} \left(1 - \frac{e_i}{h}\right)} \qquad (128a)$$

$$\xi = \frac{\sum \max R}{\sum R} \quad \text{und} \quad \xi' = 1 - \xi$$

mit

$f = 0{,}3\,(1 - e^{-0{,}25\alpha})$ Kraftschlußbeiwert, abhängig vom Schräglaufwinkel α in ‰; es wird zweckmäßig mit max $f = 0{,}3$ gerechnet (s. unten).

$\sum R = \sum \max R + \sum \min R$; $\sum \max R$ bzw. $\sum \min R$: Summe der Radlasten auf dem mehr/minderbelasteten Kranbahnträger einschl. Hublast, ohne Schwingbeiwert

e_i = Abstand des Radpaares i vom anlaufenden Führungsmittel

$h = (m \cdot \xi \cdot \xi' \cdot L^2 + \sum e_i^2)/\sum e_i$ Gleitpolabstand

m = Anzahl der drehzahlgekoppelten Laufradpaare beim System W; beim System E ist $m = 0$.

S und H_S wirken gleichzeitig und können auch in umgekehrter Richtung wirken.

Überlagerung von H_M und H_S

Die gleichzeitige Wirkung von H_M, S und H_S wird bei Bildung von Einwirkungskombinationen näherungsweise durch einen Zuschlag von 10% zu S und H_S berücksichtigt; dieser Zuschlag entfällt, wenn mit max $f = 0{,}3$ gerechnet wird.

Beispiel 2-Träger-Brückenkran, System EFF, Traglast 10 t, Spurmittenmaß $L = 18$ m, Kranbahnstützweite $l = 6{,}4$ m.

Nach Taf. 47: max $R = 71{,}4$ kN; min $R = 20{,}1$ kN; Radabstand $a = 3{,}2$ m.

Biegemomente und Auflagerlasten des Kranbahnträgers infolge Verkehrslast

$P_1 = P_2 = \max R = 71{,}4$ kN; $c = a/2 = 1{,}6$ m; $a/l = 3{,}2/6{,}4 = 0{,}5$

Einfeldträger (Bild 46):

max $M = 2 \cdot 71{,}4 \cdot 6{,}4 \cdot (1 - 1{,}6/6{,}4)^2/4 = 128{,}5$ kNm
$> 71{,}4 \cdot 6{,}4/4 = 114{,}2$ kNm (Gl. 123)

max $A = 71{,}4 \cdot [1 + (6{,}4 - 3{,}2)/6{,}4] = 107{,}1$ kN

Durchlaufträger über 2 Felder (Bild 47): Nach Tafel 48 ist

max $A = 1{,}4063 \cdot 71{,}4 = 100{,}4$ kN; min $A = -0{,}1409 \cdot 71{,}4 = -10{,}1$ kN

max $B = 1{,}8281 \cdot 71{,}4 = 130{,}5$ kN; min $M_B = -0{,}1641 \cdot 71{,}4 \cdot 6{,}4 = -75{,}0$ kNm

max $M_{Feld} = 0{,}2325 \cdot 71{,}4 \cdot 6{,}4 = 106{,}2$ kNm an der Stelle $x_F = 0{,}3536 \cdot 6{,}4 = 2{,}263$ m

Das bei x_F auftretende und bei der Betriebsfestigkeitsuntersuchung benötigte kleinste Feldmoment ist

min $M_F = \min A \cdot x_F = -10{,}1 \cdot 2{,}263 = -22{,}9$ kNm.

Beispiel Forts. Die Größen infolge Verkehrslast sind mit dem Schwingbeiwert zu multiplizieren, die Größen aus Ständiger Last sind zu addieren.

Horizontale Einwirkungen quer zur Kranbahn (Bild 49a)

$f = \max f = 0{,}3$; $e_1 = 0$; $e_2 = a = 3{,}2$ m; $\sum e_i = 3{,}2$ m; $\sum e_i^2 = 0 + 3{,}2^2 = 10{,}24$ m²
$n = 2$; $m = 0$; $h = (0 + 10{,}24)/3{,}2 = 3{,}2$ m
$\sum \max R = 2 \cdot 71{,}4 = 142{,}8$ kN; $\sum R = 142{,}8 + 2 \cdot 20{,}1 = 183$ kN
$S = 0{,}3 \cdot 183 \cdot [1 - 3{,}2/(2 \cdot 3{,}2)] = 27{,}45$ kN (Gl. 127)
$\xi = 142{,}8/183 = 0{,}7803$; $\xi' = 1 - 0{,}7803 = 0{,}2197$
$H_{S,1,1} = 0{,}3 \cdot 183 \cdot 0{,}2197 \cdot (1-0)/2 = 6{,}03$ kN (Gl. 128)
$H_{S,2,1} = 0{,}3 \cdot 183 \cdot 0{,}7803 \cdot (1-0)/2 = 21{,}42$ kN (Gl. 128a)
Die am Kranbahnträger 1 wirkende resultierende Kraft ist

$S - H_{S,1,1} = 27{,}45 - 6{,}03 = 21{,}42$ kN

Die Berechnung von H_M erübrigt sich, wenn der Kran nicht wiederholt in einem bestimmten Kranbahnbereich arbeitet. S und H_S brauchen zur Berücksichtigung des Zusammenwirkens mit H_M nicht um 10% erhöht zu werden, weil mit $\max f = 0{,}3$ gerechnet wurde.

6.2 Nachweise

Nachweise der Tragsicherheit, Lagesicherheit, Gebrauchstauglichkeit sind nach DIN 18800-1 (s. Abschn. 2) durchzuführen.

Stabilitätsnachweise Nach DIN 18800-2 und -3 (s. Abschn. 3 und 4)

Betriebsfestigkeitsuntersuchung
Für Bauteile und Verbindungsmittel ist sie für Ständige Einwirkungen sowie Einwirkungen aus Kranlaufrädern mit Schwingbeiwert (Abschn. 3.1.1) ggf. zusammen mit H_M (s. Abschn. 3.1.2) durchzuführen.

Teilsicherheitsbeiwerte $\gamma_F = \gamma_M = 1{,}0$.

Beanspruchungsgruppe der Kranbahn ist i. allg. gleich der des einzeln verkehrenden Laufkrans; beim Zusammenwirken von 2 Kranen die um 2 Stufen, bei 3 Kranen die um 3 Stufen ermäßigte Beanspruchungsgruppe des Krans mit der niedrigsten Gruppe.

Spannungsverhältnis

$$\varkappa_\sigma = \frac{\sigma_u}{\max \sigma_o}, \quad \varkappa_\tau = \frac{\tau_u}{\max \tau_o} \qquad (129)$$

$\max \sigma_o$, $\max \tau_o$ die dem Betrag nach größte Spannung (Oberspannung);

für σ_u, τ_u ist die Unterspannung einzusetzen, die das algebraisch kleinste $\varkappa$ ergibt.

Es muß sein

$$\max{}^{\sigma}_{\tau} \leqq \text{grenz}{}^{\sigma}_{\tau}\, \text{Be} \qquad (130)$$

Beanspruchbarkeiten grenz $\sigma_{Be,\varkappa=-1}$ für $\varkappa = -1$ aus Tafel 49 können nach Tafel 50 für beliebige $\varkappa$-Werte umgerechnet werden (DIN 4132 enthält ausführliche Tabellen). Maßgebende Kerbfälle s. Tafel 51; anstelle der jeweils vorliegenden Kerbfälle ist Kerbfall W0 zu untersuchen, wenn dessen Beanspruchbarkeiten niedriger sind.

Tafel 49 Beanspruchbarkeiten grenz $\sigma_{Be,\varkappa=-1}$ für Spannungsverhältnisse $\varkappa = -1$ in N/mm²

Beanspruchungsgruppe	S235			S355			S235 und S355[1])				
	W0	W1	W2	W0	W1	W2	K0	K1	K2	K3	K4
B1	285,4	228,3	199,8	388,4	308,9	247,2	[475,2]	[424,2]	(356,4)	254,6	152,7
B2	240,0	192,0	168,0	313,0	249,0	199,2	[336,0]	(300,0)	(252,0)	180,0	108,0
B3	201,8	161,4	141,3	252,2	200,6	160,5	(237,6)	(212,1)	178,2	127,3	76,4
B4	169,7	135,8	118,8	203,2	161,7	129,3	168,0	150,0	126,0	90,0	54,0
B5	142,7	114,2	99,9	163,8	130,3	104,2	118,8	106,1	89,1	63,6	38,2
B6	120,0	96,0	84,0	132,0	105,0	84,0	84,0	75,0	63,0	45,0	27,0

( ): grenz σ_{Be} des Kerbfalles W0 ist überschritten bei S235; [ ]: grenz σ_{Be} des Kerbfalles W0 ist überschritten bei S235 und S355

[1]) s. Fußnote [1]) bei Tafel 50

Zusätzliche Bedingung bei Verkehr von mehreren Kranen

$$\Sigma\left(\frac{\max^{\sigma}_{\tau}}{\text{grenz}^{\sigma}_{\tau}\,\text{Be}}\right)^{k}+\left(\frac{\max^{\sigma}_{\tau}}{\text{grenz}^{\sigma}_{\tau}\,\text{Be}}\right)^{k}\leqq 1 \qquad (131)$$

Einzelkrane i Krane gemeinsam

Es bedeuten

unter dem Summenzeichen

$\max^{\sigma}_{\tau}$ Höchstspannung infolge des Einzelkrans i

$\text{grenz}^{\sigma}_{\tau}\,\text{Be}$ Beanspruchbarkeit der Beanspruchungsgruppe für den Einzelkran i

beim letzten Ausdruck

$\max^{\sigma}_{\tau}$ Höchstspannung aus mehreren Kranen gemeinsam

$\text{grenz}^{\sigma}_{\tau}\,\text{Be}$ Beanspruchbarkeit der Beanspruchungsgruppe für mehrere Krane

$k=6{,}635$ (5,366) für die Kerbfälle W0 bis W2 bei S235 (S355)

$k=3{,}323$ für die Kerbfälle K0 bis K4

Bei der Überfahrt eines Krans sind einzelne Kranräder oder Radgruppen in Gl. (131) je für sich wie Einzelkrane i zu berücksichtigen, wenn zwischen 2 aufeinanderfolgenden Spannungshöchstwerten die zum Größtwert gehörige Mittelspannung unterschritten wird.

Tafel 50 Umrechnung der Beanspruchbarkeiten[1]) **für beliebige Spannungsverhältnisse $\varkappa$**

		$\max\sigma_0$ ist eine Zugspannung		$\max\sigma_0$ ist eine Druckspannung	
Wechselbereich $-1<\varkappa<0$		$\text{grenz}\,\sigma_{\text{Be,Z},\varkappa<0}=\frac{145}{3-2\varkappa}\cdot\text{grenz}\,\sigma_{\text{Be},-1}$		$\text{grenz}\,\sigma_{\text{Be,D},\varkappa<0}=\frac{2}{1-\varkappa}\cdot\text{grenz}\,\sigma_{\text{Be},-1}$	
$\varkappa=0$		$\text{grenz}\,\sigma_{\text{Be,Z},0}=\frac{5}{3}\cdot\text{grenz}\,\sigma_{\text{Be},-1}$		$\text{grenz}\,\sigma_{\text{Be,D},0}=2\cdot\text{grenz}\,\sigma_{\text{Be},-1}$	
Schwellbereich $0<\varkappa<+1$		$\text{grenz}\,\sigma_{\text{Be,Z},\varkappa>0}=\dfrac{\text{grenz}\,\sigma_{\text{Be,Z},0}}{1-\left(1-\frac{\text{grenz}\,\sigma_{\text{Be,Z},0}}{\text{grenz}\,\sigma_{\text{Be,Z},+1}}\right)\cdot\varkappa}$		$\text{grenz}\,\sigma_{\text{Be,D},\varkappa>0}=\dfrac{\text{grenz}\,\sigma_{\text{Be,D},0}}{1-\left(1-\frac{\text{grenz}\,\sigma_{\text{Be,D},0}}{\text{grenz}\,\sigma_{\text{Be,D},+1}}\right)\cdot\varkappa}$	
$\varkappa=+1$	S235	$\text{grenz}\,\sigma_{\text{Be,Z},+1}=$	277,5 N/mm²	$\text{grenz}\,\sigma_{\text{Be,D},+1}=$	333,0 N/mm²
	S355		390,0 N/mm²		468,0 N/mm²
Schubspannung	Bauteil	$\text{grenz}\,\tau_{\text{Be},\varkappa}=\text{grenz}\,\sigma_{\text{Be,Z},\varkappa}/\sqrt{3}$ mit $\text{grenz}\,\sigma_{\text{Be,Z},\varkappa}$ nach Kerbfall W0			
	Schweißnaht[2])	$\text{grenz}\,\tau_{\text{Be},\varkappa}=\text{grenz}\,\sigma_{\text{Be,Z},\varkappa}/\sqrt{2}$ mit $\text{grenz}\,\sigma_{\text{Be,Z},\varkappa}$ nach Kerbfall K0 (nach W0), wenn niedriger)			
Niete und Paßschrauben		$\text{grenz}\,\tau_{\text{Be},\varkappa}=0{,}8\cdot\text{grenz}\,\sigma_{\text{Be,Z},\varkappa}$; $\text{grenz}\,\sigma_{\text{l,Be},\varkappa}$ $2{,}0\cdot\text{grenz}\,\sigma_{\text{Be,Z},\varkappa}$	mit $\text{grenz}\,\sigma_{\text{Be,Z},\varkappa}$ nach Kerbfall W2	Für einschnittige, ungestützte Verbindungen sind vorstehende Werte auf 75% abzumindern	

[1]) Die Beanspruchbarkeiten sind zu begrenzen auf $\text{grenz}\,\sigma_{\text{Be}}\leqq 160$ (240) N/mm² bei S235 (S355). Darüber hinausgehende Werte von $\text{grenz}\,\sigma_{\text{Be}}$ sind nur verwendbar,
- wenn Zwängungsspannungen berücksichtigt werden, z. B. bei der Radlasteinleitung in die Krahnbahnträger oder bei Fachwerk-Kranbahnträgern
- bei Anwendung der Gl. (131)

[2]) Für Kehlnähte ist $\text{grenz}\,\tau_{\text{Be},\varkappa}$ mit dem Faktor 0,6 abzumindern. Für $\varkappa\geqq 0$ darf gerechnet werden mit

$$\text{grenz}\,\sigma_{\text{Be},\varkappa>0}=\frac{0{,}6\cdot\text{grenz}\,\sigma_{\text{Be,Z},0}/\sqrt{2}}{1-\left(1-\frac{0{,}6\cdot\text{grenz}\,\sigma_{\text{Be,Z},0}}{\text{grenz}\,\sigma_{\text{Be,Z},+1}}\right)\cdot\varkappa}$$

mit $\text{grenz}\,\sigma_{\text{Be,Z},0}$ nach Kerbfall K0 (nach W0, wenn niedriger).

Tafel 51 **Kerbfälle für Bauteile, geschraubte, genietete und geschweißte Verbindungen** [1]).
Fortsetzung auf den nachfolgenden Seiten

Ordnungs-Nummer	Beschreibung und Darstellung	
Kerbfall W 0 und Kerbfall W 1		
W 01	*Teile* mit normaler Oberflächenbeschaffenheit und mit Seitenflächen als Walzkanten oder durch Sägeschnitte, wenn überlagerte geometrische Kerbwirkungen nicht vorhanden oder bei der Spannungsermittlung berücksichtigt sind, z.B. bei Ausschnitten. Brenngeschnittene Flächen müssen mindestens die Güte DIN 2310-12A nach DIN 2310-3 (11.87) haben.	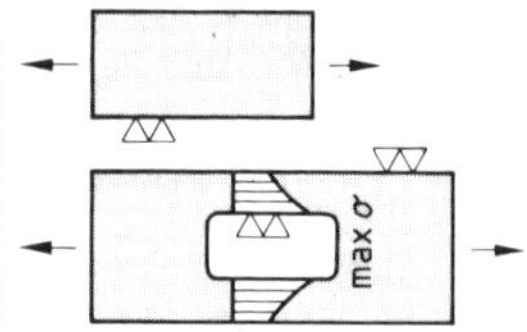
W 11	*Teile* mit Scherenschnitt- oder mit Brennschnittflächen mit mindestens Güte DIN 2310-23A nach DIN 2310-3 (11.87), wenn überlagerte geometrische Kerbwirkungen nicht vorhanden oder bei der Spannungsermittlung berücksichtigt sind, z. B. bei Ausschnitten.	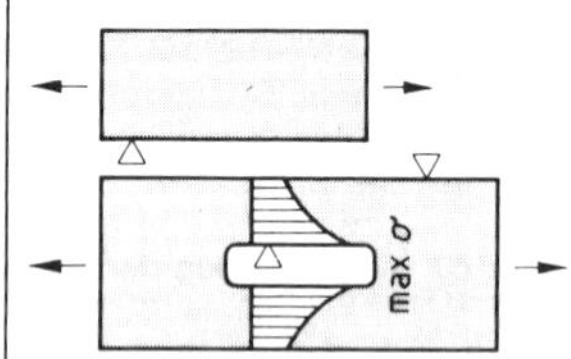
W 12	*Gelochte Teile* auch mit Nieten und Schrauben bei Beanspruchung der Niete und Schrauben bis höchstens 20%, der hochfesten Schrauben in GV-Verbindungen bis 100% der zulässigen Werte. Für einschnittige Verbindungen gelten die Einschränkungen der Kerbfälle W 22 und W 23 auch hier.	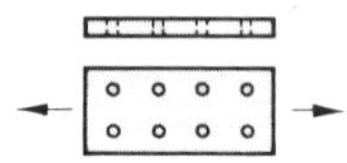
W 13	*Stegansatz* von Walzprofilen bei Angriff von Radlasten	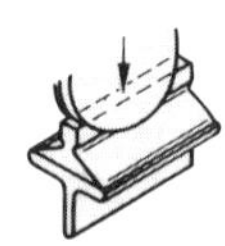
Kerbfall W 2 – Nietung, Paßschrauben nach DIN 7968, SLP- und GVP-Verbindungen		
W 21	*Gelochte Teile* bei zweischnittigem Niet- oder Schraubenanschluß	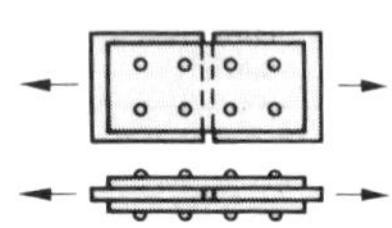
W 22	*Gelochte Teile* bei einschnittigem, aber gestütztem Niet- oder Schraubenanschluß; die Stützung darf nur für die Breite $b \leqq 15\,t$ angenommen werden.	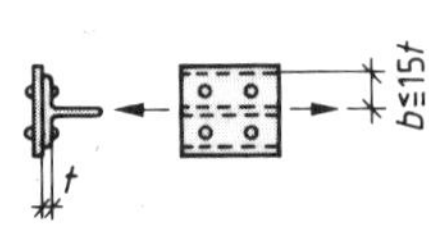

[1]) Durch *Kursivdruck* ist angegeben, ob die Schweißnaht, das durch Schweißung beeinflußte durchlaufende Teil oder beide in den jeweiligen Kerbfall eingeordnet sind. Für Schweißnaht oder Teil ergeben sich ggf. unterschiedliche Kerbfälle.

Ordnungs-Nummer	Beschreibung und Darstellung	
Kerbfall W2 ...		
W 23	*Gelochte Teile* bei einschnittigem, aber nicht gestütztem Niet- oder Schraubenanschluß mit Nachweis der außermittigen Kraftwirkungen	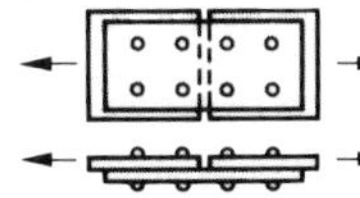
Kerbfall K 0 – Geringe Kerbwirkung		
011	Mit *Stumpfnaht*-Sondergüte quer zur Kraftrichtung *verbundene Teile*	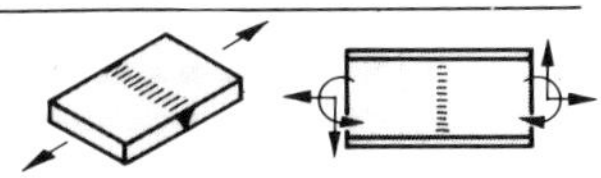
012	Mit *Stumpfnaht*-Sondergüte quer zur Kraftrichtung *verbundene Teile* verschiedener Dicken mit unsymmetrischem Stoß und Schräge ≦1 : 4 oder mit symmetrischem Stoß und Schräge ≦1 : 3	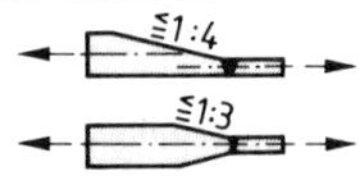
021	Mit *Stumpfnaht*-Normalgüte, *HV-Naht* oder *K-Naht* längs zur Kraftrichtung *verbundene Teile*	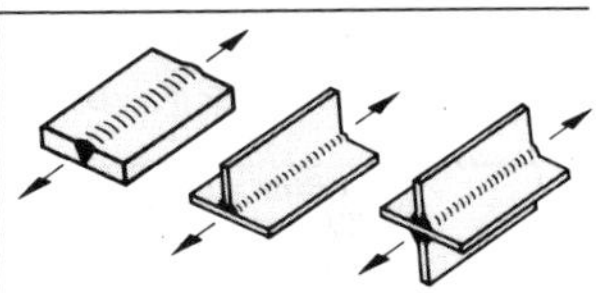
022	Mit *Stumpfnaht*-Normalgüte *verbundene Stegbleche* und *Gurtprofile* aus Form- und Stabstahl	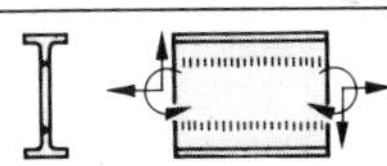
Kerbfall K 1 – Mäßige Kerbwirkung		
111	Mit *Stumpfnaht*-Normalgüte quer zur Kraftrichtung *verbundene Teile*	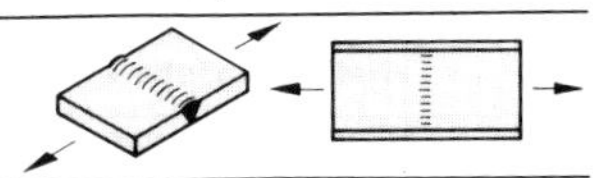
112	Mit *Stumpfnaht*-Normalgüte quer zur Kraftrichtung *verbundene Teile* verschiedener Dicken mit unsymmetrischem Stoß und Schräge ≦1 : 4 oder mit symmetrischem Stoß und Schräge ≦1 : 3	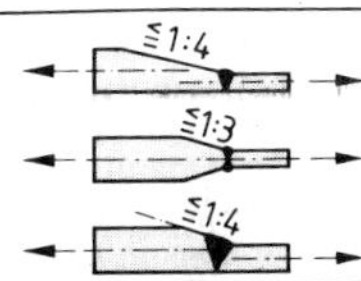
123	Mit *DHY-Naht mit Doppelkehlnaht, HY-Naht mit Kehlnaht, Doppelkehlnaht* oder *Kehlnaht* längs zur Kraftrichtung *verbundene Teile*	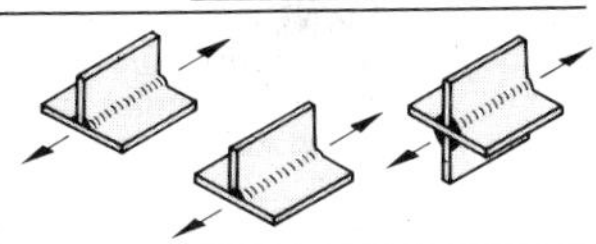
131	*Durchlaufendes Teil*, an das quer zur Kraftrichtung Teile mit durchlaufender K-Naht angeschweißt sind.	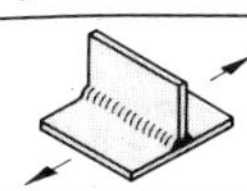
151	Mit *K-Naht* quer zur Kraftrichtung *verbundene Teile*[2])	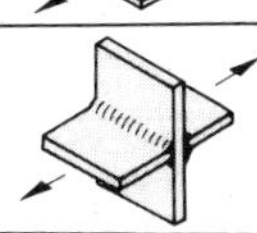

[2]) Auf Freiheit von Lamellenrissen ist bei den in Dickenrichtung beanspruchten Bauteilen besonders zu achten.

Ordnungs-Nummer	Beschreibung und Darstellung	
Kerbfall K1 ...		
152	*K-Naht* in Anschlüssen mit Biegung	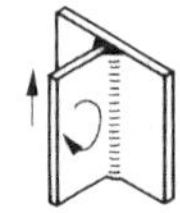
153	*K-Naht* zwischen Gurt und Steg bei Angriff von Einzellasten. Druck und Zug quer zur Naht (gilt nur für Querbeanspruchung der Naht)	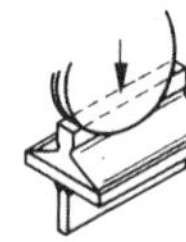
Kerbfall K 2 – Mittlere Kerbwirkung		
211	Mit *Stumpfnaht*-Normalgüte quer zur Kraftrichtung *verbundene Teile* aus Form- oder Stabstahl außer Flachstahl. (Beim Tragsicherheitsnachweis ist DIN 18801 (9.83), Abschn. 7.2.4 zu beachten.)	
212	Mit *Stumpfnaht*-Normalgüte quer zur Kraftrichtung *verbundene Teile* verschiedener Dicken mit unsymmetrischem Stoß und Schräge ≦1:3 oder mit symmetrischem Stoß und Schräge ≦1:2	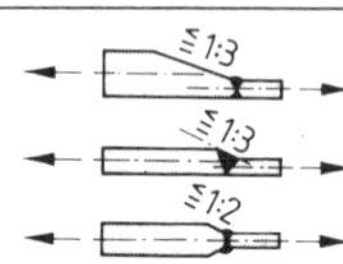
231	*Durchlaufendes Teil,* an das quer zur Kraftrichtung Teile mit durchlaufender Doppelkehlnaht-Sondergüte angeschweißt sind. Nahtübergänge kerbfrei.	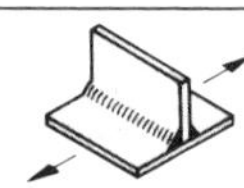
233	*Gurt- und Stegbleche,* an die quer zur Kraftrichtung Schotte oder Steifen mit abgeschnittenen Ecken mit Doppelkehlnaht-Sondergüte angeschweißt sind. Nahtübergänge kerbfrei. Die Einstufung in den Kerbfall gilt nur für den Bereich der Querkehlnähte.	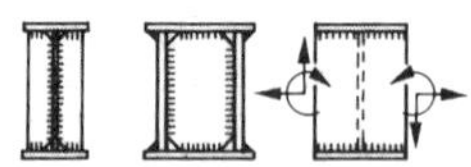
241	*Durchlaufendes Teil,* an dessen Kante an den Enden abgeschrägte oder ausgerundete Teile längs zur Kraftrichtung mit Stumpfnaht-Normalgüte angeschweißt sind. Nahtenden kerbfrei bearbeitet.	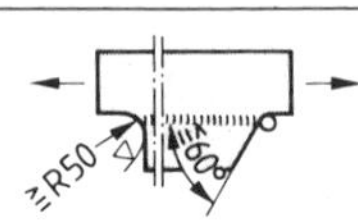
242	*Durchlaufendes Teil,* an das an den Enden abgeschrägte oder ausgerundete Teile oder Steifen längs zur Kraftrichtung angeschweißt sind. Die Endnähte sind im Bereich ≧5 t als K-Naht ausgeführt. Nahtübergänge kerbfrei.	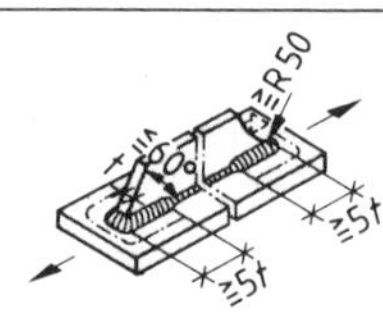
244	*Durchlaufendes Teil,* auf das ein am Ende mit Neigung ≦1:3 abgeschrägtes Gurtblech aufgeschweißt ist. Die Endnähte sind im Bereich ≧5 t in Kehlnaht-Sondergüte mit a_w = 0,5 t ausgeführt. Nahtübergänge kerbfrei.	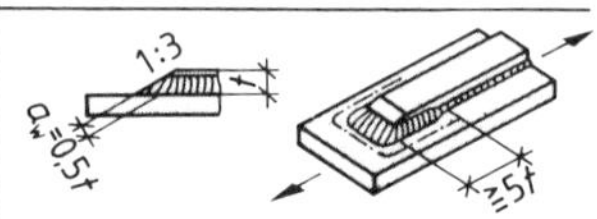

Kerbfall K 3 – Starke Kerbwirkung

Ordnungs-Nummer	Beschreibung und Darstellung	
311	Mit einseitig auf Wurzelunterlage geschweißter *Stumpfnaht* quer zur Kraftrichtung *verbundene Teile*	
312	Mit *Stumpfnaht*-Normalgüte quer zur Kraftrichtung *verbundene Teile* verschiedener Dicken mit unsymmetrischem Stoß und Schräge ≦1 : 2, mit unsymmetrischem Stoß ohne Schräge mit Dickenunterschieden ≦3 mm oder mit symmetrischem Stoß ohne Schräge	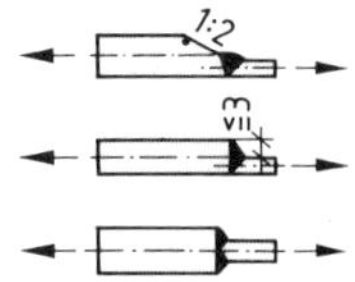
313	*Stumpfnaht*-Normalgüte und *durchlaufendes Teil,* beide quer zur Kraftrichtung, z.B. an Kreuzungsstellen von Gurtblechen mit Querschnittsverbreiterungen, die durch Stumpfnaht-Normalgüte angeschweißt sind. Nahtenden kerbfrei bearbeitet.	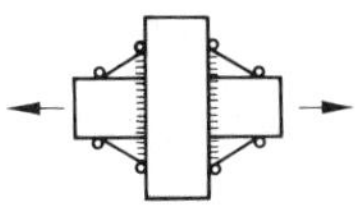
331	*Durchlaufendes Teil,* an das quer zur Kraftrichtung Teile mit durchlaufender Doppelkehlnaht angeschweißt sind	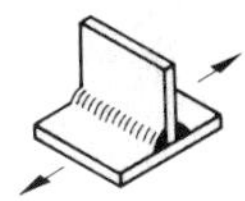
333	*Gurt- und Stegbleche,* an die quer zur Kraftrichtung Schotte oder Steifen mit ununterbrochener Doppelkehlnaht angeschweißt sind. Die Einordnung in den Kerbfall gilt nur für den Bereich der Querkehlnähte.	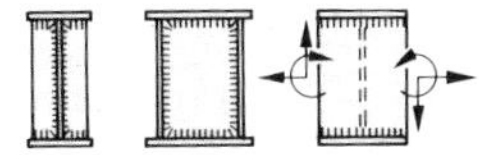
341	*Durchlaufendes Teil,* an dessen Kante an den Enden abgeschrägte Teile längs zur Kraftrichtung mit Kehlnaht oder Doppelkehlnaht angeschweißt sind. Nahtenden kerbfrei bearbeitet.	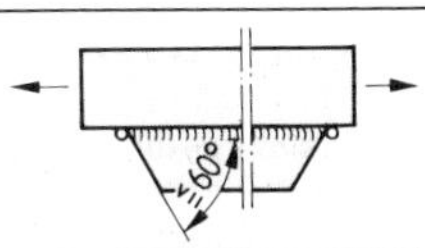
342	*Durchlaufendes Teil,* auf das an den Enden abgeschrägte Teile oder Steifen längs zur Kraftrichtung mit Doppelkehlnaht angeschweißt sind. Die Endnähte sind im Bereich ≧5 *t* kerbfrei bearbeitet.	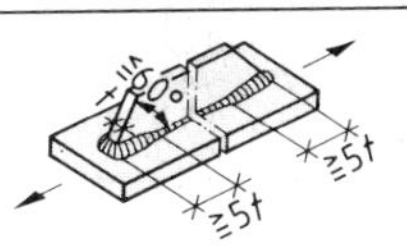
343	*Durchlaufendes Teil,* mit dem ein an den Enden abgeschrägtes oder ausgerundetes und durchgestecktes Blech verschweißt ist. Die Endnähte sind im Bereich ≧5 *t* als Doppel HY-Naht mit Doppelkehlnaht ausgeführt und kerbfrei bearbeitet.	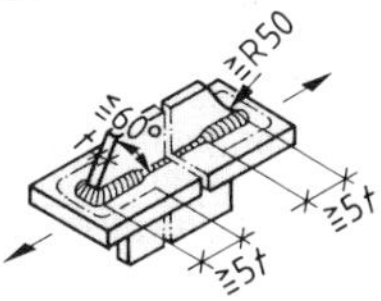
344	*Durchlaufendes Teil,* an das ein Gurtblech mit $t_o \leqq 1{,}5\, t_u$ aufgeschweißt ist. Die Endnähte sind im Bereich ≧5 t_o als Kehlnaht-Sondergüte ausgeführt.	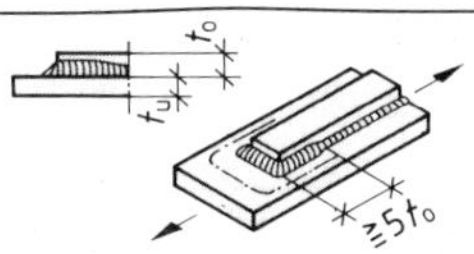

Ordnungs-Nummer	Beschreibung und Darstellung	
Kerbfall K3 ...		
346	*Durchlaufendes Teil,* an das *Längssteifen* mit unterbrochener Doppelkehlnaht oder durch Ausschnittsschweißung mit Doppelkehlnaht angeschweißt sind. Die Einordnung in den Kerbfall gilt nur für die Bereiche der kurzen Nahtabschnitte zwischen den Endnähten; für diese siehe Ordnungs-Nummer 242, 342 oder 442, je nach Ausbildung.	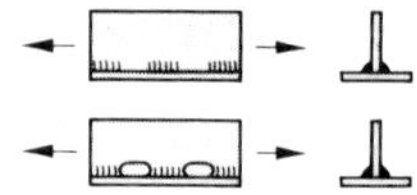
351	Mit *DHY-Naht mit Doppelkehlnaht* quer zur Kraftrichtung *verbundene Teile*	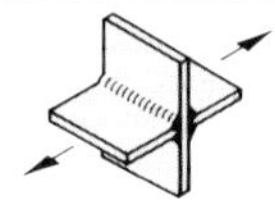
352	*DHY-Naht mit Doppelkehlnaht* in Anschlüssen mit Biegung	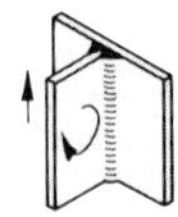
353	*DHY-Naht mit Doppelkehlnaht* zwischen Gurt und Steg bei Angriff von Einzellasten in Stegebene Druck und Zug quer zur Naht (gilt nur für Querbeanspruchung der Naht)	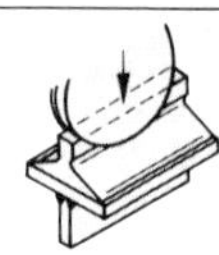
Kerbfall K4 – Besonders starke Kerbwirkung [2])		
412	Mit *Stumpfnaht-*Normalgüte quer zur Kraftrichtung *verbundene Teile* verschiedener Dicken mit unsymmetrischem Stoß, ohne Schräge, gestützt.	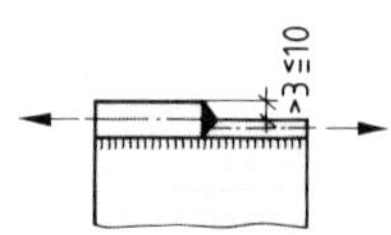
	Nichtgestützte Stöße bei Berücksichtigung der Außermittigkeit	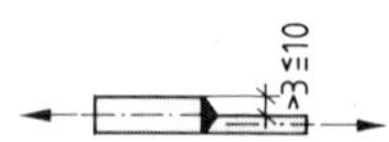
413	Mit *Stumpfnaht-*Normalgüte quer zur Kraftrichtung *verbundene Teile* an Kreuzungsstellen, z.B. von Gurtblechen	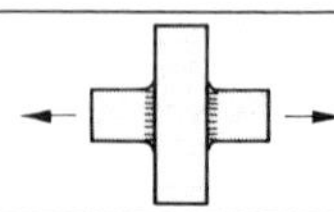
433	*Gurt- und Stegbleche,* an die Schotte mit ununterbrochener einseitiger Kehlnaht quer zur Kraftrichtung angeschweißt sind	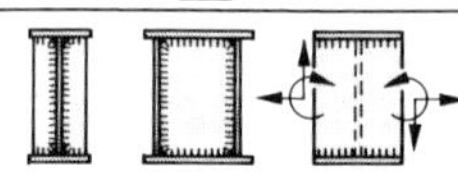
441	*Durchlaufendes Teil,* an dessen Kante längs zur Kraftrichtung rechtwinklig endende Teile angeschweißt sind	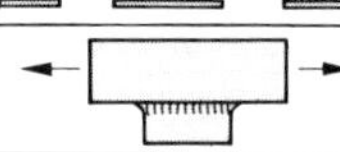
442	*Durchlaufendes Teil,* auf das rechtwinklig endende Teile, z.B. Steifen oder Knaggen zur Schienenbefestigung, längs zur Kraftrichtung mit Doppelkehlnaht aufgeschweißt sind	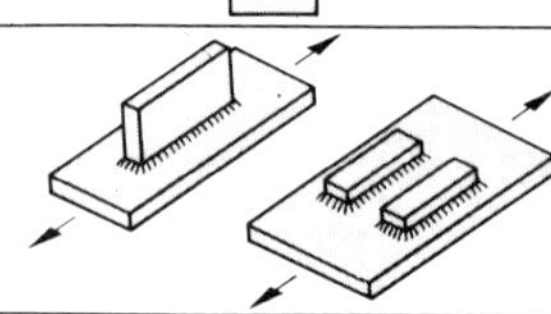

[2]) Bauformen mit noch ungünstigeren Kerbfällen sind unzulässig.

Ordnungs-Nummer	Beschreibung und Darstellung	
Kerbfall K 4 – Besonders starke Kerbwirkung (Fortsetzung)		
443	*Durchlaufendes Teil,* mit dem ein rechtwinkliges durchgestecktes Blech mit Doppelkehlnaht verschweißt ist	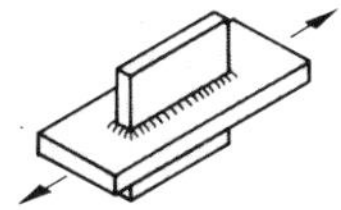
444	*Durchlaufendes Teil,* auf dem ein mit umlaufender Kehlnaht aufgeschweißtes Gurtblech endet	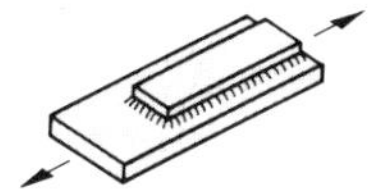
446	*Durchlaufende Teile,* zwischen denen Bindebleche mit Kehlnaht oder Stumpfnaht-Normalgüte eingeschweißt sind	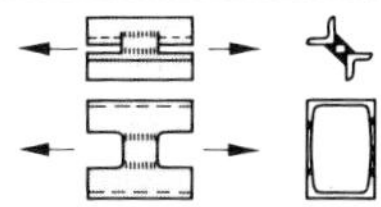
447	*Durchlaufende Teile,* auf die *Stäbe* mit Kehlnähten ringsumlaufend aufgeschweißt sind	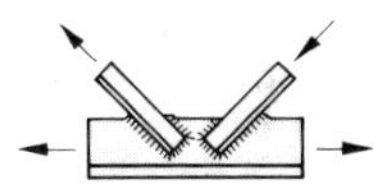
448	*Stäbe aus Rohren,* die mit Kehlnähten ringsumlaufend verschweißt sind	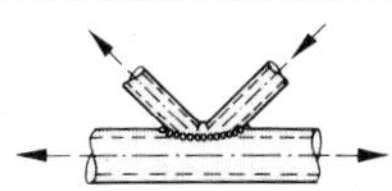
449	*Stoßlaschen,* die auf Teile von $t_u \geqq t_0$ mit Stirn- und Flankenkehlnähten aufgeschweißt sind	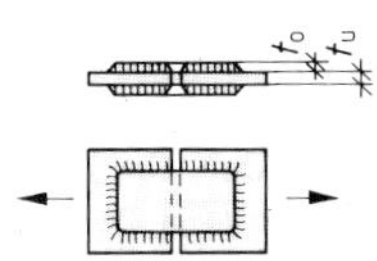
451	Durch *Doppelkehlnaht* oder *HV-Naht* auf Wurzelunterlage quer zur Kraftrichtung *verbundene Teile* (Kreuzstoß)	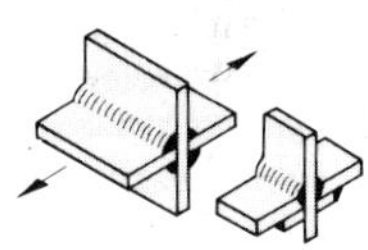
452	Durch *Doppelkehlnaht*-Anschluß mit Biegung angeschlossenes Teil	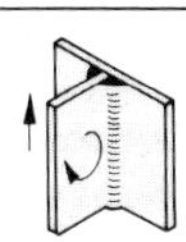
453	*Doppelkehlnaht* zwischen Gurt und Steg bei Angriff von Einzellasten in Stegebene Druck und Zug quer zur Naht (gilt nur für Querbeanspruchung der Naht)	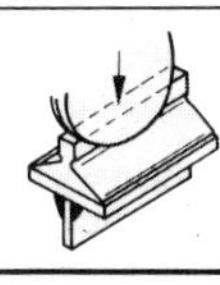

7 Verbindungen

Allgemeines. Die Beanspruchung der Verbindungen wird aus den Schnittgrößenanteilen des jeweiligen Querschnittsteils bestimmt.

Fällt der Schwerpunkt der Verbindungsmittel nicht mit der Schwerachse des anzuschließenden Querschnittsteils zusammen, ist die Exzentrizität zu berücksichtigen; Ausnahmen s. Abschn. 2.2.2.a und Tafel 53.

Bei doppeltsymmetrischen I-Profilen dürfen die Verbindungen vereinfacht mit folgenden Schnittgrößen berechnet werden, wenn auch die Flansche für N_Z und N_D nachgewiesen werden:

Zugflansch: $\boldsymbol{N_Z = N/2 + M_y/h_F}$ (132)

Druckflansch: $\boldsymbol{N_D = N/2 - M_y/h_F}$ (133) h_F = Schwerpunktabstand der Flansche.

Steg: $\boldsymbol{V_{St} = V_z}$ (134)

Zusammenwirken verschiedener Verbindungsmittel in einem Anschluß oder Stoß darf angenommen werden für

- Niete und Paßschrauben
- GVP-Verbindungen und Schweißnähte
- Schweißnähte in einem oder beiden Gurten und Niete oder Paßschrauben in allen übrigen Querschnittsteilen bei vorwiegender Beanspruchung durch M_y.

Die Grenzschnittgrößen ergeben sich durch Addition der Grenzschnittgrößen der einzelnen Verbindungsmittel.

Kein Zusammenwirken von SL- oder SLV-Verbindungen mit Paßschrauben oder Schweißnähten.

Druckkräfte ⊥ zur Kontaktfuge dürfen bei Berücksichtigung von Verformungen, Toleranzen und evtl. Klaffen der Fuge vollständig durch **Kontakt** übertragen werden, wenn die Sicherheit der gegenseitigen Lage der Bauteile ohne den Ansatz von Reibungskräften nachgewiesen wird. Es ist $\sigma_{R,d,Fuge} = \sigma_{R,d,Bauteil}$.

Eingeschränkte Verwendung und zusätzliche Nachweise von Verbindungsmitteln bei Anwendung der Verfahren Elastisch-Plastisch mit Momentenumlagerung bzw. Plastisch-Plastisch s. Abschn. 2.2.4 und 2.2.5.

7.1 Schweißverbindungen

Die für das jeweilige Bauteil geeignete Stahlgütegruppe der Stahlsorten nach Tafel 4 ist mit den Tafeln 56 bis 59 zu wählen. Bei Fertigung und Konstruktion ist DASt-Ri 014 [22] zu beachten; Nahtanhäufungen und Kerben sind zu vermeiden.

7.1.1 Abmessungen der Schweißnähte

Rechnerische Schweißnahtdicke $\boldsymbol{a}$ s. Tafel 55.

Rechnerische Schweißnahtlänge $\boldsymbol{l}$ ist ihre geometrische Länge, bei Kehlnähten ist sie die Länge der Wurzellinie.

Kleinste rechnerische Kehlnahtlänge: $\boldsymbol{l \geqq 6\,a}$, jedoch $l \geqq 30$ mm.

Größte rechnerische Nahtlänge einer Flankenkehlnaht in unmittelbaren Laschen- und Stabanschlüssen: $\boldsymbol{l \leqq 150\,a}$, jedoch ist eine obere Begrenzung von l nicht erforderlich bei kontinuierlicher Krafteinleitung über die Anschlußlänge, wie z. B. bei Querkraftübertragung vom Trägersteg zur Stirnplatte.

Rechnerische Schweißnahtfläche: $\boldsymbol{A_w = \sum(a \cdot l)}$ (135)

Die Summe erstreckt sich über die Nähte, die einwandfrei ausgeführt werden können und die vorzugsweise imstande sind, die Schnittgrößen zu übertragen, z. B.:

- bei Längskraft alle Nähte mit gleicher Steifigkeit der Anschlußebene
- bei Querkraft nur die Stegnähte von I-, U- und ähnl. Profilen.

Für Kehlnähte ist A_w konzentriert in der Wurzellinie anzunehmen.

Wird die Nahtlänge Σl nach Taf. 53 bestimmt, dürfen Ausmittigkeiten des Anschlusses unberücksichtigt bleiben.

7.1.2 Schweißnahtspannungen und Nachweise

Nachweis für Stumpf- und Kehlnähte:

$$\boldsymbol{\sigma}_{\mathbf{w,v}}/\boldsymbol{\sigma}_{\mathbf{w,R,d}} \leqq \mathbf{1} \qquad (136)$$

mit dem Vergleichswert

$$\sigma_{w,v} = \sqrt{\sigma_{\perp}^2 + \tau_{\perp}^2 + \tau_{\parallel}^2} \qquad (137)$$

Die in Gl. (137) einzusetzenden einzelnen Schweißnahtspannungen (Bild 50) errechnen sich aus folgenden Gleichungen bei der Einwirkung

– einer Normalkraft $N\sigma_{\perp}$ oder einer $\tau_{\perp}$ Querkraft V $\tau_{\parallel}$

$$\left.\begin{matrix} \sigma_{\perp} \\ \tau_{\perp} \\ \tau_{\parallel} \end{matrix}\right\} = \frac{\boldsymbol{F}}{\boldsymbol{A}_{\mathbf{w}}} \qquad (138)$$

– eines Biegemoments M

$$\boldsymbol{\sigma}_{\perp} = \boldsymbol{M} \cdot \boldsymbol{z}/\boldsymbol{I}_{\mathbf{w}} \qquad (139)$$

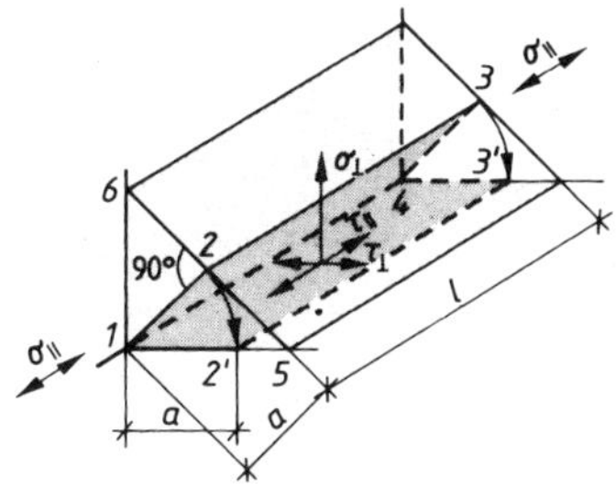

Bild 50 Schweißnahtspannungen in Kehlnähten

In Längsnähten von Biegeträgern ist die Schweißnahtschubspannung

$$\boldsymbol{\tau}_{\parallel} = \frac{\boldsymbol{V} \cdot \boldsymbol{S}}{\boldsymbol{I} \cdot \sum \boldsymbol{a}} \qquad (140)$$

Gl. (140) ist bei unterbrochenen Nähten mit $(e + l)/l$ zu multiplizieren.

Es bedeuten:

I Flächenmoment 2. Grades des Gesamtquerschnitts
I_w Flächenmoment 2. Grades des Schweißnahtquerschnitts
S Flächenmoment 1. Grades der angeschlossenen Querschnittsteilflächen
e Nahtfreie Länge bei unterbrochenen Nähten (l = Nahtlänge)
$\sigma_{\parallel}$ bleibt unberücksichtigt.

Grenzschweißnahtspannungen für alle Nähte:

$$\boldsymbol{\sigma}_{\mathbf{w,R,d}} = \boldsymbol{\sigma}_{\mathbf{w}} \cdot \boldsymbol{f}_{\mathbf{y,k}}/\gamma_{\mathbf{M}} \qquad (141)$$

$f_{y,k}$ aus Tafel 4, Zeile 1 oder 3 für $t \leqq 40$ mm;
α_w aus Tafel 52.

Bei **Stumpfstößen von Formstählen** aus S235JR, S275JR und S235JRG1 mit Erzeugnisdicke $t > 16$ mm ist bei Zugbeanspruchung $\alpha_w = 0{,}55$ zu setzen.
Längsnähte in Hohlkehlen von Walzprofilen aus unberuhigt vergossenen Stählen sind unzulässig.

Kehlnähte ohne weitere Nachweise s. Tafel 54.

Tafel 52 α_w-Werte für Grenzschweißnahtspannungen nach DIN 18800-1 [6] Tab. 21

<table>
<tr><th></th><th>Nähte nach Tafel 55</th><th>Nahtgüte</th><th>Beanspruchungsart</th><th>S235
S275</th><th>S355
S355N</th></tr>
<tr><td>1</td><td></td><td>alle Nahtgüten</td><td>Druck</td><td rowspan="2">1,0[1])</td><td rowspan="2">1,0[1])</td></tr>
<tr><td>2</td><td rowspan="2">Zeile 1 bis 4</td><td>Nahtgüte nachgewiesen</td><td rowspan="2">Zug</td></tr>
<tr><td>3</td><td>Nahtgüte nicht nachgewiesen</td><td rowspan="3">0,95</td><td rowspan="3">0,80</td></tr>
<tr><td>4</td><td>Zeile 5 bis 15</td><td rowspan="2">alle Nahtgüten</td><td>Druck, Zug</td></tr>
<tr><td>5</td><td>Zeile 1 bis 15</td><td>Schub</td></tr>
</table>

[1]) Diese Nähte brauchen im allgemeinen rechnerisch nicht nachgewiesen zu werden, da der Bauteilwiderstand maßgebend ist. – Werden die Schnittgrößen nach dem Nachweisverfahren Elastisch-Plastisch mit Umlagerung von Momenten oder nach dem Nachweisverfahren Plastisch-Plastisch ermittelt, darf der Nachweis mit einem oberen Grenzwert der Streckgrenze entfallen.

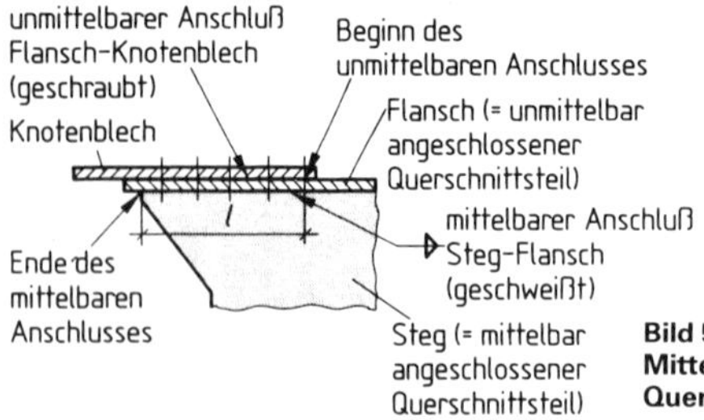

Bild 51
Mittelbarer Anschluß bei zusammengesetzten Querschnitten

Die Schweißverbindung zwischen mittelbar und unmittelbar angeschlossenen Querschnittsteilen zusammengesetzter Querschnitte ist nachzuweisen (Bild 51), sofern die Teile innerhalb des Anschlußbereichs zur Aufnahme der Schnittgrößen erforderlich sind.

Einige Besonderheiten der Abmessungen und Ausführung von Stumpfnähten siehe Bild 52, von Kehlnähten siehe Bild 54. Beim Eckstoß ist die Schweißverbindung zur Beseitigung der Terrassenbruchneigung so auszuführen, daß die Schweißnaht möglichst die volle Dicke **beider** Teile anschließt [1], [22] (Bild 53).

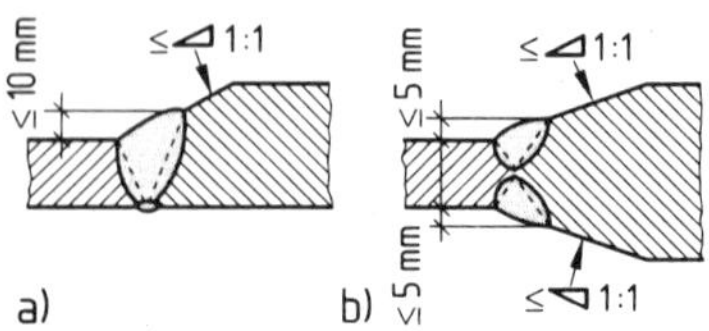

Verbindung von Teilen verschiedener Dicke

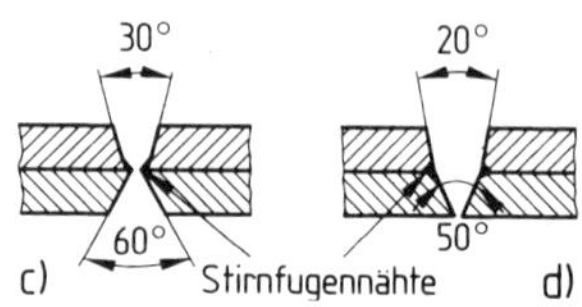

Nahtvorbereitung eines Stumpfstoßes aufeinanderliegender Gurtplatten

Bild 52 Stumpfstöße von Querschnittsteilen

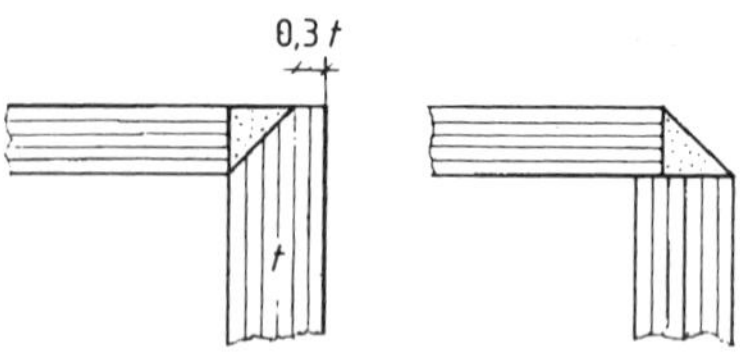

a) mit HV-Naht   b) mit Kehlnaht

Bild 53 Empfohlene Schweißverbindung an einem Eckstoß

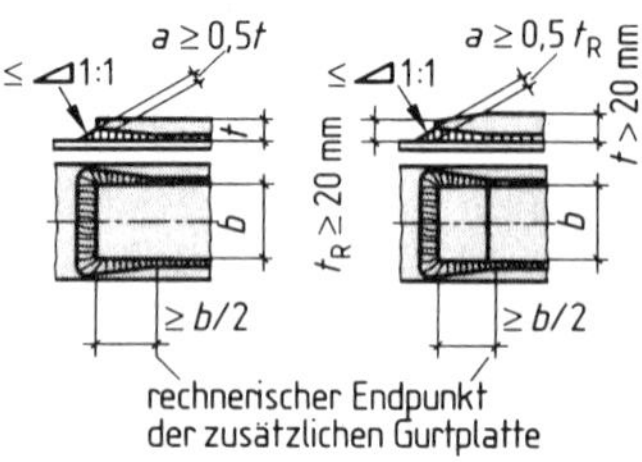

Bild 54 Vorbinden zusätzlicher Gurtplatten

Tafel 54 Kehlnahtdicken ohne weiteren Nachweis am Trägeranschluß oder -querstoß

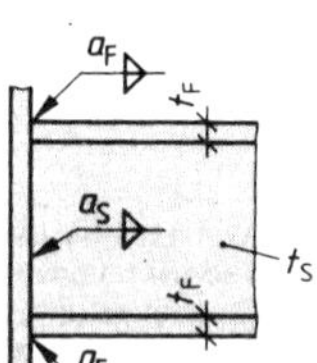

Werkstoff	Nahtdicken
S235	$a_F \geqq 0{,}5\ t_F$ $a_S \geqq 0{,}5\ t_S$
S275	$a_F \geqq 0{,}6\ t_F$ $a_S \geqq 0{,}6\ t_S$
S355 S355N	$a_F = 0{,}7\ t_F$ $a_S = 0{,}7\ t_S$

Tafel 54 Rechnerische Schweißnahtlängen Σl bei unmittelbaren Stabanschlüssen (nach [6], Tab. 20

Kehlnaht oder HV-Naht bei geschlitztem Winkelprofil	Flankenkehlnähte	Stirn- und Flankenkehlnähte
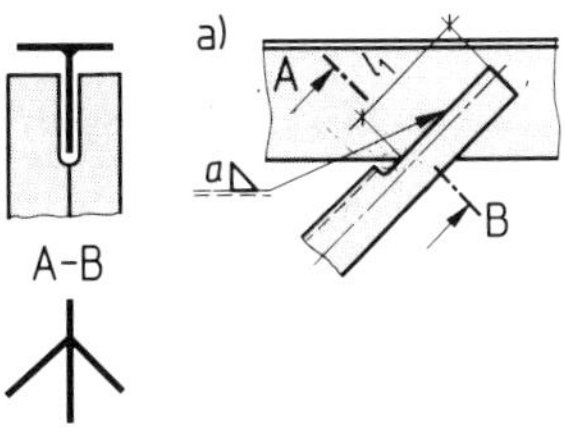	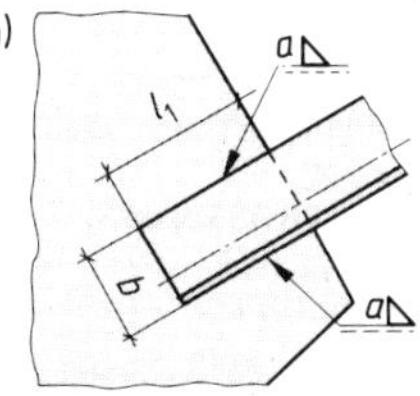	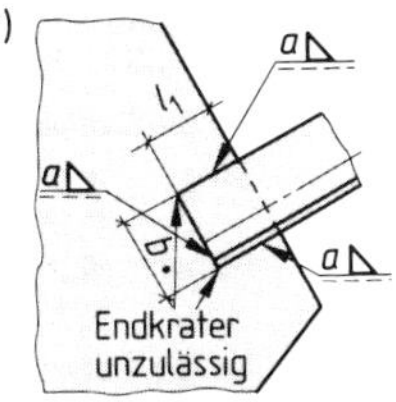
$\Sigma l = 2l_1$	$\Sigma l = 2l_1$	$\Sigma l = b + 2l_1$

Ringsum laufende Kehlnaht mit Schwerachse

näher zur kürzeren Naht	näher zur längeren Naht
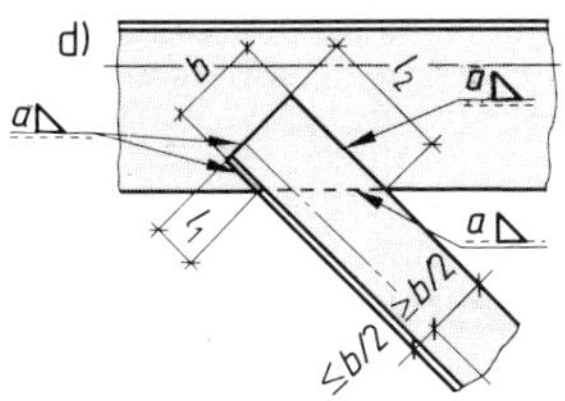	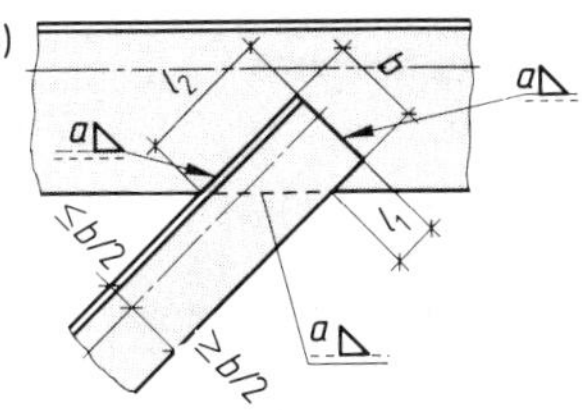
$\Sigma l = 2l_1 + 2b$	$\Sigma l = l_1 + l_2 + 2b$

Wenn Σl nach dieser Tafel bestimmt wird, dürfen die Momente aus den Außermittigkeiten des Schweißnahtschwerpunktes zur Stabachse unberücksichtigt bleiben.

Beispiele für Schweißnahtberechnung

Beispiel (Bild 55) Nachweis des Anschlusses eines Zugstabes aus 1/2 IPE 400 über Stumpf- und Kehlnähte

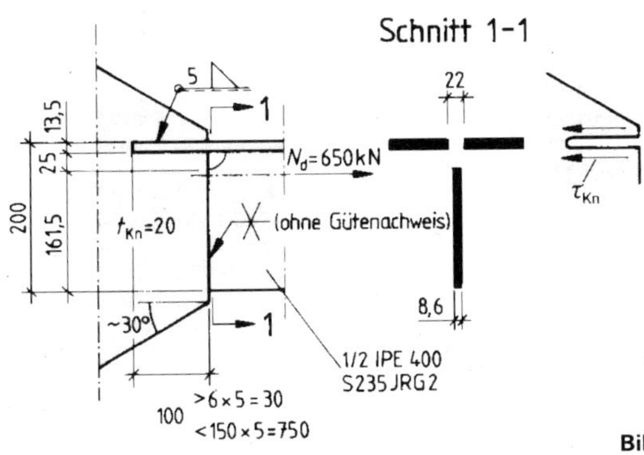

Bild 55

Beispiel, Forts.
$A_{Fl} = (18-2{,}2)\cdot 135 = 21{,}33\ \text{cm}^2$
$A_{St} = 16{,}15\cdot 0{,}86 \quad = 13{,}89\ \text{cm}^2$
$A = 35{,}22\ \text{cm}^2$

Kraftaufteilung flächenanteilig

$N_{Fl} = 650\cdot 21{,}33/35{,}22 \approx 394\ \text{kN}$
$N_{St} = 650-394 \quad = 256\ \text{kN}$

Für die Stumpf- und Kehlnähte gilt nach Tafel 52 $\sigma_{w,R,d} = 0{,}95\cdot 24{,}0/1{,}1 = 20{,}7\ \text{kN/cm}^2$

Steg: $a = \min t,\ A_{w,St} = A_{st}$
$\sigma_w = 256/13{,}89 = 18{,}43\ \text{kN/cm}^2 \qquad \sigma_w/\sigma_{w,R,d} = 0{,}89 < 1$

Flansch: $A_w = 4\cdot 0{,}5\cdot 10 = 20\ \text{cm}^2$
$\tau_\parallel = 394/20 = 19{,}7\ \text{kN/cm}^2 \qquad \tau_\parallel/\sigma_{w,R,d} = 0{,}95 < 1$

Da die Schubverzerrungen in der Kehlnaht mit dem G-Modul ($\approx 1/3\cdot E$-Modul), die Dehnungen der Stumpfnaht jedoch mit dem E-Modul korrespondieren, sollte die Kehlnaht etwas länger als rechnerisch erforderlich ausgeführt werden (z. B. 120 mm).

Knotenblechkontrolle: $\tau_{Kn} \approx 394/(2\cdot 2{,}0\cdot 10) = 9{,}85\ \text{kN/cm}^2$
$\tau_{R,d} = 24{,}0/(1{,}1\cdot\sqrt{3}) = 12{,}6\ \text{kN/cm}^2 \quad \tau_{Kn}/\tau_{R,d} = 0{,}78 < 1$

Beispiel (Bild 56) Nachweis der Schweißnähte eines biegesteifen Anschlusses eines IPE400, z. B. an eine Stirnplatte

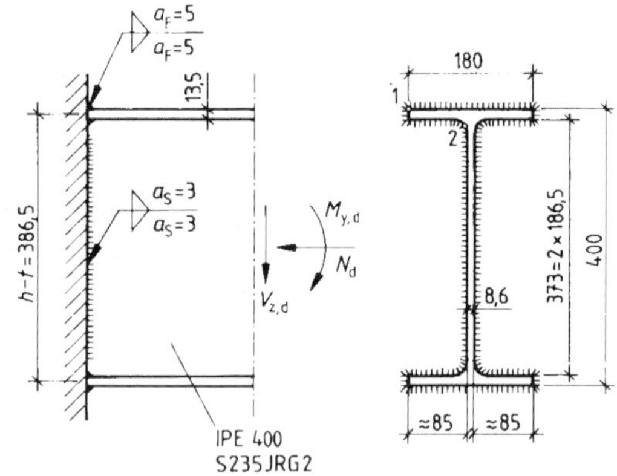

Bild 56

$N_d = 50\ \text{kN}$
$V_{z,d} = 250\ \text{kN}$
$M_{y,d} = 130\ \text{kNm}$
$\sigma_{w,R,d} = 0{,}95\cdot 24/1{,}1 = 20{,}7\ \text{kN/cm}^2$

a) Bei $a_F \geq t/2 = 7$ mm und $a_s \geq s/2 = 4$ mm ist ein Nachweis nicht erforderlich.

b) „vereinfachter Nachweis": N, M werden nur den Flanschnähten, V_z den Stegnähten zugewiesen.
$A_{w,Fl} = (18+2\cdot 8{,}5)\cdot 0{,}5 = 17{,}5\ \text{cm}^2 \qquad A_{w,St} = 2\cdot 37{,}3\cdot 0{,}3 = 22{,}4\ \text{cm}^2$
$\max N_{Fl} = N_d/2 + M_{y,d}/(h-t) = 50/2 + 13000/38{,}65) = 361\ \text{kN}$
$\sigma_\perp = 361/17{,}5 = 20{,}6\ \text{kN/cm}^2 \qquad \sigma_\perp/\sigma_{w,Rd} = 1{,}0$
$\tau_\parallel = 250/22{,}38 = 11{,}2\ \text{kN/cm}^2 \qquad \tau_\parallel/\sigma_{w,R,d} = 0{,}54 < 1$

c) „genauer Nachweis" über A_w, I_w
$A_w = 17{,}5 + 22{,}4 = 39{,}9\ \text{cm}^2$
$I_w = 2\cdot 0{,}3\cdot 37{,}3^3/12 + 2\cdot(9{,}0\cdot 20^2 + 8{,}5\cdot 18{,}65^2) = 15\,708\ \text{cm}^4$
$W_{w,1} = 15\,708/20 = 785\ \text{cm}^3 \qquad W_{w,2} = 15\,708/18{,}65 = 842\ \text{cm}^3$
$\sigma_{\perp,1} = 50/39{,}9 + 13\,000/785 = 17{,}8\ \text{kN/cm}^2 \qquad \sigma_{\perp,1}/\sigma_{w,R,d} = 0{,}86 < 1$
$\sigma_{\perp,2} = 50/39{,}9 + 13\,000/842 = 16{,}7\ \text{kN/cm}^2$
$\tau_{\parallel,2} = 11{,}2\ \text{kN/cm}^2 \qquad \sigma_{w;v} = \sqrt{16{,}7^2 + 11{,}2^2} = 20{,}10\ \text{kN/cm}^2$

Tafel 55 Rechnerische Schweißnahtdicken a nach DIN 18800-1 [6], Tab. 19
Symbolische Darstellung der Schweißnähte nach DIN EN 22553 (3.97)

Zeile	1				2	3
	Nahtart[1]), Symbole				Bild	Rechnerische Nahtdicke a
1	Durch- oder gegengeschweißte Nähte		Stumpfnaht (Beispiel V-Naht)			$a = t_1$ wenn $t_1 \leqq t_2$
2			D(oppel)-HV-Naht (K-Naht)		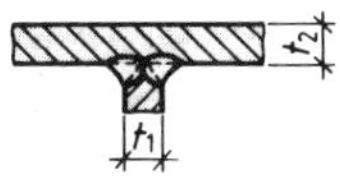	
3			HV-Naht	Kapplage gegengeschweißt	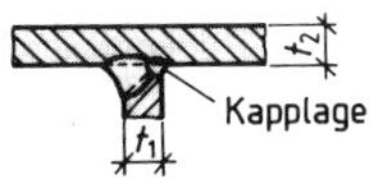	$a = t_1$
4				Wurzel durchgeschweißt	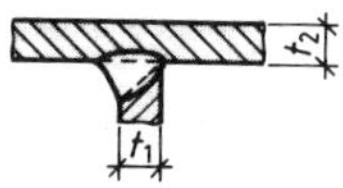	
5	Nicht durchgeschweißte Nähte		HY-Naht mit Kehlnaht[2])		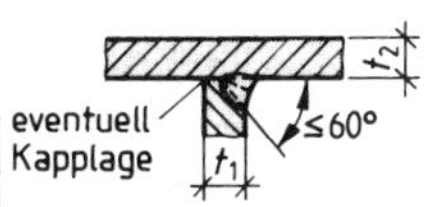	a: vgl. Zeile 7
6			HY-Naht[2])		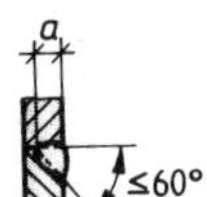	Die Nahtdicke a ist gleich dem Abstand vom theoretischen Wurzelpunkt zur Nahtoberfläche
7			D(oppel)HY-Naht mit Doppelkehlnaht[2])		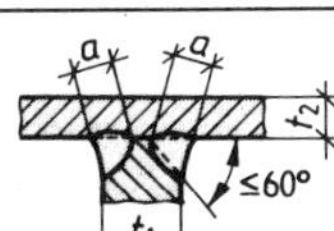	
8			D(oppel)HY-Naht[2])		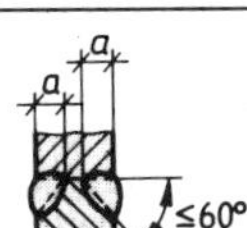	

Fortsetzung s. nächste Seite

Tafel 55, Fortsetzung

Zeile	1				2	3		
	Nahtart[1]), Symbole				Bild	Rechnerische Nahtdicke a		
9	Nicht d. Nähte		Doppel I-Naht ohne Nahtvorbereitung (Vollmech. Naht)		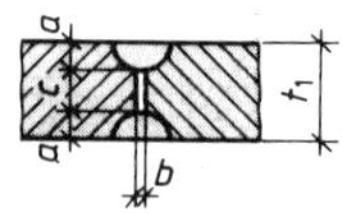	Nahtdicke a mit Verfahrensprüfung festlegen Spalt b ist verfahrensabhängig UP-Schweißung: $b=0$		
10	Kehlnähte		Kehlnaht		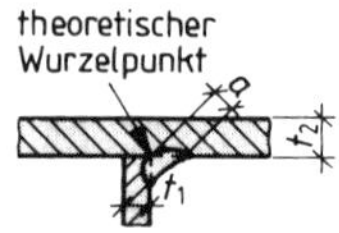	Nahtdicke a ist gleich der bis zum theoretischen Wurzelpunkt gem. Höhe des einschreibbaren gleichschenkligen Dreiecks		Empfohlene Grenzwerte für a bei $t \geqq 3$ mm: min a $\geqq 2$ mm $\geqq \sqrt{\max t} - 0{,}5$ max a $\leqq 0{,}7 \min t$ (a und t in mm)
11			Doppelkehlnaht		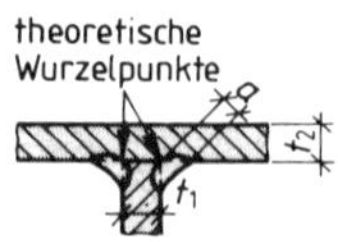			
12			Kehlnaht	mit tiefem Einbrand	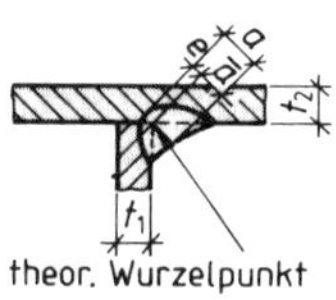	$a = \bar{a} + e$ $\bar{a}$: entspricht Nahtdicke a nach Zeile 10 und 11 e: aus Verfahrensprüfung (s. DIN 18800-7, (5.83) Abschn. 3.4.3.2a, hier: min e)		
13			Doppelkehlnaht		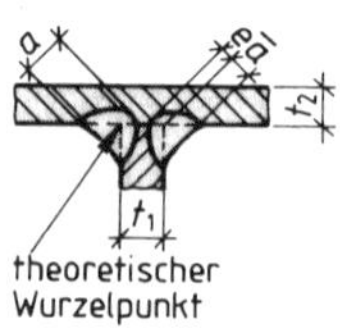			
14			Dreiblechnaht Steilflankennaht		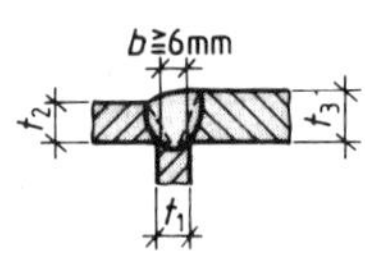	Kraftübertragung von	t_2 nach t_3	$a = t_2$ für $t_2 < t_3$
15							t_1 nach t_2 und t_3	$a = b$

[1]) Ausführung nach [10], Abschnitt 3.4.3.
[2]) Bei Nähten nach Zeilen 5 bis 8 mit einem Öffnungswinkel $<45°$ ist das rechnerische a-Maß um 2 mm zu vermindern oder durch eine Verfahrensprüfung festzulegen. Ausgenommen hiervon sind Nähte, die in Position w (Wannenposition) und h (Horizontalposition) mit Schutzgasschweißung ausgeführt werden.

Wahl der Stahlgütegruppen für geschweißte Stahlbauten

nach DASt-Richtlinie 009 [21]

Tafel 56 Beispiele für die Klassifizierung der Bauteile nach ihrem Spannungszustand

Spannungszustand	Bauteile	ferner
niedrig		Aussteifungen, Schotte, Verbände; spannungsarm geglühte Bauteile des Spannungszustandes „mittel"
mittel		Knotenbleche an Zuggurten; spannungsarm geglühte Bauteile des Spannungszustandes „hoch"
hoch	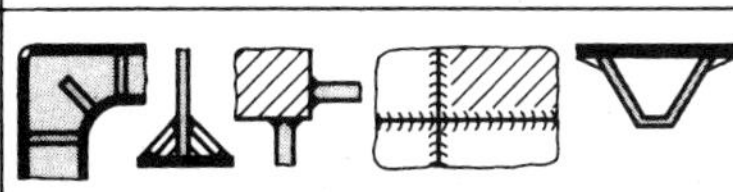	Bauteile im Bereich von schroffen Querschnittsübergängen, Spannungsspitzen, konzentrierten Krafteinleitungen, räumlichen Zugspannungszuständen

Die zu klassifizierenden Bauteile sind durch Schwärzung oder Schraffur gekennzeichnet. Gleichwertige Fälle sind sinngemäß einzuordnen.

Tafel 57 Bestimmung der Klassifizierungsstufen

Spannungszustand (s. Tafel 56)	Bedeutung des Bauteils[1]	Beanspruchung bei Gebrauchslast: Druck		Zug	
		angenommene tiefste Temperatur			
		bis −10 °C	von −10 °C bis −30 °C	bis −10 °C	von −10 °C bis −30 °C
hoch	1. Ordnung	IV	III	II	I
	2. Ordnung	V	IV	III	II
mittel	1. Ordnung	V	IV	III	II
	2. Ordnung	V	V	IV	III
niedrig	1. Ordnung	V	V	IV	III
	2. Ordnung	V	V	V	IV

[1]) 1. Ordnung: Bauteile, von deren Funktionsfähigkeit der Bestand oder der Verwendungszweck des Gesamttragwerks oder seiner wichtigsten Teile abhängen oder bei denen zul σ langzeitig und ständig zu mehr als 70% ausgenutzt ist. Die übrigen sind Bauteile 2. Ordnung.

Tafel 58 Wahl der Stahlgütegruppe
für Stähle nach DIN EN 10025

Klassifizierungsstufe (s. Taf. 57)	zulässige Bauteildicke in mm bis einschließlich[1]) [2])
I II III IV V	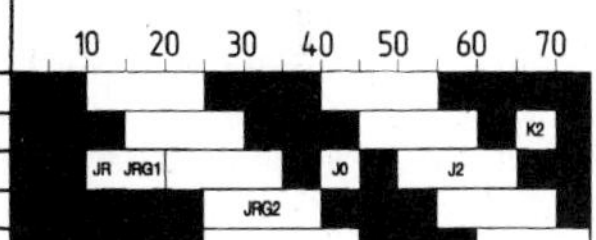

[1]) Bauteildicken sind nur in dem Rahmen zulässig, wie die Fachnormen dies ausweisen.
[2]) Der in Fachnormen zusätzlich geforderte Sprödbruchnachweis, z. B. durch den Aufschweißbiegeversuch nach SEP 1390 (96) ist ab den dort genannten Grenzwanddicken zu führen.

Tafel 59 Grenzwerte min(r/t) für das Schweißen in kaltgeformten Bereichen nach DIN 18800-1 [6], Tab. 9

	max t in mm	min (r/t)	
1	50	10	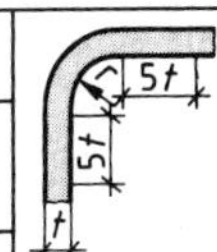
2	24	3	
3	12	2	
4	8	1,5	
5	4*)	1	*) 6 mm
6	<4*)	1	bei S235J2G3

Zwischen den Zeilen 1 bis 5 darf linear interpoliert werden.

Im Anwendungsbereich der DIN 18809 gelten strengere Bedingungen.

Tafel 60 Symbolische Darstellung von Schweißnähten Beispiele nach DIN EN 22553 (3.97)

Benennung	Darstellung (erläuternd / symbolisch)
V-Naht mit Gegenlage Nahtlänge = Stoßlänge	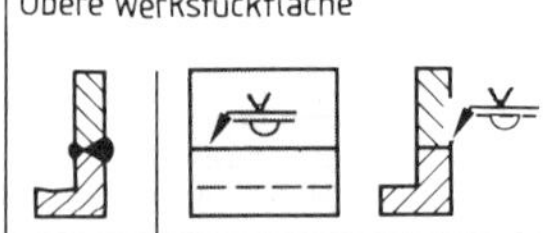
D(oppel)-V-Naht (X-Naht) Gewölbte Oberfläche, Nahtlänge = Stoßlänge; hergestellt durch Lichtbogenhandschweißen (Kennzahl 111) – gef. Bewertungsgruppe D nach ISO 5817 – Wannenposition PA nach ISO 6947 – umhüllte Stabelektrode ISO 2560–E512RR22	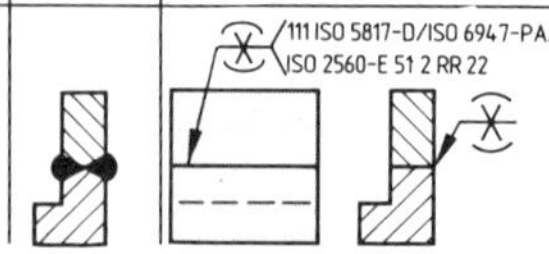
HV-Naht mit Gegennaht und beidseitig ebener Oberfläche, Nahtlänge = 800 mm ≠ Stoßlänge	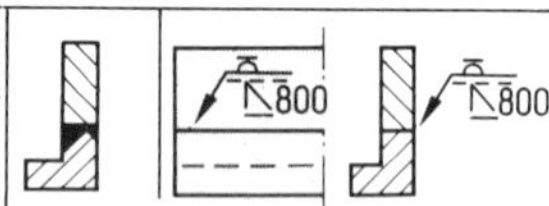 Bem.: Die Pfeillinie weist gegen die schräge Fugenflanke
D(oppel)-HV-Naht (K-Naht) Montagenaht, Nahtlänge = Stoßlänge	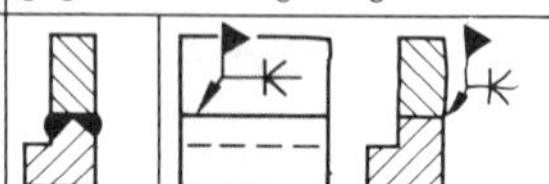 Bem.: Die Pfeillinie weist gegen die schräge Fugenflanke
U-Naht mit ebener Oberfläche auf der oberen Werkstückfläche; Nahtlänge = Stoßlänge	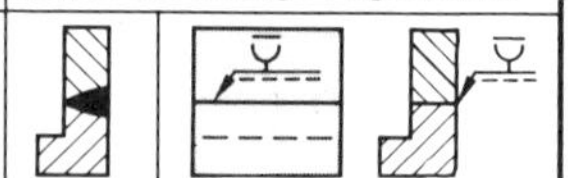
Y-Naht Nahtdicke $s = 6$ mm, Nahtlänge = Stoßlänge	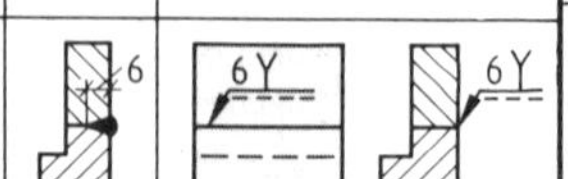
Kehlnähte einseitig, auf der Pfeilseite mit hohler Oberfläche $a = 4$ mm, auf der Gegenseite $a = 6$ mm Nahtlänge 60 mm	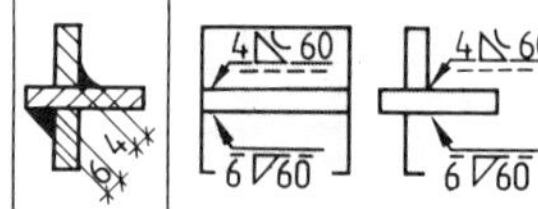
Doppel-Kehlnaht mit verschiedenen Nahtdicken, $a_1 = 8$ mm, $a_2 = 5$ mm, Montagenähte; die Bezugsangabe für Gruppen gleicher Nähte kann nahe dem Schriftfeld unter dem angegebenen Buchstaben erläutert werden	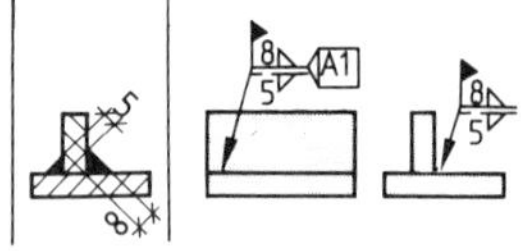
	erläuternd / symbolisch
Doppelkehlnaht unterbrochen, gegenüberliegend; $n = 3$ Nähte, Nahtdicke $a = 4$ mm, Nahtlänge je 70 mm, Zwischenraum $e = 50$ mm	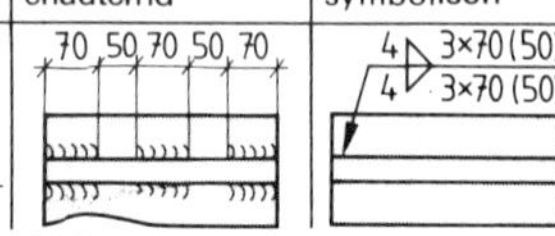
Doppelkehlnaht unterbrochen, versetzt mit Vormaß $v = 50$ mm, $a = 4$ mm	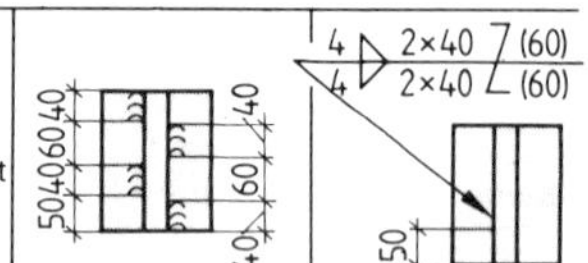
Kehlnaht ringsum verlaufend $a = 5$ mm	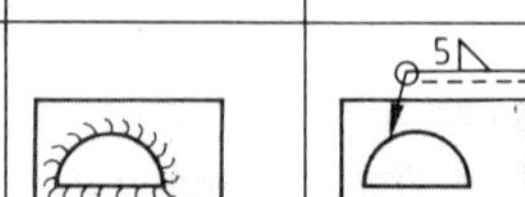

Die Seite des Stoßes, auf die die Pfeillinie weist, ist die Pfeilseite, die andere Seite ist die Gegenseite. Bei unsymmetrischen Nähten muß der Pfeil auf das Teil zeigen, an dem die Nahtvorbereitung vorgenommen wird. Befindet sich die Naht (Nahtoberseite) auf der Pfeilseite des Stoßes, wird das Symbol auf der Seite der Bezugs-Vollinie angeordnet; befindet sich die Naht auf der Gegenseite, wird das Symbol auf der Seite der Bezugs-Strichlinie angeordnet, gleichgültig, ob die Strichlinie oberhalb oder unterhalb der Vollinie gezeichnet ist. Bei symmetrischen Nähten entfällt die Bezugs-Strichlinie.

Die Nahtdicke wird vor dem Symbol angegeben. Bei Kehlnähten wird der Nahtdicke a der Buchstabe a vorangesetzt; bei Stumpfnähten ist die Nahtdicke nur dann anzugeben, wenn der Querschnitt nicht voll durchgeschweißt wird (z. B. Y-Naht). Die Nahtlänge (hinter dem Symbol) ist nur anzugeben, wenn die Naht nicht durchgehend über die gesamte Länge des Werkstücks verläuft.

7.2 Verbindungen mit Schrauben

Sechskantschrauben (rohe Schrauben) nach DIN 7990 (12.99) | **Sechskant-Paßschrauben** nach DIN 7968 (12.99)

für Stahlkonstruktionen

Festigkeitsklassen nach DIN EN 20898-1 (4.92)

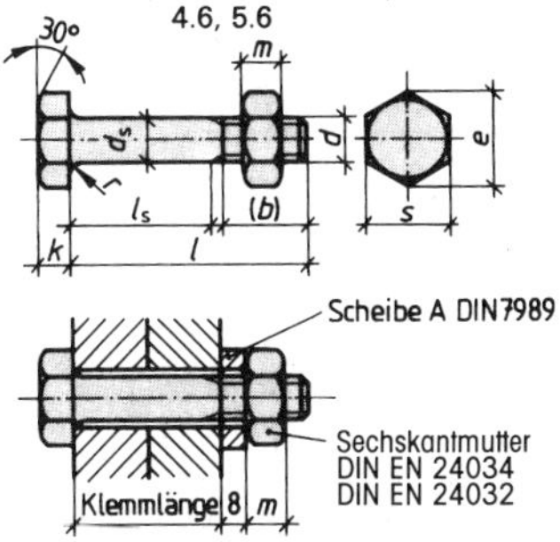

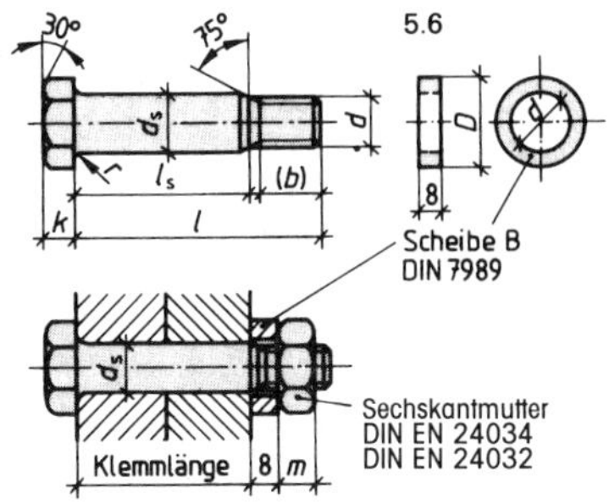

Längenmaße in mm, Querschnitte in cm². Klammerwerte für Paßschrauben

Gewinde	Schaft	Querschnitt							Länge l		Scheiben DIN 7989	
d	d_s	A_{Sp}[1])	Schaft	b	k	m	e min	s	von	bis	d	D
M 12	13	0,843	1,13 (1,33)	17,75 (17,12)	8	10	19,85	18	30	120	13,5	24
M 16	17	1,57	2,01 (2,27)	21 (20,5)	10	13	26,17	24	35	150 (160)	17,5	30
M 20	21	2,45	3,1 (3,46)	23,5 (23,75)	13	16	32,95	30	40	175 (180)	21,5	36
(M 22	23	3,03	3,80 (4,15)	25,5 (25,75)	14	18	37,29	34	40 (45)	200	24	40)[2])
M 24	25	3,53	4,52 (4,91)	26,0 (26,5)	15	19	39,55	36	45 (50)	200	26	44
M 27	28	4,59	5,73 (6,16)	29 (29,5)	17	22	45,20	41	60	200	29	50
M 30	31	5,61	7,07 (7,55)	30,5 (31,25)	19	24	50,85	46	80 (70)	200	32	56

[1]) Spannungsquerschnitt nach DIN 267-3 (8.83): $A_{Sp} = \frac{\pi}{4}\left(\frac{d_{Fl} + d_K}{2}\right)^2$ mit d_{Fl} = Flanken- und d_K = Kerndurchmesser des Gewindes.

[2]) In den neuen Ausgaben der Schraubennormen nicht mehr enthalten.

Sechskantschrauben mit großen Schlüsselweiten DIN 6914 (10.89) – HV-Schrauben in Stahlkonstruktionen

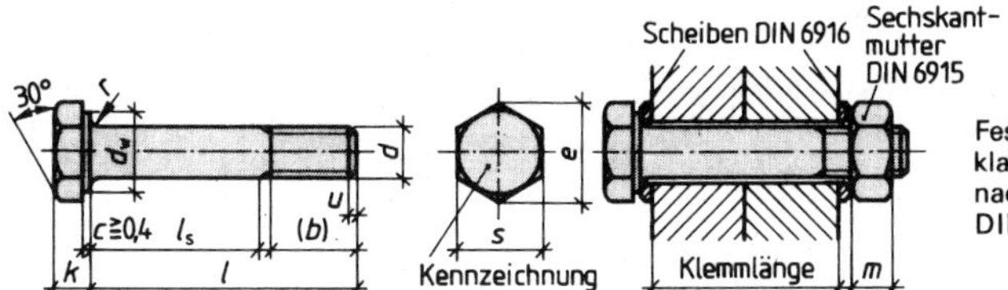

Festigkeitsklasse 10.9 nach DIN EN 20898-1

Gewinde		b[1])		d_w	c	k	r	e	s	l		m	Scheiben		
d	A_{Sp}	l_1	l_2	min[2])	max		min	min		von	bis		t	d	D
M 12	0,843	21	23	20	0,6	8	1,2	23,91	22	30	95	10	3	13	24
M 16	1,57	26	28	25	0,6	10	1,2	29,56	27	40	130	13	4	17	30
M 20	2,45	31	33	30	0,8	13	1,5	35,03	32	45	155	16	4	21	37
M 22	3,03	32	34	34	0,8	14	1,5	39,55	36	50	165	18	4	23	39
M 24	3,53	34	37	39	0,8	15	1,5	45,20	41	60	195	19	4	25	44
M 27	4,59	37	39	43,5	0,8	17	2	50,85	46	70	200	22	5	28	50
M 30	5,61	40	42	47,5	0,8	19	2	55,37	50	75	200	24	5	31	56
M 36	8,17	48	50	57	0,8	23	2	66,44	60	85	200	29	6	37	66

[1]) Schaftlängenbereiche l_1 und l_2 s. DIN 6914.

[2]) Größtmaß $d_w \leq$ Istmaß s.

11

Sechskant-Paßschrauben, hochfest, mit großen Schlüsselweiten für Stahlkonstruktionen nach DIN 7999 (12.83)

Sie sind für GVP- oder SLP-Verbindungen bestimmt. Sie dürfen nur mit Sechskantmuttern nach DIN 6915 und mit Scheiben nach DIN 6916, 6917 oder 6918 verwendet werden.

Festigkeitsklasse 10.9 nach DIN EN 20898-1

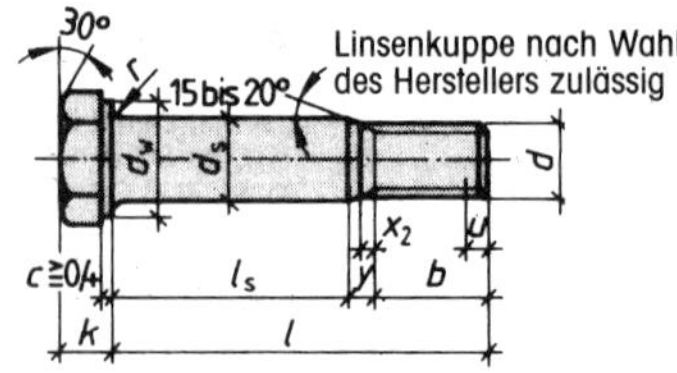

Gewinde d		M 12	M 16	M 20	M 22	M 24	M 27	M 30	Bemerkung
d_s	b11	13	17	21	23	25	28	31	Nennlängen l je nach Durchmesser 40 bis 200 mm. Übrige Maße wie Schrauben nach DIN 6914
b		18,5	22	26	28	29,5	32,5	35	
r	min.	0,8	0,8	1,2	1,2	1,2	1,5	1,5	
d_w	min.	19	25	32	34	39	43,5	47,5	
s		21	27	34	36	41	46	50	
e	min.	22,78	29,56	37,29	39,55	45,20	50,85	55,37	

Für die Festigkeitsklasse 8.8 dürfen auch Schrauben mit den Abmessungen nach DIN EN 24014 und DIN EN 24017 verwendet werden.

Niete

Halbrundniete nach DIN 124 (5.93) und Senkniete nach DIN 302 (5.93) aus den Stahlsorten USt 36 und RSt 38 nach DIN 17111 s. Normblätter!

Tafel 61 Zuordnung der Loch- und Schraubendurchmesser

Loch-∅ d_L[1])	**8,4**	**11**	**13**	15	**17**	19	**21**	**23**	**25**	**28**	**31**	34	**37**
Gewinde-∅[2])	**M 8**	**M 10**	**M 12**	M 14	**M 16**	M 18	**M 20**	**M 22**	**M 24**	**M 27**	**M 30**	M 33	**M 36**

[1]) Maßgebend für die Ausführung der Paßschrauben und ihre Berechnung auf Abscheren und Lochleibungsdruck.
Ferner maßgebend für die Ausführung der Schrauben nach DIN 7990 und DIN 6914 mit Lochspiel $\Delta d = 1$ mm. Bei Schrauben mit $\Delta d = 2$ mm ist der Lochdurchmesser um 1 mm größer. Der jeweils ausgeführte Lochdurchmesser ist für die Berechnung der Querschnittsschwächung maßgebend.
[2]) = Schaft-∅ der rohen Schrauben. Maßgebend für die Berechnung der Schrauben mit $\leqq$ 2 mm Lochspiel.

Tafel 62 Symbol für eingebaute Schraube nach DIN ISO 5261 (2.83)

Schraube	Darstellung in der Zeichenebene senkrecht zur Achse			Darstellung in der Zeichenebene parallel zur Achse	
	nicht gesenkt	Senkung auf der Vorderseite	Senkung auf der Rückseite	nicht gesenkt	Senkung auf einer Seite
in der Werkstatt eingebaut				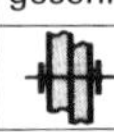	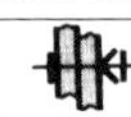
auf der Baustelle eingebaut				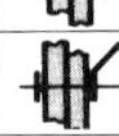	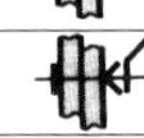
auf der Baustelle gebohrt und eingebaut				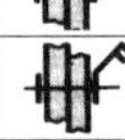	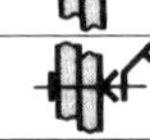

Die Symbole für Löcher sind ohne Punkt in der Mitte auszuführen; der Durchmesser der Löcher wird in der Nähe des Symbols angegeben. Die Bezeichnung der Schrauben soll mit ihren DIN-Bezeichnungen übereinstimmen. Die Bezeichnung von Löchern oder Schrauben, die auf eine Gruppe gleicher Verbindungselemente bezogen ist, braucht nur an einem äußeren Element (mit Hinweispfeil) angebracht zu werden; in diesem Fall soll die Anzahl der Löcher oder Schrauben, die die Gruppe bilden, vor der Bezeichnung eingetragen werden (z. B. 10 M 16 DIN 7990).

7.2.1 Ausführung der Schraubenverbindungen

Bei tragenden Verbindungen in Scher-/Lochleibungsverbindungen darf das Gewinde bei nicht vorwiegend ruhender Belastung nicht in das Bauteil hineinragen; bei hochfesten Schrauben können unter der Mutter 2 Unterlegscheiben erforderlich werden.

Bei schiefen Auflageflächen sind keilförmige Unterlegscheiben notwendig.

Tafel 63 Ausführungsformen von Schraubenverbindungen

	Nennlochspiel $\Delta d = d_L - d_{Sch}$ in mm	nicht planmäßig vorgespannt	planmäßig[2]) vorgespannt ohne gleitfeste Reibfläche	planmäßig[2]) vorgespannt mit[3]) gleitfester Reibfläche
1	$0{,}3 < \Delta d \leqq 2{,}0$[1])	SL	SLV	GV
2	$\Delta d \leqq 0{,}3$	SLP	SLVP	GVP

[1]) $\Delta d \leqq 1$ mm in geschraubten Endanschlüssen zusätzlicher Gurtplatten, bei Senkschrauben im Bauteil mit dem Senkkopf oder wenn Verformungen begrenzt werden müssen.
[2]) Vorspannkraft F_v s. Tafel 72
[3]) Behandlung der Reibflächen und Vorspannverfahren s. [10], 3.3.3

SL Scher-Lochleibungsverbindungen
SLP Scher-Lochleibungs-Paßverbindungen
SLV planmäßig vorgespannte Scher-Lochleibungsverbindungen
SLVP planmäßig vorgespannte Scher-Lochleibungs-Paßverbindungen
GV gleitfeste planmäßig vorgespannte Verbindungen
GVP gleitfeste planmäßig vorgespannte Paßverbindungen

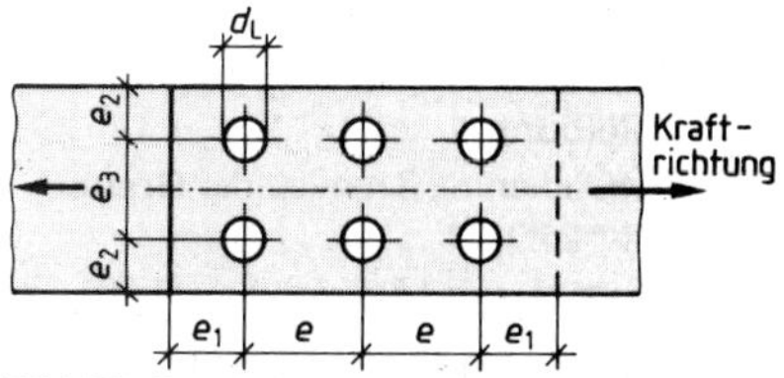

Bild 57 Rand- und Lochabstände

Tafel 64 Rand- und Lochabstände von Schrauben und Nieten nach DIN 18800-1, Tab. 7

Randabstände

Kleinster Randabstand	in Kraftrichtung e_1	$1{,}2\,d_L$
	⊥ Kraftrichtung e_2	
Größter Randabstand	∥ und ⊥ zur Kraftrichtung e_1 bzw. e_2	$3\,d_L$ oder $6\,t$

Am freien, durch die Profilform versteiften Rand darf der Randabstand $8\,t$ betragen:

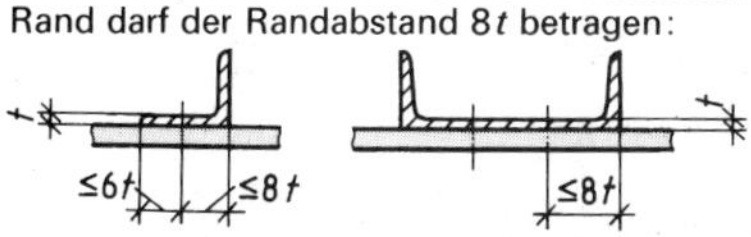

Lochabstände

Kleinster Lochabstand	in Kraftrichtung e	$2{,}2\,d_L$
	⊥ Kraftrichtung e_3	$2{,}4\,d_L$
Größter Lochabstand e bzw. e_3	Zur Sicherung gegen lokales Beulen	$6\,d_L$ oder $12\,t$
	wenn lokale Beulgefahr nicht besteht*)	$10\,d_L$ oder $20\,t$

*) In Anschlüssen mit >2 Lochreihen ∥ und ⊥ zur Kraftrichtung brauchen e bzw. e_3 nur für die äußeren Lochreihen eingehalten zu werden; e und e_3 dürfen vergrößert werden, wenn durch besondere Maßnahmen ein ausreichender Korrosionsschutz sichergestellt ist.

Bei gestanzten Löchern sind die kleinsten Randabstände $1{,}5\,d_L$, die kleinsten Lochabstände $3{,}0\,d_L$. Bei den vom Lochdurchmesser d_L und der Dicke t des dünnsten außenliegenden Teiles abhängigen Werten ist der kleinere maßgebend.

7.2.2 Berechnung der Schraubenverbindungen

Beim Nachweis unmittelbarer Laschen- und Stabanschlüsse dürfen in Kraftrichtung hintereinanderliegend rechnerisch ≦8 Schrauben berücksichtigt werden.

Weitere allgemeine Angaben s. Abschn. 7!

a) Abscheren

Grenzabscherkraft für eine Scherfuge $V_{a,R,d} = A \cdot \alpha_a \cdot f_{u,b,k} / \gamma_M$ (142)

mit $\alpha_a = 0{,}60$ für Schrauben der Festigkeitsklasse 4.6, 5.6 und 8.8
$\alpha_a = 0{,}55$ für Schrauben der Festigkeitsklasse 10.9
$\alpha_a = 0{,}44$ für Schrauben 10.9, wenn der Gewindeteil in der Scherfuge liegt
$f_{u,b,k}$ Zugfestigkeit des Schraubenwerkstoffs s. Tafel 71
$\gamma_M = 1{,}1$, jedoch $\gamma_M = 1{,}25$ bei einschnittigen ungestützten Verbindungen

Für den Abscherquerschnitt A ist einzusetzen:

- Schaftquerschnitt $A_{Sch} = d_{Sch}^2 \cdot \pi/4$, wenn der glatte Teil des Schafts in der Scherfuge liegt;
- Spannungsquerschnitt A_{Sp}, wenn der Gewindeteil in der Scherfuge liegt (A_{Sp} s. Tafel 72).

$V_{a,R,d}$ s. Tafel 71.

Mit der je Schraube und je Scherfuge vorhandenen Abscherkraft V_a muß sein

$$\boldsymbol{V_a/V_{a,R,d} \leqq 1} \qquad (143)$$

Die Grenzabscherkräfte dürfen innerhalb eines Anschlusses addiert werden.

Betriebsfestigkeit

Es gilt Abschn. 2.2.1, jedoch sind an Stelle von Gl. (16) und (17) zu setzen:

$$\boldsymbol{\Delta\tau_a = \max\tau_a - \min\tau_a \leqq 46\ \mathrm{N/mm^2}} \qquad (144)$$ Scherspannungsschwingbreite im Schaftquerschnitt

$$\boldsymbol{n \leqq 10^8 \cdot (46/\Delta\tau_a)^5} \qquad (145)$$

Das Gewinde darf nicht in die zu verbindenden Teile hineinragen.

b) Lochleibung

Für Blechdicken $t \geqq 3$ mm ist die **Grenzlochleibungskraft**

$$\boldsymbol{V_{l,R,d} = t \cdot d_{Sch} \cdot \alpha_l \cdot f_{y,k}/\gamma_M} \qquad (146)$$

$f_{y,k}$ Streckgrenze des Bauteil-Werkstoffs s. Tafel 4.

α_l ist mit den Gleichungen aus Tafel 65 zu berechnen; dabei sind e_1/d_L und e/d_L rechnerisch auf die Werte der Spalte 1 zu begrenzen.

$V_{l,R,d}$ für gebräuchliche Rand- und Lochabstände s. Tafel 74.

Mit der je Schraube an einer Lochwandung vorhandenen Lochleibungskraft V_l muß sein:

$$\boldsymbol{V_l/V_{l,R,d} \leqq 1} \qquad (147)$$

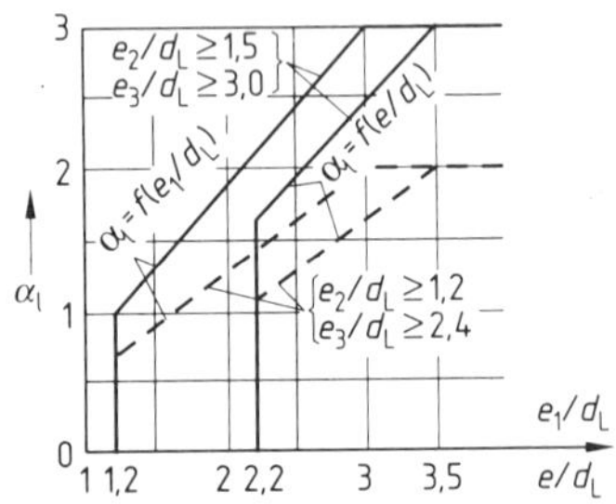

Bild 58 Lochleibungsbeiwerte α_l nach Tafel 59

Tafel 65 Beiwerte α_L nach [6], Element (805)

1	2	3
Rechnerischer Höchstwert	Gültigkeitsbereich	
	$e_2 \geqq 1{,}5\,d_L$ und $e_3 \geqq 3{,}0\,d_L$	$e_2 = 1{,}2\,d_L$ und $e_3 = 2{,}4\,d_L$
Randabstand $e_1/d_L \leqq 3{,}0$	$\alpha_l = 1{,}1\,e_1/d_L - 0{,}3 \leqq 3{,}0$	$\alpha_l = 0{,}73\,e_1/d_L - 0{,}20 \leqq 2{,}0$
Lochabstand $e/d_L \leqq 3{,}5$	$\alpha_l = 1{,}08\,e/d_L - 0{,}77 \leqq 3{,}0$	$\alpha_l = 0{,}72\,e/d_L - 0{,}51 \leqq 2{,}0$

Für Zwischenwerte von e_2 und e_3 darf – getrennt für e_2 und e_3 – linear interpoliert werden. Maßgebend ist der kleinere der beiden Werte von α_l.

Besondere Regelungen

Wenn im Nettoquerschnitt des Bauteils $\sigma < \sigma_{R,d}$ ist, darf bei GV- und GVP-Verbindungen in Gl. (146) anstelle von α_l eingesetzt werden:
$\alpha_l + 0{,}5$, jedoch höchstens 3,0.

Für einschnittige, ungestützte Verbindungen mit nur einer Schraube in Kraftrichtung muß sein:
$e_1 \geqq 2\,d_L$; $e_2 \geqq 1{,}5\,d_L$ und anstelle von Gl. (147) gilt: $V_l/V_{l,R,d} \leqq 1/1{,}2$.

c) Beanspruchbarkeit einer Verbindung

Für jede einzelne Schraube sind zu berechnen:

- Die Summe der $V_{a,R,d}$,
- die Summe der für die maßgebenden Rand- und Lochabstände für eine Kraftrichtung ermittelten $V_{l,R,d}$ und
- die entsprechende Summe für die entgegengesetzte Kraftrichtung.

Der Kleinstwert ist die Beanspruchbarkeit der betrachteten Schraube. Die Beanspruchbarkeit der ganzen Verbindung ist die Summe der Beanspruchbarkeiten der einzelnen Schrauben.
Mit der vereinfachenden Annahme gleichmäßiger Aufteilung der Anschlußkraft auf die einzelnen Schrauben liegt man gegenüber obigem Rechnungsgang auf der sicheren Seite. Maßgebend ist dann die Schraube mit der kleinsten Beanspruchbarkeit.
Erhöhung der Schraubenzahl bei mittelbarem Stoß oder Anschluß s. Bild 59.
Wenn beim Nachweisverfahren Plastisch-Plastisch

- Schrauben 8.8 und 10.9 in SL-Verbindungen mit $\Delta d > 1$ mm verwendet werden
- und die Beanspruchbarkeit der Verbindung kleiner ist als die der anzuschließenden Querschnitte
- und $V_a/V_{a,R,d} > 0{,}5$ ist

muß für alle Schrauben der Verbindung die Bedingung erfüllt sein:

$$\boldsymbol{V_L/V_{L,R,d}} \geqq V_a/V_{a,R,d} \qquad (148)$$

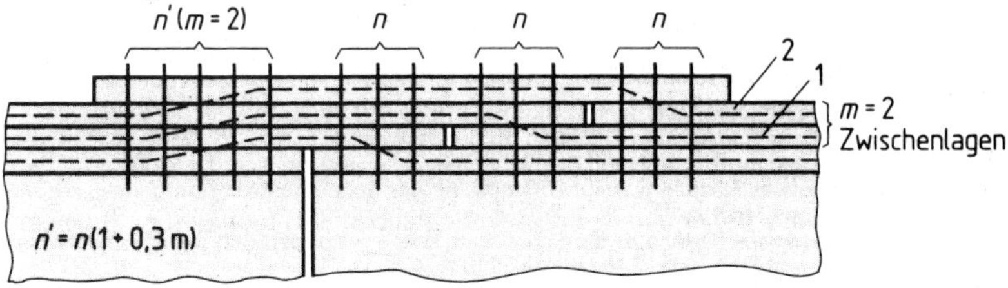

Bild 59 Erhöhung der Anzahl der Verbindungsmittel bei mittelbarer Stoßdeckung

d) Zug

Die Grenzzugkraft ist der kleinere der beiden Werte

$$\boldsymbol{N_{R,d}} = \min\begin{cases} \boldsymbol{A_{Sch} \cdot f_{y,b,k}/(1{,}1\gamma_M)} \\ \boldsymbol{A_{Sp} \cdot f_{u,b,k}/(1{,}25\gamma_M)} \end{cases} \qquad (149)$$

Bei Gewindestangen, Schrauben mit bis zum Kopf reichendem Gewinde bzw. mit $l_s \leqq d_{Sch}$ (l_s = glatter Teil des Schaftes) und aufgeschweißten Gewindebolzen ist A_{Sp} anstelle von A_{Sch} einzusetzen.

Es muß für die in der Schraube vorhandene Zugkraft N sein:

$$\boldsymbol{N/N_{R,d}} \leqq \boldsymbol{1} \qquad (150)$$

$f_{y,b,k}$, $f_{u,b,k}$ und Grenzzugkräfte $N_{R,d}$ s. Tafel 72.

Bei Gewindestangen und Sackschrauben muß das Verhältnis ξ von Einschraubtiefe zum Außendurchmesser des Gewindes mindestens $\xi = (600/f_{u,k}) \cdot [0{,}3 + 0{,}4(f_{u,b,k})/500)]$ mit $f_{u,k}$ charakteristischer Wert der Zugfestigkeit des Teils mit Innengewinde und $f_{u,b,k}$ charakteristischer Wert der Zugfestigkeit des Teils mit Außengewinde, jeweils in N/mm², sein.

Betriebsfestigkeit

In die Gln. (16) und (17) ist für $\Delta\sigma$ die Spannungsschwingbreite der Schraubenkraft im Spannungsquerschnitt A_{Sp} einzusetzen. Gl. (16) ist i. allg. nur mit planmäßig vorgespannten Schrauben erfüllbar.

e) Zug und Abscheren

$$\left(\frac{\boldsymbol{N}}{\boldsymbol{N_{R,d}}}\right)^2 + \left(\frac{\boldsymbol{V_a}}{\boldsymbol{V_{a,R,d}}}\right)^2 \leqq \boldsymbol{1} \qquad (151)$$

Für $N_{R,d}$ ist der in der Scherfuge liegende Querschnitt zugrunde zu legen. Gl. (151) gilt als erfüllt, wenn $N/N_{R,d}$ oder $V_a/V_{a,R,d} < 0{,}25$ ist.

f) Nachweis der Gebrauchstauglichkeit für GV- und GVP-Verbindungen

Grenzgleitkraft

$$V_{g,R,d} = \mu \cdot F_v(1 - N/F_v)/(1{,}15\gamma_M) \quad (152)$$

$V_{g,R,d}$ für $N=0$ s. Tafel 73.

$\mu = 0{,}5$ Reibungszahl nach Vorbehandlung der Reibflächen entspr. [10]
F_v Vorspannkraft s. Tafel 72
N die auf die Schraube entfallende Zugkraft für den Gebrauchstauglichkeitsnachweis
$\gamma_M = 1{,}0$

Mit der im Gebrauchstauglichkeitsnachweis auf eine Schraube in einer Scherfuge entfallenden Kraft V_g muß sein

$$V_g/V_{g,R,d} \leqq 1 \quad (153)$$

g) Berechnung der Schrauben eines Stegstoßes

Bei über die Stegblechhöhe h_{Steg} gleichbleibender Blechdicke t_{Steg} wirken im Schwerpunkt des symmetrischen Schraubenbildes die Schnittgrößen

$$N_S = t_{Steg} \cdot h_{Steg}(\sigma_o + \sigma_u)/2 \quad (154) \qquad V_S = V_z \quad (155)$$

$$M_S = t_{Steg} \cdot h_{Steg}^2(\sigma_u - \sigma_o)/12 + V_z \cdot a \quad \text{oder} \quad M_S = M_y \cdot I_{Steg}/I + V_z \cdot a \quad (156)$$

Mit den Komponenten

$$\max V_{b,h} = M_S \cdot \max z/I_p + N_S/n \quad (157)$$

$$\max V_{b,v} = M_S \cdot \max x/I_p + V_z/n \quad (158)$$

wird die größte Schraubenkraft

$$\max V_b = \sqrt{\max V_{b,h}^2 + \max V_{b,v}^2} \quad (159)$$

$\sigma_o\ (\sigma_u)$	Spannungen am oberen (unteren) Rand des Stegblechs an der Stoßstelle
M_y, V_z	Biegemoment und Querkraft an der Stoßstelle
a	waagerechter Abstand des Schraubenschwerpunkts von der Stoßstelle
$I_p = \sum_1^n x_i^2 + \sum_1^n z_i^2$	polares Flächenmoment 2. Grades für das Schraubenbild, bezogen auf dessen Schwerpunkt
$x_i\ (z_i)$	Abszisse (Ordinate) der Schrauben, bezogen auf den Schraubenschwerpunkt
n	Anzahl der Schrauben im Anschluß
h_1	Abstand zwischen der oberen und unteren Schraubenreihe

Bei gleichmäßigem, hohem und schmalem Schraubenbild ($\max x \ll \max z$) vereinfachen sich die Gln. (157) und (158) zu

$$\max V_{b,h} = M_S \cdot f/h_1 + N_S/n \quad (157\text{a}) \qquad \max V_{b,v} = V_z/n \quad (158\text{a})$$

Beiwert f s. Tafel 66.

Tafel 66 ***f*-Werte zur Berechnung des Stegblechstoßes**

Bohrungen	einreihig	zweireihig		dreireihig		vierreihig	
größte Schraubenzahl in **einer** Reihe	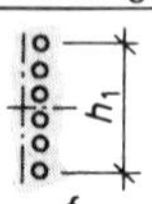	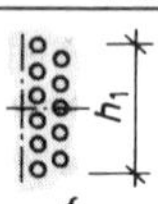	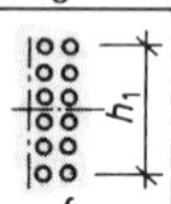	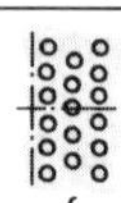	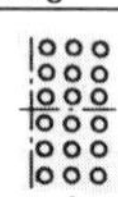	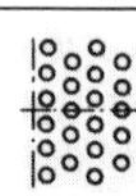	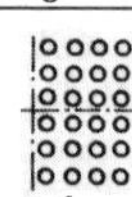
n_1	f_1	f_{2v}	f_{2p}	f_{3v}	f_{3p}	f_{4v}	f_{4p}
2	1,0000	1,0000	0,5000	0,5000	0,3333	0,5000	0,2500
3	1,0000	0,8000	0,5000	0,4444	0,3333	0,4000	0,2500
4	0,9000	0,6429	0,4500	0,3750	0,3000	0,3214	0,2250
5	0,8000	0,5333	0,4000	0,3200	0,2667	0,2667	0,2000
6	0,7143	0,4545	0,3571	0,2778	0,2381	0,2273	0,1786
7	0,6429	0,3956	0,3214	0,2449	0,2143	0,1978	0,1607
8	0,5833	0,3500	0,2917	0,2188	0,1944	0,1750	0,1458
9	0,5333	0,3137	0,2667	0,1975	0,1778	0,1569	0,1333
10	0,4909	0,2842	0,2455	0,1800	0,1636	0,1421	0,1227
Formeln für f-Werte $f=$	$\frac{6(n_1-1)}{n_1(n_1+1)}$	$\frac{6(n_1-1)}{n_1(2n_1-1)}$	$\frac{3(n_1-1)}{n_1(n_1+1)}$	$\frac{2(n_1-1)}{n_1^2}$	$\frac{2(n_1-1)}{n_1(n_1+1)}$	$\frac{3(n_1-1)}{n_1(2n_1-1)}$	$\frac{1{,}5(n_1-1)}{n_1(n_1+1)}$

7.2.3 Typisierte Verbindungen nach [26][1]) und [33]

a) Querkraftbeanspruchte Trägeranschlüsse mit Winkeln

Tafel 67 Abmessungen der Anschlußwinkel; Schrauben in SL-Verbindung

Ein- oder zweireihiger Steganschluß mit Schrauben nach DIN 7990	Winkel, Schraubenbild, Schraubendurchmesser			Maße in mm w	w_1	w_2	e_1	e
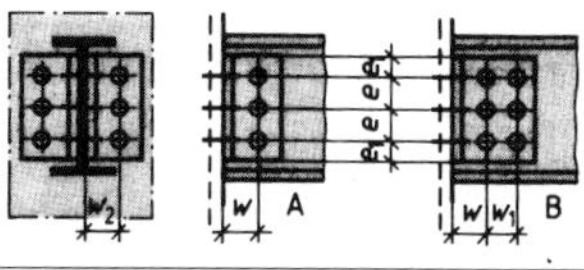	L90 × 9	A	M 16	50	–	50	35	50
	L100 × 10	A	M 20	60	–	60	40	70
	L120 × 12	A	M 24	70	–	70	50	80
	L150 × 75 × 9	B	M 16	50	60	50	35	50
	L180 × 90 × 12	B	M 20	60	70	60	40	70
	L200 × 100 × 12	B	M 24	70	80	60	50	80

b) Biegesteife Stirnplatten-Anschlüsse mit GV-Verbindungen — 10.9[2])

Die Berechnung des elastischen Grenzbiegemoments $M_{el,y,Rd}$ des Anschlusses erfolgt nach [26] und [40]. Ausführliche Tragfähigkeitstafeln s. [33]. Die Anwendung der Tafel 68 setzt die Ausführung nach Tafel 69 und Bild 60 voraus.

Bündige Stirnplatten weisen größere Verformungen auf, die bei der Ermittlung von Schnittgrößen und Knicklängen zu berücksichtigen sind; sie sollten in diesen Fällen möglichst vermieden werden.

Nachweis der Gebrauchstauglichkeit nach [40]:

$$\boldsymbol{M}_{y,Sd} \leqq \begin{cases} \boldsymbol{M}_{el,y,Rd} \\ 1{,}35\boldsymbol{n}* \cdot \boldsymbol{F}_v \cdot \boldsymbol{h}_s \end{cases} \quad (160)$$

F_v Schraubenvorspannkraft s. Tafel 72
h_s Abstand der Druckflanschmitte vom Schwerpunkt der Schrauben am Zugflansch (Bild 60)
n^* zu berücksichtigende Anzahl der Schrauben am Zugflansch (Bild 60):
Bei bündiger Stirnplatte: $n^* = 2$ bei $n = 2$; $n^* = 3{,}6$ bei $n = 4$.
Bei überstehender Stirnplatte ist n^* zu verdoppeln auf $n^* = 4$ bzw. 7,2.
$M_{y,Sd}$ Bemessungsmoment am Anschluß mit γ_F und ψ nach Tafel 8.

Die Querkraft V_z wird nur von den Schrauben am Druckflansch aufgenommen. Der Nachweis des Trägersteges erfolgt nach Gl. (26).

Tafel 68 Profilhöhe von Trägern aus S235 zum Anschluß des elast. Grenzbiegemoments $M_{el,y,d} = W_y \cdot \sigma_{R,d}$ mit biegesteifen Stirnplatten

Schrauben-∅ d	IPE-Profile			HE-A (IPBl)-Profile			HE-B (IPB)-Profile	

M16 –10.9	120 bis 160	–	200 bis 300	120 bis 160	120 bis 200	–	120 bis 160	–
M20 –10.9	180 bis 220	300 bis 330	330	180 bis 200	220	300 bis 360	180	240 bis 300
M24 –10.9	240 bis 270	360 bis 450	360 bis 450	220	240 bis 280	400 bis 500	200 bis 220	320 bis 400
M27 –10.9	300	500	500 bis 550	240 bis 280	300 bis 320	550 bis 700	240 bis 260	450 bis 600
M30 –10.9	330 bis 360	550 bis 600	600	300 bis 320	340 bis 360	800 bis 1000	280 bis 300	650 bis 800

Das zulässige Anschlußmoment bündiger Stirnplatten ist zum Vorzeichen unabhängig.
Der überstehende Teil von Stirnplatten muß auf der Biegezugseite liegen; liegt er in der Biegedruckzone oder werden kleinere als in der Tafel angegebene Schrauben ausgeführt, sind die dann verminderten elastischen Grenzmomente der Anschlüsse den „Typisierten Verbindungen im Stahlhochbau" bzw. [33] zu entnehmen.

[1]) Die „Typisierten Verbindungen im Stahlbau" werden momentan unter Berücksichtigung der Regelungen des EC 4 [1] überarbeitet. Die vollständige Ausgabe lag bei Drucklegung noch nicht vor.
[2]) Siehe hierzu auch [44].

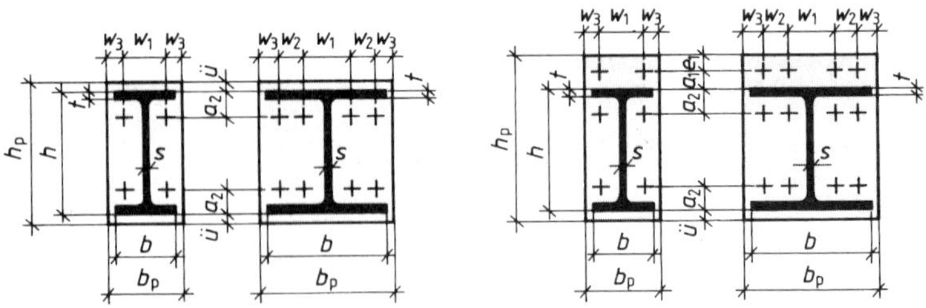

Bild 60 **Bemaßung bündiger und überstehender Stirnplatten mit $n=2$ bzw. $n=4$ senkrechten Schraubenreihen**

Tafel 69 **Mindestmaße für die Stirnplatten aus S235JRG2 oder S235J2G3 in mm** (s. Bild 60)

Schrauben-∅ d	Schraubenlochbild[1]) a_1	e_1	[2]) w_1	w_2	w_3	Plattendicke t_P 			
M16–10.9	30	25	70	40	25	25	20	25	–
M20–10.9	40	30	90	45	30	30	20	35	25
M24–10.9	50	35	110	55	35	35	25	40	30
M27–10.9	60	40	130	65	40	45	30	50	35
M30–10.9	60	45	130	70	45	45	30	50	35

[1]) Die aus den Mindestmaßen w_1, w_2, w_3 berechnete Plattenbreite b_P muß mindestens in Flanschbreite b ausgeführt werden.
[2]) Für $s>10$ mm ist w_1 um 10 mm zu vergrößern. Beim Anschluß an eine Stütze ist zusätzlich die Anmerkung zu Tafel 70 zu beachten. Bei 2 Schraubenreihen und ausreichender Plattenbreite b_P ist $w_1 \approx b/2$ zu wählen.

Weitere Maße für die Stirnplatten:

$a_2 = a_1 + t - 1$ (auf volle 5 mm aufrunden)

$ü = 10$ mm für $h \leqq 200$ (<200 bei IPB)

$ü = 20$ mm für $200 < h < 400$ ($200 \leqq h < 400$ bei IPB)

$ü = 30$ mm für $h \geqq 400$

Kehlnähte zwischen Träger und Stirnplatte (auf volle mm aufrunden) s. Tafel 54.

Nach [26] kann man a_s ggfs. außerhalb eines begrenzten Stegbereichs der Zugzone vermindern.

Stützenflanschdicke bei Stirnplattenanschlüssen

Tafel 70 **Mindestdicke t_f der Stützenflansche bei Stirnplattenanschlüssen in Rahmenkonstruktionen**

Anschlußart	Stirnplatte bündig $n=2$	$n=4$	überstehend $n=2$	$n=4$
rippenlos	$1{,}0d$	$1{,}3d$	$1{,}1d$	$1{,}4d$
ausgesteift	$1{,}0d$	$1{,}25d$	$0{,}8d$	$1{,}0d$

Es muß sein $t_f \geqq 0{,}5\,t_P$. Wegen Stegdicke s und Rundungsradius r des Stützenprofils muß sein $w_1 \gtrapprox 2r + s + 1{,}87\,d$.

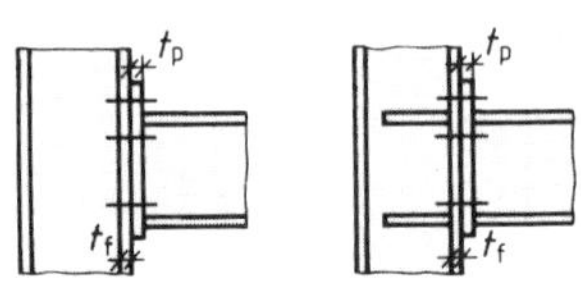

a) rippenlos b) ausgesteift

Bild 61 **Stirnplattenanschluß an Stütze**

Reicht die Dicke t_f des Stützenflanschs bei ausgesteiftem Anschluß nicht aus, sind unter den Schrauben im Zugbereich auf der Innenseite der Flansche möglichst große Futter mit Dicke $t_{Fu} = t_P$ anzuordnen.

Ein Beispiel s. am Ende des Abschnitts.

Tafel 71 Grenzabscherkraft $V_{a,R,d}$ in kN einer Schraube für **eine** Scherfuge

	Schrauben- Ausführungsform	Werkstoff	$f_{u,b,k}$ in N/mm²	Lochdurchmesser für Paßschrauben (Niete) in mm, Schraubengröße 13 M12	17 M16	21 M20	23 M22	25 M24	28 M27	31 M30	37 M36
Glatter Teil des Schafts in der Scherfuge	**SL**	**4.6**	400	24,68	43,87	68,54	82,94	98,70	124,9	154,2	222,1
		5.6	500	30,84	54,84	85,68	103,7	123,4	156,2	192,8	277,6
	SL, SLV, GV	**8.8**	800	49,35	87,74	137,1	165,9	197,4	249,8	308,4	444,2
		10.9	1000	56,55	100,5	157,1	190,1	226,2	286,3	353,4	508,9
	SLP	**5.6**	500	36,20	61,90	94,46	113,3	133,9	167,9	205,8	293,2
	SLP, SLVP, GVP	**8.8**	800	57,92	99,05	151,1	181,3	214,2	268,7	329,4	469,2
		10.9	1000	66,37	113,5	173,2	207,7	245,4	307,9	377,4	537,6
Gewinde in der Scherfuge	**SL**	**4.6**	400	18,39	34,18	53,41	66,20	76,91	100,2	122,3	178,2
		5.6	500	22,98	42,73	66,76	82,75	96,14	125,3	152,9	222,7
	SL, SLV, GV	**8.8**	800	36,77	68,36	106,8	132,4	153,8	200,5	244,6	356,4
		10.9	1000	33,71	62,67	97,92	121,4	141,0	183,8	224,2	326,7

Die Grenzabscherkräfte dürfen innerhalb eines Anschlusses addiert werden.

Tafel 72 Grenzzugkraft $N_{R,d}$ in kN für eine Schraube; **Vorspannkraft F_V** in kN

Schrauben- Ausführungsform	Werkstoff	$f_{u,b,k}$ in N/mm²	$f_{y,b,k}$ in N/mm²	Schraubengröße M12	M16	M20	M22	M24	M27	M30	M36
SL	**4.6**	400	240	22,43	39,88	62,31	75,40	89,73	113,6	140,2	201,9
	5.6	500	300	28,04	49,85	77,89	94,25	112,2	142,0	175,3	252,4
SLV, GV, (SL)[1]	**8.8**	800	640	49,03	91,15	142,4	176,5	205,1	267,3	326,2	475,2
	10.9	1000	900	61,28	113,9	178,0	220,7	256,4	334,1	407,7	594,0
SLP	**5.6**	500	300	30,64	56,28	85,87	103,0	121,7	152,7	187,1	266,6
SLVP, GVP, (SLP)[1]	**8.8**	800	640	49,03	91,15	142,4	176,5	205,1	267,3	326,2	475,2
	10.9	1000	900	61,28	113,9	178,0	220,7	256,4	334,1	407,7	594,0
Vorspannkraft F_V in kN für die Festigkeitsklasse 10.9[2]				50	100	160	190	220	290	350	510
Spannungsquerschnitt A_{Sp} in cm² [3]				0,843	1,567	2,448	3,034	3,525	4,594	5,606	8,167

Wenn $N > 0{,}25 N_{R,d}$ ist, muß die Interaktion mit Abscheren n. Gl. (151) nachgewiesen werden.

[1]) SL- bzw. SLP-Verbindungen nur zulässig, wenn Verformungen (Klaffen) im Tragsicherheitsnachweis berücksichtigt werden und im Gebrauchszustand in Kauf genommen werden können. Bei GV- und GVP-Verbindungen sind Gln. (152) und (153) zu beachten.

[2]) Für Festigkeitsklasse 8.8 gelten 70% dieser Werte.

[3]) Bei größeren Schraubendurchmessern ist $A_{Sp} \approx 0{,}005\, d^{2{,}064}$ in cm² mit d in mm.

Tafel 73 Grenzgleitkraft $V_{g,R,d}$ in kN von GV- und GVP-Verbindungen für eine Scherfuge beim Gebrauchstauglichkeitsnachweis bei der Schraubenzugkraft $N = 0$

Festigkeitsklasse der Schrauben	Schraubengröße M12	M16	M20	M22	M24	M27	M30	M36
10.9	21,74	43,48	69,57	82,61	95,65	126,1	152,2	221,7

Für die Festigkeitsklasse 8.8 gelten 70% der Tafelwerte.

II

Tafel 74 Grenzlochleibungskraft $V_{l,R,d}$ in kN/cm je 1 cm Werkstoffdicke für gebräuchliche Lochabstände e oder Randabstände e_1

Bauteil-Werkstoff	Beiwert α_l	Schrauben-Abstand e/k_L ≧	Randabst. e_1/d_L ≧	Ausführungsform	Lochdurchmesser für Paßschrauben (Niete) in mm, Schraubengröße 13 / M 12	17 / M 16	21 / M 20	23 / M 22	25 / M 24	28 / M 27	31 / M 30	37 / M 36
S235	1,9	2,5	**2,0**	**SL, SLV, GV**	49,75	66,33	82,91	91,20	99,49	111,9	124,4	149,2
				SLP, SLVP, GVP	53,89	70,47	87,05	95,35	103,6	116,1	128,5	153,4
	2,47	**3,0**	2,52	**SL, SLV, GV**	64,67	86,23	107,8	118,6	129,3	145,5	161,7	194,0
				SLP, SLVP, GVP	70,06	91,61	113,2	123,9	134,7	150,9	167,1	199,4
	3,0 (= max)	**3,5**	3,0	**SL, SLV, GV**	78,55	104,7	130,9	144,0	157,1	176,7	196,4	235,6
				SLP, SLVP, GVP	85,09	111,3	137,5	150,5	163,6	183,3	202,9	242,2
S275	1,9	2,5	**2,0**	**SL, SLV, GV**	57,00	76,00	95,00	104,5	114,0	128,3	142,5	171,0
				SLP, SLVP, GVP	61,75	80,75	99,75	109,3	118,8	133,0	147,3	175,8
	2,47	**3,0**	2,52	**SL, SLV, GV**	74,1	98,8	123,5	135,8	148,2	166,7	185,3	222,3
				SLP, SLVP, GVP	80,28	105,0	129,7	142,0	154,4	172,9	191,4	228,5
	3,0 (= max)	**3,5**	3,0	**SL, SLV, GV**	90,00	120,0	150,0	165,0	180,0	202,5	225,0	270,0
				SLP, SLVP, GVP	97,50	127,5	157,5	172,5	187,5	210,0	232,5	277,5
[1]) S355 S355N	1,9	2,5	**2,0**	**SL, SLV, GV**	74,62	99,49	124,4	136,8	149,2	167,9	186,5	223,9
				SLP, SLVP, GVP	80,84	105,7	130,6	143,0	155,5	174,1	192,8	230,1
	2,47	**3,0**	2,52	**SL, SLV, GV**	97,00	129,3	161,7	177,8	194,0	218,3	242,5	291,0
				SLP, SLVP, GVP	105,1	137,4	169,8	185,9	202,1	226,3	250,6	299,1
	3,0 (= max)	**3,5**	3,0	**SL, SLV, GV**	117,8	157,1	196,4	216,0	235,6	265,1	294,5	353,5
				SLP, SLVP, GVP	127,6	166,9	206,2	225,8	245,5	274,9	304,4	363,3

Die Tafelwerte sind mit der maßgebenden Bauteildicke min Σt (in cm) und gegebenenfalls mit dem Verhältnis der Streckgrenzen (bei $t \geqq$ 40 mm) zu multiplizieren.

Die Tafel gilt für: $e_2/d_L \geqq 1{,}5$ und $e_3/d_L \geqq 3{,}0$, Blechdicke 3 mm $\leqq t \leqq$ 40 mm, glatter Teil des Schafts in der Lochleibung.

Die Grenzlochleibungskräfte dürfen innerhalb einer Verbindung addiert werden, wenn die einzelnen Schraubenkräfte beim Nachweis auf Abscheren berücksichtigt werden.

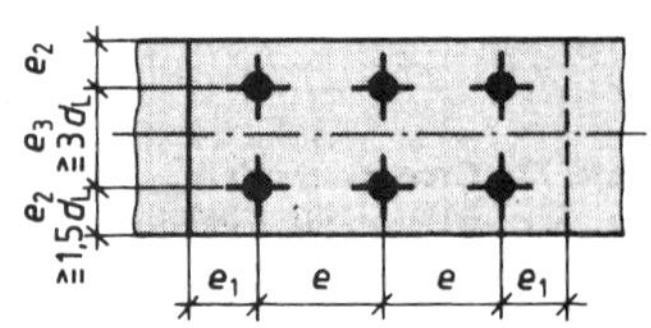

[1]) Festigkeitsklasse der Schrauben mindestens 5.6.

Beispiel (Bild 62) Stegblechstoß des Vollwandträgers vom Beispiel in Abschn. 4.
An der Stoßstelle ($x = 2{,}95$ m) unter Bemessungslasten vorhandene Schnittgrößen:
$M_{y,d} = 2003$ kNm, $V_z = 635{,}3$ kN, $N = 0$

Stoß des Stegblechs 12×1100 mit Stoßdeckungslaschen 2 Bl 8 und $n = 2 \cdot 12 = 24$ Schrauben M 22 – 4.6 in SL-Verbindung; Loch-$\varnothing$ $d_L = 23$ mm.

$\sigma_u = -\sigma_o = 200\,300 \cdot 55/707\,700 = 15{,}57$ kN/cm²; $N_S = 0$ nach Gl. (154)

$M_S = 1{,}2 \cdot 110^2\ [15{,}57 - (-15{,}57)]/12 + 635{,}3 \cdot 8{,}75 = 43\,230$ kN cm   Gl. (156)

$h_1 = 99$ cm; $f_{2p} = \dfrac{3(12-1)}{12(12+1)} = 0{,}2115$ n. Tafel 66.

$\max V_{b,h} = 43230 \cdot 0{,}2115/99 = 92{,}36$ kN   Gl. (157 a)
$\max V_{b,v} = 635{,}3/24 = 26{,}47$ kN   Gl. (158 a)
$\max V_b = \sqrt{92{,}36^2 + 26{,}47^2} = 96{,}08$ kN   Gl. (159)

Für die 2schnittige Schraube ist

$V_a = 96{,}08/2 = 48{,}04$ kN
$V_a/V_{a,R,d} = 48{,}04/82{,}94 = 0{,}58 < 1$ Gl. (143) und Tafel 71

Für die obere Schraube neben dem Stegstoß werden wegen ihrer schräg gerichteten Kraft in Tafel 65 für e_1 und e_2 bzw. e_3 und e jeweils gleiche Kleinstwerte eingesetzt:

$e_1 = e_2 = 45$ mm $> 1{,}5 \cdot 23 = 34{,}5$ mm;
$e = e_3 = 80$ mm $> 3 \cdot 23 = 69$ mm

Maßgebend ist Spalte 2 der Tafel 65:

$\alpha_l = 1{,}1 \cdot 45/23 - 0{,}3 = 1{,}852$ (maßgebend);
$\alpha_l = 1{,}08 \cdot 80/23 - 0{,}77 = 2{,}987$
$\min t = t_{Steg} = 1{,}2$ cm;
$V_{l,R,d} = 1{,}2 \cdot 2{,}2 \cdot 1{,}852 \cdot 24/1{,}1 = 106{,}7$ kN   Gl. (146)
$V_l/V_{l,R,d} = 96{,}08/106{,}7 = 0{,}90 < 1$ Gl. (147)

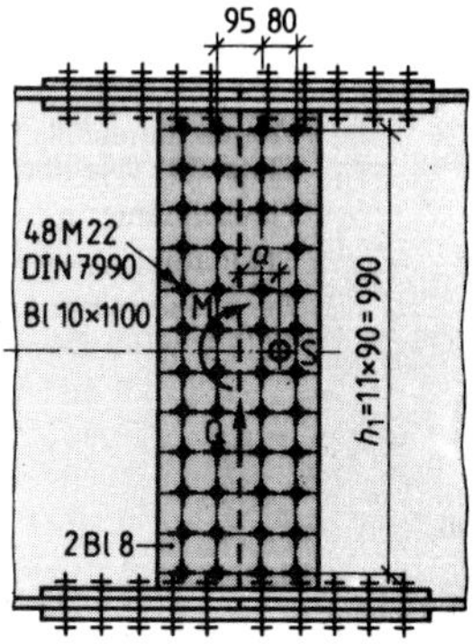

Bild 62

Beispiel (Bild 63) Nachweis der Schrauben M 20 – 4.6 in SL-Verbindung mit $\Delta d = 2$ mm im Trägersteg des IPE 360 für die Anschlußgrößen $M = N = 0$; $C = V_d = 300$ kN.
Nach Gl. (156): $M_S = 0 + 300 \cdot 9{,}5 = 2850$ kNcm

$\Sigma x_i^2 = 8 \cdot 3{,}5^2 = 98$ cm²
$\Sigma z_i^2 = 4 \cdot 3{,}5^2 + 4 \cdot 10{,}5^2 = 490$ cm²
$I_p = 588$ cm²

Nach Gl. (157) bis (159):
$\max V_{b,h} = 2850 \cdot 10{,}5/588 = 50{,}89$ kN
$\max V_{b,v} = 2850 \cdot 3{,}5/588 + 300/8 = 54{,}46$ kN
$\max V_b = \sqrt{50{,}89^2 + 54{,}46^2} = 74{,}54$ kN
Abscheren der 2schnittigen Schraube: $V_a = 74{,}54/2 = 37{,}27$ kN
nach Tafel 71: $V_{a,R,d} = 68{,}54$ kN
Nachweis nach Gl. (143): $37{,}27/68{,}54 = 0{,}54 < 1$
Lochleibung. Im Steg des Trägers mit $s = 0{,}8$ cm Dicke:
$e_2/d_L = e_1/d_L = 57/22 = 2{,}59 \approx 2{,}52$; $e/d_L = 70/22 = 3{,}18 > 3{,}0$
Nach Taf. 74: $V_{l,R,d} = 0{,}8 \cdot 107{,}8 = 86{,}24$ kN
Nachweis nach Gl. (147): $74{,}54/86{,}24 = 0{,}86 < 1$

Im Winkel: $e_1/d = 40/22 = 1{,}82$; nach Taf. 65: $\alpha_l = 1{,}1 \cdot 1{,}82 - 0{,}3 = 1{,}70$
Nach Gl. (146): $V_{l,R,d} = 2 \cdot 1{,}2 \cdot 2{,}0 \cdot 1{,}70 \cdot 24/1{,}1 = 178$ kN $> 86{,}24$ kN
Ein Nachweis erübrigt sich.

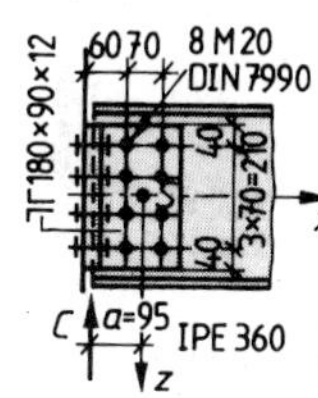

Bild 63

Fortsetzung s. nächste Seite

Beispiel (Bild 64) Ein Träger HE 260 A-S235 ist für sein elastisches Grenzmoment mit Stirnplatte und Schrauben in GV-Verbindung an eine Stütze HE 340 B anzuschrauben.

Nach Tafel 68 wird eine überstehende Stirnplatte mit 2reihig angeordneten Schrauben HV M 24 – 10.9 gewählt.

Plattendicke nach Tafel 69: $t_P = 25$ mm

Das Stützenprofil IPB 340 ergibt n. Tafel 70 $w_1 \geqq 2 \cdot 27 + 12 + 1{,}87 \cdot 24 = 111$ mm > 110 mm nach Tafel 69.

Mindestplattenbreite:

$b_P \geqq w_1 + 2 \cdot w_3 = 111 + 2 \cdot 35 = 181$ mm

Ausgeführt wird

$b_P = b = 260$ mm und $w_1 = b/2 = 130$ mm

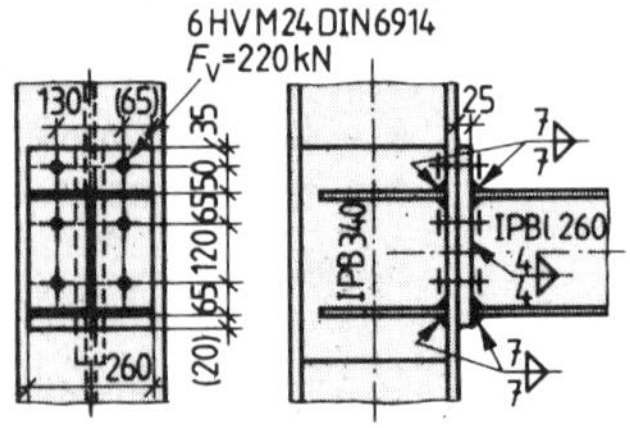

Bild 64

Wegen der reichlichen Plattenbreite wird w_3 vergrößert auf $w_3 = 65$ mm > 35 mm (Tafel 69). Die übrigen Maße entsprechen Tafel 69.

Flanschnähte: $a_w = 7$ mm $> t/2 = 12{,}5/2 = 6{,}25$ mm

Stegnähte: $a_w = 4$ mm $> s/2 = 7{,}5/2 = 3{,}75$ mm

Bei ausgesteifter Stütze ist die Mindestdicke des Stützenflanschs nach Tafel 70 $t \geqq 0{,}8 d = 0{,}8 \cdot 24 = 19{,}2$ mm $<$ vorh $t = 21{,}5$ mm.

Holzbau nach DIN 1052

DIN 1052-1, -2 (04.88) und DIN 1052-1/A1 (10.96)
Bearbeitet von Prof. Dr.-Ing. Helmuth Neuhaus

Inhalt

12

Fortsetzung s. nächste Seite

Inhalt, Fortsetzung

Technische Baubestimmungen

DIN 1052-1	04.88	Holzbauwerke; Berechnung und Ausführung
DIN 1052-2	04.88	–, Mechanische Verbindungen
DIN 1052-3	04.88	–; Holzhäuser in Tafelbauart; Berechnung und Ausführung
DIN 1052-1/A1	10.96	–; Berechnung und Ausführung; Änderung 1
DIN 1052-2/A1	10.96	–; Mechanische Verbindungen; Änderung 1
DIN 1052-3/A1	10.96	–; Holzhäuser in Tafelbauart, Berechnung und Ausführung; Änderung 1
DIN 1074	05.91	Holzbrücken
DIN 4074-1	09.89	Sortierung von Nadelholz nach der Tragfähigkeit; Nadelschnittholz
DIN 4074-2	12.58	Bauholz für Holzbauteile; Gütebed. für Baurundholz (Nadelholz)
DIN 4102-4	03.94	Brandverhalten von Baustoffen und Bauteilen; Zusammenstellung und Anwendung klassifizierter Baustoffe, Bau- und Sonderbauteile
DIN 18334	06.96	VOB Verdingungsordnung für Bauleistungen; Teil C: Allgemeine Technische Vertragsbedingungen für Bauleistungen (ATV); Zimmer- und Holzbauarbeiten
DIN 68705-3	12.81	Sperrholz; Bau-Furniersperrholz
DIN 68705-5	10.80	–; Bau-Furniersperrholz aus Buche
DIN 68754-1	02.76	Harte und mittelharte Holzfaserplatten für das Bauwesen; Holzwerkstoffklasse 20
DIN 68763	09.90	Spanplatten; Flachpreßplatten für das Bauwesen; Begriffe, Anforderungen, Prüfung, Überwachung
DIN 68800-2	05.96	Holzschutz im Hochbau; Vorbeugende bauliche Maßnahmen
DIN 68800-3	04.90	–; Vorbeugender chemischer Holzschutz (teilweise ersetzt durch DIN EN 335-1, -2, DIN EN 350-1, -2, DIN EN 460)
DIN 68800-5	05.78	– im Hochbau; Vorbeugender chemischer Schutz von Holzwerkstoffen
DIN E 68800-5	01.90	–; Vorbeugender chemischer Schutz von Holzwerkstoffen
DIN EN 335-1	09.92	Dauerhaftigkeit von Holz und Holzprodukten; Definition der Gefährdungsklassen für einen biologischen Befall; Teil 1: Allgemeines; Deutsche Fassung EN 335-1: 1992
DIN EN 335-2	10.92	–; –; Teil 2: Anwendung bei Vollholz; Deutsche Fassung EN 335-2: 1992
DIN EN 350-1	10.94	Dauerhaftigkeit von Holz und Holzprodukten; Natürliche Dauerhaftigkeit von Vollholz; Teil 1: Grundsätze für die Prüfung und Klassifikation der natürlichen Dauerhaftigkeit von Holz; Deutsche Fassung EN 350-1: 1994
DIN EN 350-2	10.94	–; –; Teil 2: Leitfaden für die natürliche Dauerhaftigkeit und Tränkbarkeit von ausgewählten Holzarten von besonderer Bedeutung in Europa; Deutsche Fassung EN 350-2: 1994
DIN EN 460	10.94	Dauerhaftigkeit von Holz und Holzprodukten; Natürliche Dauerhaftigkeit von Vollholz; Leitfaden für die Anforderungen an die Dauerhaftigkeit von Holz für die Anwendung in den Gefährdungsklassen; Deutsche Fassung EN 460: 1994

Weiterführende Literatur

[1] *Andresen, K.; Scheer, C.*: Ingenieurholzbau, Beispiele, Berechnung und Konstruktion. Düsseldorf: Holzwirtschaftlicher Verlag der Arbeitsgemeinschaft Holz, 1985

[2] *Brüninghoff, H.; Cyron, G.; Ehlbeck, J.; Franz, J.; Heimeshoff, B.; Milbrandt, E.; Möhler, K.; Radović, B.; Scheer, C.; Schulze, H.; Steck, G.*: Holzbauwerke. Ausführliche Erläuterung zu DIN 1052 T1 bis 3, Ausg. Apr. 1988. Berlin/Köln und Wiesbaden/Berlin: Beuth, Bauverlag, 1989

[3] *Brüninghoff, H.; Schmidt, K.*: Verbände und Abstützungen. Teil 2. In: Informationsdienst Holz. Arbeitsgemeinschaft Holz. Düsseldorf: 1989

[4] *Cziesielski, E.; Friedmann, M.; Schelling, W.*: Holzbau, statische Berechnungen. Düsseldorf: Holzwirtschaftlicher Verlag der Arbeitsgemeinschaft Holz, 1988

[5] *Dröge, G.*: Grundzüge des Holzbaus. Berlin: Ernst & Sohn.
Bd. 1: Konstruktionselemente. 2. Aufl., 1993.
Bd. 2: Holztragwerke und Holzbauten. 2. Aufl., 1995

[6] *Ehlbeck, J. (Hrsg.); Steck, G. (Hrsg.)*: Ingenieurholzbau in Forschung und Praxis, Karl Möhler gewidmet. Karlsruhe: Bruder, 1982

[7] *Ehlbeck, J.; Görlacher, R.; Werner, H.*: Empfehlungen zum einheitlichen genaueren Querzugnachweis für Anschlüsse mit mechanischen Verbindungsmitteln. Bauen mit Holz (1991), S. 825 – 828

[8] *Fritzen, K.; Hemmer, K.; Hinkes, F.-J.; Kessel, M.; König, H.; Kuhlenkamp, D.; Speich, M.; Steinmetz, D.*: Holzbau-Praxis. Hinweise für die Ausführung nach DIN 1052. Bund Deutscher Zimmermeister (Hrsg.). Karlsruhe: Bruder, 1991

[9] *Göggel, M.*: Bemessung im Holzbau
Bd. 1: Grundlagen, Holz als Baustoff, Festigkeitsberechnungen und Konstruktion der Tragglieder. 4. Aufl., 1999
Bd. 2: Verbindungen und Verbindungsmittel. 3. Aufl., 1989. Wiesbaden/Berlin: Bauverlag

[10] *Götz, K.-H.; Hoor, D.; Möhler, K.; Natterer, J.*: Holzbau-Atlas. München: Institut für internationale Architektur-Dokumentation GmbH, 1980

[11] *v. Halász, R. (Hrsg.); Scheer, C. (Hrsg.)*: Holzbau-Taschenbuch
Bd. 1: Grundlagen, Entwurf, Bemessung und Konstruktionen. 9. Aufl., 1996
Bd. 2: DIN 1052 und Erläuterungen, Formeln, Tabellen, Nomogramme. 8. Aufl., 1989
Bd. 3: Bemessungsbeispiele nach DIN 1052. 8. Aufl., 1991. Berlin: Wilhelm Ernst & Sohn

[12] *Heimeshoff, B.*: Probleme der Stabilitätstheorie und Spannungstheorie II. Ordnung im Holzbau. In: Holzbau-Statik-Aktuell, Folge 9. Arbeitsgemeinschaft Holz. Düsseldorf: 1987

[13] *Hempel, G.*: 100 Statikbeispiele aus dem Holzbau. 9. Aufl. Karlsruhe: Bruder, 1988

[14] Informationsdienst Holz:
Berichte über Berechnungen, Konstruktionen, Planungen, in mehreren Heften.
Holzbau-Statik-Aktuell, Schriftenreihe. holzbau handbuch. Düsseldorf: Arbeitsgemeinschaft Holz

[15] *Kordina, K.; Meyer-Ottens, C.*: Holz-Brandschutz-Handbuch. 2. Aufl. München: Deutsche Gesellschaft für Holzforschung, 1994

[16] *Natterer, J.; Herzog, Th.; Volz, M.*: Holzbau Atlas Zwei. München: Institut für internationale Architektur-Dokumentation (Hrsg.), Düsseldorf: Arbeitsgemeinschaft Holz (Hrsg.): 1996

[17] *Neuhaus, H.*: Lehrbuch des Ingenieurholzbaus. Stuttgart: B. G. Teubner, 1994

[18] *Scheer, C.; Kolberg, R.; Muszala, W.*: Der Holzbau. Material, Konstruktion, Detail. 3. Aufl. Leinfelden-Echterdingen: Alexander Koch, 1993

[19] *Werner, G.; Steck, G.*: Holzbau. 4. Aufl. Teil 1: Grundlagen 1991; Teil 2: Dach- und Hallentragwerke, 1993. Düsseldorf: Werner

[20] *Werner, G.; Zimmer, K.*: Berlin: Springer, 1999.
Teil 1: Grundlagen DIN 1052/Eurocode 5
Teil 2: Dach- und Hallentragwerke nach DIN und Eurocode

Fachzeitschriften

[21] bauen mit holz. Karlsruhe: Bruder

[22] Holz als Roh- und Werkstoff. Berlin: Springer

[23] Mikado. Augsburg: WEKA Baufach

1 Zulässige Spannungen

Tafel 1 Zulässige Spannungen für Vollholz in MN/m² im Lastfall H
nach DIN 1052-1/A1:1996-10, Tab. 5[1]) [2])

Zeile	Art der Beanspruchung	Vollholz (Nadelhölzer)[8]) Fichte, Kiefer, Tanne, Lärche, Douglasie, Southern Pine, Western Hemlock, Yellow Cedar; Sortierklasse nach DIN 4074-1[3])					Vollholz (Laubhölzer)		
							Eiche, Buche, Teak, Keruing (Yang)	Afzelia, Merbau, Angélique (Basralocus)	Azobé (Bongossi), Greenheart
							Holzartgruppe		
		S7/MS7	S10/MS10	S13	MS13	MS17	A	B	C
							mittlere Güte[4])		
1	Biegung zul σ_B	7	10	13	15	17	11	17	25
2	Zug zul $\sigma_{Z\parallel}$	0[5])	7	9	10	12	10	10	15
3	Zug zul $\sigma_{Z\perp}$	0[5])	0,05	0,05	0,05	0,05	0,05	0,05	0,05
4	Druck zul $\sigma_{D\parallel}$	6	8,5	11	11	12	10	13	20
5a	Druck zul $\sigma_{D\perp}$	2	2	2	2,5	2,5	3	4	8
5b		2,5[6])	2,5[6])	2,5[6])	3[6])	3[6])	4[6])	–	–
6	Abscheren zul τ_a	0,9	0,9	0,9	1	1	1	1,4	2
7	Schub aus Querkraft zul τ_Q	0,9	0,9	0,9	1	1	1	1,4	2
8	Torsion[7]) zul τ_T	0	1	1	1	1	1,6	1,6	2

Fußnoten s. nächste Seite oben

Tafel 2 Zulässige Spannungen für Brettschichtholz in MN/m² im Lastfall H
nach DIN 1052-1/A1:1996-10, Tab. 16[1])

	Art der Beanspruchung	Brettschichtholz aus Holzarten (Nadelhölzer) der Tafel 1, Spalte 2			
		BS 11	BS 14	BS 16	BS 18
		Sortierklasse der Lamellen nach DIN 4074-1			
		S 10/MS 10	S 13	MS 13	MS 17
1	Biegung zul σ_B	11	14	16	18
2	Zug ∥ zul $\sigma_{Z\parallel}$	8,5	10,5	11	13
3	Zug ⊥ zul $\sigma_{Z\perp}$	0,2	0,2	0,2	0,2
4	Druck ∥ zul $\sigma_{D\parallel}$	8,5	11	11,5	13
5a	Druck ⊥ zul $\sigma_{D\perp}$	2,5	2,5	2,5	2,5
5b		3[2])	3[2])	3[2])	3[2])
6	Abscheren zul τ_a	0,9	0,9	1	1
7	Schub aus Querkraft zul τ_Q	1,2	1,2	1,3	1,3
8	Torsion[3]) zul τ_T	1,6	1,6	1,6	1,6

Fußnoten s. nächste Seite oben

Fußnoten zu Tafel 1

[1]) Zulässige Erhöhungen und erforderliche Ermäßigungen s. Tafel 7
[2]) Bei Sparren, Pfetten und Deckenbalken aus Kanthölzern oder Bohlen dürfen in der Regel die zulässigen Spannungen der Sortierklasse S13 nicht angewendet werden.
[3]) Den Sortierklassen S7, S10 und S13 entsprechen die Güteklassen III, II bzw. I von DIN 4074-2.
[4]) Mindestens Sortierklasse S10 im Sinne von DIN 4074-1 bzw. Güteklasse II im Sinne von DIN 4074-2.
[5]) Für MS7 gilt: zul $\sigma_{Z\parallel}=4$ MN/m², zul $\sigma_{Z\perp}=0{,}05$ MN/m².
[6]) Bei Anwendung dieser Werte ist mit größeren Eindrückungen zu rechnen, die erforderlichenfalls konstruktiv zu berücksichtigen sind. Bei Anschlüssen mit verschiedenen Verbindungsmitteln dürfen diese Werte nicht angewendet werden.
[7]) Für Kastenquerschnitte sind die Werte nach Zeile 7 einzuhalten.
[8]) Die botanischen Namen der Nadelhölzer sind in DIN 4076-1 angeführt.

Fußnoten zu Tafel 2

[1]) Zulässige Erhöhungen und erforderliche Ermäßigungen s. Tafel 7.
[2]) Bei Anwendung dieser Werte ist mit größeren Eindrückungen zu rechnen, die erforderlichenfalls konstruktiv zu berücksichtigen sind. Bei Anschlüssen mit verschiedenen Verbindungsmitteln dürfen diese Werte nicht angewendet werden.
[3]) Für Kastenquerschnitte sind die Werte nach Zeile 7 einzuhalten.

Zul. Druckspannungen bei Kraftrichtung schräg zur Faserrichtung (s. Bild 1) nach Gl. (1)

$$\text{zul}\,\sigma_{D\measuredangle} = \text{zul}\,\sigma_{D\parallel} - (\text{zul}\,\sigma_{D\parallel} - \text{zul}\,\sigma_{D\perp})\sin\alpha \quad (1)$$

können für ausgewählte Holzarten auch Tafel 3 entnommen werden. Über zul. Erhöhungen und erf. Ermäßigungen s. Tafel 7.

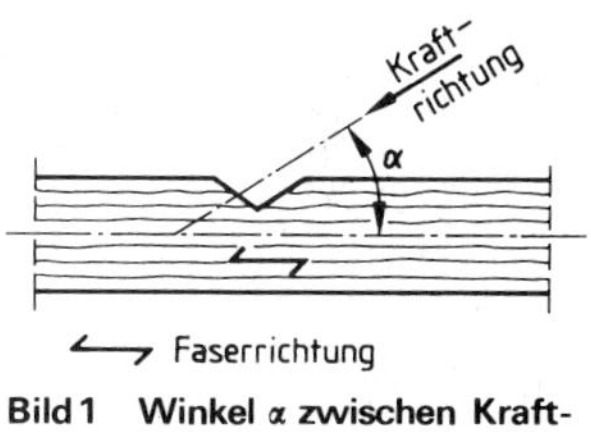

Bild 1 Winkel α zwischen Kraft- und Faserrichtung

Tafel 3 Zul. Druckspannungen in MN/m² bei schrägem Kraftangriff für ausgewählte Holzarten, Lastfall H

Holzart	α: Winkel zwischen Kraft- und Faserrichtung in °									
	0	10	20	30	40	50	60	70	80	90
Nadelholz, S 10/MS 10	8,5	7,4	6,3	5,2	4,3	3,5	2,9	2,4	2,1	2,0
BS-Holz, BS 11	8,5	7,5	6,4	5,5	4,6	3,9	3,3	2,9	2,6	2,5
BS-Holz, BS 14	11	9,5	8,1	6,8	5,5	4,5	3,6	3,0	2,6	2,5
BS-Holz, BS 16	11,5	9,9	8,4	7,0	5,7	4,6	3,7	3,0	2,6	2,5
BS-Holz, BS 18	13	11,2	9,4	7,8	6,3	5,0	3,9	3,1	2,7	2,5

Überstand *ü* von Trägern und Schwellen bei Druck ⊥ Faserrichtung. Der Überstand *ü* in Faserrichtung nach Bild 2 muß einseitig und beidseitig betragen:

$ü \geqq 100$ mm bei $h > 60$ mm
$ü \geqq 75$ mm bei $h \leqq 60$ mm
$a \geqq 150$ mm zwischen zwei Druckflächen

$$k_{D\perp} = \sqrt[4]{\frac{150}{l}} \leqq 1{,}8 \quad (l \text{ in mm}) \quad (2)$$

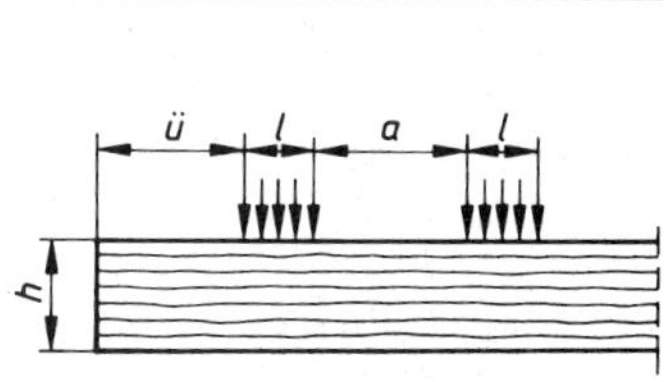

Bild 2 Belastungsanordnung für kurze Druckflächen

Über zul. Erhöhungen und erf. Ermäßigungen der zul. Druckspannung ⊥ Faser nach Tafel 1 bzw. 2, Zeile 5a, mit dem Faktor $k_{D\perp}$ nach Gl. (2) s. Tafel 7.

12

Tafel 4 Zulässige Spannungen für Holzwerkstoffe in MN/m², Lastfall H nach DIN 1052-1, Tab. 6[1])

Zeile	Art der Beanspruchung (PE: Plattenebene)	Bau-Furniersperrholz nach DIN 68705-3,5 [2]) [3]) parallel zur Faserrichtung der Deckfurniere, Lagenanzahl 3	parallel, Lagenanzahl ≧5	senkrecht zur Faserrichtung der Deckfurniere, Lagenanzahl 3	senkrecht, Lagenanzahl ≧5	Flachpreßplatten nach DIN 68763, Plattennenndicken in mm: bis 13	>13 bis 20	>20 bis 25	>25 bis 32	>32 bis 40	>40 bis 50
1	Biegung ⊥ PE zul σ_{Bxy}	13		5		4,5	4,0	3,5	3,0	2,5	2,0
2	Biegung in PE zul σ_{Bxz}	9		6		3,4	3,0	2,5	2,0	1,6	1,4
3	Zug in PE zul σ_{Zx}	8		4		2,5	2,25	2,0	1,75	1,5	1,25
4	Druck in PE zul σ_{Dx}	8		4		3,0	2,75	2,5	2,25	2,0	1,75
5	Druck ⊥ PE zul σ_{Dz}	3 [4,5]		3 [4,5]		2,5	2,5	2,5	2,0	1,5	
6	Abscheren[4]) [5]) in PE zul τ_{zx}	0,9 [1,2]		0,9 [1,2]		0,4			0,3		
7	Abscheren[5]) ⊥ PE zul τ_{yx}	1,8 [3]	3 [4]	1,8 [3]	3 [4]	1,8			1,2		
8	Lochleibungsdruck[6]) zul σ_L	8		4		6,0					

[1]) zul. Erhöhungen und erf. Ermäßigungen s. Tafel 7

[2]) Die Werte in [ ] gelten für Bau-Furniersperrholz aus Buche nach DIN 68705-5. Die übrigen Werte für die zul. Spannungen dürfen nach DIN 68705-5 mit Sicherheitsbeiwert 3 berechnet werden.

[3]) zul. Spannungen in Plattenebene bei schrägem Kraftangriff s. Tafel 6

[4]) und in Leimfugen

[5]) auch für Schub aus Querkraft

[6]) für Bolzen und Stabdübel, für ≧5lagiges Bau-Furniersperrholz aus Buche nach DIN 68705-5 ist zul $\sigma_L = 2 \cdot$ zul σ_D

Tafel 5 Beanspruchungsarten von Bau-Furniersperrholz der Tafel 4

	(PE: Plattenebene)	Biegung ⊥ PE	Biegung in PE	Zug/Druck in PE
1	parallel zur Faserrichtung der Deckfurniere	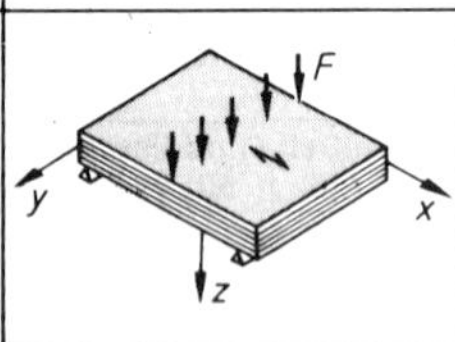	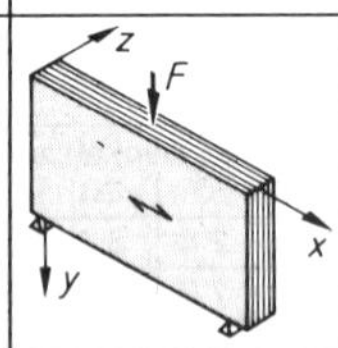	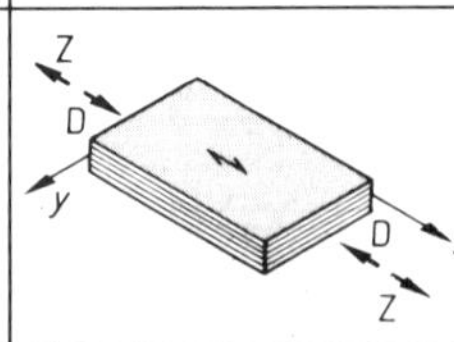
2	rechtwinklig zur Faserrichtung der Deckfurniere	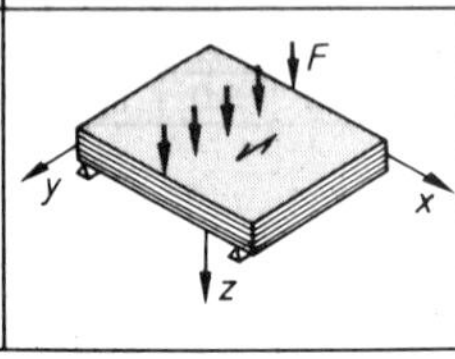	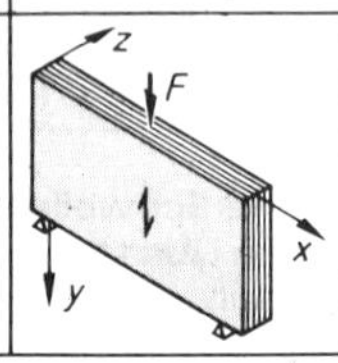	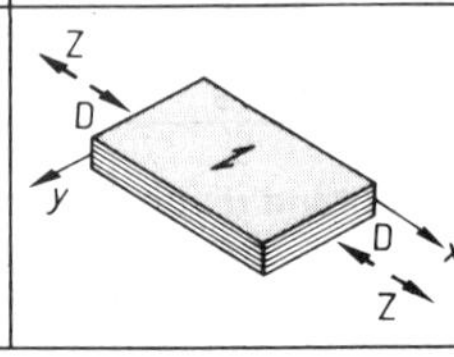

Tafel 6 Zul. Spannungen in Plattenebene bei schrägem Kraftangriff für Bau-Furniersperrholz nach DIN 68705-3 in MN/m², Lastfall H[1]) [2])

	α: Winkel zwischen Kraft- und Faserrichtung der Deckfurniere in ° 0	10	20	30	40	50	60	70	80	90
zul $\sigma_{Z,D}$	8,0	6,0	4,0	2,0	2,0	2,0	2,0	2,7	3,3	4,0

[1]) Zwischenwerte dürfen geradlinig interpoliert werden.

[2]) zul. Erhöhungen und erf. Ermäßigungen s. Tafel 7.

Tafel 7 Zul. Erhöhungen und erf. Ermäßigungen von zul. Spannungen nach DIN 1052-1, 5.1 und 5.2

Zeile	(BSH Brettschichtholz)	zul. Spannungen von Voll- und BSH in Tafel 1, 2 und 3		zul. Spannungen von Holzwerkstoffen in Tafel 4, 5 und 6	
Erhöhungen		Erhöhung um	Spannungsart	Erhöhung um	Spannungsart
1	**Lastfall HZ**	25%	alle	25%	alle
2	**Transportzustand**	50%	alle	50%	alle
3	**Montagezustand**	50%	alle	50%	alle
4	**waagerechte Stoßlasten** nach DIN 1055-3	100%	alle	100%	alle
5	**Erdbebenlasten** nach DIN 4149-1	100%	alle	100%	alle
6	bei **Durchlaufträgern ohne Gelenke** über Innenstützen	10%[1]	zul σ_B		
7	bei **Rundhölzern** in Bereichen ohne Schwächung der Randzone	20%	zul σ_B zul $\sigma_{D\parallel}$		
8	bei durchlaufenden oder auskragenden **Biegebalken** aus NH und LH, Gr. A, in Bereichen, die mind. 1,50 m vom Stirnende entfernt liegen	auf 1,2 MN/m²	zul τ_Q		
9	bei **Druckflächen ⊥ Faserrichtung** mit einer Länge l in Faserrichtung <150 mm, s. Bild 2	$k_{D\perp}$[2] nach Gl. (2)	zul $\sigma_{D\perp}$[4]		
Ermäßigungen		Ermäßigung um	Spannungsart	Ermäßigung um	Spannungsart
10	bei **genagelten Zugstößen oder -anschlüssen** für diejenigen Stoß- und Anschlußteile, die nicht für die 1,5fache anteilige Zugkraft bemessen sind	20%	zul $\sigma_{Z\parallel}$		
11	bei **Druckflächen ⊥ Faserrichtung**, wenn die Überstände nach Bild 2 unterschritten werden	$k_{D\perp}=0{,}8$	zul $\sigma_{D\perp}$		
12	bei **Bauteilen, die der Witterung allseitig ausgesetzt** sind oder bei denen mit einer Gleichgewichtsfeuchte >18% zu rechnen ist, nicht bei Gerüsten	1/6[3]	alle		
13	bei **Bauteilen u. Gerüsten, die dauernd im Wasser stehen,** bei Gerüsten aus Hölzern, die zum Zeitpunkt der Belastung noch nicht halbtrocken sind (DIN 4074)	1/3[3]	alle		
14	bei folgenden **Platten, in denen eine Feuchte >18%** über mehrere Wochen zu erwarten ist: – Bau-Furniersperrholzplatten BFU 100 G			1/4	alle
	– Flachpreßplatten V 100 G			1/3	alle

[1]) Gilt nicht bei Sparren von Kehlbalkenbindern mit verschieblichen Kehlbalken.
[2]) Überstand $\ddot{u}$ nach Bild 2 beachten.
[3]) Gilt nicht für LH, Gr. C, und nicht für Fliegende Bauten mit Schutzanstrich, der in Abständen von höchstens zwei Jahren zu erneuern ist.
[4]) in Tafel 1, 2: nur Zeile 5a

Zulässige Spannungen für Stahlteile
1. Für Bauteile aus Stahl gilt DIN 18800. 2. Bei fehlendem Gütenachweis gilt für gerade Bauteile aus Flach- und Rundstahl im Lastfall H und HZ: zul $\sigma_{B,Z} \leqq$ 110 MN/m², im Kernquerschnitt der Rundstähle: zul $\sigma_z \leqq 100$ MN/m².

Zulässige Spannungen für Aluminiumteile nach DIN 4113-1

Korrosionsschutz für Teile aus Stahl und Aluminium
für Stahl nach DIN 55928, für Aluminium nach DIN 4113.

2 Materialkennwerte

Tafel 8 Rechenwerte für Elastizitäts-, Schub- und Torsionsmoduln in MN/m² für Vollholz (Holzfeuchte ≦ 20%) nach DIN 1052-1/A1, Tab. 1[1])

Zeile	Holzart	Sortierklasse nach DIN 4074-1 [2])	Elastizitätsmodul parallel zur Faserrichtung $E_{\parallel}$	Elastizitätsmodul rechtwinklig zur Faserrichtung $E_{\perp}$	Schubmodul G	Torsionsmodul G_T
1	Fichte, Kiefer, Tanne, Lärche, Douglasie, Southern Pine, Western Hemlock, Yellow Cedar	S 7/MS 7	8000	250	500	333
		S 10/MS 10	10000[3]) [4])	300	500	333
		S 13	10500[3]) [4])	350	500	333
		MS 13	11500[3])	350	550	367
		MS 17	12500[3])	400	600	400
2	Laubhölzer der Gruppe					
	A Eiche, Buche, Teak, Keruing (Yang)	mittlere Güte[5])	12500	600	1000	667
	B Afzelia, Merbau, Angélique (Basralocus)	mittlere Güte[5])	13000	800	1000	667
	C Azobé (Bongossi), Greenheart	mittlere Güte[5])	17000[6])	1200[6])	1000[6])	667[6])

[1]) erforderliche Ermäßigungen s. Tafel 12
[2]) Sortierklassen S 7, S 10 und S 13 ≙ Güteklassen III, II bzw. I von DIN 4074-2.
[3]) Für Holz, das mit einer Holzfeuchte ≤15% eingebaut wird, dürfen die Werte um 10% für Durchbiegungsberechnungen erhöht werden.
[4]) Für Baurundholz: $E_{\parallel} = 12000$ MN/m².
[5]) Mind. Sortierklasse S 10 ≙ DIN 4074-1 bzw. Güteklasse II ≙ DIN 4074-2.
[6]) Diese Werte gelten unabhängig von der Holzfeuchte.

Tafel 9 Rechenwerte für Elastizitäts-, Schub- und Torsionsmoduln in MN/m² für Brettschichtholz (Holzfeuchte ≦ 20%) nach DIN 1052-1/A1, Tab. 15

Zeile	Art der Beanspruchung		BS11	BS14	BS16	BS18
1	Biegung	$E_{\parallel}$	11000	11000[1])	12000[1])	13000[1])
2	Zug/Druck ∥	$E_{\parallel}$	11000	12000	13000	14000
3	Zug/Druck ⊥	$E_{\perp}$	350	400	400	450
4	Schubmodul	G	550	600	650	700
5	Torsionsmodul	G_T	550	600	650	700

[1]) Wenn bei Biegeträgern die Lamellen in den äußeren Sechsteln der Zug- und Druckzone der zugehörigen Sortierklasse nach Tafel 2, im übrigen Bereich der nächstniedrigen Sortierklasse entsprechen, darf ein um 1000 MN/m² erhöhter E-Modul in Rechnung gestellt werden.

Tafel 10 Rechenwerte für Elastizitäts- und Schubmoduln für Bau-Furniersperrholz der DIN 68705-3,5 in MN/m² nach DIN 1052-1/A1, Tab. 2[1])

Zeile	Beanspruchungsart (PE: Plattenebene)	Elastizitätsmodul E[2]) [3]) [4]) parallel ∥, zur Faserrichtung der Deckfurniere, Lagenanzahl 3	Lagenanzahl ≧5	Elastizitätsmodul rechtwinklig ⊥, Lagenanzahl 3	Lagenanzahl ≧5	Schubmodul G[2]) [3]) [5]) ∥ und ⊥, Lagenanzahl ≧3
1	Biegung ⊥ PE	8000	5500	400	1500	250 [400]
2	Biegung, Druck, Zug in PE	4500		1000	2500	500 [700]

[1]) erf. Ermäßigungen s. Tafel 12.
[2]) Größere Werte dürfen verwendet werden, wenn durch Prüfzeugnis nachgewiesen.
[3]) Bei Platten aus Okoumé und Pappel Werte um 1/5 abmindern.
[4]) Für Platten aus Buche gelten die Werte des Beiblatts 1 zu DIN 68705-5.
[5]) Werte in [ ] gelten für Platten aus Buche nach DIN 68705-5.

Tafel 11 Rechenwerte für Elastizitäts- und Schubmoduln für Flachpreßplatten der DIN 68763 in MN/m² nach DIN 1052-1, Tab. 3[1])

Zeile	Beanspruchungsart (PE: Plattenebene)		Elastizitätsmodul E[2])						Schubmodul G[2])					
			Plattennenndicke in mm						Plattennenndicke in mm					
			bis 13	>13 bis 20	>20 bis 25	>25 bis 32	>32 bis 40	>40 bis 50	bis 13	>13 bis 20	>20 bis 25	>25 bis 32	>32 bis 40	>40 bis 50
1	Biegung	⊥ PE	3200	2800	2400	2000	1600	1200	200			100		
2	Biegung	in PE	2200	1900	1600	1300	1000	800	1100	1000	850	700	550	450
3	Druck, Zug	in PE	2200	2000	1700	1400	1100	900			–			

1) erf. Ermäßigungen s. Tafel 12.
2) Größere Werte dürfen verwendet werden, wenn durch Prüfzeugnis nachgewiesen.

Tafel 12 Erforderliche Ermäßigungen von Elastizitäts-, Schub- und Torsionsmoduln nach DIN 1052-1, 4.1.2

Zeile		Voll- u. Brettschichtholz nach Tafel 8 und 9		Holzwerkstoffe nach Tafel 10 und 11	
		Ermäßigung um	Materialkennwert	Ermäßigung um	Materialkennwert
1	bei **Bauteilen, die der Witterung allseitig** ausgesetzt sind oder bei denen mit einer vorübergehenden Durchfeuchtung zu rechnen ist	1/6 [1])	alle		
2	bei **dauernder Durchfeuchtung,** z.B. dauernd im Wasser befindlichen Bauteilen	1/4 [1])	alle		
3	bei folgenden **Platten, in denen eine Feuchte >18%** über mehrere Wochen zu erwarten ist – Bau-Furniersperrholzplatten BFU 110 G – Flachpreßplatten V 100 G			 1/4 1/3	 alle alle

1) keine Abminderung notwendig für Laubholz, Gr. C.

Tafel 13 Feuchte (Gleichgewichtsfeuchte) von Holz und Holzwerkstoffen, die sich im fertigen Bauwerk nach einer gewissen Zeitspanne im Mittel einstellt

1	bei allseitig geschlossenen Bauwerken mit Heizung ohne Heizung	 9±3 in % 12±3 in %
2	bei überdeckten, offenen Bauwerken	15±3 in %
3	bei Konstruktionen, die der Witterung allseitig ausgesetzt sind	18±6 in %

Beispiel Berechnung einer Schwindverformung Kantholz
$b/h = 18/20$ cm,
NH $\alpha_s = 0{,}24\%$

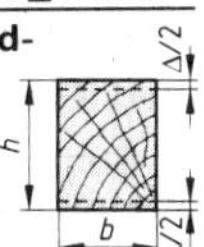

– Holzfeuchte beim Einbau: $u_1 = 30\%$
– zu erwartende Gleichgewichtsfeuchte: i. Bauwerk: $u_2 = 12\%$
– Rechenwert der Klaffung Δ:

$$\Delta = (u_1 - u_2) \cdot \alpha_s \cdot h = (30-12) \cdot \frac{0{,}24}{100} \cdot 20 = 0{,}86\ \text{cm} = 8{,}6\ \text{mm}$$

$\Delta/2 = 4{,}3$ mm an Ober- und Unterkante
– bei Einbau von trockenem Holz $u_1 = 20\%$ beträgt $\Delta/2 = 1{,}9$ mm
– gleichzeitig tritt eine Schwindverformung über b auf, Berechnung sinngemäß

Tafel 14 Rechenwerte der Schwind- und Quellmaße in % nach DIN 1052-1, Tab. 4[1])[2])[3])

	Baustoff	für Änderung der Holzfeuchte um 1%
1	Fichte, Kiefer, Tanne, Lärche, Douglasie, S. Pine, W. Hemlock, Brettschichtholz, Eiche	0,24[4])
2	Buche, Keruing, Angelique, Greenheart	0,3[4])
3	Teak, Afzelia, Merbau	0,2[4])
4	Azobé (Bongossi)	0,36[4])
5	Bau-Furniersperrholz	0,020[5])
6	Flachpreßplatten	0,035[5])

1) unterhalb des Fasersättigungsbereiches
2) halbe Werte bei behindertem Quellen/Schwinden
3) in Faserrichtung (im Mittel 0,01%) nur in Sonderfällen
4) ⊥ zur Faserrichtung (Mittel aus tangent./radial)
5) in Plattenebene, ⊥ Plattenebene vernachlässigbar

12

Einfluß von Temperaturänderungen darf bei Holz und Holzwerkstoffen in Holzkonstruktionen vernachlässigt werden.

Tafel 15 Wärmeausdehnungskoeffizienten von Holz[1]) nach *Christoph/Brettel*

in Faserrichtung	in Radialrichtung	in Tangentialrichtung
2,5 bis $5{,}0 \cdot 10^{-6} K^{-1}$	25 bis $45 \cdot 10^{-6} K^{-1}$	45 bis $60 \cdot 10^{-6} K^{-1}$

[1]) Richtwerte, nur bei bes. Verhältnissen und sehr hohen Anforderungen berücksichtigen.

Berücksichtigung von Kriechverformungen für $g/q>0{,}5$. Beim Durchbiegenachweis sowie bei Verdrehungsberechnungen ist die Kriechverformung infolge ständiger Last zu berücksichtigen, wenn die ständige Last g mehr als 50% der Gesamtlast q beträgt. Die Kriechverformung darf bei auf Biegung beanspruchten Bauteilen proportional zur elastischen Verformung angenommen werden, z.B. für die

$$f_{\varphi}=\varphi \cdot f_{el} \quad (3) \qquad \varphi=\frac{1}{\eta_k}-1 \quad (4)$$

Durchbiegung nach Gl. (3). Die Kriechzahl φ darf für Einfeldträger (und sinngemäß bei anderen Tragsystemen) nach Gl. (4) berechnet werden. Für Bauteile aus Holz und Bau-Furniersperrholz ist η_k nach Gl. (5)

$$\eta_k=\frac{3}{2}-\frac{g}{q} \quad \text{für } u \leqq 18\% \quad (5) \qquad \eta_k=\frac{5}{3}-\frac{4}{3}\cdot\frac{g}{q} \quad \text{für } u>18\% \quad (6)$$

und (6) je nach Gleichgewichtsfeuchte u einzusetzen. Für Flachpreßplatten sind die 2fachen φ-Werte anzunehmen, sofern ihre Holzfeuchte nicht ständig unter 15% liegt.

Bei Dächern ist der Anteil der Schneelast von $0{,}5 \cdot (s_0-0{,}75) \cdot s/s_0$ für $s_0 > 0{,}75$ kN/m² als ständig wirkend anzusetzen mit s, s_0 als Rechenwert der Schneelast bzw. Regelschneelast in kN/m² nach DIN 1055-5. Bei Wohnhausdächern, ausgenommen Flachdächer, dürfen Kriechverformungen für den Durchbiegungsnachweis vernachlässigt werden (Beispiel s. Abschn. 3.4.12).

3 Allgemeine Bemessungsregeln

3.1 Lastannahmen

Hauptlasten (H): ständige Lasten, Verkehrslasten (einschl. Schnee-, ohne Windlasten), freie Massenkräfte von Maschinen, Seitenlasten auf Aussteifungskonstruktionen, soweit sie aus Hauptlasten entstehen

Zusatzlasten (Z): Windlasten, Bremskräfte, waagerechte Seitenkräfte (z.B. von Kranen), Zwängungen aus Temperatur- und Feuchteänderungen, Seitenlasten auf Aussteifungskonstruktionen, soweit sie aus Zusatzlasten entstehen

Sonderlasten (S): waagerechte Stoßlasten, Erdbebenlasten

Lastfälle: H Summe der Hauptlasten, HZ Summe der Haupt- und Zusatzlasten. Wird ein Bauteil außer von seiner Eigenlast nur durch Zusatzlasten beansprucht, so gilt die größte davon als Hauptlast. Die Einzellast (Mannlast) nach DIN 1055-3 ist stets Zusatzlast.

3.2 Mindestquerschnitte, Querschnittsschwächungen

Tafel 16 Mindestquerschnitte von tragenden Einzelquerschnitten aus Holz und Holzwerkstoffen nach DIN 1052-1, 6.3[1])

	Vollholz[2]) [3]) d Dicke A Querschnittsfläche	Brettschichtholz, Einzelbrett	Bau-Furniersperrholzplatten aus ≧5 Lagen[4])	Flachpreßplatten
1	$d \geqq 24$ mm, $A \geqq 14$ cm²	$d \geqq 6$ mm (gehobelt)	$d \geqq 6$ mm	$d \geqq 8$ mm

Fußnoten s. nächste Seite

Fußnoten zu Tafel 16

[1]) Mindestdicken bei Tafeln siehe DIN 1052-1, 11.1.1.
[2]) Soweit die Verbindungsmittel kein größeres Mindestmaß erfordern.
[3]) Für Lattungen $A \geqq 11\ \text{cm}^2$.
[4]) Zu Aussteifungszwecken aus $\geqq 3$ Lagen.

Querschnittsschwächungen sind beim Spannungsnachweis folgender Holzbauteile zu berücksichtigen:

- in Zugstäben,
- in der Zugzone von auf Biegung beanspruchten Bauteilen,
- in Druckstäben und in der Druckzone von auf Biegung beanspruchten Bauteilen nur dann, wenn
  - die geschwächte Stelle nicht satt ausgefüllt ist oder
  - der ausfüllende Baustoff einen geringeren Elastizitätsmodul als der geschwächte Baustoff aufweist.

Alle Querschnittsschwächungen, die rechtwinklig zur Kraftrichtung in einer Reihe nebeneinander liegen, sind beim Spannungsnachweis zu berücksichtigen. Liegen mehrere Querschnittsschwächungen in einem Holzstab in Faserrichtung hintereinander, so sind sie nur einmal in Rechnung zu stellen. Bei versetzt zur Faserrichtung angeordneten Querschnittsschwächungen dürfen die Schwächungen nur einmal berücksichtigt werden, wenn der lichte Abstand >15 cm beträgt, oder wenn bei stabförmigen Verbindungsmitteln wie Stabdübel, Paßbolzen, Bolzen, Nägel oder Holzschrauben ein lichter Abstand $\geqq 4d$ vorliegt. Bei kleineren lichten Abständen sind mehr Querschnittsschwächungen in Rechnung zu stellen.

Querschnittsschwächungen durch Verbindungsmittel und Keilzinkungen können Tafel 17 entnommen werden.

Tafel 17 Querschnittsschwächungen durch Verbindungsmittel und Keilzinkungen nach DIN 1052-1, 6.4.[1])

Verbindungsmittel	Stabdübel, Paßbolzen	Bolzen	Nägel[2]) nicht vorgebohrt[3])	Nägel[2]) vorgebohrt[4])	Holzschrauben	Dübel besonderer Bauart[5]) Mittelholz	Dübel besonderer Bauart[5]) Seitenholz	Keilzinkung [6]) [7])
Fehlfläche	$d_{st} \cdot b$	$(d_b + 1\ \text{mm}) \cdot b$	$d_n \cdot b$ nur bei $d_n >$ 4,2 mm	$d_n \cdot b$	$d_s \cdot b$	$2 \cdot \Delta A + (d_b + 1\ \text{mm}) \cdot b_2$	$\Delta A + (d_b + 1\ \text{mm}) \cdot b_1$	$\upsilon \cdot A = \frac{b}{t} \cdot A$

Erläuterungen:

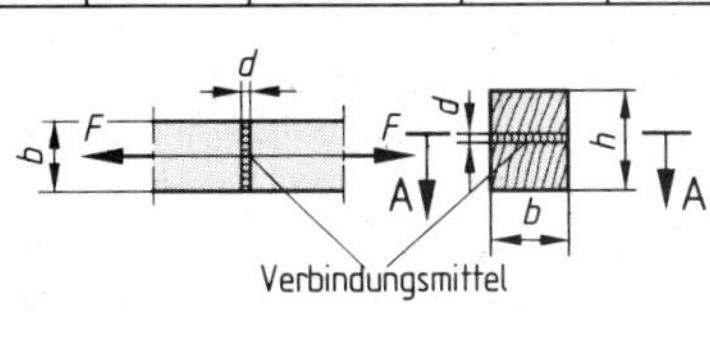

Schnitt A – A Querschnitt

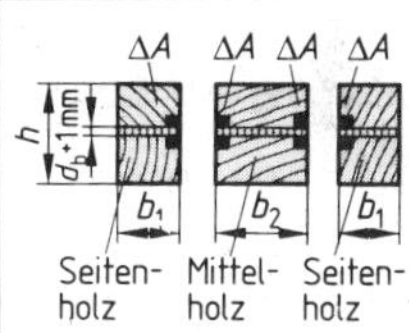

Querschnitt, getrennt

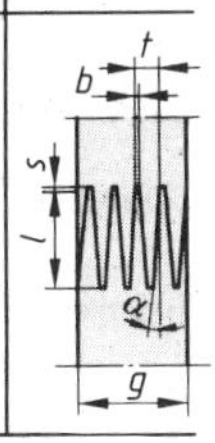

[1]) nach DIN 4074-1 zulässige Baumkanten brauchen nicht berücksichtigt zu werden
[2]) bei sich überschneidenden Nägeln mit $d_n > 4{,}2$ mm sollten beide Nagelschwächungen berücksichtigt werden
[3]) bei Douglasie ist abweichend vom Text der DIN 1052-2 gemäß Einführungserlaß bei allen d_n vorzubohren
[4]) gilt stets bei vorgebohrten Nägeln in Bau-Furniersperrholz
[5]) Dübelfehlfläche ΔA und zugehöriger Bolzendurchmesser d_b s. Tafel 77
[6]) Verschwächungsgrad v s. *Neuhaus* [17]; im allgemeinen wird beim Spannungsnachweis von Vollstößen mit $v = 0{,}20$ gerechnet, s. auch Abschn. 3.10.2
[7]) Keilzinkungen der Einzelbretter dürfen bei Brettschichtholz vernachlässigt werden

3.3 Bemessungsregeln für Zugstäbe

Mittiger Zug

$$\frac{N/A_n}{\text{zul } \sigma_{z\parallel}} \leqq 1 \quad (7)$$

Ausmittiger Zug (Zug und Biegung)

$$\frac{N/A_n}{\text{zul } \sigma_{z\parallel}} + \frac{M/W_n}{\text{zul } \sigma_B} \leqq 1 \quad (8)$$

N größte Zugkraft
M mit N auftretendes Moment
A_n nutzbare Querschnittsfläche (Nettoquerschnitt)
W_n nutzbares Widerstandsmoment (Widerstandsmoment des Nettoquerschnitts)
zul $\sigma_{z\parallel}$ und zul σ_B zulässige Spannungen für Zug und Biegung nach Tafel 1, 2 bzw. 4

Stöße und Anschlüsse sind in der Regel symmetrisch zu den Stabachsen auszuführen. Einseitig beanspruchte Holz- und Holzwerkstoffteile sind für die 1,5fache anteilige Zugkraft zu bemessen (s. Bild 3), die Verbindungsmittel nur für die anteiligen Kräfte.

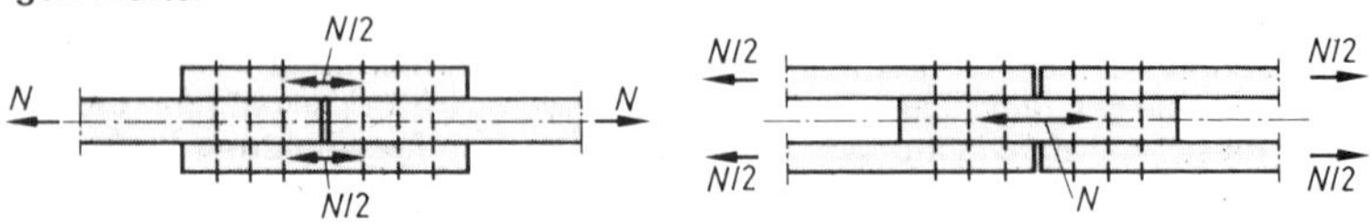

a) Bemessung der außenliegenden Laschen für $1{,}5 \cdot N/2$, des Stabes für $1{,}0 \cdot N$

b) Bemessung der innenliegenden Lasche für $1{,}0 \cdot N$, der Stäbe für $1{,}5 \cdot N/2$

Bild 3 Beispiele für die Bemessung von Zugstößen

Beispiel Bemessung eines Zugstabes, mittiger Zug

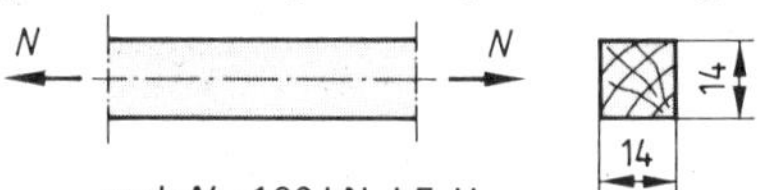

vorh $N = 100$ kN, LF, H
Nadelholz, $b/h = 14/14$ cm, S 10
zul $\sigma_{z\parallel} = 7{,}0$ MN/m² n. Tafel 1
$= 0{,}70$ kN/cm²

Querschnittsschwächung des Zugstabes durch einen Dübelanschluß, hier nicht dargestellt:

$A_n = 157{,}6$ cm²

$$\frac{100/157{,}6}{0{,}70} = 0{,}91 < 1$$

3.4 Bemessungsregeln für Biegeträger aus Voll- und Brettschichtholz

3.4.1 Bemessung für Biegung

$$\text{einaxial } \frac{M/W_n}{\text{zul } \sigma_B} \leqq 1 \quad (9)$$

M auftretendes Moment
W_n nutzbares Widerstandsmoment (Widerstandsmoment des Nettoquerschnitts)
zul σ_B zulässige Biegespannung nach Tafel 1, 2

Beispiel Bemessung eines Parallelträgers aus Brettschichtholz (s. auch Tafel 20)

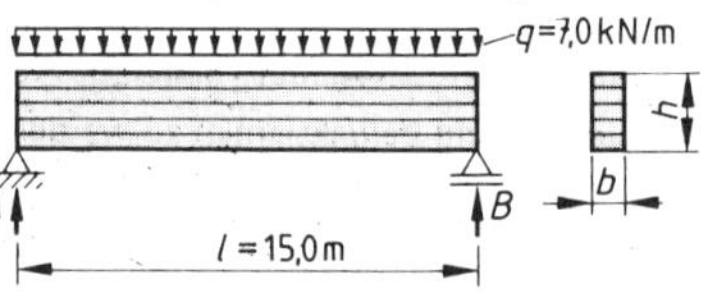

$A = B = 7{,}0 \cdot 15{,}0/2 = 52{,}5$ kN
max $M = 7{,}0 \cdot 15{,}0^2/8 = 196{,}9$ kNm

Brettschichtträger $b/h = 16/90$ cm, BS 14
LFH, zul $\sigma_B = 14$ MN/m² n. Tafel 2
$= 1{,}4$ kN/cm²

$W_n = 16 \cdot 90^2/6$
$= 21\,600$ cm³

$$\frac{19690/21600}{1{,}4} = 0{,}65 < 1$$

Bemessung für Querkraft (Schub) s. Beispiel Abschn. 3.4.2, **Durchbiegungsnachweis und Überhöhung** s. Beispiel Abschn. 3.4.12, **Stabilisierung** gegen seitliches Ausweichen (Kippen) s. Beispiel Abschn. 3.4.13, **Aussteifungsverband** s. Beispiel Abschn. 3.6.4

3.4.2 Bemessung für Querkraft (Schub)

Die zu einer Querkraft Q gehörenden Schubspannungen τ werden allgemein nach Gl. (10) berechnet:

$$\tau = \frac{Q \cdot S}{I \cdot b} \quad (10)$$

S Flächenmoment 1. Grades
I Flächenmoment 2. Grades
b Dicke des Querschnittes

Bei einem Rechteckquerschnitt beträgt die größte Schubspannung:

$$\max \tau = 1{,}5 \cdot Q/(b \cdot h) \quad (11)$$

Die vorhandene Schubspannung darf die zulässige nicht überschreiten:

$$\frac{\text{vorh } \tau}{\text{zul } \tau} \leqq 1 \quad (12)$$

Beispiel **Bemessung für Querkraft,** s. auch Beispiel Abschn. 3.4.1 (Fortführung)

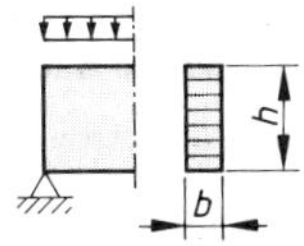

Brettschichtträger
$b/h = 16/90$ cm, BS 14
zul $\tau_Q = 1{,}2$ MN/m$^2 = 0{,}12$ kN/cm^2
max Q im Beispiel an den Auflagern:
max $Q = A = B = 52{,}5$ kN

$$\frac{1{,}5 \cdot 52{,}5/(16 \cdot 90)}{0{,}12} = 0{,}46 < 1$$

Abminderung der Querkraft an End- und Zwischenauflagern. Beim Nachweis der Schubspannungen oder Schubverbindungsmittel darf die Querkraft im Bereich von End- und Zwischenauflagern abgemindert werden, wenn (s. Bild 4)

- die Auflagerung am unteren Trägerrand,
- der Lastangriff am oberen Trägerrand,
- keine Ausklinkungen und keine Durchbrüche im Bereich der Auflager angeordnet sind.

Maßgebend ist dann

- bei Gleichlast (nach Bild 4): Q_q im Abstand von $h/2$ vom Auflagerrand
- bei Einzellast (nach Bild 4): wenn F im Abstand von $a < 2h$ von Auflagermitte angreift, der Querkraftanteil, der mit $a_0 = 2h$ ermittelt und im Verhältnis $a/(2h)$ abgemindert wird.

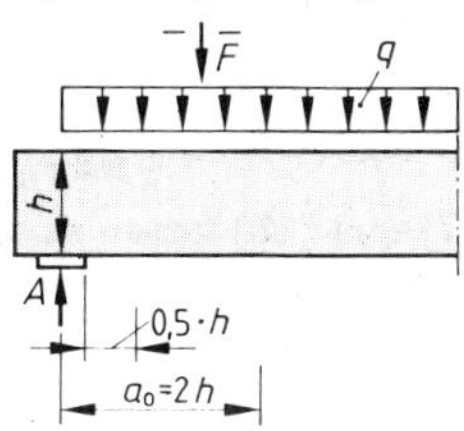

Bild 4 Abminderungsbereiche für die Querkraft am Endauflager

3.4.3 Bemessung für Torsion

Die zu einem Torsionsmoment M_T gehörenden Tangentialspannungen τ_T werden vereinfacht nach der Elastizitätstheorie isotroper Werkstoffe berechnet (Saint-Venantsche Torsion):

$$\max \tau_T = \frac{M_T}{W_T}. \quad (13)$$

Für das Torsionswiderstandsmoment gilt bei Rechteckquerschnitten

$$W_T = \frac{h \cdot b^2}{3\,\eta} \quad (14)$$

mit η nach Tafel 15.

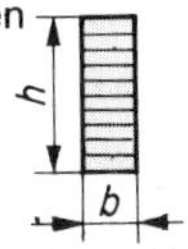

Tafel 18 **η-Werte nach** *Möhler/Hemmer*

h/b	η	h/b	η
1	1,609	6	1,117
1,5	1,433	7	1,099
2	1,356	8	1,086
3	1,247	9	1,075
4	1,183	10	1,067
5	1,144	12	1,055

Zwischenwerte geradlinig einschalten

Die vorhandene Torsionsspannung vorh τ_T darf die zulässige nicht überschreiten:

$$\frac{\text{vorh } \tau_T}{\text{zul } \tau_T} \leqq 1 \quad (15)$$

3.4.4 Bemessung für Torsion und Querkraft

Bei gleichzeitiger Wirkung von Torsion und Querkraft ist Gl. (16) einzuhalten.

$$\frac{\text{vorh}\,\tau_T}{\text{zul}\,\tau_T}+\left(\frac{\text{vorh}\,\tau_Q}{\text{zul}\,\tau_Q}\right)^m \leqq 1 \qquad (16)$$

$m=1$ für Laubholz
$m=2$ für Nadelholz
τ_T Schubspannungen aus Torsion
τ_Q Schubspannungen aus Querkraft

3.4.5 Spannungskombination bei Brettschichtträgern

Spannungen am geneigten Trägerrand. Verläuft bei Biegeträgern aus Brettschichtholz die Faserrichtung nicht parallel zum Trägerrand (s. z. B. Satteldachträger in Tafel 20, 21, 22), so treten zusätzlich zu den Längsspannungen $\sigma_\parallel$ noch Querspannungen $\sigma_\perp$ und Schubspannungen τ auf, s. Bild 5. Für die Spannungskombination am Biegezugrand ist Gl. (17), am Biegedruckrand Gl. (18) einzuhalten. Für $\gamma \leqq 3°$ braucht die Spannungskombination bei druckbeanspruchten Rändern nicht berücksichtigt werden. Bei Satteldachträgern ist die größte außerhalb des Firstbereiches auftretende Längsspannung $\sigma_\parallel$ zu berücksichtigen. Im Nenner sind in Gl. (17) und (18) die entsprechenden zul. Spannungen für Brettschichtholz der jeweils verwendeten Sortierklasse, mindestens jedoch der Sortierklasse S 13 nach Tafel 2 einzusetzen.

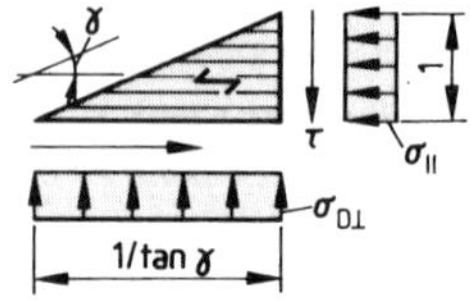

$$\sigma_\parallel = \frac{F}{A_n} \pm \frac{M}{W_n}$$

$$\tau = \sigma_\parallel \cdot \tan\gamma$$

$$\sigma_{D\perp} = \sigma_\parallel \cdot \tan^2\gamma$$

γ Winkel zwischen Trägerrand und Faserrichtung

Bild 5 Druckbeanspruchtes Randelement

Biegezugrand
$$\left(\frac{\text{vorh}\,\sigma_\parallel}{\text{zul}\,\sigma_B}\right)^2+\left(\frac{\text{vorh}\,\sigma_{Z\perp}}{1{,}25\cdot\text{zul}\,\sigma_{Z\perp}}\right)^2+\left(\frac{\text{vorh}\,\tau}{1{,}33\cdot\text{zul}\,\tau_a}\right)^2 \leqq 1 \qquad (17)$$

Biegedruckrand
$$\left(\frac{\text{vorh}\,\sigma_\parallel}{\text{zul}\,\sigma_B}\right)^2+\left(\frac{\text{vorh}\,\sigma_{D\perp}}{\text{zul}\,\sigma_{D\perp}}\right)^2+\left(\frac{\text{vorh}\,\tau}{2{,}66\cdot\text{zul}\,\tau_a}\right)^2 \leqq 1 \qquad (18)$$

Gl. (17) und (18) lassen sich nach [2] rechnerisch vereinfachen zu Gl. (19).

$$\frac{\text{vorh}\,\sigma_B}{\text{zul}\,\sigma_{B(\alpha)}}=\frac{M/W}{k_{Z,D}\cdot\text{zul}\,\sigma_B} \leqq 1 \qquad (19)$$

zul σ_B zulässige Biegespannung
$k_{Z,D}$ Beiwerte für Biegezug- bzw. Biegedruckrand nach Tafel 19

Tafel 19 Beiwerte $k_{Z,D}$ der Gl. (19) für Brettschichtholz BS 11 und BS 14 in Abhängigkeit von der Neigung γ des Trägerrandes[1])

γ in°	1	2	3	4	5	6	7	8	9	10	11	12	13	14	15	16	17	18	19	20
Beiwert k_Z für den Biegezugrand [2])																				
1	0,98	0,92	0,85	0,76	0,67	0,59	0,52	0,45	0,40	0,35	0,31	0,27	0,24	0,22	0,19	0,17	0,16	0,14	0,13	0,12
Beiwert k_D für den Biegedruckrand																				
2	1,0			0,93	0,89	0,85	0,81	0,77	0,73	0,69	0,65	0,62	0,59	0,56	0,53	0,50	0,47	0,45	0,43	0,41

[1]) Zwischenwerte können geradlinig interpoliert werden
[2]) es wird empfohlen, die Neigung γ bei Biegezugrändern möglichst „klein" auszuführen, um den Anteil der Querzugspannungen zu mindern.

Beispiel Nachweis der Spannungskombination bei einem Satteldachträger s. Beispiel Abschn. 3.4.6 (Fortführung); oberer, druckbeanspruchter Rand, Dachneigung $\gamma=5°$, größte Längsspannung an der Stelle $\bar{x}$, s. auch Bild 5:

Nachweis nach Gl. (18):

vorh $\sigma_\parallel = M_{\bar{x}}/W_{\bar{x}} = 1{,}01$ kN/cm²
vorh $\tau = 1{,}01 \cdot \tan\gamma = 0{,}088$ kN/cm²
vorh $\sigma_{D\perp} = 1{,}01 \cdot \tan^2\gamma = 0{,}0077$ kN/cm²

$$\left(\frac{1{,}01}{1{,}4}\right)^2+\left(\frac{0{,}0077}{0{,}25}\right)^2+\left(\frac{0{,}088}{2{,}66\cdot 0{,}09}\right)^2 = 0{,}52+0{,}001+0{,}14=0{,}66<1$$

Nachweis nach Gl. (19):

$$\frac{27281/27075}{0{,}89\cdot 1{,}4}=0{,}81<1$$

3.4.6 Biegeträger aus Brettschichtholz mit geraden Trägerkanten

Tafel 20 Biegeträger aus Brettschichtholz mit geraden Trägerkanten und Rechteckquerschnitt

1	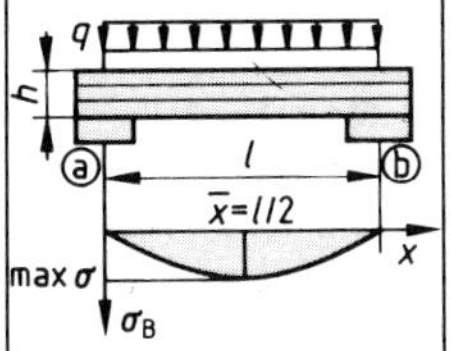 **Parallelträger** (Beispiel: s. Abschn. 3.4.1)	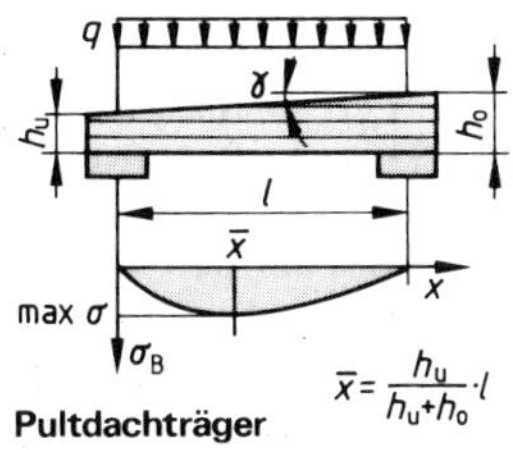 **Pultdachträger**	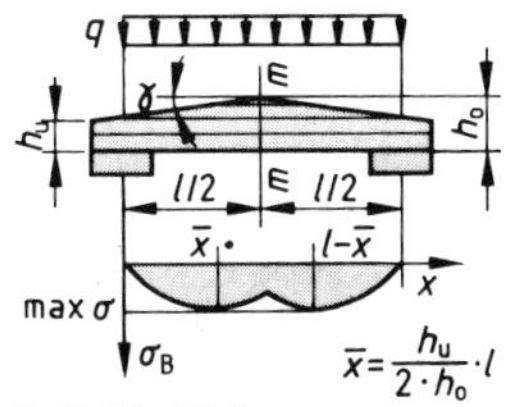 **Satteldachträger mit geradem Untergurt**
	Biegespannungsnachweis		
2	$\frac{\max M/W}{\text{zul}\,\sigma_B} \leqq 1$ (20)	$\frac{M_{\bar{x}}/W_{\bar{x}}}{\text{zul}\,\sigma_B} \leqq 1$ (25)	$\frac{M_{\bar{x}}/W_{\bar{x}}}{\text{zul}\,\sigma_B} \leqq 1$ (31)
	Schubspannungsnachweis		
3	$\frac{1{,}5\,Q_a/A}{\text{zul}\,\tau_Q} \leqq 1$ (21)	$\frac{1{,}5\,Q_u/A_u}{\text{zul}\,\tau_Q} \leqq 1$ (26)	$\frac{1{,}5\,Q_u/A_u}{\text{zul}\,\tau_Q} \leqq 1$ (32)
	Nachweis der Spannungskombination am geneigten Trägerrand an der Stelle $\bar{x}$		
4	–	$\left(\frac{\text{vorh}\,\sigma_\parallel}{\text{zul}\,\sigma_B}\right)^2 + \left(\frac{\text{vorh}\,\sigma_{D\perp}}{\text{zul}\,\sigma_{D\perp}}\right)^2 + \left(\frac{\text{vorh}\,\tau}{2{,}66 \cdot \text{zul}\,\tau_a}\right)^2 \leqq 1$ (27) oder nach Gl. (19)	$\left(\frac{\text{vorh}\,\sigma_\parallel}{\text{zul}\,\sigma_B}\right)^2 + \left(\frac{\text{vorh}\,\sigma_{D\perp}}{\text{zul}\,\sigma_{D\perp}}\right)^2 + \left(\frac{\text{vorh}\,\tau}{2{,}66 \cdot \text{zul}\,\tau_a}\right)^2 \leqq 1$ (33) oder nach Gl. (19)
	Durchbiegungsnachweis (k_M und k_τ s. Bild 13 und 14), Kriechverformungen s. Tafel 31		
5	$\frac{f_M + f_\tau}{\text{zul}\,f} \leqq 1$ (22)	$\frac{f_M + f_\tau}{\text{zul}\,f} \leqq 1$ (28)	$\frac{f_M + f_\tau}{\text{zul}\,f} \leqq 1$ (34)
	$f_M = \frac{5q \cdot l^4}{384 E_\parallel I}$ (23)	$f_M = \frac{5q \cdot l^4}{384 E_\parallel I_u} \cdot k_M$ (29)	$f_M = \frac{5q \cdot l^4}{384 E_\parallel \cdot I_u} \cdot k_M$ (35)
	$f_\tau = 1{,}2\,\frac{q \cdot l^2}{8G \cdot A}$ (24)	$f_\tau = 1{,}2\,\frac{q \cdot l^2}{8G \cdot A_u} \cdot k_\tau$ (30)	$f_\tau = 1{,}2\,\frac{q \cdot l^2}{8G \cdot A_u} \cdot k_\tau$ (36)
	Nachweis im Firstquerschnitt $m-m$ ($\varkappa_L$ und $\varkappa_q$ nach Gl. (42) oder Gl. (43) oder Bild 7 und 8)		
6	–	–	$\frac{\varkappa_L \cdot M/W_m}{\text{zul}\,\sigma_B} \leqq 1$ (37)
	–	–	$\frac{\varkappa_q \cdot M/W_m}{\text{zul}\,\sigma_{Z\perp}} \leqq 1$ (38)

Kriechverformungen nach Abschn. 2 und Tafel 31; Überhöhungen nach Abschn. 3.4.12; Stabilisierung nach Abschn. 3.4.13

Beispiel Bemessung eines Satteldachträgers mit geradem Untergurt (s. Tafel 20, 21)

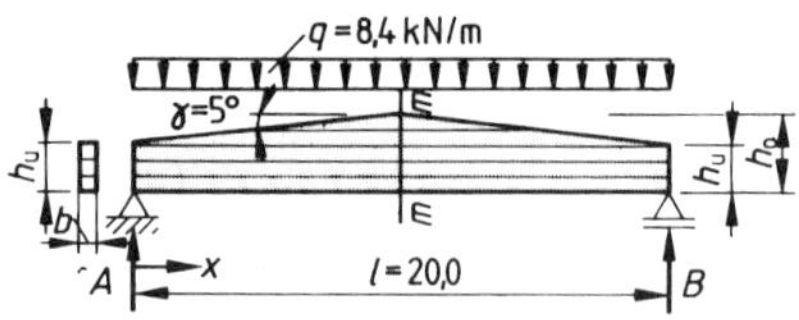

Brettschichtholz, $b/h_u = 18/60$ cm, BS 14
LFH, zul $\sigma_B = 14$ MN/m² $= 1{,}4$ kN/cm²
zul $\sigma_{Z\perp} = 0{,}2$ MN/m² $= 0{,}02$ kN/cm²
max $M = 420$ kNm; max $A = B = 84$ kN
$h_0 = 0{,}60 + 10{,}0 \cdot \tan\gamma = 1{,}47$ m

Nachweis im Firstquerschnitt $m-m$
$W_m = 18{,}0 \cdot 147^2/6 = 64\,827$ cm³
$\gamma = 5°$; $r_m = \infty$; $h_m/r_m = 0$
$\varkappa_L = 1{,}16$ aus Gl. (42), od. Bild 8
$\varkappa_q = 0{,}0175$ aus Gl. (43), od. Bild 7

Längsspannungen:
$$\frac{1{,}16 \cdot 42\,000/64\,827}{1{,}4} = 0{,}54 < 1$$

Querspannungen (hier: Querzug, s. Bild 6):
$$\frac{0{,}0175 \cdot 42\,000/64\,827}{0{,}02} = 0{,}57 < 1$$

Biegespannungsnachweis an der Stelle $\bar{x}$:

$$\bar{x} = \frac{0{,}60 \cdot 20{,}0}{2 \cdot 1{,}47} = 4{,}08 \text{ m}$$
$$h_{\bar{x}} = 0{,}60 + 4{,}08 \cdot \tan\gamma \simeq 0{,}95 \text{ m}$$
$$M_{\bar{x}} = 84{,}0 \cdot 4{,}08 - 8{,}40 \cdot 4{,}08^2/2 = 272{,}81 \text{ kNm}$$
$$W_{\bar{x}} = 18{,}0 \cdot 95{,}0^2/6 = 27\,075 \text{ cm}^3$$
$$\frac{27\,281/27\,075}{1{,}4} = 0{,}72 < 1$$

Bemessung für Querkraft (Schub) nach Abschn. 3.4.2, Nachweis der **Spannungskombination** s. Beispiel Abschn. 3.4.5 (Fortführung), **Durchbiegungsnachweis und Überhöhung** nach Abschn. 3.4.12, **Stabilisierung** nach Abschn. 3.4.13

3.4.7 Gekrümmte Träger und Satteldachträger aus Brettschichtholz

Der Nachweis der maximalen Quer- und Längsspannungen max $\sigma_\perp$ und max $\sigma_\parallel$ infolge Moment

- im gekrümmten Bereich von Trägern mit konstanter Höhe h und
- im Firstquerschnitt $m-m$ von Satteldachträgern (s. Tafel 20, 21)

kann für $\gamma \leqq 20°$ bei Rechteckquerschnitten wie folgt geführt werden:

Längsspannung
$$\frac{\varkappa_L \cdot M/W_m}{\text{zul } \sigma_B} \leqq 1 \quad (39)$$

Querzugspannung
$$\frac{\varkappa_q \cdot M/W_m}{\text{zul } \sigma_{Z\perp}} \leqq 1 \quad (40)$$

Querdruckspannung
$$\frac{\varkappa_q \cdot M/W_m}{\text{zul } \sigma_{D\perp}} \leqq 1 \quad (41)$$

Die Beiwerte $\varkappa_L$ und $\varkappa_q$ lassen sich nach Gl. (42), (43) und Tafel 21 ermitteln, sie können auch den Bildern 7 und 8 entnommen werden.

$$\varkappa_L = A_L + B_L\left(\frac{h_m}{r_m}\right) + C_L\left(\frac{h_m}{r_m}\right)^2 + D_L\left(\frac{h_m}{r_m}\right)^3 \quad (42) \qquad \varkappa_q = A_q + B_q\left(\frac{h_m}{r_m}\right) + C_q\left(\frac{h_m}{r_m}\right)^2 \quad (43)$$

Die maximalen Längsspannungen treten am inneren bzw. unteren Trägerrand auf. Die Querspannungen sind (s. auch Bild 6):

- Querzugspannungen, wenn die innere bzw. untere Randfaser gezogen wird,
- Querdruckspannungen, wenn die innere bzw. untere Randfaser gedrückt wird.

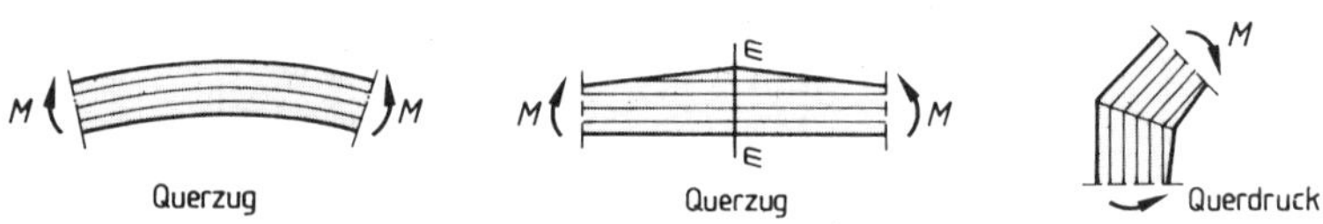

a) Gekrümmter Träger b) Satteldachträger c) Rahmenecke

Bild 6 Beispiele für Querzug- und Querdruckbeanspruchungen

Tafel 21 **Beiwerte zur Berechnung von $\varkappa_L$ und $\varkappa_q$ für Träger mit Rechteckquerschnitt nach Gl. (42), (43) für $\gamma \leqq 20°$** nach DIN 1052-1, 8.2.3

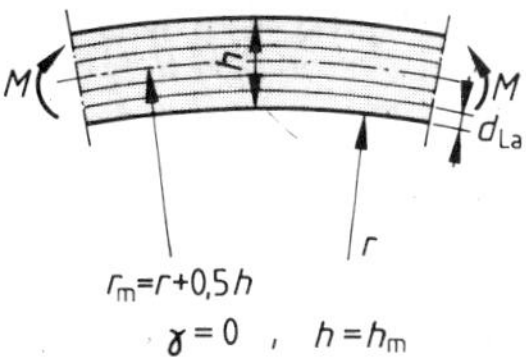

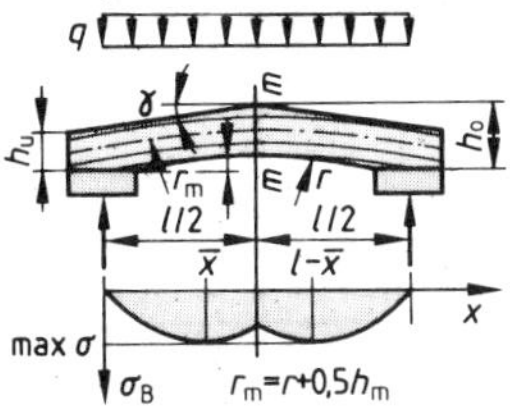

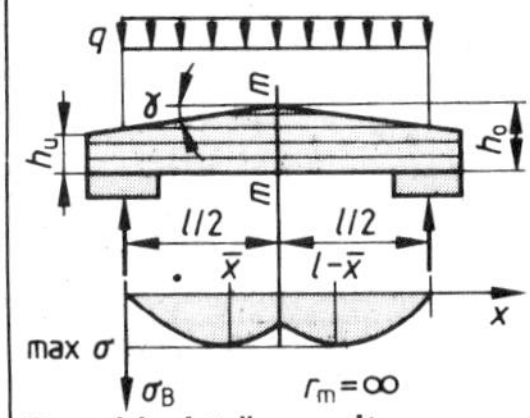

	a	b	c	
	gekrümmter Träger mit konstanter Höhe	**Satteldachträger mit gekrümmtem Untergurt** [1])	**Satteldachträger mit geradem Untergurt**	
A_q	0	$0{,}2 \cdot \tan\gamma$		Quer-spannungen
B_q	0,25	$0{,}25 - 1{,}5 \cdot \tan\gamma + 2{,}6 \cdot \tan^2\gamma$		Quer-spannungen
C_q	0	$2{,}1 \cdot \tan\gamma - 4 \cdot \tan^2\gamma$		Quer-spannungen
A_L	1,0	$1{,}0 + 1{,}4 \cdot \tan\gamma + 5{,}4 \cdot \tan^2\gamma$		Längs-spannungen
B_L	0,35	$0{,}35 - 8 \cdot \tan\gamma$		Längs-spannungen
C_L	0,6	$0{,}6 + 8{,}3 \cdot \tan\gamma - 7{,}8 \cdot \tan^2\gamma$		Längs-spannungen
D_L	0	$6 \cdot \tan^2\gamma$		Längs-spannungen

[1]) über Geometrie s. Tafel 19

Die $\varkappa_q$ und $\varkappa_L$-Werte nach Bild 7 und 8 gelten nur für Träger mit Rechteckquerschnitt. Bei anderen Trägerquerschnitten können die $\varkappa_q$- und $\varkappa_L$-Werte wesentlich zur ungünstigen Seite abweichen.

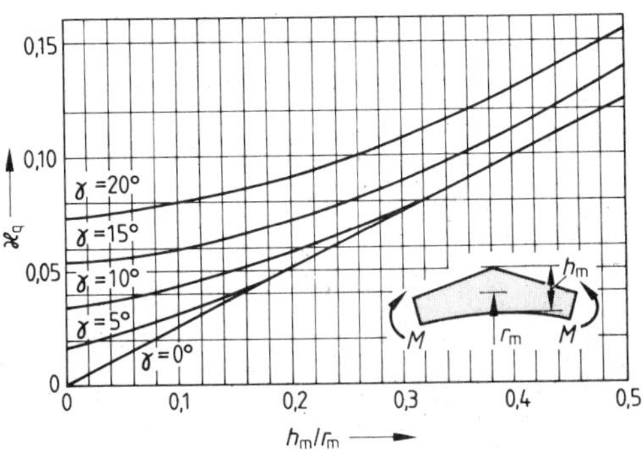

Bild 7
$\varkappa_q$ bei Satteldachträgern im Firstquerschnitt nach *Möhler*

Die Längsspannungen am äußeren bzw. oberen Trägerrand dürfen mit $\varkappa_L = 1{,}0$ berechnet werden.

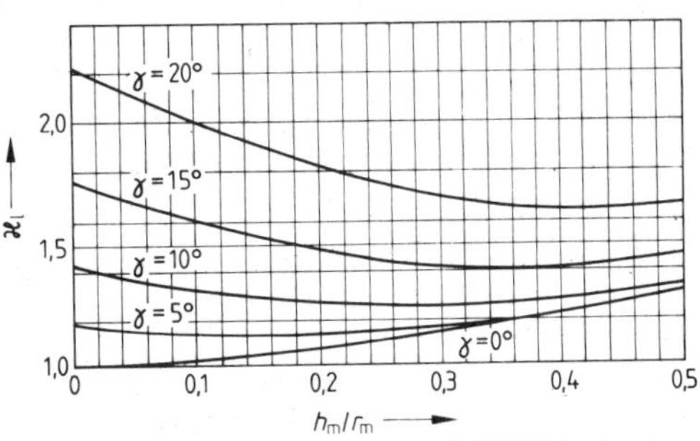

Bild 8
$\varkappa_L$ bei Satteldachträgern im Firstquerschnitt nach *Möhler*

12

Tafel 22 Geometrie von Satteldachträgern mit gekrümmtem Untergurt

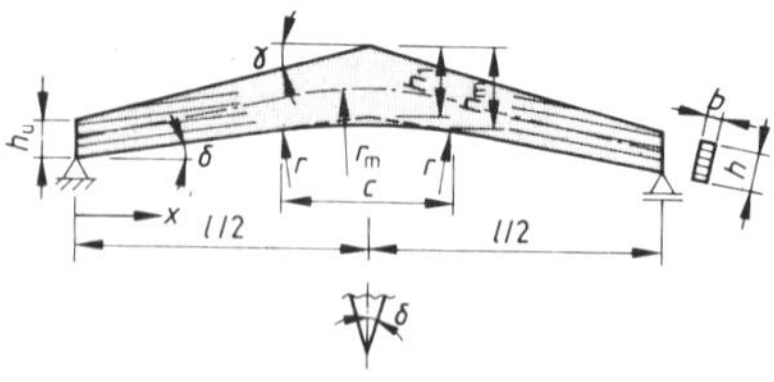

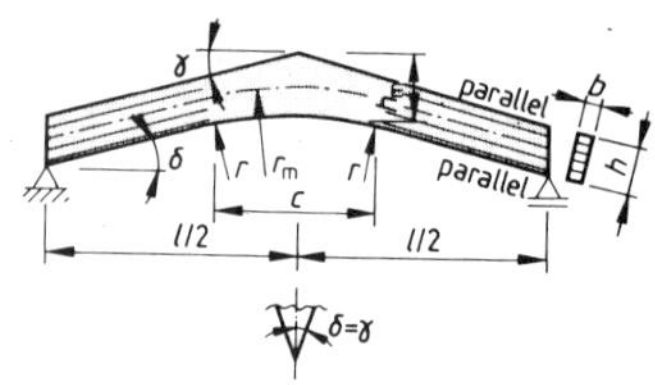

veränderliche Trägerhöhe *h*

$\varphi = \gamma - \delta;\ r = \dfrac{c}{2 \cdot \sin \delta}$

$h_1 = h_u + \dfrac{l}{2} \cdot (\tan \gamma - \tan \delta)$

$h_m = h_1 + \dfrac{c}{2} \cdot \tan \delta - r(1 - \cos \delta)$

$r_m = r + h_m/2$

konstante Trägerhöhe *h*

$\gamma = \delta;\ r = \dfrac{c}{2 \cdot \sin \delta}$

$h_m = \dfrac{c}{2} \cdot \tan \delta + h/\cos \delta - r(1 - \cos \delta)$

$r_m = r + h_m/2$

Bei Satteldachträgern können die Querzugspannungen verringert werden, wenn der Firstsattel „lose" durch leichte Nagelung anstatt Leimfuge aufgebracht wird.

3.4.8 Ausklinkungen und Zapfen bei Biegeträgern mit Rechteckquerschnitt aus Nadelholz

3.4.8.1 Unten ausgeklinkte Trägerenden und Träger mit Zapfen nach Tafel 23

Die zulässige Querkraft ist nach Gl. (44) zu berechnen.

$$\text{zul } Q = \tfrac{2}{3} b \cdot h_1 \cdot k_A \cdot \text{zul } \tau_Q \qquad (44)$$

mit zul τ_Q nach Tafel 1, 2 und k_A nach Tafel 23

Tafel 23 Unten ausgeklinkte Trägerenden und Zapfen bei Biegeträgern mit Rechteckquerschnitt aus Nadelholz nach DIN 1052-1, Bild 6

rechtwinklige Ausklinkung
$a \leqq 0{,}5 \cdot h$
$a \leqq 50$ cm

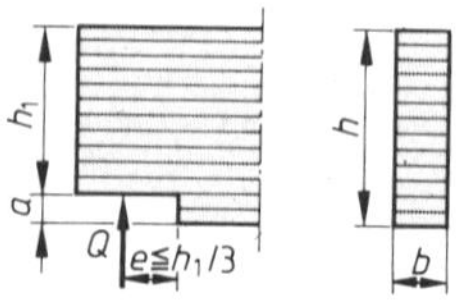

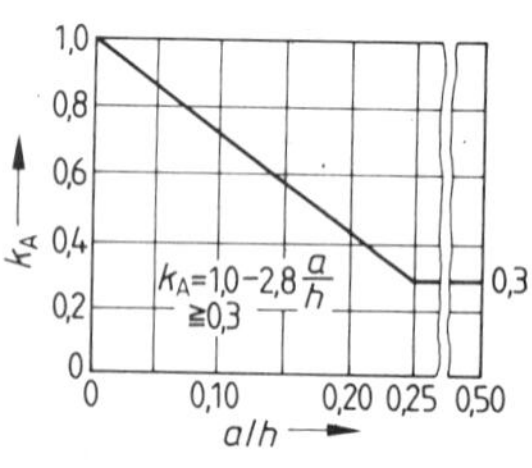

Zapfen, $a \leqq h/3$

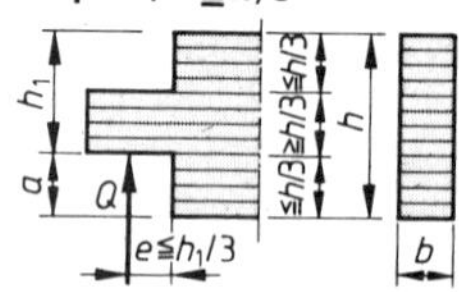

Träger mit Zapfen dürfen für $h \leqq 30$ cm nach Gl. (44) berechnet werden, dabei ist $h_1 = (2/3) \cdot h$ zu setzen.

schräge Ausklinkung
$a \leqq 0{,}5 h$

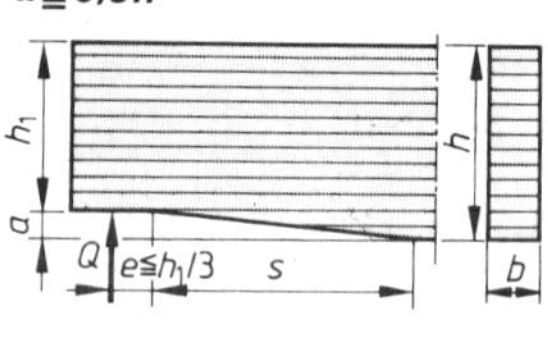

Bei Ausklinkungen mit geneigtem Trägerrand darf $k_A = 1$ gesetzt werden, wenn folgende Bedingungen eingehalten werden:

Sortierklasse S13, MS13, MS17	Sortierklasse S10, MS10
$s \geqq 14 \cdot a$ bzw. $s \geqq 2{,}5 \cdot h$	$s \geqq 10 \cdot a$ bzw. $s \geqq 2{,}5 \cdot h$

kleinerer Wert maßgebend.

Die Bedingung $a \leqq 50$ cm gilt für Ausklinkungen mit geneigtem Trägerrand nicht. Die Spannungskombination am geneigten Trägerrand nach Abschn. 3.4.5 ist zu beachten.

3.4.8.2 Oben ausgeklinkte oder abgeschrägte Trägerenden nach Tafel 24

Die zulässige Querkraft ist nach Gl. (45) zu berechnen. Folgende Bedingungen sind einzuhalten:

$$\text{zul } Q = \tfrac{2}{3} b \cdot \left(h - \frac{a}{h_1} e\right) \cdot \text{zul } \tau_Q \quad (45)$$

$a \leqq 0{,}5\,h$ für $h > 30$ cm
$a \leqq 0{,}7\,h$ für $h \leqq 30$ cm

Tafel 24 Oben ausgeklinkte oder abgeschrägte Trägerenden bei Biegeträgern mit Rechteckquerschnitt aus Nadelholz nach DIN 1052-1, Bild 7

rechtwinklige Ausklinkung

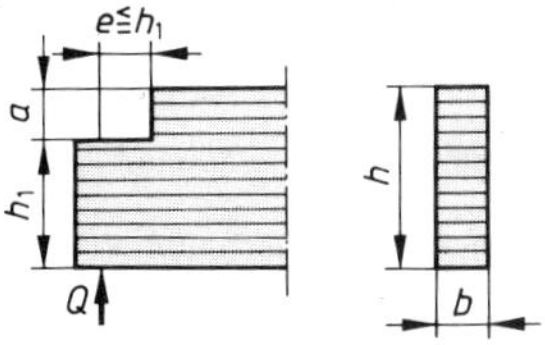

Abschrägung

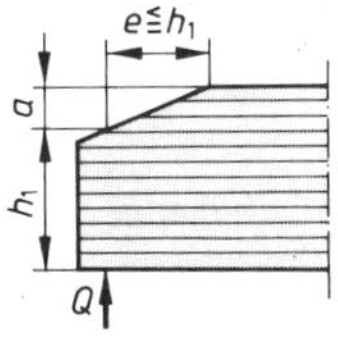

3.4.8.3 Unten ausgeklinkte Trägerenden mit Verstärkung nach Tafel 25

Die unten rechtwinklig ausgeklinkten Trägerenden dürfen durch beidseitig aufgeleimte Laschen aus Bau-Furniersperrholz aus mindestens fünf Lagen nach DIN 68705 T5 der Klasse 100 verstärkt werden.

Die zulässige Querkraft ist nach Gl. (46) zu berechnen.

$$\text{zul } Q = \tfrac{2}{3} b \cdot h_1 \cdot \text{zul } \tau_Q \quad (46)$$

Tafel 25 Unten rechtwinklig ausgeklinkte Trägerenden mit Verstärkung bei Biegeträgern mit Rechteckquerschnitt aus Nadelholz[1]) nach DIN 1052-1, Bild 6b und [2]

Beidseitig aufgeleimte Verstärkungslaschen, $a \leqq h/2$, $a \leqq 50$ cm

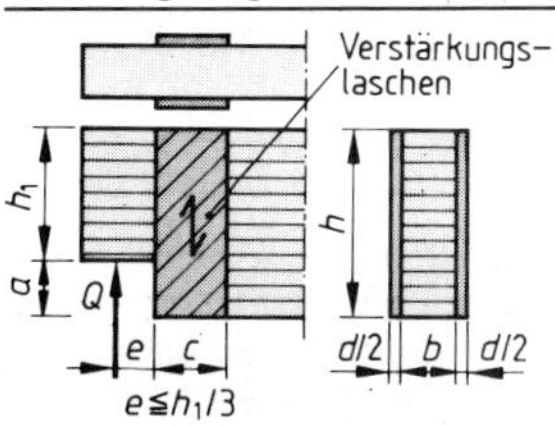

Die Breite c der Verstärkungslaschen muß der Bedingung $0{,}25a \leqq c \leqq 0{,}50a$ genügen.

Die Verstärkung ist näherungsweise für die Zugkraft nach Gl. (47) zu bemessen.

$$Z = 1{,}3 \cdot Q\,[3 \cdot (a/h)^2 - 2 \cdot (a/h)^3] \quad (47)$$

Die Zugspannung in der Verstärkung beträgt

$$\sigma_{Z\parallel} = \frac{Z}{c \cdot d} \leqq \text{zul } \sigma^*_{Z\parallel} \quad (48)$$

Die Scherspannung in der Leimfläche beträgt

$$\tau_a = \frac{Z}{2a \cdot c} \leqq \text{zul } \tau^*_a \quad (49)$$

zulässige Spannungen:

zul $\sigma^*_{Z\parallel} = 4{,}0$ MN/m² zul $\tau^*_a = 0{,}25$ MN/m²

[1]) Verleimung nur mit Resorcinharzleim, Nagelpreßleimung nach DIN 1052 zulässig.

3.4.9 Durchbrüche bei Biegeträgern mit Rechteckquerschnitt aus Brettschichtholz

Durchbrüche sind Öffnungen mit einer lichten Abmessung $d > 50$ mm nach Bild 9, sie sollen möglichst symmetrisch zur Trägerachse angeordnet werden.

Für Durchbrüche mit und ohne Verstärkung sind folgende Abmessungen und Abstände einzuhalten, s. auch Bild 9:

$l_v \geqq h$	$l_z \geqq h$	$a \leqq h$	$h_{ro} \geqq 0{,}3h$	$h_{ru} \geqq 0{,}3h$	$h_d \leqq 0{,}4h$
$l_A \geqq h/2$	$l_F \geqq h/2$ von größeren Einzellasten		$l_o \geqq h/2$ von Auflagermitte		$r \geqq 15$ mm

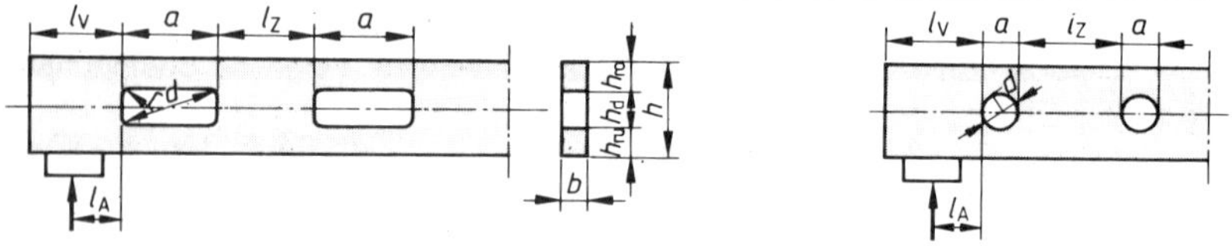

Bild 9 Abmessungen und Anordnung von Durchbrüchen nach DIN 1052-1, Bild 8

Durchbrüche müssen verstärkt werden, wenn die größte lichte Abmessung d die Gl. (50) oder (51) erfüllt. Dabei ist τ_Q die vorhandene auf den ungeschwächten Querschnitt bezogene Schubspannung in Durchbruchsmitte.

$$\boldsymbol{d > 100 - 42 \cdot \tau_Q} \quad \text{in mm} \quad (50)$$

$$\boldsymbol{d > (0{,}1 - 0{,}042 \cdot \tau_Q) \cdot h} \quad \text{in mm} \quad (51)$$

$\tau_Q = \frac{1{,}5 \cdot Q}{h \cdot b}$ in MN/m² (oder in N/mm²)

h, b Höhe, Breite des Brettschichtholzträgers in mm

Q Querkraft in Durchbruchsmitte, eine Abminderung nach Abschn. 3.4.2 ist nicht zulässig.

Verstärkungen dürfen durch aufgeleimte Bau-Furniersperrholzplatten, Klasse 100, nach DIN 68705-5 gem. Bild 10 erfolgen. Die Gesamtdicke der Verstärkung t (je Seite $t/2$) berechnet sich aus Gl. (52)

$$\boldsymbol{t \geqq (0{,}15 + 0{,}4 \cdot \tau_Q) \cdot b} \quad \text{in mm}$$
$$\textbf{jedoch} \geqq \textbf{20 mm} \quad (52)$$

τ_Q vorhandene Schubspannung in MN/m² in Durchbruchsmitte

b Trägerbreite in mm

Die Faserrichtung des Deckfurniers ist parallel zur Faserrichtung der Trägerlamellen anzuordnen. Verleimung mit Resorcinharzleim, Nagelpreßleimung nach DIN 1052 zulässig.

Für Durchbrüche mit Verstärkung sind zusätzlich zu den Abmessungen und Abständen nach Bild 9 diejenigen nach Bild 10 einzuhalten:

$a_1 \geqq 0{,}25 \cdot a$	$a_1 \geqq h_1$	$h_1 \geqq 0{,}25 h_d$	$h_1 \geqq 0{,}1 h$	$b \leqq 220$ mm

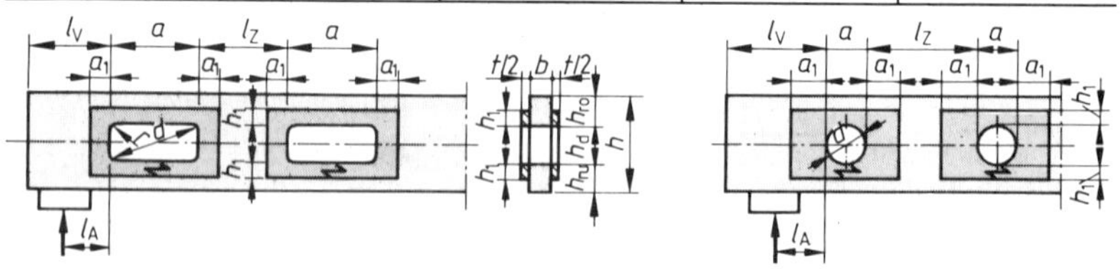

Bild 10 Abmessungen und Anordnung der Verstärkungen nach DIN 1052-1, Bild 9

3.4.10 Biegeträger als zusammengesetzter Querschnitt mit nachgiebig verbundenen Querschnittsteilen

Bei der Bemessung ist die Nachgiebigkeit der Verbindungsmittel zu berücksichtigen; für doppelt-symmetrische Querschnitte s. Tafel 26, für einfach-symmetrische Querschnitte Tafel 27.

Werden die Abstände der Verbindungsmittel (s. Tafel 26 und 27) analog zur Querkraftlinie abgestuft und erfüllen die maximalen Abstände die Gl. (87), so darf in den Gl. (55) und (72), (73) der jeweilige Abstand nach Gl. (88) eingesetzt werden.

$\max e'_{1,3} \leqq 4 \cdot \min e'_{1,3}$ (87) $\quad \bar{e}'_{1,3} = 0{,}75 \cdot \min e'_{1,3} + 0{,}25 \cdot \max e'_{1,3}$ (88)

Tafel 26 Bemessung von Biegeträgern mit doppelt-symmetrischem Querschnitt und nachgiebig verbundenen Querschnittsteilen nach DIN 1052-1, 8.3[1])

1 Entsprechendes gilt auch für Typ 2 nach Tafel 28

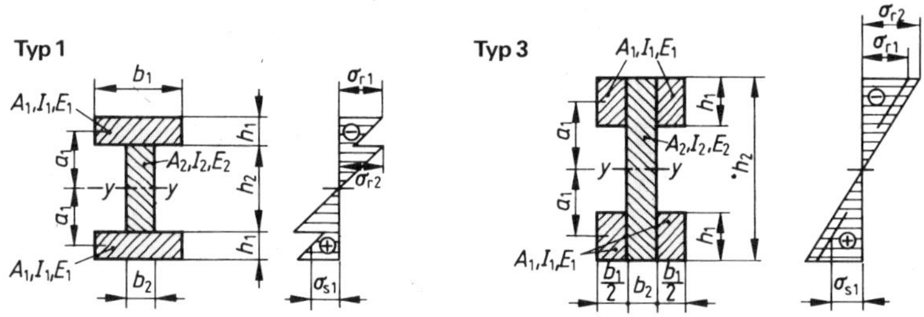

wirksames Flächenmoment 2. Grades[2])

2 $$\text{ef } I = \sum_{i=1}^{3} (n_i \cdot I_i + \gamma_i \cdot n_i \cdot A_i \cdot a_i^2) \quad (53)$$
mit $a_2 = 0$

Abminderungswerte[3])

3 $$\gamma = \gamma_1 = \frac{1}{1+k_1}; \quad \gamma_2 = 1 \quad (54)$$
$$k = k_1 = \frac{\pi^2 \cdot E_1 \cdot A_1 \cdot e_1'}{l^2 \cdot C_1} \quad (55)$$

Schwerpunktspannung σ_{si}; Randspannung σ_{ri}

4 $$\sigma_{s1} = +\frac{M}{\text{ef } I} \cdot \gamma \cdot a_1 \cdot \frac{A_1}{A_{1n}} \cdot n_1 \quad (56)$$
$$\sigma_{r1} = \pm \frac{M}{\text{ef } I} \left(\gamma \cdot a_1 \cdot \frac{A_1}{A_{1n}} + \frac{h_1}{2} \cdot \frac{I_1}{I_{1n}} \right) n_1 \quad (57)$$
$$\sigma_{r2} = \pm \frac{M}{\text{ef } I} \left(\frac{h_2}{2} \cdot \frac{I_2}{I_{2n}} \right) n_2 \quad (58)$$
$$\frac{\sigma_{s1}}{\text{zul } \sigma_{Z\parallel}} \leqq 1 \quad (59) \qquad \frac{\sigma_{ri}}{\text{zul } \sigma_B} \leqq 1 \quad (60)$$

Schubfluß in den Anschlußfugen der Gurte

5 $$\text{ef } t_1 = \frac{\max Q}{\text{ef } I} \cdot \gamma_1 \cdot n_1 \cdot S_1 \quad (61)$$

erf. Abstand der Verbindungsmittel[4])

6 $$\text{erf } e_1' = \frac{\text{zul } N_1}{\text{ef } t_1} \quad (62)$$

Schubspannung in der Ebene $y-y$

7 $$\max \tau = \frac{\max Q}{b_2 \cdot \text{ef } I} \cdot (\gamma_1 \cdot n_1 \cdot S_1 + n_2 S_2) \quad (64)$$
$$\frac{\max \tau}{\text{zul } \tau_Q} \leqq 1 \quad (66)$$

Stabilisierung nach Abschn. 3.4.13

Bezeichnungen

M	Biegemoment, hier: positiv
I_i, I_{in}	Flächemomente 2. Grades der ungeschwächten bzw. geschwächten Querschnittsteile
A_i, A_{in}	Querschnittsflächen, ungeschwächt bzw. geschwächt
E_i	Elastizitätsmoduln der einzelnen Querschnittsteile
E_V	beliebiger Vergleichs-E-Modul
n_i	E_i/E_V
e_1'	mittlere Abstände der in eine Reihe geschobenen Verbindungsmittel, mit denen die Gurte an den Steg angeschlossen sind, s. Bild 11
C_1	Verschiebungsmoduln der Verbindungsmittel nach Tafel 25
l	maßgebende Stützweite; $0{,}8 \cdot l$ bei Durchlaufträgern, $2 \cdot l_K$ bei Kragträgern mit l_K als Kraglänge
zul N_1	zul. Belastung der Verbindungsmittel
max Q	größte Querkraft

Flächenmoment 1. Grades der Gurte

bezogen auf $y-y$:
$$S_1 = b_1 \cdot h_1 \cdot a_1 \quad (63)$$

Flächenmoment 1. Grades des halben Stegteils

bezogen auf $y-y$
$$S_2 = b_2 \cdot h_2^2/8 \quad (65)$$

Durchbiegungsnachweis führen mit:

ef I aus Gl. (53) u. E_V; in Gl. (55) ist max C_1 einzusetzen: entweder der 1,25fache Wert aus Tafel 28 oder der Wert aus Tafel 79

[1]) Über den Beulnachweis bei Vollwandträgern mit I- oder Kastenquerschnitt und Stegen aus Holzwerkstoffplatten s. Abschn. 3.4.11

[2]) Darf bei geschwächten Querschnittsteilen auf die Schwerachsen der ungeschwächten Querschnittsteile bezogen werden.

[3]) Bei der Berechnung der k-Werte sind für E- und C-Moduln Ermäßigungen nach Tafel 12 nicht zu berücksichtigen (Witterung, Durchfeuchtung).

[4]) Verbindungsmittel i. allg. gleichmäßig über Trägerlänge anordnen, bei Abstufung der Abstände analog der Querkraftlinie s. Gl. (87), (88).

Tafel 27 Bemessung von Biegeträgern mit einfach-symmetrischen Querschnitt und nachgiebig verbundenen Querschnittsteilen nach DIN 1052-1, 8.3[1])[2])

1	**Typ 4** 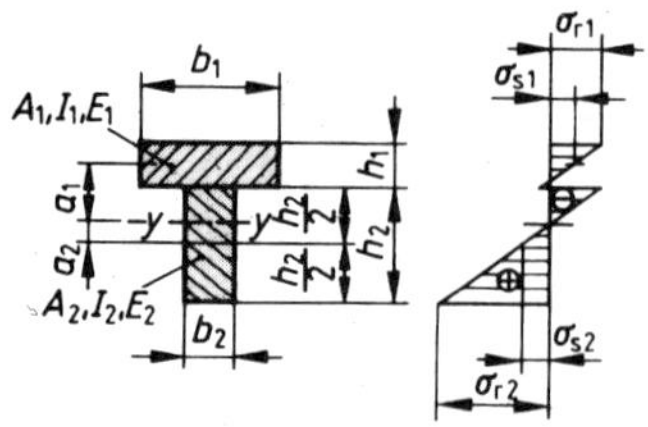	**Typ 5** 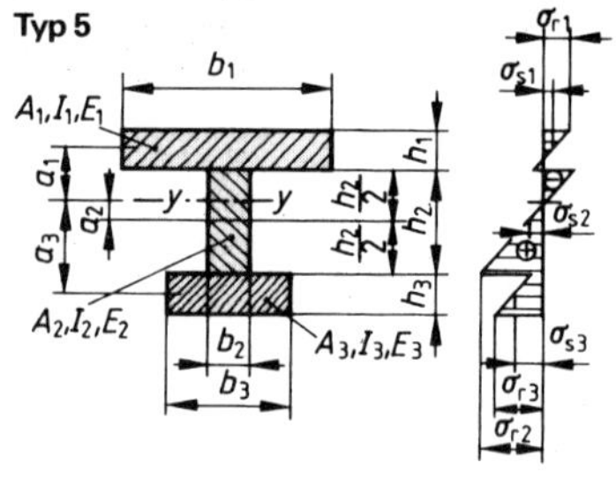
	wirksames Flächenmoment 2. Grades[3])	
2	$\mathrm{ef}\,I = \sum_{i=1}^{3} (n_i \cdot I_i + \gamma_i \cdot n_i \cdot A_i \cdot a_i^2);\quad \gamma_2 = 1$ (67)	
	Abstand a_2	
3	$a_2 = \frac{1}{2} \frac{\gamma_1 \cdot n_1 \cdot A_1 (h_1 + h_2)}{(\gamma_1 \cdot n_1 \cdot A_1 + n_2 \cdot A_2)}$ (68)	$a_2 = \frac{1}{2} \frac{\gamma_1 \cdot n_1 \cdot A_1 (h_1 + h_2) - \gamma_3 \cdot n_3 \cdot A_3 (h_2 + h_3)}{(\gamma_1 \cdot n_1 \cdot A_1 + n_2 \cdot A_2 + \gamma_3 \cdot n_3 \cdot A_3)}$ (69)
	Abminderungswerte[4])	
4	$\gamma_1 = \frac{1}{1 + k_1};\quad \gamma_2 = 1$ (70) $k_1 = \frac{\pi^2 \cdot E_1 \cdot A_1 \cdot e_1'}{l^2 \cdot C_1}$ (72)	$\gamma_{1,3} = \frac{1}{1 + k_{1,3}};\quad \gamma_2 = 1$ (71) $k_{1,3} = \frac{\pi^2 \cdot E_{1,3} \cdot A_{1,3} \cdot e_{1,3}'}{l^2 \cdot C_{1,3}}$ (73)
	Schwerpunktspannung σ_{si}, Randspannung σ_{ri}	
5	$\sigma_{si} = \pm \frac{M}{\mathrm{ef}\,I} \cdot \gamma_i \cdot a_i \cdot \frac{A_i}{A_{in}} \cdot n_i$ (74) $\sigma_{ri} = \pm \frac{M}{\mathrm{ef}\,I} \cdot \left(\gamma_i \cdot a_i \cdot \frac{A_i}{A_{in}} + \frac{h_i}{2} \cdot \frac{I_i}{I_{in}}\right) \cdot n_i$ (76)	$\frac{\sigma_{si}}{\mathrm{zul}\,\sigma_{Z\parallel}} \leqq 1$ in den gezogenen Querschnittsteilen (75) $\frac{\sigma_{ri}}{\mathrm{zul}\,\sigma_B} \leqq 1$ (77)
	Flächenmoment 1. Grades der Gurte bezogen auf $y-y$	
6	$S_1 = b_1 \cdot h_1 \cdot a_1$ (78)	$S_{1,3} = b_{1,3} \cdot h_{1,3} \cdot a_{1,3}$ (79)
	Flächenmoment 1. Grades des halben Stegteils bezogen auf $y-y$	
7	$S_2 = b_2 \cdot \left(\frac{h_2}{2} - a_2\right)^2 / 2$ (80)	
	Schubfluß in den Anschlußfugen der Gurte	
8	$\mathrm{ef}\,t_1 = \frac{\max Q}{\mathrm{ef}\,I} \cdot \gamma_1 \cdot n_1 \cdot S_1$ (81)	$\mathrm{ef}\,t_{1,3} = \frac{\max Q}{\mathrm{ef}\,I} \cdot \gamma_{1,3} \cdot n_{1,3} \cdot S_{1,3}$ (82)
	erforderlicher Abstand der Verbindungsmittel[5])	
9	$\mathrm{erf}\,e_1' = \frac{\mathrm{zul}\,N_1}{\mathrm{ef}\,t_1}$ (83)	$\mathrm{erf}\,e_{1,3}' = \frac{\mathrm{zul}\,N_{1,3}}{\mathrm{ef}\,t_{1,3}}$ (84)
	Schubspannung in der Ebene $y-y$	
10	$\max \tau = \frac{\max Q}{b_2 \cdot \mathrm{ef}\,I} \cdot (\gamma_1 \cdot n_1 \cdot S_1 + n_2 \cdot S_2)$ (85)	$\frac{\max \tau}{\mathrm{zul}\,\tau_Q} \leqq 1$ (86)
	Durchbiegungsnachweis führen mit	
11	ef I aus Gl. (67) u. E_V; in Gl. (72), (73) ist max C einzusetzen: entweder der 1,25fache Wert aus Tafel 28 oder der Wert aus Tafel 79	

[1]) Bezeichnungen s. Tafel 26, Stabilisierung nach Abschn. 3.4.13.
[2]), [3]), [4]) und [5]): siehe Fußnoten [1]), [2]), [3]) und [4]) zur Tafel 26.

Tafel 28 Querschnittstypen und Rechenwerte für Verschiebungsmoduln C in N/mm nach DIN 1052-1, Tab. 8

für Biegung bzw. Knickung maßgebende Schwerachse	Verbindungsmittel		Typ 1	2	3	4	5
			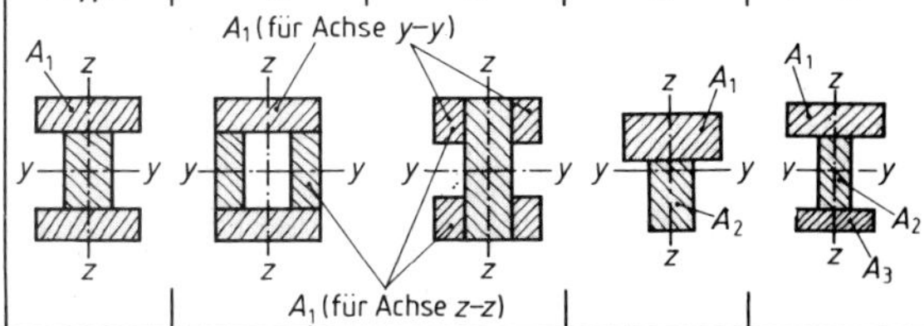				
$y-y$	Nagel	1schnittig	600	600	900	600	600
		2schnittig	700	700	900 je Fuge	–	700
$z-z$		1schnittig	–	900	600		–
		2schnittig		900 je Fuge	700		
$y-y$ und $z-z$	Dübel nach DIN 1052-2 s. Abschn. 4.5		15000 22500 für zul. Belastung[1]) 30000		≦16 kN >16 bis 30 kN >30 kN		
$y-y$ und $z-z$	Paßbolzen Stabdübel		0,7 · zul N je Fuge mit zul N = zul. Belastung in N je Anschlußfuge[2])				

[1]) Als zul. Belastung sind die Werte je Dübel für den Lastfall H maßgebend.
[2]) Für Laubholz, Gruppe C: 1,0 · zul N.

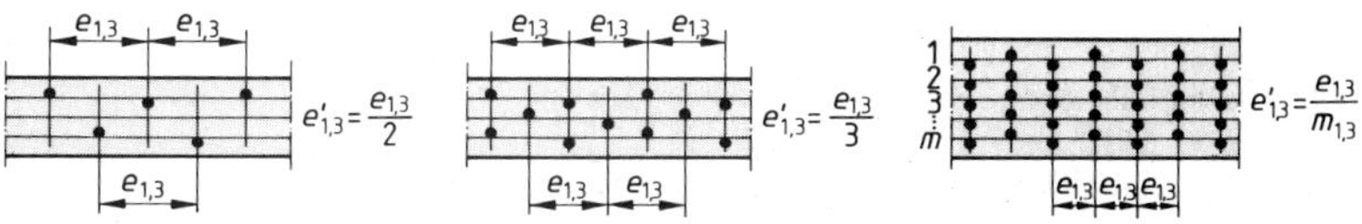

Bild 11 Maßgebender Abstand $e'_{1,3}$ bei mehrreihiger Anordnung der Verbindungsmittel

12

3.4.11 Fachwerkträger und Vollwandträger mit Plattenstegen

Bei parallelgurtigen oder trapezförmigen Fachwerkträgern mit nachgiebigen Stabanschlüssen sind die Biegespannungen in den Gurten nachzuweisen, wenn die Gurthöhe >1/7 Trägerhöhe beträgt.

Vollwandträger mit Stegen aus Bau-Furniersperrholz- oder Flachpreßplatten müssen unter Berücksichtigung der verschiedenen E-Moduln der Steg- und Gurtwerkstoffe berechnet werden. Bei nachgiebigem Anschluß s. Abschn. 3.4.10.

Wird kein genauerer Beulnachweis geführt, ist für annähernd gleichmäßig belastete verleimte Vollwandträger die folgende Bedingung zu erfüllen:

$\frac{h_{sL}}{b_s}$ ≦ 50 bei Plattenstegen aus Flachpreßplatten nach DIN 68763

≦ 35 bei Plattenstegen aus mindestens 5-lagigen Bau-Furniersperrholzplatten nach DIN 68705-3, -5.

h_{sL} lichte Höhe des Plattensteges
h_{sg} Mittenabstand der Gurtquerschnittsflächen
b_s Dicke des Plattensteges

Bei genagelten Trägern ist h_{sL} durch h_{sg} zu ersetzen, s. Bild 12.

Mindestens im Auflager- und Einleitungsbereich von Einzellasten sind Aussteifungen erforderlich. Bei Trägerhöhen h > 50 cm sollte der Steifenabstand ≦3fache Trägerhöhe h sein.

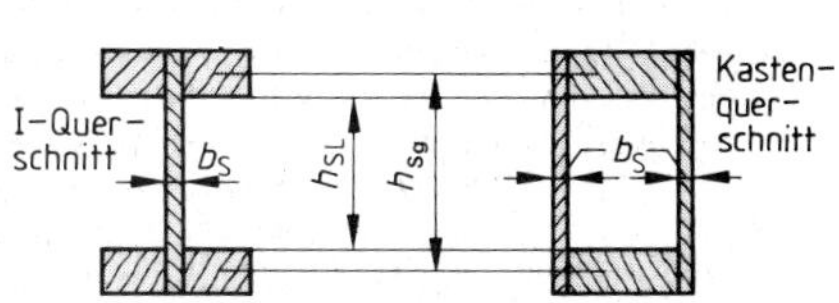

Bild 12 Vollwandträger mit Plattenstegen

3.4.12 Durchbiegungen und Überhöhungen

Durchbiegungen. Zur Sicherung insbesondere der Gebrauchsfähigkeit von Konstruktionen und Bauteilen sind Grenzwerte für die Durchbiegungen aus Verkehrs- und Gesamtlast einzuhalten. Dabei wird unterschieden:

- Verkehrslasten: einschl. Wind- und Schneelast, ohne Schwing- und Stoßbeiwert,
- Gesamtlast: ständige Last und Verkehrslasten einschließlich Wind- und Schneelast, ohne Schwing- und Stoßbeiwert.

Die zulässigen rechnerischen Durchbiegungen von biegebeanspruchten Trägern sind Tafel 29 zu entnehmen. Bei bestimmten biegebeanspruchten Bauteilen gelten die Werte der Tafel 30.

Tafel 29 Zulässige rechnerische Durchbiegungen von biegebeanspruchten Trägern nach DIN 1052-1, Tab. 9[1])

1	Trägerart	mit Überhöhung Verkehrslast	mit Überhöhung Gesamtlast	ohne Überhöhung Gesamtlast
2	BSH-Träger, Vollwandträger, zusammengesetz. Träger	$l/300$	$l/200$	$l/300$
3	Fachwerkträger[2]) bei Näherungsberechnung	$l/600$	$l/400$	$l/600$
	Fachwerkträger[2]) bei genauer Berechnung	$l/300$	$l/200$	$l/300$

[1]) Durchbiegung von Aussteifungskonstruktionen s. Abschn. 3.6
[2]) Einschließlich einsinnig verbretteter Vollwandträger

Tafel 30 Zulässige rechnerische Durchbiegungen bestimmter biegebeanspruchter Bauteile nach DIN 1052-1, 8.5

1	biegebeanspruchte Bauteile	Gesamtlast
2	**Decken** – unter/über Wohn-, Büro- und ähnlichen Räumen – unter Fabrik- und Werkstatträumen	$l/300$
3	**Pfetten, Sparren, Balken** – im Bereich des oberen Raumabschlusses von Wohn-, Büro- und ähnlichen Räumen	$l/300$
4	**Pfetten, Sparren, allgemein**	$l/200$
5	**Balken von Stalldecken, Scheunen** und dergleichen	$l/200$
6	**biegebeanspruchte Träger im landwirtschaftlichen Bauwesen** – Vollwand- und Fachwerkträger ohne Überhöhung – Näherungsberechnung von Fachwerkträgern ohne Überhöhung	 $l/200$ $l/400$
7	**Stützen, Riegel in Außenwänden** geschlossener Gebäude – unter horizontaler Last, z. B. Windlast	 $l/200$
8	**Dach-** und unmittelbar belastete **Deckenschalungen**[1]), **obere Dach- und Deckenbeplankungen**[1]), – unter Eigenlast und Einzellast 1 kN (Mannlast)	$l/200$; $\leq 1{,}0$ cm $l/200$; $\leq 1{,}0$ cm $l/100$; $\leq 2{,}0$ cm
9	bei **Kragenden** von auskragenden Bauteilen dürfen bezogen auf die Kraglänge die Werte der Tafel 29 um 100% überschritten werden.	

[1]) Der Durchbiegungsanteil aus Schubverformung darf vernachlässigt werden

Berechnung der Durchbiegung. Bei der Berechnung darf der ungeschwächte Querschnitt eingesetzt werden. Die vorhandenen rechnerischen Durchbiegungen setzen sich i.a. aus folgenden Anteilen zusammen: aus **Biegemoment f_M**, aus **Schub (Querkraft) f_τ**, aus **Kriechen f_φ**, aus der **Nachgiebigkeit der Verbindungen und Verbindungsmittel** sowie aus der **Holzfeuchtigkeit**. Tafel 31 gibt einen Überblick über die Berücksichtigung der Durchbiegungsanteile f_M, f_τ und f_φ bei Biegeträgern mit verschiedenen Querschnittsformen; der Einfluß der Nachgiebigkeit von Verbindungsmitteln bei zusammengesetzten Querschnitten kann nach Tafel 26 und 27 ermittelt werden, der Einfluß der Holzfeuchtigkeit wird durch erf. Ermäßigungen der Materialkennwerte nach Tafel 12 in Rechnung gestellt. Die **Näherungs- und genaue Berechnung** der Durchbiegungen bei **Fachwerkträgern** kann Tafel 32 entnommen werden. Die Gl. zur Berechnung der Durchbiegungsanteile f_M und f_τ bei **Parallel-, Pult- und Satteldachträgern** sind in Tafel 20 zusammengestellt; die Beiwerte k_M und k_τ zur Berechnung der Durchbiegungsanteile aus Biegemoment und Schub (Querkraft) bei Pult- und Satteldachträgern können aus den Bildern 13 und 14 ermittelt werden.

Tafel 31 Rechnerische Durchbiegung unter Gesamtlast bei Biegeträgern mit verschiedenen Trägerformen [1] [2] [4]

rechnerische Gesamtdurchbiegung	Vollholzträger mit Rechteckquerschnitt	Brettschichtholzträger mit Rechteckquerschnitt und Spannweitenverhältnis $\sim l/h \geqq 15$	$\sim l/h < 15$ [3]	Pult- und Satteldachträger mit Rechteckquerschnitt	Vollwandträger mit Vollholz- oder Plattenstegen Beispiel:
	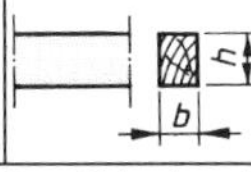	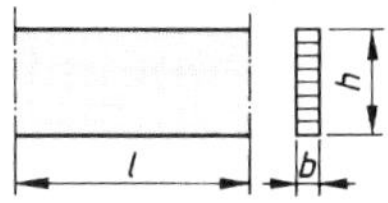		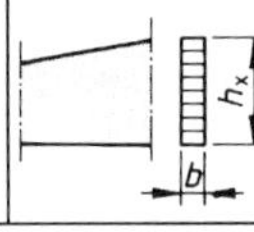	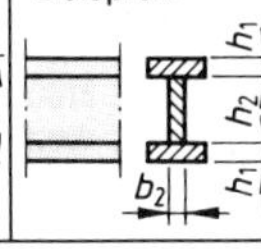
für $g/q \leqq 0{,}5$ (ohne Kriechverformung), $q = g + p$					
1 $f_{ges} =$	f_{Mq} (89)		$f_{Mq} + f_{\tau q}$ (90)		
für $g/q > 0{,}5$ (mit Kriechverformung) $q = g + p$					
2 $f_{ges} =$	$f_{Mg}(1+\varphi) + f_{Mp}$ (91)		$(f_{Mg} + f_{\tau g}) \cdot (1+\varphi) + (f_{Mp} + f_{\tau p})$ (92)		

[1]) Hierin bedeuten
- f_M, f_τ Durchbiegungsanteile infolge Biegemoment M bzw. Schub (Querkraft) τ
- q, g, p Gesamtlast, ständige Last, Verkehrslast
- φ Kriechzahl nach Gl. (4)
- l/h Spannweitenverhältnis: Stützweite l/Trägerhöhe h

[2]) Über die Durchbiegungsberechnung von Fachwerken s. Tafel 32

[3]) Empfehlung nach [2]

[4]) die rechnerische Durchbiegung unter Verkehrslast allein ist i. allg. zusätzlich nachzuweisen

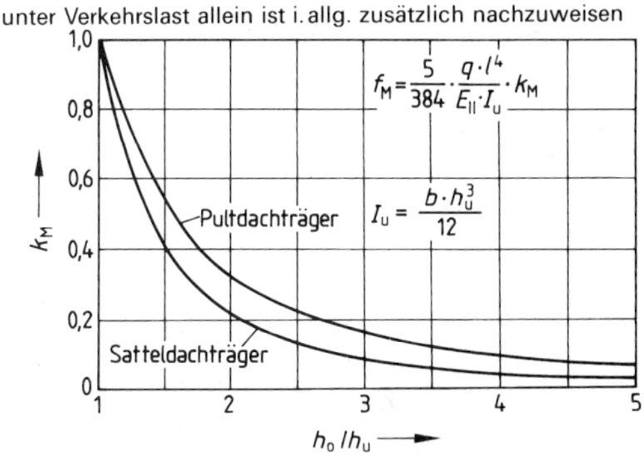

Bild 13
k_M-Werte zur Berechnung von Durchbiegungen aus Biegemomenten für Träger mit Rechteckquerschnitt

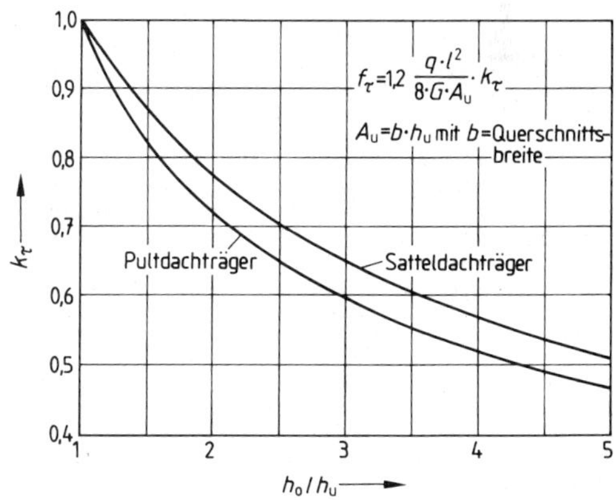

Bild 14
k_τ-Werte zur Berechnung von Schubdurchsenkungen für Träger mit Rechteckquerschnitt

12

Für Vollwandträger auf zwei Stützen mit gleichbleibendem Querschnitt darf die Schubverformung in Balkenmitte näherungsweise nach Gl. (93) berechnet werden. Dies gilt auch

$$\max f_\tau = \frac{q \cdot l^2}{8 \cdot G \cdot A_{Steg}} \quad (93)$$

G Schubmodul des Stegmaterials
A_{Steg} Stegfläche
q Belastung
l Stützweite

für Durchlaufträger mit l als gesamter Feldweite des betrachteten Feldes.

Tafel 32 Näherungs- und genauere Berechnung der Durchbiegung bei Fachwerkträgern nach [2][1][2][3]

	Durchbiegung	Erläuterungen
Näherungsberechnung		
1	allgemein	
	$f = \sum_{i=1}^{n} \frac{N_i \cdot \bar{N}_i}{E_\parallel \cdot A_i} \cdot s_i \quad (94)$	nur über die Gurtstäbe des Fachwerkes aufsummieren
	bei parallelgurtigen Fachwerkträgern	
	Beispiel Einfeldträger, in Feldmitte: $f = \frac{5}{384} \cdot \frac{q \cdot l^4}{E_\parallel \cdot I} \quad (95)$	$I = \sum_{i=1}^{n} A_i \cdot a_i^2$ 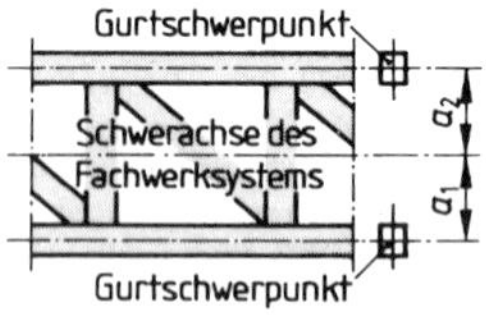 A_i ungeschwächte Gurt-Querschnittsflächen
genauere Berechnung		
2	$f = \sum_{i=1}^{n} \left(\frac{N_i}{E_\parallel \cdot A_i} \cdot s_i + \Delta_i \right) \bar{N}_i \quad (96)$	über sämtliche Stäbe des Fachwerkes (Gurt- und Füllstäbe) einschl. Verschiebungen aller Anschlüsse und Stöße aufsummieren
	Verschiebungen Δ_i von Anschlüssen und Stößen	
	– bei **Dübel- und Nagelanschlüssen** mit gleicher Ausbildung an beiden Stabenden: $\Delta_i = \frac{2 \cdot N_i}{n \cdot C} \quad (97)$ – bei **Versätzen** für jeden Anschluß und bei **Bolzenverbindungen**: $\Delta_i = 1{,}5\,\text{mm} \quad (98)$ – bei **unmittelbarem Anschluß von Druckpfosten** durch Kontakt je Stabende (senkrecht zur Faserrichtung) $\Delta_i = \frac{N_i \cdot h_g}{2 \cdot E_\perp \cdot A_i} \quad (99)$	

[1]) Hierin bedeuten
- N_i Stabkräfte aus äußerer Belastung mit Vorzeichen (−) für Druck und (+) für Zug
- $\bar{N}_i$ Stabkräfte aus einer virtuellen Last „1", die an der Stelle der zu berechnenden Durchbiegung angreift, mit Vorzeichen (−) für Druck und (+) für Zug
- s_i Netzlinien-Längen der einzelnen Stäbe
- $E_\parallel$; $E_\perp$ Elastizitätsmoduln nach Tafel 8, 9 mit erf. Ermäßigungen nach Tafel 12
- A_i ungeschwächte Querschnittsflächen der einzelnen Stäbe
- Δ_i Verschiebungen aus Anschlüssen und Stößen infolge Nachgiebigkeit der Verbindungsmittel
- a_i Abstände der Gurtschwerpunkte von der Schwerachse des Fachwerkes
- n Anzahl der Verbindungsmittel (Dübel oder Nägel) je Anschluß oder Stoß
- C Verschiebungsmoduln der Verbindungsmittel (Dübel oder Nägel) nach Tafel 79
- h_g Gurthöhe

[2]) Verschiebungen aus Schwindverformungen sind zu berücksichtigen, wenn die Einbau-Holzfeuchtigkeit wesentlich über der zu erwartenden Gleichgewichtsholzfeuchtigkeit nach Tafel 13 liegt.

[3]) bei hohen Dauerlasten sind Kriechverformungen sinngemäß nach Abschn. 2 zu berücksichtigen.

Überhöhungen. Brettschichtholzträger, zusammengesetzte Biegebauteile und Fachwerkträger sind in der Regel parabelförmig zu überhöhen. Die Mindestwerte der Überhöhungen der Gesamtsysteme sind Tafel 33 zu entnehmen.

Tafel 33 Mindestwerte der Überhöhungen für Brettschichtträger, zusammengesetzte Biegebauteile und Fachwerkträger nach DIN 1052-1, 8.5.5

	bei Berechnung der Überhöhung[1] [2]	ohne Berechnung der Überhöhung[2]		
1		allgemein	bei Verwendung von halbtrockenem oder frischem Holz	bei Kragträgern
2	rechnerische Durchbiegung aus Gesamtlast mit Kriechverformungen	$l/300$	$l/200$	$l/150$

[1]) Bei Konstruktionen mit nachgiebigen Verbindungsmitteln soll der Einfluß der Nachgiebigkeit berücksichtigt werden

[2]) Bei Rahmen ist sinngemäß zu verfahren

Beispiel rechnerische Durchbiegung und Überhöhung eines Parallelträgers aus Brettschichtholz, s. Beispiel Abschn. 3.4.1 (Fortführung), s. auch Tafel 20.

zul. $f = l/300 = 1500/300 = 5{,}0$ cm (im Beispiel)

$I = 16 \cdot 90^3/12 = 972000\ \text{cm}^4$

$E = 12000\ \text{MN/m}^2 = 1200\ \text{kN/cm}^2$ (BS14, Lamellen S13)

$G = 600\ \text{MN/m}^2 = 60\ \text{kN/cm}^2$ (BS14, Lamellen S13)

Aufteilung Gesamtlast

(im Beispiel): $q = g + p$

$g = 0{,}55 \cdot q = 0{,}55 \cdot 7{,}0 = 3{,}85\ \text{kN/m}$

$p = 0{,}45 \cdot q = 0{,}45 \cdot 7{,}0 = 3{,}15\ \text{kN/m}$

Spannweitenverhältnis

$l/h = 15{,}0/0{,}90 = 16{,}7 > 15$

f_τ braucht nicht berücksichtigt zu werden,
hier: f_τ wird i.d. Beispiel jedoch weiter verfolgt, um den Rechengang aufzuzeigen

Anteile aus Biegemoment

$$f_{Mg} = \frac{5 \cdot 0{,}0385 \cdot 1500^4}{384 \cdot 1200 \cdot 972000} = 2{,}18\ \text{cm}$$

$f_{Mp} = 2{,}18 \cdot 3{,}15/3{,}85 = 1{,}78$ cm

Anteile aus Schubverformung

$$f_{\tau g} = 1{,}2 \cdot \frac{0{,}0385 \cdot 1500^2}{8 \cdot 60 \cdot 16 \cdot 90} = 0{,}15\ \text{cm}$$

$f_{\tau p} = 0{,}15 \cdot 3{,}15/3{,}85 = 0{,}12$ cm

Kriechzahl

$g/q = 0{,}55 > 0{,}5;\ u \leqq 18\%$

$\eta_K = 1{,}5 - 0{,}55 = 0{,}95$

$$\varphi = \frac{1}{0{,}95} - 1 = 0{,}05$$

Gesamtdurchbiegung

$f_{ges} = f_g + f_\varphi + f_p$

$= (f_{Mg} + f_{\tau g}) \cdot (1 + \varphi) + (f_{Mp} + f_{\tau p})$

$$\frac{(2{,}18 + 0{,}15) \cdot (1 + 0{,}05) + (1{,}78 + 0{,}12)}{5{,}0}$$

$$= \frac{4{,}4}{5{,}0} = 0{,}88 < 1$$

Überhöhung

parabelförmig, max $ü$ in Feldmitte, gewählt:

max $ü = 7{,}0$ cm $>$ min $ü = 4{,}4$ cm (rechn. Durchbiegung)

3.4.13 Stabilisierung biegebeanspruchter Bauteile

Biegebeanspruchte Bauteile müssen gegen seitliches Ausweichen gesichert sein.

3.4.13.1 Träger mit Rechteckquerschnitt

Sind Träger mit Rechteckquerschnitt b/h nach Bild 15 im Abstand a seitlich praktisch unverschieblich festgehalten, so darf der Nachweis einer ausreichenden Kippstabilität nach Gl. (100) geführt werden, wobei ein konstantes Biegemoment M über die Länge a angenommen wird.

$$\frac{M/W}{k_B \cdot 1{,}1 \cdot \text{zul}\ \sigma_B} \leqq 1 \quad (100)$$

mit dem Kippbeiwert k_B (101)

$k_B = 1$ für $\lambda_B \leqq 0{,}75$

$k_B = 1{,}56 - 0{,}75 \cdot \lambda_B$ für $0{,}75 \leqq \lambda_B \leqq 1{,}4$

$k_B = 1/\lambda_B^2$ für $\lambda_B > 1{,}4$

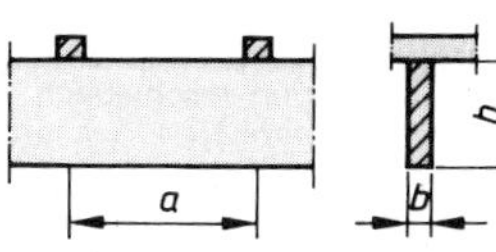

Bild 15 Träger mit Rechteckquerschnitt

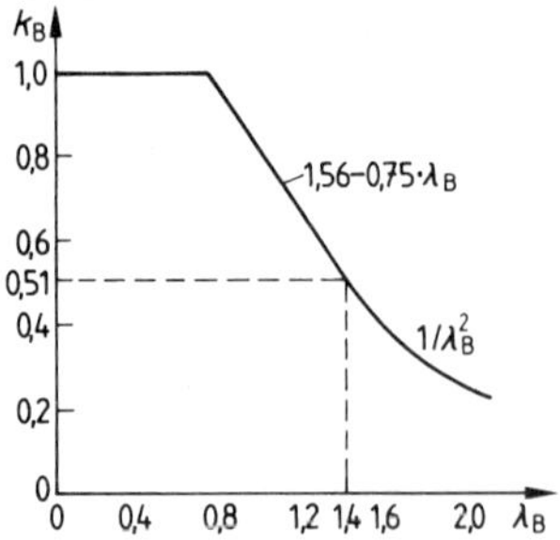

Bild 16 Kippbeiwert k_B in Abhängigkeit vom Kippschlankheitsgrad λ_B

und dem Kippschlankheitsgrad λ_B

$$\lambda_B = \sqrt{\frac{\alpha \cdot h \cdot \gamma_1 \cdot \text{zul}\,\sigma_B}{\pi \cdot b^2 \cdot \sqrt{E_\parallel \cdot G_T}}} \qquad (102)$$

Als Lasterhöhungsbeiwert ist für beide Lastfälle H und HZ $\gamma_1 = 2{,}0$ einzusetzen. Der Kippbeiwert k_B nach Gl. (101) kann auch Tafel 34 oder Bild 16 entnommen werden.

Tafel 34 Kippbeiwert k_B nach Gl. (101)

λ_B	Kippbeiwert k_B bei einem Kippschlankheitsgrad λ_B von										λ_B
	0,00	0,01	0,02	0,03	0,04	0,05	0,06	0,07	0,08	0,09	
≦0,75	1,000										≦0,75
0,70	1,000	1,000	1,000	1,000	1,000	1,000	0,990	0,983	0,975	0,968	0,70
0,80	0,960	0,953	0,945	0,938	0,930	0,923	0,915	0,908	0,900	0,893	0,80
0,90	0,885	0,878	0,870	0,863	0,855	0,848	0,840	0,833	0,825	0,818	0,90
1,00	0,810	0,803	0,795	0,788	0,780	0,773	0,765	0,758	0,750	0,743	1,00
1,10	0,735	0,728	0,720	0,713	0,705	0,698	0,690	0,683	0,675	0,668	1,10
1,20	0,660	0,653	0,645	0,638	0,630	0,623	0,615	0,608	0,600	0,593	1,20
1,30	0,585	0,578	0,570	0,563	0,555	0,548	0,540	0,533	0,525	0,518	1,30
1,40	0,510	0,503	0,496	0,489	0,482	0,476	0,469	0,463	0,457	0,450	1,40
1,50	0,444	0,439	0,433	0,427	0,422	0,416	0,411	0,406	0,401	0,396	1,50
1,60	0,391	0,386	0,381	0,376	0,372	0,367	0,363	0,359	0,354	0,350	1,60
1,70	0,346	0,342	0,338	0,334	0,330	0,327	0,323	0,319	0,316	0,312	1,70
1,80	0,309	0,305	0,302	0,299	0,295	0,292	0,289	0,286	0,283	0,280	1,80
1,90	0,277	0,274	0,271	0,269	0,266	0,263	0,260	0,258	0,255	0,253	1,90
2,00	0,250	0,248	0,245	0,243	0,240	0,238	0,236	0,233	0,231	0,229	2,00

Beispiel Stabilisierung eines Parallelträgers aus Brettschichtholz, s. Beispiel Abschn. 3.4.1 (Fortführung)

vorh. Aussteifungsabstand

$a = 5{,}0$ m (Abstützung gegen Aussteifungsverband s. Beispiel Abschn. 3.6.4)

Kippschlankheitsgrad

$\sqrt{E_\parallel \cdot G_T} = \sqrt{1200 \cdot 60} = 268{,}3\ \text{kN/cm}^2$

$$\lambda_B = \sqrt{\frac{500 \cdot 90 \cdot 2{,}0 \cdot 1{,}4}{\pi \cdot 16^2 \cdot 268{,}3}} = 0{,}76$$

Kippbeiwert

$k_B = 1{,}56 - 0{,}75 \cdot 0{,}76 = 0{,}990$

oder aus Tafel 31

Nachweis der Kippstabilität

$$\frac{19\,690/21\,600}{0{,}990 \cdot 1{,}1 \cdot 1{,}4} = 0{,}60 < 1$$

3.4.13.2 Vollwandträger mit I- oder Kastenquerschnitt

Tafel 35 Nachweise gegen seitliches Ausweichen[1])

Vollwandträger mit	Nachweis kann entfallen für	vereinfachter Nachweis für	genauer Nachweis
I- oder Kastenquerschnitt	$i \geqq a/40$	$i < a/40$ nach Gl. (103)	s. Fachliteratur[2])

[1]) a = Abstand der seitlich unverschieblich gehaltenen Punkte des Druckgurtes

[2]) z. B. *Brüninghoff/Schmidt* [3]

$$\frac{\text{vorh}\,\sigma_s}{k_s \cdot \text{zul}\,\sigma_K} \leqq 1 \qquad (103)$$

σ_s Schwerpunktspannung des gedrückten Querschnittsteiles

σ_K nach Gl. (105) mit $\lambda = a/i$

k_S Knickzahl ω für $\lambda = 40$ (Tafel 39 bis 42)

i Trägheitsradius des Gurtquerschnittes

3.5 Bemessungsregeln für Druckstäbe

3.5.1 Knicklängen, Knickzahlen und Schlankheitsgrade

Der Einfluß der Nachgiebigkeit der Verbindungen auf die Knicklänge ist erforderlichenfalls zu berücksichtigen. Über Einzelabstützungen (Queraussteifungen) zur Unterteilung der Knicklänge s. Abschn. 3.7.

Tafel 36 Maßgebende Knicklänge s_K nach DIN 1052-1, 9.1[1])

	Kehlbalkendach	**Fachwerk**	**Rahmen mit Fachwerkriegel**	**Zwei- und Dreigelenkbogen**
Tragwerksebene	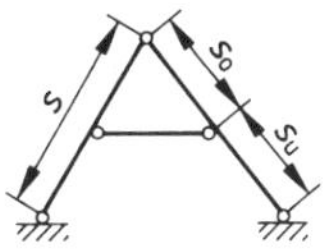	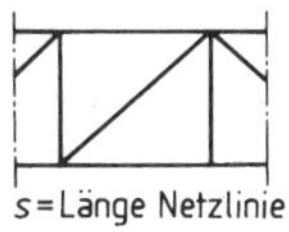	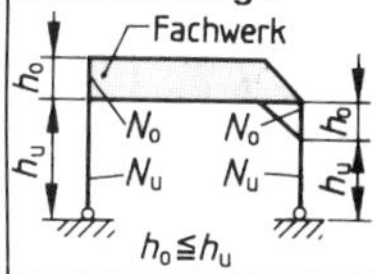	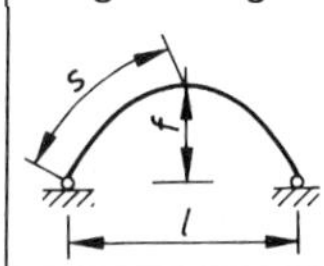
∥ (in)	verschieblich: $s_k=0{,}8\cdot s$ für $0{,}3\,s<s_u<0{,}7\,s$ andernfalls $s_K=s$ unverschieblich: $s_K=s_u$ und $s_K=s_o$	Füllstab: angeschlossen mit – Versatz, Bolzen, Dübel + 1 Bolzen: $s_K=s$ – Nägel, Dü + ≧ 2 Bo, and.: $s_K=0{,}8\,s$ Gurtstab: $s_K=s$	$s_K=$ $2\cdot h_u\cdot\left(1+0{,}35\,\frac{h_o}{h_u}\right)$ Nachweis so führen, als ob die größere der beiden Stabkräfte N_o und N_u über $h=h_o+h_u$ auftreten würde.	$0{,}15\leqq f/l\leqq 0{,}5$ und wenig veränderl. Querschnitt: $s_K=1{,}25\cdot s$ mit s als halbe Bogenlänge, Knicknachweis für Druckkraft im Viertelspunkt
⊥ (aus)	$s_K=a$	Füllstab: $s_K=s$ Gurtstab: $s_K=a$	$s_K=a$	$s_K=a$

[1]) a Abstand der Queraussteifungen

Tafel 37 Maßgebende Knicklänge s_K nach DIN 1052-1, 9.1 [1]) [2])

Tragwerksebene (in)	⊥ (aus)
Symmetrischer Zwei- und Dreigelenkrahmen[4])	**Fachwerkrahmen**

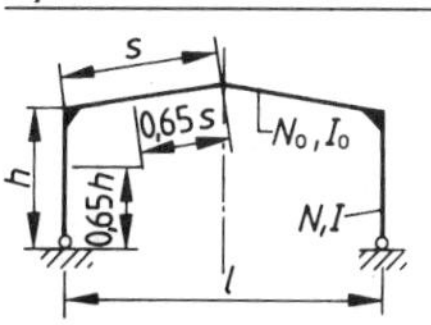
$c=\frac{I\cdot 2s}{I_o\cdot h}$; $k_R=\frac{I_o\cdot N}{I\cdot N_o}$; N, N_o: mittlere Stabkraft des Stieles/Riegels
Stiel: $s_K=2h\cdot\sqrt{1+0{,}4\,c}$
Riegel: $s_K=2h\cdot\sqrt{1+0{,}4\,c}\cdot\sqrt{k_R}$
Nachweis bei veränderlichem I, I_o:
– Knicklängen:
  – I, I_o bei 0,65 h bzw. 0,65 s
– Stabilitätsnachweis:
  – i, A bei 0,65 h bzw. 0,65 s
  – W an der Stelle von max M
  – max N, max M des Rahmenteiles
	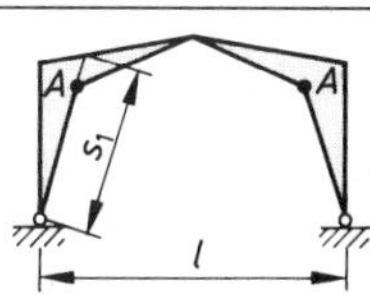
	wenn Punkt A seitlich nicht gehalten:
	$s_{k,\text{Stiel}}=s_1$ [3])
	in allen anderen Fällen $s_K=a$

[1]) a Abstand der Queraussteifungen
[2]) weitere Knicklängen s. *Heimeshoff* [12]
[3]) Ansatz einer zusätzlichen Seitenkraft in A von 1/100 der max. Stabkraft in A
[4]) Nach [2] sollte bei weitgespannten Rahmen, z. B. $l>40$ m, die Knicklänge der Stiele auch unter Berücksichtigung der Riegellängskraft bestimmt werden, hierüber s. *Heimeshoff* [12]

12

Tafel 38 Maßgebende Knicklängen s_K nach *Heimeshoff* [12], [2] und [11][1])

	Eingespannte Stütze	Elastisch eingespannte Stütze	Eingespannte Stütze mit angehängten Pendelstützen	Elastisch eingespannte Stütze mit angehängten Pendelstützen
1	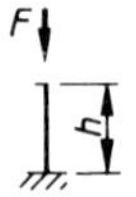	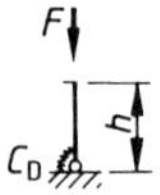	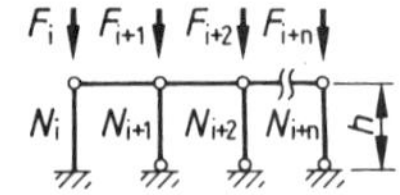	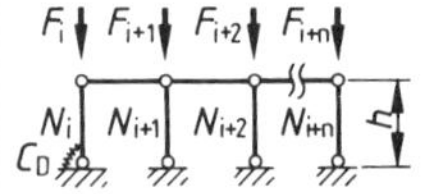
2	$2\cdot h$	$h\cdot\sqrt{4+\frac{\pi^2\cdot E\cdot I}{h\cdot C_D}}$ Drehfederkonstante C_D s. Abschn. 4.7	$h\cdot\sqrt{4\cdot\left(1+\frac{\sum_{k=i+1}^{i+n}N_k}{N_i}\right)}$	$h\cdot\sqrt{\left(4+\frac{\pi^2\cdot E\cdot I}{h\cdot C_D}\right)\cdot\left(1+\frac{\sum_{k=i+1}^{i+n}N_k}{N_i}\right)}$

[1]) Weitere Knicklängen s. Kapitel Stahlbau

Tafel 39 Knickzahlen ω nach DIN 1052-1, Tab. 10[1])

Schlankheitsgrad λ	Vollholz aus Nadelhölzern nach Tafel 1 Spalte 2 s. auch Tafel 40 S 7/MS 7 bis MS 17	Brettschichtholz aus Nadelhölzern nach Tafel 2, s. auch Tafel 41 u. 42 BS 14, BS 16, BS 18	 BS 11	Vollholz aus Laubhölzern nach Tafel 1 Gruppe A	 B	 C	Flachpreßplatten nach DIN 68763 Plattendicke in mm ≦25	 >25	Baufurniersperrholzplatten nach DIN 68705-3, -5 ‖ zur Faserrichtung der Deckfurniere Lagenanzahl 3	 ≧5
0	1,00	1,00	1,00	1,00	1,00	1,00	1,00	1,00	1,00	1,00
10	1,04	1,00	1,00	1,04	1,03	1,03	1,03	1,02	1,02	1,01
20	1,08	1,00	1,00	1,08	1,08	1,07	1,07	1,07	1,05	1,04
30	1,15	1,00	1,00	1,15	1,15	1,15	1,15	1,16	1,11	1,12
40	1,26	1,03	1,03	1,25	1,27	1,29	1,28	1,34	1,22	1,28
50	1,42	1,13	1,11	1,40	1,45	1,50	1,49	1,61	1,38	1,54
60	1,62	1,28	1,25	1,59	1,69	1,79	1,78	1,99	1,61	1,91
70	1,88	1,51	1,45	1,83	2,00	2,17	2,15	2,48	1,92	2,53
80	2,20	1,92	1,75	2,13	2,38	2,67	2,60	3,24	2,30	3,30
90	2,58	2,43	2,22	2,48	2,87	3,38	3,22	4,10	2,87	4,18
100	3,00	3,00	2,74	2,88	3,55	4,17	3,98	5,07	3,55	5,16
110	3,63	3,63	3,32	3,43	4,29	5,05	4,82	6,13	4,29	6,24
120	4,32	4,32	3,95	4,09	5,11	6,01	5,73	7,30	5,11	7,43
130	5,07	5,07	4,63	4,79	5,99	7,05	6,73	8,56	5,99	8,72
140	5,88	5,88	5,37	5,56	6,95	8,18	7,80	9,93	6,95	10,11
150	6,75	6,75	6,17	6,38	7,98	9,39	8,96	11,40	7,98	11,61
160	7,68	7,68	7,02	7,26	9,08	10,68	10,19	12,97	9,08	13,20
170	8,67	8,67	7,92	8,20	10,25	12,06	11,50	14,64	10,25	14,91
180	9,72	9,72	8,88	9,19	11,49	13,52	12,90	16,41	11,49	16,71
190	10,83	10,83	9,89	10,24	12,80	15,06	14,37	18,29	12,80	18,62
200	12,00	12,00	10,96	11,35	14,18	16,69	15,92	20,26	14,18	20,63
210	13,23	13,23	12,08	12,51	15,64	18,40	17,55	22,34	15,64	22,75
220	14,52	14,52	13,26	13,73	17,16	20,19	19,27	24,52	17,16	24,97
230	15,87	15,87	14,50	15,01	18,76	22,07	21,06	26,80	18,76	27,29
240	17,28	17,28	15,78	16,34	20,43	24,03	22,93	29,18	20,43	29,71
250	18,75	18,75	17,13	17,73	22,16	26,08	24,88	31,66	22,16	32,24

[1]) Zwischenwerte dürfen geradlinig interpoliert werden

Tafel 40 Knickzahlen ω für Vollholz aus Nadelhölzern Sortierklasse S 7/MS 7 bis MS 17[1])

λ	0	1	2	3	4	5	6	7	8	9	λ
0	1,00	1,00	1,01	1,01	1,02	1,02	1,02	1,03	1,03	1,04	0
10	1,04	1,04	1,05	1,05	1,06	1,06	1,06	1,07	1,07	1,08	10
20	1,08	1,09	1,09	1,10	1,11	1,11	1,12	1,13	1,13	1,14	20
30	1,15	1,16	1,17	1,18	1,19	1,20	1,21	1,22	1,24	1,25	30
40	1,26	1,27	1,29	1,30	1,32	1,33	1,35	1,36	1,38	1,40	40
50	1,42	1,44	1,46	1,48	1,50	1,52	1,54	1,56	1,58	1,60	50
60	1,62	1,64	1,67	1,69	1,72	1,74	1,77	1,80	1,82	1,85	60
70	1,88	1,91	1,94	1,97	2,00	2,03	2,06	2,10	2,13	2,16	70
80	2,20	2,23	2,27	2,31	2,35	2,38	2,42	2,46	2,50	2,54	80
90	2,58	2,62	2,66	2,70	2,74	2,78	2,82	2,87	2,91	2,95	90
100	3,00	3,06	3,12	3,18	3,24	3,31	3,37	3,44	3,50	3,57	100
110	3,63	3,70	3,76	3,83	3,90	3,97	4,04	4,11	4,18	4,25	110
120	4,32	4,39	4,46	4,54	4,61	4,68	4,76	4,84	4,92	4,99	120
130	5,07	5,15	5,23	5,31	5,39	5,47	5,55	5,63	5,71	5,80	130
140	5,88	5,96	6,05	6,13	6,22	6,31	6,39	6,48	6,57	6,66	140
150	6,75	6,84	6,93	7,02	7,11	7,21	7,30	7,39	7,49	7,58	150
160	7,68	7,78	7,87	7,97	8,07	8,17	8,27	8,37	8,47	8,57	160
170	8,67	8,77	8,88	8,98	9,08	9,19	9,29	9,40	9,51	9,61	170
180	9,72	9,83	9,94	10,05	10,16	10,27	10,38	10,49	10,60	10,72	180
190	10,83	10,94	11,06	11,17	11,29	11,41	11,52	11,64	11,76	11,88	190
200	12,00	12,12	12,24	12,36	12,48	12,61	12,73	12,85	12,98	13,10	200

[1]) entspricht Tafel 39, Spalte 2

Tafel 41 Knickzahlen ω für Brettschichtholz BS 14, BS 16 und BS 18 nach Tafel 2[1])

λ	0	1	2	3	4	5	6	7	8	9	λ
0											0
10	1,00										10
20											20
30	1,00	1,00	1,01	1,01	1,01	1,02	1,02	1,02	1,02	1,03	30
40	1,03	1,04	1,05	1,06	1,07	1,08	1,09	1,10	1,11	1,12	40
50	1,13	1,15	1,16	1,18	1,19	1,21	1,22	1,24	1,25	1,27	50
60	1,28	1,30	1,33	1,35	1,37	1,40	1,42	1,44	1,46	1,49	60
70	1,51	1,55	1,59	1,63	1,67	1,72	1,76	1,80	1,84	1,88	70
80	1,92	1,97	2,02	2,07	2,12	2,18	2,23	2,28	2,33	2,38	80
90	2,43	2,49	2,54	2,60	2,66	2,72	2,77	2,83	2,89	2,94	90
100	3,00	3,06	3,12	3,18	3,24	3,31	3,37	3,44	3,50	3,57	100
110	3,63	3,70	3,76	3,83	3,90	3,97	4,04	4,11	4,18	4,25	110
120	4,32	4,39	4,46	4,54	4,61	4,68	4,76	4,84	4,92	4,99	120
130	5,07	5,15	5,23	5,31	5,39	5,47	5,55	5,63	5,71	5,80	130
140	5,88	5,96	6,05	6,13	6,22	6,31	6,39	6,48	6,57	6,66	140
150	6,75	6,84	6,93	7,02	7,11	7,21	7,30	7,39	7,49	7,58	150
160	7,68	7,78	7,87	7,97	8,07	8,17	8,27	8,37	8,47	8,57	160
170	8,67	8,77	8,88	8,98	9,08	9,19	9,29	9,40	9,51	9,61	170
180	9,72	9,83	9,94	10,05	10,16	10,27	10,38	10,49	10,60	10,72	180
190	10,83	10,94	11,06	11,17	11,29	11,41	11,52	11,64	11,76	11,88	190
200	12,00	12,12	12,24	12,36	12,48	12,61	12,73	12,85	12,98	13,10	200

[1]) entspricht Tafel 39, Spalte 3, Zwischenwerte sind geradlinig interpoliert

Schlankheitsgrad λ nach DIN 1052-1, 9.2

$\leqq$150 bei einteiligen Druckstäben
$\leqq$175 bei zusammengesetzten nicht verleimten Druckstäben
$\leqq$200 bei Verbandstäben sowie Zugstäben mit geringer Druckkraft aus Zusatzlast
$\leqq$200 bei Fliegenden Bauten nach DIN 4112 (vorwiegend ruhende Lasten).
$\leqq$250 bei Zeltstangen zur Minderung des freien Durchhanges der Zeltplane.

Tafel 42 Knickzahlen ω für Brettschichtholz BS 11 nach Tafel 2[1])

λ	0	1	2	3	4	5	6	7	8	9	λ
0											0
10					1,00						10
20											20
30	1,00	1,00	1,01	1,01	1,01	1,02	1,02	1,02	1,02	1,03	30
40	1,03	1,04	1,05	1,05	1,06	1,07	1,08	1,09	1,09	1,10	40
50	1,11	1,12	1,14	1,15	1,17	1,18	1,19	1,21	1,22	1,24	50
60	1,25	1,27	1,29	1,31	1,33	1,35	1,37	1,39	1,41	1,43	60
70	1,45	1,48	1,51	1,54	1,57	1,60	1,63	1,66	1,69	1,72	70
80	1,75	1,80	1,84	1,89	1,94	1,99	2,03	2,08	2,13	2,17	80
90	2,22	2,27	2,32	2,38	2,43	2,48	2,53	2,58	2,64	2,69	90
100	2,74	2,80	2,86	2,91	2,97	3,03	3,09	3,15	3,20	3,26	100
110	3,32	3,38	3,45	3,51	3,57	3,64	3,70	3,76	3,82	3,89	110
120	3,95	4,02	4,09	4,15	4,22	4,29	4,36	4,43	4,49	4,56	120
130	4,63	4,70	4,78	4,85	4,93	5,00	5,07	5,15	5,22	5,30	130
140	5,37	5,45	5,53	5,61	5,69	5,77	5,85	5,93	6,01	6,09	140
150	6,17	6,26	6,34	6,43	6,51	6,60	6,68	6,77	6,85	6,94	150
160	7,02	7,11	7,20	7,29	7,38	7,47	7,56	7,65	7,74	7,83	160
170	7,92	8,02	8,11	8,21	8,30	8,39	8,50	8,59	8,69	8,78	170
180	8,88	8,98	9,08	9,18	9,28	9,39	9,49	9,59	9,69	9,79	180
190	9,89	10,00	10,10	10,21	10,32	10,43	10,53	10,64	10,75	10,85	190
200	10,96	11,07	11,18	11,30	11,41	11,52	11,63	11,74	11,86	11,97	200

[1]) entspricht Tafel 39, Spalte 4, Zwischenwerte sind geradlinig interpoliert

3.5.2 Knicknachweis für einteilige Stäbe (mittiger Druck)

$$\frac{N/A}{\text{zul}\,\sigma_K} \leqq 1 \qquad (104)$$

$$\text{zul}\,\sigma_K = \frac{\text{zul}\,\sigma_{D\parallel}}{\omega} \qquad (105)$$

N größte im Stab auftretende Druckkraft
A ungeschwächter Stabquerschnitt
ω die von λ abhängige Knickzahl nach Tafel 39 bis 42
λ maßgebender Schlankheitsgrad des Stabes, d. h. der größere Wert von $\lambda_y = s_{Ky}/i_y$ und $\lambda_z = s_{Kz}/i_z$, wobei s_{Ky} und s_{Kz} die Knicklängen für Ausknicken ⊥ zu den Schwerachsen bzw. i_y und i_z die zugeordneten Trägheitsradien sind.

allgemein:
Knicklänge s_K n. Tafel 36 bis 38
Trägheitsradius $i = \sqrt{I/A}$ (106)

für Rechteckquerschnitt:
$i_y = 0{,}289 \cdot h$
$i_z = 0{,}289 \cdot b$

Beispiel Knicknachweis eines einteiligen Druckstabes

Pendelstütze, mittiger Druck
Brettschichtholz $b/h =$ 16/32 cm, BS 14, LFH,
zul $\sigma_{D\parallel} = 11$ MN/m² n. Tafel 2
$= 1{,}1$ kN/cm²
$A = 16 \cdot 32 = 512$ cm²

Das Eigengewicht der Pendelstütze ist im Verhältnis zur Kraft F sehr klein und wird hier vernachlässigt.

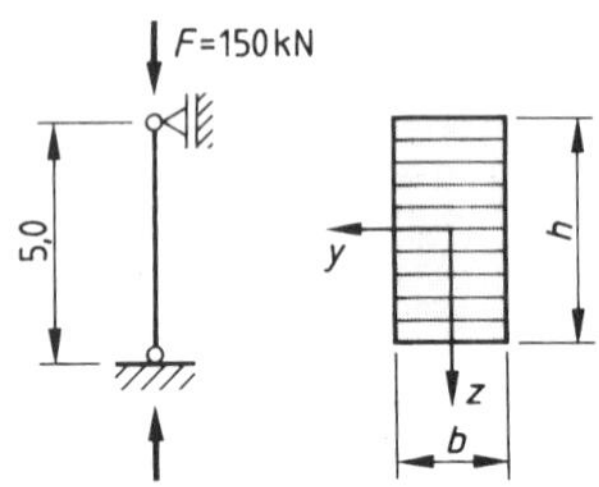

Knicken um die y-Achse

$s_{Ky} = 1{,}0 \cdot 5{,}0 = 5{,}0$ m
(gelenkige Lagerung)
$\lambda_y = 500/(0{,}289 \cdot 32) = 54$
$< 150 = \text{zul}\,\lambda$
$\omega_y = 1{,}19$ nach Tafel 41
zul $\sigma_K = 1{,}1/1{,}19 = 0{,}92$ kN/cm²

$$\frac{150/(16 \cdot 32)}{0{,}92} = 0{,}32 < 1$$

Knicken um die z-Achse

$s_{Kz} = 1{,}0 \cdot 5{,}0 = 5{,}0$ m
(gelenkige Lagerung)
$\lambda = 500/(0{,}289 \cdot 16) = 108$
$< 150 = \text{zul}\,\lambda$
$\omega_z = 3{,}50$ nach Tafel 41
zul $\sigma_K = 1{,}1/3{,}50 = 0{,}31$ kN/cm²

$$\frac{150/(16 \cdot 32)}{0{,}31} = 0{,}95 < 1$$

3.5.3 Knicknachweis für mehrteilige Stäbe (mittiger Druck)

Knicknachweis nicht gespreizter Druckstäbe. Bei Sräben mit kontinuierlicher, nachgiebiger Verbindung gilt Tafel 43. Bei verleimten Stäben mit Querschnittstypen nach Tafel 43 darf das Flächenmoment 2. Grades $I = I_{\text{starr}}$ mit $\gamma_i = 1$ und der Schlankheitsgrad $\lambda = \lambda_{\text{starr}}$ berechnet werden. Der Knicknachweis erfolgt sinngemäß nach Tafel 43. **Rahmen- und Gitterstäbe** (gespreizte Druckstäbe) sind nach DIN 1052-1, 9.3.3.3, nachzuweisen.

Tafel 43 Bemessung zusammengesetzter, nicht gespreizter Druckstäbe mit kontinuierlicher, nachgiebiger Verbindung nach DIN 1052-1, 9.3.3[1])

		Typ 1	Typ 2	Typ 3	Typ 4	Typ 5
1	für Knickung maßgebende Schwerachse	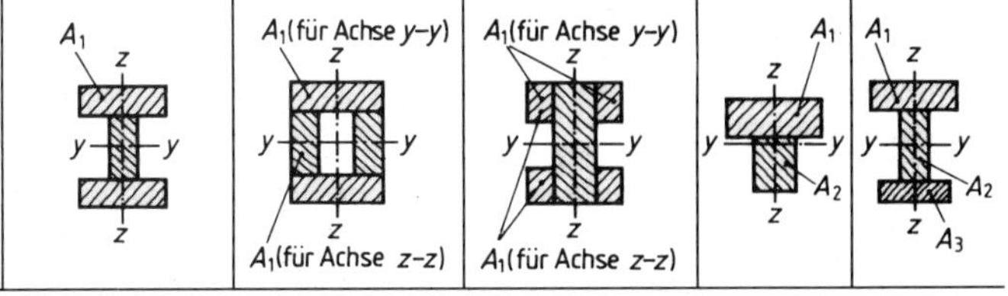				
Wirksames Flächenmoment 2. Grades ef I						
2	$y-y$	ef I_y nach Gl. (53) oder (67), Tafel 26, 27, anstelle von l ist s_K zu setzen				
	$z-z$	$I_z = \sum_{i=1}^{n} I_{zi}$ (107)	ef I_z nach Gl. (53), Tafel 26, anstelle von l ist s_K zu setzen		$I_z = \sum_{i=1}^{n} I_{zi}$ (108)	
wirksamer Schlankheitsgrad ef λ, Trägheitsradius ef i, zugehörige Knickzahl ef ω						
3	$y-y$	ef $\lambda_y = s_{Ky}/\text{ef}\, i_y$ (109)	ef $i_y = \sqrt{\text{ef}\, I_y/\bar{A}}$ (110)	ef ω_y nach Tafel 39 bis 42		
	$z-z$	ef $\lambda_z = s_{Kz}/\text{ef}\, i_z$ (111)	ef $i_z = \sqrt{\text{ef}\, I_z/\bar{A}}$ (112)	ef ω_z nach Tafel 39 bis 42		
Knicknachweis für alle Querschnittsteile						
4	$y-y$	$\dfrac{N \cdot n_i/\bar{A}}{\text{zul}\, \sigma_K} \leqq 1$ (113)	$\bar{A} = \sum_{i=1}^{3} n_i \cdot A_i$ (114)	$\text{zul}\, \sigma_K = \dfrac{\text{zul}\, \sigma_{D\parallel}}{\text{ef}\, \omega_y}$ (115)		
	$z-z$	$\dfrac{N \cdot n_i/\bar{A}}{\text{zul}\, \sigma_K} \leqq 1$ (116)	$\bar{A} = \sum_{i=1}^{3} n_i \cdot A_i$ (117)	$\text{zul}\, \sigma_K = \dfrac{\text{zul}\, \sigma_{D\parallel}}{\text{ef}\, \omega_z}$ (118)		
über die Stablänge angenommene Querkraft Q_i						
5	$Q_i = \dfrac{\text{ef}\, \omega \cdot N}{60}$ (119)	Q_i darf mit ef $\lambda/60 \leqq 0{,}5$ abgemindert werden, wenn ef $\lambda < 60$ ist.				
Schubfluß ef t, erforderlicher Abstand $e'_{1,3}$ der Verbindungsmittel						
6	ef t nach Gl. (61), (81), (82)	$e'_{1,3}$ nach Gl. (62), (83), (84)	Tafel 26, 27			

[1]) Hierin bedeuten:
I_{zi} I des Einzelstabes, bezogen auf die Schwerachse $z-z$ der Querschnittsfläche
ef ω die dem wirksamen Schlankheitsgrad ef λ zugehörige Knickzahl nach Tafel 39 bis 42
N die größte vorhandene Druckkraft des Stabes
Weitere Bezeichnungen s. Tafel 26

3.5.4 Stabilitätsnachweis bei ausmittigem Druck (Druck und Biegung)

Zunächst **gewöhnlichen Spannungsnachweis** nach Gl. (120) führen, danach **Stabilitätsnachweis** nach Gl. (121) mit zul σ_K nach Gl. (105), dabei ist für ω stets der größte Wert ohne Rücksicht auf die Richtung der Ausbiegung und k_B nach Gl. (101) oder Tafel 34 einzusetzen.

$$\frac{N/A_n}{\text{zul}\, \sigma_{D\parallel}} + \frac{M/W_n}{\text{zul}\, \sigma_B} \leqq 1 \quad (120) \qquad \frac{N/A}{\text{zul}\, \sigma_K} + \frac{M/W}{k_B \cdot 1{,}1 \cdot \text{zul}\, \sigma_B} \leqq 1 \quad (121)$$

12

3.5.5 Tragsicherheitsnachweis nach Spannungstheorie II. Ordnung

Der Tragsicherheitsnachweis nach Spannungstheorie II. Ordnung darf anstelle der Knicksicherheitsnachweise (Stabilitätsnachweise nach Abschn. 3.5.2 bis 3.5.4) bei Tragsystemen angewandt werden, die in ihrer Ebene nicht durch Verbände, Scheiben oder dgl. mehr ausgesteift sind, z. B. bei Rahmensystemen nach Bild 17. Der Tragwerksplaner entscheidet den Einsatz eines der beiden Verfahren; bei den meisten Holzbauwerken liefern die Knicksicherheitsnachweise (Ersatzstabverfahren) ausreichende und wirtschaftliche Ergebnisse, der Tragsicherheitsnachweis nach Spannungstheorie II. Ordnung sollte z. B. bei den Stabilitätsproblemen eingesetzt werden, die durch das Ersatzstabverfahren nur unzureichend erfaßt werden.

Der Nachweis ausreichender Tragsicherheit ist erbracht, wenn die Bedingungen in der Tafel 44 eingehalten werden. Die Schnittgrößen nach Spannungstheorie II. Ordnung sind unter γ_1- bzw. γ_2-fachen Lasten zu ermitteln; dabei sind die Vorverformungen planmäßig gerader Holzbauteile (baupraktisch unvermeidbare Imperfektionen) nach Tafel 45, die Nachgiebigkeit von Verbindungsmitteln und Kriechverformungen zu berücksichtigen. Die Federsteifigkeiten nachgiebiger Anschlüsse, z. B. Drehfederkonstanten C_d nach Tafel 80, sind mit dem 0,8fachen Werten der Verschiebungsmoduln nach Tafel 79 zu berechnen, während Biege-, Dehn- und Schubsteifigkeiten mit den Elastizitäts- und Schubmoduln nach Tafel 8 bis 11 zu ermitteln sind. Die Kriechverformung aus Dauerlast, sinngemäß nach Abschn. 2 berechnet, darf zur Vorverformung aus ungewollter Ausmitte e und ungewollter Schrägstellung ψ addiert werden. Die Durchbiegungsnachweise dürfen für den Gebrauchszustand nach Theorie I. Ordnung geführt werden. Die Schnittkraftermittlung nach Spannungstheorie II. Ordnung kann z. B. nach *Scheer/Bauer*, Bd. 2 [11] oder rechnergestützt mit geeigneter Software vorgenommen werden. Hierüber s. auch *Heimeshoff* [12].

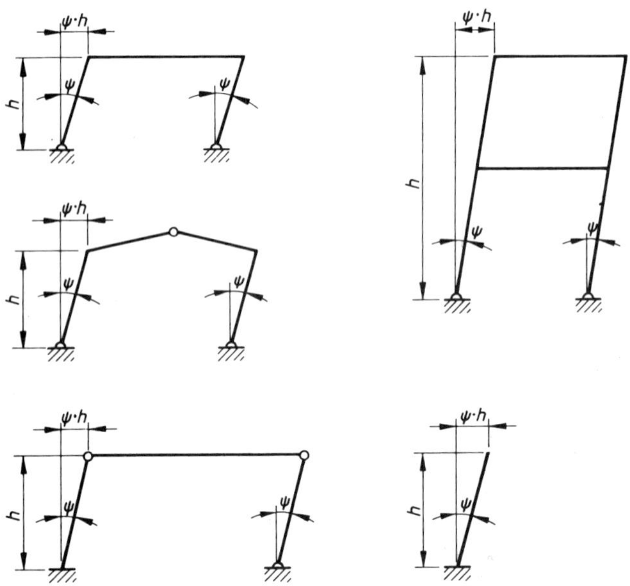

Bild 17 Ungewollte Schrägstellung der Stiele bei Rahmentragwerken, Einzelstützen und Stützenreihen nach DIN 1052-1, Bild 25

Tafel 44 Tragsicherheitsnachweis nach Spannungstheorie II. Ordnung der DIN 1052-1, 9.6

Spannungen

Normal- und Biegespannungen	Schubspannungen
$\frac{N^{II}/A}{\gamma_1 \cdot \text{zul}\,\sigma_{D\parallel}} + \frac{M^{II}/W}{\gamma_1 \cdot \text{zul}\,\sigma_B} \leqq 1$ (122)	$\frac{\tau_Q^{II}}{\gamma_1 \cdot \text{zul}\,\tau_Q} \leqq 1$ (123)

Verbindungsmittel	Verformungen	Schlankheit
$\frac{F^{II}}{\gamma_1 \cdot \text{zul}\,F} \leqq 1$ (124)	$\frac{f^{II}(\gamma_2)}{f^{II}(\gamma_1)} \leqq 4{,}5$ (125)	$\frac{\min i}{\text{vorh}\,i} \leqq 1$ (126)

N^{II}	Normalkräfte nach Spannungstheorie II. Ordnung (unter γ_1-fachen Lasten),
M^{II}	Biegemomente nach Spannungstheorie II. Ordnung (unter γ_1-fachen Lasten),
A	Querschnitt des Stabes,
W	Widerstandsmoment des Stabes,
zul $\sigma_{D\parallel}$; zul σ_B; zul τ_Q	zulässige Druck-, Biege- und Schubspannung nach Tafel 1, 2 und 4
τ_Q^{II}	Schubspannungen nach Spannungstheorie II. Ordnung (unter γ_1-fachen Lasten),
γ_1, γ_2	Lasterhöhungsbeiwerte für beide Lastfälle H und HZ, $\gamma_1 = 2{,}0$; $\gamma_2 = 3{,}0$,
F^{II}	Belastung der Verbindungsmittel nach Spannungstheorie II. Ordnung (unter γ_1-fachen Lasten),
zul F	zulässige Belastung der Verbindungsmittel,
f^{II}	maßgebende Verformung unter γ_2-fachen Lasten bzw. entsprechende Verformung unter γ_1-fachen Lasten; als maßgebende Verformungen gelten i. allg. die Höchstwerte von Horizontalverschiebungen und Durchbiegungen,
min i	Mindest-Trägheitsradius des Einzelstabes in Tragwerksebene bezogen auf die Stablänge l min $i \geqq l/150$ bei Einzelstäben, $\geqq l/175$ bei zusammengesetzten, nicht verleimten Stäben, $\geqq l/200$ bei Verbandsstäben und bei Zugstäben mit geringfügigen Kräften aus Zusatzlasten
vorh i	vorhandener Trägheitsradius des Stabes

Tafel 45 Vorverformungen für Tragsicherheitsnachweis nach Spannungstheorie II. Ordnung der DIN 1052-1, 9.6

Planmäßig gerade Druckstäbe mit		**Rahmentragwerke, Einzelstützen und Stützenreihen**, s. Bild 17
planmäßig **mittiger** Belastung	planmäßig **ausmittiger** Belastung	
rechnerische (ungewollte) Ausmitte *e* in Stabmitte		**ungewollte Schrägstellung ψ**
$e = \eta \cdot k \cdot s/i$ (127) mit $\eta = 0{,}003$ für Brettschichtholz $= 0{,}006$ für Vollholz[2])	$e = \eta \cdot k \cdot s/i$ (128) e berücksichtigen für $M/N < 20 \cdot e$[1]) e vernachlässigen für $M/N \geqq 20 \cdot e$	$\psi = \pm \frac{1}{100 \cdot \sqrt{h}}$ (129) ψ berücksichtigen für $M/N < \frac{1}{5}\sqrt{h}$ ψ vernachlässigen für $M/N \geqq \frac{1}{5}\sqrt{h}$

e	ungewollte Ausmitte der Stabachse bei unbelastetem Stab (wahlweise eine sinus- oder parabelförmige Vorkrümmung der Stabachse)
s	Netzlänge des Stabes
i, k	Trägheitsradius bzw. Kernweite des Querschnitts, bei zusammengesetzten Stäben ohne Berücksichtigung etwaiger Nachgiebigkeiten der Verbindungsmittel
η	Vorkrümmungsbeiwert
ψ	rechnerische Abweichung von der Sollage des Stieles (ungewollte Schrägstellung)
h	Stiel- oder Stützenhöhe in m, bei mehrgeschossigen Rahmen die gesamte Trägerhöhe
M/N	planmäßige Ausmitte eines Druckstabes, der durch eine Normalkraft N und ein Biegemoment M belastet wird

[1]) rechnerische Ausmitte e ist bei planmäßig ausmittig gedrückten Stäben zusätzlich zur planmäßigen Ausmitte M/N zu berücksichtigen

[2]) Vollholz aus Nadelholz Sortierklassen S 10/MS 10 bis MS 17 und Vollholz aus Laubholz mittlerer Güte

3.6 Aussteifung von Druckgurten biegebeanspruchter Bauteile

Biegeträger sowie Druckgurte von Fachwerkträgern müssen gegen seitliches Ausweichen gesichert sein. Bei Biegeträgern ist der Nachweis nach Abschn. 3.4.13, bei Fachwerkträgern der Nachweis für den gedrückten Gurt nach Abschn. 3.5 zu führen.

Aussteifungskonstruktionen wie Aussteifungsverbände (s. Abschn. 3.6), -scheiben (s. Abschn. 3.8) und -träger sind anzuordnen, wenn keine Einzelabstützungen gegen feste Punkte oder durch Stäbe (s. Abschn. 3.7), Halbrahmen und dgl. mehr vorgenommen werden.

3.6.1 Druckgurte von Fachwerkträgern

Zur Bemessung der Aussteifungskonstruktion ist eine gleichmäßig verteilte Seitenlast nach beiden Richtungen wirkend

$$q_s = \frac{m \cdot N_{Gurt}}{30 \cdot l} \quad (130)$$

rechtwinklig zur Trägerebene anzusetzen. Hierin bedeuten:

- m Anzahl der auszusteifenden Fachwerk-Druckgurte
- N_{Gurt} mittlere Gurtkraft für den ungünstigsten Lastfall
- l Stützweite der Aussteifungskonstruktion

Horizontale Durchbiegungsbeschränkung der Aussteifungskonstruktion: zul $f \leqq l/1000$. Durchbiegungsnachweis kann entfallen, wenn Verhältnis Höhe/Spannweite der Aussteifungskonstruktion $\geqq 1/6$ ist.

Bild 18 zeigt als Beispiel einen Aussteifungsverband. Aus q_s können die Lasten H_i, aus diesen die Stabkräfte des Verbandes berechnet werden.

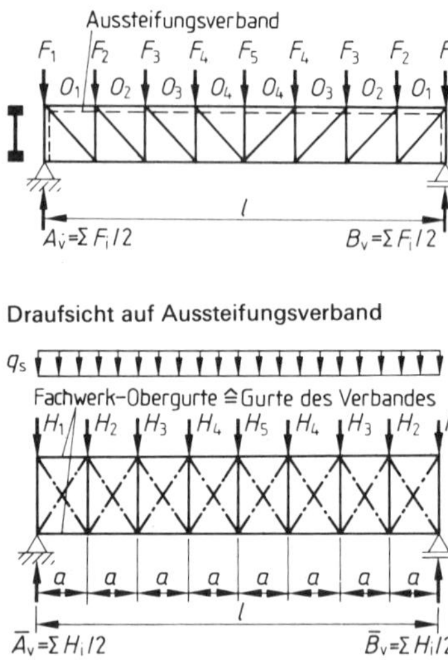

Bild 18 Fachwerkträger

3.6.2 Biegeträger mit Rechteckquerschnitt

Zur Bemessung der Aussteifungskonstruktion ist bei einem Verhältnis $h/b \leqq 10$ eine gleichmäßig verteilte Seitenlast nach beiden Richtungen wirkend

$$q_s = \frac{m \cdot \max M}{350 \cdot l \cdot b} \quad (131)$$

rechtwinklig zur Trägerebene anzusetzen. Hierin bedeuten:

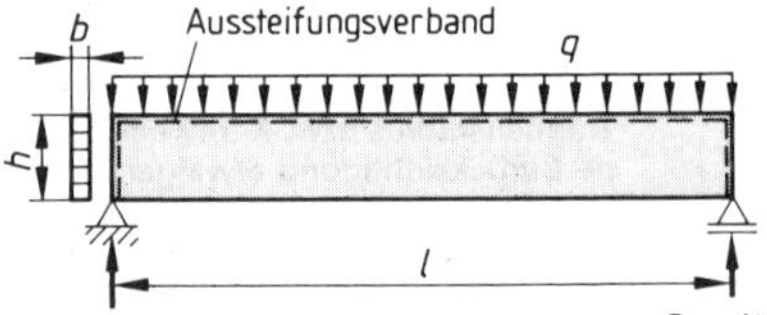

Bild 19 Brettschichtträger

- m Anzahl der auszusteifenden Träger
- $\max M$ max. Biegemoment des Einzelträgers aus senkrechter Belastung
- l Stützweite der Aussteifungskonstruktion
- b, h Trägerbreite bzw. -höhe

Für $h/b > 10$ gilt Gl. (131) nicht, es ist der genaue Nachweis z. B. nach *Brüninghoff/Schmidt* [3] zu führen. Horizontale Durchbiegungsbeschränkung der Aussteifungskonstruktion: zul $f \leq l/1000$. Der Durchbiegungsnachweis kann entfallen, wenn Verhältnis Höhe/Spannweite der Aussteifungskonstruktion $\geq 1/6$. Bild 19 zeigt als Beispiel einen Brettschichtträger mit Aussteifungsverband, dieser kann Bild 18 entnommen werden.

3.6.3 Aussteifungskonstruktionen mit Wind- und Seitenlast

Für Bauteile (z. B. Verbände u. Scheiben), die zur Aussteifung von Druckgurten von Fachwerk- oder Biegeträgern und gleichzeitig zur Aufnahme von Windlasten herangezogen werden, sind die Wirkungen aus Seitenlast q_s (s. Abschn. 3.6.1 und 3.6.2) und der Windlast w nach Tafel 46 zu überlagern. Die Zuordnung zu den Lastfällen H oder HZ kann Tafel 47 entnommen werden.

Tafel 46 Lastannahmen für Aussteifungskonstruktionen im Überlagerungsfall Wind- und Seitenlast nach DIN 1052-1, 10.2.4 [1])

1	Stützweite l der Aussteifungskonstruktion	Lastannahmen aus Seitenlast q_s und Windlast w	
2	$l \leq 30$ m	$q_s + \frac{w}{2}$	(132)
3	30 m $< l <$ 40 m	$q_s + \frac{w}{2}\left(1 + \frac{l-30}{10}\right)$	(133)
4	$l \geq 40$ m	$q_s + w$	(134)

Tafel 47 Lastfälle für Aussteifungskonstruktionen nach DIN 1052-1, 10.2.4 [1])

1	Belastung der Aussteifungskonstruktion	Lastfall
2	q_s aus LF H	LF H
3	q_s aus LF HZ	LF HZ
4	w	LF H [2]) LF HZ [3])
5	$q_s + w$ [4])	LF HZ

[1]) für die einzelnen Tragteile der Aussteifungskonstruktion ist der maßgebende Fall aus Tafel 47 jeweils getrennt zu ermitteln
[2]) für Tragteile, die nur als Teil der Aussteifungskonstruktionen belastet werden, z. B. Diagonalen, nach *W. Gerold*
[3]) für Tragteile mit weiteren Lasten (Binder, Pfetten u. dgl.), nach *W. Gerold*
[4]) nach Tafel 46

3.6.4 Anzahl und Abstand von Aussteifungskonstruktionen

Bei Gebäudelängen > 25 m sind mindestens zwei Aussteifungskonstruktionen anzuordnen. Der lichte Abstand der Aussteifungskonstruktionen sollte ≤ 25 m sein.

Beispiel Berechnung der Seitenlast q_s und Überlagerungslast q für einen Aussteifungsverband zwischen Brettschichtträgern, s. auch Beispiel Abschnitt 3.4.1 (Fortführung)

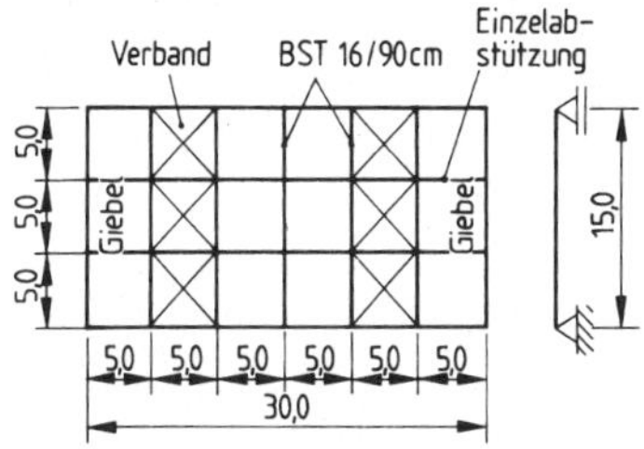

Draufsicht auf Lageplan der Binder und Verbände eines Flachdaches

vorh. Aussteifungsabstand a
in der Ebene der Binder-Druckgurte: (s. Beispiel Abschn. 3.4.13)

$a = 5{,}0$ m
≙ Abstand der Verbandspfosten
≙ Abstand der Einzelabstützungen in Binderbereichen ohne Verband

Anzahl auszusteifender BST-Druckgurte:
$m = 5$ (in Giebelwänden keine BST).
Anzahl der Aussteifungsverbände:
$n = 2$, lichter Abstand $l_w = 10{,}0\,\text{m} < 25\,\text{m}$

Seitenlast q_s (für 1 Verband)

$$q_s = \frac{5/2 \cdot 196{,}9}{350 \cdot 15{,}0 \cdot 0{,}16} = 0{,}59\ \text{kN/m}$$

anteilige Windlast w auf Giebelwand (hier nicht gesondert berechnet)
$w = 1{,}2$ kN/m

Überlagerungslast q
Stützweite l des Aussteifungsverbandes
$l = 15{,}0\,\text{m} < 30\,\text{m}$
$q = 0{,}59 + 1{,}2/2 = 1{,}19$ kN/m

Einzelabstützungen sind für die anteilige Windlast w und die anteilige Seitenlast q_s zu bemessen, wenn ein Ausgleich der inneren Kräfte möglich ist, mindestens jedoch für Lasten nach Tafel 48.

3.7 Einzelabstützungen

sind Bauteile, die ein Druckglied zur Unterteilung der Knicklänge in Zwischenpunkten abstützen (s. Abschn. 3.5.1). Sie werden auch zur Abstützung der Druckgurte biegebeanspruchter Bauteile eingesetzt (s. Abschn. 3.6).

Die anzunehmenden Stützeinzellasten dieser Einzelabstützungen sind Tafel 48 zu entnehmen. Werden mehrere Druckglieder durch solche Einzelabstützungen abgestützt, sind sie für die jeweilige Summe K zu bemessen, s. Bild 20. Anschlüsse der Stützeinzellasten sind zug- und druckfest vorzunehmen.

Tafel 48 Stützeinzellasten für Einzelabstützungen, die Druckglieder abstützen nach DIN 1052-1, 10.5 [1])

1	Bauteile zur Unterteilung der Knicklänge	Stützeinzellasten K, abzustützende Druckglieder aus	
		Vollholz	Brettschichtholz
2	in Zwischenpunkten	$K=N/50$ (135)	$K=N/100$ (136)
3	gegen Aussteifungsverbände	anteilige Seitenlast q_s, $\geqq N/50$	anteilige Seitenlast q_s, $\geqq N/100$

[1]) N größte Stabkraft (ohne Knickzahl) der an die Abstützung angrenzenden Druckstäbe

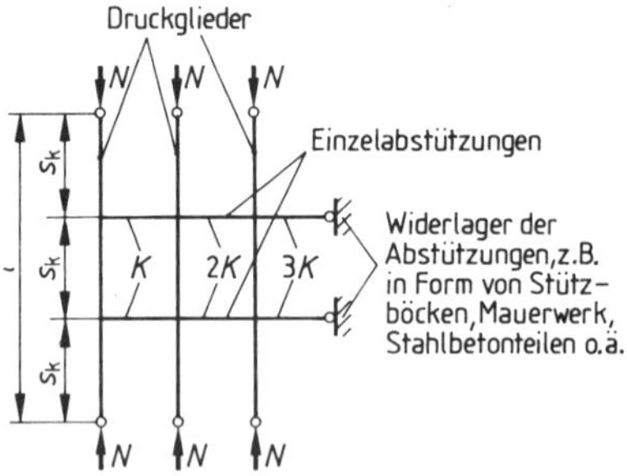

Bild 20 Einzelabstützungen von Druckgliedern nach DIN 1052-1, Bild 27

3.8 Scheiben

Scheiben dürfen zur Aufnahme und Weiterleitung von vorwiegend ruhenden Lasten einschl. Windlasten und Erdbebenkräften in Scheibenebene beansprucht werden. Scheiben bestehen aus:

- Holztafeln, Stützweite $l_s < 30$ m oder
- Platten aus Holzwerkstoffen, die mit der Unterkonstruktion (z. B. Träger, Binder mit Sparrenpfetten) kraftschlüssig zu einer Scheibe verbunden werden.

Eine Berechnung von Scheiben aus Holzwerkstoffplatten ist nicht erforderlich, wenn die Ausführungsbedingungen des Abschn. 3.8.1 eingehalten werden. Damit können die meisten in der Praxis auftretenden aussteifenden Scheiben ausgelegt werden. Scheiben, die den Ausführungsbedingungen nach Abschn. 3.8.1 nicht entsprechen, sind nach DIN 1052-1, 11 rechnerisch nachzuweisen.

3.8.1 Scheiben ohne rechnerischen Nachweis

Ein rechnerischer Nachweis ist nicht erforderlich, wenn die Ausführungsbedingungen der Tafel 49 und Bild 21 eingehalten werden. Die Platten aus Holzwerkstoffen sind auf jedem Binder und auf jeder Sparrenpfette mit den angegebenen Nägeln zu befestigen. Der erforderliche Nagelabstand ist konstant einzuhalten. Dabei sollten die Oberkanten der Binder und Sparrenpfetten in einer Ebene liegen.

Die Breite der Sparrenpfetten am Scheibenrand ist $\geqq 1{,}5$fach so breit wie die innenliegenden Sparrenpfetten auszuführen. Sind $\parallel$ zur Spannrichtung l_s mehr als zwei nicht unterstützte Stöße vorhanden (s. Bild 21), so ist die Scheibenstützweite auf $l_s \leqq 12{,}50$ m zu mindern.

Die rechnerische Durchbiegung der Holzwerkstoffplatten infolge vertikaler Flächenlast $(g+s)$ oder $(g+p)$ muß $\leqq l/400$ sein. Spannungen aus Scheibenwirkung in den Platten und der zugehörigen Unterkonstruktion dürfen beim Nachweis $\perp$ zur Scheibenebene vernachlässigt werden.

Tafel 49 Ausführungsbedingungen für Scheiben ohne rechnerischen Nachweis nach DIN 1052-1, Tab. 12

1	Gleichmäßig verteilte Horizontallast q_h in kN/m	Scheibenstützweite l_s in m	Mindestdicken der Platten [1]) Flachpreßplatten in mm	Bau-Furniersperrholz in mm	Erforderlicher Nagelabstand e für Nageldurchmesser 3,4 mm [2]) bei einer Scheibenhöhe h_s $\geqq 0{,}25\,l_s$ in mm	$\geqq 0{,}50\,l_s$ in mm	$\geqq 0{,}75\,l_s$ in mm	$1{,}0\,l_s$ in mm
2	$\leqq 2{,}5$	$\leqq 25$	19	12	60	120	180	200
3	$\leqq 3{,}5$	$\leqq 30$	22	12	40	90	130	180

[1]) Kleinste Seitenlänge der Platten $\geqq 1{,}0$ m
[2]) Bei Verwendung anderer Nageldurchmesser bis 4,2 mm ist der erforderliche Nagelabstand e im Verhältnis der zulässigen Nagelbelastungen umzurechenen; der Nagelabstand darf 200 mm nicht überschreiten.

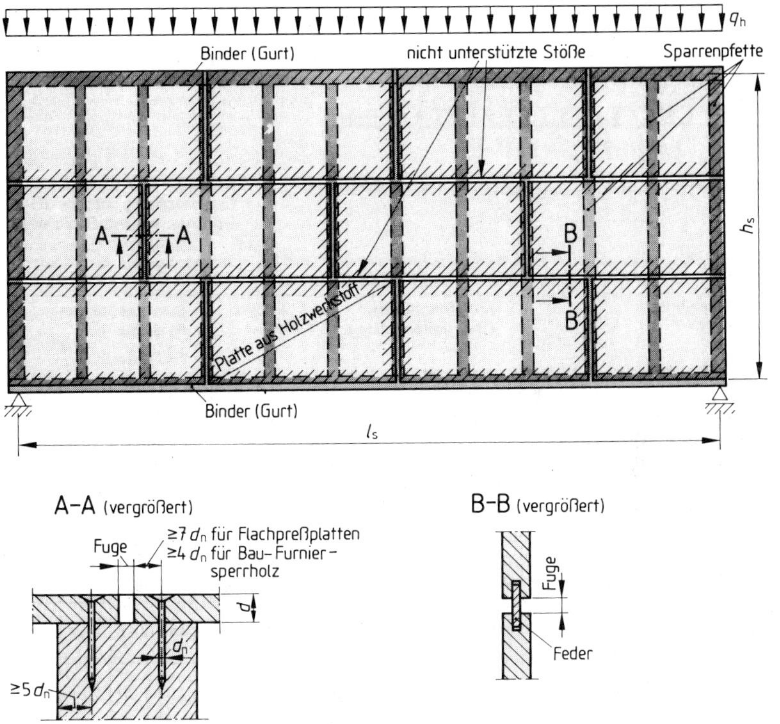

Unterstützter Plattenstoß in Lastrichtung

Nicht unterstützter Plattenstoß parallel zur Spannrichtung

Bild 21 Aussteifende Scheibe aus Holzwerkstoffplatten nach DIN 1052-1, Bild 26

12

3.9 Sparrenpfetten

Sparrenpfetten tragen i. allg. die Dachhaut und liegen auf Bindern. Bei geneigten Dächern werden sie auf Doppelbiegung beansprucht.

3.9.1 Einfeld- und Durchlaufpfetten

Einfeldpfetten werden i. allg. nur bei kleineren Stützweiten und in Sonderbauweisen verwandt. Bei Durchlaufpfetten ohne Gelenke wird die Anzahl der zu überspannenden Felder durch die Lieferlängen beschränkt. Zul. Erhöhung der Biegespannung über Innenstützen nach Tafel 7. Die Durchbiegung von Durchlaufträgern ist bei gleichem Lastfall und gleicher Stützweite geringer als bei Einfeldträgern.

3.9.2 Gelenkpfetten (Gerberträger)

Die Momente und Auflagerkräfte können bei gleicher Stützweite und Gleichlast dem Kapitel Statik, Abschn. 6.1 entnommen werden. Dabei ist die Lage der Momentgelenke bezüglich des Momentenausgleiches (Stütz-, Feldmomente) günstig gewählt worden. Die Ausbildung einer kinematischen Kette sollte vermieden werden. Im Bereich von Verbänden sollten keine Gelenke liegen.

3.9.3 Koppelpfetten (Koppelträger)

Koppelpfetten bestehen aus Einfeldträgern, die über den Stützen durch Nagelung oder Verdübelung biegesteif zu Durchlaufträgern verbunden werden, s. Bild 22. Die Bemessung kann nach Tafel 50 erfolgen, Momente und Auflagerkräfte können für gleiche Stützweiten dem Kapitel Statik, Abschn. 6.3 entnommen werden.

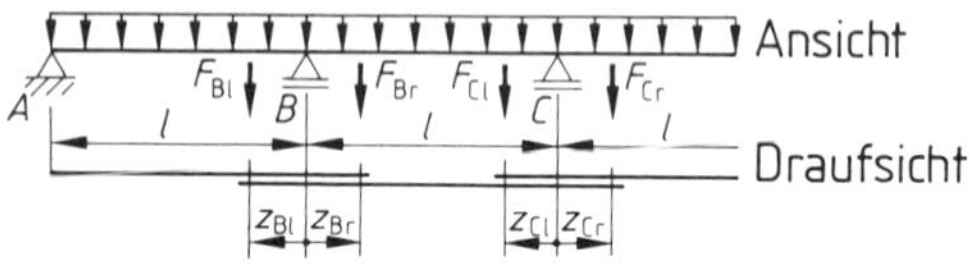

Bild 22
Koppelpfette mit gleicher Stützweite und Gleichlast

Tafel 50 Kopplungskräfte F, Übergreifungslängen z und Durchbiegungen f bei Koppelträgern mit gleichen Stützweiten l und Gleichlast q

Felderanzahl	Belastungsfall	Kopplungskräfte F = Tafelwert $\cdot q \cdot l$ Übergreifungslänge z = Tafelwert $\cdot l$					Durchbiegungen in Feldmitte[1]) f = Tafelwert $\cdot \frac{q \cdot l^4}{I}$			
		F_{Bl} z_{Bl}	F_{Br} z_{Br}	F_{Cl} z_{Cl}	F_{Cr} z_{Cr}	F_{DL} z_{Dl}	k_1	k_2	k_3	k_4
2	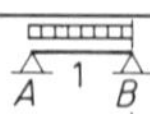	0,625 0,10	0,625 0,10				5,21			
3	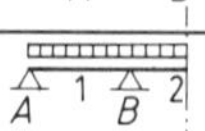	0,250 0,10	0,420 0,18				6,77	0,52		
4	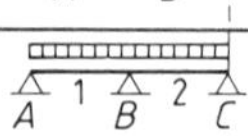 Symmetrieebene	0,360 0,10	0,442 0,16	0,354 0,10	0,354 0,10		6,32	1,86		
5	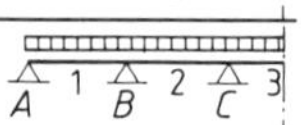	0,330 0,10	0,425 0,17	0,460 0,10	0,330 0,10		6,44	1,51	3,16	
6	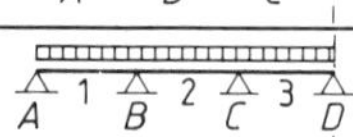	0,340 0,10	0,423 0,17	0,430 0,10	0,340 0,10	0,430 0,10	6,41	1,60	2,81	
≧7	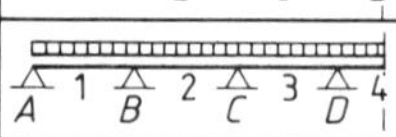	0,340 0,10	0,423 0,17	0,430 0,10	0,340 0,10	0,430 0,10	6,42	1,58	2,90	2,46

[1]) q in kN/m; l in m; I in cm⁴; f in cm; E = 10000 MN/m², für andere E-Moduln ist f sinngemäß umzurechnen

3.10 Rahmenecken aus Brettschichtholz

Rahmenecken sind gegen seitliches Ausweichen aus der Binderebene zu stabilisieren. Bei negativen Eckmomenten können Abstützungen des auf Druck beanspruchten Untergurtes z. B. durch Kopfbänder erforderlich werden. Eine geeignete, gabelgelagerte Rahmenfußkonstruktion stellt eine weitere Stabilisierungsmaßnahme dar.

3.10.1 Rahmenecken mit Dübelanschluß (Dübelkreis) nach *Heimeshoff*

Stabdübel als Verbindungsmittel sind den Dübeln besonderer Bauart vorzuziehen. Zusammenhang der Schnittgrößen von Stiel und Riegel:

$$N_R = N_S \cdot \sin\gamma + Q_S \cdot \cos\gamma \qquad (137)$$

$$Q_R = Q_S \cdot \sin\gamma - N_S \cdot \cos\gamma \qquad (138)$$

Dübelbelastung D bei 2 Dübelkreisen aus

Moment M: $$|D_M| = \frac{|M| \cdot r_1}{n_1 \cdot r_1^2 + n_2 \cdot r_2^2} \qquad (139)$$

Längskraft N_R: $$|D_{NR}| = |N_R|/(n_1 + n_2) \qquad (140)$$

N_S: $$|D_{NS}| = |N_S|/(n_1 + n_2) \qquad (141)$$

Querkraft Q_R: $$|D_{QR}| = |Q_R|/(n_1 + n_2) \qquad (142)$$

Q_S: $$|D_{QS}| = |Q_S|/(n_1 + n_2) \qquad (143)$$

Maßgebende Dübelbelastung bezogen auf den

Riegel $$\tilde{D}_R = D_{QR} + \sqrt{D_M^2 - D_{NR}^2} \leqq \text{zul}\, D \qquad (144)$$

Stiel $$\tilde{D}_S = D_{QS} + \sqrt{D_M^2 - D_{NS}^2} \leqq \text{zul}\, D \qquad (145)$$

Querkraftbeanspruchung im

Riegel $$Q_{Ri} = Q_M + Q_R/2 \qquad (146)$$

Stiel $$Q_{St} = -Q_M + Q_S/2 \qquad (147)$$

mit $$Q_M = \frac{M}{\pi} \cdot \frac{n_1 \cdot r_1 + n_2 \cdot r_2}{n_1 \cdot r_1^2 + n_2 \cdot r_2^2} \qquad (148)$$

Schubspannung im

Riegel $$\frac{1{,}5 \cdot Q_{Ri}/A_{Ri}}{\text{zul}\, \tau_a} \leqq 1 \qquad (149)$$

Stiel $$\frac{1{,}5 \cdot Q_{St}/A_{St}}{\text{zul}\, \tau_a} \leqq 1 \qquad (150)$$

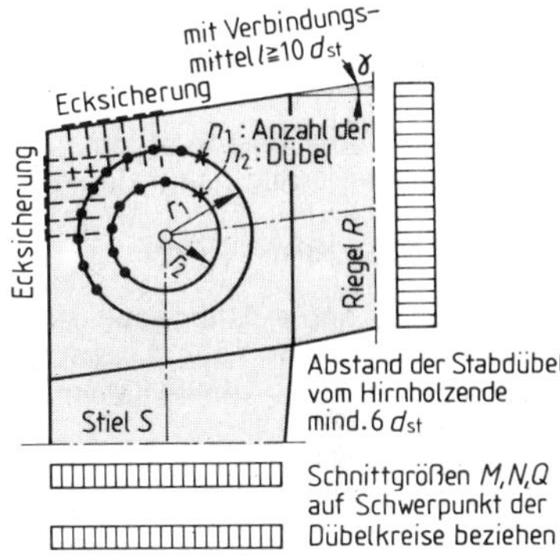

Bild 23 Rahmenecke mit Dübelanschluß (2 Dübelkreise)

Bei Anordnung von 2 Dübelkreisen ist die zul. Belastung der Stabdübel um 15% abzumindern. Andernfalls ist eine Ecksicherung durch Schraubnägel oder Schrauben je in Stiel und Riegel mit

$$N_D = n_1 \cdot |D_M|/12 \qquad (151)$$

vorzusehen.

3.10.2 Rahmenecken mit Kleinzinkenverbindungen nach *Heimeshoff*

Spannungsnachweis bei negativem Eckmoment mit Gl. (152) führen, N und M sind auf die Stellen B zu beziehen. Die Querschnittswerte sind mit Rücksicht auf die Keilzinkungen um 20% abzumindern. Größere positive Eckmomente sind zu vermeiden, andernfalls ist zul $\sigma_{D \not\perp}$ höchstens zu 20% auszunutzen.

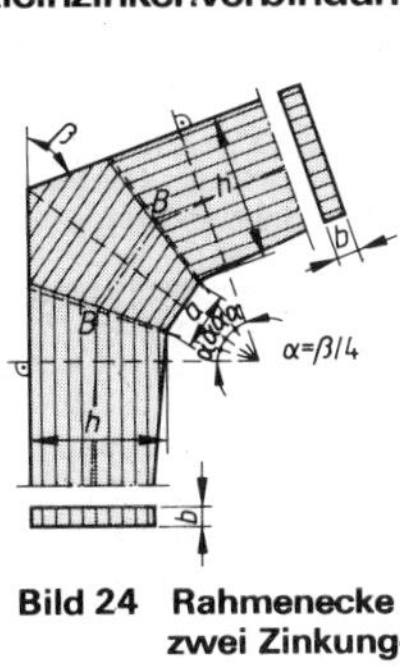

Bild 24 Rahmenecke mit zwei Zinkungen

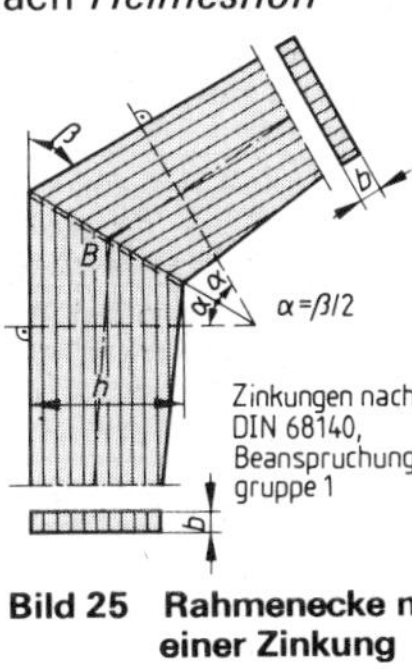

Bild 25 Rahmenecke mit einer Zinkung

$$\frac{N/\bar{A}}{\text{zul}\,\sigma_K} + \frac{M/\bar{W}}{k_B \cdot 1{,}1 \cdot \text{zul}\,\sigma_B} \leqq 1 \quad (152)$$

$$\text{zul}\,\sigma_K = \frac{\text{zul}\,\sigma_{D\ast}}{\omega} \quad (153) \quad \text{nach Gl. (105)}$$

$\text{zul}\,\sigma_{D\ast}$	nach Gl. (1) für Nadelholz S10
k_B	nach Gl. (101)
$\bar{A}$	$=0{,}8 \cdot b \cdot h$
$\bar{W}$	$=0{,}8 \cdot b \cdot h^2/6$
$\text{zul}\,\sigma_B \mathrel{\widehat{=}} \text{zul}\,\sigma_{D\ast}$	für den Druckbereich

Geknickte dachförmige Brettschichtträger dürfen in Feldmitte nicht durch Keilzinkenverbindungen gestoßen werden, da hier i. allg. positive Momente auftreten.

3.10.3 Rahmenecken mit gekrümmten Lamellen

Die Bemessung kann wie für gekrümmte Träger nach Abschn. 3.4.7 vorgenommen werden, jedoch treten bei Rahmenecken i. allg. negative Eckmomente auf.

3.11 Wechselbeanspruchte Bauteile

Wenn der Vorzeichenwechsel der Beanspruchung nicht allein aus Wind- und Schneelasten erfolgt, sind Bauteile nach Gl. (154) zu bemessen.

$$\text{zul}\,\sigma' = k_W \cdot \text{zul}\,\sigma \quad (154) \qquad \text{mit} \quad k_W = 1 - 0{,}25\,\frac{\min|\sigma|}{\max|\sigma|} \quad (155)$$

Bei Stößen und Anschlüssen ist sinngemäß zu verfahren. Wechselbeanspruchte Holzbauteile liegen nach diesem Abschn. demnach nur vor, wenn z.B. bewegliche Verkehrslasten wie Gabelstapler-, Fahrzeug- und Kranlasten auftreten.

4 Mechanische Verbindungsmittel

4.1 Zulässige Erhöhungen und erforderliche Ermäßigungen

Tafel 51 Zulässige Erhöhungen und erforderliche Ermäßigungen von zulässigen Belastungen der Verbindungsmittel des Abschn. 4 nach DIN 1052-2, 3

		zul. Belastung im LFH um
Erhöhungen		
1	**Lastfall HZ**	25%
2	**Transportzustand**	25%
3	**Montagezustand**	25%
4	**waagerechte Stoßlasten** nach DIN 1055-3	100%
5	**Erdbebenlasten** nach DIN 4149-1	100%
6	**Windsogspitzen** nach DIN 1055-4	80%
Ermäßigungen		
7	bei **Bauteilen** aus Voll- u. Brettschichtholz, **die der Witterung allseitig ausgesetzt** sind oder bei denen mit einer Gleichgewichtsfeuchte >18% zu rechnen ist, nicht bei Gerüsten	1/6[1])
8	bei **Bauteilen** aus Voll- u. Brettschichtholz, **die dauernd im Wasser stehen**, bei Gerüsten aus Hölzern, die zum Zeitpunkt der Belastung noch nicht halbtrocken sind (DIN 4074)	1/3[1])
9	bei folgenden **Platten, in denen eine Feuchte >18%** über mehrere Wochen zu erwarten ist: – Bau-Furniersperrholzplatten BFU 100 G – Flachpreßplatten V 100 G	 1/4 1/3

[1]) Gilt nicht für Laubholz, Gr. C nach Tafel 1 und nicht für Fliegende Bauten mit Schutzanstrich, der in Abständen von höchstens zwei Jahren zu erneuern ist.

Verbindungsmittel in Hirnholz dürfen nicht als tragend in Rechnung gestellt werden, Ausnahme: Einlaßdübel Typ A nach Abschn. 4.5.3.

4.2 Bolzen-, Paßbolzen- und Stabdübelverbindungen

Tragende Bolzen dürfen bei Beanspruchung auf Abscheren in Dauerbauten nur dann herangezogen werden, wenn besondere Maßnahmen einen Schlupf verhindern (z. B. trockene Hölzer beim Einbau). Bei Fliegenden Bauten, Gerüsten und untergeordneten Bauten/Bauteilen sind tragende Bolzenverbindungen zulässig. Tragende Bolzen müssen Scheiben nach Tafel 74 besitzen, wenn keine Stahllaschen verwendet werden.

Stabdübel- und Paßbolzenverbindungen sind in allen Bauten/Bauteilen zulässig. Paßbolzen sind Stabdübel mit Kopf/Mutter, bei ihnen genügen Scheiben nach DIN 436 oder DIN 440.

Heftbolzen werden nur zur Lagesicherung eingesetzt, sie übertragen keine Beanspruchungen, bei ihnen genügen Scheiben nach DIN 436 oder DIN 440.

Tafel 52 Zul. Durchmesser, Anzahl und Scherflächen von Bolzen, Stabdübel und Paßbolzen nach DIN 1052-2, 5 [1])

	Durchmesser in mm min	max	Anzahl min	Scherflächen min	Bohrloch-durchmesser	Mindestabstände nach Bild/Tafel
Bolzen	$d_b = 12$	d_b, d_{st} $\leqq 30$	$n \geqq 2$ [2])	$m \geqq 2$	$d_b + 1$ mm	26/54
Stabdübel	$d_{st} = 8$		$n \geqq 2$ [1])	$m \geqq 4$	d_{st}	27/54
Paßbolzen			$n \geqq 2$ [1]) [2])	$m \geqq 2$		

[1]) In Stößen und Anschlüssen: $n > 6$ Stabdübel oder Paßbolzen in Kraftrichtung hintereinander vermeiden. Für $6 < n \leqq 12$ wirksame Anzahl ef $n = 6 + 0{,}666\,(n-6)$ annehmen; $n > 12$ hintereinander nicht in Rechnung stellen

[2]) Bei gelenkigen Anschlüssen ist ein Bolzen oder ein Paßbolzen ausreichend, wenn er nur bis zu $0{,}5 \cdot \text{zul}\,N$ beansprucht und lagegesichert ist

Zulässige Belastung *N* eines Bolzens, Paßbolzens oder Stabdübels im Lastfall *H*

Unabhängig von der Sortierklasse des Holzes gilt im Lastfall *H* Gl. (156) für Kraftangriff ∥ zur Faserrichtung; bei Winkel zwischen Kraft- und Faserrichtung $0° < \alpha \leqq 90°$ ist zul $N_{st,b}$ mit η nach Gl. (157) abzumindern.

$$\text{zul}\,N_{st,b} \begin{array}{l} = \text{zul}\,\sigma_l \cdot a \cdot d_{st,b} \\ \leqq B \cdot d_{st,b}^2 \end{array} \qquad (156)$$

$$\eta_{st} = \eta_b = 1 - \alpha/360 \qquad (157)$$

zul N in N
zul σ_l zul. mittl. Lochleibungsspannung des Holzes nach Tafel 53 bzw. des Holzwerkstoffes nach Tafel 4, Zeile 8 in MN/m²
a Holzdicke in mm
$d_{st,b}$ Durchmesser des Stabdübels, Paßbolzens, Bolzens in mm
B Festwert nach Tafel 53

Bei Verbindungen von Voll- oder Brettschichtholz mit Stahlteilen darf zul $N_{st,b}$ nach Gl. (156) um 25% erhöht werden, dabei ist die Lochleibungsspannung im Stahl nachzuweisen. Weitere zul. Erhöhungen und erf. Ermäßigungen nach Tafel 51.

Tafel 53 Werte für zul σ_l und B nach Gl. (156) in MN/m² nach DIN 1052-2, Tab. 10

NH[1]) BSH[1]) LH[1])	nach Tafel 1, 2	einschnittig				zweischnittig Mittelholz				zweischnittig Seitenholz			
		NH BSH	LH A	LH B	LH C	NH, BSH	LH A	LH B	LH C	NH, BSH	LH A	LH B	LH C
Bolzen	zul σ_L	4,0	5,0	6,1	9,4	8,5	10,0	13,0	20,0	5,5	6,5	8,4	13,0
	B	17,0	20,0	24,0	30,0	38,0	45,0	52,0	65,0	26,0	30,0	34,0	42,0
Stabdübel, Paßbolzen	zul σ_L	4,0	5,0	6,1	9,4	8,5	10,0	13,0	20,0	5,5	6,5	8,4	13,0
	B	23,0	27,0	30,0	36,0	51,0	60,0	65,0	80,0	33,0	39,0	42,0	52,0

[1]) NH (Nadelholz), BSH (Brettschichtholz), LH (Laubholz, Gruppe A, B, C)

Beispiel **Berechnung der zul. Belastung *N* von 4 Stabdübeln Ø 16 mm,** einschnittig, LF HZ, Winkel Kraft-Faserrichtung $\alpha = 45°$, kleinste Holzdicke $a = 100$ mm, Nadelholz,

für 1 Stabdübel Ø 16 mm:

zul $N_{st} = 4{,}0 \cdot 100 \cdot 16 = 6400$ N
$\leqq 23{,}0 \cdot 16^2 = 5888$ N
maßgebend: zul $N_{st} = 5888$ N

LF HZ: zul. Erhöhung um 25%
$\alpha = 45°$: erf. Abminderung
$\eta_{st} = 1 - 45/360 = 0{,}875$

für 4 Stabdübel Ø 16 mm:

zul $N_{st} = 4 \cdot 1{,}25 \cdot 0{,}875 \cdot 5888 = 25760$ N $\cong 25{,}8$ kN

Mindestabstände von Bolzen, Paßbolzen oder Stabdübeln

Tafel 54 **Mindestabstände von tragenden Bolzen, Paßbolzen oder Stabdübeln** nach DIN 1052-2, Tab. 9

		Mindestabstände[1]) ∥ Kraftrichtung bei Stabdübeln, Paßbolzen	Mindestabstände[1]) ∥ Kraftrichtung bei Bolzen
untereinander	∥ Faserrichtung	$5\,d_{st}$	$7\,d_b$, $\geqq 100$ mm
	⊥ Faserrichtung	$3\,d_{st}$	$5\,d_b$
vom beanspruchten Rand	∥ Faserrichtung	$6\,d_{st}$	$7\,d_b$, $\geqq 100$ mm
	⊥ Faserrichtung	$3\,d_{st}$	$4\,d_b$
vom unbeanspruchten Rand	∥ Faserrichtung	$3\,d_{st}$	$3\,d_b$
	⊥ Faserrichtung	$3\,d_{st}$	$3\,d_b$

[1]) bei Schräganschlüssen Zwischenwerte geradlinig einschalten

Stabdübel und Paßbolzen, die in Faserrichtung hintereinander liegen, sind um $d_{st}/2$ gegenüber der Rißlinie zu versetzen, wenn der Abstand untereinander in Faserrichtung $< 8\,d_{st}$ ist.

Beim Anschluß von Stäben an Biegeträger (oder ähnliche Anschlüsse) müssen in den Biegeträgern Randabstände in Faserrichtung von Hirnholzende nach Bild 26 und 27 eingehalten werden.

Für den rechtwinklig zur Faserrichtung beanspruchten Stab z. B. nach Bild 26 oder 27 ist im allgemeinen ein **Querzugnachweis** nach Abschn. 4.8 zu führen. Der Nachweis kann entfallen, wenn der rechtwinklig zur Faserrichtung beanspruchte Stab eine Höhe $h \leqq 30$ cm besitzt und der Anschlußschwerpunkt S aller Verbindungsmittel in der Stabachse oder darüber liegt.

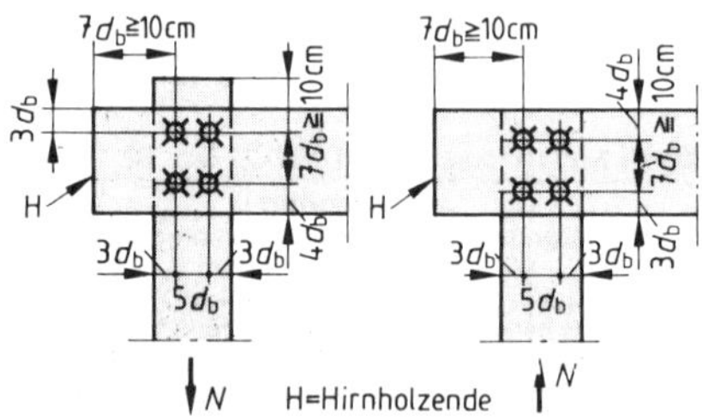

Bild 26 **Mindestabstände von tragenden Bolzen** nach DIN 1052-2, Bild 12

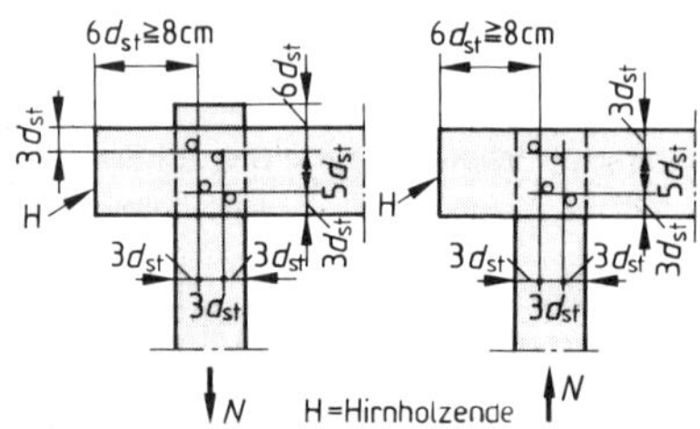

Bild 27 **Mindestabstände von Stabdübeln und Paßbolzen** nach DIN 1052-2, Bild 11

4.3 Nagelverbindungen von Holz und Holzwerkstoffen

In Nagelverbindungen können runde Drahtstifte, Form B nach DIN 1151 und runde Maschinenstifte nach DIN 1143 sowie Sondernägel (z.B. Schraub- oder Rillennägel mit Eignungsnachweis) verwandt werden.

4.3.1 Beanspruchung rechtwinklig zur Nagellängsachse (Abscheren)

Zulässige Nagelbelastung N_1 im Lastfall H. Die zulässige Belastung im Lastfall H ist für Nadelholz nach Tafel 1, 2 unabhängig von der Sortierklasse bei Beanspruchung senkrecht zur Nagellängsachse ohne Rücksicht auf den Faserverlauf des Holzes für eine Scherfläche nach Gl. (158) zu berechnen.

$$\text{zul } N_1 = 500 \cdot d_n^2/(10+d_n) \quad \text{in N} \quad (158) \qquad d_n \text{ Nageldurchmesser in mm}$$

Zul. Erhöhungen von zul N_1 nach Gl. (158) können die Tafel 55 entnommen werden. Weitere zul. Erhöhungen und erf. Ermäßigungen nach Tafel 51.

Tafel 55 Zul. Erhöhungen von zul N_1 nach Gl. (158) bei Nagelverbindungen von Holz und Holzwerkstoffen nach DIN 1052-2, 6.2

1	NH Nadelholz, LH Laubholz, BSH Brettschichtholz	zul. $\bar{N}_1$ = Tafelwert · zul N_1 bei Verbindungen von							
		Nadel- und Brettschichtholz nach Tafel 1 a, b mit				Laubholz[1] nach Tafel 1 a mit			BFU[2] [3] mit
		NH/BSH	BFU[2]	BFU[3]	FPP[4]	LH	BFU[3]	FPP[4]	FPP[4]
2	nicht vorgebohrt	1,0	1,0	1,2	1,0	–	–	–	1,0
3	vorgebohrt[5]	1,25	1,25	1,5	1,25	1,5	1,5	1,25	1,25

[1] Runde Drahtstifte sind mit etwa $0{,}9 \cdot d_n$ vorzubohren
[2] Bau-Furniersperrholz nach DIN 68705-3
[3] Bau-Furniersperrholz nach DIN 68705-5, mind. sieben Lagen
[4] Flachpreßplatten nach DIN 68763 und Holzfaserplatten nach DIN 68754-1, wenn die Nagelspitze $\geqq 2d_n$ in NH, BSH, LH oder BFU eindringt,
[5] Mit etwa $0{,}9\, d_n$ auf erf. Nagellänge nach Tafel 59 vorbohren, jedoch für Sondernägel Klasse II, III in einschnittigen Verbindungen Einschlagtiefe $s \geqq 12\, d_n$

Die zul. Nagelbelastungen sowie Mindestholzdicken und -einschlagtiefen für runde Drahtstifte können auch Tafel 57a, für Sondernägel Tafel 57b und für Sondernägel mit außenliegenden Stahlblechen Tafel 58 entnommen werden.

12

Mindestanzahl von Nägeln und Mindestholzdicken

In jeder zur Kraftübertragung herangezogenen Fuge sind mind. 4 Nagelscherflächen erforderlich, Ausnahmen: Befestigung von Schalungen, Trag- und Konterlatten, Windrispen sowie Befestigung von Sparren, Pfetten und dgl. mehr auf Bindern, Rähmen oder Querriegeln an Rahmenhölzern.

Tafel 56 Mindestholzdicken a für Nagelverbindungen bei Holz und Holzwerkstoffen

1	d_n Nageldurchmesser in mm	allgemein	Laubholz und Laubholz mit BFU[1]	Bau-Furniersperrholz nach DIN 68705-3,5 [4]	Flachpreßplatten nach DIN 68763, mittelharte Holzfaserplatten[4]	harte Holzfaserplatten nach DIN 68 754[4]
2	nicht vorgebohrt	$a \geqq d_n(3+0{,}8\, d_n)$ $\geqq 24$ mm	–	für $d_n \leqq 4{,}2$ mm $a \geqq 3 d_n$	$a \geqq 4{,}5\, d_n$[3]	$a \geqq 2\, d_n$
3	vorgebohrt	für $d_n \geqq 4{,}2$ mm $a \geqq 6\, d_n$[2]	$a \geqq 6\, d_n$[2]	für $d_n > 4{,}2$ mm $a \geqq 4\, d_n$		

[1] Bau-Furniersperrholz nach DIN 68705-5, mind. sieben Lagen
[2] Bei geringeren Holzdicken gilt: zul $N_1 \cdot a/(6\, d_n)$
[3] Für $d_n \leqq 4{,}2$ mm gilt: $3\, d_n \leqq a < 4{,}5\, d_n$, wenn zul $N_1 \cdot a/(4{,}5\, d_n)$ abgemindert
[4] die Mindestdicken für Bau-Furniersperrholz $d \geqq 6$ mm und für Flachpreßplatten $d \geqq 8$ mm nach Tafel 16 sind stets einzuhalten

Tafel 57 Runde Drahtstifte und Sondernägel in Nagelverbindungen von Nadelholz, Brettschichtholz und Laubholz; Holzdicken, Einschlagtiefen und zulässige Belastungen je Nagel und Scherfläche (Abscheren) im Lastfall H nach DIN 1052-2, 6.2
Fußnoten s. unten und nächste Seite oben

a) runde Drahtstifte nach DIN 1151

Nagelgröße[1]) d_n in 1/10 mm mal l_n	Mindestholzdicke a[2]) in mm bei Nagellöchern		Mindesteinschlagtiefe s[3]) in mm		zul. Nagelbelastung N_1 in N für eine Scherfläche bei		
					Nadel[7]) **und Brettschichtholz** nach Tafel 1, 2		**Laubholz** nach Tafel 1
	ohne	mit	ein-	mehr-	ohne	mit	stets
in mm	Vorbohrung		schnittig		Vorbohrung		vorgebohrt
18 × 35[4])	24 20[6])		22	15	135	170	205
20 × 40[4]) 20 × 45[5])	24 20[6])		24	16	165	210	250
22 × 45 22 × 50[4])	24 20[6])		27	18	200	250	300
25 × 55[4]) 25 × 60[4])	24 20[6])		30	20	250	310	375
28 × 65[4])	24 20[6])		34	23	305	380	460
31 × 65 31 × 70[4]) 31 × 80[4])	24 20[6])		38	25	365	460	550
34 × 80 34 × 90[4])	24 22[6])		41	27	430	540	650
38 × 100	24		46	30	525	655	785
42 × 100 42 × 110 42 × 120	26		51	34	620	775	930
46 × 130	30	28	56	37	725	905	1090
55 × 140 55 × 160	40	35	66	44	975	1220	1465
60 × 180	50	35	72	48	1125	1405	1690
70 × 210	60	45	84	56	1440	1800	2160
76 × 230 76 × 260	70	45	92	62	1640	2050	2460
88 × 260	90	55	106	70	2060	2570	3090

b) Sondernägel der Tragfähigkeitsklassen I, II und III nach DIN 1052-2, 6.2

d_n in mm[8])							
2,5	24 20[6])		I: 30 II/III: 20[9])	20	250	310[10])	375[10])
2,9	24 20[6])		I: 35 II/III: 23[9])	23	325	405[10])	490[10])
3,1	24 20[6])		I: 38 II/III: 25[9])	25	365	460[10])	550[10])
4,0	24		I: 48 II/III: 32[9])	32	570	715[10])	860[10])
5,1	36	30	I: 61 II/III: 41[9])	41	860	1075[10])	1290[10])
6,0	50	35	I: 72 II/III: 48[9])	48	1125	1405[10])	1690[10])

[1]) nur die in DIN 1151 nach DIN 1143 angegebenen Nageldurchmesser und Längen.
[2]) s. auch Tafel 56 [3]) s. auch Tafel 59
[4]) und als runder Maschinenstift nach DIN 1143-1 [5]) bis [10]) s. nächste Seite oben

Fußnoten zu Tafel 57, Fortsetzung

5) nur als runder Maschinenstift nach DIN 1143-1

6) Mindestholzdicke bei Schalungen; bei gehobelten Schalungen können die Werte um 2 mm verringert werden nach [2]

7) Bei Douglasie stets vorbohren gemäß Einführungserlaß zu DIN 1052, abweichend vom Normtext für alle Nageldurchmesser d_n

8) Nagellängen gemäß Einstufungsschein

9) bei Sondernägeln der Tragfähigkeitsklasse II und III darf nur der profilierte Schaftteil l_g in Rechnung gestellt werden

10) für Sondernägel der Tragfähigkeitsklasse II und III muß bei vorgebohrten, einschnittigen Verbindungen eine Mindesteinschlagtiefe $s = 12\ d_n$ eingehalten werden, d.h. wie bei Sondernägeln der Tragfähigkeitsklasse I

Tafel 58 Sondernägel in Nagelverbindungen von Nadelholz, Brettschichtholz und Laubholz mit außenliegenden Stahlblechen (Dicken ≧2 mm); Holzdicken, Einschlagtiefen und zulässige Belastungen je Nagel und Scherfläche (Abscheren) im Lastfall H nach DIN 1052-2, 7[1]

Nagelnenn-durchmesser d_n[8]	Mindestholzdicke a bei Nagellöchern ohne Vorbohrung	mit Vorbohrung	Mindesteinschlagtiefe s einschnittig, Tragfähigkeitsklasse I	II, III[9]	zul. Nagelbelastung N_1 für eine Scherfläche bei **Nadel**[7]- **und Brettschichtholz** nach Tafel 1, 2, ohne Vorbohrung	mit[10] Vorbohrung	**Laubholz** nach Tafel 1, stets vorgebohrt[10]
in mm	in mm	in mm	in mm	in mm	in N	in N	in N
2,5	24 20[6]		30	20	310	390	470
2,9	24 20[6]		35	23	405	510	610
3,1	24 20[6]		38	25	460	575	690
4,0	24		48	32	715	895	1070
5,1	36	30	61	41	1075	1345	1615
6,0	50	35	72	48	1405	1760	2110

1) Fußnoten 6) bis 10) s. entsprechende Fußnoten zur Tafel 57

12

Ein- und mehrschnittige Nagelverbindungen, Einschlagtiefen

Tafel 59 Einschlagtiefe s[1] [2] und zulässige Nagelbelastung zul N_1 für runde Draht- und Maschinenstifte (DN) sowie Sondernägel (SN) der Tragfähigkeitsklassen I, II, III

		Einschlagtiefe s	zul. Nagelbelastung
einschnittig	DN, SN I	$s \geqq 12\ d_n$	zul N_1
		$6\ d_n \leqq s_w < 12\ d_n$	zul $N_1 \cdot s_w/12\ d_n$
		$s < 6\ d_n$	0
	SN II, III	$s \geqq 8\ d_n$	zul N_1
		$4\ d_n \leqq s_w < 8\ d_n$	zul $N_1 \cdot s_w/8\ d_n$
		$s < 4\ d_n$	0
m-schnittig	DN, SN I, II, III	$s \geqq 8\ d_n$	$m \cdot$ zul N_1
		$4\ d_n \leqq s_w < 8\ d_n$	$[(m-1) + s_w/8\ d_n] \cdot$ zul N_1
		$s < 4\ d_n$	$(m-1) \cdot$ zul N_1

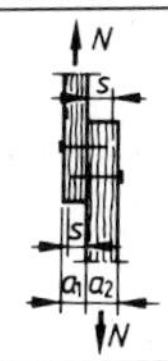

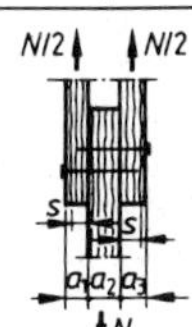

1) s = Solltiefe, s_w = tatsächliche Tiefe, bei Sondernägel II und III nur profilierter Schaftteil l_g

2) Bei runden Draht- und Maschinenstiften sowie bei Sondernägeln der Tragfähigkeitsklasse I sind zwei- und mehrschnittige Verbindungen von beiden Seiten zu nageln

Nagelanzahl in Stößen und Anschlüssen. Die wirksame Anzahl ef n der Nägel ist in Stößen und Anschlüssen bei mehr als 10 Nägel hintereinander nach Gl. (159) anzunehmen.

$$\text{ef } n = 10 + 0{,}666 \cdot (n - 10) \qquad (159)$$

n Anzahl der hintereinanderliegenden Nägel

$n > 30$ Nägel hintereinander dürfen als tragend nicht in Rechnung gestellt werden.

Mindest- und maximale Nagelabstände

Tafel 60 Mindestnagelabstände bei Holz[1] [2] [3]

Werte in ( ) gelten für $d_n > 4{,}2$ mm	Lage zur Faserrichtung	Nagelabstände parallel der Kraftrichtung: nicht vorgebohrt	Nagelabstände parallel der Kraftrichtung: vorgebohrt
untereinander	∥	$10\,d_n$ ($12\,d_n$)	$5\,d_n$
	⊥	$5\,d_n$	
vom beanspruchten Rand	∥	$15\,d_n$	$10\,d_n$
	⊥	$7\,d_n$ ($10\,d_n$)	$5\,d_n$
vom unbeanspruchten Rand	∥		
	⊥	$5\,d_n$	$3\,d_n$

[1]) Im dünnsten Holz, Nägel versetzt anordnen
[2]) s. Bild 28a, b
[3]) bei Douglasie für alle Nageldurchmesser d_n vorbohren gemäß Einführungserlaß zu DIN 1052, abweichend vom Normtext

Bei biegesteifen Stößen und bei der Stoßdeckung von Koppelträgern gelten alle Ränder als beansprucht, dabei sind die Werte nach Tafel 60 ungeachtet der Kraftrichtung nur auf die Faserrichtung des Holzes zu beziehen.

Tafel 61 Mindestnagelabstände bei Holzwerkstoffplatten[1])

	untereinander	vom beanspr. Rand	vom unbeanspr. Rand
Bau-Furniersperrholz	$5\,d_n$	$4\,d_n$	$2{,}5\,d_n$
Flachpreßplatten		$7\,d_n$	
mittelharte Holzfaserplatten			$3\,d_n$
harte Holzfaserplatten		$7{,}5\,d_n$	

[1]) Soweit nicht die Nagelabstände im Holz nach Tafel 60 maßgebend werden.

Tafel 62 Maximale Nagelabstände[1])

	Lage zur Faserrichtung	Nagelabstände bei Holz	Nagelabstände bei Holzwerkstoffplatten
untereinander	∥	$40\,d_n$	$40\,d_n$ [2])
	⊥	$20\,d_n$	$40\,d_n$ [2])

[1]) Auch bei Heftnägeln
[2]) Bei Platten mit nur aussteifender Funktion: $80\,d_n$

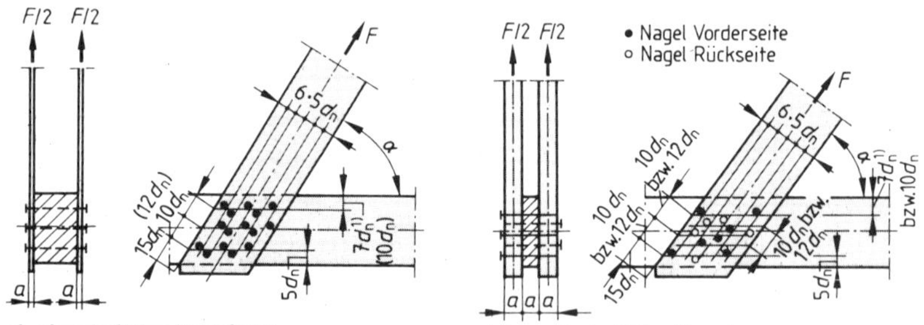

a) einschnittige Nagelung **b) zweischnittige Nagelung**

Bild 28 Mindestnagelabstände nicht vorgebohrter Nägel
[1]) bei $\alpha < 30°$: $5\,d_n$ ($7\,d_n$)

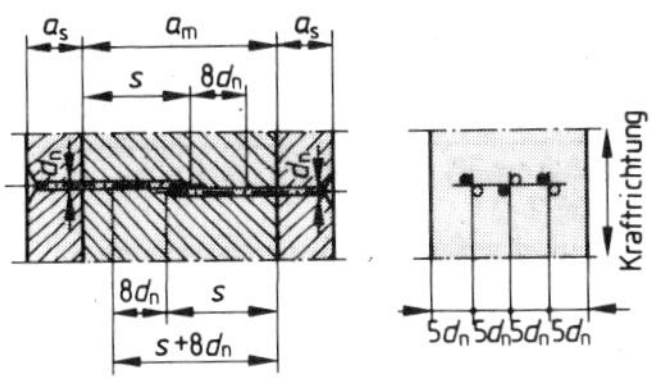

a) $a_m \geqq (s+8d_n)$

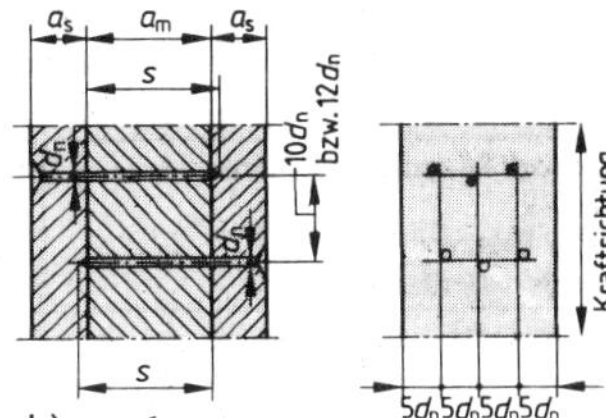

b) $a_m \leqq s$

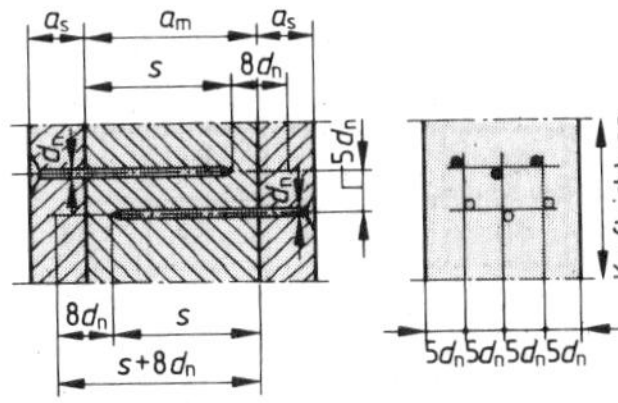

c) $s < a_m < (s+8d_n)$

Bild 29 Abstände bei übergreifenden Nägeln

4.3.2 Beanspruchung in Richtung der Nagellängsachse (Herausziehen)

Die zulässige Belastung auf Herausziehen im Lastfall H ist nach Gl. (160)

$$\text{zul}\, N_z = B_z \cdot d_n \cdot s_w \quad \text{in N} \qquad (160)$$

B_z Festwert nach Tafel 63
d_n Nageldurchmesser in mm (glatter Schaft bei Sondernägeln)
s_w wirksame Einschlagtiefe in mm einschl. Nagelspitze nach Tafel 63

zu berechnen. Sie kann für Nägel und Sondernägel auch der Tafel 64 entnommen werden.

Über Beanspruchungsart, Einschlagtiefen und erf. Ermäßigungen s. Tafel 63.

Tafel 63 Nagelbeanspruchung auf Herausziehen: Beanspruchungsart, Mindest- und maximale Einschlagtiefen, Werte B_z nach Gl. (160)

1		Beanspruchungsart	Einschlagtiefen Mindest-	Einschlagtiefen maximal in Rechnung zu stellen	Werte B_z nach Gl. (160) in MN/m²
2	runde Draht- und Maschinenstifte[1])	nur kurzfristig (z. B. Windsogkräfte)	$12d_n$	$20d_n$	1,3[6])
3	Sondernägel[2]) [3]) Tragfähigkeitsklasse I			l_g[5])	1,8
4	Sondernägel[2]) [3]) [4]) Tragfähigkeitsklasse II	kurzfristig und ständig	$8d_n$		2,5
5	Sondernägel[2]) [3]) [4]) Tragfähigkeitsklasse III				3,2

[1]) zul N_z abmindern auf 2/3, wenn in halbtrockenes oder frisches Holz eingeschlagen, auch dann, wenn Holz nachtrocknen kann. Gilt nicht für Laubhölzer, Gr. C.

[2]) zul N_z abmindern auf 2/3, wenn in frisches Holz eingeschlagen und Holzfeuchte im Fasersättigungsbereich bleibt. Gilt nicht, wenn Nachtrocknung möglich und nicht für Laubhölzer, Gr. C.

[3]) Vorgebohrte Sondernägel dürfen auf Herausziehen nicht in Rechnung gestellt werden.

[4]) Mindestdicken von Holzwerkstoffplatten $\geqq 12$ mm beim Anschluß von Platten an Holz, wenn zul. Belastung nach Gl. (160) berechnet, bei Plattendicken <12 mm max. $N_z \leqq 150$ N wegen der Kopfdurchziehgefahr in Rechnung stellen

[5]) Länge des profilierten Schaftteiles.

[6]) Im Anschluß von Koppelpfetten mit $B_z = 0{,}8$ MN/m², wenn infolge Dachneigung ständig auf Herausziehen beansprucht bis Dachneigung $\gamma \leqq 30°$.

12

Tafel 64 Zulässige Nagelbelastung N_z auf Herausziehen je Nagel in Nagelverbindungen von Nadelholz, Brettschichtholz, Laubholz und Holzwerkstoffplatten der DIN 1052 im Lastfall H nach DIN 1052-2, 6.3 für [1])

runde Draht- und Maschinenstifte nach DIN 1052-2 **nur kurzfristige Beanspruchung** z. B. durch Windsogkräfte

Nageldurchmesser [2]) d_n	Einschlagtiefe [4]) min s_w (12 d_n)	Einschlagtiefe [4]) max s_w (20 d_n)	zul. Nagelbelastung N_z je mm Einschlagtiefe	zul. Nagelbelastung N_z bei min s_w	zul. Nagelbelastung N_z bei max s_w
in mm	in mm	in mm	in N/mm	in N	in N
1,8	22	36	2,34	51	84
2,0	24	40	2,60	62	104
2,2	27	44	2,86	77	126
2,5	30	50	3,25	98	163
2,8	34	56	3,64	124	204
3,1	37	62	4,03	149	250
3,4	41	68	4,42	181	301
3,8	46	76	4,94	227	375
4,2	51	84	5,46	278	459
4,6	55	92	5,98	329	550
5,5	66	110	7,15	472	787
6,0	72	120	7,80	562	936
7,0	84	140	9,10	764	1274
7,6	91	152	9,88	899	1502
8,8	106	176	11,44	1213	2013

Sondernägel gemäß Einstufungsschein nach DIN 1052-2 **kurzfristige und ständige Beanspruchung**

Nageldurchmesser [3]) d_n	Einschlagtiefe [4]) min s_w [5])	Einschlagtiefe [4]) max s_w (20 d_n)	zul. Nagelbelastung N_z je mm Einschlagtiefe	zul. Nagelbelastung N_z bei min s_w	zul. Nagelbelastung N_z bei max s_w
in mm	in mm	in mm	in N/mm	in N	in N
Tragfähigkeitsklasse I (nur kurzfristige Beanspruch.)					
2,5	30	50[6])	4,50	135	225[7])
2,9	35	58[6])	5,22	183	303[7])
3,1	37	62[6])	5,58	206	346[7])
4,0	48	80[6])	7,20	346	576[7])
5,1	61	102[6])	9,18	560	734[7])[8])
6,0	72	120[6])	10,8	778	864[7])[8])
Tragfähigkeitsklasse II					
2,5	20	50[6])	6,25	125	313[7])
2,9	23	58[6])	7,25	167	421[7])
3,1	25	62[6])	7,75	194	481
4,0	32	80[6])	10,00	320	800[7])
5,1	41	102[6])	12,75	523	1020[7])[8])
6,0	48	120[6])	15,00	720	1200[7])[8])
Tragfähigkeitsklasse III					
2,5	20	50[6])	8,00	160	400[7])
2,9	23	58[6])	9,28	213	538[7])
3,1	25	62[6])	9,92	248	615[7])
4,0	32	80[6])	12,80	410	1024[7])
5,1	41	102[6])	16,32	669	1306[7])[8])
6,0	48	120[6])	19,20	922	1536[7])[8])

[1]) s. auch Fußnoten [1]) bis [4]) der Tafel 63
[2]) Nagellängen s. Tafel 57
[3]) Nagellängen bzw. Länge des profilierten Schaftteiles l_g gemäß Einstufungsschein
[4]) min s_w: Mindesteinschlagtiefe; max s_w: maximal in Rechnung zu stellende Einschlagtiefe
[5]) Tragfähigkeitsklasse I: min $s_w = 12\,d_n$, Tragfähigkeitsklasse II, III: min $s_w = 8\,d_n$
[6]) jedoch höchstens $\leqq l_g$; l_g als Länge des profilierten Schafteiles gemäß Einstufungsschein
[7]) jedoch höchstens zul N_z für l_g
[8]) zul N_z für $l_g = 80$ mm

4.3.3 Kombinierte Nagelbeanspruchung

Bei gleichzeitiger Beanspruchung auf Abscheren und Herausziehen gilt Gl. (161).

$$\left(\frac{\text{vorh } N_1}{\text{zul } N_1}\right)^m + \left(\frac{\text{vorh } N_z}{\text{zul } N_z}\right)^m \leqq 1 \qquad (161)$$

N_1 Nagelbeanspruchung auf Abscheren nach Abschn. 4.3.1
N_z Nagelbeanspruchung auf Herausziehen nach Abschn. 4.3.2
m Potenzexponent nach Tafel 65

Tafel 65 Potenzexponenten m in Gl. (161)

1		runde Draht- und Maschinenstifte allgemein	runde Draht- und Maschinenstifte bei Koppelpfettenanschlüssen	Sondernägel mit Tragfähigkeitsklasse I	Sondernägel mit Tragfähigkeitsklasse II	Sondernägel mit Tragfähigkeitsklasse III
2	m	1	1,5	1	2	2

4.3.4 Nagelung von Stahlblechformteilen mit bauaufsichtlicher Zulassung oder Typenprüfung

Die in Abschn. 4.3.4 angeführten Stahlblechformteile dürfen nur zur Verbindung von Holzbauteilen aus Nadelvollholz mind. der Sortierklasse S 10 oder aus Brettschichtholz in Tragwerken mit vorwiegend ruhenden Lasten verwandt werden. Die Stahlblechformteile müssen den Korrosionsschutz nach DIN 1052-2, Tab. 1, besitzen.

4.3.4.1 Sparrenpfettenanker mit Typenprüfung

Tafel 66 Zul. Zugkräfte für 1 Paar *Bilo*-Standard-Sparrenpfettenanker mit einreihiger Nagelung im Lastfall H[1] [2] [3]

Höhe h (Typ) in mm	Bilokammnägel, Tragfähigkeitsklasse III	Nagelanzahl je Schenkel	zul F in kN für 1 Ankerpaar bei kleinerer Holzdicke b in cm $b = 6$	7	8	9	10
170	4,0 × ≧ 40	3	3,6				
210	4,0 × ≧ 40	4	4,5	5,1			
250	4,0 × ≧ 50	5	–	6,1	6,7		

[1]) Stets paarweise nach Bild 30 anordnen (symmetrisch, möglichst über Eck).
[2]) Nur auf Zug beanspruchen, Zusatzbeanspruchungen (Verdrehen, Biegung u. dgl. mehr) ausschließen.
[3]) Achsabstand $e \geqq 50$ cm zum nächsten Ankerpaar.

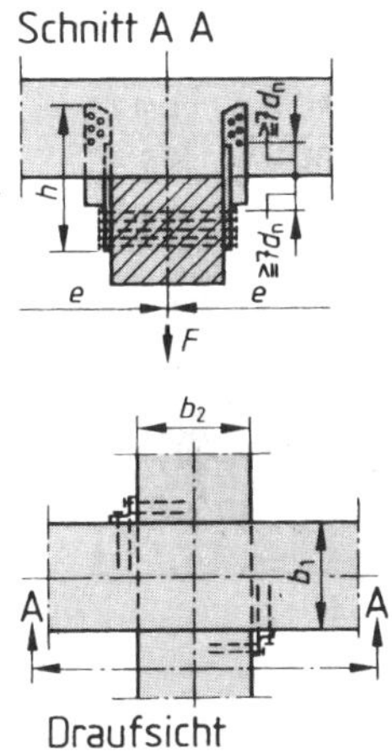

Bild 30
Paarweise, diagonale Anordnung von *Bilo*-Sparrenpfettenankern

Tafel 67 Zul. Zugkräfte für 1 Paar *GH*-Sparrenpfettenanker RL (2-reihig) bei diagonaler Anordnung a/H < 0,7[1]) [2]) [3])

Ankertyp ≙ Höhe h in mm	Nagelanzahl je Anker in Stück	Zulässige Zugkraft F_z in kN für 1 Ankerpaar im Lastfall H NH	im Lastfall H BS-Holz	im Lastfall HZ NH	im Lastfall HZ BS-Holz
Holzbreite $B_{1,2} \geqq 2$ s = 38 mm, Rillennägel 4,0 × 40 mm, mit reduzierten Holzbreiten					
170 RL	4 + 5	2,5	3,7	3,2	4,6
210 RL	6 + 7	3,3	5,5	4,2	6,9
250 RL	8 + 9	4,1	6,8	5,1	8,5
Holzbreite $B_{1,2} \geqq 2$ s = 48 mm, Rillennägel 4,0 × 50 mm, mit reduzierten Holzbreiten					
170 RL	4 + 5	3,3	3,7	4,1	4,6
210 RL	6 + 7	4,3	5,8	5,4	7,3
250 RL	8 + 9	5,3	8,2	6,6	9,1

Fortsetzung und Fußnoten s. nächste Seite

Tafel 67, Fortsetzung

Ankertyp ≙ Höhe h_s in mm	Nagelanzahl je Anker in Stück	Zulässige Zugkraft F_z in kN für 1 Ankerpaar im Lastfall H NH	im Lastfall H BS-Holz	im Lastfall HZ NH	im Lastfall HZ BS-Holz
Holzbreite $B_{1,2} \geq 2\,s = 76$ mm, Rillennägel 4,0 × 40 mm, mit empfohlenen Mindestholzbreiten					
170 RL	4 + 5	3,4	3,7	4,2	4,6
210 RL	6 + 7	4,6	5,8	5,8	7,3
250 RL	8 + 9	5,9	8,2	7,3	9,1
Holzbreite $B_{1,2} \geq 2\,s = 96$ mm, Rillennägel 4,0 × 50 mm, mit empfohlenen Mindestholzbreiten					
170 RL	4 + 5	3,7	3,7	4,6	4,6
210 RL	6 + 7	5,8	5,8	7,3	7,3
250 RL	8 + 9	7,2	8,2	9,1	9,1

[1]) Stets paarweise in diagonaler Anordnung und symmetrisch nach Bild 30a anordnen.
[2]) Nur auf Zug beanspruchen, Zusatzbeanspruchungen (aus Verdrehen oder aus Seitenkräften) vermeiden.
[3]) s ≙ Nageleinschlagtiefe.

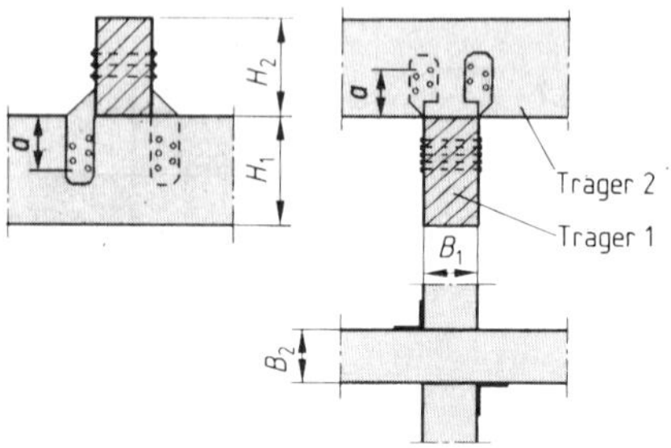

Bild 30a
Paarweise, diagonale Anordnung von *GH*-Sparrenpfettenankern RL

4.3.4.2 Balkenschuhe mit bauaufsichtlicher Zulassung (Vollausnagelung)

Tafel 68 Abmessungen und zul. Belastungen von Balkenschuhen nach Bild 31[1]) [2])

Abmessungen in mm $B \times H$	A	H'	Nägel $d_n \times l_n$ in mm × mm	Nagelanzahl n_H	n_N	A_w in cm²	Formfaktor c[3])	zul. Belastung in kN: F_1[4]) in Richtung der Symmetrieachse	F_2[3]) [4]) rechtwinklig zur Symmetrieachse	$F_{z\perp}$[5]) Querzug im Hauptträger
***Bilo*-Balkenschuhe mit Sondernägeln der Tragfähigkeitsklasse III (Vollausnagelung)** (Auszug) (Zulassungsbescheid Z-9.1-80, Geltungsdauer bis 31. 05. 00)										
60 × 100	140	94	4,0 × 40	14	8	46,1		5,7	2,3 · H/H_N	1,84 · f [5])
80 × 120	160	113	4,0 × 50	20	10	68,1		7,2	2,9 · H/H_N	2,72 · f
100 × 140	180	132		24	12	80,6	0,4	8,6	3,4 · H/H_N	3,22 · f
120 × 160	208	152		26	14	93,1		10,0	4,0 × H/H_N	3,72 · f
140 × 180	228	172	4,0 × 60	30	16	102,7		11,4	4,6 · H/H_N	4,11 · f
180 × 200	264	190		36	18	117,1		12,9	5,1 · H/H_N	4,68 · f
100 × 320	184	310		60	30	78,7	–	21,5	–	3,15 · f

Fortsetzung und Fußnoten s. nächste Seite

Tafel 68, Fortsetzung

Abmessungen in mm			Nägel $d_n \times l_n$	Nagelanzahl		A_w	Formfaktor	zul. Belastung in kN		
								F_1 4) in Richtung der Symmetrieachse	F_2 3) 4) rechtwinklig zur Symmetrieachse	$F_{z\perp}$ 5) Querzug im Hauptträger
$B \times H$	A	H'	in mm × mm	n_H	n_N	in cm^2	c 3)			
***BMF*-Balkenschuhe mit Sondernägeln der Tragfähigkeitsklasse III (Vollausnagelung)** (Zulassungsbescheid Z-9.1-255, Geltungsdauer bis 31. 08. 00)										
60 × 100	135	92,5	4,0 × 40	16	8	45,6	0,4	5,7	$2{,}3 \cdot H/H_N$	$1{,}82 \cdot f$ 5)
60 × 130	140	122,5		20	10	47,5	—	7,2	—	$1{,}90 \cdot f$
70 × 125	150	117,5				51,3	0,4		$2{,}9 \cdot H/H_N$	$2{,}05 \cdot f$
76 × 122	156	114,5				53,5				$2{,}14 \cdot f$
80 × 120	160	112,5				55,1				$2{,}20 \cdot f$
60 × 160	140	152,5		24	12	47,5	—	8,6	—	$1{,}90 \cdot f$
76 × 152	156	144,5				53,5				$2{,}14 \cdot f$
80 × 150	160	142,5	4,0 × 50			69,6				$2{,}78 \cdot f$
100 × 140	180	132,5				79,2	0,4		$3{,}4 \cdot H/H_N$	$3{,}17 \cdot f$
60 × 190	144	170,0	4,0 × 40	26	14	49,0	—	10,0	—	$1{,}96 \cdot f$
80 × 180	164	160,0				56,6			—	$2{,}26 \cdot f$
100 × 170	184	150,0	4,0 × 50			81,1	0,4		$4{,}0 \cdot H/H^N$	$3{,}24 \cdot f$
120 × 160	204	140,0				90,7				$3{,}63 \cdot f$
80 × 210	158	200	4,0 × 40	30	16	54,3	—	11,4	—	$2{,}17 \cdot f$
100 × 200	178	190	4,0 × 50			78,2				$3{,}13 \cdot f$
120 × 190	198	180				87,8	0,4		$4{,}6 \cdot H/H^N$	$3{,}51 \cdot f$
140 × 180	218	170				97,4				$3{,}90 \cdot f$
***GH*-Balkenschuhe Typ *GH 04* mit Sondernägeln der Tragfähigkeitsklasse III 6) (Vollausnagelung)** (Zulassungsbescheid Z-9.1-65, Geltungsdauer bis 31. 08. 00)										
80 × 100	158	92	4,0 × 50	14	8	66,7	0,4	5,7	$2{,}3 \cdot H/H_N$	$2{,}67 \cdot f$
80 × 140	158	132		22	12			8,6	$3{,}4 \cdot H/H_N$	
100 × 120	184	112	4,0×50 – 75	18	10	79,0		7,2	$2{,}9 \cdot H/H_N$	$3{,}16 \cdot f$
100 × 160	184	152		26	14			10,0	$4{,}0 \cdot H/H_N$	
120 × 140	204	132	4,0×50 – 75	22	12	88,4		8,6	$3{,}4 \cdot H/H_N$	$3{,}54 \cdot f$
120 × 180	204	172		30	16			11,4	$4{,}6 \cdot H/H_N$	
140 × 160	224	152		26	14	97,8		10,0	$4{,}0 \cdot H/H_N$	$3{,}91 \cdot f$

1) nur Nadelholz ≧ S 10 oder BS-Holz, s. auch Gl. (162) bis (165).
2) Korrosionsschutz nach DIN 1052-2, Tab. 1; Balkenschuhe aus nichtrostendem Stahl dürfen in chlorhaltiger und chlorwasserstoffhaltiger Atmosphäre nicht verwendet werden.
3) Balkenschuhe, für die kein c-Faktor oder keine zul. Belastung F_2 angegeben ist, dürfen rechtwinklig zu ihrer Systemachse nicht belastet werden.
4) bei gleichzeitiger Belastung in Richtung und rechtwinklig zu der Systemachse des Balkenschuhs ist ein Nachweis nach Gl. (164) zu führen.
5) Geometriefaktor f s. Gl. (166), Nachweis kann für $a/H_H \geq 0{,}7$ entfallen.
6) weitere *GH*-Balkenschuhe Typ *GH 05* und Typ *GH 04*/Kombi s. Zulassungsbescheid.

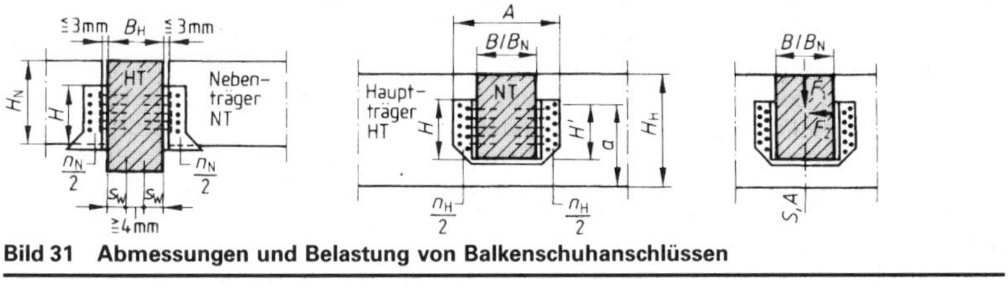

Bild 31 Abmessungen und Belastung von Balkenschuhanschlüssen

Tafel 69 Breite und Höhe von Haupt- und Nebenträgern bei Balkenschuhanschlüssen

	Breite		Höhe
Hauptträger	$B_H \geqq 2 \cdot s_w + 4$ mm $B_H \geqq B_N$	bei zweiseitigem Anschluß bei einseitigem Anschluß	H_H: Mindestrand-abstand des obersten Nagels beachten
Nebenträger	$B_N = B$, mindestens: $B_N = B - 3$ mm beim Einbau		$H_N \geqq H' + 20$ mm

Die zulässige Belastung eines Balkenschuhs kann nach Gl. (162) bis (165) berechnet oder auch Tafel 68 entnommen werden, s. auch Bild 31 und Tafel 69.

Bei Balkenschuhen dürfen nur Sondernägel der Tragfähigkeitsklassen III mit Einstufungsschein nach DIN 1052-2, 6.1, verwendet werden, für Balkenschuhe aus nichtrostendem Stahl nur Sondernägel aus nichtrostendem Stahl.

Beanspruchung in Richtung der Symmetrieachse:

$$\mathbf{zul}\, \boldsymbol{F_1 = n_N \cdot} \mathbf{zul}\, \boldsymbol{N_1} \quad (162)$$

Beanspruchung rechtwinklig zur Symmetrieachse:

$$\mathbf{zul}\, \boldsymbol{F_2 = c \cdot} \mathbf{zul}\, \boldsymbol{F_1 \cdot H/H_N} \quad (163)$$

Bei gleichzeitiger Beanspruchung in Richtung der Symmetrieachse und rechtwinklig dazu:

$$\left(\frac{\text{vorh}\, F_1}{\text{zul}\, F_1}\right)^2 + \left(\frac{\text{vorh}\, F_2}{\text{zul}\, F_2}\right)^2 \leqq 1 \quad (164)$$

Die Komponente der Auflagerkraft des Nebenträgers, die im Hauptträger Querzug erzeugt, darf zul $F_{z\perp}$ nicht überschreiten, wenn kein genauerer Nachweis geführt wird:

$$\mathbf{zul}\, \boldsymbol{F_{z\perp} = 0{,}04 \cdot A_w \cdot f} \quad \text{in kN} \quad (165)$$

Der Nachweis nach Gl. (165) darf für $a/H_H \geqq 0{,}7$ entfallen.

$$\boldsymbol{f \cong 1/(1 - 0{,}93 \cdot a/H_H)} \quad \text{nach } \textit{Gerold} \quad (166)$$

mit (s. Tafel 68):

n_N	Anzahl der Nägel im Nebenträger	H_N	Nebenträgerhöhe
zul N_1	zul. Belastung eines Nagels ⊥ zur Schaftrichtung nach Tafel 58	c	Formfaktor
H	Höhe des Balkenschuhs	f	Geometriefaktor nach Gl. (166)
		A_w	Wert aus Tafel 68
		s_w	Einschlagtiefe

Der Mindest-Achsabstand l der Balkenschuhe am Hauptträger beträgt $l \geqq A + 100$ mm. Wird Gl. (165) maßgebend, beträgt $l \geqq A + 200$ mm und am Trägerende $l \geqq (A + 300 \text{ mm})/2$. A kann Tafel 68 entnommen werden.

Der Nebenträger muß vollflächig auf der Bodenplatte aufliegen. Der Balkenschuh darf nicht über Zwischenhölzer an den Hauptträger angeschlossen werden. Alle vorhandenen Nagellöcher sind mit den zugeordneten Nägeln nach Tafel 68 auszunageln. Die Kippsicherheit des Nebenträgers ist für $H_N > 1{,}5 H$ nachzuweisen.

Die Balkenschuhe dürfen nur für Balkenschuhanschlüsse an verdrehungssteifen oder gegen Verdrehen ausreichend gesicherten Hauptträgern verwendet werden. Dazu kann wie folgt vorgegangen werden: 1. Die Torsionsbeanspruchung des Hauptträgers durch das Versatzmoment $M_V = F_N \cdot B_H/2$ ist bei einseitigem Nebenträgeranschluß zu berücksichtigen; dies gilt auch für beidseitige Anschlüsse, wenn sich die Auflagerkräfte gegenüberliegender Nebenträger >20% unterscheiden. 2. Der Torsionsnachweis zu 1. kann entfallen, wenn konstruktive Maßnahmen ein Verdrehen der Konstruktion verhindern; dabei müssen die Kräfte aus dem Versatzmoment durch eine Aussteifungskonstruktion aufgenommen und abgeleitet werden können.

Beispiel Anschluß von zwei gegenüberliegenden Nebenträgern an einen Hauptträger mit Balkenschuhen

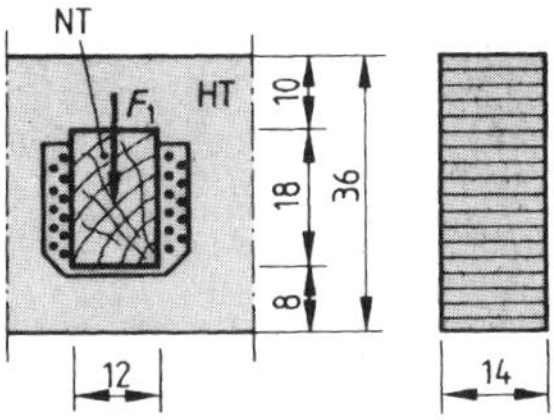

$B_H = 14\ \text{cm} \geq 2 \cdot 6{,}0 + 0{,}4 = 12{,}4\ \text{cm}$

$H_N = 18\ \text{cm} \geq 15{,}2 + 2{,}0 = 17{,}2\ \text{cm}$

$H_N = 18\ \text{cm} < 1{,}5 \cdot 16{,}0 = 24\ \text{cm}$

Auflagerkraft je Nebenträger:
vorh $F_1 = 8{,}0$ kN, LFH
Hauptträger: 14/36 cm, BS 14
Nebenträger: 12/18 cm, NH S10
gewählt:
Bilo-Balkenschuh 120 × 160,
Kamm-Nägel 4,0 × 60
$a = H' + 8\ \text{cm} = 15{,}2 + 8 = 23{,}2\ \text{cm}$
(s. Tafel 68)
$a/H_H = 23{,}2/36 = 0{,}64 < 0{,}7$
$f = 1/(1 - 0{,}93 \cdot 0{,}64) = 2{,}47$
zul $F_{z\perp} = 0{,}04 \cdot 93{,}1 \cdot 2{,}47 =$
$= 3{,}72 \cdot 2{,}47 = 9{,}2$ kN (maßgebend)
zul $F_1 = 14 \cdot 0{,}715 = 10{,}0$ kN
$\frac{8{,}0}{9{,}2} = 0{,}87 < 1$

4.3.4.3 Balkenanschluß mit bauaufsichtlicher Zulassung

GH-Integralverbinder sind nach Bild 31a anzuordnen, weitere Festlegungen und die zulässigen Belastungen können Tafel 70 entnommen werden. Sie dienen der Verbindung von Haupt- und Nebenträger oder von Stütze und Nebenträger aus Voll- und Brettschichtholz. Am Nebenträgeranschluß gilt für $H_N \geq 135$ mm Gl. (167). Beim Anschluß an Hauptträger ist zusätzlich Gl. (168) für die im Hauptträger Querzug erzeugende Komponente $F_{z\perp}$ der Anschlußkraft einzuhalten. Für $a_H/H_H \geq 0{,}7$ darf dieser Nachweis entfallen.

$$\frac{a_N}{H_N} \geq 0{,}7 \qquad (167)$$

$$\text{zul}F_{z\perp} = \left[6{,}5 + 18\left(\frac{a_H}{H_H}\right)^2\right] \cdot (t_{ef} \cdot H_H)^{0{,}8} \cdot \left(1 + \frac{H^*}{H_H - a_H}\right) \cdot \text{zul}\,\sigma_{z\perp} \qquad (168)$$

H_H Höhe des Hauptträgers
H_N Höhe des Nebenträgers
a_H Abstand des obersten Nagels von der Trägerunterkante im Hauptträger
a_N Abstand des untersten Stabdübels von der Trägeroberkante im Nebenträger
t_{ef} Einschlagtiefe der Nägel bzw. Einschraubtiefe der Schrauben im Hauptträger in mm, anrechenbar: ≤ 48 mm
H^* Abstand zwischen oberer und unterer Nagelreihe im Hauptträger nach Tafel 70
zul $\sigma_{z\perp}$ zul. Zugspannung ⊥ zur Faser im Hauptträger nach Tafel 1,2

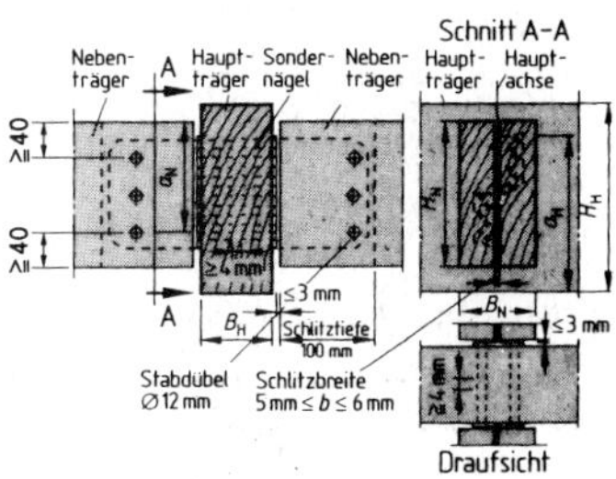

Bild 31a Anordnung und Bezeichnungen bei *GH*-Integralverbindern; am Beispiel des Typ *I*

GH-Integralverbinder dürfen nur für Anschlüsse an verdrehungssteife oder gegen Verdrehen ausreichend gesicherte Hauptträger verwendet werden. Die Integralverbinder dürfen nur in Richtung der Hauptachse nach Bild 31a belastet werden.

Beim einseitigen Anschluß von Integralverbindern muß das Versatzmoment $M_V = F_N \cdot B_H/2$, das den Hauptträger auf Torsion beansprucht, bei der Bemessung des Hauptträgers berücksichtigt werden. Es kann auch durch geeignete konstruktive Maßnahmen z. B. Aussteifungskonstruktionen, aufgenommen werden. Das Versatzmoment ist bei zweiseitigen Anschlüssen zu berücksichtigen, bei denen sich die Auflagerkräfte F_N einander gegenüberliegender Nebenträger um $>$ 20% unterscheiden.

Korrosionsschutz der *GH*-Integralverbinder nach DIN 1052-2, Tafel 1. Integralverbinder aus nichtrostendem Stahl dürfen in chlorhaltiger und chlorwasserhaltiger Atmosphäre, wie z. B. über gechlortem Wasser in Schwimmhallen, nicht verwendet werden.

Tafel 70 ***GH*-Integralverbinder zur Verbindung von Nadelvollholz, mind. S10, und Brettschichtholz; Abmessungen und zulässige Belastungen in Richtung der Hauptachse im Lastfall *H*, $a_H/H_H \geqq 0{,}7$;** Zulassungsbescheid Z-9.1-263 (gültig bis 01. 02. 03)

GH-Integralverbinder			Sondernägel im Hauptträger[2]) [3])		Stabdübel Ø 12 mm[6]) im Nebenträger	Nebenträger		zul. Belastung	
Typ	*H* in mm	*H** in mm	Größe $d_n \times l_n$[4]) in mm × mm	Anzahl[5])	Anzahl[7]) [8]) in Stück	Höhe H_N[1]) in mm	Breite B_N[1]) in mm	Nebenträger Hauptträger zul F_N in kN	Nebenträger Stütze zul F_N in kN
0[9])	84	70		8	2	$\geqq$ 120	60	3,3	2,3
							80	3,3	2,4
							$\geqq$ 120	3,3	2,4
I	124	110		12	3	$\geqq$ 160	60	5,3	4,6
			$4{,}0 \times l_n$				80	5,7	4,9
			$l_n \geqq 50$ mm				$\geqq$ 120	7,4	5,7
I	164	150		16	4	$\geqq$ 200	60	8,4	5,7
							80	9,0	5,7
							$\geqq$ 120	11,4	5,7
III	204	190		20	5	$\geqq$ 240	60	12,0	8,6
							80	12,8	8,6
			$4{,}0 \times l_n$				120	12,8	8,6
IV	244	230	$l_n \geqq 60$ mm	24	6	$\geqq$ 280	60	15,4	8,6
							80	17,1	8,6
							$\geqq$ 120	17,1	8,6

[1]) Die Breite B_N des Nebenträgers muß mindestens 60 mm betragen, Nebenträgerhöhe $H_N \geqq 120$ mm.

[2]) Die Breite B_H des Hauptträgers muß mindestens sein:
- bei beidseitiger Anordnung von Integralverbindern: $B_H \geqq 2 \cdot s + 4$ mm
- bei einseitiger Anordnung von Integralverbindern: $B_H \geqq B_N$

[3]) Die Höhe H_H des Hauptträgers ist unter Berücksichtigung der Mindestrandabstände der Nägel festzulegen.

[4]) Nur Sondernägel der Tragfähigkeitsklasse III mit Eignungsnachweis „Nagelverbindungen mit Stahlblechen und Stahlteilen", auch für entsprechende *GH*-Schrauben mit Zulassung Nr. Z-9.1-375.

[5]) Alle vorhandenen Nagellöcher am Hauptträger sind auszunageln, an Stützen nur die gekennzeichneten.

[6]) Bohrlochdurchmesser im Nebenträger mit Nenndurchmesser der Stahldübel von 12 mm.

[7]) Im Nebenträger sind ebensoviele Stabdübel anzuordnen wie Stabdübellöcher im Integralverbinder vorhanden sind.

[8]) Der Nebenträger ist am Stirnende mittig mit einem Schlitz, Tiefe: $l = 100$ mm, Breite b: 5 mm $\leqq b \leqq$ 6 mm zu versehen, in den der Integralverbinder eingelassen wird, s. Bild 31 a.

[9]) Für kleinere Nebenträgerhöhen beim Typ 0 ist der obere und untere Mindestrandabstand der Stabdübel von je 40 mm nach Bild 31 a einzuhalten.

4.4 Holzschraubenverbindungen

Holzschraubenverbindungen mit Holzschrauben nach DIN 96, DIN 97 und DIN 571 werden i. allg. einschnittig ausgeführt. Nach [2] können auch Halbrund-Holzschrauben mit Kreuzschlitz nach DIN 7996 und Senk-Holzschrauben mit Kreuzschlitz nach

DIN 7997 mit $d_s = 4$ mm, 5 mm und 6 mm als tragende Schraubenverbindungen verwendet werden. Die zu verbindenden Teile sind vorzubohren. Holzschrauben sind stets von der Hand oder maschinell einzudrehen; in das Holz eingeschlagene Holzschrauben dürfen nicht als tragend in Rechnung gestellt werden. Über zul. Erhöhungen und erf. Ermäßigungen s. Tafel 51.

Beanspruchung rechtwinklig zur Schraubenachse (Abscheren). Die zulässige Belastung im Lastfall H ist für Nadel- und Laubholz nach Tafel 1, 2 sowie für Bau-Furniersperrholz nach DIN 68705-3,5 aus Gl. (169) für Kraftangriff in Faserrichtung zu errechnen, beim Aufschrauben von Stahlteilen auf Holz gilt Gl. (170).

$$\textbf{zul } N = 4 \cdot a_1 \cdot d_s \leqq 17\, d_s^2 \text{ in N} \quad (169)$$

$$\textbf{zul } N = 1{,}25 \cdot 17 \cdot d_s^2 \text{ in N} \quad (170)$$

a_1 Holz- bzw. Bau-Furniersperrholzdicke in mm des anzuschließenden Teiles
d_s Nenndurchmesser in mm

Für Holzschrauben $d_s < 10$ mm gilt zul N auch für Kraftangriff ⊥ oder schräg zur Faserrichtung, für $d_s \geqq 10$ mm ist zul N nach Gl. (157) abzumindern.
Gl. (169) gilt auch, wenn Flachpreßplatten und mittelharte Holzfaserplatten von $a \geqq 6$ mm sowie harte Holzfaserplatten von $a \geqq 4$ mm auf Holz aufgeschraubt werden. Dabei muß die Länge des glatten Schaftes $\geqq a$ der Platten sein. Über weitere Festlegungen s. Tafel 71.

Tafel 71 Nenndurchmesser, Scherflächen, Abstände, Vorbohren, Einschraubtiefen von Holzschrauben in Nadel-/Laubholz und Bau-Furniersperrholzplatten
nach DIN 1052-2, 9

Nenndurchmesser min.	Scherflächen min.[1])	Abstände min.	Abstände max.[2])		Vorbohren der zu verbindenden Teile	Einschraubtiefen s: s_w = tatsächliche Tiefe	Einschraubtiefen s: zul N
			in Faserri. d. Holzes, Holzwerkstoffplatten	⊥ Faserrichtung des Holzes			
$d_s \geqq 4$ mm	für $d_s < 10$ mm: 4	wie vorgebohrte Nägel	$40\,d_s$	$20\,d_s$	glatter Schaft: d_s	$s \geqq 8\,d_s$	zul N
						$4\,d_s \leqq s_w < 8\,d_s$	zul $N \cdot s_w/8\,d_s$
	für $d_s \geqq 10$ mm: 2				Gewindeteil: $0{,}7 \cdot d_s$	$s < 4\,d_s$	0

[1]) Gilt nicht für die Befestigung von Einzeltragteilen, von denen mind. vier zum Anschluß eines Bauteils zusammenwirken (z. B. Kreuzungspunkt v. Lattenrosten, Abhänger für untergehängte Decken).
[2]) gilt auch für Heftschrauben

Beanspruchung in Richtung der Schraubenachse (Herausziehen). Die zulässige Belastung im Lastfall H ist bei Vorbohrung für trockenes Holz ($u < 20\%$) unabhängig von der Holzfeuchte beim Einschrauben aus Gl. (171) zu errechnen.

$$\textbf{zul } N_z = 3 \cdot s_g \cdot d_s \quad \text{in N} \quad (171)$$

s_g Einschraubtiefe in mm des Gewindeteiles im Holz mit der Dicke a_2 (s. Bild 32), Einschraubtiefen nur von $4\,d_s \leqq s_g \leqq 12\,d_s$ in Rechnung stellen.

Beträgt die Holzwerkstoffplatten-Dicke $a_1 < 12$ mm beim Anschluß an Holz, so ist wegen der Kopfdurchziehgefahr zul $N_z \leqq 150$ N zu setzen.

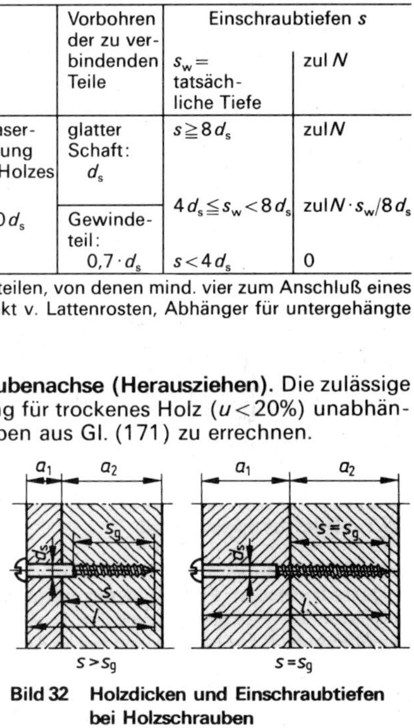

Bild 32 Holzdicken und Einschraubtiefen bei Holzschrauben

Kombinierte Holzschraubenbeanspruchung. Bei gleichzeitiger Beanspruchung auf Abscheren und Herausziehen gilt Gl. (161) mit $m = 2$.

4.5 Dübelverbindungen

Als Dübel werden folgende Verbindungsmittel bezeichnet:

– rechteckige Dübel nach Abschnitt 4.5.1,

– Dübel besonderer Bauart nach Abschnitt 4.5.2.

(Stabdübelverbindungen werden in Abschnitt 4.2 geregelt.)

Die Anwendung von Dübeln kann Tafel 72 entnommen werden. Über zul. Erhöhungen und erf. Ermäßigungen s. Tafel 51.

Alle Dübelverbindungen müssen durch nachspannbare Schraubenbolzen aus Stahl zusammengehalten werden, jeder einzelne Dübel ist durch einen Bolzen zu sichern. Bei Dübel-∅ bzw. -seitenlängen von mindestens 130 mm sind an den Enden der Außenhölzer oder -laschen zusätzliche Klemmbolzen (Schraubenbolzen) anzuordnen, wenn $n \geqq 2$ Dübel in Kraftrichtung hintereinander liegen, s. Bild 33.

Alle Bolzen sind so anzuziehen, daß die notwendigen Unterlegscheiben geringfügig (etwa 1 mm) in das Holz eingedrückt werden. Bei bestimmten Dübeln bes. Bauart dürfen die Bolzen auch durch Holzschrauben oder Sondernägel ersetzt werden (s. Abschn. 4.5.2).

Tafel 72 Anwendungsbereiche von Dübeln für Verbindungen von Nadel- und Brettschichtholz, mind. der Sortierklasse S10/MS10, sowie von Laubholz (nach Tafel 1, 2)

rechteckige Dübel		Dübel besonderer Bauart, Dübeltyp A – E nach Tafel 77		Nadelholz (NH), Laubholz (LH), Brettschichtholz (BSH)		
Einlaßdübel aus Hartholz oder Stahl		A Einlaß-dübel System *Appel*	B Einlaß-dübel aus Eichenholz System *Kübler*	C Einpreß-dübel System *Bilo Bulldog*	D Einpreß-dübel System *Bilo Geka*	E Einlaß-Einpreß-dübel, System *Siemens Bauunion*
Verbindungen von						
NH, BSH	zwei-seitig¹)	NH, BSH	NH, BSH	NH, BSH	NH, BSH	NH, BSH
LH	zwei-seitig¹)	LH	LH	–	–	–
–	zwei-seitig¹)	in Hirnholz von BSH	–	–	–	–
Stahlteilen³) mit NH, BSH, LH	ein-seitig²)	Stahlteilen mit NH, BSH, LH	–	Stahlteilen mit NH, BSH⁴)	Stahlteilen mit NH, BSH⁴)	Stahlteilen mit NH, BSH

¹) Dübel bes. Bauart: zweiseitige Verbinder zur Verbindung Holz/Holz.
²) Dübel bes. Bauart: einseitige Verbinder zur Verbindung Holz/Stahl.
³) Nur bei Flachstahldübel, s. Abschnitt 4.5.1.
⁴) einseitige Dübel Typ C und D auch zur Verbindung Holz/Holz

4.5.1 Rechteckige Dübel

Rechteckige Dübel nach Bild 34 können aus trockenem Hartholz oder aus Stahl hergestellt werden. Faserrichtung hölzerner Dübel ist parallel zu den Fasern der zu verbindenden Hölzer anzuordnen. In Anschlüssen oder Stößen dürfen höchstens vier Rechteckdübel hintereinander in Rechnung gestellt werden. Die zul. Belastung ist rechnerisch zu ermitteln. Dazu kann die zul. Leibungsspannung im Holz Tafel 73, die zul. Scherspannungen in den Holzdübeln und im Holz Tafel 1, 2, Zeile 6, entnommen werden.

Die Bolzen (s. Bild 34) werden zur Aufnahme des Kippmomentes benötigt, sie sind beidseitig mit Unterlegscheiben aus Stahl nach Tafel 74 einzubauen.

Tafel 73 Zul. Leibungsspannungen in MN/m² ∥ zur Faser im Lastfall H nach DIN 1052-2, Tab. 2

Verhältnis l_d/t_d (Bild 34)	Anzahl der in Kraftrichtung hintereinanderliegenden Dübel			
	1 und 2 sowie in verdübelten Balken		3 und 4	
	Nadelhölzer[1])	Laubhölzer[1])	Nadelhölzer[1])	Laubhölzer[1])
$\geqq 5$	8,5	10,0	7,5	9,0
$3 \leqq l_d/t_d < 5$	4,0	5,0	3,5	4,5

[1]) Hölzer nach Tafel 1, 2

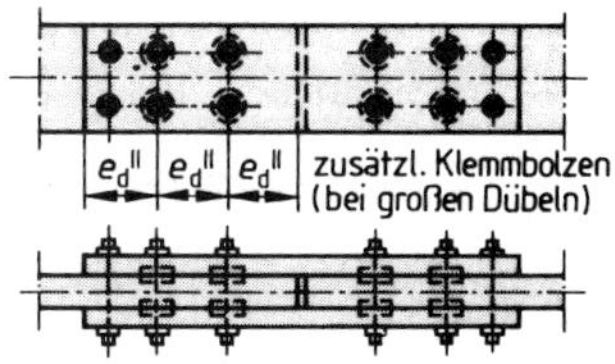

Bild 33 Bolzenanordnung bei Dübelverbindungen nach DIN 1052-2, Bild 1

Tafel 74 Scheibenmaße für Dübel- und tragende Bolzenverbindungen in mm nach DIN 1052-2, Tab. 3

Bolzen-∅	M 12	M 16	M 20	M 24
Scheibendicke	6		8	
Scheibenaußen-∅	58	68	80	105
Seitenlänge bei quadrat. Scheibe	50	60	70	95

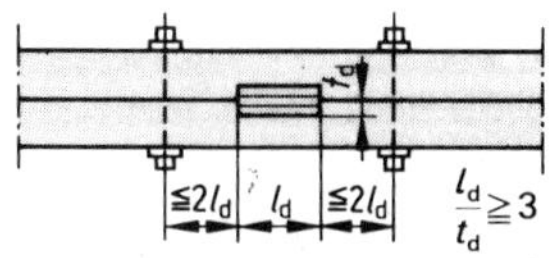

Bild 34 Anordnung eines rechteckigen Holzdübels nach DIN 1052-2, Bild 2

Flachstahldübel, die auf durchgehende Stahlbleche oder -profile geschweißt (nur Flankenkehlnähte zulässig) oder aus dem vollen Material herausgearbeitet sind (z. B. Stützenverankerungen), können auch bei $l_d/t_d < 5$ mit den Werten der Tafel 73 Zeile 1 berechnet werden, wenn durch ausreichende Laschendicke (Flachstahl $\geqq 10$ mm oder U-Profil) und ausreichende Sicherung durch Bolzen ein Kippen der Dübel verhindert wird. Dabei sind bei einer Dübelbreite von mehr als 18 cm die Bolzen zweireihig anzuordnen.

4.5.2 Dübel besonderer Bauart

Zulässige Belastungen

Die zulässige Belastung im Lastfall H kann für $n \leqq 2$ in Kraftrichtung hintereinanderliegende Dübel je nach Neigung Kraft zur Faserrichtung Tafel 77 entnommen werden. Liegen in Stößen und Anschlüssen mehr als zwei Dübel in Kraftrichtung hintereinander, so ist die wirksame Anzahl ef n nach Gl. (172) zu ermitteln, sie kann auch Tafel 75 entnommen werden. $n > 10$ Dübel hintereinander dürfen nicht in Rechnung gestellt werden.

$$\text{ef } n = 2 + \left(1 - \frac{n}{20}\right) \cdot (n - 2) \qquad (172)$$

n Anzahl der hintereinanderliegenden Dübel $2 < n \leqq 10$

Tafel 75 Wirksame Anzahl ef n von in Kraftrichtung hintereinanderliegenden Dübeln ($n > 2$) nach Gl. (172)

Anzahl n der hintereinanderliegenden Dübel	3	4	5	6	7	8	9	10
Wirksame Dübelanzahl ef n	2,85	3,6	4,25	4,8	5,25	5,6	5,85	6,0

Dübelabstände und Vorholzlängen. Mindestdübelabstände und -vorholzlängen sind Tafel 76 zu entnehmen.
Der Dübelendabstand in Faserrichtung (Vorholzlänge) darf auf $0{,}5 \cdot e_d \parallel$ herabgesetzt werden, wenn der Rand unbeansprucht ist.

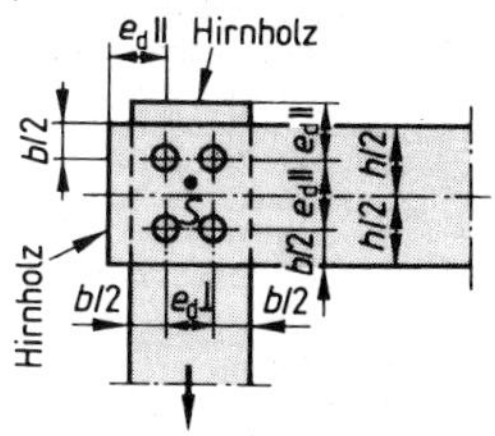

Bild 35 Mindestdübelabstände bei Queranschlüssen nach DIN 1052-2, Bild 10

Tafel 76 Mindestabstände der Dübel nach DIN 1052-2, Tab. 8 und Bild 9

Anordnung der Dübel	nicht gegeneinander versetzt	gegeneinander versetzt[1]		
d_d, h_d, $e_d \parallel$, $e_d \perp$, b sind Werte aus Tafel 77 Einschnittiefe t_d des Dübels	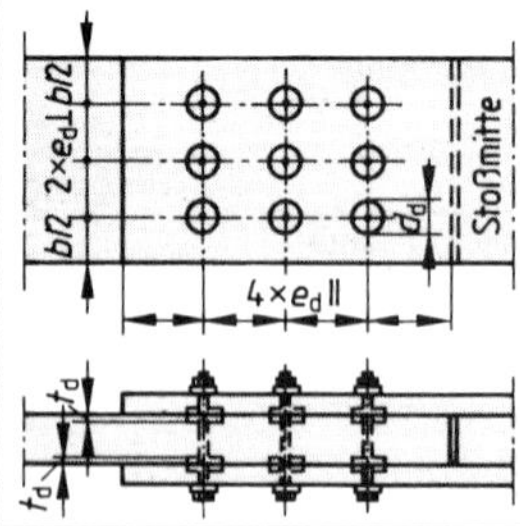	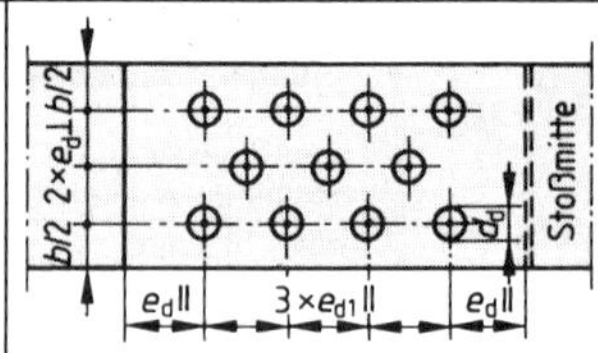		
Mindestabstand				
$e_d \perp$ zwischen benachbarten Dübelreihen	$d_d + t_d$	$d_d + t_d$	d_d	$0{,}5\,(d_d + t_d)$
$e_d \parallel$ und $e_{d1} \parallel$ parallel zur Faserrichtung	$e_d \parallel$	$e_d \parallel$	$1{,}1\,e_d \parallel$	$1{,}8\,e_d \parallel$
von der Holzkante	$b/2$			

Dübel-Typ	zweiseitige	einseitige Dübel
A	$\cong h_d/2$	$h_d/2$
B		–
C		$\cong h_d$
D		
E		$h_d/2$

[1]) Zwischenwerte geradlinig einschalten

Beispiel Dübelverbindung eines Zugstoßes mit Ringkeildübel Typ A

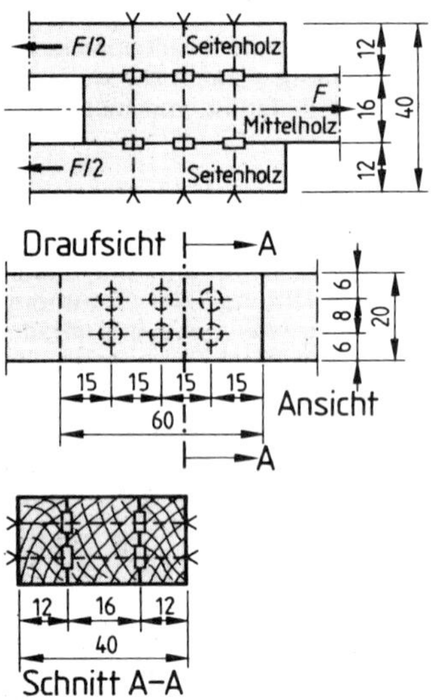

2 Seitenhölzer 2 × 12/20 cm
1 Mittelholz 1 × 16/20 cm
2 × 6 = 12 Dübel Typ A, ∅ 65,
mit 6 Bolzen M 12,
U.S., 58/6

Kanthölzer, Nadelholz S 10

Belastung: $F = 120$ kN, LFH,

Gewählt: 2 × 6 = 12 Dübel Typ A, ∅ 65, zweiseitig, $\Delta A = 7{,}8$ cm²,

Mindestabstände: (s. Tafel 76, 77)

$e_d \parallel = 14$ cm < 15 cm
$e_d \perp = 6{,}5 + 3{,}0/2 = 8$ cm ≤ 8 cm
$b/2 = 10/2 = 5$ cm < 6 cm
$b/a = 10/4$ cm $< 20/12$ cm für Seitenholz
$= 10/6$ cm $< 20/16$ cm für Mittelholz (beidseitige Dübelanordnung)

Winkel α Kraft-Faserrichtung: α = 0°

Dübelbemessung:

zul N eines Dübels:
zul $N_1 = 11{,}5$ kN

wirksame Anzahl ef n für 3 Dübel hintereinander:
ef $n = 2 + (1 - \frac{3}{20}) \cdot (3 - 2) = 2{,}85$

zul N aller 12 Dübel:
zul $N_{12} = 4 \cdot 2{,}85 \cdot 11{,}5 = 131{,}1$ kN

$120/131{,}1 = 0{,}92 < 1$

Spannungsnachweise der Hölzer nicht dargestellt.

Querschnittsschwächungen in cm²

	Mittelholz 1 × 16/20 cm	Seitenholz 1 × 12/20 cm
A_n	$= 16 \cdot 20 = 320$	$= 12 \cdot 20 = 240$
(ΔA)	$- 4 \cdot 7{,}8 = - 31{,}2$	$- 2 \cdot 7{,}8 = - 15{,}6$
(Bolzen)	$- 2 \cdot 16 \cdot (1{,}2 + 0{,}1) = - 41{,}6$	$- 2 \cdot 12 \cdot (1{,}2 + 0{,}1) = - 31{,}2$
	$A_n = 247{,}2$	$A_n = 193{,}2$

[illegible] bes. Bauart, Mindestanforderungen und zul. Belastungen eines Dübels im Lastfall H** bei $n \leq 2$ in Kraftrichtung hintereinanderliegenden Dübeln nach DIN 1052-2, Tab. 4, 6 und 7[1])

1		2	3	4	5	6	7	8	9	10	11	12	13	14	15
Dübelform **System**		Abmessungen der				Verbolzung			Mindestabmessungen der Hölzer bei einer Dübelreihe und Neigung der Kraft- zur Faserrichtung (bei beidseitiger Dübelanordnung Mindestholzdicke $a \geq 6$ cm für Dübel mit $d_d < 80$ mm, $a \geq 8$ cm für Dübel mit $d_d \geq 80$ mm)		Mindestdübelabstand u. -vorholzlänge bei einer Dübelreihe	Mindestdübelabstand zweier benachbarter Dübelreihen	zul. Belastung eines Dübels im Lastfall H bei Neigung der Kraft- zur Faserrichtung		
		Außen-Ø bzw. Seitenlänge d_d	Höhe h_d	Dicke s	Dübel-Fehlfläche ΔA	Sechskantschrauben nach DIN 601 Bl. 1 d_b	runde Scheiben Durchmesser/Dicke d_s	Vierkantscheiben Seitenlänge/Dicke	0 bis 30° b/a	>30 bis 90° b/a	$e_d\parallel$	$e_d\perp$ [2])	0 bis 30°	>30 bis 60°	>60 bis 90°
													Anzahl der in der Kraftrichtung hintereinander liegenden Dübel: 1 od. 2	1 od. 2	1 od. 2
		in mm			cm²	in mm			in cm		in cm	in cm	in kN		
Einlaßdübel	ein-	65		5	7,8				10/4	11/4	14	8,0	11,5	10,0	9,0
Typ A	und	80	30		10,1				11/5	13/5	18	9,5	14,0	12,5	11,0
Ringkeildübel	zwei-	95		6	12,3	M12	58/6	50/6	12/6	15/6	22	11,0	17,0	14,5	12,5
Appel	seitig	126			17,0				16/6	20/6	25	14,1	20,0	17,0	14,0
		128		8	25,9				16/6	20/6	30	15,0	28,0	23,5	19,0
		160	45		32,2				20/10	24/10	34	18,2	34,0	27,5	21,5
		190		10	39,9	M16	68/6	60/6	23/10	28/10	43	21,2	48,0	38,5	29,0
Rundholzdübel	zwei-	66	32	–	8,2	M12	58/6	50/6	10/4 od. 9/6	10/4 od. 9/6	13	8,2	11,0	9,0	9,0
Typ B, *Kübler*	seitig	100	40	–	16,8				13/6	16/6	20	12,0	18,0	15,5	13,5
Einpreßdübel	zwei-	48	12,5	1,00	0,9	M12	58/6	50/6	10/4 od. 8/6	10/4	12	5,4	5,0	4,5	4,5
Typ C,	seitig	62	16	1,20	2,0				10/4 od. 9/6	11/4		7,0	7,0	6,5	6,0
Bilo		75	19,5	1,25	2,6				10/5	12/5		8,4	9,0	8,5	8,0
Bulldog		95	24	1,35	4,7	M16	68/6	60/6	12/5	14/5	14	10,6	12,0	11,0	10,5
		117	29,5	1,50	6,9	M20	80/8	70/8	15/8	18/8	17	13,2	16,0	15,0	14,0
		140[4])	31	1,65	8,7	M24	105/8	95/8	17/8	20/10	20	15,5	22,0	20,0	18,5
		165[4])	32	1,80	11,0	M24	105/8	95/8	19/8	23/10	23	18,0	30,0	27,0	24,0
rund	ein-	48	6,6	1,00	0,9	M12	58/6	50/6	10/4 od. 8/6	10/4	12	5,4	5,0	4,5	4,5
	seitig	62	8,7	1,20	2,0				10/4 od. 9/6	11/4		7,0	7,0	6,5	6,0
		75	10,3	1,25	2,6				10/5	12/5		8,4	9,0	8,5	8,0
		95	12,8	1,35	4,7	M16	68/6	60/6	12/5	14/5	14	10,6	12,0	11,0	10,5
		117	16,0	1,50	6,9	M20	80/8	70/8	15/8	18/8	17	13,2	16,0	15,0	14,0
		140[3])	–	–	8,7	M24	105/8	95/8	17/8	20/10	20	15,5	22,0	20,0	18,5
		165[3])	–	–	11,0				19/8	23/10	23	18,0	30,0	27,0	24,0
quadratisch	zwei-	100/100	16	1,35	2,7	M20	80/8	70/8	13/6	16/6	17	10,8	17,0	15,5	14,5
	seitig	130/130	20	1,50	4,5	M24	105/8	95/8	16/6	19/8	20	14,0	23,0	21,0	19,0
Einpreßdübel	zwei-	50			2,8	M12	58/6	50/6	10/4 od. 8/6	10/4 od. 9/6	12	6,2	8,0	7,5	7,0
Typ D	seitig	65			3,6	M16	68/6	60/6	10/4 od. 9/6	11/4 od. 10/6	14	7,7	11,5	11,0	10,0
Bilo		85	27	3	4,6	M20	80/8	70/8	11/5	13/5	17	9,7	17,0	16,0	14,5
Geka		95			5,6	M24	105/8	95/8	12/6	14/6	20	10,7	21,0	19,5	17,5
		115			7,0	M24	105/8	95/8	14/6	17/6	23	12,7	27,0	24,5	21,5
	ein-	50			3,4	M12	58/6	50/6	10/4 od. 8/6	10/4 od. 9/6	12	6,2	8,0	7,5	7,0
	seitig	65			4,5	M16	68/6	60/6	10/4 od. 9/6	11/4 od. 10/6	14	7,7	11,5	11,0	10,0
		85	15	3	5,5	M20	80/8	70/8	11/5	13/5	17	9,7	17,0	16,0	14,5
		95			6,9	M24	105/8	95/8	12/6	14/6	20	10,7	21,0	19,5	17,5
		115			8,6	M24	105/8	95/8	14/6	17/6	23	12,7	27,0	24,5	21,5
Einlaß-Einpreß-	zwei-	55	30	3,5	3,9	M12	58/6	50/6	10/4 od. 8/6	10/4 od. 9/6	12	6,7	10,0	9,5	9,0
dübel, Typ E	seitig	80	37	5	7,9				11/5	12/5	15	9,4	15,0	13,5	12,0
Siemens-	ein-	55	15	3,5	3,9	M12	58/6	50/6	10/4 od. 8/6	10/4 od. 9/6	12	6,7	10,0	9,5	9,0
Bauunion	seitig	80	18,5	5	7,9				11/5	12/5	15	9,4	15,0	13,5	12,0

[1]) Weiteres s. DIN 1052-2. [2]) $e_d\perp = d_d + t_d$, andere $e_d\perp$ s. Tafel 76 wird nicht hergestellt: [3]) *Bulld./Bilo*, [4]) *Bilo*

12

Bei **Queranschlüssen** nach Bild 35 gelten auch die Mindestdübelabstände $e_d \perp$ nach Tafel 76. Hierbei ist erforderlichenfalls ein **Querzugnachweis** nach Abschn. 4.8 in dem Stab zu führen, der rechtwinklig zur Faserrichtung beansprucht wird. Auf diesen Nachweis kann verzichtet werden, wenn die Höhe des querbeanspruchten Holzes $h \leqq 300$ mm ist und der Anschlußschwerpunkt S in der Stabachse oder darüber liegt.

Querschnittsschwächungen durch Dübel sind in Tafel 77 als Dübelfehlflächen ΔA angegeben, sie sind zusätzlich zur gesamten Schwächung durch Bohrlöcher für die Verbolzung bzw. Sechskant-Holzschrauben (oder Schraubnägel) zu berücksichtigen.

Bei zweiseitigen Einlaßdübeln Typ A (Appel) mit $d_d \leqq 95$ mm und zweiseitigen, runden Einpreßdübeln Typ C (Bulldog) mit $d_d \leqq 95$ mm dürfen die Bolzen M 12 und M 16 durch eine Sechskantholzschraube nach DIN 571 gleichen ∅ mit einer Einschraubtiefe in das BS-Holz von $s \geqq 120$ mm ersetzt werden, wenn Vollholz oder BS-Holz an BS-Holz angeschlossen wird, s. Bild 36. Die Bolzen dürfen auch durch eine gleichwertige Sondernägelverbindung ersetzt werden.

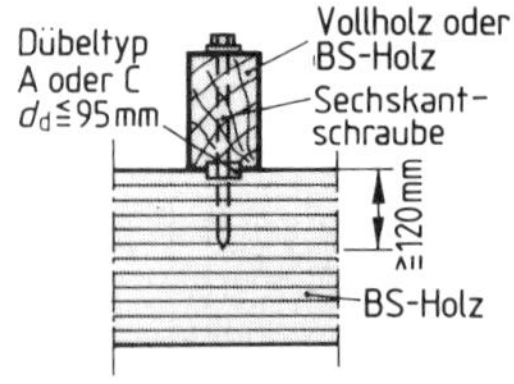

Bild 36 Sechskantschraube anstelle Bolzen bei bestimmten Dübeln Typ A und C für Anschluß von Voll- und BS-Holz an BS-Holz

Tafel 78 Zul. Belastung und Mindestabstände für Einlaßdübel Dübeltyp A[1]) in rechtwinklig oder schräg ($\varphi \geqq 45°$) zur Faserrichtung liegenden Hirnholzflächen von Brettschichtholz im Lastfall H nach DIN 1052-2, Tab. 5

Außen-∅ d_d	Mindestbreite des Trägers 2 nach Bild 37 b	Mindestrandabstand v_d	zul. Belastung eines Dübels bei 1 oder 2 Dü. hintereinander	zul. Belastung eines Dübels bei 3, 4 oder 5 Dü. hintereinander
in mm	in cm	in cm	in kN	in kN
65	11	5,5	6,0	7,2
80	13	6,5	7,3	8,7
95	15	7,5	8,5	10,2
126	20	10,0	11,4	13,7

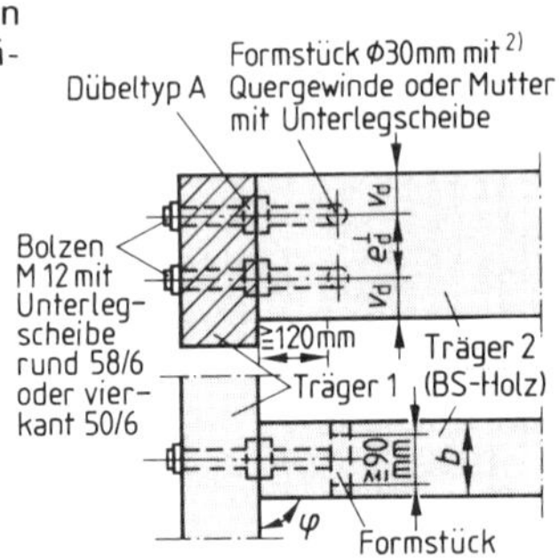

Bild 37 Hirnholzanschluß bei Brettschichtholz (BS-Holz) nach DIN 1052-2, Bild 5

[1]) s. auch Tafel 77
[2]) oder auch Rundstahl ∅ 24 bis 40 mm, $l \geqq 90$ mm

Tafel 79 Rechenwerte für Verschiebungsmoduln C in N/mm sowie für die Verschiebungen v in mm bei zul N von Verbindungsmitteln in Anschlüssen und Stößen nach DIN 1052-2, Tab. 13

	Verbindungsmittel	Art der Verbindung		Verschiebungsmodul C[1]) in N/mm	Verschiebung v bei zul N in mm
1	Einlaß- und Einpreßdübel	Dübelverbindungen	–	1,0 · zul N	1,0
2	Stabdübel und Paßbolzen	Verbindungen in Nadelholz, auch mit Bau-Furniersperrholz und Flachpreßplatten	–	1,2 · zul N	0,80
3		Verbindungen in Laubholz	–	1,5 · zul N	0,67
4		Verbindungen von Brettschichtholz mit Stahlteilen	Löcher im Stahlteil vorgebohrt	0,70 · zul N	1,4

Fortsetzung und Fußnoten s. nächste Seite

Tafel 79, Fortsetzung

	Verbindungsmittel	Art der Verbindung		Verschiebungsmodul C [1]) in N/mm	Verschiebung v bei zul N in mm
5	Nägel	Einschnittige Verbindungen in Nadelholz	Nagellöcher nicht vorgebohrt [2])	$5{,}0 \cdot \frac{\text{zul}\,N}{d_n}$	$0{,}20 \cdot d_n$
6			Nagellöcher vorgebohrt	$10 \cdot \frac{\text{zul}\,N}{d_n}$	$0{,}10 \cdot d_n$
7		Mehrschnittige Verbindungen in Nadelholz	Nagellöcher nicht vorgebohrt oder vorgebohrt	$10 \cdot \frac{\text{zul}\,N}{d_n}$	$0{,}10 \cdot d_n$
8		Ein- und mehrschnittige Verbindungen von Bau-Furniersperrholz mit Nadelholz [2])	–	$5{,}0 \cdot \frac{\text{zul}\,N}{d_n}$	$0{,}20 \cdot d_n$
9		Einschnittige Verbindungen von Flachpreß- und Holzfaserplatten mit Nadelholz [2])	–	$6{,}7 \cdot \frac{\text{zul}\,N}{d_n}$	$0{,}15 \cdot d_n$
10		Einschnittige Verbindungen von Stahlteilen mit Nadelholz	Nagellöcher im Holz nicht vorgebohrt [2])	$5{,}0 \cdot \frac{\text{zul}\,N}{d_n}$	$0{,}20 \cdot d_n$
11			Nagellöcher im Holz vorgebohrt	$10 \cdot \frac{\text{zul}\,N}{d_n}$	$0{,}10 \cdot d_n$
12		Mehrschnittige Verbindungen von Stahlteilen mit Nadelholz	Nagellöcher im Holz vorgebohrt [2])	$20 \cdot \frac{\text{zul}\,N}{d_n}$	$0{,}05 \cdot d_n$
13	Klammern	Verbindungen in Nadelholz	Winkel zwischen Holzfaserrichtung und Klammerrücken $\geqq 30°$ [2])	$2{,}5 \cdot \frac{\text{zul}\,N}{d_n}$	$0{,}40 \cdot d_n$
14			Winkel zwischen Holzfaserrichtung und Klammerrücken $< 30°$	$1{,}4 \cdot \frac{\text{zul}\,N}{d_n}$	$0{,}70 \cdot d_n$
15		Verbindungen von Holzwerkstoffen mit Nadelholz	–	$6{,}2 \cdot \frac{\text{zul}\,N}{d_n}$	$0{,}16 \cdot d_n$
16	Holzschrauben	Einschnittige Verbindungen in Nadelholz	–	$10 \cdot \frac{\text{zul}\,N}{d_s} \leqq 1{,}25 \cdot \text{zul}\,N$	$0{,}10 \cdot d_s \leqq 0{,}8$
17		Einschnittige Verbindungen von Holzwerkstoffen mit Nadelholz	–	$12{,}5 \cdot \frac{\text{zul}\,N}{d_s} \leqq 1{,}25 \cdot \text{zul}\,N$	$0{,}08 \cdot d_s \leqq 0{,}8$
18		Einschnittige Verbindungen von Stahlteilen mit Nadelholz	Löcher im Stahlteil vorgebohrt mit $d_s + 1$ mm	$0{,}70 \cdot \text{zul}\,N$	1,4

[1]) Für zul N ist die zulässige Belastung in N im Lastfall H einzusetzen. Dabei sind alle maßgebenden Abminderungen und Erhöhungen zu berücksichtigen, z. B. sind gegebenenfalls Feuchteeinwirkungen und der Winkel zwischen Kraft- und Faserrichtung zu beachten, ebenso die Abminderung bei mehreren in Kraftrichtung hintereinanderliegenden Verbindungsmitteln, die Erhöhung bei Vorbohren der Nagellöcher und dergleichen.

[2]) Die Werte dieser Zeile gelten auch, wenn die Nagel- oder Klammerverbindungen bei einer Holzfeuchte von mehr als 20% (halbtrocken oder frisch) hergestellt werden und die Gleichgewichtsfeuchte im Gebrauchszustand höchstens 18% beträgt. Ist eine höhere Gleichgewichtsfeuchte zu erwarten, so ist bei Nagelverbindungen $C = 10 \cdot \frac{\text{zul}\,N}{d_n}$ und $v = 0{,}10 \cdot d_n$ anzusetzen.

4.5.3 Einlaßdübel Dübeltyp A in Hirnholzflächen von Brettschichtholz

Einlaßdübel dürfen auch in rechtwinklig oder schräg ($\varphi \geqq 45°$) zur Faserrichtung verlaufenden Hirnholzflächen von Brettschichtholz eingebaut und zur Übertragung von Auflagerkräften herangezogen werden. Mindestabstände und zul. Belastungen nach Bild 37 und Tafel 78. Die Dübel sind mittig zur Trägerbreite anzuordnen. Im lastaufnehmenden Träger, der rechtwinklig zur Faserrichtung beansprucht wird, ist erforderlichenfalls ein **Querzugnachweis** nach Abschn. 4.8 zu führen. Auf einen Querzugnachweis kann verzichtet werden, wenn die Höhe des querbeanspruchten Holzes $h \leqq 30$ cm ist und der Anschlußschwerpunkt S in der Stabachse oder darüber liegt.

4.6 Verschiebungswerte für Durchbiegungsberechnungen

Die in Tafel 79 angegebenen Verschiebungsmoduln bzw. rechnerischen Verschiebungen dürfen für die Berechnung von Durchbiegungen und Überhöhungen nachgiebig zusammengesetzter biegebeanspruchter Bauteile und für die Berechnung der Verschiebungen von Stößen und Anschlüssen mit mechanischen Verbindungsmitteln unter den Lasteinwirkungen im LF H und HZ verwandt werden, mindestens jedoch die 1,25fachen Werte der Tafel 28. Die Verschiebung v nach Tafel 79 ist im Verhältnis vorhandener zu zulässiger Belastung zu erhöhen, wenn die rechnerische Belastung einer Verbindung größer als die zulässige Belastung im LF H ist (z. B. LF HZ). Eine entsprechende Abminderung von v bei geringerer Belastung ist zulässig.

4.7 Drehfederkonstanten

Tafel 80 Berechnung für verschiedene Anschlüsse nach *Heimeshoff* u. *Franz/Scheer* in [6] [1])

	Anschluß: allgemein	Binder-Stütze	Stütze-Fundament	Rahmenecke (Dübelkreis)
1	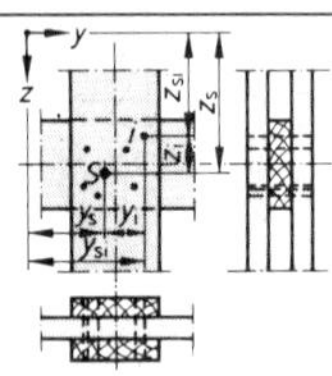	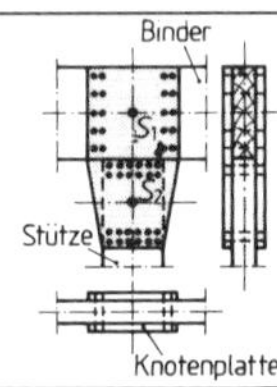	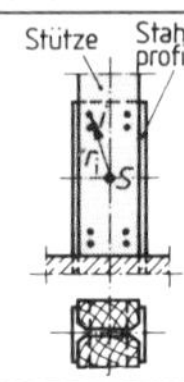	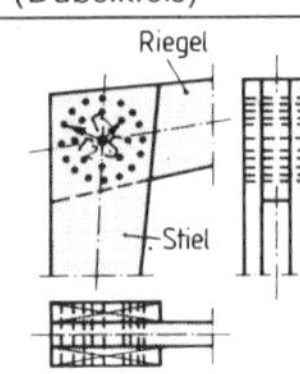
2	$c_d = \sum_{i=1}^{n} C_i \cdot r_i^2;\ r_i^2 = y_i^2 + z_i^2$ Schwerpunkt S des Anschlusses: $y_S = \dfrac{\sum_{i=1}^{n} C_i \cdot y_{si}}{\sum_{i=1}^{n} C_i}$ $z_S = \dfrac{\sum_{i=1}^{n} C_i \cdot z_{si}}{\sum_{i=1}^{n} C_i}$	$c_d = \dfrac{c_{d1} \cdot c_{d2}}{c_{d1} + c_{d2}}$ $c_{d1,2} = C \cdot \sum_{i=1}^{n} r_i^2$ $r_i^2 = \sum_{i=1}^{n} (y_i^2 + z_i^2)$ c_{d1} Drehfederkonstante Binder-Knotenplatte c_{d2} Drehfederkonwstante Stütze-Knotenplatte	$c_d = C \cdot \sum_{i=1}^{n} r_i^2$ $r_i^2 = \sum_{i=1}^{n} (y_i^2 + z_i^2)$	Ein Dübelkreis: $c_{d1} = C \cdot n_1 \cdot r_i^2$ Zwei Dübelkreise: $c_{d2} = C \cdot (n_1 \cdot r_1^2 + n_2 \cdot r_2^2)$ $n_{1,2}$ Anzahl der Dübel im jeweiligen Dübelkreis
		Voraussetzungen: C = konstant, $y_S = 0$, $z_S = 0$, symmetrische Anordnung der Verbindungsmittel, beidseitig gleiche Ausführung		

[1]) Die Federsteifigkeiten nachgiebiger Anschlüsse sind mit den 0,8fachen Werten der Verschiebungsmoduln C nach Tafel 79 zu ermitteln. Über genauere Festlegungen s. z.B. *Neuhaus* [17]

4.8 Querzugnachweis bei Anschlüssen

Der Querzugnachweis für Anschlüsse mit mechanischen Verbindungsmitteln an Bauteile aus Voll- und Brettschichtholz kann nach Empfehlungen von *Ehlbeck/Görlacher/Werner* [7] nach Tafel 81 und Bild 38 geführt werden; in DIN 1052 werden keine Angaben über einen Querzugnachweis gemacht. Der Querzugnachweis nach Tafel 81 gilt nicht für Anschlüsse mit Nagelplatten.

Tafel 81 Berechnungsgrößen für die zulässige Querzuglast zul $F_{Z\perp}$ der Gl. (173) nach *Ehlbeck/Görlacher/Werner* [7], s. Bild 38[1] [2] [3]

wirksame Anschlußfläche ef *A* in mm^2	
1	$\text{ef}\,A = \text{ef}\,W \cdot \text{ef}\,b$
wirksame Anschlußbreite ef *W* (ideelle Ausdehnung der querzugbeanspr. Fläche in Trägerlängsrichtung)	
2	für $W_S < (0{,}8 \cdot H - a)$: $\text{ef}\,W = \sqrt{W^2 + (C \cdot H)^2}$ $\geqq (0{,}8 \cdot H - a)$: $\text{ef}\,W = C \cdot H \cdot \left[1 + (m-1) \cdot \frac{W}{W+a}\right]$ mit $C = \frac{4}{3}\sqrt{a/H \cdot (1 - a/H)^3}$
wirksame Anschlußtiefe ef *b* (ideelle Ausdehnung der querzugbeanspr. Fläche in Trägerquerrichtung)	
3	bei einseitiger Anordnung der Verbindungsmittel gilt für: – Nägel, Holzschrauben: $\text{ef}\,b = s \leqq 12\,d_{n,s}$ und $\leqq b$ – Nägel bei Stahlblechformteilen: $\text{ef}\,b = s \leqq 15\,d_n$ und $\leqq b$ – Stabdübel, Bolzen: $\text{ef}\,b = 6 \cdot d_{st,b}$ und $\leqq b$ – Dübel besonderer Bauart: $\text{ef}\,b = 5$ cm und $\leqq b$ bei zweiseitiger Anordnung der Verbindungsmittel: – die Werte für einseitige Anordnung können verdoppelt werden, jedoch: $\text{ef}\,b \leqq b$
zulässige Querzugspannung zul $\sigma_{Z\perp}$ in N/mm^2 (mit ef*A* in mm^2)	
4	für Vollholz: $\text{zul}\,\sigma_{Z\perp} = 2{,}00 \cdot (\text{ef}\,A)^{-0{,}2}$ ist $\text{ef}\,A < 10\,000\ mm^2$, ist trotzdem für Brettschichtholz: $\text{zul}\,\sigma_{Z\perp} = 3{,}33 \cdot (\text{ef}\,A)^{-0{,}2}$ $\text{ef}\,A = 10\,000\ mm^2$ in Zeile 4 einzusetzen
Faktor $f_1(a/H)$, berücksichtigt die Lage der am stärksten querzuggefährdeten Fuge bez. der Trägerhöhe	
5	$f_1(a/H) = \frac{1}{1 - 3 \cdot (a/H)^2 + 2\,(a/H)^3}$
Faktor $f_2(h_1/h_i)$, berücksichtigt den Einfluß mehrerer Verbindungsmittelreihen	
6	$f_2(h_1/h_i) = \frac{n}{\sum_{i=1}^{i=n} (h_1/h_i)^2}$
Faktor $f_3(W_m/a)$, berücksichtigt den Einfluß einer weiteren benachbarten Verbindungsmittelgruppe	
7	$f_3(W_m/a) = 1 + \frac{W_m}{W_m + a}$ z. B. die beiden Schenkel eines Balkenschuhanschlusses
Faktor f_4(VM), berücksichtigt den Einfluß des Verbindungsmitteltyps	
8	$f_4(\text{VM}) = 1{,}0$ für stiftförmige Verbindungsmittel $= 1{,}1$ für Dübel besonderer Bauart
Bezeichnungen, s. Bild 38	
9	H Trägerhöhe b Trägerbreite a Abstand der obersten Verbindungsmittelreihe vom beanspruchten Rand h_i Abstand der *i*-ten Verbindungsmittelreihe vom unbeanspruchten Rand W Abstand der äußersten Verbindungsmittel einer Reihe (für eine Spalte ist $W = 0$) W_m Abstand der Schwerpunkte zweier benachbarter Verbindungsmittelgruppen, die zu einem Queranschluß gehören s Einschlagtiefe der Nägel d_n Nagelnenndurchmesser d_s Holzschraubennenndurchmesser d_{st} Stabdübeldurchmesser d_b Bolzendurchmesser n Anzahl der Verbindungsmittelreihen m Anzahl der Verbindungsmittelspalten W_S Abstand von zwei in einer Verbindungsmittelreihe unmittelbar nebeneinanderliegenden Verbindungsmitteln (Abstand der Spalten)

[1]) für Queranschlüsse an Bauteile aus Voll- und Brettschichtholz mit mechanischen Verbindungsmitteln nach Abschn. 4 (für Anschlüsse mit Nagelplatten gilt ein gesonderter Querzugnachweis)
[2]) bei $a/H > 0{,}7$ wird der Querzugnachweis im allgemeinen nicht maßgebend
[3]) bei $a/H < 0{,}2$ sollte ein Anschluß nicht ausgeführt werden

Die zulässige Querzuglast zul $F_{Z\perp}$ eines Queranschlusses an Bauteile aus Voll- und Brettschichtholz mit mechanischen Verbindungsmitteln nach Abschn. 4 kann nach Gl. (173) berechnet werden, erforderliche Bezeichnungen und Größen nach Bild 38 und Tafel 81.

$$\text{zul}\, F_{Z\perp} = \text{zul}\, \sigma_{Z\perp} \cdot \text{ef}\, A \cdot f_1\,(a/H) \cdot f_2\,(h_1/h_i) \cdot f_3\,(W_m/a) \cdot f_4\,(VM) \quad \text{in N} \qquad (173)$$

Der Querzugnachweis wird im allgemeinen für $a/H > 0{,}7$ nicht maßgebend, Anschlüsse mit $a/H < 0{,}2$ sollten nach den oben angegebenen Empfehlungen nicht ausgeführt werden. Da die zulässige Querzuglast zul $F_{Z\perp}$ nach Gl. (173) mit wachsendem Verhältnis a/H größer wird, sollten Queranschlüsse nach Bild 38 einen möglichst großen Abstand a vom beanspruchten Rand des lastaufnehmenden Stabes aufweisen.

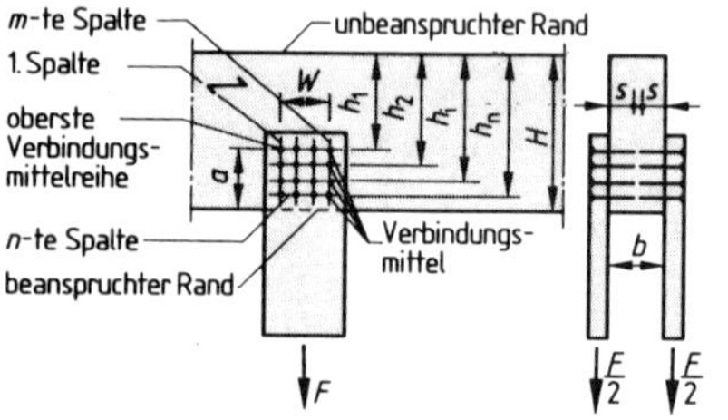

Bild 38
Queranschluß mit mechanischen Verbindungsmitteln nach *Ehlbeck/Görlacher/Werner* [7]

H Trägerhöhe b Trägerbreite
a Abstand der obersten Verbindungsmittelreihe vom beanspruchten Rand
h_i Abstand der i-ten Verbindungsmittelreihe vom unbeanspruchten Rand
W Abstand der äußersten Verbindungsmittel einer Reihe (für eine Spalte ist $W=0$)

5 Versätze

Tafel 82 Einschnittiefen t_v, Vorholzlängen l_v und Ausmitten e[1]) bei Versätzen

Versätze		genauere Berechnung	Näherungsberechnung für Nadelholz S 10
Stirnversatz			
1	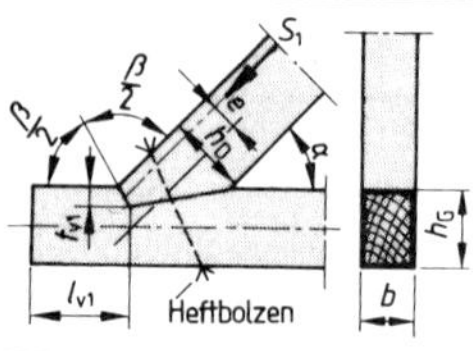	$t_{v1} = \frac{S_1 \cdot \cos^2(\alpha/2)}{b \cdot \text{zul}\, \sigma_{D \sphericalangle \alpha/2}}$ $l_{v1} = \frac{S_1 \cdot \cos\alpha}{b \cdot \text{zul}\, \tau_a}$ [3]) $e = 0{,}5\,(h_D - t_{v1})$	$t_{v1} \cong \frac{S_1}{0{,}7 \cdot b}$ [2])
Brustversatz			
2	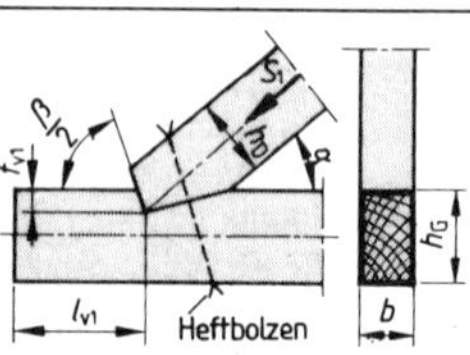	$t_{v1} = \frac{S_1 \cdot \cos^2(\alpha/2)}{b \cdot \text{zul}\, \sigma_{D \sphericalangle \alpha/2}}$ $l_{v1} = \frac{S_1 \cdot \cos\alpha}{b \cdot \text{zul}\, \tau_a}$ [3]) $e \cong 0$	$t_{v1} \cong \frac{S_1}{0{,}7 \cdot b}$ [2])
Fersenversatz			
3	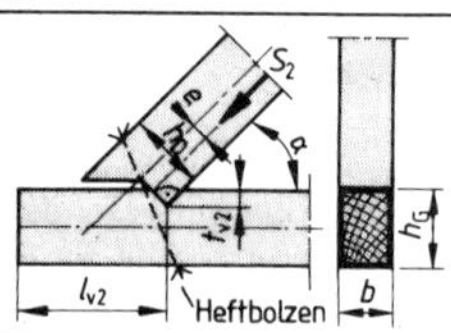	$t_{v2} = \frac{S_2 \cdot \cos\alpha}{b \cdot \text{zul}\, \sigma_{D \sphericalangle \alpha}}$ $l_{v2} = \frac{S_2 \cdot \cos\alpha}{b \cdot \text{zul}\, \tau_a}$ [3]) $e = 0{,}5\left(h_D - \frac{t_{v2}}{\cos\alpha}\right)$	$t_{v2} \cong \frac{S_2}{0{,}56 \cdot b}$ [2])

Tafel 82, Fortsetzung

Stirn-Fersenversatz (doppelter Versatz)

4

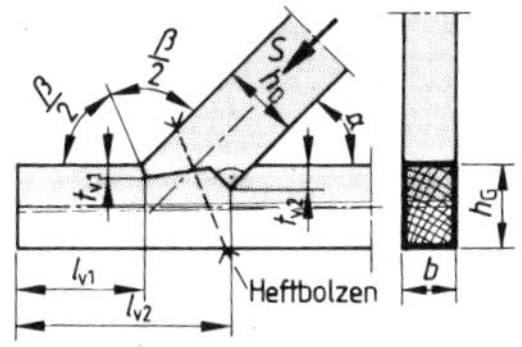

$S = S_1 + S_2$ [4])

$l_{v2} = \dfrac{S \cdot \cos\alpha}{b \cdot \text{zul}\,\tau_a}$ [3])

l_{v1} [3]) [4])

$e \cong 0$

$t_{v2} \cong \dfrac{S}{1{,}12 \cdot b}$ [2])

$t_{v1} \leqq 0{,}8 \cdot t_{v2}$

$\leqq t_{v2} - 1{,}0$ cm

zulässige Einschnittiefen nach DIN 1052-2

5

einseitiger Versatz

α	≦50°	51°	52°	53°	54°	55°	56°	57°	58°	59°	≧60°
zul t_v	0,250 h	0,242 h	0,233 h	0,225 h	0,217 h	0,209 h	0,200 h	0,192 h	0,184 h	0,175 h	0,167 h

α Anschlußwinkel
h Höhe des eingeschnittenen Holzes, entspricht in den Zeilen 1 bis 4 der Höhe h_G
t_v Einschnittiefe

[1]) Ausmitten nach *Heimeshoff*
[2]) *S* in kN; t_v, *b* in cm
[3]) Vorholzlängen l_v: 20 cm $\leqq l_v \leqq 8 \cdot t_v$, Empfehlung nach *Heimeshoff*
[4]) s. Zeile 1 bzw. 3 (Stirn- bzw. Fersenversatz)

zweiseitiger Versatz

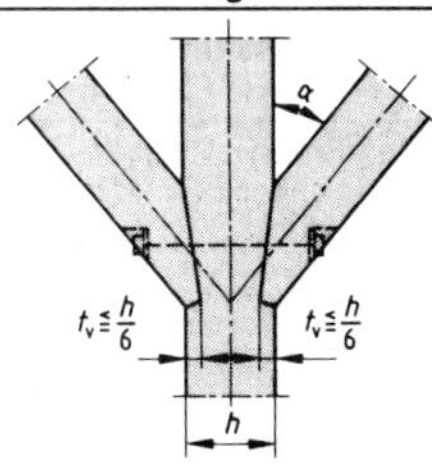

unabhängig vom Anschlußwinkel

Stirn- und Fersenversatz können mit Tafel 83 nach $S = c \cdot t_v \cdot b$ bemessen werden.

Tafel 83 Werte *c* in kN/cm² für Stirn- (S_1) und Fersenversatz (S_2) bei α = 10° bis 60° für Nadelholz, S 10/MS 10

α	10°	15°	20°	25°	30°	35°	40°	45°	50°	55°	60°
S_1	0,799	0,778	0,760	0,744	0,731	0,720	0,711	0,704	0,700	0,699	0,700
S_2	0,749	0,706	0,668	0,635	0,606	0,583	0,564	0,552	0,548	0,554	0,574

6 Holzbauteile der Feuerwiderstandsklasse F30-B und F60-B nach DIN 4102-4:1994-03, Auszug

Die Angaben dieses Abschnitts gelten nur für die Brandschutzbemessung. Im allg. sind alle Holzbauteile und Verbindungen dieses Abschn. 6 zunächst nach DIN 1052-1 und -2 infolge statischer Beanspruchungen („kalte Bemessung") zu bemessen, s. vorherige Abschnitte. Werden Holzbauteile und Verbindungen für die Feuerwiderstandsklassen F 30-B bzw. F 60-B ausgelegt, sind die Festlegungen dieses Abschn. 6 zusätzlich einzuhalten („heiße Bemessung"). Weitere Festlegungen und Beispiele s. DIN 4102-4, Abschn. 5 und *Kordina/Meyer-Ottens* [15].

6.1 Feuerwiderstandsklassen F30-B und F60-B unbekleideter Holzbalken und -stützen aus Voll- und Brettschichtholz

Die Mindestabmessungen unbekleideter Holzbalken und -stützen F30-B aus Nadelvollholz können Tafel 85 entnommen werden. Die Werte der Tafel 85 gelten auch für Vollholz aus Buche; für Vollholz aus Laubhölzern (außer Buche) mit einer Rohdichte $\varrho > 600$ kg/m³ dürfen alle Werte der Tafel 85 mit 0,8 multipliziert werden, dies sind die Laubhölzer (außer Buche) der Tafel 1.

Die Mindestabmessungen unbekleideter Holzbalken und -stützen F30-B und F60-B aus Brettschichtholz können Tafel 86 bis 89 entnommen werden.

Tafel 84 Berechnung der Breite $b(t_f)$ und Höhe $h(t_f)$ des Restquerschnitts in Abhängigkeit von der Abbrandgeschwindigkeit v nach DIN 4102-4, 5.5.2.4

Abbrandgeschwindigkeit v	
Vollholz: $v=0{,}8$ mm/min	Brettschichtholz: $v=0{,}7$ mm/min
Breite $b(t_f)$ und Höhe $h(t_f)$ des Restquerschnitts [1]	
bei 3seitiger Brandbeanspruchung: $b(t_f)=b-2v\cdot t_f \quad h(t_f)=h-v\cdot t_f$	bei 4seitiger Brandbeanspruchung: $b(t_f)=b-2v\cdot t_f \quad h(t_f)=h-2v\cdot t_f$

[1]) Hierin bedeuten
b, h Breite bzw. Höhe in mm des gewählten Querschnitts der statischen Berechnung
t_f Feuerwiderstandsdauer in min

Tafel 85 Mindestbreite b unbekleideter Stützen und Balken aus Nadelvollholz mit einem Seitenverhältnis $h/b=1{,}0$ und $2{,}0$ bei 3seitiger und 4seitiger Brandbeanspruchung für F30-B nach DIN 4102-4, Tab. 74 und 75[2]) [3]) [4])

Zeile	Brand-beanspru-chung	Statische Beanspruchung: Druck $\frac{\sigma_{D\parallel}}{\text{zul}\,\sigma_k}$	Biegung $\frac{\sigma_B}{\text{zul}\,\sigma_B^*}$ [1])	Mindestbreite b in mm bei einem Seitenverhältnis h/b 1,0 und einem **Abstützungsabstand** s bzw. einer **Knicklänge** s_k in m: 2,0	3,0	4,0	5,0	6,0	h/b 2,0: 2,0	3,0	4,0	5,0	6,0
1	3seitig	1,0	0	163	181	194	203	206	151	169	182	190	185
2		0,8	0	144	159	168	171	171	135	149	157	157	157
3			0,2	155	171	182	188	188	144	159	168	173	173
4		0,6	0	127	136	143	143	143	120	130	132	132	132
5	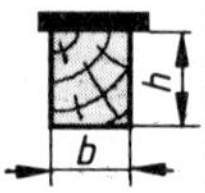		0,4	148	160	168	171	171	135	147	154	154	154
6		0,4	0	110	117	117	117	117	104	110	110	110	110
7			0,6	139	148	153	153	153	125	134	137	137	139
8		0,2	0	91	93	93	93	93	87	88	88	88	88
9			0,8	128	133	135	135	135	113	118	122	125	128
10		0	0,2	80	80	80	80	83	80	80	80	80	83
11			1,0	114	114	114	114	114	96	103	109	114	120
12	4seitig	1,0	0	187	204	219	229	237	161	179	193	202	204
13		0,8	0	164	179	189	196	196	143	158	167	170	170
14			0,2	182	197	209	217	222	154	170	180	187	187
15		0,6	0	143	155	161	161	161	126	137	142	142	142
16	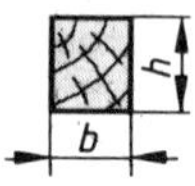		0,4	177	189	198	204	205	146	159	167	169	169
17		0,4	0	123	131	133	133	133	110	116	116	116	116
18			0,6	172	180	186	190	190	138	147	152	152	152
19		0,2	0	102	105	105	105	105	91	92	92	92	92
20			0,8	166	171	174	175	175	127	132	134	135	138
21		0	0,2	86	86	86	86	87	80	80	80	82	84
22			1,0	160	160	160	160	160	113	113	118	123	128

[1]) $\text{zul}\,\sigma_B^* = 1{,}1\cdot k_B\cdot \text{zul}\,\sigma_B$ mit $1{,}1\cdot k_B \leq 1{,}0$, s. Gl. (101)

[2]) gilt für Vollholz aus Nadelhölzern und aus Buche der Tafel 1; für Vollholz aus Laubhölzern (außer Buche) mit einer Rohdichte $\varrho > 600$ kg/m³ dürfen alle Werte dieser Tafel mit 0,8 multipliziert werden, dies sind die Laubhölzer (außer Buche) der Tafel 1

[3]) die Auflagertiefe von Balken auf Beton oder auf Mauerwerk muß bei der Feuerwiderstandsklasse F30 $\geq$ 40 mm sein

[4]) bei Balken, bei denen die Bemessung auf Schub- bzw. Scherspannungen nach DIN 1052-1 maßgebend ist (und nicht die Nachweise auf Biegung oder Biegung mit Längskraft), muß Gl. (174) eingehalten werden

Tafel 86 Mindestbreite *b* unbekleideter Stützen und Balken aus Brettschichtholz der Tafel 2 mit einem Seitenverhältnis $h/b = 1{,}0$; 2,0; 4,0 und 6,0 bei 3seitiger Brandbeanspruchung für F30-B nach DIN 4102-4, Tab. 76 und 77[2]) [3]) [4])

Zeile	Brandbeanspruchung	Statische Beanspruchung Druck $\frac{\sigma_{D\parallel}}{\text{zul}\,\sigma_k}$	Biegung $\frac{\sigma_B}{\text{zul}\,\sigma_B^*}$ [1])	Mindestbreite *b* in mm bei einem Seitenverhältnis h/b 1,0 und einem **Abstützungsabstand** *s* bzw. einer **Knicklänge** s_k in m					2,0				
				2,0	3,0	4,0	5,0	6,0	2,0	3,0	4,0	5,0	6,0
1		1,0	0	148	168	169	169	169	139	158	158	158	158
2		0,8	0	132	146	146	146	146	124	134	134	134	134
3			0,2	141	157	157	157	157	132	147	147	147	147
4		0,6	0	116	119	119	119	119	110	110	110	110	110
5			0,4	134	146	146	146	146	124	131	131	131	131
6		0,4	0	100	100	100	100	100	95	95	95	95	95
7			0,6	125	131	131	131	131	114	116	116	116	118
8		0,2	0	80	80	80	80	83	80	80	80	80	83
9			0,8	115	116	116	116	116	102	102	104	108	111
10		0	0,2	80	80	80	80	83	80	80	80	80	83
11	3seitig		1,0	100	100	100	100	100	84	90	95	100	105
	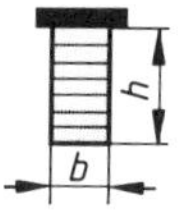			bei einem Seitenverhältnis h/b 4,0 und einem **Abstützungsabstand** *s* bzw. einer **Knicklänge** s_k in m					6,0				
				2,0	3,0	4,0	5,0	6,0	2,0	3,0	4,0	5,0	6,0
12		1,0	0	135	153	153	153	153	134	151	151	151	151
13		0,8	0	121	128	128	128	128	120	126	126	126	126
14			0,2	127	142	142	142	142	127	143	143	143	143
15		0,6	0	107	107	107	107	107	106	106	106	106	106
16			0,4	119	128	128	130	134	121	132	135	139	142
17		0,4	0	92	92	92	92	92	91	91	91	91	91
18			0,6	111	117	121	126	132	114	124	132	139	143
19		0,2	0	80	80	80	80	83	80	80	80	80	83
20			0,8	102	109	116	123	130	107	119	130	138	145
21		0	0,2	80	80	80	80	83	80	80	80	80	83
22			1,0	92	102	111	120	129	101	115	128	138	146

[1]) $\text{zul}\,\sigma_B^* = 1{,}1 \cdot k_B \cdot \text{zul}\,\sigma_B$ mit $1{,}1 \cdot k_B \leq 1{,}0$, s. Gl. (101)

[2]) die Kippaussteifung von biegebeanspruchten Bauteilen muß für die geforderte Feuerwiderstandsklasse ausgeführt werden; andernfalls muß das Seitenverhältnis $h/b \leqq 3{,}0$ sein; über die Bemessung der Kippsteifen s. Tafel 85 bis 89, ihrer Anschlüsse s. Abschn. 6.5

[3]) die Auflagertiefe von Balken auf Beton oder auf Mauerwerk muß bei der Feuerwiderstandsklasse F30 ≧ 40 mm und bei F60 ≧ 80 mm sein, hierüber s. auch Abschn. 6.5

[4]) bei Balken, bei denen die Bemessung auf Schub- bzw. Scherspannungen nach DIN 1052-1 maßgebend ist (und nicht die Nachweise auf Biegung oder Biegung mit Längskraft bzw. Druck mit Biegung), muß Gl. (174) eingehalten werden

Die Angaben in den Tafeln 85 bis 89 gelten für Holzbalken mit Rechteckquerschnitt unter Biegebeanspruchung oder unter Biegebeanspruchung mit Längskraft und für Holzstützen nach DIN 1052-1 mindestens der Sortierklasse S10/MS10 mit 3seitiger und 4seitiger Brandbeanspruchung. Die Angaben gelten nur für Holzbalken ohne Aussparungen (Zapfen- und Bolzenlöcher sind keine Aussparungen) und nur für Holzstützen ohne Aussparungen, Ausfräsungen, Stöße und dgl. mehr. Die

Tafel 87 Mindestbreite *b* unbekleideter Stützen und Balken aus Brettschichtholz der Tafel 2 mit einem Seitenverhältnis $h/b = 1{,}0$; 2,0; 4,0 und 6,0 bei 4seitiger Brandbeanspruchung für F30-B nach DIN 4102-4, Tab. 78 und 79[2] [3] [4]

Zeile	Brandbeanspruchung	Statische Beanspruchung: Druck $\frac{\sigma_{D\parallel}}{\mathrm{zul}\,\sigma_k}$	Biegung $\frac{\sigma_B}{\mathrm{zul}\,\sigma_B^*}$ [1]	Mindestbreite *b* in mm bei einem Seitenverhältnis *h/b* 1,0 und einem **Abstützungsabstand** *s* bzw. einer **Knicklänge** s_k in m					*h/b* 2,0				
				2,0	3,0	4,0	5,0	6,0	2,0	3,0	4,0	5,0	6,0
1		1,0	0	169	188	202	202	202	147	167	168	168	168
2		0,8	0	148	164	164	164	164	131	145	145	145	145
3			0,2	164	180	190	190	190	140	157	157	157	157
4		0,6	0	130	139	139	139	139	116	118	118	118	118
5			0,4	158	171	173	173	173	133	145	145	145	145
6		0,4	0	112	112	112	112	112	100	100	100	100	100
7			0,6	153	162	162	162	162	125	130	130	130	130
8		0,2	0	90	90	90	90	90	80	80	80	80	83
9			0,8	147	151	151	151	151	114	115	115	116	119
10		0	0,2	80	80	80	80	83	80	80	80	80	83
11	4seitig		1,0	140	140	140	140	140	99	99	103	108	112
	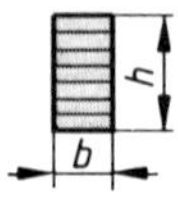			bei einem Seitenverhältnis *h/b* 4,0 und einem **Abstützungsabstand** *s* bzw. einer **Knicklänge** s_k in m					*h/b* 6,0				
				2,0	3,0	4,0	5,0	6,0	2,0	3,0	4,0	5,0	6,0
12		1,0	0	139	157	157	157	157	136	154	154	154	154
13		0,8	0	124	134	134	134	134	122	130	130	130	130
14			0,2	131	146	146	146	146	130	145	145	145	145
15		0,6	0	110	110	110	110	110	108	108	108	108	108
16			0,4	123	133	133	134	137	123	135	137	142	145
17		0,4	0	95	95	95	95	95	93	93	93	93	93
18			0,6	114	121	125	129	135	116	127	134	141	146
19		0,2	0	80	80	80	80	83	80	80	80	80	83
20			0,8	105	112	119	126	133	109	121	132	140	147
21		0	0,2	80	80	80	80	83	80	80	80	80	83
22			1,0	95	105	114	123	131	103	117	130	140	148

[1] [2] [3] [4] s. Fußnoten zu Tafel 86

Mindestanforderungen dieser Details sind in Abschn. 6.5 für die hier angeführten Verbindungsmittel dargestellt, weitere Angaben s. DIN 4102-4, 5.8 und [15].

Eine maximal 3seitige Brandbeanspruchung liegt bei Holzbalken vor, wenn deren Oberseite nach DIN 4102-4, 5.5.1.2, abgedeckt ist; sie liegt bei Holzstützen vor, wenn deren vierte Seite nach DIN 4102-4, 5.6.1.1, abgedeckt ist. Eine 4seitige Brandbeanspruchung liegt vor, wenn die Anforderungen für 3seitige Brandbeanspruchung nicht eingehalten werden oder wenn die Ober- bzw. vierte Seite freiliegt.

Tafel 88 **Mindestbreite *b* unbekleideter Stützen und Balken aus Brettschichtholz der Tafel 2 mit einem Seitenverhältnis $h/b = 1{,}0$; 2,0; 4,0 und 6,0 bei 3seitiger Brandbeanspruchung für F60-B** nach DIN 4102-4, Tab. 80 und 81 [2]) [3]) [4])

Zeile	Brandbeanspruchung	Statische Beanspruchung Druck $\frac{\sigma_{D\parallel}}{\text{zul}\,\sigma_k}$	Biegung $\frac{\sigma_B}{\text{zul}\,\sigma_B^*}$ [1])	Mindestbreite b in mm bei einem Seitenverhältnis h/b 1,0 und einem **Abstützungsabstand** s bzw. einer **Knicklänge** s_k in m					h/b 2,0				
				2,0	3,0	4,0	5,0	6,0	2,0	3,0	4,0	5,0	6,0
1	3seitig	1,0	0	230	259	284	307	324	214	243	269	290	306
2		0,8	0	207	233	255	272	282	194	220	242	257	258
3			0,2	224	249	272	291	305	206	232	255	273	284
4		0,6	0	187	209	226	236	236	177	199	214	219	219
5			0,4	217	239	258	272	281	198	221	239	252	252
6		0,4	0	167	184	195	195	195	159	176	184	184	184
7			0,6	210	226	241	251	251	188	206	220	226	226
8		0,2	0	145	155	156	156	156	139	149	149	149	149
9			0,8	201	211	220	223	223	176	188	196	196	197
10		0	0,2	120	120	120	120	121	120	120	121	124	127
11			1,0	189	189	189	189	189	156	158	164	170	176
				bei einem Seitenverhältnis h/b 4,0 und einem **Abstützungsabstand** s bzw. einer **Knicklänge** s_k in m					h/b 6,0				
				2,0	3,0	4,0	5,0	6,0	2,0	3,0	4,0	5,0	6,0
12		1,0	0	207	236	262	282	298	205	234	259	280	295
13		0,8	0	189	215	236	250	250	187	213	234	248	248
14			0,2	199	225	248	265	273	198	225	248	266	275
15		0,6	0	173	194	209	212	212	171	193	208	209	209
16			0,4	190	213	233	247	247	190	215	236	251	257
17		0,4	0	156	172	179	179	179	155	171	177	177	177
18			0,6	180	201	216	225	228	183	205	223	237	244
19		0,2	0	137	146	146	146	146	136	145	145	145	145
20			0,8	170	186	199	206	213	176	195	211	224	235
21		0	0,2	120	125	130	135	139	125	132	138	143	146
22			1,0	158	170	181	191	201	168	184	200	214	228

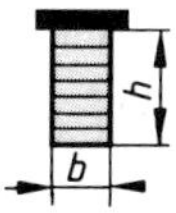

[1])[2])[3])[4]) s. Fußnoten zu Tafel 86

Bei Holzbalken und -stützen, bei denen die Bemessung auf Schub- bzw. Scherspannungen nach DIN 1052-1, s. Abschn. 3.4.2, maßgebend ist (und nicht die Nachweise auf Biegung oder Biegung mit Längskraft bzw. Druck mit Biegung), muß Gl. (174) eingehalten werden.

$$\frac{\alpha_Q \cdot b \cdot h}{1{,}5 \cdot b(t_f) \cdot h(t_f)} \leqq 1 \qquad (174)$$

$b(t_f)$; $h(t_f)$ Breite bzw. Höhe des Restquerschnitts in Abhängigkeit von der Abbrandgeschwindigkeit v nach Tafel 84

b, h Breite bzw. Höhe in mm des gewählten Querschnitts der statischen Berechnung

α_Q Ausnutzungsgrad der Schub- bzw. Scherspannungen nach DIN 1052-1 $\alpha_Q = \frac{\text{vorh}\,\tau_Q}{\text{zul}\,\tau_Q}$ bzw. $\alpha_Q = \frac{\text{vorh}\,\tau_a}{\text{zul}\,\tau_a}$

12

Tafel 89 **Mindestbreite *b* unbekleideter Stützen und Balken aus Brettschichtholz der Tafel 2 mit einem Seitenverhältnis $h/b = 1{,}0$; 2,0; 4,0 und 6,0 bei 4seitiger Brandbeanspruchung für F60-B** nach DIN 4102-4, Tab. 82 und 83[2]) [3]) [4])

Zeile	Brandbeanspruchung	Statische Beanspruchung: Druck $\frac{\sigma_{D\parallel}}{zul\,\sigma_k}$	Biegung $\frac{\sigma_B}{zul\,\sigma_B^*}$ [1])	Mindestbreite *b* in mm bei einem Seitenverhältnis *h/b* 1,0 und einem **Abstützungsabstand** *s* bzw. einer **Knicklänge** s_k in m: 2,0	3,0	4,0	5,0	6,0	*h/b* 2,0: 2,0	3,0	4,0	5,0	6,0
1		1,0	0	269	296	320	342	362	228	257	283	305	323
2		0,8	0	238	262	284	302	317	206	232	254	271	280
3			0,2	268	291	311	330	347	222	248	271	289	303
4		0,6	0	211	232	250	264	267	186	208	225	235	235
5			0,4	268	285	302	318	330	216	237	257	271	279
6		0,4	0	186	204	217	221	221	166	184	195	195	195
7			0,6	268	280	292	303	312	208	225	240	250	250
8		0,2	0	159	172	176	176	176	144	155	156	156	156
9			0,8	267	274	281	287	291	199	210	219	222	222
10		0	0,2	146	146	146	146	146	120	120	124	128	131
11	4seitig		1,0	267	267	267	267	267	188	188	188	188	192
	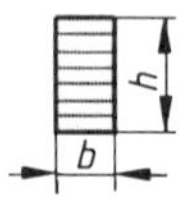			bei einem Seitenverhältnis *h/b* 4,0 und einem **Abstützungsabstand** *s* bzw. einer **Knicklänge** s_k in m: 2,0	3,0	4,0	5,0	6,0	*h/b* 6,0: 2,0	3,0	4,0	5,0	6,0
12		1,0	0	213	242	268	290	306	209	238	264	285	300
13		0,8	0	194	220	241	257	258	190	216	237	252	252
14			0,2	206	232	255	272	285	202	229	252	270	283
15		0,6	0	176	198	214	219	219	174	195	211	214	214
16			0,4	197	220	239	254	257	194	219	240	256	263
17		0,4	0	159	176	184	184	184	157	173	181	178	178
18			0,6	187	207	223	234	236	187	209	227	242	248
19		0,2	0	139	149	149	149	149	137	147	147	147	147
20			0,8	176	192	205	213	219	179	199	215	228	238
21		0	0,2	121	127	132	137	141	126	133	140	145	148
22			1,0	164	175	186	196	206	171	188	202	217	230

[1]) [2]) [3]) [4]) s. Fußnoten zu Tafel 86

6.2 Feuerwiderstandsklassen F30-B und F60-B unbekleideter Holz-Zugglieder aus Voll- und Brettschichtholz

Die Mindestabmessungen unbekleideter Zugglieder F30-B und F60-B aus Nadelvoll- und Brettschichtholz können Tafel 90 entnommen werden. Die Werte der Tafel 90 gelten auch für Vollholz aus Buche; für Vollholz aus Laubhölzern (außer Buche) mit einer Rohdichte $\varrho > 600$ kg/m³ dürfen alle Werte der Tafel 90 mit 0,8 multipliziert werden; dies sind die Laubhölzer (außer Buche) der Tafel 1.

Die Angaben der Tafel 90 gelten für Holz-Zugglieder mit Rechteckquerschnitt unter reiner Zugbeanspruchung oder unter Zug- und Biegebeanspruchung nach DIN 1052-1 mindestens der Sortierklasse S10/MS10; sie gelten für Zugglieder ohne Aussparungen, Ausfräsungen, Stöße, Anschlüsse und dgl. mehr. Die Mindestanforderungen dieser Details sind in Abschn. 6.5 für die hier angeführten Verbindungsmittel dargestellt, weitere Angaben s. DIN 4102-4, 5.8 und [15].

Tafel 90 Mindestbreite *b* unbekleideter Zugglieder aus Nadelvoll- und Brettschichtholz mit einem Seitenverhältnis $h/b = 1{,}0$ und 2,0 bei 3seitiger und 4seitiger Brandbeanspruchung für F30-B und F60-B nach DIN 4102-4, Tab. 85

Zeile	Statische Beanspruchung		Nadelholz											
			Vollholz[2]) F30-B				Brettschichtholz F30-B				Brettschichtholz F60-B			
	Zug	Biegung	Mindestbreite *b* in mm, Brandbeanspruchung											
	$\frac{\sigma_{Z\parallel}}{\text{zul}\,\sigma_{Z\parallel}}$	$\frac{\sigma_B}{\text{zul}\,\sigma_B^*}$ [1])	3seitig		4seitig		3seitig		4seitig		3seitig		4seitig	
			Seitenverhältnis *h/b*				Seitenverhältnis *h/b*				Seitenverhältnis *h/b*			
			1,0	2,0	1,0	2,0	1,0	2,0	1,0	2,0	1,0	2,0	1,0	2,0
1	1,0	0	89	80	110	88	80	80	96	80	149	134	188	149
2	0,8	0	81	80	99	80	80	80	87	80	135	123	168	134
3		0,2	96	97	123	103	84	85	107	90	158	151	208	163
4	0,6	0	80	80	89	80	80	80	80	80	123	120	149	122
5		0,4	102	105	133	112	89	92	117	98	167	159	225	173
6	0,4	0	80	80	80	80	80	80	80	80	120	120	134	120
7		0,6	106	111	143	118	93	97	125	103	175	166	240	180
8	0,2	0	80	80	80	80	80	80	80	80	120	120	120	120
9		0,8	110	116	151	124	96	101	132	108	182	171	254	186
10	0	0,2	80	81	87	84	80	80	80	80	121	127	146	131
11		1,0	114	120	160	128	100	105	140	112	189	176	267	192

[1]) $\text{zul}\,\sigma_B^* = 1{,}1 \cdot k_B \cdot \text{zul}\,\sigma_B$ mit $1{,}1 \cdot k_B \leq 1{,}0$, s. Gl. (101)

[2]) gilt für Vollholz aus Nadelhölzern und aus Buche der Tafel 1; für Vollholz aus Laubhölzern (außer Buche) mit einer Rohdichte $\varrho > 600$ kg/m³ dürfen alle Werte dieser Tafel mit 0,8 multipliziert werden, dies sind die Laubhölzer (außer Buche) der Tafel 1

6.3 Feuerwiderstandsklassen F30-B und F60-B unbekleideter Holzbalken aus Brettschichtholz mit Durchbrüchen (Öffnungen)

Die Angaben der Tafeln 86 bis 89 gelten auch für unbekleidete Holzbalken aus Brettschichtholz mit Durchbrüchen (Öffnungen) bis zu einem Normalkraftanteil von 20%, wenn die Abmessungen und Anordnungen für Verstärkungen des Bildes 10, Abschn. 3.4.9, und die Gl. (175) für die Gesamtverstärkungsdicke *t* in mm (je Seite *t*/2) eingehalten werden.

$$\boldsymbol{t \geq (0{,}15 + 0{,}4 \cdot \tau_Q) \cdot b} \quad \text{in mm} \qquad (175)$$

jedoch ≧ 40 mm

τ_Q vorhandene Schubspannung in MN/m² in Durchbruchsmitte
b Trägerbreite in mm

Durchbrüche in unbekleideten Holzbalken aus Brettschichtholz der Feuerwiderstandsdauer F30-B und F60-B sind demnach stets zu verstärken. Die Verstärkungen sind aus Bau-Furniersperrholz aus Buche BFU-BU 100 nach DIN 68705-5 herzustellen, weitere Angaben zur Verstärkung s. Abschn. 3.4.9.

6.4 Feuerwiderstandsklassen F30-B und F60-B von Holzbalkendecken mit vollständig freiliegenden, 3seitig dem Feuer ausgesetzten Holzbalken

Der Aufbau und die Mindestabmessungen von Holzbalkendecken F30-B und F60-B mit vollständig freiliegenden Holzbalken und 3seitiger Brandbeanspruchung sind in Tafel 91 dargestellt. Die Angaben gelten für Holzbalkendecken, die nach

DIN 1052-1 beansprucht sind, mit Holzbalken mindestens der Sortierklasse S10/MS10. Weitere Holzbalkendecken s. DIN 4102-4, 5.3 und [15].

Tafel 91 Holzbalkendecken F30-B und F60-B mit 3seitig dem Feuer ausgesetzten Holzbalken mit schwimmendem Estrich oder schwimmendem Fußboden nach DIN 4102-4, Tab. 62[1])

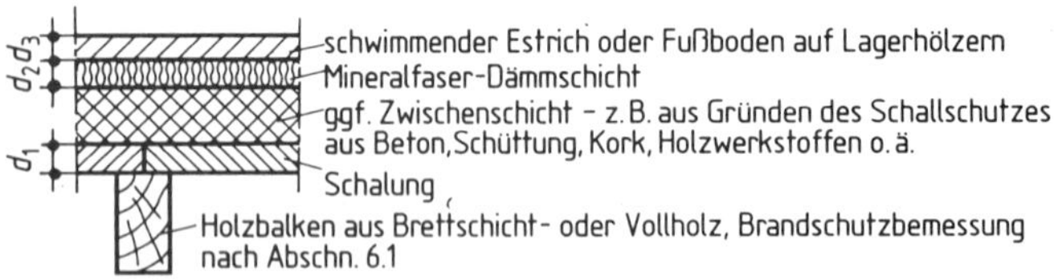

Zeile	Schalung[1]) Mindestdicke bei Verwendung von		Mineralfaser-Dämmschicht mit $\varrho \geq 30$ kg/m³	Fußboden[3]) Mindestdicke bei Verwendung von		Feuer-widerstands-klasse-Benennung
	Holzwerkstoffplatten mit $\varrho \geq 600$ kg/m³	Brettern oder Bohlen	Mindestdicke	Holzwerkstoffplatten mit $\varrho \geq 600$ kg/m³	Brettern, gespundet	
	d_1 in mm	d_1[2]) in mm	d_2 in mm	d_3 in mm	d_3 in mm	
1	25	28	15	16	21	F30-B
2	19+16[4])	22+16[4])	15	16	21	F30-B
3	45	50	30	25	28	F60-B
4	35+19[4])	40+19[4])	30	25	28	F60-B

[1]) als Schalungen dürfen verwendet werden: Bau-Furniersperrholzplatten nach DIN 68705-3,5, Spanplatten nach DIN 68763 und gespundete Bretter aus Nadelholz nach DIN 4072; alle Platten und Schalungen müssen eine geschlossene Fläche bilden

[2]) mit Dicken $d_D \geqq d_1$ nach DIN 4102-4, Bild 47

[3]) anstelle der hier angegebenen Fußböden dürfen auch schwimmende Estriche oder schwimmende Fußböden mit folgenden Mindestdicken verwendet werden:
- Estrich aus Mörtel, Gips oder Asphalt:
  $d_3 \geqq 20$ mm für F30-B und F60-B
- Fußboden aus Holzwerkstoffplatten, Brettern oder Parkett:
  $d_3 \geqq 16$ mm für F30-B
  $\geqq 25$ mm für F60-B

[4]) die erste Zahl gilt für die tragende Schulung; die zweite Zahl gilt für eine zusätzliche, raumseitige Bretterschalung mit einer Dicke $d_D \geqq d_1$ nach DIN 4102-4, Bild 47

6.5 Feuerwiderstandsklassen F30-B und F60-B von Verbindungen

Die Angaben dieses Abschnittes gelten nur für mechanische Verbindungen zwischen Holzbauteilen nach Abschn. 4 in den Verbindungs-, Anschluß- und Stoßbereichen, die anzuschließenden Bauteile sind nach den Abschn. 6.1 bis 6.4 zu bemessen.

Die Angaben gelten nur für auf Druck, Zug oder Abscheren beanspruchte Verbindungen, deren Kräfte symmetrisch übertragen werden, z. B. nach Bild 39 in einer zweischnittigen Verbindung (sie gelten z. B. nicht für einschnittige Verbindungen). Die Angaben gelten ebenfalls nicht für Verbindungen mit Verbindungsmitteln, die in Axialrichtung beansprucht werden. Über weitere Angaben s. DIN 4102-4, 5.8 und *Kordina/Meyer-Ottens* [15].

6.5.1 Allgemeine Regeln zum Schutz der Verbindungsmittel bei den Feuerwiderstandsklassen F30-B und F60-B (Holzabmessungen)

Tragende Verbindungen und Verbindungen zur Lagesicherung müssen für die Feuerwiderstandsklassen F30-B und F60-B durch die in Tafel 92 angegebenen Randabstände und Seitenhölzer geschützt werden, sofern im folgenden keine Zusatzangaben gemacht werden.

Wenn Verbindungsmittel durch eingeleimte Holzscheiben, Pfropfen oder Decklaschen für die Feuerwiderstandsklassen F30-B und F60-B geschützt werden, sind die Maßangaben der Tafel 93 einzuhalten. Werden innenliegende Stahl- und Stahlblechformteile durch Holz mit der Dicke c_f nach Tafel 93 überdeckt, gelten sie als brandschutztechnisch ausreichend bekleidet.

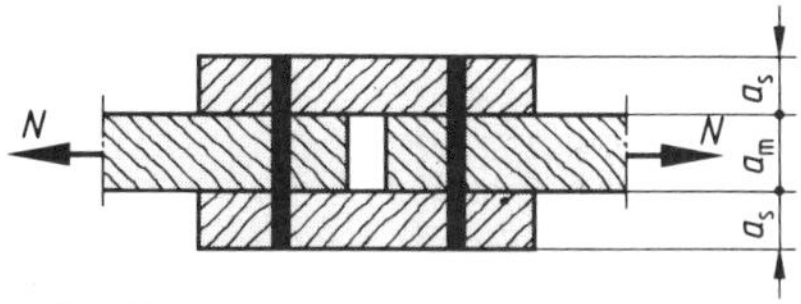

Bild 39 Symmetrische Verbindung rechtwinklig zur Kraftrichtung; Darstellung von Stabdübeln ohne Überstand nach DIN 4102-4, Bild 50

Tafel 92 Schutz der Verbindungsmittel durch Randabstände und Seitenhölzer bei den Feuerwiderstandsklassen F30-B und F60-B für tragende Verbindungen und Verbindungen zur Lagesicherung nach DIN 4102-4, 5.8.2.1 [1]) [2])

Randabstände *e* der Verbindungsmittel und Seitenholzdicken *a*

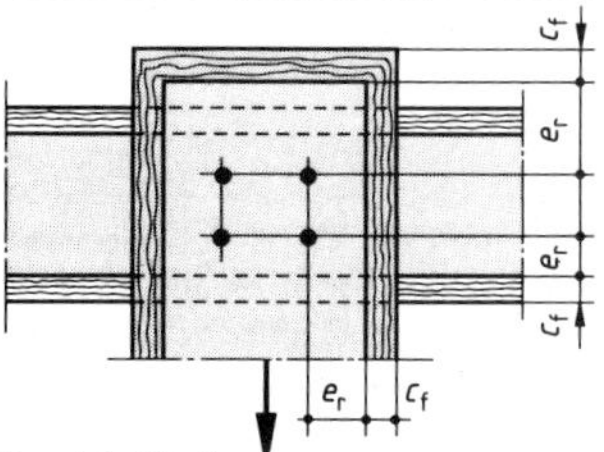

Randabstände

Randabstände der Verbindungsmittel vom beanspruchten und unbeanspruchten Rand: [3]) [4])

min $e_{r,f} = e_r + c_f$ in mm

e_r Randabstand (∥ oder ⊥ zur Kraftrichtung) nach Abschn. 4

c_f = 10 mm für F30
= 30 mm für F60

Beispiel: Stabdübel ohne Überstand

Mindestseitenholzdicke: [5])

min $a_{s,f}$ = 50 mm für F30
= 100 mm für F60

für Verbindungen mit Mindestholzdicken min a nach Abschn. 4 ist für das Seitenholz zusätzlich einzuhalten:

min $a_{s,f}$ = min $a + c_f$ in mm

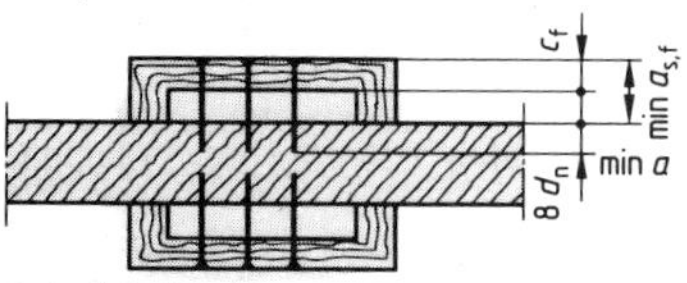

Beispiel: Nägel

[1]) einzuhaltende Holzabmessungen

[2]) Bei Rändern, die gegenüber Brandeinwirkung geschützt sind, gelten die Randabstände nach Abschn. 4

[3]) für Stabdübel und Bolzen mit einem Durchmesser $d_{st,b} \geqq 20$ mm genügt für F30 der Randabstand nach Abschn. 4.2 und für F60 eine Vergrößerung um 20 mm

[4]) der Randabstand von Verbindungsmitteln, die zur Befestigung von Decklaschen dienen, muß mindestens c_f betragen

[5]) Mindestseitenholzdicken dürfen unter Einbeziehung der Scheiben- bzw. Laschendicke nachgewiesen werden

12

Tafel 93 Schutz der Verbindungsmittel durch eingeleimte Holzscheiben, Pfropfen und vorgeheftete Decklaschen bei den Feuerwiderstandsklassen F30-B und F60-B nach DIN 4102-4, 5.8.2.3[1]) [2]) [3]) [4])

Eingeleimte Holzscheiben, eingeleimte Pfropfen und vorgeheftete Decklaschen

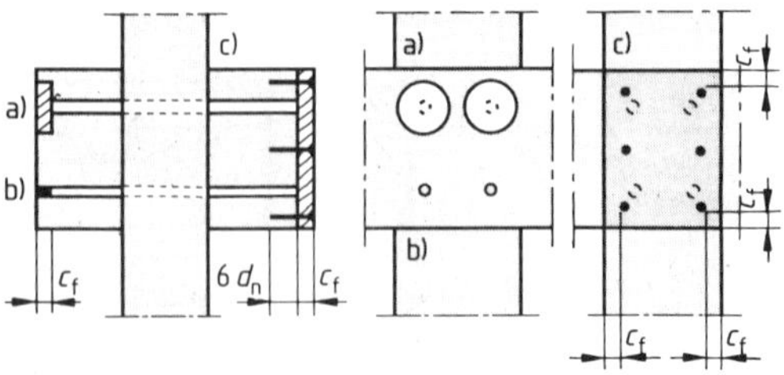

$c_f = 10$ mm für F30
$= 30$ mm für F60

a) eingeleimte Holzscheibe
b) eingeleimte Pfropfen
c) vorgeheftete Decklasche (Abdeckung)

[1]) die Randabstände und Seitenholzdicken der Tafel 92 sind einzuhalten
[2]) Verbindungsmittel zur Befestigung von Decklaschen müssen einen Randabstand von mindestens c_f besitzen
[3]) die Einschlagtiefe von Nägeln zur Befestigung von Decklaschen muß $s \geqq 6\,d_n$ betragen; je 150 cm² Decklasche ist ein Befestigungsmittel anzuordnen
[4]) werden innenliegende Stahl- und Stahlblechformteile durch Holz mit der Dicke c_f überdeckt, gelten sie als brandschutztechnisch ausreichend bekleidet

6.5.2 Zulässige Belastungen von Stabdübel- und Paßbolzenverbindungen der Feuerwiderstandsklassen F30-B und F60-B

Die zulässige Belastung **ungeschützter Stabdübel** bei Anschlüssen der Feuerwiderstandsklasse F30-B mit innenliegenden Stahlblechen kann Tafel 94, diejenigen bei Anschlüssen ohne Stahlbleche Tafel 95 entnommen werden. Werden Stabdübel nach Tafel 93 mit eingeleimten Holzscheiben oder Pfropfen oder vorgehefteten Decklaschen für die Feuerwiderstandsklassen F30-B bzw. F60-B geschützt, brauchen die Bedingungen der Tafeln 94 und 95 nicht eingehalten zu werden.

Tafel 94 Zulässige Belastung von ungeschützten Stabdübeln mit innenliegenden Stahlblechen in Stabdübelanschlüssen der Feuerwiderstandsklasse F30-B nach DIN 4102-4, 5.8.4[1]) [2]) [3]) [4])

zulässige Belastung zul N_f je Stabdübel (mit innenliegenden Stahlblechen)

$$\text{zul}\,N_f \leqq 1{,}25 \cdot \text{zul}\,\sigma_l \cdot (a_s - 30 \cdot v) \cdot d_{st} \cdot 1{,}25 \cdot \eta \cdot \left(1 - \frac{\alpha}{360}\right)$$

$v = 0{,}8$ mm/min für Vollholz
$= 0{,}7$ mm/min für Brettschichtholz

$$\eta = \frac{(d_{st}/a_s)}{\min(d_{st}/a_s)} \leqq 1$$

Abminderung von zul N_f mit η

nicht erforderlich, wenn	erforderlich, wenn
– Mindestlänge der Stabdübel eingehalten[5]) für Stabdübel ohne Überstand: $l_{st} = 2 \cdot a_s + a_m \geqq 120$ mm; für Stabdübel mit Überstand $l_{st} = 2 \cdot a_s + a_m + 2 \cdot \ddot{u} \geqq 200$ mm – Verhältnis $d_{st}/a_s \geqq \min(d_{st}/a_s)$	– Verhältnis $d_{st}/a_s < \min(d_{st}/a_s)$ vorzunehmende Abminderung $\text{zul}\,\bar{N}_f = \text{zul}\,N_f \dfrac{d_{st}/a_s}{\min(d_{st}/a_s)}$

$$\min(d_{st}/a_s) = 0{,}08\left(1 + \left[\frac{110}{l'_{st}}\right]^4\right) \cdot \left(1 - \frac{\alpha}{360}\right)$$

Fußnoten s. nächste Seite

Fußnoten zu Tafel 94

[1]) Hierin bedeuten

a_s, a_m Breiten des Seitenholzes bzw. innenliegenden Stahlblechs nach Bild 40 (bzw. des Mittelholzes nach Bild 41)

d_{st} Durchmesser des Stabdübels

l_{st} Länge des Stabdübels

l'_{st} $= l_{st}$ für Stabdübel ohne Überstand
$= 0{,}6 \cdot l_{st}$ für Stabdübel mit Überstand

$\ddot{u}$ Überstand der Stabdübel, $\ddot{u} \leqq 20$ mm

α Winkel zwischen Kraftangriff und Faserrichtung des Mitten- oder Seitenholzes ($\alpha \leqq 90°$)

v Abbrandgeschwindigkeit

zul σ_l zulässige Lochleibungsspannung nach Abschn. 4.2

[2]) die Bedingungen der Tafel 92 sind stets einzuhalten

[3]) Werden Stabdübel mit eingeleimten Holzscheiben oder Pfropfen oder vorgehefteten Decklaschen nach Tafel 93 für die Feuerwiderstandsdauer F30-B bzw. F60-B geschützt, brauchen die Bedingungen der Tafel 94 nicht eingehalten werden

[4]) Paßbolzenverbindungen mit ungeschützten Schraubenbolzen dürfen nur mit maximal 25% der entsprechenden zulässigen Stabdübelbelastungen beansprucht werden

[5]) eine Fase von $\leqq 5$ mm am Stabdübelende gilt nicht als Überstand

Tafel 95 Zulässige Belastung von ungeschützten Stabdübeln (ohne Stahlbleche) in Stabdübelanschlüssen der Feuerwiderstandsklasse F30-B
nach DIN 4102-4, 5.8.4[1]) [2]) [3]) [4])

zulässige Belastung zul N_f je Stabdübel (ohne Stahlbleche)

$$\text{zul}\,N_f \leqq 1{,}25 \cdot \text{zul}\,\sigma_l \cdot (a_s - 30 \cdot v) \cdot d_{st} \cdot \eta \cdot \left(1 - \frac{\alpha}{360}\right)$$

$v = 0{,}8$ mm/min für Vollholz
$= 0{,}7$ mm/min für Brettschichtholz

$$\eta = \frac{(d_{st}/a_s)}{\min(d_{st}/a_s)} \leqq 1$$

Abminderung von zul N_f mit η

nicht erforderlich, wenn	erforderlich, wenn
– Mindestlänge der Stabdübel eingehalten[5]) für Stabdübel ohne Überstand: $l_{st} = 2 \cdot a_s + a_m \geqq 120$ mm für Stabdübel mit Überstand: $l_{st} = 2 \cdot a_s + a_m + 2 \cdot \ddot{u} \geqq 200$ mm – Verhältnis $d_{st}/a_s \geqq \min(d_{st}/a_s)$	– Verhältnis $d_{st}/a_s < \min(d_{st}/a_s)$ vorzunehmende Abminderung: $\text{zul}\,\bar{N}_f = \text{zul}\,N_f \cdot \frac{d_{st}/a_s}{\min(d_{st}/a_s)}$

$$\min(d_{st}/a_s) = 0{,}16 \cdot \sqrt{a_m/a_s} \cdot \left(1 + \left[\frac{110}{l'_{st}}\right]^4\right) \cdot \left(1 - \frac{\alpha}{360}\right)$$

[1]) [2]) [3]) [4]) [5]) s. Fußnoten der Tafel 94 und Bild 41; Fußnote [3]) gilt sinngemäß für Tafel 95

Paßbolzenverbindungen mit ungeschützten Schraubenbolzen dürfen nur mit maximal 25% der entsprechenden zulässigen Stabdübelbelastungen der Tafeln 94 und 95 beansprucht werden.
Bei mit Stabdübeln verdübelten Balken der Feuerwiderstandsklassen F30-B und F60-B sind nur die Holzabmessungen der Tafel 92 einzuhalten.

Beispiele für Mindestabmessungen von Stabdübelverbindungen bei Anschlüssen der Feuerwiderstandsklasse F30-B sind in den Bildern 40 und 41 dargestellt; Beispiele der Feuerwiderstandsklasse F60-B können DIN 4102-4, 5.8.11, entnommen werden.

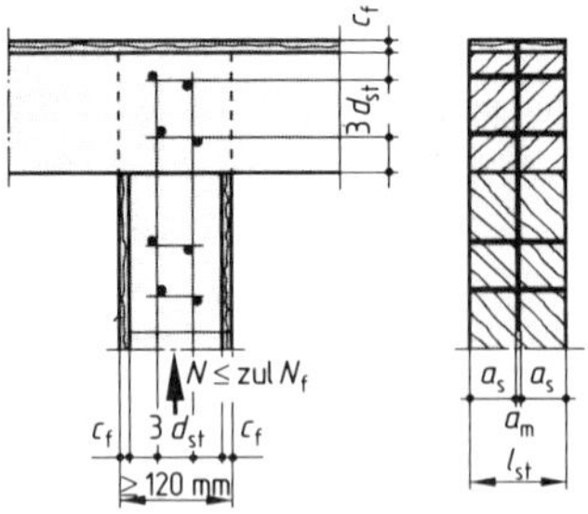

Blechbreite bei bündiger Anordnung (ungeschützt) $a_s \geq 50$ mm $a_m \geq 2$ mm $c_f \geq 10$ mm $l_{st} \geq 120$ mm
d_{st} nach rechtsstehender Zusammenstellung

Bild 40 Mindestabmessungen für Stabdübelverbindungen mit innenliegenden Stahlblechen bei Anschlüssen der Feuerwiderstandsklasse F30-B (Beispiele; Stabdübel ohne Überstand) nach DIN 4102-4, Bild 60

Seitenholzdicke a_s in mm	Stabdübeldurchmesser d_{st} in mm
60 und 80	8
100	10
120 und 140	12
160 und 180	16
200 und 220	20

Seitenholzdicken a_s und zugehörige Stabdübeldurchmesser d_{st} unter Berücksichtigung von Vorzugsmaßen für $N \leq \text{zul}\,N$

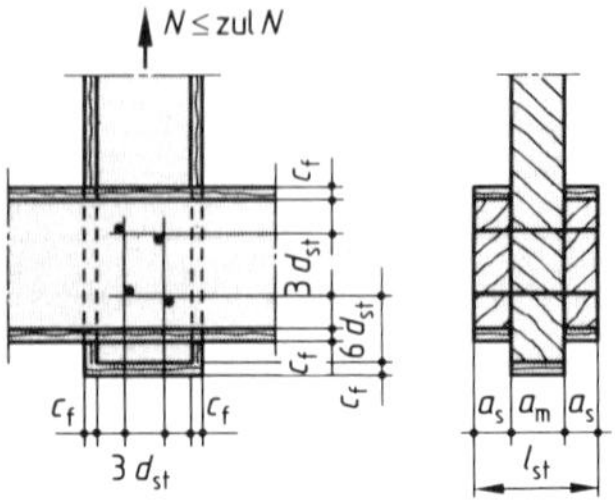

Bild 41 Mindestabmessungen für Stabdübelverbindungen ohne Stahlbleche bei Anschlüssen der Feuerwiderstandsklasse F30-B (Beispiele; Stabdübel ohne Überstand) nach DIN 4102-4, Bild 62

$a_s \geq 50$ mm $c_f \geq 10$ mm $l_{st} \geq 120$ mm
d_{st} in Abhängigkeit von a_s und a_m nach untenstehenden Zusammenstellungen

Seitenholzdicke a_s in mm	Mittelholzdicke a_m in mm								
	40	60	80	100	120	140	160	180	200
60	10	12							
80	10	12	16						
100		16	16	20	20	20			
120		16	16	20	20	24	24	24	28
140			20	20	24	24	28	28	28
160			20	24	24	28	28	28	32
180				24	24	28	28	32	32
200				24	28	28	32	32	36

Erforderliche Stabdübeldurchmesser d_{st} (Vorzugsmaße) in Abhängigkeit von den Holzdicken a_s und a_m für $\alpha = 0°$, bei denen eine Abminderung der maximal zulässigen Belastung zul$N$ nicht erforderlich ist.

Seitenholzdicke a_s in mm	Mittelholzdicke a_m in mm								
	40	60	80	100	120	140	160	180	200
60	8	10							
80	8	10	12	12					
100		10	12	16	16	16	16	20	20
120		12	12	16	16	16	20	20	20
140			16	16	16	20	20	20	24
160			16	16	20	20	20	24	24
180				20	20	20	24	24	24
200				20	20	24	24	24	28

Erforderliche Stabdübeldurchmesser d_{st} (Vorzugsmaße) in Abhängigkeit von den Holzdicken a_s und a_m für $\alpha = 90°$, bei denen eine Abminderung der maximal zulässigen Belastung zul$N$ nicht erforderlich ist.

6.5.3 Zulässige Belastungen von Bolzenverbindungen der Feuerwiderstandsklassen F30-B und F60-B

Die zulässige Belastung ungeschützter Bolzen bei Anschlüssen der Feuerwiderstandsklasse F30-B kann Tafel 96 entnommen werden. Werden Bolzen nach Tafel 93 mit eingeleimten Holzscheiben oder vorgehefteten Decklaschen für die Feuerwiderstandsklassen F30-B bzw. F60-B geschützt, brauchen die Bedingungen der Tafel 96 nicht eingehalten zu werden.

Tafel 96 Zulässige Belastung ungeschützter Bolzen in Bolzenanschlüssen der Feuerwiderstandsklasse F30-B nach DIN 4102-4, 5.8.5[1] [2] [3]

Zulässige Belastung zul N_f je Bolzen	
ohne zusätzliche Sondernägel:	zul $N_f \leqq 0{,}25 \cdot$ zul N_b
mit zusätzlichen, ungeschützten Sondernägeln:	zul $N_f =$ zul N_b

unter folgenden Bedingungen, wenn
- die Einschlagtiefe der Sondernägel ins Mittelholz $s \geqq 8 d_n$ beträgt,
- mindestens die Hälfte der Sondernägel, die bei einem Anschluß nur mit Sondernägeln allein erforderlich wären, angeordnet werden,
  jedoch: mindestens 4 Sondernägel bei 1 Bolzen und
  mindestens 6 Sondernägel bei 2 Bolzen erforderlich

[1] Hierin bedeuten:
d_n Durchmesser des Sondernagels (glatter Schaftteil)
zul N_b zulässige Bolzenbelastung nach Abschn. 4.2
[2] die Bedingungen der Tafel 92 sind stets einzuhalten
[3] Werden Bolzen mit eingeleimten Holzscheiben oder vorgehefteten Decklaschen nach Tafel 93 für die Feuerwiderstandsklassen F30-B bzw. F60-B geschützt, brauchen die Bedingungen der Tafel 96 nicht eingehalten zu werden.

6.5.4 Zulässige Belastungen von Dübelverbindungen mit Dübeln besonderer Bauart der Feuerwiderstandsklasse F30-B und F60-B

Die zulässige Belastung von Dübeln besonderer Bauart mit ungeschützten Schraubenbolzen (bzw. Sechskant- oder Sechskantholzschrauben) bei Anschlüssen der Feuerwiderstandsklasse F30-B kann Tafel 97 entnommen werden. Werden bei Dübeln besonderer Bauart die Schraubenbolzen (bzw. Sechskant- oder Sechskantholzschrauben) nach Tafel 93 mit eingeleimten Holzscheiben oder Pfropfen oder vorgehefteten Decklaschen für die Feuerwiderstandsklassen F30-B bzw. F60-B geschützt, brauchen die Bedingungen der Tafel 97 nicht eingehalten werden.

Bei mit Dübeln besonderer Bauart verdübelten Balken der Feuerwiderstandsklassen F30-B bzw. F60-B sind nur die Holzabmessungen der Tafel 92 einzuhalten.

Tafel 97 Zulässige Belastung von Dübelverbindungen mit Dübel besonderer Bauart und ungeschützten Schraubenbolzen[1] bei Anschlüssen der Feuerwiderstandsklasse F30-B nach DIN 4102-4, 5.8.3[2] [3] [4]

Zulässige Belastung zul N_f je Dübel	
ohne zusätzliche Sondernägel[5]:	zul $N_f \leqq 0{,}25 \cdot$ zul $N_D \cdot a_s/\min a_{s,f} \leqq 0{,}5 \cdot$ zul N_D
Mindestseitenholzdicke:	$\min a_{s,f} = \min a + 10$ mm
mit zusätzlichen, ungeschützten Sondernägeln:	zul $N_f =$ zul N_D

unter folgenden Bedingungen, wenn
- die Einschlagtiefe der Sondernägel ins Mittelholz $s \geqq 8 d_n$ beträgt,
- mindestens die Hälfte der Sondernägel, die bei einem Anschluß nur mit Sondernägeln allein erforderlich wären, angeordnet werden,
  jedoch: mindestens 4 Sondernägel bei 1 Dübel besonderer Bauart und
  mindestens 6 Sondernägel bei 2 Dübeln besonderer Bauart

[1] oder ungeschützten Sechskantschrauben oder ungeschützten Sechskantholzschrauben
[2] Hierin bedeuten:
min a Mindestholzdicke bei Dübeln besonderer Bauart nach Abschn. 4.5.2, Tafel 77
a_s Seitenholzdicke nach Bild 42
d_n Durchmesser des Sondernagels (glatter Schaftteil)
zul N_D zulässige Belastung des Dübels besonderer Bauart nach Abschn. 4.5.2, Tafel 77
[3] die Bedingungen der Tafel 92 sind stets einzuhalten
[4] Werden bei Dübeln besonderer Bauart die Schraubenbolzen (bzw. Sechskantschrauben oder Sechskantholzschrauben) nach Tafel 93 mit eingeleimten Holzscheiben oder Pfropfen oder vorgehefteten Decklaschen für die Feuerwiderstandsklassen F30-B bzw. F60-B geschützt, brauchen die Bedingungen der Tafel 97 nicht eingehalten werden
[5] bei Anordnung von Klemmbolzen nach Abschn. 4.5, Bild 33, darf zul $N = 0{,}5 \cdot$ zul N_D in Rechnung gestellt werden

12

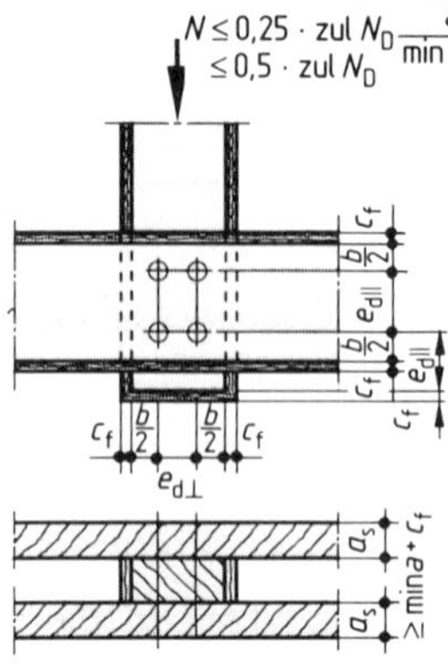

Beispiele für Mindestabmessungen von Dübelverbindungen mit Dübeln besonderer Bauart und ungeschützten Schraubenbolzen der Feuerwiderstandsklasse F30-B sind in Bild 42 dargestellt.

$c_f = 10$ mm

$e_{d\perp}$, $e_{d\parallel}$, b und min a sowie zul N_D nach Abschn. 4.5.2

Bild 42
Mindestabmessungen und zulässige Belastung für Dübelverbindungen mit Dübeln besonderer Bauart und ungeschützten Schraubenbolzen (ohne zusätzliche Sondernägel) bei Anschlüssen der Feuerwiderstandsklasse F30-B (Beispiel) nach DIN 4102-4, Bild 59

6.5.5 Zulässige Belastungen von Nagelverbindungen der Feuerwiderstandsklasse F30-B und F60-B

Die zulässige Belastung ungeschützter Nägel bei Anschlüssen der Feuerwiderstandsklasse F30-B mit und ohne innenliegenden Stahlblechen kann Tafel 98 entnommen werden. Werden Nägel mit vorgehefteten Decklaschen nach Tafel 93 für die Feuerwiderstandsklassen F30-B bzw. F60-B geschützt, brauchen die Bedingungen der Tafel 98 nicht eingehalten werden, s. auch Bild 44.

Tafel 98 Zulässige Belastung von ungeschützten Nägeln bei Anschlüssen der Feuerwiderstandsklasse F30-B nach DIN 4102-4, 5.8.6¹) ²) ³) ⁵)

Nagelanschluß ohne innenliegende Stahlbleche	
Zulässige Belastung zul N_f je Nagel: unter der Bedingung:	zul N_f = zul N_1 – Einschlagtiefe $s \geqq 8\,d_n$
Abminderung von zul N_f je Nagel⁴)	
nicht erforderlich, wenn – Verhältnis $d_n/a_s \geqq \min\,(d_n/a_s)$	erforderlich, wenn – Verhältnis $d_n/a_s < \min\,(d_n/a_s)$ vorzunehmende Abminderung: $\text{zul}\,\overline{N}_f = \text{zul}\,N_f \cdot \frac{d_n/a_s}{\min\,(d_n/a_s)}$
$\min\,(d_n/a_s) = 0{,}05 \cdot \left(1 + \left[\frac{110}{l_n}\right]^4\right)$	
Nagelanschluß mit innenliegenden Stahlblechen	
zulässige Belastung zul N_f je Nagel: unter den Bedingungen	zul N_f = zul N_1 – Nagellänge $l_n \geqq 90$ mm – Stahlbleche nach DIN 4102 T4, 5.8.7

¹) Hierin bedeuten:
a_s Seitenholzbreite nach Bild 43 bzw. 44
d_n Nageldurchmesser
l_n Nagellänge
zul N_1 zulässige Belastung des Nagels auf Abscheren nach Abschn. 4.3.1
²) die Bedingungen der Tafel 92 sind stets einzuhalten
³) werden Nägel mit vorgehefteten Decklaschen nach Tafel 93 für die Feuerwiderstandsklassen F30-B bzw. F60-B geschützt, brauchen die Bedingungen der Tafel 98 nicht eingehalten werden, als Beispiel s. Bild 44
⁴) für Sondernägel genügt es, nur die Bedingung $s \geqq 8\,d_n$ einzuhalten
⁵) bei Nagelverbindungen zur Lagesicherung der Feuerwiderstandsklassen F30-B bzw. F60-B sind nur die Holzabmess. der Tafel 92 und zusätzlich eine Einschlagtiefe $s \geqq 8\,d_n$ einzuhalten

Beispiele für Mindestabmessungen von Nagelverbindungen ohne innenliegende Stahlbleche mit ungeschützten Nägeln der Feuerwiderstandsklasse F30-B sind in Bild 43, derartige mit geschützten Nägeln der Feuerwiderstandsklasse F60-B in Bild 44 dargestellt.

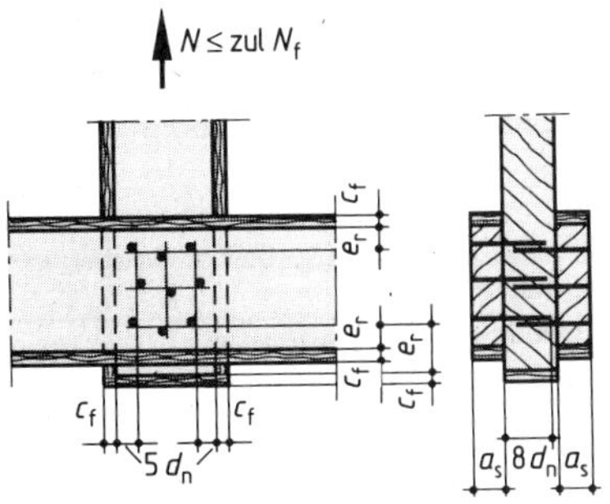

$a_s \geq 50$ mm
$a_s \geq \min a + c_f$
$c_f = 10$ mm
d_n nach untenstehender Zusammenstellung
Einschlagtiefe: $8\,d_n$

a_s in mm	Mindest-Nagelgröße $d_n \times l_s$
60	46 × 130
80	55 × 140
100	60 × 180
120	70 × 210
160	88 × 260

Seitenholzdicken a_s und zugehörige Mindest-Nagelgrößen unter Berücksichtigung von Vorzugsmaßen für $N \leq$ zul N_f

Bild 43 Mindestabmessungen für Nagelverbindungen ohne innenliegende Stahlbleche mit ungeschützten Nägeln bei Anschlüssen der Feuerwiderstandsklasse F30-B (Beispiel) nach DIN 4102-4, Bild 66

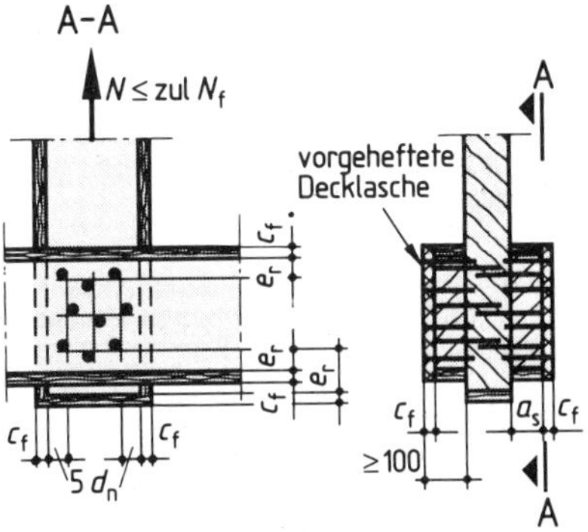

$a_s \geq 100$ mm – Laschendicke $\geq \min a$; $c_f = 30$ mm } bei Schutz der Nägel durch Holzlaschen

Bild 44 Mindestabmessungen für Nagelverbindungen ohne innenliegende Stahlbleche mit geschützten Nägeln bei Anschlüssen der Feuerwiderstandsklasse F60-B (Beispiel; s. auch Tafel 92) nach DIN 4102-4, Bild 67

Nagelverbindungen zur Lagesicherung

Bei Nagelverbindungen zur Lagesicherung, z. B. bei Auflagern, Kontaktstößen und dgl. mehr der Feuerwiderstandsklassen F30-B bzw. F60-B sind nur die Holzabmessungen der Tafel 92 und zusätzlich eine Einschlagtiefe $s \geqq 8\,d_n$ einzuhalten.

7 Holzschutz

Neben der Auswahl geeigneter Holzarten sind für einen wirksamen Holzschutz baulich (konstruktive), in vielen Fällen chemische und gegebenenfalls Oberflächen-Schutzmaßnahmen notwendig. Von diesen drei Schutzmaßnahmen ist der bauliche Holzschutz der weitaus wichtigste; der chemische Holzschutz und der Oberflächenschutz sind oft notwendige Schutzmaßnahmen, die den baulichen Holzschutz ergänzen.

7.1 Baulicher (konstruktiver) Holzschutz

Der bauliche Holzschutz beinhaltet vorbeugende bauliche Maßnahmen zur Vermeidung erhöhter Feuchtebeanspruchungen tragender und aussteifender Holzbauteile und daraus resultierender Schäden sowie zur Verhinderung des Zutritts holzzerstörender Insekten zu verdeckt angeordnetem Holz, hierüber s. DIN 68800-2. Das Eindringen von Feuchte, bes. in tropfbarer Form, sowie stehende Feuchte ist zu verhindern, ein schnelles Abfließen von Wasser und ungehinderte Luftzufuhr sicherzustellen. Beispiele zum Schutz gegen Feuchtebeanspruchung sind in Tafel 99 dargestellt.

Tafel 99 Beispiele baulich (konstruktiven) Holzschutzes wetterbeanspruchter Holzbauteile zur Vermeidung erhöhter Feuchtebeanspruchung

Beispiel	Konstruktive Schutzmaßnahme	
	empfohlen	fehlerhaft
1. Schutz waagerecht liegender Oberflächen		
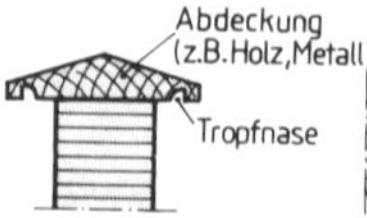 Brückenhauptträger 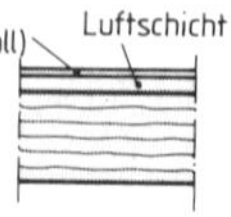 Holzbalken	mit Abdeckung: – Niederschlagswasser fließt ab, – keine stehende Feuchte im zu schützenden Teil, – mit Tropfnase	ohne Abdeckung: – Niederschlagswasser bleibt stehen, – stehende Feuchte, – Pilzbefall, Holzzerstörung wahrscheinlich
2. Schutz von Hirnholzflächen		
  Stützen- oder Pfahlkopf	mit Abdeckung oder abgeschrägt: – s. Anmerk. 1. Beispiel, abgeschrägt zusätzlich: – mit porenfüllendem mehrmaligen Anstrich	ohne Abdeckung oder gerade abgeschnitten: – s. Anmerk. 1. Beispiel
3. Schutz von Stützenfüßen		
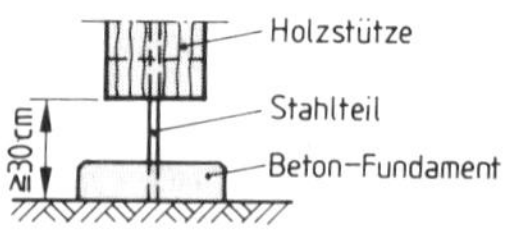 aufgeständerte Holzstütze	aufgeständert: – weitgehend spritzwassergeschützt, – keine aufsteigende Feuchte, – Stahlteile i.d. Holz einlassen u. abdecken	direkte Auflagerung auf Betonfundament: – nicht spritzwassergeschützt, – stehende Feuchte in Hirnholz/Sperrschicht – Pilzbefall, Holzzerstörung
4. Schutz vorspringender Bauteile		
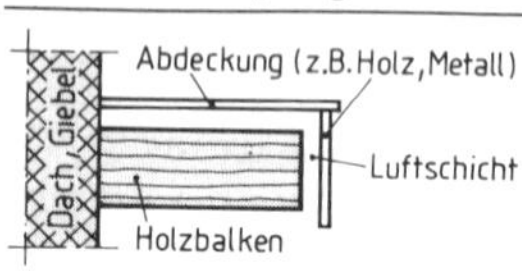	mit Abdeckung der waagerechten Oberfläche und des Hirnholzes – s. Anmerkung zu 1. und 2. Beispiel	ohne Abdeckungen – s. Anmerkung zu 1. und 2. Beispiel

7.2 Chemischer Holzschutz nach DIN 68800-3

Der chemische Holzschutz beinhaltet vorbeugende Schutzmaßnahmen für Holzbauteile, die der Gefahr von Bauschäden durch Insekten und/oder Pilze sowie durch Auswaschungen und Moderfäule ausgesetzt sind.

Tragende und/oder aussteifende Holzbauteile müssen einen vorbeugenden chemischen Schutz durch geeignete, zugelassene Holzschutzmittel mit Prüfzeichen erhalten, Ausnahmen s. Tafel 101; hingegen ist bei **nichttragenden, nicht maßhaltigen Hölzern** ohne statische Funktion i.allg. ein chemischer Schutz entbehrlich.

Die chemischen Holzschutzmaßnahmen richten sich nach der Zuordnung zu einer Gefährdungsklasse, s. Tafel 100. Schutzmaßnahmen sind nicht erforderlich in der Gefährdungsklasse 0, oder wenn in anderen Gefährdungsklassen die Bedingungen der Tafel 101 eingehalten werden.

Durch **bauliche Maßnahmen** nach DIN 68800-2 kann auch die Einstufung in eine niedrigere Gefährdungsklasse erreicht werden. Auf chemische Schutzmaßnahmen kann ebenso verzichtet werden, wenn Hölzer entsprechender **Dauerhaftigkeitsklassen** eingesetzt werden, s. DIN EN 350-2 und DIN EN 460.

Tafel 100 Gefährdungsklassen, Zuordnung von Holzbauteilen zu Gefährdungsklassen, Anforderungen an Holzschutzmittel sowie Prüfprädikate für tragende/aussteifende Holzbauteile nach DIN 68800-3, Tab. 1, 2 und 3[1]), s. auch Tafel 101

Gefährdungsklasse	0	1	2	3	4
a) Gefährdungsklassen					
Beanspruchungen	Innen verbautes Holz, ständig trocken		Holz, das weder dem Erdkontakt noch direkt der Witterung oder Auswaschung ausgesetzt ist, vorübergehende Befeuchtung möglich	Holz der Witterung oder Kondensation ausgesetzt, aber nicht in Erdkontakt	Holz in dauerndem Erdkontakt oder ständiger starker Befeuchtung ausgesetzt[2])
Gefährdung durch Insekten	nein[3])	ja	ja	ja	ja
Pilze	nein	nein	ja	ja	ja
Auswaschung	nein	nein	nein	ja	ja
Moderfäule	nein	nein	nein	nein	ja
b) Zuordnung von Holzbauteilen zu Gefährdungsklassen					
	Holzbauteile, die durch Niederschläge, Spritzwasser oder dgl. **nicht** beansprucht werden			Holzbauteile, die durch Niederschläge, Spritzwasser und dgl. beansprucht werden	
Anwendungsbereiche	wie Gefährdungsklasse 1 unter Berücksichtigung von Tafel 98, Gefährdungsklasse 1	Innenbauteile bei einer mittleren rel. Luftfeuchte bis 70% und gleichartig beanspruchte Bauteile[4])	Innenbauteile bei einer mittleren rel. Luftfeuchte über 70% und gleichartig beanspruchte Bauteile Innenbauteile in Naßbereichen, Holzteile wasserabweisend abgedeckt Außenbauteile ohne unmittelbare Wetterbeanspruchung	Außenbauteile mit Wetterbeanspruchung ohne ständigen Erd- und/oder Wasserkontakt Innenbauteile in Naßräumen	Holzteile mit ständigem Erd- und/oder Süßwasserkontakt[2]), auch bei Ummantelung
c) Anforderungen an Holzschutzmittel, Prüfprädikate					
Anforderungen	keine Holzschutzmittel erforderlich	insektenvorbeugend	insektenvorbeugend, pilzwidrig	insektenvorbeugend, pilzwidrig, witterungsbeständig	insektenvorbeugend, pilzwidrig, witterungsbeständig, moderfäulewidrig
Prüfprädikate	–	Iv	Iv, P	Iv, P, W	Iv, P, W, E

1) vorbeugender chemischer Schutz von Holzwerkstoffen wird in DIN 68800-5 geregelt
2) besondere Bedingungen gelten für Kühltürme sowie Holz im Meerwasser
3) vgl. Tafel 101
4) Holzfeuchte $u < 20\%$ sichergestellt

12

Tafel 101 Nicht erforderliche chemische Holzschutzmaßnahmen in den einzelnen Gefährdungsklassen nach DIN 68800-3, 2.2

Gefährdungsklasse	Holzschutzmaßnahmen nicht erforderlich, wenn in den einzelnen Gefährdungsklassen folgende Hölzer verwendet werden:
0	–
1	Farbkernhölzer mit einem Splintholzanteil <10%, oder Holz in Räumen mit üblichem Wohnklima oder vergleichbaren Räumen verbaut und – gegen Insektenbefall allseitig durch eine geschlossene Bekleidung abgedeckt oder – Holz zum Raum hin so offen angeordnet ist, daß es kontrollierbar bleibt
2	splintfreie Farbkernhölzer der Resistenzklasse 1, 2 oder 3 nach DIN 68364
3	splintfreie Farbkernhölzer der Resistenzklasse 1 oder 2 nach DIN 68364
4	splintfreie Farbkernhölzer der Resistenzklasse 1 nach DIN 68364

7.3 Oberflächenschutz nach Informationsdienst Holz und *Willeitner* in [11], Bd. 1

Oberflächenbehandlungen (Anstriche) wetterbeanspruchter Holzbauteile zielen auf dekorative Gestaltung und Schutz vor Verfärbung, Verschmutzung, Feuchte und Pilzbefall. In der Regel sind der chemische Holzschutz und geeignete, aufeinander abgestimmte Oberflächenbehandlungen vorzunehmen.

Die Oberflächenbehandlung besteht aus einem Grundier-, einem od. mehreren Zwischen- und einem Deckanstrich mit z. B. pigmentierten Lasuren (offenporig) oder deckenden Alkydharz-Lackfarben. Die Anstriche sind je nach Bewitterung nach 1 bis 2 Jahren und danach in weiteren Zeitabständen zu wiederholen. Helle Anstriche eignen sich wegen der stärkeren Reflektion besser als dunklere.

8 Sortiermerkmale und -klassen für Nadelschnittholz nach DIN 4074-1

DIN 4074-1 unterscheidet eine **visuelle und maschinelle Sortierung**. Die maschinelle Sortierung darf nur mit geeigneten und geprüften Sortiermaschinen vorgenommen werden, während die visuelle Sortierung nur erfahrene Fachleute durchführen können. Sortierklassen und -merkmale für Nadelschnittholz sind in Tafel 102 und 103 zusammengestellt. Weitere Anforderungen an Nadelschnittholz sind:

Tafel 102 Sortierklassen bei visueller und maschineller Sortierung von Nadelschnittholz nach DIN 4074-1

Sortierklassen[1]) bei visueller Sortierung	Sortierklassen[1]) bei maschineller Sortierung	Bezeichnung der Tragfähigkeit des Schnittholzes	entspricht den Güteklassen der DIN 1052: 1988-04
S 7	MS 7	gering	III
S 10	MS 10	üblich	II
S 13	MS 13	überdurchschnittlich	I
–	MS 17	besonders hoch	–

[1]) die Ziffern der Sortierklassen 7, 10, 13 und 17 entsprechen den jeweils zulässigen Biegespannungen für Nadelholz nach Tafel 1 (außer MS 13)

– **Maßhaltigkeit**
Abweichungen von den vorgesehenen Querschnittsmaßen nach unten sind, bezogen auf eine mittlere Holzfeuchte von 30%, zulässig bis 3% bei 10% der Menge (bei maschineller Sortierung gelten z. T. geringere Abweichungen)

– **Toleranzen**
Bei nachträglicher Inspektion einer Lieferung sortierten Holzes sind ungünstige Abweichungen von den geforderten Grenzwerten zulässig bis 10% bei 10% der Menge

– **Kennzeichnung**
Schnitthölzer der Sortierklassen S 13, MS 7 bis MS 17 sind dauerhaft, eindeutig und deutlich mit vorgeschriebenem Text zu kennzeichnen.

Tafel 103 Sortierkriterien für Kanthölzer aus Nadelholz bei visueller Sortierung nach DIN 4074-1[1])

	Sortiermerkmale		Sortierklassen[2]) S7	S10	S13
Baumkante					
1	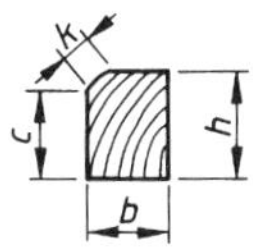	*k* Breite der Baumkante $K = k/h$, bezogen auf die größere Querschnittsseite *c* verbleibende Sägekante *b*/*h* rechnerischer Querschnitt	$c > 0$, alle vier Seiten müssen durchgehend von Schneidwerkzeugen gestreift sein	$K \leqq 1/3$ je Querschnittsseite: c/h und $c/b \geqq 1/3$	$K \leqq 1/8$ je Querschnittsseite c/h und $c/b \geqq 2/3$
Äste oder Astlöcher (einschl. Astrinde)					
2	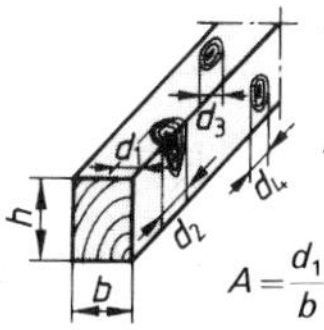	*d* kleinste sichtbare Durchmesser der Äste *A* Ästigkeit, maßgebend ist der größte Ast $A = \frac{d_1}{b}$ oder $A = \frac{d_2}{h}$ oder $A = \frac{d_3}{b}$ oder $A = \frac{d_4}{h}$	$A \leqq 3/5$	$A \leqq 2/5$ $\leqq 70$ mm	$A \leqq 1/5$ $\leqq 50$ mm
Jahrringbreite (als mittlere Jahrringbreite nach DIN 52181)					
3	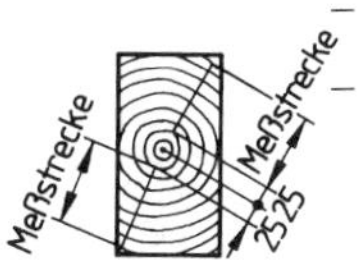	– gemessen in radialer Richtung, – bei Querschnitten mit Mark bleibt ein Bereich von 25 mm, ausgehend von der Markröhre, außer Betracht	–	allgemein: $\leqq 6$ mm bei Douglasie: $\leqq 8$ mm	allgemein: $\leqq 4$ mm bei Douglasie: $\leqq 6$ mm
Faserneigung					
4	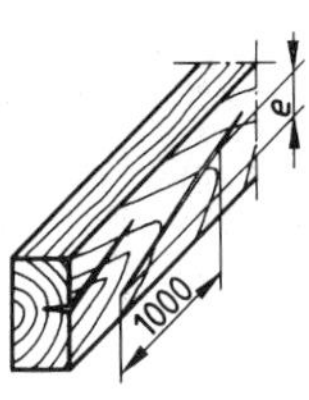	*e* Abweichung der Fasern auf 1000 mm Länge, – örtliche Faserabweichungen z. B. durch Äste bleiben unberücksichtigt, – gemessen wird nach Jahrringverlauf, Schwindrissen od. mit geeignetem Ritzgerät	$e \leqq 200$ mm/m	$e \leqq 120$ mm/m	$e \leqq 70$ mm/m
Risse[3])[4])					
5	 **Frostriß**  **Blitzriß** **Ringschäle** (ein Riß längs Jahrringe)		nicht zulässig	nicht zulässig	nicht zulässig
	radiale Schwindrisse (Trockenrisse)		zulässig	zulässig	zulässig

Fortsetzung und Fußnoten s. nächste Seiten

Tafel 103, Fortsetzung

	Sortiermerkmale	Sortierklassen[2]) S7	S10	S13
Krümmung[5])				
6	Längskrümmung 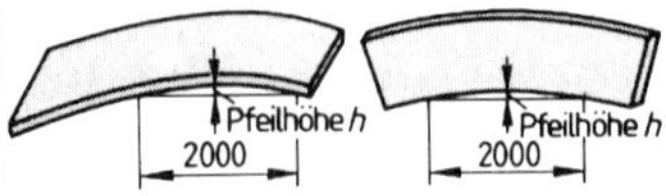 Pfeilhöhe *h* – Pfeilhöhe *h* an derStelle der größten Verformung bezogen auf 2000 mm Meßlänge Verdrehung: Pfeilhöhe *h* 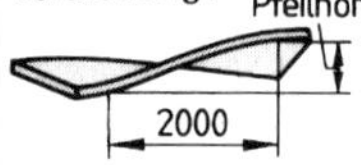	≦15 mm/2 m	≦8 mm/2 m	≦5 mm/2 m
Druckholz				
7	– wird im lebenden Baum als Reaktion auf äußere Beanspruchung gebildet, – ist durch eine Struktur gekennzeichnet, die vom üblichen Holz verschieden ist, – kann erhebliche Krümmung des Schnittholzes verursachen	bis zu 3/5 des Querschnitts oder der Oberfläche zulässig	bis zu 2/5 des Querschnitts oder der Oberfläche zulässig	bis zu 1/5 des Querschnitts oder der Oberfläche zulässig
Verfärbungen (als Veränderung der natürlichen Holzfarbe)				
8	**Bläue** entsteht durch Bläuepilze, diese leben von Inhaltsstoffen, nicht von Zellwänden, keine Festigkeitsminderungen	zulässig	zulässig	zulässig
	braune und rote Streifen entstehen durch Pilzbefall, keine Festigkeitsminderung, solange sie nagelfest sind (Härte)	bis zu 3/5 des Querschnitts oder der Oberfläche zulässig	bis zu 2/5 des Querschnitts oder der Oberfläche zulässig	bis zu 1/5 des Querschnitts oder der Oberfläche zulässig
	Rot- und Weißfäule entstehen durch holzzerstörende Pilze, erkennbar durch fleckige Verfärbung und reduzierte Oberflächenhärte	nicht zulässig	nicht zulässig	nicht zulässig
Insektenfraß				
9	– stehende Bäume und frisches Rundholz können von Frischholzinsekten befallen werden, – Befall ist an den Fraßgängen (Bohrlöchern) auf der Holzoberfläche erkennbar	Fraßgänge bis 2 mm Durchmesser von Frischholzinsekten zulässig		
Mistelbefall				
10	– Misteln sind Halbschmarotzerpflanzen, die auf Bäumen wachsen, – ihre Senkerwurzeln (-löcher, ca. 5 mm Durchmesser) verursachen meist eine enge Durchlöcherung des Holzes	nicht zulässig	nicht zulässig	nicht zulässig

[1]) Sortierkriterien für Bohlen, Bretter und Latten sowie zusätzliche Sortierkriterien bei maschineller Sortierung s. DIN 4074-1,
[2]) die Sortierklassen S7, S10, S13 entsprechen den früheren und in DIN 1052:1988-04 angeführten Güteklassen III, II, I,
[3]) Blitz- und Frostrisse entstehen am stehenden Baum; an einer Nachdunkelung des angrenzenden Holzes und Frostrisse zusätzlich an einer örtlichen Krümmung der Jahrringe erkennbar
[4]) übliche Schwindrisse (Trockenrisse) beeinträchtigen die Tragfähigkeit nicht
[5]) Krümmung ist vorwiegend von der Holzfeuchte abhängig, bei frischem Schnittholz i. a. nicht zu erkennen, größtes Ausmaß bei getrocknetem Holz

9 Konstruktionsbeispiele

Die in diesem Abschnitt angeführten Beispiele sind gebräuchliche Konstruktionen des Ingenieurholzbaus. Querschnitte und Verbindungen/Verbindungsmittel sind in jedem Fall statisch und erforderlichenfalls brandschutztechnisch nachzuweisen; in einigen Fällen bestimmen bauphysikalische Erfordernisse die Querschnittsabmessungen. Derartige Konstruktionen sind bereits mehrfach in der o.a. Fachliteratur dargestellt worden; eine eingehendere Beschreibung der folgenden Beispiele kann u.a. *Neuhaus* [17] entnommen werden.

9.1 Auflager von Balken und Bindern

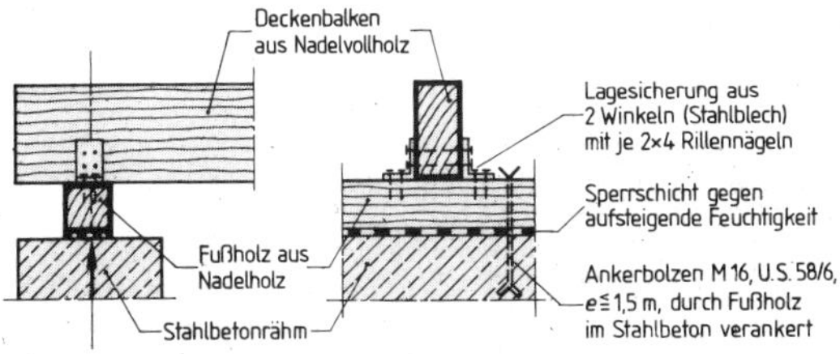

Bild 45
Auflager eines Deckenbalkens aus Nadelvollholz; Beispiel

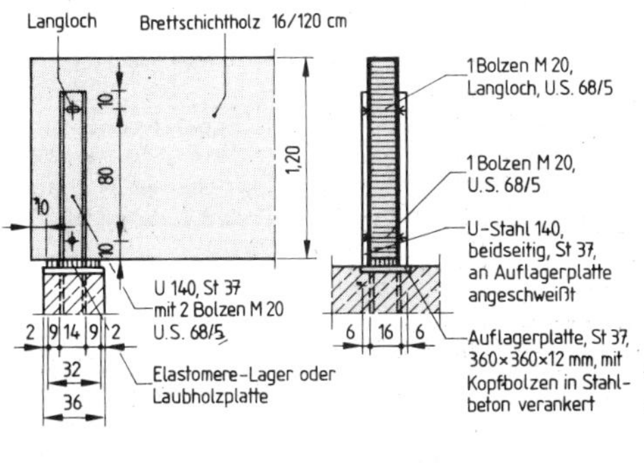

Bild 46
Auflager eines Parallelträgers aus Brettschichtholz; Beispiel; Ausbildung eines Gabellagers durch beidseitigen U-Stahl, angeschweißt auf Auflagerplatte

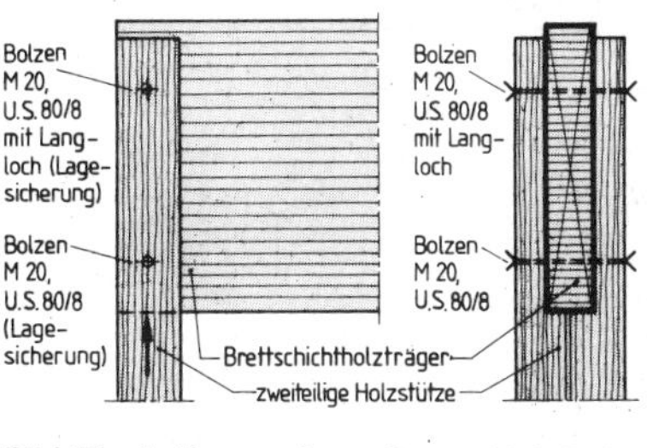

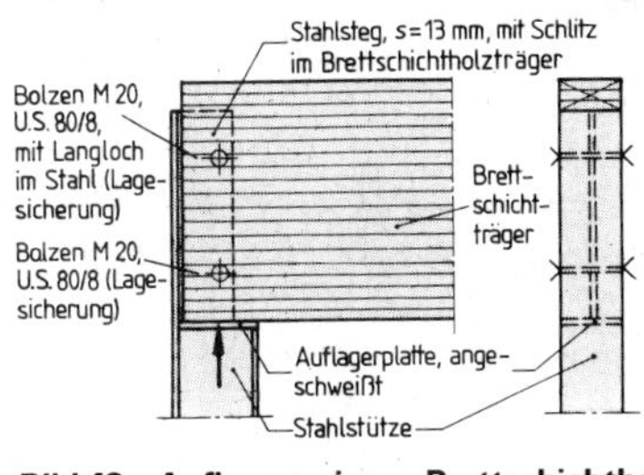

Bild 47 **Auflager eines Brettschichtholzträgers auf eine zweiteilige Holzstütze; Beispiel; Ausbildung eines Gabellagers durch beidseitige Holzstege**

Bild 48 **Auflager eines Brettschichtholzträgers auf eine Stahlstütze; Beispiel; Ausbildung einer Gabellagerung durch innenliegenden Stahlsteg**

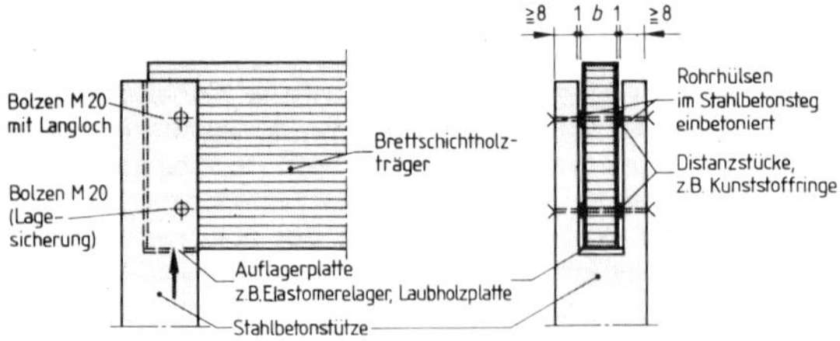

Bild 49
Auflager eines Brettschichtholzträgers auf eine Stahlbetonstütze; Beispiel; Ausbildung einer Gabellagerung durch beidseitige Stahlbetonstege

9.2 Auflager von Holzstützen, Rahmen und Bögen

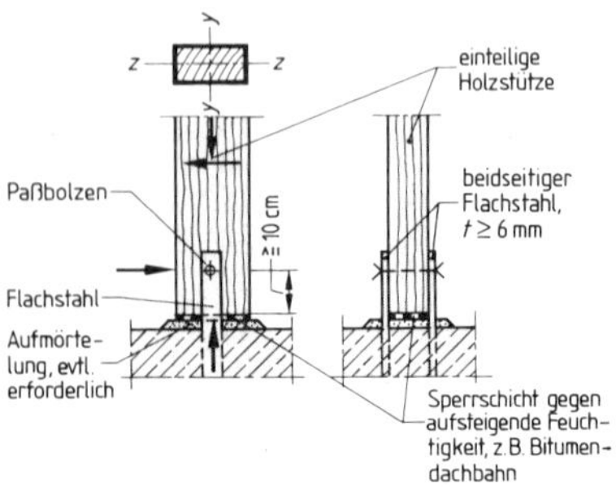

Bild 50 **Auflager des Fußes einer Pendelstütze im allseits geschlossenen Bauwerk (gelenkige Lagerung); Beispiel**

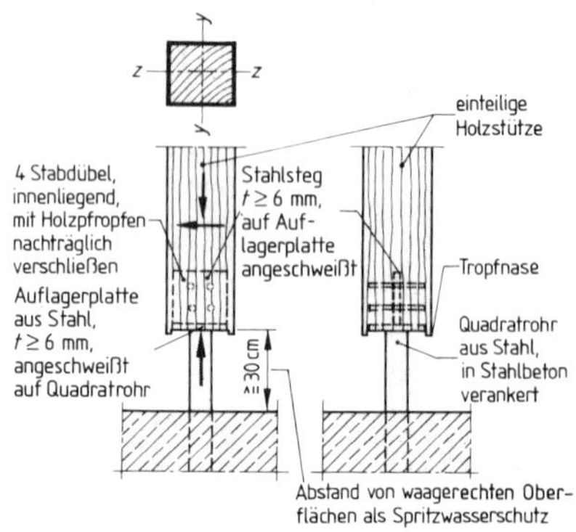

Bild 51 **Auflager des Fußes einer Pendelstütze im Freien („gelenkige" Lagerung); Beispiel**

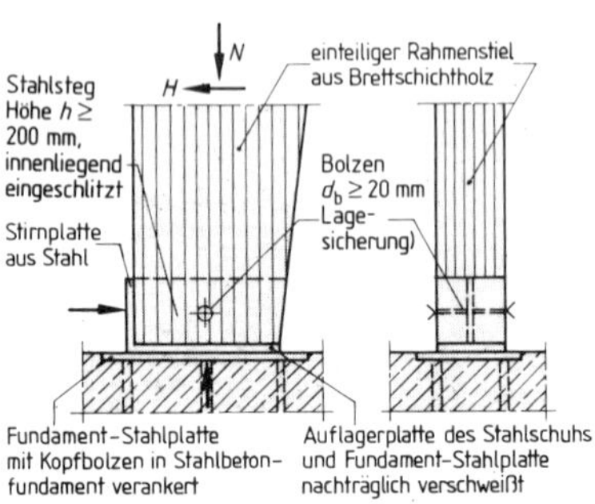

Bild 52 **Auflager eines einteiligen Rahmenstiels aus Brettschichtholz mit Stahlschuh bei kleinerer bis mittlerer Stützweite in allseits geschlossenen Bauwerken (gelenkige Lagerung); Beispiel; Stahlteile $t \geqq 8$ mm**

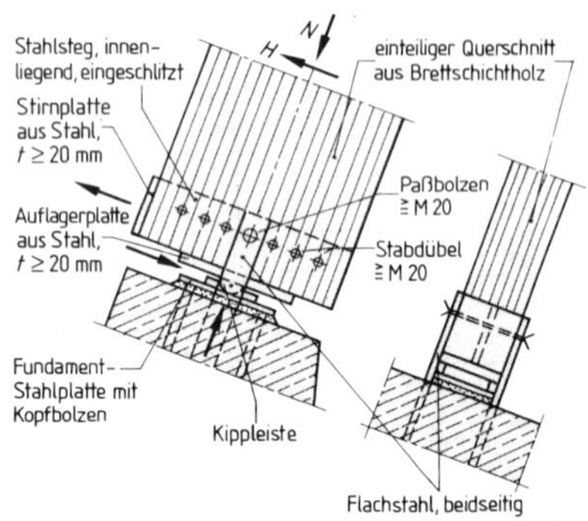

Bild 53 **Bogen- oder Rahmenauflager als Stahlschuh mit Kippleiste bei großen Stützweiten (Stahlgelenk) in allseits geschlossenen Bauwerken; Beispiel; weitere Stahlteile $t \geqq 10$ mm**

9.3 Verbandsanschlüsse

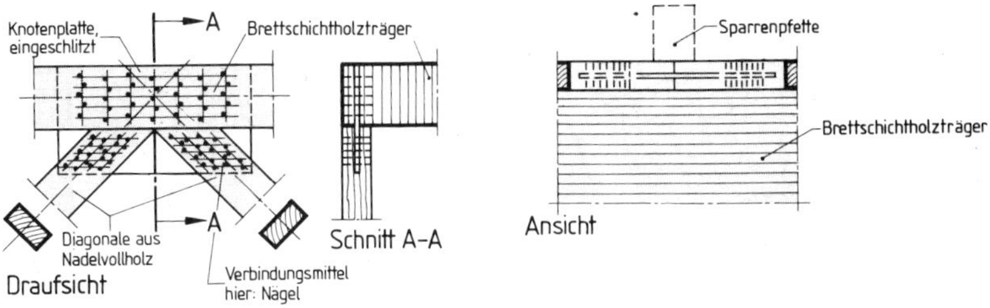

Bild 54 **Anschluß von Diagonalen aus Nadelvollholz an einen Brettschichtholzträger mit eingeschlitzter Knotenplatte und Verbindungsmitteln (mittiger Anschluß); Beispiel**

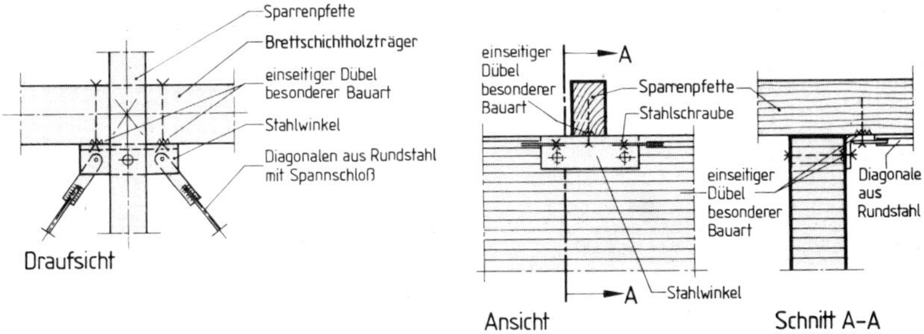

Bild 55 **Anschluß von Stahldiagonalen an einen Brettschichtholzträger mit Stahlwinkel, Schrauben und einseitigen Dübeln besonderer Bauart (mittiger Anschluß); Beispiel**

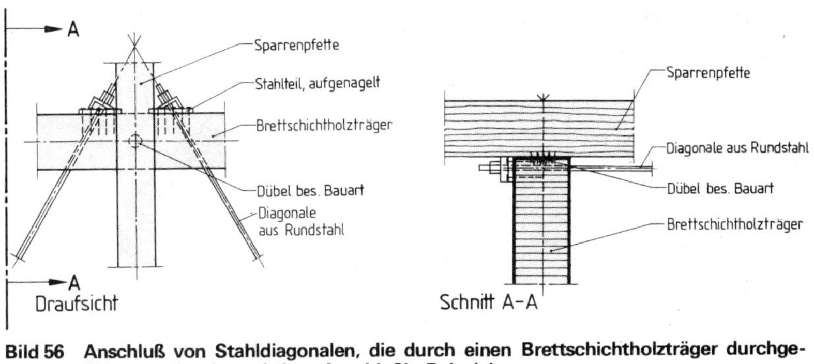

Bild 56 **Anschluß von Stahldiagonalen, die durch einen Brettschichtholzträger durchgeführt werden (ausmittiger Anschluß); Beispiel**

9.4 Firstgelenke von Bögen und Rahmen

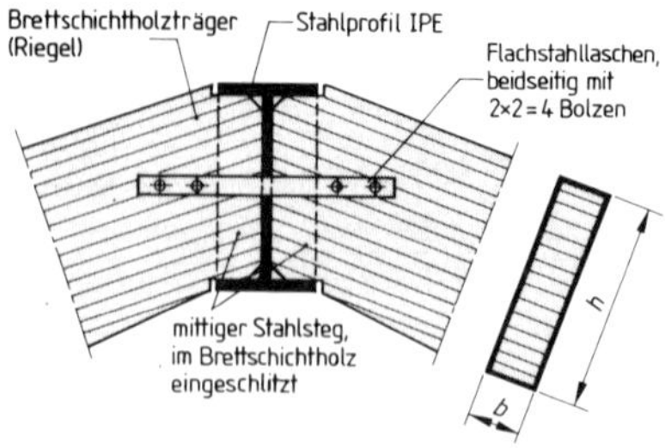

Bild 57 **Firstgelenk bei Dreigelenkrahmen mit kleiner bis mittlerer Stützweite (Stahlprofil); Beispiel**

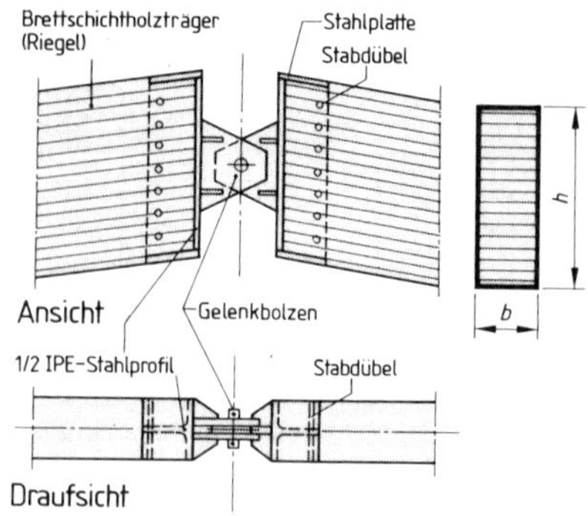

Bild 58 **Firstgelenk bei Dreigelenkrahmen oder Bögen mit großer und sehr großer Stützweite (Stahlgelenk mit Gelenkbolzen); Beispiel**

9.5 Hausdächer

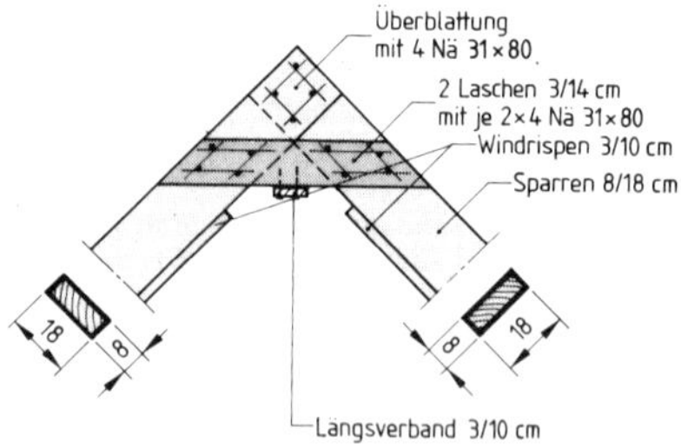

a) mit Überblattung und Laschen

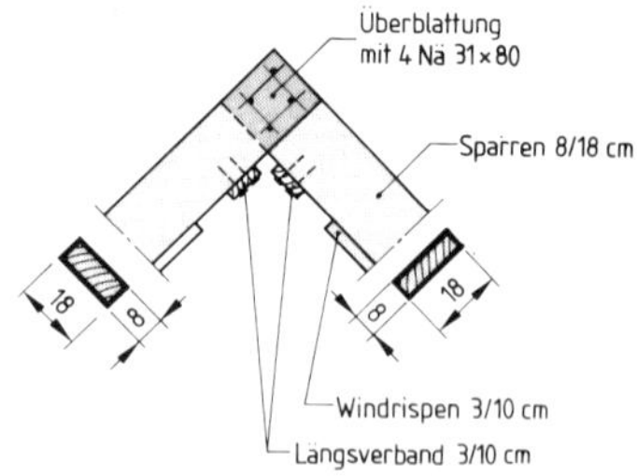

b) mit Überblattung

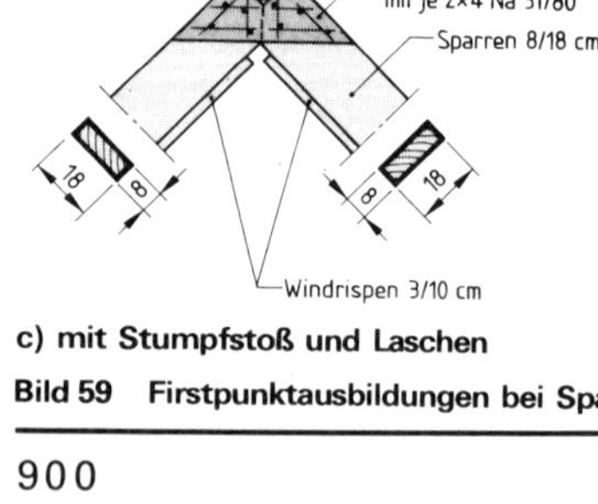

c) mit Stumpfstoß und Laschen

d) mit Laschen

Bild 59 **Firstpunktausbildungen bei Sparren-, Kehlbalken- und Pfettendächern; Beispiele**

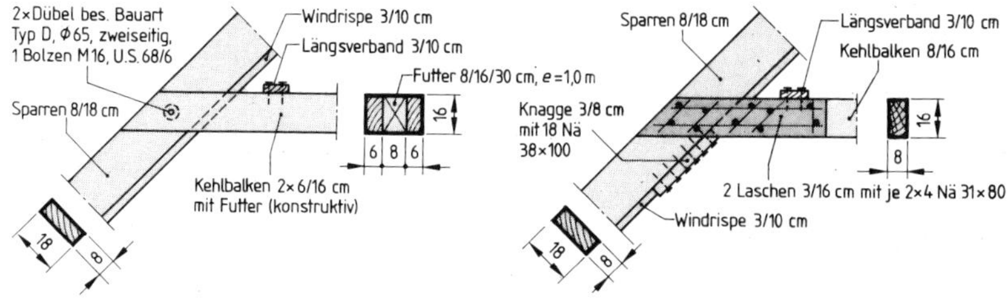

a) mit Dübeln besonderer Bauart **b) mit Knagge und Laschen**

Bild 60 Kehlbalkenanschlüsse an Sparren; Beispiele

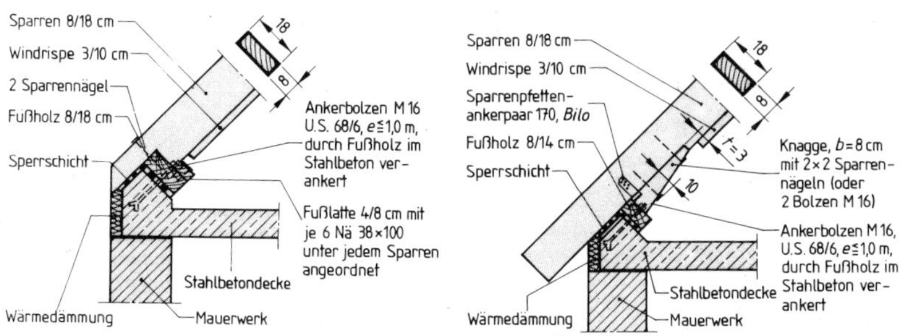

a) mit Fußlatte **b) mit Knagge**

Bild 61 Fußpunktausbildung von Sparren bei Sparren- und Kehlbalkendächern; Beispiele

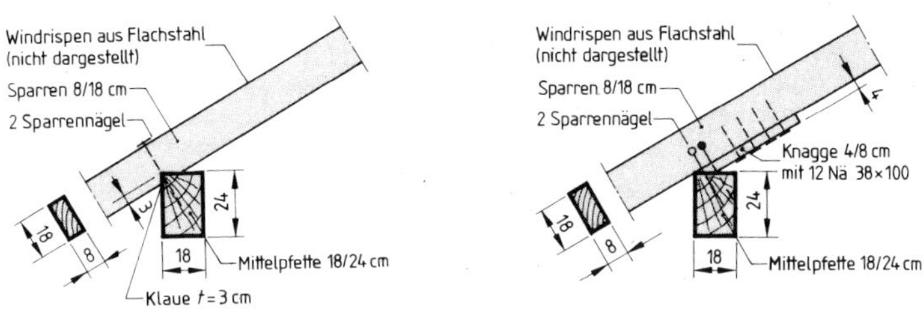

a) mit Klaue **b) mit untergenagelter Knagge**

Bild 62 Anschlüsse Sparren/Mittelpfette bei Pfettendächern; Beispiele

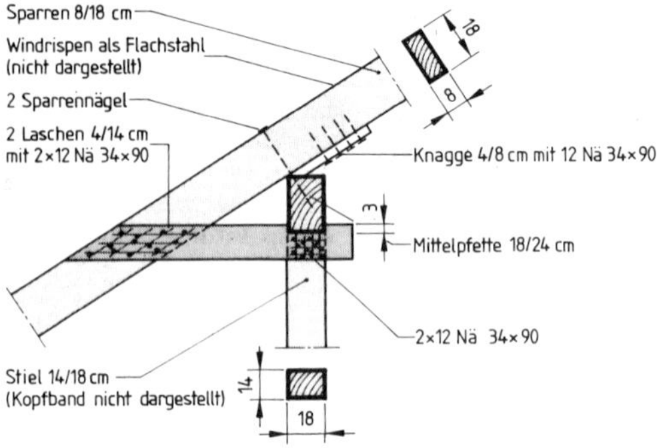

Bild 63
Anschluß Sparren/Mittelpfette/Stiel beim strebenlosen Pfettendach; Beispiel

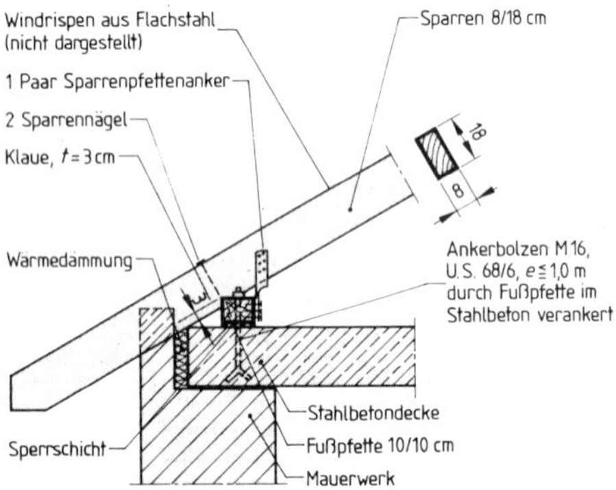

Bild 64
Anschluß Sparren/Fußpfette beim strebenlosen Pfettendach; Beispiel

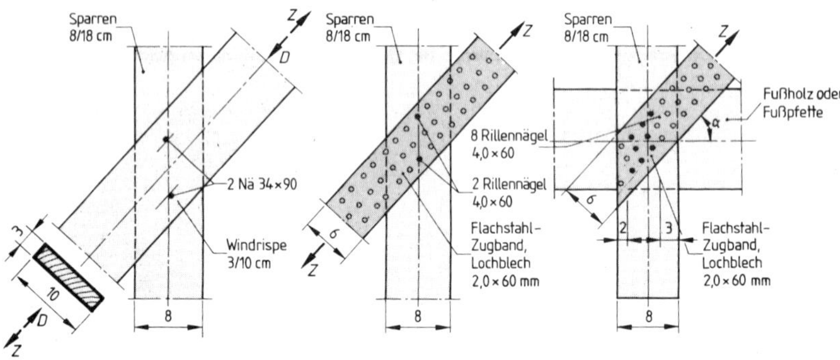

a) Anschluß einer Windrispe aus Holz unter einem Sparren (Untersicht),

b) Anschluß eines Flachstahl-Zugbandes (Lochblech) auf einem Sparren (Draufsicht),

c) Anschluß eines Flachstahl-Zugbandes (Lochblech) an einem Sparrenfußpunkt (Draufsicht)

○ **vorhandene Nagellöcher im Lochblech („Windrispenband")**
● **ausgenagelte Nagellöcher im Lochblech („Windrispenband")**

Bild 65 Anschlüsse von Windrispen; Beispiele

10 Tafeln

Tafel 104 Tragfähigkeit einteiliger Rundholzstützen aus Nadelholz, S10, mittiger Druck, beidseitig gelenkige Lagerung, Lastfall H[1]) (Fußnoten s. Tafel 105)

d	max *N* in kN bei einer Knicklänge s_K in m											
in cm	2,00	2,50	3,00	3,50	4,00	4,50	5,00	5,50	6,00	6,50	7,00	8,00
10	36,4	26,6	18,5	13,6	10,4	8,2	6,7	5,5	4,6	–	–	–
12	64,3	49,7	38,4	28,2	21,6	17,0	13,8	11,4	9,6	8,1	7,1	–
14	101	81,8	65,2	52,3	40,1	31,7	25,7	21,2	17,9	15,2	13,1	10,0
16	144	121	101	82,7	68,4	54,0	43,8	36,1	30,4	25,9	22,3	17,0
18	196	169	145	122	102	86,4	70,0	57,8	48,5	41,4	35,6	27,4
20	254	226	198	170	146	124	107	88,2	74,2	63,2	54,5	41,6 [2])
22	320	289	256	227	198	171	148	129	108	92,5	79,6	61,1
24	391	360	325	290	258	227	199	174	154	131	113	86,3
26	467	435	401	361	326	291	258	228	203	181	156	119
28	552	519	483	442	403	363	327	292	261	234	209	160
30	638	611	572	530	484	445	403	364	328	294	266	211

Für Rundholz mit ungeschwächter Randzone ist: zul $\sigma_D \| = 1{,}2 \cdot 8{,}5 = 10{,}2$ MN/m², s. Tafel 7

Tafel 105 Tragfähigkeit einteiliger quadratischer Holzstützen aus Nadelholz, S10, mittiger Druck, beidseitig gelenkige Lagerung, Lastfall H[1])

d	max *N* in kN bei einer Knicklänge s_K in m											
in cm	2,00	2,50	3,00	3,50	4,00	4,50	5,00	5,50	6,00	6,50	7,00	8,00
10	45,7	34,8	26,3	19,3	14,8	11,7	9,4	7,8	6,6	5,6	4,8	–
12	78,0	62,8	50,0	39,9	30,5	24,1	19,5	16,1	13,6	11,6	9,9	7,6
14	118	100	83,0	68,3	56,5	44,8	36,3	30,0	25,2	21,4	18,5	14,2
16	166	145	125	106	89,2	75,3	62,0	51,2	43,0	36,6	31,6	24,2
18	222	200	175	152	131	113	97,3	82,0	68,9	58,8	50,6	38,8 [2])
20	283	260	233	209	183	160	139	122	105	89,2	77,1	59,1
22	353	329	301	271	243	215	191	169	149	131	113	86,6
24	429	405	377	342	311	281	252	226	201	179	160	122
26	510	487	460	423	388	355	321	292	261	235	212	169
28	600	574	546	513	473	436	401	366	332	302	272	226
30	695	671	638	607	567	523	484	447	411	377	345	285

[1]) erf. Ermäßigungen der Tragfähigkeit bei Feuchtigkeitseinwirkungen s. Tafel 7
[2]) Die Werte oberhalb der Stufenlinie gehören zu Schlankheitsgraden $\lambda > 150$.

Tafel 106 Kanthölzer und Balken aus Nadelholz, Querschnittsmaße und statische Werte nach DIN 4070-1:1958-01 und DIN 4070-2:1963-10

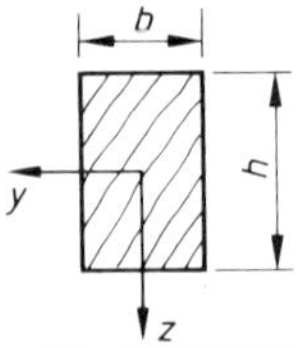

b/h in cm/cm	A in cm²	G in N/m	W_y in cm³	I_y in cm⁴	W_z in cm³	I_z in cm⁴	i_y in cm	i_z in cm
6/6 *	36	21,6	36	108	36	108	1,73	1,73
6/8 *	48	28,8	64	256	48	144	2,31	1,73
6/10	60	36,0	100	500	60	180	2,89	1,73
6/12 *	72	43,2	144	864	72	216	3,46	1,73
6/14	84	50,4	196	1372	84	252	4,04	1,73
6/16	96	57,6	256	2048	96	288	4,62	1,73
6/18	108	64,8	324	2916	108	324	5,20	1,73
6/20	120	72,0	400	4000	120	360	5,77	1,73
6/22	132	79,2	484	5324	132	396	6,35	1,73
6/24	144	86,4	576	6912	144	432	6,93	1,73
6/26	156	93,6	676	8788	156	468	7,51	1,73
7/12	84	50,4	168	1008	98	343	3,46	2,02
7/14	98	58,8	229	1601	114	400	4,04	2,02
7/16	112	67,2	299	2389	131	457	4,62	2,02
7/18	126	75,6	378	3402	147	515	5,20	2,02
7/20	140	84,0	467	4667	163	572	5,77	2,02
7/22	154	92,4	565	6211	180	629	6,35	2,02
7/24	168	100,8	672	8064	196	686	6,93	2,02
7/26	182	109,2	789	10253	212	743	7,51	2,02
8/8 *	64	38,4	85	341	85	341	2,31	2,31
8/10 *	80	48,0	133	667	107	427	2,89	2,31
8/12 *	96	57,6	192	1152	128	512	3,46	2,31
8/14	112	67,2	261	1829	149	597	4,04	2,31
8/16 *	128	76,8	341	2731	171	683	4,62	2,31
8/18	144	86,4	432	3888	192	768	5,20	2,31
8/20	160	96,0	533	5333	213	853	5,77	2,31
8/22	176	105,6	645	7099	235	939	6,35	2,31
8/24	192	115,2	768	9216	256	1024	6,92	2,31
8/26	208	124,8	901	11717	277	1109	7,51	2,31
9/9	81	48,6	121	547	121	547	2,60	2,60
9/10	90	54,0	150	750	135	608	2,89	2,60
9/16	144	86,4	384	3072	216	972	4,62	2,60
9/18	162	97,2	486	4374	243	1094	5,20	2,60
9/20	180	108,0	600	6000	270	1215	5,77	2,60
9/22	198	118,8	726	7986	297	1337	6,35	2,60
9/24	216	129,6	864	10368	324	1458	6,93	2,60
9/26	234	140,4	1014	13182	351	1580	7,51	2,60
10/10 *	100	60,0	167	833	167	833	2,89	2,89
10/12 *	120	72,0	240	1440	200	1000	3,46	2,89
10/14	140	84,0	327	2287	233	1167	4,04	2,89
10/16	160	96,0	427	3413	267	1333	4,62	2,89
10/18	180	108,0	540	4860	300	1500	5,20	2,89
10/20 *	200	120,0	667	6667	333	1667	5,77	2,89
10/22 *	220	132,0	807	8873	367	1833	6,35	2,89
10/24	240	144,0	960	11520	400	2000	6,93	2,89
10/26	260	156,0	1127	14647	433	2167	7,51	2,89

Tafel 106, Fortsetzung

b/h in cm/cm	*A* in cm²	*G* in N/m	W_y in cm³	I_y in cm⁴	W_z in cm³	I_z in cm⁴	i_y in cm	i_z in cm
12/12 *	144	86,4	288	1728	288	1728	3,46	3,46
12/14 *	168	100,8	392	2744	336	2016	4,04	3,46
12/16 *	192	115,2	512	4096	384	2304	4,62	3,46
12/18	216	129,6	648	5832	432	2592	5,20	3,46
12/20 *	240	144,0	800	8000	480	2880	5,77	3,46
12/22	264	158,4	968	10648	528	3168	6,35	3,46
12/24	288	172,8	1152	13824	576	3456	6,93	3,46
12/26	312	187,2	1352	17576	624	3744	7,51	3,46
14/14 *	196	117,6	457	3201	457	3201	4,04	4,04
14/16 *	224	134,4	597	4779	523	3659	4,62	4,04
14/18	252	151,2	756	6804	588	4116	5,20	4,04
14/20	280	168,0	933	9333	653	4573	5,77	4,04
14/22	308	184,8	1129	12423	719	5031	6,35	4,04
14/24	336	201,6	1344	16128	784	5488	6,93	4,04
14/26	364	218,4	1577	20505	849	5945	7,51	4,04
14/28	392	235,2	1829	25611	915	6403	8,08	4,04
16/16 *	256	153,6	683	5461	683	5461	4,62	4,62
16/18 *	288	172,8	864	7776	768	6144	5,20	4,62
16/20 *	320	192,0	1067	10667	853	6827	5,77	4,62
16/22	352	211,2	1291	14197	939	7509	6,35	4,62
16/24	384	230,4	1536	18432	1024	8192	6,93	4,62
16/26	416	249,6	1803	23435	1109	8875	7,51	4,62
16/28	448	268,8	2091	29269	1195	9557	8,08	4,62
16/30	480	288,0	2400	36000	1280	10240	8,66	4,62
18/18	324	194,4	972	8748	972	8748	5,20	5,20
18/20	360	216,0	1200	12000	1080	9720	5,77	5,20
18/22 *	396	237,6	1452	15972	1188	10692	6,35	5,20
18/24	432	259,2	1728	20736	1296	11664	6,93	5,20
18/26	468	280,8	2028	26364	1404	12636	7,51	5,20
18/28	504	302,4	2352	32928	1512	13608	8,08	5,20
18/30	540	324,0	2700	40500	1620	14580	8,66	5,20
20/20 *	400	240,0	1333	13333	1333	13333	5,77	5,77
20/22	440	264,0	1613	17747	1467	14667	6,35	5,77
20/24 *	480	288,0	1920	23040	1600	16000	6,93	5,77
20/26	520	312,0	2253	29293	1733	17333	7,51	5,77
20/28	560	336,0	2613	36587	1867	18667	8,08	5,77
20/30	600	360,0	3000	45000	2000	20000	8,66	5,77
22/22	484	290,4	1775	19521	1775	19521	6,35	6,35
22/24	528	316,8	2112	25344	1936	21296	6,93	6,35
22/26	572	343,2	2479	32223	2097	23071	7,51	6 35
22/28	616	369,6	2875	40245	2259	24845	8,08	6,35
22/30	660	396,0	3300	49500	2420	26620	8,66	6,35
24/24	576	345,6	2304	27648	2304	27648	6,93	6,93
24/26	624	374,4	2704	35152	2496	29952	7,51	6,93
24/28	672	403,2	3136	43904	2688	32256	8,08	6,93
24/30	720	432,0	3600	54000	2880	34560	8,66	6,93
26/26	676	405,6	2929	38081	2929	38081	7,51	7,51
26/28	728	436,8	3397	47563	3155	41011	8,08	7,51
26/30	780	468,0	3900	58500	3380	43940	8,66	7,51
28/28	784	470,4	3659	51221	3659	51221	8,08	8,08
28/30	840	504,0	4200	63000	3920	54880	8,66	8,08
30/30	900	540,0	4500	67500	4500	67500	8,66	8,66

12

Tafel 107 Rechteckquerschnitte aus Brettschichtholz; Querschnittsmaße und statische Werte für $b = 10$ cm[1] [2]

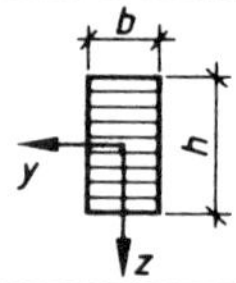

b/h cm/cm	A cm²	G[3] kN/m	W_y cm³	I_y cm⁴	i_y[4] cm	b/h cm/cm	A cm²	G[3] kN/m	W_y cm³	I_y cm⁴	i_y[4] cm
10/30	300	0,150	1500	22500	8,66	10/80	800	0,400	10670	426700	23,09
10/31	310	0,155	1602	24830	8,95	10/81	810	0,405	10940	442900	23,38
10/32	320	0,160	1707	27310	9,24	10/82	820	0,410	11210	459500	23,67
10/33	330	0,165	1815	29950	9,53	10/83	830	0,415	11480	476500	23,96
10/34	340	0,170	1927	32750	9,81	10/84	840	0,420	11760	493900	24,25
10/35	350	0,175	2042	35730	10,10	10/85	850	0,425	12040	511800	24,54
10/36	360	0,180	2160	38880	10,39	10/86	860	0,430	12330	530000	24,83
10/37	370	0,185	2282	42210	10,68	10/87	870	0,435	12620	548800	25,11
10/38	380	0,190	2407	45730	10,97	10/88	880	0,440	12910	567900	25,40
10/39	390	0,195	2535	49430	11,26	10/89	890	0,445	13200	587500	25,69
10/40	400	0,200	2667	53330	11,55	10/90	900	0,450	13500	607500	25,98
10/41	410	0,205	2802	57430	11,84	10/91	910	0,455	13800	628000	26,27
10/42	420	0,210	2940	61740	12,12	10/92	920	0,460	14110	648900	26,56
10/43	430	0,215	3082	66260	12,41	10/93	930	0,465	14420	670300	26,85
10/44	440	0,220	3227	70990	12,70	10/94	940	0,470	14730	692200	27,13
10/45	450	0,225	3375	75940	12,99	10/95	950	0,475	15040	714500	27,42
10/46	460	0,230	3527	81110	13,28	10/96	960	0,480	15360	737300	27,71
10/47	470	0,235	3682	86520	13,57	10/97	970	0,485	15680	760600	28,00
10/48	480	0,240	3840	92160	13,86	10/98	980	0,490	16010	784300	28,29
10/49	490	0,245	4002	98040	14,14	10/99	990	0,495	16340	808600	28,58
10/50	500	0,250	4167	104200	14,43	10/100	1000	0,500	16670	833300	28,87
10/51	510	0,255	4335	110500	14,72	10/101	1010	0,505	17000	858600	29,16
10/52	520	0,260	4507	117200	15,01	10/102	1020	0,510	17340	884300	29,44
10/53	530	0,265	4682	124100	15,30	10/103	1030	0,515	17680	910600	29,73
10/54	540	0,270	4860	131200	15,59	10/104	1040	0,520	18030	937400	30,02
10/55	550	0,275	5042	138600	15,88	10/105	1050	0,525	18380	964700	30,31
10/56	560	0,280	5227	146300	16,17	10/106	1060	0,530	18730	992500	30,60
10/57	570	0,285	5415	154300	16,45	10/107	1070	0,535	19080	1021000	30,89
10/58	580	0,290	5607	162600	16,74	10/108	1080	0,540	19440	1050000	31,18
10/59	590	0,295	5802	171100	17,03	10/109	1090	0,545	19800	1079000	31,47
10/60	600	0,300	6000	180000	17,32	10/110	1100	0,550	20170	1109000	31,75
10/61	610	0,305	6202	189200	17,61	10/111	1110	0,555	20540	1140000	32,04
10/62	620	0,310	6407	198600	17,90	10/112	1120	0,560	20910	1171000	32,33
10/63	630	0,315	6615	208400	18,19	10/113	1130	0,565	21280	1202000	32,62
10/64	640	0,320	6827	218500	18,47	10/114	1140	0,570	21660	1235000	32,91
10/65	650	0,325	7042	228900	18,76	10/115	1150	0,575	22040	1267000	33,20
10/66	660	0,330	7260	239600	19.05	10/116	1160	0,580	22430	1301000	33,49
10/67	670	0,335	7482	250600	19,34	10/117	1170	0,585	22820	1335000	33,77
10/68	680	0,340	7707	262000	19,63	10/118	1180	0,590	23210	1369000	34,06
10/69	690	0,345	7935	273800	19,92	10/119	1190	0,595	23600	1404000	34,35
10/70	700	0,350	8167	285800	20,21	10/120	1200	0,600	24000	1440000	34,64
10/71	710	0,355	8402	298300	20,50	10/121	1210	0,605	24400	1476000	34,93
10/72	720	0,360	8640	311000	20,78	10/122	1220	0,610	24810	1513000	35,22
10/73	730	0,365	8882	324200	21,07	10/123	1230	0,615	25220	1551000	35,51
10/74	740	0,370	9127	337700	21,36	10/124	1240	0,620	25630	1589000	35,80
10/75	750	0,375	9375	351600	21,65	10/125	1250	0,625	26040	1628000	36,08
10/76	760	0,380	9627	365800	21,94	10/126	1260	0,630	26460	1667000	36,37
10/77	770	0,385	9882	380400	22,23	10/127	1270	0,635	26880	1707000	36,66
10/78	780	0,390	10140	395500	22,52	10/128	1280	0,640	27310	1748000	36,95
10/79	790	0,395	10400	410900	22,80	10/129	1290	0,645	27740	1789000	37,24

[1]) im Regelfall sollte $h/b \leq 10$ betragen

[2]) für andere Querschnittsbreiten $b \neq 10$ cm: $\eta = b/b_{\text{Tafel}}$; $A, G, W_y, I_y = \eta \cdot$ Tafelwert

$i_y =$ Tafelwert

$i_z = \eta \cdot 0{,}28867 \cdot 10{,}0$

Beispiel für $b/h = 14/80$ cm: $\eta = 14/10 = 1{,}4$

$A = 1{,}4 \cdot 800 = 1120\ \text{cm}^2$

$W_y = 1{,}4 \cdot 10670 = 14940\ \text{cm}^3$

$G = 1{,}4 \cdot 0{,}400 = 0{,}56$ kN/m

$I_y = 1{,}4 \cdot 426700 = 597400\ \text{cm}^4$

$i_y = 23{,}09$ cm

$i_z = 1{,}4 \cdot 0{,}28867 \cdot 10 = 4{,}04$ cm

[3]) Wichte $\gamma = 5{,}0\ \text{kN/m}^3$

[4]) $i_z = 0{,}28867 \cdot 10 = 2{,}89$ cm

Tafel 108 Rundhölzer, Querschnittsmaße und statische Werte

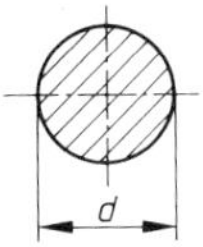

d ist in Stammitte bei entrindetem Holz gemessen. Die Eigenlast *G* gilt für halbtrockenes Kiefernholz ($\gamma = 6{,}5$ kN/m^3). Es ist bei Tanne und Fichte mit 0,85, bei Buche mit 1,15, bei Eiche mit 1,3 zu vervielfachen.

max s_K für max $\lambda = 150$

d in cm	*U* in cm	*A* in cm²	*G* in N/m	*I* in cm⁴	*W* in cm³	*i* in cm	max s_K in m
10	31,4	78,5	51,1	491	98,2	2,50	3,75
12	37,7	113	73,5	1020	170	3,00	4,50
14	44,0	154	100	1890	269	3,50	5,25
16	50,3	201	131	3220	402	4,00	6,00
18	56,5	254	165	5150	573	4,50	6,75
20	62,8	314	204	7850	785	5,00	7,50
22	69,1	380	247	11500	1050	5,50	8,25
24	75,4	452	294	16290	1360	6,00	9,00
26	81,7	531	345	22430	1730	6,50	9,75
28	88,0	616	400	30170	2160	7,00	10,50
30	94,2	707	459	39760	2650	7,50	11,25

Tafel 109 Dachlatten aus Nadelholz, Querschnittsmaße und statische Werte
nach DIN 4070-1:1958-01

b/*h* in mm/mm	*A* in cm²	*G* in N/m	W_y in cm³	I_y in cm⁴	W_z in cm³	I_z in cm⁴	i_y in cm	i_z in cm
24/48*	11,5	6,9	9,2	22,1	4,57	5,5	1,39	0,69
30/50*	15,0	9,0	12,5	31,3	7,5	11,3	1,45	0,87
40/60*	24,0	14,4	24,0	72,0	16,0	32,0	1,73	1,16

Tafel 110 Ungehobelte Bretter und Bohlen aus Nadelholz, Maße[1])
nach DIN 4071-1:1977-04

Dicken in mm	Bretter	16	18	22	24	28	38					
	Bohlen	44	48	50	63	70	75					
Breiten in mm	Bretter[2])	75	80	100	115	120	125	140	150	160	175	180
	und Bohlen[2])	200	220	225	240	250	260	275	280	300		
Längen in mm	Bretter	von 1500, Stufung 250										
	und Bohlen	bis 6000, Stufung 300										

[1]) gelten für eine Holzfeuchtigkeit von 14 bis 20%
[2]) parallel besäumt

Tafel 111 Vorschlag für Vorzugsquerschnitte von Konstruktionsvollholz (KVH)
nach Tafel 112 (Verwendungsbereich: Hausbau) [1]) [2])

Dicke in cm	Breite in cm					
	12	14	16	18	20	24
6	●	●	●	●	●	●
8	●	●	●		●	●
10	●				●	
12	●				●	●

[1]) auf Querschnitte mit Dicken von mehr als 12 cm wird aus Gründen der technischen Trocknung verzichtet
[2]) Tabelle ist als Orientierungshilfe anzusehen

Tafel 112 Vereinbarung über Konstruktionsvollholz (KVH) aus Nadelholz (Fichte/Tanne/Kiefer/Lärche), Stand: 06/97[1] [2] [3] [4]

Sortiermerkmale	KVH-Si sichtbarer Bereich	KVH-NSi nicht sichtbarer Bereich
Holzfeuchte	15% ± 3%	
Einschnittart	herzfrei bei Dicken ≦ 100 mm	herzgetrennt
	herzgetrennt bei Dicken > 100 mm	
Baumkante	nicht zulässig	schräg gemessen ≦ 10% der kleineren Querschnittsseite
Maßhaltigkeit des Querschnitts	± 1 mm	
Tragfähigkeit	DIN 4074-1, S10	
Astzustand	lose Äste und Durchfalläste nicht zulässig; vereinzelt angeschlagene Äste oder Astteile von Ästen bis max. 20 mm Ø sind zulässig	DIN 4074-1, S10
Ästigkeit	$A \leqq 2/5$ und ≦ 70 mm	
Rindeneinschluß	nicht zulässig	nach DIN 4074-1, S10
Risse, radiale Schwindrisse (Trockenrisse)	Rißbreite $b \leqq 3\%$ der jeweiligen Querschnittsseite, nicht mehr als 6 mm	nach DIN 4074-1, S10
Harzgallen	Breite $b \leqq 5$ mm	–
Verfärbungen, Bläue	nicht zulässig	zulässig
Insektenbefall	nicht zulässig	Fraßgänge bis 2 mm Ø von Frischholzinsekten zulässig
Verdrehungen[5]	–	–
Längskrümmung	bei herzfreiem Einschnitt ≦ 4 mm/2 m bei herzgetrenntem Einschnitt ≦ 8 mm/2 m	
Bearbeitung der Enden	rechtwinklig gekappt	
Oberflächenbeschaffenheit	gehobelt und gefast	egalisiert und gefast

[1]) Vereinbarung zwischen: Vereinigung Deutscher Sägewerksverbände e. V. (VDS) und Bund Deutscher Zimmermeister (BDZ) im Zentralverband des Deutschen Baugewerbes e. V.
[2]) wenn nicht ausdrücklich anders festgelegt, gelten mindestens die Anforderungen nach DIN 4074-1, s. Tafel 103.
[3]) Keilzinkungen sind zugelassen, Näheres regelt DIN 1052-1.
[4]) höhere Anforderungen, als in dieser Vereinbarung festgelegt, können zwischen Besteller und Lieferanten ergänzend vereinbart werden.
[5]) kein Maß definiert, da bei Einhaltung aller anderen Kriterien keine untolerierbaren Verdrehungen zu erwarten sind.

Holzbau nach Eurocode 5 (EC 5)

DIN V ENV 1995 T1-1 (06.94) und NAD (02.95)

Bearbeitet von Prof. Dr.-Ing. Helmuth Neuhaus

Inhalt

Technische Baubestimmungen

Normen. DIN V ENV 1995-1-1: 1994-06 Eurocode 5: Entwurf, Berechnung und Bemessung von Holzbauwerken; Allgemeine Bemessungsregeln, Bemessungsregeln für den Hochbau; Deutsche Fassung ENV 1995-1-1: 1993

Weitere Normen sind im Abschn. „Holzbau nach DIN 1052-1, -2" angeführt.

Richtlinien. Nationales Anwendungsdokument (NAD): Richtlinie (02.95) zur Anwendung von DIN V ENV 1995 Teil 1-1: Eurocode 5: Entwurf, Berechnung und Bemessung von Holzbauwerken. Teil 1-1: Allgemeine Bemessungsregeln, Bemessungsregeln für den Hochbau. Berlin, Köln: Beuth, 1995.

Weiterführende Literatur

[1] bis [23] sind im Kapitel „Holzbau nach DIN 1052" angeführt

[24] *Aune, P.*: Schub und Torsion. Abschn. B4. In: STEP 1 [29]

[25] *Biermann, M.*; *Brüninghoff, H.*; *Jacobs, H.*; *Wiegand, T.*: Eurocode 5, Holzbauwerke, Beispiele. Folge 2. In: Informationsdienst Holz. holzbau handbuch. Reihe 2, Tragwerksplanung. Düsseldorf: Arbeitsgemeinschaft Holz, 1995

[26] *Blaß, H.J.*: Knicklängen. Abschn. B7. In: STEP 1 [29]

[27] *Blaß, H.J.*: Verbindungen mit Einlaßdübeln. Abschn. C9. In: STEP 1 [29]

[28] *Blaß, H.J.*: Verbindungen mit Einpreßdübeln. Abschn. C10. In: STEP 1 [29]

[29] *Blaß, H.J.* (Hrsg.); *Görlacher, R.* (Hrsg.); *Steck, G.* (Hrsg.): STEP 1, Holzbauwerke. Bemessung und Baustoffe nach Eurocode 5. In: Informationsdienst Holz. Arbeitsgemeinschaft Holz (Hrsg.): Düsseldorf: Fachverlag Holz, 1995

[30] *Blaß, H.J.* (Hrsg.); *Görlacher, R.* (Hrsg.); *Steck, G.* (Hrsg.): STEP 2, Holzbauwerke. Bauteile, Konstruktionen, Details nach Eurocode 5. In: Informationsdienst Holz. Arbeitsgemeinschaft Holz (Hrsg.): Düsseldorf: Fachverlag Holz, 1995

[31] *Blaß, H.J.* (Hrsg.); *Görlacher, R.* (Hrsg.); *Steck, G.* (Hrsg.): STEP 3, Holzbauwerke. Grundlagen, Entwicklungen, Ergänzungen zum Eurocode 5. In: Informationsdienst Holz. Arbeitsgemeinschaft Holz (Hrsg.): Düsseldorf: Fachverlag Holz, 1995

[32] *Brüninghoff, H.*: Aussteifung – Bemessung. Abschn. B15. In: STEP 1 [29]

[33] *Colling, F.*: STEP 5, Holzbauwerke. EDV-Hilfe in Excel 5.0, Bemessung nach Eurocode 5. Regelnachweise. Düsseldorf und Karlsruhe: Fachverlag Holz und Bruder, 1995

[34] *Colling, F.*; *Wagner, G.*; *Winter, S.*: Eurocode 5, Holzbauwerke, Bemessungsgrundlagen und Beispiele. Folge 1. In: Informationsdienst Holz. holzbau handbuch. Reihe 2, Tragwerksplanung. Düsseldorf: Arbeitsgemeinschaft Holz, 1995

[35] *Colling, F.*; *Wagner, G.*; *Winter, S.*: Eurocode 5, Holzbauwerke, Bemessungsgrundlagen und Beispiele. Anhang 1: EDV-Hilfen für die Bemessung nach EC5 (Excel 5.0). In: Informationsdienst Holz. holzbau handbuch. Reihe 2, Tragwerksplanung. Düsseldorf: Arbeitsgemeinschaft Holz, 1995

[36] *Crubile, Ph.*; *Ehlbeck, J.*; *Brüninghoff, H.*; *Larsen, H.*; *Sunley, J.*: Eurocode 5. Deutsche Entwurfsfassung. Kommission der Europäischen Gemeinschaften (KEG): 1987

[37] *Ehlbeck, J.*; *Görlacher, R.*: Querzugbeanspruchungen bei Anschlüssen. Abschn. C2. In: STEP 1 [29]

[38] *Ehlbeck, J.*; *Larsen, H.J.*: Grundlagen der Bemessung von Verbindungen im Holzbau nach dem Eurocode 5 (ENV 1995-1-1, Nov. 1992). bauen mit holz 95 (1993), S. 821 ff.

[39] *Ehlbeck, J.*; *Kromer, M.*: Zimmermannsmäßige Holzverbindungen. Abschn. C12. In: STEP 1 [29]

[40] *Ehlbeck, J.*; *Kürth, J.*: Pultdachträger, gekrümmte Träger und Satteldachträger. Abschn. B8. In: STEP 1 [29]

[41] *Kessel, M.H.*: Fachwerkbinder. Abschn. B12. In: STEP 1 [29]

[42] *Kessel, M.H.*: Ebene Rahmen und Bögen. Abschn. B14. In: STEP 1 [29]

[43] *Kreuzinger, H.*; *Mohr, B.*: Schwingungsprobleme nach Eurocode 5 bei Wohnungsdecken. Forschungsbericht der Deutschen Gesellschaft für Holzforschung, München

[44] STEP 4, Holzbauwerke. Eurocode 5 (DIN V ENV 1995-1-1), Nationales Anwendungsdokument (NAD). Düsseldorf und Karlsruhe: Fachverlag Holz und Bruder, 1995

[45] *Steck, G.*: Euro-Holzbau. Teil 1. Düsseldorf: Werner, 1997

Vorbemerkungen

Der Eurocode 5 „Entwurf, Berechnung und Bemessung von Holzbauwerken – Teil 1-1, Allgemeine Bemessungsregeln, Bemessungsregeln für den Hochbau" wird zunächst als DIN V ENV 1995-1-1 (Vornorm des Eurocode 5) für die vorläufige probeweise Anwendung veröffentlicht. In den folgenden Abschnitten steht für die offizielle Bezeichnung „ENV 1995-1-1" gleichbedeutend die Bezeichnung „EC 5 T1-1".

Die Anwendung der ENV 1995-1-1 gilt nur in Verbindung mit der „Richtlinie zur Anwendung von DIN V ENV 1995-1-1", diese Richtlinie ist das Nationale Anwendungsdokument für Deutschland (NAD). In den folgenden Abschnitten sind die erforderlichen Teile aus dem NAD berücksichtigt, die Herkunft der wesentlichen Teile ist jeweils gekennzeichnet.

ENV 1995-1-1 darf nur als Ganzes angewendet werden. ENV 1995-1-1 darf mit DIN-Normen, insbesondere der DIN 1052, und anderen Regelwerken nur dann verknüpft werden, wenn dies im NAD ausdrücklich gestattet wird. Die wesentlichen dieser DIN-Normen sind in den folgenden Abschnitten berücksichtigt.

ENV 1995-1-1 ist in den Bundesländern bauaufsichtlich eingeführt worden. Er kann alternativ zur DIN 1052 angewendet werden.

Formelzeichen im EC 5

Hauptzeiger

A	Außergew. Einwirkung
A	Fläche
C	Fester Wert in Grenzzuständen der Gebrauchstauglichkeit
E	Beanspruchung, Lastauswirkung
E	Elastizitätsmodul
F	Einwirkung
G	Ständige Einwirkung
I	Flächenmoment 2. Grades
K	Verschiebungsmodul
L	Länge
M	Biegemoment
N	Normalkraft, Längskraft
Q	Veränderliche Einwirkung
R	Beanspruchbarkeit
S	Schnittgrößen und -kräfte
V	Querkraft
V	Volumen
W	Widerstandsmoment
X	Wert einer Baustoffeigenschaft
a	Abstand
b	Breite
d	Durchmesser
e	Ausmitte, Exzentrizität
f	Festigkeit (eines Baustoffes)
h	Höhe
i	Trägheitsradius
k	Koeffizient; Faktor (stets mit Fußzeiger)
l	Länge; Spann-, Stützweite
m	Masse
r	Radius
s	Abstand
t	Dicke
u, v, w	Komponenten der Verschiebung eines Punktes
x, y, z	Koordinaten

α	Winkel; Verhältnis
β	Winkel; Verhältnis
γ	Teilsicherheitsbeiwerte
γ_G	für ständige Einwirkungen
γ_M	für Baustoffeigenschaften
γ_G	für veränd. Einwirkungen
λ	Schlankheitsgrad
Φ	Verdrehung
ϱ	Rohdichte
σ	Normal-, Längsspannung
τ	Schubspannung
ψ	Beiwerte zur Bestimmung repräsentativer Werte veränderlicher Einwirkungen
ψ_0	für Kombinationswerte
ψ_1	für häufige Werte
ψ_2	für quasi-ständige Werte

Fußzeiger

ap	First
c	Druck
cr	Kritisch
crit	Kritisch
d	Bemessungswert
def	Deformation, Verformung
dis	Verteilung
dst	Destabilisierend
ef	Wirksam, effektiv
ext	Äußere(r)
f	Gurt, Flansch
fin	End-
h	Lochleibung
in	Innerer
ind	Indirekt
inf	Unterer
inst	Anfangs-
k	Charakteristisch
l	Niedrig
ls	Lastverteilung
m	Material; Biegung
max	Größt-
min	Kleinst-
mod	Modifizierend
nom	Nominell, Nenn-
q	Veränderl. Einwirkung
Q	Veränderl. Einwirkung
ser	Gebrauchstauglichkeit
stb	Stabilisierend
sup	Oberer
t	Zug-
ten	Zug-
tor	Torsion
u	Bruch
v	Scher-, Schub-
vol	Volumen
w	Steg
x, y, z	Koordinaten
α	Winkel zwischen Kraft- (oder Spannungs-) und Faserrichtung
0, 90	Entsprechende Richtungen in bezug zur Faserrichtung
05	Entsprechendes Fraktil eines charakteristischen Wertes (5%-Fraktil)

1 Baustoffeigenschaften

1.1 Festigkeits-, Steifigkeits- und Rohdichtekennwerte

Tafel 1 Vollholz aus Nadelhölzern; charakteristische Festigkeits- und Steifigkeitskennwerte in N/mm² und charakteristische Rohdichte-Kennwerte in kg/m³
nach NAD, Tab. 3.2-1

Die Kennwerte gelten für Vollholz aus Nadelhölzern der Holzarten:
Fichte, Kiefer, Tanne, Lärche, Douglasie, Southern Pine, Western Hemlock, Yellow Cedar
(Die botanischen Namen sind im NAD; Tab. 3.2-1 angeführt)

	Sortierklasse nach DIN 4074-1				
	S 7/MS 7¹)	S 10/MS 10¹)	S 13	MS 13¹)	MS 17¹)
Festigkeitskennwerte					
Biegung $f_{m,k}$	16	24	30	35	40
Zug ∥ Faser $f_{t,0,k}$	0²)	14	18	21	24
Zug ⊥ Faser $f_{t,90,k}$	0³)	0,2	0,2	0,2	0,2
Druck ∥ Faser $f_{c,0,k}$	17	21	23	25	26
Druck ⊥ Faser $f_{c,90,k}$	4	5	5	5	6
Schub, Torsion $f_{v,k}$	1,8	2,5	2,5	3,0	3,5
Steifigkeitskennwerte					
E-Modul ∥ Faser $E_{0,mean}$	8000	11000	12000	13000	14000
E-Modul ∥ Faser $E_{0,05}$	5400	7400	8000	8700	9400
E-Modul ⊥ Faser $E_{90,mean}$	270	370	400	430	470
E-Modul ⊥ Faser $E_{90,05}$	180	250	270	290	310
Schub-Modul G_{mean}	500	690	750	810	880
Schub-Modul G_{05}	330	460	500	540	590
Rohdichtekennwerte					
Rohdichte ϱ_k	350	380	380	400	420

¹) die Verfügbarkeit maschinell sortierten Holzes ist sicherzustellen
²) für MS 7 gilt 10 N/mm²
³) für MS 7 gilt 0,2 N/mm²

Tafel 2 Brettschichtholz; charakteristische Festigkeits- und Steifigkeitskennwerte in N/mm² und charakteristische Rohdichte-Kennwerte in kg/m³
nach NAD, Tab. 3.3-1

Die Kennwerte gelten für Brettschichtholz aus Nadelholz der Holzarten nach Tafel 1

	Brettschichtholz-Festigkeitsklassen¹)						
	BS 11	BS 14		BS 16		BS 18	
		k²)	h³)	k²)	h³)	k²)	h³)
Festigkeitskennwerte⁴) ⁵)							
Biegung $f_{m,g,k}$	24	28		32		36	
Zug ∥ Faser $f_{t,0,g,k}$	17	17,5	20,5	18,5	23	23,5	25
Zug ⊥ Faser $f_{t,90,g,k}$	0,45	0,45		0,45		0,45	
Druck ∥ Faser $f_{c,0,g,k}$	24	27,5	29	28	31	30,5	32
Druck ⊥ Faser $f_{c,90,g,k}$	5,5	5,5		5,5		6,5	
Schub, Torsion $f_{v,g,k}$	2,7	2,7		2,7		3,2	

Fortsetzung und Fußnoten s. nächste Seite

Tafel 2, Fortsetzung

Die Kennwerte gelten für Brettschichtholz aus Nadelholz der Holzarten nach Tafel 1	Brettschichtholz-Festigkeitsklassen[1])						
	BS 11	BS 14		BS 16		BS 18	
		k[2])	h[3])	k[2])	h[3])	k[2])	h[3])
Steifigkeitskennwerte[4])							
E-Modul ∥ Faser $E_{0,g,mean}$	11500	12500		13500		14500	
E-Modul ∥ Faser $E_{0,g,05}$	9200	10000		10800		11600	
E-Modul ⊥ Faser $E_{90,g,mean}$	380	420		450		480	
E-Modul ⊥ Faser $E_{90,g,05}$	300	340		360		380	
Schub-Modul $G_{g,mean}$	720	780		840		900	
Schub-Modul $G_{g,05}$	580	620		670		720	
Rohdichtekennwerte[4])							
Rohdichte $\varrho_{g,k}$	410	410		410	430	430	450

[1]) der (Standard-)Lamellenaufbau der einzelnen Brettschichtholz-Festigkeitsklassen ist in Tafel 3 angeführt
[2]) Kombiniertes Brettschichtholz unter Verwendung von Lamellen aus zwei unterschiedlichen Sortier- bzw. Festigkeitsklassen
[3]) Homogenes Brettschichtholz unter Verwendung von Lamellen einer Festigkeitsklasse
[4]) Fußzeiger g Brettschichtholz
[5]) bei der Bemessung von Keilzinkenverbindungen ist die Querschnittsschwächung an der Stelle von Universal-Keilzinkenverbindungen durch eine Abminderung der jeweiligen charakteristischen Festigkeitswerte um 20% zu berücksichtigen; bei Brettschichtholz der Festigkeitsklassen BS14, BS16 und BS18 sind hierzu die Werte der jeweils nächst niedrigen Festigkeitsklasse in Rechnung zu stellen

Tafel 3 Lamellenaufbau („Standardaufbau") von Brettschichtholz in Übereinstimmung mit Tafel 2 nach NAD, Tab. B.1-1[1])

Sortierklasse der Lamellen nach DIN 4074-1	Brettschichtholz-Festigkeitsklassen						
	BS 11	BS 14		BS 16		BS 18	
		k	h	k	h	k	h
äußere Lamellen[2])	S 10	S 13	S 13	MS 13	MS 13	MS 17	MS 17
innere Lamellen	S 10	S 10	S 13	MS 10	MS 13	MS 13	MS 17

[1]) Brettschichtholz mit einem Lamellenaufbau, der von Tafel 3 abweicht, ist nach NAD, Anhang B.2, auszuführen
[2]) 1/6 der Trägerhöhe auf beiden Seiten, mindestens jedoch zwei Lamellen

Tafel 4 Bau-Furniersperrholz BFU nach DIN 68705-3; charakteristische Festigkeits- und Steifigkeitskennwerte in N/mm² und charakteristische Rohdichtekennwerte in kg/m³ nach NAD, Tab. 3.4-1 und Abschn. 3.4.1.2[5])

	Bau-Furniersperrholz BFU nach DIN 68705-3 zur Faserrichtung der Deckfurniere: parallel	rechtwinklig
Plattenbeanspruchung		
Biegung $f_{m,k}$	32	12
Abscheren[1]) $f_{v,k}$[3])	2,5	2,5
Biege-*E*-Modul $E_{m,mean}$	5500 (8000)[2])	1500 (400)[2])
Biege-*E*-Modul $E_{m,05}$	4400 (6400)[2])	1200 (320)[2])
Schubmodul G_{mean}	250	250
Schubmodul G_{05}	200	200

Fortsetzung s. nächste Seite

13

Tafel 4, Fortsetzung

		Bau-Furniersperrholz BFU nach DIN 68705-3 parallel zur Faserrichtung der Deckfurniere	Bau-Furniersperrholz BFU nach DIN 68705-3 rechtwinklig zur Faserrichtung der Deckfurniere
Scheibenbeanspruchung			
Biegung	$f_{m,k}$	22	14
Zug	$f_{t,k}$	18	9
Druck	$f_{c,k}$	18	9
Abscheren	$f_{v,k}$ 4)	8 (5) 2)	8 (5) 2)
Biege-*E*-Modul	$E_{m,mean}$	4500	2500 (1000) 2)
Biege-*E*-Modul	$E_{m,05}$	3600	2000 (800) 2)
Zug-*E*-Modul	$E_{t,mean}$	4500	2500 (1000) 2)
Zug-*E*-Modul	$E_{t,05}$	3600	2000 (800) 2)
Druck-*E*-Modul	$E_{c,mean}$	4500	2500 (1000) 2)
Druck-*E*-Modul	$E_{c,05}$	3600	2000 (800) 2)
Schubmodul 1)	G_{mean}	500	500
Schubmodul 1)	G_{05}	400	400
Rohdichtekennwerte			
Rohdichte	ϱ_k	400	400

1) die Scher- bzw. Schubbeanspruchung ∥ zur Plattenebene wird auch als „rolling shear" bezeichnet
2) die Werte in Klammern ( ) gelten für Furniersperrholz mit nur drei Lagen
3) in EC5 T1-1 wird der zugehörige Bemessungswert mit $f_{v,90,d}$ bezeichnet
4) in EC5 T1-1 wird der zugehörige Bemessungswert mit $f_{v,0,d}$ bezeichnet
5) über Einsatz von Bau-Furniersperrholz, Plattentypen und Nutzungsklassen s. Tafeln 8 und 9

Tafel 5 Bau-Furniersperrholz aus Buche BFU-BU nach DIN 68705-5; charakteristische Festigkeits- und Steifigkeitskennwerte in N/mm² und charakteristische Rohdichtekennwerte in kg/m³ nach NAD, Tab. 3.4-2 und Abschn. 3.4.1.2 6)

	Bau-Furniersperrholz aus Buche BFU-BU nach DIN 68705-5 5): parallel zur Faserrichtung der Deckfurniere					rechtwinklig zur Faserrichtung der Deckfurniere				
Klasse	1	2	3	4	5	1	2	3	4	5
Plattenbeanspruchung										
Biegung $f_{m,k}$	40	45	51	58	66	38	33	27	18	11
Abscheren $f_{v,k}$ 1) 3)	3,5									
Biege-*E*-Modul $E_{m,mean}$	5900	6600	7400	8700	9600	4000	3800	2850	1500	650
Biege-*E*-Modul $E_{m,05}$	4720	5280	5920	6960	7680	3200	3040	2280	1200	520
Schubmodul G_{mean}	400									
Schubmodul G_{05}	320									
Scheibenbeanspruchung										
Biegung $f_{m,k}$	29	36	36	43	36	31	29	24	20	24
Zug $f_{t,k}$	29	36	36	43	36	31	29	24	20	24
Druck $f_{c,k}$	21	26	26	31	26	22	21	17	14	17

Fortsetzung s. nächste Seite

Tafel 5, Fortsetzung

	Bau-Furniersperrholz aus Buche BFU-BU nach DIN 68705-5[5]) parallel zur Faserrichtung der Deckfurniere					Bau-Furniersperrholz aus Buche BFU-BU nach DIN 68705-5[5]) rechtwinklig zur Faserrichtung der Deckfurniere				
Klasse	1	2	3	4	5	1	2	3	4	5
Abscheren $f_{v,k}$ [2]) [4])	11 (8)									
Biege-*E*-Modul $E_{m,mean}$	4400	5500	5500	6600	5500	4700	4400	3650	3000	3700
$E_{m,05}$	3520	4400	4400	5280	4400	3760	3520	2920	2400	2960
Zug-*E*-Modul $E_{t,mean}$	4400	5500	5500	6600	5500	4700	4400	3650	3000	3700
$E_{t,05}$	3520	4400	4400	5280	4400	3760	3520	2920	2400	2960
Druck-*E*-Modul $E_{c,mean}$	4400	5500	5500	6600	5500	4700	4400	3650	3000	3700
$E_{c,05}$	3520	4400	4400	5280	4400	3760	3520	2920	2400	2960
Schubmodul G_{mean}	700									
G_{05}	560									
Rohdichtekennwerte										
Rohdichte ϱ_k	600									

[1]) die Scher- bzw. Schubbeanspruchung ‖ zur Plattenebene wird auch als „rolling shear" bezeichnet
[2]) die Werte in Klammern ( ) gelten für Furniersperrholz mit nur drei Lagen
[3]) in EC5 T1-1 wird der zugehörige Bemessungswert mit $f_{v,90,d}$ bezeichnet
[4]) in EC5 T1-1 wird der zugehörige Bemessungswert mit $f_{v,0,d}$ bezeichnet
[5]) für beliebig aufgebautes Bau-Furniersperrholz aus Buche BFU-BU nach DIN 68705-5 s. NAD, Tab. 3.4-2
[6]) über Einsatz von Bau-Furniersperrholz, Plattentypen und Nutzungsklassen s. Tafeln 8 und 9

Tafel 6 Flachpreßplatten nach DIN 68763; charakteristische Festigkeits- und Steifigkeitskennwerte in N/mm² und charakteristische Rohdichtekennwerte in kg/m³ nach NAD, Tab. 3.4-3 und Abschn. 3.4.2.2[4])

13

		Flachpreßplatten nach DIN 68763 Plattendicke in mm ≤13	>13 bis 20	>20 bis 25	>25 bis 32	>32 bis 40	>40 bis 50
Plattenbeanspruchung							
Biegung	$f_{m,k}$	15,0	13,3	11,7	10,0	8,3	6,7
Abscheren	$f_{v,k}$ [1]) [2])		1,6			1,2	
Biege-*E*-Modul	$E_{m,mean}$	3750	3300	2800	2550	1900	1400
	$E_{m,05}$	3375	2970	2520	2295	1710	1260
Schubmodul	G_{mean}		200			100	
	G_{05}		180			90	
Scheibenbeanspruchung							
Biegung	$f_{m,k}$	11,4	10,0	8,4	7,0	6,0	5,0
Zug	$f_{t,k}$	10,0	9,0	8,0	7,0	6,0	5,0
Druck	$f_{c,k}$	12,0	11,0	10,0	9,0	8,0	7,0
Abscheren	$f_{v,k}$ [3])		7,2			4,8	

Fortsetzung s. nächste Seite

Tafel 6, Fortsetzung

		Flachpreßplatten nach DIN 68763 Plattendicke in mm					
		≤13	>13 bis 20	>20 bis 25	>25 bis 32	>32 bis 40	>40 bis 50
Biege-E-Modul	$E_{m,mean}$ $E_{m,05}$	2200 1980	1900 1710	1600 1440	1300 1170	1000 900	800 720
Zug-E-Modul	$E_{t,mean}$ $E_{t,05}$	2200 1980	2000 1800	1700 1530	1400 1260	1100 990	900 810
Druck-E-Modul	$E_{c,mean}$ $E_{c,05}$	2200 1980	2000 1800	1700 1530	1400 1260	1100 990	900 810
Schubmodul	G_{mean} G_{05}	1100 990	1000 900	850 765	700 630	550 495	450 405
Rohdichtekennwerte							
Rohdichte	ϱ_k	650	600	550	550	500	500

[1]) die Scher- bzw. Schubbeanspruchung ∥ zur Plattenebene wird auch als „rolling shear" bezeichnet
[2]) in EC5 T1-1 wird der zugehörige Bemessungswert mit $f_{v,90,d}$ bezeichnet
[3]) in EC5 T1-1 wird der zugehörige Bemessungswert mit $f_{v,0,d}$ bezeichnet
[4]) über Einsatz von Flachpreßplatten, Plattentypen und Nutzungsklassen s. Tafeln 8 und 9

Tafel 7 Harte und mittelharte Holzfaserplatten nach DIN 68754-1; charakteristische Festigkeits- und Steifigkeitskennwerte in N/mm² und charakteristische Rohdichtekennwerte in kg/m³ nach NAD, Tab. 3.4-4 und Abschn. 3.4.3.2

		Holzfaserplatten nach DIN 68754-1[1])		
		hart		mittelhart
		Plattendicke in mm		
		≤4	>4	10
Plattenbeanspruchung				
Biegung	$f_{m,k}$	33	25	10
Abscheren[2])	$f_{v,k}$[3])	2	2	1,5
Biege-E-Modul	$E_{m,mean}$ $E_{m,05}$	4700 4230	4100 3690	1750 1575
Schubmodul	G_{mean} G_{05}	200 180	200 180	100 90
Scheibenbeanspruchung				
Biegung	$f_{m,k}$	22	16	8
Zug	$f_{t,k}$	20	16	8
Druck	$f_{c,k}$	20	16	8
Abscheren	$f_{v,k}$[4])	7,5	7,5	4
Biege-E-Modul	$E_{m,mean}$ $E_{m,05}$	2500 2250	2000 1800	1000 900
Zug-E-Modul	$E_{t,mean}$ $E_{t,05}$	2500 2250	2000 1800	1000 900
Druck-E-Modul	$E_{c,mean}$ $E_{c,05}$	2500 2250	2000 1800	1000 900
Schubmodul	G_{mean} G_{05}	1250 1125	1000 900	500 450

Fortsetzung s. nächste Seite

Tafel 7, Fortsetzung

	Holzfaserplatten nach DIN 68754-1 [1]) hart		mittelhart
	Plattendicke in mm		
	≤4	>4	10
Rohdichtekennwerte			
Rohdichte ϱ_k	900	850	600

[1]) über Einsatz von Holzfaserplatten, Plattentypen und Nutzungsklasse s. Tafeln 8 und 9
[2]) die Scher- bzw. Schubbeanspruchung ∥ zur Plattenebene wird auch als „rolling shear" bezeichnet
[3]) in EC5 T1-1 wird der zugehörige Bemessungswert mit $f_{v,90,d}$ bezeichnet
[4]) in EC5 T1-1 wird der zugehörige Bemessungswert mit $f_{v,0,d}$ bezeichnet

1.2 Nutzungsklassen

Tafel 8 Nutzungsklassen nach EC5 T1-1, 3.1.5 [1])

Nutzungsklasse	mittlere Gleichgewichtsfeuchte u in (Nadel-) Hölzern	Umgebungsklima	Beispiele für Umgebungsklima
1	≤12%	$T=20\,°C$, $\varphi=65\%$ [2])	beheizte Innenräume
2	≤20%	$T=20\,°C$, $\varphi=85\%$ [2])	überdachte Tragwerke
3	>20%	Klimabedingungen, die zu höheren Holzfeuchten als Nutzungsklasse 2 führen [3])	frei der Witterung ausgesetzt

[1]) über den Einsatz von Bauholz und Holzwerkstoffplatten s. Tafel 9
[2]) die nur für einige Wochen pro Jahr überschritten wird
[3]) nur in Ausnahmefällen werden überdachte Tragwerke in die Nutzungsklasse 3 eingestuft

13

Tafel 9 Einsatz von Bauholz und Holzwerkstoffplatten in den einzelnen Nutzungsklassen nach NAD, 3.2, 3.3 und 3.4 [4])

Baustoff	Plattentyp	Nutzungsklasse 1	Nutzungsklasse 2	Nutzungsklasse 3
Vollholz und Brettschichtholz		ja	ja	ja
Bau-Furniersperrholz BFU und BFU-BU nach DIN 68705-3, -5	BFU 100G	ja	ja	ja [1])
	BFU 100	ja	ja	nein
	BFU 20 [2])	ja	nein	nein
Flachpreßplatten nach DIN 68763	FP-V100G	ja	ja	nein
	FP-V100	ja	ja	nein
	FP-V20 [2])	ja	nein	nein
Harte und mittelharte Holzfaserplatten nach DIN 68754-1	HFH 20 [3])	ja	nein	nein
	HFM 20 [3])	ja	nein	nein

[1]) Höchstwert der Feuchte im Gebrauchszustand $u_{max}=21\%$
[2]) nur für Holztafeln und Deckenschalungen im Sinne von DIN 1052-1 verwenden
[3]) nur für Holzhäuser nach DIN 1052-3 verwenden
[4]) die Nutzungsklassen sind in Tafel 8 angeführt

1.3 Klassen der Lasteinwirkungsdauer

Tafel 10 Klassen der Lasteinwirkungsdauer nach EC5 T1-1, Tab. 3.1.6[1])

Klasse	Größenordnung der akkumulierenden Dauer der charakteristischen Lasteinwirkung	Beispiele für Lasten
ständig	länger als 10 Jahre	Eigenlast
lang	6 Monate bis 10 Jahre	Nutzlasten in Lagerhallen
mittel	1 Woche bis 6 Monate	Verkehrslasten
kurz	kürzer als 1 Woche	Schnee[2]) und Wind
sehr kurz		außergewöhnliche Einwirkungen

[1]) s. auch Ergänzungen nach NAD in Tafel 11

[2]) in Gegenden, in denen über längere Zeiträume hohe Schneelasten auftreten, sollte ein Teil der Schneelast als zur Lasteinwirkungsklasse mittel gehörend angesehen werden, hierüber s. Tafel 11

Tafel 11 Klassen der Lasteinwirkungsdauer, Ergänzungen nach NAD, Tab. 3.1-1

Einwirkungen	**Klasse**
Lotrechte Verkehrslasten nach DIN 1055-3	
Lotrechte, gleichmäßig verteilte Lasten für Dächer, Decken und Treppen (wenn nicht im folgenden anders eingestuft)	mittel
– Dächer, waagerechte oder bis 1 : 20 geneigte, bei zeitweiligem Aufenthalt von Personen,	kurz
– Decken	
– Fertigteildecken mit geringerer Tragfähigkeit während des Einbauzustandes, die mit Transportgefäßen für Beton befahren werden	kurz
– Spitzböden, die aufgrund ihrer Querschnittsmaße nur bedingt begehbar sind	lang
– Lagerräume	lang
– Werkstätten und Fabriken mit schwerem Betrieb	Entscheidung im Einzelfall
Lotrechte Einzelverkehrslasten für Dächer	kurz
Lotrechte Verkehrslasten für befahrene Decken	kurz
Hubschrauberlandeplätze auf Dachdecken	mittel
Lotrechte Pendelkräfte	mittel
Waagerechte Verkehrslasten nach DIN 1055-3	
Horizontallast an Brüstungen und Geländern in Holmhöhe	kurz
Horizontallasten zur Erzielung einer ausreichenden Längs- und Quersteifigkeit	entsprechend den zugehörigen lotrechten Lasten
Bremskräfte und Horizontallasten von Kranen und Kranbahnen	kurz
Horizontalstöße auf Stützen und Wände	sehr kurz
Waagerechte Pendelkräfte	mittel
Horizontallasten für Hubschrauberlandeplätze auf Dachdecken	
– für den Überrollschutz	sehr kurz
– übrige Horizontallasten	kurz
Windlasten bei nicht schwingungsanfälligen Bauwerken nach DIN 1055-4	kurz
Schneelast und Eislast nach DIN 1055-5	
– Regelschneelast $s_0 \leq 2{,}0$ kN/m²	kurz
– Regelschneelast $s_0 > 2{,}0$ kN/m²	mittel

1.4 Modifikations- und Deformationsfaktoren

Tafel 12 Werte des Modifikationsfaktors k_{mod} nach EC 5 T1-1, Tab. 3.1.7 und NAD, 3.1.7 [1]) [3])

Baustoff	Klasse der Last-einwirkungsdauer	Nutzungs-klasse 1	Nutzungs-klasse 2	Nutzungs-klasse 3
Vollholz und Brettschichtholz, Bau-Furniersperrholz BFU und BFU-BU nach DIN 68705-3, -5 [2])	ständig	0,60	0,60	0,50
	lang	0,70	0,70	0,55
	mittel	0,80	0,80	0,65
	kurz	0,90	0,90	0,70
	sehr kurz	1,10	1,10	0,90
Flachpreßplatten nach DIN 68763 [2])	ständig	0,30	0,20	–
	lang	0,45	0,30	–
	mittel	0,65	0,45	–
	kurz	0,85	0,60	–
	sehr kurz	1,10	0,80	–
Harte und mittelharte Holzfaserplatten nach DIN 68754-1 [2])	ständig	0,20	–	–
	lang	0,40	–	–
	mittel	0,60	–	–
	kurz	0,80	–	–
	sehr kurz	1,10	–	–

[1]) bei Lastfallkombinationen aus Einwirkungen, die zu verschiedenen Klassen der Lasteinwirkungsdauer gehören, sollte k_{mod} für die Einwirkung mit kürzester Dauer gewählt werden, z. B. für ständige Last und Kurzzeitbelastung sollte k_{mod} für die Kurzzeitbelastung verwendet werden
[2]) über den Einsatz von Holzwerkstoffplatten in den Nutzungsklassen s. Tafel 9
[3]) die Nutzungsklassen sind in Tafel 8 angeführt.

Tafel 13 Werte des Beiwertes k_{def} (Deformationsfaktor) für Vollholz, Brettschichtholz, Holzwerkstoffe und Verbindungen nach EC 5 T1-1, Tab. 4.1 und NAD, 4.1 [1])

Baustoff	Klasse der Lasten-einwirkungsdauer [1])	Nutzungs-klasse 1	Nutzungs-klasse 2	Nutzungs-klasse 3
Vollholz [2]) und Brettschichtholz	ständig	0,60	0,80	2,00
	lang	0,50	0,50	1,50
	mittel	0,25	0,25	0,75
	kurz	0,00	0,00	0,30
Bau-Furniersperrholz nach DIN 68705-3, -5 [3])	ständig	0,80	1,00	2,50
	lang	0,50	0,60	1,80
	mittel	0,25	0,30	0,90
	kurz	0,00	0,00	0,40
Flachpreßplatten nach DIN 68763 [3])	ständig	2,25	3,00	–
	lang	1,50	2,00	–
	mittel	0,75	1,00	–
	kurz	0,00	0,40	–
Harte und mittelharte Holzfaserplatten nach DIN 68754-1 [3])	ständig	3,00	–	–
	lang	2,00	–	–
	mittel	1,00	–	–
	kurz	0,35	–	–

[1]) bei Lastkombinationen aus Einwirkungen, die zu verschiedenen Klassen der Lasteinwirkungsdauer gehören, sind die Durchbiegungsanteile aus verschiedenen Einwirkungen mit den jeweils entsprechenden Werten für k_{def} zu berechnen
[2]) bei Vollholz, das beim Einbau eine Holzfeuchte nahe dem Fasersättigungsbereich aufweist und im eingebauten Zustand austrocknen kann, sollten die Werte für k_{def} um 1,0 erhöht werden
[3]) über den Einsatz von Holzwerkstoffplatten in den Nutzungsklassen s. Tafel 9

2 Grundlagen der Berechnung und Bemessung

Die Grundlagen der Berechnung und Bemessung nach EC5 sind im Abschn. Lastannahmen, Seite 241ff., für alle Eurocodes allgemein angeführt. Die charakteristischen Werte der Einwirkungen, die Teilsicherheitsbeiwerte für die Grenzzustände der Tragfähigkeit und Gebrauchstauglichkeit, die Bemessungswerte der Beanspruchungen sowie die Kombinationen von Einwirkungen bei Grenzzuständen der Tragfähigkeit und Gebrauchstauglichkeit können dem Abschn. Lastannahmen, Seite 241ff., entnommen werden.

Kombinationen von Einwirkungen bei Grenzzuständen der Tragfähigkeit, Besonderheiten beim Baustoff Holz

Es ist Aufgabe des Tragwerksplaners, die kritischen Lastfallkombinationen zu finden. Der betragsmäßig größte Bemessungswert einer Beanspruchung wird grundsätzlich unter Berücksichtigung aller ungünstigen Einwirkungen einer Lastfallkombination ermittelt. Da die Beanspruchbarkeit von Holz oder einer Holzverbindung auch von der Lasteinwirkungsdauer (k_{mod} nach Tafel 12) abhängt, kann für den Nachweis der Tragfähigkeit eine Lastfallkombination mit einem geringeren als dem betragsmäßig größten Bemessungswert der Beanspruchung maßgebend werden. Deshalb sind die erforderlichen Nachweise für Grenzzustände der Tragfähigkeit grundsätzlich für alle Lastfallkombinationen zu führen.

2.1 Bemessungswerte der Baustoffeigenschaften

2.1.1 Charakteristische Werte der Baustoffeigenschaften

Eine Baustoffeigenschaft (z. B. Festigkeit) wird durch einen charakteristischen Wert X_k angegeben, der einem Fraktilwert (z. B. 5%-Fraktile) einer statistischen Verteilung der betrachteten Baustoffeigenschaft oder in bestimmten Fällen einem Nennwert entspricht.

Charakteristische Werte der Baustoffeigenschaften sind die Festigkeits-, Steifigkeits- und Rohdichtekennwerte, die für Nadelvollholz, Brettschichtholz und Holzwerkstoffe in Abschn. 1.1 dargestellt sind.

2.1.2 Bemessungswerte der Baustoffeigenschaften

Der Bemessungswert X_d einer Baustoffeigenschaft wird im allgemeinen nach Gl. (1) berechnet, dazu müssen die charakteristischen Werte X_k der Baustoffeigenschaften modifiziert, d.h. mit k_{mod} multipliziert werden, um den unterschiedlichen Einfluß der Lasteinwirkungsdauer und der Holzfeuchte auf die Baustoffeigenschaft bei der Bemessung von Holzbauteilen zu berücksichtigen.

$$\boldsymbol{X_d = k_{mod} \cdot X_k / \gamma_M} \quad (1)$$

X_d Bemessungswert der Baustoffeigenschaft

X_k charakteristischer Wert der Baustoffeigenschaft nach Abschn. 1.1

k_{mod} Modifikationsfaktor nach Tafel 12, berücksichtigt den Einfluß der Lasteinwirkungsdauer und der Holzfeuchte

γ_M Teilsicherheitsbeiwert für die Baustoffeigenschaft nach Tafel 14

Tafel 14 Teilsicherheitsbeiwerte γ_M für Baustoffe nach EC 5 T1-1, Tab. 2.3.3.2

Grenzzustände der Tragfähigkeit	γ_M
Grundkombinationen:	
Holz und Holzwerkstoffe	1,3
Stahl in Verbindungen	1,1
Außergewöhnliche Kombinationen:	1,0
Grenzzustände der Gebrauchstauglichkeit	1,0

2.2 Querschnittsmaße und -ermittlung

2.2.1 Nennabmessungen, Wirksamer Querschnitt

Die geometrischen Größen eines Tragwerks werden durch ihre Nennwerte gekennzeichnet. Im allgemeinen gilt $a_{nom} = a_d$ (dies sind die geplanten Abmessungen und Querschnittsmaße). Bei Bauholz sind die Nennabmessungen nach EC5 T1-1, 3.2.3, auf eine Holzfeuchte von $u = 20\%$ bezogen, bei Brettschichtholz nach EC5 T1-1, 3.3.3, auf $u = 12\%$.

Der wirksame Querschnitt und die geometrischen Eigenschaften eines tragenden Bauteils sind mit den Nennabmessungen zu berechnen, über die Berücksichtigung von Querschnittschwächungen s. Abschn. 2.2.3. Für Bauholz (Vollholz) muß nach NAD die Maßhaltigkeit der vorgesehenen Querschnittsmaße die Anforderungen nach DIN 4074-1 erfüllen; danach bezieht sich der Sollquerschnitt auf eine mittlere Holzfeuchte $u = 30\%$. Für Brettschichtholz gelten die Anforderungen der DIN 4074-1 sinngemäß.

2.2.2 Mindestquerschnitte

Mindestquerschnitte für tragende Bauteile sind in Tafel 15 zusammengestellt.

Tafel 15 Mindestquerschnitte für tragende einteilige Einzelquerschnitte nach NAD, 3.2.3 und 3.3.1

Bauteil aus	Mindestquerschnittsfläche A in cm^2	Mindestdicke d in mm
Vollholz[1]		
– allgemein	14	24
– Lattungen	11	24
Brettschichtholz		
– Einzelbrett		6

[1]) soweit die Verbindungsmittel kein größeres Maß erfordern

2.2.3 Querschnittsschwächungen

Querschnittsschwächungen in tragenden Bauteilen sind rechnerisch wie folgt zu berücksichtigen (Ausnahmen hiervon sind unten angeführt):

- Der wirksame Querschnitt eines Tragwerksteiles wird bei Verbindungen mit mehreren Verbindungsmitteln unter Berücksichtigung aller Querschnittsschwächungen bestimmt, die innerhalb eines Bereiches um diesen Querschnitt mit einem Abstand von weniger als dem halben Mindestabstand der Verbindungsmittel in Holzfaserrichtung auftreten. Bild 1 zeigt hierzu Beispiele.

In folgenden Ausnahmen brauchen Querschnittsschwächungen nicht berücksichtigt zu werden:

- bei nicht-vorgebohrten Nagellöchern mit einem Durchmesser bis zu 6 mm,
- bei symmetrisch angeordneten Bolzen-, Stabdübel-, Schrauben- und Nagellöchern in Druckstäben,
- bei Löchern in der Druckzone von Bauteilen, wenn das ausfüllende Material der Löcher eine größere Steifigkeit besitzt als die des Holzes.

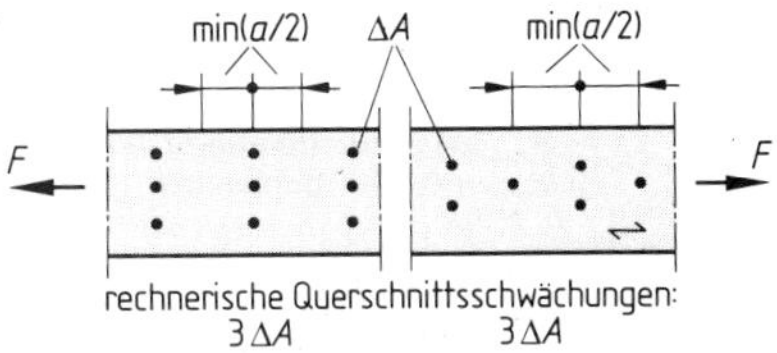

Bild 1 Ermittlung von Querschnittsschwächungen; Beispiele; Mindestabstand der Verbindungsmittel min a, Querschnittsschwächung ΔA

13

3 Grenzzustände der Tragfähigkeit

3.1 Nachweis der Tragfähigkeit für Zugstäbe

3.1.1 Zug in Faserrichtung

Bei mittigem Zug parallel zur Faserrichtung ist Gl. (2) einzuhalten.

$$\frac{\sigma_{t,0,d}}{f_{t,0,d}} = \frac{F_{t,d}/A_n}{f_{t,0,d}} \leq 1 \quad (2)$$

$F_{t,d}$ Bemessungswert der mittigen Zugkraft
A_n wirksame Querschnittsfläche (Nettoquerschnitt)
$f_{t,0,d}$ Bemessungswert der Zugfestigkeit in Faserrichtung, s. Gl. (1)

Beispiel **Bemessung eines Zugstabes, mittiger Zug**; Umgebungsklima: beheizter Innenraum

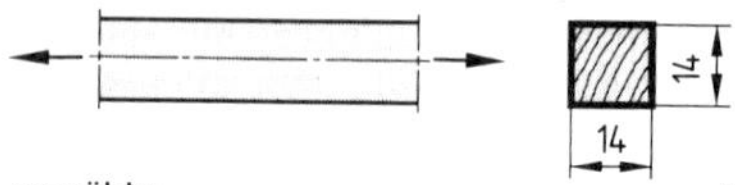

gewählt:
Nadel-Vollholz, S 10, $b/h = 14/14$ cm

Charakteristischer Festigkeitskennwert nach Tafel 1

$f_{t,0,k} = 14$ N/mm$^2 = 1{,}4$ kN/cm^2

Querschnittsschwächung des Zugstabes durch einen Dübelanschluß, hier nicht dargestellt

$A_n = 157{,}6$ cm^2

Charakteristische Werte der Einwirkungen (Zugkraft)

$G_k = 50{,}0$ kN aus ständiger Last
$Q_k = 50{,}0$ kN aus Schneelast
(Regelschneelast $s_0 \leq 2{,}0$ kN/m^2)

1.) Lastfall „ständige Last und Schneelast" (maßgebend)

Bemessungswerte der Einwirkungen (Zugkraft) nach Abschn. Lastannahmen, Seite 235ff.

$$F_{t,d} = 1{,}35 \cdot G_k + 1{,}5 \cdot Q_k$$
$$= 1{,}35 \cdot 50{,}0 + 1{,}5 \cdot 50{,}0$$
$$= 67{,}5 + 75{,}0 = 142{,}5 \text{ kN}$$

Nutzungsklasse 1 nach Tafel 8
Lasteinwirkungsdauer nach Tafel 10 und 11

„ständig" für ständige Last (Eigenlast)
„kurz" für Schneelast
(Regelschneelast $s_0 \leq 2{,}0$ kN/m^2),

Modifikationsfaktor nach Tafel 12

$k_{mod} = 0{,}6$ für ständige Last
$k_{mod} = 0{,}9$ für Schneelast (maßgebend)

Teilsicherheitsbeiwert für Baustoffe nach Tafel 14

$\gamma_M = 1{,}3$

Bemessungswert der Baustoffeigenschaft nach Gl. (1)

$f_{t,0,d} = 0{,}9 \cdot 1{,}4/1{,}3 = 0{,}97$ kN/cm^2

Nachweis der Tragfähigkeit nach Gl. (2)

$$\frac{142{,}5/157{,}6}{0{,}9 \cdot 1{,}4/1{,}3} = \frac{0{,}90}{0{,}97} = 0{,}93 \leq 1$$

2.) Lastfall „ständige Last" (nicht maßgebend) (nicht angeführte Größen wie im Lastfall „ständige Last und Schneelast")

Bemessungswert der Einwirkung (Zugkraft)

$F_{t,d} = 1{,}35 \cdot 50{,}0 = 67{,}5$ kN

Lasteinwirkungsdauer nach Tafel 10

„ständig" für ständige Last (Eigenlast)

Modifikationsfaktor nach Tafel 12

$k_{mod} = 0{,}6$ für ständige Last

Bemessungswert der Baustoffeigenschaft nach Gl. (1)

$f_{t,0,d} = 0{,}60 \cdot 1{,}4/1{,}3 = 0{,}65$ kN/cm^2

Nachweis der Tragfähigkeit nach Gl. (2)

$$\frac{67{,}5/157{,}6}{0{,}65} = 0{,}66 \leq 1$$

3.1.2 Zug rechtwinklig zur Faserrichtung

Dieser Nachweis setzt ein Holzvolumen voraus, das gleichförmig durch Querzugspannungen $\sigma_{t,90}$ beansprucht ist. Derartig gleichförmig beanspruchte Volumen kommen in der Praxis jedoch kaum vor. Der Nachweis erfolgt getrennt für Voll- und Brettschichtholz nach Gl. (3).

für Vollholz

$$\frac{\sigma_{t,90,d}}{f_{t,90,d}} \leq 1 \qquad (3a)$$

für Brettschichtholz

$$\frac{\sigma_{t,90,d}}{f_{t,90,d} \cdot (V_0/V)^{0,2}} \leq 1 \qquad (3b)$$

$f_{t,90,d}$ Bemessungswert der Zugfestigkeit ⊥ Faser nach Tafel 1 bzw. 2
V_0 Bezugsvolumen von 0,01 m^3
V gleichmäßig durch $\sigma_{t,90}$ (Querzugspannungen) beanspruchtes Volumen in m^3

Der Nachweis der Querzugspannungen bei gekrümmten Trägern und bei Satteldachträgern ist in Abschn. 3.3.10 dargestellt.

3.1.3 Anschlüsse und Stöße bei Zugstäben

Anschlüsse und Stöße sind in der Regel symmetrisch zu den Stabachsen auszuführen. Wenn kein genauerer Nachweis geführt wird, dürfen nach NAD, Anhang D.3, in Anschlüssen und Stößen einseitig beanspruchte Holz- und Holzwerkstoff-Bauteile für die 1,5fache anteilige Zugkraft bemessen werden, die Verbindungsmittel nur für die anteiligen Kräfte; Beispiele s. Bild 2.

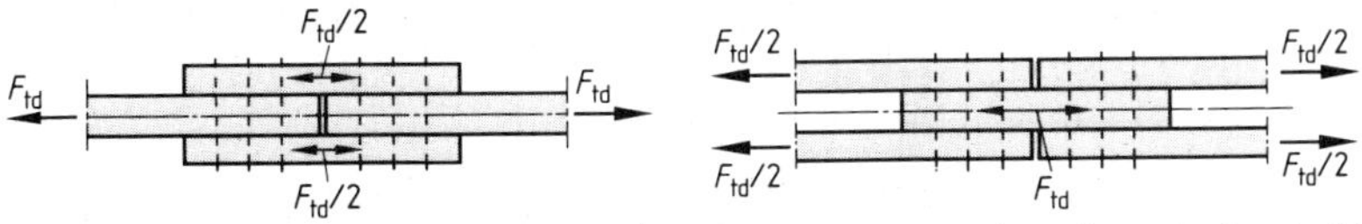

a) Bemessung der außenliegenden Laschen für $1{,}5 \cdot F_{t,d}/2$, des Stabes für $1{,}0 \cdot F_{t,d}$

b) Bemessung der innenliegenden Lasche für $1{,}0 \cdot F_{t,d}$, der Stäbe für $1{,}5 \cdot F_{t,d}/2$

Bild 2 Beispiele für die Bemessung von Zugstößen mit Laschen

3.2 Nachweis der Tragfähigkeit für Druckstäbe

13

3.2.1 Druck in Faserrichtung (Knicken nicht maßgebend)

Bei mittigem Druck in Faserrichtung ist Gl. (4) einzuhalten. Wird das Knicken maßgebend, sind die Knicknachweise nach Abschn. 3.2.4 zu führen.

$$\frac{\sigma_{c,0,d}}{f_{c,0,d}} = \frac{F_{c,d}/A_n}{f_{c,0,d}} \leq 1 \qquad (4)$$

$F_{c,d}$ Bemessungswert der mittigen Druckkraft
A_n wirksame Querschnittsfläche (Nettoquerschnitt)
$f_{c,0,d}$ Bemessungswert der Druckfestigkeit

3.2.2 Druck rechtwinklig zur Faserrichtung

Bei Druckbeanspruchung rechtwinklig zur Faserrichtung ist Gl. (5) einzuhalten. Mit dem Faktor $k_{c,90}$ nach Tafel 16 kann der Bemessungswert der Druckfestigkeit bei kurzen Druckflächen ($l < 150$ mm) nach Bild 3 erhöht werden.

$$\frac{\sigma_{c,90,d}}{k_{c,90} \cdot f_{c,90,d}} = \frac{F_{c,d}/A}{k_{c,90} \cdot f_{c,90,d}} \leq 1 \qquad (5)$$

$F_{c,d}$ Bemessungswert der Druckkraft
A Druckfläche ⊥ zur Faserrichtung
$k_{c,90}$ Faktor bei Druckflächen mit einer Länge in Faserrichtung $l \leq 150$ mm nach Tafel 16
$f_{c,90,d}$ Bemessungswert der Druckfestigkeit ⊥ zur Faserrichtung

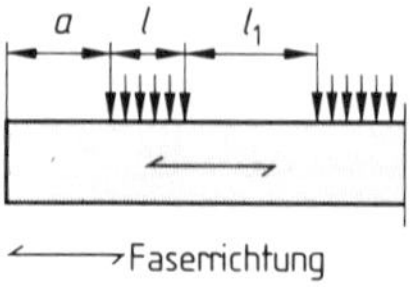

Bild 3 Druck rechtwinklig zur Faserrichtung nach EC 5 T1-1, Bild 5.1.5a

Tafel 16 Werte für den Faktor $k_{c,90}$ bei kleinen Druckflächen ⊥ zur Faserrichtung nach EC 5 T1-1, Tab. 5.1.5[1])

Länge l der Druckfläche in Faserrichtung	$l_1 \leq 150$ mm	$l_1 > 150$ mm	
		$a \geq 100$ mm	$a < 100$ mm
$l \geq 150$ mm	1	1	1
150 mm $> l \geq 15$ mm	1	$1 + \frac{150 - l}{170}$	$1 + \frac{a \cdot (150 - l)}{17000}$
$l < 15$ mm	1	1,8	$1 + a/125$

[1]) Hierin bedeuten, s. Bild 3:
a Überstand (Abstand)
l Länge der Druckfläche in Faserrichtung in mm
l_1 Abstand der Druckfläche zur benachbarten Druckfläche

Beispiel Bemessung einer Druckfläche rechtwinklig zur Faserrichtung, Anschluß eines Druckpfostens an ein Gurtholz über Flächenpressung; Umgebungsklima: überdachtes Tragwerk

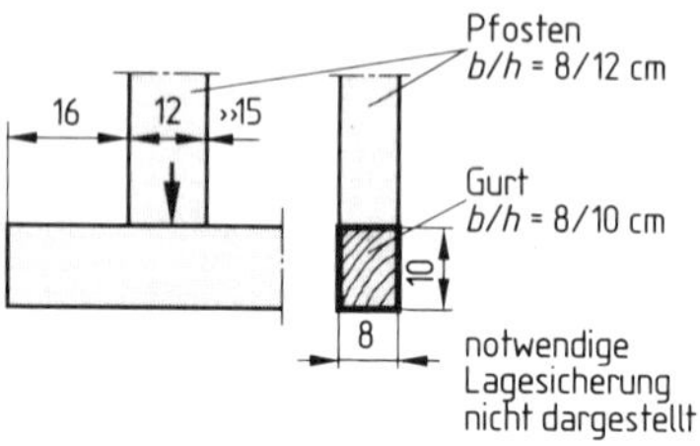

gewählt:

Pfosten:
Nadel-Vollholz, S 10, $b/h = 8/12$ cm

Gurt:
Nadel-Vollholz, S 10, $b/h = 8/10$ cm

Länge der Druckfläche in Faserrichtung
$l = h_{Pf} = 12\text{ cm} < 15\text{ cm}$

Druckfläche rechtwinklig zur Faserrichtung zwischen Pfosten und Gurt
$A = b_{Gu} \cdot l = 8 \cdot 12 = 96\text{ cm}^2$

Überstand
$a = 16\text{ cm} > 10\text{ cm}$

Abstand zur benachbarten Druckfläche
$l_1 > 15$ cm

Charakteristischer Festigkeitskennwert nach Tafel 1
$f_{c,90,k} = 5\text{ N/mm}^2 = 0{,}5\text{ kN/cm}^2$

Charakteristischer Wert der Einwirkung (Druckkraft)
$G_k = F_{c,k} = 15{,}0$ kN aus ständiger Last

1. Lastfall „ständige Last"

Bemessungswert der Einwirkung (Druckkraft) nach Abschn. Lastannahmen, Seite 235ff.
$F_{c,d} = 1{,}35 \cdot G_k = 1{,}35 \cdot 15{,}0 = 20{,}25$ kN

Nutzungsklasse 2 nach Tafel 8
Lasteinwirkungsdauer nach Tafel 10
„ständig" für ständige Last (Eigenlast)

Modifikationsfaktor nach Tafel 12
$k_{mod} = 0{,}6$ für ständige Last

Teilsicherheitsbeiwert für Baustoffe nach Tafel 14
$\gamma_M = 1{,}3$

Bemessungswert der Baustoffeigenschaft nach Gl. (1)
$f_{c,90,d} = 0{,}6 \cdot 0{,}5/1{,}3 = 0{,}23\text{ kN/cm}^2$

Faktor $k_{c,90}$ nach Tafel 16
$k_{c,90} = 1 + (150 - 120)/170 = 1{,}18$

Nachweis der Tragfähigkeit nach Gl. (5)
$$\frac{20{,}25/96}{1{,}18 \cdot 0{,}6 \cdot 0{,}5/1{,}3} = \frac{0{,}21}{1{,}18 \cdot 0{,}23} = 0{,}77 \leq 1$$

3.2.3 Druck unter einem Winkel α zur Faserrichtung

Bei Druckspannungen unter einem Winkel α („schräg") zur Faserrichtung nach Bild 4 ist Gl. (6) einzuhalten. Der Faktor $k_{c,\alpha}$ ist nach Gl. (7) zu berechnen, er kann auch für Voll- und Brettschichtholz und ausgewählte Winkel der Tafel 17 entnommen werden.

$$\frac{\sigma_{c,\alpha,d}}{k_{c,\alpha} \cdot f_{c,0,d}} \leq 1 \qquad (6)$$

$$k_{c,\alpha} = \frac{1}{\frac{f_{c,0,d}}{f_{c,90,d}} \sin^2 \alpha + \cos^2 \alpha} \qquad (7)$$

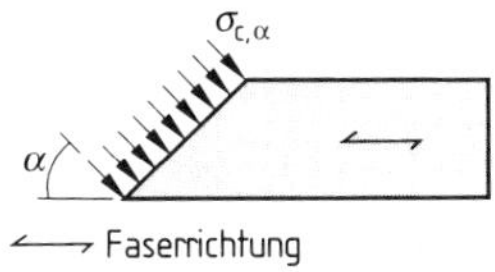

Bild 4 Spannungen unter einem Winkel α zur Faserrichtung nach EC 5 T1-1, Bild 5.1.5b

$f_{c,0,d}$ Bemessungswert der Druckfestigkeit in Faserrichtung

$f_{c,90,d}$ Bemessungswert der Druckfestigkeit ⊥ zur Faserrichtung

$k_{c,\alpha}$ Faktor bei Druck unter einem Winkel α („schräg") zur Faserrichtung nach Gl. (7) oder Tafel 17

Tafel 17 Faktor $k_{c,\alpha}$ für Voll- und Brettschichtholz in Abhängigkeit von der Sortierklasse und dem Winkel α nach Gl. (7)

Sortier-klasse	Winkel α zur Faserrichtung in °												
	0	5	10	15	20	30	40	45	50	60	70	80	90
Nadel-Vollholz nach Tafel 1													
S 7/ MS 7	1,0	0,976	0,911	0,821	0,725	0,552	0,427	0,381	0,344	0,291	0,258	0,241	0,235
S 10/ MS 10	1,0	0,976	0,912	0,823	0,728	0,556	0,431	0,385	0,347	0,294	0,261	0,244	0,238
S 13	1,0	0,973	0,902	0,806	0,704	0,526	0,402	0,357	0,321	0,270	0,239	0,223	0,217
MS 13	1,0	0,971	0,892	0,789	0,681	0,500	0,377	0,333	0,299	0,250	0,221	0,205	0,200
MS 17	1,0	0,975	0,909	0,817	0,719	0,545	0,421	0,375	0,338	0,286	0,254	0,236	0,231
Brettschichtholz nach Tafel 2													
BS 11	1,0	0,975	0,908	0,816	0,718	0,543	0,418	0,373	0,336	0,284	0,252	0,235	0,229
BS 14k	1,0	0,971	0,892	0,789	0,681	0,500	0,377	0,333	0,299	0,250	0,221	0,205	0,200
BS 14h	1,0	0,969	0,886	0,777	0,667	0,484	0,362	0,319	0,285	0,238	0,210	0,194	0,190
BS 16k	1,0	0,970	0,890	0,785	0,676	0,494	0,372	0,328	0,294	0,246	0,217	0,201	0,196
BS 16h	1,0	0,966	0,877	0,763	0,648	0,463	0,343	0,301	0,269	0,223	0,196	0,182	0,177
BS 18k	1,0	0,973	0,900	0,802	0,698	0,520	0,396	0,351	0,316	0,265	0,235	0,218	0,213
BS 18h	1,0	0,971	0,894	0,792	0,685	0,505	0,382	0,338	0,303	0,254	0,224	0,208	0,203

3.2.4 Druckstäbe, mittiger Druck (Knicken maßgebend)

Beim Knicknachweis für Stäbe unter mittigem Druck sind die Gl. (8) und Gl. (9) einzuhalten, jeweils für Knicken um die y- bzw. z-Achse; sie gelten für bezogene Schlankheitsgrade $\lambda_{rel} > 0{,}5$ ($\lambda > 30$). Für gedrungene Stäbe mit $\lambda_{rel} \leq 0{,}5$ ($\lambda \leq 30$) entfällt ein Knicknachweis, bei diesen Stäben ist der gewöhnliche Spannungsnachweis zu führen.

für bezogene Schlankheitsgrade $\lambda_{rel} > 0{,}5$ ($\lambda > 30$) gilt:

$$\frac{\sigma_{c,0,d}}{k_{c,y} \cdot f_{c,0,d}} = \frac{F_{c,d}/A}{k_{c,y} \cdot f_{c,0,d}} \leq 1 \quad (8) \qquad \frac{\sigma_{c,0,d}}{k_{c,z} \cdot f_{c,0,d}} = \frac{F_{c,d}/A}{k_{c,z} \cdot f_{c,0,d}} \leq 1 \quad (9)$$

A Querschnittsfläche
$f_{c,0,d}$ Bemessungswert der Druckfestigkeit in Faserrichtung
$F_{c,d}$ Bemessungswert der Druckkraft
k_c Knickbeiwert nach Tafel 18 oder Tafel 20 bzw. 21
$\sigma_{c,0,d}$ Bemessungswert der Druckspannungen in Faserrichtung

Die Knickbeiwerte k_c, die bezogenen Schlankheitsgrade λ_{rel} und die Schlankheitsgrade λ sind nach Tafel 18 zu berechnen. Die Knickbeiwerte k_c können auch für Voll- und Brettschichtholz Tafel 20 oder 21 entnommen werden. Knicklängen verschiedener Tragsysteme sind in Abschn. 3.2.6, Tafel 22 dargestellt.

Tafel 18 Berechnung des Knickbeiwertes k_c, des bezogenen Schlankheitsgrades λ_{rel} und des Schlankheitsgrades λ nach EC 5 T1-1, 5.2.1 [1])

	Knicken um die y-Achse	Knicken um die z-Achse
Knickbeiwert k_c, s. auch Tafel 20 oder 21		
1	$k_{c,y} = \dfrac{1}{k_y + \sqrt{k_y^2 - \lambda_{rel,y}^2}}$ mit $k_y = 0{,}5 \cdot [1 + \beta_c \cdot (\lambda_{rel,y} - 0{,}5) + \lambda_{rel,y}^2]$	$k_{c,z} = \dfrac{1}{k_z + \sqrt{k_z^2 - \lambda_{rel,z}^2}}$ mit $k_z = 0{,}5 \cdot [1 + \beta_c \cdot (\lambda_{rel,z} - 0{,}5) + \lambda_{rel,z}^2]$
bezogener Schlankheitsgrad λ_{rel}, kritische Spannung $\sigma_{c,crit}$, Schlankheitsgrad λ		
2	$\lambda_{rel,y} = \sqrt{\dfrac{f_{c,0,k}}{\sigma_{c,crit,y}}}$ $\sigma_{c,crit,y} = \dfrac{\pi^2 \cdot E_{0,05}}{\lambda_y^2}$ $\lambda_y = l_{ef,y}/i_y$	$\lambda_{rel,z} = \sqrt{\dfrac{f_{c,0,k}}{\sigma_{c,crit,z}}}$ $\sigma_{c,crit,z} = \dfrac{\pi^2 \cdot E_{0,05}}{\lambda_z^2}$ $\lambda_z = l_{ef,z}/i_z$
3	**Faktor β_c**	$\beta_c = 0{,}2$ für Vollholz $= 0{,}1$ für Brettschichtholz

[1]) Hierin bedeuten:
$E_{0,05}$ E-modul parallel zur Faserrichtung (5%-Fraktile)
$f_{c,0,k}$ Charakteristischer Wert der Druckfestigkeit in Faserrichtung
i_y; i_z zu den y- bzw. z-Achsen zugeordnete Trägheitsradien
$l_{ef,y}$; $l_{ef,z}$ Knicklängen der Tragsysteme für das Ausknicken um die y- bzw. z-Achse, Beispiele s. Abschn. 3.2.6

Beispiel **Knicknachweis eines einteiligen Druckstabes, mittiger Druck;**
Umgebungsklima: beheizter Innenraum

Pendelstütze, mittiger Druck
Brettschichtholz BS 14k, $b/h = 16/32$ cm

Charakteristischer Festigkeitskennwert nach Tafel 2

$f_{c,0,g,k} = 27{,}5\ \text{N/mm}^2 = 2{,}75\ \text{kN/cm}^2$

Charakteristischer Steifigkeitskennwert nach Tafel 2

$E_{0,g,05} = 10000\ \text{N/mm}^2 = 1000\ \text{kN/cm}^2$

Charakteristischer Wert der Einwirkungen (Druckkraft)

$F_{c,k} = G_K = 133{,}3$ kN aus ständiger Last

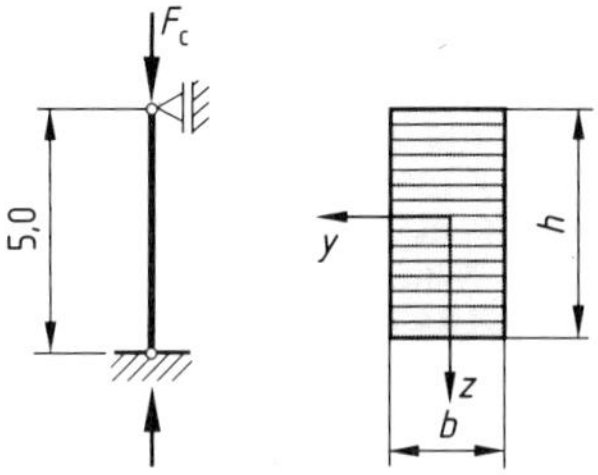

Das Eigengewicht der Pendelstütze ist im Vergleich zur Druckkraft $F_{c,k}$ sehr klein und wird vernachlässigt.

Lastfall „ständige Last"

Bemessungswert der Einwirkungen (Druckkraft) nach Abschn. Lastannahmen, Seite 235ff.

$F_{c,d} = 1{,}35 \cdot 133{,}3 = 180$ kN

Nutzungsklasse 1 nach Tafel 8
Lasteinwirkungsdauer nach Tafel 10

„ständig" für ständige Last (Eigenlast)

Modifikationsfaktor nach Tafel 12

$k_{mod} = 0{,}6$ für ständige Last

Teilsicherheitsbeiwert für Baustoffe nach Tafel 14

$\gamma_M = 1{,}3$

Bemessungswert der Baustoffeigenschaft nach Gl. (1)

$f_{c,0,g,d} = 0{,}6 \cdot 2{,}75/1{,}3 = 1{,}27\ \text{kN/cm}^2$

Knicken um die y-Achse

Knicklänge nach Tafel 22, Zeile 2 (Pendelstütze)

$l_{ef,y} = 1{,}0 \cdot 5{,}0 = 5{,}0\ \text{m} = 500\ \text{cm}$

Stabschlankheit nach Tafel 18

$\lambda_y = 500/(0{,}289 \cdot 32) = 54$

Kritische Spannung nach Tafel 18

$$\sigma_{c,crit,y} = \frac{\pi^2 \cdot 1000}{54^2} = 3{,}38\ \text{kN/cm}^2$$

Bezogener Schlankheitsgrad nach Tafel 18

$\lambda_{rel,y} = \sqrt{2{,}75/3{,}38} = 0{,}90$

Knickbeiwert $k_{c,y}$ nach Tafel 18 oder aus Tafel 21

$$k_y = 0{,}5 \cdot [1 + 0{,}1 \cdot (0{,}90 - 0{,}5) + 0{,}90^2] = 0{,}925$$

$$k_{c,y} = 1/(0{,}925 + \sqrt{0{,}925^2 - 0{,}90^2}) = 0{,}878$$

Nachweis der Tragfähigkeit nach Gl. (8)

$$\frac{180/(16 \cdot 32)}{0{,}878 \cdot 1{,}27} = 0{,}32 \leq 1$$

Knicken um die z-Achse

Knicklänge nach Tafel 22, Zeile 2 (Pendelstütze)

$l_{ef,z} = 1{,}0 \cdot 5{,}0 = 5{,}0\ \text{m} = 500\ \text{cm}$

Stabschlankheit nach Tafel 18

$\lambda_z = 500/(0{,}289 \cdot 16) = 108$

Kritische Spannung nach Tafel 18

$$\sigma_{c,crit,z} = \frac{\pi^2 \cdot 1000}{108^2} = 0{,}846\ \text{kN/cm}^2$$

Bezogener Schlankheitsgrad nach Tafel 18

$\lambda_{rel,z} = \sqrt{2{,}75/0{,}846} = 1{,}80$

Knickbeiwert $k_{c,y}$ nach Tafel 18 oder aus Tafel 21

$$k_z = 0{,}5 \cdot [1 + 0{,}1 \cdot (1{,}80 - 0{,}5) + 1{,}80^2] = 2{,}185$$

$$k_{c,z} = 1/(2{,}185 + \sqrt{2{,}185^2 - 1{,}80^2}) = 0{,}292$$

Nachweis der Tragfähigkeit nach Gl. (9)

$$\frac{180/(16 \cdot 32)}{0{,}292 \cdot 1{,}27} = 0{,}95 \leq 1$$

3.2.5 Druckstäbe mit ausmittigem Druck (Druck und Biegung) (Knicken maßgebend)

Der Stabilitätsnachweis für ausmittig beanspruchte Druckstäbe (Druck und Biegung) ist nach den Gleichungen der Tafel 19, 1. Zeile zu führen. Die Knickbeiwerte k_c können nach Tafel 18 berechnet werden, sie sind auch für Voll- und Brettschichtholz in Tafel 20 und 21 angeführt. Knicklängen verschiedener Tragsysteme sind in Abschnitt 3.2.6, Tafel 22 dargestellt. Die Kippbeiwerte k_{crit} können nach Abschn. 3.3.8, Tafel 25 berechnet oder Tafel 26 entnommen werden.

Bei Druck und Doppelbiegung sind die Nachweise der Tafel 19, 1. Zeile, zu führen; bei Druck und einfacher (einaxialer) Biegebeanspruchung wird in diesen Gleichungen nur die jeweilig vorhandene Biegebeanspruchung um die y- oder z-Achse berücksichtigt.

Für gedrungene Stäbe mit bezogenen Schlankheitsgraden $\lambda_{rel} \leq 0{,}5$ ($\lambda \leq 30$) entfällt der Stabilitätsnachweis, in diesen Fällen sind die Bedingungen der Tafel 19, 4. Zeile, einzuhalten.

Tafel 19 Stabilitätsnachweis für ausmittig beanspruchte Druckstäbe (Druck und Biegung) nach EC 5 T1-1, 5.2.1 und NAD, 5.2.1 [1]) [2])

für bezogene Schlankheitsgrade $\lambda_{rel} > 0{,}5$ ($\lambda > 30$)	
1	Knicken um die y-Achse: $\frac{\sigma_{c,0,d}}{k_{c,y} \cdot f_{c,0,d}} + \frac{\sigma_{m,y,d}}{k_{crit,y} \cdot f_{m,y,d}} + k_m \cdot \frac{\sigma_{m,z,d}}{k_{crit,z} \cdot f_{m,z,d}} \leq 1$ Knicken um die z-Achse: $\frac{\sigma_{c,0,d}}{k_{c,z} \cdot f_{c,0,d}} + k_m \cdot \frac{\sigma_{m,y,d}}{k_{crit,y} \cdot f_{m,y,d}} + \frac{\sigma_{m,z,d}}{k_{crit,z} \cdot f_{m,z,d}} \leq 1$
2	Faktor k_m — $k_m = 0{,}7$ für Rechteckquerschnitte; $= 1{,}0$ für andere Querschnitte
	Bemessungswerte der Druckspannungen $\sigma_{c,0,d}$ und Biegespannungen $\sigma_{m,d}$
3	$\sigma_{c,0,d} = \frac{F_{c,d}}{A}$ $\quad \sigma_{m,y,d} = \frac{M_{y,d}}{W_y}$ $\quad \sigma_{m,z,d} = \frac{M_{z,d}}{W_z}$
für bezogene Schlankheitsgrade $\lambda_{rel} \leq 0{,}5$ ($\lambda \leq 30$), s. auch Abschn. 3.3.4	
4	$\left(\frac{\sigma_{c,0,d}}{f_{c,0,d}}\right)^2 + \frac{\sigma_{m,y,d}}{f_{m,y,d}} + k_m \frac{\sigma_{m,z,d}}{f_{m,z,d}} \leq 1$ $\quad \left(\frac{\sigma_{c,0,d}}{f_{c,0,d}}\right)^2 + k_m \frac{\sigma_{m,y,d}}{f_{m,y,d}} + \frac{\sigma_{m,z,d}}{f_{m,z,d}} \leq 1$

[1]) Hierin bedeuten:

A	Querschnittsfläche
$f_{c,0,d}$	Bemessungswert der Druckfestigkeit in Faserrichtung
$f_{m,y,d}$; $f_{m,z,d}$	Bemessungswerte der Biegefestigkeit
$F_{c,d}$	Bemessungswert der Druckkraft
$M_{y,d}$; $M_{z,d}$	Bemessungswerte der Biegemomente um die y- bzw. z-Achse
$\sigma_{c,0,d}$	Bemessungswert der Druckspannungen in Faserrichtung
$\sigma_{m,y,d}$, $\sigma_{m,z,d}$	Bemessungswerte der Biegespannungen um die y- bzw. z-Achse
W_y; W_z	Widerstandsmomente um die y- bzw. z-Achse

[2]) Weitere Bezeichnungen s. Tafel 18

3.2.6 Knickbeiwerte und Knicklängen

Die **Knickbeiwerte k_c** für Voll- und Brettschichtholz können Tafel 20 oder 21 entnommen werden. (Die Knickbeiwerte k_c sind vergleichbar mit den $1/\omega$-Werten der DIN 1052, jedoch auf anderer Grundlage ermittelt.)

Tafel 20 Knickbeiwerte k_c für Vollholz aus Nadelhölzern der Tafel 1 nach EC 5 T1-1, 5.2.1 [1])

Schlankheitsgrad λ	Sortierklassen nach DIN 4074 T1 S7/MS 7	S10/MS 10	S 13	MS 13	MS 17
30	1,00	1,000	1,00	1,00	1,00
40	0,925	0,941	0,939	0,939	0,944
50	0,816	0,849	0,845	0,845	0,856
60	0,669	0,715	0,709	0,710	0,726
70	0,531	0,577	0,571	0,571	0,588
80	0,423	0,463	0,458	0,458	0,473
90	0,342	0,376	0,372	0,372	0,385
100	0,282	0,310	0,307	0,307	0,318
110	0,236	0,260	0,257	0,257	0,266
120	0,200	0,221	0,218	0,218	0,226
130	0,172	0,189	0,187	0,187	0,194
140	0,149	0,164	0,162	0,162	0,168
150	0,130	0,144	0,142	0,142	0,148
160	0,115	0,127	0,126	0,126	0,130
170	0,102	0,113	0,112	0,112	0,116
180	0,0915	0,101	0,0999	0,100	0,104
190	0,0823	0,0911	0,0899	0,0900	0,0934
200	0,0745	0,0824	0,0814	0,0814	0,0845
210	0,0677	0,0750	0,0740	0,0740	0,0769
220	0,0618	0,0684	0,0676	0,0676	0,0702
230	0,0567	0,0628	0,0620	0,0620	0,0643
240	0,0522	0,0577	0,0570	0,0570	0,0592
250	0,0481	0,0533	0,0526	0,0527	0,0547

Tafel 21 Knickbeiwerte k_c für Brettschichtholz der Tafel 2 nach EC 5 T1-1, 5.2.1 [1])

Schlankheitsgrad λ	BS 11	BS 14		BS 16		BS 18	
		k	h	k	h	k	h
30	1,000	1,000	1,000	1,000	1,000	1,000	1,000
40	0,975	0,971	0,967	0,975	0,968	0,975	0,971
50	0,925	0,915	0,904	0,927	0,906	0,924	0,915
60	0,821	0,799	0,774	0,824	0,779	0,818	0,797
70	0,671	0,644	0,616	0,675	0,622	0,667	0,642
80	0,536	0,512	0,488	0,539	0,492	0,533	0,510
90	0,433	0,412	0,392	0,435	0,396	0,430	0,411
100	0,355	0,338	0,321	0,357	0,324	0,352	0,337
110	0,296	0,281	0,267	0,298	0,270	0,294	0,280
120	0,250	0,238	0,226	0,252	0,228	0,248	0,237
130	0,214	0,203	0,193	0,215	0,195	0,212	0,203
140	0,185	0,176	0,167	0,186	0,169	0,184	0,175
150	0,162	0,154	0,146	0,163	0,147	0,161	0,153
160	0,143	0,135	0,129	0,143	0,130	0,142	0,135
170	0,127	0,120	0,114	0,127	0,115	0,126	0,120
180	0,113	0,107	0,102	0,114	0,103	0,112	0,107
190	0,102	0,0966	0,0917	0,102	0,0926	0,101	0,0963
200	0,0919	0,0873	0,0828	0,0925	0,0837	0,0912	0,0870
210	0,0835	0,0793	0,0752	0,0840	0,0760	0,0829	0,0790
220	0,0762	0,0723	0,0686	0,0767	0,0693	0,0756	0,0721
230	0,0698	0,0662	0,0628	0,0702	0,0635	0,0692	0,0660
240	0,0642	0,0609	0,0578	0,0645	0,0584	0,0637	0,0607
250	0,0592	0,0562	0,0533	0,0595	0,0538	0,0587	0,0560

[1]) die Berechnung der Schlankheitsgrade λ und der Knickbeiwerte k_c kann auch nach Tafel 18 vorgenommen werden

13

Die **Knicklängen l_{ef}** üblicher Holztragwerke sind in Tafel 22 dargestellt; weitere Knicklängen können u.a. *Heimeshoff* [12], *Neuhaus* [17], *Werner/Steck* [19] und den Tafeln 36 bis 38 des Abschn. „Holzbau nach DIN 1052" entnommen werden.

Tafel 22 Knicklängen l_{ef} (Ersatzknicklängen) für übliche Holztragwerke nach *Euler*, *Blaß* [26] und EC 5 T1-1, 5.4.1.4[1]) [2])

	Tragwerk und Knicklänge l_{ef}		Tragwerk und Knicklänge l_{ef}
1	**Eingespannter Stab (Stütze), *Euler*fall 1** 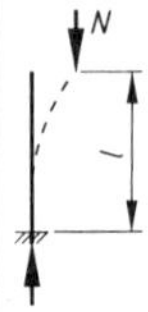 $l_{ef}=2\cdot l$	6	**Stützenreihe mit nachgiebig eingespannter Stütze, an die mit durchlaufendem Riegel Pendelstützen angeschlossen sind**[3]) [4]) 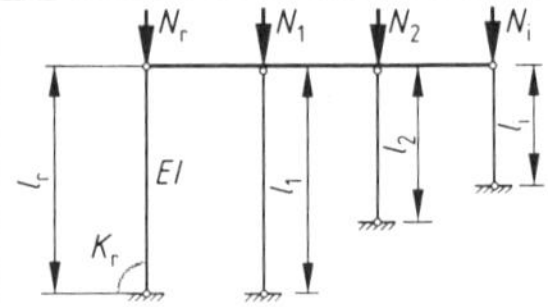 $l_{ef}=l_r\cdot\pi\cdot\sqrt{\frac{5+4\cdot\alpha}{12}+\frac{(1+\alpha)\cdot EI}{l_r\cdot K_r}}$ $\alpha=\frac{l_r}{N_r}\cdot\sum\frac{N_i}{l_i}$
2	**Pendelstab (-stütze), *Euler*fall 2**  $l_{ef}=1\cdot l$	7	**Zwei- oder Dreigelenkbögen** 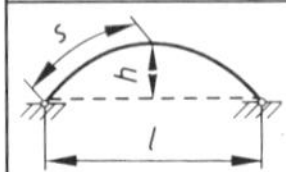 $l_{ef}=1{,}25\cdot s$ für $0{,}15\leq h/l\leq 0{,}5$ und praktisch konstantem Querschnitt
3	**Unten eingespannter Stab (Stütze) mit gelenkiger Lagerung oben, *Euler*fall 3**  $l_{ef}=0{,}707\cdot l$	8	**Zwei- und Dreigelenkrahmen mit nachgiebigen Rahmenecken** (Stielneigung $\leq 15°$)[3]) [4]) [5]) [6]) 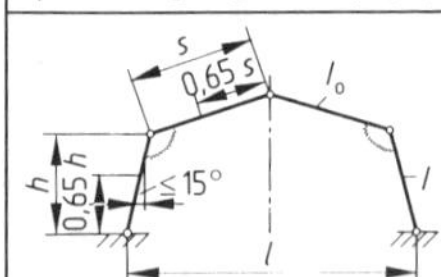 Stiele: $l_{ef}=h\cdot\sqrt{4+3{,}2\cdot\frac{I\cdot s}{I_0\cdot h}+10\cdot\frac{EI}{h\cdot K_r}}$ Riegel: $l_{ef}=h\cdot\sqrt{4+3{,}2\,\frac{I\cdot s}{I_0\cdot h}+10\cdot\frac{EI}{h\cdot K_r}}\cdot\sqrt{\frac{I_0\cdot N}{I\cdot N_0}}$
4	**Beidseitig eingespannter Stab (Stütze), *Euler*fall 4** 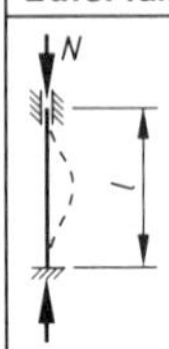 $l_{ef}=0{,}5\cdot l$	9	**Rahmen mit V-förmigen Stützen** 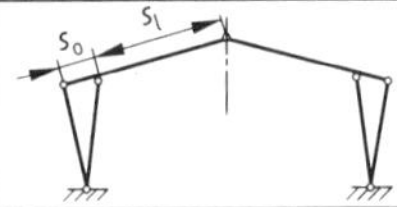 Riegel: $l_{ef}=2\cdot s_l+0{,}7\cdot s_0$
5	**Nachgiebig eingespannter Stab (Stütze)**[3]) [4]) 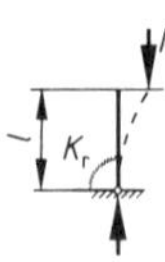 $l_{ef}=l\cdot\sqrt{4+\frac{\pi^2\cdot EI}{l\cdot K_r}}$	10	**Rahmen mit Fachwerkriegeln** 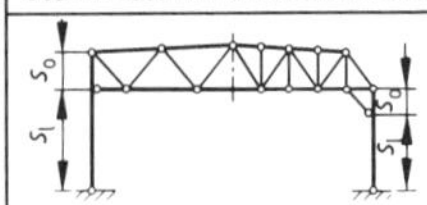 Stiele: $l_{ef}=2\cdot s_l+0{,}7\cdot s_0$

Fortsetzung s. nächste Seite

Tafel 22, Fortsetzung

	Fachwerkbinder	
11	s Länge der Systemlinie 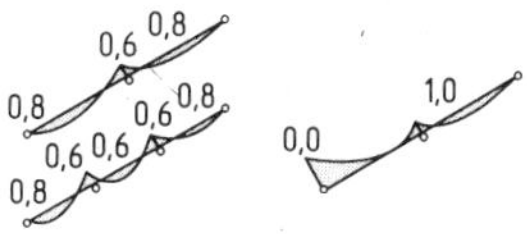 **Beim vereinfachten Knicknachweis** nach Abschn. 3.6.2 dürfen folgende Werte für die wirksame Knicklänge l_{ef} angenommen werden: – **für Einfeldstäbe ohne Endeinspannung und** – **für durchlaufende Stäbe ohne Querlasten** $l_{ef} = 1{,}0 \cdot s$	– **für querbelastete, durchlaufende Stäbe** – mit unwesentlichen Endmomenten: – im Endfeld: $l_{ef} = 0{,}8 \cdot s$ – im Innenfeld: $l_{ef} = 0{,}6 \cdot s$ – im Knoten: $l_{ef} = 0{,}6 \cdot s$ der größeren anschließenden Systemlinie – mit wesentlichen Endmomenten: – im Feld mit Endmoment: $l_{ef} = 0$ (kein Ausknicken) – im vorletzten Feld: $l_{ef} = 1{,}0 \cdot s$ – übrige Felder und Knoten: wie für Stäbe mit nur unwesentlichen Endmomenten

1) Knicklängen gelten für das Ausknicken in der Tragwerksebene (Zeichenebene)
2) Das Knicken aus der Tragwerksebene ist stets gesondert nachzuweisen; als Knicklänge l_{ef} gilt hier im allgemeinen der Abstand a von Queraussteifungen, die Tragwerkspunkte seitlich unverschieblich halten
3) Knicklängen bei Tragsystemen mit nachgiebigen Verbindungen gelten nur für die Fälle, bei denen die elastische Knicklast durch die Nachgiebigkeit um nicht mehr als etwa 20% abgemindert wird
4) Die Berechnung der Drehfedersteifigkeit K_r kann sinngemäß nach Tafel 80 des Abschn. „Holzbau nach DIN 1052" erfolgen
5) sind die Flächenmomente 2. Grades veränderlich, kann sinngemäß nach Tafel 37 des Abschn. „Holzbau nach DIN 1052" verfahren werden
6) Bei weitgespannten Rahmen, z. B. $l > 40$ m, wird empfohlen, die Knicklänge der Stiele auch unter Berücksichtigung der Riegellängskraft zu bestimmen, hierüber s. [2] und *Heimeshoff* [12]

3.3 Nachweis der Tragfähigkeit für Biegeträger

3.3.1 Einfache (einaxiale) Biegung

Für einfache Biegung sind die Gleichungen (10a) oder (10b) einzuhalten, je nach Biegebeanspruchung um die Querschnittshauptachsen, s. Bild 5.

bei Biegebeanspruchung um die y-Achse:

$$\frac{\sigma_{m,y,d}}{f_{m,y,d}} = \frac{M_{y,d}/W_{y,n}}{f_{m,y,d}} \leq 1 \qquad (10a)$$

bei Biegebeanspruchung um die z-Achse:

$$\frac{\sigma_{m,z,d}}{f_{m,z,d}} = \frac{M_{z,d}/W_{z,n}}{f_{m,z,d}} \leq 1 \qquad (10b)$$

$\sigma_{m,y,d}$; $\sigma_{m,z,d}$ Bemessungswerte der Biegespannungen um die y- oder z-Achse
$f_{m,y,d}$; $f_{m,z,d}$ Bemessungswerte der Biegefestigkeit
$M_{y,d}$; $M_{z,d}$ Biegemomente um die y- oder z-Achse
$W_{y,n}$; $W_{z,n}$ nutzbare Widerstandsmomente oder Widerstandsmomente des Nettoquerschnitts

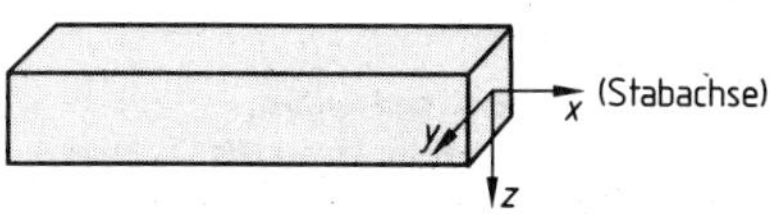

Bild 5 Koordinatensystem der Stabstatik

Der **Nachweis der Kippstabilität** ist nach Abschn. 3.3.8 zu führen.

Beispiel **Bemessung eines Parallelträgers aus Brettschichtholz;** Nachweis für Biegung; Umgebungsklima: beheizter Innenraum

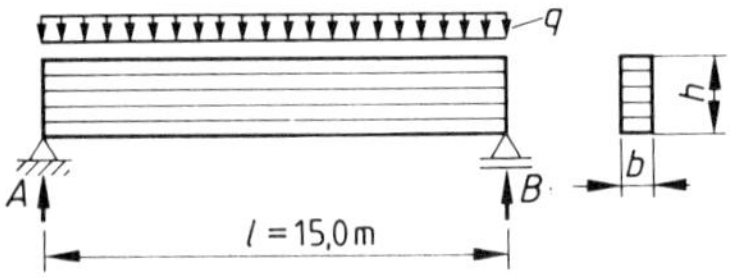

Brettschichtholz BS 14k, $b/h = 16/90$ cm

Charakteristischer Festigkeitskennwert nach Tafel 2

$f_{m,g,k} = 28{,}0\ \text{N/mm}^2 = 2{,}8\ \text{kN/cm}^2$

Nutzbares Widerstandsmoment

$W_y = W_{y,n} = 16 \cdot 90^2/6 = 21\,600\ \text{cm}^3$

Charakteristische Werte der Einwirkungen (senkrechte, gleichmäßige Linienlasten)

$g_k = 3{,}25$ kN/m aus ständiger Last
$s_k = 3{,}75$ kN/m aus Schneelast
(Regelschneelast $s_0 \leq 2{,}0\ \text{kN/m}^2$)

---

1) Lastfall „ständige Last und Schneelast" (maßgebend)

Bemessungswert der Einwirkungen nach Abschn. Lastannahmen, Seite 235ff.

$q_d = 1{,}35 \cdot 3{,}25 + 1{,}5 \cdot 3{,}75$
$= 4{,}4 + 5{,}6 = 10{,}0$ kN/m

Bemessungswerte der Beanspruchungen

$A_d = B_d = 10{,}0 \cdot 15{,}0/2 = 75$ kN
$\max M_{y,d} = 10{,}0 \cdot 15{,}0^2/8 = 281{,}3$ kNm

Nutzungsklasse 1 nach Tafel 8

Lasteinwirkungsdauer nach Tafel 10 und 11

„ständig" für ständige Last (Eigenlast)
„kurz" für Schneelast
(Regelschneelast $s_0 \leq 2{,}0\ \text{kN/m}^2$),

Modifikationsfaktor nach Tafel 12

$k_{mod} = 0{,}6$ für ständige Last
$k_{mod} = 0{,}9$ für Schneelast (maßgebend)

Teilsicherheitsbeiwert für Baustoffe nach Tafel 14

$\gamma_M = 1{,}3$

Bemessungswert der Baustoffeigenschaft nach Gl. (1)

$f_{m,g,d} = 0{,}90 \cdot 2{,}80/1{,}3 = 1{,}94\ \text{kN/cm}^2$

Nachweis der Tragfähigkeit nach Gl. (10a)

$$\frac{28\,130/21\,600}{1{,}94} = 0{,}67 \leq 1$$

2) Lastfall „ständige Last" (nicht maßgebend)

(nicht angeführte Größen wie im Lastfall „ständige Last und Schneelast")

Bemessungswert der Einwirkung

$q_d = 1{,}35 \cdot 3{,}25 = 4{,}4$ kN/m

Bemessungswerte der Beanspruchungen

$A_d = B_d = 4{,}4 \cdot 15{,}0/2 = 33{,}0$ kN
$\max M_{y,d} = 4{,}4 \cdot 15{,}0^2/8 = 123{,}8$ kNm

Lasteinwirkungsdauer nach Tafel 10

„ständig" für ständige Last (Eigenlast)

Modifikationsfaktor nach Tafel 12

$k_{mod} = 0{,}6$ für ständige Last

Bemessungswert der Baustoffeigenschaft nach Gl. (1)

$f_{m,g,d} = 0{,}60 \cdot 2{,}80/1{,}3 = 1{,}29\ \text{kN/cm}^2$

Nachweis der Tragfähigkeit nach Gl. (10a)

$$\frac{12\,380/21\,600}{1{,}29} = 0{,}44 \leq 1$$

Weitere Nachweise:

Nachweis für Querkraft (Schub) s. Beispiel Abschn. 3.3.5

Nachweis der Kippstabilität s. Beispiel Abschn. 3.3.8

Nachweis der Gebrauchstauglichkeit (Durchbiegung) s. Beispiel Abschn. 4.1.1

3.3.2 Zweiaxiale Biegung (Doppelbiegung)

Bei Doppelbiegung sind die Gl. (11 a) und (11 b) einzuhalten. Bei der Bemessung von Biegeträgern mit Rechteckquerschnitt darf eine der beiden gleichzeitig auftretenden Biegespannungen über den Faktor k_m um 30% verkleinert werden.

$$k_m \frac{\sigma_{m,y,d}}{f_{m,y,d}} + \frac{\sigma_{m,z,d}}{f_{m,z,d}} \leq 1 \quad (11\,a)$$

$$\frac{\sigma_{m,y,d}}{f_{m,y,d}} + k_m \frac{\sigma_{m,z,d}}{f_{m,z,d}} \leq 1 \quad (11\,b)$$

Bezeichnungen s. Gl. (10a) und (10b)

$k_m = 0{,}7$ für Rechteckquerschnitte
$= 1{,}0$ für andere Querschnittsformen

Der **Nachweis der Kippstabilität** ist nach Abschn. 3.3.8 zu führen.

Beispiel **Bemessung einer Mittelpfette aus Brettschichtholz** (nur Biegung), Umgebungsklima: überdachtes Tragwerk

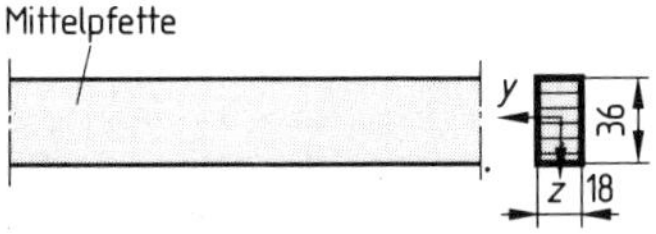

Brettschichtholz BS 18k, $b/h = 18/36$ cm

Charakteristischer Festigkeitskennwert nach Tafel 2

$f_{m,g,k} = 36{,}0\ \text{N/mm}^2 = 3{,}6\ \text{kN/cm}^2$

Nutzbare Widerstandsmomente

$W_y = W_{y,n} = 18 \cdot 36^2/6 = 3888\ \text{cm}^3$
$W_z = W_{z,n} = 36 \cdot 18^2/6 = 1944\ \text{cm}^3$

Lastfall „ständige Last, Schnee und Wind" (maßgebend)

(weitere Lastfallkombinationen sind in diesem Beispiel nicht bemessungsbestimmend, wie Berechnungen ergaben)

Bemessungswerte der Beanspruchungen (Doppelbiegung), hier nicht gesondert errechnet

$M_{y,d} = 78{,}0$ kNm
$M_{z,d} = \ 8{,}5$ kNm

Nutzungsklasse 2 nach Tafel 8
Lasteinwirkungsdauer nach Tafel 10

„ständig" für ständige Last (Eigenlast)
„kurz" für Schnee- und Windlast

Modifikationsfaktor nach Tafel 12

$k_{mod} = 0{,}6$ für ständige Last
$k_{mod} = 0{,}9$ für Schnee- und Windlast (maßgebend)

Teilsicherheitsbeiwert für Baustoffe nach Tafel 14

$\gamma_M = 1{,}3$

Bemessungswert der Baustoffeigenschaft nach Gl. (1)

$f_{m,g,d} = f_{m,y,d} = f_{m,z,d}$
$f_{m,g,d} = 0{,}90 \cdot 3{,}6/1{,}3 = 2{,}49\ \text{kN/cm}^2$

Nachweis der Tragfähigkeit nach Gl. (11 a) und (11 b)

$$0{,}7 \cdot \frac{7800/3888}{2{,}49} + \frac{850/1944}{2{,}49} =$$
$$0{,}7 \cdot 0{,}81 + 0{,}18 = 0{,}75 \leq 1$$

$$\frac{7800/3888}{2{,}49} + 0{,}7 \cdot \frac{850/1944}{2{,}49} =$$
$$0{,}81 + 0{,}7 \cdot 0{,}18 = 0{,}94 \leq 1$$

Weitere Nachweise nicht dargestellt, z. B. Nachweis für Querkraft (Schub) nach Abschn. 3.3.5
Nachweis der Kippstabilität nach Abschn. 3.3.8

3.3.3 Zug und Biegung (ausmittiger Zug)

Beim gleichzeitigen Auftreten von Zug- und zweiaxialer (Doppel-)Biegebeanspruchung sind Gl. (12a) und Gl. (12b) einzuhalten. Bei der Bemessung von Biegeträgern mit Rechteckquerschnitt darf eine der beiden gleichzeitig auftretenden Biegespannungen über den Faktor k_m um 30% verkleinert werden. Liegen Zug- und einfache (einaxiale) Biegebeanspruchung vor, wird in den Gl. (12a) und Gl. (12b) nur die jeweilig vorhandene Biegebeanspruchung um die y- oder z-Achse berücksichtigt.

$$\frac{\sigma_{t,0,d}}{f_{t,0,d}}+\frac{\sigma_{m,y,d}}{f_{m,y,d}}+k_m\frac{\sigma_{m,z,d}}{f_{m,z,d}}\leq 1 \quad (12a)$$

$$\frac{\sigma_{t,0,d}}{f_{t,0,d}}+k_m\frac{\sigma_{m,y,d}}{f_{m,y,d}}+\frac{\sigma_{m,z,d}}{f_{m,z,d}}\leq 1 \quad (12b)$$

$\sigma_{m,y,d}$; $\sigma_{m,z,d}$ Bemessungswerte der Biegespannungen um die y- oder z-Achse
$\sigma_{t,0,d}$ Bemessungswert der Zugspannung
$f_{m,y,d}$; $f_{m,z,d}$ Bemessungswerte der Biegefestigkeit
$f_{t,0,d}$ Bemessungswert der Zugfestigkeit
k_m =0,7 für Rechteckquerschnitte
=1,0 für andere Querschnittsformen
weitere Bezeichnungen s. Gl. (10a) und (10b)

Der **Nachweis der Kippstabilität** ist nach Abschn. 3.3.8 zu führen.

3.3.4 Druck und Biegung (ausmittiger Druck) (Knicken nicht maßgebend)

Beim gleichzeitigen Auftreten von Druck- und zweiaxialer (Doppel-)Biegebeanspruchung sind Gl. (13a) und Gl. (13b) einzuhalten. Bei der Bemessung von Biegeträgern mit Rechteckquerschnitt darf eine der beiden gleichzeitig auftretenden Biegespannungen über den Faktor k_m um 30% verkleinert werden. Liegen Druck- und einfache (einaxiale) Biegebeanspruchung vor, wird in den Gl. (13a) und Gl. (13b) nur die jeweilig vorhandene Biegebeanspruchung um die y- oder z-Achse berücksichtigt.

$$\left(\frac{\sigma_{c,0,d}}{f_{c,0,d}}\right)^2+\frac{\sigma_{m,y,d}}{f_{m,y,d}}+k_m\frac{\sigma_{m,z,d}}{f_{m,z,d}}\leq 1 \quad (13a)$$

$$\left(\frac{\sigma_{c,0,d}}{f_{c,0,d}}\right)^2+k_m\frac{\sigma_{m,y,d}}{f_{m,y,d}}+\frac{\sigma_{m,z,d}}{f_{m,z,d}}\leq 1 \quad (13b)$$

$\sigma_{m,y,d}$; $\sigma_{m,z,d}$ Bemessungswerte der Biegespannungen um die y- oder z-Achse
$\sigma_{c,0,d}$ Bemessungswert der Druckspannung
$f_{m,y,d}$; $f_{m,z,d}$ Bemessungswerte der Biegefestigkeit
$f_{c,0,d}$ Bemessungswert der Druckfestigkeit
k_m =0,7 für Rechteckquerschnitte
=1,0 für andere Querschnittsformen
weitere Bezeichnungen s. Gl. (10a) und (10b)

Der **Nachweis der Knick- und Kippstabilität** ist nach Abschn. 3.2.5 zu führen.

3.3.5 Schub

Bei Schubbeanspruchung ist Gl. (14) einzuhalten. Die zu einer Querkraft Q gehörenden Schubspannungen τ werden allgemein nach Gl. (15) berechnet. Bei einem Rechteckquerschnitt kann die größte Schubspannung nach Gl. (16) ermittelt werden.

$$\frac{\tau_d}{f_{v,d}}\leq 1 \quad (14)$$

allgemein:

$$\tau=\frac{Q\cdot S}{I\cdot b} \quad (15)$$

Rechteckquerschnitt:

$$\max\tau=\frac{1{,}5\cdot Q}{b\cdot h} \quad (16)$$

τ_d Bemessungswert der Schubbeanspruchung
$f_{v,d}$ Bemessungswert der Schubfestigkeit
S Flächenmoment 1. Grades
I Flächenmoment 2. Grades
b Querschnittsbreite
h Querschnittshöhe
Q maßgebende Querkraft

Beispiel **Bemessung eines Parallelträgers aus Brettschichtholz; Nachweis für Schub;** s. auch Beispiel Abschn. 3.3.1 (Fortführung)

Brettschichtträger BS 14k, $b/h = 16/90$ cm

Charakteristischer Festigkeitskennwert nach Tafel 2

$f_{v,k} = 2{,}7\ \text{N/mm}^2 = 0{,}27\ \text{kN/cm}^2$

Maßgebender Lastfall „ständige Last und Schneelast"

Bemessungswerte der Beanspruchungen

$A_d = B_d = 75$ kN

max. Querkraft Q im Beispiel an den Auflagern

$Q_d = 75$ kN

Bemessungswert der Baustoffeigenschaft nach Gl. (1)

$f_{v,d} = 0{,}9 \cdot 0{,}27/1{,}3 = 0{,}19\ \text{kN/cm}^2$

Nachweis der Tragfähigkeit nach Gl. (14) und (16)

$$\frac{1{,}5 \cdot 75{,}0/(16 \cdot 90)}{0{,}19} = 0{,}41 \leq 1$$

Abgeminderte Querkraft bei Einzellasten

Tritt am Biegeträgerende (Endauflager) eine Einzellast F auf, so kann der Beitrag dieser Einzellast F zur gesamten Querkraft entsprechend der Einflußlinie nach Bild 6 abgemindert werden, wenn F innerhalb eines Bereiches von $2h$ vom Endauflager angreift. Dabei muß der Träger entsprechend Bild 6 am unteren Rand aufgelagert und die Einzellast F am oberen Trägerrand angreifen.

Die abgeminderte Querkraft $Q_{v,red}$ errechnet sich allgemein nach Gl. (17). Für Einfeldträger kann die abgeminderte Querkraft nach Gl. (18) berechnet werden.

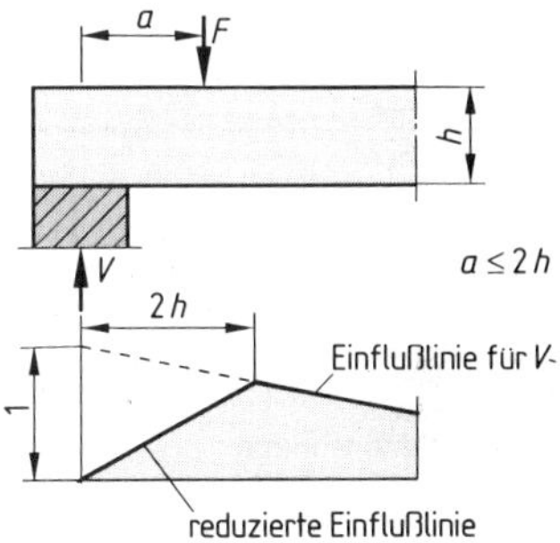

Bild 6 **Reduzierte Einflußlinie für Einzellasten** nach EC 5 T1-1, Bild 5.1.7.1

Allgemein:

$$Q_{v,red} = k_F \cdot V \quad (17)$$

Einfeldträger mit $a \leq 2h$:

$$Q_{v,red} = \left(\frac{1}{2h} - \frac{1}{l}\right) \cdot a \cdot F \quad (18)$$

- V Ausflagerkraft infolge Einzellast F nach Bild 6
- k_F Abminderungsfaktor für Einzellasten
- h Trägerhöhe nach Bild 6
- a Abstand der Einzellast F von Auflagermitte
- l Stützweite bei Einfeldträgern

3.3.6 Ausgeklinkte Biegeträger

Bei Trägern, die an ihren Enden ausgeklinkt sind, ist Gl. (19) einzuhalten. Die Schubspannungen τ_d sind dabei mit einer wirksamen (reduzierten) Höhe h_e zu berechnen. Die Faktoren k_v für unten „schräg", unten „rechtwinklig" und für oben ausgeklinkte Trägerenden können Tafel 23 entnommen werden.

$$\frac{\tau_d}{k_v \cdot f_{v,d}} = \frac{1{,}5 \cdot V_d/(b \cdot h_e)}{k_v \cdot f_{v,d}} \quad (19)$$

- V_d Bemessungswert der Auflagerkraft am Trägerende
- b Trägerbreite
- h_e Trägerhöhe an der Ausklinkung
- k_v Faktor je nach Ausklinkungsform, s. Tafel 23
- $f_{v,d}$ Bemessungswert der Schubfestigkeit

13

Tafel 23 Faktor k_v der Gl. (19) für unten und oben ausgeklinkte Trägerenden nach EC 5 T1-1, Gl. (5.1.7.2b–d) und NAD, 5.1.7.2[1])

Ausklinkungsform	Bedingungen	Faktor k_v
Ausklinkung „unten schräg" 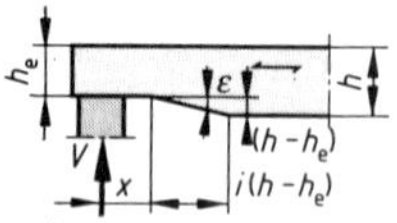	$h_e \geq 0{,}5\,h$ $x \leq 0{,}4\,h$	$k_v = \min \begin{cases} 1 \\ \dfrac{k_n\left(1+\dfrac{1{,}1\cdot i^{1{,}5}}{\sqrt{h}}\right)}{\sqrt{h}\left(\sqrt{\alpha(1-\alpha)}+0{,}8\,\dfrac{x}{h}\sqrt{\dfrac{1}{\alpha}-\alpha^2}\right)} \end{cases}$
Ausklinkung „unten rechtwinklig" 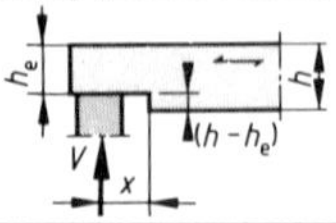	$h_e \geq 0{,}5\,h$ $x \leq 0{,}4\,h$	$k_v = \min \begin{cases} 1 \\ \dfrac{k_n}{\sqrt{h}\left(\sqrt{\alpha(1-\alpha)}+0{,}8\,\dfrac{x}{h}\sqrt{\dfrac{1}{\alpha}-\alpha^2}\right)} \end{cases}$
Ausklinkung „oben" 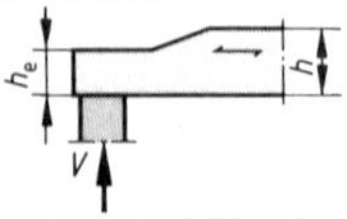		$k_v = 1$

[1]) Hierin bedeuten:
- h Querschnittshöhe in mm
- x Abstand zwischen Auflagerresultierenden und Ecke der Ausklinkung, $x \leqq 0{,}4 \cdot h$
- α $= h_e/h \geq 0{,}5$
- i Steigung des Anschnittes, $i = 1/\tan\varepsilon$
- ε Winkel des Anschnitts
- k_n Faktor, Maß für die Bruchenergie, $k_n = 5{,}0$ für Vollholz, $k_n = 6{,}5$ für Brettschichtholz

3.3.7 Torsion

Bei Torsionsbeanspruchung ist Gl. (20) einzuhalten. Die zum Torsionsmoment T gehörenden Torsionsspannungen τ_{tor} können nach Gl. (21) berechnet werden (Elastizitätstheorie isotroper Werkstoffe, *Saint-Venant*sche Torsion). Das Torsionswiderstandsmoment W_T für Rechteckquerschnitte kann nach Gl. (22) ermittelt werden.

$$\frac{\tau_{tor,d}}{f_{v,d}} \leq 1 \quad (20)$$

$$\max \tau_{tor,d} = \frac{T_d}{W_T} \quad (21)$$

für Rechteckquerschnitte gilt:

$$W_T = \frac{h \cdot b^2}{3\eta} \quad (22)$$

- $\tau_{tor,d}$ Bemessungswert der Torsionsspannungen
- $f_{v,d}$ Bemessungswert der Schubfestigkeit
- T_d Bemessungswert des Torsionsmomentes
- W_T Torsionswiderstandsmoment
- η Wert nach Tafel 24

Tafel 24 η-Werte der Gl. (22) für die Berechnung des Torsionswiderstandsmomentes W_T bei Rechteckquerschnitten nach *Möhler/Hemmer*[1]) [2])

h/b	1	1,5	2	3	4	5	6	7	8	9	10	12
η	1,609	1,433	1,356	1,247	1,183	1,144	1,117	1,099	1,086	1,075	1,067	1,055

[1]) Zwischenwerte können geradlinig eingeschaltet werden
[2]) h, b Querschnittshöhe bzw. -breite des Rechteckquerschnitts

Kombination von Querkraft und Torsion

EC 5 T1-1 regelt nicht die gleichzeitige Beanspruchung eines Querschnitts auf Querkraft (Schub) und Torsion. *Aune* [24] empfiehlt, bei dieser kombinierten Beanspruchung Gl. (23) nach *Möhler/Hemmer* einzuhalten.

$$\frac{\tau_{tor,d}}{f_{v,d}} + \left(\frac{\tau_{v,d}}{f_{v,d}}\right)^2 \leq 1 \quad (23)$$

3.3.8 Kippen von Biegeträgern

Biegebeanspruchte Bauteile müssen gegen Kippen (seitliches Ausweichen und gleichzeitige Verdrehung) gesichert sein.

Beim Nachweis der Kippstabilität ist Gl. (24) einzuhalten. Die Berechnung des Faktor k_{crit} (Kippbeiwert), des bezogenen Schlankheitsgrades $\lambda_{rel,m}$ (Kippschlankheitsgrades) und der kritischen Biegespannung $\sigma_{m,crit}$ ist in Tafel 25 angegeben. Der

Tafel 25 Berechnung des Faktors k_{crit} (Kippbeiwert), des bezogenen Schlankheitsgrades $\lambda_{rel,m}$ (Kippschlankheitsgrad) und der kritischen Biegespannung $\sigma_{m,crit}$ nach EC 5 T1-1, 5.2.2 und NAD, 5.2.2[1] [2])

1	Biegeträger mit seitlicher Vorkrümmung: $k_{crit}=\begin{cases}1 & \text{für } \lambda_{rel,m}\leq 0{,}75\\ 1{,}56-0{,}75\cdot\lambda_{rel,m} & \text{für } 0{,}75<\lambda_{rel,m}\leq 1{,}4\\ 1/\lambda_{rel,m}^2 & \text{für } 1{,}4<\lambda_{rel,m}\end{cases}$ mit – dem bezogenen Schlankheitsgrad (Kippschlankheitsgrad) $\lambda_{rel,m}=\sqrt{f_{m,k}/\sigma_{m,crit}}$ – der kritischen Biegespannung für Biegeträger mit Rechteckquerschnitt: $\sigma_{m,crit}=\frac{\pi\cdot b^2\cdot E_{0,05}}{l_{ef}\cdot h}\sqrt{\frac{G_{mean}}{E_{0,mean}}}$
2	Biegeträger, – bei dem eine seitliche Verschiebung des gedrückten Randes über die ganze Länge verhindert wird, und – der an den Auflagern eine Gabellagerung besitzt: $k_{crit}=1$

[1]) Hierin bedeuten:

k_{crit}	Faktor (Kippbeiwert) zur Berücksichtigung der verringerten Tragfähigkeit infolge Kippens	b	Trägerbreite
$\lambda_{rel,m}$	bezogener Schlankheitsgrad (Kippschlankheitsgrad)	h	Trägerhöhe
$\sigma_{m,crit}$	kritische Biegespannung	l_{ef}	wirksame Trägerlänge nach Tafel 27
$f_{m,k}$	charakteristische Biegefestigkeit	G_{mean}	Schubmodul
		$E_{0,mean}$	Elastizitätsmodul in Faserrichtung, Mittelwert
		$E_{0,05}$	Elastizitätsmodul in Faserrichtung, bezogen auf die 5% Fraktile

[2]) der Faktor k_{crit} (Kippbeiwert) kann auch Tafel 26 entnommen werden

Tafel 26 Kippbeiwert k_{crit} nach EC 5 T1-1, Gl. (5.2.2c–e)

$\lambda_{rel,m}$	Kippschlankheitsgrad $\lambda_{rel,m}$									
	0,00	0,01	0,02	0,03	0,04	0,05	0,06	0,07	0,08	0,09
≤0,75	1,000									
0,70	1,000	1,000	1,000	1,000	1,000	1,000	0,990	0,983	0,975	0,968
0,80	0,960	0,953	0,945	0,938	0,930	0,923	0,915	0,908	0,900	0,893
0,90	0,885	0,878	0,870	0,863	0,855	0,848	0,840	0,833	0,825	0,818
1,00	0,810	0,803	0,795	0,788	0,780	0,773	0,765	0,758	0,750	0,743
1,10	0,735	0,728	0,720	0,713	0,705	0,698	0,690	0,683	0,675	0,668
1,20	0,660	0,653	0,645	0,638	0,630	0,623	0,615	0,608	0,600	0,593
1,30	0,585	0,578	0,570	0,563	0,555	0,548	0,540	0,533	0,525	0,518
1,40	0,510	0,503	0,496	0,489	0,482	0,476	0,469	0,463	0,457	0,450
1,50	0,444	0,439	0,433	0,427	0,422	0,416	0,411	0,406	0,401	0,396
1,60	0,391	0,386	0,381	0,376	0,372	0,367	0,363	0,359	0,354	0,350
1,70	0,346	0,342	0,338	0,334	0,330	0,327	0,323	0,319	0,316	0,312
1,80	0,309	0,305	0,302	0,299	0,295	0,292	0,289	0,286	0,283	0,280
1,90	0,277	0,274	0,271	0,269	0,266	0,263	0,260	0,258	0,255	0,253
2,00	0,250	0,248	0,245	0,243	0,240	0,238	0,236	0,233	0,231	0,229

Faktor k_{crit} (Kippbeiwert) kann auch Tafel 26 entnommen werden, wenn der Kippschlankheitsgrad $\lambda_{rel,m}$ bekannt ist. Der Faktor k_{crit} (Kippbeiwert) berücksichtigt die verminderte Tragfähigkeit des Biegeträgers infolge Kippens.

$$\frac{\sigma_{m,d}}{k_{crit} \cdot f_{m,d}} \leq 1 \qquad (24)$$

$\sigma_{m,d}$ Bemessungswert der Biegespannungen
$f_{m,d}$ Bemessungswert der Biegefestigkeit
k_{crit} Faktor (Kippbeiwert) nach Tafel 25 oder Tafel 26

Tafel 27 Verhältnisse l_{ef}/l (wirksame Trägerlänge/Trägerlänge) für Träger mit Rechteckquerschnitt bei verschiedenen Lagerungen und Lastanordnungen nach EC 5 Entwurf [36], Bild 5.1.6[1])

	Lastanordnung, Lagerung	Lastangriff über die Trägerhöhe oben	in der Mitte	unten
1	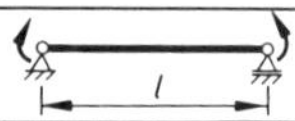		1	
2	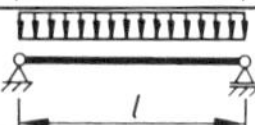	0,95	0,9	0,85
3	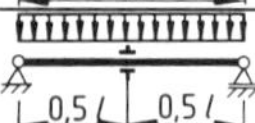 3)	0,4	0,4	0,35
4	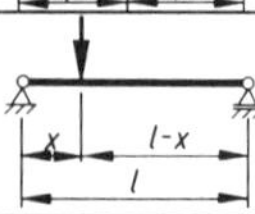	$0{,}8/\alpha^2$)	$0{,}75/\alpha^2$)	$0{,}7/\alpha^2$)
5	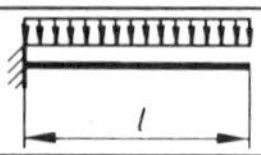		1,2	
6	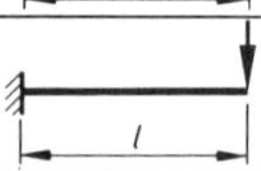		1,7	

[1]) An den Auflagerpunkten werden Gabellager vorausgesetzt

[2]) $\alpha = 1{,}35 - 1{,}4 \cdot \frac{x}{l} \cdot \left(\frac{l-x}{l}\right)$

[3]) ⫩ bezeichnet einen Bereich, in dem eine seitliche Verschiebung des oberen Balkenrandes (aber nicht eine vertikale Verschiebung oder eine Verdrehung) behindert wird

Beispiel Nachweis der Kippstabilität s. auch Beispiel Abschn. 3.3.1 (Fortführung)

Brettschichtholz BS 14k, $b/h = 16/90$ cm

Charakteristischer Festigkeitskennwert nach Tafel 2

$f_{m,g,k} = 28{,}0\ \text{N/mm}^2 = 2{,}8\ \text{kN/cm}^2$

Charakteristische Steifigkeitskennwerte nach Tafel 2

$E_{0,g,mean} = 12\,500\ \text{N/mm}^2 = 1250\ \text{kN/cm}^2$

$E_{0,g,05} = 10\,000\ \text{N/mm}^2 = 1000\ \text{kN/cm}^2$

$G_{g,mean} = 780\ \text{N/mm}^2 = 78\ \text{kN/cm}^2$

Seitliche Abstützung des Parallelträgers

Gabellagerung an beiden Auflagern, der Träger wird in Trägermitte am Obergurtrand durch eine Aussteifungskonstruktion seitlich unverschieblich gehalten:

wirksame Trägerlänge nach Tafel 27 Lastangriff „oben"

$l_{ef} = 0{,}4 \cdot l = 0{,}4 \cdot 15{,}0 = 6{,}00$ m

Maßgebender Lastfall „ständige Last und Schneelast" (nicht angeführte Größen s. Beispiel Abschn. 3.3.1)

Bemessungswert der Beanspruchung (Biegung)

$\max M_{y,d} = 281{,}3$ kNm

Bemessungswert der Baustoffeigenschaft

$f_{m,g,d} = 1{,}94\ \text{kN/cm}^2$

Kritische Biegespannung nach Tafel 25

$$\sigma_{m,crit} = \frac{\pi \cdot 16^2 \cdot 1000}{600 \cdot 90} \cdot \sqrt{\frac{78}{1250}} = 3{,}72\ \text{kN/cm}^2$$

Bezogener Schlankheitsgrad (Kippschlankheitsgrad) nach Tafel 25

$\lambda_{rel,m} = \sqrt{2{,}8/3{,}72} = 0{,}87$

Faktor k_{crit} (Kippbeiwert) nach Tafel 25 oder aus Tafel 26

$k_{crit} = 1{,}56 - 0{,}75 \cdot 0{,}87 = 0{,}908$

Nachweis der Kippstabilität

$$\frac{28\,130/21\,600}{0{,}908 \cdot 1{,}94} = 0{,}74 \leq 1$$

3.3.9 Pultdachträger

Beim Nachweis der Biegespannungen von Pultdachträgern mit Faserrichtung parallel zu einer der Trägerkanten und einem Faseranschnittswinkel $\alpha \leq 10°$ sind die Gleichungen der Tafel 28 einzuhalten, dabei wird zwischen der faserparallelen Trägerkante und der geneigten Trägerkante (mit einem Faseranschnittswinkel α) unterschieden.

Die Spannungskombination am geneigten (angeschnittenen) Rand (gleichzeitiges Auftreten von Längs-, Quer- und Schubspannungen) wird durch eine Abminderung der Biegespannungen mit dem Faktor $k_{m,\alpha}$ berücksichtigt.

Tafel 28 Nachweis der Tragfähigkeit (Biegespannungen) von Pultdachträgern nach EC 5 T1-1, 5.2.3[1] [2])

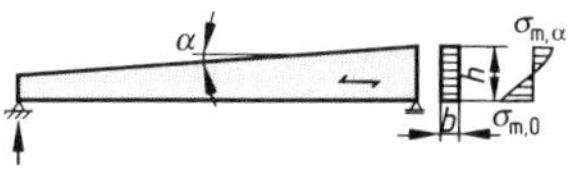

Faserparalleler Trägerrand

Nachweis der Tragfähigkeit	Biegerandspannungen für $\alpha \leq 10°$
$\frac{\sigma_{m,0,d}}{f_{m,d}} \leq 1$	$\sigma_{m,0,d} = (1 + 4 \cdot \tan^2\alpha)\,\frac{6 \cdot M_d}{b \cdot h^2}$

Geneigter (angeschnittener) Trägerrand mit Faseranschnittswinkel $\alpha \leq 10°$

Nachweis der Tragfähigkeit	Biegerandspannungen für $\alpha \leq 10°$
$\frac{\sigma_{m,\alpha,d}}{k_{m,\alpha} \cdot f_{m,d}} \leq 1$	$\sigma_{m,\alpha,d} = (1 - 4 \cdot \tan^2\alpha)\,\frac{6 \cdot M_d}{b \cdot h^2}$
Faktor $k_{m,\alpha}$ für den Fall, daß der geneigte Rand ein Biegezugrand ist $k_{m,\alpha} = \frac{1}{\frac{f_{m,d}}{f_{t,90,d}} \cdot \sin^2\alpha + \cos^2\alpha}$	Faktor $k_{m,\alpha}$ für den Fall, daß der geneigte Rand ein Biegedruckrand ist $k_{m,\alpha} = \frac{1}{\frac{f_{m,d}}{f_{c,90,d}} \cdot \sin^2\alpha + \cos^2\alpha}$

Beispiel: Pultdachträger mit Rechteckquerschnitt und konstanter Gleichlast q

maximale Biegespannungen an der Trägerstelle $\bar{x} = \frac{h_s}{h_s + h_{ap}} \cdot l$

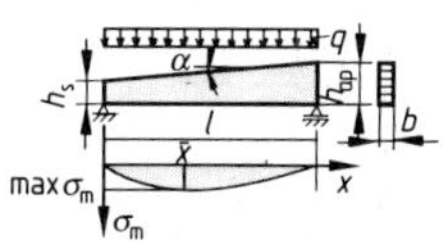

[1]) Über weitere Nachweise der Tragfähigkeit wie Schub, Kippen und dgl. mehr s. entsprechende Abschnitte

[2]) Hierin bedeuten:

$\sigma_{m,0,d}$; $\sigma_{m,\alpha,d}$	Bemessungswerte der Biegespannungen an der faserparallelen Trägerkante bzw. an der geneigten Trägerkante
$f_{m,d}$	Bemessungswert der Biegefestigkeit
M_d	Bemessungswert des Biegemomentes
b, h	Querschnittsbreite bzw. -höhe
$\bar{x}$	Trägerstelle mit der größten Biegespannung

13

3.3.10 Gekrümmte Träger und Satteldachträger

Der Nachweis der Biegespannungen (Längsspannungen) und Zugspannungen rechtwinklig zur Faserrichtung (Querzugspannungen) im Firstquerschnitt von gekrümmten Trägern und Satteldachträgern ist nach Gl. (25) und Gl. (26) zu führen. Die hierzu notwendigen Größen einschließlich der Berechnung des querzugbeanspruchten Volumens können Tafel 29 entnommen werden. Geometrische Größen von Satteldachträgern sind in Tafel 30 dargestellt.

Biegespannung im Firstquerschnitt:

$$\frac{\sigma_{m,d}}{k_r \cdot f_{m,d}} \leq 1 \quad (25)$$

größte Zugspannung rechtwinklig zur Faserrichtung im Firstquerschnitt:

$$\frac{\sigma_{t,90,d}}{k_{dis} \cdot (V_0/V)^{0,2} \cdot f_{t,90,d}} \leq 1 \quad (26)$$

$\sigma_{m,d}$ Bemessungswert der Biegespannungen
$\sigma_{t,90,d}$ Bemessungswert der Zugspannungen rechtwinklig zur Faserrichtung
$f_{m,d}$ Bemessungswert der Biegefestigkeit
$f_{t,90,d}$ Bemessungswert der Zugfestigkeit rechtwinklig zur Faserrichtung

k_r Faktor nach Tafel 29
k_{dis} Faktor nach Tafel 29
V_0 Bezugsvolumen, $V_0 = 0{,}01\ m^3$
V angenommenes querzugbeanspruchtes Volumen des Firstbereiches in m^3, Berechnung nach Tafel 29

Bei Satteldachträgern mit geraden und gekrümmten Untergurten sind die Gleichungen der Tafel 28 (Pultdachträger) für gerade Trägerbereiche mit angeschnittener Faser anzuwenden.

Tafel 29 Gekrümmte Träger und Satteldachträger; Berechnung der Biegespannungen und Zugspannungen rechtwinklig zur Faserrichtung (Querzugspannungen) im Firstquerschnitt sowie des querzugbeanspruchten Volumens nach EC 5 T1-1, 5.2.4[1]) [2])

Gekrümmter Träger mit konstanter Querschnittshöhe	**Satteldachträger mit gekrümmtem Untergurt**	**Satteldachträger mit geradem Untergurt**
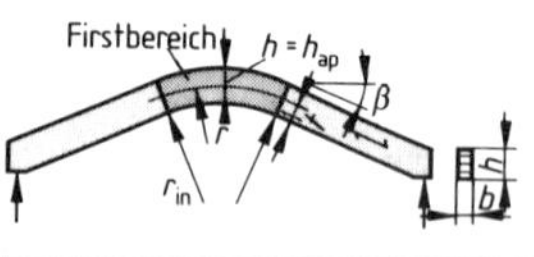	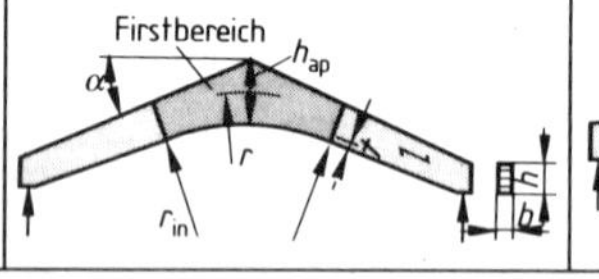	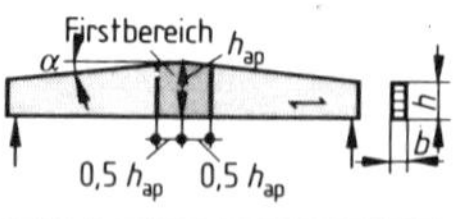
Bemessungswert der Biegespannungen im Firstquerschnitt		
$\sigma_{m,d} = k_l \cdot \frac{6 \cdot M_{ap,d}}{b \cdot h_{ap}^2}$		
Faktor k_l, berücksichtigt die erhöhten Biegespannungen im Firstquerschnitt		
$1 + 0{,}35 \cdot \left(\frac{h_{ap}}{r}\right) + 0{,}6 \cdot \left(\frac{h_{ap}}{r}\right)^2$	$k_1 + k_2 \cdot \left(\frac{h_{ap}}{r}\right) + k_3 \cdot \left(\frac{h_{ap}}{r}\right)^2 + k_4 \cdot \left(\frac{h_{ap}}{r}\right)^3$ $k_1 = 1 + 1{,}4 \cdot \tan\alpha + 5{,}4 \cdot \tan^2\alpha$ $k_2 = 0{,}35 - 8 \cdot \tan\alpha$ $k_3 = 0{,}6 + 8{,}3 \cdot \tan\alpha - 7{,}8 \cdot \tan^2\alpha$ $k_4 = 6 \cdot \tan^2\alpha$	$1 + 1{,}4 \cdot \tan\alpha + 5{,}4 \cdot \tan^2\alpha$
Faktor k_r, berücksichtigt die Festigkeitsabnahme infolge des Biegens der Lamellen bei der Herstellung		
	1 für $r_{in}/t \geq 240$ $0{,}76 + 0{,}001 \cdot r_{in}/t$ für $r_{in}/t < 240$	1

Fortsetzung s. nächste Seite

Tafel 29, Fortsetzung

Gekrümmter Träger mit konstanter Querschnittshöhe	**Satteldachträger mit gekrümmtem Untergurt**	**Satteldachträger mit geradem Untergurt**
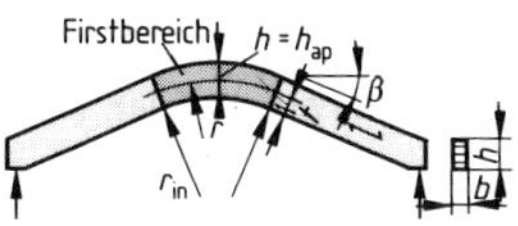	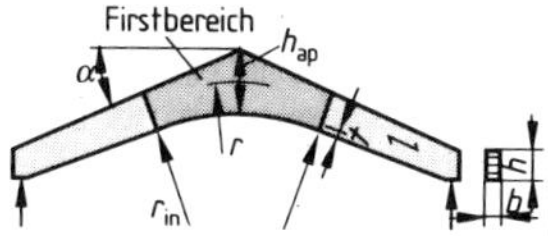	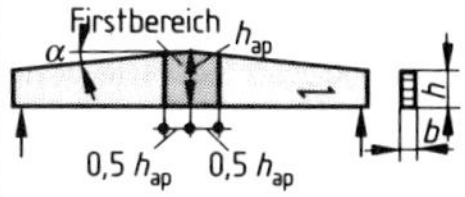
Bemessungswert der Zugspannung rechtwinklig zur Faserrichtung (Querzugspannungen) im Firstquerschnitt infolge Momentenbeanspruchung		
	$\sigma_{t,90,d}=k_p\,\dfrac{6\cdot M_{ap,d}}{b\cdot h_{ap}^2}$	
Faktor k_p zur Berechnung der größten Querzugspannungen im Firstquerschnitt		
$0{,}25\cdot\left(\dfrac{h_{ap}}{r}\right)$	$k_5+k_6\cdot\left(\dfrac{h_{ap}}{r}\right)+k_7\cdot\left(\dfrac{h_{ap}}{r}\right)^2$ $k_5=0{,}2\cdot\tan\alpha$ $k_6=0{,}25-1{,}5\cdot\tan\alpha+2{,}6\cdot\tan^2\alpha$ $k_7=2{,}1\cdot\tan\alpha-4\cdot\tan^2\alpha$	$0{,}2\cdot\tan\alpha$
Faktor k_{dis}, berücksichtigt die Verteilung der Querzugspannungen im Firstquerschnitt		
1,4	1,7	1,4
Angenommenes querzugbeanspruchtes Volumen V des Firstbereiches in m^3 nach *Ehlbeck/Kürth* [40] [3])		
$V=\dfrac{\beta\cdot\pi}{180}\cdot b\cdot(h_{ap}^2+2\cdot r_{in}\cdot h_{ap})$ jedoch höchstens $2\cdot V_b/3$	$V=b\left[\sin\alpha\cdot\cos\alpha\cdot(r_{in}+h_{ap})^2-r_{in}^2\cdot\dfrac{\pi\cdot\alpha}{180}\right]$ jedoch höchstens $2\cdot V_b/3$	$V=b\cdot h_{ap}^2\cdot\left(1-\dfrac{\tan\alpha}{4}\right)$ jedoch höchstens $2\cdot V_b/3$

[1]) Über weitere Nachweise der Tragfähigkeit wie Schub, Kippen und dgl. mehr s. entsprechende Abschnitte

[2]) Bei Satteldachträgern mit geraden und gekrümmten Untergurten sind die Gleichungen der Tafel 28 für gerade Trägerbereiche mit angeschnittener Faser anzuwenden

[3]) V_b Gesamtvolumen des Trägers

Tafel 30 Geometrie von Satteldachträgern [1])

Satteldachträger mit gekrümmtem Untergurt	Satteldachträger mit geradem Untergurt
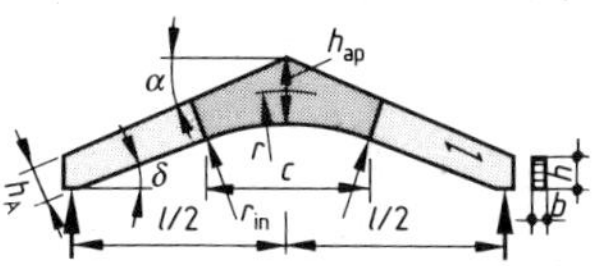	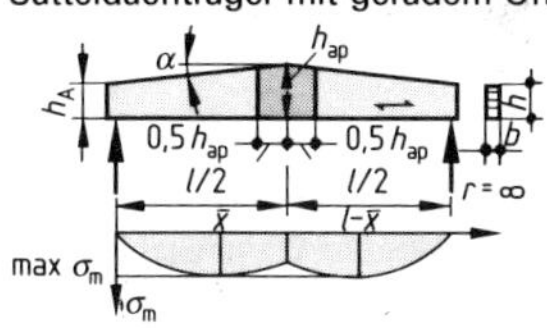
$r_{in}=\dfrac{c}{2\cdot\sin\delta}$ $h_{ap}=h_A+\dfrac{l}{2}\cdot(\tan\alpha-\tan\delta)+r_{in}(\cos\delta+\sin\delta\cdot\tan\delta-1)$ $r=r_{in}+0{,}5\cdot h_{ap}$	$h_{ap}=h_A+\dfrac{l}{2}\cdot\tan\alpha$ $\bar{x}=\dfrac{h_A}{2\cdot h_{ap}}\cdot l$

[1]) Hierin bedeuten:
$\bar{x}$ Trägerstelle mit der größten Biegespannung (außerhalb des Firstquerschnitts)

3.4 Nachweis der Tragfähigkeit nach Spannungstheorie II. Ordnung

Beim Nachweis der Tragfähigkeit von ebenen Rahmen und Bögen nach der Spannungstheorie II. Ordnung sind die zusätzlichen Spannungen aus auftretenden Verformungen zu berücksichtigen. Dazu ist eine spannungslose Vorverformung der Tragwerke (ebene Rahmen und Bögen) in der Form anzunehmen, daß sie einer wahrscheinlichen Anfangsverformung entspricht.

Die anzusetzenden Mindestwerte dieser Vorverformungen sind in Tafel 31 dargestellt. Dies sind eine ungewollte Schrägstellung der Stiele unter einem Winkel Φ des unbelasteten Tragwerks und eine sinusförmige Vorkrümmung der Stabachsen zwischen den Knoten mit einer ungewollten Ausmitte e in Stabmitte. Bild 7 zeigt Beispiele für spannungslose Vorverformungen eines Rahmens und Bogens.

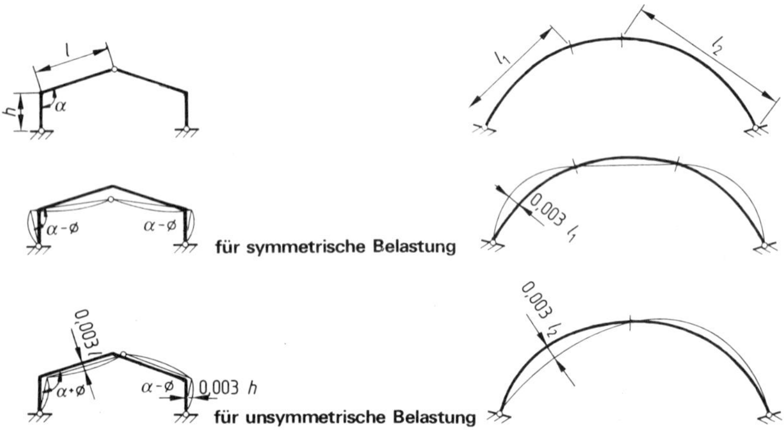

Bild 7 Beispiele für angenommene spannungslose Vorverformungen eines Rahmens und Bogens nach EC 5 T1-1, Bild 5.4.4

Nach NAD, 5.4.4, sind die Bemessungswerte der Einwirkungen anzusetzen. Die Berechnung der Verformungen ist mit dem Elastizitätsmodul E nach Gl. (27) vorzunehmen. Das Kriechen ist grundsätzlich zu berücksichtigen. Die Nachgiebigkeit der Verbindungen ist mit dem Verschiebungsmodul K der Gl. (28) nach NAD, 5.4.4, zu berechnen.

$$E = E_{0,05} \cdot \frac{f_{m,d}}{f_{m,k}} = E_{0,05} \cdot \frac{k_{mod}}{\gamma_M} \quad (27) \qquad K = \frac{2}{3} \cdot K_{ser} \cdot \frac{f_{m,d}}{f_{m,k}} = \frac{2}{3} \cdot K_{ser} \cdot \frac{k_{mod}}{\gamma_M} \quad (28)$$

$f_{m,d}$ Bemessungswert der Biegefestigkeit
$f_{m,k}$ Charakteristische Biegefestigkeit
k_{mod} Modifikationsfaktor nach Tafel 12
γ_M Teilsicherheitsbeiwert nach Tafel 14
$E_{0,05}$ Elastizitätsmodul in Faserrichtung, bezogen auf die 5%-Fraktile
K_{ser} Anfangsverschiebungsmodul für stiftförmige Verbindungsmittel nach Tafel 38

Tafel 31 Mindestwerte der anzusetzenden Vorverformungen von Tragwerken (ebene Rahmen und Bögen) beim Nachweis mit der Spannungstheorie II. Ordnung nach EC 5 T1-1, 5.4.4

Ungewollte Schrägstellung der Stiele, Winkel Φ in Bogenmaß	$\Phi = 0{,}005$ für $h \leq 5$ m $\Phi = 0{,}005 \cdot \sqrt{5/h}$ für $h > 5$ m h Tragwerkshöhe bzw. Stablänge in m
Ungewollte Ausmitte e in Stabmitte	$e = 0{,}003 \cdot l$ l Stablänge

Ebene Rahmen und Bögen können alternativ auch mit den Nachweisen der Tragfähigkeit für Biege- und Druckstäbe (Knicken) nach den Abschn. 3.2 und 3.3 bemessen werden. Die Entscheidung des Nachweisverfahrens trifft der Tragwerksplaner. Hierüber s. auch Abschn. „Holzbau nach DIN 1052, Abschn. 3.5.5". Über die Bemessung von ebenen Rahmen und Bögen nach Spannungstheorie II. Ordnung berichtet *Kessel* [42].

3.5 Aussteifungen

Tragwerke müssen ausreichend ausgesteift sein, so daß ein Versagen oder übermäßige Verformungen verhindert werden. Druckstäbe erhalten oft zwischen ihren Auflagern zusätzliche Aussteifungen (z. B. Einzelabstützungen) gegen seitliches Ausweichen, um das Ausknicken zu verhindern. Biegeträger mit schlanken Querschnitten werden ebenso in vielen Fällen am Druckgurtrand an mehreren Stellen (oder kontinuierlich) seitlich praktisch unverschieblich (z. B. durch Aussteifungskonstruktionen) gehalten, um das Kippen auszuschließen.

3.5.1 Einzelabstützungen

Beim Nachweis notwendiger Einzelabstützungen von Druckstäben und von Druckgurten bei Biegeträgern sind mindestens die in Tafel 32 angeführten Stützeinzellasten F_d und Federsteifigkeiten C anzusetzen; dabei sollten die angegebenen größten ungewollten Ausmitten e (spannungslose Vorkrümmungen) zwischen den Einzelabstützungen nicht überschritten werden. Beispiele von Druckstäben mit Einzelabstützungen zeigt Bild 8.

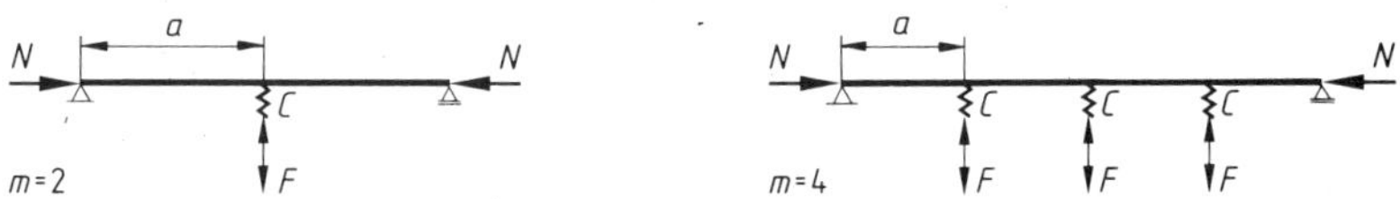

Bild 8 Druckstäbe mit Einzelabstützungen (Beispiele) nach EC 5 T1-1, Bild 5.4.5.2

Tafel 32 Stützeinzellast F_d und Federsteifigkeit C von Einzelabstützungen nach EC 5 T1-1, 5.4.5.2[1] [2])

Mindest-Bemessungswert F_d der Stützeinzellast	$F_d = N_d/50$	für Vollholz
	$F_d = N_d/80$	für Brettschichtholz
Bemessungswert der Normalkraft N_d	für einen Druckstab:	N_d aus mittlerer Druckkraft
	für einen Biegeträger mit Rechteckquerschnitt (Druckgurt):	$N_d = (1 - k_{crit}) \cdot M_d/h$
Mindest-Federsteifigkeit C der Einzelabstützung	$C = k_s \cdot \frac{\pi^2 \cdot EI}{a^3}$ mit $E = E_{0,05} \cdot \frac{f_{m,d}}{f_{m,k}} = E_{0,05} \cdot \frac{k_{mod}}{\gamma_M}$ und $k_s = 2 \cdot \left(1 + \cos \frac{\pi}{m}\right)$	
größte ungewollte Ausmitte e (spannungslose Vorkrümmung) zwischen den Einzelabstützungen	bei Brettschichtholzstäben	$e = a/500$
	bei anderen Stäben	$e = a/300$

1) Hierin bedeuten:

a Abstand der Einzelabstützungen

$E_{0,05}$ Elastizitätsmodul parallel zur Faserrichtung, bezogen auf die 5%-Fraktile

EI Biegesteifigkeit des Druckstabes in Richtung der Einzelabstützung

$f_{m,d}$ Bemessungswert der Biegefestigkeit

$f_{m,k}$ charakteristische Biegefestigkeit

h Trägerhöhe

k_{crit} Kippbeiwert nach Tafel 25 bzw. Tafel 26, hierbei ist der Biegeträger als nicht ausgesteift anzunehmen

k_{mod} Modifikationsfaktor nach Tafel 12

m Anzahl der Felder mit der Länge a

M_d Bemessungswert des größten Biegemomentes im Biegeträger

γ_M Teilsicherheitsbeiwert nach Tafel 14

2) s. auch Bild 8

3.5.2 Aussteifung von Biegeträgern und Fachwerkträgern

Wird die seitliche Aussteifung (Abstützung) der Druckgurte von Biegeträgern oder Fachwerkträgern an (einer oder) mehreren Stellen erforderlich, ist die Aussteifungskonstruktion (z. B. ein Verband) für eine Gleichstreckenlast q_d nach Tafel 33 zu bemessen. Weitere auftretende horizontale Einwirkungen (z. B. Windlast) auf die Aussteifungskonstruktion sind dieser Gleichstreckenlast q_d zu überlagern.

Die rechnerische horizontale Durchbiegung u der Aussteifungskonstruktion sollte die in Tafel 33 angeführten Höchstwerte nicht überschreiten. Bild 9 zeigt Biege- oder Fachwerkträger mit seitlichen Abstützungen.

Über die Bemessung von Aussteifungskonstruktionen berichtet *Brüninghoff* [32].

Tafel 33 Bemessung von Aussteifungskonstruktionen zwischen Biege- oder Fachwerkträgern nach EC 5 T1-1, 5.4.5.3[1]) [2])

Gleichstreckenlast q_d für die Aussteifungskonstruktion	$q_d = k_l \cdot \frac{n \cdot N_d}{30 \cdot l}$	$k_l = \min \begin{cases} 1 \\ \sqrt{15/l} \end{cases}$
Bemessungswert der Druckkraft N_d	für ein Bauteil allgemein:	N_d aus mittlerer Druckkraft
	für einen Biegeträger mit Rechteckquerschnitt (Druckgurt):	$N_d = (1 - k_{crit}) \cdot M_d / h$
Höchstwerte der rechnerischen horizontalen Durchbiegung u der Aussteifungskonstruktion	$u_{qd} \leq l/700$	Durchbiegung allein aus q_d
	$u_{ges} \leq l/500$	Gesamtdurchbiegung aus q_d und anderen äußeren Einwirkungen

[1]) Hierin bedeuten:
h Trägerhöhe
k_{crit} Kippbeiwert nach Tafel 25 bzw. Tafel 26, hierbei ist der Biegeträger als nicht ausgesteift anzunehmen
l Gesamtlänge der auszusteifenden Biege- oder Fachwerkträger
M_d Bemessungswert des größten Biegemomentes im Biegeträger
n Anzahl der auszusteifenden Biege- oder Fachwerkträger

[2]) s. auch Bild 9

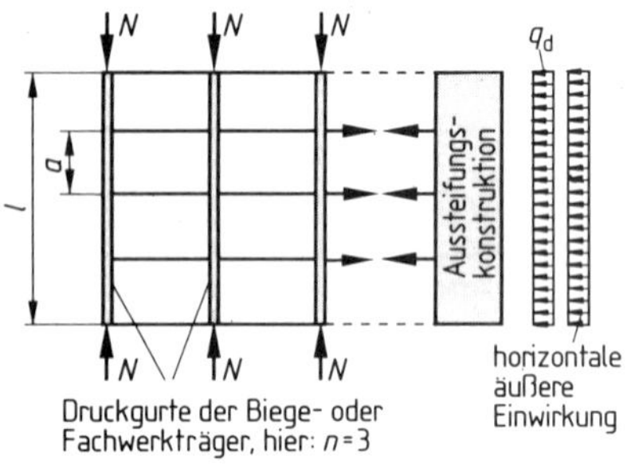

Bild 9
Biege- oder Fachwerkträger mit seitlichen Abstützungen (Draufsicht); Beispiel nach EC 5 T1-1, Bild 5.4.5.3

3.6 Fachwerke

3.6.1 Ausführlicher Nachweis

Wird ein ausführlicher Nachweis geführt, sind Fachwerkbinder als Rahmentragwerke zu berechnen. Bei der Ermittlung der Stabkräfte und -momente sind die Verformungen der Stäbe und Verbindungen, der Einfluß von Auflagerausmitten und die Steifigkeit der Unterkonstruktion zu berücksichtigen. Liegen bei Füllstäben (Diagonale, Vertikale) die Systemlinien nicht in den Stabachsen, ist der Einfluß dieser Ausmitte bei der Bemessung der Füllstäbe in Rechnung zu stellen.

Bei der Bemessung der Fachwerkbauteile sind die Steifigkeitswerte nach Abschn. 1 und die Verschiebungen der Verbindungen nach Abschn. 4.2 zugrunde zu legen.

Verbindungen dürfen im allgemeinen als gelenkig angenommen werden. Verschiebungen in Verbindungen dürfen vernachlässigt werden, wenn dadurch die Verteilung der Stabkräfte und -momente nicht wesentlich beeinflußt wird. Verbindungen dürfen als drehsteif angenommen werden, wenn eine Verdrehung in der Verbindung die Verteilung der Stabkräfte und -momente nicht wesentlich beeinflussen würde.

Werden Nachweise der Tragfähigkeit mit der Spannungstheorie II. Ordnung geführt, sind die Steifigkeitswerte der Stäbe durch den Teilsicherheitsbeiwert γ_M zu teilen.

Bei der Bemessung von Druckstäben ist als Knicklänge für das Knicken in der Fachwerkebene im allgemeinen der Abstand zwischen zwei benachbarten Wendepunkten der Knickbiegelinie anzunehmen.

Über die Bemessung von Fachwerkbindern berichtet *Kessel* [41].

3.6.2 Vereinfachter Nachweis

Ein vereinfachter Nachweis darf bei Fachwerkbindern (alternativ zum ausführlichen Nachweis nach Abschn. 3.6.1) geführt werden, wenn die Bedingungen der Tafel 34 eingehalten werden. Die Stabnormalkräfte sind mit einem Fachwerkmodell, das gelenkige Verbindungen zugrunde legt, zu ermitteln.

Tafel 34 Vereinfachter Nachweis bei Fachwerkbindern; Aufbau und einzuhaltende Bedingungen nach EC 5 T1-1, 5.4.1.3[1] [2] [3])

Aufbau von Fachwerkbindern	**Fachwerke, die nur aus Dreiecken aufgebaut sind; Beispiele**
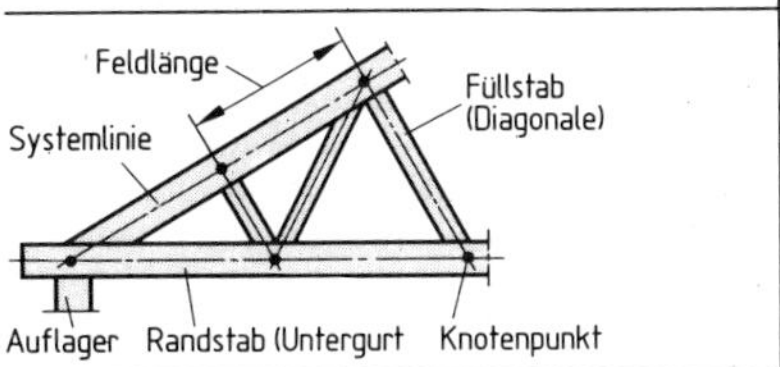	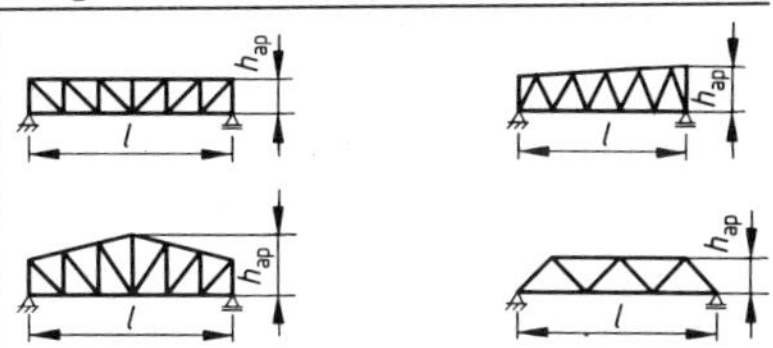

Einzuhaltende Bedingungen für den vereinfachten Nachweis

- Fachwerke dürfen nur aus Dreiecken aufgebaut sein,
- der äußere Winkel zwischen zwei Randstäben beträgt stets mindestens 180°,
- ein Teil der Auflagerfläche liegt unterhalb des Auflagerknotenpunktes,
- die Höhe des Fachwerkbinders h_{ap} muß sein
  größer als 15% seiner Spannweite l — $h_{ap}/l > 0{,}15$
  und
  größer als das 10fache der größten Gurthöhe h_{max} — $h_{ap}/h_{max} > 10$

[1]) Hierin bedeuten:
h_{ap} Höhe des Fachwerkbinders (Firsthöhe)
h_{max} größte Gurthöhe
l Spannweite des Fachwerkbinders

[2]) als Randstäbe werden die Ober- und Untergurtstäbe bezeichnet

[3]) als Füllstäbe werden die Diagonalen und Vertikalen bezeichnet, die innen zwischen den Ober- und Untergurtstäben liegen

Bei Einfeldstäben sind auftretende Biegemomente unter der Annahme gelenkiger Auflager zu bestimmen. Bei durchlaufenden Stäben sind auftretende Biegemomente unter Annahme des durchlaufenden Stabes als Durchlaufträger mit unverschieblichen, gelenkigen Auflagern zu ermitteln. Die Einflüsse der Durchbiegung in den Knotenpunkten sowie der teilweisen Einspannung in den Verbindungen ist durch eine Abminderung der Biegemomente in den Knoten um 10% zu berücksichtigen. Die Feldmomente sind unter Berücksichtigung der reduzierten Auflagermomente zu berechnen.

Die Knicklänge von Druckstäben in Fachwerkbindern, die nur aus Dreiecken aufgebaut sind, ist nach Tafel 22 für Knicken in der Fachwerkebene zu bestimmen. Die Normalkräfte in den Druckstäben und Verbindungen sind bei der Bemessung um 10% zu erhöhen. Das Knicken aus der Fachwerkebene ist ebenfalls zu untersuchen.

4 Nachweis der Gebrauchstauglichkeit

4.1 Verformungen von Biege- und Fachwerkträgern

Verformungsnachweise (z. B. Durchbiegungsnachweise) sind nur in den Fällen zu führen, in denen der Tragwerksplaner es für angebracht hält, die Verformungen eines Tragwerks zu begrenzen. Verformungsnachweise sind demnach nicht zwingend vorgeschrieben.

Eine Begrenzung der Durchbiegung eines Bauteils oder Tragwerks kann notwendig werden, um Schäden an nachgeordneten Bauteilen (z. B. Bekleidungen, Fenster, Putz, Türen, Trennwände) zu vermeiden, um die Nutzung und Funktion eines Bauwerks auf Dauer sicherzustellen (z. B. ungehinderter Wasserabfluß auf Flachdächern) oder um das Erscheinungsbild eines Bauteils zu gewährleisten (z. B. Vermeiden einer störenden sichtbaren Durchbiegung oder eines unebenen Fußbodens).

4.1.1 Berechnung von Durchbiegungen

Die Berechnung der unterschiedlichen Anteile der Durchbiegung eines Biegeträgers ist in Tafel 35 dargestellt. Die elastischen Anfangsdurchbiegungen u_{inst} aus Biegemoment und Schub (Querkraft) können nach der klassischen Biegetheorie (z. B. aus gebrauchsfertigen Formeln) oder mit der Arbeitsgleichung bestimmt werden, hierüber s. Abschn. „Statik", Abschn. „Holzbau nach DIN 1052, 3.4.12" und die angegebene Fachliteratur.

Die Kriechverformungen sind beim Nachweis der Endverformungen u_{fin} stets zu berechnen, sie werden mit dem Beiwert k_{def} (Deformationsfaktor) nach Tafel 13 in Rechnung gestellt. Der Deformationsfaktor k_{def} berücksichtigt die Verformungszunahme eines Holzbauteils mit der Zeit infolge Kriech- und Feuchteeinfluß. Bei Lastkombinationen aus Einwirkungen, die zu verschiedenen Klassen der Lasteinwirkungsdauer gehören, sind die Durchbiegungsanteile aus verschiedenen Einwirkungen mit den jeweils entsprechenden Werten für k_{def} zu berechnen.

Grenzwerte der Durchbiegungen können Tafel 36 entnommen werden.

Die **Überhöhung u_0** eines Trägers im lastfreien Zustand ist nicht vorgeschrieben; es wird jedoch empfohlen, Biegeträger mit einer parabelförmigen Überhöhung herzustellen, wenn dies möglich ist. Wird eine Überhöhung u_0 aufgebracht, darf sie auf die Gesamtdurchbiegung u_{net} angerechnet werden, s. Tafel 35.

Tafel 35 Berechnung der Durchbiegung eines Biegeträgers nach EC 5 T1-1, 4.1 und 4.3.1 [1])

Anteile der Durchbiegung

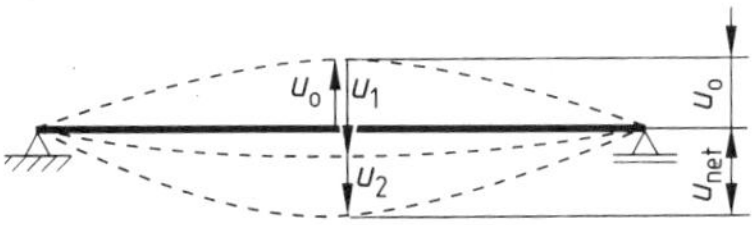

u_0	Überhöhung im lastfreien Zustand, falls vorhanden
u_1	Durchbiegung aus ständiger Einwirkung
u_2	Durchbiegung aus veränderlicher Einwirkung
u_{net}	Gesamtdurchbiegung bezogen auf eine Gerade, die die Auflager eines Trägers verbindet

Gesamtdurchbiegung u_{net}

$$u_{net} = u_1 + u_2 - u_0$$

Elastische Anfangsdurchbiegung u_{inst} [2])

	Durchbiegung	Berechnung der Einwirkungen mit	Berechnung der Steifigkeiten mit
aus ständiger Last	$u_{1,inst}$	$\sum G_{k,j}$	$E_{0,mean}$ G_{mean}
aus veränderlicher Last	$u_{2,inst}$	$Q_{k,1} + \sum_{i>1} \psi_{1,i} \cdot Q_{k,i}$	$E_{0,mean}$ G_{mean}

Enddurchbiegung u_{fin}

aus ständiger Last	$u_{1,fin} = u_{1,inst} \cdot (1 + k_{def,1})$
aus veränderlicher Last	$u_{2,fin} = u_{2,inst} \cdot (1 + k_{def,2})$
aus Gesamtlast	$u_{net,fin} = u_{1,fin} + u_{2,fin} - u_0$

[1]) Hierin bedeuten:

$E_{0,mean}$ mittlerer Elastizitätsmodul parallel zur Faserrichtung

G_{mean} mittlerer Schubmodul

k_{def} Beiwert (Deformationsfaktor) zur Berücksichtigung der Verformungszunahme eines Holzbauteils mit der Zeit infolge Kriech- und Feuchteeinfluß nach Tafel 13

[2]) Die elastische Anfangsdurchbiegung u_{inst} aus Biegemoment und Schub (Querkraft) kann nach der klassischen Biegetheorie (z. B. aus gebrauchsfertigen Tafeln) oder mit der Arbeitsgleichung bestimmt werden

13

Beispiel Bemessung eines Parallelträgers aus Brettschichtholz; Nachweis der Gebrauchstauglichkeit; s. auch Beispiel Abschn. 3.3.1 (Fortführung)

Brettschichtholz BS 14k, $b/h = 16/90$ cm
Stützweite $l = 15{,}0$ m
Parabelförmige Überhöhung wird aufgebracht:
Stichmaß in Feldmitte $u_0 = 4{,}0$ cm

Charakteristischer Wert des Elastizitätsmoduls nach Tafel 2

$E_{0,g,mean} = 12500$ N/mm²
$= 1250$ kN/cm²

Flächenmoment 2. Grades

$I_y = 16 \cdot 90^3/12 = 972000$ cm⁴

Charakteristische Werte der Einwirkungen

$g_k = 3{,}25$ kN/m aus ständiger Last
$s_k = 3{,}75$ kN/m aus Schneelast

Bemessungswerte der Einwirkungen nach Tafel 35

$g_d = 3{,}25$ kN/m aus ständiger Last
$s_d = 3{,}75$ kN/m aus Schneelast

Nutzungsklasse 1 nach Tafel 8
Lasteinwirkungsdauer nach Tafel 10 und 11

„ständig" für ständige Last (Eigenlast)
„kurz" für Schneelast
(Regelschneelast $s_0 \leq 2{,}0$ kN/m²),

Beiwert k_{def} (Deformationsfaktor) nach Tafel 13

$k_{def,g} = 0{,}6$ für ständige Last
$k_{def,s} = 0{,}0$ für Schneelast

Fortsetzung s. nächste Seite

Beispiel Forts.

1) Elastische Anfangsdurchbiegungen

Elastische Anfangsdurchbiegung aus ständiger Einwirkung

$$u_{1,\text{inst}}=\frac{5}{384}\cdot\frac{0{,}0325\cdot 1500^4}{1250\cdot 972\,000}=1{,}76\text{ cm}$$

Elastische Anfangsdurchbiegung aus veränderlicher Einwirkung (Schneelast)

$$u_{2,\text{inst}}=1{,}76\cdot 3{,}75/3{,}25=2{,}03\text{ cm}$$

2) Durchbiegungsnachweis für elastische Anfangsdurchbiegung aus veränderlicher Einwirkung (Schneelast)

Grenzwert nach Tafel 36

$$u_{2,\text{inst,max}}\leq l/300=1500/300=5{,}0\text{ cm}$$

Durchbiegungsnachweis für elastische Anfangsdurchbiegung aus Schneelast

$$\frac{u_{2,\text{inst}}}{u_{2,\text{inst,max}}}=\frac{2{,}03}{5{,}0}=0{,}41\leq 1$$

3) Durchbiegungsnachweis für Enddurchbiegung aus veränderlicher Einwirkung (Schneelast)

Enddurchbiegung aus Schneelast nach Tafel 35

$$u_{2,\text{fin}}=2{,}03\cdot(1+0{,}0)=2{,}03\text{ cm}$$

Grenzwert nach Tafel 36

$$u_{2,\text{fin,max}}\leq l/200=1500/200=7{,}5\text{ cm}$$

Durchbiegungsnachweis für Enddurchbiegung aus Schneelast

$$\frac{u_{2,\text{fin}}}{u_{2,\text{fin,max}}}=\frac{2{,}03}{7{,}5}=0{,}27\leq 1$$

4) Durchbiegungsnachweis für Enddurchbiegung aus Gesamtlast

Enddurchbiegung aus ständiger Einwirkung nach Tafel 35

$$u_{1,\text{fin}}=1{,}76\cdot(1+0{,}6)=2{,}82\text{ cm}$$

Enddurchbiegung aus Gesamtlast nach Tafel 35

$$u_{\text{net,fin}}=2{,}82+2{,}03-4{,}0=0{,}85\text{ cm}$$

Grenzwert nach Tafel 36

$$u_{\text{net,fin,max}}\leq l/200=1500/200=7{,}5\text{ cm}$$

Durchbiegungsnachweis für Enddurchbiegung aus Gesamtlast

$$\frac{u_{\text{net,fin}}}{u_{\text{net,fin,max}}}=\frac{0{,}85}{7{,}5}=0{,}11\leq 1$$

4.1.2 Grenzwerte der Durchbiegungen

Grenzwerte der Durchbiegungen sind in Tafel 36 angegeben. Sie stellen nur Empfehlungen dar, die in den Fällen, in denen es angebracht erscheint, eingehalten werden können, falls nicht besondere Bedingungen andere Anforderungen verlangen.

Tafel 36 Grenzwerte der Durchbiegungen für Biegeträger; Empfehlungen nach EC 5 T1, 4.3.1 und 4.3.2[1])

Biegeträger		
	allgemein	Kragträger
elastische Anfangsdurchbiegung aus veränderlichen Einwirkungen	$u_{2,\text{inst}}\leq l/300$	$u_{2,\text{inst}}\leq l/150$
Enddurchbiegung aus veränderlichen Einwirkungen	$u_{2,\text{fin}}\leq l/200$	$u_{2,\text{fin}}\leq l/100$
Gesamtdurchbiegung	$u_{\text{net,fin}}\leq l/200$	$u_{\text{net,fin}}\leq l/100$
Fachwerkträger		
Es gelten die gleichen Grenzwerte der Durchbiegung wie für Biegeträger, sie beziehen sich auf die gesamte Spannweite der Fachwerkträger und auch auf die Stäbe zwischen den Knotenpunkten.		

[1]) Hierin bedeuten:
l Spannweite des Biegeträgers bzw. Länge des Kragträgers
u Durchbiegungen nach Tafel 35

4.2 Verschiebungen von Verbindungen

Die elastische Anfangsverschiebung u_{inst} und die Endverschiebung u_{fin} in Verbindungen mit stiftförmigen Verbindungsmitteln können nach Tafel 37 berechnet werden. Die auf ein Verbindungsmittel wirkende Kraft ist aus Gebrauchslasten zu ermitteln. Der Anfangsverschiebungsmodul K_{ser} kann nach Tafel 38 berechnet werden.

Tafel 37 Berechnung der Verschiebungen in Verbindungen mit stiftförmigen Verbindungsmitteln nach EC 5 T1-1, 4.2[1])

Verbindung mit Stabdübeln, Schrauben, Nägeln oder Klammern	Verbindung mit Bolzen
Elastische Anfangsverschiebung u_{inst} unter Gebrauchslast	
$u_{inst} = F_d / K_{ser}$	$u_{inst} = F_d / K_{ser} + 1$ mm [2])
Endverschiebung u_{fin}	
$u_{fin} = u_{inst} \cdot (1 + k_{def})$	$u_{fin} = u_{inst} \cdot (1 + k_{def}) + 1$ mm [2])
Endverschiebung u_{fin} zwischen Bauteilen mit unterschiedlichen Kriecheigenschaften $k_{def,1,2}$	
$u_{fin} = u_{inst} \cdot \sqrt{(1 + k_{def,1}) \cdot (1 + k_{def,2})}$	

[1]) Hierin bedeuten:

F_d Bemessungswert der Kraft (aus Gebrauchslast), die auf das Verbindungsmittel wirkt

K_{ser} Anfangsverschiebungsmodul für stiftförmige Verbindungsmittel nach Tafel 38

k_{def} Beiwert (Deformationsfaktor) nach Tafel 13

[2]) Bei Bolzenverbindungen ist für K_{ser} der entsprechende Wert für Stabdübel einzusetzen

Tafel 38 Werte des Anfangsverschiebungsmoduls K_{ser} pro Scherfläche und Verbindungsmittel in N/mm für stiftförmige Verbindungsmittel nach EC 5 T1-1, Tab. 4.2[1])

Art des Verbindungsmittels	K_{ser} für Verbindungen Holz-Holz, Holzwerkstoff-Holz, Stahl-Holz
Stabdübel, Schrauben, Nägel (vorgebohrt)	$\varrho_k^{1,5} \cdot d/20$
Nägel (nicht vorgebohrt)	$\varrho_k^{1,5} \cdot d^{0,8}/25$
Klammern	$\varrho_k^{1,5} \cdot d^{0,8}/60$

[1]) Hierin bedeuten

ϱ_k Charakteristische Rohdichtekennwerte in kg/m³, bei unterschiedlichen charakteristischen Rohdichtekennwerten $\varrho_{k,1}$ und $\varrho_{k,2}$ der miteinander verbundenen Bauteile sollte für ϱ_k gesetzt werden: $\varrho_k = \sqrt{\varrho_{k,1} \cdot \varrho_{k,2}}$

d Durchmesser des stiftförmigen Verbindungsmittels in mm

4.3 Schwingungen

13

Die Gebrauchstauglichkeit von Bauwerken oder Bauwerksteilen ist auch bei Schwingungen sicherzustellen, die durch häufig zu erwartende Einwirkungen (z. B. Gehen auf Decken, Maschinen) verursachen werden. Bei diesen Tragwerksschwingungen dürfen weder die Funktion der Bauwerke bzw. Bauwerksteile beeinträchtigt noch beim Menschen unangenehmes Unbehagen hervorrufen werden.

Nachweise der Gebrauchstauglichkeit für bestimmte Wohnungsdecken (Holzbalkendecken) sind in Abschn. 4.3.1 dargestellt. Tragwerksschwingungen durch Maschinen und andere Betriebseinrichtungen bedürfen besonderer Nachweise und konstruktiver Maßnahmen, hierüber s. auch EC 5 T1-1, 4.4.2.

4.3.1 Schwingungen bei Wohnungsdecken

Der Nachweis der Gebrauchstauglichkeit für rechteckige, einfeldrige, allseits gelenkig gelagerte Wohnungsdecken mit einer Eigenfrequenz $f_1 > 8$ Hz gilt als erbracht, wenn die beiden Nachweise der Tafel 39, der Nachweis der Durchbiegung mit einer statischen Einzellast und der Nachweis der Impuls-Geschwindigkeitsreaktion (Schwingungsgeschwindigkeit) der Decke, eingehalten werden. Bei diesen Nachweisen werden Rechenwerte von Einwirkungen als Ersatzlasten angesetzt, die die wirklich vorhandenen dynamischen Einwirkungen näherungsweise berücksichtigen. Die Berechnungen sind für die unbelastete Decke (nur Eigenlast und andere ständige Einwirkungen aus Gebrauchslasten) vorzunehmen.

Die Nachweise der Tafel 39 gelten nur für Wohnungsdecken mit üblichen alltäglichen dynamischen Beanspruchungen wie Gehen (und Laufen von Kindern). Dynamische Beanspruchungen aus Turnen und Tanzen bedürfen gesonderter Nachweise.

Für Wohnungsdecken mit einer Eigenfrequenz $f_1 \leq 8$ Hz gilt Tafel 39 nicht, in diesen Fällen sind besondere Untersuchungen durchzuführen. Bei Wohnungsdecken mit höherem Eigengewicht und Eigenfrequenzen $f_1 \leq 8$ sowie Zweifeldträgern s. *Colling* [33], *Colling/Wagner/Winter* [34] und *Kreuzinger/Mohr* [43].

Der Nachweis der Gebrauchstauglichkeit für Verformungen (z. B. Durchbiegungen) ist unabhängig von dem für Schwingungen zu führen.

Tafel 39 Nachweis der Gebrauchstauglichkeit (Schwingungen) für bestimmte Wohnungsdecken (Holzbalkendecken) mit einer Eigenfrequenz $f_1 > 8$ Hz nach EC 5 T1-1, 4.4.3[1]) [2]) [3])

Nachweis der größten vertikalen Durchbiegung *u* für eine konzentrierte vertikale statische Last $F = 1$ kN an ungünstiger Stelle der Holzbalkendecke	
$u/F \leq 1{,}5$ mm/kN	
Nachweis der Impuls-Geschwindigkeitsreaktion v	
$\frac{v}{v_{max}} \leq 1$	Grenzwert v_{max} $v_{max} \leq 100^{(f_1 \cdot \zeta - 1)}$ in m/(Ns²)
Rechteckige Holzbalkendecke, an allen vier Rändern gelenkig gelagert	
Eigenfrequenz f_1 $f_1 = \frac{\pi}{2 \cdot l^2} \sqrt{\frac{(EI)_l}{m}}$ in Hz	Geschwindigkeitsreaktion v $v = \frac{4 \cdot (0{,}4 + 0{,}6 \cdot n_{40})}{(m \cdot b \cdot l + 200)}$ in m/(Ns²)
Anzahl der Schwingungen 1. Ordnung für $f < 40$ Hz $n_{40} = \left\{\left(\left(\frac{40}{f_1}\right)^2 - 1\right) \cdot \left(\frac{b}{l}\right)^4 \cdot \frac{(EI)_l}{(EI)_b}\right\}^{0,25}$	

[1]) Hierin bedeuten:

- b Breite der Decke in m
- $(EI)_l$ äquivalente Plattenbiegesteifigkeit in Nm²/m um eine Achse rechtwinklig zur Richtung der Holzbalken
- $(EI)_b$ äquivalente Plattenbiegesteifigkeit in Nm²/m um eine Achse in Richtung der Holzbalken mit $(EI)_b < (EI)_l$
- l Spannweite der Decke in m
- m Masse der Holzbalkendecke pro Flächeneinheit in kg/m²
- v Impuls-Geschwindigkeitsreaktion, d.h. der maximale Anfangswert der vertikalen Schwingungsgeschwindigkeitsamplitude der Decke infolge eines aufgebrachten idealen Einheitsimpulses von 1 Ns
- ζ modaler Dämpfungsgrad, $\zeta = 0{,}01$, wenn keine geeigneten anderen Werte vorliegen

[2]) Die Berechnungen sind für die unbelastete Decke (nur Eigenlast und andere ständige Einwirkungen) vorzunehmen

[3]) Die Nachweise gelten nur für Wohnungsdecken mit üblichen alltäglichen dynamischen Beanspruchungen wie Gehen (und Laufen von Kindern). Dynamische Beanspruchungen aus Turnen und Tanzen bedürfen gesonderter Nachweise

5 Verbindungen

5.1 Allgemeine Regeln für Verbindungsmitteln

Nachgiebigkeit von Verbindungsmittel

Werden in einer Verbindung mehrere Verbindungsmittelarten zur Lastabtragung eingesetzt, sind die unterschiedlichen Nachgiebigkeiten der Verbindungsmittel zu berücksichtigen. Leime und mechanische Verbindungsmittel sind wegen ihres sehr unterschiedlichen Last-Verformungsverhaltens nicht als gleichzeitig wirkend anzunehmen. Es wird empfohlen, in Verbindungen nur eine Verbindungsmittelart zu verwenden, wenn dies möglich ist.

Wechselnde Beanspruchungen

Bei der Bemessung ist zu beachten, daß die charakteristische Tragfähigkeit einer Verbindung unter Lasteinwirkungen langer und mittlerer Dauer oft reduziert wird, wenn die Richtungen dieser Lasteinwirkungen wechseln. Wechselnde Beanspruchungen in Verbindungen zwischen Zugkräften F_t und Druckkräften F_c sind so zu berücksichtigen, daß die Verbindungen für den jeweils größeren Bemessungswert aus Gl. (29) ausgelegt werden.

$$F_d = \max \begin{cases} F_{t,d} + 0{,}5 \cdot F_{c,d} \\ F_{c,d} + 0{,}5 \cdot F_{t,d} \end{cases} \qquad (29)$$

Querzugspannungsnachweis

Die Querzugspannungen in Verbindungen sind zu berücksichtigen, wenn eine Kraft unter einem Winkel zur Holzfaserrichtung angreift. Näheres zum Querzugnachweis in Anschlüssen ist in Abschn. 5.6 dargestellt.

Anfangsverschiebungsmodul K_u (im Grenzzustand der Tragfähigkeit)

Der Anfangsverschiebungsmodul K_u pro Scherfläche und Verbindungsmittel ist bei stiftförmigen Verbindungsmitteln für den Nachweis im Grenzzustand der Tragfähigkeit nach Gl. (30) anzunehmen.

$$K_u = 2 \cdot K_{ser}/3 \qquad (30)$$

K_{ser} Anfangsverschiebungsmodul nach Tafel 38

5.2 Tragfähigkeit stiftförmiger Verbindungsmittel auf Abscheren (rechtwinklig zur Längsachse)

Der Bemessungswert der Tragfähigkeit R_d stiftförmiger Verbindungsmittel in Bolzen-, Stabdübel-, Nägel-, Holzschrauben- und Klammerverbindungen, die auf Abscheren beansprucht werden, wird mit einheitlichen Grundgleichungen ermittelt. Dabei wird nach ein- und zweischnittigen Verbindungen zwischen Holz-Holz, Holzwerkstoff-Holz und Stahlblech-Holz sowie nach mehrschnittigen Verbindungen unterschieden.

Bei der Berechnung von R_d mit diesen Grundgleichungen, die in den Abschn. 5.2.1 bis 5.2.3 dargestellt sind, werden die unterschiedlichen Bruchursachen berücksichtigt. Da die charakteristischen Rohdichten ϱ_k der verwendeten Hölzer u.a. in diese Grundgleichungen eingehen, können die besseren Eigenschaften höherwertiger Hölzer berücksichtigt und öfter günstigere Tragfähigkeiten erzielt werden.

13

Bemessungswerte der Lochleibungsfestigkeit $f_{h,1,d}$ und $f_{h,2,d}$ und des Fließmomentes $M_{y,d}$

Die Bemessungswerte der Lochleibungsfestigkeit $f_{h,1,d}$ und $f_{h,2,d}$ der zu verbindenden Teile sind nach Gl. (31 a, b), die Bemessungswerte des Fließmomentes $M_{y,d}$ eines stiftförmigen Verbindungsmittels nach Gl. (32) zu berechnen.

$$f_{h,1,d} = \frac{k_{mod,1} \cdot f_{h,1,k}}{\gamma_{M,Holz}} \quad (31\,a) \qquad f_{h,2,d} = \frac{k_{mod,2} \cdot f_{h,2,k}}{\gamma_{M,Holz}} \quad (31\,b) \qquad M_{y,d} = \frac{M_{y,k}}{\gamma_{M,Stahl}} \quad (32)$$

$f_{h,1,d}$, $f_{h,2,d}$ Bemessungswerte der Lochleibungsfestigkeit

$f_{h,1,k}$, $f_{h,2,k}$ Charakteristische Lochleibungsfestigkeit des Holzes oder des Holzwerkstoffes je nach stiftförmigem Verbindungsmittel, s. Abschn. 5.3 bis 5.5

k_{mod} Modifikationsfaktor nach Tafel 12

γ_M Teilsicherheitsbeiwerte für Baustoffe nach Tafel 14

$M_{y,d}$ Bemessungswert des Fließmomentes eines stiftförmigen Verbindungsmittels

$M_{y,k}$ Charakteristischer Wert des Fließmomentes eines stiftförmigen Verbindungsmittels, s. Abschn. 5.3 bis 5.5

5.2.1 Ein- und zweischnittige Holz-Holz- und Holzwerkstoff-Holz-Verbindungen

Die Grundgleichungen zur Ermittlung von R_d sind in den Tafeln 40 und 41 dargestellt. Als Bemessungswert der Tragfähigkeit R_d ist der kleinste Wert anzunehmen, der aus den in einer Tafel angegebenen Gleichungen zu berechnen ist. Die komplizierte Berechnung wird durch rechnergestützte Bemessungshilfen, z. B. nach *Colling* [33], [35], sehr vereinfacht.

Tafel 40 Bemessungswerte der Tragfähigkeit R_d eines einschnittig auf Abscheren beanspruchten stiftförmigen Verbindungsmittels pro Scherfuge und Verbindungsmittel in Holz-Holz- und Holzwerkstoff-Holz-Verbindungen
nach EC5 T1-1, Gl. (6.2.1a–f) und Bild 6.2.1a–f[1]) [2])

	Bruchursachen	R_d [3])
1	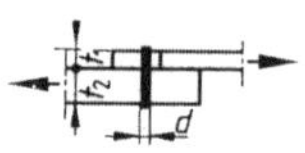	$f_{h,1,d}\cdot t_1\cdot d$
2	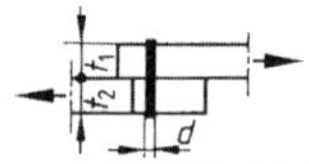	$f_{h,1,d}\cdot t_2\cdot d\cdot\beta$
3	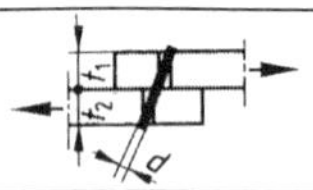	$\frac{f_{h,1,d}\cdot t_1\cdot d}{1+\beta}\cdot\left[\sqrt{\beta+2\cdot\beta^2\cdot\left[1+\frac{t_2}{t_1}+\left(\frac{t_2}{t_1}\right)^2\right]+\beta^3\cdot\left(\frac{t_2}{t_1}\right)^2}-\beta\cdot\left(1+\frac{t_2}{t_1}\right)\right]$
4	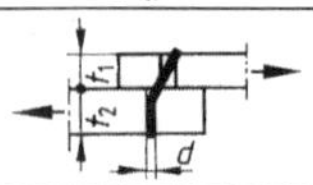	$1{,}1\cdot\frac{f_{h,1,d}\cdot t_1\cdot d}{2+\beta}\cdot\left[\sqrt{2\cdot\beta\cdot(1+\beta)+\frac{4\cdot\beta\cdot(2+\beta)\cdot M_{y,d}}{f_{h,1,d}\cdot d\cdot t_1^2}}-\beta\right]$
5	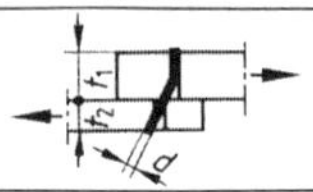	$1{,}1\cdot\frac{f_{h,1,d}\cdot t_2\cdot d}{1+2\cdot\beta}\left[\sqrt{2\cdot\beta^2\cdot(1+\beta)+\frac{4\cdot\beta\cdot(1+2\cdot\beta)\cdot M_{y,d}}{f_{h,1,d}\cdot d\cdot t_2^2}}-\beta\right]$
6	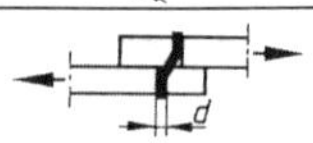	$1{,}1\cdot\sqrt{\frac{2\cdot\beta}{1+\beta}}\cdot\sqrt{2\cdot M_{y,d}\cdot f_{h,1,d}\cdot d}$

Fußnoten s. Tafel 41

Tafel 41 Bemessungswerte der Tragfähigkeit R_d eines zweischnittig auf Abscheren beanspruchten stiftförmigen Verbindungsmittels pro Scherfuge und Verbindungsmittel in Holz-Holz- und Holzwerkstoff-Holz-Verbindungen
nach EC5 T1-1, Gl. (6.2.1g–k) und Bild 6.2.1g–k[1]) [2])

	Bruchursachen	R_d [3])
1	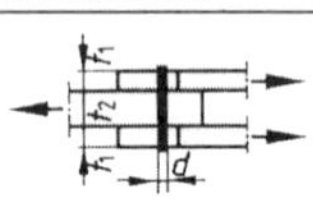	$f_{h,1,d}\cdot t_1\cdot d$
2	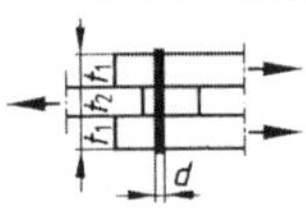	$0{,}5\cdot f_{h,1,d}\cdot t_2\cdot d\cdot\beta$
3	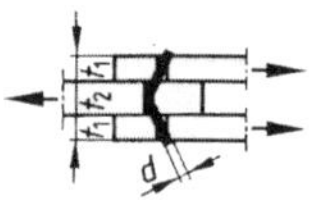	$1{,}1\cdot\frac{f_{h,1,d}\cdot t_1\cdot d}{2+\beta}\cdot\left[\sqrt{2\cdot\beta\cdot(1+\beta)+\frac{4\cdot\beta\cdot(2+\beta)\cdot M_{y,d}}{f_{h,1,d}\cdot d\cdot t_1^2}}-\beta\right]$

Fortsetzung s. nächste Seite

Tafel 41, Fortsetzung

	Bruchursachen	R_d [3]
4	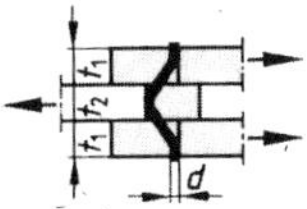	$1{,}1 \cdot \sqrt{\frac{2 \cdot \beta}{1+\beta}} \cdot \sqrt{2 \cdot M_{y,d} \cdot f_{h,1,d} \cdot d}$

[1]) Hierin bedeuten:

d Durchmesser des stiftförmigen Verbindungsmittels

$f_{h,1,d}$ Bemessungswert der Lochleibungsfestigkeit im Holzteil mit der Dicke t_1 nach Gl. (31 a)

$f_{h,2,d}$ Bemessungswert der Lochleibungsfestigkeit im Holzteil mit der Dicke t_2 nach Gl. (31 b)

$M_{y,d}$ Bemessungswert des Fließmomentes des stiftförmigen Verbindungsmittels nach Gl. (32)

t_1, t_2 Holz- bzw. Holzwerkstoffdicken oder Eindringtiefe des stiftförmigen Verbindungsmittels

β Verhältnis der Bemessungswerte der Lochleibungsfestigkeiten in t_2 und t_1 $= f_{h,2,d}/f_{h,1,d}$

[2]) gilt für Bolzen, Stabdübel, Nägel, Holzschrauben und Klammern

[3]) als Bemessungswert der Tragfähigkeit R_d ist der kleinste Wert anzunehmen, der aus den angegebenen sechs bzw. vier Gleichungen zu berechnen ist

5.2.2 Ein- und zweischnittige Stahlblech-Holz-Verbindungen

Die Grundgleichungen zur Ermittlung von R_d sind in den Tafeln 42 bis 44 dargestellt. Als Bemessungswert der Tragfähigkeit R_d ist der kleinste Wert anzunehmen, der aus den in einer Tafel angegebenen Gleichungen, auch getrennt nach dünnen oder dicken Stahlblechen, zu berechnen ist. Die komplizierte Berechnung wird durch rechnergestützte Bemessungshilfen, z. B. nach *Colling* [33], [35], sehr vereinfacht.

Die Tragfähigkeit der Stahlbleche ist ebenfalls zu überprüfen.

Tafel 42 Bemessungswerte der Tragfähigkeit R_d eines einschnittig auf Abscheren beanspruchten stiftförmigen Verbindungsmittels pro Scherfuge und Verbindungsmittel in Stahlblech-Holz-Verbindungen
nach EC5 T1-1, Gl. (6.2.2a–d), Bild 6.2.2a–d und *Ehlbeck/Larsen* [38] [1]) [2]) [3])

	Bruchursachen	R_d [4])
Dünne Stahlbleche mit $t \leq 0{,}5 \cdot d$ [3])		
1	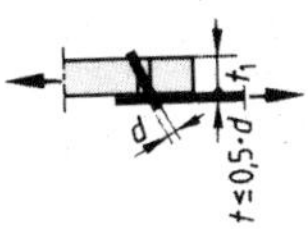	$(\sqrt{2}-1) \cdot f_{h,1,d} \cdot t_1 \cdot d$
2	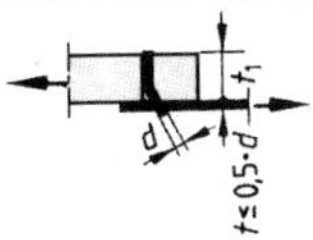	$1{,}1 \cdot \sqrt{2 \cdot M_{y,d} \cdot f_{h,1,d} \cdot d}$
Dicke Stahlbleche mit $t \geq d$ [3])		
3	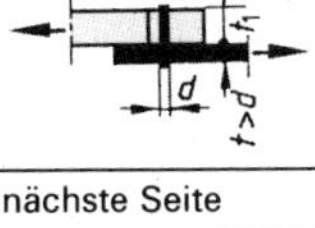	$f_{h,1,d} \cdot t_1 \cdot d$ [5])

Fortsetzung s. nächste Seite

Tafel 42, Fortsetzung

	Bruchursachen	R_d [4])
Dicke Stahlbleche mit $t \geq d$ [3])		
4	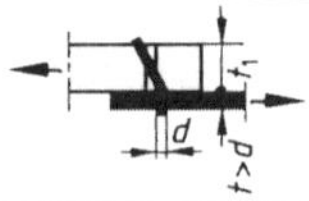	$1{,}1 \cdot f_{h,1,d} \cdot t_1 \cdot d \cdot \left[\sqrt{2 + \frac{4 \cdot M_{y,d}}{f_{h,1,d} \cdot d \cdot t_1^2}} - 1\right]$
5	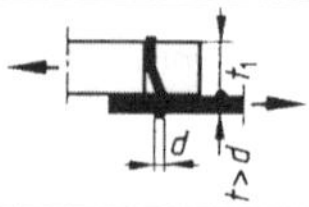	$1{,}5 \cdot \sqrt{2 \cdot M_{y,d} \cdot f_{h,1,d} \cdot d}$

[1]) Hierin bedeuten:

d Durchmesser des stiftförmigen Verbindungsmittels

$f_{h,1,d}$ Bemessungswert der Lochleibungsfestigkeit im Holzteil der Dicke t_1 nach Gl. (31 a)

$M_{y,d}$ Bemessungswert des Fließmomentes des stiftförmigen Verbindungsmittels nach Gl. (32)

t Blechdicke

t_1 Holzdicke oder Eindringtiefe des stiftförmigen Verbindungsmittels

[2]) gilt für Bolzen, Stabdübel, Nägel, Holzschrauben und Klammern

[3]) für Blechdicken $0{,}5 \cdot d < t < d$ darf zwischen den Werten, die aus den angegebenen Gleichungen für dünne und dicke Bleche berechnet worden sind, geradlinig interpoliert werden

[4]) als Bemessungswert der Tragfähigkeit R_d ist der kleinste Wert anzunehmen, der aus den zwei angegebenen Gleichungen für dünne Stahlbleche oder den drei Gleichungen für dicke Stahlbleche zu berechnen ist

[5]) Empfehlung nach *Ehlbeck/Larsen* [38]

Tafel 43 Bemessungswerte der Tragfähigkeit R_d eines zweischnittig auf Abscheren beanspruchten stiftförmigen Verbindungsmittels pro Scherfuge und Verbindungsmittel in Stahlblech-Holz-Verbindungen mit einem Mittelteil aus Stahl
nach EC5 T1-1, Gl. (6.2.2e–g) und Bild 6.2.2e–g [1]) [2])

	Bruchursachen	R_d [3])
1	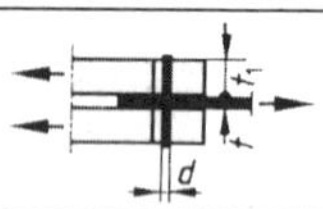	$f_{h,1,d} \cdot t_1 \cdot d$
2	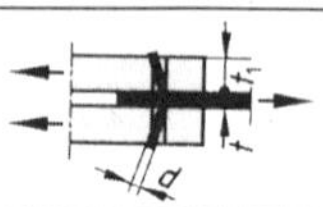	$1{,}1 \cdot f_{h,1,d} \cdot t_1 \cdot d \cdot \left[\sqrt{2 + \frac{4 \cdot M_{y,d}}{f_{h,1,d} \cdot d \cdot t_1^2}} - 1\right]$
3	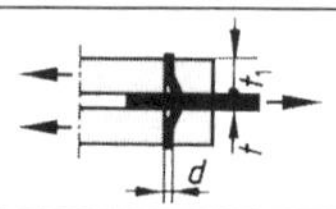	$1{,}5 \cdot \sqrt{2 \cdot M_{y,d} \cdot f_{h,1,d} \cdot d}$

[1]) Hierin bedeuten:

d Durchmesser des stiftförmigen Verbindungsmittels

$f_{h,1,d}$ Bemessungswert der Lochleibungsfestigkeit im Holzteil der Dicke t_1 nach Gl. (31 a)

$M_{y,d}$ Bemessungswert des Fließmomentes des stiftförmigen Verbindungsmittels nach Gl. (32)

t Blechdicke

t_1 Holzdicke oder Eindringtiefe des stiftförmigen Verbindungsmittels

[2]) gilt für Bolzen, Stabdübel, Nägel, Holzschrauben und Klammern

[3]) als Bemessungswert der Tragfähigkeit R_d ist der kleinste Wert anzunehmen, der aus den angegebenen drei Gleichungen zu berechnen ist

Tafel 44 Bemessungswerte der Tragfähigkeit R_d eines zweischnittig auf Abscheren beanspruchten stiftförmigen Verbindungsmittels pro Scherfuge und Verbindungsmittel in Stahlblech-Holz-Verbindungen mit Seitenteilen aus Stahlblechen nach EC5 T1-1, Gl. (6.2.2h–l) und Bild 6.2.2h–l[1]) [2])

Bruchursachen	R_d [4])	Bruchursachen	R_d [4])
Seitenteile aus dünnen Stahlblechen mit $t \leq 0{,}5 \cdot d$ [3])		**Seitenteile aus dicken Stahlblechen mit $t \geq d$** [3])	
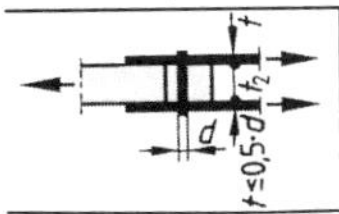	$0{,}5 \cdot f_{h,2,d} \cdot t_2 \cdot d$	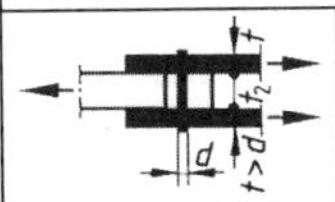	$0{,}5 \cdot f_{h,2,d} \cdot t_2 \cdot d$
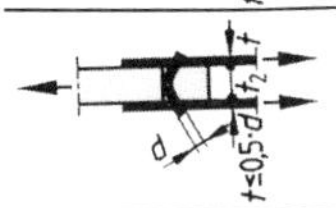	$1{,}1 \cdot \sqrt{2 \cdot M_{y,d} \cdot f_{h,2,d} \cdot d}$	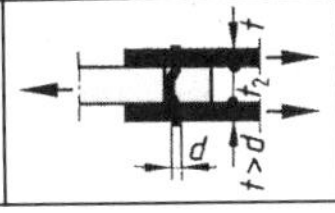	$1{,}5 \cdot \sqrt{2 \cdot M_{y,d} \cdot f_{h,2,d} \cdot d}$

[1]) Hierin bedeuten:
- d Durchmesser des stiftförmigen Verbindungsmittels
- $f_{h,2,d}$ Bemessungswert der Lochleibungsfestigkeit in t_2 nach Gl. (31 b)
- $M_{y,d}$ Bemessungswert des Fließmomentes des stiftförmigen Verbindungsmittels nach Gl. (32)
- t Blechdicke
- t_2 Holzdicke oder Eindringtiefe des stiftförmigen Verbindungsmittels

[2]) gilt für Bolzen, Stabdübel, Nägel, Holzschrauben und Klammern

[3]) für Blechdicken $0{,}5 \cdot d < t < d$ darf zwischen den Werten, die aus den angegebenen Gleichungen für dünne und dicke Bleche berechnet worden sind, geradlinig interpoliert werden

[4]) als Bemessungswert der Tragfähigkeit R_d ist der kleinste Wert anzunehmen, der aus den zwei angegebenen Gleichungen für dünne Stahlbleche oder den zwei Gleichungen für dicke Stahlbleche zu berechnen ist

5.2.3 Mehrschnittige Verbindungen

Die Gesamttragfähigkeit mehrschnittiger Verbindungen ist als Summe der Mindesttragfähigkeit aller Scherfugen zu bestimmen; jede Scherfuge ist als Teil einer Reihe zweischnittiger Verbindungen anzunehmen. Ein Beispiel zur Berechnung einer vierschnittigen Verbindung ist in Tafel 45 dargestellt.

13

Tafel 45 Berechnung einer mehrschnittigen Verbindung mit stiftförmigen Verbindungsmitteln (Beispiel) nach EC5 T1-1, 6.2.3

Beispiel	**Vierschnittige Stahlblech-Holz-Verbindung mit zwei innenliegenden dünnen Stahlblechen $t \leq 0{,}5 \cdot d$**
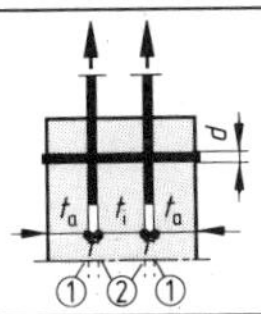	Maßgebender Bemessungswert der Tragfähigkeit $R_{st,d}$ des stiftförmigen Verbindungsmittels $R_{st,d} = 2 \cdot R_{1,d,min} + 2 \cdot R_{2,d,min}$

Maßgebender Bemessungswert der Tragfähigkeit $R_{1,d}$ in Scherfuge 1 ist der kleinste Wert aus Tafel 43.

Die Scherfuge 1 wird als Teil einer zweischnittigen Stahlblech-Holz-Verbindung mit einem Mittelteil aus Stahlblech angesehen.

Maßgebender Bemessungswert der Tragfähigkeit $R_{2,d}$ in Scherfuge 2 ist der kleinste Wert aus Tafel 44, 1. und 2. Zeile.

Die Scherfuge 2 wird als Teil einer zweischnittigen Stahlblech-Holz-Verbindung mit zwei Seitenteilen aus dünnen Stahlblechen $t \leq 0{,}5 \cdot d$ angesehen.

5.3 Nagelverbindungen

Als **glattschaftige Nägel** dürfen nach NAD, 6.1, runde Draht- und Maschinenstifte, die der DIN 1052-1 entsprechen, eingesetzt werden; das sind runde Drahtstifte der Form B nach DIN 1151 aus Stahl und runde Maschinenstifte nach DIN 1143-1. Zusätzlich zu den Maßen nach DIN 1151 muß der Kopfdurchmesser mindestens das 1,8fache des Nagelnenndurchmessers d_n betragen. Die Länge der Nagelspitze darf nicht größer als $2 \cdot d_n$ sein.

Sondernägel (z. B. Schraub- oder Rillennägel) dürfen nach NAD, 6.1, verwendet werden, wenn sie DIN 1052-2, Abschn. 6.1, Bild 13, entsprechen und in eine Tragfähigkeitsklasse eingestuft sind. Die Kopffläche von Sondernägeln muß mindestens $2{,}5 \cdot d_n^2$ betragen. Als Durchmesser ist bei Sondernägeln der Nagelnenndurchmesser d_n des glattschaftigen Teils einzusetzen.

Die Abmessungen runder Draht- und Maschinenstifte und Sondernägel sind im Abschn. „Holzbau nach DIN 1052", Tafel 57 und 58, dargestellt.

5.3.1 Beanspruchung rechtwinklig zur Nagellängsachse (Abscheren)

Bemessungswerte der Tragfähigkeit R_d auf Abscheren

Die Bemessungswerte der Tragfähigkeit R_d auf Abscheren von Nägeln sind nach den Gleichungen des Abschn. 5.2, Tafel 40 bis 44 zu berechnen, sie gelten für Nägel mit einem Nageldurchmesser $d \leq 8$ mm und unabhängig vom Winkel α Kraft-zur-Faserrichtung. In diesen Gleichungen sind die Formelzeichen t_1 und t_2 für Nagelverbindungen nach den Definitionen der Tafel 46 einzusetzen.

Die charakteristischen Werte der Lochleibungsfestigkeit $f_{h,k}$ für glattschaftige Nägel und Sondernägel in Nagelverbindungen sind in Tafel 47, die des Fließmomentes $M_{y,k}$ dieser Nägel in Tafel 48 angegeben. Zur Berechnung dieser charakteristischen Werte $f_{h,k}$ sind als rechnerische Nageldurchmesser d bei runden Draht- und Maschinenstiften sowie bei Sondernägeln die Nagelnenndurchmesser d_n des glattschaftigen Teils, bei quadratischen Nägeln die Seitenabmessung des Nagelquerschnitts

Tafel 46 Definitionen der Formelzeichen t_1 und t_2 in Nagelverbindungen nach EC5 T1-1, 6.3.1.1 und Bild 6.3.1.1[1] [2])

Einschnittige Verbindung	Zweischnittige Verbindung
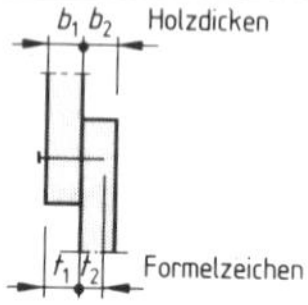 	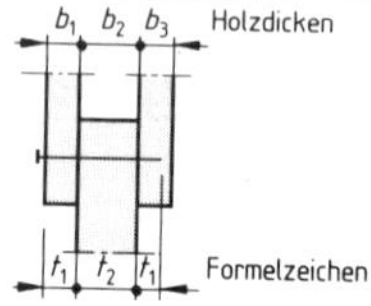
t_1 Holzdicke auf der dem Nagelkopf zugewandten Seite (hier: Holzdicke b_1)	t_1 der kleinere Wert aus der: – Holzdicke auf der dem Nagelkopf zugewandten Seite (hier: Holzdicke b_1) – Einschlagtiefe des Nagels (hier: im Holz mit der Holzdicke b_3)
t_2 Einschlagtiefe des Nagels (hier: im Holz mit der Holzdicke b_2)	t_2 Dicke des Mittelholzes (hier: Holzdicke b_2)

[1]) zur Berechnung der Bemessungswerte der Tragfähigkeit R_d in den Gleichungen der Tafeln 40 bis 44

[2]) die Definitionen für t_1 und t_2 sind stets zu beachten, andernfalls werden fehlerhafte Bemessungswerte der Tragfähigkeit R_d ermittelt

Tafel 47 Charakteristische Werte der Lochleibungsfestigkeit $f_{h,k}$ in N/mm² für glattschaftige Nägel und Sondernägel in Holz-Holz- und Holzwerkstoff-Holz-Nagelverbindungen (Abscheren) nach EC5 T1-1, 6.3.1.2, 6.3.1.3 und NAD, 6.3.1.2 [1]) [2]) [3]) [4])

Baustoffe		$f_{h,k}$
Vollholz nach Tafel 1 und **Brettschichtholz** nach Tafel 2	nicht vorgebohrt	$0{,}082 \cdot \varrho_k \cdot d^{-0,3}$
	vorgebohrt [5])	$0{,}082 \cdot (1-0{,}01 \cdot d) \cdot \varrho_k$
Bau-Furniersperrholz nach Tafel 4 und 5		$0{,}11 \cdot \varrho_k \cdot d^{-0,3}$
Harte und mittelharte Holzfaserplatten nach Tafel 7		$30 \cdot d^{-0,3} \cdot t^{0,6}$

[1]) Hierin bedeuten:
d Nageldurchmesser in mm, bei Sondernägeln der Durchmesser des glattschaftigen Teils, bei quadratischen Nägeln die Seitenabmessung des Nagelquerschnitts
t Plattendicke in mm
ϱ_k Charakteristische Rohdichte in kg/m³
[2]) gilt für Nägel mit einem Nageldurchmesser $d \leq 8$ mm
[3]) gilt für alle Winkel zur Faserrichtung
[4]) für Spanplatten (Flachpreßplatten) liegen derzeit keine Werte für $f_{h,k}$ vor
[5]) bei Bauholz mit charakt. Rohdichte von $\varrho_k \geq 500$ kg/m³ sind die Nagellöcher vorzubohren; bei Douglasien-Holz ist nach NAD, 6.3.1.2, stets über die ganze Nagellänge vorzubohren

Tafel 48 Charakteristische Werte des Fließmomentes $M_{y,k}$ in Nmm für glattschaftige Nägel und Sondernägel in Holz-Holz- und Holzwerkstoff-Holz-Nagelverbindungen (Abscheren) nach EC5 T1-1, 6.3.1.2 und NAD, 6.3.1.2 [1]) [2])

Nagelform	$M_{y,k}$
Runde Nägel	$180 \cdot d^{2,6}$
Quadratische Nägel	$270 \cdot d^{2,6}$

[1]) Hierin bedeuten:
d Nageldurchmesser im mm, bei Sondernägeln der Durchmesser des glattschaftigen Teils, bei quadratischen Nägeln die Seitenabmessung des Nagelquerschnitts
[2]) gilt für Nägel mit einem Nageldurchmesser $d \leq 8$ mm

Tafel 49 Mindesteinschlagtiefen l von glattschaftigen Nägeln und Sondernägeln bei Beanspruchung auf Abscheren in Holz-Holz- und Holz-Holzwerkstoff-Verbindungen nach EC5 T1-1, 6.3.1.2 und 6.3.1.3 [1])

Nagelart	Einschlagtiefe l
Glattschaftige Nägel	$l \geq 8 \cdot d$
Rillen- und Schraubnägel [2])	$l \geq 6 \cdot d$

[1]) Hierin bedeuten:
d Nageldurchmesser in mm, bei Sondernägeln der Durchmesser des glattschaftigen Teils, bei quadratischen Nägeln die Seitenabmessung des Nagelquerschnitts
[2]) bei Rillen- und Schraubnägeln darf nur der profilierte Schaftteil in Rechnung gestellt werden

13

einzusetzen. Die Bemessungswerte der Lochleibungsfestigkeit $f_{h,d}$ sind nach Gl. (31 a, b), die des Fließmomentes $M_{y,d}$ nach Gl. (32) zu berechnen.

Mindestanzahl von Nägeln

Eine Nagelverbindung, bei der die Nägel rechtwinklig zur Nagellängsachse (Abscheren) beansprucht werden, sollte in der Regel mindestens zwei Nägel enthalten.

Mindest-Einschlagtiefen von Nägeln

Die Mindesteinschlagtiefen von glattschaftigen Nägeln und Sondernägeln bei Beanspruchung rechtwinklig zur Nagellängsachse (Abscheren) sind in Tafel 49 dargestellt. Sie sind für gebräuchliche Nägel auch in Tafel 50 zusammengestellt.

Tafel 50 Mindest-Holzdicken t bei Nagelverbindungen ohne Vorbohren und Mindest-Einschlagtiefen l von Nägeln bei Beanspruchungen rechtwinklig zur Nagellängsachse (Abscheren) nach EC5 T1-1, 6.3.1.2 für gebräuchliche Nageldurchmesser d

Nagel-durch-messer d in mm	Mindest-Holzdicken bei Nagelverbindungen ohne Vorbohren[3] t in mm						Mindest-Einschlagtiefen l in mm		Nagel-durch-messer d in mm
	Vollholz aus Nadelhölzern nach Tafel 1			Brettschichtholz nach Tafel 2					
	S 10 MS 10 S 13	MS 13	MS 17	BS 11 BS 14k BS 14h BS 16k	BS 16h BS 18k	BS 18h	Glatt-schaf-tige Nägel	Rillen- und Schraub-nägel	
1,8	12,6[1]						14,4	–	1,8
2,0	14,0[1]						16,0	–	2,0
2,2	15,4[1]						17,6	–	2,2
2,5	17,5[1]						20,0	15,0	2,5
2,8	19,6[1]						22,4	–	2,8
2,9	20,3[1]						–	17,4	2,9
3,1	21,7[1]						24,8	18,6	3,1
3,4	23,8[1]						27,2	–	3,4
3,8	26,6						30,4	–	3,8
4,0	28,0						–	24,0	4,0
4,2	29,4						33,6	–	4,2
4,6	32,2 [2]					33,5	36,8	–	4,6
5,1	35,7	36,3	38,1	37,2	39,0	40,8	–	30,6	5,1
5,5	39,4	41,5	43,6	42,5	44,6	46,7	44,0	–	5,5
6,0	45,6	48,0	50,4	49,2	51,6	54,0	48,0	36,0	6,0
7,0	58,0	61,0	64,1	62,5	65,6	68,6	56,0	–	7,0
7,6	65,4	68,8	72,2	70,5	74,0	77,4	60,8	–	7,6

[1]) Mindest-Holzdicken für tragende einteilige Einzelquerschnitte nach Tafel 15 sind zu beachten

[2]) bei den Werten unterhalb der Stufenlinie wird Gl. (33b) maßgebend

[3]) bei Nagelverbindungen von Bauholz mit einer charakteristischen Rohdichte $\varrho_k \geq 500$ kg/m³ ist stets vorzubohren

Mindest-Holzdicken bei Nagelverbindungen ohne Vorbohrung

Bei Nagelverbindungen ohne Vorbohrung sind die Mindest-Holzdicken t nach Gl. (33) einzuhalten, sie können auch für gebräuchliche Nägel Tafel 50 entnommen werden.

$$t = \max. \begin{cases} 7 \cdot d & (33\text{a}) \\ (13 \cdot d - 30) \cdot \varrho_k / 400 & (33\text{b}) \end{cases}$$

d Nageldurchmesser im mm,
ϱ_k Charakteristische Rohdichte in kg/m³

Bei tragenden einteiligen Einzelquerschnitten sind die Mindest-Holzdicken nach Tafel 15 zu beachten.

Mindestabstände von Nägeln

Die Mindestabstände von Nägeln sind in Tafel 51 dargestellt, die zugehörigen Bezeichnungen sind in Bild 10 näher erläutert. Danach werden unterschieden:

a_1 ist der Abstand der Nägel untereinander in Faserrichtung,
a_2 ist der Abstand der Nägel untereinander rechtwinklig zur Faserrichtung,
a_3 ist der Abstand vom Stabende (Endabstand),
a_4 ist der Abstand vom Rand (Randabstand).

Tafel 51 **Mindestabstände von Nägeln** nach EC5 T1-1, 6.3.1.2 bis 6.3.1.4, Tab. 6.3.1.2 und NAD, 6.3.1.2[1]) [2]) [5])

Abstände	Lage	nicht vorgebohrte Nagellöcher		vorgebohrte Nagellöcher
		$\varrho_k \leq 420$ kg/m³ und Brettschichtholz[3])	$420 < \varrho_k < 500$ kg/m³	
in Holz-Holz-Verbindungen				
a_1	untereinander in Faserrichtung	für $d < 5$ mm: $(5+5\cdot\|\cos\alpha\|)\cdot d$ für $d \geq 5$ mm: $(5+7\cdot\|\cos\alpha\|)\cdot d$	$(7+8\cdot\|\cos\alpha\|)\cdot d$	$(4+3\cdot\|\cos\alpha\|)\cdot d$ [4])
a_2	untereinander rechtwinklig zur Faserrichtung	$5\cdot d$	$7\cdot d$	$(3+\|\sin\alpha\|)\cdot d$
$a_{3,t}$	vom belasteten Ende	$(10+5\cdot\cos\alpha)\cdot d$	$(15+5\cdot\cos\alpha)\cdot d$	$(7+5\cdot\cos\alpha)\cdot d$
$a_{3,c}$	vom unbelasteten Ende	$10\cdot d$	$15\cdot d$	$7\cdot d$
$a_{4,t}$	vom belasteten Rand	$(5+5\cdot\sin\alpha)\cdot d$	$(7+5\cdot\sin\alpha)\cdot d$	$(3+4\cdot\sin\alpha)\cdot d$
$a_{4,c}$	vom unbelasteten Rand	$5\cdot d$	$7\cdot d$	$3\cdot d$

in Bausperrholz-Holz-Verbindungen

für Bau-Furniersperrholz:

es gelten die 0,85fachen Tafelwerte für Holz-Holz-Verbindungen, jedoch als Mindestrandabstände:

vom belasteten Rand: $a_{4,t} = (3+4\cdot\sin\alpha)\cdot d$

vom unbelasteten Rand $a_{4,c} = 3\cdot d$

in Stahlblech-Holz-Verbindungen

es gelten die 0,70fachen Tafelwerte für Holz-Holz-Verbindungen

[1]) Hierin bedeuten:

d Nageldurchmesser in mm, bei Sondernägeln der Durchmesser des glattschaftigen Teils, bei quadratischen Nägeln die Seitenabmessung des Nagelquerschnitts,

α Winkel zwischen Kraft- und Faserrichtung nach Bild 10

ϱ_k Charakteristische Rohdichte in kg/m³

[2]) die Bezeichnungen sind in Bild 10 definiert

[3]) für Brettschichtholz darf nach NAD, 6.3.1.2, zur Bestimmung der Nagelabstände eine Rohdichte $\varrho_k \leq 420$ kg/m³ angenommen werden unabhängig von der wirklich vorhandenen Rohdichte

[4]) der Mindestnagelabstand a_1 darf bis auf $(4+|\cos\alpha|)\cdot d$ verringert werden, wenn die Lochleibungsfestigkeit $f_{h,k}$ mit dem Faktor $\sqrt{a_1/(4+3\cdot|\cos\alpha|)\cdot d}$ abgemindert wird

[5]) die Mindest-Nagelabstände gelten auch für Nägel, die in Schaftrichtung (Herausziehen) beansprucht werden

Ein Endabstand gilt als belastet, wenn die Nagelkraft eine Komponente in Richtung des Stabendes (Hirnholz) besitzt. Andernfalls gilt das Stabende als unbelastet. Randabstände gelten in gleicher Weise als belastet oder unbelastet.

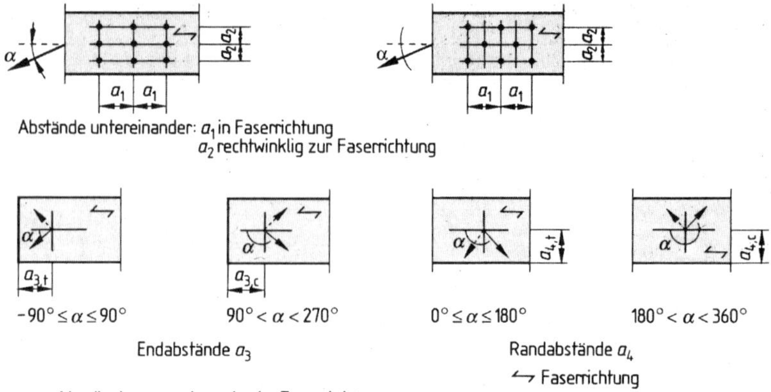

a_1 Abstände untereinander in Faserrichtung
a_2 Abstände untereinander rechtwinklig zur Faserrichtung
$a_{3,t}$ Abstände vom belasteten Ende
$a_{3,c}$ Abstände vom unbelasteten Ende
$a_{4,t}$ Abstände vom belasteten Rand
$a_{4,c}$ Abstände vom unbelasteten Rand
α Winkel zwischen Kraft- und Faserrichtung

Bild 10 Definitionen der Verbindungsmittelabstände nach EC5 T1-1, Bild 6.3.1.2a

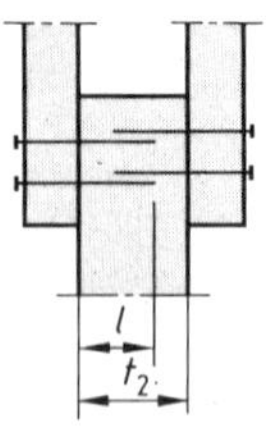

Bild 11
Übergreifende Nägel nach EC5 T1-1, Bild 6.3.1.2b

Übergreifende Nägel

Werden Nägel von beiden Seiten in nicht vorgebohrte Nagellöcher eingeschlagen, sind übergreifende Nägel im Mittelholz erlaubt, wenn die Bedingung der Gl. (34) eingehalten wird, s. Bild 11.

$$(t_2 - l) > 4 \cdot d \quad (34)$$

d Nageldurchmesser
l Einschlagtiefe des Nagels nach Bild 11
t_2 Holzdicke des Mittelteils nach Bild 11

Vorgebohrte Nagellöcher

Die Nagellöcher sind in Nagelverbindungen von Bauholz mit einer charakteristischen Rohdichte $\varrho_k \geq 500\ \text{kg/m}^3$ vorzubohren. Nagelverbindungen in Douglasien-Holz sind nach NAD, 6.3.1.2, stets über die ganze Nagellänge vorzubohren. Der Durchmesser von vorgebohrten Nagellöchern sollte nach NAD, 7.4, etwa $0{,}9 \cdot d$ betragen.

Nägel im Hirnholz

Nägel in Hirnholz sollten in der Regel nicht zur Kraftübertragung auf Abscheren beansprucht werden. Eine planmäßige Kraftübertragung auf Abscheren ist nur in Sekundärbauteilen, z.B. zur Befestigung von Gesimsbrettern an Sparren, erlaubt, wenn der Bemessungswert der Tragfähigkeit nur zu 1/3 des Wertes für normale Nagelung angenommen wird.

Nagelung rechtwinklig zur Faserrichtung und Schrägnagelung

Nägel sind nach EC5 T1-1, 7.4, rechtwinklig zur Holzfaserrichtung und so tief einzuschlagen, daß die Nagelköpfe bündig mit der Holzoberfläche abschließen. Schrägnagelungen sind nach Tafel 52 auszuführen.

Abminderung der Tragfähigkeit bei vielen hintereinanderliegenden Nägeln

In Nagelverbindungen mit vielen in Kraftrichtung hintereinanderliegenden Nägeln ist eine Abminderung der Tragfähigkeit der einzelnen Nägel nach EC5 nicht erforderlich.

Nägel in Holzwerkstoff-Holz-Verbindungen

Die Bestimmungen dieses Abschnittes gelten ebenso für Holzwerkstoff-Holz-Nagelverbindungen, nach NAD, 6.3.1.3, für Nägel mit einem Nagelkopfdurchmesser von $\geq 1{,}8 \cdot d$. Die Mindest-Nagelabstände sind Tafel 51 zu entnehmen. Für Stifte ohne Kopf oder Nägel mit ovaler Kopfform sind die Bemessungswerte der Tragfähigkeit für Verbindungen mit harten und mittelharten Holzfaserplatten auf die Hälfte zu reduzieren. Für Flachpreßplatten liegen derzeit keine Werte der charakteristischen Lochleibungsfestigkeit vor.

Nägel in Stahlblech-Holz-Verbindungen

Die Bemessungswerte der Tragfähigkeit von Nägeln in Stahlblech-Holz-Verbindungen sind nach den Tafeln 42 bis 44 zu berechnen. Die Mindest-Nagelabstände sind Tafel 51 zu entnehmen. Bei Stahlblech-Holz-Verbindungen darf nach NAD, 7.4, der Lochdurchmesser im Stahlblech bis zu 1 mm größer sein als der Nenndurchmesser.

5.3.2 Beanspruchung in Nagel-Schaftrichtung (Herausziehen)

Bemessungswerte des Ausziehwiderstandes R_d

Die Bemessungswerte des Ausziehwiderstandes R_d von Nägeln, die auf Herausziehen beansprucht werden, sind bei Nagelung rechtwinklig zur Holzfaserrichtung und bei Schrägnagelung nach den Gleichungen der Tafel 52 zu berechnen; als Bemessungswert R_d ist der kleinste Wert anzunehmen, der aus den in der Tafel angegebenen Gleichungen ermittelt werden kann.

Tafel 52 **Bemessungswerte des Ausziehwiderstandes R_d von Nägeln, die in Schaftrichtung (auf Herausziehen) beansprucht werden,** nach EC5 T1-1, Gl. (6.3.2a–c) und NAD, 6.3.2[1]) [2]) [3])

Nagelung rechtwinklig zur Faserrichtung	**Schrägnagelung**
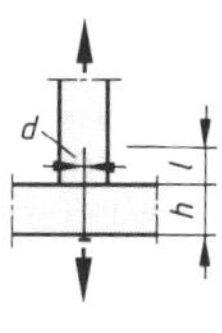	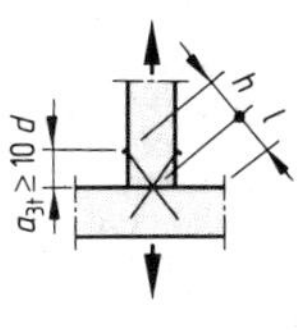

Für alle Nägel (berücksichtigt das Herausziehen des Nagels aus dem Holzteil)[4])	$f_{1,d} \cdot d \cdot l$
Für glattschaftige Nägel (berücksichtigt das Kopfdurchziehen)[5])	$f_{1,d} \cdot d \cdot h + f_{2,d} \cdot d^2$
Für Rillen- und Schraubnägel (berücksichtigt das Kopfdurchziehen)	$f_{2,d} \cdot d^2$

Fußnoten s. nächste Seite

Fußnoten zu Tabelle 52

[1]) Hierin bedeuten:

d Nageldurchmesser in mm, bei Sondernägeln der Durchmesser des glattschaftigen Teils, bei quadratischen Nägeln die Seitenabmessung des Nagelquerschnitts

$f_{1,d}$; $f_{2,d}$ Bemessungswerte der Ausziehparameter, berechnet nach Gl. (31 a, b)

l Einschlagtiefe des Nagels auf Herausziehen, s. auch Mindest-Einschlagtiefen nach Tafel 54

h Holzdicke

[2]) gelten für die im Tafelkopf angegebene Nagelung rechtwinklig zur Faserrichtung und für Schrägnagelung

[3]) Glattschaftige Nägel, die in Schaftrichtung auf Herausziehen beansprucht werden, dürfen nicht zur Kraftübertragung für ständige oder langandauernde Lasteinwirkungen eingesetzt werden

[4]) für Rillen- und Schraubnägel ist nur der profilierte Schaftteil zur Kraftübertragung auf Herausziehen in Rechnung zu stellen

[5]) die Gleichung darf nach NAD, 6.3.2, vernachlässigt werden, wenn glattschaftige Nägel mit einem Mindestkopfdurchmesser von $1{,}8 \cdot d$ verwendet werden

Die Bemessungswerte der Ausziehparameter $f_{1,d}$ und $f_{2,d}$ sind sinngemäß nach Gl. (31 a, b) zu berechnen. Die charakteristischen Werte der Ausziehparameter $f_{1,k}$ und $f_{2,k}$ für glattschaftige Nägel und Sondernägel in auf Herausziehen beanspruchten Nagelverbindungen sind in Tafel 53 angegeben.

Bei Rillen- und Schraubnägel ist nur der profilierte Schaftteil zur Kraftübertragung in Schaftrichtung (Herausziehen) in Rechnung zu stellen.

Tafel 53 Charakteristische Werte $f_{1,k}$ und $f_{2,k}$ des Ausziehparameters in N/mm² für glattschaftige Nägel und Sondernägel nach EC5 T1-1, 6.3.2 und NAD, 6.3.2[1]) [2])

		$f_{1,k}$	$f_{2,k}$
Glattschaftige Nägel		$(18 \cdot 10^{-6}) \cdot \varrho_k^2$	$(300 \cdot 10^{-6}) \cdot \varrho_k^2$
Sondernägel[3]) [4])	Tragfähigkeitsklasse I	$(28 \cdot 10^{-6}) \cdot \varrho_k^2$	$(600 \cdot 10^{-6}) \cdot \varrho_k^2$
	Tragfähigkeitsklasse II	$(40 \cdot 10^{-6}) \cdot \varrho_k^2$	$(600 \cdot 10^{-6}) \cdot \varrho_k^2$
	Tragfähigkeitsklasse III	$(50 \cdot 10^{-6}) \cdot \varrho_k^2$	$(600 \cdot 10^{-6}) \cdot \varrho_k^2$

[1]) Hierin bedeuten: ϱ_k Charakteristische Rohdichte in kg/m³

[2]) die Werte für $f_{1,k}$ und $f_{2,k}$ sind auf 2/3 abzumindern, wenn Vollholz beim Einbau eine Holzfeuchte nahe dem Fasersättigungsbereich ($u \cong 30\%$) besitzt und im eingebauten Zustand austrocknen kann

[3]) Tragfähigkeitsklassen für Sondernägel nach DIN 1052-1

[4]) Sondernägel in vorgebohrten Nagellöchern dürfen nach NAD, 6.3.2, zur Kraftübertragung auf Herausziehen ohne gesonderten Nachweis nicht in Rechnung gestellt werden

Mindestanzahl von Nägeln

Eine Nagelverbindung, bei der die Nägel in Schaftrichtung (Herausziehen) beansprucht werden, sollte in der Regel mindestens zwei Nägel enthalten.

Tafel 54 Mindesteinschlagtiefen *l* von glattschaftigen Nägeln und Sondernägeln bei Beanspruchung in Schaftrichtung (Herausziehen) nach EC5 T1-1, 6.3.2[1])

Nagelart	Einschlagtiefe *l*
Glattschaftige Nägel	$l \geq 12 \cdot d$
Rillen- und Schraubennägel	$l \geq 8 \cdot d$

[1]) Hierin bedeuten:

d Nageldurchmesser, bei Sondernägeln der Durchmesser des glattschaftigen Teils

Mindest-Einschlagtiefen

Die Mindest-Einschlagtiefen *l* bei Nägeln, die in Schaftrichtung (Herausziehen) belastet werden, sind in Tafel 54 angegeben.

Mindest-Nagelabstände

Die Abstände von Nägeln, die in Schaftrichtung (Herausziehen) beansprucht werden, sollten den Abständen auf Abscheren beanspruchter Nägel entsprechen, s. Tafel 51 und Bild 10.

Mindest-Nagelabstände bei Schrägnagelungen

Bei Schrägnagelungen muß der Mindestabstand zum beanspruchten Rand $a_{3,t} \geq 10 \cdot d$ betragen, s. Tafel 52.

Glattschaftige Nägel auf Herausziehen

Glattschaftige Nägel, die in Schaftrichtung auf Herausziehen beansprucht werden, dürfen nicht zur Kraftübertragung für ständige oder langandauernde Lasteinwirkungen eingesetzt werden.

Vorgebohrte Sondernägel auf Herausziehen

Sondernägel in vorgebohrten Nagellöchern dürfen nach NAD, 6.3.2, zur Kraftübertragung auf Herausziehen ohne gesonderten Nachweis nicht in Rechnung gestellt werden.

Nägel auf Herausziehen in Vollholz mit hoher Holzfeuchte

Wenn Vollholz beim Einbau eine Holzfeuchte nahe dem Fasersättigungsbereich ($u \cong 30\%$) besitzt und im eingebauten Zustand austrocknen kann, sind die Bemessungswerte des Ausziehwiderstandes R_d von Nägeln, die auf Herausziehen beansprucht werden, abzumindern; dazu werden die charakteristischen Werte $f_{1,k}$ und $f_{2,k}$ der Ausziehparameter nach Tafel 53 auf 2/3 verkleinert.

Nägel in Hirnholz auf Herausziehen

Nägel in Hirnholz dürfen in der Regel nicht zur Kraftübertragung in Schaftrichtung (Herausziehen) beansprucht werden.

Anschluß von Holzwerkstoffplatten an Holz

Beim Anschluß von Holzwerkstoffplatten an Holz müssen die Platten nach NAD, 6.3.2, mindestens 12 mm dick sein, wenn Nägel in Schaftrichtung (Herausziehen) beansprucht werden.

5.3.3 Kombinierte Beanspruchung in Nagelverbindungen (auf Abscheren und Herausziehen)

Bei Nagelverbindungen, die durch Einwirkungen rechtwinklig zur Nagellängsachse (Abscheren) des Nagels F_{la} und in Schaftrichtung (Herausziehen) F_{ax} beansprucht werden, ist Gl. (35) einzuhalten. Für glattschaftige Nägel sowie für Rillen- und Schraubnagel gelten unterschiedliche Potenzexponenten nach Tafel 55. Die Bemessungswerte der Tragfähigkeit $R_{la,d}$ auf Abscheren und des Ausziehwiderstandes $R_{ax,d}$ sind wie bei alleiniger Beanspruchung nach Abschn. 5.3.1 und 5.3.2 zu ermitteln.

$$\left(\frac{F_{la,d}}{R_{la,d}}\right)^n + \left(\frac{F_{ax,d}}{R_{ax,d}}\right)^n \leq 1 \qquad (35)$$

$F_{la,d}$ Bemessungswert der Einwirkungen rechtwinklig zur Nagellängsachse (Abscheren)
$F_{ax,d}$ Bemessungswert der Einwirkungen in Schaftrichtung des Nagels (Herausziehen)
$R_{la,d}$ Bemessungswert der Tragfähigkeit rechtwinklig zur Nagellängsachse (Abscheren)
$R_{ax,d}$ Bemessungswert des Ausziehwiderstandes in Schaftrichtung des Nagels (Herausziehen)
n Potenzexponent nach Tafel 55

Tafel 55 Potenzexponenten n der Gl. (35) für kombinierte Beanspruchungen in Verbindungen nach EC5 T1-1, 6.3.3 und 6.7.3

Verbindungsmittel	Potenzexponent n
Glattschaftige Nägel	1
Rillen- und Schraubnägel	2
Holzschrauben	2

13

5.4 Bolzen- und Stabdübelverbindungen

Bolzen sind stiftförmige Verbindungsmittel aus Stahl mit Kopf, Mutter und beidseitigen Unterlegscheiben; der Stahl muß den Festigkeitsklassen der Tafel 56 entsprechen. Die Bohrlochdurchmesser von Bolzen in den Holzteilen dürfen bis zu 1 mm größer sein als der Bolzendurchmesser. Bolzen dürfen planmäßig auf Abscheren und in Bolzenschaftrichtung beansprucht werden.

Paßbolzen sind Bolzen, die in ein Bohrloch mit gleichem Durchmesser wie der Bolzendurchmesser getrieben werden. Sie besitzen die Tragfähigkeit von Stabdübeln und können wie Stabdübel bemessen werden.

Stabdübel sind zylindrische Stifte aus Stahl mit überwiegend glatter Oberfläche; der Stahl muß den Festigkeitswerten der Tafel 56 entsprechen. Die Bohrlochdurchmesser von Stabdübeln in den Holzteilen dürfen nicht größer als der Stabdübeldurchmesser sein. Stabdübel dürfen nur auf Abscheren beansprucht werden.

Stabdübelverbindungen sind steifer als vergleichbare Bolzenverbindungen. Deshalb wird empfohlen, Stabdübelverbindungen dann bevorzugt einzusetzen, wenn höhere Steifigkeit und bessere Formbeständigkeit gefordert sind.

Tafel 56 Charakteristische Werte der Zugfestigkeit des Stahls $f_{u,k}$ in N/mm² von Bolzen und Stabdübeln nach NAD, Tab. 6.1-2 und Tab. 6.1-1

Bolzen		Stabdübel	
Festigkeitsklasse nach EN 20898-1	Charakteristische Festigkeitswerte $f_{u,k}$	Nennstahlgüte nach EN 10025	Charakteristische Festigkeitswerte $f_{u,k}$
3.6	300	S 235	360
4.6 und 4.8	400	S 275	430
5.6 und 5.8	500	S 355	510

5.4.1 Beanspruchung von Bolzen und Stabdübeln rechtwinklig zur Längsachse (Abscheren) in Holz-Holz-, Holzwerkstoff-Holz- und Stahlblech-Holz-Verbindungen

Bemessungswerte der Tragfähigkeit R_d auf Abscheren

Die Bemessungswerte der Tragfähigkeit R_d auf Abscheren von Bolzen und Stabdübeln sind nach den Gleichungen des Abschn. 5.2, Tafel 40 bis 44 zu berechnen, sie sind abhängig vom Winkel α Kraft- zur Faserrichtung.

Die charakteristischen Festigkeitswerte $f_{u,k}$ für Bolzen und Stabdübel sind in Tafel 56 zusammengestellt. Die charakteristischen Werte der Lochleibungsfestigkeit $f_{h,k}$ und die des Fließmomentes $M_{y,k}$ für Bolzen und Stabdübel sind in Tafel 57 angegeben. Die Bemessungswerte der Lochleibungsfestigkeit $f_{h,d}$ sind nach Gl. (31 a, b), die des Fließmomentes $M_{y,d}$ nach Gl. (32) zu berechnen.

Wirksame Anzahl mehrerer Bolzen oder Stabdübel in einer Reihe

Liegen mehr als sechs Bolzen oder sechs Stabdübel in Kraftrichtung hintereinander, ist die Tragfähigkeit jedes weiteren Bolzens oder Stabdübels um 1/3 abzumindern. Die wirksame Anzahl n_{ef} kann demnach für n Bolzen oder für n Stabdübel nach Gl. (36) errechnet werden.

$$n_{ef} = 6 + 2 \cdot (n - 6)/3 \quad (36)$$

n Anzahl der in Kraftrichtung hintereinanderliegenden Bolzen oder Stabdübel, $n > 6$

n_{ef} wirksame Anzahl für n in einer Verbindungsmittelreihe hintereinanderliegenden Bolzen oder Stabdübel

Tafel 57 Charakteristische Werte der Lochleibungsfestigkeit $f_{h,k}$ in N/mm² und des Fließmomentes $M_{y,k}$ in Nmm für Bolzen und Stabdübel in Holz-Holz- und Holzwerkstoff-Holz-Verbindungen (Abscheren) nach EC5 T1-1, 6.5.1.2 und 6.6[1]) [2])

Lochleibungsfestigkeit $f_{h,k}$ in N/mm² für Bolzen und Stabdübel in		
Vollholz und Brettschichtholz nach Tafel 1 und Tafel 2		
1	für eine Belastung in Faserrichtung $\alpha = 0°$	$f_{h,0,k} = 0{,}082 \cdot (1 - 0{,}01 \cdot d) \cdot \varrho_k$
2	für eine Belastung unter einem Winkel α zur Faserrichtung	$f_{h,\alpha,k} = \dfrac{f_{h,0,k}}{k_{90} \cdot \sin^2\alpha + \cos^2\alpha}$
	mit den Beiwerten k_{90} für Nadelhölzer	$k_{90} = 1{,}35 + 0{,}015 \cdot d$
	mit den Beiwerten k_{90} für Laubhölzer	$k_{90} = 0{,}90 + 0{,}015 \cdot d$
Bausperrholz (Bau-Furniersperrholz nach Tafel 4 und Tafel 5)		
3	unabhängig vom Winkel α zwischen Kraft- und Faserrichtung der Deckfurniere	$f_{h,k} = 0{,}11 \cdot (1 - 0{,}01 \cdot d) \cdot \varrho_k$
Fließmoment $M_{y,k}$ in Nmm		
4	für runde Bolzen und Stabdübel	$M_{y,k} = 0{,}8 \cdot f_{u,k} \cdot d^3/6$

[1]) Hierin bedeuten:

d Bolzen- oder Stabdübeldurchmesser in mm

α Winkel zwischen Kraft- und Faserrichtung

$f_{u,k}$ Charakteristischer Wert der Zugfestigkeit des Stahls nach Tafel 56

ϱ_k Charakteristischer Wert der Rohdichte in kg/m³

[2]) für Bolzen mit einem Durchmesser $d \leq 30$ mm und für Stabdübel mit einem Durchmesser $d \geq 6$ mm

Mindestabstände von Bolzen und Stabdübeln

Die Mindestabstände von Bolzen sind in Tafel 58, diejenigen von Stabdübeln in Tafel 59 dargestellt. Die zugehörigen Bezeichnungen sind in Bild 10 näher erläutert.

Tafel 58 Mindestabstände von Bolzen nach EC5 T1-1, Tab. 6.5.1.2 und NAD, 6.5.1.2[1]) [2])

Abstände, Bezeichn.	**Lage**	**Winkel α Kraft zur Faserrichtung**	**Mindestabstände von Bolzen**
a_1	untereinander in Faserrichtung		$(4 + 3 \cdot \lvert\cos\alpha\rvert) \cdot d$ [3])
a_2	untereinander rechtwinklig zur Faserrichtung		$4 \cdot d$
$a_{3,t}$	vom belasteten Ende	$-90° \leq \alpha < 90°$	$7 \cdot d$, mind. 80 mm
$a_{3,c}$	vom unbelasteten Ende	$150° \leq \alpha \leq 210°$	$4 \cdot d$
$a_{3,c}$		$90° < \alpha < 150°$ $210° < \alpha < 270°$	$(1 + 6 \cdot \lvert\sin\alpha\rvert) \cdot d$, mind. $4 \cdot d$
$a_{4,t}$	vom belasteten Rand	$0° \leq \alpha \leq 180°$	$(2 + 2 \cdot \sin\alpha) \cdot d$, mind. $3 \cdot d$
$a_{4,c}$	vom unbelasteten Rand	für alle anderen Werte von α	$3 \cdot d$

[1]) Hierin bedeuten:

d Bolzendurchmesser

α Winkel zwischen Kraft- und Faserrichtung nach Bild 10

[2]) die Bezeichnungen sind in Bild 10 definiert

[3]) der Mindestabstand a_1 darf bis auf $(4 + \lvert\cos\alpha\rvert) \cdot d$ verringert werden, wenn die Lochleibungsfestigkeit $f_{h,0,k}$ mit dem Faktor $\sqrt{a_1/(4 + 3 \cdot \lvert\cos\alpha\rvert) \cdot d}$ abgemindert wird

Unterlegscheiben von Bolzen

Die erforderlichen Unterlegscheiben unter Kopf und Mutter von Bolzen sind mit einer Seitenlänge (quadratische Scheiben) oder einem Durchmesser (runde Scheiben) von mindestens $3 \cdot d$ und einer Dicke von mindestens $0{,}3 \cdot d$ anzuordnen mit d

13

als Bolzendurchmesser. Die Unterlegscheiben sind mit voller Kontaktfläche zu montieren.

Anziehen von Bolzenverbindungen

Bolzen sind derart anzuziehen, daß die verbundenen Holzteile eng aneinanderliegen. Nach Erreichen der Ausgleichsfeuchte des Holzes sind Bolzen in den Fällen nachzuziehen, bei denen dies zur Sicherstellung der Tragfähigkeit und der Steifigkeit der Konstruktion erforderlich ist.

Tafel 59 Mindestabstände von Stabdübeln nach EC5 T1-1, Tab. 6.6a und NAD, 6.6[1]) [2])

Abstände, Bezeichn.	Lage	Winkel α zwischen Kraft zur Faserrichtung	Mindestabstände von Stabdübeln
a_1	untereinander in Faserrichtung		$(3+4\cdot\lvert\cos\alpha\rvert)\cdot d$ [3])
a_2	untereinander rechtwinklig zur Faserrichtung		$3\cdot d$
$a_{3,t}$	vom belasteten Ende	$-90° \leq \alpha \leq 90°$	$7\cdot d$, mind. 80 mm
$a_{3,c}$	vom unbelasteten Ende	$150° \leq \alpha \leq 210°$	$3\cdot d$
$a_{3,c}$		$90° < \alpha < 150°$ $210° < \alpha < 270°$	$a_{3,t}\cdot\lvert\sin\alpha\rvert$, mind. $3\cdot d$
$a_{4,t}$	vom belasteten Rand	$0° \leq \alpha \leq 180°$	$(2+2\cdot\sin\alpha)\cdot d$, mind. $3\cdot d$
$a_{4,c}$	vom unbelasteten Rand	für alle anderen Werte von α	$3\cdot d$

[1]) Hierin bedeuten: d Stabdübeldurchmesser α Winkel zwischen Kraft- und Faserrichtung

[2]) die Bezeichnungen sind in Bild 10 definiert

[3]) der Mindestabstand a_1 darf bis auf $(3+2\cdot\lvert\cos\alpha\rvert)\cdot d$ verringert werden, wenn die Lochleibungsfestigkeit $f_{h,0,k}$ mit dem Faktor $\sqrt{a_1/(3+4\cdot\lvert\cos\alpha\rvert)\cdot d}$ abgemindert wird

Stabdübeldurchmesser

Die Durchmesser von Stabdübeln müssen $d \geq 6$ mm sein. Die zulässigen Toleranzen der Durchmesser d betragen $-0{,}0/+0{,}1$ mm. Die Bohrlochdurchmesser von Stabdübeln in den Holzteilen sollten nicht größer als der Stabdübeldurchmesser sein.

Stahlblech-Holz-Verbindungen mit Bolzen oder Stabdübel

Der Lochdurchmesser im Stahlblech darf nach NAD, 7.4, bis zu 1 mm größer sein als der Nenndurchmesser der Bolzen oder Stabdübel.

Beispiel Bemessung einer Verbindung mit Stabdübeln, Anschluß einer Zug-Diagonalen an einen Gurt. Umgebungsklima: überdachtes Tragwerk

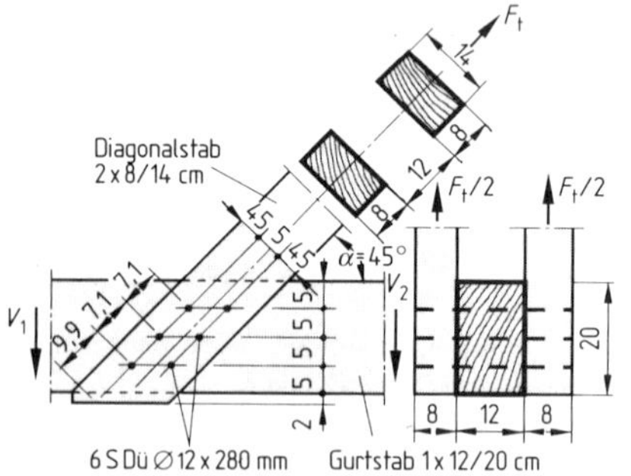

Winkel α zwischen Kraft- und Faserrichtung
Gurtstab: $\alpha = 45°$
Diagonalstab $\alpha = 0°$

Nadel-Vollholz, S 10, für Gurt- und Diagonalstab

Charakteristischer Rohdichtekennwert nach Tafel 1

$\varrho_k = 380$ kg/m³

Stabdübel ∅12 mm, Nennstahlgüte S 235

Charakteristischer Festigkeitswert nach Tafel 56

$f_{u,k} = 360$ N/mm²

Charakteristische Werte der Einwirkungen (Zugkraft)

$G_k = 18{,}0$ kN aus ständiger Last
$Q_k = 21{,}0$ kN aus Schneelast

Beispiel, Fortsetzung

Abstände der Stabdübel nach Tafel 59

Diagonalstab: $\alpha = 0°$ (Fußzeiger D)

$\min a_{1,D} = (3 + 4 \cdot |\cos 0°|) \cdot 12 = 84$ mm

zulässige Abminderung:

$\min a_{1,D,abgem.} = (3 + 2 \cdot |\cos 0°|) \cdot 12 = 60$ mm

$\text{vorh } a_{1,D} = 5{,}0/\sin 45° = 71$ mm $> \min a_{1,D,abgem.} = 60$ mm

$\text{vorh } a_{2,D} = 50$ mm $> \min a_{2,D} = 3 \cdot 12 = 36$ mm

$\text{vorh } a_{3,t,D} = (5{,}0 + 2{,}0)/\sin 45 = 99$ mm $> \min a_{3,t,D} = 7 \cdot 12 = 84$ mm

$\text{vorh } a_{4,c,D} = 45$ mm $> \min a_{4,c,D} = 3 \cdot 12 = 36$ mm

Gurtstab: $\alpha = 45°$ (Fußzeiger G)

$\min a_{1,G} = (3 + 4 \cdot |\cos 45°|) \cdot 12 = 70$ mm

$\text{vorh } a_{1,G} = 5{,}0/\sin 45° = 71$ mm $> \min a_{1,G} = 70$ mm

$\text{vorh } a_{2,G} = 50$ mm $> \min a_{2,G} = 3 \cdot 12 = 36$ mm

$\min a_{4,t,G} = (2 + 2 \sin 45°) \cdot 12 = 41$ mm

$\text{vorh } a_{4,t,G} = 50$ mm $> \min a_{4,t,G} = 41$ mm

$\text{vorh } a_{4,c,G} = 50$ mm $> \min a_{4,c,D} = 3 \cdot 12 = 36$ mm

1) Lastfall „ständige Last und Schneelast"

Bemessungswerte der Einwirkungen (Zugkraft) nach Abschn. Lastannahmen, Seite 235ff.

$F_{t,d} = 1{,}35 \cdot 18{,}0 + 1{,}5 \cdot 21{,}0 = 24{,}3 + 31{,}5 = 55{,}8$ kN

Nutzungsklasse 2, s. Tafel 8

Lasteinwirkungsdauer nach Tafel 10 und 11

„ständig" für ständige Last (Eigenlast)
„kurz" für Schneelast
(Regelschneelast $s_0 \leq 2{,}0$ kN/m²),

Modifikationsfaktor nach Tafel 12

$k_{mod} = 0{,}6$ für ständige Last
$k_{mod} = 0{,}9$ für Schneelast (maßgebend)

1a) Bemessungswerte der Lochleibungsfestigkeit

Diagonalstab: $\alpha = 0°$, (Stab 1)

Charakteristische Lochleibungsfestigkeit nach Tafel 57

$f_{h,0,k} = 0{,}082 \cdot (1 - 0{,}01 \cdot 12) \cdot 380 = 27{,}42$ N/mm²

Abgeminderte charakteristische Lochleibungsfestigkeit, da $\min a_{1,D}$ abgemindert wurde, s. oben, nach Tafel 59

$\text{vorh } a_{1,D} = 71$ mm,
Abminderungsfaktor

$\sqrt{71/(3 + 4 \cdot |\cos 0°|) \cdot 12} = \sqrt{71/84} = 0{,}919$

$f_{h,0,k,abgemin.} = 0{,}919 \cdot 27{,}42 = 25{,}20$ N/mm²

Bemessungswert der Lochleibungsfestigkeit nach Gl. (31 a)

$f_{h,1,d} = 0{,}9 \cdot 25{,}20/1{,}3 = 17{,}45$ N/mm²

Gurtstab: $\alpha = 45°$. (Stab 2)

Charakteristische Lochleibungsfestigkeit nach Tafel 57

$k_{90} = 1{,}35 + 0{,}015 \cdot 12 = 1{,}53$

$f_{h,0,k} = 0{,}082 \cdot (1 - 0{,}01 \cdot 12) \cdot 380 = 27{,}42$ N/mm²

$f_{h,45,k} = 27{,}42/(1{,}53 \cdot \sin^2 45° + \cos^2 45°) = 27{,}42/1{,}265 = 21{,}68$ N/mm²

Bemessungswert der Lochleibungsfestigkeit nach Gl. (31 b)

$f_{h,2,d} = 0{,}9 \cdot 21{,}68/1{,}3 = 15{,}01$ N/mm²

1b) Bemessungswert des Fließmomentes

Charakteristischer Wert des Fließmomentes nach Tafel 57

$M_{y,k} = 0{,}8 \cdot 360 \cdot 12^3/6 = 82\,944$ Nmm

Teilsicherheitsbeiwert für Stahl in Verbindungen nach Tafel 14 $\gamma_M = 1{,}1$

Bemessungswert des Fließmomentes nach Gl. (32) $M_{y,d} = 82\,944/1{,}1 = 75\,404$ Nmm

Fortsetzung s. nächste Seite

13

Beispiel, Fortsetzung

1c) Bemessungswert der Tragfähigkeit eines Stabdübels nach Tafel 41

Holz-Holz-Verbindung, zweischnittig auf Abscheren, pro Scherfuge $\beta = 15{,}01/17{,}45 = 0{,}86$

$R_{d,(1)} = 17{,}45 \cdot 80 \cdot 12 = 16752\ \text{N} = 16{,}75\ \text{kN}$

$R_{d,(2)} = 0{,}5 \cdot 17{,}45 \cdot 120 \cdot 12 \cdot 0{,}86 = 10805\ \text{N} = 10{,}80\ \text{kN}$

$$R_{d,(3)} = 1{,}1 \cdot \frac{17{,}45 \cdot 80 \cdot 12}{2 + 0{,}86} \cdot \left[\sqrt{2 \cdot 0{,}86 \cdot (1 + 0{,}86) + \frac{4 \cdot 0{,}86 \cdot (2 + 0{,}86) \cdot 75404}{17{,}45 \cdot 12 \cdot 80^2}} - 0{,}86\right]$$
$$= 6941\ \text{N} = 6{,}94\ \text{kN}$$

$$R_{d,(4)} = 1{,}1 \cdot \sqrt{\frac{2 \cdot 0{,}86}{1 + 0{,}86}} \cdot \sqrt{2 \cdot 75404 \cdot 17{,}45 \cdot 12} = 5944\ \text{N} = 5{,}94\ \text{kN}\ \text{(maßgebend)}$$

1d) Nachweis der Tragfähigkeit

$2 \cdot 6 = 12$ Scherfugen

Bemessungswert der Tragfähigkeit der Stabdübelverbindung $R_{st,d} = 12 \cdot 5{,}94 = 71{,}3\ \text{kN}$

$$\frac{F_{t,d}}{R_{st,d}} = \frac{55{,}8}{71{,}3} = 0{,}78 \le 1$$

2) Lastfall „ständige Last"

hier: nicht maßgebend, nicht dargestellt

3) Querzugnachweis s. Beispiel Abschn. 5.6 (Fortführung)

5.4.2 Beanspruchung von Bolzen in Richtung der Bolzenschaftrichtung

Bemessungswert der Zugfestigkeit des Bolzens

Wird ein Bolzen in Richtung seiner Längsachse (Bolzenschaftrichtung) auf Zug beansprucht, darf der Bemessungswert der Zugfestigkeit des Bolzenmaterials im maßgebenden Querschnitt nicht überschritten werden. Der Nachweis kann nach ENV 1993-1-1 oder nach DIN 18800-1 geführt werden.

Bemessungswert der Querdruckfestigkeit des Holzes unter der Unterlegscheibe

Wird ein Bolzen in Richtung seiner Längsachse (Bolzenschaftrichtung) auf Zug belastet, werden die Holzoberflächen unter den beidseitigen Unterlegscheiben auf Querdruck beansprucht. Bei dieser Druckbeanspruchung rechtwinklig zur Faserrichtung ist Gl. (37) einzuhalten. Da die querdruckbeanspruchte Holzfläche unter den Unterlegscheiben „klein" ist, darf die um dem Faktor 1,8 erhöhte Querdruckfestigkeit in Rechnung gestellt werden.

$$\frac{\sigma_{c,90,d}}{1{,}8 \cdot f_{c,90,d}} = \frac{F_{c,d}/A}{1{,}8 \cdot f_{c,90,d}} \le 1 \qquad (37)$$

A Querdruckbeanspruchte Holzfläche unter der Unterlegscheibe

$F_{c,d}$ Bemessungswert der Druckkraft unter den Unterlegscheiben aus der Beanspruchung in Bolzenschaftrichtung

$f_{c,90,d}$ Bemessungswert der Druckfestigkeit rechtwinklig zur Faserrichtung (Querdruckfestigkeit)

Unterlegscheiben

Die Unterlegscheiben sind ausreichend dick auszulegen, um eine gleichmäßige Querdruckverteilung in den Holzoberflächen unter den Unterlegscheiben sicherzustellen. Die Mindestabmessungen der Unterlegscheiben nach Abschn. 5.4.1 sind stets einzuhalten.

5.5 Holzschraubenverbindungen

In Holzschraubenverbindungen dürfen nach NAD, 6.1, Halbrund-Holzschrauben mit Schlitz nach DIN 96 und Senk-Holzschrauben mit Schlitz nach DIN 97, beide mindestens mit einem Nenndurchmesser $d = 4$ mm, sowie Sechskant-Holzschrauben nach DIN 571 eingesetzt werden. Andere Schraubentypen bedürfen nach NAD, 6.1, einer bauaufsichtlichen Zustimmung.

Holzschrauben werden überwiegend in einschnittigen Stahlblech-Holz-, Holzwerkstoff-Holz- und auch in Holz-Holz-Verbindungen eingesetzt.

5.5.1 Beanspruchung von Holzschrauben rechtwinklig zur Schraubenlängsachse (Abscheren)

Holzschrauben mit einem Durchmesser 4 mm $\leq d < 8$ mm

Holzschrauben mit einem Durchmesser 4 mm $\leq d < 8$ mm werden bei Beanspruchung rechtwinklig zur Schraubenlängsachse (Abscheren) **wie Nägel nach Abschn. 5.3.1** ausgelegt.

Holzschrauben mit einem Durchmesser $d \geq 8$ mm

Holzschrauben mit einem Durchmesser $d \geq 8$ mm werden bei Beanspruchung rechtwinklig zur Schraubenlängsachse (Abscheren) **wie Bolzen oder Stabdübel nach Abschn. 5.4.1** ausgelegt.

Tafel 60 Rechnerisch anzusetzende Durchmesser von Holzschrauben nach EC 5 T1-1, 6.7.1[1] [2] [3]

zur Berechnung der Tragfähigkeit R_d auf Abscheren nach den Tafeln 40 bis 54	d als Durchmesser des glatten Schaftes	
zur Berechnung des Fließmomentes $M_{y,k}$ nach den Tafeln 48 oder 57[4]	für $l < (l_{ef} + 4 \cdot d)$	$d_{ef} = 0{,}9 \cdot d$
	für $l \geq (l_{ef} + 4 \cdot d)$	$d_{ef} = 1{,}0 \cdot d$

[1]) Hierin bedeuten:

d Durchmesser des glatten Schaftes (Vollschaft) der Holzschraube

d_{ef} wirksamer, in Rechnung zu stellender Durchmesser des glatten Schaftes der Holzschraube

l Einschraubtiefe der Holzschraube, d.h. die Länge des Schraubenteils im Holzteil mit der Schraubenspitze, Mindesteinschraubtiefe $l_{min} \geq 4 \cdot d$

l_{ef} wirksame Einschraubtiefe (Gewindelänge)

[2]) die Bezeichnungen sind in Bild 12 näher erläutert

[3]) die Länge des glatten Schaftes l_{Schaft} muß mindestens der Holzdicke des Holzteils unter dem Schraubenkopf entsprechen

[4]) unter der Voraussetzung, daß der Kerndurchmesser der Holzschraube $\geq 0{,}7 \cdot d$ beträgt

13

Charakteristischer Wert der Zugfestigkeit des Stahles von Holzschrauben

Der charakteristische Wert der Zugfestigkeit des Stahles $f_{u,k}$ ist nach NAD, 6.1, mit $f_{u,k} = 300$ N/mm² anzusetzen.

Rechnerisch anzusetzender Durchmesser von Holzschrauben

Zur Berechnung der Tragfähigkeit R_d auf Abscheren nach den Tafeln 40 bis 44 und zur Berechnung des charakteristischen Wertes des Fließmomentes $M_{y,k}$ nach Tafel 48 oder 57 sind die in Tafel 60 angegebenen Durchmesser d in Rechnung zu stellen, s. auch Bild 12.

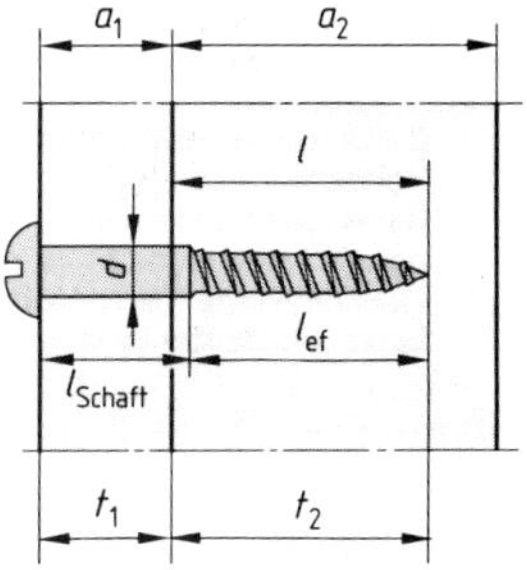

Bild 12 Schraubenverbindungen, Bezeichnungen; Voraussetzungen: $d \geq 4$ mm, $l_{Schaft} \geq a_1$, $l_{min} \geq 4 \cdot d$

Mindest-Durchmesser von Holzschrauben

Der Mindestdurchmesser von Holzschrauben muß nach NAD, 6.1, $d = 4$ mm betragen.

Mindest-Einschraubtiefe von Holzschrauben

Bei Holzschrauben muß die Einschraubtiefe l mindestens $4 \cdot d$ betragen, dabei ist l die Länge des Schraubenteils im Holzteil mit der Schraubenspitze, s. Bild 12. Die Länge des glatten Schaftes l_{Schaft} muß mindestens der Holzdicke des Holzteils unter dem Schraubenkopf entsprechen, $l_{Schaft} \geq a_1$.

Vorbohren der Holzschrauben

Holzschrauben mit einem Durchmesser $d > 5$ mm sind stets in vorgebohrte Löcher einzudrehen (einzuschrauben). Das Führungsloch des glatten Schaftes ist auf der Länge des glatten Schaftes l_{Schaft} mit dem Durchmesser d des glatten Schaftes und das Führungsloch des Gewindeteils mit etwa $0{,}7 \cdot d$ vorzubohren.

5.5.2 Beanspruchung von Holzschrauben in Schraubenschaftrichtung (Herausziehen)

Bemessungswert der Tragfähigkeit auf Herausziehen R_d

Der Bemessungswert der Tragfähigkeit auf Herausziehen R_d von Holzschrauben, die rechtwinklig zur Faserrichtung eingeschraubt werden, ist nach Tafel 61 zu berechnen. Dabei werden der Bemessungswert des Ausziehwiderstandes R_d und der Bemessungswert der Schraubentragfähigkeit R_d (Zug im Stahl) untersucht. Der kleinere Wert von R_d, der aus den beiden Gleichungen für R_d berechnet werden kann, ist als Bemessungswert anzunehmen.

Der Bemessungswert des Schraubenausziehparameters $f_{3,d}$ ist sinngemäß nach Gl. (31) zu ermitteln.

Einschraubtiefen und Mindestabstände von Holzschrauben auf Herausziehen

Die Einschraubtiefen und Mindestabstände von Holzschrauben auf Herausziehen sind wie bei Holzschrauben einzuhalten, die rechtwinklig zu ihrer Schraubenlängsachse (Abscheren) beansprucht werden, s. Abschn. 5.5.1.

Tafel 61 Bemessungswerte des Ausziehwiderstandes R_d (Herausziehen) in N und der Schraubentragfähigkeit R_d (Zug) in N sowie charakteristischer Schraubenausziehparameter $f_{3,k}$ in N/mm nach EC 5 T1-1, 6.7.2 und NAD, 6.7.2[1]) [2])

Bemessungswert des Ausziehwiderstandes	$R_d = f_{3,d} \cdot (l_{ef} - d)$
Bemessungswert der Schraubentragfähigkeit (Zug im Stahl)	$R_d = \dfrac{75 \cdot \pi \cdot (0{,}9 \cdot d)^2}{\gamma_M}$
Charakteristischer Schraubenausziehparameter	$f_{3,k} = (1{,}5 + 0{,}6 \cdot d) \cdot \sqrt{\varrho_k}$

[1]) Hierin bedeuten:

d Durchmesser des glatten Schaftes einer Holzschraube in mm

$f_{3,d}$ Bemessungswert des Schraubenausziehparameters in N/mm nach Gl. (31)

l_{ef} Gewindelänge im Holzteil mit der Schraubenspitze in mm

ϱ_k Charakt. Wert der Rohdichte in kg/m^3

γ_M Teilsicherheitsbeiwert für Stahl in Verbindungen nach Tafel 14, $\gamma_M = 1{,}1$

[2]) als Bemessungswert der Tragfähigkeit auf Herausziehen R_d ist der kleinere der beiden Werte anzunehmen, der aus den beiden Gleichungen für R_d zu berechnen ist

5.5.3 Kombinierte Beanspruchung von Holzschrauben (Abscheren und Herausziehen)

Bei gleichzeitiger Beanspruchung von Holzschrauben rechtwinklig zur und in Schraubenlängsachse (Abscheren und Herausziehen) ist Gl. (35) mit dem Potenzexponenten n für Holzschrauben nach Tafel 55 einzuhalten.

5.6 Nachweis der Querzugspannungen

In Verbindungen mit mechanischen Verbindungsmitteln, in denen eine Kraft unter einem Winkel α zur Holzfaserrichtung eingeleitet wird, treten im lastaufnehmenden Stab in der Regel neben Längs- und Schubspannungen gleichzeitig Zugspannungen quer zur Faserrichtung des Holzes (Querzugspannungen) auf, als Beispiel s. Bild 13.

Die Tragfähigkeit derartiger Queranschlüsse wird neben dem Biegewiderstand der mechanischen Verbindungsmittel und der Lochleibungsfestigkeit des Holzes auch durch die Querzugspannungen begrenzt. Diese Queranschlüsse bedürfen eines Querzugnachweises.

Vereinfachter Querzugnachweis

Der Querzugnachweis des EC 5 T1-1, 6.1, wird als „vereinfachter Schubspannungsnachweis" des Restquerschnitts $b_e \cdot t$ nach Gl. (38) geführt unter der Voraussetzung, daß die Bedingung $b_e > 0{,}5 \cdot h$ nach Bild 13 eingehalten wird. Für $b_e \leq 0{,}5 \cdot h$ ist stets ein genauerer Querzugnachweis zu führen.

$$\boldsymbol{V_d \leq 2 \cdot f_{v,d} \cdot b_e \cdot t/3} \quad (38)$$

$f_{v,d}$ Bemessungswert der Scherfestigkeit des Holzes

t Dicke des querbeanspruchten (lastaufnehmenden) Holzes

V_d Bemessungswert der Querkraft, die im Bauteil der Dicke t durch die Verbindungsmittel erzeugt wird, s. Bild 13 ($V_1 + V_2 = F \cdot \sin\alpha$)

b_e Abstand der vom beanspruchten Holzrand am weitesten entfernt angeordneten Verbindungsmittel, s. Bild 13

α Winkel Kraft-zur-Faserrichtung

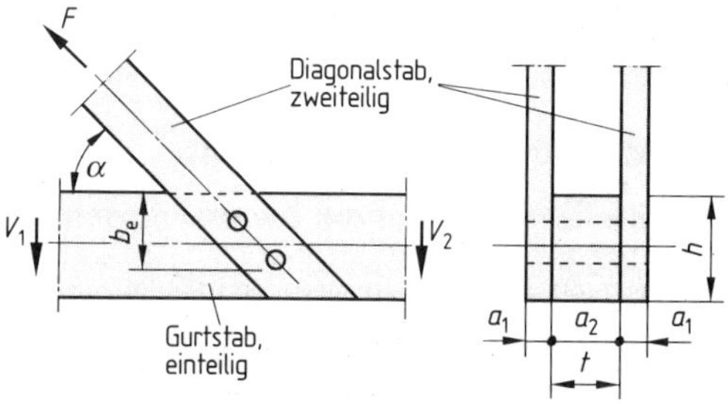

Bild 13
Vereinfachter Querzugnachweis, Bezeichnungen nach EC 5 T1-1, Bild 6.1; Anschluß einer Kraft F unter einem Winkel α zur Faserrichtung im lastaufnehmenden, querzugbeanspruchten Gurtstab

13

Nach *Ehlbeck/Görlacher* [37] können Bemessungen mit diesem vereinfachten Querzugnachweis auf der unsicheren Seite liegen, deshalb sind oft genauere Querzugnachweise erforderlich.

Genauerer Querzugnachweis

Ein genauerer Querzugnachweis wird im EC 5 T1-1 derzeit nicht angegeben. Da beim oben angeführten vereinfachten Querzugnachweis bestimmte Einflüsse nicht berücksichtigt werden, sind in vielen Fällen genauere Querzugnachweise sinnvoll, hierüber berichten *Ehlbeck/Görlacher* [37].

Beispiel **Bemessung einer Verbindung mit Stabdübeln, Anschluß einer Zug-Diagonalen an einen Gurt; vereinfachter Querzugnachweis,** s. auch Beispiel Abschn. 5.4.1 (Fortführung)

Nadel-Vollholz S10

Charakteristische Schubfestigkeit nach Tafel 1

$f_{v,k} = 2{,}5 \text{ N/mm}^2$

Geometrische Größen, s. auch Bild 13

Abstand $b_e = 15{,}0$ cm
Gurtdicke $t = 12{,}0$ cm
Gurthöhe $h = 20{,}0$ cm

Voraussetzung für den vereinfachten Querzugnachweis nach Gl. (38)

$b_e = 15 \text{ cm} > 0{,}5 \cdot h = 0{,}5 \cdot 20{,}0 = 10{,}0 \text{ cm}$

Voraussetzung erfüllt

1.) Lastfall „ständige Last und Schnee"

(nicht angeführte Größen s. Abschn. 5.4.1)

Bemessungswert der Schubfestigkeit nach Gl. (1)

$f_{v,d} = 0{,}9 \cdot 2{,}5/1{,}3 = 1{,}73 \text{ N/mm}^2 = 0{,}173 \text{ kN/cm}^2$

Bemessungswert der Querkraft nach Gl. (38)

$V_d = 2 \cdot 0{,}173 \cdot 15{,}0 \cdot 12{,}0/3 = 20{,}8 \text{ kN}$

Querzugnachweis für den Gurt

$F_d \cdot \sin \alpha = 2 \cdot V_d$

$F_d = 2 \cdot 20{,}8/0{,}707 = 58{,}8 \text{ kN}$

$\frac{F_{t,d}}{F_d} = \frac{55{,}8}{58{,}8} = 0{,}95 \leq 1$

2.) Lastfall „ständige Last"

hier: nicht maßgebend, Nachweis nicht dargestellt

3.) Genauerer Querzugnachweis

Da Bemessungen mit dem vereinfachten Querzeugnachweis auf der unsicheren Seite liegen können, sind genauere Querzeugnachweise in vielen Fällen sinnvoll, s. *Ehlbeck/Görlacher* [37]

6 Anwendung von Regelungen aus DIN-Normen

Übergang vom Nachweiskonzept des Eurocodes auf das Bemessungskonzept der DIN-Normen

Werden Baugrund oder Bauteile nicht nach dem Nachweiskonzept des Eurocodes bemessen, ist der Übergang auf das dafür jeweils zugrunde gelegte Bemessungskonzept zu berücksichtigen, z.B. nach DIN-Normen. Dabei dürfen nach NAD, Abschn. 1.3, die nach EC 5 T1-1 ermittelten Bemessungswerte der Schnittgrößen für den Tragfähigkeitsnachweis durch $\gamma_F = 1{,}4$ dividiert werden.

In folgenden Fällen dürfen nach NAD, Abschn. 1.3 und Anhang D, die angegebenen Regelungen aus DIN-Normen angewendet werden.

6.1 Anwendung von Regelungen aus DIN 1052-1, -2

6.1.1 Schwind- und Quellverhalten

Zur Berechnung des Schwind- und Quellverhaltens von Holz und Holzwerkstoffen dürfen die Rechenwerte der Schwind- und Quellmaße nach Abschn. „Holzbau nach DIN 1052-1, -2", Tafel 11, verwendet werden.

6.1.2 Durchbrüche bei Biegeträgern aus Brettschichtholz

Durchbrüche bei Biegeträgern aus Brettschichtholz dürfen nach Abschn. „Holzbau nach DIN 1052-1, -2", 3.4.9, ausgelegt werden.

6.1.3 Wechselbeanspruchte Bauteile

Für wechselbeanspruchte Bauteile gelten die Regelungen nach Abschn. „Holzbau nach DIN 1052-1, -2", 3.11. Hierbei sind nach NAD, Anhang D.2, anstelle der zulässigen Spannungen die Bemessungswerte der Beanspruchbarkeit und anstelle der Spannungen min $|\sigma|$ und max $|\sigma|$ die Bemessungswerte der Beanspruchungen einzusetzen.

6.1.4 Scheiben mit vereinfachtem rechnerischen Nachweis

Scheiben, die den Anforderungen nach Abschn. „Holzbau nach DIN 1052-1, -2", 3.8.1, entsprechen, bedürfen keines Nachweises nach EC 5 T1-1.

6.1.5 Dübelverbindungen mit Dübeln besonderer Bauart

Dübelverbindungen mit Dübeln besonderer Bauart sind derzeit nicht im EC 5 T1-1 geregelt. Deshalb dürfen die Regelungen nach Abschn. „Holzbau nach DIN 1052-1, -2", 4.5.2, angewendet werden.

Über Verbindungen mit Einlaß- und Einpreßdübeln nach EC 5 T1-1 berichtet *Blaß* [27], [28].

6.1.6 Versätze

Für die Ausführung von Versätzen dürfen die Regelungen nach Abschn. „Holzbau nach DIN 1052-1, -2", 5, angewendet werden. Über die Bemessung zimmermannsmäßiger Holzverbindungen berichten *Ehlbeck/Kromer* [39].

6.2 Anwendung von Regelungen aus DIN 4102-4

Die Gebrauchsspannung, die bei brandschutztechnischen Nachweisen von Bauteilen nach DIN 4102-4 als Eingangswert erforderlich ist, darf ermittelt werden, indem die Bemessungsspannung σ_d durch $\gamma_F = 1{,}4$ dividiert wird.

13

Mauerwerk und Putz

Bearbeitet von Prof. Dr.-Ing. Walther Mann

Inhalt

Weiterführende Literatur

Cziesielski: Lehrbuch der Hochbaukonstruktionen, 3. Aufl. B. G. Teubner 1997

Mann: Grundlagen der vereinfachten und der genaueren Bemessung von Mauerwerk nach DIN 1053-1, Mauerwerk-Kalender 2000

Mann: Zahlenbeispiele zur Bemessung von druck- und schubbeanspruchten, gemauerten Wänden nach DIN 1053-1, Mauerwerk-Kalender 1999

Reeh u. a.: DIN 1053 Teil 1, Rezeptmauerwerk, Berechnung und Ausführung, Beton-Verlag 1990

DGfM, Deutsche Gesellschaft für Mauerwerksbau, Bonn: Verschiedene Merkblätter zum Mauerwerksbau

Wesche: Baustoffe für tragende Bauteile, Bd. 2, Bauverlag 1981

Schubert und *Wesche*: Verformung und Rißsicherheit von Mauerwerk, Mauerwerk-Kalender 1988

Pfefferkorn: Dachdecken und Mauerwerk. Verlagsges. R. Müller 1980

Schild und *Oswald*: Mauerwerkswände u. Putz. Aachener Bausachverständigentage 1989. Bauverlag 1989

Mann und *Zahn*: Bewehrung von Mauerwerk zur Rissesicherung und Lastabtragung. Mauerwerk-Kalender 1990

Mann und *Zahn*: Bewehrtes Mauerwerk — ein Leitfaden für die Praxis, N. V. Bekaert S. A. 1991

Mauerwerk-Atlas, Deutsche Gesellschaft für Mauerwerk, Bonn

Kalksandstein, Planung, Konstruktion, Ausführung. KS-Information Hannover

Weber, H.: Das Porenbetonhandbuch, Bauverlag Wiesbaden

1 Maßordnung im Hochbau nach DIN 4172 (7.55)

Tafel 1 Baunormzahlen

Reihen vorzugsweise für								
den Rohbau				Einzelmaße	den Ausbau			
a	b	c	d	e	f	g	h	i
25	$\frac{25}{2}$	$\frac{25}{3}$	$\frac{25}{4}$	$\frac{25}{10}=\frac{5}{2}$	5	2 × 5	4 × 5	5 × 5
				2,5				
			$6\frac{1}{4}$	5	5			
				7,5				
		$8\frac{1}{3}$		10	10	10		
	$12\frac{1}{2}$		$12\frac{1}{2}$	12,5				
				15	15			
		$16\frac{2}{3}$		17,5				
			$18\frac{3}{4}$	20	20	20	20	
				22,5				
25	25	25	25	25	25			25
				27,5				
				30	30	30		
			$31\frac{1}{4}$	32,5				
		$33\frac{1}{3}$		35	35			
	$37\frac{1}{2}$		$37\frac{1}{2}$	37,5				
				40	40	40	40	
		$41\frac{2}{3}$		42,5				
			$43\frac{3}{4}$	45	45			
				47,5				
50	50	50	50	50	50	50		50

Baunormzahlen sind die Zahlen für Baurichtmaße und die daraus abgeleiteten Einzel-, Rohbau- und Ausbaumaße. Sie sind anzuwenden, wenn nicht besondere Gründe dies verbieten.

Baurichtmaße (s. Tafel 1) sind die theoretischen Grundlagen für die Baumaße der Praxis. Sie sind nötig, um alle Bauteile planmäßig zu verbinden.

Nennmaße sind Maße, die die Bauten haben sollen. Sie sind bei Bauarten ohne Fugen gleich den Baurichtmaßen. Bei Bauarten mit Fugen ergeben sie sich aus den Baurichtmaßen durch Abzug oder Zuschlag des Fugenanteils.

Fugen und Verband. Bauteile (Mauersteine, Bauplatten usw.) sind so zu bemessen, daß ihre Baurichtmaße im Verband Baunormzahlen sind. Verbandsregeln, Verarbeitungsfugen und Toleranzen sind dabei zu beachten.

Tafel 2 Kleinmaße nach DIN 323 Bl. 1 (8.74)

in cm	2,5	2	1,6		1,25	1				
in mm	8	6,3	5	4	3,2	2,5	2	1,6	1,25	1

Tafel 3 Beispiele von Steinmaßen in cm

	Baurichtmaß	Fuge	Nennmaß
Steinlänge	25	1	24
Steinbreite	25/2	1	11,5
Steinhöhe	25/3	1,23	7,1
	25/4	1,05	5,2

z. B. Betonbau	Wanddicke:	Richtmaß = 25 cm,	Nennmaß = 25 cm
	Raumbreite:	Richtmaß = 400 cm,	Nennmaß = 400 cm
Mauerwerk	Wanddicke:	Richtmaß = 25 cm,	Nennmaß = 24 cm
	Raumbreite:	Richtmaß = 400 cm,	Nennmaß = 401 cm

2 Mauersteine

Nach der **Materialart** werden unterschieden:

Mauerziegel DIN 105-1 und -2 (8.89), -3, -4 und -5 (5.84)
Kalksandsteine DIN 106-1 (9.80), -2 (11.80)
Porenbetonsteine DIN 4165 (11.96)
Leichtbetonsteine DIN 18151 (9.87) und DIN 18152 (4.87)
Normalbetonsteine DIN 18153 (9.89)

Nach der **Steinart** werden unterschieden:

Mauersteine mit Höhen ≤ 113 mm
- Vollsteine, Lochanteil einschl. Grifflöcher ≤ 15%
- Lochsteine, Lochanteil einschl. Grifflöcher > 15%

Mauerblöcke mit Höhen > 113, vorwiegend mit 238 mm
- Vollblöcke, Lochanteil einschl. Grifflöcher ≤ 15%
- Vollblöcke mit Schlitzen, Schlitzanteil einschl. Grifflöcher ≤10%
- Hohlblöcke mit Kammern
- Planblöcke für Dünnbettvermauerung

Steinmaße

Für **Steine mit vermörtelten Stoßfugen** können die Maße der Tafel 4 miteinander kombiniert werden.

Tafel 4 Steinmaße in mm mit vermörtelter Stoßfuge 1)

Länge 2) 3)	Breite	Höhe 3)
240	115	52
300	175	71
365	240	113
490	300	175
	365	238

1) für einige Steinsorten auch abweichende Maße, u.a. größere Längen

2) **Steine mit Knirschvermauerung** sind 5 mm länger und haben an den Stirnseiten Mörteltaschen

Steine mit Nut- und Federsystem (Verzahnung an den Stirnseiten) sind 7 bis 9 mm länger. Die Stoßfugen bleiben unvermörtelt

3) **Plansteine** für Dünnbettvermauerung sind je 9 mm länger und höher

Tafel 5 Format-Kurzzeichen (Beispiele)

Format-Kurzzeichen	Maße in mm bzw. *l*	*b*	*h*
1 DF (Dünnformat)	240	115	52
NF (Normalformat)	240	115	71
2 DF	240	115	113
3 DF	240	175	113
4 DF	240	240	113
5 DF	240	300	113
6 DF	240	365	113
8 DF	240	240	238
10 DF	240	300	238
12 DF	240	365	238
15 DF	365	300	238
18 DF	365	365	238
16 DF	490	240	238
20 DF	490	300	238

Steinformate werden als Vielfache des Dünnformats angegeben. Beispiele praxisüblicher Formate enthält Tafel 5. Die Steinbreite entspricht immer der Wanddicke. Wo Längen und Breiten austauschbar sind, ist dem Kurzzeichen die Steinbreite hinzuzufügen.

Z.B.: 10 DF (240) entspricht Steinformat 300 × 240 × 238

Tafel 6 Planungsmaße für Mauerwerk

Kopfzahl	Längenmaße 1) in m			Schichten	Höhenmaße in m bei Steindicken in mm					
	A	Ö	*V*		52	71	113	155	175	238
1	0,115	0,135	0,125	1	0,0625	0,0833	0,125	0,1666	0,1875	0,250
2	0,240	0,260	0,250	2	0,1250	0,1667	0,250	0,3334	0,3750	0,500
3	0,365	0,385	0,375	3	0,1875	0,2500	0,375	0,5000	0,5625	0,750
4	0,490	0,510	0,500	4	0,2500	0,3333	0,500	0,6666	0,7500	1,000
5	0,615	0,635	0,625	5	0,3125	0,4167	0,625	0,8334	0,9375	1,250
6	0,740	0,760	0,750	6	0,3750	0,5000	0,750	1,0000	1,1250	1,500
7	0,865	0,885	0,875	7	0,4375	0,5833	0,875	1,1666	1,3125	1,750
8	0,990	1,010	1,000	8	0,5000	0,6667	1,000	1,3334	1,5000	2,000
9	1,115	1,135	1,125	9	0,5625	0,7500	1,125	1,5000	1,6875	2,250
10	1,240	1,260	1,250	10	0,6240	0,8333	1,250	1,6666	1,8750	2,500
11	1,365	1,385	1,375	11	0,6875	0,9175	1,375	1,8334	2,0625	2,750
12	1,490	1,510	1,500	12	0,7500	1,0000	1,500	2,0000	2,2500	3,000
13	1,615	1,635	1,625	13	0,8125	1,0833	1,625	2,1666	2,4375	3,250
14	1,740	1,760	1,750	14	0,8750	1,1667	1,750	2,3334	2,6250	3,500
15	1,865	1,885	1,875	15	0,9375	1,2500	1,875	2,5000	2,8125	3,750
16	1,990	2,010	2,000	16	1,0000	1,3333	2,000	2,6666	3,0000	4,000
17	2,115	2,135	2,125	17	1,0625	1,4167	2,125	2,8334	3,1875	4,250
18	2,240	2,260	2,250	18	1,1250	1,5000	2,250	3,0000	3,3750	4,500
19	2,365	2,385	2,375	19	1,1875	1,5833	2,375	3,1666	3,5625	4,750
20	2,490	2,510	2,500	20	1,2500	1,6667	2,500	3,3334	3,7500	5,000

1) *A* = Außenmaße, Ö = Öffnungsmaße, *V* = Vorsprungsmaße

Tafel 7 Rohdichten und Festigkeiten handelsüblicher genormter Mauersteine[1])

Steinart	Rohdichteklasse in kg/dm³	Festigkeitsklasse in N/mm² 2	4	6	8	12	20	28	36	48	60
Mauerziegel DIN 105 Mz Vollziegel HLz Hochlochziegel VMz Vormauer-Vollziegel VHLz Vormauer-Hochlochziegel KMz Vollklinker KHLz Hochlochklinker HLzW Leichthochlochziegel[2])	0,6			×							
	0,7		×	×							
	0,8		×	×	×	×					
	0,9			×	×	×					
	1,0			×	×	×	×				
	1,2					×	×				
	1,4					×	×	×			
	1,6					×	×	×			×
	1,8					×	×	×	×	×	×
	2,0					×	×	×	×		×
	2,2							×			×
Kalksandsteine DIN 106 KS Vollsteine, Vollblöcke KSL Lochsteine, Hohlblöcke KS Vm Vormauersteine KS Vb Verblender	0,7		×	×							
	0,8		×	×							
	0,9		×	×							
	1,2				×	×	×				
	1,4					×	×				
	1,6					×	×	×			
	1,8					×	×	×	×		
	2,0					×	×	×	×		
Porenbetonsteine DIN 4165 (alte Bezeichnung: Gasbetonsteine) PB Blocksteine (früher G) PP Plansteine (früher GP)	0,4	×									
	0,5	×									
	0,6		×								
	0,7		×	×							
	0,8		×	×	×						
	0,9				×						
Leichtbeton-Hohlblöcke DIN 18151 1 K Hbl bis 6 K Hbl nK = Anzahl der Kammern	0,5	×									
	0,6	×									
	0,7	×	×								
	0,8	×	×	×							
	0,9	×	×	×	×						
	1,0	×	×	×	×						
	1,2		×	×	×						
	1,4		×	×	×						
Leichtbeton-Vollsteine DIN 18152 V Vollsteine	0,6	×									
	0,7	×	×								
	0,8	×	×	×							
	0,9	×	×	×	×						
	1,0	×	×	×	×						
	1,2	×	×	×	×						
	1,4		×	×	×						
	1,6			×	×	×					
	1,8			×	×	×					
	2,0			×	×	×					
Leichtbeton-Vollblöcke DIN 18152 Vbl Vollblöcke Vbl S Vollblöcke, geschlitzt Vbl S-W Vollblöcke, geschlitzt[2])	0,5	×									
	0,6	×									
	0,7	×	×								
	0,8		×	×							
	0,9		×	×							
	1,0		×	×	×						
Steine aus Normalbeton DIN 18153 Hbn Hohlblocksteine	1,2		×								
	1,4			×	×						
	1,6			×	×	×					
	1,8			×	×	×					
	2,0			×	×	×					
	2,2			×	×	×					
	2,4			×	×	×					

Fußnoten und Anmerkungen s. nächste Seite

Fußnoten zu Tafel 7

[1]) genormte Steine oder Steine mit bauaufsichtlicher Zulassung
[2]) mit zusätzlichen Anforderungen an die Wärmedämmung

Auf Anfrage sind auch weitergehende Zuordnungen erhältlich
Die Zuordnung der einzelnen Steinarten sowie der Eigenlast von Mauerwerk zur Steinrohdichte ist im Abschn. Lastannahmen, in den Tafeln 4a und 4b (s. S. 247) enthalten

Tafel 8 Baustoffbedarf (Steine und Mörtel) für Maurerarbeiten

Steinformat		Maße in cm Länge Breite Höhe	Anzahl der Schicht. je 1 m Höhe	Wand-dicke in cm	je m^2 Wand Steine Stück	je m^2 Wand Mörtel Liter	je m^3 Mauerwerk Steine Stück	je m^3 Mauerwerk Mörtel Liter
Lochsteine (für Vollsteine bis zu 10% Mörtel weniger)	DF	24 × 11,5 × 5,2	16	11,5	66	29	573	242
				24	132	68	550	284
				36,5	198	109	541	300
	NF	24 × 11,5 × 7,1	12	11,5	50	26	428	225
				24	99	64	412	265
				36,5	148	101	406	276
	2DF	24 × 11,5 × 11,3	8	11,5	33	19	286	163
				24	66	49	275	204
				36,5	99	80	271	220
	3DF	24 × 17,5 × 11,3	8	17,5	33	28	188	160
				24	45	42	185	175
	4DF	24 × 24 × 11,3	8	24	33	39	137	164
	8DF	24 × 24 × 23,8	4	24	16	20	69	99
Block- und Hohlblock-steine		49,5 × 17,5 × 23,8	4	17,5	8	16	46	84
		49,5 × 24 × 23,8	4	24	8	22	33	86
		49,5 × 30 × 23,8	4	30	8	26	27	88
		37 × 24 × 23,8	4	24	12	26	50	110
		37 × 30 × 23,8	4	30	12	32	42	105
		24,5 × 36,5 × 23,8	4	36,5	16	36	45	100

3 Mauerwerk, Berechnung und Ausführung
nach DIN 1053-1 (11.96)

14

Mauerwerk kann nach dem vereinfachten Verfahren nach Abschn. 3.2 oder nach dem genaueren Verfahren nach Abschn. 3.3 (in Anlehnung an DIN 1053-1, Abschn. 6 bzw. 7) berechnet werden.

Beim vereinfachten Verfahren wird die Druckfestigkeit des Mauerwerks durch die Grundwerte σ_0 der zulässigen Druckspannungen charakterisiert. Sie sind in den Tafeln 16a bis c in Abhängigkeit von der Steinfestigkeit, der Mörtelart und Mörtelgruppe festgelegt. Der Spannungsnachweis erfolgt für den Gebrauchszustand.

Beim genaueren Verfahren ist nachzuweisen, daß die γ-fachen Lasten im Bruchzustand aufnehmbar sind.

3.1 Baustoffe

3.1.1 Mauermörtel

Normalmörtel sind Baustellenmörtel oder Werkmörtel mit Trockenrohdichten $\geqq 1{,}5$ kg/dm^3 und Zusammensetzungen nach Tafel 9.

Tafel 9 Mischungsverhältnisse für Normalmörtel in Raumteilen

	Mörtelgruppe	I				II				IIa		III	IIIa²)
Luft- und Wasserkalk	Kalkteig	1				1,5							
	Kalkhydrat		1				2			1			
Hydraulischer Kalk				1				2					
Hochhydraulischer Kalk, PM-Binder					1				1		2		
Zement						1	1	1		1	1	1	1
Natursand¹)		4	3	3	4,5	8	8	8	3	6	8	4	4

¹) Die Werte des Sandanteils beziehen sich auf den lagerfeuchten Zustand.
²) Die gegenüber der Gruppe III größere Festigkeit (s. Tafel 10,) soll nicht durch mehr Bindemittel, sondern durch Auswahl geeigneter Sande erreicht werden.

Einschränkungen für den Einsatz der Mörtelgruppen:

MGr I ist nicht zulässig für

- Gewölbe, Kellermauerwerk (mit Ausnahme bei der Instandsetzung von altem Mauerwerk) und Außenschalen zweischaliger Außenwände
- mehr als zwei Vollgeschosse
- Wanddicken <240 mm (bei zweischaligen Außenwänden Innenschale maßgebend)
- Mauerwerk EM

MGr II und IIa keine Einschränkung

MGr III und IIIa nicht zulässig für das Vermauern von Außenschalen (Ausnahme bewehrte Bereiche und nachträgliches Verfugen).

Tafel 10 Anforderungen an Normalmörtel im Alter von 28 Tagen

Mörtelgruppe	Güteprüfung min β_D in N/mm²	Eignungsprüfung min β_D in N/mm²	min β_{HS}¹) in N/mm²
I	–	–	–
II	2,5	3,5	0,10
IIa	5	7	0,20
III	10	14	0,25
IIIa	20	25	0,30

¹) Haftscherfestigkeit

Eignungsprüfungen für Normalmörtel sind erforderlich:

- für Werkmörtel aller Gruppen
- für Baustellenmörtel IIIa
- für Baustellenmörtel II, IIa und III, die von Tafel 9 abweichen
- wenn Zusatzstoffe oder Zusatzmittel verwendet werden
- wenn Brauchbarkeit des Zuschlags nachzuweisen ist
- bei Bauwerken mit mehr als 6 Vollgeschossen

Dabei sind die Anforderungen der Tafel 10 zu erfüllen.

Leichtmörtel sind Werk-Trocken- oder Werk-Frischmörtel mit einer Trockenrohdichte <1,5 kg/dm³, die stets einer Eignungsprüfung bedürfen. Einteilung in die Gruppen LM 21 und LM 36. Anforderungen nach Tafel 11 (Auszug aus Tabelle A3 der Norm).

Leichtmörtel sind nicht zulässig für Gewölbe und der Witterung ausgesetztes Sichtmauerwerk.

Tafel 11 Anforderungen an Leichtmörtel im Alter von 28 Tagen

		Eignungsprüfung		Güteprüfung	
		LM 21	LM 36	LM 21	LM 36
Druckfestigkeit	in N/mm²	≧7	≧7	≧5	≧5
Querdehnungsmodul E_q	in N/mm²	≧7,5 · 10³	>15 · 10³	¹)	¹)
Haftscherfestigkeit	in N/mm²	≧0,20	≧0,20	–	–
Trockenrohdichte	in kg/dm³	≦0,7	≦1,0	²)	²)

¹) Trockenrohdichte als Ersatzprüfung
²) Abweichung von der Eignungsprüfung ≦ ±10%

Dünnbettmörtel sind Werk-Trockenmörtel mit Größtkorn 1 mm. Sie werden der Mörtelgruppe III zugeordnet und bedürfen stets einer Eignungsprüfung. Anforderungen auszugsweise nach Tafel 12.

Dünnbettmörtel dürfen nur für Plansteine verwendet werden. Nicht zulässig für Gewölbe.

Tafel 12 Anforderungen an Dünnbettmörtel im Alter von 28 Tagen

		Eignungsprüfung	Güteprüfung
Druckfestigkeit	in N/mm²	≧14	≧10
Druckfestigkeit bei Feuchtlagerung	in N/mm²	70% vom Istwert der ersten Zeile	
Verarbeitbarkeitszeit	in h	≧4	–
Korrigierbarkeitszeit	in min	≧7	–

3.1.2 Mauersteine

Es dürfen nur genormte Steine oder solche mit bauaufsichtlicher Zulassung verwendet werden. Bei letzteren Auflagen für die Anwendung im Zulassungsbescheid beachten! (s. Abschn. 2)

3.2 Berechnung nach dem vereinfachten Verfahren

3.2.1 Voraussetzungen für die Anwendung des vereinfachten Verfahrens

Der Standsicherheitsnachweis nach dem vereinfachten Verfahren ist zulässig für

- Gebäudehöhe über Gelände ≦20 m (bei geneigten Dächern Mittel aus First- und Traufhöhe)
- Deckenstützweite l≦6,0 m (für zweiachsig gespannte Decken ist l die kürzere Stützweite). l>6,0 m möglich mit Zentrierleisten.
- Bedingungen nach Tafel 13
- Keine größeren horizontalen Lasten oder Exzentrizitäten außer Wind und Erddruck.

Tafel 13 Voraussetzungen für die Anwendung des vereinfachten Verfahrens

	Innenwände		einschalige Außenwände		Tragschale zweischaliger Außenwände und zweischalige Haustrennwände		
Wanddicke d in mm	≧115 <240	≧240	≧175[1] <240	≧240	≧115[2] <175[2]	≧175 <240	≧240
lichte Wandhöhe in m	≦2,75	–	≦2,75	≦12·d	≦2,75		≦12·d
Verkehrslast in kN/m²	≦5				≦3[3]	≦5	

[1]) Bei eingeschossigen Garagen und vergleichbaren Bauwerken, die nicht zum dauernden Aufenthalt von Menschen vorgesehen sind, auch d≧115 mm zulässig.

[2]) Geschoßanzahl maximal zwei Vollgeschosse zuzüglich ausgebautes Dachgeschoß; aussteifende Querwände im Abstand ≦4,50 m bzw. Randabstand von einer Öffnung ≦2,0 m.

[3]) Einschließlich Zuschlag für nichttragende innere Trennwände.

3.2.2 Auflagerkräfte

Für die Auflagerkräfte von Decken und Balken ist Durchlaufwirkung bei der ersten Innenstütze zu berücksichtigen. Bei anderen Innenstützen dann, wenn Verhältnis der angrenzenden Stützweiten <0,7. Tragende Wände parallel zur Spannrichtung einachsig gespannter Decken sind mit einem Deckenstreifen angemessener Breite zu belasten. Auflagerkräfte aus zweiachsig gespannten Decken nach DIN 1045.

3.2.3 Knotenmomente

Sie bleiben in Wänden, die als Innenauflager von durchlaufenden Decken dienen, unberücksichtigt. Für Wände, die als einseitiges Endauflager von Decken dienen, werden sie ohne Nachweis durch den Faktor k_3 nach Abschn. 3.2.9.1 berücksichtigt.

3.2.4 Wind

Windlast rechtwinklig zur Wandebene darf bei Decken mit Scheibenwirkung oder bei statisch nachgewiesenen Ringbalken im Abstand der zulässige Geschoßhöhen (Tafel 13) vernachlässigt werden.

3.2.5 Räumliche Steifigkeit

Auf einen rechnerischen Nachweis darf verzichtet werden, wenn die Geschoßdecken Scheiben sind oder wenn statisch nachgewiesene Ringbalken (s. Abschn. 3.4.6) vorliegen und wenn in Längs- und Querrichtung offensichtlich ausreichend aussteifende Wände vorhanden sind, die ohne Versprünge bis auf die Fundamente geleitet sind.

Bestehen Zweifel über die vertikale und horizontale Gebäudeaussteifung, so ist ein rechnerischer Nachweis erforderlich. Dabei sind Lotabweichungen des Systems und ggf. Formänderungen der Bauteile zu berücksichtigen. Verfahren s. Abschn. 2.3 Beton- und Stahlbetonbau nach DIN 1045.

3.2.6 Formänderungen und Zwängungen

Tafel 14 Verformungskennwerte für Kriechen, Schwinden, Temperaturänderung sowie Elastizitätsmoduln

Mauer-steinart	Endwert der Feuchtedehnung (Schwinden, chemisches Quellen) [1]		Endkriechzahl		Wärmedehnungs-koeffizient		Elastizitätsmodul	
	$\varepsilon_{f\infty}$ [1]		φ_∞ [2]		α_T		E [3]	
	Rechen-wert	Werte-bereich	Rechen-wert	Werte-bereich	Rechen-wert	Werte-bereich	Rechen-wert	Werte-bereich
	in mm/m				in 10^{-6}/K		in MN/m²	
1	2	3	4	5	6	7	8	9
Mauerziegel	0	+0,3 bis −0,2	1,0	0,5 bis 1,5	6	5 bis 7	$3500 \cdot \sigma_0$	3000 bis $4000 \cdot \sigma_0$
Kalksand-steine [4]	−0,2	−0,1 bis −0,3	1,5	1,0 bis 2,0	8	7 bis 9	$3000 \cdot \sigma_0$	2500 bis $4000 \cdot \sigma_0$
Leichtbeton-steine	−0,4	−0,2 bis −0,5	2,0	1,5 bis 2,5	10 [5]	8 bis 12	$5000 \cdot \sigma_0$	4000 bis $5500 \cdot \sigma_0$
Betonsteine	−0,2	−0,1 bis −0,3	1,0	–	10	8 bis 12	$7500 \cdot \sigma_0$	6500 bis $8500 \cdot \sigma_0$
Porenbeton-steine	−0,2	+0,1 bis −0,3	1,5	1,0 bis 2,5	8	7 bis 9	$2500 \cdot \sigma_0$	2000 bis $3000 \cdot \sigma_0$

[1]) Verkürzung (Schwinden): Vorzeichen minus; Verlängerung (chemisches Quellen): Vorzeichen plus

[2]) $\varphi_\infty = \varepsilon_{k\infty}/\varepsilon_{el}$; $\varepsilon_{k\infty}$ = Endkriechdehnung, $\varepsilon_{el} = \sigma/E$

[3]) E = Sekantenmodul aus Gesamtdehnung bei etwa 1/3 der Mauerwerkdruckfestigkeit; Grundwert σ_0 nach Tafeln 16a bis c.

[4]) Gilt auch für Hüttensteine

[5]) Für Blähton gilt $\alpha_T = 8 \cdot 10^{-6}$/K

Verformungskennwerte für Mauerwerk mit Normalmörtel s. Tafel 14. Sie dürfen auch für Mauerwerk mit Dünnbett- und Leichtmörtel angewendet werden. Zur Berechnung der Knotenmomente nach Abschn. 3.3.1 darf vereinfachend $E_M = 3000\,\sigma_0$ angenommen werden.

Der Wertebereich gibt den üblichen Streubereich an. Er kann in Ausnahmefällen größer sein. Sofern in den Steinnormen der Nachweis anderer Streubereiche gefordert wird, gelten diese als Wertebereiche.

Durch konstruktive Maßnahmen (Wärmedämmung, Baustoffauswahl, Fugen u.a.) ist sicherzustellen, daß Zwängungen die Standsicherheit und Gebrauchsfähigkeit nicht unzulässig beeinträchtigen. So ist z. B. bei weitgespannten Dachdecken ohne Auflast Rißschäden an Deckenkanten durch Fugen, Zentrierleisten, Kantennut, Ausbildung der Außenhaut o.ä. entgegenzuwirken.

3.2.7 Aussteifung der Wände, Öffnungen in Wänden und mittragende Breiten

Zur Aussteifung von tragenden Wänden dienen horizontal gehaltene Deckenscheiben, aussteifende Querwände oder andere ausreichend steife Bauteile. Mindestmaße der aussteifenden Wände nach Bild 1. Unabhängig davon ist das Bauwerk als Ganzes auszusteifen.

Bei großen Öffnungen (Höhe > 0,25 · Geschoßhöhe, Breite > 0,25 · Wandbreite, Fläche > 0,10 · Wandfläche) sind benachbarte Wandteile als 3- oder 2seitig gehalten anzusehen.

Als zusammengesetzte Querschnitte gelten nur Querschnitte aus Steinen gleicher Art, Höhe und Festigkeit, die gleichzeitig im Verband mit gleichem Mörtel gemauert sind, ohne Brüstungs- und Sturzmauerwerk. Mitwirkende Breite nach Elastizitätstheorie, vereinfacht beidseits je 1/4 der über dem untersuchten Schnitt liegenden Höhe des zusammengesetzten Querschnitts.

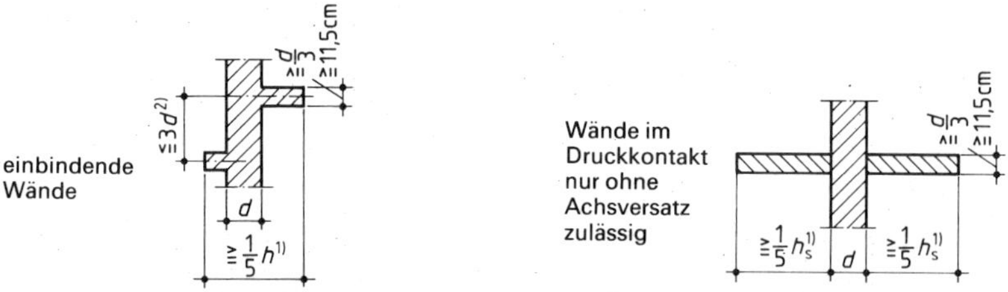

Bild 1 Aussteifung der Wände, Mindestmaße der Aussteifungen

[1]) $\geqq \frac{1}{5} h_1$, wenn in aussteifender Wand Türöffnung mit lichter Höhe h_1.

[2]) Wenn Wandabstand größer, ist Wand einseitig ausgesteift. Dann Halterung nur unverschieblich bei zug- und druckfester Verbindung.

3.2.8 Knicklängen

$$h_K = \beta \cdot h_s \quad (1)$$

a) Zweiseitig gehaltene Wände

Allgemein $\beta = 1{,}0$.

Für flächig aufgelagerte Massivdecken, auch für Stahlbetonbalken- und -rippendecken mit Zwischenbauteilen und Auflagerung durch Randbalken, kann gesetzt werden:

$\beta = 0{,}75$ für $d \leqq 175$ mm
$\beta = 0{,}90$ für $175 < d \leqq 250$ mm
$\beta = 1{,}00$ für $d > 250$ mm
oder β nach Abschn. 3.3.2

$\beta < 1{,}0$ jedoch nur zulässig, wenn Horizontallast senkrecht zur Wandfläche ≦ Windlast und Mindestauflagertiefe a auf Wanddicke d:

$d \geqq 240$ mm $a \geqq 175$ mm
$d < 240$ mm $a = d$

b) Drei- und vierseitig gehaltene Wände

Tafel 15 Faktor β zur Bestimmung der Knicklänge von drei- und vierseitig gehaltenen Wänden

dreiseitig gehaltene Wand, Wanddicke in mm: 240	175	115	b' in m	β	b in m	vierseitig gehaltene Wand, Wanddicke in mm: 115	175	240	300
			0,65	0,35	2,00				
			0,75	0,40	2,25				
			0,85	0,45	2,50				
			0,95	0,50	2,80				
			1,05	0,55	3,10				
			1,15	0,60	3,40	$b \leq 3{,}45$ m			
			1,25	0,65	3,80				
			1,40	0,70	4,30				
		$b' \leq 1{,}75$ m	1,60	0,75	4,80		$b \leq 5{,}25$ m		
			1,85	0,80	5,60				
	$b' \leq 2{,}60$ m		2,20	0,85	6,60			$b \leq 7{,}20$ m	
$b' \leq 3{,}60$ m			2,80	0,90	8,40				$b \leq 9{,}00$ m

β nach Tafel 15 und Bild 2, wenn Geschoßhöhe $h_s \leq 3{,}50$ m. Ein Faktor β ungünstiger als bei einer zweiseitig gehaltenen Wand braucht nicht angesetzt zu werden. Ist $b > 30d$ bei vierseitig bzw. $b > 15d$ bei dreiseitig gehaltenen Wänden, so gelten diese als zweiseitig gehalten. Bei vertikalen Schlitzen oder Nischen im mittleren Wanddrittel ist für d die Restwanddicke anzusetzen oder ein freier Rand anzunehmen. Ist, unabhängig von der Lage, die Restwanddicke kleiner als $d/2$ oder als 11,5 cm, so ist ein freier Rand anzunehmen. Bei Öffnungen mit lichter Höhe $>1/4$ Geschoßhöhe oder lichter Breite $>1/4$ der Wandbreite oder Gesamtfläche $>1/10$ der Wandfläche gelten die Wandteile zwischen Öffnung und aussteifender Wand als dreiseitig, die Wandteile zwischen den Öffnungen als zweiseitig gehalten.

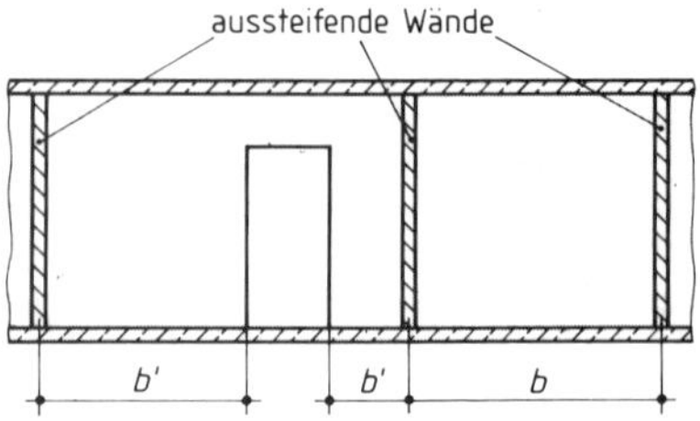

Bild 2 Größen b und b' zu Tafel 15

3.2.9 Bemessung nach dem vereinfachten Verfahren

Mauerwerk, das den Voraussetzungen nach Abschn. 3.2.1 entspricht, darf nach dem folgenden vereinfachten Verfahren bemessen werden.

3.2.9.1 Spannungsnachweis bei zentrischer und exzentrischer Druckbeanspruchung

Nachweis auf der Grundlage linearer Spannungsverteilung unter Ausschluß von Zugspannungen.

$$\text{vorh}\,\sigma_D \leqq \text{zul}\,\sigma_D = k \cdot \sigma_0 \quad (2)$$

σ_0 = Grundwert nach Tafel 16a bis c
k = Abminderungsfaktor

$k = k_1 \cdot k_2$ für Wände als Zwischenauflager
$k = k_1 \cdot k_2$ oder $k = k_1 \cdot k_3$ für Wände als einseitiges Endauflager, der kleinere Wert ist maßgebend

$k_1 = 1{,}0$ für Wände
$k_1 = 1{,}0$ für kurze Wände (Querschnitt weniger als 1000 cm^2) ohne Aussparungen, aus ungeteilten Steinen oder aus geteilten Steinen mit Lochanteil $<35\%$
$k_1 = 0{,}8$ für alle anderen Pfeiler und kurzen Wände mit Querschnitt weniger als 1000 cm^2. Aussparungen sind zu berücksichtigen. Querschnitte <400 cm^2 sind als tragende Teile unzulässig.
$k_2 = 1{,}0$ für $h_K/d \leqq 10$
$k_2 = \dfrac{25 - h_K/d}{15}$ für $10 < h_K/d < 25$; Schlankheiten $h_K/d > 25$ sind unzulässig.
$k_3 = 1{,}0$ für $l \leqq 4{,}20$ m
$k_3 = 1{,}7 - l/6$ für $4{,}20 \leqq l \leqq 6{,}00$ m
(l = Deckenstützweite nach Abschn. 3.2.1)
$k_3 = 1{,}0$ bei Einbau von Zentrierleisten unabhängig von l
$k_3 = 0{,}5$ für Decken über dem obersten Geschoß

Bei Wandbreite $b < 2{,}0$ m, $d < 175$ mm und $h_K/d > 12$ ist zusätzlich eine Einzellast $H = 0{,}5$ KN in halber Geschoßhöhe anzusetzen. Für diesen Lastfall gilt vorh $\sigma_D \leqq 1{,}33$ zul σ_D.

Tafel 16a Grundwerte σ_0 der zulässigen Druckspannungen für Mauerwerk mit Normalmörtel in MN/m²

Mörtelgruppe	Grundwerte σ_0 bei Steinfestigkeitsklass									
	2	4	6	8	12	20	28	36	48	60
I	0,3	0,4	0,5	0,6	0,8	1,0	–	–	–	–
II	0,5	0,7	0,9	1,0	1,2	1,6	1,8	–	–	–
IIa	0,5¹)	0,8	1,0	1,2	1,6	1,9	2,3	–	–	–
III	–	0,9	1,2	1,4	1,8	2,4	3,0	3,5	4,0	4,5
IIIa	–	–	–	–	1,9	3,0	3,5	4,0	4,5	5,0

¹) $\sigma_D = 0{,}6$ MN/m² bei Außenwänden mit Dicken $d = 300$ mm. Diese Erhöhung gilt jedoch nicht für den Nachweis der Auflagerpressung nach Abschn. 3.3.2.3.

Tafel 16b Grundwerte σ_0 der zulässigen Druckspannungen für Mauerwerk mit Dünnbett- und Leichtmörtel in MN/m²

Mörtel		Grundwerte σ_0 bei Steinfestigkeitsklasse						
		2	4	6	8	12	20	28
Dünnbettmörtel¹)		0,6	1,1	1,5	2,0	2,2	3,2	3,7
Leichtmörtel	LM 21	0,5²)	0,7⁴)	0,7	0,8	0,9	0,9	0,9
	LM 36	0,5²) ³)	0,8⁵)	0,9	1,0	1,1	1,1	1,1

¹) Verwendung nur bei Gasbeton-Plansteinen nach DIN 4165 und bei Kalksand-Plansteinen. Die Werte gelten für Vollsteine. Für Kalksand-Lochsteine und Kalksand-Hohlblocksteine nach DIN 106-1 gelten die entsprechenden Werte der Tafel 15 bei Mörtelgruppe III bis Steinfestigkeitsklasse 20.
²) Für Mauerwerk mit Mauerziegeln nach DIN 105-1 bis -4 gilt $\sigma_0 = 0{,}4$ MN/m².
³) $\sigma_0 = 0{,}6$ MN/m² bei Außenwänden mit Dicken ≥ 300 mm. Diese Erhöhung gilt jedoch nicht für den Nachweis der Auflagerpressung nach Abschn. 3.3.2.3.
⁴) Für Kalksandsteine nach DIN 106-1 der Rohdichteklasse $\geq 0{,}9$ und Mauerziegel nach DIN 105-1 bis -4 gilt $\sigma_0 = 0{,}5$ MN/m².
⁵) Für Mauerwerk mit den in ⁴) genannten Mauersteinen gilt $\sigma_0 = 0{,}7$ MN/m².

Tafel 16c Grundwerte σ_0 der zulässigen Druckspannungen für Mauerwerk nach Eignungsprüfung (EM)

Nennfestigkeit β_M in N/mm²	1,0 bis 9,0	11,0 und 13,0	16,0 bis 25,0
σ_0 in MN/m² ¹)	0,35 β_M	0,32 β_M	0,30 β_M

¹) σ_0 abrunden auf 0,01 MN/m²

Im Falle ausmittiger Last dürfen sich die Fugen rechnerisch nur bis zum Schwerpunkt öffnen. Das gilt sowohl bei Ausmitte in Richtung der Wandebene (Scheibenbeanspruchung) als auch senkrecht dazu (Plattenbeanspruchung). Bei Scheibenbeanspruchung durch Wind ist zusätzlich $\varepsilon_R \leq 10^{-4}$ nach Bild 3 nachzuweisen. Hierzu darf $E = 3000 \cdot \sigma_0$ angenommen werden.

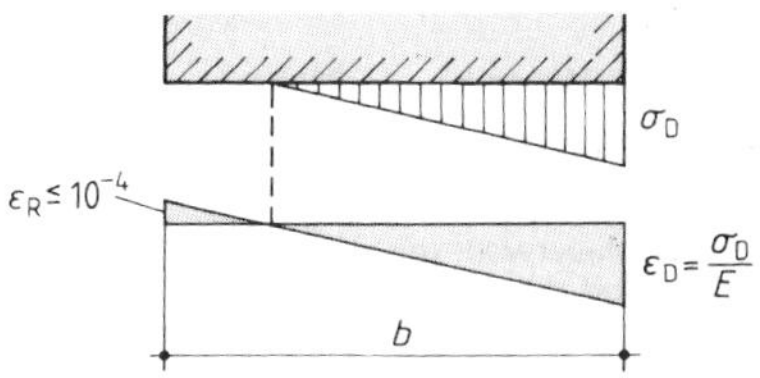

Bild 3 Zulässige rechnerische Randdehnungen bei Scheiben

3.2.9.2 Knicksicherheit

Sie wird im vereinfachten Verfahren mit dem Faktor k_2 berücksichtigt. Für Horizontallasten >Windlast oder Vertikallasten mit größerer Exzentrizität ist Knicknachweis nach Abschn. 3.3.3.2 erforderlich. Ein Versatz der Wandachsen gilt dann nicht als größere Exzentrizität, wenn der Querschnitt der dickeren Wand den der dünneren Wand umschreibt.

3.2.9.3 Auflagerpressung

Druckausbreitung unter Einzellasten unter 60°. Die Auflagerpressung unter Einzellasten darf gleichmäßig verteilt mit $1{,}3 \cdot \sigma_0$ angenommen werden, wenn in halber Wandhöhe die Mauerwerksspannung $< \text{zul}\,\sigma_D$ nach Gl. (2) ist.

Bei Teilflächenpressung rechtwinklig zur Wandebene muß $\sigma_D \leqq 1{,}3 \cdot \sigma_0$ sein. Ist die Einzellast $F \geqq 3$ kN, so ist zusätzlich die Schubspannung in den Lagerfugen der belasteten Steine nachzuweisen. Bei Loch- und Kammersteinen ist die Druckkraft auf mindestens 2 Stege zu übertragen.

3.2.9.4 Zug- und Biegezugspannungen

Sie dürfen in tragenden Wänden rechtwinklig zur Lagerfuge nicht in Rechnung gestellt werden. Zug- und Biegezugspannungen parallel zur Lagerfuge in Wandrichtung:

$$\text{zul}\,\sigma_Z = 0{,}4 \cdot \sigma_{0\,HS} + 0{,}12 \cdot \sigma_D \leqq \max \sigma_Z \quad (3)$$

σ_Z	Zug- und Biegespannung parallel zur Lagerfurche	$\sigma_{0\,HS}$	nach Tafel 17
σ_D	zugehörige Druckspannung rechtwinklig zur Lagerfuge	$\max \sigma_Z$	nach Tafel 18

3.2.9.5 Schubnachweis

Falls Schubnachweis erforderlich, darf für Rechteckquerschnitte (keine zusammengesetzten Querschnitte) unter Scheibenschub vereinfacht angesetzt werden:

$$\tau = \frac{c \cdot Q}{A} \leqq \text{zul}\,\tau \quad (4) \qquad \text{zul}\,\tau = \sigma_{0\,HS} + 0{,}2 \cdot \sigma_{Dm} \leqq \max \tau$$

Q Querkraft
A überdrückte Querschnittsfläche
c Faktor zur Berücksichtigung der τ-Verteilung über den Querschnitt. Für hohe Wände $H/L \geq 2$ gilt $c = 1{,}5$; für Wände $H/L \leq 1$ gilt $c = 1{,}0$; dazwischen interpolieren.
σ_{0HS} s. Tafel 17
σ_{Dm} mittlere zugehörige Druckspannung rechtwinklig zur Lagerfuge im ungerissenen Querschnitt A
$\max \tau$ $= 0{,}010 \cdot \beta_{N\,St}$ für Hohlblocksteine
$= 0{,}012 \cdot \beta_{N\,St}$ für Hochlochsteine und Steine mit Grifföffnungen oder -löchern
$= 0{,}014 \cdot \beta_{N\,St}$ für Vollsteine ohne Grifföffnungen oder -löcher
$\beta_{N\,St}$ Nennwert der Steindruckfestigkeit (Steinfestigkeitsklasse)

Tafel 17 Werte σ_{0HS} in MN/m²

Mörtelgruppe	I	II	IIa	III	IIIa
σ_{0HS}	0,01	0,04	0,09[2]	0,11[3]	0,13

[1]) Für Mauerwerk mit unvermörtelten Stoßfugen sind die Werte zu halbieren. Stoßfuge ist vermörtelt, wenn mindestens die halbe Wanddicke verfüllt ist.
[2]) Dieser Wert gilt auch für Leichtmörtel.
[3]) Dieser Wert gilt auch für Dünnbettmörtel.

Tafel 18 Werte $\max \sigma_z$ in MN/m²

Steinfestigkeitsklasse	2	4	6	8	12	20	≧28
$\max \sigma_Z$	0,01	0,02	0,04	0,05	0,10	0,15	0,20

3.3 Berechnung nach dem genaueren Verfahren

Das genauere Berechnungsverfahren darf auf einzelne Bauteile, einzelne Geschosse oder ganze Bauwerke angewendet werden. Wird im folgenden nichts anderes gesagt, gelten die Regeln für das vereinfachte Verfahren nach Abschn. 3.2.

3.3.1 Knoten- und Wandmomente

Der Einfluß der Decken-Auflagerdrehwinkel auf die Ausmitte der Lasteintragung in die Wände ist zu berücksichtigen.

a) Rahmenrechnung. Zulässige Annahmen: ungerissene Querschnitte, elastisches Materialverhalten, $E_M = 3000\,\sigma_0$, Hälfte der Verkehrslast wie ständige Last. Die so ermittelten Knotenmomente dürfen auf 2/3 ihres Wertes ermäßigt werden.

Vereinfachtes Rechenverfahrens s. „Mann: Grundlagen der vereinfachten und der genaueren Bemessung von Mauerwerk nach DIN 1053-1, Mauerwerkskalender 2000.

b) Vereinfachte Berechnung nach Bild 4 zulässig für $p \leqq 5$ kN/m^2

Ausmitten e der Deckenauflagerkräfte wie Bild 4

$M_D = A_D \cdot e_D$ ist voll in den Wandkopf einzuleiten

$M_Z = A_Z \cdot e_Z$ ist je zur Hälfte in Wandkopf und Wandfuß einzuleiten

N_0 aus oberen Geschossen zentrisch

Bei zweiachsig gespannten Decken mit $l_1 : l_2 \geqq 1:2$ kann mit $e = 0{,}05\ l_1 \cdot 2/3$ gerechnet werden.

Ist (vorwiegend bei Dachdecken) $e = f(N_0 + A) > 1/3d$, so darf $e = 1/3d$ angenommen werden. In diesem Falle ist Rißschäden vorzubeugen, z.B. durch Fugen, Zentrierleisten, Kantennut, Rißüberdeckung.

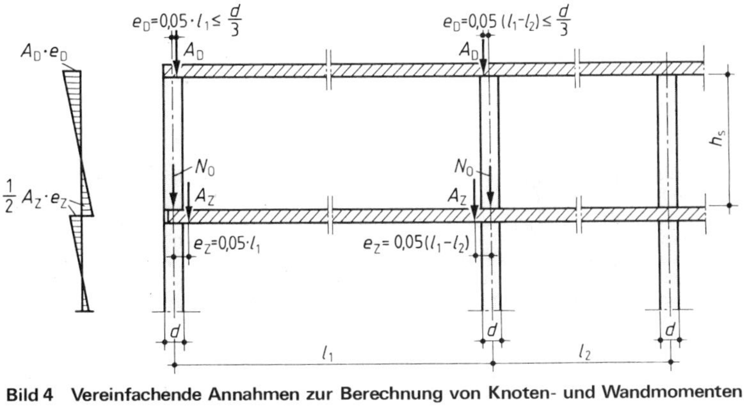

Bild 4 Vereinfachende Annahmen zur Berechnung von Knoten- und Wandmomenten

Wandmomente. Momentenverlauf aus Vertikallasten s. Bild 4. Momente aus Horizontallasten können zwischen den Grenzfällen Volleinspannung und gelenkige Lagerung umgelagert werden, wobei die klaffende Fuge höchstens bis zum Wandschwerpunkt entstehen darf.

Momente aus Windlast dürfen bis zu einer Höhe von 20 m vernachlässigt werden, wenn $d \geqq 24$ cm und $h_s \leqq 3{,}0$ m.

3.3.2 Knicklängen h_K

a) frei stehende Wände

$$h_K = 2 \cdot h_s \sqrt{\frac{1 + 2 N_0/N_u}{3}} \quad (5)$$

b) zweiseitig gehaltene Wände

$$h_K = \beta \cdot h_s \quad (6)$$

N_0 Längskraft am Wandkopf N_u Längskraft am Wandfuß h_s lichte Geschoßhöhe

$\beta = 1$ wenn Decken nicht flächig aufgelagert (s. Tafel 19) oder e in Knotenanschnitt $> d/3$ oder e in Wandmitte $= d/3$; $e =$ planmäßige Ausmitte der Last

$\beta = 1 - 0{,}15 \cdot \frac{E_b I_b}{E_{mw} I_{mw}} \cdot h_s \cdot \left(\frac{1}{l_1} + \frac{1}{l_2}\right) \geqq 0{,}75$ wenn Bedingungen nach Tafel 19 eingehalten

E_{mw} nach Tafel 14

l_1 und $l_2 =$ angrenzende Deckenstützweiten, bei Außenwänden $1/l_2 = 0$

$\beta = 0{,}75$ für Wanddicken $\leqq 17{,}5$ cm, wenn Bedingungen nach Tafel 19 eingehalten.

Tafel 19 Reduzierte Knicklänge zweiseitig gehaltener Wände mit flächig aufgelagerten Massivdecken und erforderliche Tiefe des Deckenauflagers

Wanddicke d in cm	<24	$\geqq 24$ $\leqq 30$	>30
Erforderliche Auflagertiefe a der Decke auf der Wand	d	$\geqq \frac{3}{4} d$	$\geqq \frac{2}{3} d$

Planmäßige Ausmitte e [1]) der Last in halber Geschoßhöhe (für alle Wanddicken)	$\leqq \frac{d}{6}$	$\frac{d}{3}$
Reduzierte Knicklänge h_K [2])	$\beta \cdot h_s$	$1{,}0\, h_s$

[1]) Ausmitte ohne f_1 und f_2 nach Abschn. 3.3.3.2, jedoch gegebenenfalls infolge Wind.
[2]) Zwischenwerte dürfen geradlinig eingeschaltet werden.

c) dreiseitig gehaltene Wände (mit einem freien vertikalen Rand)

$$h_K = \frac{1}{1 + \left(\frac{\beta \cdot h_s}{3b}\right)} \cdot \beta \cdot h_s \geqq 0{,}3 \cdot h_s \quad (7)$$

d) vierseitig gehaltene Wände

$$h_K = \frac{1}{1 + \left(\frac{\beta \cdot h_s}{b}\right)} \cdot \beta \cdot h_s \quad \text{für } h_s \leqq b \quad (8) \qquad h_K = \frac{b}{2} \quad \text{für } h > b \quad (8a)$$

b Abstand des freien Randes von der Mitte der aussteifenden Wand, bzw. Mittenabstand der aussteifenden Wände.

zu c) und d): Ist $b > 30\,d$ bei vierseitig bzw. $b > 15\,d$ bei dreiseitig gehaltenen Wänden, so gelten diese als zweiseitig gehalten. Bei vertikalen Schlitzen oder Nischen im mittleren Wanddrittel ist für d die Restwanddicke anzusetzen oder ein freier Rand anzunehmen. Ist, unabhängig von der Lage, die Restwanddicke kleiner als $d/2$ oder als 11,5 cm, so ist ein freier Rand anzunehmen. Bei Öffnungen mit lichter Höhe $> 1/4$ Geschoßhöhe oder lichter Breite $> 1/4$ der Wandbreite oder Gesamtfläche $> 1/10$ der Wandfläche gelten die Wandteile zwischen Öffnung und aussteifender Wand als dreiseitig, die Wandteile zwischen den Öffnungen als zweiseitig gehalten.

3.3.3 Bemessung im genaueren Verfahren

3.3.3.1 Tragfähigkeit bei zentrischer und exzentrischer Druckbeanspruchung

Die Tragfähigkeit der Wand ist für den ungünstigsten der Schnitte I Wandkopf, II halbe Wandhöhe, III Wandfuß, auf der Grundlage linearer Spannungsverteilung und ebenbleibender Querschnitte nachzuweisen.

Zentrische Beanspruchung

$$\gamma \cdot \text{vorh}\,\sigma \leqq \beta_R \quad (9)$$

β_R Rechenwert der Druckfestigkeit. Es gilt $\beta_R = 2{,}67\ \sigma_0$, mit σ_0 nach Tafel 16a bis c.
γ Sicherheitsbeiwert nach Tafel 20.

Exzentrische Beanspruchung: Im Bruchzustand darf die Kantenpressung den Wert 1,33 β_R, die mittlere Spannung den Wert 1,0 β_R nicht überschreiten.

Tafel 20 Sicherheitsbeiwerte

Wand	$\gamma_W = 2{,}0$
Pfeiler[1])	$\gamma_P = 2{,}5$[2])

[1]) Pfeiler = kurze Wände mit Querschnitt weniger als 1000 cm², jedoch mehr als 400 cm².
[2]) Für Pfeiler aus ungetrennten Steinen oder aus getrennten Steinen mit Lochanteil < 35% gilt $\gamma_P = 2{,}0$.

Querschnitte < 400 cm² sind als tragende Teile unzulässig.

Klaffende Fugen aus planmäßiger Exzentrizität e sind höchstens bis zum Schwerpunkt des Gesamtquerschnitts zulässig. Bei Abweichung vom Rechteckquerschnitt ist außerdem 1,5fache Kippsicherheit nachzuweisen. Bei Scheibenbeanspruchung ist zusätzlich der Nachweis für $\varepsilon_R \leqq 10^{-4}$ gem. Bild 3 erforderlich.

3.3.3.2 Knicksicherheit

Die Knicksicherheit kann näherungsweise durch Bemessung der Wand in halber Wandhöhe (Schnitt II) nachgewiesen werden mit

$$\textbf{Gesamtexzentrizität} = e_{II} + f_1 + f_2$$

e_{II} planmäßige Exzentrizität durch Wandmomente
$f_1 = h_K/300$ = ungewollte Ausmitte
f_2 = Stabauslenkung

Näherungsweise kann gesetzt werden

$$f_1 + f_2 = f = \bar{\lambda}\frac{1+m}{1800} \cdot h_K \quad (10)$$

$m = \dfrac{6 \cdot e_{II}}{d}$ $\quad \bar{\lambda} = \dfrac{h_K}{d}$ $\quad \bar{\lambda} > 25$ nicht zulässig

Zusatzforderung für zweiseitig gehaltene Wände mit $\bar{\lambda} > 12$ und Wandbreite $b < 2{,}0$ m: Horizontalkraft $H = 0{,}5$ kN zusätzlich als Linienlast über ganze Wandbreite verteilt in halber Wandhöhe ansetzen. Dafür Sicherheit $\gamma = \beta_R/\text{vorh}\,\sigma \geqq 1{,}5$ erforderlich. Dieser Nachweis darf entfallen, wenn

$$\bar{\lambda} \leqq 20 - 1000\,\frac{H}{A \cdot \beta_R}$$

mit A = Wandquerschnitt $b \cdot d$

Beispiel System wie Bild 4 mit $l_1 = 4{,}80$ m, $l_2 = 3{,}0$ m, $h_s = 2{,}60$ m
$B25$; $d_b = 16$ cm, $M2{,}5$; $d_m = 24$ cm, Steinrohdichte = 1,40 g/cm³

Gesucht: Bemessung der ersten Innenwand im 3. Geschoß von oben.

Decke + Putz + p = 7,0 kN/m²	= 35,7 kN/m
Wand + Putz	G_W = 10,8 kN/m
je Geschoß, erste Innenwand	N_0 = 46,5 kN/m
	N_I = 128,7 kN/m

$$e_I = \frac{0{,}5 \cdot 35{,}7 \cdot 0{,}05(4{,}8 - 3{,}0)}{2 \cdot 46{,}5 + 35{,}7} = 0{,}012\ \text{m} < d/6$$

$$e_{III} \cong -e_I \qquad e_{II} = (e_I + e_{III}) \cdot 0{,}5 \cong 0$$

$$\beta = 1{,}0 - 0{,}15 \cdot \frac{30000 \cdot 0{,}16^3}{1000 \cdot 2{,}5 \cdot 0{,}24^3} \cdot 2{,}60 \cdot \left(\frac{1}{4{,}8} + \frac{1}{3{,}0}\right) = 0{,}25 < 0{,}75 \rightarrow \beta = 0{,}75$$

$$h_K = 0{,}75 \cdot 2{,}60 = 1{,}95\ \text{m} \qquad \bar{\lambda} = \frac{1{,}95}{0{,}24} = 8{,}1 < 25$$

$$e_{II} + f = 0 + \frac{1{,}95^2}{0{,}24 \cdot 1800} \cdot (1 + 0) = 0{,}009\ \text{m} < e_I = 0{,}012\ \text{m}$$

Schnitt I maßgebend, ungerissener Querschnitt

14

Beispiel, Forts. $\sigma_I = 2{,}0 \cdot \frac{128{,}7}{0{,}24} \cdot \left(1 + \frac{0{,}012 \cdot 6}{0{,}24}\right) = 1073\,(1+0{,}3) = 1394\ \text{kN/m}^2$

gewählt: M 2,5; $\beta_M = 2{,}5$; $\sigma_0 = 0{,}35 \cdot 2{,}5 = 0{,}88\ \text{MN/m}^2$

$\beta_R = 2{,}67 \cdot 0{,}88 = 2{,}35\ \text{MN/m}^2$

Mittig: $1{,}073 < 2{,}35\ \text{MN/m}^2$; Kantenpressung: $1{,}394 < 1{,}33 \cdot 2{,}35\ \text{MN/m}^2$

oder RM mit Stein 4, MGr. IIa:

$\sigma_0 = 0{,}8\ \text{MN/m}^2$; $\beta_R = 2{,}67 \cdot 0{,}8 = 2{,}1\ \text{MN/m}^2$

Mittig: $1{,}073 < 2{,}1\ \text{MN/m}^2$; Kantenpressung: $1{,}394 < 1{,}33 \cdot 2{,}1\ \text{MN/m}^2$

3.3.3.3 Einzellasten und Teilflächenpressung

Druckverteilung im Mauerwerk unter 60°.

Teilflächenpressung σ_1 in Fläche A_1 gemäß Bild 5 für mittige und ausmittige Belastung zulässig mit

$$A_1 \leqq 2 \cdot d^2 \qquad e \leqq \frac{d}{6}$$

$$\sigma_1 = \frac{\beta_R}{\gamma}\left(1 + 0{,}1 \cdot \frac{a_1}{l_1}\right) \leqq 1{,}5 \cdot \frac{\beta_R}{\gamma} \qquad (11)$$

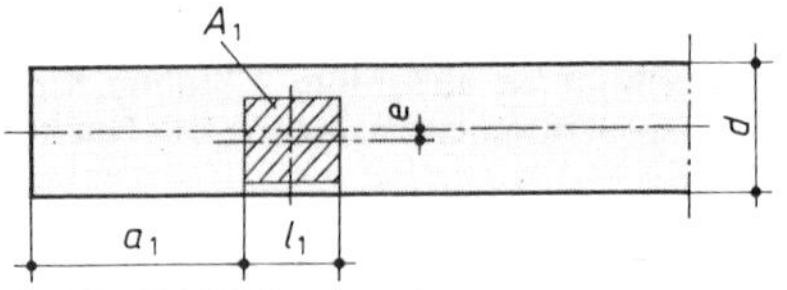

Bild 5 Teilflächenpressungen

Bei Teilflächenpressung senkrecht zur Wandebene muß $\sigma \leqq 0{,}5\,\beta_R$ sein. Ist die Einzellast > 3 kN, so ist zusätzlich die Schubspannung in den Lagerfugen der belasteten Einzelsteine nachzuweisen.

3.3.3.4 Zug- und Biegezugspannungen

In tragenden Wänden dürfen Zug- und Biegezugspannungen rechtwinklig zur Lagerfuge nicht in Rechnung gestellt werden. Zug- und Biegezugspannungen σ_z parallel zur Lagerfuge in Wandrichtung:

$$\text{zul}\,\sigma_z \leqq \frac{1}{\gamma}\,(\beta_{RHS} + \mu \cdot \sigma_d)\,\frac{ü}{h} \qquad (12) \qquad\qquad \text{zul}\,\sigma_z \leqq \frac{\beta_{Rz}}{2\gamma} \leqq 0{,}3\ \text{MN/m}^2 \qquad (13)$$

der kleinere Wert ist maßgebend.

3.3.3.5 Schubnachweis

Rechnerisch klaffende Teile der Fugen sind nicht in Rechnung zu stellen. Es gilt:

Scheibenschub: $\gamma \cdot \tau \leqq \beta_{RHS} + \bar{\mu} \cdot \sigma_d \leqq 0{,}45 \cdot \beta_{Rz} \cdot \sqrt{1 + \sigma_d/\beta_{Rz}}$ (14a)

Plattenschub: $\gamma \cdot \tau \leqq \beta_{RHS} + \mu \cdot \sigma_d$ (14b)

In Gl. (12) bis (14) bedeuten

- σ_z Zugspannung parallel zur Lagerfuge
- σ_d Druckspannung rechtwinklig zur Lagerfuge
- β_{RHS} Rechenwert der Haftscherfestigkeit. Es gilt $\beta_{RHS} = 2{,}0 \cdot \sigma_{0HS}$ nach Abschn. 3.2.9.5.
- β_{Rz} Rechenwert der Steinzugfestigkeit, Tafel 21
- μ Reibungsbeiwert = 0,6
- $\bar{\mu}$ abgeminderter Reibungsbeiwert = 0,4 für alle Mörtelgruppen
- h Steinhöhe
- $ü$ Überbindemaß im Steinverband, Soll $\geqq 0{,}4 \cdot h \geqq 4{,}5$ cm
- γ Sicherheitsbeiwert nach Tafel 20

Tafel 21 Rechenwerte β_{Rz} der Steinzugfestigkeit

	β_{Rz}
Hohlblocksteine	$0{,}025\ \beta_{NSt}$ [1])
Hochlochziegel, Lochsteine und Vollsteine mit Grifföffnungen	$0{,}033\ \beta_{NSt}$
Vollsteine ohne Grifföffnungen	$0{,}040\ \beta_{NSt}$

[1]) β_{NSt} = Nennwert der Steindruckfestigkeit (Steindruckfestigkeitsklasse)

3.4 Bauteile und Konstruktionsdetails

3.4.1 Tragende Wände und Pfeiler

Wände mit mehr als Eigenlast aus einem Geschoß sind stets tragende Wände. Mindestdicke 115 mm.

Aussteifende Wände gelten immer als tragende Wände. Pfeiler sind kurze Wände mit einem Querschnitt $A < 1000\ cm^2$. Mindestquerschnitt $400\ cm^2$.

3.4.2 Kellerwände

Nachweis auf Erddruck darf entfallen, wenn

- $h_s \leqq 2{,}60$ m $\quad d \geqq 240$ mm
- Kellerdecke = Scheibe
- $h_e \leqq h_s$, Gelände horizontal, $p \leqq 5\ kN/m^2$
- $\max N_0 \geqq N_0 \geqq \min N_0$

mit $\max N_0 = 0{,}45 \cdot d \cdot \sigma_0$
$\min N_0$ nach Tafel 22

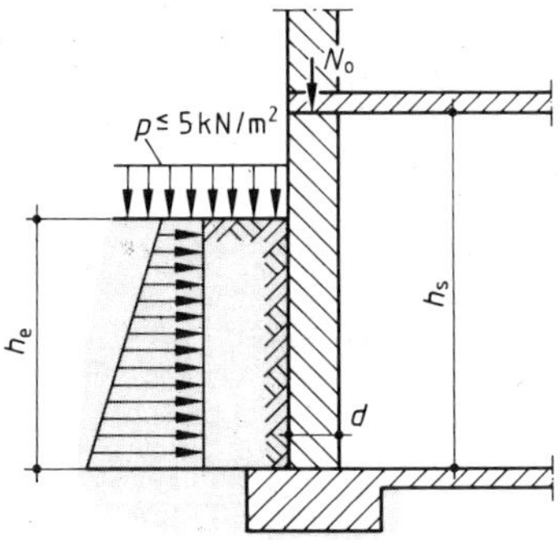

Bild 6 Lastannahmen für Kellerwände

Tafel 22 Min N_0 für Kellerwände ohne rechnerischen Nachweis in kN/m

Wanddicke d in mm	min N_0 bei einer Höhe der Anschüttung h_e 1,0 m	1,5 m	2,0 m	2,5 m
240	6	20	45	75
300	3	15	30	50
365	0	10	25	40
490	0	5	15	30

Zwischenwerte sind geradlinig zu interpolieren.

Anstelle des Nachweises von N_0 darf nachgewiesen werden:

$$\frac{d \cdot \beta_R}{3\gamma} \geqq N_1 \geqq \min N \quad (15) \qquad \text{mit} \quad \min N = \frac{\varrho_e \cdot h_s \cdot h_e^2}{20\,d} \quad (16)$$

N_1 = Normalkraft in halber Anschütthöhe h_e; $\beta_R = 2{,}67 \cdot \sigma_0$; γ nach Tafel 20.

Für ausgesteifte Kellerwände mit zweiachsiger Lastabtragung gilt mit b = Achsabstand der Aussteifungen:

$$b \leqq h_s: \quad N_0 \geqq 1/2 \min N_0 \quad \text{bzw.} \quad N_1 \geqq 1/2 \min N \quad (17a)$$

$$b \geqq 2h_s: \quad N_0 \geqq \min N_0 \quad \text{bzw.} \quad N_1 \geqq \min N \quad (17b)$$

Zwischenwerte geradlinig interpolieren

14

3.4.3 Nichttragende Wände

Bei nichttragenden Außenwänden als Ausfachungen von Fachwerk-, Skelett- und Schottensystemen darf auf einen statischen Nachweis verzichtet werden, wenn

- die Wände vierseitig gehalten sind
- Normalmörtel Mörtelgruppe II a verwendet wird
- die Bedingungen nach Tafel 23 erfüllt sind.

Für nichttragende Innenwände ohne Windbelastung gilt DIN 4103-1.

Tafel 23 Größte zulässige Ausfachungsfläche von nichttragenden Außenwänden ohne rechnerischen Nachweis in m²

Höhe der Ausfachungsfläche über Gelände	Verhältnis ε der größeren zur kleineren Stützweite	Größte zul. Ausfachungsfläche in m² [1]) bei einer Wanddicke in mm von			
		115 [2])	175	240	300
0 bis 8 m	1,0	12	20	36	50
	≧2,0 [3])	8	14	25	33
8 bis 20 m	1,0	8	13	23	35
	≧2,0 [3])	5	9	16	23
20 bis 100 m	1,0	6	9	16	25
	≧2,0 [3])	4	6	12	17

[1]) für $1{,}0 \leqq \varepsilon \leqq 2{,}0$ darf geradlinig interpoliert werden
[2]) für Steine ≧ 12 dürfen die Werte dieser Spalte um 1/3 vergrößert werden
[3]) für Steine ≧ 20 und gleichzeitig $\varepsilon = h/l \geqq 2{,}0$ dürfen die Werte dieser Spalten verdoppelt werden.

3.4.4 Anschluß der Wände an Decken und Dachstuhl

Bei Massivdecken Anschluß durch Reibung ausreichend, wenn Auflagertiefe ≧ 100 mm. Bei anderen Decken Zuganker, die nur in belasteten Wandbereichen angeordnet werden dürfen. Abstand allgemein ≦ 2 m, in Ausnahmefällen ≦ 4 m. Bei Wänden parallel zur Deckenspannrichtung Verankerungsbreite ≧ 1 m und mind. 2 Deckenrippen, bei Holzbalkendecken mind. 3 Balken. Verankerung in Querrippen ist möglich. Werden mit den Umfassungswänden verankerte Balken über einer Innenwand gestoßen, so sind sie hier zugfest miteinander zu verbinden.

Giebelwände sind durch Querwände oder Pfeilervorlagen auszusteifen oder kraftschlüssig mit dem Dachstuhl zu verbinden.

3.4.5 Ringanker

In alle Außenwände und in die Querwände, die der Abtragung horizontaler Lasten dienen, sind Ringanker zu legen

a) bei Bauten mit mehr als 2 Vollgeschossen oder Längen > 18 m
b) bei Wänden mit vielen oder besonders großen Öffnungen, besonders dann, wenn die Summe der Öffnungsbreiten 60% der Wandlänge oder bei Fensterbreiten von mehr als 2/3 der Geschoßhöhe 40% der Wandlänge übersteigt.
c) wenn die Baugrundverhältnisse es erfordern.

Anordnung in jeder Deckenlage oder unmittelbar darunter. Stahlbetonringanker sind mit mind. 2 durchlaufenden Stäben zu bewehren, die eine Zugkraft von 30 kN aufnehmen können. Stöße nach DIN 1045. Ringanker aus bewehrtem Mauerwerk sind gleichartig zu bewehren. Zum Ringanker parallel liegende durchlaufende Bewehrungen dürfen angerechnet werden, wenn sie in Decken oder Fensterstürzen einen Abstand von ≦ 50 cm von der Mittelebene der Wand bzw. der Decke haben.

3.4.6 Ringbalken

Bei Decken ohne Scheibenwirkung oder bei Anordnung von Gleitschichten unter den Deckenauflagern ist die horizontale Aussteifung der Wände durch Ringbalken sicherzustellen. Sie wie auch ihre Anschlüsse an die aussteifenden Wände sind für eine horizontale Last von 1/100 der vertikalen Last der Wände und ggfs. aus Wind zu bemessen. Bei Ringbalken unter Gleitschichten sind außerdem die Zugkräfte aus der verbleibenden Reibung zu berücksichtigen.

3.4.7 Schlitze und Aussparungen

Sie dürfen bei der Bemessung unberücksichtigt bleiben, wenn sie Tafel 24 entsprechen. Sie sind auch dann ohne Nachweis zulässig, wenn die Querschnittsschwächung, bezogen auf 1 m Wandlänge, nicht mehr als 6% beträgt und die Wand nicht drei- oder vierseitig gehalten gerechnet ist. Restwanddicke nach Tafel 24, 7. Zeile und Mindestabstand nach Tafel 24, 8. Zeile sind einzuhalten.

Alle übrigen Schlitze und Aussparungen sind bei der Bemessung zu berücksichtigen.

Tafel 24 Ohne Nachweis zulässige Schlitze und Aussparungen in tragenden Wänden

<table>
<tr><th colspan="3" rowspan="2"></th><th colspan="5">Wanddicke in mm</th></tr>
<tr><th>≧115</th><th>≧175</th><th>≧240</th><th>≧300</th><th>≧365</th></tr>
<tr><td colspan="2" rowspan="2">Schlitztiefe horizontaler und schräger nachträglich hergestellter Schlitze in mm [1]</td><td>Schlitzlänge unbeschränkt [3]</td><td>–</td><td>0</td><td>≦15</td><td>≦20</td><td>≦20</td></tr>
<tr><td>Schlitzlänge $l \leqq 1{,}25$ m [2]</td><td>–</td><td>≦25</td><td>≦25</td><td>≦30</td><td>≦30</td></tr>
<tr><td rowspan="3">Vertikale Schlitze und Aussparungen nachträglich hergestellt</td><td colspan="2">Schlitztiefe in mm [4]</td><td>≦10</td><td>≦30</td><td>≦30</td><td>≦30</td><td>≦30</td></tr>
<tr><td colspan="2">Einzelschlitzbreite in mm [5]</td><td>≦100</td><td>≦100</td><td>≦150</td><td>≦200</td><td>≦200</td></tr>
<tr><td colspan="2">Abstand der Schlitze und Aussparungen von Öffnungen in mm</td><td colspan="5">≧115</td></tr>
<tr><td rowspan="4">Vertikale Schlitze und Aussparungen in gemauertem Verband</td><td colspan="2">Schlitzbreite in mm [5]</td><td>–</td><td>≦260</td><td>≦385</td><td>≦385</td><td>≦385</td></tr>
<tr><td colspan="2">Restwanddicke in mm</td><td>–</td><td>≧115</td><td>≧115</td><td>≧175</td><td>≧240</td></tr>
<tr><td rowspan="2">Mindestabstand der Schlitze und Aussparungen</td><td>von Öffnungen</td><td colspan="5">≧2fache Schlitzbreite bzw. ≧365 mm</td></tr>
<tr><td>untereinander</td><td colspan="5">≧Schlitzbreite</td></tr>
</table>

[1]) Horizontale und schräge Schlitze sind nur zulässig in einem Bereich ≦0,4 m ober- oder unterhalb der Rohdecke sowie jeweils an einer Wandseite. Sie sind nicht zulässig bei Langlochziegeln.

[2]) Mindestabstand in Längsrichtung von Öffnungen ≧490 mm, vom nächsten Horizontalschlitz zweifache Schlitzlänge.

[3]) Die Tiefe darf um 10 mm erhöht werden, wenn Werkzeuge verwendet werden, mit denen die Tiefe genau eingehalten werden kann. Bei Verwendung solcher Werkzeuge dürfen auch in Wänden ≧240 mm gegenüberliegende Schlitze mit jeweils 10 mm Tiefe ausgeführt werden.

[4]) Schlitze, die bis maximal 1 m über den Fußboden reichen, dürfen bei Wanddicken ≧240 mm bis 80 mm Tiefe und 120 mm Breite ausgeführt werden.

[5]) Die Gesamtbreite von Schlitzen nach der 4. und 6. Zeile darf je 2 m Wandlänge die Maße in der 6. Zeile nicht überschreiten. Bei geringeren Wandlängen als 2 m sind die Werte in der 6. Zeile proportional zur Wandlänge zu verringern.

3.4.8 Außenwände

3.4.8.1 Einschalige Außenwände

Geputzte Außenwände bewohnter Räume sollen mind. 240 mm dick sein.

Einschaliges Verblendmauerwerk muß den Mindestmaßen des Bildes 7 entsprechen. Alle Fugen sind hohlraumfrei zu vermörteln. Die Verblendung gehört zum tragenden Querschnitt. Für die zulässige Beanspruchung ist die niedrigste Steinfestigkeitsklasse im Querschnitt maßgebend. Fugen der Sichtflächen mit Fugenglattstrich oder 15 mm tief auskratzen und verfugen.

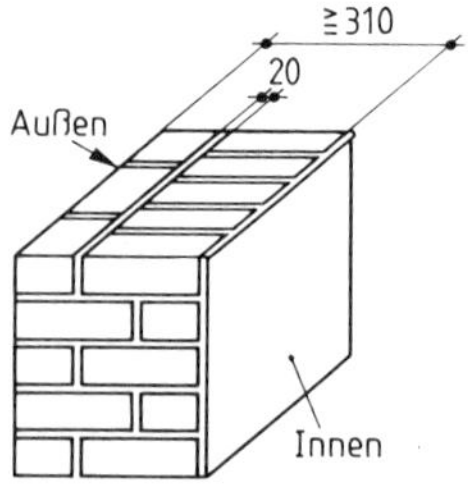

Bild 7 Einschaliges Verblendmauerwerk

3.4.8.2 Zweischalige Außenwände

Allgemeines

a) Nur die Innenschale darf belastet werden. Mindestmaße nach Abschn. 3.4.1. Für den vereinfachten Nachweis ist Abschn. 3.2.1 zu beachten.

b) Mindestdicke der Außenschale 90 mm. Sie soll auf ganzer Länge vollflächig aufgelagert oder es muß jeder Einzelstein abgefangen sein (Konsolen).

c) Außenschalen von 115 mm Dicke sollen in Höhen von 12 m abgefangen werden. Für eine maximale Abfanghöhe von 2 Geschossen ist ein Auflagerüberstand von $\leqq$40 mm, bei größerer Höhe von 25 mm zulässig.

d) Außenschalen <115 mm Dicke dürfen nicht höher als 20 m über Gelände geführt werden. Abfangungen in Höhen von 6 m. Bei Gebäuden bis zu 2 Vollgeschossen darf ein Giebeldreieck $\leqq$4 m Höhe ohne zusätzliche Abfangung ausgeführt werden. Auflagerüberstand $\leqq$15 mm.

e) Mindestanzahl und Durchmesser von Drahtankern aus nichtrostendem Stahl nach Tafel 25. Form und Maße nach Bild 8. Vertikaler Abstand der Anker $\leqq$500 mm, horizontaler Abstand $\leqq$750 mm. An allen freien Rändern (Öffnungen, Gebäudeecken, Dehnungsfugen, oberer Schalenrand) zusätzlich drei Anker je m Randlänge.

f) Feuchtigkeitssperre nach Bild 9 an Fußpunkten, über Fenstern und Türen sowie im Bereich von Sohlbänken.

Tafel 25 Mindestanzahl und Durchmesser von Drahtankern je m² Wandfläche

		Drahtanker	
		Mindestanzahl	Durchmesser
1	mindestens, sofern nicht Zeilen 2 und 3 maßgebend	5	3
2	Wandbereich höher als 12 m über Gelände oder Abstand der Mauerwerksschalen über 70 bis 120 mm	5	4
3	Abstand der Mauerwerksschalen über 120 bis 150 mm	7 oder 5	4 oder 5

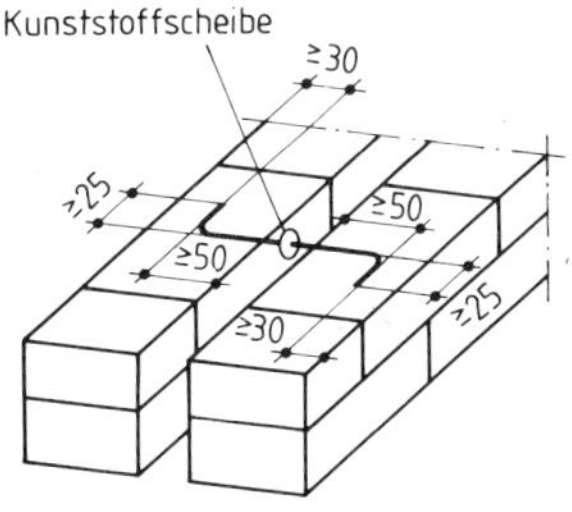

Bild 8 **Drahtanker für zweischaliges Mauerwerk für Außenwände**

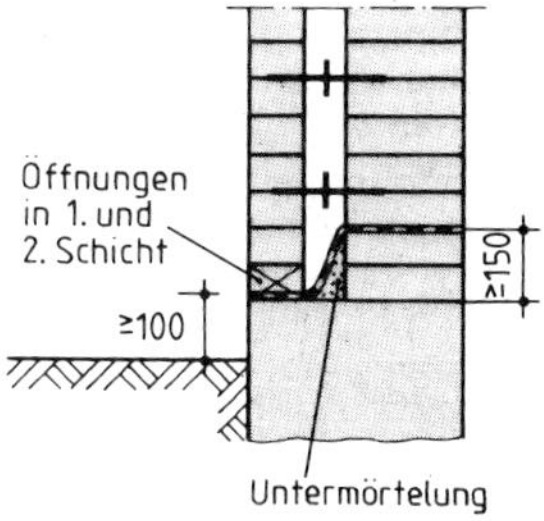

Bild 9 **Fußpunktausführung bei zweischaligem Verblendmauerwerk (Prinzipskizze)**

Zweischalige Außenwände mit Luftschicht

Maße nach Bild 10a. Luftschicht darf 40 mm sein, wenn der Mörtel auf mind. einer Seite abgestrichen wird.

Lüftungsöffnungen unten und oben je 7500 mm^2 je 20 m^2 Wandfläche (Fenster und Türen eingerechnet). Beginn der Luftschicht $\geqq 100$ mm über Erdgleiche.

Vertikale Dehnungsfugen anordnen. Abstände je nach Klima (Temperatur, Feuchte), Steinart und Farbe.

Richtwerte:

max $L = 8{,}0$ m bei KS und

max $L = 10$ bis 12 m bei MZ.

Horizontale Fugen unter Abfangungen und Auskragungen.

Mauerschalen an Berührungspunkten (z. B. Fenster) durch Sperrschicht trennen.

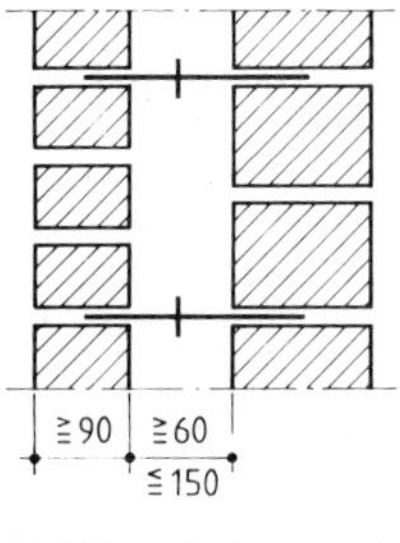

Bild 10a **Außenwand mit Luftschicht**

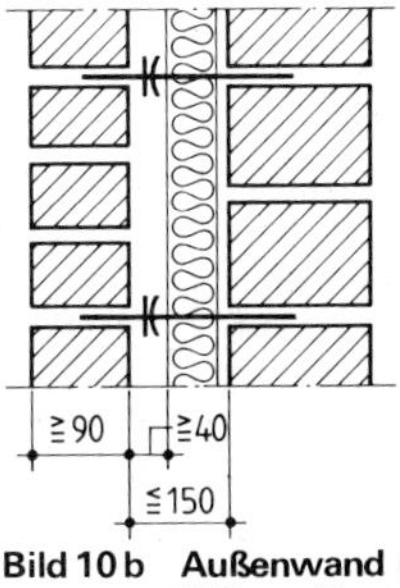

Bild 10b **Außenwand mit Luftschicht und Wärmedämmung**

Zweischalige Außenwände mit Luftschicht und Wärmedämmung

Maße nach Bild 10b. Luftschicht darf nicht durch Unebenheiten der Dämmschicht eingeengt werden. Für Luftschichtdicken < 40 mm gelten die Anforderungen an zweischalige Außenwände mit Kerndämmung.

Zweischalige Außenwand mit Kerndämmung

Maße nach Bild 10c. Außenschale $\geqq 115$ mm. Bei glasierten oder beschichteten Steinen ist die Frostwiderstandsfähigkeit der Steine unter verstärkter Beanspruchung nachzuweisen.

Nur dauerhaft wasserabweisende, genormte oder bauaufsichtlich zugelassene „Kerndämmstoffe" dürfen verwendet werden.

Mineralfaserdämmstoffe dicht stoßen. Hartschaumplatten müssen Stufenfalz oder Nut und Feder haben oder zweilagig mit versetzten Fugen eingebaut werden. Bei losen Dämmstoffen oder Ortschaum lückenlose Füllung.

Entwässerungsöffnungen am Fußpunkt $\geqq 5000\,\text{mm}^2$ auf $20\,\text{m}^2$ Wandfläche (einschl. Fenster und Türen).

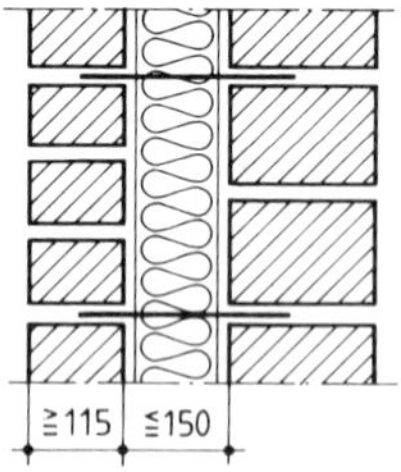

Bild 10c Außenwand mit Kerndämmung

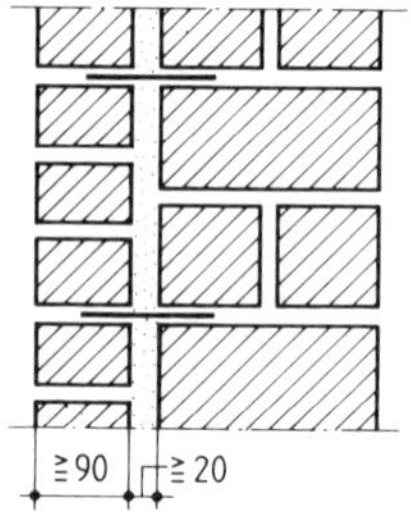

Bild 10d Außenwand mit Putzsperre

Zweischalige Außenwände mit Putzschicht

Putzschicht auf Außenseite der Innenschale. Außenschale dicht dagegen (Fingerspalt), s. Bild 10d.

Für Drahtanker genügt abweichend von Tafel 25 Dicke von 3 mm. Entwässerungsöffnungen wie Wand mit Kerndämmung.

3.4.9 Gewölbewirkung

Vorausgesetzt, daß sich neben und oberhalb des Trägers und der Lastfläche eine Gewölbewirkung ausbilden kann (keine Öffnungen, Aufnahme des Gewölbeschubs), darf die Belastung nach den Bildern 11 und 12 angenommen werden. Verteilung von Einzellasten unter 60°.

Einzellasten außerhalb des Lastdreiecks brauchen nur berücksichtigt zu werden, wenn sie innerhalb der Stützweite und weniger als 250 mm über der Dreiecksspitze liegen.

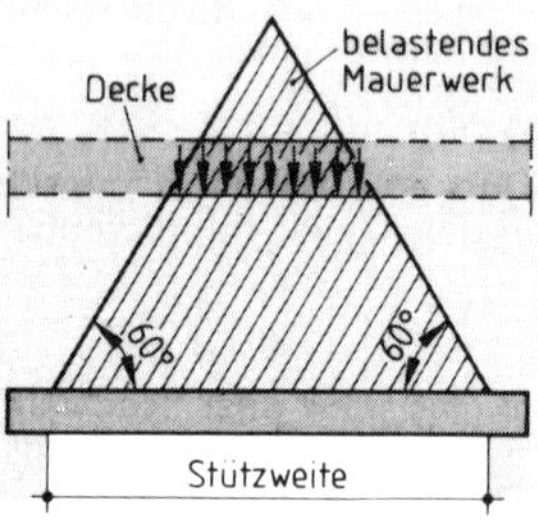

Bild 11 Deckenlast über Wandöffnungen bei Gewölbewirkung

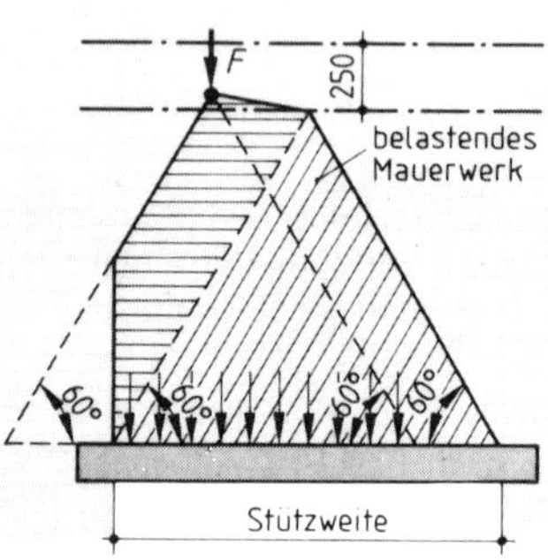

Bild 12 Einzellast über Wandöffnungen bei Gewölbewirkung

3.4.10 Ausführung

Vermauerung mit Stoßfugenvermörtelung

Übliche Fugendicken bei Normalmörtel: Stoßfuge 10 mm, Lagerfuge 12 mm. Mit Dünnbettmörtel muß die Fugendicke 1 bis 3 mm betragen.

Steine mit Mörteltaschen: entweder die Steine knirsch (Fugendicke ≤ 5 mm) verlegen und Mörteltaschen verfüllen (Bild 13) oder die Steinflanken vermörteln (Bild 14). Bei nicht knirsch verlegten Steinen mit Stoßfugen >5 mm müssen die Stoßfugen auf beiden Wandseiten vermörtelt sein.

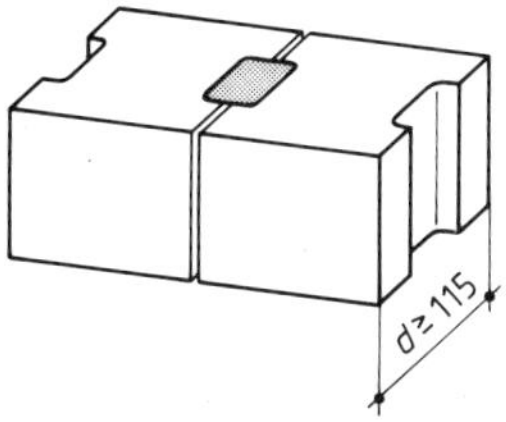

Bild 13 Steine mit Mörteltaschen, Knirschverlegung

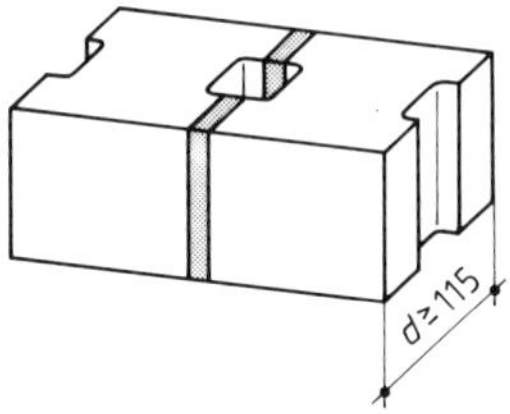

Bild 14 Steine mit Mörteltaschen, Steinflanken vermörtelt

Vermauerung ohne Stoßfugenvermörtelung

Hierzu geeignete Steine mit glatter Stirnfläche oder mit Nut- und Federsystem sind knirsch zu verlegen (Bild 15). Bei nicht knirsch verlegten Steinen mit Fugendicken >5 mm müssen die Fugen auf beiden Wandseiten vermörtelt sein.

Die Anforderungen an Schlagregenschutz, Wärmeschutz, Schallschutz und Brandschutz sind zu beachten.

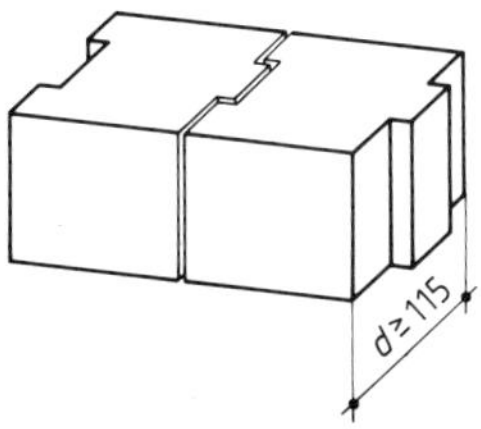

Bild 15 Vermauerung von Steinen ohne Stoßfugenvermörtelung (Prinzipskizze)

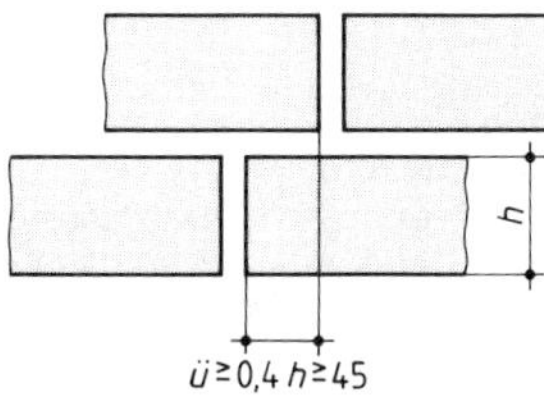

Bild 16 Überbindemaß für Stoß- und Längsfugen

Verband: Die Stoß- und Längsfugen übereinanderliegender Schichten müssen gemäß Bild 16 versetzt sein. Steine einer Schicht sollen gleich hoch sein. In Schichten mit Längsfugen dürfen die Steine nicht höher als breit sein.

3.4.11 Güteprüfungen

Bei Mörteln der Gruppe III a ist an jeweils 3 Prismen aus 3 verschiedenen Mörtelmischungen je Geschoß, aber mindestens je 10 m^3 Mörtel, die Druckfestigkeit nachzuweisen.

Bei Gebäuden mit mehr als 6 gemauerten Vollgeschossen ist die geschoßweise Prüfung, mindestens aber je 20 m^3 Mörtel, auch bei Normalmörteln der Gruppen II, II a und III erforderlich. Bei den obersten 3 Geschossen kann darauf verzichtet werden.

4 Mauerwerk nach Eignungsprüfung Mauerwerksfestigkeitsklassen nach DIN 1053-2 (11.96)

4.1 Begriffe

Mauerwerksfestigkeitsklassen sind klassifizierte Druckfestigkeiten von Mauerwerk. Die Einstufung erfolgt aufgrund von Eignungsprüfungen nach DIN 1053-2.

Hinweis Die neue Fassung von DIN 1053-2 (11.96) enthält die Regeln für die Eignungsprüfungen und für die Einstufung. Die Regeln für das genauere Berechnungsverfahren von Mauerwerk, die bisher in diesem Normteil enthalten waren, sind nun in DIN 1053-1 aufgenommen (s. oben Abschn. 3.3).

4.2 Baustoffe

Mauersteine müssen den Steinnormen entsprechen. Variationskoeffizient $V \leqq 15\%$. Kennzeichnung der Steine zusätzlich mit den Buchstaben EM.

Mauermörtel nach DIN 1053-1. Mörtel der Gruppe I ist nicht zulässig.

4.3 Mauerwerksfestigkeitsklassen

Für die Einstufung des Mauerwerks EM aufgrund von Eignungsprüfungen gelten die Anforderungen nach Tafel 26. Die Ergebnisse sind in einem Einstufungsschein festgelegt. Er hat eine Gültigkeit von 5 Jahren.

Tafel 26 Anforderungen an die Mauerwerksdruckfestigkeit von Mauerwerk nach Eignungsprüfung (EM)

1	2	3	4
Mauerwerks-festigkeitsklasse M	Nennfestigkeit des Mauerwerks β_M[1]) in N/mm²	Mindestdruckfestigkeit kleinster Einzelwert β_{MN} in N/mm²	Mindestdruckfestigkeit Mittelwert β_{MS} in N/mm²
1	1,0	1,0	1,2
1,2	1,2	1,2	1,4
1,4	1,4	1,4	1,6
1,7	1,7	1,7	2,0
2	2,0	2,0	2,4
2,5	2,5	2,5	2,9
3	3,0	3,0	3,5
3,5	3,5	3,5	4,1
4	4,0	4,0	4,7
4,5	4,5	4,5	5,3
5	5,0	5,0	5,9
5,5	5,5	5,5	6,5
6	6,0	6,0	7,0
7	7,0	7,0	8,2
9	9,0	9,0	10,6
11	11,0	11,0	12,9
13	13,0	13,0	15,3
16	16,0	16,0	18,8
20	20,0	20,0	23,5
25	25,0	25,0	29,4

[1]) Der Nennfestigkeit liegt das 5%-Quantil der Grundgesamtheit zugrunde.

5 Bewehrtes Mauerwerk, Berechnung und Ausführung

nach DIN 1053-3 (2.90)

5.1 Baustoffe

5.1.1 Mauersteine

Zulässig sind alle genormten Mauersteine, jedoch mit den Einschränkungen:

- Lochanteil $\leqq 35\%$; (Aussparungen bei Formsteinen zählen nicht mit)
- Stege zwischen nicht kreisförmigen Löchern dürfen nicht gegeneinander versetzt sein

sowie Steine mit bauaufsichtlicher Zulassung.

5.1.2 Mauermörtel

Bereiche mit Bewehrung: Mörtel der Gruppe III oder IIIa

Bereiche ohne Bewehrung: Alle Mörtel nach DIN 1053-1 mit Ausnahme von MGr I.

5.1.3 Bewehrung

Gerippter Betonstahl nach DIN 488-1. In Fugen $\varnothing \leqq 8$ mm, in Aussparungen (Formsteine) $\varnothing \leqq 14$ mm, größere $\varnothing$ nur in betonverfüllten Aussparungen. Außerdem Bewehrung nach Zulassung, z.B. Fugenbewehrung mit Murfor-Bewehrungselementen der Bekaert S.A. gemäß Tafel 27, die zum Korrosionsschutz mit Duplex-Beschichtung überzogen sind.

Tafel 27 Murfor-Bewehrungsträger als Beispiel einer Mauerwerksbewehrung nach Zulassung

Murfor-Abmessungen a in mm	Murfor-Abmessungen b in mm	Nenndurchmesser d_1 in mm	Nennquerschnitt A_s in cm² ● + ●	Diagonaldraht-$\varnothing$ d_2 in mm	Nenngewicht G in kg/m	Anwendung
50	406	5	2 × 0,196	3,75	0,397	für tragende Bauteile in bewehrtem Mauerwerk
100	406	5	↓	↓	0,405	
150	406	5	↓	↓	0,416	
180	406	5	↓	↓	0,430	

5.2 Bemessung von bewehrtem Mauerwerk

5.2.1 Allgemeine Regeln

Bemessung erfolgt im wesentlichen nach DIN 1045 mit spezifischen Abweichungen und Ergänzungen.

Biegeschlankheit $l/h \leqq 20$; statische Nutzhöhe $h \leqq l/2$.

5.2.2 Bemessung auf Biegung

Rechenwert der Druckfestigkeit β_R:

- Biegedruck in Lochrichtung der Steine: $\beta_R = 2{,}67 \cdot \sigma_0$, mit σ_0 nach Tafeln 16a bis c (Abschn. 3.2.9.1)
- Biegedruck quer zur Lochrichtung der Steine: Abminderung $\bar{\beta}_R = \frac{1}{2} \cdot \beta_R$, Voraussetzung: Stoßfugen voll vermörtelt.

Die Bemessung erfolgt analog zu Stahlbeton mit k_h-Verfahren.

- Nachweis der Drucktragfähigkeit: $k_h \geqq k_h^*$
- Nachweis der erforderlichen Bewehrung über die Beiwerte k_S
- Grenzwerte k_h^* und Beiwerte k_S sind in Tafel 28 in Abhängigkeit von β_R und den k_h-Werten angegeben.

Tafel 28 Bemessungstafel für Biegung

	β_R in MN/m²											k_s		k_x	k_z
	0,7	1,0	1,5	2,0	3,0	4,0	6,0	8,0	10,0	12,0	17,5	BSt 420	BSt 500		
k_h	39,1	32,7	26,7	23,1	18,9	16,4	13,4	11,6	10,3	9,44	7,82	4,3	3,6	0,08	0,97
	20,9	17,5	14,3	12,4	10,1	8,75	7,14	6,19	5,53	5,05	4,18	4,4	3,7	0,16	0,95
	15,1	12,7	10,3	8,95	7,31	6,33	5,17	4,47	4,00	3,65	3,03	4,5	3,8	0,22	0,92
	12,5	10,4	8,52	7,38	6,03	5,22	4,26	3,69	3,30	3,01	2,49	4,6	3,9	0,28	0,90
	11,1	9,28	7,57	6,56	5,36	4,64	3,79	3,28	2,93	2,68	2,22	4,8	4,0	0,32	0,87
	10,2	8,56	6,99	6,05	4,94	4,28	3,49	3,03	2,71	2,47	2,05	4,9	4,1	0,36	0,85
	9,63	8,06	6,58	5,70	4,65	4,03	3,29	2,85	2,55	2,33	1,93	5,0	4,2	0,40	0,83
	9,21	7,71	6,29	5,45	4,45	3,85	3,15	2,72	2,44	2,22	1,84	5,1	4,3	0,45	0,81
	8,89	7,43	6,07	5,26	4,29	3,72	3,03	2,63	2,35	2,15	1,78	5,2	4,4	0,49	0,80
k_h^*	8,60	7,19	5,87	5,09	4,15	3,60	2,94	2,54	2,27	2,08	1,72	5,4	4,5	0,54	0,78

Biegemoment M ohne Normalkraft

$$k_h = \frac{h\,[\text{cm}]}{\sqrt{\dfrac{M\,[\text{kNm}]}{b\,[\text{m}]}}} \geqq k_h^* \qquad A_s\,[\text{cm}^2] = k_s \cdot \frac{M_s\,[\text{kNm}]}{h\,[\text{cm}]}$$

Biegemoment M und Normalkraft N (Druck = −)

$$k_h = \frac{h\,[\text{cm}]}{\sqrt{\dfrac{M_s\,[\text{kNm}]}{b\,[\text{m}]}}} \geqq k_h^*$$

$$A_s\,[\text{cm}^2] = k_z \cdot \frac{M_s\,[\text{kNm}]}{h\,[\text{cm}]} + \frac{N\,[\text{kN}]}{\beta_s/\gamma\,[\text{kN/cm}^2]}$$

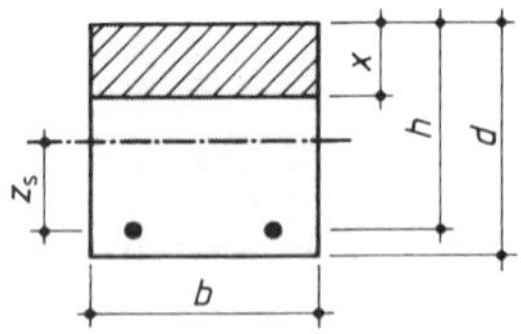

$$M_s = M - N \cdot z_s$$

$\beta_s/\gamma = 24{,}0$ kN/cm² für BSt420
28,6 kN/cm² für BSt500

5.2.3 Nachweis der Knicksicherheit

Der Nachweis der Knicksicherheit erfolgt im mittleren Wanddrittel.

- $h_k/d \leqq 20$: zusätzliche Ausmitte $f = \dfrac{h_k}{46} - \dfrac{d}{8}$
- $20 < h_k/d \leqq 25$: Nachweis nach DIN 1045
- $h_k/d > 25$: unzulässig

mit h_k/d = Knicklänge/Dicke der Wand

5.2.4 Bemessung auf Scheibenschub

Die Schubkraft wirkt parallel zur Wandebene.

Nachweis der Schubspannung τ in Höhe der Null-Linie und im Abstand 0,5 h von der Auflagerkante. Es ist nachzuweisen, daß die aufnehmbaren Werte von τ nach DIN 1053-1, Abschn. 3.3.3.5, Gl. (14), eingehalten sind. Dabei darf die rechnerische Normalspannung σ in der Lagerfuge angenommen werden zu:

$$\sigma = \frac{2\,F_A}{b \cdot l}$$

F_A Auflagerkraft
b Querschnittsbreite
l Stützweite des Trägers

5.2.5 Bemessung auf Plattenschub

Die Schubkraft wirkt senkrecht zur Wandebene.

Bemessung nach DIN 1045 mit dem Grenzwert $\tau_{011} = 0{,}015\,\beta_R$

Hierbei $\beta_R = 2{,}67\,\sigma_0$ sowohl für Biegedruck in Lochrichtung als auch senkrecht zur Lochrichtung der Steine.

Zusätzliche Bewehrungsregeln: Biegezugbewehrung ungestaffelt über volle Stützweite (Bogenmodell); Schubbewehrung rechnerisch nicht anzusetzen.

5.3 Bewehrungsregeln

Grundsatz: Es gelten singemäß die Regeln für Stahlbeton. Mindestbewehrung:

a) Horizontale Bewehrung in Lagerfugen oder Aussparungen: mindestens 4 Stäbe ∅ 6 je stgdm

b) Vertikale Bewehrung als Hauptbewehrung in Aussparungen und Sonderverbänden:

$\mu_H = A_S/A_M \geqq 0{,}1\%$

zugehörige Querbewehrung:

Für $\mu_H \leqq 0{,}5\%$: $\mu_Q = 0$

$\mu_H \geqq 0{,}6\%$: $\mu_Q = 0{,}2\,\mu_H$

dazwischen interpolieren.

c) durchgehend ummauerte Aussparungen (wandartige Aussparungen):

$\mu_H \geqq 0{,}1\%$

$\mu_Q \geqq 0{,}2\,\mu_H$

Maximale Stababstände in plattenartig beanspruchten Bauteilen:

Hauptbewehrung: $a_H \leqq 250$ mm

Querbewehrung: $a_Q \leqq 375$ mm

Mindestabstand der Stäbe nach DIN 1045

5.4 Verankerung der Bewehrung

Grundsatz: Es gelten sinngemäß die Regeln für Stahlbeton. Bei Einbettung in Mörtel gelten folgende Grundwerte der Verbundspannungen τ_1:

Mörtelgruppe	Grundwerte der Verbundspannungen τ_1	
	in der Lagerfuge	in Formsteinen und Aussparungen
III	$\tau_1 = 0{,}35$ MN/m²	$\tau_1 = 1{,}0$ MN/m²
IIIa	$\tau_1 = 0{,}70$ MN/m²	$\tau_1 = 1{,}4$ MN/m²

5.5 Korrosionsschutz der Bewehrung

Ungeschützte Bewehrung nur bei trockenem Raumklima, z.B. in Innenwänden. In allen anderen Fällen, z.B. bei Außenwänden: Einbettung in betonverfüllte Aussparungen mit Betonüberdeckung nach DIN 1045 oder besonderer Korrosionsschutz erforderlich, z.B. Feuerverzinkung, Kunststoff-Beschichtung, Duplex-Beschichtung (s. Zulassung für Murfor). Einbettung in Zementmörtel nicht ausreichend.

5.6 Ausführungsregeln

Grundsatz: Es gilt DIN 1053-1.

- Mindestdicke bewehrter Wände: $d = 115$ mm;
- Lagerfugen: vollfugig, maximal 20 mm dick;
- Stoßfugen: bei horizontaler Spannrichtung vollfugig, bei vertikaler Spannrichtung vollfugig oder knirsch verlegt,
- Bewehrung in Mörtel: allseitig eingebettet, kein Überdeckungsmaß vorgeschrieben;
- Bewehrung in Beton: Überdeckung nach DIN 1045;
- Abstand Bewehrung zur Wandoberfläche: mindestens 30 mm.
- Verfüllen von vertikalen Aussparungen: bei kleinen Aussparungen bis zu 135/135 mm in jeder Steinlage. Bei größeren Aussparungen nach jedem m Wandhöhe.

5.7 Bewehrung von Mauerwerk zur konstruktiven Rissesicherung

Risse, die nicht die Standsicherheit der Wände beeinträchtigen, können dennoch unangenehm sein. Übliche Ursachen: Schwindverkürzung der Wände, Durchbiegung der Decken, Temperaturänderungen der Konstruktion. Zur Rissesicherung kann Bewehrung in die Lagerfugen eingelegt werden. Hierfür ist DIN 1053-3 nicht verbindlich, jedoch Anhaltspunkt. Insbesondere sind die Regeln für Korrosionsschutz hier nicht verbindlich. Die Hersteller von Bewehrungselementen haben Empfehlungen entwickelt.

Beispiel Empfehlung für Murfor-Bewehrungsgitter 2 ∅ 5 mm in den Lagerfugen zur Rissesicherung gegen Schwindspannungen und Deckendurchbiegung: vertikaler Abstand der Gitter im unteren Wandbereich $\Delta h = 25$ cm, darüber $\Delta h = 50$ cm.

Siehe hierzu auch die Empfehlungen und Bemessungsansätze, die in der angegebenen weiterführenden Literatur enthalten sind.

6 Mauerwerk nach Eurocode EC 6

Der Eurocode EC 6 für Mauerwerk ist zusammen mit einem Nationalen Anwendungsdokument (NAD) als ENV 1996-1-1 bauaufsichtlich eingeführt worden und steht damit zur Erprobung neben den vorhandenen DIN-Vorschriften zur Verfügung.

Wesentliche Änderungen gegenüber DIN 1053-1:

- Die Bemessung von Mauerwerk erfolgt nach dem für alle Eurocodes gültigen Bemessungskonzept. Mit Hilfe von Teilsicherheitsbeiwerten wird der Grenzzustand der Tragfähigkeit nachgewiesen.
- Die Spannungsverteilung im Bruchzustand darf als rechteckiger Spannungsblock angenommen werden. Dadurch ergibt sich eine Erhöhung der Traglast von bis zu 33% gegenüber linearer Spannungsverteilung.
- Ermittlung der Knotenmomente über ein vereinfachtes Rahmensystem. Hiermit
- Nachweis der Wand an Wandkopf und an Wandfuß.
- Knicksicherheit durch Nachweis der Wand im ungünstigsten Schnitt im mittleren Fünftel der Wandhöhe. Der Abminderungsfaktor für die Traglast ist aus Kurven, Tabellen oder Formeln in Abhängigkeit von der Wandschlankheit und von der Exzentrizität der Last zu entnehmen. Dabei sind die planmäßigen Exzentrizitäten, die ungewollte Ausmitte sowie Verformungen infolge Kriechen zu berücksichtigen.

Hinweis Die im EC 6 enthaltenen Regeln für bewehrtes, vorgespanntes und umschlossenes Mauerwerk werden im NAD nicht für die Anwendung in Deutschland übernommen. Für bewehrtes Mauerwerk gilt daher ausschließlich DIN 1053-3.

Inzwischen wurde ein vereinfachtes Berechnungsverfahren als Teil 3 von EC 6 erarbeitet. Es ist vergleichbar mit dem vereinfachten Berechnungsverfahren nach DIN 1053-1. Hierzu soll ein Nationales Anwendungsdokument NAD erarbeitet werden. Bis zu seiner Fertigstellung ist die Anwendung von Teil 3 in Deutschland noch nicht zulässig.

7 Putz, Baustoffe und Ausführung

nach DIN 18550-1 (1.85), -2 (1.85), -3 (3.91), -4 (8.93)

Putze können mehrlagig (aus einer oder mehreren Lagen Unterputz und einer Lage Oberputz) oder einlagig sein.

14

Unterputze bestehen immer aus Mörteln mit mineralischen Bindemitteln.

Oberputze können mineralisch gebunden oder Kunstharzputze sein.

Spritzbewurf ist keine Lage, sondern eine Vorbehandlung des Putzgrunds.

Putzsystem ist die Gesamtheit aus Unter- und Oberputz. Es werden Putzsysteme für Außenputze und Innenputze nach DIN 18550-1, Tab. 3 bis 6, unterschieden.

Mineralische Putze bestehen aus mineralischen Bindemitteln und mineralischen oder organischen Zuschlägen. Beide Zuschlagarten können dichtes oder poriges Gefüge haben. Die Mörtel können Baustellen- oder Werkmörtel sein. Putzmörtel werden in die Mörtelgruppen PI bis PV mit Untergruppen gemäß Tafel 30 und DIN 1855-2, Tab. 3, eingeteilt. Für die Mörtelgruppen werden Mindestfestigkeiten nach Tafel 29 verlangt. Für den Zuschlag werden in DIN 18550-2, Tab. 1, Korngruppen empfohlen. Der Massenanteil an Körnung 0 bis 0,25 mm soll 10 bis 30% sein. Mörtel nach DIN 18550-2, Tab. 3, gelten ohne Nachweis als bewährte Mörtel, abweichende Zusammensetzungen bedürfen einer Eignungsprüfung.

Wärmedämmputzsystem ist ein Putzsystem aus aufeinander abgestimmten, wärmedämmendem Unterputz und wasserabweisendem Oberputz. Der wärmedämmende Unterputz ist aus Mörteln mit mineralischen Bindemitteln und expandiertem Polystyrol (EPS) als überwiegendem Zuschlag, der wasserabweisende Oberputz aus Werk-Trockenmörteln nach DIN 18557 herzustellen.

Die Wärmeleitfähigkeit $\lambda_{10,tr}$ des Festmörtels darf bei Prüfung nach DIN 18550-3, Abschn. 6.4.3 die Werte der Tafel 31 für die jeweilige Wärmeleitfähigkeitsgruppe nicht überschreiten.

Kunstharzputze bestehen aus organischen Bindemitteln (Polymerisatharze als Dispersionen oder Lösungen) und aus Zuschlägen mit überwiegendem Kornanteil >0,25 mm. Sie erfordern immer einen Grundanstrich und können auf Beton ohne, sonst nur mit einem mineralischen Unterputz (Mörtelgr. P II oder P III) hergestellt werden. Beschichtungsstoffe für Kunstharzputze werden nach DIN 18550-1, Tab. 2, in den Typen **P Org 1** (für Außen- und Innenputz) und **P Org 2** (nur für Innenputz) als Werkmörtel geliefert und unterliegen der Überwachungspflicht.

Putzdicke, Angabe als mittlere Dicke und Mindestdicke (an einzelnen Stellen) in mm: Nach DIN 18550-2.5 Außenputz 20/15, Innenputz 15/10, einlagiger Innenputz aus Werktrockenmörtel 10/5, einlagiger wasserabweisender Putz aus Werkmörtel 15/10, Wärmedämmputz mind. 20.

Putzgrundvorbehandlung. Putzgrund normal saugend: keine Vorbehandlung, schwach saugend: warzenförmiger Spritzbewurf, stark saugend: vornässen und volldeckender Spritzbewurf, unterschiedliche Wandbaustoffe: volldeckender Spritzbewurf, Beton: Spritzbewurf P III

Wichtigste Putzregel: Die Festigkeit soll vom Putzgrund bis zum Oberputz abnehmen oder gleich bleiben (Ausnahmen Kellerwandaußenputz und Sockelputz).

Tafel 29 Mindestdruckfestigkeit für Putzmörtel

Putzmörtelgruppe	Mindestdruckfestigkeit in N/mm²
P Ia, b	keine Anforderungen
P Ic	1,0
P II	2,5
P III	10
P IVa, b, c	2,0
P IVd	keine Anforderungen
P V	2,0

Tafel 31 Wärmeleitfähigkeitsgruppen

Gruppe	Anforderungen an die Wärmeleitfähigkeit $\lambda_{10,tr}$ in W/(m·K) max.
060	0,057
070	0,066
080	0,075
090	0,085
100	0,094

Tafel 30 Putzmörtelgruppen

Mörtelgruppe		Mörtelart
P I	a	Luftkalkmörtel
	b	Wasserkalkmörtel
	c	Mörtel mit hydraulischem Kalk
P II	a	Mörtel mit hochhydraulischem Kalk oder Mörtel mit Putz- u. Mauerbinder
	b	Kalkzementmörtel
P III	a	Zementmörtel mit Zusatz von Kalkhydrat
	b	Zementmörtel
P IV	a	Gipsmörtel
	b	Gipssandmörtel
	c	Gipskalkmörtel
	d	Kalkgipsmörtel
P V	a	Anhydritmörtel
	b	Anhydritkalkmörtel

Räumliche Aussteifung von Geschoßbauten

Bearbeitet von Prof. Dr.-Ing. Gerhard Haße

Inhalt

Literatur

[1] *Bornscheuer, F.W.*: Systematische Darstellung des Biege- und Verdrehvorganges unter besonderer Berücksichtigung der Wölbkrafttorsion. Stahlbau **21** H. 1, 1 – 9

[2] *König, G.; Liphardt, S.*: Hochhäuser aus Stahlbeton. Betonkalender 1990. Verlag Ernst & Sohn

[3] *Kollbrunner, C.F.; Hajdin, N.*: Dünnwandige Stäbe. Springer-Verlag 1972

[4] *Pflüger, A.*: Beitrag zur Ermittlung der Schubspannungen in mehrzelligen Hohlquerschnitten. Ing.-Archiv **8** (1937) 25

[5] *Wlassow, W.S.*: Dünnwandige elastische Stäbe. VEB Verlag für Bauwesen

1 Statisch bestimmte Gebäudeaussteifung

Eine statisch bestimmte Gebäudeaussteifung liegt vor, wenn das Bauwerk durch genau 3 Wandscheiben (Bild 1) ausgesteift ist; zwei davon dürfen an einer Kante miteinander verbunden sein und so einen abgewinkelten, T-förmigen oder gekreuzten Querschnitt bilden. Die Scheibenebenen dürfen sich nicht in einer Spur schneiden und nicht parallel angeordnet sein.

Zwar liegt auch dann eine statisch bestimmte Aussteifung vor, wenn alle drei Scheiben zu einem einzigen zusammenhängenden Querschnitt verbunden sind, in diesem Fall ist aber eine Schubmittelpunktsbestimmung erforderlich, die in den folgenden Abschnitten behandelt wird.

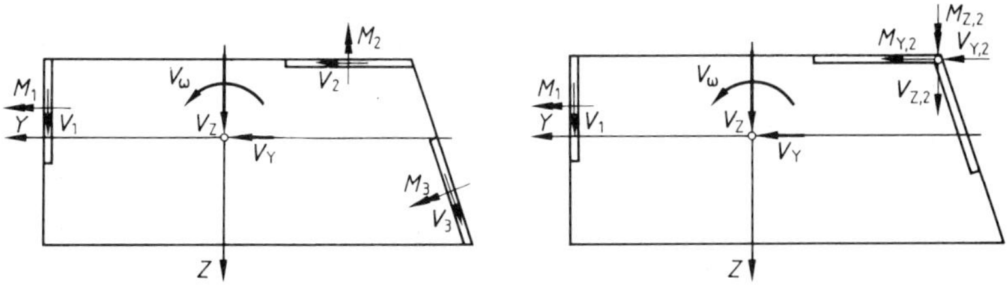

a) getrennte Wandscheiben *2* und *3* **b) winkelartige Wandscheiben *2* und *3***

Bild 1 Statisch bestimmte Aussteifung; Berechnung durch Anwenden der Äquivalenzbedingung

Aus den Schnittkräften des Gesamtquerschnitts kann man zunächst mit Hilfe der Äquivalenzbedingung die in Scheibenrichtung orientierten Querkräfte in den Teilquerschnitten berechnen:

$$\sum V_{Y,i} = V_Y$$

$$\sum V_{Z,i} = V_Z$$

$$\sum (Y_i \cdot V_{Z,i} - Z_i \cdot V_{Y,i}) = V_\omega$$

Y_i und Z_i sind darin die Koordinaten der Schubmittelpunkte der Teilquerschnitte *i*.

Das Gesamtbiegemoment verteilt sich wie die Querkraft auf die einzelnen Wandscheiben

$$M_i = \frac{V_i}{V} \cdot M$$

Mit Hilfe der folgenden Formeln läßt sich der Rechenablauf zur Bestimmung der Schnittkräfte in den einzelnen Wandscheiben formalisieren. Die *X*-Achse des globalen Koordinatensystems ist dabei in die Spur der Scheiben *2* und *3* zu legen (Bild 2). Die natürlichen Lastangriffsachsen schneiden sich in *L*.

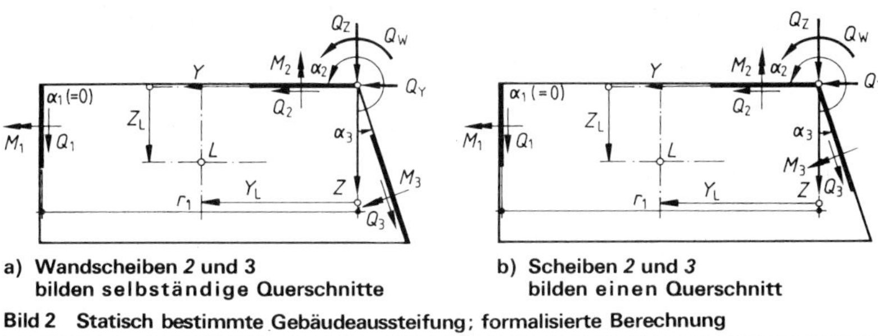

a) Wandscheiben *2* und 3 bilden selbständige Querschnitte **b) Scheiben *2* und *3* bilden einen Querschnitt**

Bild 2 Statisch bestimmte Gebäudeaussteifung; formalisierte Berechnung

$$\varrho = \cos\alpha_2 \sin\alpha_3 - \sin\alpha_2 \cos\alpha_3 \qquad \beta_1 = \frac{\cos\alpha_1}{r_1}; \quad \gamma_1 = \frac{\sin\alpha_1}{r_1};$$

$$\beta_2 = \frac{\cos\alpha_2}{\varrho}; \quad \gamma_2 = \frac{\sin\alpha_2}{\varrho}; \quad \delta_2 = \gamma_1 \beta_2 - \beta_1 \gamma_2$$

$$\beta_3 = \frac{\cos\alpha_3}{\varrho}; \quad \gamma_3 = \frac{\sin\alpha_3}{\varrho}; \quad \delta_3 = \gamma_1 \beta_3 - \beta_1 \gamma_3$$

$$V_\omega = Y_L \cdot V_Z - Z_L \cdot V_Y; \quad M_\omega = -Y_L \cdot M_Y - Z_L \cdot M_Z$$

α_i ist in allen Fällen der Winkel zwischen der Z-Achse und der Scheibenquerkraftrichtung V_i. Alle Größen sind vorzeichengerecht zu verwenden!

$$V_1 = \frac{1}{r_1} V_\omega \qquad M_1 = -\frac{1}{r_1} \cdot M_\omega$$

$$V_2 = \beta_3 V_Y + \gamma_3 V_Z + \delta_3 V_\omega \qquad M_2 = -(\beta_3 M_Z - \gamma_3 M_Y + \delta_3 M_\omega)$$

$$V_3 = -(\beta_2 V_Y + \gamma_2 V_Z + \delta_2 V_\omega) \qquad M_3 = \beta_2 M_Z - \gamma_2 M_Y + \delta_2 M_\omega$$

Bilden die Wandscheiben *2* und *3* einen zusammengesetzten Querschnitt (Bild 1 b), so sind die entsprechenden Schnittkräfte vektoriell zu addieren:

$$\vec{V}_2 = \begin{pmatrix} V_{y2} \\ V_{z2} \end{pmatrix} = V_2 \begin{pmatrix} -\sin\alpha_2 \\ \cos\alpha_2 \end{pmatrix}; \quad \vec{V}_3 = \begin{pmatrix} V_{y3} \\ V_{z3} \end{pmatrix} = V_3 \begin{pmatrix} -\sin\alpha_3 \\ \cos\alpha_3 \end{pmatrix};$$

$$\rightarrow \vec{V}_{2+3} = \begin{pmatrix} V_{y2+3} \\ V_{z2+3} \end{pmatrix} = \begin{pmatrix} V_{y2} + V_{y3} \\ V_{z2} + V_{z3} \end{pmatrix};$$

$$\vec{M}_2 = \begin{pmatrix} M_{y2} \\ M_{z2} \end{pmatrix} = M_2 \begin{pmatrix} \cos\alpha_2 \\ \sin\alpha_2 \end{pmatrix}; \quad \vec{M}_3 = \begin{pmatrix} M_{y3} \\ M_{z3} \end{pmatrix} = M_3 \begin{pmatrix} \cos\alpha_3 \\ \sin\alpha_3 \end{pmatrix};$$

$$\rightarrow \vec{M}_{2+3} = \begin{pmatrix} M_{y2+3} \\ M_{z2+3} \end{pmatrix} = \begin{pmatrix} M_{y2} + M_{y3} \\ M_{z2} + M_{z3} \end{pmatrix}$$

Die Spannungsermittlung kann an den Teilquerschnitten *1, 2, 3* bzw. *1* und *2+3* wie bei Einzelquerschnitten durchgeführt werden. Die Scheiben *2* und *3* können auch T-förmig verbunden sein oder sich im Querschnitt kreuzen.

Beispiel Die globalen Schnittgrößen V_Y, V_Z, $V_\omega = 0$, M_Y, M_Z und $M_\omega = 0$ seien für den Querschnitt in Höhe x bezogen auf den Schnittpunkt der Lastwirkungslinien berechnet.

Umrechnung auf den Ursprung im Schnittpunkt $\bar{O}$ der Wandquerschnitte *2* und *3*

$V_Y = V_Y \qquad M_Z = M_Z$

$V_Z = V_Z \qquad M_Y = M_Y$

$V_\omega = 10 \cdot V_Z - 5 \cdot V_Y; \quad M_\omega = -10 \cdot M_Y - 5 \cdot M_Z$

$\alpha_1 = \alpha_3 = 0°$; $\alpha_2 = -90°$; $r_1 = 20$ m; $\varrho = 0 \cdot 0 - (-1) \cdot 1 = 1$;

$\beta_1 = 1/20 = 0{,}05\ \text{m}^{-1}$; $\gamma_1 = 0/20 = 0\ \text{m}^{-1}$

$\beta_2 = 0/1 = 0$; $\gamma_2 = -1/1 = -1$; $\delta_2 = 0 \cdot 0 - 0{,}05 \cdot (-1) = 0{,}05\ \text{m}^{-1}$;

$\beta_3 = 1/1 = 1$; $\gamma_3 = 0/1 = 0$; $\delta_3 = 0 \cdot 1 - 0{,}05 \cdot 0 = 0$.

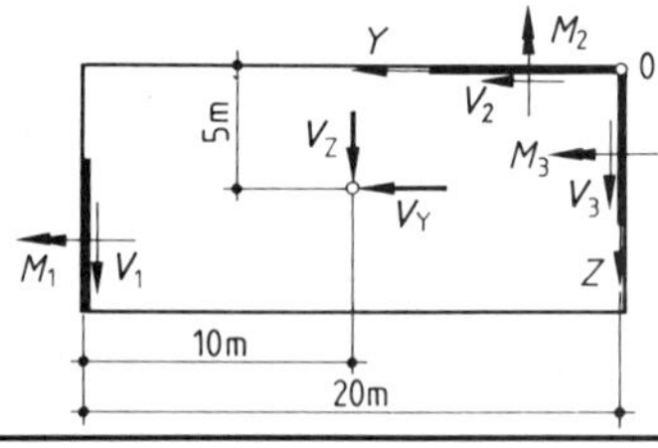

Bild 3
Beispiele zu „Statisch bestimmte Bauwerksaussteifung"

Beispiel, Forts.

$$V_1 = \frac{1}{20}(10 \cdot V_Z - 5 \cdot V_Y) = \qquad \mathbf{0{,}5 \cdot V_Z - 0{,}25 \cdot V_Y}$$

$$V_2 = 1 \cdot V_Y + 0 \cdot V_Z + 0 \cdot V_\omega = V_Y + 0 \cdot (10 \cdot V_Z - 5 \cdot V_Y) = \mathbf{Q_Y}$$

$$V_3 = -(0 \cdot V_Y + (-1) \cdot V_Z + 0{,}05 \cdot V_\omega) = V_Z - 0{,}05 \cdot (10 \cdot V_Z - 5 \cdot V_Y) = \qquad \mathbf{0{,}5 \cdot V_Z + 0{,}25 \cdot V_Y}$$

$$M_1 = -\frac{1}{20}(-10 \cdot M_Y - 5 \cdot M_Z) = \qquad \mathbf{0{,}5 \cdot M_Y + 0{,}25 \cdot M_Z}$$

$$M_2 = -(1 \cdot M_Z - 0 \cdot M_Y + 0 \cdot M_\omega) = \qquad \mathbf{-M_Z}$$

$$M_3 = 0 \cdot M_Z - (-1) \cdot M_Y + 0{,}05 \cdot M_\omega = M_Y + 0{,}05 \cdot (-10 \cdot M_Y - 5 \cdot M_Z) = \qquad \mathbf{0{,}5 \cdot M_Y - 0{,}25 \cdot M_Z}$$

Da die Teilquerschnitte *2* und *3* zusammenhängen, gilt in diesem Fall:

$$\vec{V}_{2+3} = \begin{pmatrix} V_{y2+3} \\ V_{z2+3} \end{pmatrix} = \begin{pmatrix} V_Y \\ 0{,}5 \cdot V_Z + 0{,}25 \cdot V_Y \end{pmatrix};$$

$$\vec{M}_{2+3} = \begin{pmatrix} M_{y2+3} \\ -M_{z2+3} \end{pmatrix} = \begin{pmatrix} 0{,}5 \cdot M_Y - 0{,}25 \cdot M_Z \\ M_Z \end{pmatrix}.$$

Mit diesen Schnittgrößen werden die Spannungen in den Querschnitten *1* und *2+3* nach dem üblichen Verfahren der Festigkeitslehre berechnet (s. Abschn. Statik und Festigkeitslehre).

2 Grundlagen der Behandlung statisch unbestimmter Gebäudeaussteifung

2.1 Problem

Die vertikalen Bauteile eines Geschoßbaus werden im allg. durch Längskraft und Biegung beansprucht. Bei den Längskräften handelt es sich überwiegend um Druckkräfte, so daß bei Eintreffen der weiteren Kriterien (Abschn. 7) der Bruchsicherheitsnachweis nach der Elastizitätstheorie II. Ordnung geführt werden muß. Die Frage der Fesselung der einzelnen Bauteile (Aussteifung) spielt dabei eine wichtige Rolle.

Die Konstruktion des Geschoßbaus besteht i.w. aus den sich in der Horizontalen erstreckenden Decken und Balken und den vertikal orientierten Wänden und Stützen. Zwei typische Tragwerksarten sind zu unterscheiden:

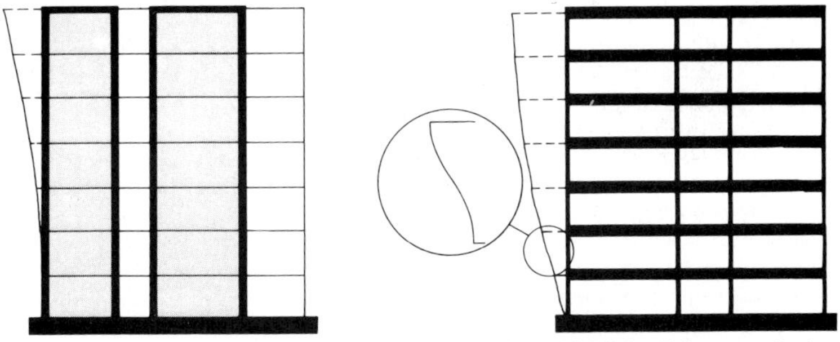

a) „Ausgesteiftes" System. Horizontallasten werden allein durch vertikale Bauteilstränge (Wände, Wandfaltwerke) in den Baugrund abgeleitet, weil deren Steifigkeit von höherer Größenordnung ist als die der horizontalen Bauteile

b) „Verschiebliches" System. Horizontallasten werden über Stockwerkrahmen in den Baugrund abgeleitet, weil die Steifigkeiten der horizontalen und der vertikalen Bauteilstränge von gleicher Größenordnung sind

Bild 4 „Ausgesteifte" und „verschiebliche" Systeme

(1) Wände (in Plattenrichtung) und Stützen können durch die Geschoßdecken als horizontal gefesselt betrachtet werden,

(2) Wände (in Plattenrichtung) und Stützen bilden in biegesteifem Anschluß an das Balken-Decken-System ein rahmenartiges Tragwerk zur Aufnahme horizontaler Kräfte.

Die Unterscheidung beruht auf der mit der Querschnittshöhe sehr rasch anwachsenden Steifigkeit eines Bauteils. So ist die Steifigkeit einer 20 cm dicken und 2,0 m langen Wand (in Scheibenrichtung) bereits mehr als 60mal so groß wie die einer Stütze mit dem Querschnitt 40 × 40 cm^2 und 100mal so groß wie ihre eigene Steifigkeit in Plattenrichtung. Bei gemischter Verwendung von Wänden und Stützen spielt die Steifigkeit der Stützen und der Wände in ihrer Plattenrichtung keine nennenswerte Rolle gegenüber der Wandsteifigkeit in Scheibenrichtung. Werden daher die Geschoßdecken durch ein System von Wandscheiben horizontal gefesselt, so bilden sie ihrerseits dank ihrer großen horizontalen Steifigkeit ein System von Fesseln für die Wandplatten und Stützen.

Ein Hochbau ist ausgesteift, wenn jede einzelne Geschoßdecke des Gebäudes gegen Verschieben in zwei verschiedenen horizontalen Richtungen und gegen Verdrehen gefesselt ist. Bei geraden Wänden ist dies dann gegeben, wenn mindestens drei aussteifende Wände vorhanden sind, deren Wandquerschnittsmittellinien sich im Grundriß nicht in einem Punkt (einschließlich eines unendlich weit entfernten) schneiden.

In diesem Abschnitt wird die Berechnung der Linien-Normalkräfte in den Wänden ausgesteifter Geschoßbauten behandelt, die zur Aussteifung im oben erklärten Sinne herangezogen werden sollen. Grundsätzlich sind dies alle tragfähigen Wände eines Gebäudes.

2.2 Tragwerksmodell

In der Massivbauweise versteht man unter Aussteifungen großflächige steife Bauelemente wie Decken und Wände. Deckenscheiben sorgen für die horizontale Formerhaltung der Geschoßquerschnitte; mit den Decken schubfest verbundene Wandscheiben oder – bei zusammenhängenden Wandzügen – Wandfaltwerke bilden die vertikale Aussteifung. Eine beliebige Deckenscheibe in einem gut ausgesteiften Gebäude ist gegen Verschieben (Translation) in beiden Horizontalrichtungen Y und Z und gegen Verdrehen (Rotation) um die vertikale Bauwerksachse X durch die vertikal aussteifenden Bauteile elastisch gefesselt.

In einem „nicht ausgesteiften" Gebäude müssen aus Stützen und Balken gebildete Stockwerkrahmen die auf das Gebäude einwirkenden Horizontalkräfte aufnehmen. Da sie sich gegenüber horizontalem Kraftangriff verhältnismäßig „weich" verhalten ist im allg. ein Nachweis nach Theorie II. Ordnung erforderlich.

Aus diesen Überlegungen ergibt sich für den Nachweis der Gesamtbeanspruchung eines ausgesteiften Bauwerks ein Tragwerksmodell, das durch folgende Eigenschaften gekennzeichnet ist:

- Wände besitzen in Scheibenrichtung eine ihrem Querschnitt entsprechende Steifigkeit,
- Decken werden in Scheibenrichtung unendlich steif angenommen,
- Decken und Wände besitzen in Plattenrichtung keine Steifigkeit,
- Stützen besitzen keine Steifigkeit und können als an beiden Enden gelenkig an Decken und Balken angeschlossene Stäbe (Pendelstützen) angesehen werden.

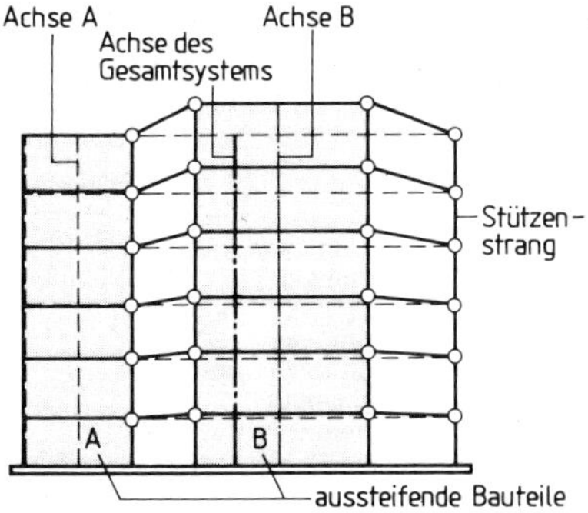

Bild 5 Verformung bei Längskraft in Bauteil B

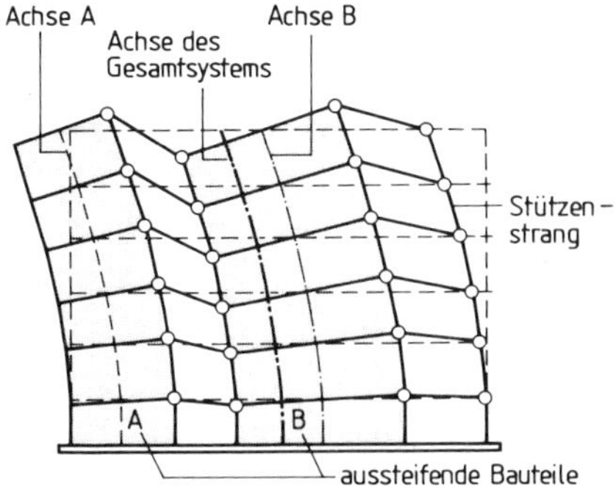

Bild 6 Verformung bei Biegebeanspruchung

Die Bilder 5 und 6 zeigen das grundsätzliche Verformungsverhalten eines solchen Modells unter Längskraft- bzw. Biegebeanspruchung. Der symbolisch gelenkige Anschluß der Decken an die Wände und Wandfaltwerke drückt aus, daß die Decken in Plattenrichtung biegeweich sind und keine nennenswerte Verdübelungswirkung zwischen solchen Wandbauteilen herstellen, die ausschließlich über die Geschoßdecken miteinander verbunden sind. Hinsichtlich reiner Längsverformungen beeinflussen sich solche nicht unmittelbar verbundenen Wandbauteile daher nicht. So dehnt sich das mittig längs belastete Bauteil B in Bild 5, ohne daß Bauteil A oder der Stützenstrang davon betroffen werden. In der Querrichtung sind die einzelnen Wandbauteile durch die steifen Deckenscheiben in der Weise gekoppelt, daß sich ihre relative Lage im Grundriß nicht verändern kann: die Wandbauteile verformen sich parallel.

Das mechanische Verhalten eines solchen Tragwerks ist das eines Bündels einzelner Stäbe (Teilstäbe), das als Gesamtstab einen in das Fundament oder eine steife Kellergeschoßbasis eingespannten Kragträger bildet.

Das Verhältnis von Kraglänge zu Querschnittsausdehnung überschreitet beim einzelnen Teilstab schon bei kleinen Geschoßzahlen die Grenze zum schlanken Stab, so daß bei der Berechnung der Längsspannungen und Verformungen infolge Biegung mit der Bernoulli-Hypothese gearbeitet werden darf (Querschnitte bleiben bei der Verformung eben und senkrecht zur Stabachse). Für den Beanspruchungsfall der Torsion ist diese Annahme allerdings sinnvoll zu erweitern (Abschn. 3).

Nach den bisherigen Überlegungen sind die Teilquerschnitte (Querschnitte eines Teilstabs) dort begrenzt, wo der Zusammenhang mit benachbarten Wandbauteilen nur noch über die schubweiche Verbindung der Geschoßdecke besteht, d.h. wo die Verbindung zu den übrigen Wänden geschoßhoch unterbrochen ist. Das läßt die Frage offen, welche Bedeutung vertikale Öffnungsketten wie übereinanderliegende Tür-, Fenster- und sonstige Öffnungen in diesem Zusammenhang haben. Hier ist von Fall zu Fall zu beurteilen, ob die Schubsteifigkeit der verbleibenden Verbindungen zwischen den Stabteilen (Stürze, Brüstungen) groß genug ist, um das „Ebenbleiben" des Querschnitts über die Öffnung hinweg nicht entscheidend zu stören. Wird die Öffnung aber in den Teilstabquerschnitt einbezogen, dann ist die Öffnungsumgebung, insbesondere der Sturz oder die Brüstung entsprechend zu bemessen. In Mauerwerksbauten ist eine Teilquerschnittsabgrenzung über Öffnungsketten hinweg im allg. nicht zulässig.

15

2.3 Querschnittstypen

Allgemein tritt Torsion gleichzeitig in zweierlei Gestalt auf, nämlich als reine oder St.-Venant-Torsion und als Wölbkrafttorsion. Die Anteile beider Torsionsformen sind durch die folgende Differentialgleichung miteinander verknüpft.

$$\vartheta''' - \frac{\varkappa^2}{H^2} \cdot \vartheta' = -\frac{M_T}{W}$$

$\varkappa$	Torsionseigenwert (s. unten)
ϑ	Querschnittsdrehung in x-Richtung
H	Gebäudehöhe
M_T	Torsionsmoment
$W = E \cdot A_{\omega\omega}$	Wölbkrafttorsionssteifigkeit
E	Elastizitätsmodul
$A_{\omega\omega}$	Flächenbimoment 2. Grades

Die Lösung der Differentialgleichung liefert die Torsionsmomentenanteile M_{Tr} (Reine Torsion) und V_ω (Wölbkrafttorsion), die sich zum Gesamttorsionsmoment ergänzen ($M_T = M_{Tr} + V_\omega$). Unter bestimmten Verhältnissen von Querschnittsgestalt und Bauwerkshöhe dominiert aber eine der beiden Torsionsformen so stark, daß die andere jeweils vernachlässigt werden kann. Das maßgebende Kriterium ist der Torsionseigenwert:

Erscheinungsformen der Torsion

	(a) $\varkappa \leqq 0{,}5$	Wölbkrafttorsion dominiert
$\varkappa = H \cdot \sqrt{T/W}$	(b) $0{,}5 < \varkappa \leqq 10$	gemischte Torsion
	(c) $\varkappa > 10$	reine Torsion dominiert

h	Bauwerkshöhe
$T = G \cdot I_T$	Reine Torsionssteifigkeit
$W = E \cdot A_{\omega\omega}$	Wölbkrafttorsionssteifigkeit

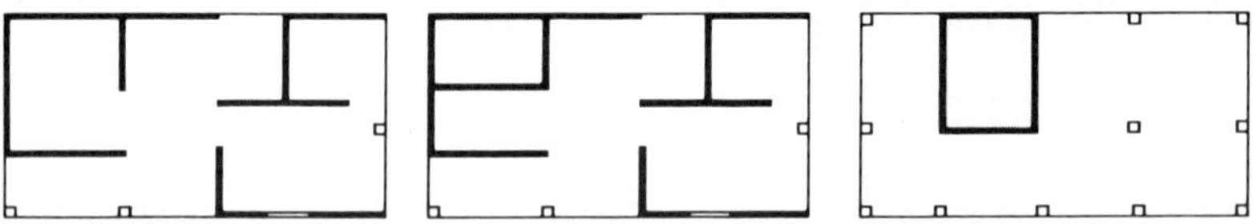

a) drillweiche, offene Teilquerschnitte

b) drillsteifer, geschlossener und drillweiche, offene Teilquerschnitte

c) System mit drillsteifem geschlossenem Teilquerschnitt

Bild 7 Querschnittstypen

Die Schwierigkeit der Spannungsberechnung hängt sehr davon ab, mit welchem Stabtyp man es zu tun hat. Sie gestaltet sich verhältnismäßig einfach in den Fällen (a) und (c) und wird aufwendig im Fall (b). Bei „offenen" Querschnitten (Bild 7a) ist um allg. die Bedingung (a) erfüllt und der Anteil der reinen Torsion kann vernachlässigt werden. Bei teilweise „offenen" Querschnitten (Bild 7b) gilt im allg. Bedingung (b). Auf diese Fälle bezieht sich das hier gezeigte Verfahren der Spannungsermittlung.

2.4 Längsspannungsermittlung bei $\varkappa \leqq 0{,}5$

Die Längsspannungen in einem prismatischen Stab mit unregelmäßigem homogenem Querschnitt erhält man allgemein aus der Beziehung:

Berechnung der Längsspannungen

Längsspannung

$$\sigma_k = \frac{N_i}{A_i} + {}^{iM}\vec{d}_k^{\,T} \cdot {}^{M}\bar{A}^{-1} \cdot {}^{M}\vec{S}_\sigma$$

Linienlängskraft

$$n_k = {}^{i}t_j \cdot \left[\frac{N_i}{A_i} + {}^{iM}\vec{d}_k^{\,T} \cdot {}^{M}\bar{A}^{-1} \cdot {}^{M}\vec{S}_\sigma \right]$$

i	Teilquerschnitts-Nr.
j	Wand-Nr. innerhalb i
k	Punkt-Nr. innerhalb i
σ_k	Längsspannung im Punkt k
n_k	Linienlängskraft im Punkt k
${}^{iM}\vec{d}_k$	Einheitsverschiebungen, auf Schubmittelpunkt bezogen
${}^{iM}\vec{d}_k^{\,T}$	-, transponiert
A_i	Fläche des Teilquerschnitts i
${}^{M}\bar{A}$	Matrix der Querschnittswerte, auf Schubmittelpunkt bezogen
${}^{M}\bar{A}^{-1}$	-, invertiert
N_i	Längskraft im Teilquerschnitt i
${}^{M}\vec{S}_\sigma$	Längsspannungen verursachende statische Schnittmomente, auf Schubmittelpunkt bezogen

Die Berechnung der Längsspannungen (bzw. Linienlängskräfte) im Wandskelett erfordert demnach Vorarbeiten: Berechnung der Querschnittswerte, Berechnung der Normalkräfte für jeden Teilstab und die Berechnung der übrigen Schnittkraftgrößen für den Gesamtstab (s. Abschn. 5). Bild 8 beschreibt den ganzen Arbeitsgang.

Abgrenzen und Bezeichnen ($i=1, \dots n$) der Teilquerschnitte
Abschnitte 2, 3, 4
Einrichten lokaler Koordinatensysteme ${}^{i}(x, y, z)$ für die Teilquerschnitte und eines globalen Koordinatensystems (X, Y, Z) für den Gesamtquerschnitt
Abschnitt 3
Berechnen der Einheitsverschiebungen ${}^{i}\boldsymbol{\alpha}$ in den Teilquerschnitten $i=1 \dots n$
Abschnitt 3
Berechnen der Querschnittswerte ${}^{i}\bar{A}$ der Teilquerschnitte und S-Normierung der Teilquerschnittswerte (${}^{iS}\bar{A}$)
Abschnitt 4.1
Berechnen der Gesamtquerschnittswerte $\bar{A}$ und $\boldsymbol{M}$-Normierung (${}^{M}\bar{A}$)
Abschnitt 4.2
Berechnen der Längskräfte N_i in den Teilquerschnitten, der Biegemomente M_Y, M_Z und des auf den Schubmittelpunkt bezogenen Wölbbimoments ${}^{M}M_W$ im Gesamtquerschnitt
Abschnitt 5
Berechnen der Längsspannungen σ_k bzw. der Linienlängskräfte n_k in den Wandquerschnittspunkten k
Abschnitte 2.4 und 6
Prüfen der Gesamtstabilität und der Zulässigkeit der Rechenannahmen unter dem Gesichtspunkt der höchstzulässigen Zugspannungen
Abschnitt 7

Bild 8 Ablauf der Längsspannungsberechnung

3 Koordinatensysteme, Einheitsverschiebungen

3.1 Koordinatensysteme

Für jeden Teilstab i wird ein lokales kartesisches Koordinatensystem (${}^ix$, ${}^iy$, ${}^iz$) eingeführt, dessen Ursprung und Richtung beliebig gewählt werden dürfen. Die ${}^ix$-Achse des Systems bildet die Längsachse des Teilquerschnitts i und gleichzeitig seine lokale Drillbezugsachse. Ihr Ursprung fällt mit der Einspannstelle des Kragträgers zusammen. Außer diesem Ursystem besteht ein zweites Koordinatensystem (${}^{iS}x$, ${}^{iS}y$, ${}^{iS}z$), dessen x-Achse ${}^{iS}x$ mit der biegeneutralen Faser des Stabes i zusammenfällt.

Weiter wird ein globales kartesisches Koordinatensystem (X, Y, Z) beliebig festgelegt, mit dessen Hilfe der „Gesamtquerschnitt" zusammengestellt wird. Auch für den Gesamtquerschnitt wird ein weiteres, parallel versetztes Koordinatensystem (${}^MX$, ${}^MY$, ${}^MZ$) verwendet, dessen X-Achse ${}^MX$ mit der Drillruheachse des Gebäudes zusammenfällt.

Lokale Systeme (Teilstab i)

Bezugssystem i1: ${}^iy$, ${}^iz$, willkürlich gewähltes kartesisches Koordinatensystem mit dem Ursprung O_i,

Bezugssystem i2: ${}^{is}y$, ${}^{is}z$, zu (i1) paralleles System mit dem Ursprung im Biegeruhepunkt (Schwerpunkt) S_i des Teilquerschnitts.

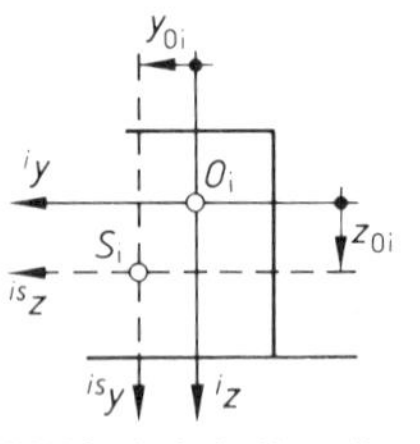

Bild 9 Lokale Koordinatensysteme für Teilquerschnitt „i"

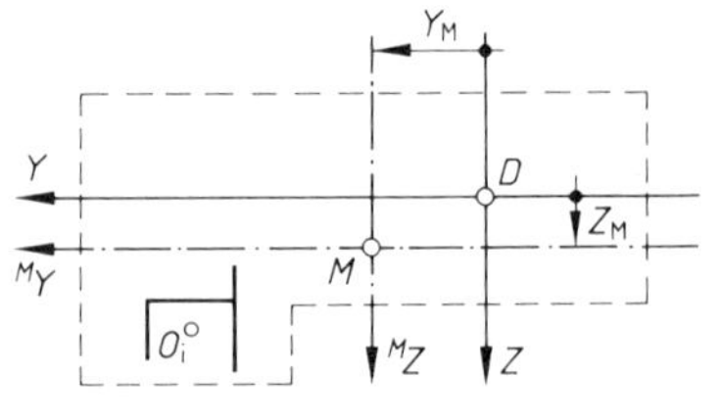

Bild 10 Globale Koordinatensysteme für Gesamtquerschnitt (Stabbündel)

Globale Systeme (Gesamtstab)

Bezugssystem 1: Y, Z, willkürlich gewähltes kartesisches Koordinatensystem mit dem Ursprung im Gesamtdrehpunkt D.

Bezugssystem 2: ${}^MY$, ${}^MZ$, parallel zu (1) mit dem Ursprung im Gesamtschubmittelpunkt M.

3.2 Einheitsverschiebungen

Unter Wirkung der Schnittkraftzustände (N_i, M_z, M_y, M_ω; Abschn. 5) verformt sich die Stabachse des Teilstabs i. An der Stelle ${}^ix$ stellen sich die vier Verrückungen ein:

v_s	Verschiebung in Richtung ${}^ix$,	$\psi_y = -v_z'$	Verdrehung in Richtung ${}^iy$,
$\psi_z = v_y'$	Verdrehung in Richtung ${}^iz$,	ϑ'	Drillung in Richtung ${}^ix$.

Auf der Grundlage der Bernoulli-Hypothese (Querschnitte bleiben bei der Verformung eben und senkrecht zur Stabachse) verschiebt sich ein Punkt $P('y, 'z)$ auf dem Querschnittsskelett (Wandquerschnitts-Mittellinie) aufgrund der Achspunktverrückungen $v_x = 1$, $v'_y = -1$ und $v'_z = -1$ um die Wege u_x, u_y und u_z in x-Richtung:

$$u_x = u\,(y_x = 1) \quad = 1, \qquad u_y = u\,(v'_y = -1) = 'y, \qquad u_z = u\,(v'_z = -1) = 'z.$$

Dies sind die Einheitsverschiebungen eines Punktes auf dem Querschnittsskelett infolge Längsdehnung und Biegung.

Die Einheitsverschiebung infolge Wölbdrillung ergibt sich aus der Verallgemeinerung der Bernoulli-Hypothese:

Die Neigung eines Querschnittselements in Wandrichtung bleibt bei Verformung (einschließlich Drillverformung) senkrecht zu den Stabfasern dieses Elements (Bild 11).

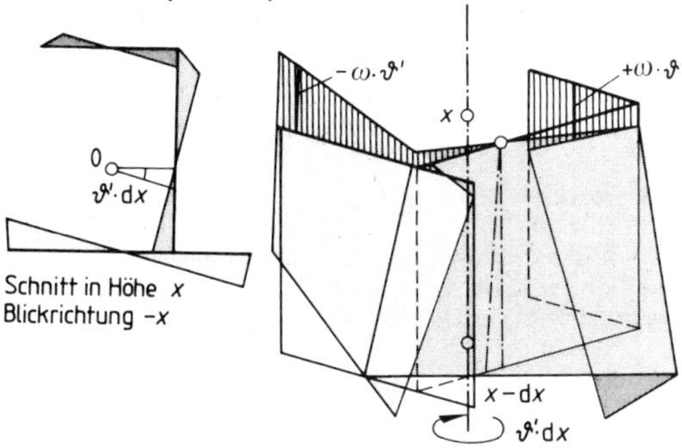

Bild 11 Verwindung eines Stabelements infolge $\vartheta' \cdot dx$

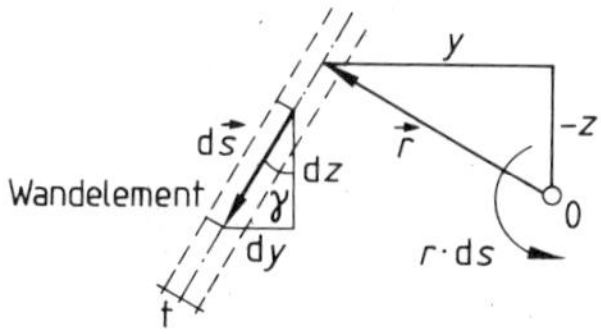

Bild 12 Einheitsverwölbung $d\omega = \vec{r} \times d\vec{s}$

Daraus folgt (Bild 11):

$$u_\vartheta = u\,(\vartheta' = -1) = '\omega,$$

$$\text{mit} \quad '\omega = \int_{s=0}^{s} r \cdot ds = \int_{s=0}^{s} ('y \cdot dz - 'z \cdot dy) = \int_{s=0}^{s} ('y \cdot \cos\gamma + 'z \cdot \sin\gamma) \cdot ds$$

Die Integration zur Berechnung der Einheitsverwölbung $'\omega$ beginnt an einer beliebigen Stelle $s = 0$ auf dem Wandskelett (Bild 11), zweckmäßigerweise an einem Skelettknoten.

Für einen geradlinigen Wandabschnitt j mit der Länge s_j, dem Anfangsknoten j, a und dem Endknoten j, e ergibt sich $'\omega_{j,e}$ aus dem im vorangehenden Berechnungsschritt gewonnenen $'\omega_{j,a}$ wie folgt: **15**

Berechnung der Einheitsverwölbung ω

$$'\omega_{j,e} = '\omega_{j,a} + 'y_{j,a} \cdot 'z_{j,e} - 'z_{j,a} \cdot 'y_{j,e}$$

$'\omega_{j,a}$ Einheitsverwölbung am Abschnittsanfang. Die Berechnung beginnt am Segmentpunkt $s = 0$ mit $'\omega_{j,a} = 0$
$'y_{j,a}$ y-Wert am Abschnittsanfang
$'z_{j,a}$ z-Wert am Abschnittsanfang
$'y_{j,e}$ y-Wert am Abschnittsende
$'z_{j,e}$ z-Wert am Abschnittsende

$'\omega_{j,e}$ Einheitsverwölbung am Abschnittsende. Das Ergebnis ist der Anfangswert des anschließenden Wandabschnitts bzw. der anschließenden Wandabschnitte, wenn mehrere Segmente vom erreichten Knoten ausgehen.

Mit diesem „Übertragungsverfahren" kann die Funktion ω im gesamten Querschnittsskelett in einfacher Weise aufgestellt werden.

Trägt man die Funktionsgraphen sämtlicher Einheitverschiebungen an der Querschnittsskelettlinie auf, so erhält man die vier Einheitsverschiebungszustände „1", „y", „z", „ω" für jeden Teilquerschnitt *i*:

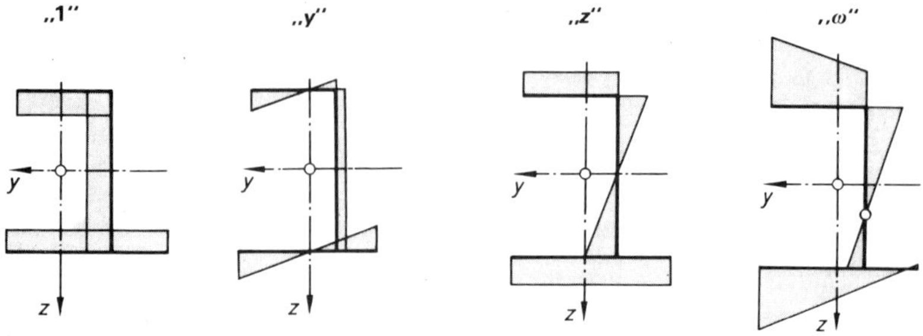

a) **Verschiebungszustand** $u_x(v_x=1)$ b) **Verschiebungszustand** $u_y(-v_z'=1)$ c) **Verschiebungszustand** $u_z(-v_y'=1)$ d) **Verschiebungszustand** $u_\vartheta(-\vartheta'=1)$

Bild 13 Einheitsverschiebungszustände am Teilquerschnitt *i*

Die Einheitsverschiebungszustände sind Grundlage der Querschnittswerteermittlung. Die Einheitsverschiebungen eines Punktes auf dem Querschnittsskelett werden zweckmäßig zusammengefaßt zu dem Tupel

$$ {}^i\vec{d} = {}^i\begin{pmatrix} 1 \\ y \\ z \\ \omega \end{pmatrix} = \begin{pmatrix} 1 \\ {}^iy \\ {}^iz \\ {}^i\omega \end{pmatrix}, $$

das wir Einheitsverschiebungsvektor nennen.

4 Querschnittswerte

4.1 Querschnittswerte des Teilquerschnitts *i*

4.1.1 Urquerschnittswerte

Allgemein gilt für die Berechnung der Querschnittswerte:

$$ \bar{A}_i = \int_{(A)} {}^i\vec{d} \cdot {}^i\vec{d}^{\,T} \cdot \mathrm{d}A, $$

so daß sich die Querschnittswertematrix ergibt:

$$ \bar{A}_\mathrm{i} = \begin{pmatrix} \int 1\cdot 1\cdot \mathrm{d}A & \int 1\cdot y\cdot \mathrm{d}A & \int 1\cdot z\cdot \mathrm{d}A & \int 1\cdot \omega\cdot \mathrm{d}A \\ \int y\cdot 1\cdot \mathrm{d}A & \int y\cdot y\cdot \mathrm{d}A & \int y\cdot z\cdot \mathrm{d}A & \int y\cdot \omega\cdot \mathrm{d}A \\ \int z\cdot 1\cdot \mathrm{d}A & \int z\cdot y\cdot \mathrm{d}A & \int z\cdot z\cdot \mathrm{d}A & \int z\cdot \omega\cdot \mathrm{d}A \\ \int \omega\cdot 1\cdot \mathrm{d}A & \int \omega\cdot y\cdot \mathrm{d}A & \int \omega\cdot z\cdot \mathrm{d}A & \int \omega\cdot \omega\cdot \mathrm{d}A \end{pmatrix}_{(A_\mathrm{i})} $$

$$ = \begin{pmatrix} A & A_\mathrm{y} & A_\mathrm{z} & A_\omega \\ A_\mathrm{y} & A_\mathrm{yy} & A_\mathrm{yz} & A_{\mathrm{y}\omega} \\ A_\mathrm{z} & A_\mathrm{zy} & A_\mathrm{zz} & A_{\mathrm{z}\omega} \\ A_\omega & A_{\omega\mathrm{y}} & A_{\omega\mathrm{z}} & A_{\omega\omega} \end{pmatrix}_\mathrm{i} $$

Ein beliebig herausgegriffenes Matrixelement $A_{pq,i}$ (z.B. $p=y$, $q=z$: $A_{yz,i}$) setzt sich aus den Beiträgen aller Wandabschnitte j zusammen, aus denen sich der Teilquerschnitt i aufbaut:

$$A_{pq,i}=\sum_{(j)} t_j \cdot \int_{(s_j)} p \cdot q \cdot ds, \quad \text{z.B. } A_{y\omega,i}=\sum_{(j)} t_j \cdot \int_{(s_j)} y \cdot \omega \cdot ds.$$

$\int p \cdot q \cdot ds$ ist darin bei geraden Wandabschnitten stets ein Produktintegral aus zwei linearen Funktionen p und q über die Wandabschnittslänge s_j. Man berechnet es allgemein mit der Formel

$$A_{pq,j}=(2p_{j,a}\,q_{j,a}+p_{j,a}\,q_{j,e}+p_{j,e}\,q_{j,a}+2p_{j,e}\,q_{j,e}) \cdot A_j/6.$$

wobei die Teilfläche

$$A_j=t_j \cdot s_j=t_j \cdot \sqrt{(y_{j,e}-y_{j,a})^2+(z_{j,e}-z_{j,a})^2}$$

ist. Selbstverständlich gilt $A_{pq,j}=A_{qp,j}$.

Für die Flächenmomente und das Flächenbimoment 1. Grades ($p=1$ bzw. $q=1$) vereinfacht sich die Formel. Dasselbe gilt für den Fall $p=q$. Tafel 1 zeigt die Querschnittswerteberechnung im Zusammenhang:

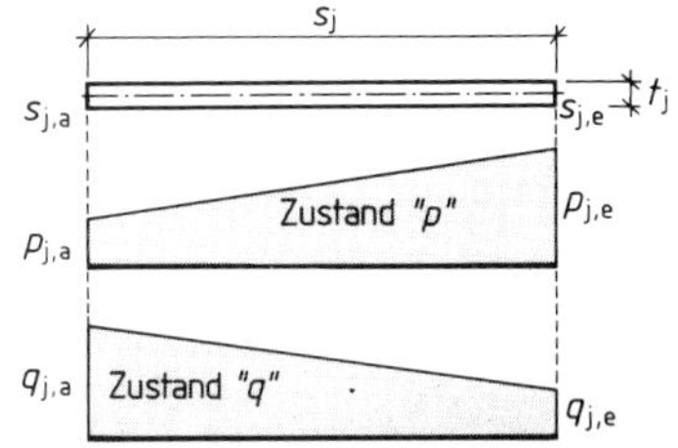

Bild 14 Beitrag des Wandabschnitts j zum Produktintegral A_{pq}

Tafel 1 Querschnittswerteberechnung für Teilquerschnitt j

$A_{pq,i}=\sum_{(j)} A_{pq,j}$ Summe über alle Wandabschnitte im Teilquerschnitt i

A_j	$t_j \cdot \sqrt{(y_{j,e}-y_{j,a})^2+(z_{j,e}-z_{j,a})^2}$
$A_{y,j}$	$(y_{j,a}+y_{j,e}) \cdot A_j/2$
$A_{z,j}$	$(z_{j,a}+z_{j,e}) \cdot A_j/2$
$A_{w,j}$	$(\omega_{j,a}+\omega_{j,e}) \cdot A_j/2$
$A_{yy,j}$	$(y_{j,a}^2+y_{j,a} \cdot y_{j,e}+y_{j,e}^2) \cdot A_j/3$
$A_{yz,j}$	$(2y_{j,a} \cdot z_{j,a}+y_{j,a} \cdot z_{j,e}+y_{j,e} \cdot z_{j,a}+2y_{j,e} \cdot z_{j,e}) \cdot A_j/6$
$A_{zz,j}$	$(z_{j,a}^2+z_{j,a} \cdot z_{j,e}+z_{j,e}^2) \cdot A_j/3$
$A_{y\omega,j}$	$A_{y\omega,j}$ $(2y_{j,a} \cdot \omega_{j,a}+y_{j,a} \cdot \omega_{j,e}+y_{j,e} \cdot \omega_{j,a}+2y_{j,e} \cdot \omega_{j,e}) \cdot A_j/6$
$A_{z\omega,j}$	$A_{z\omega,j}$ $(2z_{j,a} \cdot \omega_{j,a}+z_{j,a} \cdot \omega_{j,e}+z_{j,e} \cdot \omega_{j,a}+2z_{j,e} \cdot \omega_{j,e}) \cdot A_j/6$
$A_{\omega\omega,j}$	$A_{\omega\omega,j}$ $(\omega_{j,a}^2+\omega_{j,a} \cdot \omega_{j,e}+\omega_{j,e}^2 \cdot A_j/3$

4.1.2 S-Normierung

Um die Bildung der Gesamtquerschnittswerte und die Spannungsberechnung zu erleichtern, werden die Nebenelemente der ersten Zeile und Spalte der Querschnittswertematrix ($A_{y,i}$, $A_{z,i}$, $A_{\omega,j}$) durch Parallelverschieben der Einheitsverschiebungshorizonte um die zunächst unbekannten Größen ${}^iy_0$, ${}^iz_0$ und ${}^i\omega_0$ eliminiert. Bezüglich ${}^iy$ und ${}^iz$ entspricht dies einer Verlegung des Koordinatenursprungs von O_i in den Biegeruhepunkt (Schwerpunkt) S_j, bezüglich ${}^i\omega$ bedeutet es eine Veränderung der Lage des anfangs willkürlich gewählten Nullpunkts der Einheitsverwölbung. Zur Transformation dienst die Matrix $\bar{\Psi}_i$:

$$\bar{\Psi}_i=\begin{pmatrix} 1 & 0 & 0 & 0 \\ -{}^iy_0 & 1 & 0 & 0 \\ -{}^iz_0 & 0 & 1 & 0 \\ -{}^i\omega_0 & 0 & 0 & 1 \end{pmatrix}: \qquad {}^{iS}\vec{a}=\bar{\Psi}_i \cdot {}^i\vec{a} \quad \text{und} \quad {}^s\bar{A}_i=\bar{\Psi}_i \cdot \bar{A}_i \cdot \bar{\Psi}_i^{\mathrm{T}}.$$

15

Dabei ergeben sich je ein neuer Satz Einheitsverschiebungen und Querschnittswerte

$$^{iS}\vec{a} = \begin{pmatrix} 1 \\ ^{iS}y \\ ^{iS}z \\ ^{iS}\omega \end{pmatrix} \quad \text{und}$$

$$^{S}\bar{A}_i = \begin{pmatrix} A & 0 & 0 & 0 \\ 0 & ^{S}A_{yy} & ^{S}A_{yz} & ^{S}A_{y\omega} \\ 0 & ^{S}A_{yz} & ^{S}A_{zz} & ^{S}A_{z\omega} \\ 0 & ^{S}A_{y\omega} & ^{S}A_{z\omega} & ^{S}A_{\omega\omega} \end{pmatrix}_i .$$

Tafel 2 Biegeruhepunktstransformation

$^{i}y_0$	$A_{y,i}/A_i$
$^{i}z_0$	$A_{z,i}/A_i$
$^{i}\omega_0$	$A_{\omega,i}/A_i$
^{iS}y	$^{i}y - {}^{i}y_0$
^{iS}z	$^{i}z - {}^{i}z_0$
$^{iS}\omega$	$^{i}\omega - {}^{i}\omega_0$
$^{S}A_{yy,i}$	$A_{yy,i} - A_{y,i} \cdot A_{y,i}/A_i$
$^{S}A_{yz,i}$	$A_{yz,i} - A_{y,i} \cdot A_{z,i}/A_i$
$^{S}A_{zz,i}$	$A_{zz,i} - A_{z,i} \cdot A_{z,i}/A_i$
$^{S}A_{y\omega,i}$	$A_{y\omega,i} - A_{y,i} \cdot A_{\omega,i}/A_i$
$^{S}A_{z\omega,i}$	$A_{z\omega,i} - A_{z,i} \cdot A_{\omega,i}/A_i$
$^{S}A_{\omega\omega,i}$	$A_{\omega\omega,i} - A_{\omega,i} \cdot A_{\omega,i}/A_i$

Die Berechnung der einzelnen Werte zeigt die Tafel 2.

4.2 Querschnittswerte des Gesamtquerschnitts

4.2.1 Urquerschnittswerte

Die „Urquerschnittswerte" des Stabbündels werden mit dem beliebig gewählten globalen Koordinatensystem mit dem Ursprung D berechnet. Für die „Querschnittsmontage" müssen die Koordinatensysteme der verschiedenen Teilquerschnitte parallel zum festgelegten globalen Koordinatensystem ausgerichtet und auf den gemeinsamen Drehpunkt D bezogen werden. Außerdem werden die Querschnittswerte jetzt auf die Gruppe der Flächenmomente 2. Grades reduziert, da eine Gesamtquerschnittsfläche nicht definiert ist.

Ausrichten und Drehpunkt-Transformation werden mit Hilfe der Transformationsmatrix $\bar{\Gamma}_i$ durchgeführt:

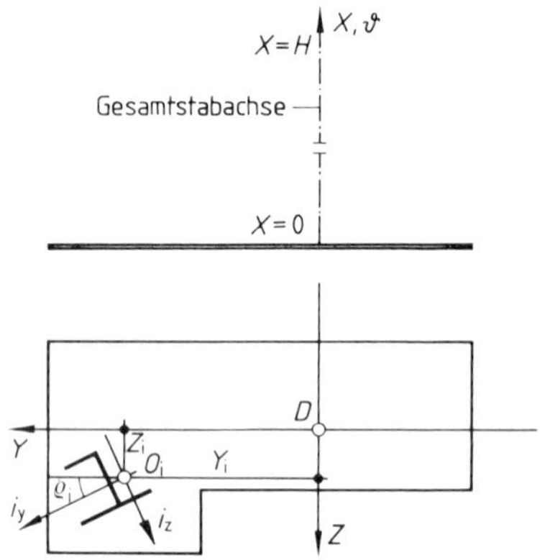

Bild 15 Lokalisierung des Teilquerschnitts im Gesamtquerschnitt

$$\bar{\Gamma}_i = \begin{pmatrix} 0 & \cos\varrho_i & -\sin\varrho_i & 0 \\ 0 & \sin\varrho_i & \cos\varrho_i & 0 \\ 0 & -Z_i & Y_i & 1 \end{pmatrix}: \qquad ^{iD}\vec{a} = \bar{\Gamma}_i \cdot {}^{iS}\vec{a} \quad \text{und} \quad ^{D}\bar{A}_i = \bar{\Gamma}_i \cdot {}^{S}\bar{A}_i \cdot \bar{\Gamma}_i^{\mathrm{T}}.$$

Dabei ergeben sich die Einheitsverschiebungen

$$^{iD}\vec{a} = \begin{pmatrix} ^{iD}y \\ ^{iD}z \\ ^{iD}\omega \end{pmatrix}$$

und die Querschnittswerte

$$^{D}\bar{A}_{\mathrm{i}}=\begin{pmatrix} ^{D}A_{yy,\mathrm{i}} & ^{D}A_{yz,\mathrm{i}} & ^{D}A_{y\omega,\mathrm{i}} \\ ^{D}A_{yz,\mathrm{i}} & ^{D}A_{zz,\mathrm{i}} & ^{D}A_{z\omega,\mathrm{i}} \\ ^{D}A_{y\omega,\mathrm{i}} & ^{D}A_{z\omega,\mathrm{i}} & ^{D}A_{\omega\omega,\mathrm{i}} \end{pmatrix}$$

Die folgende Tafel 3 zeigt die im einzelnen durchzuführenden Rechengänge:

Tafel 3

Ausrichten des Teilquerschnitts *i*

	$\cdot\cos 2\rho_{\mathrm{i}}/2$	$+\ \cdot\sin 2\rho_{\mathrm{i}}/2$	$+\ \cdot 1/2$	$\rho_{\mathrm{i}}=0$
$^{D}A_{YY,\mathrm{i}}$	$^{S}A_{yy,\mathrm{i}}-{}^{S}A_{zz,\mathrm{i}}$	$-2\,{}^{S}A_{yz,\mathrm{i}}$	$^{S}A_{yy,\mathrm{i}}+{}^{S}A_{zz,\mathrm{i}}$	$^{S}A_{yy,\mathrm{i}}$
$^{D}A_{YZ,\mathrm{i}}$	$2\,{}^{S}A_{yz,\mathrm{i}}$	$^{S}A_{yy,\mathrm{i}}-{}^{S}A_{zz,\mathrm{i}}$	0	$^{S}A_{yz,\mathrm{i}}$
$^{D}A_{ZZ,\mathrm{i}}$	$-({}^{S}A_{yy,\mathrm{i}}-{}^{S}A_{zz,\mathrm{i}})$	$2\,{}^{S}A_{yz,\mathrm{i}}$	$^{S}A_{yy,\mathrm{i}}+{}^{S}A_{zz,\mathrm{i}}$	$^{S}A_{zz,\mathrm{i}}$

Teilquerschnitt *i* auf Drehpunkt *D* beziehen und ausrichten

	$\cdot\cos\rho_{\mathrm{i}}$	$+\ \cdot\sin\rho_{\mathrm{i}}$	$+\ \cdot Z_{\mathrm{i}}$	$+\ \cdot\cdot Y_{\mathrm{i}}$	$+\ \cdot 1$	$\rho_{\mathrm{i}}=0$
^{iD}y	^{iS}y	$-{}^{iS}z$				^{iS}y
^{iD}z	^{iS}z	^{iS}y				^{iS}z
$^{iD}\omega$			$-{}^{iS}y$	^{iS}z	$^{iS}\omega$	wie vor
$^{*}A_{Y\omega,\mathrm{i}}$			$-{}^{S}A_{yy,\mathrm{i}}$	$^{S}A_{yz,\mathrm{i}}$	$^{S}A_{y\omega,\mathrm{i}}$	wie vor
$^{*}A_{Z\omega,\mathrm{i}}$			$-{}^{S}A_{yz,\mathrm{i}}$	$^{S}A_{zz,\mathrm{i}}$	$^{S}A_{z\omega,\mathrm{i}}$	wie vor
$^{*}A_{\omega\omega,\mathrm{i}}$			$-{}^{S}A_{y\omega,\mathrm{i}}$	$^{S}A_{z\omega,\mathrm{i}}$	$^{S}A_{\omega\omega,\mathrm{i}}$	wie vor
$^{D}A_{YW,\mathrm{i}}$	$^{*}A_{Y\omega,\mathrm{i}}$	$-{}^{*}A_{Z\omega,\mathrm{i}}$				$^{*}A_{Y\omega,\mathrm{i}}$
$^{D}A_{ZW,\mathrm{i}}$	$^{*}A_{Z\omega,\mathrm{i}}$	$^{*}A_{Y\omega,\mathrm{i}}$				$^{*}A_{Z\omega,\mathrm{i}}$
$^{D}A_{WW,\mathrm{i}}$			$-{}^{*}A_{Y\omega,\mathrm{i}}$	$^{*}A_{Z\omega,\mathrm{i}}$	$^{*}A_{\omega\omega,\mathrm{i}}$	wie vor

Die Summe aller Teilquerschnittswerte ergibt die Gesamtquerschnittswerte:

$$\bar{A}=\sum_{(i)}{}^{D}\bar{A}_{\mathrm{i}}=\sum_{(i)}\bar{\Gamma}_{\mathrm{i}}\cdot{}^{S}\bar{A}_{\mathrm{i}}\cdot\bar{\Gamma}_{\mathrm{i}}^{\mathrm{T}}=\begin{pmatrix} A_{YY} & A_{YZ} & A_{Y\omega} \\ A_{YZ} & A_{ZZ} & A_{Z\omega} \\ A_{Y\omega} & A_{Z\omega} & A_{\omega\omega} \end{pmatrix}$$

4.2.2 *M*-Normierung der Gesamtquerschnittswerte

Bei der *M*-Normierung werden die Matrix-Elemente A_{YW} und A_{ZW} eliminiert und damit Biegung und Drillung entkoppelt. Mit den im *D*-System definierten Schubmittelpunktskoordinaten Y_M und Z_M wird die Transformation mithilfe der Transformationsmatrix $\boldsymbol{\Theta}$ durchgeführt:

$$\bar{\Theta}=\begin{pmatrix} 1 & 0 & 0 \\ 0 & 1 & 0 \\ Z_M & -Y_M & 1 \end{pmatrix}:\quad {}^{iM}\vec{a}=\bar{\Theta}\cdot{}^{iD}\vec{a}\quad\text{und}\quad {}^{M}\bar{A}=\bar{\Theta}\cdot\bar{A}\cdot\bar{\Theta}^{\mathrm{T}}.$$

Das Bezugssystem hat nun im Schubmittelpunkt *M* seinen Ursprung und die Einheitsverschiebungen $^{iM}\boldsymbol{a}$ beziehen sich jetzt auf die durch *M* verlaufende Stabachse, die Drillruheachse oder natürliche Drillachse. Die Änderungen wirken sich dabei nur auf die Einheitsverwölbung ^{iM}w aus:

$$^{iM}\vec{a}=\begin{pmatrix} ^{iS}y \\ ^{iS}z \\ ^{iM}\omega \end{pmatrix}\quad\text{und}\quad {}^{M}\bar{A}=\begin{pmatrix} A_{YY} & A_{YZ} & 0 \\ A_{YZ} & A_{ZZ} & 0 \\ 0 & 0 & ^{M}A_{\omega\omega} \end{pmatrix}$$

Die Ergebnisse der Transformation sind in Tafel 4 zusammengestellt.

15

Tafel 4 Schubmittelpunktstransformation

D	$A_{YY} \cdot A_{ZZ} - A_{YZ}^2$
Y_M	$\dfrac{A_{YY} \cdot A_{Z\omega} - A_{YZ} \cdot A_{Y\omega}}{D}$
Z_M	$\dfrac{A_{YZ} \cdot A_{Z\omega} - A_{ZZ} \cdot A_{Y\omega}}{D}$
$^{iM}\omega$	$^{iD}\omega + Z_M \cdot {}^{iS}y - Y_M \cdot {}^{iS}z$
$^{M}A_{\omega\omega}$	$A_{\omega\omega} - \dfrac{A_{YY} \cdot A_{Z\omega}^2 + A_{ZZ} \cdot A_{Y\omega}^2 - 2A_{YZ} \cdot A_{Y\omega} \cdot A_{Z\omega}}{D}$

4.2.3 *H*-Transformation der Gesamtquerschnittswerte

Die Transformation der Querschnittswerte in die Hauptbiegerichtungen φ_H ist im Hinblick auf die Spannungsermittlung weder nötig noch zweckmäßig. Die Hauptflächenmomente können jedoch zur Abschätzung der Gesamtstabilität von Interesse sein. Die Transformation wird mit der Transformationsmatrix $\boldsymbol{\Phi}$ durchgeführt:

$$\bar{\Phi} = \begin{pmatrix} \cos\varphi_H & \sin\varphi_H & 0 \\ -\sin\varphi_H & \cos\varphi_H & 0 \\ 0 & 0 & 1 \end{pmatrix}: \quad {}^{iHM}\vec{a} = \bar{\Phi} \cdot {}^{iM}\vec{a} \quad \text{und} \quad {}^{HM}\bar{A} = \bar{\Phi} \cdot {}^{M}\bar{A} \cdot \bar{\Phi}^{T}.$$

Als Ergebnis erhalten wir:

$${}^{iHM}\vec{a} = \begin{pmatrix} {}^{iH}y \\ {}^{iH}z \\ {}^{iM}\omega \end{pmatrix} \quad \text{und} \quad {}^{HM}\bar{A} = \begin{pmatrix} {}^{H}A_{YY} & 0 & 0 \\ 0 & {}^{H}A_{ZZ} & 0 \\ 0 & 0 & {}^{M}A_{\omega\omega} \end{pmatrix}.$$

Die Einzelrechnungen sind in Tafel 5 zusammengestellt:

Tafel 5 Hauptachsentransformation

$A_{YY} \neq A_{ZZ}$	$A_{YY} = A_{ZZ}$
$-\dfrac{\pi}{4} < \varphi_H < \dfrac{\pi}{4}$	$\varphi_H = \pm\dfrac{\pi}{4}$
$\tan 2\varphi_H = \dfrac{2A_{YZ}}{A_{YY} - A_{ZZ}}$	
$^{H}A_{YY} = \dfrac{A_{YY} + A_{ZZ}}{2} + \dfrac{A_{YY} - A_{ZZ}}{2} \cdot \sqrt{1 + \tan^2 2\varphi_H}$ $^{H}A_{ZZ} = \dfrac{A_{YY} + A_{ZZ}}{2} - \dfrac{A_{YY} - A_{ZZ}}{2} \cdot \sqrt{1 + \tan^2 2\varphi_H}$	$^{H}A_{YY} = A_{YY} + A_{YZ}$ $^{H}A_{ZZ} = A_{ZZ} - A_{YZ}$

5 Schnittkraftgrößen

5.1 Schnittkraftgrößen infolge Querlast

Die Berechnung der Schnittkräfte im „Gesamtstab" unterscheidet sich nicht von der Schnittkraftberechnung des Kragarms als Einzelstab. Bei der Spannungsberechnung müssen die Schnittkräfte auf dasselbe Koordinatensystem bezogen sein wie die Querschnittswerte. Zweckmäßigerweise wird daher zunächst die Querschnittswerteberechnung (Abschn. 4) durchgeführt, um der Schnittkraftberechnung unmittelbar die Drillruheachse als Stabachse zugrunde legen zu können. Andernfalls müssen die Querschnittswerte und/oder die Schnittkraftgrößen auf das gewählte System transformiert werden.

$$^{M}\vec{V} = \int_{H}^{X} {^{M}\bar{r}_q} \cdot \vec{q} \cdot dX \qquad {^{M}\vec{M}} = -\int_{H}^{X} {^{M}\vec{V}} \cdot dX$$

Darin bedeuten:

$$\vec{q} = \begin{pmatrix} q_Y \\ q_Z \end{pmatrix}$$

Belastung in Richtung Y bzw. Z

$$^{M}\bar{r}_q = \begin{pmatrix} 1 & 0 \\ 0 & 1 \\ -{^{M}Z_q} & {^{M}Y_q} \end{pmatrix}$$

Lastausmitte bezogen auf das zugrunde gelegte Koordinatensystem, vorzugsweise das M-System

$$^{M}\vec{V} = \begin{pmatrix} V_Y \\ V_Z \\ {^{M}V_W} \end{pmatrix}$$

Querkräfte in Richtung Y bzw. Z und Wölbtorsionsmoment

$$^{M}\vec{M} = \begin{pmatrix} -M_Z \\ M_Y \\ -{^{M}M_\omega} \end{pmatrix}$$

Biegemomente um die Z- bzw. Y-Achse und Wölbbimoment

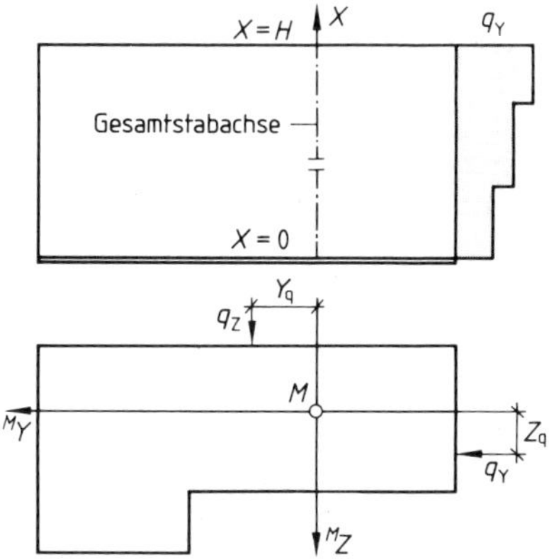

Bild 16 Belastungsbeispiel am Schubmittelpunkts-Koordinatensystem

Für die praktische Berechnung gilt:

Tafel 6 Schnittkraftgrößen V und M infolge Querlasten

$V_Y = -\int_{H}^{X} q_Y \cdot dX + \sum_{H}^{X} F_Y$ $V_Z = -\int_{H}^{X} q_Z \cdot dX + \sum_{H}^{X} F_Z$	$-M_Z = \int_{H}^{X} V_Y \cdot dX$ $M_Y = \int_{H}^{X} V_Z \cdot dX$
$V_\omega = -\int_{H}^{X} (q_Z \cdot Y_q - q_Y \cdot Z_q) \cdot dX$ $+\sum_{H}^{X} (F_Z \cdot Y_F - F_Y \cdot Z_F)$	$-M_\omega = \int_{H}^{X} V_Z \cdot dX$

Im allg. sind die Lastausmitten Y_q und Z_q der Streckenlast mindestens abschnittweise konstant und Einzellasten treten nicht auf.
Dann gilt für $X_1 > X_2$:

$V_{\omega 2} = V_{Z2} \cdot Y_{q2} - V_{Y2} \cdot Z_{q2}$ | $-M_{\omega 2} = -M_{\omega 1} + M_{Y2} \cdot Y_{q2} + M_{Z2} \cdot Z_{q2}$

Fortsetzung s. nächste Seite

15

Tafel 6, Fortsetzung

$\int\limits_H^X, \sum\limits_H^X$	Integral, Summe über den Bereich H bis X
q_Y, Z_q q_Z, Y_q	Streckenquerlasten in den Richtungen Y und Z in Abständen Z_q bzw. Y_q von der Stabachse
F_Y, Z_F F_Z, Y_F	Einzelquerlasten in den Richtungen Y und Z in Abständen Z_F bzw. Y_F von der Stabachse
$\vec{V}=\begin{pmatrix} V_Y \\ V_Z \\ V_\omega \end{pmatrix}$	Querkraft im Stabbündel in Richtung Y Querkraft im Stabbündel in Richtung Z Wölbtorsionsmoment
$\vec{M}=\begin{pmatrix} -M_Z \\ M_Y \\ -M_\omega \end{pmatrix}$	Biegemoment im Stabbündel in Richtung Z Biegemoment im Stabbündel in Richtung Y Wölbbimoment
$V_{Y1}, V_{Z1}, V_{\omega 1}$ $M_{Y1}, M_{Z1}, M_{\omega 1}$	Querkräfte, Biegemomente und Wölbbimoment im Stabbündel im Schnitt X_1
$V_{Y2}, V_{Z2}, V_{\omega 2}$ $M_{Y2}, M_{Z2}, M_{\omega 2}$	Querkräfte, Biegemomente und Wölbbimoment im Stabbündel im Schnitt X_2

5.2 Schnittkraftgrößen infolge Längslast

Wandeigengewicht und Auflagekräfte von Decken und Balken ergeben die Längslasten. Im Rahmen der Gesamtbeanspruchungen interessieren in die Wandmittelfläche eingeleitete Einzel- und Streckenlasten in Richtung „x" (F_x, q_x). Im allg. können Biegung und Torsion aus Vertikallasten im Gesamtstab unbeachtet bleiben; es genügt, wenn der reine Längskrafteinfluß ($N_i = \int\limits_{(i)} q_x \cdot ds + \sum\limits_{(i)} F_x$) bei der Spannungsermittlung Berücksichtigung findet. Die genauere Berechnung erfaßt die Verteilung der durch die Decke im Geschoß g in der Wandskelettlinie eingeleiteten Längslast $q_{xg}(s)$:

Tafel 7 Schnittkraftgrößen N_i und M infolge Längslast

$$F_{gi} = \int\limits_{(ig)} q_{xg} \cdot ds + \sum\limits_{(ig)} F_{xg}; \qquad N_i = \sum\limits_H^X F_{gi} \qquad \vec{M}_{Lg} = \int\limits_{(g)} {}^{iM}\vec{d} \cdot q_{xg} \cdot ds + \sum\limits_{(g)} {}^{iM}\vec{d}_F \cdot F_{xg}; \qquad \vec{M} = \sum\limits_H^X \vec{M}_{Lg}$$

$\int\limits_{(ig)}, \sum\limits_{(ig)}$	Integral, Summe über Geschoß g im Teilstab i
$\int\limits_{(g)}, \sum\limits_{(g)}$	Integral, Summe über Geschoß g im Gesamtstab
$\int\limits_H^X, \sum\limits_H^X$	Integral, Summe über Stababschnitt $H-X$
${}^{iM}\vec{d}$	Auf den Schubmittelpunkt bezogene Einheitsverschiebungen (s. Abschn. 4.2). Die Produktintegrale können mit Hilfe Tafel 29 Abschn. „Statik und Festigkeitslehre" berechnet werden.
${}^{iM}\vec{d}_F$	Auf den Schubmittelpunkt bezogene Einheitsverschiebungen am Aufpunkt von F
q_{xg} F_{xg}	Streckenlängslast im Schnitt g des Teilstabs i Einzellängslast im Schnitt g des Teilstabs i
F_{gi}	Resultierende Längslast im Schnitt g des Teilstabs i
$\vec{M}_{Lg}=\begin{pmatrix} -M_{ZLg} \\ M_{YLg} \\ -M_{\omega Lg} \end{pmatrix}$	Lastmoment in Richtung Z } im Schnitt g Lastmoment in Richtung Y } im Schnitt g Lastbimoment
N_i	Längskraft im Teilstab i
$\vec{M}=\begin{pmatrix} -M_Z \\ M_Y \\ -M_\omega \end{pmatrix}$	Biegemoment im Stabbündel in Richtung Z Biegemoment im Stabbündel in Richtung Y Wölbbimoment

6 Längsspannungen

Man berechnet die Längsspannungen am besten im M-System (Abschn. 4). In diesem Bezugssystem müssen die Koordinaten der Querschnittspunkte, für die die Spannungsermittlung durchgeführt werden soll, lediglich der S-Normierung unterworfen, nicht aber auf das schiefe Hauptachsensystem bezogen werden. Die Ergebnisse der Querschnittswerte- und Schnittkraftgrößenrechnung müssen für das M-System vorliegen.

Längsspannung bzw. Linienlängskraft werden mithilfe der in Abschnitt 2.4 angegebenen Beziehungen berechnet. Die darin auftretende Inverse der Querschnittswertematrix ${}^{M}\boldsymbol{A}$ lautet mit der Determinante

$$D = {}^{D}A_{YY} \cdot {}^{D}A_{ZZ} - {}^{D}A_{YZ}^2: \qquad {}^{M}\bar{A}^{-1} = \begin{pmatrix} \frac{{}^{D}A_{ZZ}}{D} & -\frac{{}^{D}A_{YZ}}{D} & 0 \\ -\frac{{}^{D}A_{YZ}}{D} & \frac{{}^{D}A_{YY}}{D} & 0 \\ 0 & 0 & \frac{1}{{}^{M}A_{\omega\omega}} \end{pmatrix}$$

Damit ergibt sich die Linienlängskraft wie folgt:

Linienlängskraft im Punkt *k* im Wandabschnitt *j* des Teilquerschnitts *i*

$$n_k = \left[\frac{N_i}{A_i} - \frac{{}^{D}A_{ZZ} \cdot {}^{D}M_Z + {}^{D}A_{YZ} \cdot {}^{D}M_Y}{D} \cdot {}^{iD}y_k \right.$$

$$\left. + \frac{{}^{D}A_{YZ} \cdot {}^{D}M_Z + {}^{D}A_{YY} \cdot {}^{D}M_Y}{D} \cdot {}^{iD}z_k - \frac{{}^{M}M_\omega}{{}^{M}A_{\omega\omega}} \cdot {}^{iM}\omega_k \right] \cdot {}^{i}t_j$$

n_k	Linienlängskraft im Punkt k im Wandabschnitt j des Teilquerschnitts i
N_i	Längskraft im Teilquerschnitt i
${}^{D}M_Y$	Biegemoment in Richtung Y im D- bzw. M-System
${}^{D}M_Z$	Biegemoment in Richtung Z im D- bzw. M-System
${}^{M}M_\omega$	Wölbbimoment im M-System
A_i	Querschnittsfläche des Teilquerschnitts i
${}^{D}A_{YY}$, ${}^{D}A_{YZ}$, ${}^{D}A_{ZZ}$	Flächenmomente 2. Grades im D- bzw. M-System
${}^{M}A_{\omega\omega}$	Flächenbimoment 2. Grades (Wölbflächenmoment) im M-System
${}^{iD}y_k$, ${}^{iD}z_k$	Einheitsverschiebungen (Koordinaten) des Punktes k im D- bzw. M-System
${}^{iM}\omega_k$	Einheitsverwölbung im M-System
${}^{i}t_j$	Dicke des Wandabschnitts j bei k

15

7 Gesamtstabilität

Als Ganzes betrachtet ist ein Geschoßbau ein Druckstab, genauer ein Druckstabbündel, da er im allg. aus einer größeren Anzahl nicht zusammenhängender Wandfaltwerke besteht, die durch die Geschoßdecken gebündelt werden. Schlanke Druckstäbe müssen nach der Elastizitätstheorie II. Ordnung untersucht werden, d.h. es muß ein Knick- und ggf. ein Biegedrillknicknachweis geführt werden. Bei gedrungenen Druckstäben genügt dagegen ein vereinfachter Nachweis. Bei offensichtlich fehlender Knickgefahr kann er ganz entfallen. Welcher Nachweis für einen Geschoßbau zu führen ist, richtet sich nach folgenden Kriterien:

(1) Ein Nachweis der Beanspruchungen aus Horizontallasten und nach Theorie II. Ordnung kann völlig entfallen bei Gebäuden mit bis zu sechs Stockwerken, wenn die aussteifenden Wände von Außenwand zu Außenwand durchgehen (DIN 1053, sinngemäß auf Beton- und Stahlbetonbauten anwendbar).

(2) Ein Biegenachweis nach Theorie II. Ordnung kann entfallen, solange die folgende Bedingung erfüllt ist (DIN 1045, 15.8.1):

Kriterium für Biegeknicknachweis

$$\alpha = H \cdot \sqrt{\sum V / \min B} \quad \begin{matrix} \leqq 0{,}6 & \text{für} \quad n \geqq 4 \\ \leqq 0{,}2 + 0{,}1 \cdot n & \text{für} \quad n < 4 \end{matrix}$$

α	Labilitätszahl der Biegung
H	Gebäudehöhe über Einspannstelle (Fundament oder steifes Kellergeschoß)
n	Anzahl der Geschosse
$\sum V$	Summe aller Vertikallasten
$\min B = E \cdot \min I$	$= E \cdot \mathrm{Min}\{{}^{H}A_{YY}, {}^{H}A_{ZZ}\}$ Steifigkeit des Gebäudequerschnitts im Zustand I nach der Elastizitätstheorie. Zustand I kann nur dann als gegeben angesehen werden, wenn die Biegezugspannungen in den aussteifenden Bauteilen die Größenordnung von $\beta_{WS}/10$ nicht überschreiten. Ist ein Gebäude durch Deckenfugen in mehrere Abschnitte geteilt, so ist der Nachweis für jeden Abschnitt zu führen.
E	Elastizitätsmodul
$\min I$	kleinstes Flächenmoment 2. Grades
${}^{H}A_{YY}$, ${}^{H}A_{ZZ}$	Hauptflächenmomente 2. Grades (Abschn. 4)

(3) Ein Torsionsnachweis nach Theorie II. Ordnung (Drillknicknachweis) kann entfallen, solange die folgende Bedingung (Brandt, Beton- und Stahlbetonbau 7/76 und 3/77) erfüllt ist:

Kriterium für Drillknicknachweis

$$\varkappa \leqq 10: \ \alpha_T = \varphi \cdot H \cdot \sqrt{\frac{\sum V}{W} \cdot \left(\frac{d^2}{12} + c^2\right)} \qquad \alpha_T \leqq 0{,}6 \quad \text{für} \quad n \geq 4$$

$$\varkappa > 10: \ \alpha_T = 2{,}28 \cdot \sqrt{\frac{\sum V}{W} \cdot \left(\frac{d^2}{12} + c^2\right)} \qquad \alpha_T \leqq 0{,}2 + 0{,}1 \cdot n \quad \text{für} \quad n < 4$$

α_T	Labilitätszahl der Verdrillung
$\varkappa = H \cdot \sqrt{T/W}$	Torsionseigenwert
H	Gebäudehöhe über Einspannstelle
$T = G \cdot I_T$	Torsionssteifigkeit (St.-Venant-Torsion)
$W = E \cdot {}^{M}A_{\omega\omega}$	Wölbtorsionssteifigkeit
G	Schubmodul
I_T	Torsionsflächenmoment 2. Grades
E	Elastizitätsmodul
${}^{M}A_{\omega\omega}$	Wölbtorsionsflächenmoment
$\sum V$	Summe aller vertikalen Lasten
φ	Beiwert in Abhängigkeit von $\varkappa$ nach folgender Tabelle

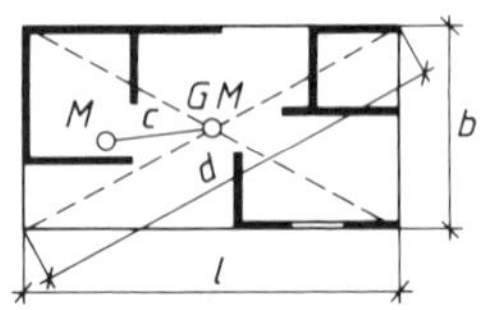

GM = Geometrischer Mittelpunkt;
M = Schubmittelpunkt

Bild 17 Größen *l, b, d, c*

$\varkappa$	0	0,5	1,0	2	3	4	5	6	7	8	9	10	>10
φ	1,00	0,96	0,85	0,64	0,51	0,42	0,36	0,31	0,28	0,25	0,22	0,20	$\varphi \cdot H = 2{,}28$

$d = \sqrt{l^2 + b^2}$	Diagonale des rechteckigen Grundrisses
c	Abstand des Schubmittelpunkts vom Grundrißmittelpunkt als angenommener Wirkungspunkt der resultierenden Vertikallast (s. Bild 17).

Zur Ermittlung der Lage des Schubmittelpunkts s. Abschn. 4.

8 Beispiel

8.1 System und Belastung

Konstruktion

Wanddicke: $t = 20$ cm

Gebäudehöhe über Einspannstelle:

$H = 10 \cdot 3{,}00 = 30$ m

Belastung

Lastfall 1:

In Richtung Z: $q = 1{,}5$ kN/m²

$q_Z = 1{,}5 \cdot 11{,}0 = 16{,}5$ kN/m

Lastfall 2:

In Richtung Y: $q = 1{,}5$ kN/m²:

$q_Y = 1{,}5 \cdot 8{,}0 = 12{,}0$ kN/m

Lastfall 3:

Vertikale Last je Geschoß:

Wandabschnitt 1–2:

$q_x = -2{,}0$ kN/m

Punkt 7:

$F_x = -15{,}0$ kN

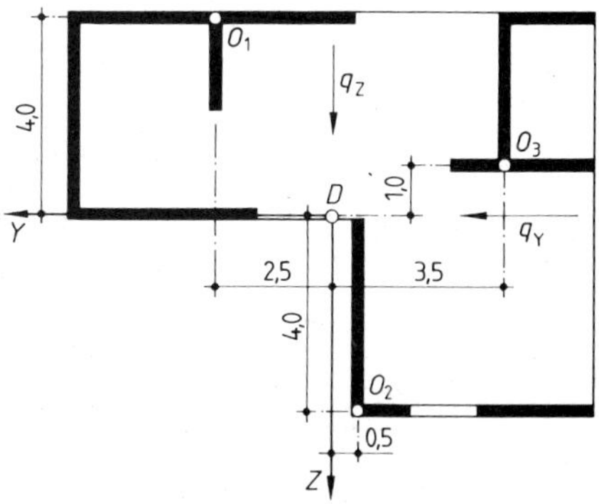

Bild 18 Anordnung der Teilquerschnitte

8.2 Querschnittswerte und Einheitsverschiebungen

8.2.1 Lokale Koordinatensysteme

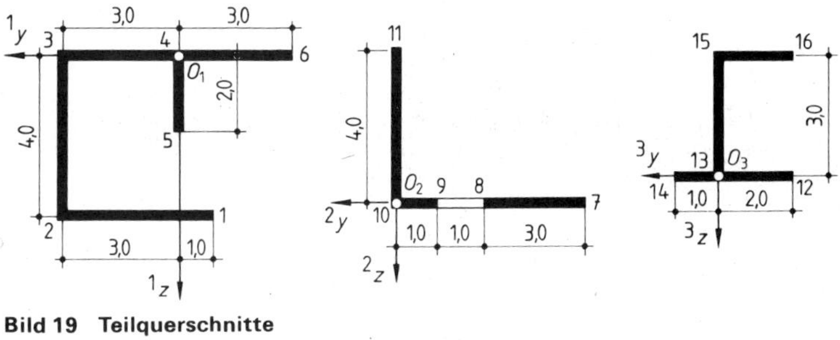

Bild 19 Teilquerschnitte

8.2.2 Berechnung der Querschnittswerte

Die Querschnittswerte werden mit Hilfe eines Tabellenkalkulationsprogramms berechnet (Tafeln 8 und 9). Die Tabellenrechnung kann natürlich auch von Hand erfolgen. Allerdings ist der Aufwand bei größeren Systemen nicht unbeträchtlich. Man wird daher die Benutzung von Rechenprogrammen, die auch für programmierbaren Taschenrechner existieren, vorziehen.

Tafel 8 Querschnittswerte-Berechnung (Erläuterungen s. S. 1023)

1	2	3	4	5	6	7	8	9	10	11	12	13	14	15	16	17	18	19	20	21
					j, a			*j, e*												
i	*j*	*k*	*t*	*y*	*z*	*ω*	*y*	*z*	*ω*	*A*	A_y	A_z	A_ω	A_{yy}	A_{yz}	A_{zz}	$A_{y\omega}$	$A_{z\omega}$	$A_{\omega\omega}$	Zeile
			in m	in m	in m	in m²	in m	in m	in m²	in m²	in m³	in m³	in m⁴	in m⁴	in m⁴	in m⁴	in m⁵	in m⁵	in m⁶	
1	4	6	0,200	0,000	0,000	0,000	−3,000	0,000	0,000	0,600	−0,900	0,000	0,000	1,800	0,000	0,000	0,000	0,000	0,000	1
1	4	5	0,200	0,000	0,000	0,000	0,000	2,000	0,000	0,400	0,000	0,400	0,000	0,000	0,000	0,533	0,000	0,000	0,000	2
1	4	3	0,200	0,000	0,000	0,000	3,000	0,000	0,000	0,600	0,900	0,000	0,000	1,800	0,000	0,000	0,000	0,000	0,000	3
1	3	2	0,200	3,000	0,000	0,000	3,000	4,000	12,000	0,800	2,400	1,600	4,800	7,200	4,800	4,267	14,400	12,800	38,400	4
1	2	1	0,200	3,000	4,000	12,000	−1,000	4,000	28,000	0,800	0,800	3,200	16,000	1,867	3,200	12,800	11,733	64,000	337,067	5
2	10	11	0,200	0,000	0,000	0,000	0,000	−4,000	0,000	0,800	0,000	−1,600	0,000	0,000	0,000	4,267	0,000	0,000	0,000	6
2	10	9	0,200	0,000	0,000	0,000	−1,000	0,000	0,000	0,200	−0,100	0,000	0,000	0,067	0,000	0,000	0,000	0,000	0,000	7
2	9	8	0,000	−1,000	0,000	0,000	−2,000	0,000	0,000	0,000	0,000	0,000	0,000	0,000	0,000	0,000	0,000	0,000	0,000	8
2	8	7	0,200	−2,000	0,000	0,000	−5,000	0,000	0,000	0,600	−2,100	0,000	0,000	7,800	0,000	0,000	0,000	0,000	0,000	9
3	13	14	0,200	0,000	0,000	0,000	1,000	0,000	0,000	0,200	0,100	0,000	0,000	0,067	0,000	0,000	0,000	0,000	0,000	10
3	13	12	0,200	0,000	0,000	0,000	−2,000	0,000	0,000	0,400	−0,400	0,000	0,000	0,533	0,000	0,000	0,000	0,000	0,000	11
3	13	15	0,200	0,000	0,000	0,000	0,000	−3,000	0,000	0,600	0,000	−0,900	0,000	0,000	0,000	1.800	0,000	0,000	0,000	12
3	15	16	0,200	0,000	−3,000	0,000	−2,000	−3,000	−6,000	0,400	−0,400	−1,200	−1,200	0,533	1,200	3,600	1,600	3,600	4,800	13
***S*-Normierung**																				
1				1,000	1,625	6,500				3,200	3,200	5,200	20,800	12,667	8,000	17,600	26,133	76,800	375,467	14
														−3,200	−5,200	−8,450	−20,800	−33,800	−135,200	15
														9,467	2,800	9,150	5,333	43,000	240,267	16
2				−1,375	−1,000	0,000				1,600	−2,200	−1,600	0,000	7,867	0,000	4.267	0,000	0,000	0,000	17
														−3,025	−2,200	−1,600	0,000	0,000	0,000	18
														4,842	−2,200	2,667	0,000	0,000	0,000	19
3				−0,438	−1,313	−0,750				1,600	−0,700	−2,100	−1,200	1,133	1,200	5,400	1,600	3,600	4,800	20
														−0,306	−0,919	−2,756	−0,525	−1,575	−0,900	21
														0,827	0,281	2,644	1,075	2,025	3,900	22
Gesamtquerschnitt																				
1				2,500	−4,000									9,467	2,800	9,150	50,200	77,075	762,587	23
2				−0,500	4,000									4,842	−2,200	2,667	−18,267	7,467	69,333	24
3				−3,500	−1,000									0,827	0,281	2,644	0,918	−6,947	23,119	25
***M*-Normierung**																				
				5,252	−1,865												32,851	77,595	−468,813	26
									$D = 218{,}0878$					15,135	0,881	14,460			386,227	27

Bedeutung der Inhalte von Tafel 8, Fortsetzung s. S. 1030

Spalte		Inhalt	Berechnung
Zeilen 1 bis 13 (Wandabschnittswerte)			
1	i	Index des Teilquerschnitts	
2	j,a	Anfangspunkt des Wandabschnitts j	
3	j,e	Endpunkt des Wandabschnitts j	
4	t	Wanddicke im Abschnitt j	Urdatum
		Einheitsverschiebungen infolge	
5	$j,a\,y$	$\psi_z = 1$ in Punkt j,a	y im O_i-System
6	$j,a\,z$	$\psi_y = -1$ in Punkt j,a	z im O_i-System
7	$j,a\,\omega$	$\vartheta = 1$ in Punkt j,a	ω im O_i-System (1. Punkt 0, Folgepunkte von je)
8	$j,e\,y$	Einheitsverschiebungen entsprechend 5 bis 7 in Punkt j,e	y im O_i-System
9	$j,e\,z$		z im O_i-System
10	$j,e\,\omega$		$\omega_{ja} + y_{ja} \cdot z_{je} - z_{ja} \cdot y_{je}$
11	A	Querschnittsfläche des Wandabschnitts j	$t_j \cdot \sqrt{(y_{je} - y_{ja})^2 + (z_{je} - z_{ja})^2}$
12	A_y	Flächenmomente 1. Grades des Wandabschnitts j	$(y_{ja} + y_{je}) \cdot A_j/2$
13	A_z		$(z_{ja} + z_{je}) \cdot A_j/2$
14	A_ω		$(y_{ja} + y_{je}) \cdot A_j/2$
15	A_{yy}	Flächenmomente 2. Grades des Wandabschnitts j	$(y_{ja}^2 + y_{ja} \cdot y_{je} + y_{je}^2) \cdot A_j/3$
16	A_{yz}		$(2 \cdot y_{ja} + z_{ja} + y_{ja} \cdot z_{je} + y_{je} \cdot z_{ja} + 2 \cdot y_{je} \cdot z_{je}) \cdot A_j/6$
17	A_{zz}		$(z_{ja}^2 + z_{ja} \cdot z_{je} + z_{je}^2) \cdot A_j/3$
18	$A_{y\omega}$		$(2 \cdot y_{ja} \cdot \omega_{ja} + y_{ja} \cdot \omega_{je} + y_{je} \cdot \omega_{ja} + 2 \cdot y_{je} \cdot \omega_{je}) \cdot A_j/6$
19	$A_{z\omega}$		$(2 \cdot z_{ja} \cdot \omega_{ja} + z_{ja} \cdot \omega_{je} + z_{je} \cdot \omega_{ja} + 2 \cdot z_{je} \cdot \omega_{je}) \cdot A_j/6$
20	$A_{\omega\omega}$		$(\omega_{ja}^2 + \omega_{ja} \cdot \omega_{je} + \omega_{je}^2) \cdot A_j/3$
21	Zeile	Zeilen-Nr.	
Zeilen 14, 17, 20:			
11	A	Summen der Wandabschnittswerte $= O_i$-Querschnittswerte A_i bis $A_{\omega\omega i}$ der Teilquerschnitte 1, 2, 3	Spaltensummen über Teilquerschnitte 1, 2, 3
⋮	⋮		
20	$A_{\omega\omega}$		
5	$j,a\,y$	Normierungsdifferenzen der Einheitsverschiebungen der Teilquerschnitte 1, 2, 3	A_{yi}/A_i
6	$j,a\,z$		A_{zi}/A_i
7	$j,a\,\omega$		$A_{\omega i}^2/A_i$
Zeilen 15, 18, 21:			
15	A_{yy}	Normierungsdifferenzen für S-Normierung der Querschnittswerte Teilquerschnitte 1, 2, 3	$-A_{yi}^2/A_i$
16	A_{yz}		$-A_{yi} \cdot A_{zi}/A_i$
17	A_{zz}		$-A_{zi}^2/A_i$
18	$A_{y\omega}$		$-A_{yi} \cdot A_{\omega i}/A_i$
19	$A_{z\omega}$		$-A_{zi} \cdot A_{\omega i}/A_i$
20	$A_{\omega\omega}$		$-A_{\omega i}^2/A_i$
Zeilen 16, 19, 22:			
15	A_{yy}	Normierte Querschnittswerte A_{yyi} bis $A_{\omega\omega i}$ der Teilquerschnitte 1, 2, 3	Zeile [16] = Zeile [14] + Zeile [15]
⋮			Zeile [19] = Zeile [17] + Zeile [18]
20	$A_{\omega\omega}$		Zeile [22] = Zeile [20] + Zeile [21]
Zeilen 23 bis 25:			
5	$j,\boldsymbol{a}\,y$	$= Y_i$ Koordinaten der O_i-Punkte im globalen D-System	Urdatum
6	$j,\boldsymbol{a}\,z$	$= Z_i$	Urdatum
15	A_{yy}	$= A_{YYi}$ Flächenmomente 2. Grades der Teilquerschnitte im D-System	Übertrag Zeilen 16, 19 bzw. 21
16	A_{yz}	$= A_{YZi}$	
17	A_{zz}	$= A_{ZZi}$	
19	$A_{y\omega}$	$= A_{Y\omega i}$	${}^sA_{yzi} \cdot Y_i - {}^sA_{yyi} \cdot Z_i + {}^sA_{y\omega i}$
20	$A_{z\omega}$	$= A_{Z\omega i}$	${}^sA_{zzi} \cdot Y_i - {}^sA_{yzi} \cdot Z_i + {}^sA_{z\omega i}$
21	$A_{\omega\omega}$	$= A_{\omega\omega i}$	$(A_{Z\omega i} + {}^sA_{z\omega i}) \cdot Y_i - (A_{Y\omega i} + {}^sA_{y\omega i}) \cdot Z_i + {}^sA_{\omega\omega i}$

Bedeutung der Inhalte von Tafel 8, Fortsetzung

Spalte	Inhalt		Berechnung
Zeile 26:			
15 A_{yy}	$=A_{YY}$	Flächenmomente 2. Grades des Gesamtquerschnitts im *D*-System	Summe der Zeilen 23 bis 25
16 A_{yz}	$=A_{YZ}$		Summe der Zeilen 23 bis 25
17 A_{zz}	$=A_{ZZ}$		Summe der Zeilen 23 bis 25
18 $A_{y\omega}$	$=A_{Y\omega}$		Summe der Zeilen 23 bis 25
19 $A_{z\omega}$	$=A_{Z\omega}$		Summe der Zeilen 23 bis 25
20 $A_{\omega\omega}$	$=A_{\omega\omega}$		$-(A_{Y\omega}^2\cdot A_{ZZ}+A_{Z\omega}^2\cdot A_{YY} - 2A_{YZ}\cdot A_{Y\omega}\cdot A_{Z\omega})/D$
Zeile 27:			
5 $j,\boldsymbol{a}y$	$=Y_M$	Koordinaten des Schubmittelpunktes im *D*-System	$(A_{YY}\cdot A_{Z\omega}-A_{YZ}\cdot A_{Y\omega})/D$
6 $j,\boldsymbol{a}z$	$=Z_M$		$(A_{YZ}\cdot A_{Z\omega}-A_{ZZ}\cdot A_{Y\omega})/D$
15 A_{yy}	$={}^MA_{YY}$	Flächenmomente 2. Grades des Gesamtquerschnitts im *M*-System	Übertrag Zeile 26
16 A_{yz}	$={}^MA_{YZ}$		Übertrag Zeile 26
17 A_{zz}	$={}^MA_{ZZ}$		Übertrag Zeile 26
20 $A_{\omega\omega}$	$={}^MA_{\omega\omega}$		$A_{\omega\omega}-\dfrac{A_{YY}\cdot A_{Z\omega}-A_{YZ}\cdot A_{Y\omega}}{D}$

$D=A_{YY}\cdot A_{ZZ}-A_{YZ}^2$

8.2.3 Normierte Einheitsverschiebungen

Tafel 9 Normierte Einheitsverschiebungen

1	2	3	4	5	6	7	8
i	k	${}^iy$	${}^iz$	${}^i\omega$	${}^{iS}y$	${}^{iS}z$	${}^{iM}\omega$
		in m	in m	in m²	in m	in m	in m²
1	1	−1,000	4,000	28,000	−2,000	2,375	10,692
1	2	3,000	4,000	12,000	2,000	2,375	3,234
1	3	3,000	0,000	0,000	2,000	−1,625	2,243
1	4	0,000	0,000	0,000	−1,000	−1,625	−4,163
1	5	0,000	2,000	0,000	−1,000	0,375	−9,667
1	6	−3,000	0,000	0,000	−4,000	−1,625	−10,569
2	7	−5,000	0,000	0,000	−3,625	1,000	15,507
2	8	−2,000	0,000	0,000	−0,625	1,000	−2,087
2	9	−1,000	0,000	0,000	0,375	1,000	−7,952
2	10	0,000	0,000	0,000	1,375	1,000	−13,816
2	11	0,000	−4,000	0,000	1,375	−3,000	9,193
3	12	−2,000	0,000	0,000	−1,563	1,313	−9,386
3	13	0,000	0,000	0,000	0,438	1,313	−11,116
3	14	1,000	0,000	0,000	1,438	1,313	−11,980
3	15	0,000	−3,000	0,000	0,438	−1,688	15,141
3	16	−2,000	−3,000	−6,000	−1,563	−1,688	10,871

Es ergibt sich beispielsweise für Punkt 9 im Teilquerschnitt 2:

„Urwerte" nach Tafel 8:

$${}^2y_9=-1{,}000\text{ m};\quad {}^2z_9=0{,}000\text{ m};\quad {}^2\omega_9=0{,}000\text{ m}$$

S-Normierung (Abschn. 4.1.2 und Tafel 8):

$${}^{2S}y_9=-1{,}000-(-1{,}375)=0{,}375\text{ m}$$
$${}^{2S}z_9=0{,}000-(-1{,}000)=1{,}000\text{ m}$$
$${}^{2S}\omega_9=0{,}000-0{,}000=0{,}000\text{ m}^2$$

D-Transformation (Abschn. 4.2.1 und Tafel 8):

$${}^{2D}\omega_9=0{,}000-0{,}375\cdot 4{,}000+1{,}000\cdot(-0{,}500)=-2{,}000\text{ m}^2$$

M-Normierung (Abschn. 4.2.2 und Tafel 8):

$${}^{2M}\omega_9=-2{,}000+(-1{,}865)\cdot 0{,}375-5{,}252\cdot 1{,}000=-7{,}952\text{ m}^2$$

8.3 Schnittkraftgrößen

8.3.1 Lastfall 1 ($q_z = 16{,}5$ kN/m)

$N_1 = N_2 = N_3 = 0$

$-{}^{D}M_Z =$ 0 kNm

${}^{D}M_Y = -16{,}5 \cdot 30{,}0^2/2 =$ −7425 kNm

$-{}^{M}M_\omega = (-7425) \cdot (-5{,}252) =$ 38996 kNm²

8.3.2 Lastfall 2 ($q_y = 12{,}0$ kN/m)

$N_1 = N_2 = N_3 = 0$

$-{}^{D}M_Z = -12{,}0 \cdot 30{,}0^2/2$ −5400 kNm

${}^{D}M_Y =$ 0 kNm

${}^{M}M_\omega = 5400 \cdot 1{,}865 =$ 10071 kNm²

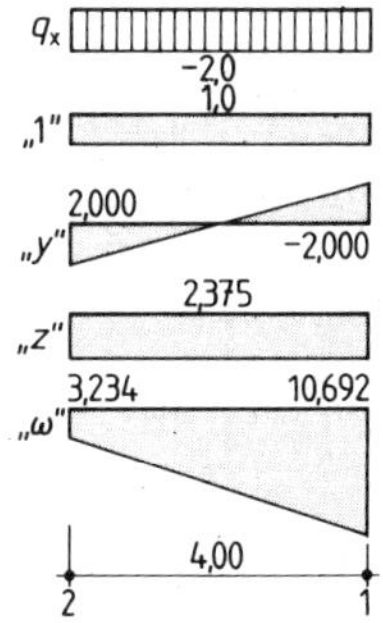

Bild 20 Berechnung der Schnittkraftgrößen infolge q_x

8.3.3 Lastfall 3 (s. S. 1021)

(Einheitsverschiebungen nach Tafel 9)

Je Geschoß:

$N_{1g} = -2{,}0 \cdot 4{,}0 =$ −8,0 kN/Geschoß

$N_{2g} =$ −15,0 kN/Geschoß

$-{}^{D}M_{Zg} = 0 - 15{,}0 \cdot (-3{,}625) =$ 54,375 kNm/Geschoß

${}^{D}M_{Yg} = -2{,}0 \cdot 2{,}375 \cdot 4{,}0 - 15{,}0 \cdot 1{,}000 =$ −34,000 kNm/Geschoß

$$-{}^{M}M_{\omega g} = -2{,}0 \cdot \frac{3{,}234 + 10{,}692}{2} \cdot 4{,}0 - 15{,}0 \cdot 15{,}507 = -288{,}309 \text{ kNm}^2$$

$N_1 = 10 \cdot (-8{,}0) =$ −80,0 kN

$N_2 = 10 \cdot (-15{,}0) =$ −150,0 kN

$-{}^{D}M_Z = 10 \cdot 54{,}375 =$ 544 kNm

${}^{D}M_Y = 10 \cdot (-34{,}000) =$ −340 kNm

$-{}^{M}M_\omega = 10 \cdot (-288{,}309) =$ −2883 kNm²

8.4 Längsspannungen

Die Längsspannungen werden entsprechend Abschn. 6 berechnet. Die Linienlängskraft geht durch Multiplikation der Spannungen mit der Wanddicke aus diesen hervor ($n_k = \sigma_k \cdot {}^{i}t_j$).

Die Spannungen im Teilquerschnitt 2 aus Lastfall 1 erhält man beispielsweise zu:

$$\sigma_k = \frac{0}{1{,}600} - \frac{14{,}460 \cdot 0 + 0{,}881 \cdot (-7425)}{218{,}0878} \cdot {}^{2D}y_k + \frac{0{,}881 \cdot 0 + 15{,}135 \cdot (-7425)}{218{,}0878} \cdot {}^{2D}z_k - \frac{-38996}{386{,}227} \cdot {}^{2M}\omega_k$$

$$\sigma_k = 29{,}886 \cdot {}^{2D}y_k - 513{,}425 \cdot {}^{2D}z_k + 100{,}967 \cdot {}^{2M}\omega_k$$

Für Punkt 9 des Teilquerschnitts 2 erhält man daraus:

$$\sigma_9 = 29{,}886 \cdot 0{,}375 - 513{,}425 \cdot 1{,}000 + 100{,}967 \cdot (-7{,}952) = -1307 \text{ kN/m}^2$$

15

Tafel 10 Längsspannungen

	Lastfall 1	Lastfall 2	Lastfall 3
N_1	0	0	−80
N_2	0	0	−150
N_3	0	0	0
$-M_Z$	0	−5400	544
M_Y	−7425	0	−340
$-{}^{M}M_{\omega}$	−38996	−10071	−2883
i *k*		σ in kN/m²	
1 1	−204	1047	−241
1 2	−837	−580	−36
1 3	1124	−693	75
1 4	387	214	11
1 5	−1199	114	0
1 6	−350	1121	−54
2 7	942	1724	−371
2 8	−745	191	−127
2 9	−1307	−320	−46
2 10	−1869	−831	35
2 11	2515	−318	−34
3 12	−1671	343	−22
3 13	−1786	−418	66
3 14	−1843	−798	109
3 15	2411	201	−53
3 16	1920	806	−96

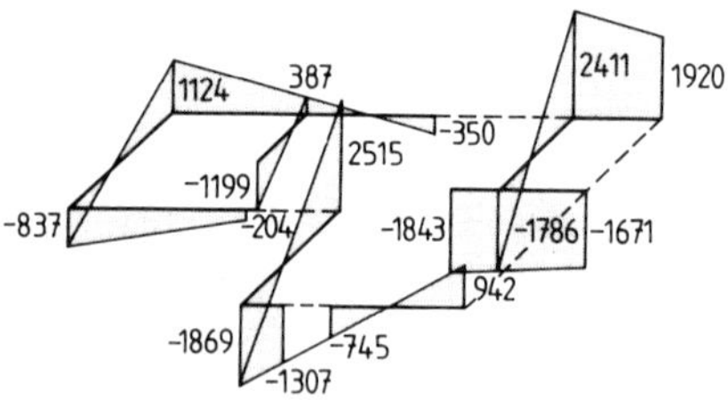

a) **Lastfall 1** ($q_z = 16{,}5$ kN/m)

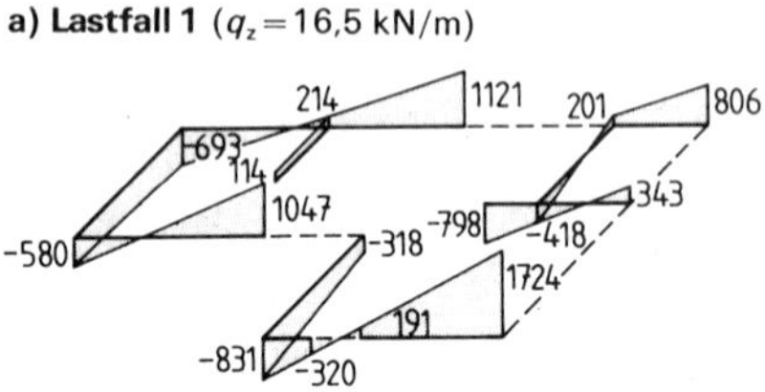

b) **Lastfall 2** ($q_y = 12{,}0$ kN/m)

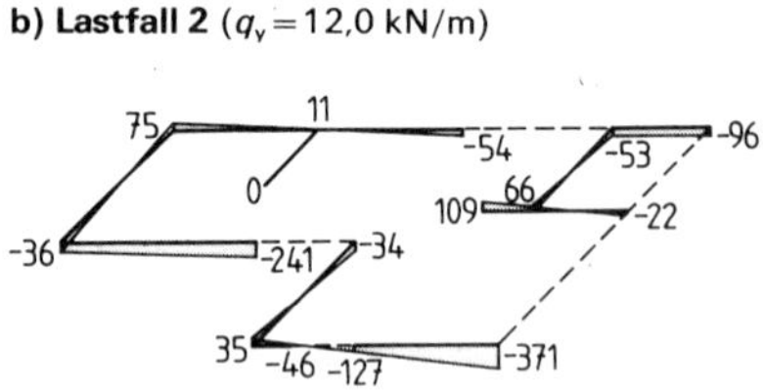

c) **Lastfall 3** (s. S. 1027)

Der Verlauf der Längsspannungen σ [kN/m²] für die drei betrachteten Lastfälle ist in Bild 21 über den Wandmittellinien aufgetragen.

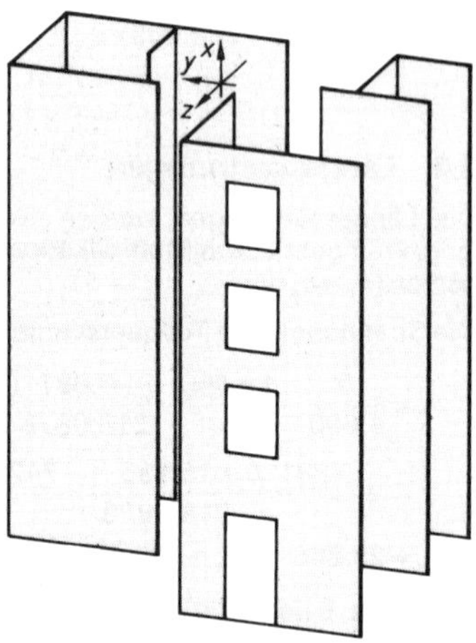

Bild 21 Längsspannungszustand σ in kN/cm²

9 Vereinfachte Berechnungsverfahren in Sonderfällen

In vielen Fällen können vereinfachte Berechnungsverfahren angewandt werden:

Schnittkraftermittlung

(L1) das Gebäude läßt sich in Höhenabschnitte so einteilen, daß die kontinuierliche Achsbelastung innerhalb eines Abschnitts konstant ist und etwa vorhandene Einzellasten (z.B. über die Deckenränder eingeleitete Windlasten) in den Abschnittsgrenzpunkten angreifen.

(L2) die Lastwirkungsflächen sind eben und parallel zur Gebäude-X-Achse.

Querschnittswerte- und Spannungsermittlung

(Q1) die Teilquerschnitte des Gebäudequerschnitts sind torsionsweich.

(Q2) der Gebäudequerschnitt und die Belastung sind doppelt symmetrisch.

(Q3) die Gebäudeaussteifung ist „statisch bestimmt" (d.h. die Deckenscheiben sind durch 3 gerade Wände oder durch eine gerade Wand und einen aus zwei geraden Wänden zusammengesetzen Querschnitt gefesselt).

(Q4) die Querschnittsverhältnisse bleiben über die Gebäudehöhe gleich.

In den folgenden Abschnitten werden die vereinfachten Berechnungsverfahren für die wichtigsten Kombinationen der aufgezählten Sonderfälle behandelt.

9.1 Schnittkraftzustände bei Abschnittsgleichlast und Einzellasten

Bezeichnungen (s. auch Bilder 22 und 23)

$q_{Y,\lambda}$, $q_{Z,\lambda}$	Gleichlasten in Y- und Z-Richtung im Gebäudeabschnitt λ
$q_{\omega,\lambda}$	Torsionsgleichlast im Gebäudeabschnitt λ, bezogen auf D
$F_{Y,\lambda}$, $F_{Z,\lambda}$	Einzellasten in Y- und Z-Richtung im Abschnittsgrenzpunkt λ
$F_{\omega,\lambda}$	Torsionseinzellast im Abschnittsgrenzpunkt λ, bezogen auf D
$Y_{q,\lambda}$, $Z_{q,\lambda}$	Lage der Gleichlastwirkungsebenen im Basiskoordinatensystem
$Y_{F,\lambda}$, $Z_{F,\lambda}$	Lage der Einzellastwirkungslinien im Basiskoordinatensystem
V_Y, V_Z, M_Y, M_Z	Querkräfte und Biegemomente im Gesamtquerschnitt
V_ω, M_ω	Torsions- und Wölbbimoment im Gesamtquerschnitt, auf D bezogen
${}^{M}M_Y$, ${}^{M}M_Z$, ${}^{M}M_\omega$	Auf den Schubmittelpunkt M bezogene Biegemomente und Wölbbimoment im Gesamtquerschnitt
${}^{S}V_{Y,i}$, ${}^{S}V_{Z,i}$, ${}^{S}M_{Y,i}$, ${}^{S}M_{Z,i}$	Auf den Biegeruhepunkt (Schwerpunkt) bezogene Schnittkräfte des Teilquerschnitts i
N_i	Längskraft in der Biegeruheachse des Teilquerschnitts i
${}^{M}\vec{M}$	Momententupel (Tafel 6)

Bei den Querlasten im Hochbau handelt es sich hauptsächlich um die über die Gebäudehöhe gestaffelte Gleichlast aus Wind, die entweder als auf die Bauwerksachse wirkende Linienlast oder als resultierende Einzellasten der Deckenrandlasten angesetzt wird (Bild 22).

In diesem Fall berechnet man die Schnittkräfte vorteilhaft rekursiv. An jeder Laststufe und bei jedem Einzellastangriffspunkt wird ein Achsabschnittspunkt λ eingerichtet. Die Abschnittsgrenzpunkte werden von der Kragarmspitze beginnend mit 0, 1, 2 ... l durchnumeriert, die Abschnittsnumerierung beginnt bei 1 (s. Bild 22).

Im allg. wird die Spur der Lastwirkungsflächen in Y- und Z-Richtung nicht mit der Gebäudeachse zusammenfallen, so daß sich auch Torsionsmomente einstellen. Bild 23 zeigt die Abschnittssituation.

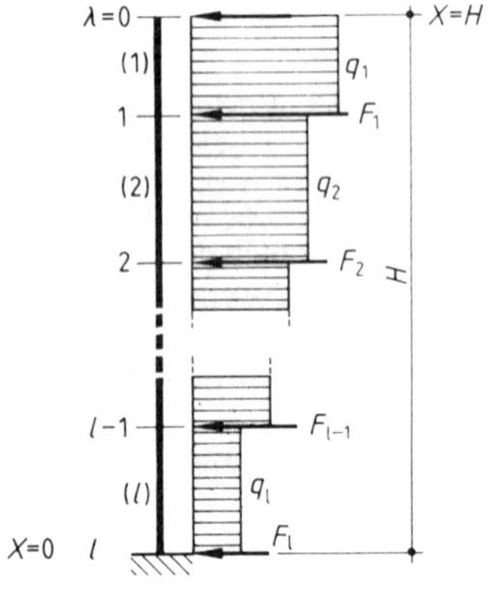

Bild 22 Kragarm mit Abschnittsgleichlasten und Einzellasten

Torsionslast

$$q_{\omega,\lambda} = Y_{q,\lambda} \cdot q_{Z,\lambda} - Z_{q,\lambda} \cdot q_{Y,\lambda}$$
$$F_{\omega,\lambda} = Y_{F,\lambda} \cdot F_{Z,\lambda} - Z_{F,\lambda} \cdot F_{Y,\lambda}$$

Schnittkräfte bei Punkt O ($X = H$)

$$V_{Y,0} = F_{Y,0};\ V_{Z,0} = F_{Z,0};\ V_{\omega,0} = F_{\omega,0};$$
$$M_{Y,0} = M_{Z,0} = 0;\ M_{\omega,0} = 0$$

In Bild 24 sind die am Abschnitt λ angreifenden Schnittkräfte dargestellt. Die Schnittkräfte im Schnitt λ ergeben sich mit den Abschnittslasten nach Bild 23:

$$V_{Y,\lambda} = V_{Y,\lambda-1} + q_{Y,\lambda} \cdot \Delta X_\lambda + F_{Y,\lambda}$$
$$V_{Z,\lambda} = V_{Z,\lambda-1} + q_{Z,\lambda} \cdot \Delta X_\lambda + F_{Z,\lambda}$$
$$M_{Y,\lambda} = M_{Y,\lambda-1} - V_{Z,\lambda-1} \cdot \Delta X_\lambda - q_{Z,\lambda} \cdot \Delta X_\lambda^2/2$$
$$M_{Z,\lambda} = M_{Z,\lambda-1} + V_{Y,\lambda-1} \cdot \Delta X_\lambda + q_{Y,\lambda} \cdot \Delta X_\lambda^2/2$$
$$M_{\omega,\lambda} = V_{\omega,\lambda-1} + q_{\omega,\lambda} \cdot \Delta X_\lambda + F_{\omega,\lambda}$$
$$M_{\omega,\lambda} = M_{\omega,\lambda-1} + F_{\omega,\lambda-1} \cdot \Delta X_\lambda + q_{\omega,\lambda} \cdot \Delta X_\lambda^2/2$$

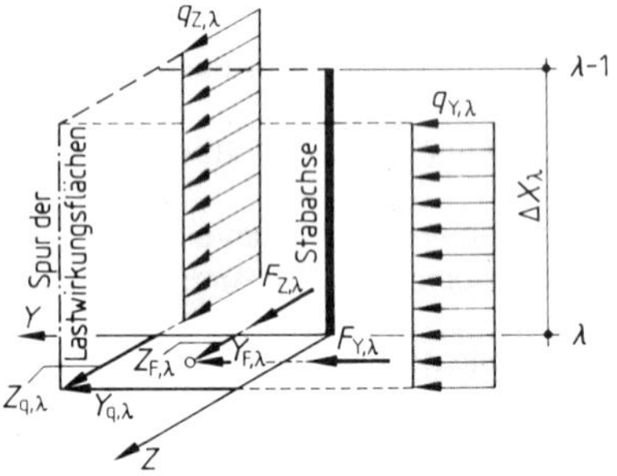

Bild 23 Stababschnitt λ mit außerhalb der Achse angreifenden Gleich- und Einzellasten

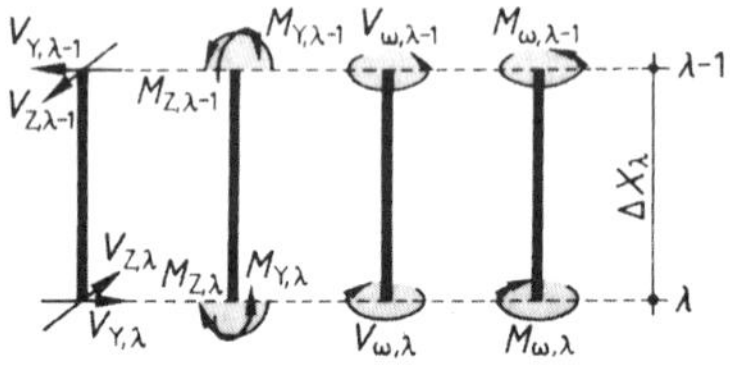

Bild 24 Schnittkräfte am Stababschnitt λ

Der Rekursionsprozeß endet mit der Ermittlung der Schnittkräfte bei $\lambda = l$.

Im Falle (L2) und (Q4) gilt auch:

$$M_{\omega,\lambda} = M_{\omega,\lambda-1} + Y_q \cdot M_{Y,\lambda} + Z_q \cdot M_{Z,\lambda}$$

9.2 Gebäudequerschnitte mit torsionsweichen Teilquerschnitten

Bezeichnungen

A_i	Querschnittsfläche des Teilquerschnitts i
${}^SA_{yy,i}$, ${}^SA_{yz,i}$, ${}^SA_{zz,i}$	Auf den Biegeruhepunkt S_i bezogene Flächenmomente 2. Grades des Teilquerschnitts i
Y_i, Z_i	Koordinaten des Schubmittelpunktes M_i des Teilquerschnitts i im Basiskoordinatensystem
Y_M, Z_M	Koordinaten des Gesamtschubmittelpunktes im Basiskoordinatensystem (D)
${}^MY_i = Y_i - Y_M$ ${}^MZ_i = Z_i - Z_M$	Koordinaten des Teilquerschnitts-Schubmittelpunkts M_i im M-Koordinatensystem
${}^{iS}y$, ${}^{iS}z$	Einheitsverschiebung eines Punktes des Teilquerschnitts i infolge Biegung, bezogen auf den Biegeruhepunkt (auf den „Teilquerschnitts-Schwerpunkt" S_i bezogene Koordinaten des Punktes)
${}^{iS}\omega = Y_i \cdot {}^{iS}z - Z_i \cdot {}^{iS}y$	Einheitsverwölbung eines Punktes des Teilquerschnitts i, bezogen auf M
$\vec{a}_k$	Einheitsverschiebungstupel, transponiert: (y, z, ω)
A_{YY}, A_{ZZ}, $A_{\omega\omega}$	Flächenmomente des Gesamtquerschnitts, auf M bezogen
${}^M\bar{A}$	Matrix der Flächenmomente 2. Grades, auf M bezogen (Abschn. 4.2.2)
σ	Längsspannung im Punkt y, z des Teilquerschnitts i

Bei Querschnittsbündeln mit wölbfreien Teilquerschnitten vereinfacht sich die Berechnung der Teilquerschnittswerte, weil deren Wölbflächenmoment verschwindet. Näherungsweise kann man dies auch bei Teilquerschnitten mit offensichtlich geringer Wölbsteifigkeit annehmen. Für solche Teilquerschnitte sind daher nur die auf den Biegeruhepunkt S_i bezogenen Querschnittswerte

$$A_i,\quad {}^SA_{yy,i} = I_{z,i},\quad {}^SA_{yz,i} = I_{yz,i},\quad {}^SA_{zz,i} = I_{y,i}$$

zu berechnen. Die globalen Koordinaten der Drillruhepunkte der Teilquerschnitte i sind Y_i, Z_i; das globale Koordinatensystem wird dabei nach zweckmäßig gewählten Kriterien frei festgelegt.

Ermittlung der auf D bezogenen Gesamtquerschnittswerte

$$A_{YY} = \sum_{(i)} {}^SA_{yy,i}$$

$$A_{YZ} = \sum_{(i)} {}^SA_{yz,i}$$

$$A_{ZZ} = \sum_{(i)} {}^SA_{zz,i}$$

$$A_{Y\omega} = \sum_{(i)} (Y_i \cdot {}^SA_{yz,i} - Z_i \cdot {}^SA_{yy,i})$$

$$A_{Z\omega} = \sum_{(i)} (Y_i \cdot {}^SA_{zz,i} - Z_i \cdot {}^SA_{yz,i})$$

$$A_{\omega\omega} = \sum_{(i)} (Y_i^2 \cdot {}^SA_{zz,i} - 2 \cdot Y_i \cdot Z_i \cdot A_{yz,i} + Z_i^2 \cdot {}^SA_{yy,i})$$

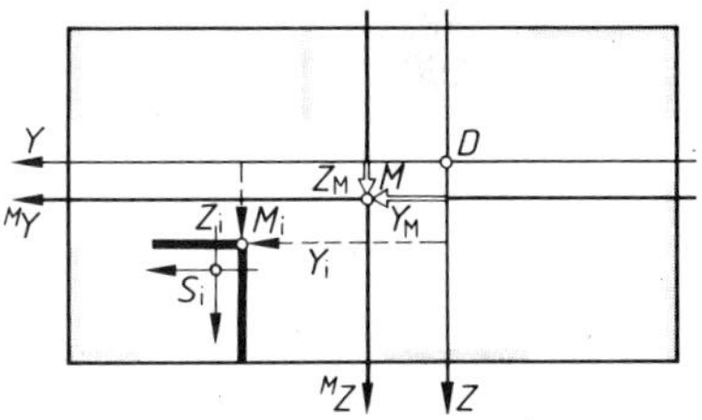

Bild 25 **Querschnitt mit wölbfreien Teilquerschnitten**

Zur Berechnung der auf M normierten Querschnittswerte und der Längsspannungen berechnet man ferner die Determinante

$$D = A_{YY} \cdot A_{ZZ} - A_{YZ}^2$$

15

Ermittlung von Y_M und Z_m und des auf M bezogenen Wölbflächenmoments (nach Tafel 4, S. 1020)

$$Y_M = \frac{A_{YY} \cdot A_{Z\omega} - A_{YZ} \cdot A_{Y\omega}}{D}; \qquad Z_M = \frac{A_{YZ} \cdot A_{Z\omega} - A_{ZZ} \cdot A_{Y\omega}}{D};$$

$$^{M}A_{\omega\omega} = A_{\omega\omega} = \frac{A_{YY} \cdot A_{Z\omega}^2 - 2 \cdot A_{YZ} \cdot A_{Z\omega} \cdot A_{ZZ} \cdot A_{Y\omega}^2}{D}$$

Ermittlung der Schnittkräfte und der Längsspannungen

Nach der Ermittlung der Querschnittswerte einschließlich der Lage des Schubmittelpunktes M berechnet man die Schnittkräfte nach Abschn. 9.1, wobei die Drillmomente $V_{\omega,j}$ und die Wölbbimomente $M_{\omega,j}$ zweckmäßigerweise sofort auf die Drillruheachse M bezogen werden. Die Längsspannungen berechnet man dann aus

$$\sigma = \frac{N_i}{A_i} + {}^{iS}\vec{d}_k^{\,T} \cdot {}^{M}\bar{A}^{-1} \cdot {}^{M}\vec{M}$$

$$= \frac{N_i}{A_i} + ({}^{iS}y,\ {}^{iS}z,\ {}^{iM}\omega) \begin{pmatrix} A_{ZZ}/D & -A_{YZ}/D & 0 \\ -A_{YZ}/D & A_{YY}/D & 0 \\ 0 & 0 & 1/{}^{M}A_{\omega\omega} \end{pmatrix} \cdot \begin{pmatrix} -{}^{M}M_Z \\ {}^{M}M_Y \\ -{}^{M}M_\omega \end{pmatrix}$$

oder

$$\sigma = \frac{N_i}{A_i} - \frac{A_{ZZ} \cdot M_Z + A_{YZ} \cdot M_Y}{D} \cdot {}^{iS}y + \frac{A_{YZ} \cdot M_Z + A_{YY} M_Y}{D} \cdot {}^{iS}z - \frac{{}^{M}M_\omega}{{}^{M}A_\omega} \cdot {}^{iM}\omega$$

oder mit ${}^{iM}\omega = {}^{M}Y_i \cdot {}^{iS}z - {}^{M}Z_i \cdot {}^{iS}y$

$$\sigma = \frac{N_i}{A_i} - \left[\frac{A_{ZZ} \cdot M_Z + A_{YZ} \cdot M_Y}{D} - \frac{{}^{M}M_\omega}{{}^{M}A_{\omega\omega}} \cdot {}^{M}Z_i\right] \cdot {}^{iS}y + \left[\frac{A_{YZ} \cdot M_Z + A_{YY} \cdot M_Y}{D} - \frac{{}^{M}M_\omega}{{}^{M}A_{\omega\omega}} \cdot {}^{M}Y_i\right] \cdot {}^{iS}z$$

wobei die Schnittkräfte des jeweiligen Schnittes j einzusetzen sind.

Sind die Voraussetzungen (L2) und (Q4) erfüllt, gilt:

$$\sigma = \frac{N_i}{A_i} - \left[\left(\frac{A_{ZZ}}{D} - \frac{Z_M}{{}^{M}A_{\omega\omega}} \cdot {}^{M}Z_i\right) \cdot M_Z + \left(\frac{A_{YZ}}{D} - \frac{Y_M}{{}^{M}A_{\omega\omega}} \cdot {}^{M}Z_i\right) \cdot M_Y\right] \cdot {}^{iS}y + \left[\left(\frac{A_{YZ}}{D} - \frac{Z_M}{{}^{M}A_{\omega\omega}} \cdot {}^{M}Y_i\right) \cdot M_Z + \left(\frac{A_{YY}}{D} - \frac{Y_M}{{}^{M}A_{\omega\omega}} \cdot {}^{M}Y_i\right) \cdot M_Y\right] \cdot {}^{iS}z$$

Beispiel **„Querschnitte mit torsionsweichen Teilquerschnitten"**

Schnittkräfte aus Lastfall 1

$M_Y = \pm 4500$ kNm

$M_Z = 0$

$M_\omega = 0$

Schnittkräfte aus Lastfall 2

$M_Y = 0$

$M_Z = \pm 3000$ kNm

$M_\omega = 0$

Querschnittswerte

Teilquerschnitte 1 bis 5

${}^{S}A_{yy,1\ldots5} = {}^{S}A_{yz,1\ldots5} = \mathbf{0}$;

${}^{S}A_{zz,1\ldots5} = 0{,}18 \cdot 5{,}0^3/12 = \mathbf{1{,}875\ m^2}$

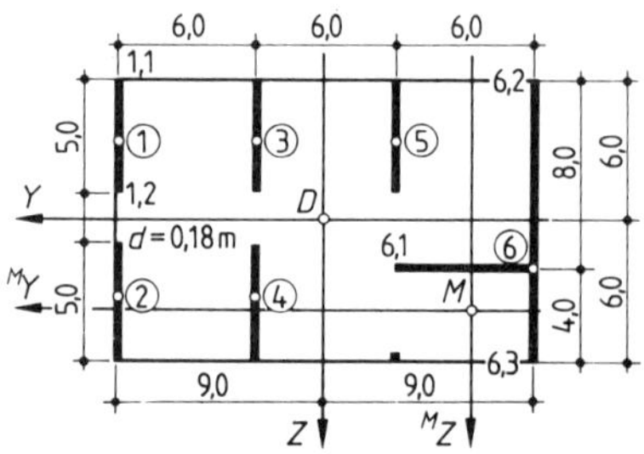

Bild 26 **Querschnitt zu Beispiel für torsionsweiche Teilquerschnitte**

Beispiel. Forts.

Teilquerschnitt 6

$A_6 = 0{,}18 \cdot 6{,}0 + 0{,}18 \cdot 12{,}0 = 1{,}080 + 2{,}160 = \mathbf{3{,}240\ m^2}$

a) bezogen auf M_6

$A_{y,6} = (6{,}0/2) \cdot 1{,}080 = \mathbf{3{,}240\ m^3}$

$A_{z,6} = (4{,}0 - 12{,}0/2) \cdot 2{,}160 = \mathbf{-4{,}320\ m^3}$

$A_{yy,6} = 6{,}0^2/3 \cdot 1{,}080 = \mathbf{12{,}960\ m^4}$

$A_{yz,6} = 0$

$A_{zz,6} = 12{,}0^2/12 \cdot 2{,}160 + (12{,}0/2 - 4{,}0)^2 \cdot 2{,}160 = \mathbf{34{,}560\ m^4}$

b) bezogen auf S_6

$y_{0,6} = 3{,}240/3{,}240 = \mathbf{1{,}000\ m}$

$z_{0,6} = -4{,}320/3{,}240 = \mathbf{-1{,}333\ m}$

${}^SA_{yy,6} = 12{,}960 - 3{,}240^2/3{,}240 = \mathbf{9{,}720\ m^4}$

${}^SA_{yz,6} = 0 - 3{,}240 \cdot (-4{,}320)/3{,}240 = \mathbf{4{,}320\ m^4}$

${}^SA_{zz,6} = 34{,}560 - (-4{,}320)^2/3{,}240 = \mathbf{28{,}800\ m^4}$

Gesamtquerschnittswerte

i	${}^SA_{yy,i}$	${}^SA_{yz,i}$	${}^SA_{zz,i}$	Y_i	Z_i	$A_{Y\omega,i}$	$A_{Z\omega,i}$	$A_{\omega\omega,i}$
	Rechenergebnisse von oben			Schubmittelpunktslagen im D-Koordisystem		$Y_i \cdot {}^SA_{yz,i} - Z_i \cdot {}^SA_{yy,i}$	$Y_i \cdot {}^SA_{zz,i} - Z_i \cdot {}^SA_{yz,i}$	$Y_i^2 \cdot {}^SA_{zz,i} + Z_i^2 \cdot {}^SA_{yy,i} - 2 \cdot Y_i \cdot Z_i \cdot {}^SA_{yz,i}$
1	0	0	1,875	9,0	3,5	0	16,875	151,875
2	0	0	1,875	9,0	3,5	0	16,875	151,875
3	0	0	1,875	3,0	−3,5	0	5,625	16,875
4	0	0	1,875	3,0	3,5	0	5,625	16,875
5	0	0	1,875	−3,0	−3,5	0	−5,625	16,875
6	9,720	4,320	28,800	−9,0	2,0	−58,320	−267,840	2527,200
$\sum$	9,720	4,320	38,175			−58,320	−228,465	2881,575
	A_{YY}	A_{YZ}	A_{ZZ}			$A_{Y\omega}$	$A_{Z\omega}$	$A_{\omega\omega}$

$D = 9{,}720 \cdot 38{,}175 - 4{,}320^2 = \mathbf{335{,}220\ m^8}$

$$Y_M = \frac{9{,}720(-228{,}465) - 4{,}320 \cdot (-58{,}320)}{335{,}220} = \mathbf{-5{,}873\ m}$$

$$Z_M = \frac{4{,}320(-228{,}465) - 38{,}175 \cdot (-58{,}320)}{335{,}220} = \mathbf{3{,}697\ m}$$

$${}^MA_{\omega\omega} = 2881{,}575 - \frac{9{,}720 - (-228{,}465)^2 - 2 \cdot 4{,}320 \cdot (-58{,}320) \cdot (-228{,}465) + 38{,}175 \cdot (-58{,}320)^2}{335{,}220}$$

$$= 2881{,}575 - 1557{,}394 = \mathbf{1324{,}2\ m^6}$$

Spannungen infolge Lastfall 1 (M_Y):

$$\sigma = \left[-\left(\frac{4{,}320}{335{,}220} - \frac{(-5{,}873)}{1324{,}2} \cdot {}^MZ_i\right) \cdot {}^{iS}y + \left(\frac{9{,}720}{335{,}220} - \frac{(-5{,}873)}{1324{,}2} \cdot {}^MY_i\right) \cdot {}^{iS}z\right] \cdot 10^{-3} \cdot M_Y$$

$$\sigma = [-(12{,}887 + 4{,}435 \cdot {}^MZ_i) \cdot {}^{iS}y + (28{,}996 + 4{,}435 \cdot {}^MY_i) \cdot {}^{iS}z] \cdot 10^{-3} \cdot M_Y$$

Spannungen infolge Lastfall 2 (M_Z):

$$\sigma = \left[-\left(\frac{38{,}175}{335{,}220} - \frac{3{,}697}{1324{,}2} \cdot {}^MZ_i\right) \cdot {}^{iS}y + \left(\frac{4{,}320}{335{,}220} - \frac{3{,}697}{1324{,}2} \cdot {}^MY_i\right) \cdot {}^{iS}z\right] \cdot 10^{-3} \cdot M_Z$$

$$\sigma = [-(113{,}880 - 2{,}792 \cdot {}^MZ_i) \cdot {}^{iS}y + (12{,}887 - 2{,}792 \cdot {}^MY_i) \cdot {}^{iS}z] \cdot 10^{-3} \cdot M_Y$$

15

Beispiel, Forts. **Spannungen im Teilquerschnitt 1**

Infolge Lastfall 1

$$\sigma = [-(12{,}887 + 4{,}435 \cdot (-3{,}5 - 3{,}697) \cdot {}^{iS}y + (28{,}996 + 4{,}435 \cdot (9{,}0 + 5{,}873)) \cdot {}^{iS}z] \cdot 10^{-3} \cdot M_Y$$
$$= (19{,}0 \cdot {}^{iS}y + 95{,}0 \cdot {}^{iS}z) \cdot 10^{-3} \cdot 4500$$

$$\sigma_{1,1} = (19{,}0 \cdot 0 + 95{,}0 \cdot (-2{,}5)) \cdot 10^{-3} \cdot 4500 = \mathbf{-1068\ kN/m^2}$$

$$\sigma_{1,2} = (19{,}0 \cdot 0 + 95{,}0 \cdot (2{,}5)) \cdot 10^{-3} \cdot 4500 = \mathbf{1068\ kN/m^2}$$

Infolge Lastfall 2

$$\sigma = [-(113{,}880 - 2{,}792 \cdot (-3{,}5 - 3{,}697)) \cdot {}^{iS}y + (12{,}887 - 2{,}792 \cdot (9{,}0 + 5{,}873)) \cdot {}^{iS}z] \cdot 10^{-3} \cdot M_Z$$
$$= (-134{,}0 \cdot {}^{iS}y + 28{,}6 \cdot {}^{iS}z) \cdot 10^{-3} \cdot 3000$$

$$\sigma_{1,1} = (-134{,}0 \cdot 0 + 28{,}6 \cdot (-2{,}5)) \cdot 10^{-3} \cdot 3000 = \mathbf{215\ kN/m^2}$$

$$\sigma_{1,2} = (-134{,}0 \cdot 0 + 28{,}6 \cdot 2{,}5) \cdot 10^{-3} \cdot 3000 = \mathbf{-215\ kN/m^2}$$

Spannungen im Teilquerschnitt 6

Infolge Lastfall 1

$$\sigma = [-(12{,}887 + 4{,}435 \cdot (2{,}0 - 3{,}697)) \cdot {}^{iS}y + (28{,}996 + 4{,}435 \cdot (-9{,}0 + 5{,}873)) \cdot {}^{iS}z] \cdot 10^{-3} \cdot M_Y$$
$$= (5{,}36 \cdot {}^{iS}y + 15{,}13 \cdot {}^{iS}z) \cdot 10^{-3} \cdot 4500$$

$$\sigma_{6,1} = (5{,}36 \cdot (6{,}0 - 1{,}0) + 15{,}13 \cdot (0 + 1{,}333)) \cdot 10^{-3} \cdot 4500 = \mathbf{-30\ kN/m^2}$$

$$\sigma_{6,2} = (5{,}36 \cdot (0 - 1{,}0) + 15{,}13 \cdot (-8{,}0 + 1{,}333)) \cdot 10^{-3} \cdot 4500 = \mathbf{-430\ kN/m^2}$$

$$\sigma_{6,3} = (5{,}36 \cdot (0 - 1{,}0) + 15{,}13 \cdot (4{,}0 + 1{,}333)) \cdot 10^{-3} \cdot 4500 = \mathbf{387\ kN/m^2}$$

Infolge Lastfall 2

$$\sigma = [-(113{,}880 - 2{,}792 \cdot (2{,}0 - 3{,}697)) \cdot {}^{iS}y + (12{,}887 - 2{,}792 \cdot (-9{,}0 + 5{,}873)) \cdot {}^{iS}z] \cdot 10^{-3} \cdot M_Z = (-118{,}6 \cdot {}^{iS}y + 21{,}6 \cdot {}^{iS}z) \cdot 10^{-3} \cdot 3000$$

$$\sigma_{6,1} = (118{,}6 \cdot (6{,}0 - 1{,}0) + 21{,}6 \cdot (0 + 1{,}333)) \cdot 10^{-3} \cdot 4500 = \mathbf{-1693\ kN/m^2}$$

$$\sigma_{6,2} = (118{,}6 \cdot (0 - 1{,}0) + 21{,}6 \cdot (-8{,}0 + 1{,}333)) \cdot 10^{-3} \cdot 4500 = \mathbf{-77\ kN/m^2}$$

$$\sigma_{6,3} = (118{,}6 \cdot (0 - 1{,}0) + 21{,}6 \cdot (4{,}0 + 1{,}333)) \cdot 10^{-3} \cdot 4500 = \mathbf{702\ kN/m^2}$$

9.3 Doppeltsymmetrische Querschnitte und Belastungen

Bezeichnungen (s. Abschn. 9.2)

Sind die Querschnittsstruktur und die Belastung bezüglich zweier orthogonaler Achsen – vorzugsweise Y und Z – symmetrisch, dann kann keine Torsionsbeanspruchung auftreten.

Querschnittswerte

Nach der Berechnung der Querschnittswerte der Teilquerschnitte

$$A_i,\quad {}^{S}A_{YY,i} = I_{z,i},\quad {}^{S}A_{ZZ,i} = I_{y,i}$$

berechnet man die Gesamtquerschnittswerte

$$A_{YY} = \sum {}^{S}A_{YY,i} \quad \text{und} \quad A_{ZZ} = \sum {}^{S}A_{ZZ,i}$$

Anteilige Schnittkräfte in den Teilquerschnitten

Auf den Teilquerschnitt i entfallen folgende Anteile der Gesamtschnittkräfte

$${}^{S}V_{Y,i} = \frac{{}^{S}A_{YY,i}}{A_{YY}} V_Y; \quad {}^{S}V_{Z,i} = \frac{{}^{S}A_{ZZ,i}}{A_{ZZ}} V_Z; \quad {}^{S}M_{Z,i} = \frac{{}^{S}A_{YY,i}}{A_{YY}} M_Z \quad {}^{S}M_{Y,i} = \frac{{}^{S}A_{ZZ,i}}{A_{ZZ}} M_Y$$

Längsspannungen

Die Längsspannungen können mit den anteiligen Biegemomenten und den entsprechenden Querschnittswerten der Teilquerschnitte berechnet werden; sie lassen sich aber auch ohne den Umweg über die Teilquerschnitts-Schnittkräfte berechnen:

$$\sigma = \frac{N_i}{A_i} - \frac{M_Z}{A_{ZZ}} \cdot {}^{iS}y + \frac{M_Y}{A_{YY}} \cdot {}^{iS}z$$

10 Problem bei nicht vernachlässigbarer St. Venantscher Torsion

Überschreitet der Eigenwert $\varkappa$ (s. Abschn. 2.3) den Wert 0,5, wird der Einfluß der St. Venantschen (reinen) Torsion bedeutender, bei $\varkappa > 10$ ist er dominierend. Im letzteren Fall spielt zwar die Wölbkrafttorsion keine erhebliche Rolle, d.h. es gibt keinen nennenswerten Längsspannungsbeitrag aus Torsion, zur Berechnung der torsionsbedingten Schubspannungen müssen aber die Querschnittswerte ermittelt werden, weil die Kenntnis der Lage der Drillruheachse (Schubmittelpunktsachse) zur Berechnung des Torsionsmomentes erforderlich ist. Die Querschnittswerte werden aber auch zur Ermittlung des Eigenwertes $\varkappa$ selbst benötigt.

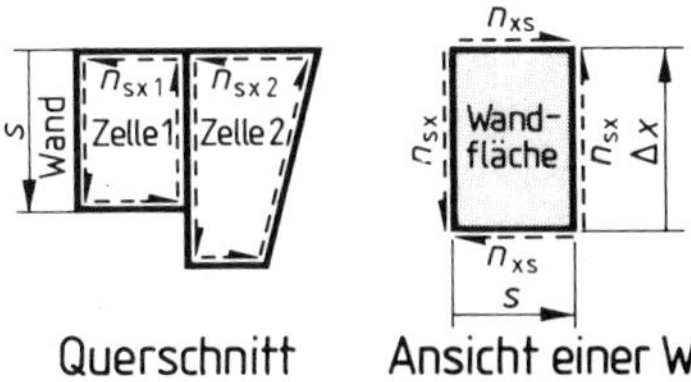

Bild 27
Zellengruppe und umlaufender Schubfluß

Die St. Venantsche Torsion erlangt im allgemeinen dann Bedeutung, wenn der Grundriß zellenartige Querschnittsformen (Hohlquerschnitte, geschlossene Querschnitte) enthält; sie wächst mit zunehmender umschlossener Fläche dieser Querschnitte. Die St. Venantsche Torsion überwiegt vor allem dann, wenn eine einzige Zelle oder eine zusammenhängende Zellengruppe in einem kernartigen Grundrißbereich (z. B. Fahrstuhlschächte) vorhanden ist und andere davon entfernte Aussteifungselemente (Wände) fehlen.

In Zellwänden treten neben den Schubspannungen infolge Biegung und Wölbkrafttorsion auch „umlaufende Schubflüsse" n_{xs} auf.

10.1 Einheitsverwölbungen

Zellenartige Querschnitte können sich nicht frei verwölben. Durch geeignete Wandschnitte entstehen offene Querschnitte, deren Verwölbung nach Abschn. 3.2 berechnet wird. An der Schnittstelle der Zelle k ergibt sich dabei ein Verwölbungssprung, der durch parallelogrammartige Schubverzerrung der Zellenwandscheiben wieder aufgehoben wird,

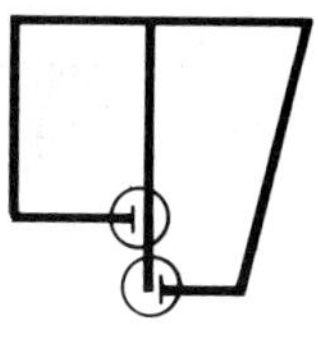

Bild 28 Zellenöffnung zur Berechnung der Einheitsverwölbung

Die Einheitsverwölbung am Ende des Zellen-Wandabschnitts j ist

$$\omega_{j,e} = \omega_{j,a} + y_{j,a} z_{j,e} - z_{j,a} y_{j,e} - \gamma_j^* s_j$$

mit

$\omega_{j,e}$	Einheitsverwölbung im Endpunkt des Wandabschnitts j,
$\omega_{j,a}$	Einheitsverwölbung im Anfangspunkt des Wandabschnitts j,
$y_{j,a}$, $z_{j,a}$	Koordinaten des Anfangspunkts des Wandabschnitts j,
$y_{j,e}$, $z_{j,e}$	Koordinaten des Endpunkts des Wandabschnitts j,
γ_j^*	Einheitsschubverzerrung des Wandabschnitts j.

15

10.1.1 Einheitsverzerrung und Schubfluß einzelliger Querschnitte

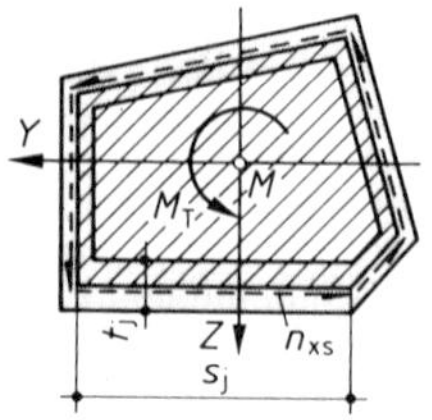

Bild 29 Einzelliger Querschnitt

Torsionsflächenmoment

$$I_T = \frac{4A_m^2}{\sum\limits_{(j)} (s_j/t'_j)} \left[+\tfrac{1}{3}\sum_{(j)} (s_j t'^3_j)\right]$$

[ ] enthalten den Beitrag des „offenen Querschnitts"; er ist im allg. vernachlässigbar klein.

Einheitsschubverzerrung des Wandabschnitts *j*

$$\gamma_j^* = \frac{I_T}{2A_m} \cdot \frac{1}{t'_j}$$

Schubfluß

$$n_{xs} = \frac{M_T}{2A_m}$$

Schubspannung

$$\tau_{xs,j} = \frac{n_{xs}}{t_j}$$

$\sum\limits_{(j)}$ Summe über alle Wandabschnitte der Zelle,
A_m Fläche zwischen den Zellenwand-Mittellinien,
s_j Länge des Wandabschnitts j,
t_j Dicke des Wandabschnitts j,
t'_j Ideelle Dicke des Wandabschnitts j (Abschn. 10.1.3),
$M_T = {}^M M_T$, auf den Schubmittelpunkt bezogenes Torsionsmoment.

10.1.2 Einheitsverzerrung und Schubfluß mehrzelliger Querschnitte

Bei einer Gruppe zusammenhängender Zellen umläuft jede Teilzelle k ein eigener Schubfluß n_k. In benachbarten Teilzellen gemeinsamen Trennwänden überlagern sich die Schubflüsse der beteiligten Zellen (je nach Aufteilung des Zellensystems können es zwei und mehr sein):

$$n_{xs,j} = \sum_{(k)} \pm n_{k,j},$$

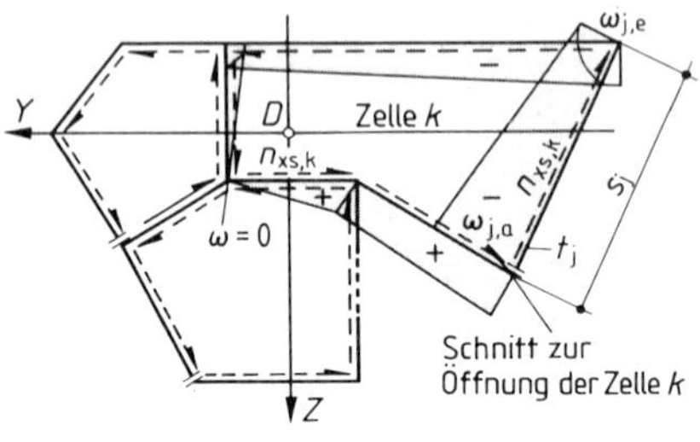

Bild 30 Mehrzelliger Querschnitt

wobei das Vorzeichen davon abhängt, ob die Schubflußorientierung mit der der betrachteten Zelle übereinstimmt (+) oder nicht (−).

Anders als beim einzelligen Querschnitt beeinflussen wegen der gemeinsamen Wände mehrere Zellenschubflüsse das Gesamtmaß des Schubverzerrungssprunges an der Zellenauftrennung. Die Schubflußwerte folgen deshalb aus der Lösung des Gleichungssystems

$$\begin{pmatrix} g_{11} \cdots g_{1l} \cdots g_{1n_z} \\ \cdots \\ g_{k1} \cdots g_{kl} \cdots g_{kn_z} \\ \cdots \\ g_{n_z1} \cdots g_{n_zl} \cdots g_{n_zn_z} \end{pmatrix} \cdot \begin{pmatrix} \Gamma_1 \\ \cdots \\ \Gamma_k \\ \cdots \\ \Gamma_{n_z} \end{pmatrix} = - \begin{pmatrix} \Delta\omega_1 \\ \cdots \\ \Delta\omega_k \\ \cdots \\ \Delta\omega_{n_z} \end{pmatrix} = -2 \begin{pmatrix} A_{m1} \\ \cdots \\ A_{mk} \\ \cdots \\ A_{mn_z} \end{pmatrix}$$

Torsionsflächenmoment	Zellen-Schubfluß	Wand-Schubfluß
$I_T = 2 \sum_{(k)} A_{mk} \Gamma_k$	$n_k = \frac{M_T}{I_T} \Gamma_k$	$n_{xs,j} = \sum_{(k)} \pm n_{k,j}$,

n_z Anzahl der Zellen in der Gruppe,

$g_{kl} = \sum_{(j=k \wedge l)} (\pm)\, s_j/t_j$ Elastizitätsbeiwerte zur Berechnung des bezogenen Schubflusses Γ_k

$j = k \wedge l$ als Laufbereich der Summe bedeutet, daß alle Wandabschnitte einzubeziehen sind, in denen sowohl n_k als auch n_l auftreten. Das Vorzeichen ist im Falle $k = l$ stets $+$, im Fall $k \neq l$ richtet es sich danach, ob die Schubflüsse n_k und n_l dieselbe $(+)$ oder entgegengesetzte Orientierung $(-)$ haben.

$\Gamma_k = n_k^*/G$ auf den Schubmodul bezogener Einheitsschubfluß. Der Schubmodul G wird als konstant im gesamten Gebäudequerschnitt vorausgesetzt.

$\Delta\omega_k$ Einheitsverwölbungssprung an der Schnittstelle der Zelle k,

A_{mk} Fläche zwischen den Wandmittellinien der Zelle k,

n_k^* Einheitsschubfluß in Zelle k,

$n_{xs,j}$ Schubfluß in Wandabschnitt j,

10.1.3 Ideelle Wanddicke

Bei der Berechnung der Einheitsverwölbungen nach Abschn. 3.2 wurden die Wandscheiben als schubstarr angesehen. Gebäudegrundrisse, die geschlossene Teilquerschnitte enthalten, wären unter dieser Voraussetzung wölbfrei! Bei großen Torsionseigenwerten $\varkappa > 10$ ist diese Annahme weitgehend gerechtfertigt. Der Längsspannungsbeitrag der Torsion wird unter diesen Umständen völlig unterdrückt.

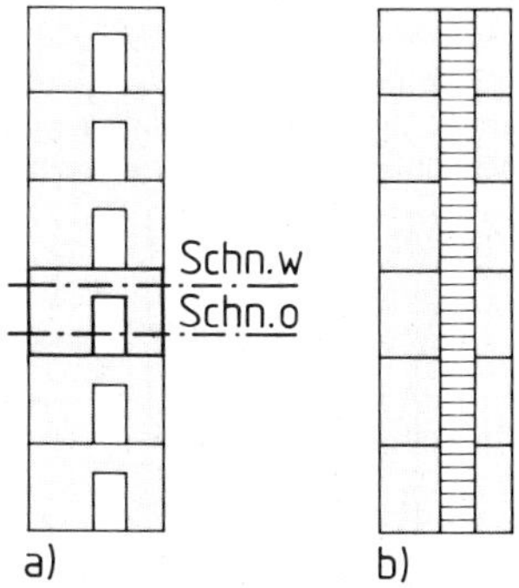

Bild 31 Zellenwand mit Öffnungskette

In der Regel ist die Schubelastizität der Wandscheiben zu beachten. Bei nicht durchbrochenen Wänden gilt für die Schubverzerrung $\gamma = n_{xs}/(G\,t)$ mit dem Schubmodul G und der Wanddicke t. Bei durchbrochenen Wänden (Bild 31 a) ist die geringere Schubsteifigkeit im Bereich der Öffnungskette zu berücksichtigen. Man kann die Steifigkeit der Stürze oft näherungsweise durch eine über die Höhe gleichmäßig gespannte Membran aus demselben Material mit (geringerer) ideeller Wanddicke t' darstellen (Bild 31 b).

Für die Querschnittswerte zur Normalspannungsermittlung ist selbstverständlich der Schnitt durch die Öffnungen (Schn o, $t = 0$) maßgebend.

Grundsätzlich sind die ideellen Wanddicken unter Einbeziehung der gesamten Öffnungsumgebung so zu bemessen, daß der idealisierte Verzerrungszustand mit dem realen möglichst genau übereinstimmt.

Bei gedrungenen Restwandflächen im Riegelabschnitt (j) und seitlich davon ($j-1$), ($j+1$) kann man sich auf den Schubverformungsanteil beschränken und die Schubkraft gleichmäßig über die Abschnittsflächen verteilt annehmen (das entspricht unendlich steifen Gurten längs der Öffnungsränder). In diesem Fall ergibt sich:

$$t_j' = t_{j\omega} \cdot h_j \cdot / h_g$$

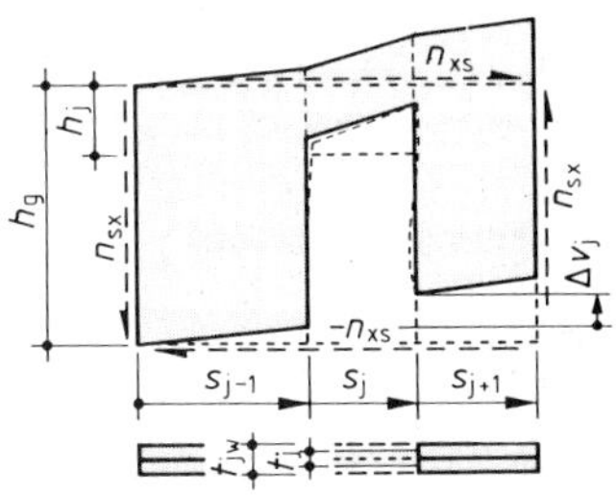

Bild 32 Wandstück mit Öffnung

15

10.2 Querschnittswerte

Für die Berechnung der Querschnittswerte zur Normalspannungsermittlung und den auf Längsfaserdehnung beruhenden Formänderungen gilt Abschn. 4. Dabei sind die Einheitsverwölbungen nach Abschn. 10.1 zu verwenden.

10.3 Schnittkraftgrößen

Die Berechnung der Schnittkraftgrößen V_Y, V_Z, M_T, M_Y und M_Z erfolgt nach Abschn. 5 bzw. 9.1. Das Torsionsmoment M_T ersetzt die früher verwendete Größe V_ω, die nicht mehr mit dem Gesamttorsionsmoment gleichgesetzt werden darf, wenn St. Venantsche Torsion und Wölbkrafttorsion gleichzeitig auftreten.

Die Funktionen der Torsions-Schnittkraftgrößen:

- M_{Tr} St. Venantsches Torsionsmoment (Anteil der „reinen" Torsion),
- V_ω Wölbtorsionsmoment (Anteil der Wölbkrafttorsion),
- M_ω Wölbbimoment.

müssen durch Lösen der Torsions-Differentialgleichung (Abschn. 2.3) gewonnen werden. Bei über die Höhe wechselnden Querschnitten ist dies ein aufwendigerer Prozeß. Für gleichbleibenden Querschnitt aus einheitlichem Material (E, G) und abschnittweise linearem Verlauf des Gesamttorsionsmoments M_T wird in diesem Abschnitt der Lösungsweg angegeben.

Die Bilder 33 und 34 zeigen den charakteristischen Verlauf von Wölbtorsionsmoment und Wölbbimoment in Abhängigkeit von $\varkappa$ für den Fall einer ausmittigen Gleichlast über die Gebäudehöhe.

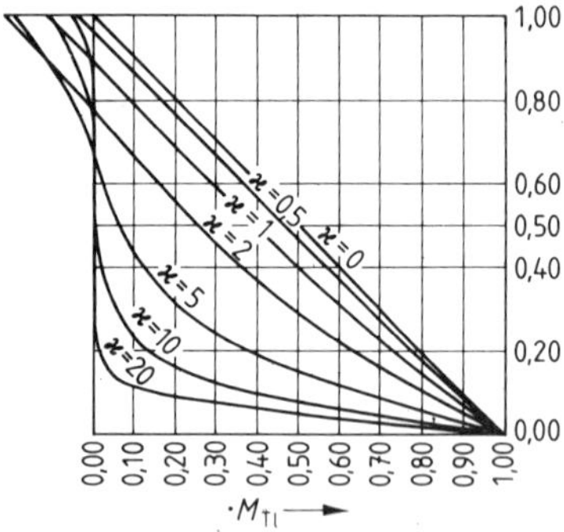

Bild 33 Wölbtorsionsmoment in Abhängigkeit von ϰ

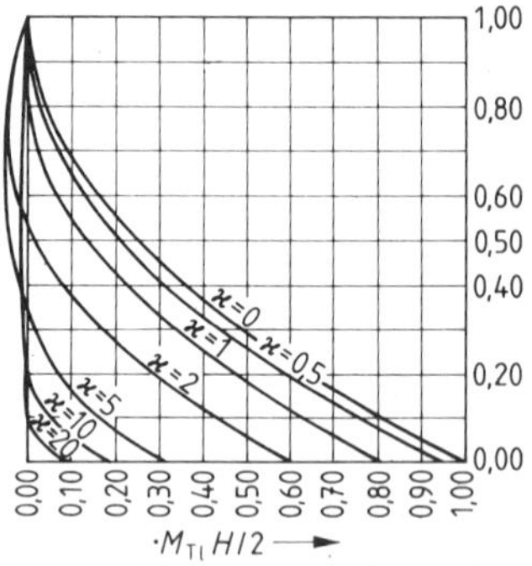

Bild 34 Wölbbimoment in Abhängigkeit von ϰ

Bei unstetigem, abschnittweise linearem Torsionsmomentenverlauf wird der Stab von oben beginnend in Höhenabschnitte $\lambda = (1) \ldots (l)$ eingeteilt, in denen das Torsionsmoment jeweils geradlinig verläuft (das entspricht gegebenenfalls mehreren Abschnitten mit konstanter Belastung unterschiedlicher Größe). Im Abschnitt λ gilt:

Wölbtorsionsmoment $${}^{\lambda}V_\omega = -\frac{T}{2\varkappa H}\left(C_{2\lambda}e^{\varkappa\xi} - C_{3\lambda}e^{\varkappa(1-\xi)}\right)$$

Reines Torsionsmoment $${}^{\lambda}M_{Tr} = {}^{\lambda}M_T - {}^{\lambda}V_\omega$$

Wölbbimoment $${}^{\lambda}M_\omega = \frac{T}{2\varkappa^2}\left(C_{2\lambda}e^{\varkappa\xi} + C_{3\lambda}e^{(1-\xi)} + 2\mu_{2\lambda}\right)$$

Verdrehung $$\vartheta = \frac{1}{2\varkappa^2}\left[C_{1\lambda} + C_{2\lambda}\left(e^{\varkappa\xi}-1\right) + C_{3\lambda}\left(e^{\varkappa(1-\xi)}-1\right)\right] + \mu_{1\lambda}\xi + \tfrac{1}{2}\mu_{2\lambda}\xi^2$$

Darin bedeuten:

$$C_{1\lambda}=C'_{1\lambda}+(e^{-\varkappa}-1)\,\mu_{\omega l};\quad C_{2\lambda}=C'_{2\lambda}+e^{-\varkappa}\mu_{\omega l};\quad C_{3\lambda}=C'_{3\lambda}+\mu_{\omega l}$$

mit dem Parameter

$$\mu_{\omega l}=\frac{H^2 M_{\omega l}}{W};$$ $M_{\omega l}$ ist das Wölbbimoment an der Einspannstelle (bei $\xi=0$).

$\mu_{\omega l}$ wird gemäß Tafel 11 bestimmt.

Tafel 11 enthält das Berechnungsschema für den Wölbeinspannungs-Parameter $\mu_{\omega l}$ für den Fall eines gleichbleibenden Gebäudequerschnitts. Bei veränderlichem Querschnitt ist das Verfahren etwas aufwendiger.

Tafel 11 Berechnung des Wölbeinspannungsparameters μ_{wl} bei gleichbleibendem Gebäudequerschnitt

Die Übertragungsrechnung beginnt im Punkt l an der Einspannstelle $\xi=\xi_l=0$.

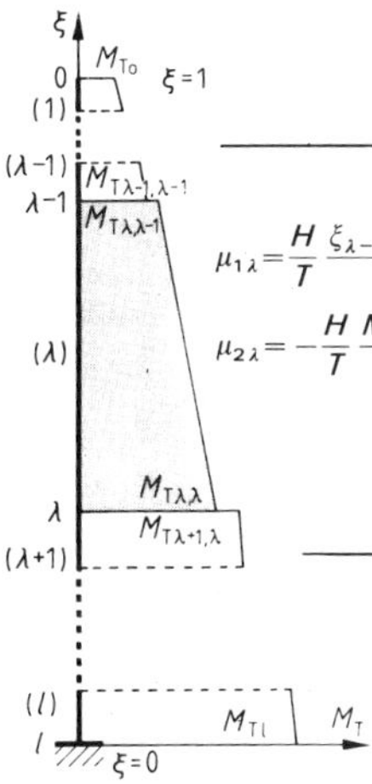

$$\mu_{\omega l}=-\frac{e^{\varkappa}C'_{2l}+C'_{3l}+2\,\mu_{2l}}{e^{\varkappa}+e^{-\varkappa}}$$

$$\mu_{1\lambda}=\frac{H}{T}\,\frac{\xi_{\lambda-1}M_{T\lambda,\lambda}-\xi_{\lambda}M_{T\lambda,\lambda-1}}{\xi_{\lambda-1}-\xi_{\lambda}}$$

$$\mu_{2\lambda}=-\frac{H}{T}\,\frac{M_{T\lambda,\lambda}-M_{T\lambda,\lambda-1}}{\xi_{\lambda-1}-\xi_{\lambda}}$$

$$\Delta\mu_{1\lambda}=\mu_{1\lambda+1}-\mu_{1\lambda};\quad \Delta\mu_{2\lambda}=\mu_{2\lambda+1}-\mu_{2\lambda}$$

$$C'_{2\lambda}=C'_{2\lambda+1}+\varkappa e^{-\varkappa\xi_\lambda}\Delta\mu_{1\lambda}+(1+\varkappa\xi_\lambda)\,e^{-\varkappa\xi_\lambda}\Delta\mu_{2\lambda}$$

$$C'_{3\lambda}=C'_{3\lambda+1}-\varkappa e^{-\varkappa(1-\xi_\lambda)}\Delta\mu_{1\lambda}+(1-\varkappa\xi_\lambda)\,e^{-\varkappa(1-\xi_\lambda)}\Delta\mu_{2\lambda}$$

Nur erforderlich, wenn Verdrehung ϑ berechnet werden soll:

$$C'_{1\lambda}=C'_{1\lambda+1}+(2\varkappa^2\xi_\lambda+\varkappa(e^{-\varkappa\xi_\lambda}-e^{-\varkappa(1-\xi_\lambda)}))\,\Delta\mu_{1\lambda}+(\varkappa^2\xi_\lambda^2+(1+\varkappa\xi_\lambda)(e^{-\varkappa\xi_\lambda}-1)+(1-\varkappa\xi_\lambda)(e^{-\varkappa(1-\xi_\lambda)}-1))\,\Delta\mu_{2\lambda}$$

$$C'_{2l}=-(\varkappa\mu_{1l}+\mu_{2l})$$

$$C'_{3l}=e^{-\varkappa}(\varkappa\mu_{1l}-\mu_{2l})$$

Nur erforderlich, wenn Verdrehung ϑ berechnet werden soll:

$$C'_{1l}=(e^{-\varkappa}-1)(\varkappa\mu_{1l}-\mu_{2l})$$

10.4 Beispiel zur Berechnung der Torsions-Querschnittswerte und -Schnittgrößen

Bild 35 zeigt den Grundriß des in Y-Richtung windbelasteten Gebäudes. Die Lastfunktion über die Gebäudehöhe ist in Bild 37 (linkes Teilbild) dargestellt.

Zunächst sind die Querschnittswerte zu ermitteln, wobei zu beachten ist, daß die Einheitsverwölbungen im geschlossenen Teilquerschnitt 1 nach den Regeln für geschlossene Querschnitte zu bestimmen sind.

Die einzelnen Berechnungsschritte sind demnach:

- Ermittlung der Einheitsverwölbungen,
- Berechnung der Querschnittswerte,
- Berechnung der Schnittkraftgrößen.

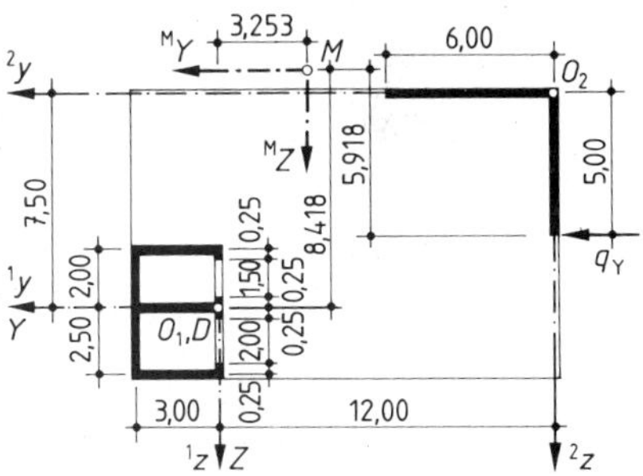

Trennwand im Fahrstuhlschacht: $d=15$ cm, andere Wände: $d=20$ cm
Sturzhöhe/Geschoßhöhe: 1,00/3,00 (m)
Gebäudehöhe: 20,0 m

Bild 35 Gebäudegrundriß

10.4.1 Einheitsverwölbungen

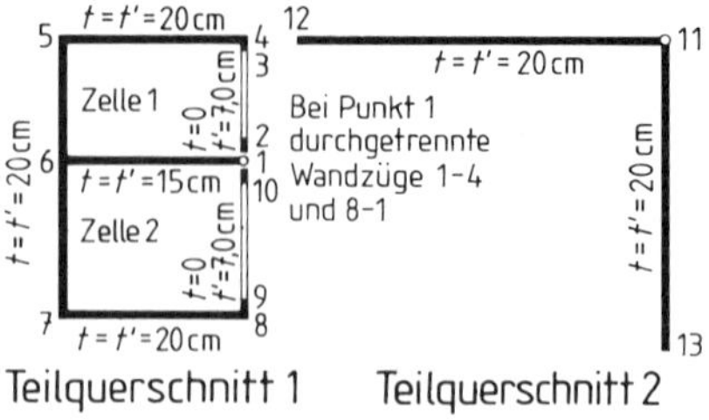

Bild 36 Punktbezeichnungen für Querschnittswerte-Berechnung

Lediglich für den zweizelligen Teilquerschnitt 1 ändert sich der Berechnungsgang gegenüber dem Vorgehen nach Abschn. 3.2. Für diesen Teilquerschnitt wird die Berechnung in Tafel 12 durchgeführt; im übrigen wird auf das Beispiel in Abschn. 8 verwiesen.

Tafel 12 Einheitsverwölbungen des Teilquerschnitts 1

1	2	3	4	5	6,1	6,2	7,1	7,2	8	9	10
Pkt. Nr. j	y	z	s	t'	$\Delta\omega_0$ Zelle 1	Zelle 2	s/t' Zelle 1	Zelle 2	ω_0	$\sum s/t'$	ω
1,0	0,00	0,00	0,25	0,20	0,00		1,250		0,000	0,000	0,000
2	0,00	−0,25	1,50	0,07	0,00		21,429		0,000	−0,310	−0,310
3	0,00	−1,75	0,25	0,20	0,00		1,250		0,000	−5,619	−5,619
4	0,00	−2,00	3,00	0,20	6,00		15,000		0,000	−5,929	−5,929
5	3,00	−2,00	2,00	0,20	6,00		10,000		6,000	−9,646	−3,646
6	3,00	0,00	3,00	0,15	0,00		20,000 (−)	20,000	12,000	−12,124	−0,124
1,1	0,00	0,00							12,000	−12,000	(0,000)
(6)	Daten s. 6 − 1,1		2,50	0,20		7,50		12,500			
7	3,00	2,50	3,00	0,20		7,50		15,000	19,500	−15,299	4,201
8	0,00	2,50	0,25	0,20		0,00		1,250	27,000	−19,108	7,892
9	0,00	2,25	2,00	0,07		0,00		28,571	27,000	−19,426	7,574
10	0,00	0,25	0,25	0,20		0,00		1,250	27,000	−26,683	0,317
1,2	0,00	0,00							27,000	−27,000	(0,000)
$\sum$					12,00	15,00	68,929	78,571			

Der Teilquerschnitt 1 besitzt 2 Zellen. Zelle 1 wird aus dem Wandzug 1,0 − 2 − 3 − 4 − 5 − 6 − 1,1 (oberer Tabellenteil) gebildet und Zelle 2 aus dem Wandzug 1,1 − 6 − 7 − 8 − 9 − 10 − 1,2 (unterer Tabellenteil). Durch das Auftrennen der geschlossenen Wandzüge am Punkt 1 zur Bildung des „statisch bestimmten Hauptsystems" entstehen dort zunächst 3 Wandenden: 1,0, 1,1, 1,2. Die Verwölbung des nun offenen Querschnitts erzeugt dort Verwölbungsklaffungen von 12,000 m² zwischen 1,0 und 1,1 der Zelle 1 und 15000 m² zwischen 1,1 und 1,2 der Zelle 2. Diese Klaffungen werden durch die entgegengesetzten Schubverzerrungen der Zellenwandflächen wieder aufgehoben. Die dafür erforderlichen bezogenen Einheitsschubflüsse Γ_1 und Γ_2 werden als Lösung des Gleichungssystems:

$$68{,}929\,\Gamma_1 - 20{,}000\,\Gamma_2 = -12{,}000 \qquad -20{,}000\,\Gamma_1 + 78{,}571\,\Gamma_2 = -15{,}000$$

Die Koeffizienten $g_{11} \cdot g_{22}$ und „Belastungsglieder" erhält man aus den Spaltensummen 7,1 und 7,2 bzw. 6,1 und 6.2. Der Koeffizient g_{12} ergibt sich als $\sum s/t'$ über die gemeinsamen Zellenwände, im vorliegenden Fall ist dies der Wandabschnitt 1,1 − 6. Das Vorzeichen ist negativ, weil Γ_1 und Γ_2 entgegengesetzt gerichtet sind.

Die Lösung für die Einheitsschubflüsse lautet

$$\Gamma_1 = -0{,}2478\ \mathrm{m}^2 \quad \text{und} \quad \Gamma_2 = -0{,}2540\ \mathrm{m}^2.$$

Die Einheitsschubverzerrungen können nun als Summenlinie der mit den entsprechenden Einheitsschubflüssen multiplizierten Wandverzerrungen s/t' (Spalte 7) über die Zellenwandzüge berechnet werden (Spalte 9). Mit der Einheitsverwölbung des offenen Querschnitts (Spalte 8) überlagert ergeben sich die Einheitsverwölbungen des geschlossenen Querschnitts (Spalte 10).

10.4.2 Querschnittswerte

Nach der Berechnung der Einheitsverwölbungen des Teilquerschnitts 1 läuft die Berechnung der Querschnittswerte nach dem in Abschn. 8.2.2 gezeigten Schema ab. Zusätzlich ist aber das Torsionsflächenmoment I_T gemäß Abschn. 10.1.2 zu bestimmen. Vernachlässigt man den Anteil des offenen Querschnitts, so ergibt sich dafür

$$I_T = 2 \cdot (2{,}00 \cdot 3{,}00 \cdot (-0{,}2478) + 2{,}50 \cdot 3{,}00 \cdot (-0{,}2540)) = 6{,}784\ \text{m}^4.$$

In der weiteren Berechnung wird der „offene Anteil" berücksichtigt:

$$I_T = 6{,}847\ \text{m}^4.$$

Die übrigen auf den Schubmittelpunkt bezogenen Querschnittswerte ergeben sich wie folgt:

$$A_1 = 2{,}75\ \text{m}^2;\ A_2 = 2{,}20\ \text{m}^2$$

$$A_{YY} = 11{,}8207\ \text{m}^4;\ A_{YZ} = -4{,}00097\ \text{m}^4;\ A_{ZZ} = 13{,}5678\ \text{m}^4;\ A_{\omega\omega} = 851{,}16\ \text{m}^6;$$

Bezogen auf den Punkt 1 des Teilquerschnitts 1 erhält man die Schubmittelpunktskoordinaten zu

$$Y_M = 3{,}253\ \text{m};\ Z_M = -8{,}418\ \text{m}.$$

Mit den Materialkennwerten $E = 30000\ \text{MN/m}^2$ und $G = 12000\ \text{MN/m}^2$ erhält man die Torsionssteifigkeiten zu

$$T = 12000 \cdot 6{,}847 = 82159\ \text{MN m}^2 \quad \text{und}$$
$$W = 30000 \cdot 851{,}16 = 25534781\ \text{MN m}^4$$

Mit der Gebäudehöhe von 20 m ergibt sich der Eigenwert $\varkappa$ zu

$$\varkappa = 20{,}0\sqrt{82159/25534781} = 1{,}134464$$

10.4.3 Torsions-Schnittkraftgrößen

Die Berechnung der Querkräfte und Biegemomente unterscheidet sich nicht von der nach Abschn. 5 bzw. 9.1. Das gilt auch für das Torsionsmoment mit der Maßgabe, daß V_ω durch M_T zu ersetzen ist. Für die Berechnung von V_ω, M_{Tr} und M_ω gilt hier Abschn. 10.2.

Würde man beim vorliegenden Problem vollständig nach Abschn. 9.1 verfahren, so erhielt man als Ergebnis für V_ω den Funktionsverlauf von M_T in Bild 37 und für M_ω den von $M_{\omega 0}$.

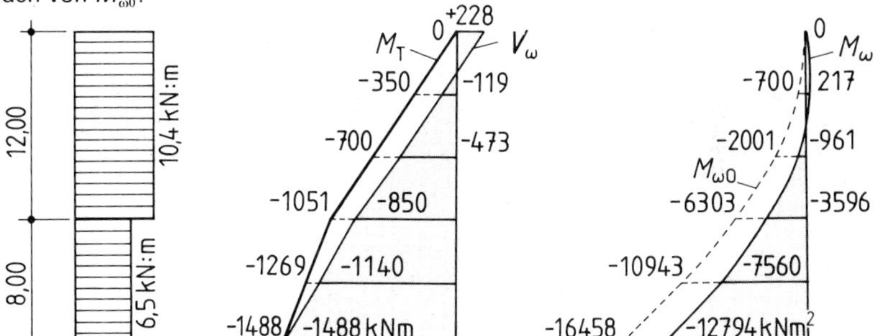

Bild 37 Belastung und Torsions-Schnittkraftgrößen

Die Belastung besteht aus einem 8,0 m hohen unteren Abschnitt mit $q_Y = 6{,}5\ \text{kN/m}$ und einem 12,0 m hohen oberen Abschnitt mit $q_Y = 10{,}4\ \text{kN/m}$. In jedem Abschnitt folgt daraus ein linearer M_T-Verlauf. Wegen der Unstetigkeit bei $\xi = 0{,}4$ ($\varkappa = 8{,}0$ m) ist die Stablänge für die Berechnung der Torsionsschnittgrößen ebenfalls in zwei Abschnitte einzuteilen, einen oberen ($\lambda = 1$) und einen unteren ($\lambda = 2$).

Tafel 13 Berechnung der Integrationskonstanten der Torsionsfunktionen

1	2	3	4	5	6	7	8	9	10	11	12
λ	(λ)	ξ	M_T	μ_1	μ_2	$e^{-\varkappa\xi}$	$e^{-\varkappa(1-\xi)}$	C_2'	C_3'	C_2''	C_3
0		0	0,0								
	1			−0,4262	0,4262	0,6352	0,5063	0,0431	−0,2988	−0,1573	−0,3632
1		0,4	−1050,5 −1050,5								
	2			−0,3623	0,2664	1,0000	0,3216	0,1446	−0,2178	−0,0558	−0,2823
2		1	−1488,2								

$$\mu_{wl} = -\frac{e^{1,134464} \cdot 0{,}0431 + (-0{,}2988) + 2 \cdot 0{,}4262}{e^{1,134464} + e^{-1,134464}} = -0{,}20042$$

Bereich 1 (oben):

$${}^1V_\omega = -82159/(2 \cdot 1{,}134464 \cdot 20{,}0)\,(-0{,}1573\,e^{\varkappa\xi} + 0{,}3632\,e^{\varkappa(1-\xi)})$$

$${}^1M_{Tr} = {}^1M_T - {}^1V_\omega$$

$${}^1M_\omega = 82159/(2 \cdot 1{,}134464^2)\,(-0{,}1573\,e^{\varkappa\xi} + 0{,}3632\,e^{\varkappa(1-\xi)})$$

Bereich 2 (unten):

$${}^2V_\omega = -82159/(2 \cdot 1{,}134464 \cdot 20{,}0)\,(-0{,}0588\,e^{\varkappa\xi} + 0{,}2823\,e^{\varkappa(1-\xi)})$$

$${}^2M_{Tr} = {}^2M_T - {}^2V_\omega$$

$${}^2M_\omega = 82159/(2 \cdot 1{,}134464^2)\,(-0{,}0588\,e^{\varkappa\xi} - 0{,}2823\,e^{\varkappa(1-\xi)})$$

Geotechnik

Bearbeitet von Prof. Dr.-Ing. Helmut Dieler

Inhalt

Seite

Fortsetzung s. nächste Seite

Technische Baubestimmungen

Grundsätzliche Normen

DIN 1054	11.76	Baugrund; Zulässige Belastung des Baugrundes mit Bbl. (11.76)
DIN 1055-2	02.76	Lastannahmen für Bauten: Bodenkenngrößen
DIN 1080-6	03.80	Begriffe, Formelzeichen und Einheiten im Bauingenieurwesen: Bodenmechanik und Grundbau
DIN V ENV 1991-1	12.95	Eurocode 1: Grundlagen der Tragwerksplanung
DIN V ENV 1997-1	04.96	Eurocode 7: Entwurf, Berechnung und Bemessung in der Geotechnik, Allgemeine Regeln[1])
DIN V 1054-100	04.96	Sicherheitsnachweise im Erd- und Grundbau[1])

Baugrunderkundung

DIN 4020	10.90	Geotechnische Untersuchungen für bautechnische Zwecke mit Bbl. 1
DIN 4021	10.90	Baugrund; Erkundung durch Schürfe, Bohrungen sowie Entnahme von Proben
DIN 4022-1	09.87	Baugrund und Grundwasser; Benennen und Beschreiben von Boden und Fels; Schichtenverzeichnis für Bohrungen ohne durchgehende Gewinnung von gekernten Proben im Boden und Fels
DIN 4022-2	03.81	–; Schichtenverzeichnis für Bohrungen im Fels
DIN 4022-3	05.82	–; Schichtenverzeichnis für Bohrungen mit durchgehender Gewinnung von gekernten Proben im Boden (Lockergestein)
DIN 4023	03.84	Baugrund- und Wasserbohrungen; Zeichnerische Darstellung der Ergebnisse
DIN 4094	12.90	Baugrund; Erkunden durch Sondierungen mit Bbl.
DIN 4096	05.80	Baugrund; Flügelsondierung, Maße des Gerätes, Arbeitsweise, Auswertung
DIN 18196	10.88	Erd- und Grundbau; Bodenklassifikation für bautechnische Zwecke

Berechnungsnormen

DIN 4017-1	08.79	Grundbruchberechnung von lotrecht, mittig belasteten Flachgründungen mit Bbl. 1
DIN 4017-2	08.79	Grundbruchberechnung von schräg und außermittig belasteten Flachgründungen mit Bbl.
DIN 4018	09.74	Berechnung des Sohldruckes unter Flachgründungen mit Bbl. 1 (5.81)
DIN 4019-1	04.79	Setzungsberechnung bei lotrechter mittiger Belastung mit Bbl. 1
DIN 4019-2	02.81	Setzungsberechnung bei schräg und außermittig wirkender Belastung mit Bbl. 1
DIN 4084	07.81	Gelände- und Böschungsbruchberechnungen mit Bbl. 1 (7.81) und Bbl. 2 (9.83)
DIN 4085	02.87	Berechnung des Erddruckes für starre Stützwände und Widerlager mit Bbl. 1 (2.87) und Bbl. 2 (6.89)
DIN V 4017-100	04.96	Berechnung des Grundbruchwiderstandes von Flachgründungen[1])
DIN V 4019-100	04.96	Setzungsberechnungen
DIN V 4084-100	04.96	Böschungs- und Geländebruchberechnungen
DIN V 4085-100	04.96	Berechnung des Erddruckes
DIN V 4126-100	04.96	Berechnung von Schlitzwänden

Gründungselemente und Gründungsverfahren

DIN 4014	03.90	Bohrpfähle; Herstellung, Bemessung und Tragverhalten
DIN 4026	08.75	Rammpfähle; Herstellung, Bemessung und zulässige Belastung mit Bbl.

[1]) DIN V ENV 1997-1 und „Normenpaket-100" (s. u.) sind als Vornormen keine technischen Baubestimmungen.

DIN 4093	09.87	Einpressungen in Untergrund und Bauwerke; Richtlinie für Planung und Bauausführung
DIN 4107	01.78	Setzungsbeobachtungen an entstehenden und fertigen Bauwerken
DIN E 4123	11.98	Gebäudesicherungen im Bereich von Ausschachtungen, Gründungen und Unterfangungen
DIN 4124	08.81	Baugruben und Gräben; Böschungen, Arbeitsraumbreiten, Verbau
DIN 4125	11.90	Verpreßanker; Kurzzeitanker und Daueranker; Bemessung, Ausführung und Prüfung
DIN 4126	08.86	Ortbetonschlitzwände; Konstruktion und Ausführung
DIN 4127	08.86	Schlitzwandtone für stützende Flüssigkeiten
DIN 4128	04.83	Verpreßpfähle (Ortbeton- u. Verbundpfähle) mit kleinem Durchmesser
Europäische Ausführungsnormen Spezialtiefbau		
DIN EN 1536	06.99	Bohrpfähle
DIN EN 12063	05.99	Spundwandkonstruktionen
EN 1537	06.00	Verpreßanker
EN 1538	07.00	Schlitzwände
EN 12699	04.97	Verdrängungspfähle
EN 12715	11.00	Injektionen
EN 12716	04.97	Hochdruckinjektionen
Schutz der Bauwerke gegen Wasserangriff		
DIN 4030-1	06.91	Beurteilung betonangreifender Wässer, Böden und Gase; Grundlagen und Grenzwerte
DIN 4030-2	06.91	–; Entnahme und Analyse von Wasser- und Bodenproben
DIN 4095	06.90	Dränung zum Schutz baulicher Anlagen; Planung, Bemessung, Ausführung
E DIN 18195-1	09.98	–; Bauwerksabdichtungen mit bahnenförmigen Werkstoffen; Definition, Allgemeines
E DIN 18195-2	09.98	–; Stoffe
E DIN 18195-3	09.98	–; Verarbeitung der Stoffe
E DIN 18195-4	09.98	–; Abdichtungen gegen Bodenfeuchtigkeit, Bemessung und Ausführung
E DIN 18195-5	09.98	–; Abdichtungen gegen nichtdrückendes Wasser; Bemessung und Ausführung
E DIN 18195-6	09.98	–; Abdichtung gegen von außen drückendes Wasser; Bemessung und Ausführung
DIN 18195-7	06.89	–; Abdichtung gegen von innen drückendes Wasser; Bemessung und Ausführung
Schutz der Bauwerke gegen Erschütterungen		
DIN 4024-1	04.88	Maschinenfundamente: Elast. Stützkonstruktionen für Maschinen mit rotierenden Massen
DIN 4024-2	04.91	–; Steife (starre) Stützkonstruktionen für Maschinen mit periodischer Erregung
DIN 4025	10.58	Fundamente für Amboß-Hämmer, Hinweise für die Bemessung und Ausführung
DIN E 4150-1	02.99	Erschütterungen im Bauwesen; Grundsätze, Vorermittlung und Messung von Schwingungsgrößen
DIN 4150-2	06.99	–; Einwirkungen auf Menschen in Gebäuden
DIN 4150-3	02.99	–; Einwirkungen auf bauliche Anlagen
Untersuchung von Bodenproben (Versuchsnormen)		
DIN 18121-1	04.98	Wassergehalt, Bestimmung durch Ofentrocknung
DIN 18121-2	09.89	–; Bestimmung durch Schnellverfahren
E DIN 18122-1	07.97	Zustandsgrenzen (Konsistenzgrenzen); Bestimmung der Fließ- und Ausrollgrenze
DIN 18122-2	02.87	–; Bestimmung der Schrumpfgrenze
DIN 18123	11.96	Bestimmung der Korngrößenverteilung
DIN 18124	07.97	Bestimmung der Korndichte
DIN 18125-1	07.97	Bestimmung der Dichte des Bodens, Labormethoden
DIN 18125-2	08.99	–; Feldmethoden
DIN 18126	11.96	Bestimmung der Dichte nicht bindiger Böden bei lockerster und dichtester Lagerung
DIN 18127	11.97	Proctor-Versuch
DIN 18128	11.90	Bestimmung des Glühverlustes
DIN 18129	11.96	Kalkgehaltsbestimmung

DIN 18130-1	05.98	Bestimmung des Wasserdurchlässigkeitsbeiwertes; Laborversuche
DIN 18130-2		Bestimmung der Wasserdurchlässigkeit im Felde (i. Vorber.)
E DIN 18132	12.95	Bestimmung des Wasseraufnahmevermögens
E DIN 18134	08.95	Plattendruckversuch
E DIN 18135	06.99	Eindimensionaler Kompressionsversuch
DIN 18136	08.96	Bestimmung der einaxialen Druckfestigkeit
DIN 18137-1	08.90	Bestimmung der Scherfestigkeit, Begriffe und grundsätzliche Versuchsbedingungen
DIN 18137-2	12.90	–, Dreiaxialversuch
E DIN 18137-3	10.97	–, Direkter Scherversuch

Allgemeine Techn. Vertragsbedingungen (ATV)

DIN 18300	06.96	Erdarbeiten
DIN 18301	06.96	Bohrarbeiten
DIN 18303	05.98	Verbauarbeiten
DIN 18304	05.98	Ramm-, Rüttel- und Preßarbeiten

Empfehlungen mit normativem Charakter, herausgegeben von der Deutschen Gesellschaft für Geotechnik (Auswahl)

EAB	Empfehlungen des Arbeitskreises „Baugruben", 3. Aufl. Berlin: Wilhelm Ernst & Sohn, 1994
EAU	Empfehlungen des Arbeitsausschusses „Ufereinfassungen", 8. Aufl. Berlin: Wilhelm Ernst & Sohn, 1990
DGEG	Empfehlungen für den Bau und die Sicherung von Böschungen, Die Bautechnik, **12** (1962)
DGEG	Empfehlungen für die Anlage und Ausbildung von Bermen, Geotechnik, S. 225, 1989
GDA	Empfehlungen des Arbeitskreises Geotechnik der Deponien und Altlasten. Berlin: Wilhelm Ernst & Sohn, 1990
ETB	Empfehlungen des Arbeitskreises Tunnelbau. Berlin: W. Ernst & Sohn, 1995
EVB	Empfehlungen, Verformung des Baugrundes bei baulichen Anlagen. Berlin: Ernst & Sohn, 1996
AK5	Empfehlungen des Arbeitskreises 5: Statisch axiale Probebelastungen, Geotechnik **16**, H. 3 (1993)
	–: Dynamische Pfahlprüfungen, Geotechnik **14**, H. 3 (1991)
	–: statische Probebelastungen quer zur Pfahlachse, Geotechnik **17**, H. 2 (1994)

Weiterführende Literatur

[1] Grundbautaschenbuch (GBT): 5. Aufl. Teil 1: 1996, Teil 2: 1996 und Teil 3: 1997, Berlin: Ernst & Sohn

[2] – 4. Aufl. Teil 1: 1990, Teil 2: 1991, Berlin: Ernst & Sohn

[3] *Weissenbach, A.*: Baugruben, Teil 2. Berlin: Wilhelm Ernst & Sohn, 1975

[4] *Türke, H.*: Statik im Erdbau, 2. Aufl., Berlin: Wilhelm Ernst & Sohn, 1990

[5] *Simmer, K.*: Grundbau 1, 19. Aufl. Grundbau 2, 18. Aufl. Stuttgart: B. G. Teubner 1999

[6] *Floss, R.*: ZTVE-StB 76, Kommentar, 2. Aufl. Bonn: Kirschbaum, 1997

[7] *Hilmer, K.*: Dränung zum Schutz baulicher Anlagen: Planung, Bemessung und Ausführung; Kommentar zur DIN 4095, Geotechnik **13**, H. 4 (1990)

[8] *Franke, E.*: Ruhedruck in kohäsionslosen Böden. Die Bautechnik **51** (1974)

[9] *Kany, M.*: Berechnung von Flächengründungen, Bd. 1 u. 2, Berlin, München, Düsseldorf: Wilhelm Ernst & Sohn, 1974

[10] *Wölfer, K.-H.*: Elastisch gebettete Balken und Platten, Zylinderschalen, 4. Aufl., Wiesbaden und Berlin: Bauverlag GmbH, 1978

[11] *Smoltczyk, U.*: Die Einspannung im beliebig geschichteten Baugrund. Der Bauingenieur **38**, H. 10 (1963)

[12] *Titze, E.*: Über den seitlichen Bodenwiderstand bei Pfahlgründungen, Bauingenieur-Praxis, H. 77. Berlin: Wilhelm Ernst & Sohn, 1970

[13] *Sherif, G.*: Elastisch eingespannte Bauwerke, Tafeln zur Berechnung nach dem Bettungsmodulverfahren mit variablen Bettungsmoduln, Berlin, München, Düsseldorf: Wilhelm Ernst & Sohn, 1974

[14] *Ranke, A., Ostermayer, H.*: Beitrag zur Stabilitätsuntersuchung mehrfach verankerter Baugrubenumschließungen. Die Bautechnik **45**, H. 10 (1968)

[15] *Fischer, K.*: Beispiele zur Bodenmechanik, Berlin, München: Wilhelm Ernst & Sohn, 1965
[16] *Franke, E.*: „Pfähle", Abschn. 3.3 im Grundbautaschenbuch (GBT), Teil 3, 5. Aufl.: Berlin: Ernst & Sohn, 1992
[17] *Schmidt, H.-H.*: Grundlagen der Geotechnik, Stuttgart: B. G. Teubner, 1996
[18] *Sadgorski, W., Smoltczyk, U.*: Sicherheitsnachweise im Erd- und Grundbau, Beuth-Kommentare, Berlin — Wien — Zürich: Beuth-Verlag, 1996
[19] Geotechnik, Sonderheft: Beiträge zur Europäischen Normung, Essen: Verlag Glückauf, 1999

1 Geotechnische Kategorien

In der **europäischen Normung** werden die geotechnischen Aufgaben zwecks Mindestanforderungen an Baugrunduntersuchung, rechnerische Nachweise und Überwachung der Ausführung künftig in drei Klassen (Kategorien) eingeteilt. Sie richten sich nach der zu erwartenden Reaktion von Boden und Fels, nach dem geotechnischen Schwierigkeitsgrad des Tragwerks und seiner Einflüsse auf die Umgebung.

In **DIN 4020** (10.90) wurde die Einteilung bezüglich Art und Umfang der geotechnischen Untersuchungen bereits verbindlich eingeführt.

Tafel 1 Einstufung von Erd- und Grundbauwerken bzw. geotechn. Baumaßnahmen in geotechnische Kategorien nach DIN 4020 (10.90)

Geotechn. Kategorie	Geotechn. Risiko	Einstufungskriterien und Klassifizierungsmerkmale	Einschaltung von Sachverständigen
GK 1	gering	wenn Standsicherheit und Gebrauchstauglichkeit sowie die geotechn. Auswirkungen aufgrund gesicherter Erfahrungen beurteilt werden können	im Zweifelsfall erforderlich
GK 2	normal	wenn Grenzzustände durch rechnerische Nachweise zu untersuchen sind.	im Regelfall hinzuziehen
GK 3	hoch	wenn Bauobjekte mit schwieriger Konstruktion und/oder schwierigem Baugrund vertiefte geotechnische Kenntnisse und Erfahrungen verlangen.	zwingend erforderlich

Die Einordnung in eine geotechnische Kategorie erfolgt ggf. zu Beginn der Arbeiten vorläufig. Eine Änderung ist aufgrund der Befunde möglich und ggf. notwendig.

2 Geotechnische Untersuchungen

Allgemeine Anforderungen. Für jede Bauaufgabe müssen Schichtgrenzen, Einschlüsse und Kennwerte von Boden und Fels sowie die Grundwasserverhältnisse ausreichend bekannt sein (DIN V 1054-100).

Spätestens zum Zeitpunkt der Ausschreibung müssen die bis dahin vorhandenen Untersuchungsergebnisse für eine zuverlässige Planung der Bauleistung ausreichen. Ggf. ist eine zeitweise Aufteilung der Untersuchungen in Abhängigkeit vom Baugrundrisiko zweckmäßig (DIN 4020).

Art und Umfang der dafür erforderlichen geotechnischen Untersuchungen werden in DIN 4020 (10.90) für GK 1 bis 3 mit gegenüber Tafel 1 erweiterten Klassifizierungsmerkmalen festgelegt.

Maßgebend für die Einstufung in GK 1 bis 3 ist jeweils das Klassifizierungsmerkmal, das den größten Schwierigkeitsgrad beschreibt. Sie ist später aufgrund der Ergebnisse der geotechnischen Untersuchungen zu überprüfen und ggf. zu berichtigen.

Geotechnische Kategorie 1 (GK1) liegt vor

a) bei einfachen baulichen Anlagen

Beispiele Setzungsunempfindliche Bauwerke mit Stützenlasten bis 250 kN und Streifenlasten bis 100 kN/m, Stützmauern und Baugrubenwände $h \leqq 2{,}0$ m ohne hohe Geländeauflasten, Gründungsplatten, die ohne Berechnung nach empirischen Regeln bemessen werden, Gräben $h \leqq 2{,}0$ m über dem Grundwasser,

b) bei waagerechtem oder schwach geneigtem Gelände, wenn die Baugrundverhältnisse nach gesicherten örtlichen Erfahrungen und geologischen Bedingungen als tragfähig und setzungsarm bekannt sind,

c) wenn das Grundwasser unterhalb der Aushubsohle liegt oder durch örtliche Bauerfahrung nachgewiesen ist, daß der Aushub unter dem Grundwasserspiegel oder ein späterer Grundwasseranstieg ohne schädliche Auswirkungen bleiben,

d) wenn das Bauwerk gegen die örtliche Seismizität unempfindlich ist,

e) wenn die Umgebung (Nachbargebäude, Verkehrswege, Leitungen usw.) durch das Bauwerk selbst oder die dafür erforderlichen Bauarbeiten nicht beeinträchtigt oder gefährdet werden kann,

f) wenn schädliche oder erschwerende äußere Einflüsse, wie benachbarte offene Gewässer, Böschungen, Auslaugungen, Erdfälle nicht zu erwarten sind.

Mindestanforderungen an die Baugrunderkundung und -untersuchung bei GK 1.

- Einholen von Informationen über die allgemeinen Baugrundverhältnisse und die örtlichen Bauerfahrungen der Nachbarschaft.
- Erkunden der Bodenarten bzw. Gesteinsarten und ihrer Schichtung, z. B. durch Schürfe, Kleinbohrungen und Sondierungen.
- Abschätzen der Grundwasserverhältnisse vor und während der Bauausführung.
- Besichtigung der ausgehobenen Baugrube.

Art und Umfang dieser geotechn. Untersuchungen müssen eine Bestätigung der Verhältnisse nach den Aufzählungen b) bis f) ermöglichen.

Geotechnische Kategorie 2 (GK 2) liegt vor, wenn die baulichen Anlagen und geotechnischen Gegebenheiten nicht in die geotechnische Kategorie 1 eingeordnet werden können, und sie wegen ihres Schwierigkeitsgrades nicht in die Kategorie 3 eingeordnet werden müssen.

Mindestanforderungen an die Baugrunderkundung und -untersuchung bei GK 2. Es sind immer direkte Aufschlüsse erforderlich. Die für Beurteilung und Berechnungen notwendigen Bodenkenngrößen müssen versuchstechnisch bestimmt oder mit Hilfe von Korrelationen abgeschätzt werden (s. S. 1056).

Direkte Aufschlüsse[1]) sind natürliche oder künstliche Aufschlüsse, in der Regel Bohrungen, die eine Besichtigung von Boden oder Fels, die Entnahme von Boden- oder Felsproben sowie die Durchführung von Feldversuchen ermöglichen, z. B. auch Schürfe.

Geotechnische Kategorie 3 (GK 3) liegt vor

a) bei baulichen Anlagen wie Bauwerke mit besonders hohen Lasten, tiefe Baugruben (z. B. Tiefgaragen), Staudämme sowie Deiche und andere Bauwerke, die durch hohe Wasserdrücke $\Delta h > 2$ m belastet werden, Einrichtungen zur vorübergehenden oder dauernden Grundwasserabsenkung, die damit ein Risiko für benachbarte Bauten bewirken, Flugplatzbefestigungen, Hohlraumbauten, weitgespannte Brücken, Schleusen und Siele, Maschinenfundamente mit hohen dynamischen Lasten, kerntechnische Anlagen, Offshore-Bauten, Chemiewerke

[1]) Anordnung nach Tafel 2. Indirekte Aufschlüsse sind Sondierungen nach DIN 4094 sowie geophysikalische Meßverfahren (zur Voruntersuchung großer Flächen)

und Anlagen mit gefährlichen chemischen Stoffen, Deponien aller Art mit Ausnahme nicht kontaminierter Boden- und Felsaushübe, hohe Türme, Antennen, Schornsteine, Großwindanlagen,

b) bei besonders schwierigen Baugrundverhältnissen, z. B. geologisch junge Ablagerungen mit regelloser Schichtung, rutschgefährdete Böschungen, geologisch wechselhafte Formationen, quell- und schrumpffähige Böden,
c) bei gespanntem oder artesischem Grundwasser, wenn beim Ausfall der Entlastungsanlagen hydraulischer Grundbruch möglich ist,
d) bei Erdbeben,
e) wenn von der baulichen Anlage oder der Bauausführung besondere Gefährdungen auf die Umgebung ausgehen oder die Bauwerke selbst durch sonstige Einflüsse einer besonderen Gefährdung hinsichtlich Standsicherheit und eventuell auch Betriebssicherheit unterliegen,
f) in Bergsenkungsgebieten, Gebieten mit Erdfällen, bei unkontrolliert geschütteten Geländeauffüllungen.

Mindestanforderungen an die Baugrunderkundung und -untersuchung bei GK 3. Es ist zu prüfen, ob über den für GK 2 erforderlichen Umfang hinaus weitere Untersuchungen erforderlich sind, die sich aus den besonderen Abmessungen, Eigenschaften und Beanspruchungen des Objektes oder aus Sonderfragen des Baugrundes, des Grundwassers oder der Umgebung ergeben (z. B. Pumpversuche, Proberammungen, Dichtigkeitsprüfungen).

Die Rechenwerte werden unter Einschaltung eines Sachverständigen festgelegt.

Anzahl, Abstände und Tiefe der Aufschlüsse nach DIN 4020

Die Anordnung erfolgt im Raster oder auf Schnitten, beginnend an den Eckpunkten des Bauwerks.

Tafel 2 Anzahl oder Rasterabstände a direkter Aufschlüsse in Böden, Richtwerte nach DIN 4020 (10.90) in Abhängigkeit vom Bauwerkstyp

Kleinflächige oder einfache Bauwerke bei einfachem Baugrund: mind. 1 direkter Aufschluß	Hoch- und Ingenieurbauten: Rasterabstand $a = 20$ bis 40 m	Großflächige Bauwerke: Rasterabstand $a \leqq 60$ m
Linienbauwerke (z. B. Landverkehrswege, Leitungen, Stützmauern): $a = 50$ bis 200 m	Sonderbauwerke (z. B. Brükken, Schornsteine, Maschinenfundamente): 2 bis 4 Aufschlüsse/Fundament	Staumauern, -dämme und Wehre: $a = 25$ bis 75 m in charakteristischen Schnitten

Tafel 3 Aufschlußtiefe z_a ab Bauwerksunterkante oder Aushubsohle in Böden, Richtwerte nach DIN 4020 (10.90) in Abhängigkeit vom Bauwerkstyp

Hoch- und Ingenieurbauten: $z_a \geqq 3{,}0 \cdot b_F$ oder $z_a \geqq 6{,}0$ m b_F kleinere Fundamentabmessung	Plattengründungen sowie mehrere Gründungskörper mit Überschneidung des Einflusses: $z_a \geqq 1{,}5\ b_B$ b_B kleinere Bauwerksabmessungen	Dämme: $0{,}8 \cdot h < z_a < 1{,}2 \cdot h$ [1]) oder $z_a \geqq 6{,}0$ m Einschnitte: $z_a \geqq 2{,}0$ m oder $z_a \geqq 0{,}4\ h$
Landverkehrswege: $z_a \geqq 2{,}0$ m unter Aushubsohle. Kanäle u. Leitungen: $z_a \geqq 2{,}0$ m unter Aushubsohle $z_a \geqq 1{,}5$ m b_{Ah} [2])	Baugruben: $z_a \geqq 0{,}4\ h$ oder $z_a \geqq$ Einbindetiefe des Verbaus + 2,0 m	Pfähle: $z_a \geqq 1{,}0\ b_G$ [3]) oder $z_a \geqq 3 \cdot D_F$ D_F Pfahldurchmesser

[1]) h Dammhöhe bzw. Einschnittiefe oder Baugrubentiefe
[2]) b_{Ah} Aushubbreite
[3]) b_G kleinere Seite des die Pfahlgründung umschließenden Rechteckes

16

Bei Alternativangaben gilt jeweils der größere Wert der Aufschlußtiefe z_a.

Grundsätzlich muß der Aufschluß alle Schichten erfassen, die durch das Bauwerk beansprucht werden (DIN 1054, Abschn. 3.2.2).

Aufschluß durch Schürfe und Bohrungen sowie Entnahme von Proben nach DIN 4021

Sie regelt Bohrverfahren, Bohrwerkzeug, Durchführung der Baugrundaufschlüsse, Entnahme von Boden- und Wasserproben, Beobachtung des Grundwassers, Anlage von Grundwassermeßstellen im Baugrund, Transport und Aufbewahren der Proben. Das Bohrverfahren richtet sich danach, ob damit Proben unter Beachtung der im Einzelfall erforderlichen Güteklasse entnommen werden können. Diese sind dadurch gekennzeichnet, daß sich an ihnen bestimmte Kenngrößen und Eigenschaften ermitteln lassen. Güteklasse 1 entspricht weitgehend ungestörten, Güteklasse 5 völlig gestörten Proben.

Berücksichtigung der Grundwasserstände. Wenn das Bauwerk einschließlich seiner Hilfsmaßnahmen in das Grundwasser hineinreicht, ist die Höhenlage der Grundwasser-Oberfläche oder Grundwasser-Druckfläche der Grundwasserstockwerke und ihre zeitliche Schwankung festzustellen. (DIN 1054-100: 1996-04)

Hinweis: Bei Dauerbauwerken hat der Planverfasser seine Planung des Bauvorhabens nach dem höchsten bekannten Grundwasserstand auszurichten, auch wenn dieser seit Jahren nicht mehr erreicht worden ist.

Benennung und Beschreibung von Boden und Fels nach DIN 4022-1 bis -3 (09.87)

Der Boden wird von dem Geräteführer oder von einem Beauftragten an der Bohrstelle insbesondere nach Haupt- und Nebenanteil, Beschaffenheit und Farbe mit Hilfe visueller und manueller Unterscheidungsmerkmale in einem Schichtenverzeichnis nach DIN 4021-1 beschrieben.

Hauptanteil ist entweder die Bodenart, die nach Massenanteilen am stärksten vertreten ist, oder jene, die die bestimmende Eigenschaft des Bodens prägt.

Haupt- und Nebenanteile werden nach Korngrößenunterbereichen als Kies, Sand und Schluff mit der jeweiligen Unterteilung grob, mittel, fein, sowie als Ton (Korn $\varnothing < 0.002$ mm) benannt (s. Bild 5). Bei der visuellen Bestimmung ist z. B. Feinkies kleiner als Erbsen, aber größer als Streichholzköpfe, Feinsand kleiner als Gries, aber als Einzelkorn noch sichtbar.

Übergeordnet sind die Korngrößenbereiche Grobkorn (Kies und Sand) und Feinkorn (Schluff und Ton). Anstelle von grob- und feinkörnigen Böden wird auch der Begriff nicht bindige und bindige Böden benutzt.

Da bei feinkörnigen Böden das Einzelkorn nicht mehr mit bloßem Auge zu erkennen ist, werden Schluff und Ton durch Reib- und Schneidversuche unterschieden. Tonige Böden fühlen sich im Reibversuch seifig, schluffige mehlig an. Beim Schneidversuch weisen glänzende Schnittflächen auf Ton, stumpfes Aussehen auf Schluff hin.

Bei feinkörnigen Nebenanteilen wird dem Adjektiv „tonig" oder „schluffig" das Beiwort „schwach" oder „stark" dann vorausgesetzt, wenn sie von besonders geringem oder besonders hohem Einfluß auf das Verhalten des Bodens sind, aber das Verhalten nicht vom Feinkornanteil geprägt wird.

Um entsprechende Unterteilungen „schwach" oder „stark" bei grobkörnigen Böden vorzunehmen, ist eine Körnungslinie (s. Bild 5) erforderlich („schwach" bei weniger als 15%, „stark" bei mehr als 30% Massenanteil).

Die Beschaffenheit feinkörniger Böden wird durch die Konsistenz mit Handprüfung nach Tafel 4 beschrieben.

Bei der Beschreibung der Böden ist von besonderer Wichtigkeit eine dunkle Färbung, da hierdurch oft organische Beimengungen angezeigt werden (Tafel 5).

Aus dem Trockenfestigkeitsversuch (Widerstand der getrockneten Probe gegen Zerbröckeln oder Pulverisieren zwischen den Fingern) ergeben sich Hinweise auf die Plastizität des Bodens und damit auf das Verhalten als Schluff oder Ton. Bei Schluff reicht geringer Druck. Bei Ton kann die Probe nicht zerbröckelt werden.

Die Empfindlichkeit einer breiigen Masse des Bodens gegen Schütteln im Schüttelversuch in der Hand ist eine Eigenschaft, die für schluffige Böden charakteristisch ist.

Tafel 4 Bestimmung der Konsistenz im Feldversuch nach DIN 4022-1

Steif	Boden läßt sich schwer kneten, aber in der Hand zu 3 mm dicken Röllchen ausrollen, ohne zu reißen oder zu zerbröckeln
Halbfest	Boden reißt bei dem o. Rollversuch, läßt sich aber noch aufgrund ausreichender Feuchtigkeit erneut zu einem Klumpen formen
Fest (hart)	Boden läßt sich nicht mehr kneten, sondern nur zerbrechen

Tafel 5 Humusgehalt bei Böden nach DIN 4022-1

Benennung	Sand und Kies		Ton und Schluff	
	Humusgehalt[1])	Farbe	Humusgehalt[1])	Farbe
schwach humos	1 bis 3	grau	2 bis 5	Mineralfarbe
humos	über 3 bis 5	dkl. grau	über 5 bis 10	dkl. grau
stark humos	über 5	schwarz	über 10	schwarz

[1]) Massenanteil in %

Die zeichnerische Darstellung der Ergebnisse ist in DIN 4023 (3.84) geregelt. Die Aufschlußpunkte sind in einem Lageplan, die Ergebnisse maßstäblich und höhengerecht in Schnitten 1:100 (Säulen) mit Symbolen und Kurzzeichen der DIN 4023 darzustellen und ggf. durch Gruppensymbole nach DIN 18196 (s. S. 1062) zu ergänzen.

Tafel 6 Bodenarten nach DIN 4022 **und Darstellung** nach DIN 4023

Benennung	Feinstkorn oder Ton	Schluff	Sand	Kies	Steine und Blöcke
Korngrößenbereich in mm	$< 0{,}002$	0,002 bis 0,06	$>$ 0,06 bis 2	$>$ 2 bis 63	$>$ 63
Kurzzeichen	T	U	S	G	X und Y
Symbol	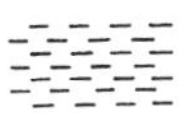				

Bei **gemischten Bodenarten** ist das Kurzzeichen des Hauptanteils in Großbuchstaben voranzustellen, die der Nebenanteile in der Reihenfolge ihrer Bedeutung anzufügen.

Beispiel schluffig, toniger Sand: S, u, t

Erkunden durch Sondierungen nach DIN 4094 (12.90). Sie regelt die indirekten Aufschlüsse des Bodens durch Ramm- (DPL; DPH), Standard- (SPT) und Drucksondierungen (CPT) (Einsatzmöglichkeiten, Durchführung der Sondierungen, Messung und Darstellung, Einflüsse auf Sondierergebnisse). Sie enthält auch Hinweise zur Auswertung (s. Bild 1 bis 4 als Auswahl).

Tafel 7 Arten und Einsatztiefen von Sondiergeräten

Benennung	Kurzzeichen	A[1])	m[2]) [kg]	h[3])	t[4])
leichte Rammsonde	DPL DPL-5	10 5	10 10	N_{10} N_{10}	10 8
schwere Ramms.	DPH	15	50	N_{10}	25
Stand.-Penetr.-T	SPT	20	63,5	N_{30}	0,45

[1]) Spitzenquerschnitt in cm^2
[2]) Masse Rammbär
[3]) Fallhöhe
[4]) maximale Untersuchungstiefe ab Ansatzpunkt, bei SPT ab Bohrlochsohle

Tafel 8 Umrechnungsfaktoren zwischen dem Sondierspitzendruck q_s in MN/m² der Drucksonde und der Schlagzahl N_{30} (Schlagzahl je 30 cm Eindringtiefe) beim Standard-Penetrations-Test (SPT)

Bodenart	Fein-, Mittelsand oder leicht schluffiger Sand	Sand oder Sand mit etwas Kies	Weitgestufter Sand	Sandiger Kies oder Kies
q_s/N_{30} in MN/m²	0,3 bis 0,4	0,5 bis 0,6	0,5 bis 1,0	0,8 bis 1,0

Tafel 9 Zusammenhang zwischen den Schlagzahlen N_{10} und der Konsistenz bindiger Böden (Auszug) aus [17]

Konsistenz	breiig	weich	steif	halbfest	fest
DPH	0 bis 2	2 bis 5	5 bis 9	9 bis 17	> 17
DPL	0 bis 3	3 bis 10	10 bis 17	17 bis 37	> 37

Die Schlagzahlen N_{10} können in Schlagzahlen N_{30} der Standardrammsonde umgerechnet werden (Bild 1) und aus dieser die einaxiale Druckfestigkeit abgeleitet werden (Tafel 10).

Tafel 10 Konsistenz I_c und Zylinderdruckfestigkeit q_u in Abhängigkeit von der Schlagzahl N_{30} (SPT)

N_{30}	Konsistenz	I_c	q_u in KN/m²
0 bis 2	breiig	0 bis 0,50	> 25
2 bis 4	weich	0,50 bis 0,75	25 bis 50
4 bis 8 8 bis 15	steif	0,75 bis 1,00	100 bis 200 100 bis 200
15 bis 30	halbfest	$> 1{,}00$	200 bis 400
> 30	fest		> 400

Berechnung des spannungsabhängigen Steifemoduls nach *Ohde* (s. DIN 4094, Beibl. 1) mit Steifebeiwerten *v* und Steifeexponenten *w* nach Bild 3 und 4

$$E_s = v \cdot p_a \left(\frac{\sigma_A + 0{,}5\,\Delta\sigma_z}{p_a}\right)^w \quad (1)$$

v Steifebeiwert (dimensionslos) aus Bild 3 u. 4
w Steifeexponent (dimensionslose, vom Boden abh. Konstante, s. Bild 3 und 4)
$\sigma_{\ddot{u}} = \gamma(d+z)$, $\Delta\sigma_z = i_1 \cdot \sigma_1$ } s. Bild 17a auf S. 1076
p_a Mittlerer Atmosphärendruck (100 kN/m²)

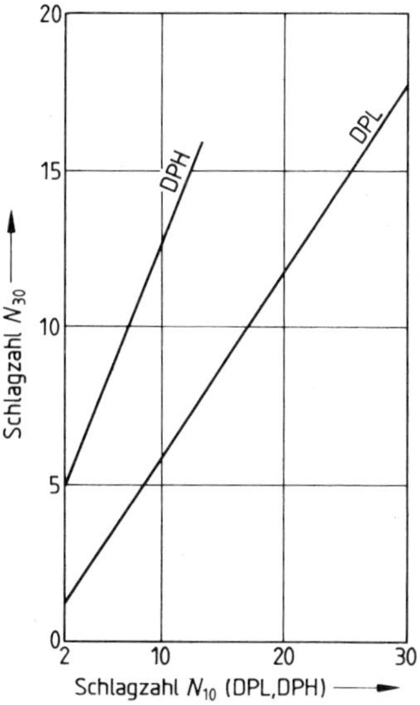

Bild 1 Vergleich, zwischen den Schlagzahlen von Rammsondierungen in leicht plastischen und mittelplastischen Tonen (TL, TM)

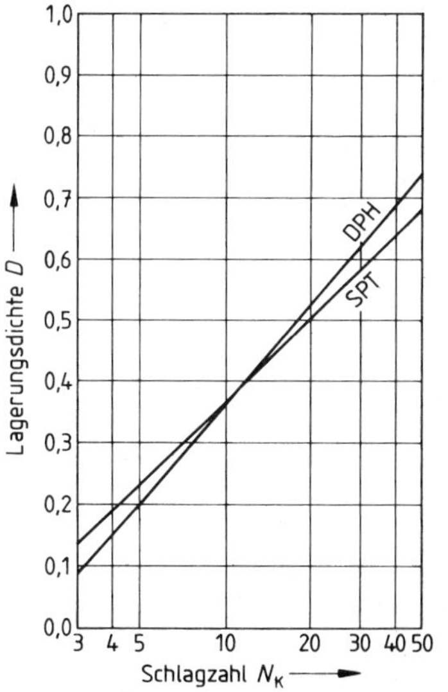

Bild 2 Zusammenhang zwischen den Schlagzahlen und der Lagerungsdichte bei weitgespannten Sand-Kies-Gemischen (GW)

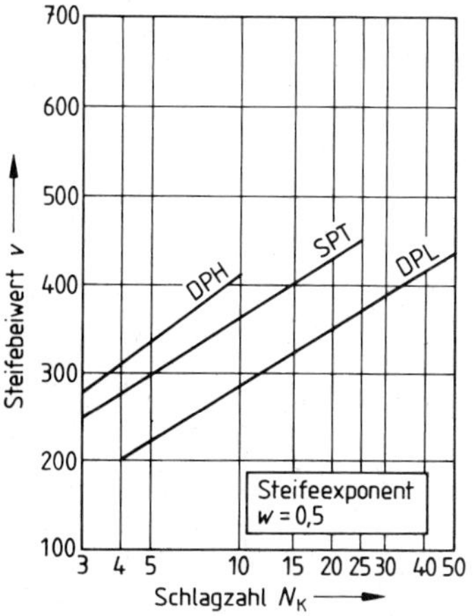

Bild 3 Zusammenhang zwischen den Schlagzahlen und dem Steifebeiwert in enggestuften Sanden (SE) über Grundwasser

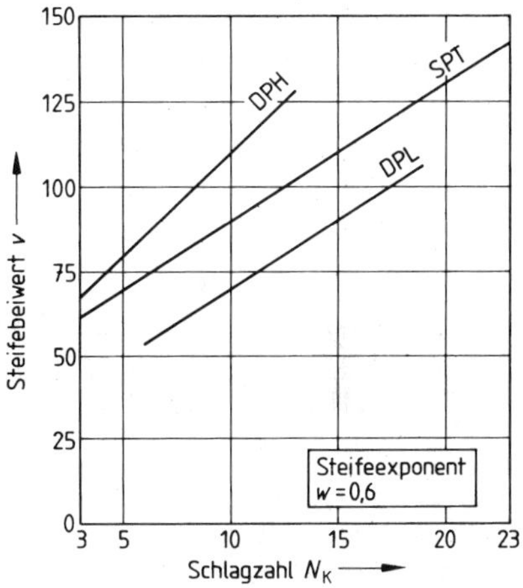

Bild 4 Zusammenhang zwischen den Schlagzahlen und dem Steifebeiwert *v* in leicht plastischen und mittelplastischen Tonen (TL, TM) über Grundwasser

In Bild 1 bis 4 bedeuten:

DPH Schwere Rammsonde
DPL Leichte Rammsonde
SPT Standard-Penetration-Test

N_K Schlagzahlen: nämlich
N_{30} bei SPT je 30 cm
N_{10} bei DPL oder DPH je 10 cm

3 Geotechnische Kennwerte[1])

Die Baugrundeigenschaften einer Bodenschicht (Homogenbereich) werden durch Bodenkenngrößen[2]) beschrieben.

Es sind entweder dimensionslose Kenngrößen, sog. Indexwerte, mit denen bautechnische Eigenschaften abgeschätzt werden können, oder Rechenwerte mit Einheiten von Wichten oder Spannungen, die unmittelbar in Bemessungsgleichungen eingehen, aber auch bei der rechn. Ermittlung anderer Bodenparameter Verwendung finden [2].

Bodenkenngrößen werden mit genormten Laborversuchen (s. Tafel 11) an gestörten oder ungestörten Bodenproben oder mit Feldversuchen an stehenden Böden ermittelt.

Man unterscheidet Klassifizierungsversuche (Ermittlung der Korngrößenverteilung, der Plastizitätsgrenzen w_L und w_p, sowie der organischen Bestandteile), die bei Zuordnung des Wassergehaltes w zu den Plastizitätsgrenzen (s. Bild 6) sowie der Dichte zu den Grenzen der Lagerungsdichte (s. Tafel 15) auch zustandsbeschreibende Versuche genannt werden, ferner Festigkeits- und Verformungsversuche (Scherfestigkeit, Steifemodul) sowie spezielle Versuche für erdbautechnische Zwecke (Proctor-Dichte, Plattendruckversuch). In kohäsionslosen Böden werden die Festigkeits- und Verformungswerte mit Sondierungen festgelegt (Beispiel s. Bild 3).

Um den Versuchsaufwand zu vermeiden, lassen sich bestimmte Bodenkenngrößen auch durch Korrelation insbesondere mit der Korngrößenverteilung sowie dem Wassergehalt und den Plastizitätsgrenzen bestimmen [2, S. 166] (Beisp. s. Tafel 17). Die Bodenkenngrößen einer Schicht streuen mehr oder weniger je nach ihrer geologischen Entstehung. Die Untersuchung einer einzelnen Probe ist daher nicht ausreichend [2]. Die neue euroäische Normung trägt dem Rechnung, indem für rechnerische Nachweise vorsichtig geschätzte Mittelwerte als sog. charakteristische Werte zugrunde gelegt werden.

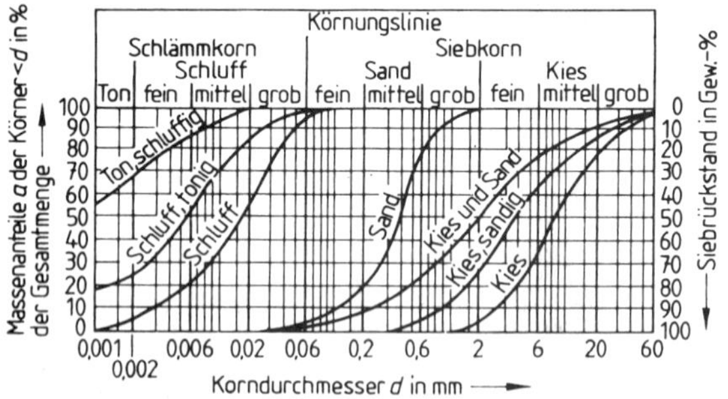

Bild 5 Korngrößenverteilung bindiger und nichtbindinger Bodenarten mit Benennung nach DIN 4022

Eine Übersicht über die Bodenkenngrößen und die für ihre Ermittlung gebräuchlichen Laborversuche liefert Tafel 11.

Auf Klassifizierungsversuche kann verzichtet werden, wenn der Boden eindeutig nach den Erkennungsmerkmalen und Beispielen der DIN 18196 (s. S. 1062) klassifiziert und die Konsistenz durch Handprüfung nach DIN 4022-1 sicher festgelegt werden kann (s. Tafel 4). In diesem Fall ist es auch möglich, Rechenwerte für die Berechnung der Standsicherheit und der Abmessung baulicher Anlagen, die durch die Eigenlast des Bodens oder durch Erddruck belastet werden, aus Tabellen der DIN 1055-2 (s. Tafel 12 und 13) zu entnehmen.

Bei größeren Bauvorhaben wird man auf Laborversuche nicht verzichten.

Bezeichnung nach [1]) ENV 1997-1 [2]) DIN V 1054-100

Tafel 11 Bodeneigenschaften, Bezeichnung, Formelzeichen und Einheiten der Bodenkenngrößen nach DIN 1080-6, Fortsetzung s. nächste Seite

	Bezeichnung	Formelz.	Einheit	Formelmäßiger Zusammenhang	Prüfnorm	Erklärung der Formelzeichen, Anwendung
1	Wassergehalt	w	[1]	$w = \frac{m_w}{m_d}$	DIN 18121 -1 (4.98) -2 (9.89)	m Masse in g oder t m_w des Porenwassers m_d der trockenen Probe
2	Konsistenzzahl	I_c	[1]	$I_c = \frac{w_L - w}{w_L - w_p}$	E DIN 18122 -1 (7.97)	w_L Fließgrenze[1] w_p Ausrollgrenze[1] (s. Bild 6, S. 1060) Klassifikation; Korrelationsgröße
3	Plastizitätszahl	I_p	[1]	$I_p = w_L - w_p$	wie 2	s. 2
4	Ungleichförmigkeitszahl	U	[1]	$U = d_{60}/d_{10}$	DIN 18123 (11.96)	d_{60}, d_{10}: Korngröße bei 60% u. 10% Siebdurchgang in mm[2])
5	Krümmungszahl	C^c	[1]	$C_c = \frac{(d_{30})^2}{d_{10} \cdot d_{60}}$	wie 4	d_{60}, d_{30}, d_{10}: Korngröße bei 60%, 30% und 10% Siebdurchgang in mm[3])
6	Korndichte	ϱ_s	t/m³ g/cm³	$\varrho_s = \frac{m_d}{V_k}$	DIN 18124 (7.97)	m_d Masse der trockenen Probe in g V_k Volumen der Einzelbestandteile in cm³
7	Dichte des feuchten Bodens	ϱ	t/m³ g/cm³	$\varrho = \frac{m}{V}$	DIN 18125-1 (8.97)	m Masse der feuchten Probe in t oder g V Volumen der Probe in m³ oder cm³
8	Trockendichte	ϱ_d	t/m³	$\varrho_d = \frac{m_d}{V} = \frac{\varrho}{1+w}$	wie 7	s. 6, 7 und 1 Bezugsgröße für 12
9	Wichte des Bodens: feucht unter Auftrieb wassergesättigt	 γ γ' γ_r	kN/m³	$\gamma = (1-n) \cdot (1+w)\gamma_s$ $\gamma' = (1-n) \cdot (\gamma_s - \gamma_w)$ $\gamma_r = (1-n) \cdot \gamma_s + n\gamma_w$	wie 7	γ_s Kornwichte (Hilfsgröße) γ_w Wichte des Wassers $n = 1 - \frac{\varrho_d}{\varrho_s}$ Porenanteil (Porenvol., bez. auf Gesamtvol.) $n = n_w + n_a$ n_w vgl. 25 n_a Anteil luftgef. Poren[1])
10	Lagerungsdichte	D	[1]	$D = \frac{\max n - n}{\max n - \min n}$	DIN 18126 (11.96)	max n bei lockerster Lagerung[1]) / min n bei dichtester Lagerung[1]) } nur für grobk. Böden
11	Bezogene Lagerungsdichte	I_D	[1]	$I_D = \frac{\max e - e}{\max e - \min e}$ $e = \frac{n}{1-n}$	wie 10	$e = \frac{\varrho_s}{\varrho_d} - 1$ Porenzahl (Porenvol.), bez. auf Feststoffvolumen[1]) max e bei lockerster Lagerung[1]) / min e bei dichtester Lagerung[1]) } nur für grobk. Böden
12	Verdichtungsgrad (Proctordichte)	D_{Pr}	[1]	$D_{Pr} = \frac{\varrho_d}{\varrho_{Pr}}$	DIN 18127 (11.97)	ϱ_{Pr} einfache Proctordichte in t/m³; Prüfung d. Verdichtung
13	Optimaler Wassergehalt	w_{Pr}	[1]	–	wie 12	Wassergehalt bei ϱ_{Pr} nach dem einfachen Verdichtungsversuch
14	Verformungsmodul	E_v	kN/m² (MN/m²)	$E_v = 1{,}5 \cdot r \frac{\Delta\sigma_0}{\Delta s}$	E DIN 18134 (8.95)	r Radius der Lastplatte Δ Differenzwerte[4]) $\Delta\sigma_0$ der Spannung Δs der Setzung

[1]) Verhältnisgröße
[2]) Maß der Steilheit der Körnungslinie
[3]) gibt Verlauf zw. d_{10} und d_{60} an
[4]) im Mittelbereich 0,3 bis 0,7 von maxσ_0

Tafel 11, Fortsetzung

	Bezeichnung	Formelz.	Einheit	Formelmäßiger Zusammenhang	Prüfnorm	Erklärung der Formelzeichen, Anwendung
15	Einaxiale Druckfestigkeit des ungestörten Bodens	q_u	kN/m²	$q_u = \max \sigma$	DIN 18136 (8.96)	$\max \sigma$ Höchstwert der einachsigen Druckspannung bei unbehinderter Seitendehnung, Korrelationsgröße
16	Innerer Reibungswinkel des dränierten (entwässerten) Bodens	φ'	°	–	DIN 18137 -1 (8.90) -2 (12.90) -3 E (10.97)	φ'; c' zur Berechnung der Endstandsicherheit. $\tau_f = c' + \sigma' \cdot \tan \varphi'$ (s. Bild 8). τ_f Maximalwert der Scherfestigkeit σ' effektive Spannung $\sigma' = \sigma - u$ σ totale Spannung u Porenwasserdruck $\sigma' = \sigma$ bei $u = o>$ φ_u; c_u zur Berechnung der Anfangsstandsicherheit mit: $\tau_{fu} = c_u + \sigma \cdot \tan \varphi_u$
17	des undränierten Bodens	φ_u	°	–	wie 16	
18	Kohäsion des dränierten Bodens	c'	kN/m²	–	wie 16	
19	des undränierten Bodens	c_u	kN/m²	–	wie 16	
20	Steifemodul	E_s	kN/m²	$E_s = \frac{d\sigma}{d\varepsilon}$	DIN 18135 (Proj.)	$d\varepsilon$ auf die Höhe des Volumenelementes bezogene Zusammendrückung
21	Durchlässigkeitsbeiwert	k	m/s	$k = \frac{v}{I} = \frac{Q}{A \cdot t} \cdot \frac{\Delta l}{\Delta h_w}$	DIN 18130 -1 (5.98) -2 (Proj.)	Filtergeschwindigkeit $v = k \cdot I$ in m/s I hydraulisches Gefälle¹) A = Querschnittsfläche d. Pr.
22	Bettungsmodul	k_s	kN/m³	$k_s = \sigma_0 / s$	wie 14	σ_0 Sohlnormalspannung s Setzung (Endwert)
23	Kapillare Steighöhe	h_k	m	–	ungenormt	$u = h_K \cdot \varrho_w$ Kapillardruck bei scheinbarer Kohäsion
24	Schrumpfgrenze	w_s	¹)	$w_s = \left(\frac{V_d}{m_d} - \frac{1}{\varrho_s}\right) \varrho_w$	DIN 18122-2 (2.87)	V_d Volumen des trockenen Probekörpers in cm³ ϱ_w Dichte des Wassers in g/cm³
25	Sättigungszahl	S_r	¹)	$S_r = \frac{n_w}{n} = \frac{e_w}{e}$	DIN 18132 (12.95)	n Porenvol.¹) bezogen auf Gesamtvolumen n_w Anteil der wassergefüllten Poren¹)
26	Glühverlust	V_{gl}	¹)	$V_{gl} = \frac{m_d - m_g}{m_d}$	DIN 18128 (11.90)	Verhältnis des Gewichtsverlustes beim Glühen (Org.-Substanz zur Trockenmasse m_d)
27	Aktivitätszahl	I_A	¹)	$I_A = \frac{I_p}{m_T / m_d}$	wie 2 und 6	m_T Masse der Tonfraktion (tr.) m_d Gesamtmasse in g oder t
28	Liquiditätszahl	I_L	¹)	$I_L = \frac{w - w_p}{I_p} = 1 - I_c$	wie 2	s. 2 Wie 2 Maß für Zustandsform; im Ausland verwendet
29	Kalkgehalt	V_{Ca}	¹)	$V_{Ca} = \frac{m_{Ca}}{m_d}$	DIN 18129 (11.96)	m_{Ca} Massenanteil an Gesamt-Karbonaten in g oder t m_d s. 27
30	Wasseraufnahmevermögen	w_A	¹)	$w_A = \frac{m_{Wg}}{m_d}$	E DIN 18132 (12.95)	m_{Wg} Grenzwert der im Versuch aufgesaugten Masse des Wassers in g m_d Masse des getrockneten Bodens in g

¹) Verhältnisgröße

Tafel 12 Bodenkenngrößen nichtbindiger Böden (Rechenwerte nach DIN 1055-2, EAU, DIN 4017 sowie charakteristische Werte nach DIN V 1054-100[1]))

Bodenart	Kurzzeichen nach DIN 18196	Lagerung	DIN 1055-2 DIN V 1054-100 Wichte feucht cal γ[2]); γ_K[3]) in kN/m³	 Reibungswinkel[3]) in °	EAU 1990 Wichte feucht cal[2]) γ in kN/m³	 Reibungswinkel[5]) in °	DIN 4017 (8.79) Reibungswinkel in °
Sand, schwach schluffiger Sand, Kies-Sand, eng gestuft	SE sowie SU mit $U \leq 6$	locker mitteldicht dicht	17 18 19	30 32,5 35	18 19 —	30 32,5 —	32,5 35 37,5
Kies, Geröll, Steine, mit geringem Sandanteil, eng gestuft	GE	locker mitteldicht dicht	17 18 19	32,5 (32)[4]) 35 (36) 37,5 (40)	16 (Kies ohne Sand)	37,5	—
Sand, Kies-Sand, Kies, weit oder intermittierend gestuft	SW, SI, SU, GW, GI mit $6 < U \leq 15$	locker mitteldicht dicht	18 19 20	30 32,5 (34) 35 (38)	—	—	32,5 35 37,5
Sand, Kies-Sand, Kies, schwach schluffiger Kies, weit oder intermittierend gestuft	SW, SI, SU, GW, GI mit $U > 15$ sowie GU	locker mitteldicht dicht	18 20 22	30 32,5 (34) 35 (38)	—	—	—

Tafel 13 Bodenkenngrößen bindiger Böden und organischer Böden (Rechenwerte nach DIN 1055-2, sowie charakteristische Werte nach DIN V 1054-100[1]))

Bodenart	Kurzzeichen nach DIN 18196	Konsistenzbereich	Wichte über Wasser cal γ[2]); γ_K[3]) in kN/m³	 unter Wasser cal γ[2]); γ_K[3]) in kN/m³	Reibungswinkel cal φ in kN/m³	Kohäsion cal[2]) c' in kN/m³	 cal[2]) c_u in kN/m³
Anorganische bindige Böden mit ausgeprägt plastischen Eigenschaften ($w_L > 50\%$)	TA	weich steif halbfest	18,0 19,0 20,0	8,0 9,0 10,0	17,5 (*) 17,5 (*) 17,5 (*)	0 (*) 10 (*) 25 (*)	15 (*) 35 (*) 75 (*)
Anorganische bindige Böden mit mittelplastischen Eigenschaften ($50\% \geq w_L \geq 35\%$)	TM und UM	weich steif halbfest	19,0 19,5 20,5	9,0 9,5 10,5	22,5 (20)[4]) 22,5 (20) 22,5 (20)	0 5 10	5 25 60
Anorganische bindige Böden mit leicht plastischen Eigenschaften ($w_L < 35\%$)	TL und UL	weich steif halbfest	20,0 20,5 21,0	10,0 10,5 11,0	27,5 (27) 27,5 (27) 27,5 (27)	0 2 5	0 15 40
Organischer Ton, organischer Schluff	OT und OU	weich steif	14,0 17,0	4,0 7,0	15 (*) 15 (*)	0 (*) 0 (*)	10 (5) 20 (15)
Torf ohne Vorbelastung, Torf unter mäßiger Vorbelastung	HN und HZ		11,0 13,0	1,0 3,0	15 (*) 15 (*)	2 (*) 5 (*)	10 (5) 20

1) Soweit die Werte der DIN V 1054-100 gegenüber DIN 1055 abweichen, sind sie in Klammern beigefügt; (*) n. DIN V 1054-100 nur anhand von Versuchen zu ermitteln.
2) cal = Rechenwert s. DIN 1080-1
3) γ_K Oberer charakteristischer Wert n. Tabelle A 1 bzw. A 2 der DIN V 1054-100
4) Die Klammerwerte sind untere Werte n. Tabelle B 1 bzw. B 2 der DIN V 1054-100
5) Für runde Kornform, bei eckiger Kornform 2,5° mehr.

16

Tafel 14 Rechnerische Beziehungen zwischen Bodenkenngrößen nach [2] (Auszug)

vorgegeben / gesucht	ϱ_s und ϱ_w sowie				
	$n;\ n_w$	$e;\ e_w$	ϱ_r	$\varrho;\ w$	$\varrho_d;\ w$
n	n	$\dfrac{e}{1+e}$	$\dfrac{\varrho_s-\varrho_r}{\varrho_r-\varrho_w}$	$1-\dfrac{\varrho}{(1+w)\,\varrho_s}$	$1-\dfrac{\varrho_d}{\varrho_s}$
ϱ_r	$(1-n)\,\varrho_s + n\cdot\varrho_w$	$\dfrac{\varrho_s+e\cdot\varrho_w}{1+e}$	ϱ_r	$\dfrac{\varrho_s-\varrho_w}{1+w}\dfrac{\varrho}{\varrho_s}+\varrho_w$	$\left(1-\dfrac{\varrho_w}{\varrho_s}\right)\varrho_d+\varrho_w$
ϱ	$(1-n)\,\varrho_s + n_w\cdot\varrho_w$	$\dfrac{\varrho_s+e_w\cdot\varrho_w}{1+e}$	—	ϱ	$(1+w)\,\varrho_d$
ϱ_d	$(1-n)\,\varrho_s$	$\dfrac{\varrho_s}{1+e}$	$\varrho_s\,\dfrac{\varrho_r-\varrho_w}{\varrho_s-\varrho_w}$	$\dfrac{\varrho}{1+w}$	ϱ_d
S_r	$\dfrac{n_w}{n}$	$\dfrac{e_w}{e}$	1	$\dfrac{w\cdot\varrho\cdot\varrho_s}{\varrho_w((1+w)\varrho_s-\varrho)}$	$\dfrac{w\cdot\varrho_d\cdot\varrho_s}{\varrho_w(\varrho_s-\varrho_d)}$

Tafel 15 Lagerungszustand[1]) nichtbindiger Böden nach DIN 1054 Bbl. (11.76)

Lagerung	sehr locker	locker	mitteldicht[2])	dicht
gleichförmig $U \leq 3$	$D < 0{,}15$	$0{,}15 \leqq D < 0{,}3$	$0{,}3 \leqq D \leqq 0{,}5$ $D_{pr} \geqq 95\%$	$D > 0{,}5$ $D_{pr} \geqq 98\%$
ungleichförmig $U > 3$	$D < 0{,}2$	$0{,}2 \leqq D < 0{,}45$	$0{,}45 \leqq D \leqq 0{,}65$	$D > 0{,}65$
Spitzenwiderstand der Drucksonde in MN/m²	$q_s < 2{,}5$	2,5 bis 7,5	7,5 bis 15	15 bis 25

[1]) s. Tafel 11, Zeile 10
[2]) Mindestlagerung für tragfähigen Boden nach DIN 1054 (11.76)

Tafel 16 Kriterien für mitteldichte und dichte Lagerung (Voraussetzungen für die Anwendung der zulässigen Bodenpressungen nach Tafel 26 sowie für die Erhöhung der Tafelwerte um 50%)

Bodengruppe nach DIN 18196	U	D	D_{Pr}	q_s MN/m² *)
SE, GE, SU, GU, GT	$\leqq 3$	$\geq 0{,}3$ $(\geq 0{,}5)$	$\geq 95\%$ $(\geq 98\%)$	$\geq 7{,}5$ (≥ 15)
SE, SW, SI, GE, GW, GT, SU, GU	> 3	$\geq 0{,}45$ $(\geq 0{,}65)$	$\geq 98\%$ $(\geq 100\%)$	$\geq 7{,}5$ (≥ 15)

Die angegebenen Mindestwerte entsprechen etwa einer mitteldichten Lagerung, die in Klammern gesetzten Werte etwa einer dichten Lagerung (s. Tafel 15).
*) Spitzendruck q_s von Drucksondierungen nach DIN 4094

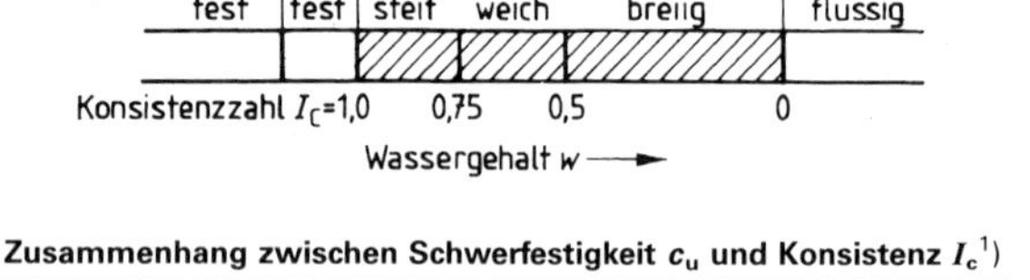

Bild 6
Konsistenz bindiger Böden
nach DIN 18122

Tafel 17 Näherungsweiser Zusammenhang zwischen Schwerfestigkeit c_u und Konsistenz I_c[1])

c_u in MN/m²	0	0,025	0,1	0,2
I_c	$< 0{,}5$	0,5	1	> 1

[1]) s. Tafel 11, Zeile 2

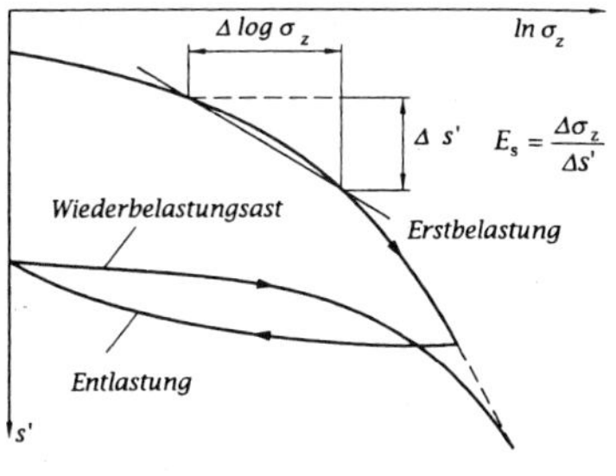

Bild 7 Drucksetzungsdiagramm in halblogarithmischer Auftragung

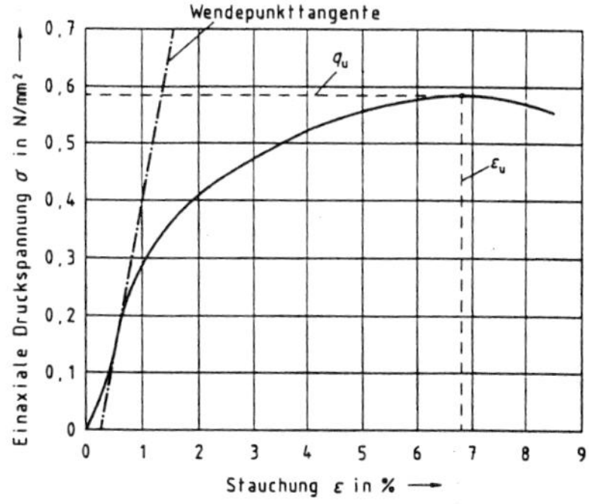

Bild 8 Drucksetzungsdiagramm bei einaxialem Druckversuch

Verformungsverhalten. Das Maß der Verformungen des Bodens (Setzungen) in Abhängigkeit von Druckspannungen wird im Kompressionsgerät (Ödometer) ermittelt. Gemessen wird die Zeitsetzung s (t) der Probe mit der Genauigkeit von 0,01 mm in mehreren Laststufen solange, bis jeweils die Endsetzung erreicht ist, d. h. die Probe in der jeweiligen Laststufe konsolidiert ist. Der Porendruck ist dann $u = 0$ und die äußere totale Spannung ($\sigma_z = F_z/A$) gleich der effektiven Spannung σ' in der Probe ($\sigma_z = \sigma'$). Erst dann darf die nächst höhere Laststufe aufgebracht werden, die die vorherige Belastung jeweils verdoppelt.

Für den Entwert der Setzung jeder Laststufe Δh wird die auf die Anfangshöhe h_a der Probe bezogene Setzung $s' = \Delta h/h_a$ berechnet und als Funktion der Spannung σ in einem Drucksetzungsdiagramm dargestellt (Bild 7). Der über dem Spannungsbereich gemittelte Anstieg $\Delta s/\Delta s'$ wird als Steifemodul bezeichnet, d. h. $E_s = \Delta\sigma'/\Delta s'$. An der gekrümmten Drucksetzungslinie erkennt man, daß keine lineare Abhängigkeit zwischen Spannungen und Verformungen besteht und der Boden keinen konstanten E-Modul besitzt. Der Steifemodul muß also für Setzungsberechnungen spannungsabhängig ermittelt werden. $E_s = \Delta\sigma/\Delta s' = (\sigma_2 - \sigma_1)/(s'_2 - s'_1)$ in MN/m^2 wobei aus praktischen Gründen dem Sekantenmodul der Vorzug gegeben wird, der dann als bereichsweiser Verformungsmodul genutzt wird.

Die **einaxiale Druckfestigkeit** $\boldsymbol{q_u}$ ist der Höchstwert der einaxialen Druckspannung σ, der beim Abscheren von zylindrischen Probekörpern bei konstanter Lastzunahme bzw. konstanter Stauchungsgeschwindigkeit und bei unbehinderter Seitendehnung im einaxialen Druckversuch nach DIN 18136 (8.36) ermittelt wird (Bild 8). Daneben liefert der Versuch den Modul der einaxialen Druckfestigkeit E_u (s. S. 1089). q_u ist auch Eingangswert in Tafeln (s. Tafel 47).

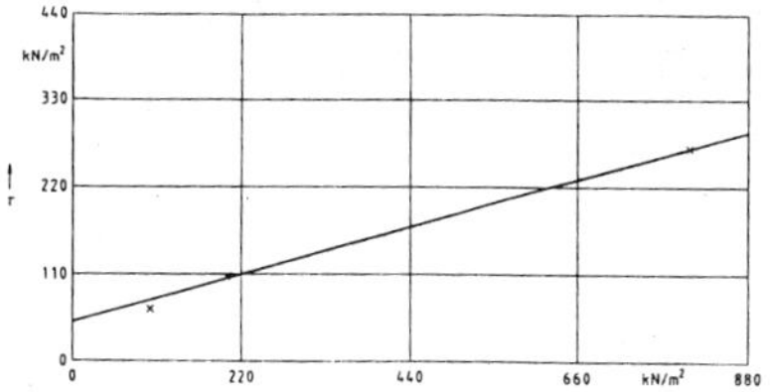

Bild 9 τ-σ Diagramm beim direkten Scherversuch

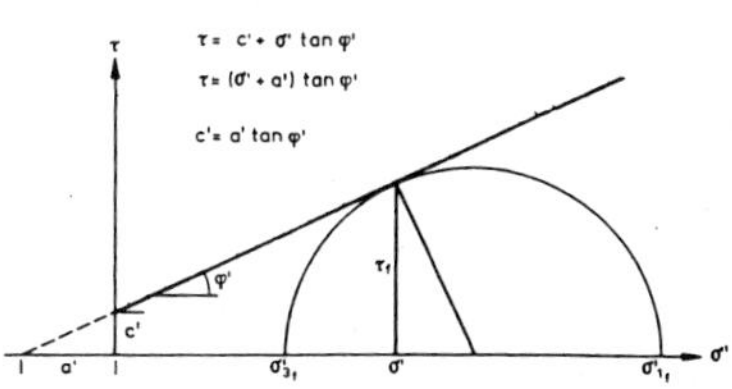

Bild 10 Ergebnis eines Triaxialversuches

Scherfestigkeit. Sie wird nach DIN 18137 als die Schubspannung definiert, bei der eine Scherfuge aufreißt (s. Bild 12) und der Boden versagt. Sie ist also der Größtwert der Schubspannung $\max \tau$ in einer bestimmten Scherfuge, auch Grenzzustand genannt. Untersucht werden solche Grenzzustände rechnerisch in den Sicherheitsnachweisen (s. S. 1068).

Die Scherfestigkeit setzt sich zusammen aus Reibung und Kohäsion (Tafel 11, Zeile 16 bis 19). Sie läßt sich nach Coulomb für Scherfugen im Grenzzustand auch durch die lineare Beziehung $\tau_t = \sigma' \cdot \tan \varphi' + c'$ erfassen (Grenzbedingung nach Coulomb) und als Schergerade im τ/φ-Diagramm darstellen, d. h. die Wertepaare τ und φ, bei denen ein Boden abschert, liegen auf einer Geraden (Bild 9).

Die Grenzbedingung kann aber auch durch die zugehörigen Hauptspannungen nach Mohr beschrieben werden, wobei das Verhältnis σ_1 und σ_3 im Grenzzustand durch Mohr'sche Spannungskreise (Bruchzustand) wiedergegeben werden. Die gemeinsame Umhüllende (Grenzbedingung nach Mohr) wird in der Bodenmechanik als Gerade angenommen (Tangente an den Hauptkreis).

4 Bodenklassifikation für bautechnische Zwecke

nach DIN 18196 (10.88)

Zweck: Zusammenfassung von Bodenarten in Bodengruppen mit annähernd gleichem stofflichen Aufbau und ähnlichen bodenphysikalischen Eigenschaften mit Hilfe von zwei Kennbuchstaben für die Beurteilung ihrer bautechnischen Eigenschaften und Eignung sowie für die an sie zu stellenden Güteanforderungen (s. Tafel 22); benutzt auch als Eingang in Tafeln (s. Tafel 27).

Der erste Kennbuchstabe gibt den Hauptbestandteil, der zweite den Nebenanteil oder eine bezeichnende bodenphysikalische Eigenschaft an und zwar

- bei den feinkörnigen den Grad der Plastizität (Tafel 21), z. B. TL
- bei den gemischtkörnigen die Art der feinkörnigen Beimengung (Tafel 20), z. B. SU
- bei den grobkörnigen die Form der Körnungslinie (Tafel 19), z. B. GW.

Mit Hilfe der Kennbuchstaben werden die Bodenarten auf Tafel 22 in 29 Gruppen eingeteilt. Die Spalten 10 bis 21 dieser Tafel enthalten Angaben über die bautechnischen Eigenschaften und die bautechnische Eignung der jeweiligen Gruppe. Diese Angaben, die mit großer Wahrscheinlichkeit zu erwarten sind, stellen keine Klassifizierungsmerkmale dar. Sie sind lediglich als Information gedacht.

Das Erkennen der Böden nach DIN 4022 wird durch DIN 18196 nicht ersetzt.

Wenn eine eindeutige Einordnung nach den Erkennungsmerkmalen oder Beispielen der Spalten 8 und 9 in Tafel 22 nicht möglich ist, können zur genaueren Einordnung Laborversuche ausgeführt werden (Korngrößenverteilung, Wassergehalte w, w_L und w_p, Glühverluste und Kalkgehalt) und auf dieser Grundlage die Kennbuchstaben mit den Tafeln 18 bis 21 in Verbindung mit Bild 11 festgelegt werden:

a) Bei **grobkörnigen Böden** (95% Massenanteil $>$ 0,06 mm) ist der erste Kennbuchstabe (Hauptbestandteil) an Hand der Kornverteilung aus Tafel 18, der zweite an Hand der Ungleichförmigkeits- und Krümmungszahl (s. S. 1063) aus Tafel 19 zu bestimmen (Beispiele: GW, SW, SE, GI, SI).

b) Bei **gemischtkörnigen Böden** (5 bis 40% Massenanteil $\leq$ 0,06 mm) ist der erste Kennbuchstabe wie unter a), der zweite anhand der Kornverteilung aus Tafel 20 zu bestimmen, wobei die endgültige Einordnung in die Untergruppe an Hand der Zustandsgrenzen w_L und I_p nach Bild 11 erfolgt (s. Anmerkung unter Tafel 20).

c) Bei **feinkörnigen Böden** (über 40% Massenanteil $\leq$ 0,06 mm) werden die Hauptbestandteile Ton und Schluff (erster Kennbuchstabe T oder U) anhand der Fließgrenze w_L und Plastizitätszahl I_p (s. S. 1063) in Bild 11 über oder unterhalb der

Tafel 18 Hauptgruppen nach den Hauptbestandteilen

Hauptbestandteile	Kurzzeichen	Massenanteil des Korns ≤ 2 mm
Kieskorn (**G**rant)	**G**	bis 60%
Sandkorn	**S**	über 60%

Tafel 19 Unterteilung grobkörniger Böden in Abhängigkeit von der Ungleichförmigkeitszahl U und der Krümmungszahl C_c

Benennung	Kurzzeichen	U[1])	C_c[1])
enggestuft	**E**	< 6	beliebig
weitgestuft	**W**	≥ 6	1 bis 3
intermittierend gestuft	**I**	≥ 6	< 1 oder > 3

Tafel 20 Unterteilung gemischtkörniger Böden nach dem Massenanteil des Feinkorns

Benennung	Kurzzeichen	Massenanteil des Feinkorns ≤ 0,06 mm
gering	**U** oder **T**	5 bis 15%
hoch	**Ū*** oder **T̄***	über 15 bis 40%

Statt des Querbalkens über **Ū** oder **T̄** darf auch das nachgestellte *-Symbol benutzt werden **U*** oder **T***

Tafel 21 Einstufung feinkörniger Böden in Abhängigkeit vom Wassergehalt an der Fließgrenze w_L

Benennung	Kurzzeichen	w_L Massenanteil
leicht plastisch	**L**	kleiner 35%
mittelplastisch	**M**	35 bis 50%
ausgeprägt plastisch	**A**	über 50%

[1]) U bzw. C_c s. Tafel 11, Zeile 4 u. 5

A-Linie bestimmt, wobei der zweite Kennbuchstabe auch an Hand der Fließgrenze aus Tafel 21 entnommen werden kann (Beispiele: TL, TM).

d) Bezüglich organischer und organogener Böden vgl. Tafel 22 auf S. 1064.

Anmerkung DIN 18196 unterscheidet Schluff und Ton nicht mehr nach Korngrößen. Maßgebend dafür sind die plastischen Eigenschaften. Ob sich eine Bodenart bautechnisch mehr als Schluff oder Ton verhält, ergibt sich aus Bild 11.

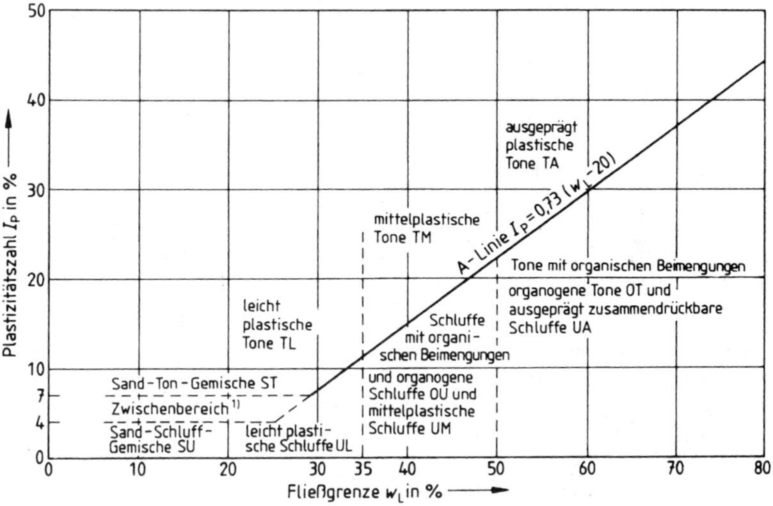

Bild 11 Klassifizierung nach DIN 18196

[1]) Die Plastizitätszahl von Böden mit niedriger Fließgrenze ist versuchsmäßig nur ungenau zu ermitteln. In den Zwischenbereich fallende Böden müssen daher nach anderen Verfahren, z. B. nach DIN 4022-1 (9.87), Abschn. 8.5 bis 8.9, dem Ton- und Schluffbereich zugeordnet werden.

Tafel 22 Bodenklassifikation für bautechnische Zwecke

Sp.	1	2	3	4	5	6	7	8	9	10	11	12	13	14	15	16	17	18	19	20	21
	Definition und Benennung							Erkennungsmerkmale unter anderem für Zeilen 16 bis 21:	Anmerkungen[1])												
										Bautechnische Eigenschaften						Bautechnische Eignung als					
Zeile	Hauptgruppen	Korngrößen-Massenanteil Korn-durch-messer ≤ 0,06 mm	Korngrößen-Massenanteil ≤ 2 mm	Lage zur A-Linie (siehe Bild 11)		Gruppen	Kurzzeichen Gruppensymbol[2])	Trocken-festigkeit / Reaktion beim Schüttel-versuch / Plastizität beim Knet-versuch	Beispiele	Scherfestigkeit	Verdichtungsfähigkeit	Zusammendrückbarkeit	Durchlässigkeit	Witterungs- und Erosionsempfindlichkeit	Frostempfindlichkeit	Baugrund für Gründungen	Baustoff für Erd- und Baustraßen	Baustoff für Straßen- und Bahndämme	Baustoff für Erd-Staudämme Dichtung	Baustoff für Erd-Staudämme Stützkörper	Baustoff für Dränagen
1	Grobkörnige Böden	kleiner 5 %	bis 60 %	–	Kies (Grant)	enggestufte Kiese	GE	Steile Körnungslinie infolge Vorherrschens eines Korngrößenbereichs	Fluß- und Strandkies Terrassen-schotter	+	+ 0	+ +	– –	+ +	+ +	+	–	+	– –	+	+ +
2						weitgestufte Kies-Sand-Gemische	GW	über mehrere Korngrößen-bereiche kontinuierlich verlaufende Körnungslinie		+ +	+ +	+ +	– 0	+	+ +	+ +	+ +	+ +	– –	+ +	+ 0
3						intermittierend gestufte Kies-Sand-Gemische	GI	meist treppenartig verlaufende Körnungslinie infolge Fehlens eines oder mehrerer Korngrößenbereiche	vulkanische Schlacke	+ +	+	+ +	–	0	+ +	+ +	+	+ +	– –	+ +	+ 0
4			über 60 %	–	Sand	enggestufte Sande	SE	steile Körnungslinie infolge Vorherrschens eines Korngrößenbereiches	Dünen- und Flugsand Fließsand Berliner Sand Beckensand Tertiärsand	+	+ 0	+ +	–	–	+ +	+	– –	+ 0	– –	0	+
5						weitgestufte Sand-Kies-Gemische	SW	über mehrere Korngrößenbereiche kontinuierlich verlaufende Körnungslinie	Moränensand Terrassen-sand Granitgrus	+ +	+ +	+ +	– 0	+ 0	+ +	+ +	+	+	– –	+	+ 0
6						intermittierend gestufte Sand-Kies-Gemische	SI	meist treppenartig verlaufende Körnungslinie infolge Fehlens eines oder mehrerer Korngrößenbereiche		+	+	+ +	– 0	+ 0	+ +	+ +	0	+	– –	+	+ 0

Fortsetzung s. nächste Seiten, Fußnoten und Tafellegenden s. S. 1067 und 1068

Tafel 22, Fortsetzung

Sp.	1	2	3	4	5	6	7	8	9	10	11	12	13	14	15	16	17	18	19	20	21
	Definition und Benennung							Erkennungsmerkmale unter anderem für Zeilen 16 bis 21:	Anmerkungen[1])												
										Bautechnische Eigenschaften						Bautechnische Eignung als					
Zeile	Hauptgruppen	Korngrößen-Massenanteil Korndurchmesser ≤ 0,06 mm	Korngrößen-Massenanteil ≤ 2 mm	Lage zur A-Linie (siehe Bild 11)	Gruppen		Kurzzeichen Gruppensymbol[2])	Trockenfestigkeit / Reaktion beim Schüttelversuch / Plastizität beim Knetversuch	Beispiele	Scherfestigkeit	Verdichtungsfähigkeit	Zusammendrückbarkeit	Durchlässigkeit	Witterungs- und Erosionempfindlichkeit	Frostempfindlichkeit	Baugrund für Gründungen	Baustoff für Erd- und Baustraßen	Baustoff für Straßen- und Bahndämme	Baustoff für Erd-Staudämme Dichtung	Baustoff für Erd-Staudämme Stützkörper	Baustoff für Dränagen
7	Gemischtkörnige Böden	5 bis 40 %	bis 60 %	–	Kies-Schluff-Gemische	5 bis 15 % ≤ 0,06 mm	GU	weit oder intermittierend gestufte Körnungslinie Feinkornanteil ist schluffig	Moränenkies Verwitterungskies Hangschutt Geschiebelehm	++	+	++	0	+0	−0	++	++	+	−	+	−
8						über 15 bis 40 % ≤ 0,06 mm	GŪ·			+	+0	+	+	−0	−−	+	+0	−0	+0	−	−−
9					Kies-Ton-Gemische	5 bis 15 % ≤ 0,06 mm	GT	weit oder intermittierend gestufte Körnungslinie Feinkornanteil ist tonig		+	+	+	+0	+0	−0	++	++	+	−0	+0	−
10						über 15 bis 40 % ≤ 0,06 mm	GT̄·			+0	0	+0	++	+0	−	+0	+0	+0	+	−−	−−
11			über 60 %	–	Sand-Schluff-Gemische	5 bis 15 % ≤ 0,06 mm	SU	weit oder intermittierend gestufte Körnungslinie Feinkornanteil ist schluffig	Tertiärsand	++	+	+	0	0	0	++	0	+0	0	−0	−
12						über 15 bis 40 % ≤ 0,06 mm	SŪ·		Auelehm Sandlöß	+	0	+0	+	−	−−	0	−0	−0	+0	−−	−−
13					Sand-Ton-Gemische	5 bis 15 % ≤ 0,06 mm	ST	weit oder intermittierend gestufte Körnungslinie Feinkornanteil ist tonig	Terrassensand Schleichsand	+	+0	+0	+0	0	−0	+	+	+0	0	−	−−
14						über 15 bis 40 % ≤ 0,06 mm	ST̄·		Geschiebelehm Geschiebemergel	+0	−0	+0	++	−0	−	0	0	0	+	−−	−−

Fortsetzung siehe nächste Seiten

Tafel 22, Fortsetzung

Sp.	1	2	3	4	5	6	7	8			9	10	11	12	13	14	15	16	17	18	19	20	21
	Definition und Benennung							Erkennungsmerkmale unter anderem für Zeilen 16 bis 21:			Anmerkungen [1]												
												Bautechnische Eigenschaften						Bautechnische Eignung als					
Zeile	Hauptgruppen	Korngrößen-Massenanteil Korndurchmesser ≤ 0,06 mm	Korngrößen-Massenanteil ≤ 2 mm	**Lage zur A-Linie (siehe Bild** 11)		Gruppen	Kurzzeichen Gruppensymbol [2]	Trockenfestigkeit	Reaktion beim Schüttelversuch	Plastizität beim Knetversuch	Beispiele	Scherfestigkeit	Verdichtungsfähigkeit	Zusammendrückbarkeit	Durchlässigkeit	Witterungs- und Erosionsempfindlichkeit	Frostempfindlichkeit	Baugrund für Gründungen	Baustoff für Erd- und Baustraßen	Baustoff für Straßen- und Bahndämme	Baustoff für Erd-Staudämme Dichtung	Baustoff für Erd-Staudämme Stützkörper	Baustoff für Dränagen
15	Feinkörnige Böden	über 40 %	–	$I_P \leq 4\%$ oder unterhalb der A-Linie	Schluff	leicht plastische Schluffe $w_L < 35\,\%$	UL	niedrige	schnelle	keine bis leichte	Löß Hochflutlehm	–0	–0	+0	+0	– –	– –	+0	– –	–0	0	– –	– –
16						mittelplastische Schluffe $35\% \leq w_L \leq 50\%$	UM	niedrige bis mittlere	langsame	leicht bis mittlere	Seeton beckenschluff	–0	–	–0	+	–	– –	0	–	–0	+0	– –	– –
17						ausgeprägt zusammendrückbarer Schluff $w_L > 50\,\%$	UA	hohe	keine bis langsame	mittlere bis ausgeprägte	vulkanische Böden Bimsböden	–	–	–	++	–0	–0	–0	–	–	–0	– –	– –
18				$I_P \geq 7\%$ und oberhalb der A-Linie	Ton	leicht plastische Tone $w_L < 35\,\%$	TL	mittlere bis hohe	keine bis langsame	leichte	Geschiebemergel Bänderton	–0	–0	0	+	–	– –	0	–	–0	++	– –	– –
19						mittelplastische $35\% \leq w_L \leq 50\%$ Tone	TM	hohe	keine	mittlere	Lößlehm Beckenton Keuperton Seeton	–	–	–0	++	–0	–0	0	–	–0	+	– –	– –
20						ausgeprägte plastische Tone $w_L > 50\,\%$	TA	sehr hohe	keine	keine geprägte	Tarras Lauenburger Ton, Beckenton	– –	– –	– –	++	0	+0	–0	– –	–	–	– –	– –
21	organogene [3]) und Böden mit organischen Beimengungen	über 40 %	–	$I_P \geq 7\%$ und unterhalb der A-Linie	nicht brenn- oder nicht schwelbar	Schluffe mit organischen Beimengungen u. organogene [3]) Schuffe $35\% \leq w_L \leq 50\%$	OU	mittlere	langsame bis sehr schnelle	mittlere	Seekreide Kieselgur Mutterboden	–0	–	–0	+0	– –	– –	– –	– –	– –	–	– –	– –
22						Tone mit organischen Beimengungen u. organogene [3]) Tone $w_L > 50\,\%$	OT	hohe	keine	ausgeprägte	Schlick Klei, tertiäre Kohletone	– –	– –	–	++	–0	–0	– –	– –	– –	–	– –	– –
23		bis 40 %		–		grob- bis gemischtkörnige Böden mit Beimengungen humoser Art	OH	Beimengungen pflanzlicher Art, meist dunkle Färbung, Modergeruch, Glühverlust bis etwa 20% Massenanteil			Mutterboden Paläoboden	0	–0	–0	0	+0	–0	–	0	–	– –	– –	– –
24						grob- bis gemischtkörnige Böden mit kalkigen, kieseligen Bildungen	OK	Beimengungen nicht pflanzlicher Art, meist helle Färbung, leichtes Gewicht, große Porosität			Kalk-Tuffsand Wiesenkalk	+	0	–0	–0	0	+0	–0	0	–0	– –	– –	– –

Fortsetzung siehe nächste Seiten

Tafel 22, Fortsetzung

Sp.	1	2	3	4	5	6	7	8			9	10	11	12	13	14	15	16	17	18	19	20	21
	Definition und Benennung							Erkennungsmerkmale unter anderem für Zeilen 16 bis 21:			Anmerkungen[1])												
											Beispiele	Bautechnische Eigenschaften						Bautechnische Eignung als					
Zeile	Hauptgruppen	Korngrößen-Massenanteil Korndurchmesser ≤ 0,06 mm	Korngrößen-Massenanteil ≤ 2 mm	**Lage zur A-Linie (siehe Bild 11)**		Gruppen	Kurzzeichen Gruppensymbol[2])	Trockenfestigkeit	Reaktion beim Schüttelversuch	Plastizität beim Knetversuch		Scherfestigkeit	Verdichtungsfähigkeit	Zusammendrückbarkeit	Durchlässigkeit	Witterungs- und Erosionsempfindlichkeit	Frostempfindlichkeit	Baugrund für Gründungen	Baustoff für Erd- und Baustraßen	Baustoff für Straßen- und Bahndämme	Baustoff für Erd-Staudämme Dichtung	Baustoff für Erd-Staudämme Stützkörper	Baustoff für Dränagen
25	organische Böden	–	–	–	brenn- oder schwelbar	nicht bis mäßig zersetzte Torfe (Humus)	HN	an Ort und Stelle aufgewachsene Humusbildungen	Zersetzungsgrad 1 bis 5, faserig, holzreich, hellbraun bis braun		Niedermoortorf Hoormoortorf Bruchwaldtorf	–	– –	– –	0	+ 0	–	– –	– –	– –	– –	– –	– –
26	organische Böden	–	–	–	brenn- oder schwelbar	zersetzte Torfe	HZ	an Ort und Stelle aufgewachsene Humusbildungen	Zersetzungsgrad 6 bis 10, schwarzbraun bis schwarz		Niedermoortorf Hoormoortorf Bruchwaldtorf	– –	– –	– –	+ 0	–	– –	– –	– –	– –	– –	– –	– –
27	organische Böden	–	–	–	brenn- oder schwelbar	Schlamme als Sammelbegriff für Faulschlamm, Mudde, Gyttja, Dy und Sapropel	F	unter Wasser abgesetzte (sedimentäre) Schlamme aus Pflanzenresten, Kot und Mikroorganismen, oft von Sand, Ton und Kalk durchsetzt, blauschwarz oder grünlich bis gelbbraun, gelegentlich dunkelgraubraun bis blauschwarz, federnd, weichschwammig			Mudde Faulschlamm	– –	– –	– –	+ 0	–	– –	– –	– –	– –	– –	– –	– –
28	Auffüllung	–	–	–	Auffüllung aus natürlichen Böden; jeweiliges Gruppensymbol in eckigen Klammern		[ ]	–				–											
29	Auffüllung	–	–	–	Auffüllung aus Fremdstoffen		A	–			Müll, Schlacke Bauschutt Industrieabfall	–											

[1]) Die Spalten 10 bis 21 enthalten als grobe Leitlinie Hinweise auf bautechnische Eigenschaften und auf die bautechnische Eignung nebst Beispielen in Spalte 9. Diese Angaben sind keine normativen Festlegungen.
[2]) Der Querbalken für die Kurzzeichen U und T oder das danebengestellte *-Symbol darf entfallen.
[3]) Unter Mitwirkung von Organismen gebildete Böden.

Legende zu Tafel 22 Bedeutung der qualitativen und wertenden Angaben

Spalte 10		Spalte 11		Spalten 12 bis 15		Spalten 16 bis 21	
−−	sehr gering	−−	sehr schlecht	−−	sehr groß	−−	ungeeignet
−	gering	−	schlecht	−	groß	−	weniger geeignet
−0	mäßig	−0	mäßig	−0	groß bis mittel	−0	mäßig geeignet
0	mittel	0	mittel	0	mittel	0	brauchbar
+0	groß bis klein	+0	gut bis mittel	+0	gering bis mittel	+0	geeignet
+	groß	+	gut	+	sehr gering	+	gut geeignet
++	sehr groß	+	sehr gut	++	vernachlässigbar klein	++	sehr gut geeignet

Anmerkung Es ist zu beachten, daß bestimmte in Tafel 22, Spalte 9, genannte Beispiele für Bodenarten, wie Mutterboden, Mudden, Geschiebemergel, Geschiebelehm entsprechend ihrer stofflichen Zusammensetzung gegebenenfalls verschiedenen Bodengruppen zugehören können.

5 Sicherheitsnachweise im Erd- und Grundbau

Mit den Sicherheitsnachweisen werden die äußeren Abmessungen von Erd- und Grundbauwerken festgelegt (sog. „äußere" oder geotechnische Bemessung).

Nachgewiesen wird die Sicherheit eines Bauwerks oder Bauteils gegen das Versagen des Bodens durch Überschreiten der Grenztragfähigkeit (Beispiel s. Bild 12) mit globalen Sicherheitsgraden in Verbindung mit Lastfällen (Tafel 24).

Der Berechnung ist der ungünstigste Lastfall zugrunde zu legen, da davon die erforderlichen Sicherheiten abhängen. Im allgemeinen genügt es, den Lastfall 1 zu wählen.

Maßgebend sind DIN 1054 und/oder die nachgeordneten Berechnungsnormen (s. Tafel 23). Bezüglich der Nachweise mit europäischen Vornormen mit Teilsicherheitsbeiwerten s. Anhang auf S. 1136.

Tafel 23 Zusammenstellung der Sicherheitsnachweise mit zugehörigen Sicherheitsgraden (Auswahl)

Bauwerk oder Bauteil	Nachzuweisende Sicherheiten	Zugehörige Normen oder Empfehlungen	s. S.	Erforderliche Sicherheitsgrade		
				LF1	LF2	LF3
Flachgründungen Gewichts- und Winkelstützwände	Grundbruchsicherheit η_p	DIN 1054 DIN 4017	1075	2,0	1,5	1,3
	Gleitsicherheit η_s	DIN 1054	1080	1,5	1,35	1,2
Bauwerke im Grundwasser	Auftriebssicherheit η_a	DIN 1054	1080	1,1	1,1	1,05
Pfahlgründungen	Sicherheit η gegen die Grenzlast	DIN 1054 DIN 4014	1087	2,0	1,75	1,5
Verpreßanker	Sicherheit η_k gegen die Grenzlast (Verpreßkörper),	DIN 4125 (Regelfall)	1103	1,5	1,33	1,25
	Standsicherheit η der tiefen Gleitfuge	DIN 4125 EAU E10	1102	1,5		
Böschungen, Bauwerke in oder über einem Geländesprung	Böschungs- oder Geländebruchsicherheit η	DIN 4084	1106	1,4	1,3	1,2
Dämme	Sicherheit η gegen Dammgleiten	ungenormt Vorschlag [4]	1109	1,3	1,25	1,2
Unterströmte Baugrubenwände	Sicherheit η gegen Versagen durch hydr. Grundbruch des Bodens vor den Wänden	ungenormt Vorschlag [4]	–	3,0	2,5	2,0

Tafel 24 Lastfälle nach DIN 1054 (11.76)

Lastfall 1	Ständige Lasten und regelmäßig auftretende Verkehrslasten, auch Wind. (Normalfall)
Lastfall 2	Außer den Lasten des Lastfalls 1, gleichzeitig aber nicht regelmäßig auftretende große Verkehrslasten und Belastungen während der Bauzeit. (Ungünstiger Fall)
Lastfall 3	Außer den Lasten des Lastfalls 2, gleichzeitig mögliche außerplanmäßige Lasten, z. B. durch Ausfall von Betriebs- und Sicherheitsvorrichtungen oder bei Unfällen. (Außergewöhnlicher Fall)

Untersucht werden die Grenzzustände der Tragfähigkeit des Bodens auf ebenen, spiralförmigen und kreiszylindrischen Gleitfugen, die im Grenzzustand „aufreißen" (Beispiel, s. Bild 12).

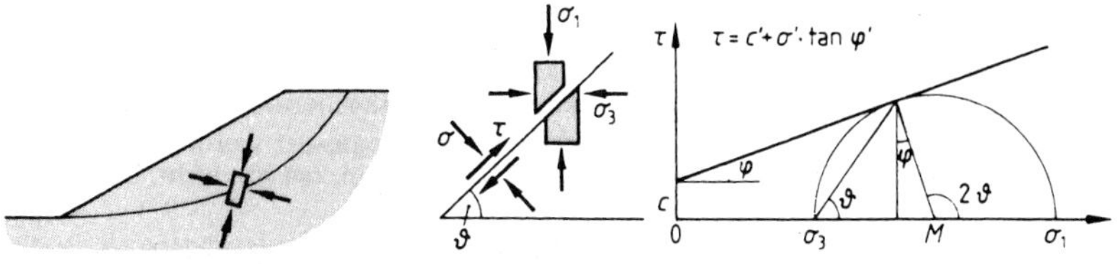

Bild 12 Grenzzustand beim Böschungsbruch

6 Flach- und Flächengründungen

6.1 Abgrenzung

Flachgründungen sind Einzel- oder Streifenfundamente mit geringer Einbindetiefe, bei denen die Lasten überwiegend in der Gründungssohle übertragen werden.

Flächengründungen sind Gründungsplatten und Träger-(Gitter-)rostfundamente mit beliebiger Einbindetiefe.

6.2 Lage und Ausbildung der Gründungssohle

Die Gründungssohle muß frostfrei liegen, mindestens aber 0,8 m unter Gelände. Hiervon darf abgewichen werden: a) bei Bauwerken von untergeordneter Bedeutung (z. B. Einzelgaragen, einstockige Schuppen, Bauwerke für vorübergehende Zwecke o. ä. und geringer Flächenbelastung, b) bei Gründungen auf nicht angewittertem Fels in gleichmäßig fest gelagertem Verband (DIN 1054, 4.1.1).

Der Baugrund muß gegen Auswaschen (Erosion) oder Verringerung seiner Lagerungsdichte durch strömendes Wasser (Einwirkung von Strömungsdruck) sowie bindiger Boden während der Bauzeit gegen Aufweichen und Auffrieren gesichert sein (DIN 1054. 4.1.1).

6.3 Berechnungsgrundlagen

Nach **DIN 1054, Abschn. 2.2**, wird der Baugrund durch **ständige Lasten** (u. a. Eigenlasten des Bauwerkes, ständig wirkende Erddrücke, Erdlasten und Wasserdrücke) sowie **Verkehrslasten** (Lasten nach DIN 1055-3 und DIN 1072, wechselnde Erd- und Wasserdrücke, Eisdruck) beansprucht. Lasten, die durch Veränderung der Umgebung des Bauwerkes, z. B. durch Baumaßnahmen, durch Belastungsänderungen oder durch Grundwassersenkungen entstehen, zählen je nach ihrer Dauer zu den ständigen Lasten oder zu den Verkehrslasten.

Ständige und Verkehrslasten bilden die Gesamtlast

In der Regel genügt es, die Flachgründungen für den Normalfall der Gesamtlast aus ständigen Lasten und regelmäßig auftretenden Verkehrslasten, auch Wind (Lastfall 1 der Tafel 24) zu bemessen.

Bezüglich der Unterscheidung von Lastfällen s. Tafel 24 (S. 1069).

Nach **Abschn. 4.1.2** ist beim Entwurf der Gründungskörper die Verteilung der Lasten a) beim Nachweis der zulässigen Bodenpressung mit Hilfe von Tabellenwerten sowie beim Grundbruchnachweis als gleichmäßig verteilt, b) bei der Ermittlung der Schnittkräfte sowie beim Setzungsnachweis als geradlinig verteilt (Tafel 25) sowie c) bei der Bemessung von biegeweichen Gründungsplatten und -balken nach DIN 4018 anzunehmen (Rechenverfahren s. [9], [10], [13]).

Stoßzahlen und Schwingbeiwerte brauchen nur bei der Schnittkraftermittlung unmittelbar befahrener Fundamente in die Vertikallasten eingerechnet zu werden.

Bei der Bestimmung der resultierenden Kräfte in der Gründungssohle darf auch die lotrecht wirkende Komponente des aktiven Erddruckes berücksichtigt werden.

Der Erdwiderstand darf nur dann als Reaktionskraft angesetzt werden, wenn das Fundament ohne Gefahr eine Verschiebung erfahren kann, die hinreicht, den erforderlichen Erdwiderstand wachzurufen.

6.4 Geotechnische Bemessung nach DIN 1054 (11.76)

6.4.1 Nachweis der Tragfähigkeit

Die zulässige Belastung des Baugrundes ist bei lotrechter Belastung begrenzt durch die für das Bauwerk erträglichen Setzungen bzw. Setzungsunterschiede und durch die Grundbruchsicherheit unter Beachtung der Ausmittigkeit und Neigung der Resultierenden sowie der Belastungsgeschwindigkeit. Bei Schrägbelastung muß außerdem eine ausreichende Sicherheit gegen Gleiten vorhanden sein (DIN 1054 (11.76), Abschn. 4).

Erklärung *Grundbruch tritt ein, wenn ein Gründungskörper so stark belastet wird, daß sich unter ihm im Baugrund Gleitbereiche bilden, in denen der Widerstand des Bodens (Grundbruchwiderstand) überwunden wird.*

Nachgewiesen wird die Grundbruchsicherheit im herkömmlichen Sicherheitskonzept mit Bemessungsgleichungen der DIN 4017-1 und -2 (8.79) und globalen Sicherheitswerten der DIN 1054 (11.76), im neuen Sicherheitskonzept probeweise nach DIN V 4017-100 oder DIN EN V 1997-1 (EC 7) mit Teilsicherheitsbeiwerten für GZ 1 B der DIN V 1054-100 oder 1 C der EC 7 (s. Anhang).

Der Nachweis der Gleitsicherheit erfolgt mit Bemessungsgleichungen und globalen Sicherheitsbeiwerten der DIN 1054 (11.76) oder probeweise mit solchen der DIN V 1054-100 oder DIN EN V 1997-1 mit Teilsicherheitsbeiwerten für GZ 1 B oder 1 C.

Im Regelfall kann die zulässige Belastung des Baugrundes auch mit Hilfe von Tabellenwerten nach Abschnitt 6.4.2 ermittelt werden, wobei eine Grundbruchberechnung entfällt.

Bei außermittiger Belastung sind unabhängig von dem Nachweisverfahren zusätzlich die nachfolgenden Bedingungen a) und b) zu erfüllen.

Zulässige Lage der Resultierenden

Die Exzentrizität der resultierenden Einwirkung V oder R_v darf höchstens so groß werden, daß

a) infolge der Gesamtbelastung die Gründungssohle des Fundaments bis zu ihrem Schwerpunkt durch Druck belastet bleibt (2. Kernweite, s. Bild 10), d. h. $e \leq a/3$ bzw. $\leq b/3$. Für Kreisfundamente gilt $e \leq 0{,}59\ r$

b) infolge ständiger Last keine klaffende Fuge auftritt (1. Kernweite), d. h. $e \leq a/6$ bzw. $\leq b/6$. Für Kreisfundamente gilt $e \leq 0{,}25\, r$

Nach DIN V 1054-100 ist der Nachweis der zulässigen Lage der Resultierenden ein Gebrauchstauglichkeitsnachweis im GZ 2 (Erl. s. S. 1046).

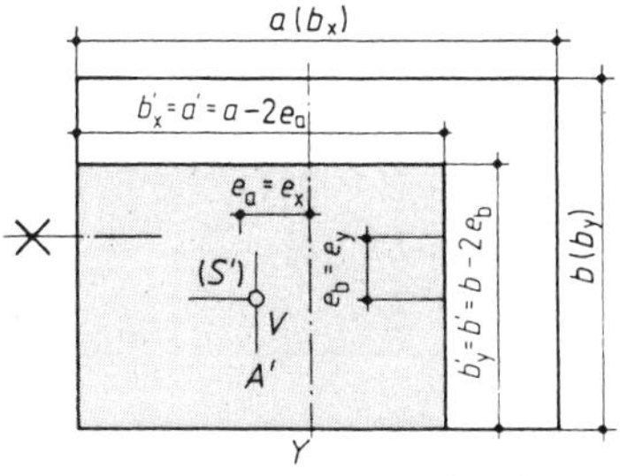

Bild 13 **Teilfläche A' für doppelte Ausmittigkeit von V**

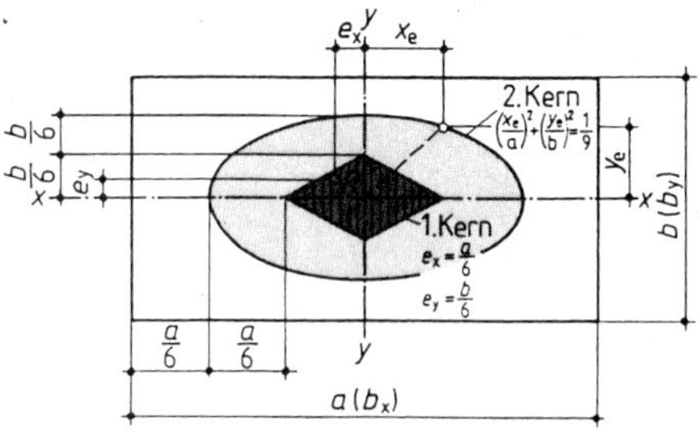

Bild 14 **Kernflächen eines rechteckigen Fundamentes nach DIN 1054**

Tafel 25 Berechnung der gleichmäßig oder geradlinig verteilten Sohlnormalspannung σ_{vorh} von biegesteifen Fundamenten

Belastung	Lage von $V = R_v$ (vgl. Bild 9 bis 11)	Größe und Verteilung des rechnerischen Sohldruckes		
mittig	$e_x = 0$ $u = b/2$ $e_y = 0$	$\sigma_{0m} = \frac{F}{A} = \frac{V}{a \cdot b}$	(2)	rechteckförmig (gleichmäßig)
einfach außermittig (einachsige Momentenwirkung)	$e_x \leq b/6$ $e_y = 0$	$\begin{matrix}\max\\ \min\end{matrix}\ \sigma_0 = \frac{R_v}{a \cdot b}\left(1 \pm \frac{6 \cdot e}{b}\right)$	(3)	trapezförmig (geradlinig)
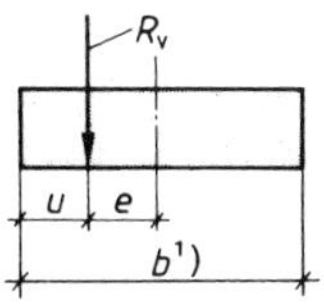	$e_x = b/6$ $u = b/3$ $e_y = 0$	$\max \sigma_0 = \frac{2 \cdot R_v}{a \cdot b}$	(4)	dreieckförmig über volle Breite (geradlinig)
	$b/6 < e_x \leq b/3$ $e_y = 0$	$\max \sigma_0 = \frac{2 \cdot R_v}{3 \cdot u \cdot a}$	(5)	dreieckförmig, klaffende Fuge
	$e_x = b/3$ $u = b/6$	$\max \sigma_0 = \frac{4 \cdot R_v}{a \cdot b}$	(6)	dreieckförmig, über halbe Breite
doppelt außermittig (Einwirkung von Momenten um zwei Hauptachsen, s. Bild 13)	$e_x \neq 0$ $e_y \neq 0$ innerhalb des 1. Kerns	$\max \sigma_0 = \frac{F}{A} \pm \frac{M_x}{W_x} \pm \frac{M_y}{W_y}$	(7)	
	$e_x \neq 0$ $e_x \neq 0$ innerhalb des 2. Kerns (Bild 14)	$\max \sigma_0 = \mu \frac{R_v}{a \cdot b}$	(8)	μ aus Nomogramm von *Hülsdünker* (Bild 15)

[1]) bzw. a s. Bild 14

Solange die Ablesegerade die Grenzlinie nicht schneidet, ist mindestens die halbe Grundfläche an der Lastabtragung beteiligt. Bezüglich der Nullinie des Sohldruckkörpers s. [1], T3, S. 83f.

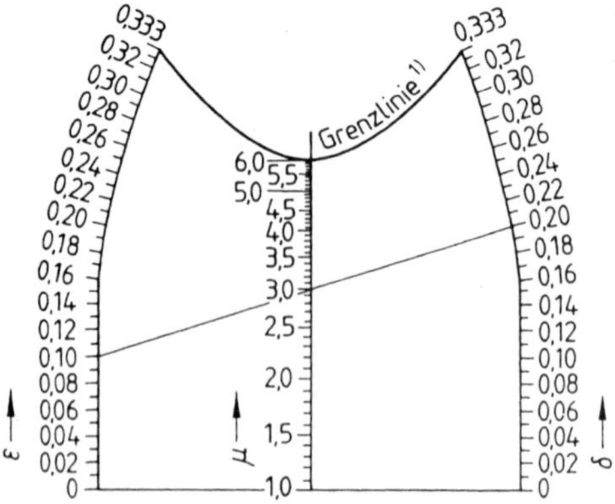

$$e_x = \frac{M_y}{V}; \quad e_y = \frac{M_x}{V}$$

$$\delta = \frac{e_x}{a}; \quad \varepsilon = \frac{e_y}{b}$$

$$\max \bar{\sigma} = \mu \frac{V}{a \cdot b}$$

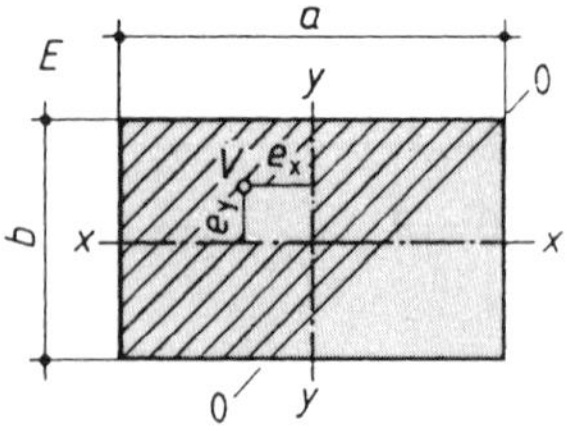

Bild 15 Maximale Sohlnormalspannung σ_{0E} unter der Ecke E bei doppelter Ausmittigkeit (nach *Hülsdünker*)

6.4.2 Bemessung mit zulässigen Sohldrücken der DIN 1054 (11.76)

Wenn

a) die maßgebenden Eigenschaften des Bodens (Lagerungsdichte gemäß Tafel 16 oder mindestens steife Konsistenz) aufgrund von Baugrunderkundungen zuverlässig eingeschätzt werden können (s. S. 1053), ferner

b) der Baugrund bis zu einer Tiefe von $2b$ (b = Fundamentbreite) unter der Gründungssohle nicht schlechter wird, die Geländeoberfläche und Schichtgrenzen annähernd waagerecht verlaufen und

c) das Fundament nicht überwiegend oder regelmäßig dynamisch beansprucht wird, kann für diesen Regelfall als Ersatz für die Nachweise der Grundbruchsicherheit und der zulässigen Setzungen angesetzt werden:

1) Bei **mittigem Lastangriff** auf die Fundamentsohle

   $\mathbf{vorh}\ \sigma_0 = V/A = V/b_x \cdot b_y \leq \mathbf{zul}\ \sigma_0$ (9)

   wobei zul σ in Gl. (9) aus den Tafeln 26 und 27 entnommen wird, ggf. erhöht oder abgemindert

2) Bei **außermittigem Lastangriff** auf die Fundamentsohle wird nur derjenige Teil A' von ihr angesetzt, für den die Resultierende der Einwirkungen im Schwerpunkt steht (Bild 13), d. h.

   $A' = b'_x \cdot b'_y = (b_x - 2e_x)(b_y - 2e_y)$ (10)

Das Klaffen der Sohlfuge muß überprüft werden (s. S. 1070). Eine Setzungsberechtigung ist nur dann erforderlich, wenn der Einfluß benachbarter Fundamente zu berücksichtigen ist. Ist die Einbindetiefe auf allen Seiten des Gründungskörpers größer als 2 m, so darf die Bodenpressung um die Spannung erhöht werden, die sich aus der der Mehrtiefe entsprechenden Bodenbelastung ergibt (DIN 1054, Abschn. 4.2).

Die Tabellenwerte beruhen auf Grundbruch- und Setzungsberechnungen sowie auf Erfahrungen.

6.4.2.1 Zulässiger Sohldruck (Bodenpressung) für nichtbindigen Boden

Erforderliche Lagerungsdichte für den Ansatz der Tafelwerte

Vorausgesetzt wird mindestens mitteldicht gelagerter Baugrund. Dieser ist vorhanden, wenn die in Tafel 16 (S. 1060) angegebenen Bedingungen eingehalten werden.

Nach DIN 1054 Bblt (11.76) sind gewachsene Sand- und Kiesablagerungen in der Regel ausreichend dicht gelagert. Liegen diesbezüglich keine örtlichen Erfahrungen vor, kann der Nachweis durch Sondierungen erbracht werden (S. 1053).

Ähnlich wie bei nichtbindigem kann die Tragfähigkeit von gemischtkörnigem Boden mit geringem Feinkornanteil bis 15% beurteilt werden (SU, GU, GT, s. S. 1062).

Setzungen

Nach DIN 1054 (11.76) können Bodenpressungen der Tabelle 1 der Tafel 26 zu Setzungen führen, die bei Fundamentbreiten bis 1,5 m ein Maß von 1 cm, bei breiteren Fundamenten ein Maß von 2 cm nicht übersteigen.

Die Setzungsbeträge beziehen sich auf alleinstehende Fundamente und können sich bei gegenseitiger Beeinflussung vergrößern. Eine nennenswerte gegenseitige Beeinflussung tritt nur auf, wenn der lichte Abstand benachbarter Fundamente kleiner als die vierfache Fundamentbreite ist.

Tafel 26 Zulässige mittlere Bodenpressungen in kN/m² für Streifenfundamente auf nichtbindigen und schwach feinkörnigen Böden (Bodengruppe GE, GW, GI, SE, SW, SI, GU, GT, SU, ST) nach DIN 1054 (11.76)

DIN 1054		Tabelle 1						Tabelle 2			
Bauwerk		setzungsempfindlich						setzungsunempfindlich			
Breite des Streifenfundaments b bzw. b' in m		0,5	1	1,5	2	2,5	3	0,5	1	1,5	2
Einbindetiefe t in m	0,5	200	300	330	280	250	220	200	300	400	500
	1	270	370	360	310	270	240	270	370	470	570
	1,5	340	440	390	340	290	260	340	440	540	640
	2	400	500	420	360	310	280	400	500	600	700
bei kleinen Bauwerken		150 mit Breiten ≥ 0,3 m und Gründungstiefen ≥ 0,3 m									

Verkantungen außermittig belasteter Fundamente müssen erforderlichenfalls nachgewiesen werden (s. S. 1080).

Die angegebenen Bemessungswerte dürfen überschritten werden, wenn die Grenzzustände der Tragfähigkeit und der Gebrauchstauglichkeit (s. S. 1075) rechnerisch nachgewiesen werden. Diese Nachweise sind auch dann zu führen, wenn die Voraussetzungen für die Anwendung der Tabellenwerte nicht gegeben sind.

Erhöhung der Werte von Tafel 26 bei Rechteckfundamenten und dichter Lagerung

Wenn $b \geqq 0{,}5$ m und $t \geqq 0{,}5$ ist:

a) Um 20% bei Rechteckfundamenten, wenn $a/b < 2$, sowie bei Kreisfundamenten; die auf der Grundlage des Grundbruchs ermittelten Werte jedoch nur dann, wenn die Einbindetiefe $t \geqq 0{,}6 \cdot b$ bzw. b' ist, d. h. die Werte der Tabelle 2 und die der beiden ersten Spalten der Tabelle 1 der Tafel 26.

b) Um 50% bei nachgewiesener dichter Lagerung der Tafel 16 bis $t = 2b$, jedoch $\geqq 2$ m unter Gründungssohle.

Anmerkung Die Entscheidung bei b) erfolgt durch Sondierungen oder durch den Nachweis an Sonderproben.

Abminderung der Werte von Tafel 26 bei Grundwasser

Die dort angegebenen Bemessungswerte gelten nur für den Abstand zwischen Gründungssohle und Grundwasser d, der mindestens so groß ist wie b bzw. b', sonst gilt:

a) Liegt der Grundwasserspiegel in Höhe der Gründungssohle, ist der Tafelwert um 40% zu vermindern ($d = 0$).

16

b) Ist der Abstand zur Gründungssohle $d < b$ bzw. b', darf zwischen dem um 40% abgeminderten und dem vollen Tafelwert entsprechend dem tatsächlichen Abstand interpoliert werden.
c) Liegt der Grundwasserspiegel über der Gründungssohle, reicht die Abminderung um 40% aus, wenn die Einbindetiefe $t > 0{,}8$ m und $b < t$ ist, sonst ist der Grundbruchnachweis nach DIN 4017 zu führen.

Abminderung der Werte von Tafel 26 bei waagerechten Einwirkungen

Fundamente, bei denen außer senkrechten Lasten V auch waagerechte Lasten H angreifen, dürfen nur dann mit Gl. (9) bemessen werden, wenn die Einbindetiefe $t \geq 1{,}4 \cdot b' \cdot \tan \delta_s$ ist. Dann sind die Werte der Tabelle 2 der Tafel 26 bzw. die erhöhten oder herabgesetzten Tabellenwerte mit dem Faktor $(1 - H/V)$ abzumindern, wenn H parallel zur langen Fundamentseite $a(b_x)$ wirkt und $a/b > 2$ ist, in allen anderen Fällen mit dem Faktor $(1 - H/V)^2$.

Hierin ist H die Summe der angreifenden Horizontalkräfte ohne Berücksichtigung des Erdwiderstandes, $\tan \delta_s = H/V$.

Die Werte nach Tabelle 1 von Tafel 26, dürfen unverändert verwendet werden, solange sie nicht größer sind als die herabgesetzten, auf der Grundlage einer ausreichenden Grundbruchsicherheit angegebenen Werte der Tabelle 2 der Tafel 26. Maßgebend ist stets der kleinere Wert.

Zulässige Bodenpressungen bei verdichteten Schüttungen aus nichtbindigen Bodenarten. Wenn die Voraussetzungen der Lagerungsdichte nach Tafel 16 erfüllt sind, was nach dem Beiblatt zur DIN 1054, Abschnitt 4.2.3, durch Sondierungen, Probebelastungen und Probenahme nachzuweisen ist, und ferner der Gehalt an organischen Stoffen < 3% ist, dürfen die Werte der Tafel 26 bei der Bemessung der auf ihnen gegründeten Fundamente verwendet werden.

6.4.2.2 Zulässiger Sohldruck für bindigen Baugrund ($I_p \geqq 10\%$)

Tafel 27 Zulässige mittlere Bodenpressung für Streifenfundamente bei bindigem und gemischtkörnigem Baugrund in kN/m²

DIN 1054		Tabelle 3	Tabelle 4			Tabelle 5			Tabelle 6		
Bodenart		reiner Schluff	gemischtkörniger Boden, der Korngrößen vom Ton- bis in den Sand-, Kies- oder Steinbereich enthält			tonig-schluffiger Boden			fetter Ton		
Bodengruppe		UL	SŪ, ST, ST̄, GŪ, GT̄			UM, TL, TM			TA		
Konsistenz		steif bis halbfest	steif	halbfest	fest	steif	halbfest	fest	steif	halbfest	fest
Einbindetiefe[1]) in m	0,5	130	150	220	330	120	170	280	90	140	200
	1	180	180	280	380	140	210	320	110	180	240
	1,5	220	220	330	440	160	250	360	130	210	270
	2	250	250	370	500	180	280	400	150	230	300

[1]) Zwischenwerte können geradlinig eingeschaltet werden.

Voraussetzungen für den Regelfall bei der Benutzung von Tafel 27

1. Bindiger Boden mindestens von steifem Zustand ($I_c > 0{,}75$).
2. Verhältnis $H: V \leq 0{,}25$.
3. Allmähliche Lastaufbringung bei steifer Konsistenz, bei schneller Belastung oder weicher Konsistenz Nachweis der zul. Bodenpressung mit Setzungs- und Grundbruchuntersuchungen.
4. Verträglichkeit der Setzungen von 2 bis 4 cm für das Bauwerk.
5. Fundamentbreiten < 5,0 m.

Erhöhung der Tafelwerte (Tabelle 3 bis 6, Tafel 27) bei Rechteckfundamenten mit einem Seitenverhältnis $a/b < 2$ und bei Kreisfundamenten um 20%.

Abminderung der Tafelwerte (Tabelle 3 bis 6, Tafel 27) bei Fundamentbreiten zwischen 2 und 5 m um 10% der Tafelwerte je m zusätzlicher Fundamentbreite.

Anmerkung Die Zustandsform eines bindigen Bodens kann nach Feldversuchen der Tafel 4 ermittelt werden.

Die Anwendung der Tafelwerte bei geschütteten bindigen Böden setzt eine Proctordichte von 100% voraus (DIN 1054, Abschn. 4.3.2).

Als Ergänzung zu den Tabellen 3 bis 6 darf für kleinere Bauten (s. 6.2) bei Streifenfundamenten mit Breiten von $b \geq 0{,}2$ m und Einbindetiefen von $t \geq 0{,}5$ m mit einer mittleren Bodenpressung von 80 kN/m² gerechnet werden (DIN 1054, 4.2.2).

6.4.2.3 Zulässiger Sohldruck für Fels

Tafel 28 Zulässige Bodenpressung (Sohlnormalspannung) in kN/m² bei Flächengründungen auf Fels nach DIN 1054 (11.76)

Lagerungszustand des Gesteins	Zustand des Gesteins	
	nicht brüchig, nicht oder nur wenig angewittert	brüchig oder mit deutlichen Verwitterungsspuren
Fels in gleichmäßig festem Verband	4000	1500
Fels in wechselnder Schichtung oder klüftig	2000	1000

Die Bodenpressung der Tafel 28 gilt nicht, wenn der Fels stark gestört ist, die Neigung der Gebirgsschichtung und -klüftung nur wenig von der des Geländes abweicht und die Felsoberfläche mehr als 30° geneigt ist.

6.4.3 Geotechnische Bemessung mit Sicherheitsnachweisen

Wenn die Tabellenwerte der zulässigen Bodenpressung nach Abschnitt 6.4.2 überschritten werden oder die dafür erforderliche Einstufung als Regelfall nicht in Frage kommt, ist die zulässige Belastung des Baugrundes mit dem Nachweis ausreichender Grundbruchsicherheit und ggf. Gleitsicherheit zu ermitteln.

Zusätzlich ist nachzuweisen, daß die Grenzwerte von Setzungsdifferenzen nicht überschritten werden, und ggf., daß die Lage der Resultierenden zulässig ist.

Hinweis In der Regel werden die Tafelwerte aus wirtschaftlichen Gründen nur bei Fundamenten kleinerer Bauwerke mit geringen Lasten angewendet. Bodenkennwerte sind im Gegensatz zur geotechnischen Bemessung nicht erforderlich.

6.4.3.1 Nachweis der Grundbruchsicherheit nach DIN 4017 (8.79) mit globalen Sicherheitswerten der DIN 1054 (11.76)

Die Sicherheit ist nach einem der folgenden Ansätze nachzuweisen:

1) Bezugsgröße Last: $\text{zul}\, V = V_b/\text{erf}\, \eta_p \geq \text{vorh}\, V$ (11)

2) Bezugsgröße Scherbeiwerte: $V_b \geq \text{zul}\, V$ (12)

zul V Zulässige lotrechte Komponente der angreifenden Lasten (s. Bild 16 u. 18)

V_b Lotrechte Komponente der Grundbruchlast, berechnet nach Gl. (15) oder (17)

Im Fall 1) η_p aus Tafel 23

Im Fall 2) wird V_b mit den nach Gl. (13) und (14) abgeminderten Scherbeiwerten berechnet. Werte für die Sicherheitsbeiwerte sind Tafel 31 zu entnehmen.

$\tan \text{zul}\, \varphi = \tan \varphi/\eta_r$ (13) $\quad \text{zul}\, c = c/\eta_c$ (14)

16

Es darf der Ansatz 1) oder 2) gewählt werden, der zu den wirtschaftlichsten Fundamentabmessungen führt (DIN 4017-1, Abschn. 11).

Hinweis Da der Nachweis im Sinne von $\sum V = 0$ auf die Sohlfläche bezogen ist, sind alle oberhalb der Sohlfläche angreifenden Schnittkräfte Einwirkungen, also auch die Eigenlast des Gründungskörpers, Lasten aus Erddruck, der Sohlwasser- und seitliche Wasserdruck sowie sonstige Horizontallasten am Gründungskörper (Windlasten, Lasten aus Temperaturveränderungen, Brems- und Verzögerungslasten, Lasten aus Verankerungen, Schwinden und Kriechen von Beton, die als äußere Lasten zusammenzufassen sind), erforderlichenfalls zusätzliche Massenkräfte wie Strömungskraft, Erdbebenkraft und dynamische Einwirkungen, soweit sie durch statische Lasten ersetzt werden können und das Fundament unmittelbar dynamisch belastet wird.

Die Exzentrizität der Resultierenden wird vereinfacht dadurch berücksichtigt, daß mit der Ersatzfläche A' (s. Bild 18) gerechnet wird.

Gl. (16) und (18) können bei zweischichtigen Böden nur dann verwendet werden, wenn die Gleitfläche nicht bis zum Schichtwechsel reicht (s. Bild 17). Sonst Berechnung nach Beisp. 2, Beibl. DIN 4017-1.

Für die Berechnung ist derjenige Scherparameter zugrunde zu legen, welcher die kleinste Bruchlast ergibt. Die Scherparameter für den wirksamen Reibungswinkel φ' und die etwaige Kohäsion c' gelten für einen Zustand, bei dem der Boden nach seiner Konsolidation unter den Bauwerkslasten langsam auf Scheren beansprucht wird (Endzustand). Die Werte für die Kohäsion c_u und die etwaigen Reibungswinkel φ_u gelten für einen Zustand, bei welchem ein bindiger, schwach durchlässiger Boden im Verhältnis zu seiner Wasserdurchlässigkeit schnell belastet wird (Anfangszustand). Bei wassergesättigtem Ton ist $\varphi_u = 0$ (DIN 4017-1, Bbl. 1).

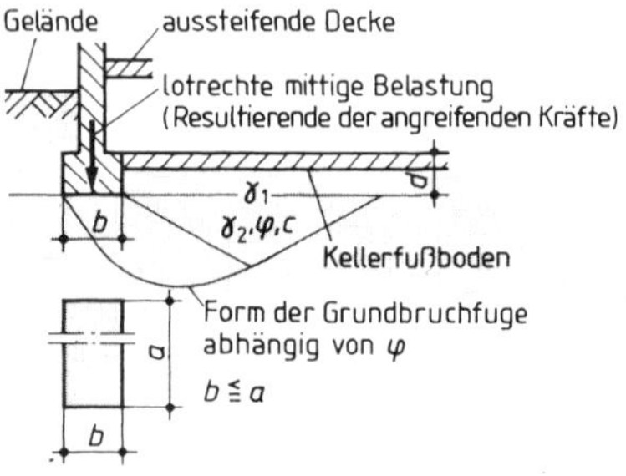

Bild 16 Grundbruch unter einem lotrecht und mittig belasteten Gründungskörper bei einheitlicher Schichtung im Bereich des Gleitkörpers

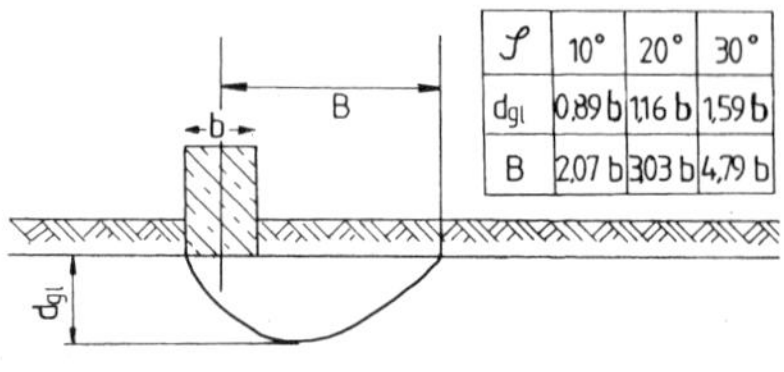

φ	10°	20°	30°
d_{gl}	0,89 b	1,16 b	1,59 b
B	2,07 b	3,03 b	4,79 b

Bild 17 Lage der ungünstigsten Gleitfläche

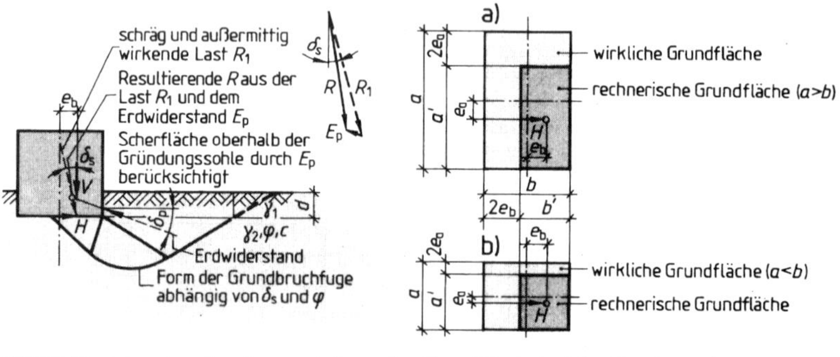

Bild 18 Grundbruch unter einem schräg und außermittig belasteten Fundament

Berechnung der Grundbruchlast V_b (eingesetzt in Gl. (11) oder (12))

a) für **lotrecht, mittig belastete Flachgründungen** nach DIN 4017-1, Bild 12, mit:

$$\boldsymbol{V_b = b \cdot a \cdot \alpha_{0f}} \tag{15}$$

$$\sigma_{0f} = \underbrace{c \cdot N_c \cdot v_c}_{\text{Einfluß der Kohäsion}} + \underbrace{\gamma_1 \cdot d \cdot N_d \cdot v_d}_{\text{Gründungstiefe}} + \underbrace{\gamma_2 \cdot b \cdot N_b \cdot v_b}_{\text{Gründungsbreite}} \tag{16}$$

b) für **schräg und außermittig belastete Flachgründungen** nach DIN 4017-2, Bild 18, mit:

$$\boldsymbol{V_b = A' \cdot \sigma_{0f} = a' \cdot b' \cdot \sigma_{0f}} \tag{17}$$

$$\sigma_{0f} = \underbrace{c \cdot N_c \cdot \varkappa_c \cdot v'_c}_{\text{Einfluß der Kohäsion}} + \underbrace{\gamma_1 \cdot d \cdot N_d \cdot \varkappa_d \cdot v'_d}_{\text{Gründungstiefe}} + \underbrace{\gamma_2 \cdot b' \cdot N_b \cdot \varkappa_b \cdot v'_b}_{\text{Gründungsbreite}} \tag{18}$$

V_b Lotrechte Bruchlast (Grundbruchwiderstand)
b, a[1]) Breite und Länge bzw. Durchmesser des Gründungskörpers in m ($b < a$)
σ_{0f} mittlere Bodenspannung in der Gründungsfuge beim Grundbruch in kN/m²
c Kohäsion des Bodens in kN/m²
N Tragfähigkeitswerte aus Tafel 29 abhängig von φ
γ_1 (γ_2) Wichte des feuchten Bodens ober- (unter-)halb der Gründungssohle in kN/m³
d geringste Gründungstiefe unter Geländeoberfläche bzw. Kellerfußboden in m
a' größere Seite der rechnerischen Grundfläche A' } vgl. Bild 13
b' kleinere Seite der rechnerischen Grundfläche a' } vgl. Bild 13
$\varkappa$ Lastneigungsbeiwert aus Tafel 32 bis 35
ν, ν' Formbeiwerte aus Tafel 30 abhängig von a und b bzw. a' und b'

Tafel 29 Tragfähigkeitsbeiwerte N

φ	0°	5°	10°	15°	20°	22,5°	25°	27,5°	30°	32,5°	35°	37,5°	40°	42,5°
N_c	5,0	6,5	8,5	11,0	15,0	17,5	20,5	25	30	37	46	58	75	99
N_d	1,0	1,5	2,5	4,0	6,5	8,0	10,5	14	18	25	33	46	64	92
N_b	0	0	0,5	1,0	2,0	3,0	4,5	7	10	15	23	34	53	83

Tafel 30 Formbeiwerte ν[1]); ν'

	Streifen	Rechteck	Quadrat/Kreis
ν_c ($\varphi \neq 0$)	1,0	$\frac{\nu_d \cdot N_d - 1}{N_d - 1}$ (19)	$\frac{\nu_d \cdot N_d - 1}{N_d - 1}$ (23)
ν_c ($\varphi = 0$)	1,0	$1{,}0 + 0{,}2\,\frac{b}{a}$ (20)	1,2
ν_d	1,0	$1{,}0 + \frac{b}{a}\sin\varphi$ (21)	$1 + \sin\varphi$ (24)
ν_b	1,0	$1{,}0 - 0{,}3\,\frac{b}{a}$ (22)	0,7

[1]) Bei außermittiger Belastung treten für die Ermittlung von ν' an Stelle von a und b a' und b'

Tafel 31 Mindestwerte für η_p, η_r **und** η_c

Lastfall nach DIN 1054	η_p	η_r	η_c
1	2,0	1,25	2,00
2	1,5	1,15	1,50
3	1,3	1,10	1,30

Die Neigung der Kraft wird mit Neigungsbeiwerten erfaßt, die im wesentlichen von der Neigung der Res. δ_s, von der wirksamen Fundamentfläche, vom Bodenreibungswinkel φ und der Kohäsion c abhängen, wobei die Scherparameter nach Anfangs- und Entstandsicherheit unterschieden werden müssen.

[1]) Für mittig und lotrecht belastete, unendlich lange Streifenfundamente wird $a = 1{,}0$ m

16

Tafel 32 Lastneigungsbeiwerte für den Fall $\varphi \neq 0$; $c = 0$ (nicht bindige Böden)

Richtung von H	$\varkappa_d$	$\varkappa_b$
parallel b'	$(1 - 0{,}7 \cdot \tan\delta_s)^3$ (25)	$(1 - \tan\delta_s)^3$ (26)
parallel a'	$1 - \tan\delta_s$ (27)[1]	$1 - \tan\delta_s$ (28)[1]

[1]) gültig für $a'/b' > 2$, andernfalls gelten Werte des Falls H parallel b'. $\varkappa_c$ entfällt.

Daraus ergeben sich für Streifenfundamente (H parallel zu b') folgende Größen:

Tafel 33 Größen von Lastneigungsbeiwerten für Streifen ($\varphi \neq 0$; $c = 0$) mit außermittig geneigten Lasten parallel zu b' in kN/m

δ_s	5°	10°	15°	20°	25°	30°	35°	40°	45°
$\varkappa_d$	0,827	0,674	0,536	0,413	0,306	0,212	0,133	0,070	0,027
$\varkappa_b$	0,760	0,559	0,392	0,257	0,152	0,075	0,027	0,004	0

Tafel 34 Lastneigungsbeiwerte für den Fall $\varphi > 0$; $c > 0$

Richtung von H	$\varkappa_c$	$\varkappa_d$	$\varkappa_b$
parallel b'	$\varkappa_d - \frac{1 - \varkappa_d}{N_d - 1}$ (29)	$\left(1 - 0{,}7 \frac{H_b}{V_b + A' \cdot c \cdot \cot\varphi}\right)^3$ (30)	$\left(1 - \frac{H_b}{V_b + A' \cdot c \cdot \cot\varphi}\right)^3$ (31)
parallel a'	$\varkappa_d - \frac{1 - \varkappa_d}{N_d - 1}$ (32)[2]	$1 - \frac{H_b}{V_b + A' \cdot c \cdot \cot\varphi}$ (33)	

[2]) gültig für $a'/b' > 2$, sonst $\varkappa$-Werte für den Fall H parallel b'

In die Berechnung der $\varkappa_d$- und $\varkappa_b$-Werte muß die zunächst unbekannte Bruchlast H_b und V_b geschätzt werden. Dies geschieht, indem die tatsächliche Belastung mit der jeweils geforderten Sicherheit η_p nach Tafel 23 oder 31 (s. oben) multipliziert wird (Probierverfahren). Ergibt sich in der Berechnung mit Gl. (18) eine andere Sicherheit als die geforderte, so muß die Berechnung bis zur Übereinstimmung wiederholt werden.

Tafel 35 Lastneigungsbeiwerte für den Fall $\varphi_u = 0$; $c_u > 0$ (Anfangszustand)

$\varkappa_c = 0{,}5 + 0{,}5\sqrt{1 - \frac{H_b}{A' c_u}}$ mit $\frac{H_b}{A' \cdot c_u} \leq 1$[1]) (34)	$\varkappa_d = 1{,}0$	$\varkappa_b$ entfällt

Diese Werte gelten für die Anfangsstandsicherheit bindiger Böden, insbesondere Tone, mit sogenannter Nullreibung (s. Tafel 38) für H parallel b' und a'.

[1]) ggf. A' größer wählen

In Tafel 35 wird kein Neigungsbeiwert für den Einfluß der Breite angegeben, weil in Gl. (18) der Wert N_b für $\varphi = 0$ ebenfalls zu Null wird und damit das ganze Glied über den Einfluß der Gründungsbreite entfällt.

Tafel 36 Böschungsbeiwerte für Streifen von Bauten an Hängen

Bezeichnung	ω_d	ω_b
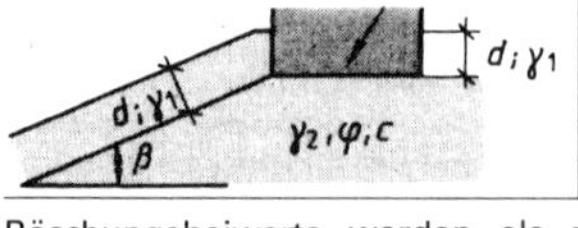	$(1 - 0{,}89 \tan\beta)^2$ (35) nach *Weiß* (1976)	$(1 - 0{,}79 \cdot \tan\beta)^2$ (36)

Böschungsbeiwerte werden als zusätzliche Faktoren in die entsprechenden Glieder der Gl. (16) oder (18) eingesetzt, wobei für die Streifen $\nu = 1$ wird. Ihre Größen ergeben sich aus Tafel 37. Bedingung: Böschungen müssen nach DIN 4084 (Abschn. 10.3.3) ausreichend standsicher sein.

Tafel 37 **Größen von Böschungsbeiwerten für Streifen auf nichtbindigen Böden ($\varphi \neq 0$; $c = 0$)** nach den Formeln von Tafel 33

β	5°	10°	15°	20°	25°	30°	35°
ω_d	0,84	0,71	0,58	0,46	0,34	0,24	0,14
ω_b	0,87	0,74	0,62	0,510,40	0,40	0,30	0,20

Für Tone gibt *Terzaghi* die folgenden Erfahrungswerte für verschiedene Konsistenzbereiche an (DIN 4017-1, Beibl.).

Tafel 38 **Erfahrungswerte für die Kohäsion von Tonen** nach *Terzaghi* (Eingang in Tafel 35)

Konsistenz	c_u in kN/m²	Konsistenz	c_u in kN/m²
breiig	12,5	steif	50 bis 100
sehr weich	12,5 bis 25	halbfest	100 bis 200
weich	25 bis 50	hart	200

Tafel 39 **Erfahrungswerte für mittlere Reibungswinkel φ nichtbindiger Böden** nach DIN 4017-1 (Eingangswert in Tafel 29)

Lagerung	locker	mitteldicht	dicht
Rechenwert cal φ	32,5°	35°	37,5°

Beispiel 1 Ermittlung der zulässigen Bodenpressung mit dem Nachweis ausreichender Grundbruchsicherheit für ein Fundament mit den Abmessungen 4,0 × 2,0 m.

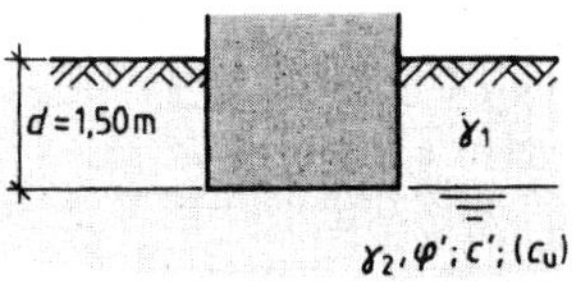

a) Baugrund: Sand (SE), mitteldicht aus Tafel 12: $\gamma_1 = 18$ kN/m³ $\varphi = 32{,}5°$

$\gamma_2 = 10$ kN/m³ $c = 0$

Tragfähigkeitswerte aus Tafel 29:

$N_d = 25{,}0 \quad N_b = 15{,}0$

Formbeiwerte mit Gl. (21) und (22) aus Tafel 30

$$\nu_d = 1 + \sin\varphi \frac{b}{a} = 1 + \sin 32{,}5° \frac{2{,}00}{4{,}00} = 1 + 0{,}5373 \cdot \frac{1}{2} = 1{,}27$$

$$\nu_b = 1 - 0{,}3 \frac{b}{a} = 1 - 0{,}3 \cdot \frac{2{,}00}{4{,}00} = 0{,}85$$

Ermittlung der mittleren Bodenspannung beim Grundbuch:

$$\sigma_{of} = \gamma_1 \cdot d \cdot N_d \cdot \nu_d + \gamma_2 \cdot b \cdot N_b \cdot \nu_b$$

$$= 18 \cdot 1{,}50 \cdot 25{,}0 \cdot 1{,}27 + 10{,}0 \cdot 2{,}0 \cdot 15{,}0 \cdot 0{,}85$$

$$= 857{,}2 + 225{,}0 = 1082{,}2 \text{ kN/m}^2$$

$$\text{zul}\,\sigma_0 = \sigma_{of}/\eta_p = \frac{1082{,}2}{2{,}0} = 541{,}1 \text{ kN/m}^2$$

$$\text{zul}\,V = \text{zul}\,\sigma_0 \cdot a \cdot b = 541{,}1 \cdot 4{,}00 \cdot 2{,}00 = 4329 \text{ kN}$$

b) Baugrund: Ton (TM), steif (normal konsolidiert, d. h. erstverdichtet)

aus Tafel 13: $\gamma_1 = 19{,}5$ kN/m³ $\varphi' = 22{,}5°$ $\varphi_u = 0$

$\gamma_2 = 9{,}5$ kN/m³ $c' = 5$ kN/m² $c_u = 25$ kN/m²

Hinweis Bei normal konsolidierten Böden ist die Scherfestigkeit des unentwässerten Versuches maßgebend, d. h. $c_u = 25$ kN/m², $\varphi_u = 0$

Tragfähigkeitswerte aus Tafel 29: $N_d = 1{,}0$ $N_b = 0$ $N_c = 5{,}0$

Formbeiwerte mit Gl. (20) der Tafel 30: $\nu_c = 1 + 0{,}2 \dfrac{b}{a} = 1{,}1$ $\nu_d = 1{,}0$

Beispiel 1, Forts. 1) Nachweis mit Bezugsgröße: Last

$\sigma_{of} = c \cdot N_c \cdot \nu_c + \gamma_1 \cdot d \cdot N_d \cdot \nu_d$

$= 25 \cdot 5{,}0 \cdot 1{,}1 + 19{,}5 \cdot 1{,}5 \cdot 1{,}0 \cdot 1{,}0 = 137{,}5 + 29{,}2 = 166{,}7$ kN/m²

zul $\sigma_0 = \sigma_{of}/\eta_b = 166{,}7/2{,}0 = 83{,}3$ kN/m²

zul V = zul $\sigma_0 \cdot a \cdot b = 83{,}3 \cdot 4{,}00 \cdot 2{,}00 = 667$ kN

2) Nachweis mit Bezugsgröße: Scherbeiwert: zul $c = 25/2 = 12{,}5$ kN/m²
N_d und ν_c wie 1)

zul $\sigma_0 = 12{,}5 \cdot 5{,}01{,}1 + 19{,}5 \cdot 1{,}5 \cdot 1{,}0 \cdot 1{,}0 = 98$ kN/m²

zul V = zul $\sigma_0 \cdot a \cdot b = 98 \cdot 4{,}0 \cdot 2{,}0 = 784$ kN

Sonderfall: Auftriebssicherheit nach DIN 1054 (11.76)

$$\frac{G}{F_A} \geq \eta_a \quad \text{oder} \quad \frac{G}{\eta_a} + \frac{E_{a_v}}{\eta + \Delta\eta_a} \geq F_a \quad (37)$$

G Summe der Eigenlasten über der Gründungssohle
F_A Resultierender der Auftriebskräfte
$\Delta\eta_a = 0{,}3$ im Lastfall 1 und 2
$= 0{,}15$ im Lastfall 3

6.4.3.2 Berechnung der Gleitsicherheit mit globalen Sicherheitswerten der DIN 1054 (11.76)

Das Bauwerk gleitet, wenn die waagerechte Komponente der in der Sohlschnittfläche oder in einer darunter befindlichen Schnittfläche angreifenden resultierenden Kraft größer ist als die entgegenwirkende Scherkraft.

$$\frac{H_a + E_{pr}}{H} \geqq \text{erf}\,\eta_g \quad (38)$$

E_{pr} Teil der Erdwiderstandskraft
H Resultierender der horizontalen Aktionskraft (bei zweiachsiger Beanspruchung $H = \sqrt{H_x^2 + H_y^2}$)
H_s Sohlwiderstandskraft (bei konsolidierten Böden[1]): $H_s = V \cdot \tan \delta_{sf}$
δ_{sf} Sohlreibungswinkel (im Grenzzustand), $\delta_{sf} = \varphi'$ bei Ortbetonfundamenten
$\delta_{sf} = 2/3\ \varphi'$ bei Fertigteilfundamenten
η_g Erforderliche Gleitsicherheit nach Tafel 20

Der volle Erdwiderstand darf nur herangezogen werden, falls die Fundamentverschiebung zur Mobilisierung von E_p ungefährlich und $D > 3$ ist. In den meisten Fällen ist $E_{pr} = {}^1/_2 E_p$ zu vertreten. Bei vorübergehender Abgrabung, wie Leitungsverlegung im Bereich des Erddruckkeils, ist Zusatznachweis $E_{pr} = 0$ für Lastfall 2 (s. Tafel 24) zu führen.

6.5 Berechnung der Setzungen und Verkantungen

nach DIN 4019-1 und -2 in Verbindung mit den EVB[2])

Berechnet wird in der Regel die **Gesamtsetzung.** Sie ist die Summe folgender Setzungsanteile, die in der Berechnung mit erfaßt werden:

---

[1]) Bei rascher Beanspruchung eines wassergesättigten bindigen Bodens (undränierte Bedingung) gilt: $H_s = A \cdot c_u$ bzw. $A' \cdot c_u$.

[2]) Weil die neuen Normen allgemeiner gefaßt sind und weniger Details enthalten als die bisherigen, wurde die z. Zt. der Ausgabe von EVB (1992) vorhandene DIN 4019-1 und -2 sowie die damals in Vorbereitung befindliche Neufassung der DIN 4019-100 in Form von Empfehlungen herausgegeben, wobei darauf geachtet wurde, daß den derzeit gültigen Normen nicht widersprochen wird.

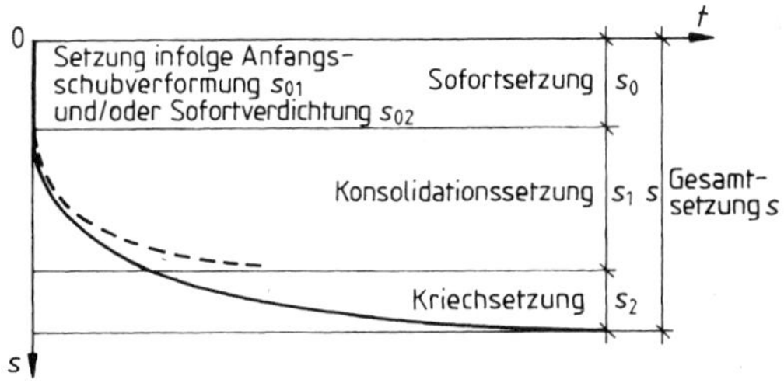

Bild 19
Setzungsanteile (Setzungen infolge einer plötzlich auf nicht vorbelastetem Boden aufgebrachten Last) nach EVB

Sofortsetzung ist der zeitunabhängige Setzungsanteil S_{01} durch Anfangsschubverformung (volumengetreue Gestaltänderung) bei wassergesättigten bindigen Böden und/oder Sofortverdichtung S_{02} (Volumenverringerung) bei nicht wassergesättigten bindigen Böden. Falls dieser Anteil in seltenen Fällen von Bedeutung ist, kann er nach EVB, S. 52, gesondert ermittelt werden.

Konsolidationssetzung S_1 ist der zeitlich vergrößerte Setzungsanteil infolge Auspressen von Porenwasser und -luft bei bindigen Böden. Als Hauptanteil der Gesamtsetzung kann er nach dem Verfahren in 6.5.2 gesondert berechnet werden.

Hinweis Bei nicht bindigen Böden besteht der Hauptanteil der Gesamtsetzung aus Sofortsetzungen.

Kriechsetzungen infolge plastischen Fließens des Korngerüstes bindiger Böden haben nur bei hochbelasteten Gründungen oder weichen wassergesättigten Böden Bedeutung. Ihr in der Gesamtsetzung enthaltener Anteil kann nicht gesondert berechnet, jedoch bei der Berechnung der Konsolidationssetzungen nach 6.5.2 bei der Festlegung des Steifemoduls berücksichtigt werden (EVB, S. 53).

Hinweis Bei sehr weichen organischen oder teilweise organischen Böden können Kriechsetzungen nach Ablauf der Konsolidationssetzungen über Jahre und Jahrzehnte auftreten. Ihr Endwert ist praktisch nicht berechenbar und mithin in der berechneten Gesamtsetzung nicht enthalten.

Berechnungsmodell des Baugrundes ist das vereinfachte Schichtenbild auf der Grundlage von Aufschlüssen und Untersuchungen nach DIN 4020 (S. 1049), unterteilt in eine oder wenige Schichten, für die beim Rechenverfahren mit Setzungsformeln (6.5.1) die Kenngröße für die Zusammendrückbarkeit ggf. durch Mittelbildung oder beim Rechenverfahren mit dem Druckstauchungsdiagramm (6.5.2) eine kennzeichnende Drucksetzungslinie festgelegt wird.

Die Setzungen werden in der Regel für den kennzeichnenden Punkt K ermittelt, in dem sich für ganz starre und ganz schlaffe Lasten der gleiche rechnerische Setzungswert ergibt (s. Bild 22c).

Grenztiefe bis zu der die Setzungen zu ermitteln sind. Von den folgenden Kriterien ist die jeweils geringste Grenztiefe t_s anzusetzen.

a) Grenze zwischen zusammendrückbarem und im Vergleich dazu unzusammendrückbarem Baugrund
b) Beim Verhältnis $i \cdot \sigma_1/\sigma_u = 0{,}2$ (s. Bild 22)
c) Näherungsweise darf als Grenztiefe die zweifache Fundamentbreite b bei sich nicht beeinflussenden Einzelfundamenten oder Plattengründungen angenommen werden (DIN 4019-100); nach DIN 4019, Abschnitt 1.8, gilt bei Plattengründungen noch die einfache Plattenbreite.

Ansatz der Lasten: Da im bindigen Baugrund im Unterschied zum nichtbindigen kurzfristig wirkende Lasten keine Konsolidierung hervorrufen, genügt es, nur die ständigen und wahrscheinlich langfristig wirkenden Verkehrslasten bei der Ermittlung der Setzungen anzusetzen. Ferner sind die Bodenspannungen aus benachbarten Fundamenten, Bauwerken oder Schüttungen bei der Setzungsberechnung mit zu berücksichtigen.

Dynamische Kräfte verursachen im bindigen Boden um so geringere Setzungen, je größer die Konsistenzzahl und die Plastizitätszahl des Bodens sowie die Belastungsgeschwindigkeiten sind. Ihr Einfluß auf die Setzungen kann deshalb im allgemeinen außer Betracht bleiben, jedoch nicht der Einfluß der Baugrundelastizität auf die Schwingungen bei Schornsteinen und Türmen (DIN 1054 (9.96)).

6.5.1 Berechnung der Gesamtsetzung mit Setzungsformeln

Lotrechte mittige Lasten:

$$\boldsymbol{s_m = \sigma_z \cdot b \cdot f / E_m} \quad (39)$$

s_m Setzungsanteil aus mittiger Last
σ_z mittlere Zusatzspannung unter dem Gründungskörper, ggf. $\sigma_1 = \sigma_z - \gamma \cdot t$, d. h. abzüglich Aushub
b Breite des Gründungskörpers
f Setzungsbeiwert, für den kennzeichnenden Punkt K einer Rechtecklast f_K aus Tafel 40
E_m Mittlerer Zusammendrückungsmodul, für die ganze zusammendrückbare Schicht einheitlich festgelegt

Für **starre Kreisplatten** auf unendlich ausgedehntem homogen elastisch-isotropen Halbraum mit konstanten Steifemoduln gilt:

$$\boldsymbol{s = 1{,}5 \cdot \sigma_0 \cdot r / E_v} \quad (40) \qquad r = \text{Radius der Kreisplatte}$$

Gl. (40) aufgelöst nach E_v dient zur Auswertung von Plattendruckversuchen.

Tafel 40 Setzungsbeiwert f_K für den kennzeichnenden Punkt K einer Rechtecklast nach Kany [9][1])

z/b	$a/b = 1{,}0$	$a/b = 1{,}5$	$a/b = 2{,}0$	$a/b = 3{,}0$	$a/b = 5{,}0$
0,2	0,1764	0,1816	0,1842	0,1865	0,1870
0,4	0,2891	0,3072	0,3203	0,3288	0,3340
0,6	0,3711	0,3997	0,4213	0,4401	0,4545
0,8	0,4361	0,4737	0,5023	0,5307	0,5563
1,0	0,4881	0,5347	0,5693	0,6066	0,6430
1,5	0,5796	0,6472	0,6963	0,7505	0,8073
2,0	0,6381	0,7242	0,7848	0,8530	0,9280
3,0	0,7031	0,8192	0,8948	0,9860	1,0890

Kenngrößen für die Zusammendrückbarkeit mit Eingang in Gl. (39) und (40) sind der

a) Zusammendrückungsmodul E_m, zurückgerechnet aus Setzungsbeobachtungen nach DIN 4107 vergleichbarer Gründungen auf vergleichbarem Baugrund durch Umformung der Gl. (39).
b) Steifemodul E_s aus eindimensionalen Kompressionsversuchen an bindigen Böden nach DIN 18135 (in Vorber.), Ermittlung nach Bild 22d.
c) Elastizitätsmodul E aus Triaxialversuchen an bindigen Böden nach DIN 18137-2.
d) Verformungsmodul E_v aus Plattendruckversuchen nach E DIN 18134 (8.95), wenn zuverlässige Vergleiche mit anderen Versuchen gezogen werden können,
e) ferner, insbesondere bei nicht bindigen Böden, aus Sondierungen (DIN 4095, s. Gl. (1) auf S. 1054) sowie Erfahrungswerte aus Tabellen, wenn keine Setzungsmeßergebnisse, Sondierergebnisse und Bodenproben vorliegen (EVB), z. B. aus [1], T1, S. 94.

[1]) Weitere Tafeln und Tabellen sowie Literaturhinweise auf solche siehe EVB, S. 42ff.

Tafel 41 **Näherungsweise Beziehungen zwischen E, E_s und E_v nach EVB (Poisson-Zahl $0 \leq \nu \leq 0{,}5$)**

		1	2	3
		Elastizitätsmodul E	Steifemodul E_s	Verformungsmodul E_v
1	E	1	$E = \frac{1-\nu-2\nu^2}{1-\nu} \cdot E_s$	$E = (1-\nu^2) \cdot E_v$
2	E_s	$E_s = \frac{1-\nu}{1-\nu-2\nu^2} \cdot E$	1	$E_s = \frac{(1-\nu)(1-\nu^2)}{1-\nu-2\nu^2} \cdot E_v$
3	E_v	$E_v = \frac{1}{1-\nu^2} \cdot E$	$E_v = \frac{1-\nu-2\nu^2}{(1-\nu)(1-\nu^2)} \cdot E_s$	1

Durch zahlreiche Auswertungen von Setzungsberechnungen ist belegt, daß die tatsächlichen Setzungen kleiner ausfallen als die auf der Basis von Kompressionsversuchen berechneten. Nach EVB sollen Korrekturfaktoren zur Anpassung der Berechnungsergebnisse zweckmäßig aufgrund von Erfahrungen und Beobachtungen vom Bodengutachter festgelegt werden. Sofern nicht genauere Erfahrungen vorhanden sind, können nach DIN 4019-1 die Beiwerte nach Tafel 42 eingesetzt werden.

Tafel 42 **Mittlere Korrekturbeiwerte** nach DIN 4019-1

Bodenart	$\varkappa$
Sand und Schluff	2/3
einfach verdichteter und leicht überverdichteter Ton (nicht od. leicht vorbelastet)	1
stark überverdichteter Ton (stark geol. vorbelastet)	1/2 bis 1

Beispiel 2 Berechnung der Setzung einer Hallenstütze
Gründungslasten: $\Sigma V = 600$ kN (Schnittkraft auf OK Fundament)
Fundamentabmessung: $a = b = 2{,}50$ m, $d = 1{,}0$ m Gründungstiefe: $t = 2{,}5$ m u. OK Gelände
Baugrund: Geschiebelehm $\gamma = 19$ kN/m³; $\gamma' = 9$ kN/m³ ab $t = 1{,}5$ m (u. GW)
Berechnung n. Gl. (39): $s = \sigma_1 \cdot b \cdot f_k / E_m$ mit $E_m = 8$ MN/m² (Zusammendrückungsmodul)

Angesetzt wird E_m als Erfahrungswert, der aus Setzungsberechnungen rückgerechnet wurde. Da es sich um einen einfach verdichteten Boden handelt, ist die Vorbelastung σ_v zu berücksichtigen.

$\sigma_v = \gamma \cdot t = 1{,}5 \cdot 19 + 1{,}0 \cdot 9 = 37{,}5$ kN/m² $\quad \sigma_1 = \sigma_z - \sigma_v$
$\sigma_z = V/(a \cdot b) + (\gamma_B - \gamma_w) \cdot 1{,}0 = 600/(2{,}5 \cdot 2{,}5) + (25{,}0 - 10{,}0) \cdot 1{,}0 = 111$ kN/m²
$\sigma_1 = 111{,}0 - 37{,}5 = 73{,}5$ kN/m²

Um den Setzungsfaktor f_k zu bestimmen, ist die Grenztiefe t_s zu ermitteln. Sie ist erreicht, wenn $i \cdot \sigma_1/\sigma_ü = 0{,}2$ ist; i aus Tafel 44 interpoliert für $a/b = 1$; $\sigma_ü = \sigma_v + \gamma \cdot z$

Ordinate	z	$\gamma \cdot z$	$\sigma_ü$	$0{,}2 \cdot \sigma_ü$	z/b	i	$i \cdot \sigma_1$
−2,50	0	0	37,5	7,5	0	1,000	73,5
−3,50	1,00	9,0	46,5	9,3	0,4	0,4698	34,5
−4,50	2,00	18,0	55,5	11,1	0,8	0,2931	21,5
−5,50	3,00	27,0	64,5	12,9	1,2	0,1980	14,6
−5,80	3,30	29,7	67,2	13,44	1,32	0,1763	13,0

Die Grenztiefe beträgt $t_s = 3{,}30$ m. Der Setzungseinflußfaktor f_k ergibt sich mit dem Tiefenverhältnis $t_s/b = 3{,}30/2{,}50 = 1{,}32$ aus Tafel 40 (interpoliert) zu $f_k = 0{,}547$. Damit

$s = \sigma_1 \cdot b \cdot f_k / E_m = 73{,}5 \cdot 2{,}50 \cdot 0{,}547/8000 = 0{,}0126$ m $= 1{,}3$ cm

16

Lotrechte ausmittige Lasten:

Ermittlung der Schiefstellung eines rechteckigen Gründungskörpers durch Überlagerung der Ergebnisse von Gl. (39), (42) oder (43)

$$\boldsymbol{s} = \boldsymbol{s}_\mathrm{m} \pm \boldsymbol{\Delta s} \quad (41)$$

s Gesamtsetzung der Eck- oder Randpunkte
s_m Setzungsanteil aus mittiger Last (nach Gl. (39))

Δs Setzungsanteil der Eck- oder Randpunkte aus $V \cdot e_\mathrm{a} = M_\mathrm{y}$ oder $V \cdot e_\mathrm{b} = M_\mathrm{x}$

$$\Delta s = \frac{2 \cdot V \cdot e_\mathrm{a}}{a^2 \cdot E_\mathrm{m}} f_\mathrm{s}(s, \Delta s) \quad (42)$$ für ein Moment um die y-Achse (Bild 20)

$$\Delta s = \frac{2 \cdot V \cdot e_\mathrm{b}}{b^2 \cdot E_\mathrm{m}} f_\mathrm{s}(s, \Delta s) \quad (43)$$ für ein Moment um die x-Achse (Bild 21)

Für die Berechnung der Verkantung auf geschichtetem Baugrund s. [15]

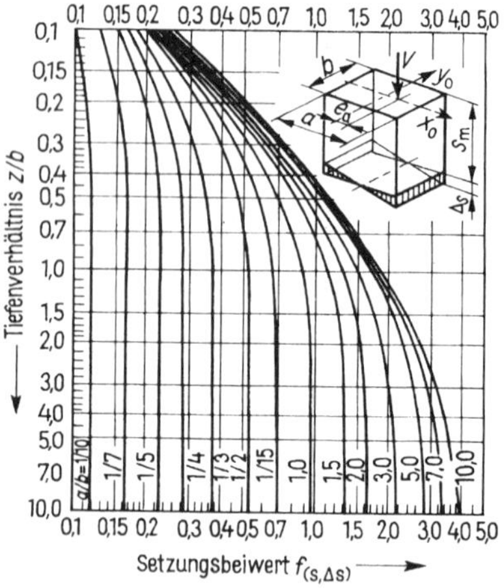

Bild 20 Beiwerte $f(s, \Delta s)$ zur Berechnung der Verkantung $\pm\Delta s$ bei in x-Richtung ausmittiger Belastung des Fundamentes (Gl. (42))

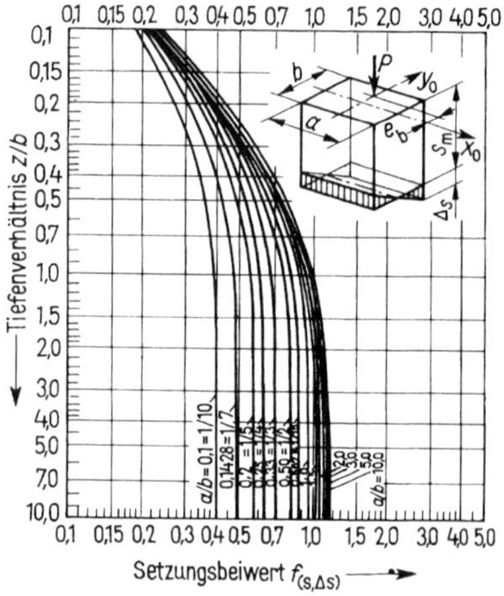

Bild 21 Beiwerte $f(s, \Delta s)$ zur Berechnung der Verkantung $\pm\Delta s$ bei in y-Richtung ausmittiger Belastung des Fundamentes (Gl. (43))

Sonderfälle:

Ermittlung der Schiefstellung von Gründungsstreifen oder kreisförmigen Gründungskörpern mit geschlossenen Formeln:

$$\tan \alpha = \frac{12 \cdot M}{\pi \cdot b^2 E_\mathrm{m}} \quad (44)$$ für Gründungsstreifen ($e \leqq b/4$)

$$\tan \alpha = \frac{9M}{16 \cdot r^3 \cdot E_\mathrm{m}} \quad (45)$$ für Kreisplatten und flächengleiche Quadrate $\left(e \leqq \frac{r}{3}\right)$

6.5.2 Berechnung der Gesamtsetzung mit Hilfe der lotrechten Spannungen und des Druck-Stauchungs-Diagramms

Bei diesem Verfahren wird vom Kompressionsversuch ausgegangen, sofern keine örtlichen Erfahrungswerte aus Rückrechnung auf der Grundlage von Setzungsmessungen vorliegen.

Die in der Berechnung berücksichtigten Schichten sind soweit in Teilschichten zu unterteilen, daß die Spannungslinien einigermaßen stetig verlaufen.

Der für die Setzung einer Teilschicht maßgebende Druck ist die Differenz zwischen der Belastung vor Beginn (i. d. R. die Eigenlast des Bodens) und nach Vollendung der Baumaßnahmen (s. Bild 22). Aus dem Produkt der Höhe der Teilschichten mit den zugehörigen Einheitssetzungen ergibt sich die Setzung der Teilschicht als Inhalt

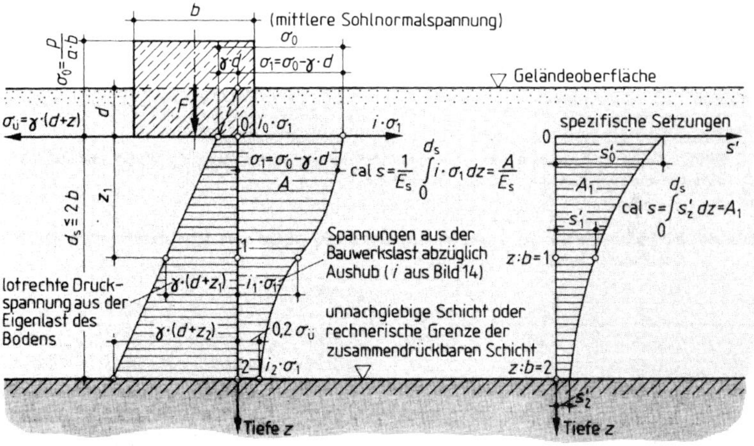

a) Druckverteilung im Baugrund aus Eigenlast des Bodens und Bauwerkslast

b) Verteilung der spezifischen Setzungen aus a) und e)

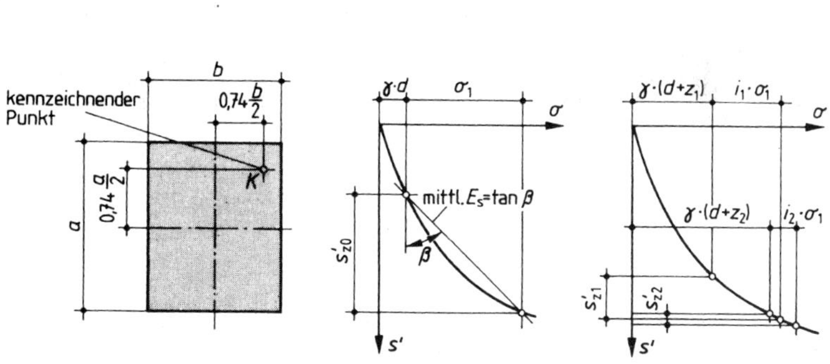

c) Lage des kennzeichnenden Punktes

d) Drucksetzungslinie mit Bestimmung des mittleren Steifemoduls E_s

e) Drucksetzungslinie mit Ermittlung der spezifischen Setzungen für die Punkte 1 und 2

Bild 22 Schema einer allgemeinen Setzungsberechnung für eine einheitliche Schicht

der Setzungsfläche ΔA_1. Die Summe dieser Setzungen der Teilschichten ergibt die gesamte rechn. Konsolidationssetzung cal s.

Statt der unmittelbaren Verwendung der Drucksetzungslinie kann für den in Betracht kommenden Druckbereich auch mit einem unveränderlichen Steifemodul E_s gerechnet werden, indem die linear oder halblogarithmisch aufgetragene Drucksetzungslinie in diesem Druckbereich durch eine Gerade ersetzt wird (s. Bild 22d) oder geschätzte Werte verwendet werden. Die Teilsetzung jeder Schicht ist dann gleich der zugehörigen Spannungsfläche ΔA, geteilt durch den mittleren Steifemodul E_s dieser Schicht. Die Summe der Setzungen der Teilschichten ergibt die gesamte rechn. Konsolidationssetzung cal s (s. Bild 22b).

Tafel 43 Tabellenberechnung bei Verwendung von Drucksetzungslinien

Berechnung der Druckverteilung im Baugrund nach Bild 22a

Ordinate	z	$\sigma_{ü} = \gamma(d+z)$	z/b	i	$\sigma_1 = i \cdot \sigma'_0$	$\sigma_{ü} + \sigma_1$
in m	in m	in kN/m²	–	–	in kN/m²	in kN/m²

Ermittlung der Einheitssetzung u. Berechnung der Gesamtsetzung nach Bild 22e

Ordiante	z	s'_{z2}	$s'_{ü}$	$s'_1 = s'_{z2} - s'_{ü}$	$\sum \Delta s'_1$
in m	in m	in %	in %	in %	in m

i Einflußwerte für lotrechte Spannungen unter dem charakteristischen Punkt aus Tafel 41
s'_1 Maßgebende spezifische Setzung (s. Bild 22e)

Tafel 44 Einflußwerte für die lotrechten Spannungen unter dem kennzeichnenden Punkt einer Rechtecklast nach *Kany* [9]

z/b	a/b 1,0	1,5	2,0	3,0	5,0	10,0	∞
0,05	0,9811	0,9819	0,9884	0,9894	0,9895	0,9897	0,9896
0,10	0,8984	0,9280	0,9372	0,9425	0,9443	0,9447	0,9447
0,15	0,7898	0,8351	0,8623	0,8755	0,8824	0,8830	0,8839
0,20	0,6947	0,7570	0,7883	0,8127	0,8335	0,8262	0,8264
0,30	0,5566	0,6213	0,6628	0,7053	0,7301	0,7376	0,7387
0,50	0,4088	0,4622	0,5032	0,5550	0,6032	0,6264	0,6299
0,70	0,3249	0,3706	0,4041	0,4527	0,5066	0,5473	0,5552
1,00	0,2342	0,2786	0,3078	0,3488	0,4008	0,4504	0,4674
1,50	0,1438	0,1830	0,2098	0,2387	0,2779	0,3303	0,3604
2,00	0,0939	0,1279	0,1475	0,1749	0,2057	0,2479	0,2883
3,00	0,0473	0,0672	0,0823	0,1043	0,1280	0,1575	0,2025

Zeitlicher Verlauf der Setzungen. Ist t_1 die Setzungszeit eines Versuchskörpers von der Höhe h_1, so ergibt sich die Setzungszeit t_2 einer Schicht von der Höhe h_2 unter einem Bauwerk zu $t_2 = t_1(h_2/h_1)^2$.

Setzungsbeobachtungen. Es gilt DIN 4107 (1.78)

Grenzwerte für Verformungen s. S. 1149.

Besonderheiten bei Pfählen: Da es nicht möglich ist, bei Pfählen die aufzunehmenden Lasten eindeutig über Mantelreibung und Spitzendruck aufzuteilen und die Lastverteilung im Baugrund anzugeben, gibt es kein anerkanntes Berechnungsverfahren für die Ermittlung der Setzungen von Einzelpfählen und Pfahlgruppen. Die lotrechten Verschiebungen eines Pfahls lassen sich nur mit Hilfe von Widerstands-Setzungslinien aufgrund von statischen Probebelastungen oder von Erfahrungswerten bestimmen (s. 7.3.1).

7 Pfahlgründungen

7.1 Abgrenzung und Schutzanforderungen

nach DIN V 1054-100 (4.96)

Dieser Abschnitt bezieht sich auf Bohrpfähle, Verdrängungs- sowie auf Verpreßpfähle mit kleinerem Durchmesser. Er gilt nicht für pfahlähnliche Gründungselemente, wie z. B. Betonrüttelsäulen, Brunnengründungen oder im Düsenstrahlverfahren hergestellte Säulen.

Für die sachgemäße Herstellung gelten DIN 4014 (Bohrpfähle), DIN 4026 (Verdrängungspfähle) und DIN 4128 (Verpreßpfähle mit kleinerem Durchmesser).

Bei der Wahl des Herstellungsverfahrens sind Zustand und Abstand benachbarter, vorhandener baulicher Anlagen insbesondere hinsichtlich Verformungs- und Erschütterungsempfindlichkeit (s. DIN 4150) zu beachten.

Anmerkung Die Durchführung eines Beweissicherungsverfahrens wird empfohlen.

7.2 Untersuchungen nach DIN V 1054-100 (4.96)

Über DIN 4020 hinaus sind folgende Untersuchungen erforderlich:

- Untersuchung des Grundwassers und des Bodens auf betonangreifende (DIN 4030) und/oder stahlkorrosionsfördernde Stoffe (DIN 50929-3) sowie des Bodens auf Ramm- und Bohrhindernisse, ferner
- für mit Suspensionsstützung hergestellte Bohrpfähle die Untersuchung des Grundwassers und des Bodens auf Eigenschaften, welche die Stabilität einer stützenden Flüssigkeit beeinträchtigen können,
- für Verdrängungspfähle die Untersuchung, ob ggf. durch den Ramm- oder Rüttelvorgang die Scherfestigkeit der Böden beeinträchtigt wird (Porenwasserüberdruck mit Herabsetzung der Scherfestigkeit bzw. bleibender Festigkeitsverlust in sensitiven bindigen Böden) insbesondere bei der Beurteilung der Auswirkung der Maßnahme auf benachbarte bauliche Anlagen; des weiteren, ob bei den gegebenen Baugrundfestigkeiten die Pfähle überhaupt auf planmäßige Tiefe gebracht werden können,
- für Ortbetonpfähle, ob die anstehenden Böden den Druck des Frischbetons aufnehmen können.

Weitere bauartspezifischen Unterlagen s. DIN 4014, DIN 4026 und DIN 4128.

7.3 Nachweis der Tragfähigkeit axial belasteter Pfähle

7.3.1 Bohrpfähle nach DIN 4014

DIN 1054 (11.76) geht von Widerstands-Setzungslinien (Last-Setzungsdiagramm) aus (Bild 23), die möglichst aufgrund von statischen Probebelastungen oder Erfahrungen mit vergleichbaren Probebelastungen festgelegt werden sollen. Wenn solche nicht vorliegen, darf der Pfahlwiderstand mit Erfahrungswerten der DIN 4014 bestimmt werden, indem mit Tabellenwerten (Tafel 45 und 46) theoretische Lastsetzungskurven rechnerisch ermittelt werden (Bild 24).

Der zulässige Pfahlwiderstand zul Q ist aus der Widerstandsetzungslinie nach der im Einzelfall zulässigen Setzung zu ermitteln, d. h. zul $Q = Q(s)$ (1. Nachweis), wobei die Sicherheitswerte von Tafel 23 gegenüber der auf Bild 23 definierten tatsächlichen Grenzlast (Probebelastung) oder der auf Bild 24 dargestellten fiktiven Grenzlast (konstruierte Widerstandsetzungslinien) eingehalten werden müssen, d. h. zul $Q = Q_g/\eta$ (2. Nachweis) (η aus Tafel 23)[1]. Der kleinere Wert ist maßgebend.

Kann bei einem Versuch die Grenzlast nicht erreicht werden, so gilt die aufgebrachte höchste Last Q_{max} als Grenzlast (Bild 23).

[1]) Bei 2 oder mehr ausgeführten Probebelastungen $\eta = 1{,}75$

16

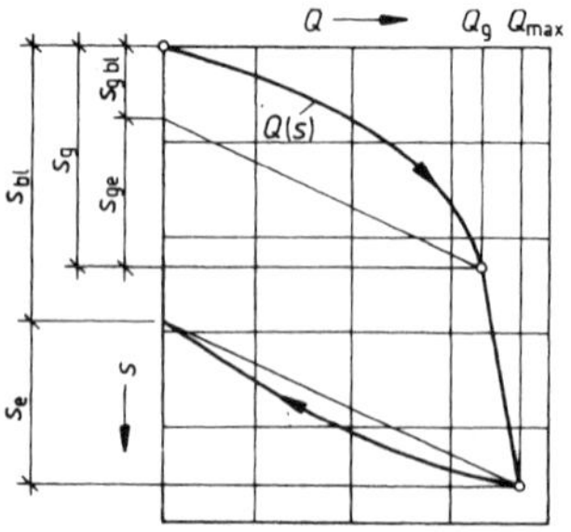

Bild 23 Last-Setzungsdiagramm; Grenzlast Q_g und erreichte höchste Last Q_{max}

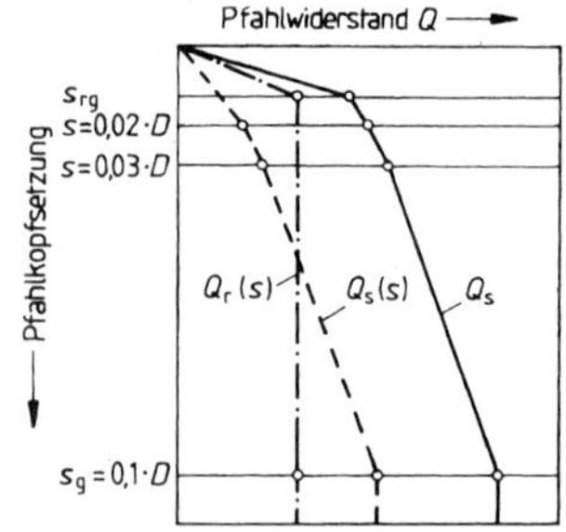

Bild 24 Widerstands-Setzungs-Linie mit Tafelwerten (Erfahrungswerten)

Bei der **Konstruktion der Widerstandssetzungslinie** mit Erfahrungswerten werden statt der Bruchwerte s_f und Q_f deren Ersatzwerte s_g und s_{rg} bzw. Q_g, Q_{sg} und Q_{rg} verwendet, von denen an die Widerstandssetzungslinien senkrecht verlaufen, siehe Bild 24. Für den Pfahlspitzenwiderstand gilt die Grenzsetzung:

$$s_g = 0{,}1\ D \quad \text{bzw.} \quad s_g = 0{,}1\ D_F \qquad (46)$$

D Pfahlschaftdurchmesser
D_F Pfahlfußdurchmesser

Für die Mantelreibung gilt im Bruchzustand die Grenzsetzung:

$$s_{rg} = 0{,}5\ Q_{rg}\ (\text{in MN}) + 0{,}5 \leq 3\ \text{cm} \qquad (47)$$

Bis zur Grenzsetzung s_{rg} ist mit einem linearen Verlauf des Pfahlmantelwiderstandes zu rechnen. Die Lastsetzungslinie wird mit Tabellenwerten wie folgt ermittelt:

$$Q(s) = Q_s(s) + Q_r(s) = A_F \sigma_s(s) + \sum_1^i A_{mi} \cdot \tau_{mi}(s) \qquad (48)$$

$Q_s(s)$ Pfahlfußwiderstand in Abhängigkeit von der Pfahlkopfsetzung s
$Q_r(s)$ Pfahlmantelwiderstand in Abhängigkeit von der Pfahlkopfsetzung s
$Q_{rg} = \sum_1^i A_{mi} \cdot \tau_{mf,i}$
A_F Pfahlfußfläche
$\sigma_s(s)$ Pfahlspitzenwiderstand in Abhängigkeit von der Pfahlkopfsetzung s (aus Tafel 45)
A_{mi} Pfahlmantelfläche im Bereich der Bodenschicht
$\tau_{mi}(s)$ Mantelreibung in Abhängigkeit von der Pfahlkopfsetzung s (aus Tafel 46)
i Nummer der Bodenschicht

Bei dieser Ermittlung darf die Eigenlast der Pfähle vernachlässigt werden.

Tafel 45 Pfahlspitzenwiderstand σ_s in Abhängigkeit vom Verhältnis s/D

		für nichtbindigen Boden q_s in MN/m² *)				für bindigen Boden c_u in MN/m² *)	
		10	15	20	25	0,1	0,2
Setzung	0,02 Ø	0,7	1,05	1,4	1,75	0,35	0,9
	0,03 Ø	0,9	1,35	1,8	2,25	0,45	1,1
	0,10 Ø (≙ s_g)	2,0	3,0	3,5	4,0	0,8	1,5

*) q_s = Sondierwiderstand der Drucksonde; c_u = Kohäsion des undrainierten Bodens. Zwischenwerte linear einschalten.

Tafel 46 Bruchwert τ_{mf} der Mantelreibung

a) in nichtbindigem Boden

q_s in MN/m²*)	τ_{mf} in MN/m²
5	0,04
10	0,08
≧ 15	0,12

b) in bindigem Boden

c_u in MN/m²	τ_{mf} in MN/m²
0,025	0,025
0,1	0,04
≧ 0,2	0,06

*) Zwischenwerte dürfen linear interpoliert werden.

Bei Bohrpfählen mit Fußverbreiterung sind die Werte auf 75% abzumindern.

Voraussetzung ist, daß die Pfähle mindestens 2,5 m in eine tragfähige Schicht einbinden, ferner, daß die Mächtigkeit der tragfähigen Schicht nicht weniger als $3 \times \varnothing$, mindestens 1,5 m beträgt und in diesem Bereich $q_s \geq 10$ MN/m² bzw. $c_u \geq 0{,}1$ MN/m² nachgewiesen ist und sie verrohrt oder unverrohrt unter Verwendung einer Stützflüssigkeit hergestellt werden. Wenn die genannte Mächtigkeit der tragfähigen Schicht unterschritten ist, ist Nachweis gegen Durchstanzen zu führen.

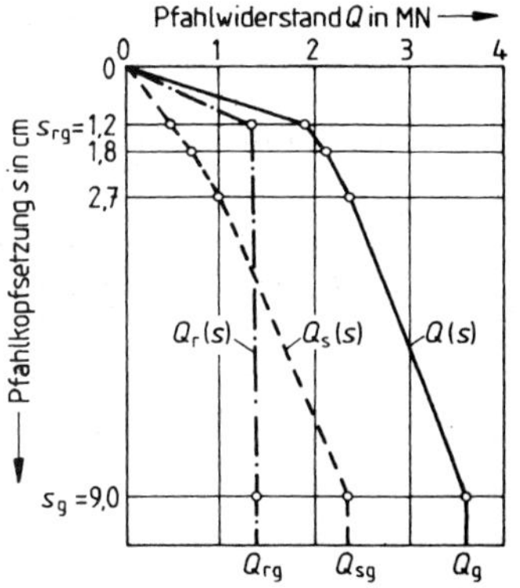

Bild 25 Widerstandsetzungslinie des Beispiels 3

Tafel 47 Bruchwerte für Pfahlspitzendruck σ_{sf} und Pfahlmantelreibung τ_{mf} in Fels in Abhängigkeit von der einaxialen Druckfestigkeit q_u

q_u in MN/m²	σ_{sf} in MN/m²	τ_{mf} in MN/m²
0,5	1,5	0,08
5,0	5,0	0,5
20	10,0	0,5

Zwischenwerte dürfen geradlinig interpoliert werden

Ersatzweise darf der Spitzenwiderstand der Drucksonde q_s in MN/m² für den Eingang in die Tafeln 45 u. 46 aus Sondierergebnissen der schweren Rammsonde nach DIN 4094 mit $q_{ck} \approx N_{10}$ (N_{10} Schläge je cm Eindringung) abgeleitet werden. Für die Umrechnung der Sondierungen nach dem Standard-Penetration Test (SPT) gilt Tafel 8. Die undränierte Kohäsion des Eingangswertes in die Tafeln 45 u. 46 kann nach Tafeln 17 oder 38 abgeschätzt werden.

DIN 4014 regelt ferner die Betonzusammensetzung (mindestens Festigkeitsklasse B 25, eine höhere darf rechnerisch nicht in Ansatz gebracht werden), den Zementgehalt (mindestens 400 kg/m³ Beton), die Betondeckung (mindestens 6 cm), die Längsbewehrung (mindestens 5 ∅ 14). Wenn Längsbewehrung statisch nicht erforderlich ist, dann Anschlußbewehrung bis 2 m im Pfahlschaft.

Bei der Bemessung sind aus herstellungstechnisch bedingten Gründen eine Exzentrizität $e = 0{,}05\,D$, mindestens aber 5 cm, und eine Pfahlneigung von $n = 0{,}015$ gegenüber dem Sollwert zu berücksichtigen. Auf die ungewollte Biegebeanspruchung darf bei lastverteilender Wirkung, z. B. von Pfahljochen, verzichtet werden.

Beispiel 3 Ermittlung einer Widerstands-Setzungslinie für Pfahl-∅ 0,90 m; Pfahllänge 10,2 m nach DIN 4014

Berechnung von s_{rg} nach Gl. (47) $s_{rg} = 0{,}5 \cdot 1{,}357 + 0{,}5 = 1{,}2$ cm (Q_{rg} aus Tafel 50)

Tafel 48 Bohrprofil und Sondierwiderstände für Beispiel 3 (Erg. Baugrundunters.)

Tiefe (m)	Bodenart	Kurzzeichen DIN 4023	N_{30}	q_s/N_{30}	c_u bzw. q_s in MN/m²
0,0 bis 2,2	Auffüllung	A	12	–	
2,2 bis 5,2	Ton, halbfest ($I_c = 1{,}1$)	T	12	–	0,1
5,2 bis 7,7	Schwach schluffiger Sand	S, u'	20	0,35	7
7,7 bis 10,2 (Pfahlsohle)	Schwach kiesiger Sand	S, g'	20	0,55	11
10,2 bis 13,0 = 3 × *D* unter Pfahlsohle	Stark sandiger Kies	G, $\bar{s}$	22	0,80	17,5

Tafel 49 Pfahlfußwiderstand (Beispiel 3)

bezogene Setzung s/D	σ_s MN/m²	$Q_s(s)$ MN
0,02	1,2	0,76
0,03	1,6	1,02
0,1	3,2	2,04

Tafel 50 Bruchwert für den Pfahlmantelwiderstand (Beispiel 3)

Schicht i m	A_{mi} m²	c_{ui} bzw. q_{si} MN/m²	$\tau_{mf,i}$ MN/m²	$Q_{rg,i}$ MN
2,2 bis 5,2	8,48	0,1	0,04	0,339
5,2 bis 7,7	7,07	7	0,056	0,396
7,7 bis 10,2	7,07	11	0,088	0,622

$Q_{rg} = 1{,}357$ MN

Aus der Widerstandssetzungslinie nach Bild 25 ergibt sich zu jedem Pfahlwiderstand die zugehörige Setzung des Pfahlkopfes.

Zur Ermittlung von σ_s (Tafel 49) wird der Spitzendruck $q_s = 17{,}5$ MN/m² bis 3 D unter Pfahlfuß angesetzt und σ_s aus Tafel 45 gemittelt.

Tafel 51 Pfahlwiderstand in Abhängigkeit von der Pfahlkopfsetzung (Beispiel 3)

bezogene Setzung s/D	Pfahlkopfsetzung cm	$Q_r(s)$ MN	$Q_s(s)$ MN	$Q(s)$ MN
	$s_{rg} = 1{,}2$	1,36	0,51	1,87
0,02	1,8	1,36	0,76	2,12
0,03	2,7	1,36	1,02	2,38
0,10	9,0	1,36	2,04	3,40

7.3.2 **Rammpfähle** nach DIN 4026

Die zulässigen Belastungen von Rammpfählen können unmittelbar aus Tafeln abgelesen werden. Sie gelten für Druckpfähle, die mindestens 5 m in den Baugrund einbinden.

Tafel 52 Pfähle aus Holz, Stahlbeton und Spannbeton

Einbindetiefe in den tragfähigen Boden m	Pfähle aus Holz mit $d_{Fuß}$ in cm					Pfähle aus Stahlbeton und Spannbeton mit quadratischem Querschnitt Seitenlänge a[1]) in cm				
	15	20	25	30	35	20	25	30	35	40
3	100	150	200	300	400	200	250	350	450	550
4	150	200	300	400	500	250	350	450	600	700
5	—	300	400	500	600	—	400	550	700	850
6	—	—	—	—	—	—	—	650	800	1000

[1]) Gilt auch für annähernd quadratische Querschnitte mit a = mittlere Seitenlänge

Tafel 53 Pfähle aus Stahl

Einbindetiefe in den tragfähigen Boden		3	4	5	6	7	8
Strahlträgerpfähle[1]) Breite oder Höhe in cm	30	—		450	550	600	700
	35			550	650	750	850
Stahlrohr- und Stahlkastenpfähle[2]) d bzw. a in cm[3])	35 bzw. 30	350	450	550	650	700	800
	40 bzw. 35	450	600	700	800	900	1000
	45 bzw. 40	550	700	850	1000	1100	1200

[1]) Breite I-Träger mit $b:h = 1:1$, z. B. IPB- oder Psp.-Profile. [2]) Für Pfähle mit geschlossener Spitze. Bei unten offenen Pfählen dürfen 90% der Tafelwerte angesetzt werden, wenn sich mit Sicherheit ein fester Bodenpropfen bildet. [3]) d = äußerer ∅ eines Stahlrohr- bzw. mittlerer ∅ eines zusammengesetzten, radialsymmetrischen Pfahles; a = mittlere Seitenlänge von annähernd quadratischen oder flächeninhaltsgleichen rechteckigen Kastenpfählen.

Voraussetzung für die Anwendung der Werte in Tafel 52 und 53 (Erfahrungswerte) ist, daß ausreichend dichtgelagerte nichtbindige Böden oder annähernd halbfeste bindige Böden in ausreichender Mächtigkeit den tragfähigen Baugrund bilden. Wenn die tragenden Schichten aus besonders dichtgelagerten nicht bindigen Böden oder festen bindigen Böden bestehen, können die Tafelwerte ohne Probebelastung bis zu 25% überschritten werden. Zwischenwerte sind geradlinig einzuschalten.

7.3.3 **Verpreßpfähle** nach DIN 4128

Begriffe nach DIN 4128 (Ortbeton- und Verbundpfähle mit kleinem Durchmesser)

Verpreßpfahl bewirkt Kraftübertragung zum umgebenden Baugrund vorwiegend über Mantelreibung durch Verpressen mit Beton oder Zementmörtel.

Ortbetonpfahl hat durchgehende Längsbewehrung nach DIN 1045 aus Betonstahl, **Verbundpfahl** durchgehendes, vorgefertigtes Tragglied aus Stahlbeton oder Stahl (runder Vollstab, Rohr oder Profilstahl).

Anwendungsbereich: Schaft $\varnothing < 300$ mm, bei Ortbetonpfähle mind. 150 mm, bei Verbundpfählen mind. 100 mm.

Tafel 54 Mindestmaße der Betondeckung der Bewehrung bzw. des Stahltraggliedes

Zeile	Betonangriff nach DIN 4040	Betondeckung[1]) in mm
1	nicht angreifend	30
2	nicht angreifend, jedoch mit einem Sulfatgehalt, der nach DIN 4030 als schwach angreifend klassifiziert ist	30[2])
3	schwach angreifend	35
4	stark angreifend	45

[1]) bei Verwendung von Zementmörtel und bei Pfählen für vorübergehende Zwecke Abminderung um 10 mm zulässig
[2]) HS-Zement erforderlich

Tafel 55 Grenzmantelreibungswerte für Verpreßpfähle

Bodenart	Druckpfähle MN/m^2	Zugpfähle MN/m^2
Mittel- und Grobkies	0,20	0,10
Sand und Kiessand	0,15	0,08
bindiger Boden	0,10	0,05

Tafel 56 Sicherheitsbeiwerte η für Verpreßpfähle

Verpreßpfähle als		η bei Lastfall nach DIN 1054 1	2	3
Druckpfähle		2,0	1,75	1,5
Zugpfähle mit	0 bis 45° Abweichung zur Vertikalen	2,0	1,75	1,5
	80° Abweichung zur Vertikalen	3,0	2,5	2,0

Bei Zugpfählen sind die Werte zwischen 45 und 80° zu interpolieren

Nachweis der äußeren Tragfähigkeit. Krafteintragungslänge der Verpreßpfähle in ausreichend tragfähigen Baugrund $\geq 3{,}0$ m, in Fels oder felsähnlichen Boden $\geq 0{,}5$ m. Falls im Ausnahmefall keine Probebelastungen ausgeführt werden, darf der Pfahlwiderstand mit den Werten der Tafel 55 für Druck- und Zugpfähle ermittelt werden.

Die zulässigen Mantelreibungswerte ergeben sich nach Teilung der Grenzmantelreibungswerte nach Tafel 55 durch den Sicherheitsbeiwert η nach Tafel 56.

7.4 Nachweis der Tragfähigkeit quer zur Achse belasteter Pfähle

Bei Bauwerkspfählen, die im Boden keinen Druckzustand verursachen, hat sich die Anwendung der Bettungsmodultheorie zur Pfahlberechnung als zweckmäßig erwiesen [16]. Die Berechnung erfolgt nach [12] oder [13].
Der Bettungsmodul kann aus Probebelastungsergebnissen zurückgerechnet, oder wenn es nur auf die Ermittlung der Schnittgrößen ankommt, für die beteiligten Bodenschichten nach der Gleichung

$$\boldsymbol{k}_s = \boldsymbol{E}_s/\boldsymbol{D} \quad (48a)$$

E_s Charakteristischer Wert des Steifemoduls
D Pfahl $\varnothing$, solange $D \leq 1$ m ist.

angesetzt werden.

Bei $D \geq 1$ m wird rechnerisch weiter nur 1 m angesetzt.
Bei stoßartigen horizontalen Einwirkungen im Sinne von Anprall-Lasten darf k_s auf dreifache Größe des bei statischen Einwirkungen verwendeten Wertes erhöht werden.
Der Anwendungsbereich der Gl. (48a) ist durch eine rechnerische maximale Horizontalverschiebung von entweder 2 cm oder $0{,}03D$ begrenzt; kleinerer Wert ist maßgebend. Die Einwirkungen auf den Boden aus der Normalspannung zwischen Pfahl und Boden darf näherungsweise die ebene Erdwiderstandsspannung nicht überschreiten ($e_{ph} = e_{ph}$).

8 Erddruck

8.1 Berechnung des Erddrucks nach DIN 4085 mit Beibl. 1 (2.87) und Beibl. 2 (6.89)

Tafel 57 Erddruck- und Erdwiderstandsformeln für ebene Gleitflächen

			infolge Bodeneigenlast (index g)	
			allgemein	Sonderfall $\alpha=\beta=\delta=0$
aktiv	horizontal	Erddruck-beiwert[1])	$K_{agh}=\dfrac{\cos^2(\text{cal}\,\varphi'+\alpha)}{\cos^2\alpha\left[1+\sqrt{\dfrac{\sin(\text{cal}\,\varphi'+\delta_a)\cdot\sin(\text{cal}\,\varphi'-\beta)}{\cos(\alpha-\delta_a)\cdot\cos(\alpha+\beta)}}\right]^2}$ (49)	$K_{agh}=\tan^2(45°-\text{cal}\,\varphi'/2)$ (50)
aktiv	horizontal	Erddruck-ordinate	$e_{agh}=\text{cal}\,\gamma\cdot h\cdot K_{agh}$ (51)	
aktiv	horizontal	resultierender Erddruck	$E_{agh}=\dfrac{h^2}{2}\,\text{cal}\,\gamma\cdot K_{agh}$ (52)	
aktiv	vert.	resultierender Erddruck	$E_{agv}=E_{agh}\cdot\tan(\delta_a-\alpha)$ (53)	
passiv	horizontal	Erddruck-beiwert[1])	$K_{pgh}=\dfrac{\cos^2(\text{cal}\,\varphi'-\alpha)}{\cos^2\alpha\left[1-\sqrt{\dfrac{\sin(\text{cal}\,\varphi'-\delta_p)\cdot\sin(\text{cal}\,\varphi'+\beta)}{\cos(\alpha-\delta_p)\cdot\cos(\alpha+\beta)}}\right]^2}$ (54)	$K_{pgh}=\tan^2(45°+\text{cal}\,\varphi'/2)$ (55)
passiv	horizontal	Erddruck-ordinate	$e_{pgh}=\text{cal}\,\gamma\cdot h\cdot K_{pgh}$ (56)	
passiv	horizontal	resultierender Erddruck	$E_{pgh}=\dfrac{h^2}{2}\,\text{cal}\,\gamma\cdot K_{pgh}$ (57)	
passiv	vert.	resultierender Erddruck	$E_{pgv}=E_{pgh}\cdot\tan(\delta_p-\alpha)$ (58)	

			infolge Kohäsion[2]) (index c)	
			allgemein	Sonderfall $\alpha=\beta=\delta=0$
aktiv	horizontal	Erddruck-beiwert[1])	$K_{ach}=\dfrac{2\cdot\cos\text{cal}\,\varphi'\cdot\cos\beta\cdot(1-\tan\alpha\cdot\tan\beta)\cdot\cos(\alpha-\delta_a)}{1+\sin(\text{cal}\,\varphi'+\delta_a-\alpha-\beta)}$ (59)	$K_{ac}=K_{ach}=2\cdot\tan(45°-\text{cal}\,\varphi'/2)$ (60) für $\text{cal}\,\varphi'=\text{cal}\,\varphi_u=0$ wird $K_{ach}=2$
aktiv	horizontal	Erddruck-ordinate	$e_{ach}=-c\cdot K_{ach}$ (61)	$e_{ach}=-2\cdot c\sqrt{K_{agh}}$ [3]) (62)
aktiv	horizontal	resultierender Erddruck	$E_{ach}=-h\cdot\text{cal}\,c'\cdot K_{ach}$ (63)	$E_{ach}=-2\cdot c\sqrt{K_{agh}}\cdot h$ [3]) (64)
passiv	horizontal	Erddruck-beiwert[1])	$K_{pch}=\dfrac{2\cdot\cos\text{cal}\,\varphi'\cdot\cos\beta\cdot(1-\tan\alpha\cdot\tan\beta)\cdot\cos(\alpha-\delta_p)}{1-\sin(\text{cal}\,\varphi'-\delta_p+\alpha+\beta)}$ (65)	$K_{pc}=K_{pch}=2\cdot\tan(45°+\text{cal}\,\varphi'/2)$ für $\text{cal}\,\varphi'=\text{cal}\,\varphi_u=0$ wird $K_{pch}=2$ (66)
passiv	horizontal	Erddruck-ordinate	$e_{pch}=+c\cdot K_{pch}$ (67)	$e_{pch}=+2\cdot c\sqrt{K_{pgh}}$ [3]) (68)
passiv	horizontal	resultierender Erddruck	$E_{pch}=+h\cdot\text{cal}\,c'\cdot K_{pch}$ (69)	$E_{pch}=+2\cdot c\sqrt{K_{pgh}}\cdot h$ [3]) (70)
passiv	vert.	resultierender Erddruck	$E_{pcv}=E_{pch}\cdot\tan(\delta_p-\alpha)$ (71)	

[1]) Einzusetzende Vorzeichen s. Bild 26. Die Erddruckbeiwerte K_{agh} und K_{pgh} sind in Tafel 60 u. 61 tabelliert. [2]) Sie verkleinert die aktive und vergrößert die passive Erddrucklast. Hinsichtlich Ansatz s. DIN 1055-2 sowie E2 und E3 der EAU. [3]) Ungenormt, Fehler bei $\varphi\leq 30°$ und $\delta_a\leq 2/3\varphi$ ist $\leq 3\%$

Bedeutung der Fußanzeiger in Tafel 57

a	aktiv	g	aus Bodeneigenlast	h	horizontal
p	passiv	v	vertikal	c	aus Kohäsion

Bedeutung der Formelzeichen in Tafel 57

E Erddrucklast, bezogen auf die Wandlänge in kN/m
K Erddruckbeiwert
cal γ jeweils in Betracht kommender Rechenwert der Wichte des Bodens in kN/m³
h in der Lotrechten gemessene Höhe der Wand, auf die die Erddrucklast wirkt, bzw. die Tiefe h des Erddruckes e_{agh} und e_{pgh} in m
α Neigungswinkel der Wand in °
β Neigungswinkel der Geländeoberfläche in °
δ Wandreibungswinkel in °
cal φ' Rechenwert des inneren Reibungswinkels des dränierten (entwässerten) Bodens in °
Die Winkel sind mit ihren Vorzeichen in die Gleichungen einzusetzen (s. Bild 26).
cal c' Rechenwert der Kohäsion des entwässerten Bodens } s. Tafel 13
cal c_u Rechenwert der Kohäsion des nicht entwässerten Bodens } s. Tafel 13

Tafel 58 Gültigkeitsbereich der Formeln für aktiven Erddruck in Tafel 57

	Wandneigung α	Geländeneigung β	Grenzwinkel min α aus:
$\delta_a \geq 0°$	$+20° \geq \alpha > 10°$	$0° \leq \beta \leq \text{cal}\,\varphi'$	$\min \tan\alpha = \dfrac{\cos(\text{cal}\,\varphi')}{\sin(\text{cal}\,\varphi') + \sqrt{\dfrac{\sin(\text{cal}\,\varphi' + \beta)}{\sin(\text{cal}\,\varphi' - \beta)}}}$ (72)
	$+10° \geq \alpha \geq \min\alpha$	$-\text{cal}\,\varphi \leq \beta \leq \text{cal}\,\varphi'$	
$\delta_a < 0°$	$+20° \geq \alpha \geq \min\alpha$	$-\text{cal}\,\varphi' \leq \beta \leq \frac{2}{3}\,\text{cal}\,\varphi'$	

Gültigkeitsbereich der Formeln für passiven Erddruck in Tafel 57:
– für cal $\varphi' \leq 30°$ bei Wandflächen aus Beton oder Stahl,
– für cal $\varphi' \leq 35°$ bei verzahnten Wandflächen.

Tafel 59 Maximale Wandreibungswinkel nach DIN 4085

Wandbeschaffenheit	ebene Gleitfläche	gekrümmte Gleitfläche
verzahnt	$\delta = \frac{2}{3}\,\text{cal}\,\varphi'$	$\delta = \text{cal}\,\varphi'$
rauh[1])	$\delta = \frac{2}{3}\,\text{cal}\,\varphi'$	$27{,}5° \geq \delta \leq \text{cal}\,\varphi' - 2{,}5°$
weniger rauh	$\delta = \frac{1}{3}\,\text{cal}\,\varphi'$	$\delta = \frac{1}{2}\,\text{cal}\,\varphi'$
glatt	$\delta = 0$	$\delta = 0$

[1]) Im allgemeinen können unbehandelte Oberflächen von Stahl, Beton und Holz als rauh angesehen werden

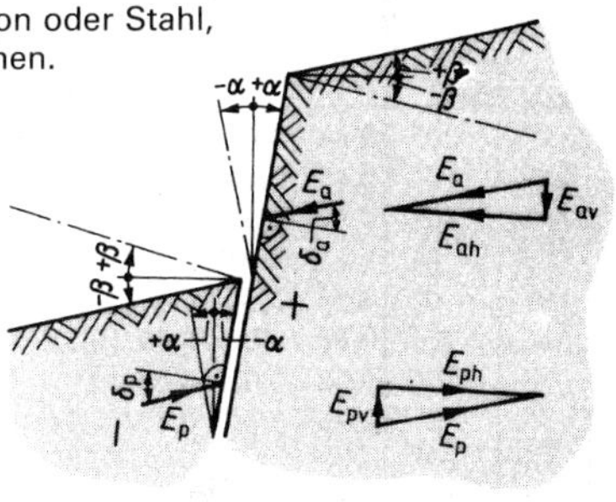

Bild 26 Vorzeichenregeln für die Berechnung des aktiven und passiven Erddruckes

Berechnung von Erddrucklasten außerhalb des Gültigkeitsbereiches der Formeln nach Tafel 57

a) Aktiver Erddruck

Mit gekrümmten oder gebrochenen Gleitflächen ([3], S. 221), ferner für nichtbindige Böden mit der Culmannschen *E*-Linie (Bild 33),
für bindige Böden mit der Culmann-/Schmidtschen *E*-Linie.

b) Passiver Erddruck bei $\varphi > 30°$ (s. o.) bzw. $> 35°$ mit Erdwiderstandsbeiwert für gekrümmte Gleitflächen nach *Caquot/Kérisel* auf Tafel 62.
Erdwiderstandsbeiwert nach dem Gleitschema von *Streck* auf Tafel 63 u. a. für den Sonderfall des Erdwiderstandes vor Bohlträgern.

Gleitflächenwinkel für den allg. Fall ($\alpha = \beta \neq 0$):

$$\vartheta_{a,p} = \pm\varphi' + \text{arc cot}\left[\tan(\alpha \pm \varphi') + \frac{1}{\cos(\alpha \pm \varphi')}\sqrt{\frac{\sin(\delta_{a,p} \pm \varphi')\cos(\alpha + \beta)}{-\sin(\beta \mp \varphi')\cos(\delta_{a,p} - \alpha)}}\right] \quad (73)$$

Für $\alpha = \beta = 0$ sind die Gleitflächenwinkel auf Tafel 65 zu finden.

Tafel 60 Erddruckbeiwerte K_{agh} für ebene Gleitflächen nach *Blum*, s. a. nächste Seiten

	$\varphi =$	17,5°			20°			22,5°			25°		
$\alpha =$	$\delta_a =$ / $\beta =$	0	$\frac{1}{3}\varphi$	$\frac{2}{3}\varphi$	0	$\frac{1}{3}\varphi$	$\frac{2}{3}\varphi$	0	$\frac{1}{3}\varphi$	$\frac{2}{3}\varphi$	0	$\frac{1}{3}\varphi$	$\frac{2}{3}\varphi$
−20°	−20°	0,50	0,45	0,40	0,47	0,42	0,37	0,44	0,39	0,35	0,42	0,36	0,32
	−15°	0,53	0,48	0,43	0,50	0,45	0,40	0,47	0,42	0,37	0,44	0,39	0,34
	−10°	0,57	0,51	0,47	0,53	0,48	0,43	0,50	0,45	0,40	0,47	0,42	0,37
	− 5°	0,60	0,55	0,51	0,57	0,51	0,47	0,53	0,48	0,43	0,50	0,45	0,40
	0°	0,65	0,60	0,55	0,61	0,56	0,51	0,57	0,52	0,47	0,53	0,48	0,43
	5°	0,70	0,65	0,61	0,66	0,61	0,56	0,61	0,56	0,52	0,57	0,52	0,47
	10°	0,78	0,73	0,69	0,72	0,67	0,63	0,67	0,62	0,57	0,62	0,57	0,52
	15°	0,90	0,87	0,84	0,82	0,77	0,74	0,75	0,70	0,66	0,69	0,64	0,59
	20°				1,13	1,13	1,13	0,88	0,84	0,81	0,78	0,74	0,70
−10°	−20°	0,47	0,43	0,39	0,44	0,40	0,36	0,41	0,37	0,33	0,38	0,34	0,30
	−15°	0,50	0,45	0,42	0,46	0,42	0,38	0,43	0,39	0,35	0,40	0,36	0,32
	−10°	0,53	0,48	0,45	0,49	0,44	0,41	0,45	0,41	0,37	0,42	0,38	0,34
	− 5°	0,56	0,51	0,48	0,52	0,47	0,44	0,48	0,44	0,40	0,44	0,40	0,37
	0°	0,59	0,55	0,52	0,55	0,51	0,47	0,51	0,47	0,43	0,47	0,43	0,39
	5°	0,64	0,60	0,57	0,59	0,55	0,51	0,55	0,50	0,47	0,50	0,46	0,42
	10°	0,70	0,67	0,64	0,64	0,61	0,57	0,59	0,55	0,52	0,54	0,50	0,46
	15°	0,81	0,79	0,76	0,73	0,69	0,66	0,65	0,62	0,58	0,59	0,55	0,52
	20°				1,00	1,00	1,00	0,77	0,74	0,71	0,67	0,64	0,61
0°	−20°	0,44	0,40	0,37	0,40	0,36	0,34	0,37	0,33	0,30	0,34	0,30	0,28
	−15°	0,46	0,42	0,39	0,42	0,38	0,35	0,38	0,35	0,32	0,35	0,32	0,29
	−10°	0,48	0,44	0,41	0,44	0,40	0,37	0,40	0,37	0,34	0,37	0,33	0,31
	− 5°	0,51	0,47	0,44	0,46	0,43	0,40	0,42	0,39	0,36	0,39	0,35	0,32
	0°	0,54	0,50	0,47	0,49	0,45	0,43	0,45	0,41	0,38	0,41	0,37	0,35
	5°	0,58	0,54	0,52	0,52	0,49	0,46	0,48	0,44	0,41	0,43	0,40	0,37
	10°	0,63	0,60	0,58	0,57	0,54	0,51	0,51	0,48	0,45	0,46	0,43	0,40
	15°	0,73	0,71	0,69	0,64	0,61	0,59	0,57	0,54	0,51	0,50	0,47	0,45
	20°				0,88	0,88	0,88	0,66	0,64	0,62	0,57	0,55	0,52
10°	−20°	0,39	0,36	0,34	0,35	0,33	0,30	0,32	0,29	0,27	0,29	0,26	0,24
	−15°	0,41	0,38	0,35	0,37	0,34	0,32	0,33	0,30	0,28	0,30	0,27	0,25
	−10°	0,43	0,40	0,37	0,39	0,36	0,33	0,35	0,32	0,30	0,31	0,28	0,26
	5°	0,45	0,42	0,40	0,40	0,37	0,35	0,36	0,33	0,31	0,32	0,30	0,28
	0°	0,48	0,45	0,42	0,43	0,40	0,37	0,38	0,35	0,33	0,34	0,31	0,29
	5°	0,51	0,48	0,46	0,45	0,43	0,40	0,40	0,38	0,36	0,36	0,33	0,31
	10°	0,56	0,53	0,51	0,49	0,47	0,44	0,43	0,41	0,39	0,38	0,36	0,34
	15°	0,65	0,63	0,61	0,55	0,53	0,51	0,48	0,46	0,44	0,42	0,39	0,38
	20°				0,77	0,77	0,77	0,56	0,55	0,53	0,47	0,45	0,44
20°	−20°	0,34	0,32	0,30	0,30	0,28	0,26	0,26	0,24	0,23	0,23	0,21	0,20
	−15°	0,36	0,33	0,31	0,31	0,29	0,27	0,27	0,25	0,24	0,24	0,22	0,21
	−10°	0,37	0,34	0,33	0,33	0,30	0,28	0,28	0,26	0,25	0,25	0,23	0,22
	− 5°	0,39	0,36	0,34	0,34	0,32	0,30	0,30	0,28	0,26	0,26	0,33	0,22
	0°	0,41	0,38	0,37	0,36	0,33	0,32	0,31	0,29	0,27	0,27	0,25	0,24
	5°	0,44	0,41	0,40	0,38	0,36	0,34	0,33	0,31	0,29	0,28	0,27	0,25
	10°	0,48	0,48	0,44	0,41	0,39	0,37	0,35	0,33	0,32	0,30	0,29	0,27
	15°	0,56	0,54	0,53	0,46	0,45	0,43	0,39	0,37	0,36	0,33	0,31	0,30
	20°				0,66	0,66	0,66	0,46	0,45	0,44	0,38	0,36	0,35

Tafel 60, Fortsetzung

27,5°			30,0°			32,5°			35,0°			40°		
0	$\frac{1}{3}\varphi$	$\frac{2}{3}\varphi$	0	$\frac{1}{3}\varphi$	$\frac{2}{3}\varphi$	0	$\frac{1}{3}\varphi$	$\frac{2}{3}\varphi$	0	$\frac{1}{3}\varphi$	$\frac{2}{3}\varphi$	0	$\frac{1}{3}\varphi$	$\frac{2}{3}\varphi$
0,39	0,34	0,30	0,37	0,32	0,27	0,34	0,30	0,25	0,32	0,28	0,24	0,28	0,24	0,20
0,42	0,36	0,32	0,39	0,34	0,30	0,37	0,32	0,27	0,34	0,29	0,25	0,30	0,26	0,21
0,44	0,39	0,34	0,41	0,36	0,32	0,39	0,34	0,29	0,36	0,31	0,27	0,32	0,27	0,23
0,47	0,42	0,37	0,44	0,39	0,34	0,41	0,36	0,31	0,38	0,33	0,29	0,33	0,29	0,24
0,50	0,45	0,40	0,47	0,41	0,37	0,44	0,38	0,34	0,41	0,36	0,31	0,35	0,31	0,26
0,54	0,48	0,43	0,50	0,45	0,40	0,47	0,41	0,36	0,43	0,38	0,33	0,37	0,32	0,28
0,58	0,52	0,48	0,54	0,48	0,43	0,50	0,45	0,40	0,46	0,41	0,36	0,40	0,35	0,30
0,63	0,58	0,53	0,58	0,53	0,48	0,54	0,49	0,44	0,50	0,44	0,40	0,42	0,37	0,33
0,71	0,66	0,61	0,65	0,59	0,55	0,59	0,54	0,49	0,54	0,49	0,44	0,45	0,40	0,36
0,35	0,31	0,28	0,33	0,29	0,26	0,30	0,27	0,24	0,28	0,24	0,22	0,24	0,21	0,18
0,37	0,33	0,30	0,34	0,30	0,27	0,32	0,28	0,25	0,29	0,26	0,23	0,25	0,22	0,19
0,39	0,35	0,31	0,36	0,32	0,29	0,33	0,30	0,26	0,31	0,27	0,24	0,26	0,23	0,20
0,41	0,37	0,33	0,38	0,34	0,31	0,35	0,31	0,28	0,32	0,29	0,25	0,27	0,24	0,21
0,43	0,39	0,36	0,40	0,36	0,33	0,37	0,33	0,30	0,34	0,30	0,27	0,28	0,25	0,22
0,46	0,42	0,39	0,42	0,38	0,35	0,39	0,35	0,32	0,36	0,32	0,29	0,30	0,26	0,24
0,50	0,45	0,42	0,45	0,41	0,38	0,41	0,38	0,34	0,38	0,34	0,31	0,31	0,28	0,25
0,54	0,50	0,46	0,49	0,45	0,42	0,45	0,41	0,37	0,40	0,37	0,33	0,33	0,30	0,27
0,60	0,56	0,53	0,54	0,50	0,47	0,49	0,45	0,41	0,44	0,40	0,37	0,35	0,32	0,29
0,31	0,28	0,25	0,28	0,25	0,23	0,25	0,23	0,21	0,23	0,21	0,19	0,19	0,17	0,15
0,32	0,29	0,26	0,29	0,26	0,24	0,26	0,24	0,22	0,24	0,21	0,19	0,19	0,17	0,16
0,33	0,30	0,28	0,30	0,27	0,25	0,28	0,25	0,23	0,25	0,22	0,20	0,20	0,18	0,16
0,35	0,32	0,29	0,32	0,29	0,26	0,29	0,26	0,24	0,26	0,23	0,21	0,21	0,19	0,17
0,37	0,34	0,31	0,33	0,30	0,28	0,30	0,27	0,25	0,27	0,25	0,22	0,22	0,20	0,18
0,39	0,36	0,33	0,35	0,32	0,30	0,32	0,29	0,27	0,28	0,26	0,24	0,23	0,21	0,19
0,42	0,38	0,36	0,37	0,34	0,32	0,34	0,31	0,28	0,30	0,27	0,25	0,24	0,22	0,20
0,45	0,42	0,39	0,40	0,37	0,35	0,36	0,33	0,31	0,32	0,29	0,27	0,25	0,23	0,21
0,50	0,47	0,45	0,44	0,41	0,39	0,39	0,36	0,34	0,34	0,32	0,30	0,27	0,24	0,23
0,26	0,23	0,22	0,23	0,21	0,19	0,20	0,18	0,17	0,18	0,16	0,15	0,14	0,13	0,12
0,27	0,24	0,22	0,24	0,22	0,20	0,21	0,19	0,18	0,19	0,17	0,16	0,14	0,13	0,12
0,28	0,25	0,23	0,25	0,22	0,21	0,22	0,20	0,18	0,19	0,17	0,16	0,15	0,13	0,12
0,29	0,26	0,25	0,25	0,23	0,22	0,23	0,21	0,19	0,20	0,18	0,17	0,15	0,14	0,13
0,30	0,28	0,26	0,27	0,25	0,23	0,23	0,22	0,20	0,21	0,19	0,18	0,16	0,14	0,13
0,32	0,29	0,28	0,28	0,26	0,24	0,25	0,23	0,21	0,21	0,20	0,18	0,16	0,15	0,14
0,34	0,31	0,30	0,30	0,27	0,26	0,26	0,24	0,22	0,23	0,21	0,19	0,17	0,16	0,14
0,36	0,34	0,32	0,32	0,30	0,28	0,28	0,26	0,24	0,24	0,22	0,21	0,18	0,16	0,15
0,41	0,38	0,37	0,35	0,33	0,31	0,30	0,28	0,26	0,26	0,24	0,23	0,19	0,17	0,16
0,20	0,19	0,17	0,17	0,16	0,15	0,15	0,14	0,13	0,13	0,12	0,11	0,09	0,08	0,08
0,21	0,19	0,18	0,18	0,17	0,16	0,15	0,14	0,13	0,13	0,12	0,11	0,09	0,09	0,08
0,21	0,20	0,19	0,19	0,17	0,16	0,16	0,15	0,14	0,13	0,12	0,12	0,09	0,09	0,08
0,22	0,21	0,19	0,19	0,18	0,17	0,16	0,15	0,14	0,14	0,13	0,12	0,10	0,09	0,09
0,23	0,22	0,20	0,20	0,19	0,17	0,17	0,16	0,15	0,14	0,13	0,13	0,10	0,09	0,09
0,24	0,23	0,22	0,21	0,19	0,18	0,18	0,16	0,16	0,15	0,14	0,13	0,10	0,10	0,09
0,26	0,24	0,23	0,22	0,21	0,19	0,19	0,17	0,16	0,16	0,15	0,14	0,11	0,10	0,09
0,28	0,26	0,25	0,24	0,22	0,21	0,20	0,19	0,18	0,16	0,15	0,15	0,11	0,10	0,10
0,31	0,30	0,28	0,26	0,24	0,23	0,21	0,20	0,19	0,18	0,17	0,16	0,12	0,11	0,10

Tafel 61 Erdwiderstandsbeiwerte K_{pgh} für ebene Gleitflächen nach *Blum*, s. a. nächste Seiten

	$\varphi =$	17,5°			20°			22,5°			25°		
$\alpha =$	$\delta_p =$ / $\beta =$	0	$-\frac{1}{3}\varphi$	$-\frac{2}{3}\varphi$	0	$-\frac{1}{3}\varphi$	$-\frac{2}{3}\varphi$	0	$-\frac{1}{3}\varphi$	$-\frac{2}{3}\varphi$	0	$-\frac{1}{3}\varphi$	$-\frac{2}{3}\varphi$
	−20°				0,67	0,67	0,67	0,86	0,90	0,93	0,95	1,01	1,08
	−15°	0,94	0,98	1,01	1,03	1,10	1,16	1,11	1,21	1,30	1,19	1,32	1,45
	−10°	1,17	1,26	1,35	1,25	1,37	1,49	1,33	1,49	1,66	1,41	1,62	1,85
	− 5°	1,36	1,51	1,65	1,45	1,64	1,83	1,54	1,78	2,04	1,64	1,94	2,28
−20°	0°	1,54	1,75	1,96	1,64	1,91	2,19	1,75	2,09	2,45	1,87	2,29	2,76
	5°	1,72	2,00	2,29	1,84	2,19	2,58	1,97	2,41	2,92	2,11	2,66	3,32
	10°	1,90	2,25	2,64	2,04	2,50	3,01	2,20	2,77	3,45	2,38	3,09	3,98
	15°	2,09	2,53	3,04	2,26	2,83	3,50	2,45	3,17	4,07	2,66	3,57	4,77
	20°	2,28	2,84	3,48	2,49	3,20	4,08	2,72	3,63	4,82	2,98	4,13	5,75
	−20°				0,77	0,77	0,77	0,99	1,04	1,08	1,10	1,18	1,26
	−15°	1,05	1,09	1,13	1,16	1,23	1,30	1,26	1,37	1,48	1,36	1,52	1,68
	−20°	1,29	1,39	1,48	1,39	1,53	1,67	1,49	1,68	1,88	1,61	1,85	2,12
	− 5°	1,49	1,65	1,81	1,60	1,81	2,04	1,72	2,00	2,31	1,86	2,22	2,63
−10°	0°	1,68	1,91	2,15	1,82	2,11	2,44	1,96	2,35	2,79	2,12	2,62	3,21
	5°	1,88	2,18	2,52	2,04	2,44	2,90	2,21	2,73	3,35	2,41	3,07	3,91
	10°	2,08	2,48	2,94	2,27	2,80	3,42	2,49	3,16	4,02	2,73	3,60	4,78
	15°	2,30	2,81	3,42	2,53	3,20	4,05	2,79	3,67	4,85	3,08	4,23	5,89
	20°	2,54	3,19	3,99	2,82	3,68	4,82	3,13	4,28	5,90	3,50	5,01	7,35
	−20°				0,89	0,89	0,89	1,14	1,19	1,24	1,28	1,37	1,47
	−15°	1,17	1,21	1,26	1,30	1,39	1,47	1,43	1,56	1,70	1,57	1,76	1,96
	−10°	1,42	1,53	1,65	1,55	1,71	1,88	1,69	1,92	2,17	1,85	2,15	2,50
	− 5°	1,64	1,83	2,02	1,79	2,04	2,32	1,96	2,30	2,68	2,14	2,59	3,13
0°	0°	1,86	2,13	2,42	2,04	2,40	2,81	2,24	2,72	3,30	2,46	3,09	3,91
	5°	2,09	2,45	2,87	2,30	2,79	3,39	2,55	3,20	4,04	2,82	3,69	4,89
	10°	2,33	2,82	3,40	2,60	3,25	4,09	2,89	3,78	4,99	3,24	4,42	6,19
	15°	2,60	3,25	4,05	2,93	3,80	4,98	3,30	4,49	6,24	3,72	5,34	8.00
	20°	2,91	3,76	4,87	3,31	4,48	6,16	3,78	5,39	7,99	4,32	6,57	10,68
	−20°				1,00	1,00	1,00	1,30	1,37	1,44	1,48	1,61	1,74
	−15°	1,30	1,35	1,41	1,47	1,57	1,68	1,64	1,80	1,99	1,82	2,07	2,35
	−10°	1,58	1,72	1,86	1,76	1,96	2,18	1,95	2,23	2,57	2,16	2,56	3,05
	− 5°	1,84	2,06	2,31	2,04	2,36	2,73	2,27	2,71	3,25	2,53	3,13	3,93
10°	0°	2,10	2,43	2,82	2,35	2,81	3,38	2,63	3,26	4,11	2,95	3,82	5,08
	5°	2,38	2,85	3,42	2,69	3,34	4,19	3,04	3,94	5,23	3,44	4,70	6,68
	10°	2,70	3,35	4,18	3,08	3,99	5,27	3,52	4,80	6,80	4,04	5,85	9,04
	15°	3,07	3,96	5,18	3,54	4,82	6,76	4,11	5,95	9,12	4,79	7,45	12,85
	20°	3,52	4,75	6,57	4,13	5,94	8,99	4,87	7,56	12,89	5,78	9,85	19,76
	−20°				1,13	1,13	1,13	1,50	1,59	1,68	1,75	1,91	2,10
	−15°	1,45	1,52	1,60	1,68	1,81	1,96	1,91	2,13	2,39	2,17	2,50	2,92
	−10°	1,79	1,96	2,15	2,03	2,30	2,60	2,30	2,69	3,18	2,61	3,18	3,95
	− 5°	2,11	2,40	2,74	2,39	2,82	3,36	2,73	3,35	4,20	3,11	4,00	5,35
20°	0°	2,44	2,90	3,46	2,80	3,46	3,34	3,22	4,17	5,59	3,71	5,09	7,41
	5°	2,83	3,49	4,37	3,28	4,25	5,69	3,81	5,25	7,64	4,46	6,58	10,72
	10°	3,28	4,25	5,65	3,86	5,32	7,69	4,57	6,77	10,97	5,45	8,82	16,74
	15°	3,85	5,28	7,54	4,62	6,84	10,96	5,59.	9,08	17,13	6,82	12,48	30,00
	20°	4,60	6,77	10,67	5,66	9,20	17,13	7.04	13,00	31,17	8,88	19,37	71,54

Tafel 61, Fortsetzung

27,5°			30,0°			32,5°			35,0°			40°		
0	$-\frac{1}{3}\varphi$	$-\frac{2}{3}\varphi$	0	$-\frac{1}{3}\varphi$	$-\frac{2}{3}\varphi$	0	$-\frac{1}{3}\varphi$	$-\frac{2}{3}\varphi$	0	$-\frac{1}{3}\varphi$	$-\frac{2}{3}\varphi$	0	$-\frac{1}{3}\varphi$	$-\frac{2}{3}\varphi$
1,02	1,12	1,22	1,10	1,24	1,38	1,17	1,35	1,54	1,25	1,48	1,74	1,41	1,77	2,21
1,26	1,44	1,62	1,34	1,57	1,81	1,43	1,71	2,03	1,52	1,87	2,29	1,72	2,25	2,96
1,50	1,77	2,06	1,60	1,93	2,31	1,70	2,11	2,61	1,81	2,32	2,96	2,05	2,81	3,90
1,74	2,12	2,56	1,86	2,33	2,89	1,98	2,56	3,29	2,12	2,82	3,77	2,42	3,48	5,12
2,00	2,51	3,13	2,14	2,77	3,58	2,29	3,07	4,12	2,45	3,42	4,80	2,84	4,29	6,75
2,27	2,95	3,81	2,44	3,28	4,42	2,63	3,67	5,17	2,83	4,12	6,12	3,31	5,30	9,00
2,57	3,45	4,63	2,77	3,88	5,45	3,01	4,38	6,50	3,26	4,98	7,87	3,87	6,58	12,25
2,89	4,04	5,65	3,15	4,59	6,78	3,44	5,25	8,27	3,76	6,05	10,29	4,53	8,26	17,25
3,26	4,73	6,95	3,58	5,45	8,55	3,94	6,34	10,72	4,34	7,43	13,80	5,34	10,56	25,57
1,20	1,32	1,45	1,30	1,47	1,65	1,41	1,63	1,89	1,52	1,81	2,16	1,76	2,23	2,88
1,47	1,68	1,90	1,58	1,85	2,16	1,70	2,05	2,47	1,83	2,28	2,85	2,12	2,83	3,88
1,73	2,05	2,42	1,86	2,27	2,76	2,01	2,52	3,19	2,16	2,82	3,71	2,53	3,56	5,21
2,00	2,46	3,01	2,16	2,74	3,49	2,34	3,07	4,07	2,54	3,46	4,82	2,99	4,45	7,06
2,30	2,93	3,73	2,50	3,29	4,38	2,71	3,72	5,21	2,96	4,23	6,29	3,53	5,60	9,75
2,63	3,47	4,62	2,87	3,94	5,53	3,14	4,51	6,72	3,44	5,20	8,33	4,18	7,11	13,88
2,99	4,12	5,76	3,29	4,74	7,05	3,63	5,51	8,81	4,02	6,45	11,30	4,97	9,18	20,80
3,41	4,91	7,27	3,79	5,74	9,16	4,22	6,79	11,87	4,71	8,12	15,93	5,96	12,16	33,83
3,91	5,91	9,36	4,38	7,05	12,26	4,93	8,52	16,67	5,58	10,46	23,85	7,25	16,76	63,49
1,41	1,56	1,72	1,55	1,76	2,00	1,69	1,98	2,34	1,85	2,24	2,74	2,20	2,87	3,89
1,71	1,97	2,27	1,87	2,22	2,64	2,04	2,50	3,10	2,22	2,83	3,68	2,66	3,68	5,40
2,02	2,42	2,91	2,20	2,73	3,43	2,41	3,10	4,08	2,64	3,54	4,92	3,19	4,71	7,61
2,35	2,93	3,70	2,58	3,34	4,42	2,83	3,83	5,37	3,12	4,42	6,64	3,83	6,06	11,01
2,72	3,54	4,70	3,00	4,08	5,74	3,32	4,74	7,15	3,69	5,56	9,15	4,60	7,93	16,73
3,14	4,28	6,02	3,49	5,01	7,56	3,90	5,92	9,77	4,37	7,09	13,06	5,57	10,62	27,53
3,63	5,21	7,85	4,08	6,22	10,25	4,61	7,51	13,88	5,23	9,22	19,78	6,84	14,78	52,24
4,22	6,44	10,56	4,81	7,87	14,49	5,50	9,78	21,01	6,33	12,41	32,99	8,57	21,85	
4,96	8,13	14,87	5,74	10,25	21,96	6,67	13,22	35,37	7,82	17,58	65,65	11,06	35,60	
1,66	1,86	2,08	1,85	2,14	2,49	2,06	2,46	2,99	2,29	2,84	3,64	2,82	3,83	5,66
2,02	2,37	2,80	2,25	2,72	3,36	2,49	3,14	4,09	2,77	3,65	5,07	3,44	5,05	8,42
2,40	2,95	3,68	2,68	3,42	4,50	2,98	3,99	5,61	3,34	4,69	7,16	4,21	6,72	13,05
2,83	3,65	4,83	3,17	4,28	6,07	3,56	5,07	7,82	4,01	6,08	10,43	5,16	9,14	21,84
3,32	4,52	6,43	3,76	5,40	8,37	4,26	6,53	11,30	4,86	8,03	16,05	6,41	12,89	42,05
3,92	5,66	8,79	4,48	6,92	12,02	5,14	8,61	17,35	5,95	10,93	27,14	8,11	19,27	
4,65	7,24	12,55	5,40	9,12	18,45	6,30	11,77	29,59	7,41	15,66	54,67	10,56	31,73	
5,61	9,54	19,27	6,63	12,54	31,78	7,90	17,06	61,40	9,51	24,31		14,38	62,28	
6,92	13,22	33,60	8,37	18,45	68,31	10,25	27,21		12,75	43,47		20,96		
2,00	2,26	2,60	2,27	2,67	3,23	2,57	3,16	4,06	2,91	3,77	5,23	3,75	5,49	9,55
2,46	2,95	3,62	2,78	3,49	4,57	3,16	4,17	5,90	3,59	5,03	7,88	4,70	7,64	16,45
2,97	3,77	5,01	3,38	4,53	6,51	3,86	5,51	8,78	4,43	6,79	12,45	5,93	10,98	32,36
3,57	4,84	7,02	4,10	5,94	9,58	4,74	7,40	13,80	5,51	9,42	21,49	7,60	16,67	84,74
4,30	6,30	10,24	5,02	7,96	15,00	5,89	10,28	23,96	6,96	13,70	44,05	10,02	27,81	
5,25	8,44	16,01	6,24	11,10	26,27	7,46	15,11	50,50	9,03	21,54		13,77	55,26	
6,55	11,84	28,32	7,96	16,53	57,28	9,79	24,38		12,22	38,97		20,27		
8,43	17,96	64,32	10,57	27,58		13,51	46,80		17,68	94,01		33,44		40,71
11,41	31,26		15,00	57,28		20,32			28,63		75,13	68,74		18,92

16

Tafel 62 Erdwiderstandsbeiwerte K_{pgh} für gekrümmte Gleitflächen (nach *Caquot-Kerisel*) **für $\alpha = \beta = 0$**

$\varphi°$	10	12,5	15	17,5	20	22,5	25	27,5	30	32,5	35	37,5	40	42,5	45
$\delta_p° = -\varphi°$	1,62	1,85	2,12	2,44	2,83	3,30	3,89	4,63	5,56	6,77	8,36	10,49	13,44	17,61	23,71
$\delta_p° = -\frac{2}{3}\varphi°$	1,59	1,80	2,05	2,36	2,71	3,15	3,68	4,35	5,17	6,22	7,59	9,36	11,74	15,03	19,66

Tafel 63 Erdwiderstandsbeiwerte K_{ph} nach dem Gleitschema von *Streck*

δ_p	φ											
	15°	17,5°	20°	22,5°	25°	27,5°	30°	32,5°	35°	37,5°	40°	42,5°
0°	1,70	1,86	2,04	2,24	2,46	2,72	3,00	3,32	3,69	4,11	4,60	5,16
− 2,5°	1,79	1,95	2,17	2,39	2,63	2,90	3,23	3,60	4,00	4,48	5,04	5,69
− 5°	1,87	2,05	2,28	2,51	2,79	3,08	3,45	3,86	4,31	4,85	5,48	6,22
− 7,5°	1,94	2,14	2,38	2,64	2,94	3,26	3,66	4,11	4,61	5,22	5,92	6,75
−10°	2,01	2,22	2,48	2,75	3,08	3,43	3,87	4,35	4,91	5,59	6,36	7,28
−12,5°	2,11	2,30	2,58	2,87	3,22	3,60	4,07	4,59	5,21	5,95	6,80	7,82
−15°		2,38	2,67	2,98	3,35	3,76	4,27	4,83	5,50	6,31	7,24	8,38
−17,5°			2,77	3,09	3,48	3,92	4,46	5,07	5,80	6,67	7,69	8,95
−20°				3,23	3,62	4,08	4,66	5,31	6,10	7,03	8,15	9,53
−22,5°					3,81	4,27	4,86	5,56	6,41	7,41	8,62	10,10
−25°						4,51	5,11	5,84	6,72	7,82	9,12	10,70
−27,5°							5,46	6,15	7,12	8,27	9,64	11,40

Hinweis Wenn im Grenzzustand eine überwiegend parallele Verschiebung erwartet wird, sind Erdwiderstandsbeiwerte K_{pt} bei Translation zu verwenden, s. [1], Teil 1, S. 361

Tafel 64 Erdruhedruckbeiwerte K_o für $\alpha = 0$ sowie $\beta = 0$ und $\beta \neq 0$

	20°	25°	27,5°	30°	32,5°	35°	37,5°
$\beta = 0$	0,66	0,58	0,54	0,50	0,46	0,43	0,39
$\beta = \frac{1}{3}\varphi$	0,75	0,69	0,65	0,62	0,59	0,56	0,52
$\beta = \frac{2}{3}\varphi$	0,85	0,80	0,77	0,75	0,71	0,69	0,66
$\beta = \varphi$	0,94	0,91	0,89	0,87	0,84	0,82	0,79

Tafel 65 Gleitflächenwinkel ϑ_a für **$\alpha = \beta = 0$**

δ \ $\varphi°$	15°	17,5°	20°	22,5°	25°	27,5°	30°	32,5°	35°	37,5°	40°
0	52,5	53,8	55,0	56,3	57,5	58,8	60,0	61,3	62,5	63,8	65,0
$+\frac{1}{3}\varphi$	49,4	50,8	52,5	53,6	55,0	56,4	57,8	59,2	60,6	62,0	63,3
$+\frac{2}{3}\varphi$	47,0	48,5	50,0	51,5	53,0	54,5	56,0	57,5	58,9	60,4	61,9

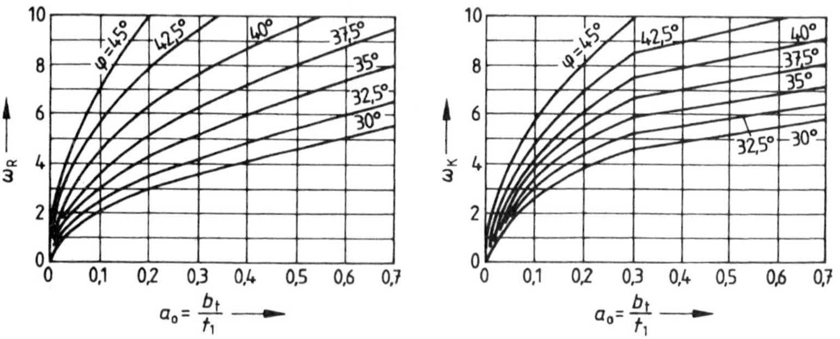

Bild 27 Erdwiderstandsbeiwerte ω_R und ω_K für Einzelbruchfiguren nach *Weißenbach*

Eine **Änderung der Wichte** ergibt in der Erddruckfigur einen **Knick**, eine **Änderung des Reibungswinkels** einen **Sprung**. Die **Verkehrslast** p vergrößert den Erddruck um den konstanten Wert $p \cdot K_{agh}$ über die Gesamthöhe des Bauwerkes (Bild 28).

Linienlast bewirkt eine dreieckförmige Ausweitung der Erddruckfigur (Bild 31). Soweit keine Versuchsergebnisse vorliegen, sind die für den Erddruck maßgebenden Kenngrößen in den Tafeln 12 und 13 zusammengestellt.

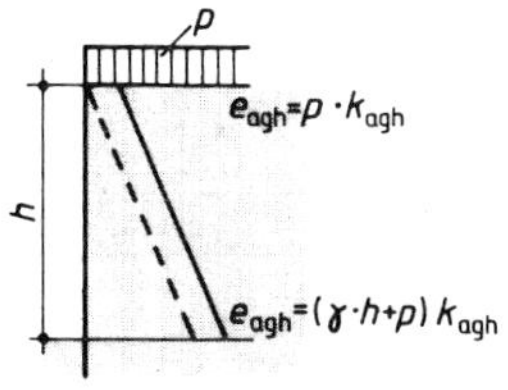

Bild 28 Hydrostatische Erddruckverteilung bei gleichmäßiger Geländeauflast

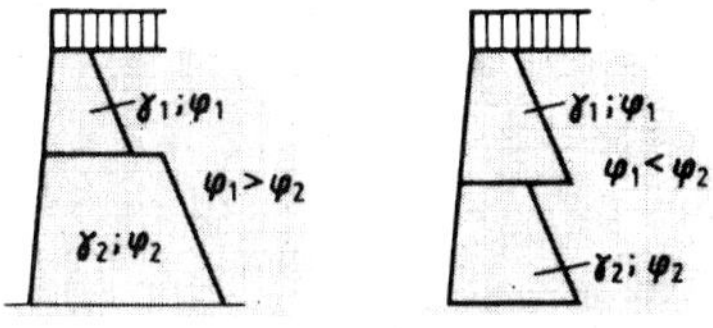

Bild 29 Auswirkung des Reibungswinkels

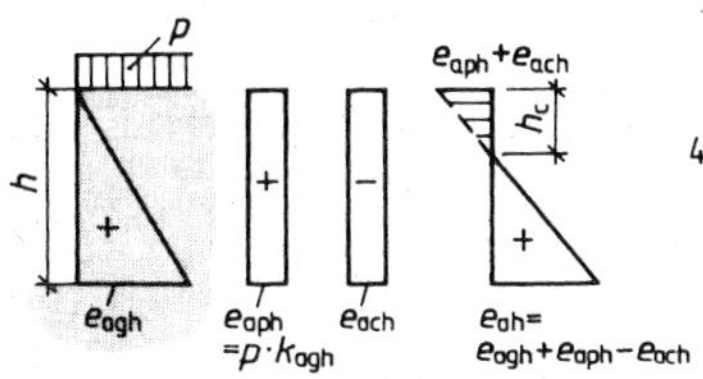

Bild 30 Berücksichtigung der Kohäsion

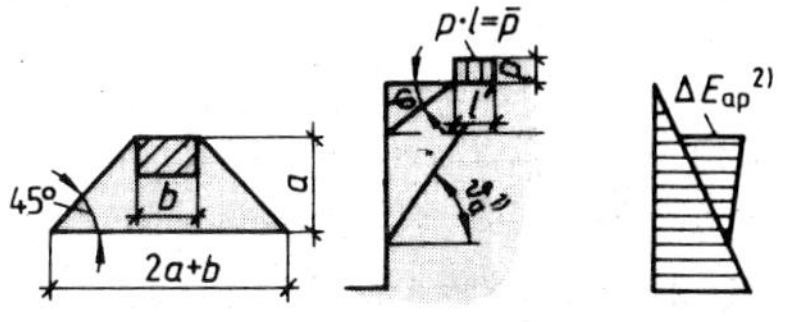

a) rechnerische Angriffsbreite einer Punktlast

b) rechnerische Angriffshöhe der Last

c) dreieckförmige Verteilung der Erddruckspannung

Bild 31 Druckverteilung bei Einzel- und Linienlasten

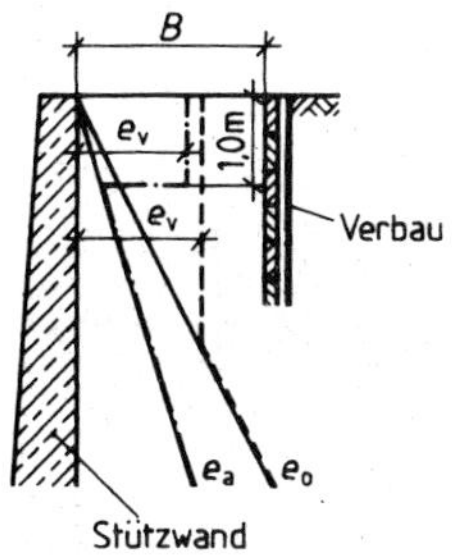

Bild 32 Erddrücke bei Verdichtung des Verfüllbodens
(– · – · –) bei verschieblicher Wand,
(– – – bei unverschieblicher Wand)

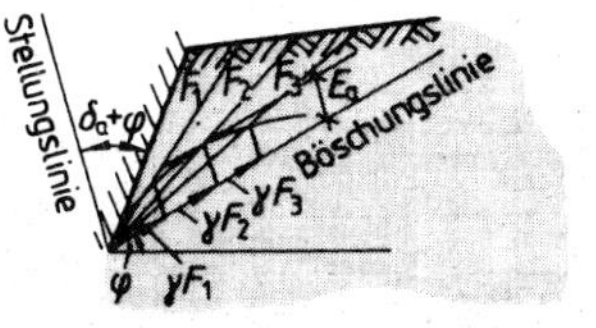

Bild 33 Erdruckermittlung nach *Culman*

In Bild 32 bedeuten:
e_v Erddruckordinate infolge Verdichtung
B lichte Breite des Verfüllraumes

Erddruckordinaten e_v in kN/m²

Stützwand	$B \leq 1{,}0$ m.	$B \geq 2{,}5$ m
unverschieblich	40	25
verschieblich	25	25

Zwischenwerte geradlinig ermitteln

[1]) für $\alpha = 0$ $\quad \tan \vartheta_a = \tan \varphi + \sqrt{(1 + \tan^2 \varphi)\, \dfrac{\tan \varphi - \tan \beta}{\tan \varphi + \tan \delta_a}}$ (74)

[2]) $\Delta E_{a\bar{p}} \cong \dfrac{\sin(\vartheta_a - \varphi)}{\cos(\vartheta_a - \varphi - \delta_a)} \cdot \bar{P} \quad \bar{p} = p \cdot l$ (s. Bild 31 b u. c) (75)

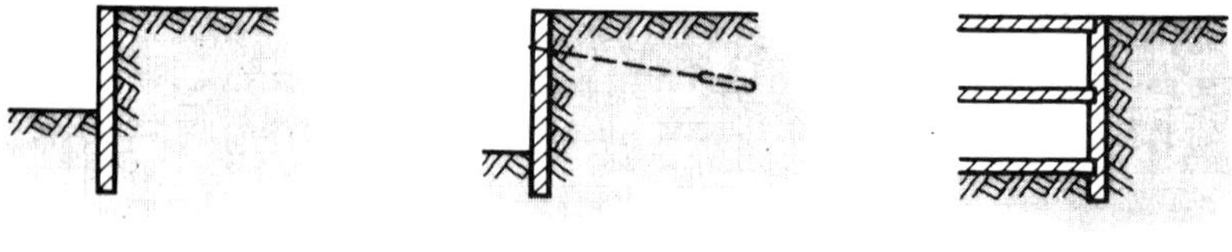

a) Im Boden eingespannte Spund- oder Ortbetonwand | b) Rückverankerte Spundwand oder Ortbetonwand | c) In ein Bauwerk einbezogene Spundwand oder Ortbetonwand

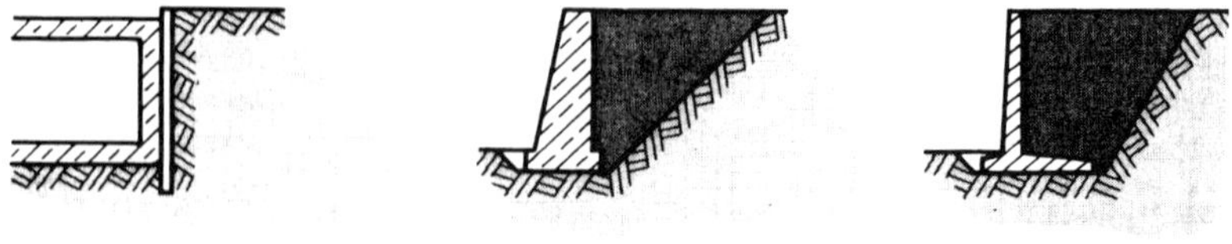

d) Gegen eine Baugrubenwand betoniertes Bauwerk | e) Schwergewichtsmauer | f) Winkelstützmauer

Bild 34 In der Regel für aktiven Erddruck zu bemessende Bauwerke (n. DIN 4085, Bbl. 1)

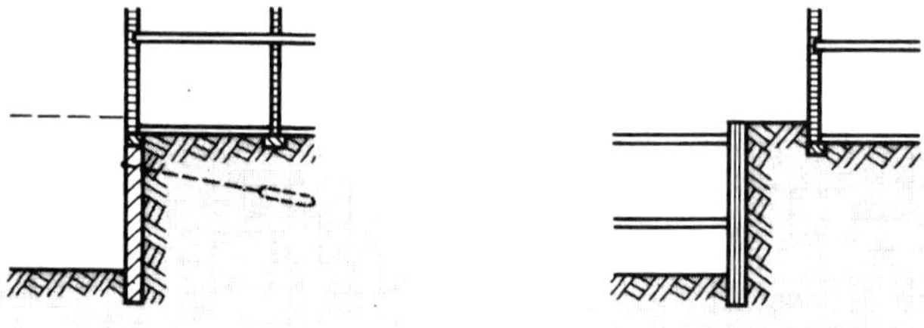

a) Unterfangungswand | b) Spundwand oder Ortbetonwand

Bild 35 In der Regel für erhöhten Erddruck zu bemessende Bauwerke (n. DIN 4085, Bbl. 1)

a) Tunnelbauwerk in abgeböschter Baugrube | b) Widerlagerbauwerk | c) Stützmauer auf Fels

Bild 36 In der Regel für Erdruhedruck zu bemessende Bauwerke (n. DIN 4085, Bbl. 1)

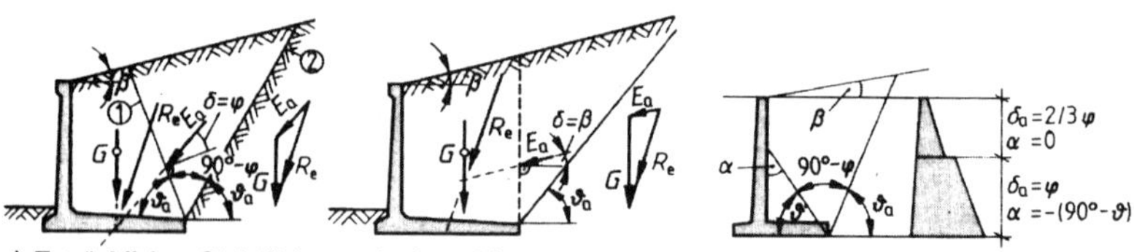

a) Tatsächlicher Gleitflächenverlauf | b) Vereinfachter Ansatz | c) Stützmauer mit kurzem Schenkel

Bild 37 Erddruck auf Winkelstützmauer (Erl. s. 8.3)

Voraussetzung für b): Keine gebrochene Geländeoberfläche, keine begrenzten Geländelasten, kein geschichteter Baugrund, sonst Erddruck auf 1. Gleitfläche als Rückwand, wie in Bild 37a

8.2 Zwischenwerte des Erddrucks

8.2.1 Erdruhedruck

Mit Erdruhedruck muß bei unverschieblichen Bauwerken nach Bild 36 und ferner auch noch bei kleinen Verdrehungen bis zu einem Tangenswert von 0,00005 entsprechend einem horizontalen Verschiebungsweg von 1/20000 der Wandhöhe gerechnet werden.

Bei **waagerechtem Gelände** ($\alpha = \beta = 0$) darf die Erdruhedrucklast näherungsweise als horizontal angreifend nach Gl. (76) angesetzt werden.

$\boldsymbol{E_{og} = E_{ogh} = \frac{1}{2}\, h^2 \,\mathrm{cal}\,\gamma \cdot k_{og}}$ (76) $\boldsymbol{k_{og} = 1 - \sin \mathrm{cal}\,\varphi'}$ (77)

Bei **ansteigendem Gelände** ($\alpha = 0$; $\beta \neq 0$) kann die Kraftrichtung parallel zur Geländeoberfläche angenommen werden, sofern bei verzahnter, rauher oder weniger rauher Wand die in Tafel 59 genannten Wandreibungswinkel nicht überschritten werden. Im Grenzfall $\delta = \beta = \mathrm{cal}\,\varphi'$ erhält man für eine unendliche Ausdehnung der Böschung $k_{og} = \cos \mathrm{cal}\,\varphi'$. Im Falle $0 < \beta < \mathrm{cal}\,\varphi'$ kann näherungsweise geradlinig in Abhängigkeit von der Geländeneigung β interpoliert werden (s. Tafel 64). Für $\alpha \neq 0$; $\beta = 0$ s. [8]. Die **Kohäsion** bleibt unberücksichtigt, da sie im Ruhezustand nicht wirksam werden kann. **Geländeauflasten** können bei $\beta = 0$ mit Formeln für den elastischen Halbraum berücksichtigt werden (s. [2], S. 237 u. S. 348 sowie EAB, EB 23), bei unbegrenzter Flächenlast mit $e_0 = p \cdot k_0$ (s. Bild 67).

8.2.2 Erhöhter aktiver Erddruck

Reichen die Bewegungen der Wand nicht aus, um aktiven Erddruck auszulösen, oder werden sie durch Maßnahmen verhindert, ist **erhöhter aktiver Erddruck** anzusetzen, der größer als der aktive Erddruck, aber kleiner als der Erdruhedruck ist (s. EB 8 und 22 der EAB auf S. 1118).

8.2.3 Verminderter passiver Erddruck

Durch Einführung eines Sicherheitsbeiwertes bei der Berechnung des passiven Erddrucks werden die zu erwartenden Bewegungen der Wand verringert (s. S. 1119).

8.2.4 Verdichtungserddruck (Bild 32)

Bei starker Verdichtung des hinterfüllten Bodens kann es erforderlich sein, Verdichtungserddruck anzusetzen, der größer ist als der Erdruhedruck (s. Beiblatt 1).

8.3 Erddruck auf Winkelstützwände (Bild 37)

Standsicherheit. Für die Ermittlung der Erddrucklast im Rahmen von Standsicherheitsberechnungen des Gesamtsystems (Gleit- und Grundbruchsicherheit) darf vereinfacht eine fiktive senkrechte Wandfläche durch die Hinterkante des waagerechten Schenkels angenommen werden (Bild 37b). Die Neigung der Erddrucklast ist dabei parallel zur Neigung der Geländeoberfläche anzusetzen. Vereinfacht darf der Erddruck auf den Sporn in der vorgenannten Erddrucklast miterfaßt werden.

Bemessung. Der Erddruck hinter dem senkrechten Schenkel wird näherungsweise als aktiver Erddruck unter Berücksichtigung der inneren Schenkelhöhe mit $\delta_a = \beta$ ermittelt und näherungsweise trapezförmig über die Wand verteilt, wobei die untere Erddruckkoordinate doppelt so groß anzusetzen ist wie die obere. Verdichtungserddruck ist ggf. unmittelbar auf die Rückwand anzusetzen und mit der vorgenannten Erddrucklast zu vergleichen. Die ungünstigere Beanspruchung ist für die Bemessung maßgebend.

9 Verankerungen

Schutzanforderungen nach DIN V 1054-100 (4.96)

- Die Dauerhaftigkeit der Verpreßanker ist durch sachgemäße Herstellung nach DIN 4125 sicherzustellen.
- Abstand und Zustand benachbarter baulicher Anlagen sind bei der Anordnung und Festlegung der Länge von Verankerungen zu beachten und dafür ihre Abmessungen, Konstruktion und die Festigkeit der Gründungskörper sowie die Sohldrücke im Einflußbereich der Verpreßkörper zu erkunden.
- Über DIN 4020 hinausgehend sind Beton und Grundwasser auf betonangreifende nach DIN 4030 und/oder stahlkorrosionsfördernde Stoffe nach DIN 50929-3 zu untersuchen.

Anmerkung Eine Beweissicherung der Nachbarbebauung wird empfohlen.

Größe und Verteilung des Erddruckes verankerter Baugrubenwände nach EB 42

Man erhält eine vom klassischen Erddruck abweichende Erddruckermittlung nur dann, wenn die Anker bei aktivem Erddruck auf wenigstens 80%, bei höherem als der aktive Erddruck auf 100% der errechneten Kräfte festgelegt werden.

Bei der Festlegung auf wesentlich geringere Kräfte ist die Verteilung des Erddrukkes weitgehend vom Zusammenwirken von Nutz- und Bauwerklasten, von Bodenart, Steifigkeit der Wand, Länge und Dehnung der Anker, Nachgiebigkeiten des Fußauflagers u. a. abhängig und nicht mehr eindeutig bestimmbar.

Bei näherungsweisem Ansatz einer rechteckigen Lastfigur des Erddruckes (s. Bild 65) darf auf die bei ausgesteiften Baugruben geforderte rechnerische Vergrößerung der Quer- und Auflagerkräfte verzichtet werden. Eine Abminderung der mit dem Erddruckrechteck ermittelten Biegemomente ist dann jedoch nicht mehr zulässig.

Ermittlung der Ankerkräfte

Allen Zuggliedern (Verankerungen) einer gleichartigen Gruppe bzw. Verankerungslage werden gleich große Einwirkungen (Kräfte) zugewiesen. Für den darin enthaltenen Einzelanker ergibt sich die Ankerkraft als Auflagerreaktion aus dem statischen Nachweis des verankerten Bauwerkes, indem der Ankerabstand so gewählt wird, daß vorh F_A aufgrund von Erfahrungen in etwa zul F_A aus den späteren Zugversuchen (Eignungs- und Abnahmeprüfungen) entspricht (Gl. 84). Vorab festgelegt wird ferner die Ankerlänge, der Neigungswinkel α der Anker (α in der Regel = 15%, wenn die örtlichen Verhältnisse keine stärkere Neigung erfordern) sowie der Durchmesser, d. h. die Querschnittsfläche des Stahlzuggliedes, und dafür die Nachweise der Tragfähigkeit nach DIN 4125 (11.90) geführt. Da die zu erwartende Verpreßkraft im allgemeinen nur abgeschätzt werden kann, sind die Anker so anzuordnen, daß der Einbau von Zusatzankern möglich ist.

Nachweise der Tragfähigkeit der Anker nach DIN 4125 (11.90)

Es sind drei Nachweise zu führen:
1) Indirekte Bestimmung der Ankerlänge mit dem **Nachweis der Standsicherheit der tiefen Gleitfuge** (Nachweis des Tragfähigkeitsverlustes infolge Verschiebungen und/oder Verdrehungen der Verankerungen).

Sie wird bei einfacher Verankerung nach dem Verfahren von Kranz untersucht, wobei nach EAU E 10 in der Mitte der rechnerischen Krafteintragsstrecke eine Ersatzwand angesetzt wird (s. Bild 38).

Die Ankerlänge wird für den Fall $\eta = 1,5$ bestimmt (Tafel 66) und EAU E 10

$$\eta = \frac{\text{mögl. } F_{Ah}}{\text{vorh } F_{Ah}} \geq 1,5 \quad (78)$$

graphisch nach Bild 38 oder analytisch mit Gl. (81)

Aus $\Sigma H = 0$ (Bild 33) mit

$$\text{mögl. } F_{Ah} = \frac{E_{ah} + E_{rh} - E_{1h}}{1 + \tan\alpha \cdot \tan(\varphi - \vartheta)} \quad (79) \quad \text{und} \quad f_A = \frac{1}{1 + \tan\alpha \cdot \tan(\varphi - \vartheta)} \quad (80)$$

ergibt sich

$$\text{mögl. } F_{Ah} = f_A(E_a + E_{rh} - E_{1h}) \quad (81)$$

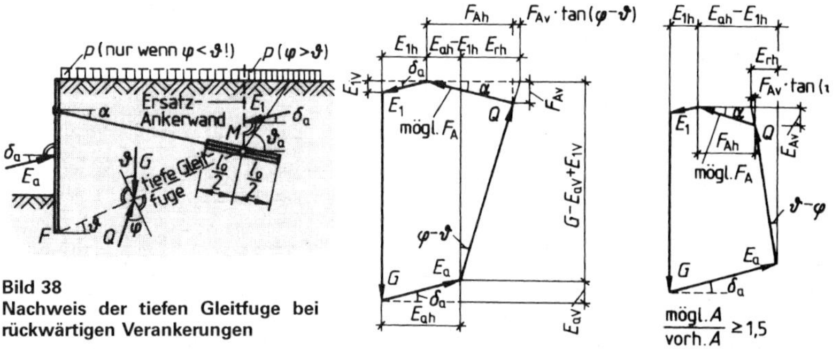

Bild 38
Nachweis der tiefen Gleitfuge bei rückwärtigen Verankerungen

Bei mehrfacher Verankerung wird die Standsicherheit nach [14] bestimmt.

Bei Wänden mit erhöhten aktiven Erddruck oder Ruhedruck ist der Bruchzustand des Bodens zugrunde zu legen, d. h. die Erddruckkräfte und Ankerkräfte sind bei dem Nachweis der tiefen Gleitfuge aus dem Grenzzustand des aktiven Erddruckes zu ermitteln.

Fußpunkt der tiefen Gleitfläche ist bei freier Auflagerung die Höhe von U. K. Wand bzw. Bohlträger, bei Einspannung der Querkraftnullpunkt im Einspannungsbereich.

Ferner ist nach EB 45 der Nachweis der Geländebruchsicherheit auf kreisförmigen Kreisflächen nach DIN 4084 zu führen (s. S. 1108), bei aktivem Erddruck mit der Sicherheit für den Lastfall 2, bei erhöhtem Erddruck oder Ruhedruck (s. S. 1101) für Lastfall 1 (s. S. 1068).

2) **Zulässige Ankerkraft für das Stahlzugglied** (Tragfähigkeitsverlust durch Bauteilversagen des Ankermaterials)

$$\textbf{zul } \boldsymbol{F_A \leq F_s/\eta_s} \quad (82) \qquad F_s = \boldsymbol{A_s \cdot \beta_s} \quad (83)$$

A_s Querschnittsfläche des Stahlzuggliedes
β_s Streckgrenze des für das Zugglied verwendeten Stahls
η_s Sicherheitsbeiwert aus Tafel 66

Tafel 66 Sicherheitsbeiwerte η_K und η_S

Lastfall nach	Verpreßkörper: η_K		Stahlzugglied: η_S	
DIN 1054	Regelfall	Erdruhedruck	Regelfall	Erdruhedruck
1	1,50	1,33	1,75	1,33
2	1,33	1,25	1,50	1,25
3	1,25	1,20	1,33	1,20

3) **Zulässige Ankerkraft für den Verpreßkörper** aus Eignungs- und Abnahmeprüfungen (Tragfähigkeitsverlust des Bodens in der Ankerumgebung).

$$\textbf{zul } \boldsymbol{F_A \leq F_K/\eta_K} \quad (84)$$

F_K Grenzkraft des Verpreßkörpers bei der Eignungsprüfung
η_K Sicherheitsbeiwert aus Tafel 66

Die Grenzkraft des Verpreßkörpers ist diejenige Kraft, die im Zugversuch ein zeitabhängiges Kriechmaß $K_S \leq 2{,}0$ mm erzeugt (Tafel 67).

16

Auf eine **Eignungsprüfung** darf bei Kurzzeitankern verzichtet werden, wenn eine solche schon in einem anderen vergleichbaren Baugrund ausgeführt worden ist. Sonst ist sie auf jeder Baustelle an mindestens drei Verpreßankern dort auszuführen, wo die ungünstigsten Ergebnisse zu erwarten sind (Darstellung Bild 40). Jeder Verpreßanker ist einer **Abnahmeprüfung** zu unterziehen. Ausgehend von einer Vorlast F_i sind die Anker mit den Zwischenstufen von Bild 39 bzw. 40, jedoch höchstens bis $F_P \leq 0{,}9F_S$ zu belasten. Bei Dauerankern ist die Eignungsprüfung unter Aufsicht eines sachverständigen Instituts durchzuführen.

Tafel 67 Beobachtungszeiten und zulässige Verschiebungen unter der Prüfkraft F_P bei Eignungs- und Abnahmeprüfungen von Kurzzeitankern (Bild 39 u. 40)

	Nichtbindiger Boden und Fels		Bindiger Boden	
	Beobachtungszeit $\Delta t = t_2 - t_1$ min	Verschiebung $\Delta_s = s_2 - s_1$ mm	Beobachtungszeit $\Delta t = t_2 - t_1$ min	Verschiebung $\Delta s = s_2 - s_1$ mm
Eignungsprüfung mit $F_P = \eta_K \cdot F_W$	5 bis 15	$\leq 0{,}5$ ($k_S \leq 1{,}0$)	5 bis 30	$\leq 0{,}8$ ($k_S \leq 1{,}0$)
	oder Nachweis $k_s \leq 2{,}0$ mm für $t_1 \leq \Delta t \leq 10t_1$			
Abnahmeprüfung mit $F_P = 1{,}25 \cdot F_W \leq 0{,}9F_S$	2 bis 5	$\leq 0{,}2$ ($k_s \leq 0{,}5$)	5 bis 15	$\leq 0{,}25$ ($k_s \leq 0{,}5$)
	oder Nachweis $k_s \leq 1{,}0$ mm für $t_1 \leq \Delta t \leq 10t_1$			

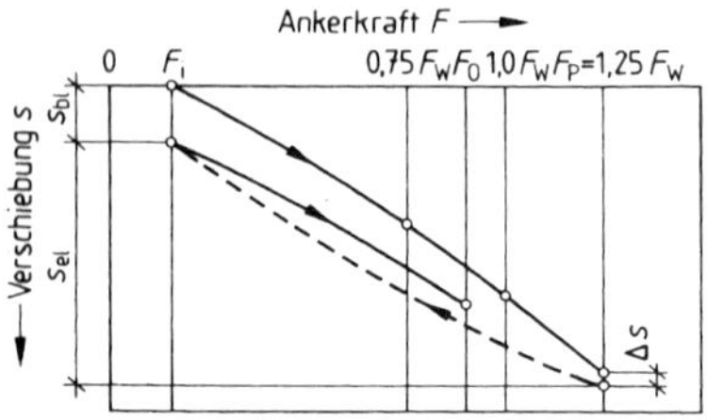

Bild 39 Kraftverschiebungslinie einer Abnahmeprüfung

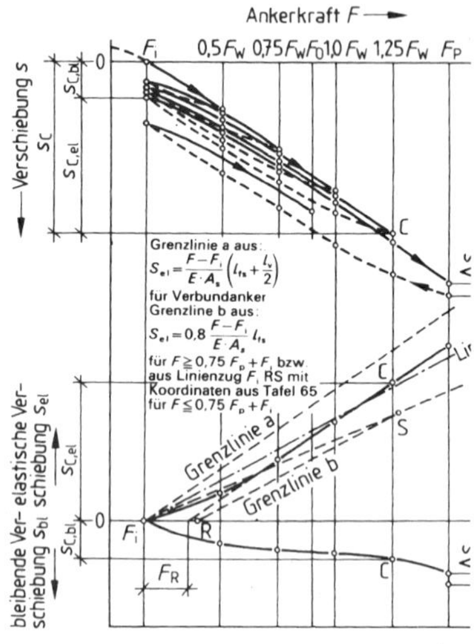

Bild 40 Kraftverschiebungslinie einer Eignungsprüfung

Tafel 68 Koordinaten der Punkte R und S nach Bild 40

Punkt	Verschiebungsachse s_{el}	Kraftachse F
R	0	$0{,}15F_P + F_i$
S	$0{,}6F_P \cdot \frac{l_{fS}}{E \cdot A_S}$	$0{,}75F_P + F_i$

10 Böschungen und Hänge

10.1 Begriffe und Schutzanforderungen nach DIN V 4084-100 (4.96)

Böschung: Erdkörper mit einer durch Abtrag oder Auffüllen künstlich hergestellter geneigter Geländeoberfläche
Hang: Erdkörper mit einer natürlich entstandenen geneigten Geländeoberfläche.

Freie Erdoberflächen von Böschungen sind gegen Erosion durch Begrünung oder sonstige Maßnahmen zu schützen.

10.2 Sicherheitsnachweise gegen Grenzzustände der Tragfähigkeit

10.2.1 Spreizversagen von Böschungen

Nach DIN V 1054-100 (4.96) dürfen im Grenzzustand die aufnehmbaren Spreizschubkräfte von Böschungen nicht überschritten werden. Insbesondere ist bei geneigten Sohlflächen von geschütteten Böschungen, in denen Dichtungslagen aus bindigen Mineralstoffen und/oder Geokunststoffen eingebracht werden, der Nachweis gegen Überschreiten der aufnehmbaren Spreizschubkräfte (Böschungsgleichen) zu führen.

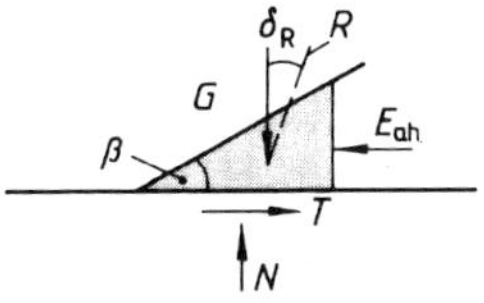

Bild 41 Reaktionskräfte an der Sohle

$$\eta = \frac{\tan\varphi}{\tan\delta_R} = \frac{\tan\varphi}{K_{ah}\cdot\tan\beta} \quad (85)$$

Erf. Sicherheit η s. Tafel 20

10.2.2 Böschungsgrundbruch

Nach DIN V 1054-100 (4.96) ist bei Böschungen von Schüttungen auf wenig scherfestem Untergrund stets die Sicherheit gegen Versagen auf tiefliegenden Gleitflächen zu untersuchen, wobei je nach Bodenschichtung und sonstigen Randbedingungen (z. B. Geokunststoffe in der Sohlfläche von Dämmen) nach DIN 4017 oder nach DIN 4084 zu verfahren ist.

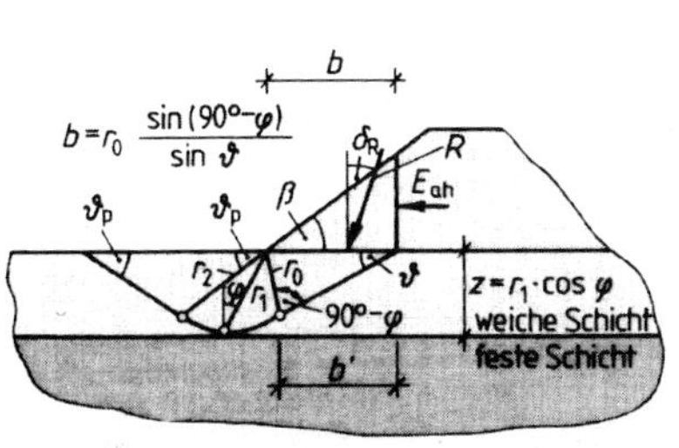

Bild 42 Grundbruchgleitlinie unter einem Damm bei begrenzter Tiefe der weichen Schicht des Untergrundes

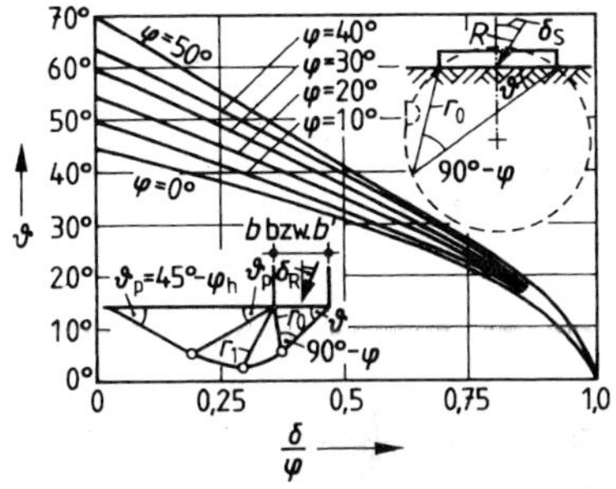

Bild 43 Gleitliniendreieck und Diagramm zur Bestimmung des Abgangswinkels nach DIN 4017-2, Beibl. (8.79)

16

Berechnung der Böschungsgrundbruchsicherheit nach [4]

$$r_0 = b\,\frac{\sin\vartheta}{\sin(90^\circ-\varphi)} \quad (86); \qquad r_1 = r_0\cdot e^{\vartheta\cdot\tan\varphi} \quad (87); \qquad r_2 = r_0\cdot e^{(\vartheta+\vartheta_p)\tan\varphi} \quad (88)$$

Wirksame Breite: $b' = \frac{2}{3}b(1+\tan\beta\cdot\tan\delta_R)^{1)}$ Breite $b = r_0\,\frac{\sin(90^\circ-\varphi)}{\sin\vartheta}$ (89)

Bruchspannung: $\sigma_{of} = c\cdot N_c\cdot 1\varkappa_c + 0 + \gamma\cdot b' N_b\cdot\varkappa_b$ (N_c u. N_b aus T. 29) (90)

Vorh. Sohlspannung: $\sigma_{or} = G/b'\cdot 1$ ($\varkappa_c$ u. $\varkappa_b$ aus T. 34) (91)

Sicherheit: $\eta = \sigma_{of}/\sigma_{or} \geq 2$ (Lastfall 1) (92)

[1]) für mittige Resultierende

10.2.3 Gelände- und Böschungsbruch

10.2.3.1 Gelände- und Böschungsbruchberechnungen

nach DIN 4084 mit Beibl. 1 (7.81) und Beibl. 2 (9.83)

1) Sonderfall für gerade, unbelastete Böschungen aus nichtbindigen Böden

nicht durchströmt

$$\eta = \frac{\tan \varphi}{\tan \beta} \qquad (93)$$

durchströmt (parallel zur Böschung)

$$\eta = \frac{\gamma'}{\gamma' + \gamma_w} \cdot \frac{\tan \varphi}{\tan \beta} \qquad (94)$$

2) Berechnung der Böschungsbruchsicherheit nach dem Lamellenverfahren (Bild 39, 40 und Tafel 66) mit der vereinfachten Formel von *Bishop* (1954)

$$\eta = \frac{r \cdot \sum\limits_i T_i + \sum M_s}{r \cdot \sum\limits_i G_i \cdot \sin \vartheta_i + \sum M} \qquad (95)$$

$$T_i = \frac{[G_i - (u_i + \Delta u_i) \cdot b_i] \tan \varphi_i + c_i \cdot b_i}{\cos \vartheta_i + \frac{1}{\eta^{1)}} \tan \varphi_i \cdot \sin \vartheta_i} \qquad (96)$$

η Gelände- oder Böschungsbruchsicherheit aus Tafel 67
G_i Eigenlast der Lamelle in kN/m
M Momente der in G nicht enthaltenen Lasten und Kräfte um 0 in kNm/m
M_s Momente von in T_i nicht berücksichtigten Schnittkräfte in kNm/m
T_i für die einz. Lamellen vorh. widerst. tangentiale Kraft des Bodens in kN/m
u_i Porenwasserdruck für die einzelnen Lamellen in kN/m² (s. Bild 45)
Δu_i Porenwasserüberdruck infolge Konsolidation in kN/m²
$\eta^{1)}$ Auf der rechten Seite von Gl. (96) muß man η schätzen und mit dem berechneten Sicherheitsbeiwert η vergleichen. Bei stärkerer Abweichung ist die Berechnung mit dem ermittelten Wert als neuem Schätzwert zu wiederholen.

Erklärungen: Das Berechnungsverfahren nach Gl. (95) geht davon aus, daß versuchsweise mehrere Gleitflächen durch den Boden gelegt werden und für jede einzelne die Sicherheit gesondert ermittelt wird. Der kleinste Wert der Sicherheit, welcher sich auf diese Weise ergibt, wird als Gelände- oder Böschungsbruchsicherheit bezeichnet. Im allgemeinen genügt es, für die Gleitlinie einen Kreis, d. h. eine vereinfachte geometrische Form mit höchstens drei freien Parametern anzunehmen. Wenn die gewählte Gleitlinienform in ihren Parametern ausreichend variiert wird, ist diese Vereinfachung von untergeordneter Bedeutung. Bei der Variation ist zu prüfen, ob die gewählte Form überhaupt möglich ist.

Die ungünstigste Gleitlinie geht in der Regel bei Böschungen in einheitlichem Boden mit $\varphi > 5°$ durch den Fußpunkt, bei massiven Stützbauwerken durch den hinteren Fußpunkt.

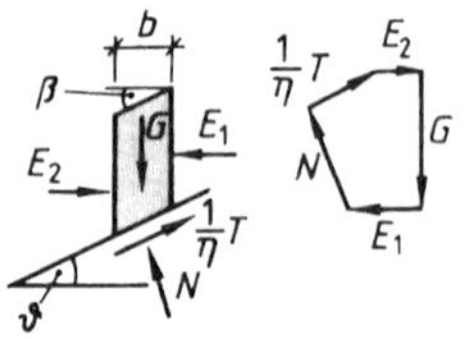

Bild 44 Angreifende Kräfte an der Lamelle

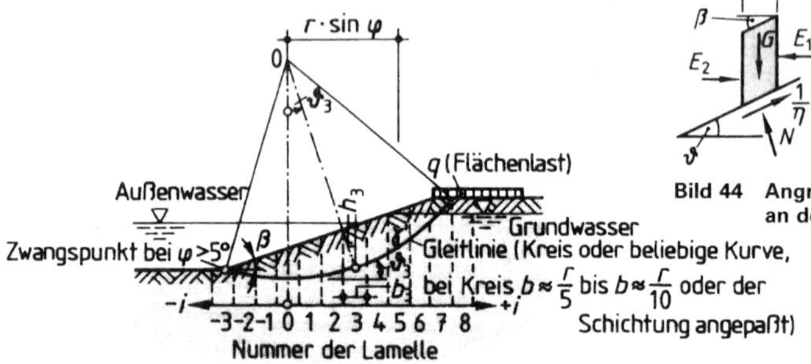

Bild 45 Gleitlinie bei dem Lamellenverfahren nach DIN 4084

In den Sicherheitsnachweisen wird eine Scheibe von einem Meter Dicke des Gleitkörpers betrachtet. Dabei sind folgende **Lasten** zu berücksichtigen:

a) Lasten in oder auf dem Gleitkörper, wobei Verkehrslasten nur insoweit angesetzt werden, als sie ungünstig wirken.

b) Eigenlast des Gleitkörpers, bei Geländebruchberechnungen einschließlich des Stützbauwerks, unter Berücksichtigung des Grund- und Außenwasserspiegels sowie des nach 10.2.3.1 (4) gewählten Ansatzes für die Wasserdrucklasten (Wichte γ, γ_r oder γ').
c) Porenwasserüberdruck infolge Konsolidation
d) ggf. Scherkräfte in oder infolge von Konstruktionsteilen, die durch die Gleitfläche geschnitten werden.

Die maßgebenden Scherkräfte sind nach DIN 1055-2 (2.76) s. Tafel 12 u. 13 oder aus Scherversuchen zu ermitteln. Bei bindigem Boden ist dem Nachweis der Sicherheit die Anfangs- und Endfestigkeit zugrunde zu legen. Die Scherfestigkeit, die zur geringsten Sicherheit führt, ist maßgebend. Im allgemeinen werden die bei Laboratoriumsversuchen festgestellten Bodenkennwerte für die Scherfestigkeit maßgebend sein. Geschätzte bodenmechanische Kennwerte dürfen nur dann verwendet werden, wenn die Bodenschichten eindeutig bewertet werden können. Die Schätzungen sollten von Baugrundsachverständigen vorgenommen werden.

Tafel 69 Berechnungstabelle für Gleichung (95) und (96) nach DIN 4084, Beibl. 2 (9.83)

1	2	3	4	5	6
Nr. der Lamelle —	Nr. der Bodenschicht —	Schichthöhe in m	Wichte der Schicht in kN/m³	Lamellenbreite b_i in m	Lamelleneigenlast in kN/m

7	8	9	10	11	12	13	14
Verkehrslast d. Lam. in kN/m	$G_i =$ (6) + (7) in kN/m	ϑ_i in °	$G_i \cdot \sin \vartheta_i$ in kN/m	φ_i in °	c_i in kN/m²	u_i in kN/m²	T_i für d. gew. Wert η[1]) in kN/m

3) Berechnung der Böschungsbruchsicherheit nach dem lamellenfreien Verfahren von *Borowicka*

Neben dem Lamellenverfahren empfiehlt DIN 4084 insbesondere zur überschläglichen Berechnung bei probeweise angenommenen kreisförmigen Gleitlinien und höchstens zwei Bodenschichten das **lamellenfreie Verfahren** mit der längsbezogenen Kraft F_c aus der Kohäsion:

$F_c = l \cdot c \cdot \eta_r / \eta_c \cdot \cot \varphi$ in KN/m.

Diese in der Winkelhalbierenden angreifende Kraft wird mit der Resultierenden der äußeren Lasten R zur Gesamtresultierenden R_c zusammengefaßt, der Winkel φ_0 wird gemessen. Damit beträgt die Sicherheit für die Reibung (Bild 46) $\eta_r = \tan \varphi / \tan \varphi_0$.

Tafel 70 Sicherheiten nach DIN 4084 (7.81)

Lastfall	η[1])	η_r[2])	η_r/η_c[3])
1	1,4	1,3	
2	1,3	1,2	0,75
3	1,2	1,1	

[1]) für Berechnungsverfahren (2)
[2]) für (1) und (3)
[3]) für (3), jedoch nur, wenn $c > 20$ kN/m², andernfalls $\eta_r = \eta_c = 1{,}0$

Maßgebend bei Verfahren 2) und 3) ist der Gleitkreis mit der kleinsten Sicherheit, der durch Iteration mit anderen angenommenen Gleitkreisen (Fußpunkt s. Bild 45) gefunden wird.

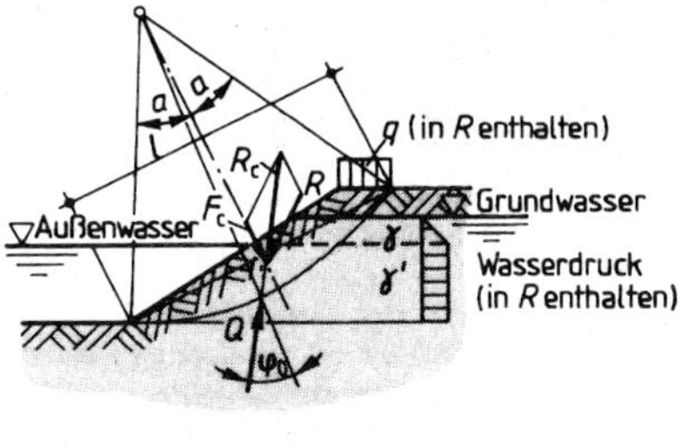

Bild 46 Böschungsbruch, Ansatz der Kräfte bei dem lamellenfreien Verfahren nach DIN 4084

4) Ansatz der Wasserdrucklasten

a) Porenwasserdruck u auf die Gleitfläche bei verfeinerten Berechnungen aus dem Strömungsnetz auf Bild 50

16

b) Ansatz der Wasserlasten als Lamellenkräfte G_w unterhalb der Sickerlinie nach Bild 48. Daraus

$$G' + G_w = G_r \text{ (gesättigt } \gamma_r) \qquad (97)$$

Der radial gerichtete Sohlwasserdruck U ergibt kein Moment.

c) Ansatz der Strömungskraft S_w nach Bild 47

$$S_w = \Sigma G_w \cdot \sin \varepsilon_s = \gamma_w \cdot A_w \cdot \sin \varepsilon_s \qquad (98)$$

A_w durchströmter Querschnitt

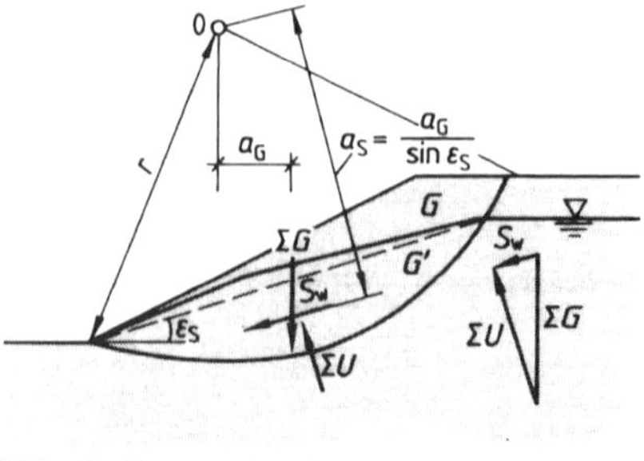

Bild 47 Ansatz der Strömungskraft in ΣM der Gl. (95) und Ermittlung von R im lamellenfreien Verfahren (3)

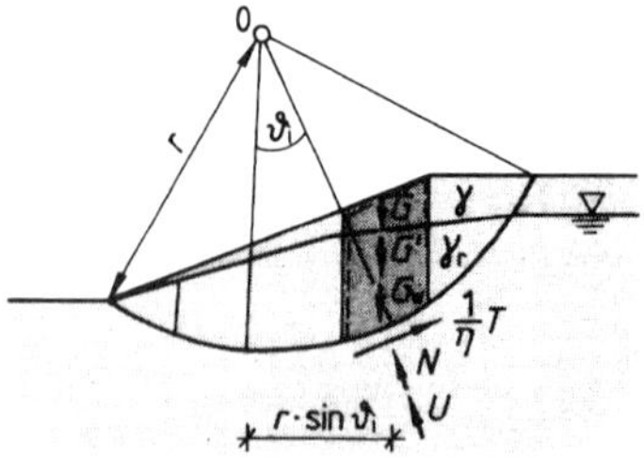

Bild 48 Ansatz des Porenwasserdruckes in Gl. (96)

Für **einfache Fälle** kann die Sicherheit bei Böden mit Reibung und Kohäsion auch nach Diagrammen von *Schultze* und *Janbu* berechnet werden (Bild 49).

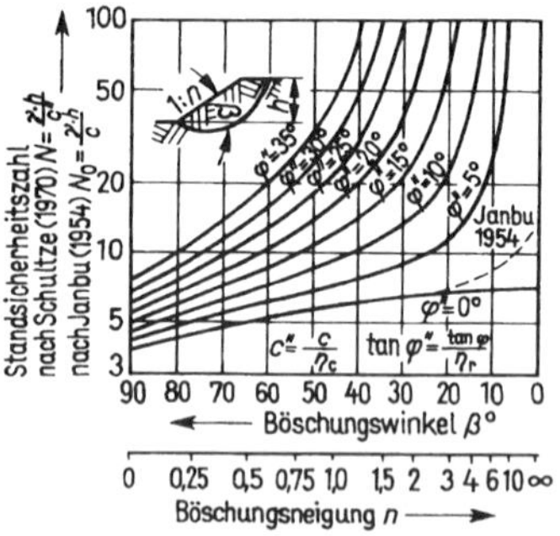

Bild 49 Diagramm zur Bestimmung des zulässigen Böschungswinkels nach *Janbu/Schultze*

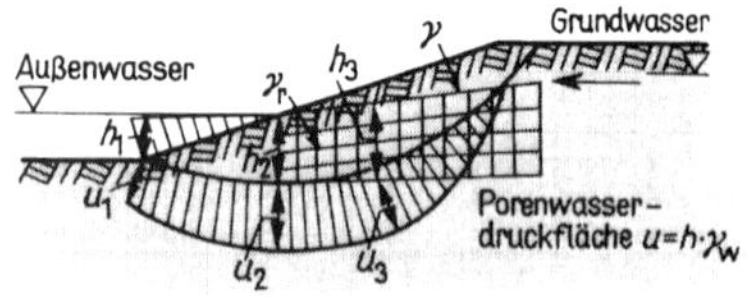

Bild 50 Strömungsnetz, Wasser- und Porenwasserdruck nach DIN 4084

5) Berechnung der Geländebruchsicherheit nach DIN 4084 (7.81) bei Stützbauwerken. Er wird als Sonderfall des Böschungsbruches wie dieser bei der Wahl der Gleitflächen und Berechnung der Standsicherheit behandelt, wobei der ungünstigste Gleitkreis den Fußpunkt der Stützwand schneidet. S. Beispiel 1 in Beibl. 2 (9.83).

Vereinfachung des Schichtenbildes

In den meisten Fällen kann das Schichtenbild durch geradlinige Schichtgrenzen wiedergegeben werden.

[1]) s. Tafel 67

10.3 Grenzzustandsnachweise für Dämme

Dammgleiten

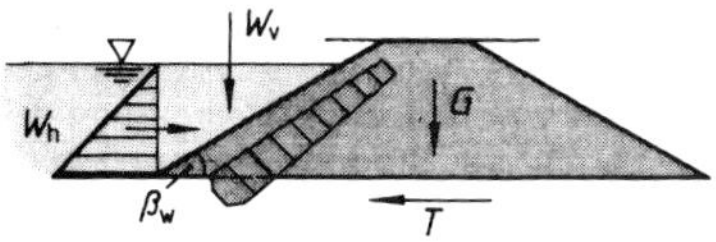

Bild 51 bei Böschungsdichtung

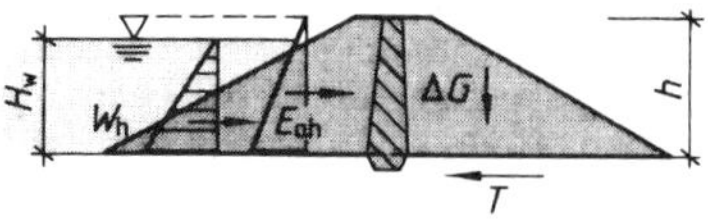

Bild 52 bei Kerndichtung

$$\eta = \frac{\max T}{\text{vorh } T} = \frac{(G + W_v)\tan\varphi}{W_h} \quad (99)$$

$$W_h = \gamma_w \cdot \frac{H_w^2}{2} \quad (100)$$

$$W_v = \gamma_w \cdot \frac{H_w^2}{2} \cot\beta_w \quad (101)$$

$$\eta = \frac{\max T}{W_h + E_{ah}} \quad (102)$$

$$= \frac{\Delta G \cdot \tan\varphi}{W_h + E_{ah}} \quad (103)$$

In Gl. (99) und (103) ist φ der Reibungswinkel des Untergrundes

11 Baugruben

11.1 Berechnung von Baugrubenumschließungen

nach EAB (Auswahl)[1])

11.1.1 Berechnungsgrundlagen

Berechnungslastfälle: Im allgemeinen genügt es, den Standsicherheitsnachweis für den Lastfall H (Summe der Hauptlasten) im Sinne von DIN 18800-1 bzw. DIN 1052 zu erbringen (Regelfall). In Sonderfällen kann es erforderlich sein, auch den Lastfall HZ (Summe der Haupt- und Zusatzlasten) zu untersuchen, ferner in besonders gelagerten Ausnahmefällen auch außerplanmäßige Lasten zu berücksichtigen.

Hauptlasten (H) sind:

a) Eigenlasten der Baugrubenkonstruktion, ggf. unter Berücksichtigung von Hilfsbrücken und Baugrubenabdeckungen sowie von
b) unmittelbar wirksamen Nutzlasten,
c) Erddruck aus Bodeneigenlast, Bauwerks- und Nutzlasten, ggf. unter Berücksichtigung der Kohäsion,
d) Wasserdruck

Zusatzlasten (Z) sind

a) Bremskräfte und
b) selten auftretende Lasten sowie unwahrscheinliche oder selten auftretende Kombinationen von Lastgrößen und Lastangriffspunkten, wie z. B. ungewöhnliche Wasserstände, Temperatureinwirkungen, z. B. auf Stahlstreifen aus I-Profilen ohne Knickhaltung oder bei schmalen Baugruben in frostgefährdeten Böden

Außerplanmäßige Lasten sind Ausnahmefälle, die unter normalen Umständen nicht auftreten, z. B. durch Überspannung von Ankern, Anprall von Baugeräten, Ausfall von Betriebs- und Sicherheitsvorkehrungen, Ausfall besonders gefährdeter Tragglieder. Im allgemeinen genügt es, den Standsicherheitsnachweis für den Lastfall H zu erbringen. Zugehörige zulässige Spannungen s. S. 1125.

Für die Lastfälle H und HZ sowie für kurzzeitig auftretende Sonderlasten (s. o.) gelten beim Nachweis der Einzelteile die erhöhten zulässigen Spannungen nach DIN 4121 (s. Tafel 77). Für die übrigen außerplanmäßigen Lasten sind sie im Einvernehmen mit den Bauaufsichtsbehörden festzulegen.

[1]) Die Anpassung der EAB an das neue Sicherheitskonzept erfolgt nach EAB-100 (1996)

Wahl der Bodenkenngrößen. Wenn keine Versuchsergebnisse oder Bodenkenngrößen aufgrund örtlicher Erfahrungen von früheren Bodenuntersuchungen vorliegen, darf mit den Größen der Tafel 12 und 13 gerechnet werden.

Dabei ist nach DIN 1055-2, Abschn. 5.2, bei der Ermittlung des Erddruckes aus der Eigenlast nichtbindiger Böden lockere Lagerung und aus Auflasten mitteldichte Lagerung anzunehmen, dichte Lagerung nur aufgrund von Druck- und Rammsondierungen. Wenn keine Ergebnisse von Feld- oder Laborversuchen vorliegen, ist nach Abschn. 6.2 für bindige Böden die jeweils ungünstigste Annahme zugrunde zu legen.

Kapillarkohäsion von Sandböden darf bis $c' = 2\ \mathrm{kN/m^2}$ berücksichtigt werden, sofern sie nicht durch Austrocknung, Überfluten des Baugrundes (Ansteigen des Grundwassers oder Wasserzulauf von oben) während der Bauzeit verlorengeht. $c' > 2{,}0\ \mathrm{kN/m^2}$ nur, wenn durch örtliche Erfahrung bestätigt oder durch Messungen am Baugrubenverbau überprüft.

Ansatz des Wandreibungswinkels [EB 4]. Sofern die Vertikalkräfte einwandfrei in den Untergrund abgeleitet werden können (S. 1113), i. allg. $\delta_a = +2{,}3\varphi$, davon abweichend bei Schlitzwänden $\delta_a = +1/2\varphi$. Läßt sich $\Sigma V = 0$ nicht anders nachweisen, z. B. bei Hilfsbrücken und starker Neigung der Verankerung, so ist ein kleinerer oder negativer Wandreibungswinkel, höchstens jedoch $\delta_a = -2/3\varphi'$ bzw. $\delta_a = -1/2\varphi'$ bei Schlitzwänden einzuführen.

Ansatz von Mindesterddruck bei Böden mit Kohäsion [EB 4]. Bei durchgehend bindigen sowie bei wechselnden Bodenschichten ist die Erddrucklast einmal a) mit den jeweils gewählten Scherfestigkeiten und zum anderen b) mit den gewählten Scherfestigkeiten im Bereich der nichtbindigen und mit einem Mindesterddruckbeiwert $K_{agh} = 0{,}20$ im Bereich der bindigen Schichten (Mindesterddruck s. Bild 53) zu ermitteln. Der ungünstigste Lastansatz ist maßgebend.

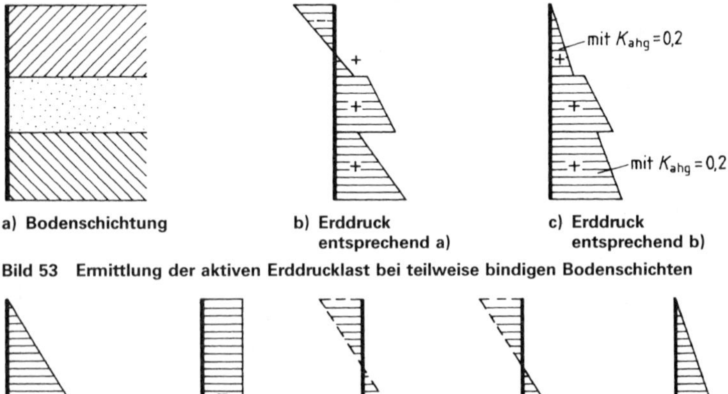

a) **Bodenschichtung** b) **Erddruck entsprechend a)** c) **Erddruck entsprechend b)**

Bild 53 Ermittlung der aktiven Erddrucklast bei teilweise bindigen Bodenschichten

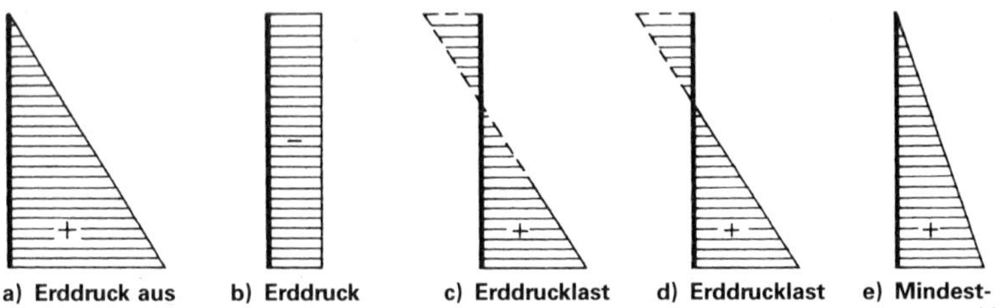

a) **Erddruck aus Bodeneigengewicht** b) **Erddruck infolge von Kohäsion** c) **Erddrucklast bei gestützten Baugrubenwänden** d) **Erddrucklast bei nicht gestützten Baugrubenwänden** e) **Mindest-Erddrucklast**

Bild 54 Ermittlung der aktiven Erddrucklast bei bindigem Boden

Ist eine Umlagerung des Erddruckes nicht zu erwarten, müssen die rechnerischen Zugspannungen außer Ansatz bleiben (Bild 54d).

Ansatz von erhöhtem Erddruck (EB 8) bei ausgesteiften Spund- und Trägerbohlwänden nur dann, wenn bei geringem Abstand der Unterstützung die Steifen der Spundwände mit mehr als 30% und die Steifen der Trägerbohlwände mit mehr als 60% vorgespannt werden. Bei ausgesteiften Ortbetonwänden ist generell erhöhter Erddruck anzusetzen.

Bei verankerten Baugruben richtet sich die Größe des Erddruckes danach, mit welcher Kraft die Anker festgelegt werden (siehe Abschnitt 9).

Ansatz von Nutzlasten in Form von Ersatzlasten

a) bei Straßenverkehr (EB 55) nach Bild 50 und 51

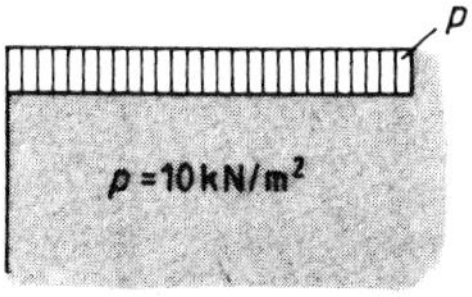

Bild 55 Ersatzlast für Straßenverkehr bei a[1]) > 1,0 m

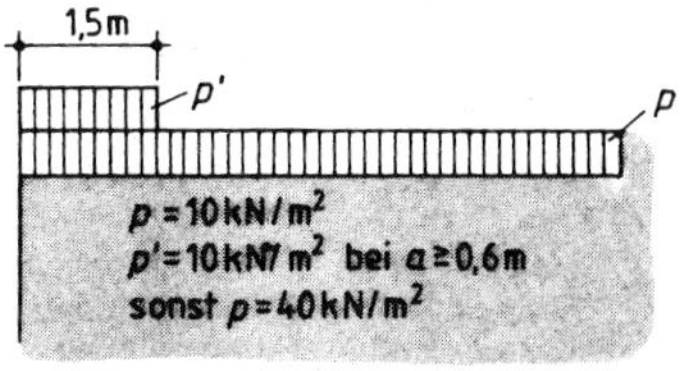

Bild 56 Ersatzlast für Straßenverkehr bei a[1]) < 0,6 m

[1]) a Abstand zwischen der Aufstandsfläche der Räder und der Hinterkante der Baugrube

Voraussetzung für den Ansatz der Ersatzlasten

a) bei Straßenverkehr gemäß Bild 55 und 56:

Fahrbahndecke $d > 15$ cm sowie Achslasten im zulässigen Bereich der Straßenverkehrszulassungsordnung vom 16. 7. 86 sowie Ansatz von Einzellasten.

Wird gegen die Baugrubenwand ein Schrammbord abgestützt, so ist darauf ein waagerechter Seitenstoß nach DIN 1072 anzusetzen.

b) bei Schienenverkehr (EB 55)

Die Nutz- und Ersatzlasten sind nach den Vorschriften der jeweiligen Verkehrsbetriebe anzusetzen. Bei Straßenbahnen genügt eine unbegrenzte Flächenlast $p = 10$ kN/m^2 entsprechend Bild 55, wenn der Abstand zwischen Schwellenenden und Baugrubenwand $\geq 0{,}6$ m beträgt. Ggf. sind Fliehkräfte und Seitenstoß zu berücksichtigen.

c) bei Baustellenverkehr (EB 56)

Für Lasten im Rahmen der Straßenverkehrszulassung gelten die Bilder 55 und 56, auch dann, wenn ein Straßenbelag fehlt.

d) bei Stapellasten (EB 56)

wird eine unbegrenzte Flächenlast $p = 10$ kN/m^2, wie in Bild 55 dargestellt, angesetzt.

e) bei Bagger und Hebezeugen (EB 57) nach Bild 57

1. Wenn die folgenden Abstände eingehalten werden, genügt der Ansatz einer unbegrenzten Flächenlast von 10 kN/m^2 entsprechend Bild 55.

1,5 m bei $G = 10$ t	3,5 m bei $G = 50$ t
2,5 m bei $G = 30$ t	4,5 m bei $G = 70$ t

2. Sonst sind Ersatzlasten nach Bild 57 in Verbindung mit Tafel 71 anzusetzen.

16

Tafel 71 Größe und Breite der Streifenlast p' in Bild 57 in Abhängigkeit von Gesamtgewicht G

Gesamtgewicht des Gerätes	Zusätzliche Streifenlast p'		Breite der Streifenlast p'
	Kein Abstand	Abstand 0,60 m	
10 t	50 kN/m²	20 kN/m²	1,50 m
30 t	110 kN/m²	40 kN/m²	2,00 m
50 t	140 kN/m²	50 kN/m²	2,50 m
70 t	150 kN/m²	60 kN/m²	3,00 m

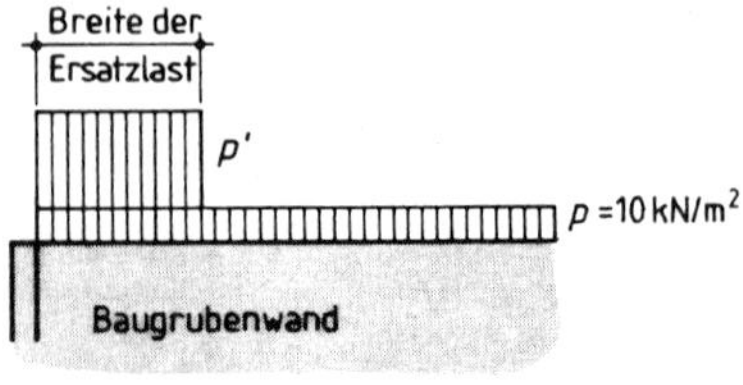

Bild 57 Ersatzlast für Bagger und Hebezeuge

Verteilung des aktiven Erddruckes aus Nutzlast

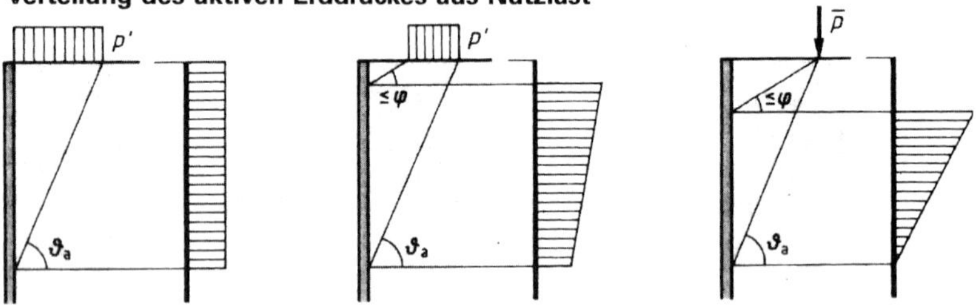

a) Streifenlast bis zur Wand b) Streifenlast mit Abstand von der Wand c) Linienlast

Bild 58 Ansatz des Erddruckes aus Nutzlasten bei nicht gestützten Wänden

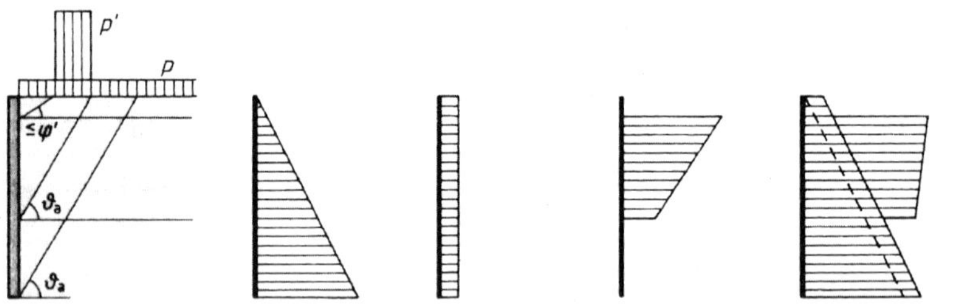

a) Belastung b) Bodeneigenlast c) Flächenlast p d) Streifenlast p' e) Überlagerung

Bild 59 Verteilung des Erddruckes auf eine nicht gestützte, im Boden eingespannte Baugrubenwand in nichtbindigem Boden bei Annahme von Gleitflächen unter dem Winkel ϑ_a (Beispiel)

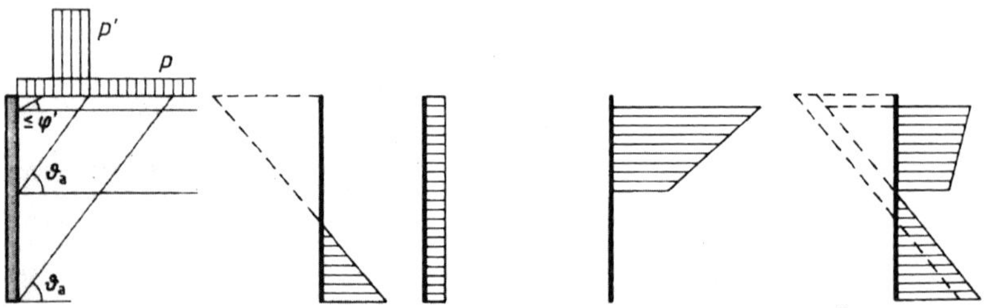

a) Belastung b) Bodeneigenlast und Kohäsion c) Flächenlast p d) Streifenlast p' e) Überlagerung

Bild 60 Verteilung des Erddruckes auf eine nicht gestützte, im Boden eingespannte Baugrubenwand in bindigem Boden bei Annahme von Gleitflächen unter dem Winkel ϑ_a (Beispiel)

11.1.2 Allgemeine Festlegung für die Berechnung

Gleichgewicht der Vertikalkräfte (EB 9) $\Sigma V = 0$

In der Regel ist der Nachweis zu erbringen, daß die auftretenden Vertikalkräfte innerhalb des Systems aufgenommen oder einwandfrei in den Untergrund abgeleitet werden können.

Bei **freier Auflagerung** von Trägerbohlwänden, Spund- und Ortbetonwänden und Baugrubentiefen ≤ 10 m genügt i. a. eine Einbindetiefe $t = 1{,}5$ m, sofern nur die Eigenlast der Wand und die Vertikal-Komponente des Erddruckes abzutragen sind, sonst:

$$\eta_v = T_g/(E_{av} + G + P) \geqq 1{,}5 \quad \text{(EB 9)} \qquad (104)$$

G Eigengewicht der Wand.
P Zus. vertikale Belastungen, z. B. aus Überbauten und vertikalen Ankerkraftkomponenten.
T_g Grenztragfähigkeit der Wand, bei gerammten Bohrträgern nach DIN 4026 (S. 1090), bei einbetoniertem Bohlträgerfuß nach DIN 4014, S. 1088.

Bei **eingespannten Wänden** ist das Gleichgewicht der Vertikalkräfte mit

$$E_{av} + G + C_v \geqq E_{rv} \quad \text{(EB 9)} \qquad (105)$$

nachzuweisen. E_{av} aus dem Lastansatz von Blum bei entsprechender Wahl des Wandreibungswinkels. Ansatz der Gegenkraft C_v am theoretischen Fußpunkt höchstens mit $\delta_p = +\frac{1}{3}\varphi$. Beim Überwiegen der nach unten gerichteten Vertikalkräfte ist der Nachweis wie bei freier Auflagerung unter Einbeziehung der nach oben gerichteten Gegenkraft am theoretischen Fußpunkt zu führen. Läßt sich damit das Gleichgewicht der Vertikalkräfte nicht nachweisen, ist der positive Wandreibungswinkel für den aktiven Erddruck zu verringern (s. Bild 62).

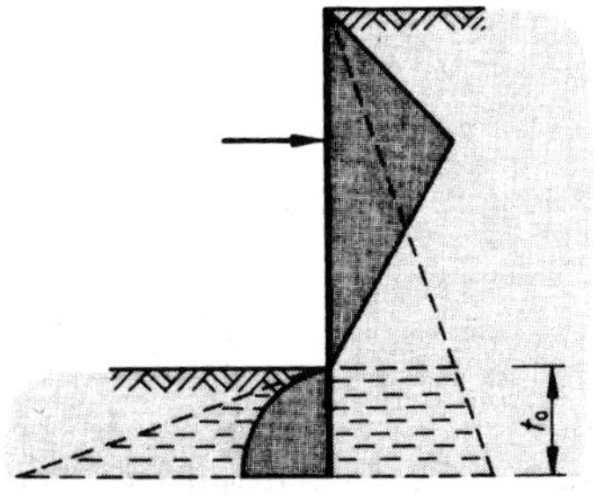

Bild 61 Nachweis $\Sigma H = 0$ bei Trägerbohlwänden nach EAB

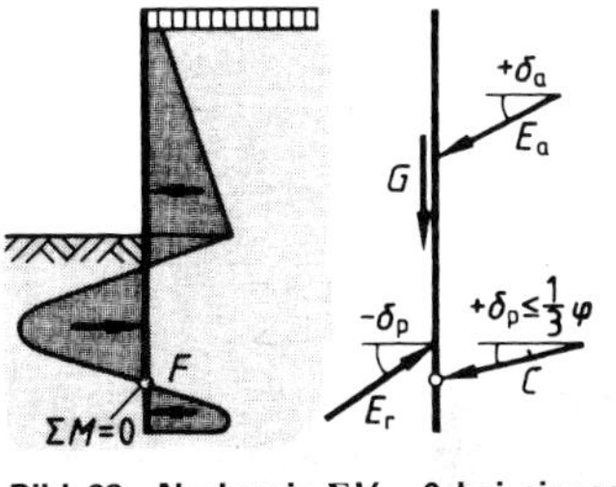

Bild 62 Nachweis $\Sigma V = 0$ bei eingespannten Trägerbohlwänden nach [3]

Ermittlung der Schnittgrößen (EB 11)

16

1. Es sind alle beim Ausheben und beim Verfüllen der Baugrube auftretenden Vorbau- und Rückbauzustände zu untersuchen. Unter Vorbauzuständen werden alle Bauzustände bis zum Erreichen der endgültigen Baugrubensohle verstanden, unter Rückbauzuständen alle Bauzustände beim Verfüllen der Baugrube und beim Ausbau von Steifen bzw. beim Umsteifen.
2. Bei der Berechnung mehrmals gestützter Baugrubenwände darf als statisches System ein Träger auf unnachgiebigen Stützen zugrunde gelegt werden. Die Verformungen in den verschiedenen Bauzuständen und ihre Auswirkungen auf den jeweils folgenden Bauzustand brauchen in der Regel nicht untersucht zu werden.

3. Die Wahl des Berechnungsverfahrens ist freigestellt. Für die Ermittlung der Schnittgrößen kann bei mehrfach gestützten Bohlträgern, Spundwänden, Gurten und Leitungsbrücken neben den Verfahren auf der Grundlage der Elastizitätstheorie auch ein Traglastverfahren nach EB 27 (Abschnitt 4.4) angewendet werden.
4. Ergibt sich aus der Schnittgrößenermittlung nach der Elastizitätstheorie an einem einzelnen Auflagerpunkt eine rechnerische Überbeanspruchung der Bohlträger oder der Spundwand, dann darf der Anteil des Biegemomentes, der über das zulässige Maß hinausgeht, umgelagert werden (Bild 63), sofern der Schnittgrößenermittlung eine möglichst zutreffende Lastfigur zugrunde gelegt worden ist, s. Bild 64. Die Auswirkungen auf die Biegemomente in den benachbarten Feldern und an den benachbarten Auflagerpunkten sind nachzuweisen, die Quer- und Auflagerkräfte an der untersuchten Stützung dürfen jedoch nicht abgemindert werden. Nach der Momentenumlagerung dürfen unter Berücksichtigung der Normalkräfte die zulässigen Spannungen an keiner Stelle überschritten werden. Außerdem sind die Mindestdicken für die Flansche und die Stege entsprechend EB 27, Absatz 7 (Abschnitt 4.4), nachzuweisen.
5. In Anlehnung an DIN 1045, Ausgabe Juli 1988, Abschnitt 15.1, darf die Momentenumlagerung nach Absatz 4 auch bei Ortbetonwänden und bei auf Biegung beanspruchten Bohrpfählen vorgenommen werden; die Abminderung des Stützenmomentes darf jedoch nicht größer sein als 15%. Wird eine Ortbetonwand später als tragendes Glied in ein Dauerbauwerk einbezogen, so kann es zweckmäßig sein, auch im Bauzustand auf die Abminderung des Stützenmomentes zu verzichten.

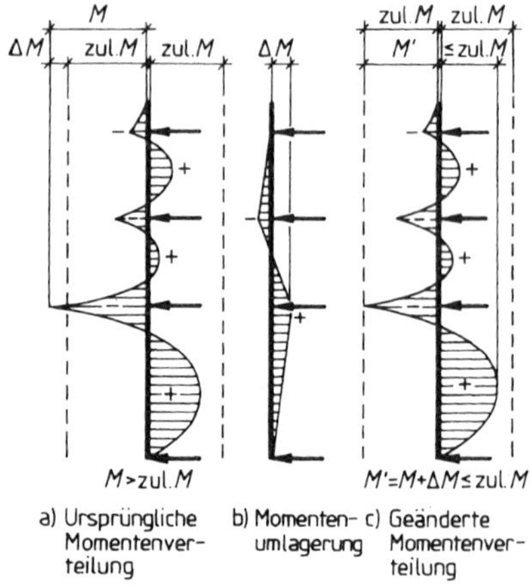

Bild 63 Umlagerung von Biegemomenten (EB 11)

11.1.3 Berechnungsansätze

Zutreffende Lastfiguren für gestützte Baugrubenwände nach EB 69

Wenn a) die Geländeoberfläche waagerecht, b) der Boden mindestens mitteldicht oder steif ist, c) die Steifen zumindestens kraftschlüssig verkeilt oder Verpreßanker auf mindestens 80% der für den nächsten Bauzustand errechneten Kraft vorgespannt werden und d) unter der einzubauenden Stützung nicht tiefer als 1/3 h der verbleibenden Restmächtigkeit h des Aushubs abgebaggert wird, können **bei Trägerbohlwänden** die in Bild 64 dargestellten Lastfiguren verwendet werden.

Bei gestützten Spund- und Ortbetonwänden können für die Stützungsfälle a) bis c) von Bild 64 die dort dargestellten Lastfiguren mit folgenden Änderungen verwendet werden:

Anstelle von H tritt H' (s. Bild 66); im Fall b) beträgt abweichend $e_{ho}:e_{hu} \geq 1{,}2$; im Fall c) $e_{ho}:e_{hu} \geq 1{,}5$.

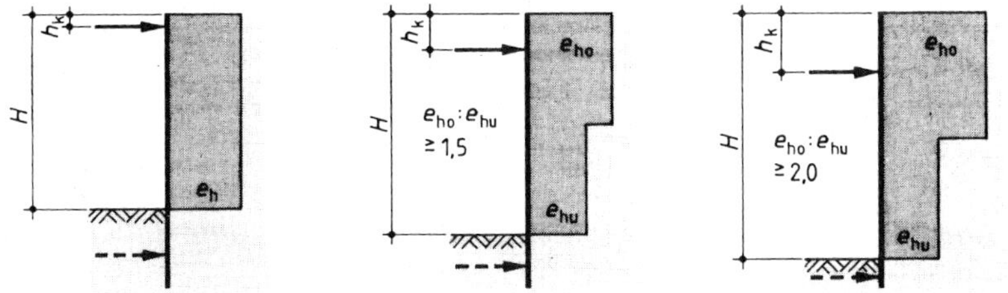

a) Stützung bei $h_k \leq 0{,}1 \cdot H$

b) Stützung bei $0{,}1 \cdot H < h_k \leq 0{,}2 \cdot H$

c) Stützung bei $0{,}2 \cdot H < h_k \leq 0{,}3 \cdot H$

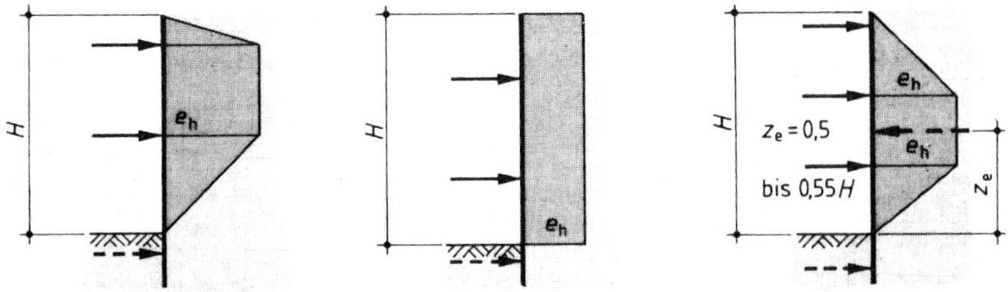

d) Mittlere Anordnung der Stützungen

e) Tiefe Anordnung der Stützungen

f) Dreimal gestützte Wand

Bild 64 Lastfiguren für gestützte Trägerbohlwände nach EB 69 (Auswahl)

Vereinfachte Lastfiguren für gestützte Baugrubenwände nach EB

Unter den Voraussetzungen a) bis c) von Abschnitt 11.1.3 kann vereinfachter Lastfall ein flächengleiches Rechteck mit $e_h = \Sigma E_{ah}/H$ bei Trägerbohl- und $e_h = \Sigma E_{ah}/H'$ bei Spund- und Ortbetonwänden angesetzt werden (Bilder 65 und 66).

Auflasten aus Linien- oder Streifenlasten sowie Wasserdruck dürfen nicht in das Lastbild für Bodeneigengewicht einbezogen, sondern müssen als zusätzliche Rechteckfigur (Bild 70) angesetzt werden.

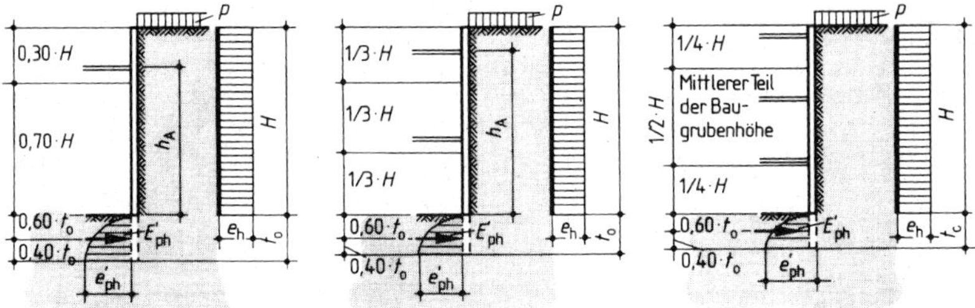

a) Einmal ausgesteifte Trägerbohlwand

b) Zweimal ausgesteifte Trägerbohlwand

c) Dreimal ausgesteifte Trägerbohlwand

Bild 65 Rechteckförmiger Erddruckansatz bei ausgesteiften Trägerbohlwänden

16

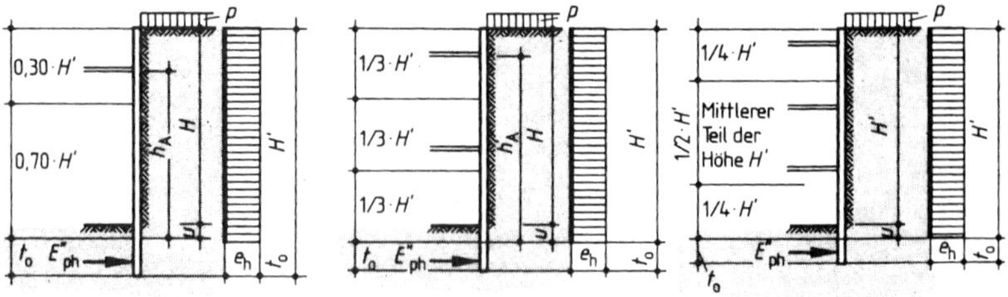

Bild 66 Rechteckförmiger Erddruckansatz bei ausgesteiften Spund- und Ortbetonwänden

Bei **ausgesteiften Wänden** ist der mit dem Ansatz des **vereinfachten Lastbildes** verbundene Fehler bei der Schnittkraftermittlung wie folgt zu korrigieren:

1) bei einfacher Abstützung nach Tafel 72

Tafel 72 Korrektur der Schnittkräfte von einmal gestützten Baugrubenwänden nach EAB (EB 13 und EB 17)

	Auflagerkraft	Feldmoment	Lastfigur zweckmäßig bis
Trägerbohlwände	$A' = (H/h_A)\, A$ (106)	$M'_F = (h_A/H)\, M_F$ (107)	$h_A \geq 0{,}7\, H$
Spund- und Ortbetonwände	$A' = \sqrt{H'/h'_A} \cdot A$ (108)	$M'_F = \sqrt{h'_A/H'}\, M_F$ (109)	$h'_A \geq 0{,}7\, H'$

Die Abminderung eines Kragmomentes am Kopf der Wand ist nicht zulässig. Bei Steifen oberhalb der Geländeoberfläche ist eine Umrechnung der Auflagerkräfte nicht vorzunehmen.
Bei Trägerbohlwänden ist h_A der Abstand von der Abstützung bis zur Baugrubensohle. H ist die Gesamttiefe der Baugrube.

2) bei zweifacher Abstützung gilt:
Wenn die untere Abstützung B im unteren Drittel von H' bei Spund- oder von H bei Trägerbohlwänden liegt, wird das obere Auflager A wie in Tafel 72 korrigiert (Bezeichnungen s. Bild 65 bzw. 66).

Wenn die untere Stützkraft B im mittleren Drittel von H' bzw. H liegt, wird bei Spundwänden $B' = 1{,}15\, B$ und bei Trägerbohlwänden $B' = 1{,}30\, B$.
Eine Abminderung der Biegemomente ist nicht zulässig.

3) bei drei- oder mehrfacher Abstützung gilt:
Wenn die Abstützungen im mittleren Teil der Höhe H' bzw. H liegen (s. Bild 65 bzw. 66c), werden alle Stützkräfte bei Spundwänden mit dem Faktor 1,15 und bei Trägerbohlwänden mit dem Faktor 1,30 verbessert (EB 13), jedoch nicht bei Rückbauzuständen. Ein Kragmoment am Kopf darf um 20% abgemindert werden.

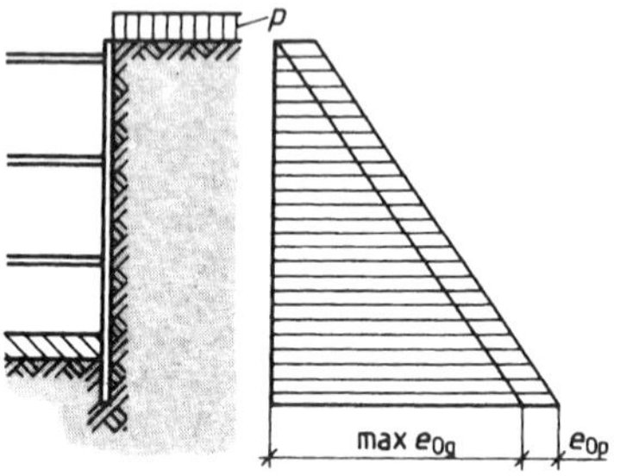

a) Erddruckverteilung bei unnachgiebiger Stützung des Wandfußes

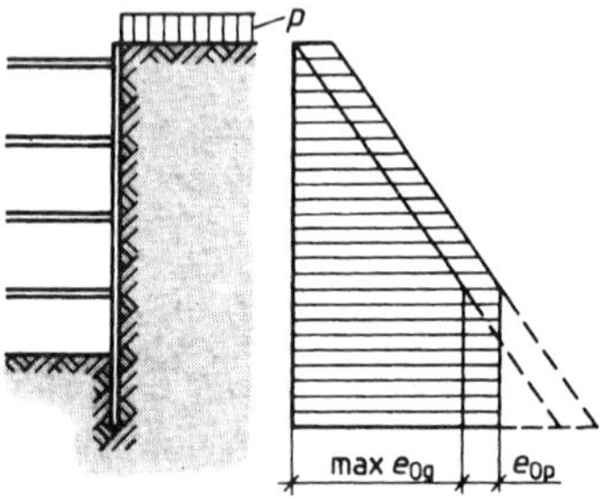

b) Erddruckverteilung bei nachgiebiger Stützung des Wandfußes

Bild 67 Lastbilder für Spund- und Ortbetonwände bei Ansatz des Erdruhedruckes (EB 22)

Bei **rückwärts verankerten Wänden** darf auf die rechnerische Vergrößerung der Quer- und Auflagerkräfte verzichtet werden.

Lastfiguren des Erdruhedruckes nach EAB (EB 23)

Er ist dreieckförmig verteilt nach Bild 67a) anzusetzen. Falls sich die Wand bei mindestens zwei Abstützungen unten gegen das Erdreich stützt, darf er von der untersten Abstützung ab als konstant angesehen werden (s. Bild 67b).

Ansatz des Erdwiderstandes bei Trägerbohlwänden

Aufnahme der unteren Auflagerkraft. Für eine *im Boden frei aufgelagerte, einmal oder mehrmals gestützte Trägerbohlwand* ist bei nichtbindigen Böden und bei mindestens steifen bindigen Böden die Sicherheit $\eta_p = 2{,}0$ nachzuweisen oder bei der Ermittlung der Schnittgrößen und der Einbindetiefe der Erdwiderstand nur mit dem entsprechenden $1{:}\eta_p$-fachen des im Grenzwiderstand möglichen Wertes in die Berechnung einzuführen (siehe unten). Bei der Ermittlung der Schnittgrößen darf die Sicherheit auf $\eta_p = 1{,}5$ angesetzt werden.

Der Angriffspunkt des nutzbaren Erdwiderstandes darf im Fall nichtbindiger bzw. mindestens steifer bindigen Böden bei $0{,}60 \cdot t_0$ unterhalb der Baugrubensohle angenommen werden (s. Bild 65).

Bei **Fußeinspannung** mit Hilfe des Lastansatzes von Blum erhält man ein Lastbild gemäß Bild 72. Bei der Ermittlung der Schnittgrößen darf die sonst zweifache Sicherheit auf $\eta_p = 1{,}5$ herabgesetzt werden. Die erforderliche theoretische Einbindetiefe ist zur Aufnahme der statisch erforderlichen Ersatzkraft C_h mindestens um $\Delta t = 0{,}20\ t_1$ zu vergrößern (s. Tafel 74).

$\Sigma H = 0$ Bei Trägerbohlwänden ist stets der Nachweis $\Sigma H = 0$ mit Gl. (110) zu führen.

$$\eta = E_{p1}/(B + \Delta E_{ah}) \geqq 1{,}5 \quad \text{(EB 15)} \tag{110}$$

B Auflagerkraft des Bohlträgers bei freier Auflagerung aus der Schnittgrößenermittlung. Sie ist bei Einspannung gleich dem rechnerisch nach dem Lastansatz von Blum erforderlichen Erdwiderstand von der Baugrubensohle bis zum theoretischen Auflagerpunkt oder dem Erdwiderstand aus E_{ph}, der näherungsweise um die Hälfte der errechneten Ersatzkraft C_h verringert wird.

ΔE_{ah} Differenzbetrag des Erddruckes bei freier Auflagerung zwischen Baugrubensohle und Unterkante Bohlträger, bei Einspannung bis zum theoretischen Auflagerpunkt.

E_{p1} Erdwiderstand vor einer durchgehenden Wand (kN/m) mit $\delta_p = -\varphi$ für gekrümmte Gleitflächen (s. Tafel 62 u. [3], S. 209).

Damit wird nachgewiesen, daß bei der Berechnung der Trägerbohlwände unterhalb der Baugrubensohle vernachlässigte Erddruck zusammen mit der Auflagerkraft aus dem Bohlträger von dem gesamten zur Verfügung stehenden Erdwiderstand mit einer Sicherheit $\eta > 1{,}5$ aufgenommen wird (s. Bild 61).

Berechnung des Erdwiderstandes vor Bohlträgern nach *Weißenbach* [3]

Für den Lastansatz nach *Blum* ist der Erdwiderstand mit ideellen Erdwiderstandsbeiwerten ω_{pn} für zwei Fälle a) und b) wie vor einer durchgehenden Wand zu berechnen.

a) **Falls die Wirkungen des Erdwiderstandes sich nicht überschneiden,** ist

$$\omega_{ph} = \frac{2E_{ph}}{\gamma \cdot a_t\, t_1^2} \tag{111}$$

a_t Bohlträgerabstand
t_1 geschätzte Einbindetiefe unter Baugrubensohle
b_t Bohlträgerbreite

$$E_{ph} = E_{pgh} + E_{pch} \tag{112}$$

$E_{pgh} = \frac{1}{2}\gamma \cdot \omega_R \cdot t_1^3$ für Reibungsböden
$E_{pch} = 2 \cdot c \cdot \omega_k \cdot t_1^2$ für Kohäsionsböden

ω_R; ω_k aus Bild 27 mit geschätzten Eingangswerten b_t/t_1 sowie mit φ.

Bei kohäsionslosen Böden wird $\omega_{ph} = \dfrac{\omega_R \cdot t_1}{a_t}$

16

b) **Falls die Wirkungen des Erdwiderstandes vor benachbarten Bohlträgern sich überschneiden,** wird ω_{ph} unmittelbar aus Gl. (114) berechnet.

$$\omega_{\mathrm{ph}} = \frac{b_t}{a_t}\, k_{\mathrm{ph}}(\delta_p \neq 0) + \frac{a_t - b_t}{a_t}\, k_{\mathrm{ph}}(\delta_p = 0) + \frac{4 \cdot c}{\gamma \cdot t_1}\sqrt{k_{\mathrm{ph}}(\delta_p \neq 0)} \qquad (114)$$

Bei Böden mit $\varphi \leqq 30°$ ist $-\delta_p = -(\varphi - 2{,}5°)$, mit $\varphi \geqq 30°$ ist $-\delta_p = -27{,}5°$ unter Verwendung von Erdwiderstandsbeiwerten nach dem Gleitschema von *Streck* (Tafel 63) anzusetzen.

Bei kohäsionslosen Böden entfällt das 3. Glied in Gl. (114).

Für die weitere Berechnung von K'_{rh} mit den nach a) und b) berechneten ideellen Erdwiderstandsbeiwerten ist der kleinste Wert ω_{ph} maßgebend. Dieser ist nach EB 14 mit $\eta_p = 2{,}0$ abzumindern.

$$\omega'_{\mathrm{ph}} = \frac{\omega_{\mathrm{ph}}}{\eta_p} \qquad (115)$$

$$K'_{\mathrm{rh}} = f_w \cdot \omega'_{\mathrm{ph}} \qquad (116)$$

f_w Korrekturbeiwert (näherungsweise = 1, bezüglich zutreffender Werte siehe Tafel 73 oder *Weißenbach*[1]))

K'_{rh} in den Rechenverfahren für Spundwände nach Blum benötigter Erdwiderstandsbeiwert (s. Erkl. d. Formelzeichen von Tafel 74 u. 75).

Ergibt sich in der Berechnung nach Blum eine andere Einbindetiefe t_1 als die geschätzte, ist die Berechnung bis zur Übereinstimmung zu wiederholen. Ferner ist ein Standsicherheitsnachweis nach Gl. (104) oder (105) zu führen.

Tafel 73 Korrekturbeiwert f_w für die Berechnung des Erdwiderstandsbeiwertes K_{rh} bei der Berechnung von Trägerhohlwänden nach *Weißenbach*

Bodenart	Fall a) keine Überschneidung	Fall b) bei Überschneidung
Trockener Sand oder Kies Sand oder Kies unter Wasser	0,85	0,95
Feuchter Sand oder Kies	0,90	1,00
Leicht bindiger Boden[1])	0,95	1,05
Stark bindiger Boden[2])	1,00	1,10

[1]) Erdwiderstand aus Kohäsion wenigstens ein Viertel
[2]) Wenigstens die Hälfte des ges. Erdwiderstandes

Ansatz des Erdwiderstandes bei Spund- und Ortbetonwänden

a) Bei im Boden frei aufgelagerten Spund- und Pfahlwänden (EB 13) kann, falls die Bedingung $V = 0$ dies zuläßt (s. S. 1113), der Wandreibungswinkel bei gekrümmten Gleitflächen mit $\delta_p = -\varphi$ angesetzt werden. Ebene Gleitflächen dürfen nur zugrunde gelegt werden, wenn die Geländeoberfläche nicht ansteigt sowie $\varphi \leq 35°$ und $\delta_p = -2/3\,\varphi$ sind. Im Falle von Schlitzwänden sind die Wandreibungswinkel bei gekrümmten Gleitflächen auf $\delta_p = -1/2\,\varphi$ und bei ebenen Gleitflächen auf $\delta_p = -1/3\,\varphi$ herabzusetzen. Für die Aufnahme der Auflagerkräfte im Boden ist mindestens die Sicherheit $\eta = 1{,}5$ nachzuweisen oder mit $K_{\mathrm{ph}}/1{,}5$ zu rechnen. Bei der Ermittlung der Schnittgrößen darf bei $D > 0{,}3$ und $I_c \geq 0{,}75$ die Sicherheit auf $\eta = 1{,}2$ herabgesetzt werden.

b) Bei Fußeinspannung von Spund- und Ortbetonwänden (EB 26)
mit dem Lastansatz nach *Blum* mit $k_{\mathrm{ph}}/1{,}5$. Die theoretische Einbindetiefe t_1 ist zur Aufnahme der Ersatzkraft C_h um $\Delta t = 0{,}2\,t_1$ zu vergrößern. Bei der Ermittlung der Schnittgrößen darf bei gestützten Wänden die 1,5fache Sicherheit auf $\eta = 1{,}2$ herabgesetzt werden.

11.1.4 Baugruben neben Bauwerken

Berechnung der Baugrubenumschließung mit erhöhtem aktivem Erddruck (EB 22)

Nicht gestützte, im Boden eingespannte Wände sind im Ausstrahlungsbereich von Fundamenten nicht zulässig. Für gestützte oder verankerte Wände ist der Erddruck wie folgt anzusetzen:

[1]) s. [3], Teil III, 1977, S. 36, 37 und 87

1. **Bei großem Abstand der Bebauung** (s. Bild 68a) ist im allgemeinen der Mittelwert $E_h = 0{,}50 \quad (E_{oh} + E_{ah})$ ausreichend. In einfachen Fällen genügt $E_h = 0{,}25 E_{oh} + 0{,}75 E_{ah}$. In schwierigen Fällen ist $E_h = 0{,}75 E_{oh} + 0{,}25 E_{ah}$ anzusetzen.

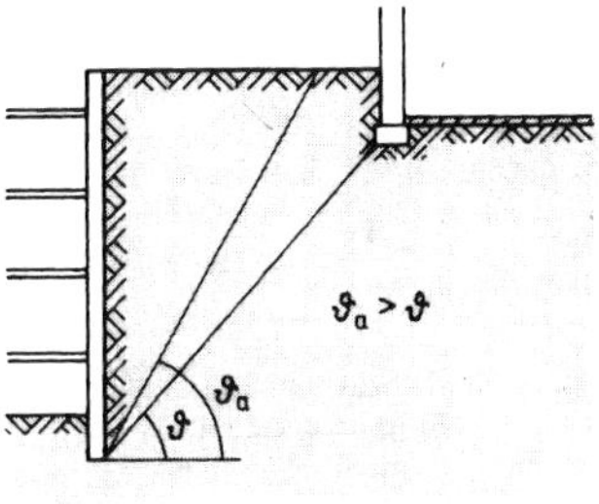

a) Großer Abstand der Bebauung

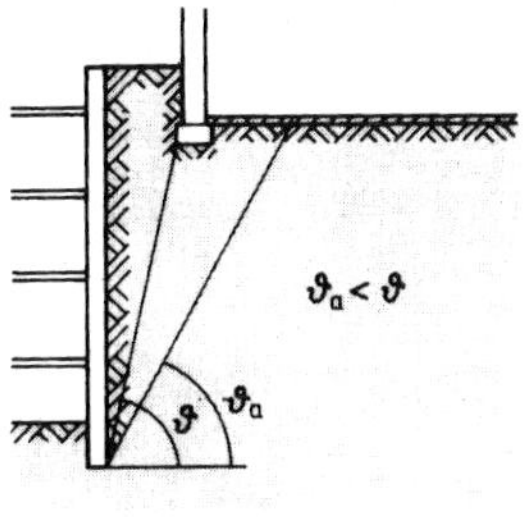

b) Kleiner Abstand der Bebauung

Bild 68 Abstand zwischen Baugrubenwand und Bebauung

2. **Bei kleinem Abstand der Bebauung** (s. Bild 68b) gilt:

a) $E_h = 0{,}25 E_{ogh} + 0{,}75 E_{ah} + E_{ap'h}$ in einfachen Fällen (117)

b) $E_h = 0{,}50 E_{ogh} + 0{,}50 E_{ah} + E_{ap'h}$ im Normalfall (118)

c) $E_h = 0{,}75 E_{ogh} + 0{,}25 E_{ah} + E_{ap'h}$ in schwierigen Fällen (119)

Bezüglich der Ermittlung der aktiven Erddrucklast s. Bild 69 u. 70, der Erdruhedrucklast E_{ogh} s. Bild 67.

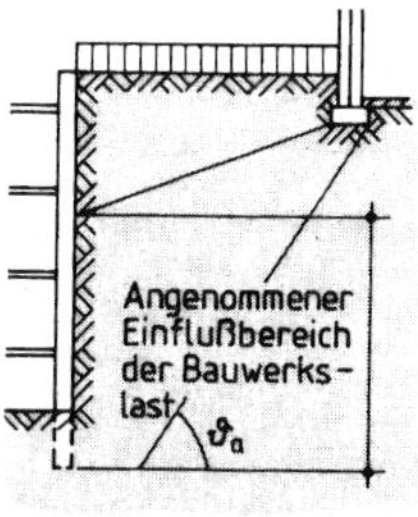

a) Baugrube, Bauwerk und Lastausbreitung

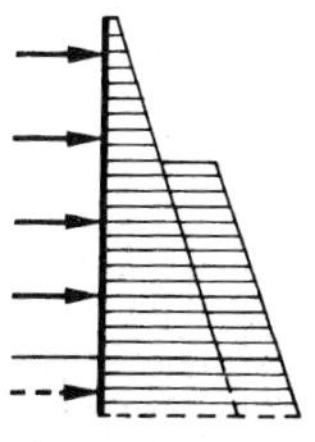

b) Aktiver Erddruck aus Bodeneigengewicht, Nutzlast und Bauwerkslast

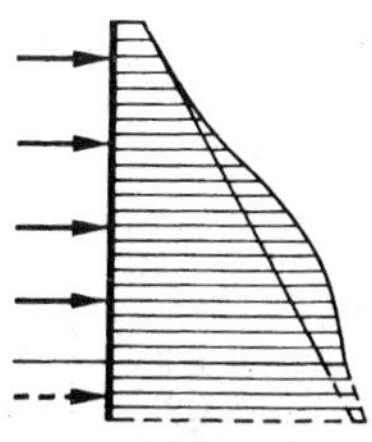

c) Erdruhedruck aus Bodeneigengewicht, Nutzlast und Bauwerkslast

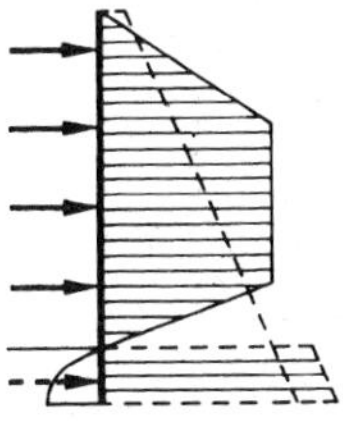

d) Erddruckverteilung bei Vorspannung aller Stützungen

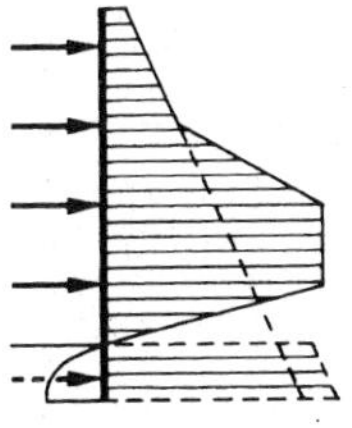

e) Erddruckverteilung bei Vorspannung der beiden unteren Stützungen

Bild 69
Verteilung eines erhöhten aktiven Erddruckes unter Berücksichtigung einer Bauwerkslast bei großem Abstand zwischen Baugrubenwand und Bauwerk (Beispiel für eine im Boden frei aufgelagerte Trägerbohlwand)

16

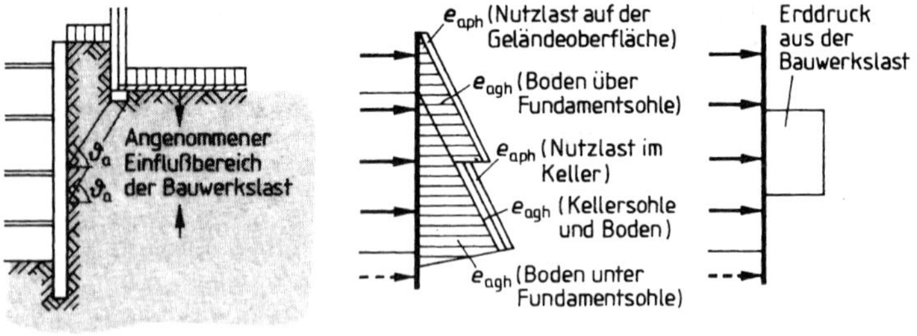

a) **Baugrube, Bauwerk und Lastausbreitung**

b) **Nicht umgelagerter Erddruck aus Bodeneigengewicht und Nutzlast**

c) **Erddruck aus der Bauwerkslast als Rechteck**

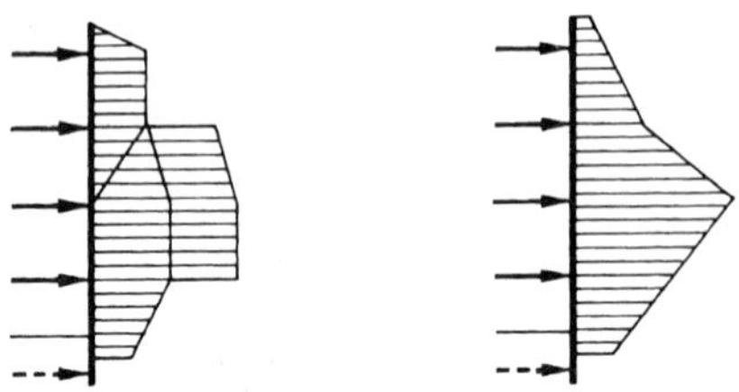

Bild 70
Verteilung des aktiven Erddruckes unter Berücksichtigung des Einflusses einer Bauwerkslast bei geringem Abstand zwischen Baugrubenwand und Bauwerk (Beispiel für eine im Boden frei aufgelagerte Spundwand oder Ortbetonwand)

d) **Gesamterddruck in einer Lastfigur mit Lastsprung**

e) **Gesamterddruck in einer Lastfigur ohne Lastsprung**

3. Es kann angenommen werden, daß in ähnlicher Weise eine Erddruckumlagerung auftritt wie beim aktiven Erddruck. Der Bemessungserddruck darf daher ebenfalls in eine einfache Lastfigur umgewandelt werden, deren Knickpunkte oder Lastsprünge im Bereich der Auflagerpunkte liegen.
4. Bei **Trägerbohlwänden** ist der Nachweis $\Sigma H = 0$. Gl. (110) zu führen. Der unterhalb der Baugrube wirkende Erddruck ist dazu im gleichen Verhältnis (s. 1. u. 2. oben) zusammenzusetzen. Reicht der Einfluß der Bauwerkslast bis unter die Baugrubensohle, so ist dies zu berücksichtigen.
5. Zur Verringerung der Fußverschiebung ist bei nichtbindigen oder zumindest steifen bindigen Böden im Fall von Trägerbohlwänden $\eta_p = 3{,}0$, im Fall von Spund- und Ortbetonwänden $\eta_p = 2{,}0$ gegen den Grenzzustand einzuhalten.

   Es ist ferner nachzuweisen, daß die Vertikalkomponente des Bemessungserddruckes mit einer mindestens 2,0fachen Sicherheit in den Untergrund abgeleitet werden kann und daß die dabei auftretenden Setzungen keine schädlichen Auswirkungen auf das Bauwerk haben.
6. Der **Erdruhedruck aus unbegrenzter Flächenlast** kann näherungsweise mit dem Ansatz $e_o = k_o \cdot p$, der Erddruck aus senkrechten oder waagerechten Bauwerkslasten nach der Theorie des elastischen Halbraumes ermittelt werden (i. allg. $\nu = 4$, bei vorbelasteten und bindigen Böden $\nu = 3$). Näherungsweise darf die waagerechte Erddrucklast E_{oph} im Falle von $\nu = 4$ mit 25%, im Falle $\nu = 3$ mit 30% der senkrechten Gesamtlast P angenommen werden. Die senkrechte Komponente E_{opv} der Erdruhedrucklast ist in beiden Fällen mit 50% der senkrechten Gesamtlast P anzusetzen (EB 23).

11.1.5 Ermittlung von Schnittgrößen und Einbindetiefen nach *Blum*

Bei gleichmäßigem Boden (γ und φ) unterhalb des Belastungsnullpunktes u – bei Spundwänden – oder unterhalb der Baugrubensohle – bei Trägerbohlwänden[1]) – kann die Einbindetiefe von freistehenden eingespannten Wänden (Bild 72) oder von einmal gestützten Wänden mit freier Fußauflagerung (Bild 75) bzw. im Boden eingespannt bei Ansatz einer dreieckförmigen Erdwiderstandsfigur[2]) mit **Nomogrammen von *Blum*** (Bild 71, 73 u. 74) und die Schnittkräfte mit den Gleichungen der Tafel 74 und 75 ermittelt werden, im Fall d) auf Bild 64 mit Nomogramm von *Hoffmann*[3]), im Fall f) mit den Methoden der Stabstatik, für Verbau aus Stahl auch mit Traglastverfahren.

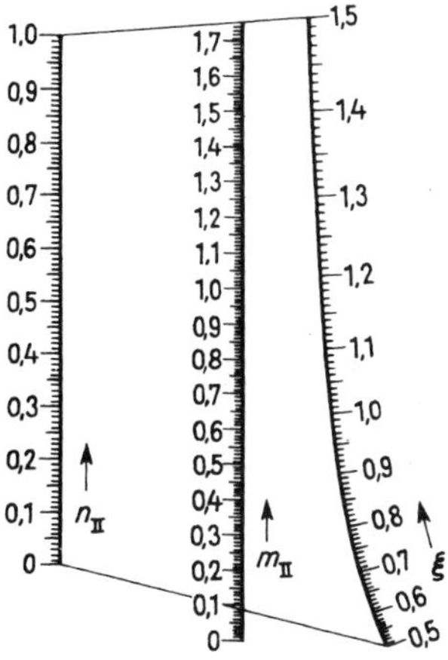

Bild 71 Nomogramm zur Berechnung frei stehender, im Boden eingespannter Spundwände nach *Blum*

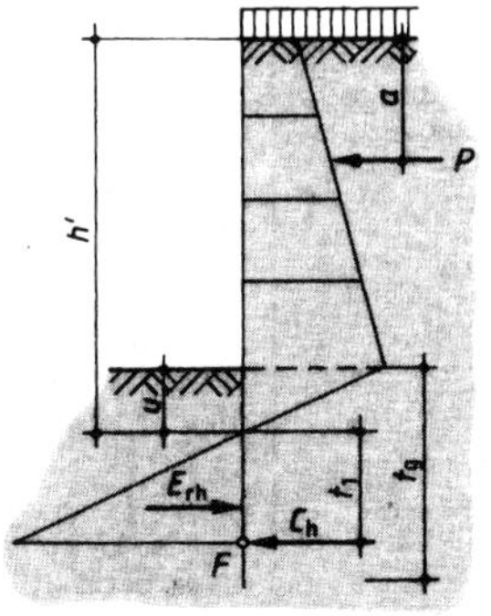

Bild 72 Freistehende, im Boden eingespannte Wand

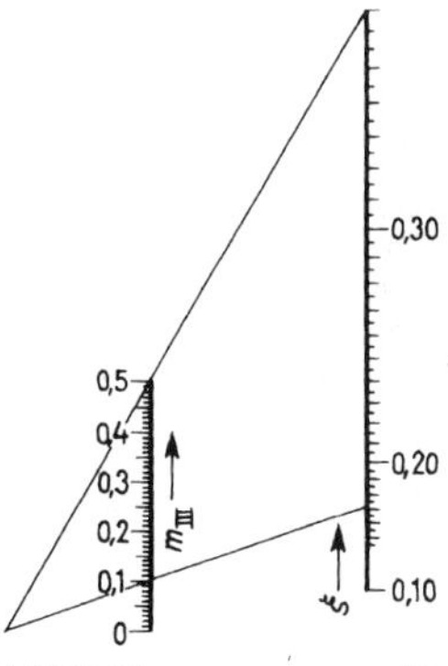

Bild 73 Nomogramm zur Berechnung einmal gestützter und im Boden frei gelagerter Spundwände nach *Blum*

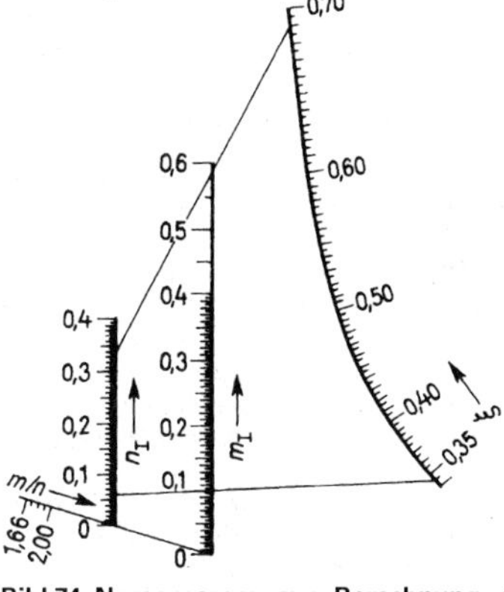

Bild 74 Nomogramm zur Berechnung einmal gestützter und im Boden eingespannter Spundwände nach *Blum*

[1]) sonst: Graphische Ermittlung der Einbindetiefe und Schnittkräfte

[2]) Bei 0,6 · t_0 in Bild 65a s. [5] 2, S. 68

[3]) Hoffmann, H.: Nomografische Berechnung doppelt verankerter Bohlwerke. In: Die Bautechnik **35** (1958) H 2, Wilhelm Ernst & Sohn, Berlin

Tafel 74 Einbindetiefe und Maximalmoment freistehender eingespannter Wände nach *Blum* (Bild 72)

Eingangswerte in Bild 71	$m_{\mathrm{II}} = \dfrac{6}{\gamma \cdot K'_{\mathrm{rh}} \cdot h'^2} \sum P \quad n_{\mathrm{II}} = \dfrac{6}{\gamma \cdot k'_{\mathrm{rh}} \cdot h'^3} \sum P \cdot a$ (120)
Einbindetiefe unter Baugrubensohle	$t_{\mathrm{g}} = u + 1{,}2 \cdot t_1 \quad t_1 = \zeta \cdot h'$ (121)
max M in Tiefe x_{m} unter u	$x_{\mathrm{m}} = \sqrt{2 \cdot \sum P/\gamma \cdot k'_{\mathrm{rh}}}$ $\max M = h' \cdot \sum P - \sum Pa + 0{,}9428(\sum P)^{3/2} \cdot (\gamma k'_{\mathrm{rh}})^{-1/2}$ (122)

Tafel 75 Einbindetiefen und Schnittkräfte einmal gestützter Baugrubenwände nach *Blum*

	Freie Bodenauflagerung (s. Bild 75)	Im Boden eingespannt
Eingangswerte in Bild 73 und 74	$m_{\mathrm{III}} = \dfrac{6 \cdot M_{\mathrm{e}}}{\gamma \cdot K'_{\mathrm{rh}} \cdot h'^3_{\mathrm{A}}}$ (123) (Bild 73)	$m_{\mathrm{I}} = \dfrac{6 \cdot M_{\mathrm{e}}}{\gamma \cdot K'_{\mathrm{rh}} \cdot h'^3_{\mathrm{A}}}$ (124) $n_{\mathrm{I}} = \dfrac{6 \cdot N_{\mathrm{e}}}{\gamma \cdot K'_{\mathrm{rh}} \cdot h'_{\mathrm{A}}5}$ (Bild 74) (125)
Einbindetiefe unter Baugrubensohle	$t_{\mathrm{g}} = u + t_{\mathrm{o}}$ (126) $t_{\mathrm{o}} = \xi \cdot h'_{\mathrm{A}}$ (128)	$t_{\mathrm{g}} \cong u + 1{,}2 \cdot t_1$ (127) $t_1 = \xi \cdot h'_{\mathrm{A}}$ (129)
Auflagerkräfte	$U_{\mathrm{h}} = \dfrac{M_{\mathrm{e}}}{h'_{\mathrm{A}} + \frac{2}{3} t_{\mathrm{o}}}$ (130) $A_{\mathrm{h}} = E_{\mathrm{ah}} - U_{\mathrm{h}}$ (132)	$U_{\mathrm{h}} = \frac{1}{2}\gamma \cdot K'_{\mathrm{rh}} \cdot t_1^2$ (131) $C_{\mathrm{h}} = \dfrac{U_{\mathrm{h}} \cdot (h'_{\mathrm{A}} + \frac{2}{3} t_1) - M_{\mathrm{e}}}{h'_{\mathrm{A}} + t_1}$ (133) $A_{\mathrm{h}} = E_{\mathrm{ah}} - U_{\mathrm{h}} + C_{\mathrm{h}}$ (134)
Momente	$M_{\mathrm{A}} = \sum_{a_i=0}^{a_i=h_k} Q_i \cdot \Delta a_i$ (135) $M_{\mathrm{F}} = \sum_{a_i=x_F}^{a_i=-h_k} Q_i \cdot \Delta a_i$ (137) $a_i = x_{\mathrm{F}}$ bei $Q = 0$	$M_{\mathrm{A}} = \sum_{a_i=0}^{a_i=-h_k} Q_i \cdot \Delta a_i$ (136) $M_{\mathrm{F}} = \sum_{a_i=k_F}^{a_i=-h_k} Q_i \cdot \Delta a_i$ (138) $a_i = x_{\mathrm{F}}$ bei $Q = 0$

Erklärung der Formelzeichen der Tafel 74 und 75

M_{e} Summe der Momente der Erddruckkräfte E_{ah} um den Unterstützungspunkt A (Lastfigur beliebig)

$M_{\mathrm{e}} = \sum_{a_i=h'_A}^{a_i=-h_k} E_{\mathrm{ahi}} \cdot a_i$ bei Lastfigur nach Bild 75 (EAU)

$M_{\mathrm{e}} = E_{\mathrm{ah}}(h'_{\mathrm{A}} - \frac{1}{2} H')$ bei rechteckiger Lastfigur nach Bild 66a (EAB)

$M_{\mathrm{e}} = E_{\mathrm{ah}}(h'_{\mathrm{A}} - z_{\mathrm{e}})$ bzgl. z_{e} s. Bild 64f

$N_{\mathrm{e}} = \sum_{a_i=0}^{a_i=h'_A} E_{\mathrm{ahi}} \cdot a_i^3$ bei Lastfigur nach Bild 75 (EAU)

$N_{\mathrm{e}} = \frac{1}{4} e_{\mathrm{ahu}} \cdot h'^4_{\mathrm{A}}$ bei rechteckiger Lastfigur nach Bild 66 (EAB)

$u = \dfrac{e_{\mathrm{ahu}} - e_{\mathrm{pch}}}{\gamma \cdot K'_{\mathrm{rh}}}$ Belastungsnullpunkt

$e_{\mathrm{ahu}} - e_{\mathrm{pch}}$ Erddruckordinate in der Höhe der Baugrubensohle[1])

e_{pch} s. Tafel 57

$K'_{\mathrm{rh}} = K'_{\mathrm{ph}} - K_{\mathrm{ah}}$ Res. Erddruckbeiwert

$K'_{\mathrm{ph}} = \dfrac{K_{\mathrm{ph}}}{\eta}$ (EAB)[2])

$\eta = 2$ für Trägerbohlwände

$\eta = 1{,}5$ für Spundwände

$K'_{\mathrm{ph}} = K_{\mathrm{ph}}$ (EAU) mit Sicherheitsbeiwerten für die Scherparameter $\mathrm{cal}\, c_{\mathrm{u}} = c_{\mathrm{u}}/1{,}3$; $\mathrm{cal}\, c' = c'/1{,}3$; $\mathrm{cal} \tan\varphi = \tan\varphi/1{,}1$

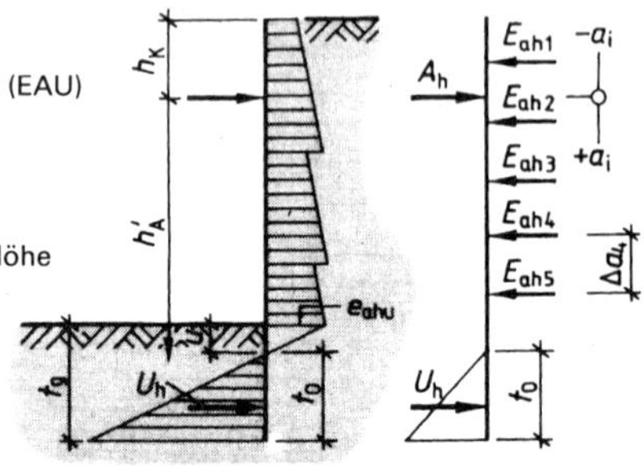

Bild 75 Gestützte, freiaufgelagerte Wand

1) Bei Schichtwechsel in Höhe der Baugrubensohle gilt die untere Erddruckordinate

2) Bezüglich der Sicherheit bei der Ermittlung der Schnittkraft s. 11.1.3

11.1.6 Spannungsnachweis für Bohlträger

$$\frac{M \cdot a_t}{W} + \frac{N \cdot a_t}{A} \leqq \text{zul}\,\sigma^{1)} \quad (139) \qquad\qquad \frac{Q \cdot a_t}{A_{\text{Steg}}} \leqq \text{zul}\,\tau \quad (140)$$

[1]) Eigenlast der Baugrubenkonstruktion darf vernachlässigt werden (EB 48)

Wenn vorh $\tau > 0{,}5$ zul τ Nachweis der Vergleichsspannungen im Steg erforderlich

$$\sigma_v = \sqrt{\sigma_1^2 + 3 \cdot \tau_1^2} \leqq \text{zul}\,\sigma_v \quad (141) \qquad\qquad \sigma_1 = \frac{M \cdot a_t}{W} \cdot \frac{h - 2c}{h} \quad (142)$$

M in kNm/m
N aus Vertikalkomponente des Erddruckes[1]) in kN/m
a_t Achsabstand der Bohlträger in m
h Trägerhöhe
c Flanschdicke

Doppelte [-Profile sind in ausreichend engem Abstand durch Bindebleche auf der Baugruben- und Erdseite zu verbinden. Auf einen Nachweis der Torsionsspannungen darf verzichtet werden, wenn der Bindeblechabstand nicht größer gewählt wird als 1,50 m. Sind die Profile — mit Ausnahme der Ansichtsflächen — voll in Beton eingebettet, dann darf auf einen Stabilitätsnachweis verzichtet werden.

11.1.7 Spannungsnachweis für Spundwände

a) mit

$$\frac{P}{A} + \frac{M}{W} \leqq \text{zul}\,\sigma^{2)} \quad (143) \qquad\qquad \omega\,\frac{P}{A} + 0{,}9\,\frac{M}{W} \leqq \text{zul}\,\sigma \quad (144)$$

Größter Wert ist maßgebend, oder

b) nach **EAU (E44)** bei vorwiegender Biegebeanspruchung:

$$\frac{P}{A} + \frac{\max M}{W} + \frac{P \cdot f}{W} \leqq \text{zul}\,\sigma.^{2)} \quad (145)$$

In Gl. (144) und (145) bedeuten

zul σ zulässige Spundwandspannung nach E20, Abschn. 8.2.4 der EAU in MN/m² (s. Tafel 76)
P Auflast in der Spundwandachse in MN (Eigenlast darf vernachlässigt werden)
max M Größtmoment der Spundwand infolge waagerechter Belastung in MNm,
f größte Durchbiegung der Spundwand infolge waagerechter Belastung in m,
A Querschnitt der Spundwand in m²,
W Widerstandsmoment der Spundwand in m³.

Tafel 76 Zulässige Spannungen für Spundwände nach EAU (1990) in MN/m²

	Stahl			Stahlbeton	Holz
Spundwandstähle	St Sp 37	St Sp 45	St Sp S		
Stähle nach DIN 17100	R St 37-2 u. St 37-3	—	St 52-3		
Lastfall 1	160	180	240	DIN 1045	DIN 1052
Lastfall 2	Zuschlag: +15% zu den Spannungen nach Lastfall 1[1])				
Lastfall 3	Zuschlag: +30% zu den Spannungen nach Lastfall 1				

[1]) Bei vorübergehenden ungünstigen Bauzuständen können im Einvernehmen mit der Bauaufsichtsbehörde höhere Spannungen zugelassen werden, sonst s. Tafel 80
[2]) s. Fußnote S. 1124

Lastfälle (LF) nach EAU (E 18)

LF 1: Erddruck und Wasserüberdruck aus häufig auftretenden Außen- und Innenwasserständen, Erddruckeinflüsse aus normalen Nutzlasten, Kranbahnen und Pfahllasten, unmittelbar einwirkende Auflasten aus Eigengewicht und normaler Nutzlast.

LF 2: wie LF 1, jedoch mit außergewöhnlichem Wasserüberdruck, z. B. nach Überflutung, mit Sogeinfluß vorbeifahrender Schiffe, Erddruckeinflüsse außergewöhnlicher örtlicher Auflasten, Trossenzug und Schiffsstoß, vorübergehende ungünstige Belastungen im Bauzustand.

LF 3: wie LF 2, jedoch unter Berücksichtigung aller nur erdenklichen Umstände, z. B. restloser Ausfall einer Entwässerungsanlage u. dgl.

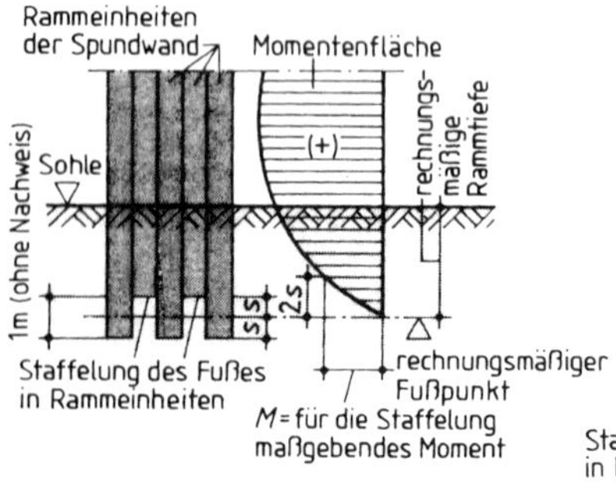

Bild 76 Staffelung des Spundwandfußes bei frei aufgelagerter Wand

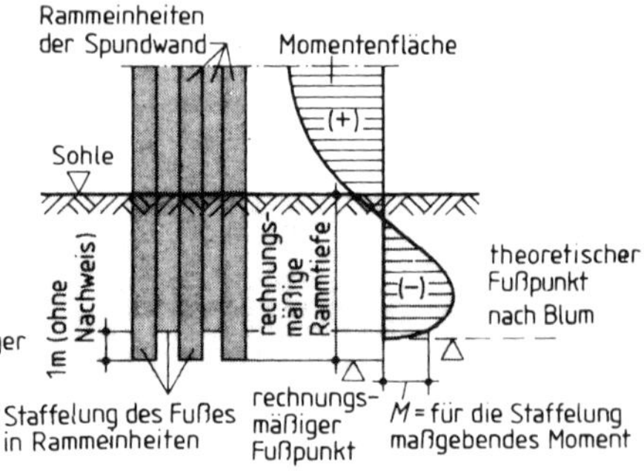

Bild 77 Staffelung des Spundwandfußes bei eingespannter Wand

Tafelprofile

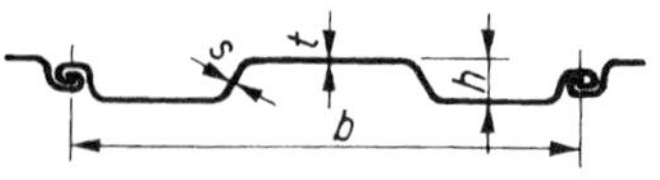

Leichtprofile

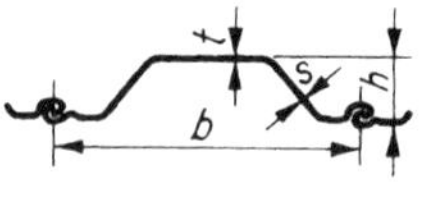

Kanaldielen HKD VI/6 und VI/8

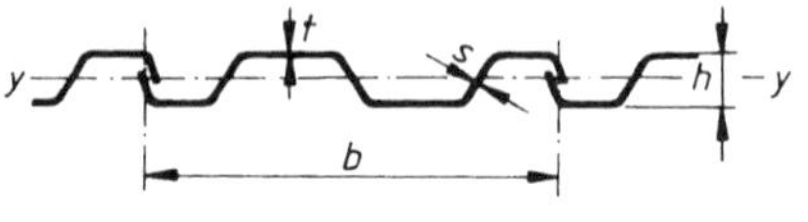

Bild 78 Benennung der Querschnitte von Tafel- und Leichtprofilen sowie Kanaldielen

System Larssen

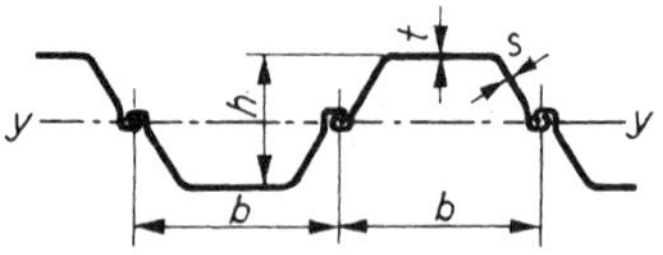

System HOESCH

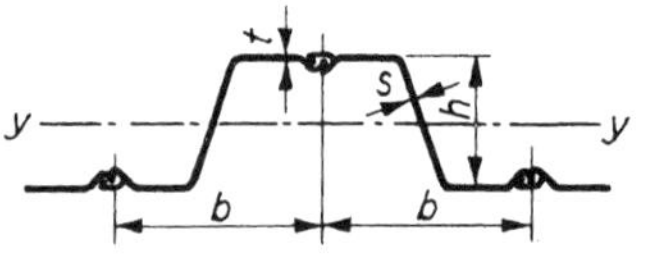

Bild 79 Benennung der Spundwandquerschnitte

Tafel 77 Zulässige Spannungen für Bauteile aus Stahl nach DIN 4124 (8.81)[1]) und DIN 18800-1 (3.81)[1])

a) Zulässige Spannungen im Lastfall H (Hauptlasten)

Art der Beanspruchung	Stahlgüte		
	St 37 (S 235) StSp 37	StSp 45	St 52 (S 355) StSpS
Druck, wenn Nachweis auf Knicken und Kippen nach DIN 4114 erforderlich ist	140 N/mm²	160 N/mm²	210 N/mm²
Zug allgemein sowie Biegedruck: a) bei Bohlträgern mit der Verbohlung hinter den rückwärtigen Flanschen und nicht ausreichender Sicherung gegen Verdrehen der Flansche	160 N/mm²	180 N/mm²	240 N/mm²
b) bei Gurten und bei Trägern von Hilfsbrücken mit ausreichender Stegaussteifung	160 N/mm²	180 N/mm²	240 N/mm²
Biegezug allgemein sowie Biegedruck: a) bei Spundwänden	180 N/mm² [2])	204 N/mm²	270 N/mm²
b) bei Bohlträgern mit der Verbohlung hinter den vorderen Flanschen	180 N/mm²	204 N/mm²	270 N/mm²
c) bei Gurten und bei Trägern von Hilfsbrücken mit ausreichender Stegaussteifung	180 N/mm²	204 N/mm²	270 N/mm²
Schub	104 N/mm²	117 N/mm²	156 N/mm²
Vergleichsspannung	192 N/mm²	216 N/mm²	288 N/mm²

b) Zulässige Spannungen im Lastfall HZ (Haupt- und Zusatzlasten)

Art der Beanspruchung	St 37 (S 235) StSp 37	StSp 45	St 52 (S 355) StSpS
Druck, wenn Nachweis auf Knicken und Kippen nach DIN 4114 erforderlich ist	160 N/mm²	180 N/mm²	240 N/mm²
Zug allgemein sowie Biegedruck: a) bei Bohlträgern mit der Verbohlung hinter den rückwärtigen Flanschen und nicht ausreichender Sicherung gegen Verdrehen der Flansche	180 N/mm²	204 N/mm²	270 N/mm²
b) bei Gurten und bei Trägern von Hilfsbrücken ohne ausreichende Stegaussteifung	180 N/mm²	204 N/mm²	270 N/mm²
Biegezug allgemein sowie Biegedruck: a) bei Spundwänden	192 N/mm²	216 N/mm²	288 N/mm²
b) bei Bohlträgern mit der Verbohlung hinter den vorderen Flanschen	192 N/mm²	216 N/mm²	288 N/mm²
c) bei Gurten und bei Trägern von Hilfsbrücken mit ausreichender Stegaussteifung	192 N/mm²	216 N/mm²	288 N/mm²
Schub	111 N/mm²	124 N/mm²	166 N/mm²
Vergleichsspannung	204 N/mm²	230 N/mm²	306 N/mm²

Beim Prüfen, Überspannen oder Lösen von Steifen oder Ankern dürfen die Biegedruck-, Biegezug- und Vergleichsspannungen bis zu 90% der Streckgrenze erreichen. Zu den zulässigen Spannungen für Anschlüsse s. DIN 18800-1 „Stahlbauten; Bemessung und Konstruktion" (3.81).

[1]) Bis zur Anpassung der EAB an das neue Sicherheitskonzept muß bei dem Spannungsnachweis an Stelle der neuen DIN 18800 (11.90) mit Sicherheitsbeiwerten die herkömmliche Stahlbaunorm mit Lastfall H und HZ Verwendung finden.

[2]) Zulässige Spannungen für Stahlsorten der EN 10248-1 s. Tafel 80

Tafel 78 Zulässige Spannungen für Verbauteile aus Holz
nach DIN 4124 (8.81) und DIN 1052-1 (4.88)

Art der Beanspruchung	Europäisches Nadelholz			Eiche und Buche mittlerer Güte
	Güteklasse III[1])	Güteklasse II	Güteklasse I	
Biegung bei Schnittholz im allgemeinen:				
a) bei Ansatz des Erddruckes als Rechteck über die ganze Höhe der Baugrubenwand	8,4 N/mm²	12,0 N/mm²	15,6 N/mm²	13,2 N/mm²
b) bei Ansatz des Erddruckes mit einer wirklichkeitsnahen Lastfigur	10,5 N/mm²	15,0 N/mm²	19,5 N/mm²	16,5 N/mm²
c) bei Baugrubenabdeckungen und bei Abdeckbohlen von Hilfsbrücken	—	12,0 N/mm²	15,6 N/mm²	13,2 N/mm²
Biegung bei Schnittholz über Innenstützen:				
a) bei Ansatz des Erddruckes als Rechteck über die ganze Höhe der Baugrubenwand	—	13,2 N/mm²	17,2 N/mm²	14,5 N/mm²
b) bei Ansatz des Erddruckes mit einer wirklichkeitsnahen Lastfigur	—	16,5 N/mm²	21,5 N/mm²	18,2 N/mm²
c) bei Baugrubenabdeckungen und bei Abdeckbohlen von Hilfsbrücken	—	13,2 N/mm²	17,2 N/mm²	14,5 N/mm²
Biegung bei Rundholz ohne Schwächung der Randzone:				
a) bei Ansatz des Erddruckes als Rechteck über die ganze Höhe der Baugrubenwand	10,1 N/mm²	14,4 N/mm²	18,7 N/mm²	15,9 N/mm²
b) bei Ansatz des Erddruckes mit einer wirklichkeitsnahen Lastfigur	12,6 N/mm²	18,0 N/mm²	23,4 N/mm²	19,8 N/mm²
c) bei Steifen	—	14,4 N/mm²	18,7 N/mm²	15,9 N/mm²
Druck in Faserrichtung:				
a) bei Schnittholz	—	8,5 N/mm²	11,0 N/mm²	10,0 N/mm²
b) bei Rundholz ohne Schwächung der Randzone	—	10,2 N/mm²	13,2 N/mm²	12,0 N/mm²
Druck rechtwinklig zur Faserrichtung:				
a) mit weniger als 10 cm Überstand	—	4,0 N/mm²	4,0 N/mm²	6,4 N/mm²
b) mit 10 cm oder mehr Überstand	—	5,0 N/mm²	5,0 N/mm²	8,0 N/mm²
Abscheren in Faserrichtung:	—	1,1 N/mm²	1,1 N/mm²	1,2 N/mm²

[1]) Nur bei Ausfachungen von Trägerbohlwänden zulässig

Die angegebenen zulässigen Spannungen setzen die Verwendung von neuen oder neuwertigen Hölzern voraus.

Die angegebenen zulässigen Spannungen gelten für den Lastfall H (Hauptlasten). Im Lastfall HZ (Haupt- und Zusatzlasten) dürfen die angegebenen zulässigen Spannungen um 25% erhöht werden. Zur Definition der Lastfälle H und HZ s. Berechnungslastfälle s. Abschnitt 11.

Die beim Prüfen, Überspannen und Lösen von Steifen oder Ankern auftretenden Spannungen brauchen nicht nachgewiesen zu werden.

11.2 Spundwandprofile

Tafel 79 Tafel- und Leichtprofile, Kanaldielen der Hoesch-Hüttenwerke AG (Querschnittbenennung s. S. 1124)

Profil	Profilbreite b	Wandhöhe h	Rückendicke t	Stegdicke s	Eigenlast		Widerstandsmoment W_y	Zul. Biegemomente je m Wand für Lastfall 2[1]) S 275 JRC[2])
	mm	mm	mm	mm	kg/m Einzelbohle	kg/m² Wand	cm³/m Wand	σ=213 MN/m²
Hoesch								kNm/m
Leichtprofil HL 3/6	700	148	6	6	46,2	**66**	**410**	87,5
Leichtprofil HL 3/8	700	150	8	8	61,5	88	540	115
Kanaldiele HKD VI/6	600	78	6	6	37,5	62	182	38,7
Kanaldiele HKD VI/8	600	80	8	8	50	**83**	**242**	51,5
								je m Wand für Lastfall 1[1])
Hoesch								σ=185 MN/m²
Tafelprofil HT 45	1000	90	4,5	4,5	45	**45**	**159**	29,4
Tafelprofil HT 50			5	5	50	**50**	**175**	32,4
Tafelprofil HT 60			6	6	60	**60**	**208**	38,5
Tafelprofil HT 70			7	7	70	**70**	**240**	44,4

Tafel 80 Spundwandnormalprofile System Larssen und Hoesch, Union-Flachprofile

Profil	Widerstandsmoment W_y[4])	Eigenlast		Profilbreite b	Wandhöhe h	Rückendicke t	Stegdicke s	Zul. Biegemomente je m Wand für Lastfall 1[1]) S 240 GP	S 270 GP	S 355 GP[3])
	cm³/m Wand	kg/m² Wand	kg/m Einzelbohle	mm	mm	mm	mm	σ=160 MN/m²	σ=180 MN/m²	σ=240 MN/m²
Larssen								kNm/m	kNm/m	kNm/m
22	**1250**	**122**	61	500	340	10	9	200	225	300
23	**2000**	**155**	77,5		420	11,5	10	320	360	480
24	**2500**	**175**	87,5		420	15,6	10	400	450	600
24/12	**2550**	**185**	92,7		420	15,6	12	408	459	612
25	**3040**	**206**	103		420	20	11,5	486	547	730
43	**1660**	**166**	83	500	420	12	12	266	299	398
430[2])	**6450**	**235**[3])	83	708	750	12	12	1032	1161	1548
600	**510**	**94**	56,4	600	150	9,5	9,5	82	92	122
600 K	**540**	**99**	59,4		150	10	10	86	97	130
601	**745**	**77**	46,3		310	7,5	6,4	119	134	179
602	**830**	**89**	53,4		310	8,2	8	133	149	199
603	**1200**	**108**	64,8		310	9,7	8,2	192	216	288
603 K	**1240**	**113**	68,1		310	10	9	198	223	298
604	**1620**	**124**	74,5		380	10,5	9	259	292	389
605	**2020**	**139**	83,5		420	12,5	9	323	364	485
605 K	**2030**	**144**	86,7		420	12,2	10	325	365	487
606	**2500**	**157**	94,4		435	15,6	9,2	400	450	600
606 K	**2540**	**162**	97,5		435	15,6	10	406	457	610
607	**3200**	**191**	114,4		435	21,5	9,8	512	576	768
607 K	**3220**	**192**	115,2		435	21,5	10	515	580	773
703	**1210**	**96,5**	67,5	700	400	9,5	8	193	218	290
703 K	**1300**	**103**	72,1		400	10	9	208	234	312
Hoesch										
1200	**1140**	**107**	61,5	575	260	9,5	9,5	182	205	274
1700	**1720**	**116**	66,7		350	10	9	275	310	413
1700 K	**1700**	**117**	67,3		350	9,5	9,5	272	306	408
2500	**2480**	**152**	87,4		350	12,5	9,5	397	446	595
2500 K	**2540**	**155**	89,1		350	12,8	10	406	457	610
3600	**3580**	**192**	110,4		415	16	12	573	645	860
Union-Flachprofile										
FL 511	500	88	11	–	67,5	**135**	90	Mindest-Schloßzugfestigkeit =2000 kN/m (Grenzbelastung). Höhere Werte (bis 5000 kN/m) in Abhängigkeit vom Drehwinkel möglich.		
FL 512[2])			12	–	70,5	**141**	90			
FL 512,7[2])			12,7	–	72,5	**145**	90			

[1]) Bei Druck und Biegedruck für den Stabilitätsnachweis gelten verminderte zulässige Spannungen (sinngemäß nach E 20 der EAU 1996)
[2]) Stahlsorte für kaltgeformte Spundbohlen nach DIN EN 10249-1
[3]) Stahlsorte für warmgewalzte Spundbohlen nach DIN EN 10248-1

16

Tafel 81 U-Profile, ARBED, Vertrieb Krupp GfT

Profil	*b* E-Bohle mm	*h* Wand mm	t_1 Rükken mm	t_2 Steg mm	Umfang cm je m Wand	Stahlquerschnitt cm^2 je m Wand	Gewicht kg je m EB	Gewicht kg je m^2 Wand	Widerstandsmoment cm^3 je m Wand	Trägheitsmoment cm^4 je m Wand	Trägheitsradius $i = \sqrt{\frac{I}{F}}$ cm
PU 6	600	226	7,5	6,4	237	97	45,6	76	600	6780	8,37
PU 8	600	280	8,0	8,0	250	116	54,5	91	830	11620	10,02
PU 12	600	360	9,8	9,0	264	140	66,1	110	1200	21600	12,41
PU 16	600	380	12,0	9,0	275	159	74,7	124	1600	30400	13,85
PU 20	600	430	12,4	10,0	291	179	84,3	140	2000	43000	15,50
PU 25	600	452	14,2	10,0	303	199	93,6	156	2500	56490	16,86
PU 32	600	452	19,5	11,0	303	242	114,1	190	3200	72320	17,28
L 2 S	500	340	12,3	9,0	292	177	69,7	139	1600	27200	12,38
L 3 S	500	400	14,1	10,0	304	201	78,9	158	2000	40010	14,11
L 4 S	500	440	15,5	10,0	322	219	86,2	172	2500	55010	15,83
JSP 2	400	200	10,5	–	277	153	48,0	120	874	8740	7,56
JSP3	400	250	13,0	–	298	191	60,0	150	1340	16800	9,38

Tafel 82 AZ-Profile, ARBED, Vertrieb Krupp GfT

Profil	*b* E-Bohle mm	*h* Wand mm	t_1 Rükken mm	t_2 Steg mm	Umfang cm je m Wand	Stahlquerschnitt cm^2 je m Wand	Gewicht kg je m EB	Gewicht kg je m^2 Wand	Widerstandsmoment cm^3 je m Wand	Trägheitsmoment cm^4 je m Wand	Trägheitsradius $i = \sqrt{\frac{I}{F}}$ cm
AZ 13	670	303	9,5	9,5	245	137	72,0	107	1300	19700	11,99
AZ 18	630	380	9,5	9,5	270	150	74,4	118	1800	34200	15,07
AZ 26	630	427	13,0	12,2	282	198	97,8	155	2600	55510	16,75
AZ 36	630	460	18,0	14,0	293	247	122,2	194	3600	82800	18,30
AZ 48	580	482	19,0	15,0	326	307	139,6	241	4800	115670	19,43

Tafel 83 Leichtprofile Krupp

Profil	*b* E-Bohle mm	*h* Wand mm	t_1 Rükken mm	t_2 Steg mm	Umfang cm je m Wand	Stahlquerschnitt cm^2 je m Wand	Gewicht kg je m EB	Gewicht kg je m^2 Wand	Widerstandsmoment cm^3 je m Wand	Trägheitsmoment cm^4 je m Wand	Trägheitsradius $i = \sqrt{\frac{I}{F}}$ cm
KL 3/6	700	148	6,0	6,0	243	84,0	46,2	66	410	3080	5,90
KL 3/8	700	150	8,0	8,0	243	111,9	61,5	88	540	4050	6,00

Tafel 84 Kanaldielen Krupp

KD VI/6	600	80	6,0	6,0	250	80,0	37,5	62	182	726	3,02
KD VI/8	600	80	8,0	8,0	250	106,0	50,0	83	242	968	3,02

11.3 Gebäudesicherungen im Bereich von Ausschachtungen, Gründungen und Unterfangungen nach DIN 4123 (5.72)

Der Baugrund ist bis an die Wände bestehender Fundamente durch schmale Schürfgruben auf ausreichende Tragfähigkeit sowie Grund- und Schichtenwasserführung zu erkunden. Ferner sind Art, Abmessung, Zustand und Gründungstiefe der bestehenden Fundamente und die von diesen eingeleiteten Kräfte, besonders waagerechte Kräfte festzustellen.

Vor Baubeginn werden Beweissicherungsverfahren empfohlen. Besonders bei ungenügendem Verbund von Wänden sind Sicherungsmaßnahmen erforderlich.

Bestehende Gründungen werden gegen Grundbruch durch Einhalten der Aushubgrenzen von Bild 82 und der Aushubabschnitte nach Bild 81 gesichert. Gleiche Gründungstiefe wie die der bestehenden Fundamente erforderlich. Diese sind zu unterfangen, wenn neue Fundamente tiefer als bestehende herabgeführt werden. Die Gründungssohlen dürfen nicht aufgelockert oder aufgeweicht sein. Abschnitte mit höchster Belastung müssen zuerst unterfangen werden. Kraftschluß z. B. durch großflächige Stahldoppelkeile, hydraulische Anpressung und dgl. Die neuen Fundamente sind gleichzeitig mit der Unterfangung herzustellen.

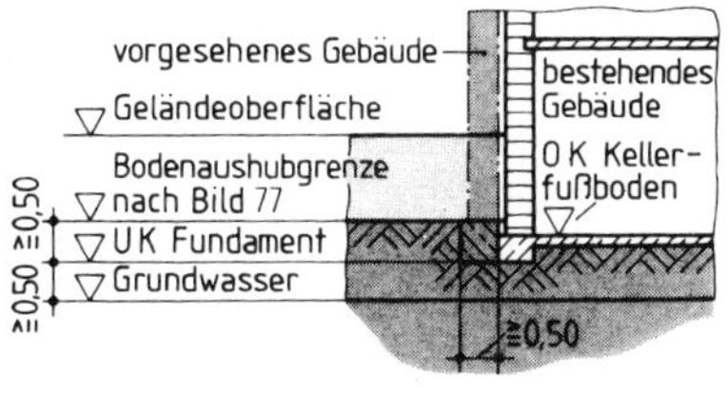

Bild 80 **Aushubgrenzen nach DIN 4123**

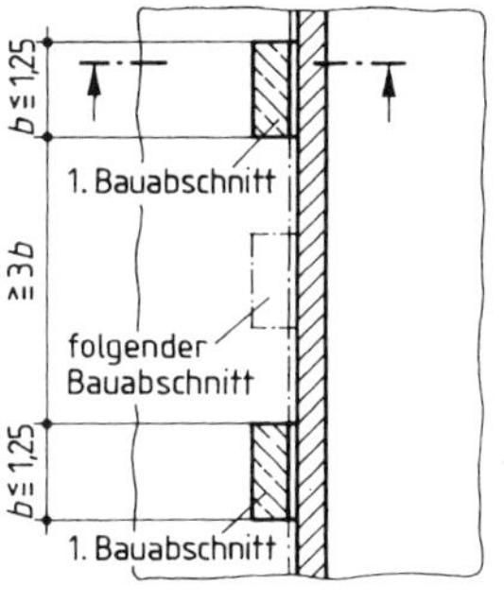

Bild 81 **Aushubabschnitte nach DIN 4123**

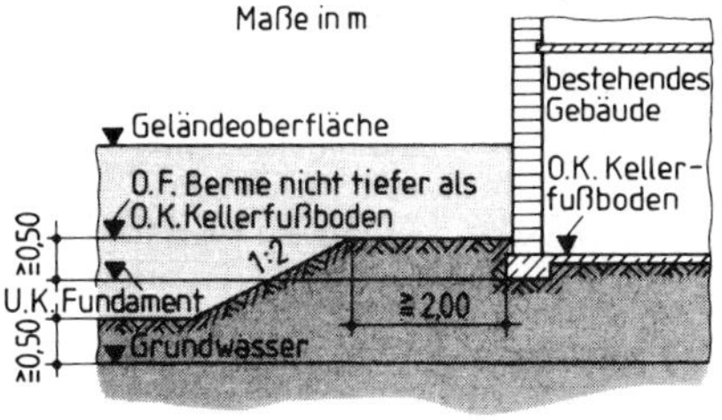

Bild 82 **Bodenaushubgrenzen**

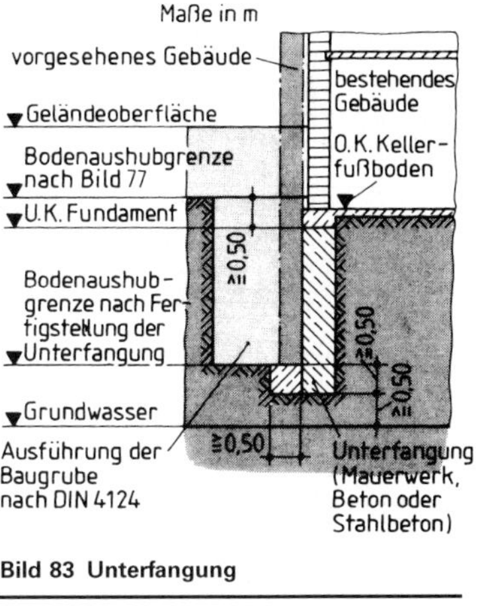

Bild 83 **Unterfangung**

16

12 Dränung zum Schutz baulicher Anlagen nach DIN 4095 (6.90)

Dränung ist die Entwässerung des Bodens durch Dränschicht und Dränleitung (Bild 84), um das Entstehen von drückendem Wasser zu vermeiden.

Planung: Die Dränanlage ist in den Entwässerungsplan aufzunehmen. Dränschicht und Dränleitung müssen alle erdberührten Wände erfassen. Die Dränleitung ist entlang der Außenfundamente anzuordnen (Bild 85). Die Auflagerung auf Fundamentvorsprüngen ist unzulässig. Bei unregelmäßigen Grundrissen ist ein größerer Abstand von den Streifenfundamenten zulässig.

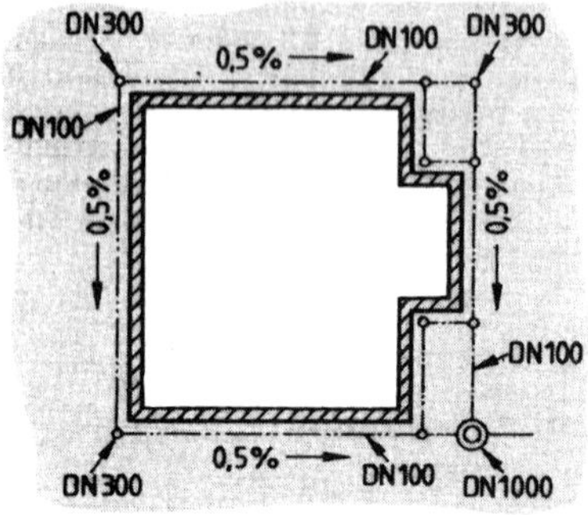

Bild 84 Beispiel einer Anordnung von Dränleitungen, Kontroll- und Reinigungseinrichtungen bei einer Ringdränung (Mindestabmessungen)

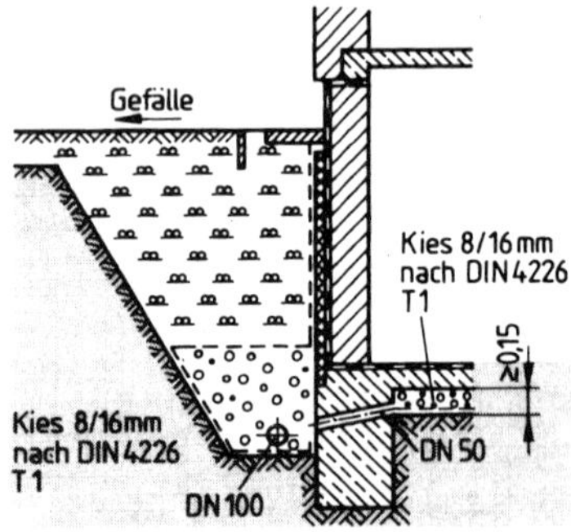

Bild 85 Beispiel einer Dränanlage mit Dränelementen

Tafel 85 Angaben über Bauteile und Zeichen (Sinnbilder)

Bauteil	Art	Zeichen	Bauteil	Art	Zeichen
Filterschicht	Sand		Trennschicht	z. B. Folie	
	Geotextil		Abdichtung	z. B. Anstrich, Bahn	
Sickerschicht	Kies		Dränleitung	Rohr	
	Einzelelement (z. B. Dränstein, -platte)		Spülrohr Kontrollrohr	Rohr	
Dränschicht	Kiessand		Spülschacht Kontrollschacht, Übergabeschacht	Fertigteil	
	Verbundelement (z. B. Dränmatte)				

Tafel 86 Einschätzung der Durchlässigkeit von Böden nach DIN 18130-1

$k < 10^{-8}$ m/s	sehr schwach durchlässig
10^{-8} bis 10^{-6} m/s	schwach durchlässig
$> 10^{-6}$ bis 10^{-4} m/s	durchlässig
$> 10^{-4}$ bis 10^{-2} m/s	stark durchlässig
$> 10^{-2}$ m/s	sehr stark durchlässig

Die Rohrsohle ist am Hochpunkt mindestens 0,2 m unter Oberfläche Rohbodenplatte (OFR) anzuordnen (Bild 85). Der Rohrgraben darf nicht unter die Fundamentsohlen geführt werden (notfalls Vertiefung der Fundamente oder Verlegung der Dränrohre außerhalb ihres Druckausbreitungsbereiches).

Kontrollrohre (DN 300) sind bei Richtungswechsel sowie im Abstand von höchstens 20 m, Spül-, Kontroll- und Sammelschächte (DN 1000) an Hoch- und Tiefpunkten sowie im Abstand von höchstens 60 m anzuordnen. Die Darstellung erfolgt mit Sinnbildern der Tafel 85. Für die Bemessung unterscheidet DIN 4095 den Regelfall (Einstufung nach Tafel 87) für den kein besonderer Nachweis erforderlich ist (Ausführungsempfehlung mit Dicken s. Bild 86), sowie den Einzelnachweis im Sonderfall

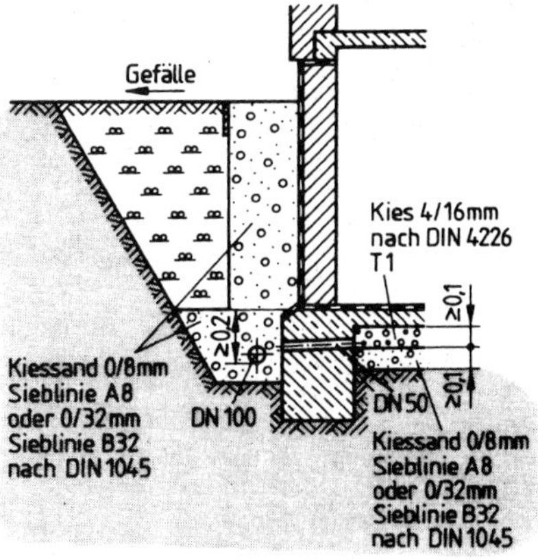

Bild 86 Beispiel einer Dränanlage mit mineralischer Dränschicht

Tafel 87 Bedingungen vor Wänden und unter Bodenplatten für die Einstufung als Regelfall

Richtwerte vor Wänden	
Einflußgröße	Richtwert
Gelände	eben bis leicht geneigt
Durchlässigkeit des Bodens	schwach durchlässig
Einbautiefe	bis 3 m
Gebäudehöhe	bis 15 m
Länge der Dränleitung zwischen Hochpunkt mit Tiefpunkt	bis 60 m
Richtwerte unter Bodenplatten	
Einflußgröße	Richtwert
Durchlässigkeit des Bodens	schwach durchlässig
Bebaute Fläche	bis 200 m^2

Im Regelfall ist für den Wasserabfluß bei nichtmineralischen, verformbaren Dränelementen mit Abflußspenden nach Tafel 88 zu rechnen.

Tafel 88 Abflußspende zu der Bemessung nichtmineralischer, verformbarer Dränelemente

Lage	Abflußspende
vor Wänden	0,30 l/(s · m)
auf Decken	0,03 l/(s · m^2)
unter Bodenplatten	0,005 l/(s · m^2)

Tafel 89 Abflußspende vor Wänden

Bereich	Bodenart und Bodenwasser Beispiel	Abflußspende q in l/(s · m)
gering	sehr schwach durchlässige Böden* ohne Stauwasser kein Oberflächenwasser	unter 0,05
mittel	schwach durchlässige Böden* mit Sickerwasser kein Oberflächenwasser	von 0,05 bis 0,10
groß	Böden mit Schichtwasser oder Stauwasser wenig Oberflächenwasser	über 0,10 bis 0,30

*) s. Einschätzung auf S. 1130

Im Sonderfall sind folgende Untersuchungen auszuführen: Geländeaufnahme, Bodenprofilaufnahme, Ermittlung des Wasseranfalls, statischer Nachweis der Dränschichten und Dränleitungen, hydraulische Bemessung aller Dränelemente, Bemessung der Sickeranlage, Auswirkung auf Bodenwasserhaushalt, Vorfluter, Nachbarbebauung.

Die Abflußspende für die Bemessung der flächigen Dränelemente darf nach den Tafeln 88 und 89 geschätzt werden.

16

Tafel 90 Abflußspende unter Bodenplatten

Bereich	Bodenart Beispiel	Abflußspende q' in $l/(s \cdot m^2)$
gering	sehr schwach durchlässige Böden*)	unter 0,001
mittel	schwach durchlässige Böden*)	von 0,001 bis 0,005
groß	durchlässige Böden*)	über 0,005 bis 0,010

*) s. Einschätzung auf Tafel 86

Tafel 92 Beispiele von Baustoffen für Dränelemente

Bauteil	Art	Baustoff
Filterschicht	Schüttung	Mineralstoffe (Sand und Kiessand)
	Geotextilien	Filtervlies (z. B. Spinnvlies)
Sickerschicht	Schüttung	Mineralstoffe (Kiessand und Kies)
	Einzelelemente	Dränsteine (z. B. aus haufwerksporigem Beton) Dränplatten (z. B. aus Schaumkunststoff) Geotextilien (z. B. aus Spinnvlies)
Dränschicht	Schüttungen	Kornabgestufte Mineralstoffe Mineralstoffgemische (Kiessand, z. B. Körnung 0/8 mm, Sieblinie A2 nach DIN 1043 oder Körnung 0,32 mm Sieblinie B32 nach DIN 1045)
	Einzelelemente	Dränsteine (z. B. aus haufwerksporigen Beton ggf. ohne Filtervlies) Dränplatten (z. B. aus Schaumkunststoffe, ggf. ohne Filtervlies)
	Verbundelemente	Dränmatten aus Kunststoff z. B. aus Höckerprofilen mit Spinnvlies, Wirrgelege mit Nadelvlies, Gitterstrukturen mit Spinnvlies
Dränrohr	gewellt oder glatt	Beton, Faserzement Kunststoff, Steinzeug, Ton mit Muffen
	gelocht oder geschlitzt	allseitig (Vollsickerrohr) seitlich und oben (Teilsickerrohr)
	mit Filtereigenschaften	Kunststoffrohre mit Ummantelung, Achse auf haufwerksporigen

Tafel 91 Beispiele für die Ausführung mit Geotextilien nach [7]

wirksame Öffnungsweite $D_W < 0{,}10$ mm Naue SECUTEX 351-4 Polyfelt TS 700 Hoechst TREVIRA SPUNBOND 13/150, 11/360 Rhone-Poulenc BIDIM B3, B4 Heidelberger Vlies HV 7220
wirksame Öffnungsweite $0{,}10 \leq D_W \leq 0{,}12$ mm Naue SECUTEX 151-1 Polyfelt TS 500, TS 600 Hoechst TREVIRA SPUNBOND 11/300 Rhone-Poulenc BIDIM B1
wirksame Öffnungsweise $D_W \geq 0{,}13$ mm Polyfelt TS 22 Hoechst TREVIRA SPUNBOND 11/180 Rhone-Poulenc BIDIM B2 Heidelberger Vlies HV 7270

Für die hydraulische Bemessung der Sickerschicht gilt $q' = k \cdot i \cdot d$, wobei für die Bemessung vor der Wand $i = 1$ ist, bei Decken deren Gefällen. Die erforderliche Nennweite der Dränage ergibt sich aus Bild 87.

Bauausführung: Dränageleitungen werden i. d. R. am Tiefpunkt beginnend geradlinig zwischen den Kontrolleinrichtungen auf einem stabilen Rohrleitungsplanum verlegt. Sie sind gegen Lageveränderungen zu sichern, z. B. durch beidseitigen Einbau der Sickerschicht. Die erste Lage bis 0,15 m über Rohrscheitel ist von Hand leicht zu verdichten. Darüber darf ein Verdichtungsgerät eingesetzt werden.

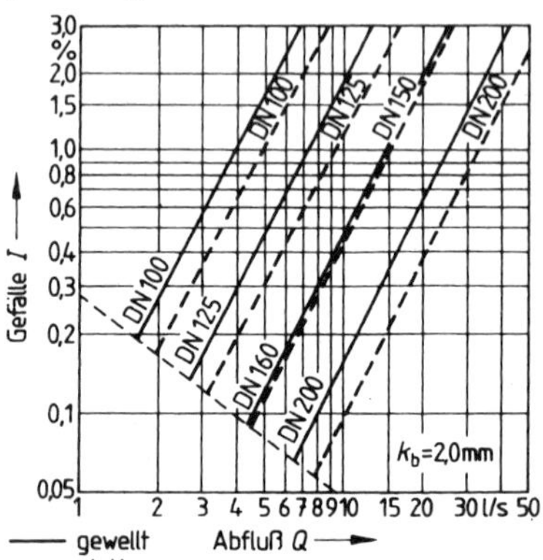

Bild 87 Bemessungsbeispiele für Dränleitungen

13 Erdbau nach DIN 18300 (6.96) und ZTVE – StB 94

13.1 Boden- und Felsklassen

Sie gelten nur für das Lösen, Laden, Fördern, Einbauen und Verdichten von Boden und Fels.

Die ZTVE-StB 94 ergänzen DIN 18300 durch Bodengruppen.

Tafel 93 Bodenklassen nach DIN 18300, ZTVE und [6]

Klasse	Bezeichnung	Körnung, Plastizität und Konsistenz	Gruppe DIN 18196
1	Oberboden Mutterboden	Oberste Schicht des Bodens, die neben anorganischen Stoffen, z. B. Kies-, Sand-, Schluff- und Tongemische, auch Humus und Bodenlebewesen enthält.	–
2	Fließende Bodenarten	Bindige und gemischtkörnige stark bindige Bodenarten von flüssiger bis breiiger Beschaffenheit, die das Wasser schwer abgeben ($I_c < 0{,}5$).	(1) HN, HZ, F (2) OU, OT, OH, OK, S$\bar{U}$, S$\bar{T}$, G$\bar{U}$, G$\bar{T}$ bei $I_c < 0{,}5$
3	Leicht lösbare Bodenarten	Nicht- bis schwachbindige Sande, Kiese und Sand-Kies-Gemische mit $\leq$15 Gew.-% Beimengungen an Schluff und Ton (Korngröße <0,06 mm) und mit $\leq$30 Gew.-% Steinen von >63 mm Korngröße bis zu 0,01 m^3 Rauminhalt[1]). Organische Bodenarten mit geringem Wassergehalt (z. B. feste Torfe).	GE, GW, GI, SE, SW, SI, GU, SU, GT, ST sowie HN im Trockenen
4	Mittelschwer lösbare Bodenarten	Gemische von Sand, Kies, Schluff und Ton mit >15 Gew.-% Korngröße <0,06 mm. Bindige Bodenarten von leichter bis mittlerer Plastizität, die je nach Wassergehalt weich bis fest sind und höchstens 30 Gew.-% Steine von über 63 mm Korngröße bis zu 0,01 m^3 Rauminhalt[1]) enthalten.	G$\bar{U}$, S$\bar{U}$, G$\bar{T}$, S$\bar{T}$, UL, UM, TL, TM, OU
5	Schwer lösbare Bodenarten	Bodenarten nach 3 und 4, jedoch mit >30 Gew.-% Steinen von >63 mm Korngröße bis zu 0,01 m^3 Rauminhalt[1]). Nichtbindige und bindige Bodenarten mit <30 Gew.-% Steinen von über 0,01 m^3 bis 0,1 m^3 Rauminhalt[2]). Ausgeprägte plastische Tone, die je nach Wassergehalt weich bis fest sind.	wie 3 und 4, sowie TA
6	Leicht lösbarer Fels und vergleichbare Bodenarten	Felsarten, die einen inneren, mineralisch gebundenen Zusammenhalt haben, jedoch stark klüftig, brüchig, bröckelig, schiefrig, weich oder verwittert sind, sowie vergleichbare verfestigte nichtbindige und bindige Bodenarten[6]). Nichtbindige und bindige Bodenarten mit >30 Gew.-% Steinen von über 0,01 m^3 bis 0,1 m^3 Rauminhalt[2]), entfestigt, zersetzt [6].[4])	eng/dicht[3]) <1,0 m [6] säulig, plattig, schiefrig[5]) [6] s. Tafel 94
7	Schwer lösbarer Fels	Felsarten, die einen inneren, mineralisch gebundenen Zusammenhalt und hohe Gefügefestigkeit haben und die nur wenig klüftig oder verwittert sind. Festgelagerter, unverwitterter Tonschiefer, Nagelfluhschichten, Schlackenhalden der Hüttenwerke und dergleichen. Steine von über 0,1 m^3 Rauminhalt, unverwittert angewittert [6].[4])	weit[3]) >1,0 m [6] blockig, würfelig, quaderig – bankig[5]) [6]

[1]) entspricht einer Kugel mit ∅ bis 0,30 m
[2]) entspricht einer Kugel mit ∅ von rund 0,30 m bis 0,6 m
[3]) Abstand der Trennflächen } s. Tafel 94
[4]) Verwitterungsgrad } s. Tafel 94
[5]) Raumteile (s. Bild 88) } s. Tafel 94
[6]) z. B. durch Austrocknung, Gefrieren, chem. Bindungen

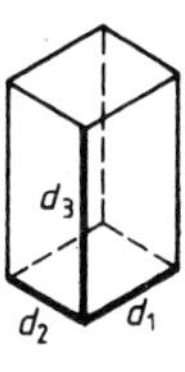

	$\frac{d_1}{d_3};\frac{d_2}{d_3}$
säulig	< 1 : 5
blockig	1 : 2 bis 1 : 5
würfelig	1 : 2 bis 2 : 1
quaderig-bankig	2 : 1 bis 5 : 1
plattig-schiefrig	> 5 : 1

Bild 88 Geometrische Einteilung der durch Trennflächen begrenzten Raumteile vom Fels nach [6]

Tafel 94 Zuordnung der Merkmale des Verwitterungszustands und Trennflächengefüges zu den Felsklassen 6 und 7 nach [6]

Merkmal	Klasse 6	Klasse 7
Verwitterungsgrad	entfestigt zersetzt	unverwittert (frisch) angewittert
Einfallrichtung der Trennflächen	söhlig, flach geneigt, steil	söhlig, flach geneigt, steil
Abstand der Trennflächen	eng/dicht $<1{,}0$ m	weit $>1{,}0$ m
Raumteile (s. Bild 83)	säulig plattig-schiefrig	blockig, würfelig quaderig-bankig

13.2 Frostempfindlichkeitsklassen nach ZTVE

Tafel 95 Klassifikation der Frostempfindlichkeit von Bodenarten (ZTVE-StB 94, Tabelle 1)

	Frostempfindlichkeit	Kurzzeichen nach DIN 18186
F1	nicht frostempfindlich	GW, GI, GE, SW, SI, SE
F2	gering bis mittel frostempfindlich	TA, OT, OH, OK, ST, GT, SU, GU[1])
F3	sehr frostempfindlich	TL, TM, UL, UM, OU, S$\bar{T}$, G$\bar{T}$, SU, G$\bar{U}$

[1]) Zu F1, wenn Körnungskriterien nach Abschn. 2.3.3.1 der ZTVE-StB 94 nicht erfüllt sind.

13.3 Klassifizierung kontaminierter Böden

Der Handlungsbedarf für eine Bodensanierung ist nach Abschn. Abfallwirtschaft einzuschätzen. Dabei werden die von einem chemischen Labor ermittelten chem. Inhaltsstoffe des Bodens mit den Werten eines Standard- oder Referenzbodens verglichen, bei dem noch keine Sanierung erforderlich ist.

13.4 Verdichtung

Tafel 96 Anforderungen an das 10%-Mindestquantil*) für den Verdichtungsgrad D_{Pr} bei grobkörnigen Böden

	Bereich	Bodengruppen	D_{Pr} in %
1	Planum bis 1,0 m Tiefe bei Dämmen und 0,5 m Tiefe bei Einschnitten	GW, GI, GE SW, SI, SE	100
2	1,0 m unter Planum bis Dammsohle	GW, GI, GE, SW, SI, SE	98

Tafel 97 Anforderungen an das 10%-Mindestquantil*) für den Verdichtungsgrad D_{Pr} bei gemischt- und feinkörnigen Böden

	Bereich	Bodengruppen	D_{Pr} in %
1	Planum bis 0,5 m Tiefe	GU, GT, SU, ST	100
		GU*, GT*, SU*, ST*, U, T, OK, OU, OT	97
2	0,5 m unter Planum bis Dammsohle	GU, GT, SU, ST, OH, OK	97
		GU*, GT*, SU*, ST*, U, T, OU, OT	95

*) Das Mindestquantil ist das kleinste zugelassene Quantil (früher: Fraktile), unter dem nicht mehr als der vorgegebene Anteil von Merkmalswerten (z. B. für den Verdichtungsgrad) der Verteilung zugelassen ist (s. auch Abschnitt 14.1.2 und TP BF-StB, Teil E1).

Tafel 98 Erforderlicher Verformungsmodul des Erdplanums als zusätzliche Anforderung zu den Werten der Tafel 96 und 97, Zeile 1

Zeile	Untergrund bzw. Unterbau	Tragschicht	Bauklasse	erf E_{v2}
1	frostsicher	ohne	I bis IV	120
2			V	100
3	frostempfindlich	ungebunden (meist Frostschutzschicht) oder gebunden (ohne Frostschutzschicht)	I bis V	45

Läßt sich der erforderliche Verformungsmodul auf dem Planum durch Verdichten nicht erreichen, ist entweder (1) der Untergrund bzw. Unterbau zu verbessern oder zu verfestigen oder (2) die Dicke der ungebundenen Tragschicht zu vergrößern. Die Maßnahmen sind in der Leistungsbeschreibung anzugeben.
Bei Böden und Felsschüttungen, bei denen die Ermittlung der Dichte schwierig oder nicht möglich ist, kann als Hilfskriterium der Verformungsmodul E_{v2} oder E_{v1} für das Überprüfen der nach Tafel 96 u. 97 vorgeschriebenen Verdichtungsanforderungen herangezogen werden (ZTVE-StB 94, Tabelle 8 und 9).

Tafel 99 Richtwerte für die Zuordnung von Verdichtungsgrad D_{Pr} und Verformungsmodul E_{v2} bei grobkörnigen Bodenarten

Bodenart	GW – GI			GE – SE – SW – SI		
D_{Pr} in % $\geqq$	100	98	97	100	98	97
E_{v2} in MN/m² $\geqq$	100	80	70	80	70	60

Tafel 100 Richtwerte für den Verhältniswert E_{v2}/E_{v1} in Abhängigkeit vom Verdichtungsgrad

Verdichtungsgrad D_{Pr} in %	$\geq$ 100	$\geq$ 98	$\geq$ 97
Verhältniswert E_{v2}/E_{v1}	$\leq$ 2,3	$\leq$ 2,5	$\leq$ 2,6

Tafel 101 Wahl der Schütthöhen beim Verdichten von Leitungsgräben oder engen Baugruben

1	Ort	Geräte	Schütthöhe (in cm) bei den Bodengruppen		
			GW, GE, GI SW, SE, SI	GU, GT, SU, ST, GU*, GT*, SU*, ST*	U, T, OH, OU, OT, OK
2	Leitungszone und enge Baugrube	leichte Verdichtungsgeräte	20 bis 30	15 bis 25	10 bis 20
3	oberhalb der Leitungszone	mittlere und schwere Verdichtungsgeräte	30 bis 50	20 bis 40	20 bis 30

Tafel 102 Mindestanzahl der Eigenüberwachungsprüfungen

Zeile	Bereich	Mindestanzahl
1	Planum	3 je 4000 m²
2	Unterbau	3 je 5000 m²
3	Untergrund	3 je 5000 m²
4	Bauwerkshinterfüllung	3 je 500 m³
5	Bauwerksüberschüttung	3 innerhalb des ersten Meters der Überschüttung
6	Leitungsgraben	3 je 150 m Länge pro m Grabentiefe
7	bei kommunalen Straßen und bei abschnittsweisem Bauen	1 je 2000 m² mindestens aber je 100 m

Tafel 103 Zusammenhang zwischen Radeinsenkungs- und Verformungsmodul E_{v2} bei einer statistischen Sicherheit von 95% nach [6]

E_{v2}-Modul in MN/m²	s in mm	s_{95} in mm
30	$3{,}0 \leq s \leq 22{,}2$	8,1
45	$2{,}0 \leq s \leq 14{,}7$	5,4
60	$1{,}3 \leq s \leq 9{,}7$	3,6
120	$0{,}2 \leq s \leq 1{,}9$	0,7

Tafel 104 Auflockerungsfaktor beim Wiedereinbau der Böden in % nach [4]

Boden, Fels	Ton	Lehm, Sand	Kiessand	Kies	Tonstein, Mergelstein	Kalkstein Sandstein, Granit u. a.
nach dem Lösen	+20 bis +30	+15 bis +25	+20 bis +25	+25 bis +30	+25 bis +30	+35 bis +60
nach dem Verdichten	+ 2 bis −10	− 5 bis −15	− 5 bis −15	+ 8 bis 0	+ 2 bis +15	+10 bis +35

Es bedeuten: + Auflockerung, − Überverdichtung

Anhang

Sicherheitsnachweise mit europäischen Vornormen

Bisher verabschiedet sind DIN V ENV 1991-1 mit allgemeinen Vorgaben und DIN V ENV 1997-1 mit geotechnischen Regeln, die durch ein nationales Anwendungsdokument (NAD) mit deutschen Normen verbunden und detailliert werden (DIN V 1054-100 sowie die mit – 100 gekennzeichneten Berechnungsnormen).

Hinweis Diese Vornormen sind weder Teil des deutschen Normenwerkes und entsprechend auch keine Technischen Baubestimmungen.

Zur Zeit wird DIN V ENV 1997-1 (früher: Eurocode EC-7) überarbeitet.

Bis zum Erscheinen der Erstnorm pr EN 1997-1 besteht die Möglichkeit, die Sicherheiten probeweise nach der zur Zeit gültigen Fassung mit NAD nachzuweisen.

Nachzuweisen sind folgende Grenzzustände:

Grenzzustände

Grenzzustände sind Zustände, bei deren Überschreitung die Entwurfsanforderungen nicht mehr erfüllt sind (EN V 1991-1). Man unterscheidet:

GZ 1 Grenzzustand der Tragfähigkeit, bei dessen Eintreten das Bauwerk infolge zu großer Verformung des Baugrundes versagt, oder der Baugrund versagt, ohne daß ein Bauwerk beteiligt ist.

Überschreitungen des GZ 1 sind z. B. Grund- und Geländebruch.

GZ 2 Grenzzustand der Gebrauchstauglichkeit, bei dessen Eintreten das Bauwerk z. B. durch zu große Baugrundverformung, Erschütterungen oder Vernässungen z. T. oder ganz unbrauchbar wird, ohne daß es versagt.

Nachweis der Sicherheiten im GZ 1

Die Sicherheitsnachweise werden mit Ungleichungen geführt, in denen Bemessungswerte für einwirkende und widerstehende Größen gegenübergestellt werden, z. B.

$$\boldsymbol{S_d \leq R_d}$$

R_d Bemessungswert des Widerstandes (z. B. Materialfestigkeit, wie Streckgrenze des Stahls bei Verpreßankern)

S_d Bemessungswert der Einwirkungen (z. B. Bemessungswert der Ankerkraft)

Die Bemessungswerte von Einwirkungen werden durch Multiplikation und die Bemessungswerte von Widerständen durch Division der charakteristischen Werte mit Teilsicherheitsbeiwerten (Tafel 1) ermittelt.

Die Sicherheit ist nachgewiesen, wenn die Ingleichungen für Grenzzustände mit Bemessungswerten (Bemessungssituation) nicht verletzt sind.

Bemessungswerte für Einwirkungen nach EN V 1991-1

EN V 1991-1 „Grundlagen der Tragwerksplanung" gilt auch für den Erd- und Grundbau, also sowohl für die Lastabtragung von Hoch- und Brückenbauten als auch für den Entwurf von eigenständigen Grundbauwerken (z. B. Stützbauwerke, Baugrubenkonstruktionen, Dämme)

Die bei der Berechnung von Tragwerken mit Kombinationsregeln gefundenen Einwirkungen (s. Hauptabschnitt Lastermittlung auf S. 242f.) werden mit Teilsicherheitsbeiwerten für „Hochbauten im Grenzzustand der Tragfähigkeit" (GZ 1) der Tabelle 9.2 der En V 1991-1 multipliziert.

Sie sind nach Bemessungssituationen P/T und A sowie nach Grenzzustandfällen 1 A, 1 B und 1 C abgestuft.

Die Bemessungssituationen sind wie folgt eingeteilt:

P ständige Situationen, die normalen Nutzungsbedingungen des Tragwerkes entspricht

T vorübergehende Situationen, die sich auf zeitlich begrenzte Zustände des Tragwerkes beziehen, z. B. im Bauzustand oder Instandsetzung

A außergewöhnliche Situationen, die sich auf außergewöhnliche Einwirkungen des Tragwerkes oder seiner Umgebung beziehen, z. B. Feuer oder Brand, Explosion, Anprall.

Sie entsprechen sinngemäß den bisher im deutschen Grundbuch verwendeten Lastfällen.

Die Grenzzustandsfälle 1 A, 1 B und 1 C sind in EN V 1991-1 folgendermaßen definiert:

1 A Grenzzustand der Lagesicherheit

1 B Grenzzustand, bei dem ein Bruchmechanismus in der Konstruktion aufgrund von Baugrundbewegungen auftritt, ohne daß der Boden versagt.

1 C Grenzzustand durch Baugrundversagen

Hinweis zum Stand der Überarbeitung der EN V 1991-1

1. Nach einem neuen deutschen Vorschlag sollen für den Nachweis der Tragfähigkeit einer Gründung (geotechnische Bemessung) die maßgebenden Berechnungen vom vorgegebenen Bauwerksentwurf mit charakteristischen Kräften durchgeführt werden und die Teilsicherheitsbeiwerte erst bei der Bemessung der Gründungskörer in die darauf getrennt nach den einzelnen Ursachen wirkenden Schnittkräfte eingeführt werden. Diese werden ohnehin auch für den Nachweis der Gebrauchstauglichkeit GZ 2 benötigt [19].

2. Auch wenn bei Bauwerken für vorübergehende Zwecke oder vorübergehende Situationen die Teilsicherheitsbeiwerte für Einwirkungen allerdings ohne Angabe von Zahlenwerten herabgesetzt werden können und für außergewöhnliche Situationen der Teilsicherheitsbeiwert immer zu 1,0 gesetzt werden darf, ergeben sich dadurch, daß dies für die Teilsicherheitsbeiwerte für Bodenwiderstände in keinem Fall erlaubt ist, in diesen Fällen unwirtschaftliche Abmessungen. Im neuen deutschen Vorschlag wird deshalb die Beibehaltung der im Grundbau üblichen Lastfälle vorgeschlagen, die ausführlicher als in DIN 1054 beschrieben werden und den Belangen des Grundbau besser entsprechen als die Kombinationsregeln.

Bemessungswert für Einwirkungen nach EN V 1997-1

Die dafür maßgebenden Teilsicherheitsbeiwerte finden sich in Tafel 1.

Auch EN V 1997-1 führt die Fälle A, B und C ein, um in Übereinstimmung mit Tafel 9.2 der EN V 1991-1 sowohl im Bauwerk wie im Untergrund Standsicherheit und eine ausreichende Tragfähigkeit zu gewährleisten.

In Fall B und C sind die Teilsicherheitsbeiwerte für ständige und veränderliche Einwirkungen identisch mit der Situation P/T in Tafel 9.2 der EN V 1991-1.

Die Teilsicherheitsbeiwerte der Tafel 1 sind deshalb sowohl für Einwirkungen aus dem Tragwerk auf Gründungen (s. o.) als auch für grundbauspezifische Einwirkungen auf Gründungen anwendbar. Sie erscheinen (abgesehen von GZ 1 A) lediglich zusammengefaßter und in übersichtlicherer Form als in DIN V ENV 1991-1 [18].

Fall A: Er betrifft nur den Grenzzustand des Aufschwimmens, wo die hydrostatische Kraft die ungünstigste Einwirkung ist. Die in Tafel 1 angegebenen Werte sind nur für solche Fälle gültig.

Fall B: Er erfaßt nur den Bruch des Baustoffes und ist deshalb immer dann maßgebend, wenn ein Konstruktionsteil hinsichtlich seiner inneren Tragfähigkeit bemessen werden soll.

Fall C: Er erfaßt alle Nachweise, die den Bruch des Bodens betreffen. Dazu gehören der Böschungs- und Geländebruch, der Nachweis der Standsicherheit der tiefen Gleitfuge, ferner der Nachweis der Sicherheit gegen Gleiten und der Grundbruchnachweis. Er ist also immer dann maßgebend, wenn der Boden versagt, im Gegensatz zur DIN V 1054-100, egal ob mit oder ohne eingebettete Bauwerks- und Konstruktionsteile.

Beispiel Die Einbindetiefe einer Spundwand wird mit Teilsicherheitsbeiwerten nach Fall C, der Widerstandsmoment der Bohlen und der Ankerstahlquerschnitt mit solchen nach Fall B bestimmt.

Jedoch werden abweichend von dieser Regel bei der Berechnung des Bemessungs-Erddruckes im Fall B die Teilsicherheitsbeiwerte der Tafel 1 auf die charakteristischen Erddrücke angewendet, wobei alle ständigen beiderseits einer Wand mit [1,35] zu multiplizieren sind, wenn die insgesamt resultierende Einwirkung ungünstig ist, wenn sie günstig ist mit [1,0]. D. h. der Erdwiderstand geht wie eine Einwirkung in die Bemessung ein.

Indizes zur Unterscheidung der einzelnen Sicherheitsbeiwerte fehlen im Gegensatz zur DIN V 1054-100.

Bei den Einwirkungen entsprechen die Teilsicherheitsbeiwerte den Regelungen der DIN V 1054-100 für den Regelfall. Eine weitere Abstufung nach Lastfällen ist nicht gegeben. Bei Bauwerken für vorübergehende Situationen dürfen jedoch nach EC 7 günstigere Werte angenommen werden, „wenn dies auf der Grundlage der möglichen Folgen gerechtfertigt ist", was in DIN V 1054-100 als Lastfall 2 geregelt ist. Jedoch darf nach EN V 1997-1 wie im Lastfall 3 der DIN V 1054-100 bei außergewöhnlichen Einwirkungen, insbesondere bei Unfällen oder Katastrophen, der Teilsicherheitsbeiwert $\gamma_E = \gamma_G = \gamma_Q = 1{,}0$ gesetzt werden.

In der Regel beginnt man mit dem Nachweisfall 1 C, um geometrische Größen wie Fundamentfläche, Länge und Ansatzhöhe von Ankern, Einbindetiefe von Baugrubenwänden zu erhalten. Danach erfolgt die Bauteilbemessung nach 1 B, wobei eine Bemessung nach 1 C nicht grundsätzlich ausgeschlossen ist, wenn eine Bemessung nach 1 B zu einer deutlichen Unterschreitung des bisherigen globalen Sicherheitsniveaus führt [18].

Bemessungswerte für Bodenwiderstände nach EN V 1997-1
Bei den Bodenwiderständen werden die Teilsicherheitsbeiwerte im Fall C auf die Scherfestigkeit bezogen ($\tan \varphi_d = \tan \varphi_K/1{,}25$ und $c_d = c'_K/1{,}60$). Eine Herabsetzung der Teilsicherheitsbeiwerte für Bauzustände, Unfallsituationen oder Katastrophenfälle ist nicht vorgesehen.

Ein typischer Bodenwiderstand ist der Sohldruckwiderstand (Grundbuch), der mit einer gesonderten Gleichung rechnerisch ermittelt wird (s. Beispiel 2). Dafür werden bereits die Bodenkenngrößen mit $X_d = X_k/\gamma$ in Bemessungswerte umgewandelt. Im Gegensatz dazu wird nach DIN V 1054-100 erst das Ergebnis der Berechnung durch Division mit dem Teilsicherheitsbeiwert in einen Bemessungswert umgewandelt.

Materialwiderstände werden wie günstige Einwirkungen behandelt und mit [1,0] multipliziert.

Tafel 1 Teilsicherheitsbeiwerte für Grenzzustände der Tragfähigkeit für ständige und vorübergehende Situationen nach DIN V EN V 1997-1

Fall	Einwirkungen			Bodenkenngrößen			
	ständige		veränderliche				
	ungünstig	günstig	ungünstig	$\tan \varphi$	c'	c_u	q_u 1)
A	[1,00]	[0,95]	[1,50]	[1,1]	[1,3]	[1,2]	[1,2]
B	[1,35]	[1,00]	[1,50]	[1,0]	[1,0]	[1,0]	[1,0]
C	[1,00]	[1,00]	[1,30]	[1,25]	[1,6]	[1,4]	[1,4]

1) Druckfestigkeit von Boden und Fels

Hinweis zur Überarbeitung

Nach dem neuen deutschen Vorschlag zur Bemessung der Konstruktionsteile (GZ 1 B) nach EN V 1997-1 sollen die entsprechenden Teilsicherheitsbeiwerte insbesondere nicht auf die charakteristische Scherfestigkeit angewendet werden, d. h. die charakteristischen Lasten dadurch nicht vergrößert werden, sondern erst die mit der charakteristischen Scherfestigkeit ermittelten Schnittgrößen bzw. Beanspruchungen mit den Teilsicherheitsbeiwerten multipliziert und der Bodenwiderstand entsprechend dividiert werden, um sie dann als Bemessungseinwirkungen gegenüberzustellen.

Der Ablauf der Berechnungen deckt sich dann mit dem Vorgehen im übrigen konstruktiven Ingenieurbau. Der Unterschied dazu liegt in der Beibehaltung der bisherigen Lastfälle (siehe oben) anstelle der neuen Kombinationsbeiwerte nach EN V 1991-1, die ohnehin ausdrücklich nur für Hochbauten gelten. (19)

Bemessungswerte für Einwirkungen und Widerstände nach DIN V 1054-100

Auch beim Sicherheitskonzept nach DIN V 1054-100 ergeben sich die Einwirkungen auf Gründungskörper von Tragwerken nach den dafür geltenden Regeln und Normen, wie bei EN V 1997-1, mit den Teilsicherheitsbeiwerten und Einwirkungskombinationen nach EN V 1991-1.

Im übrigen werden die Anwendungsregeln der DIN EN V 1997-1 bezüglich der Grenzzustände der Tragfähigkeit und Lastfälle so ergänzt und modifiziert, daß sich in Einzelfällen alternative Bemessungsansätze ergeben.

Bemessungswerte für grundbauspezifische Einwirkungen auf die Gründungskörper ergeben sich in den GZ 1 B und C durch Multiplikation der charakteristischen Werte mit Teilsicherheitsbeiwerten, die im Gegensatz zu ENV 1997-1 von Lastfällen (LF1 bis LF3) abhängen (Tafel 4).

Für die Einstufung in den Lastfall sind im Gegensatz zu alten DIN 1054 zwei Gesichtspunkte maßgebend:

a) Die Häufigkeit, mit der eine Bemessungssituation sich ereignet. Diese wird durch die Einwirkungskombination (EK) erfaßt.
b) Das Sicherheitsbedürfnis, das durch den aus der Versicherungswirtschaft entnommenen Begriff der Sicherheitsklasse abgedeckt werden soll [18].

DIN V 1054-100 unterteilt den Grenzzustand 1 (GZ 1) bezüglich der möglichen Art des Versagens wie folgt:

GZ 1 A Grenzzustand der Lage. Er beschreibt das Versagen von Bauwerken und/oder Boden durch Verlust des Gleichgewichtes (Nachweis der Lagesicherheit).

Mit Teilsicherheitsbeiwerten für GZ 1 A werden z. B. die Sonderfälle der Sicherheit trogartiger Gründungskörper gegen Auftrieb ermittelt, wenn außer der Eigenlast keine anderen Bemessungswerte, wie z. B. Zugwiderstände aus Verankerungen R_{zd} und/oder der Vertikalkomponente der Erddrucklast E_{Vd} berücksichtigt werden (reine Aufschwimmprobleme).

GZ 1 B Grenzzustand der Tragfähigkeit von Konstruktionsteilen oder des stützenden Bodens (Bemessung von Konstruktionsteilen).

Mit der Bemessung von Konstruktionsteilen wird belegt, daß deren Abmessungen ausreichend gewählt worden sind; z. B. Sohlbreite, Einbindetiege und Bewehrung von Fundamenten; Einbindetiefe und Profile von Spundwänden.

Damit ist GZ 1 B sowohl für die „äußere" als auch die „innere" Bemessung von Konstruktionsteilen und Bauwerken maßgebend. (Äußere und innere statische Tragfähigkeit.) Um dem gerecht zu werden, wurden für den GZ 1 B auf der einwirkenden Seite die Teilsicherheitsbeiwerte aus dem konstruktiven Ingenieurbau übernommen.

Erdstatische Nachweise im GZ 1 B sind z. B.: Gleitsicherheitsnachweis, Grundbruchnachweis, Ermittlung von Erddruck und Erdwiderstand. Darüber hinaus richten sie die Nachweise nach den werkstoffspezifischen Normen.

Dabei werden der Sohlschub- (Gleiten) und Sohldruckwiderstand (Grundbruch) sowie der Erdwiderstand zunächst mit den charakteristischen Werten der Scherfestigkeit (φ_K; c'_K) ermittelt und anschließend mit Teilsicherheitsbeiwerten abgemindert (s. Tafel 5).

GZ 1 C Grenzzustand der Gesamttragfähigkeit des Bodens. Er beschreibt das Versagen des Bodens, ggf. einschließlich der auf ihm oder in ihm befindlichen Bauwerke, durch Bruch.

Der Nachweis der Gesamttragfähigkeit belegt, daß Erd- und Baukörper als Ganzes standsicher sind[1]). Als erdstatische Verfahren kommen u. a. in Frage: Gelände- und Böschungsbruchbachweis, Nachweis der Standsicherheit der tiefen Gleitfuge sowie der Grundbruchnachweis von Einzel- und Streifenfundamenten, die als Trägerrost-

[1]) Die Einführung von GZ 1 A und 1 C wurde erforderlich, weil die in GZ 1 B übernommenen Teilsicherheitsbeiwerte des konstruktiven Ingenieurbaus, die alle möglichen Unsicherheiten, z. B. im statischen System, in der Schnittgrößenermittlung und in der Herstellung abdecken, für die im Grenzzustand GZ 1 A und C zu berücksichtigende Streuung der Eigengewichte zu hoch sind.

fundamente oder durch einen steifen Oberbau zu Fundamentgruppen verbunden sind und über die gesamte Grundfläche des Bauwerkes als einheitlicher Gründungskörper wirken.

Anmerkung GZ 1 C ist auch bei verankerten oder verdübelten Gleitkörpern maßgebend. Übergänge zwischen GZ 1 A, GZ 1 B und GZ 1 C sind möglich, z. B. Auftrieb mit Ankerbruch.

Übergangs- und Sonderfälle des Grenzzustandes GZ 1. Übergänge zwischen den Grenzzuständen 1 A, 1 B und 1 C sind auf einen dieser Fälle zurückzuführen oder gesondert nachzuweisen. Dazu gehören: Auftrieb einer verankerten Sohle (1 A, 1 B, 1 C s. o.); Gleiten eines verankerten Tragkörpers (1 B, 1 C); Bruch von Bauteilen an einer Böschung (1 B, 1 C); Grundbruch mit gleichzeitigem Bruch des Bauwerkes (1 B, 1 C); Kippen schlanker Bauwerke (1 A, 1 C).

Durch Zurückführen auf die Fälle 1 A, 1 B oder 1 C erübrigen sich die jeweiligen beiden anderen Nachweise nur, wenn dies ausdrücklich begründet ist. Die Wechselwirkung von Baugrund und Bauwerk ist soweit wie möglich auf getrennte Nachweise nach GZ 1 A, 1 B, 1 C und GZ 2 zurückzuführen. In Sonderfällen sind Kombinationen dieser Grenzzustände zu verfolgen.

Bei der Bemessung nach GZ 1 B weichen die Abmessungen von Konstruktionsteilen von EN V 1997-1 ab, wenn sie sich bei dieser Norm aufgrund von Versagenszuständen im Boden ergeben (GZ 1 C).

Einwirkungskombinationen nach DIN V 1054-100 (4.96)

Einwirkungs-Kombinationen (EK) sind Zusammenstellungen der an den Grenzzuständen des Bauwerks beteiligten, gleichzeitig möglichen Einwirkungen nach Ursache, Größe, Richtung und Häufigkeit.

Es werden unterschieden:

1. Regel-Kombination (EK 1). Ständige sowie während der Funktionszeit des Bauwerks regelmäßig auftretende veränderliche Einwirkungen. Sie entspricht der „persistent/transient situation" in Tabelle 9.2 EN V 1991-1 (Situation: ständig oder vorübergehend).

2. Seltene Kombination (EK 2). Außer den Einwirkungen der Regel-Kombination seltene oder einmalige planmäßige Einwirkungen.

3. Außergewöhnliche Kombination (EK 3). Außer den Einwirkungen der Regelkombination eine gleichzeitig mögliche außergewöhnliche Einwirkung, insbesondere bei Katastrophen oder Unfällen. Sie entspricht der „accidental situation" nach EN V 1991-1 (Unfallsituation).

Sicherheitsklassen nach DIN V 1054-100 (4.96)

Sicherheitsklassen (SK) berücksichtigen den unterschiedlichen Sicherheitsanspruch bei den Widerständen in Abhängigkeit von Dauer und Häufigkeit der maßgebenden Einwirkungen.

Tafel 2 Sicherheitsklassen für Widerstände (SK) nach DIN V 1054-100 (4.96)

SK 1	Auf die Funktionszeit des Bauwesens angelegte Zustände
SK 2	Bauzustände bei der Herstellung oder Reparatur des Bauwerkes und Bauzustände durch Baumaßnahmen neben dem Bauwerk
SK 3	Während der Funktionszeit einmalig oder voraussichtlich nie auftretende Zustände

Lastfälle nach DIN V 1054-100 (4.96)

Die bisher gebräuchlichen Lastfälle (LF) ergeben sich aus den Einwirkungs-Kombinationen in Verbindung mit den Sicherheitsklassen.

Tafel 3 Lastfälle (LF) nach DIN V 1054-100 (4.96)

LF 1	Regel-Kombination in Verbindung mit Zustand der Sicherheitsklasse 1 (SK 1)
LF 2	Seltene Kombination in Verbindung mit Zustand der Sicherheitsklasse 1 (SK 1) oder Regelkombination in Verbindung mit Zustand der Sicherheitsklasse 2 (SK 2)
LF 3	Außergewöhnliche Kombination in Verbindung mit Zustand der Sicherheitsklasse 2 (SK 2) oder seltene Kombination in Verbindung mit Zustand der Sicherheitsklasse 3 (SK 3)

Die auf die Lastfälle bezogenen Teilsicherheitsbeiwerte für Einwirkungen sind in Tafel 4 für grundbauspezifische Einwirkungen (z. B. Eigenlasten des Bodens, Erddruck), für Widerstände in Tafel 5 zusammengestellt. Für Einwirkungen aus Tragwerken gelten, wie gesagt, die Teilsicherheitsbeiwerte der EN V 1991-1.

Tafel 4 Teilsicherheitsbeiwerte für Einwirkungen nach DIN V 1054-100 (4.96)

GZ	Einwirkungen	Formelzeichen	Lastfalle (LF) 1	2	3
1 A	ständige Einwirkungen, ungünstig	$\gamma_{G\,sup}$	1,00	1,00	1,00
	ständige Einwirkungen, günstig	$\gamma_{G\,inf}$	0,90	0,90	0,95
	Flüssigkeitsdruck	γ_F	1,00	1,00	1,00
	veränderliche Einwirkungen, ungünstig	$\gamma_{Q\,sup}$	1,05	1,00	1,00
1 B	ständige Einwirkungen, ungünstig	$\gamma_{G\,sup}$	1,35	1,20	1,00
	ständige Einwirkungen, günstig	$\gamma_{G\,inf}$	1,00	1,00	1,00
	Flüssigkeitsdruck	γ_F	1,35	1,20	1,00
	veränderliche Einwirkungen, ungünstig	$\gamma_{Q\,sup}$	1,50	1,30	1,00
	Seitendruck, ständig	γ_H	1,35	1,20	1,00
	Mantelreibung, ständig	γ_M	1,35	1,20	1,00
	Erddruck, ständig	γ_{Eg}	1,35	1,20	1,00
	Erddruck, veränderlich, ungünstig	γ_{Eq}	1,50	1,30	1,00
	Erdruhedruck, ständig	γ_{E0g}	1,20	1,10	1,00
	Erdruhedruck, veränderlich, ungünstig	γ_{E0q}	1,35	1,20	1,00
1 C	ständige Einwirkungen	γ_G	1,00	1,00	1,00
	Flüssigkeitsdruck	γ_F	1,00	1,00	1,00
	veränderliche Einwirkungen, ungünstig	$\gamma_{G\,sup}$	1,30	1,00	1,00
	Seitendruck, ständig	γ_H	1,00	1,00	1,00
	Mantelreibung, ständig	γ_M	1,00	1,00	1,00
	Erddruck, ständig Erddruck, veränderlich, ungünstig	über Scherparameter mit Teilsicherheitsbeiwerten nach Tafel 5			
2	1,00 für ständige Einwirkungen, günstig oder ungünstig 1,00 für veränderliche Einwirkungen, ungünstig				

Tafel 5 Teilsicherheitsbeiwerte für Bodenwiderstände nach DIN V 1054-100 (4.96)

GZ	Widerstand	Formelzeichen	Lastfälle (Lastkombinationen) 1	2	3
1 B	Erdwiderstand	γ_{Ep}	1,40	1,30	1,20
	Sohlschubwiderstand (Gleiten)	γ_{St}	1,50	1,35	1,20
	Sohldruckwiderstand (Grundbruch)	γ_S	1,40	1,30	1,20
	Einzelpfähle (Druck und Zug, axial)	γ_P	1,40	1,20	1,10
	Verpreßanker	γ_A	1,10	1,10	1,10
	Bodennägel	γ_N	1,20	1,10	1,05
	Flexible Bewehrungselemente	γ_B	1,40	1,30	1,20
1 C	Reibungswert (tan φ)	γ_φ	1,25	1,15	1,10
	Kohäsion, dränierter Boden	γ_c	1,60	1,50	1,40
	Scherfestigkeit, undränierter Boden	γ_{cu}	1,40	1,30	1,20
	Einzelpfähle (Druck und Zug, axial)	γ_P	1,60	1,40	1,20
	Verpreßanker	γ_A	1,30	1,20	1,10
	Bodennägel	γ_N	1,30	1,20	1,10
	Flexible Bewehrungselemente	γ_B	1,40	1,30	1,20

Beobachtungsmethode

In Fällen, in denen eine Vorhersage des Baugrundverhaltens allein aufgrund von vorab durchgeführten Baugrunduntersuchungen und von rechnerischen Nachweisen nicht mit ausreichender Zuverlässigkeit möglich ist, sollte die Beobachtungsmethode angewendet werden.

Anmerkung Die Beobachtungsmethode ist eine Kombination der üblichen Untersuchungen und Nachweise (Prognosen) mit der laufenden meßtechnischen Kontrolle des Bauwerkes während dessen Herstellung, wobei kritische Situationen durch die Anwendung vorbereiteter technischer Maßnahmen beherrscht werden. Die Unsicherheit der Prognose wird dabei soweit wie möglich durch deren ständige Anpassung an die tatsächlichen Verhältnisse ausgeglichen.

Beobachtungen allein können die Prognose nicht ersetzen, da ohne diese keine Ausführungsplanung möglich ist. Grenzzustände, die weder ausreichend genau berechnet noch durch Beobachtung rechtzeitig erkannt werden können, sind durch Arbeiten auf der sicheren Seite und durch konstruktive Maßnahmen zu verhindern. Rechnerische Prognosen sind, so weit möglich, durch Erfahrungen mit vergleichbaren Baumaßnahmen zu ergänzen.

Anmerkung Die Beobachtungsmethode genügt allein als Sicherheitsnachweis nicht, wenn – z. B. beim hydraulischen Grundbruch oder Setzungsfließen – das Versagen nicht erkennbar ist und sich nicht rechtzeitig ankündigt.

Sicherheitsnachweise für Flachgründungen in GZ 1 B.

Es muß abgewartet werden, ob die neuen pr EN 1997-1 in ihrem Anhang so eingehend ist, daß auf die an die DIN V 1054-100 angeschlossenen Berechnungsnormen -100 verzichtet werden kann.

Nachweis der Gebrauchstauglichkeit GZ 2. Er wird wie folgt geführt: Bei Flachgründungen durch Beschränkung der Exzentrizität der resultierenden Einwirkungen (S. 1070), ferner bei Flach- und Pfahlgründungen mit Hilfe festgelegter Grenzwerte von Setzungsdifferenzen (S. 1149) und schließlich bei Flach- und Pfahlgründungen sowie Stützbauwerken durch den Nachweis, daß das Bauwerk unter Gebrauchslast bei Inanspruchnahme von Erdwiderstand keine unzuträgliche Verschiebung erleidet.

Anmerkung Im Grenzzustand GZ 2 betragen die Teilsicherheitsbeiwerte für Einwirkungen stets $\gamma = 1$, d. h. es wird praktisch wie mit charakteristischen Werten gerechnet.

Berechnung der Grundbruchsicherheit nach DIN V 4017-100 (4.96)

Eine ausreichende Sicherheit gegen Grundbruch ist eingehalten, wenn nach DIN V 1054-100 für GZ 1 B und GZ 1 C die Bedingung der Gl. (1) erfüllt ist.

$$\boldsymbol{N}_\mathbf{d} \leq \boldsymbol{R}_\mathbf{nd} \quad (1)$$

N_d Bemessungswert der rechtwinklig zur Sohlfläche gerichteten Komponente der Resultierenden, berechnet aus der ungünstigsten Kombination vertikaler und horizontaler Einwirkungen, wobei ggf. der Bemessungswert des Erdwiderstandes als günstige Einwirkung berücksichtigt wird.

R_{nd} Bemessungswert des Sohldruckwiderstandes, der nach DIN V 4017-100 berechnet wird, wobei die Neigung der Resultierenden der Einwirkungen zur Sohlfläche und ihre Exzentrizität zu berücksichtigen sind.

Bei Einzel- und Streifenfundamenten sind die Bemessungswerte der einwirkenden Größen mit Teilsicherheitsbeiwerten der EN V 1991-1 und die einwirkenden grundbauspezifischen Größen mit Teilsicherheitsbeiwerten der DIN V 1054-100, bei Untersuchungen der Gesamtstandssicherheit, d. h. der über die gesamte Grundbruchfläche des Bauwerkes als Einheit wirkenden Fundamenten mit Teilsicherheitsbeiwerten für GZ 1 C der Tafel 4 zu berechnen (s. Beisp. 1).

Die einwirkenden Erddrücke werden mit charakteristischen Scherparametern tan φ_K; c_K ermittelt und anschließend durch Multiplikation mit $\gamma_{G\ sup} = 1{,}35$ bzw. $\gamma_{Q\ sup} = 1{,}50$ in Bemessungswerte umgewandelt.
Bei der Ermittlung des Wasserdruckes werden die charakteristischen Werte der Spiegelhöhen durch additive Sicherheitselemente zur sicheren Seite erhöht.

Da Einwirkungen und Widerstände getrennt zu behandeln sind, ist die Einwirkung von E_p wie bei der Berechnung nach DIN 4017 (8.79), s. Bild 18, oder hier als E_{pd} in die Resultierende der Einwirkungen aus formalen Gründen ohne weiteres nicht möglich. Die bisherigen Vorschläge sehen vor, einen Teil der einwirkenden waagerechten Bemessungslast gegen den abgeminderten Erdwiderstand aufzurechnen und dann erst die Resultierende der verbleibenden Einwirkungen zu ermitteln, oder E_{pd} wie eine günstig ständige Einwirkung mit $\gamma_{Q\ inf} = 1{,}0$ anzusetzen.

Berechnung des Sohldruckwiderstandes R_{nd} (Grundbruchwiderstand Q_d) (eingesetzt in Gl. 1)

Der Bemessungswert Q_d ergibt sich nach DIN V 4017-100 (4.96) unter Berücksichtigung der Neigung und Exzentrizität für die geotechnische Bemessung von Einzel- und Streifenfundamenten im GZ 1 B aus

$$Q_d = a' \cdot b' \cdot \sigma_d \quad (2)$$

[1]

$$\sigma_d = \underbrace{c_d \cdot N_c}_{\text{Einfluß Kohäsion}} + \underbrace{\gamma_{1d} \cdot d \cdot N_d}_{\text{Gründungstiefe}} + \underbrace{\gamma_{2d} \cdot b' \cdot N_b}_{\text{Gründungsbreite}} \quad (3)$$

Hinweis In DIN V 4017-100 wird der Grundbruchwiderstand abweichend von DIN V 1054-100 mit Q_d bezeichnet. Da er für GZ 1 B aus den charakteristischen Werten der Scherparameter und anschließender Abminderung mit dem Teilsicherheitsbeiwert γ_s der Tafel 5, GZ 1 B, zu berechnen ist, werden in Gl. (4) für die Bemessungswerte c_d und γ_d die charakteristischen Werte c_k und γ_k gesetzt.

$$\sigma_d = (c_k \cdot N_c + \gamma_{1k} \cdot d \cdot N_d + \gamma_{2k} \cdot b' \cdot N_b)/\gamma_s \quad (4)$$

Benennung der charakteristischen Werte s. S. 1075.

Zur Ermittlung des Bemessungsbeiwertes des Grundbruchwiderstandes Q_d ist mit dem effektiven Scherparameter φ' und c' zu rechnen. Bei bindigem Boden ist zu entscheiden, ob die Scherparameter des undränierten Bodens (φ_u, c_u) und/oder des dränierten Bodens (φ', c') zugrunde zu legen sind.

Hinweis Für den Nachweis des Gesamtstandsicherheit mehrerer untereinander verbundener Gründungskörper wird Q_d mit den Bemessungswerten des Reibungswertes tan φ/γ_φ und der Kohäsion c/γ_c ermittelt, d. h. durch Division mit den Teilsicherheitswerten für GZ 1 C.

Außermittig belastete Streifen- und Einzelfundamente sind wie mittig belastete Fundamente mit einer rechnerischen Breite b' bzw. rechnerischen Länge a' zu berechnen (bezüglich der Ermittlung von a' bzw. b' s. S. 1070). Bei Streifenfundamenten wird a' bzw. $a = 1{,}0$ m.
In Gl. (4) sind

$$N_c = N_{c0} \cdot \nu_c \cdot \varkappa_c \cdot \lambda_c \cdot \xi_c \quad (5)$$

$$N_d = N_{d0} \cdot \nu_d \cdot \varkappa_d \cdot \lambda_d \cdot \xi_d \quad (6)$$

$$N_b = N_{b0} \cdot \nu_b \cdot \varkappa_b \cdot \lambda_b \cdot \xi_b \quad (7)$$

N_{c0}; N_{d0}; N_{b0} sind **Tragfähigkeitsbeiwerte** für den Einfluß der Kohäsion, der seitlichen Auflast und der Gründungsbreite. Sie hängen vom Reibungswinkel φ ab

$$N_{d0} = \tan^2(45 + \varphi'_d/2) \cdot e^{\pi \cdot \tan\varphi' d} \quad (8)$$

$$N_{b0} = (N_{d0} - 1) \cdot \cot\varphi'_d \quad (9)$$

$$N_{c0} = (N_{d0} - 1)/\tan\varphi'_d \quad (10)$$

Gl. (8) bis (10) entsprechen DIN 4017-1 (8.79). Da der Rechtenwert φ ein charakteristischer Bodenkennwert ist, können die Tragfähigkeitsbeiwerte anstelle einer Berechnung mit Gl. (8) bis (10) aus Tafel 29 mit Eingangswert φ entnommen werden.

[1] Bei mittiger Belastung: $a' = a$; $b' = b$

16

Ferner sind:

$\nu_c;\ \nu_d;\ \nu_b$	Formbeiwerk aus Tafel 30
$\varkappa_c;\ \varkappa_d;\ \varkappa_b$	Lastneigungsbeiwerte aus Tafel 6 und für Fal $\varphi = 0$; $c > 0$ aus Tafel 35
$\lambda_c;\ \lambda_d;\ \lambda_b$	Geländeneigungsbeiwert aus Tafel 7
$\xi_c = \xi_d = \xi_b = e^{0{,}045 \cdot \alpha \cdot \tan \varphi'}$	Sohlneigungsbeiwerte (α Neigungswinkel der Gründungssohle, s. Bild 2)

Bei fehlender Außermittigkeit der Last, bei waagerechter Geländeoberfläche und waagerechter Sohle werden:

$$\varkappa_c = \varkappa_d = \varkappa_b = 1 \qquad \lambda_c = \lambda_d = \lambda_b = 1 \qquad \xi_c = \xi_d = \xi_b = 1$$

Tafel 6 Lastneigungsbeiwerte für den Fall $\varphi' > 0$; $c' \geq 0$

Richtung v. H	$\varkappa_d$	$\varkappa_b$	$\varkappa_c$
parallel b; b'	$(1 - 0{,}7\ \tan\delta)^3$ (11)	$(1 - \tan\delta)^3$ (12)	$(\varkappa_d \cdot N_{d0} - 1)/(N_{d0} - 1)$ (13)
parallel a; a' (s. Bild 9)	wenn $a'/b' \geq 2$; bzw. $a/b \geq 2$ und $d/b = 1$		entfällt
	$1 - \tan\delta$ (14)	$1 - \tan\delta$ (15)	
	wenn $d/b = 0$ (keine Einbindehefe)		
	$(1 - \tan\delta)^2$ (16)	$(1 - \tan\delta)^2$ (17)	$(\varkappa_d \cdot N_{d0} - 1)/(N_{d0} - 1)$ (18)
	mit $\tan\delta = H/(V + A' + c' \cot\varphi')$ (19)		

Voraussetzungen für die Benutzung der Tafel 6:
a) im Fall $c' \geq 0$ muß $\delta > \varphi'$ sein b) im Fall $\alpha = 0$ (α = Neigung der Gründungssohle) ist $|\delta|$ einzusetzen c) im Fall $\alpha > 0$ muß $\delta > 0$ sein (Definition nach Bild 2).

Tafel 7 Geländeneigungsbeiwerte

Fall	λ_b	λ_d	λ_c
$\varphi'_d > 0$; $c' \geq 0$	$(1 - 0{,}5 \tan\beta)^6$ (20)	$(1 - \tan\beta)^{1{,}9}$ (21)	$(N_{d0} \cdot e^{-0{,}0349 \cdot \beta \cdot \tan\varphi'} - 1)/(N_{d0} - 1)$ (22)
$\varphi'_d = 0$; $c_u > 0$	entfällt	entfällt	$1 - 0{,}4 \tan\beta$ (23)

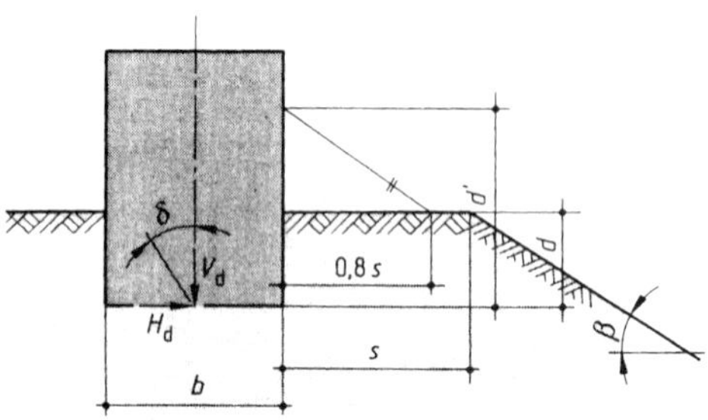

Bild 1 Berücksichtigung einer Berme

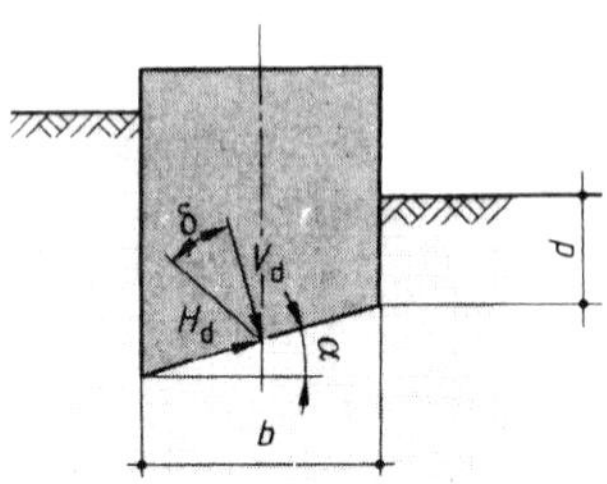

Bild 2 Formelzeichen bei der Berücksichtigung einer geneigten Sohle

Berücksichtigung einer Bermenbreite. Es ist der Tragfähigkeitsnachweis nach Gl. (2 u. 3) mit einer Ersatzeinbindetiefe d' nach Gleichung (24) zu führen (s. Bild 1).

$$\boldsymbol{d' = d + 0{,}8 \cdot s \cdot \tan\beta} \quad (24)$$

Eine Vergleichsrechnung mit $\beta = 0$ und $d' = d$ ist erforderlich. Der kleinere Wert für den Grundbruchwiderstand ist maßgebend.

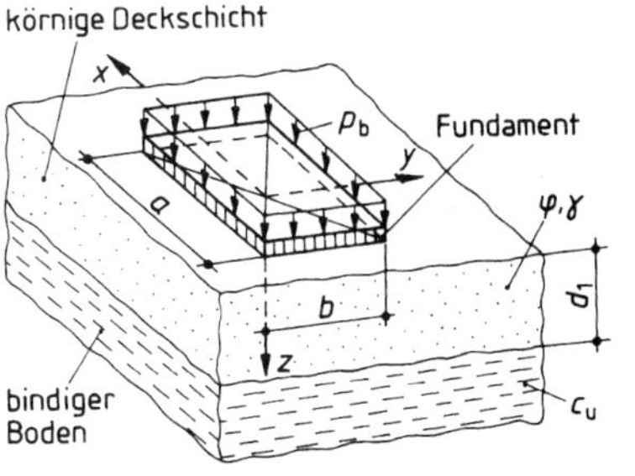

Bild 3 Fundament auf geschichtetem Untergrund (Durchstanzen)

Durchstanzen. Wenn der Baugrund aus gesättigtem bindigen Boden und einer kohäsionslosen Deckschicht besteht (Bild 3), deren Dicke geringer ist als die zweifache Fundamentbreite *b*, dann muß der Bemessungswert des Grundbruchwiderstands nach der Durchstanzbedingung ermittelt werden. Dabei darf zur Ermittlung der Ersatzfundamentfläche auf der bindigen Schicht in der körnigen Deckschicht unter der Fundamentfläche ein Lastverteilungswinkel von 7° gegen die Lotrechte angesetzt werden. Mit dieser Ersatzfläche ist der Grundbruchnachweis unter Berücksichtigung des Gewichts der Deckschicht als Einwirkung und deren Dicke bei der Einbindetiefe mit den Bodenkenngrößen der unterlagernden Schicht zu führen.

Berechnung der Bemessungsgrundbruchlast nach EN V 1997-1
Die Bemessungswerte für Baugrundkennwerte X_d werden im Gegensatz zu DIN V 4017-100 mit

$$\boldsymbol{X}_\mathbf{d} = \boldsymbol{X}_\mathbf{k}/\gamma_\mathbf{m} \quad (25)$$

ermittelt.

Nach Ziffer 2.4.2 ENV 1997-1 gilt für den Nachweis des Grenzzustandes Versagen durch Grundbruch der Fall C, für den in der Tabelle 2.1 folgende Teilsicherheitsbeiwerte festgelegt (s. Tafel 1) sind

$$\gamma_\varphi = 1{,}25$$

$$\gamma_c = 1{,}6$$

Nach B 3 im Anhang B der ENV 1997-1 gilt für dränierte Bedingungen

$$\boldsymbol{R}/\boldsymbol{A}' = \boldsymbol{c}' \cdot \boldsymbol{N}_\mathbf{c} \cdot \boldsymbol{s}_\mathbf{c} \cdot \boldsymbol{i}_\mathbf{c} + \boldsymbol{q}' \cdot \boldsymbol{N}_\mathbf{q} \cdot \boldsymbol{s}_\mathbf{q} \cdot \boldsymbol{i}_\mathbf{q} + \mathbf{0{,}5} \cdot \gamma' \cdot \boldsymbol{B}' \cdot \boldsymbol{N}_\gamma \cdot \boldsymbol{s}_\gamma \cdot \boldsymbol{i}_\gamma \quad (26)$$

In dieser Beziehung sind:

- δ Bemessungssohlreibungswinkel
- q' effektiver Bemessungs-Überlagerungsdruck in der Kote der Gründungssohle
- γ' effektive Bemessungswichte des Bodens unter der Gründungssohle
- B' effektive Bemessungsbreite des Fundamentes
- L' effektive Bemessungslänge des Fundamentes
- $A' = B' \cdot L'$ effektive Bemessungsgründungsfläche
- *s, i* die Bemessungswerte der dimensionslosen Form- und Neigungsbeiwerte

Die Indizes verweisen auf Anteile Kohäsion, Auflast und Eigengewicht des Bodens.

Bemessungswerte der dimensionslosen Beiwerte für die Grundbruchlast

$$\boldsymbol{N}_\mathbf{c} = (\boldsymbol{N}_\mathbf{q} - \mathbf{1}) \cdot \mathbf{cot}\,\phi' \quad (27) \qquad \boldsymbol{N}_\mathbf{q} = \boldsymbol{e}^{\pi \cdot \tan \phi'} \cdot \mathbf{tan}^2(\mathbf{45} + \phi'/\mathbf{2}) \quad (28)$$

$$\boldsymbol{N}_\gamma = \mathbf{2} \cdot (\boldsymbol{N}_\mathbf{q} - \mathbf{1}) \cdot \mathbf{tan}\,\phi' \quad (29) \qquad \text{wenn } \delta \geq \varphi'/2$$

Bemessungswerte der dimensionslosen Beiwerte für die
Neigung der Resultierenden infolge Horizontallast *H* parallel zu L'

$$i_q = i_\gamma = 1 - H/(V + A' \cdot c' \cot \phi') \quad (30)$$

$$i_c = (i_q \cdot N_q - 1)/(N_q - 1) \quad (31)$$

Neigung der Resultierenden infolge Horizontallast *H* parallel zu B'

$$i_q = (1 - 0{,}7H/(V + A' \cdot c' \cot \phi))^3 \quad (32)$$

$$i_\gamma = (1 - H/(V + A' \cdot c' \cot \phi))^3 \quad (33)$$

$$i_c = (i_q \cdot N_q - 1)/(N_q - 1) \quad (34)$$

Zusätzlich zu berücksichtigen sind die Einflüsse der Gründungstiefe, der Neigung der Sohlfläche und die Geländeneigung.

Bei fehlender Ausmittigkeit werden $i_q = i_c = i_r = 1$.

Bemessungswerte der dimensionslosen Beiwerte für die Grundrißform:

$s_\gamma = 1 - 0{,}3\,(B'/L')$	(35)	für rechteckigen Grundriß
$s_\gamma = 0{,}7$		für quadratischen oder kreisrunden Grundriß
$s_c = (s_q \cdot N_q - 1)/(N_q - 1)$	(36)	für rechteckigen, quadratischen oder kreisrunden Grundriß
$s_q = 1 + (B'/L')\sin\phi'$	(37)	für rechteckigen Grundriß
$s_q = 1 + \sin\phi'$	(38)	für quadratischen oder kreisrunden Grundriß

Beispiel 1 Nachweis der Grundbruchsicherheit GZ 1 B nach DIN V 4017-100 (4.96)

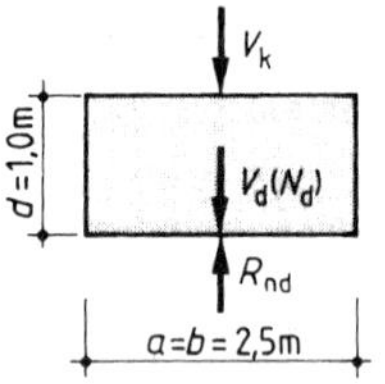

Gründungslasten (Schnittkräfte auf OK, Fundament) aus ungünstigster Kombination der Einwirkungen nah EN V 1991-1 (Abs. 9.5.2) für den Nachweis der Gebrauchstauglichkeit:

Ständig, vertikal	$V_{GK} = 1000$ kN
Veränderl., vertikal	$V_{QK} = 500$ kN
Eigengew. Fundament	$V_{GK} = 225$ kN
	$\Sigma V_k = 1725$ kN

Fundamentfläche $A = 2{,}5 \times 2{,}5$ m

Baugrund: aus Bodengruppe UL, steif

Charakteristische geot. Größen aus Tafel 13

$\gamma_{1k} = \gamma_{2k} = 20{,}5$ kN/m³ $\quad \varphi'_k = 27{,}5°$ $\quad c'_k = 2$ kN/m²

Eine ausreichende Sicherheit ist eingehalten, wenn $V_d \leq R_{nd}$

Bemessungswert der Einwirkungen V_d (N_d)

Der Teilsicherheitsbeiwert für die Umwandlung der charakteristischen Einwirkungen in Bemessungswerte betragen nach EN-1991-1, Tab. 9.2 (Situation P/T) für GZ 1 B.

$\gamma_{G\,sup} = 1{,}35$ für ständige Einwirkungen, ungünstig

$\gamma_{Q\,sup} = 1{,}50$ für veränderliche Einwirkungen, ungünstig

$V_d = 1156 \cdot 1{,}35 + 500 \cdot 1{,}5 = 2310{,}6$ kN

Bemessungswert des Sohldruckwiderstandes Q_d
nach DIN V 4017-100 (4.96) mit

$Q_d = a' \cdot b' \cdot \sigma_d \quad a' = a \quad b' = b$

$\sigma_d = c_d \cdot N_c + \gamma_{1d} \cdot d \cdot N_d + \gamma_{2d} \cdot b \cdot N_b$ (vgl. Gl. (3)

Tragfähigkeitsbeiwerte und Formbeiwerte. Wegen der fehlenden Lastaußermittigkeit, waagerechtem Gelände und waagerechter Sohle werden die Lastneigungs-, Sohlneigungs- und Geländeneigungsbeiwerte gleich 1.

Die Rechenwerte sind die charakteristischen Größen. Damit sind

$N_{d0} = \tan n^2(45 + \varphi'/2) \cdot e^{\pi \tan\varphi'} = \tan^2(45 + 27{,}5/2) \cdot e^{\pi \tan(27{,}5)} = 13{,}94$

$N_{b0} = (N_{d0} - 1) \cdot \tan\varphi' = (13{,}94 - 1)0{,}521 = 6{,}74$

$N_{c0} = (N_{d0} - 1)/\tan\varphi' = (13{,}94 - 1)/0{,}521 = 24{,}86$

$\nu_d = 1 + \sin\varphi' = 1 + \sin(27{,}5) = 1{,}46$

$\nu_b = 0{,}7$

$\nu_c = (\nu_d \cdot N_{d0} - 1)/(N_{d0} - 1) = (1{,}46 \cdot 1{,}3;\,94 - 1)/(13{,}94 - 1) = 1{,}50$

$N_c = 24{,}86 \cdot 1{,}50 = 37{,}29$

$N_d = 13{,}94 \cdot 1{,}46 = 20{,}35$

$N_b = 6{,}74 \cdot 0{,}7 = 4{,}72$

$\sigma_d = 2{,}0 \cdot 37{,}29 + 20{,}5 \cdot 1{,}0 \cdot 20{,}35 + 20{,}5 \cdot 2{,}5 \cdot 4{,}72 = 733{,}65$ kN/m²

$Q_d = a \cdot b \cdot \sigma_d = 2{,}5 \times 2{,}5 \cdot 733{,}65 = 4585{,}3$ kN

Fortsetzung s. nächste Seite

Beispiel 1, Forts.

Sohldruckwiderstand R_{nd}. Der Teilsicherheitsbeitrag γ_s für den Sohldruckwiderstand (Grundbuch) beträgt nach Tafel 5 (DIN V 1054-100) $\gamma_s = 1{,}4$. Damit wird

$R_{nd} = Q_d/\gamma_s = 4585{,}3/1{,}4 = 3275{,}2$ kN

Sicherheitsnachweis

$R_{nd} - V_d = 3275{,}2 - 2310{,}6 = 964{,}6 \text{ kN} > 0$

oder $V_d = 2310{,}6 < R_{nd} = 3275{,}2$ kN

Damit ist eine ausreichende Sicherheit gegen GZ 1 B nachgewiesen.

Bei der Berechnung des einwirkenden Sohldruckes (Bodenpressung) für die Ermittlung der Bemessungsschnittgrößen des Fundamentes wird die Gesamtbelastung bzw. der Bemessungswert V_d um den Eigengewichtsanteil bzw. den Bemessungswert des Eigengewichtsanteils des Fundamentes reduziert.

$$\sigma_{0d} = \frac{N_d - G_d}{A} = \frac{2310{,}6 - 150 \cdot 1{,}35}{2{,}5 \times 2{,}5} = 337{,}3 \text{ kN/m}^2$$

Beispiel 2 **Nachweis der Grundbruchsicherheit** nach EN V 1997-1

Fundament Gründungslasten und Baugrund wie im Beispiel 1

$V_d \leq R_d$

Für die **Ermittlung von R_d** werden die geotechnischen, charakteristischen Größen durch Division mit den Teilsicherheitsbeiwerten

$\gamma_\varphi = 1{,}25 \qquad \gamma_c = 1{,}6$ (Tafel 1)

in Bemessungswerte umgewandelt

$\varphi_d = \arctan(\tan\varphi'/\gamma_\varphi) = \arctan(\tan(27{,}5)/1{,}25) = 22{,}6°$

$c_d = c'/\gamma_c = 2{,}0/1{,}6 = 1{,}25 \text{ kN/m}^2$

Bemessungswerte der dimensionslosen Beiwerte für die Grundbruchlast

$N_q = e^{\pi \tan\varphi'} \cdot \tan^2(45 + \varphi'/2) = e^{\pi \tan(22{,}6)} \cdot \tan^2(45 + 22{,}6/2) = 8{,}31$

$N_c = (N_q - 1)\cot\varphi' = (8{,}31 - 1)\cot(22{,}6) = 17{,}56$

$N_\gamma = 2(N_q - 1)\tan\varphi' = 2(8{,}31 - 1)\tan(22{,}6) = 6{,}09$, wenn $\delta \geq \varphi'/2$
(rauhe Sohlfläche)

Bemessungswerte für die dimensionslosen Beiwerte der Grundrißform

$s_q = 1 + \sin\varphi' = 1 + \sin(22{,}6) = 1{,}38 \qquad s_\gamma = 0{,}7$

$s_c = (s_q \cdot N_q - 1)/(N_q - 1) = (1{,}38 \cdot 8{,}31 - 1)/(8{,}31 - 1) = 1{,}43$

Effektiver Überlagerungsdruck a'

$q' = q = \gamma \cdot d = 20{,}5 \cdot 1{,}0 = 20{,}5 \text{ kN/m}^2$

eingesetzt in Gl. $R_d/A = c' \cdot N_c \cdot s_c \cdot i_c + qN_q s_q \cdot i_q + 0{,}5\gamma \cdot B \cdot N_\gamma \cdot s_\gamma \cdot i_\gamma$

$i_q = i_\gamma = i_c = 1$ wegen fehlender Ausmittigkeit.

$R_d = 2{,}5 \cdot 2{,}5(1{,}25 \cdot 17{,}56 \cdot 1{,}43 \cdot 1{,}0 + 20{,}5 \cdot 8{,}31 \cdot 1{,}38 \cdot 1{,}0 +$
$0{,}5 \cdot 20{,}5 \cdot 2{,}5 \cdot 6{,}09 \cdot 0{,}7 \cdot 1{,}0) = 2{,}5 \cdot 2{,}5 \cdot 369{,}9 = 2312{,}4$ kN

Bemessungsgrundbruchlast

Nach Tafel 1 gilt für den Fall C

$\gamma_q = 1{,}0$ für ständige Einwirkungen, ungünstig

$\gamma_q = 1{,}3$ für veränderliche Einwirkungen

$V_d = 1150 \cdot 1{,}0 + 500 \cdot 1{,}3 = 1800$ kN

Nachweis

$V_d \leq R_d 1800 < 2312{,}4$ kN

Mit der erfüllten Ungleichung ist eine ausreichende Sicherheit zum Grenzzustand Grundbruch nachgewiesen.

Berechnung der Gleitsicherheit mit Teilsicherheitsbeiwerten

Tafel 8 Bemessungsgleichungen (s. Beispiel 3)

DIN V 1054-100 (4.96)	$T_d \leq R_{td}$ (38a) $T_d = T_{Gd} + T_{Qd} + E_{ptd}$ (39)	EN V 1997-1	$H_d \leq S_d + E_{pd}$ (40) $S_d = V_d \cdot \tan \delta_d$ (41) $= A \cdot c_u$ (42)

Bedeutung der Bemessungswerte in Tafel 8:

T_d Bemessungswert der Einwirkungen in Richtung des Gleitens.

E_{ptd}; E_{pd} Bemessungswert der sohlparallelen Komponente des Erdwiderstandes als günstige ständige Einwirkung ($\gamma_{G\ inf} = 1{,}00$)

R_{td}; S_d Bemessungswert des Sohlschubwiderstandes, berechnet nach DIN V 1054-100 mit den charakteristischen Werten $R_{tk} = N_K \cdot \tan \delta_{sk}$ oder $R_{tk} = A \cdot c_{uk}$ bei rascher Beanspruchung eines gesättigten bindigen Bodens, umgewandelt in R_{td} durch Division mit γ_{st} (Tafel 5)

N_d wird berechnet aus der ungünstigsten Kombination senkrechter und waagerechter Einwirkungen mit Teilsicherheitsbeiwerten wie bei der Grundbruchsicherheit. Bei Ortbetonfundamenten ist $\delta_{sk} = \varphi$, bei vorgefertigten Fundamenten $\delta_{sk} = (2/3)\varphi$

Beispiel 3 Gleitsicherheit einer Stützmauer im GZ 1 B (Ansatz der Teilsicherheitsbeiwerte)
Hinweise: Die senkrecht zur Fundamentsohle gerichteten Einwirkungen einschließlich Erdauflast G_E sind wie beim Nachweis der Grundbruchsicherheit als ungünstig wirkende Einwirkungen zu betrachten (Tafel 4). Der Sohlschubwiderstand R_h wird mit dem charakteristischen Wert für den Sohlreibungswinkel $\delta_{sk} = \varphi$ berechnet und durch Division mit dem Teilsicherheitsbeiwert $\gamma_{St} = 1{,}50$ (s. Tafel 5) in den Bemessungswert R_{hd} umgewandelt. Wenn vor dem Wandfuß ein Erdwiderstand berücksichtigt wird, ist dieser als günstige ständige Einwirkung mit dem Teilsicherheitsbeiwert $\gamma_{G\ inf} = 1{,}00$ anzusetzen.

Nachweisbedingung im GZ 1 B: $T_d \leq R_{td}$

$$E_{ahd}(b) + \Delta E_{ahd}(b) - (E_{prtd}) \leq R_{td} \quad (43) \Rightarrow b \text{ mit}$$

$$E_{agd} = 1{,}35\ E_{ag}(\varphi_{1K};\ \gamma_{1K};\ \beta) \qquad \Delta E_{agd} = 1{,}35 \cdot \Delta E_{ag}$$

$$E_{apd} = 1{,}50\ E_{ap}(\varphi_{1K};\ p_K;\ \beta) \qquad \Delta E_{apd} = 1{,}50\ \Delta E_{ap}.$$

$$E_{ad} = E_{agd} + E_{apd} \qquad \Delta E_{ad} = \Delta E_{agd} + \Delta E_{apd}$$

$$G_{Ed} = 1{,}35 \cdot \gamma_{1K} \cdot V_E \qquad G_{Wd} = 1{,}35 \cdot \gamma_{bk} \cdot V_W$$

$$R_{td} = \frac{1}{1{,}50}\,[E_{avd}(b) + \Delta E_{avd}(b) + G_{Ed}(b) + G_{Wd}(b)]\tan \delta_{sk} \quad (44)$$

$$\left(E_{prtd} = 1{,}0\,\frac{1}{2}\,E_p(\varphi_{1K};\ \gamma_{1K};\ \delta_p)\right) \quad (45)$$

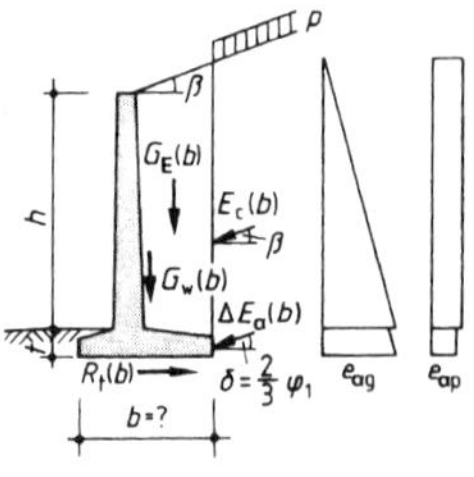

Nachweis der Gebrauchstauglichkeit (GZ 2) nach DIN V 1054-100

Er wird wie folgt geführt: Bei Flachgründungen durch Beschränkung der Exzentrizität der resultierenden Einwirkungen (S. 1070), ferner bei Flach- und Pfahlgründungen mit Hilfe festgelegter Grenzwerte von Setzungsdifferenzen (s. Bild 4) und schließlich bei Flach- und Pfahlgründungen sowie Stützbauwerken durch den Nachweis, daß das Bauwerk unter Gebrauchslast bei Inanspruchnahme von Erdwiderstand keine unzuträgliche Verschiebung erleidet (s. n. Seite).

Anmerkung Im Grenzzustand GZ 2 betragen die Teilsicherheitsbeiwerte für Einwirkungen stets $\gamma = 1$, d. h. es wird praktisch wie mit charakteristischen Werten gerechnet.

Zulässige Lage der Resultierenden

Für die Exzentrizität der resultierenden Einwirkung gelten in GZ 2 die gleichen Einschränkungen wie bisher in DIN 1054 (11.76) für die Gesamtlast (s. S. 1070).

Erläuterung: Nach DIN V 1054-100 (4.96) ist der Nachweis der zulässigen Lage der Resultierenden nicht mehr ein Nachweis der Sicherheit gegen Kippen, da ein solches Versagen immer durch Grundbruch eintritt. Weil lediglich nachgewiesen werden muß, daß die zu erwartende Schiefstellung hinreichend klein ist, handelt es sich nur noch um einen Nachweis der Gebrauchstauglichkeit (GZ 2). Dagegen ist bei Gründungen auf Fels wie bisher ein Nachweis gegen Kippen als GZ 1 B zu führen.

Da die Bemessungswerte in GZ 2 mit dem Teilsicherheitsbeiwert 1,0 ermittelt werden, besteht in der Regel zwischen dem bisherigen Nachweis und dem Nachweis nach dem neuen Sicherheitskonzept praktisch kein Unterschied.

In den entsprechenden Nachweisen sind die Bemessungswerte mit Teilsicherheitsbeiwerten gleich 1,00 anzusetzen.

Beispiel 3, Forts. **Nachweis der zulässigen Lage der Resultierenden**

Nachweisbedingung in GZ 2:

$$M_{\mathrm{G\,Ed}}(b) + M_{\mathrm{GWd}}(b) + M_{\mathrm{Ead}}(b) + M_{\Delta\mathrm{Ead}} \leq R_{\mathrm{vd}}(b) \cdot \frac{b}{6} \Rightarrow b \qquad (46)$$

mit $E_{\mathrm{ad}} = 1{,}00 \cdot E_{\mathrm{ag}}(\varphi_{1\,\mathrm{K}}, \gamma_{1\,\mathrm{K}}, \beta)$ $\quad \Delta E_{\mathrm{ad}} = 1{,}00\, \Delta E_{\mathrm{ag}}(\varphi_{1\,\mathrm{K}}, p_{\mathrm{K}}, \delta_{\mathrm{a}})$

$G_{\mathrm{Ed}} = 1{,}00\, \gamma_{1\,\mathrm{K}} \cdot V_{\mathrm{E}}$ $\quad G_{\mathrm{Wa}} = 1{,}00\, \gamma_{\mathrm{bk}} \cdot V_{\mathrm{W}}$

$$R_{\mathrm{vd}} = E_{\mathrm{avd}}(b) + \Delta E_{\mathrm{avd}}(b) + G_{\mathrm{Ed}}(b) + G_{\mathrm{Wd}}(b) \qquad (47)$$

Verschiebungen

Es ist nachzuweisen, daß das Bauwerk unter Gebrauchslast bei Inanspruchnahme von Erdwiderstand keine unzuträglichen Verschiebungen erleidet. Wird beim Nachweis der Gleitsicherheit nach Tafel 8 der Erdwiderstand nur mit 50% seines charakteristischen Wertes angesetzt, darf bei mindestens mitteldicht gelagerten nichtbindigen Böden bzw. mindestens steifen bindigen Böden in der Regel auf einen Nachweis der Gebrauchstauglichkeit verzichtet werden.

Setzungsnachweis

Der Setzungsnachweis ist auf der Grundlage der DIN 4019 zuführen (6.4.1). Die Bemessungswerte des einwirkenden Sohldruckes sind mit den Teilsicherheitsbeiwerten für GZ2, d.h. $\gamma_{\mathrm{G}} = \gamma_{\mathrm{Q}} = 1{,}0$ zu ermitteln.

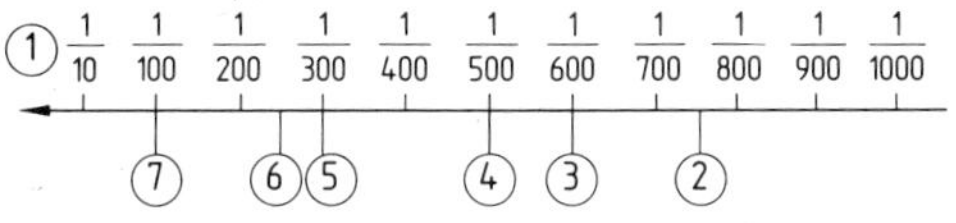

a) Anhaltswerte

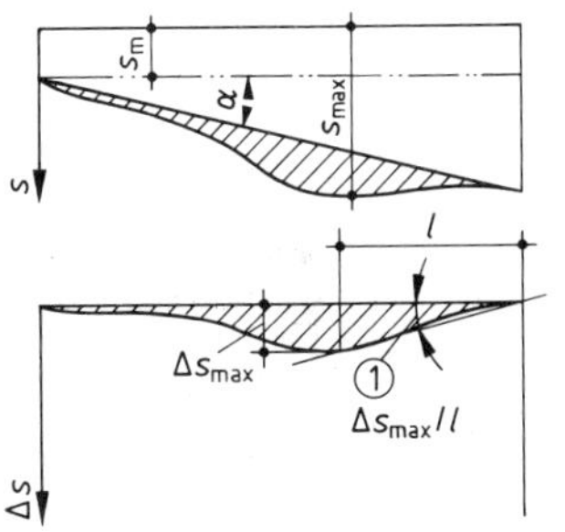

b) Beispiel für eine Winkelverdrehung

① Winkelverdrehung
② Grenze für setzungsempfindliche Maschinen
③ Schadensgrenze für Rahmen mit Ausfachung
④ Sicherheitsgrenze zur Vermeidung jeglicher Risse
⑤ Grenze für erste Risse in tragenden Wänden; Schwierigkeiten bei ausladenden Kränen
⑥ Augenscheinliche Schiefstellung hoher starrer Bauwerke
⑦ Erhebliche Risse in tragenden Wänden; Sicherheitsgrenze für Ziegelwände $h/l < 1/4$; Schadensgrenze für Hochbauten allgemein

Bild 4 Schadenskriterien für Winkelverdrehungen infolge lotrechter Verschiebungen bei Muldenlagerung nach DIN 4019 V-100 (2.96)

Bemessung von Fundamenten mit zulässigen Sohldrücken

Nach DIN V 1054-100 ist weiterhin die Bemessung von Fundamenten mit zulässigen Sohldrücken möglich (Gl. 48)

$$\sigma_{vorh} \leq \sigma_{zul} \quad (48)$$

In Gl. (48) sind

σ_{vorh} Bemessungswert für den einwirkenden Sohldruck, ermittelt für den Anteil aus Gründungslasten mit den Einwirkungskombinationen und Teilsicherheitsbeiwerten für GZ 2 nach DIN V ENV 1991-1, ermittelt für den Anteil aus grundbauspezifischen Einwirkungen mit den Teilsicherheitsbeiwerten für GZ 2 nach Tafel 4.

σ_{zul} Bemessungswert für den aufnehmbaren Sohldruck, praktisch aus den alten Tafelwerten, ggf. erhöht oder abgemindert.

Die Teilsicherheitsbeiwerte für den GZ 2 sind gleich 1,0.

Anmerkung DIN V 1054-100 (4.96) konnte die alten Tafelwerte als charakteristische Werte übernehmen, da sie bereits so ermittelt wurden, daß der GZ 1 ausgeschlossen ist.

Auch in den Anforderungen an die Lagerungsdichte sowie bezüglich der Erhöhung oder Abminderung der Tafelwerte und der Berücksichtigung waagerechter Einwirkungen ergeben sich keine Änderungen.

Beispiel 4 Bemessung des Einzelfundamentes einer Stütze mittels zulässigem Sohldruck nach DIN V 1054-100 (4.96)

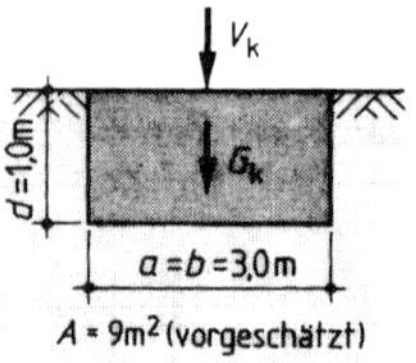

Gründungslasten (Schnittkräfte auf OK. Fundament) aus ungünstigster Kombination der Einwirkungen nach EN V 1991-1 (Abs. 9.5.2) für den Nachweis der Gebrauchstauglichkeit:

Ständig, vertikal	$V_{GK} = 1000$ kN
Veränderl., vertikal	$V_{QK} = 500$ kN
Eigengew. Fundament	$V_{GK} = 225$ kN
	$\Sigma V_k = 1725$ kN

Baugrund: Bodengruppe UL, steif

Bemessungswert des einwirkenden Sohldruckes σ_{vorh}

Zu berechnen mit Teilsicherheitsbeiwerten für Grenzzustände der Gebrauchstauglichkeit GZ 2, die nach EN V 1991-1:1994, Abs. 9.5.3, mit $\gamma_G = \gamma_Q = 1{,}0$ anzunehmen sind.

$N_d = 1225 \cdot 1{,}0 + 500 \cdot 1{,}0 = 1725$ kN $\quad \sigma_{vorh} = N_d/A = 191{,}7$ kN/m²

Bemessungswert des aufnehmbaren Sohldruckes σ_{zul}

Grundwert aus Tafel 24, Tabelle 3: $\sigma_{zul} = 180$ kN/m²

Erhöhung für Rechteckfundament $a/b < 2$ um 20%:

$\sigma_{zul} = 180 \cdot 1{,}2 = 216$ kN/m²

Abminderung für $a = b > 2$ m um 10% des Tafelwertes je m zusätzlicher Breite Δb:

$\Delta b = 3{,}0 - 2{,}0 = 1{,}0$ m Abminderungsfaktor $u = 1{,}0 - 0{,}1 = 0{,}9$

$\sigma_{zul} = 216 \cdot 0{,}9 = 194{,}4$ kN/m²

Nachweis

$\sigma_{vorh} = 191{,}7$ kN/m² $< \sigma_{zul} = 194{,}4$ kN/m²

Damit ist auch die Sicherheit gegen GZ 1 B nachgewiesen. Bezüglich der möglichen Setzungen s. S. 1074.

Wasserwirtschaft

Bearbeitet von Prof. Dr.-Ing. Ekkehard Heinemann
und Prof. Dr.-Ing. Andreas Strohmeier

Inhalt

Literatur

[1] *Franke, P. G.*: Hydraulik für Bauingenieure, Berlin 1974
[2] *Timm, J.*: Hydromechanisches Berechnen. 2. Aufl. Stuttgart 1970
[3] *Schmidt, M.*: Gerinnehydraulik. Wiesbaden 1957
[4] *Herth, W., Arndts, E.*: Theorie und Praxis der Grundwasserabsenkung. Berlin 1985
[5] *Bretschneider, H.* u. a.: Taschenbuch der Wasserwirtschaft. 5. Aufl. Hamburg 1971
[6] *Garbrecht, G.*: Erfahrungswerte über die zulässigen Strömungsgeschwindigkeiten in Flüssen und Kanälen. Wasser und Boden **5** (1961) 163 bis 170
[7] ATV-Arbeitsblatt A 127. Hennef 12.88
[8] ATV-Arbeitsblatt A 110. Hennef 8.88
[9] ATV-Arbeitsblatt A 118. Hennef 7.77 und 9.99
[10] *Schütz, M.*: Spiegellinien und Wechselsprünge in Abwasserkanälen, Hamburg 1996, Abwasser-Verlag. Buch u. Disketten
[11] ATV-Arbeitsblatt A 128. Hennef 4.92
[12] *Boës, M.*: Anordnung u. Bemessung der Luftzufuhr von belüfteten Sandfängen KA 7/90, S. 785 – 788
[13] ATV-Arbeitsblatt A 117. Hennef 11.77
[14] *Malpricht, E.*: Entwurf und Betrieb von Regenrückhaltebecken. Berichte der ATV Nr. 29. St. Augustin 1973
[15] *Mutschmann/Stimmelmayer*: Taschenbuch der Wasserversorgung. 11. Aufl. Stuttgart 1995
[16] *Press/Schröder*: Hydromechanik im Wasserbau. Berlin – München 1966
[17] *Indlekofer, H.*: Leistungsberechnung naturnaher und natürlicher Gewässer, Landschaftswasserbau, Bd. 3. TU Wien 1982
[18] *Imhoff, K.*: Taschenbuch der Stadtentwässerung. 25. Aufl. München 1979
[19] ATV (Hrsg.): Lehr- u. Handbuch der Abwassertechnik. Bd. I – IV. 3. Aufl. Berlin 1982 – 84
[20] *Hosang/Bischof*: Abwassertechnik. 11. Aufl. Stuttgart 1998
[21] Anl. z. VwV-Kläranlagen, GABl., Baden-Württemberg 1984, S. 49
[22] ATV Fachausschuß 2.5, Absetzverfahren, Stellungnahme in Korrespondenz Abwasser, KA 3/88, S. 263/274 und KA 6/88, S. 611, sowie E. Billmeier KA 3/88, S. 253/262
[23] *Billmeier, E.*: Verbesserung der Feststoffretention in Nachklärbecken, KA, 1993
[24] ATV-Kurs D/2 Schlammbehandlung ... 1983
[25] ATV Arbeitsgruppe 1.3.2 Behandlung des Regenabflusses beim Trennverfahren. Korresp. Abwasser (1980) H. 1
[26] *Londong*: Ein Beitrag zur Bemessung belüfteter Sandfänge KA 1/88, S. 51 – 56
[27] *Wolf, P.*: Weitergehende Stickstoffelimination in Tropfkörpern. KA 6/87, S. 645 – 649
[28] ATV-Arbeitsblatt A 135. Hennef 3.89
[29] *v. d. Emde et al.*: Bemessung von Belebungsanlagen zur Nitrifikation/Denitrifikation. Inst. f. Siedlungsw. w. TU Braunschweig 1989, H 47
[30] *Böhnke, B.*: Bemessung der Stickstoffelimination in der Abwasserreinigung, Ergebnisse eines Erfahrungsaustausches der Hochschulen. Korrespondenz Abwasser **36**, 9/89
[31] DVWK Merkblatt 220/1991
[32] ATV-Arbeitsblatt A 138. Hennef 1.90
[33] Ri StWag. Forschungsges. f. Straßen und Verkehrswesen, Köln 1982
[34] Trinkwasserschutzgebiete, DVGW Arb. Bl. W101, W102, W103, Bonn 1975, Wirtschaft und Verlagsgesellschaft Gas und Wasser GmbH
[35] Richtlinien für Heilquellenschutzgebiete. LAWA, Gütersloh (Flöttmann) 1979
[36] *H. Resch, G. A. Steinmann*, Hinweise zur prakt. Handhabung d. Bemess. v. Nachklärbekken. A 131 KA 9/91, S. 1166 – 1177
[37] Klärschlammverordnung (AbfKlärV); BGBl. Nr. 21/92 v. 28. 4. 92
[38] *Reimann, D. O.*: Klärschlammentsorgung. Beiheft zu Müll und Abfall; Nr. 28. Berlin 1989
[39] Düngemittel-Anwendungs-Verordnung (Entwurf v. 26. 3. 91)
[40] VDLUFA: Nähr- und Schadstoffgehalte in Klär- und Flußschlämmen, Müll und Müllkomposten; Datensammlung und Bewertung; VDLUFA-Projekt 1985
[41] ATV-Arbeitsgr. 1.2.6 Überlastungshäufigkeit von Kanalnetzen. KA 8/89, S. 909 u. 910
[42] *Lindner*: Mitt. Leichtweiß-Inst. TH Braunschweig, H 25, 1982
[43] ATV-Arbeitsblatt A 111. Hennef 2.94
[44] ATV-Arbeitsblatt A 203, Abwasserfiltration, Hennef 4.95

1 Allgemeines

Tafel 1 Physikalische Kennwerte des Wassers

Temperatur T °C	Dichte ϱ_W kg/m³	Wichte γ_W kN/m³	kinem. Viskosität[3]) ν_W m²/s	spez. Wärmekapazität[1]) c kJ/(kg · K)	Wärmeleitfähigk. λ_W W/(m · K)	Siededruck p_s kN/m²	Elastizität E_W [5]) kN/m²
0	999,8[4])	9,8047[2])	$1{,}78 \cdot 10^{-6}$	4,2058	0,552	0,61	$1{,}9308 \cdot 10^6$
10	999,6	9,8027	$1{,}30 \cdot 10^{-6}$	4,1908	0,578	1,23	$2{,}0271 \cdot 10^6$
20	998,2	9,7890	$1{,}00 \cdot 10^{-6}$	4,1811	0,598	2,33	$2{,}0646 \cdot 10^6$
30	995,6	9,7635	$8{,}06 \cdot 10^{-7}$	4,1765	–	4,24	–
40	992,2	9,7302	$6{,}57 \cdot 10^{-7}$	4,1774	0,628	7,37	–
50	988,0	9,6890	$5{,}50 \cdot 10^{-7}$	4,1836	0,641	12,33	–
60	983,2	9,6419	$4{,}78 \cdot 10^{-7}$	–	0,651	19,91	–
80	971,8	9,5301	$3{,}66 \cdot 10^{-7}$	–	0,669	47,33	–
100	958,3	9,3977	$2{,}94 \cdot 10^{-7}$	–	0,682	101,30	–

[1]) Bei atmosphärischem Druck [2]) Ostseewasser ca. 0,7% und Nordseewasser ca. 2,6% mehr
[3]) dyn. Viskosität $\eta_W = \nu_W \cdot \varrho$ in kg/(m · s) [4]) Eis 916,7 kg/m³ [5]) gültig für $0{,}1 < p < 25$ kN/m²

Verdampfungswärme steigt annähernd linear von 2257 kJ/kg bei 100 °C auf 2500 kJ/kg bei 0 °C (1 kJ ≙ 1000 Ws) **Schmelzwärme** 331 kJ/kg bei 0 °C

Volumenänderung
– infolge Temperaturänderung: $\Delta V = \alpha \cdot V \cdot \Delta T$; $\alpha = 1{,}8 \cdot 10^{-4}$/K; (K ≙ °C)
– infolge Druckveränderung: $\Delta V = (-1/E_W) V \cdot \Delta p$

Druckwellenfortpflanzungsgeschwindigkeit *a* in m/s

in Rohrleitungen $a = \sqrt{(g/\gamma_W)/[1/E_W + d/(s \cdot E_r)]}$ im freien Wasser $a = \sqrt{(E_W \cdot g/\gamma_W)}$

g 9,80665 m/s² Fallbeschleunigung E_r E-Modul des Rohrmaterials in kN/m²
d Rohrdurchmesser s Rohrwandstärke in m E_W, γ_W und ϱ_W s. Tafel 1

Joukowski-Stoß: $\Delta p = a \cdot v_o \cdot \varrho_W$ in N/m²

v in m/s vor Schließvorgang Δp Druckanstieg bei schnellem Schließen der Leitung

Kapillare Steighöhe s in mm
zwischen Platten im Abstand a (mm): $s \approx 15/a$ in Röhren mit d_i (mm): $s \approx d_i/30$

Tafel 2 Höhe des Kapillarsaumes über dem Grundwasser in cm (praktische Werte)

Geröll	kiesiger Sand	Sand	lehmiger Sand	sandiger Lehm	Schluff	Lehm	Ton
0 bis 1	5 bis 10	10 bis 20	40 bis 50	50 bis 60	50 bis 100	30 bis 50	>500

2 Hydrostatik DIN 4044 (7.80) Hydromechanik im Wasserbau, Begriffe

Formelzeichen und Einheiten (s. a. Bild 2)

A gedrückte Flächen in m²
D Kraftangriffspunkt
S Flächenschwerpunkt
I Flächenträgheitsmoment in bezug auf die Schwerachse durch S in m⁴

p Wasserdruck in N/m² oder kN/m²
es gilt $1 \text{ bar} = 10 \dfrac{\text{N}}{\text{cm}^2} = 100 \dfrac{\text{kN}}{\text{m}^2}$
z Höhe der Wassersäule in m

In der Wassertiefe z wirkt der Wasserdruck

$$p_i = \varrho_W g \cdot z_i = \gamma_W \cdot z_i \; (\varrho_W, \gamma_W \text{ s. Tafel 1})$$

In der praktischen Anwendung wird teilweise mit $\gamma_W = 10$ kN/m³ gerechnet. Der Wasserdruck ist stets senkrecht auf das gedrückte Flächenelement gerichtet; bei Mantelflächen von Kreiszylindern verläuft die Wirkungslinie der Resultierenden durch den Mittelpunkt bzw. die Mittellinie.

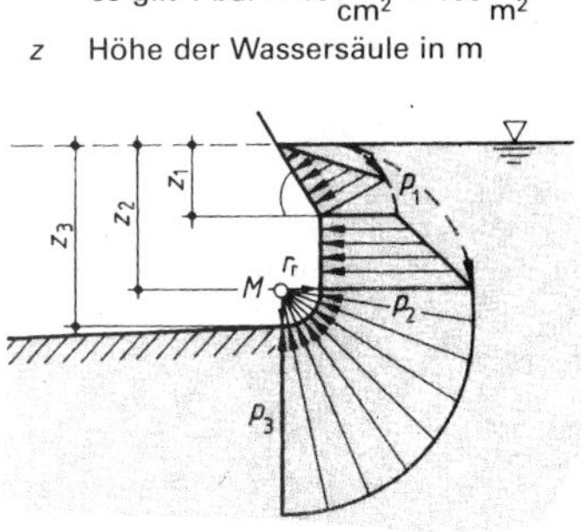

Bild 1 Wasserdruck

17

2.1 Wasserdruck auf beliebig geneigte ebene Flächen

Die Größe der resultierenden Wasserdruckkraft F_W beträgt

$$F_W = p_s \cdot A = \gamma_W \cdot z_s \cdot A = \gamma_W \cdot V$$

mit

p_s = Wasserdruck im Flächenschwerpunkt
A = Inhalt der gedrückten Fläche
z_s = Wassertiefe über dem Flächenschwerpunkt
V = Inhalt des Wasserkörpers über der gedrückten Fläche

Der Angriffspunkt D der resultierenden Wasserdruckkraft heißt Druckmittelpunkt. Bei einfachsymmetrischen Druckflächen hat D vom Flächenschwerpunkt S den Abstand

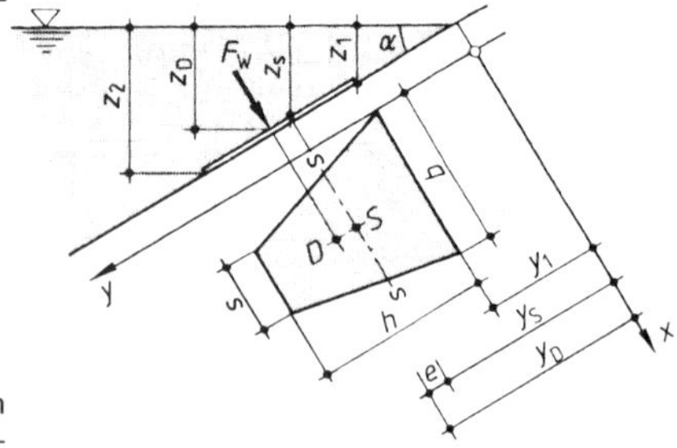

Bild 2 Resultierender Wasserdruck auf eine ebene Fläche

$$e = \frac{I_s}{A \cdot y_s}$$

I_s Trägheitsmoment der gedrückten Fläche um die Schwerachse $s - s$
y_s in der Flächenebene gemessener Abstand des Flächenschwerpunktes von der Wasserlinie

Tafel 3 Wasserdruckkräfte, Schwerpunktabstände, Kraftangriffspunkte

gedrückte Fläche	F_W	y_s [1]	e
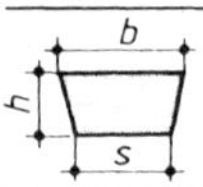	$\gamma_W \cdot \sin\alpha \cdot h\left[y_1\left(\frac{b+s}{2}\right)+h\left(\frac{b+2s}{6}\right)\right]$	$y_1+\frac{h}{3}\cdot\frac{b+2s}{b+s}$	$\frac{h^2}{18}\cdot\frac{(b+s)^2+2b\cdot s}{y_s(b+s)^2}$
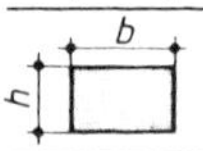	$\gamma_W \cdot \sin\alpha \cdot b \cdot h\left(y_1+\frac{h}{2}\right)$	$y_1+\frac{h}{2}$	$\frac{h^2}{12\cdot y_s}$
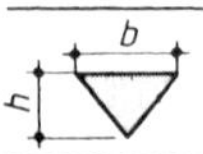	$\frac{1}{2}\gamma_W \cdot \sin\alpha \cdot b \cdot h\left(y_1+\frac{h}{3}\right)$ [2]	$y_1+\frac{h}{3}$ [2]	$\frac{h^2}{18\cdot y_s}$
	$\gamma_W \cdot \sin\alpha \cdot r^2\,\pi(y_1+r)$	y_1+r	$\frac{r^2}{4\cdot y_s}$
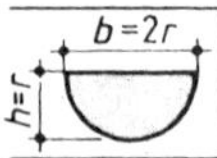	$\frac{1}{2}\gamma_W \cdot \sin\alpha \cdot r^2 \cdot \pi(y_1+0{,}4244r)$	$y_1+0{,}4244r$	$\frac{r^2}{14{,}3\cdot y_s}$

[1]) y_1 s. Bild 2
[2]) Beim Dreieck mit unten liegender Basis: 2/3 h statt h/3

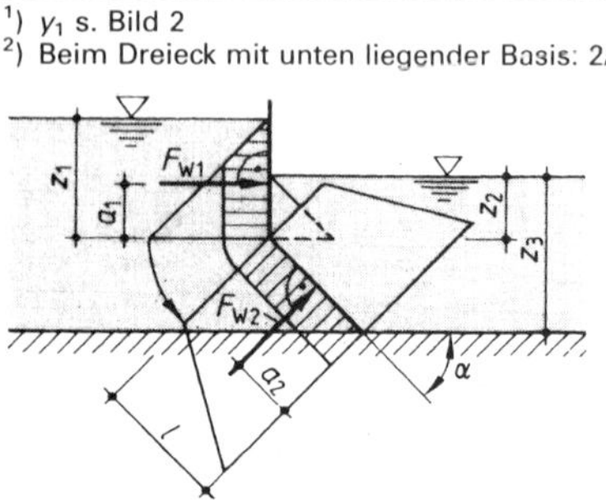

Bild 3 Wirksame Wasserdruckdifferenzen

Entgegengerichtete Wasserdruckpressungen heben einander auf. F_W ergibt sich durch Subtraktion gegenüber liegender Wasserdruckfiguren. In Bild 3 z. B. ergeben sich die folgenden wirksamen Wasserdruckkräfte.

$F_{W1} = \gamma_W(z_1^2 - z_2^2)/2$ je m Breite

$a_1 = 1/3\left[(z_1^2 + z_1 \cdot z_2 + z_2^2)/(z_1 + z_2)\right]$

$F_{W2} = \gamma_W(z_1 - z_2) \cdot l$ je m Breite

$a_2 = l/2 = (z_3 - z_2)/(2 \cdot \sin\alpha)$

2.2 Wasserdruck auf einfach gekrümmte Flächen

Ermittlung durch Aufteilung in a) Horizontalkraft und b) Vertikalkraft

a) Horizontalkraft = Inhalt des Wasserdruckdreieckes. $F_{WH} \approx 5\,z_1^2$ kN/m Breite
b) Vertikalkraft = Inhalt des Wasserdruckkörpers begrenzt durch die benetzte Wandfläche, die Lotrechte durch den Fußpunkt und die Horizontale in Höhe des Wasserspiegels.

Wird Wasser abgeschnitten ⇒ Auflast; wird „Körper" abgeschnitten ⇒ Auftrieb.

Tafel 4 Wasserdruckkräfte auf Walzenwehr und Segment je m Breite

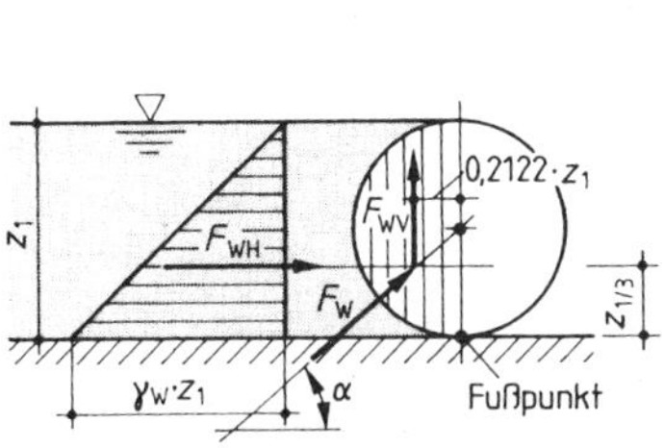

Walzenwehr

$F_{WH} = \gamma_W z_1^2/2$

Auftrieb $F_{WV} = \gamma_W \cdot z_1^2 \cdot \pi/8$

$F_W = \sqrt{F_{WH}^2 + F_{WV}^2} = \frac{1}{2}\gamma_W z_1^2 \sqrt{1+\pi^2/16}$
$\approx 6{,}36\,z_1^2$

$\tan\alpha = F_{WV}/F_{WH} = \pi/4; \quad \alpha = 38{,}15°$

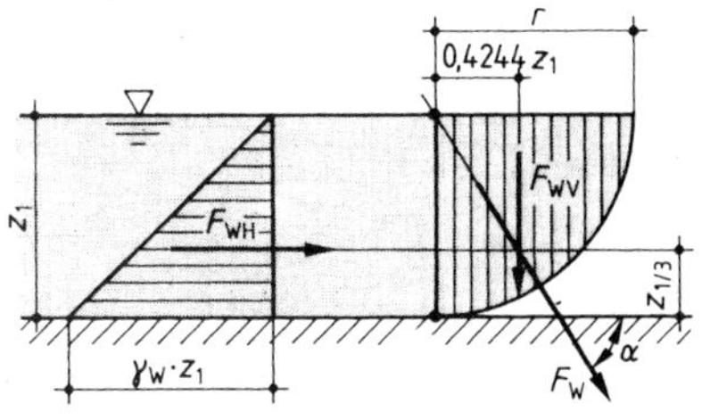

Segment

$F_{WH} = \gamma_W z_1^2/2 \approx 5\,z_1^2$

Auflast $F_{WV} = -\gamma_W z_1^2 \pi/4 \approx -7{,}85\,z_1^2$

$F_W = \frac{1}{2}\gamma_W \cdot z_1^2 \cdot \sqrt{1+\pi^2/4} \approx 9{,}31\,z_1^2$

$\tan\alpha = -\pi/2; \quad \alpha = -57{,}52°$

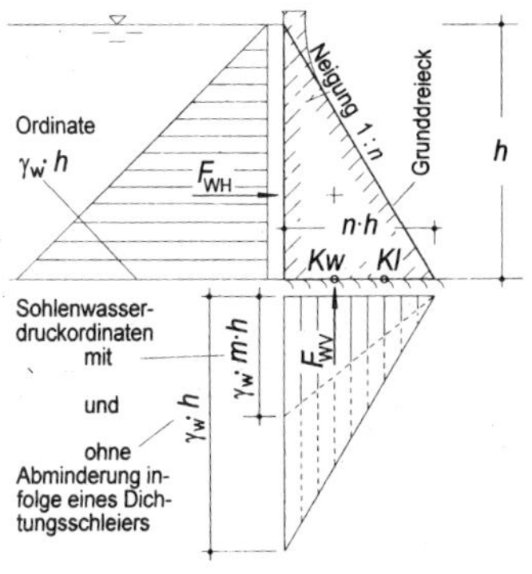

Bild 4
Wasserdruckkräfte auf eine Gewichtsstaumauer als sogenanntes Grunddreieck mit wasser- und luftseitigen Kernpunkten K_W und K_l (Beispiel)

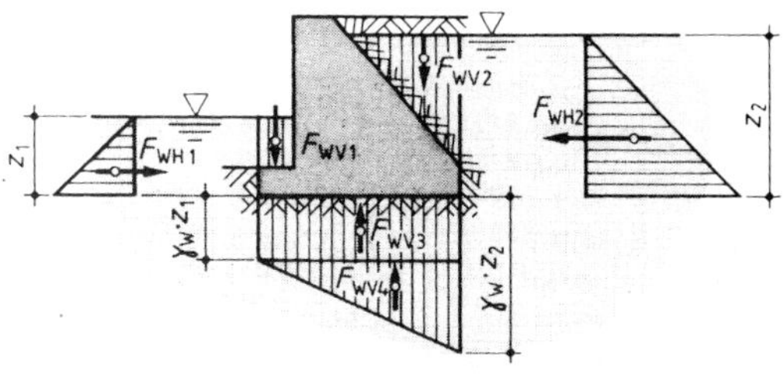

Bild 5
Wasserdruckkräfte auf Stützmauer auf durchlässigem Untergrund (Beispiel)

2.3 Wasserdruck auf doppelt gekrümmte Flächen

Ermittlung durch Aufteilung in a) Horizontal- und b) Vertikalkraft

a) Horizontalkraft = Wasserdruck auf die horizontale Projektion des Körpers auf eine vertikale Wand;

b) Vertikalkraft kann Auftrieb und/oder Auflast sein.

Auftrieb = Gewicht des verdrängten Wassers;

Auflast = Gewicht desjenigen Wasserkörpers, der durch die benetzte Fläche und ihre vertikale Projektion auf den Wasserspiegel begrenzt wird.

In beiden Fällen gilt $F = V \cdot \gamma_W$.

5 Wasserdruckkräfte auf Halbkugel und Halbrohr mit Viertelkugel

Halbkugel 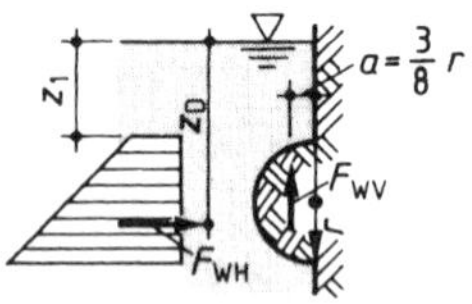	$\alpha = 90°$; $y_1 = z_1$ $F_{WH} = \gamma_W \cdot r^2 \cdot \pi (z_1 + r)$ $z_D = z_1 + r + r^2/[4(z_1 + r)]$ $F_{WV} = \gamma_W \cdot 2 \cdot \pi \cdot r^3/3$
Halbrohr mit Viertelkugel 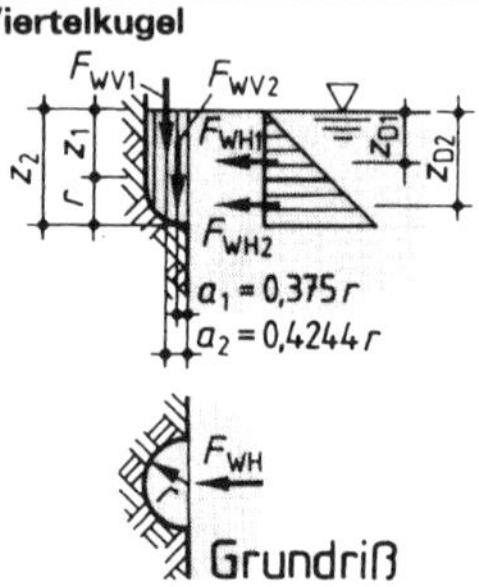	$F_{WH1} = \gamma_W \cdot 2r \cdot z_1^2/2 \approx 10 r \cdot z_1^2$; $z_{D1} = 2 \cdot z_1/3$ $F_{WH2} = \frac{1}{2}\gamma_W \cdot r^2 \cdot \pi (z_1 + 0{,}4244 r)$ $z_{D2} = z_1 + 0{,}4244 r + r^2/[14{,}3 (z_1 + 0{,}4244 r)]$ $F_{WV1} = \frac{1}{2}\gamma_W r^2 \cdot \pi \cdot z_1$ $F_{WV2} = \gamma_W \pi \cdot r^3/3$

2.4 Schwimmstabilität — Kentersicherheit

Ein Körper schwimmt, wenn sich Gleichgewicht einstellen kann zwischen den Vertikalkräften Eigenlast G und Auftrieb F_A.

Aus der Gleichung

$$G = F_A \quad \text{bzw.} \quad G = V \cdot \gamma_W$$

läßt sich wegen $V = f(z_T)$ die Eintauchtiefe z_T des schwimmenden Körpers ermitteln. Beispiel s. Tafel 6.

Die Stabilität der Schwimmlage eines schwimmenden Körpers hängt davon ab, wie der Körperschwerpunkt S_K, der Schwerpunkt S_V des verdrängten Volumens (in Ruhelage) und das Metazentrum M zueinander liegen (im Metazentrum M schneidet die Wirkungslinie der Auftriebskraft F_A im geneigten Zustand die Symmetrielinie des zugehörigen Schwimmkörper-Querschnittes):

- liegt S_K unter S_V, so ist der Körper schwimmstabil;
- liegt S_K nicht unter S_V, so ist der Körper nur schwimmstabil, wenn das Metazentrum M über S_K liegt.

Die Höhe des Metazentrums M über dem Körperschwerpunkt S_K, die metazentrische Höhe, beträgt

$$\boldsymbol{h_m = (I_{min}/V) - e} \quad \begin{cases} > 0\text{: Schwimmlage ist stabil;} \\ = 0\text{: Schwimmlage ist indifferent (z. B. Kugel, Walze);} \\ < 0\text{: Schwimmlage ist labil.} \end{cases}$$

Hierbei ist

- I_{min} das kleinste Flächenmoment 2. Grades des Wasserlinienrisses (Schnittfläche von Schwimmkörper und Wasserspiegel)
- V das Volumen der verdrängten Flüssigkeit
- e die Höhe des Körperschwerpunktes S_K über dem Schwerpunkt S_V des Verdrängungsvolumens in Ruhelage (positiv, wenn S_K oberhalb von S_V).

Tafel 6 Eintauchtiefe und metazentrische Höhe eines Senkkastens

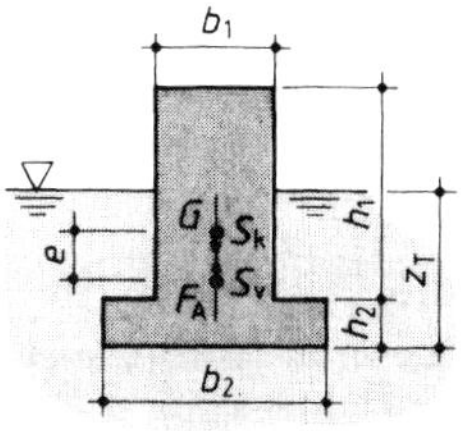

geg.: $b_1 = 4{,}00$ m $\quad h_1 = 8{,}00$ m
$b_2 = 6{,}00$ m $\quad h_2 = 2{,}00$ m
Länge $L = 15{,}00$ m
Eigenlast $G = 4800$ kN;
ges.: Eintauchtiefe z_T;

Rechnung

erf $V = G/\gamma_W = 480$ m³;
$480 = (b_2 h_2 + b_1 (z_T - h_2))\, L$
liefert $z_T = 7{,}00$ m;

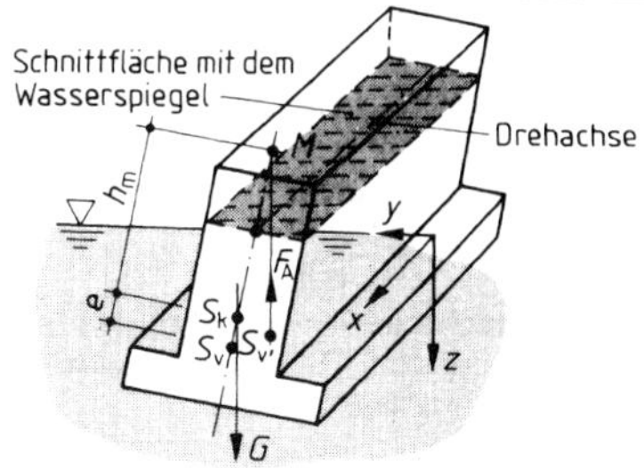

geg.: $e = 0{,}50$ m;
ansonsten wie links angeg.;
ges.: h_m:

Rechnung

$I_{min} = L\, b_1^3/12 = 80{,}00$ m⁴
$V = 4800/10 = 480$ m³
$h_m = 80{,}00/480{,}00 - 0{,}5 = -0{,}33$ m;

die Schwimmlage ist labil; der Senkkasten ist nicht kentersicher;

3 Hydrodynamik

Formelzeichen und Einheiten

Q	Abfluß, Durchfluß	m³/s
	in Tafeln für Rohrleitungen	l/s
A	Abfluß- bzw. Durchflußquerschnitt, begrenzt	m²
l_u	benetzer Umfang (U)	m
$r_{hy} = A/l_u$	hydraulischer Radius (R) (für Kreisprofile gilt $r_{hy} = d/4$)	m
v	mittlere Fließgeschwindigkeit	
C	Chezy-Beiwert	$m^{1/2}/s$
k_{St}	Rauheit nach Strickler,	$m^{1/2}/s$
	Tafel 31	$m^{1/3}/s$
$I_E = h_v/L$	Energiehöhengefälle	
p	Wasserdruck	kN/m²
k/d	relative Rauheit	—
$h_d = p_d/(\varrho \cdot g)$	hydr. Druckhöhe	m
h_v	Verlusthöhe	m
L	Leitungs- bzw. Gerinnelänge	
λ	Widerstandsbeiwert	—
d bzw. d_{hy}	Rohrdurchmesser	m
$Re = v \cdot d/\nu_W$	Reynolds-Zahl	—
ν_W	kinetmatische Viskosität (für Wasser von 10 °C und Abwasser von 12 °C $\nu_W = 1{,}31 \cdot 10^{-6}$) s. Tafel 1	m²/s
k_i, k_b, k	Rauheit s. Tafeln 8 bis 10	mm

17

Vereinfachungen. $\gamma_W = \varrho \cdot g = 10$ kN/m³; Wasser sei imkompressibel (gleichbleibende Dichte); keine temperaturbedingten Volumenänderungen.

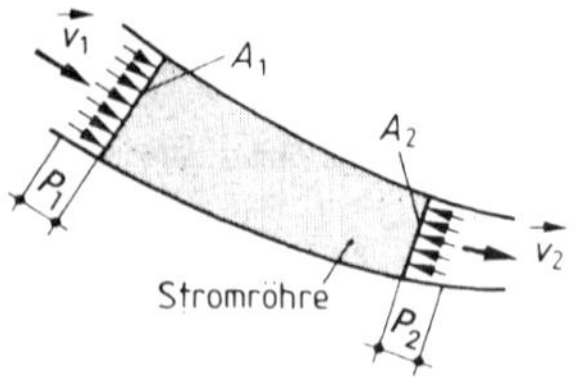

Bild 6

Grundlagen

Impulssatz. Impuls = Masse · Geschwindigkeit = Kraft · Zeit; keine Reibkräfte zwischen Flüssigkeit und Wandung.

Bei stationärer Strömung ist der mit der Flüssigkeit in ein abgegrenztes Raumgebiet durch dessen Kontrollfläche A_1 in der Zeiteinheit eintretende Impuls (austretenden Impuls negativ rechnen) mit den auf das Gebiet wirkenden Kräften im Gleichgewicht.

Damit gilt z. B. für die gedachte Stromröhre von Bild 6 die Vektorgleichung

$$\sum \vec{F}_I = \varrho \cdot Q(\vec{v}_1 - \vec{v}_2) \qquad (1)$$

$$\sum \vec{F}_W = \vec{p}_1 \cdot A_1 - \vec{p}_2 \cdot A_2 \qquad (2)$$ mit $p_i = \gamma_W \cdot z_i$ (normal zum Fließquerschnitt)

Bei der praktischen Anwendung des Impulssatzes werden nur kurze Abschnitte der Leitung betrachtet. Die Reibung wird vernachlässigt. Die Kräfte auf die Wandung werden aber wirksam.

Tafel 7 Kraft auf Rohrwiderlager

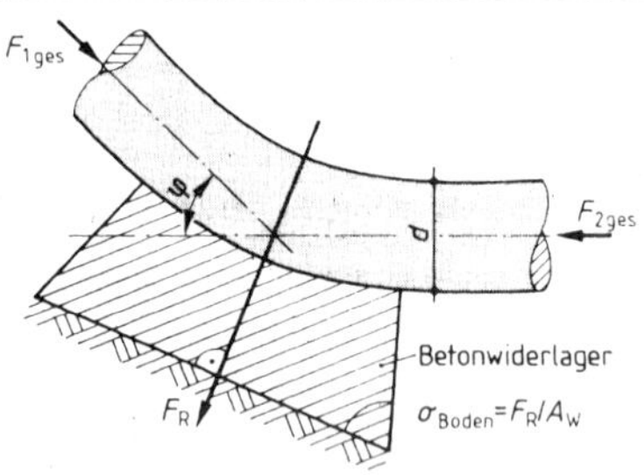

Anmerkung In der Wasserversorgung gilt $v \approx 1$ m/s und $z_s \ll z_{wü}$. Dann können die dynamischen Kräfte gegenüber den statischen vernachlässigt werden und es gilt näherungsweise $F_{ges} \approx z_{wü} \cdot \gamma_W \cdot A$; „Prüfdruck 15 bar" bedeutet $p_w = 1500$ kN/m².

liegender Krümmer

geg. $Q = 15{,}00$ m³/s; $d = 1{,}50$ m

$z_{wü} = 8{,}00$ m Wassersäule (Überdruck);

ges. result. Kraft F_R;

Rechnung

a) Wasserdruckkräfte

$F_{w1} = F_{w2} = F_w = p_{ws} \cdot A = (z_{wü} + z_s)\gamma_W \cdot A$
liefert mit $z_s = d/2 = 0{,}75$ m
und $A = \pi d^2/4 = 1{,}77$ m²
die Druckkraft $F_w = 154{,}63$ kN;

b) Impulskräfte

$v_1 = v_2 = v = 15{,}00/1{,}77 = 8{,}49$ m/s;
$\varrho \cdot Q \cdot v = 127{,}35$ kN;

c) insgesamt

$F_{ges} = 154{,}63 + 127{,}35 = 281{,}98$ kN;

$F_R = 2 \cdot F_{ges} \cdot \sin \frac{\varphi}{2} = 215{,}82$ kN

Die am Krümmern, T-Stücken und Rohrenden von Muffenleitungen erforderlichen Betonwiderlager müssen mit dem Prüfdruck als Innendruck und dem Rohraußendurchmesser so dimensioniert werden, daß der von ihnen erfolgte F_R auf den Boden ausgeübte Druck die zulässige Bodenpressung nicht übersteigt.

DVGW-Merkblätter GW 310/1 (7.1971) und GW 310/2 (3.1973)

$F_R = z_{wA} \cdot \gamma_w \cdot d_a^2 \cdot \pi/4$ bzw.

$F_R = p \cdot d_a^2 \cdot \pi/4$

$\gamma_w = \varrho_w \cdot g$

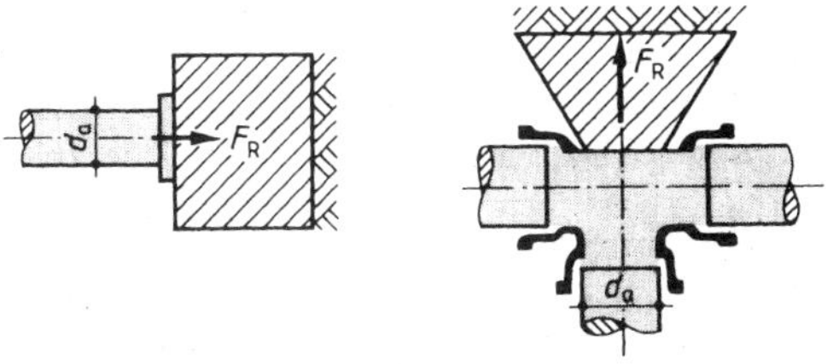

Bild 7 Rohrwiderlager

Im offenen Gerinne heißt die allgemeine Form des Impulssatzes **Stützkraftsatz.**

Stützkraft $\boldsymbol{S = F_{W1} + \varrho \cdot Q \cdot v_1 = F_{W2} + \varrho \cdot Q \cdot v_2 = \text{const}}$ (**3**)

und mit den Abmessungen nach Bild 8

$$\gamma_w \frac{(h_1 + h_w)^2}{2} b_2 + \varrho \cdot Q \cdot v_1 = \gamma_w \frac{h_2^2}{2} \cdot b_2 + \varrho \cdot Q \cdot v_2 \qquad (4)$$

Beachte die Schnittführung ①: Der Druck auf die Stirnflächen geht mit ein, aber $v_1 = Q/(h_1 \cdot b_1)$.

Mit glatter Sohle ($h_w = 0$) und mit $b_1 = b_2$ ergeben sich die **konjugierten Wechselsprungtiefen** aus

$$h_1 = -\frac{h_2}{2} + \sqrt{\frac{h_2^2}{4} + \frac{2h_2 \cdot v_2^2}{g}} \qquad (5)$$

Die Indizes 1 und 2 sind vertauschbar. Es ist $2h_2 \cdot v_2^2/g = 2h_{gr}^3/h_2 = 2h_2^2 \cdot F_{r2}^2$ mit der Froude-Zahl

$$\boldsymbol{Fr = \frac{v}{\sqrt{gh}} = \frac{v}{\sqrt{g \cdot A/b}}}$$

$$\boldsymbol{h_1/h_2 = \sqrt{1/4 + 2Fr_2^2} - 0{,}5}$$

Im teilgefüllten Kreisquerschnitt ist $F_w = \gamma_w z_s A$ bzw. mit den Werten des Abschn. 1.4 im Kapitel Mathematik

$F_w = \gamma_w e \cdot A$

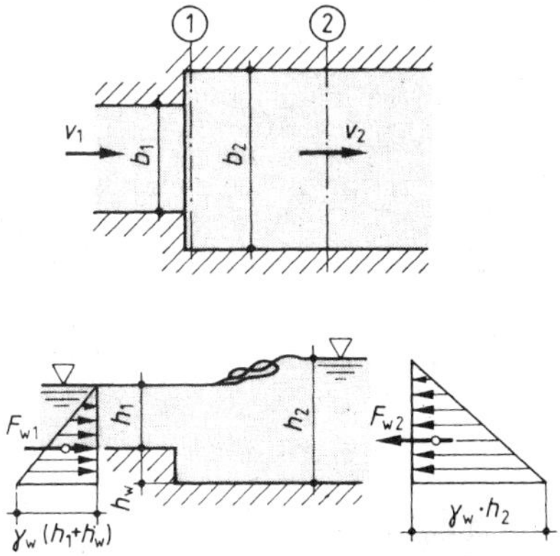

Bild 8 Impulssatz

Die Lösung von Gl. (4) führt auf eine kubische Gleichung, die entweder mit den bekannten Standardverfahren oder iterativ nach Newton gelöst werden kann.

Beispiel $b_1 = 40{,}0$ m: $b_2 = 55{,}0$ m; $h_2 = 4{,}5$ m; $Q = 500\ \text{m}^3/\text{s}$; $h_w = 0{,}5$ m; nach Abschn. 3.3.3 ist Durchfluß ohne Fließwechsel festgestellt worden.

Lösung Durch Umformen von Gl. (4) ergibt sich $f(h_1)$ wie folgt:

$$f(h_1) = h_1^3 + 2h_w \cdot h_1^2 + (h_w^2 - 2v_2^2 \cdot h_2/g - h_2^2) \cdot h_1 + 2Q^2/(g \cdot b_1 \cdot b_2) = 0 \qquad (6)$$

und $f'(h_1) = 3h_1^2 + 4 \cdot h_w \cdot h_1 + h_w^2 - 2v_2^2 \cdot h_2/g - h_2^2$ (7)

Nach Newton findet man aus dem geschätzten Wert h_1^* den verbesserten Wert h_1^{**} wie folgt: $h_1^{**} = h_1^* - f(h_1^*)/f'(h_1^*)$.

Erste Schätzung: $h_1^* = h_2 - 2h_w = 4{,}5 - 2 \cdot 0{,}5 = 3{,}5$ m;

$v_2 = Q/A_2 = Q/b_2 \cdot h_2 = 500/(55{,}0 \cdot 4{,}5) = 2{,}02$ m/s

mit Gl. (6) und (7) wird:

$f'(h^*) = 3 \cdot 3{,}5^2 + 4 \cdot 0{,}5 \cdot 3{,}50 + (0{,}5^2 - 2 \cdot 2{,}02^2 \cdot 4{,}5/9{,}81 - 4{,}5^2) = 20{,}01$

$f(h^*) = 3{,}5^3 + 2 \cdot 0{,}5 \cdot 3{,}5^2 + (-23{,}743) \cdot 3{,}5 + 2 \cdot 500^2/(9{,}81 \cdot 40 \cdot 55) = -4{,}81$;

$h^{**} = 3{,}5 - (-4{,}81/20{,}01) = 3{,}74$ m; $h^{***} = 3{,}71$ m; $v = 500/(3{,}71 \cdot 40) = 3{,}37$ m/s.

3.1 Geschlossene Rohrleitungen

3.1.1 Kontinuitätsgleichung

$\boldsymbol{Q} = \boldsymbol{A} \cdot \boldsymbol{v} =$ **konst** daraus $\boldsymbol{v_1} = \boldsymbol{v_2} \cdot \boldsymbol{A_2}/\boldsymbol{A_1}$; bei kreisförmigen Rohren $v_1 = v_2 \cdot d_2^2/d_1^2$

3.1.2 Bernoullische Druck- und Energiegleichung

Die Kontinuitätsgleichung dient der Berechnung der Lage der Drucklinie in voll gefüllten Leitungen, die der Wasserspiegellage in offenen Gerinnen entspricht (Energieverluste nach 3.1.3).

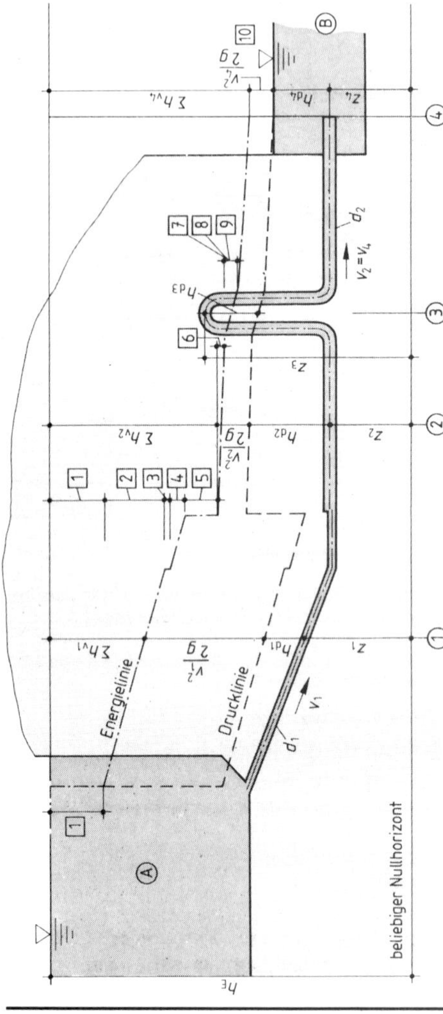

Bild 9 Druck- und Energielinienverlauf

Für alle Schnitte gilt

$$\boldsymbol{h_E = z_i + h_{di} + (v_i^2/2g) + \sum h_{vi}}$$

Ⓐ, Ⓑ = große Becken ohne Geschwindigkeit. Bei Ⓐ liegen die Energielinie und die Drucklinie im Wasserspiegel. Bei Ausfluß ins Freie würde die Drucklinie bei Ⓑ in der Rohrachse am Auslauf enden. Hier endet sie im Wasserspiegel. h_{d3} ist negativ (Unterdruck), weil die Drucklinie unter der Rohrachse liegt.

Allgemein gilt für die Druckhöhe

$$h_d = p_d/(\varrho \cdot g) \approx p_d/10 \quad \text{in m}$$

mit p kN/m² Wasserdruck im Rohr.

- 1 Eintrittsverlust
- 2 Reibungsverlust bis Mitte Krümmer
- 3 Krümmungsverlust (hier für 22,5°)
- 4 Reibungsverlust bis zur Erweiterung
- 5 Erweiterungsverlust
- 6 Reibungsverlust bis zum Krümmer
- 7 1 × 90° Krümmerverlust + Reibungsverlust senkr. Rohr zw. den Krümmern
- 8 2 × 90° Krümmerverlust + Reibung über die Bogenlänge
- 9 wie 7; Anm.: Die Rohrlängen werden über die Krümmer durchgerechnet; $v_2 = v_3 = v_4$ wegen $d = \text{const.} = d_2$
- 10 Austrittsverlust s. Abschn. 3.1.3.10

Bohrt man z. B. die Leitung in Bild 9a von oben an, so würde in einem aufgesetzten Rohr im Schnitt ② das Wasser um das Maß h_{d2} über die Rohrachse bis zur Drucklinie ansteigen, während bei einer Bohrung von unten im Schnitt ③ in einem angesetzten U-Rohr der Wasserstand im freien Schenkel um das Maß des Unterdrucks h_{d3} absinken würde.

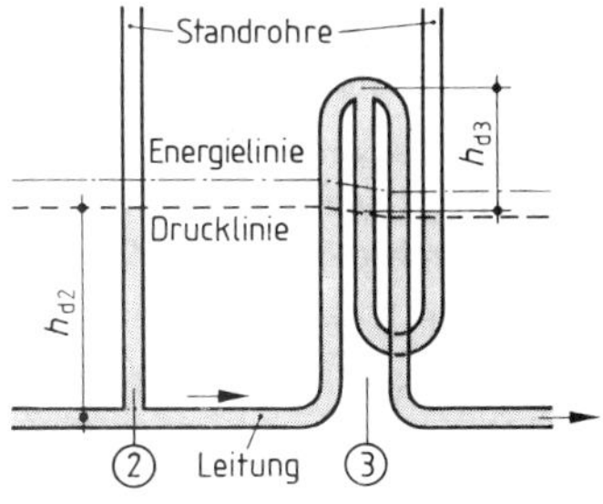

Bild 9a

Bei gegebener Rohrgeometrie sind entweder Energie- bzw. Wasserspiegellage oder der Durchfluß gegeben oder gesucht.

Nach dem Satz von der Erhaltung der Energie bleibt h_E immer gleich. Im Becken Ⓐ, Bild 9, ist $v=0$, also liegt die Energielinie im Wasserspiegel $h_E=42{,}0$. Im Schnitt ④ am Rohrende liegt die Energiehöhe $v_4^2/2g$ über dem Wasserspiegel und um die $\sum$-Verluste unter 42,0. Beim Austritt geht $v_4^2/2g$ verloren, wenn im Becken Ⓑ $v=0$ ist (dann Wasserspiegel = E-Linie).

Gibt es hinter dem Austritt eine Geschwindigkeit, dann liegt bei ④ die Energielinie um den Austrittsverlust, der vermutlich ein Erweiterungsverlust (Abschn. 3.1.3.3) ist, höher als die E-Linie im weiterführenden Gerinne.

Beispiel **Gegeben:** System u. Bild 9. Wasserspiegel A oben +42,00, B unten +36,00, Rohrachse ④ +34,00, Rohrachse ③ +38,00, $d_1=200$ mm, $d_2=d_3=d_4=300$ mm, $\sum L_1=4{,}20$ m, $\sum_{2}^{4} L_i=8{,}20$ m, Krümmer 1 mit 22,5°, $r/d=2$, sowie 4 Krümmer 90°, $k=0{,}1$ mm, $\nu=1{,}31\cdot 10^{-6}$.

Gesucht Wassermenge Q, Druck in der Rohrachse bei ③ mit $\Delta L=3{,}50$ m vor dem Rohrende.

Lösung $h_E=h_{E4}=42{,}00=36{,}0+v_4^2/2g+\sum$Verluste, wobei $z_4+h_{d4}=36{,}00$.
Verluste mit v_1: $(\zeta_E+\sum L_1\cdot\lambda_1/d_1+\zeta_{kr})\cdot v_1^2/2g$
Verluste mit $v_2=v_3=v_4$: $(\zeta_{ERW}+4\zeta_{kr}+\sum L_2\cdot\lambda_2/d_2)\cdot v_4^2/2g$.
nach Abschn. 3.1.3.2: $\zeta_E=0{,}5$; nach 3.1.3.6 $\zeta_{kr90°}=0{,}3$;
$\zeta_{kr22,5}=0{,}3\cdot 22{,}5/90=0{,}075$; nach 3.1.3.3 $\zeta_{ERW}=1{,}0(1-0{,}3^2/0{,}2^2)^2=1{,}563$;
nach Bild 10 mit $d_1/k=200/0{,}1=2000\rightarrow\lambda_1\approx 0{,}017$; mit $d_2/k=3000\rightarrow\lambda_2\approx 0{,}016$

Mit Hilfe der Kontinuitätsgleichung wird die Geschwindigkeit v_1 ersetzt durch v_4:
$A_1\cdot v_1=A_4\cdot v_4=Q$; $v_1=v_4\cdot d_4^2/d_1^2=2{,}25\,v_4$; $v_1^2=5{,}063\,v_4^2$; $42{,}0=36{,}0+v_4^2/2g+$
$+[(0{,}5+0{,}017\cdot 4{,}20/0{,}2+0{,}075)\cdot 5{,}063+(1{,}563+0{,}016\cdot 8{,}2/0{,}3+4\cdot 0{,}3)]\,v_4^2/2g$;

$v_4=\sqrt{(42-36)\cdot 2g/(1+7{,}919)}=3{,}63$ m/s; $v_1=3{,}63\cdot 2{,}25=8{,}17$ m/s
Kontrolle von λ: $R_{e_1}=8{,}17\cdot 0{,}2/1{,}31\cdot 10^{-6}=1{,}25\cdot 10^6\rightarrow\lambda=0{,}017$ s. o.
$R_{e_2}=3{,}63\cdot 0{,}3/1{,}31\cdot 10^{-6}=8{,}32\cdot 10^5\rightarrow\lambda=0{,}016$ s. o.
$Q=A\cdot v=0{,}1^2\cdot\pi\cdot 8{,}17=0{,}15^2\cdot\pi\cdot 3{,}63=0{,}257$ m³/s;
Die Druckhöhe h_{d3} ist 42,0 abzüglich der Verluste, $v_3^2/2g$ und der Achshöhe 38,0.
Verluste: $[(0{,}5+0{,}017\cdot 4{,}2/0{,}2+0{,}075)\cdot 5{,}063+1{,}563$
$+0{,}016\cdot(8{,}3-3{,}5)/0{,}3+2\cdot 0{,}3]\cdot 3{,}63^2/19{,}62=7{,}138\cdot 0{,}672=4{,}79$ m;
$h_{d3}=42{,}0-4{,}79-0{,}67-38{,}0=-1{,}46$ m $\hat{=}$ 14,60 kN/m² Unterdruck.
oder von B her gerechnet, mit den Verlusten $(7{,}919-7{,}138)\cdot 0{,}672=0{,}53$ m:
$h_{d3}=36{,}0+0{,}53-38{,}0=1{,}47$ m mit 36,0 = Austrittsdruck am Rohrende = Wasserstand B.

Bei offenen Gerinnen beginnt man mit einer bekannten Energiehöhe (z. B. an einer Strecke mit stat. gleichförmigem Abfluß, s. Abschn. 3.2.2, wo h meist iterativ ermittelt wird, oder an einer Engstelle mit Fließwechsel, s. Abschn. 3.2.1, wo sich h als h_{gr} einstellt) und ermittelt von dort aus bei strömendem Abfluß gegen und bei schießendem Abfluß mit der Fließrichtung die Energieverluste und damit das neue h_E. Die zugehörige Wassertiefe erhält man wieder iterativ.
(geg. $h_E=h+v^2/2g\pm$Verluste $\Rightarrow$ neues h_E: Abzügl. $v^2/2g$ = neuer Wasserspiegel).

17

3.1.3 Energieverluste

Energieverluste werden als Verlusthöhe $\boldsymbol{h_v = \zeta \cdot v^2/2g}$ in m dargestellt.

3.1.3.1 Reibungsverlust

Nach de Chezy ist $v = C\sqrt{r_{hy} \cdot I}$ in m/s, mit $C = \sqrt{8g/\lambda}$ wird nach Weisbach **für Kreisrohre** $\boldsymbol{h_{vr} = (\lambda \cdot L/d)(v^2/2g)}$ in m, $\xi_r = \lambda \cdot L/d$ λ s. Bild 10.

Fließformel für kreisförmige Rohre im turbulenten Bereich

$$v = \{-2\lg[2{,}51 \cdot \nu/(d \cdot \sqrt{2g \cdot I \cdot d}) + k/(3{,}71 \cdot d)]\} \cdot \sqrt{2g \cdot I \cdot d} \quad \text{in m/s}$$

Für nicht kreisförmige Rohre steht statt $d \Rightarrow 4\, r_{hy} = 4A/l_u$

Bei Teilfüllung gilt $v_T/v_V = (r_{hyT}/r_{hyV})^{0,625}$ ν s. Tafel 1

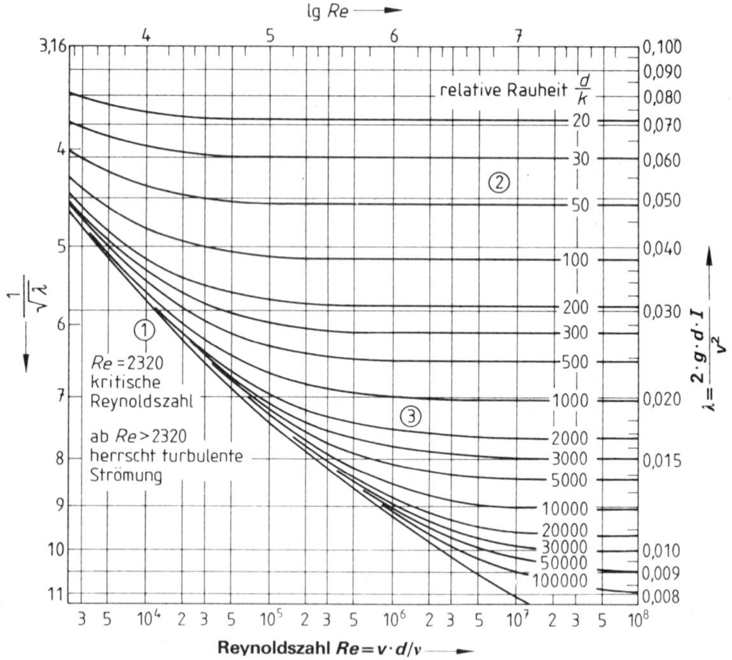

① hydraulisch glatt ② rauher Bereich ③ Übergangsbereich

$$\lambda_0 = \left[2\lg\frac{Re \cdot \sqrt{\lambda_0}}{2{,}51}\right]^{-2} \qquad \lambda = \left[2\lg\frac{3{,}71 \cdot d}{k}\right]^{-2} \qquad \lambda = \left[-2\lg\left(\frac{2{,}51}{Re\sqrt{\lambda}} + \frac{k}{3{,}71\, d}\right)\right]^{-2}$$

bzw.

$$\lambda = \left\{-2\lg\left(\frac{2{,}51 \cdot \nu}{v \cdot d} \cdot \left[-2\lg\left(\frac{k_b}{d \cdot 3{,}71}\right)\right] + \frac{k_b}{d \cdot 3{,}71}\right)\right\}^{-2}$$

Bild 10 Moody-Diagramm: Widerstandsbeiwerte λ nach Prandtl-Colebrook

Tafel 8 Integrale Rauheiten für Wasserleitungen nach DVGW Arb. Bl. W 302	k_i in mm
Fern- u. Zubringerleitungen, gestreckte Linienführung, Stahl- oder Gußrohre mit Zementmörtel oder Bitu-Auskleidung oder Spannbeton oder AZ-Rohre	0,1
Hauptleitungen wie vor oder Stahl bzw. Guß-Rohre ohne Ablagerungen	0,4
Neue Netze	1,0

Tafel 9 Pauschal-Werte für die betriebliche Rauheit k_b in mm nach ATV-A110 [8]

k_b	Anwendung für	Bem.
0,25	Drosselstrecken[1]), Druckrohrleitungen[1, 2]), Düker[1]) und Reliningstrecken ohne Schächte	alle DN
0,50	Transportkanäle mit Schächten gem.[3])	alle DN
0,75	Sammelkanäle und -leitungen gem.[3]) dto. mit angeformten Schächten gem.[4]) Transportkanäle gem.[5]) bzw. mit angeformten Schächten[4])	bis DN 1000 alle DN alle DN
1,50	Sammelkanäle und -leitungen gem.[5]) Mauerwerkskanäle, Ortbetonkanäle, Kanäle aus nicht genormten Rohren ohne bes. Nachweis der Wandrauheit	alle DN alle DN

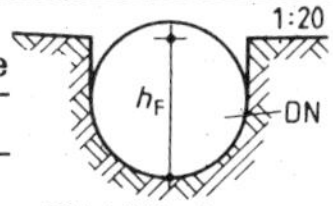

s. ATV-A 241, Absch. 1.1.5

[1]) Ohne Einlauf-, Auslauf- und Krümmungsverluste [2]) Ohne Drucknetze [3]) $DN \leq 500$: $h_F = DN$; $DN > 500$: $h_{2Q_t} \leq h_F \geq 500$ [4]) Fertigteile, s. ATV-A241.8.1.2.3 [5]) h_F ca. $\leq DN/2$

Tafel 10 Rauheiten für verschiedene Rohrwandungen	k in mm
Gezogene Rohre, Glas, Kupfer, Messing	0,001
Neue geschweißte Blechrohre	0,04 bis 0,1 mm
Genietete Blechrohre	1,0 bis 9,0 mm
Rohre mit Zementmörtel-Auskleidung geschleudert	0,03 bis 0,4 mm
Angerostete Rohre	0,15 bis 1,0 mm
Stark verkrustete Leitungen	2,0 bis 4,0 mm
Neue PVC- und PE-Rohre	0,002 bis 0,01 mm
Asbest-Zement-Rohre und Leitungen	0,025 bis 0,10 mm
Steinzeug-Rohre und Leitungen	0,05 bis 0,16 mm
Holzrohre	0,3 bis 1,0 mm
Schleuderbeton-Rohre	0,1 bis 0,8 mm
Spannbeton-Rohre	0,04 bis 0,25 mm
Holzgeschalte Stollen, gehobelt oder rauh	1,0 bis 10,0 mm
Dränrohre aus Ton (DIN 1185-1 bis -5)	0,7 mm
Gewellte Kunststoff-Dränrohre (DIN 1185-1 bis -5)	2,0 mm

3.1.3.2 Eintrittsverluste $h_v = \zeta \cdot v^2/2g$

Tafel 11 Eintrittsverlustbeiwerte ζ

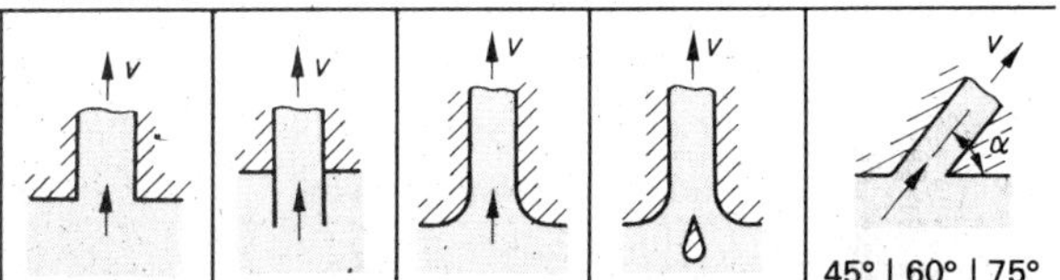

						45°	60°	75°
Einlauf-Kante	scharf	0,5	1 bis 3	–	–	0,8	0,7	0,6
	gebrochen	0,25	0,55	0,05	0,06 bis 0,1		–	

3.1.3.3 Erweiterungsverluste $h_v = \zeta \cdot v_2^2/2g$

Tafel 12 Erweiterungsverlustbeiwerte ζ

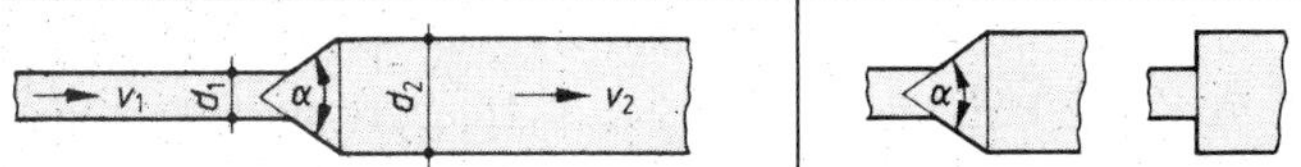

d_1/d_2	8°	16°	20°	24°	$30° \leq \alpha \leq 90°$
0,5	1,3	2,7	3,6	5,3	9,0 bis 10,8
0,6	0,44	0,95	1,16	1,86	3,16 bis 3,79
0,7	0,15	0,33	0,43	0,64	1,08 bis 1,30
0,8	0,04	0,10	0,13	0,19	0,32 bis 0,38
0,9	0,01	0,02	0,02	0,03	0,06 bis 0,07

allgemein: $\zeta = (1{,}0 \text{ bis } 1{,}2)(1 - A_2/A_1)^2$

3.1.3.4 Einschnürungsverluste $h_v = \zeta \cdot v_2^2/2g$

Tafel 13 Einschnürungsverlustbeiwert ζ

d_2/d_1	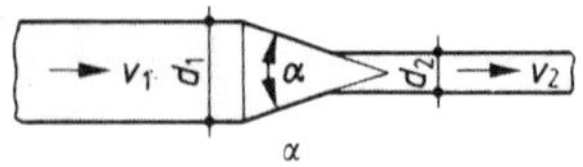 α: 8°	20°	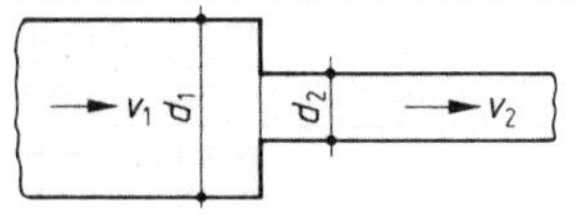
0,5			0,23 bis 0,28
0,6			0,16 bis 0,20
0,7	0	0,04	0,10 bis 0,13
0,8			0,05 bis 0,06
0,9			0,01 bis 0,02
			allgemein: $\zeta = (0{,}4 \text{ bis } 0{,}5) \cdot (1 - A_2/A_1)^2$

3.1.3.5 Verlustbeiwerte von Mengenmeßgeräten $h_v = \zeta \cdot v_2^2/2g$

Tafel 14 Verlustbeiwerte ζ bei Mengenmeßgeräten

		a) Kurzventurirohr	b) Normblende
		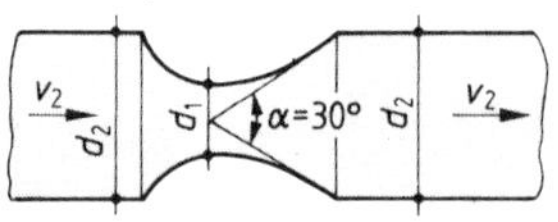	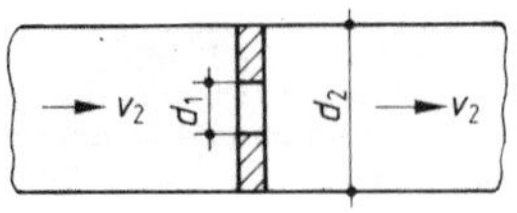
	0,3	21	300
	0,4	6	85
	0,5	2	30
d_1/d_2	0,6	0,7	12
	0,7	0,3	4,5
	0,8	0,2	2

Normale Wasserzähler $\zeta \approx 10$

3.1.3.6 Kreisrohrkrümmerverluste $h_v = \left(\zeta + \frac{\lambda \cdot l}{d}\right) \cdot v^2/2g$

Tafel 15 Verlustbeiwerte ζ bei Rohrkrümmern

(Im Krümmer wirkt zusätzlich der Reibungsverlust)	r/d	$Re = 2 \cdot 10^5$, $\alpha = 90°$ hydraulisch glatt	rauh	$\alpha \neq 90°$	$Re \leqq 2 \cdot 10^5$ und $r/d > 1{,}5$ nach [1].
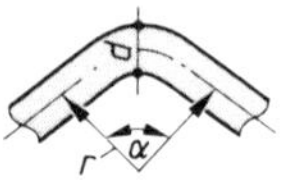	1	0,21	0,51	für alle Re gilt	$\zeta = \sqrt{\frac{d}{r}} \cdot [0{,}20 + 2{,}25 \cdot 10^5 \cdot (k/d)^2]$
	2	0,14	0,30		
	4	0,10	0,23	$\zeta = \zeta_{90°} \cdot \frac{\alpha}{90°}$	mit k nach Tafel 10
	6	0,08	0,17		
	10	0,10	0,19		

Bei zusammengesetzten Krümmern und Rohrbögen wird der ζ-Wert des einfachen Krümmers

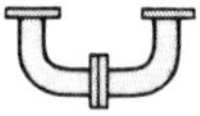	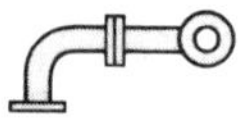	
verdoppelt	verdreifacht	vervierfacht

Dehnungsausgleicher		ζ
Wellrohrausgleicher	mit Leitrohr	0,3
	ohne Leitrohr	2,0
Glattrohr-Lyrabogen		0,6 bis 0,8
Faltenrohr-Lyrabogen		1,3 bis 1,6
Wellrohr-Lyrabogen		3,2 bis 4,0

3.1.3.7 Kreisrohrkniestückverluste $h_v = \left(\zeta + \frac{\lambda \cdot l}{d}\right) v^2/2g$

Tafel 16 Verlustbeiwerte ζ bei Kreisrohrkniestücken

Im Kniestück wirkt zusätzlich der Reibungsverlust		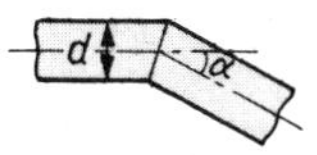 glatt	rauh	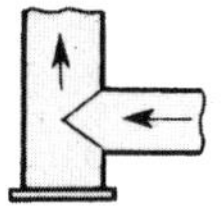	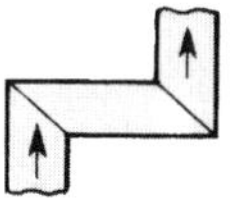	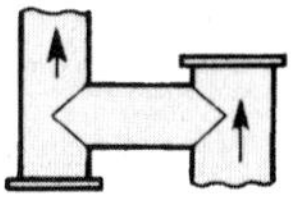
α	15°	0,04	0,06	2,5	3,0	5
	22,5°	0,07	0,11			
	30°	0,12	0,17			
	45°	0,25	0,33			
	60°	0,47	0,68			
	90°	1,15	1,30			

3.1.3.8 Stromtrennungs- und -vereinigungsverluste

Alle Durchmesser sind gleich

$h_{va} = \zeta_a \cdot v^2/2g$; $h_{vd} = \zeta_d \cdot v^2/2g$; $Q = Q_a + Q_d$; $v = Q/(\pi d^2/4)$

Tafel 17 Verlustbeiwerte ζ bei Stromtrennung und -vereinigung

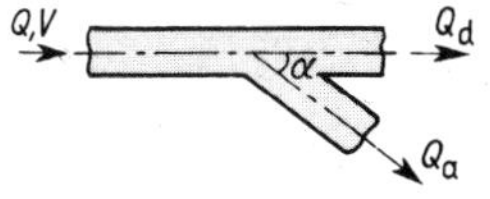

Stromtrennung

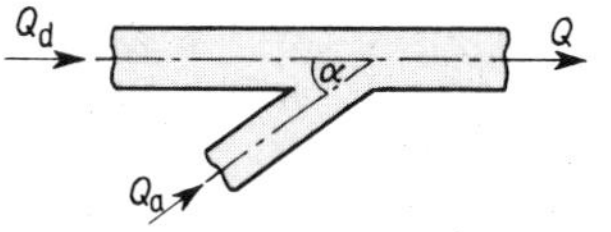

Stromvereinigung

Q_a/Q	Stromtrennung, Verzweigungswinkel α 90°: ζ_a	90°: ζ_d	45°: ζ_a	45°: ζ_d	Stromvereinigung, Verzweigungswinkel α 90°: ζ_a	90°: ζ_d	45°: ζ_a	45°: ζ_d	Q_d/Q
0	0,95	0,04	0,90	0,04	−1,20	0,04	−0,92	0,04	1
0,2	0,88	−0,08	0,68	−0,06	−0,40	0,17	−0,38	0,17	0,8
0,4	0,89	−0,05	0,50	−0,04	0,08	0,30	0	0,19	0,6
0,6	0,95	0,07	0,38	0,07	0,47	0,41	0,22	0,09	0,4
0,8	1,10	0,21	0,35	0,20	0,72	0,51	0,37	−0,17	0,2
1	1,28	0,35	0,48	0,33	0,91	0,60	0,37	−0,54	0

Die Durchdringungskanten sind mit $d/10$ ausgerundet. Bei stärkerer Ausrundung sind die Verluste bis zu 30% geringer.

3.1.3.9 Armaturenverluste $h_v = \zeta \cdot v^2/2g$

v gilt für den vollen Rohrquerschnitt (Nennweite DN)

Klappe, vollgeöffnet $\zeta = 0{,}2$

Tafel 18 Verlustbeiwerte ζ für Stahl-, Oval- und Flachschieber

Nennweite DN	50	100	200	300	400	500	600 bis 1200
Stahlschieber nach Stradtmann	0,45	0,60					
Ovalschieber aus Guß (VAG)	–	0,2	0,15	0,12	0,10	0,09	0,08
Flachschieber aus Guß (VAG)	–	0,11	0,08	0,07	0,06	0,05	0,045

Tafel 19 Rückschlagklappen aus Guß, ohne Hebel und Gewicht nach VAG. Mit Hebel und Gewicht steigen die Werte auf ein Mehrfaches

DN		50	200	300	500	600	700	800	1000	1200
	$v=1$ m/s	3,05	2,95	2,90	2,85	2,70	2,55	2,40	2,30	2,25
ζ bei	$v=2$ m/s	1,35	1,30	1,20	1,15	1,05	0,95	0,85	0,80	0,75
	$v=3$ m/s	0,86	0,76	0,71	0,66	0,61	0,54	0,46	0,41	0,36

Tafel 20 Verlustbeiwert für Drosseln d = Durchmesser der Anschlußstutzen

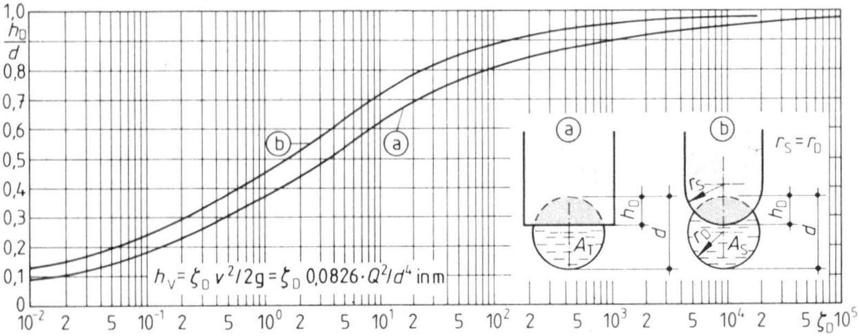

h_D/d	0,0	0,05	0,1	0,15	0,20	0,25	0,30	0,35	0,40	0,45
A_s/r_D^2	3,142	3,100	3,024	2,928	2,815	2,688	2,551	2,403	2,247	2,083
h_D/d	0,50	0,55	0,60	0,65	0,70	0,75	0,80	0,85	0,90	0,95
A_s/r_D^2	1,913	1,737	1,556	1,371	1,182	0,990	0,795	0,598	0,399	0,064

Ringschieber $\zeta=1{,}2$ bis 2

Fußventile mit Saugkorb $\zeta=1{,}1$ bis 2,5 je nach Bauart.

3.1.3.10 Austrittsverluste $h_v=\zeta\cdot v^2/2g$

Austritt in ein großes Becken $\zeta=1{,}0$. Beim Austritt in ein weiterführendes größeres Gerinne wird ζ wie ein Erweiterungsverlust berechnet. Beim Austritt ins Freie ist $\zeta=0$, die Energielinie liegt $v^2/2g$ über der Rohrachse; so kommt z. B. beim Auftreffen auf eine Platte $v^2/2g$ voll zur Wirkung.

3.1.4 Tafeln zur Rohrleitungsberechnung nach Prandtl-Colebrook

Bei der hydraulischen Berechnung von Wasserversorgungs- und Abwasserkanalnetzen berücksichtigt man nur die Reibungsverluste. Man benutzt Tafelwerke, z. B. von Lautrich für Rohre mit Innendurchmesser = Nennweite, auch von den Steinzeug- oder Betonrohrverbänden bzw., bei anderen Lichtweiten als die Nennweite, spezielle Tabellen für z. B. Kunststoffrohre oder duktile Gußrohre mit und ohne Zementmörtelauskleidung. Für gelegentliche Berechnungen genügen die nachfolgenden Tafeln 21 bis 27. Sie gelten für den Übergangsbereich mit

$$Q=d^2\pi/4\{-2\lg[2{,}51\,\nu/(d\cdot\sqrt{2g\cdot I\cdot d})+k/(3{,}71\cdot d)]\}\cdot\sqrt{2g\cdot I\cdot d}\quad \text{in m}^3/\text{s}$$
mit $\nu_{Ta}=1{,}31\cdot 10^{-6}$

bei abweichendem ν gilt mit Index Ta ⇒ Tafel

$$v=v_{Ta}(\nu/\nu_{Ta});\; Q=Q_{Ta}(\nu/\nu_{Ta});\; I=I_{Ta}(\nu/\nu_{Ta})^2;\; \text{bzw. } v_{Ta}=v(\nu_{Ta}/\nu) \text{ usw.}$$

Durchfluß und Geschwindigkeit von Eiprofilen mit $b:h=2:3$ und Maulprofilen mit $b:h=2:1{,}5$ nach DIN 4263 (4.91) können aus den Kreistafelwerten mit b als Durchmesser wie folgt umgerechnet werden.

$$\mathbf{Q_{Ei}=1{,}602\,Q_{Kreis};\; v_{Ei}=1{,}096\,v_{Kreis};\; Q_{Maul}=0{,}683\,Q_{Kreis};\; v_{Maul}=0{,}902\,v_{Kreis}}$$

Tafel 21 **Bemessung von Kreisprofilen mit voller Füllung $k_i = 0{,}1$ mm** s. Abschn. 3.1.3.1. DVGW-Arb. Bl. W302 (8.91) Lichtw. d. wälzisol. Rohre < DN

Wasserversorgung, Fern- oder Zubringerleitungen. v in m/s
Ablesebeispiel: Geg.: $Q = 120$ l/s, DN 400 ①–·–·→ $I_E = 2{,}14$‰, $v = 1{,}0$ m/s

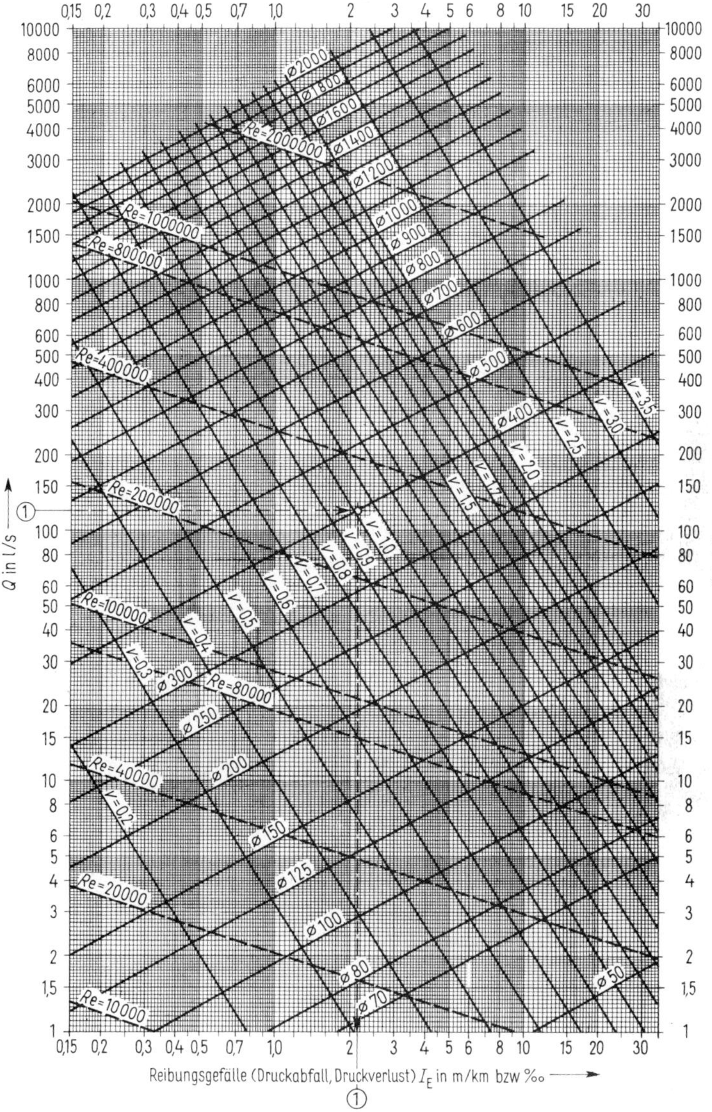

17

Tafel 22 **Bemessung von Kreisprofilen mit voller Füllung k_i=0,4 mm** s. Abschn. 3.1.3.1.
DVGW-Arb. Bl. W302 Lichtweite = DN

Wasserversorgung, Hauptleitungen ohne Auskleidung v in m/s
Ablesebeispiel: Geg.: Q = 120 l/s, DN400, ①–·–·→ I_E = 2,4‰, v = 0,9 m/s

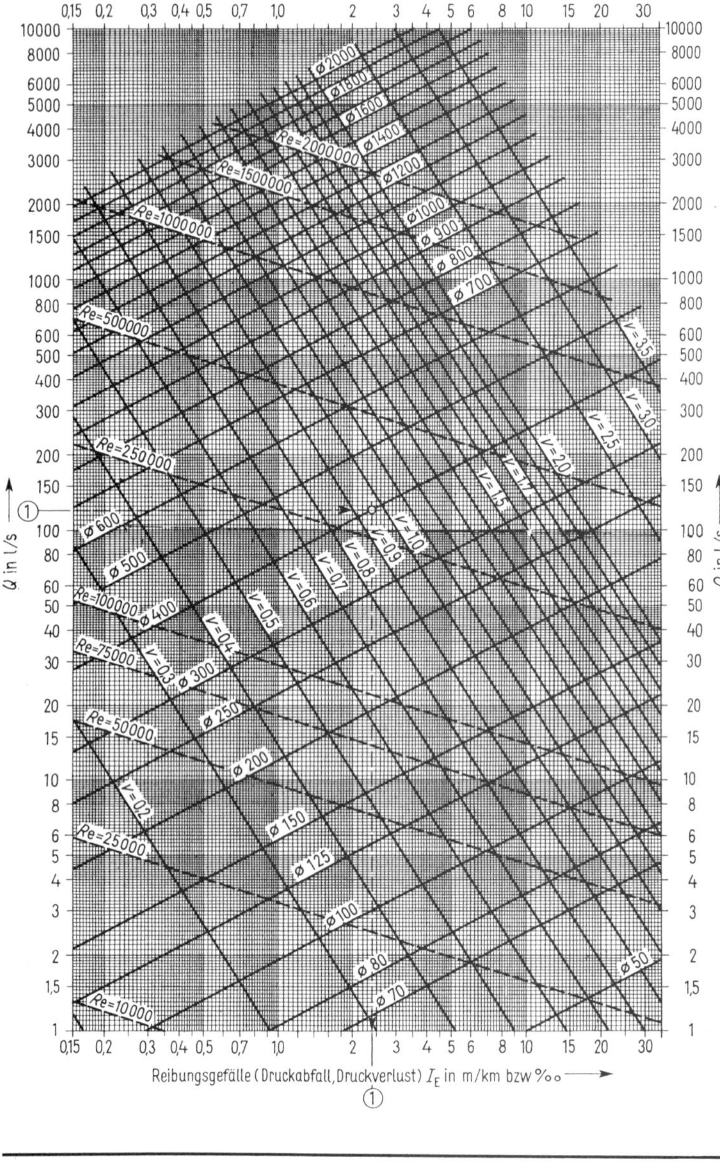

Tafel 23 **Bemessung von Kreisprofilen mit voller Füllung $k_i = 1{,}0$ mm** s. Abschn. 3.1.3.1.
Lichtweite = DN, nach DVGW-Arb. Bl. W302 für
Wasserversorgung, neue Netze *v* in m/s
Ablesebeispiel: Geg.: $Q = 2150$ l/s, DN1000, $I_E = 7{,}6$‰, $v = 2{,}74$ m/s

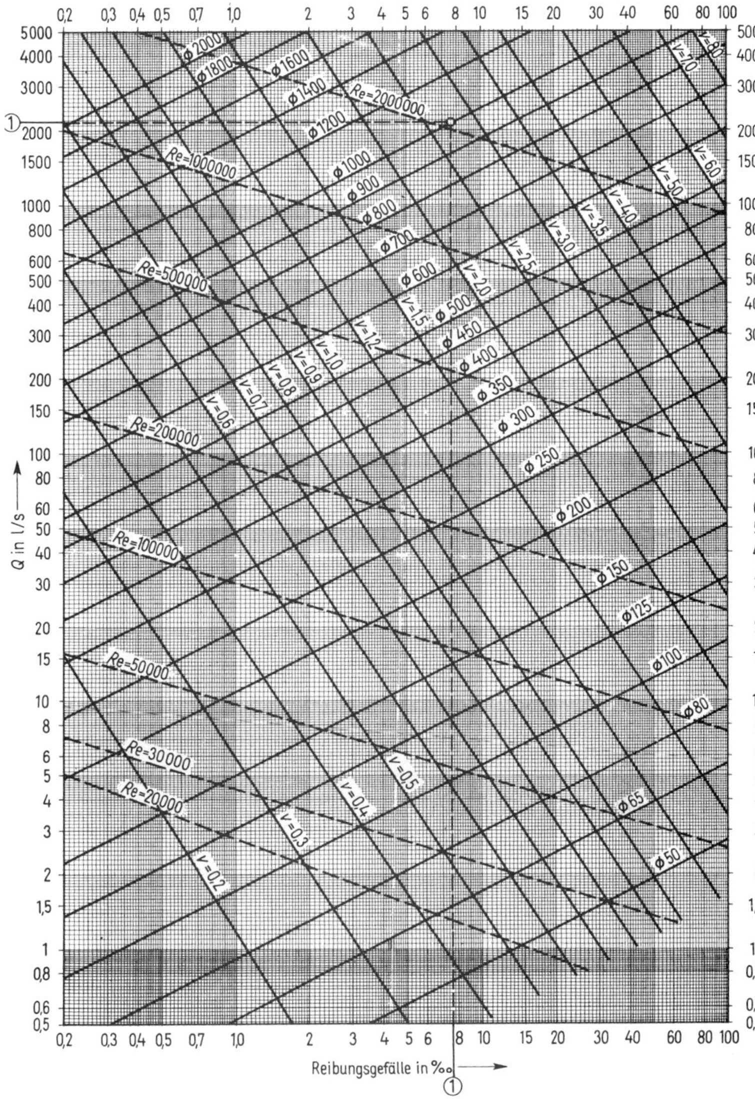

Tafel 24 Bemessung von Kreisprofilen mit voller Füllung k_b=0,25 mm ATV-Arb. Bl. A110
s. Tafel 9 für **Abwasserkanäle ohne Schächte, Drosselstrecken, Druckrohrleitungen, Düker, Reliningstrecken**
Ablesebeispiel: Geg.: Q=1350 l/s, DN 700, ①–·–·→ $I_E = I_S$ = 14,2‰, v=3,51 m/s

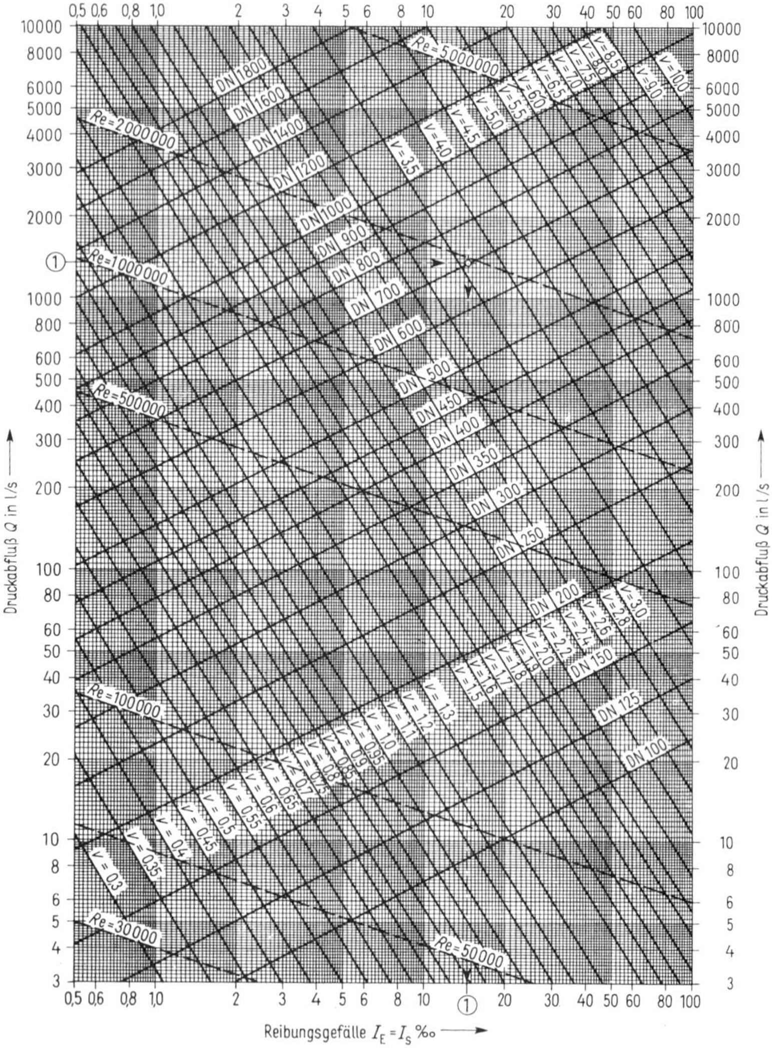

Tafel 25 Bemessung von Kreisprofilen mit voller Füllung k_b=0,5 mm ATV-Arb. Bl. A110, s. Tafel 9

Transportkanäle m. Schächten n. A241, Abschn. 1.1.5

Ablesebeispiel: Geg.: Q=1200 l/s. DN700; ①-·-·→ $I_E = I_S$ = 13‰, v=3,1 m/s

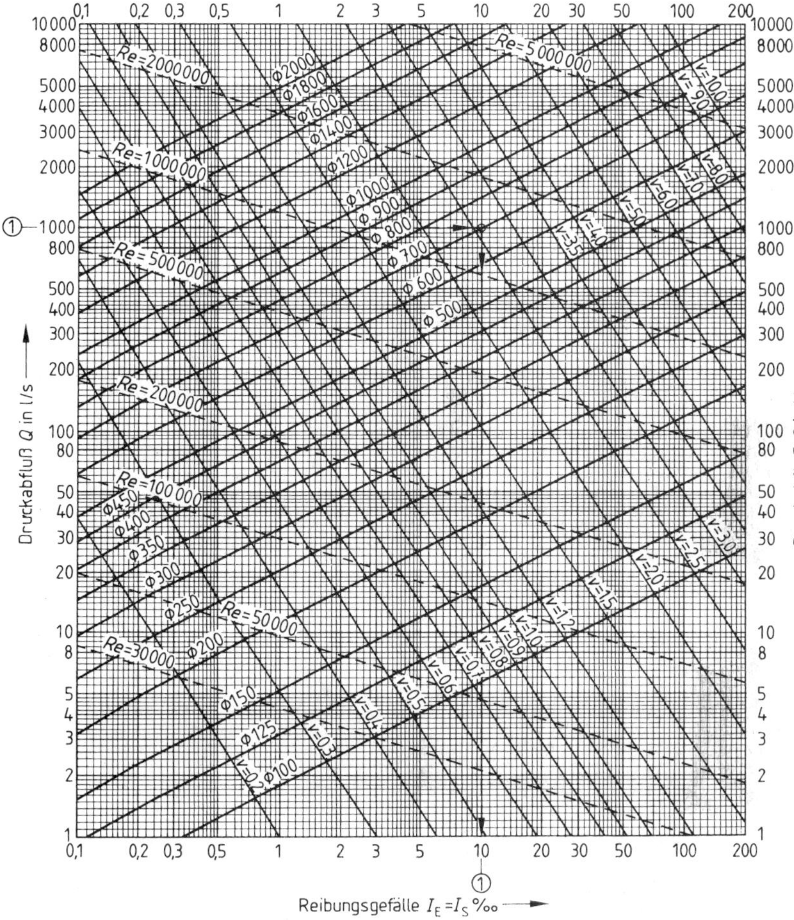

17

Tafel 26 **Bemessung von Kreisprofilen mit voller Füllung $k_b = 0{,}75$ mm** ATV-Arb. Bl. A110, s. Tafel 9

Sammelkanäle bis DN1000 mit Schächten nach A241, Abschn. 1.1.5

Transportkanäle mit Schächten nach Bild 8, A110, oder angeformten Schächten

Ablesebeispiel: Geg.: $Q = 1004$ l/s, DN 700; ①- · - · → $I_E = I_S = 10$‰, $v = 2{,}6$ m/s

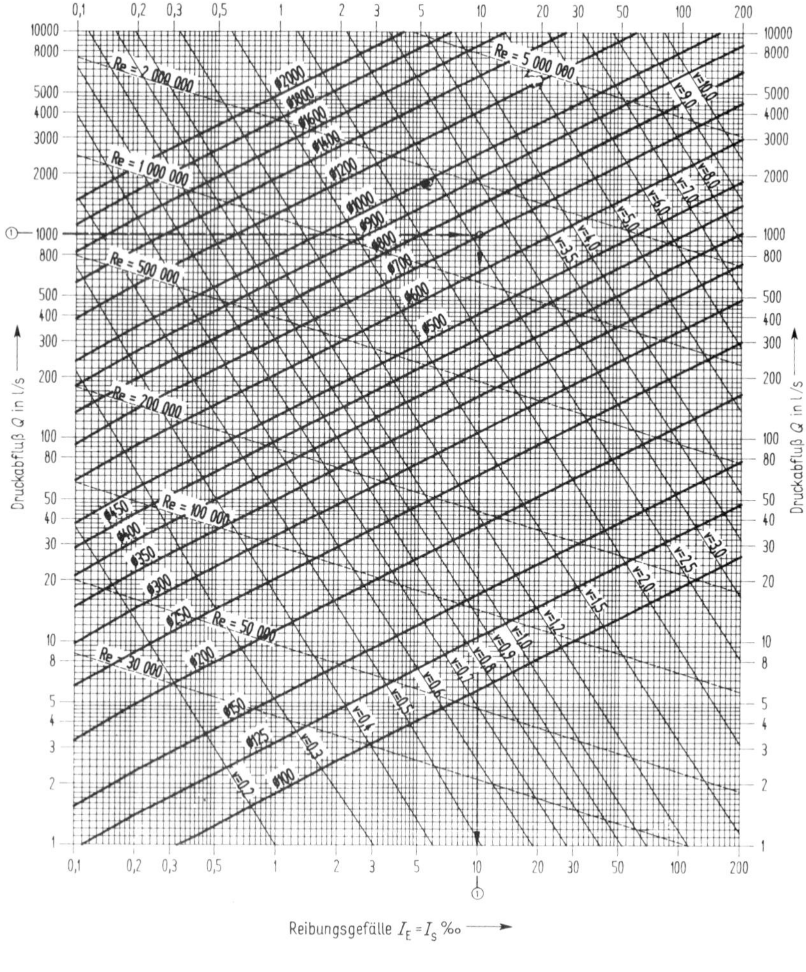

Tafel 27 **Bemessung von Kreisprofilen mit voller Füllung $k_b = 1{,}5$ mm** ATV-Arb. Bl. A110
Sammelkanäle mit Sonderschächten nach Bild 8, A110, Kanäle a. Mauerwerk und Ortbeton s. Tafel 9
Ablesebeispiel: Geg.: $Q = 2150$ l/s, DN 1000, ①- · - · → $I_E = 8{,}4$‰, $v = 2{,}75$ m/s

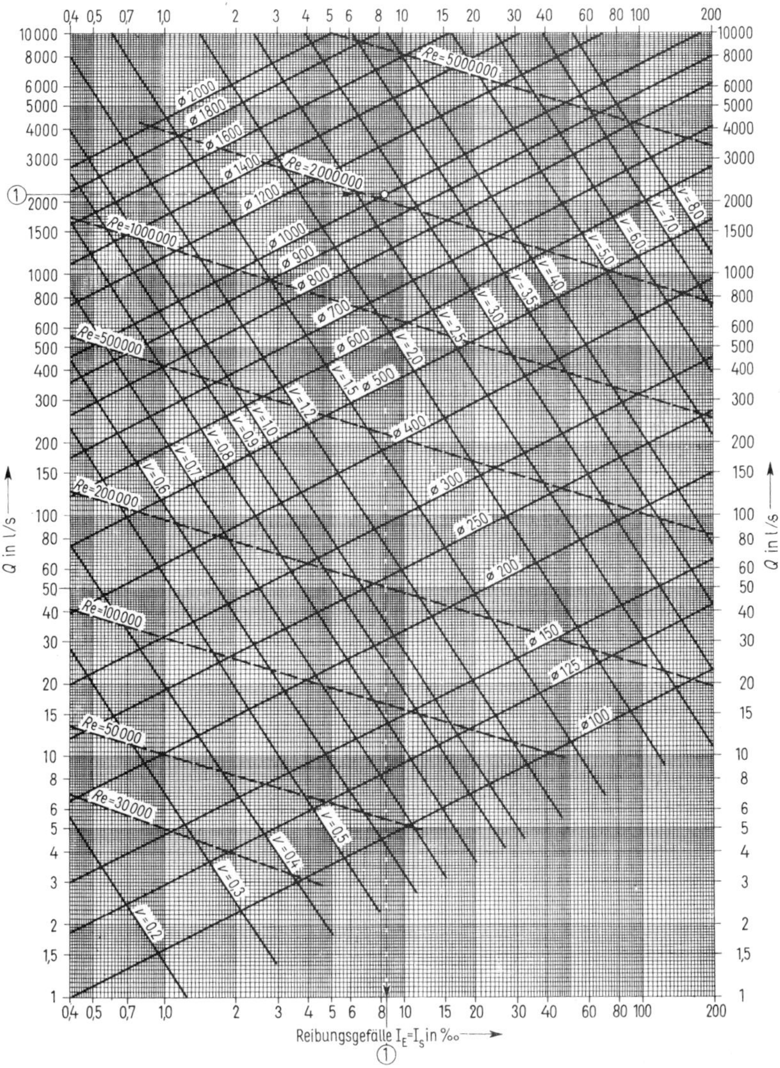

17

Teilfüllung – Füllungskurven

Berechnung der rel. Füllhöhen mit

$$\frac{Q_T}{Q_v}=\frac{A_T}{A_v}\left(\frac{R_T}{R_v}\right)^{5/8} \quad \text{bzw.} \quad \frac{v_T}{v_v}=\left(\frac{R_T}{R_v}\right)^{5/8}$$

(Indizes für **T**eil- und **V**ollfüllung)

Die Teilfüllungskurven werden nach A 110 (8,88) bei $Q_T/Q_v=1,0$ abgebrochen, um die Gefahr des „Vollschlagens" zu berücksichtigen.
h senkrecht zur Rohrachse

Tafel 28a Teilfüllung in Rohren mit Kreisprofil

Q_T/Q_v	h/d	v_T/v_v	Q_TQ_v	h/d	v_Tv_v	Q_TQ_v	h/d	v_T/v_v	Q_T/Q_v	h/d	v_T/v_v	Q_T/Q_v	h/d	v_T/v_v
0,001	0,023	0,17	0,060	0,163	0,57	0,17	0,276	0,76	0,44	0,464	0,97	0,74	0,643	1,09
0,002	0,032	0,21	0,065	0,170	0,58	0,18	0,285	0,77	0,46	0,476	0,98	0,76	0,655	1,10
0,004	0,044	0,26	0,070	0,176	0,59	0,19	0,293	0,78	0,48	0,488	0,99	0,78	0,667	1,10
0,006	0,053	0,29	0,075	0,182	0,60	0,20	0,301	0,79	0,50	0,500	1,00	0,80	0,680	1,11
0,008	0,061	0,32	0,080	0,188	0,61	0,22	0,316	0,81	0,52	0,512	1,01	0,82	0,693	1,11
0,010	0,068	0,34	0,085	0,194	0,62	0,24	0,331	0,83	0,54	0,524	1,02	0,84	0,706	1,11
0,015	0,083	0,38	0,090	0,200	0,63	0,26	0,346	0,85	0,56	0,536	1,03	0,86	0,719	1,12
0,020	0,085	0,41	0,095	0,205	0,64	0,28	0,360	0,86	0,58	0,547	1,04	0,88	0,733	1,12
0,025	0,106	0,44	0,100	0,211	0,65	0,30	0,374	0,88	0,60	0,559	1,04	0,90	0,747	1,12
0,030	0,116	0,46	0,110	0,221	0,67	0,32	0,387	0,89	0,62	0,571	1,05	0,92	0,761	1,13
0,035	0,125	0,48	0,120	0,231	0,69	0,34	0,401	0,91	0,64	0,583	1,06	0,94	0,776	1,13
0,040	0,134	0,50	0,130	0,241	0,70	0,36	0,414	0,92	0,66	0,595	1,07	0,96	0,792	1,13
0,045	0,141	0,52	0,140	0,250	0,72	0,38	0,426	0,93	0,68	0,607	1,07	0,98	0,809	1,13
0,050	0,149	0,54	0,150	0,259	0,73	0,40	0,439	0,95	0,70	0,619	1,08	1,00	0,827	1,13
0,055	0,156	0,55	0,160	0,268	0,74	0,42	0,451	0,96	0,72	0,631	1,08			

Beispiel 1 Ei 500/700, $Q_v = 480$ l/s; $k_b = 0,25$; ges. I erf u. v: $Q_{Kr} = Q_{Ei}/1,602 = 480/1,602 = 300$ l/s; → Tafel 24 DN 500 $I_{erf} = 4,15$ ‰, $v_{Kr} = 1,52$ m/s → $v_{Ei} = 1,096 \; v_{Kr} = 1,67$ m/s; Teilfüllung bei 144 l/s: $Q_T/Q_v = 144/480 = 0,3$ → Tafel 28b; $h/H = 0,41$ → $h_T = 0,41 \cdot 0,70 = 0,29$ m, $v_T/v_v = 0,89$, $v_T = 0,89 \cdot 1,67 = 1,49$ m/s

Tafel 28b Teilfüllung in Rohren mit Eiprofil: $b:H=2:3=d:1,5\,d$ Form s. Abschn. 5.1

Q_T/Q_v	h/H	v_T/v_v	Q_T/Q_v	h/H	v_T/v_v	Q_T/Q_v	h/H	v_T/v_v	Q_T/Q_v	h/H	v_T/v_v	Q_T/Q_v	h/H	v_T/v_v
0,001	0,023	0,20	0,060	0,177	0,61	0,17	0,306	0,78	0,44	0,511	0,96	0,74	0,693	1,07
0,002	0,032	0,24	0,065	0,185	0,62	0,18	0,315	0,79	0,46	0,524	0,97	0,76	0,705	1,07
0,004	0,044	0,30	0,070	0,192	0,63	0,19	0,324	0,80	0,48	0,536	0,98	0,78	0,717	1,08
0,006	0,054	0,33	0,075	0,199	0,64	0,20	0,333	0,81	0,50	0,549	0,99	0,80	0,729	1,08
0,008	0,062	0,36	0,080	0,206	0,65	0,22	0,350	0,83	0,52	0,562	1,00	0,82	0,741	1,09
0,010	0,070	0,38	0,085	0,212	0,66	0,24	0,367	0,84	0,54	0,574	1,01	0,84	0,753	1,09
0,015	0,086	0,43	0,090	0,219	0,67	0,26	0,383	0,86	0,56	0,586	1,01	0,86	0,766	1,09
0,020	0,100	0,46	0,095	0,225	0,68	0,28	0,399	0,87	0,58	0,598	1,02	0,88	0,779	1,10
0,025	0,112	0,49	0,100	0,231	0,69	0,30	0,414	0,89	0,60	0,610	1,03	0,90	0,792	1,10
0,030	0,123	0,51	0,110	0,243	0,70	0,32	0,428	0,90	0,62	0,622	1,03	0,92	0,805	1,10
0,035	0,134	0,53	0,120	0,255	0,72	0,34	0,443	0,91	0,64	0,634	1,04	0,94	0,819	1,11
0,040	0,143	0,55	0,130	0,265	0,73	0,36	0,457	0,92	0,66	0,646	1,05	0,96	0,834	1,11
0,045	0,152	0,57	0,140	0,276	0,75	0,38	0,470	0,93	0,68	0,658	1,05	0,98	0,850	1,11
0,050	0,161	0,58	0,150	0,286	0,76	0,40	0,484	0,94	0,70	0,670	1,06	1,00	0,867	1,11
0,055	0,169	0,60	0,160	0,296	0,77	0,42	0,498	0,95	0,72	0,682	1,06			

Tafel 28c Teilfüllung in Rohren mit Maulprofil: $b:H=2:1,5=d:0,75\,d$
Form s. Abschn. 5.1

Q_T/Q_v	h/H	v_T/v_v	Q_T/Q_v	h/H	v_T/v_v	Q_T/Q_v	h/H	v_T/v_v	Q_TO_v	h/H	v_T/v_v	Q_T/Q_v	h/H	v_T/v_v
0,001	0,021	0,15	0,060	0,149	0,52	0,17	0,251	0,72	0,44	0,428	0,96	0,74	0,611	1,09
0,002	0,030	0,19	0,065	0,155	0,53	0,18	0,257	0,74	0,46	0,440	0,97	0,76	0,624	1,10
0,004	0,041	0,23	0,070	0,160	0,55	0,19	0,265	0,75	0,48	0,452	0,98	0,78	0,637	1,10
0,006	0,050	0,26	0,075	0,166	0,56	0,20	0,272	0,76	0,50	0,464	0,99	0,80	0,650	1,11
0,008	0,057	0,28	0,080	0,171	0,57	0,22	0,287	0,78	0,52	0,477	1,00	0,82	0,664	1,11
0,010	0,064	0,30	0,085	0,176	0,58	0,24	0,300	0,80	0,54	0,489	1,01	0,84	0,677	1,12
0,015	0,077	0,34	0,090	0,181	0,59	0,26	0,314	0,82	0,56	0,501	1,02	0,86	0,691	1,12
0,020	0,088	0,37	0,095	0,186	0,60	0,28	0,328	0,84	0,58	0,513	1,03	0,88	0,706	1,12
0,025	0,098	0,40	0,100	0,191	0,61	0,30	0,341	0,86	0,60	0,525	1,04	0,90	0,721	1,13
0,030	0,107	0,42	0,110	0,200	0,63	0,32	0,353	0,88	0,62	0,537	1,05	0,92	0,736	1,13
0,035	0,115	0,44	0,120	0,209	0,65	0,34	0,366	0,89	0,64	0,549	1,06	0,94	0,752	1,13
0,040	0,123	0,46	0,130	0,218	0,67	0,36	0,379	0,91	0,66	0,561	1,06	0,96	0,769	1,13
0,045	0,130	0,47	0,140	0,226	0,68	0,38	0,391	0,92	0,68	0,574	1,07	0,98	0,787	1,13
0,050	0,136	0,49	0,150	0,234	0,70	0,40	0,404	0,93	0,70	0,586	1,08	1,00	0,807	1,13
0,055	0,143	0,51	0,160	0,242	0,71	0,42	0,416	0,95	0,72	0,598	1,08			

3.2 Stationärer Abfluß in offenen Gerinnen

Alle Betrachtungen gelten für einen zeitlich konstanten Abfluß $dQ/dt = 0$
Der Fließzustand wird durch die dimensionslose Froude-Zahl charakterisiert:

allgemein: $\boldsymbol{Fr = v/\sqrt{g \cdot A/b}}$ — A Fließquerschnitt
Rechteckquerschnitt $\boldsymbol{Fr = v/\sqrt{g \cdot h}}$ — b Spiegelbreite

Ein Beispiel für instationären Abfluß s. Abschn. 3.2.4

3.2.1 Fließzustand und theoretische Grenztiefe

Man unterscheidet

a) Wasserbewegung strömend $v < v_{gr}$; $h > h_{gr}$; $Fr < 1$
Alle störenden Einflüsse [(Wehre, Verschlechterung der Rauheit k_{st}, geringeres Gefälle ⇒ Staukurven): (Abstürze, Verbesserung der Rauheit k_{st}, größeres Gefälle ⇒ Senkungskurven)] pflanzen sich gegen die Strömung (nach oberhalb) fort.

Größere Energiehöhe über der Gerinnesohle $H = h + v^2/2g$ ergibt eine größere Wassertiefe. Man rechnet von einer bekannten Energiehöhe ausgehend gegen die Strömungsrichtung. Nach DIN 4044: $H = h_E$

b) Wasserbewegung schießend $v > v_{gr}$; $h < h_{gr}$; $Fr > 1$. Störungen pflanzen sich in Strömungsrichtung fort. Eine Abnahme der Energiehöhe ergibt eine größere Wassertiefe. Man rechnet in Strömungsrichtung.

c) Fließwechsel $h = h_{gr}$; $Fr = 1$. Die Energiehöhe wird ein Minimum: $H = H_{min}$; für gegeb. H wird $Q = Q_{gr} = Q_{max}$. Ein Fließwechsel tritt immer dort auf, wo sich die Energiehöhe frei einstellen kann (z. B. Absturzkanten ohne Rückstau), oder an Einschnürungen, wenn H_{min} für die am weitesten unterhalb liegende Engstelle eine höhere Lage der Energiehöhe ergibt als sie im nichteingeschnürten Querschnitt unterhalb vorhanden ist.

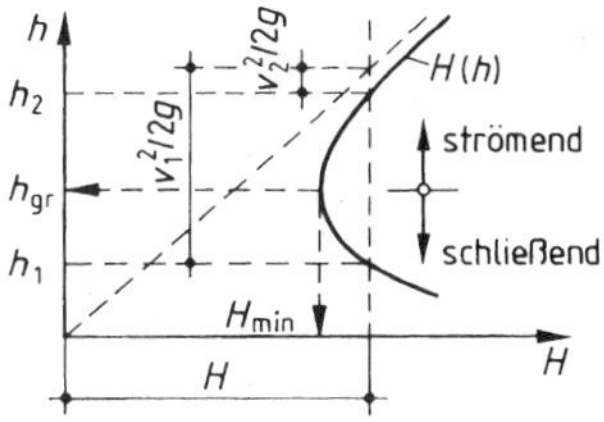

Bild 11 H-Linie für Q = const.

Extremalprinzip. Allgemein gilt mit b = Spiegelbreite

$$\boldsymbol{Q_{gr} = \sqrt{\frac{A^3 \cdot g}{\alpha \cdot b}}} \quad (8) \qquad \boldsymbol{v_{gr} = \sqrt{\frac{A \cdot g}{\alpha \cdot b}}} \quad (9)$$

$\alpha \geq 1$ berücksichtigt die Geschwindigkeitsverteilung. In allen offenen regelmäßigen Gerinnen ist $\alpha = 1{,}0$ bis $1{,}1$.

Es wird $Q_{max} = Q_{gr} \cdot \sqrt{1/\alpha}$. Im folgenden wird $\alpha = 1{,}0$ gesetzt. In beliebig geformten Querschnitten ermittelt man h_{gr} für ein gegebenes Q, indem man entweder die Gleichung $H = h + Q^2/(A^2 \cdot 2g)$ für verschiedene Höhen h graphisch auswertet (s. Bild 11 H-Linie), und h_{gr} bei H_{min} abgreift oder in Gl. (8) h variiert, bis $Q_{gr} = Q$ gegeben. (Zielwertsuche)

Grenztiefe und Abfluß Q_{max} für geometrisch geformte Querschnitte

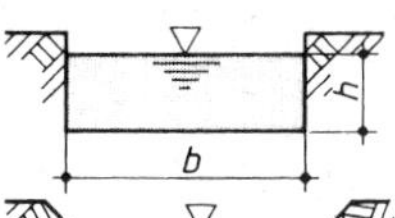

Bild 12 Rechteck

$$\boldsymbol{h_{gr} = \sqrt[3]{Q^2/(b^2 \cdot g)}; \quad H_{min} = 3/2 h_{gr}}$$
$$\boldsymbol{v_{gr} = \sqrt{g \cdot h_{gr}}; \quad Q_{gr} = 1{,}705 b \cdot H_{min}^{1,5}}$$

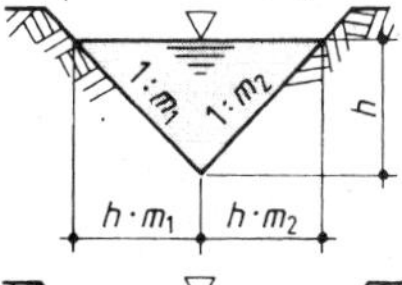

Bild 13 Dreieck

$$\boldsymbol{h_{gr} = \sqrt[5]{\frac{2Q^2}{g \cdot m^2}}; \quad H_{min} = 5/4 h_{gr};}$$
$$\boldsymbol{v_{gr} = \sqrt{g \cdot h_{gr}/2}}$$
$$\boldsymbol{Q_{gr} = 1{,}268\, m \cdot H_{min}^{2,5}}; \quad m = 0{,}5(m_1 + m_2)$$

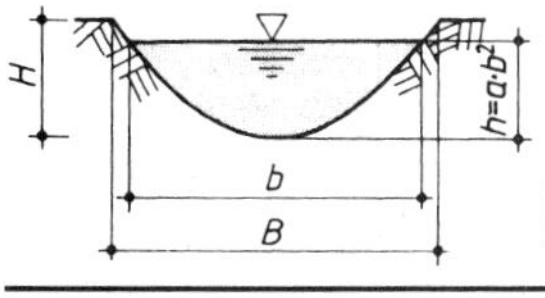

Bild 14 Parabel

$$\boldsymbol{h_{gr} = \sqrt[4]{\frac{27a \cdot Q^2}{8g}}; \quad H_{min} = 4/3 h_{gr};}$$
$$\boldsymbol{v_{gr} = \sqrt{2g \cdot h_{gr}/3} \quad a = H/B^2}$$
$$\boldsymbol{Q_{gr} = 1{,}705\, h_{gr}^2/\sqrt{a}; \quad \alpha = 4ah}$$
$$\boldsymbol{u_{hy} = 2h[\sqrt{1 + \alpha^{-1}} + ^{-1} \ln(\sqrt{\alpha} + \sqrt{1 + \alpha})]}$$

17

Für Kreis- und Trapezquerschnitte lassen sich die Extremwerte H_{min} und Q_{gr} nicht explizit angeben. Lösungshilfen bieten die Tafeln 25 und 26.

a) Für gegebenes Q ermittelt man mit den Querschnittswerten s und m bzw. d den Wert von β. Damit gilt Tafel 29: $h_{gr} = d \cdot \eta$ und $H_{min} = d\varrho$. Tafel 30 gibt $H_{min} = \eta \cdot s/m$ und $h_{gr} = H_{min} \cdot \varrho$.

b) Für gegebenes h_{gr} gibt η beim Kreis sofort ϱ und β, d.h. H_{min} und Q_{gr}. Beim Trapezprofil führen Gl. (8) und Gl. (9) von der Vorseite schneller zum Ziel. $H_{min} = h_{gr} + v_{gr}^2/2g$.

c) Für gegebenes $H_{min}/d = \varrho$ geben η und β beim Kreis h_{gr} und $Q_{gr} = \beta d^{2,5}$, während beim Trapez $\eta = m \cdot H_{min}/s$ zu $h_{gr} = \varrho \cdot H_{min}$ und $Q_{gr} = \beta s (s/m)^{1,5}$ 0,2258 führt.

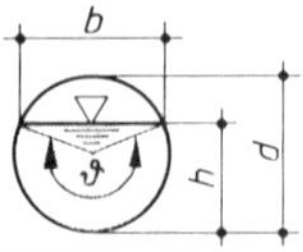

Bild 15 Kreis

Im folgenden ist $\vartheta \mathrel{\hat{=}} \vartheta_{gr}$; $h \mathrel{\hat{=}} h_{gr} = d \cdot \sin^2(\vartheta/4)$; $b = d \cdot \sin(\vartheta/2)$

$\vartheta = 4 \arcsin \sqrt{h/d}$; $A = (\text{arc}\,\vartheta - \sin\vartheta)\, d^2/8$; $lu_{hy} = (\text{arc}\,\vartheta)\, d/2$;

$$Q_{gr} = 0{,}1384\,(\text{arc}\,\vartheta - \sin\vartheta)^{1,5} \cdot d^{2,5}/[\sin(\vartheta/2)]^{0,5}; \quad v_{gr} = (g \cdot A/b)^{0,5}$$

mit Excel gibt $4 \cdot \arcsin((h_{gr}/d)^{0.5})$ sofort arc $\vartheta \mathrel{\hat{=}} \vartheta$

$$H_{min} = h_{gr} + 0{,}5\,A/b = h_{gr} + d(\text{arc}\,\vartheta - \sin\vartheta)/[16 \sin(\vartheta/2)]$$

Tafel 29 h_{gr}; H_{min}; Q_{gr} **für Kreisprofile**; $\eta = h_{gr}/d$; $\varrho = H_{min}/d$; $\beta = Q_{gr}/d^{2,5}$

η	ϱ	Δ	β	Δ	η	ϱ	Δ	β	Δ
0,01	0,0133	0,0134	0,00034	0,00102	0,35	0,4784	0,0713	0,3888	0,1140
0,02	0,0267	0,0134	0,00136	0,00169	0,40	0,5497	0,1466	0,5028	0,2680
0,03	0,0401	0,0133	0,00305	0,00236	0,50	0,6963	0,1548	0,7708	0,3213
0,04	0,0534	0,0134	0,00541	0,00299	0,60	0,8511	0,1693	1,0921	0,3801
0,05	0,0668	0,0135	0,00840	0,00373	0,70	1,0204	0,2006	1,4722	0,4636
0,06	0,0803	0,0268	0,01213	0,00934	0,80	1,2210	0,1272	1,9358	0,2887
0,08	0,1071	0,0270	0,02147	0,01193	0,85	1,3482	0,1722	2,2245	0,3731
0,10	0,1341	0,0270	0,03340	0,01450	0,90	1,5204	0,3137	2,5976	0,6123
0,12	0,1611	0,0271	0,04790	0,01710	0,95	1,8341	0,2768	3,2099	0,4736
0,14	0,1882	0,0271	0,06500	0,0195	0,97	2,1109	0,2649	3,6835	0,4070
0,16	0,2153	0,0546	0,0845	0,0465	0,98	2,3758	0,5843	4,0905	0,7841
0,20	0,2699	0,0687	0,1310	0,0715	0,99	2,9600	0,8171	4,8746	0,9246
0,25	0,3386	0,0695	0,2025	0,0861	0,995	3,7771	0,3283	5,7992	0,3327
0,30	0,4081	0,0703	0,2886	0,1002	0,996	4,1054		6,1319	

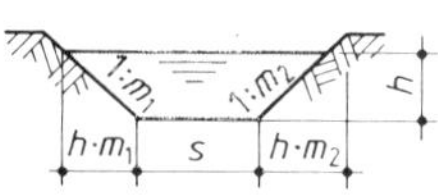

Bild 16 Trapez

$m = 0{,}5(m_1 + m_2)$; $A = s \cdot h + m \cdot h^2$; $u_{hy} \simeq s + 2h\sqrt{1 + m^2}$

$$H_{min} = \frac{5m \cdot h_{gr} + 3s}{4m \cdot h_{gr} + 2s} \cdot h_{gr}; \quad Q_{gr} = \sqrt{9{,}81 \cdot h_{gr}^3 \cdot \frac{(m \cdot h_{gr} + s)^3}{2m \cdot h_{gr} + s}}$$

$$v_{gr} = \sqrt{g \cdot h_{gr}} \cdot \sqrt{\frac{m \cdot h_{gr} + s}{2m \cdot h_{gr} + s}}$$

Alternativ: h_{gr} als veränderbare Größe bei Excel – Zielwertsuche mit vorgegebenem $Q \mathrel{\hat{=}} Q_{gr}$ als Zielwert.

Tafel 30 h_{gr}; H_{min}; Q_{gr} **im Trapezprofil** nach Flierl

$\eta = m \cdot H_{min}/s$; $\varrho = h_{gr}/H_{min}$; $\beta = 0{,}2258\,Q_{gr}/[s(s/m)^{1,5}]$

η	ϱ	Δ	β	Δ	η	ϱ	Δ	β	Δ
0,00	0,6667	0,0071	Rechteck	0,0044	1,3	0,7492	0,0024	1,0978	0,1757
0,05	0,6738	0,0033	0,0044	0,0039	1,4	0,7516	0,0060	1,2735	0,6181
0,075	0,6771	0,0031	0,0083	0,0047	1,7	0,7576	0,0047	1,8916	0,7623
0,10	0,6802	0,0060	0,0130	0,0116	2,0	0,7623	0,0068	2,6539	1,6158
0,15	0,6862	0,0054	0,0246	0,0145	2,5	0,7683	0,0043	4,2697	2,0819
0,20	0,6916	0,0051	0,0391	0,0172	3,0	0,7726	0,0033	6,3516	2,5848
0,25	0,6967	0,0046	0,0563	0,0199	3,5	0,7759	0,0026	8,9364	3,1223
0,30	0,7013	0,0082	0,0762	0,0480	4,0	0,7785	0,0038	12,0587	7,9847
0,40	0,7095	0,0070	0,1242	0,0590	5,0	0,7823	0,0026	20,0434	10,5024
0,50	0,7165	0,0061	0,1832	0,0704	6,0	0,7849	0,0035	30,5458	29,4182
0,60	0,7226	0,0053	0,2536	0,0821	8,0	0,7884	0,0022	59,9640	41,9251
0,70	0,7279	0,0046	0,3357	0,0942	10,0	0,7906	0,0018	101,8891	72,1107
0,80	0,7325	0,0042	0,4299	0,1069	12,5	0,7924	0,0012	173,9998	96,2826
0,90	0,7367	0,0036	0,5368	0,1198	15,0	0,7936	0,0009	270,2824	122,6813
1,00	0,7403	0,0033	0,6566	0,1331	17,0	0,7945	0,0007	392,9637	151,1327
1,10	0,7436	0,0029	0,7897	0,1470	20,0	0,7952		544,0964	
1,20	0,7465	0,0027	0,9367	0,1611	⋮	⋮		⋮	
					∞	0,8000		∞ (Dreieck)	

3.2.2 Stationär gleichförmiger Abfluß, Fließformel, s. auch Abschn. 3.1.2

Kriterien

$dv/ds = 0$; d.h. $v_1 = v_2$; $h_1 = h_2 = h_n$; $I_s = I_w = I_E$:

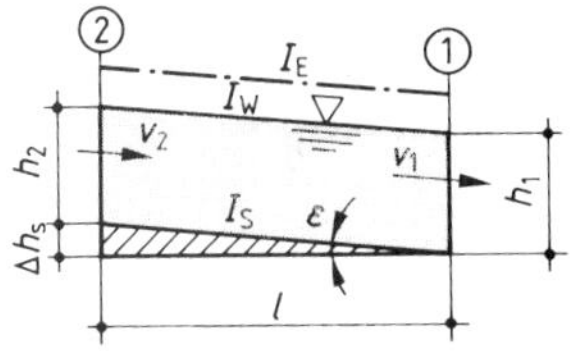

Bild 17 Stat. gleichförm. Abfluß

3.2.2.1 Fließformel nach Gauckler-Manning-Strickler

$\boldsymbol{Q = A \cdot v}$ in m³/s (10)

$\boldsymbol{v = k_{St} \cdot r_{hy}^{2/3} \cdot I^{1/2}}$ in m/s (11)

$r_{hy} = A/l_u$ $(R = A/U)$ $I_s = \Delta h_s / l = \tan\varepsilon$

Bei Gefällen $> 14\%$ mit $I_s = \sin\varepsilon$ rechnen.

Für Profile mit unterschiedlichen Rauheiten ermittelt man eine **Durchschnittsrauheit k_{Stm} nach Einstein**

$$\boldsymbol{k_{Stm} = \left[\sum_{(i)} \frac{l_{ui}}{l_{u\,ges} \cdot k_{Sti}^{1,5}}\right]^{-2/3}} \text{ in m}^{1/3}\text{/s} \quad (12)$$

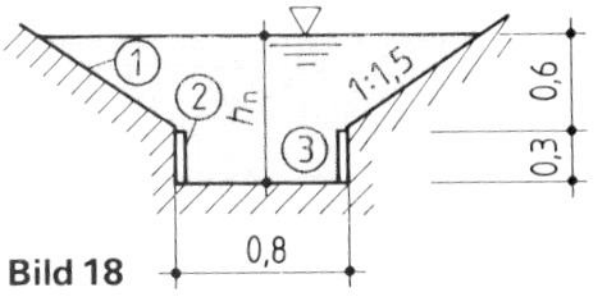

Bild 18

Beispiel Gegeben Profil s. Bild 18; $I_s = 1‰$

① = Rasen; $k_{St1} = 40$;

② = Bongossiwand, $k_{St2} = 25$;

③ = Kiessohle, $k_{St3} = 35$

Lösung $l_{u1} = 2 \cdot 0,6 \cdot \sqrt{1 + 1,5^2} = 2,16$; $l_{u2} = 2 \cdot 0,3$; $l_{u3} = 0,8$; $l_{u\,ges} = 3,56$ m

$$k_{Stm} = \left[\frac{2,16}{3,56 \cdot 40^{1,5}} + \frac{0,6}{3,56 \cdot 25^{1,5}} + \frac{0,8}{3,56 \cdot 35^{1,5}}\right]^{-2/3} = 35$$

$A = 0,8(0,3 + 0,6) + 1,5 \cdot 0,6^2 = 1,26$ m²; $l_{u\,ges} = 3,56$ m; $r_{hy} = 1,26/3,56 = 0,354$ m

Abfluß: $Q = A \cdot v = 1,26 \cdot 35 \cdot 0,354^{2/3} \cdot 0,001^{1/2} = 1,26 \cdot 0,554 = 0,698$ m³/s

Stark gegliederte Profile werden in unabhängige Einzelquerschnitte aufgeteilt

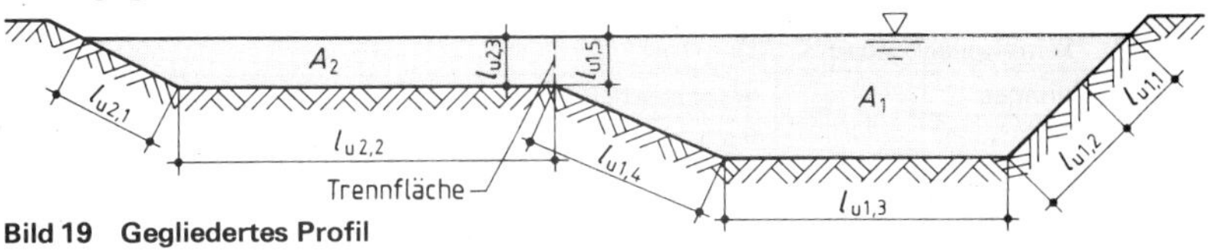

Bild 19 Gegliedertes Profil

In der Regel wird die Trennfläche nur für den Flußschlauch zum Umfang gerechnet (d.h. $l_{u2,3} = 0$). Für $l_{u1,5}$ wird das k_{St} des Mittelwasserbettes (hier $k_{St1,2}$ bis $k_{St1,4}$) angesetzt.

$$\boldsymbol{Q = Q_1 + Q_2 = A_1 \cdot k_{St1} \cdot r_{hy1}^{2/3} \cdot I_1^{1/2} + A_2 \cdot k_{St2} \cdot r_{hy2}^{2/3} \cdot I_2^{1/2}} \quad (13)$$

Naturnaher Gewässerausbau [17]

a) Kompakte Querschnitte mit längslaufendem Bewuchs. Profile wie im Bild 18 oder Bild 20.
Es wird eine Durchschnittsrauheit (s.o.) ermittelt, in die l_{uB} mit $k_{StB} = 25$ bis 30 eingeht. Der Abfluß im Bereich ΔA wird in der Regel vernachlässigt.
Bei Profilen wie in Bild 19 wird die Trennfläche von beiden Seiten mit $k_{StB} = 25$ bis 30 eingesetzt, wenn dort ein Bewuchs durchläuft. (Q_2 mit $l_{u2,3}$).

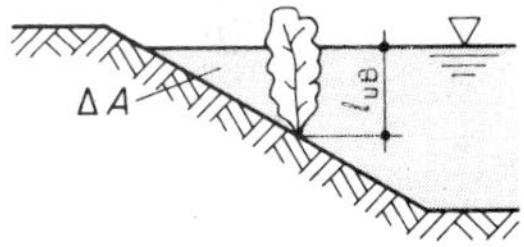

Bild 20 Einfluß von Bewuchs

b) Vorlandprofile mit einzelstehendem Bewuchs. Das Profil wird in unabhängige Einzelquerschnitte unterteilt. Das Hauptgerinne wird nach a) berechnet. Die Trennfläche würde links z.B. mit $k_{StB} = 25$ und rechts mit $k_{St} = 40$ angesetzt (Bild 21).

Für die Vorländer muß der Einfluß der Vegetation auf das k_{St}, das durchaus wiederum ein k_{Stm} nach Gl. (12) sein kann, berücksichtigt werden.
Strickler-Beiwerte bei Bewuchs:

$$\boldsymbol{k_{StB} = k_{St}(1 + 0,051\, k_{St}^2 \cdot m_v \cdot r_{hy}^{1/3})^{-1/2}} \text{ in m}^{1/3}\text{/s} \quad (14)$$

17

Hierin geht die hydraulisch wirkende Bestockungsdichte m_v ein.

$$m_v = \frac{\sum\limits_{(i)} c_{w,i} \cdot A_{p,i}}{l_G \cdot \sum\limits_{(i)} l_{ui}} \qquad (15)$$

$A_{p,i}$ Anströmfläche der einzelnen Gehölze im Querschnitt $= d_{pi} \cdot h_{pi}$
$c_{w,i}$ Widerstandsbeiwert (1,0 bis 1,2)
l_{ui} Benetzter Umfang im jeweiligen Teilquerschnitt
l_G Länge des betrachteten Gerinneabschnittes (z. B. 30 bis 100 m)

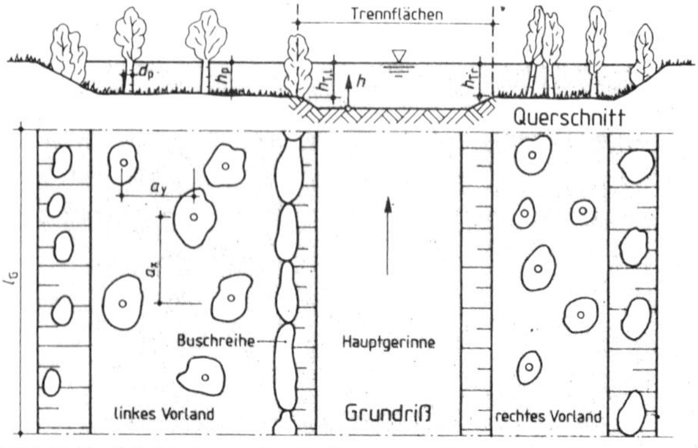

Bild 21 Berücksichtigung des Einflusses von Bewuchs

Für das linke Vorland wird k_{St} in Gl. (14) nach Gl. (21) mit der Buschreihe als Umfangsstück ermittelt. Im rechten Vorland geht die Trennfläche weder in I_u noch in k_{St} ein. Abfluß in der i-ten Teilfläche $Q_i = A_i \cdot k_{St,B,i} \cdot r_{hy,i}^{2/3} \cdot I_i^{1/2}$ in m³/s (16)

Tafel 31 Rauheitsbeiwert k_{St} (nach Strickler in $m^{1/3}/s$) (diverse Quellen, s. a. Kapitel „Verkehrswesen", Abschn. 1.7.2)

Art des Gerinnes	Wandbeschaffenheit	k_{St}
Natürliche Flußbetten	feste, regelmäßige Sohle mäßig Geschiebe oder verkrautet stark geschiebeführend	40 30 bis 35 28
Bewachsenes Vorland	Buschwerk bis Rasen	15 bis 25
Wildbäche	grobes Geröll (kopfgroße Steine) in Ruhe grobes Geröll in Bewegung	25 bis 28 19 bis 22
Erdkanäle	fester Sand mit etwas Ton oder Schotter Sohle Sand u. Kies, Böschungen gepflastert Grobkies etwa 50/100/150 mm scholliger Lehm Sand, Lehm oder Kies, stark bewachsen	50 45 bis 50 35 30 20 bis 25
Gemauerte Kanäle	Ziegelmauerwerk, auch Klinker, gut gefugt Mauerwerk normal Grobes Bruchsteinmauerwerk und Pflaster	75 60 50
Betonkanäle	Stahlschalung oder Zementglattstrich Holzschalung, ohne Verputz Alter Beton, saubere Flächen Ungleichmäßige Betonflächen	90 bis 95 65 bis 70 60 50
Einzelne Wandformen	Buschreihen parallel zur Strömung Bongossi-Flechtzäune Stahlspundwände (nur grober Anhaltswert) Wellblechwände (Armco-Thyssen)	25 bis 30 25 30 bis 50 50 bis 55

$k_{St} = 82/k_b^{1/6}$ in $m^{1/3}/s$ $\quad k_b = 3{,}1 \cdot 10^{11}/k_{St}^6$ in mm *unterschiedliche Dimensionen beachten*

3.2.2.2 Fließformel nach dem universellen Fließgesetz

In zunehmendem Maße gewinnt heute, auch unter dem Aspekt verstärkten EDV-Einsatzes, dieses Rechenverfahren an Bedeutung [31].

An die Stelle von Gl. (11) tritt auf der Grundlage der Gl. n. *Darcy-Weisbach* Gl. (17) mit 8 g = 78,48

$$v_m = [78{,}45 \cdot r_{hy} \cdot I/(\lambda_w + \lambda_p)]^{0{,}5} \quad \text{in m/s} \qquad (17)$$

mit

$$\lambda_w = 1/[2{,}343 - 2\,\lg(k_s/r_{hy})]^2 \qquad (18)$$

hierin ist die Kornrauheit nach [31] $k_s = d_{90}$ in m (19)

Die Gerinnesohlenunebenheit wird grob berücksichtigt nach *Kamphuis* und *van Rijn* durch

$$k_s = 2{,}5 \text{ bis } 3{,}0\,d_{90} \quad \text{in m} \qquad (20)$$

Tafel 32a Einzelrauheiten k_s nach dem universellen Fließgesetz in m

Bereich	Material	Einzelrauheit k_s
Hauptgerinne	Sand schlammig	0,015 bis 0,03
	Feinkies	0,035 bis 0,05
	Sand mit größeren Steinen	0,07 bis 0,11
	Kies	≈0,08
	Grobkies bis Schotter	0,06 bis 0,20
	schwere Steinschüttung	0,20 bis 0,30
	Sohlpflasterung	0,03 bis 0,05
	Grobe Steine und Fels	0,50 bis 0,70
	Fels	≈0,8
Vorland	Asphalt	0,003
	Rasen	0,06
	Steinschütt. 80/450 mit Gras	0,3
	Gras	0,10 bis 0,35
	Gras und Stauden	0,13 bis 0,40
	Rasengittersteine	0,015 bis 0,03
	Ackerboden	0,02 bis 0,25
	Acker mit Kulturen	0,25 bis 0,8
	Waldboden	0,16 bis 0,32

Die folgende Tafel bietet Erfahrungswerte für die Fließgewässerrauheit:

Tafel 32b Fließgewässerrauheit k_s in m

Beschaffenheit	k_s
ohne Unregelmäßigkeiten	0,05 bis 0,25
mit Unregelmäßigkeiten in der Sohle	0,15 bis 0,35
feste Sohle u. Unregelmäßigkeiten in Sohle u. Böschung	0,30 bis 0,70
Entwässerungsgräben und Bäche	0,10 bis 0,35

Eine genaue Bestimmung des Rauheitsmaßes erreicht man durch die Bestimmung der Riffel- oder Dünenentwicklung (Transportkörper). Ihre Höhe wird als Formrauheit zusätzlich zur Kornrauheit angesetzt.

Der **Bewuchs** wird als **Kleinbewuchs** (Höhe im Verhältnis zur Wassertiefe klein) wie eine Wandrauheit (Tafel 32) berücksichtigt.

Mittelbewuchs wird sowohl durch- als auch überströmt. Durch vollständiges Umlegen wird er zu Kleinbewuchs (s.o.). Sonst wird er wie starrer **Großbewuchs** berücksichtigt, dessen Höhe größer oder gleich der Wassertiefe ist. Mit den Bezeichnungen von Bild 21 gilt: $\lambda_{p,i} = c_{w,i} \cdot 4 \cdot h_p \cdot d_{pi}/(a_x \cdot a_y)$ (21)

Die **Widerstandszahl c_{wi}** wird angenähert **zu 1,5** angenommen [42].

In **kompakten Querschnitten** mit längslaufendem Bewuchs, s. Bild 20, wird für l_{uB} bei λ ein $k_s = 0{,}4$ bis 1,0 m eingesetzt.

In **gegliederten Querschnitten** ohne Mittel oder Großbewuchs werden analog Bild 19 die Trennflächen nur dem Flußschlauch und mit dem k_s der Sohle zugewiesen.

17

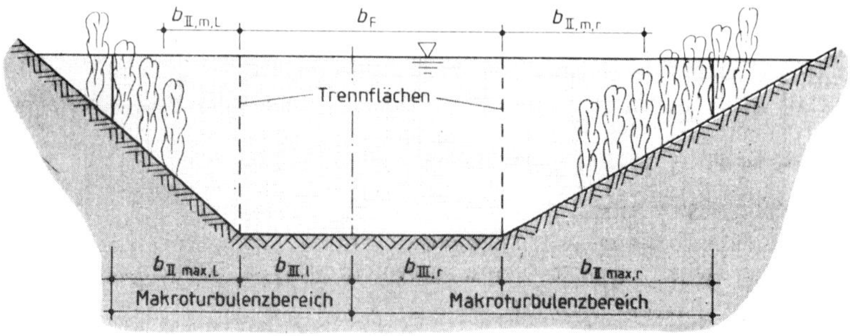

Bild 22 Wirksame Breiten der Teilfläche nach Mertens [31]

Trennflächenrauheit $\boldsymbol{k_T = c \cdot b_{II,m} + 1{,}5 \cdot d_p}$ in m (22)

Bewuchsabhängiger Beiwert: $c = 1{,}2 - 0{,}3 \cdot B/1000 + 0{,}06 \cdot (B/1000)^{1,5}$ (23)
gültig für $B \leq 6000$

Bewuchsparameter $B = (a_x/d_p - 1)^2 \cdot (a_y/d_p)$ mit $0 \leq (a_y/d_p) \leq 10$ (24)

Es ist die mittlere Breite des Bereichs II: $b_{II,m} = A_{II}/h_T$ (25)

mit einer Begrenzung für lichten Bewuchs ($B \geq 16$) auf $b_{II,max} = b_{III}$ (26)

und für dichten Bewuchs ($B < 16$) auf $b_{II,max} = 0{,}25B^{0,5} \cdot b_{III}$ (27)

Bei symmetrischen Querschnitten ist $b_{III} = b_F/2$ sonst iterativ aus der Bedingung $b_{III,l}/\lambda_{T,l} \approx b_{III,r}/\lambda_{T,r}$. Dabei wird nach der ersten Versuchsrechnung verbessert mit $b_{III,l} = b_F \cdot \lambda_{T,l}/(\lambda_{T,l} + \lambda_{T,r})$ und $b_{III,r} = b_F - b_{III,l}$.

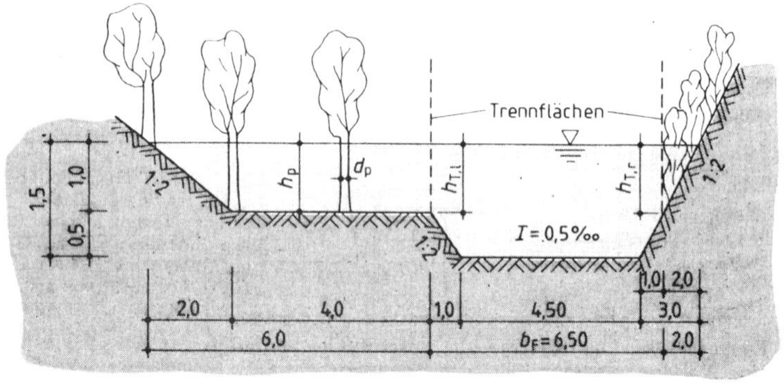

Bild 23 Gerinne mit Bewuchs

Erlen	$d_p = 0{,}1$ m		Weiden	$d_p = 0{,}03$ m
	$a_x = a_y = 2{,}0$ m			$a_x = 0{,}3$ m; $a_y = 0{,}2$ m
Größe	Vorland	Hauptgerinne		Böschung
A	5,00 m²	9,25 m²		1,00 m²
l_u	6,236 m	6,736 + 2 · 1,0 = 8,736 m		2,236 m
r_{hy}	0,802 m	mit Trennfl. 1,059 m		0,447 m
		ohne Trennfl. 1,373 m		
k_w, k_{so}	$k_w = 0{,}20$ m	$k_{so} = 0{,}03$ m		$k_w = 0{,}20$ m

Beispiel Bestimmung der **Rauheitsmaße für die Trennflächen**

Gegenstand	Trennfläche links	Trennfläche rechts
$B=(a_x/d_p-1)^2\cdot(a_y/d_p)$	3610 m. $(a_y/d_p=10)$	540
Schätzung: $b_{III}=b_F/2$	3,25 m	3,25
$b_{II,max}=b_{III,i}$	**3,25** < 6 m	3,25 > **2,0 m**
oder wenn $B<16$: $b_{II,max}=0{,}25\cdot B^{0,5}\cdot b_{III}$	entfällt hier	
mittleres $b_{II,m}=A_{II}/h_T$	**3,25**	1,0
$c=1{,}2-0{,}3B/1000+0{,}06\,(B/1000)^{1,5}$	0,528	1,062
Trennfläche:		
$k_T=c\cdot b_{II,m}+1{,}5\cdot d_p$	1,866 m	1,107 m
$\lambda_T=1/[2{,}343-2\lg(k_T/b_{III})]^2$	0,125	0,093
Verbesserung:		
$b_{III,l}=b_F\cdot\lambda_{T,l}/(\lambda_{T,l}+\lambda_{T,r})$	3,727 m	
$b_{III,r}=b_F-b_{III,l}$		2,773 m
Verbesserung $b_{II,max}$	**3,727** < 6 m	2,772 > **2,0 m**
Verbesserung $b_{II,m}$	3,727 m	1,0 m
Verbesserung k_T	2,118 m	1,107 m
Verbesserung λ_T	0,125	0,101
2. Verbesserung b_{III}	3,595 m	2,905 m
2. Verbesserung $b_{II,max}$	**3,595** < 6 m	2,905 > **2,0 m**
2. Verbesserung $b_{II,m}$	3,595 m	1,0 m
2. Verbesserung k_t	2,048 m	1,107 m
2. Verbesserung λ_T	0,125	0,099
3. Verbesserung b_{III}	3,623 m	2,877 m
Fehler: $\lvert b_{III,3}-b_{III,2}\rvert/b_{III,3}\leq 0{,}01$?	0,008	0,010
hinreichend genau! damit k_T	2,05 m	1,11 m

Zur **Berechnung des Gesamtabflusses** muß zuerst der Abfluß im Hauptgerinne und anschließend in den Vorländern ermittelt werden. Voraus geht die **Berechnung der mittleren Fließgeschwindigkeit im Hauptgerinne, einem Querschnitt mit unterschiedlichen Rauheiten** nach folgendem **Ablaufschema**:

1. Schätzungen: Mittlere Rauheit und mittlerer hydraulischer Radius

   $k_{s,m}=\sum(l_{u,i}\cdot k_{s,i})/\sum l_{u,i}$; $\quad r_{hy,m}=\sum(l_{u,i}\cdot r_{hy,i})/\sum l_{u,i}$
2. Schätzung einer mittleren Geschwindigkeit $v_{m,a}$ auf der Basis des mittleren hydraulischen Radius sowie der mittleren Rauheit

   $\lambda_m=1/[2{,}343-2\lg(k_{s,m}/r_{hy,m})]^2$; $\quad v_{m,a}=(8\cdot g\cdot r_{hy,m}\cdot l/\lambda_m)^{0,5}$
3. Iterative Bestimmung der hydraulischen Radien für die Teilflächen

   3a: Als erste Annahme – a – für den jeweiligen hydraulischen Radius

   $r_{hy,i,a}=r_{hy,Sohle}$ oder $b_{III,l}$ oder $b_{III,r}$

   3b: Berechnung – r – des hydraulischen Radius $r_{hy,i,r}$ mit

   $r_{hy,i,r}=v_{m,a}^2/\{[2{,}343-2\lg(k_{s,i}/r_{hy,i,a})]^2\cdot 8\cdot g\cdot l\}$

   3c: Neue Annahme für den hydraulischen Radius $r_{hy,i,a}$

   $r_{hy,i,a}=(2\,r_{hy,i,r}+r_{hy,i,a})/3$

   3d: *Lösung* erreicht $(r_{hy,i}=r_{hy,i,a})$, wenn eine ausreichende Genauigkeit gegeben ist, z. B. $\lvert r_{hy,i,a}-r_{hy,i,r}\rvert/r_{hy,i,a}\leq 0{,}01$ – wenn nein, erneut 3b
4. Bestimmung der Teilflächen $A_i=r_{hy,i}\cdot l_{u,i}$
5. Bestimmung einer rechnerischen Geschwindigkeit aufgrund des Verhältnisses der Gesamtfläche zur Summe der Teilflächen

   $v_{m,r}=v_{m,a}\cdot A_{gesamt}/\sum A_i$
6. Neue Annahme für die mittlere Geschwindigkeit $v_{m,a}=(2\,v_{m,r}+v_{m,a})/3$
7. *Ergebnis* für mittlere Geschwindigkeit erreicht $(v_m=v_{m,a})$, wenn eine hinreichende Genauigkeit gegeben ist, z. B. $\lvert v_{m,a}-v_{m,r}\rvert/v_{m,a}\leq 0{,}02$ sonst mit – neuem – $v_{m,a}$ und dem jeweiligen $r_{hy,i,a}$ der vorangegangenen Berechnung zurück nach 3b.
8. Bestimmung des Abflusses $Q=A_{gesamt}\cdot v_m$

Beispiel Bestimmung des **Abflusses im Hauptgerinne**

1. Schätzungen: Mittlere Rauheit und mittlerer hydraulischer Radius

$k_{s,m} = (k_{r,l} \cdot h_{T,l} + k_{so} \cdot l_{u,so} + k_{T,r} \cdot h_{T,r})/(h_{T,l} + l_{u,so} + h_{T,r})$
$= (2{,}05 \cdot 1{,}0 + 0{,}03 \cdot 6{,}736 + 1{,}11 \cdot 1{,}0)/(1{,}0 + 6{,}736 + 1{,}0) = 0{,}385$ m

$r_{hy,m} = (h_{T,l} \cdot b_{III,l} + l_{u,so} \cdot r_{hy,so} + h_{T,r} \cdot b_{III,r})/h_{T,l} + l_{u,so} + h_{T,r})$
$= (1{,}0 \cdot 3{,}63 + 6{,}736 \cdot 1{,}373 + 1{,}0 \cdot 2{,}87)/(1{,}0 + 6{,}736 + 1{,}0) = 1{,}803$ m

2. Schätzen einer mittleren Geschwindigkeit

$\lambda_m = 1/[2{,}343 - 2 \lg(0{,}385/1{,}803)]^2 = 0{,}0737$
$v_{m,a} = (8 \cdot 9{,}81 \cdot 1{,}803 \cdot 0{,}0005/0{,}0737)^{0,5} = 0{,}98$ m/s

3. Iterative Bestimmung der hydraulischen Radien

3.1 Linke Trennfläche (1. Annahme: $r_{hy,T,l} = b_{III,l}$)
$r_{hy,T,l} = 0{,}98^2/\{[2{,}343 - 2 \lg(2{,}05/3{,}63)]^2 \cdot 8 \cdot 9{,}81 \cdot 0{,}0005\} = 3{,}036$ m $\Rightarrow$ für n. Versuch $r_{hy} = 3{,}234$ m $= (2 \cdot 3{,}036 + 3{,}63)/3$ geschätzt und statt 3,63 m eingesetzt $\Rightarrow = 3{,}26$ m: hinreichende Übereinstimmung mit dem Schätzwert!

3.2 Rechte Trennfläche (1. Annahme: $r_{hy,T,r} = b_{III,r}$)
$r_{hy,T,r} = 0{,}98^2/\{[2{,}343 - 2 \lg(1{,}11/2{,}87)]^2 \cdot 8 \cdot 9{,}81 \cdot 0{,}0005\} = 2{,}438$ m
$\Rightarrow$ für n. Versuch $r_{hy} = 2{,}582$ m $\Rightarrow = 2{,}59$ m: hinreichende Übereinstimmung

3.3 Sohle (1. Annahme: $r_{hy,so} = r_{hy}$ im Hauptgerinne unter Berücksichtigung der Trennflächen
$r_{hy,so} = 0{,}98^2/\{[2{,}343 - 2 \lg(0{,}03/1{,}059)]^2 \cdot 8 \cdot 9{,}81 \cdot 0{,}0005\} = 0{,}827$ m
$\Rightarrow$ für n. Versuch $r_{hy} = 0{,}905$ m $\Rightarrow = 0{,}871$ m
$\Rightarrow$ für n. Versuch $r_{hy} = 0{,}882$ m $\Rightarrow = 0{,}88$ m: hinreichende Übereinstimmung

4. Bestimmung der Querschnittsteilflächen

$\sum A = A_{T,l} + A_{T,r} + A_{so} = \sum(r_{hy,i} \cdot l_{u,i}) = 3{,}26 \cdot 1{,}0 + 2{,}59 \cdot 1{,}0 + 0{,}88 \cdot 6{,}736 = 11{,}78\ m^2$
weicht erheblich von der vorh. Fläche mit 9,25 m^2 ab

5. Rechnerische Geschwindigkeit:

$v_{m,r} = v_{m,a} \cdot A_{F,vorh}/\sum A = 0{,}98 \cdot 9{,}25/11{,}78 = 0{,}769$ m/s

6. Neue Annahme für die mittlere Geschwindigkeit:

$v_{m,a} = (2 \cdot 0{,}769 + 0{,}98)/3 = 0{,}84$ m/s

7. Überprüfung der Abweichung: Die neu geschätzte Geschwindigkeit weicht etwa 9% von der rechnerischen Geschwindigkeit ab, deshalb Wiederholung der Rechnung mit dem neuen Wert für $v_{m,a}$. Die wiederholten Berechnungen führen zu folgenden Ergebnissen:

	1. Wiederholung	2. Wiederholung
$r_{hy,T,l}$	2,70 m	2,62 m^2
$r_{hy,T,r}$	2,12 m	2,06 m
$r_{hy,so}$	0,70 m	0,674 m
$\sum A$	9,535 m^2	9,22 m^2
$v_{m,r}$	0,815 m/s	0,82 m/s
$v_{m,a}$	0,82 m/s	0,82 m/s
	Abweichung ca. 3%	hinreichend genau

8. Abfluß im Hauptgerinne $Q_F = v_m \cdot A_F = 0{,}82 \cdot 9{,}25 = 7{,}58\ m^3/s$

9. Abflußbestimmung für

		Vorland	Böschung
Widerstandsbeiwert für Wandung	$\lambda_w = 1/[2{,}343 - 2 \lg(k_w/r_{hy})]^2$	0,0794	0,108
Widerstandsbeiwert für Bewuchs	$\lambda_p = 1{,}5 \cdot 4 \cdot h_{p,m} \cdot d_p/(a_x \cdot a_y)$	0,15	1,50
Mittlere Geschwindigkeit	$v_m = [8 \cdot g \cdot r_{hy} \cdot I/(\lambda_w + \lambda_p)]^{0,5}$	0,37 m/s	0,10 m^3/s
Abfluß	$Q = v_m \cdot A$	1,85 m^3/s	0,10 m^3/s

10. Gesamtabfluß $Q = Q_F + Q_{Vorl} + Q_{Bö} = 7{,}58 + 1{,}85 + 0{,}10 = 9{,}53\ m^3/s \approx 9{,}5\ m^3/s$

3.2.3 Stationär ungleichförmiger Abfluß

Stau- oder Senkungslinien. Weichen bei gleichbleibendem Abfluß Q Sohl- und Energieliniengefälle voneinander ab, so spricht man von stationär ungleichförmigem Abfluß. Die Wassertiefe h ist verschieden von der Normalwassertiefe h_n, $h \neq h_n$. Ursache sind Abstürze, Ausfluß unter Schützen, Aufstau vor Wehren, Wechsel von Sohlgefälle und Fließrichtung, Rauheit und Querschnittsform. Bei seitlichen Zuflüssen gehört zum größeren Q ein größeres h_n, das im oberhalb liegenden Gerinneabschnitt einen Aufstau erzeugt usw. Hydraulisch besteht das Bestreben, wieder h_n zu erreichen. Dessen Größe ermittelt man für ein vorgegebenes Q in m³/s iterativ (Zielwertabfrage) aus:

$Q = A \cdot k_{St} \cdot r_{hy}^{2/3} \cdot I^{1/2}$ (Gl. 10 u. Gl. 11) oder

$Q = A \cdot [78{,}45 \cdot r_{hy} \cdot I/(\lambda w + \lambda p)]^{0{,}5}$ (Gl. 17, 18, 21) oder für Rohrquerschnitte aus

$Q = A \cdot \{-2 \lg [2{,}51 \cdot \nu/(4 r_{hy} \cdot \sqrt{2g \cdot 4 r_{hy} \cdot I_E}) + k_b/(3{,}71 \cdot 4 r_{hy})] \cdot \sqrt{2g \cdot 4 r_{hy} \cdot I_E}$

nach 3.1.4

mit $d_{hy} = 4 \cdot r_{hy}$ und bei Kreisprofilen mit den Querschnittswerten zu Bild 15, 3.2.1.

Die auftretenden Spiegellinien sind vom Sohlgefälle abhängig. Ihre Berechnung beginnt mit der bekannten Wassertiefe am Kontrollquerschnitt und erfolgt bei strömendem Abfluß ($h_n > h_{gr}$) gegen und bei schießendem Abfluß ($h_n < h_{gr}$) mit der Fließrichtung.

Tafel 33 Formen von Stau- und Senkungslinien

Spiegellinien je nach Sohlgefälle	Spiegellinienart	[1]	[2]
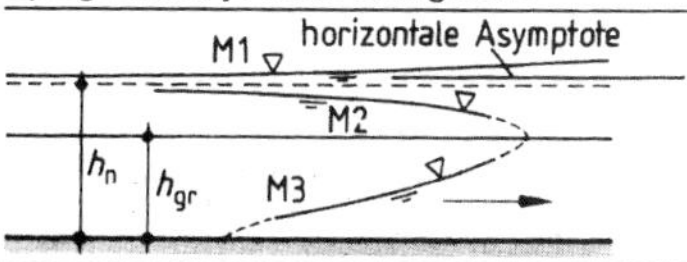	Mildes Gefälle M_1 = Staulinie M_2 = Senkungslinie M_3 = Staulinie	 gegen gegen mit	 unten unten oben
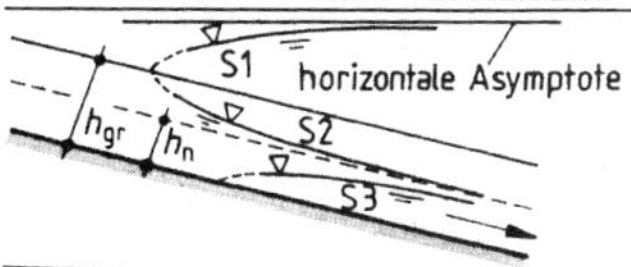	Steiles Gefälle S_1 = Staulinie S_2 = Senkungslinie S_3 = Staulinie	 gegen mit mit	 unten oben oben
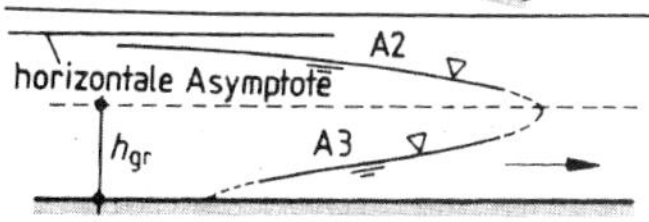	Adverses Gefälle o. waagerechte Sohle A_2 = Senkungslinie A_3 = Staulinie	 gegen mit	 unten oben
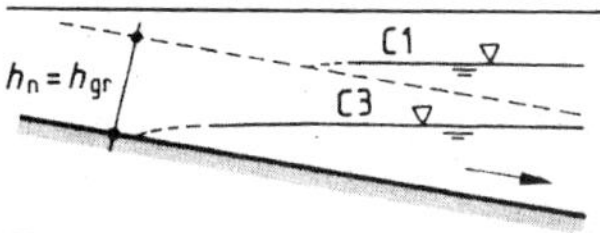	Kritisches Gefälle C_1 = Staulinie C_3 = Staulinie	 gegen mit	 unten oben

[1]) Rechenrichtung, bezogen auf die Fließrichtung [2]) Lage des Kontrollquerschnittes

Nähert sich bei den Spiegellinien M_3 und S_1 die Wassertiefe h dem Wert h_{gr}, tritt ein Wechselsprung auf. Die Berechnung der Stau-Senkungs-Linie endet zweckmäßig bei den konjugierten Wechselsprungtiefen (h_1 oder h_2 s. 3. Gl. 5) wie folgt: M_3 endet bei dem h_1, das zu $h_2 = h_n$ gehört. S_1 endet bei dem h_2, das zu $h_1 = h_n$ gehört.

Bei A_3 und C_3 wird die Wasserspiegellage ab Fr ca. 2 sehr unruhig, u. U. entstehen stehende Wellen, d. h. man bricht mit diesem Hinweis die Berechnung ab.

Die Wasserspiegellage der Kontrollquerschnitte ermittelt sich bei Querschnittsänderungen im Aufriß entweder nach dem Extremalprinzip (s. 3.3.2) oder mit dem Impulssatz (s. 3.3.3) oder mit den Wehrformeln (s. 3.3.5). Für Veränderungen im Grundriß gelten folgende **Einzelverluste für strömenden Abfluß**. Sie werden, insbesondere bei Profilen nach DIN 4263 zwischen die Streckenabschnitte der Berechnung nach Tafel 36 geschoben, wobei die Längen der angrenzenden Reibungsstrecken jeweils bis in die Mitte des Störabschnittes reichen.

Bei strömendem Fließzustand wird gegen die Fließrichtung gerechnet (Bild 24) $h_o = h_u + \Delta h_w - \Delta h_s$ (18)

17

3.2.3.1 Verlustbeiwerte für gekrümmte Rechteckgerinne

Energieverlust $h_v = \zeta \cdot v_u^2/2g$ (19)

Mit $I_E \approx I_s$ *kann durch Probieren die Wasserspiegeldifferenz gefunden werden.*

$$\Delta h_w = h_v + (1/A_u^2 - 1/A_o^2) \cdot Q^2/2g \quad (20)$$

Beispiel $B = 0{,}80$ m; $Q = 0{,}50$ m³/s; $h_u = 0{,}50$ m; $r = 0{,}80$ m; $\beta = 90°$ $r/B = 0{,}8/0{,}8 = 1$; $\zeta = 0{,}3$;
$h_v = 0{,}3 \cdot 0{,}5^2/((0{,}5 \cdot 0{,}8)^2 \cdot 19{,}62) = 0{,}024$ m;
$\Delta h_w = 0{,}024 + (1/(0{,}5 \cdot 0{,}8)^2 - 1/(0{,}524 \cdot 0{,}8)^2) \cdot 0{,}5^2/19{,}62$
$= 0{,}024 + 0{,}007 = 0{,}031 > 0{,}024$ m
neue Schätzung: $\Delta h_w = 0{,}034$ m; $h_0 = 0{,}5 + 0{,}034 = 0{,}534$ m; $\Delta h_w = 0{,}034 + (1/(0{,}5 \cdot 0{,}8)^2 - (1/(0{,}534 \cdot 0{,}8)^2) \cdot 0{,}5^2/19{,}62 = 0{,}0338 \approx 0{,}034$ m.

Tafel 34 Verlustbeiwert ζ für gekrümmte Rechteckgerinne

r/B	0,5	0,75	1,0	1,5	2,0
$\beta = 45°$	0,15	0,1	0,05		
90°	0,8	0,45	0,3	0,15	0,1
135°	0,9	0,5	0,35	0,17	0,12
180°	1,0	0,6	0,4	0,2	0,13

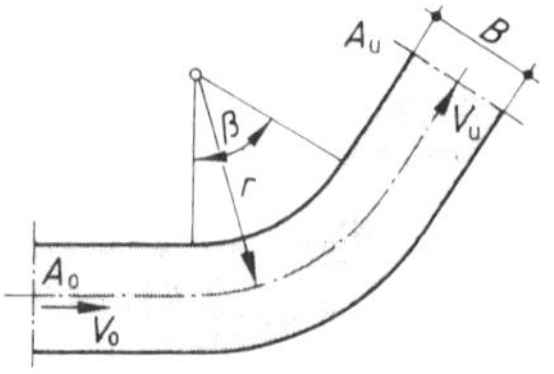

3.2.3.2 Verlustbeiwerte für Querschnittsänderungen

Hier wird in einem überschläglichen Ansatz mit C_E = Eintritts- und C_A = Austrittsverlustbeiwert iterativ ermittelt:

Beispiel $B_u = 1{,}0$ m; $B_o = 0{,}6$ m; $h_u = 0{,}6$ m;
$Q = 0{,}5$ m³/s; $v_u = 0{,}5/1{,}0 \cdot 0{,}6 = 0{,}83$ m/s;
$v_u^2/2g = 0{,}035$ m; $C_A = 0{,}75$;
Erste Schätzung: $v_o = 0{,}5/0{,}6 \cdot 0{,}6 = 1{,}39$ m/s;
$v_o^2/2g = 0{,}098$; $\Delta h_w = (1 - 0{,}75)$
$(0{,}035 - 0{,}098) = -0{,}016$ m;
$h_o = 0{,}6 - 0{,}016 = 0{,}584$ m; $v_o = 1{,}43$ m/s;
$v_o^2/2g = 0{,}104$; $\Delta h_w = 0{,}25\,(0{,}035 - 0{,}104)$
$= 0{,}017$ m; $h_o = 0{,}583$ m; $v_o = 1{,}43$ m/s

Tafel 35 Verlustbeiwerte für Querschnittsänderungen

Ausbildung des Übergangs	C_E	C_A
Verwindungsstrecke	0,10	0,20
Gute Ausrundung am kleineren Querschnitt	0,15	0,25
Vereinfachte Verwindung	0,20	0,30
Geradlinige Verziehung	0,30	0,50
Scharfkantiger Übergang	>0,30	0,75

3.2.3.3 Berechnung der Stau- oder Senkungskurve

Insbesondere bei natürlichen Gewässerquerschnitten erfolgt die Berechnung der Wasserspiegellagenänderung Δh_w mit vorgegebenen Schrittlängen l (Bild 24) auf der Grundlage der Gleichungen (10 und 11 oder 17, 18 und 21). Nachstehend wird die Vorgehensweise, bezogen auf Gleichung (10 und 11) dargestellt. Hierbei werden der Reibungsverlust und der Erweiterungsverlust ($C_A = 0{,}33$) berücksichtigt.

Staukurve $I_E > I_W$; $v_o > v_u \rightarrow \delta = 2/3$
Senkungskurve $I_E < I_W$; $v_o < v_u \rightarrow \delta = 1{,}0$
Wasserspiegeländerung

$$\boldsymbol{\Delta h_w = I_{E,m} \cdot l + \delta \frac{v_u^2 - v_o^2}{2g} = h_r + \delta \cdot \Delta k_v} \quad (21)$$

Energiehöhengefälle I_E aus Umstellung der Reibungsansätze (s. 3.2.2), z. B. für Gauckler-Manning-Strickler:

$$I_E = \left(\frac{Q}{k_{St} \cdot A \cdot r_{hy}^{2/3}}\right)^2; \quad I_{E,m} = \frac{I_{E,o} + I_{E,u}}{2}$$

$$v = Q/A$$

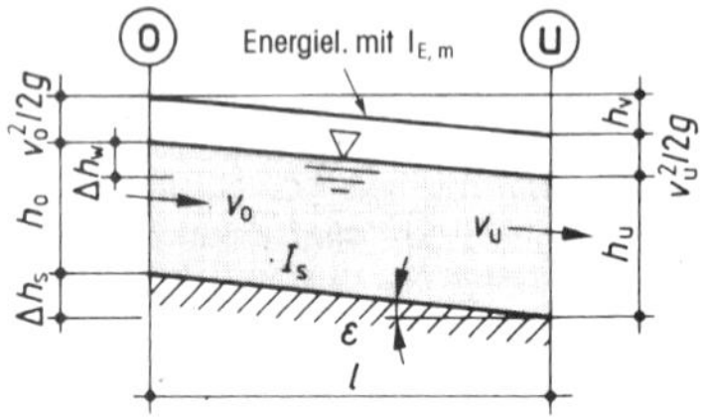

Bild 24

Die Berechnung der Wasserspiegellage erfolgt schrittweise (s. Tafelkopf). Ausgehend von einer bekannten Höhe schätzt man Δh_w und prüft es mit der vorstehenden Gleichung. Ist der Rechenwert größer oder kleiner, wählt man Δh_w erneut, bei strömendem Abfluß größer oder kleiner (bei Schießen kleiner oder größer). Bei Übereinstimmung geht man zum nächsten Profil (bei Strömen flußaufwärts). Für natürliche Flüsse ist es zweckmäßig, für jedes Profil A und l_u als Kurve f(NN-Höhe) darzustellen. (Vorzeichen Spalte 17 beachten)

Tafel 36 Berechnung der Wasserspiegellage
(Beispiel m. Reibungsansatz n. Gauckler-Manning-Strickler)

1	2	3	4	5	6	7	8	9	10	11	12	13	14	15	16	17	18
Profil Nr.	Station	Abstand l zw. Profilen	Δh_w geschätzt	Wasserspiegel	Sohle	h = (5) - (6)	A	l_u	$r_{hy}^{2/3} = \left((8)/(9)\right)^{2/3}$	$I_E = \left(\frac{Q}{k_{St}\cdot(8)\cdot(10)}\right)^2$	$I_{E,m} = (I_{E,o} + I_{E,u})/2$	$h_r = I_{E,m}\cdot l = (12)\cdot(3)$	$\frac{v^2}{2\cdot g} = \frac{Q^2}{A^2\cdot 2\cdot g}$	δ	$\delta\cdot\Delta k_v = \delta\cdot\frac{v_u^2 - v_o^2}{2\cdot g}$	$\Delta h_w = h_r + \delta\cdot\Delta k_v$	gerechneter Wasserspiegel
-	km	m	m	m + NN	m + NN	m	m²	m	$m^{2/3}$	-	-	m	m	-	m	m	m + NN

Stark gegliederte (sog. Vorlandprofile) werden nach Naudascher berechnet; s. [2].

Vor allem bei prismatischen Gerinnen (Rohre) wird die universelle Fließformel verwendet. [10] teilt z. B. die betrachtete Strecke L (Kanalhaltung) in 10 Abschnitte Δx und iteriert bei bekanntem h_1 (z. B. $= h_u$) durch Zielwertabfrage nach vorgegebenem Δx als Variable h_2 (z. B. h_o). Dabei werden folgende Algorithmen verwendet:

$$\vartheta_1 = 4\cdot\arcsin\left(\sqrt{h_1/d}\right) = \text{arc}\,\vartheta_1 \qquad v_1 = Q/A_1 = 8Q/(\text{arc}\,\vartheta_1 - \sin\vartheta_1)/d^2$$

$$r_{hy,1} = (\text{arc}\,\vartheta_1 - \sin\vartheta_1)\cdot d/4/\text{arc}\,\vartheta_1 \qquad I_{E,m} = (\lambda_m\cdot v_m^2)/(4\cdot r_{hy,m}\cdot 2g)$$

$$v_m = (v_1 + v_2)/2;\ r_{hy,m} = (r_{hy,1} + r_{hy,2})/2 \quad \Delta x = (h_1 + v_1^2/2g - h_2 - v_2^2/2g)/(I_{E,m} - I_s)$$

$$\lambda_m = \{-2\lg\left[2{,}51\cdot\nu/(v_m\cdot 4\cdot r_{hy,m})\cdot(-2\lg(k_b/(4\cdot r_{hy,m}\cdot 3{,}71)))\right.$$

$$\left.+k_b/(4\cdot r_{hy,m}\cdot 3{,}71)\right]\}^{-2} \text{ (ist hier genau genug)}$$

Der nachstehende Tabellenkopf nach [10] gilt für eine M_1-Linie mit folgenden Ausgangswerten: DN 1000, $k_b = 0{,}75$ mm, $I_s = 3‰$, $Q = 0{,}95\ m^3/s$, $h_n = 0{,}607$ m, $h_{gr} = 0{,}558$ m, $h_1 = 0{,}85$ m, $v_1 = 1{,}335$ m/s.

h_{gr}	h_n	$h_1 > h_n$	$h_n < h_2 < h_1$	$r_{hy,m}$	v_m	λ_m	$I_{E,m}$	dx	$\Sigma dx = L$
m	m	m	m	m	m/s	–	m	m	m
0,558	0,607	0,850	0,840	0,304	1,342	0,018	0,0014	5,0	5
0,558	0,607	0,850	0,830	0,304	1,356	0,018	0,0014	5,0	10

Berechnung von Stau- und Senkungskurven mit Hilfe von Funktionswerten

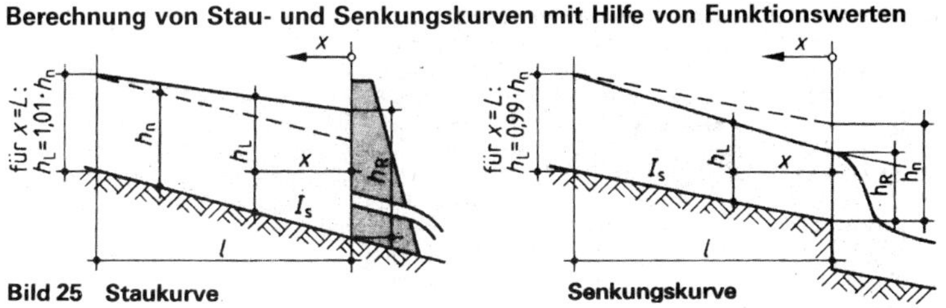

Bild 25 Staukurve **Senkungskurve**

l Stauweite h_n Wassertiefe bei Normalabfluß, d. h., ohne Aufstau oder Absenkung

Gleichung der Wasserspiegellinie $\quad x = \frac{h_n}{I_s}\{\eta_R - \eta_L - (1 - r)[\varphi(\eta_R) - \varphi(\eta_L)]\}$ in m, (22)

Es ist für Rechteckgerinne $r = h_{gr}^3/h_n^3$;
für Parabelgerinne $r = h_{gr}^4/h_n^4$; $\eta_L = h_L/h_n$; $\eta_R = h_R/h_n$;

Bei Staukurven darf der Einfluß der kinetischen Energie vernachlässigt werden.

Es gilt $\quad x = \frac{h_n}{I_s}[(\Phi_R) - (\Phi_L)]$ in m (23) $\qquad \Phi$ und φ s. Tafel 37

17

Tafel 37 Funktionswerte für die Berechnung der Wasserspiegellage

a) Staukurvenberechnung

Rechteckprofile						Parabelprofile					
η	φ	Φ	η	φ	Φ	η	φ	Φ	η	φ	Φ
10,00	0,9116	9,0884	1,39	1,2166	0,1734	10,0	0,7857	9,2143	1,39	0,9268	0,4632
9,00	0,9131	8,0869	1,38	1,2228	0,1572	9,0	0,7859	8,2141	1,38	0,9305	0,4495
8,00	0,9147	7,0853	1,37	1,2291	0,1409	8,0	0,7861	7,2139	1,37	0,9344	0,4356
7,00	0,9171	6,0829	1,36	1,2355	0,1245	7,0	0,7864	6,2136	1,36	0,9385	0,4215
6,00	0,9206	5,0794	1,35	1,2422	0,1078	6,0	0,7869	5,2131	1,35	0,9427	0,4073
5,00	0,9270	4,0730	1,34	1,2491	0,0909	5,0	0,7881	4,2119	1,34	0,9471	0,3929
4,50	0,9317	3,5683	1,33	1,2564	0,0736	4,5	0,7891	3,7109	1,33	0,9517	0,3783
4,00	0,9384	3,0616	1,32	1,2639	0,0561	4,0	0,7906	3,2094	1,32	0,9565	0,3635
3,50	0,9481	2,5519	1,31	1,2718	0,0382	3,5	0,7932	2,7068	1,31	0,9615	0,3485
3,00	0,9633	2,0367	1,30	1,2800	0,0200	3,0	0,7978	2,2022	1,30	0,9668	0,3332
2,90	0,9674	1,9326	1,29	1,2885	0,0015	2,9	0,7991	2,1009	1,29	0,9723	0,3177
2,80	0,9719	1,8281	1,28	1,2974	−0,0174	2,8	0,8007	1,9993	1,28	0,9781	0,3019
2,70	0,9769	1,7231	1,27	1,3067	−0,0367	2,7	0,8025	1,8975	1,27	0,9842	0,2858
2,60	0,9826	1,6174	1,26	1,3165	−0,0565	2,6	0,8045	1,7955	1,26	0,9906	0,2694
2,50	0,9890	1,5110	1,25	1,3267	−0,0767	2,5	0,8070	1,6930	1,25	0,9973	0,2527
2,40	0,9963	1,4037	1,24	1,3375	−0,0975	2,4	0,8098	1,5902	1,24	1,0045	0,2355
2,30	1,0047	1,2953	1,23	1,3488	−0,1188	2,3	0,8132	1,4868	1,23	1,0121	0,2179
2,20	1,0143	1,1857	1,22	1,3607	−0,1407	2,2	0,8173	1,3827	1,22	1,0200	0,2000
2,10	1,0255	1,0745	1,21	1,3733	−0,1633	2,1	0,8222	1,2778	1,21	1,0285	0,1815
2,00	1,0387	0,9613	1,20	1,3867	−0,1867	2,00	0,8282	1,1718	1,20	1,0375	0,1625
1,95	1,0462	0,9038	1,19	1,4009	−0,2109	1,95	0,8317	1,1138	1,19	1,0471	0,1429
1,90	1,0543	0,8457	1,18	1,4159	−0,2359	1,90	0,8357	1,0643	1,18	1,0574	0,1226
1,85	1,0634	0,7866	1,17	1,4320	−0,2620	1,85	0,8401	1,0099	1,17	1,0685	0,1015
1,80	1,0731	0,7269	1,16	1,4492	−0,2892	1,80	0,8450	0,9550	1,16	1,0803	0,0797
1,75	1,0840	0,6660	1,15	1,4677	−0,3177	1,75	0,8506	0,8994	1,15	1,0932	0,0568
1,70	1,0961	0,6039	1,14	1,4877	−0,3477	1,70	0,8570	0,8430	1,14	1,1071	0,0329
1,65	1,1096	0,5404	1,13	1,5093	−0,3793	1,65	0,8643	0,7857	1,13	1,1223	0,0077
1,60	1,1248	0,4752	1,12	1,5329	−0,4129	1,60	0,8727	0,7273	1,12	1,1389	−0,0189
1,55	1,1421	0,4079	1,11	1,5589	−0,4489	1,55	0,8824	0,6676	1,11	1,1571	−0,0471
1,50	1,1617	0,3383	1,10	1,5875	−0,4875	1,50	0,8938	0,6062	1,10	1,1776	−0,0776
1,49	1,1660	0,3240	1,09	1,6195	−0,5295	1,49	0,8963	0,5937	1,09	1,2005	−0,1105
1,48	1,1704	0,3096	1,08	1,6555	−0,5755	1,48	0,8988	0,5812	1,08	1,2264	−0,1464
1,47	1,1749	0,2951	1,07	1,6969	−0,6269	1,47	0,9015	0,5685	1,07	1,2563	−0,1863
1,46	1,1796	0,2804	1,06	1,7451	−0,6851	1,46	0,9043	0,5557	1,06	1,2913	−0,2313
1,45	1,1844	0,2656	1,05	1,8027	−0,7527	1,45	0,9072	0,5428	1,05	1,3333	−0,2833
1,44	1,1893	0,2507	1,04	1,8738	−0,8338	1,44	0,9101	0,5299	1,04	1,3855	−0,3455
1,43	1,1944	0,2356	1,035	1,9167	−0,8817	1,43	0,9132	0,5168	1,035	1,4170	−0,3820
1,42	1,1997	0,2203	1,03	1,9665	−0,9365	1,42	0,9164	0,5036	1,03	1,4537	−0,4237
1,41	1,2052	0,2048	1,02	2,0983	−1,0783	1,41	0,9198	0,4902	1,02	1,5514	−0,5314
1,40	1,2108	0,1892	1,01	2,3261	−1,3161	1,40	0,9232	0,4768	1,01	1,7210	−0,7110

b) Senkungskurve

	Rechteckprofil	Parabelprofil
η	φ	φ
0,995	2,452	1,889
0,99	2,319	1,714
0,98	2,085	1,536
0,97	1,946	1,431
0,96	1,847	1,355
0,95	1,769	1,296
0,94	1,705	1,246
0,93	1,650	1,204
0,92	1,602	1,166
0,91	1,559	1,133
0,90	1,521	1,103
0,85	1,367	0,980
0,80	1,253	0,887
0,75	1,159	0,808
0,70	1,078	0,739
0,65	1,006	0,676
0,60	0,939	0,617
0,50	0,819	0,506
0,40	0,789	0,402

Die **Stauweite** L ermittelt man mit:

- $\eta_L = 1{,}01$ bei Staukurven;
- $\eta_L = 0{,}99$ bei Senkungskurven.

Beispiele

Staukurve, Rechteckprofil $h_n = 2{,}00$ m, Aufstau 1,50 m, $I_s = 1‰$

Wie groß sind Stauweite und Wassertiefe im Abstand $x = 300$ m

$\eta_R = (2{,}0 + 1{,}5)/2{,}0 = 1{,}75$; Tafel 37a: $\Phi_R = 0{,}666$; für $\eta_L = 1{,}01$:

$\Phi_L = -1{,}3161$; $\Phi_L = 0{,}666 - 300 \cdot 0{,}001/2{,}0 = 0{,}516 \rightarrow \eta_L = 1{,}631$;

$h_L = 1{,}631 \cdot 2{,}0 = 3{,}26$ m; $L = [0{,}666 - (-1{,}3161)] \cdot 2{,}0/0{,}001 = 3964$ m

Senkungskurve, Trapezprofil $h_R = 1{,}6$ m; $s = 20{,}0$ m; $m = 2$, $I_s = 2‰$; $h_n = 2{,}4$ m, $Q = 124\ m^3/s$

In welchem Abstand stellt sich die Wassertiefe $h_L = 1{,}90$ m ein?

Wassertiefe einer Parabel gleicher Fläche und gleicher Spiegelbreite b

$h_p = 3 \cdot A_{TR}/2 \cdot b$, Parabelparameter $a = h_p/b^2$; $h_{P,R} = 3 \cdot 37{,}12/2 \cdot 26{,}40 = 2{,}11$ m; $a = 2{,}11/26{,}4^2 = 0{,}003$; $h_{P,L} = 2{,}46$ m; $h_{P,n} = 3{,}02$ m;

$h_{PGr} = \sqrt[4]{27 \cdot 0{,}003 \cdot 124{,}0^2/(8 \cdot 9{,}81)} = 2{,}00$ m; (Bild 14);

$\eta_R = h_{P,R}/h_{P,n} = 2{,}11/3{,}02 = 0{,}699$; Tafel 37b: $\varphi_R = 0{,}738$; $\eta_L = 0{,}815$;

$\varphi_L = 0{,}915$; $r = (h_{PGr}/h_{Pn})^4 = (2{,}0/3{,}02)^4 = 0{,}193$;

$$x = \frac{3{,}02}{0{,}002}\,[0{,}699 - 0{,}815 - (1 - 0{,}193)\,(0{,}738 - 0{,}915)] = 40{,}53\ \text{m};$$

3.2.4 Ungleichförmiger Abfluß in Ablaufrinnen von Klärbecken

Der Abfluß nimmt zu von Null auf Q (s. Bild 26)

a) Horizontale Sohle und h_{gr} am Ablauf:

$$h_o = h_{gr} \cdot \sqrt{3}$$

b) Horizontale Sohle und vom Unterwasser her bestimmte Ablauftiefe h_u

$$h_o = h_u \cdot \sqrt{2(h_{gr}/h_u)^3 + 1}$$

c) geneigte Sohle und beliebige Unterwassertiefe h_u, mit $h_u \geq h_{Gr}$

$$h_o = h_u \left\{ \sqrt{2(h_{gr}/h_u)^3 + [1 - I \cdot l/(3 \cdot h_u)]^2} - 2 \cdot I \cdot l/(3 \cdot h_u) \right\}$$

Eventuelle Reibungseinflüsse können mit Bild 27 abgeschätzt werden.

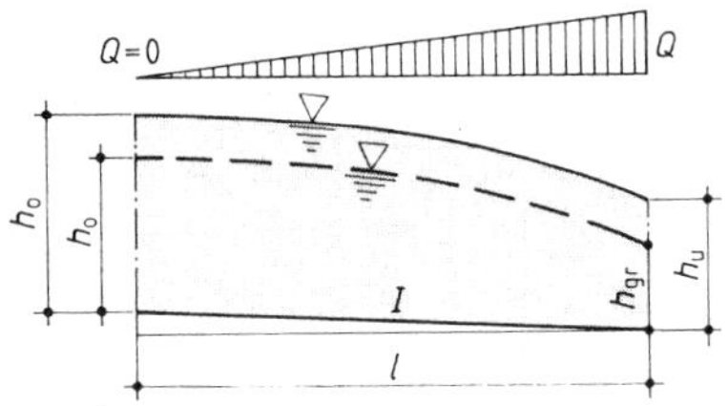

Bild 26 Sammelrinnen an Klärbecken

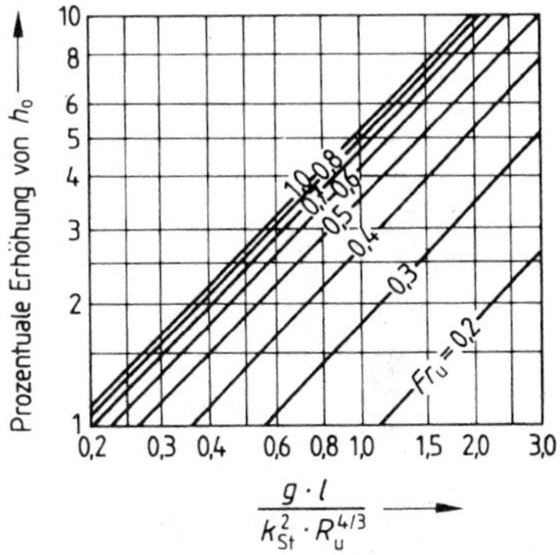

Bild 27 Reibungseinfluß bei Sammelrinnen mit Rechteckquerschnitt ohne bzw. mit sehr geringem Gefälle

3.3 Durchfluß an Wehren und Engstellen

3.3.1 Pfeilerstau nach Rehbock (strömender Durchfluß)

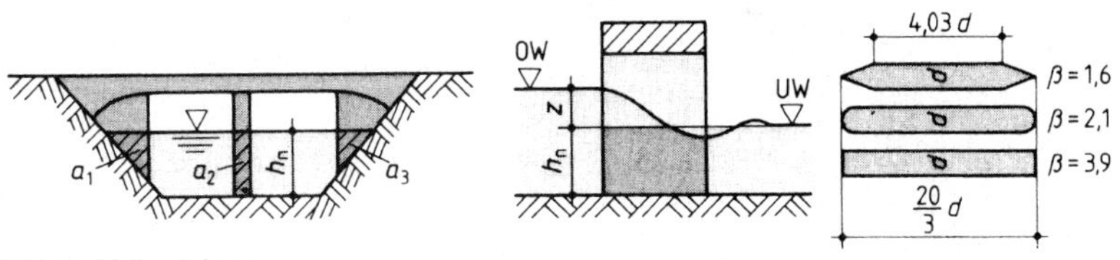

Bild 28 Pfeilereinbauten

Σa	Querschnittsfläche der eintauchenden Verbauung im ungestauten Fluß mit $h = h_n$
A	Durchflußquerschnitt des ungestauten Flusses ohne Einbauten (mit h_n)
$\alpha = \Sigma a/A$	Verbauungsverhältnis
$v = Q/A$	mittlere Geschwindigkeit im Fluß ohne Einbauten

Die Formel von Rehbock gibt nur bei **strömendem Durchfluß** brauchbare Aufstauwerte. Strömender Abfluß herrscht bei

$$\alpha < [1/(0{,}97 + 21\,\omega)] - 0{,}13 \quad (24) \qquad \text{mit } \omega = v^2/(2g \cdot h_n)$$

Der **Aufstau** z beträgt dann

$$\mathbf{z = \alpha[\beta - \alpha(\beta - 1)] \cdot (0{,}4 + \alpha + 9\,\alpha^3)(1 + 2\,\omega)\, v^2/2g} \text{ in m} \qquad (25)$$

3.3.2 Durchfluß mit Fließwechsel (Extremalprinzip)

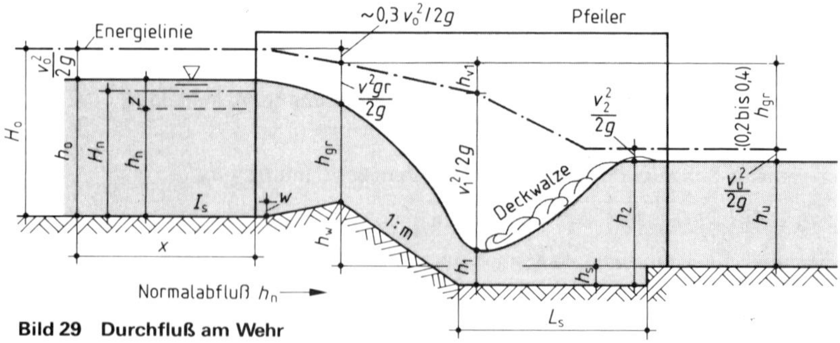

Bild 29 Durchfluß am Wehr

bei Durchfluß ohne Fließwechsel steht h für h_{gr} s. Abschn. 3.3.3

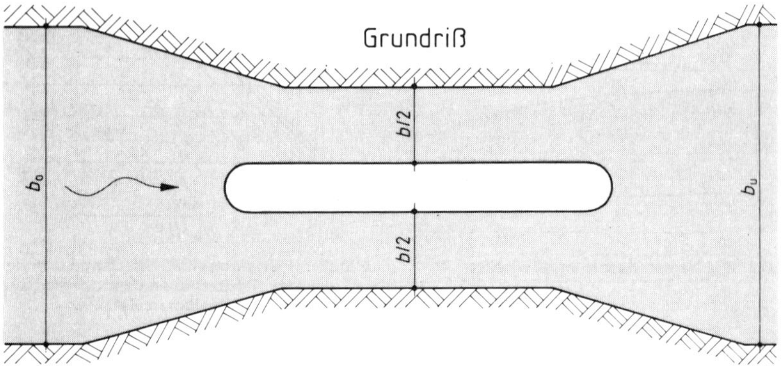

Bild 30 Grundriß

Die Ermittlung der Wasserspiegellage vor dem Wehr geht davon aus, daß in der am weitesten unterhalb gelegenen Engstelle ein Fließwechsel mit der Energiehöhe $H_{min} = h_{gr} + v_{gr}^2/2g$ auftritt. Nach Böss gilt:

a) steiler Absturz, d.h. $m < 4$: Ein Fließwechsel tritt auf bei

$$\boldsymbol{h_w \geqq h_w^* = h_{gr}\left(-3{,}97 + \sqrt{(n+5{,}47)^2 - 14{,}15}\right)} \text{ in m} \tag{26}$$

Hierin ist

$$n_o = h_u/h_{gr}; \quad n = -1 + \sqrt{n_0^2 - 2 + 2/n_o}$$

b) flacher Absturz, d.h. $m = 4$ bis 12. Fließwechsel bei

$$h_w \geqq h_w^* = n \cdot h_{gr} \tag{27}$$

Überschlägige Abschätzung: Fließwechsel tritt auf bei

$$\boldsymbol{h_w + h_{gr} + v_{gr}^2/2g = h_w + H_{min} \geqq h_u + v_u^2/2g + (0{,}2 \text{ bis } 0{,}4)\, h_{gr}} \tag{28}$$

Bei Einengungen ohne Absturz gilt mit dem **Extremalprinzip:**

Fließwechsel wenn $\boldsymbol{H_{min} = h_{gr} + v_{gr}^2/2g > H_n = h_n + v_n^2/2g}$. (29)

Beachte In H_{min} geht nur die tatsächlich durchströmte Breite der Engstelle ein.

Die Oberwassertiefe h_o ermittelt man nach Bernoulli aus

$$h_o + 0{,}7\,Q^2/(A_0^2 \cdot 2g) = w + H_{min} - x I_s \tag{30}$$

in der Regel durch schrittweise Annäherung mit $x \approx 3$ bis $4\,h_o$ und $h_o \approx w + H_{min}$. Die Gleichung hat zwei positive Lösungen. Bei strömendem Zufluß, d.h. $h_n > h_{gr}$ ist $h_o > h_{gr}$. Bei Schießen umgekehrt, aber ggf. ist eine Untersuchung mit dem Stützkraftsatz, Gl. (3), oder Gl. (4), Abschn. 3, erforderlich.

Der **Aufstau** ist $z = h_o - h_n$ (31)

3.3.3 Durchfluß ohne echten Fließwechsel

Fließwechsel tritt nicht auf bei

$$\alpha > \frac{1}{0{,}97 + 21\,\omega} - 0{,}13 \text{ (s. Abschn. 3.3.1)} \qquad h_w < h_w^* \text{ (s. Abschn. 3.3.2)}$$

Mit den Bezeichnungen von Bild 29 lautet gemäß Gl. (4) die Bestimmungsgleichung für die **Wassertiefe** h, die sich **anstelle von** h_{gr} in Bild 29 einstellt:

$$\varrho \cdot Q \cdot v + \gamma_w (h + h_w)^2 \cdot b_u/2 = \varrho \cdot Q \cdot v_u + \gamma_w \cdot h_u^2 \cdot b_u/2 \quad \text{Impulssatz} \tag{32}$$

Die Oberwassertiefe wird wie in Gl. (28) ermittelt.

$$h_0 + 0{,}7\,Q^2/(A_0^2 \cdot 2g) = w + h + v^2/2g - x \cdot I_s \tag{33}$$

Für den Aufstau gilt Gl. (31). Zur Lösung von Gl. (32), d.h. zur Ermittlung von h auf der Absturzkante, dienen Gl. (6) und (7) Abschn. 3.

Beispiel OW = Trapez: $m = 3$; $s_0 = 60$ m; $w = 0{,}5$ m; s. Bild 35, Wehr: $b = 2 \cdot 20 = 40$ m; $m = 5$; UW: Rechteck: $b_u = 55$ m; $h_u = 4{,}5$ m; $Q = 500$ m³/s; $v_u = 2{,}02$ m/s; $h_w = 0{,}5$ m

1. Mit Gl. (26) Abfrage: Fließwechsel? $h_{gr} = \sqrt[3]{500^2/(40^2 \cdot 9{,}81)} = 2{,}52$ m;
$n_0 = 4{,}5/2{,}52 = 1{,}79$; $n = -1 + \sqrt{1{,}79^2 - 2 + 2/1{,}79} = 0{,}52$;
Gl. (27): $h_w^* = 0{,}52 \cdot 2{,}52 = 1{,}32$ m; $h_w < h_w^*$ kein Fließwechsel

2. Im Beispiel Abschn. 3 wird mit den oben angegebenen Werten nach Gl. (6) u. (7) die Wassertiefe h über der Wehrschwelle zu $h = 3{,}71$ m mit $v = 3{,}37$ m/s ermittelt.

3. Die Oberwassertiefe h_0 ermittelt sich mit $x \cdot I_s \approx 0$ nach Gl. (33) wie folgt.
$h_0 + 0{,}7 \cdot 500^2/(19{,}62 \cdot A_0^2) =$
$= h_0 + 8919/A_0^2 = 0{,}5 + 3{,}71 + 3{,}37^2/19{,}62 = 4{,}79 \text{ m} = H_0$
1. Näherung: $h_0^* = 4{,}79$ m: $A_0^* = 60 \cdot 4{,}79 + 3 \cdot 4{,}79^2 = 356{,}2$ m.
$H_0^* = 4{,}79 + 8919/356{,}2^2 = 4{,}86 > 4{,}79$: 2. Näherung $h_0^{**} = H_0^* - v_0^{*2}/2g = 4{,}79 - 0{,}07$ $= 4{,}72$ m; $\rightarrow A_0^{**} = 350$ m²; $H_0^{**} = 4{,}72 + 8919/350^2 = 4{,}792 \approx 4{,}79$ m also $h_0 = 4{,}72$ m

4. Aufstau z: mit $h_n = 4{,}50$ wäre $z = 4{,}72 - 4{,}50 = 0{,}22$ m.

5. Zum Vergleich: Aufstau nach Rehbock nach Abschn. 3.3.1
$\sum a = (60 - 40) \cdot 4{,}5 + 3 \cdot 4{,}5^2 + 40 \cdot 0{,}50 = 170{,}75$ m²; $A = 60 \cdot 4{,}5 + 3 \cdot 4{,}5^2 = 330{,}75$ m²
$\alpha = 0{,}516$; $\omega = 500^2/(330{,}75^2 \cdot 19{,}62 \cdot 4{,}5) = 0{,}026$; $v^2/2g = \omega \cdot h_n = 0{,}116$;
$\alpha = 0{,}516 < [1/(0{,}97 + 21 \cdot 0{,}026)] - 0{,}13 = 0{,}53 \rightarrow$ strömender Durchfluß:
Aufstau mit $\beta = 2{,}1$; $z = 0{,}516\,[2{,}1 - 0{,}516(2{,}1 - 1)] \cdot (0{,}4 + 0{,}516 + 9 \cdot 0{,}516^3)$
$(1 + 2 \cdot 0{,}026) \cdot 0{,}116 = 0{,}21$ m

3.3.4 Tosbecken — Sturzbetten DIN V 19661-2 (08.91)

Für eine Vordimensionierung genügen die nachstehenden Ansätze. In der Regel werden die Kosten für einen wasserbaulichen Modellversuch durch die Einsparungen bei der Ausführung bei weitem aufgewogen.

Funktionsbedingungen (s. Bild 29)

1. Beim Absturz soll ein Fließwechsel auftreten $h \leq h_{gr}$ (s. Abschn. 3.3.2)

2. Es soll eine Wechselsprungwalze erzeugt werden, die im Tosbecken bleiben muß, das hierfür ausreichend lang und tief genug sein bzw. eine genügend hohe Endschwelle h_s haben muß. h_2 = konjugierte **Wechselsprungtiefe** zu h_1, s. Bild 8

17

Alle Bemessungen gehen von h_1 aus:

$$\boldsymbol{h_1 + v_1^2/2g + h_{v1} = H_{min} + h_w + h_s} \quad \text{mit} \quad h_{v1} = 1{,}1\,\lambda \cdot v_1^2/2g \quad \text{nach Bild 31}$$

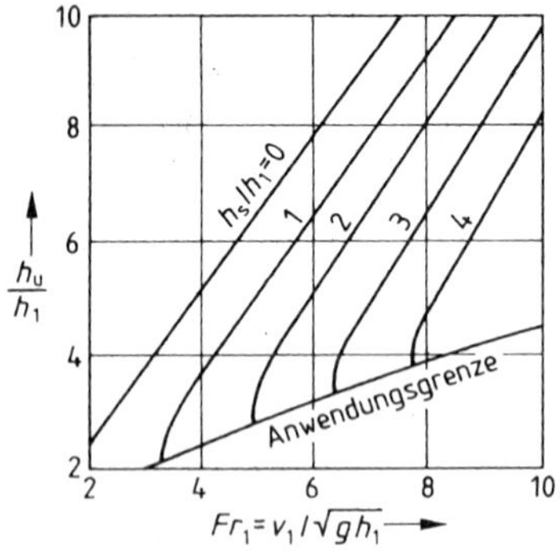

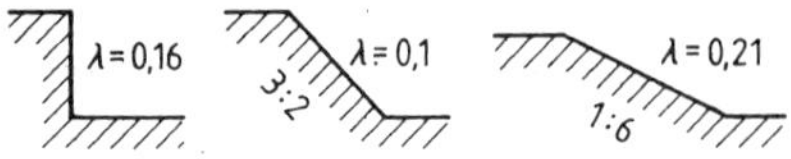

Bild 31 Verlustbeiwerte für Schußböden

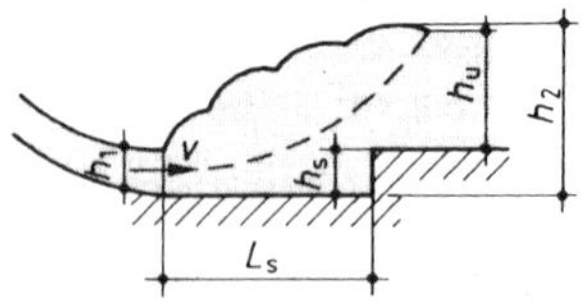

Bild 32 Tosbecken mit Stufe h_s und gleichbleibender Gerinnebreite [16]

Für die gegebenen Werte von h_u/h_1 und Fr_1 wählt man die erforderliche Tosbeckentiefe h_s. **Faustwert:** $h_s = 1{,}05 \cdot h_2 - h_u + v_2^2/2g - v_u^2/2g$

Beispiel $h_u/h_1 = 5$, $Fr_1 = 4{,}5 \rightarrow h_s/h_1 = 0{,}63$

Tosbeckenlänge $L_s = 5(h_u + h_s)$

Bei Tosbecken nach Bild 32 muß $Fr_u < 1$ sein, d. h. im UW strömender Abfluß. Wenn man die UW-Tiefe beeinflussen kann, ist auch die Wahl anderer Verhältnisse h_s/h_1 möglich.

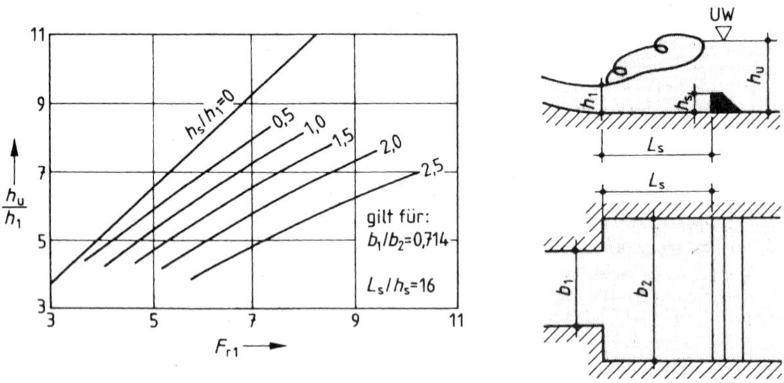

Bild 33 Räumliches Tosbecken mit Endschwelle [16]

Für Tosbecken nach Bild 33 ist $\mathbf{L}_s = \mathbf{16} \cdot \mathbf{h}_s$

Beispiel Geg.: $q = 6$ m³/(s · m); $h_1 = 0{,}55$ m; $v_1 = 10{,}9$ m/s; $Fr = 4{,}7$; gewählt: $h_s/h_1 = 1$: nach Bild 33: zul $h_u/h_1 = 5$; erf $h_u \geqq 5 \cdot 0{,}55 = 2{,}75$ m; erf $L_s = 16 \cdot h_s = 16 \cdot 0{,}55 = 8{,}80$ m

Der Wechselsprung kann auch bei Abflüssen $Q < Q_{max}$ aus dem Tosbecken ausgetragen werden. Dieses muß also für verschiedene $0 \leqq Q \leqq Q_{max}$ untersucht werden.

Bei Tosbecken nach Bild 31, links, muß die Tosbeckenlänge um das Maß L_{sp} vergrößert werden:

Sprungweite des Überfallstrahls L_{sp}

$$\boldsymbol{L_{sp} = 4{,}3\,[h_{gr}/(h_w + h_s)]^{1/3} \cdot \sqrt{h_{gr}(h_w + h_s)}} \text{ in m}$$

3.3.5 Wehre – Überfallwehr

3.3.5.1 Vollkommener Überfall

Kriterium. Durchfluß mit Fließwechsel, d.h. der UW-Stand beeinflußt den OW-Stand nicht. Das ist immer der Fall, wenn das Unterwasser tiefer als die Wehrkrone steht (s.a. Abschn. 3.5.2).

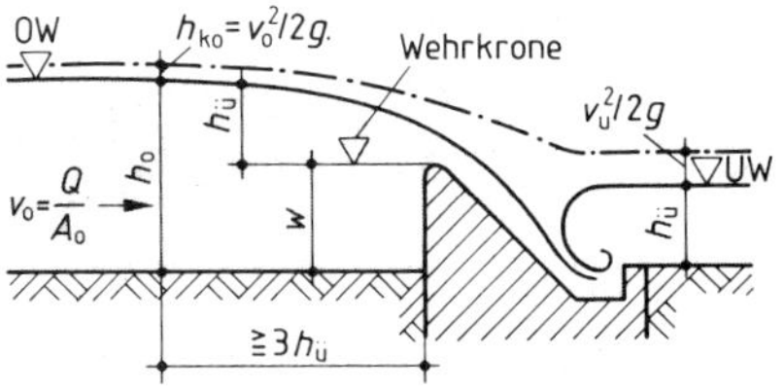

Bild 34 Vollkommener Überfall

Bei rechteckigen Durchflußquerschnitten gilt Gl. (34) für $v_0 \leqq 1{,}0$ m/s. bzw. Gl. (35)

$$Q=\frac{2}{3}\mu b\sqrt{2g}\,h_ü^{3/2} \quad \text{in m}^3/\text{s} \quad (34) \quad \text{nach Poleni}$$

$$Q=\frac{2}{3}\mu b\sqrt{2g}\,[(h_ü+h_{ko})^{3/2}-h_{ko}^{3/2}] \quad \text{in m}^3/\text{s für } v_0>1{,}0\text{ m/s} \quad (35)$$

breit, scharfkantig, waagerecht $\mu=0{,}49$ bis 0,51

breit waagerecht, Kanten abgerundet $\mu=0{,}50$ bis 0,55

scharfkantig, schräg (s. 3.3.5.4) Überfallmessung) $\mu=0{,}64$

gut abgerundeter Querschnitt $\mu=0{,}73$ bis 0,75

dachförmig, gut abgerundet, $\mu<0{,}79$

Bild 35 Kronenform und Überfallbeiwerte μ

Wehr mit kreisförmiger oder elliptischer Krone nach Rehbock mit Gl. (36)

$$\mu=0{,}312+\sqrt{0{,}3-0{,}01\,(5-h_ü/r)^2}+0{,}09\,h_ü/w \quad (36)$$

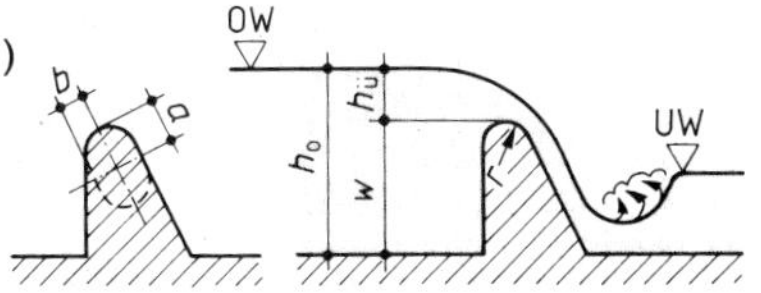

Bild 36 Ersatzradien

Voraussetzungen: Angeschmiegter Strahl, vollkommener Abfluß am Wehr,

$$0{,}02\text{ m}<r<w; \quad h_ü<r\left(6-\frac{20r}{w+3r}\right)$$

wegen möglicher Strahlbelüftung $\mu \leq 0{,}75$

Bei elliptischer Krone mit Ersatzradius rechnen:

$$r=b\left(\frac{4{,}57b}{2a+b}+\frac{a}{20b}-0{,}573\right) \quad (37) \quad \text{mit } 6>\frac{a}{b}>0{,}05$$

Trapezwehr

Es gelten die vorstehenden Überfallbeiwerte. In Gl. (38) wird wie in Gl. (34) für $v_o \geqq 1{,}0$ m/s die kinetische Energie im Zulauf vernachlässigt.

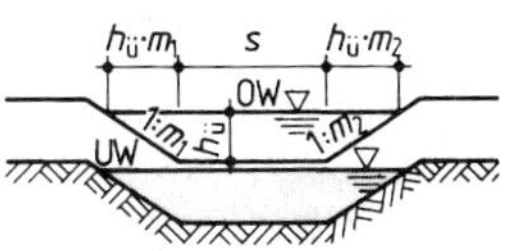

Bild 37 Trapezwehr

$$m=0{,}5\,(m_1+m_2); \quad h_{ko}=v_o^2/2g$$

$$Q=\frac{2}{3}\cdot\mu\cdot\sqrt{2g}\cdot h_ü^{3/2}(s+4\cdot m\cdot h_ü/5) \quad \text{in m}^3/\text{s} \quad (38)$$

$$Q=\frac{2}{3}\cdot\mu\cdot\sqrt{2g}\cdot\Big\{s[(h_ü+h_{ko})^{3/2}-h_{ko}^{3/2}]+\left(\frac{4}{5}\right)\cdot m[(h_ü+h_{ko})^{5/2}-\left(\frac{5}{2}\right)\cdot h_ü\cdot h_{ko}^{3/2}-h_{ko}^{5/2}]\Big\} \quad \text{in m}^3/\text{s} \quad (39)$$

3.3.5.2 Unvollkommener Überfall – Grundwehr

Der Unterwasserspiegel steht höher als die Wehrkrone. Eine Beeinflussung des Oberwasserspiegels erfolgt erst, wenn der Beiwert c nach Bild 39 kleiner als 1,0 wird. μ-Werte wie Abschn. 3.3.5.1.

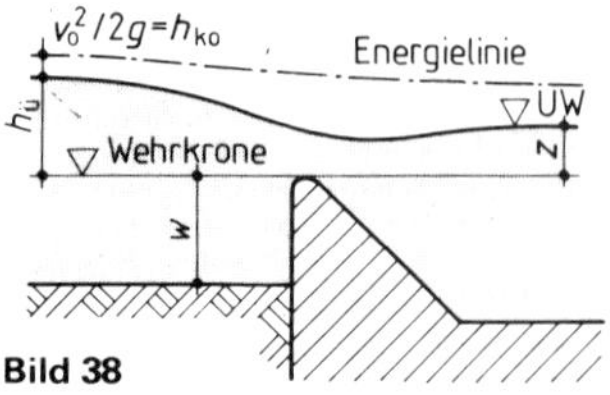

Bild 38

$$Q=c\cdot\frac{2}{3}\mu b\sqrt{2g}\,h_ü^{3/2}\ \text{in m}^3/\text{s} \quad (40)$$

Ermittlung von $h_ü$ iterativ, indem für verschiedene $h_ü \to Q$ ermittelt und mit dem Sollwert verglichen wird.

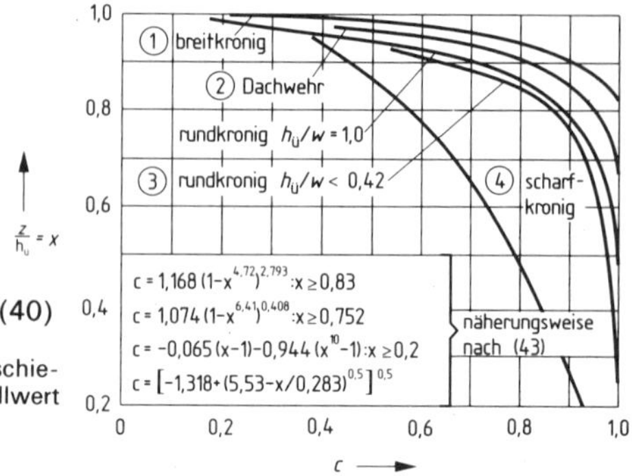

Bild 39 *c*-**Werte für den unvollk. Überfall**

3.3.5.3 Streichwehr

$$Q=\mu^*(2/3)\cdot\sqrt{2g}\cdot L\,[(h_{ü1}+h_{ü2})/2]^{1,5} \quad (41)$$

mit $\mu^*=0,95\,\mu_{normal}$ (s. Abschn. 3.3.5.1) (42)

$$L=Q/[\mu^*\cdot 1,044\,(h_{ü1}+h_{ü2})^{1,5}] \quad (43)$$

Die Gln. gelten nur für $v_o'=Q_o/(b_o\cdot h_o')$ bzw. bei nicht rechteckigen Querschnitten mit $v_o'=Q_o/A_o'<0,75\,v_{gr}$ d.h. sicher strömendem Zufluß an der Vorderkante der Wehrschwelle.

Q_u und damit $Q=Q_o-Q_u$ sowie h_u sind meist gegeben.

Mit dem Q_u', das noch voll, d.h. ohne Überschlag weiterläuft, wird $w=h_u'$.

Lösungsweg h_u aus den Profilkennwerten des UW (evtl. auch Staukurvenberechnung). h_o' aus:

$h_o'^3-[\zeta\cdot 1,1\cdot Q_u^2/(b_u^2\cdot h_u^2\cdot 2g)+h_u+\zeta\cdot h_v-I_s\cdot L]\,h_o'^2+\zeta\cdot 1,1\,Q_o^2/(b_o^2\cdot 2g)=f(h_o')$ und $3h_o'^2-2[\zeta\cdot 1,1\cdot Q_u^2/(b_u^2\cdot h_u^2\cdot 2g)+h_u+\zeta\cdot h_v-I_s\cdot L]\,h_o'=f'(h_o')$;
(nach Newton, s. Abschn. 3); $\zeta\cdot h_v\approx I_s\cdot L$

Erster Schätzwert für $h_o'\approx h_u$ bzw. w; ζ aus Bild 41 mit $h_m\approx h_{ü2}$

Mit dem ersten Wert für h_o' Ermittlung von L aus Gl. (43) und $h_v=L\,(v_o'+v_u)^2/(4R_m^{4/3}\cdot k_s^2)$. Es muß ζ_o aus der Gl. $\zeta_o=(h_u-h_o')/(1,1\,v_o'^2/2g-1,1\,v_u^2/2g-h_v+I_s\cdot L)$ mit ζ_{Tafel} übereinstimmen. Wenn nicht, bei (h_u-h_o') das h_o' so ändern, daß $\zeta_o\approx\zeta_{Tafel}$. Damit ermittelt man ggf. weitere Werte für h_o' usw. Meistens reicht $\zeta\cdot h_v=I_s\cdot L$ aus.
Bei $b_o>b_u$ ist $\zeta=1$.

Überschlagsformel $L=0,8\,Q/h_{ü2}^{1,5}$ (44)
(gibt lange Wehre)

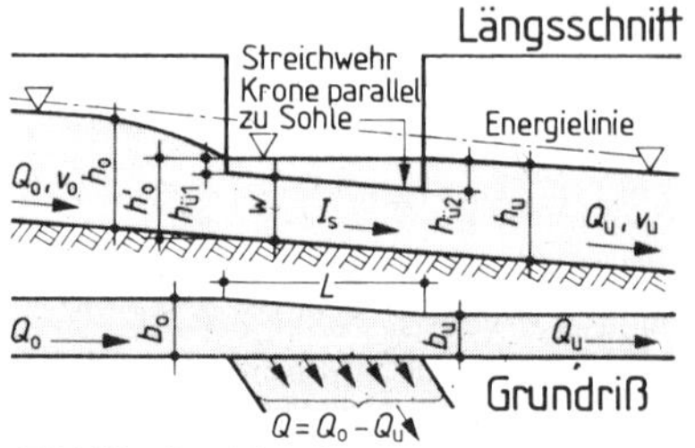

Bild 40 Streichwehr

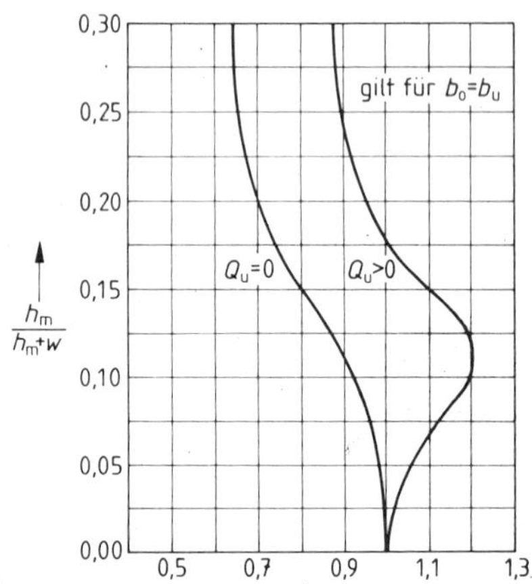

Bild 41 Beiwert ζ

3.3.5.4 Meßwehre und Venturikanal

Rechtecküberfall

Nach Rehbock gilt:

a) Ohne seitliche Einschnürung des Überfalls $b=B$;

$$\boldsymbol{Q=(1{,}782+0{,}24\cdot h_e/w)\cdot b\cdot h_e^{1,5}} \text{ in m}^3/\text{s}$$

mit $h_e=h_ü+0{,}0011$ m (45)

Gültig für $w>0{,}30$ m;

$0{,}02 \leqq h_e \leqq 1{,}25$ m, $h_e/w \leqq 0{,}65$

b) Mit seitlicher Einschnürung des Überfalls $b<B$

nach Schweizer. Ing. und Architektenverein

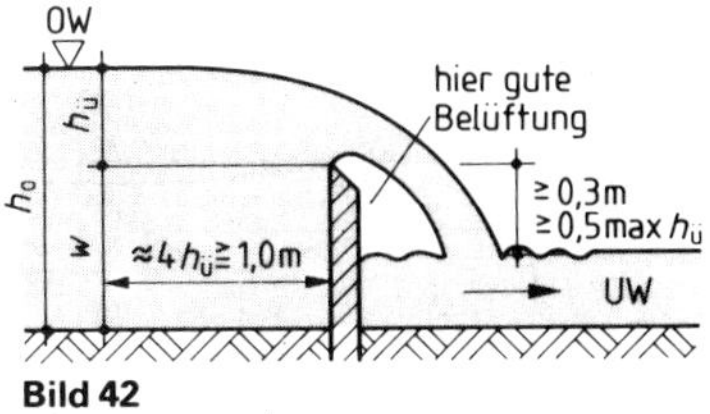

Bild 42

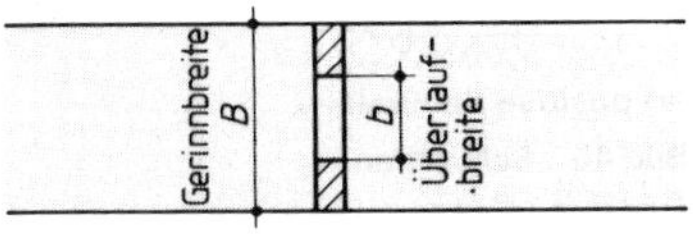

Bild 43 Rechteckmeßwehr

$$\boldsymbol{Q=2{,}95\cdot b\cdot\left[0{,}578+0{,}037\left(\frac{b}{B}\right)^2+\frac{3{,}615-3\left(\frac{b}{B}\right)^2}{1000\,h_ü+1{,}6}\right]\cdot\left[1+0{,}5\left(\frac{b}{B}\right)^4\cdot\left(\frac{h_ü}{h_o}\right)^2\right]\cdot h_ü^{1,5}} \quad (46)$$

Gültig für $w \geqq 0{,}30$ m, $b/w \leqq 1$; $0{,}025\cdot B/b \leqq h_ü \leqq 0{,}80$ m

Dreiecküberfall (Thomson-Meßwehr)

$$\boldsymbol{Q=\frac{8}{15}\mu\tan\frac{\alpha}{2}\sqrt{2g}\,h_ü^{2,5}} \text{ in m}^3/\text{s} \quad (47)$$

mit $\mu=0{,}565+0{,}0087/\sqrt{h_ü}$ nach Strickland

Für $B>8h_ü$, $\alpha=90°$, $w \geqq 3h_ü$

Für Abläufe aus breiten Becken mit $\alpha=90°$

$$\boldsymbol{Q=1{,}34\cdot h_ü^{2,48}} \text{ in m}^3/\text{s} \quad (48)$$

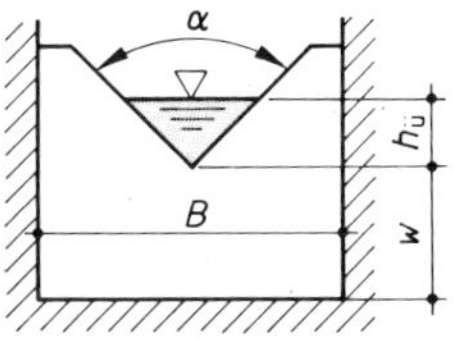

Bild 44 Dreieckmeßwehr

Venturikanal mit Fließwechsel

$$\boldsymbol{Q=\alpha\cdot\mu\cdot b\cdot h_o^{1,5}} \text{ in m}^3/\text{s} \quad (49)$$

Tafel 38 [1]

b/B	μ	h_u/h_o	b/B	μ	h_u/h_o
0,25	1,729	0,561	0,50	1,813	0,754
0,30	1,740	0,607	0,55	1,840	0,784
0,35	1,754	0,649	0,60	1,872	0,812
0,40	1,770	0,687	0,65	1,909	0,839
0,45	1,790	0,722	0,70	1,954	0,865
0,50	1,813	0,754	0,75	2,009	0,889

$\alpha=0{,}95$ bis 1,0 je nach OW-seitiger Ausrundung i.M. $\alpha=0{,}97$

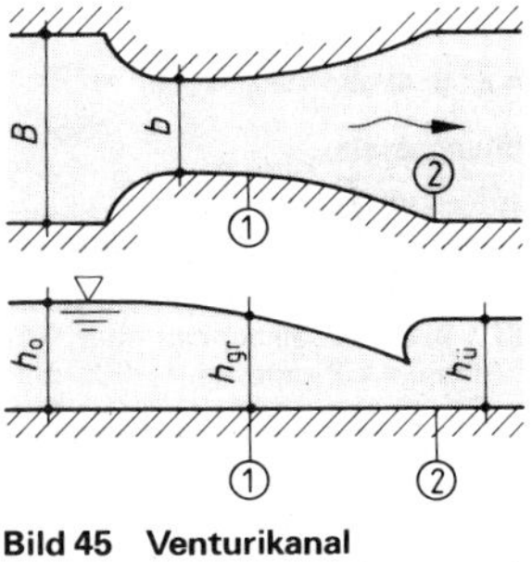

Bild 45 Venturikanal

Es **muß sein** $h_u \leqq h_o\cdot(h_u/h_o)_{\text{Tafel}}$, sonst Sohlsprung von ① nach ② anordnen.

Sinnvoller Bereich für die Einschnürung: $0{,}25 \leqq b/B \leqq 0{,}75$

Es ist $\mu=\sqrt{g}\,[2\cdot(B/b)\cdot\cos(60°+\psi/3)]^{1.5}$ (50) mit $\psi=\arccos(b/B)$ (51);

$$\frac{h_u}{h_o}=\frac{\cos(60°+\psi/3)}{2\cdot\cos(60°-\psi/3)}\left[-1+\sqrt{1+64\,(B/b)\cdot\cos^3(60°-\psi/3)}\right] \quad (52)$$

3.3.5.5 Durchfluß an Schwellen

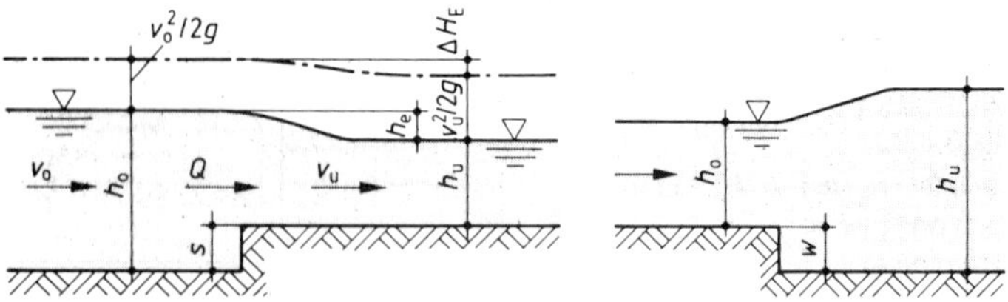

a) positive Schwelle b) negative Schwelle

Bild 46 Schwellen

$$h_o^3-\left(\frac{2Q^2}{h_u\cdot b^2\cdot g}+h_u^2+c\,(2\cdot h_u+s)\cdot s\right)\cdot h_o+\frac{2Q^2}{b^2\cdot g}=h_o^3-c_1\cdot h_o+c_2=0\Rightarrow f(h_o)\qquad(53)$$

$3h_o^2-c_1=0=f'(h_o)$ (54); Iteration mit $h_{o1}=h_u+v_u^2/2g\pm s$; $h_{o2}=h_{o1}-\dfrac{f(h_{o1})}{f'(h_{o1})}$

oder Zielwertabfrage $f(h_o)=0$; veränderlich: h_o

bei negativer Schwelle gilt das untenstehende (−), für s steht w und in der Klammer: $(2\cdot \boldsymbol{h_o}+w)$ (55)

Der Beiwert $c\approx 1$ bis 1,1 berücksichtigt den dynamischen Anteil des Wasserdruckes auf die Schwelle. Zur Kontrolle: der Energieverlust $h_v=(v_o^2-v_u^2)/2g+h_o-h_u-s$ (bzw. $+w$ bei negativer Schw.) muß >0 sein.

3.3.5.6 Ausfluß unter Schützen

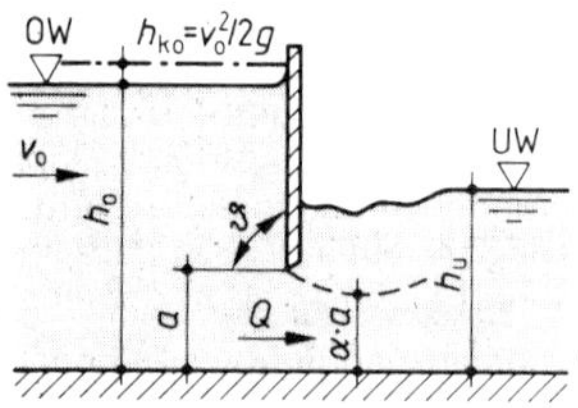

Bild 47 Schütz

$$\boldsymbol{Q=\varkappa\cdot\mu\cdot a\cdot b\cdot\sqrt{2gh_o}}\ \text{in m}^3/\text{s}\qquad(56)$$

$b=$ Öffnungsbreite

$\mu=\delta/\sqrt{1+\delta\cdot a/h_o}$

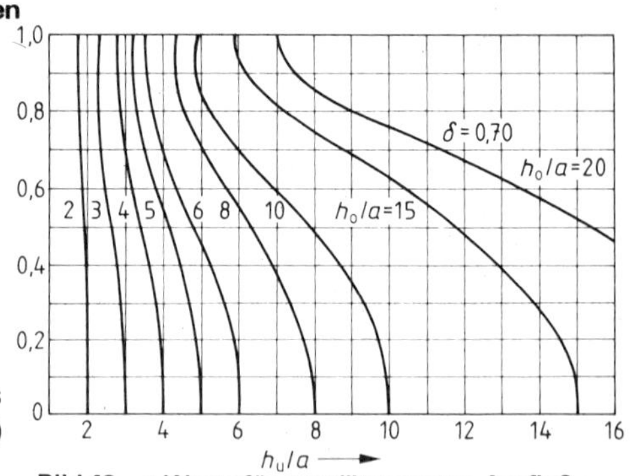

Bild 48 $\varkappa$-Werte für unvollkommenen Ausfluß

$\varkappa=1$: vollkommener Ausfluß, z. B. bei $h_u/a\le 5{,}9$ und $h_o/a=15$

$\delta\approx 0{,}45$*) bei scharfkantigen Holzbalkentafeln mit $\vartheta=90°$ *) aus Großversuch

$\delta\approx 0{,}59$*) bis 0,62 bei senkrechten scharfkantigen Schützen mit $\vartheta=90°$ $\delta\approx 0{,}75$ bei $\vartheta=45°$;

$\delta\approx 0{,}70$ bei $\vartheta=60°$ und bei $\vartheta=90°$ mit abgerundeter Ablösungskante $\delta\approx 0{,}81$ bei $\vartheta=30°$

Unvollkom. Ausfl. bei $h_u/a\le\delta/2\cdot(-1+[16\cdot h_o^2\cdot a^2/\delta/(\delta+h_o/a)+1]^{0,5})$. Dann wird $\varkappa=(m-(m^2-1+h_u^2/h_o^2)^{0,5})^{0,5}$; mit: $m=1-2\cdot\delta\cdot a/h_o/(1+\delta\cdot a/h_o)+2\cdot\delta^2\cdot a^2/h_o/h_u/(1+\delta\cdot a/h_o)$

3.3.5.7 Tauchwandverluste

Aufstau vor der Tauchwand

$$\boldsymbol{h_v=[Q/(\mu\cdot b\cdot a\cdot\sqrt{2g})]^2}\ \text{in m}\qquad(57)$$

$\mu=0{,}73$ bis 0,90; mit h_v zunehmend; im Mittel $\approx 0{,}85$

Bei einer exakteren Berechnung durch Iteration setzt man Erweiterungs- und Einschnürungsverluste an.

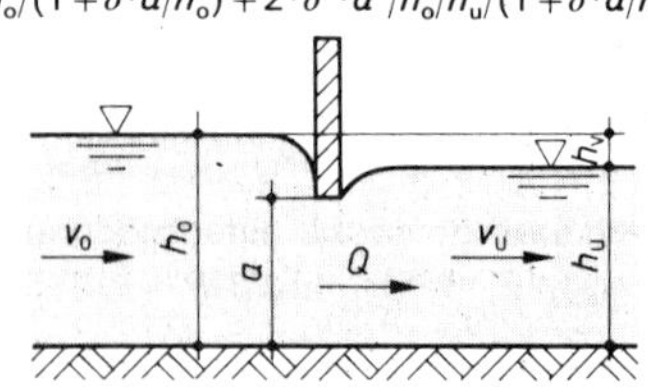

Bild 49 Tauchwand

3.3.6 Freier Ausfluß aus einer Öffnung über UW

a) h_0/d bzw. $h_0/a \geqq 4$ $\quad Q = \alpha A \cdot \sqrt{2g(h_0 + h_{k0})}$ in m^3/s nach Toricelli (58)

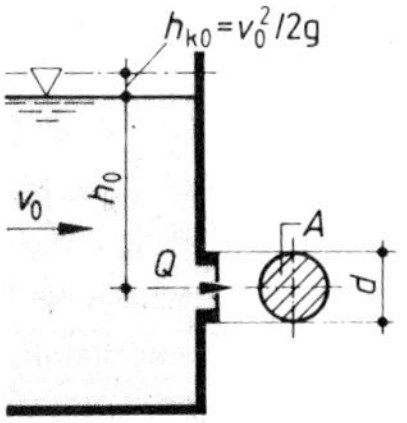

Bild 50a
Runde Ausflußöffnung

Tafel 39 Ausflußzahl α

Öffnung	sehr schlecht	scharfkantig	abgeschrägt	abgerundet
α	0,66 bis 0,82	0,83 bis 0,86	0,89	0,96 bis 0,97

Für Rechtecköffnungen ist $\alpha \triangleq \mu$, siehe b)

b) $h_0/a < 4$, Rechtecköffnungen

$$Q = \frac{2}{3} \cdot \mu \cdot b \cdot \sqrt{2g}\left[(h_2 + h_{k0})^{1,5} - (h_1 + h_{k0})^{1,5}\right] \quad (59)$$

a/b	0	0,5	1	1,5	2
μ	0,67	0,64	0,58	0,50	0,44

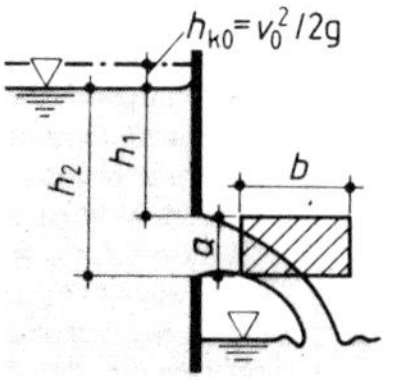

Bild 50b
Rechtecköffnung

3.3.7 Aufstau vor Rechen

$$z \approx 4(s/a) \cdot \delta \cdot \sin\alpha \cdot v_0^2/2g \quad \text{in m} \quad (60)$$
$$[0{,}125 \leqq s/a \leqq 1{,}0]$$

a = li. Stababstand, s = Stabdicke, δ Formbeiwert: ▨ $\delta = 1$; ⬭ $\delta = 0{,}5$; α = Rechenneigung gegen die Sohle; v_0 = Zulaufgeschwindigkeit bezogen auf die Projektion der Rechenfläche in Fließrichtung in m/s.

Bei Verlegung des Rechens, z.B. um 40%, steigt s/a auf $s/(1-0{,}4)a$ an. Evtl. Einschnürungsverlust nach Abschn. 3.1.3.4 ansetzen, s.a. [1].

3.4 Schleppwirkung in Wasserläufen

3.4.1 Künstliche Sohlabpflasterungen

Nach Meyer-Peter beginnt der Geschiebetrieb bei

$$R_s \cdot (k_{St}/k_r)^{3/2} \cdot \gamma_w \cdot h \cdot I_E$$
$$> 0{,}047 \cdot \gamma_s'' \cdot d_m + 0{,}25\,(\gamma_w/g)^{1/3} \cdot g_s''^{2/3} \quad (61)$$

$R_s = \frac{b}{l_u}$; $(k_{St}/k_r)^{2/3} \approx 1$ bei glatten Sohlen; $k_r = 26/\sqrt[6]{d_m}$;

d_m der Deckschicht $= d_{90}$ der Unterschicht, d.h. des ungestörten Bodens in m; γ_s'' = Wichte des Geschiebes $-\gamma_w$ (Quarz 1,65, Kalkstein 1,70, Gneis 2,0, Schiefer 1,8); g_s'' = Geschiebegewicht unter Wasser in kg/m Flußbreite/s; h = Wassertiefe, I_E = Energieliniengef.; b = Spiegelbreite.

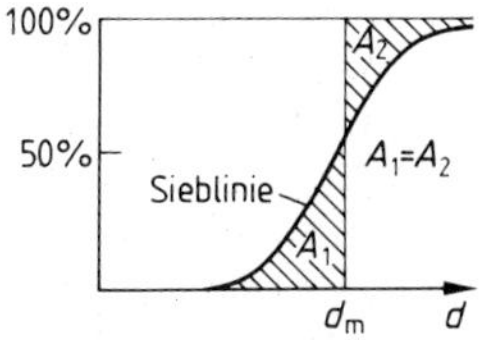

Bild 51
Ermittlung von d_m

Erforderliche Korndurchmesser für eine Abpflasterung der Sohle (mit 1,55-facher Sicherheit).

$$d_m \approx d_{50} = 20 \cdot (b/l_u) \cdot h \cdot I_E \quad \text{in m} \quad (62)$$

Schichtdicke s bei einheitlichem Korn,

$$s = (2 \text{ bis } 3)\, d_{erf} \quad 0{,}9\, d_m \leqq d_{erf} \leqq 1{,}1\, d_m \quad (63)$$

Schichtdicke bei gemischtem Korn,

$$s = 1{,}6\, d_{erf} \quad 0{,}6\, d_m \leqq d_{erf} \leqq 1{,}6\, d_m \quad (64)$$

Auf den Böschungen beträgt einerseits die Schubspannung nur etwa 75% der Sohlschubspannung, andererseits muß die geringere Stabilität der Körnung berücksichtigt werden. Der Abminderungsfaktor K ist [nach Lane, ASCE, 1953] definiert zu $K = \cos\alpha \cdot \sqrt{1 - (\tan^2\alpha/\tan^2\varphi)}$ (65) mit α = Böschungsneigung, φ = Winkel der inneren Reibung unter Wasser n. Bild 52. Die erforderliche Korngröße wird damit:

$$d_{m \cdot \alpha} = d_m \cdot 0{,}75/K \quad (66)$$

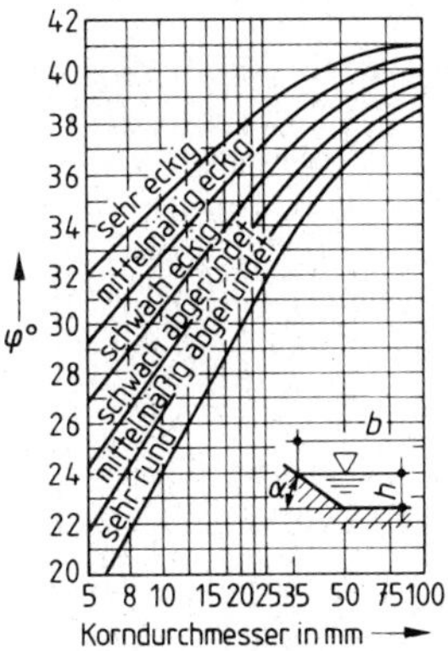

Bild 52 Reibungswinkel φ in nichtbindigem Material

3.4.2 Grenzschleppspannung – Grenzgeschwindigkeit

Für den praktischen Gebrauch sind die Grenzschleppspannung τ_0 oder die Grenzgeschwindigkeit v_0 nach DIN V 19661-2 (8.91), Sohlbauwerke in Tafel 39 angegeben. Es gilt I_E^* **in ‰**

$$\tau = \varrho \cdot g \cdot h \cdot I_E \approx 10 \cdot h \cdot I_E^* \quad \text{in N/m}^2 \text{ bzw. Pa} \quad \text{bei } b \geq 30h \text{ (Näherung)} \tag{67}$$

$$\tau \approx 10 \cdot (A/l_u) \cdot I_E^* \approx 10 \cdot r_{hy} \cdot I_E^* = 10000 \cdot v^2/k_{ST}^2/r_{hy}^{1/3} \quad \text{in N/m}^2 \text{ bzw. Pa} \tag{68}$$

Tafel 40 Grenzwerte für Schleppspannung τ_0 und zul. Höchstgeschwindigkeit v_0

	Sohlenbeschaffenheit	τ_0 in N/m²	v_0 in m/s
Einzelkorngefüge vorherrschend	Feinsand, Korngröße 0,063 bis 0,2 mm	1,0	0,20 bis 0,35
	Mittelsand, Korngröße 0,2 bis 0,63 mm	2,0	0,35 bis 0,45
	Grobsand, Korngröße 0,63 bis 1 mm	3,0	–
	Grobsand, Korngröße 1 bis 2 mm	4,0	–
	Grobsand, Korngröße 0,63 bis 2 mm	6,0	0,45 bis 0,60
	Kies-Sand-Gemisch, Korngröße 0,63 bis 6,3 mm festgelagert, langanhaltend überströmt	9,0	–
	Kies-Sand-Gemisch, Korngröße 0,63 bis 6,3 mm, festgelagert, vorübergehend überströmt	12,0	–
	Feinkies, Korngröße 2 bis 6,3 mm	–	0,60 bis 0,80
	Mittelkies, Korngröße 6,3 bis 20 mm	15,0	0,80 bis 1,25
	Grobkies, Korngröße 20 bis 63 mm	45,0	1,25 bis 1,60
	Steine, Korngröße 63 bis 100 mm	–	1,60 bis 2,00
	plattiges Geschiebe, 1 bis 2 cm hoch, 4 bis 6 cm lang	50,0	–
Boden wenig kolloidal	lehmiger Sand	2,0	–
	lehmhaltige Ablagerungen	2,5	–
	lockerer Schlamm	2,5	0,10 bis 0,15
	lehmiger Kies, langanhaltend überströmt	15,0	–
	lehmiger Kies, vorübergehend überströmt	20,0	–
Boden stark kolloidal	lockerer Lehm	3,5	0,15 bis 0,20
	festgelagerter sandiger Lehm	–	0,40 bis 0,60
	festgelagerter Lehm	12,0	0,70 bis 1,00
	Ton	12,0	–
	festgelagerter Schlamm	12,0	–
	fester Klei	–	0,90 bis 1,30
	Rasen verwachsen, langanhaltend überströmt	15,0	1,5
	Rasen verwachsen, vorübergehend überströmt	30,0	2,0

Mit den Werten der Tafel 40 oder Bild 53, für nichtbindiges, und Bild 54 für bindiges Sohlenmaterial, kann man das zulässige Gefälle I^*_{zul} bzw. I_{zul} wie folgt ermitteln:

$$I^*_{zul} = \tau_0/(10 \cdot h) \quad \text{bzw.} \quad I^*_{zul} = \tau_0/(10 \cdot r_{hy}) \quad \text{und} \quad I_{zul} = v_0^2/(k_s^2 \cdot r_{hy}^{4/3}) \tag{69}$$

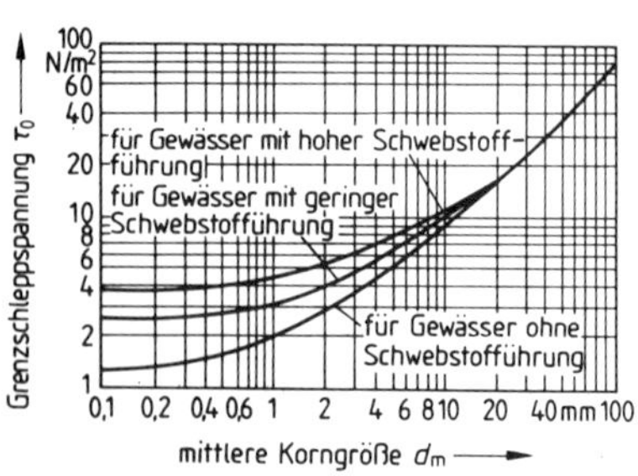

Bild 53 Grenzschleppspannung für nichtbindige Sohlenmaterialien in Abhängigkeit von der mittleren Korngröße d_m

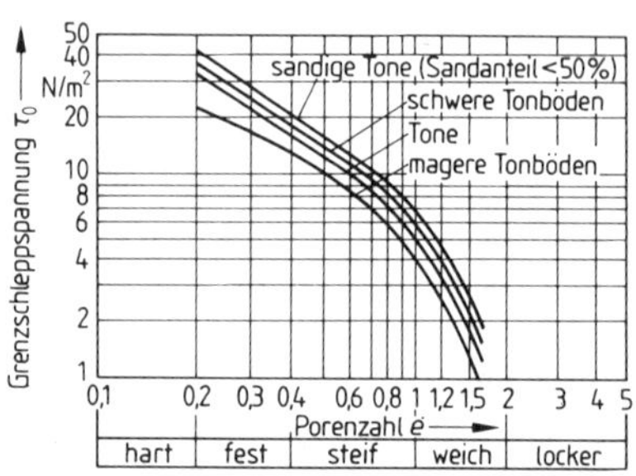

Bild 54 Grenzschleppspannung für bindige Sohlenmaterialien in Abhängigkeit von der Porenzahl e

Die Porenzahl $e = (V - V_s)/V_s$ ermittelt sich aus dem Gesamtvolumen V der bindigen Bodenprobe und V_s dem Feststoffvolumen derselben.

3.5 Grundwasserbewegung [4]

3.5.1 Freier Grundwasserspiegel

Zulauf zum Einzelbrunnen (70)

$$Q=[\pi \cdot k_f(h_{Gr}^2-h^2)]/(\ln R-\ln r) \quad \text{in m}^3/\text{s}$$

Fassungsvermögen eines Brunnens

$$q=2\cdot\pi\cdot r\cdot h\cdot\sqrt{k_f}/15 \quad \text{in m}^3/\text{s} \quad (71)$$

optimale Absenkung s_{opt} bei: $Q=q \mathrel{\hat{=}} Q_{max}$

Betriebsabsenkung bei der Wassergewinnung

$s \leqq h_{Gr}/3$ bzw. $s \leqq 0{,}6$ bis $0{,}75\, s_{opt}$

nach Sichardt: $\boldsymbol{R=3000\cdot s\cdot\sqrt{k_f}}$ in m; (72)

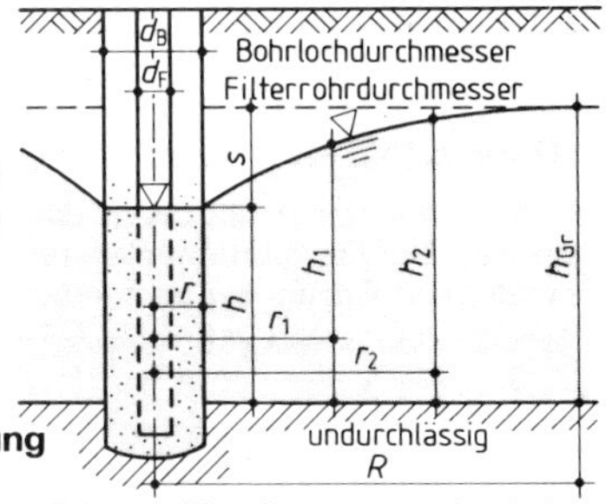

Bild 55 Einzelbrunnen mit freiem Grundwasserspiegel

k_f = Durchlässigkeitsbeiwert m/s aus Pumpversuch mit verschiedenen Q = const bis s = const. Ablesungen an mindestens zwei Pegelbrunnen im Abstand r_1 und r_2, üblich 6 bis 12 Pegel: $k_f=Q(\ln r_2-\ln r_1)/[(h_2^2-h_1^2)\cdot\pi]$ in m/s

Ein besseres Bild von der Abhängigkeit von k_f von der Größe der Absenkung s, vor allem bei unterschiedlich geschichteten Boden, gibt die graphische raumzeitliche Auswertung [4].

Aus der Kornverteilungskurve gilt nach Hazen und Beyer [4] bei mittlerer natürlicher Lagerungsdichte $\boldsymbol{k_f \approx 0{,}0116\cdot U^{-0{,}201}\cdot d_{10}^2}$ [m/s]; für $\boldsymbol{1 \leqq U \leqq 30}$ mit $U=d_{60}/d_{10}$; (d_{10} ist der Korndurchmesser in mm bei 10% Siebdurchgang;) bei dichtester Lagerung reduziert sich k_f um 20%; bis zur lockersten Lagerung steigt k_f um 20% bei $U=1$, um 40% bei $U=5$ und um 50% bei $U=15$ bis 30.

Beachte bei Wasserversorgungsbrunnen: Filtereintrittsmenge nach Truelsen wegen Verockerung $q_F \leqq 28{,}3/d_{WK}$ in $m^3/(m^2\cdot h)$ mit d_{WK} in mm = größtes Filterkorn direkt am Filterrohr.

Filterregel: $\boldsymbol{d_F=(4 \text{ bis } 5)\, d_{80}}$ für $U<3$; $\boldsymbol{d_F=(4 \text{ bis } 5)\, d_{90}}$ für $3 \leqq U \leqq 5$. Bei $U>5$ wird aus der Probe so lange Grobkorn entfernt, bis $U \leqq 5$.

Einige grobe Anhaltswerte für k_f in m/s verschiedener Bodenarten

Bodenart	k_f	Bodenart	k_f
Kies 4 bis 8 mm ohne Beimengung	$3{,}5\cdot10^{-2}$	Dünensand (Nordsee)	$2\cdot10^{-4}$
Kies 2 bis 4 mm ohne Beimengung	$2{,}5\cdot10^{-2}$	teils feste Sande m. Fein-	1 bis $1{,}5\cdot10^{-4}$
Diluvialterrasse, Donau b. Straubing	$1{,}5\cdot10^{-2}$	kiestonige Sande	$1\cdot10^{-4}$
Grobkies mit Mittelkies u. Feinsand	$7{,}0\cdot10^{-3}$	Grobkies mit Sand	$5\cdot10^{-3}$
Mittelsand, Langen, Ffm	$1{,}5\cdot10^{-3}$	Grob-, Mittelsand, Feinkies	3 bis $4\cdot10^{-3}$

Ein Brunnen wird zum unvollkommenen Brunnen bei

$h_{Gr}>H=h+s.$

In die Gleichung für Q tritt H an die Stelle von h_{Gr} und die Leistung des Brunnens erhöht sich um den Faktor ε_B nach Bild 53

$$Q_{unv}=\varepsilon_B\cdot Q_{vollk} \quad (73)$$

Bei undurchlässiger Brunnensohle verringert sich der Zufluß um den Faktor $m_s=2h/(2h+r)$ (74)

Hierbei gilt ein unten verschlossenes Filterrohr mit Kiesunterschüttung noch als durchlässig.

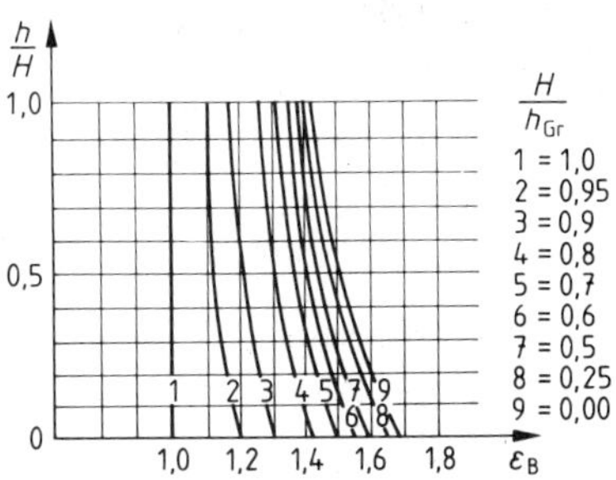

Bild 56 Vergrößerungsfaktor ε_B für einen unvollkommenen Brunnen nach Breitenöder

17

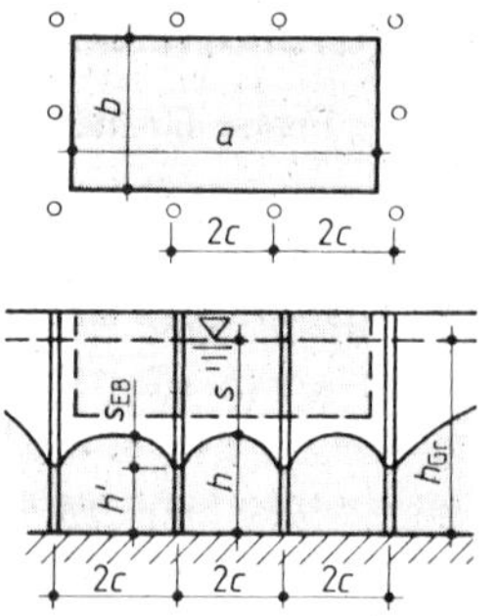

Bild 57 Brunnenanordnung

Bei **Baugruben** [4] tritt in der Gleichung für Q an die Stelle von r der Ersatzradius $A \approx b[0{,}2(a/b)+0{,}4]$. [Für Kanalstrecken gilt $A \approx L/3$.]

$$\boldsymbol{Q=\pi\cdot k_f(h_{Gr}^2-h^2)/(\ln\cdot R-\ln A)} \quad \text{in m}^3/\text{s} \qquad (75)$$

Die Absenktiefe s reicht bis 50 cm unter die Baugrubensohle. Der Einzelbrunnen leistet weniger, da $h'<h$. Es muß sein: Anzahl der Brunnen $n=Q/q'$;

$$\boldsymbol{q'=2\cdot r\cdot\pi\cdot h'\cdot\sqrt{k_f}/15}; \quad \text{in m}^3/\text{s} \qquad (76)$$

ferner $_{\text{vorh}}h' \geqq h-s_{EB}$ (77)

mit $s_{EB}=h-\sqrt{h^2-1{,}5\cdot q'[\ln(c/r)]/(\pi\cdot k_f)}$. (78)

Der Beiwert 1,5 gilt für Einzelbrunnenabstände $2c>10\cdot\pi\cdot r$. Sonst wird statt 1,5 der Wert 2 eingesetzt.

In der Regel wird aus der Zahl n der Einzelbrunnen q' und damit h' ermittelt. Hierbei ist dann, wenn $h_{Gr}>H=s+s_{EB}+h'$ ist, (also unvollkommener Brunnen) bei zunehmender Brunnentiefe der Wasserandrang deutlich höher. Durch Proberechnung wird erreicht, daß einerseits Q klein bleibt und andererseits h' nicht zu klein bzw. h zu groß wird. Die vorstehenden Gleichungen gelten nur für $\ln(R/A) \geqq 1$. Für den gespannten GW-Spiegel (s. unten) gilt analog

$$s_{EB}=\frac{1.5\cdot q'\cdot\ln(c/r)}{\pi\cdot k_f\cdot 2m} \quad \text{in m} \qquad (79)$$

Zulauf zu einem **Sickerschlitz** von **einer** Seite her:

$\boldsymbol{q=k_f(h_{Gr}^2-h^2)/2R'}$ in m³/s (80) je lfm mit $R'=(1500 \text{ bis } 2000)\, s\sqrt{k_f}$ in m (81)

3.5.2 Gespannter Grundwasserspiegel

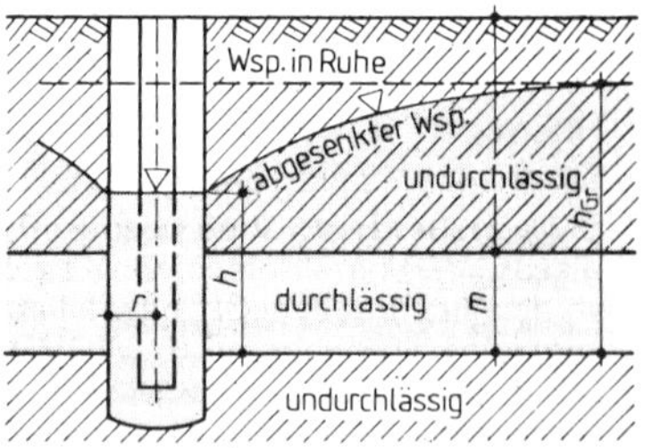

Bild 58 Einzelbrunnen mit gespanntem Grundwasserspiegel

Zulauf zum Einzelbrunnen

$$\boldsymbol{Q=2\pi\cdot k_f\cdot m(h_{Gr}-h)/(\ln R-\ln r)} \quad \text{in m}^3/\text{s} \qquad (82)$$

Fassungsvermögen des Brunnens

$$\boldsymbol{q=2\pi\cdot r\cdot m\cdot\sqrt{k_f}/15} \quad \text{in m/s} \qquad (83)$$

k_f = aus Pumpversuchen: (84)

$k_f=Q(\ln\cdot r_2-\ln\cdot r_1)/[2\pi\cdot m(h_2-h_1)]$ in m/s

Zulauf zu einem **Sickerschlitz** je lfdm von **einer** Seite her:

$$\boldsymbol{q=k_f\cdot m(h_{Gr}-h)/R'} \quad \text{in m}^3/(\text{m}\cdot\text{s}) \qquad (85)$$

3.5.3 Erforderliche Antriebsleistung für die Pumpe

$\boldsymbol{P_m=\varrho\cdot g\cdot h_{man}\cdot Q/\eta'}$ (86) in kW

Damit für Grundwasserpumpen

erf $\boldsymbol{P\approx 16\cdot Q\cdot h_{man}}$ in kW (87)

$\boldsymbol{K_F=K_E\cdot P_m/(3600\cdot Q)}$ (88) in DM/m³

$\varrho\cdot g\approx 10$;
h_{man} = Höhenunterschied der Wasserspiegel (bzw. zum Austritt) zuzüglich Energieverlust (nach Abschn. 3.1.3) in m
Q = Förderstrom der Pumpe in m³/s
η' = Gesamtwirkungsgrad $=\eta_{Motor}\cdot\eta_p$
$\eta_{Motor}\approx 0{,}85$ bis 0,90
$\eta_p=0{,}60$ bis 0,80, i.M. 0,70 bei Reinwasserpumpen
$\eta_p\approx 0{,}35$ bis 0,70, i.M. 0,50 bei Abwasserpumpen
K_E = Strompreis in DM/kWh
K_F = Förderkosten in DM/m³.

erforderliche elektrische Arbeit für die Förderung eines Volumens V in m³

$$\boldsymbol{W=P_m\cdot V/(3600\cdot Q)=10\cdot h_{man}\cdot V/(\eta'\cdot 3600)} \quad \text{in kWh} \qquad (89)$$

4 Hydrologie — Hochwasserabflußspenden

DIN 4049-1 (12.92) Hydrologie, Grundbegriffe, quantitativ

Alle nachfolgend aufgeführten Ansätze zur Ermittlung von *HHq* ergeben bestenfalls Schätzwerte. Sie sollten nach Möglichkeit immer mit Hilfe der Daten benachbarter Einzugsgebiete „geeicht" werden. Die Formeln sollten vergleichend, d. h. parallel benutzt werden. Die Häufigkeit des Ereignisses n wird üblicherweise mit 0,01 bis 0,02 angesetzt.

Ab Einzugsgebietgrößen A_E von 100 bis 200 km² sind meist Pegelaufzeichnungen vorhanden, die zur Eichung von Niederschlags-Abflußmodellen unerläßlich sind und aus denen mit Hilfe statistischer Methoden *HHq* ermittelt werden kann [2] [5]. Hierbei werden in der Regel Ganglinien gewonnen, die für die Bemessung der Gewässer besser geeignet und für die der Rückhaltebecken unumgänglich sind.

Allg. gilt für die Jährigkeit des Hochwassers:

$$HQ_x = HQ_{100} \cdot f_x \quad \text{bzw.} \quad HQ_{100} = HQ_x / f_x \quad \text{mit} \quad f_x = 10^{(0{,}2962 \cdot \lg x - 0{,}5924)} \tag{90}$$

4.1 Höchstabflußspende nach Wundt [5]

Tafel 41 ***c*- und *m*-Werte nach Wundt**

	Ebene in ozeanischer Lage (I)		Bergland in kontinentaler Lage (II)	
	log *c*	*m*	log *c*	*m*
100%	3,180	−0,178	5,699	−0,632
90%	2,701	−0,118	4,140	−0,406
80%	2,535	−0,096	3,933	−0,376
70%	2,369	−0,074	3,726	−0,346
60%	2,203	−0,052	3,519	−0,316
50%	2,037	−0,031	3,312	−0,286

Höchstabflußspende

$$\boldsymbol{HHq = c \cdot A_E^m} \text{ in l/(s} \cdot \text{km}^2) \tag{91}$$

A_E Einzugsgebiet in km²

$c = 10^{\log c}$ und m aus Tafel 41.

100% = absolute, weltweit gemessene Spitzenwerte, für die man nicht bemessen wird. Für Bergland scheinen Werte um 90% in der Regel zutreffender zu sein. Die Prozentzahlen geben die Wahrscheinlichkeit der Nichtüberschreitung an (nicht n).

4.2 Das TMP-Verfahren

ist für $0{,}5 \leq A_E \leq 15$ km² in USA und Südafrika erprobt:

$$\boldsymbol{HHq} = \frac{\boldsymbol{1320}}{\boldsymbol{B+0{,}42}}(\boldsymbol{1 - 1{,}73 \cdot f_i \cdot F_b + 1{,}45 \cdot B + 0{,}128\, N}) \text{ in l/(s} \cdot \text{km}^2) \tag{92}$$

F_b, f_i s. Tafeln 42 und 43. Mit $r = r_{15,n=1}$ wird beim 30-Minuten-Regen:

$$N = (0{,}175\, n^{-0{,}25} - 0{,}065) \cdot r \text{ in mm} \tag{93}$$

n = Häufigkeit (z. B. 0,01) $1/a$; $B = T/60$ in h mit $T = 0{,}0195 \cdot K^{0{,}77}$ in min;
mit $K = \sqrt{L^3/H}$; L = Länge des Wasserverlaufs in m; H = Höhenunterschied in m

Tafel 42 Bodenbedeckungsfaktor F_b

Bodenbedeckung Art	Rückhaltebedingung	Bereich des Bodenbedeckungsfaktors F_b
Dauerbedeckung (Wald und Grünland)	gut mittel schlecht	3,0 bis 7,5 2,0 bis 3,0 1,2 bis 1,4
dicht wachsende Gewächse	gut mittel schlecht	2,5 bis 3,0 1,6 bis 2,0 1,1 bis 1,3
in Furchen gepflanzte Gewächse	gut mittel schlecht	1,3 bis 1,5 1,1 bis 1,3 1,0 bis 1,1

Tafel 43 Infiltrationswerte f_i

Infiltration	Bereich für f_i in cm/h
hoch	1,25 bis 2,50
mittel	0,25 bis 1,25
gering	0,03 bis 0,25

17

4.3 Die rationale Methode [5]

gilt für kleine A_E bis 50 ha

$$HHq = \psi \cdot 38(n^{-0,25} - 0,369) \cdot r/(T+9) \quad \text{in l/(s} \cdot \text{ha)} \quad (94)$$

r = Regenspende des 15-Minuten-Regens mit $n = 1$. In der Klammer ist n = Häufigkeit des Ereignisses 1/a. T = Regendauer wird wie bei Abschn. 4.2 ermittelt; ψ = Abflußbeiwert nach Tafel 44.

Tafel 44 Abschlußbeiwerte ψ für Hochwasserspitzen

Untergrund	Sand			Ton			Fels
Vegetation	Wald	Gras	ohne	Wald	Gras	ohne	
Gelände eben	0,10	0,15	0,20	0,25	0,35	0,50	0,60
hügelig	0,15	0,22	0,30	0,40	0,55	0,65	0,70
gebirgig	0,25	0,30	0,40	0,60	0,77	0,80	0,80

5 Kanalisation nach DIN 4045 (12.85) Abwassertechnik, Begriffe

5.1 Querschnittsformen und -abmessungen nach DIN 4263 (4.91)

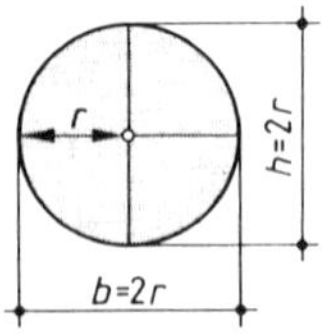

$F = 3,142\,r^2$
$U = 6,283\,r$
$R = 0,500\,r$

Bild 59 Kreisform

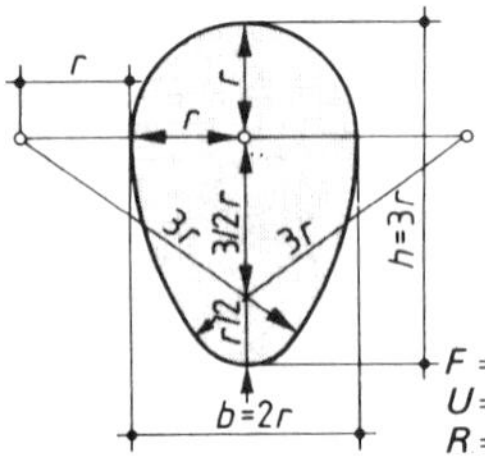

$F = 4,594\,r^2$
$U = 7,930\,r$
$R = 0,579\,r$

Bild 60 Eiform

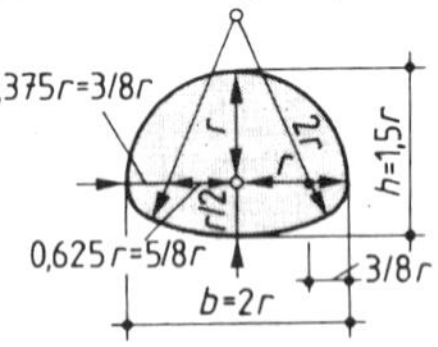

$F = 2,378\,r^2$
$U = 5,603\,r$
$R = 0,424\,r$

Bild 61 Maulform

Genormte Nennweiten DN = Durchmesser in cm.

Kreis: 15¹), 20, 25, 30, 35, 40, 45, 50, 60, 70, 80²), 90, 100³), 120, 140, 160, 180, 200, 220, 240

Eiform: $b \times h$ cm: 20 × 30, 25 × 37^5, 30 × 45, 35 × 52^5, 40 × 60, 50 × 75, 60 × 90²), 70 × 105³), 80 × 120, 90 × 135, 100 × 150, 110 × 165, 120 × 180, 130 × 195, 140 × 210, 150 × 225, 160 × 240, 170 × 255, 180 × 270, 200 × 300

Maulform: $b \times h$ cm: 80 × 60, 100 × 75, 120 × 90, 140 × 105, 160 × 120, 180 × 135, 200 × 150, 240 × 180, 280 × 210, 320 × 240

Armaturen (Absperrschieber, Klappen usw.) werden für alle Querschnittsformen hergestellt, ferner für folgende Rechteckformen:

$b:h$ = 2:3 60 × 90, 80 × 120, 100 × 150, 120 × 180, 140 × 210, 160 × 240

$b:h$ = 2:2 Seitenlänge 20, 30, 40, 50, 60, 80, 100, 120, 140, 160, 180, 200, 220, 240, 260, 280, 300

$b:h$ = 2:1,5 100 × 75, 120 × 90, 140 × 105, 160 × 120, 180 × 135, 200 × 150, 240 × 180, 280 × 210, 320 × 240

5.2 Kanalisationsrohre und -schächte

Rohre für Entwässerungskanäle und -leitungen sind nach DIN 4033 (11.79) bzw. EN 1610 (11.97) s. 5.3 einzubauen. Damit erhalten Sie eine rechnerisch erfaßbare Auflagerung, Einbettung und Überschüttung. Die Normen schreiben die Prüfung der Lage und der Wasserdichtheit vor. DieTragfähigkeit der Rohrleitung muß vor dem Einbau statisch nachgewiesen werden. Hierfür sind nach DIN 4033, Abschn. 4.3, dem Rohrhersteller anzugeben: minimale und maximale Überdeckungshöhe, Bodenarten, Verkehrslast aus Straßen-, Eisenbahn- oder Flugverkehr, sonstige Auflasten (z. B. Schüttgüter), Grundwasserstände, innerer Überdruck und Unterdruck bei Druckrohrleitungen, Art und Form des Auflagers, Art der Verlegung bzw. des Einbaues als Graben- oder Dammleitung.

¹) Nur für Grundstücks-Anschlußkanäle, ²) bekriechbar, ³) kl. begehbarer Querschnitt.

Allgemeine Anforderungen an Bauteile für Abwasserkanäle und -leitungen für Schwerkraftentwässerungssysteme regelt DIN EN 476 (8.97) (Ersatz für DIN 19543, 19549, 19550, 19550-2). Nennweiten werden als **Innendurchmesser** mit **DN/ID** oder **Außendurchmesser** als **DN/OD** angegeben.

DN/ID: 30, 40, 50, 60, 70, 80, 90, 100, 125, 150, 200, 225, 250, 300, 400, 500, 600, 800, 1000, 1200, 1400, 1600, 1800, 2000, 2200, 2500, 2800, 3000, 3500, 4000

DN/OD: 32, 40, 50, 63, 75, 90, 100, 110, 125, 160, 200, 250, 315, 400, 500, 630, 800, 1000, 1200, 1400, 1600, 1800, 2000

Tafel 45 Grenzabmaße für Innendurchmesser

Nennweite	Toleranz mm¹)	Toleranz mm²)
$DN \leq 100$	$\pm 0{,}05$ DN	$\pm 0{,}1$ DN
$100 < DN \leq 250$	± 5	± 10
$250 < DN \leq 600$	$\pm 0{,}02$ DN	$\pm 0{,}04$ DN
$DN < 600$	± 15	± 30

¹) Grenzabmaße für mittlere Innendurchm., mm
²) Grenzabmaße für Einzelwerte der Innendurchm., mm

Bei **Bogen** $DN > 200$ und einer Abwinklung $> 70°$: Achsradius $> 0{,}7 \cdot DN$

Tafelwerte gelten für DN/ID oder DN/OD

Einstiegschächte mit Zugang für Personal für Instandhaltungsarbeiten gem. Bild 62 a) und b). Einstiegschächte zum Einbringen von Reinigungsgerät, Inspektions- und Prüfungsausrüstung mit gelegentlicher Zugangsmöglichkeit für angegurtete Personen wie c). Bei Nennweiten unter DN/ID 800 ist der Zugang von Personal nicht erlaubt.

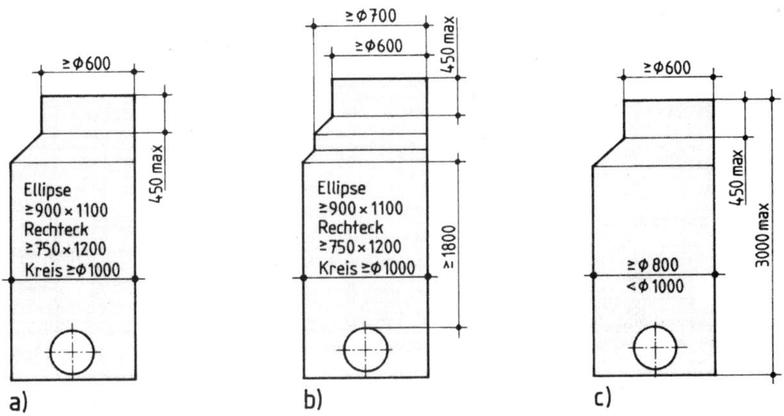

Bild 62 Einstiegsschächte

Bei Mindestfestbruchfestigkeit $S = E \cdot I / D_m^3$ **biegesteifer** Kreisquerschnitte $\leq$ DN 1000 muß > 25 kN/m Länge und /m Innendurchmesser aufweisen, bei $DN > 1000$ ist $S \geq 25$ kN/m Länge bzw. bei Prüfung in senkrechter Richtung ≥ 30 kN/m Länge.

Biegeweiche Kreisquerschnitte für Verkehrsstraßen, befestigte Seitenstreifen und Parkplätze müssen $S \geq 1{,}5$ kN/m² aufweisen (mit E = Biegemodul in Umfangsrichtung in kN/m², I = Flächenträgheitsmoment 2. Grades der Rohrwand in Längsrichtung in m⁴/m, D_m der Rohrdurchmesser bezogen auf die mittlere Achse der Rohrwand in m.

Wasserdichtheit: Bauteile und Rohrverbindungen müssen bei einem von 0 kPa auf 50 kPa ansteigendem Prüfdruck dicht bleiben (kPa = kN/m^2). Bei der **Luftdichtheit** muß die Dichtigkeit bei von 0 kPa bis 1 kPa ansteigendem Prüfdr. gegeben sein. Beides gilt nicht für Regenwasserrohre an den Außenwänden von Gebäuden.

Rohre, Formstücke und Verbindungen, außer für Regenwasserkanäle, müssen zeitweilig an der Eintrittstelle maximal 95 °C Abwassertemperatur vertragen.

Rohre und Formstücke aus **Steinzeug** nach DIN EN 295-1 (11.96) Anforderungen, -2 (11.91) Güteüberwachung, -3 (11.91) Prüfverfahren, -4 (05.95) Zubehörteile, -6 (12.95) Schächte, -7 (12.95) Vortriebsrohre werden in den Tragfähigkeitsklassen L (DN 600 bis 1200), 95 (DN 400 bis 1000), 120 (DN 200 bis 800), 160 (DN 200 bis 500) und 200 (DN 200 bis 350) angeboten.

Die Scheiteldruckkraft beträgt bei Kl. L, DN 600 = 48 kN/m, DN 700 bis 1200 = 60 kN/m und sonst = Tragfähigkeitsklasse × Nennweite/1000. Die deutsche Steinzeugindustrie bietet eine Normallastreihe, eine Hochlastreihe und Vorpreßrohre an.

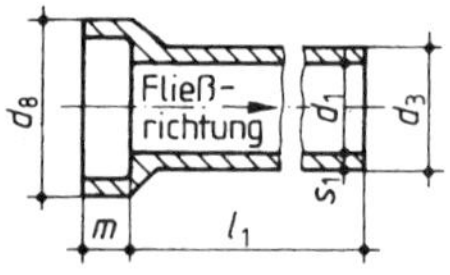

Bild 63

Dazu auf 2,4 bar Innendruck geprüfte Rohre. Verbindungssysteme nach DIN EN 295 (Steckmuffen K und S entspr. Verbindungssystem C. Steckmuffe L, Ver. F). Rohre nach DIN 1230 sind weitestgehend kompatibel mit DIN EN 295 bis auf DN 200 V, 300 V, 350 N, 400 N und 500 V, für die es Adapter gibt. $\gamma_R = 220$ kN/m^3; $E_R = 50\,000$ N/mm^2.

Kreisprofil $\sigma_R = 0{,}9 \cdot F_N \cdot (d_1 + s_1)/s_1^2 \cdot (3 \cdot d_1 + 5 \cdot s_1)/(3 \cdot d_1 + 3 \cdot s_1)$ in N/mm^2

Tafel 46 Mindestwerte der Scheiteldruckfestigkeit von Steinzeugrohren nach EN 295. F_N in kN/m; Gewicht in kg/m; Abmessungen und Toleranzen in mm

	DN	100	125	150	200	250	300	350	400	450	500	600	700	800	900	1000	1200	1400
N	F_N ¹)	34 L	34 L	34 L	32 L/K	40 K	48 K	56 K	64 K/S	–	60 K/S	57 K	60 K	60 K	60 K	60 K	60 K	60 K
	d_1 ²)	100/4	126/4	151/5	200/5	250/6	300/7	348/7	410/8	–	496/9	597/12	697/15	797/17	897/20	998/23	1198/28	1396/31
	d_3 ²)	131/3	159/3,5	186/4	242/5	296/6	351/7	417/7	484/8	–	581/9	687/12	790/15	895/17	1002/20	1109/23	1320/28	1550/31
	d_3	200	230	260	330	390	460	525	620	–	730	860	970	1090	1240	1360	1600	1850
	kg/m	15	19	24	37	53	72	101	136	–	174	230	304	367	431	555	693	820
H	F_N ¹)	–	–	–	48 K	60 K	72 K/S	70 K	80 K/S	72 K	80 K/S	96 K	84 K	96 K	–	–	–	–
	d_1 ²)	–	–	–	200/5	250/6	300/7	348/7	398/8	447/8	496/9	597/12	697/15	797/17	–	–	–	–
	d_3 ²)	–	–	–	251/5	318/6	374/7	430/7	490/8	548/8	507/9	721/12	831/15	941/17	–	–	–	–
	d_3	–	–	–	370	440	510	570	650	720	790	930	1060	1190	–	–	–	–
	kg/m	–	–	–	48	75	100	116	152	196	230	326	405	473	–	–	–	–

¹) und Art der Dichtung (L, K oder S); ²) Durchmesser/± Toleranz

Wasseraufnahme nach DIN 4033 der 1 Std. gefüllten Leitung bei 5 m WS-Prüfdruck in 15 min je m^2 benetzte Innenfläche: 0,1 l/m^2. Einzelrohre nach EN 295 0,07 l/m^2, nach RAL 0,04 l/m^2.

Betonrohre und -formstücke nach DIN 4032 (1.81) haben in der Regel Kreis- oder Eiquerschnitte. Sie werden ohne oder mit Fuß, mit normaler Wanddicke, Formen K und KF, oder mit verstärkter Wanddicke, Formen KW und KFW, sowie als Eiquerschnitt mit der Form EF hergestellt. Ausführungen mit Muffe oder Falz werden durch Anfügen von -M und -F gekennzeichnet.

Die Baulänge l_1 in mm muß ein durch 500 ganzzahlig teilbares Maß sein. Sie beträgt für Betonrohre in der Regel 2000 mm, für Stahlbetonrohre mindestens 2500 mm.

Bezeichnung: z. B. kreisförmiges Rohr DIN 4032 K–M oder KW–M 800 × 2000 oder eiförmiges Rohr EF–M 600/900 × 1000 DIN 4032, oder Stahlbetonrohr, K–GM 1000 × 2500, DIN 4035

Tafel 47 Scheiteldruckkräfte von kreisförmigen Betonrohren F_N in kN/m Baulänge, zul Q_B in l/m²
$E_R = 30000$ N/mm²; $\gamma_R = 24$ kN/m³; $\sigma_{VR} = 6{,}0$ N/mm²

DN = d_1		100	150	200	250	300	400	500	600	700	800	900	1000	1200	1400
K, KF	F_N	24	26	27	28	30	32	35	38	41	43				
	min d_a	144	198	252	310	380	490	600	720	840	950				
KW, KFW	F_N					50	63	80	98	111	125	138	152	181	207
KW	min d_a					400	530	670	800	930	1060	1190	1320	1580	1840
KFW	min d_a					400	500	640	770	900	1030	1160	1290	1540	1840
K, KF:	zul Q_B	0,40				0,30				0,25				0,20	
KW, KFW:	zul Q_B					0,15				0,13				0,10	
	zul Q_{sB}					0,15				0,13				0,10	

zul Q = Wasserzugabe in l/m² der benetzten Innenfläche der Rohrleitung während der Prüfzeit von 15 min bei einem Prüfdruck von 0,5 bar, Vorfüllzeit: 24 Stunden.

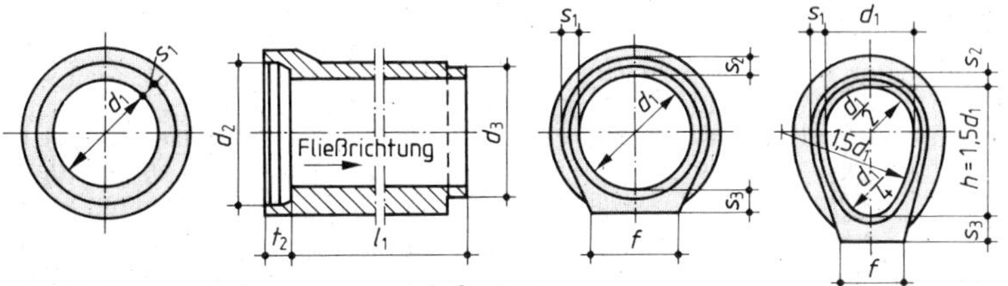

Bild 64 Betonrohrabmessungen und -formen

Tafel 48 Betonrohre mit Eiquerschnitt, Scheiteldruckkräfte F_N in kN/m Baulänge, **zul Q_B und zul Q_{SB}** in l/m²

DN	500/750	600/900	700/1050	800/1200	900/1350	1000/1500	1200/1800
F_N	61	69	75	77	80	83	86
min d_a	628	748	868	988	1104	1220	1444
zul Q_B	0,25				0,20		
zul Q_{SB}	0,10						

Stahlbetonrohre nach DIN 4035 (8.95), $E_R = 30000$ N/mm²; $\gamma_R = 25$ kN/m³ $\sigma_{VR} = 6{,}0$ N/mm²

Spannbetonrohre nach DIN 4227-1 (7.88), E (8.94), $E_R = 39000$ N/mm²; $\gamma_R = 25$ kN/m³

Faserzementrohre und -formstücke nach DIN 19850-1 (11.96) bzw. DIN EN 588-1 (11.96)

$E_R = 25000$ N/mm²; $\gamma_R = 20$ kN/m³

Tragfähigkeitsklassen A (Standardklasse) und B (schwere Klasse). Formstücke nur Klasse B. Rohrverbindung durch Überschiebmuffen mit Lippendichtung

Tafel 49 Scheiteldruckkräfte von FZ-Leitungen F_N in kN/m Baulänge und σ_R in N/mm²

DN = d_1		150	200	250	300	400	500	600	700	800	900	1000	1100	1200	1300	1400	1500
Kl. A	F_N					35	44	47	50	55	59	63	68	73	81	88	97
	d_a					432	540	646	750	856	962	1068	1174	1282	1390	1496	1602
	σ_R					44,1	45,9	45,2	46	46,8	46,6	45,2	45,7	44,2	43,7	45,2	45,9
Kl. B	F_N	30	30	34	37	47	53	58	65	73	82	90	98	106	116	126	135
	d_a	168	220	274	324	432	540	646	758	866	974	1082	1190	1298	1408	1516	1624
	σ_R	55	58,5	57,4	54,9	50,6	48,5	49,7	45,8	46	46,8	45,9	46,1	46,3	44,8	45,8	46,3

Wasserdichtheit. Bei der Prüfung der Rohre mit einem Innendruck von 2 bar (Formteile mit 0,5 bar) und 15 min Dauer dürfen sich an den Aussenflächen keine Tropfen bilden. Rohrbezeichnung z. B. FZ = Rohr DIN 19850 B 250 × 4000 mit 4000 = Rohrlänge. Ab DN 200 auch $l = 5000$ mm möglich.

Duktile Gußrohre für die Abwasserableitung

nach **DIN EN 598, diese** ersetzt DIN 19650, DIN 19691, DIN 19692-1 und DIN 19692-2

Rohre und Formstücke sind braun, rot oder grau gestrichen. Sie haben einen metallischen Zinküberzug von i. M. 130 g/m² (örtlicher Mindestwert 110 g/m²), auf den außen ein Anstrich auf Epoxy-Basis mit i. M. 70 µm (örtlich mind. 50 µm) und innen eine eingeschleuderte Auskleidung aus Tonerde-Zement-Mörtel, Festigkeit 50 MPa, aufgebracht wird. Bei besonders aggressiven Böden, z. B. pH < 6, niedrigem Bodenwiderstand, Auftreten von Streuströmen usw., wird zweckmäßig ein äußerer Schutz (Polyethylen-Folie) vorgesehen. Die transportierten Medien sollen einen pH-Wert zwischen 4 und 12 aufweisen. Die Abwinkelbarkeit, bei der die Dichtheit noch gewährleistet sein muß, beträgt 3°30′ für DN 100 bis DN 300, 2°30′ für DN 350 bis DN 600 und 1°30′ für DN 700 bis DN 2000.

Tafel 50 Aufnehmbare Drücke in bar

Betriebsart	dauernd	kurzzeitig	dauernd
	Innendruck		Außendr.
Freispiegel.	0 bis 0,5	2	1
Druckltg.	6	9	1
Unterdruckl.	−0,5	−0,8	1

Tafel 51

	Genormte Längen in m
DN 100 bis 600	5 oder 5,5 oder 6
DN 700 und 800	5,5 oder 6 oder 7
DN 900 bis 1400	6 oder 7 oder 8,15
DN 1500 bis 2000	8,15

Tafel 52 Abmessungen in mm, Prüflasten *F* in kN/m und Ringsteifigkeit *S* in kN/m

DN = di¹)	100	125	150	200	250	300	350	400	450	500	600
da = DE	118	144	170	222	274	326	378	429	480	532	635
Toleranz	+1/ −2,8	+1/ −2,8	+1/ −2,9	+1/ −3,0	+1/ −3,1	+1/ −3,3	+1/ −3,4	+1/ −3,5	+1/ −3,6	+1/ −3,8	+1/ −4,0
min *e*	2,5	2,5	2,5	3	3,5	4	4,3	4,6	4,9	5,2	5,8
$s_{Mört.}$	3,5	3,5	3,5	3,5	3,5	3,5	5	5	5	5	5
S	250	130	80	60	54	47	36	30	26	22	18
F	25,5	18,2	15,4	17,3	21,6	24,8	22,8	22,2	22,2	21,5	22,2
DN = di¹)	700	800	900	1000	1100	1200	1400	1500	1600	1800	2000
da = DE	738	842	945	1048	1152	1255	1462	1565	1668	1875	2082
Toleranz	+1/ −4,3	+1/ −4,5	+1/ −4,8	+1/ −5,0	+1/ −6,0	+1/ −5,8	+1/ −6,6	+1/ −7,0	+1/ −7,4	+1/ −8,2	+1/ −9,0
min *e*	7,6	8,3	9	9,7	12	12,8	14,4	15,1	16	17,6	19,2
$s_{Mört.}$	6	6	6	6	6	6	9	9	9	9	9
S	24	20	18	16	22	20	18	17	17	16	16
F	36,4	36,4	36,8	36,2	54,7	54,3	56,9	57,5	61,3	64,9	72

e = Gußwandstärke $s_{Mört.}$ = Mörtelstärke
S = Ringsteifigkeit in kN/m² $= 1000 \cdot E \cdot I/D^3 = 1000 \cdot E/12 \cdot (e/D)^3$
E = El.modul = 170000 MPa, $D = DE - e$ in mm.
I = Widerstandsmoment d. Rohrwand in mm³.
F = Prüflast in kN/m Rm = Mindest-Zugfestigkeit = 420 MPa

¹) zulässige di = Innendurchmesserabweichung: 100 < = DN < = 1000: max − 10 mm. 1100 < = DN < = 2000: max − 0,01 * DN.

PVC-U-hart-Rohre und Formstücke mit Steckmuffen aus weichmacherfreiem Polyvenilchlorid für Entwässerungskanäle nach DIN 19534-1 u. -2 (11.92), sind genormt. Elastizitätsmodul $E_{RK} = 3600$ N/mm² (Kurzzeitwert) bzw. $E_{RL} = 1750$ N/mm² (Langzeitwert), Biegezugspannungsrechenwert $\sigma_{RK} \leqq 90$ N/mm² (Kurzzeitwert) und $\sigma_{RL} \leqq 50$ N/mm² (Langzeitwert). $\gamma_R = 13{,}8$ kN/m³

Tafel 53 PVC-U Rohre DIN V 19534-1 und -2 (11.92) und DIN 8062

	DN	100	125	150	200	250	300	400	500	600
	di	104	119	152,8	191	237,8	299,6	380,4	475,6	599,2
	da	110	125	160	200	250	315	400	500	630
Reihe 2	di					240,2	302,6	384,2	480,4	605,2
PN4	da					250	315	400	500	630
Reihe 3	di	103,6	131,8	150,6	211,8	235,4	296,6	376,6	470,8	593,2
PN6	da	110,0	140,0	160,0	225,0	250,0	315,0	400,0	500,0	630,0
[1])	di				201,6	250,2	299,4	402,2	500,4	
[1])	da				225	280	335	450	560	

[1]) = Rohre mit profilierter Wandung nach DIN 16961

Polyethylen-hart-Rohre, PE–HD, nach DIN 19537-1 (10.83); -2 (01.88) und -3 (11.90), 3 Nenndruckstufen PN 3,2–4–6 nach DIN 8074 E (08.97). Elastizitätsmodul $E_{RK} = 1000$ N/mm² (Kurzzeitwert) bzw. $E_{RL} = 150$ N/mm² (Langzeitwert). $\gamma_R = 9{,}5$ kN/m³

Tafel 54 Polyethylen-hart-Rohre, PE-HD nach DIN 19537 und DIN 8074*

	DN	100	125	125	150	150	200	200	250	250	300	300	350
Reihe 2	di	103,0	117,2	131,2	150,0	168,8	187,6	211,0	234,4	262,6	295,4		332,8
PN 3,2	da	110	125	140	160	180*	200	225	250	280	315		355*
Reihe 3	di	101,4	115,2	129,2	147,6	166	184,6	207,6	230,6	258,4	290,6		327,6
PN 4	da	110	125	140	160	180*	200*	225	250	280	315*		355
Reihe 4	di	97,4	110,8	124	141,8	159,6	177,2	199,4	221,6	248,2	279,2	314,8	354,6
PN 6	da	110*	125	140	160*	180	200*	225	250*	280	315*	355	400*

	DN	350	400	400	450	500	550	600	700	800	900	1000	1200
Reihe 2	di		375,2	422,0	469,0	525,2		590,8	655,8	750,2	844,0	937,8	1125,4
PN 3,2	da		400*	450	500*	560		630	710	800	900	1000	1200
Reihe 3	di	369,2	415,2		461,4	516,8		581,4	655,2	738,4	830,6	923,0	1107,6
PN 4	da	400*	450		500*	560		630	710	800	800	1000	1200
Reihe 4	di			399,4	443,4	496,6	558,6	629,6	709,4	798,0	886,8		
PN 6	da			450	500*		630	710	800	900*	1000*		

Edelstahlrohre nach DIN EN 1127 und Bogen werden zunehmend für die Ausrüstung von Pumpstationen, Regenbecken und Kläranlagen verwendet. Die Werkstoffauswahl erfolgt m. H. der beigefügten Graphik (z. B. Fällung mit $FeCl_3$). Zu beachten ist die Gefahr von Spaltkorrosion

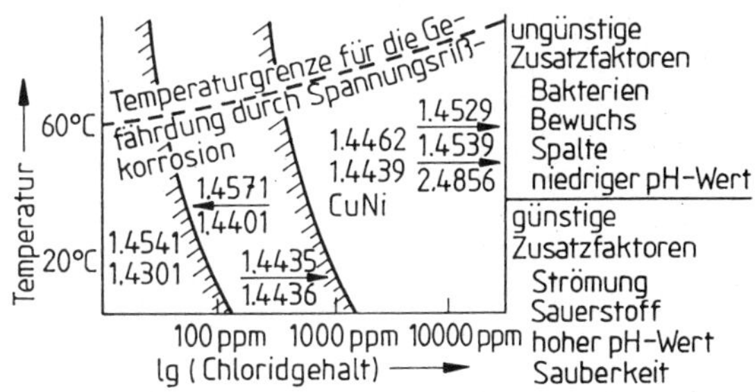

Bild 65 Beständigkeit von Edelstählen in Wässern

(Spaltweite um 0,3 mm sollte vermieden werden). Des weiteren sollten z. B. für Rohre aus Werkstoff 1.4571 Vorschweißbördeln in 1.4439 verwendet werden. Bearbeitungswerkzeuge sollen immer aus nichtrostendem Stahl sein. Geringste (selbst staubförmige) Verunreinigungen mit Eisen führen zu Rost. Die Oberflächen sollten durch Bürsten oder Schleifen (seltener durch Strahlen) metallisch blank gemacht und durch Beizen passiviert werden. Schweißen erfolgt praktisch immer unter Schutzgas oder als Lichtbogenschweißen mit umhüllten Elektroden. Mischbauweisen mit anderen Metallen, z.B. bei der Aufhängung, sollen vermieden werden. Gängige Abmessungen sind aus Tafel 55 zu entnehmen.

Tafel 55 Geschweißte Edelstahlrohre nach DIN EN 1127 (Abmessungen in mm)

DN	50	65	80	100	150	200	250	300	350	400	500	600	700	800	900	1000
di	53	66	84,9	102	153	211,1	259	315,9	345,6	409	498	597,6	699,2	800,8	902,4	1000
da	57	70	88,9	108	159	219,1	267	323,9	355,6	419	508	609,6	711,2	812,8	914,4	1016

Schächte aus Beton- und Stahlbetonfertigteilen nach DIN 4034-1 (9.93); -2 (10.90)

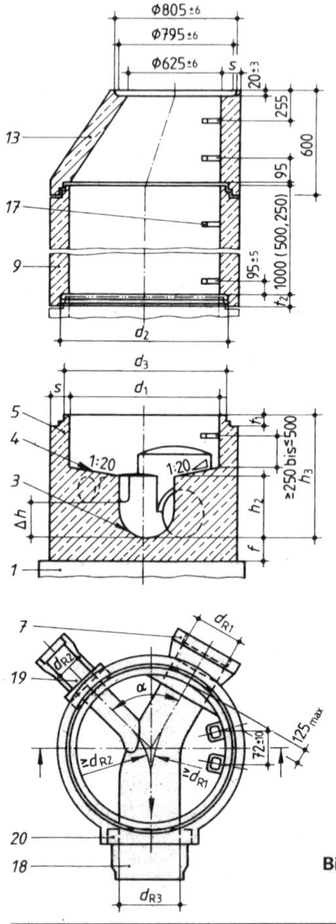

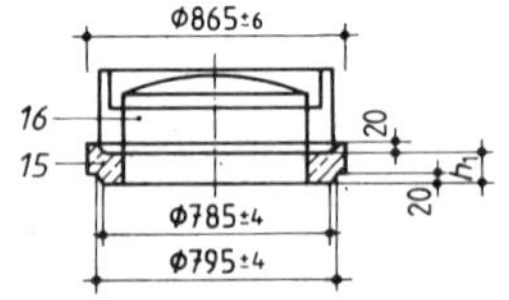

Bild 66a Auflagerring zum Angleich
$h_1 = 60, 80, 100$ mm

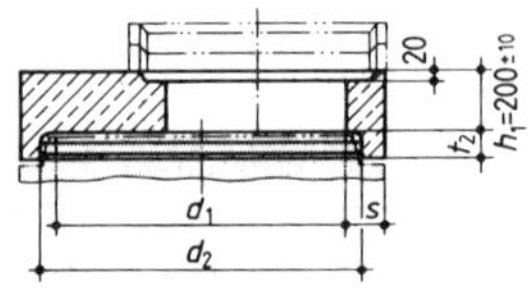

Bild 66b Abdeckplatte

1 Sauberkeitsschicht
2 Sohlplatte
3 Gerinne
4 Auftritt
5 Schachtunterteil
7 Anschlußstück (nachträgl. einbetoniert)
9 Schachtring
13 Schachthals (Konus)
15 Auflagering
16 Schachtabdeckung nach DIN 4271-1 bis -3 oder DIN 19584-1 und -2
17 Steigeisen
18 Gelenkstück SS
19 Gelenkstück SM
20 angeformte Muffe
24 Dichtmittel aus Elastomeren nach DIN 4060

Bild 66 Schacht aus Beton und Stahlbetonfertigteilen
(Positions-Nummern entsprechen (DIN 19549))
Ersatz: EN 476 (8.97)

Tafel 56 Maße für Schachtunterteile, Schachtringe und Schachthälse nach DIN 4033

DN	d_1	s [2]) min	d_{R3} max	h_2	h_3 min	f min	d_2 / d_3	t_1 / t_2	w / s
1000 und 1200	1000±8	150	150	150	500	150	1113±1.0[1]) / 1090±2,0[1])	65±2,0[1]) / 70±1,0[1])	11,5±1,5[1]) / 120[1])
			200	200	500				
	1200±10	150	250	250	600				
			300	300	700				
			400	400	800				
			500	500	900				
			600	500	1000				
1200	1200±10	150	700	500	1100		1327±1,0 / 1300±3,0	75±3,0 / 80±1,0	13,5±2,0 / 135
			800	500	1200				
1500	1500±10	150	900	500	1300	200	1652±1,0 / 1650±3,5	85±3,5 / 90±1,5	16,0±2,5 / 150
			1000	500	1400	200			

Maße in mm [1]) Angaben für Schacht DN 1000 [2]) für Schachtunterteile

Bei der Überprüfung auf Wasserdichtigkeit dürfen bei 0,5 bar Innendruck und 15 min Dauer nicht mehr als 0,07 l/m² benetzter Innenfläche aufgenommen werden, s. DIN 4032 u. 4033 bzw. Abschn. 5.3.3.

5.3 Bau von Abwasserleitungen und Kanälen

DIN EN 1610 (11.97), Verlegung und Prüfung von Abwasserleitungen und -kanälen, tritt an die Stelle von DIN 4033. Für Druckleitungen wird auf pr. EN 805 und für die grabenlose Bauausführung auf pr. EN 12889 verwiesen. Weitere berücksichtigte Normen:

pr. EN 476 Allgemeine Anforderungen an Bauteile für Abwasserkanäle und -leitungen von Schwerkraftentwässerungssystemen

EN 752-3 Entwässerungssysteme außerhalb von Gebäuden – Teil 3: Planung

pr. EN 805 Wasserversorgung – Anforderungen an Wasserversorgungssysteme außerhalb von Gebäuden und Bauteile

EN 1295-1 Statische Berechnung von erdverlegten Rohrleitungen unter verschiedenen Belastungsbedingungen Teil 1: Allgemeine Anforderungen. (ATV.A 127 u. A 161 gelten weiter.) Eine statische Berechnung der gepl. Bauausführung bzw. von Änderungen ist zwingend vorgeschrieben.

pr. EN 12889 Grabenlose Verlegung und Prüfung von Abwasserleitungen und -kanälen (ist stark an ATV-A 125, Rohrvortrieb angelehnt).

Nachfolgend steht *OD* für den Schaftaußendurchmesser und **1)** für: Die Übereinstimmung mit den Planungsanforderungen muß gegeben sein, **2)** für: Abweichungen sind mit dem Planer abzustimmen und **3)** für: Die Umweltverträglichkeit ist zu prüfen bzw. muß gegeben sein.

5.3.1 Der Rohrgraben

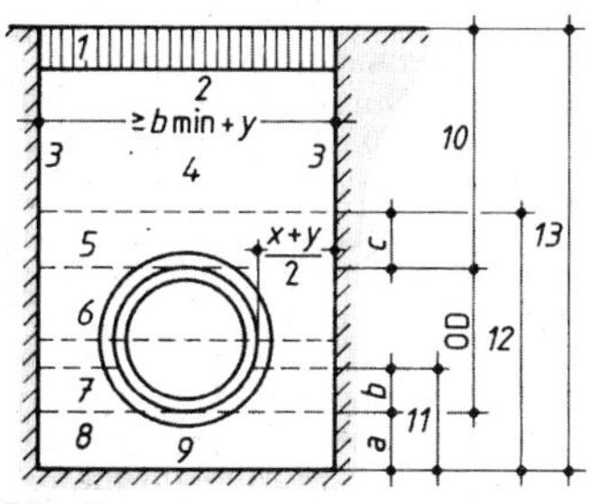

Bild 67

1 Oberfläche
2 Unterkante der Straßen- oder Gleiskonstruktion, soweit vorhanden
3 Grabenwände
4 Hauptverfüllung
5 Abdeckung
6 Seitenverfüllung
7 Obere Bettungsschicht
8 Untere Bettungsschicht
9 Grabensohle
10 Überdeckungshöhe
11 Dicke der Bettung
12 Dicke der Leitungszone
13 Grabentiefe

a Dicke der unteren Bettungsschicht
b Dicke der oberen Bettungsschicht
c Dicke der Abdeckung

$b = k \cdot OD$ (ersetzt α als Bettungswinkel aus der stat. Berechnung)
$y/2$=Verbaudicke
$x/2$=Mindestarbeitsraum

In der Regel gilt die **Mindestgrabenbreite** nach Tafel 57, Unterschreitungen sind möglich, wenn Personal entweder niemals den Graben oder den Raum zwischen Rohrleitung und Grabenwand betritt, oder an Engstellen bei unvermeidbaren Situationen, aber 1). Bei Bauwerken gilt $x/2 \geq =0{,}5$ m. Zwischen 2 Rohren im selben Graben oder unter derselben Dammschüttung ist der Mindestabstand von 0,35 m bis einschl. DN 700 und für größere Rohre von 0,5 m einzuhalten. Die Grabenbreite darf die der statischen Berechnung nicht überschreiten, sonst 2).

Tafel 57 Mindestgrabenbreite $b_{min}+x$ in m
in Abhängigkeit a) von der Nennweite DN in m

DN	verbauter Graben	unverbauter Graben $\beta>60°$	$\beta<=60°$
<=225	$OD+0{,}40$		
>225 bis 350	$OD+0{,}50$	$OD+0{,}50$	$OD+0{,}40$
>350 bis 700	$OD+0{,}70$	$OD+0{,}70$	$OD+0{,}40$
>700 bis 1200	$OD+0{,}85$	$OD+0{,}85$	$OD+0{,}40$
>1200	$OD+1{,}00$	$OD+1{,}00$	$OD+1{,}00$

$X/2$ = Mindestarbeitsraum zwischen Rohr und Grabenwand bzw. Verbau

b) von der Grabentiefe

Grabentiefe m	b_{min} m
<1,00	c)
>=1,00<=1,75	0,80
>=1,75<=4,00	0,90
>4,00	1,00

c) keine Vorgabe

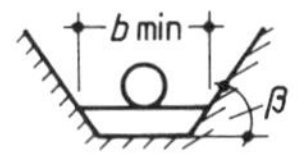

Die **Standsicherheit** des Grabens ist, z. B. durch Verbau oder Böschungen, sicherzustellen.

Für die Grabensohle gilt 1). Es muß eine ausreichende Tragfähigkeit vorhanden sein bzw. falls sie gestört wurde, erreicht werden. (Bodenersatz durch geeignetes, körniges ungebundenes, oder hydraulisch gebundenes Material.) Die Breite der Bettung ist gleich der Grabenbreite oder $4 \times OD$. Besondere Maßnahmen, wie z. B. Pfahljoche, bedingen u. U. extreme Belastungen für die Leitung. Wenn der Rohrschaft aufliegen soll, muß die Sohle vorbereitet (geformt) werden (Vertiefungen für die Muffen).

Alle drei Bettungstypen gelten für eine Unterstützung der Rohre über die ganze Länge. Die Dicke $b=k \cdot OD$ der oberen Bettungsschicht muß der statischen Berechnung entsprechen. Die Bettung nach Typ 3 gilt bei gleichmäßigen, relativ feinkörnigen und Typ 2 bei relativ lockeren, feinkörnigen Böden.

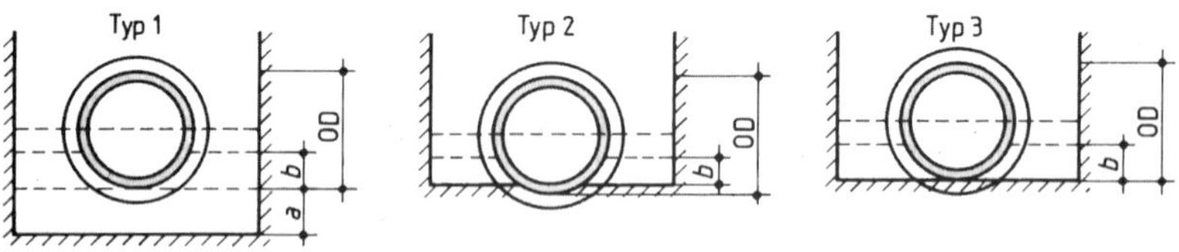

Bild 68 Bettungsformen

Die Dicke der unteren Bettungsschicht $a=100$ mm bei normalen Bodenverhältnissen und $a=150$ mm bei Fels oder festgelagerten Böden. (Bei Steinzeug auch bei $DN \geq 600$.) Der Mindestwert für die Abdeckung c beträgt 150 mm beim Rohrschaft und 100 mm bei der Verbindung. Es gilt 1).

Die Baustoffe für die **Leitungszone** erfüllen 1) und 3) und haben bis $DN \leq 200$ eine Korngröße $d_K \leq 22$ mm und bei $200 < DN \leq 600$ ein $d_K \leq 40$ mm. (Bei Steinzeug auch für $DN \geq 600$ mm.) Beispielhaft gelten die Tafeln 58a u. b. Das Material darf nicht gefroren sein, es muß, falls gefordert, verdichtbar sein und frei von rohrschädigenden Materialien (Überkorn, Baumwurzeln, Müll, organisches Material, Tonklumpen >75 mm, usw.). Angelieferte Baustoffe können körnige, ungebundene (auch Recycling) Baustoffe gem. den nachstehenden Tafeln sein. Hydraulisch gebundene Baustoffe sind stabilisierter Boden, Leichtbeton, Magerbeton, unbewehrter Beton und bewehrter Beton. Die Baustoffe für die Hauptverfüllung können den vorgenannten entsprechen, sind aber in der Korngröße bis max. 300 mm, oder der Dicke der Abdeckung oder der Hälfte der Verdichtungsschichtdicke beschränkt.

Tafel 58a Beispiele für Körnungen ungebundener Baustoffe für Leitungszonen u. Hauptverfüllung. Siebdurchgänge in Massen % für Nenngrößen in mm

Siebsätze:	32	16	8	16/32	8/16	2/8	0/4	0/2	0/1
Siebgröße	Einkornkies-Nenngrößen			abgestufte Körnung			Sande		
63,0	100			100	–	–	–	–	–
31,5	85 bis 100	100		90 bis 100	100	–	–	–	–
16,0	0 bis 25	85 bis 100	100	0 bis 15	90 bis 100	100	–	–	–
8,0	0 bis 5	0 bis 25	85 bis 100	–	0 bis 15	90 bis 100	100	–	–
4,0		0 bis 5	0 bis 5	–	–	10 bis 65	90 bis 100	100	–
2,0			0 bis 5	–	–	0 bis 15	55 bis 85	90 bis 100	100
1,0				–	–	–	–	–	85 bis 100
0,5				–	–	–	–	–	–
0,25				0 bis 3	0 bis 3	0 bis 3	*)	0 bis 25	*)
0,063				–	–	–	0 bis 5	0 bis 5	0 bis 5

*) Auf Anfrage hat der Hersteller Angaben zu Mittelwert und Spannweite zu liefern.

Tafel 58b Beispiele für die Nenngrößen von Korngemischen (All-in): 16; 20; 32; 40 mm. Abstufungen z. B. wie folgt:

Größe in mm	Siebdurchgang in %				
	Überkorn		Unterkorn		
	$2D$	$1{,}4D$[1])	D[2])	d	$d/2$
$D<=63$, $d=0$	100	98 bis 100	90 bis 99	–	–

[1]) weichen $1{,}4\,D$ und $d/2$ von den Siebnr. d. ISO 565/R 20 Reihe ab: die nächst passende Nr. wählen.
[2]) Bleiben in D weniger als 1% zurück, muß d. Lieferant die typischen Abstufungen unter Berücksichtigung der Siebe D, d, $d/2$ u. der Siebe des Grundsiebsatzes plus entweder Siebsatz 1 oder plus Siebsatz 2 zwischen d und D angeben.

Für **gebrochene Baustoffe sind ebenfalls alle o.a. Beispiele** anwendbar. **Größtkorn** = 11 mm für DN < 900 und 20 mm für DN > = 1000

Während der Verlegearbeiten sind die Gräben durch eine den Regeln der Technik entsprechende **Wasserhaltung** von Wasser freizuhalten. Insbesondere muß das Ausspülen von Feinmaterial verhindert werden. Evtl. Baudrainagen sind bei Abschluß der Bauarbeiten zu verschließen.

5.3.2 Einbau

Die Verweise in EN 1610 entsprechen den schon heute beim Bau von Abwasserleitungen und Bauwerken (im folgenden Bauteile genannt) üblichen a.a.R.d.T. Insbesondere Absteckung und ausreichende Erkundung der örtlichen Situation (Kabel, Leitungen, etc.), die Kontrolle der angelieferten Bauteile auf Unversehrtheit, Übereinstimmung mit der Planung und (als durchgängiger Hinweis) mit den EN bzw. DIN oder ATV-Richtlinien, den Schutz der Bauteile bei der Lagerung und dem Ablassen in den Rohrgraben. Beim Verlegen wird besonders auf Richtung und Höhenlage, die Verbindungen, die dafür ggf. erforderlichen Aussparungen im Auflagerbereich, das Ablängen der Rohre, die Vorkehrungen für spätere Anschlüsse und die zusätzlichen Verlegeanleitungen verwiesen. Gleiches gilt für die Aufzählung der besonderen Bauarten, z. B. oberirdischen Rohrleitungen, Rohrleitungen in Schutzzonen, Mauerwerk und Ortbetonkanäle, Rohrleitungen im Bereich anderer Bauwerke, Abstützungen und Verankerungen und den Hinweis auf die Dichtigkeit von Leitungen, Schächten und Inspektionsöffnungen.

Anschlüsse an Rohre und Schächte sollen nur mit vorgefertigten Bauteilen (auch nach Anbohren der Leitung) und dicht hergestellt werden (besonders die vorsorglich eingebauten Abzweiger). Immer sind vor allem die Herstellerhinweise zu beachten.

Der Einbau im Bereich der Leitungszone und der Hauptverfüllung darf erst vorgenommen werden, wenn Rohrverbindungen und -bettungen zur Aufnahme von Lasten bereit sind. Es gilt [1]) insbesondere im Hinblick auf die Entfernung des Verbaues, die während der Herstellung der Leitungszone fortschreitend erfolgen soll. Die nachträgliche Entfernung des Verbaus muß in der statischen Berechnung beachtet bzw. durch besondere Wahl des Baustoffes für die Leitungszone oder durch Verbleiben von Teilen des Verbaues berücksichtigt sein. (Die Belastung des Rohres steigt bei nachträglicher Entfernung des Verbaus enorm. Es kann zu Lageabweichungen kommen.)

Für den Grad der Verdichtung gilt [1]). Sie ist zu prüfen bzw. durch Messung nachzuweisen. Die mechanische Verdichtung direkt oberhalb des Rohres erfolgt frühestens in einem Abstand von 300 mm. Verfüllmaterial und Geräteart bestimmen die Dicke der zu verdichtenden Lagen. (Siehe Merkblatt für das Verfüllen von Rohrleitungsgräben.) Verdichtung durch Einschlämmen ist nur in Ausnahmefällen, und dann bei nichtbindigen Böden zulässig. Es gilt [2])

Die Ausführung der Leitungszone erfolgt ggf. unter Verwendung von Filtersandkies oder Geotextilien so, daß eine Vermischung von anstehendem Boden mit dem Verfüllmaterial und/oder das Ausspülen von feinen Bodenteilen ausgeschlossen wird. Das gilt sinngemäß auch für die Hauptverfüllung. Immer ist [1]) zu beachten.

5.3.3 Prüfung

Eine Sichtprüfung (Richtung und Höhenlage, Verbindungen, Beschädigungen oder Deformationen, Anschlüsse, Auskleidungen und Beschichtungen), Prüfung der Dichtheit, der Verdichtung der Bettung, der Seitenverfüllung und der Hauptverfüllung und, wenn gefordert, der vertikalen Veränderung im Durchmesser, sind auf jeden Fall nach Abschluß der Verlegung, aber, falls gefordert, auch vor dem Einbringen der Verfüllung durchzuführen.

In EN 1610 wird besonders die Prüfung auf Dichtheit von Rohrleitungen, Schächten und Inspektionsöffnungen mit Luft (Verfahren ‚L') oder mit Wasser (Verfahren ‚W') gefordert. Sie sind nach folgendem Schema durchzuführen.

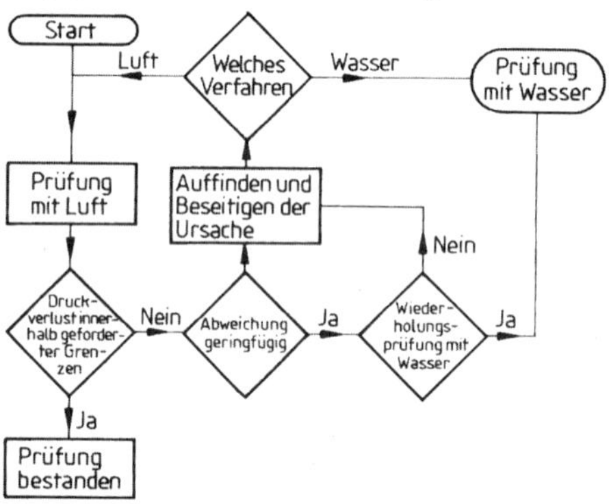

Bild 69a **Fließdiagramm (Verfahren L)**

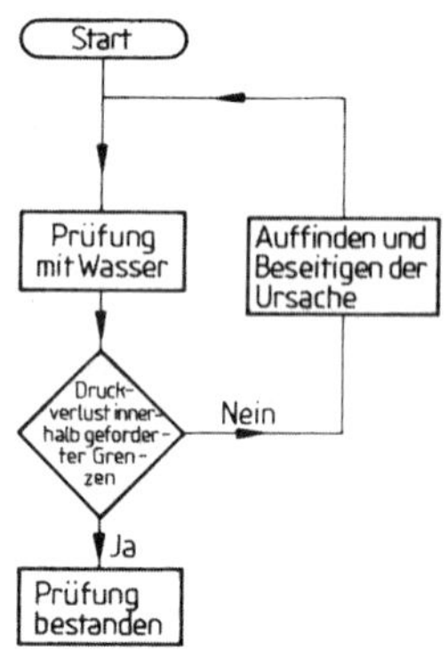

Bild 69b **Fließdiagramm (Verfahren W)**

Die Abnahmeprüfung erfolgt nach Verfüllung und Entfernung des Verbaus. Eine Vorprüfung vor Einbau der Seitenverfüllung kann gefordert werden. Die Art der Prüfung ‚L' oder ‚W' wird vom Auftraggeber gefordert. Erfolgt nach Bild 69b auch die ‚W'-Prüfung, ist diese abschließend allein entscheidend. Mischprüfungen, z. B. Rohre mit ‚L' und Schächte mit ‚W' sind zulässig.

---

[1]), [2]), s. Hinweis auf S. 1201 unten

Tafel 59 Prüfdruck p_o, Druckabfall Δp und Prüfzeiten t für die Prüfung mit Luft.

Werkstoff	Prüf-ver-fahren	p_o**)	Δp	Prüfzeit t in min						
		mbar*)		DN 100	DN 200	DN 300	DN 400	DN 600	DN 800	DN 1000
a)	LA	10	2,5	5	5	5	7	11	14	18
Trockene	LB	50	10	4	4	4	6	8	11	14
Beton-	LC	100	15	3	3	3	4	6	8	10
rohre	LD	200	15	1,5	1,5	1,5	2	3	4	5
feuchte b)	LA	10	2,5	5	5	7	10	14	19	24
Bet.rohre u.	LB	50	10	4	4	6	7	11	15	19
alle ander.	LC	100	15	3	3	4	5	8	11	14
Werkstoffe	LD	200	15	1,5	1,5	2	2,5	4	5	7

*) 10 mbar = 1 kPa = 100 mmWS **) Druck über Atmosphärendruck $t = \ln(p_o/(p_o - \Delta p))/Kp$ darin ist für a): $0{,}058 >= Kp = 16/DN$ und für b): $0{,}058 >= Kp = 12/DN$. Rundung von t bei $t <= 5$ min auf nähere 0,5 min und bei $t > 5$ min auf nähere min.

Wegen der explosionsartigen Erscheinungen beim Versagen von Endverschlüssen oder spröden Rohrleitungen ist bei Luftdruckprüfungen besondere Vorsicht geboten. Prüfung von Schächten und Inspektionsöffnungen sind mit dieser Methode schwierig durchzuführen. Bei Vorliegen ausreichender Erfahrung wird vorgeschlagen, die Prüfzeiten zu halbieren. Wegen mangelnder Erfahrungen sind in EN 1610 keine Prüfanforderungen für die Prüfung mit **negativem Druck** enthalten. Die Fehlergrenze der Meßgeräte ist mit 10% für Δp und 5 s bei t einzuhalten.

Die **Prüfung mit Wasser** (Verfahren ‚W', Bild 69) erfolgt mit einem Prüdruck entsprechend der Füllung des Prüfabschnittes bis zum Geländeniveau des, je nach Vorgabe, stromaufwärts oder stromabwärts gelegenen Schachtes. Die Grenzen liegen bei 50 kPa (5 m WS) $\leq$ Prüfdruck $\leq$ 10 kPa (1 m WS), gemessen am Rohrscheitel. Für Druckleitungen oder gezielt zeitweilig bzw. dauernd überstaute Freispiegelleitungen können höhere Drücke vorgegeben werden (s. pr. EN 805). Die vollgefüllten unter Prüfdruck stehenden Rohre können zur Wassersättigung eine Stunde (bei trockenen Betonrohren auch mehr) vor der eigentlichen Prüfzeit stehen. Die eigentliche **Prüfdauer** beträgt (30 ± 1) Minute.

Prüfungsanforderungen

Der Prüfdruck wird mit einer Schwankung von ein kPa aufrechterhalten. Hierfür zugeführtes Wasservolumen und die jeweilige Druckhöhe sind zu messen und aufzuzeichnen. Die Prüfungsanforderung ist erfüllt, wenn die Wasserzugabe während der Prüfzeit nicht größer ist als: 0,15 l/m^2 benetzte Fläche für Rohrleitungen, 0,2 l/m^2 für Rohrleitungen einschl. Schächte, und 0,40 l/m^2 für Schächte und Inspektionsöffnungen.

Die **Prüfung einzelner Verbindungen** kann, falls nicht anders angegeben, bei Rohrleitungen von üblicherweise > DN 1000 anerkannt werden. Es gelten die vorstehenden Anforderungen mit einem Prüfdruck von 50 kPa und mit der entsprechenden Wasserzugabe für einen 1 m langen Rohrabschnitt.

Bei **Luftdruckprüfungen** gelten die Werte der Tafel 59. Diese sind im Einzelfall festzulegen.

5.4 Hydraulische Berechnung von Abwasserkanälen [9] [8]

5.4.1 Dimensionierungsrichtwerte

Ausnutzung der Querschnitte bis etwa $Q_T/Q_v = 0{,}9$ s. Tafel 60. Aus betrieblichen Gründen sind folgende Mindestquerschnitte einzuhalten: Schmutzwasserkanal: DN 250; in begründeten Ausnahmen DN 200; Regen- oder Mischwasserkanal: DN 300; in begründeten Ausnahmen DN 250; grobe Anhalte für Mindestfülltiefe 2 bis 3 cm bzw. 9% des Durchmessers u. für Mindestgeschwindigkeit etwa 0,6 m/s.

Bei der Planung ist zu beachten:

a) Zur Vermeidung von Ablagerungen ist eine ausreichende Schleppspannung $\tau_{min} = 1 - 2$ N/m^2 einzuhalten. Nach Macke [KA 1983, H7] Ablagerungsfreiheit bei $Q = 0{,}6866 \cdot r^3_{hy,T} \cdot I^3_{krit}/c_T$ mit c_T = Transportkonzentration bei Schmutzwasser-Kanälen $c_T = 0{,}03‰$ und bei MW-Kanälen $c_T = 0{,}05‰$. Besonders bei kleinen Teilfüllungsverhältnissen h/d weist man zur Abschätzung nur das kritische Sohlgefälle mit folgendem Ansatz nach:

$I_{\tau,krit} = \tau_{min}/(\varrho \cdot g \cdot r_{hy,T})$ oder mit I in ‰ ca.: $I_{\tau,krit} = 1 - 2/(10 \cdot r_{hy,T})$ (95)

Hierin ist (s. Bild 15) $r_{hy,T} = d \cdot (\text{arc}\,\vartheta - \sin\vartheta)/(4 \cdot \text{arc}\,\vartheta)$ mit $\vartheta = 4 \cdot \arcsin(h/d)^{0,5}$

Näherungsweise nach [Schütz, KA 1985, S. 415] für $\text{DN} \geq 800 \Rightarrow I_{min} = 4{,}7 \cdot 10^{-3} \cdot \text{DN}^{-0,13}$ und für $\text{DN} \leq 800 \Rightarrow I_{min} = 1{,}6/\text{DN}$.

b) Im Hinblick auf den Abrieb der Sohle wird nach A118 eine Begrenzung auf $v = 6 - 8$ m/s empfohlen. Je nach Rohrwerkstoff sind zulässig: bei Steinzeug 10 m/s; bei Beton nach DIN 4032 und Stahlbeton nach DIN 4035 (8.95) 10 m/s; bei Faserzement 4 m/s bzw. bei Schmutzwasserleitungen 5 m/s.

c) Insbesondere bei angefaultem Abwasser kommt es bei den häufig im Schmutz- und Mischwasserkanal vorkommenden Gefällwechseln zu starken Ausgasungen. Dies ist der Fall schon bei gewelltem Wechselsprung, (schießendes) $Fr_1 \geq 1{,}3$ und besonders bei vollem Wechselsprung, $Fr_1 \geq 1{,}6$. Mit den Werten der Tafel 60 kann man die Teilfüllung ermitteln, bei der Fr_{max} auftritt und das zugehörige Fr_T. Hierin wird $Q_v = f$ (d (bzw. H), I_s und k_b) wie üblich errechnet.

Tafel 60 Hilfswerte

Wert	Kreisprofil	Eiprofil	Maulprofil
Profilbreite	$B = 2r = d$	$B = 2r$	$B = 2r$
Profilhöhe	$H = 2r = d$	$H = 3r$	$H = 3/2^* r$
Erf. B für $Q_T/Q_v < 0{,}9$	$0{,}477^* X$	$0{,}398^* X$	$0{,}551^* X$
Näherungsweise ist $Fr_T =$	Y	$1{,}8^* Y$	$0{,}62^* Y$
Fr_{max} bei $h_T/H =$	0,247	0,124	0,255
v_{max} bei $h_T/H =$	0,813	0,854	0,795
Q_{max} bei $h_T/H =$	0,941	0,955	0,933

$X = (Q_{max}{}^* k_b^{1/6}/I^{1/2})^{3/8}$
$Y = Q_T/(g^* d^* h_T^4)^{0,5}$

d) Bei Steilstrecken ist ab gewissen Geschwindigkeiten mit einer Luftaufnahme des Wassers zu rechnen. Hierdurch kann sich die Fülltiefe zusätzlich um bis zu 50% vergrößern. Der Lufteintrag beginnt bei Gefällen, die größer sind als I_{Luft}.

$I_{Luft} = 36 \cdot g/(k^2_{St} \cdot (d/4)^{1/3})$ mit $k_{St} = 22{,}32 \cdot \lg\,(3{,}71 \cdot d/k_b)/d^{1/6}$

Diese Gleichung ist genau genug für den Bereich $0{,}4 \leq h/d \leq 1{,}0$. Bei geringeren Teilfüllungen steht in der vorstehenden Gleichung $r_{hy,T}$ statt $d/4$.

Die mittlere Luftkonzentration wird nach Volkart (siehe auch [10]) ermittelt aus

$C \cong 1 - 1/(0{,}02 \cdot (Bou_T - 6{,}0)^{1,5} + 1)$

T steht als Index für die Teilfüllung. Luftaufnahme ab $Bou_T > 6$ mit der Boussinescq-Zahl $Bou_T = v_T/(g \cdot r_{hy,T})^{0,5}$. Damit werden die Veränderungen des Wasser-Luft-Gemisches gegenüber dem reinen Wasserabfluß wie folgt nachvollzogen:

$v_{Gem} = v_T \cdot (1 - C^2)$, der Luftanteil beträgt $Q_{Luft} = Q_T \cdot C/(1 - C)$.

Der Fließquerschnitt des Wasser-Luft-Gemisches wird $A_{Gem} = (Q_T + Q_{Luft})/v_{Gem}$.

Aus $A = (\text{arc}\,\vartheta - \sin\vartheta) \cdot d^2/8$ kann man mit A_{Gem} als Zielwert h_{Gem}/d ermitteln.

In [10, Band 3] sind diese Ansätze zu Excel-Dateien programmiert, z. B. bei einer Steigerung von $v = 3{,}5$ m/s auf 4,5 m/s vergrößert sich h/d von 0,5 auf 0,75.

e) Bei der Dimensionierung der Leitungen ist immer $v^2/2g$ zu beachten. Eine Lage der Energielinie oberhalb der Geländeroberfläche sollte vermieden werden. Auf jeden Fall schließt die Energiehöhe des ankommenden flachen Abschnittes an die Energiehöhe der weiterführenden Teilstrecke an. In der Flachstrecke liegt die Drucklinie (Wasserspiegel), wie immer, nur $v^2/2g$ unter der Energielinie!

5.4.2 Trockenwetterabfluß Q_t

Der Trockenwetterabfluß wird bestimmt aus der Summe der Einzelkomponenten von häuslichem Schmutzwasserabfluß, betrieblichem Schmutzwasserabfluß und Fremdwasserabfluß.

$$Q_t = Q_h + Q_g + Q_f$$

5.4.2.1 Häuslicher Schmutzwasserabfluß Q_h

In der Regel entspricht Q_h dem Wasserverbrauch, der örtlich stark schwankend ist. Nach den bisherigen Erfahrungen können die in der Tafel 61 angegebenen spezifischen Belastungsdaten zugrunde gelegt werden. Bei fehlenden ortsspezifischen Angaben wird für den stündlichen Spitzenwert des häuslichen Schmutzwasserabflusses ein Bemessungswert von $q_h = 4$ l/(s 1000 E) empfohlen. Für die Bemessung von Grundstücksentwässerungsanlagen gilt die DIN 1986. Für Kläranlagen errechnet sich der Trockenwetterabfluß gemäß Abschnitt 6.1.

Tafel 61 Häuslicher Schmutzwasserabfluß

Einwohner in Tausend		<5	5 bis 10	10 bis 50	50 bis 250	>250
Schmutzwasseranfall w_s in l/ED		150	175–180	200–220	225–260	250–300
Spezifischer	$(l/x)\ w_s$	1/8	1/10	1/12	1/14	1/16
Spitzenabfluß	q_h in l/(s 1000 E)	ca. 4				

5.4.2.2 Gewerblicher und industrieller Schmutzwasserabfluß Q_g

Für die Bemessung von Kanälen in Gewerbe- und Industriegebieten wird ein flächenspezifischer Ansatz mit den in der Tafel 62 angegebenen betrieblichen Abflußspenden q_g empfohlen.

Tafel 62 Gewerblicher und industrieller Schmutzwasserabfluß

Wasserverbrauch Gewerbe und Industrie	gering	mittel bis hoch
Schmutzwasserabflußspende q_g in l/s ha	0,2 bis 0,5	0,5–1,0

5.4.2.3 Fremdwasserabfluß Q_f

Fremdwasser umfaßt unerwünscht in die Kanalisation gelangende Abflüsse, die durch eindringendes Grundwasser, zufließendes Drän- und Quellwasser und je nach Kanalart durch unterschiedliche Fehleinleitungen verursacht sein können.

Der Fremdwasserabfluß Q_f bei Trockenwetter kann nach A 118 (1999) ortsspezifisch über eine Fremdwasserspende vorgegeben werden. Für Neuplanungen erscheint eine Fremdwasserabflußspende q_f von 0,05 bis 0,15 l/s ha ausreichend. Der Fremdwasserabfluß errechnet sich aus $Q_f = q_f A_{E,K}$, wobei die Fläche des durch die Kanalisation erfaßten Einzugsgebietes mit $A_{E,K}$ in ha berücksichtigt wird. Bei unzureichenden Kenntnissen kann der Fremdwasserabfluß in Schmutzwasserkanälen pauschal als Vielfaches m $= 0,1$ bis 1,0 (in begründeten Fällen auch >1) des Schmutzwasserabflusses abgeschätzt werden.

Bei der Bemessung von Schmutzwasserkanälen in Trenngebieten sollte der unvermeidbare Regenabfluß durch eindringendes Regenwasser über Schachtabdeckungen zusätzlich durch eine Regenabflußspende von $q_r = 0,2$ bis 0,7 l/(s ha) berücksichtigt werden. Dieser Ansatz kann zusätzlich zum Fremdwasserabfluß bei Trockenwetter erfolgen.

17

5.4.3 Regenabfluß Q_r

Der Regenabfluß wird bestimmt durch die Regenspende, $r_{D,N}$ in l/(s ha), die örtlich verschieden ist und sich mit der Regendauer T bzw. D in min sowie der Häufigkeit des jährlichen Auftretens n in l/a ändert. Bei den herkömmlichen Verfahren zur Kanalnetzberechnung (Fließzeitverfahren, z. B. Zeitbeiwertverfahren) wird der maßgebliche Regenabfluß mit vorgegebenen oder aus dem Befestigungsgrad und weiteren Einflußparametern abgeleiteten Abflußbeiwerten ψ berechnet.

$$Q_{r,D,n} = r_{D,n} \cdot A_{red} \quad (145) \quad \text{bzw.} \quad Q_r = r_{D,n} \cdot \psi \cdot A_{E,K} \quad (146)$$

5.4.3.1 Regenspenden

Die Regenspende $r_{D,n}$ in l/(s ha), die früher aus der Bezugsregenspende $r_{15,1}$ und dem Zeitbeiwert φ einer bestimmten Regendauer D und Regenhäufigkeit n gebildet wurde, kann derzeit aus den Starkniederschlagsdaten des DWDs (1997) bzw. örtlich verfügbaren Niederschlagsdaten gewonnen werden. Im Atlas des DWDs „Starkniederschlagshöhen für Deutschland – Kostra" (DWD, 1997) ist ein EDV-Programm zur Ermittlung der ortspezifischen Niederschlagshöhen und Regenspenden enthalten.

Sofern diese Daten nicht verfügbar sind, können näherungsweise die in Bild 70 angegebenen Werte berücksichtigt werden. Eine Regenspende von $r = 100$ l/(s ha) entspricht einem Niederschlag von 9 mm mit 10.000 m² pro 15 min zu 60 s. Beliebige Regen, z. B. mit $D = x$ und $n = y$ werden mit dem Zeitbeiwert φ wie folgt umgerechnet

$$r_{x,n=y} = r_{i,n=k} \cdot \frac{\varphi_{x,n=y}}{\varphi_{i,n=k}} \text{ mit } \varphi \text{ nach Reinhold} \quad (147) \qquad \varphi_{T,n} = \frac{38}{T+9}(n^{-0,25} - 0,3684) \quad (148)$$

* Aus technischen Gründen entfallen die Gleichungsnummern (96) bis (143)

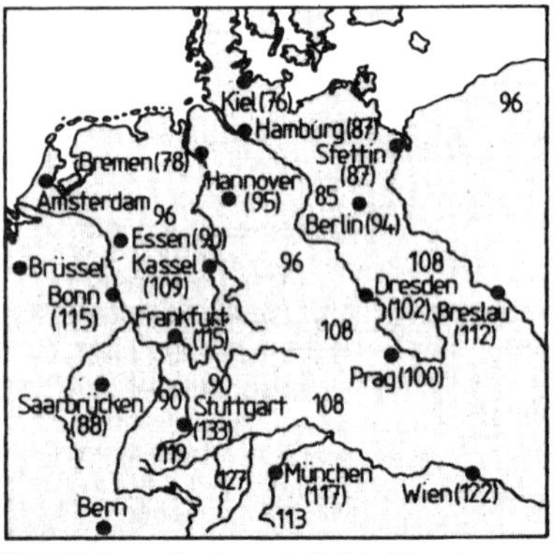

Bild 70 Regenkarte nach Reinhold

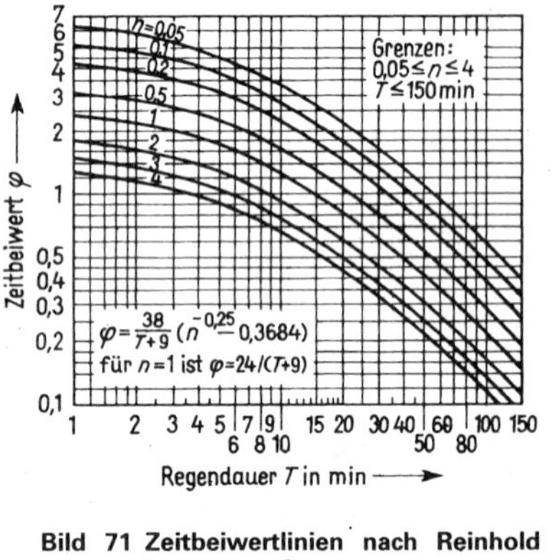

Bild 71 Zeitbeiwertlinien nach Reinhold bezogen auf r_{15}

Die für die Bemessung eines Kanals maßgebende Regendauer D ist gleich der Fließzeit t_f zu setzen. Dabei wird eine Mindestregendauer zugrunde gelegt, bis zu der die Regenspende r konstant gehalten wird, d. h. für diesen Fall ist $D = t_f$. Erst bei $t_f > D_{min}$ wird r mit dem Zeitbeiwert φ entsprechend der Fließzeit angepaßt. Die kürzeste zu betrachtende Regendauer sollte nach A 118, (1999) in Abhängigkeit von der Geländeneigung und dem Befestigungsgrad entsprechend der Tafel 63 angesetzt werden.

Tafel 63 Maßgebende kürzeste Regendauer in Abhängigkeit der mittleren Geländeneigung und des Befestigungsgrades nach A 118, 1999

mittlere Geländeneigung	Befestigung	kürzeste Regendauer
<1%	≤ 50%	15 min
	>50%	10 min
1% bis 4%		10 min
>4%	≤ 50%	10 min
	>50%	5 min

Die **Bemessungsregenspende** wird bei Fließzeiten $t_f \leq \min T$
und gewählter Häufigkeit n: $r_{T,n} = r_{15,n=1} \cdot \varphi_{\min T,n}$ (149)
und bei Fließzeiten $t_f > \min T$: $r_{tf,n} = r_{T,n} \cdot (\min T + 9)/(t_f + 9)$ (150)

Beispiel $r_{15:1} = 100$ l/(s · ha); gewählt $T = 10$ min, $n = 0{,}5$
a) Fließzeit $t_f \leq 10$ min: $r_{10:0,5} = 100 \cdot 38(0{,}5^{-0,25} - 0{,}3684)/(10 + 9) = 164{,}2$ l/(s · ha)
b) Fließzeit $t_f = 18$ min: $r_{18:0,5} = 164{,}2(10 + 9)/(18 + 9) = 115{,}5$ l/(s · ha)

Die **maßgeblichen Regenhäufigkeiten n** aus der DIN EN 752-2, 1996 sind für die Bemessung der Kanäle auf **(90%) Vollfüllung** im A 118 (1999) übernommen worden. Die in Tafel 64a) angegebenen Häufigkeiten von Bemessungsregen gelten für die Anwendung von Fließzeitverfahren. Dabei dürfen die ermittelten Maximalabflüsse das jeweilige Abflußvermögen bei Vollfüllung nicht überschreiten. Für größere Entwässerungssysteme und generell bei der Anwendung von Abflußsimulationsmodellen, insbesondere dort, wo bedeutende Schäden oder Gefährdungen auftreten können, empfiehlt DIN EN 752, das Maß des Überflutungsschutzes über die Vorgabe zulässiger **Überflutungshäufigkeiten** festzulegen. Der Vorgang der Überflutung ist jedoch in hohem Maße von den lokalen Verhältnissen abhängig (z. B. Tiefenlage der einzelnen Grundstücke in bezug auf das Straßenniveau). Die tatsächliche Überflutungshäufigkeit läßt sich überwiegend nur durch Beobachtungen und Erfahrungen in bestehenden Kanalnetzen feststellen und ggf. durch konstruktive Maßnahmen verbessern (z. B. Erhöhung der Bordsteine, Entwässerung von Tiefpunkten mit Hebeanlagen).

Tafel 64 Maßgebende Regen-, Überflutungs- und Überstauhäufigkeiten

a) In DIN EN 752 empfohlene Häufigkeiten für den Entwurf (aus DIN EN 752-2, 1996)

Häufigkeit der Bemessungsregen[1]) (1-mal in „n" Jahren)	Ort	Überflutungshäufigkeit (1-mal in „n" Jahren)
1 in 1	Ländliche Gebiete	1 in 10
1 in 2	Wohngebiete	1 in 20
1 in 2	Stadtzentren, Industrie- und Gewerbegebiete: — mit Überflutungsprüfung,	1 in 30
1 in 5	— ohne Überflutungsprüfung	—
1 in 10	Unterirdische Verkehrsanlagen, Unterführungen	1 in 50

[1]) Für Bemessungsregen dürfen keine Überlastungen auftreten.

b) Empfohlene Überstauhäufigkeiten für den rechnerischen Nachweis bei Neuplanungen bzw. nach Sanierung (hier: Bezugsniveau Geländeoberkante) nach A 118 (1999)

Ort	Überstauhäufigkeiten-Neuplanung bzw. nach Sanierung (1-mal in „n" Jahren)
ländliche Gebiete	1 in 2
Wohngebiete	1 in 3
Stadtzentren, Industrie- und Gewerbegebiete	seltener als 1 in 5
Unterirdische Verkehrsanlagen, Unterführungen	seltener als 1 in 10[1])

[1]) Bei Unterführungen ist zu beachten, daß bei Überstau über Gelände i. d. R. unmittelbar eine Überflutung einhergeht, sofern nicht besondere örtliche Sicherungsmaßnahmen bestehen. Hier entsprechen sich Überstau- und Überflutungshäufigkeit mit dem in Tabelle 64 a) genannten Wert „1 in 50"!

Da die modelltechnische Nachbildung der Überflutung nach dem gegenwärtigen Stand jedoch nicht möglich ist, wird der rechnerische Nachweis von Entwässerungsnetzen über die **Überstauhäufigkeit** festgelegt. Als Überstau ist das Überschreiten eines bestimmten Bezugsniveaus durch den rechnerischen Maximalwasserstand zu verstehen. Vielfach wird die Geländeoberkante (z. B. Höhe der Schachtabdeckungen) als Bezugsniveau des rechnerischen Maximalwasserstandes gewählt, da es bei Überschreiten dieses Wertes zu einem Austritt von Wasser auf die Geländeoberfläche (Straßenfläche) kommt und die Möglichkeit einer Überflutung besteht. In der Tafel 64b) sind die Werte aus dem A 118 (1999) für den Nachweis der Überstauhäufigkeit bei **Neuplanungen** bzw. nach **Sanierungen** zusammengestellt. Für die rechnerische Nachweisführung wird empfohlen, im **ersten Schritt** den rechnerischen Nachweis nach der Zielgröße **Überstauhäufigkeit** zu führen und im **zweiten Schritt** den jeweils geforderten **Überflutungsschutz** unter Beachtung der örtlichen Gegebenheiten zu prüfen und gegebenenfalls durch bauliche Maßnahmen sicherzustellen.

5.4.3.2 Spitzenabflußbeiwerte ψ_s

Für die Kanalnetzberechnung ist der Spitzenabflußbeiwert ψ_s maßgebend, der das Verhältnis zwischen der resultierenden maximalen Abflußspende und der zugehörigen Regenspende beschreibt. Für die Anwendung von Fließzeitverfahren werden Spitzenabflußbeiwerte ψ_s in Abhängigkeit vom Anteil der befestigten Flächen, der Geländeneigungsgruppe und der maßgeblichen Bezugsregenspende r_{15} nach Tafel 65 empfohlen. Sie beziehen sich auf die Fläche des kanalisierten Einzugsgebietes $A_{E,K}$.

Tafel 65 Empfohlene Spitzenabflußbeiwerte für unterschiedliche Regenspenden bei einer Regendauer von 15 min (r_{15}) in Abhängigkeit von der mittleren Geländeneigung I_G und dem Befestigungsgrad nach A 118, 1977

Befestigungsgrad [%]	Gruppe 1 $I_G < 1\%$				Gruppe 2 $1\% \leq I_G \leq 4\%$				Gruppe 3 $4\% < I_G \leq 10\%$				Gruppe 4 $I_G > 10\%$			
	für r_{15} [l/(s · ha)] von															
	100	130	180	225	100	130	180	225	100	130	180	225	100	130	180	225
0*)	0,00	0,00	0,10	0,31	0,10	0,15	0,30	(0,46)	0,15	0,20	(0,45)	(0,60)	0,20	0,30	(0,55)	(0,75)
10*)	0,09	0,09	0,19	0,38	0,18	0,23	0,37	(0,51)	0,23	0,28	0,50	(0,64)	0,28	0,37	(0,59)	(0,77)
20	0,18	0,18	0,27	0,44	0,27	0,31	0,43	0,56	0,31	0,35	0,55	0,67	0,35	0,43	0,63	0,80
30	0,28	0,28	0,36	0,51	0,35	0,39	0,50	0,61	0,39	0,42	0,60	0,71	0,42	0,50	0,68	0,82
40	0,37	0,37	0,44	0,57	0,44	0,47	0,56	0,66	0,47	0,50	0,65	0,75	0,50	0,56	0,72	0,84
50	0,46	0,46	0,53	0,64	0,52	0,55	0,63	0,72	0,55	0,58	0,71	0,79	0,58	0,63	0,76	0,87
60	0,55	0,55	0,61	0,70	0,60	0,63	0,70	0,77	0,62	0,65	0,76	0,82	0,65	0,70	0,80	0,89
70	0,64	0,64	0,70	0,77	0,68	0,71	0,76	0,82	0,70	0,72	0,81	0,86	0,72	0,76	0,84	0,91
80	0,74	0,74	0,78	0,83	0,77	0,79	0,83	0,87	0,78	0,80	0,86	0,90	0,80	0,83	0,87	0,93
90	0,83	0,83	0,87	0,90	0,86	0,87	0,89	0,92	0,86	0,88	0,91	0,93	0,88	0,89	0,93	0,96
100	0,92	0,92	0,95	0,96	0,94	0,95	0,96	0,97	0,94	0,95	0,96	0,97	0,95	0,96	0,97	0,98

*) Befestigungsgrade $\leq$ 10% bedürfen i. d. R. einer gesonderten Betrachtung

5.4.4 Zeitbeiwertverfahren

Die Ermittlung des für die hydraulische Bemessung der Kanäle maßgeblichen Gesamtabflusses für regelmäßige Gebietsformen erfolgt, vor allem bei Neuplanungen, in Form von Listenrechnungen über Abflußspende und Einzugsflächen $A_{E,K}$ nach dem Zeitbeiwertverfahren: $Q_{ges} = Q_t + Q_r$ l/s. Der Trockenwetterabfluß wird nach Abschn. 5.4.2 ermittelt. Für den Regenabfluß gilt

$$\mathbf{Q_r = \varphi \cdot r_{15} \cdot \psi_s \cdot A_{E,K} = \varphi \cdot Q_{r15}} \quad \textbf{in l/s} \qquad (151a)$$

φ und r_{15} werden nach Abschn. 5.4.3 ausgewählt.

Tafel 66 Listenrechnung zum Zeitbeiwertverfahren

Leitung Nr.	Straßenname	Schacht Nr. von	Schacht Nr. bis	Länge	Fläche A_E Nr.	Befestigung in % 40%	50%	…	Spitzenabflußbeiwert ψ_s $I_g<1\%$	mittlere Geländeneigung $1\%\leq I_g\leq 4\%$	$4\%<I_g\leq 10\%$	$I_g>10\%$	Einwohner Dichte D	Anzahl	Zufluß aus Fläche Nr.	Schmutzwasserabfluß häuslich einz. Qh	zus. ΣQh	gewerblich einz. Qg	zus. ΣQg
–	–	von	bis	m	–	ha	ha	ha	–	–	–	–	E/ha	E	–	l/s	l/s	l/s	l/s
1	2	3	4	5	6	7	8	9	10	11	12	13	14	15	16	17	18	19	20
1	Große	1	5	180	1		1,28			0,52			200	256	–	1,28	1,28	–	–
2	Kleine	6	5	290	2	2,16				0,44			80	173	–	0,87	0,87	–	–
1	Große	5	14	120	3		0,48			0,52			200	96	1.2	0,48	2,63	–	–

Fremdwasserabfluß Q_f	Trockenwetterabfluß Q_t	Zeitbeiwert φ	Regenabfluß $Q_{r15}=r_{15}\cdot\psi_s\cdot A_E$ einz. Q_{r15}	ΣQ_{r15}	max $Q_r=\varphi\cdot\Sigma Q_{r15}$	Fließzeit einz. t_f	zus. Σt_f	Mischwasserabfluß Q_{ges}	Gefälle Sohle I_s	Wsp. I_w	Profil Form und Größe	Rauheit k_b	Vollfüllung Leist. Q_v	v_v	$\frac{Q_{ges}}{Q_v}$	Trockenwetter-Geschw. v_t	Regenwetter Geschw. v_m	Füllh. h_m	Bemerkungen
l/s	l/s	–	l/s	l/s	l/s	s	min	l/s	‰	‰	mm	mm	l/s	m/s	–	m/s	m/s	cm	
21	22	23	24	25	26	27	28	29	30	31	32	33	34	35	36	37	38	39	40
0,13	1,41	1,26	67	67	84	94	1,56	85,4	21	–	Ø300	1,5	142	2,0	0,60	0,68	2,08	17	
0,22	1,09	1,26	95	95	120	143	2,38	121,1	19	–	Ø300	1,5	135	1,9	0,90	0,58	2,03	24	Spülen
0,05	3,03	1,26	25	187	236	50	3,22	239,0	15	–	Ø500	1,5	464	2,4	0,52	0,72	2,38	26	

Beispiel

$T_{min} = 10$ min,

$r_{15.1} = 100$/l/(s · ha);

$q_t = 0{,}1$ l/(s · ha),

$q_h = 0{,}005$ l/(s · E)

Bei unregelmäßigen Gebietsformen und großen Schwankungen von I_g bzw. ψ_s tritt der Größtabfluß nicht immer bei $T = t_f$ auf, s. Bild 73.

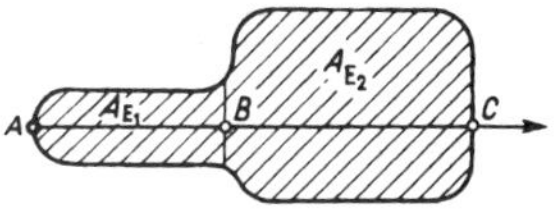

Bild 72

Es ist zu prüfen, ob mit der Regendauer T gleich t_{tBC} der Abfluß von A_{E2} nicht größer ist als der Gesamtabfluß von $A_{E1} + A_{E2}$ mit $T = t_{fAC}$. Faustregel: max Q_R aus 1/2 $A_{E1} + A_{E2}$ mit 1/2 $t_{fAB} + t_{fBC}$.

Nicht zusammenhängende Gebiete werden nach dem Summenlinienverfahren [9] berechnet. Näherungsweise gilt, wenn beim Zusammenfluß von 2 Kanälen $Q_{r2} \leq t_{f2} \cdot Q_{r1}/9$ ist, die Verbesserung:

$Q_r = (Q_{r1} + Q_{r2} \cdot t_{f1}/t_{f2}) \cdot \varphi_1$.

Der Index 1 steht für die kürzere Fließzeit. Im weiteren Verlauf der Rechnung werden Q_r und t_{f1} eingesetzt. Q_{r1} und Q_{r2} sind die Abflüsse aus dem 15-min-Regen. Bei $Q_{r2} > t_{f2} \cdot Q_{r1}/9$ wird mit t_{f2} weiter gerechnet.

17

5.4.5 Zeitabflußfaktorverfahren

Bisher wurde mit konstantem ψ_s gerechnet. Nach [9] kann auch mit veränderlichem Abflußbeiwert gerechnet werden. Der Zeitabflußfaktor ε, der an die Stelle von φ tritt, berücksichtigt Geländeneigung und Regenhäufigkeit

$$\boldsymbol{Q_r = 100 \cdot \varepsilon_{(n)} \cdot \psi_s \cdot A_{E,K}} \quad \text{in l/s} \quad (151\,b)$$

max Q wird wie beim Zeitbeiwertverfahren für $T = t_f$ ermittelt.

Fließzeiten kleiner als die Berechnungsregendauer sind in ε berücksichtigt. Auch hier gilt: Nimmt Q_r im Kanal ab, ist der größere Wert von oberhalb einzusetzen.

In der Listenrechnung (s. Abschn. 5.4.4) tritt an die Stelle der Spalten 23 bis 26 der untenstehende Ausschnitt.

Tafel 67

Zeitabflußfaktor ε			Regenabfluß: unvermindert (ohne ε) $Q_{r\,15} = r_{15}\ \psi_s\ A_E$				Regenabfluß: vermindert (mit ε) max. $Q_r = \Sigma(\varepsilon \cdot \Sigma Q_{r\,15})$			
mittlere Geländeneigung			einzeln	zusammen $\Sigma Q_{r\,15}$ mittlere Geländeneigung			zusammen $\varepsilon \cdot \Sigma Q_{r\,15}$ mittlere Geländeneigung			zus.
I_g <1%	1%≦ I_g ≦10%	I_g >10%	$Q_{r\,15}$	I_g <1%	1%≦ I_g ≦10%	I_g >10%	I_g <1%	1%≦ I_g ≦10%	I_g >10%	max. Q_r
[–]	[–]	[–]	[l/s]	[l/s]	[l/s]	[l/s]	[l/s]	[l/s]	[l/s]	[l/s]
23	24	25	26	27	28	29	30	31	32	33

Tafel 68 Zeitabflußfaktor $\varepsilon_{(n)}$ in Abhängigkeit von der Regenspende $r_{15(n)}$ bei 15 min Regendauer bzw. Regenhäufigkeit n und der Neigung I_g des Einzugsgebietes

Regendauer T (min)	Gruppe 1 I_g<1% für $r_{15(n)}$ in l/(s · ha)				Gruppe 2 und 3 1%≦I_g≦10% für $r_{15(n)}$ in l/(s · ha)				Gruppe 4 I_g>10% für $r_{15(n)}$ in l/(s · ha)			
	100 n=1	130 0,5	180 0,20	225 0,1	100 n=1	130 0,5	180 0,2	225 0,1	100 n=1	130 0,5	180 0,2	225 0,1
0	1,070	1,400	1,540	1,585	1,200	1,410	1,730	2,600	1,190	1,420	2,130	2,840
5	1,070	1,400	1,540	1,585	1,200	1,410	1,730	2,600	1,190	1,420	2,130	2,840
7	1,070	1,400	1,540	1,585	1,150	1,410	1,730	2,600	1,155	1,420	2,130	2,840
10	1,070	1,350	1,540	1,585	1,075	1,370	1,730	2,600	1,085	1,390	2,080	2,760
15	0,945	1,160	1,350	1,400	0,947	1,175	1,595	2,195	0,945	1,190	1,700	2,245
20	0,790	0,995	1,140	1,185	0,794	1,000	1,415	1,780	0,805	1,025	1,435	1,830
25	0,680	0,865	0,992	1,050	0,684	0,880	1,225	1,520	0,700	0,900	1,240	1,550
30	0,605	0,765	0,886	0,950	0,610	0,775	1,055	1,315	0,615	0,785	1,070	1,330
40	0,485	0,610	0,751	0,815	0,490	0,618	0,812	1,020	0,500	0,625	0,820	1,040
50	0,395	0,500	0,640	0,710	0,400	0,510	0,660	0,835	0,410	0,520	0,670	0,855
60	0,325	0,425	0,550	0,625	0,330	0,435	0,560	0,692	0,340	0,445	0,570	0,712
70	0,285	0,370	0,470	0,545	0,290	0,379	0,480	0,585	0,300	0,388	0,495	0,605
80	0,240	0,320	0,415	0,480	0,245	0,328	0,420	0,502	0,255	0,336	0,440	0,522
90	0,210	0,285	0,365	0,420	0,215	0,292	0,375	0,430	0,225	0,300	0,390	0,450
100	0,185	0,245	0,321	0,365	0,190	0,252	0,335	0,375	0,200	0,260	0,350	0,395
110	0,165	0,220	0,290	0,320	0,170	0,225	0,295	0,330	0,180	0,228	0,310	0,355
120	0,150	0,200	0,255	0,290	0,155	0,202	0,265	0,296	0,165	0,205	0,277	0,322

5.5 Regenentlastungen in Mischwasserkanälen [11]

Die Regenwasserbehandlung begrenzt den Regenabfluß zur Kläranlage, so daß deren Wirkungsgrad nicht unzulässig sinkt und die stoßweise Belastung des Gewässers in vertretbaren Grenzen bleibt. – Jedes Bauwerk muß ohne Bewertung der örtlichen Gewässersituation mindestens **Normalanforderungen** erfüllen. Hierbei wird für den „Bezugslastfall" (mit dem Schmutzabtrag von 600 kg CSB/(ha·a) und der Jahresniederschlagshöhe $h_{Na} = 800$ mm sowie mit $\psi = 0{,}70$ errechnet sich der *CSB* im RW-Abfluß $c_r = 600/(0{,}7 \cdot 800) = 107$ mg/l, *CSB* im TW-Abfluß $c_t = 600$ mg/l, *CSB* im KA-Ablaufe bei RW $c_K = 70$ mg/l) ein Speichervolumen ermittelt, das die Entlastung in das Gewässer auf die zulässige *CSB*-Jahresfracht begrenzt. – Maßgebliche Kenngröße ist der chemische Sauerstoffbedarf *CSB*. Größere Verschmutzungen und stärkere Niederschläge führen zu Zuschlägen.

Mit den Indizes h für häuslich, g für gewerblich, i für industriell, f für Fremdwasser, 24 für den auf 24 Stunden verteilten und x für den auf x Stunden (s. Abschn. 5.4.2.1) verteilten Abfluß sowie $a_{g,i}$ (h) = Arbeitsstunden pro Tag (eine Schicht = 8 Stunden) und $b_{g,i}$ (d) = Produktionstage pro Jahr, ergibt sich der

Trockenwetterabfluß im **Tagesmittel**

$$Q_{t24} = Q_{s24} + Q_{f24} = (Q_{h24} + Q_{g24} + Q_{i24}) + Q_{f24} \quad \text{(l/s)} \quad (152)$$

$$Q_{sx} = Q_{h24} \cdot 24/x + Q_{g24} \cdot 24 \cdot 365/(a_g \cdot b_g) + 24 \cdot 365 \cdot Q_{i24}/(a_i \cdot b_i) \quad \text{(l/s)} \quad (153)$$

Tagesstundenmittel des Trockenwetterabflusses $Q_{tx} = Q_{sx} + Q_{f24}$ (l/s) (154)

Kritischer Regenabfluß $Q_{rkrit} = r_{krit} \cdot A_u$ (l/s) (155)

kritische Regenabflußspende $7{,}5 \leqq r_{krit} \leqq 15 \cdot 120/(t_f + 120)$ (l/s ha)(156)

t_f in min = Fließzeit im Kanal bis zur jeweiligen Entlastung

Kritischer Mischwasserabfluß $Q_{krit} = Q_{tx} + Q_{rkrit} + \sum Q_{d,i}$ (l/s) (157)

$\sum Q_{d,i}$ = Summe aller von oberhalb dem jeweiligen Becken zufließenden Drosselabläufe

Für Q_{krit} A_u jeweils für das betrachtete Einzelbecken.

Fremdwasser Q_{f24} wird aus Nachtmessungen in Misch- oder Trennsystemen ermittelt oder ersatzweise zu [0,03 bis 0,15 l/(s·ha)]·A_u oder im Extremfall mit bis zu 100% Q_{h24} angesetzt.

In Tafel 72 kann der mittlere Entlastungszufluß Q_{re} nur für $q_r \leqq 2$ l/s ha näherungsweise ermittelt werden. Bei $q_r \geqq 2$ l/s ha sind Langzeitsimulationen erforderlich und der Ansatz:

$Q_{re} = VQ_e/(T_e \cdot 3{,}6) + Q_{r24}$ in l/s (158)

VQ_e in m^3 in einem Jahr entlastete Mischwasserabflußsumme
T_e in h in einem Jahr aufsummierte Entlastungsdauer

Mittlere Neigungsgruppe $NG_m = \sum(A_{E,i} \cdot N_{Gi})/\sum A_{E,i}$ (159)

Trockenwetterkonzentration des *CSB* $c_t = (Q_h \cdot c_h + Q_g \cdot c_g + Q_i \cdot c_i)/(Q_h + Q_g + Q_i + Q_f)$ (mg/l) (160)

Trockenwetterabflußspende $q_{t24} = Q_{t24}/A_u$ (l/s ha) (161)

Regenabflußspende $q_r = Q_{r24}/A_u$ (l/s ha) (162)

Weitere Begriffe sind der Tafel 72 zu entnehmen.

5.5.1 Regenüberläufe RÜ

RÜ begrenzen hohe Regenabflußspitzen. Stark verschmutzte gewerbliche und industrielle Abwässer sowie die Entleerungsabläufe aus RÜB sollen nur über RÜ entlastet werden, wenn $m_{RÜ}$ eingehalten wird. Hinter einem RÜ muß immer noch ein RÜB liegen. Der Mischwasserabfluß Q_{krit} **muß in voller Höhe weitergeleitet werden**, bevor Wasser in den Vorfluter abgeschlagen wird. Es darf keine Entlastung in trockene Vorflutgräben stattfinden.

Das erforderliche Mindestmischverhältnis im Überlaufwasser

$$m_{RÜ} = (Q_d - Q_{t24})/Q_{t24} \quad \text{mit } Q_d \geq Q_{krit} \qquad (163)$$

wird mit einer *CSB*-Konzentration c_t im Trockenwetterabfluß bei einem Drosselabfluß Q_d beim Anspringen des RÜ eingehalten

$$\text{in den Grenzen } 7 \leqq m_{RÜ} \geqq (c_t - 180)/60 \text{ mg/l} \qquad (164)$$

Q_d sollte $\geq$ 50 l/s sein, i. d. Praxis häufig wesentlich kleiner. A_u sollte >2 ha betragen. Seitliche Einmündungen im RÜ-Bereich sind zu vermeiden. Der Einsatz von Tauchwänden ist anzustreben. Die Bemessung der Abschlagsleitung erfolgt für die Leistungsfähigkeit der bis OK Decke eingestauten Zulaufleitung. Die Nachrüstung zum RÜB soll durch einen Sohlabsturz berücksichtigt werden.

5.5.1.1 Zulaufleitung

Der Fließzustand soll bei Q_{krit} sicher strömend sein. $v \leq 0{,}75\ v_{gr}$ bzw. $Q \leq 0{,}75\ Q_{gr}$. (Nachweis entfällt wenn OK-W $\geq$OK-Rohr.) Länge der Beruhigungsstrecke $L_0 \geqq 20 \cdot d_0$

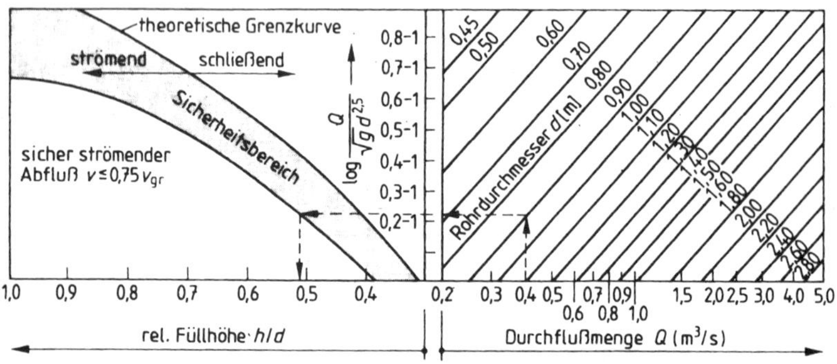

Bild 73 Nachweis von sicher strömendem Abfluß nach Wagner-Kallwass

Ablesebeispiel $Q_{krit} = 0{,}40$ m³/s → $d_0 = 0{,}90$ → $h/d = 0{,}51$, nach Tafel 28a ist $Q_T/Q_v = 0{,}52$. Hieraus wird die erforderliche Leistung der Zulaufleitung: $Q_v \leq \max Q_{zul}/(Q_T/Q_v) \leq 0{,}40/0{,}52 = 0{,}77$ m³/s und das zul. Gefälle nach Tafel 24 $I_s \leq 1{,}55‰$ (evtl. d_0 variieren).

Bei Q_t sei $v_{zu} \geqq 0{,}5$ m/s; die OK-Wehrschwelle $s_o \geqq 0{,}5\ d_o$ und über dem Bemessungs-HW des Vorfluters.

5.5.1.2 Drosselstrecke

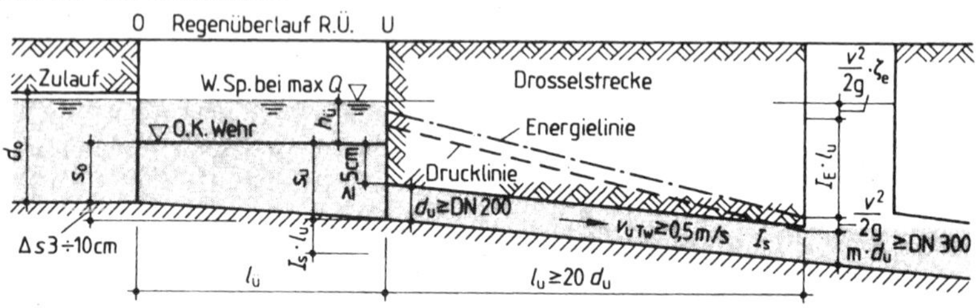

Bild 74 Längsschnitt durch eine Regenentlastung mit Drosselstrecke

DN 200 $\leq d_u \leq$ DN 500 bei freiem Ausfluß. Nachfolgende Ablaufleitung DN $\geq d_u + 100$; Länge $l_u \geq 20\ d_u$, Sohlgefälle $I_s \leq 3‰$; Nachweis der Vollfüllung der Drosselstrecke nur bei $I_s > 3‰$ oder $l_u < 20\ d_u$ erforderlich. Bei Q_{tx} sei $v_u \geq 0{,}5$ m/s. Man wählt d_u für I_s und ca. (0,4 bis 0,6) Q_{krit}; außerdem Δs so, daß Q_{tx} ohne Aufstau abfließt. $h_{E_o} + \Delta s \geq h_{E_u}$. ζ für Drosselblenden s. Abschn. 3.1.3.9.

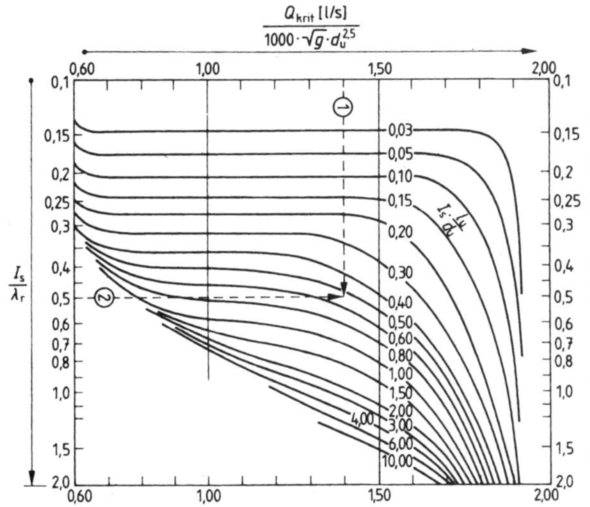

D_u in m	$1000\sqrt{g}d_u^{5/2}$ in l/s
0,20	56,0
0,25	97,9
0,30	154,4
0,35	226,9
0,40	316,9
0,45	425,5
0,50	535,7
0,60	873
0,70	1284
0,80	1793
0,90	2407
1,00	3132
1,10	3974
1,20	4941
1,30	6035
1,40	7264
1,50	8631

Bild 75 Nachweis der Vollfüllung der Drosselstrecke [12]

Ablesebeispiel $Q_{krit}/(3130 \cdot d_u^{2,5}) = 1,4$ – ① →; $I_s/\lambda_r = 0,5$–② → Schnittpunkt
$I_s \cdot l_u/d_u = 0,525$; also für alle $I_s \cdot l_u/d_u \geqq 0,525$ → Vollfüllung

Man erhält das für die Vollfüllung erforderliche l_u mit dem Ablesewert aus

$l_u = (I_s \cdot l_u/d_u) \cdot (d_u/I_s)$ also z. B. $0,525 \cdot d_u/I_s$

Im zunehmenden Maße setzen sich mechanische Drosselsysteme durch. Empfohlen wird: Rohrdrossel >50 l/s, Wirbel- und Strahldrossel >30 l/s, Waagedrossel >10 l/s, Förderschnecken $Q = >10$ l/s, Kreiselpumpen $Q = >20$ l/s, geregelte Schieber ohne Grenze. Im Einzelfall mit Hersteller Rücksprache halten; starke Orientierung an Untergrenzen bedingt höhere Störanfälligkeit.

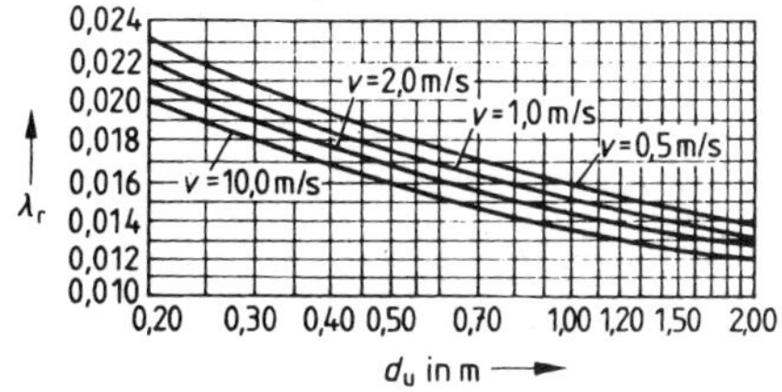

Bild 76 λ_r-Werte für $k_b = 0,20$ mm

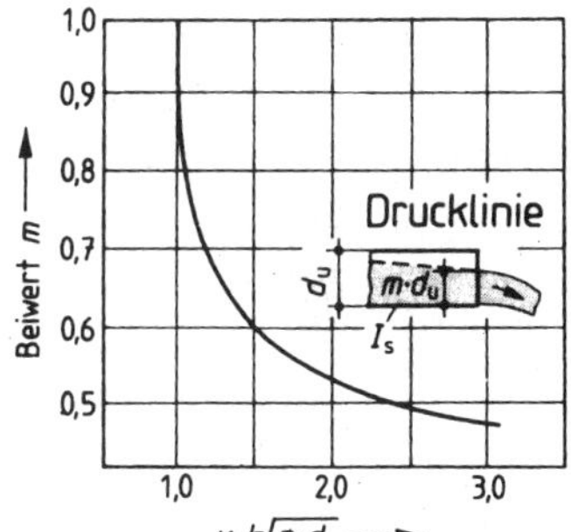

Bild 77 Drucklinie am Kreisrohrende für eine freie Strahlunterkante

Bei anderen k_b ggf. λ_r nach Bild 10 oder mit I_E und v nach Tafel 21 bis 27 bzw. Tabellenwerten aus

$$\lambda_r = 19,6 \cdot I_e \cdot d/v^2 \quad (165)$$

Trennschärfe bei höchstem Zufluß

Die Leistung Q_d der Rohrdrosselstrecke bei max Q_{zu} wird mit $h_ü$ nach Abschn. 5.5.1.3

$$\max Q_d = \pi \frac{d_u^2}{4} \cdot \sqrt{\frac{(h_ü + s_u + I_s \cdot l_u - m \cdot d_u) \cdot 19,62}{1 + \zeta_e + \lambda_r \cdot l_u/d_u}} \cdot 1000 \quad \text{in l/s} \qquad (166)$$

Die Trennschärfe = max Q_d/Q_{krit} soll $\leqq 1,2$ sein. $\zeta_e = 0,45$

5.5.1.3 Überfallwehr

Die **erforderliche Wehrhöhe** s_u für Q_{krit} bei Vollfüllung ($m = 1$) ist

$$s_u = m \cdot d_u + (1 + \zeta_e) \cdot v_u^2/2g + (I_E - I_s)\, l_u; \quad (167) \quad (I_E \text{ nach Tafel 21 bis 27}).$$

Ergibt sich hieraus ein zu großes Δs, müssen entweder s_o oder d_u größer werden. Aber: $\Delta s \geqq 3$ bis 5, besser 10 cm.

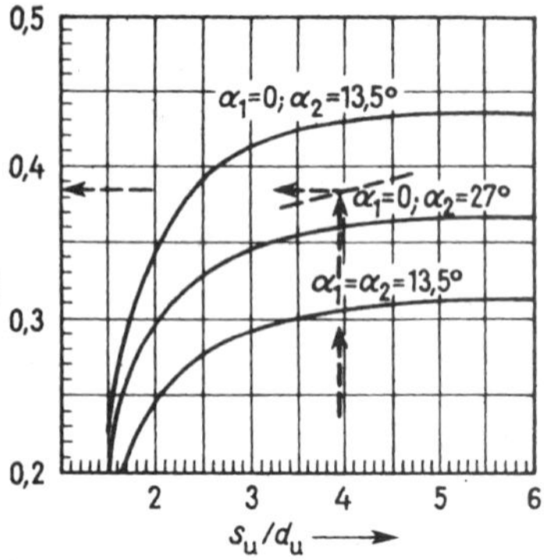

Bild 78 Einlaufbeiwert ζ_e

$Q_A = \max Q_{zu} - Q_{krit}$ Wählbar sind Wehrlänge $l_ü$ oder Überfallhöhe $h_ü$ je nach Örtlichkeit.

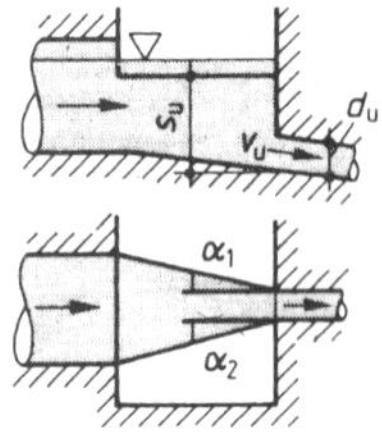

Grundriß

Bild 79 Schnitte

$$l_A = Q_A/(2950 \cdot c \cdot \mu \cdot h_A^{1,5}); \quad \text{in m} \quad (168)$$
$$h_A = [Q_A/(2950 \cdot c \cdot \mu \cdot l_A)]^{2/3} \quad \text{in m} \quad (169)$$

mit $Q_ü$ in l/s

bei einseitigem Überfall $\mu \approx 0{,}6$;
bei beidseitigem Überfall $\mu \approx 0{,}50$

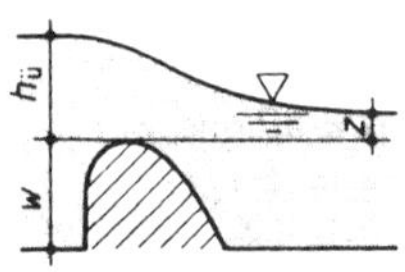

Bild 80 Skizze zur Bestimmung der Abminderungsbeiwerte *c* für rückgestaute Überfälle [42]

Wehrform	n
scharfkantig	2
rundkronig	3
rechteckig	4

$$c = \sqrt{1 - (z/h_A)^n} \quad (170)$$

5.5.2 Regenüberlaufbecken RÜB [11]

1. **Becken im Hauptschluß HS**: Der Abfluß zur Kläranlage $Q_d = Q_{ab} + Q_t$ wird durch das Becken geführt.
2. **Becken im Nebenschluß NS**: $Q_d = Q_{ab} + Q_t$ werden am Becken vorbeigeführt, das bei $Q_{zu} > Q_{ab} + Q_t$ über ein Trennbauwerk TB beschickt wird. Beckenentleerung mit Pumpe vor das TB. Becken im qualifizierten Nebenschluß werden gezielt entleert.
3. **Fangbecken FB** nach 1. oder 2. speichern den Spülstoß. Sie werden nicht von der Überfallwassermenge durchflossen. Anwendung ist vorteilhaft, im wesentlichen für nicht vorentlastete Entwässerungsflächen, aber nur zulässig

a) wenn Fließzeit im Netz bis zum Becken $\mathbf{t_f \leqq 15}$ bis **20** min;
b) wenn die Abläufe oberhalb liegender Becken so gesteuert werden, daß sie erst bei leerem Fangbecken öffnen.

4. **Durchlaufbecken DB** nach 1. oder 2. besitzen einen Klärüberlauf (KÜ), der erst nach Beckenfüllung anspringt und den Durchlauf durch das Becken bis zum Erreichen von $h_{kü\ krit}$ auf maximal Q_{krit} bei HS-Becken und auf $Q_{krit} - Q_s - Q_t$ bei NS-Becken beschränkt.
   Der Beckenüberlauf BÜ soll erst bei vollem Becken anspringen.
5. **Verbundbecken** werden bei Auftreten von FB und DB Verhältnissen eingesetzt. Der FB-Teil (FT) wird zuerst gefüllt und anschließend der durchströmte DB-Teil (KT).

Tafel 69 Überfallwassermengen an den Entlastungsorganen

Bauwerk	Fangbecken		Durchlaufbecken DB	
	Hauptschluß	Nebenschluß	Hauptschluß HS	Nebenschluß NS
Q_{TB}	–	$Q_{zu} - Q_d$	–	$Q_{zu} - Q_d$
Q_{Bu}	$Q_{zu} - Q_d$	$Q_{zu} - Q_d$	$Q_{zu} - Q_{Kü} - Q_d$	$Q_{zu} - Q_{Kü} - Q_d$
$Q_{Kü}$	–	–	$\geqq Q_{krit} - Q_d$	$\geqq Q_{krit} - Q_d$

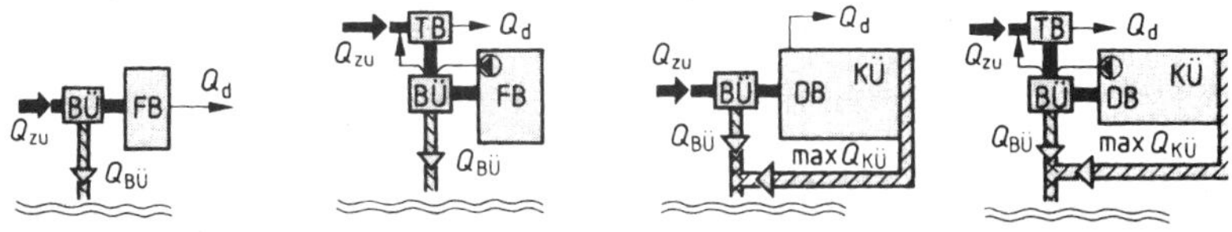

Fangbecken im Hauptschluß — Fangbecken im Nebenschluß — Durchlaufbecken im Hauptschluß — Durchlaufbecken im Nebenschluß

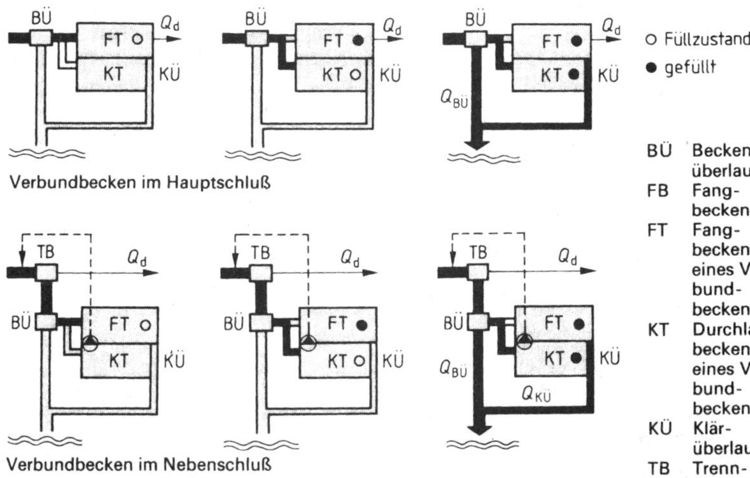

BÜ Beckenüberlauf
FB Fangbecken
FT Fangbeckenteil eines Verbundbeckens
KT Durchlaufbeckenteil eines Verbundbeckens
KÜ Klärüberlauf
TB Trennbauwerk

Bild 81 Regenüberlaufbecken

Die **Bemessung der RÜB** erfolgt bei $q_r \leq 2$ l/s · ha mit den Ansätzen nach 5.5 durch „Abarbeiten" der Tafel 70, die gleichzeitig ein Zahlenbeispiel mit folgenden Ansätzen enthält:

$X = 13{,}8$; $Q_f = 7{,}6$ l/s; $Q_{s24} = 11200$ EW · 180 l/($E \cdot d$)/86400 $s = 23{,}5$ l/s; $Q_{sx} = 24 \cdot 23{,}46/13{,}8 = 40{,}8$ l/s; $Q_{tx} = 40{,}8 + 7{,}6 = 48{,}4$ l/s. Die ersten 10 Zeilen werden aufgrund von Messungen oder Berechnungen ermittelt. Nach der Berechnung des Volumens für das Gesamteinzugsgebiet werden die Beckenvolumen für die Einzelbecken ebenso bestimmt, wobei z. B. für das $n$te Becken V_n für das gesamte oberhalb liegende Einzugsgebiet mit seinem A_u bestimmt wird abzüglich oberhalb liegender Speichervolumen. Für Q_{mn} steht das tatsächliche Q_{dn} usw., als ob das $n$te Becken alleine für das ges. oberhalb liegende EG bemessen würde.

Jedes einzelne Becken muß ein Mindestspeichervolumen $V_{min} = A_u \cdot V_{s\ min}$ in m^3 einhalten mit $V_{s\ min} = 3{,}60 + 3{,}84 \cdot q_r$ in m^3/ha. Im allg. DB $\geqq 100\ m^3$, FB $\geqq 50\ m^3$. Andererseits sollte $V_s \leqq 40\ m^3$/ha als Gesamtspeichervolumen eingehalten werden.

17

Tafel 70 Ermittlung des Volumens von Regenüberlaufbecken

1.	Mittlere Jahresniederschlagshöhe	Deutscher Wetterdienst	h_{Na}	722	mm
2.	undurchlässige Gesamtfläche	85 bis 100% d. bef. Fläche	A_u	66	ha
3.	längste Fließzeit im Gesamtgebiet	nur bedeuts. Flächen	t_t	37	min
4.	mittlere Geländeneigungsgruppe	$\sum(NG_i \cdot A_{E,i})/\sum(A_{E,i})$	NG_m	1,26	–
5.	MW-Abfluß der Kläranlage	Biologie b. Regenwetter $2Q_{sx} + Q_{f24}$ oder $2(Q_{sx} + Q_{f24})$	Q_m	98	l/s
6.	TW-Abfluß, 24-h-Tagesmittel	aus Misch- u. Trenngeb. $Q_{h24} + Q_{g24} + Q_{i24} + Q_{f24}$	Q_{t24}	31	l/s
7.	mittlerer Fremdwasserzufluß	in Q_{t24} enthalten	Q_{f24}	7,6	l/s
8.	TW-Abfluß, Tagesstundenmittel	aus Misch- u. Trenngeb. $24 \cdot Q_{h24}/x + 24 \cdot 365 \cdot Q_{g24}/(ag \cdot b_g) + 24 \cdot 365 \cdot Q_{i24}/(a_i \cdot b_i) + Q_{f24}$	Q_{tx}	48,4	l/s
9.	RW-Abfluß aus Trenngeb.	100% Q_{s24} aus Trenng.	Q_{rT24}	2,3	l/s
10.	*CSB*-Konzentration i. TW-Abfluß Jahresmittel incl. Q_{f24}	$\frac{CSB - \text{Jahresfracht kg}}{31{,}54 \cdot Q_{t24}}$	c_t	475	mg/l
11.	Regenabfluß, 24-h-Tagesmittel	$Q_m - Q_{t24} - Q_{rT24}$	Q_{r24}	64,7	l/s
12.	Regenabflußspende	Q_{r24}/A_u; Soll $\leqq 2{,}0$	q_r	0,98	l/(s · ha)
13.	Fließzeitabminderung	$0{,}5 + 50/(t_f + 100) \geqq 0{,}885$	a_f	0,885	–
14.	mittl. Entlastungszufluß für $q_r \leqq 2$	$a_f \cdot (3{,}0 \cdot A_u + 3{,}2 Q_{r24})$	Q_{re}	358	l/s
15.	mittleres Mischverhältnis	$(Q_{re} + Q_{rT24})/Q_{t24}$	m_{RUB}	11,6	–
16.	x_a-Wert für Kanalablagerungen	$24 Q_{t24}/Q_{tx}$	x_a	15,4	–
17.	Einflußwert TW-Konzentration	$c_t/600$ mindestens 1,0	a_c	1,0	–
18.	Einflußwert Jahresniederschl.	$-0{,}25 \leqq h_{NA}/800 - 1 \leqq +0{,}25$	a_h	−0,097	–
19.	Einflußwert Kanalablagerungen	aus A 127, s. Bild 83	a_a	0,372	–
20.	Bemessungskonzentration	$600(a_c + a_h + a_a)$	c_b	765	mg/l
21.	rechn. Entlastungskonzentrat	$107 m_{RUB} + c_b)/(m_{RUB} + 1)$	c_e	159	mg/l
22.	zulässige Entlastungsrate	$3700/(c_e - 70)$	e_o	41,6	%
23.	spezifisches Speichervolumen	aus A 128, s. Bild 84	V_s	21,6	m³/ha
24.	spez. Mind. Speichervolumen	$\geqq 3{,}60 + 3{,}84 \cdot q_r$	$\min V_s$	7,36	m³/ha
25.	erforderliches Gesamtvolumen	$V_s \cdot A_u$	V	1426	m³
26.	TW-Abflußspende, Gesamtgebiet	Q_{t24}/A_u	q_{t24}	0,47	l/(s · ha)
27.	Auslastungswert der Kläranl.	$(Q_m - Q_{f24})/(Q_{tx} - Q_{f24})$	n	2,22	–

Es ist immer zu prüfen, ob auch bei Einzelbecken folgende Kriterien eingehalten werden: Entleerungsdauer $= V_s/q_r \leqq 10$ bis 15 h; ferner $7 \leqq m_{RÜB} \geqq (c_t - 180)/60$; $q_r(\text{RÜB}) \leqq 1{,}2\ q_r$ (KA) mit $Q_{r24} = Q_d - Q_{t24} - Q_{rT24}$

Hierbei wird von oben nach unten jedes Becken mit dem gesamten bis dahin auf das Becken hin entwässernde Einzugsgebiet bemessen. Es gilt ferner:

max. 5 RÜB in einer Reihe; max. 5 RÜ in einem Einzugsgebiet; RRB müssen $q_r \geqq 5$ l/(s · ha) einhalten; RRB-Volumen wird vernachlässigt. Wenn Bedingungen nicht eingehalten: Nachweisverfahren nach KA 8.90, Euler, Jakobi, Heinzelmann.

Auf das Gesamtspeichervolumen anrechenbar ist
1. vorhandenes RÜB-Volumen, wenn $q_{r\ \text{vorhanden}} \leqq 1{,}2 \cdot q_r$
2. bei RW aktivierbares Speichervolumen auf der Kläranlage
3. statisches Kanalvolumen V_{Stat} in $\geqq$ DN 800 (oberhalb der horizontalen Verlängerung der tiefsten Überlaufschwelle), abgemindert zu

$$V_s = (V_{Stat}/A_u)/1{,}5 \quad \text{in m}^3/\text{ha.} \quad (170)$$

Bei freier Wahl der Beckenstandorte sind Verschmutzungsschwerpunkte zu suchen; Aufteilung in parallel geschaltete FB, meist teurer, aber effektiver für den Gewässerschutz. Beckensteuerung und Abrufschaltung bei Wahl der Drossel für zukünftigen Ausbau berücksichtigen. Trennbauwerk und Beckenüberlauf in einem Bauwerk Richtung Oberstrom anordnen.

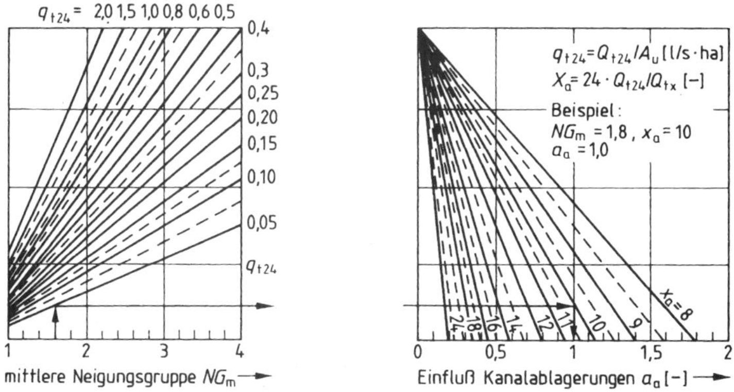

Bild 82 Einfluß der Kanalablagerungen

Berechnungsformeln für den Einfluß der Kanalablagerungen

$dI = 0{,}001 \cdot [1 + 2(NG_m - 1)]$ (171) $\tau = 430 \cdot q_{t24}^{0{,}45} \cdot dI$ (172)

$x_a = 24 \cdot Q_{t24}/Q_{tx}$ $a_a = (24/x_a)^2 \cdot (2 - \tau)/10$ aber: $a_a \geqq 0$ (173)

Berechnungsformeln zur Ermittlung des spezifischen Speichervolumens V_s [m³/ha] aus der Regenabflußspende q_r[l/(s · ha)] und der zulässigen Jahresentlastungsrate e_o [%]:

$H_1 = (4000 + 25\, q_r)/(0{,}551 + q_r)$

$H_2 = (36{,}8 + 13{,}5\, q_r)/(0{,}5 + q_r)$

$V_s = H_1/(e_o + 6) - H_2$

aber: $V_{s,\,min} \geqq 3{,}60 + 3{,}84\, q_r$

Anwendungsbereich der letzten Formel:

$0{,}2 \leqq q_r \leqq 2{,}0$ l/(s · ha),

$25 \leqq e_o \leqq 75\%$,

$V_{s,\,min} \leqq V_s \leqq 40$ m³/ha.

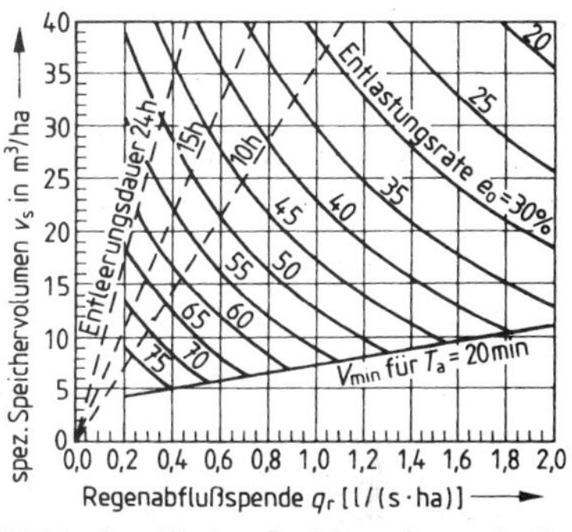

Bild 83 Spezifisches Speichervolumen in Abhängigkeit von der Regenabflußspende und der zulässigen Entlastungsrate

Gestaltungsgrundsätze: $v_{zu} \geqq 0{,}8$ m/s bei Q_{tx}; mit $Q_d = (\min Q_d + \max Q_d)/2$ sei $Q_d \geqq 2\, Q_s + Q_f$.

Bei Neuanlagen: Weiterführende Kanäle für $(1 + 2)\, Q_s + Q_f$ auslegen.

Beachte! Durchlaufbecken Beckenlänge $l_B \geqq 2 \cdot$ Beckenbreite b_B. Bei Becken mit flacher Sohle soll das Längsgefälle 1 bis 2%, das Quergefälle $\geqq$ 3 bis 5% betragen. Bei Wirbeljetreinigung in RÜB $I_s \geqq 1\%$ und im KS $\geqq$ 0,2 bis 0,8%. Sohlgerinne im Hauptschlußbecken für $Q \geqq 3\, Q_{sx} + Q_{f24}$ und $v \geqq 0{,}5$ m/s bemessen. Drossel ∅ $\geqq$ DN 300, in Ausnahmefällen $\geqq$ DN 200. Bei Drosselblenden sei $A_{Drossel} \geqq 0{,}06$ m² und die Mindestöffnungshöhe 20 cm. Luftgeschwindigkeit in den Be- und Entlüftungen $v \leqq 10$ m/s. Die Luftmenge entspricht max Q_{zu}.

17

Hydraulische Nachweise am Durchlaufbecken DB

Man gibt den Aufstau $h_{Kü}$ und $h_{Bü}$ zu je ca. 15 bis 30 cm vor und dimensioniert damit die Größe der KÜ-Drossel und $l_{Bü}$. Beachte: Mit der zulässigen Fließgeschwindigkeit im Becken $v_{h\,max} \leqq 0{,}05$ m/s bei $r_{krit} = 15$ l/s ha ist max $Q_{Kü} \leqq 1000 \cdot b_B \cdot h_{B\,max} \cdot v_{h\,max}$ in l/s. Mit $\mu = 0{,}6$ und der Überfallänge $l_{Bü}$ wird $h_{Bü} = 0{,}0068\,(Q_{Bü}/l_{Bü})^{2/3}$ in m.

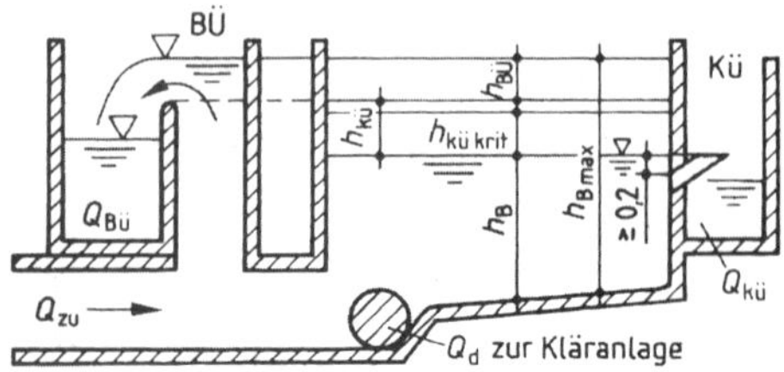

Bild 84 Durchlaufbecken Längsschnitt

Q in l/s $\quad V = l_B \cdot b_B \cdot h_B$ in m³ (174)

Damit können die Abmessungen des Klärüberlaufs festgelegt werden.

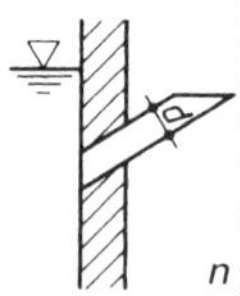

Bei Rohrauslässen wird die Fläche der Rohre

$$\sum A_{Rohr} = \max Q_{Kü}/(3500\sqrt{h_{Kü}+h_{Bü}}) \quad (175)$$

und Anzahl der Rohre DN 200

$$n \leqq \max Q_{Kü}/(110 \cdot \sqrt{h_{Kü}+h_{Bü}})$$

Bild 85

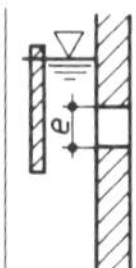

Bild 86 Ablaufschlitz

Die Höhe e eines $l_{Kü}$ langen Schlitzes wird mit $\mu_{Kü} \approx 0{,}63$

$$e \approx \frac{\max Q_{Kü}}{2790 \cdot l_{Kü}\sqrt{h_{Kü}+h_{Kü}-0.5\cdot e}} \quad (176)$$

$e \rightarrow$ iterativ durch Proberechnung (nicht mehr bei Neuanlagen)

Nachweis von $h_{Kükrit}$ mit $v = (Q_{krit} - Q_d)/(1000 \cdot$ Austrittsfläche)

$$h_{Kükrit} = (1 + \zeta_e + \lambda \cdot l_{Rohr}/d) \cdot v^2/2g \quad (177)$$

$$h_{Kükrit} \approx 0{,}08\, v^2$$

$$h_{Kükrit} = v^2/(\mu_{Kü}^2 \cdot 2g) + 0{,}5\, e \quad (178)$$

die Oberflächenbeschickung bei vollem Becken und $r_{krit} = 15$ l/s ha soll $q_A \leqq$ **10 m/h** sein.

$$q_A = 3{,}6 \cdot (Q_{krit} - Q_d)/(l_B \cdot b_B) \text{ in m/h} \quad (179)$$

Beachte: Je nach Beckenkonstruktion läuft bei HS-Becken das volle Q_{krit} durch. Schwellenbeschickung einer Überlaufschwelle am Klärüberlauf $q_l \leqq 75$ m³/(m · h). Rohre des KÜ auf volle Breite des Beckens verteilen.

Schlitz: $Q_{Kü} = 1000 \cdot e \cdot l_{Kü} \cdot \mu_{Kü} \cdot \sqrt{2g(h_{Kü} - 0{,}5\, e)}$ (180)

Rohre: $Q_{Kü} \approx 3500 \cdot \sum A_{Rohr} \cdot \sqrt{h_{Kü}}$ (181)

5.5.3 Kanalstauräume SK

Es sollten Kreisrohre >DN 1500 oder Profile mit stark geneigter Sohle mit $v \geqq 0{,}8$ m/s und $h_T \geqq 0{,}05$ m bei Q_t gewählt werden. Es sei die Schleppspannung $\tau = 2$ bis 3 aber immer $> 1{,}3$ N/m². Bei $v_{tw} < 0{,}5$ m/s Spülmöglichkeit vorsehen.

5.5.3.1 Kanalstauräume mit oben liegender Entlastung SK$_o$ (Regelfall)

Die Bemessung erfolgt wie bei RÜB. Als Nutzvolumen gilt der Kanalinhalt von der Drossel bis zur Horizontalen der Wehroberkante abzüglich des Volumens für den Abfluß $Q_d \cdot A_e$ reicht bis zur Drossel.

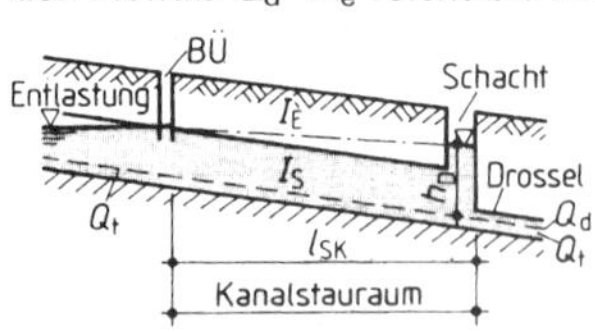

Bild 87 Kanalstauraum mit oben liegender Entlastung SK_o

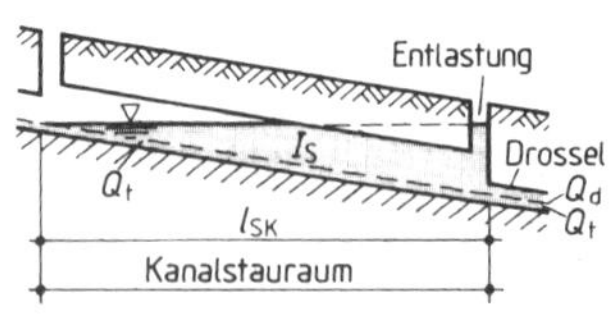

Bild 88 Kanalstauraum mit unten liegender Entlastung SK_u

5.5.3.2 Kanalstauräume mit unten liegender Entlastung SK_u (Bild 88)

Das **erforderliche Nutzvolumen** wird **50% größer als beim** normalen **RÜB**.

Beispiel zu Abschn. 5.5.3 Geg.: $V=120\ m^3$, $Q_t=20$ l/s, $\max Q_{zu}=1250$ l/s; $Q_d=60$ l/s; Stauraum: DN1500, $I_s=4‰$; $k_b=0{,}5$ mm, oben liegende Entlastung. Leistung DN1500: $Q_v=4870$ l/s; $v_v=2{,}76$ m/s; $Q_d/Q_v=60/4870=0{,}012$; $v_T=0{,}36\cdot 2{,}76=0{,}99$ m/s $>0{,}8$; $A_T=Q_T/(v_T\cdot 1000)=$ Fläche für $Q_d=60/(0{,}99\cdot 1000)=0{,}06\ m^2$, Stauraumquerschnitt: $A_\phi-A_T=1{,}77-0{,}06=1{,}71\ m^2$; $l_{SK}=120/1{,}71=70{,}2$ m. Überfall Bü auf Scheitelhöhe. $l_{Bü}\approx 4Q_{Bü}/(1000\cdot d_0)=4\cdot(1259-60)\ /\ (1000\cdot 1{,}50)=3{,}11$ gew. $\approx 4{,}00$ m. $h_{Bü}=[Q_B/(2950\cdot\mu\cdot l_ü)]^{2/3}=[1190/(2950\cdot 0{,}6\ \cdot 4{,}0)]^{2/3}=0{,}30$ m. Nachweis der Drosselblende $d_D=$ DN 200 mit 4/8 Öffnung nach Abschn. 3.1.3.9, $\zeta=2{,}06$; $A_D/A_0=0{,}61$, $\zeta_D=0{,}61^2\cdot 2{,}06=0{,}766$. Die Druckhöhe der Drossel h_D ist $d_{SK}+(I_s-I_E)\cdot l_{SK}$; I_E vernachlässigbar klein: $I_E=I_{Tafel}(Q/Q_T)^2$; n. Eternit/Ungertabellen $I_{min}=0{,}13‰$, $Q_{Tafel}=836$ l/s $\rightarrow I_E=3{,}8\cdot 10^{-6}$; $h_D=1{,}50+0{,}004\cdot 70{,}2=1{,}78$ m.
$v_D=\sqrt{2g(h_D-2d_D/8)/(1+\zeta_D)}=\sqrt{19{,}62(1{,}78-2\cdot 0{,}2/8)/(1+0{,}76)}=4{,}39$ m/s;
$Q_D=1000\,v_D\cdot A_D=1000\cdot 4{,}39\cdot 0{,}61\cdot 0{,}2^2\cdot\pi/4=84$ l/s >60 l/s $\rightarrow$ ausreichend.

5.5.4 Regenklärbecken für RW-Leitungen im Trennsystem

Eine Behandlung entfällt bei Abflüssen aus überwiegenden Wohngebieten. Bei gemeinsamer Behandlung von Gewerbe- und Wohngebieten werden letztere in Abschn. 5.5.4.1 mit 10 l/(s·ha), in Abschn. 5.5.4.2 mit 5 m^3/ha_{red} berücksichtigt.

5.5.4.1 Ständig gefüllte Regenklärbecken werden in der Regel angeordnet, wenn der RW-Kanal bei Trockenwetter ständig oder zeitweilig Wasser führt. Sie besitzen einen Überlauf und einen Schlammabzug.

Bemessungszufluß	$Q_{bem}=r_{krit}\cdot A_{red}+Q_f$ in l/s (182)	$r_{krit}=15$ l/(s·ha)
zul. Oberflächenbeschickung	$q_A\leqq 10$ m/h	
Nutzbare Beckentiefe	$h_B\approx 2{,}0$ m	
erf. Oberfläche	$A_0=3{,}6\cdot Q_{bem}/q_A$ in m^2 (183)	
erf. Beckenvolumen	$V=A_0\cdot h_B$ in m^3	$\geqq 50\ m^3$ (184)

5.5.4.2 Nicht ständig gefüllte Regenklärbecken werden angeordnet, wenn der RW-Kanal bei Trockenwetter kein oder nur wenig Wasser führt. Konstruktive Ausbildung wie Fangbecken oder Durchlaufbecken in Mischsystemen s. Abschn. 5.5.2 und 5.5.3. Die Beckenfüllung wird vollständig in die Schmutzwasserkanalisation übernommen.

Volumen: $V=A_{red}\cdot 10\ m^3/ha_{red}+A_{red\,Wohn}\cdot 5\ m^3/ha_{red}$ (185)

5.6 Regenrückhaltebecken RRB [13]

Die Ermittlung der Beckeninhalte erfolgt über rechnerische Näherungsverfahren, denen die Untersuchungen von Reinhold zugrunde liegen. In Sonderfällen, insbesondere bei mehreren hintereinanderliegenden Becken und bei unregelmäßigen Einzugsgebieten, müssen Zu- und Ablaufganglinien gezeichnet werden, um die Beckeninhalte zu ermitteln [14].

$\boldsymbol{Q r_{T,n}=r_{T,n}\cdot A_{red}}$ (186) **bzw.** $\boldsymbol{Q r_{T,n}=r_{T,n}\cdot\psi\cdot A_E}$ in l/s (187) nach Abschn. 5.4.3.

Die Regendauer wird in der Regel zu $T=15$ min angesetzt. Die Häufigkeit n wird nach A117 (11.77) [13] wie folgt angenommen:

Becken mit geschlossenen Zuläufen $n=0{,}5$ bis 0,2

Becken mit offenen Zuläufen $n=0{,}1$

$n=0{,}1$ hat sich weitestgehend in der Kanalisation durchgesetzt, besonders bei einem Abflußverhältnis $\eta=Q_{rab}/Q_{r15}\leqq 0{,}2$. Ab da nimmt die Sicherheit gegen

Überstauung weiter ab; bei $\eta < 0{,}008$ wird $T_m > 150$ min und überschreitet die Gültigkeitsgrenze für φ nach Reinhold (Bild 71. Beckenvolumen dann mit NA-Modellen ermitteln). In offenen Vorflutern ist n bis 0,02 üblich.

$$Q_{rab} = 0{,}5\,({}_{min}Q_{rab} + {}_{max}Q_{rab}) \quad \text{in l/s} \qquad (188)$$

Beachte! Q_{rab} ist nur der Regenwasseranteil. Im Mischsystem leistet die Drossel $Q_d = Q_{rab} + Q_t$. Dann ist $Q_{rab} = ({}_{min}Q_d + {}_{max}Q_d) \cdot 0{,}5 - Q_t$. Bei Becken ohne konstanten Dauerzufluß ist $Q_{rab} = Q_d$.

[13] empfiehlt zwei Bemessungsdiagramme. Die größeren Volumen ergeben sich mit Bild 89 nach Annen und Londong. Das erforderliche Volumen ist

$$\boldsymbol{V = BR \cdot Q_{r15,n}/1000} \quad \text{in m}^3 \qquad (189)$$

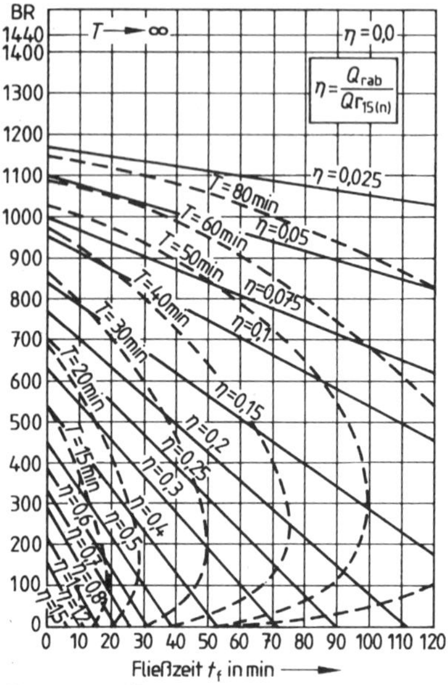

Bild 89 **Bemessung von RRB** nach Annen und Londong

mit $r_{15,n} = r_{15,n=1} \cdot \varphi_{15,n}$ und

$$\varphi_{15,n} = 1{,}583\,n^{-0{,}25} - 0{,}583 \qquad (190)$$

Bild 90 kann man den Bemessungswert BR und die maßgebliche Regendauer T_m für die Fließzeit im Einzugsgebiet t_f und η entnehmen.

BR (etwas kleiner) und T_m ergeben sich nach Pecher zu:

$$BR = [T_m \cdot \varphi_m - \eta\,(T_m + t_f) + t_f \cdot \eta^2/\varphi_m] \cdot 60 \quad \text{in s} \qquad (191)$$

$$\eta = Q_{rab}/Qr_{15,n} \qquad (192)$$

$$T_m = \frac{24}{\sqrt{a}} - 9 \quad \text{in min} \qquad (193)$$

$$a = (24 \cdot \eta - t_t \cdot \eta^2)/9 \qquad (194)$$

$$\varphi_m = \sqrt{a} = 24/(T_m + 9) \qquad (195)$$

Bei hintereinanderliegenden Becken muß das Beckenvolumen vergrößert werden [14].

a) Ablauf des oberen Beckens $\boldsymbol{Q'_{rab} < Q_{rab}}$

$$\boldsymbol{V_{ges} = V + \bar{V}} \qquad (196)$$

$$\boldsymbol{\bar{V} = 0{,}06\,Q'_{rab}[T_m + (1-\eta)\,t_f - t_b]} \quad \text{in m}^3 \qquad (197)$$

mit t_b Fließzeit vom oberen zum unteren (soeben zu bemessenden) Becken.

b) Ablauf des oberen Beckens $\boldsymbol{Q'_{rab} > Q_{rab}}$: $\boldsymbol{V_{ges} = V + \bar{V} + V_z}$. (198)
Dieser Fall führt zu sehr großen Beckeninhalten und sollte vermieden werden.

$$\boldsymbol{V_z = 0{,}06\,(Q'_{rab} - Q_{rab}) \cdot [T_A - T_m - t_f(1-\eta)]} \quad \text{in m}^3 \quad (199) \qquad \text{mit } T_A = T'_m/\eta' \quad (200)$$

Q', T'_m, η' Werte des oberen Beckens.

Bei der Auslegung der Becken sind die Entleerungszeiten t_E zu beachten. Sie sollen zwischen 3 und 6 Stunden liegen (kürzere Zeit bei Großstädten, Industriegebieten, starker Geländeneigung); für $n \leqq 0{,}1$ darf t_E größer werden.

$$t_E \approx (V + \bar{V} + V_z)/(3{,}6\,Q_{rab}) \quad \text{in h.} \qquad (201)$$

5.7 Dezentrale Versickerung von Niederschlagswasser

Versickert wird nur nicht schädlich verunreinigtes Niederschlagswasser [32] von Dach und Terassenflächen von Wohn- und Bürogebäuden, die nicht durch Immissonen oder Lösungsvorgänge chemisch, physikalisch oder biologisch belastet sind. Für Niederschlagswässer von privaten und öffentlichen Verkehrsflächen gibt [33]

Planungshilfen. Zu beachten sind auch Trinkwasserschutzgebiete [34] und Heilquellenschutzgebiete [35].

Je flächenhafter die Versickerung stattfindet, desto besser kommen die reinigenden Wirkungen wie Filtration, Adsorption, Fällung, biologischer Abbau und Ionenaustausch (besonders) in der Deckschicht (belebte Bodenzone, $d=30$ cm, $k_f=10^{-4}$ bis 10^{-5} m/s) zum Tragen. Es eignen sich Lockergesteine wie relativ einkörnige, grobe Schluffe mit $k_f=5\cdot10^{-6}$ m/s, Schluff-Sande $5\cdot10^{-6}-5\cdot10^{-5}$ m/s, Feinsande $10^{-5}-10^{-4}$ m/s, Mittel- bis Grobsand $8\cdot10^{-5}-3\cdot10^{-3}$ m/s und sandige bis Mittelkiese $5\cdot10^{-4}-5\cdot10^{-3}$ m/s zur Versickerung.

Beim hydraulischen Nachweis wird die Wirkung der luftgefüllten Poren in der ungesättigten Zone durch den Ansatz $k_{fu}=0{,}5\cdot k_f$ berücksichtigt.

Kluftgrundwasserleiter bergen die Gefahr schneller Durchleitung ohne nennenswerte Reinigung.

k_f natürl. Durchläss.beiwert in m/s
$r_{T,n}$ Regenspende in l/(s·ha)
s Speicherkoeffizient
I hydraulisches Gefälle in m/m
Q_z Zufluß in m³/s
Q_s Versickerungsrate in m³/s
V_s Speichervolumen in m³
A_{red} angeschl. befestigte Fläche in m²
A_s Versickerungsfläche in m²

Als Häufigkeit wird angesetzt $n=0{,}2$ in $1/a$. Die Regendauer in Fällen ohne Speichermöglichkeit ist in der Regel $T=10$ min, bei großen flachen Flächen auch $T=15$ min. Die maßgebliche Regendauer für die Speicherbemessung s. Abschn. 5.7.2 bis 5.7.4. Näherungsweise $T=30$ min.

5.7.1 Flächenversickerung

Geeignet besonders bei unbedenklichen Hofflächen, Rettungszufahrten, Campingplätzen, Sportanlagen, Park- und ländlichen Wegen. Befestigung z. B. durch Rasengittersteine, poriges Pflaster, Pflaster mit durchlässigen Fugen, (alles im Sandbett) sowie Mineralbeton. Unterbau: Kiestragschicht. Für die gleichmäßige Überleitung von befestigten Flächen z. B. Tiefbordrinnen anordnen. In der Regel ist die Versickerungsintensität größer, als die Niederschlagsintensität, d. h. keine Speicherung erforderlich.

Die für die Versickerung erforderliche Fläche beträgt:

$$A_s=A_{red}/[(10^7\cdot k_f)/(2\cdot r_{T,n})-1] \quad \text{in m}^2 \qquad (202)$$

Das für die direkte Versickerung erforderliche k_f ist mit $A_s=A_{red}$:

$$k_f=4\cdot10^{-7}\,r_{T,n} \quad \text{in m/s} \qquad (203)$$

5.7.2 Muldenversickerung

Reicht die Versickerungsfläche nicht aus, so wird der Niederschlag z. B. in Mulden zwischengespeichert. Für $n=0{,}2$, eine Regenreihe nach Reinhold (Abschn. 5.4.3.1), und $I=1$ wird das erforderliche Muldenvolumen

$$V_s=2{,}57\cdot10^{-4}(A_{red}+A_s)\,r_{15,1}\cdot T/(T+9) - A_s\cdot T\cdot 30\cdot k_f \quad \text{in m}^3 \qquad (204)$$

mit der maßgeblichen Regendauer in min

$$T=[7{,}7\cdot10^{-5}(A_{red}+A_s)\cdot r_{15,1}/(A_s\cdot k_f)]^{0{,}5}-9. \qquad (205)$$

Bei örtlich gemessenen Regenreihen steht $6\cdot10^{-6}r_{T,n}$ statt $2{,}57\cdot10^{-4}\cdot r_{15,n}/(T+9)$; T ergibt sich aus $dV_s/dT=0$, notfalls iterativ.

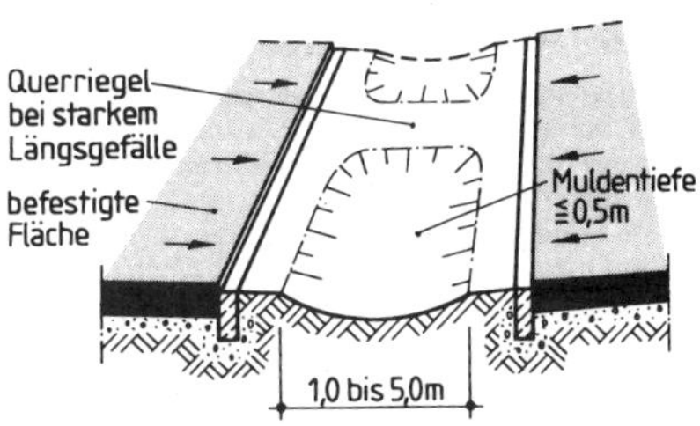

Bild 90 Muldenversickerung

5.7.3 Rigolen oder Rohrversickerung

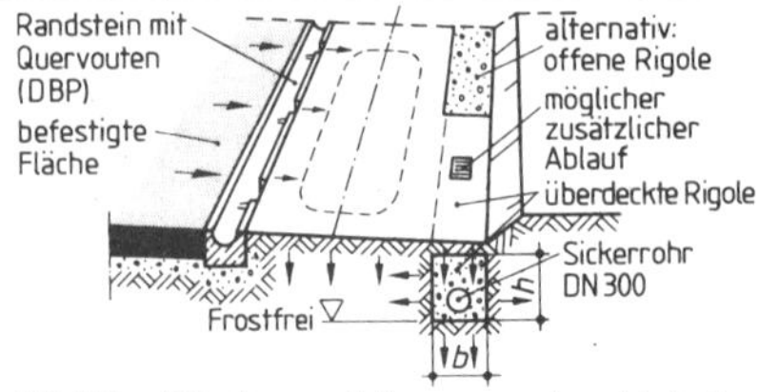

Bild 91 Rigolenversickerung, kombiniert mit Rohrversickerung und Versikkerungsmulde

Kiesgefüllte Gräben, Rigolen, werden von oben und/oder über eingelegte perforierte Rohre mit Wasser beschickt, das von dort nach Zwischenspeicherung versickert wird. Wegen der zu befürchtenden Verschlammung sollten die oberen 15 cm der Rigole etwas feinkörniger (grober Sand) abgedeckt werden der bei Bedarf abgeschält wird. Zwischen Sand und Kies liegt als Trennschicht z. B. eine PVC-Bodenarmierungsmatte, die das Abschälen begrenzt. Bei Rohrversickerung sollte ein Absetzraum für die absetzbaren Stoffe vorgeschaltet werden.

Die Versickerungsrate beträgt $Q_s = (b + h/2)\, L \cdot k_f/2$ in m^3/s. (206)
$V_s = A_{red} \cdot 10^{-7}\, r_{T,n}\, T \cdot 60 - (b + h/2)\, L \cdot k_f \cdot T \cdot 30$ in m^3. (207)
Der Speicherkoeffizient s_k ist bei Rigolen gleich der Porenziffer n_p (z. B. 30 – 40%). Bei der kombinierten Versickerung ist er mit r_i und r_a des Rohres
$s_k = [r_i^2 \cdot \pi + n_p (h \cdot b - r_a^2 \pi)]/(h \cdot b)$. (208)
Für Regenreihen nach Reinhold und $n = 0{,}2$ gilt $L = [2{,}57 \cdot 10^{-4} \cdot A_{red} \cdot r_{15,1}\, T/T + 9]/[b \cdot h \cdot s_k + (b + h/2) \cdot T \cdot k_f \cdot 30]$ in m, (209)
$T = \{9 \cdot b \cdot h \cdot s_k/[(b + h/2) \cdot 30 \cdot k_f]\}^{0,5}$ in min; (210)
für örtliche Regenreihen s. Abschn. 5.7.2

5.7.4 Schachtversickerung

Die Versickerungsfähigkeit ist durch Standardmaße der durchlässigen Brunnenringe (DIN 4034) begrenzt. Anwendung bei kleinen A_{red}. Vorschaltung eines Absetzschachtes sinnvoll. Regelmäßig halbjährliche Wartung (Laubfall) mit Reinigung oder Austausch der Vliesschicht.

Als wirksame Versickerungsfläche gilt ein Kreisring der Breite $z/2$ außen um das Rohr. Mit Tafel 72 wird nach Reinhold für $n = 0{,}2$ mit dem 15 min Regen $n = 1$, zwischen 80 (Extrapolation) und 200 l/s/ha, sowie $A_{red} = 100$ (Extrapolation) bis 400 m^2 bemessen. In diesen Bereichen kann geradlinig interpoliert werden. Der Einfluß von L_s ist vernachlässigbar.

$$V_{smax} = r_i^2 \cdot \pi \cdot z_{max} \qquad (211)$$

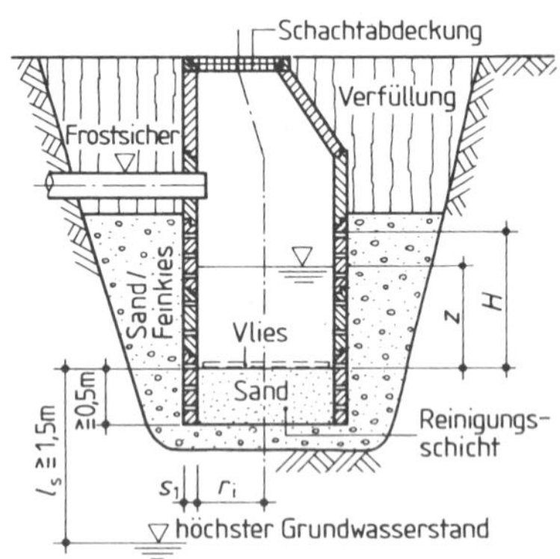

Bild 92 Schachtversickerung

5.7.5 Hinweise für die Anwendung von Versickerungsanlagen

Der Einsatz von Versickerungsanlagen ist in den Schutzzonen I u. II nicht tragbar. Sonst gilt die nebenstehende Tafel 71 mit:
*) nach DVGW-W 101
**) Bei Heilquellenschutzgebieten
¹) in Einzelfällen in III A bzw. III: Abstand zur Fassung > 1 km und Abstandsgeschwindigkeit < 3 m/Tag; F = Flächenversickerung, bewachsen; M = Muldenversickerung, bewachsen; R = Rohr- und Rigolenversickerung; S = Schachtversickerung

Tafel 71

Schutzzone	Untergrundbeschaffenheit*)	Art der Versickerung
IIIA	ungünstig	F M
III**)	mittel	F M R¹)
	günstig	F M R S¹)
IIIB	ungünstig	F M R¹)
IV**)	mittel	F M R¹) S¹)
	günstig	F M R¹) S¹)
Außerhalb	jede	F M R S

Tafel 72 Erforderliche Sickerzonenhöhen als $f(r_{15,1}\ A_{red},\ DN)$

Schachtgröße		DN 1000				DN 1200			
A_{red}		200 m²		400 m²		200 m²		400 m²	
	k_f in m/s	z_{max} in m	$Q_{s,max}$ in l/s	z_{max} in m	$Q_{s,max}$ in l/s	z_{max} in m	$Q_{s,max}$ in l/s	z_{max} in m	$Q_{s,max}$ in l/s
$r_{15(1)}$ = 100 l/(s·ha)	$5\cdot10^{-3}$	0,86	5,77	1,47	11,95	0,74	5,33	1,32	11,32
	10^{-3}	1,93	3,59	3,24	8,17	1,58	2,93	2,82	6,99
	$5\cdot10^{-4}$	2,50	2,67	4,33	6,75	2,02	2,09	3,60	5,20
	10^{-4}	3,89	1,12	6,94	3,20	2,98	0,77	5,49	2,17
	$5\cdot10^{-5}$	4,43	0,70	8,06	2,13	3,33	0,46	6,23	1,37
	10^{-5}	5,41	0,20	10,22	0,68	3,92	0,12	7,55	0,39
	$5\cdot10^{-6}$	5,70	0,11	10,92	0,39	4,09*	0,06	7,94	0,22
	10^{-6}	6,06	0,02	11,97	0,09	4,24*	0,01	8,43*	0,05
$r_{15(1)}$ = 200 l/(s·ha)	$5\cdot10^{-3}$	1,47	11,95	2,36	24,34	1,32	11,32	2,20	23,77
	10^{-3}	3,24	8,17	5,40	20,08	2,82	6,99	4,66	16,23
	$5\cdot10^{-4}$	4,33	6,75	6,98	16,19	3,60	5,20	6,15	13,33
	10^{-4}	6,94	3,20	11,86	9,11	5,49	2,17	9,72	6,34
	$5\cdot10^{-5}$	8,06	2,13	14,06	6,42	6,23	1,37	11,26	4,23
	10^{-5}	10,22	0,68	18,82	2,33	7,55	0,39	14,23	1,35
	$5\cdot10^{-6}$	10,92	0,39	20,48	1,39	7,94	0,22	15,19	0,77
	10^{-6}	11,97*	0,09	23,25	0,36	8,43*	0,05	16,63*	0,18

Schachtgröße		DN 1500				DN 2000			
A_{red}		200 m²		400 m²		200 m²		400 m²	
	k_f in m/s	z_{max} in m	$Q_{s,max}$ in l/s	z_{max} in m	$Q_{s,max}$ in l/s	z_{max} in m	$Q_{x,max}$ in l/s	z_{max} in m	$Q_{s,max}$ in l/s
$r_{15(1)}$ = 100 l/(s·ha)	$5\cdot10^{-3}$	0,58	4,63	1,08	9,96	0,40	3,82	0,76	7,93
	10^{-3}	1,20	2,28	2,19	5,29	0,79	1,66	1,50	3,72
	$5\cdot10^{-4}$	1,49	1,52	2,75	3,73	0,95	1,04	1,83	2,43
	10^{-4}	2,08	0,49	3,96	1,33	1,26	0,30	2,46	0,73
	$5\cdot10^{-5}$	2,28	0,28	4,38	0,79	1,35	0,16	2,66	0,41
	10^{-5}	2,59	0,07	5,08	0,20	1,49*	0,04	2,97*	0,10
	$5\cdot10^{-6}$	2,67*	0,04	5,27*	0,11	1,52*	0,02	3,02*	0,05
	10^{-6}	2,73*	0,01	5,44*	0,02	1,54*	0,01	3,07*	0,01
$r_{15(1)}$ = 200 l/(s·ha)	$5\cdot10^{-3}$	1,08	9,96	1,92	21,75	0,76	7,93	1,42	17,33
	10^{-3}	2,19	5,29	3,90	12,99	1,50	3,72	2,80	8,90
	$5\cdot10^{-4}$	2,75	3,73	4,92	9,61	1,83	2,43	3,42	6,03
	10^{-4}	3,96	1,33	7,29	3,88	2,46	0,73	4,71	2,01
	$5\cdot10^{-5}$	4,38	0,79	8,20	2,41	2,66	0,41	5,14	1,16
	10^{-5}	5,08	0,20	9,80	0,68	2,97*	0,10	5,84*	0,29
	$5\cdot10^{-6}$	5,27	0,11	10,27	0,37	3,02*	0,04	6,00*	0,15
	10^{-6}	5,44	0,02	10,82	0,08	3,07*	0,01	6,13*	0,03

* ≙ die Regendauer $T \geqq 150$ min.

Beispiele Geg.: Rigolen-Rohrversickerung, $A_{red} = 2100\ m^2$; $k_f = 6\cdot10^{-5}$ m/s

$b = 1{,}20$ m; $h = 1{,}40$ m; $r_{15,1} = 90$ l/s/ha; $n = 0{,}2$; Regenreihe n. Reinhold, Porenziffer $n_p = 0{,}35$

Lösung: a) nur Rigole, $s_k = n_p = 0{,}35$; $T = \{9\cdot1{,}2\cdot1{,}4\cdot0{,}35/[(1{,}20+1{,}4/2)\cdot30\cdot6\cdot10^{-5}]\}^{0{,}5} = 39{,}3$ min; $L = [2{,}57\cdot10^{-4}\cdot2100\cdot90\cdot39{,}3/(39{,}3+9)]/[1{,}2\cdot1{,}4\cdot0{,}35 + (1{,}2+1{,}4/2)\cdot39{,}3\cdot6\cdot10^{-5}\cdot30] = 54{,}7$ m

Lösung: b) mit Sickerrohr DN 800; $s_1 = 7{,}5$ cm; $s_k = [0{,}4^2\,\pi + 0{,}35\,(1{,}2\cdot1{,}4 - (0{,}4+0{,}075)^2\cdot\pi)]/(1{,}2\cdot1{,}4) = 0{,}5$;

$T = \{9\cdot1{,}2\cdot1{,}4\cdot0{,}5/[(1{,}2+0{,}7)\cdot30\cdot6\cdot10^{-5}]\}^{0{,}5} = 47{,}0$ min;

$L = [2{,}57\cdot10^{-4}\cdot2100\cdot90\cdot47/56]/[1{,}2\cdot1{,}4\cdot0{,}5 + (1{,}2+0{,}7)\cdot47{,}0\cdot6\cdot10^{-5}\cdot30] = 40{,}7$ m

Geg.: Schachtversickerung: $A = 140\ m^2$; $r_{15,1} = 90$ l/s/ha; $k_f = 5\cdot10^{-5}$ m/s Schacht DN 1000. $z_{s,max}$ für 100, 200 l/s/ha und 140 m²: $4{,}43 - 60\,(8{,}06-4{,}43)/200 = 3{,}34$; $8{,}06 - 60\,(11{,}04-8{,}06)/200 = 7{,}17$; extrapoliert auf 90 l/s/ha: $3{,}34 - 10\cdot(7{,}17-3{,}34)/100 = 2{,}96$ m. Erforderliche Schachttiefe: Zulaufsohle 1,0 m + 2,96 m + 0,5 m ca. 4,50 m. Soll-Grundwassertiefe unter Gelände mehr als 4,50 m + 1,0 m = 5,50 m.

17

6 Abwasserbehandlung

DIN 4045 (12.85) Abwassertechnik, Begriffe; ATV A106 E (5.1993) Entwurf und Bauplanung von Abwasserbehandlungsanlagen.

Die nachfolgend aufgeführten Zahlenwerte sollen dem Praktiker und dem übenden Studenten einen schnellen Überblick über die gängigen Bemessungsparameter und Schritte geben. Die komplizierte Materie der Klärtechnik kann naturgemäß nur mit Hilfe der Literatur [18], [19], [20] sowie der einschlägigen DIN-Normen und ATV-Arbeitsblätter erarbeitet werden. Ablaufgrenzwerte s. Tafel 91.

6.1 Gewässergüte und Belastungswerte

6.1.1 Gewässergüte

Ziel einer jeden Abwasserreinigung ist die Erhaltung oder Schaffung einer umweltverträglichen Qualität des Gewässers, in das eingeleitet wird (Vorfluter). Als Qualitätsmaßstab werden heute in der BRD 7 Gewässergüteklassen verwendet. Sie werden je nach dem Auftreten bestimmter Leitorganismen biologisch gefunden und basieren auf dem sog. Saprobienindex. Natürliche, nicht anthropogen beeinflußte Gewässer weisen in aller Regel die Gewässergüteklasse I auf. Aus hygienischen Gründen ist eine Ableitung der Abwässer erforderlich. Damit bringt jede Einleitung – auch von gereinigtem Abwasser – eine Verschlechterung der Gewässergüte mit sich. Als bundeseinheitliches Ziel der Gewässergüte wird die Gewässergüteklasse II angesehen, bzw. die etwas schlechtere Gewässergüteklasse II bis III, die zwischenzeitlich in weiten Bereichen der Bundesrepublik eingehalten wird. Die nachfolgenden Ausführungen insbesondere über die Einflüsse von Einleitungen in ein Gewässer gelten überwiegend für Fließgewässer. Stehende Gewässer reagieren sehr viel empfindlicher, man vermeidet daher meistens nach Möglichkeit Abwassereinleitungen (z. B. durch Ringleitungen). Die Einhaltung der Gewässergüteklasse II bzw. die Erhaltung einer besseren Gewässergüteklasse können durchaus Einleitungsanforderungen an Zufluß (l/s) und/oder Qualität der Kläranlagenableitung nach sich ziehen, die über die Anforderungen nach Tafel 91 hinausgehen.

Das systematische Werkzeug zur Einordnung eines biologischen Zustandes in eine Gewässergüteklasse ist der Saprobienindex S. Er ermittelt sich aus der relativen Häufigkeit des Auftretens h einer bestimmten Art und dem einem spezifischen Leitorganismus zugeordneten Saprobienindex S_1 zu:

$$S = \Sigma\ (h \cdot s_1)/\Sigma\ h$$

Hierbei werden die Häufigkeitswerte h wie folgt gestuft:

1 = Einzelfund, 2 = wenig, 3 = wenig bis mittel, 4 = mittel, 5 = mittel bis viel, 6 = viel, 7 = massenhaft

Beispiel

	h	S_i	$h \cdot S_i$
Rote Zuckmückenlarven	6	3,6	21,6
Tubifex	6	3,8	22,8
Wasserasseln	2	3	6,0
Rollegel	2	3	6,0
Summe	16		56,4

$S = 56{,}4/16 = 3{,}53$

6.1.1.1 Gewässergüteklassen der Fließgewässer

Die nachstehende Tafel 73 gibt einen Überblick über die Beurteilungsparameter nach Saprobienindex und zusätzlich einige üblicherweise in den Güteklassen angetroffene chemische Meßgrößen, die durchaus je nach Art des Gewässers über- oder unterschritten werden können.

6.1.1.2 Güteanforderungen an Gewässer

Die Parameter, die unter Beachtung der Gewässergüteklasse II bei den Fließgewässern aufgrund chemischer Nachweise einzuhalten sind, werden nachstehend so weit aufgeführt, als sie durch die im weiteren Verlauf des Kapitels 6 beschriebenen

Tafel 73 Gütegliederung der Fließgewässer

Güteklasse	Grad der organischen Belastung	Saprobität (Saprobiestufe)	Saprobienindex	Chemische Meßgrößen BSB$_5$ (mg/l)	NH_4-N (mg/l)	O_2-Minima (mg/l)
I	unbelastet bis sehr gering belastet	Oligosaprobie	1,0 – < 1,5	1	höchstens Spuren	> 8
I – II	gering belastet	oligo-betamesosaprobe Übergangszone	1,5 – < 1,8	1 – 2	um 0,1	> 8
II	mäßig belastet	Betamesosaprobie	1,8 – < 2,3	2 – 6	< 0,3	> 6
II – III	kritisch belastet	beta-alphamesosaprobe Übergangszone	2,3 – < 2,7	5 – 10	< 1	> 4
III	stark verschmutzt	Alphamesosaprobie	2,7 – < 3,2	7 – 13	0,5 bis mehrere mg/l	> 2
III – IV	sehr stark verschmutzt	alphamesopolysaprobe Übergangszone	3,2 – < 3,5	10 – 20	mehrere mg/l	< 2
IV	übermäßig verschmutzt	Polysaprobie	3,5 – < 4,0	> 15	mehrere mg/l	< 2

Tafel 74 Güteanforderung an Gewässer

Anforderungen	Allg. Güteanforderungen	Fischgewässer gemäß EG-Richtlinie: Salmoniden-Gewässer		Cypriniden-Gewässer		Badegewässer (EG-Richtlinie)		Trinkwassergewinnung: Kat. A2 der EG-Richtlinie		Kat. A1 der EG-Richtlinie	
Kenngrößen	AGA	G	I	G	I	G	I	G	I	G	I
Temperatur T.max. °C/ΔT_G, K sommerkühle Gew.: sommerwarme Gew.:	25/3 28/5		21,5[1])		28[1])			22	25	22	25
Sauerstoff (mg/l) Sättigung (%)	≥ 6	50% > 9 100% > 7	50% > 9	50% > 8 100% > 5	50% > 7	80–120		> 50		> 70	
pH-Wert	6,5–8,5		6–9		6–9		6–9	5,5–9		6,5–8,5	
Ammonium NH_4-N (mg/l)	≤ 1	< 0,03	< 0,78[2])	< 0,16	< 0,78[2])			0,78	1,17	0,04	
Ammoniak NH_3-N (mg/l)		< 0,004	< 0,02	< 0,004	< 0,02						
BSB$_5$ m. ATH (mg/l)	≤ 5	< 3[3])		< 6[3])				< 5[3])		< 3[3])	
CSB (mg/l)	≤ 20										
Phosphor ges. (mg/l)	≤ 0,3							0,3		0,17	
Nitrate, NO_3-N (mg/l)	≤ 8								11,5	5,75	11,5
Nitrite, NO_2-N (mg/l)		< 0,003		< 0,009							
Kjeldahl-Stickstoff, N (mg/l)								2		1	
Suspendierte Stoffe (mg/l)		< 25		< 25							
Gesamtcoliforme Bakterien /100 ml						500	10000	5000		50	
Faekalcoliforme Bakterien /100 ml						100	2000	2000		20	
Streptococcus faec. /100 ml						100		1000		20	
Salmonellen /l							0	0		keine in 5 l	
Darmviren PFU/10 l						0					

[1]) Regelungen für Aufwärmspanne + Laichzeit vorhanden. [2]) u. U. können Werte über 1 mg/l festgesetzt werden. [3]) ohne ATH

Reinigungsverfahrens überhaupt beeinflußbar sind. Hierbei stellt sich die Frage nach der Temperatur nur bei industriellen Einleitern, da die Temperaturwerte des häuslichen Abwassers immer deutlich unter den Grenzwerten liegen. Vor allem die Gehalte an Schwermetallen und an AOX sind nicht aufgeführt, da sie zwar zu einem großen Teil bei der Abwasserreinigung zurückgehalten werden, ihre gezielte Entfernung aber sinnvollerweise am Anfallort (Gewerbe, Industrie) erfolgt, und nicht schon in den stark verdünnten Kläranlagenzuläufen. Die mit AGA bezeichneten Werte sind dem Min.Bl. NW Nr. 42 vom 03.07.1991 entnommen. Als Abkürzung steht G für Guide = Leitwert und I für imperativ = zwingend einzuhaltender Wert. Δt_g ist die höchstzulässige Aufwärmung an einer Einleitungsstelle.

6.1.2 Belastungswerte für Abwasserreinigungsanlagen

6.1.2.1 Abwasseranfall

Sofern Messungen keine höheren Werte ergeben, gilt die Tafel 81 einschl. der Abwasserabflüsse aus kleingewerblichen Betrieben. Größere Industriebetriebe sind besonders zu erfassen. Abflüsse aus Gewerbe und Industriegebieten sind mit **0,5** l/(s · ha) anzusetzen.

Tafel 75 Abwasseranfall [21]

Kläranlagen-anschlußwert	Schmutz-wasseranfall	durchschnittliche Spitzenbelastung	
in *E*	in l/(*E* · *d*)	in l/(*s* · *E*)	1/*x*
<5000	150	0,004	1/10
5000 bis 10000	180		1/12
10000 bis 50000	210		1/14
>50000	240		1/16

Fremdwasser darf nicht zur Kläranlage (KA) geleitet werden. Es ist im Kanal durch mehrere Nachtmessungen zu bestimmen. Für nicht erschlossene Gebiete gilt $q_f = 0{,}15$ in l/(s · ha_{red}).

Bei Mischsystemen werden in der Regel $2\,Q_s + Q_f$ vollbiologisch behandelt. (Trennschärfe der Regenwasserbehandlung beachten.) Bei Trennsystemen werden $2\,Q_s$ hydraulisch in der KA berücksichtigt. Die hydraulische Berechnung der Anlagenteile erfolgt für:

a) jetzige Nachtwassermenge
b) jetzige Trockenwettermenge $Q_{t,\,jetzt}$
c) die spätere Trockenwettermenge $Q_{t,\,später}$ und
d) die spätere Regenwettermenge $Q_{r,\,später}$

6.1.2.2 Organische und chemische Verschmutzung

Bei vorhandenen Kläranlagen müssen die Abwassermengen und die Verschmutzungswerte mindestens über zwei Wochen als Tagesmischproben gemessen werden. Ferner mind. 7 Tagesganglinien als 2-Std-Mischproben in verschiedenen Jahreszeiten. Jahreszeitliche Schwankungen sind zu erfassen. Falls keine Messungen vorliegen, sollten mindestens die Tafelwerte angesetzt werden. ($TKN = NH_4\text{-}N +$ organ. N)

Tafel 76 Abwasserverschmutzung als Frachten in *g*/(*E* · *d*)

Vorklärung	BSB_5	*CSB*	TS_0**)	TKN_0*)	*P*
ohne	60	120	70	11	2,5
0,5 bis 1 h	50	100	40	10	2,3
1,0 bis 1,5 h	45	90	35	10	2,3
>1,5	40	80	30	10	2,3

*) Frachten können sich im Zulauf des biologischen Teils bei Rückführung von Trübwasser, Filtrat oder Zentrat um bis über 20% erhöhen.
**) TS_0 = abfiltrierbare Stoffe, Membranfilter 0,45 µm.

6.2 Abwasserteiche für kommunales Abwasser

Abwasserteiche sind dem Stand der Technik entsprechende Reinigungsanlagen, die als Absetzteiche der Abscheidung absetzbarer Stoffe, als belüftete oder unbelüftete Abwasserteiche der vollbiologischen Klärung kommunalen Abwassers und als Schönungsteiche der Verbesserung des Ablaufes vollbiologischer Kläranlagen dienen. Dem Arbeitsblatt A 201 (12.86) können nachfolgende Anregungen für Bemessung und Konstruktion entnommen werden (Taf. 77).

Tafel 77 Bemessungswerte Abwasserteiche

Eingangswerte: 60 g BSB_5/(E·d), 150 l Abwasser/(E·d) Kenngröße	Dimension	Absetzteiche	unbelüftete Teiche	belüftete Teiche	Schönungsteiche
t_R[1]) bei Trockenwetter	d	≧1	≧20	≧5	1 bis 5
t_R[1]) der Nachklärung	d			≧1	
Spezifische Oberfläche A_E Ablauf 35 mg/l[2]) BSB_5; 160 mg/l[3]) CSB Ablauf 45 mg/l[2]) BSB_5; 180 mg/l[3]) CSB	 m²/E m²/E		 10 5[4])		
Zusätzlich bei Regenwasserbehandlung	m²/E		bis zu 5		
für teilnitrifizierten Ablauf	m²/E		≥15	zusätzliche Festbetteinrichtungen	
Spezifisches Volumen[5])	m³/E	0,5			
Raumbelastung B_R Ablauf 35 mg/l BSB_5; 160 mg/l CSB	g BSB_5/(m³·d)			30	
Sauerstofflast O_B	kg/kg			≧1,5	
Leistungsdichte W_R	W/m³			1 bis 3	
Wassertiefe	m	≥1,5	1 bis 1,5	1,5 bis 3,5	1 bis 2

[1]) t_R = Volumen/Q_d = Durchflußzeit [2]) 24-h-Mischprobe [3]) Stichprobe [4]) mit vorgeschaltetem Absetzteich [5]) einschl. 0,15 m³/E Schlammraum

Konstruktive Ausbildung

Alle Teicharten erhalten zweckmäßig je nach Art der Befestigung, bzw. der Standfestigkeit des Bodens, Böschungen, die ≤1:1,5 geneigt sind. Freibord etwa 0,3 m. Die Frage der Abdichtung ist örtlich mit der Wasserbehörde abzuklären.

Alle Zuläufe erhalten Prallwände und an allen Abläufen reichen Tauchwände 0,3 m unter den tiefsten und 0,2 m über den höchsten Stauspiegel.

Bei Absetzteichen ist u. U. eine ≤1:5 geneigte Rampe zur Reinigung vorzusehen. Unbelüftete Abwasserteiche werden entweder in 3 gleich große Einheiten oder im Verhältnis 0,5:0,25:0,25 aufgeteilt.

Bei belüfteten Abwasserteichen erfolgt die Volumenaufteilung in 2 oder 3 gleich große Einheiten. Schönungsteiche mit $t_d > 2\,d$ werden in mehrere Einheiten aufgeteilt, von denen einzelne zur Begrenzung des Algenwachstums zeitweise außer Betrieb genommen werden können.

In allen Teichen ist bei Bedarf durch die Anordnung von Leitwänden eine gleichmäßige Durchströmung zu gewährleisten. Der Bereich der Wasserschwankungszone ist je nach Windeinwirkung und Böschungsmaterial, immer aber bei belüfteten Abwasserteichen durch Rasengittersteine oder Lebendverbau (Binsen, Schilf) besonders zu schützen.

Zur Regenwasserbehandlung wird zweckmäßig Q_{krit} durch die Teiche geleitet. Durch Drosselung zwischen Becken I und II wird ein zusätzliches Regenüberlaufbeckenvolumen gemäß A 128 (s. Abschn. 5.5.2) für den Durchfluß Q_{krit} geschaffen. Die am Beckenüberlauf abgeschlagene Wassermenge kann entweder direkt in den Vorfluter oder in das zweite Becken eingeleitet werden (s. a. A 201 10.89).

6.3 Mechanische Reinigung

6.3.1 Rechenanlagen

DIN 19554-1 (4.77) Kläranlagen; Rechenbauwerk mit geradem Rechen
DIN 19554-3 (12.84) Kläranlagen; Gegenstromrechen
DIN V 19555 (D8.94) Steigeisen für einläufige Steigeisengänge – Steigeisen zum Einbau in Beton
DIN 19556 (8.78) Kläranlagen; Rinne mit Absperrorgan

a) Rechenkammerbreite $\boldsymbol{b}$ in m so daß $\sum e = b_g$. Mit $\boldsymbol{e}$ = Spaltweite in m und $\boldsymbol{s}$ = Stabdicke in m wird $\boldsymbol{b = b_g + b_g \cdot s/e - s}$ in m und die Stabanzahl $\boldsymbol{n = b_g/e - 1}$.

b) Geschwindigkeit $\boldsymbol{v}$ zwischen den Rechenstäben (0,8 bis 1,1 m/s). Mit einem Belegungsgrad η (bei Maschinenreinigung etwa 0,8 bei 2 Q_t und 0,6 bei 5 bis 6 Q_t, bei Handreinigung etwa 0,6), $\boldsymbol{h}$, Wassertiefe vor dem Rechen in m und $\boldsymbol{Q}$, Durchfluß in m³/s, wird $\boldsymbol{b = Q\,(e+s)/(h \cdot v \cdot e \cdot \eta) - s}$ in m.

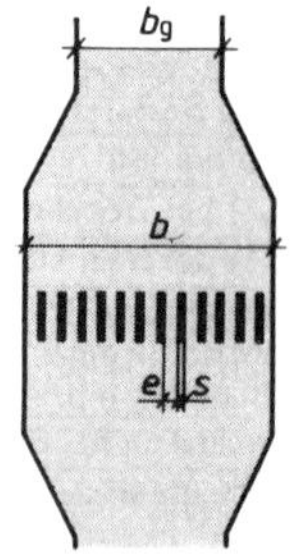

Bild 93

Achtung: Möglichst $v_t = Q_t/(h_t \cdot b) \geqq 0{,}5$ m/s wegen Sandablagerungen

	roh	gepreßt
Rechengutanfall	10 l/E/a	4 l/E/a
Siebgutanfall	30 l/E/a	12 l/E/a

Beispiel Rechteckgerinne, $b_g = 0{,}6$ m, $I_s = 0{,}003$; $k_{St} = 70$; $Q_r = 195$ l/s; $h_r = 0{,}30$ m, $Q_t = 100$ l/s: $h_t = 0{,}185$ m; $e = 0{,}015$ m; $s = 0{,}006$ m; $v = 1{,}05$ m/s; $\eta = 0{,}8$;
a) $b = 0{,}60 + 0{,}6 \cdot 0{,}006/0{,}015 - 0{,}006 = 0{,}834$ m $\approx 0{,}84$ m; $n = 0{,}60/0{,}015 - 1 = 39$; $v = 0{,}195/(0{,}30 \cdot 0{,}60 \cdot 0{,}8) = 1{,}35$ m/s! $v_t = 0{,}100/(0{,}185 \cdot 0{,}84) = 0{,}64$ m/s $> 0{,}5$ ms;
b) $b = 0{,}195\ (0{,}015 + 0{,}006)/(0{,}3 \cdot 1{,}05 \cdot 0{,}015 \cdot 0{,}8) - 0{,}006 = 1{,}074$ m, $v_t = 0{,}100/(0{,}185 \cdot 1{,}074) = 0{,}5$ m/s.

6.3.2 Sandfänge

DIN 19551-3 (8.78) Rechteckbecken als Sandfänge mit Saugräumer

6.3.2.1 Langsandfänge

Bemessungsgrundlagen. Die Oberflächenbeschickung q_A muß den Werten in Tafel 78 (nach Kalbskopf s.a. [18]) entsprechen. Die Fließgeschwindigkeit soll bei **0,3 m/s** liegen. Der Sandsammelraum soll den Sandanfall etwa einer Woche **(0,04 bis 0,23 *l*/E/Wo.)** speichern.

Tafel 78 max zul q_A in m/h

Sandkorn-durchmesser	Sandabscheidegrad		
	100%	90%	80%
in mm	q_A in m/h		
0,125	6	9,4	11
0,16	10	16	20
0,20	17	28	36
0,25	27	45	58

Die Einhaltung einer konstanten Geschwindigkeit von 0,3 m/s erreicht man z.B. durch einen parabelförmigen Querschnitt, $z = a \cdot x^2$, dessen Wassertiefe durch einen Venturikanal der Breite $\boldsymbol{b_v}$ gesteuert wird ($a = 0{,}16 \cdot {}_{max}h^3/{}_{max}Q^2$).

Im allgemeinen wählt man eine Sandfanglänge L (zwischen 5 m und 30 m) und ein q_A. Damit ergeben sich mit $v = 0{,}3$ m/s die maximal zulässige Wassertiefe ${}_{max}h$ und die Venturikanalbreite b_v in m.

$\boldsymbol{{}_{max}h = L \cdot q_A/1080}$ in m (212) $\boldsymbol{b_v = {}_{max}Q/(1{,}85 \cdot {}_{max}h^{1.5})}$ in m (213) s.a. Tafel 38

Der Sandanfall je Woche $\boldsymbol{V_{SW}}$ in m³/Wo bestimmt die Abmessungen des Sandsammelraumes

$\boldsymbol{h_S \cdot b_S = V_{SW}/L}$; mit $b_S \geq 20$ cm (214)

Breite des Sandfanges $\boldsymbol{B_p = 5 \cdot {}_{max}Q/{}_{max}h}$ (215) $\boldsymbol{B_{Tr} = {}_{max}Q/(0{,}15 \cdot {}_{max}h) - b_S}$ (216)

Beispiel 20000 E + EGW; $_{max}Q = 0{,}195$ m³/s, $q_A = 17$ m/h (100% Abscheidung des Korns 0,2 mm), $L = 30$ m,
$_{max}h = 30 \cdot 17/1080 = 0{,}472$ m,
$b_V = 0{,}195/(1{,}85 \cdot 0{,}472^{1,5}) = 0{,}325$ m
Wöchentlicher Sandanfall 20000 · 0,103 l/E/Wo. = 2060 l = 2,06 m³/Wo.
$b_s \cdot h_s = 2{,}06/30{,}0 = 0{,}069$ m², gewählt $b_s = 2 \cdot 0{,}25$ m, $h_s = 0{,}15$ m
Spiegelbreite des Parabelgerinnes:
$B_p = 5 \cdot 0{,}195/0{,}472 = 2{,}07$ m, gewählt 2 Rinnen je 1,05 m breit.
Doppeltrapezquerschnitt:
$B_{Tr} = 0{,}195/(0{,}15 \cdot 0{,}472) - 2 \cdot 0{,}25 =$ 2,25 m, gewählt zweimal 1,15 m.

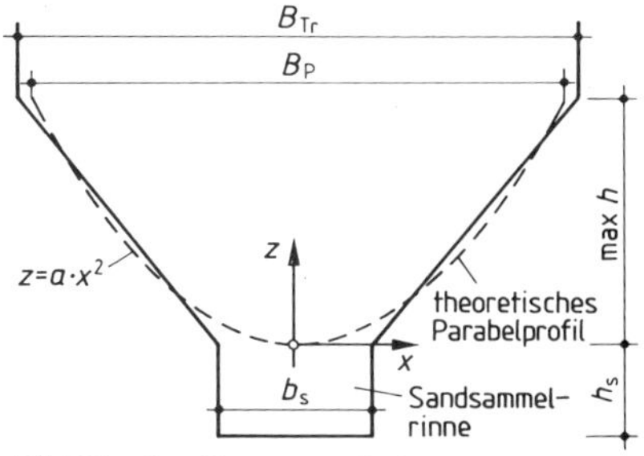

Bild 94 Sandfangquerschnitt

6.3.2.2 Belüftete Sandfänge

Belüftete Sandfänge werden zunehmend als sinnvollste Art der Sandrückhaltung angesehen. Darüber hinaus bieten sie bei einer reichlichen Bemessung (s. Beispiel) in Verbindung mit einer evtl. später anzubringenden Schlammrückführung aus der Vorklärung die Möglichkeit, als erste biologische Stufe eine stille Reserve zur Entlastung der nachfolgenden Stufen zu schaffen.

Bemessungsgrundlagen [26] [12]. Mit dem Regenwetterabfluß Q_m, der Durchflußzeit t_R 300 bis **600** s: erf Volumen $V = {}_{max}Q_m \cdot t_R$ in m³ (217)

Längsgeschwindigkeit $v_L \leqq 0{,}2$ m/s, $A = {}_{max}Q/v_L =$ (m³/s)/(m/s) (218)

Bei einer Umwälzgeschwindigkeit $v_u = 0{,}25$ bis 0,30 m/s muß die Zahl der Umwälzungen $n_u \geqq 3$ sein. $n_u = t_R \cdot v_u$/**Umwälzweg** U (219) $U = 2\,(B + H - T)$

Leistungsbedarf $W = 5$ Wh/(Nm³ · m Einblastiefe h_e)

Nach [12] soll die Nettoenergiedichte ca. 8 Watt/m³ betragen. Mit $h_e = H - T - 0{,}30$, bzw. $\geq 0{,}9\ (H - T)$ wird $Q_L \leq 3{,}4\,A^{-0{,}5}$ Nm³/(h · m³). Die Gesamtluftmenge $V_L = Q_L \cdot V_{SF}$ wird zu $\frac{2}{3}$ in der ersten und zu $\frac{1}{3}$ in der zweiten Sandfanghälfte eingetragen.

Tafel 79 Sandabscheidung nach Kalbskopf

Korngruppe in mm	Sandabscheidegrad in % mit t_R in s
0,125 bis 0,16	$42{,}7 \cdot \lg t_R - 30$
0,16 bis 0,20	$45{,}6 \cdot \lg t_R - 30$
0,20 bis 0,25	$51{,}8 \cdot \lg t_R - 33$
0,25 bis 0,315	$60 \cdot \lg t_R - 38$

Spezifischer Luftbedarf je m³ Becken [26] (alternativ)

feinblasige Belüftung

$Q_L = (0{,}63 + 0{,}52 \ln h_e)^{-0{,}62}$ Nm³/(m³ · h) (221)

grobblasige Belüftung

$Q_L = (0{,}07 + 0{,}76 \ln h_e)^{-1{,}33}$ Nm³/(m³ · h) (222)

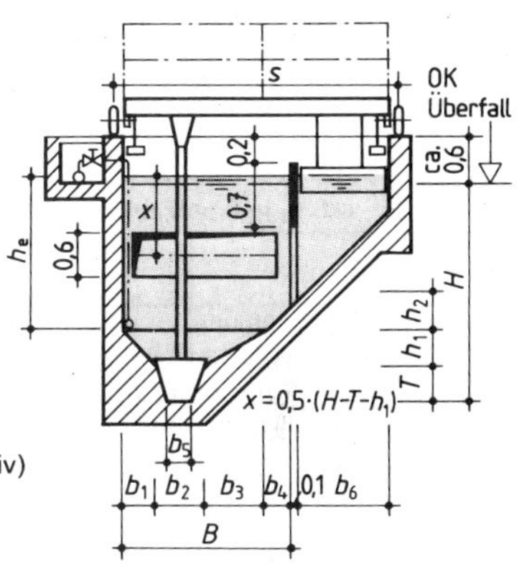

Bild 95 Belüfteter Sandfang mit Fettfang

Tafel 80 Sandfangabmessungen nach Passavant

Typ	A in m²	B	H	T	S	b_1	b_2	b_3	b_4	b_5	b_6	h_1	h_2	L
		in m												
SFbS 2-1.4	2,0	1,4	1,90	0,3	2,3	0,3	0,4	0,55	0,15	0,3	0,5	0,35	0,1	10 bis 20
SFbS 4-2.0	4,0	2,0	2,65	0,4	3,5	0,4	0,6	0,80	0,20	0,3	1,1	0,50	0,1	15 bis 25
SFbS 6-2.4	6,0	2,4	3,30	0,5	4,3	0,6	0,6	1,00	0,20	0,4	1,5	0,55	0,2	15 bis 30
SFbS 8-2.8	8,0	2,8	3,80	0,6	5,2	0,6	0,8	1,15	0,25	0,4	2,0	0,65	0,2	15 bis 35
SFbS 10-3.2	10,0	3,2	4,20	0,7	6,0	0,7	0,9	1,25	0,35	0,5	2,4	0,75	0,3	15 bis 4Q
SFbS 12-3.6	12,0	3,6	4,60	0,8	7,0	0,8	1,0	1,40	0,40	0,5	3,0	0,85	0,3	15 bis 40

Beispiel $Q_r=0{,}195\ m^3/s$, gewählte Durchflußzeit $t_R=600\ s$; erf. Volumen $V=600\cdot0{,}195=117\ m^3$, gew. Sandf. Typ 6-2,4; erf. Länge $L=V/A=117/6{,}0=19{,}5$; gew. 20 m. $h_e=3{,}3-0{,}5-0{,}55=2{,}25\ m$, nach [12] Belüftung: $Q_L=3{,}4\cdot6{,}0^{-0{,}5}=1{,}39\ Nm^3/(m^3\cdot h)$; Gesamtmenge $V_L=1{,}39\cdot6{,}0\ m^2\cdot20\ m=167\ Nm^3/h$. Leistungsbedarf $W=5\,V_L\cdot h_e=5\cdot167\cdot2{,}25=1879\ Wh/h$. Nachweise: $v_L=0{,}195/6{,}0=0{,}033\ m/s<0{,}2$; Umwälzweg $U=2(B+H-T)=2(2{,}4+3{,}3-0{,}5)=10{,}4\ m$; $t_R=6{,}0\cdot20{,}0/0{,}195=615\ s$; Zahl der Umwälzungen: $n_u=t_R\cdot v_u/U=615\cdot0{,}25/10{,}4=14{,}8>3$; Oberflächenbeschickung $q_A=0{,}195\cdot3600/(2{,}4\cdot20{,}0)=14{,}6\ m/h<17$; Sandabscheidegrad: Korngruppe KG 0,125 – 0,16: $S_A=42{,}7\lg615-30=89\%$; KG 0,16 – 0,20: $S_A=45{,}6\lg615-30=97\%$. Bei Trockenwetter werden alle Korngruppen zu 100% abgeschieden.

Dieser Sandfang mit $TS_B=2{,}5$ kg TS/m³ könnte als Belebungsbecken einer A-Stufe den BSB_5 um etwa 50% und den CSB um etwa 45% senken (statt etwa 30% ohne Schlammrückführung).

6.3.3 Absetzbecken

DIN 19551-1	(12.75)	Kläranlagen; Rechteckbecken mit Schildräumer
DIN 19551-2	(11.75)	Rechteckbecken mit Bandräumer
DIN 19551-4	(05.84)	(Entw.) Rechteckbecken mit Saugräumer
DIN 19552-1	(09.72)	Kläranlagen; Rundbecken mit Schildräumer
DIN 19552-2	(12.75)	Rundbecken mit Saugräumer
DIN 19552-3	(08.78)	Rundbecken als Eindicker mit Zentralantrieb
DIN 19558	(09.90)	Überfallwehr und Tauchwand

ATV, Arbeitsblatt A131 (2.91) Bemessung von einstufigen Belebungsanlagen mit Anschlußwerten ab 5000 Einwohnerwerten ATV, Arbeitsblatt A135 (03.89) Grundsätze für die Bemessung von Tropfkörpern und Tauchkörpern mit Anschlußwerten über 500*EGW*. ATV, Arbeitsblatt A122 (6.91) Grundsätze für Bemessung, Bau und Betrieb von kleinen Kläranlagen mit aerober biologischer Reinigungsstufe für Anschlußwerte zwischen 50 und 500 Einwohnerwerten.

Nach [19] können gutgestaltete Absetzbecken entsprechend Tafel 81 für den Trokkenwetterabfluß Q_t bemessen werden. Es sollte jedoch folgendes beachtet werden:

Tafel 81 erf. t_R in h und zul. q_A in m/h

	Vorklärbecken		Nachklärbecken		Zwischenklärbecken	
	t_R	q_A	t_R	q_A	t_R	q_A
mechanische Reinigung	1,7 bis 2,5	1,5 bis 0,8	–	–	–	–
chemische Fällung	0,5 bis 0,8	4 bis 2,5	2 bis 3	1,5 bis 1,0	1	>2,5
Tropfkörperanlagen	1,7 bis 2,5	1,5 bis 0,8	2 bis 3	1,5 bis 1,0	2,5	>2
Belebungsanlagen	0,5 bis 1,0	4 bis 2,5	2,0 bis 3,5	–	1,5	>2,5

6.3.3.1 Vorklärbecken

Tafel 82 Leistung der Vorklärung

t_R in h Trockenwetter	Rest BSB$_5$ $g/E/d$
0,5 bis 1,0	50
1,0 bis 1,5	45
>1,5	40

Nach [18] soll, bei Wassertiefen um 2,0 m, $t_R=1{,}5$ bis $2h$ und $q_A=1{,}33$ bis 1,0 m/h betragen. Zu beachten ist jedoch Tafel 82 (A 131 und A 135) die eine deutliche Überschreitung von $t_R=1{,}5$ h als unwirtschaftlich erscheinen läßt, insbesondere, da in [21] als mindest Rest-BSB$_5$ für beide Anlagentypen 45 $g/E/d$ vorgeschrieben ist. Mit Hinblick auf den Ablaufwert $NH_4-N_{anorg}\leq18$ mg/l (Denitrifikation) und auf eine biologische P-Elimination erscheint eher $t_R=0{,}5$ h angemessen. Bei Tropfkörperanlagen mit Schlammrückführung aus der Trichterspitze des Nachklärbeckens ist für Q_t der Wert $(1+RV)\,Q_t$ anzusetzen.

Ablaufschwellenbeschickung $q_L\leq25$ bis 30 m³/(m·h) bei Q_t. Vor dem Ablauf in ≧0,3 m Abstand eine Taucherwand mit ≧0,2 m Eintauchtiefe anordnen.

6.3.3.2 Nachklärbecken von Tropfkörpern

Nach A 135 gilt für Q_t ein $t_R \geqq 2{,}5$ h und $q_A \leqq 1{,}0$ m/h. Bei Rückführung aus dem Ablauf ist für Q_t der Wert $(1+RV)\ Q_t$ einzusetzen. Bei Regenwetter sollen $t_R \geqq 1{,}5$ h und die Horizontalgeschwindigkeit $\leqq 30$ m/h betragen. Die Überfallschwellenbeschickung bei Q_{tw} sei $q_l \leqq 15\ m^3/(m \cdot h)$. Mindestwassertiefe 2,5 m. Nach den Bau- und Prüfgrundsätzen des IfB für Anschlußwerte bis etwa 50 *E* sei $t_R = 3{,}5$ h und $q_A = 0{,}4$ m/h. Nach ATV A122 (6.91) für 50 bis 500 *E* sei $t_R = 3{,}0$ bis 3,5 h und $q_A = 0{,}4 - 0{,}6$ m/h im Trichterbecken mit $h_{zyl.} \geqq 0{,}5$ m; $q_l \leqq 5\ m^3/(m \cdot h)$.

6.3.3.3 Nachklärbecken von Belebungsanlagen

Von wesentlicher Bedeutung für die Reinigungsleistung von Belebungsanlagen ist die Rückhaltung des leichten Flockenschlammes in der Nachklärung. Einem *g TS* entsprechen 0,5 bis 1,0 g BSB_5, 1,0 bis 1,5 g *CSB*, 0,08 bis 0,10 g N und 0,01 g P (bzw. 0,03 g P bei bio-*P* oder Fällung). Die unteren Werte gelten für $B_{TS} < 0{,}15$, die oberen für $B_{TS} < 0{,}3$ kg/(kg·d). Hierzu sind nach A 131 in Abhängigkeit vom Schlammindex ***ISV*** in l/kg n. Tafel 83 und vom Rücklaufverhältnis $\boldsymbol{RV = Q_{RS}/Q}$ die Flächenbeschickung $\boldsymbol{q_A}$ in m/h und die Tiefe des Nachklärbeckens $\boldsymbol{h_{ges}}$ zu ermitteln. Die spezifische Schlammvolumenraumbeschickung $\boldsymbol{q_{SR} = q_A \cdot VSV \cdot (1+RV)/h_{ges}}$ in l/(m³·h) (223) mit $VSV = TS_B \cdot ISV$ in l/m³ (224).

Tafel 83 Schlammindex *ISV* in l/kg

	bei $B_{TS} > 0{,}05$	bei $B_{TS} \leqq 0{,}05$
Abwasser mit geringen organisch-gewerblichen Anteilen	100 bis 150	75 bis 100
Abwasser mit hohen organisch-gewerblichen Anteilen	150 bis 180	100 bis 150

Für die A-Stufe beim AB-Verfahren $ISV = 60$ bis 100, und $RV = 0{,}8$ bis 1,2 wählen.

Die folgenden Bemessungsregeln gelten für: Beckenlängen bis ca. 60 m bzw. Durchm. bis ca. 60 m; $ISV \leqq 180$ ml/g; $VSV = ISV \cdot TS_B \leqq 600$ ml/l; $Q_{RS} \leqq 1{,}5\ Q_t$

Bemessen wird mit Q_m für Regenwetter:

$$\boldsymbol{Q_m/A_{NB} = q_A \leqq q_{SV}/VSV \leqq q_{SV}/(TS_B \cdot ISV)} \text{ in m/h} \quad (225)$$

Erforderliche Nachklärbeckenoberfläche: $\boldsymbol{A_{NB} = Q_m/q_A}$ in m² (226)

Zur Einhaltung einer Feststoffkonzentration $TS_E \leqq 20$ mg/l im Ablauf der Nachklärbecken gilt Tafel 84.

Als vertikal durchströmte Becken gelten solche, bei denen die vertikale Komponente des Fließweges, gemessen von der Einlaufebene bis zum Ablauf mehr als die Hälfte der Horizontalkomponente bterägt (s. Bild 97).

Tafel 84 Zulässige Schlammvolumenbeschickung q_{SV} in l/(m²·h)

gewünschte Ablaufkonzentration TS_E	horizontal durchströmt	vertikal durchströmt
$TS_E \leqq 20$ mg/l	450 *	600 *
max. zul. q_A	1,6 m/h *	2,0 m/h

* Billmeier empfiehlt bei Rundbecken mit Schildräumer eine Begrenzung auf 300, 450 und 1,2 m/h, bzw. $q_{SR} \leqq 190$ l/(m³·h)

Die Grenzwerte von q_A sind zu beachten. Bei horizontal durchströmten Rechteckbecken ist für die Störzone am Einlauf ein Zuschlag mit einer Länge etwa gleich der Beckentiefe zu machen.

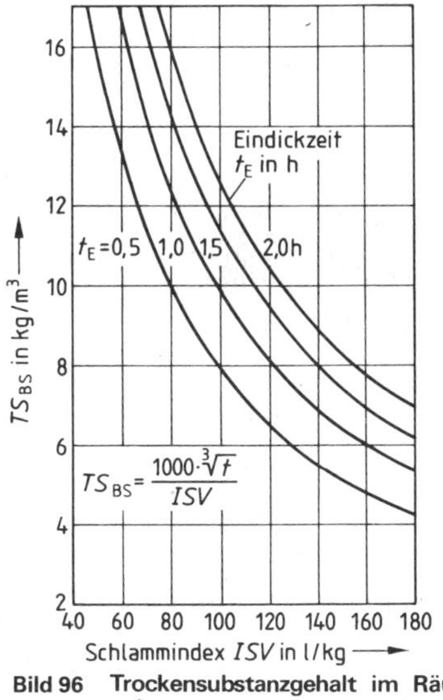

Bild 96 Trockensubstanzgehalt im Räumvolumenstrom

Tafel 85 Räumarmgrößen

Räumarm-länge	a	zugehöriger Becken-durchmesser in m
r	1	$\leqq 30$
$1{,}5\,r$	1,25	25 bis 40
$2r$	2	>40

Die **maßgebende Fläche A_{NK}** liegt **bei vertikal durchströmten Becken** in halber Höhe zwischen Einlaufebene und Auslauf.

Das **Rücklaufverhältnis $RV = Q_{RS}/Q$** mit Q_{RS} = Rücklaufschlammstrom in m^3/h und die **Rücklaufschlammkonzentration TS_{RS}** in kg/m^3 bestimmen die Schlammkonzentration TS_B in kg/m^3 im Belebungsbecken.

$$TS_B = RV \cdot TS_{RS}/(1+RV) \quad (227) \qquad RV = TS_B/(TS_{RS} - TS_B) \quad (228)$$

Das zur Einhaltung von TS_B erforderliche RV sollte nach A 131, bei Trockenwetterzufluß Q_t zu $RV \leqq 1{,}5$ bzw. bei $Q_m \leqq 0{,}75$ gewählt und auch nicht sprunghaft gesteigert werden, um Turbulenzen zu vermeiden. Billmeier läßt ab ⌀35 m bei Q_m ein $RV \leqq 0{,}9$ zu.
Bei vertikal durchströmten Becken sind Werte von $RV \leqq 2$ möglich.
Die Ermittlung von TS_{RS} hängt ab von der in der Nachklärung erreichbaren **Bodenschlammkonzentration TS_{BS}** in kg/m^3

Näherungsweise ist $TS_{RS} \leqq x \cdot TS_{BS}$ (229)

mit $x = 0{,}7$ bei horizontal durchströmten Becken mit Schildräumern, $x = 0{,}5$ bis 0,7 mit Saugräumern und $x = 1{,}0$ bei räumerlosen vertikal durchströmten Becken.

TS_{BS} hängt nach Bild 96 von ISV und der **Eindickzeit $t_E = t_{E1} + t_{E2}$** in h (230) auf der Beckensohle ab, die für horizontal durchströmte Rundbecken mit Schildräumer mit einer Räumerhöhe h_R wie folgt ermittelt wird. (Für andere Beckenformen und Räumsysteme wird auf [22] verwiesen.)

$$t_{E1} = (h_4 - h_R)/RV \cdot q_A \text{ in h} \quad (231\,a)$$

$$t_{E2} = 1/(n_R \cdot a) \text{ in h} \quad (231\,b) \qquad \text{mit der Räumfrequenz } n_r = v_R/U \text{ in } h^{-1} \quad (232)$$

Hierin ist v_R in m/h die Räumgeschwindigkeit (54 bis 144 m/h, d.h. 1,5 bis 4 cm/s) und U der lichte Beckenumfang $U = 2 \cdot r \cdot \pi$ in m. a nach Tafel 85 berücksichtigt den Einfluß der Räumarmlänge auf die **geräumte Fläche.**

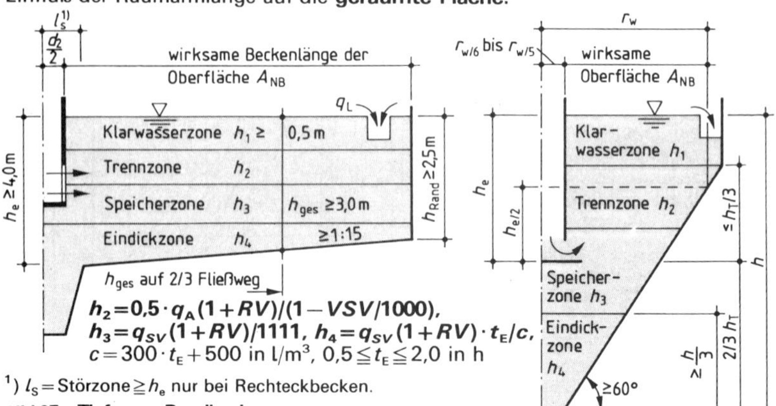

[1]) l_S = Störzone $\geqq h_e$ nur bei Rechteckbecken.

Bild 97 Tiefe von Rundbecken

Beachte: bei biologischer Phosphatelimination $t_E \leqq 1{,}5\,h$, um P-Rücklösung zu vermeiden. Bei Anlagen mit Nitrifikation $t_E \leqq 1{,}5$ h, mit Denitrifikation $t_E \leqq 2{,}0\,(-2{,}5)^*$ h; * > 2,0 h nur bei sehr weitgehender Nitri- und Denitrifikation (z. B. bio-Pelim oder $B_{TS} \leqq 0{,}05$).
Die erforderliche **mittlere Räumschildhöhe h_R** wird für durchgehende Schilde in Rundbecken

$$h_R = (0{,}65 - 0{,}23 \ln RV)\,(1+RV) \cdot q_{SV} \cdot 1{,}5 \cdot 10^{-3}/(a \cdot n_R)^{2/3} \text{ in m} \quad (233)$$

a und n_R so wählen, daß $h_R \leqq 0{,}5$ m bleibt. Sonst h_4 um $h_R - 0{,}50$ m vergrößern.

Die Gesamtnachklärbeckentiefe h_{ges} nach Bild 98, $h_1 + h_2 + h_3 + h_4$ muß mind. zu 3,00 m angesetzt werden. Am Einlauf soll die Beckentiefe $\geqq 4{,}0$ m betragen. Bei Trichterbecken gilt als wirksame Oberfläche A_{NB} die Fläche in halber Höhe zwischen Ein- und Auslaufebene (Bild 98). Die mit h_2 bis h_4 mal A_{NB} berechneten Volumen müssen im Trichter vorhanden sein.
Es ist immer nachzuweisen, ob mit dem gewählten RV (Pumpenauslegung) und dem nach Bild 97 ermittelten TS_{BS} bzw. $TS_{RS} = 0{,}7 \cdot TS_{BS}$ nach Gl. (227) das gewünschte TS_B auch eingehalten wird. Bei *RW* darf TS_B nicht unter 70% des Normalwertes absinken. Zwischenklärbecken einer 1. Stufe (A-Stufe) können bei Q_t mit $t_R \geqq 1{,}5$ h und $q_A \leqq 1{,}6$ m/h bemessen werden.

Die Ermittlung der erforderlichen Überfallschwellenlänge erfolgt mit $q_L \leqq 10$ m³/(m · h) bei einseitigen Schwellen und $q_L \leqq 6$ m³/(m · h) bei Ablaufrinnen mit beidseitiger Überfallkante. Aber nach Seyfried: Bei $ISV \leqq 100$: $q_L \leqq 5$ und bei $ISV > 100$: $q_L \leqq 3$ m³/(h · m).

erf Schwellenlänge $L_U = Q_m / q_L$ in m (234) mit $Q_m = 2\,Q_s + Q_f$ oder $2\,Q_t$

In [36] wird auf das Zusammenwirken von Belebungsbecken BB und Nachklärbecken NB verwiesen. Über TS_B hängt die Größe des BB von der Wirkung des NB ab. Nachfolgend die mathematische Darstellung dieser Zusammenhänge.

$VSV = X\,1000\,RV \sqrt[3]{t_E}/(1 + RV)$ in l/m³ $\quad q_{SR} = q_{SV}(1 + RV)/h_{ges}$ in l/(m³ · h)

$TS_B = VSV/ISV$ in kg/m³ $\quad t_{NB} = VSV(1 + RV)/q_{SR}$ in h

$q_{SV} = q_A \cdot VSV$ in l/(m² · h) $\quad V_{NB} = Q_m \cdot t_{NB}$ in m³

Nach Billmeier [23] können abweichend von A 131 h_{NK} und q_{SV} wie im Bild 98, das für q_{SR} = 175 l/(m³ · h) gilt, variiert werden (Verzicht auf Einzelnachweis von h_{ges}). Ab $D_{NB} \geqq 35$ m kann *RV* auf bis zu 0,9 gesteigert werden. Die Randwassertiefe h_{Rand} sollte aus hydraulischen Gründen $\leqq 0{,}1\ \varnothing_{NB}$ aber $\geqq 2{,}50$ m bleiben.

$TS_E = 3{,}15 \cdot 10^{-4} \cdot q_{SR}^2$

Tafel 86 Abminderung von Q_m als $f(h_{ges})$

vorh h_{ges}	zul Q_m
< 2,0 m	0,7 Q_m
$2{,}0 \leqq h \leqq 2{,}5$ m	0,8 Q_m
$2{,}5 \leqq h \leqq 3{,}0$ m	0,9 Q_m

[36] empfiehlt Tafel 86 für den Nachweis von bestehenden Nachklärbecken. Ausgehend vom vorhandenen h_{ges} werden q_{SV} und $q_A = q_{SV}/VSV$ ermittelt, das entsprechend Tafel 86 abgemindert wird. Es ist das zulässige Q_m = (abgemindert q_A) · (vorhanden A_{NB}). In Bild 99 ist diese Empfehlung linear abnehmend eingearbeitet.

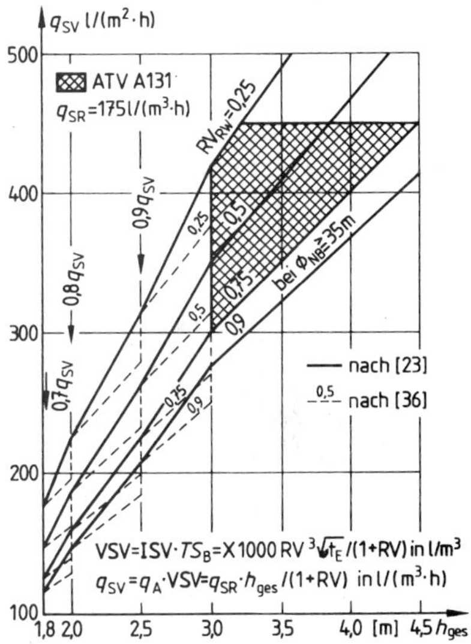

Bild 98 Wechselwirkung von q_{SV} und h_{ges} als $f(RV_{RW})$

Konstruktive Hinweise. Sind mehrere Ablaufrinnen erforderlich, so ist ihr Abstand untereinander und zur Beckenwand etwa gleich der Beckentiefe. Radial oder parallel zur Wand in die Becken eingezogene gelochte Rohre, die ganz eingetaucht sind, haben sich besonders bei der Sanierung bestehender Becken bewährt. Überfallschwellen an der Einmündung der Rohre in die Sammelrinne halten den Becken-

wasserstand über OK-Rohr. Tauchwände im Abstand von $\geqq 30$ cm vor der Ablaufschwelle tauchen bei $q_L = 0$ noch 20 cm tief ein und ragen bei Q_m 10 cm aus dem Wasser.
Beckenabmessungen: **Längsbecken** $\geqq 30$ m bis 60 m, wenn $\geqq 40$ m, zwei hintereinanderliegende RS-Abzüge anordnen. Einlaufstörzone: in der Länge $= h_e$ von A_{NK} abziehen.

Rundbecken $\varnothing \geqq 20$ m, günstig $30\,m \leqq \varnothing \leqq 50$ m, max. 70 m $\varnothing$. $4{,}0 \leqq \boldsymbol{h_e} \geqq 4{,}0 + (\varnothing - 36) \cdot 0{,}1$ m. Unter 20 m $\varnothing$ als vertikal durchströmte Becken ausbilden.

In der Dükerleitung $0{,}3 \leqq v \leqq 1{,}5$ m/s. Zur besseren Entgasung empfiehlt sich vor der Dükerleitung ein Becken bzw. ein Mittelbauwerk mit $t_R = 3$ bis 5 min.

Anlagen gemäß **A 122**: $q_A = 0{,}3$ bis 0,5 m/h, $h_{zyl} \geqq 0{,}5$ m, $q_L \leqq 5\,m^3/(m \cdot h)$

Beispiel Horizont. durchstr. NB mit Schildräumer, $a = 1{,}25$ n. Tafel 85

Gegeben: $Q_m = 1900\,m^3/h$; $ISV = 120$ l/kg; $RV = 0{,}9$; $t_E \leqq 1{,}5\,h$ (P-elim.)

Forderung: $TS_E \leqq 20$ mg/l, also $q_{SR} \leqq 175\,l/(m^3 \cdot h)$ Bild 98 und $x = 0{,}7$ s. Gl. (229)

Lösung: $q_{SV} = 370\,l/(m^2 \cdot h)$ gewählt. (< 450 n. Tafel 84);
$VSV = 0{,}7 \cdot 1000 \cdot 0{,}9 \sqrt[3]{1{,}5}/(1 + 0{,}9) = 380\,l/m^3$;

Gl. (225) $q_A = 370/380 = 0{,}97$ m/h $< 1{,}2$ n. Tafel 84

Gl. (226) $A_{NB} = 1900/0{,}97 = 1959\,m^2$; gewählt: 2$\varnothing$36 mit Mittelbauwerk
$d_3 = 6{,}00$ m; vorh. $A_{NB} = 2 \cdot \pi\,(18{,}0^2 - 3{,}0^2) = 1979\,m^2 > 1959$;
$q_A = 1900/1979 = 0{,}96$ m/h; zul. $TS_B = VSV/ISV = 380/120 = 3{,}17\,kg/m^3$;
Vorh $q_{SV} = 0{,}96 \cdot 380 = 364{,}8\,l/(m^2 \cdot h)$
$h_{ges} = q_{SV}(1 + RV)/q_{SR}$

Bild 98 $h_{ges} = 364{,}8 \cdot (1 + 0{,}9)/175 = 3{,}96$ m. Vergleichsweise n. Bild 97
$h_1 = 0{,}5$ m; $h_2 = 0{,}5 \cdot 0{,}96\,(1 + 0{,}9)/(1 - 380/1000) = 1{,}47$ m;
$h_3 = 365 \cdot (1 + 0{,}9)/1111 = 0{,}62$ m;
$h_4 = 365\,(1 + 0{,}9) \cdot 1{,}5/(300 \cdot 1{,}5 + 500) = 1{,}10$ m; $h_{ges} = 3{,}69 < 3{,}96$ m

Gl. (234) vorh $q_L = 1900/(2 \cdot \pi \cdot 36) = 8{,}4\,m^3/(m \cdot h) < 10$; evtl. eingehängte Tauchrohre als Ablauf

Gl. (233) gewählt: $a = 1{,}25$; $v_R = 140$ m/h;
$h_R = (0{,}65 - 0{,}23 \cdot \ln 0{,}9)\,(1 + 0{,}9) \cdot 1{,}5 \cdot 365 \cdot 10^{-3}/(125 \cdot 140/36{,}0\,\pi)^{2/3}$

Gl. (232) $= 0{,}52$ m. $h_4 = 1{,}10 + (0{,}52 - 0{,}50)$; $h_{ges} = 3{,}71 < 3{,}96$ m.

Fließweg: $L_{Fl} = 18{,}0 - 3{,}0 = 15$ m; Sohlneigung 1:14;
Randwassertiefe $h_{Rand} = 3{,}96 - \frac{1}{3} \cdot 15{,}0/14 = 3{,}60 \leqq 0{,}1 \cdot 36{,}0$;
$h_e = 3{,}96 + \frac{2}{3} \cdot 15{,}0/14 = 4{,}67\,m > 4{,}00$ m
Nachweis vorhandener Becken mit $\varnothing$ 30 m, $h_{ges} = 2{,}35$ m, $RV = 0{,}9$

Tafel 86 $VSV = 380$, wie vor. $2{,}0 \leq h \leq 2{,}5 \rightarrow 0{,}8\,Q_m$; $q_{SV} = 175 \cdot 2{,}35 \cdot 0{,}8/(1 + 0{,}9)$
Bild 98 $= 173{,}2\,l/(m^2 \cdot h)$; $q_A = 173{,}2/380 = 0{,}46$ m/h;
$A_{NK} = \pi\,(15{,}0^2 - 2{,}0^2) = 694{,}3\,m^2$ zul. $Q_m = 0{,}46 \cdot 694{,}3 = 316\,m^3/h$.
Oder nach Bild 105 $q_{SV} = 189\,l/(m^2 \cdot h)$

Bild 97 Kontrolle von h_{ges} mit $q_{SV} = 173{,}2/0{,}8 = 216{,}5$: $h_1 = 0{,}5$ m;
$h_2 = 0{,}5 \cdot 0{,}46 \cdot 1{,}9/(1 - 0{,}38) = 0{,}71$ m; $h_3 = 216{,}5 \cdot 1{,}9/1111 = 0{,}37$ m;
$h_4 = 216{,}5 \cdot 1{,}9 \cdot 1{,}5/(300 \cdot 1{,}5 + 500) = 0{,}65$ m; $h_{ges} = 2{,}23\,m < 2{,}35$ m

6.4 Biologische Reinigungsstufen

6.4.1 Tropfkörperanlagen (TK)

DIN 19553 (10.84) Kläranlagen, Tropfkörper mit Drehsprenger
DIN 19557-1 (05.84) mineralische Füllstoffe für Tropfkörper
DIN 19557-2 (11.89) Füllstoffe aus Kunststoff.

Volumen und Oberfläche von Tropfkörpern werden nach A 135 (s. Abschn. 6.3.3) mit Tafel 87 ermittelt. Zu beachten ist der relativ niedrige Wirkungsgrad η, $\boldsymbol{\eta = 0{,}93 - 0{,}17\,B_R}$ % mit **der Raumbelastung** $\boldsymbol{B_R}$ in kg $BSB_5/(m^3 d)$, der eine Reduzierung der Zulaufkonzentration $\boldsymbol{C_0}$ mg BSB_5/l durch Verdünnung des Zulaufs zum Tk mit Rücklaufwasser der Menge Q_{RV} und der Konzentration $\boldsymbol{C_1}$ aus dem Ablauf oder der Trichterspitze der Nachklärung erfordert (s. Abschn. 6.3.2). Angestrebt wird eine mittlere Zulaufkonzentration $\boldsymbol{C_m \leqq 150}$ **mg/l**.

Das Rücklaufverhältnis $RV = Q_{RV}/Q_t$ ermittelt sich für eine gewünschte Zulaufkonzentration C_m zu $RV = (C_0 - C_m)/(C_m - C_1)$, (aber immer $RV \leqq 1{,}0$ wählen). Die BSB_5-Zulauffracht B_B ermittelt man mit den Werten der Tafel 82 oder aus der gemessenen Konzentration C_0 einer 24-h-Mischprobe (s.a. Abschn. 6.1.2) zu.

$B_B = 10^{-3} \cdot C_0$ mg/l $\cdot Q_d$ m³/d in kg BSB_5/d (235)

erf. Volumen des Tropfkörpers $V_{TK} = B_B/B_R$ in m³ (236)

erf. Höhe der Tropfkörperfüllung $H_{TK} = 10^{-3} \cdot X \cdot q_{A(1+RV)} \cdot C_m/B_R$ in m (237)

(mit X nach Abschn. 6.1). Bewährt haben sich $2{,}8 \leqq H \leqq 4{,}20$ m.

Nachfolgende Bemessungsansätze gelten für Tropfkörper mit Brockenfüllung oder mit Kunststoff-Füllelementen (KF) verschiedener spez. Oberfläche A_R in m²/m³. Eine weitgehende Nitrifikation ist mit den Werten n. Taf. 87 nur bei häuslichem Abwasser mit TKN: $BSB_5 \leqq 0{,}3$ und $T \geqq 10$ °C zu erreichen [27] [28].

Tafel 87 Bemessungswerte für Tropfkörper TK

Nitrifikation	ohne		mit	
Füllung	B_R	$q_{A(1+RV)}$	BR	$q_{A(1+RV)}$
Brocken	0,4[1])	0,5 bis 1,0	0,2	0,4 bis 0,8
KF, $A_R \approx 100$	0,4	0,8 bis 1,0	0,2	0,6 bis 1,0
KF, $A_R \approx 150$	0,6	1,0 bis 1,5	0,3	0,8 bis 1,2
KF, $A_R \gtrsim 200$	0,8	1,2 bis 1,8	0,4	1,0 bis 1,5

[1]) Bei 24-h-Ausgleich $B_R = 0{,}6$ kg BSB_5/(m³·d); q_A in m³/(m²·h). Nach A 122 ist für 50–500 E: $BR \leqq 0{,}2$ kg/(m³·d). Bei vorgefertigten Kläranlagen bis 50 E nach IfB-Richtlinien: $B_R \leqq 0{,}15$ kg/m³·d bei einem Mindestfüllvolumen von 4 m³. Die Überschußschlammproduktion betr. i.M. $ÜS_R/B_R = 0{,}75$ kg/kg einschl. 20% Erhöhung für Regenwasserbehandlung.

Zunehmend werden bei größeren Anlagen und bei hochkonzentrierten Abwässern hochbelastete Tropfkörper, in der Regel mit Kunststoffüllelementen, als erste Stufe einer zweistufigen Biologie betrieben. Hierbei werden Raumbelastungen von 3 bis 5 kg BSB_5/(m³ d) zugelassen. Eine nachfolgende Zwischenklärung ist unbedingt anzuraten. Sie kann als Grobentschlammung in Form von Siebbändern oder Becken mit Aufenthaltszeiten $t_R \sim 1/2$ h ausgeführt werden.

Konstruktive Hinweise. Brocken ∅ 4 bis 8 cm, in der unteren Stützschicht 8 bis 15 cm; die Spülkraft SK des Drehsprengers soll 2 bis 6 mm je Beregnung betragen $SK = 10^3 \cdot q_A/n \cdot a$. Die Anzahl a der Arme liegt bei 4 bis 8. Damit muß die Umdrehungszahl n je Stunde auf 10 bis 30 beschränkt werden.

6.4.2 Scheibentauchkörper (STK)

Bei einem Wasserinhalt von 4 l Wasser je 1 m² rotierender Bewuchsfläche und einer BSB_5 Belastung BA der 1. Walze mit frischem häuslichem Schmutzwasser von **≦ 60 g/(m²·d)** bzw. von ≦ 40 g/(m²·d) bei angefaultem Wasser kann man mit den Werten der Tafel 88 die erforderliche Bewuchsfläche wie folgt ermitteln:

$A = B_B/B_A$ bzw. $= C_m \cdot Q_d/B_A$ in m². (238)

Tafel 88 B_A von Scheibentauchkörpern

Nitrifikation	ohne	mit
≧ 2 Walzen in Fließfolge	$B_A = 8$ g BSB_5/m²·d	
≧ 3 Walzen in Fließfolge	$B_A = 10$[1]) g BSB_5/m²·d)	$B_A = 4$
≧ 4 Walzen in Fließfolge		$B_A = 5$

[1]) Bei 24 h-Ausgleich $B_A = 12$. Nach A 122 für $50 \leqq EGW \leqq 500$: $B_A = 8$; ebenfalls nach IfB für ≦ 50 EGW aber mit $A_{min} = 90$ m². Überschußschlammproduktion $ÜS_R/B_R = 0{,}75$ kg TS/kg BSB_5

Beispiel TK mit Brockenfüllung: $B_R = 0{,}4$ kg BSB_5/(m³·d); $q_{A(1+RV)} = 0{,}85$; 20000 EW mit 0,045 kg BSB_5/(E·d) nach Vorklärung. $q_S = 210$ l/(E·d); gewählt: $C_m = 125$ mg/l; $C_0 = 45000/210 = 214$ mg/l; $\eta = 0{,}93 - 0{,}17 \cdot 0{,}4 = 0{,}86$; $C_1 = (1 - 0{,}86) \cdot 125 = 17{,}5$ mg/l; erf $RV = (214 - 125)/(125 - 17{,}5) = 0{,}83$; Erf. $V_{TK} = 20000 \cdot 0{,}045/0{,}4 = 2250$ m³; mit $X = 14$: $H_{TK} = 10^{-3} \cdot 14 \cdot 0{,}85 \cdot 125/0{,}4 = 3{,}72$ m $\sim 3{,}70$; erf. $A_{TK} = 2250/3{,}70 = 608$ m² → 2∅20 m. Vorh. $V_{TK} = 3{,}70 \cdot 2 \cdot (10^2 \cdot \pi - 1{,}0^2 \cdot \pi) = 3{,}7 \cdot 621 = 2297$ m³; $q_{A(1+RV)} = 20000 \cdot 0{,}210 \cdot (1 + 0{,}83)/(14 \cdot 621) = 0{,}88$ m³/(m²·h) > 0,5, < 1,0 m/h; (Abzug für Mittelschacht $= 1{,}0^2 \cdot \pi$)

Tafel 89 Tropfkörper-Einzelabmessungen

Dreh-sprenger Modell HDB nach Passavant	größter Tropf-körper Ø in m d_1	Anschluß-rohr Ø in m d_2	Mittel-schacht li Ø in m d_3	Durch-flußmenge in l/s Q	größte Durchfluß-menge in l/s Q_{max}	kleinste Durchfluß-menge in l/s Q_{min}
175	22	**200** 250	1,5/2,0	35	50	10
200	24	**250** 300	2,0/2,0	50	75	15
250	26	**250** 300	2,0/2,0	65	100	20
300	28	**300** 400	2,0/2,5	100	150	30
350	32	**350** 500	2,0/2,5	130	200	40
400	38	**400** 500	2,5/2,5	170	250	50
500	44	**500** 600	2,5/2,5	250	400	80
600	50	**600** 700	2,5/3,0	400	600	120

6.4.3 Belebungsanlagen

Die Ermittlung des Volumens der Belebungsbecken sowie des erforderlichen Sauerstoffeintrages erfolgt auf der Grundlage der ATV-Arbeitsblätter A126 (12.93) und A131 (2.91). Mit dem **Schlammgehalt im Belebungsbecken** TS_B bzw. TS_{-R} in kg TS/m³ sowie der **Schmutzfracht zur Belebung** B_d in kg BSB_5/d, die aus der Einwohnerzahl mit Werten der Tafel 76 ermittelt wird, ergeben sich:

Raumbelastung $B_R = B_{TS} \cdot TS_B$ in kg $BSB_5/(m^3 \cdot d)$ (239)

Belebungsbeckenvolumen $V_{BB} = B_d / B_R$ in m³ (240)

Erf. Sauerstoffeintrag $OV = B_d \cdot O_B / 24$ in kg O_2/h (241)

6.4.3.1 Belebungsanlagen bis 10000 EW

haben in der Regel keine Vorklärung. Für $50 \leqq EW \leqq 500$ ist nach A122 (6.91) $B_R \leqq 0{,}2$ kg/(m³ · d), $O_B \leqq 3{,}0$, $TS_B \leqq 4{,}0$ und nach IfB ist für ≦50 EW das $B_R \leqq 0{,}15$ kg/(m³ · d) bei einem Mindestvolumen von 4 m³ anzusetzen. Diese Werte gelten einschl. Mitbehandlung von Regenwasser. Der Sauerstoffeintrag sollte im Verhältnis 5:1 steuerbar sein (s. a. DIN 4261-1 (02.91); -2 (06.84); -3 (09.90); -4 (06.84).

Tafel 90 Bemessungswerte nach A126

Abwasser mit	ISV in l/kg	TS_B in kg/m³	B_R in $\frac{kg\ BSB_5}{m^3 \cdot d}$
– geringem organisch-gewerblichem Anteil	75 bis 100	≦5	≦0,25
– mittlerem organisch-gewerblichem Anteil	100 bis 150	≦4	≦0,20
– hohem oder stark schwankendem organisch-gewerblichem Anteil	150 bis 200	≦3	≦0,15

Nach A126 ist für Belebungsanlagen mit gleichzeitiger Schlammstabilisierung für 500 bis 10000 EW bei einer **Schlammbelastung** $B_{TS} \leqq 0{,}05$ kg/(kg · d) mit den Werten der Tafel 96 zu rechnen.

Die **Sauerstofflast** $O_B \geqq 2{,}5$ **kg** O_2/**kg** BSB_5 gilt für ein Verhältnis des Kjeldahl-Stickstoffs (NH_4N_0 + org. N_0) im Zulauf TKN_0: BSB_5 ca. 1:5. Steigt dieser Wert auf über 1:3,5 an, ist der Sauerstoffbedarf für die Stickstoffoxydation nach Abschn. 6.4.3.2 nachzuweisen.

Der **Überschußschlammanfall** bei häuslichem Abwasser von
$ÜS_R / B_R = 1{,}0$ kg TS/kg BSB_5 entspricht in etwa dem abgebauten BSB_5.

Er wird mit etwa 1% TS, d.h. 5 l/E/d entnommen. Er weist nach Eindickung 2,5% TS, d.h. 2 l/E/d und nach Lagerung 5% TS, d.h. 1 l/E/d auf. Bei Regenwetter erhöht sich die Feststoffmenge um bis zu 20%, ohne daß es zu einem nennenswerten Volumenanstieg kommt (bessere Eindickung).

6.4.3.2 Anlagen über 5000 EW

Mit dem Arbeitsblatt des A131 1991 werden bei 12 °C in der Regel die nachstehenden Anforderungen der einschlägigen Abwasserverordnung erfüllt. Für die Phosphorelimination sind allerdings besondere Verfahrensschritte zum biologischen oder chemischen Abbau erforderlich. Die Denitrifikation, die schon aus verfahrenstechnischen Gründen anzustreben ist, wird (auch durch die Begrenzung des anorganischen Gesamt-N-Ablaufes auf 18 mg/l) für Gr. Kl. III bis V zwingend (Stand 31.3.97).

Tafel 91 Anforderungen an den Ablauf der Kläranlagen

Gr.-kl.	kg BSB_5 (roh)/d EW	chemischer O_2-Bedarf *CSB* mg/l	biochem. O_2-Bedarf BSB_5 mg/l	NH_4-N [1]) mg/l	anorg. N [2]) mg/l	Phosphor gesamt mg/l
I	kg $BSB_5 <$ 60 EW < 1000	150	40	–	–	–
II	60 bis <300 1000 bis 5000	110	25	–	–	–
III	300 bis 600 5000 bis 10000	90	20	10	–	–
IV	600 bis 6000 10000 bis 100000	90	20	10	18*	2
V	$\geq$ 6000 >100000	75	15	10	18*	1

[1]) Ammoniumstickstoff, $T \geqq 12°$ C im Ablauf KA o. Bioreaktor 1. Mai bis 31. Oktober
[2]) $\Sigma\, NH_4N + NO_3N + NO_2N$.
* kann im Bescheid auf ≤ 25 mg/l gesetzt werden wenn $(N_{org} + \text{anorg}\,N)_{zulauf}$ um ≥ 70 v.H. im ≤ 24 Std-Mittel gesenkt wird

Grundlage der Bemessung ist das erforderliche Schlammalter, das nach Tafel 92 ausgewählt wird [29].

Tafel 92 Minimales Schlammalter bei einstufigen Belebungsanlagen

Größe der Anlage	bis 20000 EW	bis 100000 EW
Reinigungsziel Abwasserreinigung	minimales Schlammalter in Tagen	
– ohne Nitrifikation	5	4
– mit Nitrifikation bei $T = 10\,°C$ [1])	10	8
– mit Nitrifikation und Schlammstabilisierung	25	nicht empfohlen
– mit Nitrifikation und Denitrifikation bei $T = 10\,°C$ [1])		
$V_D/V_{BB} = 0{,}2$	12	10
$= 0{,}3$	13	11
$= 0{,}4$	15	13
$= 0{,}5$	18	16

[1]) Für eine stabile Nitrifikation bei 12 °C ist eine Bemessungstemp. v. 10 °C erforderlich.

Zwischenwerte können abgeschätzt werden. Die Werte der Tafel 92 müssen erhöht werden, wenn Belastungsspitzen mehr als das 2- bis 2,5fache des Tagesmittelwertes betragen und wenn TS_B bei Regenwetter über mehr als 6 Stunden um mehr als 30% vermindert wird. V_D = Volumen des Denitrifikationsteils im Gesamtbecken V_{BB} in m³.

Für ein ausreichendes **Nitrifikationsschlammalter** gilt

$$\boldsymbol{t_s = f \cdot 2{,}13 \cdot 1{,}103^{(15-T)}} \quad \text{in d} \quad (242)$$

mit dem **Stoßfaktor** $\boldsymbol{f = 2{,}9}$ bis 20000 EW und $\boldsymbol{f = 2{,}3}$ ab 100000 EW und der Abwassertemperatur T in °C (bei $t_s = 8\,d$ ist in Tafel 91 z. B. $f = 2{,}3$).

Bei gezielter Denitrifikation ist das **gesamte Schlammalter** $\boldsymbol{t_{sges}}$ für Nitrifikation und für Denitrifikation wie folgt zu berechnen:

$$\boldsymbol{t_{sges} = t_s/(1 - V_D/V_{BB})} \quad \text{in d} \quad (243)$$

Tafel 93 Feststoffgehalte TS_B

Reinigungsziel	TS_B (kg/m³) mit VB	TS_B (kg/m³) ohne VB
ohne Nitrifikation	2,5 bis 3,5	3,5 bis 4,5
mit Nitri- und Denitrifikation	2,5 bis 3,5	3,5 bis 4,5
Schlammstabilisierung		4 bis 5
Phosphorentfernung	3,5 bis 4,5	4 bis 5

Für die Bemessung werden nach Tafel 93 Werte für TS_B empfohlen. Mit Vorklärung $TS_B \leqq 3{,}5$ kg/m³, bei hohem *ISV*, $TS_B \leq 2{,}5$ kg/m³. Siehe auch Bild 99 wonach TS_B von *VSV* abhängt.

17

Die zulässige Schlammbelastung B_{TS} ist darüber hinaus von der Schlammproduktion abhängig. Diese wird ermittelt als **spezifische Schlammproduktion $ÜS_B$** und setzt sich zusammen aus dem **Anteil $ÜS_{BSB5}$ aus der BSB_5-Beseitigung** und dem **Anteil $ÜS_P$ aus der Simultananfällung** zur Reduzierung des Phosphors auf etwa 1 bis 2 mg/l.

Tafel 94 Schlammproduktion $ÜS_{BSB5}$ in Abhängigkeit vom Schlammalter t_s und TS_0/BSB_5 bei 10 °C

t_s in d	4	6	8	10	15	25
TS_0/BSB_5	$ÜS_{BSB5}$ (kg TS/kg BSB_5)					
0,4	0,74	0,70	0,67	0,64	0,59	0,52
0,6	0,86	0,82	0,79	0,76	0,71	0,64
0,8	0,98	0,94	0,91	0,88	0,83	0,76
1,0	1,10	1,06	1,03	1,00	0,95	0,88
1,2	1,22	1,18	1,15	1,12	1,07	1,00

$ÜS_{BSB5}$ kann nach Tafel 94 für 10 °C in Abhängigkeit vom gewählten Schlammalter und dem Verhältnis der abfiltrierbaren Stoffe TS_0 zu BSB_5 im Zulauf abgelesen werden.

Für die **Schlammproduktion aus** der **Simultanfällung** gilt für ein molares Verhältnis von 1,5 mol Metall/1 mol Phosphor mit einem Schlammanfall von 2,5 kg TS/kg Fe bzw. 4 kg TS/kg Al:

Fällung mit Eisensalzen $ÜS_{PFe} = 6{,}8 \cdot P_{ges}/BSB_5$ in kg TS/kg BSB_5 (244a)

Fällung mit Aluminium $ÜS_{PAl} = 5{,}3 \cdot P_{ges}/BSB_5$ in kg TS/kg BSB_5 (244b)

P_{ges} und BSB_5 sind die dem Belebungsbecken zufließenden Frachten.

Damit wird die **zulässige Gesamtschlammbelastung**

$B_{TSges} = 1/((ÜS_{BSB5} + ÜS_P) \cdot t_{sges})$ in kg BSB_5/(kg $TS \cdot$ d) (245)

Wenn mit Fe SO_4 gefällt wird, sollte in Gl. (245) das Schlammalter t_s bzw. t_{sges} um 10% erhöht werden.

Mit einem nach Tafel 93 gewählten TS_B lassen sich B_R nach Gl. (239) und das Belebungsbeckenvolumen nach Gl. (240) ermitteln.

Bei der **Denitrifikation** ist die Menge des **zu entfernenden Stickstoffs** zu bestimmen. Mit dem Überschußschlamm entfernt werden

$N(ÜS) = 0{,}04 - 0{,}05$ kg N/kg BSB_5 (246)

(Der davon im Filtratwasser zurückgeführte Anteil muß beim Zulauf berücksichtigt werden.)

Tafel 95 Bemessung der Denitrifikation für Trockenwetter und durchschnittliche Verhältnisse $T = 10°$ C

Deni	vorgeschaltet*)	simultan
V_D/V_{BB}	Deni-Kapazität kg NO_3-N_D/kg BSB_5	
0,20	0,07	0,05
0,30	0,10	0,08
0,40	0,12	0,11
0,50	0,14	0,14

*) die Werte gelten ebenfalls für intermittierende oder alternierende Denitrifikation

Des weiteren wird nach Tafel 95 die Menge des durch BSB-Abbau denitrifizierbaren Stickstoffs in kg NO_3N_D/kg BSB_5 für 10 °C ermittelt.

$$NO_3N_D/BSB_5 = 0{,}8 \cdot 0{,}75 \cdot OV_c \cdot V_D/(2{,}9 \cdot V_{BB}) \quad (247)$$

$V_B : V_{BB} = 0{,}2$ ist bei vorgeschalteter Deni ausreichend für eine teilweise Denitrifikation und ebenso $V_D : V_{BB} = 0{,}25$ bis 0,30 bei simultaner Deni. Wird eine weitergehende Denitrifikation erwartet, ist V_D/V_{BB} auf höchstens 0,5 zu steigern.

Die Rezirkulationsmenge $Q \cdot RZ$ (Rücklaufschlamm aus Nachkl. und interne Rückführung im BB) begrenzt bei vorgeschalteter Denitrifikation den Anteil des zurückgeführten und damit zur Verfügung stehenden NO_3N auf

$\eta_{RZ} = RZ/(1 + RZ)$ (248a) oder erf. $RZ = \eta_{RZ}/(1 - \eta_{RZ})$ (248b)

Der **entfernbare Stickstoffanteil** errechnet sich in mg/l zu

$$NO_3N_D + N(ÜS) = (NO_3N_D/BSB_5) \cdot BSB_5 + (0{,}04 \text{ bis } 0{,}05) \cdot BSB_5 \quad (249)$$

Der **Gesamtstickstoffablauf** N_e ergibt sich mit einem Gesamt-Kjeldahlstickstoff TKN_0 (NH_4-Stickstoff und org. Stickstoff) im Zulauf zu

$$N_e = TKN_0 - NO_3N_D - N(Üs) \quad \text{in mg/l} \quad (250)$$

Damit kann bei Vorgabe eines Ablaufstickstoffwertes TKN_e aus NH_4N_e und organischem Stickstoff der **Ablaufwert des Nitratstickstoffs** berechnet werden.

$$NO_3N_e = N_e - TKN_e \quad (251)$$

Die **tatsächlichen Abbauwirkungsgrade** betragen unter Beachtung von Gl. (248a).

für die Denitrifikation $\eta_{DN} = NO_3N_D/(NO_3N_e + NO_3N_D)$ (252)

und für die Stickstoffentfernung $\eta_N = (TKN_0 - N_e)/TKN_0$ (253)

Die erforderliche **Fällmittelmenge** errechnet man mit dem üblichen Molverhältnis $\beta = M_e: P = 1{,}5$ und den Atomgewichten von Fe = 56, Al = 27 und P = 31 für eine Phosphorzulaufkonzentration P_0 in mg/l.

Eisenmenge: $(56/31) \cdot 1{,}5 \cdot P\text{-Menge} = 2{,}7 \cdot P_0$ in g/m³ (254)

Aluminiummenge: $(27/31) \cdot 1{,}5 \cdot P\text{-Menge} = 1{,}3 \cdot P_0$ in g/m³ (255)

Diese Dosiermenge ist noch zu dividieren durch den Metallanteil im technischen Produkt:

Eisen(III)chlorid, $FeCl_3$: 0,138; Eisen(III)chloridsulfat, $FeClSO_4$: 0,123;

Eisen(II)sulfat $FeSO_4 \cdot 7H_2O$: 0,18 bis 0,20; getrocknet: 0,195

Aluminium-Eisensulfat, $Al_2(SO_4)_3\ Fe(SO_4)_3 \cdot xH_2O$: 0,071 Al u. 0,031 Fe

Aluminiumchlorid, $AlCl_3$ als 30% Lösung: 0,058

Die **Abnahme der Säurekapazität** im Belebungsbecken $K_{S0} - K_{Se}$ wird durch das Maß der Nitrifikation, der Denitrifikation, der Menge der dosierten Metallsalze und den Phosphorabbau bestimmt. Alle Konzentrationswerte in mg/l:

$$K_{S0} - K_{Se} = 0{,}07(NH_4N_0 - NH_4N_e + NO_3N_e) + 0{,}06\ Fe^{III} + 0{,}04\ Fe^{II} + 0{,}11\ Al^{III} - 0{,}03(P_0 - P_e) \quad \text{in mmol/l} \quad (256)$$

Die **Säurekapazität** im Zulauf K_{S0} beträgt mit einer Karbonathärte des Abwassers (Trinkwassers) in °dH

$$K_{S0} = (°dH \cdot 100/5{,}6 + 50 \cdot NH_4N_0/14)/50 \quad \text{in mmol/l} \quad (257)$$

Im Ablauf bleibt

$$K_{Se} = K_{S0} - (K_{S0} - K_{Se}) \text{ in mmol/l} \quad (258)$$

K_{Se} wird für Nitrifikation mit und ohne Denitrifikation nachgewiesen. Bei pH-Werten ab 6,9 bis 6,6 fällt die Nitrifikationsleistung stark ab (s. Tafel 96).

Ungünstiger Fall: keine Denitrifikation!

Tafel 96 pH-Werte im Belebungsbecken in Abhängigkeit von der Sauerstoffausnutzung in % und der Säurekapazität K_{Se}

K_S in mmol/l	Sauerstoffausnutzung in % 6	9	12	18	24
1	6,9	6,7	6,6	6,5	6,4
1,5	7,1	6,9	6,8	6,7	6,6
2	7,2	7,0	6,9	6,8	6,7
2,5	7,3	7,1	7,0	6,9	6,8
3	7,4	7,2	7,1	7,0	6,9

Die Sauerstoffzufuhr (Sauerstofflast O_b) ergibt sich aus den **spezifischen Anteilen** für den **Kohlenstoffabbau** OV_c (nach Tafel 97) und für die **Nitrifikation** OV_N unter Berücksichtigung der **Stoßfaktoren** f_c und f_N, Tafel 98 mit deren Hilfe Zulaufkonzentrationsschwankungen von BSB_5 und TKN_0 erfaßt werden.

Tafel 97 Spezifischer C-Sauerstoffverbrauch OV_c

t_s in d	4	6	8	10	15	25
in °C	OV_c (kg O_2/kg BSB_5)					
10	0,83	0,95	1,05	1,15	1,32	1,55
12	0,87	1,00	1,10	1,20	1,38	1,60
15	0,94	1,08	1,20	1,30	1,46	1,60
18	1,00	1,17	1,30	1,40	1,54	1,60
20	1,05	1,22	1,35	1,45	1,60	1,60

17

Tafel 98 Stoßfaktoren f_c für max. C-Belastung und f_N für max. N-Belastung

	Schlammalter in d					
	4	6	8	10	15	25
f_c	1,3	1,25	1,2	1,2	1,15	1,1
f_N für ≤ 20000 EW	–	–	–	2,5	2,0	1,5
f_N für > 100000 EW	–	–	2,0	1,8	1,5	–

Zwischenwerte abschätzen. Die Ertragswerte für Belüfter, die im Reinwasser ermittelt wurden, müssen mit $\alpha = 0{,}5$ bis 1,0 multipliziert werden.

Den Einfluß des Sauerstoffgehaltes C_x in der belüfteten Zone, der für Anlagen mit und ohne Nitrifikation bei 2 mg/l O_2 liegen muß, (bei Anlagen mit Umlaufbecken für Nitri und simultaner Deni genügen 0,5 mg/l O_2) berücksichtigt der Faktor $C_S/(C_S - C_X)$ wobei C_S die Sättigungskonzentration ist.

$C_S = 12{,}4$ mg/l O_2 bei 5 °C, $C_S = 10{,}9$ mg/l O_2 bei 10 °C, $C_S = 9{,}8$ mg/l O_2 bei 15 °C, $C_s = 8{,}8$ mg O_2/l bei 20 °C.

Der spezifische Sauerstoffverbrauch für die Nitrifikation ist

$$\boldsymbol{OV_N = (4{,}6 \cdot NO_3N_e + 1{,}7 \cdot NO_3N_D)/BSB_5} \quad \text{in kg } O_2/\text{kd } BSB_5 \quad (259)$$

Es ist auf jeden Fall auch der Ausfall der Denitrifikation zu beachten (Winter, gesamt V_{BB} für Nitrif.), d. h. $4{,}6 \cdot NO_3N_D$.

Der gesamte **Sauerstoffbedarf eines Tages** errechnet sich mit der BSB_5-Fracht zu

$$\boldsymbol{OV = O_b \cdot B_d} \quad \text{in kg } O_2/\text{d} \quad (260)$$

Es sind die Lastfälle Nitrifikation (Nitri) und Denitrifikation (Deni) bei 10 °C und 20 °C nachzuweisen mit

$$\boldsymbol{O_b = (OV_c \cdot f_c + OV_N \cdot f_N) \cdot C_S/(C_S - C_X)} \quad \text{in kg } O_2/\text{kg } BSB_5 \quad (261)$$

nachzuweisen für a) maximale Kohlenstoff-, b) maximale Stickstoffbelastung
Bei der Bemessung der Belüfter ist der **Sauerstoffübertragungsfaktor $0{,}5 \leq \alpha \leq 1{,}0$** zu berücksichtigen. **Betriebs $O_b = O_b/\alpha$.**

Für manche Vorfluter werden verschärfte Einleitungsbedingungen, meist für niedrigere Temperaturen als 10 °C festgelegt. Für die Bemessung reichen die Tafeln nach A131 nicht mehr aus. Mit vorgegebener Temperatur und V_D/V_{BB} wird t_{Ssoll} nach Gl. (242) und (243) ermittelt und mit t_{svorh} nach Gl. (262) verglichen und ggf. iterativ t_{Svorh} an t_{Ssoll} angeglichen.

$t_{Svorh} = TS_B/ÜS_R$ (262) V_{BB} nach Gl. (240) und B_R nach Gl. (239)

Näherungsweise gilt als erster Iterationsschritt für

$$B_{TS1} = 0{,}102(1 + 0{,}01\,(T - 10°) + -0{,}01)/((0{,}144 + 0{,}055\,t_{Ssoll})(0{,}53 + 0{,}95 \cdot TS_0/BSB_5)) \quad (263)$$

mit $-0{,}01$ bei $T < 10°$ und $+0{,}01$ bei $T > 10°$

$$\boldsymbol{q_R = Q_d/V_{BB}} = \text{Tageswasserfracht/Vol. d. Belebungsbeckens in d}^{-1} \quad (264)$$

$$\boldsymbol{ÜS_R = 0{,}6 \cdot q_R(TS_0 + BSB_5) \cdot 10^{-3} - 0{,}072 \cdot X \cdot TS_B \cdot F} \quad (265)$$

in kg $TS/(m^3 \cdot d)$ mit TS_0 und BSB_5 in mg/l

X = Organischer Anteil an dem Belebtschlamm

$$X = HG - \sqrt{HG^2 - 8{,}33 \cdot B_{TS}/F} \quad (266)$$

Hilfsgröße $HG = 0{,}555 + 4{,}167(B_{TS}/F)(1 + TS_0/BSB_5)$ (267)

und $\boldsymbol{F = 1{,}072^{(T-15)}}$ (268)

Nach Vergleich von t_{Svorh} und t_{Ssoll} evtl. neue Iteration

mit $V_{BB2} = V_{BB1} \cdot t_{Ssoll}/t_{Svorh}$ (269a) und $B_{TS2} = B_d/(V_{BB2} \cdot TS_B)$ (269b)

bis t_s genügend genau ermittelt ist. Dann werden Nitrifikation und Denitrifikation nach Gl. (246) bis (253) ermittelt, und es erfolgt die Kontrolle der Säurekapazität (256) bis (258).

Die Deni-Kapazität NO_3N_D/BSB_5 nach Gl. (247) muß für vorgeschaltete Denitrifikation erhöht werden um den Faktor

$a = 2{,}95(100 \cdot V_D/V_{BB})^{-0{,}235}$ (270)

Für OV_c gelten die Ansätze

$\boldsymbol{OV_c = OVC_R/B_R}$ in kg O_2/kg BSB_5 und $OV_c \leqq 1{,}6$ (271)

$\boldsymbol{OVC_R = 0{,}5 \cdot B_R + 0{,}24 \cdot X \cdot TS_B \cdot F}$ in kg $O_2/(m^3/d)$ (272)

Bei der P-Fällung ist zu beachten, daß das Belebungsbecken mit Hilfe von B_{TSges} zu vergrößern ist, indem nach erfolgter Iteration B_{TSges} bei Berücksichtigung von $ÜS_P$ nach Gl. (244)/(245) ermittelt wird:

$ÜS_{BSB5} = 1/(B_{TS} \cdot t_{Sges})$ (273) oder $ÜS_{BSB5} = ÜS_R/B_R$ (273b)

mit $B_{TS} = B_d/(V_{BB} \cdot TS_B)$ (274)

damit nach Gl. (245) $B_{TSges} = 1/((ÜS_{BSB5} + ÜS_P) \cdot t_{Sges})$ und $V_{BB} = B_d/(B_{TSges} \cdot TS_B)$

Meist wird dabei TS_B von 3,3 auf bis 4,5 kg TS/m^3 erhöht.

Beispiel Geg.: 20000 EW, Abwasseranfall $Q_{sd} = 4000\ m^3/d$, Vorklärung mit $t_R < 1$ h → 50 g $BSB/(E \cdot d)$, $B_d = 20000 \cdot 0{,}05 = 1000$ kg BSB_5/d → Konzentrationen: $BSB_5 = 250$ mg/l, $TS_0 = 200$ mg/l, $P_0 = 14$ mg/l, $TKN_0 = (NH_4N_0 = 35$ mg/l + org. N $= 20$ mg/l) $= 55$ mg/l. Säurekapazität: Zulauf $K_{S0} = 7{,}3$ mmol/l.

Forderungen: Ablauf $TKN_e = 2{,}5$ mg/l, org $N = 1$ mg/l → $NH_4N_e = 2{,}5 - 1 = 1{,}5$ mg/l; Nitrifikation + Denitrif. bei 12 °C → Bemessungstemp. 10 °C.

Vorgaben: Belebungsbecken mit $TS_B = 3{,}3\ kg/m^3$, vorgeschaltete Denitrif., $V_D/V_{BB} = 0{,}3$

Lösung: $TS_0/BSB_5 = 0{,}8$; $TKN_0/BSB_5 = 0{,}22$; $P_0/BSB_5 = 0{,}056$

Aus Tafel 92 für $T = 10$ °C empfohlen $t_s = 13$ d; Tafel 94 $ÜS_{BSB5} = 0{,}85$

Gl. (245): $B_{TS} = 1/(0{,}85 \cdot 13) = 0{,}091$ kg $BSB_5/(kg\ TS \cdot d)$

Gl. (239): $B_R = 3{,}3 \cdot 0{,}091 = 0{,}3$ kg $BSB_5/(m^3 \cdot d)$

Gl. (240): $V_{BB} = (4000\ m^3/d \cdot 0{,}25$ kg $BSB_5/m^3)/0{,}3 = 3333\ m^3$

Denitrifikation: Gl. (246): $N(ÜS) = 0{,}05 \cdot 250 = 12{,}5$ mgN/l

Gl. (270) für vorgeschaltete Deni: $a = 2{,}95\,(100 \cdot 0{,}3)^{-0{,}235} = 1{,}326$

Tafel 103 $OV_c = 1{,}25 \to a \cdot OV_c = 1{,}658$

Gl. (247): $NO_3N_D/BSB_5 = 0{,}8 \cdot 0{,}75 \cdot 1{,}658 \cdot 0{,}3/2{,}9 = 0{,}103$ oder nach Tafel 95 für $T = 10$ °C: $NO_3N_D/BSB_5 = 0{,}10$ und damit $NO_3N_D = 0{,}10 \cdot 250 = 25$ mg/l

Gl. (250): $N_e = 55 - 25 - 12{,}5 = 17{,}5$ mg/l = Gesamt-Stickstoffablauf.

Gl. (251): $NO_3N_e = 17{,}5 - 2{,}5 = 15$ mg/l = Nitratstickstoffablauf.

Gl. (252): $\eta_{DN} = 25/(15 + 25) = 0{,}625 \mathrel{\hat{=}} 63\%$ Denitrifikation

Gl. (248): erforderliche Rezirkulationsmenge $RZ = 0{,}625/(1 - 0{,}625) = 1{,}67$ gewählt: Winter: 1 × intern und 1 × extern (Rücklaufschlamm) = 2; im Sommer 2 + 1 = 3 weil ggf. das Deni-Becken zu Lasten des Nitri-Beckens vergrößert werden kann.

Gl. (253): $\eta_N = (55 - 17{,}5)/55 = 0{,}68 \mathrel{\hat{=}} 68\%$ Stickstoffentfernung

Ermittlung der erforderlichen Sauerstoffzufuhr:

a) max C-Belastung, keine Denitrifikation (d. h. ungünstig)

Tafel 97 für $t_s = 13$ d und $T = 10° \to OV_c = 1{,}25$ kg/kg (oder mit Gl. (271))

Tafel 98: $f_c = 1{,}17$ und wegen normaler N-Zufuhr $f_N = 1{,}0$; $NO_3N_e = 55 - 12{,}5 - 2{,}5$

Gl. (259): $OV_N = (4{,}6 \cdot 40)/250 = 0{,}736$ kg O_2/kg BSB_5

Vorgeschaltete Deni: $c_x = 2$ mg O_2/l; $c_s = 10{,}9$ mg/l bei 10 °C

Gl. (261): $O_b = (1{,}25 \cdot 1{,}17 + 0{,}736 \cdot 1{,}0) \cdot 10{,}9/(10{,}9 - 2) = 2{,}2 \cdot 1{,}225 = 2{,}69$ kg O_2/kg BSB_5

b) max N-Belastung: $f_c = 1{,}0$ und n. Tafel 98: $f_N = 2{,}5$

$O_b = (1{,}25 \cdot 1{,}0 + 0{,}736 \cdot 2{,}5) \cdot 1{,}225 = 3{,}79$ kg/kg $> 2{,}69$ kg/kg

Gl. (260): erf tägl. O_2-Menge: $OV = 3{,}79 \cdot 1000 = 3790$ kg O_2/d; wenn Belüfterwerte für Reinwasser angegeben sind und es ist z. B. $\alpha = 0{,}8$ wird die erforderliche Leistung der Belüfter $3790/(0{,}8 \cdot 24) = 197$ kg O_2/h. Es muß jetzt noch O_b für Nitri + Deni bei 10 °C und 20 °C ermittelt werden. (Fortsetzung s. nächste Seite)

17

Beispiel Forts.

Nachweis der Säurekapazität im Ablauf bzw. deren Abnahme beim Klärprozeß.

a) für $T=10\,°C$ und nur Nitrifikation.

Gl. (256): $K_{S0}-K_{Se}=0{,}07\,(35-1{,}5+(25+15)=5{,}15$ mmol/l

Gl. (258): $K_{Se}=7{,}3$ (Zulauf) $-5{,}15=2{,}15$ mmol/l (auch bei hoher Sauerstoffausnutzung moderner Lüfter und getrennter Umwälzung ~(18%) nach Tafel 96 mit PH ~ 6,8 noch vertretbar)

b) $T=10\,°C$ und Deni: $K_{S0}-K_{Se}=0{,}07\,(35-1{,}5+15)=3{,}4$ mmol/l
$K_{Se}=7{,}3-3{,}4=3{,}9$ mmol/l.

Bei P-Elimination durch Simultanfällung kann wegen des kleiner werdenden *ISV* im Belebungsbecken $TS_B=4{,}5$ kg/m³ erreicht werden.

Gl. (244a): $ÜS_P=6{,}8\cdot 14/250=0{,}38$ Fällschlammanteil.

Wegen der Fällung mit $FeSO_4$ wird t_s um 10% erhöht.

Gl. (245): $B_{TS}=1/[(0{,}85+0{,}38)\cdot 13\cdot 1{,}1]=0{,}057$ kg $BSB_5/(\text{kg } TS\cdot d)$

Gl. (239) u. (240): $V_{BB}=1000/(4{,}5\cdot 0{,}057)=3899\text{ m}^3$

Stickstoffentfernung und Sauerstoffzufuhr bleiben wie bisher. Bei der Säurekapazität wirken sich Fällmittel und P-Abbau aus.

a) $T=10\,°C$ nur Nitrifikation: Gl. (256) $K_{S0}-K_{Se}=0{,}07\,[35-1{,}5+(25+15)]$ $+0{,}04\cdot 2{,}7\cdot 14-0{,}03\,(14-2)=5{,}15-1{,}51-0{,}36=6{,}3$ mmol/l;

Gl. (258): $K_{Se}=7{,}3-6{,}3=1$ mmol/l (zu niedrig, evtl. Kalkzugabe)

b) $T=10\,°C$ und Deni: $K_{S0}-K_{Se}=$
$0{,}07\,(35-1{,}5+15)+1{,}51-0{,}36=4{,}55$ mmol/l

Soll z.B. auch bei 9 °C nitrifiziert u. denitrifiziert werden, gilt mit $f=2{,}9$

Gl. (242) u. (243): $t_{S\,Gessoll}=2{,}9\cdot 2{,}13\cdot 1{,}103^{(15-9)}/(1-0{,}3)=15{,}89$ d

Für den ersten Iterationsschritt kann nach Gl. (263) angesetzt werden für
$B_{TS_1}=0{,}102\,[1+0{,}01\,(9-10)-0{,}01]/[(0{,}144+0{,}055\cdot 15{,}89)$
$(0{,}53+0{,}95\cdot 200/250)]=0{,}076$ g/kg

Auch wenn gefällt werden soll, wird dies zuerst vernachlässigt, also $TS_B=3{,}3$ kg TS/m³

Gl. (239) u. (240): $V_{BB}=1000/(0{,}076\cdot 3{,}3)=3987\text{ m}^3$

Gl. (264): $q_r=4000/3987=1{,}003$; Gl. (268): $F=1{,}072^{(9-15)}=0{,}659$

Gl. (267): $HG=0{,}555+4{,}167\,(0{,}076/0{,}659)\,(1+0{,}8)=1{,}42$

Gl. (266): $X=1{,}42-\sqrt{1{,}42^2-8{,}33\cdot 0{,}076/0{,}659}=0{,}392$

Gl. (265): $ÜS_R=0{,}6\cdot 1{,}003\,(200+250)\cdot 10^{-3}-0{,}072\cdot 0{,}392\cdot 3{,}3\cdot 0{,}659$
$=0{,}210$ kg $TS/(\text{m}^3\cdot d)$

Gl. (262): $t_{s\,vorh}=3{,}3/0{,}21=15{,}72$ d; Δ zu 15,89 → 1,1%.

Also weiterer Iterationsschritt mit Gl. (269a) u. (269b):

$V_{BB_2}=3987\cdot 15{,}89/15{,}72=4030\text{ m}^3$; $B_{TS_2}=1000/(4030\cdot 3{,}3)=0{,}075$
→ bis $t_s=15{,}92$ d. Der Abstand zu 15,89 d ist mit 0,2% klein genug.
$B_R=3{,}3\cdot 0{,}075=0{,}248\text{ kg/m}^3$

Gl. (272): $OVC_R=0{,}5\cdot 0{,}248+0{,}24\cdot 0{,}39\cdot 3{,}3\cdot 0{,}659=0{,}327$ kg $O_2/(\text{m}^3\cdot d)$

Gl. (271): $OV_c=0{,}327/0{,}248=1{,}32$; Gl. (270): $a=1{,}326$ s.o.

Gl. (247): $NO_3N_D/BSB_5=0{,}8\cdot 0{,}75\cdot 1{,}32\cdot 0{,}3/2{,}9=0{,}082$

$a\cdot (NO_3N_D/BSB_5)\cdot BSB_5=1{,}326\cdot 0{,}082\cdot 250=27{,}2$ mg/l

Es folgen wie gehabt die Nachweise für η_N, η_{DN}, K_{Se}, OV_N und O_b. Bei Simultanfällung vergrößert sich um den Fällschlammanteil das Volumen auch bei $TS_B=4{,}5$ kg/m³:

Gl. (273a): $ÜS_{BSB5}=1/(0{,}075\cdot 15{,}92)=0{,}838$;

Gl. (273b): $ÜS_{BSB5}=0{,}2073/0{,}248=0{,}836$

Gl. (244a): $ÜS_P=6{,}8\cdot 14/250=0{,}381$ (Wegen $FeSO_4$ + 10% t_s)

Gl. (245): $B_{TS\,ges}=1/[(0{,}838+0{,}381)\,15{,}92\cdot 1{,}1]=0{,}047$ kg/kg.

Gl. (239)/(240): $V_{BB}=1000/(4{,}5\cdot 0{,}047)=4728\text{ m}^3$.

Nach [30] beträgt die mittlere **NH_4N-Ablaufkonzentration** unter Vorgabe einiger mittlerer Konstanten und mit vorh $t_{s\,ges\,aerob}=$ vorh $t_{s\,ges}\,(1-V_D/V_{BB})$
$NH_4N_{em}=1{,}0\,[1/\text{vorh } t_{s\,ges\,aerob}+0{,}05\cdot 1{,}09^{(T-15)}]/[0{,}52\cdot 1{,}103^{(T-15)}$
$-1/\text{vorh } t_{s\,ges\,aerob}-0{,}05\cdot 1{,}09^{(T-15)}]$

6.4.4 Belüftungssysteme

6.4.4.1 Druckluftbelüftung

In der Regel wird eine feinblasige Belüftung mit Rohr oder Scheibenbelüftern bevorzugt, neuerdings häufiger als Gummimembranlüfter (Envicon, Bioflex, Elastox), die verstopfungssicher und abschaltbar sind. Für kleine Kompaktanlagen und Sandfänge wird die grobblasige Belüftung mit $\geqq 5$ mm Lochdurchmesser eingesetzt.

Tafel 99 Richtwerte für die Sauerstoffzufuhr bei Druckbelüftung [19]

Art der Belüftung		günstige Verhältnisse O_2-Zufuhr $\frac{g\,O_2}{Nm^3 \cdot m}$	günstige Verhältnisse O_2-Ertrag $\frac{kg\,O_2}{kWh}$	mittlere Verhältnisse O_2-Zufuhr $\frac{g\,O_2}{Nm^3 \cdot m}$	mittlere Verhältnisse O_2-Ertrag $\frac{kg\,O_2}{kWh}$
feinblasig	Reinwasser	12	2,2	10	1,7
	Betriebsbedingungen	10	1,8	8 [1]	1,3 [1]
mittelblasig,	Reinwasser	9	1,8	8	1,5
hochliegend	Betriebsbedingungen	7,5	1,5	6,5	1,2
grobblasig	Reinwasser	6	1,2	5	0,9
	Betriebsbedingungen	4,5	0,9	4,0	0,7

[1]) bei getrennter Umwälzung, feinblasig, ca. 12 g $O_2/Nm^3/m$ mit 1,95 kg O_2/kWh, s. Bild 99

Erf. Luftmenge: $\boldsymbol{OV/(O_2 \cdot H')}$ Nm^3/h; O_2 nach Tafel 99, OV nach Gl. (260) und $H' = H - 0{,}25$ m s. Bild 99. Die Spitzenleistung der Gebläse etwa 50% höher als nach o.a. Luftbedarf zur besseren Anpassung an den Bedarf. Luftdurchsatz der Rohrbelüfter 5 bis 12 $Nm^3/(h \cdot lfm)$, Leistungsdichte > 10 W/m^3. Membranscheibenbelüfter mit 4 bis 12 Nm^3/h/Stück (min 2, max 18). Häufig wird die Umwälzung von der Belüftung getrennt. Umlaufende Brücken mit Stauschilden (Passavant, 1 W/m^3) oder mit Belüftern (Schreiber 1,2 W/m^3) sowie separate Propeller.

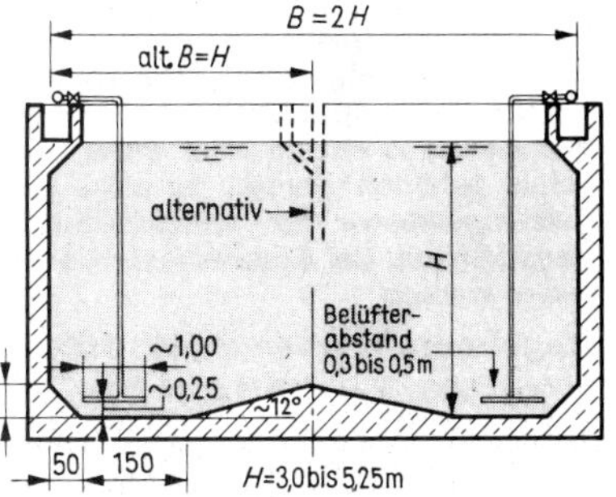

Bild 99 Druckluftbecken mit gemeinsamer Umwälzung

Erf. Wassergeschwindigkeit im Becken nach Bild 102, rechts, 0,3 m/s, ca. 4 W/m^3, ohne und 0,2 m/s, ca. 2 W/m^3, mit Vorklärung.

6.4.4.2 Oberflächenbelüfter

Mammutrotoren werden in Umlaufbecken in Form von Längs- oder Rundbecken eingesetzt. Gräben mit Trapezquerschnitt: Böschung 1:1, bis 1:1,5, Wassertiefe $h = 0{,}8$ bis 1,5 m, Rotorlängen L auf Stahlbrücken 1,0 bis 3,0 m, auch auf Betonbrücken und in Sonderfällen bis 4,5 m und 6,0 m. Rechteckquerschnitte: Grabenbreite = Rotorlänge $L + (0{,}75$ bis $1{,}0$ m). Wassertiefe h und Abmessungen R und L_1 für Rotor-∅ 1000 wie folgt (s. a. Bild 101).

$L = 3{,}0$ 4,5[1]) 6,0[1]) 7,5 9,0 m — $h \leq 2{,}6$ 2,9[1]) 3,2[1]) 3,4 3,6 m

$R = 2{,}25$ 3,0 3,75 4,5 5,25 m — $B = 3{,}80$ 5,30 6,8 8,3 9,8 m

$L_1 = 6{,}8$ 8,3 9,8 11,3 12,8 m — $e = 0{,}35$ 0,50 0,65 0,80 0,95 m

Oberfläche des Beckens: $A_{BB} = 2BL_m + C$; Länge des Mittelstückes: $L_m = (A - C)/2B$ $C = L_1(4B + 0{,}4) - 0{,}86\,R^2 - 1{,}26\,R - 1{,}33$

[1]) auch bei ∅ 700

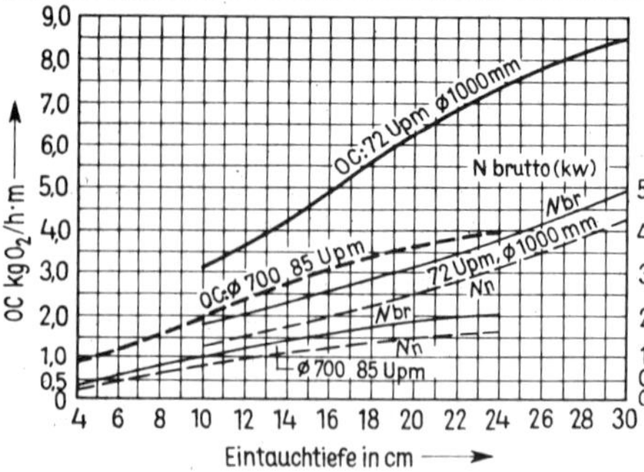

Bild 100 Sauerstoff-Eintragungsvermögen und Kraftbedarf für Mammutrotoren nach Passavant

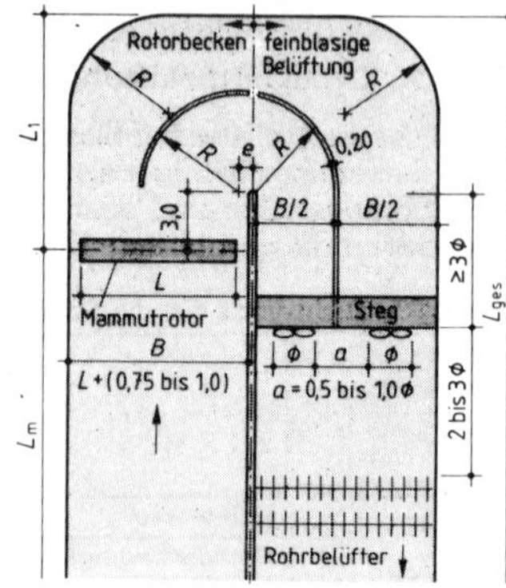

Bild 101 Längsbecken-abmessungen

Die Rotoren laufen mit polumschaltbaren Motoren und den Drehzahlen 72/48 Upm bei ∅ 1000 und 85/57 Upm bei ∅ 700. Bei der niedrigen Drehzahl betragen der O_2-Eintrag 31% und die Leistungsaufnahme 34% der Werte nach Bild 107 bei gleicher Umwälzleistung wie bei hoher Drehzahl. (Einsatz als Schubrotor zur Energieeinsparung und zur simultanen Denitrifikation.)

Sauerstoffertrag, αOC_N. Mit Leitschild 2 kg O_2/kWh und ohne 1,7 kg O_2/kWh. Bei kleiner Drehzahl muß ohne Leitschild gefahren werden. Es sollte eine Leistungsreserve für unbeabsichtigte Vergrößerung der Eintauchtiefe vorgesehen werden.

Tafel 100 Mindestenergieeintrag

Leistungsdichte W_R		85/72 Upm	57/48 Upm
Längs-becken	mit VKB	12 bis 18 W/m³	4 W/m³
	ohne VKB	14 bis 20 W/m³	5 W/m³
Kreisring-becken	mit VKB	10 bis 15 W/m³	4 W/m³
	ohne VKB	12 bis 18 W/m³	5 W/m³

Regelmotorgrößen in kW: 1500 Upm: 7,5, 11, 15, 18,5, 22, 30, 37, 45, 55
1000/1500 Upm: 9,5/14, 11/16,5, 13,5/20, 16/24, 21/31, 25/37, 30/45

Kreiselbelüfter sind in großer Typenauswahl am Markt. Hier wird der bewährte Koppers Kreisel (Vertrieb Fa. Winter) gewählt, der bei größeren Beckentiefen mit Steigrohr ausgeführt wird. Einem Kreisel wird ein quadratischer Beckengrundriß zugeordnet. Bei mehreren Kreiseln in einer Reihe laufen Wände und Sohle glatt durch. Die Leistungsvariation beträgt durch Freibordänderung etwa 3:1 und mit Drehzahlvariation bis zu 10:1. Beckenproportionen sind Bild 103 zu entnehmen. Es ist die zur Umwälzung erforderl. Leistungsdichte ≥10 bis 20 W/m³ zu beachten.

Beispiel 20000 EW; $B_{TS}=0{,}15$; $TS_B=3{,}3$; n. Vorklärung: 45 g BSB_5/(E·d); $B_R=0{,}15\cdot3{,}3=0{,}5$; $OB=2{,}5$; erf $V_{BB}=20000\cdot0{,}045/0{,}5=1800$ m³; $OV=20000\cdot0{,}045\cdot2{,}5/24=94$ kg O_2/h.

Druckluftbelüftung. Becken: $H=5{,}25$ m, $B=10{,}50$ m, $A=5{,}25\cdot10{,}5-0{,}5^2\cdot2-3{,}25^2\cdot\tan12°=52{,}38$ m²; erf Länge $=1800/52{,}38=34{,}4$ gew. 35 lfm. erf Luftmenge: $94/(0{,}008\cdot(5{,}25-0{,}25))=2350$ Nm³/h (feinblasig); Energie: $94/1{,}3=72{,}3$ kWh/h, $W_R=72300/52{,}38\cdot35{,}0=39$ W/m³ > 10 W/m³ Vol.; Belüfterleistung 12 Nm³/(m·h) : 2350/12 = 196 lfm bzw. Stck., 2 Reihen mit 0,35 m Abstand je Kerze.

Mammutrotoren. $h=3{,}0$ m, Rotoren $L=7{,}50$ m, ∅ 1000, erf $A_{BB}=1800/3=600$ m², Länge d. Zwischenstücks $L_m=(600-4\cdot11{,}3\cdot8{,}3-0{,}86\cdot4{,}5^2-1{,}26\cdot4{,}5-1{,}33)/(2\cdot8{,}3-0{,}2)=12{,}65$ m gew. 13,0 m damit $A_{BB}=605{,}7$ m²; $V_{BB}=1817$ m³. 2 Rotoren: 94 kg $O_2/(2\cdot7{,}5)=6{,}3$ kg O_2/(h·m), Bild 101 → 18,8 cm Eintauchtiefe; $N_{br}=2{,}95\cdot7{,}5=22$ kW/Rotor, gewählt 37,5 kW-Motor. Leistungsdichte $W_R=2\cdot22000/1817=24$ W/m³ > 12 bis 18.

Kreiselbelüfter. gew.: 2 Koppers-E-Kreisel Typ 10; nach Bild 104 für 2·900 m³: $h=4{,}0$ m, $b=15$ m, u. Bild 103 (d) für 47 kg O_2/h → 23 kW brutto Leistung und etwa 28,5 Upm bei Freibord $F=0$. Gewählte Motorgröße 30 kW.

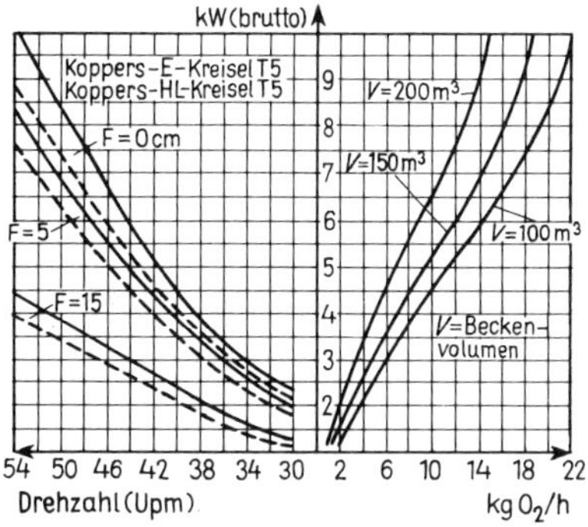

**a) Koppers-E-Kreisel T5
Koppers-HL-Kreisel T5**

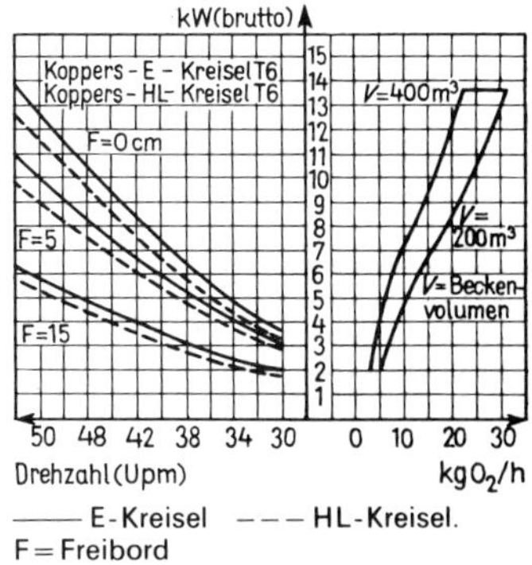

**b) Koppers-E-Kreisel T6
Koppers-HL-Kreisel T6**

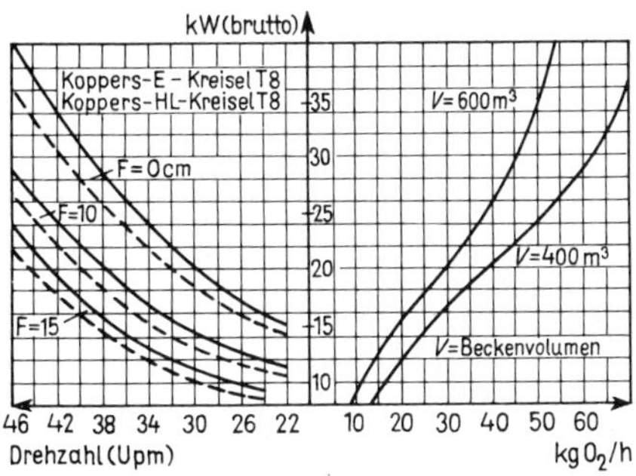

**c) Koppers-E-Kreisel T8
Koppers-HL-Kreisel T8**

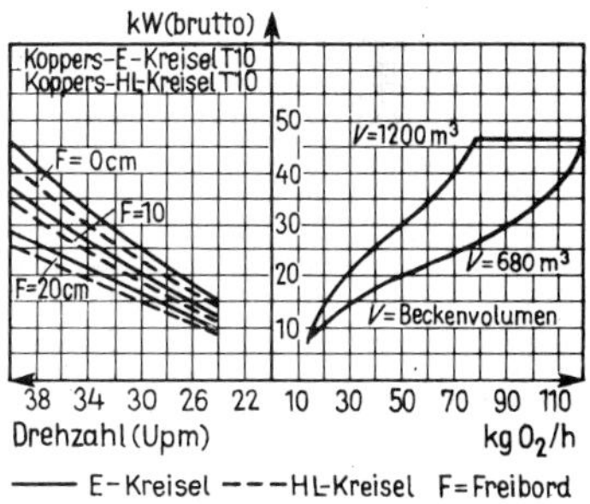

**d) Koppers-E-Kreisel T10
Koppers-HL-Kreisel T10**

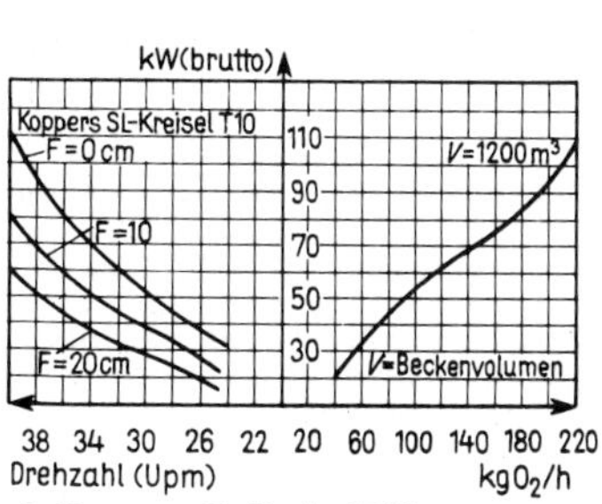

e) Koppers-SL-Kreisel T10

Bild 102 Sauerstoffeintrag und Leistungsbedarf von Kreiselbelüftern

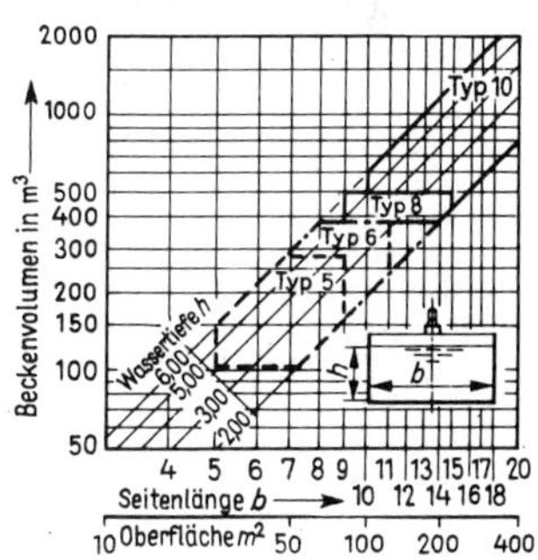

Bild 103 Beckenmaße für Kopper-E-Kreisel

6.5 Schlammbehandlung und -entsorgung

6.5.1 Schlammengen

Tafel 101 Liste der Schlammengen nach Imhoff

Schlammart und Herkunft	Feststoffgehalt in g/(E·d)	in %	Menge in l/(E·d)	org. *TS* in %
A. Absetzanlage mit Faulraum:				
1. r. unter Wasser abgepumpter Schl. aus Trichterbecken	45	2,5	1,80	60 bis 70
2. wie vor, eingedickt	45	5,0	0,90	60 bis 70
3. ausgefaulter Schlamm, eingedickt	30	10,0	0,30	42 bis 45
4. ausgefaulter Schlamm, entwässert	30	30,0	0,10	42 bis 45
B. Tropfkörper mit Faulraum:				
5. Schlamm der Nachbecken	25	4,0	0,63	50 bis 70
6. roher, gemischter Schlamm aus VKB u. NKB, E.	70	4,7	1,50	55 bis 70
7. ausgefaulter, gemischter Schlamm, naß	45	3,0	1,50	42 bis 47
8. ausgefaulter Schlamm, entwässert	45	28,0	0,16	42 bis 47
C. Belebungsanlage mit Faulraum oder aerober Schlammstabilisation:				
9. roher, gepumpter Überschußschlamm	35	0,7	5,00	50 bis 80
10. r., g. Sch. aus VKB u. Überschußschlamm, E.	80	4,0	2,00	55 bis 75
11. ausgefaulter, gemischter Schlamm, naß	50	2,5	2,00	43 bis 47
12. ausgefaulter, gemischter Schlamm, entwässert	50	22,0	0,23	43 bis 47
13. aerob stabilisierter g. Schl., eingedickt	50	2,5	2,00	45 bis 50
14. wie vor, entwässert	50	20,0	0,25	45 bis 50
D. Chemische Fällung und Flockung:				
15. **Vorfällung,** roher Schl. der VKB, eingedickt	65	4,0	1,60	
16. Schlamm der Vorfällung, ausgefault und eingedickt	45	5,0	0,90	
17. **Simultanfällung** (beim Belebungsverfahren), r. Schl. aus VKB u. NKB E.	90	4,0	2,25	
18. g. Schl. der Simultanfällung, ausgefault u. E.	60	3,0	2,00	
19. **Nachfällung,** roher Schlamm der Tertiärstufe, E.	15	1,5	1,00	
Nach Böhnke gilt für das AB-Verfahren				
20. r. g. ÜS – der A-Stufe incl. Primärschl.	85			65
21. r. g. ÜS – der B-Stufe bei B_{TS} A/B = 4,0/0,28	18			75
22. r. g. ÜS – der B-Stufe bei B_{TS} A/B = 4,0/0,15	12			70

r = roh, g = gemischt, E = eingedickt, VKB = Vorklärbecken, NKB = Nachklärbecken

Die Werte der Tafel 101 schwanken bei der Mitbehandlung von Regenwasser, insbesondere aus Mischsystemen um ±25%. (+25% bei der Bemessung von Vor- und Nacheindicker und für Faulturm und Schlammentwässerung. –25% bei der Energieausbeute.)

Bei der Umrechnung werden die Schlammengen ***V*** in l (oder m³) und Feststoffgehalte ***TS*** in kg (oder l) bzw. in Prozentsätzen als Dezimale eingesetzt. Mit der Dichte von 1,0 t/m³ wird entweder $\boldsymbol{V_1 \cdot TS_1 = V_2 \cdot TS_2}$

oder ***V*** in l = ***TS*** kg/***TS***% bzw. jede mögliche andere Variation, z. B. $V_1 = 600$ l; $TS_1 = 4\%$; $TS_2 = 6\%$; $\boldsymbol{V_2} = 600 \cdot 0{,}04/0{,}06 = 400$ l; oder mit $TS_1 = 24$ kg: $V_1 = 24/0{,}04 = 600$ l.

Beachte! Bei der Eindickung bleiben die Feststoffgehalte konstant. Die %TS-Werte der Tafel 101 werden nur in günstigen Fällen überschritten. Bei der Faulung wird der organische Feststoffanteil ***oTS***, der ohne Fällschlamm etwa $^2/_3$ des gesamten *TS* beträgt, auf die Hälfte reduziert, d. h. gesamt *TS* in kg nach Faulung nur $^2/_3$ der ursprünglichen *TS* bei fast gleichem Volumen. Aus dem Faulraum wird in der Regel kein Trübwasser abgezogen.

6.5.2 Eindicker

DIN 19552-3 (8.78) Kläranlagen, Rundbecken als Eindicker mit Zentralantrieb
Zur Voreindickung werden (2 oder) 3 gleichgroße Standeindicker mit einem Volumen gleich der täglichen Frischschlammenge bzw. bei 5-Tagesbetrieb $^7/_5$ der täglichen Menge vorgesehen. Der zylindrische Teil soll ≥2,5 bis 3,0 m hoch sein.

Durchlaufeindicker werden nach der (Ober)flächenbelastung ***BA*** in kg $TS/(m^2 \cdot d)$ mit Feststoffen und der Aufenthaltszeit $\boldsymbol{t_R}$ in der Übergangszone H_2 und der Eindickzone H_3 mit $\mathbf{1\,d \leq t_R \leq 3\,d}$ bei 75% des Endfeststoffgehaltes bemessen. Nach [19] sind $H_2 + H_3$ bei häuslichem Mischschlamm zu 1,5 bis 2,5 m und bei Belebtschlamm $\leq 2{,}0$ m zu wählen. Es werden zusätzlich eine untere Räumzone $H_4 = 0{,}3$ m und eine obere Sedimentationszone $H_1 = 1{,}0$ m vorgesehen. Nach [18] soll $\boldsymbol{q_A \leqq 0{,}75}$ $m^3/(m^2 \cdot h)$ bleiben. Randhöhe i.A. 2,5 bis 4,0 m.

Tafel 102 Flächenbelastung B_A in $kg/(m^2 \cdot d)$ **für Durchlaufeindicker** nach Seyfried [24]

Entwässerbarkeit und Art der Schlämme	$kg/(m^2 \cdot d)$
Gut: Schlamm mit hohem Anteil an mineral. Stoffen (Schleif- u. Gießereisande)	100
Mittelmäßig: norm. Vorklär- u. Faulschlamm ohne gelartige industrielle Zusätze	50 bis 80
Schlecht: Nachklärschlamm, Hydroxidschlamm aus Galvaniken ohne Beizereien	20 bis 50

Seyfried [24] empfiehlt, den Überschußschlamm von Belebungsanlagen mit $B_{TS} = 0{,}1$ bis 0,2 getrennt in einer Entspannungsfloationsanlage aufzukonzentrieren. Er wird häufig separat mit Hilfe von Maschinen entwässert. Verwendet werden Zentrifugen mit relativ hoher Leistungsaufnahme mit vorgeschalteten, automatisch reinigenden Feinsieb- oder Zerkleinerungseinrichtungen (Mono-Muncher) mit geringem oder ohne Flockungsmitteleinsatz (Polyelektrolyt bis 1,5 g/kg *TS*). Siebtrommeln haben nur eine geringe Leistungsaufnahme, der Flockungsmittelverbrauch beträgt etwa 2 bis 4 g/kg *TS*. In allen Fällen sind Versuche zur Flockungsmitteloptimierung erforderlich. Es werden *TS*-Gehalte von 5 bis 8% erreicht.

Nacheindicker, meist Standeindicker, dienen besonders bei nachfolgender mechanischer Schlammentwässerung auch als Stapelbehälter (z.B. bei Betriebsunterbrechungen). Sie werden wie Voreindicker mit reichlich Reserve bemessen. Bei Geruchsentwicklung wird abgedeckt. Die abgezogene Luft wird durch etwa 1,0 m dicke **Kompostfilterschichten** (auf verteilenden Kiesschichten mit Drännetz) gedrückt. **Luftdurchsatz** etwa **30 bis 50** Nm^3 Luft/$(m^3 \cdot h)$. (Filter feucht halten, alle 3 bis 10 Jahre erneuern.)

Beispiel 20000 E + EGW; Belebungsanlagen mit Regenwasserbehandlung: Tafel 101 0,08 kg *TS/E/d*; Mischschlamm mit 2% *TS*, gew. $B_A = 40$ kg/$(m^2$ d). Feststoffgehalt nach Eindickung 4%. Feststoffe: $TS = 1{,}25 \cdot 20000 \cdot 0{,}08 = 2000$ kg; $V_1 = 2000/0{,}02 = 100000$ l $\triangleq 100$ m^3/d; a) Durchlaufeindicker, erf. Oberfl. $O_E = 2000/40 = 50$ m^2 gew.: ⌀ 8,0 m (50 m^2); während 8 Std. abgepumpt $100/8 = 12{,}50$ m^3/h; $q_A = 12{,}50/50 = 0{,}25$ m/h $< 0{,}75$; nach Eindickung: $V_2 = 100 \cdot 0{,}02/0{,}04 = 50$ m^3/d; Trübwasseranfall: $100 - 50 = 50$ $m^3/d \triangleq 50/8 = 6{,}25$ m^3/h; Eindickzone: *TS* etwa 75% des End-*TS*: $TS = 0{,}75 \cdot 0{,}04 = 0{,}03 \triangleq 3\%$; zul. $t_R = 1{,}5$ d, Schlammvol. $= 100 \cdot 0{,}02/0{,}03 = 66{,}7$ m^3/d; $H_2 + H_3 = 66{,}7 \cdot 1{,}5/50 = 2{,}00$ m; Höhe: $H_1 + H_2 + H_3 + H_4 = 1{,}0 + 2{,}00 + 0{,}30 = 3{,}30$ m; Vol. $= 3{,}30 \cdot 50 = 165$ m^3 (zzgl. 0,5 m Freibord). b) Standeindicker, jeder einzelne Voreindicker müßte 100 m^3 groß sein (⌀4,7 · 4,7 · 3,5 m zyl. Höhe, zzgl. Freibord. Trichter 1,5 : 1 geneigt, Spitze 0,5 · 0,5).

6.5.3 Faulräume

Für die überschlägliche sichere Bemessung beheizter bzw. unbeheizter Faulräume gilt Tafel 103. Nach Baumgart [24] sollen 40 l/E vorgehalten werden oder die Faulzeiten $\boldsymbol{t_{FB} = 30\,d}$ und die Belastung mit organischer *TS*: $\boldsymbol{B_R \leq 3{,}0}$ **kg/($m^3 \cdot$ d)** sein. (Bei kleineren Anlagen geht man mit B_R auf 1,5 bis 2 kg o*TS*/$(m^3 \cdot d)$ zurück, bei großen mit t_{FB} auf ≥ 20 d.) Die Feststoffgehalte im Faulraum sollen $\geq 2\%$ und $\leq 6\%$ (8%) liegen. Der Faulrauminhalt soll etwa 3- bis 5mal am Tag umgewälzt werden. (Nur Heizschlammumwälzung $0{,}8 - 1{,}0$ V_{FT}/d.) Die günstigste Temperatur liegt bei 33 bis 35 °C. Der Frischschlamm soll mit der 3- bis 5fachen Faulschlammenge aus dem Behälter geimpft werden. Der **Gasanfall** $\boldsymbol{G_{max}}$ ermittelt sich theoretisch zu **480 l Gas/kg *oTS***. Tatsächlich nutzbar sind bei Tropfkörperanlagen 18 l/(E · d) und bei Belebungsanlagen 16 l/(E · d) [24]. Der Energiegehalt beträgt 5,8 kWh/m^3 Gas. Es soll ein Gasbehältervolumen $\geqq$ tägliche Frischschlammzufuhr zum Faulbehälter vorgehalten werden, oder ca. 1/2 tägl. Gasanfall.

17

Die Faulraumbeheizung erfordert ca. $q = \mathbf{0{,}4}$ kWh/(m³·d) [18]. Eine bessere Anpassung an unterschiedliche Volumen gibt $q = 1{,}97 - 0{,}19 \cdot \ln V$ in kWh/(m³·d).

Für die Aufheizung des Frischschlammes werden **1,163 kWh/(m³·°C)** benötigt, d.h. bei Erwärmung von 10 auf 35° C etwa 29 kWh/m³. Für die außenliegenden Wärmetauscher wird eine Wärmeübertragung von 1,1 bis 1,4 kWh/(m²·°C·h) angesetzt. Mit 70° Vorlauf-, 50° Rücklauf- und 35° Schlammtemperatur ist $\Delta t = 0{,}5\,(70 + 50) - 35 = 25°$, d.h. es werden etwa 28 bis 35 kWh/(m²·h) übertragen. Schlammrohre haben $\varnothing \geq$ DN 125 mit $v = 1$ bis 1,5 m/s.

Tafel 103 Faulraumgrößen in l/EW

Klärverfahren	Faulraum unbeheizt	Emscherbecken	Faulraum 30 bis 33° C
Absetzanlage	150	50	20
Belebungsanlage	260	120	40
Tropfkörperanlage	220	100	30

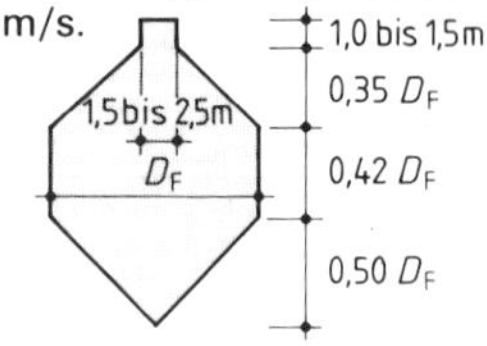

Bild 104 Faulraummaße

Beispiel Werte von Abschn. 6.5.2: $oTS = {}^2/_3 \cdot 2000 = 1330$ kg. $B_R = 1{,}5$ kg/m³·d: erf. $V = 1330/1{,}5 = 887$ m³, d.h. $887/(1{,}25 \cdot 20\,000) = 0{,}035$ m³/E < 40 l/E gewählt: $V_F = 1{,}25 \cdot 20\,000 \cdot 0{,}04 = 1000$ m³; $D_F \approx 1{,}2 \sqrt[3]{V_F} = 1{,}2 \cdot \sqrt[3]{1000} = 12{,}0$ gew. $\varnothing$ 12,0 m. Faulzeit bei 4% Feststoffgehalt: $t_{FB} = 1000/50$ m³/d = 20 d. Es empfiehlt sich, den Frischschlamm stärker einzudicken. Wärmebedarf: $q = 1{,}97 - 0{,}19 \cdot \ln 1000 = 0{,}66$ kWh/m³·d: $1000 \cdot 0{,}66 + 50 \cdot 29 = 2110$ kWh/d, d.h. 88 kW installierte Leistung. Die Wärmeaustauscherfläche muß etwa $88/30 = 2{,}93$ m² = 7,5 lfm DN 125 betragen. Das Energiedargebot aus Faulgas beträgt normal ohne Regenwasserbehandlung, $2000 \cdot 0{,}016 \cdot 5{,}8 = 1856$ kWh/d > $660 + 1450/1{,}25 = 1820$; Gasbehälter: $V = 160$ m³.

6.5.4 Schlammentwässerungsmaschinen

Normale „Bandfilterpressen" oder „Zentrifugen" erreichen bei B_{TS} 0,05 kg BSB_5/kg *TS* · d etwa 20 bis 25% *TS* und bei B_{TS} 0,15 bis zu 30% *TS*. Hierbei werden Polyelektrolyte als Flockungsmittel (FM) zugegeben (2,5 bis 3,5 g/kg *TS*). Durch Hochleistungszentrifugen mit hohem Energiebedarf und speziellen Bandfilterpressen können neuerdings *TS*-Gehalte um bis zu 10% (z. B. von 25 auf 35%) gesteigert werden. Voraussetzung für einen kontinuierlichen Betrieb ist eine gleichmäßige Schlammkonsistenz (automatische Trübwasserabsaugung und Rührwerke im Eindicker). Bemessen wird für 7/5 des Tagesschlammanfalls und einen 6-Stunden-Betrieb, unter Beachtung des *TS*-Durchsatzes in kg/h. Bei Zentrifugen wird oft eine Verfügbarkeit von nur 60 bis 80% angesetzt. Die Redundanz wird häufig durch eine zweite Maschine oder durch Verträge mit Verleihern mobiler Geräte gewährleistet.

Kammerfilterpressen erreichen in der Regel bei Einsatz von Polymeren (3,5 bis 4,5 g/kg *TS*) und – zur Verbesserung der Kuchenstruktur – von EisenIII-Chlorid ($FeCl_3$ 0,12 bis 0,18 kg/kg *TS*) *TS*-Gehalte von 35% und mehr (ab da ist selbstgängige Verbrennung möglich). Bei Zugabe von zusätzlich 0,3 kg CaO/kg *TS* sind 45 bis 50% *TS* erreichbar. Verwendet werden Platten aus Sphäroguß (GGG 50) und, besonders bei Einsatz ohne CaO, Polypropylen(PP)-Platten, die bei einer Kammertiefe von 30 mm folgende Kammerinhalte aufweisen: Plattenformat 1200 × 1200 mm ca. 30 bis 34 l, 1500 × 1500 ca. 48 bis 55 l, 1500 × 2000 ca. 70 bis 80 l.

Genauere Werte bei Herstellern (z.B. Passavant, Aarbergen). Im Betrieb sind 3 bis 4 Füllgänge/d erreichbar.

Verarbeitet werden arbeitstäglich 7/5 der Tages-*TS*-Menge unter Berücksichtigung von $\gamma_{TS} = 1{,}05 - 1{,}2$ kg/l bei dem gewünschten End-*TS*-Gehalt. Die Redundanz liegt in der doppelten Ausstattung der Füll- und der Hochdruckpumpen.

Beispiel Werte aus Abschn. 6.5.3 und 6.5.4. *TS* nach Faulung: ${}^2/_3 \cdot 2000 = 1330$ kg/d, *TS* nach Eindickung 4,5%. 5 Tagewoche: $V_s = 7 \cdot 1{,}33\,t/(0{,}045 \cdot 5) = 41{,}4$ m³/d, 6 Std Betrieb: 6,9 m³/h rd. 7 m³/h Leistung der Bandfilterpresse. FM: 45 kg *TS*/m³ · 3 g = 135 g/m³ Schlamm. Kammerfilterpresse: 3 Chargen/d, Zugabe $FeCl_3$: 0,15 kg/kg *TS*; FM: 4 g/kg *TS*; $\gamma_s = 1{,}05$, End $TS = 35\%$, Kuchenvolumen: $1330 \cdot 7(1 + 0{,}15 + 0{,}004)/(5 \cdot 0{,}35 \cdot 1{,}05 \cdot 3) = 1949$ l/Charge; PP-Platten 1500 × 1500, 52 l/Kammer → $1 + 1949/52 = 39$ Platten gew. 43 Platten. Gestell für 50 Stck.

6.5.5 Landwirtschaftliche Verwertung

Klärschlämme enthalten neben organisch gebundenem Kohlenstoff insbesondere Pflanzennährstoffe wie Stickstoff, Phosphor, aber auch Calcium, Magnesium und Kalium (s. Tafel 104).

Tafel 104 Nährstoffgehalte in Klärschlämmen (in % der TS) [40]

	N	P_2O_5	CaO	MgO	K_2O
Mittelwerte	3,84	3,64	0,42	0,97	7,37
Minimalwert	0,01	0,02	0,01	0,01	0,01
Maximalwert	24,6	34,4	9,5	12,2	72,7
Probenzahl	6289	6014	5863	5859	6141

Daher kann Klärschlamm als Düngemittelersatzstoff auf landwirtschaftlich oder gärtnerisch genutzten Flächen eingesetzt werden. Dabei ist das Düngemittelrecht zu beachten [39]. Begrenzend für den Einsatz sind die anorganischen und organischen Schadstoffe im Klärschlamm. Nach Klärschlammverordnung [37] dürfen die in Tafel 105 angegebenen Werte im Boden bzw. Klärschlamm nicht überschritten werden.

Tafel 105 Grenzwerte der Klärschlammverordnung [37]

Schadstoff	Klärschlamm in mg/kg TS	Boden in mg/kg TS	Die Werte in ( ) gelten für pH 5 bis 6 oder leichte Böden/Tongehalt < 5%
Blei	900	100	Für pH < 5 ist jegliches Aufbringen von Klärschlamm untersagt
Cadmium	10 (5,0)	1,5 (1,0)	
Chrom	900	100	
Kupfer	800	60	[1]) jeweils (bezogen auf die Einzelverb. 28, 52, 101, 138, 153, 180)
Nickel	200	50	[2]) TCDD-Toxizitätsäquivalente
Quecksilber	8	1	
Zink	2500 (2000)	200 (150)	
PCB[1])	0,2	–	
PCDD/PCDF[2]) (ng/kg)	100	–	Die maximale Aufbringungsmenge ist auf 5 Tonnen TS je Hektar in 3 Jahren begrenzt
AOX	500	–	

6.5.6 Klärschlammtrocknung

Mit Verfahren der Klärschlammtrocknung lassen sich erheblich höhere Volumenreduzierungen (bis > 90% TS) als mit Eindickern oder Entwässerungsmaschinen erreichen. Man unterscheidet bezüglich der Wärmezuführung zwischen Konvektionstrocknung (direkte Trocknung) und Kontakttrocknung (indirekte Trocknung; Bild 105).

Es werden von Herstellern unterschiedliche Ausführungsformen von Trocknern angeboten (Tafel 106).

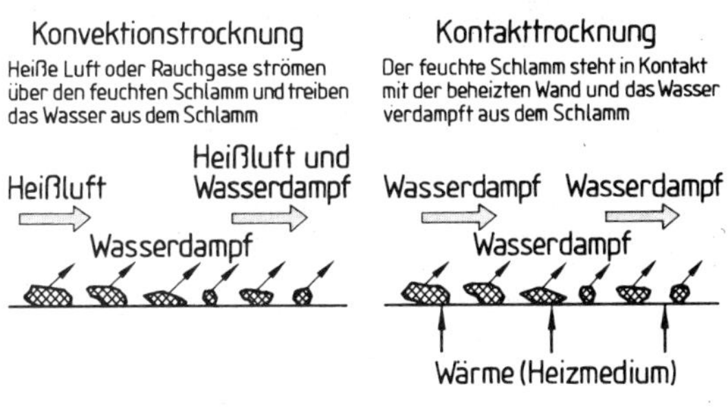

Bild 105
Unterschiedlicher Wärmeübergang bei Klärschlammtrocknern [38]

In Abhängigkeit von der weiteren Verwertung kann mit den Verfahren der Klärschlammtrocknung nahezu jeder geforderte TS-Gehalt erreicht werden (Tafel 107).

Tafel 106 Verfahren der Klärschlammtrocknung

Konvektionstrockner	Kontakttrockner
Trommeltrockner	Scheibentrockner
Etagentrockner	Knettrockner
Bandtrockner	Schneckenwärmetrockner
Schwebetrockner	Dünnschichttrockner
Wirbelschicht-trockner	Dampfwirbelschicht-trockner (Sonderform)

Tafel 107 Beschaffenheit von Klärschlämmen

TS-Gehalt (%)	Beschaffenheit
<15 bis 20	pumpfähig
20 bis 30	stichfest
35 bis 40	krümelig
40 bis 60	klebrig
60 bis 85	streufähig
85 bis 95	staubförmig

Für die Verfahrenswahl ist neben dem Wärmebedarf der Trocknung, der gewünschten Restfeuchte, der Produktform auch von Bedeutung, ob der Klärschlamm stark geruchsbehaftet ist (Kontakttrocknung) oder sich nahezu geruchsneutral (Konvektionstrocknung) verhält. Der Wärmebedarf der Trocknung setzt sich zusammen aus der Enthalpiedifferenz zur Aufwärmung des Schlammes, der Enthalpie des verdampfenden Wassers und den Verlusten. Den relativ größten Anteil macht in der Regel die Verdampfungswärme aus. Bei stichfesten kommunalem Schlamm reicht gewöhnlich der Heizwert (s. Bild 107 und Abschn. 6.5.7) der organischen Stoffe aus, den Wassergehalt zu verdampfen. Angaben zu den spezifischen Kosten unterliegen starken Schwankungen, realistisch ist mit 450 bis 800 DM/t TS zu rechnen.

6.5.7 Klärschlammverbrennung

Da eine alleinige Verbrennung von Klärschlamm nur bei Luftüberschußzahlen von >1 (1,1 bis 1,3) gefahren werden kann und jede Verbrennungsanlage ca. 20% Energieverluste verursacht, muß für die selbstgängige Verbrennung von Klärschlamm neben der reinen Trocknungsenergie ein ca. 20- bis 25%iges Energieüberangebot vorliegen. Der Heizwert von Klärschlamm hängt ausschließlich von dem Anteil an organischer Substanz (oTS) in der Trockensubstanz ab. Für 100% organische Substanz kann dabei ein mittlerer Heizwert von 23 MJ/kg zugrunde gelegt werden [38]. Weitere Angaben für Roh- und Faulschlämme aus kommunalen Kläranlagen finden sich in Tafel 108.

Durch die vorherige Ausfaulung verliert der Schlamm also ca. 30% (bis 50%) seines Heizwertes (an die Faulgase), es verringert sich jedoch auch der Wassergehalt des Klärschlammes.

Tafel 108 Heizwertvergleich kommunaler Klärschlämme [38]

	Frischschlamm		Faulschlamm (eingedickt)	
	von – bis	i.M.	von – bis	i.M.
Trockensubstanz *TS* in %	1 bis 4	2,5	4 bis 8	6
Wassergehalt in %	99 bis 96	97,5	96 bis 92	94
Aschegehalt in % *TS*	40 bis 10	25	55 bis 45	50
Glühverlust in % *TS* bzw. *oTS*	60 bis 90	75	45 bis 55	50
Heizwert der *TS* in MJ/kg	14 bis 21	17,3	10 bis 13	11,5

In Bild 106 sind der Energiebedarf und -überschuß bei der Trocknung und Verbrennung von Klärschlamm in Abhängigkeit von der organischen Substanz (Glühverlust) und dem Entwässerungsgrad dargestellt. Die über der Abszisse dargestellte Summe des Energiebedarfes hängt im wesentlichen von der Wasserverdampfung (s. 6.5.6) aus dem Klärschlamm und in untergeordnetem Maß von der Erwärmung der Trockenmasse ab. Es werden drei häufig in der Praxis vorkommende Klärschlammarten dargestellt. Dabei handelt es sich um Fälle mit 70% und 50% organischer Substanz (Frischschlamm und Faulschlamm) sowie 35% organischer Substanz (stabilisierter Klärschlamm) [38].

Beispiel zu Bild 106

Um einen auf 35% TS entwässerten Klärschlamm zu trocknen, bedarf es ca. 1,800 kJ/kg. Besitzt dieser Klärschlamm 35% org. Substanz, verbleibt ein Energieüberschuß von ca. 1,020 kJ/kg, bei 50% organischer Substanz (für Faulschlamm) von ca. 2,225 kJ/kg und bei 70% org. Substanz (Frischschlamm) von ca. 3,385 kJ/kg [38].

Für die selbstgängige Verbrennung von Frischschlamm reicht der Energieüberschuß von 1,020 kJ/kg nur bei Rückführung heißer Verbrennungsluft in den Prozess aus (Anfahrphase mit Primärenergie). Bei 50 bzw. 70% organischer Substanz läßt der vorhandene Energieüberschuß in der Regel die Selbstgängigkeit der Verbrennung zu.

Der Mindestheizwert sollte somit mind. ca. 1,000 kJ/kg über dem Energiebedarf der Trocknung liegen [38].

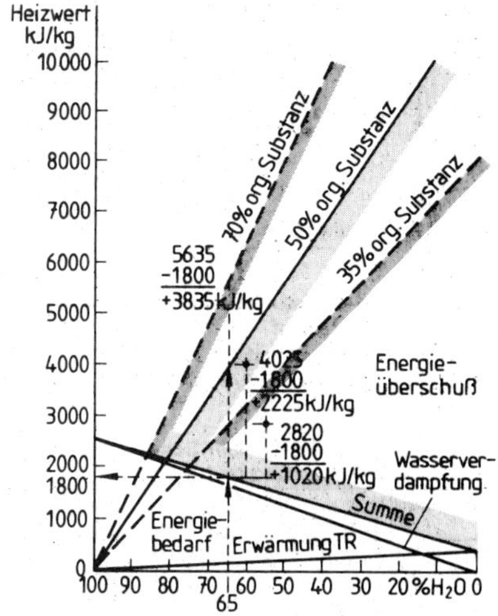

Bild 106 **Energiebedarf und -überschuß bei der Trocknung und Verbrennung von Klärschlamm** [38]

Für die Verbrennung stehen Drehrohr-, Wirbelschicht- und Etagenöfen verschiedener Hersteller zur Verfügung. Neben der abfallrechtlichen Genehmigung müssen die Anlagen den Anforderungen der 17. BImSchV. bzgl. der Emissionsgrenzwerte entsprechen.

6.5.8 Sonstige Entsorgungsverfahren

Neben der Klärschlammdeponierung sind folgende weitere Alternativen der Klärschlammentsorgung großtechnisch erprobt:

- Zugabe in Steinkohlekraftwerke mit Schmelzkammerfeuerung ($<35\%$ Mengenanteil; $TS>90\%$)
- Zugabe in Braunkohlekraftwerke ($<3\%$ Mengenanteil; $TS>25\%$)
- Zugabe in Zementdrehrohröfen ($<5\%$ Mengenanteil; $TS>75\%$)
- Zugabe in Asphaltmischwerken (ca. 90% Ersatz von Heizöl; $TS>90\%$)
- Zugabe in Müllverbrennungsanlagen (i.d.R. $<15\%$; $TS>25\%$)

Weiterhin werden derzeit unterschiedliche Pyrolyse-Anlagen (Wirbelschicht-, Drehrohr-, und Niedertemperaturpyrolyse) für die Entsorgung von Klärschlämmen (als Demonstrationsanlagen) projektiert.

6.6 Filtration [44]

Filter reduzieren Schwebstoffe z. B. von 20 auf 5 mg TS_E/l und damit die Inhaltsstoffe nach 6.3.3.3. Sie wirken in der Wasserversorgung chemisch-biologisch (Enteisenung und Entmanganung) und können in dem als Festbett wirkenden grobkörnigen Teil eines Raumfilters BSB_5, CSB abbauen und/oder, bei O_2-Sättigung des Zulaufes, 1 – 1,5 mg/l **NH_4-N** nitrifizieren. Mehrabbau durch bis 300% Rezirkulation.

Bei einer der biologischen Stufe nachgeschalteten Flockungsfiltration zum P-Abbau ist die Zulauf-P-Konzentration bei 1 bis 1,5 mg/l zu halten. Das entspricht bei einem Molverhältnis β = Fe/P von 1,5–2,2/1 etwa einer *Fe*-Dosierung um 4 mg/l (bzw. 2 mg *Al*/l mit etwa gleichem *TS*-Anfall). Damit wird die Beladung des Filters soweit begrenzt, daß sich Rückspülintervalle von etwa 1 Tag ergeben.

Die Einmischung des Fällmittels sollte mit $t_R = 1$ min bei Q_t und ca. 250 W/m³ Rührwerksmotorleistung erfolgen. Flockenbildung mit langsamer Umwälzung, $t_R = 10$ min bei Q_t (z. B. im Vorbelüftungsbecken mit $t_R = 20$ min).

17

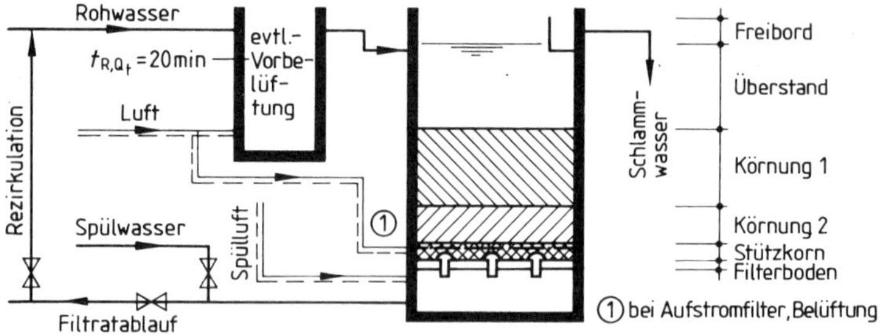

Bild 107 Abwärtsfiltration

Wasserüberstand $\geqq 40\% \cdot \sum$ Filterhöhe i. A. 1,0 bis 1,5 m bzw. $\geqq 1{,}7$ m bei Luft-Wasserspülung

Beachte: Ein Filter ist kein Schutz gegen massiven Schlammabtrieb aus der Nachklärung. Er setzt sich sofort zu und läuft über.

Einzelgrundfläche m^2		Abstromfilter 5 bis 100 m^2								10,8 bis 12	12 bis 140
			Raumfilter[8]							Aufstromfilter	
		Flächenfilter	F_1 Anthrazit über F_2 Quarzsand auf F_3 Quarz Stützkorn			F_1 Bims über F_2 Quarzsand auf F_2 Quarz Stützkorn			Als Trockenfilter Blähschiefer	kontinuierlich gespült[5]	Biologisch wirksam Anthrazit[5]
Filtergeschwindigkeit für n-1 Filter	m/h m/h	– 5 bis 10	bei Q_t bei Q_m, Rückspülen			6[3] bis 7,5[4] bis 9 12[3] bis 15[4] bis 18			5 10	5 bis 7,5 10 bis 15	5 10
Filterbetthöhe	F_1 m	1 bis 3	0,8 bis 1,0 bis 1,4			0,5 bis 1,0	0,5[7] bis 1,4		1,0	0,9	3 bis 4
Filterkörnung	F_1 mm	0,7 bis 1,25	0,8 bis 1,6[6]	1,4 bis 2,5[6]	2,0 bis 4,0[6]	0,8 bis 1,5[7]	1,5 bis 2,5[7]	2,5 bis 3,5[7]	2,5 bis 4	0,8 bis 1,2	1 bis 2
Schüttgewicht	kg/m^3	–	ca. 730 ± 1%			360	340	330	750	–	730
Filterbetthöhe	F_2 m	–	0,3 bis 0,4 bis 0,6			0,4[7] bis 0,6	0,4 bis 0,6[7] bis 0,80		0,55		–
Filterkörnung	F_2 mm	–	0,4 bis 0,8[6]	0,71 bis 1,25[6]	1,0 bis 1,6[6]	0,4 bis 0,8[7]	0,63 bis 1,0[7]	0,71 bis 1,25[7]	1,5 bis 2,2		–
Stützschichthöhe	F_3 m		0,15[6] bis 0,20			0,20 bis 0,30			0,25		0,20 bis 0,30
Stützschichtkörnung	F_3 mm	2,0 bis 3,15	1,0 bis 2,0[6]	2,0 bis 3,15[6]	3,15 bis 5,6[6]	Aufbau w. b. Anthraz. 3fach abgestuft	n. [7]		4 bis 12		2,0 bis 3,15
alternativ oder zusätzlich	[7]	3,15 bis 5,6	(2,0 bis 3,15)	(3,15 bis 5,6)	(5,6 bis 8)	1 bis 2 2 bis 3,15 3,15 bis 5,6					3,15 bis 5,6
SPÜLEN Luft	m/h[1]	80	70 bis 90[6] bis 100			40[6] bis 60[7] bis 90			60		70
SPÜLEN Luft/Wasser	m/h	80/20	60[6] bis 90[6]/10 bis 20[6]			40[6] bis 60 bis 80/10 bis 20			60/50	kontinuierl. Luft 1 bis 1,4 m/h	70/10 bis 40
SPÜLEN Nur Wasser	m/h	60–65	35 bis 40[6]	55 bis 60[6]	85 bis 95)[6]	30[7] bis 35	40[7] bis 45	55[7] bis 60[7]	100		20 bis 40

1) Mit Wasserspiegelabsenkung auf 10 cm + OK Filter 2) Bei Flockungsfiltration
3) Abwasserfiltration, auch biologische Filtration
4) Biodrof, Biofor, Ph. Müller, Stuttgart
5) nach Preussag Anthrazit GmbH, Ibbenbüren
6) nach Akdolit, Wülfrath, die bei Bims-Sandfiltern von Luft-/Wasserspülung ohne anschließender Trennspülung abrät.
7) DVGW-Arbeitsblatt W 211 (9.87) 8) Beachte [44]

Ablauf der Rückspülung: Absenkung, 2 bis 5 min Luftspülung, 1,5 bis 3 min Luft-Wasser. Luftstopp, Filterbodenentlüftung auf, 2 bis 6 min nur Wasserspülung 1,5–2,0 min Klassierung, nur Wasser. Insgesamt:
Filterbetthöhe $\cdot$ 2/3 + 2 $\cdot$ Wasserüberstand durchsetzen. Filterboden 64 Polsterrohrdüsen/m^2

7 Wasserversorgung

DIN 2000 (11.73) Leitsätze für die zentrale Trinkwasserversorgung
DIN 2001 (2.83) Leitsätze für die Einzel-Trinkwasserversorgung
DIN 4046 (9.83) Wasserversorgung, Begriffe

7.1 Wasserbedarf

Im DVWG Arbeitsblatt W410 werden die Wasserbedarfszahlen für Wohngebäude, Krankenhäuser, Schulen, Verwaltungsgebäude, Hotels, landwirtschaftliche Anwesen und Versorgungsgebiete nach dem neuesten Literaturstand vorgestellt. Der dort aufgeführte Spitzenwasserbedarf ist Bemessungsgrundlage für Anlagen der Wasserverteilung. Seine Größe wird einer geringeren Veränderung unterliegen, als der ebenfalls aufgeführte spezifische Wasserbedarf. Die Bemessungsgröße ,Durchfluß' gibt den Wasserbedarf für Bezugszeiten ≤ 1 Stunde an. Den Spitzenwerten des Durchflusses liegen Bezugszeiten ≤ 5 min (und auch 10 s) zugrunde, die zum Beispiel für die Auslegung von Meßeinrichtungen (bzw. Anschlußleitungen) gelten.

Für die Dimensionierung von Wasserversorgungseinrichtungen sind vor allem der höchste Tagesverbrauch, der sich aus dem einwohnerbezogenen Tagesmittel des Jahresbedarfs mal dem Spitzenfaktor f_d ermittelt und der maximale Stundenverbrauch beim maximalen Tagesverbrauch von Bedeutung, der sich aus dem durchschnittlichen Stundenverbrauch $Q_d/24$ mal dem Stundenspitzenfaktor f_h ermittelt.

7.1.1 Versorgungsgebiete

Tafel 109 Gesamtwasserbedarf nach Siedlungsstrukturen, Tagesmittelwert Q_d des Jahresbedarfes

Gebäude	Tagesmittelwert
Altbauten, mehrgeschossig	130 l/(E·d)
gemischte Bebauung, sowohl Ein- als auch Mehrfamilienhäuser	140 – 150 l/(E·d)
Villenbebauung	200 – 500 l/(E·d)

Hierin sind der Wasserbedarf für Haushalte, öffentliche Einrichtungen und Kleingewerbe enthalten. Industrie- und Löschwasserbedarf sind nicht berücksichtigt. Im Extremfall können die einwohnerbezogenen Tagesmittelwerte zwischen 60 – 500 l/(E·d) schwanken.

Tafel 110 Spitzenfaktoren f_h und f_d

Einwohnerzahl		> 5000	> 10000	> 20000	> 50000	> 100000	> 200000	> 500000
	≤ 5000	≤ 10000	≤ 20000	≤ 50000	≤ 100000	≤ 200000	≤ 500000	≤ 1000000
Spitzenfaktor f_h	5,5	4,5	4,0	3,5	3,0	2,7	2,4	2,2
Spitzenfaktor f_d	2,2	2,0	1,9	1,8	1,8	1,7	1,6	1,5

Ab 20000 E/Versorgungsgebiet ist der Industriebedarf enthalten.

Für kleinere Bereiche gilt z. B. für die Bemessung von Druckerhöhungsanlagen usw. der Spitzendurchfluß in Abhängigkeit von der Einwohnerzahl (E) mit dem Bezugszeitraum von 5 min in den Grenzen zwischen 200 bis 5000 E:

$$Q_s = -51{,}36 + 10{,}19 \cdot \ln(E) \text{ in l/s}$$

Wegen der unterschiedlichen Herleitung können die Werte nach den beiden Ansätzen zum Teil beträchtlich voneinander differieren.

Beispiel 5100 E, Tagesbedarf 140 l/(E·d), $f_h = 4{,}5$: $Q_s = 5100 \cdot 140 \cdot 4{,}5/24/3600 = 37{,}19$ l/s. Demgegenüber ist $Q_s = -51{,}36 + 10{,}19 \cdot \ln 5100 = 35{,}63$ l/s. Bei 5000 E ist der Abstand deutlich größer.

17

7.1.2 Wohngebäude

Die einwohnerbezogenen Tagesmittelwerte liegen mit 140–150 l/(E·d) und der Schwankungsbreite im selben Bereich wie 7.1.1. Die Spitzenfaktoren betragen $f_d = 1{,}6$ und $f_h = 5{,}5$.

In W410 werden noch verschiedene Spitzendurchflüsse angegeben, die wie folgt gegliedert sind:

7.1.2.1 Spitzendurchfluß (Q_s) in Abhängigkeit von den Einwohnern (E) je Wohngebäude (WG)

Der im folgenden ermittelte Spitzenbedarf ist nicht abhängig von der Anzahl der installierten Entnahmearmaturen, wenn die Wohngebäude über eine standardgemäße Sanitärausrüstung verfügen. Es gilt für 2 bis 200 E/WG:

Bezugszeit 10 s: $Q_s = 1{,}11 + 0{,}43 \ln(\text{E/WG})$ l/s
Bezugszeit 5 min: $Q_s = 0{,}27 + 0{,}32 \cdot \ln(\text{E/WG})$ l/s

7.1.2.2 Spitzendurchfluß (Q_s) in Abhängigkeit von den Wohneinheiten (WE) je Wohngebäude (WG)

Für die hydraulische Bemessung von Hausanschlußleitungen/Hauswasserzählern kann auch von den Wohneinheiten ausgegangen werden, wobei der Wohneinheit 2,5 E zugewiesen worden sind. Es gilt für 1–80 WE/WG:

Bezugszeit 10 s: $Q_s = 1{,}50 + 0{,}43 \cdot \ln(\text{WE/WG})$ l/s
Bezugszeit 5 min: $Q_s = 0{,}56 + 0{,}32 \cdot \ln(\text{WE/WG})$ l/s

7.1.2.3 Spitzendurchfluß (Q_s) – bezogen auf den installierten Summendurchfluß (ΣQ_R)

Die Hausinstallation selbst wird gem. DIN 1988 bemessen. Der installierte Summendurchfluß ist dabei der Bezugsparameter für die Bemessung der Hausinstallation. Für den Geltungsbereich von $\Sigma Q_R = 1 - 300$ l/s gilt:

Bezugszeit 10 s: $Q_s = 1{,}19 + 0{,}46 \cdot \ln(\Sigma Q_R)$ l/s
Bezugszeit 5 min: $Q_s = 0{,}47 + 0{,}32 \cdot \ln(\Sigma Q_R)$ l/s

7.1.3 Landwirtschaftliche Anwesen

Im dörflichen Raum spielen landwirtschaftliche Anwesen mit Tierhaltung eine bemessungsrelevante Rolle. Ausgehend von der Bezugsgröße **V = Verbraucher** werden die Personen (Bedarf ca. 100 l/(E·d) mit den **Großvieheinheiten (GV)** zusammengefaßt: V = GV + 2 P in GVGW (Großviehgleichwert). Damit ermittelt sich der Spitzendurchfluß mit den Ansätzen von **52 l/(GVGW·d)** und den Spitzenfaktoren $f_d = 1{,}5$ und $f_h = 7{,}6$.

Für eine Bezugszeit von 10 s kann der Spitzendurchfluß in einem Geltungsbereich von 10–180 GVGW ermittelt werden zu: $Q_s = 1{,}0 + 0{,}02$ (GVGW) l/s.

Die Gewichtung der unterschiedlichen Tierarten kann bezogen auf GV (äquivalent für ein Tier mit 500 kg Lebendgewicht) nach W410 erfolgen:

Tafel 111 Tierartbezogene Wichtung mit Bezug auf eine GV

Tierarten	Faktor	Tierarten	Faktor
Schafe	0,1	Kühe	1,0
Ziegen	0,1	weibliche Rinder über 2 Jahre	1,0
10 Hühner	0,04	weibliche Rinder 1–2 Jahre	0,7
10 Gänse	0,04	weibliche Rinder unter 1 Jahr	0,3
10 Enten	0,04	Kälber bis 4 Wochen	0,1
Pferde	1,0	Mastkalb bis 100 kg Lebendgewicht	0,15
Fohlen	0,3	Mastkalb bis 180 kg Leb.gew.	0,23
Zuchteber	0,3	Mastbullen bis 350 kg Leb.gew.	0,5
Zuchtsauen	0,3	Mastbullen 350–550 kg Leb.gew.	0,9
Zuchtsauen mit Ferkeln	0,5	Mastschweine 20–110 kg Leb.gew.	0,13

7.1.4 Löschwasserbedarf

Der **Löschwasserbedarf** wird nach DVGW-W405 (7.78) zur Dimensionierung neuer und zur Nachprüfung bestehender Wasserversorgungsnetze nach Tafel 112 angesetzt. Bei Löschwasserentnahme soll der Netzdruck an keiner Stelle des Netzes unter 1,5 bar sinken.

Für kleine ländliche Orte werden unabhängig davon 48 m^3/h angesetzt. Einzelanwesen werden mit Hilfe von Tankfahrzeugen versorgt. Ein LW-Vorrat von 50 m^3 je Anwesen wird empfohlen.

Tafel 112 Richtwerte für den Löschwasserbedarf (m^3/h)

Bauliche Nutzung nach § 17 der Baunutzungsverordnung		Kleinsiedlung (WS) Wochenendhausgebiete (SW)	reine Wohngebiete (WR) allg. Wohngebiete (WA) bes. Wohngebiete (WB) Mischgebiete (MI) Dorfgebiete (MD) Gewerbegebiet (GE)		Kerngebiete (MK) Gewerbegebiete (GE)		Industrie-Gebiete (GI)
Zahl der Vollgeschosse		$\leqq 2$	$\leqq 3$	>3	1	>1	Baumassenzahl (BMZ) $\leqq 9$
Geschoßflächenzahl (GFZ)		$\leqq 0{,}4$	$\leqq 0{,}3$ bis 0,6	0,7 bis 1,2	0,7 bis 1,0	1,0 bis 2,4	
Löschwasserbedarf in m^3/h (in ⇒ l/s) für mindestens 2 Stunden							
Gefahr der Brandausbreitung	klein[1])	24 (6,7)	48 (13,3)		96 (26,7)		96 (26,7)·
	mittel[2])	48 (13,3)	96 (26,7)		96 (26,7)		192 (53,3)
	groß[3])	96 (26,7)	96 (26,7)		192 (53,3)		192 (53,3)

Gefahr der Brandausbreitung:
[1]) klein: feuerbeständige oder feuerhemmende Umfassungen, harte Bedachungen
[2]) mittel: Umfassungen nicht feuerbeständig oder nicht feuerhemmend, harte Bedachungen oder Umfassungen feuerbeständig oder feuerhemmend, weiche Bedachungen
[3]) groß: Umfassungen nicht feuerbeständig oder nicht feuerhemmend; weiche Bedachungen, Umfassungen aus Holzfachwerk (ausgemauert). Stark behinderte Zugänglichkeit, Häufung von Feuerbrücken usw.

7.2 Wasseraufbereitung

Zahl, Art und Kombination der erforderlichen Aufbereitungsschritte und -verfahren sind von der jeweiligen Rohwasserqualität abhängig und erfordern entsprechend individuelle Auswahl. Wertvolle Hilfe bieten hierbei die einschlägigen Merk- bzw. Arbeitsblätter des DVGW, wie z. B. die Blätter **W210** und **211** (*Filtration*), **W214** (*Entsäuerung*), **W217** (*Flockung*), **W224** (*Einsatz von Chlordioxid*), **W225** (*Einsatz von Ozon*), **W226** (*Einsatz von Sauerstoff*) und **W239** (*Aktiv-Kohle-Filterung*).

Eine bedeutsame Funktion fällt der Filtration zu, auf die in kaum einer Aufbereitungsanlage verzichtet werden kann.

7.2.1 Richtwerte für Einschichtfilter (Langsam- und Schnellfilter)

	Einheit	Filterart		
		Langsamfilter [1]	Offene Schnellfilter (= rückspülbare Filter)	Geschlossene Schnellfilter (= rückspülbare Filter)
Höhe der Tragschicht	m	0,4 bis 0,6	0,3 bis 0,4	0,3 bis 0,4
Höhe der Filtersandschicht	m	0,6 bis 1,5	1,0 bis 2,0 (i. M. 1,5)	1,0 bis 4,0 (i. M. 2,0 bis 3,0)
Wasserhöhe über der Filterschicht	m	0,9 bis 1,5	0,3 bis 0,7	
Wirksamer Korndurchmesser d_w [2]	mm	0,3 bis 0,5	0,6 bis 1,2 (i. M. 1,0)	0,6 bis 4,0 (i. M. 1,0 bis 2,0)
Ungleichförmigkeitsgrad d_{60}/d_{10} [2]	Gew.-% / Gew.-%	1,5 bis 3,2	1,2	1,2
Filtergeschwindigkeit	m/h	0,1 bis 0,2 (selten >0,2)	3 bis 15 (i. M. 4 bis 6)	5 bis 30 (i. M. 8 bis 15)
Filterleistung	m^3 je m^2 u. d	2,4 bis 3,0	i. M. 100 bis 150	i. M. 200 bis 360
Bakteriologische Wirkung	Keimzahl vor/nach Filtration	1000:1 bis 10000:1	10:1 bis 20:1	10:1
Einarbeitungszeit		12 bis 48 h	10 bis 30 min	10 bis 30 min
Art der Filterreinigung		Abheben der oberen 20 bis 40 mm des Filtersandes	Luft-/Wasserrückspülung	Luft-/Wasserrückspülung
Filterwiderstand	m	<1	0,5 bis 4,5 (i. M. 2 bis 3)	bis 15

Zu Filterspülung, Rückspülgeschwindigkeiten etc. s. 6.6

[1]) Werden in Deutschland in der Trinkwasserversorgung nicht mehr gebaut

[2]) DIN 19623

7.3 Druckerhöhungsanlagen

DVGW-W610 Förderanlagen, Bau u. Betrieb
DVGW-W612 Planung u. Gestaltung von Förderanlagen

An der höchsten Zapfstelle im Versorgungsgebiet sollte ein „bürgerlicher Versorgungsdruck" p_B von 1,0 bis 1,5 bar eingehalten werden, d. h. Netzdruck $p_e = 2{,}0$ bis 4,5 bar am Hausanschluß. Bei Ruhedrücken über 8 bar, Aufteilung in einzelne Druckzonen mit jeweils ≤ 5 bar. Hochhäuser und kleine hochgelegene Teile des Versorgungsgebietes erhalten eine eigene Druckerhöhungsanlage.

7.3.1 Windkessel (Hydrophor-Anlagen)

Erforderliche **Windkesselinhalt** (auch für große Pumpstationen):

$$V = 1{,}2 \cdot q_f \cdot p_A / [n \cdot (p_A - p_E)] \qquad (279)$$

V Kesselvolumen in m^3
q_f Förderleistung der größten druckabhängig geschalteten Pumpe in l/s
p_A Ausschaltdruck in bar absolut (= Überdruck + atmosphärischer Druck (≈ 1 bar))
p_E Einschaltdruck in bar absolut
n Zahl der Schaltspiele/h (bis 7,5 kW Motorleistung: $n \leq 15$, bis 30 kW: $n \leq 12$ und >30 kW: $n \leq 10$)

7.3.2 Arbeitsbereich einer Kreiselpumpe

Beispiel Aus einem Tiefbehälter sollen i. M. 200 m^3/h mit einer **Kreiselpumpe** in einen Hochbehälter gepumpt werden. In welchem Bereich arbeitet die Pumpe?

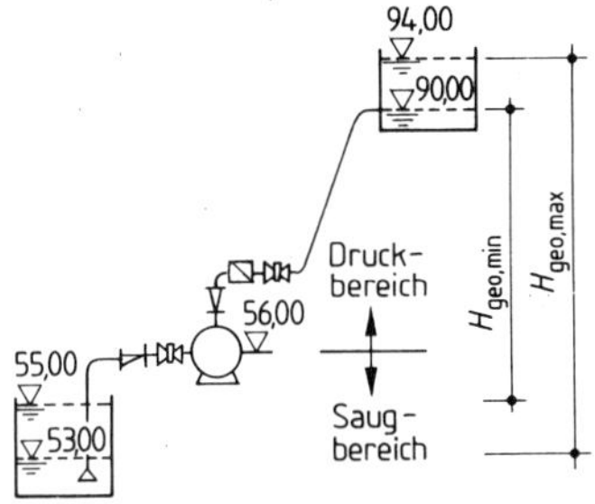

Leitungen:

saugseitig: $l_S = 8$ m (= 0,008 km); DN 300
druckseitig: $l_D = 1200$ m (= 1,2 km); DN 250

$H_{man;\,min} = 90{,}00 - 55{,}00 = 35{,}00$ m
$H_{man;\,max} = 94{,}00 - 53{,}00 = 41{,}00$ m

Die Rauheit für die neuen Rohrleitungen werden mit $\boldsymbol{k_2 = 0{,}4}$ angesetzt. Im Laufe der Zeit wird die Rauheit auf $\boldsymbol{k_1 = 1{,}5}$ steigen.

Die Druckhöhenverluste in den Leitungen können näherungsweise den Rohrreibungsverlusten gleichgesetzt werden, weil die Geschwindigkeitdruckhöhe sowie die Druckhöhenverluste durch Armaturen und Formstücke vernachlässigbar klein sind.

$H_V = h_v = c \cdot l \cdot Q^2/1000$ (280)

$H_{V1} = (c_{S1} \cdot l_s + c_{D1} \cdot l_D)\, Q^2/1000$

$H_{V2} = (c_{S2} \cdot l_s + c_{D2} \cdot l_D)\, Q^2/1000$

Die zugehörigen c-Werte werden der **Tafel 115** entnommen.

$H_{V1} = (1{,}0455 \cdot 0{,}008 + 2{,}756 \cdot 1{,}2)\, Q^2 \cdot 10^{-3}$
$\quad \boldsymbol{= 3{,}316 \cdot Q^2/1000}$

$H_{V2} = (0{,}7448 \cdot 0{,}008 + 1{,}950 \cdot 1{,}2)\, Q^2 \cdot 10^{-3}$
$\quad \boldsymbol{= 2{,}346 \cdot Q^2/1000}$

Die Rohrleitungskennlinien werden zweckmäßig in Tabellenform errechnet (s. unten).

Die Pumpenkennlinie wird vom Pumpen-Hersteller geliefert.

Leistungsaufnahme einer Pumpe (s. 3.5.3).

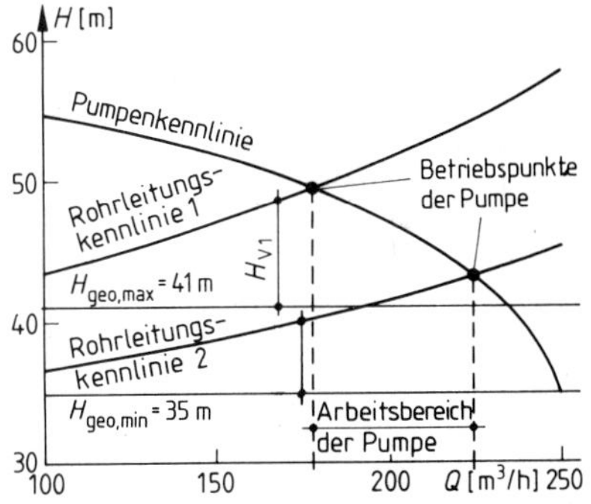

Bild 108 Arbeitsbereich einer Pumpe

Tafel 113 Beispiel für die tabellarische Ermittlung von Rohrleitungskennlinien

Q	m^3/h	100	150	200	250	
Q	l/s	27,78	41,67	55,56	69,44	
$Q^2/1000$	l^2/s^2	0,772	1,763	3,086	4,822	
$H_{V1} = 3{,}316\, Q^2/1000$	m	2,56	5,76	10,23	15,99	
$H_{V2} = 2{,}346\, Q^2/1000$	m	1,81	4,07	7,24	11,31	
$H_{man;\,max} + H_{V1}$	m	43,56	46,76	51,23	56,99	Rohrleitungskennlinie 1
$H_{man;\,min} + H_{V2}$	m	36,81	39,07	42,24	46,31	Rohrleitungskennlinie 2

7.4 Wasserspeicherung

W 311 Planung u. Bau v. Wasserbehältern. Grundlag. u. Ausführungsbeispiele
W 312 Wasserbehälter, Maßnahmen zur Instandhaltung
W 315 Bauen von Wassertürmen, Grundlagen u. Ausführungsbeispiele
W 318 Wasserbehälter, Kontrolle und Reinigung

Trinkwasserbehälter als Erd- oder Turmbehälter gewährleisten einen konstanten Ruhedruck. Sie dienen dem Ausgleich zwischen Bedarfs- und Fördermengen (Tagesausgleich) sowie der Bevorratung von Feuerlöschwasser-Reserven.

7.4.1 Bemessung eines Trinkwasserbehälters

7.4.1.1 Rechnerisches Verfahren

A = stündl. Abgabe, Z = stündl. Zugabe (in % der **maximalen** Tagesabgabe + Löschwasser-Reserve)

Uhrzeit	A	$\sum A$	24-h-Betrieb			intermittierender Betrieb			16-h-Betrieb		
			Z	$Z-A$	$\sum(Z-A)$	Z	$Z-A$	$\sum(Z-A)$	Z	$Z-A$	$\sum(Z-A)$
(1)	(2)	(3)	(4)	(5)	(6)	(4)	(5)	(6)	(4)	(5)	(6)
0 bis 1	1,5	1,5	4,17	+2,67	2,67	8,34	+6,84	6,48		−1,50	13,00
1 bis 2	1,0	2,5	4,17	+3,17	5,84	8,33	+7,33	**14,17**		−1,00	12,00
2 bis 3	1,0	3,5	4,16	+3,16	9,00		−1,00	13,17		−1,00	11,00
3 bis 4	1,5	5,0	4,17	+2,67	11,67		−1,50	11,67		−1,50	9,50
4 bis 5	2,0	7,0	4,17	+2,17	13,84		−2,00	9,67		−2,00	7,50
5 bis 6	3,0	10,0	4,16	+1,16	**15,00**		−3,00	6,67		−3,00	4,50
6 bis 7	4,5	14,5	4,17	−0,33	14,67		−4,50	2,17		−4,50	**0,00**
7 bis 8	5,3	19,8	4,17	−1,13	13,54	8,33	+3,03	5,20	6,25	+0,95	0,95
8 bis 9	4,8	24,6	4,16	−0,64	12,90	8,34	+3,54	8,74	6,25	+1,45	2,40
9 bis 10	4,0	28,6	4,17	+0,17	13,07	8,33	+4,33	13,07	6,25	+2,25	4,65
10 bis 11	5,1	33,7	4,17	−0,93	12,14		−5,10	7,97	6,25	+1,15	5,80
11 bis 12	7,2	40,9	4,16	−3,04	9,10	8,33	+1,13	9,10	6,25	−0,95	4,85
12 bis 13	10,5	51,4	4,17	−6,33	2,77	8,34	−2,16	6,94	6,25	−4,25	0,60
13 bis 14	6,8	58,2	4,17	−2,63	0,14	8,33	+1,53	8,47	6,25	−0,55	0,05
14 bis 15	5,3	63,5	4,16	−1,14	−1,00	8,33	+3,03	11,50	6,25	+0,95	1,00
15 bis 16	4,8	68,3	4,17	−0,63	−1,63		−4,80	6,70	6,25	+1,45	2,45
16 bis 17	4,0	72,3	4,17	+0,17	−1,46		−4,00	2,70	6,25	+2,25	4,70
17 bis 18	4,8	77,1	4,16	−0,64	−2,10	8,34	+3,54	6,24	6,26	+1,45	6,15
18 bis 19	5,0	82,1	4,17	−0,83	−2,93	8,33	+3,33	9,57	6,25	+1,25	7,40
19 bis 20	4,3	86,4	4,17	−0,13	−3,06	8,33	+4,03	13,60	6,25	+1,95	9,35
20 bis 21	5,0	91,4	4,16	−0,84	**−3,90**		−5,00	8,60	6,25	+1,25	10,60
21 bis 22	4,0	95,4	4,17	−0,17	−3,73		−4,00	4,60	6,26	+2,25	12,85
22 bis 23	3,0	98,4	4,17	+1,17	−2,56		−3,00	1,60	6,25	+3,25	**16,10**
23 bis 24	1,6	100,0	4,16	+2,65	0,00		−1,60	**0,00**		−1,60	14,50
Behältergröße*)					**18,90**			**14,17**			**16,10**

*) Behältergröße = $\max \sum (A-Z) + |\min \sum (A-Z)|$

7.4.1.2 Graphisches Verfahren

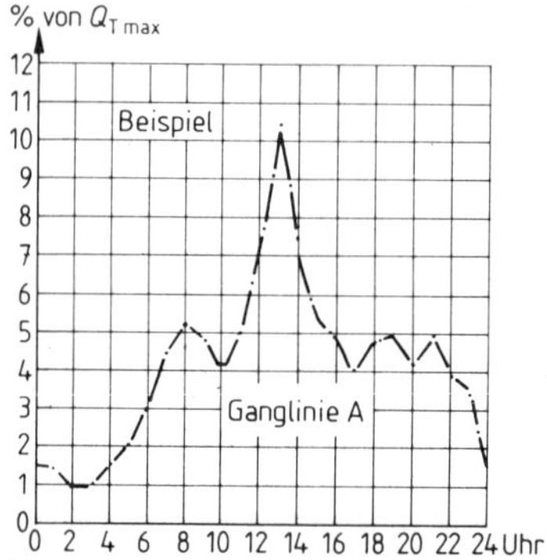

Bild 109 Ganglinie h-Abgabe

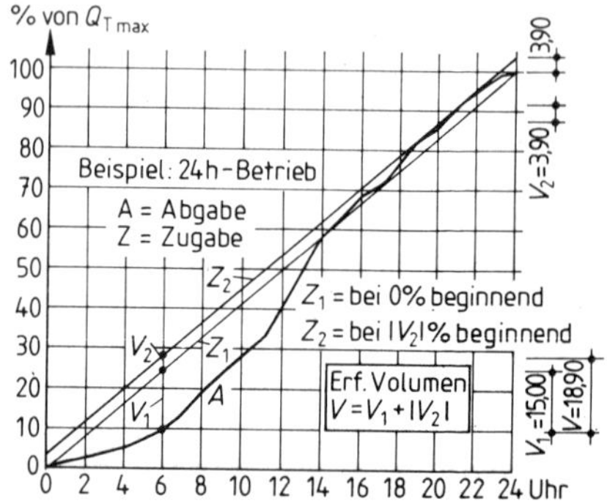

Bild 110 Ab- und Zugabe-Summenlinien

7.4.2 Schieberkammerausbildung

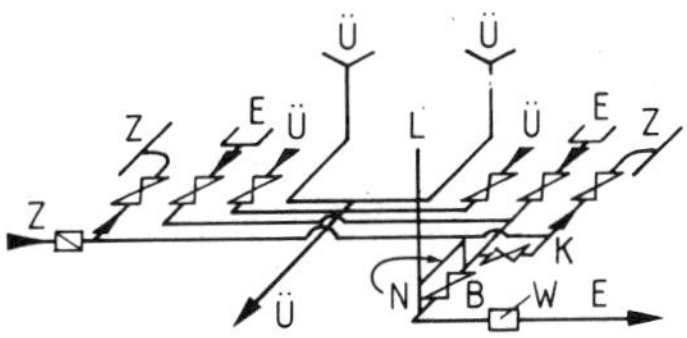

B = Brandschieber (kaum noch üblich)
E = Entnahme(-leitung)
L = Be- und Entlüftung
N = Umgang für Normalentnahme
Ü = Überlauf- bzw. Entleerung
Z = Zulauf(-leitung)

Bild 111 **Rohrschema für einen Zweikammerbehälter**

7.5 Wasserverteilung

DVGW – W 403 Planungsregeln für Wasserleitungen und Wasserrohrnetze

7.5.1 Berechnung von Wasserversorgungsnetzen

7.5.1.1 Einfache Netze

werden als sog. Verästelungsnetze berechnet. Hierbei wird das Ringnetz durch gedachte „Schnittstellen" so weit aufgelöst, bis Rohrstränge mit eindeutiger Fließrichtung entstehen. An den Schnittstellen sollte die Druckdifferenz $\Delta p \leq 10\%$ des Netzdruckes p_e sein und bei kleinen Netzen 0,2 bar nicht überschreiten. Liegen bei der Berechnung die Drücke an den Schnittstellen mehr auseinander, sind diese in Richtung auf den niedrigen Druck zu verschieben.

In der Tafel 114 werden die Durchflüsse entgegen und die Druckverluste mit der Fließrichtung aufsummiert. Für ungünstige Netzknoten (Hochpunkte, Netzendpunkte) wird vorab aus der Summe (Geländehöhe in m ü. NN + erforderlicher Netzdruck + h_v) der Ausgangsdruck ab Werk H_w ermittelt, ehe Druckhöhe und Versorgungsdruck über Gelände bestimmt werden können.

Metermengenwert $m = \max Q / \sum L$ in l/(s · m)

$\sum L$ Gesamtlänge der Rohrleitungen im betrachteten Teil des Versorgungsgebietes in m.

Tafel 114 **Listenkopf mit $Q = \max Q_h$ bei Q_d + Löschwasser**

1	2	3		4	5	6	7	8	9	10	11
Lfd. Nr.	Name der Straße	Strecke von	Strecke bis	Stranglänge	Strangabnahme		Strangbelastung ohne Löschwasser			Löschwasser	Strangbelastung
				L	Metermengenwert m	Durchfluß $Q = L \cdot m$	Übernahme aus Lfd. Nr.	Durchfluß Q aus Sp. 7	Gesamtdurchfluß Q	Q_L	Gesamtdurchfluß mit Löschwasser $Q + Q_L$ Sp. 9+10
–	–	–	–	m	l/(s · m)	l/s	–	l/s	l/s	l/s	l/s

12	13	14	15	16	17	18	19	20	21	22
Bemessung										
Nennweite DN	Fließgeschwindigkeit v	Druckgefälle I_p	Verlusthöhe $h_v = L \cdot I_p$	Übernahme aus Lfd. Nr.	Verlusthöhe h_v aus Sp. 16	Gesamtverlusthöhe $\sum h_v$ Sp. 15+17	Druckhöhe H = Werksdruck $-\sum h_v$	Geländehöhe H_{geo}	Netzdruck $p_e = \frac{H - H_{geo}}{10}$	Bemerkungen
	m/s	m/km	m	–	m	m	m ü NN	m ü NN	bar	

17

7.5.1.2 Vermaschte Netze

Der hydraulische Nachweis erfolgt m. H. von PC-Programmen mit Iterationsverfahren. Nachfolgend für erste Überschläge ein Näherungsverfahren nach Prof. B. Küest, FH Bochum

Druckverlust im Einzelstrang

$h_i = c_i \cdot l_i \cdot Q_i|Q_i| \cdot 10^{-3}$ mit $c_i \cdot l_i = a_i$ (281)

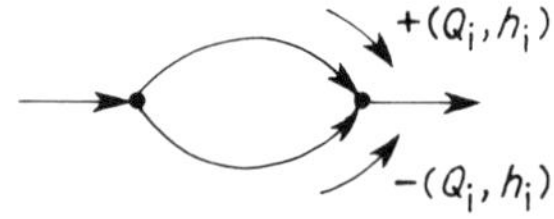

Bild 112 Vorzeichenregelung

Tafel 115 *c*-Werte

DN	100	150	200	250	300	400	500	600	700
$k_i = 0{,}1$ mm	196,6	22,70	4,939	1,518	0,5800	0,1276	0,03951	0,01519	0,006774
$k_i = 0{,}4$ mm	252,7	29,18	6,348	1,950	0,7448	0,1636	0,05061	0,01943	0,008658
$k_i = 1{,}0$ mm	324,6	37,13	8,023	2,452	0,9329	0,2037	0,06272	0,02399	0,01066
$k_i = 1{,}5$ mm	370,4	42,06	9,046	2,756	1,0455	0,2274	0,06980	0,02664	0,01181

Zunächst wird der Durchfluß in den Einzelsträngen geschätzt. Dann wird die Korrektur

$\Delta Q = -\sum(a_i \cdot Q_i|Q_i|)/(2\sum|a_i \cdot Q_i|)$ (282)

vorgenommen.

Beispiel Integrale Rauheit $k_i = 0{,}4$ mm

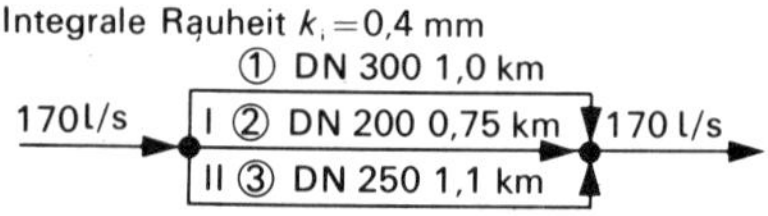

Geschätzte Durchflüsse:
①: 85,0 l/s
②: 35,0 l/s
③: 50,0 l/s

Ergebnisse:
①: 85,8 l/s
②: 33,8 l/s
③: 50,4 l/s

Tafel 116

Masche Strang	d_i	l_i	c_i $k_i=0{,}4$	$a_i = c_i \cdot l_i$	a_i	$h_i = \frac{a_i Q_i\|Q_i\|}{10^3}$	$\frac{\sum\|a_i \cdot Q_i\|}{10^3}$	ΔQ	Q'_i	$h'_i = \frac{a_i Q_i\|Q_i\|}{10^3}$	$\frac{\sum\|a_i \cdot Q'_i\|}{10^3}$	$\Delta Q'_i$	Q''_i	$h''_i = \frac{a_i Q''_i\|Q''_i\|}{10^3}$
1	2	3	4	5	6	7	8	9	10	11	12	13	14	15
–	mm	km	–	–	l/s	m	–	l/s	l/s	m	–	l/s	l/s	m
I①	300	1,0	0,7448	0,7448	85	5,38	0,0633	+1,0	86,0	5,51	0,0641	−0,2	85,8	5,48
I②	200	0,75	6,348	4,761	−35	−5,83	0,1666	+1,0 +0,3	−33,7	−5,41	0,1604	−0,2 +0,1	−338	−5,44
					$\sum$:	−0,45	0,2299		$\sum$:	+0,10	0,2245			
					$\Delta Q = -\frac{-0{,}45}{2 \cdot 0{,}2299} = +1{,}0$				$\Delta Q = -\frac{0{,}10}{2 \cdot 0{,}2245} = -0{,}2$					
II②	200	0,75	6,348	4,761	−1,0 35	5,50	0,1619	+0,2 −0,3	33,9	5,47	0,1614	−0,1	33,8	+5,44
II③	250	1,1	1,950	2,145	−50	−5,36	0,1073	−0,3	−50,3	−5,43	0,1079	−0,1	−50,4	−5,45
					$\sum$:	+0,14	0,2692		$\sum$:	+0,04	0,2693			
					$\Delta Q = -\frac{0{,}14}{2 \cdot 0{,}2692} = -0{,}3$				$\Delta Q = -\frac{0{,}04}{2 \cdot 0{,}2693} = -0{,}1$					

Zuerst wird Masche I bis Spalte 9 korrigiert, dann Masche II, wobei schon ΔQ von I, d. h. 1,0 l/s im gemeinsamen Strang ② berücksichtigt wird. Es folgt Masche I bis Sp. 13 mit Berücksichtigung von Masche II (0,3 in Sp. 9), dann wieder Masche II bis Spalte 15 und Masche I Sp. 14+15 mit 0,1 in Sp. 13. Zu beachten ist jeweils die Vorzeichenregelung nach Bild 113 bei ΔQ.

7.5.2 Formstücke für Rohrleitungen (Auszug aus DIN 2430)

Benennung	Kurzzeichen	Sinnbild
Muffenstück		
mit Flanschstutzen	A	
zwei Flanschstutzen	AA	
Muffenstutzen	B	
zwei Muffenstutzen	BB	
Muffenabzweig	C	
zwei Muffenabzweigen	CC	
Flanschmuffenstück	E	
Flanschmuffen-Übergangsstück	ER	
Muffenflansch-Übergangsstück mit Muffe am weiten Ende	ERw	
Einflanschstück	F	
mit Flanschstutzen	FA	
zwei Flanschstutzen	FAA	
Muffenstutzen	FB	
zwei Muffenstutzen	FBB	
Muffenabzweig	FC	
zwei Muffenabzweigen	FCC	
Hosenstück	H	
Hosenmuffenstück	HC	
Muffenbogen $R=10D$	K	
Muffenbogen $R=5D$		
Einflanschbogen $R=10D$	FK	
$R=5D$	FL	
Einflanschkrümmer	FQ	
Flanschkrümmer	Q	
Muffenkrümmer	MQ	

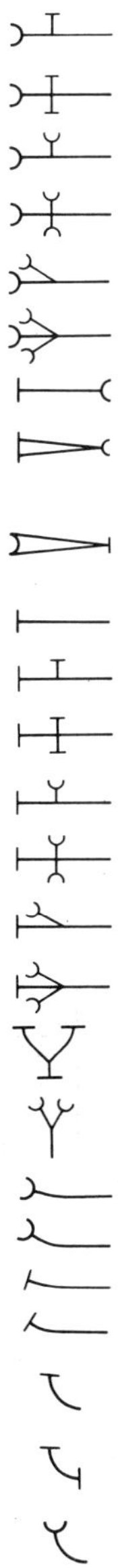

Benennung	Kurzzeichen	Sinnbild
Flanschmuffenkrümmer	EQ	
Fußkrümmer	N	
Hydrantenfußkrümmer	EN	
Flanschmuffenfußkrümmer	EQN	
Muffenübergangsstück	R	
mit Muffe am weiten Ende	Rw	
exzentrisch	Re	
mit Muffe am weiten Ende, exzentrisch	Rwe	
Einflanschübergangsstück	FR	
exzentrisch	FRe	
mit Flansch am weiten Ende	FRw	
mit Flansch am weiten Ende, exzentrisch	FRWe	
Flanschübergangsstück	FFR	
exzentrisch	FFRe	
S-Stück	S	
T-Stück	T	
Kreuzstück	TT	
T-Stück geschweift	Tg	
Kreuzstück geschweift	TTg	
Überschiebmuffe	U	
Doppelmuffe	MM	
mit Flanschstutzen	MMA	
mit zwei Flanschstutzen	MMAA	
mit Muffenstutzen	NMMB	
Stopfen	P	
Kappe	O	
Blindflansch, flach	X	

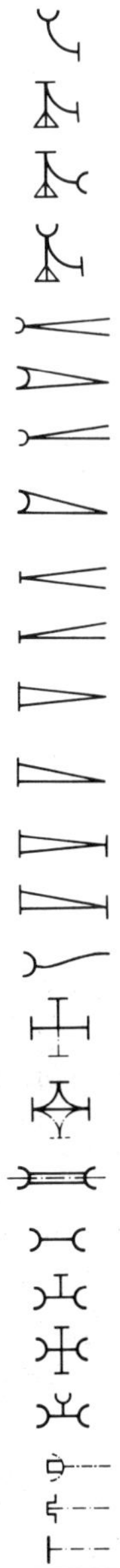

17

7.5.3 Druckrohre für die Wasserversorgung

Tafel 117 Abmessungen und Nenndrücke PN [bar] von Druckrohren für die Wasserversorgung

Nennweite DN		80	100	125	150	200	250	300	400	500	600	700	800	900	1000	1200
Geschweißte Stahlrohre nach DIN 2458, 2461	d_1	81,7	100,8	125	150	209,1	261,8	311,3	393,8	495,4	597	697	796,8	894,4	996	–
Nahtlose Stahlrohre nach DIN 2448, 2460²)	d_a	88,9	108	133	159	219	273	323,9	406,4	508	609,6	711,2	812,8	914,4	1016	–
Wasserleitungen St33 Handelsgüte	PN_1 ¹)	25	25	25	25	20³)	20³)	20	16	12,5	10	10	6	6	6	–
St37-2 ohne Abnahme	PN_2 ¹)	50³)	40³)	32³)	32³)	32³)	25³)	25³)	20³)	16³)	16	16	12	16	16	–
Duktile Gußrohre mit Zementmörtel-auskleidung (DIN 28610-1) Ersatz: EN 545, EN 969	s_z	3	3	3	3	3	3	3	5	5	5	6	6	6	6	6
	d_a	98	118	144	170	222	274	326	429	532	635	738	842	945	1048	1255
K 8	d_i	80	100	126	152	204	256	307,2	404,6	506	607,4	706,8	809,2	910,6	1012	1215,8
	PN¹)	40	40	40	40	32	25	25	25	20	20	20	20	20	20	20
K 9	d_i	80	100	126	152	203,4	254,4	305,6	402,8	504	605,2	704,4	806,6	907,8	1009	1212,4
	PN¹)	40	40	40	40	40	32	32	25	25	25	25	25	20	20	20
K 10	d_i	80	100	125,6	151	202	253	304	401	502	603	702	804	905	1006	–
	PN¹)	40	40	40	40	40	40	40	32	32	32	25	25	25	25	–
Duktile Gußrohre mit Muffen nach (DIN 28610-2) Ersatz: EN 969	d_a	98	118	144	170	222	274	326	429	532	635	738	842	945	1048	1255
	d_i	86	105,8	131,6	157	208	259	310	411	512	613	714	816	917	1018	1224
	PN¹)	40	40	40	40	32	32	32	25	25	25	16	16	16	16	16
Duktile Gußrohre mit angegossenen Flanschen nach (DIN 28614) Ersatz: EN 545 u. EN 696	d_i	81,6	101,2	126,4	151,8	202,4	253	314,8	403,8	504	604,2	704,4	805,6	905,8	1006	1207,4
	bis PN¹)	40	40	40	40	40	40	40	25	25	25	16	16	16	16	16
Faserzementrohre⁴) nach DIN 19800-1, d_i = DN — PN 20	min d_a	97	119	148	176	232	284	340	453	563	677	Ab DN 700 Anpassung an innere und äußere Belastung. Von DN 1000 bis DN 2000 auch 100 mm Zwischengrößen				
PN 16	min d_a	103	128	157	188	250	306	367	488	606	726					
Rohre aus PE-hart nach DIN 19533	d_i	73,6	102,2	130,8	147,2	204,4	257,6	290,4	–							
PN 10	d_a	90	125	160	180	250	315	355	–							
Rohre aus PVC-hart nach DIN 19532	d_a	90	110	140	160	225	280	315	450							
PN 10	d_i	81,4	99,4	126,6	144,6	203,4	253,2	285	407							
PN 16	d_i	76,6	93,6	119,2	136,2	191,6	238,4	268,2								

s_z Zementmörteldicke in mm
d_a Außendurchmesser in mm
d_i Innendurchmesser in mm
PN Nenndruck in bar
K8, K9, K10 Wandstärkenklassen

¹) Die Nenndrücke gelten für das Rohr, nicht immer für die Verbindung ²) nur bis DN 500
³) Nahtlose Stahlrohre mit St00, Handelsg. u. St35 o. Abn. haben höhere zul. Betriebsdrücke ⁴) nur noch selten verwendet

Stahlbetonrohre, Stahlbeton-Druckrohre und -Formstücke nach DIN 4035 (8.95) und **Spannbetonrohre** n. DIN 4227 werden entsprechend den örtlichen Einbaubedingungen für praktisch jede Belastung, auch für das Rohrvertriebsverfahren, berechnet, bemessen und ausgeführt. Sie werden bezeichnet mit K für kreisrund/GM für Glockenmuffe/FM für Falzmuffe. Nennweiten von DN 250 bis DN 4000 und größer. Die Regelbaulänge beträgt mind. 2,5 m und soll durch 0,5 und bei DN 1600 und mehr durch 0,1 teilbar sein.

Die **Druckprüfung** wird nach DIN 4279 (6.90), Teil 1 – 10, durchgeführt. Der Prüfdruck beträgt in der Regel bis PN 10: 1,5 × Nenndruck, über PN 10: Nenndruck +5 bar, und am höchsten Punkt der Prüfstrecke 1,1 × PN. Bei Stahlbetonleitungen bis PN 2,5: 1,4 × Nenndruck und über PN 2,5: Nenndruck +1 bar. Bei PVC-Hart und PE-Hart: 1,5 × PN für die Vorprüfung und 1,3 × PN für die Hauptprüfung. Gemessen wird nach gewissen Standzeiten der Druckabfall und bei zementgebundenen Innenwänden auch die Wasseraufnahme. Siehe auch DVGW-W341 (7.90).

Druckrohrleitungen mit nicht zugfesten Verbindungen müssen an Krümmern, Endpunkten und T-Stücken durch **Betonwiderlager** festgelegt werden, s. Hydrodynamik, Grundl. s. Abschn. 3 und DVGW, Merkblätter GW310/I (7.71 in Überarbeitung) und GW310/II (9.73 in Überarbeitung)

8 Binnenwasserstraßen

R_i Krümmungshalbm., in m, innerer Fahrbahnrand
α Zentriwinkel der Fahrbahnkrümmung
l Schiffslänge in m
R Krümmungshalbm. in Fahrbahnachse in m
a Gesamtverbreiterungsmaß in Fahrwasserkrümmungen nach der international festgelegten Verbreiterungsformel

$$a = \frac{l^2}{2R} \quad \text{in m}$$

Nach Graewe, Die Bautechnik 1 (1971) können für Kanäle und staugeregelte Flüsse, ähnlich dem Main, die Richtwerte der nebenstehenden Tafel nach Prüfung der jeweiligen Verhältnisse angewendet werden.

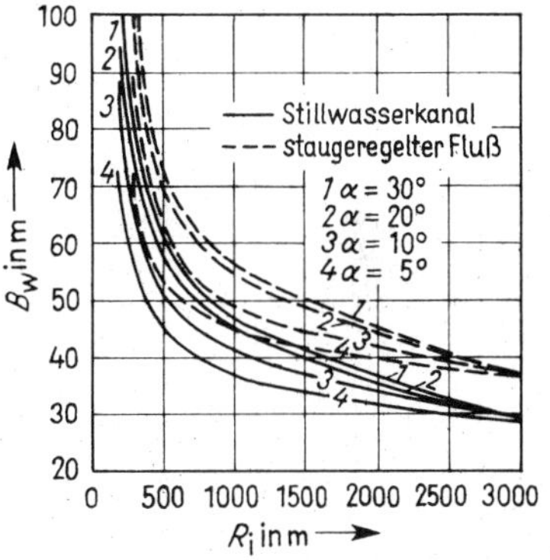

Bild 113 Nutzbare Fahrwasserbreite B_w für verschiedene α

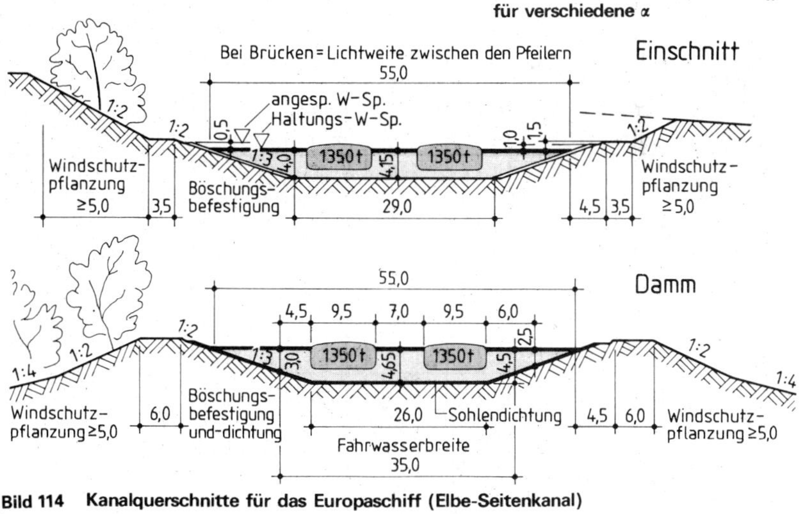

Bild 114 Kanalquerschnitte für das Europaschiff (Elbe-Seitenkanal)

17

Tafel 118 Klassifizierung der Europäischen Binnenwasserstraßen (Auszug aus BMV-BW 20-Anl. zu TRANS/SC 3/R153)

Typ der Binnenwasserstraße		Klasse der Binnenwasserstraße	Motorschiffe und Schleppkähne				Schubverbände					Brückendurchfahrtshöhe [2])
			maxim. Länge L (m)	maxim. Breite B (m)	Tiefgang d (m) [7])	Tonnage	Formation	Länge L (m)	Breite B (m)	Tiefgang d (m) [7])	Tonnage T (t)	
1		2	4	5	6	7	8	9	10	11	12	13
von regionaler Bedeutung	westlich der Elbe	I	38,5	5,05	1,8–2,2	250–400						4,0
		II	50–55	6,6	2,5	400–650						4,0–5,0
		III	67–80	8,2	2,5	650–1 000						4,0–5,0
	östlich der Elbe	I	41	4,7	1,4	180						3,0
		II	57	7,5–9,0	1,6	500–630						3,0
		III	67–70	8,2–9,0	1,6–2,0	470–700		118–132 [1])	8,2–9,0 [1])	1,6–2,0	1 000–1 200	4,0
von internationaler Bedeutung		IV	80–85	9,50	2,50	1 000–1 500		85	9,50 [5])	2,50–2,80	1 250–1 450	5,25 od. 7,00 [4])
		Va	95–110	11,40	2,50–2,80	1 500–3 000		95–110 [1])	11,40	2,50–4,50	1 600–3 000	5,25 od. 7,00 od. 9,10 [4])
		Vb					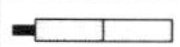	172–185 [1])	11,40	2,50–4,50	3 200–6 000	
		VIa						95–110 [1])	22,80	2,50–4,50	3 200–6 000	7,00 od. 9,10 [4])
		VIb	140 [3])	15,00 [3])	3,90 [3])		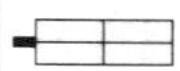	185–195 [1])	22,80	2,50–4,50	6 400–12 000	7,00 od. 9,10 [4])
		VIc					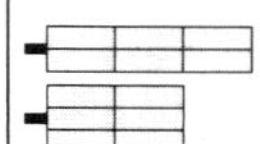	270–280 [1])	22,80	2,50–4,50	9 600–18 000	9,10 [4])
								195–200 [1])	33,00–	2,50–4,50	9 600–18 000	
		VII					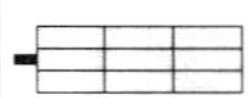 [8])	285	33,00–34,20 [1])	2,50–4,50	14 500–2700	9,10 [4])

Bemerkungen

[1]) 1. Zahl ≙ aktuell geltender Wert; 2. Zahl ≙ zukünftig geltender Wert

[2]) incl. Sicherheitsabstand von 0,3 m zwischen höchstem Punkt des Schiffes und Brücke

[3]) incl. Fahrzeuge im Ro-Ro- und Containerverkehr

[4]) 5,25 m ≙ 2 Lagen Container, 7,00 m ≙ 3 Lagen Container, 9,10 m ≙ 4 Lagen Container; bei > 50% Leercontainer Ballastierung erforderlich

[5]) Wegen max zul L im Einzelfall Zuordnung zu Kl. IV möglich obwohl $B=11,4$ m und $d=4,0$ m

[6]) entfällt

[7]) Tiefgangswert ggf. im Einzelfall nach örtlichen Gegebenheiten festlegen

[8]) Im Einzelfall bei Mehrleichtern auch größere horizontale Abmessungen möglich

Abfallwirtschaft

Bearbeitet von Prof. Dr.-Ing. Ernst Biener

Inhalt

Literatur

[1] Gesetz zur Förderung der Kreislaufwirtschaft und Sicherung der umweltverträglichen Beseitigung von Abfällen — Kreislaufwirtschafts- und Abfallgesetz — KrW-/AbfG v. 6. 10. 94; BGBl. I S. 2705

[2] Bundesminister für Umwelt, Naturschutz und Reaktorsicherheit: „Gesamtfassung der Zweiten allgemeinen Verwaltungsvorschrift zum Abfallgesetz (TA Abfall); Teil I: Technische Anleitung zur Lagerung, chemisch/physikalischen, biologischen Behandlung, Verbrennung und Ablagerung von besonders überwachungsbedürftigen Abfällen"; Bek. d. BMU v. 12. 3. 91, WA II 5 — 30121-1/18, GMBl. 42. Jg., Nr. 8, S. 139ff., Carl-Heymanns-Verlag, Köln 1991

[3] Bundesminister für Umwelt, Naturschutz und Reaktorsicherheit — „Dritte allgemeine Verwaltungsvorschrift zum Abfallgesetz (TA Siedlungsabfall); Technische Anleitung zur Verwertung, Behandlung und sonstigen Entsorgung von Siedlungsabfällen"; v. 14. 5. 93, Bundesanzeiger, Jhrg. 45, Nr. 99a, Bundesanzeiger Verlagsges. mbH, Köln 1993

[4] Landesamt für Wasser und Abfall NRW: Richtlinienentwurf zur Untersuchung und Beurteilung von Abfällen, Teil 2, Beseitigung von Abfällen durch Ablagern unter besonderer Berücksichtigung wasserwirtschaftlicher Gegebenheiten, Düsseldorf 1987

[5] *Thóme-Kozmiensky, K. J.*: Abdichtung von Deponien und Altlasten. Berlin: EF-Verlag für Energie und Umwelttechnik, 1992

[6] DIN 19667: Dränung von Deponien (05/91)

[7] DIN 4266-1 und -3: Sickerrohre für Deponien (01/92) bzw. (12.92); DIN EN 295-5 (03.99): Steinzeugrohre und Formstücke für Rohrverbindungen, Abwasserleitungen und -kanäle — Teil 5: Anforderungen an gelackte Rohre und Formstücke

[8] Bundesanstalt für Materialforschung und -prüfung (BAM): Richtlinie für die Zulassung von Kunststoffdichtungsbahnen als Bestandteil einer Kombinationsdichtung für Siedlungs- und Sonderabfalldeponien sowie für Abdichtungen von Altlasten, Berlin 07/92

[9] *Ehrig, H.-J.*: Was ist Deponiesickerwasser — Mengen und Inhaltsstoffe. In: Deponiesickerwasser, ATV Dokumentation 4, GFA, St. Augustin 1986

[10] *Hösel, G.; Schenkel, W.; Schnurer, H.*: Müll-Handbuch; Erich Schmidt Verlag; Loseblattausgabe, Berlin

[11] *Hillebrecht, E.*: Kosten einer modernen Deponie; Stuttgarter Berichte zur Abfallwirtschaft; Heft Nr. 29; Erich Schmidt Verlag 1988

[12] Gesetz zum Schutz vor schädlichen Bodenveränderungen und zur Sanierung von Altlasten (Bundes-Bodenschutzgesetz — BBodSchG) vom 17. 3. 98; BGBl. I, S. 502

[13] Directoraat-Generaal Milieubeheer/Directie Bodem, Afdeling, Waterbodems en Kwaliteit: Interventiewaarden bodemsanering v. 9. 5. 94/Nr. DBO/07494013; Staatscourant 1995

[14] Verordnung über Trinkwasser und über Wasser für Lebensmittelbetriebe (Trinkwasserverordnung — TrinkwV) v. 5. 12. 90; BGBl. I, S. 2612 und BGBl. I, S. 227 v. 23. 1. 91

[15] Rat der europäischen Gemeinschaft: EG-Richtlinie über die Qualität von Wasser für den menschlichen Gebrauch; 80/778/EWG v. 15. 7. 80

[16] Deutscher Verein des Gas- und Wasserfaches e. V.: Eignung von Oberflächenwasser als Rohstoff für die Trinkwasserversorgung; DVGW-Arbeitsblatt W 151 v. 07/75

[17] Länderarbeitsgemeinschaft Wasser: Empfehlungen für die Erkundung, Bewertung und Behandlung von Grundwasserschäden; Stand Okt. 1993

[18] Der Rat von Sachverständigen für Umweltfragen: Sondergutachten Altlasten, Metzler-Poeschel Verlag, Stuttgart 1990

[19] Der Rat von Sachverständigen für Umweltfragen: Sondergutachten Altlasten II, Metzler-Poeschel Verlag, Stuttgart 1995

[20] Abwassertechnische Vereinigung: Hinweise für das Einleiten von Abwasser in eine öffentliche Abwasseranlage; Arbeitsblatt A 115 v. Okt. 1994

[21] Verordnung über gefährliche Stoffe (Gefahrstoffverordnung — GefStoffV — ZH 1/220), Carl Heymanns Verlag KG, Köln

[22] Technische Regeln für Gefahrstoffe, TRGS 900; Maximale Arbeitsplatzkonzentrationen und biologische Arbeitsstofftoleranzwerte (MAK-Werte — ZH 1/401); Carl Heymanns Verlag KG, Köln

[23] Deutsches Institut für Gütesicherung und Kennzeichnung e. V.: Recycling-Baustoffe für den Straßenbau; Gütesicherung RAL-RG 501/1; Beuth-Verlag, Berlin 1985

[24] Deutsches Institut für Gütesicherung und Kennzeichnung e. V.: Aufbereitung zur Wiederverwendung von kontaminierten Böden und Bauteilen; Gütesicherung RAL-RG 501/2; Beuth-Verlag, Berlin 1994

[25] Forschungsgesellschaft für Straßen- und Verkehrswesen: Technische Lieferbedingungen für Mineralstoffe im Straßenbau; TL Min-StB 83; Köln 1983

[26] Forschungsgesellschaft für Straßen- und Verkehrswesen: Merkblatt über die Verwendung von industriellen Nebenprodukten im Straßenbau; Teil Wiederverwendung von Baustoffen; Köln 1985

[27] Länderarbeitsgemeinschaft Abfall (LAGA): Anforderungen an die stoffliche Verwertung von mineralischen Reststoffen/Abfällen; Technische Regeln; Stand September 1995

[28] *Tiltmann, K. O.* (Hrsg.): Handbuch Abfall-Wirtschaft und Recycling; Vieweg Verlag 1993

[29] Bundes-Bodenschutz- und Altlastenverordnung (BBodSchV) vom 17. 7. 99; BGBl. I, S. 1554

[30] EG-Deponierichtlinie Nr. 98/C 332/02 vom 4. 6. 98; Amtsblatt der Europäischen Gemeinschaft v. 30. 10. 98

[31] Schriftenreihe Abfallwirtschaft in Forschung und Praxis; Erich-Schmidt Verlag, Berlin

1 Deponietechnik

1.1 Deponieklassen

Die technischen Anforderungen an die Ablagerung von Abfällen befinden sich derzeit durch die Auswirkungen der EG-Deponierichtlinie [30] auf die TA Siedlungsabfall [3] im Umbruch. Nach [3] wird spätestens ab 1. Juni 2005 die Ablagerung von unbehandelten organischen Abfällen (z. B. Siedlungsabfall o. ä.) auf derzeit betriebenen bzw. auf neu einzurichtenden Deponien nicht mehr zulässig sein. Derzeit betriebene und vor Inkrafttreten der TA Siedlungsabfall [3] genehmigte Deponien werden auch aus Gründen der Entsorgungssicherheit allerdings noch bis 2005 in der heutigen Form weiterverfüllt.

1.1.1 Bisherige Regelungen

Fast in sämtlichen alten Bundesländern erfolgte die Einteilung von Deponien vor Einführung von [3] nach [4]. Danach existieren die in Bild 1 angegebenen Deponieklassen. Die Ablagerung von Abfällen auf den Deponieklassen 1 bis 3 erfolgte in der Regel nach den Grenzwerten für die zulässige Konzentration von Inhaltsstoffen in Eluaten von Abfällen (Tafel 1). Für die Ablagerung von Abfallstoffen auf den Deponieklassen 4, 5 und 6 wurden in [4] keine Anforderungen an die zulässigen Konzentrationen von Inhaltsstoffen in Eluaten von Abfällen festgelegt. Bei allen Deponieklassen gelten jedoch Ausschlußkriterien für bestimmte reaktionsfreudige Abfälle und für Abfälle mit gefähr-

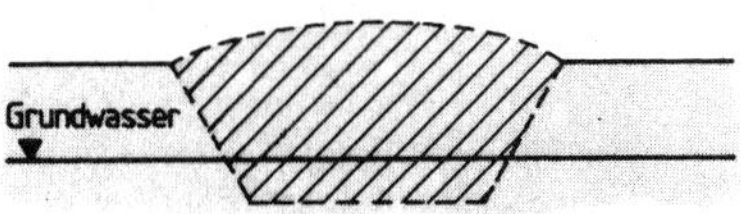

a) Deponieklasse 1: Bodenablagerung

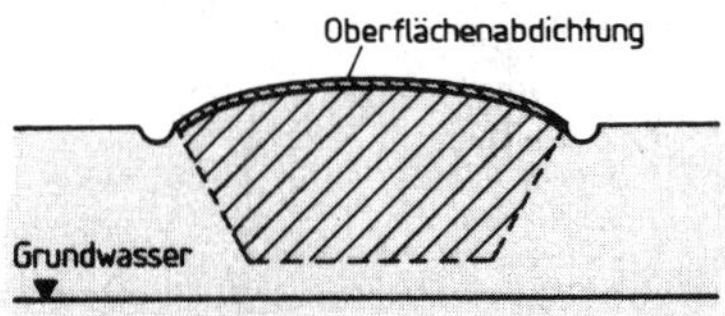

b) Deponieklasse 2: Mineralstoffdeponie (z. B. Bauschutt)

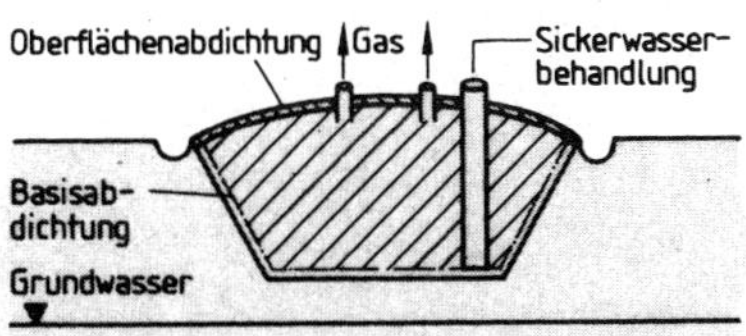

c) Deponieklasse 3: Deponie für Siedlungsabfälle

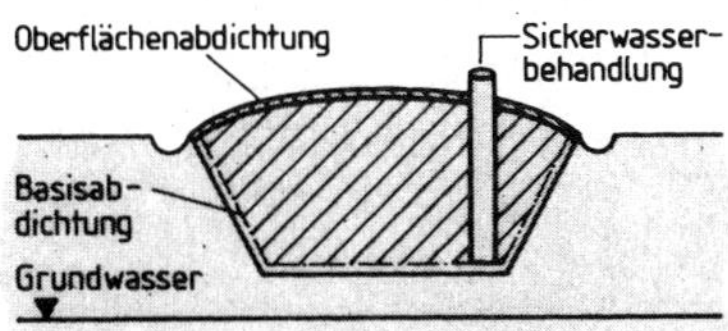

d) Deponieklasse 4: Deponie für Gewerbe- und Industrieabfälle

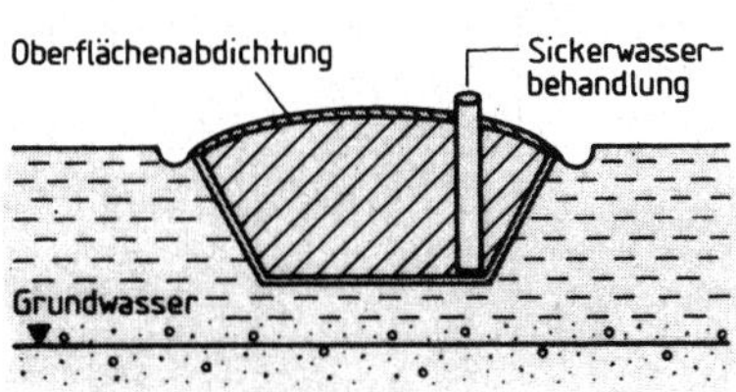

e) Deponieklasse 5: Deponie für Sonderabfälle

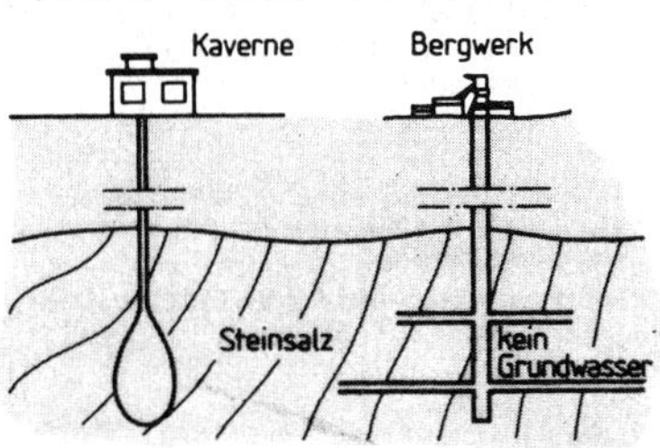

f) Deponieklasse 6: Untertagdeponie für Sonderabfälle

Bild 1 Bisherige Einteilung in Deponieklassen nach [4]

lichen und toxischen Inhaltsstoffen. Für Deponieklasse 1 bis 5 gelten darüberhinaus zur Zeit noch die in Tafel 2 angegebenen maximalen Schadstoffgehalte. Die genauen bzw. weitergehende Werte sind beim jeweiligen Betreiber einer Deponie zu erfahren.

Tafel 1 Zulässige Konzentrationen von Inhaltsstoffen in Eluaten von Abfällen nach [4]

Nr.	Deponieklasse	in	1	2	3
1	pH-Wert	–	5,5 bis 10	5,5 bis 12	5,5 bis 12
2	Leitfähigkeit	mS/m	<100	<250	*
3	CSB	mg O_2/l	< 20	< 50	*
4	Fischtest	–	Eluat unverdünnt negativ		*
5	Polycyclische Aromaten	mg/l	0,002	0,003	0,005
6	Phenole	mg/l	0,005	0,1	20
7	Kohlenwasserstoffe	mg/l	0,2	1,0	100
8	EOX (Cl)	mg/l	0,01	0,1	1,0
9	Antimon	mg/l	0,05	0,1	1,0
10	Arsen	mg/l	0,05	0,1	1,0
11	Barium	mg/l	0,5	1,0	5,0
12	Beryllium	mg/l	0,004	0,005	0,05
13	Blei	mg/l	0,05	0,5	2,0
14	Bor	mg/l	1,0	1,0	10,0
15	Cadmium	mg/l	0,005	0,05	0,5
16	Chrom, gesamt	mg/l	0,05	1,0	10,0
17	Chrom-VI	mg/l	0,01	0,1	*
18	Eisen (gelöst)	mg/l	1,0	2,0	*
19	Kobalt	mg/l	0,05	0,5	2,0
20	Kupfer	mg/l	0,1	1,0	10,0
21	Mangan	mg/l	0,5	1,0	*
22	Nickel	mg/l	0,05	0,5	10,0
23	Quecksilber	mg/l	0,001	0,005	0,05
24	Selen	mg/l	0,01	0,05	0,5
25	Silber	mg/l	0,01	0,1	0,5
26	Thallium	mg/l	0,01	0,1	2,0
27	Vanadium	mg/l	0,05	0,2	2,0
28	Zink	mg/l	1,0	5,0	10,0
29	Zinn	mg/l	0,5	0,5	10,0
30	Fluorid (F^-)	mg/l	2,0	5,0	20,0
31	Ammoniak (NH_3)	mg/l	1,0	5,0	*
32	Chlorid (Cl^-)	mg/l	200	(x)	*
33	Cyanide, gesamt (CN^-)	mg/l	0,05	0,5	20,0
34	Cyanide, leicht freisetzbar	mg/l	0,01	0,1	2,0
35	Nitrat (NO_3^-)	mg/l	50	100	
36	Nitrit (NO_2^-)	mg/l	1,0	1,0	
37	Phosphat (PO_4^{3-})	mg/l	1,0	10,0	
38	Sulfat (SO_4^{2-})	mg/l	250,0	(x)	

(x) wird durch Leitfähigkeit begrenzt
(*) Für die Beurteilung einer Zulassung auf Deponieklasse 3 nicht relevant

Tafel 2 Maximal zulässige Konzentrationen spezieller Inhaltsstoffe für Deponieklasse 5 (bezogen auf die Trockensubstanz) nach [4]

Inhaltstoffe	Kurzform	Grenzwerte*)
Polycyclische aromatische Kohlenwasserstoffe (beschränkt auf Parameter der Trinkwasserverordnung)	PAK	100 mg/kg
Polychlorierte Biphenyle	PCB	100 mg/kg
Gesamtes extrahierbares organisches Chlor (Pentanextrakt)	EOX (Cl)	5 g/kg
Leicht freisetzbare Cyanide	CN_{lf}	10 g/kg
Quecksilber	Hg	5 g/kg
Arsen (wasserlöslich)	As	10 g/kg
Cadmium	Cd	10 g/kg

*) Für Deponieklassen 1 bis 4 sind weitergehende Begrenzungen sowie Grenzwerte für andere Inhaltsstoffe unter Berücksichtigung der wasserwirtschaftlichen und deponietechnischen Gegebenheiten vorzusehen.

1.1.2 Derzeitige Regelungen

Nach Einführung der TA Abfall [2] und der TA Siedlungsabfall [3] gibt es für Bau und Betrieb (unterschiedliche Übergangsfristen; spätestens 1. Juni 2005) nur noch 3 obertägige Deponieklassen.

– Deponieklasse I: (Mineralstoffdeponie)
– Deponieklasse II: (Reststoffdeponie)
– Deponieklasse III: (Sonderabfalldeponie)

Bei der Zuordnung von Abfällen zu den o.a. Deponien sind die in Tafel 3 genannten Zuordnungswerte einzuhalten. Werden diese Werte überschritten, so ist eine Abfallentsorgung auf einer Untertagedeponie (Typ 1 oder 2) vorzusehen.

Tafel 3 Zuordnung von Abfällen zu Deponien nach [2] und [3]

Nr.	Parameter		Zuordnungswerte		
	Deponieklasse	in	I	II	III
1	Festigkeit[1])				
1.01	Flügelscherfestigkeit	kN/m²	≧25	≧25	≧25
1.02	Axiale Verformung	%	≦20	≦20	≦20
1.03	Einaxiale Druckfestigkeit (Fließwert)	kN/m²	≧50	≧50	≧50
2	Organischer Anteil des Trockenrückstandes der Originalsubstanz[2])				
2.01	bestimmt als Glühverlust	Masse-%	≦3	≦5	≦10
2.02	bestimmt als TOC	Masse-%	≦1	≦3	–
3	Extrahierbare lipophile Stoffe der Originalsubstanz	Masse-%	≦0,4	≦0,8	≦4
4	Eluatkriterien				
4.01	pH-Wert	–	5,5 bis 13	5,5 bis 13	4 bis 13
4.02	Leitfähigkeit	µS/cm	≦10000	≦50000	≦100000
4.03	TOC	mg/l	≦ 20	≦ 100	≦ 200
4.04	Phenole	mg/l	≦ 0,2	≦ 50	≦ 100
4.05	Arsen	mg/l	≦ 0,2	≦ 0,5	≦ 1
4.06	Blei	mg/l	≦ 0,2	≦ 1	≦ 2
4.07	Cadmium	mg/l	≦ 0,05	≦ 0,1	≦ 0,5
4.08	Chrom VI	mg/l	≦ 0,05	≦ 0,1	≦ 0,5
4.09	Kupfer	mg/l	≦ 1	≦ 5	≦ 10
4.10	Nickel	mg/l	≦ 0,2	≦ 1	≦ 2
4.11	Quecksilber	mg/l	≦ 0,005	≦ 0,02	≦ 0,1
4.12	Zink	mg/l	≦ 2	≦ 5	≦ 10
4.13	Fluorid	mg/l	≦ 5	≦ 25	≦ 50
4.14	Ammonium-N	mg/l	≦ 4	≦ 200	≦ 1000
4.15	Chlorid	mg/l	–	–	≦ 10000
4.16	Cyanide, leicht freisetzbar	mg/l	≦ 0,1	≦ 0,5	≦ 1
4.17	Sulfat	mg/l	–	–	≦ 5000
4.18	Nitrit	mg/l	≦ 8	≦ 6	≦ 30
4.19	AOX	mg/l	≦ 0,3	≦ 1,5	≦ 3
4.20	Wasserlöslicher Anteil (Abdampfrückstand)	mg/l	≦ 3	≦ 6	≦ 10

[1]) 1.02 kann gemeinsam mit 1.03 gleichwertig zu 1.01 angewandt werden.
[2]) 2.01 kann gleichwertig zu 2.02 angewandt werden; Anforderung gilt nicht für verunreinigten Bodenaushub, der auf einer Monodeponie abgelagert wird.

Darüber hinaus regeln [2] und [3] die Ablagerung von besonderen produktionsspezifischen Abfällen auf Monodeponien, wenn aufgrund der Schadstoffgehalte im Abfall oder der Bindungsform der Schadstoffe in den Abfällen eine Mobilisierung der Schadstoffe und nachteilige Reaktionen mit anderen Abfällen ausgeschlossen werden sollen. Dabei können einzelne der in Tafel 3 genannten Zuordnungswerte (außer Lfd. Nr. 1 bzw. 2) mit Zustimmung der zuständigen Behörde überschritten werden.

1.1.3 Alternative Zuordnungswerte

Bedingt durch die notwendige Umstellung der gesetzlichen Grundlagen aufgrund der noch in Deutschland umzusetzenden EG-Deponierichtlinie [20] sowie der damit verbundenen Novellierung der TA-Siedlungsabfall [3] werden bezüglich der Ablagerung von Abfällen in einigen Bundesländern bereits die in Tafel 4 aufgeführten abweichenden bzw. alternativen Zuordnungswerte bei der Ablagerung von mechanisch-biologisch vorbehandelten Restabfällen in der Praxis umgesetzt.

Tafel 4 Alternative Zuordnungsparameter zur Ablagerung von Abfällen

Zuordnungswerte TA Siedlungsabfall					Zusätzliche alternative Zuordnungswerte		
Lfd. Nr.	Parameter	Zuordnungswerte gemäß Tafel 3	Abweichende Zuordnungswerte	in	Parameter	Zuordnungswerte	in
2.01	Glühverlust	5	30* (25 – 45)	Masse-%	Atmungsaktivität AT_4	5	mg O_2/gTS
2.02	TOC	3	18* (15 – 25)	Masse-%	Gasbildung GB_{21}	20	Nml/gTS
4.03	TOC_{Eluat}	100	200* – 300	mg/l	Durchlässigkeitsbeiwert k	$1 \cdot 10^{-8}$	m/s
* Vorschläge des Umweltbundesamtes					Einbau*	$w < w_{pr}$	$D_{pr} > 95\%$

1.2 Bestandteile von Deponien

Die wesentlichen Bestandteile einer obertägigen Deponie nach dem Multibarrierenprinzip [5] sind in Bild 2 dargestellt. Gemäß [3] ist eine Anlage von Deponien in Gruben, aus denen eine Ableitung von Sickerwasser in freiem Gelände zu außerhalb des Ablagerungsbereichs liegenden Schächten nicht möglich ist, nicht mehr zulässig. Daher ist für die Planung von Deponien in der Regel von der Form einer Hoch- bzw. Haldendeponie auszugehen.

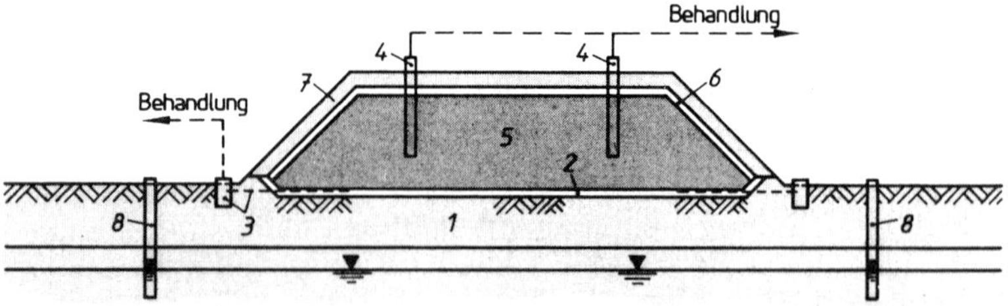

1 Geologische Barriere
2 Basisabdichtung
3 Sickerwasserfassung und -behandlung
4 Gasfassung und -behandlung (bei organischen Abfällen)
5 Deponiekörper
6 Oberflächenabdichtung
7 Rekultivierung
8 Grundwasserbeobachtung (Betrieb, Nachsorge)

Bild 2 Prinzipielle Bestandteile einer Deponie

1.3 Geologische Anforderungen

In [2] und [3] werden Anforderungen an den „geeigneten Deponiestandort" gestellt. Es sind im wesentlichen geologische und hydrogeologische Anforderungen (geringe Grundwasserneubildung, geringe Grundwassergeschwindigkeit, geringer Grundwasserdurchfluß, hohes Schadstoffrückhaltevermögen); darüberhinaus werden Ausschlußkriterien genannt.

Ausschlußkriterien

Oberirdische Deponien dürfen nicht errichtet werden in:

a) Karstgebieten und Gebieten mit stark klüftigem und besonders wasserwegsamem Untergrund (z. B. Kalkstein, Kalkmergel- bzw. Dolomitgestein, etc.)

b) festgesetzten, vorläufig sichergestellten oder fachbehördlich geplanten Trinkwasser- oder Heilquellenschutzgebieten sowie Wasservorranggebieten bzw. Überschwemmungsgebieten

Deponieuntergrund

Deponieklasse I	keine besonderen Anforderungen
Deponieklasse II	natürlich anstehende schwach bis sehr schwach durchlässige Locker- bzw. Festgesteine ($k \leqq 1 \cdot 10^{-6}$ m/s) von mehreren Metern Mächtigkeit mit hohem Schadstoffrückhaltepotential; flächige Verbreitung über den Ablagerungsbereich hinaus; alternativ: bautechnische Barriere von 3 m Mächtigkeit mit $k \leqq 1 \cdot 10^{-7}$ m/s.
Deponieklasse III	natürlicher Untergrund mit einer Mindestmächtigkeit von 3 m (flächige Verteilung) und einem hohen Adsorptionsvermögen (z. B. tonmineralhaltiger Untergrund mit einer Gebirgsdurchlässigkeit $k \leqq 1 \cdot 10^{-7}$ m/s).

1.4 Basisabdichtungen

Deponiebasisabdichtungssysteme umfassen neben der eigentlichen abdichtenden Schicht auch die weiteren notwendigen Komponenten, wie Entwässerungs-, Schutz- und Filterschichten. Dichtungen können aus mineralischen Materialien und/oder Kunststoffdichtungsbahnen hergestellt werden. Für die Deponieklassen II und III sind laut [2] und [3] im Regelfall nur Kombinationsdichtungen (mineralische Dichtung mit im „Preßverbund" aufliegender Kunststoffdichtungsbahn) zulässig (Bild 3).

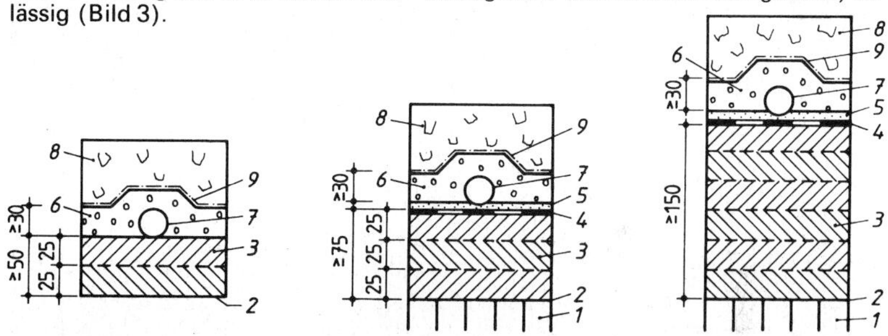

a) Deponieklasse I — b) Deponieklasse II — c) Deponieklasse III

1 Deponieuntergrund
2 Deponieplanum
3 Mineralische Dichtung
4 Kunststoffdichtungsbahn
5 Schutzschicht
6 Entwässerungsschicht
7 Sickerrohre
8 Abfall
9 Filterschicht (ggf.)

Bild 3 Basisabdichtungen für Deponien

Die in [2] und [3] genannten Anforderungen an die einzelnen Bestandteile eines Deponieabdichtungssystems sind in Tafel 5 zusammengefaßt. Für die zur Herstellung von Deponieabdichtungssystemen benötigten Materialien sowie für die beabsichtigten Herstellungsverfahren sind Eignungsprüfungen durchzuführen. Darüberhinaus ist die Herstellbarkeit des Dichtungssystems nach [2] und [3] unter Baustellenbedingungen durch Ausführung eines Versuchsfeldes nachzuweisen. Versuchsfelder dürfen nicht Bestandteil der Abdichtung werden. Die Abmessungen des Versuchsfeldes sollen denen im Bild 4 entsprechen. Bei Böschungen steiler 1 : 4 ist ein zusammenhängendes Versuchsfeld für die Sohl- und die Böschungsabdichtung anzulegen.

Tafel 5 Anforderungen an Basisabdichtungen

Lfd. Nr.	Komponente der Basisabdichtung	Parameter	Werte/Maßnahmen
1	Deponieuntergrund	Durchlässigkeit	s. Abschn. 1.3
2	Deponieplanum	Grundwasser Verdichtung	≧ 1,0 m unter Planum Verdichtungsgrad $D_{pr} \geqq 0{,}95$ bzw. ZTVE, Tab. 4
3	Mineralische Dichtung (MD)	Material	Feinstkorn ≦ 2 um ≧ 20 Gew.-% Tonmineralien ≧ 10 Gew.-% organische Substanz ≦ 5 Gew.-% Kalziumkarbonat ($CaCO_3$)-Gehalt ≦ 15 Gew.-%
		Gefälle	≧ 3% (nach Setzung)
		Einbauwerte	Lagen à ≦ 25 cm; $D_{pr} \geqq 0{,}95$; Einbauwassergehalt w muß über dem Proctorwassergehalt w_{pr} liegen, d.h.: $w_{pr} \leqq w \leqq w(0{,}95)$; bei Abweichung gilt Luftporenanteil $n_a \leqq 5\%$ Durchlässigkeitsbeiwert k (Labor) $k \leqq 5 \cdot 10^{-10}$ m/s bei $i = 30$
		Bauphase	Wetterschutz (Nässe, Frost, Austrocknung)
4	Kunststoff-dichtungsbahn (KDB)	Material Dicke Einbau	PEHD o.ä. (BAM-Zulassung [8]) $d \geqq 2{,}5$ mm KDB direkt auf MD aufliegende („Preßverbund")
5	Schutzschicht	Material	Geotextil oder Verbundmateriallagen (mit Flächengewichten ≧ 1200 g/m²) oder mineralische Schutzschichten (Sand/Splitt-Gemische 0/8; $d \geqq 10$ cm) jeweils nach Eignungsprüfung
6	Entwässerungs-schicht	Material	chemisch stabiles Rundkorn; u. U. gebrochenes Material 8/16 bzw. 16/32 Kalziumkarbonat ($CaCO_3$)-Gehalt ≦ 15 Gew.-% $k \geqq 1 \cdot 10^{-3}$ m/s (DIN 19667 [6])
		Dicke	$d \geqq 30$ cm
7	Sickerrohre	Material	PEHD o.ä. nach DIN 4266 [7] 2/3-gelocht oder geschlitzt Nenndurchmesser DN ≧ 300 mm
		Gefälle	≧ 1% (nach Setzung) Wassereintrittsfläche ≧ 100 cm²/lfdm

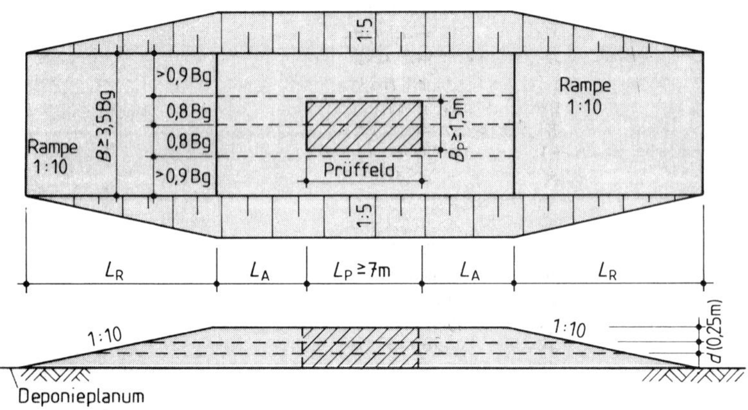

L_p = Länge des Prüffeldes
L_R = Rampenlänge
d = Dicke einer verdichteten Lage
B_g = Gerätebreite
L_A = Beschleunigungs- und Verzögerungsstrecke
B_p = Breite des Prüffeldes

Bild 4 Abmessungen des Versuchsfeldes [3]

1.5 Sickerwasserzusammensetzung und -erfassung

Sickerwasserbildung

Die anfallenden Sickerwassermengen einer Deponie werden maßgeblich vom Sickerwasserhaushalt des Deponiekörpers bestimmt. Spitzenereignisse (z. B. zu Beginn der Ablagerung) sind mit den Mitteln der Hydrologie (s. dort) zu bestimmen. Für die Bemessung von Entwässerungsschichten und Sickerrohren sind neben den o.a. Spitzenereignissen gem. [6] **6 l/(s·ha)** anzusetzen.

Tafel 6 Sickerwassermengen bei durchschnittlichen meteorologischen Verhältnissen (*N* = 800 mm)

Sickerwassermengen (Anhaltswerte für jährliches Mittel):	
Betriebene Deponieabschnitte	4,5 bis 5,5 $m^3/(ha \cdot d)$
Abgeschlossene, nicht zwischenabgedeckte Abschnitte	7,0 bis 8,0 $m^3/(ha \cdot d)$
Abgeschlossene, zwischenabgedeckte Abschnitte	1,0 bis 2,5 $m^3/(ha \cdot d)$

Sickerwasserzusammensetzung [9]

Die Zusammensetzung von Deponiesickerwasser bei derzeit betriebenen Siedlungsabfalldeponien (Deponieklasse 3) wird von den verschiedenen biologischen Prozessen im Deponiekörper bestimmt. Allerdings weist Deponiesickerwasser gegenüber anderem belasteten Wasser eine Besonderheit auf. Das Konzentrationsniveau einiger Parameter verlagert sich von einem hohen auf ein geringeres Niveau, stetig, aber relativ kurzfristig (Zeitraum ca. 1 bis 3 Jahre). Dies gilt insbesondere für die organischen Summenparameter BSB_5 und CSB.
Nach Abklingen der anfänglich aeroben Vorgänge bildet sich ein anaerobes Milieu aus. Zunächst erfolgt dieser anaerobe biologische Abbau nur bis zu den niederen Fettsäuren, die (in Wasser gelöst) die hohen organischen Belastungen verursachen („Saure Gärung"). Im weiteren zeitlichen Verlauf werden dann auch die restlichen niederen Fettsäuren zu Methan und Kohlendioxyd („Methangärung") umgesetzt und damit die Belastungen des Sickerwassers drastisch reduziert. Da die niederen Fettsäuren gleichzeitig zu einer Absenkung des pH-Wertes führen, ändern sich auch die Löslichkeit und damit die Konzentration einiger anorganischer Inhaltsstoffe (Tafel 7 und 8).
Bezüglich der Sickerwasserzusammensetzung künftiger Reststoffdeponien (Deponieklassen I, II und III) mit vorwiegend anorganischer Belastung können derzeit aufgrund fehlender Datenlage noch keine Aussagen getroffen werden.

Tafel 7 Mittelwerte und Bereiche verschiedener Sickerwasserinhaltstoffe von Siedlungsabfalldeponien (Stoffe mit signifikanter Konzentrationsänderung beim Phasenwechsel) [9]

Parameter	**Saure Gärung** (hohe organische Belastung)		**Methangärung** (geringe organische Belastung)	
	Mittelwert in mg/l	Bereich in mg/l	Mittelwert in mg/l	Bereich in mg/l
pH (–)	6,1	4,5 bis 7,5	8	7,5 bis 9
BSB_5	13000	4000 bis 40000	180	20 bis 550
CSB	22000	6000 bis 60000	3000	500 bis 4500
BSB_5/CSB	0,6		0,06	
Sulfat	500	70 bis 1750	80	10 bis 420
Calcium	1200	10 bis 2500	60	20 bis 600
Magnesium	470	50 bis 1150	180	40 bis 350
Eisen	780	20 bis 2100	15	3 bis 280
Mangan	25	0,3 bis 65	0,7	0,03 bis 45
Zink	5	0,1 bis 120	0,6	0,03 bis 4
Strontium	7	0,5 bis 15	1	0,3 bis 7

18

Tafel 8 Mittelwerte und Bereiche verschiedener Sickerwasserinhaltstoffe von Siedlungsabfalldeponien (Stoffe ohne signifikante Konzentrationsänderung beim Phasenwechsel) [9]

Inhaltstoffe ohne signifikante Konzentrationsänderung beim Phasenwechsel			Spurenelemente/Schwermetalle			
Parameter	Mittelwert in mg/l	Bereich in mg/l	Parameter	Mittelwert in µg/l	Bereich in µg/l	95%-Bereich* in µg/l
TKN	1350	50 bis 5000	Arsen	160	5 bis 1600	680
NH_4-N	750	30 bis 3000	Blei	90	8 bis 1020	660
ges. P	6	0,1 bis 30	Cadmium	6	0,5 bis 140	30
AOX	2	0,3 bis 3,35	Chrom	300	30 bis 1600	1110
Öle, Fette	1	0,1 bis 3	Kobalt	55	4 bis 950	270
Alkalität	6700	300 bis 11500	Kupfer	80	4 bis 1400	490
ADR	8000	300 bis 50000	Nickel	200	20 bis 2050	740
Chlorid	2100	100 bis 5000				
Natrium	1350	50 bis 4000				
Kalium	1100	10 bis 2500				

* Unterhalb dieser Werte liegen 95% aller Messungen;
ADR: Abdampfrückstand
Alkalität: $CaCO_3$

Sickerwassererfassung

Die beispielhafte Anordnung von Entwässerungseinrichtungen einer Hochdeponie ist in Bild 5 dargestellt.

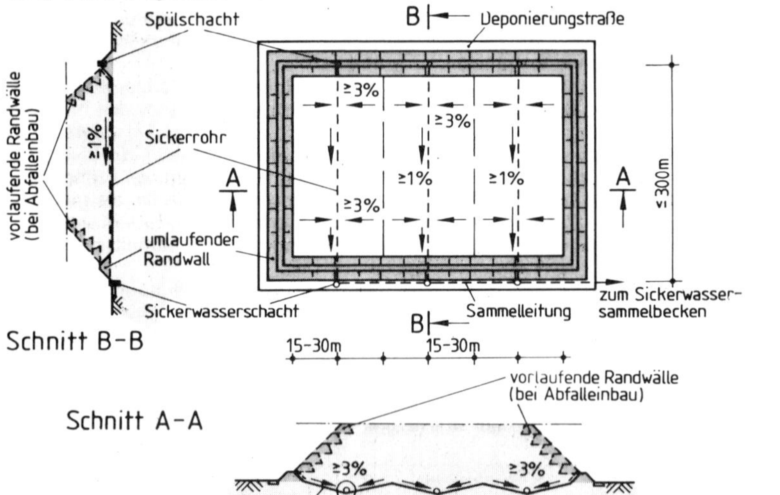

Bild 5 Beispielhafte Anordnung der Entwässerungseinrichtungen einer Hochdeponie

Folgende Planungsgrundsätze sind laut [3] zu beachten:

a) Entwässerungsschichten sind flächig auszubilden; die Sickerrohre sind spül- und kontrollierbar vorzusehen.

b) Die Ableitung von Sickerwasser muß in freiem Gefälle möglich sein.

c) Vertikale Durchdringungen des Dichtungssystems sind unzulässig.

d) Sonstige Rohrdurchdringungen des Dichtungssystems sind kontrollier- und reparierbar auszubilden.

e) Sämtliche Bauteile sind hydraulisch nachzuweisen (s. S. 1275).

Sickerwasserbehandlung

Einen Überblick über Sickerwasserbehandlungsverfahren (incl. Leistungsvergleich) geben Tafel 9 und 10.

Tafel 9 Leistungsvergleich von Sickerwasserbehandlungsverfahren [2]

Verfahren zur Sickerwasserbehandlung	geeignete Stoffgruppen	ungeeignete Stoffgruppen/ Grenzen d. Verf.	Folgeprodukte/Reststoffe und deren Entsorgung	Mögliche Verfahrenskombinationen für den Hauptstrom
Biologische Behandlung	biologisch aubbaubare Verbindungen (ggf. fällbare oder an den Schlamm adsorbierbare Verbindungen)	Stoffe, die auf Mikroorganismen toxisch oder hemmend wirken	Überschußschlamm → Thermische Behandlung Ablagerung	Vor der Biologischen Behandlung: Flockung/Fällung; Aktivkohlebehandlung; Membranverfahren; Adsorberharze Nach der Biologischen Behandlung: Mech. Filtration; Flockung/Fällung; Aktivkohlebehandlung
Mechanische Filtration	Schwebstoffe	im allgemeinen keine	Filterrückstände → Behandlung oder Ablagerung	Vor der Mech. Filtration: Flockung/Fällung; Aktivkohlebehandlung; Biologische Behandlung
Flockung/ Fällung	Schwermetalle	Komplexbildner enthaltendes Wasser	Schlamm → Behandlung oder Ablagerung	Die Flockung/Fällung kann sowohl als Vor- als auch als Nachbehandlungsverfahren eingesetzt werden
Strippung	flüchtige KW u. halogenhaltige KW; Schwefelwasserstoff; Ammoniak	größerer Schlamm- oder Feststoffgehalt	Reststoffe (Gasphase) → Thermische Behandlung	Die Strippung wird insbesondere als Vorbehandlungsverfahren eingesetzt, kann aber auch zur Nachbehandlung verwendet werden.
Eindampfung	grundsätzlich alle	leichtflüchtige Chlorkohlenwasserstoffe (CKW) und Ammonium	Salze → Verwendung/ Ablagerung Abluft → Verbrennung	Vor der Eindampfung: Mechanische Phasentrennung; Ultrafiltration; Umkehrosmose; Mechanische Filtration Nach der Eindampfung: Aktivkohlebehandlung; Verbrennung (Teilströme); Umkehrosmose; Biologische Behandlung
Verbrennung	grundsätzlich alle	flüchtige Oxide; hohe Gehalte an Cadmium und Quecksilber	Schlacke → Verwertung/ Ablagerung Aschen/ Stäube → (SAD)/ Ablagerung Rauchgasreinigung → Behandlung	Vor der Verbrennung: (Konzentrat) Ultrafiltration; Eindampfung; Mech. Filtration
Adsorption mit Harzen	unpolare und schwachpolare Substanzen; Molgew. < 1000; bersonders Halogenorganische Verbindungen	wasserlösliche organische Stoffe mit hohem Dipolmoment; Feststoffe; hohe Salzgehalte	beladene Harze → Regenerierung – Extraktive Behandlg. – Thermische Behandlg. Ablagerung	Vor der Adsorption: Biologische Behandlung; Umkehrosmose (Permeat); Ultrafiltration Nach der Adsorption: Mech. Filtration; Flockung/Fällung; Biologische Behandlung; Umkehrosmose (Permeat)

18

Tafel 10 Leistungsvergleich von Sickerwasserbehandlungsverfahren [2]

Verfahren zur Sickerwasserbehandlung	geeignete Stoffgruppen	ungeeignete Stoffgruppen/ Grenzen d. Verf.	Folgeprodukte/Reststoffe und deren Entsorgung	Mögliche Verfahrenskombinationen für den Hauptstrom
Adsorption an A-Kohle	organische Halogene; Phenole; Aromate; organische Lösemittel; Pestizide; Detergentien	Salze; Metalle; Ammonium; mech. Verunreinigungen	beladene A-Kohle → Regenerierung – Extraktive Behandlg. – Thermische Behandlg. Ablagerung	Vor der Adsorption: Flockung/Fällung; Mech. Filtration; Umkehrosmose; Biologische Behandlung; Eindampfung Während der Adsorption: gem. Flockung/ Fällung mit der Adsorption Nach der Adsorption: Umkehrosmose; Mitbehandlung in einer biologischen Kläranlage
Membranverfahren (Umkehrosmose)	feststoff-„freie" Wasser; echte Lösungen	org. Säuren: <10%; org. Ester/ Ketone: <0 bis 5%; aliphat. Alkohole: <5 bis 40%; aromat. Bestandt.: <0 bis 5%; unpol. org. Bestandt.: <5 bis 40%; Formaldehyd: <5%	Konzentrat → Behandlung Abluft → Behandlung	Vor dem Membranverfahren: Mech. Filtration; Eindampfung (Destillat); Adsorber-Harze Nach dem Membranverfahren (Permeat): Strippung; Biologische Behandlung; Adsorber-Harze; Aktivkohlebehandlung

1.6 Gaszusammensetzung und -erfassung

Deponiegasbildung

Unter Deponiegas werden die gasförmigen Stoffwechselprodukte der biochemischen Prozesse verstanden, die im Deponiekörper (von Siedlungsabfalldeponien) durch mikrobielle Abbauprozesse entstehen (s. Abschn. 1.5). Bild 6 zeigt in Abhängigkeit von der Ablagerungsdauer die prinzipielle Zusammensetzung von Deponiegas (Hauptkomponenten) [10].

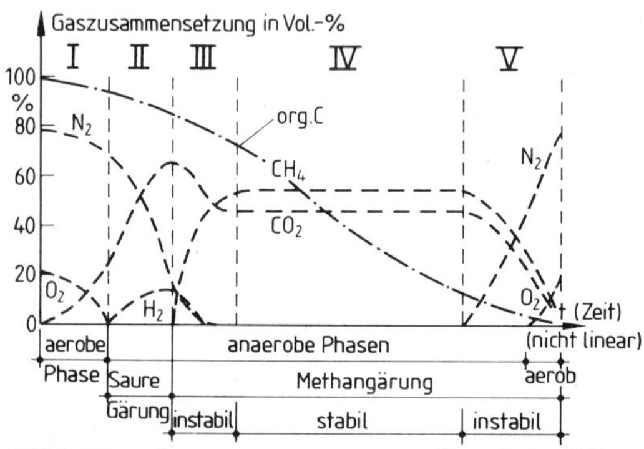

CH_4	Methan
CO_2	Kohlendioxid
N_2	Stickstoff
O_2	Sauerstoff
H_2	Wasserstoff
org C	organischer Kohlenstoffanteil im Abfall

Phase I „Aerobe Phase"
Phase II „Saure Gärung (s. Abschn. 1.5)
Phase III „Instabile Methangärung"
Phase IV „Stabile Methangärung"
Phase V „Ausklingphase"

Bild 6 Deponiegaszusammensetzung während des Abbaus von Siedlungsabfall

Deponiegaszusammensetzung

Bei der Überprüfung von Deponiegas in Entgasungsanlagen bzw. Gasverwertungsanlagen wird Deponiegas (infolge seiner Gewinnung/Absaugung) in mehr oder weniger starker Verdünnung mit (Luft) Sauerstoff und Stickstoff festgestellt (siehe Tafel 11).

Tafel 11 Typische Deponiegaskonstellationen (Angaben in Vol-%) [10]

Fall		CH_4	CO_2	O_2	N_2
Gas 1	Reines Deponiegas, da CH_4 und CO_2 im typischen Verhältnis von ca. 1,2:1	55	45	–	–
Gas 2	Mit atmosphärischer Luft verdünntes Deponiegas	40	30	6	24
Gas 3	Verdünntes Deponiegas; es fehlt der Sauerstoff (Falschluftansaugung in Deponie)	45	35	1	18
Gas 4	Verdünntes Deponiegas als Mischung der Fälle 2 und 3)	35	30	5	30

Weitere Bestandteile (Spuren) im Deponiegas sind: Wasserdampf, Schwefelwasserstoff, Ammoniak, Kohlenmonoxid, Schwermetalle und eine Vielzahl von organischen (halogenierten und nichthalogenierten) Verbindungen.

Deponiegaserfassung

In der Regel erfolgt die Deponiegaserfassung während der Verfüllung und nach Abschluß der Verfüllung aus betriebstechnischen Gründen mit unterschiedlichen Systemen (Bild 7).

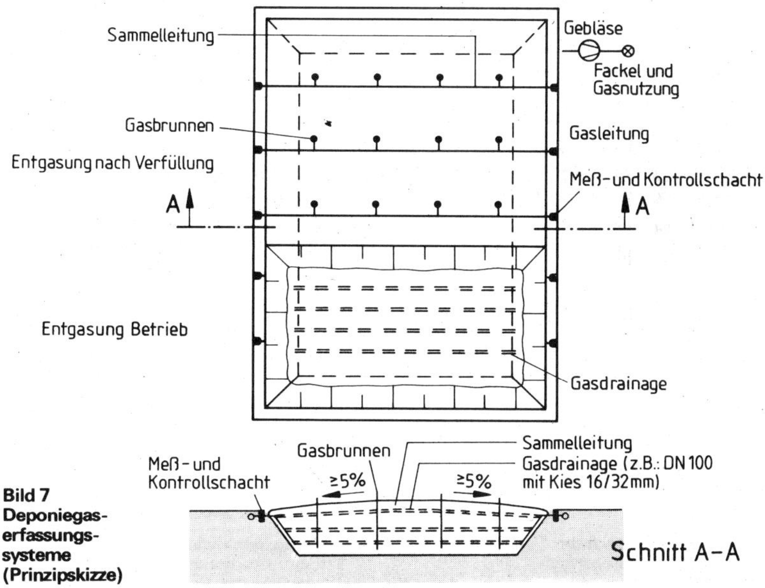

Bild 7 Deponiegas-erfassungs-systeme (Prinzipskizze)

Im einzelnen sind dies:
- horizontale Systeme (während des Deponiebetriebes bestehend aus horizontalen Kiesfiltern bzw. -rigolen; Einzugsbereich ca. 10 bis 15 m)
- vertikale Systeme (während und nach Abschluß des Deponiebetriebes; Gasbrunnen mit Einzugsbereichen von ca. 25 bis 40 m).

Zusätzlich erfolgt bei abgeschlossenen Deponien eine flächige Entgasung unterhalb der Oberflächenabdichtung (s. Abschn. 1.7).

1.7 Oberflächenabdichtungen

Deponieoberflächenabdichtungssyteme umfassen neben der eigentlichen abdichtenden Schicht auch die weiteren notwendigen Komponenten, wie Entwässerungs-, Schutz- und Filterschichten. Dichtungen können aus mineralischen Materialien und/ oder Kunststoffdichtungsbahnen hergestellt werden. Für die Deponieklassen II und III sind laut [2] und [3] im Regelfall nur Kombinationsdichtungen zulässig (Bild 8).

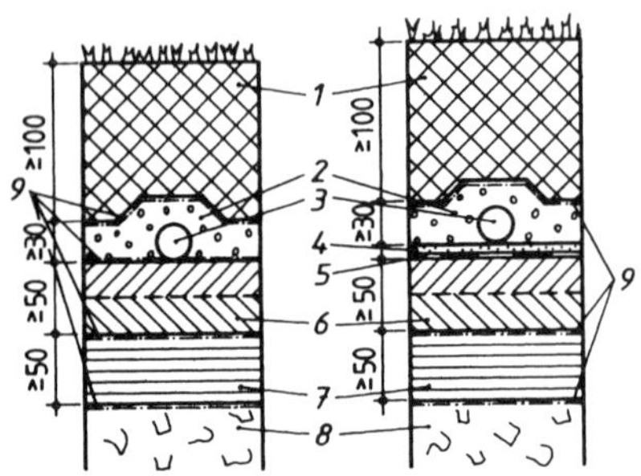

a) Deponieklasse I b) Deponieklasse II und III

Bild 8
Oberflächenabdichtungen für Deponien
1 Rekultivierungsschicht
2 Entwässerungsschicht
3 Sickerrohre
4 Schutzschicht
5 Kunststoffdichtungsbahn
6 Mineralische Dichtung
7 Ausgleichsschicht
8 Abfall
9 Filterschicht (ggf.)

Bezüglich der Anforderungen an Oberflächenabdichtungen, deren Belastungen sich wesentlich von Basisabdichtungen unterscheiden (Setzungen, Sickerwasserbelastungen, Witterungseinflüsse, Durchdringungsbauwerke, Kontrollier- und Reparierbarkeit, etc.) wird auf Tafel 5 und Tafel 12 verwiesen.

Tafel 12 Anforderungen an Oberflächenabdichtungen

Lfd. Nr.	Komponente der Basisabdichtung	Parameter	Werte/Maßnahmen
1	Rekultivierungssicht	Material	kulturfähiger Boden; Schutz der Dichtung vor Wurzel- und Frosteinwirkung
2	Entwässerungsschicht	Material	s. Tafel 5; Lfd. Nr. 6
3	Sickerrohre	Material Gefälle	s. Tafel 5; Lfd. Nr. 7 $\geqq$ 5% (nach Setzung)
4	Schutzschicht	Material	s. Tafel 5; Lfd. Nr. 5
5	Kunststoffdichtungsbahn (KDB)	Material Dicke, Einbau	s. Tafel 5; Lfd. Nr. 4
6	Mineralische Dichtung (MD)	Material, Einbauwerte, Bauphase Gefälle	s. Tafel 5; Lfd. Nr. 3 $k \leqq 5 \cdot 10^{-9}$ m/s bei $i = 30$ $\geqq$ 5% (nach Setzung)
7	Ausgleichsschicht (ggf. Gasdränschicht)	Material	homogener, nicht bindiger Boden (Kalziumkarbonat ($CaCO_3$)-Gehalt $\leqq$ 15 Gew.-%)

1.8 Alternative Abdichtungssysteme

Als technische und wirtschaftliche Alternative zu den Regelabdichtungssystemen gemäß [3] (s. Bild 3 und 8) kommen in den letzten Jahren verstärkt alternative Abdichtungssysteme (insbesondere bei Oberflächenabdichtungen von Deponien) zum Einsatz (Tafel 13).

Tafel 13 Alternative Abdichtungssysteme

• Ein- bzw. doppellagige Betonitmatten bzw. Geosynthetische Tondichtungsbahnen (GTD) in Kombination mit geotextilen Dränmatten
• Einfache oder (durch eine Kunststoffdichtungsbahn) erweiterte Kapillarsperren
• Einfache oder kombinierte Asphaltbetondichtungssysteme
• Kontrollierbare Kunststoffdichtungsbahnen (mittels Leckdetektionssystemen)

Für die Anwendung dieser Systeme ist die Gleichwertigkeit bzw. Anwendbarkeit im Einzelfalle nachzuweisen. Bezüglich des Aufbaus und der spezifischen Anforderungen wird auf die weiterführende Literatur verwiesen [z. B.: 31].

1.9 Betriebseinrichtungen und Überwachung

Wegen der hohen Kosten für Abdichtungs- und Infrastruktureinrichtungen sollten bei der Neuanlage von Deponien Mindestlaufzeiten von >20 Jahren berücksichtigt werden. Bild 9 zeigt am Beispiel einer Hochdeponie und einem jährlichen Ablagerungsvolumen von 100000 m³ den notwendigen Flächenbedarf und die zugehörigen Betriebseinrichtungen [11]. Grundsätzlich ist zu berücksichtigen, daß Deponieböschungsneigungen <1:3 und Deponiehöhen in freiem Gelände <30 m betragen sollten.

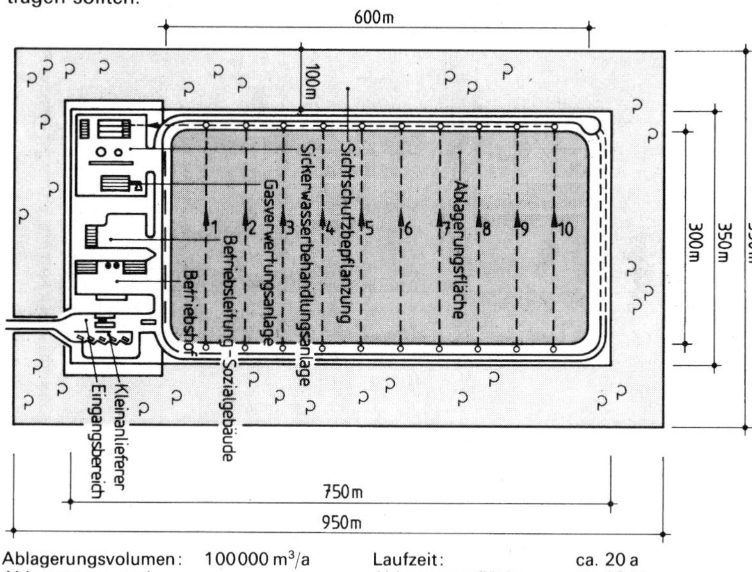

Ablagerungsvolumen:	100000 m³/a	Laufzeit:	ca. 20 a
Ablagerungs- und Betriebsanlagenfläche:	ca. 26 ha	Ablagerungsfläche:	ca. 18 ha
		Gesamtflächenbedarf:	ca. 52 ha

Bild 9 Prinzipieller Grundriß einer Hochdeponie (schematische Darstellung) [11]

Überwachung von Deponien

Bezüglich des notwendigen Meß- und Kontrollprogrammes für die Durchführung von Eigenkontrollen bei Deponien wird zwischen Betriebs- und Nachsorgephase (nach Stillegung der Deponie) unterschieden (Tafel 14). Neben den dort genannten Parametern ist darüberhinaus die Kontrolle und Funktionsfähigkeit von Deponieabdichtungssystemen sicherzustellen. Dies erfolgt durch mind. jährliche Kamerabefahrung (ggf. Rohrspülung) und Höhenvermessung der Sickerrohre des Entwässerungssystems.

Während der Betriebsphase erfolgt die Kontrolle, Spülung und Vermessung der Sickerrohre am Basisabdichtungssystem, während der Nachsorgephase insbesondere am Oberflächenabdichtungssystem.

Die erfaßten Daten sind zu dokumentieren und monatlich/jährlich auszuwerten (Vorlage bei der zuständigen Behörde).

Tafel 14 Eigenkontrollen bei Deponien [2]

Lfd. Nr.	Parameter	Betriebsphase	Nachsorgephase (Häufigkeit)
1	Meteorologische Daten		
1.1	Niederschlagsmenge	täglich	regelmäßig
1.2	Temperatur	täglich	regelmäßig
1.3	Windrichtung/-stärke	täglich	–
1.4	Verdunstung	täglich	regelmäßig
2	Emissionsdaten		
2.1	Sickerwassermenge	täglich	regelmäßig
2.2	Sickerwasserqualität	monatlich	halbjährl.
2.3	Oberflächenwassermengen	regelm.	–
2.4	Oberflächenwasserqualität	regelm.	–
2.5	Gasemissionen	regelm.	–
2.6	Geruchsemissionen	regelm.	–
3	Daten zum Deponiekörper		
3.1	Aufbau und Zusammensetzung (Abfall)	täglich	–
3.2	Setzungen	jährlich	jährlich
4	Grundwasserdaten		
4.1	Grundwasserstände	monatlich	halbjährl.
4.2	Grundwasserqualität	halbjährl.	halbjährl.

2 Altlasten

2.1 Beurteilung von Kontaminationen

Definitive gesetzliche Regelungen zur Abgrenzung von Böden bzw. Grund- und Oberflächenwasser, die mit Schadstoffen belastet sind (⇒ schädliche Bodenverunreinigungen) gibt es in der Bundesrepublik Deutschland erst seit Einführung des BBodSchG von 1998 [12] bzw. der BBodSchV von 1999 [29].

2.1.1 Grenzwertdefinitionen

Laut BBodSchG [12] bzw. der BBodSchV [29] wurden gesetzlich folgende Definitionen getroffen, die im Rahmen der Beurteilung von Kontaminationen zu beachten sind.

1. Vorsorgewerte

Stoffspezifische (Schad)stoffkonzentration in Böden, bei deren Überschreiten unter Berücksichtigung von geogenen oder großflächig siedlungsbedingten Schadstoffgehalten in der Regel davon auszugehen ist, daß die Besorgnis einer schädlichen Bodenveränderung besteht.

2. Prüfwerte

Stoffspezifische (Schad)stoffkonzentration, bei deren Überschreitung unter Berücksichtigung der Bodennutzung eine einzelfallbezogene Prüfung (d. h. Detailuntersuchung) durchzuführen und festzustellen ist, ob eine schädliche Bodenverunreinigung oder Altlast vorliegt. Bei Unterschreitung von Prüfwerten ist laut [29] der Verdacht einer schädlichen Bodenverunreinigung ausgeräumt.

3. Maßnahmenwerte

Stoffspezifische (Schad)stoffkonzentration für Einwirkungen oder Belastungen, bei deren Überschreiten unter Berücksichtigung der jeweiligen Bodennutzung in der Regel von einer schädlichen Bodenverunreinigung oder Altlast auszugehen ist. Es sind daher Maßnahmen (Sanierungs- bzw. Schutz- und Beschränkungsmaßnahmen) erforderlich.

4. Hintergrundwerte

(Schad)stoffkonzentration in nicht spezifisch belasteten Medien (Hilfswerte für die Beurteilung einer geogenen oder ubiquitären Belastung).

Neben den genannten Grenzwerten laut BBodSchG [12] bzw. der BBodSchV [29] werden weiterhin im Zusammenhang mit Altlasten häufig auch Vergleichswerte aus anderen Bereichen (Orientierungswerte) herangezogen.

5. Orientierungswerte

(Schad)stoffgrenzkonzentration in Böden, Gewässern, Luft (Vergleichswerte aus anderen Anwendungsbereichen).

In den Tafeln 15 bis 22 sind die aufgrund des BBodSchG [12] bisher mittels der BBodSchV [29] erlassenen Maßnahmen-, Prüf- und Vorsorgewerte wiedergegeben. Die Prüf- und Maßnahmenwerte wurden dabei jeweils in Abhängigkeit von den im Einzelfall zu betrachtenden Wirkungspfaden festgelegt.

Abschnitt 2.2 und 2.3 (Tafel 26 und 27) geben darüber hinaus einen Überblick über Orientierungswerte aus anderen Anwendungsbereichen. Die früher häufig in Deutschland verwendeten Grenzwerte der sog. „Niederländischen Liste“ [13] können der 28. Auflage des Wendehorst entnommen werden.

2.1.2 Direkter Kontakt (Wirkungspfad Boden – Mensch)

Tafel 15 Prüfwerte für die direkte Aufnahme von Schadstoffen auf Kinderspielflächen, in Wohngebieten, Park- und Freizeitanlagen und Industrie- und Gewerbegrundstücken (unbefestigt)

Stoff	Kinderspielflächen	Wohngebiete	Park- und Freizeitanlagen	Industrie und Gewerbegrundstücke
Beprobungstiefe in cm	0 bis 10, 10 bis 35	0 bis 10, 10 bis 35	0 bis 10	0 bis 10
	in mg/kg	in mg/kg	in mg/kg	in mg/kg
Blei	200	400	1000	2000
Cadmium	10[1])	20[1])	50	60
Chrom	200	400	1000	1000
Nickel	70	140	350	900
Quecksilber	10	20	50	80
Arsen	25	50	125	140
Cyanide	50	50	50	100
Aldrin	2	4	10	–
Benzo(a)pyren	2	4	10	12
DDT	40	80	200	–
Hexachlorbenzol HCB	4	8	20	200
Hexachlorcyclohexan HCH	5	10	25	400
Pentachlorphenol PCP	50	100	250	250
Polychlorierte Biphenyle[2]) PCB_6	0,4	0,8	2	40

[1]) Falls sowohl Aufenthaltsbereiche von Kindern als auch Anbau von Nahrungspflanzen ⇒ 2
[2]) Falls PCB-Gesamtgehalte bestimmt werden, sind die Gesamtgehalte durch 5 zu dividieren

Tafel 16 Maßnahmenwerte für die direkte Aufnahme von Schadstoffen auf Kinderspielflächen, in Wohngebieten, Park- und Freizeitanlagen und Industrie- und Gewerbegrundstücken (unbefestigt)

Stoff	Kinderspielflächen	Wohngebiete	Park- und Freizeitanlagen	Industrie und Gewerbegrundstücke
Beprobungstiefe in cm	0 bis 10, 10 bis 35	0 bis 10, 10 bis 35	0 bis 10	0 bis 10
	in ng TE/kg	in ng TE/kg	in ng TE/kg	in ng TE/kg
Dioxine/Furane[1]) (PCDD/PCDF)	100	1000	1000	10000

[1]) Summe der 2,3,7,8-TCDD-Toxizitätsäquivalente (nach NATO/CCMS)

2.1.3 Wirkungspfad Boden-Nutzpflanze

Tafel 17 Prüf- und Maßnahmenwerte für den Wirkungspfad Boden-Nutzpflanze von Schadstoffen auf Flächen des Ackerbaus und Nutzgarten im Hinblick auf die Pflanzenqualität

Stoff	Methode*)	Prüfwert		Maßnahmenwert	
Beprobungstiefe in cm		0 bis 30	30 bis 60	0 bis 30	30 bis 60
		in mg/kg		in mg/kg	
Cadmium	AN	–	–	0,04[1])/0,1[2])	0,06[1])/0,15[2])
Blei	AN	0,1	0,15	–	–
Quecksilber	KW	5	7,5		
Thallium	AN	0,1	0,15	–	–
Arsen	KW	200[3])	300[4])	–	–
Benzo(a)pyren	–	1	1,5		

*) AN: Ammoniumnitrataufschluß; KW: Königswasseraufschluß
[1]) Auf Flächen mit Brotweizenanbau bzw. stark Cd-anreichernder Gemüsearten
[2]) Sonstige Flächen
[3,4]) Bei Böden mit zeitweise reduzierenden Verhältnissen ⇒ 50 bzw. 75

Tafel 18 Maßnahmenwerte für den Wirkungspfad Boden-Nutzpflanze von Schadstoffen auf Grünlandflächen im Hinblick auf die Pflanzenqualität

Stoff	Maßnahmenwert		Stoff	Maßnahmenwert	
Beprobungstiefe in cm	0 bis 10	10 bis 30	Beprobungstiefe in cm	0 bis 10	10 bis 30
	in mg/kg			in mg/kg	
Blei	1200	1800	Thallium	15	30
Cadmium	20	30			
Kupfer	1300[1])	1950	Arsen	50	75
Nickel	1900	2850			
Quecksilber	2	3	Polychlorierte Biphenyle (PCB_6)	0,2	0,3

[1]) Bei Nutzung durch Schafe ⇒ 200

Tafel 19 Prüfwerte für den Wirkungspfad Boden-Nutzpflanze von Schadstoffen auf Ackerbauflächen im Hinblick auf Wachstumsbeeinträchtigungen bei Kulturpflanzen

Stoff	Prüfwert		Stoff	Prüfwert	
Beprobungstiefe in cm	0 bis 30	30 bis 60	Beprobungstiefe in cm	0 bis 30	30 bis 60
	in mg/kg			in mg/kg	
Kupfer	1	1,5	Zink	2	3
Nickel	1,5	2,25	Arsen	0,4	0,6

Sämtliche Werte: Ammoniumnitratextraktion

2.1.4 Wirkungspfad Boden-Grundwasser

Tafel 20 Prüfwerte für den Wirkungspfad Boden-Grundwasser von Schadstoffen im Sickerwasser von Altablagerungen und Altstandorten (Beurteilungsort: Übergangsbereich von der ungesättigten zur wassergesättigten Bodenzone)

Stoff	Prüfwert in µg/l	Stoff	Prüfwert in µg/l
Blei	25	Mineralölkohlenwasserstoffe[1])	200
Cadmium	5		
Chrom, gesamt	50	BTEX[2])	20
Kupfer	50	Benzol	1
Nickel	50	LHKW[3])	10
Quecksilber	1		
Zink	500	Aldrin	0,1
Antimon	10	Phenole	20
Chromat	50	PCB, gesamt[4])	0,05
Kobalt	50		
Molybdän	50	PAK, gesamt[5])	0,20
Selen	10	Naphthalin	2
Zinn	40		
		DDT	0,1
Arsen	10		
Cyanid, gesamt	50		
Cyanid, leicht freisetzbar	10		
Fluorid	750		

[1]) n-Alkane ($C_{10}-C_{39}$), Isoalkane, Cycloalkane, und aromatische KW
[2]) Summe Benzol, Toluol, Xylole, Ethylbenzol, Styrol, Cumol
[3]) Summe der halogenierten C_1- und C_2-Kohlenwasserstoffe
[4]) (Summe der 6 Ballschmitter PCB-Kongenere) · 5
[5]) 15-EPA-PAK ohne Naphthalin

2.1.5 Vorsorgewerte

Tafel 21 Vorsorgewerte für Böden (Metalle)

Stoff	Bodenart Ton in mg/kg	Bodenart Lehm/Schluff	Bodenart Sand in mg/kg
Cadmium*)	1,5	1	0,4
Blei*)	100	70	40
Chrom	100	60	30
Kupfer	60	40	20
Quecksilber	1	0,5	0,1
Nickel*	70	50	15
Zink*	200	150	60

* Bei Böden mit pH <6 gelten für Cadmium, Nickel und Zink die Vorsorgewerte der jeweils nächst(niedrigeren) Bodenart; bei Böden mit pH <5 gilt für Blei der Vorsorgewert der jeweils nächst(niedrigeren) Bodenart

Tafel 22 Vorsorgewerte für Böden (Organische Stoffe)

Stoff	Humusgehalt >8%	Humusgehalt ≤ 8%
	in mg/kg	in mg/kg
Polychlorierte Biphenyle PCB_6	0,1	0,05
Benzo(a)pyren	1	0,3
Polycyclische aromatische Kohlenwasserstoffe PAK_{16}	10	3

Tafel 23 Zulässige zusätzliche jährliche Frachten an Schadstoffen über alle Wirkungspfade

Element	Fracht in g/ha · a	Element	Fracht in g/ha · a
Blei	400	Nickel	100
Cadmium	6	Quecksilber	1,5
Chrom	300	Zink	1200
Kupfer	360		

2.1.6 Probenahme

Zur Beurteilung der Wirkungspfade wird in der BBodSchV [29] die Art der Probenahme in Abhängigkeit von der Beurteilungstiefe (siehe Tafel 15 bis 19) für die Anwendung von Prüf- und Maßnahmenwerten vorgegeben. Ist weiterhin aufgrund vorliegender Erkenntnisse davon auszugehen, daß die Schadstoffe in der beurteilungsrelevanten Bodenschicht annähernd gleichmäßig über eine Fläche verteilt sind, wird eine Probenahmehäufigkeit gemäß Tafel 24 bzw. 25 empfohlen.

Tafel 24 Probenahmehäufigkeit bei der Beurteilung des Wirkungspfades Boden-Mensch

Flächengröße	Mindestprobenumfang	Regelprobenumfang	Probenherstellung
<500 m^2 sowie Hausgärten	1	1	Mischprobe aus 15–25 Einstichen (je Beprobungshorizont)
<10000 m^2	3	10	
>10000 m^2	10		

Tafel 25 Probenahmehäufigkeit bei der Beurteilung des Wirkungspfades Boden-Nutzpflanze

Flächengröße	Mindestprobenumfang	Regelprobenumfang	Probenherstellung
<5000 m^2	1	1	Mischprobe aus 15 — 25 Einstichen (je Beprobungshorizont)
<100000 m^2	3	10	
>100000 m^2	10		

2.2 Orientierungswerte für Grund- und Oberflächenwasser

Die Beurteilung einer Kontamination von Grundwasser hat zunächst entsprechend der in Tafel 20 aufgeführten Prüfwerte zu erfolgen.

Im Einzelfall können als Hilfswerte zur Beurteilung von Grund- und Oberflächenwasserkontaminationen auch die in Tafel 26 angegebenen Grenz-, Schwellen- und Einleitungswerte als Orientierungswerte (siehe Abschn. 2.1.1) herangezogen werden. Im einzelnen sind dies:

Spalte 3	Gesetzliche Grenzwerte der Trinkwasserverordnung (TVO) [14], die im wesentlichen mit den zulässigen Höchstkonzentrationen (ZHK-Werte) der EG-Richtlinie über die Qualität von Wasser für den menschlichen Gebrauch [15] übereinstimmen
Spalte 4	Grenzwerte des DVGW-Arbeitsblattes W 151 über die Eignung von Oberflächenwasser als Rohstoff für die Trinkwasserversorgung (Grenzwert B bei Anwendung weitergehender Aufbereitungsverfahren) [16]
Spalte 5	Maßnahmenschwellenwerte (bei Überschreitung: Sanierung bzw. Sicherung) der Länderarbeitsgemeinschaft Wasser (LAWA) [17]
Spalte 6	Anforderungen der LAWA an Gewässergüteklasse II (mäßig belastet) [aus 18]; laut [18] kann daraus (nach Aufbereitung) noch Trinkwasser hergestellt werden
Spalte 7	Grenzwerte für Indirekteinleitungen gemäß ATV-Arbeitsblatt A 115 [20]

Tafel 26 Übersicht über Grenz-, Schwellen- und Einleitungswerte (Orientierungswerte) [14], [16], [17], [18], [20]

1	2	3	4	5	6	7
Parameter	in	TVO	DVGW W151	LAWA 93	GWKII	ATV A115
I. Allgemeine Parameter						
pH-Wert	–	6,5 bis 9,5	–	–	6 bis 9	6,5 bis 10
Leitfähigkeit	µS/cm	2000	1000	–	–	–
$KMnO_4$-Verbrauch	mg/l	5	–	–	–	–
DOC	mg/l	–	8	–	–	–
CSB	mg/l	–	20	–	15	100
BSB_5	mg/l	–	5	–	6	–
II. Anorganische Verbindungen						
Chlorid	mg/l	250	200	–	–	–
Fluorid	mg/l	1,5	1	2 bis 3	–	50
Sulfat	mg/l	240[7])	150	–	–	600
Aluminium	mg/l	0,2	–	–	–	–
Barium	mg/l	1	1	0,4 bis 0,6	–	5000
Bor	mg/l	1	1	–	–	–
Kjeldahl-N	mg/l	1	–	–	5	–
Ammonium	mg/l	0,5[4])	1,5	–	0,3	200
Nitrat	mg/l	50	50	–	–	–
Nitrit	mg/l	0,1	–	–	–	10
Cyanid	ug/l	50	50	100 bis 250	–	20000
Calcium	mg/l	400	–	–	–	–
Kalium	mg/l	12[5])	–	–	–	–
Magnesium	mg/l	50[6])	–	–	–	–
Natrium	mg/l	150	–	–	–	–
Eisen	mg/l	0,2	1	–	1	–
Mangan	µg/l	50	500	–	–	–
Phosphor	mg/l	6,7	–	–	0,3	–

Fortsetzung und Fußnoten s. nächste Seite

Tafel 26, Fortsetzung

Parameter	in	TVO	DVGW W151	LAWA93	GWKII	ATV A115
III. Schwermetalle						
Arsen	µg/l	10	30	20 bis 60	–	500
Blei	µg/l	40	50	80 bis 200	50	1000
Cadmium	µg/l	5	10	10 bis 20	5	500
Chrom, gesamt	µg/l	50	50	100 bis 250	50	1000
Kupfer	µg/l	(3000)[8]	50	100 bis 250	40	1000
Nickel	µg/l	50	50	100 bis 250	50	1000
Quecksilber	µg/l	1	1	2 bis 5	0,5	100
Zink	µg/l	(5000)[8]	1000	500 bis 2000	500	5000
IV. Organische Verbindungen						
Mineralöle	µg/l	10	200	400 bis 1000	–	20000
Phenole	µg/l	0,5	10	30 bis 100	–	100000
PAK	µg/l	0,2[1])	3[1])	0,4 bis 2[11])	–	–
LCKW	µg/l	10[2])	–	20 bis 50[12])	–	500[9])
Pestizide, PCB				–	–	–
(Einzelsubstanz)	µg/l	0,1[3])	5[9])	1 bis 3	–	–
Pestizide, PCB (Summe)	µg/l	0,5[3])	10[9])	–	–	1000[10])

[1]) Summe der 6 polycyclischen, aromatischen Kohlenwasserstoffe (Fluoranthen, Benzo(b)fluoranthen, Benzo(k)fluoranthen, Benzo(a)pyren, Benzo(ghi)perylen, Indeno(1,2,3-cd)pyren)
[2]) Summe leichtflüchtiger halogenierter Kohlenwasserstoffe (1.1.1-Trichlorethan, Trichlorethen, Tetrachlorethen, Dichlormethan, Tetrachlormethan; für Tetrachlormethan als Einzelsubstanz gilt <3 µg/l)
[3]) Gilt für sämtliche organisch-chemischen Stoffe zur Pflanzenbehandlung und Schädlingsbekämpfung incl. ihrer Abbauprodukte sowie polychlorierten Biphenylen (PCB) sowie polychlorierten Terphenylen (PCT)
[4]) Geogen bedingte Überschreitungen bis <30 mg/l zulässig
[5]) Geogen bedingte Überschreitungen bis <50 mg/l zulässig
[6]) Geogen bedingte Überschreitungen bis <120 mg/l zulässig
[7]) Geogen bedingte Überschreitungen bis <500 mg/l zulässig
[8]) Bedingt durch Werkstoffe Kupfer und verzinktem Stahl
[9]) Berechnet als Cl
[10]) Berechnet als AOX
[11]) PAK nach EPA (ohne Naphthalin) s. Tafel 21
[12]) Summe der halogenierten C_1- und C_2-Kohlenwasserstoffe

2.3 Gasförmige Kontaminationen

Gasförmige Kontaminationen sind in der Regel auf Ausgasungen von leichtflüchtigen Schadstoffen bzw. Migrationen von deponietypischen Gasen (s. Abschn. 1.6) zurückzuführen. Grenzwerte werden in [29] nicht genannt.

Häufig wird daher bei der Bewertung auf die MAK-Werte (MAK – Maximale Arbeitsplatzkonzentration) der TRGS900 [22] zurückgegriffen, die jedoch für eine Beurteilung in der Regel nicht geeignet sind. In Tafel 27 sind Grenzwerte für die hauptsächlich auftretenden gasförmigen Kontaminationen gemäß LAWA-Empfehlung [17] angegeben:

Tafel 27 Grenzwerte für gasförmige Kontaminationen [17]

Parameter	in	Prüfwert[3])	Maßnahmen-schwellenwert[4])	Sanierungszielwert[5])
LHKW[1])	mg/m^3	5 bis 10	50	1
BTX[2])	mg/m^3	5 bis 10	50	1

[1]) LHKW – Leichtflüchtige halogenierte Kohlenwasserstoffe (Summenparameter)
[2]) BTX – Gruppe der aromatischen Kohlenwasserstoffe Benzol, Toluol, Xylol (Summenparameter)
[3]) Prüfwert – Bei Überschreitung weitere Untersuchungen erforderlich
[4]) Maßnahmenschwellenwert – Sanierung bzw. Sicherung erforderlich
[5]) Sanierungszielwert – Nach Sanierung anzustrebender Grenzwert

2.4 Sanierung von Altlasten

Allgemein wird als Altlast eine Altablagerung (stillgelegte, verlassene oder illegale Anlage zum Ablagern von Abfällen, stillgelegte Aufhaldungen und Verfüllungen mit Produktionsrückständen) bzw. ein Altstandort (Grundstück einer stillgelegten Anlage, auf dem mit umweltgefährdenden Stoffen umgegangen worden ist) bezeichnet, sofern von diesem (nach den Erkenntnissen einer vorausgehenden Untersuchung und Beurteilung) eine schädliche Bodenverunreinigung oder eine Gefahr (akute bzw. latente Gefährdung) für die öffentliche Sicherheit und Ordnung ausgeht [12], [18], [19].

Zur Sanierung von Altlasten werden in Deutschland eine Vielzahl von Verfahren unterschiedlichster Anbieter eingesetzt. Generell ist dabei zwischen den Sicherungsverfahren (Unterbrechung der Kontaminationswege) und den Dekontaminationsverfahren (Beseitigung der Kontamination) zu unterscheiden (Tafel 28). Gemäß [18] und [19] besteht in der Wertigkeit der o. a. Verfahren kein Unterschied; beide sind als Sanierungsverfahren zu bezeichnen.

Tafel 28 Überblick über Verfahren zur Sanierung von Altlasten [18] [19]

Art der Maßnahme	Verfahren/Maßnahme	Nachsorge
Schutz- und Beschränkungsmaßnahmen	**Nutzungseinschränkungen** **Sicherung vor Zutritt** **Evakuierung** **Keller-, Raumbelüftung,** **Zwischenlagerung ausgetretener Stoffe** **Überwachung**	**Erfolgskontrolle** **Untersuchung** **Sicherungs- bzw. Sanierungsverfahren**
Sicherungsmaßnahmen (zur Unterbrechung der Kontaminationswege)	**Einkapselungsverfahren** (Oberflächenabdichtung, vertikale Abdichtung, nachträgliche Sohl- bzw. Basisabdichtung) **Passive hydraulische Maßnahmen** (Grundwasserabsenkung, -umleitung) **Passive pneumatische Maßnahmen** (Gaserfassung, -ableitung) **Verfestigungs- bzw. Immobilisierungsverfahren**	**Erfolgskontrolle** **Überwachung** (nach Sicherung) **ggf. Reparatur** **ggf. erneute Maßnahmen**
Dekontaminationsmaßnahmen (zur Beseitigung der Kontamination)	**Thermische Verfahren** (Verbrennung, Pyrolyse, Vergasung) **Chemisch-physikalische Behandlung** (Extraktion, Laugung, Tensid-Wäsche, Hochdruck-Wäsche, Desorption, Wasserdampfdestillation, Oxidation, Strip-pink, Reduktion, Fällung, Ultraschall, Elektroosmose, etc.) **Mikrobiologische Verfahren** (Bioreaktoren, Mietenverfahren, mikrobiologische in-situ Verfahren) **Aktive hydraulische Maßnahmen** (Spülkreisläufe in Verbindung mit chemisch-physikalischen bzw. mikrobiologischen Verfahren) **Aktive pneumatische Verfahren** (Bodenluftabsaugung, evtl. in Verbindung mit hydraulischen Maßnahmen)	**Entsorgung der Rückstände** **Erfolgskontrolle** **Überwachung** (bei Bedarf)
Umlagerung	**Auskofferung und Umlagerung auf Deponien bzw. Verbringung zu stationären Bodenbehandlungsanlagen**	**Überwachung der Entsorgung** **Erfolgskontrolle**

Nähere Angaben zur Planung, Bemessung und Bauausführung der in Tafel 17 genannten Verfahren findet sich in [5], [10], [18], [19] und [28].

3 Verwertung von Reststoffen

3.1 Anforderungen an die Verwertung von Reststoffen

Da die Ausgangsprodukte bei der Verwertung von Reststoffen, z.B. von aufbereitetem Bauschutt ein inhomogenes Gemisch verschiedener Materialien sein können, muß die Qualität der Aufbereitungsprodukte gesichert und kontrolliert werden. Bei aufbereitetem Bauschutt erfolgt dies in der Regel gemäß den Anforderungen der RAL-RG 501/1 [23]. Danach wird der Anwendungsbereich wiederverwertbarer Baustoffe gemäß bodenmechanischer und bauphysikalischer Parameter (Korngrößenverteilung, Kornform, zul. Über-/Unterkornanteil, abschlämmbare Bestandteile, Widerstand gegen Verwitterung, Hitzebeanspruchung, Frostbeständigkeit, Raumbeständigkeit, Bruchflächigkeit, etc.; s. auch Tafel 30) in folgende Klassen eingeteilt:

Klasse I	Baustoffe für Oberbauschichten im Straßenbau, die die Gütebestimmungen nach Tabelle 1 [23] der RAL-RG 501/1 erfüllen; die Anforderungen nach dieser Tabelle entsprechen im wesentlichen den Anforderungen an Mineralstoffe gemäß TL MIN-StB 83 [25]
Klasse II	Baustoffe für Oberbauschichten im Straßenbau, die nicht den Anforderungen der TL Min-StB 83 [25] genügen, jedoch die Gütebestimmungen gem. Tabelle 3 (verminderte Güteanforderungen) der RAL-RG 501/1 erfüllen
Klasse III	Baustoffe für Lärmschutzwälle, Unterbau, Untergrundverbesserung, die die Gütebestimmungen nach Tabelle 5 der RAL-RG 501/1 (allgemeine Anforderungen an Gewinnung, Anlieferung, Aufbereitung und Lagerung) genügen

Einen Überblick über detaillierte Verwendungsmöglichkeiten von Reststoffen im Straßenbau sowie die erforderlichen Prüfungen geben die Tafeln 29 und 30 [26].

3.1.1 RAL Güte- und Prüfbestimmungen für die Aufbereitung zur Wiederverwendung von kontaminierten Böden und Bauteilen

In der RAL-Richtlinie RG 501/2 [24] sind darüberhinaus Grenzwerte (Tafel 31) für die Aufbereitung von Böden und Bauteilen aus dem Baubereich zur Wiederverwendung angegeben. Es wird dabei zwischen folgenden Verwertungsklassen unterschieden:

Verwertungsklasse 1	Die Werte der Klasse 1 liegen im Bereich der geogenen Grundlast; die Materialien der Klasse 1 sind generell einsetzbar, falls keine standortspezifischen Bedingungen entgegenstehen
Verwertungsklasse 2	Die Verwendung von Material der Klasse 2 als Unterboden ist grundsätzlich gegeben, allerdings analytisch zu überwachen
Verwertungsklasse 3	Die Verwendung von Material der Klasse 3 ist grundsätzlich geeignet für die Verfüllung von Gruben und Aufschüttungen mit abgedeckter Oberfläche unter Beachtung der Grundwasserverhältnisse, wenn dem keine standortspezifischen Bedingungen entgegenstehen

Weiterhin sind Sicherheitsstufen beim Umgang mit kontaminierten Material angegeben, die in Anlehnung an die Gefahrstoffverordnung [21] erfolgen:

Sicherheitsstufe 1 (S 1)	Für giftige und/oder explosionsgefährliche Stoffe (Kennbuchstaben T (giftig), T+ (sehr giftig) und/oder E (explosionsgefährlich) der Gefahrstoffverordnung)
Sicherheitsstufe 2 (S 2)	Für mindergiftige, reizend wirkende und/oder leicht entzündliche Stoffe (Kennbuchstaben Xn (mindergiftig), Xi (reizend wirkend) und/oder F (leichtentzündlich) der Gefahrstoffverordnung)
Sicherheitsstufe 3 (S 3)	Für Stoffe mit geringem Gefährdungspotential

Tafel 29 Verwendungsmöglichkeiten von Reststoffen im Straßenbau [26]

	Stoffgruppen \ Verwendungsbereiche	A Lärmschutzwälle	B Ungeb. Verkehrsfl. und Wegebau	C1 Unterbau	C2 Hinterfüllung und Überschüttung	D1 Verfüllung von Leitungsgräben	D2 Bodenverfestigung und Untergrundverbesserung	E Tragschichten ohne Bindemittel	F Hydraulisch gebundene Tragschichten	G1 Tragschichten mit bitumin. Bindemitteln	G2 Bit. Deck- u. Binderschichten	H Betontragschichten
								Oberbau				
1	Asphalt	●	●	○	○	○	○	○	○ 1)	● 2)	● 2)	
2	Beton, Betonwerksteine	●	●	●	●	●	●	●	●	○		●
3	sonst. hydr. geb. Materialien (z.B. HO-Schlacke)	●	●	●	●	●	●	●	●	○		●
4	Naturwerksteine, gebr./ungebr. Materialien, Gleisschotter	●	●	●	●	●	●	●	●	●	●	●
5	Kies, Sand	●	●	●	●	●	●	●	●	●	○	●
6	sonst. mineralische Massen (z.B. bindige und verwitterungsempfindliche Stoffe)	●	○	●	○	○	○					
7	Ziegel, Mauerwerk, Steinzeug	●	●	●	○	●	●	○	○			○ 1)

● Verwendung möglich
○ Verwendung bedingt möglich

1) Als Beimengung zu den Stoffgruppen 2 bis 5 je nach Laboruntersuchung oder aufgrund von Praxiserfahrungen
2) Siehe „Merkblatt für die Erhaltung von Asphaltstraßen – Teil: Bauliche Maßnahmen – Wiederverwenden von Asphalt"; Hrsg.: Forschungsgesellschaft für Straßen- und Verkehrswesen, Köln

Recycling-Baustoffe, die den Güte- und Prüfbestimmungen (Erstüberprüfung, Eigen- und Fremdüberwachung) gemäß RAL-RG 501/1 [23] entsprechen, können mit dem Gütezeichen RAL Recycling-Baustoffe gekennzeichnet werden. Mit dem Gütezeichen ist die jeweilige Klasse (I, II oder III; s. Abschn. 3.1) des Recycling-Baustoffes anzugeben. Für die Anwendung des Gütezeichens treffen ausschließlich die Durchführungsbestimmungen für die Verleihung und Führung des Gütezeichens Recycling-Baustoffe zu.

Tafel 30 Prüfparameter von Reststoffen [26]

Nr.	zu prüfende Eigenschaften / Verwendungsbereiche	A Lärmschutzwälle	B Ungeb. Verkehrsfl. und Wegebau	C1 Unterbau	C2 Hinterfüllung und Überschüttung	D1 Verfüllung von Leitungsgräben	D2 Bodenverfestigung und Untergrundverbesserung	E Tragschichten ohne Bindemittel (Oberbau)	F Hydraulisch gebundene Tragschichten (Oberbau)	G1 Tragschichten mit bitumin. Bindemitteln (Oberbau)	G2 Bit. Deck- u. Binderschichten (Oberbau)	H Betontragschichten (Oberbau)
1	Stoffl. Zusammensetzung	●	●	●	●	●	●	●	●	●	●	●
2	Widerstand gegen Verwitterung (DIN 52106)		●					●	○	●	●	●
3	Widerstand gegen Frost		●					●	○	●	●	●
4	Raumbeständigkeit	○		○	○	●	●	●	●	●	●	●
5	Korn-, Rohdichte		●	●	●	●	●	●	●	●	●	●
6	Korngrößenverteilung	○	●	●	●	●	●	●	●	●	●	●
7	Kornform				○	○		●		●	●	●
8	Anteil an gebrochenen Körnern		○					○		●	●	●
9	Kornfestigkeit		●					●	○	●	●	●
10	Schädliche Bestandteile nach DIN 4226								●			●
11	Affinität zu bit. Bindemitteln									●	●	
12	Verhalten in der Trockentrommel									●	●	
13	Proctordichte	○	●	●	●	●	●	●	●			
14	Verformungsmodul, Standfestigkeit, Haufwerksfestigkeit, Scherfestigkeit	○	○	●	●	○	○	●				
15	Zeit – Setzungsverhalten	○		●	●	○		○				
16	Frostempfindlichkeit				●			●	●			
17	Begrünbarkeit	○	○	○								
18	Chemisch-physikalische Einwirkung auf Bauteile	○	○	○	○	○	○	○	○	○	○	○
19	Einwirkung auf Umwelt	○	○	○	○	○	○	○	○	○	○	○

● zu prüfen ○ Unter bestimmten Umständen zu prüfen

18

Tafel 31 Verwertungsklassen für aufbereitete Böden und Bauteile [24]

Parameter	Verw.klasse 1		Verw.klasse 2		Verw.klasse 3		Sicherheitsstufe
	TS[1]) in mg/kg	Eluat in mg/l	TS[1]) in mg/kg	Eluat in mg/l	TS[1]) in mg/kg	Eluat in mg/l	
I. Aromatische Kohlenwasserstoffe							
Benzol	0,01	–	0,1	–	0,5	–	S1
Ethylbenzol	0,05	–	0,5	–	5	–	S2
Toluol	0,05	–	0,3	–	3	–	S2
Xylol	0,05	–	0,5	–	5	–	S2
Phenole	0,02	–	0,1	–	1	–	S1
Aromaten, gesamt	0,1	–	2	–	10	–	S1
II. Polycyclische Aromaten (PAK)							
Naphthalin	0,1	–	1	–	5	–	S1
Anthracen	0,1	–	1	–	10	–	S1
Phenanthren	0,1	–	1	–	10	–	S1
Fluoranthen	0,1	–	1	–	10	–	S1
Fluoren	0,1	–	1	–	10	–	S1
Pyren	0,1	–	1	–	10	–	S1
Chrysen	0,1	–	1	–	10	–	S1
Acenaphthen	0,1	–	1	–	10	–	S1
Acenaphthylen	0,1	–	1	–	10	–	S1
Dibenz(a,h)anthracen	0,1	–	1	–	10	–	S1
Benzo(a)anthracen	0,1	–	1	–	10	–	S1
Benzo(a)pyren	0,05	–	0,5	–	1	–	S1
Benzo(b)fluoranthen	0,1	–	1	–	10	–	S1
Benzo(k)fluoranthen	0,1	–	1	–	10	–	S1
Benzo(ghi)perylen	0,1	–	1	–	10	–	S1
Indeno(1,2,3-cd)pyren	0,1	–	1	–	10	–	S1
PAK, gesamt	1	0,005	5	0,01	25	–	S1
III. Chlorierte Kohlenwasserstoffe (CKW)							
Aliphatische CKW, einz.	0,1	–	1	–	5	0,5	S1
Aliphatische CKW, ges.	0,1	–	1	0,1	7	0,5	S1
Chlorbenzole, einzeln	0,05	–	0,1	–	1	–	S2
Chlorbenzole, gesamt	0,05	–	0,7	–	2	–	S2
Chlorphenole, einzeln	0,01	–	0,1	–	1	–	S1/S2
Chlorphenole, gesamt	0,01	–	0,1	–	1	–	S1
PCB, gesamt	0,05	–	0,1	–	1	–	S2
EOX (EOCl)	0,1	–	1	–	8	–	S1/S2
AOX (AOCl)	–	0,5	–	–	–	–	S1/S2
Org. Chlorpestiz., einz.	0,1	–	0,75	–	0,5	–	S1
Org. Chlorpestiz., ges.	0,1	–	0,5	–	1	–	S1
Pestizide, gesamt	0,1	0,005	1	–	2	–	S1
Phenole, gesamt	–	0,1	–	–	–	–	S1
IV. Sonstige organische Verunreinigungen							
Mineralöle	100	1	500	10	1000	–	S3
Tetrahydrofuran	0,1	–	1	–	4	–	S2
Pyridin	0,1	–	0,5	–	2	–	S2
Tetrahydrothiopen	0,1	–	1	–	5	–	S2
Cyclohexanon	0,1	–	1	–	5	–	S2
Styrol	0,1	–	1	–	5	–	S2

Fortsetzung und Fußnoten s. nächste Seite

Tafel 31, Fortsetzung

Parameter	Verw.klasse 1		Verw.klasse 2		Verw.klasse 3		Sicherheitsstufe
	TS[1]) in mg/kg	Eluat in mg/l	TS[1]) in mg/kg	Eluat in mg/l	TS[1]) in mg/kg	Eluat in mg/l	
V. Metalle[1])							
Aluminium	–	0,2	–	3	–	–	S3
Arsen	1 15	0,2	25	0,5	40	1	S1
Barium	200 –	1	300	2	400	–	S2
Blei	2 80	0,2	200	1	500	2	S2/S1
Bor	5 80	1	100	–	–	–	S2/S1
Cadmium	0,1 1	0,02	2	0,25	10	0,5	S2
Chrom, gesamt	1 500	0,05	150	1	300	3	S1/S2
Chrom, VI	–	–	–	0,25	–	0,5	S1
Eisen, gelöst	–	2	–	3	–	–	S3
Kobalt	20 –	–	40	1	60	5	S1
Kupfer	3 80	1	150	1	300	5	S3
Mangan	20 800	1	–	1	–	–	S2
Magnesium	–	50	400	–	–	–	S3
Molybdän	0,2 5	–	20	–	40	–	S3
Nickel	2 500	0,05	100	0,5	500	5	S1
Quecksilber	0,02 0,5	0,001	2	0,05	5	0,5	S1
Selen	10 –	0,01	–	0,1	–	1	S1
Silber	–	0,01	–	0,1	–	2	S3
Thallium	0,02 0,5	–	1	–	–	–	S1
Vanadium	10 100	–	100	0,1	–	–	S2
Zink	5 200	5	500	–	1500	–	S2/S1
Zinn	20 –	–	50	2	100	5	S3
VI. Anionen							
Cyanid, gesamt	5	0,05	25	–	100	5	S1
Cyanid, leicht freis.	1	–	5	0,5	20	1	S1

[1]) TS: Trockensubstanz
[2]) Die bei den Metallen hinter dem Schrägstrich angegebenen Werte entsprechen geogen bedingten Metallgehalten, die standortabhängig berücksichtigt werden müssen.

3.1.2 Verwertung von Böden und Erdaushub gemäß LAGA-Liste

Im LAGA-Regelwerk [27] werden für Böden und Erdaushub (Reststoffe und Abfälle aus dem Baubereich, Altlasten und Schadensfällen) nutzungs- bzw. standortbezogene Zuordnungswerte (Einbauwerte) angegeben, bei deren Unterschreitung ein Einbau der genannten Materialien in bestimmten Bereichen möglich ist. Dabei wird folgende Unterteilung vorgenommen:

Zuordnungswert Z0	uneingeschränkter Einbau möglich (Schadstoffgehalte im Bereich der natürlichen Hintergrundbelastung
Zuordnungswert Z1	offener eingeschränkter (nutzungsbezogener) Einbau möglich (Aufgliederung in Z.1.1 und Z.1.2 in Abhängigkeit von den hydrogeologischen Standortverhältnissen)
Zuordnungswert Z1.1	Anforderung bei ungünstigen hydrogeologischen Voraussetzungen
Zuordnungswert Z1.2	Anforderung bei günstigen hydrogeologischen Voraussetzungen (z.B. flächige Überlagerung des Grundwasserleiters durch eine ausreichend mächtige, gering durchlässige Schicht)
Zuordnungswert Z2	eingeschränkter Einbau mit definierten technischen Sicherungsmaßnahmen möglich (Unterbindung des Transportes von Schadstoffen in den Untergrund bzw. das Grundwasser)
Zuordnungswert Z3	Einbau nur in Deponien gemäß TA Siedlungsabfall, Deponieklasse I (siehe Tafel 3)

Die einzelnen Zuordnungswerte werden dabei sowohl für Feststoffbestimmungen (Tafel 32) als auch für Eluate (Elution im Verwendungszustand, keine Zerkleinerung nach DIN 38414, Teil 4 erforderlich) von Böden (Tafel 33) angegeben. Eine Vermischung von Böden bzw. Reststoffen zur Erreichung der entsprechenden Zuordnungswerte ist nicht zulässig.

Tafel 32 Zuordnungswerte nach LAGA [27] (Boden)

Parameter	in	Zuordnungswert			
		Z0	Z1.1	Z1.2	Z2
pH-Wert¹)	–	5,5 bis 8	5,5 bis 8	5 bis 9	–
EOX	mg/kg	1	3	10	15
Mineralöle	mg/kg	100	300	500	1000
Aromaten²)	mg/kg	<1	1	3	5
LHKW³)	mg/kg	<1	1	3	5
PAK⁴)	mg/kg	1	5⁶)	15⁷)	20
PCB⁵)	mg/kg	0,02	0,1	0,5	1
Arsen	mg/kg	20	30	50	150
Blei	mg/kg	100	200	300	1000
Cadmium	mg/kg	0,6	1	3	10
Chrom, gesamt	mg/kg	50	100	200	600
Kupfer	mg/kg	40	100	200	600
Nickel	mg/kg	40	100	200	600
Quecksilber	mg/kg	0,3	1	3	10
Thallium	mg/kg	0,5	1	3	10
Zink	mg/kg	120	300	500	1500
Cyanide, gesamt	mg/kg	1	10	30	100

¹) Niedrigere pH-Werte allein stellen kein Ausschlußkriterium dar
²) Summe BTEX (Benzol, Toluol, Ethylbenzol, Xylol)
³) Summe leichtflüchtiger, halogenierter Kohlenwasserstoffe
⁴) Summe polycyclischer aromatischer Kohlenwasserstoffe nach EPA (Naphthalin, Acenaphthylen, Acenaphthen, Fluoren, Phenanthren, Anthracen, Fluoranthen, Pyren, Benzo(a)anthracen, Chrysen, Benzo(b)fluoranthen, Benzo(k)fluoranthen, Benzo(a)pyren, Indeno(1,2,3-cd)pyren, Dibenz(ah)anthracen, Benzo(ghi)perylen)
⁵) Summe polychlorierter Biphenyle nach DIN 51527
⁶) Einzelwerte für Naphthalin und Benzo(a)pyren <0,5 mg/kg
⁷) Einzelwerte für Naphthalin und Benzo(a)pyren <1,0 mg/kg

Tafel 33 Zuordnungswerte nach LAGA [27] (Eluate von Böden)

Parameter	in	Zuordnungswert			
		Z0	Z1.1	Z1.2	Z2
pH-Wert¹)	–	6,5 bis 9	6,5 bis 9	6 bis 12	5,5 bis 12
Leitfähigkeit	µS/cm	500	500	1000	1500
Chlorid	mg/l	10	10	20	30
Sulfat	mg/l	50	50	100	150
Cyanid, gesamt	µg/l	<10	10	50	100³)
Phenolindex²)	µg/l	<10	10	50	100
Arsen	µg/l	10	10	40	60
Blei	µg/l	20	40	100	200
Cadmium	µg/l	2	2	5	10
Chrom, gesamt	µg/l	15	30	75	150
Kupfer	µg/l	50	50	150	300
Nickel	µg/l	40	50	150	200
Quecksilber	µg/l	0,2	0,2	1	2
Thallium	µg/l	<1	1	3	5
Zink	µg/l	100	100	300	600

¹) Niedrigere pH-Werte allein stellen kein Ausschlußkriterium dar
²) Höhere Gehalte, die auf Huminstoffe zurückzuführen sind, stellen kein Ausschlußkriterium dar
³) Verwertung für Z2 > 100 µg/l ist zulässig, falls Z2 Cyanid (leicht freisetzbar) <50 µg/l

3.2 Aufbereitungsanlagen für Bauschutt

Aufgrund der erheblichen anfallenden Mengen von Abfällen im Bereich der Bauindustrie und des Baugewerbes kommt der Aufbereitung und Verwertung dieser als Baurestmassen bezeichneten Abfälle vordringliche Bedeutung zu. Die Baurestmassen lassen sich in folgende Abfallgruppen aufgliedern:

- Bodenaushub
- Straßenaufbruch
- Bauschutt
- Baustellen(misch)abfälle

Während die Verwertung von Bodenaushub (z.B. auch über Bodenbörsen) in der Regel ohne spezielle Aufbereitung erfolgen kann, ist die Verwertung von Bauschutt, Straßenaufbruch und ggf. Baustellenabfällen nur über die Vorschaltung einer Aufbereitung möglich.

In Abhängigkeit von den gegebenen Randbedingungen einer Baustelle werden Bauschuttaufbereitungsanlagen aus bewährten Aggregaten von Anlagen zur Mineralstoffgewinnung zusammengestellt. Beispielhafte Schemata für derartige einfache baustellengerechte Anlagenzusammenstellungen zeigen die Bilder 10 und 11 [28].

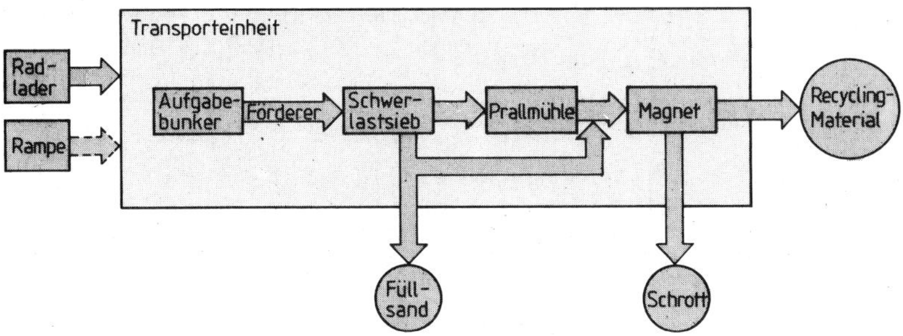

Bild 10 Schema einer mobilen Bauschuttaufbereitungsanlage [28]

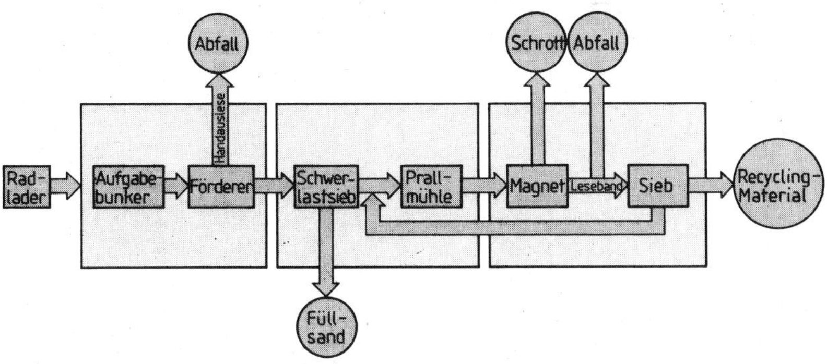

Bild 11 Schema einer semimobilen Bauschuttaufbereitungsanlage [28]

Verkehrswesen

Bearbeitet von Prof. Dipl.-Ing. Henning Natzschka

Inhalt

Verkehrswasserbau s. Abschnitt Wasserwirtschaft Abschn. 17.8

Anmerkung Auch wenn in den Richtlinien und Merkblättern der Forschungsgesellschaft für Straßen- und Verkehrswesen für bestimmte Größen die Großschreibung üblich ist, wurde hier für diese nach DIN 1080 die Kleinschreibung verwendet.

Technische Baubestimmungen

Empfehlungen für Radverkehrsanlagen ERA 95
Empfehlungen für die Anlage von Hauptverkehrsstraßen EAHV 93/98
Empfehlungen für Anlagen des ruhenden Verkehrs EAR 91/95
Empfehlungen für die Anlage von Erschließungsstraßen EAE 85/95
Hinweise zur Anwendung der Richtlinien für die Anlage von Straßen (Teile RAS-N, L, Q, K) beim Um- und Ausbau von Straßen in den neuen Bundesländern, 1992
Richtlinien für die Anlage von Landstraßen RAL,
Teil III: Knotenpunkte – RAL-K
Abschn. 2: Planfreie Knotenpunkte – RAL-K-2, 1976/1991
Richtlinien für die Anlage von Straßen RAS mit den Teilen:
- Entwässerung – RAS-Ew, 1987
- Knotenpunkte – RAS-K-1, Plangleiche Knotenpunkte, 1988/1993
- Linienführung – RAS-L, 1995
- Landschaftsgestaltung – RAS-LG,
  Abschn. 3: Lebendverbau, 1983
- Landschaftspflege – RAS-LP,
  Abschn. 1: Landschaftspflegerische Begleitplanung, 1996
  Abschn. 2: Landschaftspflegerische Ausführung, 1993
  Abschn. 4: Schutz von Bäumen u. Sträuchern im Bereich von Baustellen, 1999
- Straßennetzgestaltung – RAS-N,
  Abschn. 1: Leitfaden für die funktionale Gliederung des Straßennetzes, 1988
- Anlagen des öffentlichen Personalverkehrs – RAS-Ö,
  Abschn. 1: Straßenbahn, 1977
  Abschn. 2: Omnibus und Obus, 1979
- Querschnitte – RAS-Q, 1996

} hrsg. von der Forschungsgesellschaft für Straßen- und Verkehrswesen e. V., Köln

Fortsetzung s. nächste Seite

Technische Baubestimmungen, Fortsetzung

- Vermessung – RAS-Verm,
  Abschn. 1: RAS-Verm 1, Grundlagenvermessung, Geländeaufnahme, Berechnungen, 1990
  Abschn. 2: RAS-Verm 2, Planherstellungsarbeiten, Reprotechnische Arbeiten mit Anhang: Zeichenvorschrift zum Abschn. 2, 1990
- Empfehlungen für Wirtschaftlichkeitsuntersuchungen an Straßen (EWS) – Aktualisierung der RAS – W 86, 1997
- Richtlinien für den Lärmschutz an Straßen – RLS 1990/1992
- Richtlinien für die Standardisierung des Oberbaus von Verkehrsflächen – RStO 2000 (Entwurft)
- Zusätzliche Technische Vertragsbedingungen und Richtlinien für den Bau von Fahrbahndecken aus Asphalt – ZTV Asphalt-Stb, 1994/98
- Zusätzliche Technische Vertragsbedingungen und Richtlinien für die Befestigung ländlicher Wege – ZTV-LW 99
- Zusätzliche Technische Vertragsbedingungen und Richtlinien für Tragschichten im Straßenbau ZTVT-StB 95

(hrsg. von der Forschungsgesellschaft für Straßen- und Verkehrswesen e. V., Köln)

- Anpassung der Entwurfsrichtlinien für planfreie Knotenpunkte (RAL-K-2 1976) an jüngere Entwurfsrichtlinien, Reihe Forschung Straßenbau und Verkehrstechnik, Heft 589/1990, Hrsg. Bundesminister für Verkehr, Bonn
- Richtlinien für den ländlichen Wegebau – RLW, 1999, Hrsg. Deutscher Verband für Wasserwirtschaft und Kulturbau e. V. (DVWK), Bonn

Eisenbahn-Bau- und Betriebsordnung – EBO, 1994, Deutsche Bahn AG
Oberbauvorschrift für Regelspurbahnen – Obv (1969), 1987,
DS 820, Deutsche Bundesbahn Vorschrift für das Entwerfen von Bahnanlagen – DS 80001, 80002, 80003, Deutsche Bundesbahn, 1994

Richtlinie Infrastruktur Technik: Entwerfen 8000110 bis 8000130, Deutsche Bahn AG, 1997

Norm	Ausgabe	Titel
EN 295-1 bis -3	11.96	Steinzugrohre und Formstücke sowie Rohrverbindungen für Abwasserleitungen und -kanäle
DIN 482	09.88	Straßenbordsteine aus Naturstein
DIN 483	08.81	Bordsteine aus Beton
DIN 485	04.87	Gehwegplatten aus Beton
DIN 1060-1	03.95	Baukalk; Definitionen, Anforderungen, Überwachung
DIN 1182	10.71	Wirtschaftswegebrücken; Profilmaße
DIN 1187	11.82	Dränrohre aus weichmacherfreiem Polyvinchlorid
DIN 1221	02.92	Schmutzfänger für Schachtabdeckungen
DIN 1229	06.96	Einheitsgewichte für Aufsätze und Abdeckungen für Verkehrsflächen
DIN 1230-E10	3.94	Steinzeug für die Kanalisation
DIN EN 1401-1	12.98	Weichmacherfreies Polyvinchlorid (PVC-U)
DIN 1995-1 bis -5	10.89	Bitumen und Steinkohlenteerpech; Anforderungen an die Bindemittel
DIN 1998	05.78	Unterbringung von Leitungen und Anlagen in öffentlichen Flächen; Richtlinien für die Planung
DIN 1991-1 bis -6	08.76 bis 02.91	Abscheideranlagen für Leichtflüssigkeiten
DIN 1999-E7	04.96	Abscheideranlagen für Leichtflüssigkeiten
DIN 4032	01.81	Betonrohre und Formstücke: Maße, Technische Lieferbedingungen
DIN 4034-1 bis -2	10.90 bis 09.93	Schächte aus Beton- und Stahlbetonfertigteilen
DIN 4035	08.95	Stahlbetonrohre und zugehörige Formstücke
DIN 4052-1 bis -4	09.77 bis 05.88	Betonteile und Eimer für Straßenabläufe
DIN 4095	06.90	Baugrund: Dränung zum Schutz baulicher Anlagen
DIN 4124	08.81	Baugruben und Gräben: Böschungen, Arbeitsraumbreiten, Verbau
DIN 18005-1	05.87	Schallschutz im Städtebau; Berechnungsverfahren
DIN 18123	11.96	Baugrund: Untersuchung von Bodenproben; Bestimmung der Korngrößenverteilung
DIN 18158	09.86	Bodenklinkerplatten
DIN 18195-1 bis -10	08.83 bis 12.86	Bauwerksabdichtungen
DIN 18299	06.96	VOB Verdingungsordnung für Bauleistungen, Teil C: Allgemeine Regelungen für Bauarbeiten jeder Art

Technische Baubestimmungen, Fortsetzung

Norm	Ausgabe	Titel
DIN 18300	06.96	VOB Verdingungsordnung für Bauleistungen, Teil C: Erdarbeiten
DIN 18315	06.96	VOB Verdingungsordnung für Bauleistungen: Teil C: Verkehrswegebauarbeiten; Oberbauschichten ohne Bindemittel
DIN 18316	06.96	VOB Verdingungsordnung für Bauleistungen, Teil C: Verkehrswegebauarbeiten; Oberbauschichten mit hydraulischen Bindemitteln
DIN 18317	06.96	VOB Verdingungsordnung für Bauleistungen, Teil C: Verkehrswegebauarbeiten; Oberbauschichten aus Asphalt
DIN 18318	06.96	VOB Verdingungsordnung für Bauleistungen, Teil C: Verkehrswegebauarbeiten; Pflasterdecken, Plattenbeläge, Einfassungen
DIN 18325	12.92	VOB Verdingungsordnung für Bauleistungen, Teil C: Gleisbauarbeiten
DIN 18354	05.98	VOB Verdingungsordnung für Bauleistungen, Teil C: Gußasphaltarbeiten
DIN 18500	04.91	Betonwerkstein; Begriffe, Anforderungen, Prüfung, Überwachung
DIN 18501	11.82	Pflastersteine aus Beton
DIN 18502	12.65	Pflastersteine; Naturstein
DIN 18503	08.81	Pflasterklinker; Anforderungen, Prüfung, Überwachung
DIN 18506	06.91	Hydraulische Bindemittel für Tragschichten, Bodenverfestigungen und Bodenverbesserungen; hydraulische Tragschichtbinder
DIN 18920	09.90	Vegetationstechnik im Landschaftsbau; Schutz von Bäumen, Pflanzenbeständen und Vegetationsflächen bei Baumaßnahmen
DIN 19537-1 bis -3	10.83 bis 11.90	Rohre und Formstücke aus Polyethylen hoher Dichte
DIN 19571-1 bis -2	09.97	Aufsätze 500 × 500 für Abläufe, rinnenförmig
DIN 19580	12.88	Entwässerungsrinnen für Niederschlagswasser zum Einbau in Verkehrsflächen
DIN 19583-1 bis -2	11.96	Aufsätze 500 × 500 für Straßenabläufe
DIN 19584-1 bis -2	11.96	Schachtabdeckungen für Einsteigschächte
DIN 19590ff.	03.90	Aufsätze für Abläufe
DIN 19596-1 bis -3	03.90	Schachtabdeckungen
DIN 43629-2	08.78	Kabelverteilerschrank; Sockel, Anbaumaße
E DIN 45642	03.97	Messung von Verkehrsgeräuschen
DIN 52000	06.89	Bitumen und Steinkohlenteerpech; Prüfungen
DIN 52101	03.90	Prüfung von Naturstein

Weiterführende Literatur

Der Elsner, Handbuch für Straßenwesen. Darmstadt: Otto Elsner Verlagsgesellschaft

Dunker, Lothar: Untersuchungen zur Bemessung von Verkehrsflächen und Abfertigungsanlagen für Personalkraftwagen in Anlagen für den ruhenden Verkehr, Schriftenreihe Straßenbau und Straßenverkehrstechnik (1971) Heft 123, BMW, Bonn

Fiedler, Joachim: Grundlagen der Bahntechnik, 3. Aufl., 1991, Werner-Verlag, Düsseldorf

Matthews, Volker: Bahnbau, 3. Auflage, 1996, B. G. Teubner, Stuttgart

Natzschka, Henning: Straßenbau — Entwurf und Bautechnik, 1997, B. G. Teubner, Stuttgart und Leipzig

Sill, Otto: Parkbauten. Wiesbaden: Bauverlag 1968

Velske, Siegfried: Straßenbautechnik, 3. Aufl., 1993, Werner-Verlag, Düsseldorf

Handbuch für städtisches Ingenieurwesen. Otto Elsner Verlagsgesellschaft, Darmstadt

Handbuch des Straßenbaus. Springer Verlag, Berlin — Heidelberg — New York

Forschung Straßenbau und Straßenverkehrstechnik, BMV, Abt. Straßenbau, Bonn

Straßenbau von A — Z, Loseblattsammlung, Erich Schmidt Verlag, Berlin, Bielefeld, München

1 Straßenbau

1.1 Querschnittsgestaltung

1.1.1 Elemente des Straßenverkehrs

Ausgangsmaße: Bemessungsfahrzeug

Kfz-Verkehr: $b=1{,}75$ m, $h=1{,}50$ m, $l=4{,}70$ m (Pkw)
$b=2{,}10$ m, $h=2{,}20$ m, $l=6{,}00$ m (Lfw)
$b=2{,}50$ m, $h=3{,}30$ m, $l=7{,}64$ m (Müllfz, 2 Achsen (2 Mü))
$b=2{,}50$ m, $h=3{,}30$ m, $l=9{,}45$ m (Müllfz, 3 Achsen (3 Mü))
$b=2{,}50$ m, $h=4{,}00$ m, $l=18{,}00$ m (Lastzug, Gelenkbus)
Rad-Verkehr: $b=0{,}60$ m, $h=2{,}00$ m, $l=1{,}85$ m (mit Fahrer)
Fußgänger: $b=0{,}55$ m, $h=2{,}00$ m

Bewegungsspielraum zum Ausgleich der Fahr- und Lenkungsungenauigkeiten und als Sicherheitsabstand zwischen Fahrzeugen, Einbauten und unter Brücken

$b_{Sp}=0{,}25$ m bis 1,25 m (je nach Regelquerschnitt).

Verkehrsraum wird gebildet aus Räumen für die Bemessungsfahrzeuge, seitlichen und oberen Bewegungsspielräumen und Räumen der Rand- und Standstreifen.

$h_{V,Kfz}=4{,}25$ m, $h_{V,F,R}=2{,}25$ m.

Lichter Raum setzt sich aus den Verkehrsräumen, den seitlichen und oberen Sicherheitsräumen zusammen. Er ist von Hindernissen frei zu halten. *Sicherheitsraum* oben $h_{s,o}=0{,}20$ m.

Tafel 1 Böschungsgestaltung

Böschungshöhe h	$h \geqq 2{,}0$ m	$h<2{,}0$ m
Damm	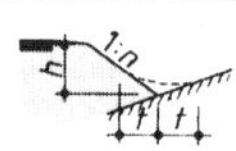	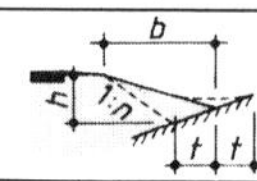
Einschnitt	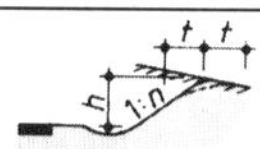	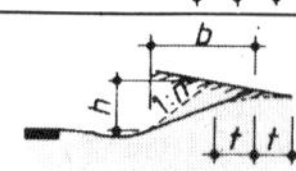
Regelböschung	1:1,5	$b=3{,}0$ m
allgemeine Böschungsmaße	$1:n$	$b=2n$
Tangentenlänge der Ausrundung	3,0 m	1,5 h

Die *Querneigung* der *Bankette* ist nach außen geneigt: tiefe Seite $q_B=12\%$, hohe Seite $q_B=6\%$. Die Mutterbodenandeckung soll ca. 0,03 m tiefer liegen als die Außenkante der befestigten Fahrbahn.

Einteilung von Straßen für den öffentlichen Verkehr nach

- Lage außerhalb oder innerhalb bebauter Gebiete
- angrenzender Bebauung (anbaufrei oder angebaut)
- maßgebender Funktion (Verbindung, Erschließung, Aufenthalt).

Funktionsstufen für die Verbindung und Anbindung von Zielen im Straßennetz:

- Funktionsstufe I: Verbindung zwischen zentralen Orten der oberen Stufe (Oberzentren)
- Funktionsstufe II: Verbindung zentraler Orte der mittleren Stufe (Mittelzentren) oder entsprechender innergemeindlicher Raumeinheiten
- Funktionsstufe III: Verbindung zentraler Orte der Grundstufe (Grund-, Unter-, Kleinzentren) oder entsprechender innergemeindlicher Raumeinheiten
- Funktionsstufe IV: Verbindung wichtiger Teilbereiche zentraler Orte der Grundstufe sowie entsprechender innergemeindlicher Raumeinheiten
- Funktionsstufe V: Erschließung von Grundstücken für Anlieger- und Fremdverkehr und land- und forstwirtschaftlicher Flächen
- Funktionsstufe VI: Anbindung von Grundstücken für Anliegerverkehr

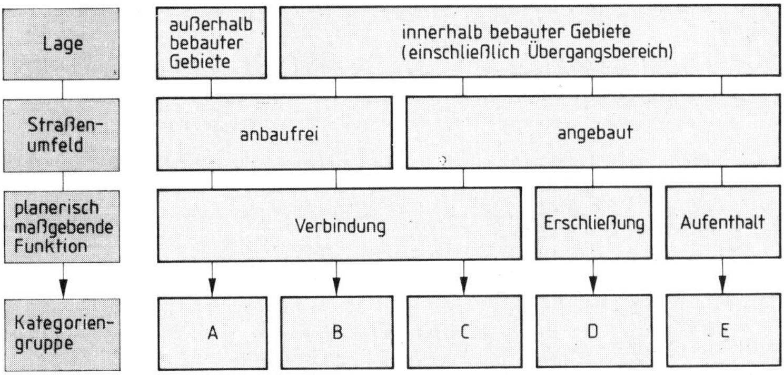

Bild 1 Zusammenhang zwischen Lage, Umfeld, Funktion und Kategoriengruppen von Straßen

1.1.2 Funktionsbedeutung der Kategoriengruppen

Kategoriengruppe A. Großräumige, regionale, zwischengemeindliche, flächenerschließende Verbindungen außerhalb bebauter Gebiete. Meist anbaufrei mit weiten Knotenpunktsabständen. Fußgänger- und Radverkehr besonders geführt.

Kategoriengruppe B. Anbaufreie Schnellverkehrs-, Hauptverkehrs-, Hauptsammelstraßen innerhalb bebauter Gebiete und beim Übergang zu diesen. Verbindung innerörtlicher Zentren und Straßen der Kategoriengruppe A. Bündelung innerörtlichen Erschließungsverkehrs. Knotenpunkte engmaschig. Geh- und Radwege auf Seitenstreifen geführt.

Kategoriengruppe C. Angebaute oder anbaufähige Hauptverkehrs- und Hauptsammelstraßen innerhalb bebauter Gebiete sowie Ortsdurchfahrten höherer Kategoriengruppen. Verbindung des Netzes der Erschließungsstraßen mit gleichzeitig eigener Erschließungsfunktion. Oft mit Flächen für den ruhenden Verkehr ausgestattet. Geh- und Radwege hinter Hochborden.

Kategoriengruppe D. Sammel- und Anliegerstraßen mit maßgebender Erschließungsfunktion. Manchmal mit Einbauten zur Verkehrsberuhigung versehen. Geh- und Radwege hinter Hochborden.

Kategoriengruppe E. Anliegerverkehr mit maßgebender Aufenthaltsfunktion und befahrbare Wohnwege. Mischung der Verkehrsarten möglich, wenn die Entwurfsmerkmale dies deutlich machen.

1.1.3 Regelquerschnitte (RQ)

Nach Tafel 2 ergeben sich folgende Querschnittsgruppen als Regelquerschnitte:

Durch Mittelstreifen baulich stets getrennt:

a) Fahrbahnen mit mindestens je 2 Fahrstreifen, Grundfahrstreifenbreite 3,75 m.

Mit oder ohne bauliche Mitteltrennung:

b) Fahrbahnen mit Grundfahrstreifenbreite 3,50 m.
c) Fahrbahnen mit Grundfahrstreifenbreite 3,25 m.
d) Fahrbahnen mit Grundfahrstreifenbreite 3,00 m.

Ohne bauliche Mitteltrennung:

e) Fahrbahnen mit 2 Fahrstreifen, Grundfahrstreifenbreite 2,75 m.
f) Fahrbahnen mit 2 Fahrstreifen, Grundfahrstreifenbreite 2,50 m.

Bei Querschnitten ohne bauliche Mitteltrennung erhalten die beiden am Gegenverkehr liegenden Fahrstreifen den Gegenverkehrszuschlag von 0,25 m.

Tafel 2 Breiten der Bestandteile des Straßenquerschnittes (Breite des Bemessungsfahrzeuges $b = 2{,}50$ m)

Regelquerschnitt		RQ 35,5	RQ 33	RQ 29,5	RQ 26	RQ 20	RQ 15,5	RQ 10,5	RQ 9,5	RQ 7,5
Anzahl Fahrstreifen		6	6	4	4	4	3	2	2	2
Bewegungsspielraum in m	außen innen	1,25 1,00	1,00 1,00	1,25 1,25	1,00 1,00	0,75 0,75	1,25/1,00[1]) 0,75	1,00 1,00	0,50 0,50	0,50 0,25
Fahrstreifenbreite in m	außen innen	3,75 3,50	3,50 3,50	3,75 3,75	3,50 3,50	3,25 3,25	3,75/3,50[1]) 3,25	3,50 3,50	3,00 3,00	2,75 2,75
Randstreifenbreite in m	außen innen	0,50 0,75	0,50 0,50	0,75 0,75	0,50 0,50	0,50 0,50	0,25 0,25	0,25 0,25	0,25 0,25	– –
Mittelstreifenbreite in m		3,50	3,00	3,50	3,00	2,00	(0,50)[2])	–	–	–
Standstreifenbreite in m		2,50	2,50	2,00	2,50	2,00	–	–	–	–
Bankettbreite in m		1,50	1,50	1,50	1,50	1,50	1,50/2,50[3])	1,50	1,50	1,00
Seitentrennstreifenbreite in m		3,00	3,00	3,00	3,00	1,75	1,75	1,75	1,75	1,25
Gehwegbreite neben Hochbord in m		–	–	–	–	2,50	2,50	2,25	2,00	2,00
Radwegbreite neben Hochbord in m[4])		–	–	–	–	3,00 (2,60)	3,00 (2,60)	2,75 (2,35)	2,50 (2,10)	2,50 (2,10)
Breite für gemeins. Geh- und Radweg in m		–	–	–	–	3,50 (3,25)	3,50 (3,25)	3,25 (3,00)	3,00 (2,75)	3,00 (2,75)

[1]) Auf der Seite mit zwei Richtungsfahrstreifen
[2]) Markierung auf der Fahrbahn mit zwei durchgehenden Trennlinien
[3]) Bei einstreifigen Abschnitten standfest ausbilden
[4]) Die Regelbreite beträgt 2,00 m. Ist der Radweg räumlich von befestigten Fahr- oder Seitenstreifen abgesetzt, soll er mindestens 2,25 m breit angelegt werden, um den Betriebs- und Unterhaltungsdienst mit Geräten zu ermöglichen. Bei geringem Radverkehr oder schwierigen Verhältnissen kann die Breite bis zu 1,60 m verringert werden.

Der seitliche *Sicherheitsraum* wird vom Verkehrsraum zur Seite hin gemessen. Er beträgt bei Straßen mit zul $v > 70$ km/h $b_s \geq 1{,}25$ m, 50 km/h $<$ zul $v \leq$ 70 km/h $b_s \geq 1{,}00$ m, zul $v < 50$ km/h $b_s \geq 0{,}75$ m

Am Mittelstreifen, neben Standstreifen und Hochborden können die Maße um 0,25 m unterschritten werden. Schutzeinrichtungen dürfen bis 0,50 m an den Verkehrsraum heranreichen. Hochborde mit $h \leq 0{,}20$ m dürfen unmittelbar neben dem Verkehrsraum angeordnet werden.

Tafel 3 Einteilung der Straßen (Werte in Klammern stellen Ausnahmen dar)

Straßenfunktion		Entwurfs- und Betriebsmerkmale				
Kategorien-gruppe	Straßen-kategorie	Ver-kehrs-art	zul. Geschw. v_{zul} in km/h	Quer-schnitt	Knoten-punkte	Entwurfs-Geschwin-digkeit v_e in km/h
1	2	3	4	5	6	7
A anbaufreie Straßen außerhalb bebauter Gebiete mit maßgebender Verbindungsfunktion	A I Fernstraße	Kfz Kfz	keine ≤100 (120)	zweibahnig einbahnig	planfrei plangleich (planfrei)	120 100 100 90 (80)
	A II überregionale oder regionale Straße	Kfz Allg. (Kfz)	 ≤100	zweibahnig einbahnig	planfrei (plangleich) plangleich	100 90 (80) 90 80 (70)
	A III zwischen-gemeindliche Straße	Kfz Allg.	≤100 ≤100	zweibahnig einbahnig	plangleich (planfrei) plangleich	(90) 80 70 80 70 60
	A IV flächenerschließende Straße	Allg.	≤100	einbahnig	plangleich	70 60 (50)
	A V untergeordnete Straße	Allg.	≤100	einbahnig	plangleich	(50) keine
	A VI Wirtschaftsweg	Allg.	≤100	einbahnig	plangleich	keine
B anbaufreie Straßen im Vorfeld und innerhalb bebauter Gebiete mit maßgebender Verbindungsfunktion	B I Stadtautobahn	Kfz	≤100	zweibahnig	planfrei	100 90 80 (70)
	B II Schnellverkehrs-straße	Kfz	≤80	zweibahnig	planfrei (plangleich)	80 70 (60)
	B III Hauptverkehrs-straße	Allg. Allg.	≤70 ≤70	zweibahnig einbahnig	plangleich plangleich	70 60 (50) 70 60 (50)
	B IV Hauptsammel-straße	Allg.	≤60	einbahnig	plangleich	60 50
C angebaute Straßen innerhalb bebauter Gebiete mit maßgebender Verbindungsfunktion	C III Hauptverkehrs-straße	Allg. Allg.	50 50	zweibahnig einbahnig	plangleich plangleich	(70) (60) 50 (40) keine (60) 50 (40)
	C IV Hauptsammel-straße	Allg.	50	einbahnig	plangleich	50 (40)
D angebaute Straßen innerhalb bebauter Gebiete mit maßgebender Erschließungsfunktion	D IV Sammelstraße	Allg.	≤50	einbahnig	plangleich	keine
	D V Anlieger-straße	Allg.	≤50	einbahnig	plangleich	keine
E angebaute Straßen innerhalb bebauter Gebiete mit maßgebender Aufenthaltsfunktion	E V Anlieger-straße	Allg.	Schritt-geschw.	einbahnig	plangleich	keine
	E VI befahrbarer Wohnweg	Allg.	Schritt-geschw.	einbahnig	plangleich	keine

Regelquerschnitte, zweibahniger Straßen (nach RAS-Q, 1996)

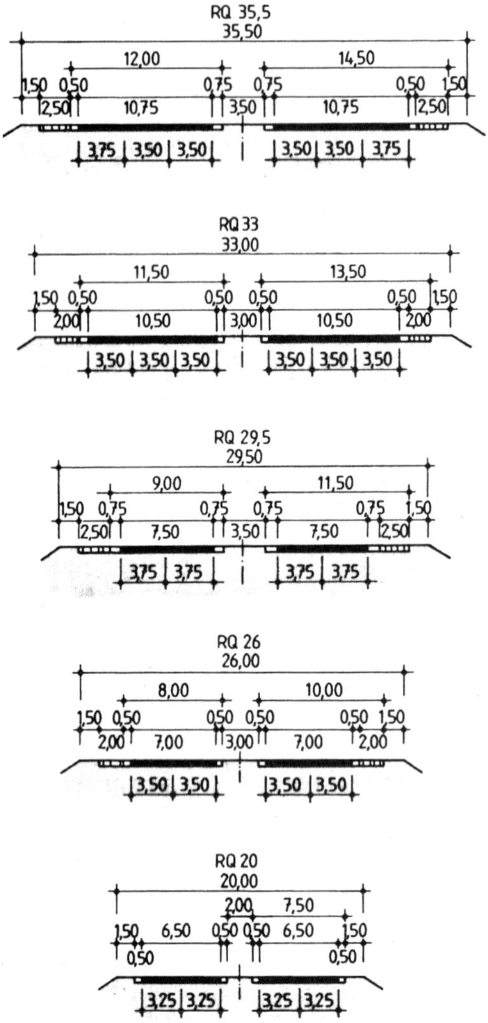

Regelquerschnitte einbahniger Straßen (nach RAS-Q, 1996)

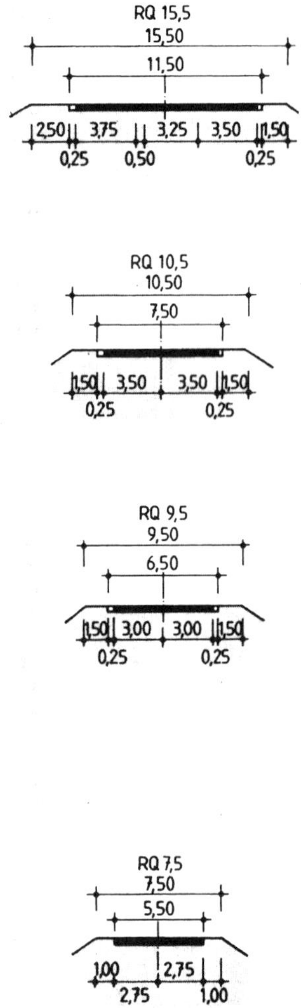

[1]) auf 0,50 m verbreitern, wenn Schwerverkehr >900 Fz/24 h

Die Regelquerschnitte RQ 35,5 und RQ 29,5 werden vorzugsweise für Bundesautobahnen verwendet.

Bild 2 Regelquerschnitte

Tafel 4 Vorauswahl der Regelquerschnitte, abhängig von der Verkehrsstärke *DTV* in Kfz/24 h

Straßenkategorie		A I	B I, A II B II[1])	A III	A IV	A V
Regel-quer-schnitt	RQ 35,5	>50000 bis >80000				
	RQ 29,5	>20000 bis 68000				
	RQ 33		>50000 bis >80000			
	RQ 26		>19000 bis 63000			
	RQ 20		>12500 bis 30000	>12500 bis 30000		
	RQ 15,5	>5500 bis 22500	>5500 bis 22500	>5500 bis 22500		
	RQ 10,5	<20000	>5500 bis 20000	>5500 bis 20000		
	RQ 9,5		<15000[2])	<15000[2])	<15000[2])	
	RQ 7,5					<2700[3])

[1]) Im Einzelfall auch RQ 29,5 oder RQ 35,5
[2]) Schwerverkehrsbelastung max. 300 Fz/24 h
[3]) Schwerverkehrsbelastung max. 60 Fz/24 h

Die Regelquerschnitte RQ 35,5 und RQ 29,5 werden in der Regel für Autobahnen verwendet, die übrigen Querschnitte werden für die übrigen Straßengattungen eingesetzt.

Die Entwurfselemente wählt man aus für die Straßenkategorien

A I bis A V, B I und B II	nach den RAS-L und RAS-Q,
B III, C II, C III und D III	nach den EAHV 1993/98
B IV, C IV, D IV, D V, E IV bis E VI	nach den EAE 1985/95.

Die Straßenkategorien C I, D II und E III erzeugen bei Bemessung nach den EAHV 1993/98 große Probleme. Die Straßenkategorien D I, E I und E II sind für Straßen mit Erschließungs- oder Aufenthaltsfunktion nicht vertretbar.

1.1.4 Querschnitte von Stadt- und Erschließungsstraßen, ländlichen Wegen nach EAE

Erläuterung der Fußnoten und Kurzzeichen

[1]) Tiefe des Parkstreifens 5,00 m bei 100 gon, 5,25 m bei 70 gon, 4,90 m bei 50 gon
[2]) Der Gehstreifen ist zum Ausweichen befahrbar
[3]) Fahrgasse 5,50 m breit bei großem Lkw-Anteil
[4]) Bei Ladeverkehr vor Geschäften besser 2,50 m breit
[5]) Tiefe des Parkstreifens 4,30 m (4,00 m) bei 100 gon, 4,75 m (4,45 m) bei 70 gon, 4,50 m (4,20 m) bei 50 gon
[6]) Bei geringem Lkw-Anteil Fahrgasse 4,75 m breit
[7]) Bei Schräg- und Senkrechtparkstreifen mit Lade-, Manövrier- oder Sicherheitsstreifen
[8]) Gehstreifen nur bei dicht angrenzenden Gebäuden erforderlich
[9]) Baumreihen erfordern mindestens 2,50 m breite Pflanzstreifen
[10]) Bei Trennkanalisation 4,00 m bis 4,50 m

Abkürzungen

F = Fußgänger
Kfz = Kraftfahrzeug
R = Radfahrer
G = Grünstreifen
H = Haltestreifen

Tafel 5 Querschnitts-Empfehlungen für bebaute Gebiete (mit Straßentyp-Bezeichnung) Maße in m

Spalten: Hauptsammelstraßen | Sammelstraßen | Anliegerstraßen

Stadtkern-gebiete

Hauptsammelstraßen – HSS3

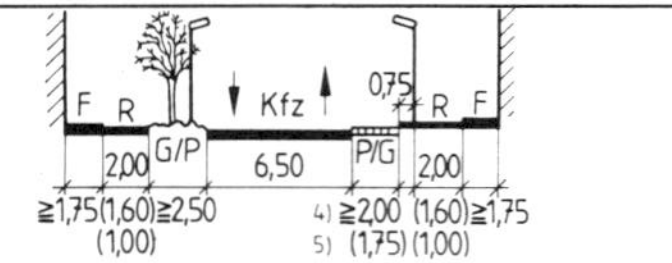

Sammelstraßen – SS2

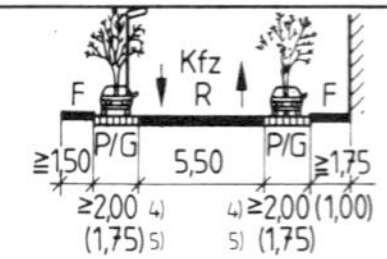

Anliegerstraßen – AS2

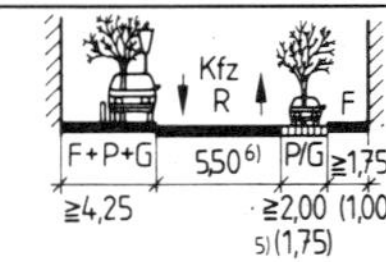

Altbau-gebiete

Hauptsammelstraßen – HSS3

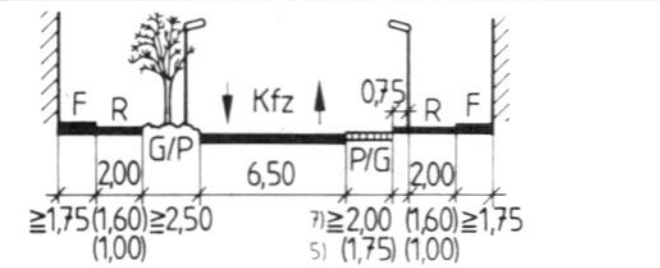

Sammelstraßen – SS2

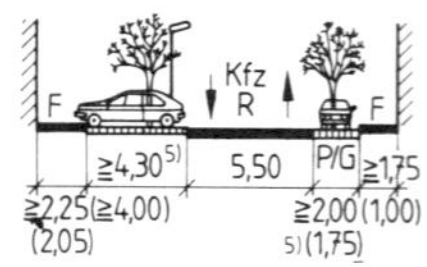

Anliegerstraßen – AS2

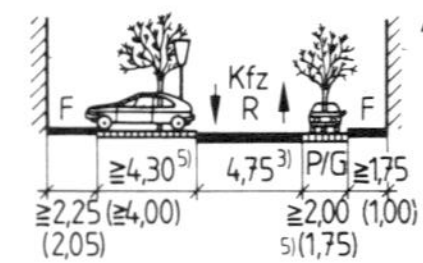

Wohngebiete, Stadtrand

Hauptsammelstraßen – HSS3

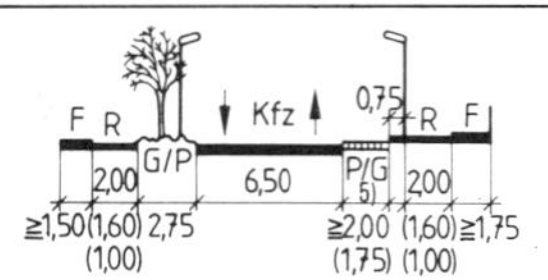

Sammelstraßen – SS2 / SS2

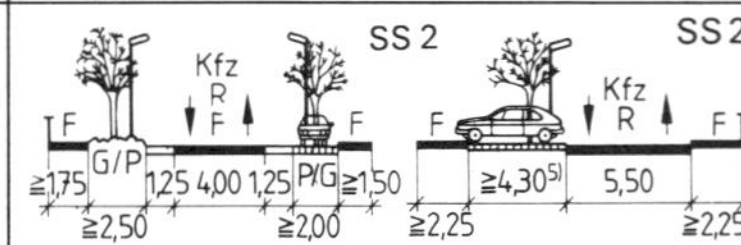

dörfliche Gebiete

Hauptsammelstraßen – HSS3

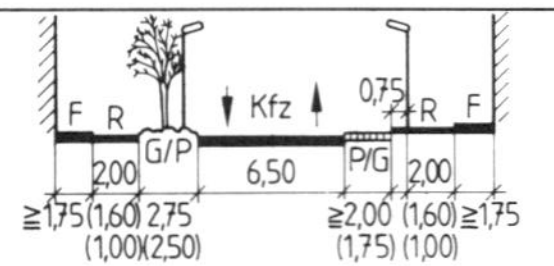

Sammelstraßen – SS2

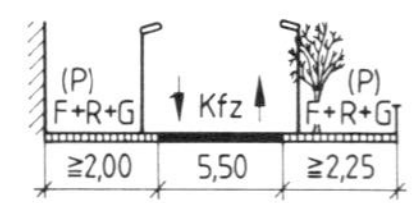

Anliegerstraßen – AS2

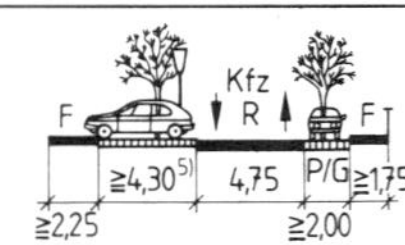

Industrie-/Gewerbegebiete

Hauptsammelstraßen – HSS 2 / HSS1

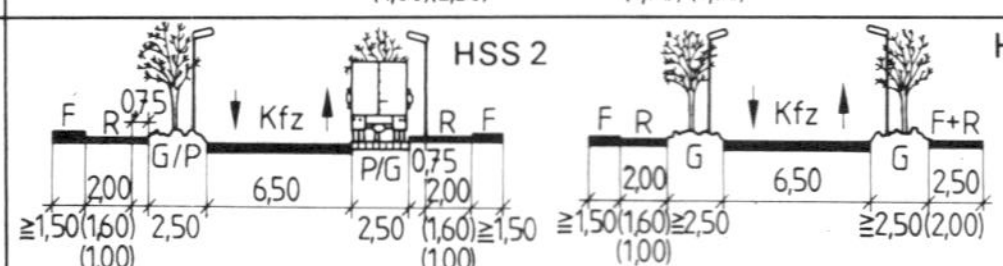

Sammelstraßen – SS1

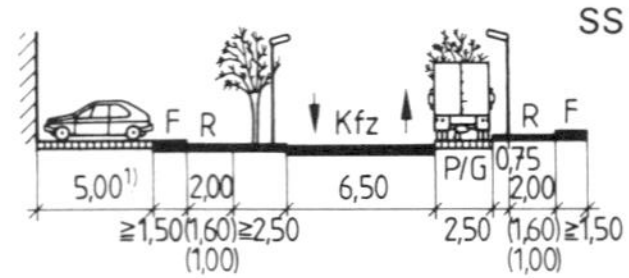

Anliegerstraßen – AS2

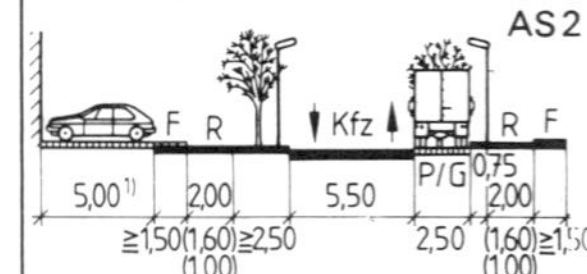

Tafel 5, Fortsetzung

	Anliegerstraßen ohne Geschw.-Dämpfung	Anliegerstraßen sehr geringer Verkehr	Anliegerwege
Stadtkern-gebiete	AS 3 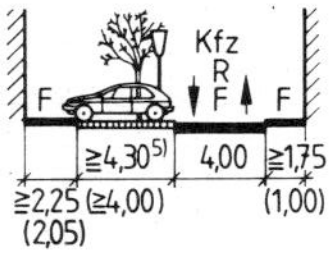 Begegnungsfall: Lkw/Rad		
Altbau-gebiete	AS 3 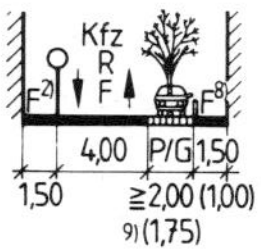 Begegnungsfall: Pkw/Pkw	AS 4 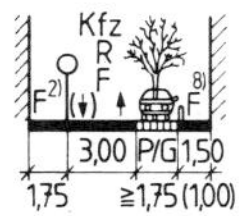	AW 1 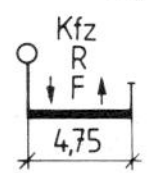
Wohngebiete, Stadtrand	AS 3 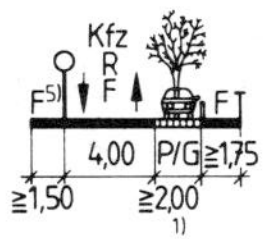 Begegnungsfall: Pkw/Pkw	AS 4 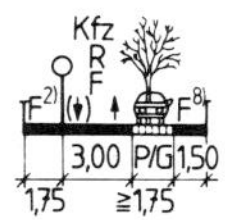	AW 2 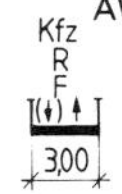
dörfliche Gebiete	AS 3 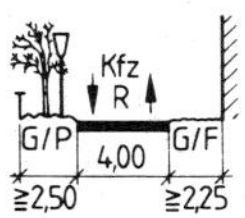 Begegnungsfall: Lkw/Rad	AS 3 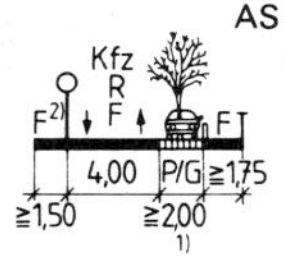 AS 4 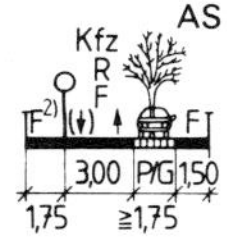 Freizeitgebiete	

Gehwege	Radwege
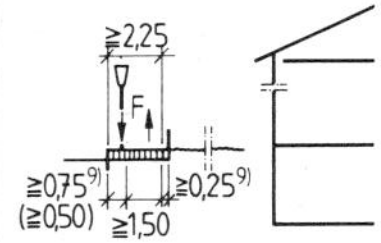 straßenbegl. Gehweg	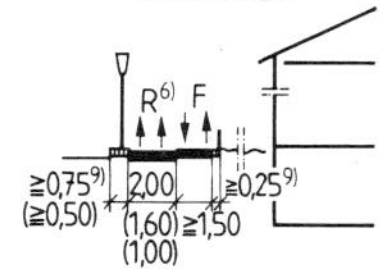 straßenbegl. Radweg
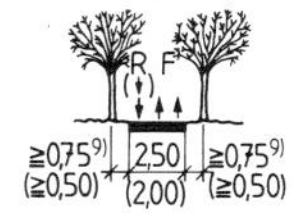 gemeinsamer Geh- und Radweg	
	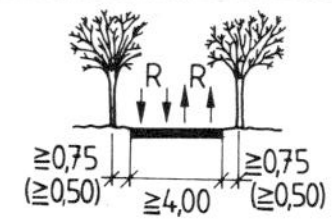 Fahrradstraße
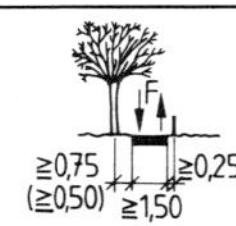 selbst. gef. Radweg	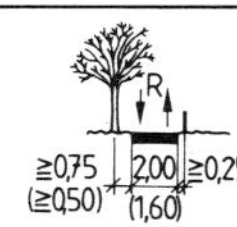 selbst. gef. Radweg
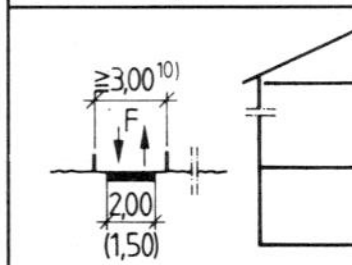 nicht bef. Wohnweg	

Tafel 5, Fortsetzung

Ländliche Wege

Verbindungswege und stark befahrene Hauptwirtschaftswege

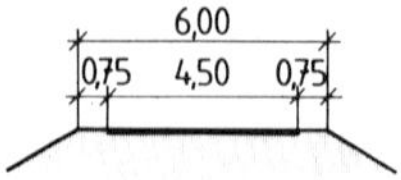

Hauptwirtschaftswege und Wirtschaftswege

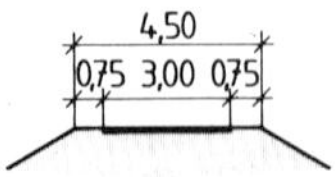

Zubringerwege

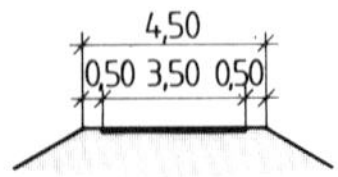

Hauptwege

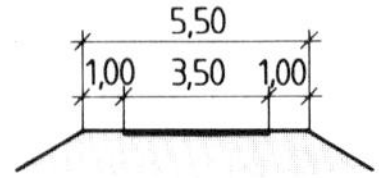

Asphalt-Spurwege

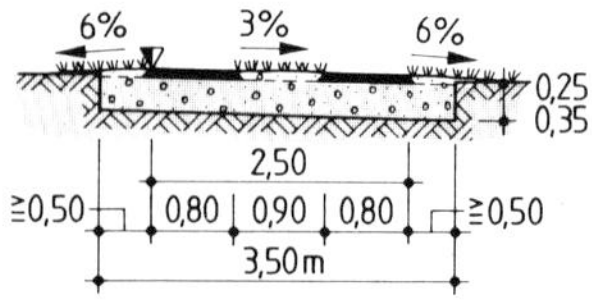

Gemeinsame Rad- und Gehwege (Mindestwerte in Klammern)

mit Seitentrennstreifen bei RQ 20, RQ 15,5,

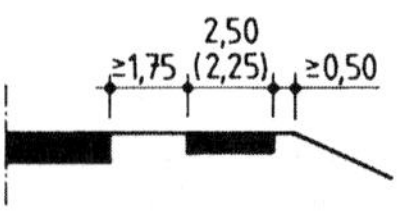

RQ 10,5 und RQ 9,5 (bei RQ 7,5)

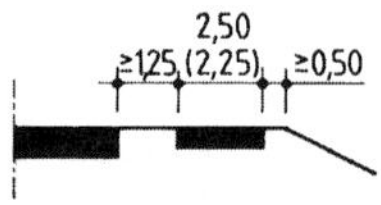

außerhalb des Entwässerungsbereiches

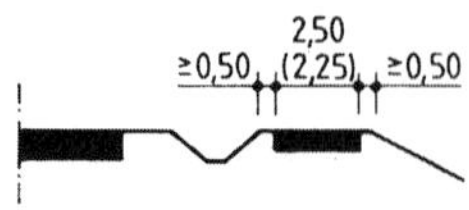

Entwurfsgrundsätze für Straßen der Kategoriengruppen A und der Kategorien B I und B II s. Tafel 6.

Für Planung und Beurteilung von *Straßennetzen* sind Angaben über vorhandene Raum- und Netzstrukturen der Verkehrsträger und die Verkehrsbelastungen notwendig. Die Streckencharakteristik, Straßenkategorien und Fahrtzwecke führen zur Ermittlung der *Grundgeschwindigkeit*. Dies ist die von Pkws erreichbare Reisegeschwindigkeit unter Berücksichtigung der Bemessungs-Verkehrsstärke.

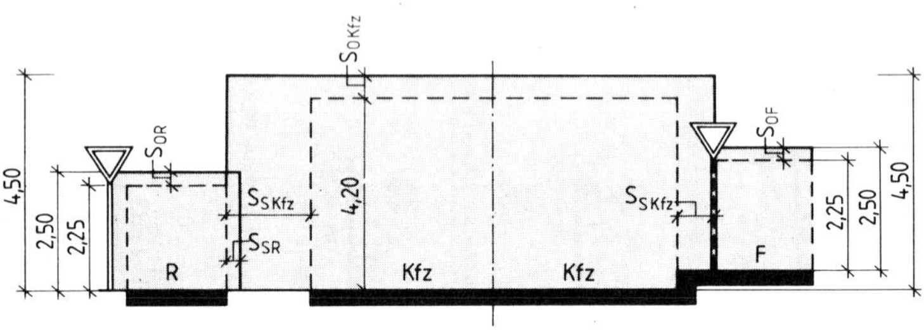

—— Begrenzung des lichten Raumes
--- Begrenzung des Verkehrsraumes

S_s = seitlicher Sicherheitsraum
S_o = oberer Sicherheitsraum

F = Fußgänger
R = Radfahrer
Kfz = Kraftfahrzeug

Bild 3 Lichtraummaße

Tafel 6 Entwurfsgrundsätze für Straßen der Kategoriengruppen A und der Kategorien BI und BII

Kategoriengruppe	Straßenkategorie	Entwurfsprinzip	Ermittlung von v_{85} in km/h	Ausnutzung des radialen Kraftschlusses	Übergangsbogen	Radienrelation	Reaktions- und Auswirkdauer	Überholsichtweite
A anbaufreie Straßen außerhalb bebauter Gebiete mit maßgebender Verbindungsfunktion	A I Fernstraße	fahrdynamisch	zweibahnig bei $v_e \geq 100$ $v_{85} = v_e + 10$ bei $v_e < 100$ $v_{85} = v_e + 20$	50% bei max q, 10% bei min q	erforderlich	erforderlich	2,0 Sekunden	erforderlich (einbahnig, zweistreifige Straßen)
	A II überregionale/regionale Straße							
	A III zwischengemeindliche Straße		einbahnig Neubau: abhängig von KU und b Umbau: abhängig von r, b					
	A IV flächenerschließende Straße							
	A V untergeordnete Straße	fahrgeometrisch	keine	keine	nicht erforderlich	nicht erforderlich	entfällt	nicht erforderlich
	A VI Wirtschaftsweg							
B anbaufreie Straßen im Vorfeld und innerhalb bebauter Gebiete mit maßgebender Verbindungsfunktion	B I Stadtautobahn	fahrdynamisch	$v_{85} = \text{zul}\, v$	50% bei max q, 10% bei min q	erforderlich	erforderlich	2,0 Sekunden	nicht erforderlich
	B II Schnellverkehrsstraße							

KU Kurvigkeit in gon/km, *b* Fahrbahnbreite in m, *r* Radius in m

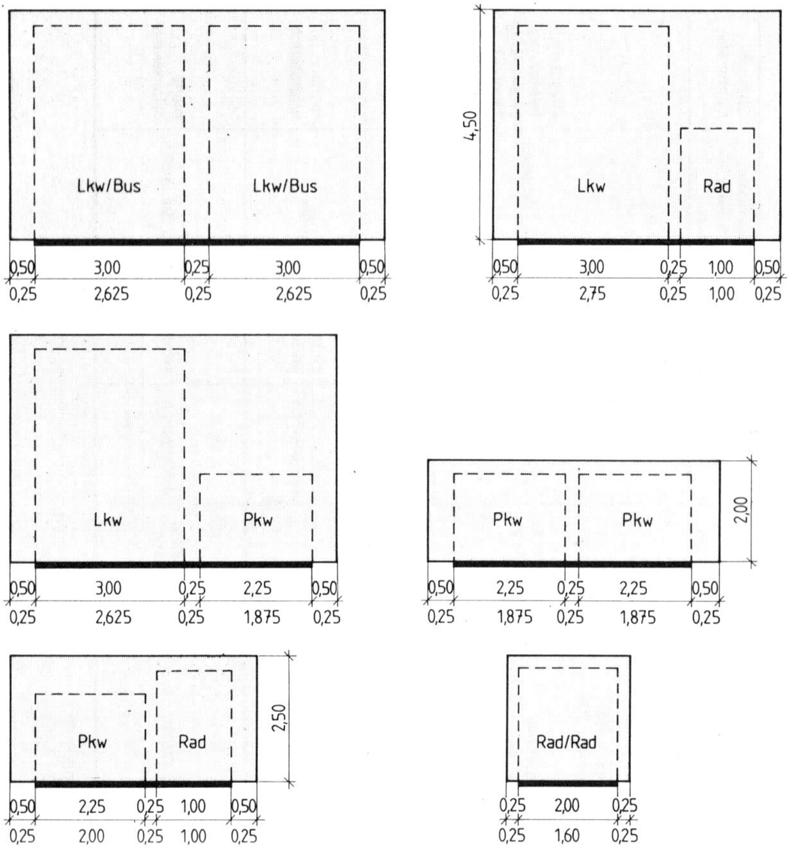

Bild 4 Verkehrsräume für wichtige Begegnungsfälle in Wohngebieten (v = 50 km/h)
(untere Zahlenreihe gilt für $v \leq 40$ km/h)

1.2 Linienführung

1.2.1 Grenzwerte der Entwurfselemente

Die auf der entworfenen Straße zu erwartenden Fahrgeschwindigkeiten $v_{85\%\,\text{naß}}$ können bei einbahnigen Straßen als Mittelwert für beide Fahrrichtungen abschnittsweise in Abhängigkeit von der Kurvigkeit *KU* angesetzt und aus Bild 5 entnommen werden. Zwischenwerte für 8,5 m > B > 5,5 m sind abzuschätzen.

$$KU = \sum_{i=1}^{n} \frac{|\gamma_i|}{l} \qquad (1)$$

$\gamma_i = \alpha_i + \tau_i$ in gon
α_i Hauptbogenwinkel in gon
τ_i Übergangsbogenwinkel in gon
l Streckenlänge in km

Die *Entwurfsgeschwindigkeit* v_e entnimmt man Tafel 7. Sie bestimmt die Höchst- und Minimalwerte der Entwurfselemente. Je nach Verkehrsqualität wählt man die höheren oder niedrigeren Werte. Diese bestimmen entscheidend die Streckencharakteristik, also Sicherheit und Qualität des Verkehrsablaufes und die Wirtschaftlichkeit der Straße. Diese soll über längere Strecken konstant bleiben.

Tafel 7 Grenz- und Richtwerte für Straßen

	Entwurfselemente		Straßen-der Kategorien-gruppe	maß-gebende Geschwin-digkeit	Grenzwerte für v_e bzw. v_{85} in km/h						
					50	60	70	80	90	100	120
Lageplan	Höchstlänge der Geraden	max l in m	A	v_e	–	1200	1400	1600	1800	2000	2400
	Mindestlänge der Geraden bei gleichgerichteten Kurven	min l in m	A	v_e	–	360	420	480	540	600	720
	Kurvenmindestradius	min r in m	A, B	v_e	80	120	180	250	340	450	720
	Klothoidenmindestparameter	min A in m	A, B	v_e	30	40	60	80	110	150	240
	Kurvenmindestradius bei einer Querneigung zur Kurvenaußenseite ($q = -2{,}0\%$)	min r in m	A, B	v_{85}	–	–	550	850	1300	1900	3500
Höhenplan	Höchstlängsneigung	max s in %	A	v_e	9,0	8,0	7,0	6,0	5,0	4,5	4,0
			B	v_e	12,0	10,0	8,0	7,0	6,0	5,0	–
	Mindestlängsneigung im Verwindungsbereich	min s in %	A, B	–	0,7 [($s - \Delta s \geq 0{,}2\%$) ohne Hochbord]						
	Kuppenmindesthalbmesser	min h_k in m	A, B	v_e	1400	2400	3150	4400	5700	8300	16000
	Wannenmindesthalbmesser	min h_w in m	A, B	v_e	500	750	1000	1300	2400	3800	8800
Querschnitt	Mindestquerneigung	min q in %	A, B	–	2,5						
	Höchstquerneigung in Kurven	max q in %	A, B	–	8,0						
	Anrampungshöchstneigung	max Δs in %	A, B	v_e	$0{,}5 \cdot a$	$0{,}4 \cdot a$		$0{,}25 \cdot a$		$0{,}225 \cdot a$	
					2,0 ($a \geq 4{,}0$ m)	1,6 ($a \geq 4{,}0$ m)		1,0 ($a \geq 4{,}0$ m)		0,9 ($a \geq 4{,}0$ m)	
	Anrampungsmindestneigung	min Δs in %	A, B	v_e	$0{,}1 \cdot a$						
Sicht	Mindesthaltesichtweite für $s = 0{,}0\%$	min s_h in m	A, B	v_{85}	50	65	85	110	140	170	250
	Mindestüberholsichtweite	min $s_ü$ in m	A	v_{85}	–	475	500	525	575	625	–
	Mindeststreckenanteil mit Überholsichtweite	in %	A		20						

a Abstand des Fahrbahnrandes von der Drehachse in m

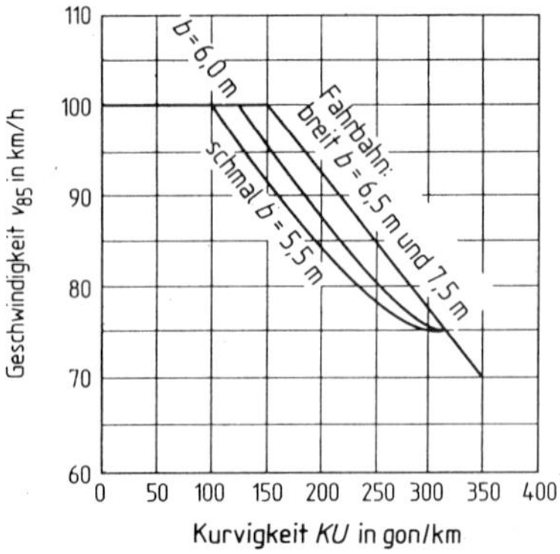

Bild 5 Zusammenhang zwischen Kurvigkeit und $v_{85\%,\,\text{naß}}$ auf einbahnigen Straßen

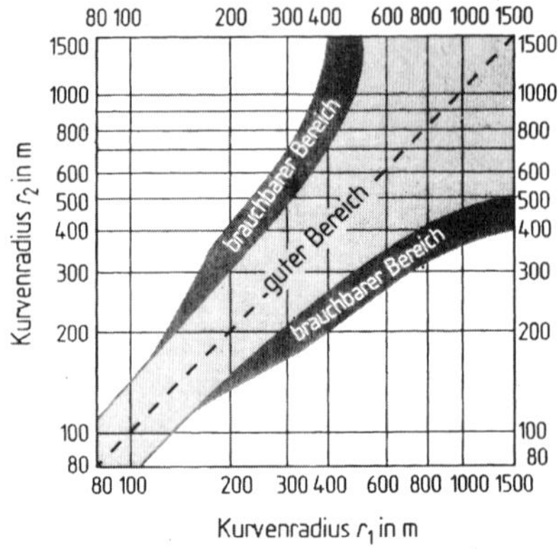

Bild 6 Zulässige Radienfolge nach RAS-L für Kategoriengruppe A

Die *Geschwindigkeit* v_{85} beschreibt das tatsächliche Fahrverhalten. Sie entspricht der Geschwindigkeit, die 85% aller Pkw auf dieser Strecke bei sauberer, nasser Fahrbahn nicht überschreiten. Für einbahnige Querschnitte ist in den RAS-L ein Verfahren zur Abschätzung angegeben. Für den RQ 15,5, bei dem im Wechsel der mittlere Fahrstreifen zum Überholen in einer Fahrtrichtung abmarkiert wird (2+1-Querschnitt), und zweibahnige Querschnitte der Kategoriengruppe A gelten in Abhängigkeit von der Entwurfsgeschwindigkeit folgende Werte:

$v_{85} = v_e + 10$ in km/h für $v_e \geq 100$ km/h,

$v_{85} = v_e + 20$ in km/h für $v_e < 100$ km/h.

Bei Straßen der Kategoriengruppe B II setzt man $v_{85} = \text{zul } v$.

Für einbahnige Straßen ist eine *Abstimmung* der Geschwindigkeit v_{85} und der Entwurfsgeschwindigkeit v_e nötig. Dabei soll v_{85} die Entwurfsgeschwindigkeit v_e nicht mehr als 20 km/h überschreiten. Ist dies der Fall, muß entweder v_e vergrößert oder die Streckencharakteristik durch kleinere Radien so verändert werden, daß v_{85} gedämpft wird.

Durch gleiche Entwurfsgeschwindigkeit auf längeren Strecken wird Stetigkeit in der Streckencharakteristik erzielt. Dies wird erreicht durch die Auswahl der Radien nach Bild 6.

Im innerörtlichen Bereich legt man keine Entwurfsgeschwindigkeit fest. Hier gelten vielmehr die Nutzungsansprüche, die sich aus den Zielfeldern Verkehr, Umfeld, Straßenraumgestalt und Wirtschaftlichkeit ergeben. Diese sind in den „Empfehlungen für die Anlage für Hauptverkehrsstraßen – EAHV" und den „Empfehlungen für die Anlage von Erschließungsstraßen – EAE" zusammengestellt.

1.2.2 Entwurfselemente im Lageplan

Gerade. Lange Geraden sind zu vermeiden. Für Kategoriengruppe A gilt bei konstanter Längsneigung

$$\max l = 20 \cdot v_e \quad \text{in m mit } v_e \text{ in km/h.} \quad (2)$$

Bei gleichsinnig gekrümmten Bögen muß min $l = 6 \cdot v_e$ eingehalten werden.

Tafel 8 Anhaltswerte für innerörtliche Straßen

Straßen-typ	Ken-nung	maß-gebende Funktion	Begeg-nungs-fall	maximale Verkehrs-belastung in Kfz/h	ange-strebte Geschw. v in km/h	erwünschte Abschnitts-Länge l_A in m	Links-abbiegespur Breite b in m	min h_k in m	min h_w in m	max s in %	min lichte Höhe LH in m
Haupt-sammel-straße	HSS 1	Verbindung	Lz/Lz Bus/Bus	≤1500	50 bis 60	–	3,00 (2,75)	400 bis 900	250 bis 500	5	4,70
	HSS 2	Verbindung	Lz/Lz	≤1400	50 bis 60	–	3,00 (2,75)	400 bis 900	250 bis 500	5	4,70
	HSS 3	Verbindung	Bus/Bus	≤1000	40 bis 50	≤100	3,00 (2,75) (Aufweitung)	400 bis 900	250 bis 500	5	4,70
Sammel-straße	SS 1	Erschließung	Lz/Lz	≤1400	50	–	3,00 (2,75)			6	4,50
	SS 2	Erschließung	Lkw/Lkw Lkw/Pkw	≤500	30 bis 40	50 bis 100	Aufweitung			6	4,50
Anlieger-straße	AS 1 [1]	Erschließung	Lz/Pkw Lfw/Lfw	≤500	50	50 bis 100	Aufweitung			6	4,50
	AS 2	Erschließung	Lkw/Lkw Lkw/Pkw Lfw/Lfw	≤500	30 bis 40	50 bis 100	Aufweitung			8	4,50
	AS 3	Erschließung	Pkw/Pkw Lkw/R (Lkw/Lkw)	≤150	≤30	≤50	–			8	4,50
	AS 4	Erschließung	Pkw/R (Lkw/Pkw) (Lfw/Lfw)	≤60	≤30	≤50	–			8	4,50
Anlieger-weg	AW 1	Aufenthalt	Lkw/Pkw Lfw/Lfw	bis 30 Wohnungen	≤30	≤50	–			8 (12)	4,50 (2,50) [2]
	AW 2	Aufenthalt	Lkw Pkw/R	bis 10 Wohnungen	≤30	≤50	–			8 (12)	4,50 (2,50) [2]
Spurweg		Aufenthalt	Pkw	bis 10 Wohnungen	≤30	≤50	–			8 (12)	2,50

[1]) für kleinere Industrie- und Gewerbegebiete
[2]) falls Erreichbarkeit mit Normalhöhe auf anderen Wegen gesichert ist
h_k Kuppenhalbmesser in m h_w Wannenhalbmesser in m s Längsneigung in % (Klammerwerte in Ausnahmefällen)

Tafel 9 Richtwerte für Geh- und Radwege

Wegtyp	min r in m	max s in %	min h_K in m	min h_W in m	min lichte Höhe in m
nichtbefahrener Wohnweg	–	6 (12)	–	–	3,50 (2,50)
Gehweg, straßenbegleitend und selbständig geführt	–	6 (12)	–	–	2,50
Radweg, straßenbegleitend	10	wie Fahrbahn	30	10	2,50
Radweg, selbständig geführt	10	3 (4 bis 8)	30	10	2,50
gemeinsamer Geh- und Radweg	10	3 (4 bis 8)	30	10	2,50

Klammerwerte in Ausnahmefällen. Ausrundungsradius im Knotenpunktsbereich ist 2,00 m.

Tafel 10 Richtwerte für ländliche Wege nach RLW 1999

	Entwurfselemente	Verbindungswege	Fahrwege	Wirtschaftswege	
Lageplan	Entwurfsgeschwindigkeit v_e in km/h	Schwierigkeitsgrad gering: 50 bis 60, mittel: 40 bis 50 groß: 20 bis 40	≤ 40	≤ 40	
Lageplan	Kurvenmindestradius bei v_e in km/h min r in m	 20 30 40 50 60 15 25 45 80 120	Gelände flach: 20 steil: 15	Schwierigkeitsgrad gering mittel groß	min r in m 15,00 10,00 7,50 (5,50, 20,00[8])
Lageplan	Haltesichtweite s_h in m bei v_e in km/h min r in m	 20 30 40 50 60 25 45 65 85 110	–	–	
Lageplan	Kurvenverbreiterung bei r in m[7]) Verbreiterungsmaß i in m Verziehungslänge l_z in m	 10 12 15 20 30 50 75 100 3,20 2,70 2,10 1,60 1,10 0,60 0,40 0,30 24 22' 20 16 10 6 4 3		 5,50 7,50 10,00 12,00 15,00 20,00 30,00 50,00 2,90 2,10 1,60 1,30 1,10 0,80 0,50 0,30 15 13 12 11 10 8 5 3	
Höhenplan	Längsneigung max s in % Strecke bei Brücken und Unterführungen	 6,0 1,0	8,0 (15,0)	Schwierigkeitsgrad gering mittel groß	 8 12 15 (20)
Höhenplan	Mindest-Kuppenausrundung h_k in m Mindest-Wannenausrundung h_w in m	200 200	200 200	–	
Querschnitt	Querneigung in der Geraden q in % in der Kurve bei r in m q in %	 3,0 ≤ 100 ≤ 120 ≤ 150 ≤ 200 ≤ 300 < 300 8,0 7,0 6,0 5,0 4,0 3,0	 3,0[2]) [4]) 6,0[5]) [6])	 3,0[4]) Uhrglasform[5])	
Querschnitt	befestigte Breite b in m einstreifig zweistreifig[3])	 3,0 (3,50)[1]) 4,75	3,00	3,00 Spurwege 2,50[9])	
Querschnitt	Kronenbreite b_{Kr} in m einstreifig zweistreifig[3])	 5,50 6,25	4,00 (4.50)	4,00 (5,50[3]))	

[1]) bei stärkerem Verkehr [2]) beidseitig geneigt, Uhrglasform [3]) bei häufigem Begenungsverkehr [4]) Fahrbahnbefestigung mit Bindemittel [5]) Fahrbahnbefestigung ohne Bindemittel [6]) bei Bögen ≤ 100,00 m Querneigung vergrößern [7]) auch Wirtschaftswege mit Holzabfuhr [8]) bei Langholzabfuhr [9]) 2 befestigte Streifen á 0,80 m mit einem Zwischenstreifen 0,90 m   Ausnahmewerte in Klammern

Beispiel für Uhrglasform:

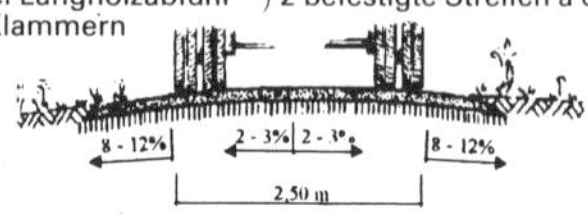

Tafel 11 Mindestradien im Anschluß an Geraden

Straßenkategorie	Länge der Geraden l_g in m	Radius des folgenden Kreisbogens r_{min} in m
A I, A II	≥ 600 < 600	> 600 $> l_g$
A III, A IV B II	≥ 500 < 500	> 500 $> l_g$

Kreisbogen

Mindestradien s. Tafel 7. Sie sind zu benutzen, wenn größere Radien unverhältnismäßig hohe Kosten verursachen oder Bebauung oder Umwelt übermäßig beeinträchtigt werden. Bei zweibahnigen Straßen bedingen Sichtbehinderungen im Mittelstreifen (Bepflanzung, Schutzplanken, Blendschutzzäune, Wegweiser) oft größere Radien oder eine Verbreiterung des Mittelstreifens. Kann der Radius nach Bild 6 mit max q nicht eingehalten werden, so ist die Sichtminderung durch andere Maßnahmen (Verbesserung der Erkennbarkeit der Gefahrenstelle, Erhöhung der Querneigung um 1% bei Kat. Gruppe A/B, Geschwindigkeitsbeschränkung u. ä.) auszugleichen. Korbbögen sind ausnahmsweise zulässig, doch muß der Radiensprung im „guten Bereich" nach Bild 6 liegen. min l des Kreisbogens soll der in 2 sec zurückgelegten Strecke bei v_e entsprechen.

An Gerade anschließende Kreisbögen mit Übergangsbögen sollen entsprechend der Länge dieser Geraden die in Tafel 11 aufgeführten Mindestwerte einhalten.

Der **Übergangsbogen** wird als Klothoide ausgebildet, weil sich bei dieser Kurve die Krümmung linear mit der Bogenlänge ändert. Das Bildungsgesetz der Klothoide lautet:

$$\boldsymbol{A^2 = r \cdot l} \quad (3)$$

A Parameter der Klothoide in m
r Radius am Übergangsbogen-Ende in m
l Länge der Klothoide in m

Bedingungen:

1. Die bei Kurvenfahrt auftretende Zentrifugalbeschleunigung ändert sich stetig.
2. Lineare Krümmungsänderung ermöglicht einen dynamisch richtigen und optisch befriedigenden Trassenverlauf.
3. Die Fahrbahnverwindung kann vollständig vollzogen werden.

Kennstellen der Klothoide. Alle Klothoiden sind geometrisch ähnlich, d. h., an der gleichen Formstelle treten gleiche Richtungswinkel und gleiche Form- bzw. Verhältniswerte r/a auf. Diese charakteristischen Stellen heißen Kennstellen. Sie sind für alle Klothoiden eindeutig bestimmt durch den Radius r der Einheitsklothoide ($a = 1$).

Anwendungsbedingungen

1. *Fahrdynamik.* Der Ruck k (Änderung der Zentrifugalbeschleunigung in der Zeiteinheit) darf den Wert $k = 0{,}50\ \mathrm{m/s^3}$ nicht überschreiten.

2. *Formwert.* Der Übergangsbogen soll in den Grenzen $A = r/3$ bis $A = r$ gewählt werden. Dies entspricht den Kennstellen $r = 3$ bis $r = 1$ bzw. einer Richtungsänderung zwischen ~ 3,5 und ~ 32 gon.

$$\textbf{min}\ \boldsymbol{A = r/3} \quad (4)$$

3. *Anrampung* und *Verwindung.* l muß so groß sein, daß die Anrampung der Fahrbahnränder im Übergangsbogen vollzogen werden kann, ohne die zul. Anrampungsneigung nach Tafel 7 zu überschreiten. Aus vorstehenden Bedingungen ergeben sich die *Mindestparameter* nach Tafel 7.

Formen des Übergangsbogens. Anwendungsmöglichkeiten s. Tafel 12.

Einfacher Übergangsbogen. Übergang Gerade-Kreisbogen. Folgt auf den Kreisbogen wieder der Übergang auf eine Gerade, spricht man vom *Gesamtbogen.*

Wendeklothoide. Zwei am Punkt $r = \infty$ aneinander stoßende, gegensinnig gekrümmte Klothoiden. Einschließlich der zwei anschließenden Kreise spricht man von der *Wendelinie.* Bei ungleichem A ist für $A_2 \leq 200{,}00$ m Gl. (5) einzuhalten.

$$\boldsymbol{A_1/A_2 \leq 1{,}5} \quad (5)$$

Tafel 12 Anwendungsmöglichkeiten und Grenzfälle des Übergangsbogens

	Gerade mit Kreis	zwei Kreise		zwei Geraden nur mit Übergangsbogen
gebräuchlich	einfacher Übergangsbogen 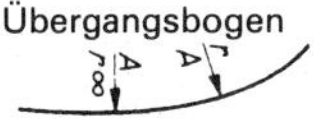	Wendelinie/ Wendeklothoide 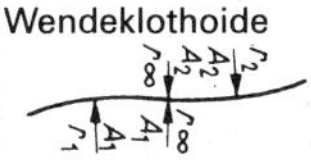	Eilinie/Eiklothoide 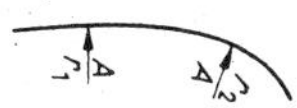	
zu vermeiden	Korbklothoide 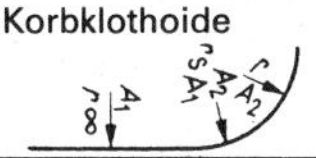			Scheitelklothoide 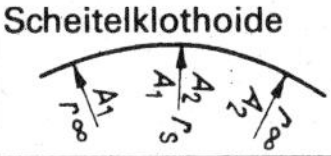

Eiklothoide. Klothoidenabschnitt, der zwei gleichsinnig gekrümmte Kreise verbindet. Er bildet mit diesen zusammen die *Eilinie.* Die beiden Kreise dürfen sich nicht schneiden, müssen ineinander liegen, dürfen nicht konzentrisch sein. Trifft eine der Bedingungen nicht zu, führt die zweimalige Anwendung der Eilinie über einen einhüllenden Hilfskreis zur *doppelten Eilinie.* Zu vermeiden sind:

Korbklothoiden. Es werden Klothoidenabschnitte mit verschiedenem A gestoßen, die am Stoßpunkt gleiche Tangentenrichtung und gleiches r aufweisen.

Scheitelklothoiden. Die Richtungsänderung zwischen zwei Geraden erfolgt durch Klothoiden, die am Stoßpunkt gleiche Tangente und gleichen Radius aufweisen, wobei die Kreisbogenlänge gleich Null ist (s. Kreisbogen).

Der *Übergang ohne Klothoide* von Geraden in Kreisbogen ist nur zulässig, wenn die Abrückung $\Delta r < 0{,}25$ m wird. (Optische Wirkung überprüfen!)

1.2.3 Entwurfselemente im Höhenplan

Längsneigung. Die Grenzwerte können den Tafeln 8 und 9 entnommen werden. Gl. (6) ist einzuhalten.

$$\boldsymbol{s - \Delta s = \geq 0{,}2\%} \qquad (6)$$

für Bordrinnen

$$\boldsymbol{s - \Delta s \geq 0{,}5\%} \qquad (7)$$

s Straßenlängsneigung in %
Δs Anrampungsneigung in %

Damit werden der Gradiente entgegengesetzte Neigungen der Fahrbahnränder vermieden.

Kuppen- und Wannenausrundung. Sie erfolgt durch die quadratische Parabel. Zur Berechnung werden die Gl. (8) bis (11) verwendet (s. Bild 7).

$$t = \frac{s_2 - s_1}{100} \cdot \frac{h}{2} \qquad (8)$$

$$y_P = \frac{s_1}{100} \cdot x_P + \frac{x_P^2}{2 \cdot h} \qquad (9)$$

$$f = \frac{t}{4} \cdot \frac{s_2 - s_1}{100} \qquad (10)$$

$$x_s = -\frac{s_1}{100} \cdot h \qquad (11)$$

h	Halbmesser des Schmiegkreises im Scheitel der Parabel (bei Wannen positives, bei Kuppen negatives Vorzeichen) in m
t	Tangentenlänge in m (Kategoriengruppe A: min $t = v_e$; Kategoriengruppe B: min $t = 0{,}75 \cdot v_e$
s_1, s_2	Längsneigung der Tangenten in % (Steigung positives, Gefälle negatives Vorzeichen)
x_P, y_P	Abszisse und Ordinate eines beliebigen Punktes P in m
x_S	Abszisse des Scheitelpunktes der Ausrundung in m
f	Bogenstich am Tangentenschnittpunkt in m

Die Längsneigung wird nach Gl. (12) berechnet.

$$s = \frac{\Delta h}{l} \cdot 100 \quad \text{in \%} \qquad (12)$$

Δh Höhendifferenz zwischen den Tangentenschnittpunkten in m
l Entfernung zwischen den Tangentenschnittpunkten in m

Die Längsneigung an einem beliebigen Punkt P ergibt sich aus Gl. (13).

$$s_p = s_1 + \frac{x_p}{h} \cdot 100 \quad \text{in \%} \qquad (13)$$

Ist der Schnittpunkt zweier Tangenten zu berechnen, benutzt man Gl. (14) (Bild 8).

$$x_T = \frac{100 \cdot \Delta h - l \cdot s_2}{s_1 - s_2} \qquad (14)$$

Längsneigungen sollen niedrig gehalten werden, um die Verkehrssicherheit zu erhöhen, Betriebskosten zu sparen, Emissionen niedrig zu halten und die Qualität des Verkehrsablaufes günstig zu gestalten. Eine Anpassung an die topographischen und baulichen Gegebenheiten verringert dagegen die Baukosten und schont das Städte- oder Landschaftsbild. Grenzwerte entnimmt man den Tafeln 8 und 9.

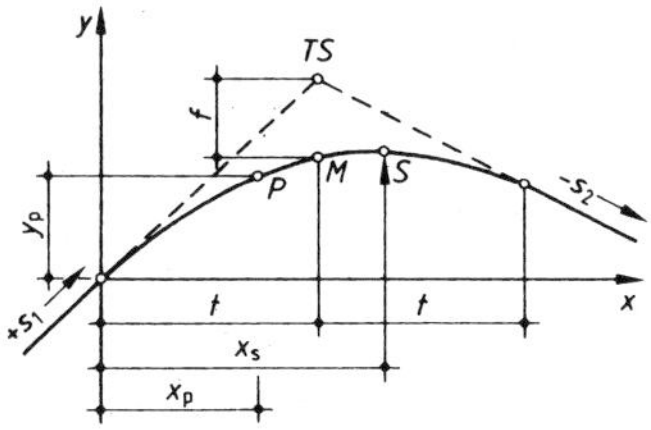

Bild 7 Berechnung der Gradientenausrundung

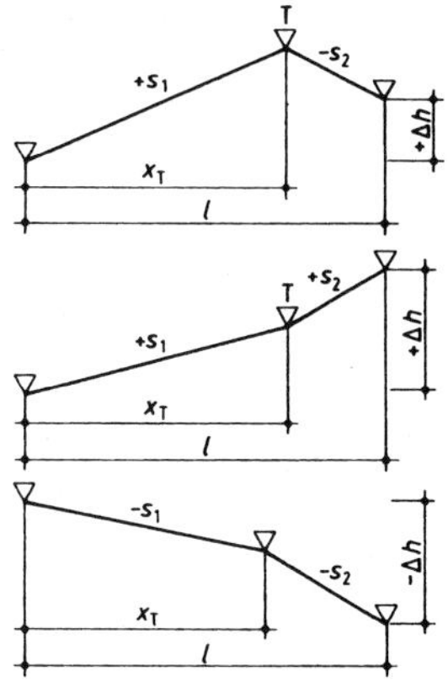

Bild 8 Tangenten-Schnittpunktsberechnung

Beispiel An eine Bundesstraße soll ein Feldweg bei Station 1888,00 angeschlossen werden. Die Knickpunkte der Gradiente entnimmt man dem Längsschnitt (Höhenplan)
TS_1 liegt bei Station 1000, Höhe 400,00 m,
TS_2 liegt bei Station 2000, Höhe 450,00 m
TS_3 liegt bei Station 2800, Höhe 418,00 m,
Ausrundungshalbmesser $h = 5000{,}00$ m.
Gesucht werden die Werte für die Gradientenhöhe bei Station 1880, die Tangentenlänge t, der Bogenstich f und der höchste Punkt der Ausrundung.

Es wird $s_1 = \dfrac{\Delta h}{l} \cdot 100 = \dfrac{50{,}00}{1000} \cdot 100 = 5{,}0\%$; $s_2 = \dfrac{-32{,}00}{800{,}00} = -4{,}0\%$ (Gl. 12)

Die Tangentenlänge ist dann

$$t = \frac{s_2 - s_1}{100} \cdot \frac{h}{2} = \frac{-4{,}0 - 5{,}0}{100} \cdot \frac{-5000}{2} = 225{,}00 \text{ m} \quad \text{(Gl. 8)}$$

Der Bogenstich wird

$$f = \frac{t}{4} \cdot \frac{s_2 - s_1}{100} = \frac{225{,}00}{4} \cdot \frac{-4{,}0 - 5{,}0}{100} = -5{,}063 \text{ m},$$

d. h. an der Station 2000 ist die Gradientenhöhe
$h_{2000} = 450{,}00 - 5{,}063 = 444{,}937$ m + *NN*.
Damit beginnt die Kuppen-Ausrundung bei Station 2000,00 − 225,00 = 1775,00 und endet bei Station 2225,00. Station 1880 liegt also in der Ausrundung und hat vom Tangenten-Berührungspunkt aus den Abstand
$x = 1880{,}00 - 1775{,}00 = 105{,}00$ m.
Die Tangentenhöhe bei Station 1775 ist dann

$$h_{1775} = 400{,}00 + \frac{5}{100} \cdot (1775 - 1000) = 438{,}75 \text{ m} + NN.$$

Bei Station 1880 beträgt die Tangentenhöhe $h_{1880} = 444{,}00$ m, davon muß nun der Stich der Ausrundung abgezogen werden. Die Entfernung vom Ausrundungsanfang beträgt $x = 1880 - 1775 = 105{,}00$ m. Der Stich ist dann

$$y_{1880} = \frac{x^2}{2 \cdot h} = \frac{105^2}{2 \cdot -5000} = -1{,}1025 \text{ m}$$

Dieses Maß ist von der Tangentenhöhe abzuziehen. (Der Ausrundungshalbmesser h ist bei Kuppen negativ anzusetzen.)
$h_{Grad} = h_{1880} - y_{1880} = 444{,}00 - 1{,}1025 = 442{,}898$ m + *NN*.
Man kann die Höhe auch in einem Zuge berechnen mit der Gleichung

$$y_{1880} = \frac{s_1}{100} \cdot x_{1880} + \frac{x_{1880}^2}{2 \cdot h} = \frac{5}{100} \cdot 105 + \frac{105^2}{2 \cdot -5000} = 4{,}1475 \text{ m}$$

Dieses Maß ist zur Höhe des Tangentenschnittpunktes zu addieren:
$h_{1880} = h_{1775} + y_{1880} = 438{,}750 + 4{,}1475 = 442{,}898$ m
Den höchsten Punkt der Kuppe (Scheitelpunkt) erhält man mit

$$x_S = -\frac{s_1}{100} \cdot h = -\frac{5}{100} \cdot -5000 = 250{,}00 \text{ m}.$$

Der Scheitelpunkt liegt also bei Station 1775 + 250 = 2025.
Damit ist die Höhe an dieser Station vom Tangentenberührungspunkt aus

$$y_{2025} = -\frac{5}{100} \cdot 250 + \frac{250^2}{-10\,000} = 6{,}250 \text{ m}.$$

Dieser Wert muß zur Höhe des Tangentenberührungspunktes hinzugezählt werden.
$h_{2025} = 438{,}750 + 6{,}250 = 445{,}000$ m + *NN*
Die Längsneigung in diesem Punkt ist

$$s_{2025} = 5 + \frac{105}{-5000} \cdot 100 = 2{,}9\%$$

Im Bereich plangleicher Knoten der Kategoriengruppe A ist die Längsneigung auf 4% zu beschränken. Dadurch können anschließende Strecken günstig entworfen und die Anhaltewege begrenzt werden. Auch in Tunneln sollten 4% nicht überschritten werden, bei längeren Tunneln empfiehlt es sich, nur maximal 2,5% zu wählen, um Emissionen und Verkehrsgefahren gering zu halten.

1.2.4 Entwurfselemente im Querschnitt

Querneigung. In der Geraden ist sie zur Entwässerung der Fahrbahn erforderlich, Ausbildung nach Bild. 9. Zur Fahrbahn zählen Fahr- und Randstreifen. Die Regelquerneigung beträgt min $q = 2{,}5\%$, max $q = 8{,}0\%$. Zusätzliche Fahrstreifen erhalten nach Richtung und Größe die Querneigung der Fahrbahn. Dreistreifige Straßen erhalten in der Regel einseitige Querneigung.

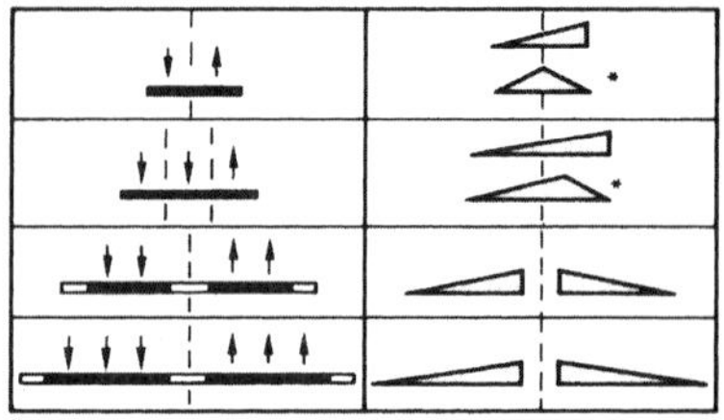

* Beim Ausbau bestehender Straßen in Ausnahmefällen

Bild 9 Querneigung in der Geraden

Querneigung im Kreisbogen. Zum Innenrand gerichtet. Ermittlung der Querneigung nach Bild 10. Bei zweibahnigen Straßen Dachform nach Bild 9 zugelassen, wenn Werte der Tafel 13 nicht unterschritten werden. (Für Stadtstraßen s. Tafel 8.) Diese Regelung ist sinnvoll, wenn die Verbindung der Fahrbahn zu schlechter Entwässerung oder schlechter Anpassung bei höhengleichen Knoten führt.

Kategoriengruppe A und BII

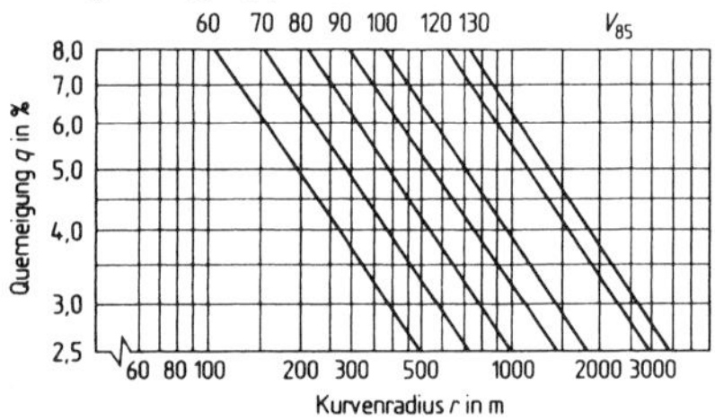

Bild 10
Querneigung in Abhängigkeit von Entwurfsgeschwindigkeit und Kurvenradius

Kategoriengruppe B III, B IV

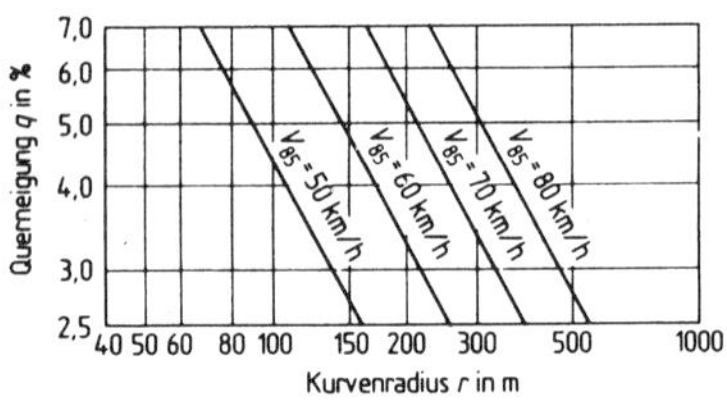

Kategoriengruppe C

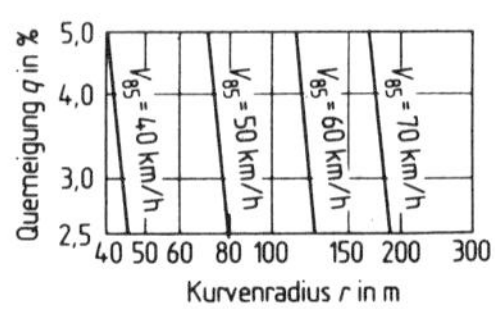

Tafel 13 Mindestradien für die Anlage einer Querneigung, die zur Kurvenaußenseite gerichtet ist

v_{85} in km/h		40	50	60	70	80	90	100	110	120	130
$n = 30$ [1])	$q = -2{,}0\%$		220	350	550	850	1300	1900	2600	3500	4600
	$q = -2{,}5\%$		225	400	600	950	1400	2100	3000	4100	5500
$n = 50$ [2])	$q = -2{,}5\%$	80	150	250	400						

n Ausnutzung des radialen Kraftschlußbeiwertes in %

[1]) Für Kategoriengruppe A gelten die Geschwindigkeiten $v_e = 90$ bis 130 km/h, für Kategoriengruppe B gelten die Geschwindigkeiten $v_e = 50$ bis 80 km/h.
[2]) Gültig für Kategoriengruppe C.

Anrampung und Verwindung. Die Querneigungsänderung erfolgt durch Drehung der Fahrbahnfläche um die Fahrbahnachse. Die Drehung um eine andere Achse ist ausnahmsweise zulässig (Bild 11). Die Verwindung ist im Übergangsbogen zu vollziehen. Grenzwerte s. Tafel 7. Die *Anrampungsneigung* Δs als Differenz zwischen der Längsneigung des Fahrbahnrandes und der Drehachse berechnet man mit Gl. (15a).

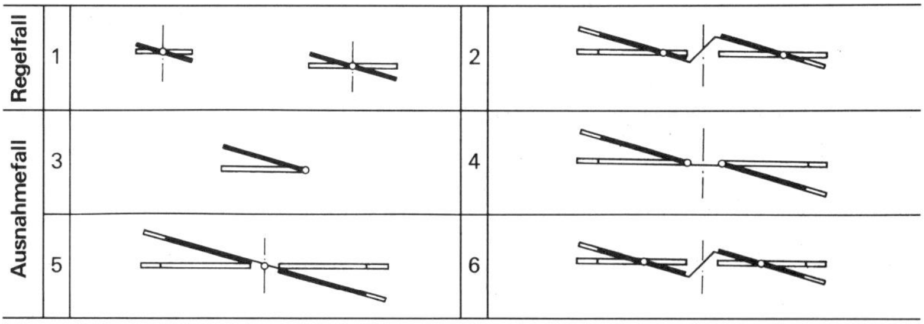

Bild 11 Drehachsen der Fahrbahn

Bild 12 Grundformen der Fahrbahnverwindung, s. auch folgende Seite

Übergang	Δs	Gerade – Klothoide – Kreisbogen	Kreisbogen – Klothoide – Kreisbogen
zwischen verschieden oder gleich großen gegensinnigen Querneigungen	$\geqq \min \Delta s$	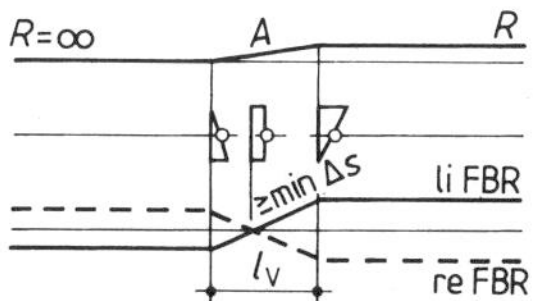	Wendeklothoide 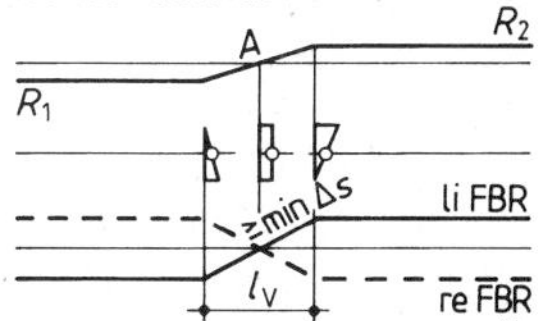
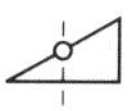	$< \min \Delta s$	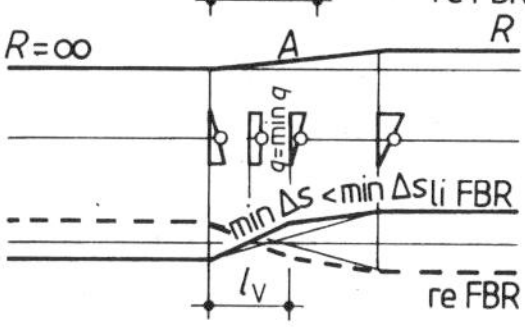	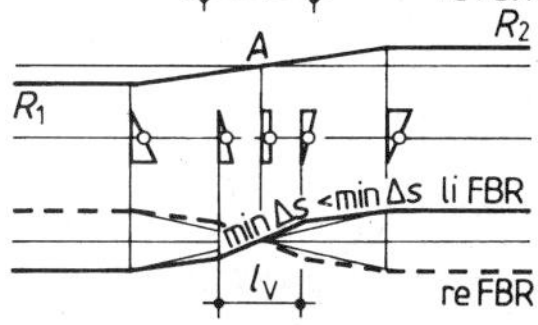
	$< \min \Delta s$		Schrägverwindung 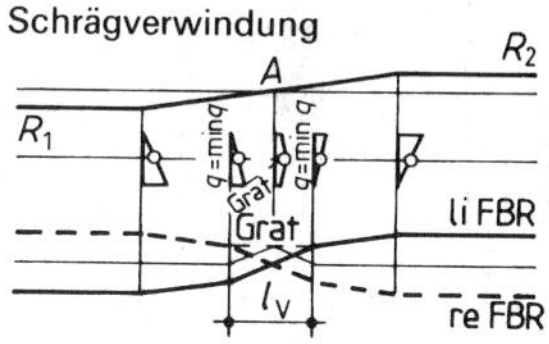
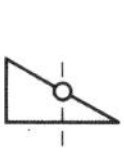	$\geqq \min \Delta s$		Drehung um einen Fahrbahnrand 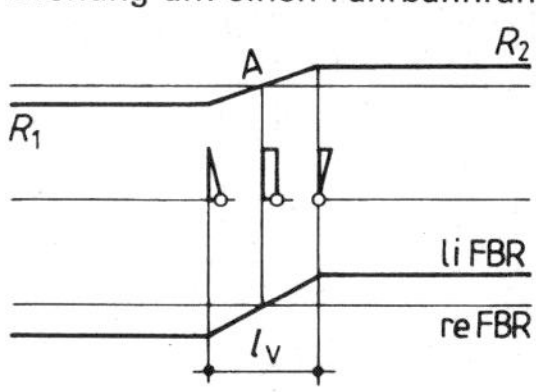

o Drehachse

19

Bild 12, Fortsetzung

Übergang	Δs	Gerade – Klothoide – Kreisbogen	Kreisbogen – Klothoide – Kreisbogen
vom Dachprofil 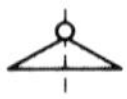	$\geq \min \Delta s$	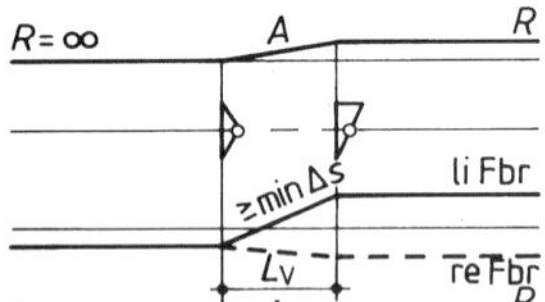	
zur Einseitneigung 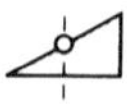	$\geq \min \Delta s$	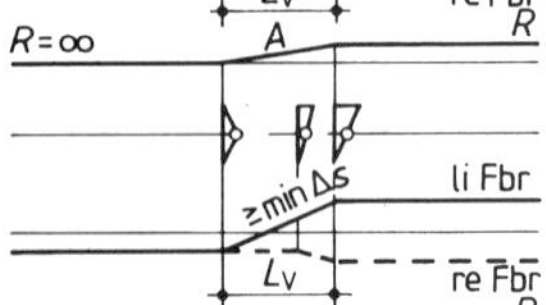	
	$< \min \Delta s$	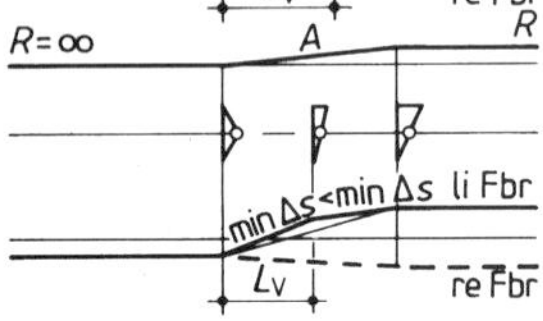	
zwischen verschieden großen, gleichsinnigen Querneigungen 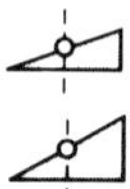	beliebig	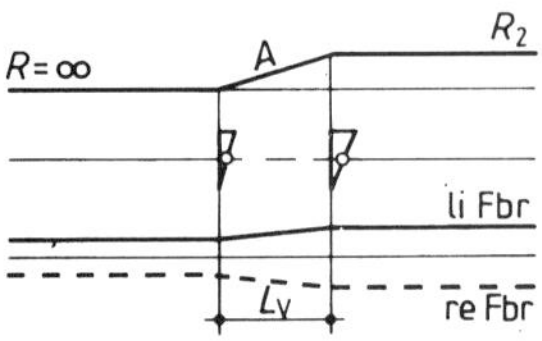	Eiklothoide 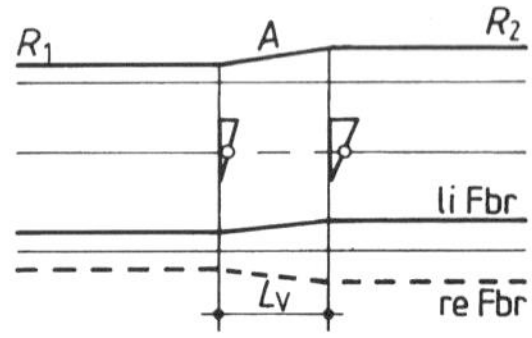

o Drehachse   *bautechnische Vorteile – kürzerer Grat in der Fahrbahnachse, aber längerer Bereich mit min q im Übergangsbogen

$$\Delta s = \frac{q_e - q_a}{l_v} \cdot a \quad \text{in \%} \qquad (15a)$$

und die Mindestlänge der Verwindungsstrecke mit

$$\min l_v = \frac{q_e - q_a}{\max \Delta s} \cdot a \quad \text{in m} \qquad (15b)$$

q_e, q_a	Querneigung am Ende bzw. am Anfang der Verwindungsstrecke in % (q_a negativ einsetzen, wenn q_e entgegengesetzt gerichtet ist)
l_v	Länge Verwindungsstrecke in m
a	Abstand des Fahrbahnrandes von der Drehachse in m
$\max \Delta s$	Anrampungshöchstneigung in % nach Tafel 7

Zur Sicherstellung der Entwässerung darf min Δs nicht unterschritten werden. Ausnahmsweise darf der Punkt, an dem $q=0$ wird, bei Kategoriengruppe A um die Länge $l=0{,}1 \cdot A$, bei B I und B II um $l=0{,}2 \cdot A$ verschoben werden, wobei A der Klothoidenparameter ist. Der Wert $s-\Delta s \geq 0{,}5\%$ sollte eingehalten werden.

Im Verwindungsbereich soll die Mindestanrampungsneigung $\Delta s = 0{,}1 \cdot a$ so lange vorhanden sein, bis die Querneigung der Fahrbahn der Mindestquerneigung entspricht. Wird nur die vorhandene Querneigung erhöht, entfällt diese Bedingung. Außerdem ist die Größe der Längsneigung im Verwindungsbereich des Querneigungswechsels zu überprüfen.

Eine einwandfreie Entwässerung erreicht man, wenn die Wendepunkte im Höhenplan etwa an der gleichen Baustation liegen wie im Lageplan. Die Anordnung der Tangentenschnittpunkte im Kreisbogen gewährleistet auch optisch eine gute Linienführung der Fahrbahnränder.

1.2.5 Fahrbahnverbreiterung in der Kurve

Die **Fahrbahnverbreiterung** in der Kurve wird nach der Bedeutung der Straße abgestuft (Tafel 14). Sie gleicht die Bogenverkürzung durch die nachgeschleppten Achsen aus. Man berechnet sie bei Bögen mit $r \geq 80{,}00$ m mit Gl. (16), für Radien $\geq 30{,}00$ m gilt Gl. (16a). Für n Fahrstreifen wird

$$i = n \cdot r - \sqrt{(r^2 - d^2)} \quad (16) \qquad i = n \cdot \frac{d^2}{2 \cdot r} \quad (16a) \qquad \gamma_{\max i} = \frac{400 \cdot d}{r \cdot \pi}$$

i Fahrbahnverbreiterung in m
r Kreisbogenradius in m
n Anzahl der Fahrstreifen
$\gamma_{\max i}$ Änderung des Richtungswinkels bis Erreichen der vollen Verbreiterung
d Achsabstand und vorderer Fahrzeugüberhang in m für Pkw $d = 4{,}0$ m, für Lkw $d = 8{,}0$ m, Lz $d = 10{,}0$ m, Bus 1 (Standardbus) $d = 8{,}5$ m, für Bus 2 (Gelenkbus) $d = 9{,}0$ m, Bus 3 (Megaliner) $d = 11{,}7$ m

Tafel 14 Berechnung der Fahrbahnverbreiterung

Straßen der Kategorie	Bus-verkehr	Empfohlener Begegnungsfall	$\frac{d}{d}$	Fahrbahnverbreiterung in m (bei $n = 2$) für		
				$i =$	$b \leq 6{,}00$ m	$b > 6{,}00$ m
A I, A II, A III, A IV, B II	ja	Bus 2/Bus 2	$\frac{9}{9}$	$\frac{40 \cdot n}{r}$	$30 < r \leq 320$	$30 < r \leq 160$
	nein	Lz/Lz	$\frac{8}{8}$	$\frac{50 \cdot n}{r}$	$30 < r \leq 400$	$30 < r \leq 200$

Die Verbreiterung wird am Innenrand angeordnet. Sie entfällt, wenn bei Fahrbahnbreiten $b \leq 6{,}00$ m der Wert $i < 0{,}25$ m, bei $b > 6{,}00$ m, wenn $i < 0{,}50$ m wird. Zusatzspuren werden nicht berücksichtigt.
Die Ermittlung der Verbreiterung entnimmt man Bild 13, die Berechnung geschieht mit den Gln. (17) bis (19), für die Eiklothoide nach Gl. (20). Ist die Kreisbogenlänge $\leq 15{,}00$ m, enden die Verziehungsbereiche in der Winkelhalbierenden des Zentriwinkels. Ist das Verhältnis $l/i \geq 20$, kann die Verziehung linear im Übergangsbogen erfolgen. Die Verbreiterung an einer beliebigen Stelle P_n wird dann nach Gl. (16b)

$$i_n = \frac{i}{l} \cdot l_n \quad (16b)$$

i_n Verbreiterung am Punkt P_n in m
l_n Verziehungslänge bis zum Punkt P_n in m
l Gesamtlänge der Verziehung in m

$$i_n = \frac{i}{30 \cdot l} \cdot l_n^2 \quad \text{für} \quad 0 \leq l_n < 15{,}00 \text{ m} \quad (17)$$

$$i_n = \frac{i}{l}(l_n - 7{,}5) \quad \text{für } 15{,}00 \leq l_n < l_z - 15{,}00 \text{ m} \quad (18)$$

$$i_n = i - \frac{i}{30 \cdot l}(l_z - l_n)^2 \quad \text{für } l_z - 15{,}00 \text{ m} \leq l_n \leq l_z \quad (19)$$

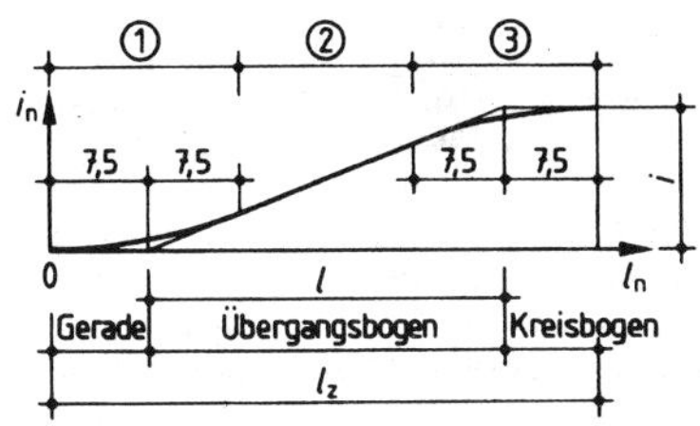

Bild 13 Verziehung der Fahrbahnränder bei Kurvenverbreiterung

Die Anordnung der Lage der Verbreiterung bei Wende- und Eilinie geht aus den Bildern 14 und 14a hervor. Die Verbreiterung in der Eilinie berechnet man mit Gl. (20)

$$i_n = i_a + (i_e - i_a) \cdot \frac{l_n}{l} \quad (20)$$

i_a Verbreiterung am Beginn der Eiklothoide
i_e Verbreiterung am Ende der Eiklothoide

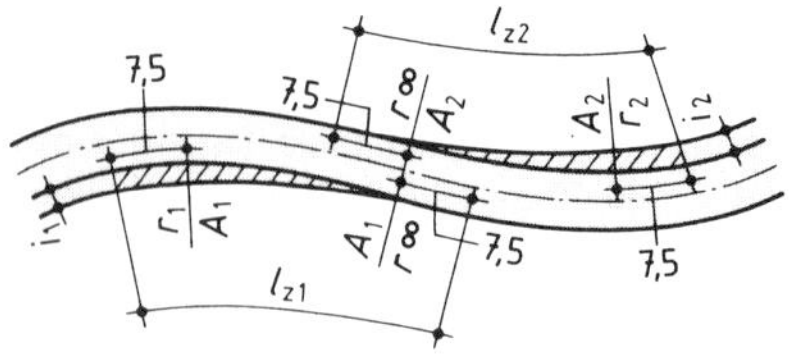

Bild 14 **Fahrbahnverbreiterung bei der Wendeklothoide**

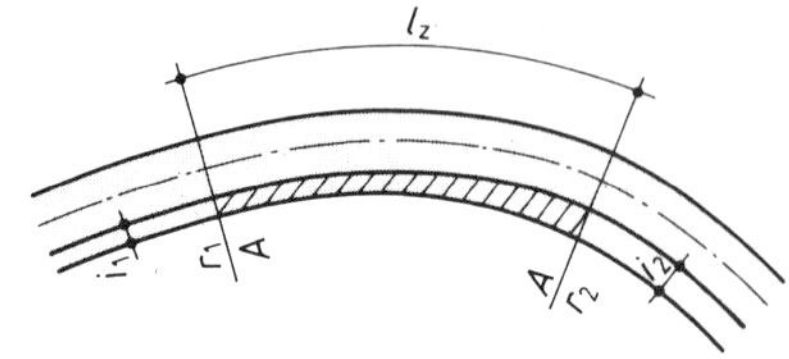

Bild 14a **Fahrbahnverbreiterung bei der Eiklothoide**

Die Verziehung des Fahrbahnrandes bei Veränderung des Querschnitts (Anlage eines weiteren Fahrstreifens. Mittelstreifens, Abbiegestreifens) nennt man **Fahrbahnaufweitung**. Sie erfolgt nach Bild 15. Ihre Länge wird

$$l_z = v_e \sqrt{\frac{i}{3}} \quad \text{in m} \qquad (21)$$

l_z Länge des Aufweitungsbereiches in m
v_e Entwurfsgeschwindigkeit in km/h
i Gesamtverbreiterung in m

$$i_n = \frac{2 \cdot i \cdot l_n^2}{l_z^2} \qquad \text{für } 0 \leq l_n < \frac{l_z}{2} \quad (22)$$

$$i_n = i - \frac{2 \cdot i (l_z - l_n)^2}{l_z^2} \qquad \text{für } \frac{l_z}{2} \leq l_n \leq l_z \quad (23)$$

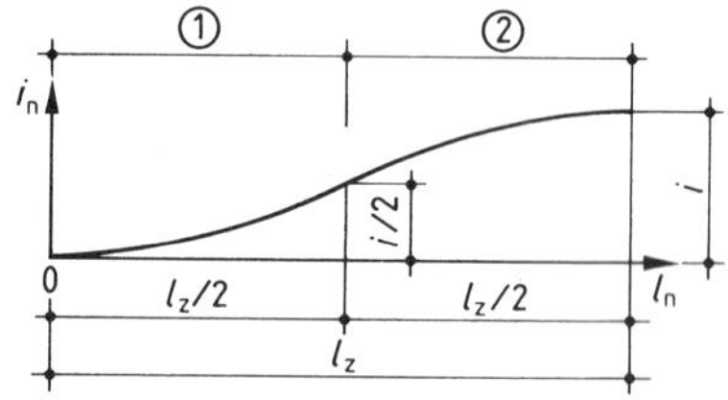

Bild 15 **Verziehung der Fahrbahnränder bei Aufweitung**

Es sind

i Gesamtverbreiterung in m
l Länge des Übergangsbogens in m
$l_z = l + 15$ m Länge der Verziehungsstrecke in m bei Fahrbahnverbreiterung in der Kurve, Länge der Verziehung in m bei Fahrbahnaufweitung nach Gl. (21)
l_n Strecke vom Verziehungsanfang bis zum Punkt P_n in m
i_n Verbreiterung am Punkte P_n in m
i_a Verbreiterung am Beginn der Eiklothoide in m
i_e Verbreiterung am Ende der Eiklothoide in m

Tafel 15 **Interpolation von Zwischenordinaten in m**

$a=\frac{l_n}{l_z}$	e_n	Δe_n	$a=\frac{l_n}{l_z}$	e_n	Δe_n
0,00	0,000	0,005	0,50	0,500	0,095
0,05	0,005	0,015	0,55	0,595	0,085
0,10	0,020	0,025	0,60	0,680	0,075
0,15	0,045	0,035	0,65	0,755	0,065
0,20	0,080	0,045	0,70	0,820	0,055
0,25	0,125	0,055	0,75	0,875	0,045
0,30	0,180	0,065	0,80	0,920	0,035
0,35	0,245	0,075	0,85	0,955	0,025
0,40	0,320	0,085	0,90	0,980	0,015
0,45	0,405	0,095	0,95	0,995	0,005
0,50	0,500		1,00	1,000	

Zur Ermittlung von Zwischenordinaten für die Aufweitung verwendet man Tafel 15. Es ist dann $i_n = e_n \cdot i$.

1.2.6 Entwurfselemente der Sicht

Haltesichtweite S_h. Sie ist die Strecke, die ein Fahrer bei v_{85} braucht, um vor einem unerwarteten Hindernis anzuhalten. Sie setzt sich aus dem Weg während Reaktions- und Auswirkdauer und dem Bremsweg zusammen. Die erforderliche Haltesichtweite entnimmt man Bild 16.

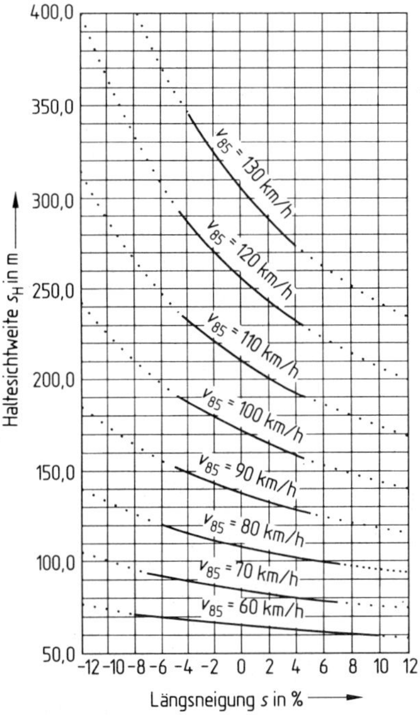

Bei Straßenkategorie C wird $s_h = 40$ m bei $v_{85} = 50$ km/h, $s_h = 25$ m bei $v_{85} = 40$ km/h.

Im Höhenplan besteht zwischen Kuppenhalbmesser und Haltesichtweite folgender Zusammenhang:

$$\min h_k = \frac{s_h^2}{2 \cdot (\sqrt{h_a} + \sqrt{h_z})^2}$$

$\min h_k$	Kuppenmindesthalbmesser in m
s_h	erforderliche Haltesichtweite in m
h_a	Höhe des Augpunktes in m
h_z	Höhe des Zielpunktes in m

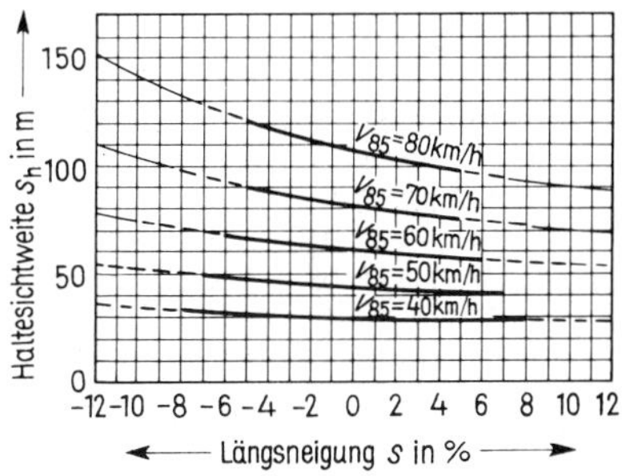

Bild 16 Erforderliche Haltesichtweite s_h bei Straßen der Kategoriengruppe A und B

Überholsichtweite $s_ü$. In Bild 17 ist das Modell der Überholsichtweite dargestellt. Mindestwerte sind Tafel 7 zu entnehmen. Für die Kategoriengruppen B und C besteht kein Anspruch auf ausreichende Überholsichtweiten.

Die Eingangswerte für h_a und h_z entnimmt man Tafel 16. Bei zweistreifigen Straßen nimmt man Aug- und Zielpunkt in der Mitte des eigenen Fahrstreifens an. Zum Nachweis der Überholsichtweite legt man den Zielpunkt in die Mitte des Fahrstreifens für den Gegenverkehr.

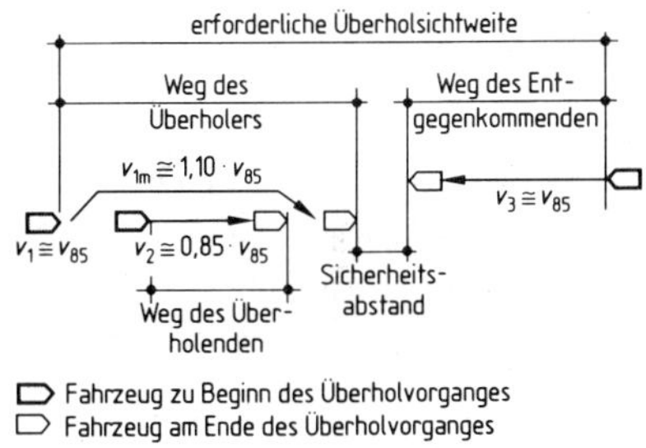

Bild 17 Modell der Überholsichtweite

Vorhandene Sichtweiten sind die von der Straßenanlage aufgrund der Linienführung, Querschnittsgestaltung und Straßenumgebung gebotenen Sichtweiten. Für ihre *Ermittlung* gelten folgende Regeln:

1. Sie muß unter Berücksichtigung des Straßenraums durchgeführt werden.
2. Sie ist für jede Sichtweitenart und Fahrtrichtung getrennt zu untersuchen.
3. Die Haltesichtweite muß an jeder Stelle der Strecke vorhanden sein.
4. Die Überholsichtweite soll in Kategoriengruppe A auf 20 bis 25% der Strecke vorhanden sein.

Tafel 16 Eingangsgrößen zur Sichtweitenermittlung

Sichtweitenart	Augpunkt		Zielpunkt		
	Lage	Höhe h_a in m	Lage	Höhe h_z in m	bei v_{85} in km/h
Haltesichtweite	in der Achse des eigenen Fahrstreifens	1,00	in der Achse des eigenen Fahrstreifens	0,00 0,05 0,15 0,25 0,35 0,40 0,45	≤60 ≤70 ≤80 ≤90 ≤100 ≤110 ≤120
Überholsichtweite	in der Achse des eigenen Fahrstreifens	1,00	in der Achse des Gegenfahrstreifens	1,00	

möglicher Verlauf des Sichtstrahls vom Aug- und Zielpunkt bei der Haltesichtweite

möglicher Verlauf des Sichtstrahls vom Aug- und Zielpunkt bei der Überholsichtweite

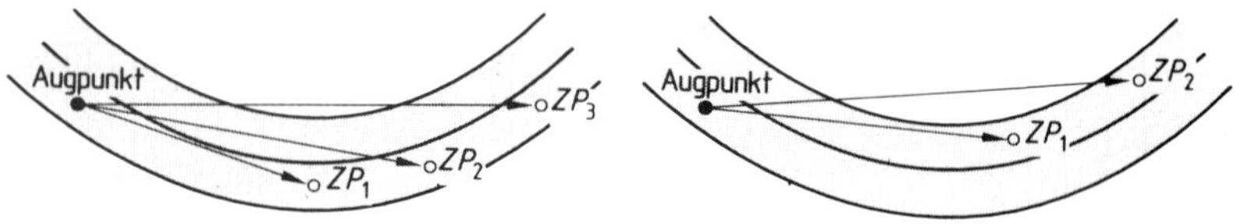

Bild 18 Verlauf der Sichtstrahlen auf einbahnigen Straßen

Die **Sichtweite in Linkskurven** bei Richtungsfahrbahnen kann durch Sichthindernisse (Bewuchs, Blendschutz) eingeschränkt sein. Dies ist für den Überholfahrstreifen von großer Bedeutung. Die geometrischen Verhältnisse zeigt Bild 19. Annahmen sind:

– der Augpunkt des Fahrers (B) befindet sich 1,80 m vom linken Fahrbahnrand entfernt,
– ein eventuelles Hinternis (C) befindet sich ebenfalls 1,80 m vom Fahrbahnrand entfernt.

Den erforderlichen Abstand *a* und die Haltesichtweite s_w entnimmt man Bild 20 und vergleicht ihn mit dem vorhandenen Abstand des Regelquerschnittes.

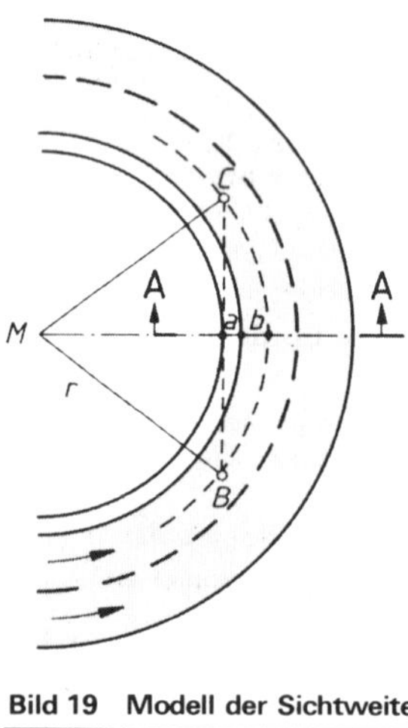

B: Augpunkt des Kraftfahrers
C: angenommenes Hindernis
r: Radius des Kreisbogens
b: Abstand des Augpunktes (B) bzw. des angenommenen Hindernisses (C) vom linken Rand des linken Fahrstreifens (Annahme: *b* = 1,80 m = konstant)
a: Abstand des Fahrstreifens zum Sichthindernis (incl. Randstreifen)

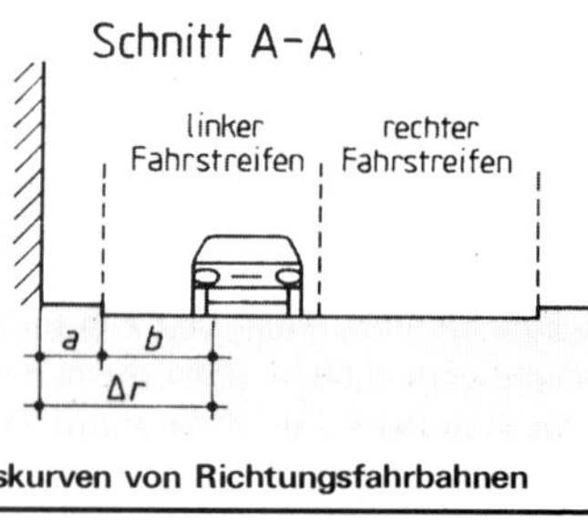

Bild 19 Modell der Sichtweiten in Linkskurven von Richtungsfahrbahnen

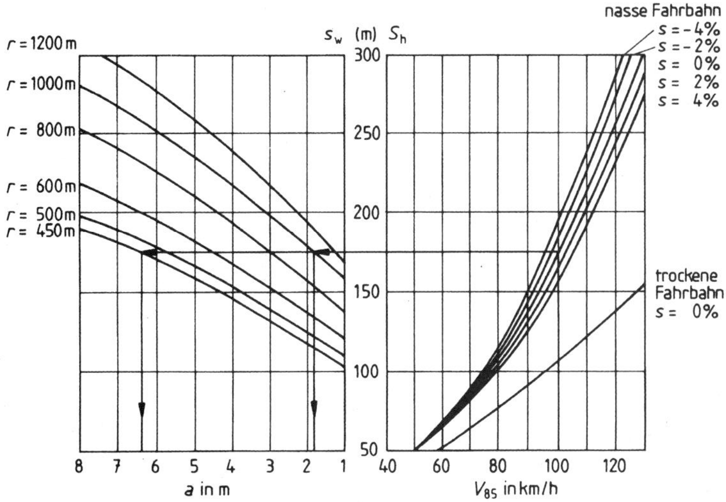

	RQ 20	RQ 26	RQ 29,5	RQ 33	RQ 35,5
halbe Breite des Mittelstreifens in m	1,00	1,50	1,75	1,50	1,75
halbe Breite des Sichthindernisses in m	−0,40	−0,40	−0,40	−0,40	−0,40
Breite des inneren Randstreifens in m	0,50	0,50	0,75	0,50	0,75
Abstand a zwischen Fahrstreifen und Sichthindernis in m	1,10	1,60	2,10	1,60	2,10

Bild 20 Haltesichtweite s_w und Abstand a zwischen linkem Fahrbahnrand der Richtungsfahrbahn bei Sichthindernis im Mittelstreifen

1.3 Knotenpunkte

Die Leistungsfähigkeit von Straßennetzen wird weitgehend durch Form und Leistungsfähigkeit der Knotenpunkte bestimmt. Die Verknüpfung zweier Straßen erfolgt entweder als *Einmündung* oder *Kreuzung*. Größtmögliche Sicherheit aller Verkehrsteilnehmer hat Vorrang. Sie sollen so gestaltet werden, daß alle Verkehrsbewegungen sicher ablaufen können, ausreichende Leistungsfähigkeit erzielt wird und bei ausreichender Verkehrsqualität der wirtschaftliche Aufwand vertretbar bleibt.

Knotenpunkte müssen als solche eindeutig *erkennbar, übersichtlich, begreifbar* und *befahrbar* sein. Fahrbahnflächen sind ausreichend zu entwässern. Die Fahrstreifen sind deutlich zu markieren und sollen ohne Einengung fortgeführt werden und die Orientierung erleichtern. Knoten sind dem Umfeld anzupassen. *Plangleiche Knoten* sind in zweistreifigen Straßen der Regelfall. Im Zuge von mehrstreifigen Straßen können sie nur angewendet werden, wenn sie mit Lichtsignalanlagen ausgestattet sind. *Planfreie Knoten* bieten mehr Sicherheit. Sie müssen bei vierstreifigen Straßen angeordnet werden, wenn die benachbarten Knoten ebenfalls planfrei sind oder $v_k > 90$ km/h ist. Ausnahme nur bei weiten Abständen möglich. Die *maßgebende Knotenpunkts-Geschwindigkeit* ist

$$v_k = v_{85,\text{trocken}} = 77{,}1 + 2{,}74 \cdot 10^{-5} \cdot v_e^3 \quad (24)$$

oder (bei Verkehrsbeschränkungen) $v_k = \text{zul } v$.

19

Grundformen sind Bild 21 zu entnehmen. I bis IV sind übliche, möglichst rechtwinklige Formen von Knoten mit steigendem Ausbaustandard, V bis VIII sind Sonderformen.

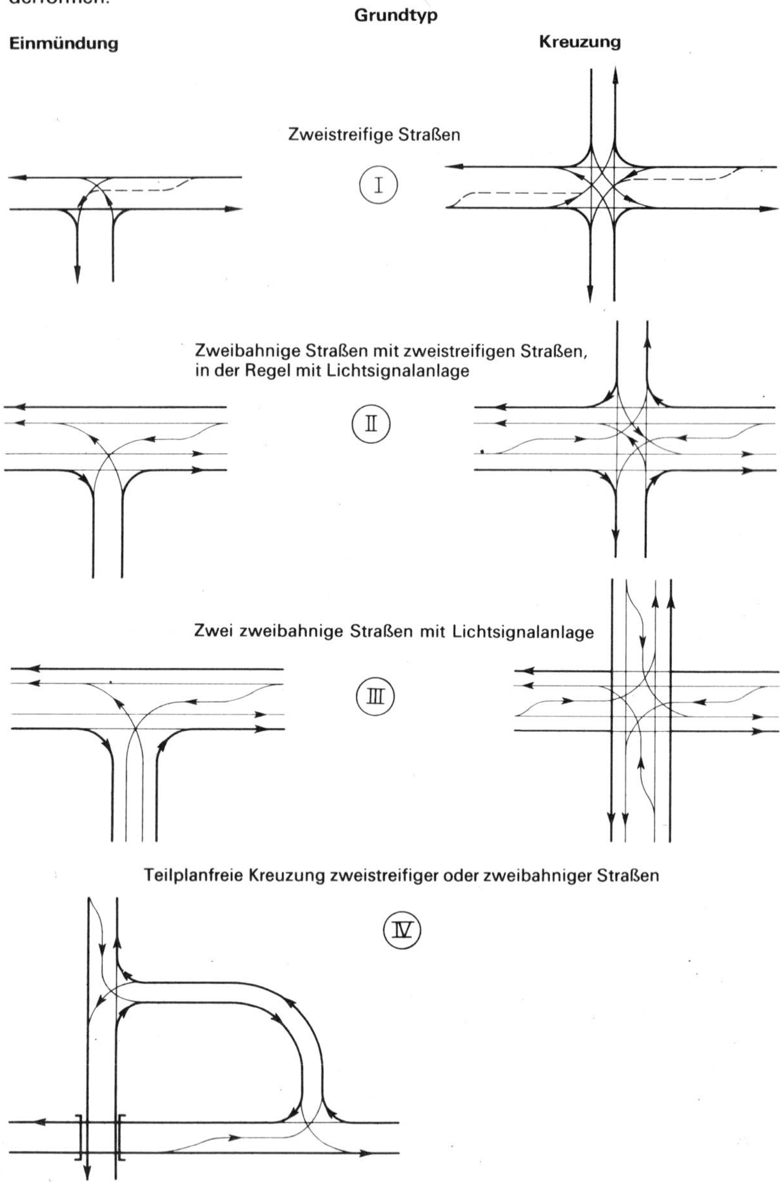

Bild 21 Grundformen von plangleichen Straßenknoten, s. auch nächste Seite

Bild 21, Fortsetzung **Grundtyp**

Einmündung **Kreuzung**

Kreuzung zweistreifiger Straßen als Versatz

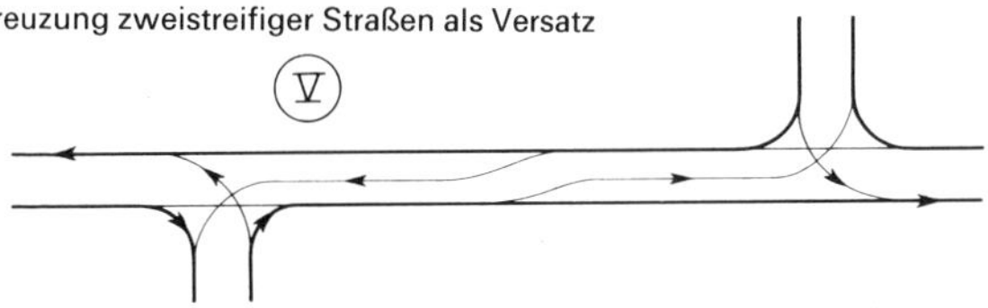

Aufgeweitet mit mindestens einer zweibahnigen Straße

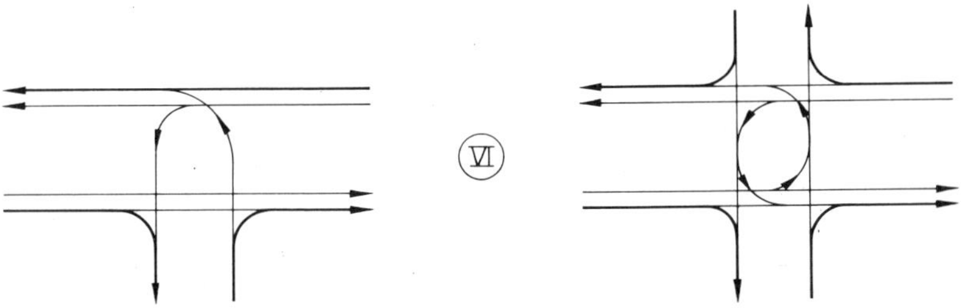

Kreisverkehrsplatz an zweistreifigen oder zweibahnigen Straßen

Kreuzungen und Einmündungen mit zusätzlichen Knotenpunktsarmen sind durch Umbau auf die Grundformen zurückzuführen.

Die Breite der Geradeausfahrstreifen ergibt sich nach RAS-Q, evtl. Aufweitungen nach RAS-L. Bei beengten Verhältnissen und $v_k \leq 50$ km/h ist eine Fahrstreifenbreite von 3,00 m zulässig. Zwischen Hochborden und Fahrbahnteilern sind bei $50 \leq v_k \leq 70$ km/h Breiten von 4,50 m, bei $v_k > 70$ km/h jedoch 5,50 m erforderlich.

Die *Leistungsfähigkeit* von Knotenpunkten wird durch die Anzahl der Fahrstreifen beeinflußt. Sie kann durch Lichtsignalregelung und Anlegen von Abbiegestreifen erhöht werden.

Kreisverkehrsplätze. Sie verbinden drei oder mehr Knotenpunktsarme mit einer Kreisfahrbahn. Der Kreisverkehr erhält die Vorfahrt. Sie dienen der Abgrenzung zwischen Strecken unterschiedlicher Charakteristik. Die optische Unterbrechung führt zu einer erwünschten Geschwindigkeitsdämpfung.

Man unterscheidet: kleine Kreisverkehrsplätze ($d_a = 25{,}00$ m bis 40,00 m)
große Kreisverkehrsplätze ($d_a > 40{,}00$ m)

d_a Außendurchmesser der Kreisfahrbahn

Kleine Kreisverkehrsplätze erhalten eine einstreifige Fahrbahn, deren Breite der Tafel 17 entnommen werden kann. Die Querneigung wird nach außen mit $q = -2{,}5\%$ geneigt. Die Insel sollte wegen der besseren Erkennbarkeit erhaben ausgebildet und möglichst bepflanzt werden. Die Knotenpunktzufahrten werden radial auf den Kreismittelpunkt konstruiert. Sie erhalten Fahrbahnteiler bei mittlerer Verkehrsstärke des Rad- und Fußgängerverkehrs. Die Fahrstreifenbreite beträgt 3,00 m bis 3,50 m. Die Ausrundungen zu und von der Kreisfahrbahn werden meist als Schleppkurven ausgebildet.

Tafel 17 Fahrbahnbreiten der Kreisfahrbahn (mit Bewegungszuschlag)

Äußerer Kreisdurchmesser d_a in m	25	30	35	40	45
Fahrbahnbreite b_{Kr} der Kreisfahrbahn in m	7,50	7,10	6,50	6,00	5,75

Tafel 18 Entwurfselemente von Kreisverkehrsplätzen außerhalb bebauter Gebiete

	Mindestwerte	Regelwerte	Höchstwerte
d_a in m außerhalb geschlossener Ortschaften an Ortseinfahrten	35 30	40 35	45 40
Breite b in m Fahrbahnteiler ohne Überquerung Überquerung für Fußgänger/Radfahrer	1,60 2,00/2,50	1,60 2,50/2,50	1,60 2,50/2,50
Querneigung der Kreisfahrbahn q in %	–2,5	–2,5	–2,5

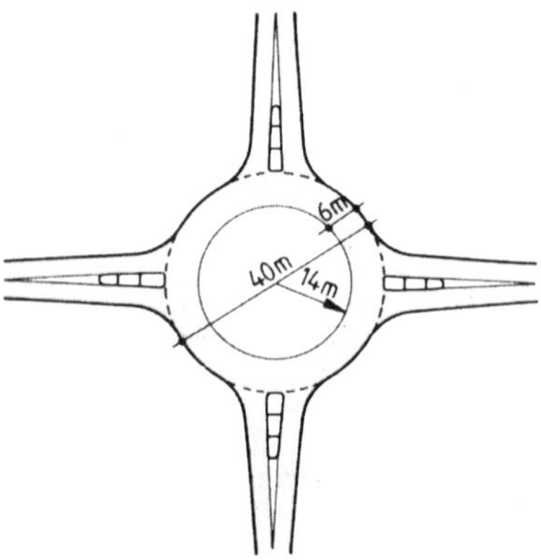

außerhalb bebauter Gebiete

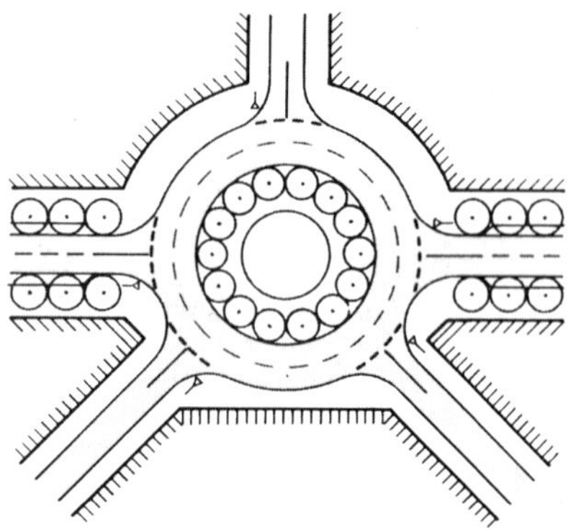

im Zuge von Hauptverkehrsstraßen der Kategorien C und B (sinngemäß)

Bild 22 Beispiele für Kreisverkehrsplätze

Als **Große Kreisverkehrsplätze** bezeichnet man solche, deren äußerer Durchmesser $d_a > 40{,}00$ m beträgt. Sie sind oft Alternativen zu Kreuzungen mit Lichtsignalanlagen. Die Kreisfahrbahnen werden zweistreifig ohne Verflechtungsstrecke ausgebildet.

Abbiegestreifen

Linksabbieger. Sie werden außerhalb bebauter Gebiete aus Gründen der Verkehrssicherheit eingesetzt. Innerorts verbessern sie den Verkehrsablauf.
Linksabbiegestreifen werden Rechtsabbiegestreifen vorgezogen. Sie erhalten eine Breite von min $b = 3{,}00$ m. Bei beengten Verhältnissen können Aufstellbereiche angeordnet werden mit min $b_A = 4{,}75$ m.
Bei der Markierung zeichnet man den Linksabbiegepfeil neben dem Geradeauspfeil. Doppelte Linksabbiegestreifen bedingen Signalisierung des Knotens.

Die Konstruktion der Abbiegestreifen entnimmt man Bild 23. Man unterscheidet

- Typ 1 Linksabbiegestreifen mit vollständiger Ausbildung der Konstruktionselemente,
- Typ 2 Linksabbiegestreifen ohne Verzögerungsstrecke l_v, meist ohne Sperrfläche,
- Typ 3 Aufstellbereich für Linksabbieger ohne Sperrfläche mit $4{,}75 \leq b_A < 5{,}50$ m,
- Typ 4 Zusammenfassung von Geradeaus- und Abbiegeverkehr auf gemeinsamen Fahrstreifen.

Linksabbiegerstreifen mit Verzögerungsstrecke und Sperrfläche in der Einleitung

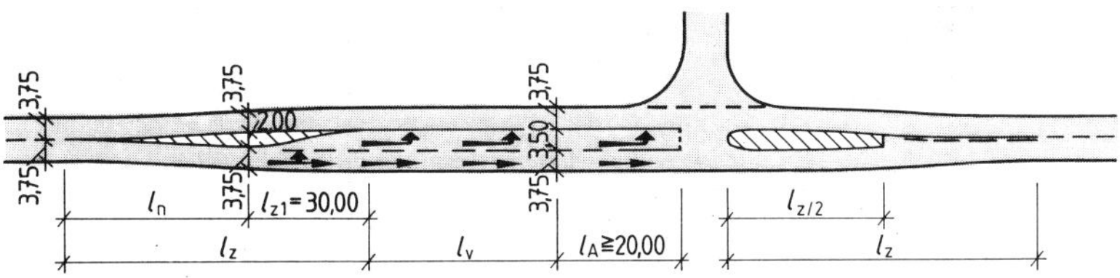

Linksabbiegerstreifen ohne Verzögerungsstrecke und Sperrfläche

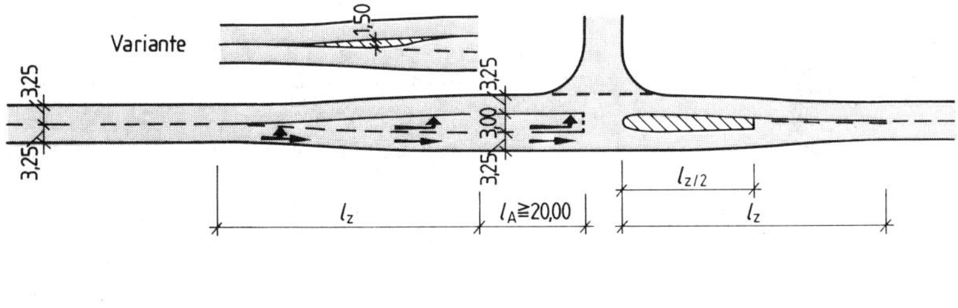

Aufstellbereich für Linksabbieger

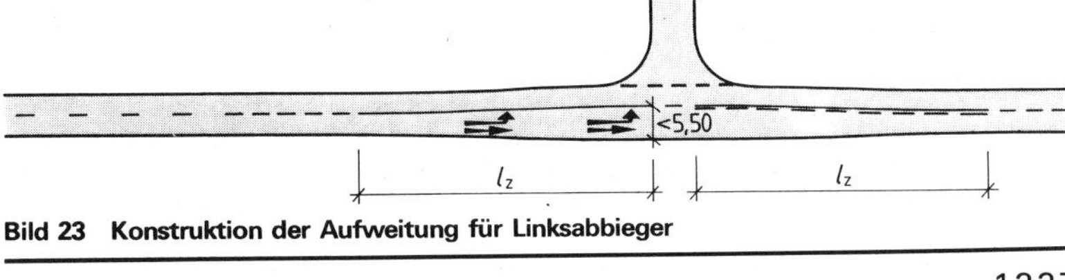

Bild 23 Konstruktion der Aufweitung für Linksabbieger

Einsatzkriterien für Linksabbiegestreifen

Knotenpunkt mit vier oder mehr Fahrstreifen:
- Signalregelung erforderlich.

Bei zweistreifigen Straßen:
- Der Knoten wird signalgeregelt,
- der Knoten liegt außerhalb bebauter Gebiete,
- hoher Anteil der Linksabbieger,
- hochrangige Netzfunktion der übergeordneten Straße,
- Erkennbarkeit wartender Linksabbieger ist schlecht,
- abbiegender öffentlicher Personennahverkehr.

Die Einsatzbereiche sind in Tafel 19 zusammengestellt.

Tafel 19 Typenwahl für Linksabbiegestreifen und Aufstellbereiche bei zweistreifigen Straßen

Straßenkategorie		*MSV* in Kfz/h in der Richtung, aus der abgebogen wird						
		≤ 100	>100	>200	>300	>400	>500	>600
A I	großräumige Verbindung	2	2,1	1	1	1	1	1
A II	regionale Verbindung	2	2	2,1	1	1	1	1
A III	zwischengemeindliche Verbindung	3,2	2	2	2,1	1	1	1
A IV	flächenerschließende Verbindung	3	3,2	2	2	2	2	2
A V	untergeordnete Verbindung	4,3	3	3,2	2	2	2	2
B II	Schnellverkehrsstraße	keine zweistreifigen Straßen						
B III	Hauptverkehrsstraße	3	3	3,2	2	2	2	2
B IV	Hauptsammelstraße	4	4,3	3	3,2	2	2	2
C III	Hauptverkehrsstraße	4	4	4,3	3,2	3	2	2
C IV	Hauptsammelstraße	4	4	4	4,3	3	3,2	2

Die Länge der *Verzögerungsstrecke* l_v ergibt sich aus der Geschwindigkeit v_k und der Längsneigung im Knotenbereich (Tafel 20).

Tafel 20 Länge der Verzögerungsstrecke l_v bei Linksabbiegestreifen außerhalb bebauter Gebiete

MSV in der Richtung aus der abgebogen wird in Kfz/h	Längsneigung s in %														
	$< -4\%$					$-4\% \leq s \leq +4\%$					$> +4\%$				
	v_k in km/h					v_k in km/h					v_k in km/h				
	60	70	80	90	100	60	70	80	90	100	60	70	80	90	100
≤ 400	10	20	35	50	65	10	15	20	30	40	5	10	15	20	30
>400	25	40	60	80	105	20	30	40	55	75	15	20	30	40	55

Die Länge der *Aufstellstrecke* l_A, gemessen von der Haltlinie, richtet sich nach dem erforderlichen Stauraum. Bei Knoten ohne Lichtsignalregelung reicht meist $l_A = 20{,}00$ m aus, soll aber min $l_A = 10{,}00$ m nicht unterschreiten.

Rechtsabbieger. Man unterscheidet drei Formen, die abhängig sind von fahrdynamischen oder fahrgeometrischen Bedingungen, den Belangen anderer Verkehrsteilnehmer, vorhandenen Lichtsignalanlagen oder Belangen des Umfeldes. Mögliche Ausbildungen (Bild 24) sind:

Ausfahrkeil am Knoten außerhalb bebauter Gebiete

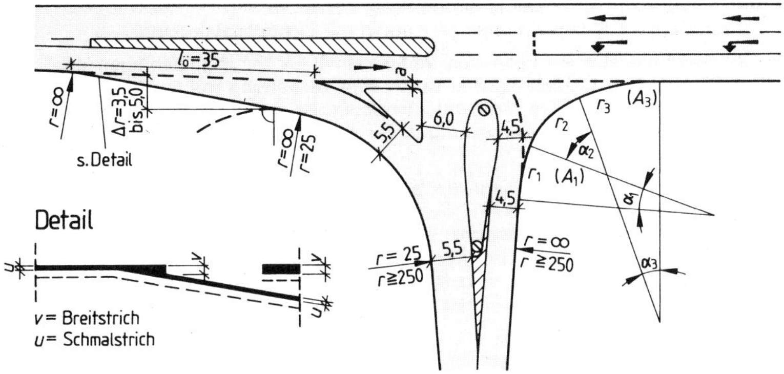

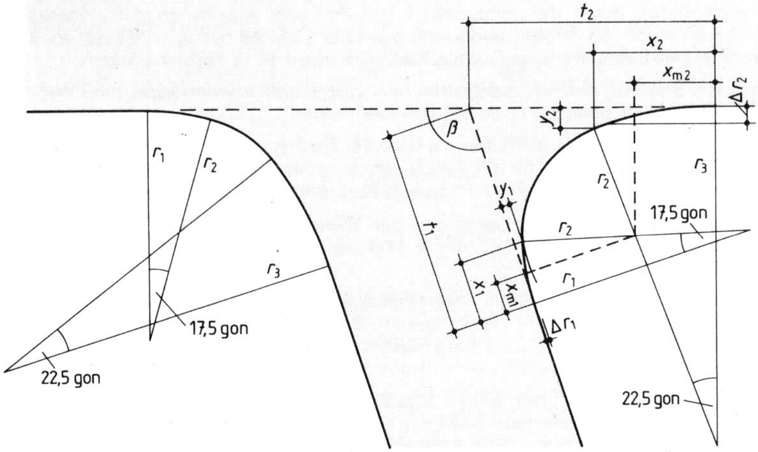

Für die Eckausrundung $r_1 : r_2 : r_3 = 2 : 1 : 3$ gilt

$\Delta r_1 = 0{,}0375 \cdot r_2$	$\Delta r_2 = 0{,}1236 \cdot r_2$
$y_1 = 0{,}0750 \cdot r_2$	$y_2 = 0{,}1854 \cdot r_2$
$x_{m1} = 0{,}2714 \cdot r_2$	$x_{m2} = 0{,}6922 \cdot r_2$
$x_1 = 0{,}5428 \cdot r_2$	$x_2 = 1{,}0383 \cdot r_2$

$$t_1 = r_2 \cdot \left(0{,}2714 + 1{,}0375 \cdot \tan\frac{\beta}{2} + \frac{0{,}0861}{\sin\beta}\right)$$

$$t_2 = r_2 \cdot \left(0{,}6922 + 1{,}1236 \cdot \tan\frac{\beta}{2} - \frac{0{,}0861}{\sin\beta}\right)$$

Konstruktion des Rechtsabbiegestreifens

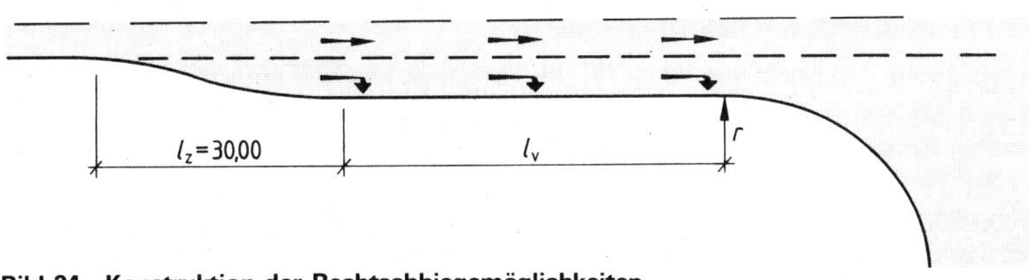

Bild 24 Konstruktion der Rechtsabbiegemöglichkeiten

- Eckausrundung als dreiteiliger Korbbogen oder einfacher Kreis mit $r = 15{,}00$ m,
- Ausfahrkeile mit einer Länge außerorts $l_ö = 35{,}00$ m,
- Fahrstreifen für Rechtsabbieger an Knoten mit Lichtsignalanlagen.

Ein Rechtsabbiegestreifen kann den Verkehrsfluß an Lichtsignalanlagen erhöhen. Außerhalb bebauter Gebiete wird er durch eine Verziehung mit $l_z = 30{,}00$ m eingeleitet. Die Breite soll 3,00 m nicht unterschreiten. Ist auch ein Linksabbiegestreifen vorhanden, so sollen die Aufweitungen für beide Abbiegestreifen an derselben Stelle beginnen.

Einsatzkriterien für Rechtsabbiegestreifen. Aus fahrdynamischen Gründen wendet man an Knoten der Kategoriengruppen A I bis A III Ausfahrkeile oder eigene Abbiegestreifen an, die im Knotenpunkt durch Fahrbahnteiler und Dreiecksinseln eine besondere Führung erhalten. Bei Knoten niedrigerer Stufe reichen oft schon Eckausrundungen aus Korbbogen oder mit durchgehendem großen Radius aus. Innerhalb bebauter Gebiete ist die Anordnung oft von den örtlichen Platzverhältnissen abhängig.

Für *Rechtseinbieger* ist die Eckausrundung mit einfachem Kreisbogen oder mit Korbbogen ($r_2 = 10{,}00$ m) wegen der gewünschten Herabsetzung der Geschwindigkeit zweckmäßig, wenn der Fahrstreifen der Zu- und Ausfahrten zum Knoten min $b = 3{,}50$ m ist. An Knoten außerhalb bebauter Gebiete mit $v_k > 70$ km/h muß neben dem Fahrbahnteiler eine Fahrstreifenbreite von 4,50 m vorhanden sein.

Wender. Bei Straßen, deren Mittelstreifen nicht überfahren werden kann, sind Wendemöglichkeiten vorzusehen. Bedingungen dafür sind:

- vorhandene Linksabbiegestreifen genügender Größe,
- der Wendevorgang muß für alle Fahrzeugtypen ohne Rangieren möglich sein,
- gleichzeitig laufende Fußgängerströme dürfen nicht gekreuzt werden.

Wendefahrbahnen erhalten für Lastzüge einen Wendekreis von $d = 25{,}00$ m bei einer Fahrstreifenbreite von $b = 7{,}00$ m. Für Lkw genügt ein Wendekreis $d = 12{,}50$ m mit $b = 4{,}00$ m.

Inseln. Einsatz als Fahrbahnteiler oder Dreiecksinseln zum Führen der Fahrzeugströme, Aufstellen von Verkehrseinrichtungen, Schutz für Fußgänger, Verdeutlichen der Wartepflicht. Bordsteine im Übergangsbereich für Behinderte und Radfahrer sind abzusenken. Nur bepflanzen, wenn keine Sichtbehinderung eintritt.

Fahrbahnteiler in der übergeordneten Straße werden nur angeordnet, wenn der Knoten beleuchtet ist. Außerhalb bebauter Gebiete sollten Tropfen in untergeordneten Knotenpunktsarmen verwendet werden. Große Tropfen werden in der Regel nur zusammen mit Dreiecksinseln vorgesehen. Innerhalb bebauter Gebiete sind Fahrbahnteiler dann erforderlich, wenn ein Fußgängerüberweg vorhanden ist, der über mehr als zwei Fahrstreifen führt. Vor und hinter dem Überweg muß der Teiler mindestens 1,50 m länger sein. Die Wartefläche muß mindestens 2,50 m lang sein, um auch Radfahren und Kinderwagen Sicherheitsraum zu geben.

Dreiecksinseln sorgen für zügiges, evtl. signalunabhängiges Herausführen der Rechtsabbieger aus dem Geradeausverkehr. Außerhalb bebauter Gebiete wird die Insel 0,50 m vom Fahrbahnrand abgesetzt. In bebauten Gebieten ist auf Dreiecksinseln zu verzichten, um Flächen einzusparen.

Die Sichtweite am Knotenpunkt ist für die Verkehrssicherheit entscheidend.

Anfahrsicht. Erforderliche Sichtweite für ein 3,00 m vom Fahrbahnrand der übergeordneten Straße wartendes Fahrzeug, damit sichere Anfahrt aus dem Stand möglich ist (Bild 20). Die Schenkellage der Sichtdreiecke entnimmt man Tafel 19.

Annäherungssicht. Erforderliche Sichtweite aus 10,00 m Abstand vom Fahrbahnrand der übergeordneten Straße. Konstruktion der Sichtdreiecke nach Bild 25, Bemessung nach Tafel 21.

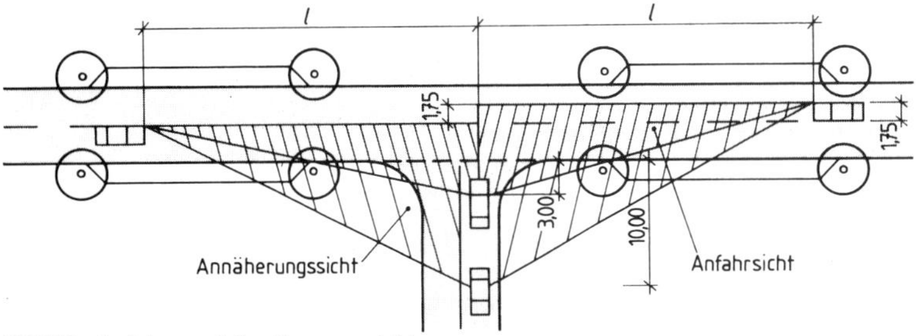

Bild 25 Anfahr- und Annäherungssicht

Tafel 21 Schenkellänge *l* in m für die Sichtfelder der übergeordneten Straße

Kategorien-gruppe	Geschwindigkeit v_{B5} in km/h 100	90	80	70	60	50	40
A	200 (300)	170 (250)	135 (210)	110 (175)	85	70	
B				110	85	70	
C						70	50

Aus Sicherheitsgründen muß für einen Pkw-Fahrer, der an der Inselspitze oder auf der Einfädelspur einer Einfahrrampe hält, die Anfahrsicht auf der übergeordneten Straße vorhanden sein. Liegt die Einfahrt im Rechtsbogen, so soll das Stichmaß zwischen Hauptspurachse und Anfahrsichtweite vom Sichtpunkt aus nach Bild 28 ermittelt und das Sichtfeld von Einbauten und Bewuchs freigehalten werden.

Die Entwässerung im Knotenbereich muß sorgfältig untersucht werden. Um günstige Anfahrmöglichkeiten zu schaffen, soll die Gradiente der untergeordneten Straße nach Bild 26 angeschlossen werden.

Planfreie Knotenpunkte führen starke, sich kreuzende Verkehrsströme in zwei Ebenen übereinander, um Kreuzungsvorgänge auszuschließen. Die Verknüpfung der Straßen erfolgt über *Verbindungsrampen*. Es gelten folgende Grundsätze:

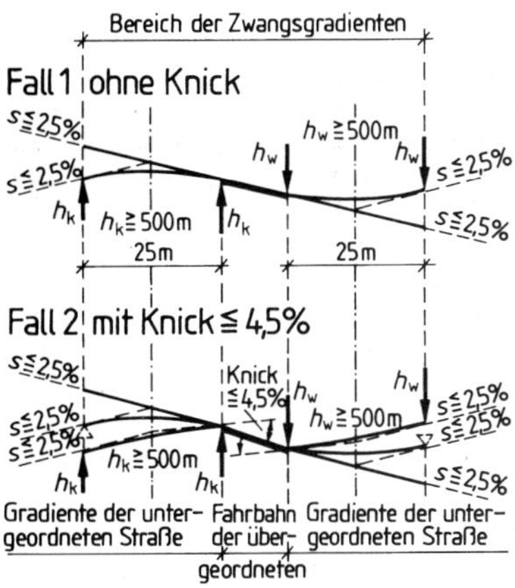

Bild 26 Gradientenführung der untergeordneten Straße

Tafel 22 Rampentypen (H. 589/90, BMV, Forsch. Straßenbau ...)

Rampentyp	Rampengruppe 1 planfrei – planfrei	
(Verkehrs-führung)	Linienführung nicht angepaßt	angepaßt
direkt		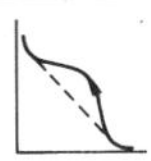
halbdirekt	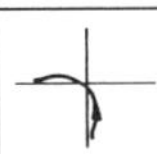	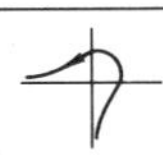
indirekt	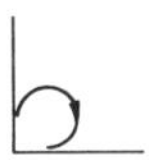	
(direkt)	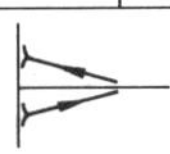	

- Die durchgehenden Fahrbahnen sind netzgerecht festzulegen.
- Ein- und Ausfahrten der durchgehenden Strecke sind immer auf der rechten Seite anzulegen. In Verbindungsrampen sind linksliegende Spurenaddition/-subtraktion zugelassen
- Ausfahrten sollen vor Einfahrten liegen.
- starken Abbiegeströmen günstige Rampenführung zuordnen.
- Ausfahrende Verkehrsströme sollen durchgehende Fahrbahn gemeinsam verlassen.
- Einfahrten sollen für Verteilerfahrbahn und Tangentialrampe möglichst getrennt werden.
- Wegweisende Beschilderung ist schon bei der Planung zu berücksichtigen.

Rampentypen und ihre Querschnitte zeigen die Tafeln 22 und 23, die Entwurfselemente die Tafel 24 (s. auch: Aktuelle Hinweise zur Gestaltung planfreier Knotenpunkte außerhalb bebauter Gebiete – AH-RAL-K-2, Entwurfshinweise für planfreie Knotenpunkte an Straßen der Kateg.Gruppe B – RAS-K-2-B).

Tafel 23 Querschnitte von Verbindungsrampen

Querschnitt Kurzbez.	Bezeichnung	Abmessungen in m	Einsatzgrenzen
Q1	einstreifiger Querschnitt mit überbreiter Fahrspur	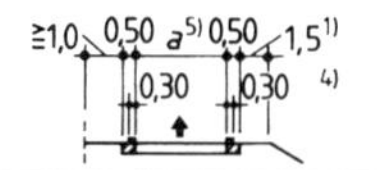	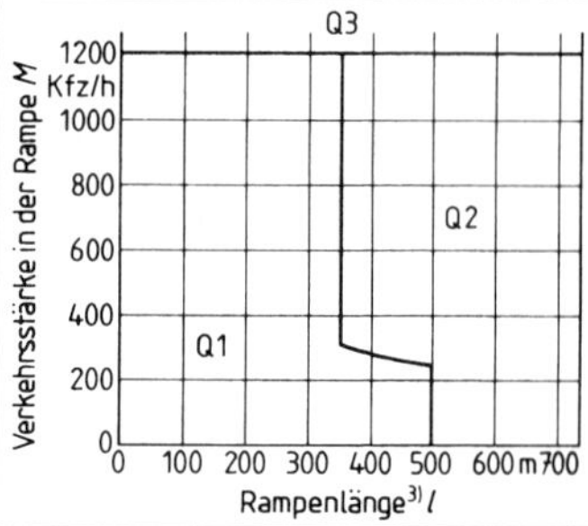
Q2	zweistreifiger Querschnitt	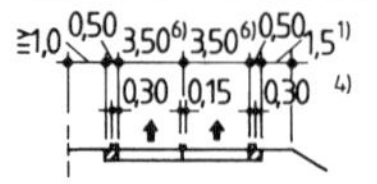	
Q3	zweistreifiger Querschnitt mit Standspur	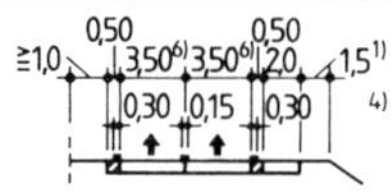	
Q4	zweistreifige Gegenverkehrsfahrbahn	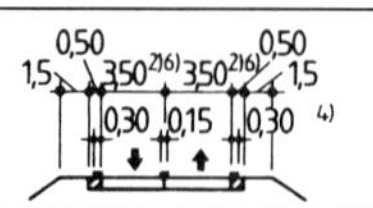	Länge des Gegenverkehrsbereiches ≥ 125 m

[1]) 1,00 m möglich in Einschnitten und auf Dämmen, die keine Schutzplanken erfordern
[2]) bei $r \leq 130$ m ist nach Ziffern 5.2.3.4. der RAL-K-2 eine Fahrbahnverbreiterung erforderlich
[3]) Definition s. Ziffer 5.2.3.1. der RAL-K-2 [4]) Markierungsbreiten [5]) für Kat.Gr. AI, AII $a = 4{,}50$ m; für AIII, BII $a = 4{,}00$ m [6]) für Kat. Gr. AIII, BII 3,25 m

Tafel 24 Entwurfselemente der Verbindungsrampen

Entwurfselement		Geschwindigkeit v in km/h 30	40	50	60	70	80
Kurvenmindestradius r in m		25	50	80	130	190	260
Höchstlängsneigung	Steigung s in %	6,0					
	Gefälle s in %	7,0					
Kuppenmindesthalbmesser h_x in m		500	1000	1500	2000	2800	4000
Wannenmindesthalbmesser h_w in m		250	500	750	1000	1400	2000
Mindestquerneigung q in %		2,5					
Höchstquerneigung in Kurven q_k in %		7,0 (8,0)					
Anrampungsmindestneigung Δs in %		$0{,}1 \cdot a$; a = Randabstand von der Drehachsen in m					
Mindesthaltesichtweite s_h in m bei v_{85}		25	30	40	60	85	115

Für die Annäherungssicht soll das Sichtfeld nach Bild 27 vorgesehen werden. Die Minimalwerte sollen nur verwendet werden, wenn sonst ein wirtschaftlich unvertretbarer Aufwand entsteht. Das auf der Hauptspur der bevorrechtigten Straße fahrende Fahrzeug soll möglichst aus senkrechter Blickrichtung zur Achse der Einfahrrampe vom Sichtpunkt aus gesehen werden können.

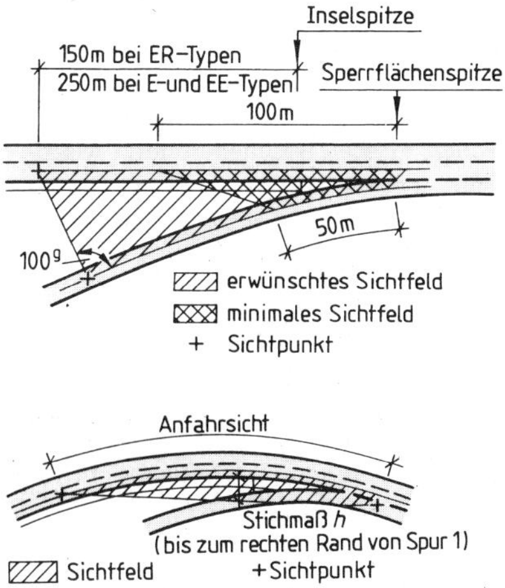

Bild 27 Erwünschtes und minimales Sichtfeld für die Annäherungssicht

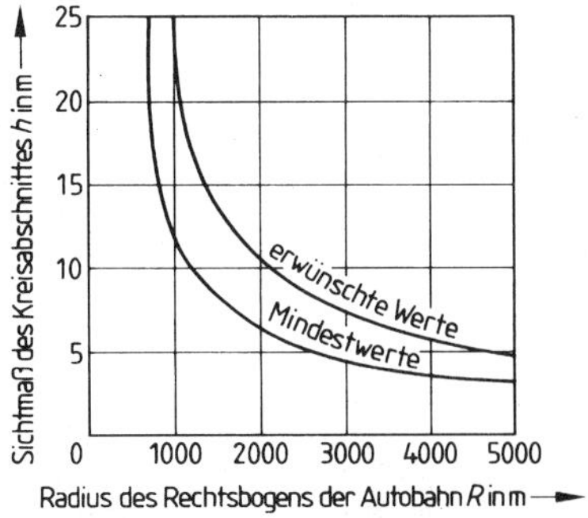

Bild 28 Notwendige Radien und Stichmaße der Kreisabschnitte zur Gewährleistung der Anfahrsicht im Rechtsbogen

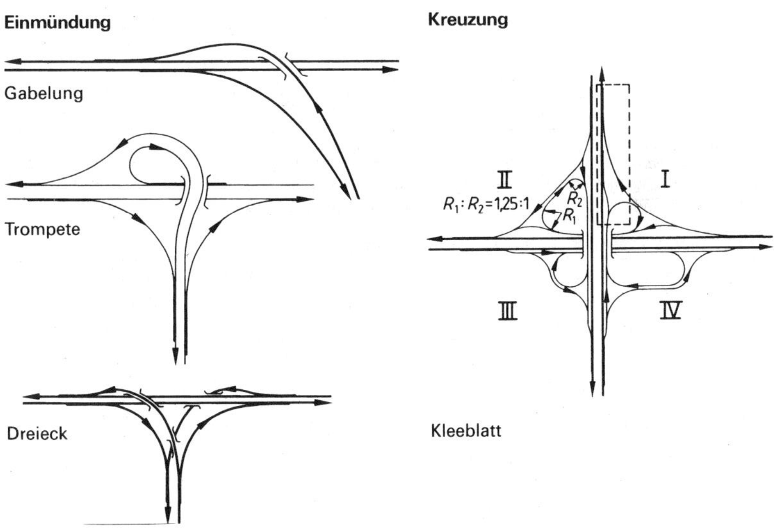

Bild 29 Prinziplösungen planfreier Knotenpunkte

In Ostdeutschland sind auch die „Hinweise zur Anwendung der Richtlinien für die Anlage von Straßen (Teile RAS-N, L, Q, K) beim Um- und Ausbau von Straßen in den neuen Bundesländern, Ausgabe 1992" zu beachten. Bei der Gestaltung der Straßenverkehrsanlagen sind die Kriterien der Sicherheit, Umweltverträglichkeit, Wirtschaftlichkeit und Leistungsfähigkeit zugrunde zu legen.

Bei der Linienfindung im **Lageplan** sind daher nicht nur die Grenzwerte der Linienführung, sondern auch die Relationstrassierung wichtig (s. Bild 6). Liegt bei Überprüfung des Entwurfs der ermittelte Wert v_{85} mehr als 20 km/h höher als v_e, versucht man durch erhöhte Kurvigkeit die Werte einander anzunähern. Eine gleichmäßige Streckencharakteristik ist besser als eine großzügige. Die Stetigkeit kann erreicht werden, wenn man zu einer Kurve mit dem Mindestradius hin die Radiengrößen abfallen läßt. Ist die Stetigkeit nicht zu erreichen, müssen Beschilderungen, Markierungen, Leiteinrichtungen eingesetzt werden.

Bauliche Maßnahmen beeinflussen aber das Geschwindigkeitsverhalten deutlich besser. Um eine Kurve optisch deutlich zu machen, soll eine Richtungsänderung von mindestens 5 gon erfolgen. Die anschließenden Klothoiden sind dem Wert $A = r/3$ anzunähern.

Im **Höhenplan** sind Kuppen- und Wannenhalbmesser so zu wählen, daß eine ausgewogene räumliche Linienführung entsteht. Sie sollen außerdem günstige Sichtweiten, eine Schonung des Landschaftsbildes und durch Anpassen an das Gelände wirtschaftliche Baukosten ergeben. Eine Verringerung der Grenzwerte für Wannenhalbmesser nach Tafel 8 ist vertretbar unter Berücksichtigung der Anhaltesichtweite auf nasser Fahrbahn, der Mindesttangentenlänge und der Überholsichtweite. Die Abweichungen sind in der nachstehenden Tabelle zusammengestellt.

Entwurfsgeschwindigkeit	40	50	60	70	80
Mindestwannenhalbmesser h_w bei $z = 0{,}5$ m/s²	250	390	560	760	990

Im **Querschnitt** sollen aus Sicherheitsgründen die Abmessungen der RAS-Q eingehalten werden. Bei einer Verbesserung durch Deckenerneuerung ist die Relationstrassierung zu prüfen. Eine Verbreiterung der Fahrbahn unter Einschränkung des Banketts ist möglich, doch sollen 0,75 m Bankettbreite erhalten bleiben. Der Regelquerschnitt RQ 12,5 kann auf eine Fahrbahn-/Kronenbreite von 7,50 m/ 10,50 m als RQ 10,5 eingeschränkt werden.

An bestehenden Alleen können Querschnittseinschränkungen zum Erhalt der Bäume hingenommen werden. Bei anbaufreien Straßen mit $v_e > 80$ km/h wird in der Regel ein Rad-/Gehweg erforderlich. Der Umbau der **Knotenpunkte** beschränkt sich zunächst meist auf einfache, schnell wirksame Maßnahmen. Sie sollen einem späteren Um- und Ausbau nicht widersprechen.

Als Kriterien gelten:

1. Klare Verdeutlichung der Wartepflicht und Vorrangverhältnisse.
2. Ausreichende Sichtfelder freimachen.
3. Nur 2 Entscheidungsmöglichkeiten anbieten.
4. Kurze Überquerungswege für Radfahrer und Fußgänger schaffen.
5. Logisches Verzögerungsverhalten der Kraftfahrer provozieren.

1.4 Lärmschutz an Straßen

Verkehrsemissionen sind Geräusche, Abgase und Staub. Als Maß für die Belastung durch Verkehrsgeräusche gilt ein *Mittelungspegel* L_m in dB (A), ein nach DIN 45641 definierter zeitlicher Mittelwert des A-Schallpegels (s. Abschnitt „Bauphysik" – Schallpegelbewertung und RLS 90, Ziff. 2.0).

Immissionsgrenzwerte für Lärmvorsorge

Für Bauvorhaben an Straßen und Schienenwegen gelten die Immissionsgrenzwerte der Tafel 25 (Verkehrslärmschutzverordnung — 16. BImSchV vom 12. 6. 1990).

Tafel 25 Immissionsgrenzen in dB (A)

an Krankenhäusern, Schulen, Kur- und Altenheimen		in reinen und allgemeinen Wohn- und Kleinsiedlungsgebieten		in Kerngebieten, Dorf- und Mischgebieten		in Gewerbegebieten und Industriegebieten	
bei Tage	bei Nacht	bei Tage	bei Nacht	bei Tage	bei Nacht	bei Tage	bei Nacht
57	47	59	49	64	54	69	59

Die Schallemission einer Straße oder eines Fahrstreifens wird durch den Emissionspegel $L_{m,E}$ beschrieben. Mit dem *Beurteilungspegel* L_r kann er mit den Immissionsgrenzwerten verglichen werden. Der Beurteilungspegel wird für Tag und Nacht (6.00 Uhr bis 22.00 Uhr bzw. 22.00 Uhr bis 6.00 Uhr) getrennt berechnet. Zwischenwerte und Pegeldifferenzen sind auf 0,1 dB (A) aufzurunden. Treten mehrere Lärmquellen auf (Straße, Parkplatz, Spiegelschallquellen), sind die einzelnen Beurteilungspegel $L_{r,j}$ zu ermitteln und daraus der resultierende Beurteilungspegel nach Gl. (25) zu berechnen.

Lärmschutzmaßnahmen sind notwendig, wenn durch Änderung oder Neubau von Verkehrswegen der Beurteilungspegel um mindestens 3 dB (A) oder bei Tage auf 70 dB (A) oder bei Nacht auf 60 dB (A) erhöht wird.

$$L_r = 10 \cdot \lg \sum_j 10^{0,1 \cdot L_{r,j}} \quad \text{in dB (A)} \quad (25)$$

Der Beurteilungspegel einer Straße wird mit Gl. (26) bestimmt.

$$L_r = L_m + K \quad \text{in dB (A)} \quad (26)$$

L_m Mittelungspegel nach Gl. (27)
K Zuschlag für Lichtsignalregelung nach Tafel 26

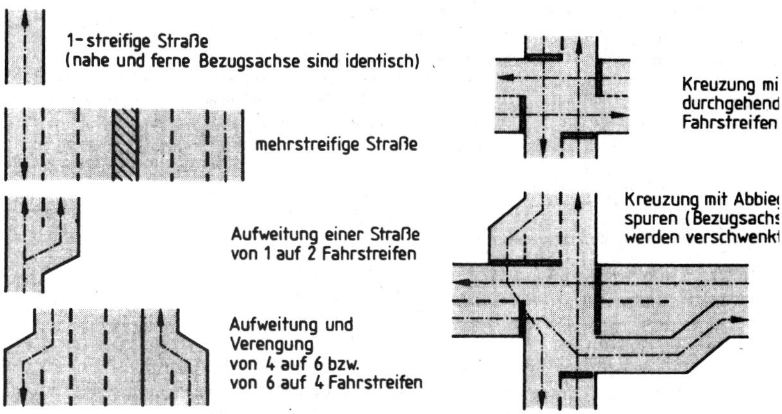

Bild 30 Fahrstreifenachsen für die Berechnung des Mittelungspegels

Tafel 26 Zuschlag K in dB (A) für erhöhte Störwirkung an signalgesteuerten Kreuzungen und Einmündungen

a in m	von 0 bis 40	über 40 bis 70	über 70 bis 100	>100
K in dB (A)	+3,0	+2,0	+1,0	0

a ist der Abstand zwischen der zu schützenden baulichen Anlage und dem Schnittpunkt der Achsen der beiden zusammentreffenden Straßen, gemessen in Achsrichtung

Nach der 16. Verkehrslärmschutzverordnung — 16. BImSchV werden die Beurteilungspegel bei Tag oder Nacht mit Gln. (26a) und (26b) berechnet.

$$L_{r,T} = L_{m,T}^{(25)} + D_v + D_{StrO} + D_{Stg} + D_{s\perp} + D_{BM} + D_B - K \quad (26a)$$

$$L_{r,N} = L_{m,N}^{(25)} + D_v + D_{StrO} + D_{Stg} + D_{s\perp} + D_{BM} + D_B + K \quad (26b)$$

$L_{r,T}$; $L_{r,N}$ Beurteilungspegel bei Tag bzw. Nacht in dB (A)

$L_{m,T}^{(25)}$; $L_{m,N}^{(25)}$ Mittelungspegel bei Tag und Nacht in dB (A)

D_v Korrektur für unterschiedliche Höchstgeschwindigkeiten in dB (A)

D_{StrO} Korrektur für unterschiedliche Straßenoberflächen in dB (A)

D_{Stg} Korrektur für Längsneigung in dB (A)

$D_{s\perp}$ Korrektur für unterschiedliche Abstände von Mitte Fahrstreifen (Höhe 0,50 m) bis Immissionsort in dB (A) (0,20 m über Fensteroberkante)

D_{BM} Korrektur durch Boden- und Meteorologiedämpfung in dB (A)

D_B Pegeländerung durch topographische Gegebenheiten in dB (A)

K Zuschlag für Störwirkung an lichtzeichengeregelten Kreuzungen

Die Höhe der Schallquelle wird 0,50 m über den Mitten der äußeren Fahrstreifen angenommen. Für eine einbahnige, mehrstreifige Straße ergibt dies

$$L_m = 10 \cdot \lg\left(10^{0,1 \cdot L_{m,n}} + 10^{0,1 \cdot L_{m,f}}\right) \text{ in dB (A)} \quad (27)$$

$L_{m,n}$ Mittelungspegel des nahen äußeren Fahrstreifens

$L_{m,f}$ Mittelungspegel des fernen äußeren Fahrstreifens

Die Berechnung des *Mittelungspegels* eines Fahrstreifens erfolgt entweder nach dem Verfahren des langen, geraden Fahrstreifens oder dem Teilstückverfahren. Er wird nach dem *Verfahren des langen, geraden Fahrstreifens* berechnet, wenn der Immissionspunkt

— nach beiden Seiten auf eine Länge l_z eingesehen werden kann,
— der Fahrstreifen nach Bild 31 im angegebenen Bereich liegt,
— die Schallausbreitung etwa konstant bleibt.

$$L_z = 48 \frac{s_\perp}{\sqrt{100 + s_\perp}} \text{ in m} \quad (28)$$

$s_\perp$ senkrechter Abstand des Immissionspunktes zur Straßenachse in m

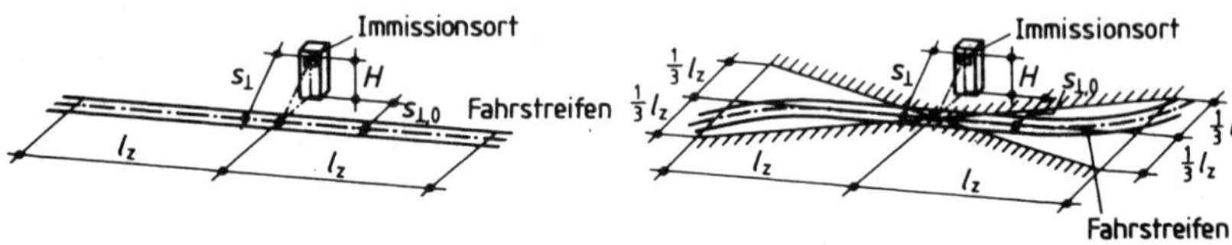

Bild 31 Definition des langen, geraden Fahrstreifens

Ist eine dieser Bedingungen nicht erfüllt, muß nach dem *Teilstückverfahren* vorgegangen werden. Hierbei wird die Strecke in etwa gleiche Teilabschnitte aufgeteilt, bei denen Emission und Schallausbreitung fast gleich sind. Die Teilabschnitte sollen eine Länge von $l_i = 0{,}50\, s_i$ in m erhalten. Dabei entspricht die Strecke s_i der Entfernung Emissionsort bis Immissionsort in der Mitte des Teilstücks.

Der Mittelungspegel eines langen, geraden Fahrstreifens ist

$$L_m = L_{m,E} + D_{s1} + D_{BM} + D_B \text{ in dB (A)} \quad (29)$$

$L_{m,E}$ Emissionspegel in dB (A)

Den Emissionspegel berechnet man mit Gl. (30).

$$L_{m,E} = L_m^{(25)} + D_v + D_{StrO} + D_{Stg} + D_E \quad \text{in dB (A)} \quad (30)$$

$L_m^{(25)}$ Mittelungspegel in dB (A) in 25 m Entfernung, Fahrbahn aus nicht geriffeltem Gußasphalt, zul $v = 100$ km/h, $s \leq 5\%$, $h_m = 2{,}25$ m

h_m mittlere Höhe zwischen Gelände und Schallstrahl zwischen Emissions- und Immissionsort in m

D_E Korrektur bei Spiegelschallquellen in dB (A)

Den Mittelungspegel $L_{m,T}^{(25)}$ bzw. $L_{m,N}^{(25)}$ für Tag oder Nacht berechnet man mit Gl. (31).

$$L_{m,T}^{(25)} = L_{m,N}^{(25)} = 37{,}3 + 10 \cdot \lg(M \cdot (1 + 0{,}082 \cdot p)) \quad \text{in dB (A)} \quad (31)$$

M maßgebende Verkehrsstärke in Kfz/h

p maßgebender Lkw-Anteil (> 2,8 t zul. Gesamtgewicht) in %

Die maßgebende stündliche Verkehrsstärke M und den maßgebenden Lkw-Anteil p entnimmt man Tafel 27.

Tafel 27 Maßgebende Verkehrsstärken *M* in Kfz/h und maßgebende Lkw-Anteile *p* (über 2,8 t zul. Gesamtgewicht) in %

Straßengattung	tags (6–22 Uhr)		nachts (22–6 Uhr)	
	M in Kfz/h	*p* in %	*M* in Kfz/h	*p* in %
Bundesautobahnen	0,06 · DTV	25	0,014 · DTV	45
Bundesstraßen	0,06 · DTV	20	0,011 · DTV	20
Landes-, Kreis- und Gemeindeverbindungsstraßen	0,06 · DTV	20	0,008 · DTV	10
Gemeindestraßen	0,06 · DTV	10	0,011 · DTV	3

Das Verkehrsaufkommen einer Straße wird den beiden äußeren Fahrstreifen je zur Hälfte zugeordnet. Die mittlere Höhe h_m ist bei ebenem Gelände

$$h_m = 0{,}50(h_{GE} + h_{GI}) \quad \text{in m} \quad (32\,a)$$

und bei Tallagen, Senken oder Bodenerhebungen

$$h_m = 0{,}25(h_{GE} + 2 \cdot h_T + h_{GI}) \quad \text{in m} \quad (32\,b)$$

h_{GE} Höhe des Emissionsortes (0,50 m über Mitte Fahrstreifen) in m

h_{GI} Höhe des Immissionsortes über Grund in m

h_T bei Tallagen: größte Höhe der Verbindungslinie vom Emissionsort zum Immissionsort über Grund; bei Bodenerhebungen: kleinste Höhe über Grund

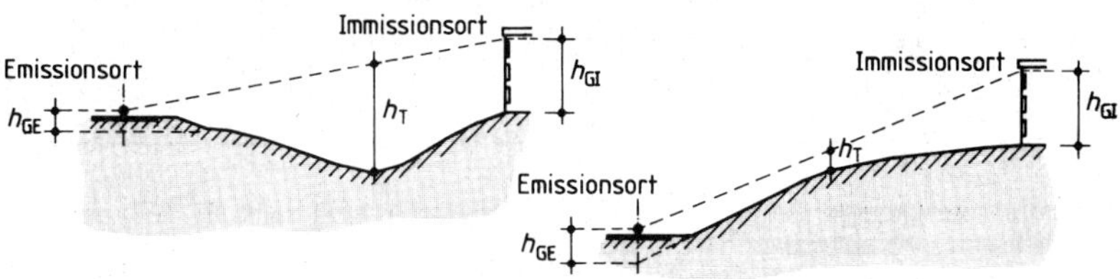

Bild 32 Bestimmung der mittleren Höhe h_m

Die Korrekturen für unterschiedliche Geschwindigkeiten berechnet man mit den Gln. (33) bis (36).

$$D_v = L_{Pkw} - 37{,}3 + 10 \cdot \lg\left(\frac{100 + (10^{0{,}1 \cdot D} - 1) \cdot p}{100 + 8{,}23 \cdot p}\right) \quad \text{in dB (A)} \quad (33)$$

$$L_{Pkw} = 27{,}7 + 10 \cdot \lg(1 + (0{,}02 \cdot v)^3) \quad (34) \qquad L_{Lkw} = 23{,}1 + 12{,}5 \cdot \lg(v) \quad (35)$$

$$D = L_{Lkw} - L_{Pkw} \quad \text{in dB (A)} \quad (36)$$

Die Pegeländerung für unterschiedliche Abstände $s_\perp$ beträgt für lange gerade Strecken

$$D_{s\perp} = 15{,}8 - 10 \cdot \lg(s_\perp) - 0{,}0142 \cdot (s_\perp)^{0{,}9} \quad \text{in dB(A)} \qquad (37\,a)$$

$s_\perp$ Abstand zwischen Emissions- und Immissionsort in m

und für das Teilstückverfahren

$$D_s = 11{,}2 - 20 \cdot \lg(s) - \frac{s}{200} \quad \text{in dB(A)} \qquad (37\,b)$$

s Abstand zwischen Emissions- und Immissionsort in m

Die Pegeländerung D_{BM} durch Boden- und Meteorologiedämpfung in Abhängigkeit von der mittleren Höhe h_m wird berechnet für „lange, gerade" Fahrstreifen mit Gl. (38a), beim Teilstück-Verfahren mit Gl. (38b).

$$D_{BM} = -4{,}8 \cdot 2{,}718^{-\left(\frac{h_m}{s_\perp} \cdot \left(8{,}5 + \frac{100}{s_\perp}\right)\right)^{1,3}} \quad \text{dB(A)} \qquad (38\,a)$$

$$D_{BM} = \left(\frac{h_m}{s}\right) \cdot \left(34 + \frac{600}{s}\right) - 4{,}8 \leq 0 \quad \text{dB(A)} \qquad (38\,b)$$

h_m mittlere Höhe zwischen Gelände und Schallstrahl zwischen Emissions- und Immissionsort in m
$s_\perp$ senkrechter Abstand des Immissionspunktes zur Straßenachse in m
s Abstand zwischen Emissions- und Immissionsort in m

Tafel 28 Korrektur D_{StrO} in dB(A) für unterschiedliche Straßenoberflächen

Straßenoberfläche	zul. Höchstgeschwindigkeit 30 km/h	40 km/h	≧ 50 km/h	≧ 60 km/h
nicht geriffelter Gußasphalt, Asphaltbeton, Splittmastixasphalt	0	0	0	
Beton, geriffelter Gußasphalt	1,0	1,5	2,0	
Pflaster mit ebener Oberfläche	2,0	2,5	3,0	
Pflaster mit unebener Oberfläche	3,0	4,5	6,0	
Beton nach ZTV Beton mit Stahlbesenstrich mit Längsglätter				1,0
Beton nach ZTV Beton ohne Stahlbesenstrich mit Längsglätter und Längstexturierung mit Jutetuch				−2,0
Asphaltbeton ≤ 0/11, Splittmastixasphalt 0/8 und 0/11 ohne Absplittung				−2,0
Offenporige Asphaltdeckschicht, Einbauhohlraum ≥ 15% Kornaufbau 0/11 0/8				−4,0 −5,0

Tafel 29 Korrektur D_{Stg} in dB(A) für Steigungen

Steigung s in %	> 5,0	≤ 5,0
D_{Stg} in dB(A)	$0{,}6 \cdot \lvert s \rvert - 3{,}0$	0,0

Die Beurteilungspegel der beiden äußeren Fahrstreifen sind nach Gl. (27) zusammenzufassen und auf ganze dB(A) aufzurunden.

Die Pegeländerung $D_{B\perp}$ durch topographische Gegebenheiten und bauliche Maßnahmen wird bei „langen, geraden" Fahrstreifen mit Gl. (39a) berechnet.

$$D_{B\perp} = D_{refl} - D_{z\perp} \quad \text{in dB(A)} \qquad (39\,a)$$

Beim Teilstück-Verfahren gilt Gl. (39b).

$$D_B = D_{refl} - D_z \quad \text{dB(A)} \qquad (39\,b)$$

D_{refl} Pegelerhöhung durch Mehrfachreflexion zwischen parallelen Wänden in dB(A)
$D_{z\perp}$ Abschirmmaß in dB(A)
D_z Abschirmmaß in dB(A) (nach Gl. (41b))

Tafel 30 Korrektur D_E zur Berücksichtigung der Absorptionseigenschaften reflektierender Flächen bei Spiegelschallquellen

Reflexionsart	D_E in dB (A)
glatte Gebäudefassaden, reflektierende Lärmschutzwände	−1,0
gegliederte Hausfassaden (Erker, Balkone)	−2,0
absorbierende Lärmschutzwände	−4,0
hochabsorbierende Lärmschutzwände	−8,0

Stehen in der Nähe der Fahrbahn Hauswände, Stützmauern o. ä., so wird daran der Schall reflektiert. *Reflexion* ist zu berücksichtigen, wenn die Höhe der reflektierenden Wand $h_R \leq 0{,}3 \cdot \sqrt{a_R}$ ist. Dabei ist a_R der Abstand zwischen Schallquelle und reflektierender Wand. Die Ermittlung der Reflexion erfolgt durch die Darstellung im Spiegelbild der Straße nach Bild 33. Die gespiegelten Schallquellen werden wie Originalschallquellen berechnet. Da aber Energieverluste durch die Reflexion auftreten, werden diese durch den Korrekturfaktor D_E nach Tafel 30 ausgeglichen. *Mehrfachreflexionen* werden durch den Faktor D_{refl} erfaßt.

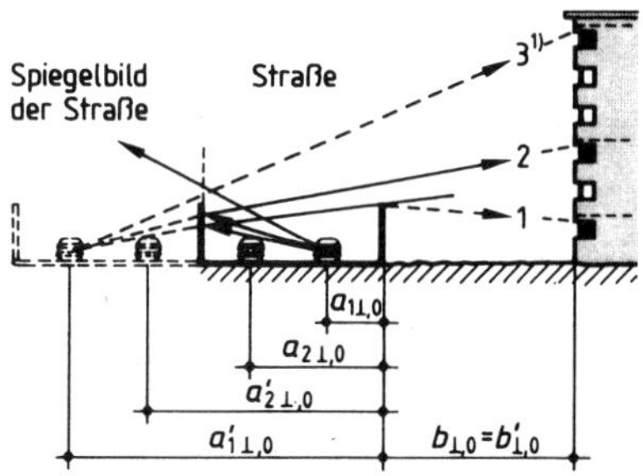

[1]) Schallstrahl unwirksam, da nicht reflektiert

Bild 33 Reflexion und Spiegelbild der Straße

Mehrfachreflexion tritt zwischen parallelen, reflektierenden Stützmauern, Lärmschutzwänden oder Hausfassaden auf. Ein Lückenanteil von <30% bleibt unberücksichtigt. Der Mittelungspegel erhöht sich um den Faktor

$$\boldsymbol{D_{refl} = 4 \cdot \frac{h_{Beb}}{w} \leq 3{,}2} \quad \text{in dB (A)} \quad (40)$$

h_{Beb} Mittlere Höhe der reflektierenden niedrigeren Fläche
w Abstand der reflektierenden Flächen

Bei absorbierenden Wänden wird D_{refl} nur mit dem halben Wert angesetzt. Bei hochabsorbierenden Wänden setzt man keine Mehrfachreflexion an.

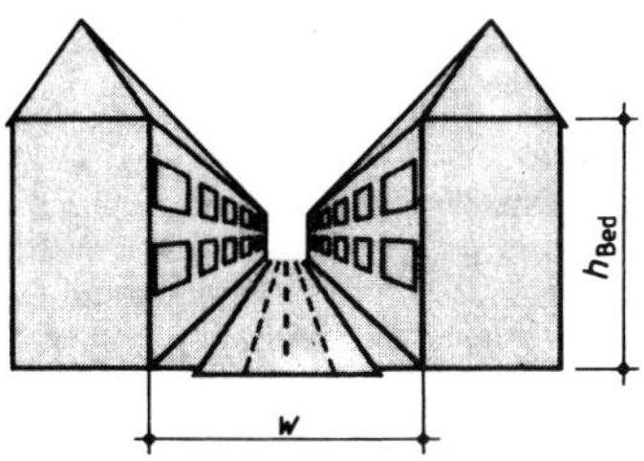

Bild 34 Mehrfachreflexion zwischen Wänden

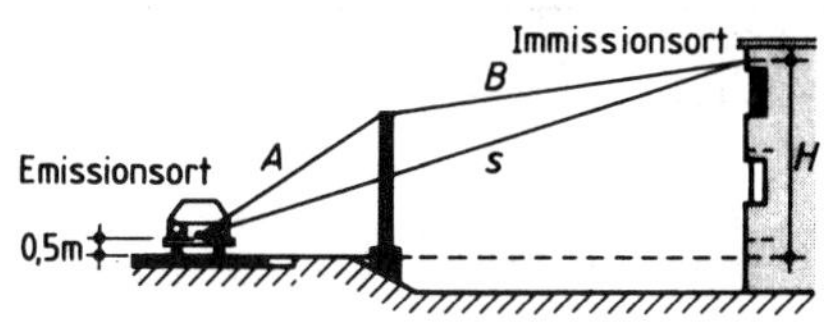

Bild 35 Schirmwert z_1 bei einer Beugungskante

Eine Abschirmung tritt auf, wenn zwischen dem Fahrstreifen und dem Immissionsort ein Hindernis liegt. Das Abschirmmaß eines Schirmes gleicher Höhe ist bei „langen, geraden" Fahrstreifen

$$\boldsymbol{D_{z\perp} = 7 \cdot \lg\left[5 + \left(\frac{70 + 0{,}25 \cdot s_\perp}{1 + 0{,}20 \cdot z_\perp}\right) \cdot z_\perp \cdot K_{w\perp}^2\right]} \quad \text{in dB (A)} \quad (41a)$$

beim Teilstück-Verfahren

$$D_z = 10 \cdot \lg\left(3 + 80 \cdot z \cdot K_w\right) \quad \text{in dB (A)} \qquad (41\text{b})$$

$s_\perp$ Abstand zwischen Emissions- und Immissionsort in m
$z_\perp$ Schirmwert in m
$K_{w\perp}$ Witterungskorrektur

Die Werte z und K entsprechen sinngemäß den Werten des „langen, geraden" Fahrstreifens $z_\perp$ und $K_{w\perp}$

$$z_\perp = A_\perp + B_\perp - s_\perp \quad \text{in m} \qquad (42)$$

$$K_{w\perp} = \frac{1}{2{,}3}^{\left(-\frac{1}{2000} \cdot \sqrt{\frac{A_\perp \cdot B_\perp \cdot s_\perp}{2 \cdot z_\perp}}\right)} \qquad (43)$$

$A_\perp$ Abstand vom Emissionsort bis zur ersten Beugungskante in m
$B_\perp$ Abstand der letzten Beugungskante bis zum Immissionsort in m

Das *Abschirmmaß* nach Gln. (41a) bzw. (41b) wird eingehalten, wenn Fahrstreifen und Schirm über den zu schützenden Immissionsort um die Länge

$$d_ü = \left(\frac{34 + 3 \cdot D_{z\perp}}{\sqrt{100 + s_\perp}}\right) \cdot B_\perp \quad \text{in m} \qquad (44)$$

$D_{z\perp}$ Abschirmmaß in dB (A)
$B_\perp$ Abstand der letzten Beugungskante vom Immissionsort in m
$s_\perp$ Entfernung zwischen Emissions- und Immissionsort in m

hinausragen. Für mehrstreifige Straßen wird die *Überstandslänge* aus dem Mittelwert der Überstandslängen des näheren und ferner gelegenen Fahrstreifens gebildet.

Teilstück-Verfahren

Zunächst wird die Strecke in etwa gleiche Teilstücke $L_i \leq 0{,}5 \cdot s_\perp$ unterteilt, wobei $s_\perp$ der Abstand zwischen Emissions- und Immissionsort ist. Emissions- und Ausbreitungsbedingungen des Schalls sollen darin etwa gleich sein. Für jedes Teilstück werden die Mittelungspegel $L_{m,i}$ berechnet und energetisch zum Mittelungspegel zusammengefaßt.

$$L_m = 10 \cdot \lg \sum_i 10^{0{,}1 \cdot L_{m,i}} \quad \text{in dB (A)} \qquad (45)$$

Der Mittelungspegel des Teilstücks ist dann

$$L_{m,i} = L_{m,E} + D_l + D_s + D_{BM} + D_B \quad \text{in dB (A)} \qquad (46)$$

D_l Korrektur zur Berücksichtigung der Teilstücklängen; $D_l = 10 \cdot \lg(l)$ in dB (A)
D_s Pegeländerung zur Berücksichtigung des Abstandes und der Luftabsorption nach Gl. (37b)
D_{BM} Pegeländerung zur Berücksichtigung der Boden- und Meteorologiedämpfung nach Gl. (38b)
D_B Pegeländerung durch topographische und bauliche Gegebenheiten nach Gl. (39b)

Die Reflexionen werden wie bei langen, geraden Fahrstreifen bestimmt.

Parkplätze werden als Flächenschallquellen behandelt. Man berechnet die Emission wie eine Einzelschallquelle, wenn $l \leq 0{,}5\ s$ ist, wobei l die größte Längsausdehnung des Parkplatzes, s die Entfernung von Parkplatzmitte bis Imissionsort bedeutet. Wird die Bedingung nicht erfüllt, muß die Parkfläche in Teilflächen zerlegt werden. Der Beurteilungspegel wird mit Gl. (47) bestimmt.

$$L_r = L_{m,E} + D_s + D_{BM} + D_B + 17 \quad \text{in dB (A)} \qquad (47)$$

$L_{m,E}$ Mittelungspegel nach Gl. (48) in dB (A)
D_s Pegeländerung nach Gl. (35a) oder (35b) in dB (A)
D_{BM} Pegeländerung nach Gl. (38) in dB (A)
D_B Pegeländerung nach Gl. (39) in dB (A)

Der Emissionspegel $L_{m,E}$ wird mit Gl. (48) berechnet.

$$L_{m,E} = 37 + 10 \cdot \lg(N \cdot n) + D_p \quad \text{in dB (A)} \qquad (48)$$

N Anzahl der Fahrzeugbewegungen je Stellplatz und Stunde nach Tafel 31
n Anzahl der Stellplätze
D_p Zuschlag nach Tafel 32 für unterschiedliche Parkplatztypen

Tafel 31 Anhaltswerte für Fahrzeugbewegungen *N* je Stellplatz/Stunde

Parkplatztyp		P+R-Plätze	Tank- und Rastanlagen
Fahrzeugbewegungen *N* je Stellplatz und Stunde	6.00 bis 22.00 Uhr	0,3	1,5
	22.00 bis 6.00 Uhr	0,06	0,8

Tafel 32 Zuschlag D_p für unterschiedliche Parkplatztypen

Parkplatz für	Pkw	Motorräder	Lkw und Busse
Zuschlag D_p in dB (A)	0	5	10

Beispiel

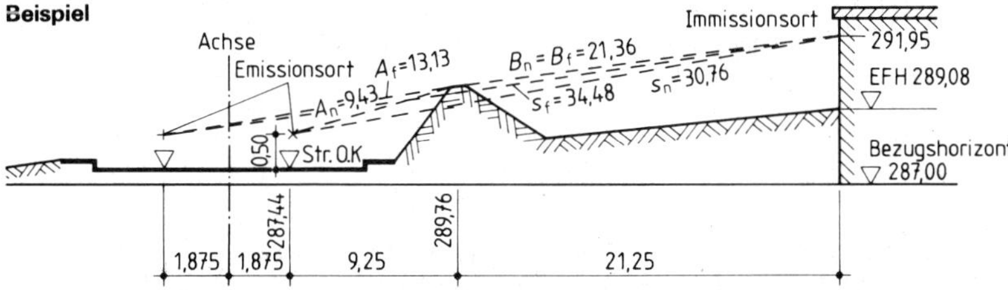

Berechnung für eine Gemeindestraße entlang allgemeinem Wohngebiet (WA), gerade Achse von 600 m Länge. Nächstgelegenes Wohnhaus in der Mitte dieser Strecke. Zulässige Geschwindigkeit $v_{zul}=70$ km/h. Zwei Fahrstreifen, Fahrbahnbelag: Asphaltbeton, Längsneigung: 7,0%, Abstand zur signalgeregelten Kreuzung: 30 m. Zulässige Immissions-Grenzwerte am Tag 59 dB(A), bei Nacht 49 dB(A) nach 16. BImSchV.

Verkehrsmengen: 2578 Kfz/24 h Personenverkehr = 1289 Kfz/24 h je Fahrstreifen
306 Kfz/24 h Güterverkehr = 153 Kfz/24 h je Fahrstreifen
(~10,6%)

DTV = 2884 Kfz/24 h = 1442 Kfz/h je Fahrstreifen

Die maßgebende Verkehrsmenge ist damit nach Tafel 27
bei Tag: $M_{T,li}=M_{T,re}=0{,}06\cdot 1442=86{,}5$ Kfz/h, bei Nacht: $M_N=0{,}011\cdot 1442=15{,}9$ Kfz/h

und der Lastwagenanteil

bei Tag: $p_T=\frac{306}{2884}=10{,}6\%$, bei Nacht: $p_N=3\%$ nach Tafel 27

Die Mittelungspegel $L^{(25)}_{m,T}$ sind nach Gl. (31)

$L_{m,T}=37{,}3+10\cdot\lg\,(86{,}5\cdot 1+0{,}082\cdot 10{,}6)=59{,}4$ dB(A), $L_{m,N}=50{,}3$ dB(A)

Die Korrektur D_v zur Berücksichtigung der Geschwindigkeit erfolgt mit den Gln. (33) bis (36).

$L_{Pkw}=27{,}7+10\cdot\lg\,(1+(0{,}02\cdot 70)^3)=33{,}4$ dB(A), $L_{Lkw}=46{,}2$ dB(A)

$D=46{,}2-33{,}4=12{,}8$ dB(A)

$$D_{v,T}=33{,}4-37{,}3+10\cdot\lg\left(\frac{100+(10^{1{,}28}-1)\cdot 10{,}6}{100+8{,}23\cdot 10{,}6}\right)=-2{,}0\text{ dB(A)},\ D_{v,N}=-3{,}0\text{ dB(A)}$$

Nach Tafel 28 wird die Korrektur $D_{StrO}=0$ dB(A),

nach Tafel 29 wird die Korrektur $D_{Stg}=0{,}6\cdot 7{,}0-3{,}0=1{,}2$ dB(A).

Da keine Spiegelschallquelle vorhanden ist, wird $D_E=0$ dB(A).

Damit werden die Emissionspegel

$L_{m,E,T}=59{,}4-2{,}0+0+1{,}2+0=58{,}6$ dB(A), $L_{m,E,N}=48{,}5$ dB(A)

Nach Tafel 26 ist der Korrekturfaktor K für die signalgesteuerte Kreuzung $K=3{,}0$ dB(A).

Die Abstände $s_\perp$ zwischen Emissions- und Immissionsort betragen nach der Zeichnung

$s_{\perp,o,n}=21{,}25+9{,}25=30{,}50$ m, $s_{\perp,o,f}=30{,}50+3{,}75=34{,}25$ m

Die Höhe des Immissionsortes über der Schallquelle beträgt $H=291{,}95-287{,}44-0{,}50=4{,}01$ m.

Beispiel, Forts. Damit werden die Schrägentfernungen

$s_{\perp,n}=\sqrt{30{,}50^2+4{,}01^2}=30{,}76$ m, $s_{\perp,f}=34{,}48$ m

Prüfung für die Bedingung „langer, gerader Fahrstreifen" mit Gl. (28):

$$L_{z,f}=48\cdot\frac{34{,}48}{\sqrt{100+34{,}48}}=142{,}72\text{ m}<300{,}00\text{ m}$$

Die Pegeländerung $D_{s,\perp}$ infolge Abstand und Luftabsorption wird für den nahen und fernen Fahrstreifen mit Gl. (37a)

$D_{s,\perp,n}=15{,}8-10\cdot\lg(30{,}76)-0{,}0142\cdot(30{,}76)^{0,9}=0{,}6$ dB(A), $D_{s,\perp,f}=0{,}1$ dB(A)

Die Abstände für den Schallstrahl über die Beugungskante sind

$A_{\perp,o,n}=9{,}25$ m, $A_{\perp,o,f}=9{,}25+3{,}75=13{,}00$ m,

$A_{\perp,n}=\sqrt{9{,}25^2+(289{,}76-(287{,}44+0{,}50))^2}=9{,}43$ m,

$A_{\perp,f}=\sqrt{13{,}00^2+1{,}82^2}=13{,}13$ m,

$B_{\perp,n}=B_{\perp,f}=\sqrt{21{,}25^2+(291{,}95-289{,}76)^2}=21{,}36$ m

Der Schirmwert $z_\perp$ wird nach Gl. (42)

$z_{\perp,n}=9{,}43+21{,}36-30{,}76=0{,}03$ m, $z_{\perp,f}=13{,}13+21{,}36-34{,}48=0{,}01$ m

Mit Gl. (43) wird die Witterungskorrektur $K_{w,\perp}$

$$K_{w,\perp,n}=\frac{1}{2{,}3}\left(-\frac{1}{2000}\sqrt{\frac{9{,}43\cdot21{,}36\cdot30{,}76}{2\cdot0{,}03}}\right)=1{,}14\text{ dB(A)},\ K_{w,\perp,f}=1{,}28\text{ dB(A)}$$

Das Abschirmmaß $D_{z,\perp}$ wird nach Gl. (41a)

$$D_{z,\perp,n}=7\cdot\lg\left(5+\frac{70+0{,}25\cdot30{,}76}{1+0{,}2\cdot0{,}03}\cdot0{,}03\cdot1{,}14^2\right)=6{,}3\text{ dB(A)},\quad D_{z,\perp,f}=6{,}6\text{ dB(A)}$$

Der Einfluß topographischer und baulicher Gegebenheiten $D_{B\perp}$ beträgt nach Gl. (39a)

$D_{B,\perp,n}=0-6{,}3=-6{,}3$ dB(A), $D_{B,\perp,f}=-6{,}6$ dB(A)

$D_{refl}=0$ dB(A), da keine Reflexion vorhanden

Die Überstandslänge $d_ü$ muß über das zu schützende Objekt nach Gl. (44) hinausragen.

$$d_{ü,n}=\left(\frac{34+3\cdot6{,}3}{\sqrt{100+30{,}76}}\right)\cdot21{,}36=98{,}81\sim100{,}00\text{ m},\ d_{ü,f}=99{,}10\sim100{,}00\text{ m}$$

Die Mittelungspegel L_m der Fahrstreifen sind nach Gl. (29)

$L_{m,T,n}=59{,}4+0{,}6-6{,}3=53{,}7$ dB(A), $L_{m,N,n}=44{,}3$ dB(A)

$L_{m,T,f}=59{,}4+0{,}1-6{,}6=52{,}9$ dB(A), $L_{m,N,f}=43{,}8$ dB(A)

D_{BM} wird in Einschnittslage nicht berücksichtigt.

Zusammengefaßt mit Gl. (27) ergibt das die Mittelungspegel

$L_{m,T}=10\cdot\lg(10^{0,1\cdot53,7}+10^{0,1\cdot52,9})=56{,}3$ dB(A), $L_{m,N}=47{,}1$ dB(A)

Die Beurteilungspegel werden nach Gln. (26a und 26b)

$L_{r,T}=56{,}3+3{,}0=59{,}3$ dB(A) $>59{,}0$ dB(A)

$L_{r,N}=47{,}1+3{,}0=50{,}1$ dB(A) $>49{,}0$ dB(A)

Der vorhandene Lärmschutzwall muß erhöht werden.

1.5 Straßenbautechnik

Die einzelnen Schichten eines Straßenaufbaus und einige dafür zu beachtende Vorschriften sind in Tafel 33 zusammengestellt.

Die ZTV Asphalt behandeln bituminöse Fahrbahndecken, Tragdeckschichten und Oberflächenschutzschichten, die RStO geben Richtlinien für die Standardisierung des Oberbaus. Die ZTVE faßt die Erdbauvorschriften zusammen.

Tafel 33 Nomenklatur der Straßenbefestigung und wichtige technische Vorschriften

<table>
<tr><th colspan="3">Vorschrift</th><th colspan="3">Bezeichnung</th></tr>
<tr><td rowspan="2">ZTV Beton</td><td rowspan="2"></td><td rowspan="8">RStO</td><td>Fahrbahndecke</td><td rowspan="5">Decke</td><td rowspan="8">Oberbau</td></tr>
<tr><td>Vollgebundener Oberbau[1])</td></tr>
<tr><td rowspan="4">ZTV Asphalt</td><td rowspan="3"></td><td>Deckschicht</td></tr>
<tr><td>Vollgebundener Oberbau[2])</td></tr>
<tr><td>Binderschicht</td></tr>
<tr><td>ZTVT</td><td>3. Tragschicht</td><td rowspan="3"></td></tr>
<tr><td rowspan="4">ZTVT</td><td>TVV</td><td>2. Tragschicht</td></tr>
<tr><td>ZTVT</td><td>1. Tragschicht</td></tr>
<tr><td rowspan="2">TVV</td><td></td><td>Unterbauverbesserung</td><td></td><td>Unterbau</td></tr>
<tr><td></td><td>Untergrundverbesserung</td><td></td><td>Untergrund</td></tr>
</table>

[1]) Betondecke und Tragschicht mit hydraulischem Bindemittel direkt auf dem Planum
[2]) Asphaltdecke und Asphalttragschicht direkt auf dem Planum

1.5.1 Richtlinie für die Standardisierung des Oberbaus von Verkehrsflächen – RStO 2000

Es wird ein einheitlicher Befestigungsstandard aller Verkehrsflächen im öffentlichen Straßennetz angestrebt. Dies soll erreicht werden durch die Anwendung technisch geeigneter und wirtschaftlicher Bauweisen. Berücksichtigt wird
- die Funktion der Verkehrsfläche,
- die Verkehrsbelastung,
- die Lage im Gelände,
- die Bodenverhältnisse,
- die Bauweise und der Zustand zu erneuernden Verkehrsflächen,
- die Lage zur Umgebung.

Die RstO umfassen den Neubau und die Erneuerung von Straßenverkehrsflächen. In Erschließungsgebieten finden sie auch auf den stufenweisen Aufbau Anwendung. Sie setzen eine funktionsfähige Entwässerung voraus.

Die *Dicke des Straßenaufbaus* soll gewährleisten:
- ein ausreichendes Tragverhalten,
- eine ausreichende Frostsicherheit.

Die Gleichwertigkeit verschiedener Straßenkonstruktionen (bituminöse Decke, Betondecke, Pflasterdecke) wird angestrebt. Fahrbahnen und sonstige Verkehrsflächen (außer Rad- und Gehwege) werden entsprechend ihrer Beanspruchung in *Bauklassen* eingeteilt. Für *ländliche Wege* gelten die RLW 1999 und die ZTV Lw 1999.

Die Zuordnung zu den Bauklassen erfolgt nach der *bemessungsrelevanten Beanspruchung B*, die Tafel 34 entnommen wird.

Tafel 34 Zuordnung der Bauklasse zur bemessungsrelevanten Beanspruchung *B* in Millionen

Bemessungsrelevante Beanspruchung *B* in äquivalenten 10 t-Achsübergänge/Nutzungsdauer	>32	>10 bis 32	>3 bis 10	>0,8 bis 3	>0,3 bis 0,8	>0,1 bis 0,3	bis 0,1
Bauklasse	SV	I	II	III	IV	V	VI

19

Tafel 35 Zuordnung der Bauklasse nach Straßenart oder Funktion

Straßenart oder Funktion		Bauklasse
Straßenflächen		
Schnellverkehrsstraße, Industriesammelstraße		I/II
Hauptverkehrsstraße, Industriestraße, Straße im Gewerbegebiet		II/III
Wohnsammelstraße, Fußgängerzone mit Ladeverkehr		III/IV
Anliegerstraße, befahrbarer Wohnweg, Fußgängerzone		V/VI
Neben- und Rastanlagen		
Schwerverkehr		III[1])
Pkw-Verkehr mit geringem Schwerverkehrsanteil		IV/V
Pkw-Verkehr[2])		VI
Parkflächen ständig genutzt	Schwerverkehr	III[1])/IV[1])
	Pkw-Verkehr mit geringem Schwerverkehrsanteil	V
	Pkw-Verkehr	VI
gelegentlich genutzt	Schwerverkehr	IV/V
	Pkw-Verkehr mit geringem Schwerverkehrsanteil	V/VI
	Pkw-Verkehr	[3])
Busverkehrsflächen Von Bussen mitbenutzte Fahrstreifen	Bemessungsrelevante Beanspruchung *B* für	
Bushaltestellen im Fahrstreifen der Fahrbahn und im Busfahrstreifen	Fahrstreifen	[1])
		III[4])[5])
Busfahrstreifen	Busfahrstreifen	III[4])
Busbuchten	Busbucht	III[4])[5])[6])
Busbahnhöfe	Fahrgasse Haltestreifen	III[4]) III
Busparkplätze	Fahrgasse Parkstand	III[4]) III

[1]) Prüfung auf besondere Beanspruchung
[2]) gelegentliches Befahren durch Fahrzeuge des Unterhaltungsdienstes möglich
[3]) nach Erfordernis
[4]) höhere Bauklasse wählen, wenn mehr als 150 Busse/Tag
[5]) Evtl. ist es zweckmäßig, die Dicke der angrenzenden Fahrbahn zu wählen
[6]) niedrigere Bauklasse wählen, wenn weniger als 15 Busse/Tag

Ein- und Ausfädelungsstreifen sowie *Standstreifen* werden wie die benachbarten Fahrstreifen ausgebildet.

Fahrstreifen in *Knotenpunkten und Anschlußstellen* werden nach Bauklasse III bemessen, wenn keine höhere bemessungsrelevante Beanspruchung nachgewiesen wird.

Besondere Beanspruchungen durch Schwerverkehr treten auf bei

- spurfahrendem Verkehr und enger Kurvenfahrt,
- langsam fahrendem Verkehr,
- häufigen Brems- und Beschleunigungsvorgängen,
- Kreuzungen und Einmündungen,
- Verkehrsstau und „stop and go Verkehr".

Wird auf Böden der Frostempfindlichkeitsklasse F1 ein E_{v2}-Wert von $E_{v2} = 45$ MN/m² erreicht, kann der Oberbau mit Schotter- oder Kiestragschicht unter einer Asphalttragschicht bei Asphaltdecken bzw. die Schottertragschicht unter einer Betondecke ohne Zwischenlage von frostsicherem Material direkt auf den F1-Boden aufgelegt werden. Bei einem $E_{v2} = 120$ MN/m² (100 MN/m² bei Bauklasse V oder VI) kann der Oberbau ebenfalls der Tafel 39 bis 41 entsprechend den dortigen Angaben ohne Frostschutzschicht auf dem F1-Boden aufgebracht werden. Das Gleiche gilt bei einer Verfestigung des F1-Bodens.

Die *Dicke* des *frostsicheren Oberbaus* soll schädliche Verformungen des Unterbaus und Untergrundes während der Frost- und Tauperioden verhindern. Sie hängt ab von der

— Frostempfindlichkeit des Untergrundes,
— Frosteinwirkung,
— Lage der Gradiente und Trasse,
— Lage des Grundwasserspiegels und sonstigen Wasserverhältnisse,
— Art der Randbereiche neben der Fahrbahn,
— Nutzungsdauer des Straßenoberbaus.

Mindestdicke. Ausgangswerte für die Mindestdicke des frostsicheren Oberbaus sind die Werte der Tafel 36 in Abhängigkeit von der *Frostempfindlichkeitsklasse* nach ZTVE-StB. Liegt ein Boden der Frostempfindlichkeitsklasse F1 vor, der auf Boden der Klasse F2 oder F3 aufliegt, kann die Frostschutzschicht entfallen, wenn der Boden der Klasse F1 die

— Anforderungen an Frostschutzschichten hinsichtlich Verdichtungsgrad und Verformungsmodul erfüllt oder nach ZTVT-StB verfestigt wird,
— Mindestdicke aufweist, die für eine Frostschutzschicht auf F2- oder F3-Böden erforderlich ist.

Tafel 36 Ausgangswerte für die Bestimmung der Mindestdicke frostsicheren Oberbaus *d*

Frostempfindlichkeitsklasse nach ZTVE-StB	Dicke *d* in cm bei Bauklasse		
	SV/I/II	III/IV	V/VI
F2	55	50	40
F3	65	60	50

Entsprechend den örtlichen Verhältnissen sind Mehr- oder Minderdicken anzusetzen. Die Mehr oder Minderdicken erhält man mit Gl. (49) und den Werten der Tafel 37.

$$\Delta d = A + B + C + D \quad \text{in cm} \quad (49)$$

A, B; C; D Einflußfaktoren nach Tafel 37

Tafel 37 Mehr- oder Minderdicke des frostsicheren Aufbaus

Örtliche Verhältnisse[1])		Faktor in cm			
		A	*B*	*C*	*D*
Frosteinwirkung	Zone I	±0			
	Zone II	+5			
	Zone III	+15			
Lage der Gradiente	Einschnitt, Anschnitt, Damm ≤ 2,00 m		±0		
	Damm >2,00 m		−10		
Wasserverhältnisse	Günstig			±0	
	Ungünstig gem. ZTVE-StB			+5	
Ausführung der Randbereiche	Außerhalb geschlossener Ortslage, in geschlossener Ortslage mit wasserdurchlässigen Randbereichen				±0
	In geschlossener Ortslage mit teilweise wasserdurchlässigen Randbereichen und mit Entwässerungseinrichtungen				−5
	In geschlossener Ortslage mit wasserundurchlässigen Randbereichen, geschlossener seitlicher Bebauung und Entwässerungseinrichtungen				−10

[1]) Für besonders ungünstige Einflüsse auf die Frostsicherheit (Trasse am Nordhang, Schattenlage) kann eine Mehrdicke von 0,05 m vorgesehen werden

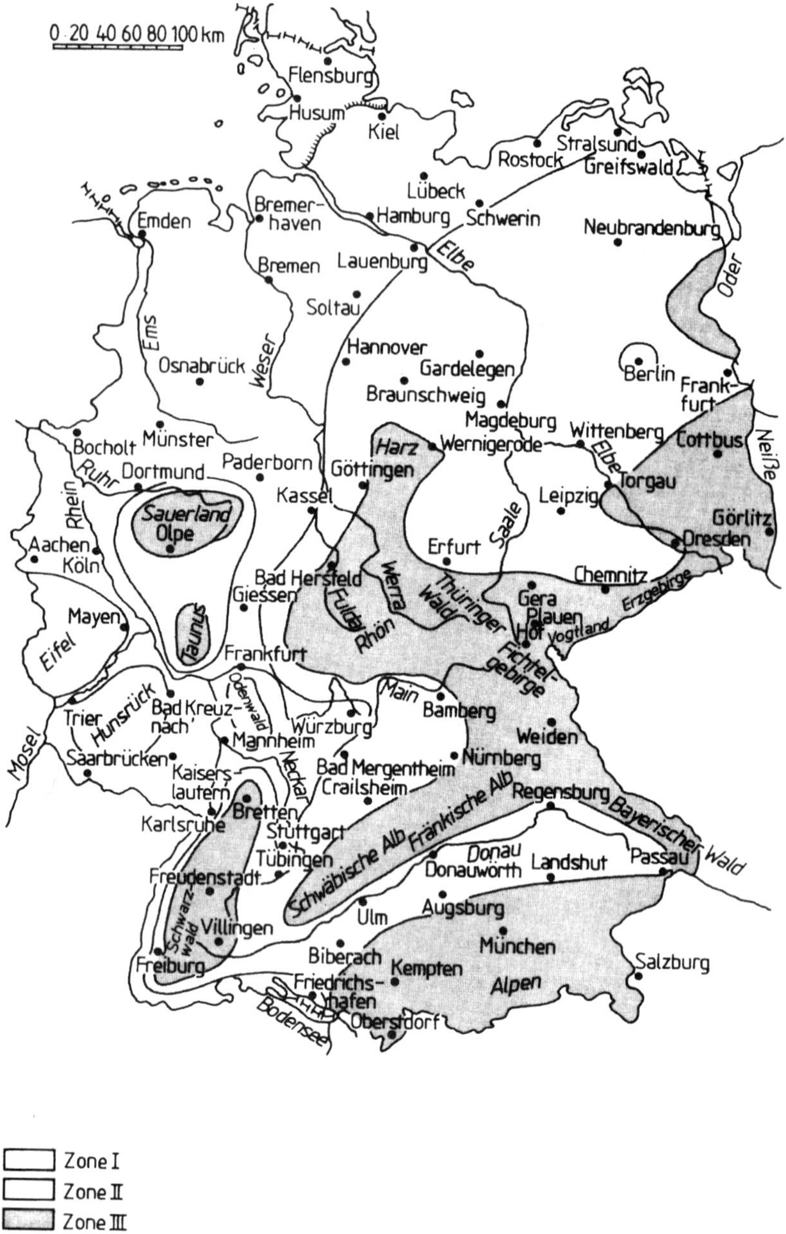

Bild 36 Frosteinwirkungszonen

Tafel 38 Anhaltswerte für Tragschichten ohne Bindemittel, abhängig vom E_{v2}-Wert auf dem Planum

Zu bauende Tragschicht ohne Bindemittel		Unterlage: E_{v2} auf Planum ≥ 45 MN/m² Schotter-Splitt-Sand-Gemisch	Kies-Sand-Gemisch	E_{v2} auf Planum ≥ 80 MN/m² Schotter-Splitt-Sand-Gemisch	Kies-Sand-Gemisch	E_{v2} auf Frostschutzschicht ≥ 100 MN/m² Schotter-Splitt-Sand-Gemisch	Kies-Sand-Gemisch	E_{v2} auf Frostschutzschicht ≥ 120 MN/m² Schotter-Splitt-Sand-Gemisch	Kies-Sand-Gemisch
E_{v2} auf Frostschutzschicht	≥ 100 MN/m²	20	25	15	20				
	≥ 120 MN/m²	30	35	20	25				
E_{v2} auf Schotter- oder Kiestragschicht	≥ 120 MN/m²	25	30	15	20	15	20	–	–
	≥ 150 MN/m²	30	40	20	30	20	30	15	20
	≥ 180 MN/m²	–	–	–	–	30	–	20	–

Die Dicken der ungebundenen Schichten bemisst man nach den erforderlichen Verformungsmoduln E_{v2}. Wenn auf dem Planum der Verformungsmodul $E_{v2} = 80{,}0$ MN/m² vorhanden ist, kann die Dicke der Tragschicht ohne Bindemittel der Tafel 38 angesetzt werden.

Die Standardbauweisen sind in den Tafeln 39 bis 46 dargestellt. Ergibt sich eine Mehr- oder Minderdicke nach Gl. (49), so ist diese maßgebend. Gegebenenfalls ist sie durch Inter- oder Extrapolation zu berücksichtigen.

Randausbildung. Um eine einwandfreie Entwässerung des Planums zu gewährleisten, muß eine sorgfältige Randausbildung angeordnet werden. Die Querneigung des Planums soll mindestens $q = 2{,}5\%$ betragen. Auf der höheren Querprofilseite kann der Hochpunkt des Planums 1,00 m vom befestigten Fahrbahnrand zur Mitte hin verlegt und damit das Planum unsymmetrisch als Dachprofil ausgebildet werden. Beispiele für die Randausbildung zeigt Bild 37.

Konstruktionselemente des Oberbaus

Anwendung, Baugrundsätze und Ausführung für Tragschichten sind in den ZTVT-StB zusammengefaßt.

Tragschichten ohne Bindemittel müssen mindestens in der Dicke ausgeführt werden, die in den Tafeln 39 bis 41 angegeben sind. Ist dafür keine Dicke angegeben, so ist damit zu rechnen, daß der erforderliche E_{v2}-Wert wahrscheinlich nicht erreicht wird und deshalb eine größere Dicke des frostsicheren Oberbaus gewählt werden muß.

Unter Betondecken der Bauklassen SV und I unmittelbar angeordnete Tragschichten ohne Bindemittel sind als Schottertragschichten der Körnung 0/32 mm mit einer Dicke von mindestens 0,30 m auszubilden. Der Anteil der Körnung $< 0{,}063$ mm muß $< 5{,}0$ Gew.-% betragen. Der Anteil der Körnung $< 2{,}0$ mm muß $28{,}0 \pm 5{,}0$ Gew.-% bei einem Brechsand-Natursand-Verhältnis von mindestens 1:1 aufweisen. Der E_{v2}-Wert auf der Schottertragschicht muß $E_{v2} \geq 150$ MN/m² erreichen.

Erreichen die E_{v2}-Werte der Schottertragschicht unter der Asphalttragschicht den jeweils höheren Wert gegenüber dem in der Tafel 39 angegebenen, darf die Dicke der As-

Tafel 39 **Standardbauweisen mit Asphaltdecke** für Fahrbahnen auf F2- und F3-Untergrund/Unterbau (Legende s. S. 1363; Angaben des erforderlichen Verformungsmoduls E_{v2} auf der Tragschicht und dem Planum in MN/m², Schichtdicken in cm)

Bauklasse		SV				I				II				III				IV				V				VI			
Äquivalente 10 t-Achsübergänge in Mio	B	>32				>10 bis 32				>3 bis 10				>0,8 bis 3				>0,3 bis 0,8				>0,1 bis 0,3				≤ 0,1			
Dicke des frostsich. Oberbaues[1]		55	65	75	85	55	65	75	85	55	65	75	85	45	55	65	75	45	55	65	75	35	45	55	65	35	45	55	65

Asphalttragschicht auf Frostschutzschicht

Asphaltdeckschicht
Asphaltbinderschicht
Asphalttragschicht
Frostschutzschicht

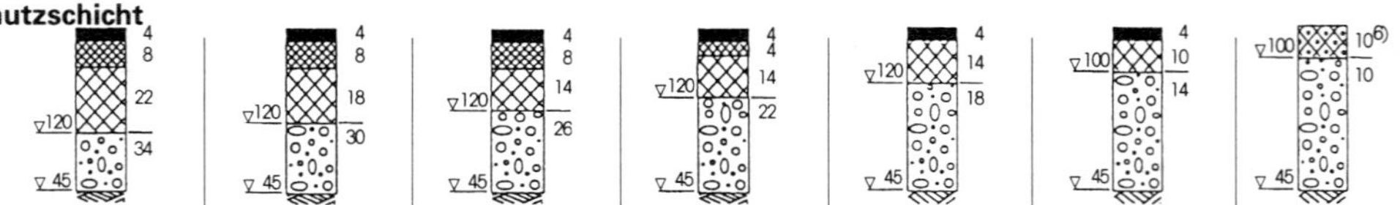

Dicke der Frostschutzschicht		—	31[2]	41	51	25[3]	35	45	55	29[3]	39	49	59	—	33[2]	43	53	27[3]	37	47	57	21[2]	31	41	51	25	35	45	55

Asphalttragschicht und Tragschicht mit hydraulischem Bindemittel auf Frostschutzschicht bzw. frostsicherem Material

Asphaltdeckschicht
Asphaltbinderschicht
Asphalttragschicht
Hydraulisch gebundene Tragschicht (HGT)
Frostschutzschicht

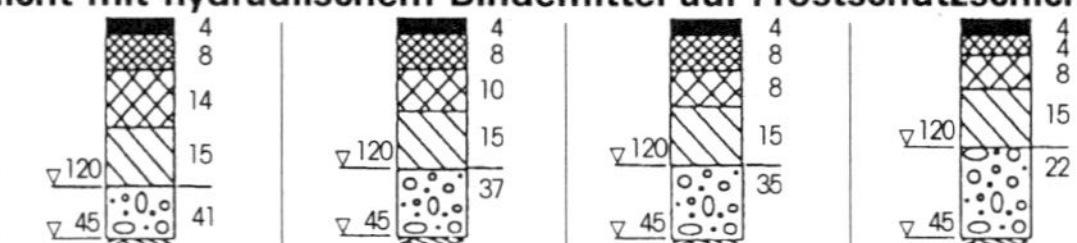

Dicke der Frostschutzschicht		—	—	34[2]	44	—	28[3]	38	48	—	30[2]	40	50	—	33[2]	43	53												

Asphaltdeckschicht
Asphaltbinderschicht
Asphalttragschicht
Verfestigung
Frostsicheres Material
— weit- oder intermittierend gestuft gemäß DIN 18196 —

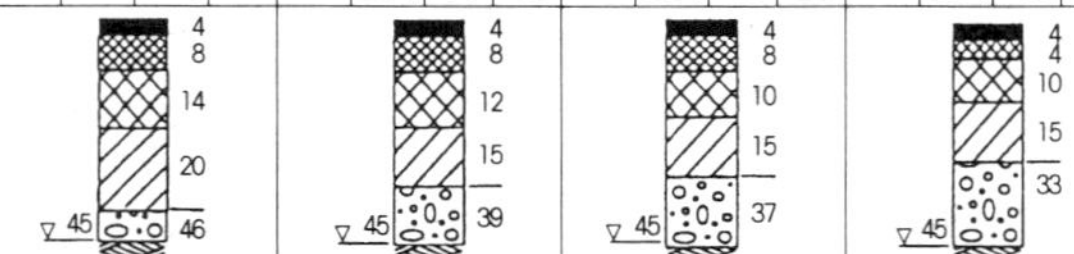

Dicke des frostsicheren Materials		9[4]	19[4]	29	39	16[4]	26	36	46	18[4]	28	38	48	12[4]	22	32	42												

Asphaltdeckschicht
Asphaltbinderschicht
Asphalttragschicht
Verfestigung
Frostsicheres Material
— enggestuft gemäß DIN 18196 —

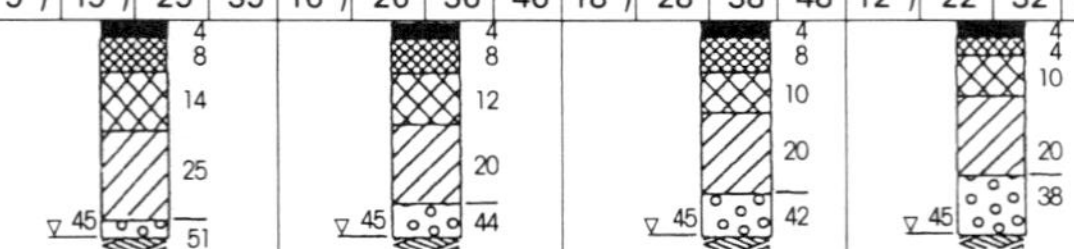

Dicke des frostsicheren Materials		4[4]	14[4]	24	34	11[4]	21	31	41	13[4]	23	33	43	7[4]	17[4]	27	37												

Asphalttragschicht und Schottertragschicht auf Frostschutzschicht

Asphaltdeckschicht
Asphaltbinderschicht
Asphalttragschicht
Schotterschicht
$E_{v2} \geq 150$ (120)
Frostschutzschicht

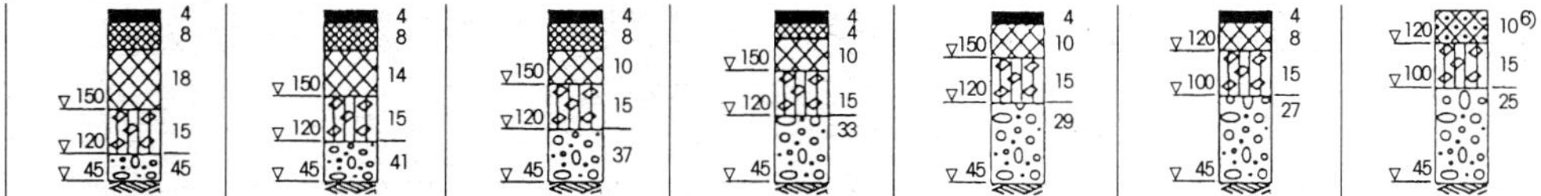

Dicke der Frostschutzschicht	—	—	30²)	40	—	—	34²)	44	—	28³)	38	48	—	—	32²)	42	—	26³)	36	46	—	18³)	28	38	—	20²)	30	40

Asphaltdeckschicht
Asphaltbinderschicht
Asphalttragschicht
Schottertragschicht
$E_{v2} \geq 180$ (150)
Frostschutzschicht

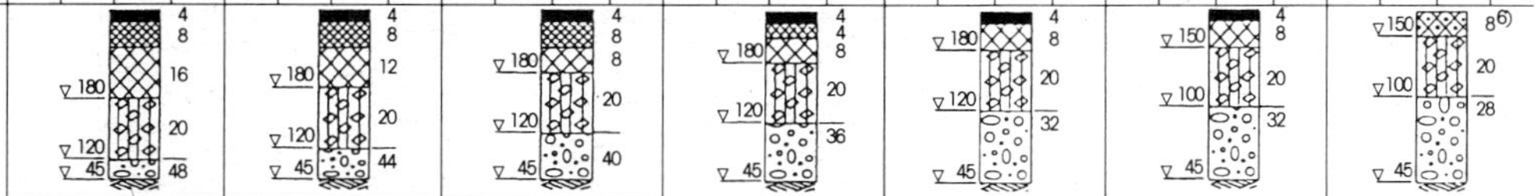

Dicke der Frostschutzschicht	—	—	27³)	37	—	—	31²)	41	—	25³)	35	45	—	—	29³)	39	—	—	33²)	43	—	—	23²)	33	—	17³)	27	37

Asphalttragschicht und Kiestragschicht auf Frostschutzschicht

Asphaltdeckschicht
Asphaltbinderschicht
Asphalttragschicht
Kiestragschicht
$E_{v2} \geq 150$ (120)
Frostschutzschicht

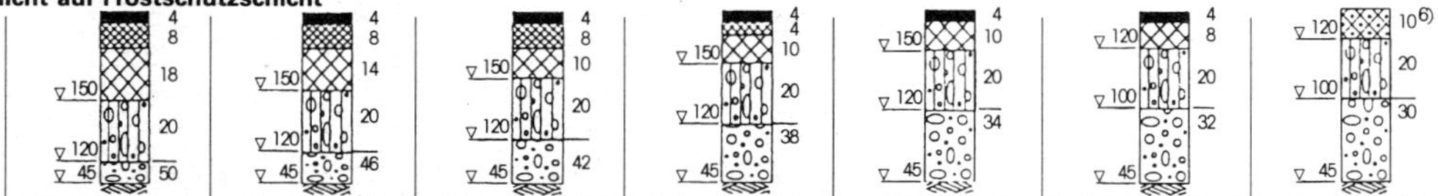

Dicke der Frostschutzschicht	—	—	25³)	35	—	—	29³)	39	—	—	33²)	43	—	—	27³)	37	—	—	31²)	41	—	—	23²)	33	—	15³)	25	35

Asphalttragschicht und Schotter- oder Kiestragschicht auf frostsicherem Material

Asphaltdeckschicht
Asphaltbinderschicht
Asphalttragschicht
Schotter- oder Kiestragschicht
Frostsicheres Material

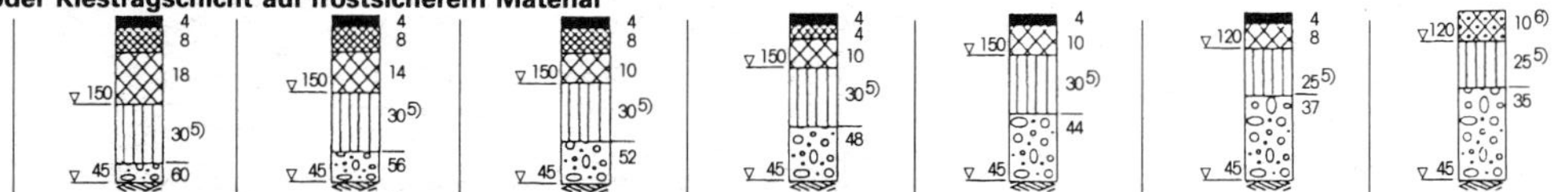

Dicke des frostsicheren Materials	Ab 12 cm aus frostsicherem Material, geringere Restdicke ist mit dem darüberliegenden Material ausgleichen

1) Bei Zwischenwerten sind die Dicken der Frostschutzschicht bzw. des frostsicheren Materials zu inter- bzw. extrapolieren (siehe Tafel 38)
2) Mit rundkörnigen Mineralstoffen nur bei örtlicher Bewährung anwendbar
3) Nur mit gebrochenen Mineralstoffen und bei örtlicher Bewährung anwendbar
4) Nur auszuführen, wenn das frostsichere und das zu verfestigende Material als eine Schicht eingebaut werden
5) Bei Kiestragschicht in Bauklasse SV und I bis IV in 0,40 m Dicke, in Bauklassen V und VI in 0,30 m Dicke
6) Trag-Asphaltdeckschicht oder zweischichtige Asphaltbefestigung

Tafel 40 Standardbauweisen mit Betondecke für Fahrbahnen auf F2- und F3-Untergrund/Unterbau (Legende s. S. 1363; Angaben des erforderlichen Verformungsmoduls E_{v2} auf der Tragschicht und dem Planum in MN/m^2, Schichtdicken in cm)

Bauklasse	SV				I				II				III				IV				V				VI			
Äquivalente 10 t-Achsübergänge in Mio (B)	> 32				> 10 bis 32				> 3 bis 10				> 0,8 bis 3				> 0,3 bis 0,8				> 0,1 bis 0,3				≤ 0,1			
Dicke des frostsich. Oberbaues[1])	55	65	75	85	55	65	75	85	55	65	75	85	45	55	65	75	45	55	65	75	35	45	55	65	35	45	55	65
Tragschicht mit hydraulischem Bindemittel auf Frostschutzschicht bzw. frostsicherem Material																												
Betondecke Hydraulisch gebundene Tragschicht (HGT) Frostschutzschicht	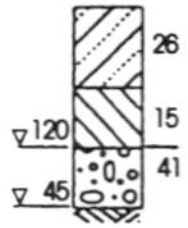				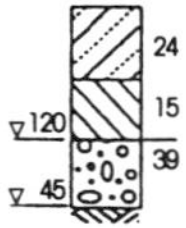				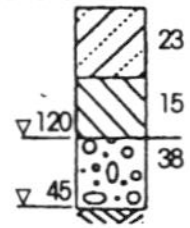				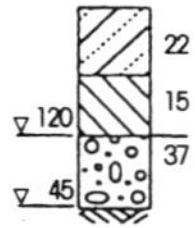															
Dicke der Frostschutzschicht	–	–	34[2])	44	–	26[3])	36	46	–	27[3])	37	47	–	28[3])	38	48												
Betondecke Verfestigung Frostsicheres Material – weit- oder intermittierend gestuft gemäß DIN 18196 –	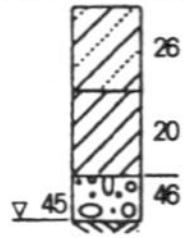				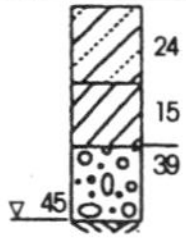				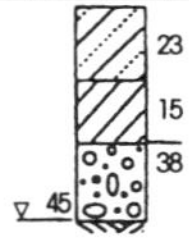				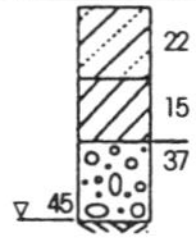															
Dicke des frostsicheren Materials	9[4])	19[4])	29	39	16[4])	26	36	46	17[4])	27	37	47	8[4])	18[4])	28	38												
Betondecke Verfestigung Frostsicheres Material – enggestuft gemäß DIN 18196 –	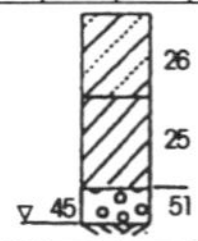				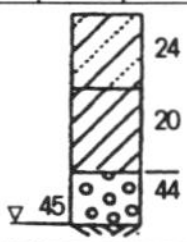				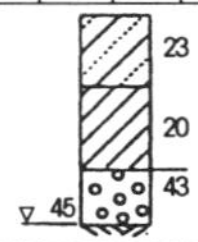				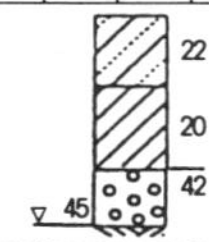															
Dicke des frostsicheren Materials	4[4])	14[4])	24	34	11[4])	21	31	41	12[4])	22	32	42	3[4])	13[4])	23	33												
Vliesstoff auf Tragschicht mit hydraulischem Bindemittel auf Frostschutzschicht																												
Betondecke Vliesstoff Hydraulisch gebundene Tragschicht (HGT) Frostschutzschicht	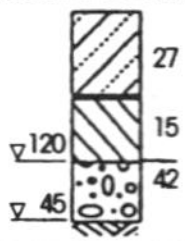				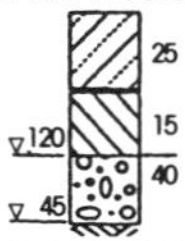				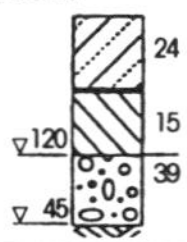				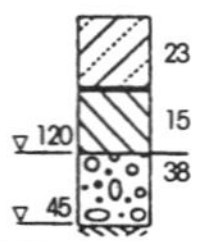															
Dicke der Frostschutzschicht	–	–	33[2])	43	–	25[3])	35	45	–	26[3])	36	46	–	–	27[3])	37												

Betondecke **Vliesstoff** **Verfestigung** **Frostsicheres Material** **— weit- oder intermittierend gestuft gemäß DIN 18196 —**	27 / 20 / 47, ▽45				25 / 15 / 40, ▽45				24 / 15 / 39, ▽45				23 / 15 / 38, ▽45															
Dicke des frostsicheren Materials	8	18	28	38	15	25	35	45	16	26	36	46	7	17	27	37												
Betondecke **Vliesstoff** **Verfestigung** **Frostsicheres Material** **— enggestuft gemäß DIN 18196 —**	27 / 25 / 47, ▽45				25 / 20 / 45, ▽45				24 / 20 / 44, ▽45				23 / 20 / 43, ▽45															
Dicke des frostsicheren Materials	8	18	28	38	10	20	30	40	11	21	31	41	2	12	22	32												
Asphalttragschicht auf Frostschutzschicht Betondecke Asphalttragschicht Frostschutzschicht	▽120, 26 / 10 / 36, ▽45				▽120, 24 / 10 / 34, ▽45				▽120, 23 / 10 / 33, ▽45				▽120, 22 / 10 / 32, ▽45				▽120, 18 / 8 / 26, ▽45				▽100, 16 / 8 / 24, ▽45				▽100, 16 / 8 / 24, ▽45			
Dicke der Frostschutzschicht	–	29[3]	39	49	–	31[2]	41	51	–	32[2]	42	52	–	–	33[2]	43	–	29[3]	39	49	–	21[2]	31	41	–	21[2]	31	41
Schottertragschicht auf frostsicherem Material Betondecke Schottertragschicht[5] Frostsicheres Material	▽150, 30 / 30 / 60, ▽45				▽150, 28 / 30 / 58, ▽45				▽150, 27 / 30 / 57, ▽45				▽150, 26 / 30 / 56, ▽45															
Dicke des frostsicheren Materials	Ab 12 cm aus frostsicherem Material, geringere Restdicke ist mit dem darüberliegenden Material ausgleichen																											
Frostschutzschicht Betondecke Frostschutzschicht																	▽120, 22 / 22, ▽45				▽100, 20 / 20, ▽45				▽100, 18 / 18, ▽45			
Dicke der Frostschutzschicht																	–	33[2]	43	53	–	25[3]	35	45	–	27[3]	37	47

1) Bei Zwischenwerten sind die Dicken der Frostschutzschicht bzw. des frostsicheren Materials zu inter- bzw. extrapolieren (siehe Tafel 38)
2) Mit rundkörnigen Mineralstoffen nur bei örtlicher Bewährung anwendbar
3) Nur mit gebrochenen Mineralstoffen und bei örtlicher Bewährung anwendbar
4) Nur auszuführen, wenn das frostsichere und das zu verfestigende Material als eine Schicht eingebaut werden
5) Frostschutzschicht kann entfallen, wenn der Boden der Klasse F1 die
– Anforderungen an Frostschutzschichten hinsichtlich Verdichtungsgrad und Verformungsmodul erfüllt oder nach ZTVT-StB verfestigt wird,
– Mindestdicke aufweist, die für eine Frostschutzschicht auf F2- oder F3-Böden erforderlich ist.

Tafel 41 Standardbauweisen mit Pflasterdecke für Fahrbahnen auf F2- und F3-Untergrund/Unterbau (Legende s. S. 1363; Angaben des erforderlichen Verformungsmoduls E_{v2} auf der Tragschicht und dem Planum in MN/m², Schichtdicken in cm)

Bauklasse	SV				I				II				III				IV				V				VI			
Äquivalente 10 t-Achsübergänge in Mio (B)	>32				>10 bis 32				>3 bis 10				>0,8 bis 3				>0,3 bis 0,8				>0,1 bis 0,3				≤ 0,1			
Dicke des frostsich. Oberbaues[1])	55	65	75	85	55	65	75	85	55	65	75	85	45	55	65	75	45	55	65	75	35	45	55	65	35	45	55	65
Schottertragschicht auf Frostschutzschicht																												
Pflasterdecke[5]) Schottertragschicht Frostschutzschicht													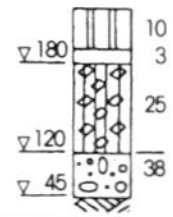				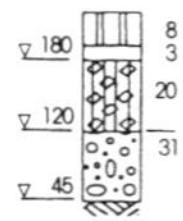				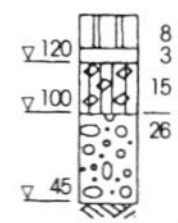				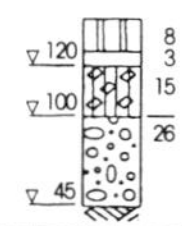			
Dicke der Frostschutzschicht													–	–	27[3])	37	–	–	34[2])	44	–	19[3])	29	39	–	19[3])	29	39
Kiestragschicht auf Frostschutzschicht																												
Pflasterdecke[5]) Kiestragschicht Frostschutzschicht													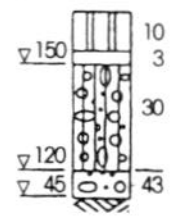				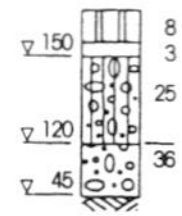				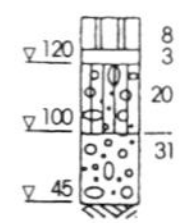				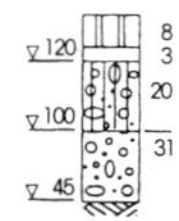			
Dicke der Frostschutzschicht													–	–	–	32[2])	–	–	29[3])	39	–	–	24[2])	34	–	–	24[2])	34
Asphalttragschicht auf Frostschutzschicht																												
Pflasterdecke[5]) Asphalttragschicht Frostschutzschicht													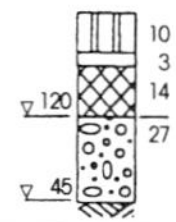				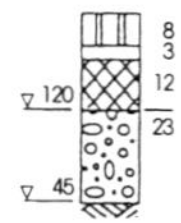				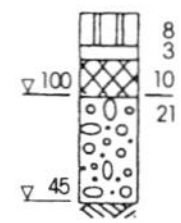				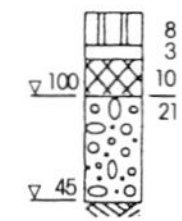			
Dicke der Frostschutzschicht													–	28[3])	38	48	–	32[2])	42	52	–	24[2])	34	44	–	24[2])	34	44
Asphalttragschicht und Schottertragschicht auf Frostschutzschicht																												
Pflasterdecke[5]) Asphalttragschicht Schottertragschicht Frostschutzschicht													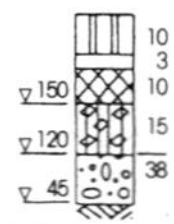				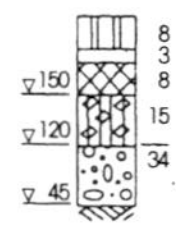				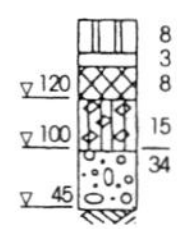				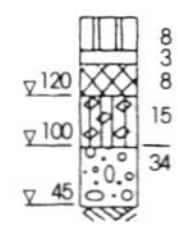			
Dicke der Frostschutzschicht													–	–	27[3])	37	–	–	31[2])	41	–	–	21[2])	31	–	–	21[2])	31

Asphalttragschicht und Kiestragschicht auf Frostschutzschicht																												
Pflasterdecke[5])													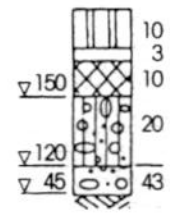				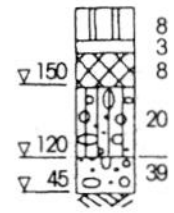				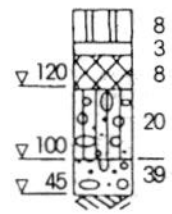				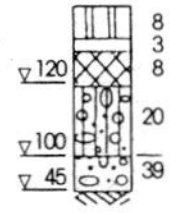			
Asphalttragschicht																												
Kiestragschicht																												
Frostschutzschicht																												
Dicke der Frostschutzschicht													—	—	—	32[2])	—	—	26[3])	36	—	—	16[3])	26	—	—	16[3])	26
Dränbetontragschicht auf Frostschutzschicht																												
Pflasterdecke[5])													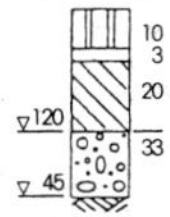				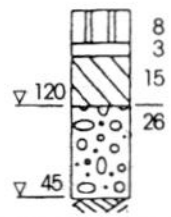				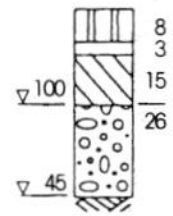				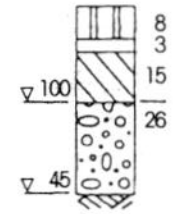			
Dränbetontragschicht (DBT)																												
Frostschutzschicht																												
Dicke der Frostschutzschicht													—	—	32[2])	42	—	29[3])	39	49	—	19[3])	29	39	—	19[3])	29	39
Schotter- oder Kiestragschicht auf frostsicherem Material																												
Pflasterdecke[5])													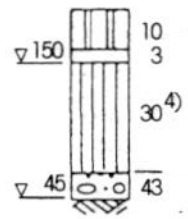				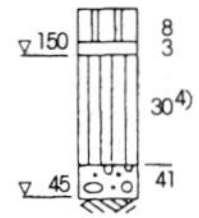				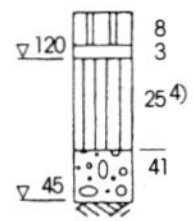				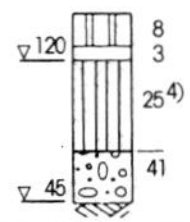			
Schotter- oder Kiestragschicht																												
Frostsicheres Material																												
Dicke des frostsicheren Material	Ab 12 cm aus frostsicherem Material, geringere Restdicke ist mit dem darüberliegenden Material ausgleichen																											

[1]) Bei Zwischenwerten sind die Dicken der Frostschutzschicht bzw. des frostsicheren Materials zu inter- bzw. extrapolieren (siehe Tafel 38)
[2]) Mit rundkörnigen Mineralstoffen nur bei örtlicher Bewährung anwendbar
[3]) Nur mit gebrochenen Mineralstoffen und bei örtlicher Bewährung anwendbar
[4]) Bei Kiestragschicht in Bauklassen III und IV in 0,40 m Dicke, in Bauklassen V und VI in 0,30 m Dicke
[5]) Steindicke kann je nach Art des Verkehrs und nach örtlichen Gegebenheiten auch größer gewählt werden

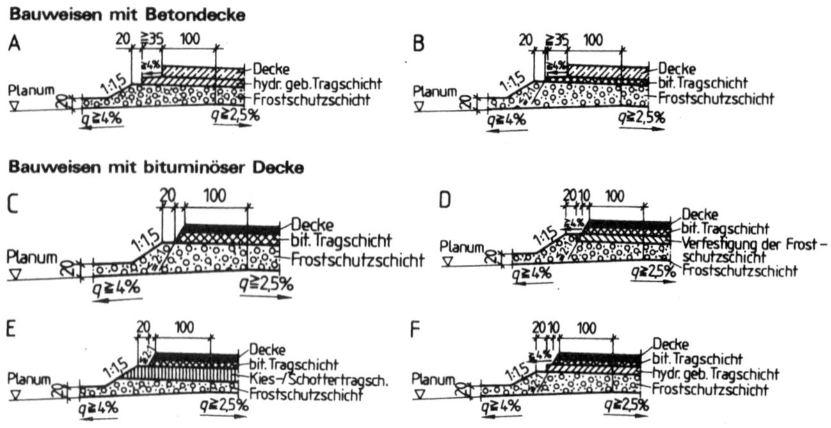

Bild 37 Möglichkeiten der Randausbildung von Oberbauschichten

phalttragschicht um 0,02 m verringert werden. Sinngemäß gilt das auch für die Bauklasse VI. Entsteht dadurch eine Minderdicke des frostsicheren Oberbaus, muß dies durch die Mehrdicke beim frostsicheren Material ausgeglichen werden.

Tragschichten mit hydraulischem Bindemittel sind Verfestigungen, hydraulisch gebundene Tragschichten und Betontragschichten. Ihr Einsatz ist abhängig von der Art der darüber liegenden Schichten in Asphalt- oder Betonbauweise. Unter Pflasterdecken ist eine hydraulisch gebundene Drainbetontragschicht auszuführen.

Asphalttragschichten sind Tragschichten mit bituminösem Bindemittel. Die Dicke darf vermindert werden, wenn die darüber liegende Asphaltbinderschicht um das gleiche Maß erhöht wird. Die Mindesteinbaudicke der Asphalttragschicht muß aber eingehalten werden.

Tragdeckschichten sind in den ZTV Asphalt — StB beschrieben.

Erneuerung von Fahrbahnen

Ist der Erhaltungszustand einer Fahrbahn sehr schlecht, muß eine Erneuerung vorgenommen werden. Darunter versteht man Maßnahmen, die die Wiederherstellung des Gebrauchswertes der Verkehrsfläche bei Anpassen an geänderte Belastungsbedingungen zum Ziele hat. Bei Asphaltbefestigungen ist davon mehr als die Deckschicht, bei Betonbauweise mindestens die Betondecke betroffen.

Erneuerung kann im Tief- oder Hocheinbau erfolgen. Beim *Tiefeinbau* wird der vorhandene Oberbau vollständig ersetzt. Die Bemessung der Mindestdicke des frostsicheren Oberbaus erfolgt dann wie bei einem Neubau.

Erneuerung im Hocheinbau. Beim Hocheinbau werden eine oder mehrere Schichten auf die vorhandene Fahrbahn aufgelegt, wenn die Erhöhung der Dicke mehr als 0,04 m beträgt. Die Bewertung der Restsubstanz hängt ab von

- Oberflächenzustand,
- Tragfähigkeit (soweit sie bekannt ist),
- Art und Zustand der vorhandenen Befestigung und des Untergrundes/Unterbaus und der Eignung für die vorgesehene Funktion,
- Zustand der Entwässerungseinrichtungen.

Tafel 42 Standardbauweisen mit vollgebundenem Oberbau für Fahrbahnen auf F2- und F3-Untergrund/Unterbau

Bauklasse		SV	I	II	III	IV	V	VI
Äquivalente 10 t-Achsübergänge in Mio	B	<32	>10 bis 32	>3 bis 10	>0,8 bis 3	>0,3 bis 0,8	>0,1 bis 0,3	≤ 0,1
Asphaltoberbau **Asphalttragschicht auf Planum**[1])								
Asphaltdeckschicht		4	4	4	4	4	4	4
Asphaltbinderschicht		8	8	8	4	4		
Asphalttragschicht		34	30	26	26	22	22	18
		▽ 45; 46	▽ 45; 42	▽ 45; 38	▽ 45; 34	▽ 45; 30	▽ 45; 26	▽ 45; 22
Betonoberbau **Tragschicht mit hydraulischem Bindemittel auf Planum**[1])								
Betondecke		26[2)]	24[2)]	23[2)]				
Hydraulisch gebundene Tragschicht (HGT)/Verfestigung		25	25	23				
		▽ 45; 51	▽ 45; 49	▽ 45; 46				

[1]) Bei Böden der Frostempfindlichkeitsklasse F3, bei ungünstigen Wetterverhältnissen auch bei F2, ist eine Bodenverfestigung des Untergrundes/Unterbaus in der Mindestdicke von 0,15 m erforderlich

[2]) Bei Anordnung einer Zwischenschicht aus Vliesstoff ist die Dicke der Betondecke um 0,01 m zu erhöhen

Der *Oberflächenzustand* wird bewertet nach folgenden Merkmalen, die einzeln oder kombiniert auftreten können:

- Netzrisse, Rißhäufung,
- Längsunebenheit,
- Spurrinnen,
- Ausmagerung, Splittverlust, Flickstellen bei Asphaltdecken,
- Längs- oder Querrisse, Eckabbrüche, Kantenschäden, Plattenversatz oder -bewegung bei Betondecken.

Die Ermittlung der *Tragfähigkeit* von Asphaltbefestigungen kann visuell nicht erkennbare Schwachstellen aufzeigen und zur Festlegung von Abschnitten gleichen Tragverhaltens beitragen.

Art und Zustand der vorhandenen Befestigung ist maßgebend für die Zuordnung zu den Erneuerungsklassen. Die Erneuerungsart und -bauweise wird danach festgelegt. Die Eignung der einzelnen Schichten bzw. des Unterbaus/Untergrundes für die Erneuerungsbauweise wird festgelegt nach

- Art, Dicke und Eigenschaften der einzelnen Schicht,
- Frostempfindlichkeitsklasse und Wasserverhältnissen des Untergrundes/Unterbaus,
- Schichtenverbund.

Die Funktionseigenschaften der *Entwässerungseinrichtungen* sind zu überprüfen, gegebenenfalls sind diese zu erneuern.

Die *Dicke des frostsicheren Oberbaus* für die Erneuerung ist sinngemäß wie beim Neubau zu ermitteln. Frostschutzmaßnahmen sind nicht erforderlich, wenn die Gesamtdicke der gebundenen Schichten nach der Erneuerung der Dicke des vollgebundenen Oberbaus nach Tafel 42 entspricht.

Die *Erneuerung* kann als Asphalt-, Beton- oder Pflasterbauweise ausgeführt werden. Sie hängt ab von der bemessungsrelevanten Beanspruchung *B*, dem Nutzungszeitraum, der bautechnischen Wirtschaftlichkeit, den örtlichen Verhältnissen, der Verkehrsführung während der Bauzeit, der Länge des Bauabschnitts und der erforderlichen Bauzeit.

Asphaltbauweise. Zur Entscheidung, welche Maßnahme ausgeführt werden muß, wird eine Bewertung des Oberflächenzustands der Verkehrsfläche vorgenommen. Entsprechend der Bewertung erfolgt die Einteilung in die Erneuerungsklasse. Evtl. ist eine für die Überbauung ungeeignete Schicht vorher auszubauen und erst dann die notwendige Dicke des Oberbaus festzulegen. Die Einteilung zeigt Tafel 43. Die Bauweisen sind in Tafel 44 dargestellt. Die Überbauung wiederverwendbaren Natursteinpflasters sollte wegen des schlechten Verbundes vermieden werden.

Tafel 43 Erneuerungsklassen bei einer Erneuerung in Asphaltbauweise im Hocheinbau

Erneuerungsklasse	Zustandsmerkmale bei			
	Asphaltbefestigung		Betonbefestigung	
	Hauptmerkmal	Zusätzliches Merkmal	Hauptmerkmal	Zusätzliches Merkmal
E 1	– Netzrisse – Rißhäufung (auch Längsrisse neben Rollspuren)	Spurrinnen[1]), Längsunebenheiten, Flickstellen, Ausmagerung, Splittverlust	– Häufung von Quer- und Längsrissen – Plattenversatz	Eckabbrüche, Kantenschäden, Längsunebenheiten, Plattenbewegung[2])
E 2	– Längsunebenheiten – Spurrinnen[1])	Flickstellen, Ausmagerung, Splittverlust	– Eckabbrüche – Kantenschäden	Plattenversatz, Längsunebenheit, Plattenbewegung[2])

[1]) wegen mangelndem Tragverhalten, nicht wegen unzureichender Standfestigkeit der Asphaltdecke
[2]) vor der Durchführung von Erneuerungsmaßnahmen zu beseitigen

Betonbauweise. Hier wird nicht zwischen Erneuerungsklassen unterschieden. Die verschiedenen Bauweisen zeigt Tafel 45. Wird eine vorhandene Asphaltbefestigung überbaut, müssen vorher Oberflächenschäden wie Schlaglöcher oder Spurrinnen ausgeglichen werden.

Pflasterbauweise. Es wird nicht zwischen verschiedenen Erneuerungsklassen unterschieden. Für diese Bauweise muß die vorhandene Unterlage tragfähig und eben sein und gute Wasserdurchlässigkeit besitzen. Bei einer Tragschicht ohne Bindemittel als Unterlage ist die Filterstabilität von Bettung und Tragschicht nachzuweisen.

Teilweiser Ersatz der vorhandenen Befestigung. Erstrecken sich die Mängel der Verkehrsfläche auf größere Tiefe, sind die geschädigten Schichten auszubauen. Die Dicke der einzubauenden Schichten richtet sich nach Art und Zustand der Schicht, auf der aufgebaut wird. Die Dicke wird dann sinngemäß nach den Tafeln 39 bis 42 festgelegt.

Sonstige Verkehrsflächen. Die Bauklassen für *Busverkehrsflächen* entnimmt man Tafel 35. Die Bauweisen und Schichtdicken werden entsprechend den Tafeln 39 bis 42, 44 und 45 ausgewählt. Je nach örtlichen Verhältnissen sind Mehr- oder Minderdicken nach Gl. (49) zu berücksichtigen.

Rad- und Gehwege. Diese Bauweisen entnimmt man Tafel 46. Auf diesen Flächen können auch Fahrzeuge des Unterhaltungsdienstes fahren. Ebenheit und gute Entwässerung sind unbedingt notwendig. Bei Böden der Frostempfindlichkeitsklasse F1 sind keine Frostschutzmaßnahmen nötig. Bei Böden der Frostschutzempfindlich-

Tafel 44 Erneuerung in Asphaltbauweise im Hocheinbau (vorhandene Befestigung: Asphalt oder Betondecke)
Dickenangabe in cm

Erneue-rungsklasse	Bauklasse		SV	I	II	III	IV	V	VI
	Äquivalente 10 t-Achsübergänge in Mio	B	>32	>10 bis 32	>3 bis 10	>0,8 bis 3	>0,3 bis 0,8	>0,1 bis 0,3	≤ 0,1
E 1	Asphaltdeckschicht Asphaltbinderschicht Asphalttragschicht als Ausgleichsschicht vorhandene Befestigung		4 8 ≥16 / ≥28	4 8 ≥12 / ≥24	4 8 ≥8 / ≥20	4 4 ≥8 / ≥16	4 ≥8 / ≥12[2]	4 ≥6 / ≥10[2]	8[1] / 8[2]
E 2	Asphaltdeckschicht Asphaltbinderschicht Asphalttragschicht als Ausgleichsschicht vorhandene Befestigung		4 8 ≥12 / ≥24	4 8 ≥8 / ≥20	4 4 ≥8 / ≥16	4 ≥8[3] / ≥12[2]	4 ≥6 / ≥10[2]	4 ≥4 / ≥8[2]	6[1] / 6[2]

[1]) Tragdeckschicht oder eine zweischichtige Asphaltbefestigung
[2]) Bei vorhandener Befestigung mit einer Betondecke ist eine Mindestüberbauung von 0,14 m vorzusehen
[3]) Bei besonderer Beanspruchung ist eine Asphaltbinderschicht an Stelle einer Asphalttragschicht vorzusehen

keitsklasse F2 und F3 genügt eine Dicke des Oberbaus von 0,30 m, die in Ortslagen auf 0,20 m vermindert werden darf. Bei Überfahrten für Kraftfahrzeuge ist die Befestigung auf die Belastung abzustimmen. Außer den dargestellten Bauweisen sind auch dünnere Bauweisen oder ungebundene Deckschichten möglich.

Bei Rad- und Gehwegen am tieferen Rand der Straße ist es meist zweckmäßig, Planum und Frostschutzschicht der Fahrbahn unter diesen Verkehrsflächen weiter zu führen, um eine einwandfreie Entwässerung zu gewährleisten.

Parkflächen. Die Bauklasse wählt man aus Tafel 35. Für die Bauweise wendet man die Tafeln 39 bis 42, 44 und 45 sinngemäß an. Ebenso sind Mehr- oder Minderdicken nach Gl. (49) zu berücksichtigen. Fahrgassen und Stellflächen können verschiedene Befestigungsarten erhalten. Hier sind auch gestalterische Elemente (z. B. Pflasterdecke) oder Häufigkeit der Nutzung (evtl. Deckschicht ohne Bindemittel) von Einfluß.

Neben- und Rastanlagen. Die Zuordnung dieser Verkehrsflächen entnimmt man der Tafel 35. Die Bauweisen und Schichtdicken legt man ebenfalls mit den Tafeln 39 bis 42, 44 und 45 fest. Auch hier ist in Abhängigkeit von den örtlichen Verhältnissen die Mehr- oder Minderdicke zu berücksichtigen.

Feuerwehrwege. Diese Verkehrsflächen bemißt man nach Bauklasse VI. Anwendung finden aber auch Pflasterrasendecken, Rasengittersteine oder Einfachbauweisen mit der erforderlichen Tragfähigkeit, da die Flächen nur sehr selten benutzt werden.

Gleisbereiche. Liegen Gleisbereiche in Verkehrsflächen, die auch von Kraftfahrzeugen benutzt

Tafel 45 Erneuerung in Betonbauweise im Hocheinbau (vorhandene Befestigung: Asphalt oder Betondecke)
Dickenangabe in cm, Legende s. S. 1363

Bauklassen		SV	I	II	III	IV	V	VI
Äquivalente 10 t-Achsübergänge in Mio	B	>32	>10 bis 32	>3 bis 10	>0,8 bis 3	>0,3 bis 0,8	>0,1 bis 0,3	≤ 0,1
Vorhandene Befestigung: Bauweise mit Betondecke (entspannt) — Ausgleichsschicht aus HGT/Beton								
Betondecke Hydraulisch gebundene Tragschicht HGT/Beton als Ausgleichsschicht vorhandene Befestigung		26[2)] ≥10 ≥36	24[2)] ≥10 ≥34	23[2)] ≥10 ≥33	22[2)] ≥10 ≥32			
Vorhandene Befestigung: Bauweise mit Betondecke (entspannt) — Ausgleichsschicht aus Asphalt								
Betondecke Asphalt als Ausgleichsschicht[1)] vorhandene Befestigung		26[2)] ≥6 ≥32	24[2)] ≥6 ≥30	23[2)] ≥6 ≥29	22[2)] ≥6 ≥28	20 20	18 18	16 16
Vorhandene Befestigung: Bauweise mit Asphaltdecke								
Betondecke Planfräsen vorhandene Befestigung		26 26	24[2)] 24	23[2)] 23	22[2)] 22	20 20	18 18	16 16

[1)] An Stelle von Planfräsen kann auch die Anordnung einer Ausgleichsschicht aus Asphalt in einer Mindestdicke von 0,06 m zweckmäßig sein.
[2)] Bei der Anordnung einer Zwischenschicht aus Vliesstoff ist die Dicke der Betondecke um 0,01 m zu erhöhen

werden, so ist die gleiche Gesamtdicke des Oberbaus auszubilden, die die angrenzende Straße besitzt.

Tafel 46 Bauweisen für Rad- und Gehwege (Legende s. S. 1363; Angaben des erforderlichen Verformungsmoduls E_{v2} auf der Tragschicht in MN/m², Schichtdicken in cm)

Bauweise mit	Asphaltdecke			Betondecke			Pflasterdecke			Plattenbelag		
Dicke der frostsicheren Oberbaus	20	30	40	20	30	40	20	30	40	20	30	40
Frostschutzschicht												
Decke Frostsicheres Material, weit- oder intermittierend gestuft gemäß DIN 18196	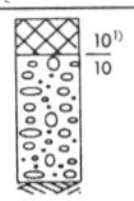			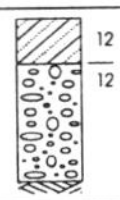			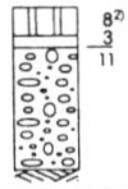			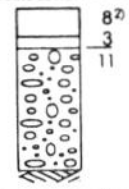		
Dicke des frostsicheren Materials	10	20	30	–	18	28	–	19	29	9	19	29
Schotter- oder Kiestragschicht auf Frostschutzschicht												
Decke Schotter- oder Kiestragschicht Frostsicheres Material	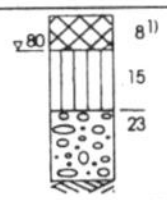						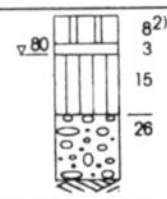			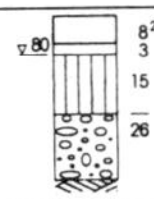		
Dicke des frostsicheren Materials	–	–	17				–	–	14	–	–	14
Schotter oder Kiestragschicht auf Planum												
Decke Schotter oder Kiestragschicht	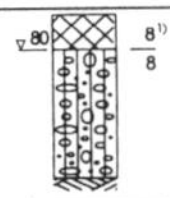						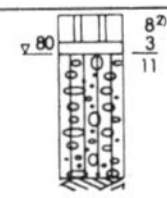			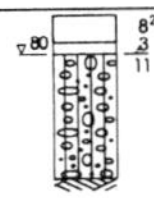		
Dicke der Schotter- oder Kiestragschicht	12	22	32				–	19	29	–	19	29

¹) Tragdeckschicht oder eine zweischichtige Asphaltbefestigung
²) Bei reinem Fußgänger- und/oder Fahrradverkehr auch geringere Dicke möglich

Legenden zu den Tafeln 39 bis 42, 44 bis 46

- Deckschicht
- Tragdeckschicht
- Binderschicht
- Tragschicht
- hydraulisch gebundene Tragschicht
- Schotter- oder Kiestragschicht
- Schottertragschicht
- vorh. Befestigung Betonoberbau
- Bodenverfestigung
- Betondeckschicht
- Pflaster
- Pflasterbett
- Planfräsen
- Frostschutzschicht
- vorh. Befestigung Asphaltoberbau
- vorh. Befestigung der vorh. Asphaltdecke

Bestimmung der bemessungsrelevanten Beanspruchung *B*

Zur Ermittlung stehen zwei Methoden zur Verfügung:
- Methode 1 wird verwendet, wenn nur $DTV^{(SV)}$-Werte zur Verfügung stehen
- Methode 2 setzt die Kenntnis detaillierter Achslastdaten voraus, die bei der Bundesanstalt für Straßenwesen vorgehalten werden.

Bestimmung von *B* aus $DTV^{(SV)}$-Werten

Die bemessungsrelevante Beanspruchung *B* berechnet man bei variablen Faktoren mit Gl. (50)

$$B = 365 \cdot q_{Bm} \cdot f_3 \cdot \sum_{i=1}^{N} \left[DTA_{i-1}^{(SV)} \cdot f_{1i} \cdot f_{2i} \cdot (1 + p_i)\right] \text{ mit } DTA_{i-1}^{(SV)} = DTV_{i-1}^{(SV)} \cdot f_{A\,i-1} \quad (50)$$

19

Tafel 47 Standardbauweisen für Wegbefestigungen nach RLW 1999

Bauweise	Beanspruchung								
	hoch			mittel			gering		
	zentrale Funktion im Wegenetz massgebende Achslast 11,5 t			mittlere Funktion im Wegenetz massgebende Achslast 5,0 t (11,5 t[1]))			untergeord. Funktion im Wegenetz massgeb. Achslast 5,0 t (11,5 [2]))		
	Tragfähigkeit des Untergrundes			Tragfähigkeit des Untergrundes			Tragfähigkeit des Untergrundes		
	E_{v2} = 30 MN/m²	E_{v2} = 45 MN/m²	E_{v2} = 80 MN/m²[1])	E_{v2} = 30 MN/m²	E_{v2} = 45 MN/m²	E_{v2} = 80 MN/m²[1])	E_{v2} = 30 MN/m²	E_{v2} = 45 MN/m²	E_{v2} = 80 MN/m²[1]) [2])
ohne Bindemittel und Deckschicht							25 30 35	20 25 30	20 20 20
ohne Bindemittel mit Deckschicht	5; 40 45 50	5; 35 40 45	5; 25 30 35	5; 30 35 40	5; 25 30 35	5; 20 25 30	5; 20 25 30	5; 20 20 25	5; 20 20 20
Asphaltdeckschicht	8; 35 40 45	8; 25 30 35	8; 20 20 25	7; 30 35 40	7; 20 25 30	7; 20 20 20			
Asphaltspur				9; 30 35 40	9; 20 25 30	9; 20 20 20			
Betondeck	16; 25 30 35	16; 20 25 30	16; 20 20 20	14; 20 25 30	14; 20 20 20	14; 20 20 20			

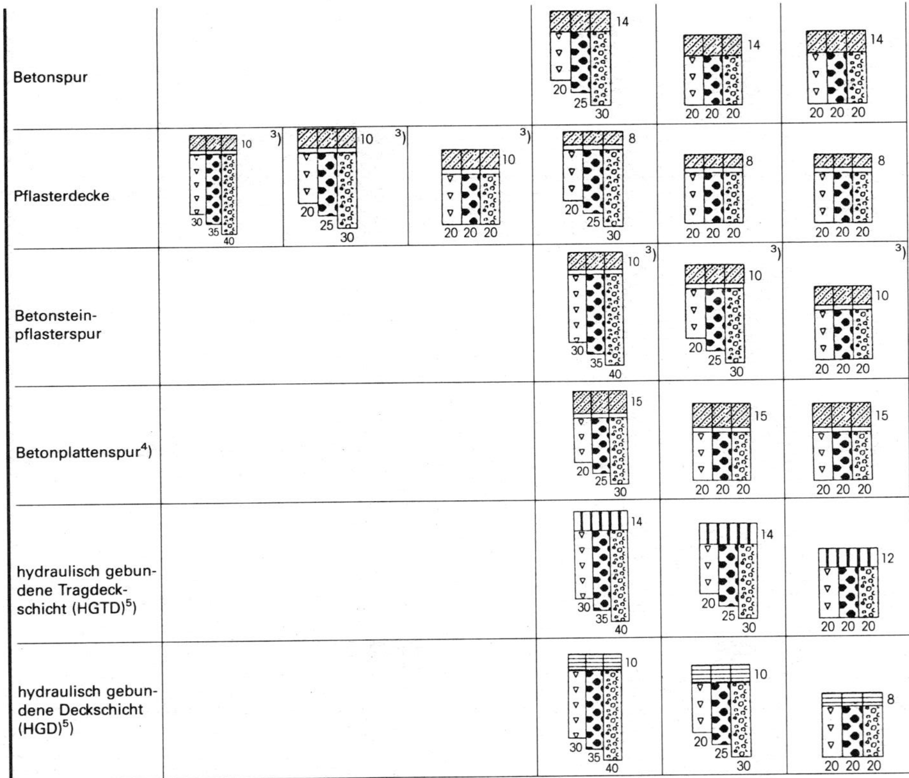

Legende:

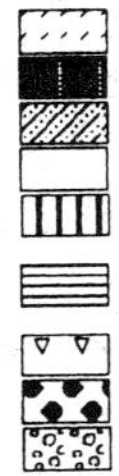

- = Deckschicht
- = Asphalttragdeckschicht
- = Betondecke
- = Pflasterbett, 3 – 5 cm
- = hydraulisch gebundene Tragdeckschicht (HGTD)
- = hydraulisch gebundene Deckschicht (HGD)
- = Tragschicht aus Schotter
- = Tragschicht aus Kies
- = Tragschicht aus unsortiertem Gestein

[1]) gelegentlich
[2]) ausnahmsweise
[3]) Mindestdicke bei Betonpflastersteinen ohne Verbund 0,10 m, mit Verbund 0,08 m
[4]) Plattenlänge und -dicke sind von einander abhängig
[5]) ohne umfangreiche Erprobung

B Äquivalente 10 t-Achsübergänge im zugrundegelegten Nutzungszeitraum
N Anzahl der Jahre des zugrundegelegten Nutzungszeitraums (in der Regel 30 Jahre)
q_{Bm} einer Straßenklasse zugeordneter mittlerer Lastkollektivquotient, der die straßenklassen-spezifische Beanspruchung der tatsächlichen Achsübergänge ausdrückt
f_3 Steigungsfaktor
$DTV_i^{(SV)}$ Durchschnittliche tägliche Verkehrsstärke des Schwerverkehrs im Nutzungsjahr i in Fz/24 h
$DTA_i^{(SV)}$ Durchschnittliche Anzahl der täglichen Achsübergänge (Aü) des Schwerverkehrs im Nutzungsjahr i in Aü/24 h
f_{Ai} Durchschnittliche Achszahl pro Fahrzeug des Schwerverkehrs (Achszahlfaktor) im Nutzungsjahr i in A/Fz
f_{1i} Fahrstreifenfaktor im Nutzungsjahr i
f_{2i} Fahrstreifenbreitefaktor im Nutzungsjahr i
p_i mittlere jährliche Zunahme des Schwerverkehrs im Nutzungsjahr i. Das erste Jahr wird $p_i = 0$ gesetzt.

Bleiben über einen Teilzeitraum des Gesamtzeitraumes die Faktoren f_1, f_2, f_3, f_A, q_{Bm} und p konstant, berechnet man B für diesen Zeitraum mit Gl. (51).

$$B = 365 \cdot N \cdot DTA^{(SV)} \cdot q_{Bm} \cdot f_1 \cdot f_2 \cdot f_3 \cdot f_z \quad (51)$$

Man setzt dabei $DTA^{(SV)} = DTV^{(SV)} \cdot f_A$

f_z Mittlerer jährlicher Zuwachsfaktor des Schwerverkehrs

Wird im ersten Jahr des Zeitraumes keine Zunahme des Schwerverkehrs zu Grunde gelegt, ist

$$f_z = \frac{(1+p)^N - 1}{p \cdot N} \quad (52a)$$

Muß die Zunahme auch im ersten Jahr berücksichtigt werden, ist

$$f_z = \frac{(1+p)^N - 1}{p \cdot N} \cdot (1+p) \quad (52b)$$

Die einzelnen Faktoren entnimmt man den Tafeln 48 bis 55.

Tafel 48 Achszahlfaktor f_A

Straßenklasse	Bundesautobahnen	Bundesstraßen	Landes-, Staats-, Kreisstraßen
Faktor f_A	4,2	3,7	3,1

Tafel 49 Lastkollektivquotient q_{Bm}

Straßenklasse	Bundesautobahnen	Bundesstraßen	Landes-, Staats-, Kreisstraßen
Quotient q_{Bm}	0,26	0,20	0,18

Tafel 50 Fahrstreifenfaktor f_1

Zahl der Fahrstreifen, die durch den $DTV^{(SV)}$ erfaßt sind		1	2	3	4	5	6 und mehr
Faktor f_1 bei Erfassung des $DTV_{(SV)}$	in beiden Fahrtrichtungen	–	0,50	0,50	0,45	0,45	0,40
	getrennt für jede Fahrtrichtung	1,00	0,90	0,80	0,80	0,80	0,80

Tafel 51 Fahrstreifenbreitefaktor f_2

Fahrstreifenbreite in m	$<2,50$	2,50 bis $<2,75$	2,75 bis $<3,25$	3,25 bis $<3,75$	$\geq 3,75$
Faktor f_2	2,00	1,80	1,40	1,10	1,00

Tafel 52 Steigungsfaktor f_3

Höchstlängsneigung in %	<2	2 bis <4	4 bis <5	5 bis <6	6 bis <7	7 bis <8	8 bis <9	9 bis <10	≥ 10
Faktor f_3	1,00	1,02	1,05	1,09	1,14	1,20	1,27	1,35	1,45

Tafel 53 Mittlere jährliche Zunahme des Schwerverkehrs *p*

Straßenklasse	Bundesautobahnen	Bundesstraßen	Landes-, Staats-, Kreisstraßen
Faktor *p*	0,03	0,02	0,01

Wird im ersten Jahr des Betrachtungszeitraumes keine Zunahme des Schwerverkehrs angesetzt, verwendet man für die Berechnung von f_z die Tafel 54. Wird das erste Jahr mit berücksichtigt, verwendet man Tafel 55.

Tafel 54 Mittlere jährliche Zunahme des Schwerverkehrs *p* ohne Zunahme im ersten Jahr des Betrachtungszeitraumes

Mittlere jährliche Zunahme des Schwerverkehrs *p*	Jahre des Nutzungszeitraumes *N*					
	5	10	15	20	25	30
0,01	1,020	1,046	1,073	1,101	1,130	1,159
0,02	1,041	1,095	1,153	1,215	1,281	1,352
0,03	1,062	1,146	1,240	1,344	1,458	1,586

Tafel 55 Mittlere jährliche Zunahme des Schwerverkehrs *p* bei Zunahme im ersten Jahr des Betrachtungszeitraumes

Mittlere jährliche Zunahme des Schwerverkehrs *p*	Jahre des Nutzungszeitraumes *N*					
	5	10	15	20	25	30
0,01	1,030	1,057	1,084	1,112	1,141	1,171
0,02	1,062	1,117	1,176	1,239	1,307	1,379
0,03	1,094	1,181	1,277	1,384	1,502	1,633

Beispiel Für eine zweibahnige Schnellverkehrsstraße als Ortsumgehung ist die bemessungsrelevante Beanspruchung *B* und die zuzuordnende Bauklasse zu ermitteln. Es kann mit konstanten Faktoren gerechnet werden.

Bekannt sind:			
	Nutzungszeitraum	$N = 30$ Jahre	
	Anzahl der Fahrstreifen	4	$\Rightarrow f_1 = 0{,}45$
	Breite der Fahrstreifen mit der höchsten Verkehrsbelastung	3,75 m	$\Rightarrow f_2 = 1{,}00$
	Höchstlängsneigung	4,0%	$\Rightarrow f_3 = 1{,}05$
	$DTV^{(SV)}$ im ersten Nutzungsjahr	1500 Fz/24 h	$\Rightarrow p_1 = 0$
	Mittlere jährliche Zunahme des Schwerverkehrs		$\Rightarrow p_{2\ldots30} = 0{,}02$
	Durchschnittliche Achszahl pro Fahrzeug des Schwerverkehrs		$\Rightarrow f_A = 3{,}2$ A/Fz
	Lastkollektivquotient		$\Rightarrow q_{Bm} = 0{,}25$

Mit Gl. (52a) wird

$$f_z = \frac{(1 + p_{30})^N - 1}{p \cdot N} = \frac{(1 + 0{,}02)^{30} - 1}{0{,}02 \cdot 30} = 1{,}352$$

Aus dem $DTV^{(SV)}$ wird abgeleitet
$DTA^{(SV)} = DTV^{(SV)} \cdot f_A = 1500 \cdot 3{,}2 = 4800$ Aü/24 h.

Die bemessungsrelevante Beanspruchung *B* wird mit Gl. (51)

$$B = N \cdot DTA^{(SV)} \cdot q_{Bm} \cdot f_1 \cdot f_2 \cdot f_3 \cdot f_z \cdot 365 = 30 \cdot 4800 \cdot 0{,}25 \cdot 0{,}45 \cdot 1{,}00 \cdot 1{,}05 \cdot 3{,}2 \cdot 365$$
$$= 19867680 = 19{,}868 \text{ Mio Aü}$$

Der Ausbau muß demnach entsprechend nach der Bauklasse I (s. Tafel 34) erfolgen.

Im ländlichen Wegebau werden die Befestigungen entsprechend Tafel 45 ausgeführt.

Deckschichten werden aus Asphaltbeton im Heiß- und Warmeinbau, Gußasphalt, Asphaltmastix oder Splittmastixasphalt hergestellt.

Für *Binderschichten* verwendet man Asphaltbinder.

Tragdeckschichten sind einlagige bituminöse Schichten, die bei untergeordneten Verkehrsflächen die Funktion von Trag- und Deckschicht aufnehmen müssen.

Oberflächenschutzschichten sind dünne bituminöse Schichten, die als Oberflächenbehandlung oder als Schlämme aufgebracht werden. Die Auswahl der Mischgutart und -sorte richtet sich nach der Beanspruchung (normale und besondere Beanspruchung). Als besondere Beanspruchung gelten spurfahrender Verkehr, langsamer Verkehr, häufige Brems- und Beschleunigungsvorgänge, Standverkehr und klimatische Verhältnisse.

1.5.2 Anforderungen nach ZTV Asphalt und ZTVT

Tragschichten sind Bestandteile des frostsicheren Oberbaus. Sie verteilen Lasten, die auf die Fahrbahnfläche wirken, auf die Unterlage.

Als *Unterlage* bezeichnet man die Fläche unter der jeweils herzustellenden Tragschicht. Die Mindestdicke richtet sich nach RstO und ZTVT-StB.

Tragschichten ohne Bindemittel werden eingesetzt als Frostschutzschichten oder Kies- und Schottertragschichten.

Frostschutzschichten bestehen aus frostunempfindlichen Mineralstoffgemischen, die auch im verdichteten Zustand ausreichend wasserdurchlässig sind und Frostschäden im Oberbau vermeiden sollen (Kornanteil unter 0,063 mm Durchmesser $\leq$ 7,0 Gew.-%).

Kiestragschichten bestehen aus Kies-Sand-Gemischen, denen auch gebrochene Mineralstoffe zugesetzt sein können.

Schottertragschichten bestehen aus Schotter-Splitt-Sand- oder Splitt-Sand-Gemischen. Die Sieblinienbereiche sind in Bild 38 und 39 dargestellt.

Hydraulisch gebundene Tragschichten bestehen aus Mineralstoffgemischen (Rundkorn oder gebrochenes Korn) und hydraulischen Bindemitteln. Die Sieblinienbereiche sind in Bild 40 dargestellt.

In Querrichtung müssen *Kerben* vorgesehen werden,

- wenn die mittlere Druckfestigkeit 12 N/mm^2 überschreitet,
- wenn die Einbaudicke $d = 20{,}0$ cm beträgt,
- wenn sie unter Asphaltschichten mit einer Gesamtdicke $d = 14$ cm liegen.

Im letzten Fall darf der Kerbenabstand nicht größer als 2,50 m sein, sonst kann man den Abstand bis auf 5,00 m erhöhen.

In Längsrichtung werden hydraulisch gebundene Tragschichten nur unter Betondecken eingekerbt, wenn die Einbaubreite $b \geq 8{,}00$ m ist. Die Lage der Kerben muß mit den Längs- und Querfugen der Betondecke übereinstimmen. Unter Asphaltschichten ordnet man Längskerben nur dann an, wenn auch Querkerben angeordnet werden müssen.

Maßnahmen zur gezielten Rißbildung sind z. B. das Entspannen mit dem Fallschwert oder das Einschneiden von Kerben im Abstand von höchstens 5,00 m. Die Tiefe der Kerbe soll 35% der Einbaudicke der hydraulisch gebundenen Tragschicht betragen.

Bindemittel sind Zement, Tragschichtbinder oder hochhydraulischer Kalk.

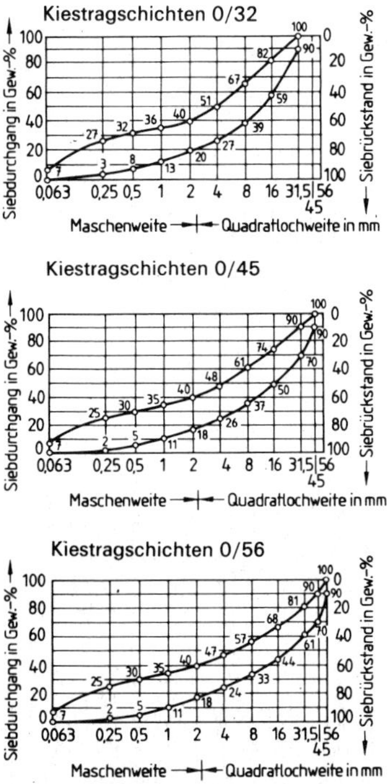

Bild 38 **Sieblinienbereiche für Kiestragschichten**

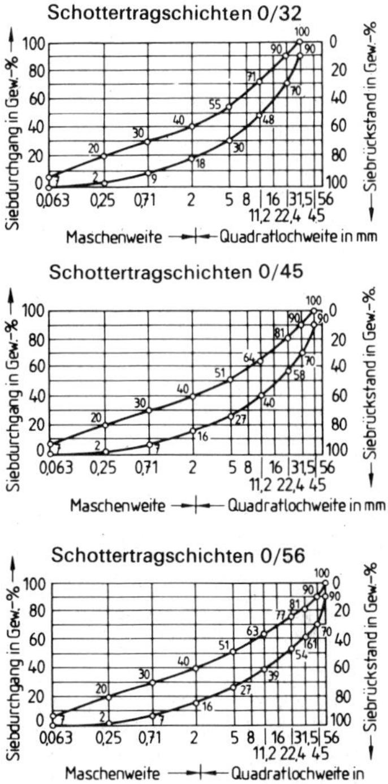

Bild 39 **Sieblinienbereiche für Schottertragschichten**

Tafel 56 **Anforderungen an Tragschichten ohne Bindemittel nach ZTVT**

	Frostschutzschicht				Kies-/Schottertragschicht		
Lieferkörnung	0/32[1])	0/45	0/56	0/63	0/32	0/45	0/56
Mindest-Einbaudicke d in cm in verdichtetem Zustand	12	15	18	20	12	15	18
Zulässige Abweichung von profilgerechter Lage in cm	≤ ±2,0				≤ ±2,0		
Zulässige Abweichung von der Ebenheit in cm/4 m	≤2,0				≤2,0		
Verdichtungsgrad D_{Pr} in %	Bauklasse I bis V		Bauklasse VI[2])		Bauklasse I bis VI		
	≥103[3])[4])		≥100[3])[5])		≥103[4])		
	100[5])[6])						

[1]) Bei Lieferkörnung 0/22 für Geh- und Radwege beträgt die Mindesteinbaudicke 0,10 m
[2]) Gilt auch für sonstige Verkehrsflächen, Geh- und Radwege
[3]) Gilt für die Bodengruppen GW, GI und Baustoffgemische aus Brechsand, Splitt und gegebenenfalls Schotter der Lieferkörnungen 0/5 bis 0/56 bis 0,20 m unter Oberkante Frostschutzschicht
[4]) Verhältniswert der Verformungsmoduln $E_{v2}/E_{v1} = 2{,}2$
[5]) Verhältniswert der Verformungsmoduln $E_{v2}/E_{v1} = 2{,}5$
[6]) Gilt für die Bodengruppen GE, SE, SW, SI bis 0,20 m unter Oberkante Fristschutzschicht und alle genannten Bodengruppen und Baustoffgemische für Bereiche tiefer als 0,20 m unter Oberkante Fristschutzschicht

Die erforderlichen E_{v2}-Werte sind den Tafeln 39 bis 42 zu entnehmen.

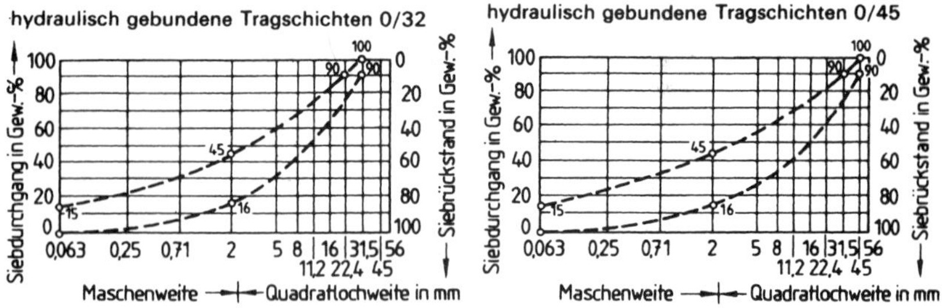

Bild 40 Sieblinienbereiche für hydraulisch gebundene Tragschichten

Tafel 57 Anforderungen an hydraulisch gebundene Tragschichten

Korndurchmesser in mm	<0,063	>2,0	gröbste Kornklasse	Überkorn
Kornanteil im Mineralstoffgemisch in Gew.-%	≤ 15	55 bis 84	≥ 10	≤ 10
Mittlere Druckfestigkeit in N/mm² nach 28 Tagen	unter Asphaltschichten 7 bis 12 unter Betondecke 9 bis 12			
Bindemittelmenge in Gew.-% bezogen auf trockenes Mineralstoffgemisch	≥ 3			
Einbautemperatur in °C	≥ +5			
Längenänderung bei Frostprüfung in ‰	≤ 1			
Verdichtungsgrad in %	≥ 98			
Profilgerechte Lage in cm	unter Betondecken ≤ +1,0; ≤ −2,0 sonstige Beläge ≤ +1,5			
Ebenheit in cm/4 m	≤ 1,5			
Mindesteinbaudicke in cm	Mineralstoffgemisch 0/32 12 0/45 15			

Betontragschichten sind Tragschichten aus Beton nach DIN 1045. Sie erhalten in der Regel Fugen. Querfugen sind im Abstand von maximal 5,00 m anzuordnen. Sie werden eingerüttelt oder eingeschnitten. Arbeitsfugen werden als Preßfugen ausgebildet. An Bauwerken sind Raumfugen erforderlich. Längsfugen sind bei Fahrbahnbreiten über 5,00 m vorzusehen. Bei Betondecken ist die Fugeneinteilung auf die Fugen in der Betondecke abzustimmen. Die Mindest-Einbaudicke beträgt 0,12 m, bei Verwendung von Innenrüttlern 0,15 m.

Als Bindemittel ist ein Zement CEM I der Festigkeitsklasse 32,5 R vorzusehen. Der Auftraggeber kann auch Zement CEM II oder CEM III der Festigkeitsklasse 42,5 oder 42,5 R zulassen. Der Beton muß der Festigkeitsklasse B 15 oder B 25 entsprechen. Frischbeton darf nur im Temperaturbereich zwischen +5 °C und +30 °C verarbeitet werden. Die ZTV Beton ist zu beachten. Ein rasches Austrocknen ist zu verhindern, der Beton muß drei Tage feucht gehalten werden. Die Oberfläche darf nur ±1,0 cm von der Sollhöhe abweichen. Die Abweichung von der Ebenheit darf 1,0 cm/4 m nicht überschreiten.

Drainbetontragschichten (DTB) sind Tragschichten mit hydraulischen Bindemitteln, die aus einem haufwerkporigen Zuschlaggemisch bestehen mit einer Sieblinie, die als Ausfallkörnung aufgebaut ist. Sie besitzen nur so viel Feinmörtel, daß die Zuschläge umhüllt und verkittet werden. Durch die Hohlräume kann Wasser sikkern, das durch die Betondecke oder offene Fugen in den Oberbau eindringt. Die DBT wird unter dem Standstreifen angeordnet und erhält die gleiche Dicke wie die Tragschicht unter der Fahrbahn. Sie soll noch 0,20 m bis 0,50 m von der Längsfuge zwischen Standstreifen und Fahrbahn unter den äußeren Fahrstreifen reichen, um Sickerwasser sicher zu erfassen. Längs- und Querkerben sind in der gleichen Einteilung wie bei der Betondecke anzuordnen. Umweltverträgliche Recycling-Baustoffe können verwendet werden. Das Größtkorn soll 32 mm nicht überschreiten. Als Bindemittel wird der Zement CEM I 32,5 R empfohlen. Die Verdichtung erfolgt beim *Zentralmischverfahren* durch Vorverdichtung der Fertigerbohle und Abwalzen mit der Glattmantelwalze ohne Vibration. Beim *Baumischverfahren* erfolgt die Vorverdichtung durch die Gummiradwalze, die Nachverdichtung wie beim Zentralmischverfahren. Der von außen zugängliche Hohlraumgehalt muß >15,0% sein.

Tragschichten mit bituminösen Bindemitteln sind mit Straßenbaubitumen gebundene Mineralstoffgemische. Sie werden im *Heißeinbau* hergestellt. Zusammensetzung und Anforderungen an die Mischgutarten sind in Tafel 58 angegeben. Die Einteilung ist abhängig vom Kornanteil über 2 mm im Mineralstoffgemisch. Mischgutart C mit mindestens 60 Gew.-% gebrochenem Korn über 2 mm und einem Brechsand-Natursand-Verhältnis von 1:1 bezeichnet man als Mischgutart CS. Die Wahl der Mischgutarten bestimmt man nach Tafel 59; die Dicke wählt man nach den Tafeln 39 bis 45.

Tafel 58 Anforderungen an Mineralstoffgemische und Mischgut bit. Tragschichten

Mischgutart	AO	A	B	C	CS
Körnung in mm	0/2 bis 0/32	0/2 bis 0/32	0/22, 0/32, 0/16[1])	0/22, 0/32, 0/16[1])	0/22, 0/32, 0/16[1])
Körnung >2 mm im Mineralstoffgemisch in Gew.-%	0 bis 80	0 bis 35	über 35 bis 60	über 60 bis 80	über 60 bis 80
Körnung <0,09 mm im Mineralstoffgemisch in Gew.-%	2 bis 20	4 bis 20	3 bis 12	3 bis 10	3 bis 10
gröbste Körnung in Gew.-% mindestens	10	10	10	10	10
Überkorn in Gew.-% höchstens	20	10	10	10	10
Mindestbindemittelgehalt für den Regelfall in Gew.-%	3,3	4,3	3,9	3,6	3,6
Marshall-Stabilität bei 60 °C in kN mindestens	2,0	3,0	4,0	5,0	8,0
Marshall-Fließwert in mm	1,5 bis 4,0	1,5 bis 4,0	1,5 bis 4,0	1,5 bis 4,0	1,5 bis 5,0
Hohlraumgehalt[2]) (berechnet am Marshall-Probekörper) in Vol.-%	4,0 bis 20,0	4,0 bis 14,0	4,0 bis 12,0	4,0 bis 10,0	5,0 bis 10,0

[1]) Nur für Ausgleichsschichten
[2]) Werden mehr als 20 Gew.-% Hochofenstück- oder Metallhüttenstückschlacke im Mineralstoffgemisch verwendet, gelten die Werte für die Wasseraufnahme nach DIN 1996 Teil 8.

Tafel 59 Zuordnung der Mischgutarten zu Bauklasse und Einbauart

		Bauklasse			SV und bes. Beanspruchungen
		I	II bis IV	V bis VI	
einschichtig		B, C, CS	B[1]), C, CS	B, C, CS	CS
mehrschichtig	obere Schicht	B[2]), C, CS	(B[1]), C, CS)[3])	(B, C, CS)[3])	CS
	untere Schicht	A, B, C, CS (AO)[3])	(AO, A, B, C, CS)[3])		B, C, CS (AO, A)[3])

[1]) Bei einer Dicke der darüberliegenden Decke von mind. 8,0 cm
[2]) Nicht über einer Schicht der Mischgutarten AO oder A
[3]) Nur beim Asphaltoberbau

Als Bindemittel werden Straßenbaubitumen B 80 oder B 65 verwendet. Beim Asphaltoberbau darf für die untere Schicht auch härteres Bitumen eingesetzt werden.

Die Mineralstoffzusammensetzung ist Bild 41 zu entnehmen. Die Anforderungen an bituminöse Tragschichten sind in Tafel 60 zusammengestellt.

Der Einbau darf nicht erfolgen, wenn auf der Unterlage ein Wasserfilm, Schnee oder Eis vorhanden ist. Unter −3 °C soll der Einbau eingestellt werden. Für Herstellung und Lagerung gilt ZTV Asphalt-StB sinngemäß.

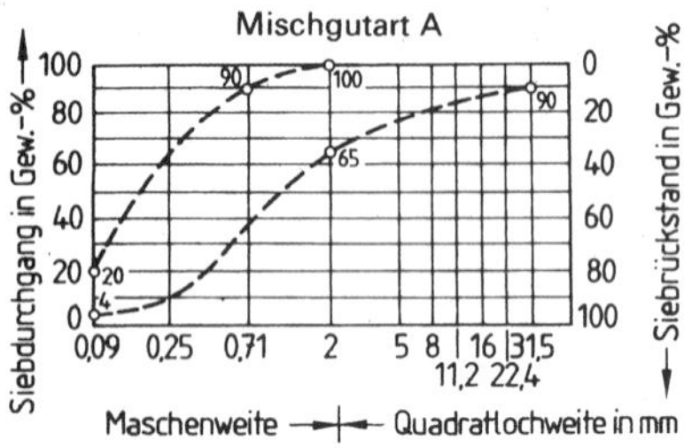

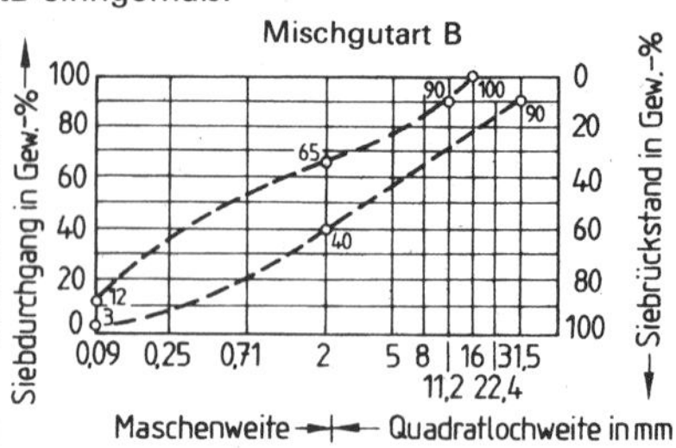

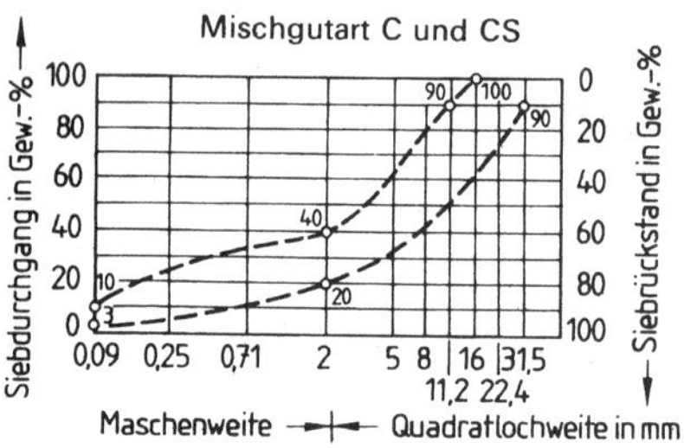

Bild 41 Sieblinienbereiche für bituminöse Tragschichten

Tafel 60 Anforderungen an bituminöse Tragschichten

Verdichtungsgrad in %	Mischgutart				
	AO	A	B	C	CS
	96	96	97	97	97
Zul. Abweichung von der Sollhöhe in cm	1,0				
Zul. Abweichung von der Ebenheit in cm/4 m	1,0				

Bei Geh- und Radwegen und bei Handeinbau gilt bei einer Unterlage ohne Bindemittel ein Mindest-Verdichtungsgrad von 95%

Tafel 61 Grenzwerte für Mischguttemperaturen

		Temperaturspannen für das Lagern und Befördern von Asphalt-Mischgut in °C (niedrige Temperatur für abgeladenes Mischgut beim Einbau, höhere Temperaturen beim Verlassen des Silos gültig)				
Vorschrift	Mischgutart	B 200	B 80	B 65	B 45	B 25
ZTVT-StB	Asphalttragschicht		120 bis 180	120 bis 180	130 bis 190	
ZTV Asphalt-StB	Asphaltbinder		120 bis 180	120 bis 180	130 bis 190	
	Asphaltbeton	120 bis 170	130 bis 180	130 bis 180	140 bis 190	
	Splittmastixasphalt	120 bis 170	150 bis 180	150 bis 180		
	Gußasphalt			200 bis 250	200 bis 250	200 bis 250
	Asphaltmastix	170 bis 210	180 bis 220	180 bis 220	180 bis 220	
	Tragdeckschicht	100 bis 170	120 bis 180			
ZTVLW	Tragdeckschicht	110 bis 170	130 bis 180			
	Deckschicht	130 bis 170	140 bis 180			
	Tragschicht	120 bis 170	130 bis 180	130 bis 180		

Tafel 62 Richtwerte für bituminöses Mischgut bei verschiedenen Bauweisen (Fußnoten s. S. 1374)

	Art	Mineralstoffe in Gew.-% für Körnung in mm <0,09 von	bis	>2,0 von	bis	>5,0 von	bis	>8,0 von	bis	>11,2 von	bis	>16,0	>22,4	Bindemittel-sorte	Bindemittel-gehalt Gew.-% von	bis	Mischgut Hohlr. Vol.-% von	bis	Schichteinbau Dicke cm von	bis	Gewicht kg/m² von	bis	Verd.-grad %	Hohlr.-gehalt Vol.-%
Asphalt-binder[1]) [5]) [12])	0/22 S	4	8	70	80							≥25	≤10	(B 65)[2]) B 45 PmB 45	4,0	5,0	5,0	7,0	7,0	10,0	170	250	≥97	
	0/16 S	4	8	70	75					≥25		≤10		(B 65) B45 PmB 45	4,2	5,5	4,0	7,0	5,0	8,5	125	210	≥97	
	0/16	3	9	60	75					≥20		≤10		B 65 B 80 (B 45)	4,0	6,0	3,0	7,0	4,0	8,5	95	210	≥97	
	0/11	3	9	50	70			≥20		≤10				B 65 B 80	4,5	6,5	3,0	7,0	Profilausgleich für Baukl. IV bis VI				≥96[9])	
Asphalt-beton im Heiß-einbau[1]) [5])	0/16 S [12])	6	10	55	65			25	40	≥15		≤10		B 65 (B 80)	5,2	6,5	3,0[2])	5,0	5,0	6,0	120	150	≥97	≤7
	0/11 S [12])	6	10	50	60			15	30	≤10				B 65 (B 80)	5,9	7,2	3,0[2])	5,0	4,0	5,0	95	125	≥97	≤7
	0/11 [13])	7	13	40	60			≥15		≤10				B 80 (B 65)	6,2	7,5	2,0[2]) 1,0[4])	4,0 3,0	3,5	4,5	85	115	≥97	≤6
	0/8 [13])	7	13	35	60	≥15		≤10						B 80 (B 65)	6,4	7,7	2,0[3]) 1,0[4])	4,0 3,0	3,0	4,0	75	100	≥97	≤6
	0/5	8	15	30	50	≤10								B 80 (B 200)	6,8	8,0	1,0[4])	3,0	2,0	3,0	45	75	≥96	≤6
Splitt-mastix-asphalt [5]) [12]) [15])	0/11 S	9	13	75	80	60	70	≥40		≤10		stabilisier. Zusätze 0,3 bis 1,5 Gew.-%		B 65 (PmB 45)	≥6,5		3,0	4,0	3,5	4,0	85	100	≥97	≤6
	0/8 S	10	13	75	80	≥55		≤10						B 65 (PmB 45)	≥7,0		3,0	4,0	3,0	4,0	70	100	≥97	≤6
	0/8	8	13	70	80	45	70	≤10						B 80	≥7,0		2,0	4,0	2,0	4,0	45	100	≥97	≤6
	0/5	8	13	60	70	≤10								B 80 (B 200)	≥7,2		2,0	4,0	1,5	3,0	35	75	≥97	≤6
Guß-asphalt[5]) [7])																							Eindringtiefe in mm	
	0/11 S[14])	20	30	45	55			≥15		≤10				B 45 (B 25)	6,5	8,0			3,5	4,0	80	100	1,0 bis 3,5[10])	
	0/11	20	30	45	55			≥15		≤10				B 45 (B 65)	6,5	8,0			3,5	4,0	80	100	1,0 bis 5,0[11])	
	0/8	22	32	40	50	≥15		≤10						B 45 (B 65)	6,8	8,0			2,5	3,5	65	85	1,0 bis 5,0[11])	
	0/5	24	34	35	45	≤10								B 45 (B 65)	7,0	8,5			2,0	3,0	45	75	1,0 bis 5,0[11])	
Asphalt-mastix	0/2	30	60	≤15										B 65 B 80 (B 45) (B 200)	13,0	18,0					15	25		
Tragdeck-schicht[1]) [8])	0/16	7	12	50	70					10	20	≤10		B 80 B 200	≥5,2		1,0	3,0	5,0	10,0	120	250	≥96	≤7
Asphalt-beton im Warm-einbau[5])	0/11	4	10	45	70			≥10		≤10				FB 500	5,5	7,0					45	55		
	0/8	5	10	40	65	≥15		≤10						FB 500	6,0	7,5					35	45		
	0/5	6	11	30	55	≤10								FB 500	6,5	8,0					25	35		

In Klammern gesetzte Werte gelten nur in besonderen Fällen

Fußnoten zu Tafel 62

1) Bei >20 Gew.-% Hochofen- oder Metallhüttenschlacke im Mineralstoffgemisch ist statt der Berechnung des Hohlraumgehalts die Bestimmung der Wasseraufnahme durchzuführen. Es gelten dieselben Werte.
2) Bauklasse SV, I, II, IIIS, St SLW.
3) Bauklasse III und IV.
4) Bauklasse V, VI, St LLW und Wege.
5) Verwendung von Edelsplitt, Edelbrechsand und/oder Natursand, Gesteinsmehl.
6) Sonderbindemittel mit Viskosität wie FB 500.
7) Oberfläche mit Abstreumaterial aufrauhen.
8) Stabilität nach Marshall ≥ 4 kN, Fließwert nach Marshall 2 bis 5 mm.
9) Bei Dicken $\geq 3{,}0$ cm.
10) Zunahme in weiteren 30 min $\leq$ 0,4 mm.
11) Zunahme in weiteren 30 min $\leq$ 0,6 mm.
12) Verhältnis Brechsand: Natursand $\geq$ 1 : 1.
13) Verhältnis Brechsand: Natursand $\geq$ 1 : 1 nur bei Bauklasse III.
14) Verhältnis Brechsand: Natursand $\geq$ 1 : 2.
15) „Empfehlungen für die Zusammensetzung, die Herstellung und den Einbau von Splittmastixasphalt", Straßenbau von A – Z, 5/91, Erich Schmidt-Verlag, Berlin – Bielefeld – München

Bituminöse Fahrbahndecken bilden den obersten Teil des Oberbaus. Sie werden unterteilt in die Deckschicht, eine oder zwei Binderschichten, Tragdeckschichten und Oberflächenschutzschichten. Richtwerte für das Mischgut verschiedener Deckschichtbauweisen sind in Tafel 62 zusammengestellt. Die zweckmäßige Mischgutart wählt man nach der Belastung der Verkehrsfläche (s. Tafel 63). Die Baustoffe für Oberflächenbehandlungen und die Zusammensetzung entnimmt man Tafel 64. Die Sieblinienbereiche sind in den Bildern 42 bis 48 dargestellt.

Nach ZTV Asphalt-StB unterscheidet man folgende Bauweisen:

Asphaltbinder. Einbau und Verdichtung erfolgen im heißen Zustand. Binder 0/11 dienen zum Profilausgleich bei Straßen der Bauklassen IV bis VI.

Asphaltbeton (Heißeinbau) besitzt einen geringen Hohlraumgehalt und wird heiß eingebaut und verdichtet.

Splittmastixasphalt besteht aus Mineralstoffgemisch mit Ausfallkörnung, Straßenbaubitumen und stabilisierenden Zusätzen (organische und mineralische Faserstof-

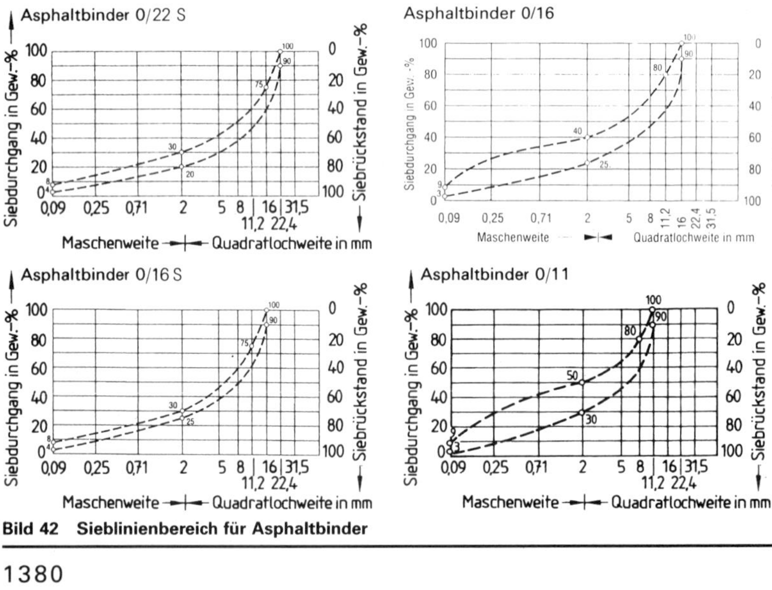

Bild 42 Sieblinienbereich für Asphaltbinder

fe, Kieselsäure, Polymere), die bei hohem Bindemittelgehalt eine Entmischung bei der Herstellung und Verarbeitung verhindern sollen. Er wird mit Edelsplitt und/oder Edelbrechsand abgestreut, um eine angemessene Anfangsrauhigkeit zu erzielen.

Tafel 63 Zweckmäßige Mischgutarten und -sorten im Heißeinbau nach ZTV Asphalt-StB

Beanspruchung	Bauklasse/ Flächenart	Asphaltbinder	Asphaltbeton	Splittmastixasphalt	Gussasphalt
normal oder besondere	SV und I	0/22S 0/16S		0/11S 0/8S	0/11S
	II	0/22S 0/16S	(0/16S) 0/11S	0/11S 0/8S	
besondere	III, St SLW	(0/22S) 0/16S	(0/16S) 0/11S	0/11S 0/8S	0/11S
normale	III, IV	0/16	0/11 (0/8)	0/8 (0/5)	(0/11) (0/8)
	V, VI		0/11 0/8	0/8 0/5	(0/11) (0/8)
	StLLW, Rad- und Gehwege		0/11, 0/8 0/5	0/8 0/5	(0/8) (0/5)

Tafel 64 Baustoffe für Oberflächenbehandlungen

Bindemittelart	Bindemittelsorte	Lage bzw. Schicht	Bindemittelmenge in kg/m²	Edelsplittmenge in kg/m² bei Körnung 2/5	5/8	8/11
Oberflächenbehandlung mit einfacher Splittstreuung						
Unstabile Bitumenemulsion	U70K		1,5 bis 2,0	–	11 bis 17	–
Polymermodifizierte unstabile Bitumenemulsion PmOB (C/D)	U70K		1,2 bis 1,6	–	–	9 bis 14
Polymermodifiziertes Heißbitumen PmBO (A/B)			1,0 bis 1,4	–	9 bis 15	–
			0,9 bis 1,1	–	–	8 bis 12
Oberflächenbehandlung mit doppelter Splittabstreuung						
Unstabile Bitumenemulsion	U70K	1. Lage	1,6 bis 2,2	10 bis 13	–	–
		2. Lage	–	–	–	3 bis 6
Polymermodifizierte unstabile Bitumenemulsion PmOB (C/D)	U70K	1. Lage	1,4 bis 1,8	–	10 bis 13	–
		2. Lage	–	–	–	3 bis 6
Polymermodifiziertes Heißbitumen PmOB (A/B)		1. Lage	1,2 bis 1,3	10 bis 13	–	–
		2. Lage	–	–	–	2 bis 5
		1. Lage	1,1 bis 1,2	–	9 bis 12	–
		2. Lage	–	–	–	2 bis 5
Oberflächenbehandlung mit Splittvorlage						
Polymermodifizierte unstabile Bitumenemulsion PmOB (C/D)	U70K	1. Schicht	–	10 bis 13	–	–
		2. Schicht	1,8 bis 2,3	–	(10 bis 15)	10 bis 13
		1. Schicht	–	–	9 bis 12	–
		2. Schicht	1,7 bis 2,1	–	–	10 bis 13
Polymermodifiziertes Heißbitumen PmOB (A/B)		1. Schicht	–	10 bis 13	–	–
		2. Schicht	1,3 bis 1,6	–	(10 bis 12)	10 bis 13
		1. Schicht	–	–	9 bis 12	–
		2. Schicht	1,2 bis 1,5	–	–	10 bis 13

– nicht geeignet Klammerwerte sind alternativ möglich

Gußasphalt ist eine dichte Masse. Er besitzt keine Hohlräume, oft sogar Bindemittelüberschuß. Er ist im heißen Zustand gießfähig und muß nicht verdichtet werden. Die Oberfläche wird mit bitumenumhülltem Edelsplitt abgestreut.

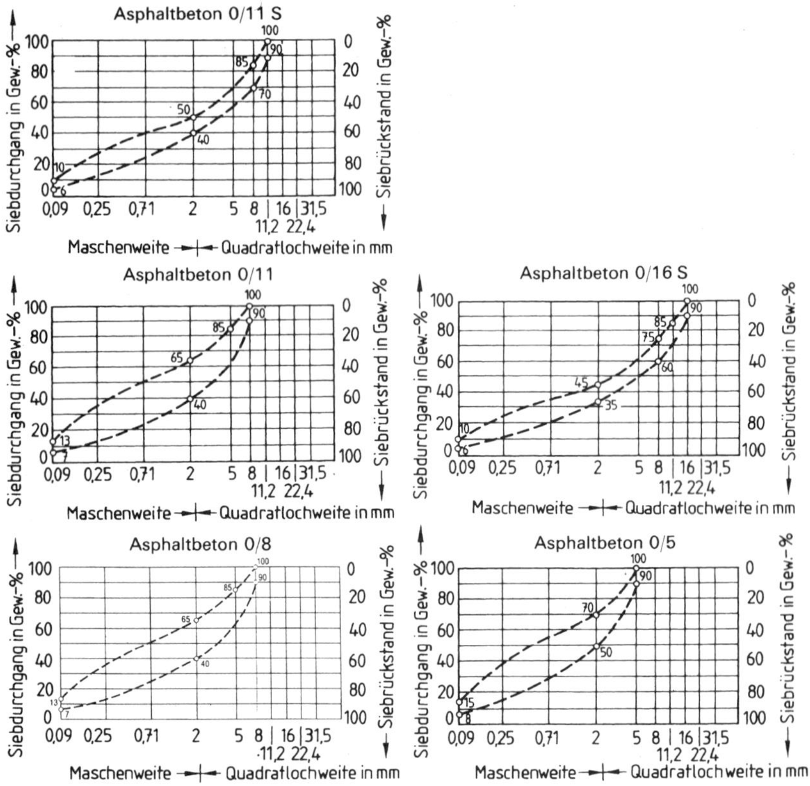

Bild 43 Sieblinienbereiche für Asphaltbeton (Heißeinbau)

Asphaltmastix ist eine dichte Masse aus Sand und Füller und in heißem Zustand gieß- und streichbar. Sie wird mit bitumenumhülltem Edelsplitt abgestreut.

Tragdeckschichten übernehmen die Funktion von Deck- und Tragschicht bei Verkehrsflächen mit leichtem Verkehr. Sie besitzen einen geringen Hohlraumgehalt.

Asphaltbeton (Warmeinbau) besteht aus Mineralstoffgemisch mit Fluxbitumen. Er wird warm eingebaut und verdichtet. Durch die Nachverdichtung unter Verkehr entstehen hohlraumarme Deckschichten. Die Verwendung für Fahrbahnen soll auf Ausnahmefälle beschränkt bleiben.

Oberflächenschutzschichten können durch Oberflächenbehandlungen oder Schlämmen erzeugt werden. Bei der Oberflächenbehandlung wird die Unterlage mit bituminösem Bindemittel angespritzt und anschließend mit Edelsplitt abgestreut. Man unterscheidet nach den Arbeitsgängen einfache, doppelte und einfache Oberflächenbehandlungen mit doppelter Splittstreuung. Bituminöse Schlämme besteht aus feinkörnigen Mineralstoffen, bituminösen Bindemittel und Wasser. Sie dient in der Regel der Versiegelung von Oberflächen.

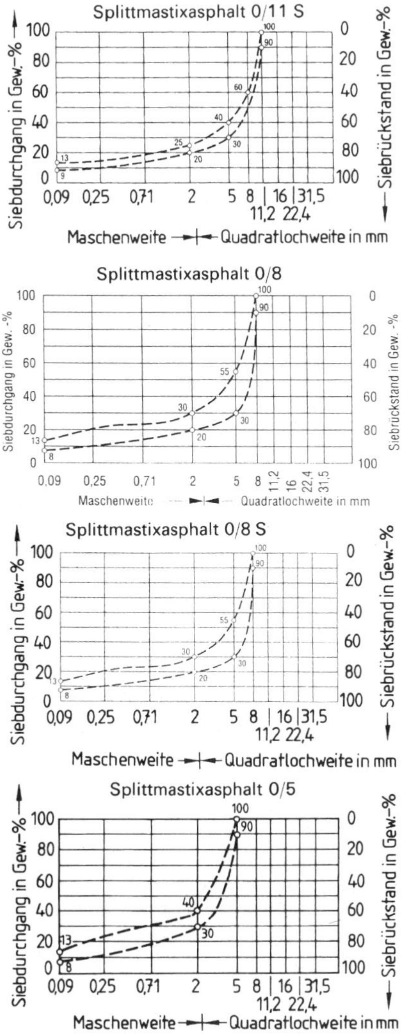

Bild 44 **Sieblinienbereiche für Splittmastixasphalt**

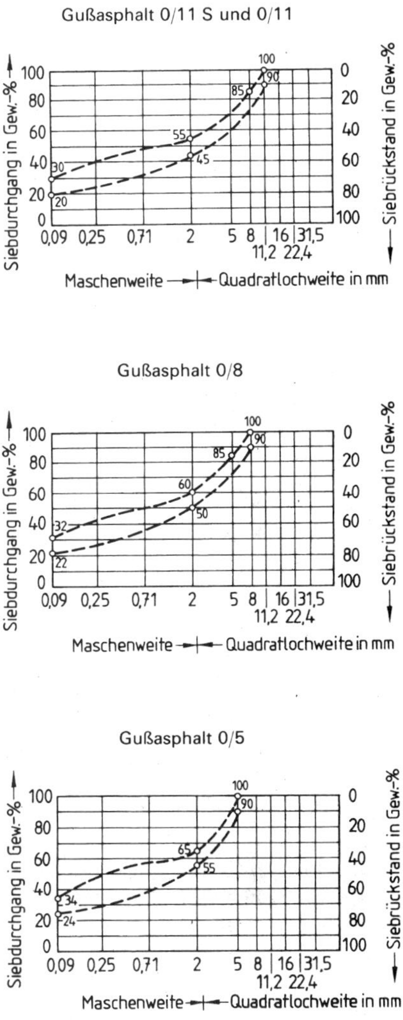

Bild 45 **Sieblinienbereiche für Gußasphalt**

Offenporige Asphaltdeckschichten. Diese Bauweisen werden eingesetzt zur Lärmminderung des Verkehrsgeräusches und zur Oberflächenentwässerung (Drainasphalt). Weisen sie im Neuzustand einen Hohlraumgehalt $\geq$ 15 Vol.-% auf, dürfen die Korrekturwerte D_{Stro} herabgesetzt werden bei Körnungsbereich

0/11 auf $D_{Stro} = -4{,}0$ dB (A) und bei 0/8 auf $D_{Stro} = -5{,}0$ dB (A).

Der Lärmminderungs-Effekt geht nach einigen Jahren verloren.

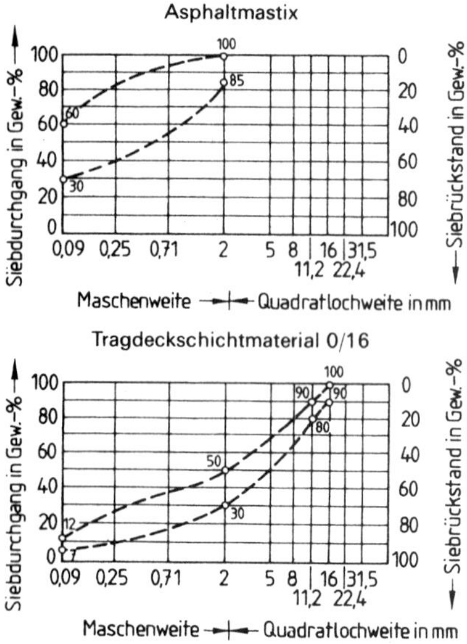

Bild 46 Sieblinienbereiche für Asphaltmastix und Tragdeckschicht

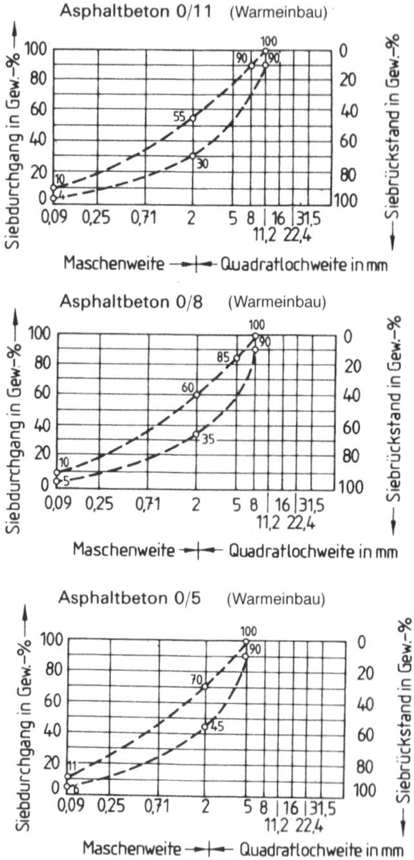

Bild 47 Sieblinienbereiche für Asphaltbeton (Warmeinbau)

Dünne Schichten im Kalteinbau (DSK). Das Mischgut besteht aus Edelsplitt, Brechsand, Gesteinsmehl, Bitumenemulsion (meist auf PmB-Basis) und Wasser. Verwendet wird Mischgut 0/3 mit 6,0 bis 14,0 kg/m², Mischgut 0/5 mit 12,0 bis 22,0 kg/m² und Mischgut 0/8 mit 18,0 bis 30,0 kg/m². Mit einer Nachverdichtung unter Verkehr muß gerechnet werden. DSK sollten deshalb nur auf Straßen mit geringem Verkehr eingesetzt werden.

Tafel 65 Richtwerte für offenporigen Asphalt

Art	Mineralstoffe in Gw.-% für Körnung in mm					Bindemittel-sorte,	Bindemittel-gehalt in Gew.-%	Mischgut Hohlr. in Vol.-%	Schichteinbau Dicke in cm	Schichteinbau Gewicht in kg/m²	Schichteinbau Verd.-grad %	Schichteinbau Hohlr.-gehalt Vol.-%
	<0,09	>2,0	>5,0	>8,0	>11,2							
0/11	4 bis 6	80 bis 90	70 bis 85	50 bis 75	≤ 10	B 65 B 80 PmB 65 PmB 80	5,0 bis 5,5	18 bis 24	3,5 bis 5,0	70 bis 100	≥ 95	≥ 15
0/8	4 bis 6	80 bis 90	50 bis 75	≤ 10			5,2 bis 5,8		3,0 bis 4,0	60 bis 80		
0/5	6 bis 12	65 bis 85	≤10				5,5 bis 6,5		2,5 bis 3,5	50 bis 70		

Dem Mischgut ist ein stabilisierender Zusatz von 0,3 bis 0,5 Gew.-% zuzugeben. Die Sieblinienbereiche entnimmt man Bild 48.

Naturasphalt ist ein Gemisch aus Naturbitumen und feinen, gleichmäßig verteilten Mineralstoffen, das auf natürliche Weise entstanden ist. Er wird im Straßenbau als Zusatz zum Destillationsbitumen in Gußasphalt, Asphaltmastix und Walzasphalt hochbeanspruchter Deckschichten zugegeben, übt auf den Asphaltmörtel stabilisierende Wirkung aus und erleichtert die Verarbeitung der Asphaltmischung. Die Mitverwendung von Trinidad Naturasphalt macht die Asphaltmischung geschmeidiger beim Einbau. Deshalb kann das Destillationsbitumen eine Stufe härter gewählt werden. In Deutschland hat sich Trinidad Naturasphalt durchgesetzt mit dem Füller-Bitumenverhältnis 1:1 bis 1:2. Er wird in den Handelsformen Trinidad Epuré, Trinidad Epuré Z und Trinidad-Pulver geliefert. Die Handelsform hat Einfluß auf die Lagerhaltung und Zugabe zum Asphaltmischer.

Trinidad Epuré besteht aus rd. 54 Massen-% Naturbitumen und 46 Massen-% Mineralstoffe, die der Korngröße Durchmesser <0,09 mm zuzurechnen sind. Es besitzt bei Normaltemperaturen feste Konsistenz. Das zerkleinerte Epuré muß vor dem Mischen aufgeschmolzen werden.

Trinidad Epuré Z ist bereits auf Splittkorngröße 0/12 mm gebrochen.

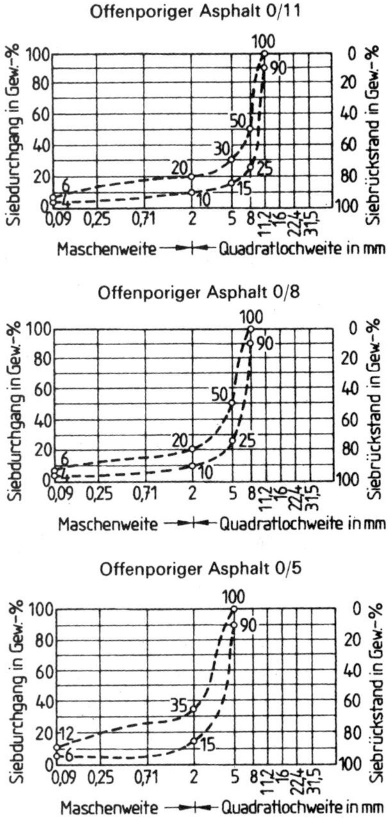

Bild 48
Sieblinienbereiche für offenporigen Asphalt

Tafel 66 Zugabeanteile von Trinidad Naturasphalt zum Mischgut

Mischgutart	Empfohlene Straßenbau-bitumensorte	Naturasphaltanteil in Massen-%	
		Trinidad Epuré Trinidad Epuré Z	Trinidad-Pulver 50/50
Gußasphalt 0/11 S, 0/11, 0/8, 0/5 Asphaltmastix	B 45 B 65 B 80	2,0 3,0[1]) 3,0	– – –
Asphaltbeton 0/16 S, 0/11 S	B 80	2,0	4,0
Splittmastixasphalt 0/11 S, 0/8 S	B 80	1,5[2])	3,0[2])

[1]) Auch bei Brückenabdichtungen
[2]) in Verbindung mit stabilisierenden Zusätzen gemäß ZTV Asphalt-StB

Bei der Berechnung der Bitumen und Mineralstoffanteile im Mischgut ist der Mineralanteil im Trinidad Naturasphalt zu berücksichtigen.

Dadurch wird der Aufschmelzprozeß im Mischbehälter verkürzt. Es enthält einen Kieselgur-Zusatz von 3,0 Massen-%, der das Wiederverkleben des gebrochenen Trinidad Epuré verhindern soll.

Trinidad-Pulver 50/50 ist gemahlenes Trinidad Epuré, das mit 50 Massen-% Steinmehl als Trennmittel gemischt ist. Loses Trinidad-Pulver 50/50 wird im Füllerturm gelagert und soll innerhalb von 6 Tagen verarbeitet werden, um ein Zusammenkleben zu verhindern. Bei Lieferung in Kunststoffsäcken müssen diese vor Sonneneinstrahlung und Feuchtigkeit geschützt werden. Bei der Verwendung des Trinidad-Pulvers 50/50 ist zu beachten, daß in der Masse nur rd. 27 Massen-% Naturbitumen enthalten sind und rd. 73 Massen-% der Korngruppe mit dem Durchmesser $<0{,}09$ mm hinzuzurechnen sind.

Beispiel Vom Auftraggeber wird ein Anteil an löslichem Bitumen von 7,1 Massen-% gefordert. Dem Mischgut sollen 2,0 Massen-% Trinidad Epuré zugemischt werden. Wie muß die Asphaltmischung zusammengestellt werden?

Bei Verwendung von Trinidad Epuré Z ergibt es folgende Zusammensetzung:
2,0 Massen-% Trinidad Epuré enthalten
$2{,}0 \cdot 0{,}54 = 1{,}08$ Massen-% lösliches Bitumen
$2{,}0 \cdot 0{,}46 = 0{,}96$ Massen-% Feinstoffe, die dem Füller zuzurechnen sind.

Die Mischgut-Zusammensetzung umfaßt dann

Straßenbaubitumen	6,00 Massen-%
Lösliches Bitumen aus 2,0 Massen-% Trinidad Epuré	1,08 Massen-%
Feinstoffe aus 2,0 Massen-% Trinidad Epuré	0,92 Massen-%
Mineralstoffgemisch	92,00 Massen-%
	100,00 Massen-%

Bei Verwendung von Trinidad Epuré als Trinidad-Pulver 50/50 ergibt es folgende Zusammensetzung:

4,0 Massen-% Trinidad-Pulver 50/50 enthalten
$4{,}0 \cdot 0{,}27 = 1{,}08$ Massen-% lösliches Bitumen
$4{,}0 \cdot 0{,}23 = 0{,}92$ Massen-% Feinstoffe
$4{,}0 \cdot 0{,}50 = 2{,}00$ Massen-% Steinmehl

Die Mischgut-Zusammensetzung umfaßt dann

Straßenbaubitumen	6,00 Massen-%
Lösliches Bitumen aus 2,0 Massen-% Trinidad Epuré	1,08 Massen-%
Feinstoffe aus 2,0 Massen-% Trinidad Epuré	0,92 Massen-%
Steinmehlanteil aus 4,0 Massen-% Trinidad-Pulver	2,00 Massen-%
Mineralstoffgemisch	90,00 Massen-%
	100,00 Massen-%

1.6 Anlagen für ruhenden Verkehr

Der *Flächenbedarf* für ruhenden Kraftfahrzeugverkehr hängt ab von Art und Maß der baulichen Nutzung der Grundstücke, dem Bedarf der Anlieger, der Besucher, Kunden und Beschäftigten in einem bebauten Gebiet. Die Abstellflächen können auf öffentlichem oder privatem Grund liegen. Je nach Bauordnung sind 1,0 bis 1,5 Stellplätze je Wohnung auf privatem Grund gefordert. Für Besucher und Lieferanten ist für 3 bis 6 Wohnungen ein Stellplatz auf öffentlichen Grund zu planen. Davon sollen 3% für Behinderte ausgewiesen werden.

Stellplätze sind Flächen, auf denen ein Kraftfahrzeug abgestellt werden kann einschließlich des notwendigen Manövrierraumes vor und hinter dem Fahrzeug. *Parkplätze* sind Flächen, auf denen eine Anzahl von Stellplätzen vereinigt sind einschließlich der notwendigen Fahrgassen. *Parkbauten* sind Parkplätze, die in konstruktiven Baulichkeiten als Hochbauten oder unterirdisch untergebracht sind. Ein Stellplatz kann offen, überdacht oder rundum geschlossen (Garage) ausgeführt werden.

Im öffentlichen Bereich am *Straßenrand* oder auf *Parkplätzen* wählt man dem Bedarf entsprechend entweder die *Längs-, Schräg-* oder *Senkrechtaufstellung.* Die Anordnung der Stellplätze und deren Abmessungen entnimmt man Tafel 67 und Bild 49. Um ein angenehmes städtebauliches Bild zu erreichen, sollten die angeordneten Stellplätze durch Grünflächen unterbrochen werden (Bild 50).

Auf Parkplätzen kann man die Stellplätze in Senkrechtstellung, im Parkett- oder Fischgrätenmuster anordnen. Je nach vorhandener Fläche sind Kombinationen möglich (Bild 51). Für das Auftragen der Stellplatzmarkierung berechnet man die Einzelmaße nach Tafel 69. Die Anordnung von Bushaltestellen in Parkstreifen entlang dem Straßenrand zeigt Tafel 70.

Mehrgeschossige *Parkbauten* werden durch gerade oder Kreisbogenrampen miteinander verbunden. Die Längsneigung soll 15% (im Freien 10%) nicht überschreiten. Die Abmessungen entnimmt man der Tafel 68. Beim Übergang zur Geschoßfläche sind Neigungen >8% auszurunden oder auf 1,50 m Länge bei Kuppen und 2,50 m bei Wannen nur mit halber Längsneigung auszuführen ($h_k = 15{,}00$ m, $h_w = 20{,}00$ m). Bei Neigungswechseln ist die lichte Geschoßhöhe von mind. 2,10 m auf mind. 2,30 m zu vergrößern.

Tafel 67 Abmessungen von Parkständen für Pkw (Klammerwerte bei Pkw mit reduzierten Abmessungen)

Aufstellungsform	Qualität des Ein- und Ausparkens	Aufstellwinkel α in gon	Tiefe ab Fahrgassenrand $t-ü$ in m	Überhangstreifen $ü$ in m	Parkstandbreite b in m	Straßenfrontlänge l_f in m beim Einparken vorwärts	Straßenfrontlänge l_f in m beim Einparken rückwärts	notwendige Fahrgassenbreite b_g in m beim Einparken vorwärts	notwendige Fahrgassenbreite b_g in m beim Einparken rückwärts
Längsaufstellung 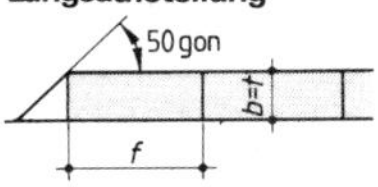	bequem	0			2,00		5,75		3,50
	beengt				1,80		5,25		3,50
Schrägaufstellung 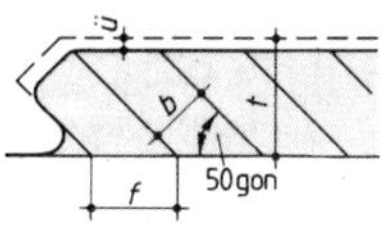	bequem	50	4,15 (3,95)		2,50	3,54		2,40	
	beengt				2,30	3,25		2,60 (2,50)	
	bequem	60	4,45 (4,20)		2,50	3,09		2,90	
	beengt				2,30	2,84		3,30 (3,00)	
	bequem	70	4,60 (4,30)		2,50	2,81		3,60	
	beengt				2,30	2,58		4,30 (3,50)	
	bequem	80	4,60 (4,30)		2,50	2,63		4,20	
	beengt				2,30	2,42		5,40 (4,10)	
	bequem	90	4,50 (4,20)		2,50	2,53		5,00	
	beengt				2,30	2,33		(4,80)	
Senkrechtaufstellung 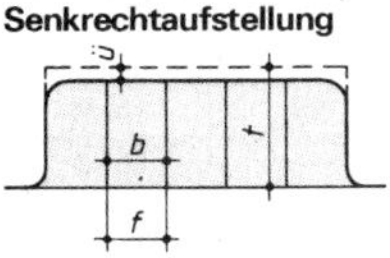	bequem	100	4,30 (4,00)	0,70 (0,50)	2,50	2,50	2,50	6,00	4,50
	beengt				2,30	2,30	2,30	(5,50)	5,00 (4,50)
Blockaufstellung 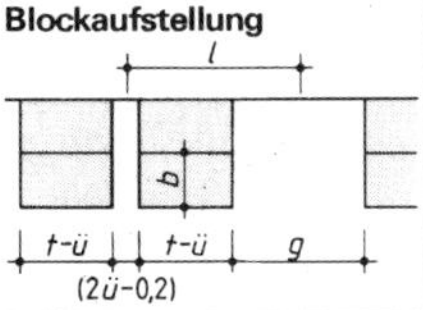	bequem	100	4,30 (4,00)		2,50	7,90	7,15	6,00	4,50
	beengt				2,30	(6,65)	7,40	(5,50)	5,00 (4,50)

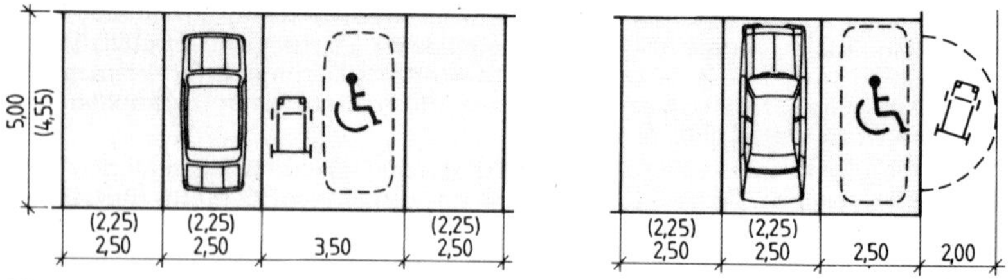

Bild 49 Abmessung von Parkständen für Behinderten-Pkw

Senkrechtaufstellung

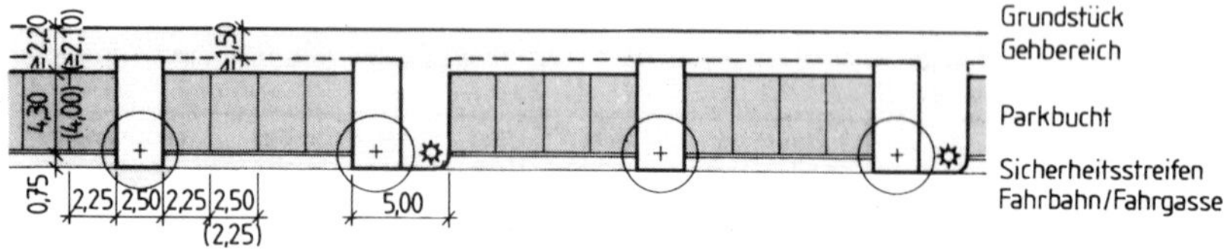

Schrägaufstellung

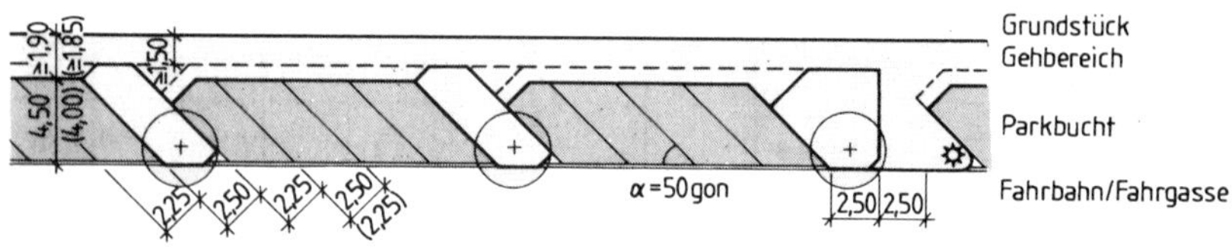

Längsaufstellung

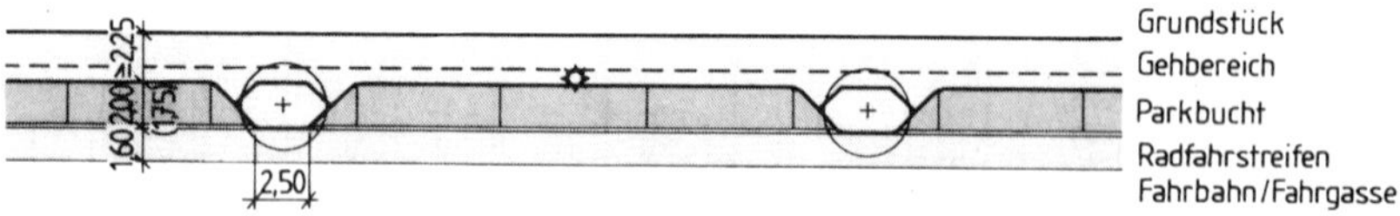

Bild 50 Beispiele für das Anlegen von Parkflächen am Straßenrand

Tafel 68 Querschnittsabmessungen für Rampen in Parkbauten

Verkehrsart auf der Rampe	Radius r_i in m	Mindest-Fahrbahnbreite in m	Sicherheitsraum in m S_i	S_a	S_m	lichte Breite in m
Ein-Richtungs-verkehr	∞	3,00	0,25	0,25		3,50
	5,00	4,00	1,00	0,50		5,50
Gegenverkehr	∞	6,00	0,25	0,25	0,50	7,00
	5,00	7,10	0,50	0,50	0,50	8,60
	6,00	6,90				8,40
	7,00	6,70				8,20
	8,00	6,50				8,00
	9,00	6,30				7,80
	10,00	6,00				7,50

Senkrechtaufstellung (Gegenverkehr)

Schrägaufstellung 67 gon (wechselweise Einbahnverkehr)

Schrägaufstellung 50 gon (Einbahnverkehr)

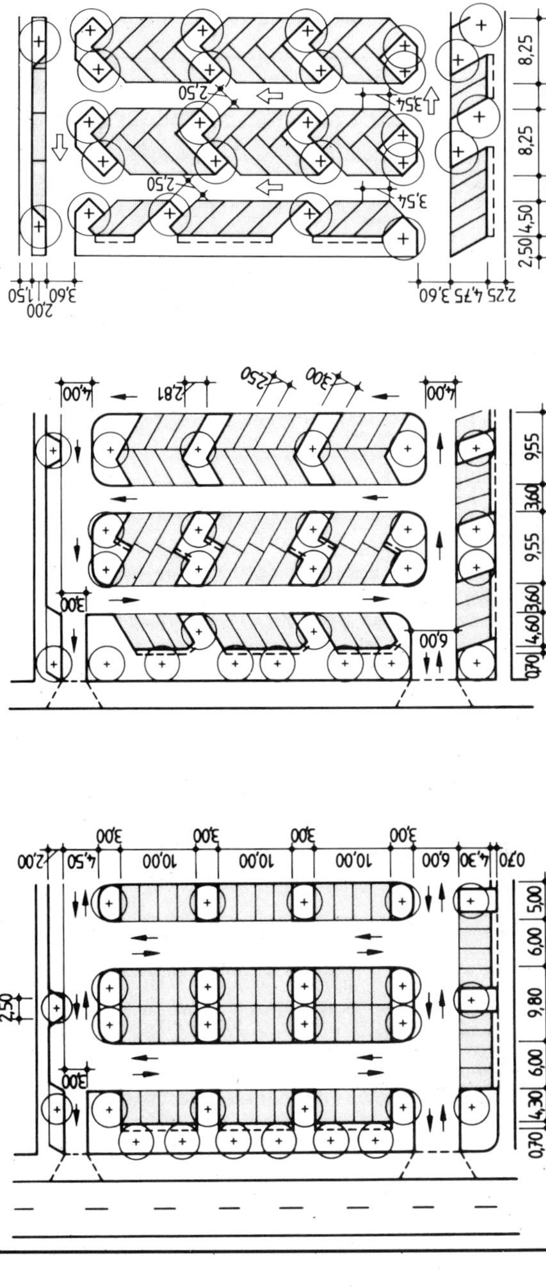

Bild 51 Beispiele für Parkplatzgestaltung

Tafel 69 Absteckmaße für Parkett- und Fischgrätenmuster auf Parkplätzen

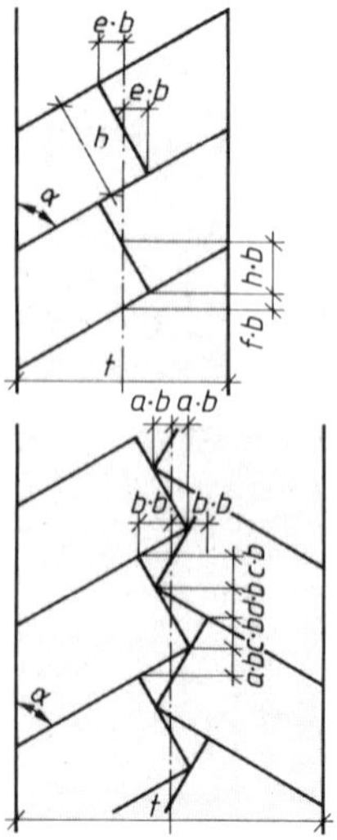

Absteckparameter	Winkel α in gon		
	50,00	66,67	83,33
$a=\dfrac{\cos\alpha}{4\cdot\sin^2\alpha}$	0,3536	0,3667	0,0693
$b=\cos\alpha\cdot\left(1-\dfrac{1}{4\cdot\sin^2\alpha}\right)$	0,3536	0,3333	0,1895
$c=\sin\alpha\cdot\left(1-\dfrac{1}{2\cdot\sin^2\alpha}\right)$	0,0000	0,2887	0,4483
$d=\dfrac{\cos^2\alpha}{\sin\alpha}$	0,7071	0,2887	0,0693
$e=\dfrac{1}{2}\cdot\cos\alpha$	0,3536	0,2500	0,1294
$f=\dfrac{1}{2}\cdot\dfrac{\cos^2\alpha}{\sin\alpha}$	0,3536	0,1444	0,0347
$h=\dfrac{1}{2}\cdot\sin\alpha$	0,3536	0,4330	0,4830

Bushaltestellen

Es ist anzustreben, die Busse außerhalb der Fahrbahn halten zu lassen. Es entstehen dadurch *Busbuchten*, die nach Tafel 56 bemessen werden. Im Ein- und Aussteigebereich müssen ausreichend große Warteflächen und Schutzhäuschen für wartende Fahrgäste angeordnet sein. Auf die Sicherheit der Fußgänger bei Bushaltestellen an Straßen mit Radwegen und im Knotenpunktsbereich mit ausreichenden Sichtweiten ist besonderer Wert zu legen. Werden Busbuchten an Straßen angelegt, an denen Parkstreifen vorhanden sind, so muß gewährleistet sein, daß die Zu- und Abfahrten nicht zugeparkt werden.

Tafel 70 Regelausbildung von Bushaltstellen

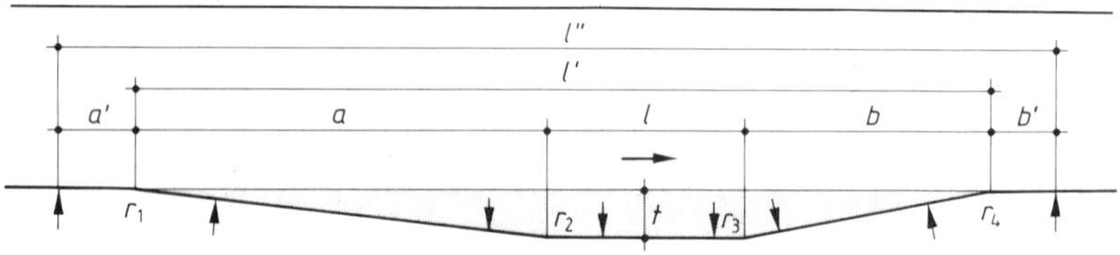

Fahrzeug	v in km/h	t in m	a in m	b in m	a' in m	b' in m	r_1 in m	r_2 in m	r_3 in m	r_4 in m	l in m	l' in m	l'' in m
Einzel-		2,50	16,00	12,50	3,12	4,00	40,00	30,00	30,00	40,00	12,00	40,50	47,62
bus	50	3,00			3,75	4,80							49,05
		3,00	*25,00*	*15,00*	*4,80*	*4,00*	*80,00*	*60,00*	*20,00*	*40,00*		*52,00*	*60,80*
2 Ein-		2,50	16,00	12,50	3,12	4,00	40,00	30,00	30,00	40,00	25,00	53,50	60,62
zel-	50	3,00			3,75	4,80							62,05
busse		*3,00*	*25,00*	*15,00*	*4,80*	*4,00*	*80,00*	*60,00*	*20,00*	*40,00*		*65,00*	*73,80*
Ge-		2,50	16,00	12,50	3,12	4,00	40,00	30,00	30,00	40,00	18,00	46,50	53,62
lenk-	50	3,00			3,75	4,80							55,05
bus		*3,00*	*25,00*	*15,00*	*4,80*	*4,00*	*80,00*	*60,00*	*20,00*	*40,00*		*58,00*	*66,80*

kursive Zahlen sind Werte nach RAS-Ö, Teil 2

1.7 Straßenentwässerung

1.7.1 Planungsgrundsätze

Wasser stellt eine Gefahr für die Lebensdauer der Straße und ihrer Bauwerke dar und beeinträchtigt die Sicherheit der Verkehrsteilnehmer. Bei der Planung von Straßen sind die Einwirkungen auf Gewässer und Grundwasser zu berücksichtigen. Ebenso sind die Auswirkungen des Wassers auf den Straßenbestand zu untersuchen. Flächen außerhalb der Fahrbahn sollen kein Wasser auf die Fahrbahn leiten. Ausnahmen bilden Rad- und Gehwege in bebauten Gebieten. Wasser muß schadlos zum Vorfluter abgeleitet werden.

Die Leistungsfähigkeit vorhandener Kanalleitungen ist zu überprüfen!

In Sonderfällen ist Versickerung möglich. Die Unterkante des Straßenaufbaus soll Grundwasser nicht anschneiden. Querneigungswechsel müssen in Bereichen ausreichender Längsneigung liegen. Die Schrägneigung soll $p \geq 2{,}0\%$ (Pflaster $\geq 3\%$) sein, in Verwindungsstrecken darf bis auf min $p = 0{,}5\%$ abgemindert werden. Im Kreuzungsbereich empfiehlt es sich, Höhenlinienpläne zur Beurteilung herzustellen. Entwässerungseinrichtungen sollen leicht zu warten sein. Oberirdische Ableitungen sind deshalb besser als unterirdische. Sind Verunreinigungen des Wassers zu erwarten, müssen diese durch Rückhalte- und Klärbecken aufgefangen werden. Auf eine landschaftsgerechte, naturnahe Ausgestaltung zu achten.

1.7.2 Bemessung

Die **Abfluß-Wassermenge** ist abhängig von Regenspende, Regenhäufigkeit und Abflußbeiwert. Als *Regenspende* ist die Regenmenge zugrunde zu legen, die sich nach Reinhold für den 15-min-Regen ergibt, der nicht mehr als einmal im Jahr auftritt (Gl. 53).

$$\boldsymbol{r_{T(n)} = r_{15(n=1)} \cdot \varphi_{T(n)}} \quad \text{in l/(s} \cdot \text{ha)} \qquad (53)$$

r_T Regenspende im Zeitraum T in min
n Anzahl der Häufigkeiten pro Jahr
φ_T Zeitbeiwert

Den Zeitbeiwert φ_T entnimmt man Kapitel Wasserwirtschaft, Abschn. 5.4.3.1. Die *Regenhäufigkeit* legt man fest nach dem Grad der gewünschten Sicherheit gegen Überschreitungen. Übliche Werte für die Entwässerung von Straßen entnimmt man Tafel 71.

Tafel 71 Regenhäufigkeit *n*

Lage	Entwässerungseinrichtung	Regenhäufigkeit *n*
außerorts	Mulden, Gräben, Rohrleitungen Rohrleitungen in Mittelstreifen Straßentiefpunkte	1,0 0,3 0,2
	Trogstrecken	0,1 bis 0,05
innerorts	allgem. Bebauung Innenstadt, Industriegebiete	1,0 bis 0,5 1,0 bis 0,2

Das Ableitungsvermögen eines Gebietes erfaßt man durch den Abflußbeiwert. Der Spitzenabflußbeiwert ψ_S kann nach Tafel 72 festgelegt werden.

Die Berechnung des Regenabflusses erfolgt nach dem Zeitbeiwertverfahren oder Zeitabflußfaktorenverfahren (s. Wasserwirtschaft, Abschn. 5.4.4). Die Abflußmenge berechnet man mit der Gl. (54).

Tafel 72 Abflußbeiwert ψ_S

Fläche	Abflußbeiwert ψ_S
Fahrbahn	0,9
unbefestigte Horizontalflächen	0,05 bis 0,1
Böschungen im Dammbereich	0,3
Böschungen im Einschnitt	0,3 bis 0,5
Entwässerung befestigter Flächen über unbefestigte Seitenstreifen, Mulden mit Muldenabläufen (Einschnitt)	0,7
Entwässerung befestigter Flächen über unbefestigte Seitenstreifen, Dammböschungen und Fußmulden	0,5

$$\boldsymbol{Q = r \cdot \varphi \cdot \sum_{i=1}^{i=n} A_E \cdot \psi_s} \quad \text{in l/s} \qquad (54)$$

Q Oberflächenabfluß in l/s
r Regenspende in l/(s · ha)
φ Zeitbeiwert
A_E Größe der Entwässerungsfläche in ha
ψ_S Spitzenabflußwert für A_E

Beispiel

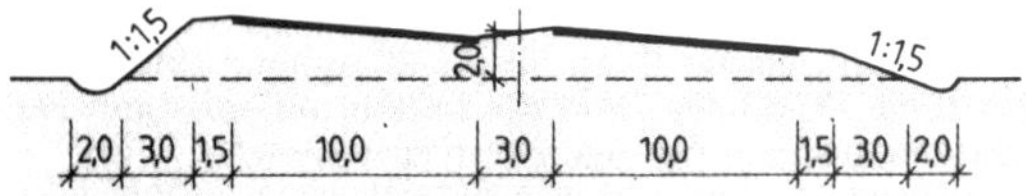

Eine zweibahnige Straße des RQ 26,0 ist im Entwurf als Sägequerschnitt ausgebildet. Der Untersuchungsabschnitt für die Entwässerung beträgt 1000,00 m. Die Strecke liegt auf einem Damm von 2,00 m Höhe. Die Böschungsneigung beträgt 1:1,5. Für die Region ist eine Regenspende $r_{15} = 120$ l/sec · ha anzunehmen. Die Regenhäufigkeit für Rohrleitungen im Mittelstreifen ist mit $n = 0{,}3$, für Mulden außerorts mit $n = 1{,}0$ anzusetzen.

Es ist zu berechnen, welche Regenmengen vom Straßenkörper dem Vorfluter zugeleitet werden.

Berechnung der Einzugsflächen:

Befestigte Flächen	$10 \cdot 1000 = 10\,000$ m² je Seite
Böschungen	$1{,}5 \cdot 2{,}0 \cdot 1000 = 3000$ m² je Seite
Seitenstreifen	$1{,}5 \cdot 1000 = 1500$ m² je Seite
Mulde am Dammfuß	$2{,}0 \cdot 1000 = 2000$ m² je Seite
Mittelstreifen	$3{,}0 \cdot 1000 = 3000$ m²
Zeitbeiwert $\varphi_T = 1$	

Berechnung der Abflußmengen:

$$Q = r_{15} \cdot \varphi \cdot \sum_{i=1}^{i=n} A_E \cdot \psi_s$$

Abfluß hohe Seite

$Q_1 = 120 \cdot 1 \cdot (1500 + 3000 + 2000) \cdot 10^{-4} \cdot 0{,}3 = 23{,}4$ l/s

Abfluß über den Mittelstreifen

$Q_2 = 120 \cdot (3000 \cdot 0{,}1 + 10\,000 \cdot 0{,}9) \cdot 10^{-4} = 111{,}6$ l/s

Mit der Regenhäufigkeit $n = 0{,}3$ und einer Regendauer von 15 Minuten liest man den Zeitbeiwert nach *Reinhold* ab: $\varphi = 1{,}555$. Mit diesem Faktor wird die Abflußmenge des Mittelstreifens erhöht.

$Q_2,\text{korr} = \varphi \cdot Q_2 = 1{,}555 \cdot 111{,}6 = 173{,}5$ l/s

Abfluß tiefe Seite

$Q_3 = 120 \cdot 1 \cdot (10\,000 \cdot 0{,}5 + 6500 \cdot 0{,}3) \cdot 10^{-4} = 83{,}4$ l/s

Beispiel für Listenberechnung der Regenleitungen s. Kapitel Wasserwirtschaft, Abschn. 5.4.4.

Die Bemessung der **Entwässerungseinrichtungen** erfolgt mit Hilfe der Abflußformel nach Manning-Strickler für offene Gerinne und nach Prandtl-Colebrook bei Rohrleitungen.

Offene Gerinne sind Entwässerungsmulden, Gräben und Rinnen. Die abführbare Wassermenge ist abhängig vom durchflossenen Querschnitt, dem benetzten Umfang, der Fließgeschwindigkeit und der Rauhigkeit der Gerinnewandung.

Entwässerungsmulden werden als Kreissegmente ausgebildet. Ihr nutzbarer Querschnitt ergibt sich aus Gl. (55), den Radius der Mulden erhält man aus Gl. (56), den Mittelpunktswinkel aus Gl. (57) und den benetzten Umfang aus Gl. (58).

$$\boldsymbol{A} = \frac{\boldsymbol{r}^2}{2}\left(\frac{\pi \cdot \alpha}{200} - \sin \alpha\right) \quad \text{in m}^2 \qquad (55)$$

$$\boldsymbol{r} = \left(\frac{s}{2}\right)^2 \cdot \frac{1}{2 \cdot p} + \frac{p}{2} \quad \text{in m} \qquad (56)$$

$$\sin \frac{\alpha}{2} = \frac{s}{2 \cdot r} \quad \text{in gon} \qquad (57)$$

$$l_u = \frac{\pi \cdot r \cdot \alpha}{200} \quad \text{in m} \qquad (58)$$

A	Durchflußquerschnittsfläche	in m²
r	Ausrundungsradius der Mulde	in m
s	Sehnenlänge (Muldenbreite)	in m
p	Pfeilhöhe (Tiefe) der Mulde	in m
α	Mittelpunktswinkel zur Sehne	in gon
l_u	benetzter Umfang (Bogenlänge)	in m

Straßengräben können die Form von Rechteck-, Trapez- oder Dreiecksquerschnitten erhalten. Die notwendigen Werte entnimmt man Tafel 73.

Tafel 73 Bemessungswerte für Grabenprofile

Profilform	Rechteck	Trapez	Dreieck
Flächeninhalt A in m	$b \cdot h$	$h\left(\frac{a+b}{2}\right)$	$\frac{b \cdot h}{2}$
benetzter Umfang l_u in m	$2 \cdot h + b$	$b + 2\sqrt{h^2 + \left(\frac{a-b}{2}\right)^2}$	$2\sqrt{h^2 + \left(\frac{b}{2}\right)^2}$

Aus den voranstehenden Werten berechnet man den hydraulischen Radius r_{hy} mit

$$r_{hy} = \frac{A}{l_u} \quad \text{in m} \qquad (59)$$

Die *mögliche Abflußmenge* ist abhängig vom benetzten Umfang, der Rauhigkeit des Gerinnes und dem Energiegefälle. Letzteres kann im Straßenbau dem Sohlgefälle gleichgesetzt werden. Für die einzelnen Querschnittsformen ergeben sich die folgenden Gleichungen.

Für Entwässerungsmulden, Rechteck-, Trapez- oder Dreiecksgräben:

$$\max Q = A \cdot k_{St} \cdot r_{hy}^{2/3} \cdot I_E^{1/2} \quad \text{in m}^3/\text{s} \qquad (60)$$

für Bord- oder Spitzrinnen am Randstein

$$\max Q = k_{St} \cdot h^{8/3} \cdot I_E^{1/2} \cdot \frac{0{,}315}{q} \quad \text{in m}^3/\text{s} \qquad (61)$$

für Muldenrinnen am Randstein

$$\max Q = k_{St} \cdot h^{8/3} \cdot I_E^{1/2} \cdot \frac{b}{2 \cdot h} \quad \text{in m}^3/\text{s} \qquad (62)$$

k_{St} Rauhigkeitsbeiwert nach Strickler in $m^{1/3}/s$ (Tafel 74)
r_{hy} hydraulischer Radius in m
I_E Sohlgefälle des Gerinnes in ‰
h Wassertiefe am Randstein oder Muldenmitte in m
q Querneigung des Gerinnes in %

19

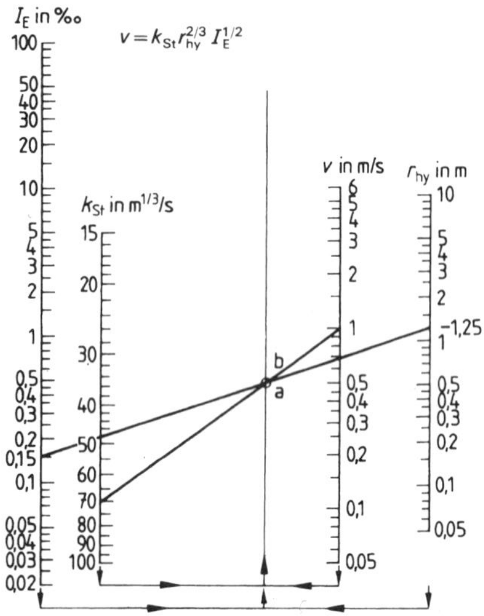

Beispiel
$I_E = 0{,}15‰$, $r_{hy} = 1{,}25$ m (a)
$k_{St} = 70\ m^{1/3}/s \rightarrow v = 1{,}00$ m/s (b)

Bild 52
Nomogramm zur Bestimmung der Fließgeschwindigkeit v nach Manning-Strickler

Tafel 74 Rauhigkeitsbeiwerte k_{St} nach Strickler

Gerinneart	Wandbeschaffenheit	k_{St} in $m^{1/3}/s$
Mulden	Sohlschale je nach Ablagerung	30 bis 50
	Rasen	20 bis 30
	Schotter	25 bis 30
	Bruchsteinpflaster	40 bis 50

Die Bemessung von Rohrleitungen erfolgt entsprechend Kap. Wasserwirtschaft, Abschn. 3.1. Für Vollfüllung gilt

$$Q = \frac{\pi \cdot d^2}{4} \left[-2 \cdot \lg \left(\frac{2{,}51 \cdot \nu}{d\sqrt{2 \cdot g \cdot I_r \cdot d}} + \frac{k_b}{3{,}71 \cdot d} \right) \right] \cdot \sqrt{2 \cdot g \cdot I_r \cdot d} \quad (63)$$

Q Durchflußmenge in m^3/s
d Rohrinnendurchmesser in m
ν kinematische Viskosität in m^2/s
g Fallbeschleunigung in m/s^2
I_r Gefälle in %
k_b Betriebliche Rauhigkeit in mm (s. Wasserwirtschaft, Abschn. 3.1.3.1)

Teilfüllung der Rohre berechnet man nach Kap. Wasserwirtschaft, Abschn. 3.1.4.

Beispiel Für eine Entwässerungsmulde von $s = 2{,}00$ m und einer Tiefe von $p = 0{,}30$ m sind der Abflußquerschnitt, der Radius der Mulde, der benetzte Umfang, der hydraulische Radius und die maximale Abflußmenge zu bestimmen. Das Sohlgefälle beträgt $I_E = 20$. Die Abflußmenge von der Straße beträgt 83,4 l/s. Aus der Breite s und der Tiefe p läßt sich der Ausrundungsradius bestimmen.

$$r = \left(\frac{s}{2}\right)^2 \cdot \frac{1}{2 \cdot p} + \frac{p}{2} = 1^2 \cdot \frac{1}{2 \cdot 0{,}3} + \frac{0{,}3}{2} = 1{,}817 \text{ m}$$

Aus der Muldenbreite wird der Mittelpunktswinkel des Kreises ermittelt.

$$\sin\frac{\alpha}{2} = \frac{s}{2 \cdot r} = \frac{2{,}00}{2 \cdot 1{,}817} = 0{,}55036, \text{ damit ist } \frac{\alpha}{2} = 37{,}102 \text{ gon und } \alpha = 74{,}204 \text{ gon}$$

Der benetzte Umfang ist dann

$$l_u = \frac{\pi \cdot r \cdot \alpha}{200} = \frac{\pi \cdot 1{,}817 \cdot 74{,}204}{200} = 2{,}118 \text{ m}$$

Die Abflußquerschnitts-Fläche hat die Größe

Beispiel $A = \frac{r^2}{2} \cdot \left(\frac{\pi \cdot \alpha}{200} - \sin \alpha\right) = \frac{3{,}301}{2} \cdot \left(\frac{\pi \cdot 74{,}204}{200} - 0{,}91902\right) = 0{,}407\ \text{m}^2$

Der hydraulische Radius ist

$$r_{hy} = \frac{A}{l_u} = \frac{0{,}407}{2{,}118} = 0{,}192\ \text{m}$$

Als maximale Abflußmenge kann abgeführt werden

$$\max Q = A \cdot k_{St} \cdot r_{hy}^{2/3} \cdot I_E^{1/2} = 0{,}407 \cdot 25 \cdot 0{,}192^{2/3} \cdot 0{,}02^{1/2} = 0{,}479\ \text{m}^3/\text{s} > 83{,}4\ \text{l/s}.$$

Kreuzungsbauwerke mit Wasserläufen sind Brücken, Durchlässe und Düker. Diese sind in jedem Fall mit der Wasserwirtschaftsverwaltung abzustimmen. Die Abmessungen sind abhängig von

- Bemessungsdurchfluß,
- Fließgeschwindigkeit,
- Durchflußquerschnitt,
- zulässiger Aufstau.

Die lichte Weite von Brücken und Rechteckdurchlässen mit freiem Wasserspiegel und strömendem Abfluß bestimmt man mit Gl. (64).

$$l_w = \frac{Q}{h \cdot \sqrt{\dfrac{2 \cdot g \cdot \Delta h}{1{,}5 + \dfrac{2 \cdot g \cdot l}{k_{St}^2 \cdot r_{hy}^{4/3}}}}} \quad \text{in m} \quad (64)$$

l_w Lichte Weite des Bauwerks in m
h Abflußtiefe im unverbauten Querschnitt in m
r_{hy} hydraulischer Radius im Bauwerk in m
l durchflossene Bauwerkslänge in m
k_{St} Rauhigkeitsbeiwert in $\text{m}^{1/3}/\text{s}$ (meist 65 angenommen)
g Fallbeschleunigung in m/s^2
Δh Spiegeldifferenz zwischen Oberwasser einschl. Aufstau und Unterwasser (s. Bild 53)
Q Durchflußmenge in m^3/s

Die Lichte Weite für Bauwerke ohne Aufstau ergibt sich vereinfacht aus Gl. (65) (Bild 53)

$$l_w = \frac{A}{\mu \cdot h} \quad \text{in m} \quad (65)$$

Für Brücken über Wasserläufe mit Trapezprofil gilt

$$l_w = \frac{(b + m \cdot h) \cdot h}{\mu \cdot h} \quad \text{in m} \quad (66)$$

(s. Kapitel Wasserwirtschaft, Abschn. 3.2)

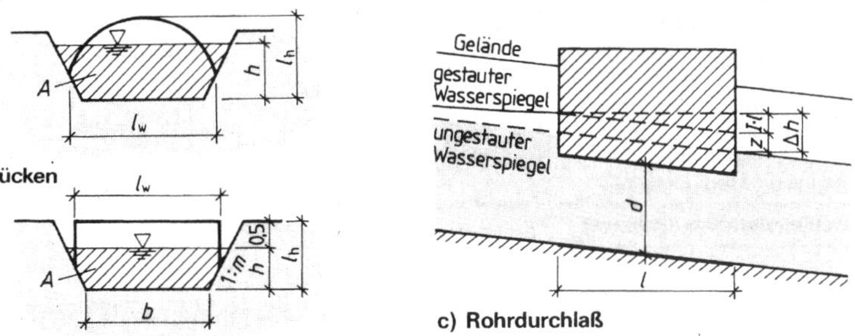

a) Brücken

b) Durchlaß mit Rechteckprofil

c) Rohrdurchlaß

Bild 53 Bemessungsgrößen für Kreuzungsbauwerke

Tritt ein Aufstau auf, so kann man die Lichte Weite vereinfacht nach Gl. (67) bestimmen.

$$l_w = \frac{Q}{\mu \cdot h \cdot \sqrt{2 \cdot g \cdot z + v_0^2}} \quad \text{in m} \quad (67)$$

A Durchflossene Querschnittsfläche in m^2
h Abflußtiefe im Querschnitt in m
μ Einschnürungsbeiwert nach Tafel 75
g Fallbeschleunigung in m/s^2
z Aufstau in m
v_0 Fließgeschwindigkeit im unverbauten Querschnitt

Tafel 75 Einschnürungsbeiwert

Widerlagerform	gerade (Regelfall)	Halbkreis	stumpfwinklig	gleichseitig eintauchende Kämpfer
μ	0,80	0,95	0,90	0,70

Die Lichte Höhe soll mindestens 0,50 m größer als die Abflußtiefe bei maximalem Abfluß sein, damit Schwemmgut nicht den Brückenquerschnitt einengt.

Für *Rohrdurchlässe* mit Kreisprofil müssen ebenfalls die Eintritts-, Wandreibungs- und Austrittsverluste berücksichtigt werden, die bei eingestautem Querschnitt zu einem Aufstau führen. Wendet man Gl. (68) an, so sind diese Verluste bereits berücksichtigt.

$$Q = \left[\frac{\Delta h}{\frac{8}{g \cdot \pi^2 \cdot d^4} \cdot \left(1{,}5 + \frac{2 \cdot g \cdot l}{k_{St}^2 (d/4)^{4/3}}\right)} \right]^{1/2} \quad \text{in } m^3/s \quad (68)$$

mit $\Delta h = z + I \cdot l$

I Gefälle des Rohrdurchlasses in %
Δh Spiegeldifferenz Oberwasser/Unterwasser einschließlich zulässigem Aufstau in m
d Rohrinnendurchmesser in m
l Bauwerkslänge in m
k_{St} Rauhigkeitsbeiwert (= 65) in $m^{1/3}/s$

Tafel 76 Mindestabmessungen für Durchlässe

Typ	Reinigung von Hand	Reinigung mechanisch
Rohrdurchlaß	bekriechbar	
in Wirtschaftswegen	LH > 0,80 m	DN 400
in Straßen und Rampen	LW > 0,60 m	DN 500
in Bundesfernstraßen	begehbar	DN 800
und bei größeren Längen	LH > 1,80	
Rechteckdurchlaß (Rahmen)	LH > 2,00 m, LW > 1,00 m	

Die Bemessung von *Dükern* entspricht derjenigen der Rohrdurchlässe. Die Verluste durch Rohrkrümmer können vernachlässigt werden.

Regenrückhaltebecken bemißt man nach dem Kapitel Wasserwirtschaft, Abschn. 5.6.

1.7.3 Darstellung im Entwurf

Die Entwässerung der Straße ist in allen drei Zeichenebenen darzustellen. Bei der Eintragung sind die Planzeichen der Tafel 77 zu verwenden. Im Regelquerschnitt sind außerdem Querneigung von Fahrbahn und Planum einzutragen. Für größere Knotenpunkte mit schwierigen Fließverhältnissen verwendet man Höhenschichtenpläne im Maßstab 1 : 250, um die Lage der Einlaufschächte festzulegen. Falls durch die Eintragungen die Entwurfspläne unübersichtlich werden, fertigt man besondere Entwässerungspläne.

Tafel 77 Planzeichen für Stadtentwässerung

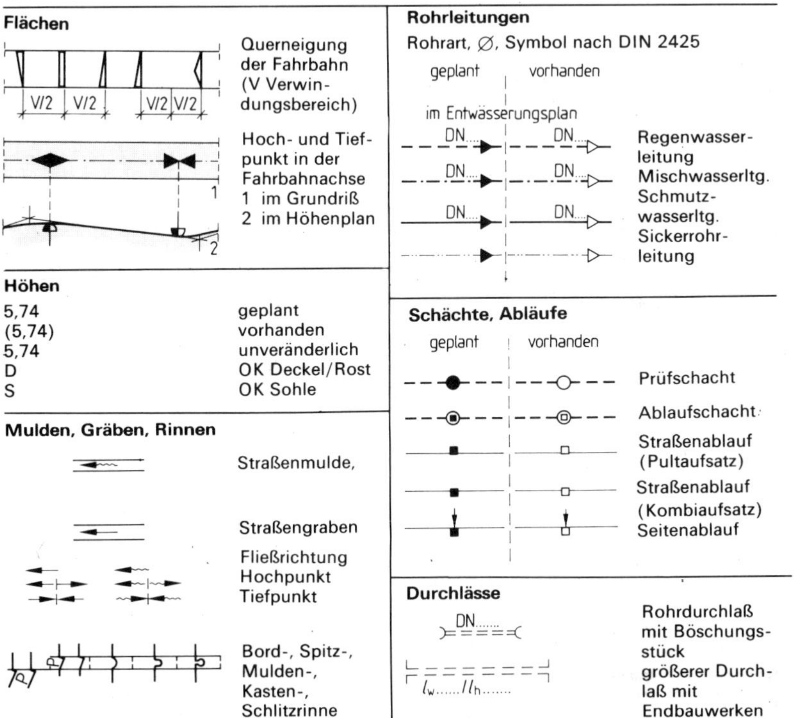

1.7.4 Oberirdische Entwässerungsanlagen

Oberflächenwasser wird abgeleitet durch Straßenmulden, -gräben, -rinnen und -abläufe. Regelformen sind in Bild 54 bis 58 dargestellt.

Straßenmulden schließen beim Damm am Böschungsfuß, im Einschnitt am Kronenrand an. Die Breite beträgt 1,00 bis 2,50 m, die Tiefe min $h = 0{,}20$ m max $h \leq b/5$ in m. Bei sehr geringem Längsgefälle wird die Sohle durch eine glatte Oberfläche befestigt, um besseren Abfluß zu erzielen, bei hohem Gefälle muß die Sohle durch rauhe Befestigung vor Erosion geschützt werden. Richtwerte entnimmt man Tafel 78.

Rasenmulde

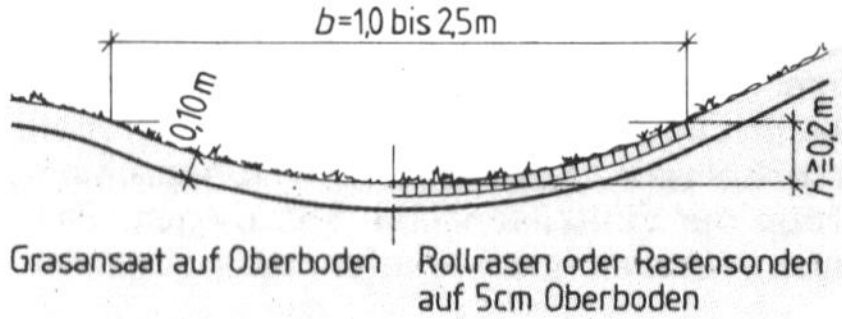

① Kiessand oder Splitt 15 cm (nur bei bindigem Boden)
② Steinsatz (Randsteine größer)
③ Holzpfahl ∅8 bis 10 cm, l = 0,80 bis 1,20 m
④ Grobschotter einstreuen bis zur halben Steinhöhe
⑤ Weidenrutenbündel (wuchsfähig) – Faschinen

Mulde mit rauher Sohle

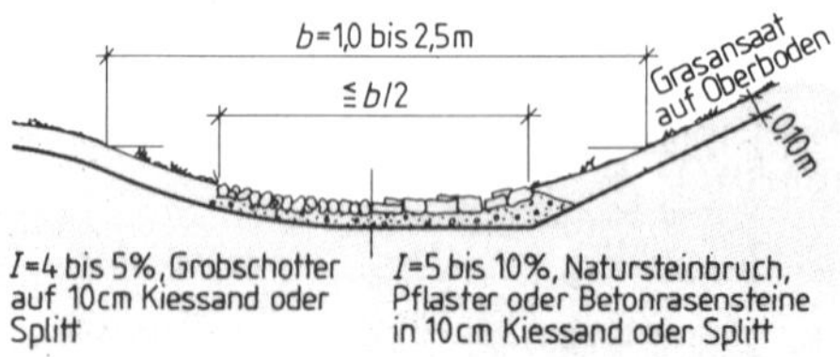

Rauhbettmulde

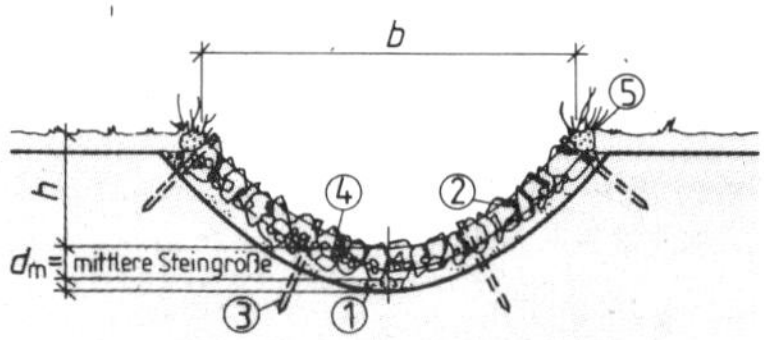

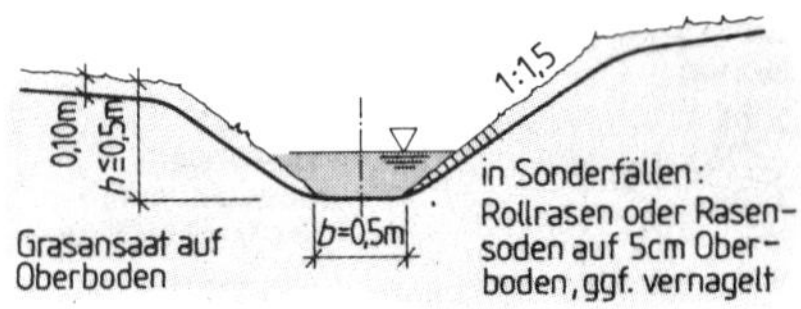

Bild 54 Regelform von Straßenmulden

Bild 55 Regelform des Straßengrabens

Tafel 78 Sohlbefestigung von Straßenmulden

Längsgefälle der Sohle I_s in %	0,3 bis 1,0	1,0 bis 4,0	4,0 bis 10,0	>10,0
Befestigung	glatt, z.B. Sohlschale, Platten	Rasen	rauhe Sohle, z.B. Pflaster	Rauhbettmulde

Gräben werden dann ausgebildet, wenn die Querschnittsfläche von Straßenmulden nicht zur Wasserabführung ausreicht. Sie erhalten eine Sohlbreite von 0,50 m, die Tiefe soll 0,50 m nicht überschreiten. Die Sohle ist nach Tafel 78 auszubilden. Die Böschungsneigung wird meist an die der anschließenden Böschung angeglichen. Wenn aus dem Gelände viel Oberflächenwasser der Böschung zufließt, legt man am Durchstoßpunkt durch das Gelände einen Abfanggraben an. Bei ungünstigen Untergrundverhältnissen müssen Mulden und Gräben durch bindigen Boden oder Folien abgedichtet werden.

Straßenrinnen werden meist an Hochborden oder zwischen Verkehrsflächen angelegt. Sie leiten das Oberflächenwasser den Straßenabläufen zu.

min $s = 0{,}5\%$.

Man unterscheidet

- Bordrinne,
- Spitzrinne,
- Muldenrinne,
- Kastenrinne,
- Schlitzrinne.

Die Rinnenform entnimmt man Bild 56.

Die Bordrinne wird aus der gleichen Befestigung wie die Fahrbahn hergestellt und durch einen Hochbord abgeschlossen. Sie erhält die gleiche Quer- und Längsneigung der Fahrbahn und eine Breite zwischen 0,15 m und 0,50 m.

Die Spitzrinne gehört nicht zur Fahrbahn. Sie wird deshalb mit einer anderen Befestigung als die Fahrbahn versehen. Sie erhält Breiten zwischen 0,30 m und 0,90 m. Die Querneigung beträgt je nach Befestigungsart 10,0 bis 15,0%. Als Befestigung dienen Fertigteile oder in Beton versetztes Pflaster. In diesem Falle wird sie durch einen Hochbord abgeschlossen.

Eine Muldenrinne legt man zwischen unterschiedlichen Verkehrsflächen an. Sie wird zwischen 0,50 m und 1,00 m breit. Die Tiefe wird mit $b/15$ festgelegt, muß aber mindestens 3,0 cm betragen. Sie kann von Verkehrsteilnehmern überfahren werden und wird zur Verbesserung der Sichtbarkeit in Pflaster ausgeführt. Häufig wird sie auf Parkflächen und in verkehrsberuhigten Bereichen ausgeführt.

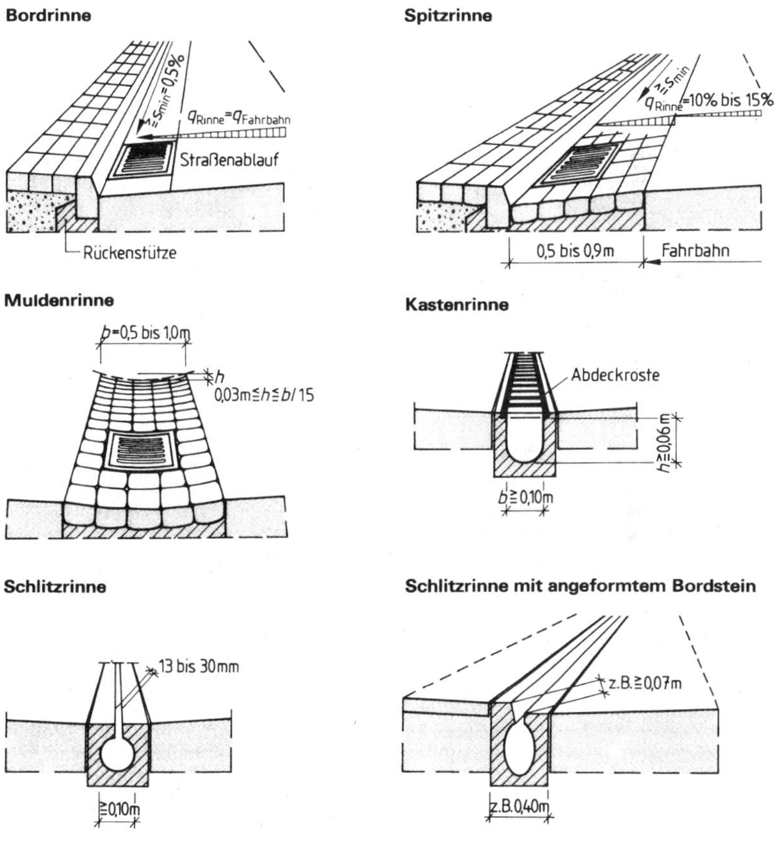

Bild 56 Regelformen der Straßenrinnen

Kastenrinnen sind Straßenrinnen aus Fertigteilen, die mit Gitterrosten oder Lochplatten abgedeckt sind. Die Lichte Weite soll $\geq 0{,}10$ m, die Mindesthöhe min $h = 0{,}06$ m betragen. Das Sohlgefälle ist in die Fertigteile meist eingearbeitet und unabhängig von der Straßenlängsneigung. Kastenrinnen werden meist überfahren und müssen statische und dynamische Kräfte aufnehmen. Außerdem müssen die Roste so gestaltet sein, daß für Zweiradfahrer keine Gefahren entstehen.

Schlitzrinnen sind ebenfalls Straßenrinnen aus Betonfertigteilen, die auf der Oberseite einen Eintrittsschlitz für das Wasser besitzen. Sie sind auf Verkehrsflächen, auf denen auch Radfahrer verkehren, nicht einzusetzen. Der Schlitz darf 13 mm bis 30 mm breit sein. Der Innenquerschnitt hat einen Durchmesser $d \geq 0{,}10$ m. Die Fertigteile werden auch mit vorgefertigtem Sohllängsgefälle geliefert. In Sonderfällen werden die Fertigteile mit einem angeformten Hochbord hergestellt.

Pendelrinnen sind eine Sonderform der Spitzrinne. Sie werden bei sehr geringem Gefälle $s < 0{,}5\%$ eingesetzt. Ihre Gestaltung entspricht der Spitzrinne. Um das Rinnenlängsgefälle zu erhöhen, werden zwischen den Einläufen Hochpunkte angeordnet und die Rinnenquerneigung entsprechend verwunden. Die Bordsteinhöhe schwankt dabei zwischen 0,07 m und 0,14 m (Bild 57).

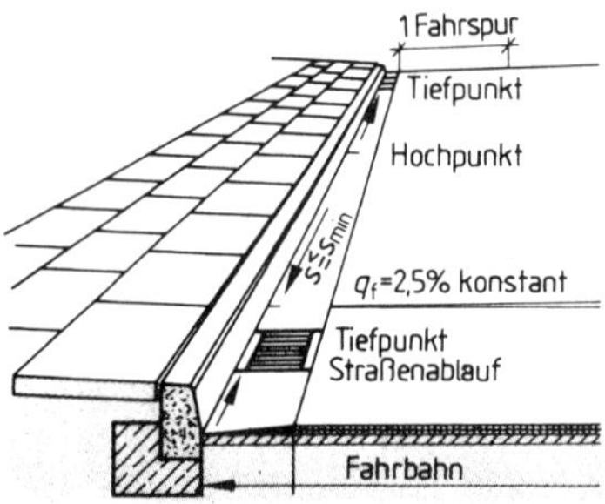

Bild 57 Sonderform Pendelrinne

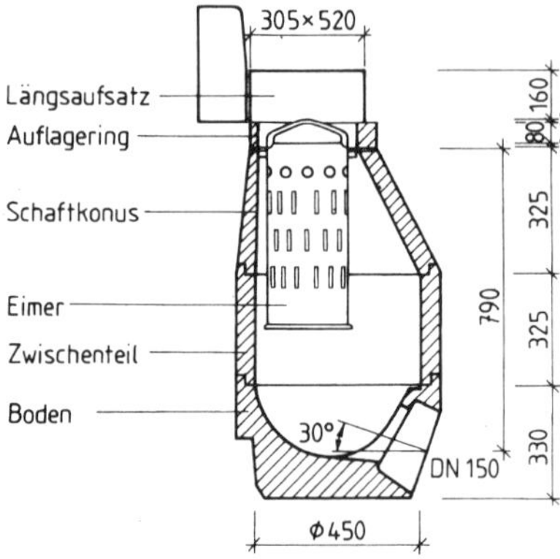

Bild 58 Regelform eines rechteckigen Straßenablaufes

Straßenabläufe führen das Oberflächenwasser den unterirdischen Entwässerungseinrichtungen zu. Sie bestehen aus Straßenablauf, Schaft und Boden. Im Ablauf wird ein Eimer mit Schlitzen eingehängt, damit kein Grobschmutz in das Leitungsnetz eingespült wird. Bei rechteckigen Einläufen sitzt der Aufsatz des Ablaufes auf einem Schachtkonus (Bild 58). Naßschlammabläufe kommen nur selten zum Einsatz. Straßenabläufe werden als Fertigteile nach DIN 4052 geliefert. Der Abstand der Einläufe richtet sich nach der anfallenden Wassermenge, dem Straßenlängsgefälle und dem Schluckvermögen. Er kann nach den RAS-Ew bestimmt werden. In Wannen müssen Einläufe dichter gesetzt werden. Bei großen Wassermengen können Bergeinläufe eingesetzt werden, bei denen der Einlaufrost gegenüber dem Normaleinlauf vergrößert ist. Besondere Ablaufbuchten verbessern meist das Schluckvermögen. Abläufe liegen in der Regel in der Straßenrinne. Sie dürfen nicht auf Fußgänger- oder Radfahrüberwegen angeordnet werden. Verschiedene Einlaufformen sind in Bild 59 dargestellt.

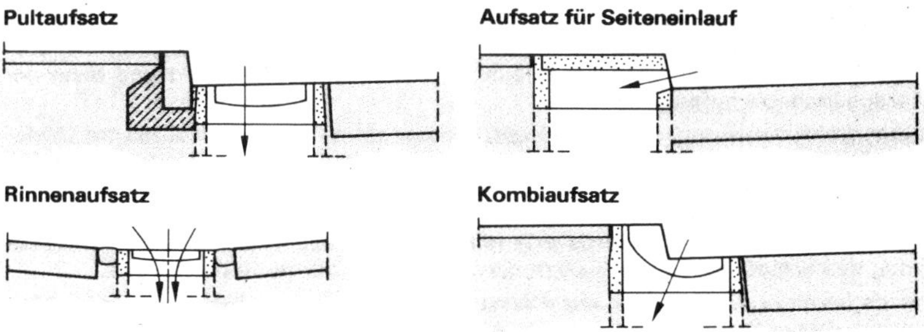

Bild 59 Regelformen für Aufsätze der Straßenabläufe

1.7.5 Unterirdische Entwässerungsanlagen

Sie sind als Rohrleitungen ausgebildet und führen das Oberflächenwasser zum Vorfluter ab. Es werden Beton-, Steinzeug- oder Kunststoffrohre verwendet, die zwischen den Schächten geradlinig verlegt werden. Der Mindestdurchmesser beträgt bei Steinzeug- oder Kunststoffrohren DN 250, bei Betonrohren DN 300, um eine mechanische Reinigung zu ermöglichen. Die Fließgeschwindigkeit v soll nicht weniger als 0,50 m/s betragen, um unerwünschtes Absetzen der Sinkstoffe bei Trockenwetter zu verhindern. Fließgeschwindigkeiten $v \geq 6{,}00$ m/s bedingen besonders abriebfestes Rohrmaterial. Bei $v \geq 8{,}00$ m/s ordnet man zur Energievernichtung Absturzschächte an.

Das *Leitungssystem* unterteilt man in Sammelleitungen, Huckepackleitungen und Teilsickerrohrleitungen. Die Regelausführungen sind in Bild 60 dargestellt.

Sammelleitungen sind geschlossene Rohrleitungen zur Wasserabführung. Ihr Durchmesser soll aus Gründen leichter Reinigung nicht unter DN 300 gewählt werden.

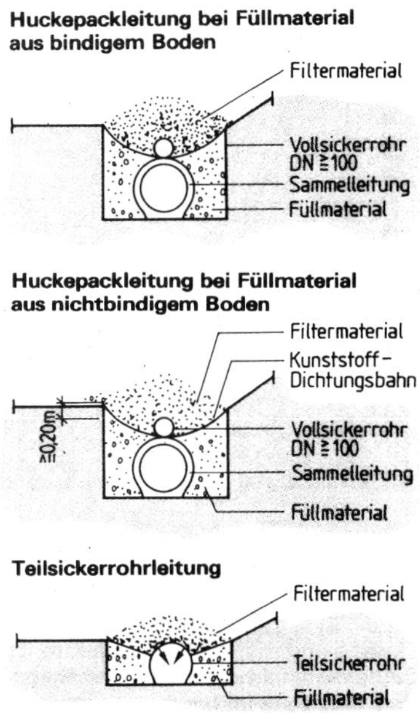

Bild 60 Regelausführung von Huckepack- und Teilsickerrohrleitungen

Huckepackleitungen bestehen aus einer Sammelleitung, auf der eine mit Filtermaterial umhüllte Sickerleitung liegt. Diese nimmt in der Regel das Sickerwasser der Frostschutzschicht auf. Bei nichtbindigem Füllboden ist eine Kunststoff-Dichtungsbahn über der Sammelleitung einzubauen.

Teilsickerrohrleitungen vereinigen die Funktionen von Sammel- und Sickerleitungen. Hierbei verwendet man meist an der Oberfläche geschlitzte oder gelochte Rohre.

Schächte unterscheidet man als Ablauf-, Prüf- oder Absturzschächte. Sie werden meist aus Fertigteilen aufgebaut, in Sonderfällen gemauert oder betoniert. Manchmal wird der Schachtboden bis 0,15 m über Rohrscheitel betoniert und dann der Fertigteilschacht aufgesetzt.

Ablaufschächte bieten die Möglichkeit, Wasser durch einen Ablaufrost im Deckel der Rohrleitung zuzuführen. Gleichzeitig ermöglichen sie Wartung und Durchlüftung der Leitung. Der Ablaufrost sitzt mit einem Konus und Schlammfänger auf dem Schaft. Sie werden in Straßenmulden, Muldenrinnen und Ablaufbuchten verwendet. Der Einlauf wird durch eine Pflasterung umgeben und sitzt zur Verbesserung des Schluckvermögens 0,03 m bis 0,05 m tiefer als die Muldensohle.

Prüfschächte erfüllen außer der Wasseraufnahme die gleichen Funktionen. Man ordnet sie bei Richtungsänderungen, Änderung des Rohrdurchmessers, Einführung von Sammelleitungen und vor querenden Bauwerken an. Der maximale Abstand soll 80,00 m nicht überschreiten.

Absturzschächte sind bei großem Sohlgefälle der Leitung zur Energievernichtung anzuordnen. Regelausführungen sind im Bild 61 dargestellt.

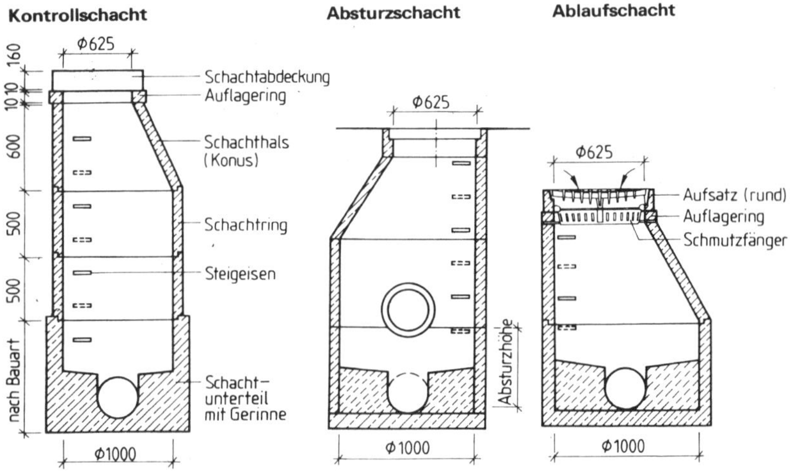

Bild 61 Regelformen für Schächte

1.7.6 Sickeranlagen

Sie fassen ungebundenes Wasser im Untergrund oder Straßenkörper und werden aus Filtermaterial hergestellt, das filterstabil, grobkörniger als der zu entwässernde Boden und so feinkörnig sein muß, daß die Feinteile des Bodens nicht eingeschwemmt werden.

Sickeranlagen sind anzuordnen, wenn der Untergrund bzw. Unterbau nicht aus grobkörnigem Material nach DIN 18196 besteht und das Erdplanum unterhalb des Geländes oder geländegleich liegt. Bei zweibahnigen Straßen gilt das auch für den Bereich unter dem Mittelstreifen. Um Sickerwasser im hochliegenden Seitenstreifen vom Oberbau fernzuhalten, wird das Erdplanum dort mit 4,0% Querneigung nach außen verlegt. Der Hochpunkt liegt dabei unter der Fahrbahn im Abstand von 1,00 m vom Fahrbahnrand. Im Einschnitt sind Längsentwässerungen unter der Mulde anzuordnen. Der Rohrscheitel soll 0,20 m unter der zu entwässernden Schicht liegen.

Sickerstrang. Er sammelt das im Boden vorhandene Wasser und leitet es weiter. Meist wird ein Sickerrohr DN 100 verwendet, das mit Filtermaterial umhüllt wird. Längere Stränge enden in Schächten des Leitungsnetzes, kurze können ins Freie geführt werden, erhalten am Auslauf aber eine Froschklappe. Das Sohlgefälle darf 0,3% nicht unterschreiten. Zur Wartung sind Schächte anzuordnen.

Sickergraben. Werden wasserführende Schichten angeschnitten, so ist ein Sickergraben technisch oft besser. Die Regelausführung ist in Bild 62 dargestellt.

Sickerstrang ohne Sickerrohrleitung, Filter einstufig

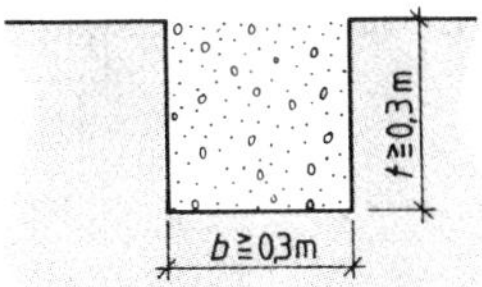

Sickerstrang mit Sickerrohrleitung, Filter einstufig

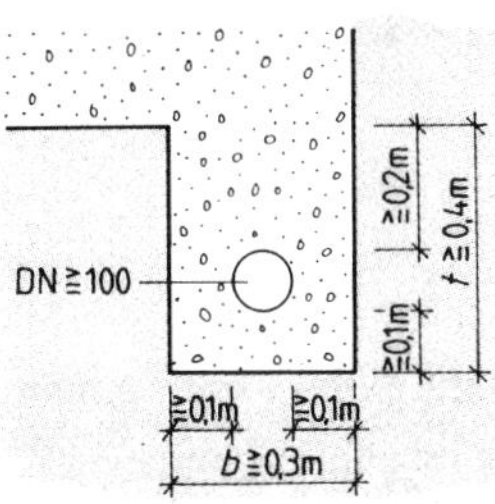

Sickergraben

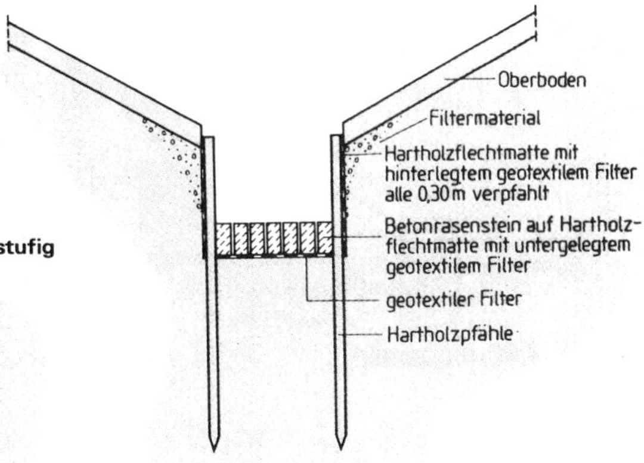

Bild 62 Sickereinrichtungen

Sickerschicht. Sie kann als Tragschicht, Planums-, Böschungs-, Tiefensickerschicht oder Sickerstützscheibe eingesetzt werden.
Ungebundene Tragschichten übernehmen bei entsprechenden Kornaufbau die Funktion der Sickerschicht. Man bezeichnet sie dann als Frostschutzschicht.

Die Planumssickerschicht wird unter einer Frostschutzschicht angeordnet, wenn das Erdplanum zeitweilig oder ständig unter dem Grundwasserspiegel liegt. Sie soll mindestens 0,50 m dick sein. Diese Dicke darf nicht auf die Dicke der Frostschutzschicht angerechnet werden.

Die Böschungssickerschicht leitet Schichtwasser in der Böschung ab. Sie soll 0,50 m dick sein und ist gegen Oberflächenwasser durch bindigen Boden abzudichten (Bild 63).

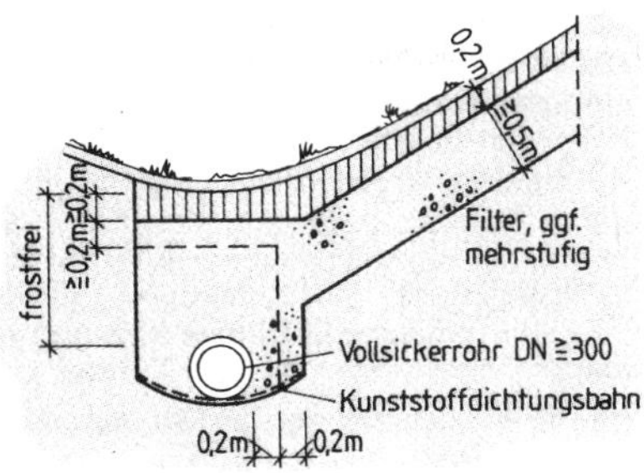

Bild 63 Böschungssickerschicht

Die Tiefensickerschicht sichert den Untergrund gegen seitlich andrängendes Wasser und entwässert vorwiegend tiefere Schichten. Die Mindestbreite beträgt bei mehrschichtigem Filterkörper und Sickerstrang min $b = 1{,}00$ m. Gegen Oberflächenwasser ist sie mit 0,20 m dickem bindigen Boden zu sichern. Das Wasser wird durch ein Sickerrohr abgeführt. Die Sickerstützscheibe wird in Fallinie in die Böschung senkrecht eingebaut. Sie besteht entweder aus einer Schotterschicht oder aus Einkornbeton. Sie stützt rutschgefährdete Böschungen durch Abbau des Wasserdrucks. Der Abstand der Scheiben untereinander beträgt 10,00 m bis 20,00 m, die Mindestbreite 1,20 m. Auch hier ist eine Abdichtung gegen Oberflächenwasser vorzusehen (Bild 64).

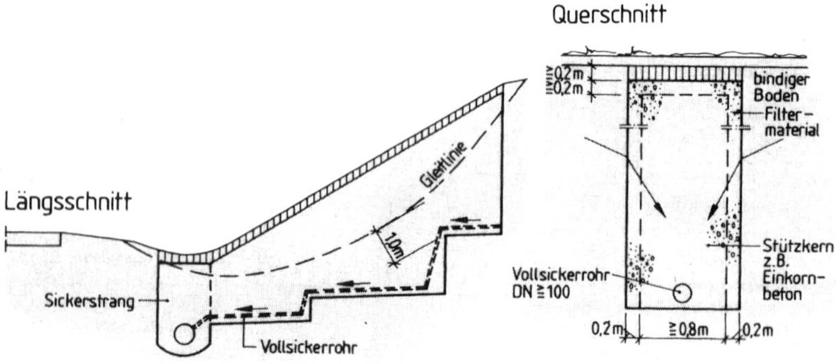

Bild 64 Sickerstützscheibe

1.7.7 Bauwerke

Oberflächenwasser wird durch *Regenrückhaltebecken*, große Graben- oder Rohrleitungsprofile gesammelt und gedrosselt zum Vorfluter weitergeleitet, um dessen hydraulische Überlastung zu verhindern. Die Bemessung der Regenrückhaltebekken erfolgt nach Kapitel Wasserwirtschaft, Abschn. 5.6.

Rückhaltegräben und -kanäle sind nach den Grundsätzen für Entwässerungsgräben und Rohrleitungen zu entwerfen.

Absetzanlagen trennen die Sedimente vom Straßenwasser. Hierzu verwendet man Absetzbecken, Regenwasserklärbecken oder Absetzschächte bei Versickeranlagen. Sie werden wie Absetzbecken in der Abwassertechnik ausgebildet.

Abscheider für Leitflüssigkeiten reinigen Oberflächenwasser, das durch Leichtflüssigkeiten verunreinigt ist. Sie sind nach den Baugrundsätzen der DIN 1999 oder den „Richtlinien für bautechnische Maßnahmen in Wassergewinnungsgebieten" (RiStWag) zu gestalten.

Auf **Brücken** ist besonders sorgfältig zu entwässern, da im Winter erhöhte Glatteisgefahr besteht. Außerdem darf kein Wasser ins Bauwerk eindringen. Anfallendes Wasser ist durch Brückeneinläufe vor dem Überbauende zu sammeln. Um stauende Nässe hinter den Widerlagern zu vermeiden, ist hinter diesen eine Kiesschüttung von mindestens 1,00 m einzubauen. Das anfallende Sickerwasser ist abzuleiten.

Oberflächenwasser, das auf **Tunnel** oder **Trogstrecken** zuströmt, muß vorher abgefangen werden.

Mit **Erdbecken** gestaltet man Rückhaltebauwerke landschaftsgerecht. Im Uferbereich und bei geplanten Inseln wird das Gelände modelliert, so daß unregelmäßig geschwungene Linien entstehen. Ein Dauerstau ist in Flachwasser- und tiefe Zonen aufzuteilen. Standortgerechte Bepflanzung unterstützt das Entstehen von Biotopen. Zur Wartung sind begrünbare Zufahrten notwendig.

2 Bahnbau

2.1 Linienführung

Trassierungselemente. Sie werden nach folgenden Gesichtspunkten gewählt:

- Entwurfsgeschwindigkeit v_e, unterschieden nach Reisezügen, Güterzügen, Zügen mit Neigetechnik etc.
- zulässige Längsneigung l,
- Zugkonfiguration (Reisezüge, Güterzüge),
- Belastung der Reisezüge oder Güterzüge,
- Lage und Art der Betriebsstellen,
- Maßgaben der Trassenführung,
- künftige Entwicklungen.

Darüber hinaus können die Fahrzeitoptimierung und die Betriebsbedingungen Einfluß auf die Entwurfsgeschwindigkeit ausüben.

Tafel 1 Maximale Entwurfsgeschwindigkeit v_e in km/h

Art bzw. Nutzung der Strecke	Personen- und Güterverkehr	reiner Personenverkehr	Neubaustrecken	S-Bahnstrecken
max. Entwurfsgeschwindigkeit v_e	≤ 200	≤ 300	≥ 300 (min. 250)	120

Die Trasse ist möglichst gestreckt zu führen. Bei Neubaustrecken sind die Radien nach Gl. (1) oder Tafel 2 zu wählen.

$$r \geq 0{,}07 \cdot v_e^2 \quad \text{in m} \qquad (1)$$

Tafel 2 Gleisbogenradien r in m, abhängig von Entwurfsgeschwindigkeit v_e und Überhöhung u_0 für Neubaustrecken

Geschwindigkeit v_e in km/h	ausgleichende Überhöhung u_0 in mm von						
	≤ 170	220	260	270	300[1])	310[1])	330[1])
210	≥ 3100	2365	2001	1927	1735	1679	1577
220	≥ 3400	2596	2197	2115	1904	1842	1731
230	≥ 3700	2837	2401	2312	2081	2014	1892
240	≥ 4000	3089	2614	2517	2266	2193	2060
250	≥ 4400	3352	2837	2731	2458	2379	2235
260	≥ 4700	3626	3068	2954	2659	2573	2417
270	≥ 5100	3910	3309	3186	2867	2775	2607
280	≥ 5500	4205	3558	3462	3084	2984	2803
290	≥ 5900	4511	3817	3675	3308	3201	3007
300	≥ 6300	4827	4085	3933	3540	3426	3218

[1]) Die Werte u_0 sind im Regelbetrieb noch nicht erprobt

Ausnahmsweise kann der Wert verringert werden. Dann ist

$$\min r = \frac{11{,}8 \cdot v_e^2}{u_0} \quad \text{in m} \qquad (2)$$

$$u_0 = \text{zul}\, u + \text{zul}\, u_f \qquad (3)$$

v_e^2 Entwurfsgeschwindigkeit in km/h
u_0 ausgleichende Überhöhung in mm nach Tafel 3
zul u Überhöhung in mm
zul u_f Überhöhungsfehlbetrag in mm

Bögen durchgehender Hauptgleise erhalten *Übergangsbögen* und *Überhöhungen*. Der Übergangsbogen soll mit der *Überhöhungsrampe* zusammenfallen. Kreisbogen und Geraden sollen die Mindestlänge $l > 0{,}4 \cdot v_e$ haben.

Gleise, die von allen Fahrzeugen freizügig befahren werden sollen, erhalten Radien mit $r \geq 150$ m. Liegen Bahnsteige auf der Innenseite eines Bogens, so muß der Gleisbogenradius $r \geq 500$ m gewählt werden. Für Bogenaußenseiten ist ein möglichst großer Radius vorzusehen.

Tafel 3 Planungswerte für die ausgleichende Überhöhung u_0 in mm

	Herstellungs-grenze	Regelwert	Ermessens-grenzwert	Zustimmungs-wert	Ausnahmewert
Gleise	$r \leq 30000$ m	170 (130)[1]	290 (230)	$u_0 = \text{zul}\,u + \text{zul}\,u_f$	$u_0 = \text{zul}\,u - \text{zul}\,u_f$
Weichen		120	$u_0 = \text{zul}\,u + \text{zul}\,u_f$[2])	$u_0 = \text{zul}\,u + \text{zul}\,u_f$[3])	$u_0 = \text{zul}\,u + \text{zul}\,u_f$[3])

Klammerwerte gelten an Bahnsteigen

zul u zulässige Überhöhung in mm, zul u_f zulässiger Überhöhungsfehlbetrag in mm

[1]) min $r = 300$ m in durchgehenden Hauptgleisen, min $r = 180$ m bei allen übrigen Gleisen
[2]) nach Tafel 6
[3]) nach Tafel 5 und 6

Überhöhung. Sie wird mit Überhöhungsrampen durch Anheben der äußeren Schiene hergestellt. Die *Regelüberhöhung* für Schnellfahrstrecken und S-Bahn-Strecken berechnet man mit

$$\text{reg}\,u = \frac{7{,}1 \cdot v_e^2}{r} \quad \text{in mm} \quad (4)$$

Sie ist auf eine durch 5 teilbare Zahl aufzurunden. Die Überhöhung ist in Tafel 4 angegeben. Bei Bögen mit $r < 300$ m darf die zulässige Überhöhung zul u nicht überschritten werden. Sie wird berechnet mit Gl. (5).

$$\text{zul}\,u = \frac{r \cdot 50}{1{,}5} \quad \text{in mm} \quad (5)$$

Für vorhandene Strecken gilt

$$\text{reg}\,u = 0{,}6 \cdot u_0 = 7{,}1 \cdot \frac{v_e^2}{r} \leq \text{zul}\,u \quad \text{in mm} \quad (6)$$

u_0 ausgleichende Überhöhung in mm
v_e Entwurfsgeschwindigkeit in km/h

Die *Mindestüberhöhung* beträgt

$$\min u = u_0 - \text{zul}\,u_f = \frac{11{,}8 \cdot v_e^2}{r} - \text{zul}\,u_f \quad (7)$$

Negative Überhöhungen sind zulässig.

Die Überhöhungsfehlbeträge u_f entnimmt man Tafel 5.

Tafel 4 Planungswerte für die Überhöhung u in mm

	Herstellungs-grenze	Regelwert	Ermessens-grenzwert	Zustimmungs-wert	Ausnahmewert
Gleise	20	100 (60)	160[1]), 170[2]) (100)	$160 < \text{zul}\,u \leq 180$	$\text{zul}\,u > 180$
Weichen	20	60	$\text{zul}\,u_0 = 120$[3])	$170 < \text{zul}\,u \leq 180$	$\text{zul}\,u > 180$

Klammerwerte gelten an Bahnsteigen

[1]) bei Schotteroberbau [2]) bei fester Fahrbahn
[3]) Bei Außenbogenweichen mit starrem Herzstück zul $u = 100$ mm

Tafel 5 Planungswerte für Überhöhungsfehlbeträge u_f in mm

	Herstellungs-grenze	Regelwert	Ermessensgrenzwert	Zustimmungswert
Gleise	–	70	$\text{zul}\,u_f = 130$[1])	$150 < \text{zul}\,u_f \leq 170$
Weichen	–	60	zul u_f nach Tafel 6	zul u_f nach Tafel 6 + 20%

[1]) zul $u_f = 150$ mm bei Reisezügen in Radien $r \geq 650$ m außerhalb von Zwangspunkten. Bei Radien $r < 1000$ m ist für Überhöhungsfehlbeträge $u_f > 130$ mm die Zustimmung der Zentrale erforderlich.

Tafel 6 Zulässiger Überhöhungsfehlbetrag zul u_f in Weichen, Kreuzungen und Schienenauszügen (Ermessensgrenzwerte)

Konstruktion	zulässiger Überhöhungsfehlbetrag u_f in mm bei einer Entwurfsgeschwindigkeit v_e in km/h			
	≤120	>120 bis 160	>160 bis 200	>200 bis 300
Weichenbogen mit feststehender Herzstückspitze im Innenstrang	≤110		≤90	–
Weichenbogen mit feststehender Herzstückspitze im Außenstrang	≤110	≤100	≤60	–
Bogenkreuzungen und Bogenkreuzungsweichen	≤100		–	–
Weichenbogen mit beweglicher Herzstückspitze	≤130			[1])
Schienenauszüge im Bogen	≤100			[1])
für Züge mit Neigetechnik in den oben genannten Konstruktionen	≤150			–

[1]) Einzelfallregelung mit der Zentrale

In Weichenbogen, die nur beim Rangieren befahren werden, darf zul $u_f \leq 130$ mm angewendet werden.

Übergangsbogen. In durchgehenden Hauptgleisen sollen Übergangsbögen angeordnet werden, wenn der Unterschied der Überhöhungsfehlbeträge Δu_f folgende Werte erreicht:

- bei $v_e \leq 200$ km/h $\quad \Delta u_f = 40$ mm,
- bei $v_e > 200$ km/h $\quad \Delta u_f = 20$ mm.

Es dürfen aber die Grenzwerte nach Tafel 7 nicht überschritten werden.

Übergangsbögen sollen mit gerader Krümmungslinie entworfen werden und mit der Überhöhungsrampe zusammenfallen.

Tafel 7 Grenzwerte für die Änderung des Überhöhungsfehlbetrages Δu_f

Geschwindigkeit v_e in km/h	≤100	130	200	280	300
Änderung des Überhöhungsfehlbetrags Δu_f in mm	106	83	47	31	27

Den Unterschied der Überhöhungsfehlbeträge Δu_f berechnet man mit

$$u_{f1} = \frac{11{,}8 \cdot v_e^2}{r_1} - u_1 \quad \text{in mm} \quad (8) \text{ und}$$

$$u_{f2} = \frac{11{,}8 \cdot v_e^2}{r_2} - u_2 \quad \text{in mm} \quad (9).$$

Der Unterschied der Überhöhungsfehlbeträge ist in Bild 1 dargestellt. Übergangsbögen sind aber auch erforderlich, wenn keine Überhöhungsrampe notwendig ist.

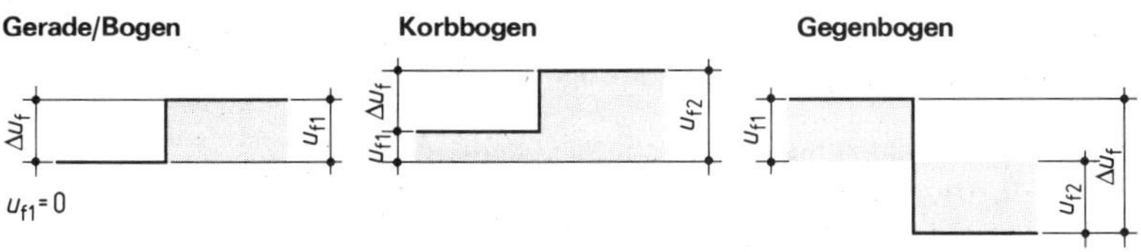

Bild 1 Zusammenhang zwischen Übergangsbogen und Überhöhungsfehlbetrag Δu_f

19

Gerade/Bogen **Korbbogen** **Gegenbogen**

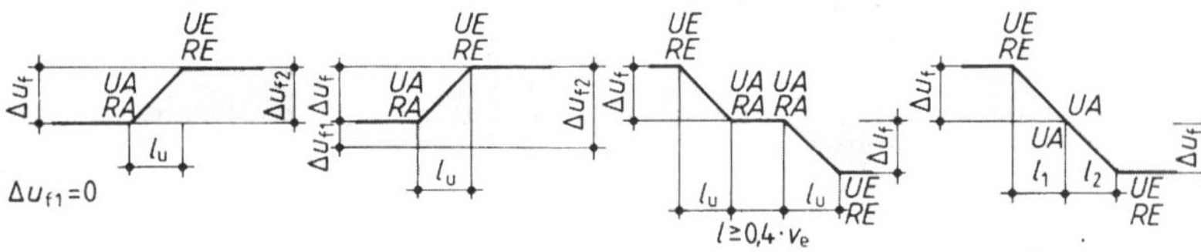

Bild 2 Zusammenhang zwischen Übergangsbogen und Überhöhungsfehlbetrag Δu_f

Die Länge l_u des Übergangsbogens und das Tangentenabrückmaß f entnimmt man für die verschiedenen Formen der Krümmungslinie der Tafel 8.

Bei Gegenbögen sollen zwei getrennte Übergangsbögen mit gerader Krümmungslinie angeordnet werden, wenn dazwischen eine Gerade der Länge

$l_g \geq 0{,}4 \cdot v_e$ in m (10)

hergestellt werden kann. Ist dies nicht möglich, ist die Überhöhung u_1 geradlinig in die Überhöhung u_2 zu überführen und die Übergangsbögen mit gerader Krümmungslinie zu planen. Eine andere Möglichkeit ist, zwei getrennte Übergangsbogen mit geschwungener Krümmungslinie und entsprechenden Überhöhungsrampen zu entwerfen. Bild 3 erläutert die Anwendung.

Gerade Überhöhungsrampe (Gleisschere) **Getrennte geschwungene Überhöhungsrampen**

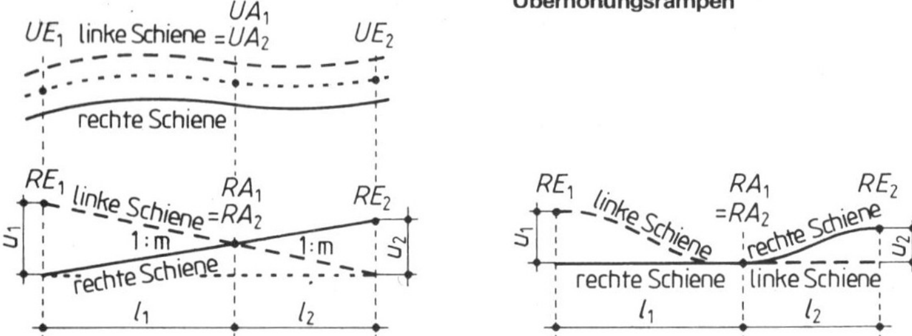

Bild 3 Gegenbögen mit Übergangsbögen ohne Zwischengerade

Tafel 8 Berechnungsgleichungen für die Mindestlänge l_u und das Tangentenabrückmaß f

Krümmungslinie des Übergangsbogens	Mindestlänge min l_u in m	Tangentenabrückmaß f in mm
gerade	$\min l_u = \frac{4 \cdot v_e \cdot \Delta u_f}{1000}$	$f = \frac{l_u^2 \cdot 1000}{24 \cdot r}$
s-förmig	$\min l_{uS} = \frac{6 \cdot v_e \cdot \Delta u_f}{1000}$	$f = \frac{l_{uS}^2 \cdot 1000}{48 \cdot r}$
nach *Bloss*	$\min l_{uB} = \frac{4{,}5 \cdot v_e \cdot \Delta u_f}{1000}$	$f = \frac{l_{uB}^2 \cdot 1000}{48 \cdot r}$

Bei unvermitteltem Krümmungswechsel wird der Unterschied der Überhöhungsfehlbeträge Δu_f durch Zwischengerade oder -bogen minimiert. Sie erhalten die Länge $l \geq 0{,}20\, v_e$.

Folgende Werte dürfen nicht unterschritten werden:

$\min l = 0{,}10\, v_e$ in m (11)

$\min l = 6{,}00$ m bei Gegenbögen mit $\frac{1000}{r_1} + \frac{1000}{r_2} > 9$ (12)

Überhöhungsrampen. Übergangsbögen mit gerader Krümmungslinie erhalten gerade Überhöhungsrampen. Solche mit geschwungener Krümmungslinie werden mit entsprechend geschwungener Überhöhungsrampe ausgeführt. Zwischen zwei geraden Überhöhungsrampen ist eine Strecke mit gleichbleibender oder ohne Überhöhung vorzusehen. Dabei muß eine Mindestlänge von $l = 0{,}1 \cdot v_e$ eingehalten werden. Die Längen der Überhöhungsrampen entnimmt man Tafel 9.

Tafel 9 Berechnungsgleichungen für die Länge l_R und Neigungen von Überhöhungsrampen

Rampe	Herstellungswert	Regelwert	Ermessensgrenzwert	Zustimmungswert	Ausnahmewert
gerade	$1:m = 1:3000$	$l_R = 10 \cdot v_e \frac{\Delta u}{1000}$ $1:m \leq 1:600$	$l_R = 8 \cdot v_e \frac{\Delta u}{1000}$ $1:m \leq 1:400$	$8 \cdot v_e \frac{\Delta u}{1000} > l_R$ $\geq 6 \cdot v_e \frac{\Delta u}{1000}$ $1:m \leq 1:400$	$6 \cdot v_e \frac{\Delta u}{1000} > l_R$ $\geq 5 \cdot v_e \frac{\Delta u}{1000}$ $1:m > 1:400$
geschwungen S-förmig	$1:m_M = 1:1500$	$l_{RS} = 10 \cdot v_e \frac{\Delta u}{1000}$ $1:m_M \leq 1:600$	$l_{RS} = 8 \cdot v_e \frac{\Delta u}{1000}$ $1:m_M \leq 1:400$	–	–
Bloss	$1:m_M = 1:1500$	$l_{RB} = 7{,}5 \cdot v_e \frac{\Delta u}{1000}$ $1:m_M \leq 1:600$	$l_{RB} = 6 \cdot v_e \frac{\Delta u}{1000}$ $1:m_M \leq 1:400$	–	–

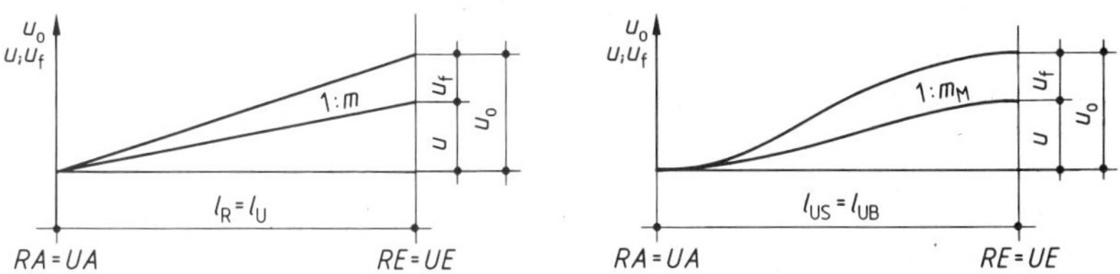

gerade Überhöhungsrampe **geschwungene Überhöhungsrampe**

Krümmungslinie gerade S-förmig nach *Bloss*

$$m = \frac{1000 \cdot l_R}{u} \qquad m_M = \frac{1000 \cdot l_{RS}}{2 \cdot u} \qquad m_M = \frac{1000 \cdot 2 \cdot l_{RB}}{3 \cdot u}$$

Bild 4 Ausbildung der Überhöhungsrampen

Während bei der Klothoide die Krümmung linear zunimmt, ändert sich diese bei der *Bloss*kurve nach Gl. (13).

$$K(t) = \frac{1}{r} \cdot (3 \cdot t^2 - 2 \cdot t^3) \qquad (13) \qquad\qquad t = \frac{l}{l_u}$$

l Abstand des Kurvenpunktes von ÜA in m l_u Gesamtlänge des Bogens in m

Die Konstruktion ergibt sich aus Bild 6. Es sind

$$y = \frac{x^4}{4 \cdot l_u^2 \cdot r} - \frac{x^5}{10 \cdot l_u^3 \cdot r} \text{ in m} \quad (14) \qquad\qquad y_E = 0{,}15 \cdot \frac{l_u^2}{r} = 6 \cdot f \text{ in m} \quad (15)$$

$$\tan\alpha = \frac{l_u}{2 \cdot r} \text{ in m} \quad (16) \qquad s = 0{,}3 \cdot l_u \text{ in m} \quad (17) \qquad f \approx \frac{l_u^2}{40 \cdot r} \text{ in mm} \quad (18)$$

y_E Abstand des Punktes ÜE von der Tangente
l_u Länge des Übergangsbogens
r Bogenradius am Ende des Übergangsbogens
s Abstand des Tangentenschnittpunktes vom Lotfußpunkt durch *ÜE*

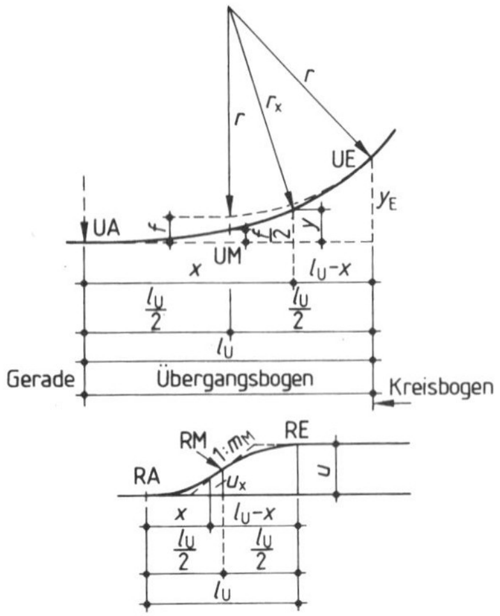

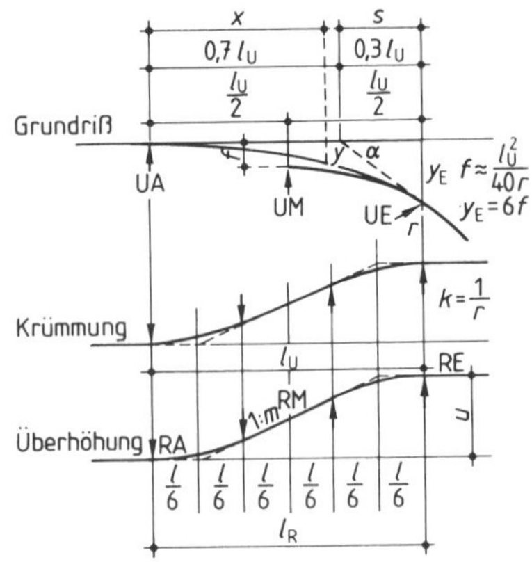

Bild 5 **Übergangsbogen mit geschwungener Rampe nach** *Schramm*

Bild 6 **Übergangsbogen nach** *Bloss*

Gleisverziehungen. Die Verziehung ist eine Veränderung des Gleisabstandes. Sie wird möglichst im Gleisbogen hergestellt.

Gleisverziehungen werden bei geraden, parallelen Gleisen ohne Überhöhung und Übergangsbogen mit Radien nach Gl. (19) geplant.

$$r \geq \frac{v_e^2}{2} \quad \text{in m} \qquad (19)$$

Dazwischen ist eine Zwischengerade der Länge

$$l_g \geq 0{,}4 \cdot v_e \quad \text{in m} \qquad (20)$$

einzuschalten.

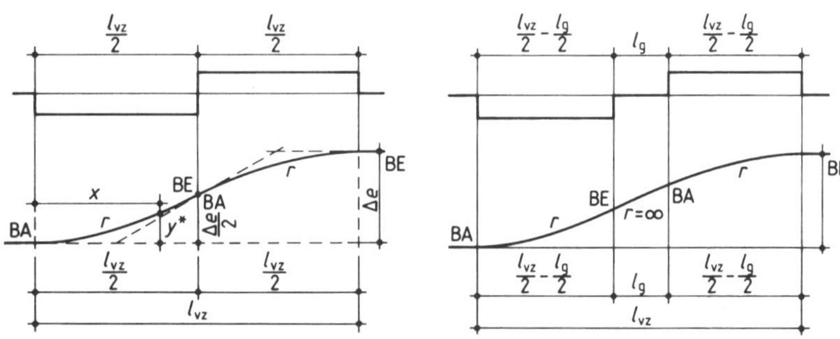

a) Parallelverziehung aus zwei Kreisbögen

b) Parallelverziehung aus zwei Kreisbögen mit einer Zwischengeraden

Bild 7 **Konstruktion der Gleisverziehung**

Längsneigung. Die Längsneigung l soll auf freier Strecke die Werte der Tafel 10 einhalten.

Tafel 10 Längsneigung l in ‰

max l auf freier Strecke		min l in Tunneln der Länge		max l
Hauptbahnen	Neben- und S-Bahnen	$\leq$ 1000 m	$>$ 1000 m	bei Bahnhofsgleisen
12,5	40,0	2,0	4,0	2,5

Neigungswechsel in der Längsneigung $\Delta l \geq 1{,}0$‰ werden ausgerundet. Das soll aber nicht in Überhöhungsrampen geschehen. Ist dies nicht einzuhalten, soll eine Ausrundung von

$$\min r_a = 0{,}4 \cdot v_e^2 > 2000 \quad \text{in m} \quad (21)$$

angeordnet werden. Die Länge des Ausrundungsbogens l_a soll mindestens 20,00 m betragen. Die Werte für Ausrundungsradien entnimmt man Tafel 11.

Tafel 11 Planungswerte für den Ausrundungsradius r_a in m

Herstellungsgrenze	Regelwert	Ermessensgrenzwert	Zustimmungswert	Ausnahmewert
$r_a \leq 30000$	$r_a = 0{,}4 \cdot v_e^2$	$r_a = 0{,}25 \cdot v_e^2 \geq 2000$	r_a[1]) $= 0{,}16 \cdot v_e^2 \geq 2000$ r_a[2]) $= 0{,}13 \cdot v_e^2 \geq 2000$	–

[1]) in Kuppen [2]) in Wannen

Zulässige Höchstgeschwindigkeit. Die Ermessensgrenzwerte für die zulässige Höchstgeschwindigkeit sind durch die Grenzwerte der Eisenbahn-Betriebs-Ordnung (EBO) und die Zulassungsgrenzen von Fahrzeug und Fahrweg gegeben. Mit Zustimmung der Zentrale der DB sind folgende Abweichungen möglich:

- Die zulässige Höchstgeschwindigkeit darf in Abhängigkeit vom Überhöhungsfehlbetrag um 1,0% erhöht werden.
- Die Mindestlängen der Übergangsbogen dürfen bis zu 20,0% unterschritten werden.
- Gerade Überhöhungsrampen dürfen bis $l_R = 6 \cdot v_e \dfrac{\Delta u}{1000}$ oder $1:m \leq 1:400$ ausgebildet werden.
- Die Grenzwerte für Δu_f können bis 20,0% angehoben werden.

Für NeiTech-Züge gilt:

- durchfahren diese Fahrzeuge Gleisbogen mit höherer Geschwindigkeit, ist eine Ausnahmegenehmigung von den Vorschriften der EBO notwendig.
- Bei Gleisbogen ohne Zwangspunkte darf der Planung ein Überhöhungsfehlbetrag von $u_f \leq 300$ mm, bei Gleisbogen mit Zwangspunkten oder Weichen von $u_f \leq 150$ mm zugrunde gelegt werden.
- Gerade Überhöhungsrampen sind bis $l_R = 6 \cdot v_N \dfrac{\Delta u}{1000}$ $(1:m \leq 1:400)$, geschwungene Überhöhungsrampen bis $l_{RS} = 8 \cdot v_N \dfrac{\Delta u}{1000}$ bzw. $l_{RS} = 6 \cdot v_N \dfrac{\Delta u}{1000}$ $(1:m \leq 1:400)$ zulässig.

  v_N Geschwindigkeit der NeiTech-Züge
- für Überhöhung, Übergangsbögen und Bogenwechsel sind die Geschwindigkeit für Fahrzeuge ohne Neigetechnik maßgebend.
- Für die Ausrundung der Neigungswechsel gilt Tafel 9.

Die Bestimmung der zulässigen Höchstgeschwindigkeit erfolgt nach Tafel 12.

Tafel 12 Zulässige Höchstgeschwindigkeit max *v* in km/h

Kriterium	Überhöhungsfehlbetrag	unvermittelter Krümmungswechsel	Abstand zwischen geraden Überhöhungsrampen	Übererhöhungsrampe	Ausrundungsradius r_a
max *v*	$\sqrt{\frac{r}{11{,}8}} \cdot (u + \text{zul}\, u_f)$	Gerade oder Kreis $\sqrt{\frac{r}{11{,}8}} \cdot \text{zul}\, \Delta u_f$ Korb-/Gegenbogen $\sqrt{\frac{r_1 \cdot r_2}{11{,}8 \cdot (r \pm r_2)}} \cdot \text{zul}\, \Delta u_f$	$10 \cdot l$	gerade $\frac{l_R \cdot 1000}{6 \cdot \Delta u}$ S-förmig $\frac{l_{RS} \cdot 1000}{8 \cdot \Delta u}$ *Bloss* $\frac{l_{RB} \cdot 1000}{6 \cdot \Delta u}$	$2 \cdot \sqrt{r_a}$

2.2 Weichen und Kreuzungen

Verzweigungen und *Fahrwegüberschneidungen* werden durch Weichen und Kreuzungen ermöglicht. Sie sollen auf das notwendige Maß beschränkt werden. In der Regel sind gerade Weichen einzusetzen, Bogenweichen nur dann, wenn gerade Weichen die Linienführung verschlechtern würden. Die Lage der Weichen soll nicht im Bereich von Übergangsbögen, Überhöhungsrampen und Ausrundungen geplant werden.

Weichen sollen als einfache Weichen in der Grundform eingesetzt werden. Kreuzungen und Kreuzungsweichen werden nur verwendet, wenn die Fahrwegüberschneidungen nicht mit einfachen Weichen ausgebildet werden können. In der Regel werden Weichen mit starrem Herzstück verwendet. Weichen werden so angeordnet, daß im Hauptfahrweg kein Krümmungswechsel eintritt.

In den Hauptgleisen werden die Weichen entsprechend der Abzweiggeschwindigkeit gewählt. Weichen mit Schienen S 49 und dem Zweiggleisradius der Grundformen $r = 190{,}00$ m dürfen in durchgehenden Hauptgleisen nicht eingebaut werden, wenn diese mit Geschwindigkeiten $v > 100$ km/h befahren werden.

In Nebengleisen verwendet man *Zweiggleisradien* der Grundform $r_0 = 190{,}00$ m oder $r_0 = 250{,}00$ m. Die zulässige Abzweiggeschwindigkeit soll $v = 40$ km/h, aber mindestens $v = 25$ km/h betragen.

Es werden folgende Geschwindigkeiten zugrunde gelegt:

– Verzweigung von Streckengleisen:

  wenn die abzweigende Strecke mit $v \geq 80$ km/h befahren wird, möglichst mit zul *v* der abzweigenden Strecke, aber min $v = 80$ km/h,

– Gleisverbindungen für Gleiswechselbetrieb und Fahrwege, die planmäßig für durchfahrende Züge vorgesehen sind:

  in stark belasteten Strecken $v \geq 80$ km/h,

  in allen übrigen möglichst $v = 80$ km/h,

– Ein- und Ausfahrwege für haltende Züge im Durchgangsverkehr:

  von Reisezügen häufig benützte Fahrwege möglichst $v = 80$ km/h,

  bei den übrigen Fahrwegen für Reise- und Güterzüge $v = 60$ km/h,

  selten benutzte Fahrwege $v = 40$ km/h, möglichst aber $v = 50$ km/h,

  in Kopfbahnhöfen, im Weichenbereich vor Bahnsteigen $v = 40$ km/h, möglichst aber $v = 50$ km/h.

Weichen durchgehender Hauptgleise erhalten die Schienenform der durchgehenden Hauptgleise. In der Regel werden Weichen mit starrem Herzstück verwendet. Werden sie aber mit zul $v > 200$ km/h befahren, müssen sie mit beweglichen Herzstückspitzen ausgerüstet werden. Kreuzungen und Kreuzungsweichen mit starren Doppelherzstückspitzen dürfen nicht in Gleisen verwendet werden, die mit $v > 100$ km/h befahren werden. Bogenweichen sind möglichst in Kreisbögen zu verlegen. Die Überhöhung soll nicht größer als 100 mm sein. *Klothoidenweichen* werden in allen Abzweigungen, Gleisverbindung und Überleitstellen der Neubaustrecke mit $v_e > 200$ km/h verwendet.

Auf Brücken sollen am beweglichen Tragwerksende keine Weichen angeordnet werden. Liegen Weichen im Bereich von Brücken, sind zwischen diesem und dem Weichenanfang die Abstände der Tafel 13 einzuhalten.

Tafel 13 Mindestabstände der Weichen vom beweglichen Brückenende

Brückengesamtlänge in m	41 bis 60	61 bis 90	>90
Mindestabstand des Weichenanfangs vom beweglichen Tragwerksende in m	10	20	30

Grundformen einfacher Weichen s. Tafel 16.
Von diesen können eine große Anzahl Kreuzungsweichen abgeleitet werden. Diese sind in der Richtlinie 800.0120, Anhang 2 näher beschrieben. Für Fernbahnstrekken gilt darüber hinaus, daß in durchgehenden Gleisen die Weichen mit Schienen UIC 60 auszustatten sind. In den übrigen Gleisen sollen Schienen UIC 60 oder S 54 vorgesehen werden.

Weichen in durchgehenden Hauptgleisen, die mit $v > 160$ km/h befahren werden, erhalten bewegliche Herzstückspitzen.

Tafel 14 Biegbarkeit von einfachen Weichen zu Innenbogenweichen

Radius der Weichengrundform r_0 in m	190	300	500	760	1200	2500
Kleinster Zweiggleisradius r_z in m	175	175	200	300	442	941
zugehöriger Stammgleisradius r_s in m	2200	420	333	500	700	1510

Bogenweichen entstehen durch Verbiegen von Weichen mit gerader Grundform. Der wichtigere, stärker befahrene Gleisabschnitt heißt *Stammgleis*, der andere *Zweiggleis*. Den Radius des Zweiggleises erhält man mit Gln. (22a) und (22b).

$$r_z = \frac{r_0 \cdot r_s + l_t^2}{r_0 - r_s} \quad \text{in m} \qquad (22\text{a}) \qquad \text{bei Außenbogenweichen}$$

$$r_z = \frac{r_0 \cdot r_s - l_t^2}{r_0 - r_s} \quad \text{in m} \qquad (22\text{b}) \qquad \text{bei Innenbogenweichen}$$

r_z Radius des Zweiggleises in m
r_s Radius des Stammgleises in m
r_0 Radius des Zweiggleises der Weichengrundform in m
l_t Tangente der Weiche in m nach Tafel 15

Tafel 15 Tangentenlängen l_t in m

Weiche	190–1:7,5	190–1:9	300–1:9	500–1:12	500–1:14	760–1:14	1200–1:18,5
Tangentenlänge l_t	12,61098	10,52302	16,61499	20,79699	17,83401	27,10801	332,40810

Beispiel Gegeben: Außenbogenweiche: $r_0 = 500{,}00$ m, $r_s = 750{,}00$ m
Gewählt: Außenbogenweiche 500–1:12

$$r_z = \frac{500 \cdot 750 + 432{,}515}{500 - 750} = -1501{,}73 \text{ m (Linksbogen)}$$

Innenbogenweiche: $r_s = 1000{,}00$ m, $v_z = 60$ km/h, mit min $r_z = 425{,}00$ m.

$$k_0 = k_z - k_s = \frac{1}{425} - \frac{1}{1000}, \quad \text{daraus ergibt sich } r_0 = 739{,}13 \text{ m} \left(\text{Krümmung } k = \frac{1}{r}\right)$$

Gewählt: Innenbogenweiche 760–1:14

$$r_z = \frac{760 \cdot 1000 - 734{,}844}{760 + 1000} = 731{,}402 > 425{,}00 \text{ m.}$$

Tafel 16 Grundformen einfacher Weichen

Einfache Weichen mit geradem Herzstück

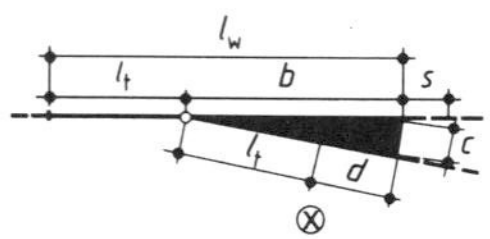

⊗ = Ende des Zweiggleisbogens

s = Abstand der letzten durchgehenden Schwelle (IdS) vom Weichenende bei Holzschwellen

Bezeichnung	l_t in m	b in m	d in m	l_w in m	c in m	s in m	v in km/h
49 54 –190–1:9	10,523	16,615	6,092	27,138	1,838	4,010 3,900	40
49–300–1:14	10,701	24,537	13,837	35,238	1,749	6,550	50
54 60 –300–1:14	10,701	27,108	16,408	37,809	1,933	5,100	50
49–500–1:14	17,834	24,537	6,702	42,371	1,749	6,600	60
54 60 –500–1:14	17,834	27,108	9,274	44,942	1,933	5,100	60
49 54–760–1:18,5 60	20,526	32,409	11,883	52,934	1,750	9,210 9,900 9,900	80

Einfache Weichen mit Bogenherzstück (Bogenende am Weichenende)

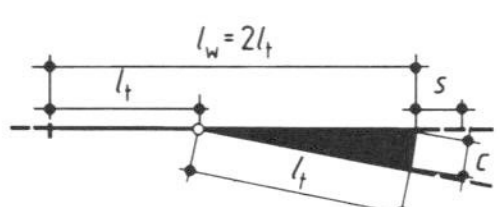

Bezeichnung	l_t in m	l_w in m	c in m	s in m	v in km/h
49 54– 300–1:9 60	16,616	33,231	1,838	4,010 3,900 3,900	50
49 54– 500–1:12 60	20,797	41,595	1,729	5,820 6,300 6,310	60
49 54– 760–1:14 60	27,108	54,217	1,933	4,040 5,100 5,100	80
49 54–1200–1:18,5 60	32,409	64,818	1,750	9,210 9,900 9,900	100

Fortsetzung s. nächste Seite

Tafel 16, Fortsetzung

symm. Außenbogenweiche

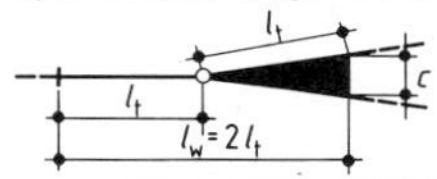

Bezeichnung	l_t in m	l_w in m	c in m	S in m	v in km/h
49/54 – 215 – 1:4,8	11,050	22,099	2,266		40

Einfache Weichen mit Bogenherzstück und gerader Verlängerung des Zweiggleises

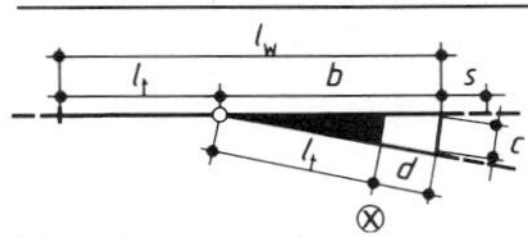

Bezeichnung	l_t in m	b in m	d in m	l_w in m	c in m	s in m	v in km/h
49/54 – 190 – 1:7,5	12,611	17,428	4,817	30,039	2,308	–	40
	12,611	13,251	0,640	25,862	1,755	3,300	

Einfache Weiche mit beweglicher Herzstückspitze

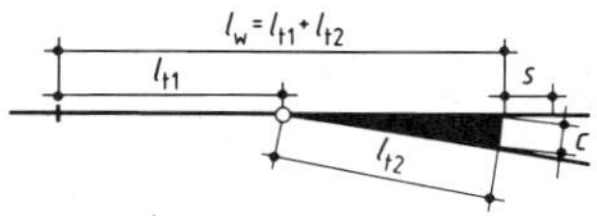

Bezeichnung	l_{t1} in m	l_{t2} in m	l_w in m	c in m	s in m	v in km/h
60 – 300 – 1:9 – gb	16,616	16,616	33,231	1,838	3,900	50
60 – 500 – 1:12 – gb	20,797	20,797	41,595	1,729	6,310	60
60 – 760 – 1:14 – gb und fb	27,108	27,108	54,217	1,933	5,100	80
60 – 1200 – 1:18,5 – gb	32,409	32,409	64,818	1,750	9,900	100
60 – 2500 – 1:26,5 – fb	47,153	47,153	94,306	1,778	13,500	130
60 – 6000/3700 – 1:32,5 – fb	64,569	57,684	122,253	1,774	16,500	160
60 – 7000/6000 – 1:42 – fb	80,104	74,162	154,266	1,765	19,500	200

Einfache Weichen mit Bogenherzstück und gerader Verlängerung des Zweiggleises

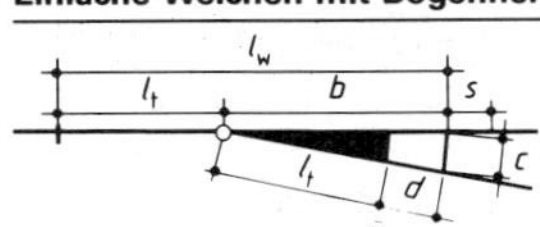

Bezeichnung	l_t in m	b in m	d in m	l_w in m	c in m	s in m	v in km/h
60 – 500 – 1:12 – fb	20,797	24,564	3,766	45,361	2,042	2,700	60
60 – 1200 – 1:18,5 – fb	32,409	34,207	1,798	66,615	1,847	8,100	100

Einfache Weichen mit geradem Herzstück

Bezeichnung	l_t in m	b in m	d in m	l_w in m	c in m	s in m	v in km/h
60 – 500 – 1:14 – fb	17,834	27,108	9,274	44,942	1,933	5,100	60
60 – 760 – 1:18,5 – fb	20,526	34,275	13,750	54,801	1,851	8,030	80

Tafel 16, Fortsetzung

Einfache Weichen mit Bogenherzstück und verkürztem Zweiggleisbogen

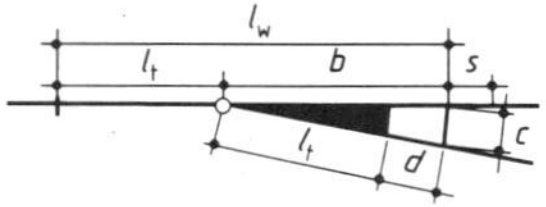

Bezeichnung	l_t in m	b in m	d in m	l_w in m	c in m	s in m	v in km/h
60 – 300 – 1 : 9 /1 : 9,4 – gb	15,913	17,319	1,406	33,231	1,835	3,900	50
60 – 760 – 1 : 14 /1 : 15 – fb	25,305	28,911	3,606	54,217	1,924	5,100	80
60 – 1200 – 1 : 18,5/1 : 19,277 – fb	31,104	35,511	4,407	66,615	1,840	8,140	100
60 – 2500 – 1 : 26,5/1 : 27,85 – fb	44,869	49,437	4,568	94,306	1,774	13,500	130

Von den Grundformen abgeleitete Weichen

Einfache Weichen mit Bogenherzstück und verkürztem Zweiggleisbogen

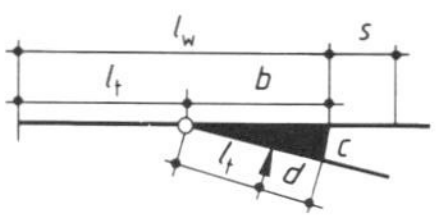

Bezeichnung	l_t in m	b in m	d in m	l_w in m	c in m	s in m	v in km/h
54 – / 60 – 300 – 1 : 9/1 : 9,4	15,913	17,319	1,406	33,231	1,835	3,90 / 3,90	50
49 – / 54 – / 60 – 760 – 1 : 14/1 : 15	25,305	28,911	3,606	54,217	1,924	4,037 / 5,100 / 5,100	80
54 – / 60 – 1200 – 1 : 18,5/1 : 19,277	31,104	33,713	2,609	64,818	1,747	9,90 / 9,94	100

Einfache Weichen mit Bogenherzstück und verlängertem Zweiggleisbogen

Weiche 49 – 190 – 1 : 7,5/1 : 6,6

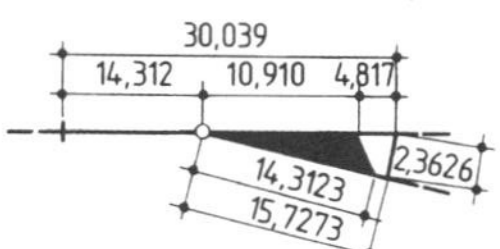

Weiche 54 – 190 – 1 : 7,5/1 : 6,6

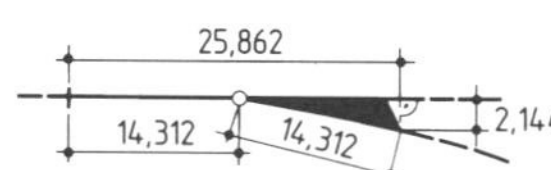

Weiche 500 – 1 : 12/1 : 9

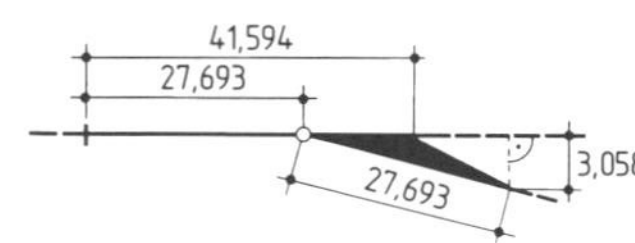

Klothoidenweichen für Abzweigstellen

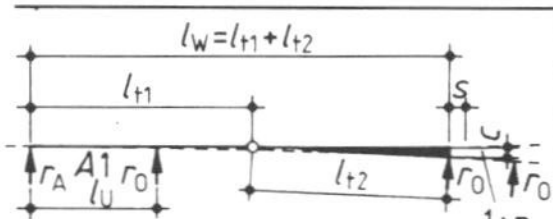

Weiche	l_{t1} in m	l_{t2} in m	l_w in m	l_u in m	$A1$ in m	c in m	s in m	v in km/h
60 – 3000/1500 – 1 : 18,132 – fb	47,624	41,792	89,416	27,000	284,605	2,302	3,300	100
60 – 4800/2450 – 1 : 24,257 – fb	59,672	51,344	111,016	41,075	453,375	2,115	8,700	130
60 – 10000/4000 – 1 : 32,050 – fb	73,018	63,008	136,026	37,500	500,000	1,965	14,713	160
60 – 16000/6100 – 1 : 40,154 – fb	92,129	77,087	169,216	56,000	743,021	1,919	21,300	200

Tafel 17 Grundformen der Kreuzungen

Kreuzungen mit starren Doppelherzstücken

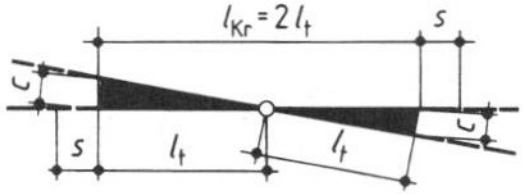

Bezeichnung	l_t	l_{Kr}	c	s
49–1:9	16,615	33,230	1,838	4,000
54–1:9			1,838	3,900
49–1:7,5	18,512	37,024	2,452	–
54–1:7,5	13,251	26,502	1,755	3,300
49–1:6,6	17,396	34,791	2,613	–
54–1:6,964 ≙ 2·1:14	12,690	25,380	1,808	3,300
49–1:4,444 ≙ 2·1:9	10,908	21,815	2,409	–
54–1:4,444 ≙ 2·1:9	10,904	21,807	2,408	–
54–1:5,5	10,700	21,400	1,923	1,500
54–1:3,683 ≙ 2·1:7,5	9,448	18,896	2,497	–
49–1:3,224 ≙ 2·1:6,6	7,920	15,840	2,373	–
54–1:3,224 ≙ 2·1:6,6	7,920	15,840	2,373	–
49–1:2,9 ≙ 2·1:9	6,904	13,808	2,282	–
54–1:2,9 ≙ 2·1:9	6,904	13,808	2,282	–

Flach-Kreuzungen mit beweglichen Doppelherzstückspitzen

Bezeichnung	l_t in m	l_{Kr} in m	c in m	s in m
49	24,537	49,074	1,749	6,570
54–1:14	27,108	54,217	1,933	5,100
60	27,108	54,217	1,933	5,100
49				9,190
54–1:18,5	32,409	64,818	1,750	9,900
60				9,900

Bogen-Flachkreuzung

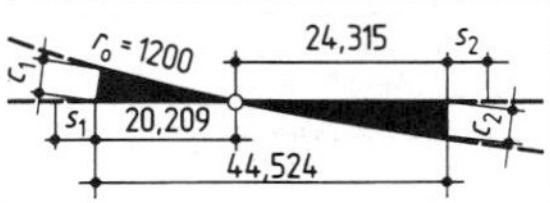

Bezeichnung	l_{t1} in m	l_{t2} in m	l_{Kr} in m	c_1 in m	c_2 in m	s_1 in m	s_2 in m	v in km/h
49						2,680		
$54-\frac{1200}{\infty}-1:11{,}515$	20,209	24,315	44,524	1,920	1,860	3,310	6,933	100
60						3,310		

Tafel 17, Fortsetzung

Kreuzungsweichen mit innenliegenden Zungenvorrichtungen der Grundform 190–1:9

		Bezeichnung	l_1 in m	b in m	d in m	l_{kw} in m	c in m	s in m	v in km/h
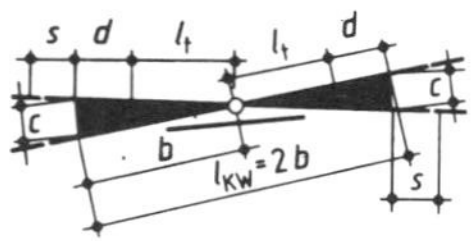	Einfache Kreuzungsweiche	49 –190–1:9 54	10,523	16,615	6,092	33,230	1,838	4,040 3,900	40
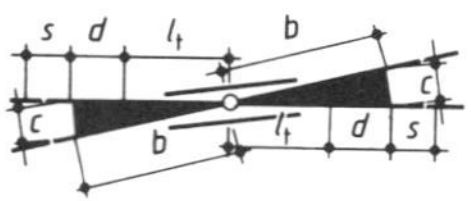	Doppelte Kreuzungsweiche	49 –190–1:9 54	10,523	16,615	6,092	33,230	1,838	4,040 3,900	40

Kreuzungsweichen mit außenliegenden Zungenvorrichtungen der Grundform 500–1:9

		Bezeichnung	l_t in m	b in m	l_{kw} in m	c in m	s in m	v in km/h
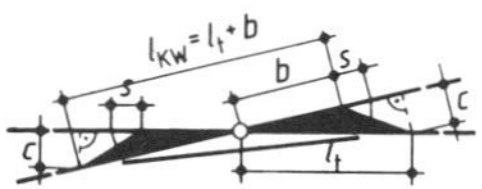	Einfache Kreuzungsweiche	49 –500–1:9 54	27,693	16,615	44,308	3,058	3,190 3,400	60
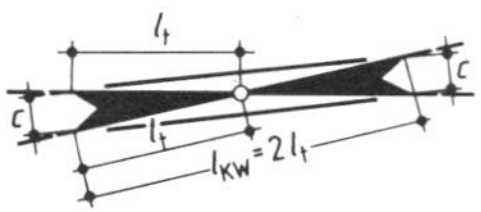	Doppelte Kreuzungsweiche	49 –500–1:9 54	27,693		55,385	3,063	0	60

2.3 Querschnittsgestaltung

Elemente des Querschnitts sind

- Umgrenzung des lichten Raumes, evtl. mit Raum für die Oberleitung
- Anzahl der Gleise,
- Gleisabstände,
- Fahrbahnquerschnitt,
- Rand-, Zwischen- und Rangierwege,
- Erdkörper,
- Entwässerung,
- Oberleitungsanlagen,
- Signalanlagen,
- Fernmeldeeinrichtungen,
- Kabelanlagen,
- evtl. Lärmschutzanlagen.

Der *Regellichtraum* ist der in Bild 8 dargestellte, freizuhaltende Raum, der zu jedem Gleis gehört. Er umfaßt den von der jeweiligen Grenzlinie umschlossenen Raum und die Räume für bauliche und betriebliche Zwecke. In die Bereiche A, B und C dürfen feste Gegenstände unter bestimmten Bedingungen hineinragen.

Die *Grenzlinie* umschließt den Raum, den ein Fahrzeug einschließlich aller Toleranzen durch Bewegung oder Gleislage und der Mindestabstände von der Oberleitung benötigt. Die Oberleitung darf in den von der Grenzlinie umschlossenen Raum hineinragen. Mindesthöhen s. Tafel 14. Der von der Grenzlinie umschlossene Bereich ist freizuhalten.

bei durchgehenden Hauptgleisen und anderen Hauptgleisen für Reisezüge | **bei den übrigen Gleisen**

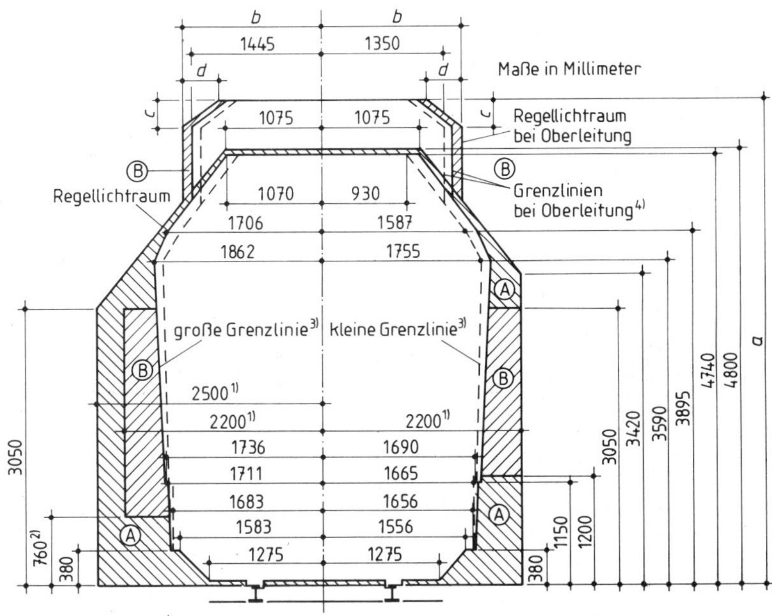

Unterer Teil der Grenzlinie s. Bild 9, Fortsetzung und Fußnoten s. nächste Seite

Bild 8 Regellichtraum in der Geraden und in Bögen, $r=250{,}00$ m

Fußnoten zu Bild 8

[1]) Verkehren nur Stadtschnellbahnen, dürfen die Maße 100 mm verringert werden. In Tunneln ist die Verringerung der halben Breite auf 1900 mm zulässig, wenn Fluchtwege vorhanden sind.
[2]) Bei überwiegendem Stadtschnellbahn-Verkehr 960 mm.
[3]) Der Grenzlinie liegen die Bezugslinie G 2, der Regelwert $s_0 = 0{,}4$ des Neigungskoeffizienten des Fahrzeuges und folgende bautechnische Einflußgrößen zugrunde:

	Radius r	Überhöhung u	Überhöhungsfehlbetrag u_f	Spurweite l	Ausrundungsradius bei Neigungswechsel r_a	Hebungsreserve	Schienenabnutzung
große Grenzlinie	250 m	160 m	150 mm	1470 mm	2000 m	50 mm	10 mm
kleine Grenzlinie	∞	50 mm	50 mm	1445 mm	2000 m	50 mm	10 mm

[4]) Den Grenzlinien bei Oberleitungen liegt das halbe Breitenmaß eines Stromabnehmers (975 mm) und $s_0 = 0{,}225$ zugrunde.

Bei Oberleitungen zusätzlich für beide Grenzlinien: Arbeitshöhe der Stromabnehmer: 5600 mm, Mindestabstand von der Oberleitung (15 kV ≈): 150 mm

Bereich A: Zulässig ist das Hereinragen baulicher Anlagen, wenn es der Bahnbetrieb erfordert (z. B. Bahnsteige, Rangiereinrichtungen, Signalanlagen, Einengung bei Bauarbeiten, wenn erforderliche Sicherheitsmaßnahmen getroffen wurden).

Bereich B: Zulässig ist das Hineinragen bei Bauarbeiten, wenn die erforderlichen Sicherheitsmaßnahmen getroffen sind.

Bereich C: Raum für das Durchrollen der Räder. Zulässig ist das Hineinragen von Einrichtungen und Geräten, deren Zweck es erfordert (z. B. Rangiereinrichtungen).

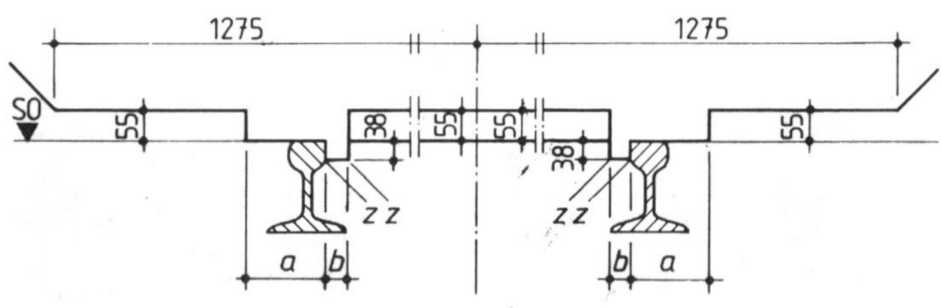

Bild 9 Unterer Teil der Grenzlinie (Maße in mm)

$a \geq 150$ mm für unbewegliche Gegenstände, die nicht fest mit der Schiene verbunden sind.
$a \geq 135$ mm für unbewegliche Gegenstände, die fest mit der Schiene verbunden sind.
$b =$ 41 mm für Einrichtungen, die das Rad an der inneren Stirnfläche führen.
$b \geq$ 45 mm an Bahnübergängen und sonstigen Übergängen bei vorhandenen Einläufen.
$b \geq$ 61 mm + 1435 mm an Bahnübergängen und allen übrigen Fällen.
z Ecken, die ausgerundet werden dürfen.

Die Maße beziehen sich auf die Istlage der Schienenoberkanten; die Mittellinie steht darauf senkrecht.

Tafel 18 Regellichtraummaße bei Oberleitung im Gleisbogen mit $r \geq 250$ m

Stromart	Nennspannung in kV	Mindesthöhe *a* in mm	Halbe Mindestbreite *b* in mm im Arbeitshöhenbereich des Stromabnehmers über SO				Abschrägung der Ecken in mm	
			≤5300	> 5300 bis 5500	> 5500 bis 5900	> 5900 bis 6500	*c*	*d*
Wechselstrom	15	5200	1430	1440	1470	1510	300	400
	25	5340	1500	1510	1540	1580	335	447
Gleichstrom	bis 1,5	5000	1315	1325	1355	1395	250	350
	3	5030	1330	1340	1370	1410	250	350

Tafel 19 Vergrößerung des Regellichtraums in Bögen mit $r < 250$ m

Erforderliche Vergrößerung der halben Breitenmaße des Regellichtraumes in mm	Bogenradius *r* in m							
	100	120	150	180	190	200	225	250
an der Bogeninnenseite	530	335	135	80	65	50	25	0
an der Bogenaußenseite	570	365	170	100	80	65	30	0
bei Oberleitung	110	80	50	30	25	20	10	0

Bei Neubaustrecken muß das vergrößerte Lichtraumprofil GC freigehalten werden, das Bild 10 zeigt.

Für reine S-Bahn-Strecken wird der Regellichtraum nach Bild 11 ausgebildet. In Bögen mit $r \leq 250$ m sind Vergrößerungen der halben Breitenmaße nach Tafel 19 erforderlich.

Dem S-Bahn-Lichtraumprofil liegen folgende Werte zugrunde:

- Radien $r \geq$ 250,00 m
- Überhöhung $u =$ 160 mm
- Spurweite $s \leq$ 1470 mm
- Überhöhungsfehlbetrag $u_f =$ 150 mm

bei durchgehenden Hauptgleisen und anderen Hauptgleisen für Reisezüge | **bei den übrigen Gleisen**

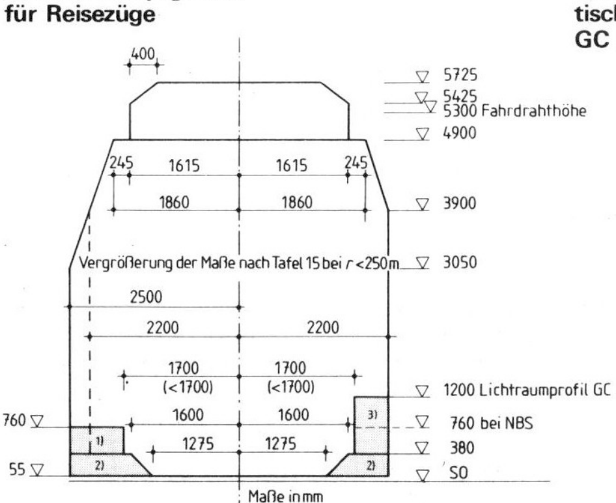

Gleise mit Huckepack- und ICE-Verkehr (Kinematische Grenzlinien GC und ICE) | **Gleise mit Regelverkehr (Kinematische Grenzlinien GB und GZ)**

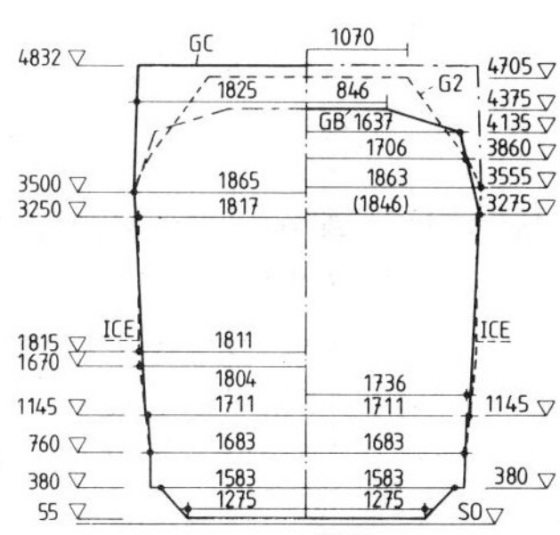

Kinematische Grenzlinien GC, ICE, GB und GZ

Bild 10 Umgrenzung des lichten Raums bei Neubaustrecken

[1]) Raum für Bahnsteige, Rampen, Rangiereinrichtungen, Signalanlagen
[2]) Raum für bauliche Anlagen, soweit Bahnbetrieb dies erfordert
[3]) Bei überwiegendem Stadtschnellbahnverkehr Bahnsteighöhe 980 mm

Die Festlegung der jeweiligen Grenzlinien ist nach den Vorschriften der Deutschen Bahn, DS 800 01, 800 02 oder 800 03 vorzunehmen.

Lichte Höhe. Bei Bauwerken, die über die Strecke führen, sind die Werte der Tafeln 20 bzw. 21 einzuhalten. Sie muß aber bei nicht überhöhten Gleisen der freien Strecke und in Bahnhöfen mindestens 4,90 m über *SO* betragen. Bei überhöhten Gleisen ermittelt man sie aus den Lichtraummaßen GC. Für S-Bahnen sind die Werte der Tafel 20 einzuhalten.

Lichte Weite. Die lichte Weite l_w soll mindestens die Breite des Planums der freien Strecke betragen. Weitere Werte entnimmt man Tafel 22.

bei durchgehenden Hauptgleisen und anderen Hauptgleisen **bei den übrigen Gleisen**

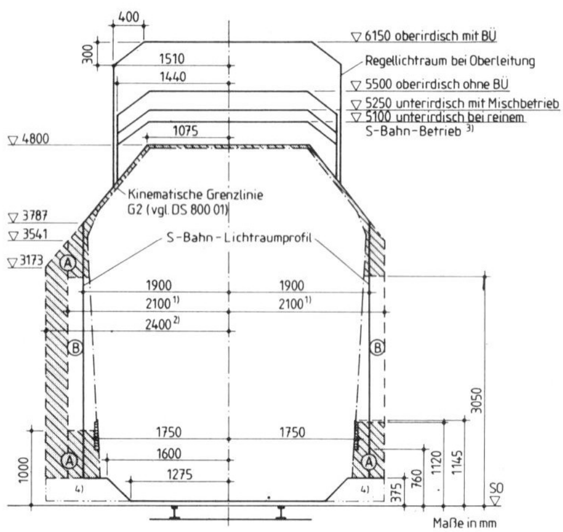

1) Freizuhaltender Seitenraum an Bahnhofsgleisen bei sämtlichen Gegenständen, an Hauptgleisen der freien Strecke, bei Kunstbauten sowie bei Signalen, die zwischen Hauptgleisen der freien Strecke stehen
2) Freizuhaltender Seitenraum an Hauptgleisen der freien Strecke bei sämtlichen Gegenständen
3) Nur mit Ausnahmegenehmigung
4) Raum für bauliche Anlagen, soweit der Bahnbetrieb das erfordert

Bild 11
Regellichtraum für S-Bahnen in der Geraden und in Bögen mit $r \geq 250$ m bei reinem S-Bahn-Betrieb

Tafel 20 Lichte Höhen unter Überführungsbauwerken vorhandener Strecken

Streckenbereich 1)	v in km/h	Lichte Höhe h_l in m über SO
Nicht elektrifiziert		≥4,90
Elektrifiziert Normalbereich der Kettenwerke	≤160 ≤200	5,70 5,90
Nachspannbereich	≤160 ≤200	6,15 6,40

1) Zuschlag: 2/3 der Überhöhung, 1,5 mm je 1‰ Längsneigung

Tafel 21 Lichte Höhen unter Überführungsbauwerken bei Neubaustrecken

Streckenbereich 1)	Lichte Höhe l_h in m bei einer Längsspannweite der Oberleitung in m	
	40,00 ≤ a ≤ 65,00 2)	40,00 3)
Normalbereich der Kettenwerke	7,40	6,70
Nachspannbereich	7,90	7,20

1) Zuschlag: 2/3 der Überhöhung, 1,5 mm je 1‰ Längsneigung
2) Systemhöhe 1,80 m
3) Systemhöhe 1,10 m

Tafel 22 Lichte Weite von Überführungsbauwerken l_w in m

		bei einer Überhöhung *u* in mm			
		0 und 20	25 bis 50	55 bis 100	105 bis 160
Neubaustrecken	zweigleisig	13,30	13,40	13,55	13,70
	eingleisig	8,60			
vorhandene und S-Bahn-Strecken	zweigleisig	11,60	11,70	11,80	11,90
		(mindestens ≥ Planumsbreite)			
	eingleisig	7,60			

Tafel 23 Mindestgleisabstand der freien Strecke

Geschwindigkeit *v* in km/h	Mindestgleisabstand min*a* in m bei einem Radius *r* in m von															
	180	200	225	250	300	400	450	500	600	700	850	950	1100	1300	1600	2100
30	3,68	3,62	3,50													
40	3,69	3,62	3,56	3,50												
50	3,74	3,66	3,58	3,51	3,50											
60	3,80	3,71	3,63	3,55	3,52	3,50										
70				3,60	3,56	3,52	3,50									
80					3,61	3,55	3,54	3,52	3,50							
100							3,61	3,59	3,55	3,53		3,50				
120									3,62	3,59	3,55	3,53	3,51	3,50		
140											3,61	3,59	3,56	3,53	3,50	
160													3,61	3,58	3,54	3,50

Bei kleinen Radien müssen die Gleisabstände nach Tafel 24 vergrößert werden.

Mit *Gleisabstand* bezeichnet man die Entfernung zwischen den Mitten benachbarter Gleise. Der Mindestgleisabstand wird entweder durch Addition der halben Breitenmaße der Grenzlinien errechnet oder Tafel 23 entnommen. Der größere Wert ist maßgebend. In Geraden und Bögen mit $r \geq 250{,}00$ m gilt bei Ausbaustrecken mit $v_e \leq 200$ km/h ein Regelgleisabstand von $a = 4{,}00$ m, für Neubaustrecken mit $v_e \leq 300$ km ein $a = 4{,}50$ m, beim Ausbau vorhandener Strecken mit $v_e = 230$ km/h darf er $a = 4{,}00$ m betragen. Bei reinem S-Bahn-Verkehr mit $v_e \leq 120$ km/h ist $a = 3{,}80$ m zulässig. Unterirdisch ist ein Abstand von $a = 4{,}70$ m einzuhalten, wenn ein Sicherheitsraum zwischen den Gleisen angeordnet wird.

Tafel 24 Vergrößerung der Gleisabstände in Bögen mit $r < 250$ m

Radius *r* in m	100	120	150	170	180	200	225	250
Vergrößerung in mm	1100	700	305	215	180	120	50	0

Tafel 25 Vergrößerung der Gleisabstände in Bögen mit $r < 250$ m für reine S-Bahn-Strecken

Radius *r* in m	100	120	150	180	190	200	225	250
Vergrößerung in mm	1100	700	300	180	150	120	50	0

Die Ermittlung des horizontalen Gleisabstandes wird mit Gln. (23a) und (23b) errechnet. Bei Gleisen mit gleicher Überhöhung gilt:

$$e = a + a \cdot \frac{0{,}005}{150} \cdot u \quad \text{in m} \qquad (23\text{a}) \qquad \text{für } e > a;\ u_i = u_a \text{ mit } u \text{ in mm}$$

e Abstand der Gleismitten in m *a* Abstand der Gleisachsen in m

Liegen die Schienen in überhöhten Gleisen in einer Ebene, berechnet man *e* mit

$$e = a - a \cdot \frac{0{,}005}{150} \cdot u \quad \text{in m} \qquad (23\text{b}) \qquad \text{für } e < a;\ u_i = u_a \text{ mit } u \text{ in mm}$$

Gleise mit gleicher Überhöhung

Gleisverbindung in überhöhten Gleisen mit Schienen in einer Ebene

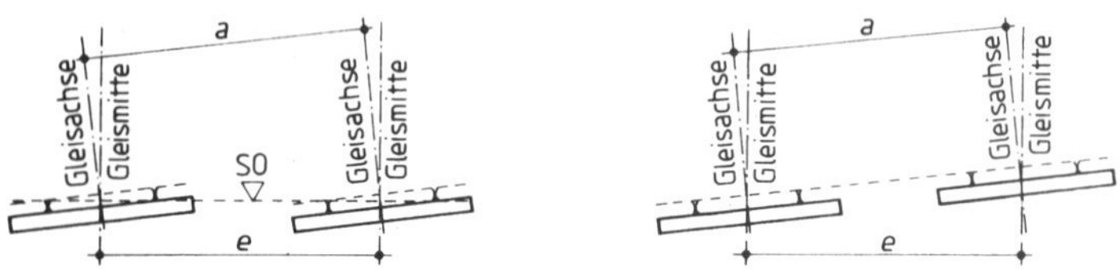

Bild 12 Horizontaler Gleisabstand

In Bahnhöfen soll ein Gleisabstand von 4,00 m mindestens vorhanden sein. Bei Neubauten und S-Bahn-Strecken sind 4,50 m auszuführen. Durchgehende Gleise ohne Zwischenbahnsteig erhalten den Gleisabstand der freien Strecke, wenn sonst erhebliche Mehrkosten entstehen. Müssen Zwischenwege nach jedem zweiten Gleis angeordnet werden, entnimmt man für Hauptgleise den Gleisabstand der Tafel 26.

Tafel 26 Gleisabstände bei Zwischenwegen

Geschwindigkeit *v* in km/h im Hauptgleis	≤160	>160 auf einem der beiden Gleise	>160 auf beiden Gleisen	≤120 bei S-Bahnen
Gleisabstand in m zwischen zwei Hauptgleisen	5,80	6,30	6,80	5,40
zwischen durchgehenden Haupt- und Überholungsgleis	5,00	5,50		–
zwischen Haupt- und Nebengleis	5,30	5,80		–
zwischen Nebengleisen, mit Rangiergeschwindigkeit befahren	4,50	–		–

Bahnsteige sollen bei Neubauten oder umfassenden Umbauten eine Höhe von 0,76 m über *SO* erhalten. Sie dürfen nicht niedriger als 0,38 m und nicht höher als 0,96 m sein. Halten am Bahnsteig ausschließlich S-Bahnen, erhält dieser die Höhe von 0,96 m. Liegen Bahnsteige im Bogen, so ist die Überhöhung zu berücksichtigen. Feste Gegenstände auf Bahnsteigen müssen bis 3,05 m Höhe über *SO* den Abstand $a \geq 3{,}00$ m von der Gleismitte einhalten. Die Breite der Bahnsteige soll folgende Maße aufweisen:

- an Außenbahnsteigen ≥3,00 m,
- an Inselbahnsteigen, Treppe am Bahnsteigende ≥6,00 m,
  Treppe im Mittelbereich ≥7,00 m.

Die mittlere Bahnsteigbreite b ermittelt man in Abhängigkeit vom Verkehrsaufkommen und den vorhandenen Einbauten auf der Bahnsteigfläche. Es ist

$$b = \frac{n_P}{l \cdot d} + \frac{A_e}{l} + n_B \cdot b_s \qquad (24)$$

n_P zu erwartende höchste Bahnsteigbelegung durch ankommende, wegfahrende und wartende Reisende in Personen
l nutzbare Bahnsteiglänge in m
d Personenverkehrsdichte in Personen/m² (Spitzenstunde: 1,5 P/m², sonstige Zeit: 1,0 P/m²)
A_e Summe der Flächen, die durch Einbauten oder Treppen nicht als Standfläche genutzt werden können in m²
n_B Anzahl der Bahnsteigkanten
b_s Breite des Sicherheitsstreifens an der Gleisseite in m
a_B waagerechter Abstand der Bahnsteigkante von Gleismitte in m
bei $v \leq 160$ km/h ist $b_s = 2{,}50 - a_B$
$v > 160$ km/h ist $b_s = 3{,}00 - a_B$
$v \leq 120$ km/h ist $b_s = 2{,}30 - a_s$
bei reinem S-Bahn-Betrieb

Die Querneigung der Bahnsteige fällt vom Gleis aus auf nicht überdachten Flächen oberirdischer Strecken mit $q = 2{,}00\%$. Unterirdisch genügt $q = 1{,}00\%$. In geschlossenen Bahnhofshallen wird die Bahnsteigoberfläche horizontal angelegt. Sind nur Bahnsteigdächer vorhanden, läßt man die äußeren 2,00 m mit $q = 2{,}00\%$ zum Gleis hin fallen, während der Mittelbereich horizontal gehalten wird.

Seitenrampen zum Be- und Entladen von Wagen dürfen bis 1,20 m über SO hoch sein. Für Güterwagen, deren Türen nach außen aufschlagen, beträgt die maximale Höhe 1,10 m. Werden dort Reisezugwagen mit nach außen aufschlagenden Türen geöffnet, darf die Höhe von 1,00 m nicht überschritten werden.

Randwege werden bei eingleisigen Strecken beidseits, bei mehrgleisigen Strecken neben den äußeren Gleisen angeordnet. Die Breite des Randweges soll mindestens 0,80 m, bei Neubaustrecken mit hohen Geschwindigkeiten 1,30 m betragen. Sie ergibt sich aus dem Abstand des Planumrandes vom Schotterbettfußpunkt. Die Planumskante ergibt sich aus dem Gefahrenbereich des Gleises (3,50 m) und dem Sicherheitsraum (0,80 m).

Zwischenwege werden bei höhengleich und parallel geführten Strecken nach jedem zweiten Gleis angeordnet. Sie müssen mindestens die Breite von 0,80 m, S-Bahnen 0,60 m, erhalten. Einbauten in den Rand- und Zwischenwegen sind erst ab 2,20 m Höhe über der Wegoberkante zulässig.

Das *Planum* wird bei eingleisigen Strecken einseitig zur Bogeninnenseite geneigt, bei zweigleisigen Strecken dachförmig hergestellt. Die Querneigung soll 5,0% betragen. Damit ergeben sich die in Tafel 27 genannten Werte. Die durch die Überhöhung bedingte Verbreiterung wird an der Bogenaußenseite durchgeführt. Sie beginnt am Anfang des Übergangsbogens und wird auf eine Länge von 10,00 m verzogen. Der Wechsel der Planumsneigung wird im Bereich von etwa 5,00 m verzogen.

Tafel 27 Planumsbreiten

		bei einer Überhöhung u in mm			
		0 bis 20	25 bis 50	55 bis 100	105 bis 160
eingleisige	Fernbahnen $v_e \leq 200$ km/h	6,60			
	$v_e > 200$ km/h	7,60			
	S-Bahnen	6,10	6,20	6,30	6,40
zweigleisige	Fernbahnen $v_e \leq 160$ km/h	10,60	10,70	10,80	10,90
	$160 < v_e \leq 200$ km/h	11,60	11,70	11,80	11,90
	$v_e > 200$ km/h	12,10	12,20	12,30	12,40
	S-Bahnen $v_e \leq 120$ km/h	10,20	10,30	10,40	10,40

Tafel 28 Abstand fester Gegenstände von Gleismitte der freien Strecke

a) bei Neubaustrecken

Überhöhung u in mm	Abstand Gleismitte bis fester Gegenstand: eingleisige Strecke $v_e \leq 160$ km/h	eingleisige Strecke $v_e > 160$ km/h	zweigleisige Strecke[1]) $v_e \leq 160$ km/h Bogeninnenseite	zweigleisige Strecke[1]) $v_e \leq 160$ km/h Bogenaußenseite	zweigleisige Strecke[1]) $v_e > 160$ km/h Bogeninnenseite	zweigleisige Strecke[1]) $v_e > 160$ km/h Bogenaußenseite
0 bis 20	3,30	3,80	3,30	3,30	3,80	3,80
25 bis 50				3,40		3,90
55 bis 100				3,55		4,00
105 bis 160				3,70		4,20

b) auf vorhandenen Strecken

Überhöhung u in mm	Abstand Gleismitte bis fester Gegenstand: eingleisige Strecke	zweigleisige Strecke[1]) Bogeninnenseite	zweigleisige Strecke[1]) Bogenaußenseite
0 bis 20	3,80 (3,50)	3,80 (3,50)	3,80 (3,50)
25 bis 50			3,90 (3,60)
55 bis 100			4,00 (3,70)
105 bis 160			4,10 (3,80)

Klammerwerte nur bei beengten Verhältnissen und Strecken ohne Kabeltrasse im Randweg

[1]) auf Überholungsbahnhöfen bei Gefälle zum festen Gegenstand hin 4,30 m, bei Gefälle vom festen Gegenstand weg 3,90 m

c) bei S-Bahn-Strecken

Überhöhung u in mm	Abstand Gleismitte bis fester Gegenstand in m: eingleisige Strecke, Richtung der einseitigen Planumsneigung zum festen Gegenstand, Bogeninnenseite	eingleisige Strecke, zum festen Gegenstand, Bogenaußenseite	eingleisige Strecke, vom festen Gegenstand, Bogeninnenseite	eingleisige Strecke, vom festen Gegenstand, Bogenaußenseite	zweigleisige Strecke, Bogeninnenseite	zweigleisige Strecke, Bogenaußenseite
0 bis 20	3,20	3,20	2,90[1])	2,90[1])	3,20	3,20
25 bis 50		3,30		3,00		3,30
55 bis 100		3,40		3,10		3,40
105 bis 160		3,50		3,20		3,50

[1]) Bei Kunstbauten und Lärmschutzwänden 3,00 m

Die Lage der Böschungsfußpunkte zweigleisiger Strecken kann man mit Bild 13 bestimmen. Werden 0,50 m Schotter vor dem Schwellenkopf eingebaut, sind die Maße b_i und b_a um 0,10 m zu vergrößern.

eingleisige Strecken **zweigleisige Strecken**

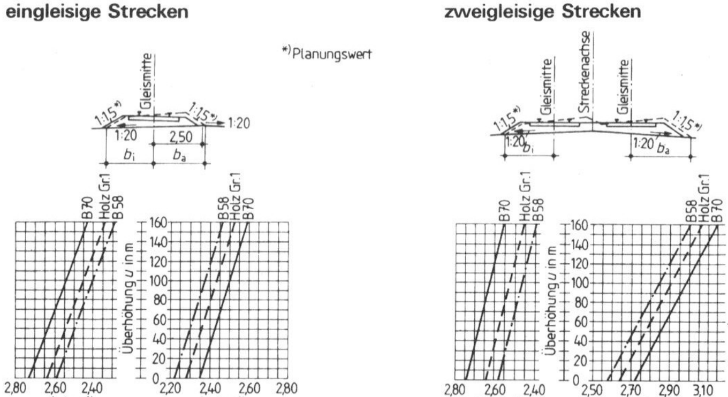

*) Konstruktionsmaß

[1]) bei 0,50 m Schotter vor Schwellenkopf Masse b_i und b_a um je 0,10 m vergrößern

Bild 13 Ermittlung der Bettungsfußpunkte, 0,40 m Schotter vor dem Schwellenkopf

Die *Regelquerschnitte* für Neubaustrecken sind in Bild 14 bis 16 dargestellt.

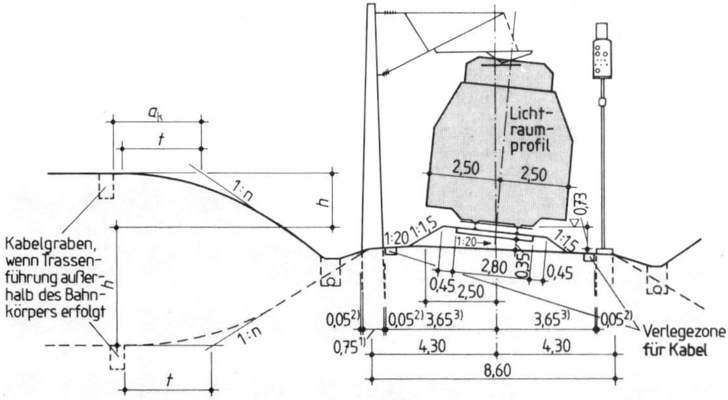

[1]) bei Abspannmasten aus Beton, bei Tragmasten 0,55 m (ohne Fundamentdarstellung)
[2]) Bautoleranz 0,05 m
[3]) ohne Kabeltrasse 3,50 m

Bild 14 Regelquerschnitt eingleisiger Neubaustrecken im Bogen

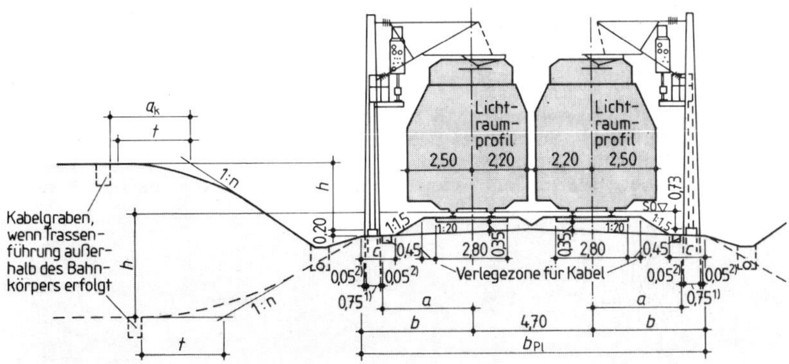

Bei Damm und Einschnitt $t = 3{,}00$ m bei $h \geq 2{,}00$ m
$t = 1{,}5$; $h \geq 0{,}20$ m bei $h < 2{,}00$ m

Bei Einschnitten: $a_K = 3{,}00$ m im nichtbindigen Boden
$a_K = 5{,}00$ m im bindigen Boden

[1]) bei Abspannmasten aus Beton, bei Tragmasten 0,55 m (ohne Fundamentdarstellung)
[2]) Bautoleranz 0,05 m
[3]) ohne Kabeltrasse 3,50 m

Anmerkung Bei geneigtem Planum oder Überhöhung der Gleise müssen bei Neubaustrecken unter der Schiene, die dem Planum am nächsten liegt, mindestens 0,35 m Schotterbett vorhanden sein!

Bild 15 Regelquerschnitt zweigleisiger Neubaustrecken

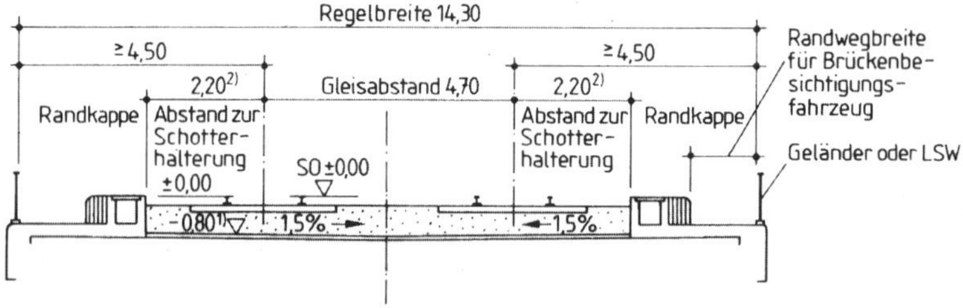

[1]) bei Schotterbett, bei Fester Fahrbahn je nach Konstruktionsart 0,70 m bis 0,80 m
[2]) bei Schotterbett, bei Fester Fahrbahn je nach Konstruktionsart 1,70 m bis 2,20 m

Bild 16 Regelquerschnitt auf Brücken

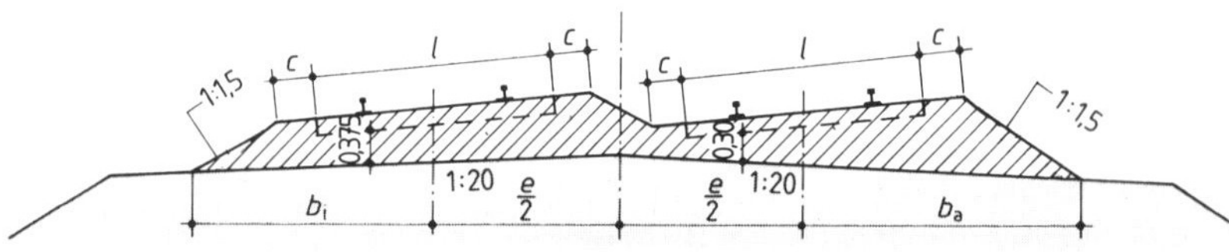

e Gleisachsabstand
l Schwellenlänge
b_i, b_a Abstand Gleisachse – Bettungsfußpunkt
c Schotterbreite vor den Schwellenköpfen

Bild 17 Regelbettungsquerschnitt zweigleisiger Strecken mit Überhöhung

Schienen und Schwellen. Bild 18 zeigt die gebräuchlichsten Schienenformen. Sie werden auf Holz-, Stahl- oder Betonschwellen befestigt und gegebenenfalls isoliert. Die Befestigungsmittel für Holz- und Stahlschwellen sind als Oberbau KS zusammengefaßt (Bild 19). Für Betonschwellen verwendet man den Oberbau W (Bild 20).

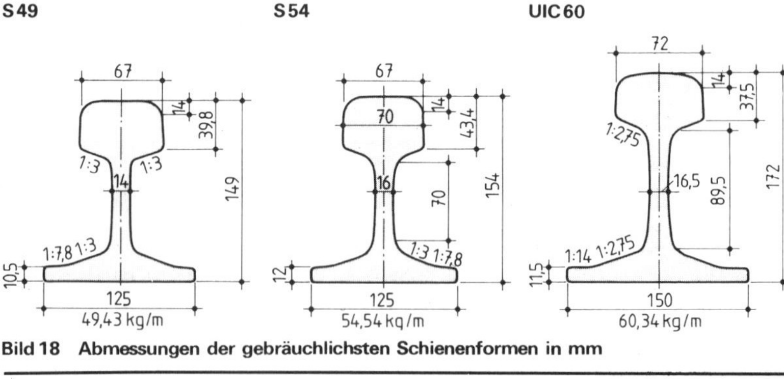

Bild 18 Abmessungen der gebräuchlichsten Schienenformen in mm

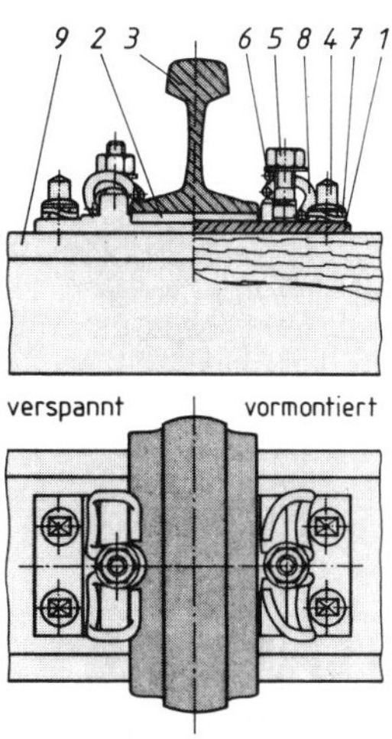

1 Rippenplatte
2 Kunststoff-zwischenlage
3 Schiene
4 Schwellenschraube
5 Hakenschraube
6 Unterlagsscheibe
7 doppelter Federring
8 Spannklemme
9 Holzschwelle

Bild 19
Oberbau KS (Holzschwellen für Schienen S49/54 und UIC60)

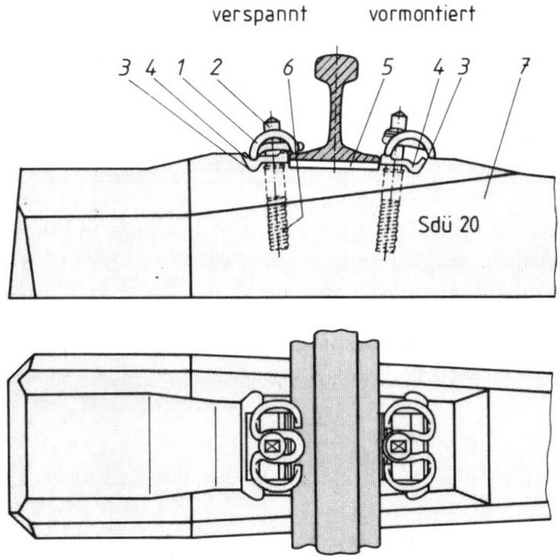

1 Spannklemme
2 Schwellenschraube
3 Isoliereinlage
4 Winkelführungsplatte
5 Zwischenlage
6 Kunststoffschraubdübel
7 Betonschwelle

Bild 20 Oberbau W (Betonschwelle B70W-60 für UIC60 und B70W-54 für S49/S54)

2.4 Lärmschutz an Bahnanlagen

Bauliche Lärmschutzanlagen, die den vom Verkehrsweg ausgehenden Schall mindern, sind

- Lärmschutzwände,
- Erd- und Steilwälle,
- Stützmauerkonstruktionen.

Die *Schalldämmung* einer Wand muß die in Tafel 29 genannten Werte erfüllen.

Tafel 29 Schalldämmaß von Lärmschutzwänden

Frequenz *f* in Hz	100	125	250	500	1000	2000	4000
Schalldämmaß *R* in dB	10	12	18	24	30	35	35

19

Die dem Zug zugewandte Seite wird schallabsorbierend ausgebildet. Der Schallabsorptionsgrad α_s darf folgende Werte nicht unterschreiten:

Tafel 30 Schallabsorptionsgrad von Lärmschutzwänden

Frequenz in Hz	100	125	250	500	1000	2000	4000
Schallabsorptionsgrad α_s	0,20	0,30	0,50	0,80	0,90	0,90	0,80

Aus betriebstechnischen Gründen sollen nur senkrechte Außenwände hergestellt werden. Abgeknickte Außenwände sind nur zu verwenden, wenn der bessere Schutzeffekt ausschlaggebend ist. Die Ausbildung ist in Bild 21 dargestellt. Die Wandhöhe beträgt bei Außenwänden 2,00 m, bei Mittelwänden 1,00 m, doch dürfen solche nur in Ausnahmefällen angeordnet werden.

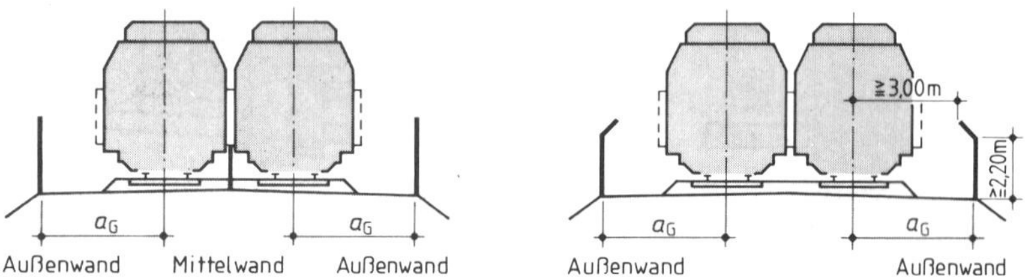

Bild 21 Anordnung von Lärmschutzwänden

Tafel 31 Abstand a_G zwischen Gleismitte und Lärmschutzwand

			auf Brücken			
Betriebsart oder max v in km/h	300	200	≤ 160	≤ 200	≤ 250	S-Bahn
Abstand a_G in m	4,30	3,80	3,00	3,50	4,50	3,20

Lärmschutzwälle werden vorgesehen, wenn die notwendige Grundfläche und das Erdreich vorhanden sind und die Landschaftsgestaltung es verlangt oder zuläßt. Ausführungsbeispiele zeigt Bild 22.

Immissionsgrenzwerte s. Lärmschutz an Straßen.

Die **Beurteilungspegel** für Tag und Nacht berechnet man mit

$$L_{r,T} = L_{m,T}^{(25)} + D_{Fz} + D_{l,v} + D_{Fb} + D_{s\perp} + D_{BM} + D_B + S \qquad (25a)$$

$$L_{r,N} = L_{m,N}^{(25)} + D_{Fz} + D_{l,v} + D_{Fb} + D_{s\perp} + D_{BM} + D_B + S \qquad (25b)$$

$L_{r,T}$; $L_{r,N}$ Beurteilungspegel bei Tag bzw. Nacht in dB (A)
$L_{m,T}^{(25)}$; $L_{m,N}^{(25)}$; Mittelungspegel bei Tag bzw. Nacht in dB (A)
D_{Fz} Korrektur zur Berücksichtigung der Fahrzeugart in dB(A)
$D_{l,v}$ Korrektur in dB(A) für unterschiedliche Zuglängen l in m und Geschwindigkeiten v in km/h
D_{Fb} Korrektur zur Berücksichtigung unterschiedlicher Fahrbahnen in dB(A)
$D_{s\perp}$ Korrektur für unterschiedliche Abstände von Achse Gleis in Höhe SO bis Immissionsort in dB(A)
D_{BM} Korrektur durch Boden- und Meterologiedämpfung in dB(A)
D_B Pegeländerung durch topographische Gegebenheiten in dB(A)
S Korrektur um -5 dB(A) zur Berücksichtigung geringerer Störwirkung des Schienenverkehrslärms

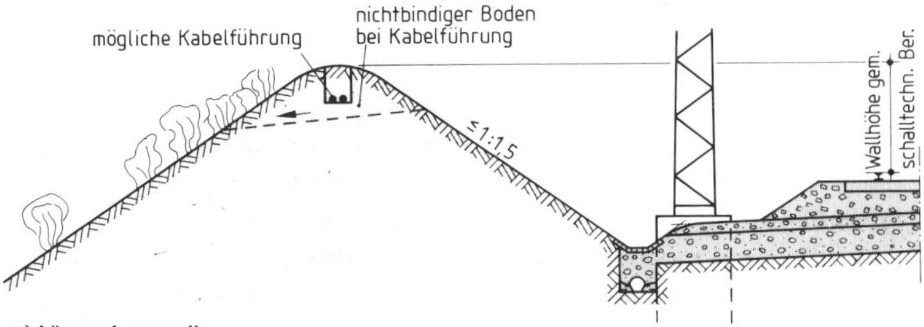

a) **Lärmschutzwall**

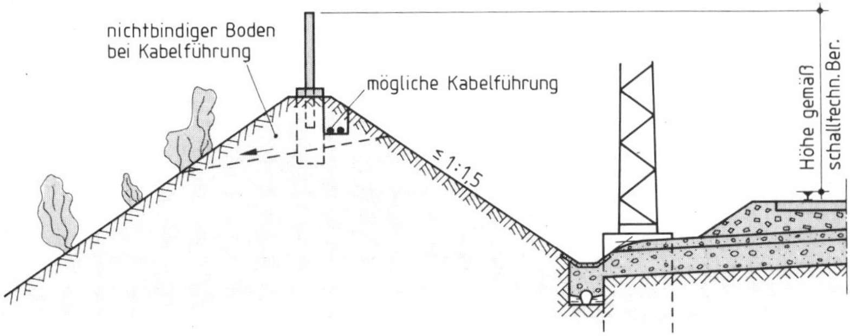

b) **Lärmschutzwall mit aufgesetzter Wand**

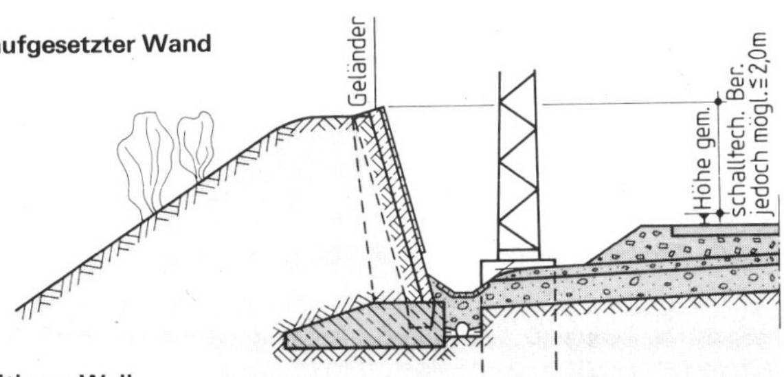

c) **Stützmauer mit einseitigem Wall**

d) **Begrünbare Steilwälle**

Bild 22 Ausführungsbeispiele für Lärmschutzwälle

Man faßt die Züge zu *Zugklassen* zusammen, die nach Tafel 32 derselben Fahrzeugart angehören, gleiche mittlere Zuglängen und Geschwindigkeiten aufweisen und einen gleichen Anteil an scheibengebremsten Fahrzeugen haben. Für den Beurteilungszeitraum ist dann die mittlere Zugzahl/Stunde n zu ermitteln. Für die verschiedenen Zugklassen berechnet man nach Gl. (26a) oder (26b) den Mittelungspegel $L_{m,T}^{(25)}$ bzw. $L_{m,N}^{(25)}$ oder entnimmt ihn aus Bild 23. Die Beurteilungspegel mehrerer Gleise sind nach Gl. (25) des Lärmschutzes an Straßen zusammenzufassen.

$$L_{m,T}^{(25)} = 51 + 10 \cdot \lg [n \cdot (5 - 0{,}04 \cdot p)] \quad \text{in dB(A)} \qquad (26a)$$

$$L_{m,N}^{(25)} = 51 + 10 \cdot \lg [n \cdot (5 - 0{,}04 \cdot p)] \quad \text{in dB(A)} \qquad (26b)$$

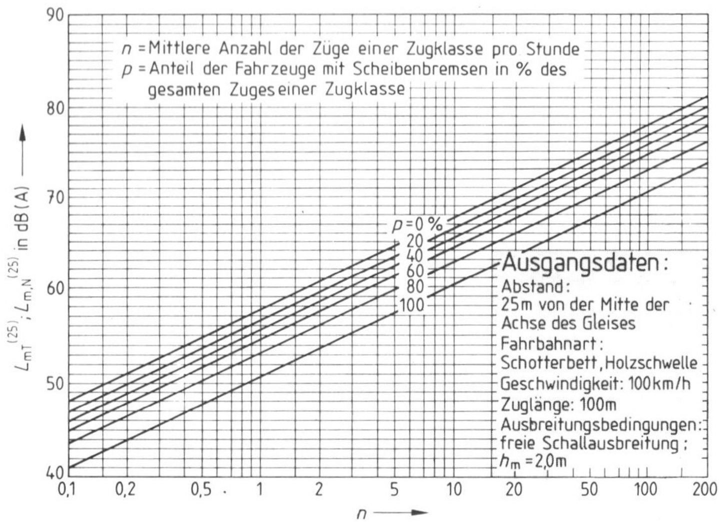

Bild 23 **Mittelungspegel $L_{m,T}^{(25)}$ bzw. $L_{m,N}^{(25)}$**

Tafel 32 **Korrektur D_{Fz} zur Berücksichtigung der Fahrzeugart**

Fahrzeugart der Züge	D_{Fz} [1]) in dB(A)
Fahrzeuge mit Radscheibenbremsen	−2
Fahrzeuge mit $v > 100$ km/h mit Radabsorbern	−4
Straßenbahn- und Stadtbahnfahrzeuge	+3
U-Bahn-Fahrzeuge	+2
alle anderen Fahrzeuge	0

[1]) Für Fahrzeugarten mit dauerhafter Lärmminderung können entsprechende Korrekturen berücksichtigt werden.

Die Korrektur $D_{L,v}$ wird berechnet mit

$$D_{Lv} = 10 \cdot \lg (l \cdot v^2) - 60 \quad \text{in dB (A)} \qquad (27)$$

Die unterschiedlichen Fahrbahnbeschaffenheiten D_{Fb} berücksichtigt man nach Tafel 34

Tafel 33 Geschwindigkeiten, Längen und Anteile der Wagen mit Scheibenbremsen verschiedener Zugarten

Zugart	max. Geschwindigkeit v [1]) in km/h	mittlere Zuglänge l in m	Wagenanteil mit Scheibenbremsen in % im Jahre 1988	2000
ICE	250	420	100	100
EC/IC	200	340 [2])	100 [3])	100 [3])
IR	200	205 [2])	100 [3])	100 [3])
D/FD-Zug	160	340 [2])	30 [3])	100 [3])
Eilzug	140	205 [2])	20 [3])	30 [3])
Nahverkehrszug	120	150 [2])	20 [3])	30 [3])
S-Bahn (Triebzug)	120	130 [4])	100	100
S-Bahn Berlin	100	70 [5])	100	100
S-Bahn Hamburg	100	130 [4])	100	100
S-Bahn Rhein-Ruhr	120	120 [6])	100 [3])	100 [3])
Güterzug (Fernverkehr)	100	500 [2])	0	0
Güterzug (Nahverkehr)	90	200 [2])	0	0
U-Bahn	80	80	100	100
Straßenbahn/Stadtbahn	60	25	100	100

[1]) Bei niedrigerer zulässiger Streckengeschwindigkeit ist diese maßgebend
[2]) Einschließlich der angenommenen Länge der Lok von 20,0 m
[3]) Die Loks sind immer klotzgebremst
[4]) S-Bahn-Triebzüge als Kurzzug (65 m), Vollzug (130 m) oder Langzug (195 m)
[5]) S-Bahn-Triebzug in Berlin mit 2, 4, 6 oder 8 Wagen (Zwei-Wagen-Zug 35 m)
[6]) S-Bahn-Züge lokbespannt mit 3, 4 oder 5 Wagen, der Wagen hat 25 m Länge, ein 4-Wagen-Zug mit Lok ist 120 m lang

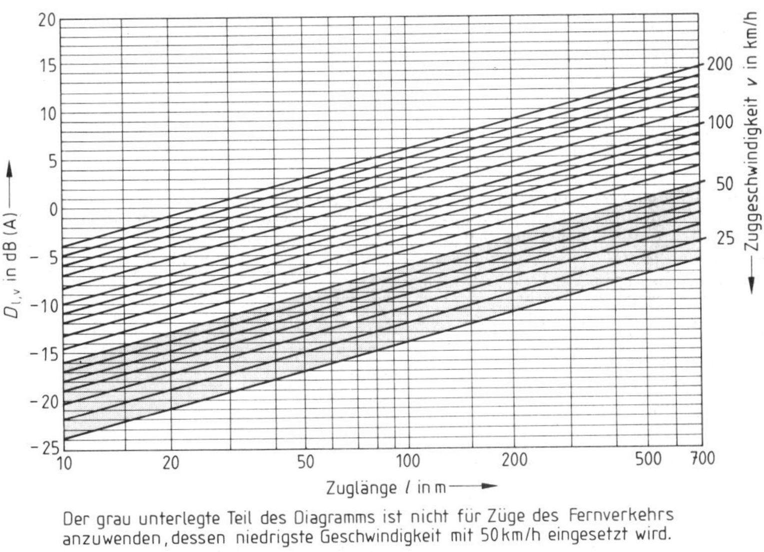

Bild 24 Korrektur $D_{L,v}$ für unterschiedliche Zuglängen und -geschwindigkeiten

19

Tafel 34 Korrektur D_{Fb} zur Berücksichtigung unterschiedlicher Fahrbahnen

Fahrbahnart	D_{Fb} in dB (A)
Gleiskörper mit Raseneindeckung	−2
Holzschwelle auf Schotterbett	0
Betonschwelle auf Schotterbett	+2
Nicht absorbierende feste Fahrbahn und in Straßenfahrbahnen liegende Gleise	+5

Treten in engen Kurven Quietschgeräusche auf, so ist ein Korrekturwert D_{Ra} zusätzlich zu berücksichtigen.

Tafel 35 Einfluß D_{Ra} in Kurven

Kurvenradius r in m	<300	≥300 bis <500	≥500
D_{Ra}	8	3	0

Die Pegeländerung $D_{s\perp}$ berechnet man nach Abschn. „Lärmschutz an Straßen", Gl. (37). Die Pegeländerung D_{BM} erhält man dort aus Gl. (38). Der Gesamtbeurteilungspegel wird in diesem Abschnitt mit Gl. (27) errechnet. Die Pegeländerungen durch topographische Gegebenheiten D_B sind nach der „Richtlinie zur Berechnung der Schallimmissionen von Schienenwegen – Ausgabe 1990 – Schall 03" zu berechnen.

Der Emissionspegel wird mit Gl. (28) berechnet.

$$L_{m,E} = 10 \cdot \lg \left(\sum_i 10^{0{,}1 \cdot (51 + D_{Fz} + D_{l,v} + D_D)}\right) + D_{Fb} + D_{Br} + D_{Bü} + D_{Ra} \quad (28)$$

in dB (A)

- D_{Fz} Korrektur zur Berücksichtigung der Fahrzeugart in dB(A)
- $D_{l,v}$ Korrektur für Zuglänge und Geschwindigkeit in dB(A)
- D_D Einfluß der Bremsbauart in dB(A)
- D_{Fb} Korrektur zur Berücksichtigung unterschiedlicher Fahrbahnen in dB(A)
- D_{Br} Einfluß der Brücken in dB(A) (D_{Br} = 3,0 dB(A))
- $D_{Bü}$ Korrektur im Bereich von Bahnübergängen in dB(A) ($D_{Bü}$ = 5,0 dB(A))
- D_{Ra} Einfluß der Kurven in dB (A)
- n_{ges} Gesamtzahl der Wagen
- n_D Anzahl scheibengebremster Wagen

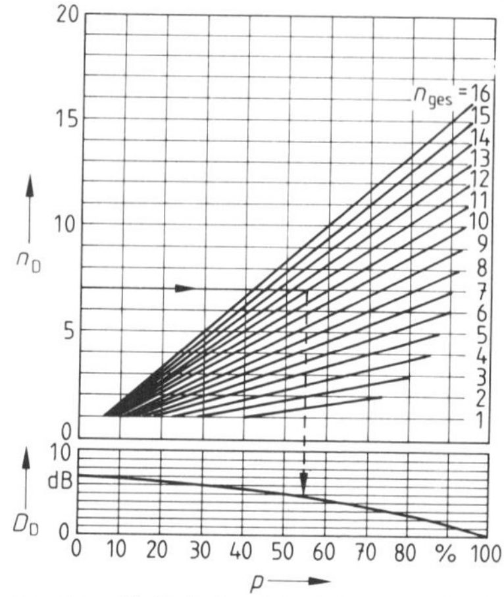

Bild 25 Einfluß D_D der Bremsbauart für Reisezüge bis 16 Wagen mit klotzgebremster Lok

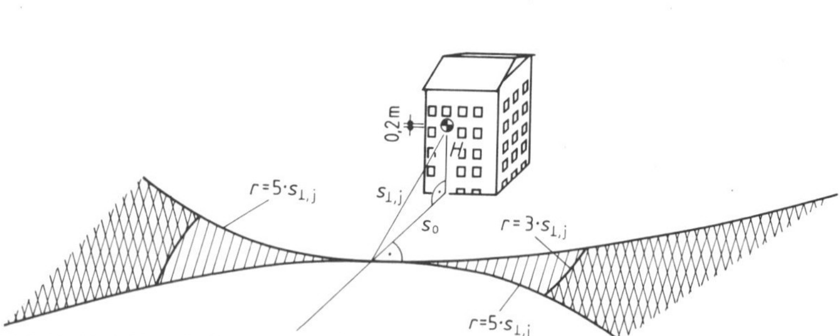

Bild 26 Definition der langen, geraden Bahnanlage

2.5 Entwässerung von Bahnanlagen

Da über den Gleiskörper dynamische Lasten abgetragen werden, darf der Unterbau des Bahnkörpers oder der Untergrund durch stehende Nässe nicht aufgeweicht werden. Geeignete Entwässerungsmaßnahmen sorgen dafür, daß die Tragfähigkeit des Bodens erhalten bleibt. Dazu erhält das Planum unter dem Bahnkörper eine Querneigung von 1:20 ($q = 5\%$), die bei eingleisigen Strecken i.d. Regel einseitig, bei mehrgleisigen Strecken als Dachformprofil ausgebildet wird (s. Bettungsquerschnitte). Das Planum wird in den seitlich angeordneten Bahngraben entwässert. Im Einschnitt wird dadurch gleichzeitig vom Gelände auf den Bahnkörper zufließendes Wasser abgefangen.

Die Entwässerung bildet man aus als offene Entwässerung oder als Tiefenentwässerung.

Offene Entwässerung geschieht durch einen Graben oder eine Mulde. Die Regelabmessungen entnimmt man Tafel 36.

Tafel 36 Regelabmessungen von Entwässerungseinrichtungen

Anlage	Breite in m	Tiefe in m	Längsgefälle in %	Böschungsneigung
Graben	0,40	0,40	0,3 bis 3,0	1:1,5 bis 1:1,8
Mulde	0,8 bis 1,6	0,20	0,3 bis 3,0	1:1,5 bis 1:1,8

Die Böschungsneigungen sollten dabei durch erdmechanische Untersuchungen genau ermittelt werden.

Bei Längsneigungen außerhalb der genannten Grenzen sind die Sohlen der Gräben oder Mulden zu befestigen. Bei einem Gefälle $I < 0{,}3\%$ und im Bereich $3{,}0\% < I < 10{,}0\%$ werden Sohlschalen verwendet. Bei steilerem Gefälle muß die Sohle mit rauhem Natursteinpflaster befestigt werden.

Tiefenentwässerung wird dann angewendet, wenn unterirdisch Sicker- oder Grundwasser gefaßt werden muß. Der Grundwasserspiegel soll dann mindestens in einer Tiefe von 1,5 m unter Schienenoberkante gehalten werden. Bei der Tiefensickerung werden in einem Graben entsprechender Tiefe Sickerrohre verlegt und der Graben dann mit durchlässigem Material aufgefüllt. Zweckmäßig ordnet man den Graben unter der Mulde an.

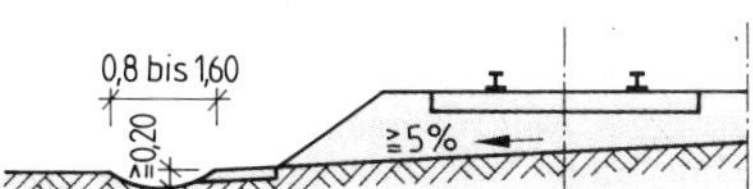

Bild 27 Regelausführung der Muldenentwässerung

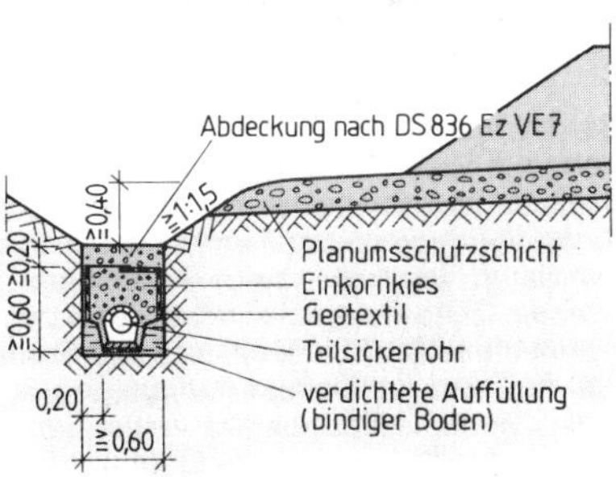

Bild 28 Tiefenentwässerung mit Geotextil

19

2.6 Bahnübergänge (nach Richtlinie 815.0010 bis 815.0050)

Höhengleiche Kreuzungen von Eisenbahnen mit Straßen, Wegen oder Plätzen bezeichnet man als Bahnübergänge. Übergänge für Reisende in Bahnhöfen oder Haltestellen sowie für den innerdienstlichen Verkehr zählen nicht dazu. Nicht höhengleiche Kreuzungen sind als Überführungen zu planen. Die Baulast bei Brücken liegt bei dem Baulastträger des oben liegenden Verkehrsweges. Neue Bahnübergänge bedürfen einer Ausnahmegenehmigung des Bundesministers für Verkehr. Vorhandene Bahnübergänge sollen nach Möglichkeit durch Überführungen ersetzt werden.

Der Bahnverkehr hat auf Bahnübergängen Vorrang, der durch Aufstellen von Andreaskreuzen angezeigt wird. Übergänge des Schienenverkehrs im bebauten Bereich werden meist durch Lichtsignale geregelt.

Technische Sicherungen (Lichtzeichenanlagen) zeigen dem Verkehrsteilnehmer das Nahen des Schienenfahrzeugs. Als Sicherung dienen Blinklichter, Lichtzeichen, Lichtzeichen in Verbindung mit Halbschranken und Schranken. Bei Anschlußbahnen sind Blinklicht- und Lichtzeichenanlagen üblich. Man unterscheidet sie je nach Art der Einschaltung oder Überwachung.

Die Einschaltung kann entweder durch das Triebfahrzeug automatisch oder durch den Fahrdienstleiter während der Fahrt oder nach einem Betriebshalt erfolgen. Die Überwachung wird möglich durch ein ortsfestes Überwachungssignal, das im Abstand des erforderlichen Bremsweges vor dem Übergang steht. Eine weitere Möglichkeit besteht in der Fernüberwachung von einer Zentrale aus oder durch Handschaltung eines Bedieners (z. B. Schrankenwärter).

Tafel 36 Sicherungsarten von Bahnübergängen

Art des kreuzenden Verkehrsweges und Verkehrsbelastung in Kfz/24 Stunden	Art der Bahn und Zahl der Gleise		
	Hauptbahnen $v_e > 80$ km/h	Nebenbahnen, Nebengleise von Hauptbahnen mehrgleisig	eingleisig
	Art der Sicherung		
>2500	Technische Sicherung		
>100 bis 2500	Technische Sicherung		Übersicht und Pfeifsignal
<100	Technische Sicherung	Übersicht	Übersicht, sonst Pfeifsignale bei $v = 20$ km/h
Feld- und Waldwege	Technische Sicherung	Übersicht	Übersicht, sonst Pfeifsignale bei $v = 60$ km/h
Fuß- und Radwege	Übersicht + D oder Pfeifsignal + D[1]	Übersicht oder Pfeifsignale	

[1]) D Drehkreuze oder ähnlich wirkende Einrichtung

Bautechnische Ausbildung. Der Straßenoberbau wird durch die kreuzenden Schienen und Spurrillen unterbrochen. Der Aufbau der Straßenbefestigung richtet sich nach der Verkehrsbelastung. Bei schwachem Verkehr reicht ein Asphaltoberbau wie in der durchgehenden Fahrbahn. Die Spurrillen für den Durchgang der Spurkränze werden in der Regel durch Beischienen freigehalten. Bei hoher Verkehrsbelastung werden Betonfertigteile neben und zwischen den Gleisen eingebaut. Bevorzugt werden hier Großflächenplatten der Systeme Bodan, Moselland oder Strail verwendet. Auf eine vollflächige Auflagerung ist besonderer Wert zu legen, um Plattenrisse oder Lärmbelästigungen zu verhindern. Bei sehr hohen Verkehrslasten werden die Gleise auf Tragplatten aus Ortbeton verlegt. Bei Gleisen mit Überhöhung ist der Fahrbahnverlauf der Straße in Längsrichtung entsprechend anzupassen, um Stoßbelastungen durch die Straßenfahrzeuge auf den Gleisbereich gering zu halten.

2.7 Oberleitungsanlagen

Die Höhe des Fahrtdrahts muß 5,30 über der Sollhöhe der *SO* liegen. Oberleitungen sind an Einzelmasten aufzuhängen. Bei Neubaustrecken sollen Betonmaste vorgesehen werden. Stahlmaste sind nur in Ausnahmefällen zu verwenden.

Die *Mastfundamente* quer zum Gleis entnimmt man Tafel 37.

Tafel 37 Breiten der Oberleitungsmast-Fundamente

Fundamentbreite in m für	Beton	Stahl
Abspannmaste	0,65 (0,75)	1,20 (1,40)
Tragmaste	0,45 (0,55)	0,95 (1,00)

Klammerwerte gelten für Neubaustrecken

Die Vorderkanten der Betonmaste oder der Stahlmastfundamente müssen von der Gleismitte die Abstände der Tafel 38 einhalten.

Tafel 38 Abstand der Mastfundamente von Gleismitte

Abstand in m bei Gleisen	in der Geraden	im Bogen auf der				
		Bogen-innenseite	Bogenaußenseite bei u in mm			
			0 bis 20	25 bis 50	55 bis 100	105 bis 160
mit Kabeltrasse im Randweg	3,65	3,65	3,65	3,75	3,85 (3,90)	3,95 (4,05)
ohne Kabeltrasse im Randweg	3,50	3,50	3,50	3,60	3,70 (3,75)	3,80 (3,90)

Klammerwerte gelten für Neubaustrecken
Bei eingleisigen Strecken mit Planumsgefälle vom Fundament weg gelten für alle Fälle 3,65 m bzw. 3,50 m.

Die *Längspannweite* der Oberleitung soll nicht kleiner als 40,00 m sein und darf 65,00 m nicht überschreiten.

2.8 Signal- und Sicherungswesen

Im Bahnbetrieb muß wegen der Spurgebundenheit „auf Signal" gefahren werden, um die Betriebssicherheit zu gewährleisten. Die Zugsicherung dient der

- Abstandshaltung der Züge,
- Fahrwegsicherung.

Zur Abstandshaltung wird die Strecke in *Zugfolgeabschnitte* (Blockstrecken) unterteilt. In diesen darf sich nur jeweils ein Zug befinden. Die Blockstrecken werden durch entsprechende Hauptsignale gesichert. Freie Fahrt für die Blockstrecke wird erst erteilt, wenn der vorhergehende Zug diese geräumt hat.

Im Bahnhofsbereich ergeben sich durch Fahrwegüberschneidungen verschiedene Fahrwege. Ist der Fahrweg signaltechnisch gesichert, bezeichnet man ihn als Fahrstraße. Alle überfahrenen Weichen und die Flankenschutzeinrichtungen müssen einzeln verschlossen und gegeneinander verblockt sein.

Bei *elektrischem Streckenblock* werden die Signale vom Stellwerk aus von Hand gestellt. Beim *selbsttätigen Streckenblock* erfolgt die Signalverstellung durch den vorbeifahrenden Zug. Dies geschieht durch:

– Gleisstromkreise,
– Achszähler,
– isolierstoßlose Tonfrequenz-Gleisstromgleise.

Die *Flankensicherung* erfolgt durch Schutzweichen, Sperrsignale oder Gleissperren. Isolierte Streckenschutzabschnitt bewirken, daß die Verzweigungsweiche erst nach Räumen durch den eingefahrenen Zug gestellt werden kann.

Stellwerke. *Mechanische* Stellwerke werden durch Umlegen von Hebeln bedient, die über Drahtgestänge auf Signale und Weichen wirken. Hier zeigt die Hebelstellung den Zustand der Signale oder Weichenzungen an. Sie werden aus betriebstechnischen Gründen immer mehr ersetzt durch elektrisch betriebene Einrichtungen.

Elektromechanische Stellwerke besitzen Schalter, die Elektromotore in Gang setzen, um die Verstellung der Signale und Weichen durchzuführen.

Beim *Drucktastenstellwerk* wird die Fahrstraße durch gleichzeitigen Druck auf die Start- und die Zieltaste direkt eingestellt. Das Signal „Fahrt frei" wird erst aktiv, wenn alle sicherheitsrelevanten Faktoren überprüft sind. Die moderne Stellwerk-Ausrüstung sind die *Spurplanstellwerke*, die dem Bediener den Gleisplan des Fahrweges optisch sichtbar machen.

In *elektronischen* Stellwerken werden die entsprechenden Befehle und Prüfungen mit Hilfe zweier Computer in Parallelschaltung den Fahrstraßen übermittelt.

Zugbeeinflussung. Mit ihrer Hilfe kontrolliert man, ob der Triebfahrzeugführer die „Halt" gebietenden Signale beachtet. Die Nichtbeachtung kann auf schlechter Sicht, Signalverwechslung, Unachtsamkeit oder Unwohlsein beruhen. Die Zugbeeinflussung geschieht durch mechanische oder magnetische Fahrsperren, induktive Zugsicherung (Indusi) oder Linienzugbeeinflussung (LZB).

Bei *mechanischen Fahrsperren* wird ein am Fahrzeug befestigter Schwinghebel durch einen Anschlag am „Halt-Signal" bewegt. Er löst die Luftdruckbremse des Zuges aus. Die *magnetische Fahrsperre* bewirkt über einen zwischen den Schienen befindlichen und einem am Fahrzeug angebrachten Magnet die Auslösung der Zwangsbremsung.

Induktive Zugsicherung wird zur Steigerung der Streckenleistungsfähigkeit eingesetzt. Durch Gleismagnete werden die Wachsamkeit und an mehreren Stellen die Geschwindigkeit überprüft. Durch Drücken der Wachsamkeitstaste bestätigt der Fahrzeugführer seine Dienstbereitschaft. Werden die Geschwindigkeiten an den Gleismagneten überschritten, wird die Zwangsbremsung ausgelöst.

Die *Sicherheitsfahrschaltung* (Sifa) überprüft in regelmäßigen Abständen die Reaktion des Triebfahrzeugführers. Erfolgt auf das Licht- und Summersignal keine Tastenbetätigung, wird der Zug schnellgebremst.

Linienzugbeeinflussung. Bei diesem System wird die Zugfahrt durch ständige Geschwindigkeitskontrolle gesichert und durch Anzeige im Führerraum des Triebfahrzeugs geführt. Bei Schnellfahrten mit LZB wird der Anzeige Vorrang vor den Signalen eingeräumt. Die Steuerung über Rechner erfolgt durch Datenaustausch induktiv über Linienschleifen zwischen Zentrale und Triebfahrzeug. Nach diesen Daten führt der Triebfahrzeugführer oder eine automatische Fahr- und Bremssteuerung (AFB) den Zug. Dadurch läßt sich die Abhängigkeit von einem festen Raumabstand umgehen, der von der Fahrgeschwindigkeit unabhängig ist. Züge können mit AFB bis auf den Sicherheitsabstand zum vorherfahrenden Zug aufschließen.

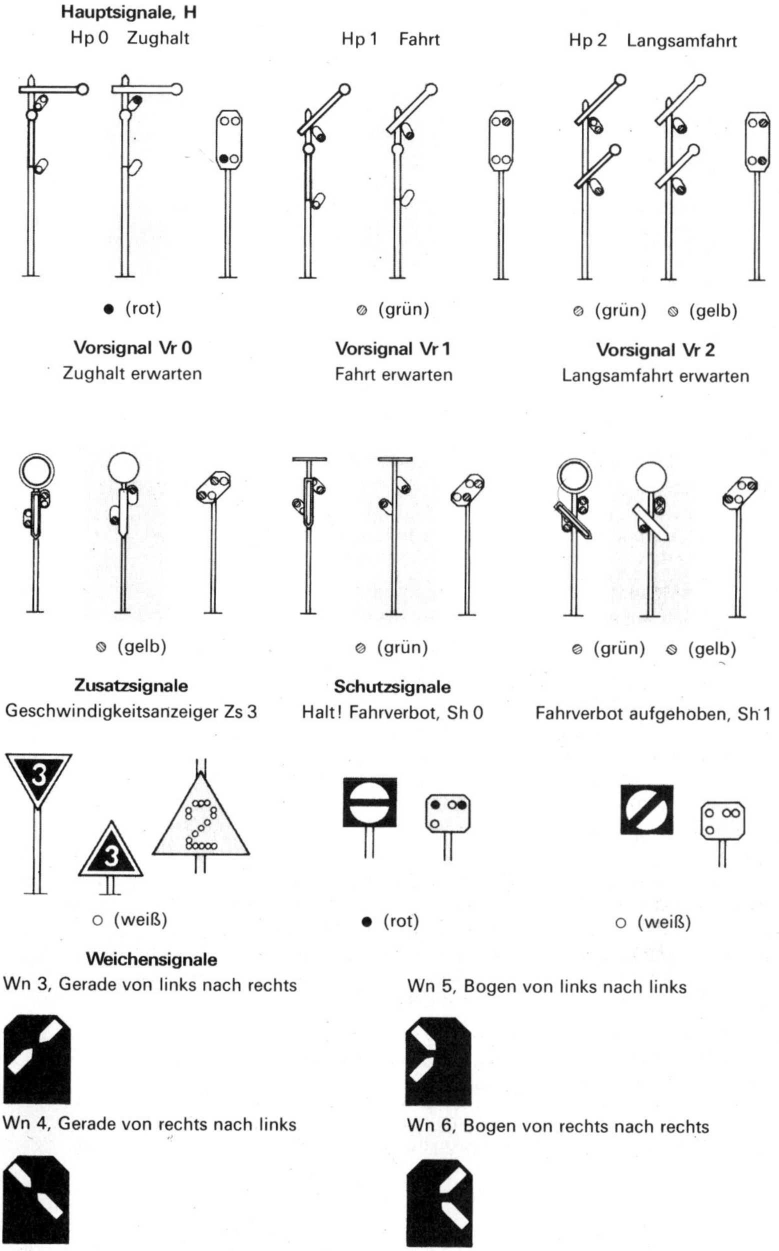

Bild 29 Beispiele für Signale

Hauptsignale zeigen an, ob der anschließende Gleisabschnitt frei ist und befahren werden kann. Sie sind aufgestellt als *Formsignale* oder *Lichtsignale*. Die Hauptsignale Hp 0, Hp 1 und Hp 2 gelten für Zugfahrten, aber nicht für Rangierfahrten.

Formsignale werden gebildet aus einem Signalträger mit einem oder zwei Flügeln. Bei Nacht zeigen sie die gleiche Anzahl Lichter als Nachtzeichen.

Lichtsignale zeigen in einem schwarzen Feld (Schirm) ein oder zwei Lichter bei Tag und bei Nacht.

Hauptsignale verwendet man als:
- Einfahrsignale
- Ausfahrsignale
- Zwischensignale
- Blocksignale
- Deckungssignale vor Gefahrenstellen

Die Signale werden in der Regel rechts vom Gleis oder darüber aufgestellt. Beim Gegengleis stehen sie links.

Vorsignale zeigen an, welches Signalbild am zugehörigen Haupt- oder Schutzsignal zu erwarten ist. Sie sind entweder Form- oder Lichtsignale. Ihr Abstand vor dem Hauptsignal soll dem Bremsweg des Zuges entsprechen.

Bei S-Bahnen können Haupt- und Vorsignalverbindungen auf einem Signalschirm vereinigt sein. Dann entsprechen die linken Lichter dem Hauptsignalbild. Die rechten Lichter bilden das Lichtvorsignal für das folgende Hauptsignal.

Zusatzsignale werden eingesetzt als:
- Ersatzsignale bei gestörtem Hauptsignal
- Richtungsanzeiger für die Richtung der Fahrstraße
- Geschwindigkeitsanzeiger; die Ziffer bedeutet, daß der zehnfache Wert in km/h als Fahrgeschwindigkeit zugelassen ist
- Beschleunigungsanzeiger, um die Geschwindigkeitsgrenzen des Fahrplans auszunutzen
- Verzögerunganzeiger, mit dem Auftrag, die Geschwindigkeit um ein Drittel zu ermäßigen
- Gleiswechselanzeiger bei Gleiswechselbetrieb
- Vorsichtsignal bei gestörtem Hauptsignal
- Falschfahrt-Auftragssignal für den signalisierten Falschfahrbetrieb auf dem falschen Gleis

Die *Langsamfahrscheibe* wird eingesetzt bei vorübergehender Langsamfahrstrecke. Sie entspricht sinngemäß dem Geschwindigkeitsanzeiger.

Mit einem *Schutzsignal* wird ein Gleis abgeriegelt, ein Halt-Auftrag erteilt oder ein Fahrverbot aufgehoben.

Mit *Rangiersignalen* werden den Rangierabteilungen Aufträge zur Ausführung von Rangierbewegungen oder bestimmte Hinweise gegeben. Dazu gehören:
- Rangiersignale
- Abdrücksignale
- sonstige Signale für den Rangierdienst

Weichensignale geben dem Triebfahrzeugführer an, für welchen Zweig der Weiche diese gestellt ist. Bei doppelten Kreuzungsweichen zeigen weiße Pfeile den Fahrweg an.

Sachverzeichnis

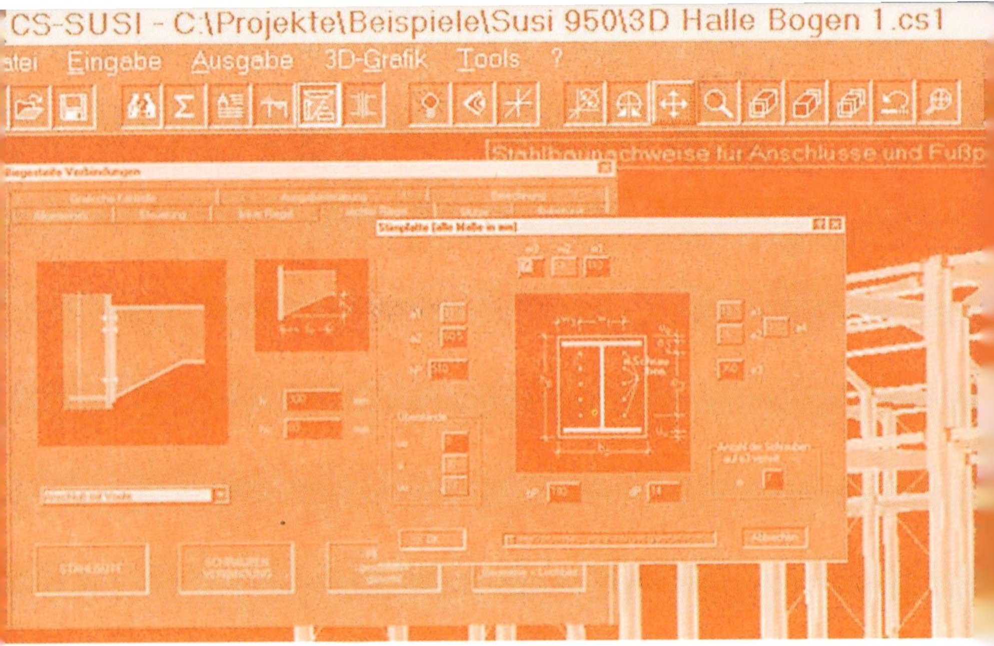
CS-SUSI - C:\Projekte\Beispiele\Susi 950\3D Halle Bogen 1.cs1
atei Eingabe Ausgabe 3D-Grafik Tools ?